联合国教科文组织科学报告

迈向 2030 年

联合国教科文组织　编著

北京理工大学 MTI 教育中心　译

中国科学技术出版社

·北　京·

图书在版编目（CIP）数据

联合国教科文组织科学报告：迈向 2030 年 / 联合国教科文组织编著；北京理工大学 MTI 教育中心译 . —北京：中国科学技术出版社，2020.3

书名原文：UNESCO Science Report: Towards 2030

ISBN 978-7-5046-8209-3

Ⅰ. ①联… Ⅱ. ①联… ②北… Ⅲ. ①科学研究事业—研究报告—世界 Ⅳ. ① G321

中国版本图书馆 CIP 数据核字（2018）第 298389 号

审图号　GS（2019）4460 号

策划编辑	吕建华　单　亭　许　慧
责任编辑	单　亭　崔家岭　汪莉雅
装帧设计	中文天地
责任校对	邓雪梅
责任印制	马宇晨

出　　版	中国科学技术出版社
发　　行	中国科学技术出版社有限公司发行部
地　　址	北京市海淀区中关村南大街 16 号
邮　　编	100081
发行电话	010-62173865
传　　真	010-62179148
网　　址	http://www.cspbooks.com.cn

开　　本	880mm × 1230mm　1/16
字　　数	1600 千字
印　　张	51.25
版　　次	2020 年 3 月第 1 版
印　　次	2020 年 3 月第 1 次印刷
印　　刷	北京华联印刷有限公司
书　　号	ISBN 978-7-5046-8209-3 / G · 810
定　　价	880.00 元

（凡购买本社图书，如有缺页、倒页、脱页者，本社发行部负责调换）

报告团队

出版总负责人：联合国教科文组织自然科学助理总干事史凤雅（Flavia Schlegel）

主编：苏珊·施内甘斯（Susan Schneegans）

研究员 / 编辑：邓尼斯·埃罗克尔（Deniz Eröcal）

统计支持：威尔弗里德·阿穆苏–格努（Wilfried Amoussou–Guénou）、钱乔玲（Chiao–Ling Chien）、欧拉·哈贾尔（Oula Hajjar）、斯瑞娜·克里姆–迪克尼（Sirina Kerim–Dikeni）、卢西恩娜·马里纳斯（Luciana Marins）、罗恩·帕斯拉吉（Rohan Pathirage）、扎西娅·萨尔米（Zahia Salmi）、马丁·沙普尔（Martin Schaaper）

行政助理：阿里·巴尔巴什（Ali Barbash）、伊迪丝·基格特（Edith Kiget）

编辑委员会成员：祖赫拉·本·拉克达尔（Zohra ben Lakhdar），突尼斯大学物理学名誉教授

黄灿（Huang Can），中国浙江大学管理学院副院长，管理学院科学与工程专业教授

闵东必（Dong–Pil Min），韩国首尔国立大学名誉教授，联合国秘书长科学咨询委员会成员

加布里埃拉·杜特尼特（Gabriela Dutrénit），墨西哥城自治都市大学经济学和创新管理学教授

弗雷德·高尔特（Fred Gault），联合国大学 MERIT 项目教授研究员（荷兰）

奥斯曼·凯恩（Ousmane Kane），塞内加尔国家科学和技术学院指导委员会主席

帕塔拉朋·因塔拉昆那尔德（Patarapong Intarakumnerd），日本国家政策研究院教授

斯拉夫·拉多舍维奇（Slavo Radosevic），英国伦敦大学学院斯拉夫和东欧学院工业和创新学教授兼代理主任

托马斯·拉奇福德（J. Thomas Ratchford），美国前白宫科技政策办公室政策和国际事务副主任

舒安·萨德哈茨（Shuan Sadreghazi），联合国大学 MERIT 项目创新研究和发展研究员（荷兰）

耶波尔·苏拉莫诺夫（Yerbol Suleimenov），哈萨克斯坦教育科学部科学委员会副主席

彼得·廷德曼斯（Peter Tindemans），欧洲科学秘书长

卡迪纳尔·沃德（Cardinal Warde），美国麻省理工学院电气工程教授

内审委员会委员：塞尔瓦托·阿里科（Salvatore Arico）、钱巧玲（Chiao–Ling Chien）、宝琳娜·宫察勒斯–堡斯（Paulina Gonzales–Pose）、盖斯·法里兹（Gaith Fariz）、欧内斯托·费尔南德斯·波尔卡什（Ernesto Fernandez Polcuch）、巴努·纽帕那（Bhanu Neupane）、佩吉·欧蒂–博阿唐（Peggy Oti–Boateng）、罗恩·帕斯拉吉（Rohan Pathirage）、贾亚库马尔·拉马萨密（Jayakumar Ramasamy）、马丁·沙普尔（Martin Schaaper）、阿普里尔·塔什（April Tash）

还要感谢：索尼亚·巴赫里（Sonia Bahri）、亚历桑德罗·贝罗（Alessandro Bello）、阿娜西亚·布鲁克斯（Anathea Brooks）、伊莎贝尔·布鲁格昂（Isabelle Brugnon）、安德里亚·吉塞尔·巴诺·富埃尔特斯（Andrea Gisselle Burbano Fuertes）、安妮·坎多（Anne Candau）、艾莉森·克莱森（Alison Clayson）、娜塔莎·拉西克（Natasha Lazic）、巴萨姆·萨费德尼（Bassam Safeiddine）、纳塔莉亚·特罗克欧（Natalia Tolochko）、卡尔·温尼特尔博什（Carl Vannetelbosch）、丽贝卡·维拉·马斯卡特（Rebecca Vella Muska）

致谢

联合国教科文组织在此对汤森路透给予的支持表示感谢。汤森路透为《联合国教科文组织科学报告》的系列出版提供了数据支持，这些数据对在全球范围内讨论相关政策非常必要。联合国教科文组织还要感谢石油输出国组织国际发展基金和瑞士联邦洛桑大学的财政支持。在此，需要感谢的还有欧莱雅基金会，该基金会为本报告中“科学和工程领域中的性别差距在缩小吗”文章提供了赞助。

许多合作伙伴通过翻译本报告的综述部分对本报告进行了宣传。在此，感谢佛兰德斯政府（法文、俄文和西班牙文版），埃及科学研究和技术学院（阿拉伯文版），中国科学技术协会（中文版），联合国教科文组织奥地利、德国、卢森堡和瑞士全国委员会（德文版），联合国教科文组织安道尔全国委员会（加泰罗尼亚文版）。

联合国教科文组织也希望借此机会感谢致力于编辑出版本报告联合国官方语言完整版的合作伙伴。

可持续发展目标

联合国可持续发展目标（Sustainable Development Goals）是一系列新的发展目标，将在千年发展目标到期之后继续指导2015—2030年的全球发展工作。2015年9月25日，联合国可持续发展峰会即将在纽约总部召开，联合国193个成员国将在峰会上正式通过17个可持续发展目标。可持续发展目标旨在从2015年到2030年间以综合方式彻底解决社会、经济和环境三个维度的发展问题，转向可持续发展道路。

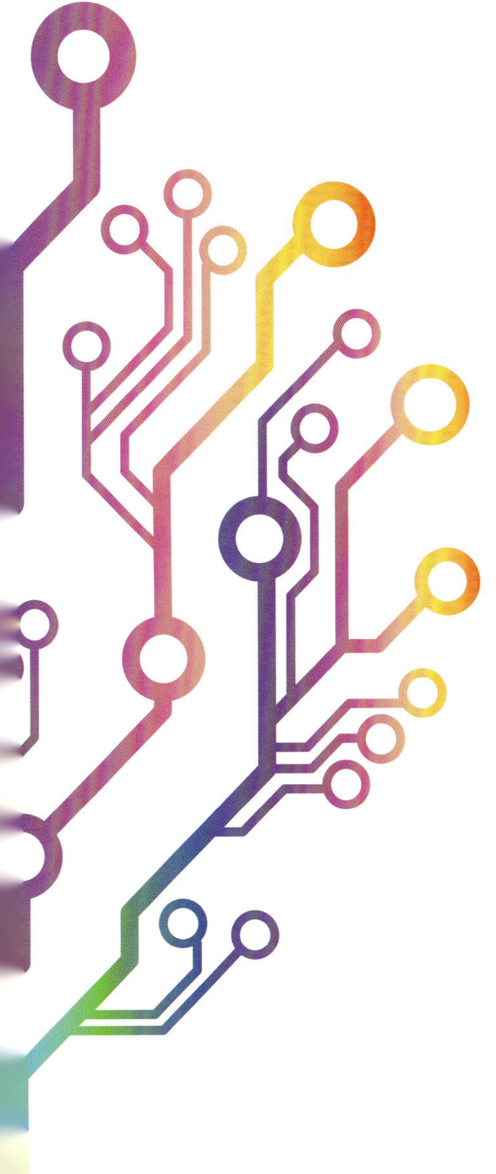

目 录

前言 xxii

联合国教科文组织总干事长伊琳娜·博科娃

对新问题的探讨 1

大学：逐渐成为全球化发展的一员 3

瑞士洛桑联邦理工学院院长帕特里克·埃比舍耳

用发展的方式来看科学 6

联合国教科文组织通信部项目专家巴努·纽潘

科学将在实现《2030年可持续发展议程》中发挥关键作用 9

文章观点是基于联合国科学咨询委员会秘书长公布的政策简报

可持续发展和公正世界的科学——为全球科学政策制定的新框架? 12

国际科学理事会海德·哈克曼、爱丁堡大学杰弗里·波尔顿

科学政策中的地方和土著知识 15

联合国教科文组织地方和土著知识体系计划主管道格拉斯·中岛

全球综述 19

第1章　世界寻求有效增长策略 21

吕克·泽特、苏珊·施内甘斯、邓尼斯·埃罗克尔、巴斯卡兰·安盖茨瓦、拉杰·拉西亚

第2章　创新和科研流动性的趋势追踪 57

埃尔维斯·科尔库·阿维农、钱乔玲、雨果·霍兰德斯、卢西亚娜·马林斯、马丁·斯哈珀、巴特·沃斯巴根

第3章　科学和工程领域中的性别差距在缩小吗? 85

索菲娅·惠尔

密切关注地区和国家 105

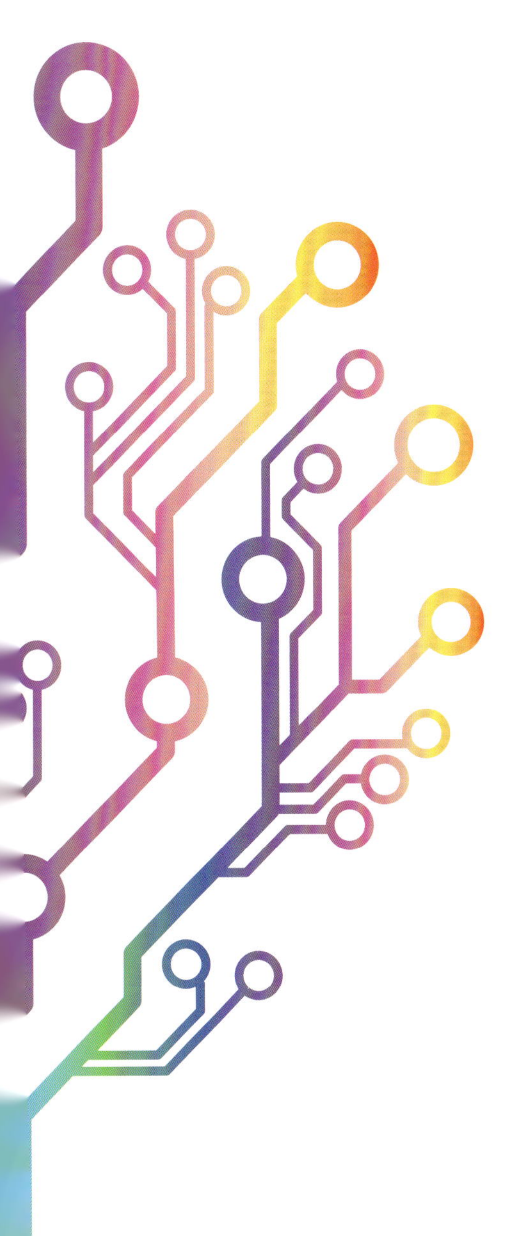

图表目录

第1章　世界寻求有效增长策略

第2章　创新和科研流动性的趋势追踪

第3章　科学和工程领域中的性别差距在缩小吗?

第4章　加拿大

第5章　美国

第6章　加勒比共同体

第7章　拉丁美洲

第8章　巴西

第9章　欧盟

第10章 东南欧

第11章　欧洲自由贸易协会

第12章　黑海流域

第13章　俄罗斯联邦

第14章　中亚

第15章　伊朗

第16章　以色列

第17章　阿拉伯国家

第18章　西非

第19章　东非和中非

第20章　南部非洲

第21章　南亚

第22章 印度

第23章　中国

第24章　日本

第25章　韩国

第26章 马来西亚

第27章 东南亚与大洋洲

数据附录

前　言

2015年，联合国大会迈出了历史性的有远见的一步，通过了《2030年可持续发展议程》。科学、技术和创新第一次在这一高度被明确为可持续发展的重要推动力。可持续性取决于国家是否把科学发展作为国家战略的核心，加强他们应对挑战的能力以及相关投资。这一承诺与联合国教科文组织的核心使命相契合，是我们在庆祝联合国成立70周年之际对切实行动的呼吁。

我认为这本《联合国教科文组织科学报告：迈向2030年》是推进《2030年可持续发展议程》向前的跳板，提供了成员国对其关心并优先考虑的问题的宝贵见解，共享重要信息，利用科学的力量促进可持续发展。

《联合国教科文组织科学报告：迈向2030年》全面展现了日益复杂的世界中科学的许多方面，包括创新和灵活性趋势、大数据相关问题、本土知识在完成全球性挑战中的贡献。

自《联合国教科文组织科学报告：迈向2030年》起，相关趋势已经明确。

第一，在金融危机背景下，全球研发支出的增速一直高于全球经济，表现出强大信心，也显示出在科学领域的投资将会在未来带来巨大收益。此类投资大多集中在应用科学领域，并由私营部门牵头。这也展现了一个重要的转变：当私营部门资金维持或增长至较高水平时，高收入国家削减公共开支，而低收入国家增加公共研发投资。快速的科学收益、长期公共基本投资，以及扩大科学研究领域的高风险研究三者间的争论变得史无前例的重要。

第二，研究与创新领域中的南北差距逐渐缩小。众多国家把科学、技术和创新列入国家发展议程，以期减少本国发展对原材料的依赖，向知识经济转变。为了应对包括气候变化在内的可持续发展挑战，广泛的南北和南南合作也逐渐增加。

第三，全球科研人员数量增加，人才流动性增强。2007年至2014年，世界范围内的研究人员和出版物数量增加了20%以上，越来越多的国家通过政策支持增加女性科研人员数量。与此同时，科学家们不仅在国际科学期刊发表更多文章，也加强了与外国专家的合作著文，扩大了文章的公共可查阅范围。不同收入水平的国家正在努力吸引和留住科研人才，提升本国的高等教育和科研基础设施水平，开放新设奖学金和科学签证。私营企业在重新安置研究实验室，国外一些大学通过建立分校招揽更多人才。

面对以上三种关于科学企业、知识、流动性和国际合作趋势的挑战，我们必须落实政策，走世界可持续发展道路。

这需要更强的科学政策接口和创新的无限驱动。实现可持续发展的目标不仅取决于技术的扩散，也对国家之间在科学发展领域的合作提出更高要求。

我认为这是“科学外交”在未来的几年内面临的关键挑战，联合国教科文组织将集中其全部科学力量来支持各成员国，加强自身能力，分享涵盖可持续水资源管理及技术创新政策领域的重要信息。

这份报告以独特的视角提供了全球科学发展综述和趋势，是来自世界各地 50 多位专家智慧的结晶，我相信报告中的分析将有助于明确可持续发展道路，为世界各地更广泛的社会知识奠定基础。

Irina Bokova

伊琳娜 · 博科娃
联合国教科文组织总干事长

对新问题的探讨

在印度管理学院班加罗尔校园中，国际学生和印度大学生一起学习。
照片来源：©Atul Loke

大学：逐渐成为全球化发展的一员

瑞士洛桑联邦理工学院院长帕特里克·埃比舍耳

全球竞争同时也是国际大家庭

2015年6月，我创作这篇文章之际恰好也是中国950万学子参加高考之时。还有比这更好的例子可以说明21世纪高等教育的重要性吗？人们比以往任何时候都相信，大学时获得的知识和技能对个人发展，以及城市、国家、地区的社会健康和经济健康至关重要。

除了在地方和国家仍扮演着传统的学校角色外，大学已经成为一个全球化的机构。解决各类全球挑战（能源，水和粮食安全，城市化，气候变化等）越来越依赖于技术创新，以及决策者提供的完善科学建议。联合国政府间气候变化专门委员会的研究结果和斯坦福大学主办的维持人类21世纪生命保障系统的科学共识[①]项目，证明了这些机构在世界事务中起决定性作用。研究型大学还会吸引创新产业的目光。谷歌和塔塔斯只有在研究机构附近才能繁荣发展。正是这种成功双赢组合，促成了美国硅谷和印度班加罗尔动态创业生态系统的出现。而硅谷和班加罗尔也是世界创新和繁荣的发源地。

大学本身已经成为全球化发展的一员。它们之间相互竞争愈发激烈，以便吸引资金、教授和有才华的学生[②]。一所大学的好坏，要由它的国际声誉决定。这一趋势将随数字革命的加快而加快。通过网络课程，世界级大学将获得更广泛的展示机会。

在过去10年中，全球大学排名的出现恰好就证明了这一变化趋势。排名既体现了全球大学之间的竞争，又体现了全球大学同为一个大家庭。2003年6月，世界大学年度学术排名（ARWU）由中国上海交通大学世界一流大学中心首次公布。很快，其他国际排名出现，例如，QS世界大学排名和泰晤士高等教育排名。人们可能会经常谈论国际大学排名，从来不会忽视它的存在。

什么可以使一个大学跻身世界一流之列呢？世界一流大学拥有绝大多数的人才（包括教师和学生）、自主权和行政自主权；还要给予教师学术研究自由，其中包括批判性思维的权利；授权年轻研究人员可以主管自己的实验室；世界一流大学更要有充足的资源，为学习知识和前沿研究提供一个丰富的环境。一些顶尖的机构同时也是经验丰富的西方大学，年轻大学可以从它们身上学习一些东西。尽管大多数大学不在这些世界级排名之列，但在当地依然发挥重要的教育作用。

在过去的10年中，尽管美国大学仍然占据霸主地位，但许多新兴大学，尤其是亚洲地区的大学，已进入世界大学年度学术排名的前500强。《联合国教科文组织科学报告2010》已经指出，过去10年见证了多极化学术领域的到来。

如果大学之间的竞争是这个全球化新联盟的标志之一，科学家之间的合作与协作就是另一个标志。近年来，远距离科学合作已经成为业内惯例：科学家当今生活在一个“超连接”的世界里。验证这一惯例的方法就是查看科学论文的共同作者都来自哪里。2015年欧洲莱顿排名就是针对大学远距离合作能力而发布的，其中排名前10的大学中有6所来自非洲和拉丁美洲，夏威夷大学（美国）高居榜首。

人才流动骤增

世界各地的学生人数与日俱增，因为我们从没像今天这样需要高等教育。相比之下，新兴经济体在2025年将有大约6300万名的大学生，全球的大学生人数预计将翻一番，达到2.62亿人。几乎所有的人数增长都将发生在新兴的工业化世界，其中仅中国和印度的增长就占一半以上。学生移民，人才流动和大学国际化从未发展到今天这样的高度。2013年大学招收了410万名国际学生，占全部大学生的2%[③]。到2025年，这个数字可能翻一番到达800万人。由于这个百分比很小，人才流失一般不会对国家创新体系的发展构成威胁，因此人才流动应该尽可能在高等教育中不受阻碍。即使在大多数

① 由于需要维护人类的生命保障系统而写给世界领导人的科学共识。这一项目由（美国）斯坦福大学主办。详情点击：http://consensusforaction.stanford.edu.

② 例如，马来西亚希望到2020年成为国际大学生留学的第六大全球目的地；在2007年至2012年，其国际学生人数几乎翻了一番，达到56000多人。参见第26章。

③ 这一数字掩盖了地区之间的巨大差异。参见数据2.12。

国家公共财政支持紧张的时候，全世界仍对大学有高需求。因此，尽管科学竞争非常激烈，但生产力的提高也是不可避免的。特别是大学网络的出现使得各个机构能够分享它们的教师、课程和项目，这是教育前进的一个方向。

相互联系：缩小创新差距

创造和交换科学知识对于建立和维持社会经济福利、融入全球经济至关重要。从长远来看，任何地区或国家都不能只是一个简单的新知识“使用者”，还要成为新知识的“创造者”。缩小创新差距对于大学十分重要；因此，创新（或技术转移）必须成为像教学和研究一样重要的任务。

不幸的是，尽管经济增长率很高，但是与 20 世纪 90 年代早期相比，非洲和亚洲许多国家的发明减少了。1990 年至 2010 年签署的专利分析显示，有 20 亿人口生活在创新落后的地区。印度和中国[①]的非凡发展掩盖了这一下降数字：2013 年全球 260 万专利申请中有近 1/3 来自中国。

青年需要了解自己的知识产权，从事反向创新

正如许多例子所示，很多国家新专利紧缺并不是由于缺乏创业精神，如在非洲重新开展移动银行业务。相反，由于缺乏财政资源，以致大学不能承担研究和技术转移的花费，才产生创新差距。根据布卢姆（2006）的说法，非洲相对忽视高等教育的部分责任在于国际发展共同体，他们过去没有鼓励非洲各国政府优先考虑高等教育。预计 10 年，每年有 1 100 万非洲青年人将进入就业市场。博滕（2015）说，必须努力支持他们（非洲青年人）的想法。年轻人想要在全球经济（市场）中找到好工作，他们需要技能、知识和创新意志，以及提高知识产权价值的意识。

为合作和“反向创新”共同创造最佳条件的一种方式就是各个大学从事适当（或基本）的技术工作。这些技术目的是在经济，社会和环境上可持续发展；它们都是高科技（因此吸引研究人员）和低成本的（因此适合创新者和企业家）。

在洛桑联邦理工学院，我们已经设立了一个这样的项目计划——“基础技术”。该计划在综合价值链的背景下实施基本技术：从理解需求到监测这些技术的实际影响并为其长期可行性做出贡献。要使技术具有重大和可持续的影响，科学、经济、社会、环境和制度因素都必须考虑在内。该计划需要跨学科和多元文化的合作方式，需要私营企业、政府当局和民间社会之间的伙伴关系，特别是来自低收入和中等收入国家的利益攸关方的合作。在全球范围内，许多大学已经设立了这样的项目或正在这样做。

数字化干扰：走向全球化的一种方式

数字革命是一个新的“破坏性”方式，让大学走出单一的校园，走向全球，来接触全球受众群体。云计算和超级计算机以及大数据处理已经转化了研究方式。它们导致了全球合作项目的产生，如 20 世纪 90 年代的人类基因组计划和最近的人类大脑计划。[②]它们带来基于人群的网络科学，允许研究人员、患者和市民在一起工作。在教育方面，这场革命以大规模开放式在线课程（慕课，MOOCs）的形式展开。一些世界一流大学已经意识到慕课可以为他们的知名度和声誉带来什么好处了，并开始开设这样的课程。

两个因素促成了慕课的快速增长（Esoher 等，2014）。首先，数字技术已经成熟，在许多国家，笔记本电脑、平板电脑和智能手机的使用愈发普遍，并且各大洲不断扩大宽带普及率。其次，“数字原生”一代现在已经进入了大学时代，在人际沟通中可以轻松使用无处不在的数字社会网络。致力于这一数字创新的世界一流大学数量正在稳步增长。正如一个慕课供应平台 Coursera 的学生人数也在不断增长，其学生的数量从 2014 年 4 月的 700 万人增加到今天的 1 200 万人。与它们的在线教育前辈不同，慕课的成本不是由学生承担，而是由提供课程的机构承担，这增加了慕课的吸引力。慕课可以帮助一所大学将其教学群体扩展到全球受众：洛桑联邦理工学院拥有在校生 10 000 名，但在全球范围内，慕课用户的注册人数已达近 100 万。

慕课缓解课本模块难度不等的差距

在未来的日子里，慕课能够随时随地播放学生

① 参见第 22 章（印度）和第 23 章（中国）。

② 这是 2023 年欧盟委员会未来和新兴技术旗舰项目之一。详情点击：https://www.humanbrainproject.eu.

大学：逐渐成为全球化发展的一员

负担得起的优质课程。校园教育仍然是学生生活的基础，但大学教育必须适应全球竞争，满足学生不断增加的对顶级大学优质讲座的需求。各个大学分享讲座，并以每个地方独特的研讨会和实践练习作为补充，肯定是2020年规划蓝图的一部分。慕课将促进合作大学之间相应课程的联合设计和联合制作。人们也可以想象，在合作机构的网上提供一系列高质量的介绍性讲座。慕课还可以提供由最佳专家制作的知识模块，并存储在维基百科的存储库中，供用户免费获取，以此来缓解课本模块难度不等的差距。

慕课创造出的动力也可能导致新教育方案产生。到目前为止，慕课仅作为独立课程传播。不过，未来可能会将其纳入认证计划。大学——有时作为网络——将决定认证，甚至是收入分配。认证课程对成人教育非常重要，因为雇主越来越重视员工的潜在技能，而不是正式学位。通过慕课，对知识社会至关重要的人类终身学习，正在成为一个全球的可行目标。

一开始，有些大学担心，一些快速发展的世界一流大学将接管慕课业务来统治和同质化其他大学。我们实际看到的是，慕课正在成为合作、共同生产和多样化的工具。竞争当然可以产生最好的课程，但垄断统治，绝对不行。

有望开展大学合作

多年来，我们认为小学教育是教育的主要挑战。我们现在认识到只有大学才能向学生和终身学习者提供研究经验和技能。其重要性不言而喻。

大学合作产生的共同生产、重新适应、整合、融合和认证课程将在全球各地发生。明天的大学将是一个全球性和多层次的企业，拥有热闹的校园，还有战略合作伙伴和全球虚拟在线业务的多个分支。洛桑联邦理工学院是已经走上这条道路的大学之一。

参考文献

Boateng, P. (2015) Africa needs IP protection to build knowledge economies. *SciDev.net*.

Bloom D.; Canning D. and K. Chan (2006) *Higher Education and Economic Development in Africa*. World Bank: Washington, D.C.

Escher, G.; Noukakis, D. and P. Aebischer (2014) Boosting higher education in Africa through shared massive open online courses (MOOCs). In: *Education, Learning, Training : Critical Issues for Development*. International Development Policy series No. 5. Graduate Institute Publications: Geneva (Switzerland); Brill-Nijhoff: Boston (USA), pp. 195–214.

Toivanen, H. and A. Suominen A. (2015) The global inventor gap: distribution and equality of worldwide inventive effort, 1990–2010. *PLoS ONE*, 10(4): e0122098. doi:10.1371/journal.pone.012209.

2012年，来自伊朗、塞内加尔、西班牙、委内瑞拉和越南的物理专业学生在联合国教科文组织位于意大利阿卜杜勒·萨拉姆国际理论物理中心的露台上享受即兴的学习期。2013年全球有410万名国际学生。©Rober to Bamaba/ICTP

用发展的方式来看科学

联合国教科文组织通信部项目专家巴努·纽潘

科学 2.0：数据革命

数据不仅创造了科学，还是所有科学调查的主要结果，而科学引领的数据革命带动了网络 2.0 和科学 2.0 的共同进步。第二代万维网（网络 2.0）让人们更容易地分享信息、进行合作，反过来，运用这些新的网络技术第二代科学开放活动（科学 2.0）使人们能与更多合作者更快地分享研究结果。互联性、信息共享和数据再利用三者的增长发展出一种研究科学的现代方法，随着科学 2.0 不断成熟，它逐渐开始取代现存的教授和学习科学的方法。科学 2.0 的特点是指数的一代和为科学目的使用数据，这种模型的转换既促进又得益于数据革命（IEAG，2014）。

科学合作逐渐加强

学者和研究人员现在通过网络平台分享他们的数据和研究结果，因此全球科学界可以通过合作来利用并进一步完善这些未处理的科学资料组。科学具有合作性的一个例子就是利用全球范围模型来研究气候变化项目（Cooney，2002）所产生的大数据。这样的研究利用了吸纳和编译了世界不同地区资料的大资料组，提供了解决地方问题的方法。这种大数据的“规模缩小”把更大规模的数据和地方水平的数据分开，弥补了使用不同数据带来的差异。另一个例子是最近数字化、且公开资料的 2014 年水稻繁育项目 3K RGP，该项目目前提供来自 89 个国家的 3 000 种水稻栽培变种的虚拟基因组序列数据。当地研究人员可以使用这样的数据来培育适应当地农民种植的改进的水稻品种，以此提高水稻年产量，促进国民经济增长。

将网络工具和支持机构层面及国家层面的公开科学的文化结合起来，会刺激虚拟知识银行里大数据的增长，和我们对大数据的分享。这种对元数据的分享能做许多事，比如，会产生关于当地气候模式的计算，能培育出最适宜在某特殊气候条件下生长的水稻。这样许多不同学科的研究关联性会越来越强，信息量会越来越多，这也使科学越来越有活力，并产生了二维科学实践。

从基础科学向大科学转变

为解决发展带来的紧迫的挑战——其中许多被联合国认定为可持续发展目标，科学研究的焦点已经从“基础研究”转移到相关研究或大科学，然而基础研究对任何未来的科学发现都很重要。一个典型的例子是沃森和克里克在 1953 年发现了 DNA 双螺旋结构，这为后续基因学和基因组学领域的工作奠定了基础。一个更近一些的例子是人类基因组测序，这项工作于 2003 年在人类基因组计划中完成。尽管辨识出人类 DNA 中 25 000 个基因是对知识的追求，在同一个项目中对相应的碱基对进行测序则是要揭开遗传变异的神秘面纱，以期最终改善基因疾病的治疗方案。

网络和线上互动促进全球研究界实时分享科学信息，这鼓励了研究人员获取数据，并把数据本地化来解决社会问题。全球研究界不再执着于寻找新元素填补元素周期表，或找到新的能解码氨基酸的碱基三联体。更确切地说，研究界现在关注更宏大的图景，以及怎样应用研究来解决能威胁人类生存的最终问题，如全球流行病、水、食品、能源短缺以及气候变化。研究优先性向更大的科学工作日程转变，这体现在分拨给应用科学的研究基金的数量上。研究人员投入比以前更多的钱将基础研究成果转变为商业上有生命力的产品，或对社会和经济可能有益的技术。

没有公民参与，公开数据难以形成社会福利

科学家比以前更容易接触到大数据，这一点强调了科学 2.0 技术促进了科学关注点向另一个方向转变——从基础研究转向应用和发展方向。首先，我们只能在包容的环境中接触到大数据。如果我们用基础研究应用改善人类生活，除非我们让所有公民自身参与到这个互相关联的发展过程中去，我们没有更好的方式来了解某一个公民的需求和困难，还满足这个人所在的更大群体的利益。科学只在不同水平的各个阶层（政府、学者、普通大众）都充分地参与进来时才具有包容性。因此，我们还要在开放的环境中才能接触到大数据。如果科学不够公开透明，则公民不能参与其中。没有公民参与，公开数据难以形成社会福利，因为这样将不会有人分

析本地需求，后续缩减数据规模、提取主流数据的工作。比如说，想要鉴定一个污染程度对本地区影响情况的区域性科学项目，只有在公民通过一个让他们愿意参与的虚拟平台向调查人员实时报告他们的健康状况才能实现，而不是随便参与就能完成的。越来越多的人认为支持早期灾害预警的发现，如三维模拟模型，比能提高灾后恢复能力的模型更加重要。

因此，我们现在用的互联的、未来主义的研究科学的方法重新定义了什么是开放和包容的科学实践。过去实验室里老师和学生的互动变成了虚拟互动。近年来越来越多普通人能够参与，并通过虚拟平台实时为科学大数据做出贡献，这样的科学实验改变了科学进程，有时候政府做出能影响人们生活的决策也有这个作用。用这种方式吸引公民，能让普通大众以非正式的形式参与到收集和分析大数据的过程。这一举措还有其他影响，比如促进西方发达技术的本地化，使这种先进的技术可以适应发展中国家居民的需求。这种公民参与能渐渐让所有人受到教育，且使公民在我们解决应用科学技术出现问题时扮演更重要的角色。全民科学这一术语指的是参与科学活动的公民能积极为科学做出贡献。比如，为研究人员提供实验数据和设备。这样能促进科学、政策和人员的互动，使研究能跨更多学科，变得更开放和民主。

全民科学的一个例子是联合国教科文组织和其他伙伴执行的生态系统服务管理项目，这一项目与扶贫有明显的联系。该项目将前沿的适应性治理概念、全民科学和知识联合在技术上做出的突破结合在一起。几个环境虚拟天文台使脆弱的、被边缘化的人能参与到解决各种当地环境问题的行列中来（Bugtaert 等，2014）。

尽管通过提供大数据来促成科学文化的开放性[①]，但不可避免地产生了问题：这种开放性和包容性怎样才能为这些公开大数据造成的影响负责，科学和各层次人的参与结合在一起怎样才能尊重知识产权，避免出现雷同研究、避免在没有相关法律界定商业引用和限制时滥用数据？

① 关于研讨会的最终报告参见 https://wiki.oreativ commons.org. /wiki/Data-governance-workshop.

研究人员被信息淹没

随着技术，例如，从能在半小时内读出人类染色体 DNA（大约有 1.5 千兆字节的数据量）的基因组测序机器到粒子加速器，如欧洲核子研究委员会（CERN）的大型强子对撞机（能在一天产生奖金 100 兆兆字节的数据）的迅速进步，研究人员被信息淹没了（Hannay，2014）。

资讯通最近所做的关于研究界的调查显示 80% 的科学家愿意与研究界及科学界的人分享他们的数据（Tenopir 等，2011）。虽然数据分享逐渐增多，但尤其在数据密集型领域工作的研究人员想知道怎样能最好的管理和控制数据分享，怎样才能在社会福利和不可控的“数据爆炸”之间划好“数据透明”的界限。

避免不加约束的大数据爆炸

全球科研支出在 2013 年已达到 1.48 万亿美元（政府社会合作资本）（见第 1 章），发表这项研究所做的投资大约有数十亿美元（Hannay，2014）。鉴于跨学科的、高度合作性的研究领域，如生物纳米技术、天文学、地球物理学是数据密集型的领域，经常需要取得数据的权利并进行数据分享，为了解释、比较和利用之前的研究成果，我们应该将资源平等地在规定、执行和沟通大数据治理、建立大数据分享协议和关于更高水平的正式科学合作的大数据治理政策之间进行分配。即使是在公民层面上，为了让科学更加亲民而不加控制地分享数据，也可能会使公民被惊人数量的科学信息狂轰滥炸，而这些信息他们既不理解，也没法运用。因此为了保证开放和包容的科学文化可以正常运行，建立科学大数据必须与大数据安全、大数据控制同时进行。

美国弗吉尼亚州国际知识共享组织在 2011 年组织了一场关于数据治理的研讨会，将大科学中的数据治理定义为“描述大数据保管人的决策、权利和责任的系统，和用来管理数据的方法。它包括与数据相关的法律和政策，以及在组织管理下的控制数据质量的策略和管理方式。”[②] 数据治理既有可能发生在传统层面上（大学），也有可能发生在虚拟层面

② 参照 www.itu.int/net4/wsis/sdg/Content/wsis-sdg_matrix_document.pdf.

上（在不同科目之间或大的国际合作研究项目之间）。

关于数字科学的一项行为准则

数据治理对所有参与到科研企业的利益相关者都适用，包括研究机构、政府、资助者、商业界和普通公民。不同利益相关者能在不同层面上做出贡献。比如，在更正式的层面，政府可以和其他附属研究机构在国内和国际层次上联合起来创造数据治理。按公民水准，我们可以在虚拟课堂中提供定制的教育资源和课程来教育公民关于大数据治理的情况。学生、研究人员、图书管理员、数据档案保管员、大学管理员、出版商等都能成为受益者。最近的数据治理研讨会还描述了这种训练怎样能融入我们为数字科学所创造出的一种行为准则中。这种行为准则描绘出了全民科学最好的实践方式，如数据引用和适当的数据描述。

大数据和开放性对可持续发展的意义

随着科学实践的进步，逐渐出现向虚拟科学的演进，我们可以利用和处理公开能获得的、科学研究产生的大数据来帮助实现 2015 年确立的可持续发展目标。对联合国来说，"数据是决策的根源，是解释说明的原料。没有高水平的数据在正确的时间为正确的事物提供正确的信息，设计、监测和评估有效的政策几乎是不可能的"。要实现由 17 个可持续发展目标和 169 个小目标组成的议程，分析、监测和制定这样的政策对着手解决人类面临的挑战十分重要。

作为一个专门的机构，联合国教科文组织自身致力于使开放的途径和开放的数据成为实现可持续发展目标的主要支持力量之一。2015 年 5 月开展的图上战术作业明确指出了开放的科学和科学大数据的开放性怎样与可持续发展目标相连。这次作业回顾了关于 2005 年信息社会世界峰会采纳的获取知识的途径，和相应的行动路线中体现出来的互联性，以及持续地提供社会物资和服务来改善生活和扶贫——互联性已成为制订可持续发展目标的指路明灯。

参考文献

Buytaert, W.; Zulkafli, Z.; Grainger, S.; Acosta, L.; Alemie, T.C.; Bastiaensen, J.; De Bièvre, B.; Bhusal, J.; Clark, J.; Dewulf, A.; Foggin, M.; Hannah, D. M.; Hergarten, C.; Isaeva, A.; Karpouzoglou, T.; Pandeya, B.; Paudel, D.; Sharma, K.; Steenhuis, T. S.; Tilahun, S.; Van Hecken, G.and M. Zhumanova (2014) Citizen science in hydrology and water resources: opportunities for knowledge generation, ecosystem service management and sustainable development. *Frontiers in Earth Science*, 2 (26).

Cooney, C.M. (2012) Downscaling climate models: sharpening the focus on local-level changes. *Environmental Health Perspectives*, 120 (1). January.

Hannay, T. (2014) Science's big data problem. *Wired*. August. See: www.wired.com/insights/2014/08/sciences-big-data-problem.

IEAG (2014) A World That Counts: Mobilising a Data Revolution for Sustainable Development. Report prepared by the Independent Expert Advisory Group on a Data Revolution for Sustainable Development, at the request of the Secretary-General of the United Nations: New York.

Tenopir, C.; Allard, S.; Douglass, K.; Avdinoglu, A.U.; Wu, L.; Read, E.; Manoff, M. and M. Frame (2011) Data sharing by scientists: practices and perceptions. *PloSOne:* DOI: 10.1371/journal.pone.0021101.

科学将在实现《2030 年可持续发展议程》中发挥关键作用

2015 年 9 月 25 日，联合国可持续发展大会通过了《2030 年可持续发展议程》。这个新议程包括 17 个商定的可持续发展目标，取代了 2000 年通过的千年发展目标。科学[①]在实现《2030 年可持续发展议程》方面将发挥什么作用？相关的挑战和机遇都有什么？以下评论文章[②]尝试回答这些问题。

没有科学，就没有可持续发展

由于各国政府一致认同《2030 年可持续发展议程》应该反映出可持续发展的共同愿景，因此科学贯穿在议程全部 17 个可持续发展目标之中。在《宣言》、可持续发展目标、《实现方法》中，关于科学的条文规定也随处可见，包括科学与创新的国家投入，促进基础科学、科学教育、扫盲等方面的发展，有一部分为《2030 年可持续发展议程》监测和评价部分。

科学对于应对可持续发展的挑战至关重要，因为它为新方法、解决方案、技术的提出奠定了基础，使我们能够辨别、弄清和应对当地和全球问题。科学提供可测试和可重复的解决方案，从而为知情决策和有效影响评估提供依据。无论是在研究范围还是应用方面，科学涵盖了对自然过程的理解、对人类和组织社会制度的影响、对人类健康和福祉以及更好生活生计的贡献，使我们能够达到减少贫穷的目标。

面对气候变化的挑战，科学已经为安全可持续的能源供应问题提供了一些解决方案；然而，在能源或能源效率的部署和储存等方面还有进一步创新的空间。这与可持续发展目标 7“关于负担得起的清洁能源”和可持续发展目标 13“气候行动”直接相关。

但是，向可持续发展的过渡不能仅仅依靠工程技术或技术科学。社会科学和人文学科在采用可持续生活方式中起着至关重要的作用。它们还帮助确定和分析了个人、部门和社会层面决策的背后原因，就像可持续发展目标 12 中反映的负责任消费和生产。它们还提供了一个可以发表关于社会关切和希望的批判性话语平台，讨论决定政治进程重点和价值的平台，这是可持续发展目标 16 对和平、正义和强大机构的强调重点。

目前的 5 日天气预报与 40 年前的 24 小时天气预报一样准确可靠，这一更加准确的天气预报是科学成功典例。然而，我们仍然需要周期更长的、地区更多的区域天气预报。还需要扩大对暴雨、洪水和风暴潮等极端天气事件的预测，特别是影响到非洲和亚洲最不发达国家的预报。这个需求也与可持续发展目标 13 的气候行动相关。

尽管近几十年来传染病已经可以通过疫苗接种和抗生素控制，但全世界仍然无法避免抗菌药物致病抗性的上升（世界卫生组织，2014；美国国家科学院，2013）。此外，新的病原体出现或发生突变。基于抗生素抵抗起源的基础研究和致力于开发新型抗生素和替代品的应用研究，可以发现新的治疗方法，其对于促进人类健康和福祉至关重要。这些问题与可持续发展目标 3 的人类健康和福祉有关。

基础科学和应用科学：一个硬币的两面，相辅相成

基础科学与应用科学是同一个硬币的两面，相互联系、相互依存（国际科学协会理事会，2004）。正如马克·普朗克（1925）所言：“知识是在应用之前的，而如果我们的知识更加详细，我们就可以从这种知识中获得更丰富和更持久的成果”（国际科学协会理事会，2004）。基础研究受未知好奇心所驱动，而不是受其他直接实际应用驱动。基础科学解开思想的禁锢；它带来新的知识，提供新的方法，反过来可能产生实际应用。这需要耐心和时间，是一种长期投资。而且基础研究是所有科学突破的前提。反过来，新知识可以带来实际科学应用和人类的跨越式发展。因此，基础科学与应用科学相辅相成，为人类在可持续发展之路上面临的挑战提供创新的解决方案。

这样的观念转变有无数例证。在医学史上，只要发现疾病的细菌来源，医生就能够研究出免疫方法，从而挽救无数生命。电灯不仅仅是从蜡烛中演变而来；凭借新的概念和偶尔的前进跳跃，这种演

① 在这里，科学应该理解为更广泛的科学、技术和创新等，从自然科学到技术，从社会科学到人文科学。

② 这篇评论文章是基于《科学促进可持续发展的关键作用》和《后 2015 发展议程：联合国秘书长科学顾问委员会初步思考和评论》的政策摘要。2014 年 7 月 4 日，该政策摘要在纽约提交给联合国经济及社会理事会高级别会议。该理事会致力于可持续发展目标和相关进程，自此一直更新。

变在一步一步发生。基于加速剂的粒子物理学就是一个例子：粒子加速器最初仅作为基础研究的工具，但现在在主要医疗中心也很常用。在那里它们产生 X 射线、质子、中子或重离子，用于诊断和治疗诸如癌症的各种疾病，因此数百万名患者从中受益。

因此，基础科学和应用科学之间不是对立面也不是竞争关系，而是协同配合。这些考虑是可持续发展目标 9 关于工业、创新和基础设施方面的核心。

科学就像音乐，是世界通用的

科学就像音乐，是世界通用的。科学是一种可以让我们跨越文化和政治分享成果的语言。例如，由于心中拥有同样的激情和目标，来自 60 多个国家的 1 万多名物理学家在瑞士的欧洲粒子物理实验室（CERN）一起努力研究。世界各地的大学都在设计新的研究生和本科生课程，教导这些未来的全球问题解决者们如何跨学科、规模和地域工作。科学就像是研究合作、科学外交与和平的杠杆，这也与可持续发展目标 16 有关。

科学起着重要的教育作用。科学教育培养的批判性思维对于训练思想以了解我们所处的世界、做出选择和解决问题至关重要。科学素养为解决日常问题提供了基础，通过加深共识来减少产生误解的可能性。应在低收入和中等收入国家促进科学素养和能力建设，特别是科学优点认知低和科学资源普遍缺乏的地方。这种情况造成了对科学素养和工业化程度更高的国家的依赖。因此，科学在实现可持续发展目标 4 的素质教育方面能够发挥作用。

科学可以造福大众

公共科学不仅给可持续发展的道路带来变革性的改变。它也是跨越政治、文化和心理界限的一种方式，从而为可持续发展的世界奠定基础。当科学成果自由传播和分享，科学就可以促进民主实践，使科学大众化。例如，万维网的发明，是为了方便在瑞士欧洲核研究组织（CERN）实验室工作的科学家之间进行信息交流。从那时起，网络已经彻底改变了全世界人类获取信息的方式。欧洲核研究组织（CERN）是一个公共资助的研究中心，它优先研究将网络免费提供给每个人，而不是发明专利。

需要综合的方法

为了使后 2015 发展议程真正具有变革性，尊重可持续发展目标所涉发展问题之间的相互联系至关重要。在正式谈判中，这一点得到了联合国大会可持续发展目标公开工作组的承认，并制定了《2030 年可持续发展议程》。根据学科方法人为地划分《2030 年可持续发展议程》的目标，对相互理解、资源调动、沟通、提高公众意识十分必要。然而，人们对于可持续发展的经济、环境和社会的复杂性和强大相互依存关系，持观望态度。

为了说明这三个方面之间的强烈相互关系，让我们考虑以下几点：营养、健康、男女平等、教育、农业等都与几个可持续发展目标相关，并且是相互关联的。如果没有足够的营养，就不可能健康。反过来，充足的营养与农业密切相关，因为农业提供各种营养食品（可持续发展目标 2 关于消除饥饿）。农业会影响环境，从而影响生物多样性（可持续发展目标 14 和目标 15 分别关注水下生命和陆地生命）；我们猜测农业管理不善是毁林的主要原因。妇女是健康、营养和农业的纽带。在农村，她们负责日常食品生产和育儿。由于被剥夺受教育、获得知识的权利，一些妇女对上述的相互联系关系并不熟悉。此外，她们的文化背景经常影响她们的生活幸福度，没有文化导致人们就像对待二等公民一样对待她们。因此，促进男女平等和增强农村妇女权力对在上述所有领域取得进展，并遏制不可持续人口增长至关重要。在可持续发展目标 5 关于男女平等的背景下，科学可以建立允许这种相互联系的桥梁。

农业实践、健康、环境之间密切相关的另一个例子是“一体健康”的概念。这一概念主张人类健康与动物健康密切相关。例如，源自动物的病毒可以扩散到人类，如埃博拉病毒或流感病毒（如禽流感病毒）。

鉴于科学促进可持续发展的跨学科性质，联合国秘书长科学咨询委员会强调，加强不同科学领域的合作，以科学的方式刻画科学，以此作为未来《2030 年可持续发展议程》成功的关键因素。各国政府应承认科学能够联合不同知识体系、学科和研究发现的潜力，以及为追求可持续发展目标而建立强大知识库的潜力。

科学将在实现《2030 年可持续发展议程》中发挥关键作用

参考文献

ICSU (2004) ICSU Position Statement: The Value of Basic Scientific Research. International Council for Science. Paris.

Planck, M. (1925) The Nature of Light. English translation of lecture given to Kaiser Wilhelm Society for the Advancement of Science: Berlin.

NAS (2013) *Antibiotics Research: Problems and Perspectives.* National Academy of Sciences Leopoldina: Hamburg (Germany).

United Nations (2013) Statistics and Indicators for the Post-2015 Development Agenda. United Nations System Task Team on the Post-2015 Development Agenda. New York.

United Nations (2012) *The Future We Want*. General Assembly Resolution A/RES/66/288, para. 247.

WHO (2014) *Antimicrobial Resistance: Global Report on Surveillance.* World Health Organization: Geneva.

可持续发展目标

可持续发展和公正世界的科学——为全球科学政策制定的新框架?

国际科学理事会海德·哈克曼、爱丁堡大学杰弗里·波尔顿

全球变化带来的挑战

无论是对科学家还是普通大众来说，人类探索地球科学的意义及影响凸显重要。地球的自然资本每年都会产生资源红利，这构成了人类经济活动的基石，并维持着地球居民的生存系统。然而，随着世界人口的增长，增加的消费量正在逐渐消耗地球的自然资源。就这一点而言，两种人类行为比较突出：一是为了社会运转逐年增加资源消费量，二是对过度开采和过度消耗可再生资源和不可再生资源。这些活动不仅不能可持续发展，还会产生异常灾害。这些活动的结果十分严峻，对将来的人类来说，可能是灾害性的。我们生活在一个人类社会变成有决定性的地质力量的时代，也可以叫作人类纪（Zalasiewicz 等，2008；国际社会科学理事会与联合国教科文组织，2013）。

某地的人类活动通过全球大洋、全球大气和全球文化、经济、贸易、旅游网络传播到世界各地。相反地，这些全球性的传播系统根据地理位置不同对某地可能有不同的影响。这在社会和生物地球物理过程中导致了一种复杂的耦合，这种耦合重新分配了地球的生态系统，产生了一个新的生态系统，这个新系统对地球来说是异常的，贫穷、不平等、冲突会成为新系统的主体。由于存在大量互相依赖和非线性的、混乱的关系（这些关系在不同的环境中有不同的表现），这种耦合意味着解决这个生态系统某一部分的问题会对其他部分也产生影响。因此，我们的社会面对全球性的环境、社会经济、政治和文化问题，这些问题必须从整体的角度来看，才能为有效处理每个问题提供指导方式。

然而，联合国可持续发展目标中体现了这一系列的问题。现在社会急迫地要科学使用既能可持续发展、又公正的方法帮忙解决这些问题。迎接这一挑战需要有不同文化背景的领导人和人民的参与。这需要全球的响应，因为不论是科学界、政治界还是普通民众都没有准备好。虽然社会上许多部门需要参与到这个过程中，但是科学界的角色更加特殊。

从环境影响来看，对这个挑战而言重要的是终结耦合增长，甚至是经济停滞。我们怎样能通过广泛采用久经考验的、能成功的、竞争成本不断提高的技术，采用通过经济授权和管理框架运行的操作系统和经济模型才能做到最好正变得渐渐清晰。我们与必要的科技转变紧密相连，社会上存在一种需求，我们不仅要适应它，还要找到合适的方法从基础上转变社会经济系统、价值观和支持经济社会和价值观的信仰以及行为、社会习惯和长期存在的生活方式。

这些复杂的全球现实情况为推广科学为公共政策和实践所做的贡献提供了有力的推动。

富有挑战性又不断改变的科学

在过去的20年里，我们逐渐意识到，如果我们能提出并施行有效而公平的公共政策，需要把公众对话和公众参与建设成双向的过程。然而上文描述的这种挑战的规模和国际范围，需要我们付出共同的努力，找到更深刻的方法（Tàbara，2013）。这些典型的方法会通过跨国境、跨学科（物理学、社会学、人类学、工程学、药学、生命科学）来实现更好的多学科性；会促进国际合作真正倾听世界各地多种科学不同的声音；会为分析复杂的、多学科的问题提出新的研究方法；会将不同亚文化的知识[包括专门的科学的、政治/策略的、本地的、社区的和整体的知识（Brown 等，2010）]结合在一起。开放的知识系统促进了以解决问题为导向的研究发展，将学术知识和非学术知识都作为知识的一部分结合在一起，共同进入合作学习和问题解决的网络，将传统的二元系统连通起来，比如互不相关的基础研究和应用研究。

全球层面上开放的知识系统的一个主要例子是国际联盟，包括国际科学理事会、国际社会科学理事会、联合国教科文组织、联合国环境规划署、世界气象组织、联合国大学、贝尔蒙特论坛和一些国家科学资助机构于2012年建立的未来地球计划。未来地球计划为全球变化和可持续性研究提供了一个平台。在这个平台上，许多不同学科的研究人员、学者与没有学术背景的合作伙伴在主题确定的网络

中，结合关于海洋、健康、水－能源－食物联结、全球转变和社会金融的知识共同工作，而未来地球计划的核心是促进学科内和跨学科的科学实践。

尽管社会生态系统的不可持续性的最终结果还没解决，我们正在保证所有学科的各个方面互相联结，互相构建问题，共同合作来设计、执行和应用研究成果，努力理解社会生态系统。与此同时，我们对多学科的强调变成对超学科的强调，这成为研究基础的保障流程。超学科研究使决策制定者、政策制定者、从业人员以及民间团体的人员和私营部门都参与其中，共同设计、协同生产以解决问题为导向的知识、政策和实践方式。超学科研究承认我们能利用的相关知识和专家意见有很多来源渠道，参与其中的人曾经既是知识的生产者，也是知识的使用者。在这种方式下，超学科不仅是向政策和政策实践注入科学知识的新方式，也不仅是重新构建一种单向的从研究到应用的模式，而被认为是一种能创造可利用的知识的社会过程，利用提高科学可信度、实际相关性和社会政策的合理性来促进共同学习。超学科是我们为连接和整合不同亚文化知识来解决复杂社会现象，支持集体解决问题所做的努力。在超学科研究中，科学知识不把科学知识“使用者”看成被动的信息接收者，或者最多把他们看成科学家所需数据的提供者；相反，科学家整合政策制定者、从业人员、企业家、活动家和普通市民的人生观、价值观和世界观，在制定与他们的需求和抱负相关的政策时给予他们发言权（Mauser 等，2013）。

现在很多人提议“开放科学”和“开放数据”，这成为未来发展开放知识系统基础和必需的支撑（英国皇家学会，2012）。近年来提高参与人数的举措很自然地让人认为科学应该成为公开事业，而不是被隐藏在实验室和图书馆门后；公民资助的科学项目应该公开透明；科研人员应该让研究数据公开接受检查；研究成果应该免费，或者以最小的代价就能使用；科学结果和其内涵应该以更有效的方式让所有利益相关者都知悉，以及科学家应该公开参与到跨学科研究中。开放科学是建立在通过垄断和保护数据形成的、社会知识私有化的商业模型的重要平衡。如果科技企业在这样的压力下也不会失败，科学界应该为其提供公开数据、公开信息和公开知识。

向科学政策发起挑战

关于公开系统的论述，或者更广泛地说，关于公开科学的论述等同于新的科学政策模式或框架吗？一个背离（通常是国家的）知识经济的轨迹看待科学的价值，不再将科学看成为可持续发展和公正的世界工作的公共企业的模式或框架？

从理论上说，是这样的。描述基本科学政策的概念改变了应有的方向。比如，科学界很大一部分科学相关性的概念不再像以前一样关注国民经济增长和竞争力，而是更多地关注转型研究的需求，找到解决我们面对的全球问题的方案。

我们也看到了公民对科学和政策联结点的理解转变了：以前科学政策被看作一个建立在知识转化的线性模型上的单向的传送系统，有自己的内涵和影响，有关于知识生产和使用的二元机制（比如政策简报，评估和一些建议系统）；现在的科学政策是有着迭代互动的多方向的模型，有反馈圈，并承认双方决策过程都十分混乱。

最后，我们看到了科学地缘政治的转变，尤其在我们如何努力制订计划克服全球知识分歧方面。建设能力变成了发展能力，但这两者本质上仍受困于帮助全球发展中国家努力追赶的观念。这种想法转变为关于动员能力的观念，为了真正促进全球整合与全球合作，分辨支持区域科学系统的需求和优秀的表现。旧框架向新科学政策框架的转变在实践中实现了吗？这个方向上出现了激励人心的标志。在国际层面上，未来地球计划为推动整合的、跨学科的科学实践提供了一种新的机构框架。也许更重要的是，贝尔蒙特论坛的多边资助计划对这样的科学实践提供资金支持，最近国际社会科学理事会的可持续转换计划也会资助这样的科学实践[①]。

与此同时，检查现在的科学政策实践情况显示出了相反的状况。全球的大学在这里扮演着重要的角色。它们在目前拥有的知识、传承和振兴已有的知识、创造和传递新的知识与其他的机构都十分不同。尽管经常大学里的知识传承和交流的范围都是在学科内部，都靠专门的学科方法来训练，加深学

① 参见 www.futureearth.org.

生对知识的理解，只为优先的、有激励作用学科的提供赞助。创造科学知识的老方法一直被建立在长期存在的不合适的规则、奖励制度和职业晋升系统之上的传统评估形式所保存下来，研究人员很少被鼓励（更别说被奖励）去获得跨文化，学科内和跨学科所需的社会文化能力和参与技巧[①]。

创造有利的条件

科学政策对公开知识、公开科学政策框架还没有“说到做到”。不仅大学要为此负责，制定国家科学政策的人也要为此负责。他们制定研究的先后顺序、分配资金、设立激励机制来分辨这样一个框架所包含的更必要的事情，并做出反应。尤其我们需要从他们那里获得更有创造性的合作方案来更好地在全球变化和可持续研究领域整合自然、社会和人类科学。我们需要公开、包容、专注地支持这一过程，在其中我们和所有社会上的利益相关者共同创造以解决问题为导向的知识。我们还需要科学政策制定者有批判精神，并能映射自身。做确定主题的研究的时候，我们不能将其他突然闪现的关于其他领域的创造性想法排除在外，许多见解和现代社会依赖的技术是这样产生的，这些有创造性的解决方案可能会创造一个新的未来。因此，在学术人员和非学术人员之间合作设计和协同生产知识会产生一些区别，监测和评估政策实践和有效性的区别很重要。

为什么这一点如此重要？因为坚定支持以整合的、决策为导向的、跨学科的科学对于人类纪中真正的科学家具有重要意义；同时，对于科学家如何磨炼技术、我们如何培养科学家，评估和奖励科学家，如何规划职业生涯也具有重要意义。这对我们如何赞助科学研究，科学是否或如何为当今全球的挑战和可持续发展转型提供解决方案，也具有重要意义。这决定科学在塑造这个星球上人类的未来将扮演着什么样的角色。

① 参见：www.belmontforam;www.worldsocialscience.org/activities/transformations.

参考文献

Brown, V. A. B.; Harris, J. A. and J.Y. Russell (2010) *Tackling Wicked Problems through the Transdisciplinary Imagination.* Earthscan Publishing.

ISSC and UNESCO (2013) *World Social Science Report 2013: Changing Global Environments.* Organisation for Economic Co-operation and Development and UNESCO Publishing: Paris.

Mauser, W.; Klepper, G.; Rice, M.; Schmalzbauer, B.S.; Hackmann, H.; Leemans, R. and H. Moore (2013) Transdisciplinary global change research: the co-creation of knowledge for sustainability. *Current Opinion in Environmental Sustainability,* 5:420–431: http://dx.doi.org/10.1016/j.cosust.2013.07.001.

The Royal Society (2012) *Science as an open enterprise.* The Royal Society Science Policy Centre report 02/12.

Tàbara, J.D. (2013) A new vision of open knowledge systems for sustainability: opportunities for social scientists. In ISSC and UNESCO (2013) *World Social Science Report 2013: Changing Global Environments.* Organisation for Economic Co-operation and Development and UNESCO Publishing: Paris.

Zalasiewicz, J. *et al.* (2008) Are we now living in the Anthropocene? *GSA Today,* 18(2): 4–8: doi: 10.1130/GSAT01802A.1.

科学政策中的地方和土著知识

联合国教科文组织地方和土著知识体系计划主管道格拉斯·中岛

全球认知

近年来，地方和土著知识已对全球科学政策做出新的和日益重要的贡献。特别值得注意的是政府间气候变化专门委员会（IPCC）在其《第五次评估报告》（2014 年）中对此表示承认。在分析《2014 年气候变化：综合报告》适用途径特点，以便为决策者总结经验时，政府间气候变化专门委员会得出结论：

> 土著、地方、传统知识体系和实践，包括土著人民对社区和环境的整体观点，是适应气候变化的主要资源，但在现有适应工作中尚未得到持续使用。将这种形式的知识与现有做法相结合，可以增加适应气候变化的有效性。

对于地方和土著知识重要性的认可得到了政府间气候变化专门委员会“相关”机构——全球评估机构的回应。2012 年成立的生物多样性和生态系统服务政府间科学政策平台（IPBES）将当地和土著知识作为“工作原则”保留，可理解为生物多样性和生态系统服务政府间科学政策平台多学科专家小组的以下科学和技术职能：探索可以带来不同知识的方式方法体系，包括科学政策中的土著知识体系。

具有引领全球科学和政策任务的其他知名科学机构使当地和土著知识处于突出地位。联合国秘书长科学顾问委员会在 2015 年 5 月第三次会议上决定：“编写一份政策简报，提请秘书长注意，我们要认识到地方和土著知识对可持续发展的重要性，并提出加强地方和土著知识（ILK）与科学协同运作的建议”。

理解当地和土著知识体系

在进一步探讨之前，说清楚“当地和土著知识体系”是什么意思可能是有必要的。这个术语涉及世代累积的知识和专有技术，这些知识和技术指导了人类社会与生活环境的无数互动；它们为全球人民的福祉做出贡献，确保了狩猎、捕鱼、聚会、游牧或小型农业的粮食安全，给人类提供医疗、服装、住房和应对环境波动变化的策略（Nakashima 和 Roué，2002）。这些知识系统是动态的，并由下一代传递和更新。

在出版的文献中有几个术语经常一起出现。它们包括土著知识、传统生态知识、当地知识、农民知识和土著科学。虽然每个术语可能具有不同的内涵，但它们也有很多相同意义可互换使用。

博克斯（2012）将传统生态知识定义为“通过适应性过程逐渐演变而成的知识、实践、信念，并由后代进行文化传播。传播生物（包括人类）之间、生物与环境间的关系”。

认识就是“再了解”

当地和土著知识不是新鲜事物。事实上，它与人类本身一样古老。然而，其新鲜之处是受到世界各地的科学家和决策者日益增多的认可。

认识是关键词，不是“发现”以前未知的东西，而是像词的词源所揭示：re（再次）+cognoscere（知道），意思是“再次知道，想起或回忆起以前知道的[①]知识。事实上，今天努力“重新认识”土著知识，就是承认实体主义科学在几个世纪前的分化。

科学的这种分离甚至否定地方和土著知识不是恶意的行为。最好是将它理解成一种历史的必要性。如果没有这种必要条件，科学不可能成为一种清晰的、可理解的体系，不可能有可辨别的思想家和从业者。正如西方哲学忽略了连续性，强调在构建“自然”对抗“文化”时的不连续性，所以为了将自己分开，实证主义科学忽视与其他知识体系相同的无数特征，它首先是不同的，然后是“独特”的，最终成为“优秀”的。

直到今天，年轻的科学家接受训练来重视经验、理性、客观的科学特征，这反映出其他知识体系受到主体性、传言和非理性的影响。当然，没有人可以否认实证主义科学在提升人类对生物物理环境理解方面的记录，令人印象深刻。而这些技术进步令人惊叹，已经改变并在不断转变，从而使我们生活的世界越来越好。科学对其他知识体系的分裂和否定，以及科学本身作为一个学科，无疑是实证主义

---

① 参见：www.etymonline.com/index.php?term=recognize.

科学在全球成功中的关键。

然而，分割、还原和专业化也有其局限性和盲点。在近几十年来，否定自然和文化，或者科学和其他知识体系的优势是否超越了其劣势？对这些缺点日益增多的理解有没有可能有助于地方和土著知识出现在全球舞台上？

地方和土著知识在全球舞台上出现

地方和土著知识在全球科学政策的交互中出现，显示出科学和地方和土著知识的长时间分离即将结束。这种说法里“分离”可能不是一个正确的术语。事实上，科学和其他知识的相互联系可能永远也不会被隔断，只是会被模糊。科学是地方居民对自然如何运转的观察和理解。比如在殖民科学早期，人类植物学和民族动物学靠当地人对知识和诀窍来分辨有用的动植物。本地术语和分类披着科学分类的伪装被大批采用，举例来说，欧洲人对亚洲植物学的理解，“讽刺地，(欧洲人的理解）依靠一套特征和分类实践，尽管这些被认为是西方科学，事实上来源于更早的当地和土著知识的汇编”（Ellen 和 Harris，2000，p.182）。

直到 20 世纪中期我们才发现西方科学家对当地和土著知识态度的转变。这是由哈罗德·康克林在菲律宾写下的反传统著作《哈努努文化与植物界的关系》（1954）所引起的。康克林揭露了哈努努文化所含的大量的植物学知识，覆盖了“上百种能区分植物类型的方法，这些方法能指出具有药用价值或者营养价值植物的显著特点”。在其他的王国和区域，鲍勃·约翰尼斯与太平洋岛国渔民一起工作，记录下他们精通“55 种鱼群以月亮为线索进行产卵，包括产卵的月份和周期，以及准确的地点”（Berkes，2012）。这种当地和土著知识里的鱼种类比科学家掌握的依据月亮周期性产卵的鱼类多两倍不止（Johannes，1981）。在北美洲，土地都设定了路线图，因为本地人提倡以此为当地和土著知识在野生动物管理和环境影响评估上设立一个职位而铺路（Nakashima，1990）。

为更好地理解本地居民和团体积攒的大量知识所做的努力在未来几年中会迅速扩大，尤其是在生物多样性方面，现在著名的文章《生物多样性公约》通过要求各方“尊重、保存能体现当地居民关于保存和可持续利用生物多样性的传统生活习惯而拥有的知识、创新和实践”，为建立国际意识做出了贡献。

但是地方和土著知识也在其他领域逐渐获得认可。奥拉夫（2002）揭露安第斯农民通过观察昴宿星团能够预测出厄尔尼诺现象出现的年份，他们的预测与现代气象科学的预测同样准确：

> 昴宿星团的大小和亮度随着对流层中稀薄的高空云层的变化而变化，这反映出太平洋上厄尔尼诺现象的严重程度。因为该地区在厄尔尼诺年降水通常十分稀少，这种（安第斯农民发展起来的）简单的方式能提供十分有价值的预测结果，这种结果可能和长期的建立在海洋和大气计算机模型上预测出来的结果一样好，甚至更好。

还有其他领域承认了当地和土著知识的准确性，即自然灾害预防和救治方面。一个最惊人的悲惨的例子是印度洋海啸在 2004 年 12 月带走了 20 万人的生命。在这场大灾中，关于当地和土著知识如何拯救生命的描述浮出水面。联合国教科文组织有自己获得消息的渠道，因为我们和泰国苏林岛上的莫肯人一起做了一个长达数年的项目。2004 年的海啸完全破坏了他们在海边的小村庄，但没造成人员死亡。海啸后莫肯人解释说，整个村子里的人，大人和小孩子，都知道海水不正常地从岛岸退去是他们应该抛弃村子、迅速转移到高地上的标志。苏林岛上的莫肯人没人看到拉布恩（他们对海啸的称呼），但依据一代代传承下来的经验，他们知道海啸的预兆，也知道怎样去应对（Rungmanee 和 Cruz，2005）。

生物多样性、气候和自然灾害只是当地和土著知识能展现自身竞争力的多个领域中的一小部分。其他能提到的有动植物种类的基因多样性，包括授粉和传粉者（Lyver 等，2014；Roué 等，2015）；传统开放式航海的核心知识，包括洋流、涌浪、风向和星座（Gladwin，1970）；当然还有传统药学，包括女人对分娩和生殖健康的深厚知识。世界各地人民会在涉及他们日常生活的领域中发展出自己的专业知识，这似乎是不言自明的，但是这种知识的源泉被逐渐产生的科学知识所模糊，就好像科学需要把其他获取知识的途径排挤到边缘，以保证自己获得逐渐增长的全球认可度和影响力。

我们应去向何方?

地方和土著知识在全球范围出现也带来了许多挑战。一个挑战是要保持地方和土著知识的活力，并在它发源的地方去实践它。这些地方和土著知识系统面临着许多威胁，包括主流教育系统忽视用本地语言、知识和世界观进行儿童教育的重要性。认识到了只以实证主义者本体为中心的危险，联合国教科文组织联合尼加拉瓜的马杨娜人、所罗门群岛的马罗沃湖人为太平洋地区的年轻人发展根植于本地语言和知识的教育资源。①

在不同范围内，由地方和土著知识的认知所带来的满足期望的挑战具有不同属性。某地的知识和有这种知识的人怎么才能为生物多样性和生态系统的状态的评估做出贡献？怎样才能为理解气候变化和进化机会做贡献？取得认可之后怎样解决上述问题成为科技政策论坛的一个主要焦点。政府间气候变化专门委员会举办的第五届评估报告加强对当地和土著知识在适应全球气候变化中的重要性的认识后，联合国教科文组织正在与联合国的气候变化框架公约合作来寻找将本地的和传统的知识和科学结合在一起来应对气候变化。最后但仍是很重要的是，我们建立了一个关于地方和土著知识的任务小组，为地方和土著知识和全球的、区域生物多样性评估和生态系统状态提供生物多样性、生态系统服务政府间科学和适合的“方法和程序”。联合国教科文组织作为技术支持单位正在积极努力地开展工作。

参考文献

Berkes, F. (2012) Sacred Ecology. Third Edition. Routledge: New York.

Ellen, R. and H. Harris (2000) Introduction. In: R. Ellen, P. Parker and A. Bicker (eds) Indigenous Environmental Knowledge and its Transformations: Critical Anthropological Perspectives. Harwood: Amsterdam.

Gladwin, T. (1970) East Is a Big Bird: Navigation and Logic on Puluwat Atoll. Harvard University Press: Massachusetts.

Lyver, P.; Perez, E.; Carneiro da Cunha, M. and M. Roué (eds) [2015] Indigenous and Local Knowledge about Pollination and Pollinators associated with Food Production. UNESCO: Paris.

Nakashima, D.J. (1990) Application of Native Knowledge in EIA: Inuit, Eiders and Hudson Bay Oil. Canadian Environmental Assessment Research Council. Canadian Environmental Assessment Research Council (CEARC) Background Paper Series: Hull, 29 pp.

Nakashima, D.J.; Galloway McLean, K.; Thulstrup, H.D.; Ramos Castillo, A. and J.T. Rubis (2012) Weathering Uncertainty: Traditional Knowledge for Climate Change Assessment and Adaptation. UNESCO: Paris, 120 pp.

Nakashima, D. and M. Roué (2002). Indigenous knowledge, peoples and sustainable practice. In: T. Munn. Encyclopedia of Global Environmental Change. Chichester, Wiley and Sons, pp. 314–324.

Orlove, B.; Chiang, S.; John, C.H. and M. A. Cane (2002) Ethnoclimatology in the Andes. American Scientist, 90: 428–435.

Pourchez, L. (2011) Savoirs des femmes : médecine traditionnelle et nature : Maurice, Reunion et Rodrigues. LINKS Series, 1. UNESCO Publishing: Paris.

Roue, M.; Battesti, V.; Césard, N. and R. Simenel (2015) Ethno-ecology of pollination and pollinators. Revue d'ethnoécologie, 7. http:// ethnoecologie.revues.org/2229; DOI: 10.4000/ethnoecologie.2229.

Rungmanee, S. and I. Cruz (2005) The knowledge that saved the sea gypsies. A World of Science, 3 (2): 20–23.

① 参见：www.unesco.org/links,www.en.marovo.org 和 www.canoceithepeople.org.

全球综述

• 许多国家普遍面临着众多困境，例如，如何平衡本国研究与国际研究以及基础科学与应用科学之间的关系；如何平衡新知识和市场化知识的产生；如何平衡为公共利益服务的科学和为商业服务的科学之间的关系。

吕克·泽特、苏珊·施内甘斯、邓尼斯·埃罗克尔、巴斯卡兰·安盖茨瓦、拉杰·拉西亚

Photo: © Shutterstock.com

第 1 章　世界寻求有效增长策略

吕克·泽特、苏珊·施内甘斯、邓尼斯·埃罗克尔、
巴斯卡兰·安盖茨瓦、拉杰·拉西亚

引言

在过去的 20 年中，联合国教科文组织坚持定期对全世界的科学、技术与创新情况进行记录。科学、技术与创新不是孤立发展的；2010 年以来，社会经济方面的地缘政治动态和环境态势帮助塑造了当今的科学、技术、创新政策与管理。最新版的科学报告是对该背景下科学、技术和创新的发展历史的总结。

有 50 多位专家参与本报告撰稿，他们每人负责撰写关于自己国家或地区的研究报告。该系列报告发布的间隔为 5 年，这有利于着眼科学技术创新的长远发展趋势，避免拘泥于短期的年度波动。因为从政策、科学与技术指标方面看，对短期变化的描述不具有太大价值。

影响科学技术创新政策与管理的主要因素

地缘政治事件在多个地区重塑科学

过去的 5 年中发生过许多重大地缘政治变化，它们对科学技术的影响颇深。此类例子不胜枚举：2011 年的“阿拉伯之春”；2015 年伊朗签署核协议；2015 年东盟（ASEAN）经济共同体建立。

这其中的许多变化初看与科学技术并无太大关联，但它们所产生的间接影响却往往难以估量。例如，“阿拉伯之春”过后，埃及的科学技术创新政策发生了巨大变化。新政府认为追求知识经济才能最好地利用高效经济增长引擎。

埃及 2014 年通过的宪法规定将 1% 的国内生产总值用于研发，并要求“国家保证科学研究的自由，鼓励建立研究所，以实现国家的主权，建立起支持研究人员和发明者的知识经济”（见第 17 章）。

一方面，突尼斯在过去的一年中学术自由度加强，该国科学界人士与国际社会的联系日益紧密；而另一方面，利比亚却面临着武装起义，其科学技术迅速恢复的希望渺茫；叙利亚则正陷入内战之中。与此同时，“阿拉伯之春”带来的政治动荡使得政治边界易于渗透，促使机会主义恐怖组织兴起。这些极端暴力的武装分子不仅对政治稳定构成了威胁，还动摇了国家向知识经济发展的目标，因为这些恐怖组织对教育——尤其是对女性教育——有着天然的仇视。当前，这一蒙昧主义的触手已向南延伸至尼日利亚和肯尼亚（见第 18 章与第 19 章）。

与此同时，自武装冲突中崛起的国家，如科特迪瓦和斯里兰卡，正进行基础设施（铁路、港口等）现代化建设，推动工业发展、环境可持续性发展以及教育事业的发展，以促进国家和谐，重振国家经济（见第 18 章和第 21 章）。

2015 年达成的核协议或将成为伊朗科学事业的转折点，但正如第 15 章所分析的那样，国际制裁已驱使伊朗政权加速向知识经济过渡，寻求发展本国产品和生产方法来弥补石油收入减少及应对国际孤立。解除制裁带来的收入流将给伊朗政府提供机遇以加大研发投资。而 2010 年时，研发投资仅占伊朗国内生产总值的 0.31%。

与此同时，东南亚国家联盟（ASEAN）计划随着 2015 年年底东盟经济共同体的成立，将东南亚这片广大区域转变为共同市场和生产基地，届时成员国家之间的人口与服务流动限制将会取消。这将刺激东盟各国间科学技术的合作，由此巩固新兴的亚洲 - 太平洋知识中心。技术人员流动增加会使该地区收益，并提升已有 27 所成员学校的“东盟大学联盟”的作用。在东盟经济共同体的谈判过程中，各成员国将阐述其具体的研究重心偏向，如老挝政府希望优先发展农业和可再生能源（见第 27 章）。

非洲大陆也在筹备于 2028 年前建立自己的非洲经济共同体，在撒哈拉以南的非洲，区域经济共同体对该地区科研融合的作用在不断增强。近年来，西非国家经济共同体和南部非洲发展共同体（SADC）都采用了与非洲 10 年计划[①] 相配套的地区性科学技术创新策略。东非共同体（EAC）委托东

①《非洲科学和技术综合行动计划（2005—2014）》及其后续著作《非洲科技和创新战略（STISA-2024）》。

非高校校际理事会发展共同高等教育区。目前，在整个非洲大陆，卓越中心网络正在得以发展，一旦能扫除阻碍科学家流动的障碍，将促进科学流动和信息共享。2014 年肯尼亚、卢旺达和乌干达三国统一旅游签证，促使科技合作向正确的方向迈出了一步。

成立不久的南美国家联盟（UNASUR）其未来的地区科研融合程度将备受瞩目。南美联盟以欧盟为模型，计划在 12 个成员国间建立一个公共议会，发行共同货币，并促进南美次大陆商品、服务、资本和人口的自由流动（见第 7 章）。

环境危机提升人们对科学的期望

无论是自然的还是人为的环境危机都在过去的 5 年里影响着科学技术创新政策和管理。2011 年 3 月，日本福岛发生核泄漏灾难，其冲击波影响范围远超日本以外的范围。这场灾难促使德国承诺到 2020 年逐步淘汰核能，同时也引发了其他国家针对核能风险的讨论。而对于日本而言，这场“三连环”的灾难[①]对日本社会产生了巨大的冲击，人们第一次认识到科学家和决策者之间保持对话的重要性。官方数据显示，2011 年的悲剧不仅在核技术方面动摇了公众的信心，而且让人们对其他方面的科学和技术产生了担忧（见第 24 章）。

在过去的 5 年中，信心危机虽没有成为一大首要问题，但频发的旱灾、洪涝和其他自然灾害引发了公众日益的担忧，迫使政府采取了应对策略。例如，柬埔寨在其欧洲发展伙伴的协助下颁布了《气候变化战略（2014—2023）》。2013 年，菲律宾遭受了史上最强的热带气旋的袭击。该国一直以来在减灾措施上投入了巨大的财力，如研发 3D 灾害模拟模型，加强当地应用、复制和生产这类减灾手段的能力（见第 27 章）。美国最大的单个经济体——加利福尼亚州已多年遭受旱灾的侵袭。2015 年 4 月，加利福尼亚州州长宣布：到 2030 年，加利福尼亚州将在 1990 年基础上减少 40% 的碳排放量（见第 5 章）。

安哥拉、马拉维和纳米比亚近年来的降水量都低于正常值，其粮食安全因此受到影响。2013 年，南部非洲发展共同体的各部长同意发展地区气候变化项目。此外，东部和南部非洲共同市场（COMESA）、东非共同体和南非共同体从 2010 年起开始实施为期五年的联合行动，称为适应与减缓气候变化的三边项目（见第 20 章）。

在非洲，农业发展仍受到不良的土地管理和较低的投资带来的影响。尽管非洲在 2003 年的《马普托宣言》承诺将至少 10% 的国内生产总值用于发展农业，但仅有少部分国家达到了这一目标（见表 19.2）。随之而来的是农业研发受到影响。然而，一些国家也采取了措施来加强农业研发。例如，博茨瓦纳 2008 年建立了创新中心，以促进农业的商业化和多样化。津巴布韦正计划新建两所农业科技大学（见第 20 章）。

能源成为主要关注点

欧盟、美国、中国、日本、韩国以及其他国家近年来都加强了立法，以减少其碳排放，发展替代能源，提高能源效率。能源已成为各国政府的主要关注点，包括阿尔及利亚和沙特阿拉伯等石油输出国家也在进行太阳能投入，以促进国内能源的多样化。

在 2014 年年中，布伦特原油价格螺旋式下降前，能源多样化的趋势就已十分明显。例如，2011 年 3 月，阿尔及利亚实施了《可再生能源和能源效率方案》，随后通过了 60 多项风能和太阳能项目。加蓬 2012 年通过的《2025 年前战略计划》表明，推动该国走上可持续发展的道路是“新的行政政策的核心”。该计划明确了将以石油占主要比重的经济结构（2012 年占出口的 84%）多样化的需求，构思了国家气候计划，确定了至 2020 年水能在加蓬电网中的比重由 2010 年的 40% 提升到 80%（见第 19 章）的目标。许多国家正在发展超前先进的和超链接的“智慧城市”（如中国）或建设“绿色城市”，利用最前沿的科技来提升水资源和能源使用效率、建设效率、交通效率等，如加蓬、摩洛哥和阿联酋（见第 17 章）。

如果说，可持续性发展已成为全球大部分政府的主要关注点，但仍有些国家逆流而行。例如，澳大利亚政府取消了碳税，并宣布废除前任政府发起的刺激可再生能源行业技术发展的制度（见第 27 章）[②]。

① 地下地震引起的海啸吞没了福岛核电站，切断了对制冷系统的电力供应，导致核棒过热并引发多起爆炸，爆炸中产生的放射性微粒释放到了空气和水中。

② 澳大利亚可再生能源署和清洁能源金融公司。

第 1 章　世界寻求有效增长策略

寻求有效的发展战略

总体而言，2009 年至 2014 年是一段艰难的过渡时期。紧随 2008 年国际金融危机之后，该过渡时期的显著特征主要表现为较富裕国家严重的债务危机，对经济恢复力量的不确定性，以及对于有效发展战略的探索。许多高收入国家面临相似的挑战。例如，人口老龄化（美国、欧盟各国、日本等）、长期经济增长缓慢（见表 1.1）。全球各国都面临严峻的国际竞争形势。即便是那些受经济危机影响较小的国家如以色列和韩国，同样也在担心如何在一个快速发展的世界里维持他们已有的优势。

在美国，奥巴马政府优先投资气候变化研究、能源以及健康领域，但其许多发展战略都遭到急于削减国家预算赤字的国会的反对。在过去的 5 年里，扣除美元通货膨胀的因素，美国大部分联邦科研预算一直与之前持平甚或有所下降（见第 5 章）。

2010 年，欧盟制定了自己的发展战略“欧洲 2020 战略”，通过智能化、可持续和包容性的发展来帮助该地区摆脱金融危机。该战略指出：“本次经济危机抹杀了多年来欧洲所取得的经济发展和社会进步，暴露了欧洲经济存在结构上的缺陷。”这些结构上的缺陷包括研发投入低、市场存在壁垒和信息通信技术（ICT）利用不足。欧盟现行的为期 7 年的研究和创新框架“地平线 2020 计划”已获得最大预算，以期推动该计划在 2014—2020 年完成。东南欧国家的“2020 战略”与欧盟战略同名，也反映出该增长战略的主要目的是日后这些国家能顺利加入欧盟。

日本是世界上科研投入最多的国家之一（见图 1.1），但近年来它在科研方面的自信心有所受挫。其原因不仅在于 2011 年的三重灾难，还在于它在过去的 20 年间始终未能摆脱束缚经济发展的通货紧缩。日本现行的“安倍经济学”发展战略，从 2013 年起至今还未能兑现其加快经济发展的承诺。日本投资者的信心不足是显而易见的，这主要反映在日本企业不愿提高研发支出或员工工资，并且也不愿冒险推出下一个经济发展周期。

韩国正在寻求自己的发展战略。尽管它在此次全球经济危机中几乎毫发未损，但其发展已超出了所谓的“追赶模式”。它与中、日之间的竞争激烈，其出口量逐年递减，总体向绿色增长发展。同日本一样，韩国面临着人口老龄化和出生率不断下降的双重问题，对长期经济发展前景提出了挑战。朴槿惠政府一方面继续推行上届政府提出的“低碳，绿色增长”战略，同时也强调“创意经济”的重要性，努力通过发展新型创新产业来重振制造业。到目前为止，它一直依赖于国内联合大型企业如现代汽车（车辆）和三星（电子）来拉动经济增长和出口增收。如今，韩国正在努力使自己变得更具有创业性和创造性，在此过程中，韩国需改变其经济根本结构及科学教育的根本基础。

在金砖国家中（巴西、俄罗斯、印度、中国和南非），中国成功避开了 2008 年国际金融和经济危机，但其经济在 2015 年中期出现放缓迹象[①]。到目前为止，中国一直在靠公共支出来推动经济增长。2015 年 8 月投资者信心摇摆不定，中国从出口导向型转为消费驱动型增长的期望遭到质疑。中国政府注意到在过去 10 年里，中国的研发投入和科研产出不成正比。为此中国也在寻找一种有效的增长策略。

中国通过维持强劲的大宗商品需求来拉动经济迅速增长，2008 年以来随着北美和欧盟需求下降，对中国依赖原料出口的经济体造成了冲击。当大宗商品需求的周期性繁荣走到尽头时，就会暴露出一个国家经济结构上的缺陷，对巴西和俄罗斯联邦来说就是这样。

在过去的一年中，巴西经济进入衰退期。虽然在最近几年巴西提高了高等教育的普及率及社会支出，但其劳动生产率仍然很低。这表明到目前为止，巴西仍然没能很好地利用创新推动经济增长，俄罗斯联邦也存在相同的问题。

俄罗斯联邦正在寻求自己的发展战略。2014 年 5 月，总统普京呼吁俄罗斯扩大进口替代以减少该国对技术进口的依赖。随后，俄罗斯各工业部门开展计划，产出最尖端的技术。然而，继布伦特原油价格下调、制裁的实施以及商业环境日益恶化等问题的出现，政府刺激企业创新的计划可能会受到现今经济衰退不利局势的影响。

而与此同时，在过去几年中，印度的经济增长

① 2014 年，中国经济增长了 7.4%，预计 2015 年经济增长 6.8%，但对于能否达到该目标还有很大的不确定性。

表 1.1 世界人口和国内生产总值趋势

	人口（百万计）		占全球人口比重（%）		国内生产总值按2005年购买力平价美元（以十亿计）				占全球国内生产总值比重（%）			
	2007年	2013年	2007年	2013年	2007年	2009年	2011年	2013年	2007年	2009年	2011年	2013年
世界	**6 673.1**	**7 162.1**	**100.0**	**100.0**	**72 198.1**	**74 176.0**	**81 166.9**	**86 674.3**	**100.0**	**100.0**	**100.0**	**100.0**
高收入经济体	1 264.1	1 309.2	18.9	18.3	41 684.3	40 622.2	42 868.1	44 234.6	57.7	54.8	52.8	51.0
中等偏上收入经济体	2 322.0	2 442.1	34.8	34.1	19 929.7	21 904.3	25 098.5	27 792.6	27.6	29.5	30.9	32.1
中等偏下收入经济体	2 340.7	2 560.4	35.1	35.7	9 564.7	10 524.5	11 926.1	13 206.4	13.2	14.2	14.7	15.2
低收入经济体	746.3	850.3	11.2	11.9	1 019.4	1 125.0	1 274.2	1 440.7	1.4	1.5	1.6	1.7
美洲	**913.0**	**971.9**	**13.7**	**13.6**	**21 381.6**	**21 110.0**	**22 416.8**	**23 501.5**	**29.6**	**28.5**	**27.6**	**27.1**
北美洲	336.8	355.3	5.0	5.0	14 901.4	14 464.1	15 088.7	15 770.5	20.6	19.5	18.6	18.2
拉丁美洲	535.4	574.1	8.0	8.0	6 011.0	6 170.4	6 838.5	7 224.7	8.3	8.3	8.4	8.3
加勒比地区	40.8	42.5	0.6	0.6	469.2	475.5	489.6	506.4	0.6	0.6	0.6	0.6
欧洲	**806.5**	**818.6**	**12.1**	**11.4**	**18 747.3**	**18 075.1**	**19 024.5**	**19 177.9**	**26.0**	**24.4**	**23.4**	**22.1**
欧盟	500.8	509.5	7.5	7.1	14 700.7	14 156.7	14 703.8	14 659.5	20.4	19.1	18.1	16.9
东南欧	19.6	19.2	0.3	0.3	145.7	151.0	155.9	158.8	0.2	0.2	0.2	0.2
欧洲自由贸易联盟	12.6	13.5	0.2	0.2	558.8	555.0	574.3	593.2	0.8	0.7	0.7	0.7
欧洲其他地区	273.6	276.4	4.1	3.9	3 342.0	3 212.3	3 590.5	3 766.4	4.6	4.3	4.4	4.3
非洲	**957.3**	**1 110.6**	**14.3**	**15.5**	**3 555.7**	**3 861.4**	**4 109.8**	**4 458.4**	**4.9**	**5.2**	**5.1**	**5.1**
撒哈拉以南非洲	764.7	897.3	11.5	12.5	2 020.0	2 194.3	2 441.8	2 678.5	2.8	3.0	3.0	3.1
非洲阿拉伯国家	192.6	213.3	2.9	3.0	1 535.8	1 667.1	1 668.0	1 779.9	2.1	2.2	2.1	2.1
亚洲	**3 961.5**	**4 222.6**	**59.4**	**59.0**	**27 672.8**	**30 248.0**	**34 695.7**	**38 558.5**	**38.3**	**40.8**	**42.7**	**44.5**
中亚	61.8	67.2	0.9	0.9	408.9	446.5	521.2	595.4	0.6	0.6	0.6	0.7
亚洲阿拉伯国家	122.0	145.2	1.8	2.0	2 450.0	2 664.0	3 005.2	3 308.3	3.4	3.6	3.7	3.8
西亚	94.9	101.9	1.4	1.4	1 274.2	1 347.0	1 467.0	1 464.1	1.8	1.8	1.8	1.7
南亚	1 543.1	1 671.6	23.1	23.3	5 016.1	5 599.2	6 476.8	7 251.4	6.9	7.5	8.0	8.4
东南亚*	2 139.7	2 236.8	32.1	31.2	18 523.6	20 191.3	23 225.4	25 939.3	25.7	27.2	28.6	29.9
大洋洲	**34.8**	**38.3**	**0.5**	**0.5**	**840.7**	**881.5**	**920.2**	**978.0**	**1.2**	**1.2**	**1.1**	**1.1**
其他组别												
欠发达国家	783.4	898.2	11.7	12.5	1 327.2	1 474.1	1 617.9	1 783.6	1.8	2.0	2.0	2.1
所有阿拉伯国家	314.6	358.5	4.7	5.0	3 985.7	4 331.1	4 673.2	5 088.2	5.5	5.8	5.8	5.9
经济合作与发展组织	1 216.3	1 265.2	18.2	17.7	38 521.2	37 306.1	39 155.4	40 245.7	53.4	50.3	48.2	46.4
二十国集团	4 389.5	4 615.5	65.8	64.4	57 908.7	59 135.1	64 714.6	68 896.8	80.2	79.7	79.7	79.5
选定国家												
阿根廷	39.3	41.4	0.6	0.6	631.8	651.7	772.1	802.2	0.9	0.9	1.0	0.9
巴西	190.0	200.4	2.8	2.8	2 165.3	2 269.8	2 507.5	2 596.5	3.0	3.1	3.1	3.0
加拿大	33.0	35.2	0.5	0.5	1 216.8	1 197.7	1 269.4	1 317.2	1.7	1.6	1.6	1.5
中国	1 334.3	1 385.6	20.0	19.3	8 313.0	9 953.6	12 015.9	13 927.7	11.5	13.4	14.8	16.1
埃及	74.2	82.1	1.1	1.1	626.0	702.1	751.3	784.2	0.9	0.9	0.9	0.9
法国	62.2	64.3	0.9	0.9	2 011.1	1 955.7	2 035.6	2 048.3	2.8	2.6	2.5	2.4
德国	83.6	82.7	1.3	1.2	2 838.9	2 707.0	2 918.9	2 933.0	3.9	3.6	3.6	3.4
印度	1 159.1	1 252.1	17.4	17.5	3 927.4	4 426.2	5 204.3	5 846.1	5.4	6.0	6.4	6.7
伊朗	71.8	77.4	1.1	1.1	940.5	983.3	1 072.4	1 040.5	1.3	1.3	1.3	1.2
以色列	6.9	7.7	0.1	0.1	191.7	202.2	222.7	236.9	0.3	0.3	0.3	0.3
日本	127.2	127.1	1.9	1.8	4 042.1	3 779.0	3 936.8	4 070.5	5.6	5.1	4.9	4.7
马来西亚	26.8	29.7	0.4	0.4	463.0	478.0	540.2	597.7	0.6	0.6	0.7	0.7
墨西哥	113.5	122.3	1.7	1.7	1 434.8	1 386.5	1 516.3	1 593.6	2.0	1.9	1.9	1.8
韩国	47.6	49.3	0.7	0.7	1 293.2	1 339.2	1 478.8	1 557.6	1.8	1.8	1.8	1.8
俄罗斯	143.7	142.8	2.2	2.0	1 991.7	1 932.3	2 105.4	2 206.5	2.8	2.6	2.6	2.5
南非	49.6	52.8	0.7	0.7	522.1	530.5	564.2	589.4	0.7	0.7	0.7	0.7
土耳其	69.5	74.9	1.0	1.0	874.1	837.4	994.3	1 057.3	1.2	1.1	1.2	1.2
英国	61.0	63.1	0.9	0.9	2 203.7	2 101.7	2 177.1	2 229.4	3.1	2.8	2.7	2.6
美国	303.8	320.1	4.6	4.5	13 681.1	13 263.0	13 816.1	14 450.3	18.9	17.9	17.0	16.7

来源：世界银行世界发展指标，2015 年 4 月；联合国教科文组织统计研究所估计数据；联合国经济和社会事务部人口司，《世界人口前景：2012 年修订本》，2013 年。
* 此处东南亚指东亚和东南亚，全书同。

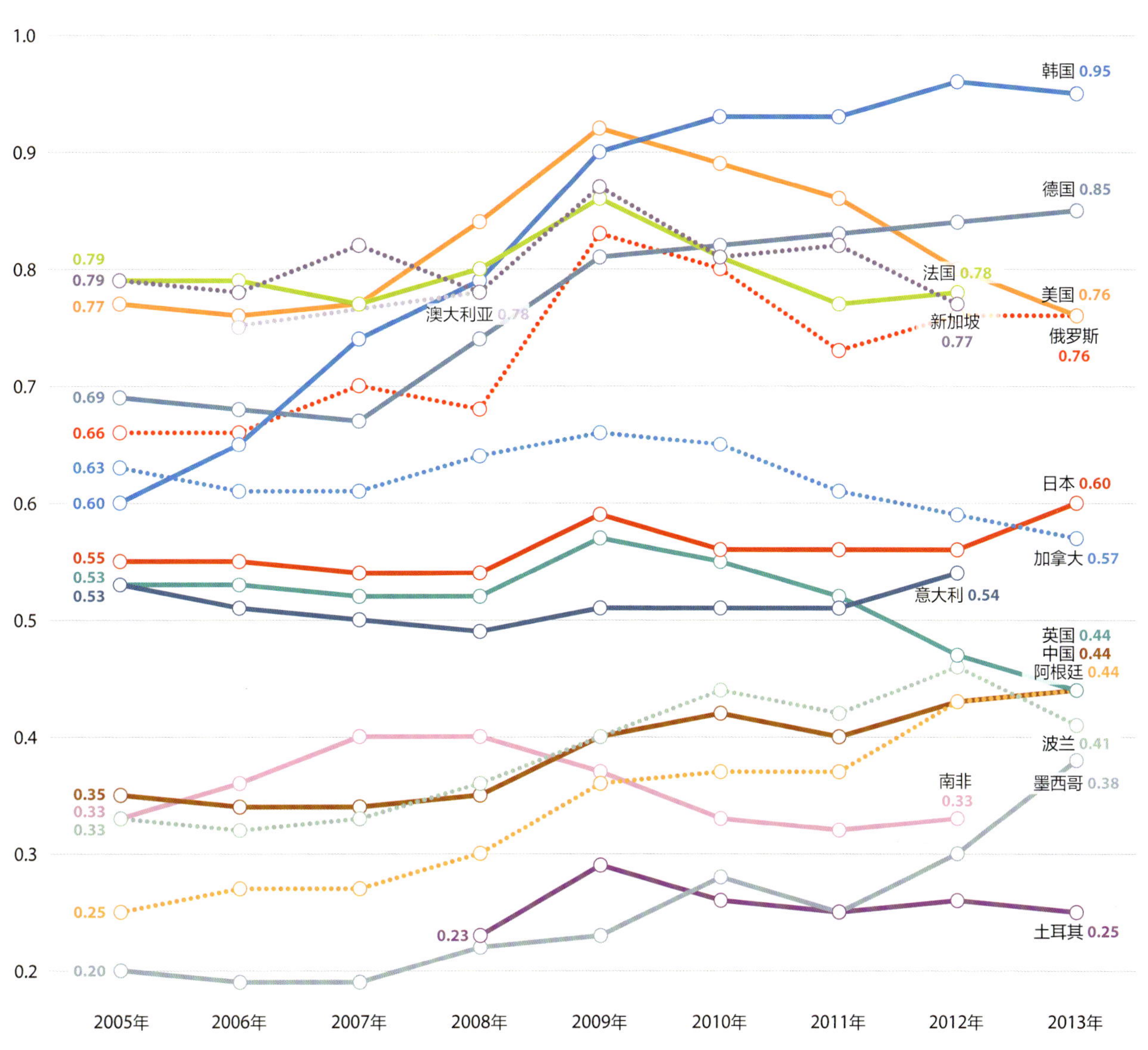

图 1.1　2005—2013 年政府资金支持的研发支出总量占国内生产总值的比重（%）

来源：经济合作与发展组织主要科技类指标，2015 年 9 月。

率一直保持在可喜的 5% 左右，但也存在经济增长并无创造足够的就业机会的忧虑。如今，印度经济以服务业（占国内生产总值的 57%）为主。2014 年当选的莫迪政府志在建立基于出口导向型的制造业的新经济模式，以创造更多的就业机会。印度已经成为一个节俭创新的枢纽，这得益于国内市场对低端产品和服务的庞大需求，如低成本的医疗设备和廉价的汽车。

随着大宗商品热潮的结束，拉美也在寻找新的增长战略。在过去的 10 年中，该地区已经降低了其经济高度不均的问题，但随着全球原材料需求下降，拉美自身的增长速度已经开始停滞甚至萎缩。无论是在某个国家还是整个地区，拉美国家并不缺乏可促进科学和研究发展的政策措施或成熟的制度结构（见第 7 章）。许多拉美国家在普及高等教育率、科学流动和产出方面取得了长足的进步。然而却很少有国家利用大宗商品热潮来促进其技术驱动的竞争力。展望未来，该区域可望利用科技优势，通过融合其在生物多样性上的天然优势和本土（传统）知识体系的力量促进绿色增长。

许多低收入和中等收入国家关于 2020 年或 2030 年的长期规划反映出他们对达到更高收入层次的增长战略的追求。这些“愿景”文件往往聚焦三个方面：更好的管理，以改善商业环境和吸引外资从而发展有活力的私营部门；更具包容性的增长从而减

表 1.2　世界研发支出份额（2007 年、2009 年、2011 年和 2013 年）

	研发支出总量（购买力平价美元，以十亿计）				占世界研发支出总量的份额（%）			
	2007年	2009年	2011年	2013年	2007年	2009年	2011年	2013年
世界	1 132.3	1 225.5	1 340.2	1 477.7	100.0	100.0	100.0	100.0
高收入经济体	902.4	926.7	972.8	1 024.0	79.7	75.6	72.6	69.3
中等偏上收入经济体	181.8	243.9	303.9	381.8	16.1	19.9	22.7	25.8
中等偏下收入经济体	46.2	52.5	60.2	68.0	4.1	4.3	4.5	4.6
低收入经济体	1.9	2.5	3.2	3.9	0.2	0.2	0.2	0.3
美洲	**419.8**	**438.3**	**451.6**	**478.8**	**37.1**	**35.8**	**33.7**	**32.4**
北美洲	382.7	396.5	404.8	427.0	33.8	32.4	30.2	28.9
拉丁美洲	35.5	39.8	45.6	50.1	3.1	3.3	3.4	3.4
加勒比地区	1.6	2.0	1.3	1.7	0.1	0.2	0.1	0.1
欧洲	**297.1**	**311.6**	**327.5**	**335.7**	**26.2**	**25.4**	**24.4**	**22.7**
欧盟	251.3	262.8	278.0	282.0	22.2	21.4	20.7	19.1
东南欧	0.5	0.8	0.7	0.8	0.0	0.1	0.1	0.1
欧洲自由贸易联盟	12.6	13.1	13.7	14.5	1.1	1.1	1.0	1.0
欧洲其他地区	32.7	34.8	35.0	38.5	2.9	2.8	2.6	2.6
非洲	**12.9**	**15.5**	**17.1**	**19.9**	**1.1**	**1.3**	**1.3**	**1.3**
撒哈拉以南非洲	8.4	9.2	10.0	11.1	0.7	0.7	0.7	0.8
非洲阿拉伯国家	4.5	6.4	7.1	8.8	0.4	0.5	0.5	0.6
亚洲	**384.9**	**440.7**	**524.8**	**622.9**	**34.0**	**36.0**	**39.2**	**42.2**
中亚	0.8	1.1	1.0	1.4	0.1	0.1	0.1	0.1
亚洲阿拉伯国家	4.3	5.0	5.6	6.7	0.4	0.4	0.4	0.5
西亚	15.5	16.1	17.5	18.1	1.4	1.3	1.3	1.2
南亚	35.4	39.6	45.7	50.9	3.1	3.2	3.4	3.4
东南亚	328.8	378.8	455.1	545.8	29.0	30.9	34.0	36.9
大洋洲	**17.6**	**19.4**	**19.1**	**20.3**	**1.6**	**1.6**	**1.4**	**1.4**
其他组别								
欠发达国家	2.7	3.1	3.7	4.4	0.2	0.3	0.3	0.3
所有阿拉伯国家	8.8	11.4	12.7	15.4	0.8	0.9	0.9	1.0
经济合作与发展组织	860.8	882.2	926.1	975.6	76.0	72.0	69.1	66.0
二十国集团	1 042.6	1 127.0	1 231.1	1 358.5	92.1	92.0	91.9	91.9
选定国家								
阿根廷	2.5	3.1	4.0	4.6[-1]	0.2	0.3	0.3	0.3[-1]
巴西	23.9	26.1	30.2	31.3[-1]	2.1	2.1	2.3	2.2[-1]
加拿大	23.3	23.0	22.7	21.5	2.1	1.9	1.7	1.5
中国	116.0	169.4[b]	220.6	290.1	10.2	13.8[b]	16.5	19.6
埃及	1.6	3.0[b]	4.0	5.3	0.1	0.2[b]	0.3	0.4
法国	40.6	43.2	44.6[b]	45.7	3.6	3.5	3.3[b]	3.1
德国	69.5	73.8	81.7	83.7	6.1	6.0	6.1	5.7
印度	31.1	36.2	42.8	—	2.7	3.0	3.2	—
伊朗	7.1[+1]	3.1[b]	3.2[-1]	—	0.6[+1]	0.3[b]	0.3[-1]	—
以色列	8.6	8.4	9.1	10.0	0.8	0.7	0.7	0.7
日本	139.9	126.9[b]	133.2	141.4	12.4	10.4[b]	9.9	9.6
马来西亚	2.7[-1]	4.8[b]	5.7	6.4[-1]	0.3[+1]	0.4[b]	0.4	0.5[-1]
墨西哥	5.3	6.0	6.4	7.9	0.5	0.5	0.5	0.5
韩国	38.8	44.1	55.4	64.7	3.4	3.6	4.1	4.4
俄罗斯	22.2	24.2	23.0	24.8	2.0	2.0	1.7	1.7
南非	4.6	4.4	4.1	4.2[-1]	0.4	0.4	0.3	0.3[-1]
土耳其	6.3	7.1	8.5	10.0	0.6	0.6	0.6	0.7
英国	37.2	36.7	36.8	36.2	3.3	3.0	2.7	2.5
美国	359.4	373.5	382.1	396.7[-1]	31.7	30.5	28.5	28.1[-1]

$-n/+n$ = 基准年之前或之后 n 年的数据。

b: 与前一个取值年份间的中断。

注：研发支出总量是按照购买力平价美元（2005 年稳定价格）计算的。很多数据由联合国教科文组织统计研究所为发展中国家特别估算。此外，在许多发展中国家，数据并非涵盖所有经济领域。

研发支出总量占国内生产总值（%）				人均研发支出总量（购买力平价）				研发人员平均研发支出总量（购买力平价美元，以千计）			
2007年	2009年	2011年	2013年	2007年	2009年	2011年	2013年	2007年	2009年	2011年	2013年
1.57	1.65	1.65	1.70	169.7	179.3	191.5	206.3	176.9	177.6	182.3	190.4
2.16	2.28	2.27	2.31	713.8	723.2	750.4	782.1	203.0	199.1	201.7	205.1
0.91	1.11	1.21	1.37	78.3	103.3	126.6	156.4	126.1	142.7	155.7	176.1
0.48	0.50	0.50	0.51	19.7	21.8	24.2	26.6	105.0	115.9	126.0	137.7
0.19	0.22	0.25	0.27	2.6	3.1	3.9	4.5	26.2	28.7	32.9	37.6
1.96	**2.08**	**2.01**	**2.04**	**459.8**	**469.9**	**474.2**	**492.7**	**276.8**	**264.6**	**266.3**	**278.1**
2.57	2.74	2.68	2.71	1 136.2	1 154.9	1 158.3	1 201.8	297.9	283.0	285.9	297.9
0.59	0.65	0.67	0.69	66.3	72.7	81.2	87.2	159.5	162.1	168.2	178.9
0.33	0.41	0.26	0.34	38.5	47.6	30.5	40.8	172.9	202.0	138.4	203.1
1.58	**1.72**	**1.72**	**1.75**	**368.3**	**384.0**	**401.6**	**410.1**	**139.8**	**141.3**	**142.6**	**139.4**
1.71	1.86	1.89	1.92	501.9	521.3	548.2	553.5	172.4	169.1	171.2	163.4
0.31	0.56	0.47	0.51	23.0	43.5	38.2	42.4	40.0	65.9	52.0	54.9
2.25	2.36	2.39	2.44	995.1	1 014.4	1 038.8	1 072.0	242.0	231.0	218.4	215.2
0.98	1.08	0.98	1.02	119.5	126.6	127.0	139.2	54.1	59.8	58.8	64.1
0.36	**0.40**	**0.42**	**0.45**	**13.5**	**15.5**	**16.2**	**17.9**	**86.2**	**101.8**	**98.6**	**106.1**
0.42	0.42	0.41	0.41	11.0	11.4	11.7	12.4	143.5	132.2	129.4	135.6
0.29	0.38	0.43	0.49	23.4	32.0	34.5	41.2	49.3	76.5	73.8	83.3
1.39	**1.46**	**1.51**	**1.62**	**97.2**	**108.8**	**126.9**	**147.5**	**154.1**	**159.0**	**171.3**	**187.7**
0.20	0.24	0.20	0.23	13.4	16.9	15.7	20.7	38.2	42.7	39.2	41.5
0.18	0.19	0.18	0.20	35.5	38.5	40.2	45.9	137.2	141.3	136.4	151.3
1.22	1.20	1.19	1.24	163.3	166.2	176.1	178.1	133.4	135.4	141.0	132.6
0.71	0.71	0.70	0.70	23.0	25.0	28.0	30.5	171.8	177.3	195.9	210.0
1.78	1.88	1.96	2.10	153.7	174.4	206.5	244.0	154.9	160.0	172.4	190.8
2.09	**2.20**	**2.07**	**2.07**	**505.7**	**537.5**	**512.0**	**528.7**	**159.3**	**166.1**	**158.7**	**164.3**
0.20	0.21	0.23	0.24	3.4	3.8	4.3	4.8	59.0	61.4	66.4	74.1
0.22	0.26	0.27	0.30	28.1	34.6	36.8	43.1	71.9	95.9	92.4	103.3
2.23	2.36	2.37	2.42	707.7	715.1	740.8	771.2	220.8	213.7	215.7	217.7
1.80	1.91	1.90	1.97	237.5	252.3	271.1	294.3	186.0	186.5	192.5	201.5
0.40	0.48	0.52	0.58^{-1}	64.5	78.6	98.1	110.7^{-1}	65.6	72.0	79.4	88.2^{-1}
1.11	1.15	1.20	1.15^{-1}	126.0	135.0	153.3	157.5^{-1}	205.8	202.4	210.5^{-1}	—
1.92	1.92	1.79	1.63	707.5	682.3	658.5	612.0	154.2	153.3	139.2	141.9^{-1}
1.40	1.70^{b}	1.84	2.08	87.0	125.4^{b}	161.2	209.3	—*	147.0^{b}	167.4	195.4
0.26	0.43^{b}	0.53	0.68	21.5	39.6^{b}	50.3	64.8	32.4	86.5^{b}	96.1	111.6
2.02	2.21	2.19^{b}	2.23	653.0	687.0	701.4	710.8	183.1	184.3	178.9^{b}	172.3
2.45	2.73	2.80	2.85	832.0	887.7	985.0	1 011.7	239.1	232.7	241.1	232.3
0.79	0.82	0.82	—	26.8	30.5	35.0	—	171.4^{-2}	—	201.8^{-1}	—
0.75^{+1}	0.31^{b}	0.31^{-1}	—	97.5^{+1}	41.8^{b}	43.0	—	130.5^{+1}	58.9^{b}	58.4^{-1}	—
4.48	4.15	4.10	4.21	1 238.9	1 154.1	1 211.4	1 290.5	—	—	165.6	152.9^{-1}
3.46	3.36^{b}	3.38	3.47	1 099.5	996.2^{b}	1 046.1	1 112.2	204.5	193.5^{b}	202.8	214.1
0.61^{-1}	1.01^{b}	1.06	1.13^{-1}	101.1^{1}	173.7^{b}	199.9	219.9^{-1}	274.6^{-1}	163.1^{b}	121.7	123.5^{-1}
0.37	0.43	0.42	0.50	46.6	51.3	54.0	65.0	139.3	138.9	139.7	—
3.00	3.29	3.74	4.15	815.6	915.7	1 136.0	1 312.7	174.8	180.7	191.6	200.9
1.12	1.25	1.09	1.12	154.7	168.4	160.1	173.5	47.4	54.7	51.3	56.3
0.88	0.84	0.73	0.73^{-1}	92.9	87.1	79.7	80.5^{-1}	238.6	224.0	205.9	197.3^{-1}
0.72	0.85	0.86	0.95	90.9	99.8	117.0	133.5	127.1	123.1	118.5	112.3
1.69	1.75	1.69	1.63	610.1	594.4	590.3	573.8	147.2	143.2	146.6	139.7
2.63	2.82	2.77	2.81^{-1}	1 183.0	1 206.7	1 213.3	1 249.3^{-1}	317.0	298.5	304.9	313.6^{-1}

来源：联合国教科文组织统计研究所估计数据，2015 年 7 月；巴西 2012 年的国内研发支出总额 / 国内生产总值比率来自：巴西科学技术创新部。

少贫困程度和贫富不均问题；环境的可持续发展，以保护大多数经济体换取外汇所依赖的自然资源。

全球科研支出趋势

金融危机如何影响科研投入？

《联合国教科文组织科学报告 2010》是在全球金融危机刚发生不久后编写的。该报告不仅涵盖了 2002 年至 2007 年这一全球经济增幅史无前例的时期，还具有前瞻性。它探讨了全球金融危机对于世界知识创新可能影响的程度。该报告的结论，即全球研发投入不会像表面上看到的那样受金融危机太大的影响，经事后证明是完全正确的。

2013 年，世界研发支出总量达到购买力平价（PPP）1.478 万亿美元，在 2007 年该数值仅为 1.132 万亿美元[①]。该增长虽不及前一时期的（2002 年到 2007 年）47%，但仍然是非常可观的增长，且该增长发生在金融危机时期。由于全球研发支出总量的增长快过了全球国内生产总值增长，全球研发强度占国内生产总值从 2007 年的 1.57% 提升到 2013 年的 1.70%（见表 1.1 和表 1.2）。

根据《联合国教科文组织科学报告 2010》，从总体上来说亚洲，尤其是中国，最先从金融危机中恢复过来，将全球研发投入较快地拉升至较高水平[②]。而其他新兴经济体，如巴西和印度，其研发强度的提升则花费了更长的时间。

同样地，报告预测美国和欧盟能够将其研发强度维持在危机前的水平上，此预测不仅正确，甚至就预测本身而言有些过于保守了。

在过去的 5 年中，与加拿大不同，经济三巨头（欧盟、日本和美国）的研发支出总量的增长超过了它们各自在 2007 年时的水平。

公共研究预算：一个趋同而又不同的景象

过去的 5 年中有这样一种趋同的情况：在高收入国家（澳大利亚、加拿大、美国等），公共部门对科技研发投入在减少，在低收入国家，科研投资则在不断增长。例如，在非洲，埃塞俄比亚以比其他非洲国家更快的增长率提升其研发支出总量，将其由 2009 年占国内生产总值比率的 0.24% 提升至 2013 年占国内生产总值比率的 0.61%。马拉维将该比率提升到 1.06%，而乌干达则将该比率从 2008 年的 0.33% 提升至 2010 年的 0.48%。这种科研投资意识在非洲不断增长，此外，非洲国家还意识到，建设现代基础设施（医院、公路、铁路等），实现经济多样化和工业化能为科技创新带来更多的投资，包括大批技术熟练工人。在东非，拥有创新中心的国家（喀麦隆、肯尼亚、卢旺达、乌干达等）正在增加它们的科研费用，国有部门和私营企业的出资加大（见第 19 章）。

非洲高度关注科技创新源于多个方面，2008—2009 年的国际金融危机是其中不可或缺的因素。金融危机使得商品价格提高，将焦点转向非洲的选矿政策。这场全球危机还导致了人才流失的倒转，欧洲和北美在低经济增长率和高失业率的泥潭中挣扎，向这些国家移民的热情由此降低，促使留学人才回归本国就业。海归人员如今在科技创新政策制定、经济发展和创新问题上起到了关键的作用。连那些留在海外的人士也在为其本土国做着贡献：其海外汇款如今已超过汇入非洲的外国直接投资（见第 19 章）。

非洲国家近几年制订的“愿景 2020”或“愿景 2030”规划清楚说明了非洲对科技创新的高度兴趣。例如，肯尼亚在 2013 年通过的《科学、技术与创新法案》，助力实现肯尼亚“愿景 2030”，预计该国将在 2030 年转型为一个拥有熟练劳动力的中等偏上收入国家。该法案极有可能彻底改变肯尼亚，它不仅创立了国家研究基金，更重要的是，根据该法案，每个财政年度肯尼亚国内生产总值 2% 的资金都将提供给该基金。大笔资金投入应能帮助肯尼亚提升其研发支出总量占国内生产总值比率至超过 0.79%（2010 年）。

金砖国家呈现出了截然不同的景象。在中国，公共和企业投入的研发资金在并肩增长。在印度，私营研发资金在增长，但公共研发支出在减少。而在巴西，公共研发出资自 2008 年起保持相对稳定，私营企业的研发投入则有所增加；在 2013 年参与调查的巴西公司的创新活动已自 2008 年起减少，如果该国经济减缓持续，这种趋势将很可能影响巴西的科研支出（见图 1.2）。全球金融危机后，尽管南非的公共研发花费

---

① PPP 意为购买力平价。

② 2007 年到 2013 年，中国的研发投入增加了两倍多，达到 2.09%。这比欧盟平均水平高，也说明中国正在努力达成它与欧盟的共同目标，即在 2020 年，研发支出质量占国内生产总值比率达到 3%。

在增加，其私营企业的研发投资却急剧下降。这部分解释了为什么该国研发支出总量占国内生产总值比率从 2008 年 0.98% 的高位下滑到了 2012 年的 0.73%。

2008—2009 年金融危机席卷全球，高收入国家遭受了重创。如今美国经济已经回归平稳，但日本和欧盟还在为恢复经济而努力。欧洲自 2008 年金融危机以来，经济发展缓慢，加上与欧元区国家财政整合的压力，尽管“地平线 2020 计划”的预算增加，仍使得公共部门对知识的投资倍添压力（见第 9 章）。所有欧盟国家中，只有德国真正在过去 5 年中增加了公共研发的投资。法国和英国的公共研发投资减少。在加拿大，国家研究预算的压力导致政府出资的研发强度大幅下降（见图 1.2）。但除加拿大外，这种下降趋势在整体研发支出中很难察觉，因为私营企业在整个金融危机过程中都维持了它们的研发投资水平（见图 1.1 和图 1.2，表 1.2）。

优化平衡基础科学研究与应用科学研究

全球大多数国家现都已认识到科技创新在实现长期可持续发展方面起到的重要作用。低收入和中等偏低收入国家希望能借助科技创新来提高收入水平，富裕国家希望在竞争日益激烈的全球市场中保持自己的市场份额。危险的是，在竞相提高国家竞争力的过程中，各国有可能忽视了古老格言的警示“若基础科学研究缺失，应用科学将无从谈起”。基

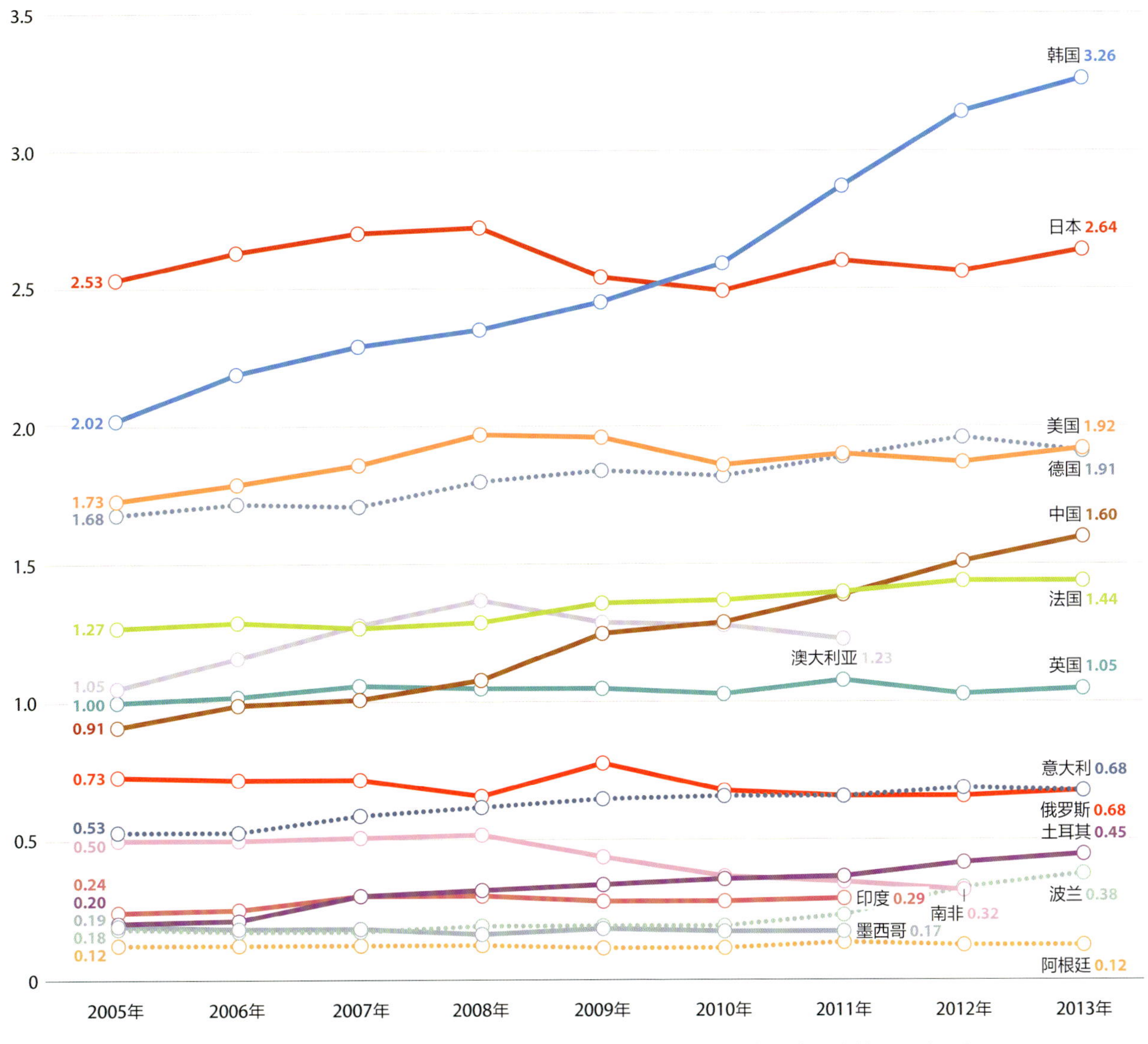

图 1.2　2005—2013 年企业资金支持的研发支出总量占国内生产总值的比重（%）

来源：经济合作与发展组织主要科技类指标，2015 年 9 月。

础科学研究可以产生新知识助力商业或其他领域的应用。正如本报告中加拿大部分的作者所述（见第 4 章）：“科学可助力商业发展——但不限于此。”那么，问题来了：何为基础科学研究和应用科学研究之间的优化平衡呢？

中国领导层对其在研发方面“高投入、低回报”的现状很是不满。与此同时，中国在过去 10 年间在基础研究领域的投资只占到国内研发支出总额的 4% ~ 6%。

印度的大学研发支出仅占到国内研发支出总量的 4%。尽管印度近年来创立了多所大学，然而产业部门对理工科毕业生的“可雇用性”仍多有抱怨。基础科研不仅可以派生新知识，而且可以提升大学教育质量。

在美国，联邦政府专注于为基础科研提供支持，而让产业部门在应用研究和技术进步方面起领导作用。受到近来紧缩政策的驱动以及国家优先发展项目的改变，过去 5 年间联邦政府在研发方面的投入直接影响到美国创造新知识的长期能力。

与之相比，美国近邻加拿大政府却削减了科学领域的联邦资金，转而投资于风险资金，以期发展商业创新、吸引新的贸易伙伴。2013 年 1 月，加拿大政府发布了《风险资本行动计划》，该战略旨在未来 7 ~ 10 年部署 4 亿加拿大元的新兴资金，促进由私有部门主导的风险资本基金的建立。

俄罗斯联邦一贯将研发支出总量中的一大部分投向基础研究（类似南非：2010 年占 24%）。然而，自从俄罗斯联邦政府于 2012 年采取创新为先导的增长战略后，研发专项资金中的一大部分转而投向满足产业需求。由于资金额有限，因此，这种政策转向给基础研究造成了损伤，其资金占研发支出总量的比例由 2008 年的 26% 下降至 2013 年的 17%。

欧盟的做法恰恰相反。尽管欧盟陷入了长期的债务危机，但欧盟委员会保持了其在基础研究投入上的稳定性。欧盟研究委员会（成立于 2007 年），作为第一个为基础科学前沿研究融资的泛欧洲机构，已经在 2014 年至 2020 年获得 131 亿欧元的资金，相当于“地平线 2020 计划”总预算的 17%。

自 2001 年至 2011 年，韩国将其在基础研究领域的投资占研发支出总量的比例从 13% 提高到了 18%，马来西亚采取了类似的战略（从 2006 年的 11% 提高到 2011 年的 17%）。如今，这两个国家投入的比例跟美国的投入大体相当，后者在 2012 年的比例是 16.5%。韩国政府目前在基础研究领域的投入强度极大，意在改变长久以来其他国家对其的印象，即韩国从一个贫穷落后的农业国成功向一个工业强国的转型依赖的仅仅是模仿，而没有在基础科学领域形成自己的内生力量。韩国政府也计划培育基础科学和商业界之间的联系：2011 年，韩国在大田未来的国际科学商业带建立了国家基础科学研究院。

研发领域的支出差距日渐缩小

地缘政治上来讲，知识领域的投资分布呈不均衡状态（见表 1.2）。美国仍然一家独大，占全球研发领域投资的 28%。中国上升至第二位（占 20%），超过欧盟（19%）和日本（10%）。占全球人口 67% 的其他国家则瓜分了研发领域投资的 23%。

研发支出总量由研发领域公共投资、私人投资两部分组成。企业研发支出在一些经济体中占据研发支出总量的比例较大，而该类经济体专注于提高制造业以技术为支撑的竞争力，且其企业研发支出占国内生产总值的比重也较高（见第 2 章）。

在一些数据充足且易获得的较大经济体中，企业研发支出占国内生产总值比重仅在为数不多的国家有所增长，比如韩国和中国，德国、美国、土耳其和波兰的增长幅度相对较小（见图 1.2）。日本、英国的比例保持不变，而加拿大和南非的比重有所下降。鉴于中国人口占世界总人口的五分之一，中国企业研发支出的快速增长在量上造成了极大冲击：自 2001 年至 2011 年，中国和印度企业研发支出之和占全球份额的比例由 5% 上升至 20%，极大削弱了西欧和北美的比重（见图 2.1）。

图 1.3 表明，为数不多的高度发达或高度活跃经济体所占据研发资金源头呈现持续集中化的趋势。其中一些发达经济体分布在图表的中部（加拿大和英国），它们与领军者（比如德国或美国）拥有相似的研究人员密度，但研发强度相对较低。巴西、中国、印度和土耳其在研发方面或人力资本密度方面仍处在低水平，但是这些国家在全球知识量的贡献增长迅猛，这主要得益于其在研发方面投入了巨额的金融投资。

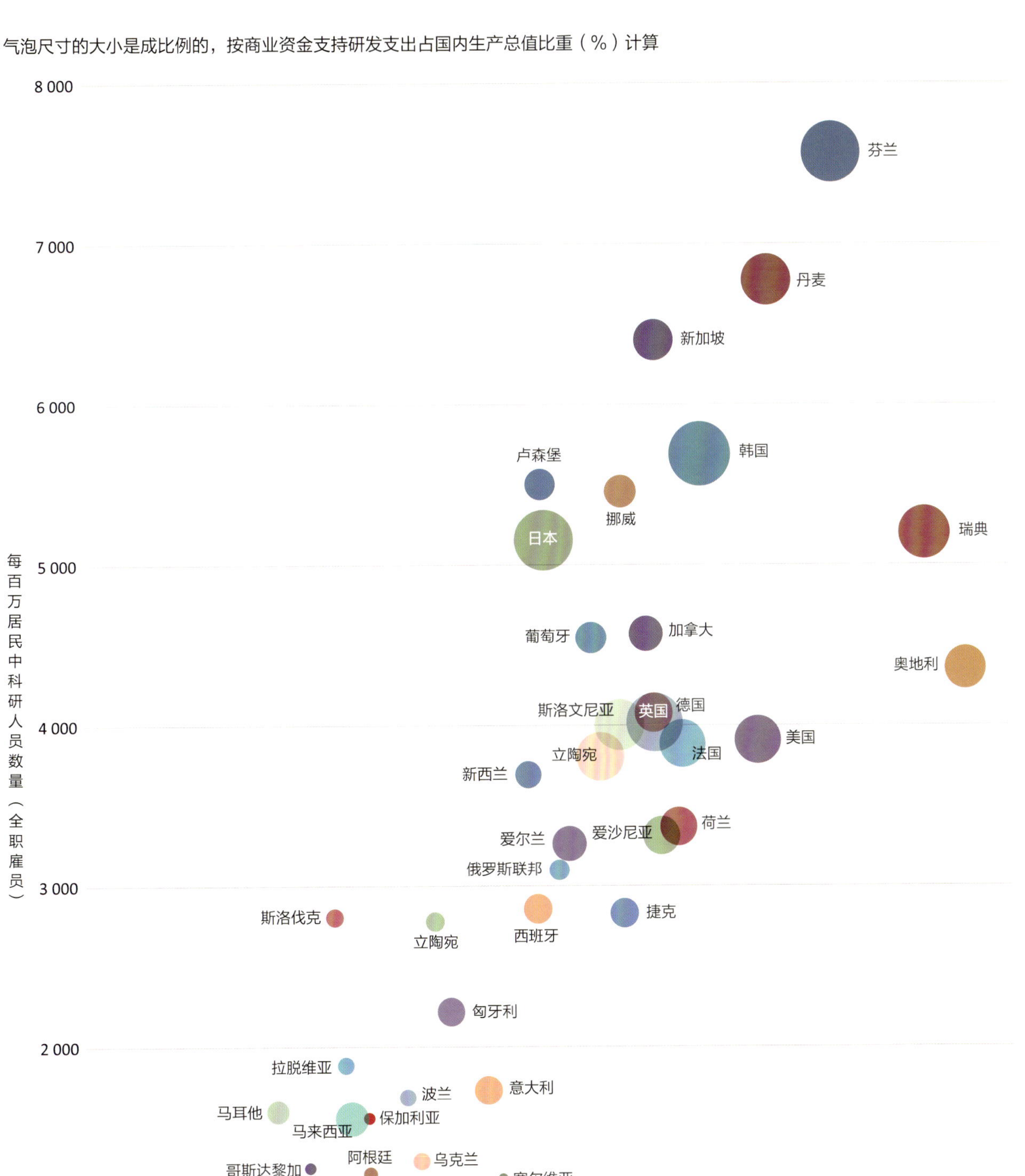

图 1.3　2010—2011 年度政府在研发方面和科研人员强有力投资的相互增强效应

来源：联合国教科文组织统计研究所，2015 年 8 月。

表 1.3　2007 年、2009 年、2011 年和 2013 年度全球研究人员份额分布

	科研人员总数（单位：千人）				占全球研究人员总数比重（%）			
	2007年	2009年	2011年	2013年	2007年	2009年	2011年	2013年
世界	**6 400.9**	**6 901.9**	**7 350.4**	**7 758.9**	**100.0**	**100.0**	**100.0**	**100.0**
高收入经济体	4 445.9	4 653.9	4 823.1	4 993.6	69.5	67.4	65.6	64.4
中等偏上收入经济体	1 441.8	1 709.4	1 952.3	2 168.8	22.5	24.8	26.6	28.0
中等偏下收入经济体	439.6	453.2	478.0	493.8	6.9	6.6	6.5	6.4
低收入经济体	73.6	85.4	96.9	102.6	1.2	1.2	1.3	1.3
美洲	**1 516.6**	**1 656.7**	**1 696.1**	**1 721.9**	**23.7**	**24.0**	**23.1**	**22.2**
北美洲	1 284.9	1 401.2	1 416.1	1 433.3	20.1	20.3	19.3	18.5
拉丁美洲	222.6	245.7	270.8	280.0	3.5	3.6	3.7	3.6
加勒比地区	9.1	9.7	9.2	8.5	0.1	0.1	0.1	0.1
欧洲	**2 125.6**	**2 205.0**	**2 296.8**	**2 408.1**	**33.2**	**31.9**	**31.2**	**31.0**
欧盟	1 458.1	1 554.0	1 623.9	1 726.3	22.8	22.5	22.1	22.2
东南欧	11.3	12.8	14.2	14.9	0.2	0.2	0.2	0.2
欧洲自由贸易联盟	51.9	56.8	62.9	67.2	0.8	0.8	0.9	0.9
欧洲其他地区	604.3	581.4	595.8	599.9	9.4	8.4	8.1	7.7
非洲	**150.1**	**152.7**	**173.4**	**187.5**	**2.3**	**2.2**	**2.4**	**2.4**
撒哈拉以南非洲	58.8	69.4	77.1	82.0	0.9	1.0	1.0	1.1
非洲阿拉伯国家	91.3	83.3	96.3	105.5	1.4	1.2	1.3	1.4
亚洲	**2 498.1**	**2 770.8**	**3 063.9**	**3 318.0**	**39.0**	**40.1**	**41.7**	**42.8**
中亚	21.7	25.1	26.1	33.6	0.3	0.4	0.4	0.4
亚洲阿拉伯国家	31.6	35.6	40.7	44.0	0.5	0.5	0.6	0.6
西亚	116.2	119.2	124.3	136.9	1.8	1.7	1.7	1.8
南亚	206.2	223.6	233.0	242.4	3.2	3.2	3.2	3.1
东南亚	2 122.4	2 367.4	2 639.8	2 861.1	33.2	34.3	35.9	36.9
大洋洲	**110.5**	**116.7**	**120.1**	**123.3**	**1.7**	**1.7**	**1.6**	**1.6**
其他组别								
欠发达国家	45.2	51.0	55.8	58.8	0.7	0.7	0.8	0.8
所有阿拉伯国家	122.9	118.9	137.0	149.5	1.9	1.7	1.9	1.9
经济合作与发展组织	3 899.2	4 128.9	4 292.5	4 481.6	60.9	59.8	58.4	57.8
二十国集团	5 605.1	6 044.0	6 395.0	6 742.1	87.6	87.6	87.0	86.9
选定国家								
阿根廷	38.7	43.7	50.3	51.6^{-1}	0.6	0.6	0.7	0.7^{-1}
巴西	116.3	129.1	138.7^{-1}	—	1.8	1.9	2.0^{-1}	—
加拿大	151.3	150.2	163.1	156.6^{-1}	2.4	2.2	2.2	2.1^{-1}
中国	—*	1 152.3^{b}	1 318.1	1 484.0	—*	16.7^{b}	17.9	19.1
埃及	49.4	35.2	41.6	47.7	0.8	0.5	0.6	0.6
法国	221.9	234.4	249.2^{b}	265.2	3.5	3.4	3.4^{b}	3.4
德国	290.9	317.3	338.7	360.3	4.5	4.6	4.6	4.6
印度	154.8^{-2}	—	192.8^{-1}	—	2.6^{-2}	—	2.7^{-1}	—
伊朗	54.3^{+1}	52.3^{b}	54.8^{-1}	—	0.8^{+1}	0.8^{b}	0.8^{-1}	—
以色列	—	—	55.2	63.7^{-1}	—	—	0.8	0.8^{-1}
日本	684.3	655.5^{b}	656.7	660.5	10.7	9.5^{b}	8.9	8.5
马来西亚	9.7^{-1}	29.6^{b}	47.2	52.1^{-1}	0.2^{-1}	0.4^{b}	0.6	0.7^{-1}
墨西哥	37.9	43.0	46.1	—	0.6	0.6	0.6	—
韩国	221.9	244.1	288.9	321.8	3.5	3.5	3.9	4.1
俄罗斯	469.1	442.3	447.6	440.6	7.3	6.4	6.1	5.7
南非	19.3	19.8	20.1	21.4^{-1}	0.3	0.3	0.3	0.3^{-1}
土耳其	49.7	57.8	72.1	89.1	0.8	0.8	1.0	1.1
英国	252.7	256.1	251.4	259.3	3.9	3.7	3.4	3.3
美国	1 133.6	1 251.0	1 252.9	1 265.1^{-1}	17.7	18.1	17.0	16.7^{-1}

$-n/+n$= 基准年之前或之后 n 年的数据。

b：与前一个取值年份间的中断。

每百万居民中研究人员数量			
2007年	2009年	2011年	2013年
959.2	**1 009.8**	**1 050.4**	**1 083.3**
3 517.0	3 632.3	3 720.4	3 814.1
620.9	723.9	813.0	888.1
187.8	187.8	192.2	192.9
98.7	109.6	119.1	120.7
1 661.2	**1 776.1**	**1 780.8**	**1 771.6**
3 814.6	4 081.5	4 052.0	4 034.1
415.8	448.3	482.7	487.7
223.0	235.4	220.2	200.8
2 635.4	**2 717.4**	**2 816.4**	**2 941.9**
2 911.8	3 081.9	3 202.0	3 388.3
575.4	659.9	734.8	772.0
4 112.4	4 390.4	4 757.0	4 980.8
2 208.8	2 115.3	2 160.2	2 170.4
156.8	**151.8**	**164.1**	**168.8**
77.0	86.0	90.6	91.4
474.0	418.1	467.2	494.5
630.6	**684.4**	**740.8**	**785.8**
351.6	395.0	399.7	500.0
259.2	272.5	294.4	303.1
1 224.1	1 226.9	1 249.1	1 343.2
133.7	141.0	143.1	145.0
991.9	1 090.1	1 197.6	1 279.1
3 173.8	**3 235.7**	**3 226.8**	**3 218.9**
57.7	62.2	65.0	65.5
390.7	360.5	397.8	417.0
3 205.9	3 346.7	3 433.7	3 542.3
1 276.9	1 353.2	1 408.0	1 460.7
983.5	1 092.3	1 236.0	1 255.8^{-1}
612.0	667.2	710.3^{-1}	—
4 587.7	4 450.6	4 729.0	4 493.7^{-1}
—*	852.8^{b}	963.2	1 071.1
665.0	457.9	523.6	580.7
3 566.1	3 726.7	3 920.1^{b}	4 124.6
3 480.0	3 814.6	4 085.9	4 355.4
137.4^{-2}	—	159.9^{-1}	—
746.9^{+1}	710.6^{b}	736.1^{-1}	—
—	—	7 316.6	8 337.1^{-1}
5 377.7	5 147.4^{b}	5 157.5	5 194.8
368.2^{-1}	1 065.4^{b}	1 642.7	1 780.2^{-1}
334.1	369.1	386.4	—
4 665.0	5 067.5	5 928.3	6 533.2
3 265.4	3 077.9	3 120.4	3 084.6
389.5	388.9	387.2	408.2^{-1}
714.7	810.7	987.0	1 188.7
4 143.8	4 151.1	4 026.4	4 107.7
3 731.4	4 042.1	3 978.7	3 984.4^{-1}

注：研究人员为全日制工作人员。

来源：联合国教科文组织统计研究所估计数据，2015 年 7 月。

全球人力资本的趋势

全球研究人员总数增长，然而分布状态几乎未变

现在，全球范围内约有 780 万名的科学家和工程师在科研领域工作（见表 1.3）。自进入 21 世纪以来，科研人员的人数是过去的两倍多。科研人员数量的显著增长，最直接的反映就是科学出版物的爆炸式增长。

欧盟的科研人员数量仍然占全球最大的份额，22.2%。自 2011 年起，中国取代美国上升到第二位，这跟《联合国教科文组织科学报告 2010》预测的结果一致。尽管该报告在发布后对中国的数据略有向下调整，但并不影响中国位居次席的总体结果。日本占据的份额从 2007 年的 10.7% 下降至 2013 年的 8.5%，俄罗斯同期所占比重从 7.3% 下降至 5.7%。上述五大经济体各自所占份额虽有所起伏，但它们在整体上占据了全球研究人员数量的 72%。值得注意的是，高收入国家所占的部分份额转向了中等偏上收入国家，其中就包括中国；后者的研究人员占全球比重从 2007 年的 22.5% 上升至 2013 年的 28.0%（见表 1.3）。

如图 1.3 所示，一旦国家在科研人员及公共资金支持科研方面加大投资，企业加大研发投入的倾向也将日益增强（气泡尺寸的大小）。公共资金与私有资金支持的科研目标虽有不同，但两者对国家增长和福利的贡献却取决于它们之间的互补程度。这一论断适用于不同收入水平的国家，但是有一点显而易见：研究人员的数量和公共资金支持研发强度超过一定节点后，二者的关系也会变得更为强劲有力。如图 1.3 所示，位于图表左下方仅有部分国家拥有相对较大的企业投资研发强度，而位于右上方的国家中无一例外均拥有相对较大的企业研发强度。

来自低收入水平国家的研究人员仍然向海外寻求事业发展机会，但他们的目的国选择面越来越宽。部分原因在于，2008 年金融危机一定程度上打破了欧洲和北美作为"科研圣殿"的形象。连曾饱受人才流失问题的国家现在也开始吸引研究人员。例如，根据苏丹国家科研中心数据显示，2002 年至 2014 年，苏丹有 3 000 名初高级研究人员移民国外。这些研究人员前往邻国厄立特里亚和埃塞俄比亚，这两国可提供高于苏丹大学两倍的待遇。与此同时，需要特别指出的是，自"阿拉伯之春"动荡局面以来，苏丹已成为阿拉伯世界学生的避难地。苏丹也

正在吸引越来越多非洲的学生（见第 19 章）。

未来数年间，全球范围内为争取熟练技术工人而展开的竞争将很可能愈发激烈（见第 2 章）。这一趋势的发展，部分归结于世界范围内科技领域的投资水平，部分归结于人口发展状况，例如，某些国家（日本、欧盟等）的低出生率和老龄化人口增长。各国如马来西亚已经开始布局更全面的政策来吸引并留住熟练技术移民和留学生，以营造或保持创新氛围（见第 26 章）。

留学生的数量增势迅猛（见图 1.4）。第 2 章重点介绍了日益提高的博士人才流动促进了科学家的流动。这一趋势是近年来最重要的发展趋势之一。最近，联合国教科文组织统计研究所做的一项研究显示，来自阿拉伯地区、中亚地区、撒哈拉以南非洲地区以及南欧地区的学生比其他地区的同龄人更倾向于去海外留学。中亚地区已经取代非洲地区成为博士研究生留学海外份额最大的地区（见图 2.10）。

欧洲和亚洲国家或地区政策积极鼓励博士研究生留学海外。例如，越南政府资助其公民在境外的留学，以期在 2020 年前能够为越南高校增加 20 000 名拥有博士学位的教师。沙特阿拉伯也正采取类似的策略。与此同时，马来西亚计划在 2020 年前成为第六大留学生目的国。2007 年至 2012 年，马来西亚境内的留学生几乎翻了一番，达到 56 000 人（见第 26 章）。2009 年，南非境内约有 6.1 万名留学生，其中三分之二来自南部非洲发展共同体成员国；南非吸引留学生的能力不仅在非洲首屈一指，在全球范围内也排名至第 11 位（见第 20 章）。

人力资本中女性仍占少数

各个国家竞相建立科学家或研究人员人才队伍以匹配其发展蓝图，同时，他们对待性别问题的态度也在发生变化。在一些阿拉伯地区，学习自然科学、健康和农业的女大学生的人数超过了男性（见第 17 章）。沙特阿拉伯预计创建 500 所职业培训学校，以减少对国外工人的依赖，其中半数学校将招收十几岁的女孩（见第 17 章）。阿拉伯地区国家约 37% 的研究人员为女性，这一比重超过了欧盟（33%）。

整体而言，女性在科研领域中的人数仍占少数。她们在申请科研资金方面也比男性遇到更多的限制，著名大学中女性教师人数较少；同时，获得高级职称的女性人数也较少，这些不利条件使女性研究人员很难发表具有高影响力的论文（见第 3 章）。

女性研究人员比重最高的地区依次是南欧（49%）、加勒比地区、中亚和拉丁美洲（44%）。撒哈拉以南非洲地区和南亚的女性研究人员的比重分别是 30% 和 17%。东南亚地区国家的情况迥异，比如，菲律宾和泰国的女性研究人员比重为 52%，但日本和韩国的比重分别是 14% 和 18%（见第 3 章）。

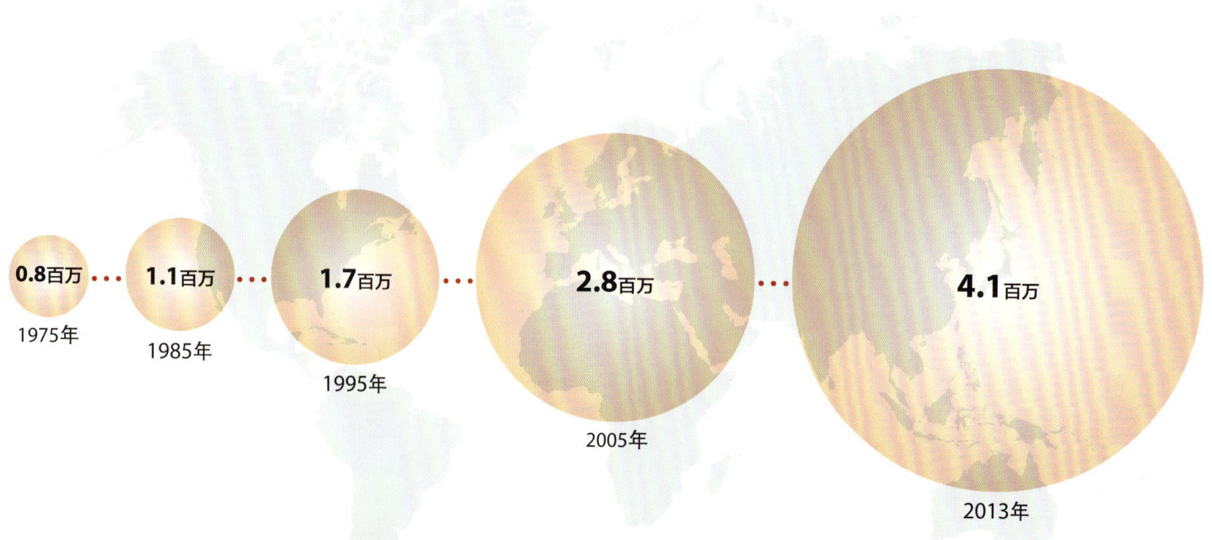

图 1.4 1975—2013 年全球范围内学士、硕士、博士三级留学生长期增长示意

来源：联合国教科文组织统计研究所，2015 年 6 月。

第 1 章　世界寻求有效增长策略

全球范围内来看，拥有学士和硕士教育水平的女性与男性人数相当（45% ~ 55%），占学生总数的 53%。拥有博士学位的人群中，女性所占比重不到一半（43%）。研究人员人群中，性别差异更大，其中女性仅占总数的 28.4%。在更高级别的决策人群中，这种差距更为巨大（见第 3 章）。很多国家已经采取措施来以促进性别平等。以下三个国家较为典型：德国 2013 年签署的联合执政协议提出，女性应在企业董事会职位中占据 30% 的席位；日本将女性在教师和研究人员中所占比重纳入大学巨额拨款的评选标准；刚果共和国在“2012 年国家发展计划”中设立了妇女促进和参与发展部。

知识产生趋势

欧盟依然在全球科技出版物方面独占鳌头

欧盟在全球科技出版物方面独占鳌头（34%），美国以 25% 的比重位居次席（见表 1.4）。尽管数据看起来依然十分可观，但是在过去 5 年间，欧盟和美国占据的比重均有所下降，中国所占比重增势强劲：中国科技出版物在过去 5 年间所占比重几乎翻了一番，升至全球总量的 20%。10 年前，中国在全球科技出版物总量中仅占到 5%。中国的快速增长反映出其科研体系的时代的到来，无论是涉及投资，还是研究人员、出版物的数量。

图 1.5 显示，在科学学科专长上，不同国家的优势学科也大为不同。传统意义上的科学强国较专长于天文学领域，而在农业科学领域较弱。然而，英国较为特殊，其专长于社会科学领域。法国的科研强项仍然是数学学科。美国和英国则更关注生命科学和医学，日本更关注化学。

金砖五国的情况也互不相同。俄罗斯更专长于物理学、天文学、地球科学、数学和化学学科。与之不同的是，中国的科研输出模式相对均衡，但是在心理学、社会科学和生命科学学科上的科研输出低于平均水平。相对而言，巴西在农业和生命科学方面力量较强。马来西亚则毫无疑问擅长工程科学和计算机科学。

在过去 5 年中，在国家科研优先发展学科方面出现了几种新的趋势。各国科技出版物的相关数据可反映该国优先发展的学科，但学科分类却不够细化。例如，能源已经成为最优先发展的领域，但是相关科研却横跨多个学科。

创新在各收入水平的国家出现

正如第 2 章所述，与旧有观点不同，各收入水平的国家都有创新行为的产生。收入水平相当的发展中国家在创新率和类型学呈现出的巨大差异体现出各自政策利益的特殊性。根据联合国教科文组织统计研究所（见第 2 章）所做的一项有关创新的调查结果显示，企业的创新行为多集中在研究热点区域，比如中国的东部沿海地区，以及巴西的圣保罗州。调查表明，随着时间的推移，研发相关的外商直接投资将会促使世界范围内的创新呈现更加均衡的分布状态。

尽管很多高级别的政策专注于研发领域的投资，但创新调查显示获取外部知识以及追求非技术创新对企业而言更具有潜在的重要性（见第 2 章）。调查证实，一方面，企业间的互动较为薄弱；另一方面，大学之间、公共实验室之间的互动同样较为薄弱。这种趋势令人担忧，在这份报告中的多个章节均有提及，包括巴西（见第 8 章）、黑海流域（见第 12 章）、俄罗斯联邦（见第 13 章）、阿拉伯国家（见第 17 章）和印度（见第 22 章）。

通过专利申请可以洞见创新的影响力。三方专利指的是由同一发明人向美国、欧盟和日本专利局同时申请专利保护的发明专利。这一指标能够表明一个国家在世界水平上技术竞争力的强弱。高收入经济体在这一指标上具有其他国家无法比拟的优势（见表 1.5 和图 1.6）。只有韩国和中国在打破上述三巨头在该指标上的垄断地位中做出了令人印象深刻的成绩。截至 2012 年的 10 年间，非二十国集团国家在这一指标上所占全球份额已是最初的三倍。尽管如此，它们占据的份额仍然只是区区 1.2%。表 1.5 同样表明了北美、亚洲和欧洲在专利申请上的极端分布：其他国家仅占到全球专利申请总量的 2%。

联合国现正在研讨如何开始运转欠发达国家技术银行①，该银行旨在提高欠发达国家利用他国技术的能力并提高自身申请专利的能力。2015 年 9 月，联合国在美国纽约召开的可持续发展峰会上正式通过了一项清洁及环境友好技术促进机制；该机制将有助于同月通过的可持续发展目标（《2030 年可持续发展议程》）的贯彻实施。

① 参见：http://unohrlls.org/technologyban.

表 1.4　全世界科技出版物的比重（2008 年和 2014 年）

	总出版物数量（册）		2008年至2014年变化率（%）	占全球出版物比重（%）		每百万人出版物数量（册）		拥有国际合作者的出版物（%）	
	2008年	2014年		2008年	2014年	2008年	2014年	2008年	2014年
世界	**1 029 471**	**1 270 425**	**23.4**	**100.0**	**100.0**	**153**	**176**	**20.9**	**24.9**
高收入经济体	812 863	908 960	11.8	79.0	71.5	653	707	26.0	33.8
中等偏上收入经济体	212 814	413 779	94.4	20.7	32.6	91	168	28.0	28.4
中等偏下收入经济体	58 843	86 139	46.4	5.7	6.8	25	33	29.2	37.6
低收入经济体	4 574	7 660	67.5	0.4	0.6	6	9	80.1	85.8
美洲	**369 414**	**417 372**	**13.0**	**35.9**	**32.9**	**403**	**428**	**29.7**	**38.2**
北美洲	325 942	362 806	11.3	31.7	28.6	959	1 013	30.5	39.6
拉丁美洲	50 182	65 239	30.0	4.9	5.1	93	112	34.5	41.1
加勒比地区	1 289	1 375	6.7	0.1	0.1	36	36	64.6	82.4
欧洲	**438 450**	**498 817**	**13.8**	**42.6**	**39.3**	**542**	**609**	**34.8**	**42.1**
欧盟	379 154	432 195	14.0	36.8	34.0	754	847	37.7	45.5
东南欧	3 314	5 505	66.1	0.3	0.4	170	287	37.7	43.3
欧洲自由贸易联盟	26 958	35 559	31.9	2.6	2.8	2 110	2 611	62.5	70.1
欧洲其他地区	51 485	57 208	11.1	5.0	4.5	188	207	27.2	30.3
非洲	**20 786**	**33 282**	**60.1**	**2.0**	**2.6**	**21**	**29**	**52.3**	**64.6**
撒哈拉以南非洲	11 933	18 014	51.0	1.2	1.4	15	20	57.4	68.7
非洲阿拉伯国家	8 956	15 579	74.0	0.9	1.2	46	72	46.0	60.5
亚洲	**292 230**	**501 798**	**71.7**	**28.4**	**39.5**	**73**	**118**	**23.7**	**26.1**
中亚	744	1 249	67.9	0.1	0.1	12	18	64.0	71.3
亚洲阿拉伯国家	5 842	17 461	198.9	0.6	1.4	46	118	50.3	76.8
西亚	22 981	37 946	65.1	2.2	3.0	239	368	33.0	33.3
南亚	41 646	62 468	50.0	4.0	4.9	27	37	21.2	27.8
东南亚	224 875	395 897	76.1	21.8	31.2	105	178	23.7	25.2
大洋洲	**35 882**	**52 782**	**47.1**	**3.5**	**4.2**	**1 036**	**1 389**	**46.8**	**55.7**
其他组别									
欠发达国家	4 191	7 447	77.7	0.4	0.6	5	8	79.7	86.8
所有阿拉伯国家	14 288	29 944	109.6	1.4	2.4	44	82	45.8	65.9
经济合作与发展组织	801 151	899 810	12.3	77.8	70.8	654	707	25.8	33.3
二十国集团	949 949	1 189 605	25.2	92.3	93.6	215	256	22.4	26.2
选定国家									
阿根廷	6 406	7 885	23.1	0.6	0.6	161	189	44.9	49.3
巴西	28 244	37 228	31.8	2.7	2.9	147	184	25.6	33.5
加拿大	46 829	54 631	16.7	4.5	4.3	1 403	1 538	46.6	54.5
中国	102 368	256 834	150.9	9.9	20.2	76	184	23.4	23.6
埃及	4 147	8 428	103.2	0.4	0.7	55	101	38.0	60.1
法国	59 304	65 086	9.7	5.8	5.1	948	1 007	49.3	59.1
德国	79 402	91 631	15.4	7.7	7.2	952	1 109	48.6	56.1
印度	37 228	53 733	44.3	3.6	4.2	32	42	18.5	23.3
伊朗	11 244	25 588	127.6	1.1	2.0	155	326	20.5	23.5
以色列	10 576	11 196	5.9	1.0	0.9	1 488	1 431	44.6	53.1
日本	76 244	73 128	–4.1	7.4	5.8	599	576	24.5	29.8
马来西亚	2 852	9 998	250.6	0.3	0.8	104	331	42.3	51.6
墨西哥	8 559	11 147	30.2	0.8	0.9	74	90	44.7	45.9
韩国	33 431	50 258	50.3	3.2	4.0	698	1 015	26.6	28.8
俄罗斯	27 418	29 099	6.1	2.7	2.3	191	204	32.5	35.7
南非	5 611	9 309	65.9	0.5	0.7	112	175	51.9	60.5
土耳其	18 493	23 596	27.6	1.8	1.9	263	311	16.3	21.6
英国	77 116	87 948	14.0	7.5	6.9	1 257	1 385	50.4	62.0
美国	289 769	321 846	11.1	28.1	25.3	945	998	30.5	39.6

注：各地区的数量总和超过总数，是因为不同地区多作者的论文在所在地区重复登记。

来源：汤姆森路透（科技）公司科学网，联合国教科文组织科学引用指数由 Science–Metrix 公司于 2015 年 5 月汇编。

13.8%

2008年至2014年，欧洲作者的出版物增长量

60.1%

2008年至2014年，非洲作者的出版物增长量

109.6%

2008年至2014年，阿拉伯地区国家作者的出版物增长量

大型发达经济体的科学专长

法国因其数学专业而排在第 7 位

图中 7 个国家在心理学和社会科学领域的专长差异最大

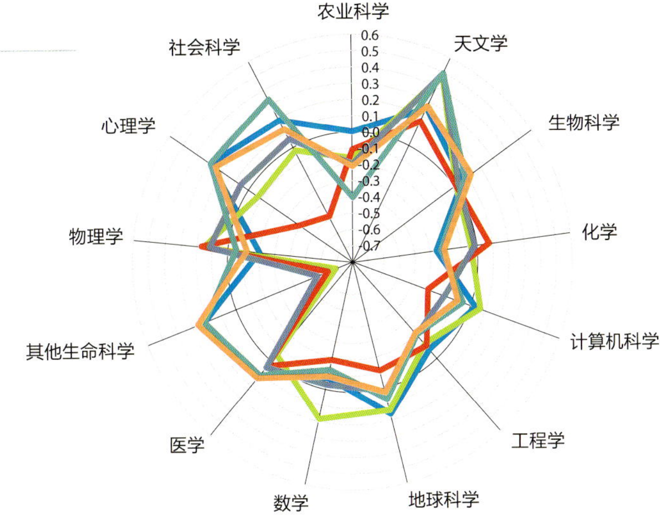

美国　德国　加拿大
英国　法国　日本

农业科学
天文学
生物科学
化学
计算机科学
工程学
地球科学
数学
医学
其他生命科学
物理学
心理学
社会科学
0.6
0.5
0.4
0.3
0.2
0.1
0.0
-0.1
-0.2
-0.3
-0.4
-0.5
-0.6
-0.7

大型新兴经济体的科学专长

大型新兴经济体中，俄罗斯在地球科学、物理学和数学方面首屈一指，但在生命科学方面却相形见绌

韩国、中国和印度在工程学和化学领域有领先优势

巴西擅长农业科学，南非则擅长天文学

中国　巴西　俄罗斯
印度　韩国　南非

其他新兴国家或地区经济体的科学专长

撒哈拉以南非洲和拉丁美洲均专注于农业科学和地球科学

阿拉伯地区国家专注最多的是数学，最少的是心理学

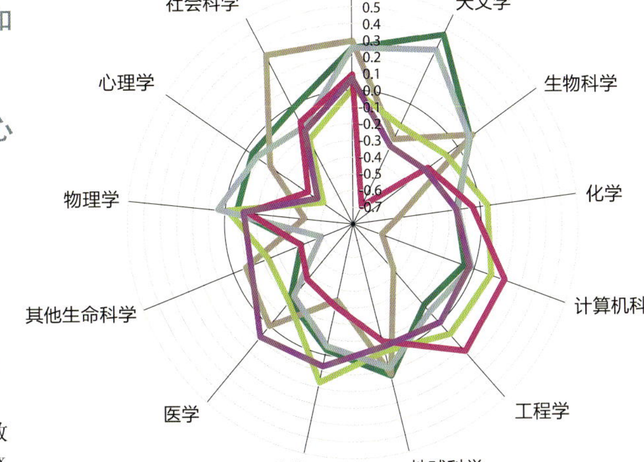

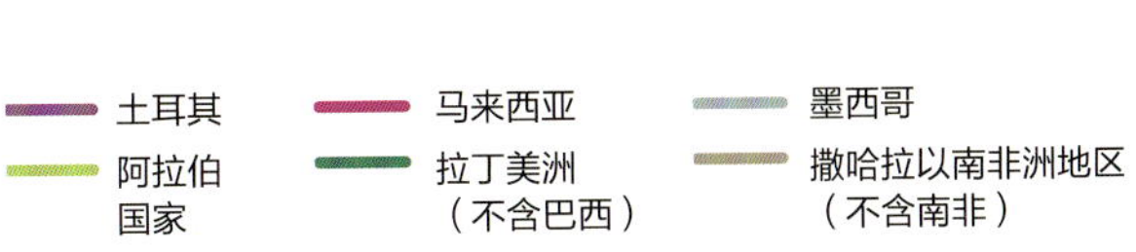

来源：马斯特里赫特创新与技术经济研究院（UNU-MERIT），数据基于汤森路透社公司科学网；数据处理由加拿大 Science-Metrix 公司完成。

图 1.5　世界范围内科学出版物发展趋势（2008 年和 2014 年）

表 1.5 美国专利商标局 2008 年和 2013 年度受理专利数量

发明者的地区或国家	美国专利商标局受理专利			
	总计（项）		占全球总量比重（%）	
	2008年	2013年	2008年	2013年
世界	**157 768**	**277 832**	**100.0**	**100.0**
高收入经济体	149 290	258 411	94.6	93.0
中等偏上收入经济体	2 640	9 529	1.7	3.4
中等偏下收入经济体	973	3 586	0.6	1.3
低收入经济体	15	59	0.0	0.0
美洲	83 339	145 741	52.8	52.5
北美洲	83 097	145 114	52.7	52.2
拉丁美洲	342	829	0.2	0.3
加勒比地区	21	61	0.0	0.0
欧洲	**25 780**	**48 737**	**16.3**	**17.5**
欧盟	24 121	45 401	15.3	16.3
东南欧	4	21	0.0	0.0
欧洲自由贸易联盟	1 831	3 772	1.2	1.4
欧洲其他地区	362	773	0.2	0.3
非洲	**137**	**303**	**0.1**	**0.1**
撒哈拉以南非洲	119	233	0.1	0.1
非洲阿拉伯国家	18	70	0.0	0.0
亚洲	**46 773**	**83 904**	**29.6**	**30.2**
中亚	3	8	0.0	0.0
亚洲阿拉伯国家	81	426	0.1	0.2
西亚	1 350	3 464	0.9	1.2
南亚	855	3 350	0.5	1.2
东南亚	44 515	76 796	28.2	27.6
大洋洲	**1 565**	**2 245**	**1.0**	**0.8**
其他组别				
欠发达国家	7	23	0.0	0.0
所有阿拉伯国家	99	492	0.1	0.2
经济合作与发展组织	148 658	257 066	94.2	92.5
二十国集团	148 608	260 904	94.2	93.9
选定国家				
阿根廷	45	114	0.0	0.0
巴西	142	341	0.1	0.1
加拿大	3 936	7 761	2.5	2.8
中国	1 757	7 568	1.1	2.7
埃及	10	52	0.0	0.0
法国	3 683	7 287	2.3	2.6
德国	9 901	17 586	6.3	6.3
印度	848	3 317	0.5	1.2
伊朗	3	43	0.0	0.0
以色列	1 337	3 405	0.8	1.2
日本	34 198	52 835	21.7	19.0
马来西亚	200	288	0.1	0.1
墨西哥	90	217	0.1	0.1
韩国	7 677	14 839	4.9	5.3
俄罗斯	281	591	0.2	0.2
南非	102	190	0.1	0.1
土耳其	35	113	0.0	0.0
英国	3 828	7 476	2.4	2.7
美国	79 968	139 139	50.7	50.1

注：各地区的数字和百分比之和超过总数，原因是不同地区的有多个发明者的专利在每个地区中重复计入。

来源：数据源自美国专利商标局专利统计数据库，由加拿大 Science-Metrix 公司 2015 年 6 月为联合国教科文组织汇编。

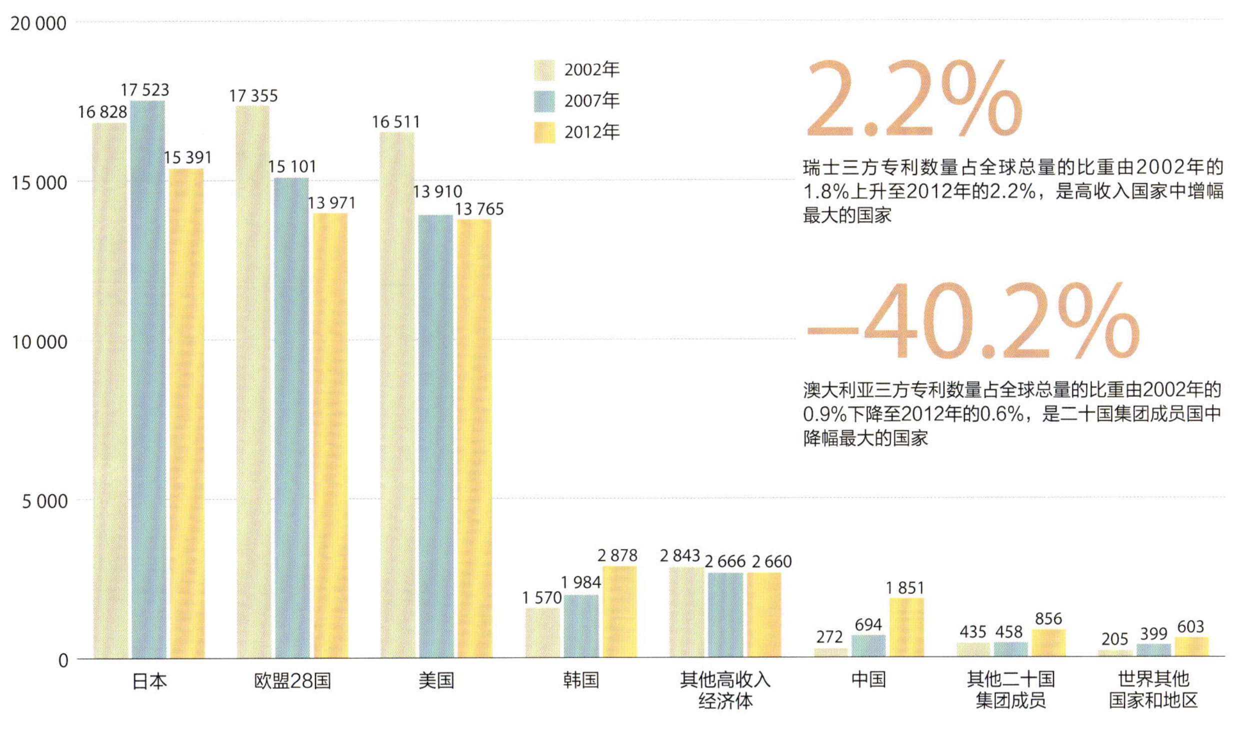

作为全球三方专利三巨头之二的欧盟和美国，其三方专利数量占全球总量的比重在2002年至2012年呈现最大幅收缩

2002年至2012年，韩国三方专利数量占全球总量的比重翻了一番，升至5.5%

中国三方专利数量占全球总量的比重由0.5%上升至3.6%，其他二十国集团成员国所占比重平均也翻了一番，升至1.6%

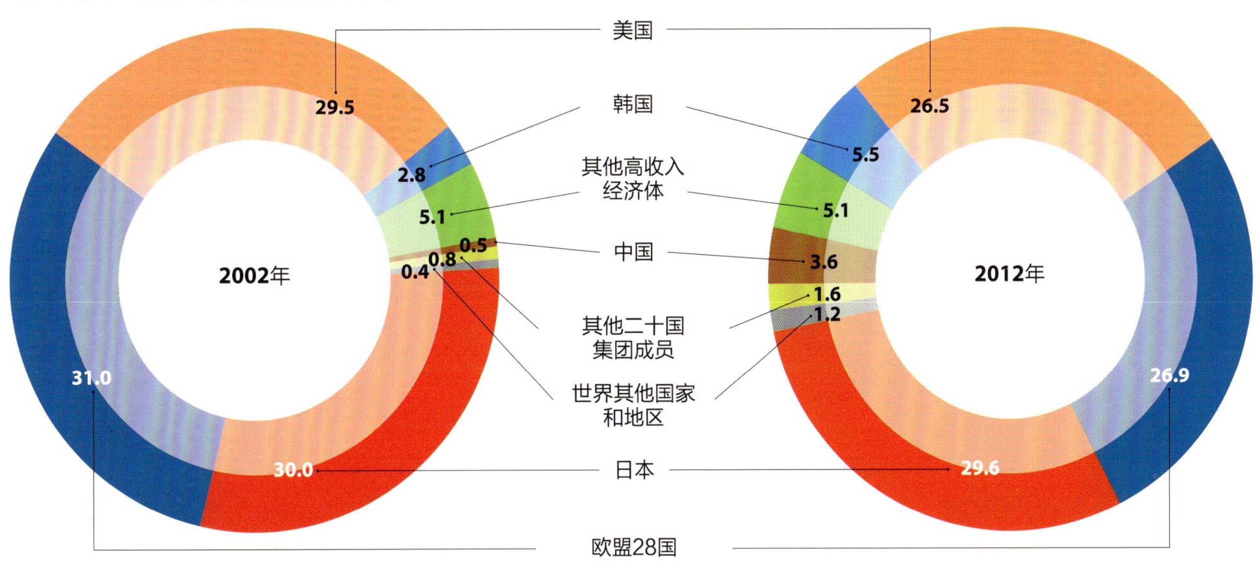

注：图中所示2002年、2007年和2012年三方专利数据来自美国专利商标局专利统计数据库；三方专利指的是由同一申请人或发明者向美国、欧盟和日本专利局同时申请专利保护的发明专利。

来源：数据由联合国教科文组织统计研究所基于经济合作与发展组织网上数据库（OECD. Stat）提供，2015年8月。

图1.6　全球三方专利趋势（2002年、2007年和2012年）

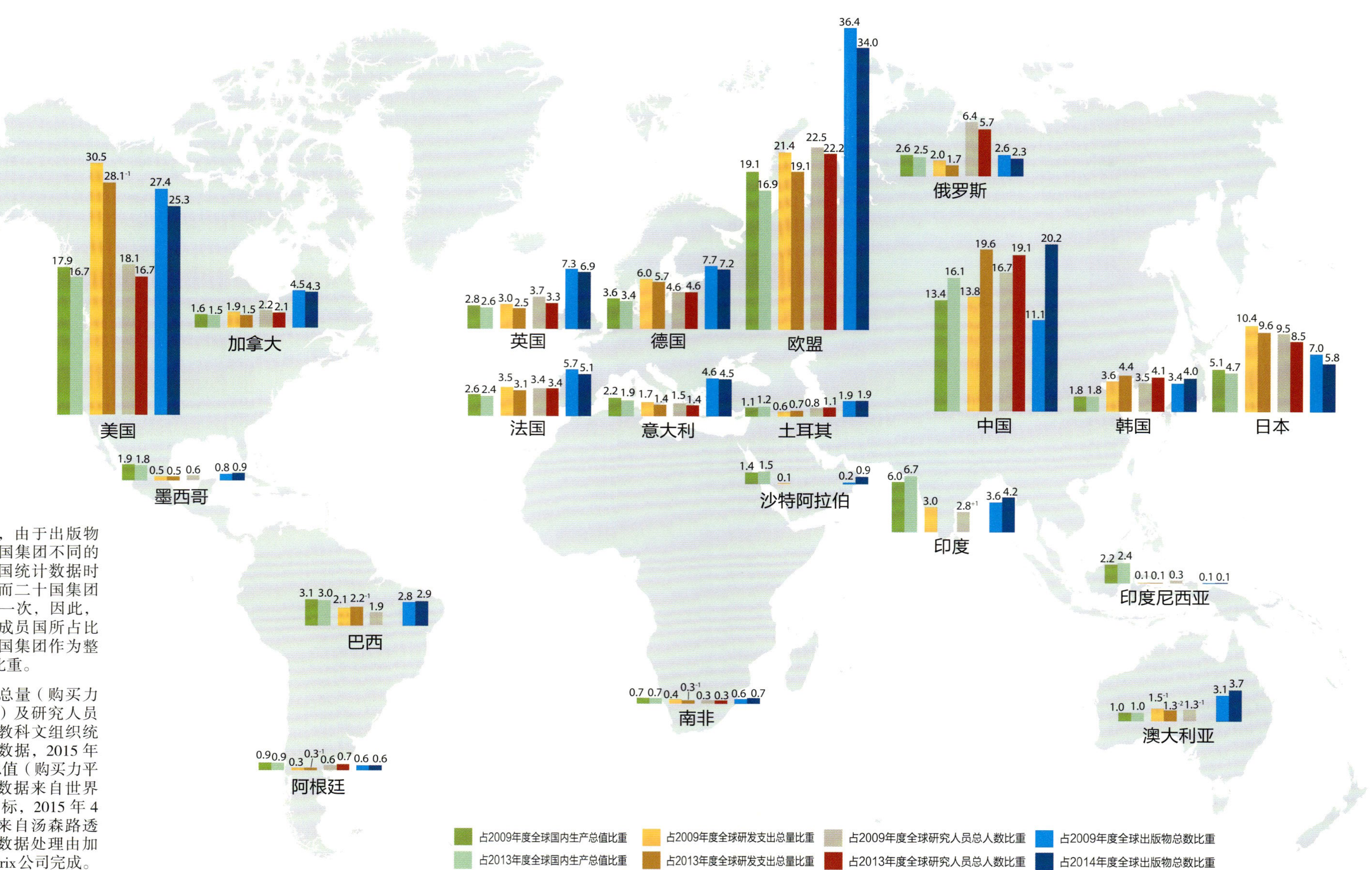

注：关于出版物，由于出版物合作者来自二十国集团不同的成员国，其所在国统计数据时均会计算入内，而二十国集团作为整体仅计算一次，因此，各个二十国集团成员国所占比重之和大于二十国集团作为整体所占的全球的比重。

来源：研发支出总量（购买力平价，以美元计）及研究人员数据来自联合国教科文组织统计研究所的估计数据，2015年7月；国内生产总值（购买力平价，以美元计）数据来自世界银行世界发展指标，2015年4月；出版物数据来自汤森路透社公司科学网；数据处理由加拿大Science－Metrix公司完成。

图 1.7　二十国集团 2009 年和 2013 年度国内生产总值、研发支出总量及出版物数量占全球总量比重（%）

第 1 章　世界寻求有效增长策略

全球概览

与以往相比,《联合国教科文组织科学报告：迈向 2030》述及更多国家，这也反映出科技创新驱动发展的理念在全世界范围内日益被广泛接受。以下第 4 章至第 27 章概述了当前最令人深思的趋势及发展状况。

加拿大（见第 4 章）凭借其强大的银行业及能源、自然资源领域的雄厚实力，成功避开了 2008 年美国金融危机所带来的强劲冲击。然而，自 2014 年起，随着全球石油价格的回落，情况也有所改变。

根据《联合国教科文组织科学报告 2010》，加拿大存在两方面显著的缺陷：一是私营部门创新乏力；二是国家缺乏保证科技、工程领域人才及其培养方面的强有力的计划。整体而言，加拿大学术科研能力依然相对强大，其出版物的被引率高于经济合作与发展组织统计的平均数据。但加拿大在全球高等教育排行榜上名次下滑。加拿大还存在另一软肋：其政策几乎全部倾向于利用科学成果促进商业发展，而此做法给重大的“公益”科学研究造成了损害，政府科学机构和部门数量随之减少。

加拿大最近发布的一份报告表明，加拿大在科学技术方面的实力与其在产业研发方面的投入及经济竞争力方面存在脱节。加拿大在产业研发方面整体偏弱，然而其在以下四类产业中显示出非凡的实力：航空航天产品及零部件制造、信息通信技术、油气开采、制药产业。

2010 年至 2013 年，加拿大的研发支出总量占国内生产总值的比例降至 10 年来的最低水平（1.63%）。与之相对应的是，其研发资金中企业资金所占比重从 2006 年的 51.2% 降至 2015 年的 46.4%。在制药、化工、原生金属及金属制品产业方面的研发投入也都有所缩水。结果就是，2010 年至 2013 年产业研发部门的雇员数量相较于 2008 年至 2012 年减少了 23.5%。

加拿大自 2010 年以来取得的显著成就包括：重新转向极地研究和认识，加大对大学的支持、在“加拿大基因组计划”带动下基因学研究的应用增加、一项“风险投资行动计划”（2013）、加拿大联合欧盟尤里卡项目及一项国际教育战略。该战略旨在吸引更多外国学生为开展全球合作提供最大化的机遇。

美国（见第 5 章）自 2010 年起经济一直保持上升态势。然而，这种从 2008 年至 2009 年经济衰退中的复苏势头尚未稳固。尽管失业率水平有所下降，但是工资水平停滞不升。有证据显示，2009 年美国发布的经济刺激方案（官方称为“美国复苏与再投资法案”）缓解了科技领域从业人员所面临的失业风险，原因就在于刺激方案中相当一部分资金投入研发方面。

自 2010 年起，受经济衰退的影响，研发领域的联邦投资有所停滞。尽管如此，产业，尤其是那些增长迅猛、发展机遇高的产业部门依然保持对研发的投入。结果就是，自 2010 年以来，研发投入资金总量仅仅有少量的减少，而且资金进一步流向产业链上游，保持了资金投入的平衡性。研发支出总量如今仍呈上升态势，商业领域在创新方面的资金投入也将进一步加大。

联邦资金支持的研发工作大部分由 11 个部门进行，它们在过去 5 年间的研发预算并没有增长。其中，国防部的预算甚至遭到断崖式削减，这也反映出美国在阿富汗和伊拉克的战争需求逐渐减弱，与此相应的技术研发需求也减弱。非国防类研发资金的削减可归结为以下两个原因：投入专项科研的联邦预算减少和 2013 年财政预算案未通过国会审议。该方案通过自动削减 10 000 亿美元的联邦预算以减少财政赤字。

联邦研发资金一直未见增长，这对基础研究及诸如生命科学、能源和气候研究的公益类科学研究带来的影响最为深远，而此类研究恰恰是政府行政部门资金投入的优先领域。为了应对 2013 年奥巴马总统宣布的“重大挑战”，政府行政部门正致力于培养“产业 - 公益 - 政府”三者之间的伙伴关系。在这种合作模式下，一些里程碑式的项目得以开展，比如“脑计划”“高端制造业合作关系”以及于 2015 年从产业合作伙伴方获得 1 400 亿美元投资的“美国商企气候承诺行动”。

一方面是企业研发如火如荼；另一方面则是受预算方案的限制，造成大学科研经费的大幅度削减。作为应对，美国大学不得不从产业部门寻求新的资金来源，在工作人员方面则主要雇用临时性或兼职人员。这种局面正在影响年青一代以及已有建树的科学家的科研热情，促使他们改变职业方向，甚至移居海外。同时，随着留学生生源国发展状况的改善，留学生回国的比例也逐渐上升。

加勒比共同市场（加勒比共同体）（见第 6 章） 由于极为依赖与发达国家之间的贸易关系，该组织成员国也饱受发达国家 2008 年后经济放缓的影响。该地区国家在偿还完债务之后，投入其社会经济发展的资金所剩无几。很多国家不得不依赖旅游业和国外汇兑的不稳定性收入维持局面。

此外，该地区极易受自然灾害的影响。基于化石燃料的能源基础设施耗费巨大且已老化，抵抗气候变化的能力极其脆弱，因此该地区未来科研的方向显然应该是可更新能源。为缓解气候变化影响和未来活力发展，该地区成员国制订了“加勒比共同体气候变化中心计划（2011—2021）”，迈出了向该方向发展的关键一步。

该地区的另一优先发展重点是健康领域的研究，在该领域拥有一些卓越研究中心。其中之一就是圣乔治大学，该大学发表的经审议的出版物数量占格林纳达全国的 94%。得益于该大学近年来强有力的产出增长，在国际收录出版物的数量上，格林纳达仅次于面积更大的牙买加、特立尼达和多巴哥。

该地区面临的最大挑战是如何营造更为活跃的科研文化。即使是在该地区较富裕的特立尼达和多巴哥，其研发投入也仅仅占其国内生产总值的 0.05%（2012）。低投入限制了该地区大多数国家在基于循证的科技创新政策的制定。学术界和商业领域取得的卓越成就多归功于突出的个人，而非任何形式的政策框架。

加勒比共同体战略计划（2015—2019）是该地区制定的第一项应对上述局面的方案，旨在鼓励创新、培养创造力、支持创业、普及数字技术、培育包容精神。这是一项真正意义上的科技创新区域性方案，加勒比共同体成员国希望借此减少重复性科研投入，促进协同科研，以便使各国均可受益。基于该方案该地区现已建立了一些科研基地，其中包括西印度群岛大学和加勒比科学基金会。

拉丁美洲（见第 7 章） 的社会经济发展在经历了 10 年的高歌猛进后，也放缓了前进的脚步，特别是对该地区商品出口企业而言更是如此。高技术含量产品的生产和出口在大多数拉丁美洲国家仍处于边缘地位。

但该地区的公共政策重心日渐向科研和创新方面倾斜。一些国家已具备成熟的科技创新政策工具。同时，该地区也在不遗余力地认识并提升本土知识系统在发展中的作用。

然而，除巴西（见第 8 章）外，其他拉丁美洲国家不具有与其活跃的新兴市场经济体相匹配的研发强度。为缩小这种差距，该地区国家需着手增加科研人员的数量。该地区在高等教育领域的投资不断增加，令人备受鼓舞；此外，科学生产和国际科研合作也在不断上升。

拉丁美洲国家在专利申请方面表现一般，显示出该地区缺乏对提高科技驱动竞争力的热情。不过，该地区在自然资源相关领域，比如采矿和农业领域，申请专利的数量正逐步提高，而申请主体多为公共科研机构。

为利用科技创新更有效地发展，一些拉丁美洲国家，如阿根廷、巴西、智利、墨西哥和乌拉圭采取措施支持诸如农业、能源和信息通信技术等战略性领域的发展，其中一项重点为生物技术和纳米技术。而其他国家，如巴拿马、巴拉圭和秘鲁，则将科研资金投入扩大本国创新力上；多米尼加共和国、萨尔瓦多和危地马拉则采取更为宏观意义上的战略以培育自身的竞争力。

拉丁美洲地区国家优先发展能够促进可持续发展的科学技术，尤其是可持续能源领域的科学技术。然而，想要在技术主导型制造业领域缩小与活跃的新兴市场方面的差距，该地区国家还有很长的路要走。第一步就是，保证长期科技创新政策的稳定性，避免各项战略和倡议一窝蜂涌现。

巴西（见第 8 章） 自 2011 年起开始面临经济下行局面，而且这一局面已影响到其推进社会包容性发展的能力。巴西经济下行的局面是由国际商品市场萎靡引起的，再加上其原为刺激消费而制定的经济政策的负面影响，更加剧了经济下行的态势。2015 年 8 月，巴西 6 年来第一次进入经济衰退的困境。

尽管巴西出台了一系列政策以期提高劳动生产

率，但劳动生产率依然停滞不前。生产力水平被看作衡量创新力吸收和产生比率的一项指标，劳动生产率停滞不前的趋势说明巴西未能将创新力用以促进经济增长。巴西目前的遭遇类似俄罗斯联邦和南非，两国自 1980 年以来劳动生产率均陷入停滞，却不同于中国和印度。

巴西政府和工商企业两方在研发方面投入的强度有所增大，但是至 2010 年为止其研发支出总量占国内生产总值的比例未能达到政府的目标比例——1.50%（2012 年为 1.15%），而至 2014 年商业领域也几乎不可能为国内生产总值贡献预期的 0.90% 的比例（2012 年为 0.52%）。自 2008 年起，公有企业和私营企业在创新力方面的表现均有所下降。在名为“大巴西”4 年计划制定的目标中，仅有扩大固定宽带市场准入一项取得了切实的进步。巴西占世界出口总量的比重事实上也有所下降（见表 1.6）。

巴西政府努力打破原有僵化的公共科研体系，建立一种自主科研团体（“社会组织”），目的是为科研团体采纳现代管理方式及深化与产业之间的纽带铺平道路。政府的这一措施在应用数学和可持续发展等领域取得了成功。然而，卓越的科研仍然只是集中在位于巴西南部的一小部分科研机构中。

近年来，巴西科研出版物数量增长迅速，但是其在主要国际市场上的专利申请数量依然相对较少。由公共研究机构向私营部门的技术转移依然是诸如医药、陶瓷、农业及深海石油钻探等领域创新的主要组成部分。自 2008 年起，成立了两所国家实验室，以促进纳米技术的发展。如今，巴西的大学已有能力为药物传输研发纳米级材料，但由于其国内制药企业自身没有研发能力，大学不得不与其合作一同将新产品和工艺推向市场。

自 2008 年起，欧盟（见第 9 章）就已陷入债务危机的泥潭。失业率飙升，年轻人的失业率更高。为使其宏观经济管控步入正轨，欧盟作为世界上主权国家经济、政治融合最紧密的区域性集团，正在寻找一种行之有效的增长战略。

欧盟在 2010 年通过了“欧盟 2020 战略”，旨在促进智能型、可持续、包容性增长，努力重新调整欧盟以完成早前“里斯本战略”制定的目标。欧盟为

表 1.6　2008 年和 2013 年每百人中互联网用户

	2008年	2013年
世界	**23.13**	**37.97**
高收入经济体	64.22	78.20
中高收入经济体	23.27	44.80
中等偏下收入经济体	7.84	21.20
低收入经济体	2.39	7.13
美洲	**44.15**	**60.45**
北美洲	74.26	84.36
拉丁美洲	27.09	47.59
加勒比地区	16.14	30.65
欧洲	**50.82**	**67.95**
欧盟	64.19	75.50
东南欧	34.55	57.42
欧洲自由贸易联盟	83.71	90.08
欧洲其他地区	25.90	53.67
非洲	**8.18**	**20.78**
撒哈拉以南非洲	5.88	16.71
非南阿拉伯国家	17.33	37.65
亚洲	**15.99**	**31.18**
中亚	9.53	35.04
亚洲阿拉伯国家	19.38	38.59
西亚	14.37	37.84
南亚	4.42	13.74
东南亚	24.63	43.58
大洋洲	**54.50**	**64.38**
其他组别		
欠发达国家	2.51	7.00
所有阿拉伯国家	18.14	38.03
经济合作与发展组织	63.91	75.39
二十国集团	28.82	44.75
选定国家		
阿根廷	28.11	59.90
巴西	33.83	51.60
加拿大	76.70	85.80
中国	22.60	45.80
埃及	18.01	49.56
法国	70.68	81.92
德国	78.00	83.96
印度	4.38	15.10
伊朗	10.24	31.40
以色列	59.39	70.80
日本	75.40	86.25
马来西亚	55.80	66.97
墨西哥	21.71	43.46
韩国	81.00	84.77
俄罗斯	26.83	61.40
南非	8.43	48.90
土耳其	34.37	46.25
英国	78.39	89.84
美国	74.00	84.20

来源：互联网用户数据来源于国际电信同盟 /ICT 指标数据库（2015 年 6 月）和联合国教科文组织统计研究所的评估；人口数据来源与联合国教科文组织经济和社会事务部人口司（2013 年）《世界人口展望》（2012 修订版）。

此采取了如下措施：提高研发投入（2013 年国内生产总值的 1.92%），完善内部市场（特别是服务业），促进信息通信技术的运用。其他项目也自 2010 年起开始启动，其中就包括目标宏大的“创新型联盟”。2015 年 7 月，让－克劳德·容克任主席的欧盟委员会将“欧洲战略投资基金”纳入欧盟增长政策智库，该举措期望使用一小笔公共预算（210 亿欧元）通过杠杆融资 14 倍多（2 940 亿欧元）的私有领域投资。

欧洲在基础研究领域仍是佼佼者及国际合作的领军者。第一家前沿科学研究泛欧洲资助机构——欧洲研究委员会成立于 2008 年。在 2008 年至 2013 年，在受欧洲研究委员会资助的研究人员中，有三分之一人员发表的论文被世界引用频次最高刊物中最顶尖的 1% 刊物所收录。欧盟“地平线 2020 计划”旨在促进科研和创新，是当下注资最高（800 亿欧元）的欧盟框架项目，该项目期待能进一步促进欧盟的科研产出。

尽管 2004 年新加入欧盟的 10 国在研发强度上低于早期的成员国，但是两者之间的差距正在缩小。但保加利亚、克罗地亚和斯洛文尼亚的情况并非如此，这三个国家在 2013 年在欧盟研发支出总量中贡献的比例尚不如 2007 年。

欧盟一些成员国，如法国和德国，正在促进技术密集型制造业的发展，并采取各种方式为中小型企业放宽金融市场准入。令人担忧的是，28 个国家中，13 个国家的创新力表现有所下滑，原因就在于：创新性企业的比例下降、公私双方科研合作减少以及可利用的风险投资减少。

东南欧（见第 10 章）各经济体在欧盟一体化进程中处于不同的阶段。一体化是欧盟各国的共同目标，但各国阶段不一：自 2007 年以来，斯洛文尼亚便是欧元区的一分子，而波斯尼亚及黑塞哥维那与欧盟签署的《稳定与联系协议》却直至 2015 年 6 月才生效。2014 年 7 月，该区域内所有非欧盟国家均宣布加入欧盟“地平线 2020 计划”。

斯洛文尼亚通常被视为这一区域的领军人物。2008 年至 2013 年，其研发支出总额占国内生产总值的比例由 1.63% 上升到了 2.59%，而其国内生产总值有所萎缩。斯洛文尼亚也是东南欧唯一一个多数研发工作由工商企业投资开展的国家。企业研发在其他大多数国家不甚景气，但在波斯尼亚与黑塞哥维那、马其顿共和国[①]以及塞尔维亚，研发强度已有所提高。2012 年，塞尔维亚的研发强度接近 1%（0.91），在创新调查中也有更好表现。然而，即使是像克罗地亚与塞尔维亚这样工业化程度更高的国家，也会深受高校与产业间联系薄弱之苦。随着博士学位获得者人数的迅速增长，许多国家的研究者密度上升。

2013 年，各成员国政府采纳了“欧盟 2020 战略”，承诺提高研发强度，扩大高技能劳动力规模。其补充战略“西巴尔干地区研究与创新发展战略”（2013）旨在推动由公共研究机构向私营部门的技术转移，扩大与产业合作；它提倡高机遇领域，如“绿色”创新与能源领域的智能专业化。该战略还与联合国教科文组织统计研究所合作，旨在到 2018 年将东南欧地区统计数字提升至欧盟标准。

欧洲自由贸易联盟（见第 11 章）由 4 个富裕的国家组成，这 4 个国家与欧盟高度融合，但仍保持自身特色。20 年前签订的欧洲经济区协议赋予了冰岛、列支敦士登与挪威在欧盟研究计划中紧密相连的伙伴地位。瑞士在欧盟研究计划中向来参与度很高，然而近期却被暂时限制参与某些关键项目，如“卓越科学”，直至其与欧盟的争端得到解决为止：2014 年 2 月，瑞士全民公投决定限制欧盟科研人员在瑞士境内自由流动。

在经济合作与发展组织中，瑞士的创新指数位列前三。尽管瑞士企业创新投资比例近期有所下降，其私营部门仍属于研究密集型。瑞士的成功部分要归功于其对国际人才的吸引力，这些人才在私人企业和大学中发挥着重要作用。

2013 年，挪威研发支出总额占国内生产总值之比为 1.7，低于欧盟 28 国平均水平，也不及冰岛（2013 年为 1.9）和瑞士（2012 年为 3.0）。挪威拥有高等教育学历并（或）从事科技创新领域的成年人口比例居欧洲前列。与瑞士具有极大吸引力不同，挪威还在努力吸引国际人才，将科学知识转化为创

① 1993 年 4 月 7 日，马其顿共和国以“前南斯拉夫马其顿共和国”的暂时国名加入联合国。2019 年 2 月 12 日，马政府宣布正式更改国名为“北马其顿共和国”，简称“北马其顿”——译者注。

新产品。挪威开展研发的高科技公司比例也较小。这些现象反映出生活在石油资源丰富的福利国家里的人们较缺乏竞争动力。

冰岛在 2008 年的国际金融危机中受挫严重。2007 年至 2013 年，其研发强度由 2.6 降至 1.9。尽管面临着人才流失问题，冰岛仍保持着出色的科学论文发表记录，这要归功于高度流动的年青一代科学家们。这些科学家大部分具有海外工作经历，且其中一半人的博士学位在美国取得。

列支敦士登虽然面积极小，却拥有在机械、建筑和医疗技术领域极具国际竞争力的企业，这些企业具有高水平研发能力。

黑海流域（见第 12 章）极少被人们视为一个区域。位于黑海流域的国家均为中等收入经济体，它们面临着科技创新领域的挑战。尽管发展轨迹各自不同，这些国家却有一点共同之处——受教育程度。而对于较大的国家（白俄罗斯、土耳其和乌克兰）而言，共同处则在于工业化发展水平。国际科学合作方面，黑海流域七国都感受到了来自欧盟的吸引力。

黑海领域七国在战略性文件中均认可基于科学的创新对长期生产力增长的重要性，阿塞拜疆也不例外。21 世纪初期，阿塞拜疆一直努力使其研发强度跟上受石油驱动的经济增长的步伐。在白俄罗斯与乌克兰这类历史上工业化程度较高的后苏联国家中，研发支出总额已不能再与令人陶醉的 19 世纪 80 年代相提并论，但尚可与不那么野心勃勃的中等收入经济体相匹敌（占国内生产总值的 0.7% ~ 0.8%）。

在其他人口较少的后苏联国家（亚美尼亚、格鲁吉亚和摩尔多瓦），后过渡时期的不稳定性以及长期政策和资金上的不足使得大部分苏联时期的研究设施荒废，也切断了现代工业与科学间的联系。然而，这些国家仍然拥有可利用的资产。如亚美尼亚在信息与通信技术领域表现出色。

这 6 个后苏联国家极度缺乏具有可用性及可比性的研发数据和人才。部分原因在于它们仍处于向发达经济体的过渡之中，在此方面尚不完善。

土耳其虽说起点较低，却因其在科技创新投入方面的众多措施而超越了其他黑海流域国家。其社会经济转型也同样令人印象深刻。在过去 10 年中，其经济主要受中等科技生产驱动。土耳其仍应向其他黑海国家学习，尽早重视较高的受教育程度对构建卓越技术的重要性。反过来，其他黑海国家也应同土耳其一样认识到，高学历劳动力和研发本身并不等于创新，友好的商业经济环境和竞争市场也同样重要。

俄罗斯联邦（第 13 章）经济增长速度自 2008 年国际金融危机以来便有所下降。2014 年第三季度以来，伴随着全球石油价格的大幅下滑及乌克兰事件后欧盟和美国的强制制裁，其经济更是衰退。

俄罗斯自 2012 年以来实施的改革是其创新导向性增长战略的一部分。然而，这些改革未能克服阻碍其经济增长的结构性缺陷，包括有限的市场竞争和持续的创业壁垒。改革试图通过提高工资并在国有企业建立创新激励机制来吸引研究人员来到这片“研究沙漠”。2013 年的政府研发拨款与 5 年前相比较，反映了向满足工业需求方面的更大的倾向，导致基础研究遭受损害——其总数由 26% 下降到 17%。

尽管政府做出了努力，俄罗斯 2000 年至 2013 年工业财政对研发支出总额贡献率还是由 33% 下降至 28%，尽管工业仍然占据了国内研发支出总额的 60%。一般来说，工业投资中仅有一小部分用于获取新技术，而基于技术的新创企业仍然数量极少。截至目前，在可持续性技术领域的投资仍较少，原因在于商业部门对绿色增长缺乏兴趣。

只有四分之一（26%）的创新型企业致力于环境领域的发明创造。政府对于斯科尔科沃创新中心寄予厚望。该中心临近莫斯科，正在建设当中，是一个高科技商业综合体，用以吸引创新型企业，培育涉及 5 个优先领域（高效节能、核技术、空间技术、生物医药及战略性计算机技术和软件）的新创公司。2010 年通过的一项法律为当地居民提供 10 年的税收优惠，并预备成立“斯科尔科沃基金”以支持当地一所大学的发展。该中心最大的合作伙伴之一是美国麻省理工学院。

企业专利数量低说明了政府相对坚定地努力促进经济相关研究与商业部门不注重创新之间的弱协同效应。例如，2007 年，政府将纳米科技纳入优先发展领域，其生产与出口随之增长，但相关研究的专利申请强度却始终不足。

科学生产在缓慢增长，然而却影响平平。近期，政府成立了联邦研究组织机构，从俄罗斯科学院手中接过对研究机构资产的财政及管理权，以整顿大学研究。2013 年，政府建立起俄罗斯科学基金会，以扩大竞争性研究资金机制范围。

中亚（见第 14 章）国家正由国有经济向市场经济转变。在过去 10 年的商品繁荣时期，尽管其出口与进口均增长迅猛，这些国家仍极易受到经济冲击，原因在于它们对进口原材料过于依赖，贸易合作伙伴有限，及制造能力不足。

除乌兹别克斯坦外，2009 年至 2013 年，这些中亚国家均将国家研究机构数量减半。随着新科技的发展及国家优先发展项目的不同，这些建立于苏联时期的机构早已过时。作为现代化驱动基础设施的一部分，哈萨克斯坦和土库曼斯坦正在建立技术园区，集合现有机构以形成研究中心。

受强劲经济增长的鼓舞，除吉尔吉斯斯坦外，该地区诸国通过制订国家发展战略，培育高新技术产业，集中资源，引导经济走向出口市场。

近年来，为培养其在战略经济领域的竞争力，中亚地区建立起三所大学：哈萨克斯坦的纳扎尔巴耶夫大学，乌兹别克斯坦的因哈大学（信息与通信技术是其研究专长）以及土库曼斯坦的国际油气大学。这些国家不仅致力于提高传统采掘业效率，同时也希望通过更好地利用信息通信技术与其他现代科技来发展商业、教育及科学研究。

而这一雄心却受到研发方面持续低投资的阻碍。过去的 10 年中，这一区域的研发支出总额占国内生产总值之比始终徘徊于 0.2% ~ 0.3%。2013 年，乌兹别克斯坦打破这种局面，将其研究强度提升至 0.41%。哈萨克斯坦是唯一一个工商企业与私营非营利部门对研发做出显著贡献的国家，但其研发强度整体仍然很低：2013 年为 0.17。然而，该国在科学技术服务上的支出大幅上升，这表明了其研发产品的需求在不断增加。企业偏好在进口机械及设备时购买配套的技术解决方案，这是该上升趋势的另一证明。政府已采用一项战略，通过技术转移和开发商业头脑来实现企业现代化，其重点在于发展项目投资，包括吸收合资企业资金。

2005 年至 2014 年，哈萨克斯坦所发表的科学论文在该区域所占比例由 35% 增至 56%。但该区域三分之二的论文均为与外国研究者合著，其主要合作者往往来自中亚之外。

在**伊朗（见第 15 章）**，国际制裁阻碍了其工业及经济增长，限制了外国投资及油气出口，并且引发了全国性货币贬值与恶性通货膨胀。制裁似乎同样加速了伊朗由资源导向型经济向知识经济的转变：它要求决策者将眼光放得更远，利用该国的人力资本创造财富，而非局限于采掘业。

2006 年至 2011 年，伊朗开展研发活动的企业数量增长了超过一倍。然而，尽管 2008 年国内研发支出总额的三分之一来自商业部门，这一贡献仍然太小（占国内生产总值的 0.08%），不足以有效地培育创新。研发支出总额占国内生产总值比例甚至由 2008 年的 0.75% 减少到 2010 年的 0.31%。2015 年 6 月，随着核协议出台，对伊朗的制裁有所缓解，这或许能帮助其政府达成将研发支出总额占国内生产总值比例提高至 3% 的目标。

随着对伊朗的经济制裁收紧，该国政府努力寻求推动自主创新。2010 年该国通过法律设立创新与繁荣基金，旨在支持知识型企业进行研发投资，推动研究成果的商业化以及帮助中小企业获取技术。该基金计划在 2012 年至 2014 年下半年，拨款 4.6 万亿伊朗里亚尔（约合 1.714 0 亿美元）给 100 家知识型企业。

尽管制裁使得伊朗的贸易伙伴由西方转向东方，其科学合作仍主要面向西方。2008 年至 2014 年，伊朗在共同发表科学论文方面的主要外国合作伙伴分别为美国、加拿大、英国、德国及马来西亚。伊朗与马来西亚的联系正在逐渐加深：马来西亚 7 个留学生中就有一位为伊朗裔（见第 26 章）。

在过去 10 年中，为开展纳米技术研究，伊朗建立起数家研究中心与 143 家企业。至 2014 年，伊朗在纳米技术领域发表的论文数量世界排名第七，但目前只有极少数发明者获得了专利授权。

以色列（见第 16 章）拥有世界上研发密集度最高的企业部门，此外以色列还是世界上风险资本最密集的经济体。该国在多项技术上有着过硬的优势：电子产品、航空电子设备及相关系统。这些技术最初是从国防工业衍生技术中发展而来，它们的发展使得以色列高科技产业在软件、通信和互联网民用产业中胜人一筹。2012 年，在以色列出口中高科技产业所占比例高达 46%。

以色列深受近邻孤立，其科技领域的成功混杂着自身强烈的不安全感，不断引起反思。例如，围绕如何在非国防驱动的学科领域里提升其科技优势，以色列国内展开了讨论。这些学科领域包括生物技术、医药、纳米技术和材料科学，被认为是未来发展的驱动力。以色列高等院校的基础研究实验室在这些领域的研究向来卓越，但分散的高校研究体系则需要向这些增长领域进行必要的过渡。该研究体系能否做得到？在国家缺乏针对高校的有关政策的情况下，高校如何向这些基于科学的新产业提供知识、技术和人力资源，这个问题至今仍不明朗。

在一些领域，如自然科学和应用工程学，科学家和工程师老龄化情况明显。随着对工程师和技术人员的需求不断增长以致供不应求，专业人员的缺乏将成为该国创新领域的一大缺陷。根据“第六高等教育计划”（2011—2015 年），预计招聘的高级人才达 1 600 人，近半数人员将会在新岗位工作（净增长超过了 15%）。该计划还预计在之后的六年中，学术基础建设和研究设施的更新换代将需要 3 亿新谢克尔（约 7 600 万美元）的投资。有人认为这项计划没有给予大学研究足够的资金支持。大学研究的资金以前主要依靠身居国外的犹太人的慷慨解囊。

以色列二元经济结构的大问题依然存在。其经济的发展靠仅占小规模的高科技产业带动，而与之并存的传统工业和服务业，规模更大但效率低下，生产力水平相对较低。这种二元经济结构使得收入较高的劳动者居于该国的“核心”位置，收入较低的劳动者则主要生活在边缘地区。以色列的决策者应该思考，在没有一个牵头机构执行科技创新政策的情况下，如何既能解决这样的系统性问题，又能不牺牲一直以来运行得很好的分散化教育研究体系的灵活性。

大部分阿拉伯国家（见第 17 章）的高等教育支出费用均高于其国内市场总值的 1%，在许多国家，无论男性女性，都有着较高的高等教育入学率。然而总的来讲，这些国家并没有为数量不断增多的年轻人创造足够多的经济机会。

除了资本过剩的石油出口国外，阿拉伯国家其他经济体并没有经历过快速持续的扩展。自 2008 年起，大部分国家低经济参与度（尤其是女性）以及高失业率（特别是年轻人）的情况不断加重。2011 年之后爆发的众多事件（所谓的“阿拉伯之春”）既是对糟糕的政府公共管理也是对令人失望的经济状况的反映。中东地区的军事支出本已很高，但由于近年来的政治动荡及随之而起的机会主义恐怖组织的增加，多国政府把更多的资源都用在了军事支出上。

突尼斯的民主演变是“阿拉伯之春”的成功案例之一。它为突尼斯带来了更大的学术自由，这将对突尼斯的学术研究起到积极作用，大学与产业之间因此更易建立起联系。突尼斯现已建立数个工业园区。

大部分阿拉伯国家的科技研发强度较低，尤其是石油输出国，其较高的国内生产总值使得增加科研强度变得困难。研发支出总量占国内生产总值的比例在摩洛哥和突尼斯（大约 0.7）已接近中上等收入国家水平。此外，自“阿拉伯之春”运动以来，在阿拉伯地区人口最多的国家埃及，该比例已从 2009 年的 0.43% 上升到了 2013 年的 0.68%；自 2011 年起该国几任政府都选择发展知识经济，有望让埃及的收入来源更加多元化。

依赖石油出口的国家（海湾国家和阿尔及利亚）以及石油进口的国家（摩洛哥和突尼斯）也在促进知识经济的发展。最近的许多项目都是通过科技创新来推动社会经济的发展，尤其是在能源领域。例如，埃及恢复了泽维尔科技城项目，建立 Emirates 高科技院以运行对地观测卫星。摩洛哥于 2014 年首建非洲最大的风力发电厂并有望建成非洲最大的太阳能发电厂。沙特阿拉伯则于 2015 年宣布开展发展太阳能的项目。

在过去的 10 年中，卡塔尔和沙特阿拉伯的科研出版物的数量显著增长。沙特阿拉伯现有两所高校位居世界大学 500 强行列。该国为降低对外籍从业者的依赖而计划发展技术和职业教育，这类教育也将招收女生。

西非（见第 18 章）尽管遭遇了埃博拉疫情及其他危机，近年来其经济仍强劲增长。但在此强劲增长之下，掩饰不了的是结构缺陷：西非国家经济共同体的成员国仍十分依赖商品税收，到目前为止，其经济仍未实现多样化。主要的困难在于缺乏技术人才包括技术员。在西非只有 3 个国家（加纳、马里和赛尔加尔）将国内生产总值 1% 用于高等教育，而文盲问题依然是横在发展职业教育面前的一道坎儿。

非洲科技整体行动计划（2005—2014 年）呼吁建立科技卓越中心区域网络，促进非洲各国科学家相互交流。2012 年，西非经济货币联盟指定 14 所卓越中心，并给予其两年的资助。世界银行于 2014 年也开展了类似项目，其资助形式为提供贷款。

“西非国家经济共同体愿景 2020”（2011 年制定）为加强政府治理、加快经济货币一体化及促进公私合作关系描绘了发展路线。西非国家经济共同体对科学技术的政策（2011 年）是“西非国家经济共同体愿景 2020”的组成部分，为非洲科技创新行动计划提振信心。

到目前为止，科研对于西非的影响力甚微，造成此状况的原因为：国家缺乏科研创新策略、研发投资过少、私营企业参与度低以及西非地区间科研人员合作不足。政府资助目前依然是国内研发支出的最大来源。西非的科研产出依然很低，仅有冈比亚和佛得角两国发表的科研文章达到每百万人 50 篇以上。

自 2009 年以来，东非和中非（见第 19 章）对科技创新的兴趣大大增长。大部分国家将其长期规划（“愿景”）建立在依靠科技创新拉动发展的基础上。这些规划反映了东非和中非与西非、南部非洲国家共同的未来愿景：建立一个繁荣的中等（或更高）收入国家，政府善治，包容性增长，可持续发展。

政府目前更多地去寻求投资人而非捐助者，不断规划方案以支持当地商业发展：卢旺达设立了一项促进绿色经济的基金，为公、私企业提供有竞争力的资金；在肯尼亚，内罗毕工业技术园区则联合一所公立大学共同发展。肯尼亚的第一个技术孵化器帮助众多新创公司成功占领了市场，特别是在信息技术领域。许多国家政府，包括喀麦隆、卢旺达和乌干达，都在向这个充满活力的领域投资。

在大部分国家，科研开支正在攀升，创新中心正在兴建。肯尼亚现在是非洲科研支出最多的国家之一（2010 年占该国国内生产总值的 0.79%），其次是埃塞俄比亚（2013 年占国内生产总值的 0.61%），加蓬（2009 年占国内生产总值的 0.58%）以及乌干达（2010 年占国内生产总值的 0.48%）。政府常是科研经费的主要来源，但是在加蓬商业对科研的贡献占 29%（2009 年），在乌干达占 14%（2010 年）。在肯尼亚、乌干达和坦桑尼亚，科研经费中至少 40% 来自国外资金。

东非和中非国家参与了非洲科技整体行动计划（简称 CPA，2005—2014 年），并采纳了后续的非洲科学技术和创新策略（简称 STISA-2024）。非洲科技整体行动计划在实施中遭遇了挫折，原定成立一项非洲科学技术基金以保证资金的持续提供，但最终失败。但数个生物科学领域的卓越中心网络依然建立了起来，包括肯尼亚东非研究中心及两个补充机构：生物革新网络和非洲生物安全专业知识网络。在喀麦隆、加纳、塞内加尔、南非和坦桑尼亚建立了五家非洲数学研究所。自 2011 年以来，非洲科学技术创新观察站（非洲科技整体行动计划的另一产物）一直在帮助完善非洲的科研数据。

东非共同体（EAC）和东部及南部非洲共同市场将科技创新看作经济一体化的重要组成部分。例如，东非共同体共同市场协议（2010 年）在共同体内为市场导向研究、技术发展和技术应用提供支持，以此支撑产品和服务的持续产出，提升成员国国际竞争力。东非共同体还委托东非大学理事会至 2015 年发展建设成一个普通高等教育区。

非洲南部国家（见第 20 章）有着利用科技创新拉动可持续发展的共同愿望。如同非洲次大陆的其他地区，南部非洲发展共同体（SADC）的经济主要依赖自然资源。因此，南部非洲发展共同体减少农业研发资金的情况事关重大。在研发强度上各国有着巨大的差异，最低的莱索托仅有 0.01%，最高的马拉维为 1.06%，该国正试图吸引外国直接投资来发展其私营经济。2013 年，南部非洲发展共同体吸引的外国直接投资中，有 45% 流向了南非；同时南非也正在成为南部非洲最大的投资国。从 2008 年到 2013 年，南非的对外直接投资额几乎翻了一番，达到 56 亿美元，这些资金大部分都流向了邻国的电讯、采矿和零售业。

南非在 2008 年到 2012 年研发支出占国内生产

总值的比率从 0.89% 收缩到 0.73% 的原因主要是私营部门投入的减少，无法满足同期研发支出的增长。南非贡献了非洲近四分之一的国内生产总值，其创新制度相对稳定：该国在 2008 年至 2013 年间申请专利的数量占南部非洲发展共同体申请专利总量的 96%。

大部分南部非洲发展共同体国家的科技创新政策与国家设施紧密相关，私营部门的参与程度很有限。科技创新政策很少有配套的实施计划及分配预算。人力与财力的缺乏也阻碍了科技创新政策目标的达成。国家创新体制在发展中也遭遇了其他障碍：制造业发展不健全、私营经济投资研发的激励条件甚少、各个层面上的科学技术严重不足、人才持续流失、因缺乏合格教师及合适的课程导致学校科学教育水平低下、知识产权法律保护极不完善以及欠缺科技合作。

非洲内部的贸易量仍非常低，其贸易量约占非洲总贸易量的 12%。非洲联盟、非洲发展新伙伴关系以及区域性经济共同体，如南部非洲发展共同体、东部和南部非洲共同市场（COMESA）和东非共同体（EAC），高度重视区域一体化。它们在 2015 年 6 月正式建立了自由贸易区。这些组织同样非常重视区域科技研发，将其视为优先发展项目。区域一体化面临的最大障碍可能是个别政府会对任何让它们放弃国家主权的行为予以抵制。

在南亚（见第 21 章），政治不稳定一直是阻碍其发展的主要因素。但是，斯里兰卡恢复和平以及阿富汗民主过渡等地区问题得以和平解决，该地区未来的发展仍然充满希望。斯里兰卡正在大量投资兴建基础设施，而阿富汗则致力于各水平的教育事业的发展。

在过去 10 年里，该地区的所有经济体都有所增长，其中尤以斯里兰卡的人均国内生产总值发展最快（印度除外，见第 22 章）。即便如此，南亚仍然是世界上经济融合程度最低的地区之一，其区内贸易额仅占贸易总量的 5%。

南亚国家致力于推动至 2015 年普及小学义务教育，但相应地也使得对高等教育的投入减少（只占国内生产总值的 0.2% ~ 0.5%）。大多数南亚国家都制定了相关政策和方案在学校、科研和经济部门中推动信息通信技术的使用，但这些方案的实施均受制于农村地区不稳定的电力供应系统，特别是不完善的宽带网络基础设施。在南亚，移动电话技术被广泛应用，但并未促进信息和知识的共享，以及商业和金融服务业的充分发展。

2007 年到 2013 年，巴基斯坦的研发投入从占国内生产总值的 0.63% 下滑至 0.29%，而斯里兰卡的研发投入一贯保持在较低的水平，仅占国内生产总值的 0.15%。巴基斯坦计划在 2018 年前将其研发投入提升至国内生产总值的 1%；而斯里兰卡计划在 2016 年前将科研投入提升至国内生产总值的 1.5%。当前，所面临的挑战是建立有效的机制来实现这些目标。阿富汗通过在 2011 年至 2014 年大学扩招一倍而超额完成了其设定的目标。

接下来要关注的国家应该是尼泊尔。在短短几年的时间里，尼泊尔在多项指标上都有所提升：其研发投入已经从占国内生产总值的 0.05%（2008 年）上升到 0.30%（2010 年）。现在，该国每百万人口中的技术人员数量高于巴基斯坦和斯里兰卡，并且其研究力度仅次于斯里兰卡。2015 年特大级地震的灾后重建工作可能会迫使尼泊尔政府重新考虑它的一些投资重点。

为了实现知识经济，许多南亚国家将这一理念贯彻到中学教育中，并采用了有效的资金和优先机制。创新型税收的激励体制和更方便开展商业活动的经济环境有助于使公私伙伴关系变成一种经济发展的驱动力。

在印度（见第 22 章），自 2008 年金融危机以来，其年度经济增长速度已经放缓至 5%。但值得注意的是，这个看似可观的增长速度并没有创造足够的就业机会。为此，莫迪总理提出了发展出口型制造业的新型经济模式，使之区别于现行的偏向服务业的经济模式（占到国内生产总值的 57%）。

尽管印度已放缓经济增长速度，但各项指标仍显示，近些年其研发成果发展迅速。无论从高科技产品出口份额，还是从科学出版物的数量都可以看出这点。工商企业部门发展日益活跃：相较于 2005 年的 29%，印度 2011 年研发水平已经接近 36%。研发支出是衡量研发努力的指标，是印度唯一停滞不前的关键指标：2011 年其研发支出仅占国内生产总值的 0.82%。政府原计划至 2007 年为止将研发支出总量占国内生产总值的比例提升至 2%，但后来不得不将完成目标的日期推迟至 2018 年。

创新机制主要体现在 9 个行业领域，半数以上的企业研发经费用于投资其中三个产业：制药业、汽车业以及计算机软件产业。印度的创新型企业也仅限于分布在 28 个邦的 6 个之中。尽管印度奉行世界上最宽松的研发税收制度，但这一制度却未能在企业和产业之间培育出创新文化。

印度的专利申请数量增长迅速，2012 年，60% 的专利分布在互联网产业，10% 专利分布在制药业。国内企业持有多数制药专利而外国企业则持有多数互联网专利。这主要是因为印度企业一贯在对工程技术要求较高的制造业领域中并无作为，而更致力于基于科技的产业，如制药业。

印度大多数专利均为高科技发明。为了维持此科研能力，政府正在飞机设计、纳米技术和绿色能源等新领域注入资金。印度还通过信息通信技术来缩小城乡差距并且设立农业科学领域的卓越中心来解决粮食作物产量下降的忧心问题。印度也逐渐发展成为一个“节俭创新”的中心，在当地针对贫困人群的发明正获得不断增长的市场。例如，低成本医疗设备以及塔塔汽车公司生产的名为“纳努”的最新款微型车。

多年来，科学家和工程师的聘用问题一直是决策者及未来雇用单位的挥之不去的担忧。为此，政府推出了一系列补救措施来提升高等教育和学术研究的质量。现在，私营部门的研究人员密度在不断增长，工科学生数量大幅增长就是最好的佐证。大学的整体研发比例只占全国的 4%，政府仍需加大对大学科研的投入，从而使大学能够更好地履行其作为新知识孵化器和素质教育践行者的角色。

在**中国（见第 23 章）**，自 2011 年以来，科学家和工程师们取得了一系列引人注目的成就。这些成就涵盖范围广泛，从基础的凝聚态物理学研究到 2013 年的月球登陆探测器，再到中国的首架大型客机。中国预计在 2016 年前发展成为世界上最大的科技发表者。同时，2013 年由中国知识产权局授予的发明专利中，近 70%（69%）是授予国内发明家的。

尽管如此，目前国家领导者对政府研发投资的相应回报率仍然不满。尽管投入巨资（2014 年占国内生产总值的 2.09%），拥有更高素质的研究人员和精良的设备，但中国科学家们尚未取得尖端性突破。鲜有研究成果转化为创新和竞争产品，并且中国面临着 100 亿美元知识产权收支赤字（2009 年）的窘境。许多中国企业仍然依赖于外来的核心技术。国内研发支出中仅有 4.7% 用在基础研究上，与此形成对比的是，84.6% 用在实验开发上（2004 年为 73.7%）。

这些问题迫使中国努力走上一条真正意义上的创新驱动的发展道路，领导层全面推进改革进程以解决现存的缺陷。例如，中国科学院在压力之下致力于提高学术研究的质量及扩大与其他创新者的合作。为了促进技术转移，中国成立了一个以国务院副总理马凯为领导的专家小组，以发展能与国外的跨国公司缔结战略伙伴关系的产业巨头。于是，英特尔在 2014 年 9 月收购了国有企业清华紫光投资股份有限公司 20% 的股份。

放缓的“新常态”经济增长模式亟须中国从劳动密集型、投资密集型以及能源和资源密集型的经济发展模式向技术和创新密集型的经济发展模式转变。多项政策正在朝着这个目标发展。例如，“十二五”计划（2011—2015 年）明确要求发展智能城市技术。

中国已成功实现了多项由“国家中长期科学和技术发展规划纲要（2006—2020 年）”设定的量化目标，并有望在 2020 年前让研发支出总量占国内生产总值的比例达到 3%。目前正在对该计划的实施情况进行中期检查。中期检查的结果将会决定，中国继续推行在过去 30 年中运行良好、自下而上的开放性发展战略的范围。但是，这项计划所带来的风险之一就是，这种政治化的、干涉性的策略不利于外国资本和人才的引进。然而，中国的人才引进近年来才开始加快：自 20 世纪 90 年代初以来回国的 140 万名学生中，近一半是在 2010 年及以后回国的。

日本（见第 24 章）自 20 世纪 90 年代以来，一直采取积极的财政和经济政策以摆脱经济低迷的状况。这一系列的政策改革方案因由首相安倍晋三提出而被称为“安倍经济学”。而该方案的第三支“箭”在推动经济增长方面的成效尚未显现。

然而，日本仍旧是世界上研发最密集型经济体之一（2013 年占国内生产总值的 3.5%）。近年来，信息通信技术的研发资金持续缩减已成为产业研发支出的最明显趋势。2008 年至 2013 年，大部分其他产业的研发支出仍大致保持在相同水平。日本所面临的挑战是如何将其传统实力与未来愿景相结合。

日本面临着诸多挑战。人口老龄化、年轻人对学术研究渐失兴趣以及科研出版物的减少，都折射出国家亟待对创新系统进行深层次的改革。

在学术领域，多年来高校改革问题一直是个挑战。十多年来，国立大学的固定资金投入以每年约 1% 的比例持续下降，而与之相对的是竞争性科研经费和科研项目资金数量在不断增加。尤其是最近，大量多目的、大规模的研究经费往往投向高校而非个体研究人员。这些经费不止局限于高校的研究和 / 或教育之用，还要求大学用在系统性改革上，如课程修订、促进女性研究人员的发展以及教育研究的国际化。而随着固定研究资金的减少，对高校学者的需求却日益增长，而他们花费在研究上的时间却减少。上述状况导致了日本科研出版物数量的减少，这几乎是日本的一种独特趋势。

2011 年 3 月的福岛核电站泄漏事故已对科学界产生了深远的影响。这次灾难性的事故不仅动摇了公众对核技术的信心，而且很大程度上也动摇了公众对科技的信心。政府已就此做出反应以重拾公众信心。日本为此组织展开了各种讨论，并首次意识到科学建议在决策中的重要性。在经历过福岛核泄漏事故后，政府已决定重新开始研究可再生资源的发展与应用。

于福岛核泄漏事故发生几个月后出版的《科技的第四种基本计划》是与之前的科技著作有着很大不同的一本书。该书不再一味强调研发的优势领域，转而提出了三个重要领域，即从福岛核泄漏事故中恢复和重建、绿色创新以及生活创新。

韩国（见第 25 章）是唯一一个由外援接受型国家转变为施授型的国家，而这一转型过程仅用了两代人的时间。如今，韩国正在寻找新的发展模式。政府已经认识到过去那种突飞猛进的经济增长模式已不能再沿用下去。它同中国和日本之间的竞争日益激烈，其下滑的出口量和全球对绿色增长的需求已经打破了原有的平衡。此外，快速增长的老龄化人口及不断下降的出生率也威胁着韩国的长远经济发展前景。

朴槿惠政府在延续上届政府采取的低碳和绿色增长政策外，又提出了创新经济政策。在 5 年内（截至 2018 年）促成创新经济形成的种子基金已分配到位。

政府已经意识到国家创新能力的发展离不开对年轻人创造力的培养。各部委已联合出台相应措施，以弱化人们对学术背景的重视，并营造出一种鼓励和尊重个人创新的新文化环境。在众多措施中，有一项名为“达・芬奇工程”的项目正在选定的小学和中学进行推广实验，该项目试图开发出一种新的课堂形式以鼓励学生锻炼其想象力，并重新提振实践研究和体验式教育。

在国家向企业化和创新化的转变进程中，必然会遭遇经济结构本身的改变。到目前为止，韩国一直都在依赖大企业推动其经济增长和出口收入。2012 年，有四分之三的私营投资用在了研发上就是这一现象的体现。韩国所面临的一个挑战是要建立起属于自己的高科技新创企业，并在中小企业中培育创新文化。另一个挑战则是为各地区提供适当的金融基础设施和管理以提高他们的自主性，进而使其成为创新产业的中心。大田市新成立的创意经济创新中心正是这样一个企业孵化器。

与此同时，韩国政府正着手在大田市建立起国际科学商业带以纠正这样一个印象，即韩国从一个贫穷的农业国家转变为一个工业大国靠的仅仅只是模仿，而非通过发展基础科学来提升自身实力。韩国于 2011 年建立了国家基础科学院，并且正在建设重离子加速器，以支持基础研究并与商界建立关联。

马来西亚（见第 26 章）已从全球金融危机中恢复过来，2010 年至 2014 年，其年均国内生产总值增长达到了 5.8%。在健康的国内生产总值增速和强大的高科技出口的双重帮助下，政府得以继续资助创新，如为大学和企业提供研发经费。这也使得研发支出占国内生产总值的比例由 2011 年的 1.06 增长到了 2012 年的 1.13。增长的研发资金促成了更多的专利和科研出版物的发表，也吸引了更多的外国留学生。

正是在 2005 年，马来西亚制定了至 2020 年成为全球第六大大学生留学目的地的目标。2007 年至 2012 年，马来西亚留学生数量几乎翻倍，达到了 56 000 多人，而其目标是在 2020 年吸引 20 万名留学生。马来西亚吸引了大量该地区的留学生，同时，截至 2012 年，它已成为阿拉伯留学生的十大目的地之一。

很多机构在加强企业参与战略部门研发工作方面起到了很大的作用。马来西亚棕榈油委员会就是其中一例。2012 年，一批跨国公司建立了自己的“工程和科技协同研究（CREST）”平台。业界、学术界和政府之间的三方伙伴关系致力于满足马来西亚电气和电子行业近 5 000 名科研人员和工程师的研究需求。

尽管政府在支持研发方面做得相当不错，但仍有一些问题削弱了马来西亚支持前沿技术的能力。首先，创新活动主要参与者之间的合作还有待加强。其次，马来西亚的科学和数学教育需要提升。在由经济合作与发展组织进行的国际学生评估中，马来西亚 15 岁的学生在每三年一次的测评中表现较差。最后，虽然每百万居民中的全时当量研究员比例在稳步增长，但对于马来西亚这样一个充满活力的新兴经济体来说却仍然很低，2012 年该国全时当量研究员为 1 780 人。马来西亚仍是一个纯技术进口国，从技术许可和服务特权中收取的使用费仍然为负数。

东南亚及大洋洲国家（见第 27 章）已顺利渡过 2008 年的全球金融危机，且很多国家都避免了经济陷入衰退的状况。2015 年下半年成立的东南亚国家联盟（简称东盟，ASEAN）经济共同体有可能会促进区域经济增长，加大研究人员的跨国流动，提高研究人员专业化水平。同时，缅甸的民主改革促使国际社会对其制裁放松，这也为缅甸的经济增长提供了前景，特别是目前政府正致力于培育出口导向型产业。

2014 年，亚太经合组织完成了一项有关地区人才短缺的研究，以期建立一个解决人才培养需求问题的监控系统。一方面，东盟科技和创新行动计划（2016—2020 年）在如下领域强调社会包容性和可持续发展：绿色科技、能源、水资源和生活创新。而另一方面，澳大利亚政府的工作重点却不再是可再生能源和发展低碳策略。

该地区国家的相互合作越来越多，国际科学专著合著的趋势日渐上升即反映了这一点。对于那些欠发达的经济体来说，其合著出版物甚至占到了总量的 90% ~ 100%，他们所面临的挑战将是引导国际科学合作朝着国家科技政策所设想的方向发展。

新加坡、澳大利亚、菲律宾和马来西亚（见第 27 章）这四个国家的商业部门拥有相对较高的研发率。但在后两个国家，这种情况更像是跨国公司强大存在的一种体现。东南亚国家和大洋洲国家整体是创新表现较弱的地区，其科研出版物占世界总量的 6.5%（2013 年），但专利仅占世界总量的 1.4%（2012 年）。此外，这些专利的 95% 都是来自澳大利亚、新加坡、马来西亚和新西兰这 4 个国家。像越南和柬埔寨这样的经济体所面临的挑战是，如何从其国内的大型外企中汲取知识和技能，以便在本国供应商和企业中发展相同的专业水平。

自 2008 年以来，许多国家都增强了研发力度，包括在工商企业部门。但有时，研发的业务支出高度集中于自然资源部门，如澳大利亚的研发支出高度集中于采矿和矿业方面。很多国家面临的挑战是在范围更广的工业部门深化和多元化商业部门在研发领域的参与度，特别是自从原料进入降价周期，发展创新驱动型经济增长政策的任务也因此变得更加急迫。

结论

科学研究中的公共投入正不断扩大

与以往相比，《联合国教科文组织科学报告：迈向 2030》记录了更多的国家和地区的科学发展状况。这也反映出科技创新驱动发展的理念在全世界范围内——特别是非经合组织国家中日益被接受。同时，有关科技创新基本指标的统计数据仍很不完整，这在非经合组织国家中尤为明显。然而，这些国家越来越认识到，可靠的数据能够监测国家科学和创新系统并为政策制定提供相关信息。这种认识催生了“非洲科技指标倡议”，并使得设于赤道几内亚的天文台得以建立。一些阿拉伯经济体，如埃及、约旦、黎巴嫩、巴勒斯坦和突尼斯也在建立科技创新观测站。

《联合国教科文组织科学报告：迈向 2030》呈现的另一明显趋势是，很多发达国家（如加拿大、英国、美国等）在研发公共投入上有所下降，而与之相反的是，新兴国家和低收入国家则越来越相信研发公共投入对知识创造和技术采纳的重要性。当然，很多新兴经济体已将科技创新纳入国家发展的主要组成部分，这其中就包括巴西、中国和韩国。就目前而言，最为支持这一理念的是中低收入国家，很多国家都将科技创新纳入了国家愿景或其他规划中。当然，出现这种状况的原因是，近年来这些中低收入国家从研发投入中获取的经济增长率要高于经合组织国家，而当经济增长率出现连年的低增长甚至负增长时，这些国家还能否继续坚持对研发的公共投入，在某种程度上，一切还没有定论。巴西和俄罗斯将会成为检测这一问题的例证，因为这两个国家的经济在经历过原材料周期性繁荣后都已陷入衰退。

然而，正如第 2 章所强调的，这不仅仅只是高度发达国家和新兴以及中等收入国家在研发公共投入中的差距的不断缩小。虽然大部分的研发（和专利）是在高收入国家中产生，但创新却可以在各个收入阶层的国家中产生。很多创新的产生完全与研发活动无关。在参与 2013 年联合国教科文组织统计研究所调查的大多数国家中，二分之一以上的企业创新活动都与研发无关。政策制定者应注意这种现象并做出相应的对策调整，而不可只一味强调制定那些刺激企业参与研发的鼓励措施。政策制定者还需要鼓励那些与非研究相关的创新——特别是那些与技术转让相关的创新，因为获取机器、设备和软件才是与创新相关的最重要的行为。

创新在发展，但正确的创新政策难觅

制定成功的国家科技创新政策仍然是一项非常艰巨的任务。若想从科学创新驱动型经济的发展过程中获取最大利益，就需要众多不同政策领域同时朝着正确的方向发展，这些领域包括教育、基础科学、技术发展及其主流化可持续（绿色）技术所引起的必然结果、商业研发和经济框架条件。

许多国家都面临着以下困境：如何平衡本土研究与国际研究以及基础科学与应用科学之间的关系；如何平衡新知识和市场化知识的产生；如何平衡为公共利益服务的科学和为商业服务的科学之间的关系。

目前，面向工商业发展的科技创新政策走向也正影响着国际社会。《联合国教科文组织科学报告 2010》预测国际外交将越来越多地采取科学外交的形式。这一预测确已成真，新西兰（见表 27.1）和瑞士（见表 11.3）的发展情况就是证明。然而，事情有时候还会出现意想不到的变化。一些政府欲将研究伙伴关系以及科学外交同商贸机会绑定在一起。例如，现在加拿大创新网络的管理部门是其外交、贸易和发展部的商务专员服务处，而非外国服务部门。这个超级部门是由加拿大国际发展署和外交事务及国际贸易部于 2013 年合并而成的。与加拿大做法相似，澳大利亚将其国际开发署并入外交事务和贸易部门，并给予外来援助越来越多的商业关注。

2002 年至 2007 年的经济增长浪潮席卷全球，所有国家的经济似乎都“水涨船高”，许多新兴国家和发展中国家在制定政策和配置资源时都考虑到创新性问题。这一时期，各种科技创新政策、长期规划（愿景）和野心勃勃的目标计划在世界各地不断涌现。但自 2008—2009 年经济危机爆发之后，缓慢的经济增速和不断紧缩的公共预算使得创新和成功实施科学创新政策变得愈发艰难。一方面，澳大利亚、加拿大和美国在公共利益科学上所遭受的压力，正是紧缩的公共研发预算所带来的后果之一；另一方面，很多中低收入国家面临的挑战是确保实行政策有足够的资金保证且其执行过程受到监管和评估，各相关实施机构也应当互相协调并担负起责任。

有些国家由于历史原因拥有相对较好的高等教育体系、大量的科学家及工程师，有些国家则最近在这些领域中取得了重要进展。尽管如此，这些国家并未对商业领域的研发和创新给予足够多的重视，原因不一而足：从国内经济部门专长不同到恶劣或恶化的商业环境。众多国家都在不同程度地经历着这种现象，其中包括加拿大、巴西、印度、伊朗、俄罗斯联邦、南非和乌克兰。

还有其他一些国家已在经济改革、工业现代化和国际竞争力方面取得了重大进步，但仍需在高等教育和基础研究方面取得质的提升，以配合增强公共部门驱动的研发，使商业研发能够超越实验性发展，最终达到真正的创新。中国、马来西亚和土耳其等很多国家都意识到自己正面临着这种挑战。还有一些国家，如马来西亚，它们所面临的挑战是如何将国外直接投资型工业的竞争力导向国内研究。其他国家面临的挑战则是如何促使公共研究系统的不同组成部分得以健康地融合。目前，中国、俄罗斯联邦和土耳其的科学机构改革说明，当这些机构的自治权受到质疑时会很容易引起紧张加剧。

在“封闭”的界限中开放科学和教育？

另一个值得注意的趋势是急剧上升的研究人员数量，如今全世界研究人员人数已达到 780 万。这意味着自 2007 年起科研人数已增加了 21%（见表

1.3）。研究人员数量的增长也导致了科研出版物的爆炸式增长。在为数不多但影响力巨大的科研刊物上发表文章已变得越来越有难度，而为能在最具盛名的研究机构和大学中保住工作，科学家们之间的竞争也在不断加大。此外，这些机构也在不断相互竞争以吸引世界上最高端人才。

网络的兴起开放了科学，国际科研合作可在网上进行，科研出版物和基本数据也可在网上方便获得。同时，世界正朝着“开放式教育”的方向发展，新型全球大学联盟（见第 4 页）在全球广泛范围内提供和发展“在线大学课程”（MOOCS 和 SCOPES）。简而言之，学术研究和高等教育系统正在快速地国际化，并对传统的国家组织和资金造成了极大影响。私有部门也在经历这样的变化，在世界范围内推动科技“资源平衡”方面，私有部门可能会比大学发挥更大的作用（见第 2 章）。人们也开始越来越多地考虑在研究和创新领域内组建一支国际性科研团队的必要性。俗话说，“硅谷是建立在 IC 之上的。”但此处 IC 所指代的并不是集成电路（Integrated Circuits），而是印度人（Indians）和中国人（Chinese）为此创新中心的成功而做出的贡献。

美中不足的是，知识的跨境流动，其表现形式为研究人员、科学合著、发明共同所有权以及研究经费，在很大程度上依赖于一些与科学几乎无关的因素。最近，很多国家科技创新政策的制定都带有商业主义特征。所有政府都热衷于提高高科技产品的出口量，但很少有政府想要去讨论如何消除那些可能会限制其进口的非关税壁垒（如政府采购）。所有政府都希望能吸引到外国研发中心和熟练的职业人才（科学家、工程师、医生等），但很少有政府去讨论如何建立促进双向跨境流动的相关框架。欧盟决定至 2016 年在其创新联盟内部采取“科学签证”的方式来促进专家跨境流动，而这一措施正是欧盟欲消除这些壁垒的一种尝试。

近几十年来，进口替代已对各国发展政策产生了重大的影响。现在，关于保护主义产业政策的优势正引起越来越多人的讨论。例如，在论述巴西的章节中（见第 8 章），作者就认为进口替代政策削弱了国内企业的创新积极性，因为他们不必参与国际竞争。

良好的管理有益于科学

创新驱动的发展过程中，每一阶段的进步都离不开良好的管理。清廉的大学体制在保证大学生产出合格的毕业生方面至关重要，与之相反，高度腐败的商业环境则严重抑制创新驱动型竞争。例如，如果司法系统无法捍卫企业的知识产权，企业对研发投资的热情将会丧失。科学造假现象更易在管理水准较差的环境中出现。

《联合国教科文组织科学报告：迈向 2030 年》中列举了很多国家的例子，它们都已意识到需要提高管理水平以推进内生科学和创新的发展。例如，乌兹别克斯坦科技发展协调委员会已将“加强法制”作为 2020 年前提高本国研发力的八个优先事项之一（见第 14 章）。东南欧的“2020 战略”则将建立“有效的公共服务、反腐措施和有力的司法系统”作为该地区新经济增长战略的五大支柱之一。其邻国摩尔多瓦于 2012 年将 13% 的国家研发项目拨给了“欧洲一体化视野下的巩固法制和文化遗产利用”。在本报告关于阿拉伯国家的章节中曾提到，除“加大创新和驱动的奖励”，营造“健康的商业发展环境”外，阿拉伯国家就改善管理、提高透明度、强化法制、加强反腐方面给予了极高的重视，以期从对科技发展的投资中获取更大的利益。最后但也同样重要的一点是，关于拉丁美洲和南部非洲的两个章节中强调了政府效率和科学生产率之间的紧密联系。

陷入“资源诅咒”的科学的后果

资源开采可使一个国家积累大量的财富，但长期且持续的经济增长却很少依赖于自然资源。许多国家似乎未能抓住资源驱动型经济增长所提供的机会，以强化其经济基础。由此很容易推断出，在自然资源丰富的国家，得益于资源开采的高速经济增长模式抑制了商业领域的创新和可持续发展。

大宗商品最新一轮繁荣的终结，加上自 2014 年以来全球石油价格的崩盘，凸显出许多资源丰富的国家在国家创新系统方面的脆弱性，而这些国家目前正努力保持自身的竞争力：加拿大（见第 4 章）、澳大利亚（见第 27 章）、巴西（见第 8 章）、出口石油的阿拉伯国家（见第 17 章）、阿塞拜疆（见第 12 章）、中亚（见第 14 章）和俄罗斯联邦（见第 13 章）。正如关于伊朗（见第 15 章）和马来西亚（见第 26 章）的章节所示，传统上严重依赖商品出口来促进经济扩张国家已果断采取了优先发展知识驱动型经济的行动。

正常情况下，只要资源存在，资源丰富的国家就能够承担起引进技术需花费的奢侈费用（如海湾国家、巴西等）。而特殊情况下，如这些国家面临技术上的封锁，它们倾向于选择进口替代战略。例如，自 2014 年中期，俄罗斯联邦（见第 13 章）扩大了其进口替代方案以应对关键技术进口的贸易制裁。而伊朗（见第 15 章）的案例则表明长期的贸易禁运可刺激国家对内生技术发展进行投资。

值得注意的是，在 2014 年中期，几个石油出口经济体在全球石油价格开始下跌之前就表达了他们对发展可再生能源的兴趣，这些石油经济体包括阿尔及利亚、加蓬、阿拉伯联合酋长国和沙特阿拉伯。《联合国教科文组织科学报告 2010》已注意到经济发展范式开始向绿色增长转变。而本报告进一步表明，即使公共投资水平不一定与其发展雄心相称，这种向绿色增长范式转变的趋势仍在不断加速并吸引着越来越多的国家参与。

绿色增长范式的重点通常在于发展保护农业、减少灾害风险和 / 或实现国家能源结构多样化的应对策略，以确保食物、水和能源的长期安全。各国也日益认识到自然资本的价值，正如《哈博罗内可持续性宣言（2012 年）》所建议的那样，非洲国家应将自然资本价值纳入国民经济核算和企业策划之中。

全球市场正越来越倾向于绿色科技。因此欧盟、韩国和日本等高收入经济体坚定地做出可持续发展承诺，它们往往是希望能在全球市场中保持竞争力。2014 年，全球制造太阳能系统的费用减少了 80%，这使得对可再生能源技术的投资增加了 16%。可以预料，随着各国努力实施新的可持续发展目标，绿色增长的趋势将会更加突出。

展望未来：《2030 年可持续发展议程》

2015 年 9 月 25 日，联合国正式通过了《2030 年可持续发展议程》。在新的发展阶段中，其目标雄心已从“千年发展目标（2000—2015 年）”转向“可持续发展目标（2015—2030 年）”这一新的系列综合性目标。新的发展议程具有普适性，因此可同时适用于发展中国家和发达国家。新议程包括超过 17 项可持续发展目标和 169 项具体目标。未来 15 年内这些目标的实现进度需要证据显示，因此，帮助各国监测目标实现进度的一系列指标需在 2016 年 3 月前确定。该目标在试图平衡经济、环境和社会三极之间可持续发展的同时，还兼顾联合国与人权、和平和安全相关的使命。科技创新对于众多上述目标的实现都有至关重要的作用，因此已融入《2030 年可持续发展议程》的每一部分中。

尽管“可持续发展目标（2015—2030 年）”是由各国政府正式通过的，但很显然，只有所有利益集团共同努力才能实现这一目标。科学界已然是其中的一分子。从《联合国教科文组织科学报告：迈向 2030 年》中就可看出，为解决那些在发展过程中所遇到的迫在眉睫的挑战，科学发现已将其重点转向如何解决问题方面。这种研究重点的转变可在分配给应用科学的科研基金数目中明显看出（见第 6 页）。同时，政府和企业在发展“绿色技术”和“绿色城市”上的投资也越来越多。我们会在下一本《联合国教科文组织科学报告》中调查这种范式转变是如何在社会和经济领域内（海陆领域）变得根深蒂固的。同时，正如联合国秘书长科学咨询委员会提醒的那样：我们不应忘记“基础科学和应用科学是一枚硬币的正反两面”（见第 9 页）。它们是“相互关联和相互依存的，因此，当人类在可持续发展道路上遭遇挑战时，它们能够互为补充地为人类提供创新解决方案”。给予基础科学以及应用研究和发展足够多的投资对于实现《2030 年可持续发展议程》起着关键性的作用。

吕克·泽特（Luc Soete，1950 年出生于比利时）现任荷兰马斯特里赫特大学校长。曾任马斯特里赫特大学创新与技术经济研究院（成立于 1988 年）院长。

苏珊·施内甘斯（Susan Schneegans，1963 年出生于新西兰）现任《联合国教科文组织科学报告》主编。

邓尼斯·埃罗克尔（Deniz Eröcal，1962 年出生于土耳其）是在巴黎工作的独立顾问和研究员，他的研究领域是科技创新和可持续发展中的政策和经济。

巴斯卡兰·安盖茨瓦（Baskaran Angathevar，1959 年出生于印度）现任马来亚大学经济管理学院的副教授（访问学者）。

拉杰·拉西亚（Rajah Rasiah，1957 年出生于马来西亚）自 2005 年起，任马来亚大学经济管理学院经济和技术管理方向教授。

决策者不仅要关注如何制定激励公司研发的方案，也要重视如何推进非科研创新，尤其是技术转移方面的创新。

埃尔维斯·科尔库·阿维农、钱乔玲、雨果·霍兰德斯、卢西亚娜·马林斯、马丁·斯哈珀、巴特·沃斯巴根

2012年，保加利亚洛维奇州的一家汽车组装厂。
照片来源：©Ju1978/Shutterstock.com

第 2 章　创新和科研流动性的趋势追踪

埃尔维斯·科尔库·阿维农、钱乔玲、雨果·霍兰德斯、
卢西亚娜·马林斯、马丁·斯哈珀、巴特·沃斯巴根

引言

创新热潮席卷全球

随着所谓“新兴”经济体的崛起，研发热潮也愈演愈烈。而跨国公司在此过程中的推动作用不容小觑。通过在国外建立研究机构（研发机构）的方式，这些跨国公司既促进了知识转移又引导了科研人员的不断流动。重要的是，这一现象有双向效应。巴西、俄罗斯、印度、中国和南非（金砖五国）的跨国公司不仅吸引国外跨国公司，作为本土公司，它们也收购北美和欧洲的高科技公司，如此一来，它们能在一夜间同时获得技术人才和各项专利技术。这一现象在印度和中国最为明显。比如，印度马哲逊苏米系统有限公司（Motherson Sumi Systems Ltd.）在 2014 年以 6.57 千万美元的价格买下了俄亥俄斯通里奇线束公司（Ohio-based Stoneridge Harness Inc.）的电子线束业务（见第 22 章）。目前中国和印度两国企业研发支出总量超过了西欧（见图 2.1）。

不同的工作文化

私人、公共以及公私合作机构都在不断创新，但不同的工作文化影响它们各自知识传播的方式。一般来说，在大学等公共机构工作的科学家渴望赢得公共认可度，他们会为此不懈努力。对于他们来说，成功就是有所新发现并将这一发现首先公布在知名学术期刊上、是其他科学家对这一发现的认可并将其运用到他们各自的研究中。这意味着学术科学家工作重点之一是向同事和公众传递新知识。

而对在私人企业工作的科学家来说，动力则不同。为保护雇主的利益，他们需要对知识进行保护以防止外泄传播。市场具有竞争性，为防止竞争对手以低成本模仿抄袭，公司有权保护自己生成的知识——这些知识以商品、服务和工艺程序的形式呈现。

公司采用一系列战略来保护自己的知识，包括申请专利、知识产权以及制定保密政策。虽然它们最终会通过市场将知识公之于众，但是这种保护还是会限制知识的传播。公司有权保护自己生成的知识，公共利益亦应得到捍卫，如何在这两者之间进行权衡取舍是全球经济背景下知识产权体系的基础工作。

公共知识不受这种取舍的影响，但是如今很多新知识的生成既有公共机构的贡献也有私人机构的贡献。这就会影响此类新知识的传播速度。新知识对农业生产力的影响就是一个明显的例子。20 世纪中期的所谓绿色革命几乎全部基于公共实验室和大学的研究成果。此次绿色革命生成的新知识直接惠及了世界各地的农民，很多发展中国家的农业生产力也因此大大提升。20 世纪末期基因科学和现代生物技术再次推动了农业生产力的发展，但不同的是，这次私人企业发挥了绝对性作用。它们对自己生成的知识进行保护，限制其传播，这直接导致农民以及其他相关人群对少数几家跨国公司的依赖性特别大，这几家公司其实就有了垄断的性质。私人企业发现“突破性”技术但却限制它们的传播，这一现象在社会上引发了关于公司利益和道德的激烈讨论。

私人科研活动流动性与日俱增

公共科学技术与私人科学技术领域的“文化”不同的另一表现就是流动性。私人科研活动流动性与日俱增，公共科学却并非如此。尽管公共和私人领域的研究人员都认为流动能帮助自己更好地发展事业，这里我们说的流动性并不是研究人员的流动性而是科研机构的流动性。越来越多的私人企业开始在国外建立科研机构，而大学基本上无此举措——只有少数几所大学在国外建立了分校区。因此相对于大学，私人企业在推动全球科学与技术领域资源平衡方面可能会发挥更大的作用。

2013 年，联合国教科文组织统计研究所对全球制造企业的创新情况进行了调查，统计了来自不同发展阶段的 65 个国家的创新指标，这是人们首次接触这方面的数据。接下来的几页，我们将探索私人企业的创新类型以及私人企业为了推动创新需要与其他社会经济部门建立的联系。

自2006年以来，撒哈拉以南非洲、美洲以及苏联所在地区企业研发支出占研发支出总量的比重有所下降
各国企业研发支出占研发支出总量的比重，2006年和2011年（%）

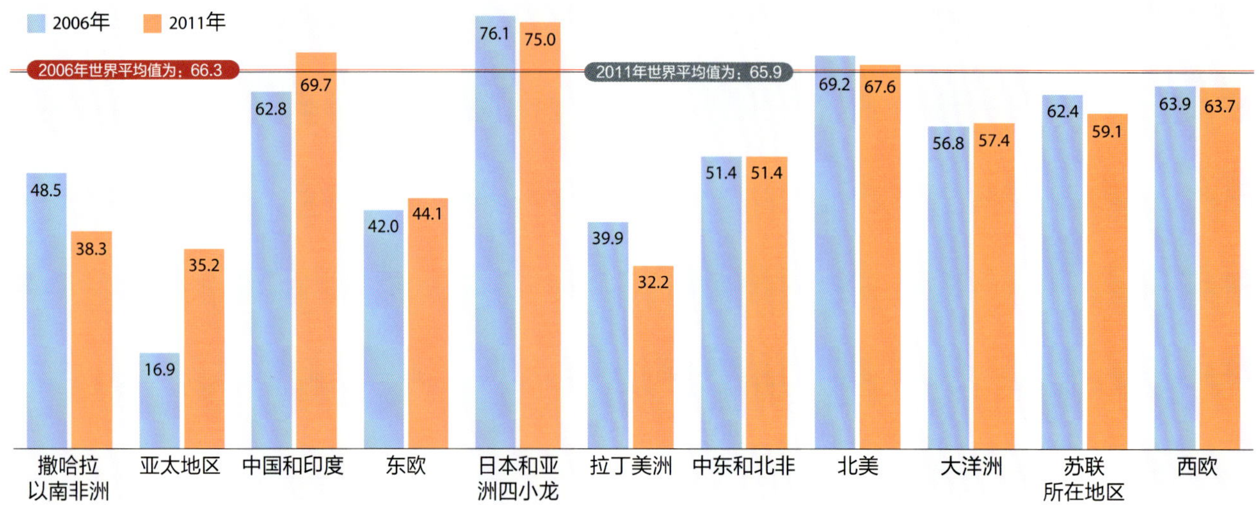

1.08%

2001年全球企业研发支出占国民生产总值的平均比重

1.15%

2011年全球企业研发支出占国民生产总值的平均比重

拉丁美洲和撒哈拉以南非洲的企业研发支出仅占国民生产总值0.2%
企业研发支出占国民生产总值的比重，2001—2011年（%）

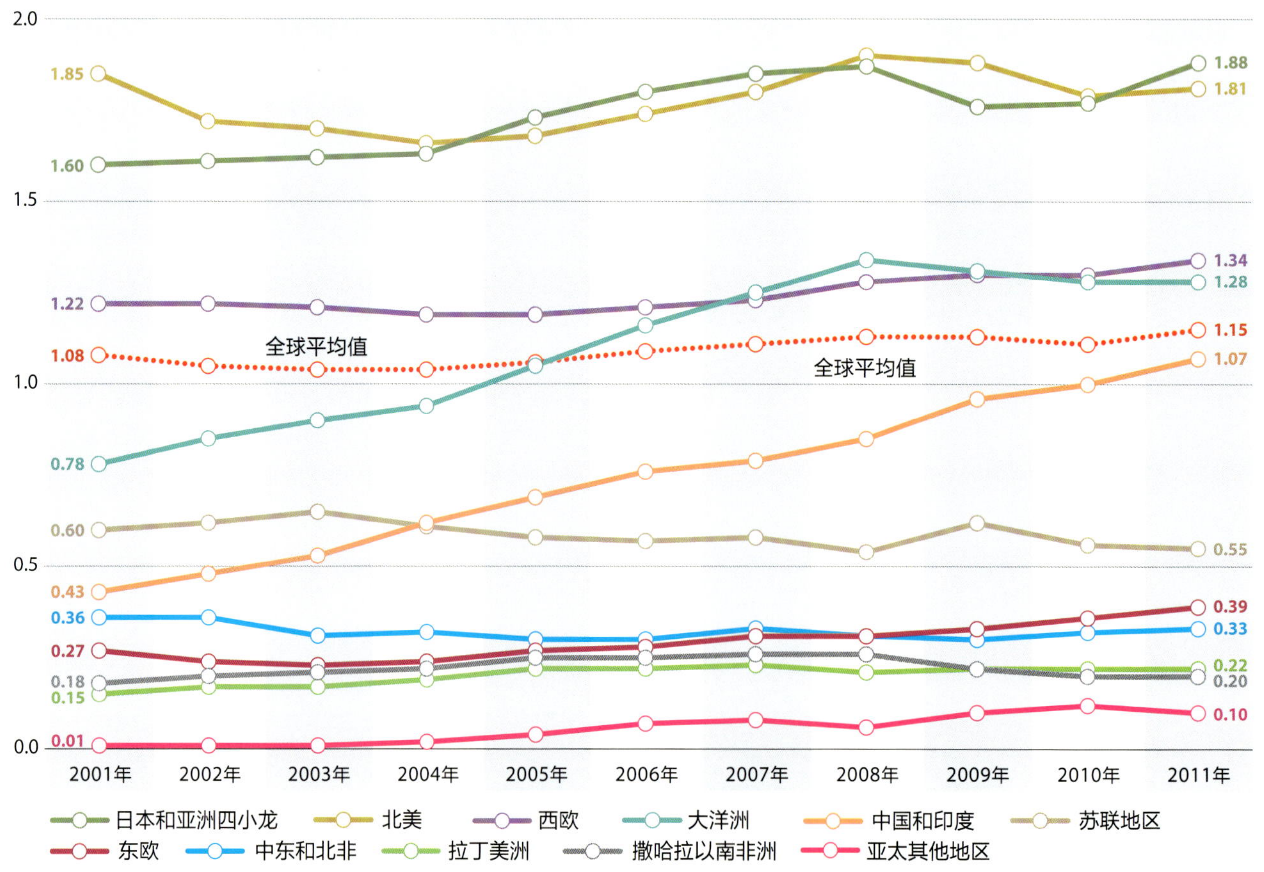

图 2.1 2001—2011 年企业研发趋势

5.1%

2001年中国和印度企业研发支出的全球比重

19.9%

2011年中国和印度企业研发支出的全球比重

中国和印度企业研发支出的全球比重（%）持续上升而西欧、北美的比重（%）不断下降，
2001—2011年企业研发支出占全球比重，以美元购买力平价计

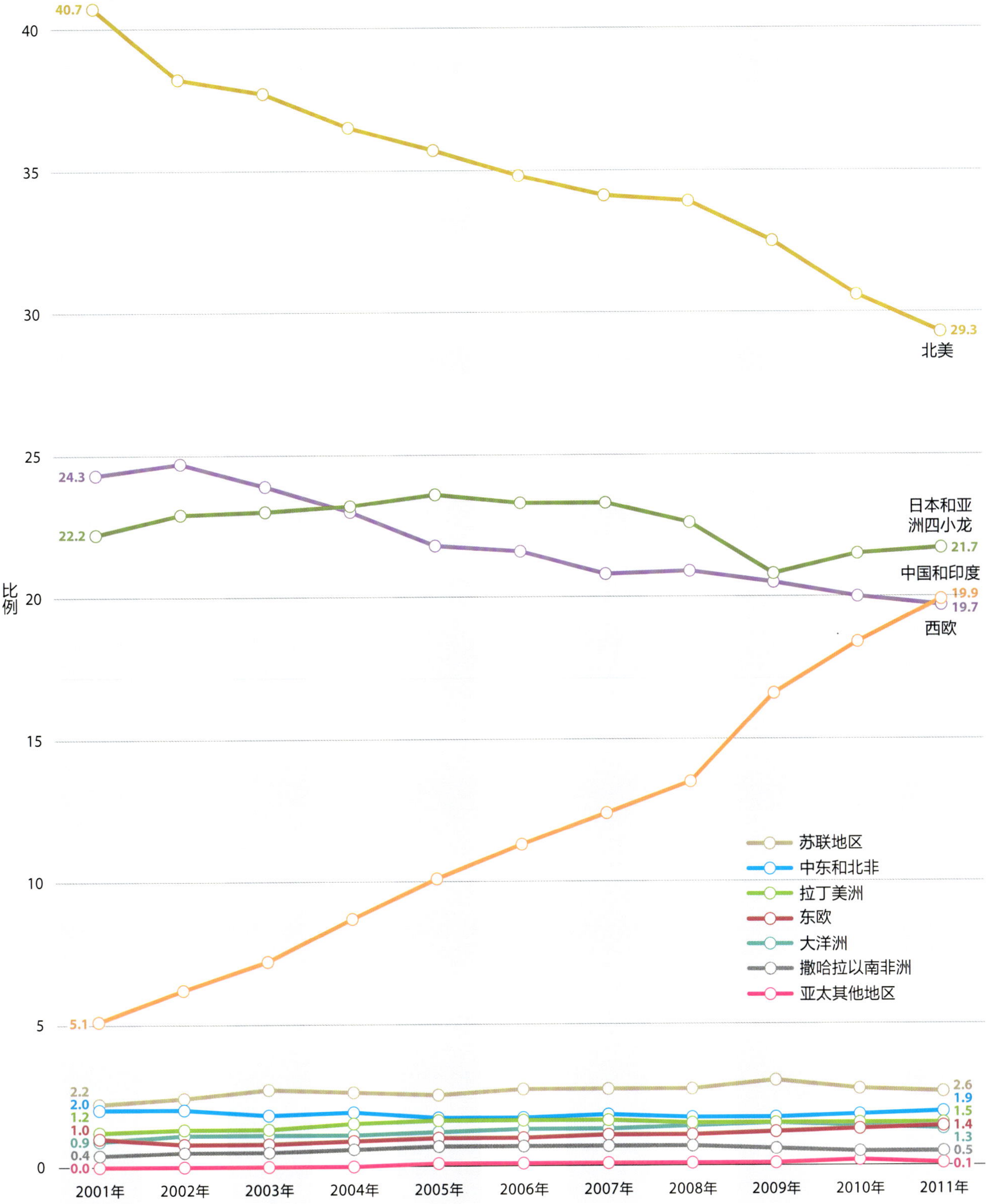

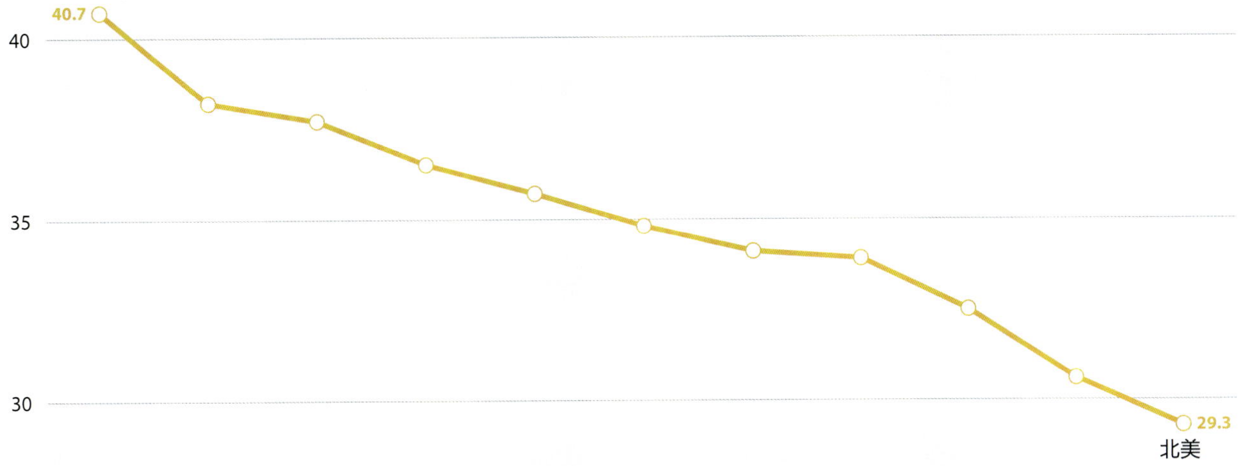

注：本章提及的中东和北非包括阿尔及利亚、巴林、埃及、伊朗、伊拉克、以色列、约旦、科威特、黎巴嫩、利比亚、摩洛哥、阿曼、巴勒斯坦、卡塔尔、沙特阿拉伯、叙利亚、突尼斯、也门和阿拉伯联合酋长国。亚洲四小龙的组成见附录1。

来源：马斯特里赫特大学基于联合国教科文组织统计研究所数据的估算值。

我们还应该建立一份追踪全球外商直接投资流向的档案。对于来自不同收入水平国家的企业，只要它们有创新行为，我们就要对其相同点以及不同点进行记录，而不是简单地将它们从“最多到最少或者最好到最坏”进行排名。在文章的第二部分，我们会重点分析科研活动流动的趋势以及它们对一个国家创新能力的影响。

创新趋势

收入水平影响创新行为

创新对经济发展的作用早为人所知。一些人甚至认为早在 200 年前，英国经济学家亚当·斯密（1776 年）和德国思想家卡尔·马克思（1867 年）就在作品中提到了这种关系，这远远早于奥地利经济学家约瑟夫·熊彼特（1942 年）首次正式提出创新一词的时间。

20 世纪下半叶，各国开始将创新提上政治议程，决策者因此需要一系列实验性证据支持以制定相关政策。20 年来，大量工作被投入如何制定和设计创新指标的国际标准。《奥斯陆手册》第一版于 1992 年应运而生，1997 年经济合作与发展组织发行了第二版，2005 年欧洲统计局发行了第三版，此项工作的进展达到了峰值。尽管如此，如何衡量创新[①]仍然是一项挑战，各国采用的方法也不尽相同——即使它们参考了《奥斯陆手册》——这不利于建立绝对统一的指标。

2013 年对公司的调查数据显示，产品创新是 11 个高收入国家最常见的创新形式而工序创新是 12 个高收入国家最常见的创新形式（见图 2.2）。德国近一半的公司是产品创新的实践者，市场创新（48%）和组织结构创新（46%）的实践者几乎一样多。加拿大相关数据与德国相似。

参与调查的中低收入国家的创新情况迥异；比如哥斯达黎加有 68% 的制造企业是产品创新的实践者，而古巴组织结构创新的公司占 65%，印度尼西亚（55%）和马来西亚（50%）盛行市场创新。在所有参与调查的中低收入国家，工序创新形式最少。这多少会引起一些担忧，毕竟工艺创新对推动其他创新形式的发展有重要作用。

总的来说，在 65 个参与调查的国家中，市场创新形式最不常见。此外，制造企业各创新形式所占比重从 10% 到 50% 不等，只有少数高收入国家四项创新形式的比重相当。

德国在高收入国家中的创新率最高

接下来我们会重点讨论产品和工序创新。总的来说，高收入国家的创新率——持续有创新行为的公司比重——与创新公司的比重相匹配。这意味着创新率主要是由一些在国家创新普查的参考时间（一般为 3 年）内进行产品创新或工艺创新的公司贡献的。

在高收入国家中德国创新率最高。尽管很多公司已经完全放弃了创新活动或仍在进行之前的创新活动，这并不妨碍德国的创新业绩，除去这类公司，德国公司仍保持世界最高的创新率——59%。

所调查的中低收入国家也出现了类似趋势，但也有一些例外。比如，巴拿马 26% 参与调查的公司已经放弃了创新活动或仍在进行之前的创新活动。这意味着尽管创新率显示为 73%，巴拿马公司实际创新率只是 47%。

在金砖五国中，南非和俄罗斯的产品创新比重较大，而中国和印度两种创新形式的比重相当（见图 2.3）。巴西公司工序创新的比重远远高于产品创新。印度几乎一半的创新率由已经放弃了创新行为或仍在进行之前的创新活动的公司贡献。

公司仍倾向在国内进行知识投资

公司是如何将科学、技术和创新（STI）的资源转移到国外的？追踪这一现象并不容易。外商直接投资数据库[②]（The fDi Markets database）和外商直接投资（FDI）活动相关，从其中有关知识投资的数据，我们还是可以预测出一些趋势。我们将其中的

① 参见词汇表（第 738 页），词汇的定义与本章中创新相关。由所调查的各个不同国家所采用的时间表和方法论的更多信息请参阅 UIS（2015）。

② 外商直接投资市场数据库（The fDi Markets database）中包含的信息有个体投资项目、进行投资的公司、公司的母国和目的国以及投资的时间和金额（1 000 美元）。

制造企业的比重（%）

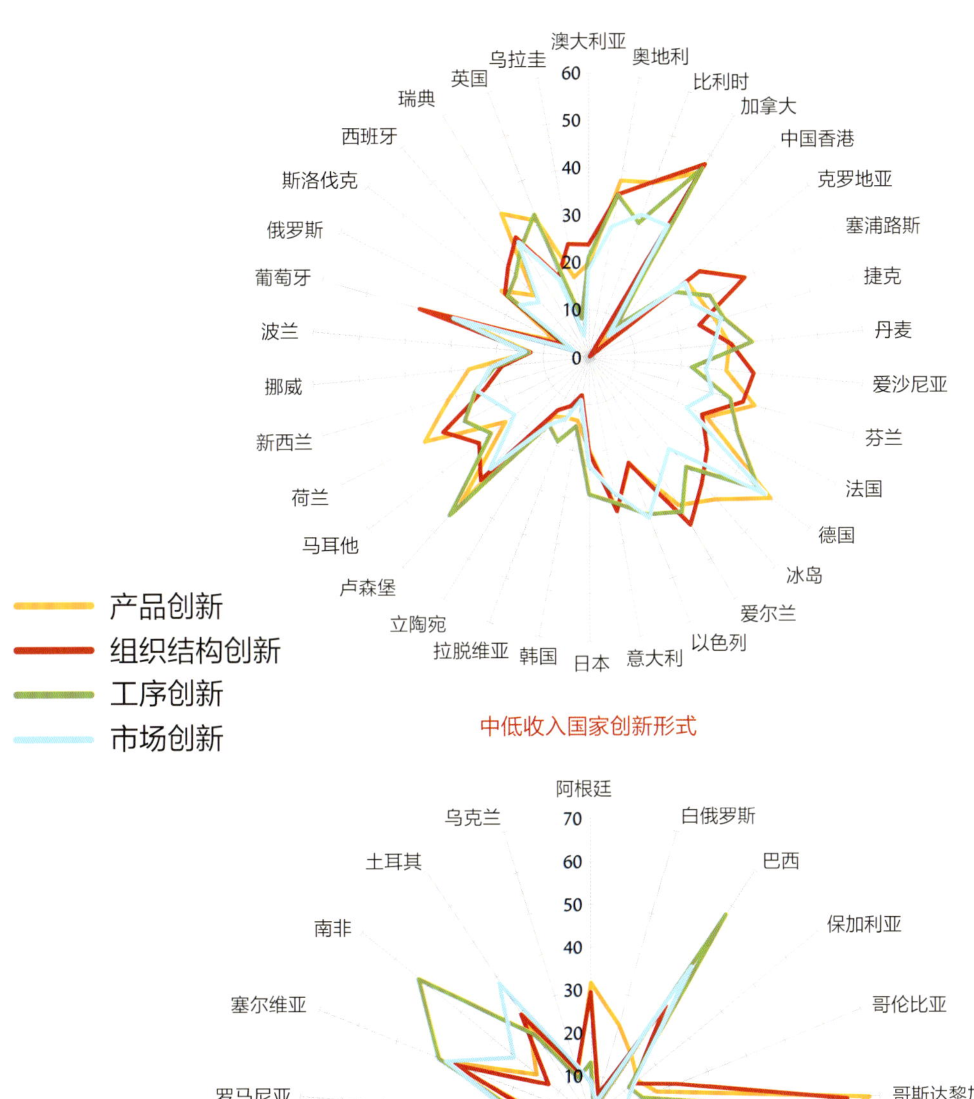

图 2.2　全球创新形式

来源：联合国教科文组织统计研究所，2014 年 9 月。

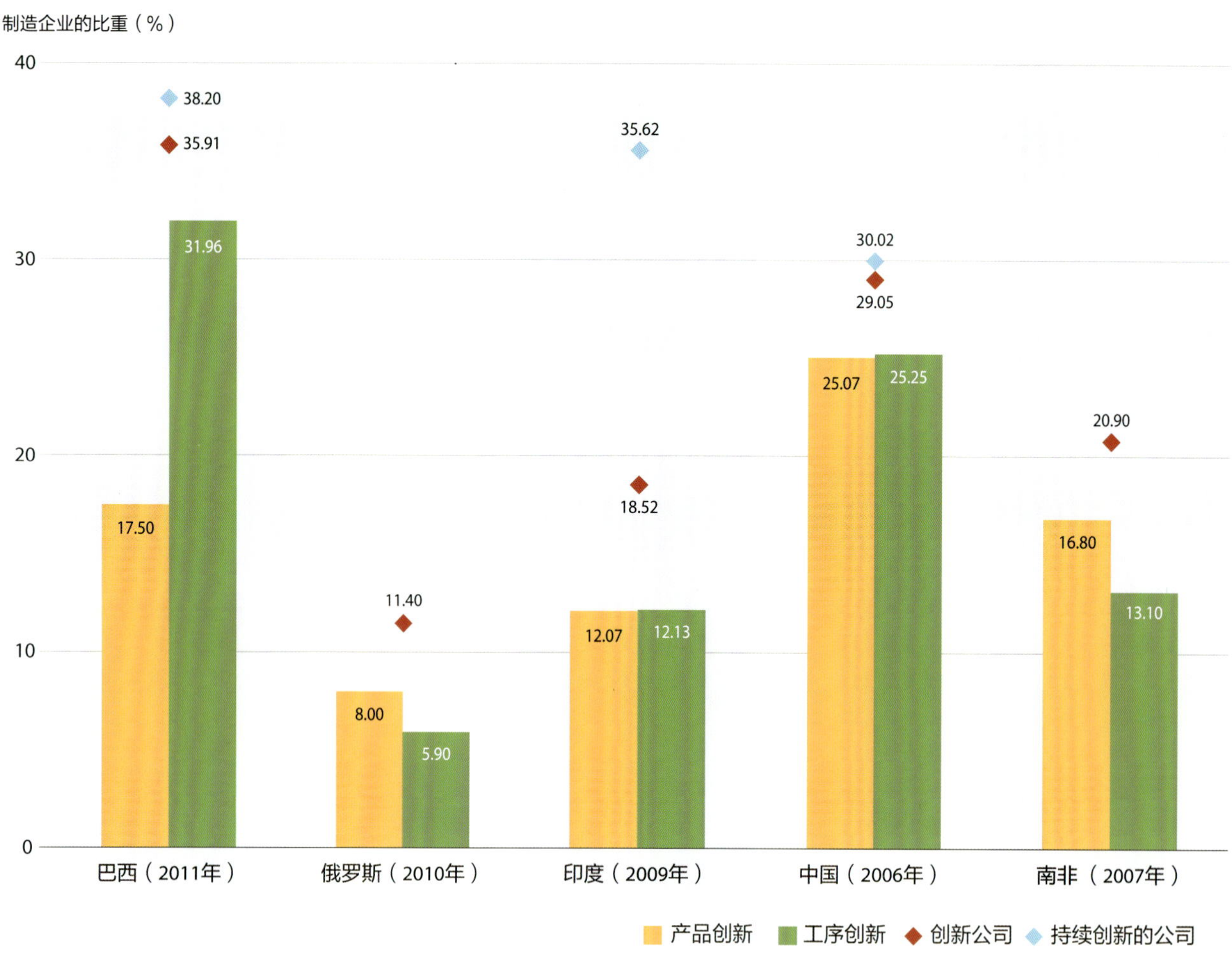

图 2.3 金砖五国公司的创新率

来源：联合国教科文组织统计研究所，2014 年 9 月。

数据分为 4 个项目类别：研发——私人部门知识投资的核心；设计、开发与测试——类别最大，相关原创性研究比第一类少；教育培训；信息通信技术与互联网基础设施。我们可以从公司的投资趋势中得出一个基本的结论：一般来说，相对于其他类型的投资，研发和其他知识投资全球化程度更小。虽然很多跨国公司在国外进行生产和服务等相关活动，比如销售和客户支持，但它们却不愿意在国外知识投资。这一现象有所改变，但公司选择在国内知识投资的趋势仍很明显。比如，一项关于 2014 年欧盟研发最大投入公司的调查显示，三分之二的公司认为国内是进行研发投入的最佳地点（见专栏 2.1）。

公司到国外研发的动机主要有两个。一是原地开采，即为利用当地信息和劳动力技能，整合新市场知识体系以适应当地目标市场。在国外同时进行制造和销售商品的跨国公司会选择将研发活动转移到国外。

二是原地扩张，这主要针对国外某些特定的知识。这一动机基于以下认识：当地特定的知识不容易跨越地理位置进行转移。其中的原因可能是当地有大学或公共研究实验室在研究特定专业领域；也可能是当地劳动力市场能够提供公司目标研发项目所需要的技能。

一般来说，原地扩张性研发更“激进”，因为它对项目目的国以及母国技术能力的影响更大。我们无法直接辨别这两个动机，但是我们有理由认为相对于研发类项目，“设计、开发和测试”类更可能是为原地开采的动机服务。

研发类外商直接投资项目数量在下降

图 2.5 展示了不同类别项目数量的总体变化趋

专栏 2.1　欧洲公司为最吸引其转移研发的国家排名

受欧洲委员会委托，一项关于欧盟最大研发投资公司的调查于 2014 年展开，该调查显示三分之二的公司认为国内是它们进行研发的最佳地点。

除了国内外，它们认为在人力资源、知识共享以及与其他公司网站、技术站点、孵化器和供应商对接等方面，美国、德国、中国和印度是最佳研发地点。

欧盟内部视研发人员的质量、与大学和公共组织实现知识共享的机会为最重要的标准。其他重要因素还包括与其他公司网站的对接程度（比利时、丹麦、德国、法国、意大利、芬兰和瑞典认为很重要）以及研发人员的数量（意大利、澳大利亚、波兰以及英国认为很重要）。

从市场规模和增长率方面考虑，美国被认为是最佳研发地点，而欧洲国家主要以研发人员的质量、公共对研发的拨款、直接投资和政策鼓励的力度取胜。

欧盟公司在计划在中国和印度建立研发机构前，首先会考虑市场规模、经济增长率以及研发人员的数量和劳动成本。而若从以下几个方面考虑，中国和印度就不是理想的选择：知识产权保护——尤其是执行力度方面；公共对研发的拨款及直接投资力度；公共和私人部门的合作关系以及对非研发类项目的资金支持。

资源：（见文本和图 2.4）综述来源：联合研究中心前瞻性技术研究所（2014）。《2014 欧盟工业研发投资趋势调查》见：http://iri.jrc.ec.europa.eu/survey14.html.

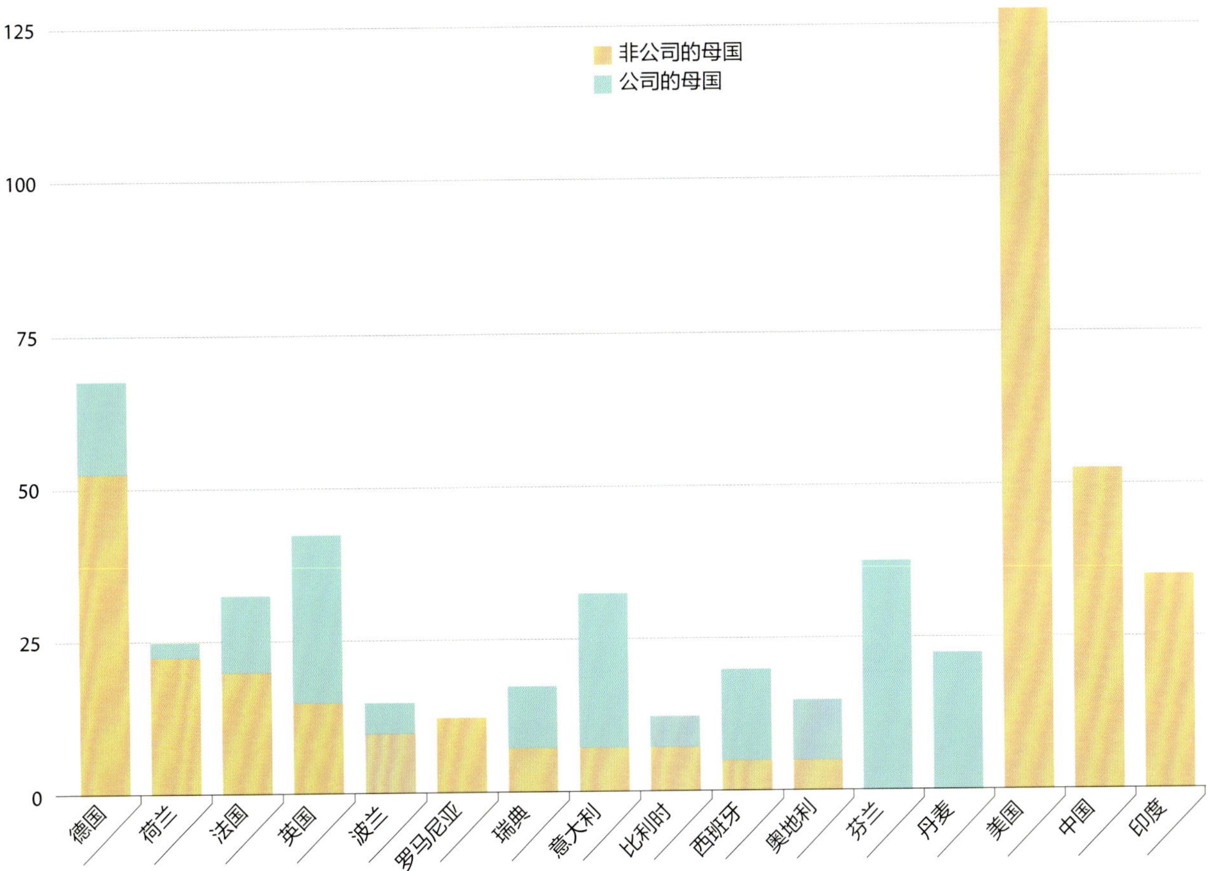

图 2.4　2014 年欧盟公司评出的进行企业研发的最佳国家

注：统计基于 186 个被调查国家中 161 个回复国家的触点指数编辑。

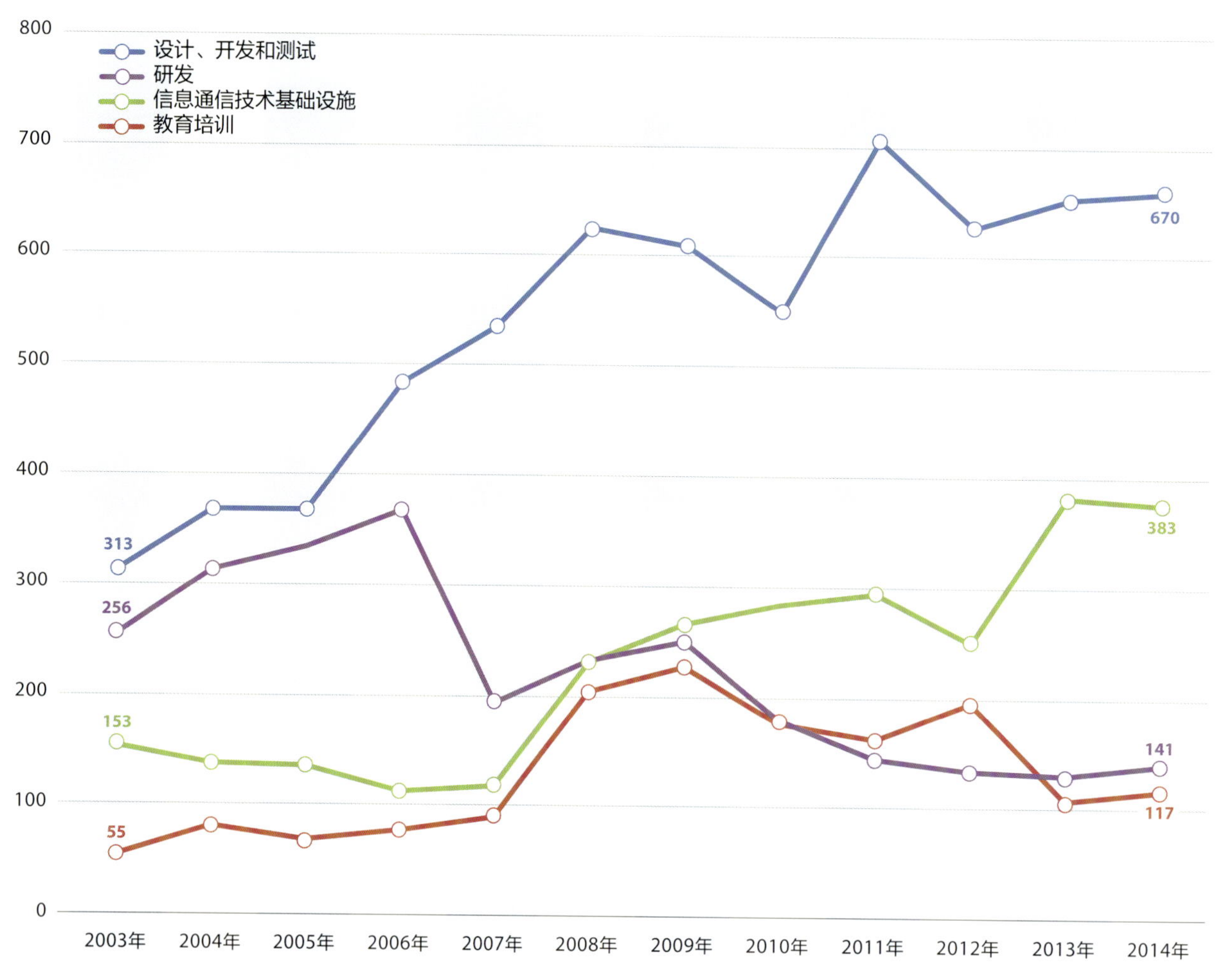

图 2.5　2003—2014 年外商直接投资数据库中项目的数量变化趋势

来源：外商直接投资数据库（The fDi Markets database），2015 年 5 月。

势。注意，2014 年的数据不全。比起研究投资金额的变化趋势，我们更喜欢这个简单的统计方式，因为每个项目的平均投资金额随着时间的推移变化不大，而信息通信技术基础设施类与其他三类项目之间的平均投资金额的差距鲜明。四类项目的数量变化趋势差别也很大——研发项目的数量持续下降，设计类和信息通信技术基础设施类持续上升而教育类略有波动。

自 2008 年以来，金融危机的影响在综合经济指标方面均有所体现。但 The fDi Markets 数据库显示危机似乎并没有对投资项目产生重大影响。外商直接投资项目最多的五大部门（共 39 个）包括软件和信息技术服务；通信；商业服务；医药和半导体（见表 2.1）。这五个部门占外商直接投资知识类总项目的 65%。研发类项目主要集中在医药、生物技术和化学这三个相关部门（总项目的 57%）。设计、开发和测试类主要集中在五大部门中的半导体、工业机械和化学这三个部门。教育类主要集中在商业服务、工业机械以及汽车产业的原始设备制造商等领域。

日益聚拢的趋势

私人研发主要集中在全球发达地区，尽管作为新兴力量，中国已有越来越多的私人部门开始投入研发，但约 90% 的外商直接投资研发类项目仍在发达地区产生（见表 2.6）。西欧、北美、日本和亚洲四小龙是外商直接投资的接收端，但是它们只占所有项目的 55%。这表明外商直接投资将进一步推动全球研发的均匀分布。一些企业研发全球比重较小的地区正在吸引私人研发集中地区的外商直接投资

表 2.1　2003—2014 年外商直接投资知识类项目的部门分布

部门	综合排名	占总项目比重（%）	研发排名	占总项目比重（%）	开发和测试排名	占总项目比重（%）	教育排名	占总项目比重（%）	信息通信技术基础设施排名	占总项目比重（%）
软件与信息技术服务	1	26	2	15	1	37	2	11	2	21
通信	2	23	4	8	2	10	4	6	1	76
商业服务	3	7	33		7	—	1	37	3	1
医药	4	5	1	19	11	—	24	—	10	—
半导体	5	4	6		3	7	14	—	10	—
化学	—	—	3	8	5	5	—	—	—	—
生物技术	—	—	5	8	—	—	—	—	—	—
工业机械	—	—	—	—	4	5	3	7	—	—
汽车	—	—	—	—	—	—	5	6	—	—
金融服务	—	—	—	—	—	—	—	—	3	1
交通	—	—	—	—	—	—	—	—	5	0
前5名（%）	—	65	—	57	—	65	—	67	—	99

数据来源：外商直接投资市场数据库（The fDi Markets database），2015 年 5 月。

研发类项目。

这种“聚拢”现象主要发生在中国和印度。两国共吸引外商直接投资研发类总项目的 29%。在所有国家中，中国的项目数量最多，但只比印度多三分之一。相反，两国自主发起的项目只占所有项目的 4.4%。非洲吸引的项目数量极少，低于全球的 1%。[①] 如图 2.6 第一幅图所示，项目的发起地和目的地都非常集中，即使在国家内部也是如此，只有少数城市能够吸引大多数项目。在中国，这类城市主要分布在沿海地区，包括香港和北京。在印度，南部城市班加罗尔、孟买和海德拉巴吸引多数项目。在巴西，是圣保罗和里约热内卢这两个城市吸引着项目。而非洲几乎是处女地，约翰内斯堡——比勒陀利亚一带是唯一的热点地区。

设计、开发和测试类项目的情况与研发相关类项目相似。而在中国和印度，前者占外商直接投资总项目的比重稍大，其他地区也是如此。非洲也是在这一项目上跨过了 1% 的门槛。相对于纯研发类项目，此类项目的全球化进程似乎更容易，因为包含于设计、开发和测试中的知识更容易转移——外商直接投资在此领域的项目更多，这一事实就可以证明——相对于原地扩张，此类知识与原地开采的动机更相符。这张图除了记录了第一幅图中的中国、印度、巴西和南非的热点地区，还增加了其他国家的热点地区，如墨西哥（瓜达拉哈拉市和墨西哥城）、阿根廷（布宜诺斯艾利斯）、南非（开普敦）。

中东和非洲吸引的学习教育类项目比重相对较大。而拉丁美洲、东欧和非洲接收的信息通信技术基础设施类项目更多。这两个不同项目的图式呈现出来的热点地区与外国直接投资研发相关项目的图式一致。

因此我们可以得出一个中间结论：外商直接投资知识相关项目的全球分布更加均衡。这一趋势虽然缓慢，但走向清晰。从全球角度来看，地域之间存在很大差异。某些地区，比如中国和印度，能够吸引国外研发。但是其他地区，像非洲就很难做到这一点。因此，尽管“聚拢”这一现象正在发生，但这不是全球意义上的绝对聚拢。

公司研发更倾向于在内部而非外部进行

研发必然带来产品和工艺的创新，基于这一假设，研发一直被认为是创新的代名词。今天，我们认识到创新包含的内容不只是研发。不过创新和研发两者之间的关系仍十分有意思。

“欧盟创新调查”以统一问卷的形式对公司的创新活动进行了统计，统计的内容不仅包括内部和外

① 为保持图 2.6 中的可读性，只记录了至少一方不属于高收入地区，即北美、西欧、日本、亚洲四小龙和大洋洲的项目。某些项目没有城市信息。

基本没有研发类项目流向非洲；大多数流向了中国和印度

占总项目的比重（%）

外商直接投资研发相关类项目发起地	外商直接投资研发相关类项目的目的地										
	西欧	中国和印度	日本和亚洲四小龙	北美洲	拉丁美洲	东欧	中东和北非	苏联所在地区	非洲	大洋洲	总计
西欧	10.6	8.3	4.3	6.0	1.8	2.4	1.1	0.8	0.5	0.5	36.2
中国和印度	1.7	0.3	0.7	0.9	0.1	0.1	0.4		0.1	0.1	4.4
日本和亚洲四小龙	2.0	4.6	2.5	2.0	0.1	0.2	0.1	0.3	0.0	0.2	12.1
北美洲	13.1	14.8	6.5	1.9	2.2	1.6	1.9	0.9	0.3	0.8	44.1
拉丁美洲	0.1		0.0	—	0.0	—	—	—	—	0.0	0.2
东欧	0.2	0.0	0.0			0.0		0.1			0.4
中东和北非	0.3	0.3	0.0	0.3	—	0.1	—	0.0	—	—	1.1
苏联所在地区	0.2	0.0	—	0.1	—	—	—	0.0	—	—	0.3
非洲	0.0	—	—	—	—	—	—	—	—	—	0.0
大洋洲	0.2	0.2	0.2	0.1	—	—	—	—	—	—	0.7
总计	28.4	28.7	14.3	11.3	4.3	4.5	3.5	2.2	0.8	1.6	

4.3%

研发相关类项目流向拉丁美洲的比重

28.7%

研发相关类项目流向中国和印度的比重

发展中地区研发项目的流向

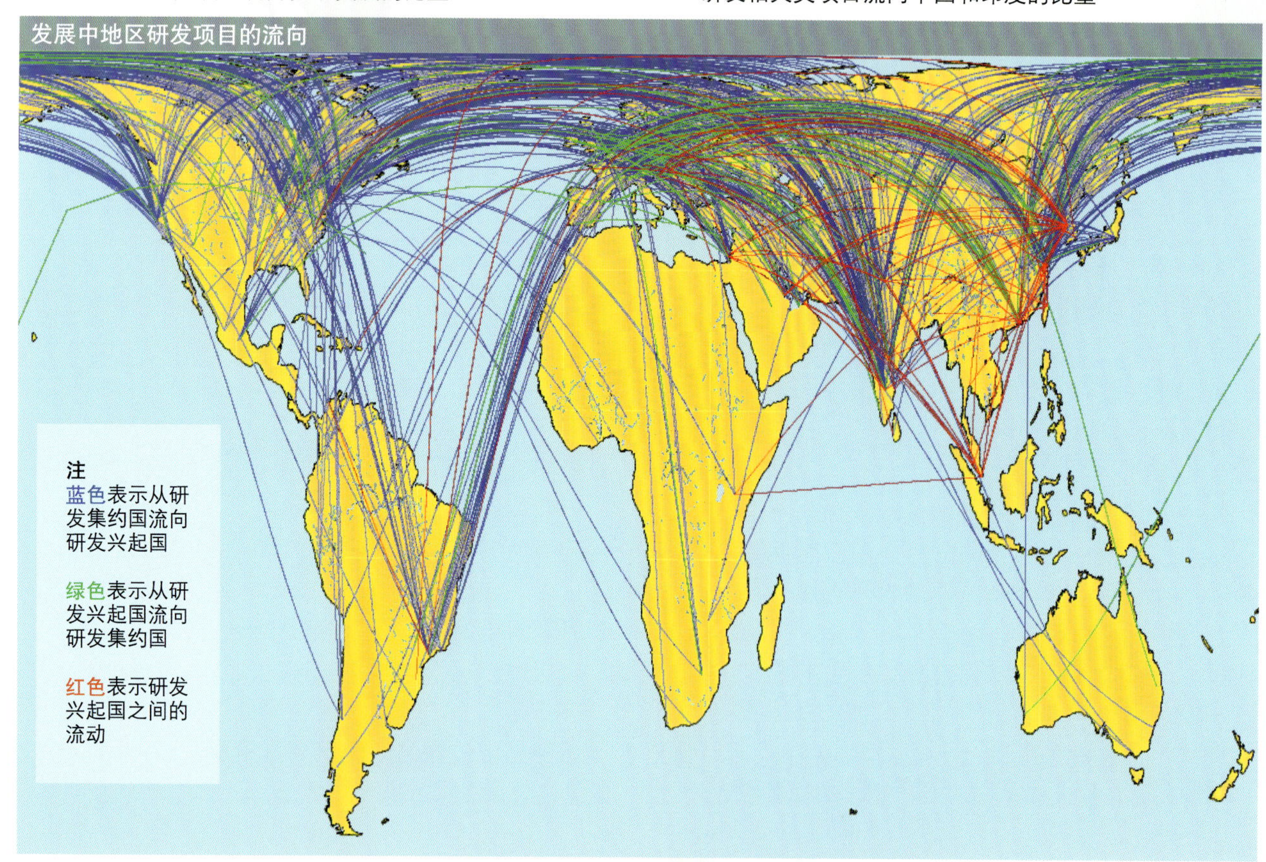
注
蓝色表示从研发集约国流向研发兴起国
绿色表示从研发兴起国流向研发集约国
红色表示研发兴起国之间的流动

图 2.6　2003—2014 年外商直接投资知识相关类项目的发展趋势

来源：联合国大学马斯特里赫特经济和社会研究院。

中国和印度在设计、开发和测试类项目中受益最大

占总项目的比重（%）

设计、开发和测试类项目的发起地	设计、开发和测试类项目的目的地										
	西欧	中国和印度	日本和亚洲四小龙	北美洲	拉丁美洲	东欧	中东和北非	苏联所在地区	非洲	大洋洲	总计
西欧	8.4	8.6	3.6	5.8	2.1	3.9	1.3	0.7	0.6	0.5	35.5
中国和印度	1.6	0.5	0.8	1.2	0.6	0.2	0.2	0.0	0.1	0.2	5.4
日本和亚洲四小龙	2.2	3.4	2.0	1.9	0.2	0.2	0.1	0.1	0.0	0.1	10.3
北美洲	11.0	17.4	5.4	2.0	2.8	2.5	1.5	1.0	0.3	0.9	44.9
拉丁美洲	0.1	0.0	0.0	0.1	0.4	0.0	0.0		0.0	—	0.6
东欧	0.1	0.0	—	0.0	0.0	0.2	0.0	0.1		—	0.5
中东和北非	0.2	0.5	0.1	0.1	0.0	0.1	0.2	0.0	—	—	1.2
苏联所在地区	0.1	0.0	0.0	0.0	0.0	0.1	—	0.1	—	—	0.4
非洲	0.1	0.1	0.0	—	0.0	0.0	—	—	—	—	0.2
大洋洲	0.1	0.1	0.1	0.1	—	—	0.0	0.0	0.0	0.1	0.6
总计	23.8	30.6	12.1	11.3	6.1	7.2	3.4	2.1	1.1	1.8	

1.1%

设计、开发和测试类项目流向非洲的比重

30.6%

设计、开发和测试类项目流向中国和印度的比重

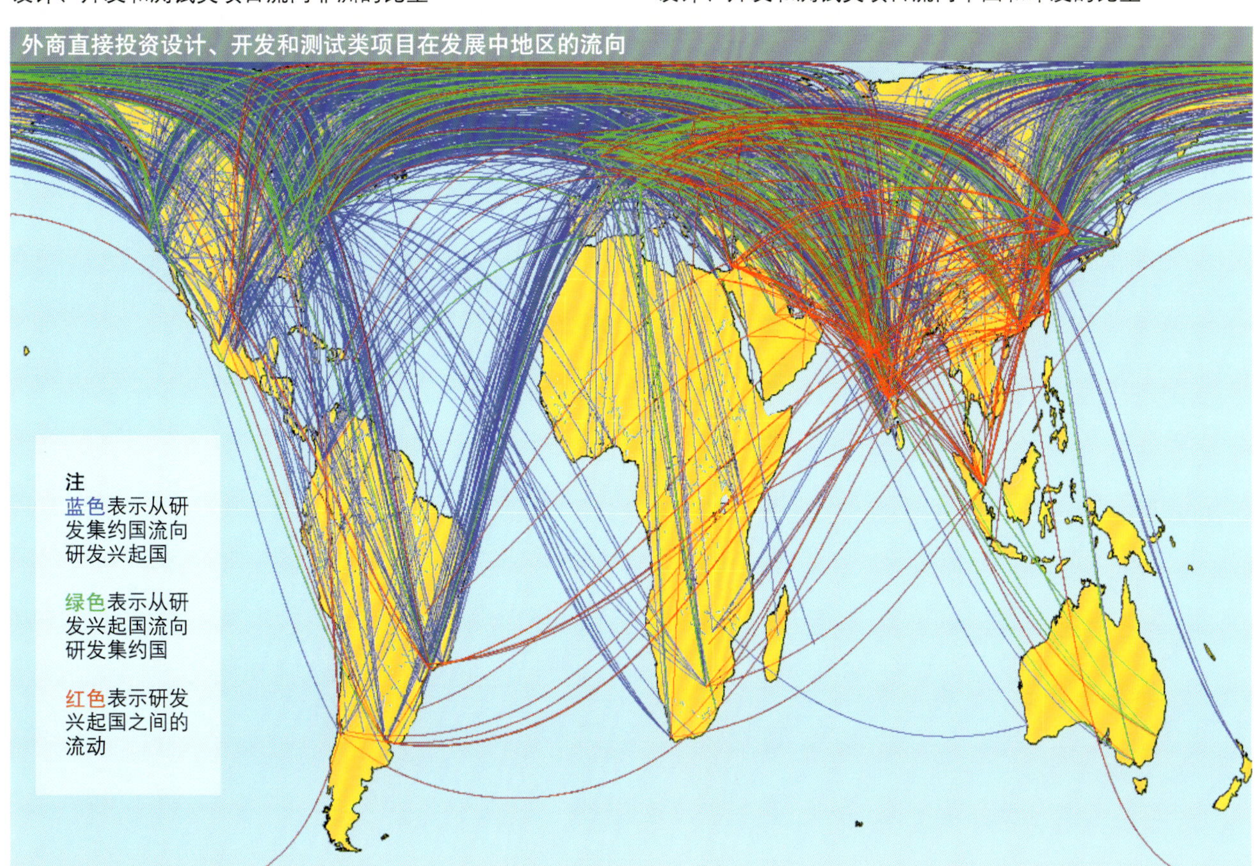
外商直接投资设计、开发和测试类项目在发展中地区的流向
注
蓝色表示从研发集约国流向研发兴起国
绿色表示从研发兴起国流向研发集约国
红色表示研发兴起国之间的流动

流向西欧、中国和印度的教育类项目占四成

占总项目的比重（%）

外商直接投资教育类项目的起源地	外商直接投资教育类项目的目的地										
	西欧	中国和印度	日本和亚洲四小龙	北美洲	拉丁美洲	东欧	中东和北非	苏联所在地区	非洲	大洋洲	总计
西欧	8.6	7.6	5.2	4.3	2.2	2.4	4.0	1.8	2.2	0.9	39.2
中国和印度	0.7	0.9	0.8	0.5	0.9	0.2	2.0	0.1	1.1	0.1	7.1
日本和亚洲四小龙	2.3	3.0	2.0	1.5	0.6	0.7	0.7	0.2	0.5	0.3	11.8
北美洲	7.8	9.0	4.7	0.9	2.2	1.7	4.7	1.1	1.4	0.9	34.3
拉丁美洲	0.1	0.7	0.1	—	0.1	—	—	—	0.1	—	1.1
东欧	0.2	—	—	0.1	—	—	—	0.1	—	—	0.3
中东和北非	0.5	0.5	0.2	0.1	0.1	—	1.2	—	0.1	—	2.7
苏联所在地区	—	0.1	0.1	—	—	—	0.1	0.1	—	—	0.3
非洲	—	—	—	—	—	—	0.1	—	0.5	—	0.5
大洋洲	0.1	0.4	0.3	0.1	—	—	0.1	—	—	0.1	1.1
总计	20.4	22.1	13.3	7.5	5.9	4.9	12.8	3.4	5.9	2.2	

5.9%

教育类项目流向非洲和拉丁美洲的比重相同

22.1%

教育类项目流向中国和印度的比重

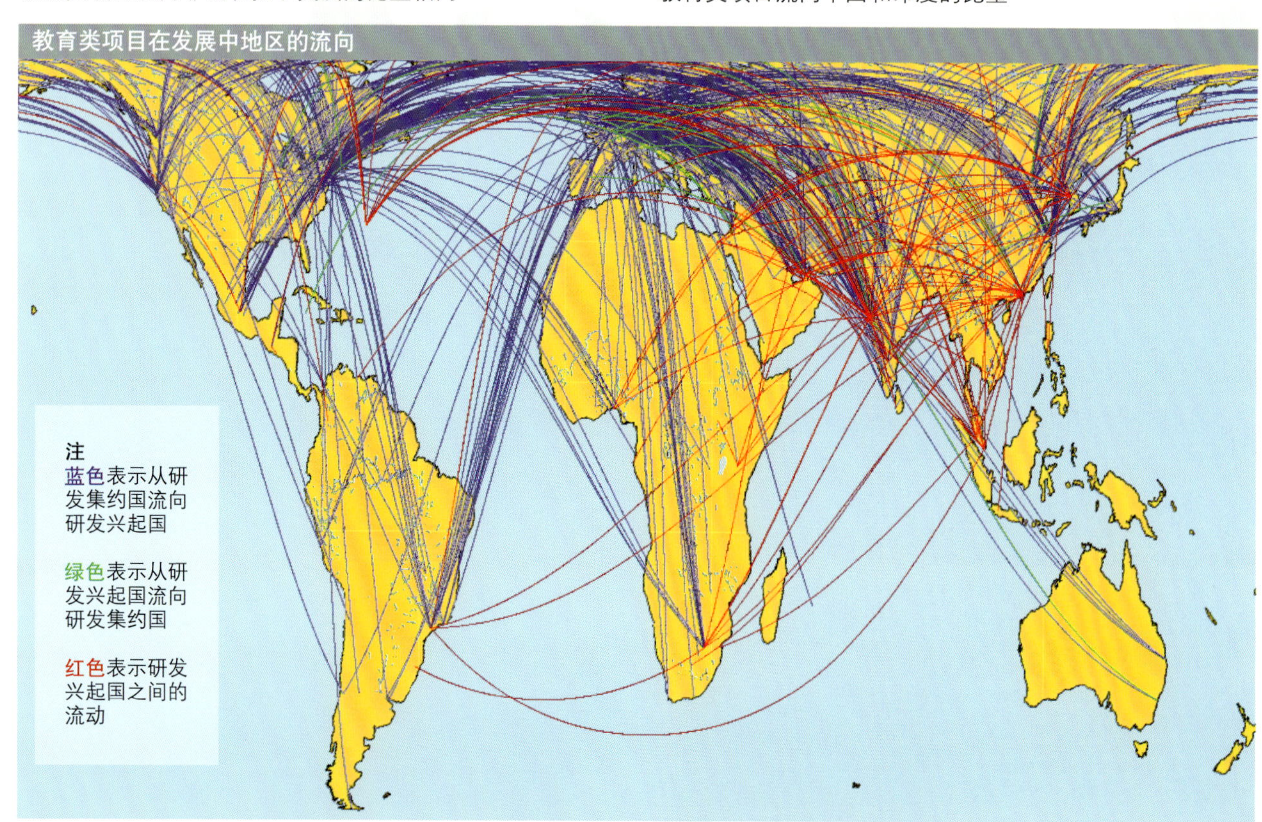
教育类项目在发展中地区的流向
注
蓝色表示从研发集约国流向研发兴起国
绿色表示从研发兴起国流向研发集约国
红色表示研发兴起国之间的流动

图 2.6　2003—2014 年外商直接投资知识相关类项目的发展趋势（续）

来源：联合国大学马斯特里赫特经济和社会研究院。

外商直接投资信息通信技术基础设施类项目流向非洲的比重大于其他类项目

占总项目的比重（%）

外商直接投资信息通信技术基础设施类项目的起源地	外商直接投资信息通信技术基础设施类项目的目的地										
	西欧	中国和印度	日本和亚洲四小龙	北美洲	拉丁美洲	东欧	中东和北非	苏联所在地区	非洲	大洋洲	总计
西欧	11.2	1.3	2.7	3.2	5.8	5.5	0.9	3.0	2.0	1.1	**36.6**
中国和印度	0.4	0.0	0.6	0.5	0.2	—	0.1	0.2	1.1	0.1	**3.3**
日本和亚洲四小龙	1.3	1.7	2.0	1.0	0.3	0.2	0.3	0.1	0.4	0.8	**8.1**
北美洲	13.0	3.5	7.0	2.4	4.4	1.4	0.6	0.5	0.7	2.4	**35.8**
拉丁美洲	0.6	—	—	0.1	3.4	0.2	—	—	—	—	**4.2**
东欧	0.4	0.0	0.2	0.0	—	0.6	0.0	0.3	—	—	**1.5**
中东和北非	0.4	0.1	0.1	0.1	0.1	0.0	1.1	0.0	0.7	—	**2.7**
苏联所在地区	0.1	—	0.2	—	0.0	0.0	—	1.2	—	—	**1.6**
非洲	0.3	—	—	—	0.0	0.0	0.1	—	2.4	—	**2.8**
大洋洲	0.2	0.1	0.2	0.1	0.0	—	—	—	—	0.1	**0.8**
总计	**27.8**	**6.7**	**13.0**	**7.5**	**14.3**	**7.9**	**3.2**	**5.3**	**7.2**	**4.5**	

7.2%

外商直接投资信息通信技术基础设施类项目流向非洲的比重

14.3%

外商直接投资信息通信技术基础设施类项目流向拉丁美洲的比重

基础设施项目在发展中地区的流向

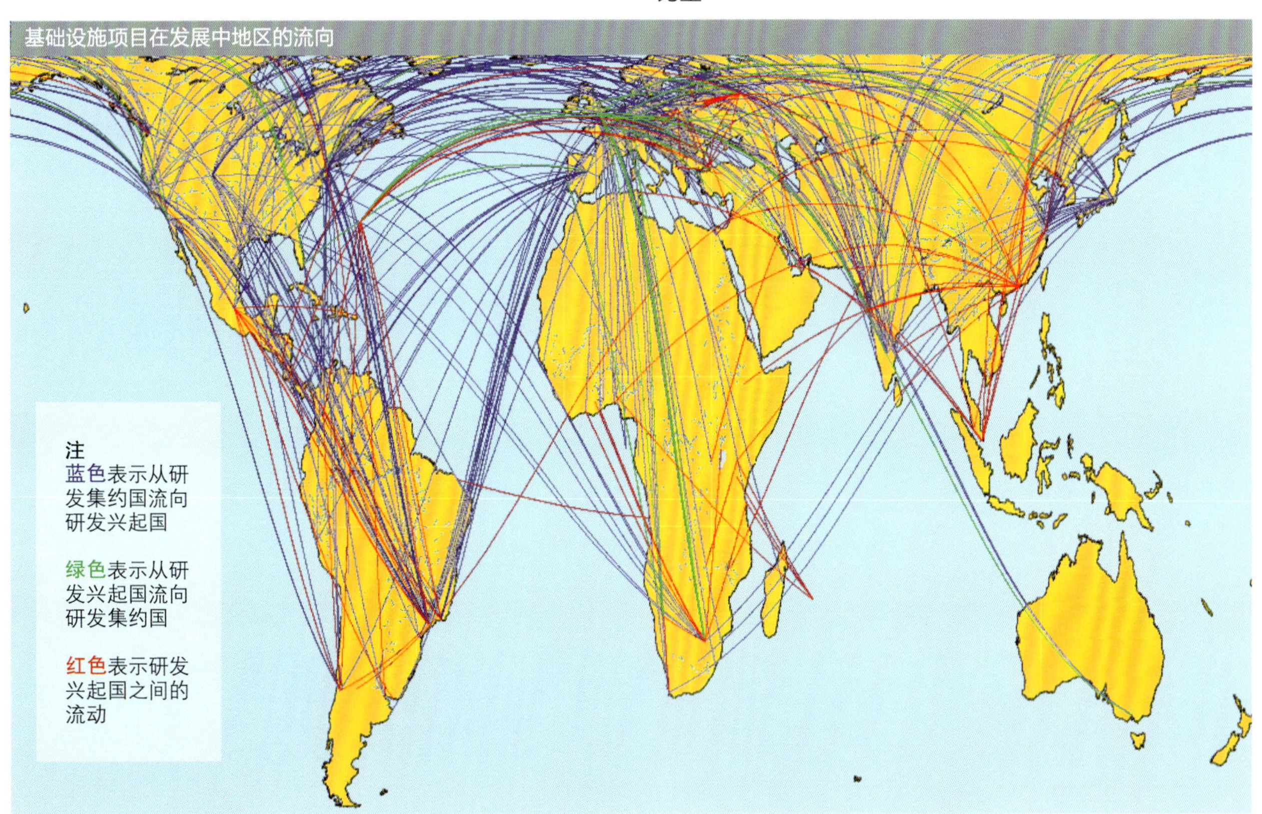
注
蓝色表示从研发集约国流向研发兴起国
绿色表示从研发兴起国流向研发集约国
红色表示研发兴起国之间的流动

部研发还包括其他创新活动，比如机械、设备、软件以及外部知识的收购。其他很多国家也相继进行了此项调查。

一般来说，公司研发更倾向于在内部而非外部进行，古巴是一个例外（见图 2.7）。韩国在国内进行研发的公司（86%）与在国外进行研发的公司（15%）比例悬殊甚至更大。中国香港特别行政区和韩国类似：84% 和 17%。中国在国内进行研发的公司几乎占三分之二（见专栏 2.2）。

然而总的来说，65% 的高收入国家有超过一半的公司在国内进行研发。而中低收入国家的比例只有 40%。有意思的是在各收入水平的国家都出现了这一现象——有创新行为的公司可能没有参与研发活动。这就支持了以上论证——创新的形式不只是限于研发，创新公司可能并没有在进行研发活动。

与大学的交互甚少

创新过程是交互的，为获取信息以及合作的机会，各公司开始探索其他来源的知识。通常各收入

持续创新的公司的比重（%）

高收入国家研发的执行者和承包者

	内部研发	外部研发
韩国	86	15
芬兰	84	59
中国香港特别行政区	84	17
挪威	78	41
法国	72	34
比利时	71	34
荷兰	69	27
瑞典	68	33
克罗地亚	67	33
奥地利	63	34
捷克	61	30
卢森堡	59	32
爱尔兰	58	26
德国	57	21
立陶宛	57	41
日本	56	23
马耳他	53	3
斯洛伐克	53	27
爱沙尼亚	51	27
意大利	51	18
丹麦	49	20
以色列	47	22
葡萄牙	41	19
塞浦路斯	40	29
乌拉圭	39	4
拉脱维亚	38	20
西班牙	37	21
波兰	36	21
新西兰	34	
俄罗斯	19	20
澳大利亚	18	5

中低收入国家研发的执行者和承包者

	内部研发	外部研发
哥斯达黎加	76	28
阿根廷	72	19
马来西亚	69	17
中国	63	22
摩洛哥	60	40
乌干达	60	35
塞尔维亚	60	26
印度尼西亚	58	6
南非	54	22
匈牙利	51	25
加纳	50	24
尼日利亚	49	31
肯尼亚	44	41
墨西哥	43	14
萨尔瓦多	42	7
埃及	39	5
坦桑尼亚	39	27
罗马尼亚	37	10
印度	35	11
厄瓜多尔	35	11
土耳其	33	12
白俄罗斯	26	18
乌克兰	24	10
哥伦比亚	22	6
巴西	17	7
保加利亚	14	7
巴拿马	11	5
古巴	10	41

图 2.7　在内部或外部进行研发的公司

来源：联合国教科文组织统计研究所，2014 年 9 月。

专栏 2.2　金砖五国的创新情况

中低收入经济体的绝大多数公司都需要机械、设备和软件的技术优势来支持自己的创新。金砖五国也不例外。

其中，中国收购外部知识的公司的比重最高。有 30% 的创新公司购买现有专有技术、授权专利、非专利发明或其他类型的外部知识。

中国在国内进行研发的公司比重也最高（63%），只比收购机械、设备和软件的公司比重略低一点。中国这两项活动之间的差距比印度、俄罗斯都高，巴西最小。

俄罗斯在国内研发的公司比重比国外略高。巴西在国外研发的公司比重在五国中最低，只占 7%。

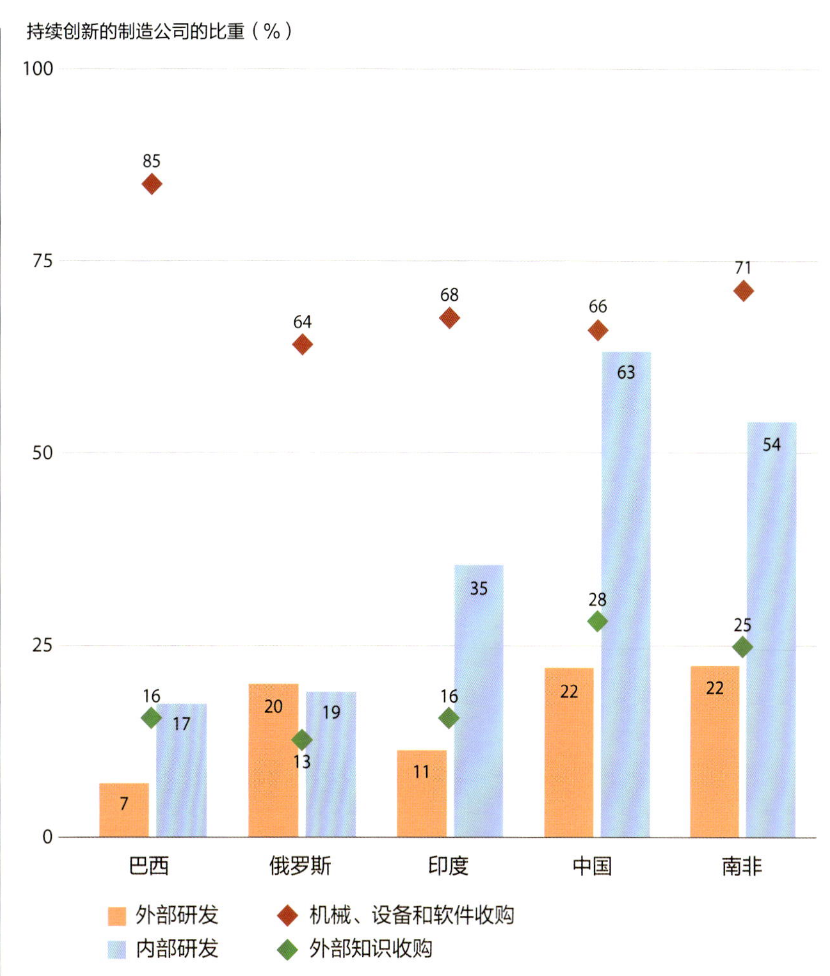

图 2.8　金砖五国公司创新形式简况

来源：联合国教科文组织统计研究所，2014 年 9 月。

水平国家的公司均认为内部信息来源极为重要。内部信息来源甚至是所有高收入国家信息来源的主导，俄罗斯除外（见表 2.2）。俄罗斯认为由客户或消费者是尤为重要的信息来源。

金砖五国其他国家的主导信息来源包括客户和内部。中国和印度分别有 60% 和 59% 的公司认为客户是极为重要的信息来源。值得注意的是巴西和印度认为供应商也是同样重要的信息来源。

虽然中低收入国家的绝大多数公司认为内部信息来源也非常重要，但更多的国家认为客户或消费者是更为重要的来源。在阿根廷，53% 持续创新的公司认为供应商非常重要，因此供应商也成为该国最重要的信息来源。

古巴是唯一一个国家有高达 25% 的公司认为政府或公共研究机构是信息来源的重要方式。总的来说，大多数公司都认为政府——包括高等教育机构不是信息来源的重要方式。

在合作方面也是如此。公司与像大学、公共研究机构的政府机构的合作甚少（见表 2.3）。公司与大学合作的超低比例很令人担心，毕竟大学在知识生成和传播方面有重要贡献，并且还在为公司提供入职毕业生。

表 2.2　公司信息的重要来源

持续创新的制造公司的比重（%）

	信息来源									
	内部	市场				机构		其他		
	企业内部或企业集团内部	设备、材料、元件或软件的供应商	客户或消费者	竞争者或同行企业	咨询公司、商业实验室或私人科研机构	大学或其他高等教育机构	政府或公共研究机构	学术会议、贸易展览会、交易会	科技期刊和贸易/技术出版物	专业和行业协会
高收入国家										
澳大利亚	72.9	28.6	42.1	21.0	13.7	1.2	2.9	10.0	23.0	16.3
比利时	55.1	26.7	28.7	8.4	4.7	5.2	1.6	11.7	6.7	3.1
克罗地亚	44.0	27.7	33.2	14.5	5.3	2.7	0.5	14.1	8.2	2.4
塞浦路斯	92.8	71.9	63.4	48.1	41.3	6.0	5.5	63.0	31.5	20.4
捷克	42.7	21.8	36.8	18.5	3.9	4.3	2.3	13.3	3.8	1.9
爱沙尼亚	30.1	29.4	18.8	9.3	5.8	4.2	1.1	12.7	2.0	1.3
芬兰	63.4	17.3	41.1	11.7	3.6	4.5	2.8	8.8	3.4	2.5
法国	51.2	19.9	27.8	9.4	6.2	3.4	3.1	10.8	7.9	5.5
以色列	79.3	17.6	19.1	7.9	7.5	3.7	2.2	13.7	6.7	2.1
意大利	35.5	18.8	17.6	4.5	15.1	3.7	1.0	9.7	3.7	4.4
日本	33.7	20.7	30.5	7.5	6.2	5.1	4.8	4.6	2.0	2.9
拉脱维亚	44.4	23.3	23.9	16.5	7.8	3.4	1.6	20.2	7.1	3.4
立陶宛	37.5	15.6	18.9	12.2	4.1	2.9	3.8	13.1	2.2	0.5
卢森堡	68.3	36.5	46.1	24.6	12.6	7.8	3.6	38.3	24.0	18.6
马耳他	46.0	39.0	38.0	21.0	10.0	4.0	2.0	13.0	2.0	3.0
新西兰	86.4	51.0	76.3	43.1	43.4	10.2	16.0	45.9	48.3	21.4
挪威	79.1	50.4	78.3	30.0	9.4	7.2	10.5	10.5	16.0	30.4
波兰	48.2	20.2	19.2	10.1	5.2	5.8	7.3	14.8	10.3	4.8
葡萄牙	33.9	18.5	30.3	10.2	5.9	3.2	2.2	13.9	6.0	4.3
韩国	47.4	16.1	27.7	11.3	3.4	3.9	6.1	6.7	5.2	4.9
俄罗斯	32.9	14.1	34.9	11.3	1.7	1.9	—	7.4	12.0	4.1
斯洛伐克	50.5	27.2	41.6	18.1	2.8	2.5	0.6	12.4	13.6	1.4
西班牙	45.5	24.2	20.9	10.4	8.7	5.0	7.7	8.7	4.7	3.9
乌拉圭	52.9	24.2	40.3	21.2	13.6	5.8	—	27.1	18.0	—
中低收入国家										
阿根廷	26.4	52.7	36.3	16.4	28.5	40.0	42.4	—	—	—
巴西	41.3	41.9	43.1	23.8	10.2	7.0	—	—	—	—
保加利亚	28.6	22.4	26.1	13.6	5.5	—	—	13.6	9.4	5.1
中国	49.5	21.6	59.7	29.6	17.1	8.9	24.7	26.7	12.0	14.8
哥伦比亚	97.6	42.5	52.6	32.1	28.4	16.2	8.0	43.7	47.3	24.5
古巴	13.6	—	11.5	5.1	—	19.6	24.7	—	—	—
厄瓜多尔	67.0	34.9	59.0	27.1	10.7	2.0	2.2	22.2	42.5	6.3
埃及	75.9	32.1	16. 1	17.0	2.7	1.8	0.9	22.3	13.4	4.5
萨尔瓦多	—	26.4	40.3	5.4	15.2	3.8	1.8	13.9	10.3	—
匈牙利	50.5	26.4	37.4	21.3	13.0	9.9	3.3	16.6	9.6	7.7
印度	58.5	43.3	59.0	32.6	16.8	7.9	11.0	29.7	15.1	24.5
印度尼西亚	0.4	1.3	1.8	1.3	0.9	0.4	0.4	0.9	0.9	0.9
肯尼亚	95.7	88.2	90.3	80.6	52.7	37.6	39.8	71.0	64.5	72.0
马来西亚	42.4	34.5	39.0	27.9	15.0	9.5	16.7	28.1	21.7	23.6
墨西哥	92.2	43.6	71.9	44.0	19.0	26.4	23.6	36.9	24.5	—
摩洛哥	—	51.3	56.4	15.4	17.9	6.4	12.8	43.6	34.6	25.6
尼日利亚	51.7	39.3	51.7	30.0	14.6	6.8	4.1	11.5	7.1	20.2
巴拿马	43.6	10.9	15.2	6.6	5.2	2.4	2.4	5.2	0.5	1.9
菲律宾	70.7	49.5	66.2	37.9	21.2	10.1	7.1	21.7	16.7	15.7
罗马尼亚	42.1	31.8	33.5	20.5	5.2	3.3	2.0	14.3	10.2	3.5
塞尔维亚	36.2	18.3	27.3	10.5	7.8	5.3	2.6	14.8	10.3	5.7
南非	44.0	17.9	41.8	11.6	6.9	3.1	2.3	12.9	16.7	8.4
坦桑尼亚	61.9	32.1	66.7	27.4	16.7	7.1	11.9	16.7	9.5	20.2
土耳其	32.6	29.1	33.9	18.0	5.2	3.7	2.8	19.7	9.4	6.9
乌干达	60.9	24.8	49.0	23.0	12.2	3.2	5.0	16.4	8.3	11.3
乌克兰	28.6	22.4	21.9	11.0	4.7	1.9	4.6	14.7	9.1	4.0

来源：联合国教科文组织统计研究所，2014 年 9 月。

表 2.3　公司创新的合作伙伴

持续创新的制造公司的比重（%）

	合作						
	企业集团的其他公司	设备、材料、工件或软件的供应商	客户或消费者	竞争者或同行企业	咨询公司、商业实验室或私人研发机构	大学或其他高等教育机构	政府或公共研究机构
高收入国家							
澳大利亚	21.4	49.4	41.6	21.4	36.2	1.4	5.6
奥地利	21.2	30.2	22.8	8.0	20.2	24.7	11.6
比利时	17.7	32.4	19.2	9.3	16.5	19.6	10.8
克罗地亚	8.6	26.1	21.6	13.9	12.3	13.9	9.1
塞浦路斯	8.1	51.9	45.5	37.0	34.0	7.7	9.4
捷克	14.5	25.6	21.1	10.0	14.0	16.6	6.6
丹麦	16.8	28.9	25.1	9.1	17.2	14.5	10.5
爱沙尼亚	20.3	23.6	23.1	10.5	11.3	9.9	2.5
芬兰	23.6	38.1	41.6	33.2	34.2	33.8	24.8
法国	16.1	23.6	20.2	9.8	14.3	13.2	10.8
德国	8.6	14.2	13.5	3.0	8.7	17.1	8.1
冰岛	6.2	9.5	23.7	3.8	1.9	10.4	15.6
爱尔兰	15.4	19.6	17.0	4.1	15.1	13.0	10.0
以色列	—	28.8	40.1	15.4	20.3	14.4	10.1
意大利	2.2	6.7	5.1	2.7	6.6	5.3	2.2
日本	—	31.7	31.5	19.9	16.9	15.7	14.4
韩国	—	11.5	12.8	8.1	6.3	10.0	12.8
拉脱维亚	14.0	20.8	19.6	14.0	10.6	5.9	1.9
立陶宛	17.7	31.3	24.2	11.3	14.8	13.1	8.6
卢森堡	22.8	31.7	29.9	19.2	22.8	19.2	22.8
马耳他	13.0	12.0	8.0	4.0	7.0	7.0	3.0
荷兰	14.5	26.3	14.7	7.7	13.7	11.0	7.8
新西兰	—	18.2	18.7	16.6	—	7.2	5.9
挪威	16.8	22.1	22.0	7.6	19.4	14.3	18.1
波兰	11.2	22.7	15.2	7.7	10.1	12.6	9.0
葡萄牙	5.1	13.0	12.2	4.7	8.3	7.5	4.8
俄罗斯	12.6	16.7	10.9	3.9	5.1	9.1	15.6
斯洛伐克	18.6	31.5	27.8	20.8	16.1	15.7	10.8
西班牙	5.5	10.4	6.7	3.5	6.3	7.3	9.7
瑞典	33.3	35.9	30.7	14.2	29.7	18.3	8.8
英国	6.2	9.4	11.0	3.8	4.5	4.7	2.5
中低收入国家							
阿根廷	—	12.9	7.6	3.5	9.3	14.5	16.1
巴西	—	10.0	12.8	5.2	6.2	6.3	—
保加利亚	3.9	13.6	11.2	6.4	5.8	5.7	3.0
哥伦比亚	—	29.4	21.0	4.1	15.5	11.2	5.3
哥斯达黎加	—	63.9	61.1	16.5	49.6	35.3	8.1
古巴	—	15.3	28.5	22.1	—	14.9	26.4
厄瓜多尔	—	62.4	70.2	24.1	22.1	5.7	3.0
埃及	—	3.6	7.1	0.9	7.1	1.8	0.9
萨尔瓦多	—	36.9	42.1	1.3	15.3	5.5	3.4
匈牙利	15.5	26.9	21.1	16.4	20.1	23.1	9.9
印度尼西亚	—	25.7	15.9	8.0	10.2	8.4	4.9
肯尼亚	—	53.8	68.8	54.8	51.6	46.2	40.9
马来西亚	—	32.9	28.8	21.2	25.5	20.7	17.4
墨西哥	—	—	—	9.7	—	7.0	6.1
摩洛哥	—	25.6	—	—	19.2	3.8	—
巴拿马	—	64.5	0.5	18.5	3.8	1.4	7.6
菲律宾	91.2	92.6	94.1	67.6	64.7	47.1	50.0
罗马尼亚	2.8	11.7	10.6	6.2	5.9	7.2	3.1
塞尔维亚	16.6	19.4	18.3	13.0	12.4	12.5	9.8
南非	14.2	30.3	31.8	18.6	21.1	16.2	16.2
土耳其	10.4	11.6	10.7	7.4	7.9	6.4	6.6
乌克兰	—	16.5	11.5	5.3	5.7	4.2	6.6

来源：联合国教科文组织统计研究所，2014 年 9 月。

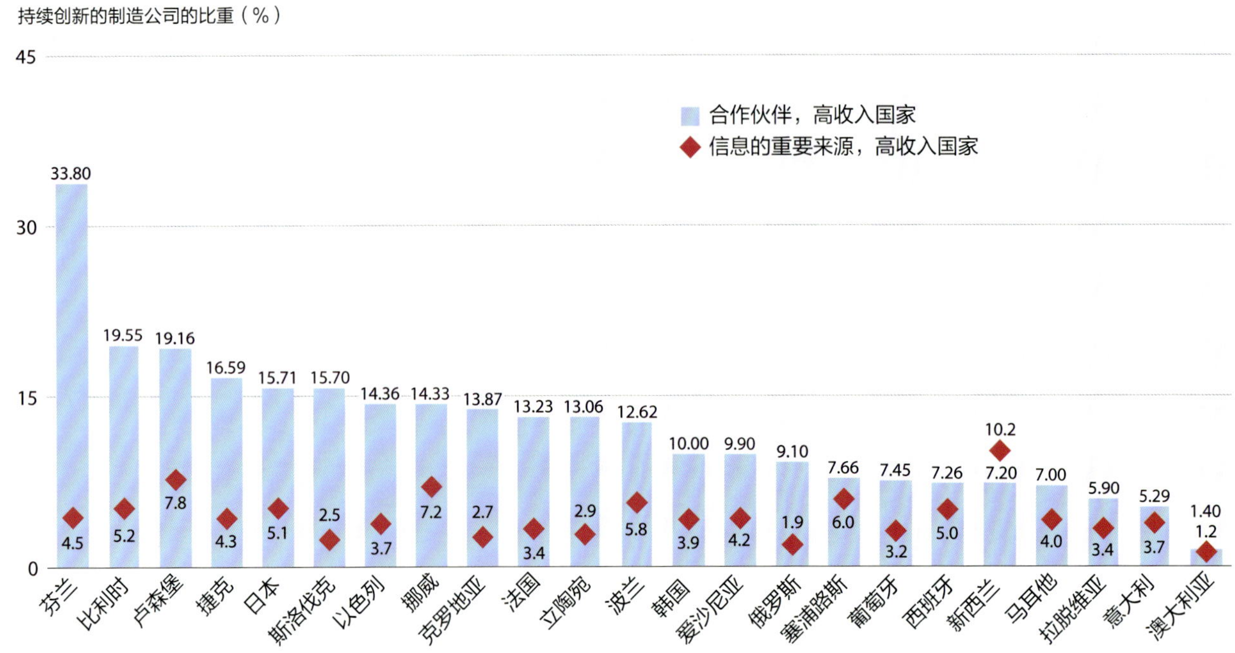

图 2.9 公司与大学和相关机构的联系（创新型制造企业的份额 %）

来源：联合国教科文组织统计研究所，2014 年 9 月。

科研活动流动的趋势

移民现象有助于推动国内外创新的发展

虽然互联网等新技术大大提升了虚拟流动的可能性，但人员流动对跨时空交流创意想法、传播科学发现仍至关重要。接下来的内容将讨论近来国际科学活动流动的趋势，即科研培训或工作人员跨国流动的趋势。为此我们借鉴了联合国教科文组织统计研究所、经济合作与发展组织和欧盟统计局关于国际学术流动性和博士人员事业的共同调查结果。

充分证据显示移民知识网络有助于改善国内国际的创新环境。早在 20 世纪六七十年代，加利福尼亚的韩国和台湾地区移民就离开硅谷在各自的家乡建立了科技园（Agunias 和 Newland, 2012）。另外一个例子是哥伦比亚的海外科学家和工程师网络，这个网络建立于 1991 年旨在建立与本国侨民的联系（Meyer 和 Wattiaux, 2006）。

2012 年印度信息技术产业对国民生产力总值的贡献率为 7.5%，最近就有一项关于印度侨民对印度信息技术产业影响力的调查。萨提亚・纳德拉（Satya Nadella）或许信息技术领域名声最响的印度侨民，他是一名工程师，1992 年加入微软公司，2014 年任该跨国公司的首席执行官。20 世纪 20 年代，在美国信息技术产业工作的印度侨民开始与他们的印度同胞合作以外包工作。2012 年的一项调查显示印度排名前 20 的信息技术公司有 12 家有侨民参与运营，或为创办人、合伙人、首席执行官、总经理等（Pande, 2014）。2009 年印度政府启动了“全球印度知识网络”以推动印度侨民与本国在商业、信息技术和教育方面的交流合作（Pande, 2014）。

2006—2015 年，荷兰政府实行了一系列优秀侨民短期返乡计划来帮助诸多冲突后国家的技术能力建设和知识转移。志愿返乡援建（最久 6 个月）的阿富汗优秀侨民，在技术升级，教育、工程和医疗创新方面已经做出成绩。其他地区的短期返乡侨民除了为当地带来了新技术，也在修订大学课表、培训讲师等。这个项目之所以成功的一个重要原因就是参与人员通晓当地语言和文化。

科研活动流动性有助国际科研合作

当伍利等人（2008）对亚太地区六个国家的科学家进行了调查，他们发现有研究学位以及海外培训经历的科学家在国际科研合作方面的参与度也颇高。琼斯（2009）发现访问学者离开德国后，他们与德国同事之间的合作仍在继续。与此同时，琼克

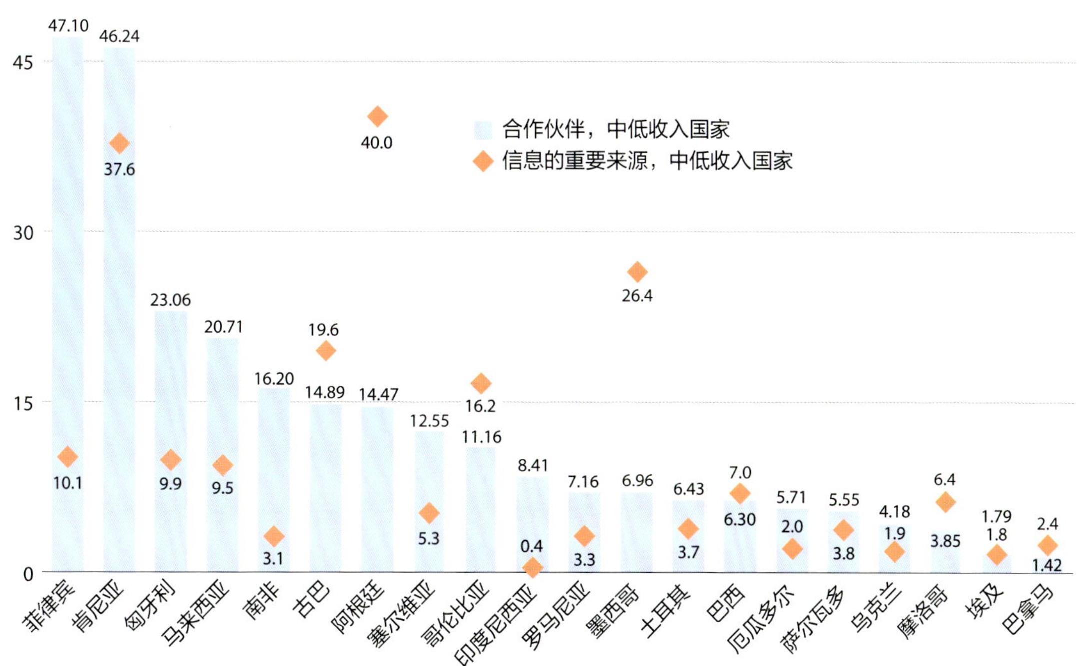

尔斯和蒂吉森（2008）发现中国科学侨民广泛分布于世界各国，这是中国国际合著出版物不断增加的原因；此外，他们还发现大量中国海归是国际出版物的合著者。

显而易见，国际科学合作在以下两个方面的作用至关重要：一解决全球科研问题，如气候变化、水、食物或能源安全；二为全球科学界整合地区和区域科学家资源。此外国际科学合作也是帮助大学提升科研输出数量和质量的战略之一。哈勒维和莫欧得（2014）指出一些正处于能力建设中的国家开始与国外（尤其是科技强国）的科研团队合作建设相关项目，这类项目通常是由国外活国际机构资助，有特定主题。在巴基斯坦和柬埔寨这一现象非常明显，两国大量科技文章由国际作者合著（见图 21.8 和图 27.8）。当这些国家科研能力有一定的提升之后，它们就开始进入巩固和扩张阶段，最后是国际化阶段：科研机构非常成熟并逐渐主导国际科研合作。正如日本和新加坡的发展模式（见第 24 章和 27 章）。

对技术工人的争夺可能会更激烈

很多政府都希望推动科研活动流动以进行建设科研能力和维护创新环境。未来几年，对国际市场技术工人的争夺可能会更激烈。在一定程度上，这一趋势的发展将取决于以下两个因素：全球科技投入的力度和人口发展状况，比如某些国家的低出生率和老龄化现象（de Wit, 2008）。为建设和维护创新环境，各国已经开始制定更多政策以吸引高技术移民和国际留学生（Cornell University 等，2014）。

比如巴西和中国就制定了新一轮政策来推动科研活动流动。2011 年，巴西政府启动了一项“科学无国界”项目旨在通过国际交流来巩固和扩大国内创新系统。截至 2014 年，巴西政府累计发放 100 000 份奖学金用来奖励在世界名校科学、技术、工程和数学领域深造的巴西学生和学者。此外为推动对外流动，该项目还为海外优秀科研人员提供补助以鼓励他们与当地科研人员的在合作项目中的共事（见专栏 8.3）。

中国留学国外的学生数量居世界之最。多年来，中国政府一直在担心人才流失问题，其关于科研活动流动的政策也在不断变化。1992 年，中国政府开始鼓励已在还在定居的留学生回国探亲（见专栏 23.2）。2001 年，中国政府采取了一项自由化政策鼓励华侨非义务回国参与现代化建设（Zweig 等，2008）。过去十年，为建设更多世界级名校，中国政府开始加大对海外留学的资助：奖学金从 2003 年的低于 3 000 份升到 2010 年的 13 000 余份（British Council 和 DAAD，2014）。

欧洲和亚洲为推动科研活动流动而推出的区域计划

为推动科研活动流动也有一些区域政策出台。2000 年欧盟推出的“欧洲研究区”就是一个例子。为提升欧洲研究机构的竞争力，欧洲委员会推出了一系列项目以促进欧盟内部科研人员的流动以及多边科研合作。例如“Marie Skłodowska-Curie actions”，该项目为研究人员提供资助以促进科学的跨国、跨区、跨领域流动。

欧盟要求公共机构的职位空缺为世界各地研究人员开放，这一行动也在影响科学的跨国流动。并且这项“科学签证”套餐加快了对非欧盟国家研究人员管理程序的建立。过去十年，欧盟约 31% 的博士后研究人员至少曾在在国外工作超过 3 个月（EU, 2014）。

东南亚国家联盟类似行动方案《科学、技术和创新行动计划 2016—2020 年》正在酝酿。此项方案旨在通过推动研究人员在区域内外的交流来加强科研能力的建设（见第 27 章）。

研究科学和工程学的国际博士生日益增加

这里我们就会分析大学生和博士生的跨境迁移趋势。过去 20 年来，赴国外寻求高等教育的学生数量增加了两倍多：从 170 万（1995）到 410 万（2013）。相对于其他地区，阿拉伯国家、中非、撒哈拉以南非洲以及西欧的学生更有可能选择到国外学习。

接下来几页用到的数据来自联合国统计研究所的数据库，这个数据库含有对流动学生（不含短期交换学生）的年度统计和博士学位持有者三年一度统计的数据，由经济合作与发展组织和欧盟统计局共同制作。2014 年，150 多个国家上报了国际留学生的数据，这些国家接受高等教育的学生数量占世界的 96%。此外经济合作与发展组织的 25 个主要国家上报了 2008 年或 2009 年博士学位持有者的数据。

我们可以看到有关国际博士留学生以及科学和工程项目学生的四个明显趋势。第一，科学和工程教育项目最受国际博士留学生的欢迎：2012 年在 359 000 名国际博士留学生中有 29% 来自科学项目，24% 来自工程、制造和建筑项目（见图 2.11）。相比之下，在非博士项目中，学习科学和工程的国际留学生数量排在社会科学、商业和法律之后，位列第二或第三。这些学生的大多数来自技术能力处于中等水平的国家，如巴西、马来西亚、沙特阿拉伯、泰国以及土耳其（Chien, 2013）。

以原籍计算（%）

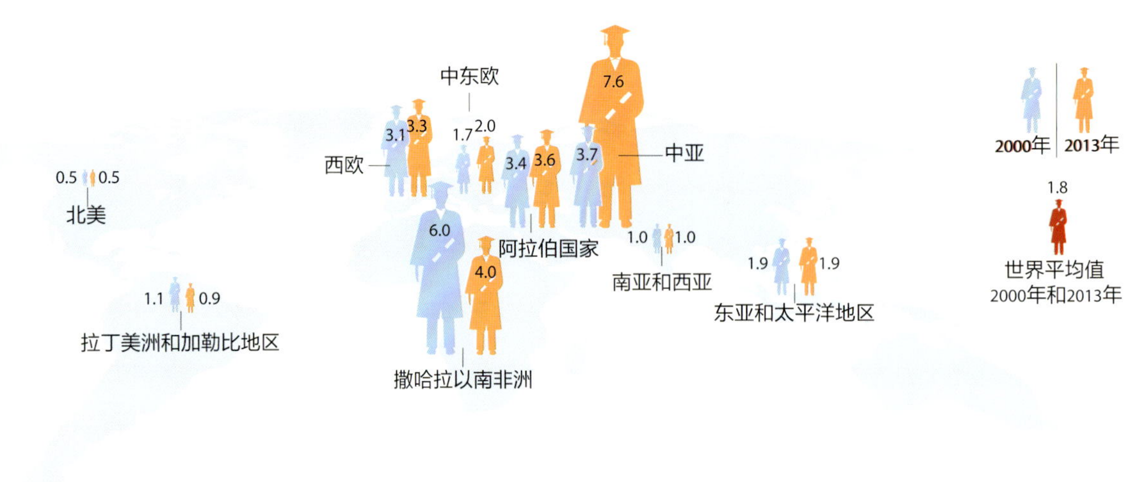

图 2.10　2000 年和 2013 年博士生外流率

注：外流率指某一国家（或地区）在国外接受高等教育的学生数量与该国（或地区）内部接受高等教育学生的比例。

来源：联合国教科文统计研究所，2015 年 6 月。

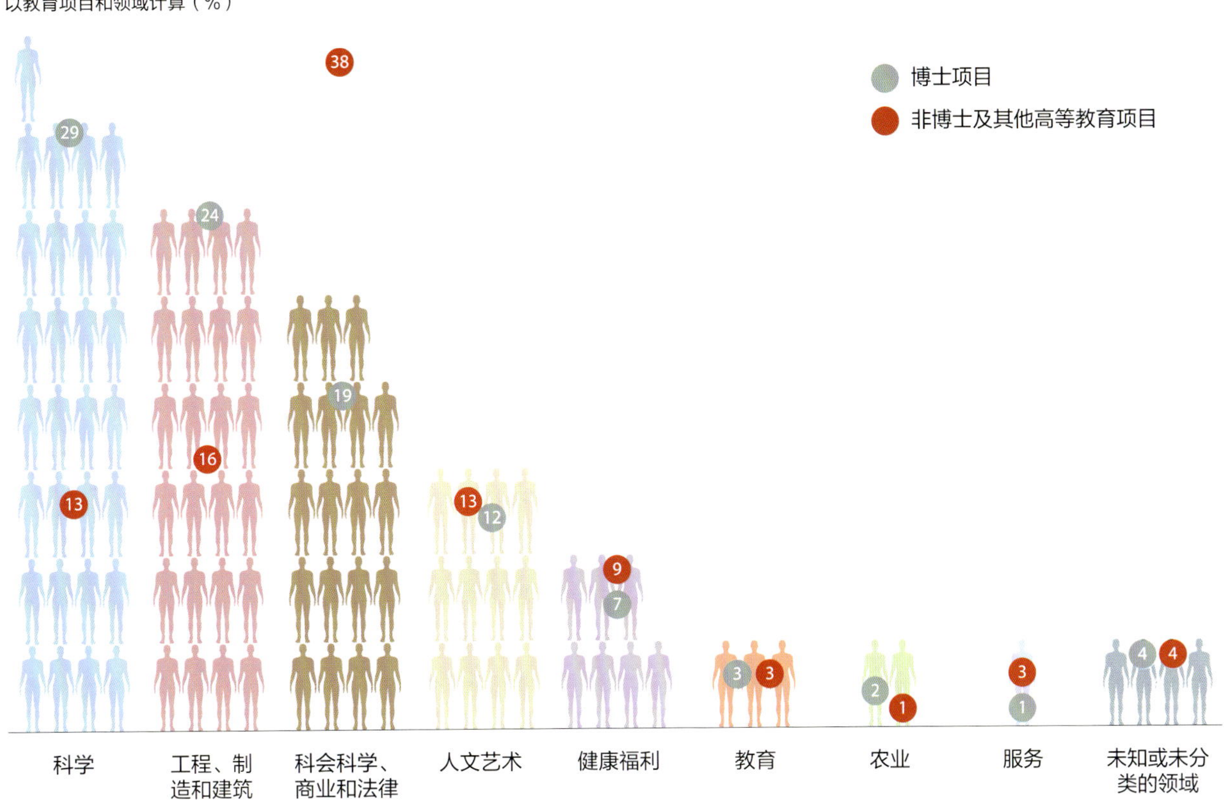

图 2.11　2012 年国际留学生的分布情况

注：数据包含经济合作与发展组织和（或）欧盟 44 个主要国家的 310 万国家留学生。

来源：联合国教科文组织统计研究所，2014 年 10 月。

相对于社会科学和商业领域，科学和工程领域国际博士留学生数量越来越多，这种变化非常明显。2005—2012 年，后者数量增加了 130%，而其他领域的博士留学生增加了 120%。

第二，相对于非博士国际留学生，博士国际留学生更集中——大量分布于少数几个东道国：美国（40.1%）；英国（10.8%）；法国（8.3%）。美国科学与技术领域的国际博士留学生的数量几乎占了总数的一半（见图 2.12）。

博士生内流率有明显变化：美国十分之三的博士生来自其他国家，而英国和法国有五分之二来自国外（见图 2.12）。在卢森堡、列支敦士登和瑞士，这个比例更高，超过二分之一。

第三，各国在国外攻读学位的博士生比例差距巨大。这个比例（博士生外流率）从美国的 1.7% 到沙特阿拉伯的 109.3%（见图 2.12）。由此可见沙特阿拉伯参与国外项目的博士生比国内博士生人数更多。沙特阿拉伯如此之高的博士生外流率与其政府长期资助国民海外学术深造的传统息息相关。越南的博士生外流率仅低于沙特阿拉伯：2012 年，越南海外博士生约 4 900 人，国内约 78.1%，博士生外流率为 78.1%。越南政府希望于 2020 年之前增加 20 000 位有博士学位的大学老师以改善高等教育系统，因此，政府出台了相关政策资助在海外求学的博士生，这是越南博士生外流率如此之高的重要原因。

第四，至少有 6 个明显的国际留学生流动网络（或流动集群）（见图 2.13）。需要注意的是虽然学生定向流动，但图中的流动网络并没有标示方向。而且图中两个国家之间的距离近似反映两国内部流动的留学生数量，距离越短数量越多。各国际留学生流动

近一半的科学和工程领域的国际博士留学生在美国

2012年科学和工程领域的国际博士留学生的分布，以东道国计算（%）

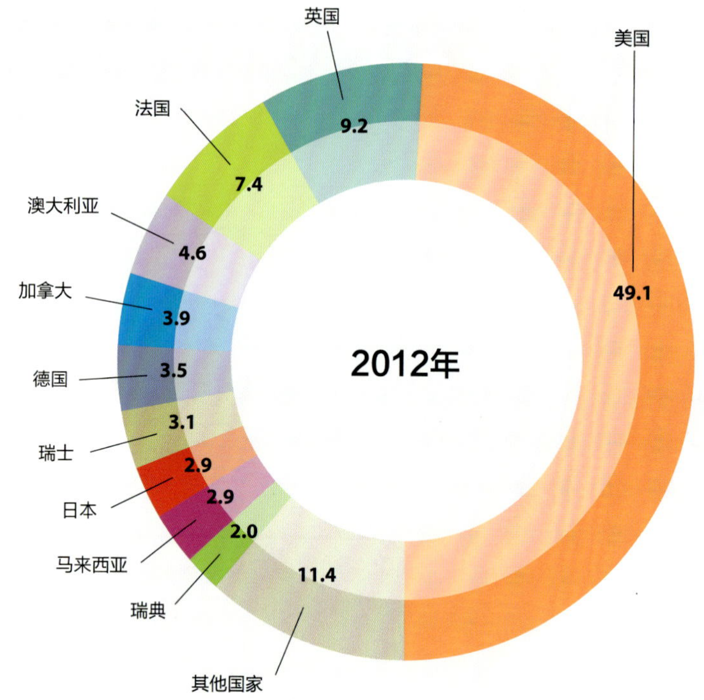

49.1%
美国科学和工程领域国际博士留学生的比重

9.2%
英国科学和工程领域国际博士留学生的比重

7.4%
法国科学和工程领域国际博士留学生的比重

五分之二的国际博士留学生在美国

2012年国际留学生的比重，以不同项目和东道国计算（%）

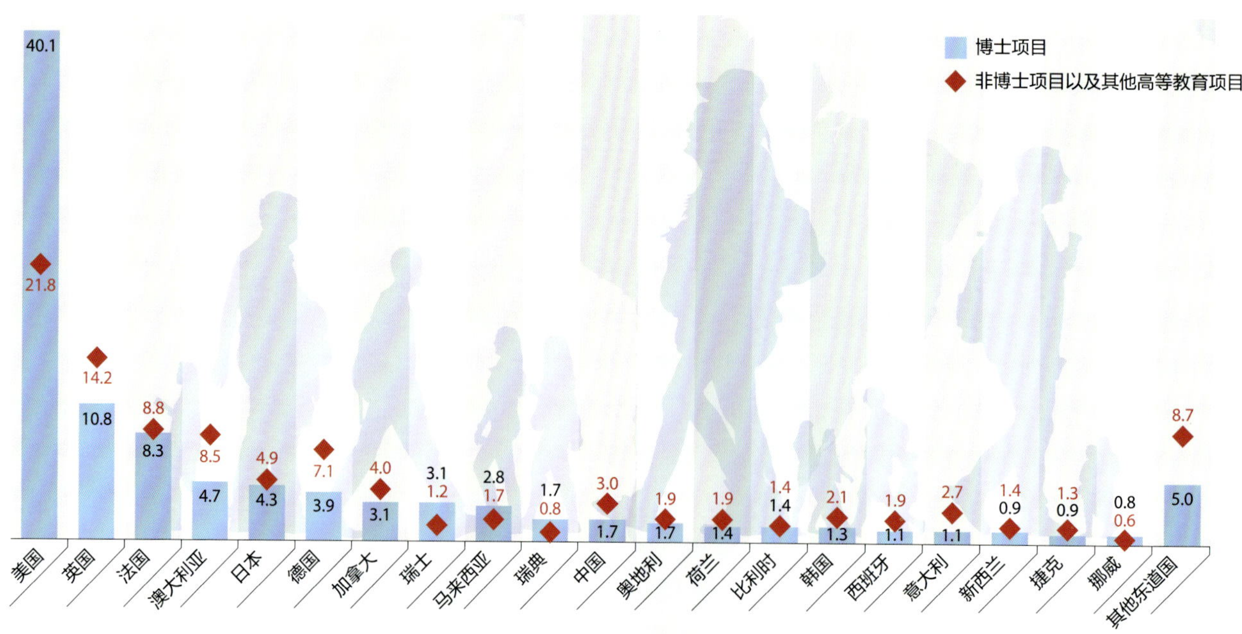

图 2.12　2012 年在科学和工程领域国际博士留学生所偏爱的目的地国家

卢森堡、列支敦士登和瑞士的博士生大多为国际留学生

东道国国际博士留学生的比重或国际博士生内流率，2012年（%）

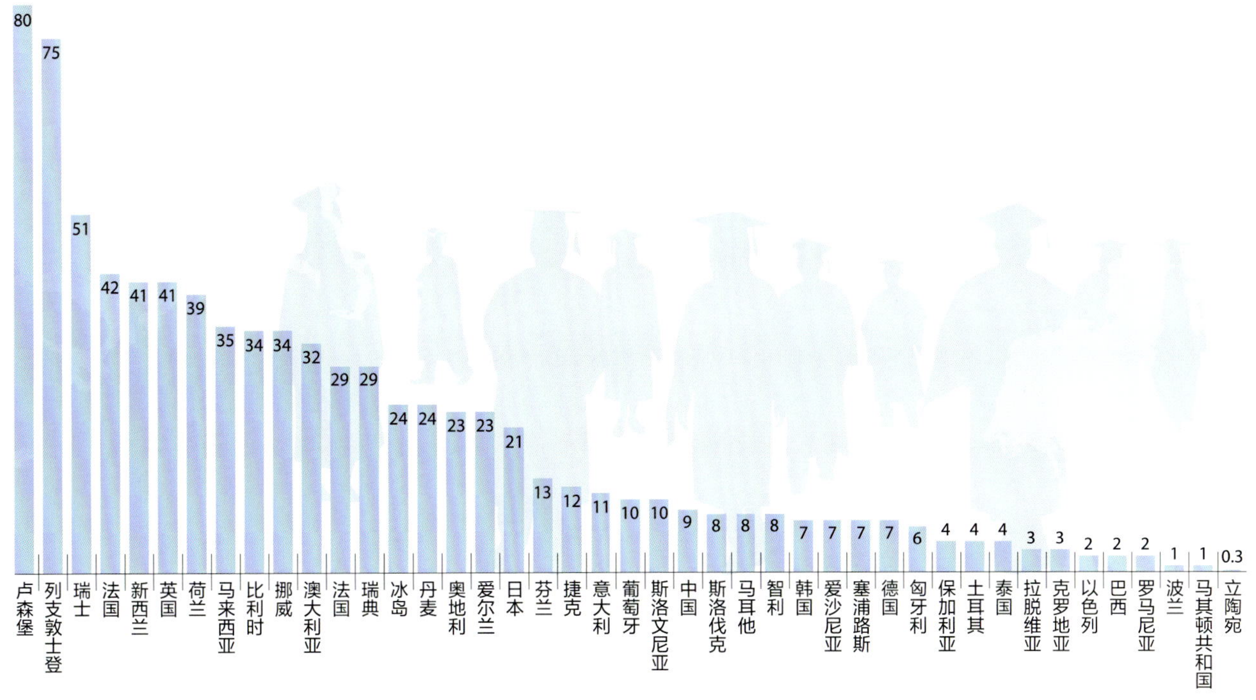

5 600 2012年沙特阿拉伯留学海外博士生的数量

5 200 2012年沙特阿拉伯国内博士生的数量

沙特阿拉伯留学海外博士生人数多于国内博士生

2012年留学海外博士生人数超过4 000的国家

国家	留学人数	留学率*	最受欢迎的国家
中国	58 492	22.1	美国、日本、英国、澳大利亚、法国、韩国、加拿大、瑞典
印度	30 291	35.0	美国、英国、澳大利亚、法国、韩国、瑞士、瑞典
德国	13 606	7.0	瑞士、奥地利、英国、美国、荷兰、法国、瑞典、澳大利亚
伊朗	12 180	25.7	马来西亚、美国、加拿大、澳大利亚、英国、法国、瑞典、意大利
韩国	11 925	20.7	美国、日本、英国、法国、加拿大、澳大利亚、瑞士、奥地利
意大利	7 451	24.3	英国、法国、瑞士、美国、奥地利、荷兰、西班牙、瑞典
加拿大	6 542	18.0	美国、英国、澳大利亚、法国、瑞士、新西兰、爱尔兰、日本
美国	5 929	1.7	英国、加拿大、澳大利亚、瑞士、新西兰、法国、韩国、爱尔兰
沙特阿拉伯	5 668	109.3	美国、英国、澳大利亚、马来西亚、加拿大、法国、日本、新西兰
印度尼西亚	5 109	13.7	马来西亚、澳大利亚、日本、美国、英国、韩国、荷兰、法国
法国	4 997	12.3	美国、英国、马来西亚、瑞士、法国、日本、德国、中国
越南	4 867	78.1	法国、美国、澳大利亚、日本、韩国、英国、新西兰、比利时
土耳其	4 579	9.2	美国、英国、法国、荷兰、瑞士、奥地利、加拿大、意大利
巴基斯坦	4 145	18.0	英国、美国、马来西亚、法国、瑞典、澳大利亚、韩国、新西兰
巴西	4 121	5.2	美国、葡萄牙、法国、西班牙、英国、澳大利亚、意大利、瑞士

* 某国留学国外博士生的数量与该国内博士生的比例

注：联合国教科文组织统计研究所认为德国是国际博士留学生的首选国家。但是由于数据不可用，这里列出的最受欢迎国家没有包括德国。

注：图 2.12 中的图表数据涉及 44 个经合组织和 / 或欧盟国家注册的 310 万名国际留学生。

来源：联合国教科文组织统计研究所，2014 年 10 月；国际教育学院（2013 年）《国际教育交流开放报告》。

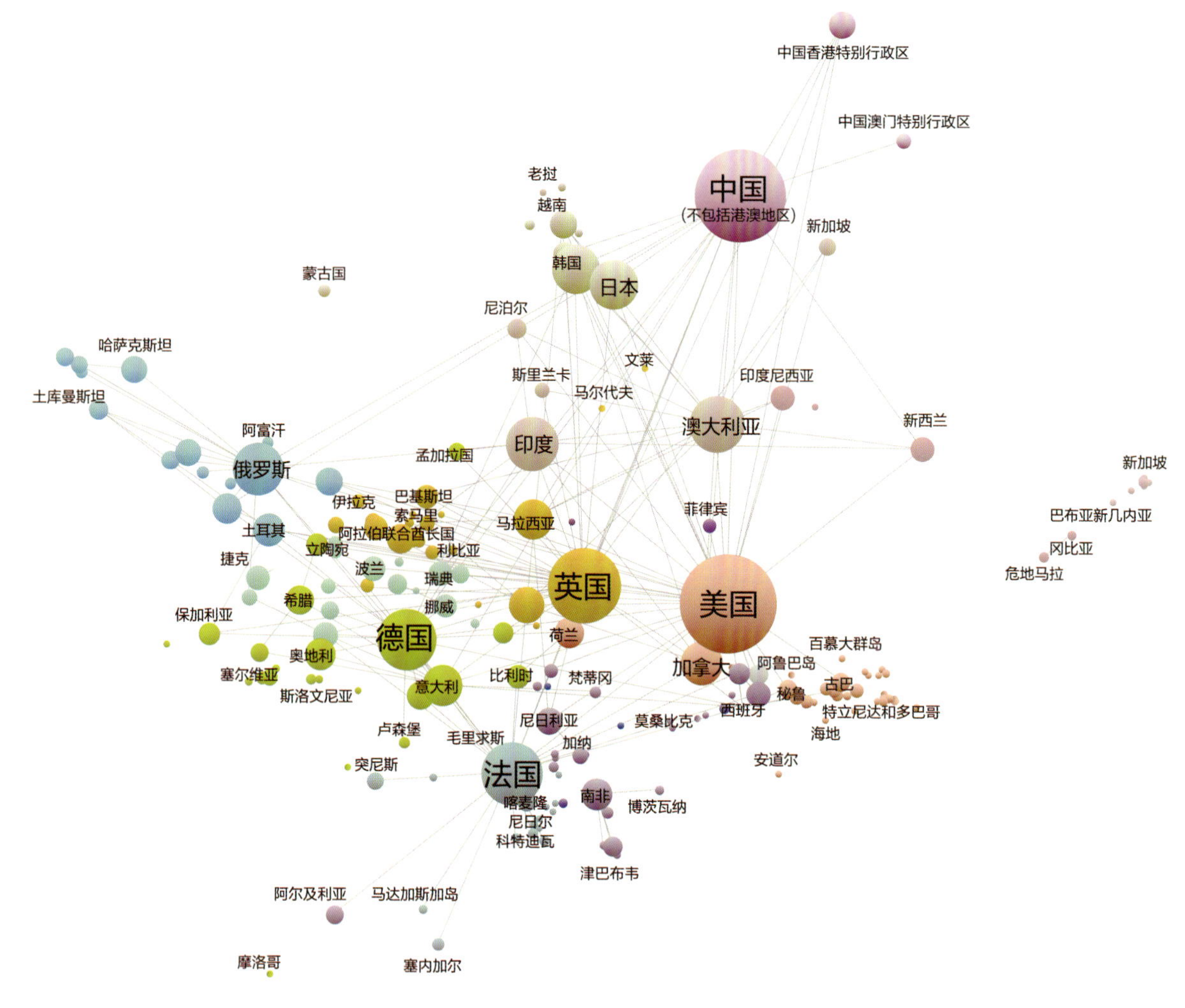

图 2.13　2012 年国际留学生主要流动集群

来源：联合国教科文组织统计研究所，2014 年 10 月；图由 VOSviewer 绘制。

网络由不同的颜色标明。气泡（国家）的大小代表该国留学国外的学生和留学该国的外国学生的总数。比如，2012 年中国约有 694 400 名学生留学海外，而中国国内有外国学生 89 000 名。中国国际留学生即中国留学海外的学生和留学中国的外国学生的总数为 783 400 名。相比之下，2012 年美国约有 58 100 名学生留学海外，而美国国内有外国学生 740 500 名。美国国际留学生即美国留学海外的学生和留学美国的外国学生的总数为 798 600 名。因此即使学生流动方向相反，代表中国和美国的气泡大小相当。

国际留学生的流动集群在某种程度上受到留学生输出国和东道国的双边关系的影响，包括地理位置、语言和历史。美国集群包括加拿大、拉丁美洲和加勒比地区的部分国家、荷兰以及西班牙。英国集群包括其他欧盟成员国以及其前殖民地，如马来西亚、巴基斯坦和阿拉伯联合酋长国。作为英国的前殖民地，印度仍保持与英国的联系，但它同时也属于东亚和太平洋地区的一个集群——这个集群由澳大利亚、日本和其他国家组成。类似地，法国领导的集群由其前非洲殖民地组成。其他集群主要由西欧国家组成。此外，俄罗斯和前苏联国家的特殊历史关系帮助形成了一个集群。最后值得注意的是南非在非洲南部留学生流动网络中的角色举足轻重（见第 20 章）。

博士学位持有者的全球流动趋势

一项博士学位持有者职业调查显示，5%~29% 的各国博士学位持有者在过去 10 年内有三个月或以上的海外科研经验（见图 2.14）。在匈牙利、马耳他和西班牙，这个比例大于 20%，而在拉脱维亚、立陶宛、波兰和瑞典，这个比例低于 10%。

这些流动科研人员过去旅居的主要国家包括美国、英国、法国和德国（Auriol 等，2013）。欧洲的调查表明人才的跨部门（如大学和企业）或跨国流动有利于提高劳动力整体素质，也有利于经济的创新表现（EU，2014）。

科研人员迁移的决定常常和学术因素有关。比如迁移可能带来发布研究成果的更好机会或能提供国内无法提供的研究机会。其他动机与工作或经济因素以及家庭或个人因素有关。

一直以来人们都坚信，外国博士学位持有者和科研人员既可以增加当地文化资本又可以该经济体的人才库（Iversen 等，2014）。博士学位持有者事业调查显示瑞士的外国博士学位持有者比例最高（33.9%），其次是挪威（15.2%），瑞典第三（15.1%）（见图 2.15）。

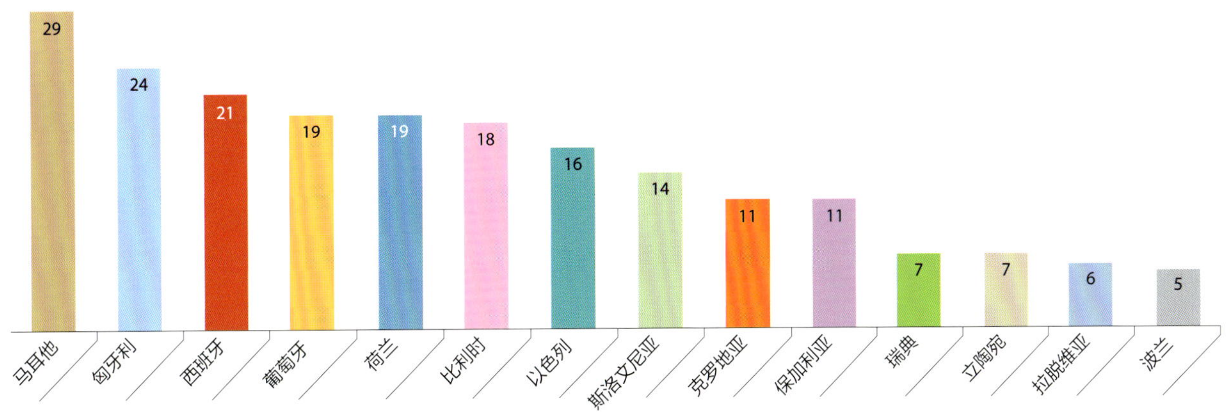

图 2.14　过去 10 年在国外旅居过的博士学位持有者的比例（2009 年）

注：数据涉及旅居时间为 3 个月或以上的博士学位持有者。比利时、匈牙利、荷兰和西班牙的数据涉及 1990 年或之后毕业的博士学位持有者。西班牙的 2007—2009 年的数据不全。

来源：联合国教科文组织统计研究所、经济合作和发展组织以及欧盟统计局关于博士学位持有者事业的数据采集，2010 年。

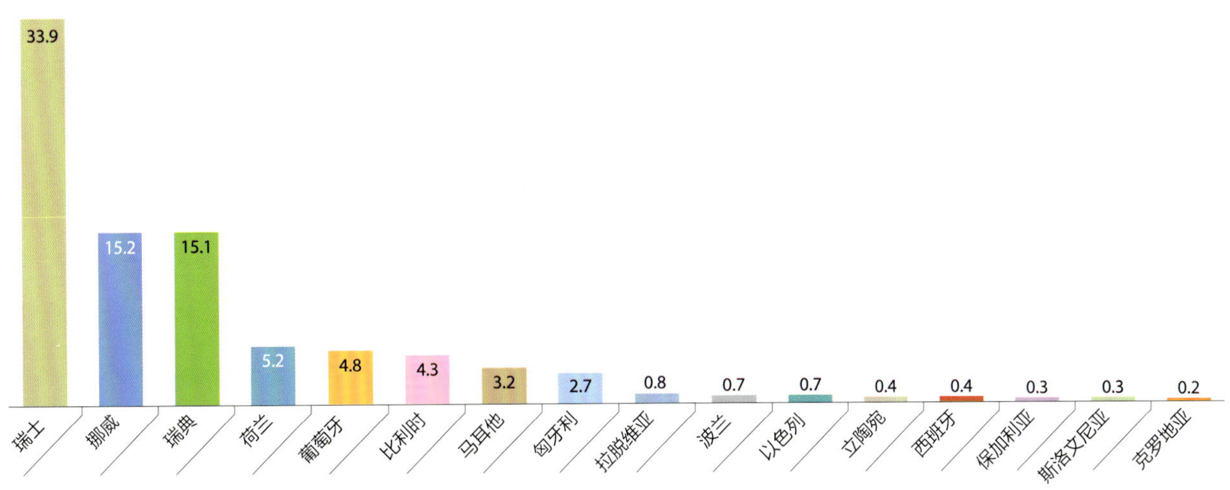

图 2.15　2009 年部分国家外国博士学位持有者的比例

来源：联合国教科文组织统计研究所、经济合作和发展组织以及欧盟统计局关于博士学位持有者事业的数据采集，2010 年。

结论

创新热潮席卷各收入水平国家

虽然大多数研发活动都发生在高收入水平国家，但创新热潮无处不在，已经席卷各收入水平国家。事实上，很多无关研发的创新活动正在展开；2013年一项调查显示，绝大多数国家一半以上的公司都在进行非研发类创新活动。研发是创新过程的重要组成部分，但创新的概念更广，不仅仅限于研发。

决策者应该注意这一现象，并以此为依据，不仅要关注如何制订激励公司研发的方案，也要关注如何推进非科研创新，尤其是技术转移方面的创新，因为通常情况下机械、设备和软件的收购是创新最重要的相关活动。

此外，公司创新活动对诸如供应商和客户等市场资源具有依赖性，这表明外部因素在公司创新过程中也有重要作用。尽管诸多政策工具的目标就是加强企业与大学之间的联系，但大多数公司对此还是不以为意，这个问题应该引起决策者的关注。

通过加强技能和知识网络建设并促进科学合作，国际科研活动流动有助于创新环境的产生。但是国际知识网络不会自然生成，它可能带来的潜在利益也非唾手可得。过去以及现在的成功案例告诉我们，国际知识网络的维护需要四要素：①需求驱动战略；②地方科学团体；③基础性支持和坚定领导力；④可以提升全民技能的优质高等教育。

十年来跨境科研活动流动的势头越发强劲且毫无放缓之势。创建一个能够促进跨境交流和合作的环境已经成为各国政府的首要任务之一。为了顺应科研活动流动的趋势，各国政府需要推出一系列项目以帮助科学家和工程师更好地适应研究实践、研究管理和领导层等方面的文化差异以及维护跨境科学诚信。

参考文献

Agunias, D. R. and K. Newland (2012) *Developing a Road Map for Engaging Diasporas in Development: A Handbook for Policymakers and Practitioners in Home and Host Countries.* International Organization for Migration and Migration Policy Institute: Geneva and Washington DC.

Auriol, L.; Misu, M. and R. A. Freeman (2013) Careers of Doctorate-holders: Analysis of Labour Market and Mobility Indicators, *OECD Science, Technology and Industry Working Papers, 2013/04.* Organisation for Economic Co-operation and Development (OECD) Publishing: Paris.

British Council and DAAD (2014) The Rationale for Sponsoring Students to Undertake International Study: an Assessment of National Student Mobility Scholarship Programmes. British Council and Deutscher Akademischer Austausch Dienst (German Academic Exchange Service). See: www.britishcouncil.org/sites/britishcouncil.uk2/files/outward_mobility.pdf.

Chien, C.-L. (2013) The International Mobility of Undergraduate and Graduate Students in Science, Technology, Engineering and Mathematics: Push and Pull Factors. Doctoral dissertation. University of Minnesota (USA).

Cornell University, INSEAD and WIPO (2014) *The Global Innovation Index 2014: The Human Factor in innovation,* second printing. Cornell University: Ithica (USA), INSEAD: Fontainebleau (France) and World Intellectual Property Organization: Geneva.

de Wit, H. (2008) Changing dynamics in international student circulation: meanings, push and pull factors, trends and data. In: H. de Wit, P. Agarwal, M. E. Said, M. Sehoole and M. Sirozi (eds) *The Dynamics of International Student Circulation in a Global Context* (pp. 15-45). Sense Publishers: Rotterdam.

EU (2014) *European Research Area Progress Report 2014,* accompanied by *Facts and Figures 2014.* Publications Office of the European Union: Luxembourg.

Halevi, G. and H. F. Moed (2014) International Scientific Collaboration. In: D. Chapman and C.-L. Chien (eds) *Higher Education in Asia: Expanding Out, Expanding Up. The Rise of Graduate Education and University Research.* UNESCO Institute for Statistics: Montreal.

Iversen E.; Scordato, L.; Børing, P. and T. Røsdal (2014) International and Sector Mobility in Norway: a Register-data Approach. Working Paper 11/2014. Nordic Institute for Studies in Innovation, Research and Education (NIFU). See: www.nifu.no/publications/1145559.

Jonkers, K. and R. Tijssen (2008) Chinese researchers returning home: impacts of international mobility on research collaboration and scientific productivity. *Scientometrics,* 77 (2): 309–33. DOI: 10.1007/s11192-007-1971-x.

Jöns, H. (2009) Brain circulation and transnational knowledge networks: studying long-term effects of academic mobility to Germany, 1954–2000. *Global Networks*, 9(3): 315–38.

Marx, K. (1867) *Capital*: a *Critique of Political Economy*. Volume 1: the Process of Capitalist Production. Charles H. Kerr and Co., F. Engels and E. Untermann (eds). Samuel Moore, Edward Aveling (translation from German): Chicago (USA).

Meyer, J-B. and J-P. Wattiaux (2006) Diaspora Knowledge Networks: Vanishing doubts and increasing evidence. *International Journal on Multicultural Societies*, 8(1): 4–24. See: www.unesco.org/shs/ijms/vol8/issue1/art1.

Pande, A. (2014) The role of the Indian diaspora in the development of the Indian IT industry. *Diaspora Studies*, 7(2): 121–129.

Schumpeter, J.A. (1942) *Capitalism, Socialism and Democracy*. Harper: New York.

Siegel, M. and K. Kuschminder (2012) *Highly Skilled Temporary Return, Technological Change and Innovation: the Case of the TRQN Project in Afghanistan*. UNU-MERIT Working Paper Series 2012–017.

Smith, A. (1776) *An Inquiry into the Nature and Causes of the Wealth of Nations*. Fifth Edition. Methuen and Co. Ltd., Edwin Cannan (ed): London.

UIS (2015) *Summary Report of the 2013 UIS Innovation Data Collection*. UNESCO Institute for Statistics: Montreal. See: www.uis.unesco.org/ScienceTechnology/Documents/IP24-innovation-data-en.pdf.

Woolley, R.; Turpin, T.; Marceau, J. and S. Hill (2008) Mobility matters:research training and network building in science. *Comparative Technology Transfer and Society*. 6(3): 159–184.

Zweig, D.; Chung, S. F. and D. Han (2008) Redefining brain drain: China's 'diaspora option.' *Science, Technology and Society*, 13(1): 1–33. DOI: 10.1177/097172180701300101.

埃尔维斯·科尔库·阿维农（Elvis Korku Avenyo，1985 年出生于加纳）是联合国大学马斯特里赫特经济和社会研究院（荷兰马斯特里赫特大学）一名博士生。他获得海岸角大学（加纳）经济学硕士学位，其论文主要论述撒哈拉以南非洲地区公司的创新如何形成良好的就业机会。

钱乔玲（Chiao-Ling Chien 出生于 1975 年）是一名研究员，自 2008 年起任职于联合国教科文组织统计研究所。她合编以及合著了该研究所许多关于国际留学生交流的出版物。她获得美国明尼苏达大学高等教育政策与管理博士学位。

雨果·霍兰德斯（Hugo Hollanders，1967 年出生于荷兰）是联合国大学马斯特里赫特经济和社会研究院（荷兰马斯特里赫特大学）的一名经济学家和研究员。在创新研究和创新统计方面有 15 年经验。目前主要从事于欧洲委员会资助的科研项目，并负责撰写相关创新评价报告。

卢西亚娜·马林斯（Luciana Marins，1981 年出生于巴西）于 2010 年加入联合国教科文组织统计研究所，负责分析数据和梳理全球创新调查数据，即本章涉及的数据。她获得南里奥格兰德联邦大学（巴西）工商管理、管理和创新博士学位。

马丁·斯哈珀（Martin Schaaper，1967 年出生于荷兰）是联合国教科文组织统计研究所科学、技术与创新部以及通信与信息部的负责人。他获得鹿特丹伊拉斯姆斯大学（荷兰）计量经济学硕士学位。

巴特·沃斯巴根（Bart Verspagen 1966 年出生于荷兰）是联合国大学马斯特里赫特经济和社会研究院主任。曾获该校博士学位，奥斯陆大学荣誉博士学位。他主要研究创新和新技术的经济学以及技术在国际经济增长率差异和国际贸易中的角色。

实现性别平等有助于新的解决方案的产生并且扩大研究范围；如果国际社会想要实现下一阶段发展目标，则有必要优先解决性别平等问题。

索菲娅·惠尔

来自美国科罗拉多大学的黛博拉·金教授首次成功地将分子冷却到极低的温度，实现在慢镜头下观察其化学反应。2013 年，黛博拉·金教授获得欧莱雅－联合国教科文组织北美洲“世界杰出女科学家成就奖”。

照片来源：©Julian Dufort 为欧莱雅基金会拍摄

第 3 章　科学和工程领域中的性别差距在缩小吗？

索菲娅·惠尔

引言

女性在气候变化决策中影响力欠缺

2015 年，国际社会准备从千禧年发展目标过渡到可持续发展目标，将注意力从关注扶贫转移到社会经济发展与环境优先相结合的更为开阔的发展视角。在接下来的十五年中，科学研究将在监测特定领域内的相关趋势中发挥关键作用。监测领域覆盖了食品安全、健康、水、环境卫生、能源、海洋和陆地生态系统的管理以及气候变化。在实现可持续发展目标的进程中，女性将在提出全球性问题、探寻相应解决方案方面发挥至关重要的作用。

男性大多享受着更高的社会经济地位，女性则相反。女性在干旱、洪水和其他极端天气事件中在更大程度上比男性更易受到负面影响，然而在灾后恢复与改革工作中，她们却被边缘化（欧洲性别平等研究所，2012）。一些经济部门将会强烈地受到气候变化的影响，但其中女性和男性受影响的程度并不相同。类似的差异是广泛存在的，例如，在发展中国家的旅游业中，女性的收入较同等职位的男性同事要少，所占管理岗位更少。同时，女性过多地集中在非农业、非正式部门就业，其就业比例如下：撒哈拉以南的非洲地区为 84%，亚洲为 86%，拉丁美洲为 58%（世界贸易组织及联合国妇女署，2011）。因此，在应对由气候变化引发的重大事件的能力上，存在明显的性别差异。

在与气候变化相关的重点科学行业中，性别差异真实存在，女性未能在技术工人、专业人员或决策者等职业角色中获得平等的机会。尽管女性相当充分地参与到一些相关科学领域，如卫生、农业和环境管理，她们在向可持续发展过渡阶段的重要领域却参与的极少，如能源、工程、交通、信息技术（IT）和计算机领域。其中，计算机应用在预警系统、信息共享和环境监测方面十分重要。

即使女性参与到了上述科学领域的工作中，在具体的决策和规划中也少有她们的声音。马其顿共和国就是这样一个例子。在这个国家中，女性充分地参与到与气候变化相关的政府决策部门的工作中，如能源、交通、环境和卫生服务等部门。她们也在相关科学领域取得良好成绩，许多人在国家气候变化委员会任职。然而，每当涉及计划的制订和落实、政策解读以及结果监测等工作时，就再难寻女性的身影（惠尔，2014）。

研究趋势

性别平等问题令研究人员捉摸不透

每当研究涉及女性在全球范围内参与度的问题时，我们发现结果与预期相比总是有所不同。男性占毕业生的 53%，但是他们的博士数量呈下降趋势，而女性更加主动追求学士与硕士学位，甚至在同等水平上超过了男性。如图 3.1 所示，男性毕业生在 57% 处突然超过女性。目前男性占全球研究人员的 72%，而研究水平的差异不断扩大化，也导致女性在高等教育中所占的大比例并不能体现较高的存在感。

根据现有的数据，女性占全球研究人员的 28%[①]，这个数字掩盖了在国家和地区层面的巨大差异（见图 3.2）。例如，妇女在欧洲东南部（49%）、加勒比地区、中亚和拉丁美洲（44%）所占比例较大。阿拉伯国家（37%），欧盟（33%）和欧洲自由贸易委员会（34%）有三分之一的研究人员为女性，女性研究员比例紧随其后的是撒哈拉以南的非洲（30%）。

对于许多地区来讲，性别平等问题（45%～55% 为研究员）是苏联遗留下来的，覆盖了中亚、波罗的海国家、东欧及东南欧地区，现今有三分之一的欧盟成员国曾经是苏联的一部分。在过去的十年里，一些东南欧国家已经恢复了对性别平等问题的研究，该研究在 20 世纪 90 年代前南斯拉夫解体成克罗地亚、马其顿、黑山和塞尔维亚之后一度中断（见表 10.4）。

其他地区的国家已经取得了长足的进步。亚洲

① 联合国教科文组织所估算了 137 个国家的相关数值，由于数据在国际上的不可比性，其中并不包括北美洲。即使将美国女性研究人员的份额也计算在内，估算得出的女性研究者的全球占有率与实际的误差不会超过几个百分点。假设，将美国 40% 的女性研究人员比例汇入全球性统计中，将会把全球女性研究员比例从 28.4% 推高至 30.7%。

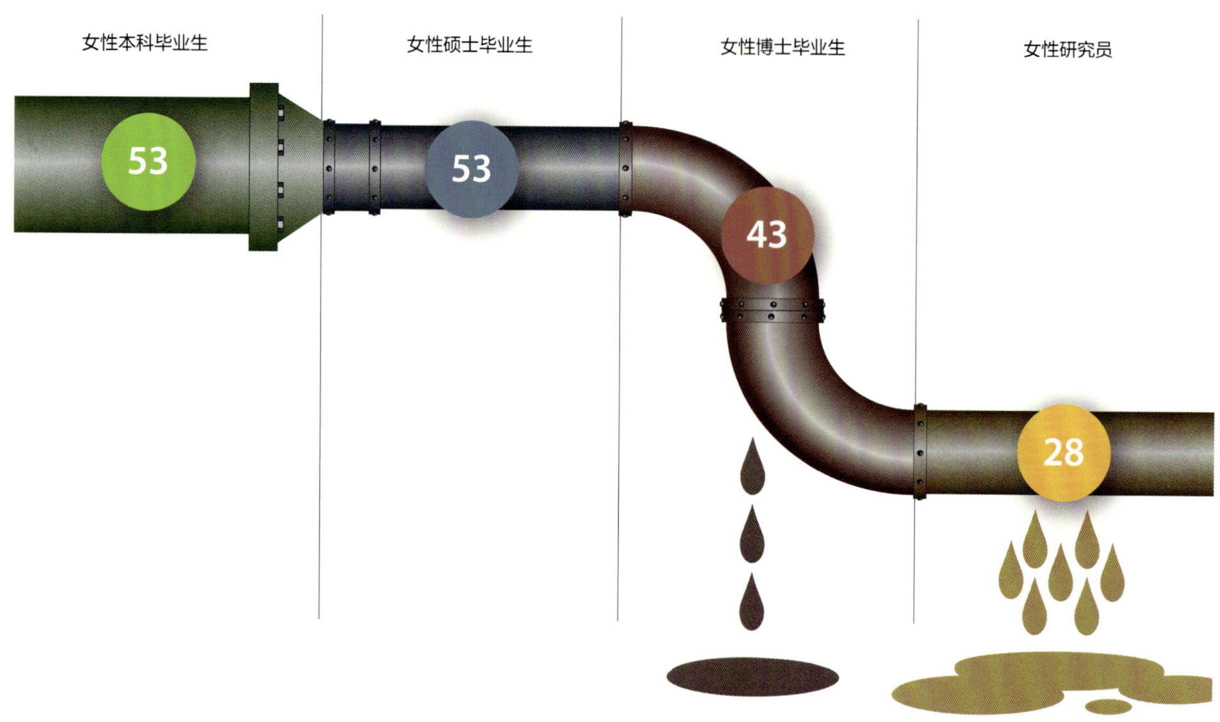

图 3.1 渗漏管道图：2013 年女性在高等教育及研究中所占比重（%）

来源：联合国教科文组织统计研究所 2015 年 7 月估算数据。

的马来西亚、菲律宾和泰国都已实现性别平等（见图 27.6），非洲的纳米比亚和南非也即将加入这一阵营（见图 19.3），女性研究员比例最高的国家是玻利维亚（63%）和委内瑞拉（56%）。莱索托在 2002 年和 2011 年之间经历了从 76% 到 31% 的急剧下降，跌出了性别平等的阵营。

一些高收入国家的女性研究员比例惊人的低。例如，在法国、德国和荷兰只有四分之一的研究人员是女性。韩国（18%）和日本（15%）的比例甚至更低。尽管政府努力提高女性研究员比例（见第 24 章），日本与经济合作与发展组织（经合组织）的任何成员国相比，仍然是女性研究员比例最低的国家。

沙特阿拉伯的女性研究员参与率最低，从 2000 年的 18.1% 下降到 1.4%（见图 17.7），这个数字仅涵盖了阿卜杜勒阿齐兹国王科技城。多哥（10%）和埃塞俄比亚（13%）的女性研究员参与率也很低，而尼泊尔的参与率自 2002 年以来从 15% 降到 8%，几乎减少了一半（见图 21.7）。

玻璃天花板仍然存在

在科研体制的每一阶层都能看到女性参与率下降，但是在科学研究和决策的最高层很少有女性离开。2015 年，欧盟研究科学创新委员会的卡洛斯·莫埃达斯呼吁公众关注这一现象，并补充说目前科学和工程方面的企业家大多数为男性。2013 年，德国签署联盟协议，提出保证公司 30% 的董事会成员为女性（见第 9 章）。

尽管大多数国家的数据是有限的，我们仍能清楚地看出女性大学校长和副校长 2010 年在巴西公立大学中所占比例为 14%（Abreu, 2011），2011 年在南非大学中占 17%（见图 3.3）。在阿根廷，女性占国家研究中心的主任和副主任的 16%（Bonder, 2015），在墨西哥，女性占墨西哥国立自治大学的科学研究机构领导职务的 10%，在美国，女性所占比例更高，为 23%（Huyer 和 Hafkin, 2012）。在欧盟，2010 年只有不到 16% 的高等院校由女性领导，而在大学只有 10%（EU, 2013）。2011 年，主要使用英语的加勒比地区与西印度的主要高等院校中，女性讲师占总数的 51%，但只有 32% 的高级女性讲师和 26% 的全职女性教授（见图 6.7）。国家科学院的两份报告也得出了同样的低数据，只有少数国家女性研究员所占比例超过 25%，包括古巴、巴拿马和南非。值得一提的是，印度尼西亚的女性参与比例提高到了 17%（Henry, 2015; Zubieta, 2015; Huyer 和 Hafkin, 2012）。

表 3.1　女性研究员在科学领域所占比重（2013 年或最近一年所占百分比）

	年份	自然科学	工程技术	医学	农业科学	社会学与人文学
阿尔巴尼亚	2008	43.0	30.3	60.3	37.9	48.1
安哥拉	2011	35.0	9.1	51.1	22.4	26.8
亚美尼亚	2013	46.4	33.5	61.7	66.7	56.3
阿塞拜疆	2013	53.9	46.5	58.3	38.5	57.4
巴林	2013	40.5	32.1	45.9	—	43.0
白俄罗斯	2013	50.6	31.5	64.6	60.1	59.5
波斯尼亚和黑塞哥维那	2013	43.7	29.6	58.1	42.7	47.0
博茨瓦纳	2012	27.8	7.9	43.6	18.1	37.5
保加利亚	2012	51.0	32.4	58.8	55.6	55.8
布基纳法索	2010	10.1	11.6	27.7	17.4	35.9
佛得角	2011	35.0	19.6	60.0	100.0	54.5
智利	2008	26.5	19.0	34.4	27.8	32.7
哥伦比亚	2012	31.8	21.6	52.5	33.6	39.9
哥斯达黎加	2011	36.7	30.9	60.8	31.5	53.6
克罗地亚	2012	49.7	34.9	56.1	45.8	55.5
塞浦路斯	2012	38.7	25.4	46.3	22.8	43.6
捷克共和国	2012	28.2	12.8	50.6	36.1	42.2
埃及	2013	40.7	17.7	45.9	27.9	49.7
萨尔瓦多	2013	35.4	17.7	65.0	35.5	46.4
爱沙尼亚	2012	38.2	32.0	65.0	49.7	61.8
埃塞俄比亚	2013	12.2	7.1	26.1	7.6	13.3
加蓬	2009	31.4	20.0	58.3	30.2	17.0
加纳	2010	16.9	6.6	20.8	15.5	22.3
希腊	2011	30.7	29.5	43.0	33.1	46.0
危地马拉	2012	44.1	43.5	60.6	17.2	53.6
匈牙利	2012	24.0	20.0	48.1	37.8	44.8
伊朗	2010	34.3	19.6	29.5	24.5	25.5
伊拉克	2011	43.6	25.7	41.4	26.1	33.7
日本	2013	12.6	5.3	30.8	21.5	31.9
约旦	2008	25.7	18.4	44.1	18.7	31.7
哈萨克斯坦	2013	51.9	44.7	69.5	43.4	59.1
肯尼亚	2010	14.4	11.2	20.0	30.4	37.1
韩国	2013	27.4	10.3	45.6	25.6	40.4
科威特	2013	41.8	29.9	44.9	43.8	34.7
吉尔吉斯斯坦	2011	46.5	30.0	44.0	50.0	48.7
拉脱维亚	2012	47.6	34.7	63.7	59.5	65.9
莱索托	2009	42.0	16.7	—	40.0	75.0
立陶宛	2012	43.9	34.1	61.5	56.5	65.4
马其顿共和国	2012	40.4	40.1	64.2	45.5	52.0
马达加斯加岛	2011	34.6	18.7	33.8	24.9	44.8
马拉维	2010	22.2	6.5	17.5	12.5	32.8
马来西亚	2012	49.0	49.8	50.8	48.9	51.6
马里	2006	7.2	15.1	14.9	25.9	12.2
马耳他	2012	27.2	17.2	49.3	26.2	34.8
毛里求斯	2012	36.4	19.4	41.7	45.4	51.9
摩尔多瓦	2013	45.7	29.0	52.5	45.4	61.0
蒙古国	2013	48.7	45.9	64.2	54.6	40.6
黑山共和国	2011	56.7	37.0	58.5	54.5	49.0
摩洛哥	2011	31.5	26.3	44.1	20.5	27.1
莫桑比克	2010	27.8	28.9	53.1	20.4	32.0
荷兰	2012	23.3	14.9	42.8	31.9	40.8
阿曼	2013	13.0	6.2	30.0	27.6	23.1
巴基斯坦	2013	33.8	15.4	37.0	11.0	39.9
巴勒斯坦	2007	21.2	9.6	25.5	11.8	27.9
菲律宾	2007	59.5	39.9	70.2	51.3	63.2
波兰	2012	37.0	20.6	56.3	49.7	47.3
葡萄牙	2012	44.5	28.5	60.8	53.2	52.5
卡塔尔	2012	21.7	12.5	27.8	17.9	34.3
罗马尼亚	2012	46.8	39.0	59.1	51.0	49.8
俄罗斯	2013	41.5	35.9	59.5	56.4	60.3
沙特阿拉伯	2009	2.3	2.0	22.2	—	—
塞内加尔	2010	16.7	13.0	31.7	24.4	26.1
塞尔维亚	2012	55.2	35.9	50.4	60.0	51.8
斯洛伐克	2013	44.3	25.8	58.5	45.5	52.1
斯洛文尼亚	2012	37.5	19.5	54.2	52.8	51.0
斯里兰卡	2010	40.0	27.0	46.4	38.2	29.8
塔吉克斯坦	2013	30.3	18.0	67.6	23.5	29.3
多哥	2012	9.0	7.7	8.3	3.2	14.1
特立尼达和多巴哥	2012	44.2	32.6	52.3	39.6	55.3
土耳其	2013	36.0	25.6	47.3	32.9	41.8
乌干达	2010	17.1	23.3	30.6	19.7	27.0
乌克兰	2013	44.5	37.2	65.0	55.0	63.4
乌兹别克斯坦	2011	35.4	30.1	53.6	24.9	46.5
委内瑞拉	2009	35.1	40.4	64.9	47.6	62.8
津巴布韦	2012	25.3	23.3	40.0	25.5	25.6

来源：联合国教科文组织统计研究所，2015 年 8 月。

28.4%
世界范围内女性研究员所占比重

48.5%
高水平地区女性研究员所占比重

女性已在东南欧实现性别平等，且即将在加勒比地区、拉丁美洲和中亚地区实现性别平等。

图 3.2　各国女性研究员所占比重（2013 年或最近一年所占百分比）

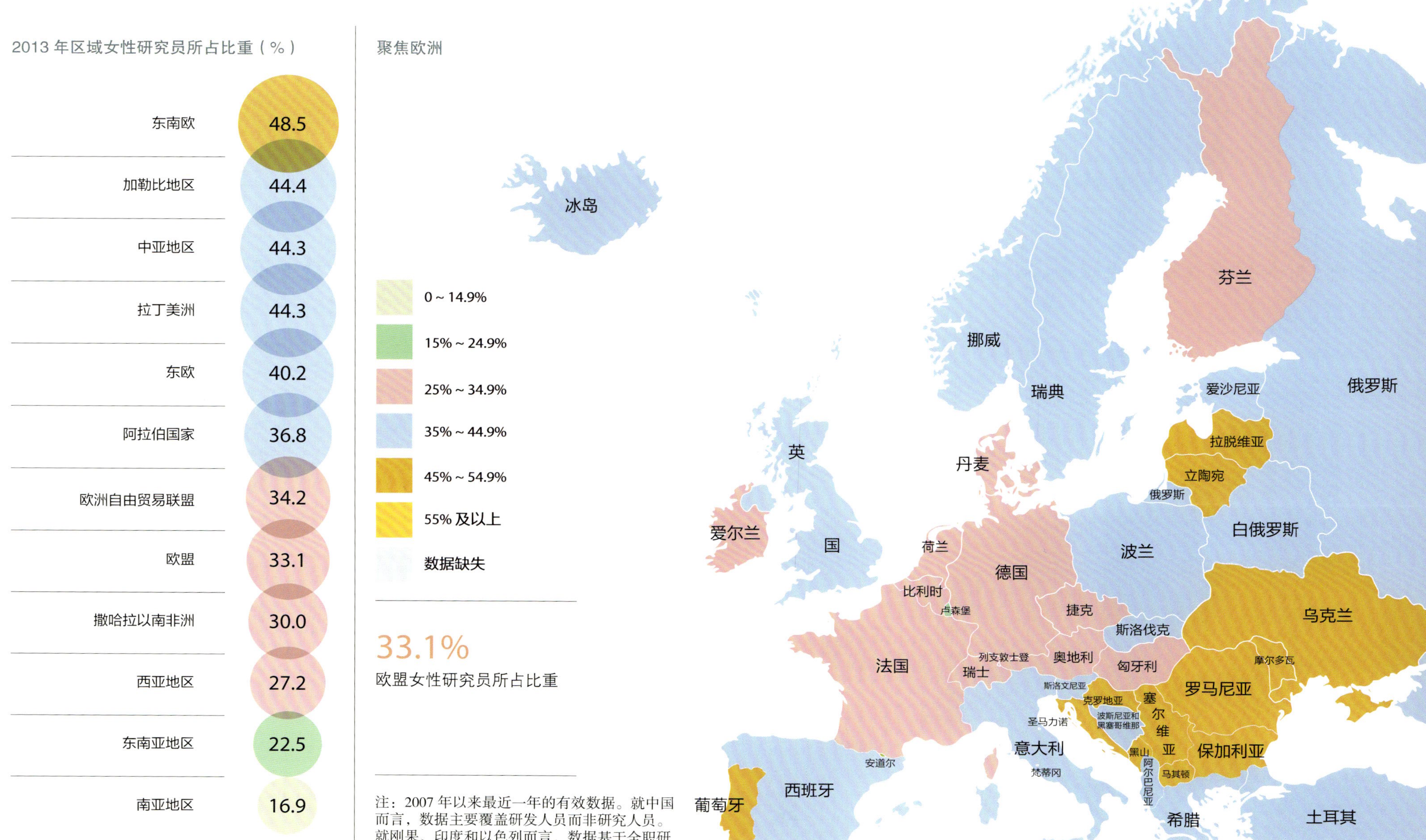

注：难以获得北美洲相关数据。地区平均比重以现有数据为基础，若 2013 年相关数据遗失，则根据最近一年的数据推导得出。

注：2007 年以来最近一年的有效数据。就中国而言，数据主要覆盖研发人员而非研究人员。就刚果、印度和以色列而言，数据基于全职研究人员而非在册人员。

来源：联合国教科文组织统计研究所，2015 年 7 月。

图 3.3 2011 年南非女性在体系内任职所占比重（%）

注：女性全职大学教授所占比例数据以 2009 年为准。

来源：南非科学院（2011 年）。

这些趋势在其他领域的科学决策中是显而易见的，例如，在期刊编委会和研究委员会担任审稿专家的女性屈指可数。一项针对 10 本高水平期刊的调查，统计了从 1985 年到 2013 年在环境生物学、自然资源管理和植物科学领域女性编辑的数量。研究发现，仅有 16% 的主编、14% 的副主编和 12% 的编辑为女性（Cho 等，2014）。

高等教育发展趋势

天平倾向于女学生

尽管近几十年各级教育均迈向性别平等，在科学的高领域及决策层中女性的缺失仍然十分严重。然而教育的天平在一些地区似乎倾向了利于女性学生的方向，导致了全球性的性别不平衡。女大学生在北美洲占主导地位（57%），在美国中部和南部占 49% ~ 67%，甚至在加勒比地区占[①]57% ~ 85%。欧洲和西亚也出现了类似的趋势，除了土耳其和瑞士外，女性均占高等教育入学率的 40% 左右，在列支敦士登约占 21%。在大多数阿拉伯国家，也可以观察到相同的性别平等趋势，伊拉克、毛里塔尼亚和也门除外，女性的数量下降到 20% ~ 30%。来自摩洛哥的数据显示从 2000 年到 2010 年女性学生比例变化具有周期性，整体呈上涨趋势。

在撒哈拉以南的非洲地区，女性学生比例大幅降低，反映了各级教育的性别失衡（见第 18 章至第 20 章）。受高等教育的女性毕业生的比例比青少年女性比例低一半以上，如纳米比亚（58%）和南非（60%）。斯威士兰的女性学生比例也大幅下降，从 2005 年的 55% 下降到 2013 年的 39%。在南亚，女性在高等教育的参与率仍然很低，而斯里兰卡显然是例外，为 61%。

总体而言，国民收入水平相对较高的国家的女性更倾向于追求高等教育。相对于男性来说，女性参与的最低比例往往出现于低收入国家，其中大部分位于撒哈拉以南的非洲，如埃塞俄比亚（31%）、厄立特里亚（33%）、几内亚（30%）和尼日尔（28%）。在中非共和国和乍得，男性大学生的数量是女性的 2.5 倍（见表 19.4）。31 个低收入国家之中的例外为科摩罗群岛（46%）、马达加斯加（49%）和尼泊尔（48%）。

其他人均国内生产总值相对较低的国家也存在同样的趋势，但有迹象表明，这一趋势正在减弱。在亚洲，各国女学生在高等教育学生中所占比例存

① 安提瓜和巴布达、巴巴多斯、古巴、多米尼加共和国和牙买加。

在着相当大的差距，阿富汗女性高等教育学生比例24%，塔吉克斯坦为 38%，土库曼斯坦为 39%。最近几年女性比例有所增长，柬埔寨 2011 年为 38%，孟加拉国 2012 年为 41%。阿拉伯国家中，女性在高等教育中参与率最低的是也门（30%），吉布提和摩洛哥都已经将女学生比例提高到 40% 以上。

全国财富的轻微增长可能与性别差异的缩小有关系。拥有更多财富的撒哈拉以南的非洲国家的报告显示，女性在高等教育中比男性有更高的参与率。例如，在佛得角，59% 的大学生是女学生，在纳米比亚女学生占学生总数的 54%。然而，高收入[①]国家中也有例外，列支敦士登、日本和土耳其的高等教育中男性数量仍然超过女性。

经过实证研究和社会调研，人们似乎找到了女性在高等教育参与度提高的原因。教育被视为攀爬社会阶梯的方式（Mellström, 2009）。高等教育给个人带来更高的收入回报，尽管女性必须通过比男性受更多年的教育才能确保她们的工资与男性持平，这一模式存在于任何收入水平的国家。为了发展知识经济，提高全球竞争力，许多国家也急于扩大他们的熟练劳动力，如伊朗（见第 15 章）和马来西亚（见第 26 章）。另一原因则是近几十年来许多组织积极争取性别平等。

高等理科教育趋势

目前卫生专业毕业生中女性占主导地位

尽管在高等教育毕业生人数方面，在各个国家和地区，女性的人数普遍超过男性，但是具体到毕业的领域，例如，科学、工程、农业以及卫生，情况也不全是如此。[②]好消息是，在科学领域，女性毕业生人数不断增加。该趋势自 2001 年以来在发展中国家中表现得最为明显，拉美国家以及加勒比地区的国家除外，因为这些国家受高等教育的女性人数已经很多了。

女性受高等教育的程度人数的多少依学科的不同而不同。在大多数国家和地区，卫生以及福利专业中，女性占学习人数的大多数，但在其他学科中女性学习人数极少，如工程专业。当然也有例外：例如在阿曼苏丹国，女性毕业生人数占所有工程专业毕业生人数的 53%（见表 3.2）。在四个撒哈拉以南国家，卫生以及福利专业的毕业生中，女性毕业生仅占少数。[③]同样的情况也出现在两个亚洲国家中：孟加拉国（33%）以及越南（42%）。

理科学科中第二大受女性学生欢迎的是科学。尽管学习科学专业的女性人数没有学习卫生、福利专业的人数高，但是在多数主要的拉美国家以及阿拉伯国家，学习科学专业的女性人数与男性人数持平，或略高于男性人数。报告数据的 10 个拉美国家以及加勒比地区的国家中，女性占高等教育科学专业毕业生人数的 45%。在巴拿马、委内瑞拉、多米尼加共和国以及特立尼达和多巴哥，女性占到了科学专业毕业生的一半多。在危地马拉，多达 75% 的科学专业毕业生是女性。18 个阿拉伯国家中有 11 个国家的女性占科学专业毕业生人数的大多数。[④]报告数据中，亚洲国家孟加拉国以及斯里兰卡的平均女性占科学专业毕业生人数的比例为 40% 到 50%；亚洲东部以及东南部国家的女性科学专业毕业生人数所占比例大于等于 52%：文莱达鲁萨兰国（66%）、菲律宾（52%）、马来西亚（62%）、缅甸（65%）。日本以及柬埔寨女性科学专业毕业生人数所占比率较低，分别为 26% 以及 11%。韩国女性科学专业毕业生人数所占比率为 39%。

欧洲、北美洲国家的女性毕业生比率不等，从女性毕业生比例较高的意大利、葡萄牙、罗马尼亚，为 55%；到女性比例较低的荷兰，为 26%；马耳他，为 29%；瑞士，为 30%。大多数欧洲、北美洲国家的女性毕业生人数比例落在了 30% ~ 46%。

在广泛的科学学科中，可以看出一些有趣的趋势。生命科学专业毕业生中女性一直占有较高的比例，通常超过 50%。然而，其他学科的女性毕业生人数却不稳定。在北美洲以及大多数欧洲国家，物理、数学、计算机科学专业的毕业生中极少有女性，

① 此处定义为人均国内生产总值超过 10 000 美元的国家。

② 此处的“科学”被定义为包括生命科学、物理科学、数学、统计学和计算机科学；“工程”包括制造业和加工业、建筑业和建筑；“农业”包括林业、渔业和兽医科学；“健康和福利”包括医学、护理、牙医学、医疗技术、治疗、制药和社会服务。

③ 贝宁、布隆迪、厄立特里亚和埃塞俄比亚。

④ 阿尔及利亚、巴林、约旦、科威特、黎巴嫩、阿曼、巴基斯坦、卡塔尔、沙特阿拉伯、突尼斯和阿拉伯联合酋长国。

表 3.2　女性在以下四个高等教育领域所占比重（2013 年或最近一年所占百分比）

	年份	科学	工程	农业	卫生和福利
阿尔巴尼亚	2013	66.1	38.8	41.5	72.7
阿尔及利亚	2013	65.4	32.4	56.5	64.6
安哥拉	2013	36.2	19.3	21.7	63.3
阿根廷	2012	45.1	31.0	43.9	73.8
奥地利	2013	33.3	21.2	55.9	70.8
巴林	2014	66.3	27.6	a	76.8
孟加拉国	2012	44.4	16.6	31.1	33.3
白俄罗斯	2013	54.4	30.0	29.2	83.8
不丹	2013	25.0	24.9	15.5	52.6
波斯尼亚和黑塞哥维那	2013	46.8	37.5	46.9	74.2
巴西	2012	33.1	29.5	42.3	77.1
文莱达鲁萨兰国	2013	65.8	41.8	a	85.7
布基纳法索	2013	18.8	20.6	16.8	45.9
哥伦比亚	2013	41.8	32.1	40.9	72.0
哥斯达黎加	2013	30.5	33.7	37.4	76.9
古巴	2013	44.9	28.3	30.0	68.2
丹麦	2013	35.4	35.3	67.4	80.0
埃及	2013	49.6	25.3	46.6	54.4
萨尔瓦多	2013	59.0	26.6	24.6	78.0
厄立特里亚国	2014	35.0	15.8	29.8	26.3
芬兰	2013	42.5	21.7	57.6	85.1
法国	2013	37.8	25.6	50.1	74.4
格鲁吉亚	2013	47.7	23.1	27.5	74.4
加纳	2013	27.1	18.4	17.2	57.6
洪都拉斯	2013	35.9	37.4	28.3	74.7
伊朗	2013	66.2	24.7	41.1	65.1
哈萨克斯坦	2013	61.5	31.0	43.0	79.8
科威特	2013	72.2	25.0	a	44.5
吉尔吉斯斯坦	2013	61.3	25.8	27.9	77.1
老挝	2013	39.1	10.6	30.7	59.8
拉脱维亚	2013	38.7	26.8	48.7	92.3
莱索托	2013	54.5	27.5	45.7	78.8
立陶宛	2013	41.8	21.8	50.9	84.3
马其顿共和国	2013	37.6	39.1	48.5	75.3
马达加斯加岛	2013	32.1	24.2	51.9	74.1
马来西亚	2012	62.0	38.7	54.4	62.9
蒙古国	2013	46.6	37.9	63.0	83.9
莫桑比克	2013	35.6	34.4	40.6	47.4
缅甸	2012	64.9	64.6	51.5	80.7
尼泊尔	2013	28.4	14.0	33.3	57.0
荷兰	2012	25.8	20.9	54.5	75.1
新西兰	2012	39.1	27.4	69.3	78.1
挪威	2013	35.9	19.6	58.9	83.6
阿曼	2013	75.1	52.7	6.0	37.8
巴勒斯坦	2013	58.5	31.3	37.1	56.7
巴拿马	2012	50.5	35.9	54.0	75.6
菲律宾	2013	52.1	29.5	50.7	72.1
波兰	2012	46.1	36.1	56.4	71.5
葡萄牙	2013	55.7	32.5	59.9	78.9
卡塔尔	2013	64.7	27.4	a	72.9
韩国	2013	39.0	24.0	41.1	71.4
摩尔多瓦	2013	48.9	30.5	28.3	77.6
卢旺达	2012	40.3	19.6	27.3	61.9
沙特阿拉伯	2013	57.2	3.4	29.6	52.0
塞尔维亚	2013	46.2	35.0	46.5	73.3
斯洛伐克	2013	45.6	30.9	50.9	81.9
斯洛文尼亚	2012	39.9	24.4	59.1	81.8
南非共和国	2012	49.1	28.5	48.6	73.7
西班牙	2012	38.4	26.8	45.4	75.0
斯里兰卡	2013	47.4	22.4	57.4	58.1
苏丹	2013	41.8	31.8	64.3	66.4
斯威士兰	2013	31.6	15.2	42.8	60.4
瑞典	2012	40.6	28.9	63.1	82.0
瑞士	2013	31.8	14.0	30.1	74.4
阿拉伯叙利亚共和国	2013	50.9	36.0	45.0	49.5
突尼斯	2013	63.8	41.1	69.9	77.5
土耳其	2012	48.2	24.8	45.0	63.4
乌克兰	2013	49.6	26.2	34.1	80.6
阿拉伯联合酋长国	2013	60.2	31.1	54.1	84.6
英国	2013	45.7	22.2	64.1	77.3
美国	2012	40.1	18.5	48.3	81.5
越南	2013	a	31.0	36.7	42.3
津巴布韦	2013	47.7	21.4	40.3	50.0

a 表示暂无数据。注：工程包括制造业和建筑业。最早数据为 2012 年数据。

来源：联合国教科文组织统计研究所，2015 年 8 月。

而在其他地区，物理或数学专业的女性毕业生人数基本相等。这或许为一些国家科学专业的学生人数的减少提供了解释，通常科学专业学生人数的减少，对应着农业或工程专业的学生人数的增加，该现象反映了学科内女性人数的再分配，而不是学科内女性人数的总体上升。

越来越多的女性学习农业科学

农业科学的发展趋势非常有趣。世界范围内，自 2000 年以来，农业科学专业的女性毕业生人数稳步上升。尽管有坊间说法对此做出解释，即人们加大了对国家食品安全以及食品工业的重视，但是其数量激增的原因还不明确。

另一种可能的原因就是女性从事生物科技的工作较多。以南非为例，2004 年女性从事工程领域工作的比例较低（16%），2006 年从事自然科学领域工作的比例也很低（16%），但是南非女性在生物技术公司就职的比例高达 52%。

同时，在发展中国家，女性从事农业推广服务的人数非常少。深入了解女性进入此行业的原因以及她们的职业道路，有助于我们了解女性从事其他科学领域工作的障碍以及机遇。

从事工程领域工作的女性最少

在工程、制造业以及建筑行业女性一直是最少的。在多数情况下，工程业已经被包括农业在内的其他科学行业所取代。但是，以下地区例外：在撒哈拉以南的非洲地区、阿拉伯国家以及部分亚洲国家，女性工程师的比例在不断上升。报告数据中的 13 个撒哈拉以南的非洲国家，有七个自 2000[①] 年以来女性工程师上涨幅度较大（超过 5%）。但是利比里亚以及莫桑比克除外，不到 20% 的女性毕业于工程专业。该报告数据中的 7 个阿拉伯国家，有 4 个一直比重平稳或有所上升[②]。其中比例最高的是阿拉伯联合酋长国以及巴勒斯坦（31%），阿尔及利亚（31%）以及阿曼苏丹国，该国家比例惊人，为 53%。一些亚洲国家的比例相似：越南 31%，马来西亚 39%，文莱达鲁萨兰国 42%。

欧洲以及北美洲国家的人数比例普遍较低：例如，加拿大、德国以及美国 19%，芬兰 22%。但是也有例外，也有一些希望：塞浦路斯 50% 的工程毕业生是女性，在丹麦，该比例是 38%。

学习计算机科学的女性凤毛麟角

对计算机科学领域的分析显示，自 2000 年以来该领域的女性毕业生人数一直处于下降趋势，而该现象在高收入国家表现得尤为明显，包括丹麦在内的欧洲国家除外。在丹麦，2000 年至 2012 年，计算机科学专业的女性毕业生人数比例从 15% 上升至 24%；在德国，该比例从 10% 上升至 17%，但是这两国的比例仍处于较低水平。在土耳其，计算机科学专业女性毕业生人数比例从相对较高的 29% 上升至 33%。在同时期，澳大利亚、新西兰、韩国以及美国的比例都在下降。而在拉丁美洲以及加勒比地区的国家，形势更加令人担忧：报告数据涉及的所有国家，计算机科学专业的女性毕业生比例下降了 2 ~ 13 个百分点。

这一现象应该引起足够的重视。计算机科学领域的女性人数在全球都处于下降趋势，尽管该领域渗透到日常生活的方方面面，对国民经济增长至关重要。具体现象表现为，女性最先被雇用，但是也最易被解雇。换句话说，一旦公司有了发展面临提薪，或是公司财务运营困难时，女性员工极易遭到解雇。

女性工程师在马来西亚以及印度待遇优厚

马来西亚信息技术部男女比例相同，虽然多数女性仍然趋向于作为大学教授从事教育工作或在私营部门工作。这一现象是两大历史趋势的产物：女性在马来西亚电子产业（信息技术产业的前身）中存在优势；国家在印度裔、中国裔以及马来西亚本土人中推行泛马来西亚文化的政策支持。政府在一定程度上支持以上三类人的教育。由于马来西亚男性对信息技术产业不感兴趣，为女性从事这一产业留下了更多空间。另外，马来西亚父母倾向于支持自己的女儿从事这一高社会地位、高薪酬的行业，而且这一现象也在持续升温中。

在印度，工程专业在读的女大学生人数不断增加，表明了该国穆斯林对工程专业的改观。该现象的产生也与印度父母的兴趣、意向有关。因为，随着工程领域的发展，如果他们的女儿从事该职业，在结婚

① 贝宁、布隆迪、厄立特里亚、埃塞俄比亚、马达加斯加、莫桑比克和纳米比亚。

② 摩洛哥、阿曼、巴勒斯坦和沙特阿拉伯。

时也能成为优势。另一大影响因素是：在印度，与计算机科学相比，工程专业的发展前景更好。因此，在过去的 20 年中，女子工程学院数量不断增加[①]，使得女性接受工程专业教育十分便捷（Gupta, 2012）。

区域视角下的趋势

拉丁美洲女性参与度世界领先

拉丁美洲在一些女性科研领域世界领先，与加勒比同为女性科研人员比例最高的国家，其比例达到 44%。2010—2013 年的报告数据显示，拉丁美洲 12 个国家中有 7 个国家的女性实现了性别平等，甚至在科学研究方面起主导作用，分别为：玻利维亚（63%）、委内瑞拉（56%）、阿根廷（53%）、巴拉圭（52%）、乌拉圭（49%）、巴西（48%）和危地马拉（45%）。哥斯达黎加的女性参与比例为 43%，智利的女性参与比例在所有国家中最低，为 31%。加勒比地区与古巴的性别平等程度相似，均为 47%。特立尼达和多巴哥的女性参与比例为 44%。

拉丁美洲的女性参与度也体现在某些具体学科中。拉丁美洲大部分地区的绝大多数毕业生都是女性（60% ~ 85%），同时，她们也在科学领域崭露头角。在阿根廷、哥伦比亚、厄瓜多尔、萨尔瓦多、墨西哥、巴拿马和乌拉圭，超过 40% 的理科生都是女性。在巴巴多斯、古巴、多米尼加共和国、特立尼达、多巴哥和加勒比地区，科学领域的女性毕业生与男性人数相当，甚至在学科内占主导地位。工程专业中，在 10 个拉丁美洲国家中的 7 个国家[②]，以及一个加勒比地区国家——多米尼加共和国，女性都占毕业生总人数的 30% 以上。我们也要注意到，阿根廷、智利和洪都拉斯的女性工程专业毕业生人数在减少。

令人沮丧的是，在过去的十年中，女性在科学领域的参与人数一直下降。这一趋势集中体现在经济较发达国家，即阿根廷、巴西、智利和哥伦比亚。相反，墨西哥的女性参与人数略有增长。上述问题中人数的下降可能与女性更多地转移到农业科学的研究中有关系。

另一个消极趋势是女性博士生和劳动力的下降。这些国家的报告数据显示，从硕士研究生过渡到到博士毕业生的阶段，女性的参与度下降了 10 ~ 20 个百分点，这对聘用者来说并不乐观。尽管目前在科学和技术领域有大量女性参与，但在拉丁美洲，一些社会态度和隐形制度持续地限制着女性能力的发挥。例如，针对拉丁美洲软件与信息服务业的评估显示，女性在职场的发展受玻璃天花板的限制，行业的管理岗和决策层中存在明显性别差异。

关于该地区科学领域中女性表现的国家评论，提及了女性的发展障碍。该障碍主要指女性难以实现工作和生活之间的平衡，这也是女性在科学研究中的劣势。女性在管理家庭的同时还要像男性一样全职投入工作中甚至加班（ECLAC, 2014; Bonder, 2015）。

东欧和中亚地区的性别平等

东欧、西亚和中亚的大多数国家在研究领域都实现了性别平等，如亚美尼亚、阿塞拜疆、格鲁吉亚、哈萨克斯坦、蒙古国和乌克兰；也有一些国家正处在实现性别平等的进程中，如吉尔吉斯斯坦和乌兹别克斯坦。这一趋势主要反映在高等教育中，工程学和计算机科学除外。尽管白俄罗斯和俄罗斯联邦的女性参与比例在过去的十年中有所下降，2013 年女性仍然占研究人员总数的 41%。

在土耳其（36%）和塔吉克斯坦（34%），每三名研究员中就有一位女性。然而伊朗（26%）和以色列（21%）女性参与率比较低，尽管以色列女性占高级学术人员的 28%。在以色列的大学，女性主要学习医学（63%），只有少数女性学习工程（14%）、物理科学（11%）、数学和计算机科学（10%），见第 16 章。

伊朗在女性高等教育中取得长足进展。2007 年到 2012 年，卫生领域的女性博士毕业生的比例稳定地保持在 38% ~ 39%，在三个主要学科领域中居首位。农业科学专业的女性博士毕业生比例实现了从 4% 到 33% 的飞跃，发展最为迅猛。女性受高等教育在科学（从 28% 到 28%）和工程学（从 8% 到 16%）领域也取得了长足的发展（见图 12.3）。

欧洲东南部：保持性别平等

除希腊以外，欧洲东南部的国家都曾经是苏联

① 1991 年以来印度已经建立了 15 所女子工程学院。

② 阿根廷、哥伦比亚、哥斯达黎加、洪都拉斯、巴拿马、乌拉圭。

的一部分。在这些国家中，约有 49% 的研究人员都是女性（2011 年希腊的女性参与比例为 37%）。如此高的比例是包括前南斯拉夫在内的社会主义政府，直到 20 世纪 90 年代早期，在教育上持续投资所遗留下的。

此外，在大部分地区，女性研究员参与范围广泛，跨政府、商业、高等教育和非营利组织四个领域，且保持人数稳定或增加。在大多数国家，理科大专毕业生中男女比例基本相等。卫生领域 70% ~ 85% 的毕业生是女性，农业不到 40% ，工程专业保持在 20% ~ 30%。阿尔巴尼亚的工程和农业领域中，女性毕业生人数有了较大增长。

欧盟：女性研究员增长最快

在欧盟全部的研究人员中，女性占 33%，略高于她们在科学领域所占的比例（32%）。女性人数在高等教育中占 40%，政府中占 40%，私营部门中占 19% ，女性研究人员的数量比男性研究人员的数量增长要快。在过去的十年里，女性研究员所占比例一直在提高，增幅高于男性（2002—2009 年，女性比例每年的增幅超过 5.1%，男性的仅为 3.3%），女性在科学领域和工程领域的表现也是如此（2002—2010 年，女性比例每年的增幅超过 5.1%，男性的仅为 3.1% 相比）。

尽管取得了以上成就，在欧洲，女性在学术事业上仍受到明显的垂直和水平的隔离。2010 年，尽管在本科阶段女性学生（55%）和女性毕业生（59%）在数量上比男生多，但在博士和硕士研究生阶段，男性人数超过女性人数（即使是在小范围内）。在深层次的研究领域中，女性占 C 级学术人员的 44%，B 级学术人员的 37%，A 级学术人员的 20%[①]。这一趋势在科学领域表现更为明显，女性占本科学生人口的 31%，博士生的 38%，博士毕业生的 35%。在教师层面，她们占学术 C 类等级的 32%，B 类等级的 23% 和 A 级的 11%。在工程和技术领域中，女性正教授的比例最低的，为 7.9%。在科学决策层面，2010 年，15.5% 的高等教育机构由女性领导，10% 的大学由女性担任校长。科学委员会成员仍以男性为主，女性占委员会成员的 36%。

欧盟自 2000 年中期将着力推进女性研究员和性别研究与其研究和创新战略的融合。所有的科学领域内女性参与度的总体提升表明，多方面的努力已经见效。然而，女性在管理和科学决策高层的持续缺席表明，解决性别平等问题任重而道远。欧盟通过其性别平等策略和《展望 2020》中 2014—2020 年研究和创新融资计划，表达了上述思想。

其他高收入国家缺乏数据

在澳大利亚、新西兰和美国，与卫生相关的领域，女性占毕业生的绝大多数。在新西兰，农业也是如此。澳大利亚和美国在这两大领域就女性毕业生比例取得了适度的发展：澳大利亚，农业 43% ~ 46%，卫生 6% ~ 77%；美国，农业 47.5% ~ 48%，卫生 79% ~ 81%。在这两个国家，女性仅占工程领域毕业生的五分之一，在过去的十年中，这种情况没有任何改变。在新西兰，2000 年到 2012 年，女性农业专业毕业生比重从 39% 跃升至 70%，但相对的女性也放松了在科学（43% ~ 39%）、工程（33% ~ 27%）和卫生（80% ~ 78%）领域的发展。至于加拿大，在科学和工程领域并没有确切的性别分列数据，无从得知女性所占毕业生比例。此外，这里列出的四个国家，都没有报告提供有关女性研究员的最新数据。

南亚：女性参与最低

南亚地区女性研究员所占比例最小：仅为 17%，比撒哈拉以南的非洲地区还要低 13 个百分点。这些南亚国家报告的数据显示，尼泊尔的女性参与度最低，2010 年为 8%，与 2002 年的 15% 相比有明显下降。在人口最多的国家印度，只有 14% 的研究人员是女性。相比之下斯里兰卡的女性研究员比例最高，但也从 2006 年的 42% 下降到了 2010 年的 37%。与此同时，巴基斯坦的女性参与度正在提高，2013 年为 20%（见图 21.7）。

研究领域劳动力的下降显示，南亚女性大多数在私人非营利性部门就职，在斯里兰卡，她们占该行业员工的 60%。紧随其后的是学术领域：巴基斯坦和斯里兰卡的女性参与度为分别为 30% 和 42%。女性极少在政府机关任职，更不可能在业务部门工作，在斯里兰卡所占比例的 23%，在尼泊尔仅为 5%（见图 3.4）。

在斯里兰卡和孟加拉国，虽然女性在科学领域

① A 级为最高等级，属于管理层；B 级为中层；C 级代表初级，一般为博士毕业生（欧洲委员会，2013）。

取得了平等地位，但仍然很难从事工程领域的研究。在孟加拉国，她们占研究人员的 17%，在斯里兰卡为 29%。许多斯里兰卡女性跟随全球趋势选择从事农业科学领域的工作，占有 54% 的比例，同时她们在卫生和福利领域也基本实现平等。尽管孟加拉国有所进步，在过去的十年里，女性在各个科学领域所占比例稳步增长，但在孟加拉国，仅有超过 30% 的女性选择农业科学和卫生领域，这并不符合全球趋势。

东南亚：女性与男性比例相当

东南亚的情况则完全不同，在一些国家中，女性与男性比例基本相同：例如，在菲律宾和泰国，女性占研究人员的 52%。其他国家也趋于平等，如马来西亚和越南。而在印度尼西亚和新加坡，该比例停留在 30% 左右，柬埔寨落后于邻国，为 20%。东南亚地区的女性研究人员相当均匀地分布在各个行业，除了私营部门以外，在大多数东南亚国家女性在该部门参与比例低于 30%。

女性高等教育毕业生的比例反映了这些趋势：文莱达鲁萨兰国、马来西亚、缅甸和菲律宾的女性在科学领域中的参与比例较高，约为 60%。柬埔寨的比例较低，为 10%。卫生科学领域的绝大多数毕业生都是女性，老挝的相关比例为 60%，缅甸为 81%，越南除外，仅为 42%。在农业领域，女性毕业生与男性旗鼓相当，但在工程领域所占的比例较低：越南（31%）、菲律宾（30%）、马来西亚（39%），缅甸例外，比例高达 65%。

在韩国，虽然女性约占科学和农业专业毕业生的 40%，占卫生领域毕业生的 71%，但就整体而言，女性参与比例仅为 18%。这是女童和妇女高等教育投资的失败，是受传统观念中女性在社会与家庭中地位影响的结果。Kim 和 Moon（2011）对这种趋势进行评论，即韩国妇女退出职场来照顾孩子和承担家庭责任，称其为“国内人才流失”。

2006 年日本政府设立目标，计划将女性研究员的比例提高到 25%（见第 24 章）。虽然日本的女性参与度情况已略有改善（2008 年为 13%），日本女性在科学领域所占比例仍然很低（2013 年为 15%）。基于对当前博士生数量的计算，政府希望实现女性在科学领域占 20%、工程领域 15% 、农业和健康卫生领域 30%，直到 2016 年科学技术基本计划结束。目前，在健康卫生和农业领域的公共部门，日本女性研究员最常见。同时，她们占学术研究员的 29%、政府研究人员的 20%（见图 24.5）。日本目前的发展战略，即安倍集团的主要目标之一就是提高妇女的社会经济作用。因此，目前大多数综合性大学在选择教师和研究人员时要充分考虑女性比例（见第 24 章）。

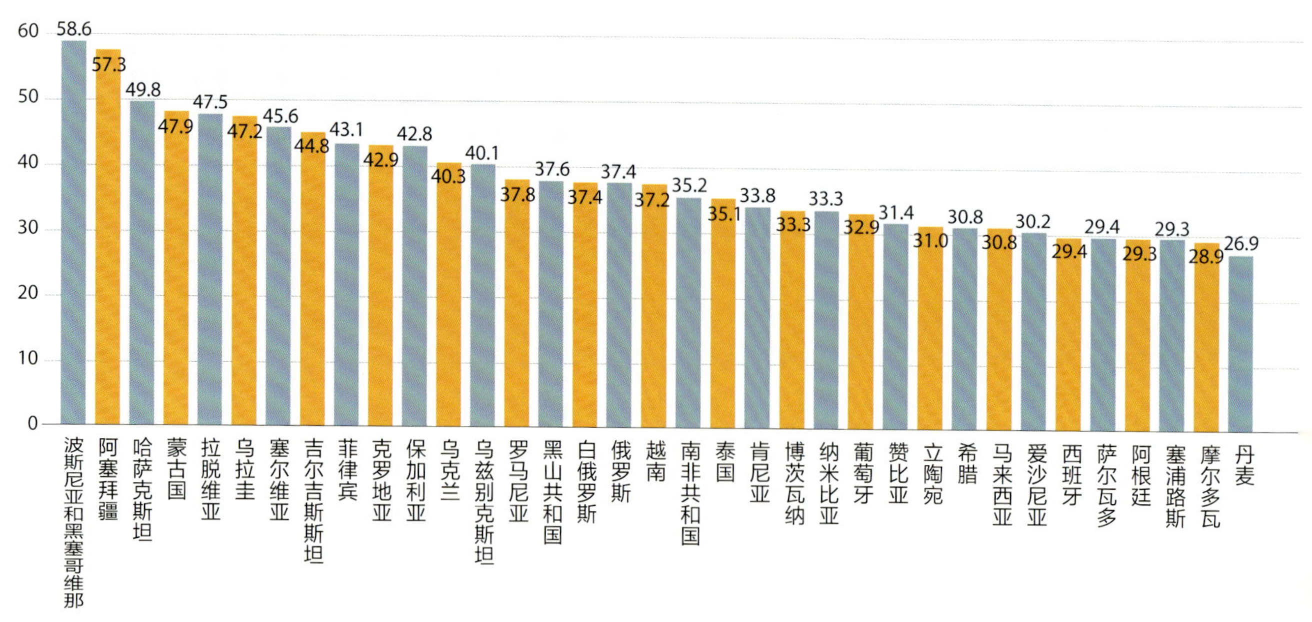

图 3.4　2013 年或最近一年女性研究员在企业经营部门就业所占比重（%）

阿拉伯各国：女性学生比例较高

阿拉伯各国的女性参与比例为 37%，和其他地区相比，较为令人满意。女性研究员比例最高（40%）的国家有：巴林岛和苏丹。约旦，利比亚，阿曼，巴勒斯坦，卡塔尔是属于比例较低的国家。尽管沙特阿拉伯的受高等教育人数最多，但他们的女性研究员参与率最低。在沙特阿拉伯的阿卜杜拉国王科技城，女性仅占科技领域的 1.4%。

在阿拉伯地区，女性研究员主要从事于政府研究机构。一些国家中，女性在私营非营利组织和大学里占有很大比例。然而女性在企业经营部门的参与度不超过 25%。半数阿拉伯国家的调查显示，几乎没有女性参与到这个领域中。苏丹和巴勒斯坦例外，这两个国家女性在企业经营部门的参与度分别为 40% 和 35%。

尽管数据起伏较大，阿拉伯地区女性毕业生在科学和建筑领域的比例还是很高的。这暗示了在毕业和就业、科研方面会有大幅度的减少。在科学专业的毕业生中，除苏丹以外，其他国家女性所占比例达到 50%，甚至更高；在农业方面，15 个国家中有 8 个国家[①] 的女性参与比例超过 45%；在建筑方面，阿曼的女性毕业生占有 53% 的比例，其他国家为 25% ~ 38%，较其他地区，这已经算是高比例了。有趣的是，可能是因为阿拉伯传统文化习俗严格限制女性和男性的接触，这些地区的女性在健康卫生领域的参与度要低于其他地区，其中伊拉克和阿曼的比例最低。然而在这个领域，伊朗、约旦、科威特、巴勒斯坦和沙特阿拉伯拥有相同的男女比例。阿拉伯联合酋长国和巴林岛比例最高，分别是 83% 和 84%。

为什么在阿拉伯地区有如此多的女性学习建筑专业呢？阿拉伯联合酋长国的发展可以解释这个问题。阿拉伯联合酋长国政府优先发展知识经济，已经承认科学、技术和建筑领域对人才的需求。在阿联酋，仅有 1% 的劳动力，且公民在基础工业领域就业率低（见第 17 章）。因此，政府实施各项政策来促进公民培训和就业，同时也有一大批的女性进入到劳动力行列。阿拉伯联合酋长国的女性建筑专业学生言明：她们之所以青睐建筑方面的职业，有以下几个方面的原因，高薪酬有利于实现经济独立、拥有较高的社会地位、有机会参与到富有创造力和挑战性的工程中去，就业机会多等。

一旦阿拉伯女性科学家和建筑家毕业，她们就会反抗职业壁垒，寻求更好的就业条件和机会。这些壁垒有：大学专业设置和劳动力市场需求之间的

① 阿尔及利亚、埃及、约旦、黎巴嫩、苏丹、叙利亚、突尼斯和阿拉伯联合酋长国。

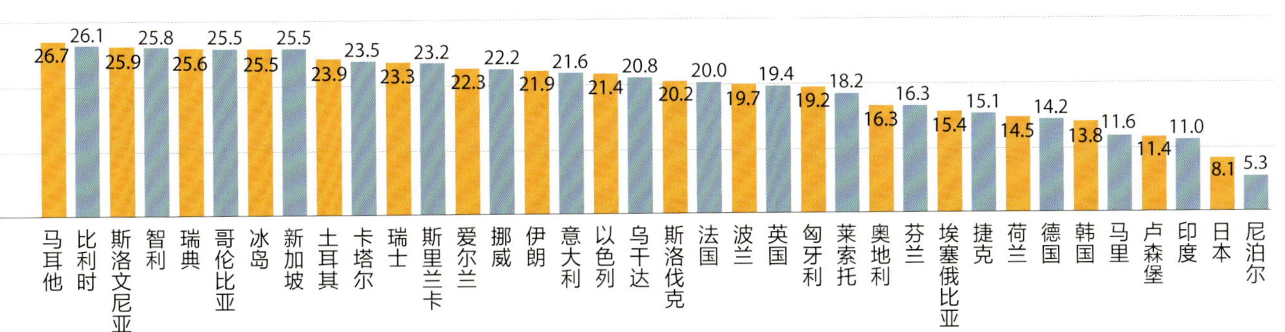

注：图中展示为在册人员数据。最早数据为菲律宾及以色列（2007 年），伊朗、莱索托和赞比亚（2008 年），泰国（2009 年）。

来源：联合国教科文组织统计研究所，2015 年 8 月。

错位，包括男性在内对就业领域缺乏认识的现象，家庭对男女混合工作环境的偏见，还有对女性角色认识的不全面（Samulewicz 等，2012；见第 17 章）。

拥有最少女性劳动力的国家，有必要发展女性科技和职业教育，以此来减少对外国劳动力的依赖。截至 2017 年，沙特阿拉伯的技术和职业培训公司将建立 50 所技术学校、50 所女子高等技术学校和 180 个中等工学院。这项计划将为 500 000 名学生创造实习岗位，其中有一半是女性。在信息技术、药物装备处理、管道装置、电力和机械等领域，男女学生都会得到培训（见第 17 章）。

撒哈拉以南的非洲：卓有成效

在撒哈拉以南的非洲，每三名研究员中有一位女性。撒哈拉以南的非洲正在见证女性在科学领域接受高等教育的成功。科学领域女性参与度最高的四个国家中的两个，毕业生总数较低：女性占莱索托 47 名毕业生的 54%，占纳米比亚 149 名毕业生的 60%。科学领域毕业生众多的南非和津巴布韦几乎实现了性别平等，分别为 49% 和 47%。下一组的七个国家的女性参与度都在 35%～40%[①]，其余国家的该比例约为 30% 或低于 30%[②]。布基纳法索排名最低，女性仅占其理科毕业生的 18%。

与其他地区相比，在工程领域，撒哈拉以南的非洲地区的女性占相当高的比例。在莫桑比克、莱索托、安哥拉和南非，女性占理科毕业生的 28%（南非）到 34%（莫桑比克）。农业科学中女大学毕业生的数量在整个非洲大陆呈稳步增加趋势，8 个国家的报告显示，女性占毕业生份额的 40% 或更高[③]。在健康领域，该比率在不同国家差异较大，从贝宁、厄立特里亚的 26% 和 27% 到纳米比亚的 94%。

政策问题

有所进步但是“年代效应”依然存在

在全世界大部分地区，从事科学研究的女性的比重都有着实质性的提升。此外，在高等教育方面，女性的参与度正不断增加，而这并不局限于生命和健康科学。性别平等的进步还体现在，女性科学家正在获得国内、区域乃至全球科学界的认可。例如，非洲联盟为鼓励女性科学家而设立了相关的奖项（见第 18 章）。在过去五年，有五项诺贝尔奖被授予女性，表彰她们在医药、生理和化学方面取得的成果[④]。2014 年，伊朗数学家玛利亚姆·莫兹坎尼成为第一位获得由国际数学联盟颁发的菲尔兹奖的女数学家。

然而数据显示，科学界的性别平等并非是通过上述努力就能自然而然得到的结果——我们并不能只是等着高学历女性毕业生在科学体系内闯出一片天地就足够了。在科学研究体系中，性别平等的障碍总会存在。这个情况在欧洲和美国的报告中有系统的记录。在近十年的促进性别平等的努力中——出台政策、开展项目和提供资助，并没有取得像预想的那样的结果。事实上，在美国，女性研究员的数量没有提升，反而在某些领域出现了下滑。在欧洲，主要领导职位的性别不平衡依然没有改善（EU, 2013）。欧洲统计局用“年代效应”一词来形容研究领域的性别不平衡：随着年龄的增加而越来越严重，而不是会趋于平衡。尽管女性学生的数量增加了，但是欧洲的科学研究领域的性别差距依然很大，女性比重自动“赶上”男性的可能性变得更低（EU, 2013）。

让更多女性参与科研的目标没有实现

由于多种因素制约，科研职业生涯各个阶段的女性所占比例都减少了。这些因素有：研究生环境；母性的高墙 / 职业天花板；绩效标准；缺少认可；缺少竞选领导位置的支持；不自觉的性别偏见。

2008 年的一项职业意愿研究反映了研究生环境的一些问题。这项研究调查了英国化学专业的研究生，发现 72% 的女生在一开始想要成为一名研究员，但是当她们拿到博士学位后，只有 37% 的女生依然坚持最初的目标。究其原因，有一些因素“打消了女性而非男性的积极性，让她们不愿再在研究领域尤其是学术领域继续深造”。女性学生更容易遇到一些问题，例如，她们的领导偏袒男性、更倾向于牺牲女性的利益，或者不在乎女性的个人生活，或者感觉受到了研究小组的孤立。女性对于小组的研究文化也可能感到很不舒适，主要体现在工作方

① 安哥拉、布隆迪、厄立特里亚、利比里亚、马达加斯加、莫桑比克和卢旺达。

② 贝宁，埃塞俄比亚，加纳，斯威士兰和乌干达。

③ 莱索托、马达加斯加、莫桑比克、纳米比亚、塞拉利昂、南非、斯威士兰和津巴布韦。

④ 参见：www.nobelprize.org/nobel_prizes/lists/women.html.

式、工作时间和同辈竞争方面。由此，女性学生把学术职业生涯看作一场孤独的旅程。她们对于学术竞争环境感到害怕，而且学术职业要求她们牺牲很多个人生活。很多女生还反映她们被建议不要追求科学研究生涯，因为她们作为女性要面临很多的挑战（Royal Society of Chemistry, 2008）。日本的工程专业本科生抱怨道，她们有问题时很难见到导师，在课上和课下总会遇到有关学习的各种困难（Hosaka, 2013）。

“母性的高墙”是指女性休产假或休假去照顾家庭会影响她们的工作（Williams, 2004）。在有些国家，女性开始科研职业生涯，相比男性她们的职业轨迹会更不稳定，并且会被认为其职业生涯只是短期的、临时的，而不是全职的长期的工作（Kim 和 Moon, 2011）。有一些女性遇到的挑战来自她们的工作和研究环境，这些环境要求女性融入其中，变得“像男人一样”，而不是做出灵活变通，以适应男性和女性的生活情况。在东非，女性研究者面临的障碍还有：出差前往学术大会和参与田野调查的困难，因为她们是照顾家庭的主要负责者（Campion 和 Shrum, 2004）。除了母性的高墙外，还有职业天花板的问题。女性相比男性在工作表现上更容易受到批评，这使得女性要比男性更努力工作才能证明自己的实力（Williams, 2004）。

女性不应该在“鱼”和“熊掌”之间为难抉择

那些为了家庭原因而休假的女性会牺牲她们在职场上取得的进度，尤其是研究进度。当她们回归工作后，她们要么已经相对于她们的同事落后了，要么需要更加努力保住她们的位置不被淘汰。目前，改变性别不平衡问题最重要的一项就是：改变当前的绩效评价和奖励制度，以适应女性生育年龄的情况，不让她们为了家庭而牺牲职业发展。

在很多国家，男性也开始重视工作与生活的平衡以及家庭责任的问题（CMPWASE, 2007）。

女性获得研究经费的机会更少

绩效评估包括生产力测量，如发表文章数量、专利申请数量，发表文章引用次数，获得的科研经费数量。在科学领域，生产力的测量包括研究、教学和服务（如委员会成员），其中研究的分量最重。在顶级期刊发表论文或者在学术大会上宣读论文在测量体系中级别最高，而教学却级别最低。美国的研究发现，女性职工更专注于教学和服务，更少从事研究，尤其是发表文章。与此同时，年轻研究院每周要在实验室度过 80 ~ 120 小时，这使得带孩子的女性处于评估的极度劣势中（CMPWASE, 2007）。

一个普遍情况是，女性研究者相比男性研究者的文章发表量要低，尽管总体数据并不完整。南非女性研究者在 2005 年的文章发表量占总量的 25%；在韩国，2009 年的数值是 15%（Kim 和 Moon, 2011）；伊朗 13%，其主要领域是化学、医学和社会科学（见第 15 章）。近期研究表明，这种趋势的主要原因在于，女性获得研究经费的机会有限，而且所处地位较低：女性在知名大学地位较低，在高级教员行列中排位靠后，而通常这些高级教员的文章发表量是最高的（Ceci 和 Williams, 2011）。例如，2004 年在东非，由于女性研究者缺乏获得经费的同等机会，无法与地区和国际研究人员合作，导致她们在顶级期刊发表文章的数量下滑（Campion 和 Shrum, 2004）。

各国女性在申请研究经费方面处于劣势，同样的情况在申请专利方面也一样。“在各个国家，各个部门与领域，女性获得专利的比例……相比男性要低”（Rosser, 2009）。纵观全球数据，女性获得专利最多的领域是医药领域（24.1%），其次是基础化学（12.5%），机械工具（2.3%）和能源机械（1.9 %）。在欧洲，2008 年，女性获得专利所占比重为 8%。美国的大约 94% 的专利都是男性持有（Frietsch 等, 2008; Rosser, 2009）。在此方面的研究表明能力并不是问题。相比之下，问题在于女性似乎不理解或者对于专利申请不感兴趣，或者更注重那些能产生社会影响的研究，而非那些可以获得专利的技术研究（Rosser, 2009）。

认为女性不如男性的偏见依然存在

受高水平组织认可的女性领导或是获得管理类大奖的女性的数量依然很低，尽管有一些例外。由于缺乏对于女性取得的成就的认可，人们会产生一种误解，即女性不会做科研，或者至少是不如男性做得好。这种性别偏见可能是故意的也可能是不自觉的。在一项研究中，所有的教员（男女都包括）在评估某个实验室岗位的候选人时，都把男性评价得远远高于女性。参与研究的教员还选择给男性更高的起薪，并提供更多的职业辅导（Moss-Racusina 等, 2012）。

在诸多存在性别偏见且被认为可以接受的领域中，科学界可以算一个。2015 年 6 月，72 岁的诺贝尔奖获得者蒂姆亨特爵士指责有女性研究员在他的实验室工作，并解释说，他认为女性会造成干扰，而且她们过度感情用事。数周之后，欧洲航天局的马特泰勒就罗塞塔计划的空间探测器进行重大公告时，身穿了一件艳俗的招贴画女郎图案的衬衫。为此，人们在社交媒体上表达了强烈不满，后来两人都进行了公开道歉。

雇用女性的实用性原因

企业和研究机构愈发感到，一个多样化的员工群体将会提高工作效率，并能使公司面向更广大的目标客户或是相关股东。研究的多样性还扩展了研究员类群，带来研究的新视角、新技能和创造力。谷歌正是基于这种认识，近来开始应对这种多样化员工群体趋势。“（谷歌）目前并不多样化”，谷歌负责人力运营的高级副总裁拉兹洛·博克说道（Miller, 2014）。在谷歌的技术人员中，只有 17% 是女性，高层领导中只有四分之一是女性。民族多样性也很低，在美国母公司，非洲裔美国人占 1%，西班牙裔 2%，亚洲员工则是 34%。

科学体系中的富有才华的女性的减少反映出科研投资的严重减少。多国政府正在设定目标，提升研发支出占国内生产总值的比重，其中 60% 投向人力资源。如果政府真要达成这个目标，那就需要雇用更多的研究人员。扩展研究人员群体将会有助于政府达成其目标，还要确保用于培养半数研究人员的钱不会打水漂（Sheehan 和 Wyckoff, 2003）。很多国家都认识到，科学研究领域的性别平衡与人员多样化将会提升它们在全球经济环境下的竞争力。马来西亚和阿联酋都制定了政策促进劳动力多样化，包括增加女性劳动力，目前这些政策已展现出积极成果。但是韩国的无论公立还是私有部门的科学群体却有着明显的持续的性别不平衡。

当女性不能平等地参与研究活动，科学自身的进展就会遭受损失（见图 3.4）。对于科学的女性主义批评认为，实验的设计、研究问题定义的方式以及从研究结果中得出的结论类型都会受到性别的影响（Rosser, 2009）。有多少发明没有成功是因为女性没有参与到研究中？哪些从性别角度出发的重要考量被忽视了？阿司匹林在男女各自不同的功效直到 1993 年才被发现：阿司匹林可以减少男性患心脏病而非中风的概率，但是在女性中，却是可以减少患中风而非心脏病的概率（Kaiser, 2005）。

简而言之，最重要的一点是，女性应当拥有和男性同样的机会去了解科研成果并从中获益，去为社会贡献力量，以科研为生，选择一项充满意义的职业。联合国做出承诺要调整性别不平衡的问题，无论是在研究领域、法律领域、政策发展或实际活动中。这也是其主旨任务的一部分，该任务是确保男性与女性都能影响、参与发展并从中获益。联合国教科文组织欢迎这项承诺，并将性别平等作为它两个全球首要任务之一，另外一项是非洲的发展。[①]联合国教科文组织认为性别平等不仅是一项基本的人权，还是建设可持续发展与和平社会的重要因素。这项承诺包括促进女性参与科学、技术、创新和研究。这也是为什么联合国教科文组织统计研究所会按性别分列收集来的数据。这些数据都被放到了其

① 参见：www.un.org/womenwatch/osagi/gendermainstreaming.htm.

专栏 3.1 浏览数据

科学中的女性（Women in Science）是由联合国统计研究所开发的交互数据工具。它将性别差距具象化，让你可以浏览通往研究职业生涯的必经历程：决定、攻读博士学位课程、女性追求的科学领域以及她们从事工作的领域。通过提供地区级和国家级的数据，该工具提供了研究领域性别差异的全球视角，特别是关注于科学、技术、工程和数学这几个领域。该工具语言支持包括英语、法语和西班牙语，网址：http://on.unesco.org/1n3pTcO.

此外，“研究和实验开发的电子导航图”可以导出交互地图、图表和分级图表，显示投入研发的人力和财政资源的 75 个指标项。网址：http://on.unesco.org/RD-map.

以上两种工具都会自动更新数据。它们可以很容易地嵌入网站、博客和社交媒体中。

来源：联合国教科文组织统计研究所。

交互网站上，免费向公众开放（见专栏 3.1）。

继续推进性别平等政策

在所有工业化国家和地区中，欧盟和美国都采取了强有力的政策，推出资助刺激方案，促进女性参与科学研究。《展望 2020》是欧盟推出的一项资助研究和创新的计划，该项目从 2014 年一直持续到 2020 年，它把性别问题看作一个关键问题，并实施了一项策略，促进性别平等在研究与创新领域的实施，包括研究团队的性别平衡、专家小组和指导团队的性别平衡，研究创新项目成员的性别平衡从而促进科研质量、适应社会需要。

在美国，1980 年推出的科学与工程机会平等法案规定，无论男女，在科学技术领域获得教育、从事培训和参加工作都应当机会平等。因此，美国国家科学基金会支持并进行研究、数据统计和其他活动来评价、测量和提高女性在科学、技术、工程和数学领域的参与程度。其中一个项目“ADVANCE”提供奖金和奖励，促进机构转型和领导力建设，增加女性参与研究和获得奖励的机会。[①]

多数低收入、中等收入国家也制定了政策，促进一个或多个领域中的性别平等。2003 年，南非科学与技术部成立了一个指导机构来规划其优先发展任务、关键发展方向和增加女性参与科学程度的成功策略。这项日程的出台是在全国性别平等的背景下、受到国家“性别机器”的驱使而产生的。“性别机器”包括一组相互协调的架构，包括政府内部以及政府外部的机构：SET4W 是国家创新指导委员会的一部分，该委员会是一个国家机构，由科学技术部部长任命，为他 / 她本人、科学技术部与国家研究基金会出谋划策。Set4W 为科学、技术、创新和性别问题提供政策方面的建议（南非科学院，2011）。

巴西在解决性别问题时，结合了强有力的政策机制来促进政策实施。女性在多个部门的参与程度大大提升，这主要是因为对于性别平等问题的强力支持。女性在家庭中和社会中的权利被加强，在教育乃至就业方面的参与度也被提升。这项策略非常成功，在全国劳动力人口中已经取得了性别公平。政府还提高了研发投入，开展相关项目，促进科学与工程教育（见第 7 章）。在研究生级别的竞争公平以及奖学金的提供都鼓励了更多女性从事科研（Abreu, 2011）。

分性别的系统的数据统计

欧盟和美国为了支持政策实施和研究，都进行了分性别的系统的数据统计。在美国，国家科学基金会还被要求准备和提交报告给美国国会，介绍政策，并开展活动推动少数群体在相关领域的参与度，消除在科学与工程领域的各种歧视：性别歧视、种族歧视、民族歧视或者学科歧视。自 2005 年以来，欧盟统计研究所就被责令按性别统计以下要素的数据：品质、部门、科学领域、年龄、籍贯、私有部门经济活动和私有企业就业。南非和巴西也同样进行了分性别的全面数据统计。

在工作中创造一个公平竞争的环境

在欧洲和美国进行了广泛的研究，进行识别模型，以确保当涉及科学和工程时，国家可以受益于两性的天赋、创造力和成就。许多方法可以促进一

① 参见：www.nsf.gov/crssprgm/advance/.

专栏 3.2 国际农业研究咨询组织：在全球研究中推进女性的职业发展

国际农业研究咨询组织（CGIAR）于 1999 年制定了性别和多样性计划，以促进女性科学家和其他专业人士的聘用、发展和留任工作。2013 年国际农业研究咨询组织设计了性别监测框架来监控进度：

- 国际农业研究咨询组织所做的工作提高了女性在高级职位的比例，为雇主提供了寻求该组织的选择；
- 性别主流化的进展贯穿整个国际农业研究咨询组织的体系，通过男性和女性在关键领导岗位人员的数量指标、性别因素集成研究优先顺序设定、实施和评价，得出最终研究预算和性别支出分配。

2014 年，女性占国际农业研究咨询组织领导层的 31%。其财团已经聘请了一位做性别研究的高级顾问，关注工作中的相关问题，通过监测性别和多样性计划的实施，每半年向农研基金理事会递交报告。

来源：国际农业研究咨询组织（2015）。

个公平的和多元化的工作环境（CMPWASE，2007；欧盟，2013）：

- 减少雇佣和绩效评估中无意识的偏见。
- 实施防性骚扰培训，制定政策以确保对受害者的赔偿。
- 解决不利于女性家庭生活的制度文化和流程：绩效评估与聘用相关，任职和晋升需要灵活处理和研究安排，以确保女性（和男性）在生育年龄短暂离职不会危及他们的未来的职业生涯。
- 机构性别政策需要最高层次管理者的支持。
- 决策和选择过程应公开、透明和有据可循。所有的专业、补助、提拔和任用委员会都应反映男女成员之间的性别平衡。
- 现代化人力资源管理与工作环境。
- 消除性别工资差距，包括性别研究经费缺口。
- 为家长提供再培训或重新入职的资源。
- 确保女性与男性享有同等机会旅游、参会和融资。

联合国妇女署和联合国全球契约联手制定了《女性权益原则》以及如何在工作场所、市场和社区中赋予女性权利的指导方针。这些指导方针旨在促进典范实践，通过概述性别维度中的企业责任，以及业务在可持续发展中的作用。该指导方针同时适用于企业和政府，体现了两者在经济中的相互作用，规定了公司须遵守的七项原则：评估公司的政策和方案；制订行动计划，综合考虑性别问题；与利益相关者充分沟通；使用《女性权益原则》作为指导；提高对女性权益原则的认识，促进原则实施；对外分享好的方法和经验教训。

结论

需要"修复体系"

虽然与以前相比越来越多的女性攻读与健康、科学和农业相关的学位，高等教育仍然存在性别失衡，全球女性研究员急速下降到不到 30%。这表明，女性参与科学和工程的过程中依然存在严重的障碍。从硕士到博士，在攀登职业阶梯时，很多女性放弃了科研。

从事科学或工程事业的女性，常常会因为家庭原因而离开自己的工作岗位或是比男性更频繁地更换工作。最近的研究表明，经数据论证，解决该问题需要进行策略调整。应通过"修复体系"让更多的女性参与科研，选择科学职业生涯，即解决导致妇女放弃科学的消耗、障碍和文化问题。

下面的步骤等可以促进科学劳动力的多样化：

鼓励政府：

- 在关键领域按性别收集数据。
- 落实政策，促进女性参与社会、劳动、科学与创新。
- 采取措施确保科学和教育系统是易接受、高质量、低负担。

鼓励科研院所和政府机构：

- 致力于追求在科学、研究、创新管理和决策方面的女性平等权。
- 通过资金、规划与进度监控支持性别平等和多样性。
- 通过奖学金和补助提高弱势群体的地位。

鼓励雇主和政府：

- 采取公开、透明和竞争性的任用和晋升政策。
- 采取策略来促进教育和工作场所的多样性，包括为不同群体的参与，财政支持和就业机会。
- 确保以培训、投资，支持创业的形式支持女性。

性别平等不仅仅是一个公正或公平的问题。国家、企业和机构通过为女性创造一个有利的发展环境，来提高她们的创新能力和竞争力。不同角度的专业知识相互作用，产生的创造力和活力造福于科学事业发展。实现性别平等有助于新的解决方案的产生并且扩大研究范围；如果国际社会想要实现下一阶段发展目标，则有必要优先解决性别平等这一问题。

参考文献

Abreu, A. (2011) National Assessments of Gender, Science, Technology and Innovation: Brazil. Prepared for Women in Global Science and Technology and the Organization for Women in Science for the Developing World: Brighton (Canada).

ASSAf (2011) Participation of Girls and Women in the National STI System in South Africa. Academy of Sciences of South Africa.

Bonder, G. (2015) National Assessments of Gender, Science, Technology and Innovation: Argentina. Women in Global

Science and Technology and the Organization for Women in Science for the Developing World: Brighton (Canada).

Campion, P. and W. Shrum (2004) Gender and science in development: women scientists in Ghana, Kenya, India. Science, Technology and Human Values, 28(4), 459–485.

Ceci, S. J. and W. M. Williams (2011) Understanding current causes of women's underrepresentation in science. Proceedings of the National Academy of Science, 108(8): 3 157–3 162.

Cho, A. H.; Johnson, S. A.; Schuman, C. E.; Adler, J. M.; Gonzalez, O.; Graves, S. J.; Huebner, J. R.; Marchant, D. B. Rifai, S. W.; Skinner, I. and E. M. Bruna (2014) Women are underrepresented on the editorial boards of journals in environmental biology and natural resource management. PeerJ, 2:e542.

CGIAR (2015) Third CGIAR Consortium Gender and Diversity Performance Report. Consortium of Consultative Group on International Agricultural Research: Montpellier (France).

CMPWASE (2007) Beyond Bias and Barriers: Fulfilling the Potential of Women in Academic Science and Engineering. Committee on Maximizing the Potential of Women in Academic Science and Engineering. National Academy of Sciences, National Academy of Engineering and Institute of Medicine. The National Academies Press: Washington, DC.

ECLAC (2014) The Software and Information Technology Services Industry: an Opportunity for the Economic Autonomy of Women in Latin America. United Nations Economic Commission for Latin America and the Caribbean: Santiago.

EIGE (2012) Women and the Environment: Gender Equality and Climate Change. European Institute for Gender Equality. European Union: Luxembourg.

EU (2013) She Figures 2012: Gender in Research and Innovation. Directorate-General for Research and Innovation. European Union: Brussels.

Expert Group on Structural Change (2012) Research and Innovation Structural Change in Research Institutions: Enhancing Excellence, Gender Equality and Efficiency in Research and Innovation. Directorate-General for Research and Innovation. European Commission: Brussels.

Frietsch, R.; I. Haller and M. Vrohlings (2008) Gender-specific Patterns in Patenting and Publishing. Discussion Paper. Innovation Systems and Policy Analysis no. 16. Fraunhofer Institute (Germany).

Gupta, N. (2012) Women undergraduates in engineering education in India: a study of growing participation. Gender, Technology and Development, 16(2).

Henry, F. (2015) Survey of Women in the Academies of the Americas. International Network of Academies of Sciences' Women for Science Programme: Mexico City.

Hosaka, M. (2013) I wouldn't ask professors questions! Women engineering students' learning experiences in Japan. International Journal of Gender, Science and Technology, 5(2).

Huyer, S. (2014) Gender and Climate Change in Macedonia: Applying a Gender Lens to the Third National Communication on Climate Change. Government of FYR Macedonia Publications: Skopje.

Huyer, S. and N. Hafkin (2012) National Assessments of Gender Equality in the Knowledge Society. Global Synthesis Report. Women in Global Science and Technology and the Organization for Women in Science for the Developing World: Brighton (Canada).

Kaiser, J. (2005) Gender in the pharmacy: does It matter? Science, 308.

Kim, Y. and Y. Moon (2011) National Assessment on Gender and Science, Technology and Innovation: Republic of Korea. Women in Global Science and Technology: Brighton (Canada).

Mellström, U. (2009) The intersection of gender, race and cultural boundaries, or why is computer science in Malaysia dominated by women? Social Studies of Science, 39(6).

Miller, C. C. (2014) Google releases employee data, illustrating tech's diversity challenge. The New York Times , 28 May.

Moss–Racusina, C. A.; Dovidio, J. F.; Brescoll, V. L.; Graham, M. J. and J. Handelsman (2012) Science faculty's subtle gender biases favor male students. PNAS Early Edition.

Rosser, S. (2009) The gender gap in patenting: is technology transfer a feminist issue? NWSA Journal, 21(2): 65–84.

Royal Society of Chemistry (2008) The Chemistry PhD: the Impact on Women's Retention. Royal Society of Chemistry: London.

Samulewicz, D., Vidican, G. and N. G. Aswad (2012) Barriers to pursuing careers in science, technology and engineering for women in the United Arab Emirates . Gender, Technology and Development, 16(2): 125–52.

Sheehan, J. and J. Wyckoff (2003) Targeting R&D: Economic and Policy Implications of Increasing R&D Spending. STI Working Paper 2003/8. Organisation for Economic Co-operation and Development's Directorate for Science, Technology and Industry: Paris.

Williams, J. (2004) Hitting the Maternal Wall. Academe, 90(6): 16–20.

WTO and UN Women (2011) Global Report on Women in Tourism 2010. World Tourism Organization and United Nations Entity for Gender Equality and the Empowerment of Women.

Zubieta, J. and M. Herzig (2015) *Participation of Women and Girls in National Education and the STI System in Mexico.* Women in Global Science and Technology and the Organization for Women in Science for the Developing World: Brighton (Canada).

索菲娅·惠尔（Sophia Huyer，1962 年出生于加拿大），是“全球科技妇女”的执行董事。她也是气候变化方面性别和社会包容研究的领军人物，国际农业研究磋商小组农业及食品安全计划的负责人。索菲亚获加拿大多伦多约克大学环境研究博士学位。

0.321
0.4
3.984
1.965
1.239
1.288
0.2

密切关注
地区和国家

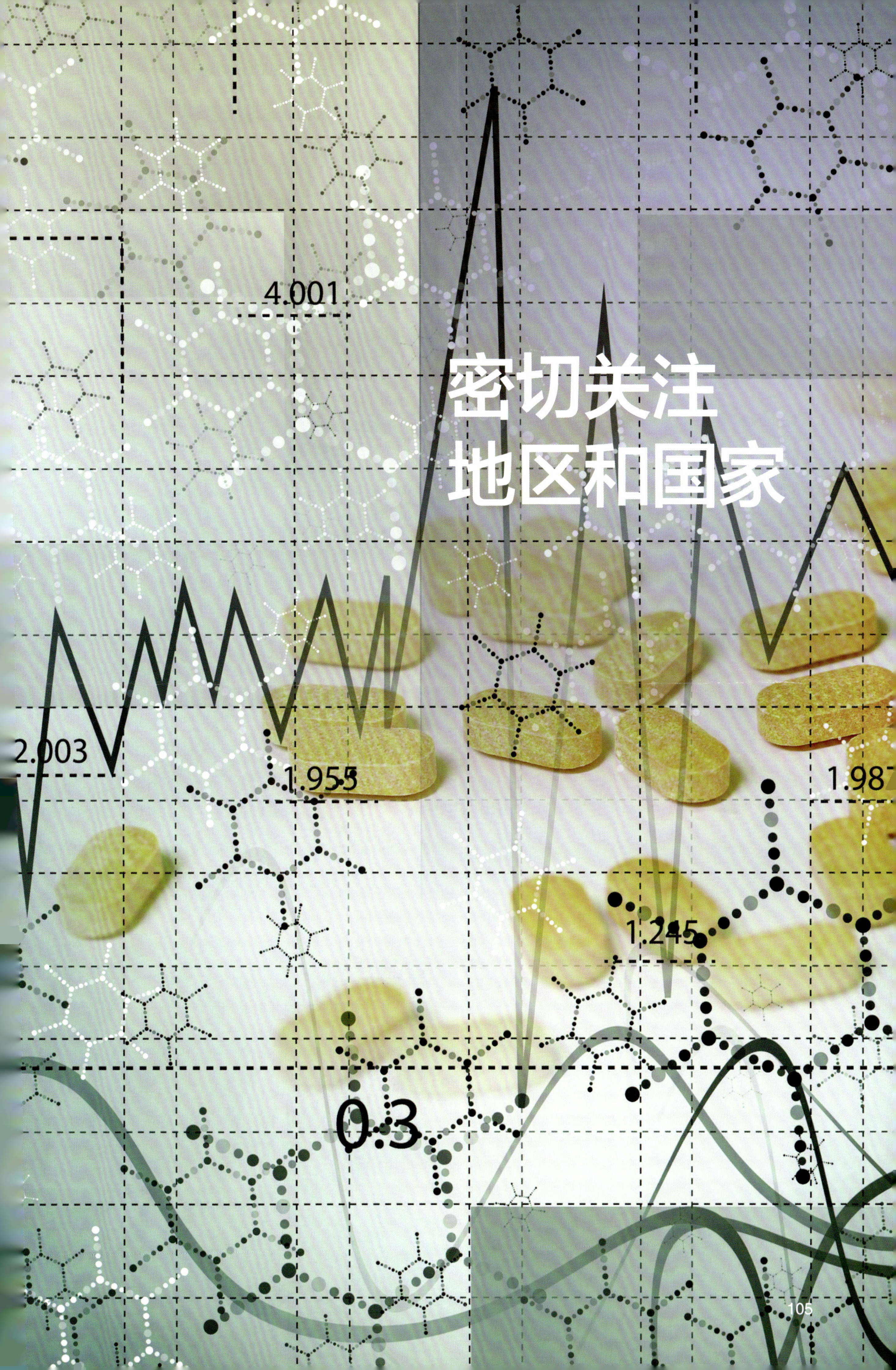

4.001
2.003
1.955
1.98
1.245
0.3

科学推动商业进步，
但不仅如此。

保罗·杜弗尔

在加拿大一项测试公众对机器人态度的实验中，一个搭车机器人在去往其目的地的途中得到了一位卡车司机的帮助，该司机送了搭车机器人一程。该搭车机器人会聊天，会搭车。

照片来源：©Norber Guthier：www.guthier.com

第4章 加 拿 大

保罗·杜弗尔

引言

当务之急：创造就业机会，平衡财政收支

此前，我们在《联合国教科文组织科学报告2010》中回顾了加拿大的科学、技术、创新状况，当时联邦保守党政府自2006年起开始执政。并且2006[①]年加拿大已经平安渡过经济下行困境。这一部分是由于加拿大本国金融银行产业运行良好，一部分则是因为加拿大经济很大程度上依赖本国能源、其他自然资源以及资产，而这些正是新兴全球化飞速发展所需要的。

2006年加拿大财政预算盈余为138亿加元，处于正常水平，而2008年加拿大受美国金融危机冲击，其财政赤字为58亿加元。2009年1月，加拿大政府采取了一揽子经济刺激计划以应对金融危机。该计划通过减税以及其他措施鼓励消费者加大支出、投资，试图逆转本国的经济下行趋势。

该经济刺激计划花费巨大（350亿加元），使政府陷入更为严重的债务中。2009年到2010年，加拿大财政赤字达到顶峰，为556亿加元。而《2010经济行动计划》通过负责任的财政管理以保证经济的持续增长以及长期创造就业机会。截至2015年，平衡预算则成为加拿大政府多年来实行此方案的奠基石。2014年政府预测2014年至2015年，加拿大财政赤字会下降至29亿加元，2016年则会回升至财政盈余。然而，2015年财政预算会不会盈余仍然令人怀疑。政府为达到财政赤字下降目标，卖掉了2009年通用汽车救助的剩余股份。但是，2014年六月起油价骤然下跌。这对加拿大经济的总体财政产生怎样的影响仍不明确。

一直以来加拿大政府采取的重要措施之一就是通过扩大贸易往来以创造就业[②]机会。国际商业部部长艾德·法斯特在2013年采取了“全球市场计划”，他回顾该计划时表示：“如今，贸易占了我国年国内生产总值的60%多，并且加拿大五分之一的就业与出口有关。”“2007年加拿大全球商业战略”的主要目标是与新兴国家进行贸易往来。截至2014年，加拿大与至少37个国家签订了自由贸易协定。其中包括与欧盟签订的重要协定。“2013年全球市场行动计划”通过消除贸易壁垒，削减繁文缛节以推动与发达国家和新兴国家的贸易往来成功调整并规范了此战略[③]。而加拿大对这些国家市场促进本国商业发展抱有很大的希望。

公共科学、商业研发和教育方面的顾虑

加拿大政府十年来在刺激科学和创新的资助方面制定的越来越多的政策可以说是缺乏大胆的举措。科学和技术的组织生态发生了变化，越来越注重知识投资的经济回报。与此同时，国内研发支出总额在国内生产总值所占的比例也一直下降（见图4.1）。

① 2006年联邦大选，加拿大保守党开始执政。最初，加拿大保守党只是一个少数党政府，之后于2011年大选时胜出，成为多数党政府。2006年起，史蒂芬·哈伯成为加拿大总理。

② 自2000年以来，加拿大失业率一直处于平稳状态，占职业人口数量的6%到8%。例如：2015年4月，加拿大失业人口占加拿大总人口的6.8%（加拿大数据）。

③ 以下新兴市场是外国直接投资、技术、人才以及地区或部分地区贸易平台的首选：巴西、中国（包括香港特别行政区）、智利、哥伦比亚、印度尼西亚、印度、以色列、马来西亚、墨西哥、秘鲁、菲律宾、韩国、沙特阿拉伯、新加坡、南非、泰国、土耳其、阿拉伯联合酋长国以及越南。

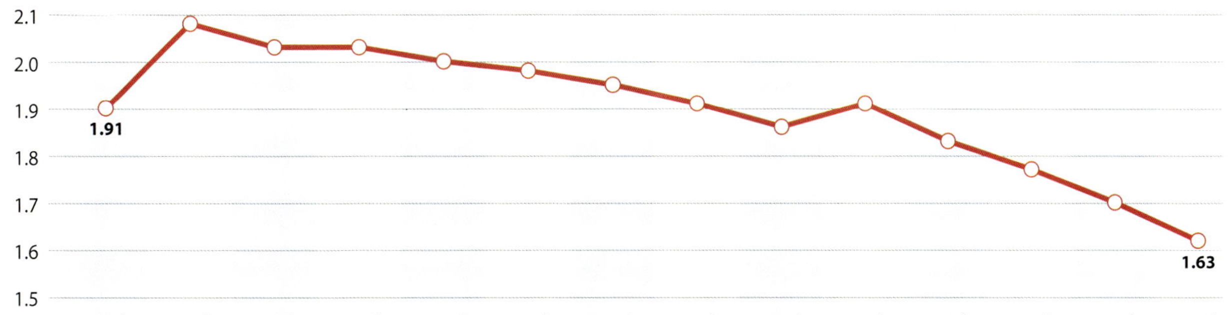

图4.1 加拿大在2000—2013年间国内研发支出总额/国内生产总值的比率（百分制）

来源：加拿大统计局。

在《联合国教科文组织科学报告 2010》中提到的问题也没能得以解决，并且也出现了其他问题。两大重要劣势依然存在。首先加拿大没有私营部门承诺在创新方面投资。加拿大在全球竞争力总体排名中持续下滑，很大程度上由于加拿大在创新方面投资不足。最近世界竞争力报告（2014 年 WEF）显示，加拿大私营部门在研发上的投资排名世界第 27 位，相比之下其产学合作对研发的投资排名世界则为第 19 位。先进的技术是世界上最具竞争力的国家技术创新的关键推动力，而加拿大政府先进技术采购力方面位居世界第 48 名。

其次，加拿大在 21 世纪时创造出高超的技能、一流的教育、高效的培训时，没有一个对人才和科学教育的强大规划。很多指标显示加拿大高等教育的声望不断下降，因此以上的劣势成为亟待解决的问题。

最后，第三大劣势自《联合国教科文组织科学报告 2010》出版起就已出现。2010 年起加拿大政府实行了财政紧缩的政策，多年来，该政府一直缩减科学结构和科学部门的规模。近来加拿大科学社团的调查显示削减公共科学和基础科学会产生较为令人担忧的影响，对加拿大的国际地位的影响也同样堪忧。

本章重点分析这三大问题以及挑战。为了说明问题，我们先看一看相关数据。

研发趋势

加拿大研发投入十年来创新低

2013 年，加拿大国内研发总支出占国内生产总值比重为 1.63%，位居十年来最低。2004 年以来加拿大国内研发总支出的增长（15.2%）无法赶上加拿大国内生产总值的增长（42.9%）。1997 年至 2009 年间，由于持续的财政盈余，研发比率不断增长，之后受 2009 年联邦经济刺激计划的影响，研发比率继续上涨。2001 年，加拿大国内研发总支出甚至占其国内生产总值的 2.09%，处于最高水平（见图 4.1）。

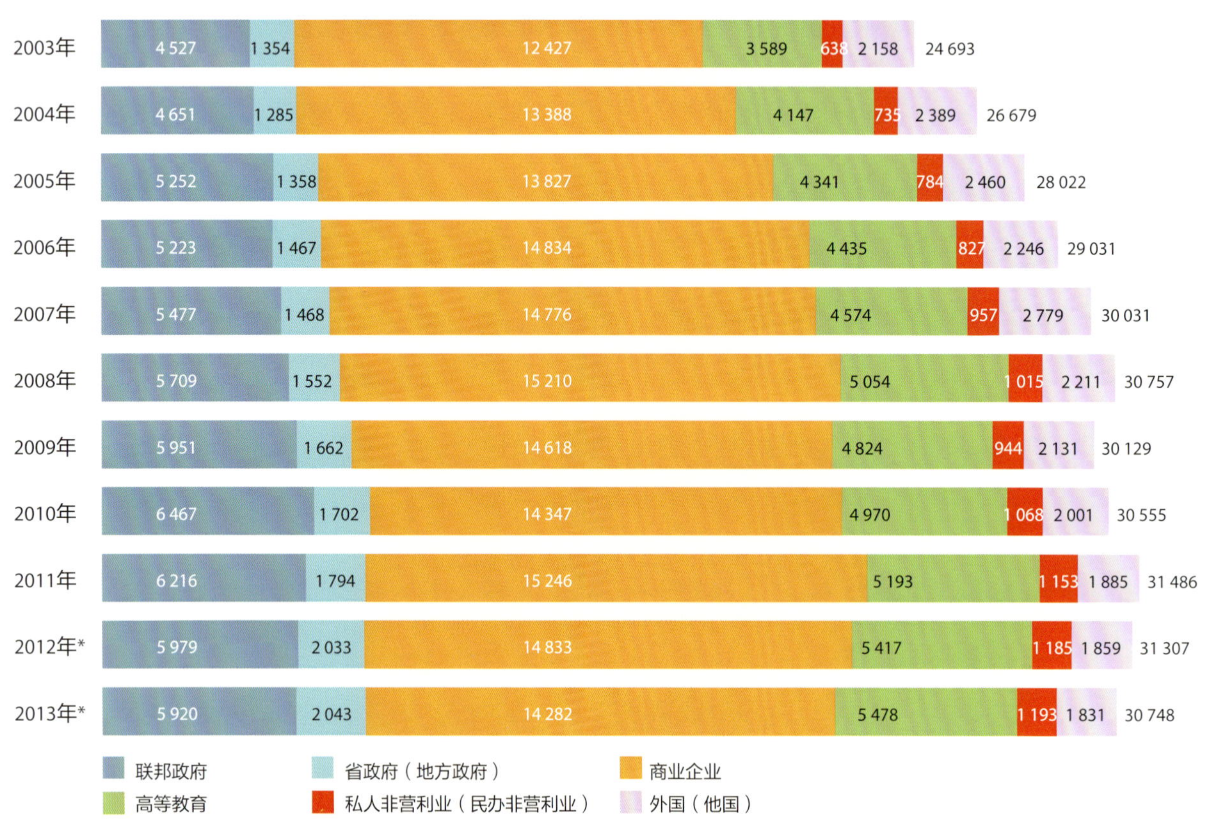

图 4.2　2003—2013 年加拿大在基金业方面的国内研发支出总量（以百万加元计）

* 初始数据。

来源：加拿大统计局。

2010 年到 2013 年间，该趋势发生逆转。加拿大政府实行《2010 年经济行动计划》平衡财政预算，但是联邦内部对研发的资助减少。仅加拿大政府对研发的资助就下跌了 6 亿多加元，超过 10%，并且一直处于下降趋势。预计 2013 年费用将达到 58 亿加元（见图 4.2）。有些基础设施项目只投资于非基础设施设备。例如，在加拿大北部正在建设全球高纬度北极研究站，其中加拿大参与的 30 米望远镜项目 10 年来已经收到了 24.35 亿加元的资助，但是加拿大国家科技博物馆却要在 2017 年之前闭馆整修。

2008 年至 2012 年间，加拿大国内生产总值增加 10.6%，不再实施刺激计划。2013 年，加拿大国内研发总支出与其国内生产总值的比率受这两个因素的共同影响下降至 1.63%。

产业对研发的资助下降，令人担忧

加拿大科学界的一个特点就是联邦政府资助占所有研发资助的十分之一，大学资助则占十分之四。加拿大大部分的研发资助也来源于商业、企业等部门，这些部门的资助占了另外的一半。近年来产业对研发的资助处于下降趋势，令人担忧：根据联合国教科文组织统计研究所提供的数据，2006 年商业金融领域的资助占所有资助的 51.2%，2013 年该数字下降 46.4%。同期，外资资助占总资助的比重也从 7.7% 下降到 6.0%。

表 4.1　2013—2014 年在加拿大行政部门和资金来源方面的国内研发支出总量

研发花费意向	2013年	2014年	百分比变化
	百万加元		
总执行部门	**30 748**	**30 572**	**−0.6**
商业企业	15 535	15 401	−0.9
高等教育	12 237	12 360	1.0
联邦政府	2 475	2 305	−6.9
省政府和省级科研机构	339	338	−0.3
私人非营利业（民办非营利业）	161	169	5.0
总资金部门	**30 748**	**30 572**	**−0.6**
商业企业	14 282	14 119	−1.1
联邦政府	5 920	5 806	−1.9
高等教育	5 478	5 533	1.0
省政府和省级科研机构	2 043	2 066	1.1
国外	1 831	1 842	0.6
私人非营利业	1 193	1 207	1.2

备注：数据经过四舍五入，各部分数据相加可能与总数不符。

来源：加拿大统计局，2015 年 1 月。

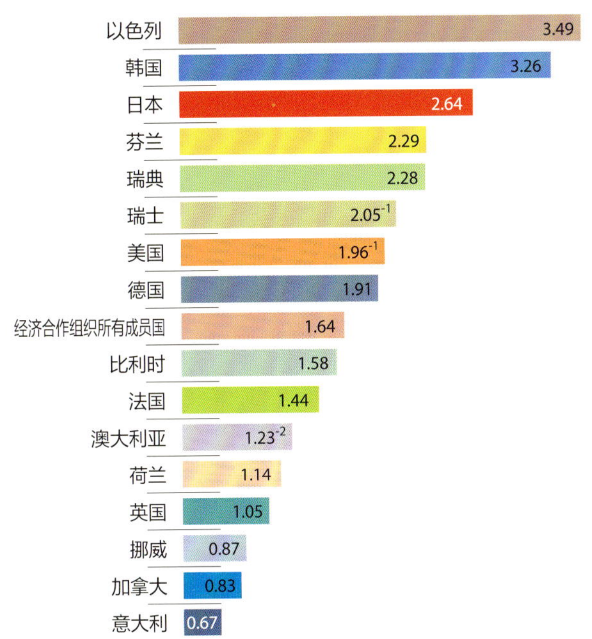

图 4.3　2013 年或近年加拿大以及其他经济合作与发展组织成员国的产业研发支出占国内生产总值的份额（%）

−n= 参考年份 *n* 年前的数据。

来源：2015 年 8 月，联合国教科文组织统计学院。

加拿大统计局的最新数据显示，2014 年加拿大联邦政府对研发的资助下降了 6.9%，2014 年经济停滞的主要原因。2015 年 1 月，加拿大统计局发布了一份简要的报告，预测 2014 年研发支出为 306 亿加元，比 2013 年的 307 亿加元略为下降（见表 4.1）。

经济合作与发展组织的其他成员国国内研发总支出与国内生产总值的比例则已经恢复到 2008 年之前的水平，但是加拿大并没有。在七国集团中，在 2008 年到 2012 年只有加拿大的比值在不断下降。商业研发支出也出现了相似的情况（见图 4.3）。2001 年加拿大商业研发支出与国内生产总值的比例上升至最高，为 1.3%，截至 2013 年该比值下降 0.8%。而经济合作与发展组织成员国的商业研发支出平均从 2014 年的 1.4% 上升至 2013 的 1.6%。加拿大的药品，化学品，主要金属产品，金属制品等产业的研发支出减少。

削减产业研发支出也严重影响了研发人员数量。2008 年至 2012 年间，研发人员数量从 172 744 人下降到 132 156 人，产业研发岗位少了 23.5%。据加

表4.2　2008—2012年加拿大研发部门的人员

部门	2008 年	2009 年	2010年	2011年	2012年
联邦政府	16 270	17 280	17 080	16 960	16 290
研究人员	7 320	7 670	8 010	7 850	7 870
技术人员	4 700	5 170	4 900	4 760	4 490
辅助员工（勤杂人员）	4 250	4 440	4 170	4 350	3 930
省政府	2 970	2 880	2 800	2 780	2 780
研究人员	1 550	1 500	1 600	1 600	1 620
技术人员	890	880	770	750	750
辅助员工（勤杂人员）	530	500	430	420	420
商业	172 740	155 180	144 270	145 600	132 160
研究人员	98 390	93 360	94 530	97 030	88 960
技术人员	52 080	47 190	38 570	39 290	32 950
辅助员工（勤杂人员）	22 280	14 630	11 180	9 280	10 240
高等教育	62 480	60 180	67 590	70 010	71 320
研究人员	49 450	47 350	53 970	56 090	57 510
技术人员	6 790	6 680	7 150	7 310	7 250
辅助员工（勤杂人员）	6 240	6 150	6 470	6 610	6 550
私人非营利业（民办非营利业）	2 190	1 240	1 300	1 240	1 390
研究人员	500	340	530	520	590
技术人员	900	470	540	500	510
辅助员工（勤杂人员）	790	430	230	220	290
总计	**256 650**	**236 760**	**233 060**	**236 590**	**223 930**
研究人员	157 200	150 220	158 660	163 090	156 550
技术人员	65 350	63 380	51 930	52 620	45 950
辅助员工（勤杂人员）	34 090	26 150	22 470	20 880	21 430

来源：加拿大统计局 制图数据部门 图表 358–0159；研究花费，2014 年 12 月 22 日。

拿大统计局最近分析，2011 年至 2012 年，产业研发人员数量下降了 13 440 人，即下降了 9.2%，是 2008 年到 2009 年以来第二次大幅度下降。2008 年至 2009 年，17 560 份工作遭到削减。

加拿大统计局最近数据显示，产业不是唯一受到工作削减影响的部门。2012 年，联邦政府以及地方政府的所有研发部门人员都所有下降（见表4.2）。

产业研发的政策问题

产业创新能力弱导致生产力发展水平低下

加拿大私营部门多年来创新能力很弱，这一直是主要问题。据加拿大学院委员会做出的综合报告（CCA, 2013a），该情况不容乐观。该报告总结了七份不同的报告的主要调查结果，从中我们可以得出两大主要结论：加拿大学术研究在国际上总体相对较强，并且声誉良好。但是按国际水平衡量，加拿大产业创新却很弱。这是加拿大生产力发展水平低下的首要原因。

该报告中提出了一个问题：

为什么加拿大经济在创新能力弱，相应生产力发展也很弱的情况下还能保持相对繁荣的发展？答案就是因为加拿大企业的创新水平一直能满足公司的需要。21 世纪初期以前，加拿大企业凭借丰富的劳动力和有利的汇率在国际上颇具竞争力。正是由于其劳动力丰富，汇率优越，才使得发展生产力不是那么的迫切。自从 21 世纪以来，加拿大商品价格的不断上升使加拿大人民的收入也不断增加。

该报告指出加拿大面临的重要挑战就是将其之前的商品经济转型成为一种新的经济模式。该经济模式存在大量的市场可以提供各种商品，各种服务，并且公司之间主要是通过产品创新、营销创新竞争。一旦越来越多的加拿大公司制定创新策略不仅仅是出于需要，那么这些公司会对加拿大科技能力的壮大产生强大的产业影响力。

事实上，加拿大学院委员会又做了一份有关加拿大本国的产业研发报告。该报告得出了如下结论：加拿大产业研发由于一系列复杂且常常知之甚少的原因一直很弱，尽管仍有四大产业非常强大：

- 航天产品以及零件制造业。
- 信息通信技术。
- 油气提取。
- 药品生产。

小组报告发现，尽管加拿大研发活动非常广泛，且分布在很多领域，但是研发和科技的关系却不对称。通过对不同地理分布的考察，小组发现加拿大产业研发实力聚集在几个特定的区域。安大略省和魁北克省的研发领域主要在航天，安大略省、魁北克省和不列颠哥伦比亚省则主要在信息通信技术，不列颠哥伦比亚省和阿尔伯塔省主要在油气领域，安大略省、魁北克省和不列颠哥伦比亚省则通常在处方药领域。

该报告进一步研究考察了产业研发力量与科技经济力量结合的情况（见图 4.4）。报告指出尽管这些领域存在一些一致性，但是缺少一些不能完全理解的重要的结合（CCA, 2013b）：

> 由于加拿大中等后教育体系强大，而且有稳固的世界级大学研究基础，加拿大产业研发投资充满活力。但是试图将这种科学力量与产业研发通过一种直接以及线性的方式结合有点过于简单了，尤其是研发密集型产业所占加拿大经济的比例小于其他先进的经济形式。

科技优势	工业研究与发展方面的优势	经济优势
临床医学	航空产品和零件制造	航空
历史研究	信息与通信技术	石油与气体提取
信息通信技术	石油与气体提取	建造术
物理与天文	药物与药物制造	林业
心理与认知学		财政、保险和房地产
视觉与表演艺术		零售与批发贸易

图 4.4　加拿大在科技、工业研究与发展和经济方面的优势

来源：节取自加拿大建筑协会（2013b）。

如何最好地鼓励私营部门投资高潜能公司？

加拿大联邦政府和一些地方政府长期以来一直采取不同的机制以重塑该领域的产业文化。其成果非常有限。例如，2013 年 1 月，加拿大政府宣布制定《风险投资行动计划》，在接下来的七到十年用 4 亿加元作为新的资金将私营部门主导的投资转变为风险投资基金。

根据该行动计划，加拿大政府在 2009 年至 2013 年，这五年间共出资 6 000 万加元，2014 年又投入 4 000 万加元以帮助出色的孵化器和加速组织将其研究发展成有价值的企业。因此加拿大国家研究委员会①发起了产业研究援助计划，其中的加拿大企业孵化与加速项目于 2013 年 9 月 23 日征集研究计划，这吸引了将近 100 位申请者。加拿大国家研究委员通过严格的选拔标准和合格度标准，对这些研究计划进行评估。这些标准包括：

- 该项目是否会很大程度上刺激那些会提供优越投资机会公司的初期发展。
- 该项目是否可以发展其他重要的企业和组织的业务关系网，以向企业提供一系列广泛的专业服务。
- 该项目是否表现足够的匹配资源的组织能力，该资源包括为计划活动提供的金融或实物（如指导资源，行政支持）。
- 该项目会证实的确有利于现有业务的增长。

加拿大资助体系过于复杂

最近几年，人们一直在讨论一个话题，即加拿大私营机构不愿向有很大潜力的企业投资。在 2011 年 10 月，汤姆·杰肯斯向加拿大科技部部长提交了小组的联邦政府对研发的资助回顾报告。在该回顾报告中，他指出："加拿大政府对产业研发的资助相对于本国经济的容量在世界上是最多的。但是，加拿大的产业研发投资却处在近乎最底端的位置。我们发现加拿大资助体统过于复杂，缺乏清晰的指导性。"（Jenkins 等，2011）加拿大联邦政府的六十个产业创新项目同时遍布于 17 个部门。该小组提出了一个关键性措施，即建议政府创立产业研究与创新理事会以负责管理政府的 60 个项目。但是政府并未对此建议加以关注。

人们对加拿大的《风险投资行动计划》众说纷纭，有人质疑政府将私营部门的税收所得用于风险投资资金是否是明智之举。

从长远来看，要想更有效地明显推动加拿大独特的知识型经济，政府需要制定一个比《风险投资行动计划》更为周全、协调的措施。渥太华大学的学者近年来（2013 年）做出了一份报告，探究了十项政策标准。这些标准为加拿大创新政策提供了强有力的专栏架。该报告利用了 60 年前的证据制定了这十项标准，其中包括：

- 所制定政策不应预判任何类型知识的实用价值。
- 所制定政策应包含创新过程的措施（而不仅仅是投入和产出的措施）。
- 所制定政策应该有利于"开放"知识领域，而非专有知识领域。

科学项目外交最终服务于商业

截至 2014 年，半数的加拿大论文是和国外合作完成的，经济合作与发展组织成员国平均与国外合作完成的论文数量是总数量的 29.4%（见图 4.5）。加拿大与其最亲密的伙伴美国的合作率一直处于下降趋势：据 Science-Metrix 的评估，2000 年，38% 的国际论文与美国合作完成，2013 年，该数字下降到 25%。

加拿大的研究合作和科技外交越来越与贸易、商业机遇有关。很明显，加拿大的创新网络工作由外交、贸易与发展部的贸易专员服务管理而不是外事人员负责。该大型部门是 2013 年加拿大经济行动计划的一部分，通过合并外事、国际贸易部与加拿大国际发展局而成。这两个组织在 1968 年就已成立。

以下最近的两项计划表现了科技外交商业化趋势：加拿大国际科学与技术合作项目（简称 ISTP Canada）和加拿大尤里卡合作项目。

加拿大国际科学和技术合作项目 2007 年开始运行，旨在将加拿大创新机构与国际研发伙伴、资金以及市场相联系。该项目由加拿大外事、贸易和发

① CAIP 以五年为期，通过向一定数量顶级的加速器以及孵化器每年资助最多 500 万加元的资金，以对加速器以及孵化器提供支持，而且该笔资金不必偿还。

专栏 4.1　加拿大、中国和以色列将共建农业孵化器

2013 年 9 月，为了农业技术的发展和商业化，加拿大、以色列和中国基于联合研究，同意建立一个联合孵化器。

这个孵化器已经于中国的农业中心——杨凌农业高新技术产业示范区建立起来。该孵化器将使这三个国家的商业公司参与联合研究与开发成为可能，与此同时将其与市场机遇联系，并加速新兴农业技术的商业化。2012 年，加拿大出口中国的农业值超过 50 亿加元。

该协议一经签署，亨利·罗斯柴尔德博士——加拿大国际科学与技术合作项目以及加拿大和以色列联合工业科研基金会的主席兼首席执行官，意识到：“随之而来的革新将为这些合作者开辟新的亚洲市场，并使边际土地的可持续使用得到发展，从而改善食物质量与安全。”

迈克尔·库里先生——以色列总领事馆的经济事务领事，认为这个孵化器于以色列而言是个机遇，“从此，以色列将建立与加拿大及中国的合作关系，将其多领域的优势运用到这个关键领域”。

王俊全先生——杨凌农业高新技术产业示范区行政委员会的副处长，对建立这个孵化器将利于与加拿大、以色列改革者的合作感到自豪。他说，“这个中心将满足杨凌的农业需求，并进一步将这一地区建成农业革新的全球中心。”

来源：加拿大国际科技合作项目发布，2013 年 10 月。

展部授权用以发展加拿大公司或研究机构（包括大学）与巴西、中国、印度以及以色列这四大重要的贸易国的新研发合作伙伴关系。加拿大十个省中的三个省阿尔伯塔省、不列颠哥伦比亚省以及安大略省参与了此次项目。2007 年至 2012 年间，加拿大国际科学和技术合作与中国发展了 24 项早期合作项目，与印度发展了 16 项早期合作项目，与巴西发展了 5 项早期合作项目，又与这三个国家发展了另外 5 项多边合作项目，例如表 4.1 该项目也资助 29 项双边研发项目[①]：与中国 17 项，与印度 8 项，与巴西 4 项。加拿大国际科学和技术合作占加拿大授权合作研究项目花费的一半，而这些项目由公司、大学、个人研究机构提出。该项目的发起者声称该项目会令投入研发项目的每一加元都会产生四倍的影响力。因此，据估计 2007 年至 2012 年间投入研发项目的 1 090 万加元会产生出 3 790 万加元。加拿大国际科学和技术合作项目由于缺乏负责任的政府部门支持于 2005 年停止[②]。

① ISTP 加拿大主要的合作伙伴有：中国的科技部以及国际人员交流中国协会；印度的全球技术创新联盟、科技部以及生物技术部；巴西的圣保罗研究基金会（简称：FAPESP）以及米纳斯吉拉斯州研究基金会（简称：FAPEMIG）。

② 在 2015 年 2 月 10 日发表的先兆性访谈“研究费用的问题”中，其首席执行官皮埃尔·比洛多评论道加拿大的 ISTP 项目的未来具有不确定性，因为随着资金、时间的流逝直至耗尽，更新其授权是不可能的。由于后来缺乏资金，加拿大 ISTPC 项目于 2015 年 4 月正式结束。

加拿大尤里卡合作项目给加拿大公司进入欧洲市场提供了更广泛的途径。尤里卡是一项泛欧洲政府间计划，旨在通过促进以市场为导向的国际研发合作，加强欧洲国家公司的竞争力。加拿大尤里卡合作项目协议于 2012 年 6 月 22 日在匈牙利布达佩斯签署。国家研究理事会为尤里卡的实施建立了加拿大国家项目合作办公室。在协议签署仪式上，时任国家科技部部长加利·古德伊尔表示：“我国首要任务是发展经济，为加拿大工人、企业家和家庭创造更多就业，创造不断增长的，长期繁荣的经济。通过加入尤里卡计划，加拿大公司会以更好的姿态进入国际市场，会加速商业技术的发展。”

加拿大作为尤里卡计划的成员国之一，其创新型小公司不断从中受益。截至 2014 年 9 月，公司制定了 15 个项目用以发展技术，从虚拟加工技术到海水淡化技术。这些市场导向产业研发项目价值 2 000 多万加元，协助加拿大公司与其他国家的公司一对一合作或集体合作。与加拿大公司合作的公司不仅来自欧洲国家，也来自以色列以及韩国。

加拿大公共科学的政策问题

财政削减：是否威胁加拿大在世界的知识品牌?

加拿大在世界上的知识地位岌岌可危。政府科学界和联邦科学家成为财政削减的目标，引发了不同利益体的首次动员以避开这一倒霉的趋势。然而，

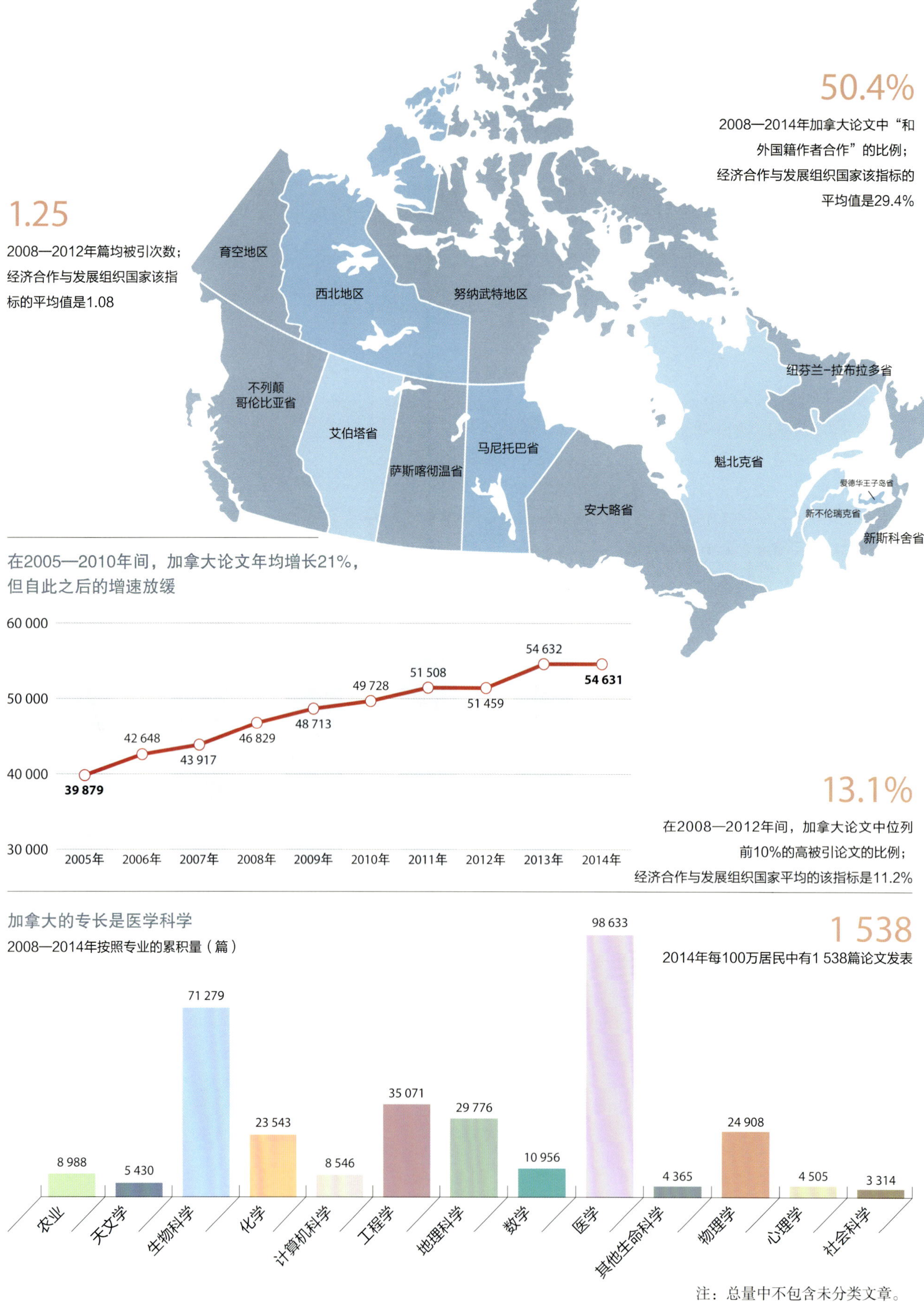

加拿大和美国科学家合作最多

2008—2014年主要外国合作者（按照文章数量）

	合作数量第一的国家	合作数量第二的国家	合作数量第三的国家	合作数量第四的国家	合作数量第五的国家
加拿大	美国（85 069）	英国（25 879）	中国（19 522）	德国（19 244）	法国（18 956）

图 4.5　2005—2014 年加拿大科学出版物发展趋势

来源：汤森路透社科学引文索引数据库，科学引文索引扩展版；数据处理 Science- Metrix。

财政削减是加拿大政府紧缩财政的后果之一，但是也反映了政府会减少公共服务规模的趋势。在一系列史无前例的记录在案的公共服务事例中，加拿大政府被指减少对公共科学的扶持以及限制本国科学家的言论。

加拿大公共服务专业机构开展了两项调查，分类记录了政府科学家的担心。第一个调查吸引了四千多名受访者。该调查发现每四名受访的联邦科学家中就有近乎三人（74%）认为过去五年，共同的科学发现已严重受限。接近相同数字（71%）的受访联邦科学家认为政治干预已中和了政府科学地制定政策、法律以及做出项目的能力。据调查，接近半数（48%）的科学家意识到他们所在的部门和中介机构确实在压制信息，导致公共人员、产业人员以及政府人员不完整、不精确并且充满误导。

第二项调查[①]（PIPSC, 2014）显示政府科学界的不断削减会进一步影响政府制定和实行科学的政策。据《消失的科学：加拿大公共科学的消失》观察显示："2008 年至 2013 年间，政府从联邦科技部门和中介机构的科技经费中已经削减了 5.96 亿加元（以 2007 年定值美元为准），且 2 141 份全职等效职位遭到削减"（PIPSC, 2014）。

该调查指出这些财政削减导致整个项目受到损失，包括加拿大资助的国家环境圆桌会议上环境和经济的决定，该决定为 25 年来主要联邦顾问小组的可持续发展决定。项目还包括危险品信息审查委员会、加拿大气候以及大气基金会和海洋有害物和污染物项目。最后的项目由加拿大渔业海洋部门资助（PIPSC, 2014），见图 4.6 和表 4.3。

据该调查显示："最坏的结果还没有到来。2013 年至 2016 年间，仅 10 个联邦科技部门[②]以及中介机构共计 26 亿加元的财政将会遭到削减，预计 5 064 项全职等效职位遭到削减"（PIPSC, 2014）。

① 15 398 个加拿大公共服务专业研究所的成员（包括在联邦 40 多个部门从事科学工作的科学家、研究人员和工程师）收到了联邦科学家网上调查的邀请。这些人中，4 069（26%）人做出回应（加拿大公共服务专业研究所，2014 年）。

② 加拿大农业，加拿大食物检测机构，加拿大空间机构，加拿大环境，加拿大渔业与海洋，加拿大健康，加拿大工业，国家研究委员会，加拿大自然资源，加拿大公共卫生机构。

据联合国统计署数据，2010 年，政府部门共招募全职等效研究人员总计 9 490 人次，大学又招募 57 510 人次。

该报告中显示了一定的担忧。近来，财政优先转移到对产业风投的巨大支持上，这会严重损害基础科学以及公共科学。该报告中援引了以下例证。2013 年至 2014 年间，加拿大国内研发投资[③]为 1.62 亿加元，投资大为下降。其中，大部分投资于公共卫生、安全以及环境，相比之下，产业风投增加了 6 800 万加元。调查人员又援引了 2013 年 11 月民调公司环境学（Environics）的民意调查。该民意调查报告显示，73% 的受访者认为政府科学活动的当务之急应该是保护公共卫生、安全以及环境。

该调查还反映了联邦科学家的担心。他们担心在知识产权、获取发表许可以及限制参加国际会议的部门新政策会对加拿大的国际科技合作造成损害（PIPSC, 2014）。事实上，最近一份针对联邦科技部门的传媒政策的评估报告显示：

- 加拿大联邦科技部门的传媒政策分为交流开放，防止政治干预以及保护告密者，保护言论自由。目前，大量政策反对联邦科学家和媒体的自由交流。
- 政府传媒政策不支持科学家和新闻工作者之间的公开、及时交流对话，也未能保护科学家的言论自由。
- 政府传媒政策未能保护对科学交流的政治干预。
- 经评估，超过 85% 的部门（14 个部门中就有 12 个部门）处于 C 或 C 以下。

加拿大联邦政府对调查的回应

对于以上的评论，加拿大联邦政府对此做出部分的回应，在 2014 年年中，发起了一项针对政府科学界的秘密检查。该检查由专家小组向科研副部长汇报。该检查旨在为加拿大政府科学界提供可靠的外部消息，制定出科技部门和中介机构在做科学工作时不同的想法和方法，以应对目前以及未来的挑战，同时认识国内科学的本质和价值。2014 年年末，专家小组提出了秘密的建议。但是从那以后，

③ 本章提及，内部科学与基于科学内部部门机构的研究与开发有关。

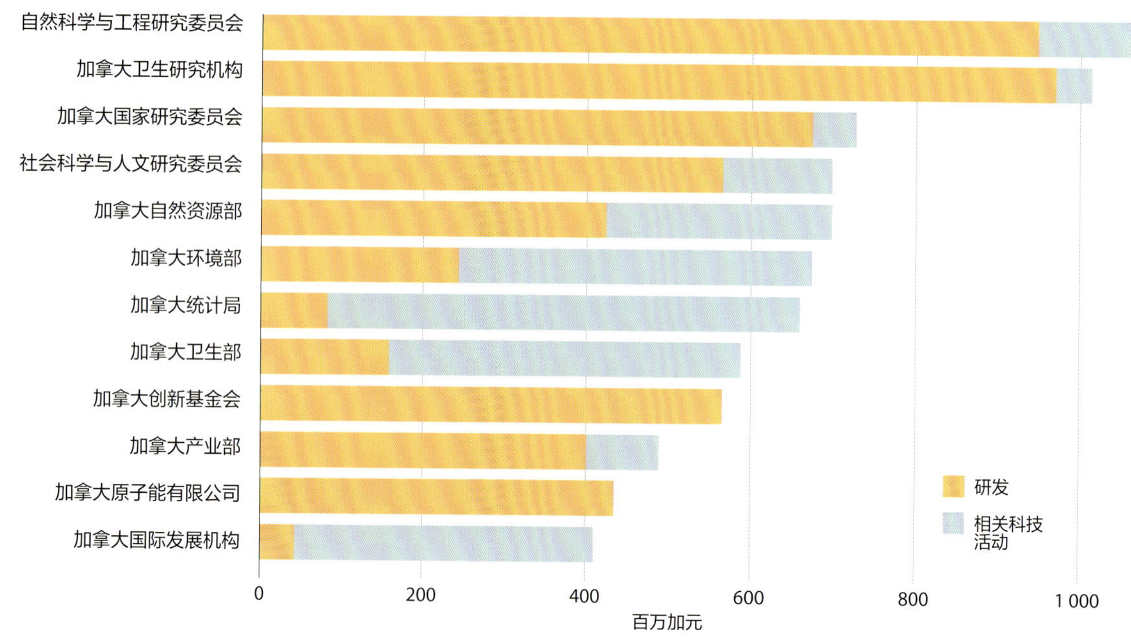

图 4.6　加拿大主要联邦科技部门以及机构

来源：加拿大政府。

表 4.3　2011—2013 年加拿大联邦政府科技部用于社会经济目的的支出

	2010/2011 年		2011/2012 年		2012/2013 年	
	部门内	部门外	部门内	部门外	部门内	部门外
	百万加元					
总额	2 863	4 738	2 520	4 381	2 428	4 483
地球的勘探与开采	90	77	86	92	59	93
交通	64	56	60	58	51	49
通信	46	52	41	35	34	35
其他基础设施建设和一般土地使用计划	44	76	42	37	35	43
环境保护	200	227	208	225	121	251
保护和改善人体健康	280	1 432	264	1 415	240	1 512
能源的生产、分配以及合理利用	717	269	545	257	561	161
农业	360	179	354	154	409	1 603
渔业	7	29	7	21	6	17
林业	70	90	69	58	70	54
工业生产和技术	206	801	182	799	153	937
社会结构和关系	156	222	125	243	141	264
空间探测和开发	78	228	74	268	61	195
非定向研究	247	938	240	641	211	636
其他民用研究	21	4	14	2	16	1
国防	276	57	211	76	258	71

注：联邦科技部支出是该部门在研发以及相关科技活动支出量。部门内支出不包括非项目（非直接）支出。
来源：加拿大统计局，2014 年 8 月。

政府是否采取任何其报告中提出的任何建议还不得而知。

2013 年 10 月，加拿大联邦政府发布了修订版的联邦科技创新战略以替代 2007 年 5 月加拿大总理制定的战略，之前制定的战略已有七年之久。2014 年 1 月，在加拿大科技部前部长，格雷格·瑞克福德的支持下，政府发布了简短的讨论商议的文书。2014 年 3 月，该前部长被另一位年轻的科技部部长取代，新部长名叫艾德·霍德尔[①]。随后，这位新部长接手该战略。

2014 年 12 月，加拿大总理哈伯再次发行了修订版战略，叫作《抓住时机：推进加拿大科技创新》。该战略主要说明了自 2007 年以来，政府承诺的事。其中政府没有新的标志性投资承诺。

新战略与 2007 年制定的策略不同。该战略将创新列为中心地位（见表 4.4）。《抓住时机》中表示：2014 年的战略将创新列为前沿以及中心地位，以促进产业创新，建立加拿大研究能力的协同作用，雇用有技能、懂创新的劳动力。该战略强调各个产业需对自身定位，并执行科技创新政策，以在国内和国际上竞争。更重要的是，该战略鼓励产业部门自愿改进投资创新的方法。据此，该战略可令市场发展自身的模式。

同时，政府在众多领域也制订了一系列以科技创新为目标的公共政策方案，通过道德劝说发生改变。我们会就近来备受争议的一些关键话题做一些

① 2014 年 5 月，格雷格·瑞克福德接管了自然资源部和安大略北部联邦经济发展机构的资产组合。后一机构已于 2011 年委托于他。

表 4.4　加拿大联邦政府 2007 年和 2014 年的政策重点

2007年联邦政府的科技策略		2014年联邦政府的科技策略	
优先领域	次要领域	优先领域	次要领域
环境科学和技术	■水：健康，能源，安全 ■提取，加工和使用碳氢化合物能源的更清洁的方式，包括减少这些资源的消耗	环境与农业	■水：健康，能源，安全 ■生物科技 ■水产业 ■加工非常规能源和矿产资源的可持续方法 ■食物与食物体系 ■气候变化研究与技术 ■减灾
自然资源与能源	■油砂产能 ■北极：产能，气候变化的适应，监测 ■生物能源，燃料电池和核能	自然资源和能源	■北极：可靠地发展与监测 ■生物能源，燃料电池和核能 ■生物产品 ■管道安全
健康与相关生命科技	■再生药物 ■神经系统科学 ■人口老龄化的健康问题 ■生物医学工程和医学技术	健康与生命技术	■神经系统科学与心理健康 ■再生药物 ■人口老龄化的健康问题 ■生物医学工程和医学技术
信息与通信技术	■新媒体，动画和游戏 ■无线网络与服务 ■宽带网络 ■电信设备	信息与通信技术	■新媒体，动画和游戏 ■通信网络与服务 ■网络安全 ■先进的数据管理与分析 ■机器—机器体系 ■量子计算
		先进的制造业	■自动化（包括机器人学） ■轻质材料和技术 ■累积制造 ■量子材料 ■纳米技术 ■航空宇宙 ■机动车

来源：作者编辑。

简要的讨论。

加拿大希望成为世界能源大国

加拿大现任总理在其上任之初认为加拿大正力图成为世界能源大国。① 政府现在为石油以及汽油寻找新的能源市场，尤其是为阿尔伯塔石油（焦油）砂寻找新能源市场，现已成效显著，但是在国内外也备受争议。例如，在多次国际气候变化会议上，加拿大被环境学家称为年度化石能源大国。②

并不是所有的加拿大经济部门都和石油砂进展一样。2002 年起，加拿大能源、金属和矿物、工农业部门出口实际值大幅度增加，但是电力、交通、消费品和林业等部门出口实际值大幅度下跌。2002 年，加拿大能源产品出口量仅有不到 13%。截至 2012 年，该比例上升至超过 25%。1997 年至 2012 年间，石油占全国商品生产总值的比率从 18% 上升至 46%，与天然气、林业、金属和矿业、农业和渔业的经济价值总值持平。许多生产企业尤其是深受打击的汽车业以及消费品业重组以服务资源业，并进一步服务经济，加拿大经济越发不平衡，越发依赖商品。并且十多年来，能源的私营部门进行的研发大部分集中于石油和汽油的研发。

加拿大也集中发展清洁能源

除了使用常规能源外，加拿大也注重发展清洁能源或可再生能源（见图 4.7）。2008 年，加拿大联邦政府宣布实行绿色能源计划：截至 2020 年，加拿大 90% 的电力来源于非温室气体排放能源。该能源包括核能、清洁煤、风能以及水力发电。且截至 2010 年，75% 的电力来源于以上能源。

2009 年预算，加拿大联邦政府设立了清洁能源基金会，出资 6 亿加元以资助不同的项目。其中大部分资金（4.66 亿加元）用于资助碳捕获以及封存项目。并且加拿大也有一些支持各种可再生能源项目。这些可再生能源包括：风能、小型水电站、太阳热能、太阳能光伏、海洋能、生物能源以及核能。

能源研发项目由加拿大自然资源部掌管，旨在推进重要清洁能源技术的进步，该技术会有助于减少温室气体排放。该项目研发基金由 13 个联邦部门和机构资助，该部门以及机构可自由与工业、资助机构、大学以及协会合作。

地方政府能源生产中扮演重要角色。一些地方政府计划加大投资，鼓励能源研究。例如，魁北克省有一个先进的清洁技术群，该群由多个项目和手段支持。不列颠哥伦比亚省已制定了生物能源策略以保证到 2020 年本省生物燃料产量达到本省可再生能源需求的 50% 或多于 50%，并且设立了至少 10 个社区能源项目旨在到 2020 年将本省的生物质能转化成能源，该政府还建立了加拿大最全面的省级废物能源生物存货量。由于联邦政府对气候变化和能源缺乏领导，各个地方政府制定了自己的碳定价机制。

2014 年 6 月，加拿大自然资源部长与加拿大可持续发展技术部高层就能源创新问题展开国家圆桌会议的讨论。本次国家圆桌会议是 2013 年以来国家召开的第六次也是最后一次国家级主题圆桌系列会议。每次会议集中讨论一个特定的能源技术领域。例如，发电站分配问题、下一代交通问题、能源效率问题、长期研发机遇问题以及非常规能源问题，包括碳的捕获和封存。

这一系列圆桌会议主要讨论什么阻碍了加拿大能源创新的飞速发展以及如何才能最大程度上加大合作力度，使加拿大在国内外更具竞争力。讨论中一些主要的话题包括：

- 通过引入政府、公共设施、工业以及学术界内的重要人员加强国家领导，以推进创新。
- 增强联盟、协调以及合作使创新投资的影响最大化。
- 通过政策措施加大确定性。
- 加大市场准入机遇以增强国内市场，扶持企业自主研究技术。
- 加大信息共享，打破壁垒。
- 通过教育加强能源素养以及增强消费者的意识。

加拿大政府计划利用圆桌会议的讨论作为指导，以寻求与私营部门、公共部门合作的最佳方式。因为该私营部门以及公共部门致力于促进加拿大的能

---

① 2006 年圣彼得堡八国峰会上加拿大总理的评论。

② 2011 年，加拿大成为第一个从京都议定书中退出而签署联合国气候变化专栏架公约（1997 年正式通过的具有约束性目标的协议）的国家。京都议定书于 2012 年失效。

源创新。

加拿大技术可持续发展基金会在能源讨论中一直扮演重大角色。该非营利组织创立于 2001 年，旨在资助、扶持清洁技术的发展以及示范。截至 2013 年，57 个加拿大可持续发展技术高级公司已不断受到 25 亿加元的资助。该基金会资助以下三方面：

- 技术可持续发展基金会已利用联邦政府拨付的 6.84 亿加元支持了 269 个项目。这些项目是有关解决气候变化问题、空气质量问题、清洁水源、清洁土壤等。
- 下一代生物燃料基金会旨在支持建立首个大规模示范级别的设备以生产下一代可再生能源。
- 天然气可持续发展基金会致力于支持住宅业技术，例如，可支付的供暖供电独栋小房、超高效热水器以及可以提升住宅制冷以及（或）制热效率技术。

另一个涉足可再生能源的组织是国家研究委员会（简称 NRC），该委员会是加拿大最大的公共研究组织。在过去一年中，该委员会将委任改组为研究和技术组织。在这一年中，该委员会发起了一系列所谓的旗舰项目，该项目集中研究产业市场。其中国家研究委员会的海藻碳转化旗舰项目旨在为加拿大工业提供将二氧化碳排放转化为海藻生物质能，然后加工成生物燃料以及其他可推销的产品。

2013 年，哈伯政府废除国家环境与经济圆桌会议，它是国家可持续发展问题（包括能源）的唯一独立的外部建议来源。国家环境与经济圆桌会议受委任旨在提高加拿大人民和政府的可持续发展挑战的意识。25 年来，该会议发布了很多优先问题的报告。

其他组织已经就清洁能源做出大量报告。加拿大学院委员会就是其中之一。该委员会旨在应联邦政府要求，科学评估对公共政策的投入（在其他委托人中）。一份 2013 年的报告旨在解决如何将新型技术和现有技术用于减少石油（焦油）砂环境在空气、水以及陆地的发展的环境足迹。2014 年，加拿大学院也发布了一份由专家小组写的报告。该报告旨在说明加拿大页岩气资源的勘探、提取、开发对环境的潜在影响。①

① 早在 2006 年，加拿大建筑协会已着手应对天然气水合物安全提取的挑战。其报告指出结合在氢氧化物中的天然气总量可能超过其他常规气体资源——煤，石油和天然气。该协会也认识到从氢氧化物中提取气体的有一定的困难，其中包括它对环保政策的潜在影响和对社会的未知影响。

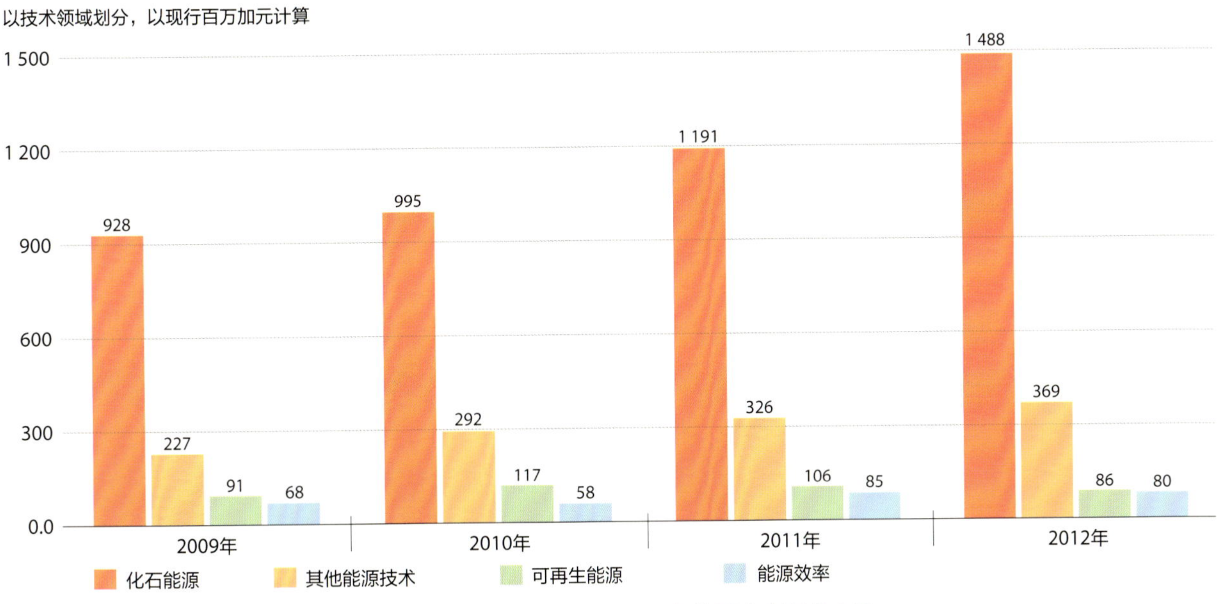

图 4.7　加拿大 2009—2012 年能源产业研发支出

来源：加拿大统计局，2014 年 8 月。

最后，加拿大工程学院做出了一份分析笔记报告，有关可供加拿大选择的各种可再生能源的发展状况。2010 年鲍曼以及阿尔宾总结认为加拿大生物能源网已经建立，但是还没有证据显示加拿大会计划组织、资助以及着手建立最具期望的生物能源应用示范项目。至于加拿大其他能源机遇，该学院指出：

- 太阳能供热供电的发展如今可广泛应用，为加拿大制造业的再度蓬勃发展提供基础。
- 加拿大风能扩大至接近 4 000 MW，但电网接入、经济电蓄能以及加拿大设计制造能力发展仍然有限。
- 用于将塔砂沥青提升到高价值产品的项目已就位，但是这需要大量资金将试验阶段过渡至实地示范阶段。
- 氢是较为活跃的研究领域，很多示范项目和氢有关。这些项目有不列颠哥伦比亚省的氢高速公路以及大学间的项目。大学间的项目是通过对水进行化学热分裂来生产氢气。

……但是清洁能源仍然稍逊一筹

根据加拿大统计局调查，2011 年到 2012 年，能源研发支出增加了 18.4%，上升至 2012 年的 20 亿加元，增加的部分大多是化石能源技术研发支出。化石能源技术研发支出主要集中于石油（焦油）砂以及重质原油技术，该技术支出上升了 53.6%，增加到 8.86 亿加元。在原油和天然气技术领域，该支出几乎没有改变，还是 5.44 亿加元。

以上形成对比的是，2011 年至 2012 年间，节能技

专栏 4.2　基因组学对加拿大而言日益重要

加拿大基因组是加拿大基因研究方面的关键。2000 年，加拿大建立了一个非营利公司作为合作网络，囊括了六个[①]地区的基因中心，并结合了有能力满足地区及当地需求和优先权的国家领导阶层。这使得区域性的专业知识得以最有效的运用。

例如，家畜、能源和作物改良工程主要集中于加拿大的亚伯达、萨斯喀彻温省和马尼托巴湖，水产业与野生渔产养殖主要集中于沿海地区，林业主要集中于加拿大西部和魁北克省，人类健康研究主要集中于加拿大大西洋省份，安大略湖、魁北克省和不列颠哥伦比亚。在加拿大政府几乎超过 15 年的财政支持（总计 12 亿加元）下，以及在来自各个省份、工业、国家和国际基金组织、慈善家、加拿大机构及其他一些组织的共同资助下，加拿大基因组以及区域基因中心在基因组以及各省份生命科学方面共同投资了 20 多亿加元。

加拿大基因组也在基因学革新网络中投资了 1 550 万加元。这个网络由十个“节点”构成，每个节点会收到来自加拿大基因组的核心操作性资金以及来自各种公共或者私立部门伙伴的对等基金。基因学革新网络允许加拿大的改革中心合作并集中优势运用于先进的基因研究中。每个节点为加拿大人和国际研究者提供其在基因学，代谢组学，蛋白质组学及相关领域进行研究所需的尖端技术。

联邦政府也能进行基因研究。政府所进行的基因研究具有源源不断的价值，由于基因组研究与发展计划的革新和 5 年多来 1 亿加元的资金支持，联邦政府的基因研究于 2014 年得到了认可。

在最近的资金支持下，基因组研究与发展计划已引入加拿大食品检验局，将其作为正式成员并为各部门间的项目分配更多资源。2011 年，加拿大基因组进行了各种讨论，旨在为正式合作寻找机制。

与会部门与机构发现，基因组研究与发展计划基金正在吸引来自别的部门的资源。根据 2012—2013 年度财政报告，该年 1 990 万加元的投资进一步增加了 3 190 万加元，从而达到年度总量 5 180 万加元。国家研究委员会已通过使用其 480 万加元的初始捐赠来吸引额外的 1 010 万加元来实现最高杠杆比率。

来源：作者编撰。

① 不列颠哥伦比亚省基因组中心、阿尔伯塔省基因组中心、草原城基因组中心、安大略省基因组学研究所、魁北克省基因组中心、大西洋基因组中心。

术研发支出下降 5.9%，为 8 000 万加元。可再生能源技术研发支出下降 18.9%，为 8 600 万加元（见图 4.7）。

总之，尽管绿色能源和清洁能源技术也受到了私营部门以及政策领域的一些关注，但是对该技术的关注与对包括焦油砂在内的常规能源的支持不相匹配。此外，随着 2014 年年中，国际油价的下跌，对常规能源的总体投资（政治还有其他领域）策略已经使加拿大经济处于危险境地中。

尽管近来能源问题得到了很多能源研发的政策和投资动机支持，但是其他领域也得到了一些关注。例如，基因已经上升至优先支持领域的首要位置（见专栏 4.2）。这一点也不惊奇，因为加拿大尤其在临床医学以及生物医学研究领域成果丰硕（见图 4.5）。

高等教育政策问题

人才以及技能难题

加拿大正在展开一场讨论，讨论的话题是在 21 世纪，加拿大需要什么样的技能、训练以及人才。尽管这不是新的讨论话题，但是随着一系列具有警示意义的迹象的出现，尤其是高等教育，该话题已经成了新的紧急问题。首先，加拿大在高等教育排名出现下滑趋势。根据 2014 年世界经济论坛发表的世界竞争力报告显示，加拿大在世界小学入学排名第二，但是在中学入学却排名第二十三，在高等以及职业入学排名第四十五。

一项来自加拿大政府自身的科技创新委员会的报告评论了解决人才基础的需要。因为加拿大在生产劳动力的科技人力资源的份额仅仅总共为 11.5%，在经济合作与发展组织成员国中最低。加拿大高等教育研发投资（简称 HERD）占国民生产总值的比重不断浮动，于 2013 年下降至 0.65%。相应地，加拿大在 41 个经济体中的排名从 2008 年的第四、2006 年的第三下降至第九。

同时，来自加拿大学院委员会和科技创新委员会（简称 STIC）的报告共同指出加拿大研究卓越位置的转化（STIC，2012；CCA，2012）。他们注意到加拿大需要发展两大策略性的领域：每十万人中博士毕业生的数量以及高等教育研发支出占国民生产总值的份额（见图 4.8 和图 4.9）。

该公共政策问题主要由于加拿大联邦政府对教育没有权威管理，没有设教育部。培训以及教育的责任落到地方政府的头上，除了联邦政府定期的参加以及提供激励因素，以及其他形式的道德劝说。

但是，教育仍然是各个省的事情。宪法并没有规定研发责任，因此各级政府运用不同的政策手段导致不同的后果。

这形成了复杂的实施者和接受者，通常缺乏协调的领导，更不用说这确实会导致迷惑。

不可否认的是，对创造就业的关注度在某种程度上随着最近正在做的评估而加大。该评估主要调查加拿大教育资产。例如，加拿大学院委员会受邀评估在多大程度上，加拿大准备好满足未来科学、技术、工程以及数学（STEM）技能的要求。该委员会评估以调查科学、技术、工程以及数学在迅速变化的人口、经济技术环境下促进生产力、创新、发展的作用，以及国际市场对科学、技术、工程以及数学技能需求的程度以及本质。该委员会还评估科学、技术、工程以及数学技能可能如何演变，哪种技能可能对加拿大最重要以及在多大程度上加拿大已经准备好满足未来科学、技术、工程以及数学技能的需要。而这些技能通过教育和国际移民获得。

一些新的刺激因素鼓励外国学者来加拿大求学，相互地，加拿大学生也越来越到国外求学，但是零碎的。另外，加拿大的移民政策也做出调整，部分是因为要吸引新的人才以及技能。

教育未来会国际化

2011 年，加拿大联邦政府委任一个专家小组调查国际教育的问题。该加拿大国际教育策略顾问小组由西安大略大学校长阿密特 · 卡玛带领。该小组负责针对如何令加拿大在国际教育领域的经济机遇最大化提出建议。该经济机遇包括更多地参与关键新兴市场，集中吸引最智慧的国际学生，鼓励加拿大人到国外留学，扩大加拿大教育服务对外输出，扩大加拿大与国外机构的合作。

该报告是在联邦政府的国际商业策略的背景下

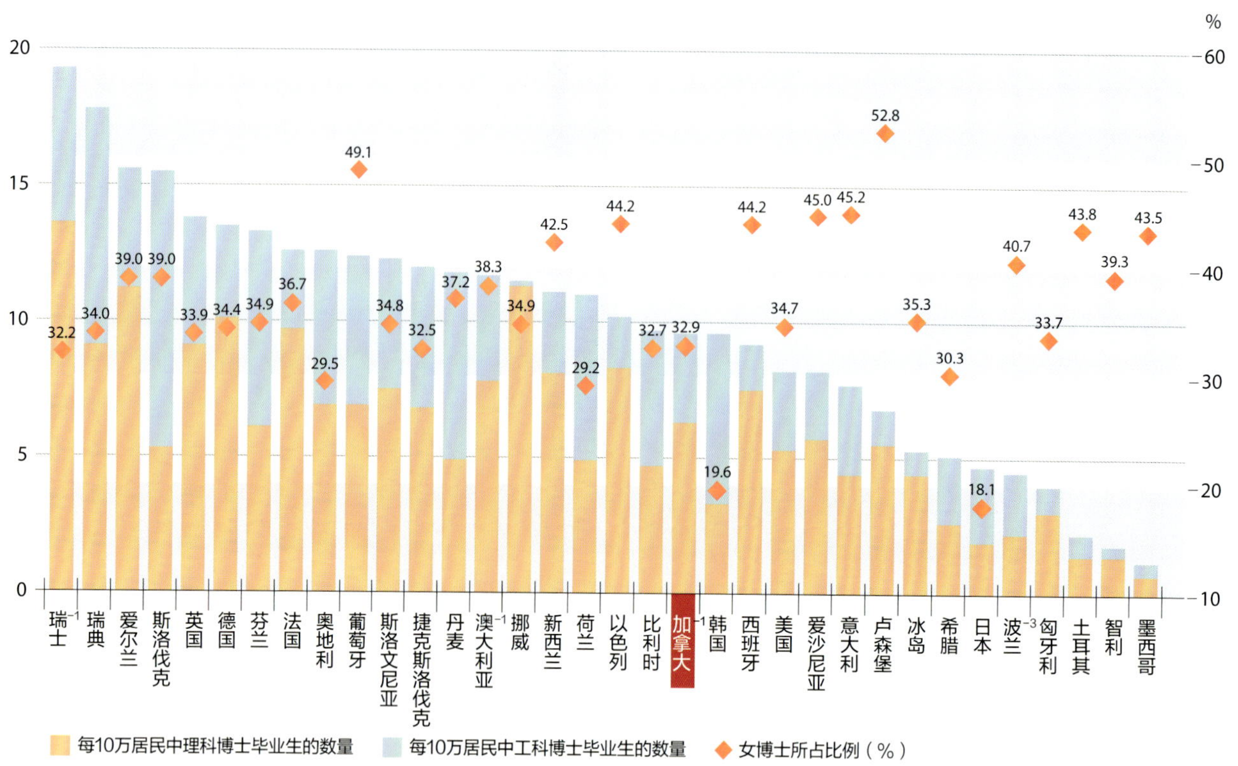

图 4.8　2012 年加拿大和其他经济合作与发展组织国家的博士毕业生

–n 表示该数据是在基年之前 *n* 年的数据。

来源：联合国教科文组织统计研究所，2015 年 4 月。

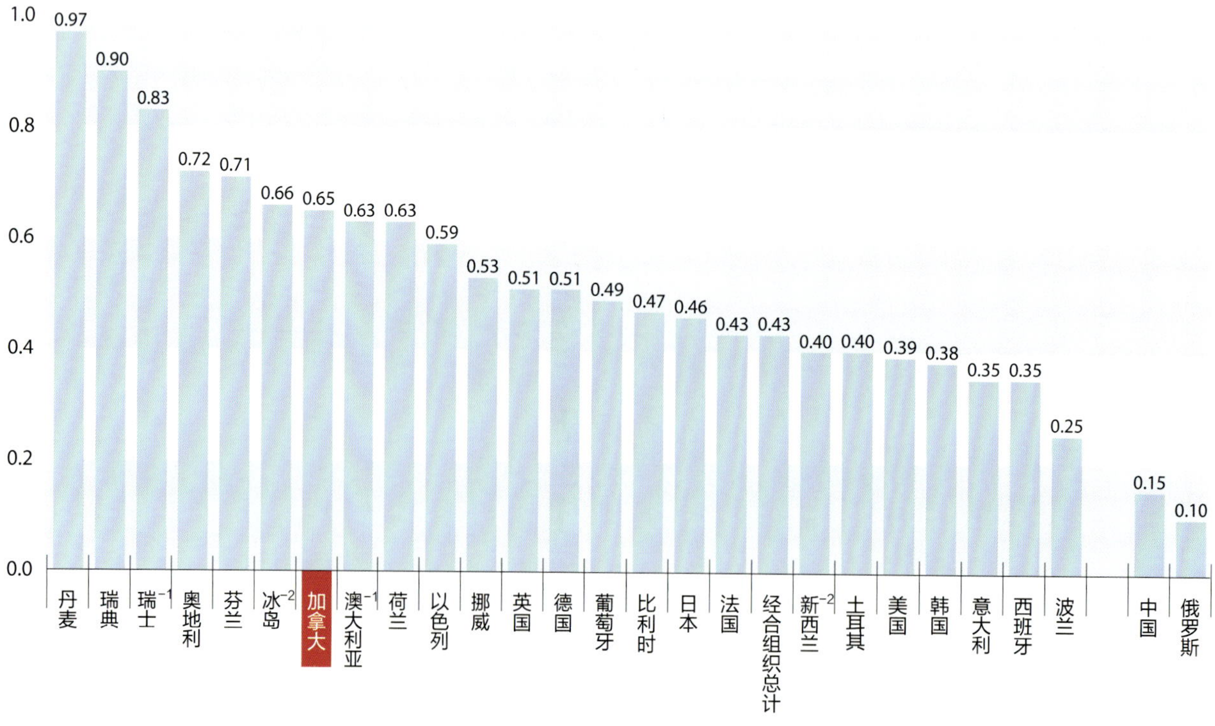

图 4.9　2013 年加拿大和其他经济合作与发展组织国家在高等教育中研发的资金投入占国内生产总值的比重（%）

–n 表示该数据是在参考年份 *n* 年之前的数据。

来源：经济合作与发展组织（2015 年）主要理工指标统计。

运用而生，而国际商业策略是国际市场行动计划的前身。2012 年 8 月该专家小组提出了最终建议，其中包括：

- 在不减少本国学生人数的基础上，将留学加拿大的国际学生人数翻一番，从 239 131 人次增加到到 2020 年的 450 000 人次。
- 每年为加拿大学生创造 50 000 个出国留学和交换的机会。
- 为国际学生新开设 8 000 项奖学金，该奖学金由学校、机构和联邦政府、地方政府共同资助。
- 提高教育签证办理程序，为高质量学生提供连续及时的处理程序。
- 重点开拓优先的国家市场并向其推销。该国家包括中国、印度、巴西、中东以及北非，同时维持传统国家市场，例如美国、法国和英国，发展加拿大教育品牌以便在优先的国家大学机构推销。
- 提高加拿大与国际教育机构、研究机构的联系与合作。
- 与所有关键合作国家巩固泛加拿大在国际教育领域的地位，并与他们建立联合项目以推动共同目的。

2014 年，加拿大政府对该报告中数个建议做出回应，发布了《国际教育全面策略》。例如，加拿大政府每年出资 50 亿加元以完成第一个目标：将国际留学生的数量翻一番。加拿大政府也强调加拿大需要将资源集中于优先国家的市场，并加大对优先国家市场的投入。这些优先国家与《国际教育全面策略》加拿大的全球市场行动计划《国际教育全面策略》相结合，这些国家包括：巴西、中国、印度、墨西哥、北非、中东以及越南。

2014 年 6 月，两大倡导组织首席执行委员会以

专栏 4.3　加拿大的大众对待科学有着积极的态度

关于加拿大科学文化的一项研究

2014 年 8 月，加拿大学术委员会基于 2004 年对加拿大人的研究发布了一项对加拿大科学文化的评估。

专家组认为，在科学方面性别比例失衡，土著社区的参与，双语文化对流行科学的影响和其他一些因素都对加拿大文化有一定影响。

该调查显示，与其他国家相比，加拿大人对科学技术持积极态度，对科学鲜有保留。与别的国家相比，加拿大人对科学研究的公共资助的支持同样高于平均水平。

同时，该报告还揭示了加拿大广泛的大众科学文化，拥有 700 个项目或组织，包括博物馆，科学周和科学节日，科学类事务等。

以下是研究的主要发现：

- 调查的 93% 的加拿大人对科学发现或技术发展一般或非常感兴趣；由此推算，根据现有数据，加拿大在这 33 个国家中名列第一。
- 更年轻的、享受过高等教育或高收入的男性调查对象对科学更感兴趣；这与其他国家的调查结果相一致。
- 大约 42% 的受访者具有掌握基本概念、理解一般媒体对科学事物的报道的充足知识，但是不足一半的受访者具备理解当前大众对科技问题讨论的知识。
- 在经济合作与发展组织国家中，加拿大人的中学以上受教育程度（学历证书和学位）名列第一，但是仅有 20% 的大学第一学位是科学工程方面的。
- 而那些取得科学、技术、工程或数学学位的人当中，多于一半（51%）的人是移民。

2014 年公众对机器人态度的研究

一组通信、多媒体和机械电子学领域的学者决定检测机器人是否信任人类。来自瑞尔森大学、麦克马斯特大学、多伦多大学的科学家使用人工智能、语音识别与加工技术制造了一个“友好的”机器人。紧接着他们用全球定位系统装配“搭便车机器人”，夏日的一天将其置于路边，公开演示该实验。加拿大汽车驾驶员会搭载这个机器人到达 6 000 千米以外的目的地吗？这个实验成功了，驾驶员将他们与搭便车机器人的照片发布在脸书和其他网站上（见第 106 页的照片）。

来源：加拿大建筑协会；搭便车机器人；媒体报道。

及加拿大国际委员会就他们共同做出的报告展开讨论，尽管加拿大有 120 000 名国际留学生，但是仍落后于英国（有 427 000 名国际留学生）以及澳大利亚（有 250 000 名国际留学生），其中的原因之一就是加拿大缺乏统一的品牌以提升自我（Simon，2014）。

他们的报告注意到加拿大是世界上发达国家中唯一一个没有教育部的国家。根据 2011 年联合国教科文组织国家留学生人数排名，该报告强调加拿大排名第八。该报告注意到，加拿大吸引中国留学生，这一最大的国际留学生生源的能力令人失望，中国留学生仅占加拿大国际留学生的 3.8%。该报告提议加拿大需要建立新组织：加拿大教育，以将加拿大国际教育包装为对国内外政策都占中心地位的教育。

十所大学中有八所寻求高质量合作伙伴

加拿大的大学正采取更加战略的措施以应对国际化。根据一项最近的调查，加拿大的大学国际化趋势加深。足足有 95% 的大学将国际化定义为该大学战略计划的一部分，82% 的大学将国际化视为该大学五大优先事宜之一，89% 的受访大学表示该大学在过去三年加快（大大加快其步伐或稍微加快）其国际化步伐（AUCC，2014）。

并且，加拿大大学的国际化变得更为复杂。例如，加拿大大学寻求高质量合作，但如今只优先与 79% 的机构合作。对合作大学的评估也在增长：如今，59% 的加拿大大学将执行国际化策略列为他们质量评估和担保的程序，仅有五分之三的加拿大大学评估是否成功支持国际学生。

国际化最常见的优先事项就是本科生招生。45% 的加拿大大学把它作为优先事项，70% 的大学把它列为最优先的前五件事项之一。第二个优先考虑的因素是与国外大学战略合作的程度以及国际学术研究合作的开展程度。

关于加拿大海外教育，超过 80% 的受访加拿大大学与国外合作伙伴授予学位或证书方案。97% 的加拿大大学为本国学生提供外海学术课程。但是海外求学的加拿大学生流动性一直很低：2012 年至 2013 年，仅有 3.1% 的加拿大全日制大学生（约 25 000 人）有海外留学经历。仅有 2.6% 的学生因为学分需要海外留学（比起 2006 年的 2.2%，上升幅度小）。留学成本以及缺乏灵活性的课程、学分兑换政策是妨碍学生海外留学的主要障碍。

中国是加拿大大学国际化合作的首要焦点，这一点也不奇怪。中国已经成为加拿大科学合作的第三大伙伴（见图 4.5）。

至于加拿大学生，除了本国大学由于地理因素合作的一些发展中国家外，他们海外留学的目标更倾向于传统的英语国家以及主要的西欧国家。

促进文化创新

其他人的新项目以及修整

2014 年联邦预算包括一项主要的新的资助计划——加拿大最佳研究基金会（简称：CFREF）。加拿大总理宣布 2014 年科技创新联邦策略的同时还发起了这一项目的竞赛。

执行项目的第一年，该项目负责人资助固定的 5 000 万加元，旨在推动加拿大中等以上教育机构在某些研究领域超过世界上其他国家。该领域会为加拿大创造长期的经济优势。该基金会资助某些项目，如加拿大高端研究主席职位以及加拿大研究主席职位。该项目推行后可能会对所有学科的研究做出重大贡献。该项目以竞争以及同行评审的方式资助所有中等以上教育机构。

该基金会由加拿大社会科学及人文研究委员会、加拿大自然科学及工程研究委员会以及加拿大卫生研究院共同合作。该三大基金委员会就相关事宜进行三方合作，如开放途径等。每个委员会目前处理一项转化事宜，将该委员会转化为中心任务服务。

加拿大卫生研究院正在重组其业务模式。同时，加拿大自然科学以及工程研究委员会已就 2020 年的策略方案进行咨询，更加强调发展科学文化，拓宽全球服务范围以及发现基础研究。

至于第三方理事会，社会科学与人文研究理事会正在检测社会科学和人文学在知识生产中所起的重要作用以及它们对以后的社会问题所做出的贡献，这包括一些挑战，比如：

- 在大学里，尤其是要在这样一个不断进化发展的社会和劳动力市场蓬勃发展，加拿大人需要采用怎样的新型学习方式？
- 对能源和自然资源的需求将会给社会和我们在世界大舞台上的位置带来怎样的影响？
- 加拿大土著居民们的经验和抱负又是怎样在他们构筑一个成功的共同未来的道路上发挥着至关重要的作用？
- 加拿大成为全球最多人口国家意味着什么？
- 怎样让新兴科技给加拿大人带来福祉？
- 加拿大需要怎样的知识以在这样一个联通的不断发展的世界大舞台上蓬勃发展？

最后但同样重要的一点是，另一个独特的教育及培训项目继续获得联邦政府的支持。联邦政府通过此前一个名为米塔斯的卓越中心网络计划[①]，在其 2013 年和 2014 年的预算中对产业研究和博士后培训拨款 2 100 万加元。米塔斯计划对协同产业大学研究项目和人力资本开发进行了整合。自 1999 年以来，米塔斯在支持未来的创新领导者的同时，也一直致力于提升学术—产业研发。尤其是，米塔斯：

- 帮助企业确定它们的创新需求以及和它们相匹配的学术专业知识。
- 促进和商业成果相关的前沿研究。
- 构建国际研究网络、创造加拿大及海外创新领导者。
- 为大学毕业生提供专业及企业管理技能培训，以满足新兴创新的需要。

卓越中心商业网络

卓越中心商业网络项目也促进了创新的未来。由产业伙伴组成的非营利联合体主导的大型合作研究网络，其中每一家网络都专注于某一个产业领域存在的挑战。这个项目的合作伙伴模式将学术和私营合作伙伴放在平等位置，使得这些网络项目能直接资助私营合作伙伴，从而让他们能用自己的设施进行研究。

① 自 1989 年启动以来，卓越中心网络计划便代表加拿大自然科学和工程研究委员会、健康研究机构以及加拿大社会科学与人文研究机构，与加拿大工业局和加拿大卫生局合作，管理国家基金项目。这些基金项目支持大学、企业、政府及非营利组织间的大型的、多领域合作。卓越中心网络计划经过多年发展，现在由 16 家卓越中心网络、23 家商业研究卓越中心网络和 5 家卓越中心商业网络组成。

卓越中心商业网络项目创立于 2007 年并在 2012 年联邦预算中成为有着 1 200 万加元年度资金的永久项目。该项目提出在竞争基础上获得资金。要去匹配要求意味着每个网络的研究成本的至少一半是由合作伙伴支付的。新成立的加速精细制造过程的网络项目因为其在超过五年的时间里，比如说，发展有益于电子产业的科技，而获得 770 万加元的奖励。研究合作伙伴包括学术、研究组织和各类型的公司。

对于当前的卓越中心网络混合体是否应向联邦政府近期的战略性的优先资助产业看齐（其 2014 年战略中有概述），争议颇多。如表 4.5 所示，匹配（要求）在这 5 个新定义的优先领域分布并不均匀（Watters，2014）。

结论

科学推动商业（不仅如此）

加拿大的研究继续发展，但在全球范围内发展趋势缓慢。研究合作伙伴和科学外交日益和贸易与商业机会紧密相连。自从加拿大国际发展机构消失后，国际发展现在正嵌在一个大部门中。

研究系统变得更加复杂，出现了由联邦政府单方面建立的各类项目，用以促进省际通信。政策导向方面显著增强，以确定研究优先领域，从而顺应政府当局的政治议程。几个地区继续吸引高层次的政策关注，包括北方教育和研究基础设施，以及全球健康医疗——尤其是母亲和新生儿健康——通过

表 4.5　2014 年加拿大不同领域中的卓越中心网络

	数量	总份额（%）	总经费份额（%）	总额（百万加元）
信息和通信技术	6	14	8	81.7
自然资源	6	14	8	83.3
制造业/工程	2	5	9	88.9
跨行业	4	9	8	76.9
环境	5	11	24	235.1
医疗和生命科学	25	48	42	420.8
总量	**44**	**100**	**100**	**986.6**

来源：Watters（2014 年）。

一个数百万美元的促进合作伙伴关系和支持使用综合性方法来创新的加拿大大挑战计划。

一直以来，考虑的最主要一点是加拿大预算紧缩的影响。在这样一个申请研究拨款资金增加但拨款成功率减少的背景下，预算紧缩将制约公共政策对研究资金短缺上的弥补能力。这种趋势在基础研究，也称为探索研究中尤为明显，即回报往往被视为是长期的，超越了个别政府授权的期限。因此，更主要的倾向是支持更加实用型的研究，或者是能有商业成果的研究。也许最能体现这点的是首相哈珀的“科学推动商业”一言。这是正确的。科学的确推动商业——只是不仅仅只有科学而已。当前，引导所谓的公共卓越科学（如监管、环境等）向商业和商业成果靠拢的驱动力反映出看重短期目标以及获得投资研究的快速回报，而这是目光短浅的一种表现。这一趋势表明：尽管商业界依赖于新知识来培养未来的商业思想，加拿大用于基本研究和公共卓越科学的联邦资金可能将继续减少。

2015 年年底，联邦政府选举来临，政党们都将注意力转向和加拿大公众息息相关的问题。战略性的优先资助产业将在大选前获得来自所有政党的一些关注。例如，反对党新民主党已经制订了计划，任用一名议会科学新官员并授权其给政策制定者提供和一切科学事务相关的完善信息与专家意见。自由党提出一份草案，重新启用曾经被保守党政府取消的加拿大统计局局长表格普查。然而，历史表明这样的努力是徒劳的，因为科学和技术很少处在决策和预算支出的中心位置。当然，他们获得了来自所有政府的“CPA”——持续的部分关注。

加拿大 2017 年将庆祝其建国 150 周年。如果加拿大确实是认真的想要通过战略性的优先资助产业重振其知识文化并将自己定位成一名世界领导者，那么它需要来自整个国家的更加协调的努力以及已经证明的所有利益相关者的领导能力。这一天要实现是有机会的，但是加拿大必须确保所有利益相关者都是开放并坦诚的。

加拿大的关键目标

- 到 2022 年选择来加拿大留学的海外学生数量翻一番，即到达 45 万人。
- 将非温室气体排放源在加拿大的电力份额提高至 90%，包括核能、清洁煤炭、风能和水电。
- 2013—2016 年从 10 个联邦科学为基础的部门和机构中削减 26 亿加元。

参考文献

AUCC (2014) *Canada's Universities in the World*. Internationalization Survey. Association of Universities and Colleges of Canada.

Bowman, C. W. and K. J. Albion (2010) *Canada's Energy Progress, 2007–2009*. Canadian Academy of Engineering: Ottawa.

CCA (2014a) *Environmental Impacts of Shale Gas Extraction in Canada*. Council of Canadian Academies.

CCA (2014b) *Science Culture: Where Canada Stands*. Expert Panel on the State of Canada's Science Culture. Council of Canadian Academies.

CCA (2013a) *Paradox Lost: Explaining Canada's Research Strengths and Innovation Weaknesses*. Council of Canadian Academies.

CCA (2013b) *The State of Industrial R&D in Canada*. Council of Canadian Academies.

CCA (2006) *Energy from Gas Hydrates: Assessing the Opportunities and Challenges for Canada*. Council of Canadian Academies.

Chakma, Amit ; Bisson, André; Côté, Jacynthe, Dodds, Colin; Smith, Lorna and Don Wright (2011) *International Education, a Key Driver of Canada's Future Prosperity*, Report of expert panel.

Government of Canada (2014) *Seizing the Moment: Moving Forward in Science, Technology and Innovation*. Revised federal strategy for S&T. Government of Canada: Ottawa.

Government of Canada (2009) *Mobilizing Science and Technology to Canada's Advantage*. Progress report following up the report of same name, published in 2007. Government of Canada: Ottawa.

Government of Quebec (2013) *National Science, Research and Innovation Strategy*. Quebec (Canada).

Jenkins, T.; Dahlby, B.; Gupta, A.; Leroux, M.; Naylor, Robinson, D. and R. (2011) *Innovation Canada: a Call to Action*. Review of Federal Support to Research and Development. Report of Review Panel. See: www.rd-review.ca.

Magnuson-Ford, K. and K. Gibbs (2014) *Can Scientists Speak? Grading Communication Polices for Federal Government Scientists*. Evidence for Democracy and Simon Fraser University. See: https://evidencefordemocracy.ca.

O'Hara, K. and P. Dufour (2014) How accurate is the Harper government's misinformation? Scientific evidence and scientists in federal policy making. In: G. Bruce Doern and Christopher Stoney (eds) *How Ottawa Spends, 2014–2015*. McGill-Queens University Press, 2014 , pp. 178–191.

PIPSC (2014) *Vanishing Science: the Disappearance of Canadian Public Interest Science*. Survey of federal government scientists by the Professional Institute for the Public Service of Canada. See:www.pipsc.ca/portal/page/portal/website/issues/science/vanishingscience.

PIPSC (2013) *The Big Chill - Silencing Public Interest Science*. Survey of federal government scientists by the Professional Institute for the Public Service of Canada.

Simon, B. (2014) *Canada's International Education Strategy: Time for a Fresh Curriculum*. Study commissioned by Council of Chief Executives and Canadian International Council.

STIC (2012) *State of the Nation 2012: Canada's S&T System: Aspiring to Global Leadership*. Science, Technology and Innovation Council: Ottawa.

Turner, C. (2013) *The War on Science: Muzzled Scientist and Willful Blindness in Stephen Harper's Canada*. Greystone Books: Vancouver.

University of Ottawa (2013) *Canada's Future as an Innovation Society: a Decalogue of Policy Criteria*. Institute for Science, Society and Policy.

Watters, D. (2014) The NCEs program – a remarkable innovation. *Research Money*, 22 December.

保罗·杜弗尔（Paul Dufour，1954 出生于加拿大）是加拿大渥太华大学科学、社会和政策研究所研究员、助理教授，在加拿大麦吉尔大学、协和大学和蒙特利尔大学学习科学史和科学政策。

杜弗尔先生曾担任加拿大政府国家科学顾问办公室的临时执行主任。他也是《卡特米尔世界科学指南》（加拿大、日本、德国、南欧和英国）的前任系列主编以及《科学政策观》的北美编辑。

对于未来，商业比基础研究前景更好

香农·斯图尔特、斯泰茜·斯普林斯

2011 年，在阿拉巴马大学管辖的伯明翰医院，一位护士正使用一个光疗仪器在给接受过化疗和放疗的癌症患者进行治疗。这种高发射率含铝发光底物技术使用 288 根强劲发光二极管来提供强光。这种强光疗法曾被带到国际空间站进行了多次实验。

照片来源：©Jim West/Science Photo Library

第 5 章　美　国

香农・斯图尔特、斯泰茜・斯普林斯

引言

脆弱的经济复苏

美国经济已经从 2008—2009 年[①]的经济萧条中复苏。股市到达了历史新高点；尽管在一些季度中出现摇摆震荡，国内生产总值自 2010 年以来总体呈增长趋势；2015 年失业率 5.5% 已经远低于美国 2010 年最高失业率 9.6%。

经历了 2008 年的经济急剧退步后，美国的公共财政正在恢复中。由于经济的持续强健增长，联邦和州财政赤字改善到占 2015 年国内生产总值的 4.2%，尽管这在 G7 成员国（七大工业国）中是最高赤字之一（见图 5.1）。根据国会预算局的预测[②]，联邦预算赤字（国内生产总值的 2.7%）将在总赤字的 2/3 以下。对比 2009 年联邦赤字达到顶峰，即国内生产总值的 9.8% 而言，这是很大的改进。

自 2010 年以来，对研究和发展方面的联邦投资（R&D）受经济再次衰退影响停滞不前。尽管如此，工业在很大程度上兑现了它对研究和发展（R&D）的承诺，尤其是对有着高机遇的发展中的领域。因此，研究和发展方面的总花费仅略有下降，同时费用也自 2010 年以来进一步转向工业污染源，从总额的 68.1% 上升到 69.8%。研究和发展占国内研发支出总额比例当前正在增长，正如企业界的份额增长一样（见图 5.2 和图 5.3）。

然而经济复苏仍然脆弱。尽管失业有所下降，仍有 850 万名求职者；长期失业者——那些 27 周甚至更久没有工作的人——仍然有 250 万；还有 660 万兼职者更希望有一份全职工作；756 000 人已经放

① 根据美国全国经济研究局，美国在 2007 年 12 月至 2009 年 6 月底处于经济衰退期。

② 详见：https://www.cbo.gov/publication/49973）

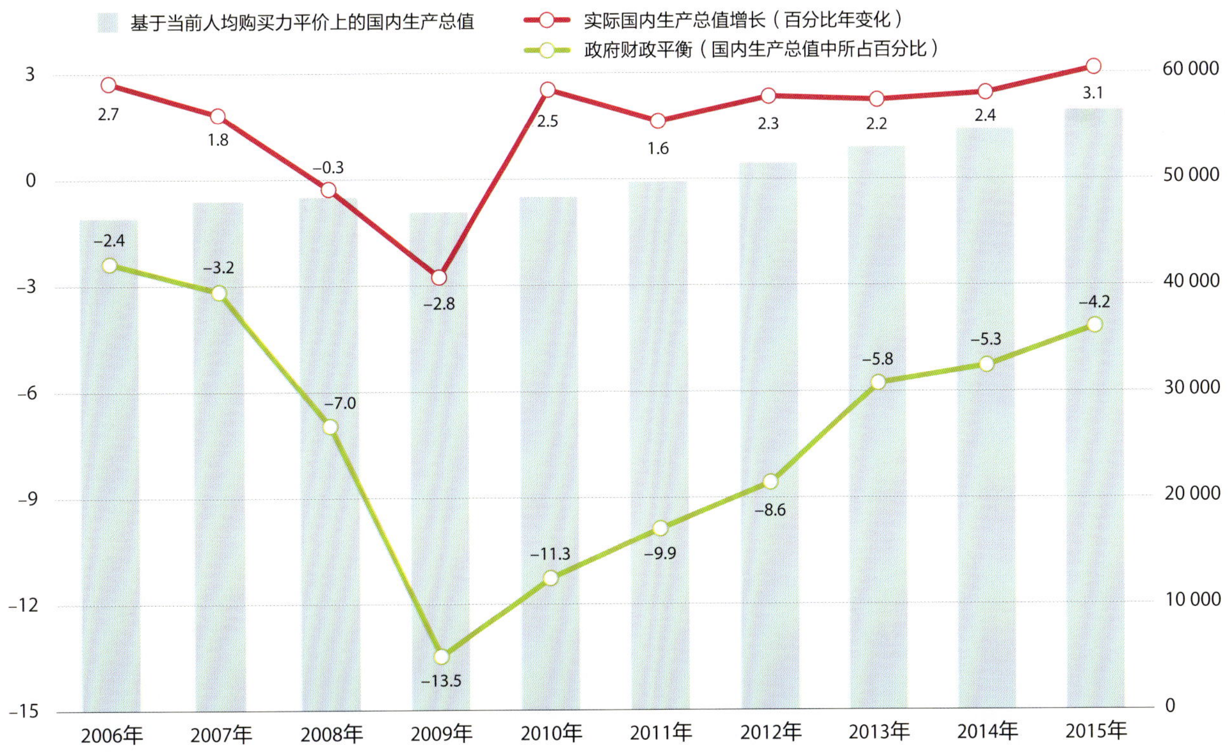

图 5.1　2006—2015 年美国人均国民生产总值、国内生产总值增长和公共部门赤字

注：2015 年数据是预估数据。一般政府财政平衡也被称为净贷 / 借。财政平衡包括联邦和州政府。

来源：国际货币基金组织（IMF）数据映射在线，2015 年 8 月。

第 5 章　美国

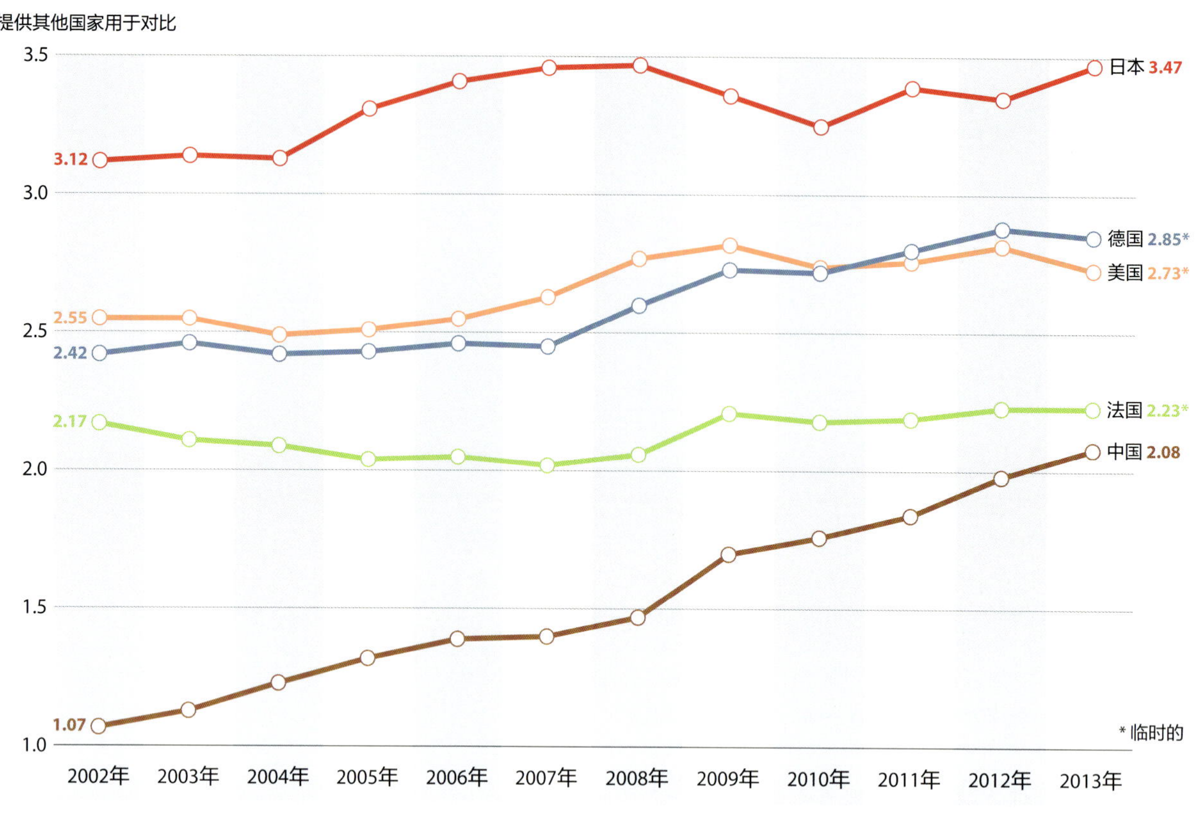

图 5.2　2002—2013 年美国研究和发展方面的国内支出总额 / 国内生产总值比率（%）

来源：联合国教科文组织统计研究所，2015 年 8 月。来自经济合作与发展组织主要科学技术指标的 2013 年美国数据，2015 年 8 月。

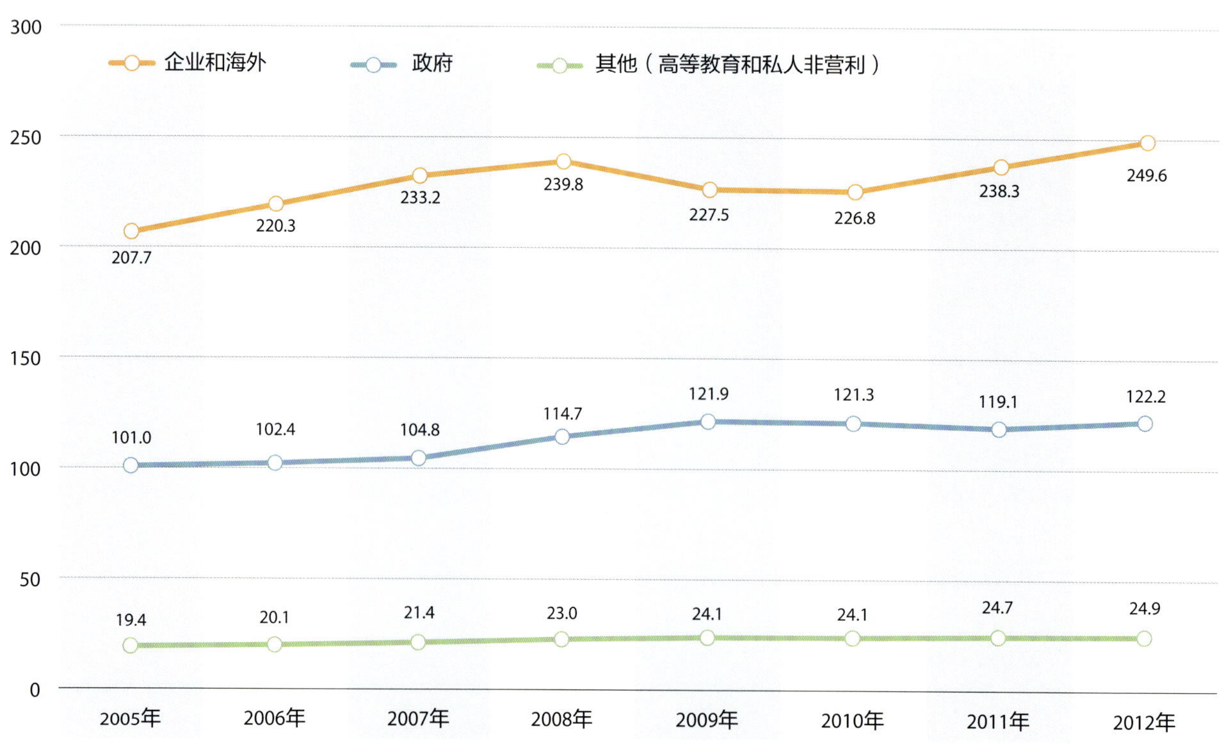

图 5.3　2005—2012 年美国研究和发展方面的国内支出总额资金来源分布（以 2005 年的 10 亿 PPP$ 计）

来源：联合国教科文组织统计研究所，2015 年 8 月。

弃了找工作。工资很不景气，很多在经济衰退期间失去工作的人在一些发展成长中的领域找到了职位，但薪资很低。截至 2015 年 4 月，过去的 12 个月里平均时薪仅增长了 2.2%。

2009 年经济刺激计划（一开始名叫美国复苏与再投资法案）中的资金也许缓和了那些科学和技术领域工作者直接丢失工作，因为这个刺激计划中很大一部分资金用于研究和发展。卡尼威尔和谢尔的一份研究（2015）表明，比起一般美国人而言，科学、技术、工程和数学专业的学生更少受到失业的影响：2011—2012 年仅 5% 的失业率。物理科学专业的毕业生受到的影响最小。但是，无论任何学科的近期毕业生平均工资都有所下降。削减 2015 年和 2016 年的研究和发展方面的联邦预算迫在眉睫，这给公共资助的研究和发展资金的经济未来投下了阴影。

持平的联邦研究预算

尽管总统制定了年度预算申请，美国联邦科学基金的最高当局是国会（两院制议会）。自 2011 年起国会由两大主要政党掌控，共和党掌控众议院、民主党掌控参议院；2015 年共和党开始掌控参议院。虽然政府努力增加研发经费份额，国会的优先权在很大程度上占了上风（Tollefson，2012）。在过去的 5 年里，在计算通胀的情况下，绝大部分联邦研究预算保持持平或下降，因为国会财政紧缩计划的一部分是从联邦预算中削减 4 万亿美元以减少赤字。自 2013 年以来，国会已经几次拒绝批准政府提出的联邦预算。这种情况可能始于 2011 年，因为 2011 年国会通过了一条法律，规定若国会和白宫无法在减少赤字的计划上达成一致，1 万亿美元的自动预算削减将在 2013 年生效。2013 年预算的僵局导致行政关闭数周，联邦雇员们停薪留职。预算紧缩和封存在联邦投资中的影响，使年轻的科学家难以创业，正如稍后我们将看到的那样。

一方面，这种紧缩政策至少可以部分地解释为对研发的需求比以前少了。随着逐渐结束对阿富汗和伊拉克两个国家的调停干预，研究的重点已经从军事科技转移，导致国防相关的研发相应减少。另一方面，生命科学方面的联邦投资未能跟上通胀的步伐，尽管人口老龄化有此需要。同时，能源和气候研究方面的联邦投资一直保持适中。

奥巴马在他的 2015 年国情咨文演说中提出未来政策优先事项是应对气候变化和一个新的精密医疗倡议。奥巴马的优先事项正在向前推进很大程度上要感谢政府、工业和非营利部门间的合作。这个合作楷模已经建立的里程碑有脑倡议，先进制造业合作伙伴和美国商业行为对气候的承诺（已收到了来自它的工业伙伴们的 1 400 亿美元承诺）。这三个将在下部分谈到。

从国际视角看，美国的科技正被迫面对一个逐渐却无可避免地从单极结构转变为一个更加多元化和全球化的竞技场。这种转变在美国科技的很多方面都反映出来，从教育到专利活动。例如，经济合作与发展组织（OECD）表示中国的研发费用大约在 2019 年超过美国（见第 23 章）。尽管当下美国是研发方面的世界领导者，但其领导正在缩小，预计在不久的将来会进一步缩小甚至消失。

政府的优先事项

气候变化：科学政策优先

气候变化是奥巴马当局在科学政策中的重中之重。关键的一条策略是将投资可替代性能源科技作为减少导致气候变化的碳排放的一种途径。这包括增加大学能源基础研究、商业贷款以及其他能刺激研发的领域经费的可用性。金融危机以后，白宫有效地利用了随后的经济危机，将此作为投资科学、研究和发展的一次机会。然而政治上的困难迫使奥巴马缩小了自己的雄心。

面对国会的反对，总统已经采取措施将在他的行政权力允许的范围内解决气候变化。例如，他否决了 2015 年 3 月的一项国会法案，该法案将授权建设一条输油管道，将加拿大焦油站的原油越过美国输送至墨西哥湾。他还监督了雄心勃勃的汽车和卡车新燃油标准的诞生。2014 年，总统首席科学家——科学和技术政策办公室主任和总统科学技术顾问委员会[①]副主席——约翰·霍尔德伦组织和发布了《全国家气候评估》，这是一份彻底的同行评

① 这群著名科学家通过报告的形式向总统提建议。最近的主题包括在大数据背景下的个人隐私、教育、工作培训和医疗保健服务问题。比起美国国家科学院，该委员会的报告更集中于总统的政策议程。

议过的气候变化给美国带来影响的检查。由于美国需要保持能源独立，因此总统已经授权用液压碎法，并在 2015 年批准在北冰洋钻探石油。

政府已经推选环境保护局来管制温室气体排放。环境保护局希望在美国减少 30% 的发电厂碳排放量。美国的一些州也支持这项政策，因为每一个州都可以自由的决定它自己的排放指标。就这一点而言，加州给自己的指标是最严厉的指标之一。2015 年 4 月加州州长在基于 1990 年的水平上制定了到 2030 年减少 40% 碳排放的目标。加州已经连续几年经历了严重干旱。

只有产业的利益相关者参与其中，美国才能达到它的减少排放目标。2015 年 7 月 27 日，13 家美国大公司承诺将在低碳排放项目中投资 1 400 亿美元，以此作为白宫发布的美国商业行为对气候的承诺的一部分。

六家公司做了以下承诺：

- 美国银行保证其在支持环境上的投资将从现在的 500 亿美元增加到 2025 年的 1 250 亿美元。
- 可口可乐保证到 2020 年其碳排放将减少 1/4。
- 购买可再生能源以运行其数据中心的世界级领导者——谷歌承诺在接下来的 12 年将再生能源购买量增加 3 倍。
- 连锁超市的世界领导者——沃尔玛承诺将增加 600% 的可再生能源产量，并且到 2020 年将可再生能源运营的超市数量增加 1 倍。
- 伯克希尔·哈撒韦能源公司（华伦巴菲特集团）将加倍其在可再生能源上的投资，当前是 150 亿美元。
- 铝制造商美铝公司（Alcoa）——承诺到 2025 年将其碳排放量减半。

更好的医疗保健：患者权利法案

更好的医疗保健是奥巴马政府优先考虑的事项。《患者保护与平价医疗法》于 2010 年 3 月经总统签署成为法律并且在 2012 年得到了最高法院的支持，被誉为《患者权利法案》，给予最多的公民以医疗保险。

生物制品价格竞争与创新法案是这部法律的一部分。它给仿制的或可互换的生物制品获得执照从而成为获批准的生物制品创造了途径。这一法案的灵感来自《药品价格竞争和专利恢复法案》（1984），更通常被称为"沃克斯法案"，它鼓励了高价药物的仿制药竞争，作为一种成本控制的措施。另一灵感基于很多生物制药的专利将在 12 年内失效。

尽管生物制品价格竞争与创新法案已经在 2010 年通过，但首个生物仿制药是由美国食品和药品管理局在 2015 年批准通过的：山多士公司生产的 Zarxio。Zarxio 是癌症药物 Neupogen 的生物仿制药，它能增强癌症病人的白细胞抗感染的能力。2015 年 9 月，一家美国法院规定 Neupogen 品牌制造商安进不能阻碍 Zarxio 在美国的销售。每个化疗周期使用 Neupogen 花费 3 000 美元；Zarxio 在 9 月 3 日投放美国市场时有 15% 的降价。在欧洲同类生物仿制药品早在 2008 年便已经通过并且一直在市场上稳定销售。生物仿制药在美国发展的滞后被批评为妨碍获得生物疗法。

使用生物仿制药节约的实际费用很难去评估。一份来自兰德学会的 2014 年研究预计 2014—2024 年生物仿制药将节约 130 亿~ 660 亿美元，具体取决于竞争水平和食品药品管理局的监管模式。区别于非专利药物，只通过最少的廉价实验来证明生物等效性的生物仿制药是无法获得批准的。由于生物药物是复杂的、来自活细胞的异构产品，它们必须是原产品的高度相似品，因此必须证明其在安全和效用上不会有临床差异。临床实验要达到什么样的程度很大程度上决定了开发的成本。

廉价医疗法中包含了为鼓励医疗保健提供者采用电子健康档案而设的经济激励：若一名医师能做到为至少 30% 收入有限、享有医疗补助计划（一项联邦资助的国有项目）的病人采用电子健康档案，他将获得 63 750 美元奖励。2014 年 10 月提交给国会的一份年度报告表明，10 家医院中有 6 家以上和医院外的医疗服务提供者交换了病人的电子健康信息；10 个医疗服务提供者中有 7 个开出了新的电子处方。电子健康档案的好处之一是这个系统更易于大范围地去分析病人的健康数据从而提供个人化的医疗服务。这是 2004 年小布什总统着手的一项计划：让美国人到 2014 年拥有电子健康档案，以便减少医疗差错、优化治疗、固化医疗档案最终提供更加经济有效的医疗服务。

21 世纪的治疗

21 世纪治疗法案的目标是通过放宽信息共享的障碍、提高临床实验的监管透明度和现代化标准，简化药物的发现、开发与批准。该法案包括连续 5 年每年为美国主要的科学机构和美国国立卫生研究院提供 17.5 亿美元的创新基金、连续 5 年每年为食品药品管理局提供 1.1 亿美元的创新基金。这得到了许多工业团体的大力支持。在一次难得的两党合作中，该法案于 2015 年 7 月 10 日在参议院通过；但 2015 年 8 月，未在参议院通过。

如果该法案正式通过并成为法律，它将改变临床实验的方式，允许新的调整型实验设计，这包括个人化参数，如生物标记和遗传学。这项规定已经证明是有争议的。医生告诫将对生物标记的过度依赖作为衡量疗效可能会带来误导，因为它们可能并不总是反映患者改善后的情况。该法案还包括鼓励用于罕见疾病治疗的药物和新的抗生素开发，以及促进其批准进程的具体规定，也包含了限量提供给特殊人群的前景问题——从监管的角度讲，已确定的患有特殊疾病的亚群体第一次得到不同的治疗（通过竞争前合作加速药物批准进程的另一种途径，见专栏 5.1）。

大脑倡议：一个“重大挑战”

2009 年，奥巴马政府出台了《美国创新策略》，并在两年后进行了更新。这项策略强调将基于创新基础上的经济增长作为提高收入水平、创造更高质量的工作和改善生活品质的途径之一。此策略的一个要素是奥巴马总统在 2013 年 4 月（奥巴马第二次执政后三个月）提出的“重大挑战”，通过结合公共、私人和慈善伙伴的努力促进在侧重领域做出突破。

通过推进创新型神经科技（脑）倡议而进行的大脑研究是总统在 2013 年 4 月发布的“重大挑战”之一。这个项目的目标是利用遗传、光学和成像技术，映射大脑中的单个神经元和复杂的回路，最终更全面地了解这个器官的结构和功能。

到目前为止，大脑倡议已经从联邦机构（美国国立卫生研究院、美国食品药品管理局、国家科学基金会等）、工业（国家光电计划、通用电气、谷歌、葛兰素史克公司等）和慈善事业（基金会和大学）这些资源中获得了超过 3 亿美元的承诺。

第一个阶段集中在器械开发。美国国立卫生研究院已经创造了 58 个奖项，共计 4 600 万美元，这是由具有科学视野的主席科瑞・巴格曼恩博士和威廉・纽萨姆博士牵头完成的。在这一部分，国防高级研究计划局将注意力集中在能创建与神经系统的电接口来治疗运动损伤的器械上。工业合作伙伴正在开发这个项目在成像、存储和分析方面所需要的更好的解决方案。全国各地的大学都致力于将其神经科学中心和核心设备与脑倡议的目标相结合。

精确医疗倡议

被定义为在合适的时间为合适的病人提供合适的治疗的精确医学治疗是基于其独特的生理学、生物化学和遗传学特点。奥巴马总统在他的 2016 年预算中申请 2.15 亿美元，由美国国立卫生研究院、美国国家癌症研究所和美国食品药品管理局共同资助一项精确医疗倡议。截至 2015 年 8 月，该预算案尚未被投票表决。2005 年和 2015 年间，制药和生物制药公司对精密医学的投资增加了大约 75%，并计划到 2015 年进一步增加 53% 的投资。12% ~ 50% 的产品的药物开发线都和个人化医疗相关（见专栏 5.2）。

重点为高端制造业

联邦政府的主要优先事项之一是引导高级制造业以提高美国竞争力以及增加就业机会。2013 年，总统成立了高级制造业合作指导委员会 2.0（AMP 2.0）。基于来自工业、劳工和学术界的联合主席们的建议，他还呼吁为制造业创新建立一个全国性的网络：针对制造业创新的一系列相互联系的机构，用以增强高级制造业科技及流程。国会通过了这项申请，因此总统在 2014 年 9 月签署了振兴美国制造业法案，使其成为法律并得到 29 亿美元用来投资。这些资金将由私人和非联邦合作伙伴用来创建一个具有 15 家机构的初始网络，其中 9 家已经确定或已建立。

这些包括专注于其他制造，如 3D 打印、数字化制造和设计、轻制造、宽带半导体、弹性混合电子、集成光电子、清洁能源和革命性纤维和纺织品

专栏 5.1 推进医药方面的合作

美国国家卫生研究院 2014 年 2 月 4 日在华盛顿特区发布了推进医药合作。这个公共—私营合作涉及政府方的国立卫生研究院和食品药品管理局、10 大生物制药公司和一些非营利组织。政府机构和工业界共享这 2.3 亿美元预算（见表 5.1）。

未来 5 年，该合作将为 3 种常见但难以治疗的疾病（阿尔茨海默氏病），2 型（成人发病）糖尿病和自身免疫性疾病，（类风湿关节炎和狼疮）开发 5 个试点项目。终极目标为病人研发更多的新型诊疗法并减少开发时间和费用。

“目前我们在途径方法上投资了过多时间和金钱，而病人和他们的家属们仍然在等待着。”美国国家卫生研究院主任弗朗西斯·柯林斯在推进医药合作发布当天说道，“生物医学企业的所有部门一致认为这个挑战超越了任何一个部门的能力范围，是时候团结起来一起找寻新的方法来提高我们的集体成功率了”。

研发一种新药需要 12 年的时间并且有超过 95% 的失败率。因此，每次成功都花费了 10 亿多美元。花费最昂贵的失败发生在晚期的临床实验中。因此，重要的是要在早期的过程中找出正确的生物目标（基因、蛋白质和其他分子），以设计更合理的药物和更好的量身定制的疗法。

对于每一个试点项目，美国国家卫生研究院和工业界的科学家们都制订了研究计划，旨在描述疾病的有效分子指标（称为生物标记）并识别那些最有可能对新疗法做出反应的生物靶子（即靶向疗法）。这样他们便能集中在少量的分子上。实验室将共享样品，如死亡患者的血液或脑组织，以确定生物标记。科学家们还会参与美国国家卫生研究院的临床实验。

美国国家卫生研究院基金会将对这种合作进行管理。关键的一点是工业界合作伙伴已经同意生物医学界也能获得合作中得到的数据和分析。只有当这些发现公之于众后，他们才会使用这些发现来研发他们自己的药。

来源：www.nih.gov/science/amp/index.htm。

表 5.1 2014 年推进医药方面合作的参数

政府部门合作伙伴	工业界合作伙伴	非营利组织合作伙伴
食品药品管理局	AbbVie（美国）	阿尔茨海默病协会
国家卫生研究院	Biogen（美国）	美国糖尿病协会
	Bristol-Myers Squibb（美国）	美国红斑狼疮基金会
	GlaxoSmithKline（英国）	美国国家卫生研究院基金会
	Johnson & Johnson（美国）	杰弗里·比恩基金会
	Lilly（美国）	美国药品研究与制造商协会
	Merck（美国）	风湿病学研究基金会
	Pfizer（美国）	美国对抗阿尔茨海默氏症
	Sanofi（法国）	
	Takeda（日本）	

研究重点	项目总额（百万美元）	美国国家卫生研究院总额（百万美元）	工业界总额（百万美元）
阿尔茨海默氏病	129.5	67.6	61.9
2型糖尿病	58.4	30.4	
类风湿关节炎和狼疮	41.6	20.9	20.7
共计	**229.5**	**118.9**	**110.6**

的机构。这些创新中心的目标是确保工业界、学术界和政府间的可持续的合作性创新，以便开发出并展示能提高商业产能的高级制造业科技。会集来自各行业的优秀人才，展示尖端技术，为高端制造创造一个人才管道。

从载人航天转移

近年来，美国国家航空和航天局（NASA）的重点已从载人航天转移，以此作为成本削减的一部分。宇宙飞船项目在 2011 年取消，其后续飞船事项也被取消便能反映这个趋势。美国宇航员们现在依靠俄罗斯人操作的 Soyouz 火箭往返国际空间站。同时，美国国家航空和航天局正在和一家私营美国公司 SpaceX 合作，但 SpaceX 公司目前还没有载人航天的能力。2012 年，SpaceX 公司的宇宙飞船“龙号”（Dragon）成为第一艘往返国际空间站运输货物的商业宇宙飞船。

2015 年，美国宇宙飞船“新视野号”（New Horizons）实现了飞越位于柯伊伯带的距离地球 48 亿千米的矮行星冥王星。天体物理学家尼尔·迪格雷斯·汤森将此举比作“将一颗高尔夫球打入两英里远的洞中”。总统的首席科学家约翰霍尔德伦注意到美国是第一个探索整个太阳系的国家。

国会的优先事项

力图削减研究经费

美国科学、空间和技术委员会的共和党领导阶层口头上表达了对奥巴马政府的气候变化议程的怀疑，甚至试图削减地理科学和可替代性能源研究的经费，并增强了政治监管。国会议员们批评某些拨款是浪费和不科学的，而这是一项能引起公众共鸣的策略。

通过批准对资金和法律都会产生影响的法规，国会将制定与科学相关的政策。其范围广泛：国会制定了从洪水防范到纳米科技，从海底钻探到吸毒治疗的法案。以下是 3 项对美国科技政策产生巨大影响的已颁布的立法：美国竞争法、预算封存和食品安全现代化法案。

国会对拨款资金的更大控制

美国创造机会以有效促进卓越技术、教育和科学法（美国竞争法）一开始在 2007 年被通过，在 2010 年被重新授权并得到充分的资金。在 2017 年 1 月现行立法结束前，它又将被重新处理。本法的目的是通过投资教育、教师培训、创新型制造业技术的贷款担保和科学基础设施来推动美国的研究和创新。它还需要这些领域的进展情况以及美国科学技术的综合竞争力的定期评估。它初始的侧重点是教育，其对这一领域的影响将在教育趋势这一部分详细讨论（见第 148 页）。

2015 年 8 月起草后，美国 2015 年竞争再授权法案已被众议院通过，但未被参议院通过。若该新法案被通过，它将使得国会来控制这个由国家科学基金会出资的拨款机制。法律将会要求每一批由美国国家科学基金会资助的资金必须符合国家利益，并且每一笔资金声明都必须有来自国会的书面理由，证明这笔资金满足法案中讲到的 7 项“国家利益”中的任意一点。这七点被定义为：

- 提高美国的经济竞争力。
- 提高美国公众的健康和福利。
- 培养一名美国劳动力接受具有全球竞争力的科学、技术、工程和数学培训。
- 提高公众科学素养和加强美国公众参与科学技术。
- 加强美国学术界和工业界的合作。
- 支持美国国防。
- 推动美国科学进步。

封存让研究型预算紧缩

正如我们在本章绪论中看到的，封存是预算自动缩减以减少联邦政府赤字。自 2013 年起，资助研发的机构接收到了从 5.1% ~ 7.3% 的资金削减并且预计它们的预算到 2021 年保持持平。除正常的预算拨款外，这些削减让许多机构感到意外，尤其是依赖于联邦政府资助的大学和政府实验室。

由于绝大部分研究型大学极大地依赖联邦政府的拨款资金来开展它们的活动，封存导致它们的研究经费受到直接大量的削减。因此，这些大学尽力通过减少它们的教职工和学生数量、推迟购买教学设备以及取消野外实验等来削减一些正在开展中的项目预算。总体而言，这次危机使得不管是年轻还是知名的科学家数量减少，很多科学家转换了他们的职业道路。有些科学家甚至去往能获得更多研究

专栏 5.2　美国生命科学的产业趋势

上升的产业投资

美国占据全球生命科学研发的 46%，是世界领导者。2013 年，美国制药公司在国内的研发费用是 400 亿美元，海外研发费用约 110 亿美元。汤森路透 2014 年全球创新者 100 强中 7% 的公司活跃在生命科学产业，等于消费产品和电信产业的数量。

制药公司在 2014 年和 2015 年积极进行并购。2014 年上半年，并购总值达 3 174 亿美元；2015 年第一季度，医药产业占据了美国并购中的 45% 以上。

2014 年，风险投资在生命科学领域达到了其自 2008 年来的投资最高点：生物科技中，60 亿美元投资于 470 个交易；生命科学中，86 亿美元投资于 789 个交易。生物技术投资的三分之二（68%）都是首次 / 早期开发交易，其余的扩张阶段的发展（14%），种子阶段的公司（11%）和后期的公司（7%）。

呈天文数字上升的处方药价格

2014 年美国处方药的花费为 3 740 亿美元。令人惊讶的是，该费用的上涨是由于市场上用于治疗乙型肝炎的昂贵新药（110 亿美元）的刺激，而不是数以百万计的在《2010 年病人保护与廉价医疗法》下新参保的美国人的刺激（10 亿美元）。约 31% 的支出用在专门药物治疗上，如治疗炎症性疾病、多发性硬化、肿瘤、丙型肝炎和艾滋病等；6.4% 用于治疗糖尿病、高胆固醇、疼痛、高血压、心脏病、哮喘和抑郁症等疾病的传统疗法上。

2008 年 1 月到 2014 年 12 月，常见处方药品价格下降约 63%；常见品牌药价格提高了 127%。但是由于药品消费价格在美国在很大程度上不受管制，因此出现通过许可、购买、合并或收购来获得药品的新趋势，这也导致了药品消费价格呈天文数字增长。

昂贵的幼儿药品

每年有将近 20 万的儿童患者。自 1983 年以来，食品药品监督管理局指定了 400 多种药品和生物制药用于罕见病（2015），在 2013 年指定了 260 种。2014 年，排名美国前十的幼儿药品销售额是 183.2 亿美元；到 2020 年，世界范围内的幼儿药销售额将占美国处方药总支出 1 760 亿美元的 19%（281.6 亿美元）。

然而，2014 年幼儿药品支出是非幼儿药品的 19.1 倍（每年），每年每位病人的平均花费是 137 782 美元。有人担心食品药品监督管理局的幼儿药品项目会激励制药公司去开发幼儿药，把这些公司的注意力从开发有益于更多人的药品中转移。

医疗设备：中小型企业居主导地位

美国商务部表示，美国医疗设备产业的市场份额预计到 2016 年将达到 1 330 亿美元。美国有 6 500 多家医疗设备公司，其中 80% 公司的员工少于 50 人。医疗器械领域的观察家们预测到了穿戴式健康监测装置、远程诊断、远程监控、机器人、生物传感器、3D 打印、新的体外诊断测试和移动应用程序将进一步发展和涌现，这些让使用者们能够更好地监测他们的健康和相关行为。

生物技术产业群

生物技术产业群的特点是其来自一流大学和大学研究中心的人才；一流医院、教学和医学研究中心；从初创到大型的生物制药公司；专利活动；国家卫生研究院的研究经费和国家政策与倡议。后者专注于经济发展，同时也在创造就业机会，支持高端制造业和公共－私营合作，以满足对人才（教育和培训）的需求。国家政策不仅促进国家主导的出口，还在研发以及产品和流程上投资公共资金。

一个概述将美国的生物科技产业群按照区域进行了分类：圣弗朗西斯科海湾区；南加州；中部大西洋地区（特拉华州、马里兰州、弗吉尼亚州和首都华盛顿特区）；中西部地区（伊利诺伊州、艾奥瓦州、堪萨斯州、密歇根州、明尼苏达州、密苏里州、俄亥俄州、内布拉斯加州和威斯康星州）；三角研究公园和北卡罗来纳州；爱达荷州；蒙大拿州；俄勒冈州和华盛顿州；马萨诸塞州；康涅狄格州、纽约州、新泽西州、宾夕法尼亚州和罗得岛州；得克萨斯州。

另一个概述将美国的生物科技产业群按照城市或都市进行了分类：旧金山湾区、波士顿 / 剑桥、马萨诸塞、圣地亚哥、马里兰 / 华盛顿特区郊区、纽约、西雅图、费城、洛杉矶和芝加哥。

来源：作者编撰。

资金的海外国家。

限制食品污染物的一部主要法律

自《联合国教科文组织科学报告 2010》发布后,《食品安全现代化法（2011）》是将科学事项纳入法律的最大的一部立法。这部法律对食品安全体系进行了重大的改革，尤其是对进口食品的新关注。主要目的是从应对食品污染转向预防食品污染。

食品安全现代化法案的通过，正好符合消费者不断增长的对食品安全和纯度的认识。法律规范和消费者需求带来了食品行业内的一些改革，以限制抗生素、激素和一些农药的使用。

研发方面的投资趋势

一直持续的研发强度

总体而言，美国的研发投资额在 21 世纪的最初几年里跟随经济有着相应的增长，但在经济衰退中有略微回落，后又随着经济增长而增加。研究和发展占国内研发支出总额金额在 2009 年达到 4 060 亿美元（国内生产总值的 2.82%）。略微回落后，研发投资额在 2012 年恢复到 2009 年的水平，也就是研究和发展占国内研发支出总额占国内生产总值的 2.81%；2013 年又开始回落（见图 5.2）。

联邦政府是基础研究的主要资助者，2012 年占 52.6%；州政府、大学和其他非营利性机构资助 26%。另外，科技发展主要由工业资助：2012 年占 76.4%；联邦政府资助 22.1%。

将它们直接进行对比后发现，发展阶段的花费明显更多。因此，私企在绝大部分时期投入最多。2012 年美国研究和发展占国内研发支出总额中，商业企业投资额占 59.1%，相较 2000 年的 69.0% 有所下降。私有非营利实体和外国实体在研究和发展占国内研发支出总额中的投资占小部分，分别是 3.3% 和 3.8%。研究和发展占国内研发支出总额数据来自联合国教科文组织统计研究所的研发资料，这些资料来自经济合作与发展组织。

图 5.3 显示了研究和发展占国内研发支出总额从 2005 年到 2010 年的资金来源走势（按 2005 年恒定美元计）。商业企业部分资助研发（包括来自国外的研发）在 2008 年到 2010 年间下降 1.4%；此后回弹 6%（2010—2012 年）。从全球视野看，虽然出台了 2009 年资金恢复法案以及一些旨在促进创新引领的恢复的政治谈话，但政府对研发的资助资金自 2008 年起仍停滞不前（见图 5.4）。然而，全球概况掩饰了研发资金在国防方面的大幅较少；2010—2015 年国防部削减了 27% 的国防研发资金（预算申请）。

国防经费的急剧减少

这 11 个对联邦政府资助的多数研发资金进行管理的部门中，大部分部门在过去的 5 年里见证了不景气的研发预算；国防部甚至自身经历了大幅减少。国防部在 2010 年的研发资金花费达到顶峰，886 亿美元；2015 年，国防部的研发费用预计仅 646 亿美元。这反映了美国在阿富汗和伊拉克的干预措施的结束以及对军事科技的需求下降。

根据 2015 年 2 月美国众议院小小企业委员会之前的战略和国际研究中心的安德鲁・亨特的证词，2012 年美国小企业代表委员会和国防部通过工业减少了 360 亿美元研发资金，但在 2013 年仅减少 280 亿美元。亨特注意到 2014 年美国国防合同义务较上一年减少了 9%，这和美国到 2016 年年底要逐渐从阿富汗撤军保持一致。

2014 年非国防方面联邦政府研发资金缩减略高于 100 亿美元，相较去年下降 6%。亨特表示这种走势是由于联邦政府在专门的研究方面的预算减少以及国会在 2013 年削减预算（制定了 1 万亿美元的自动削减联邦预算以降低预算赤字）。

可替代能源优先

非国防研发的主要领域包括公共健康和安全、能源、基本科学和环境。美国卫生与公共服务部的预算有较大增长，因其美国国家卫生研究院在 1998—2003 年的预算加倍。此后，该部门的预算无法跟上通胀的速度，逐渐缩减新拓展的研究人员和学员的管道。

除继续聚焦气候变化外，政府也对可替代能源倡议提供大力资金支持。新的高级研究计划署—能源（ARPA-E）是以非常成功的国防高级研究计划局项目为模型。后者成立于 2009 年，联邦政府刺激

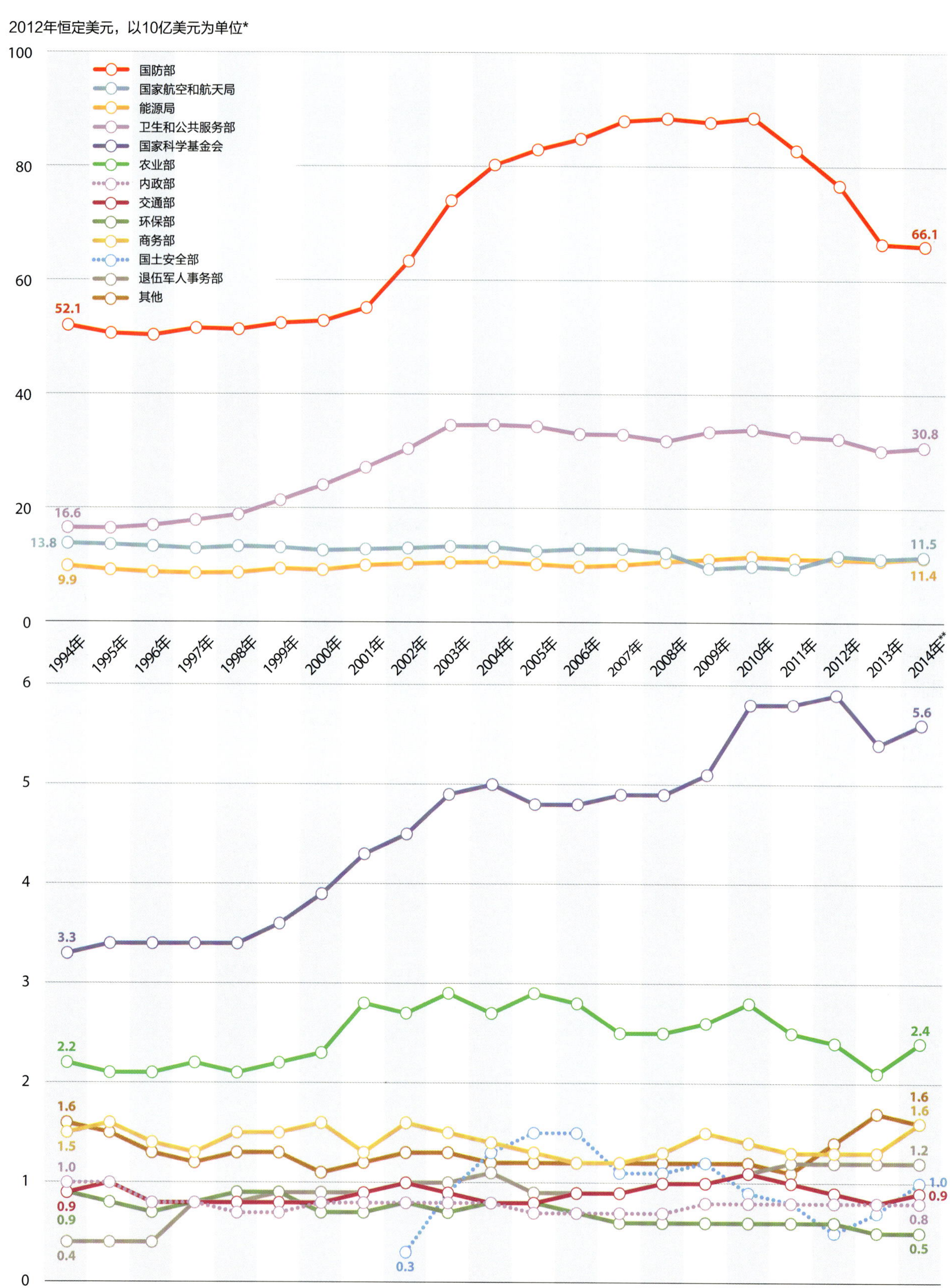

图 5.4　1994—2014 年美国机构的研发预算

* 不包括恢复法案提供的资金（2009 年是 205 亿美元）；** 2014 年数据是暂时性的。

来源：美国科学促进协会。

计划对其有 4 亿美元拨款。国防高级研究计划局的预算拨款取决于其选择的项目的需求，范围从 2011 年的 1.8 亿美元到 2015 年的 2.8 亿美元不等。项目主要有 7 个主题，包括效率、输电现代化和可再生能源。

美国能源部的预算在过去 7 年中保持相对平稳；在 2008—2010 年增长迅速，从 2008 年的 107 亿美元到 2010 年的 116 亿美元；然而 2013 年回落到 109 亿美元（见图 5.4）。

2016 年研究预算上的针锋相对

总统的 2016 年科学与技术预算计划是对国防的小幅度削减，但增加了国防部的其他研发预算资金。该预算计划也少量地增加了国家卫生研究院的预算资金，对国防相关的核能研发有所削减，国土安全研发削减 37.1%；教育行业研发削减 16.2% 以及一些其他小幅度削减。国家科学基金会的预算资金增加了 5.2%。能源部的科学办公室将有 49 亿美元的预算资金，相较该部门 125 亿美元的预算，这在过去两年中是一次增长。总体而言，这次预算计划将给总研发带来 6.5% 的预算资金增长：国防占 8.1%；非国防占 4.7%（Sargent，2015）。

美国国会已经同意少量增加国家科学基金会、国家标准与技术研究所和能源部的一些项目 2016 年的预算；但坚持 2017 年保持持平的预算，也就是说若考虑通胀因素，预算将有所削减。尽管这只意味着国会预算对国家科学基金会资金的少量削减，但国会计划削减国家科学基金会的社会科学理事会 44.9% 的资金。

国会还打算削减环境和地理科学研究的资金，以抑制对气候变化的研究。国会计划削减能源部的可再生能源和先进能源项目的研发资金，增加化石燃料能源研究资金。另外，未来研发预算的增加必须和国内生产总值的增长保持一致。政治较量将决定实际的预算，但联邦政府的研发预算出现较大增长的概率却不太乐观，尽管民主党中出现想要增加国立卫生研究院预算的骚动。图 5.5 显示了不同学科的预算资金分配。

联邦政府资金：大幅波动

很多科学学科的研究资金以无法预测的速度增长，这种趋势将给培训和研究造成破坏性影响。在繁荣时期，受训人员管道膨胀，但是更常见的情况是，受训人员完成培训后，他们面临的是预算紧缩和为获得预算资金的史无前例的竞争。联邦政府对研发支持的减少对公益科学产生了最大的影响，基本上没有任何诱因激励产业迈向这一领域。

2015 年一篇由美国医学院院长们撰写刊登在《科学转化医学期刊》上的论文注意到，对研究这个生态系统的支持对于机构和个人研究者而言，必须是可预测和持续的。他们还指出，若没有更多的费用支持，生物医学的研究将缩减、解决病人健康问题的能力将退步，生物医学领域对国家经济的贡献将更小。

国家卫生研究院预算不确定的未来

美国国家卫生研究院是政府的生物医学研究旗舰基金组织。自 2004 年以来，若将通胀纳入考虑，国家卫生研究院的资金保持持平甚至有所减少。唯一短暂的缓解来自次贷危机和美国复兴与再投资法案后，政府在 2009 年的推动经济发展的刺激计划。国立卫生研究院当前的预算低于 2003—2005 年，那时的预算达到了大约每年 350 亿美元的峰值。自 2006 年以来，拨款提议的成功率徘徊在约 20%。

另外，一名研究者第一次获得国家卫生研究院的拨款①的平均年龄在 42 岁左右。这就提出了一个问题，机构是否将提拔年轻教师或给予他们任期这两点做到位，因为获得拨款似乎成为获得任期的首要条件。在回顾了国家卫生研究院和生物医学研究者们面临的问题后，4 名美国顶尖科学家和管理人员表明美国正处在一种误解中，那就是认为“研究型企业永远都将会扩大”（Alberts 等，2014）。他们指出，2003 年后，“对研究资金的需求增长远远快于其供应”，除了一个明显的例外：美国复苏与再投资法案增加了研究资金。2008 年的经济衰退以及 2013 年的政府资金的封存加剧了资金逐渐减少的问题。2014 年，美国财政资源相较 2003 年而言，以恒定美元形式有至少 25% 的减少（Alberts 等，2014）。

据估计，国家卫生研究院 2016 年预算将增加

① 绝大部分拨款资金对应于我们所知的 R01 机制，将 1 ~ 5 年的局限研究的拨款资金限制在每年直接成本 2.5 亿美元。

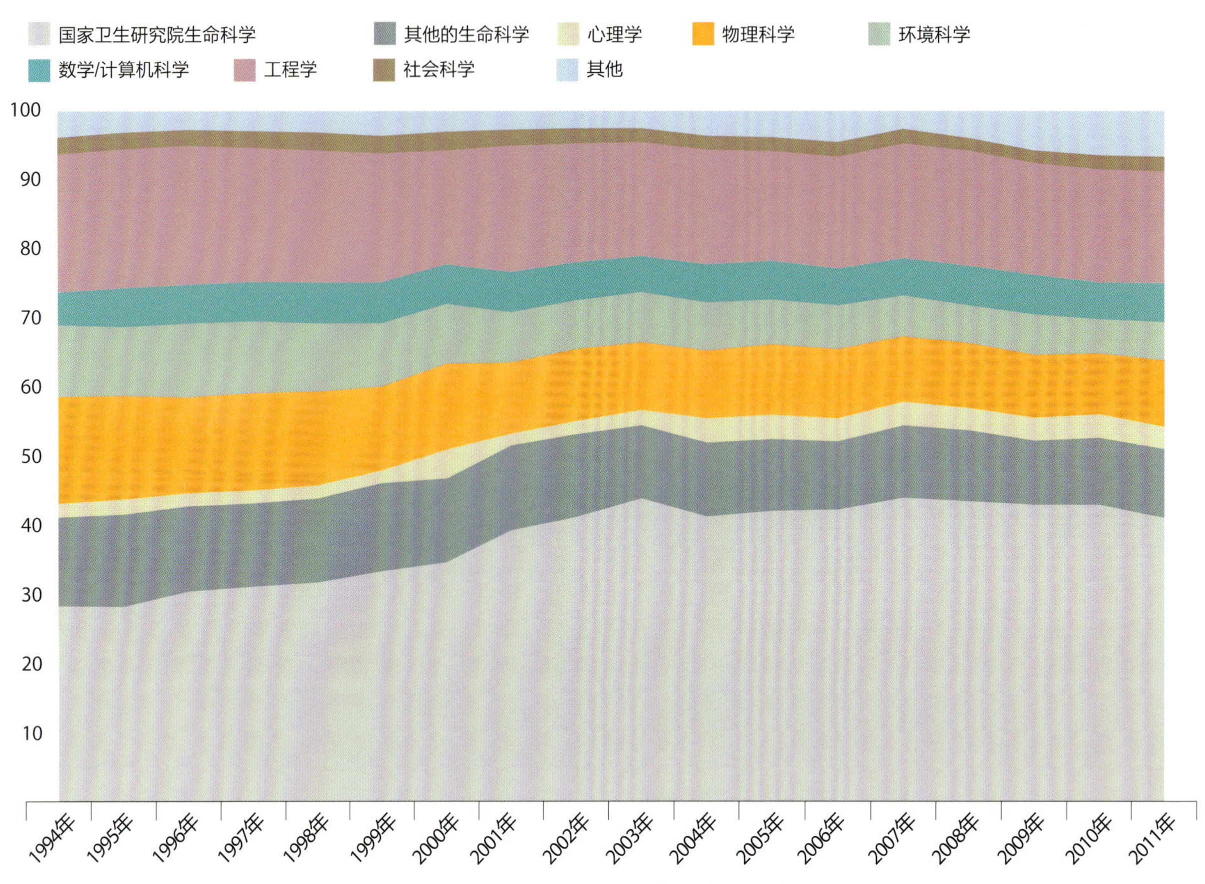

图 5.5 美国 1994—2011 年联邦政府研发费用在不同学科的分配比例（%）

来源：美国科学促进协会。

3.3%，即 313 亿美元，比在 FY2015 预算超过 10 亿美元。尽管这听上去比较乐观，但 1.6% 的通胀以及生物医学研究和发展价格指数[①]2.4% 的增长将耗尽预算增长。国会是否会采取行动增加国家卫生研究院的预算，这将值得观望。目前，美国科学促进协会估计 2016 年申请拨款率将平均达到 19.3%，相较过去 12 年里的 33.3% 是巨大的下降，但比 2015 年的 17.2% 高。

国家科学基金会预算预计将保持持平

国家科学基金会（NSF）是美国非医学科学研究资金的最大来源。它为绝大部分非医学生物研究和数学研究提供资金。其在 2015 年 8 月起草的预算，在 2016 年和 2017 年均未被国会通过。当前的预计是国家科学基金会这两年的预算将会在持平状态。其向国会提交了一份 2015 年 77.23 亿美元预算资金的申请，对于整个预估预算有 5% 的增长。然而在最新版 2015 年美国竞争再授权法案中，科学、空间和技术委员会建议 2016 年和 2017 年两个财政年的年度预算均为 75.97 亿美元，仅仅比当前预算有 3.6% 的增长（2.63 亿美元）。

尽管国家科学基金会表示经费申请者中有 23% 的成功率，但相较其他申请者而言，一些理事会有更高的成功率。国家科学基金会三年的年平均拨款金额大约是 17.22 万美元，这包括一些机构的杂项开支。23% 的成功率相对较低，虽然国家基金会的一些项目的成功率在某些年中低至 4% ~ 5%。

地球科学局在 2016 年有针对性地削减 16.2% 可能产生意想不到的后果：除气候变化外，地球科学局也为对飓风、地震以及海啸的预报和备灾起着关键作用的公共利益研究提供资金。

① 该指数提供了从国立卫生研究院预算中购买的商品和服务的通胀估计值。

国防部和能源部除外的绝大部分政府部门的研究预算比国家卫生研究所或国家科学基金会的要少得多（见图 5.4 和图 5.5）。农业部在 2016 年的预算申请增加了 40 亿美元，但其 250 亿美元的自由资金仅有一小部分用于研究。另外，由森林服务研究进行的绝大部分研究很有可能被削减掉。而环保局则面临着来自众多国会共和党们的强烈反对，他们认为环境法规是反商业的。

600 万人口在科学和工程领域工作

2012 年有近 600 万美国工作者的职业和科学与工程相关。2005—2012 年，美国每 100 万居民中平均有 3 979 名全职研发研究人员。这个数字低于欧洲联盟中的一些国家、澳大利亚、加拿大、冰岛、以色列、日本、新加坡或朝鲜共和国，但美国的人口远大于这些国家的人口数。

2011 年，每位研究者的研究和发展占国内支出总额达到 342 500 美元（目前单位是美元）。2010 年，研究和 / 或发展是 75.2% 的生物、农业和环境生命科学家们、70.3% 的物理学家、66.5% 的工程师、49.4% 的社会科学家以及 45.5% 的计算机和数学家们从事的首要或次要活动。

美国劳工统计局绘制出了美国 50 个州和科学以及工程相关的工作分布表（见图 5.6）。从地理层面讲，虽然有明显的差异，这些领域工作的居民比例和各州在研究和发展占国内支出总额中所占比例还是有很大的关联。根据位置的不同，这些差异反映出了一些州更受欢迎的学科，或者企业对研发的一个高度关注。在有些情况中，两者会结合，因为高新技术企业往往倾向于那些有着最好的大学的地区。例如，加州是斯坦福大学和加利福尼亚大学的所在地，而这两所大学靠近硅谷，硅谷有着很多世界领先的企业（微软、英特尔和谷歌等）和信息科技相关的初创企业；马萨诸塞州因其位于波士顿附近的有着众多高新技术企业的 128 号公路闻名于世；哈佛大学和麻省理工学院也位于该州。各州之间的差异也反映出了每一位研究者可获得的预算，根据区域专业化而不同。

仅仅只有 3 个州的研发支出占国内生产总值的比重和科学以及工程领域的工作比重属于最高类别：马里兰州，马萨诸塞州和华盛顿州。我们可以推断出马里兰州的位置反映出集中在此的由联邦资助的众多研究机构。华盛顿州聚集了像微软、亚马逊和波音的高新技术企业。总之，这 6 个州在研究和发展占国内支出总额 / 国内生产总值比例方面远高于平均值的州，其在美国总研发中所占比例是 42%：新墨西哥州、马里兰州、马萨诸塞州、华盛顿州、加利福尼亚州和密歇根州。新墨西哥州是美国洛斯阿拉莫斯国家实验室的所在地，但其研究和发展占国内支出总额比重可能相对较低。至于密歇根州，大多数汽车制造商的工程工作都设在这个国家。另外，阿肯色州，路易斯安那州和内华达州是仅有的在这两幅表中都处于最低端的三个州（见图 5.6）。

美国日益受侵蚀的霸权地位

绝大部分时期美国在研发上的投资超过了 G7 成员国（七大工业国）的投资总额，2012 年 17.2% 以上。自 2000 年起，美国研究和发展内支出总额比例增长了 31.2%，这让美国能在 G7 成员国（七大工业国）中保持 54.0% 的研究和发展支出总额比例（2000 年是 54.2%）。

作为一个有着众多领先世界的高科技跨国公司的国家，美国稳居大经济体的联盟中并且有着相对较高的研究和发展支出总额 / 国内生产总值比率。这个比率自 2010 年以来平稳上升，这意味着自 2008 年 9 月经济衰退以来的稳健回弹，尽管国内生产总值的增速慢于过去几十年的平均水平。

中国已经赶超美国成为世界最大经济体，或者说中国即将赶超，这取决于指数[①]。中国正迅速接近美国的研发强度（见图 5.5）。2013 年，中国的研究和发展支出总额 / 国内生产总值的比率达到 2.08%，超过了欧盟的平均值 1.93%。尽管中国的这个指数落后于美国（初步数据显示是 2.73%），但 2013 年 12 月巴特尔研究所和《研发杂志》预测中国的研发预算正迅速增长并将在大约 2022 年赶超美国。但几个数据让我们质疑巴特尔研究所的预测的准确性：中国经济增长率在 2014 年减缓到 7.4%（见第 23 章）、自 2012 年以来工业产值的大幅减少以及股市在 2015 年中期的下滑。

① 到 2015 年，中国经济在购买力平价上（以国际美元为单位的国内生产总值）已经赶超美国，但和市场价格和汇率上的国内生产总值相差甚远。

在两幅图中均处于最高端的 3 个州：马里兰州、马萨诸塞州和华盛顿州

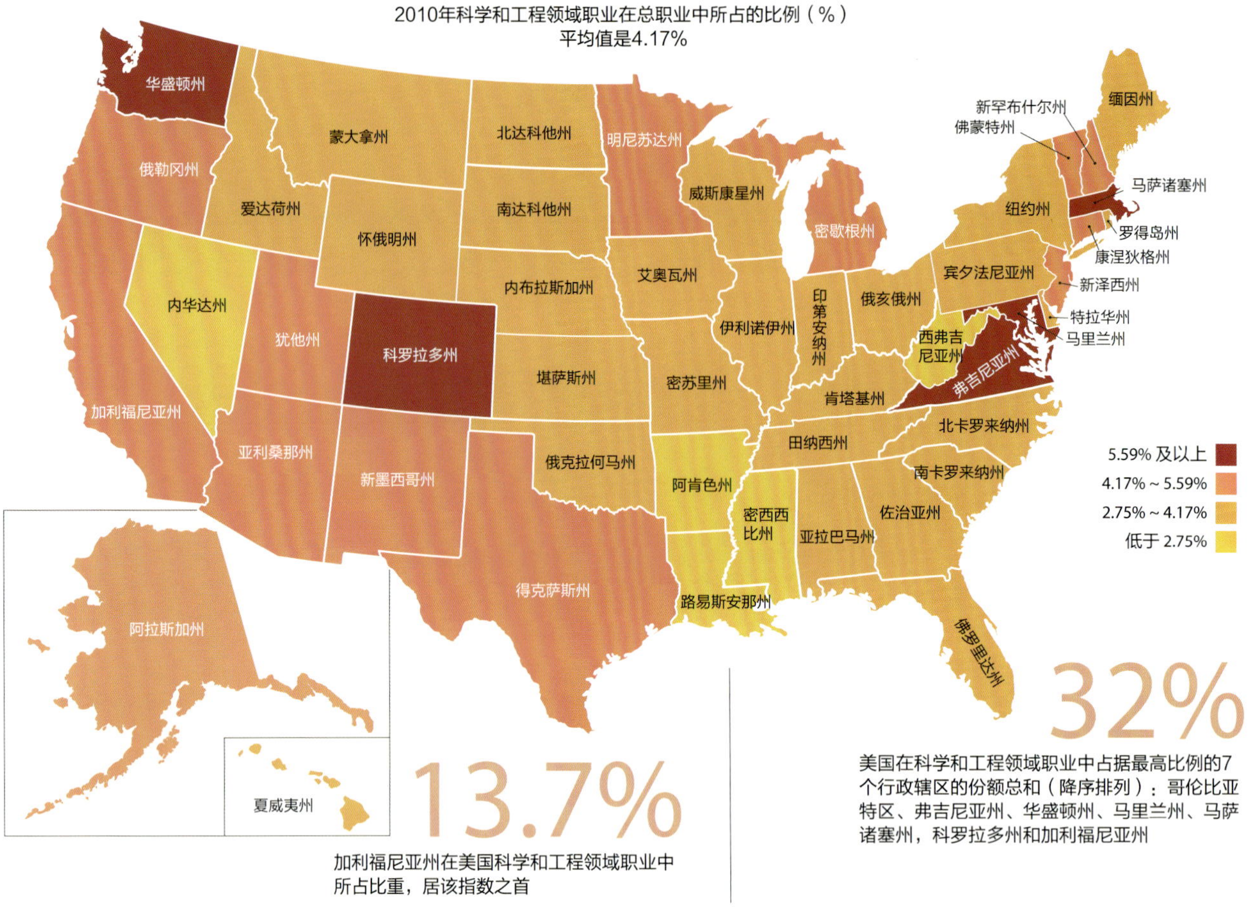

2010年科学和工程领域职业在总职业中所占的比例（%）
平均值是4.17%
华盛顿州
蒙大拿州
北达科他州
明尼苏达州
缅因州
新罕布什尔州
佛蒙特州
俄勒冈州
爱达荷州
南达科他州
威斯康星州
马萨诸塞州
纽约州
怀俄明州
密歇根州
罗得岛州
康涅狄格州
内布拉斯加州
艾奥瓦州
宾夕法尼亚州
新泽西州
内华达州
印第安纳州
俄亥俄州
特拉华州
伊利诺伊州
西弗吉尼亚州
马里兰州
犹他州
科罗拉多州
堪萨斯州
密苏里州
弗吉尼亚州
肯塔基州
加利福尼亚州
北卡罗来纳州
田纳西州
亚利桑那州
新墨西哥州
俄克拉何马州
阿肯色州
南卡罗来纳州
密西西比州
亚拉巴马州
佐治亚州
得克萨斯州
路易斯安那州
佛罗里达州
阿拉斯加州
夏威夷州
5.59% 及以上
4.17% ~ 5.59%
2.75% ~ 4.17%
低于 2.75%
32%
美国在科学和工程领域职业中占据最高比例的7个行政辖区的份额总和（降序排列）：哥伦比亚特区、弗吉尼亚州、华盛顿州、马里兰州、马萨诸塞州，科罗拉多州和加利福尼亚州
13.7%
加利福尼亚州在美国科学和工程领域职业中所占比重，居该指数之首

2010年研发占州生产总值的比重（%）
平均值是2.31%
华盛顿州
蒙大拿州
北达科他州
明尼苏达州
缅因州
新罕布什尔州
佛蒙特州
俄勒冈州
爱达荷州
南达科他州
威斯康星州
马萨诸塞州
纽约州
怀俄明州
密歇根州
罗得岛州
康涅狄格州
内布拉斯加州
艾奥瓦州
宾夕法尼亚州
新泽西州
内华达州
印第安纳州
俄亥俄州
特拉华州
伊利诺伊州
西弗吉尼亚州
马里兰州
犹他州
科罗拉多州
堪萨斯州
密苏里州
弗吉尼亚州
肯塔基州
加利福尼亚州
北卡罗来纳州
田纳西州
亚利桑那州
新墨西哥州
俄克拉何马州
阿肯色州
南卡罗来纳州
密西西比州
亚拉巴马州
佐治亚州
得克萨斯州
路易斯安那州
佛罗里达州
阿拉斯加州
夏威夷州
42%
6个州占国家研发支出的比重：新墨西哥州、马里兰州、马萨诸塞州、华盛顿州、加利福尼亚州和密歇根州
3.88% 及以上
2.31% ~ 3.88%
0.75% ~ 2.31%
低于 0.75%

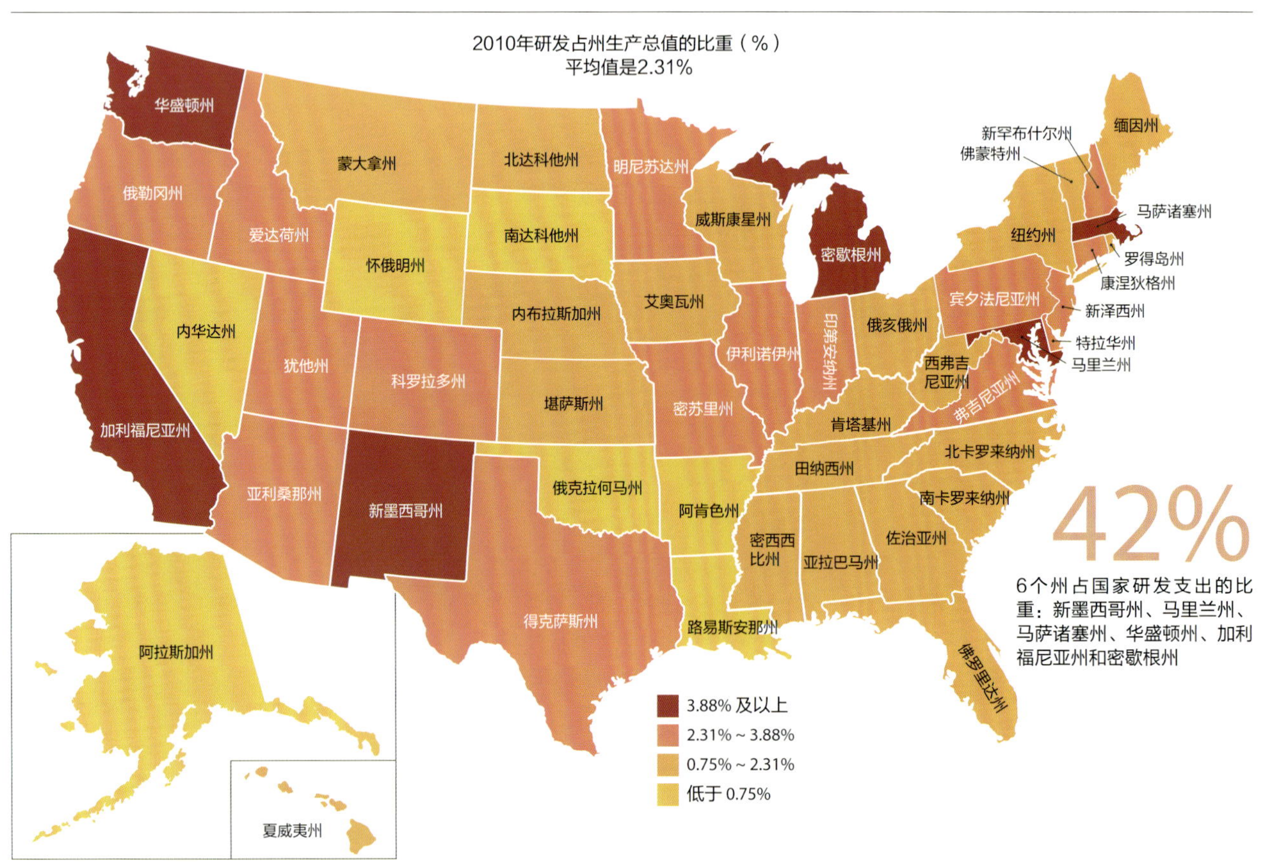

图 5.6　2010 年美国各州的科学和工程学分布

来源：劳工统计局，职业就业统计调查（各年）；国家科学基金会（2014 年）科学和工程指数。

美国在 2009 年将自己的研发资金提高到峰值，占国内生产总值的 2.82%。尽管有经济危机的影响，但初步数据显示 2012 年研发资金仍占国内生产总值的 2.79%，2013 年也只会轻微下滑至 2.73% 并将在 2014 年保持相同水平。

尽管研发方面的投资很高，但迄今为止却仍然没能达到总统的目标：到他的总统任期末段时，研发资金占国内生产总值的 3%。从这方面讲，美国的霸权地位正受到侵蚀，而其他的国家——尤其是中国，研发投资正在创造新高（见第 23 章）。

商业研发的趋势

商业带来的回弹

美国历来就是商业研发和创新的领导者。但是 2008—2009 年的经济危机对美国产生了持续的影响。由于研发资金的主要提供者在很大程度上都兑现了他们的承诺，因此主要是小企业和初创企业受到了美国经济危机的影响。美国人口普查局发布的数据显示，2008 年宣布破产的企业数量开始超过新成立的企业数量并且这个趋势至少贯穿整个 2012 年。去年的数据见图 5.7。然而，科夫曼基金会收集到的更多近期数据表明这个趋势在 2015 年发生逆转。

2012 年商业研发活动主要集中在加利福尼亚州（28.1%）、伊利诺伊州（4.8%）、马萨诸塞州（5.7%），新泽西州（5.6%）、华盛顿州（5.5%），密歇根州（5.4%）、得克萨斯州（5.2%）、纽约州（3.6%）和宾夕法尼亚州（3.5%）。科学和工程领域的就业集中在 20 个主要大都市区，这占据了所有科学和工程领域就业的 18%。而这些大都市区的 2012 年科学和工程领域就业主要集中在东北部、华盛顿特区、弗吉尼亚州、马里兰州和西弗吉尼亚州。第二集中区域在马萨诸塞州的波士顿市区，第三集中区域在华盛顿州西雅图大都会区。

即将退休的婴儿潮一代可能导致工作岗位空缺

企业管理者们最主要的担心是婴儿潮一代[①]的退休将导致研发工作空缺。因此，联邦政府将需要提供充足的资金，用以培训下一代员工的科学、技术、工程和数学技能。

总统发布的很多措施都集中在公私合作，如美国的学徒补助竞争计划。该计划于 2014 年 12 月发布，由劳工部执行，投资额 1 亿美元。学徒补助竞争鼓励了雇主、商业协会、劳工组织、社区大学、

① 第二次世界大战后出生在 1946—1964 年的人，其间婴儿出生率激增。

图 5.7　1992—2010 年美国初创企业存活率

来源：美国人口普查局、商业动态统计，盖洛普出版。

当地和州政府以及非政府组织在战略领域中发展高质量的学徒项目，如先进制造业、信息技术、商务服务和医疗保健业。

停滞而非恢复增长的迹象

经济衰退对于美国的商业研究支出费用而言是个坏消息。从 2003 年到 2008 年，这种类型的支出总轨迹是向上的。2009 年该曲线出现反转，因为支出比上一年减少了 4%；2010 年继续减少，虽然这次只减少了 1% ~ 2%。像医疗保健这样的高机会行业的公司削减的费用少于那些更成熟的行业的公司（比如化石燃料）。一方面，农业生产的研发支出削减最多：与研发的平均净销售额相比，为 –3.5%。另一方面，化学品及相关产品行业和电子设备行业显示研发与净销售额比分别为 3.8% 和 4.8%，高于平均水平。虽然 2011 年研发支出有所上升，但仍低于 2008 年的支出水平。

到 2012 年，商业资助的研发资金的增长率已经恢复。增长是否会继续取决于经济复苏与增长、联邦政府的研究资金以及总体商业环境的发展。巴特拉研究所的 2014 年全球研发资金预测（2013 年出版）表明美国 2013—2014 年来自商业的研发资金将增加 4%，即增长到 3.75 亿美元——大约是全球研发资金的 1/5。

产业信息的提供者——美国市场研究机构 IBIS World 表示商业研发支出在 2015 年有所增加，2017—2018 年将会减少，2019 年又将继续略微增加（Edward，2015）。该机构认为，这是因为由依赖联邦政府投资向一种更多依靠自我的模式的转变。尽管研究支出保持增长，增长率却可能在每年 2% 的范围内，并且伴随几年的下降；整体增长可能相对平缓。工业研究所的 2015 年预测是基于对 96 名研究领导者的一份调查：它预测公司将在 2014 年的基础上保持研发预算的平稳增长。IRI 报告表明 2015 年的数据暗示了停滞而非恢复增长的迹象（IRI，2015）。

风险资本已完全复苏

对于科技相关的公司来讲，金融领域的一个亮点是欣欣向荣的风险资本市场。美国国家风险投资协会（NVCA）2014 年报告称 4 356 场风险投资交易的总额达到 483 亿美元。该协会表示相比上一年，从金额上讲这是 61% 的增长；交易量却是减少了 4%。软件产业以 1 799 场交易获得 198 亿美元主导了这些交易。互联网公司以 1 005 场交易、获得投资额 119 亿美元排名第二。包括生物科技和医疗设备在内的生命科学在 789 场交易中获得 86 亿美元投资额（见专栏 5.2）。经济合作与发展组织在其发布的 2014 年科技创新展望中预测美国的风险投资已经完全复苏。

兼并、收购和移至海外

一方面，为了寻求人才、新市场和独特的产品，一些传统的研发型公司一直在积极进行兼并和收购。2014 年 6 月 30 日到 2015 年 6 月 30 日的 12 个月里，美国有 12 249 起兼并和收购案例，其中 315 例的总额超过 10 亿美元；而其中最著名的是由科技巨头雅虎、谷歌和脸书进行的收购案，以寻求新的人才和产品，保持公司的稳定。另一方面，几家制药公司（比如美敦力国际医疗用品技术服务公司）最近几年已经进行了战略合并，将其总部转至海外以获得纳税优势。辉瑞在承认打算削减其联合公司的研究支出后，正计划收购于 2014 年倒闭的英国制药公司阿斯利康（见第 9 章）。

一些美国公司正在利用全球化将它们的研发活动转移到海外。尤其是一些专注于制药的跨国公司可能至少将它们的部分研发大规模移至亚洲。工业研究所在它的报告中指出中国的外资支持的实验室数量有所减少，但这一发现源于一份企业管理者的小样本数据（IRI, 2015）。

决定是否将研发转移至海外的影响因素包括纳税优势、获得当地人才、缩短进入市场的周期以及调整产品以适应当地市场的机会。但是海外转移也伴随着一个潜在的劣势：增加的公司组织上的复杂性使得公司的调整性和灵活性变差。《哈佛商业评论》的专家们多次表示对于任何依赖产业和市场的公司而言，转移海外是一个好的选项。

高研发支出促进更多销售

一方面，高企业研发支出是否带来了更大的净销售额呢？答案是肯定的。金融效益似乎更合乎语境和具有更多的选择权选择性。彭博（Bloomberg）在 2015 年 3 月预计美国企业研发在 2014 年增长了 6.7%，这是自 1996 年以来的最大增长。彭博也估计

18家列入标准普尔500指数的大公司的研发自2013年以来增加了25%或更多，范围从制药到酒店业和信息科技。彭博还认为这个指数[①]的190家公司的实际研发支出要胜于指数中的数据。

另一方面，赫塞尔达（2014）讨论了伯恩斯坦研究机构关于科技公司的一份报告，该报告得到了相反的结论。报告指出研发资金投资最多的公司，其股票随着时间一般会低于市场价格，和研发投资较少的公司相较而言。事实上，将销售研发资金投资最多的公司的平均股价在5年后下降了26%，虽然中期有所增长。那些投资了中等数额的研发资金的科技公司5年后也有所下降（15%）。只有一些研发资金投资最少的公司股价5年后有所上升，尽管这些公司中的很多公司经历了股价下跌。2012年《华尔街日报》的约翰·巴斯指出那些研发资金投资最多的公司并不是最优秀的革新者，它们的每一美元研发资金并没有带来最好的经济效益。从这里我们可以总结出企业的研发投资应该由其实际研发需求来决定。

被不确定性影响的税收优惠

美国联邦政府和50个州中的绝大部分州为一些特殊领域的特别产业或公司提供研发税收优惠。国会经常会每隔几年更新联邦政府的研发税收优惠。华尔街日报的艾米丽·夏桑（2012）表示，由于这些公司不能依赖于这些正在更新的税收优惠，因此这不会影响到它们关于投资研发的决定。

鲁宾和博伊德（2013）的一份关于纽约州的大量营业税优惠的报告指出，自1950年中期起进行的研究中没有确凿证据表明企业税收优惠政策给各州带来的经济净收，以及没有这些优惠政策情况又会是怎样。同时这些研究中也没有确凿证据表明州和当地税收对公司选址和扩张决策有所影响。

实际上公司研发投资方面的决定基于一个因素：研发需求。税收优惠更倾向于给这些已经做出的决定带来奖励。此外，许多小公司没有认识到它们有资格申请税收优惠政策，因此也未能充分利用此政策。

① 参见：www.bloomberg.com/news/articles/2015-03-26/surge-in-r-d-spendingburnishes-u-s-image-as-innovation-nation.

向“先申请专利”模式过渡

2013年，美国居民申请了287 831项专利，和非居民申请专利的数量（283 781）几乎相同。相反的，在中国只有17%的专利由非居民申请，而居民向国家知识产权局申请了高达704 836项专利（见表23.5）。同样在日本非居民仅占专利申请的21%。当大批检查专利数时，情况有所改变。虽然中国正在迅速追赶，但在这方面仍然落后于美国、日本和欧盟（见图5.8和图5.9）。

2011年的美国发明法案将美国从“首先发明”体系变为“首先申请专利”体系，该法案是自1952年以来最重要的专利改革。该法案将限制或消除历来伴随着有争议的专利申请的冗长又烦琐的法律和官僚阻碍。然而，尽早申请专利的压力可能会制约发明者们充分利用他们自己的专门时间。专利申请准备产生的法律上的费用成了专利申请的主要障碍，而这可能对一些小型公司不利。该立法也导致了大家熟知的“专利流氓”（那些从他们并不实施、没有意愿实施而且多数情况下从未实施的专利上试表获取大量金钱的人或公司）的出现（见专栏5.3）。

后工业国家

至少从1992年以来，美国一直处于贸易逆差中。商品贸易差额一直表现为逆差。2008年贸易逆差高达7 087亿美元；第二年贸易逆差急剧下降至3 838亿美元。2014年贸易逆差5 047亿美元并且2015年将贸易逆差将继续。高科技产品进口一直在金额数量上少于出口，主要指的是（金额方面）电脑和办公设备、电子和通信产品（见图5.10）。

不久前美国失去了其对中国高科技产品出口量的世界领先地位。但是直到2008年美国仍然是包括计算机和通信设备在内的高科技产品最大出口国。后者中的绝大部分已经被商品化并且在中国进行组装，其他新兴经济体附加值高科技组件在其他地方生产。2013年美国进口计算机和办公设备的金额高达1 058亿美元，但计算机和办公设备的出口额仅171亿美元。

自2008—2009年经济危机后，美国的高科技产品出口也落后于德国（见图5.10）。2008年美国航天技术领域呈现贸易顺差，航天产品出口额约700亿美元。2009年航天产品进口额超过出口额，这个趋势持续了整个 2013 年。美国的军备贸易在 2008—2013 年努力保持在轻微的贸易顺差；化学产品贸易进出口基本保持平衡，2008 年和 2011—2013 年进口额大于出口额。电子机械贸易情况基本恒定不变：进口几乎是出口的 2 倍。美国在电子和远程通信产品领域也远落后于其对手，2013 年进口额达 1 618 亿美元，而出口额仅 505 亿美元。2010 年以前美国还是一个纯粹的制药产品出口国，自 2011 年起沦为纯粹的制药产品进口国。美国出口额略微高于进口额的领域是科技设备，但进出口额差距很小。

但是在知识产权贸易方面，美国是无可匹敌的。2013 年专利税和注册方面的收入总额达到 1 292 亿美元，居世界第一。日本位居第二，但远落后于美国，同年收入仅 316 亿美元。2013 年美国从知识产权使用获得的支付费用达到了 390 亿美元，仅次于爱尔兰（464 亿美元）。

美国是一个后工业国家。高科技产品进口远远超过了出口。新型手机、平板电脑和智能手表的生产均不在美国。曾经在美国生产的科技设备正越来越多地转移海外生产。然而，美国从其数量仅次于中国的掌握熟练科学技术的劳动力中获利，专利出现的数量仍然庞大并且美国从授权或出售这些专利中也有获利。美国的科技研发产业中，9.1% 的产品和服务都与知识产权的申请注册有关。

美国和日本仍然是三方专利的主要单一来源，三方专利能体现一个经济体的雄心和它在主要发达国家市场对技术竞争力的追求。自 2000 年中期以来，美国和其他大型发达经济体的三方专利数量有所下降，但 2010 年三方专利在美国恢复了增长（见图 5.8）。

研发支出排名前 20 位中的 5 家公司

2014 年研发支出前 11 名的美国跨国公司研发

专栏 5.3　专利流氓的出现（衰落？）

“专利流氓”一词广泛指那些被称为是专利主张实体的公司。这些公司并不生产产品而是通常以低价购买其他公司的还未实施的专利。理想情况下，他们购买的专利是广泛且模糊的。这些公司随后会以侵犯其公司专利为名以及提起诉讼来威胁一些高科技公司，直到高科技公司同意支付可能高达数十万美元的许可费。尽管这个公司确信它并未侵犯专利，但比起法律诉讼的风险，它更倾向于支付许可费，因为法律案件在法庭的处理时间可能长达数年并伴随着高昂的法律费用。

专利流氓成了硅谷的一些公司的噩梦，尤其是巨头谷歌和苹果公司。专利流氓也骚扰小的初创公司，其中有一些已经停业。

当可观的盈利，美国专利流氓公司的数量呈指数型增长：2012 年，62% 的专利诉讼都来自专利流氓公司。

美国 2011 年发明法通过规定阻止专利流氓公司在一起诉讼案中攻击几家公司，开始限制这些专利流氓的权利。然而在现实中这却带来了反作用，因为诉讼案件的数量大大增加。

2013 年 12 月，众议院通过了一项法案，要求法官在法律程序初期便要决定是否一个给定的专利有效。然而，由于制药和生物科技公司的激烈游说，这项法案被参议院司法委员会在 2014 年 5 月否决，因为这些公司担心新法会使它们维护自己的专利变得艰难。

最终，改革可能不是来自国会而是来自司法部。2014 年 4 月 29 日美国最高法院的一项决定使得将来专利流氓公司在制造不良诉讼案件时 也不得不三思而后行。这个决定有异于所谓的美国规则，该规则通常要求诉讼当事人各自承担自己的法律费用。这个决定使得诉讼案件更加接近败诉者支付一切费用（败诉者必须承担当事双方的法律费用）这一英国规则，而这也可能是专利流氓在英国比较少见的原因。

2014 年 8 月，美国法官们引用了最高法院对谷歌与专利流氓 Vringo 一案的判决，该案中 Vringo 公司向谷歌索要数亿美元的赔偿。法官判定 Vringo 公司败诉，因为其两项专利都是无效的。

来源：苏珊·施内甘斯编撰，联合国教科文组织。

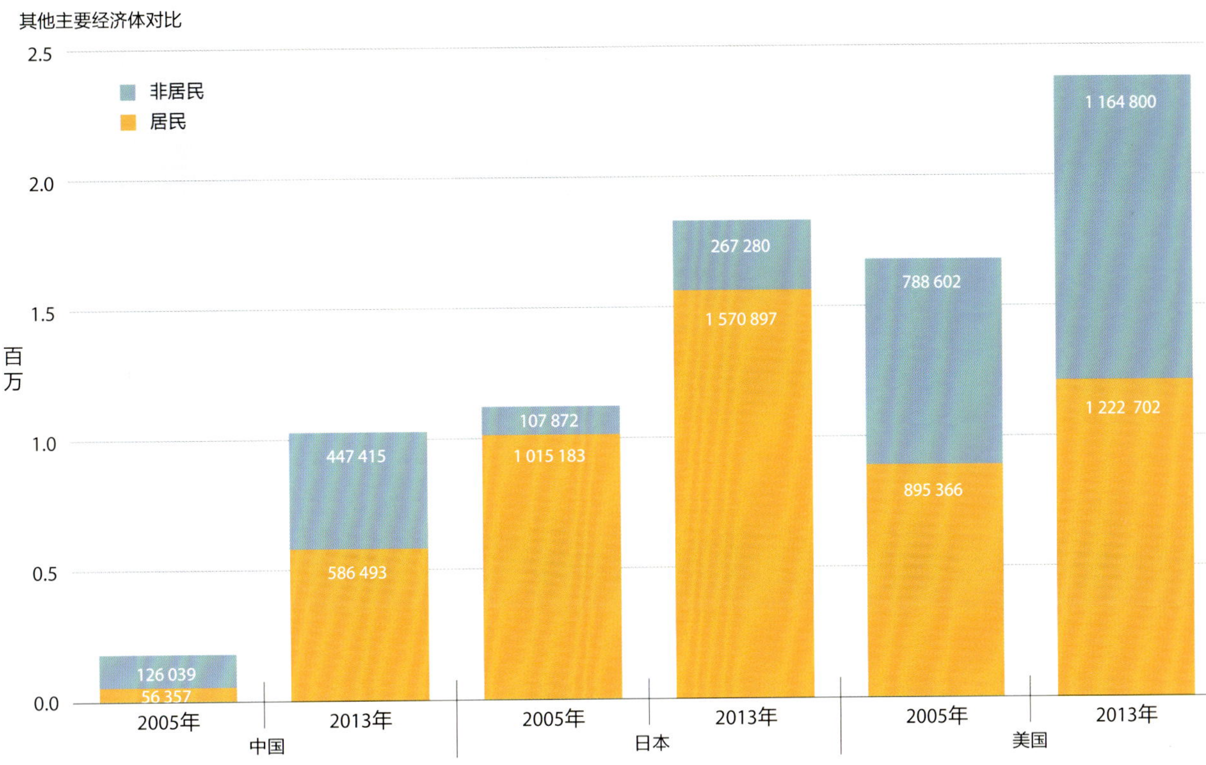

图 5.8　2005 年和 2013 年美国的有效专利

来源：世界知识产权组织在线数据，2015 年 8 月 27 日；每一个经济体主要专利局所持有的专利：中国国家知识产权局、日本专利局、欧洲专利局、美国专利和商标局。

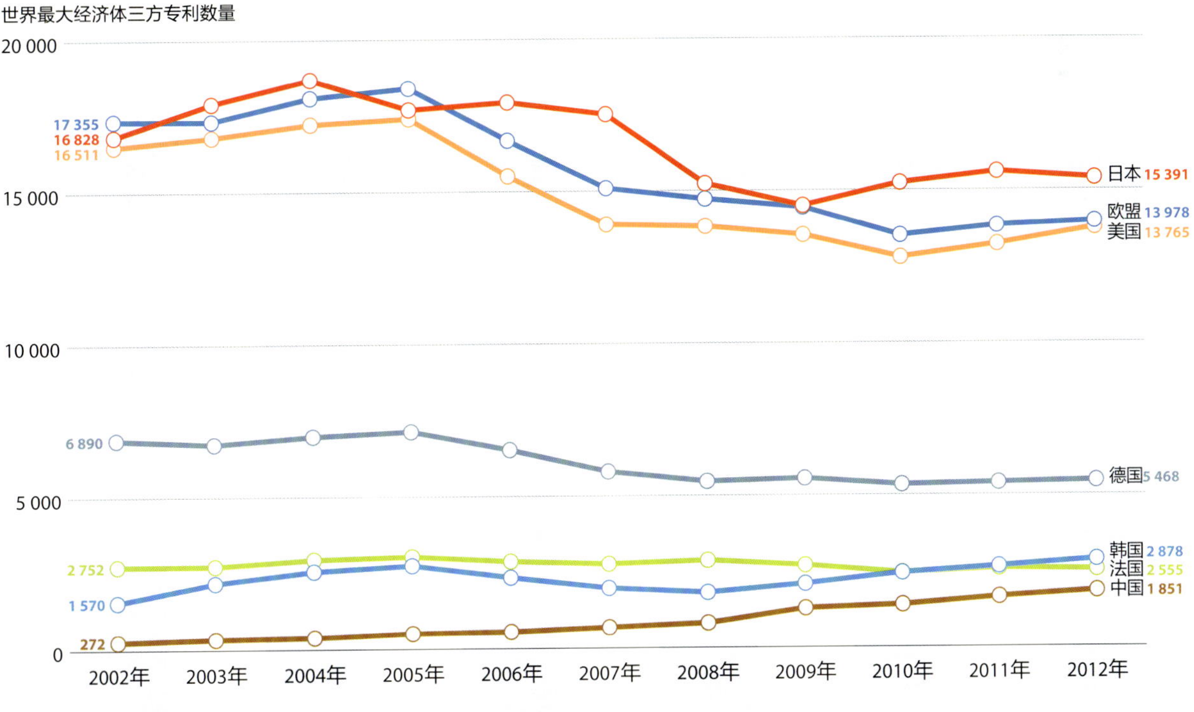

图 5.9　2002—2012 年美国专利商标局数据库的三方专利

注释：三方专利是美国、欧洲和日本的同一个发明者对同一个发明的注册。

来源：经合组织专利统计（数据库），2015 年 8 月。

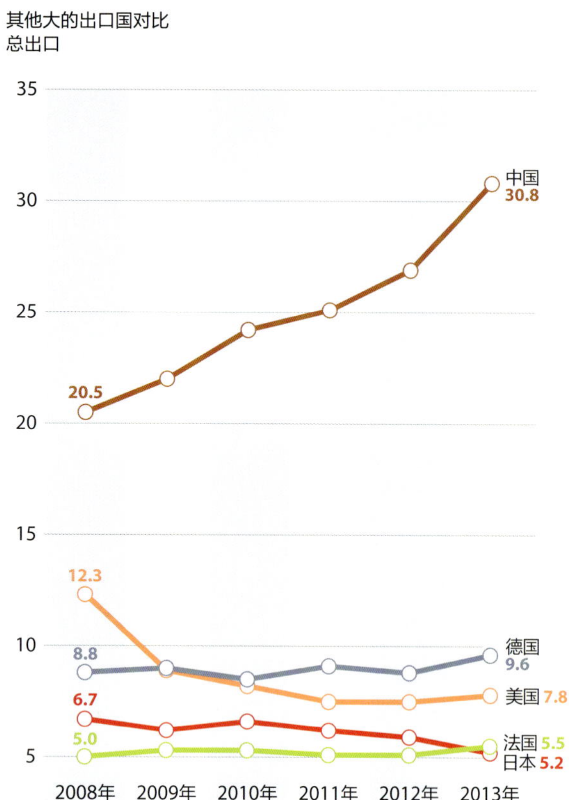

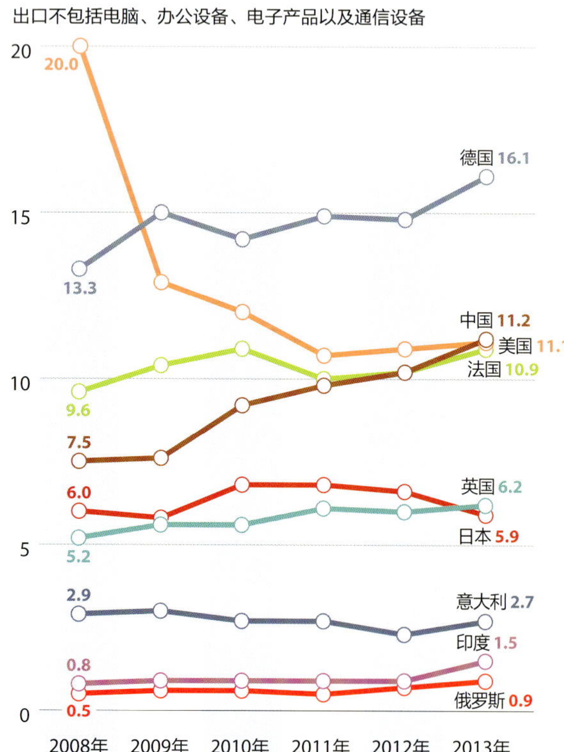

图 5.10　2008—2013 年美国高科技产品出口占世界高科技产品出口份额（%）

来源：联合国统计司贸易数据库，2014 年 7 月。

支出总额 837 亿美元（见表 9.3）。研发支出至少 10 年内世界排名前 20 的公司，而美国排名前 5 位的公司是：英特尔、微软、强生、辉瑞和国际商业机器公司。2014 年研发投资最高的国际公司是德国大众公司，紧随其后的是韩国三星公司（见表 9.3）。

2013 年谷歌第一次进入这个名单，亚马逊是在 2014 年，这也是网上商店在表格 9.3 中没有消失的原因，虽然 2014 年研发方面花费 66 亿美元。英特尔公司过去十年的研发投资增加了一倍多，然而美国辉瑞制药公司的研发投资比 2012 年的 91 亿美元有所下降。

信息和通信技术（ICT）新巨头的技术野心的大致可以描述为让信息技术与现实世界平稳衔接。亚马逊已经优化了消费者体验，比如开发出了 prime 服务（免费送货服务订阅）和 pantry 服务（日常百货用品订阅）以实时满足消费者需求。亚马逊近期还推出了一款 dash 按钮试点项目，这是亚马逊 pantry 服务的延伸，用户只要点击 dash 实体按钮便可以再次订购日常用品。谷歌已经收购了几款计算领域和现实世界界面中的产品，包括自动恒温器；谷歌也已经专门为这样的低功耗设备开发了第一个操作系统。也许最属于雄心勃勃的项目还是得属谷歌的无人自驾车，在未来的 5 年里它将被计划用于商业用途并发行。相反的是，基于收购了 Oculus Rift（一款头戴式显示器虚拟现实设备），脸书正在开发虚拟现实科技，一种能将人融入数码环境的方法，不过反过来并不成立。

方便这种连接的小传感器也被应用在工业和医疗保健中。由于通用电气公司的大部分收入都依赖服务合同，目前它正投资传感器技术以收集更多其飞机引擎在飞行中的性能信息。同时，一些新企业正在尝试使用从个人活动跟踪器获得的数据，来控制类似糖尿病的慢性疾病。

马萨诸塞州，非营利研发的一个热区

私营非营利组织约占美国研究和发展资金总额的 3%。在 2013 年财政年，非营利组织占据联邦研发总经费的约 66 亿美元。在这些非营利组织中，位于马萨诸塞州的组织收到最多的联邦资金份额：占 2013 年总额的 29%，主要由波士顿附近的研究医院集群驱动。

用于非营利机构的一半的联邦资金都主要分布在马萨诸塞州、加州和哥伦比亚特区，这三个州也占据了相当大一部分的国家研发经费支出份额以及科学和工程学领域工作职位（见图 5.6）。以国家安全为导向的 MITRE 公司（一个向美国政府提供系统工程、研究开发和信息技术支持的非营利性组织）、研究型医院、癌症中心、巴特尔纪念研究所、研发专员国际研究所和兰德公司是获得最大资金份额的机构。非营利机构还能从私人渠道筹集研发资金，如慈善捐款（见专栏 5.4）。

教育趋势

提高科学教学质量的共同核心标准

未来为了增加科学、技术、工程学和数学学科领域的工作岗位，教育部正致力于提高这些科目的学生和教师的水平。为此，在美国州长联合会的支持下，一个小组为提高学生和老师的英语和数学水平，于 2009 年创造了共同核心国家标准。

这是国家标准，不同于州标准。但是，美国的教育体制是高度分散的，因此联邦政策在实践时可能并未得到全面的贯彻落实。由于预见到了这点，奥巴马政府设立了激励措施，比如说 43 亿美元的竞争性奖励，奖金多少取决于表现。这是激励各州积极推进教育改革所设置的竞争性奖励资金。

由于共同核心标准需要非常困难的由主要学术出版社进行的标准化测试，因此共同核心标准极具争议。采用了共同核心标准的学校学生是否在科学和工程学职业生涯中有更好的表现仍然受到大家关注。

提升教育质量的驱动力

美国竞争法案旨在通过教育提升美国在科学、技术、工程和数学方面的竞争力，并且通过教师培训致力于全面提升此种教育。精干教师队伍由此产生。此外，一个松散的政府和非营利组织的联盟也已形成，它们共同致力于一个称为“100Kin10”的教师教育活动，目标是为这些学科培养 10 万名优秀教师，从而在十年内培养出 100 万合格的工作者。

美国竞争法案还授权一些项目去雇用科学和技术专业的大学生，尤其强调像非洲裔美国人、拉丁裔美国人和土著美国人这些代表性不足的少数族裔。此外，该法案也向科学型机构提供资金通过非正式教育刺激学生的兴趣，并且在中学和社区大学里重

专栏 5.4　美国的亿万富翁推动更多研发

不管是营利为目的还是非营利为目的的环境下，美国的亿万富翁对研发的影响力都有所增强并且对优先研究项目也有很大影响。评论家们表示这种影响正使得研究活动偏向去满足那些富有并占主导地位的白种赞助人以及这些亿万富翁们接受教育的一流大学的小众利益。

一些项目确实如此，明确关注它们的顾客的个人利益。例如，艾瑞克和温迪·斯密特在加勒比海有了一次振奋的潜水之旅后便成立了斯密特海洋学院；诺贝尔奖得主乔舒亚·莱德伯格在劳伦斯·埃里森的家乡举办了一系列医学沙龙后，劳伦斯·埃里森便成立了埃里森医疗基金会。与此相反，也许是最引人注目的慈善研究机构：比尔和梅琳达·盖茨基金会，一贯无视这种趋势，着眼于最影响世界贫困人口的疾病。

慈善和其他私人资助的研发与联邦的优先发展领域关系复杂。一些私人资助的团体在政治意识薄弱之际已经进入此领域。例如，易趣、谷歌和脸书的执行官们支持太空望远镜的发展，以寻找那些会撞击地球对地球构成威胁的小行星和流星，它们的资金支出远少于美国航空航天局的类似项目。美国太空探索科技公司 SpaceX，埃隆·马斯克的私人公司，作为一名承包商也为联邦政府节省了类似的开支。SpaceX 公司在联邦合同中从美国空军和航空航天局获得 55 亿美元。它还收到了来自得克萨斯州建立一个发射设施的 2 000 万美元补贴，以促进国家的经济发展。

其他的由慈善捐助驱动的研发优先项目也成了联邦优先发展项目。在奥巴马总统发布他的大脑倡议之前，保罗·艾伦和弗瑞德·卡维利已经在华盛顿州的西雅图和耶鲁大学、哥伦比亚大学以及加利州大学三所大学成立了私人资助的脑科学研究机构让科学家来帮助发展联邦议程。

来源：作者编撰。

点发展高端制造业的假期培训。最后，它还要求白宫科技政策办公室每五年制订一个科学、技术、工程和数学教育的战略计划。

州立大学收入下降

自从 2008—2009 年经济危机后，公共研究型大学的州经费、联邦研究型资金和其他拨款便有所下降，但升学率却上升了。这导致这些大学每名学生的经费大大减少，尽管学费急剧增加、教学设备维修延缓。美国科学委员会在 2012 年预计这种节约成本的趋势将给公共研究型大学带来持久的影响。（自 2011 年以来，科学出版的增长模式开始变得越发没有规律，见图 5.11）。这种前景尤其令人不安，因为一直以来的弱势群体对公共教育的需求增长最快，他们因此可能会选择以营利为目的的机构的两年学位课程；公立大学提供科学和工程学教育机会但是它们的以营利为目的的竞争者却不会提供这样的教育机会（National Science Board，2012）。

大学对有限的资金环境做出了回应，它们找寻新途径使收入多样化并减少成本，包括从工业领域寻找新的资金源，极其依赖临时合同或教学与研究兼顾的兼职教职工，以及采用能适合更大班级规模的新型教学技术。

太多的研究人员竞争学术岗位

20 世纪下半叶，美国的大学的科学部门经历了一个壮大的时期。每一个研究人员都会培养几个预计能获得学术研究职位的人。近期，科学部门停止了壮大。因此博士后阶段人员急剧减少，导致很多研究者的事业遭遇瓶颈。

美国国家科学院的 2015 年报告表明，随着终身职位的数量越来越少，学术研究职位正在增加。同时，在首次获得职位之前，大学生从事研究的人员数量正在增长，而这种现象也蔓延到了新领域。因此，学术研究人员数量在 2000—2012 年间增长了 150%。

尽管最初设想的是学术研究岗位提供高级研究培训，但实际上数据表明并不是所有的学术研究岗位都提供持续且全面的指导以及专业发展。更常见的是，一些有前景的学术岗位由于给高质量研究提供低报酬，导致学术研究岗位发展缓慢甚至停滞。

开放式创新：理性的婚姻

意识到鼓励采用依赖联邦拨款资金发展起来的科技将带来诸多好处，国会因此于 1980 年通过了《拜杜法案》。该法案使得大学能保有由联邦出资研发的知识产权并且在大学系统内获得新科技专利权与许可衍生出了一个新趋势。

因此，一些大学成为创新的焦点所在，起源于校园研究的小型初创企业有所增值，而拥有一个更大的工业合作伙伴的企业通常也能将其产品推向市场。在看到了这些大学成功地建立起其创新生态系统后，越来越多的大学正在发展它们的内部基础设施，比如说技术传递办公室（支持基于研究的初创企业）以及教职工发明者的培养室，支持初创企业和它们的科技（Atkinson 和 Pelfrey，2010）。技术传递支持大学去传播那些能付诸实践的想法和解决方法。它也支持当地经济的工作岗位增长并且加强产业联系，为赞助型研究奠定基础。然而由于其不可预测性，相对其他收入来源比如联邦拨款和学费，技术传递并不能作为大学收入的一个可靠的补充。

从产业角度讲，技术型产业类的很多公司都发现，相较自主研发技术而言，与大学合作能更有效利用它们的研发投资（Enkel，等，2009）。通过赞助大学研究，这些公司能从一些学术部门的广泛专业知识和协作环境中获益。虽然由产业赞助的研究仅占学术研发的 5%，一流大学日益依赖产业赞助的研究经费，以此替代联邦和州经费。但是赞助型研究并不能在动机上保持一致。学术研究人员的事业依赖于他们的出版成果，但是产业合作伙伴更偏向于不进行出版，以防竞争者从他们的投资中获益（见第 2 章）。

自 2013 年以来，国外学生数上涨 8%

根据美国外国学生顾问协会的 2014 年报告，在 2013/2014 学术年，超过 886 000 名外国学生及他们的家人在美国生活，这支撑了 340 000 份工作并为美国经济做出了 268 亿美元的贡献。

美国公民留学海外的人数便少得多，低于 274 000 名。英国（12.6%）、意大利（10.8%）、西班牙（9.7%）、法国（6.3%）和中国（5.4%）是美国学生选择留学的排名前五位国家。这些数据与美国的留学学生数量相比严重落后：2013 年 410 万人，53% 来自中国、印度和韩国（见第 2 章）。

美国在高收入经济体中保持住了其出版份额

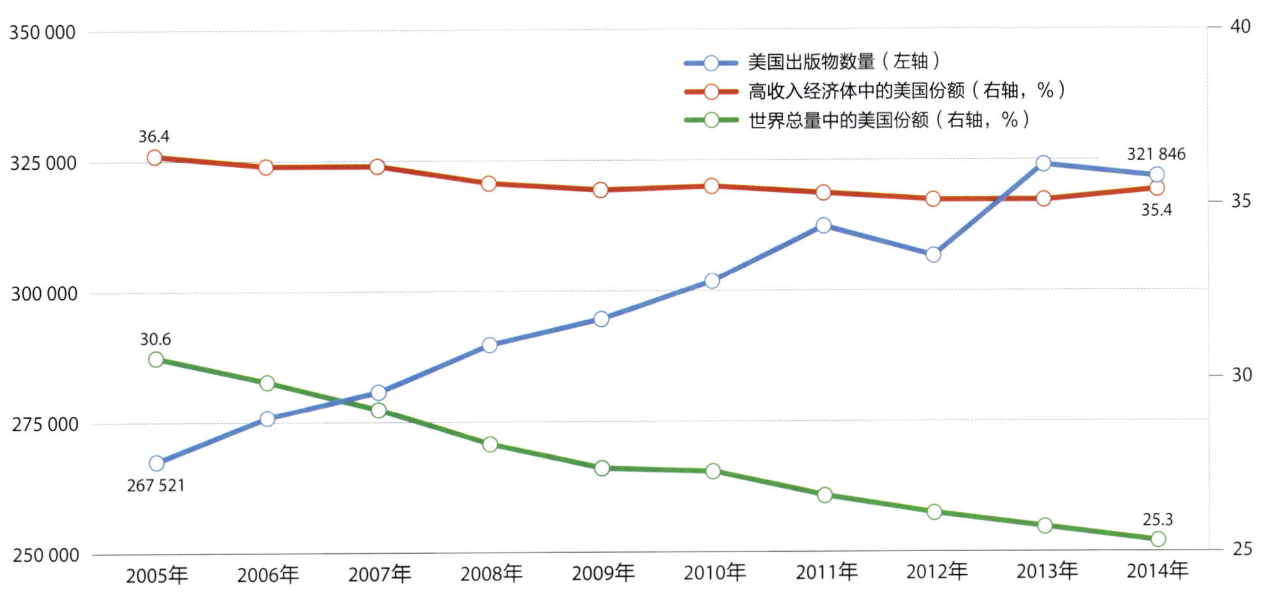

1.32

2008—2012年美国出版物的平均引用率；经济合作与发展组织的平均引用率是1.08

14.7%

2008—2012年10%的被引用最多的论文中美国论文占比；经济合作与发展组织论文占比11.1%

34.8%

2008—2014年拥有国外合著者的美国论文比例；经济合作与发展组织的平均比例是29.4%

美国科学家在医学和生物科学领域发表最多

2008—2014年不同领域累计总量

47%

起源于美国的世界范围内天文科学出版物的份额

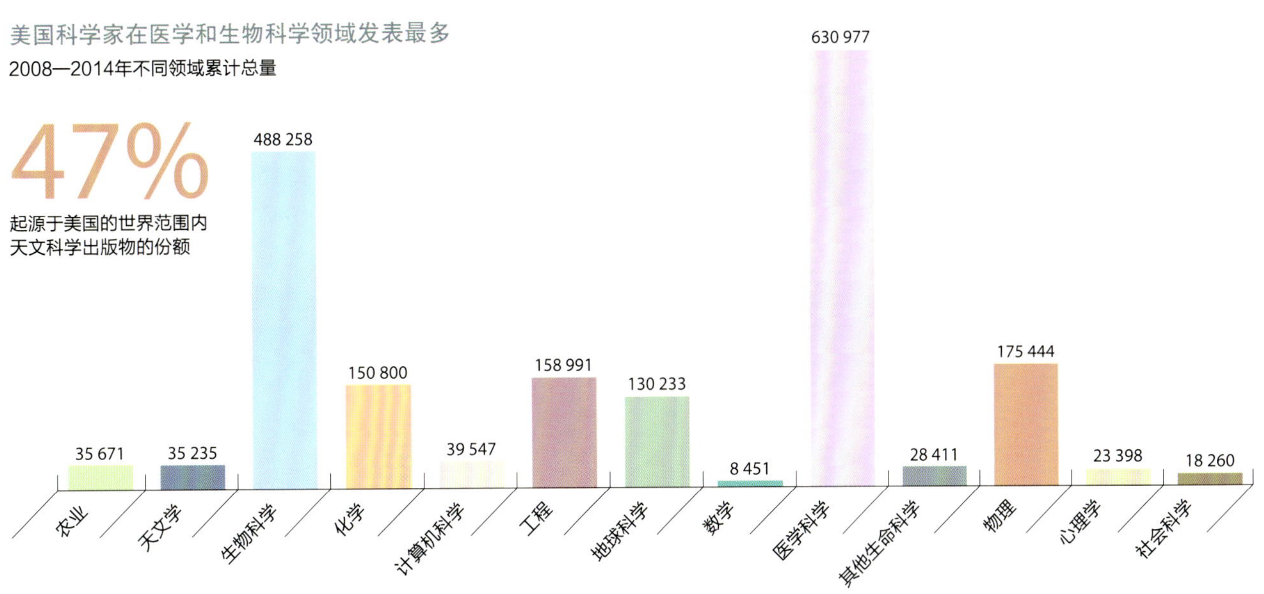

注：总数量不包括175 543篇未认证的文章。

美国的主要合作伙伴是中国，其次是英国、德国和加拿大

2008—2014年主要外国合作伙伴（论文数量）

	第一合作伙伴	第二合作伙伴	第三合作伙伴	第四合作伙伴	第五合作伙伴
美国	中国（119 594）	英国（100 537）	德国（94 322）	加拿大（85 069）	法国（62 636）

来源：汤森路透社科学网；科学引文索引；科学矩阵数据。

图 5.11　2005—2014 年美国科学出版物发展趋势

根据 2014 年 7 月美国移民和海关执法局（ICE）公布的学生和交流访问者信息系统季度评论，2014 年在美国排名前五的外国学生分别来自中国（28%）、印度（12%）、韩国（大约 8%）、沙特阿拉伯（约 6%）和加拿大（约 3%）。966 333 名外国学生是来自高等院校的全日制学术或职业课程（签发给学术学习的学生 F-1 和签发给非学术学习的学生签证 M-1）。美国移民和海关执法局表示，持有 F-1 签证和 M-1 签证的学生数量从 2013 年到 2014 年增加了 8%。另外的 233 000 名学生为访问学者身份持 J-1 签证①。

美国移民和海关执法局收集的资料表明持有 F-1 和 M-1 签证的学生一半以上都是男性（56%）。四个女性里便有一个（58%）来自东欧，四分之三（77%）的男性来自西亚。这类签证持有学生中有一半稍少的人留学地点选择了加利福尼亚州，其次是纽约和得克萨斯州。

这些学生中大部分选择在以下领域攻读学位：商业、管理和市场学；工程学；计算机和相关科学以及教育相关的学习。学习科学、技术、工程学或数学的人中，四分之三（75%）的人选择了工程学、计算机和信息科学以及支援服务，或者生物和生物医疗科学。

2012 年，美国接收了世界范围内 49% 的科学和工程学的博士生（见表 2.12）。美国国家科学基金会的 2013 年博士普查将被授予美国公民身份的博士生与那些被授予永久居住权和临时签证的学生做了一个对比。研究发现，临时签证持有者获得博士学位的 28% 在生命科学领域，物理科学领域是 43%，工程学领域是 55%，教育领域是 10%，人文学领域是 14%，非科学以及工程学领域是 33%。自 2008 年以来，所有领域的这些百分比都有略微增长。

更多的留学生回国

来到美国的大多数留学生历来选择留在美国。随着这些留学生的祖国日益发展高端研发领域，这些学生和受培训者在祖国看到了更多的机会向他们敞开。因此，外国留学生和博士后回国率正在上升。20 年前，大约 10% 的中国博士生在完成他们的学业后回到中国，但是当前的回国率接近 20%，并且有继续上升的趋势（见专栏 23.2）。

这种趋势的驱动力是一种推拉现象，尽管外国企业向技术工人提供更多的机会，美国的研究环境里的竞争力却越来越大。例如，技术工人的签证数量稀少，这给想留在美国高精尖端行业工作的人带来了激烈的竞争；2014 年，由于订购过多，这些签证的彩票开始一周后便被关停。美国的企业执行官们极其支持为技术工人（尤其是软件行业）增加签证数量。同时，像中国、印度和新加坡这些国家正在重点投资建设世界级的研究设施，而这也是吸引在美国受过培训的外国学生回国的一种潜在吸引力。

科学、技术和公众

美国人对科学持乐观态度

最近几项调查发现，美国人对科学的态度总体上是积极乐观的（Pew，2015）。他们重视科学研究（90% 的人支持维持当前或增加研究经费）并且对科学领导者很有信心。总体而言，他们感激科学为社会所做的贡献并且相信科学和工程学工作是有价值的事业：85% 的人认为科学研究的益处大于其弊处或功过相抵。特别是他们相信科学给医学治疗、食品安全和环境保护带来了积极影响。此外，大部分美国人将工程、技术和研究投资视作是一种长期的回报。大多数美国人表示开始对新科学发现感兴趣。一半以上的美国人在 2012 年参观了动物园、水族馆、自然历史博物馆或科学博物馆。

公众对一些科学事件的怀疑

普通公众和科学团体之间最大的意见分歧在于对转基因食品（37% 的公众和 88% 的科学家认为是安全的）和动物研究（47% 的公众和 89% 的科学家支持）的接受度。对于人类是否应该对全球气候变化负责这一问题还存在很大怀疑：50% 的公众和 87% 的科学家对此是肯定回答。

相较其他国家的公众而言，美国人更少关心气候变化，而是更多地关注导致气候变化的非人为原因。找到气候变化的原因对大多数美国人而言并不是一个优先考虑政策。但是这方面的趋势正在增强，因为 2015 年的发生在纽约的一场被称为“人民的气候游行”的活动，吸引了约 40 万民众参与。

① J-1 签证，是一种非移民签证，签发给来美国参加美国国务院批准的“交流访问者计划”的各类外籍人士。

总体而言，美国人比其他国家的人更加支持核能。虽然在墨西哥湾和日本发生重大核事故后，支持核能生产还并未完全恢复，但对石油和核电的支持已逐步反弹。

来自公众和美国科学促进协会的一份调查表明，尽管美国科学在国外受到高度重视，但公众和科学家都认为美国的初级科学教育落后于其他国家。

公众对科学的掌握是薄弱的

虽然对科学和探索有着很大的热情，美国公众实际上对科学的掌握表明还有提升的空间。一份科学问卷调查的美国受访者平均是 5.8 个正确答案，而欧洲国家的是 9 个正确答案。这些得分随着时间的推移已经稳定不变了。

此外，提问的方式可能影响答案。例如，只有 48% 的问卷调查者赞同“现在的人类起源于早期的动物物种”这一论述，但是有 72% 赞同以另一种方式的这一观点“根据进化论……”类似的，39% 的美国人赞同“宇宙始于一次大爆炸”这一论述，但 60% 的人赞同“根据天文学家的观点，宇宙始于一次大爆炸”的论述。

公众咨询获取科学文献的开放途径

美国竞争法案制定了目标，至少让部分有关由联邦出资的所有未分类的研究成果对公众开放。该法案于 2007 年通过，美国国家卫生研究院也曾做出过同样的要求：受资助的研究人员需在 12 个月内向公共医学中心提交可接受的手稿以供出版。公共医学中心是美国国家卫生研究院的国家医学图书馆的生物医学和生命科学期刊的一个免费全文档案馆。

这项 12 个月的禁令成功地保护了科学期刊的商业模式，因为自从这条政策实施以来，出版量便有所上升，并且使得公众能接触到大量信息。预测表明公共医学中心每天有 50 万的访问量，平均每名用户接触 2 篇文章，其中 40% 的用户是普通公众，而不是工业或学术人员。

政府在众多领域创造了约 14 万个数据集[①]。每个数据集都是一台手机的潜在应用或能与其他数据集互相参考运用以发信新视野。一些创新型企业将这些数据作为提供服务的平台。例如，网站 Realtor.com® 上的住房估价信息是基于人口普查局的房价公开信息。Bankrank.org 网站提供的银行信息是基于消费者金融保护局的数据。其他应用是基于全球定位系统或联邦航空管理局。奥巴马总统还设立了首席数据科学家一职以推动这些数据集的使用，硅谷的专家 D J 帕蒂尔是第一个在这个办公室工作的人。

科学外交的趋势

与中国就气候变化达成的协议

与总统的首要优先事项一致，当前以及将来最重要的科学外交是解决气候变化。总统的《气候行动计划（2013）》明确提出了一条快速有效减少温室气体排放的国内和国际政策。对此，政府当局缔结了各种双边以及多边协议并且将参加 2015 年 11 月在巴黎召开的联合国气候变化大会，目标是达成一项具有全球法律约束力的协议。在会议筹备阶段，美国向发展中国家提供了技术援助，以帮助它们为应对气候变化而计划的国家贡献做准备。

在 2014 年 11 月访问中国期间，美国同意到 2025 年，将在其 2005 年的基础上减少 26% ~ 28% 的碳排放。同时，美国总统和中国国家主席发表了一份有关气候联合声明。该协议中的细节内容已经由中美清洁能源研究中心解决。中美清洁能源研究中心由美国总统奥巴马和中国国家主席胡锦涛在 2009 年 11 月建立，并投入 1.5 亿美元。这一共同工作计划预见到了清洁煤炭科技、清洁能源汽车、能源有效率以及能源和水资源领域的公私合作。

与伊朗达成的历史性协议

另一个主要的外交成功是和联合国安理会的其他四个成员国以及德国一起与伊朗的核协议谈话。2015 年 7 月签署的该协议是一个高度的技术协议。作为对解除伊朗制裁的回报，伊朗就其核项目做出了一些让步。该协议在一周内通过了联合国安理会的批准。

通过科学建立外交

由于过高的个人投资，科学合作往往是最长久的构筑和平的一种途径。例如，虽然中东暴力冲突不断，美国国际发展机构的中东研究合作项目（该

① 这些数据集可在网上获取，网址 www.data.gov.

项目构建了与阿拉伯和以色列合作国的双边或三边科学合作）自 1981 年成立并作为 1978 年戴维营协议的一部分以来却从未中断过。同样地为了构筑和平，尽管有禁港令，美国的部分科学家们半个多世纪以来却一直在和古巴同事合作。2015 年美国古巴外交关系的恢复应该会带来科学设备捐赠的新出口规则，这将有助于古巴实验室的现代化。

大学也是通过国际科学合作而促进科学外交的一大贡献者。过去的十年里，很多大学都成立了其海外卫星校园，包括加利福尼亚大学（圣迭戈），得克萨斯大学（奥斯丁），卡耐基梅隆大学和康奈尔大学。一所医学院将与匹兹堡大学合作，于 2015 年在纳扎尔巴耶夫大学成立；美国－哈萨克外交的另一成果是中亚全球健康期刊，该期刊于 2012 年首次出现（见专栏 14.3）。此外，麻省理工学院已经帮助在俄罗斯建立了斯科尔科沃科学技术学院（见专栏 13.1）。

俄罗斯联邦的其他项目已停滞或失去了发展动力。例如，随着美国和俄罗斯联邦的外交关系在 2012 年日益紧张，两国总统委员会会议要聚集两国科学家和创新家的计划被搁置。像美国－俄罗斯创新走廊这一类的项目也被搁置。俄罗斯联邦自 2012 年起还制定了一些不利于国外科学合作的政策，包括关于不受欢迎的组织的一则法律。最近，麦克阿瑟基金会在成为所谓的不良组织之后退出了俄罗斯联邦。

就这一方面而言，美国已对在美国敏感性领域工作的俄罗斯科学家设有限制，不过目前载人空间飞行方面的长期合作依然照常进行（见第 13 章）。

非洲在健康和能源方面的焦点

2014 年的埃博拉疫情向非洲提出了处理急剧演化的健康危机在流动资金、设备和人力资源方面的挑战。2015 年，美国决定未来五年将投资 10 亿美元来预防、检定并处理 17 个国家[①]所发现的感染性疾病，而其中 11 个国家列于全球卫生安全议程之中。多于一半的投资将用于非洲。美国正与非洲联盟委员会合作建立非洲疾病控制预防中心，这对国家公共卫生学院的发展提供了支持。

2015 年 7 月奥巴马总统出访肯尼亚期间，与肯尼亚签署了减少威胁合作协议，旨在通过实时生物监测、快速的疾病报告和与潜在生物安全相关的培训研究来提高生物安全，无论是自然发生的疾病，蓄意的生物攻击或生物病原体和毒素的意外释放。

美国国际开发署 2014 年启动了新型流行病威胁项目，20 多个亚非国家帮助检测潜在的流行病病毒，提高实验监控能力，以恰当及时的方式回应，加强国家和当地的应对能力，告诫存在危险隐患的人群如何减少来自危险病原菌的危害。

一年后，奥巴马总统启动了“电力非洲”，该项目由美国国际开发署领头。“电力非洲”为非洲的基础设施发展提供资金支持，而不只是一个援助计划。2015 年，“电力非洲”与美国非洲发展基金会、通用电气合作，为非洲企业家提供小额资助在尼日利亚开发创新的、离网能源项目（Nixon，2015）。

结论

未来，商业比基础研究更乐观

一方面，在美国，联邦政府致力于支持基础性研究，使工业在应用性研究和技术发展中占主要地位。在过去的五年中，由于财政的紧缩和不断变化的优先权，联邦政府在研发上的花费开始降低。另一方面，工业花费在不断提高。在过去的五年间，从某种程度上说研发费用在回归适度增长之前已经下降。

在过去的五年间，企业通常保持或增加其研发承诺，特别是在更新的充满机遇的部门。美国倾向于考虑研发方面长期性的投资，这对燃料革新及在充满变性的环境中增强适应性很关键。

尽管大部分研发经费得到两党的广泛支持，公益科学势必会受当前财政紧缩和政治目的的影响。

联邦政府已有能力通过各党派在工业和非营利机构发挥作用，特别是在创新领域。例如，先进制造业合作委员会，大脑计划以及最近的气候承诺。联邦政府提高透明度，使政府数据为潜在创新者服务。规制改革为精准医学和药物开发提供了一个充满希望的时代。

---

① 这 17 个合作国家分别是：非洲的部基纳法索，喀麦隆，科特迪瓦，埃塞俄比亚，几内亚，肯尼亚，利比里亚，马里，塞内加尔，塞拉利昂，坦桑尼亚，乌干达，以及亚洲的孟加拉共和国，印度，印度尼西亚，巴基斯坦和越南。

美国的主要目标

- 到 2016 年底提高研发支出总量占国内生产总值的 3%。
- 到 2025 年，与 2005 年相比，美国的碳排放量要减少 26%～28%。
- 到 2030 年，与 1990 年相比，加利福尼亚州的碳排放量要减少 40%。

美国在科学工程教育和职业培训方面同样坚守承诺。2009 年采取的旨在解决财政危机的一揽子刺激计划为联邦政府提供机会使高技术工作在技术工人增多的时代加速发展。只有时间能证明对教育和培训进行大规模的资金注入是否会取得好的结果。与此同时，大学中实习生的培养因财政紧缩而削减，从而导致博士后研究员的增加和资金的更大竞争。由于技术转型方面的巨大投资，很多一流大学和研究机构对其周边社区实行开放，希望以此建立强大的地区知识经济。

美国科学未来会是什么样子呢？有迹象表明，联邦政府对基础性研究的资金支持很可能会减少。相反地，未来商业和企业的创新和发展前景会更加美好。

参考文献

Alberts, B.; Kirschner, M. W.; Tilghman, S. and H. Varmus (2015) Opinion: Addressing systemic problems in the biomedical research enterprise. *Proceedings of the National Academy of Sciences,* 112(7).

Atkinson, R. C. and A. P. Pelfrey (2010) *Science and the Entrepreneurial University*. Research and Occasional Paper Series (CSHE.9.10). Center for Studies in Higher Education, University of California: Berkeley (USA).

Bussey, J. (2012) Myths of the big R&D budget. *Wall Street Journal*, 15 June.

Chasan, E. (2012) Tech CFOs don't really trust R&D tax credit, survey says. *Wall Street Journal* and The Dow Jones Company: New York.

Edwards, J. (2014) *Scientific Research and Development in the USA.* IBIS World Industry Report No.: 54171, December.

Enkel, E.; Gassmann, O. and H. Chesbrough (2009) Open R&D and open innovation: exploring the phenomenon. *R&D Management,* 39(4).

Hesseldahl, A. (2014) Does spending big on research pay off for tech companies? Not really. *<re/code>*, 8 July.

Hunter, A. (2015) US Government Contracting and the Industrial Base. Presentation to the US House of Representatives Committee on Small Business. Center for Strategic and International Studies. See: http://csis.org/files/attachments/ts150212_Hunter.pdf.

Industrial Research Institute (2015) 2015 R&D trends forecasts: results from the Industrial Research Institute's annual survey. *Research–Technology Management,* 58 (4). January–February.

Levine, A. S.; Alpern, R.J.; Andrews, N. C.; Antman, K.; R. Balser, J. R.; Berg, J. M.; Davis, P.B.; Fitz, G.; Golden, R. N.; Goldman, L.; Jameson, J.L.; Lee, V.S.; Polonsky, K.S.; Rappley, M.D.; Reece, E.A.; Rothman, P.B.; Schwinn, D.A.; Shapiro, L.J. and A. M. Spiegel (2015) *Research in Academic Medical Centers: Two Threats to Sustainable Support*. Vol. 7.

National Science Board (2012) *Diminishing Funding and Rising Expectations: Trends and Challenges for Public Research Universities. A Companion to Science and Engineering Indicators 2012.* National Science Foundation: Arlington (USA).

Nixon, R. (2015) Obama's 'Power Africa' project is off to a sputtering start. *New York Times*, 21 July.

OECD (2015) *Main Science and Technology Indicators*. Organisation for Economic Co-operation and Development Publishing: Paris.

Pew Research Center (2015) *Public and Scientists' Views on Science and Society. 29 January. See:* www.pewinternet.org/files/2015/01/PI_ScienceandSociety_Report_012915.pdf.

Rubin, M. M. and D. J. Boyd (2013) *New York State Business Tax Credits: Analysis and Evaluation*. New York State Tax Reform and Fairness Commission.

Sargent Jr., J. F. (2015) *Federal Research and Development Funding: FY 2015*. Congressional Research Service: Washington DC.

Tollefson, J. (2012) US science: the Obama experiment. *Nature,* 489(7417): 488.

香农・斯图尔特（Shannon Stewart），1984 年出生于美国，麻省理工学院生物化学创新中心的科学家。斯图尔特女士获得美国耶鲁大学分子、细胞和生物发展医学博士学位。

斯泰茜・斯普林斯（Stacy Springs），1968 年出生于美国，麻省理工学院生物化学创新中心项目主任，她负责一项生物制品制造项目。斯普林斯女士获得美国得克萨斯大学有机化学博士学位。

在国家发展的进程中，政府没有出台有力的政策支持和保护科技创新。在此情况下，研究人员自己想出新的办法来驱动科技创新。

哈罗德·拉姆基松、伊申姆巴·卡瓦

一名学生正在做牙齿填充。通过一个模拟软件来观察切口，并与最佳操作方案进行对比。一旁观看的是牙买加总理波西娅·辛普森·米勒，还有西印度群岛大学莫纳分校的校长阿奇博尔德·麦克唐纳教授。

照片来源：© 西印度群岛大学莫纳分校

第 6 章　加勒比共同体

安提瓜和巴布达、巴哈马、巴巴多斯、伯利兹、多米尼克、格林纳达、圭亚那、海地、牙买加、蒙特塞拉特（英属）、圣基茨和尼维斯、圣卢西亚、圣文森特和格林纳丁斯、苏里南、特立尼达和多巴哥

哈罗德·拉姆基松、伊申姆巴·卡瓦

引言

低增长，高债务

大部分的加勒比共同体（CARICOM）成员国都债台高筑[①]（见表 6.1），这是因为它们受到了 2008 年 9 月全球经济衰退的影响。由于全球经济衰退，波及各国银行系统[②]，并且在 2009 年，一家大型区域性保险公司崩溃。各国在履行了债务之后，几乎没有资金来支持它们的社会经济需求。其结果是，2010—2014 年，各国的经济增长都很缓慢，各国平均国内生产总值增长率为 1%，尽管 2013 年曾达到 2.3%，而 2014 年预计达到 3%（见图 6.1）。

除了自然资源丰富的特立尼达和多巴哥能够一直有效地调控经济外，其他加勒比共同体国家都因为大宗商品价格高而导致失业率维持高位。格林纳达和巴巴多斯都与国际货币基金组织（IMF）进行了细致地会谈；牙买加则与国际货币基金组织签署了协议，并由该组织牵头进行一些严肃的调整。大部分的加勒比国家依赖旅游业，但是正如表 6.1 所示，身居国外的公民往本国汇款也是很多国家重要

① 2008—2010 年，加勒比地区国家的公债占国内生产总值百分比提升了 15 个百分点（IMF，2013）。

② 2009 年 1 月，由于 CL 金融集团崩溃，加勒比地区损失了 3.5% 的国内生产总值。CL 金融集团在一个监管不严的环境中，投资了房地产和其他不稳定的资产。该集团在除海蒂和牙买加以外的加勒比共同体国家中都有活跃的业务表现。它的总部位于特立尼达和多巴哥。受其牵连，该国的国内生产总值缩水了 12%（IMF，2013）。

表 6.1　2014 年或最近年份加勒比共同体成员国的社会经济指标

	2014年人口（万人）	2014年人口增长（每年%）	人均国内生产总值2013年（当前的购买力平价，按美元计）	失业率2013年（%）	通胀，消费者价格2013年（%）	债务占国内生产总值比2012年（%）	汇款2013年（百万美元）	重点行业	互联网接入2013年（%）	移动电话持有量2013年（%）
安提瓜和巴布达	91	1.0	20 977	—	1.1	97.8	21	旅游业	63.4	127.1
巴哈马	383	1.4	23 102	13.6	0.4	52.6	—	旅游业	72.0	76.1
巴巴多斯	286	0.5	15 566	12.2	1.80	70.4	82	旅游业	75.0	108.1
伯利兹	340	2.3	8 442	14.6	0.7	81.0	74	商品出口（农产品和石油）	31.7	52.9
多米尼克	72	0.5	10 030	—	0.0	72.3	24	旅游业	59.0	130.0
格林纳达	106	0.4	11 498	—	0.0	105.4	30	旅游业	35.0	125.6
圭亚那	804	0.5	6 551	11.1	1.8	60.4	328	商品出口（农产品和石油）	33.0	69.4
海地	1 046	1.4	1 703	7.0	5.9	—	1 780	农业	10.6	69.4
牙买加	2 799	0.5	8 890	15.0	9.3	143.3	2 161	商品出口（农产品和石油）	37.8	100.4
蒙特塞拉特（英属）	5	—	—	—	—	—	—	旅游业	—	—
圣基茨和尼维斯	55	1.1	20 929	—	0.7	144.9	51	旅游业	80.0	142.1
圣卢西亚	184	0.7	10 560	—	1.5	78.7	30	旅游业	35.2	116.3
圣文森特和格林纳丁斯	109	0.0	10 663	—	0.8	68.3	32	旅游业	52.0	114.6
苏里南	544	0.9	16 266	7.8	1.9	18.6	7	商品出口（能源，铝土/氧化铝）	37.4	127.3
特立尼达和多巴哥	1 344	0.2	30 349	5.8	5.2	35.7	126^{-2}	商品出口（农产品和石油）	63.8	144.9

来源：人口数据，联合国经济和社会事务部（2013 年）世界人口展望 2012 年修订版；国内生产总值和相关数据，世界银行，世界发展指数，2015 年 2 月；政府债务数据，世界银行，世界发展指数。国际货币基金组织（2013 年）；互联网和移动电话持有量数据：世界电讯联盟。国际货币基金组织（2013 年）；汇款数据，世界银行，世界发展指数，2015 年 2 月；经济类型数据，联合国拉丁美洲和加勒比经济委员会（ECLAC）。

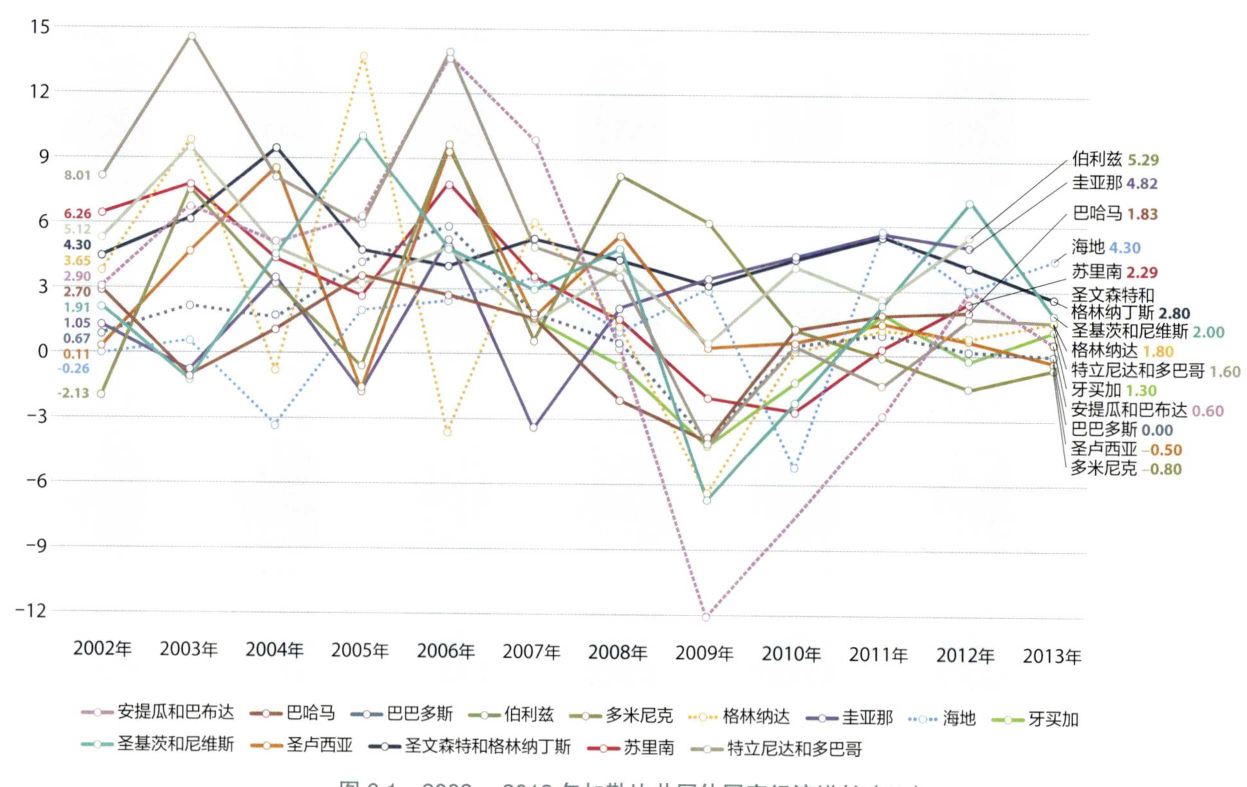

图 6.1　2002—2013 年加勒比共同体国家经济增长（%）

来源：世界银行，世界发展指数，2015 年 1 月。

的收入来源。例如海地，汇款占其国内生产总值的五分之一左右。

近年来，尽管金融力量不足，各国在信息通信技术领域的投资还是可观的。例如在苏里南，互联网接入量在 2008 年到 2013 年间从 21% 提升到 37%，在特立尼达和多巴哥则是从 35% 提升到 64%。到 2013 年，接近四分之三的巴巴多斯和巴哈马的居民都能连上互联网。移动电话持有量的增长速度甚至更快，包括海地，尽管该国的互联网接入一直没能突破 10%。这些新趋势为商业发展提供了新机会，帮助科学家开展更具国际化和区域化的合作。

脆弱的旅游经济

加勒比地区的经济仍旧依赖旅游业，并没有实现多样化，而且受到多变的自然条件的影响而十分不稳定（见图 6.2）。例如，在 2013 年 12 月，未及暴风水平的大风也造成了一些国家的严重经济损失。这些国家有圣卢西亚、多米尼克和圣文森特和格林纳丁斯。2010 年 1 月海地遭受了严重的地震灾害，导致其首都太子港严重损毁，23 万人遇难，150 万人无家可归。在 2012 年，正当海地经济开始恢复时，两次飓风又袭击了该国。2014 年，有 6 万人仍旧生活在帐篷之中。大部分捐助的重建资金都用在了建造临时住所上，而它们只能使用 3 年到 5 年（Caroit, 2015）。

从图 6.3 可见，大部分加勒比共同体国家，每年都有至少 10% 的概率遭到飓风袭击，即使是一般的暴风都会减少 0.5% 的国内生产总值。以上数据来自国际货币基金组织（2013）。

该地区在面对重大天气灾害时捉襟见肘，这也是为什么该地区应当更严肃地对待应对气候变化的问题。据世界观光旅游理事会观点，加勒比地区所面临的情况十分紧急，因为该地区既是世界上旅客最集中的区域，也是 2025 年到 2050 年，受到自然条件影响而面临最危急情况的旅游目的地。总部设在伯利兹的加勒比共同体气候变化中心从加勒比共同体接到命令，执行下列任务[①]：

- 把气候变化应对策略纳入加勒比共同体国家的可持续发展议程中。

① 参见：www.caribbeanclimate.bz/ongoing-projects/2009-2021-regional-planning- for-climate-compatible-development-in-the-region.html.

- 推动实施专门气候应对措施，改善该地区应对气候变化最薄弱的环节。
- 开展行动，减少温室气体排放，削减化石能源使用，改用可再生和清洁能源。
- 鼓励加勒比共同体国家提升自然和人类应对气候变化的抵抗力。
- 通过对林分的严格管理，提升加勒比共同体国家的社会、经济和环境利益。

加勒比共同体气候变化中心提出了一个 2011—2021 年行动方案，开展工作以评价气候变化，努力减缓气候变化，增强应对气候变化能力。这项工作受到了该地区专家的支持，他们提出了加勒比国家的气候变化和减缓的模型，为负责气候变化的相关分管部门出谋划策。例如，牙买加的正在适当扩大的水利、土地、环境和气候变化部[①]。

此外，较高的能源成本对于经济竞争力和人民生活成本都造成了负面影响（见图 6.4）。2008 年，超过 140 亿美元被用在了进口化石燃料上，这些燃料预计可以满足加勒比共同体国家 90% 的能源需求。通过使用化石燃料来进行发电的设备已经过时，效率低下且成本高昂。加勒比共同体意识到了这种情况，于是制定了能源政策（CARICOM, 2013），并于 2013 年批准了该政策，同时获批的还有加勒比共同体可持续能源路线图和战略（C-SERMS）。根据该政策，到 2017 年，加勒比共同体成员国用于发电的能源中，将有 20% 来自可再生能源，到 2022 年该数值将达到28%，2027 年到达 47%。在运输领域，一个类似的政策也正在制定之中。

2013 年 7 月，各国股东参与了 C-SERMS 第一阶段的资源动员大会。这次大会由加勒比共同体秘书处主持，受到泛美开发银行（IADB）和德国国际合作署（GIZ）的支持。泛美开发银行自此为西印度群岛大学提供了超过 60 万美元的资金，用以发展加勒比地区的可持续能源技术。其中的一个领域是信息通信技术在能源管理和可持续能源技术培训方面的应用，它强调的重点之一是增加女性的参与

① 参见：www.mwh.gov.jm.

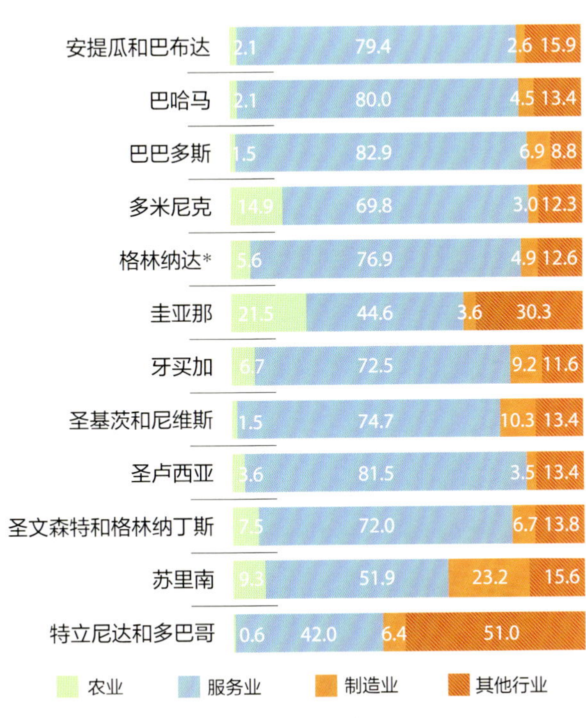

图 6.2　2012 年加勒比共同体国家的各个经济部门的国内生产总值

* 格林纳达的数据为 2011 年的数据。
注：海地和蒙特塞拉特的数据缺失。
来源：世界银行；世界发展指数，2014 年 9 月。

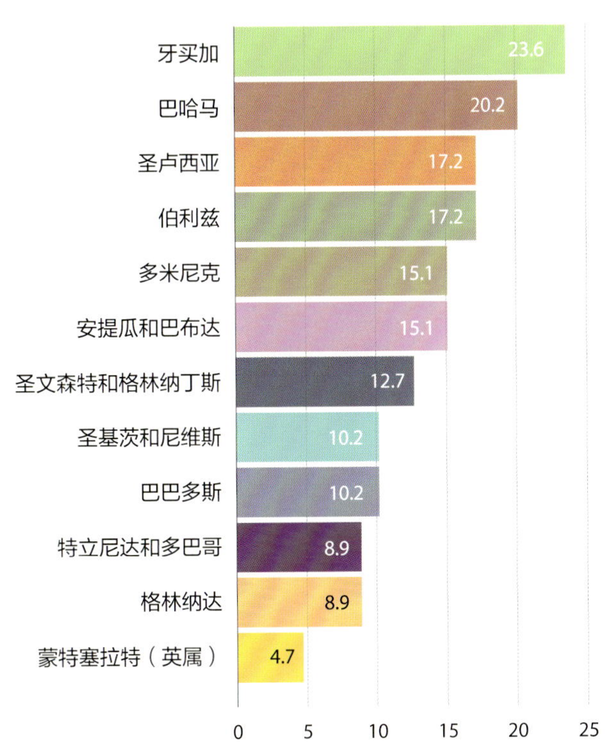

图 6.3　2012 年加勒比各国遭受飓风袭击的概率（%）

来源：国际货币基金组织（2013 年）。

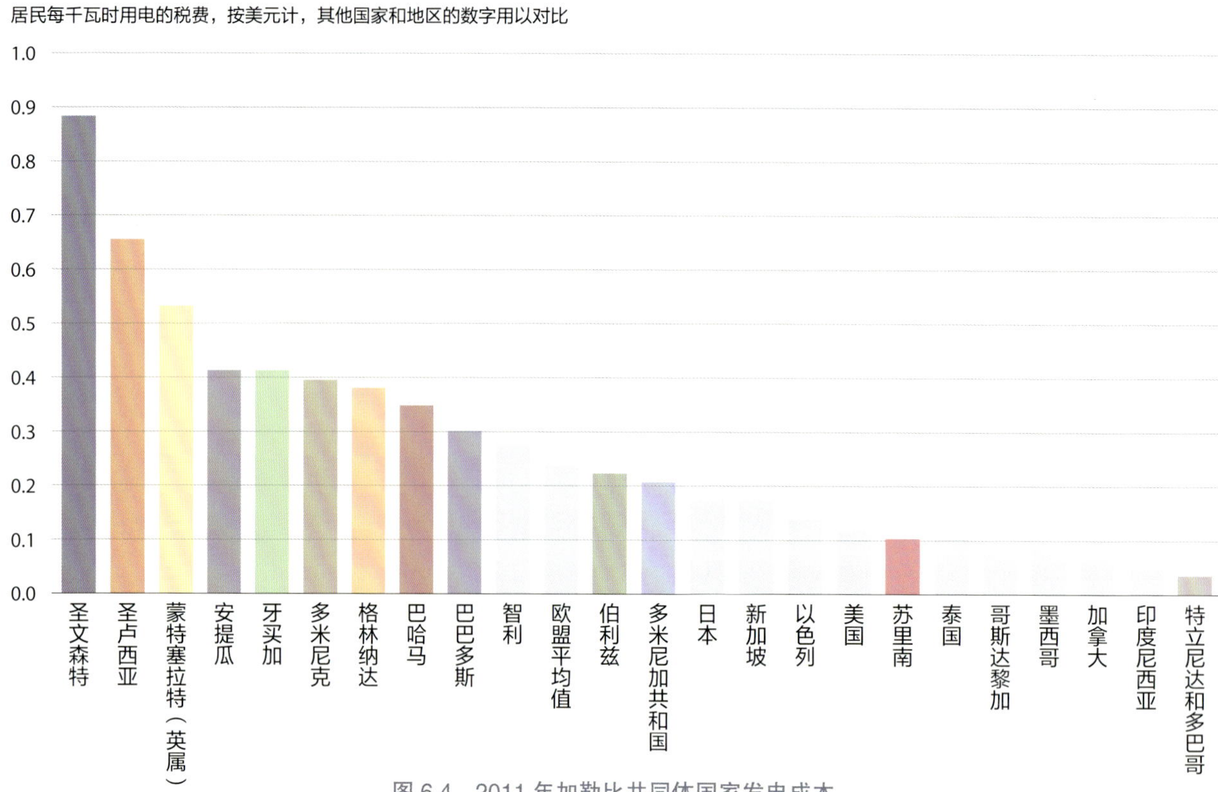

图 6.4　2011 年加勒比共同体国家发电成本

来源：IMF（2013 年）。

度。能源巨头如通用电气、飞利浦和苏格兰国际发展局也参与了此次大会，预示着技术转型会进展顺利。加勒比地区有可观的能源潜力，如水电、地热能、风能和太阳能，这些能源一经系统开发（而不是现在的零星的开发），将会对于加勒比共同体国家的能源应变能力产生巨大影响。目前，这些能源的开发程度仍然有限。加勒比地区国家在发电方面还存在着一个问题是石油发电设备老旧，它们效率低且成本高。为解决这个问题，牙买加已经批准建设新的火电发电站。

加勒比共同体国家努力推行可持续能源技术，这促进了一项计划的实施——小岛屿发展中国家可持续发展行动纲领[①]。该计划于1994年首先被巴巴多斯采用，于 2005 年在毛里求斯得到提升并于 2014 年在萨摩亚再次升级。

群体的力量：发展区域经济的需要

加勒比正面临落后于世界的危险，除非它可以适应知识驱动型的全球经济。知识驱动型经济逐渐成型，体现于很多现象的聚合。第一种现象是发达国家在经历危机后经济恢复能力弱，而发展中国家则是经济增长放缓。这要求加勒比地区各国减少对传统市场和外国投资的依赖程度。第二种现象是市场的流态化。这是由于信息通信技术的进步，生产和自动化的提高，还有贸易壁垒的减少和运输成本的降低；这鼓励了世界各国企业把生产能力分散到世界不同地方，从而创造全球价值链：联合国贸易发展大会预计，世界上 80% 的出口和服务发生在跨国企业间。这促进了第四种现象的产生，即大市场的产生，例如，区域自由贸易协定跨太平洋伙伴关系协定。该协定涉及北美洲、拉丁美洲、亚洲和南太平洋各国[②]（CARICOM, 2014）。

在这个新的全球图景之中，加勒比国家应身处何处？正如圣文森特和格林纳丁斯总理、加勒比共同体前主席拉尔夫・冈萨尔维斯 2013 年在加勒比共同体 40 周年大会上所说，“所有敏锐的富有责任感的人会很明显的感到，加勒比地区各国面临大量很难应付

① 参见：www.unesco.org/new/en/natural-sciences/priority-areas/sids.

② 参与该协议的国家有澳大利亚、文莱、加拿大、智利、日本、马来西亚、墨西哥、新西兰、秘鲁、新加坡、美国和越南。

的眼前以及潜在的挑战，除非政府和人民能更有力地去接受一个更成熟、更深刻的区域化经济”。

《加勒比共同体战略计划：2015—2019》是加勒比共同体对于上述现象的回应（CARICOM, 2014）。该计划作为该地区第一个战略计划，将加勒比经济在一个愈加不稳定的全球经济中重新定位。首要的目标有两个：刺激本地企业的生产能力；对于人员培训与市场所需知识技能的不匹配进行调整，从而驱动经济增长，对抗正在升高的失业水平，尤其是年轻人失业问题。这个计划概述了一系列的战略：培育创新、企业家精神、数字化素养和包容度，从而最有效地利用各种可用的资源。

该计划的中心目标是提高加勒比地区各国的社会经济、技术和环境的应对危机的能力。除了圭亚那、苏里南和特立尼达和多巴哥有着丰富的油气或矿产储量，其他大部分国家国土面积很小，自然资源有限，不能支撑它们快速经济发展。因此它们需要望向他处以寻求财富。该计划提出了两个关键点以提高加勒比地区的抵御力：为了有效调动资源以及研发和创新，采用一个共同的外交政策。该计划提出，通过倡议，动员国有或私有企业资助商业研发，为研发和创新创造一个有效的法律环境，寻找合作机会，设计国家级大学项目，驱动、助力和奖励研发和创新。

为驱动经济增长，该计划关注以下几个方面：

- 创新、制造和服务行业，率先从旅游行业开始。
- 自然资源和增值产品，促进产品整合。
- 农业、渔业和出口，从而减少对于食品进口的依赖，并通过改善合作经营、保护渔区和发展水产养殖促进可持续渔业发展。
- 资源调动。
- 信息通信技术。
- 空运、海运的基础设施建设和配套服务，旨在便捷产品和服务的调动，培养全球竞争力。
- 增加能源效率，提高能源多样化，降低能源成本，包括发展替代能源，从而实现加勒比共同体在 2017 年 20% 可再生能源的目标。为实现该目标还要促进公私伙伴关系，遵守 2013 年加勒比共同体能源政策以及加勒比共同体可持续能源路线图和战略（C-SERMS）。

科技创新管理的趋势

加勒比共同体的计划反映了各国发展的期望

2015 年，8 个加勒比共同体国家要进行换届选举，其他国家的选举也将在 2016 年到 2019 年间举行。如果换届选举不会影响《加勒比共同体战略计划：2015—2019》，并完全执行该计划，那么它会给该地区的科技创新发展提供很好的框架。

很重要的一点是，在策略计划中体现的共同期待，与那些重点国家计划所体现的期待是一致的。例如：《特立尼达和多巴哥的愿景 2020》（2002 年），《牙买加愿景 2030》（2009 年），以及《巴巴多斯战略计划 2005—2025》，它们都体现了一些共同的期许：发展社会经济，增强国家安全，抵御环境灾害，投入科技创新以提高生活标准。这些国家计划与加勒比共同体战略计划相似，它们都很重视科技创新，以便实现它们的期许。

联合国发展援助基金（UNDAF）也开展项目，助力这些国家达成他们的期待。该基金开展了 5 个国家级项目，支援牙买加、特立尼达和多巴哥、圭亚那、伯利兹和苏里南，此外，还有一个项目来支持巴巴多斯和其他一些东加勒比国家组织的成员国，他们同时也是加勒比共同体的成员国（Kahwa 等，2014）。联合国发展援助基金项目参考了国家战略计划文件，旨在制订行动方案，与国家优先发展项目一致，并在国家级别进行方案咨询。

安提瓜和巴布达、巴哈马、伯利兹、牙买加、圣卢西亚、圭亚那和特立尼达和多巴哥等国既没有提出它们的科学技术政策，也没有指明特别优先发展的领域，例如信息通信技术。这些国家既没有一个国家委员会，也没有相关部委来负责科学与技术①。伯利兹有一个首相科学指导委员会（见表6.2）。

有些国家为科技创新制定了路线图。例如，牙买加，其路线图是基于《牙买加愿景 2030》的基础上建立的，它把科技创新摆在了国家发展的中心位置。这个路线图的产生是因为政府拥有的研发机构与其他公立研发机构有业务整合的需求，该需求是在牙买加公

① 参见：www.pribelize.org/PM-CSA-Web/PM-CSA-Statement-Members.pdf.

表 6.2　2015 年加勒比共同体国家科技创新管理纵览

	负责科技创新政策的机构	额外的相关机构	战略发展文件（采用的年份）	文件的主要目的	国家奖项（开始年份）和负责单位	科技创新政策（启用年份）	科技创新政策的研发优先项	科技创新行动/实施计划
安提瓜和巴布达	教育科学与技术部							
苏里南	劳工技术发展部							
多米尼克	劳工技术发展部	国家科学与技术委员会						
巴哈马	教育科学与技术部	巴哈马环境科学与技术委员会	国家发展规划愿景2040（正在设计中）					
格林纳达	通信就业体育公共设施和信息通信技术部	国家科学技术委员会	国家战略发展规划（2007年）	国家创新创造创业转型				
圣文森特和格林纳丁斯	外事外贸和信息技术部	国家技术创新企业中心	国家经济社会发展规划2013—2025（2013年）	提高全民生活质量				
巴巴多斯	教育科学学技术创新部	国家科学技术委员会	战略规划2006—2025年	社会功能公平且具有全球竞争力的全面发展的社会	国家创新竞争力（2003年），国家科学与技术委员会			
圣卢西亚	可持续发展/能源/科学/技术部	国家科学技术委员会	国家愿景（正在准备）	通过“住在当地-就业当地”以及旅游发展，创造就业	创新发明总理奖，商贸工业和农业内阁	正在准备中		
伯利兹	能源科技技术和公共设施部	总理科学政策小组	地平线愿景2030（2010—2030年）	自然抵御力，可持续发展，高质量的生活		是，2012年	科技创新政策中的能源与能力建设	
圭亚那	总统办公室	国家科学研究委员会	国家发展战略（1997年）	加强国家处理发展项目的能力		是，2014年	支持多个领域的发展	
特立尼达和多巴哥	科学技术高等教育部	国家高等教育研究科学技术研究所	愿景2020（2002年）	到2020年成为发达国家	总理科学创新奖（2000年）	是，2000年	提高工业竞争力和人才发展	
牙买加	科学技术能源与矿业部	国家科学技术委员会	愿景2030（2009年）	2030年成为发达国家	国家创新奖（2005年），科学研究委员会	是，1960年	有效利用自然资源	科技创新路线图（2012年）

来源：作者编撰。

共部门改革时发现的。通过此举，可以有效获益，加速创新，为达到 2030 年的国家目标而铺开道路。

统计研究创新的迫切需求

鉴于《加勒比共同体战略计划：2015—2019》，《牙买加科学技术创新路线图》，以及一份由联合国教科文组织金斯顿办公室制作的报告（Kahwa 等，2014），反映出该地区的科技创新政策急需：

- 系统的科技创新数据收集以及科学计量学分析，用以制定政策。
- 基于实据的决策、科技创新政策制定和实施。
- 统计已有的科技创新政策、相关法律框架和它们对于国家和地区所有经济部门的影响。

2013 年 11 月，联合国教科文组织开展了博茨瓦纳研究与创新统计项目。这是一个系列项目的第一步。该系列项目统计了各个国家的科技创新情况，包括各种数据和分领域的分析，同时盘点了相关科研机构、现存的法律框架以及国家政策工具（联合国教科文组织，2013）。通过深入的情景分析，这个统计项目帮助这些国家设计基于实证的战略，以便扭转结构劣势，改善国家创新体系的监控。这类统计活动正是加勒比国家所需要的。如果缺少对于各国科技创新现状和潜力的充分理解，加勒比各国政府将会在盲目的情况下发展科技创新。根据艾卡瓦等人（2014）的观点，加勒比各国对于自己的科技创新环境缺乏了解，各国研究机构的科研能力不足，对于关键数据的收集、分析和存档均不够，其中包括业绩指标。

缺少科技创新数据：一个持久的问题

早在 2003 年，联合国拉丁美洲和加勒比经济委员会（ECLAC）的加勒比次级地区办公室就曾注意到，由于持续缺少足够的科技创新指标，加勒比地区在进行政策制定、经济计划以及评估和有效应对科技创新挑战时，受到不利影响。同年，联合国拉丁美洲和加勒比经济委员会关于科技创新指标空白的问题制定了《加勒比地区科学技术指标编制手册》[①]。

联合国教科文组织统计研究所也出版了一些指南给发展中国家，最新的指南是：《为开始统计科研状况的国家使用的进行研发状况调查的指南》[②]（2014）。2011 年，联合国教科文组织统计研究所在格林纳达建立工作坊，帮助加勒比共同体国家应对科技创新数据调查，并遵循国际标准。尽管联合国教科文组织和联合国拉丁美洲和加勒比经济委员会努力协助，加勒比共同体国家只有特立尼达和多巴哥在 2014 年提交了研发相关数据。据联合国拉丁美洲和加勒比经济委员会表示，统计和分析科技创新业绩指标对于加勒比国家依然是一个挑战，尽管已经有了相关机构管理此事务，但是这并不是这些机构的强制任务。这些机构包括：

- 牙买加科学研究委员会（1960 年建立），是牙买加工业技术能源商贸部的一个下属单位，它还有一个附属单位（Marketech 有限公司），一个分支机构叫食品技术研究所。
- 位于特立尼达和多巴哥的加勒比工业研究所（1970 年建立）。
- 圭亚那的应用科学与技术研究所（前身是国家科学研究中心，建立于 1977 年），据其官网描述，该研究所“经历了长时间的衰落之后，目前正在复苏之中”。

目前尚不清楚，为何所有加勒比共同体国家中只有特立尼达和多巴哥提交了研发状况的数据，或许信息收集是一大缘由。在牙买加，西印度群岛大学已经与牙买加制造者协会达成合作伙伴关系，确定该国研发活动的性质与水平，并至少在制造领域，发现那些还没有被满足的需求。2014 年开始进行数据收集。并预计推广到特立尼达和多巴哥，近期的报告表明那里的研发活动不太乐观。据数据统计，工业研发在近些年显著下滑（见图 6.5）。这可能与制糖领域的研发活动减少有关系。

研发领域常年的投资不足

近年来加勒比地区迟缓的经济增长没能给科技创新提供足够的动力，也没有增加科技创新在解决经济挑战时的作用。即便是较为富裕的特立尼达和多巴哥，2012 年在科技研发上面的投入也只相当于国内生产总值的 0.05%。

研发上的投资不足并不是什么新鲜事。早在 2004

① 参见：www.cepal.org/publicaciones/xml/3/13853/G0753.pdf.

② 参见：www.uis.unesco.org/ScienceTechnology/Pages/guide-to-conducting-rdsurveys.aspx.

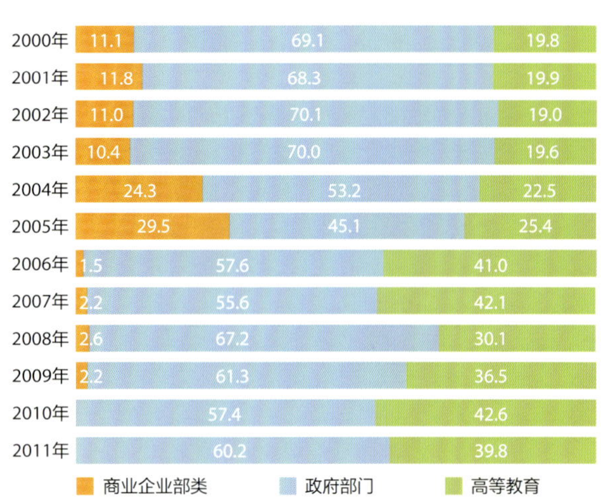

图 6.5　2000—2011 年特立尼达和多巴哥的不同部门的研发支出总量分布

来源：联合国教科文组织统计研究所。

年，西印度群岛大学的副校长 E. 奈杰尔 · 哈里斯教授在他的就职演讲上说道："如果我们不在科学与技术上创新，我们就不能突破可持续发展的障碍，甚至面临陷入发展低迷的困局之中。"那时，特立尼达和多巴哥的经济增长率是每年 8%，甚至在两年后达到峰值，接近 14%。尽管如此，该国在 2004 年的研发投入只有国内生产总值的 0.11%，在 2006 年甚至更少（0.06%）。因此，糟糕的经济表现不能完全解释为何加勒比共同体成员国政府对于科技创新的投入较少。

对于更具活力的科研文化的需要

摆在加勒比共同体国家面前的一大挑战是对于建设更具活力、更加广泛的科研文化的需要。尽管各国已经有优秀的科研人员，但是各国还应该更加鼓励人们去热情地投入到科研当中。科学家自己也要迈开大步，从做好科研，到做出成效卓越的科研。

尽管投入有限，加勒比科学学院（1988 年建立）竭尽全力，让加勒比共同体国家的科学家拥有更多在国际上的展示机会。该学院开展两年一届的大会，展示在这个地区进行的科研活动。它还与同类机构合作，例如，泛美科学研究院组织以及科学院间国际问题小组。

加勒比地区政府间科学技术委员会也尽其所能，支援该地区的科学家，但是它也持续受到"操作困难"的荼毒，这种现象是 2007 年时发现的（Mokhele, 2007）。为达成委员会的目标而需要的人力和金融资源还没有落实。

科技创新投入的一个进步方面是国家创新奖的恢复。通过这个奖项，选手们争相进行研发，吸引投资者和风投。还有其他科研人员或是感兴趣的资方，愿意提供机会将研发成果产品化。这些参赛者来自牙买加、巴巴多斯和特立尼达和多巴哥。竞赛受到投资者高度重视①，竞赛奖金——在牙买加，奖金在 2 500 ~ 20 000 美元，取决于可用的基金——以及曝光的机会，激励了选手参加竞赛。资深的领导者经常在庄重的晚会上颁出这类奖项。

塑造卓越，关注新人

世界科学院在拉丁美洲和加勒比地区有一个区域办公室，它每年向该地区顶级科学家颁布 5 份奖项。加勒比地区还没有出现一位获奖者。世界科学院每年还会表彰该地区的 5 名年轻科学家；迄今为止，加勒比地区只有一位科学家受到表彰。在通往卓越的道路上，加勒比地区的科研人员还有相当长的一段路要走。

当前时期，最重要的一项工作就是提拔年轻研究员。圣卢西亚的青年发展和体育部已经开始动作。它开展了国家青年表彰计划，其中包括为在创新和技术领域的杰出青年颁奖。

青年研究员已经成为加勒比四个地区组织中的两个的优先发展对象，这两个地区组织是加勒比科学基金和加勒比科学（Cariscience）。

加勒比科学是一个科学家团体，成立于 1999 年，作为联合国教科文组织附属的一个非政府组织。该组织是该地区承担任务最多的机构。在过去四年中，它举行了多次青年科学家大会以及一系列的公开讲座和夏季课程，给大学入学前的学生讲解诸如基因学、纳米科学的前沿领域。2014 年，加勒比科学扩大了其任务范围，它在多巴哥开设了服务加勒比地区的技术创业训练工作坊。它与位于马来西亚的南南合作国际科学技术与创新中心（ISTIC②）达成战略伙伴关系，共同运营此工作坊。值得注意的是，主题演讲的演讲者是基思 · 米切尔博士，格林纳达

① 巴巴多斯的国家创新竞赛（始于 2003 年）是由国家科学与技术委员会管理的。在牙买加，科学研究委员会管理者国家科学技术创新大奖，该奖项始于 2005 年。

② ISTIC 建立于 2008 年，在联合国教科文组织的赞助下运营。

的总理，他还负责加勒比共同体的科学与技术工作。

加勒比科学基金会[①]始于 2010 年。它选择了一条新的路线，组建私有公司，由董事会负责。尽管刚刚起步，它已经开展了两个项目，着眼于引导优秀学生进行创新与问题解决。

它的第一个项目是学生科学与工程创新项目，每年都会开设为期四周且课程紧凑的暑期班，旨在教育那些对科学和工程感兴趣的加勒比地区的优秀中学生。这个项目于 2012 年开始，并获得了显著的成果。

第二个项目是“Sagicor 梦想家挑战”。该项目由加勒比科学基金会、Sagicor Life 公司（一个加勒比地区的金融服务公司），还有加勒比考试委员会联合赞助。“Sagicor 梦想家挑战”项目是在中学中创建活跃的工作坊，学生和教师一起对如何改善科学教育方法开展头脑风暴和创新研讨。目的是鼓励学生针对目前存在的问题去探索行之有效的、具有创新精神的和可持续发展的解决路径。项目的方式包括导师制和组织竞赛。

更好地协调可以避免业务重叠

4 家区域组织似乎能服务近 700 万的人口，但是目前为止，这四家组织之间没有任何协同活动，尽管协调一致可以避免它们的业务重复，并增强它们的合作。因此基思・米切尔博士于 2014 年 1 月创立了加勒比共同体科学技术与创新委员会。这个委员会强制要求与已有区域机构合作，而不是与它们竞争。它的目标有：

- 发现并优先安排科学与工程领域的重点项目从而促进区域发展。
- 制订计划。
- 与所有实施计划的区域机构紧密合作。
- 帮助项目集资。
- 为负责加勒比共同体科学与技术工作的总理提出建议。

目前，该委员会有 6 位成员，一位在美国麻省理工学院供职的代表。该委员会计划在 2015 年召开一场高级别部长会议。

① 最初的计划是：加勒比科学基金会主要关注于培养大学－工业的联系。但是，加勒比共同体国家的大部分行业没有研发单位，甚至没有研发投入。经济主要是商贸。改变这种文化需要时间，这也是为什么基金会现在关注培养青年一代。

高等教育的趋势

对高等教育的支持不稳定

据已有资料显示（见图 6.6），加勒比共同体国家在教育领域的投入相当于国内生产总值的 4%～6%。有的国家比另外一些国家在教育上的投入更多，这是因为那些国家有大学的支持。加勒比国家的教育支出水平与巴西（5.8%）、法国（5.7%）、德国（5.1%）和南非（6.6%）相近。

在高等教育上的支出已经变成了一个有争议的话题。有人认为大学花费高昂，消耗了教育预算的大头（在牙买加该数值为 18%，在巴巴多斯则为 30%），并牺牲了在学前教育与中学教育上的投资。在进行教育支出重新调整时，牙买加削减了对西印度群岛大学的资助，因此，西印度群岛大学在 2013/2014 学年里，自筹了超过 60% 的收入。巴巴多斯正在朝同样的方向发展。尽管国内有反对的声音，特立尼达和多巴哥也准备如是调整。

莫纳分校：一个成功案例

位于牙买加的莫纳分校是西印度群岛大学的 4 个分校之一。它在经费削减的情况下展现出了极强的韧性。它带头将创新投资机制在高等教育领域实现：1999/2000 学年，加勒比地区的 17 个国家提供了大学 65% 的收入；到了 2009/2010 学年，该数字降低到 50%，到 2013/2014 学年，进一步降低到 34%。莫纳分校建立了成本控制机制，并增加了收入来源，如补充授课费用，尤其是那些对教学要求高的项目如医学（自 2006 年）、法律（自 2009 年）和工程（2012 年），还有来自商业活动的收入，如业务流程外包，还有来自校园服务取得的收入。

莫纳分校将收入的 4.3% 拿来资助学生，资助金的 75% 都提供给了医学学生。莫纳分校每年将收入的 6%～8% 用于研发。尽管该数字与北美洲的大学每年研发投入 18%～27% 这个数字相比略显平庸，这些投资已经能帮助牙买加建立一个高效的国家创新体系。一个资源动员单位，莫纳分校研究与创新办公室，也能帮助学校去争取外部的资金支持，并将大学的研发项目商业化。莫纳分校还建立了公私伙伴关系以应对基础设施问题。例如，最新建设的

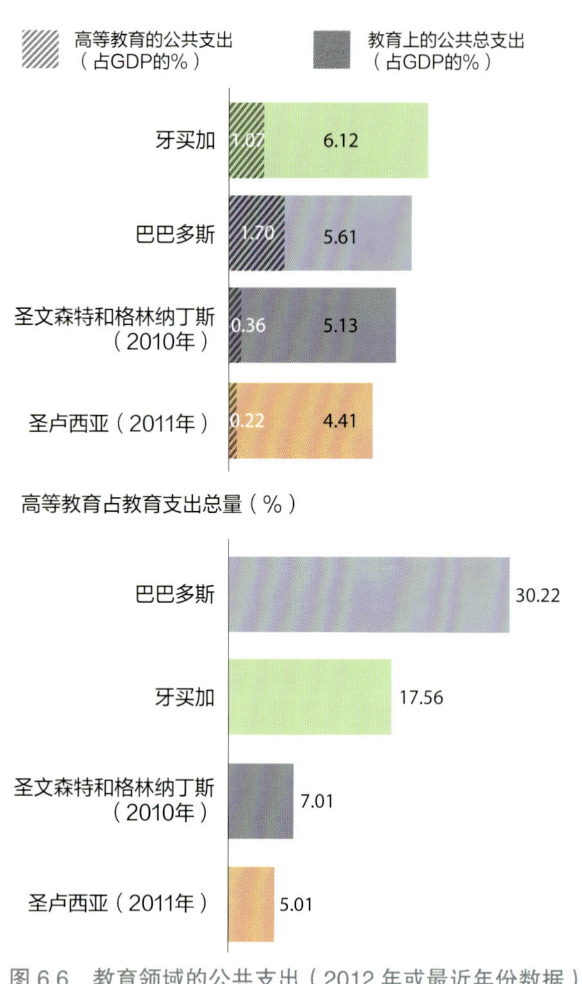

图 6.6 教育领域的公共支出（2012 年或最近年份数据）

来源：联合国教科文组织统计研究所。

学生公寓以及饮用水计划。正因这些努力，莫纳分校已经比十年前更加自主和有竞争力。莫纳分校正是加勒比地区的一个名副其实的成功案例。

女性在职业上升阶梯中边缘化

在加勒比地区，只有很小比例的女性能攀登到学院的最高层级，这是加勒比地区一个糟糕的问题。该现象在西印度大学尤为明显，从职业阶梯的较低一级，如讲师，到较高级别，如资深讲师和教授，女性所占比例越往上越低（见图 6.7）。这种男女比例不平衡可以通过给予女性员工足够的研究时间来解决。最重要的一点是要认识到有这种问题，这样才能确定造成这种问题的原因，并着手解决这种情况。

科学生产力的趋势

格林纳达的科学产出快速增长

多年来，牙买加、特立尼达和多巴哥以及巴巴多斯统领了加勒比地区的学术出版界，这是因为在这些国家的领土上建有西印度群岛大学的分校（见图 6.8 和图 6.9）。如今西印度群岛大学的统治地位已经被削减了，这是因为格林纳达的科研发表量显著增加。这主要是因为圣乔治大学，该校贡献了格林纳达 94% 的科研文章发表数量。据路透社网络科学数据库统计，在 2005 年，格林纳达只在国际期刊上发表了 6 篇文章，到了 2012 年，发表量提高到 77 篇。由于这极高的科研产量，格林纳达已经超越巴巴多斯和圭亚那，成为加勒比国家中，在国际重点刊物发表科研文章第三多的国家，仅次于牙买加和特立尼达与多巴哥。如果看每 10 万人平均发表文章数（见图 6.9），格林纳达的高科学生产力就会很明显地表现出来。对于一个没有研究传统的加勒比国家来说，如今在全球舞台上取得如此进展，真的可以称之为一个卓著的成功案例。

在过去 10 年中，格林纳达的圣乔治大学以惊人的速度成长起来。该校建于 1976 年，在国会的法令批准下，成立为一个离岸医学培训学校，直到 1993 年才引入了研究生和本科生项目。尽管该校建立在一个岛国上，也没有科学研究的传统，圣乔治大学在 10 年多一点的时间里，已经转变成了一个充满希望的研究中心。

在巴哈马、圣基茨和尼维斯也有着类似格林纳达的进步，他们的科研成果也在稳步攀升。2006 年，巴哈马只发表了 5 篇文章；到 2013 年则增长到 23 篇。大部分发表文章来自巴哈马学院，但是也有其他机构发表了文章。圣基茨和尼维斯的科研成果则来自洛斯大学的兽医学和其他专业。2005 年该校仅发表了一篇文章，在 2013 年则发表了 15 篇。

卫生领域的文章发表主要来源自医学院和医院，还有政府部门以及研究中心（见专栏 6.1）。相比之下，农业研究中心自 2005 年以来的研究成果却相当地少。在大部分加勒比共同体国家，农业在国内生产总值中的比重不足 4%（见图 6.2）。有几个国家是特例：苏里南（9%），多米尼加共和国（15%），圭亚那（22%）。但是即便在这几个国家，农业领域的科研文章发表量也并不多。加勒比地区目前仍是食品纯进口国，如此低的农业研发投资，伴随而来的极低的农业研发成果，可能是该地区食品安全的一个隐忧。

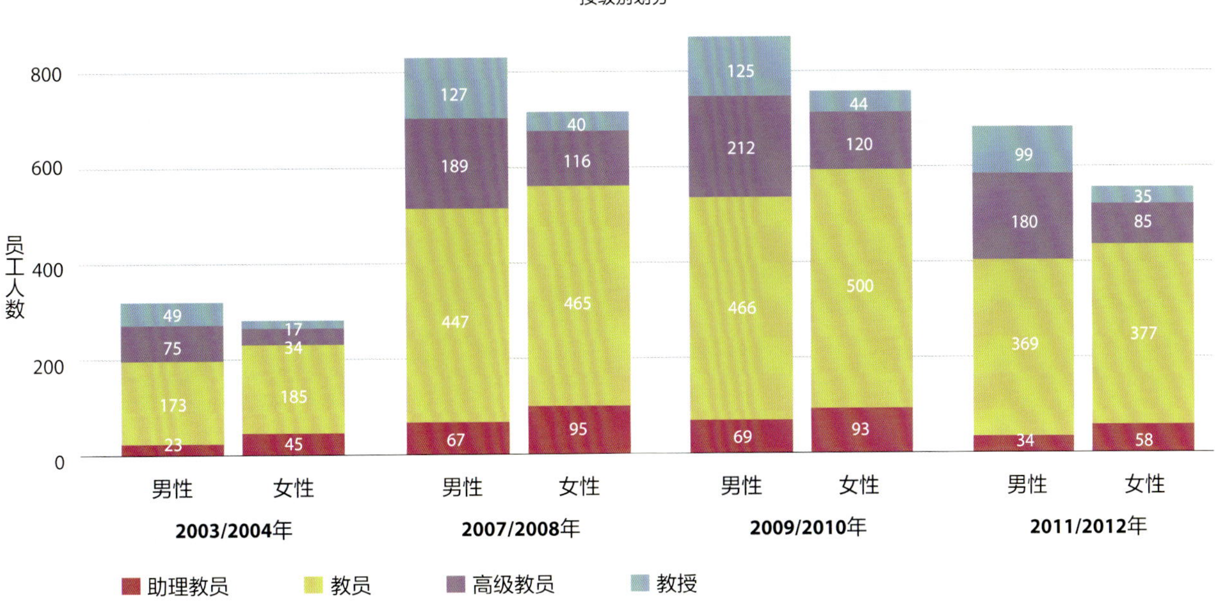

图 6.7　2009/2010 学年西印度群岛大学的员工性别差异

来源：西印度群岛大学官方统计以及与规划办公室的沟通。

专栏 6.1　热带医学研究所：加勒比地区科技创新政策缺失下的成功案例

热带医学研究所已经将研究的范围扩展到西印度群岛大学以外的整个加勒比地区。该研究所创始于一次合并：1999 年，牙买加的西印度群岛大学莫纳分校的热带代谢研究组和镰形细胞研究组*并成为一个新机构。

这个新机构成立了一个新的实体，传染病研究组，并吸纳了另一个机构——位于巴巴多斯的西印度群岛大学凯夫希尔分校的慢性病研究中心。

热带医学研究所的长期研究项目都得到了很好的资金支持，这要感谢员工们在过去 10 年中，从各种机构获取资金的努力。这些机构有：美国国家卫生研究所、牙买加国立卫生基金、加勒比卫生研究委员会（现在的牙买加公共卫生局）、惠康基金会、欧盟委员会、重大挑战应对基金会，加拿大和大通基金（牙买加）。

自 2000 年以来，热带医学研究所发表的所有文章都是由这些机构资助的。产出最高点是 2011 年的 38 篇文章，2014 年降到 15 篇，与 2006 年水平持平。尽管发表文章减少了，但是质量确是很高的。这些文章经常被发表在影响力很高的期刊上，如《科学》《自然》和《柳叶刀》。热带医学研究所发表的所有文章，只有三分之一收入了路透社数据库统计的高声望的期刊之中。所以该研究所在高影响力的期刊上发表文章的数量还能提高很多。

两位资深研究员的离开影响了研究所的科学生产力。但是，热带医学研究所投入精力进行员工辅导，并增加了跨机构合作，同时吸引了可观的资助；这些努力似乎开始扭转两位资深研究员的离开所带来的不良影响。

热带医学研究所营造了高标准的研究文化。它为年轻的研究员设置博士后站点并提供指导，还为其他有能力的员工提供辅导，这些人包括：研究型护士、医师、统计学家和设备技术专家。热带医学研究所还进行了严格的招聘和职业提升项目。

显然，在加勒比地区科技创新政策的严重缺失下，热带医学研究所是少有的成功典型。它成功地将自己与所在国糟糕的研究环境脱离开来，在全球舞台上创立一个富有竞争力的研究项目。其他的研发机构并没有这么明智；他们如果继续将精力投入到已经不能运作或已经不存在了的国家研发政策框架下的项目之中，那么他们的科研实力就会继续止步不前。

来源：作者。

*1999 年以前，镰形细胞研究组是由英国医学研究理事会会资助的。热带代谢研究组在 1970 年从英国医学研究理事会转移后一直是西印度群岛大学的一部分。

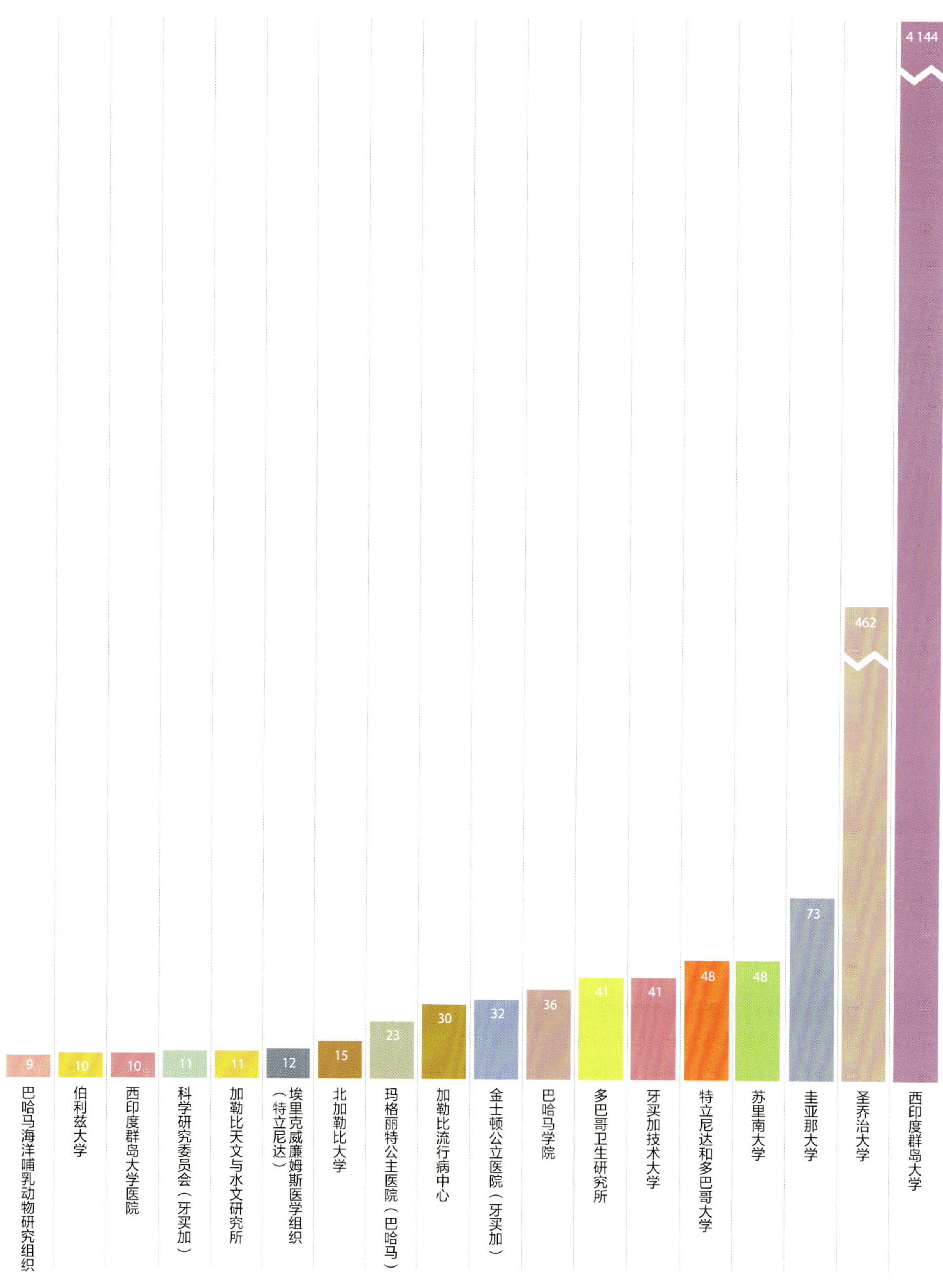

图 6.8　2001—2013 年加勒比地区科学家文章数量（按机构统计）

来源：汤森路透社科学网，SCIE。

位于特立尼达和多巴哥的加勒比工业研究所支持了气候变化的研究，为食品安全、行业仪器检测和校准的研发提供了工业级支持。尽管来自非学术、非卫生相关的研发中心的科研成果并不高，这些机构却提供了重要的帮助。牙买加的科学研究委员会积极参与废水处理工作[①]，并提供了诸多信息给以下领域[②]：可再生能源、教育、工业支持服务和当地植物产品发展等。

另外一个挑战是缺少区域内的合作。美国是加勒比共同体国家的主要合作对象。格林纳达发表的科研文章中，有超过 80% 是与美国研究者或研究机构共同署名的，有 20% 是与伊朗研究者共同完成。在加勒比地区，区域内合作水平最高的国家是牙买加，该国将特立尼达和多巴哥作为它的第四大合作伙伴。加勒比共同体创新框架应当设立一种促进区域内合作机制。西印度群岛大学莫纳分校已经设立了一个小型资金项目，支持区域内合作者提出的研发草案。

① 参见：www.cariri.com.

② 参见：www.slbs.org.lc.

私有研发公司正在兴起

私有的本地研究公司也正在兴起，例如生物科技研发有限公司（见专栏 6.2）。当其他的大学感到该机构成为它们的一部分不够格时，加勒比科学将它吸纳进来。这在科学发展的进程中尤其重要，因为这说明在大学、政府实验室和外资企业之外，也有可能产生高质量的科研成果。

西印度群岛大学发明

牙买加、特立尼达和多巴哥以及巴巴多斯都有专利项目产生。牙买加有一个正在增长的小团体，该团体的发明家通过牙买加知识产权办公局申请专利。其中一个发明是三个专利的合体。该发明涉及西印度群岛大学心脏手术模拟技术，并已经商业化。后来它在美国心脏手术医学院进行了广泛的实验，最后该发明被一个美国公司收购。心脏手术模拟器[③]运用了一个特别提取的猪心脏，一台电脑控制的电动泵（用来模拟心脏的跳动），以此提供给

③ 美国专利号：8 597 874; 8 129 102; 7 709 815: www.uspto.gov.

专栏 6.2　生物科技研发有限公司：为本地药用植物增添价值

生物科技研发有限公司是 2010 年由亨利·洛（Henry Lowe）博士创立的一家私有研发公司。它致力于成为牙买加乃至整个加勒比地区最有实力的生物科技公司。它的主要研究目标是分离纯净化合物，以供研究治疗癌症、HIV/ 艾滋病、糖尿病和其他慢性病。

该公司的研究活动帮助发现和验证了牙买加的几种药用植物及用其做成的药品。其中包括 *Tillandsia recurvata*，*Guaiacum officinale*（*Lignum vitae*）和 *Vermonia*。2012 年 2 月，该公司开始在牙买加营销 7 种营养产品以及一个草药茶饮的产品线。该公司的研究发现还发表了文章，其中六篇收录在路透社数据库统计范围内的期刊之中。同时，该公司的研究发现还申请了很多专利。*

该公司生产营养产品的配方是按照最高标准制定的，其生产工厂受到美国食品药品监督局的认可。

2014 年 10 月，亨利·洛博士和他的团队在欧洲药用植物杂志上发表了文章，表示从牙买加的 Guinea Hen Weed 的一个品种中获得的提取物，可以抑制 HIV 病毒的生长。亨利·洛博士告诉牙买加观察家报，如果这些发现得到证实，将会影响对于其他病毒引起的疾病的治疗，例如奇昆古尼亚病毒和埃博拉病毒引起的疾病。2014 年末，他成立了一家公司（Medicanja），研究和利用大麻来进行营利性医疗应用。为此他受到了国际上的关注。

生物科技研发有限公司雇用了一大批充满热情的、年轻的、拥有博士学位和硕士学位的毕业生，他们可以与地方和海外的著名实验室达成合作，尤其是西印度群岛大学和马里兰大学（美国）。公司还与西印度群岛大学深化合作，在该大学建立一个最先进的研发设施，并将自己的商业技能赋予西印度群岛大学，将其知识产权商业化。起初，公司受到环境卫生基金会（由亨利·洛建立的非营利公司）的资金支持，现在，公司可以依靠销售自己的产品独立运营。没有政府资金流入到公司中。

生物科技研发有限公司在创立后的 5 年里，获得了显著的成功。亨利·洛自己也在 2014 年，获得由牙买加政府颁发的国家科学技术奖章。

这个成功案例告诉我们，一个有远见的企业家可以给一个国家和一个地区提供急切需要的研发力量，即便是在没有行之有效的公共政策的条件下。由于公司的成功，引起了高层领导的注意，因此在不远的将来，公共政策就可能会改变。

来源：作者。

* 参见：http://patents.justia.com/inventor/henry-lowe;www.ehfjamaica.com/pages/bio-tech-rd-institute- limited.

巴哈马
海地
牙买加
伯利兹
安提瓜和巴布达
圣基茨和尼维斯
蒙特塞拉特（英）
多米尼克
圣卢西亚
圣文森特和
格林纳丁斯
巴巴多斯
格林纳达
特立尼达和
多巴哥
圭亚那
苏里南

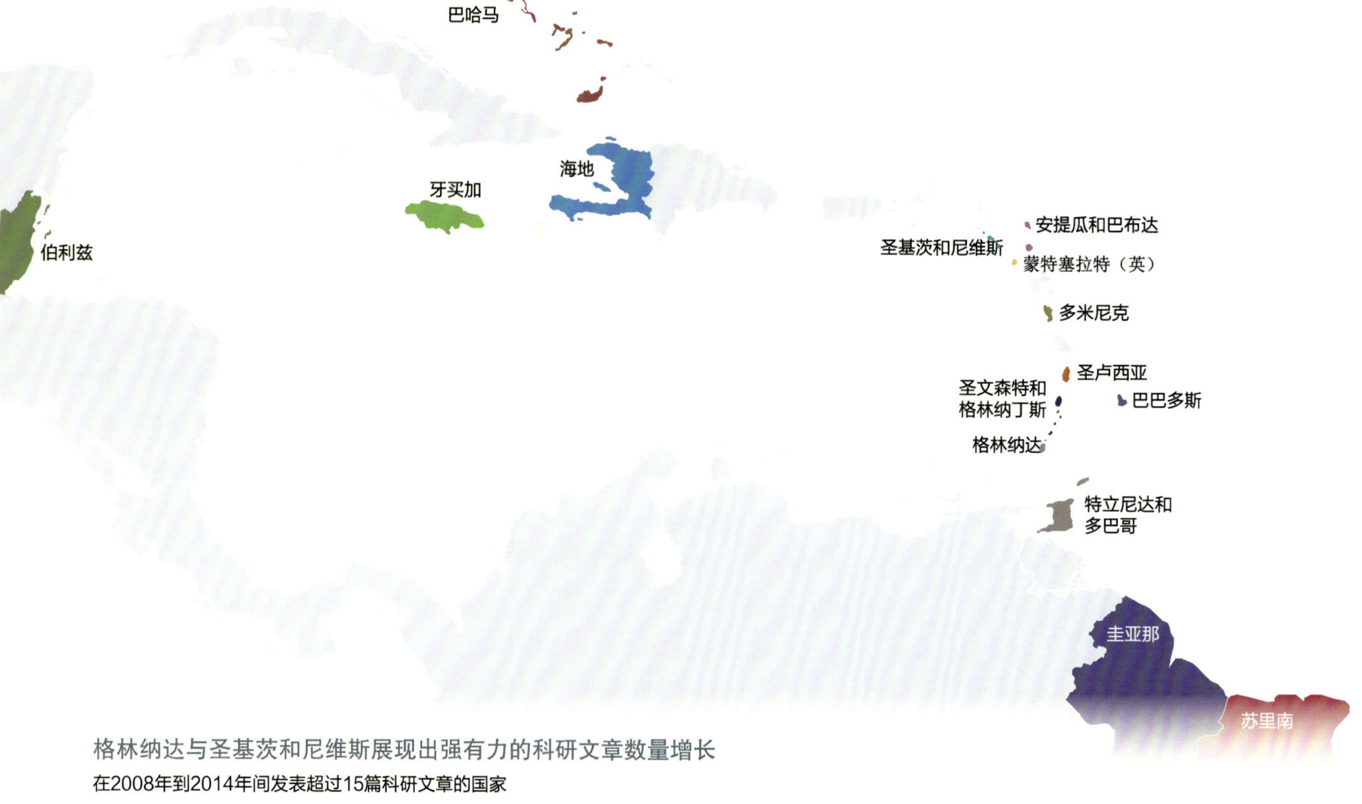

格林纳达与圣基茨和尼维斯展现出强有力的科研文章数量增长

在2008年到2014年间发表超过15篇科研文章的国家

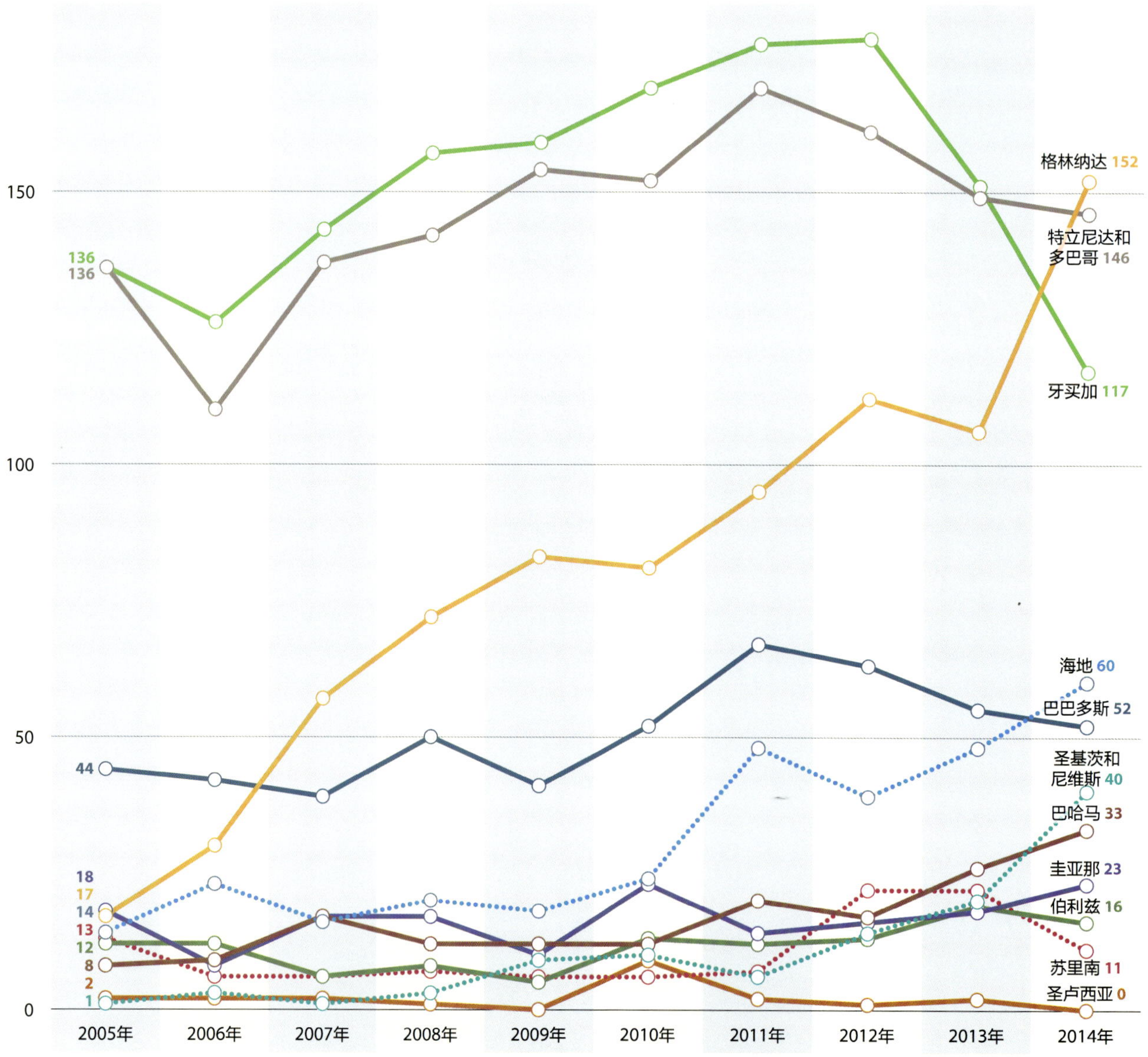

150
100
50
0
136
136
44
18
17
14
13
12
8
2
1
2005年
2006年
2007年
2008年
2009年
2010年
2011年
2012年
2013年
2014年
格林纳达 152
特立尼达和
多巴哥 146
牙买加 117
海地 60
巴巴多斯 52
圣基茨和
尼维斯 40
巴哈马 33
圭亚那 23
伯利兹 16
苏里南 11
圣卢西亚 0

图 6.9　2005—2014 年加勒比共同体国家科学出版物发展趋势

格林纳达的科研产出最为密集

每一百万居民拥有的科研文章发表数量，2014年

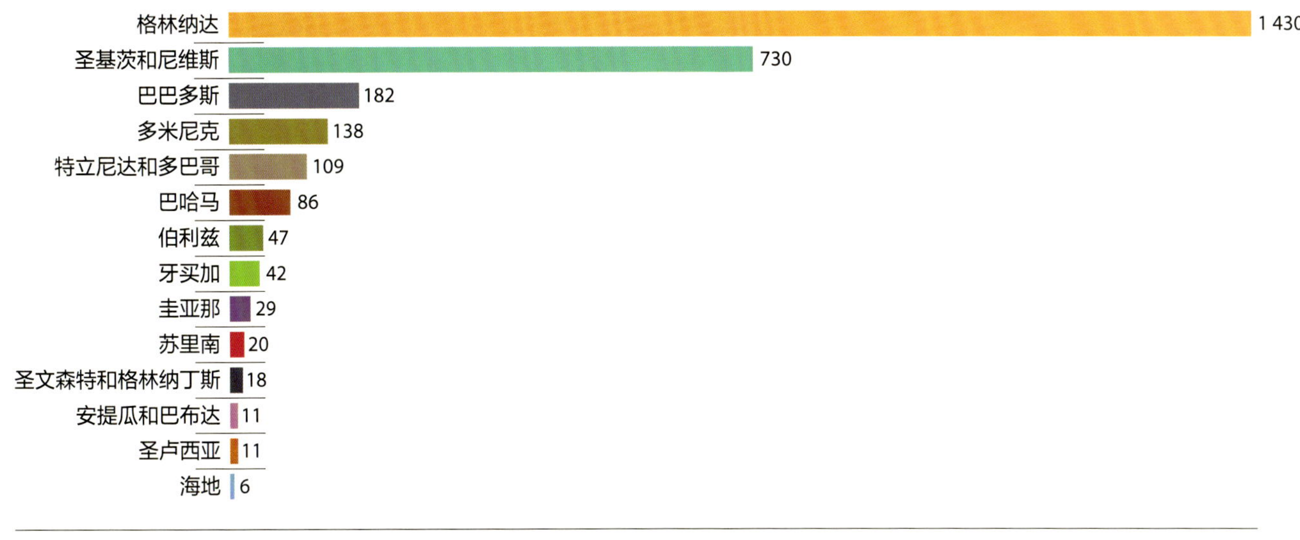

加勒比共同体国家在卫生领域发表文章最多，由格林纳达和牙买加领头

2008—2014年发表文章总量

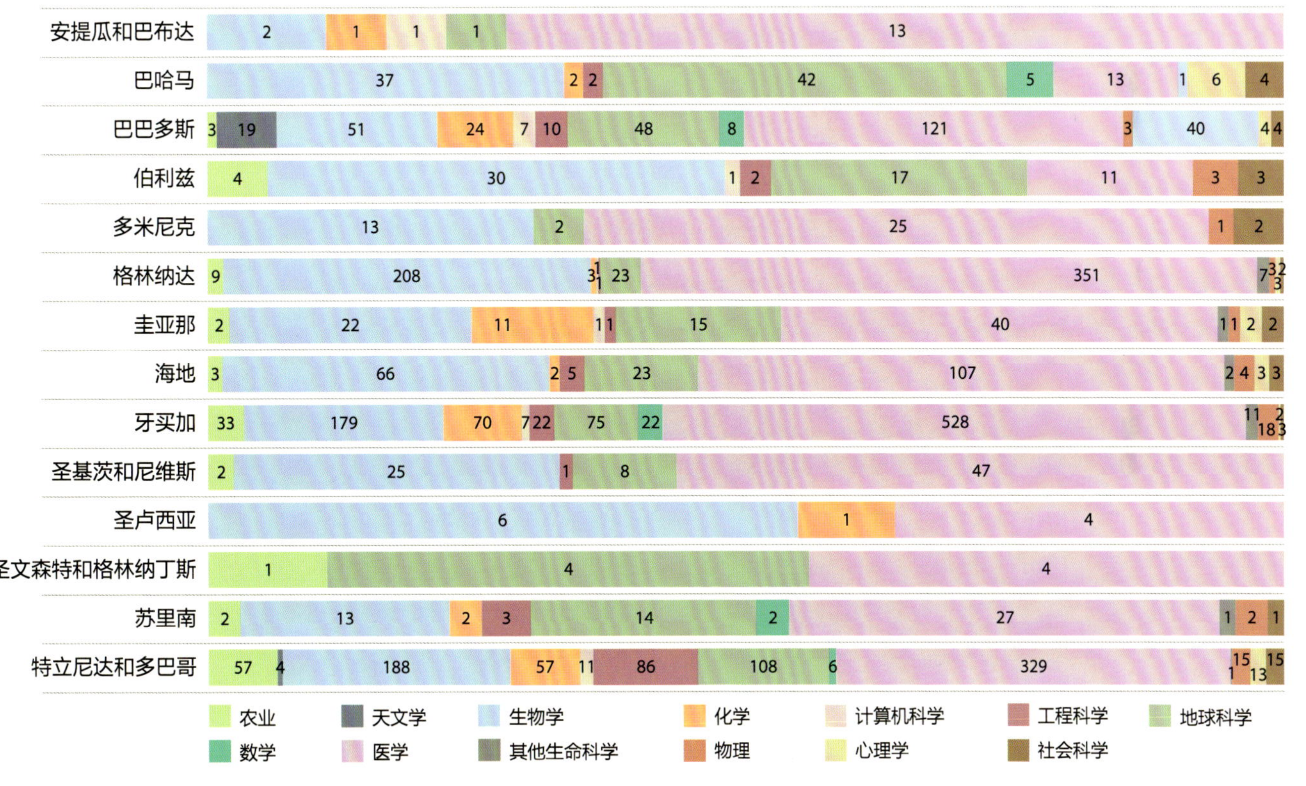

牙买加和特立尼达和多巴哥是加勒比区域内最紧密的科研伙伴

加勒比共同体国家中最丰产的七个国家的主要科研伙伴，2008—2014年（文章数量）

	第一合作伙伴	第二合作伙伴	第三合作伙伴	第四合作伙伴	第五合作伙伴
巴哈马	美国（97）	加拿大（37）	英国（34）	德国（8）	澳大利亚（6）
巴巴多斯	美国（139）	英国（118）	加拿大（86）	德国（48）	比利时/日本（43）
格林纳达	美国（532）	伊朗（91）	英国（77）	波兰（63）	土耳其（46）
圭亚那	美国（45）	加拿大（20）	英国（13）	法国（12）	荷兰（8）
海地	美国（208）	法国（38）	英国（18）	南非（14）	加拿大（13）
牙买加	美国（282）	英国（116）	加拿大（77）	特立尼达和多巴哥（43）	南非（28）
特立尼达和多巴哥	美国（251）	英国（183）	加拿大（95）	印度（63）	牙买加（43）

来源：汤森路透社科学引文索引数据库，科学引文索引扩展版；数据处理 Science-Metrix。

学生一个真实的外科手术场景。每一台这样的仪器都被标记为“西印度群岛大学发明”，由此可以提升加勒比地区的高科技水准的形象。

加勒比共同体成员国在 2008 年到 2013 年间，在美国专利商标局注册了 134 项专利，贡献最多的是巴哈马（34 项），其次是牙买加（22 项），再次是特立尼达和多巴哥（17 项），见图 6.10。

少数国家有高科技出口

加勒比地区的高科技出口规模适中，而且都不是长期稳定的出口（见图 6.11）。值得注意的是，巴巴多斯不仅拥有加勒比地区专利数量的相当的大一部分，它的高科技出口的价值也是该区域最高的。从 2008 年的 550 万美元，发展到 2010—2013 年的 1 800 万到 2 100 万美元。

在 2008 年到 2013 年期间，巴巴多斯的高科技出口大多数是科学仪器（4 220 万美元）或化学成品（3 320 万美元，不包括药品）。来自电子通信（680 万美元）、计算机和办公仪器（780 万美元）的出口收入相对较少。特立尼达和多巴哥在 2008 年领头该地区高科技出口（3 620 万美元），但是第二年出口额就降到了 350 万美元。牙买加的收入也自 2008 年开始下降。相比之下，苏里南在同期的出口额稍微增长了。

结论

加勒比共同体国家很容易受到环境和全球经济的冲击。直到现在，它们也没有拿出或有效执行驱动科技创新的政策。由此，可以改变当前情形的科技企业，没法拿出足够的资源来支持该地区各国面对能源、水资源、食品安全、生态旅游、气候变化和削减贫困的问题。

令人鼓舞的是，加勒比共同体推出了一个长期发展战略——《加勒比共同体战略计划：2015—2019》。此外，利用科技创新是该计划的核心，正如科技创新在其他国家发展计划中的地位。这些计划有：《特立尼达和多巴哥愿景 2020》《牙买加愿景 2030》《巴巴多斯战略计划 2005—2025》。现在所需的是出台有效的政策，将过去执行力度不够的问题

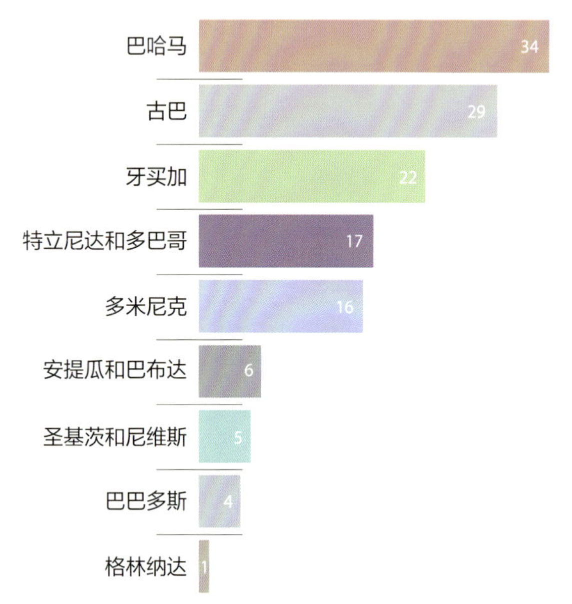

图 6.10　2008—2013 年美国专利商标局授予加勒比国家的专利数量

注：很多公司将专利申请国定为巴巴多斯，但是专利发明人很多都在美国，所以专利并不归属巴巴多斯。

来源：美国专利及商标局。

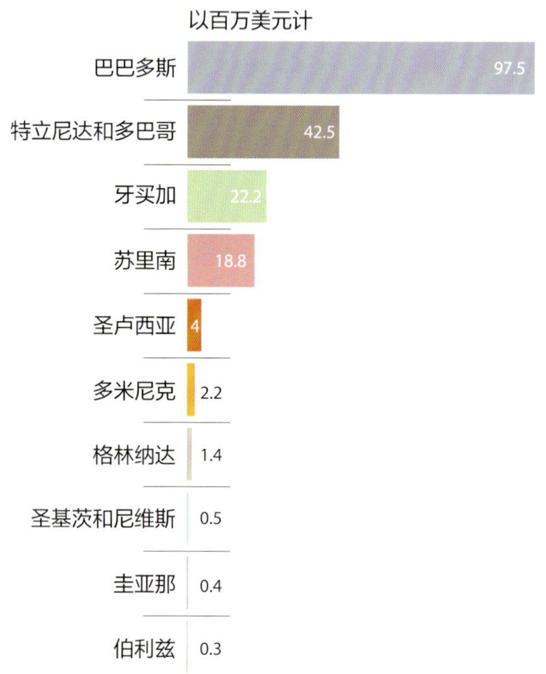

图 6.11　2008—2013 年加勒比共同体国家高科技出口

来源：联合国商品贸易统计数据库。

解决，有效利用科技创新去加速发展进程。

尽管该地区缺乏有效科技创新政策以及稳定的高等教育的支持，该地区还是有几个亮点值得注意：

- 格林纳达在过去的 10 年中，已经成为该地区科技创新的强有力的贡献者，这要归功于该国圣乔治大学不断增长的科研能力。
- 西印度群岛大学莫纳分校已经减少了对于政府资助的依赖，开始增加自己的收入来源。
- 西印度群岛大学的热带医学研究所持续在全球顶级期刊上发表高质量的科研文章。
- 一家本地的小型私有研发公司——生物科技研发有限公司在短短 5 年内，就已经在全球领域初露锋芒，发表文章，申请专利，销售产品。它的销售已经开始盈利了。

正如艾卡瓦 10 多年前（2003 年）指出的，在国家发展的进程中，政府没有出台有力的政策支持和巩固科技创新。在此情况下，正是研究人员自己想出新的办法来驱动科技创新。现在最需要的是，要详细统计该地区的科技创新政策，并以此认清当前科研的发展状况。

只有这样，加勒比国家才能制定基于实证的有效政策，推进研发投资的增加。通过对该地区当前情况的分析总结来促进资源的调动、科技创新战略的支持，提高行业研发参与度，将工业需求与科研成果对应，改革或淘汰表现不佳的研发机构，探索政治层面和社会层面更可行的研发集资方式，寻求国际或多边资助 / 借款来支持相关研发项目，为机构或个人研发成果进行评估和奖赏制定规则。如果该地区的领导者都接受科技创新理念，实现这个任务就并不会太难。

加勒比共同体国家的关键目标

- 加勒比共同体成员国要提高用可再生能源发电的比例，2017 年达到 20%，2022 年达到 28%，2027 年达到 47%。
- 到 2019 年，提升加勒比共同体成员国间贸易额的百分比，使之高于目前的 13% ~ 16%。

参考文献

CARICOM (2014) *Strategic Plan for the Caribbean Community: 2015–2019*. Secretariat of the Caribbean Common Market.

CARICOM (2013) *CARICOM Energy Policy*. Secretariat of the Caribbean Common Market.

Caroit, Jean-Michel (2015) A Haïti, l'impossible reconstruction. *Le Monde*, 12 January.

IMF (2013) *Caribbean Small States: Challenges of High Debt and Low Growth*. International Monetary Fund, p. 4. See: www.imf.org/external/np/pp/eng/2013/022013b.pdf.

Kahwa, I. A. (2003) Developing world science strategies. *Science*, 302: 1 677.

Kahwa, I. A; Marius and J. Steward (2014) *Situation Analysis of the Caribbean: a Review for UNESCO of its Sector Programmes in the English- and Dutch-speaking Caribbean*. UNESCO: Kingston.

Mokhele, K. (2007) *Using Science, Technology and Innovation to Change the Fortunes of the Caribbean Region*. UNESCO and the CARICOM Steering Committee on Science and Technology. UNESCO: Paris.

UNESCO (2013) *Mapping Research and Innovation in the Republic of Botswana*. G. A. Lemarchand and S. Schneegans (eds). GO→SPIN Country Profiles in Science, Technology and Innovation Policy, vol. 1. UNESCO: Paris.

哈罗德·拉姆基松（Harold Ramkissoon），1942 年出生于特立尼达和多巴哥，西印度大学（特立尼达）荣誉教授、数学家、加勒比科学荣誉主席。他荣获过许多奖项，如 Chaconia 金奖、特立尼达和多巴哥国家二等奖。拉姆基松教授是世界科学院和加勒比科学院成员，也是古巴科学院和委内瑞拉科学院成员。

伊申姆巴·卡瓦（Ishenkumba A. Kahwa），1952 年出生于坦桑尼亚，获得美国路易斯安那州利大学化学博士学位，现任西印度大学（牙买加）副校长。艾卡瓦博士于 2002 年到 2008 年间该校担任化学系主任，2008 年到 2013 年间担任该校科学技术系主任。艾卡瓦教授对环境研究和政策感兴趣，同时对社会和科技创新融合也很感兴趣。

拉丁美洲国家出台了多种多样的政策工具，促进本地科研更好地应对生产体系乃至整个社会的各项需要。在一些国家，这些政策带来的成效已经有所显现。

吉列尔莫·勒马钱德

一位来自厄瓜多尔阿丘阿尔领地的青年手捧一只青蛙。在拉丁美洲，医药学、生物多样性和自然资源可持续管理方面的研究日益增多。

照片来源：©James Morgan/Panos

第 7 章　拉丁美洲

阿根廷、玻利维亚、巴西、智利、哥伦比亚、哥斯达黎加、古巴、多米尼加共和国、厄瓜多尔、萨尔瓦多、危地马拉、洪都拉斯、墨西哥、尼加拉瓜、巴拿马、巴拉圭、秘鲁、乌拉圭、委内瑞拉

吉列尔莫·勒马钱德

引言

高速增长后的发展减缓

拉丁美洲国家主要是中等收入国家[①]，其发展速度各异：从很快（阿根廷、智利、乌拉圭和委内瑞拉），快速，到中等速度。在该地区，智利人均国内生产总值最高，洪都拉斯最低。各国国内的不平等现象，在世界层面上讲，都是极严重的，尽管在过去 10 年中已经有所改善。根据联合国拉丁美洲经济委员会的统计，贫困水平最低的 4 个国家有洪都拉斯、巴西、多米尼加共和国和哥伦比亚（见第 8 章）。

拉丁美洲经济在 2014 年增长率为 1.1%，这意味着人均国内生产总值实际上已然停滞。2015 年第一季度的初步数据显示，自从上次长达 10 年的大宗商品贸易增长于 2010 年回落开始，该地区贸易活动正在持续减少（见图 7.1）；该地区有一些经济大国甚至经历了经济萎缩。该地区预期在 2015 年能够有平均 0.5% 的增长，但是这个笼统的数字掩盖了很多具体的变化：尽管南美洲要萎缩 0.4%，中美洲国家和墨西哥经济却增长了 2.7%（ECLAC, 2015a）。

中美洲的经济预期有所改变，这要归功于其最大的贸易伙伴美国的经济健康增长（见第 5 章），以及从 2014 年中开始维持的较低的油价水平。此外，自从大宗商品繁荣期于 2010 年结束后，原材料的价格下降，这给了中美洲和加勒比地区国家一些喘息的空间，因为这些国家都是原材料的纯进口国。墨西哥的经济也要依赖北美洲国家的表现，也正因如此，墨西哥经济看上去更具活力。目前，拉丁美洲正在进行能源和电信行业改革，预计在中期会推动经济的增长。此外，那些出口原材料的南美国家，它们的经济预期是下降的。依靠出口原材料提高国内生产总值的国家，首先是委内瑞拉，紧随其后的有厄瓜多尔、玻利维亚，然后是智利和哥伦比亚。

安第斯山脉国家智利、哥伦比亚和秘鲁正处在令人羡慕的经济发展状态，但是这样的好景不会长，

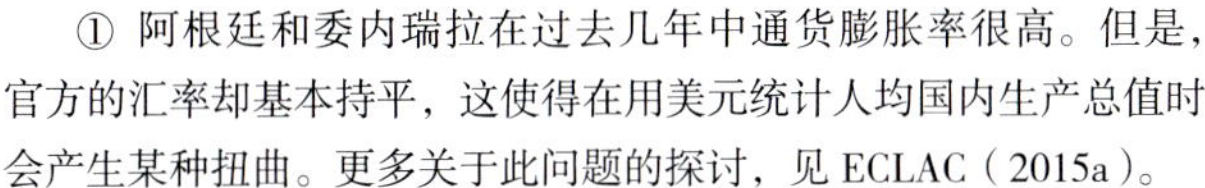
① 阿根廷和委内瑞拉在过去几年中通货膨胀率很高。但是，官方的汇率却基本持平，这使得在用美元统计人均国内生产总值时会产生某种扭曲。更多关于此问题的探讨，见 ECLAC（2015a）。

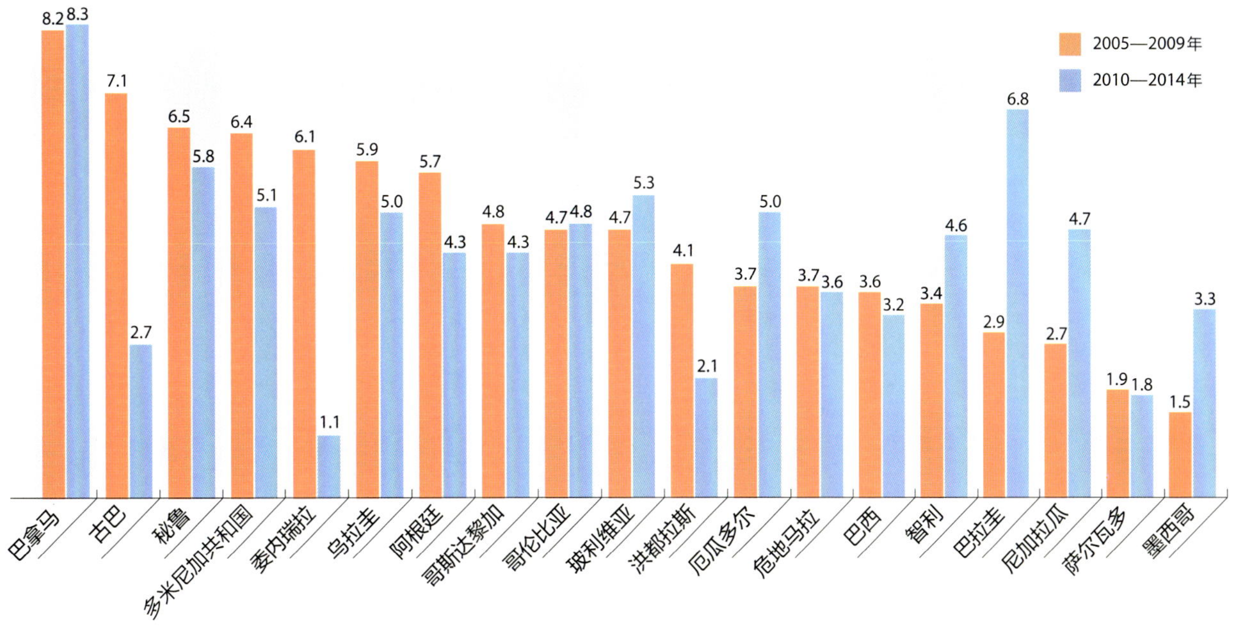

图 7.1　2005—2009 年以及 2010—2014 年拉丁美洲国内生产总值增长趋势

注：古巴的数据是 2005—2009 年以及 2010—2013 年。

来源：世界银行世界发展指数，2015 年 9 月。

因为他们的经济增长预计要停滞。巴拉圭也显示出了强劲的经济增长，正在从 2012 年的严重旱灾中恢复过来。相比之下，乌拉圭经济的增长就相对平稳。

自从 2014 年年中，布伦特原油价格崩溃后，委内瑞拉的政治形势变得更加复杂，但是该国经济依然表现活跃。阿根廷正面临债务危机，并受到美国的私有债权人的重压，该国 2014 年的经济增长几乎为零，而且 2015 年可能会更低。无数的行政壁垒，持续的刺激住房和商业的财政货币政策，使得阿根廷和委内瑞拉陷入了高通胀、低外汇储备的旋涡之中。

在政治方面，该地区有少许动荡。例如，由巴西石油公司引起的贪腐丑闻导致了政治转折（见第 8 章）。

2015 年 9 月，危地马拉总统佩雷斯·莫利纳面对数月的游行示威选择辞职，并面临欺诈指控。在数十年前，这样的结果是想象不到的。这意味着，现在危地马拉的法治已经有了力量。在 2015 年，随着古巴与美国的双边关系正常化，古巴的科技应会得到相当的提升。此外，委内瑞拉政治局势依然紧张，该国是拉丁美洲地区唯一的一个在 2005 年到 2014 年间，科研文章发表量下滑的国家（下降 28%）。

为了实现长期发展目标，改善国家的科学与技术发展状况，很关键的几点包括：政治稳定、消除暴力、政府有效管理和打击腐败。可是，只有智利、哥斯达黎加和乌拉圭目前具备了这些有利因素。哥伦比亚、墨西哥和巴拿马虽然政府管理高效，但是由于内

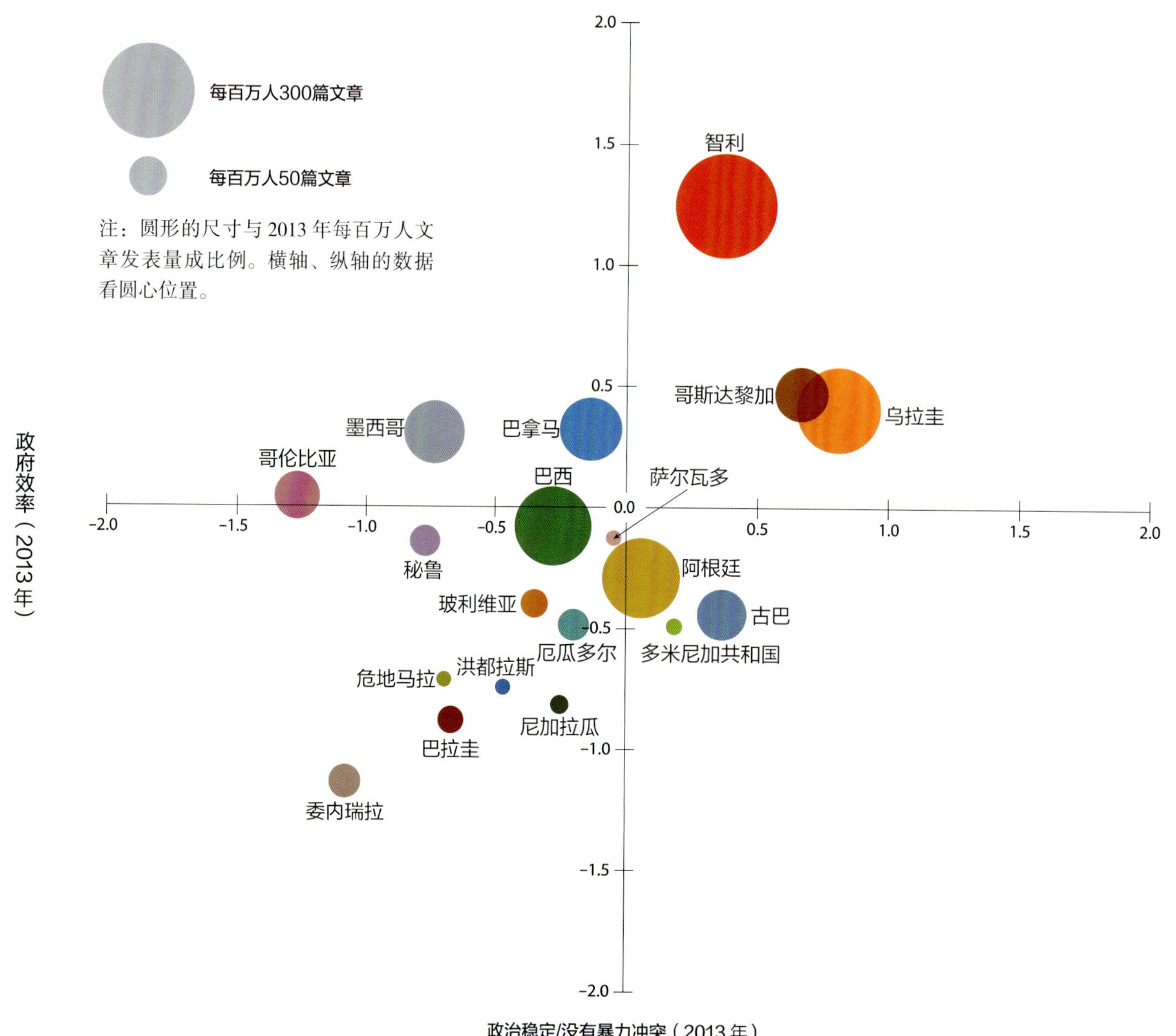

图 7.2 2013 年拉丁美洲治理指数与科学生产力关系

来源：作者。基于世界银行世界治理指数；联合国统计部门；汤森路透 SCIE。

部冲突而缺乏政治稳定。阿根廷、古巴和多米尼加共和国都具备政治稳定这一点，但是在政策实施上略显低效。其他国家则不具备以上两点。值得注意的是，好的管理与科技生产力有着高度的相关性（见图 7.2）。

像欧盟一样的地区联盟

在拉丁美洲地区，近年来最具意义的发展是南美洲国家联盟的诞生。该联盟协议于 2008 年批准，于 2011 年生效。南美洲科学技术创新协会在一年后成立，下属于南美洲国家联盟，旨在促进科学合作。

该区域联盟像欧盟一样，秉持自由原则，人员自由流动，货物、资本和服务自由流通。南美洲国家联盟的 12 个成员国[①]计划发行通用货币，建立一个共同议会（位于玻利维亚的科恰班巴），并讨论将大学学位标准化。南美洲国家联盟的总部位于基多（厄瓜多尔），其下属的南美银行位于加拉加斯（委内瑞拉）。南美洲国家联盟没有创立其他新的机构，而是依靠已有的商贸组织，如南美共同市场以及安第斯共同体。

少数国家的高科技出口驱动经济增长

拉丁美洲的外国直接投资的领域分布很有规律。2014 年，该地区技术导向的外国直接投资，有 18% 投入了低技术项目，22% 投入了中低技术项目，56% 投入了中高技术项目，仅有 4% 投入了高技术项目。高技术项目的投资主要流向了巴西和墨西哥，并主要用于这两国的汽车行业。与之相对的是，在哥伦比亚、巴拿马和秘鲁，汽车行业拿到的投资仅为流向这几国的外国直接投资的不到 40%。在玻利维亚，大宗商品领域拿到了投资的大头，尤其是采矿行业。在中美洲和多米尼加共和国——这里的不可再生资源稀少，出口加工区[②]并不十分吸引资本投入，大部分的国外直接投资流向了服务行业。在多米尼加共和国该部分投资还流向了富有竞争力的旅游行业。厄瓜多尔、哥伦比亚还有巴西的外国直接投资的分布更加平衡，尤其是巴西（ECLAC, 2015b）。

拉丁美洲的经济主要集中在低技术领域。不仅它们生产的产品技术含量低，它们在某个行业投资建立的公司也努力避开技术发展的前沿。这是因为生产和出口中等或高等技术含量的产品需要更多的创新，还需要更高水平的物质与人力资本，这相比依赖自然资源的低技术含量产品要消耗更多资源。

在最近数十年中，拉丁美洲国家在出口不同技术含量的产品时，经历了喜悲参半的境遇。墨西哥，或者说中美洲国家，实现了从大宗贸易到中高技术含量产品生产的剧烈转型，这要感谢某些进口国以及以出口为导向的生产领域。与之形成对比的是，南美洲的出口从技术层面看并没有改变。这是因为拉丁美洲就总体而言主要擅长初级产品生产。

只有哥斯达黎加和墨西哥进行高技术产品出口，其驱动经济增长的程度才可与欧洲发展中国家相提并论（见图 7.3）。在哥斯达黎加，高技术出口比重较大，这是因为在 20 世纪 90 年代末，英特尔、惠普和 IBM 在此投资生产；根据《联合国教科文组织科学报告 2010》，这些企业的进驻促使该国高技术产品占据出口产品的比重攀上 63% 的高峰，并逐渐稳定在 45% 左右。2014 年 4 月，英特尔宣布，将其在哥斯达黎加的芯片组装工厂转移到马来西亚。在 2000 年到 2012 年间，英特尔为哥斯达黎加带来 11% 的纯外商直接投资，并在近年来贡献了哥斯达黎加 20% 的出口份额。英特尔工厂的关停预计造成哥斯达黎加为期 12 个月的 0.3% ~ 0.4% 的国内生产总值损失。这个事件或许反映了芯片组装市场的高度竞争性，或许反映了在世界范围上对于个人电脑需求的减少。尽管英特尔的决策造成 2014 年哥斯达黎加损失 1 500 个岗位，但是它在哥斯达黎加的研发小组增加了 250 个高质量岗位。此外，惠普于 2013 年宣布，将 400 个信息通信技术相关的岗位转移到印度班加罗尔，但是现在这些岗位将留在哥斯达黎加。

最近的一次与东南亚国家的对比显示，拉丁美洲的贸易条件并不有利，如在出口方面行政流程非常消耗时间，这使一些以出口为主的企业在深化全球供应链整合时略感无力。较高的贸易成本也使得拉丁美洲的生产领域在提高国际竞争力时遭受了不利影响。

科技创新政策与管理的新趋势

在政策上对于研发的日益关注

在过去的 10 年中，很多拉丁美洲国家给予了科

① 阿根廷，玻利维亚，巴西，智利，哥伦比亚，厄瓜多尔，圭亚那，巴拉圭，秘鲁，苏里南，乌拉圭，委内瑞拉。

② 这里的工厂免收关税，使它们能够利用进口的元件进行组装，这些产品大多又重新出口到国外。

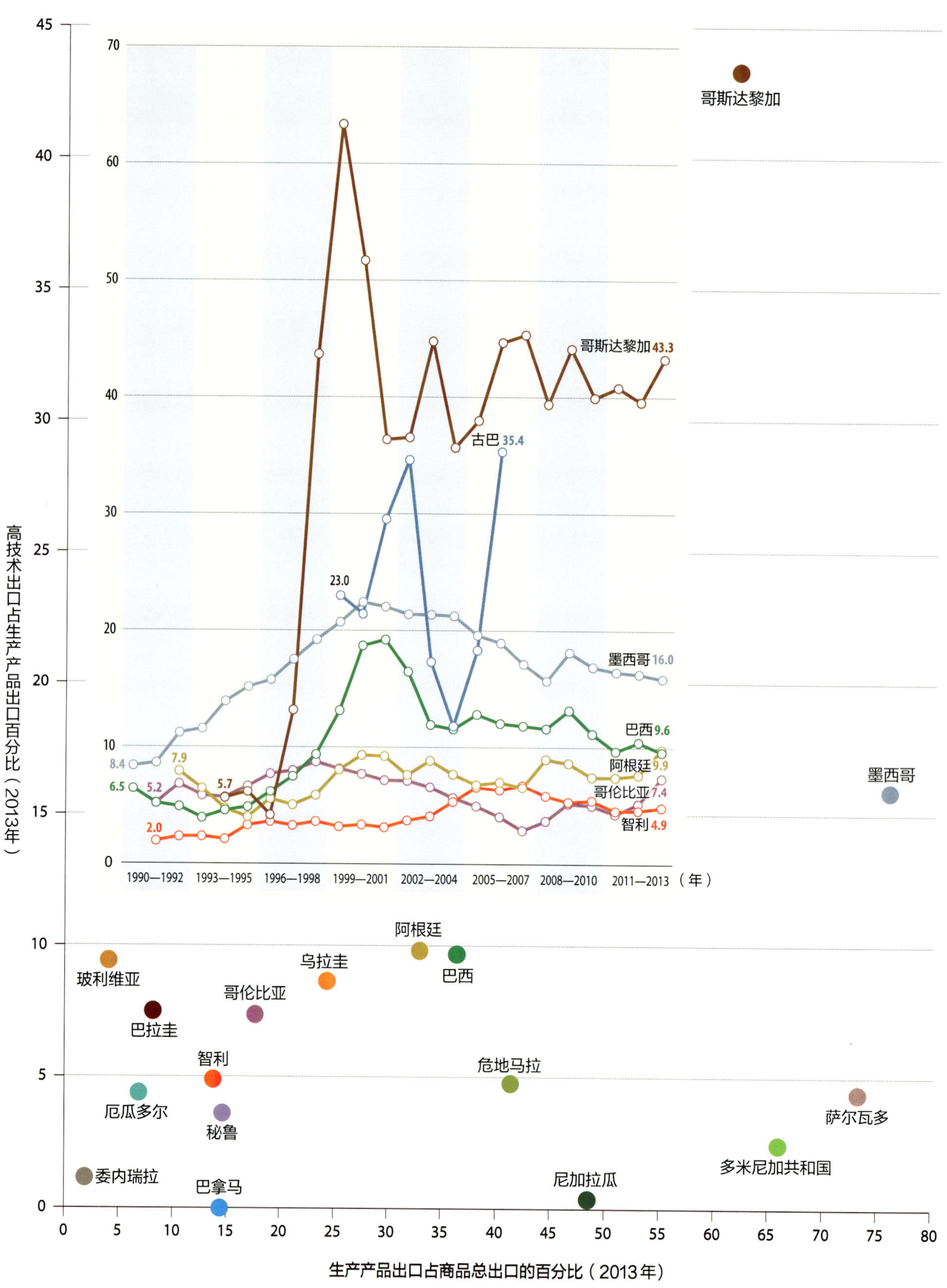

图 7.3　2013 年拉丁美洲出口的技术密集度

来源：作者。基于世界银行 2015 年 7 月公布的数据。

研机构更多的政治分量。例如，洪都拉斯在2013年颁布法律并在2014年颁布相关条令，创建一个国家创新体系，其中包括国家科学技术创新秘书处和洪都拉斯科学技术创新研究院，此外还有一个国家基金会用来资助科技创新。2009年，哥伦比亚颁布法律，确定每个研究机构在国家创新体系中的作用与权力。在它之前已经如此执行的国家有巴拿马（2007）、委内瑞拉（2005）、秘鲁（2004）、墨西哥（2002）和阿根廷（2001）。

在某些情况下，科技创新政策需要得到多部门组成的委员会——类似阿根廷的科学技术内阁——的批准。在另外一些情况下，科技创新政策的获批取决于一个相对松散的委员会，由这些人或机构组成：国家总统、国务秘书、科学学院以及私有企业代表。比如，墨西哥的科学研究技术发展与创新委员会①。更加复杂和严密的机构体系出现在那些经济体量大且更为富有的国家，如阿根廷、巴西、智利和墨西哥②。

阿根廷、巴西、哥斯达黎加都有科学技术创新部。但是在古巴、多米尼加共和国和委内瑞拉，这些国家管理科技的部门同时监理高等教育或环境。智利拥有一个国家创新委员会，乌拉圭有创新部长内阁。有些国家还有具备政策设计功能的国家科学技术委员会，如墨西哥和秘鲁。其他国家拥有国家科学技术秘书处，如巴拿马和厄瓜多尔。2013年3月，厄瓜多尔还创建了一个国家科学技术委员会（见第203页）。有的国家的行政部门管理科学与技术，例如，哥伦比亚的科学技术与创新行政部门。

精心设计多种资助计划来鼓励研发

在过去10年，很多国家都制订了战略计划或设计了各种各样的新政策（包括财政刺激方案），旨在培养公共以及/或私有领域的创新（Lemarchand, 2010; CEPAL, 2014; IDB, 2014）。例如，在哥伦比亚的普通税务系统基金会（成立于2011年）的10%的收入用来支持科技创新。在秘鲁，从开发自然资源得来的税费的25%被分配给了地方政府。这部分资金的20%专门用来投资科学研究，依靠科学与工程促进地区发展。在秘鲁，来自采矿业的税费的5%要依法分配给各个大学。2005年，智利实施了一个类似的法案，将采矿业20%的收入分配给一个创新基金（IDB，2014年）。

在拉丁美洲，促进科学研究最传统的做法是设立有吸引力的奖金以及建立人才中心。奖金包括旅行奖金、研究奖金、技术发展奖金和奖励研究人员科研生产力的金融刺激方案，以此改善科研基础设施，完善实验室科研设备。阿根廷有一个旨在奖励那些进行科学研究的大学教师的刺激方案，还有墨西哥的国家研究人员系统③，都在扩展学术研究的方面发挥了基础性作用。至于建立人才中心，有两个例子：智利的“新千年科研激励计划”以及哥伦比亚的“基因学优秀人才中心”。

在过去的20年中，大部分拉丁美洲国家都创建了专门基金④，用来资助富有竞争力的研究创新项目。这些基金大部分源于美洲开发银行提供的一系列国家贷款。美洲开发银行在各国制定研究创新政策上是加了相当大的影响。它提出了具体的条款，指定这些贷款应该以何种形式分配：竞争性奖金、信贷、奖学金、公私伙伴关系、评估新流程等。

古巴于2014年采纳了这种资助模式，并建立了金融科学与创新基金，促进公共领域以及商业领域的科研与创新。这对于古巴来说是一个巨大的突破，这是因为，直到现在，该国的所有研发机构、人员和研究项目的经费预算都来自公众缴纳的税收。

向研发专项资助转变

巴西在1999年到2002年期间建立了14个针对不同领域的专项基金，⑤它们被用来把从特定国有企业征来的税收引向需要发展的关键的行业，如石油天然气、能源、太空或信息技术。阿根廷、墨西哥和乌

① Consejo General de Investigación Científica, Desarrollo Tecnológico e Innovación.

② 拉丁美洲和加勒比地区国家的组织的完整的列表可以在联合国教科文组织全球科技创新政策观察站（GO→SPIN）找到，它在2010年为监测各国创新体系的发展设计了一套模型。详见http://spin.unesco.org.uy.

③ 分别是“研究型教育工作者激励计划”（阿根廷）和“全国研究人员系统”（墨西哥）；这两个项目都建立了金融刺激方案，根据大学教师每年的科技成果以及他们的研究类别给予奖励。

④ 有如下实例：科学与技术研究基金（FONCYT），阿根廷技术基金（FONTAR，阿根廷），促进科学与技术发展基金（FONDEF，智利），研究风险基金（FORINVES，哥斯达黎加），科学与创新金融基金（FONCI，古巴），科学与技术资助基金（FACYT，危地马拉），国家科学与技术基金（FONCYT，巴拉圭），创新、科学与技术基金（FINCYT，秘鲁），国家研究与创新基金（ANII，乌拉圭）。

⑤ 更多细节见：《联合国教科文组织科学报告2010》。

拉圭都重新调整了政策，不再采用横向资助方式，而是采取纵向资助的方式，以便突出重点资助领域。墨西哥在 2003 年建立了 11 个专项基金，并于 2008 年建立了第十二个基金，用来支持可持续性研究。其他实例包括：阿根廷专项基金（FONARSEC, 2009 年建立），软件基金（FONSOFT，2004 年建立），还有支持乌拉圭农工业的创新专项基金（2008 年建立）。

巴西在 2013 年建立了本国的创新农业基金。它从此成为输送资金给农业贸易的主要工具，该资金的支付者是国家经济与社会发展银行（BNDES），它提供了资助总额（约 2 700 万美元）的 80%。创新农业基金超过五分之四用于畜牧业、渔业和水产养殖。

专项基金只是精心设计的多元化的政策工具的一个展现（见表 7.1）。这些政策工具被用来促进拉丁美洲的研究和创新，尽管这些工具在该地区各国产生的效果不尽相同。所有的国家都面临着相同的挑战。其一，各国需要把内在的研究与生产领域的创新连接起来——该问题已经在《联合国教科文组织科学报告 2010》中强调过。该问题的起因是，（数十年以来）该地区各国缺少促进私有部门创新的长期行业政策。其二，各国还需要设计和完善更有效的政策工具，将创新体系的需求侧和供给侧连接起来。此外，在大部分拉丁美洲国家，对于科研计划和项目的评估和监督还比较弱。只有阿根廷和巴西拥有相关机构，进行战略前瞻性研究，巴西的项目管理与战略研究中心以及阿根廷的新建的（于 2015 年 4 月正式运行）跨学科的科学技术和创新研究中心。[①]

人力资源的趋势

在高等教育方面的高花费

很多的拉丁美洲国家的政府向高等教育投入了

① Centro de Gestão e Estudos Estratégicos (Brazil), Centro Interdisciplinario de Estudios de Ciencia, Tecnología e Innovación (Argentina).

表 7.1　2010—2015 年拉丁美洲科技创新政策工具列表

国家	按目标分类的政策工具的数量												
	a	b	c	d	e	f	g	h	i	j	k	l	m
阿根廷	22	9	25	2	32	15	5	4	5	14	12	10	38
玻利维亚	2	1	1	1	8	1	1	1	4		3	1	5
巴西	15	10	31	6	6	15	5	5		5	8	4	27
智利	25	12	25	6	24	17	7			6	14	6	37
哥伦比亚	6	1	2	1	10	1		1	3	2	2	1	6
哥斯达黎加	2	2	10	2	23	4	3				4	4	4
古巴					5						1		
多米尼加共和国					1								
厄瓜多尔			5		4	2	2		4	1	1		4
萨尔瓦多		4	2		5		9	1			6		2
危地马拉	3		6		6		2				1		4
洪都拉斯	1		1		1		2						1
墨西哥	16	9	13	5	6	14	6		3	4	6	5	19
尼加拉瓜	1		1									1	
巴拿马	5	2	14		6		3			1	1	1	4
巴拉圭	8	1	6		5	4	1			3	2	5	3
秘鲁	10	7	12	1	6	3	5		1		1	2	6
乌拉圭	13	3	11	1	13	9	2	3		3	8	4	14
委内瑞拉	5	1	3	2	7						2	1	2

政策工具的目标有：

a. 加强新本土科学知识的产出

b. 加强公立和私有研究实验室的基础设施

c. 加强研究、创新战略规划能力

d. 加强研究、创新领域性别平等

e. 加强科学知识和新技术的社会应用

f. 开发战略科技领域

g. 加强科学教育，从小学一直到研究生

h. 发展绿色技术以及能够加强社会包容性的技术

i. 促进本地知识体系

j. 加强研究创新生态系统的协调、联络和整体性进程，促进政府、大学和生产部门的协力发展

k. 加强技术预测研究质量，旨在：评估高价值市场潜力；发展高科技公司商业计划；建立、分析长期发展策略；提供咨询服务、战略情报

l. 加强地区和国际合作、联络，促进科学技术发展

m. 促进高科技领域的创业，促进高附加值产品细分市场产品服务发展

来源：作者编撰。基于各处政策工具信息包括联合国教科文组织蒙得维的亚办公室（http://spin.unesco.org.uy），利用最新 GO → SPIN 方法进行归类。见联合国教科文组织（2014 年）提出的科学、工程、技术和创新政策工具调查的标准（SETI），SETI 理事机构，SETI 的法律框架和政策。

国内生产总值的 1%，该投资水平在发达国家比较普遍。此外，在智利以及哥伦比亚，自 2008 年以来，人均经费以及大学录取率都有很大的增长。

几十年来，大学毕业生数量以及高等教育机构数量都有稳步增长。据联合国教科文组织统计研究所数据，2012 年拉丁美洲有 200 万人获得学士学位或者同等学力，相比 2004 年增长了 48%。大部分的毕业生是女生[①]。博士学位数量的增长更是显著：自 2008 年以来增长 44%（2012 年共颁发 23 556 个博士学位）。拉丁美洲较先进的国家的博士学位持有者数量与中国、印度、俄罗斯和南非的博士学位持有者数量相当，但是暂且不能与最发达的国家相比（见图 7.4）。

10 名本科毕业生中有 6 名的专业是社会科学（见图 7.4），相比之下，7 名毕业生中会有一名学习的是工程和技术。这种现象与新兴国家的情况形成鲜明对比。在诸如中国、韩国和新加坡的新兴国家，大部分的毕业生学习的是工程和技术。1999 年的拉丁美洲国家，学习社会科学和自然精确科学的博士生数量相当。但是该地区国家对于自然科学缺少好感，即使到了 21 世纪也依然如此（见图 7.4）。

很大比例的学生留学海外

在 2013 年，接受高等教育的拉丁美洲学生，其中在北美或西欧学习的学生（132 806 人）是在本地区学习的学生（33 546 人）的人数的四倍（见图 7.4）。那些人口较多的拉丁美洲国家同时也是出国留学学生人数较多的国家，但是有的人口相对较少的国家也有着较大的海外留学学生群体，如在美国留学的厄瓜多尔学生（见图 7.4）。在发达国家留学的学生占本国人口比例较高的几个拉丁美洲国家是厄瓜多尔、哥伦比亚、多米尼加共和国和巴拿马。

在 2008 年到 2011 年之间（NSB，2014 年），来自拉丁美洲国家的 3 900 名留学美国的学生获得了科学或工程博士学位。尽管这类学生中，有三分之一到一半学生决定长期留在美国生活，从美国回来的博士和博士后的数量依然可以与本国培养的人才数量相抗衡，如巴拿马。

大部分的玻利维亚、哥伦比亚、厄瓜多尔和秘鲁学生决定在本国之外的拉丁美洲国家学习。参照各国人口，玻利维亚的留学生比例依然是很高的，但是有几个国家紧随其后，它们是：尼加拉瓜、巴拿马和乌拉圭。古巴是拉丁美洲地区最受学生欢迎的留学国家；联合国教科文组织统计研究所统计，有大约 17 000 名来自其他拉丁美洲国家的学生在古巴学习，在巴西，该数字是 5 000，在阿根廷和智利都是 2 000 左右。

计划加强知识网络

由于缺少工程、地质、海洋、气象等领域的专家，阿根廷、巴西和智利采取了一系列金融刺激方案并设置奖学金项目以吸引本科学生在上述领域继续深造。它们还设置了新的奖学金计划，吸引外国人攻读博士项目。2013 年，墨西哥国家科学技术委员会以及美洲国家组织联合创办了一个项目，在接下来的五年里，提供 500 份奖学金给生物、化学、地球科学、工程、数学和物理专业的硕士教学项目，以便鼓励美洲国家的研究生相互交流。

另外一个里程碑式的成果是建立了一个研究机构—— ICTP- 南美基础研究研究所。该研究所的合作机构有：联合国教科文组织的萨拉姆国际理论物理中心（ICTP）、巴西圣保罗州立大学和圣保罗研究基金会。该研究所位于圣保罗州立大学之内。在 2012 年到 2015 年之间，该研究所组织了 22 个地区研究学院，23 个地区工作坊以及 18 个地区专科实验学校。

最近几十年来，一些拉丁美洲国家通过增加与海外侨民的联系来强化本国的知识网络。以下国家提出了多样的学生奖学金和培训计划：阿根廷、巴西、智利和墨西哥。在阿根廷，Raíces 项目（raíces 的意思是“根”）已经在 2008 年成为一项国策，该项目自 2003 年启动以来，已经召回约 1 200 名高水平研究员。与此同时，还推动创建了身处发达国家的阿根廷科学家联络网。

其他实例还有：墨西哥人才网络（Red de Talentos Mexicanos，建立于 2005 年），墨西哥与美国合作的高等教育 / 创新 / 研究双边论坛（FOBESII，成立于 2014 年）；智利国际；巴西的无国界科学（见专栏 8.3）。哥伦比亚、厄瓜多尔和乌拉圭同样推

① 份额从高到低是巴拿马和乌拉圭（66%），多米尼加共和国和洪都拉斯（64%），巴西（63%），古巴（62%），阿根廷（61%），萨尔瓦多（60%），哥伦比亚（57%），智利（56%），墨西哥（54%）。

4.47%

古巴将国内生产总值4.47%投入了高等教育，是该地区中最高国家

0.29%

萨尔瓦多将国内生产总值0.29%投入了高等教育，是该地区中最低国家

11 个国家将超过国内生产总值的 1% 投入了高等教育

2013年或最近年份高等教育支出占国内生产总值比率（%）

4.47
1.61
1.55
1.43
1.19
1.14
1.11
1.11
1.08
1.04
1.02
0.96
0.93
0.87
0.74
0.55
0.35
0.29
古巴$^{-3}$
玻利维亚$^{-1}$
委内瑞拉$^{-4}$
哥斯达黎加
乌拉圭$^{-2}$
尼加拉瓜$^{-3}$
厄瓜多尔$^{-1}$
巴拉圭$^{-1}$
洪都拉斯
巴西$^{-1}$
阿根廷$^{-1}$
智利$^{-1}$
墨西哥$^{-2}$
哥伦比亚
巴拿马$^{-1}$
秘鲁
危地马拉
萨尔瓦多$^{-2}$

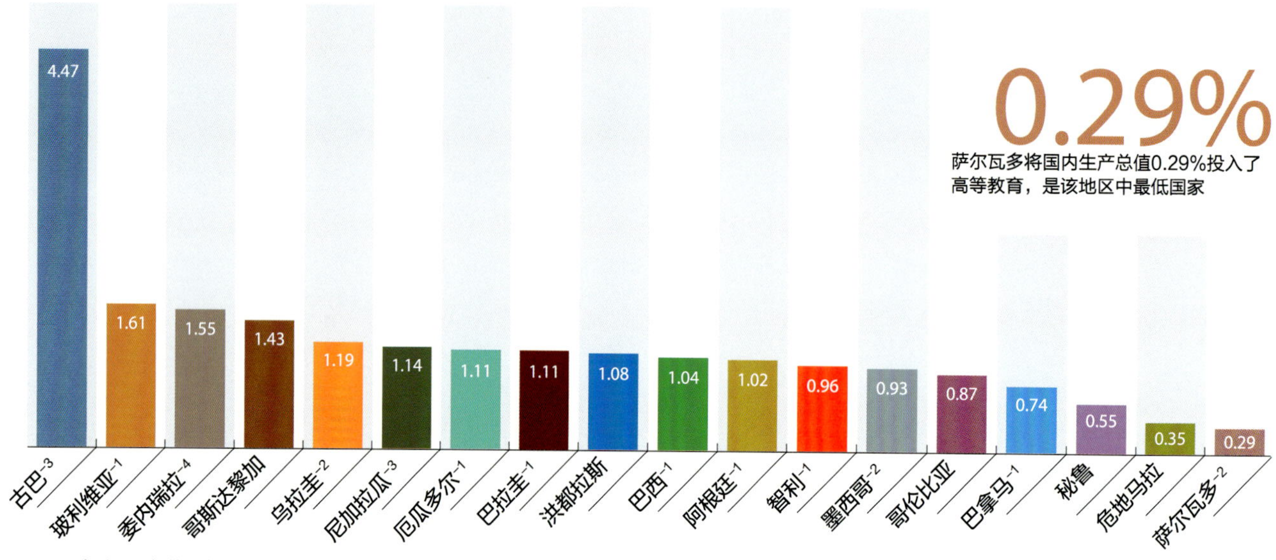

$+n/-n$ 表示2013年前后各年对应的数据

拉丁美洲主要的一流毕业生都是学习社会科学专业

1996—2012年根据专业领域划分本科学位分布（%）

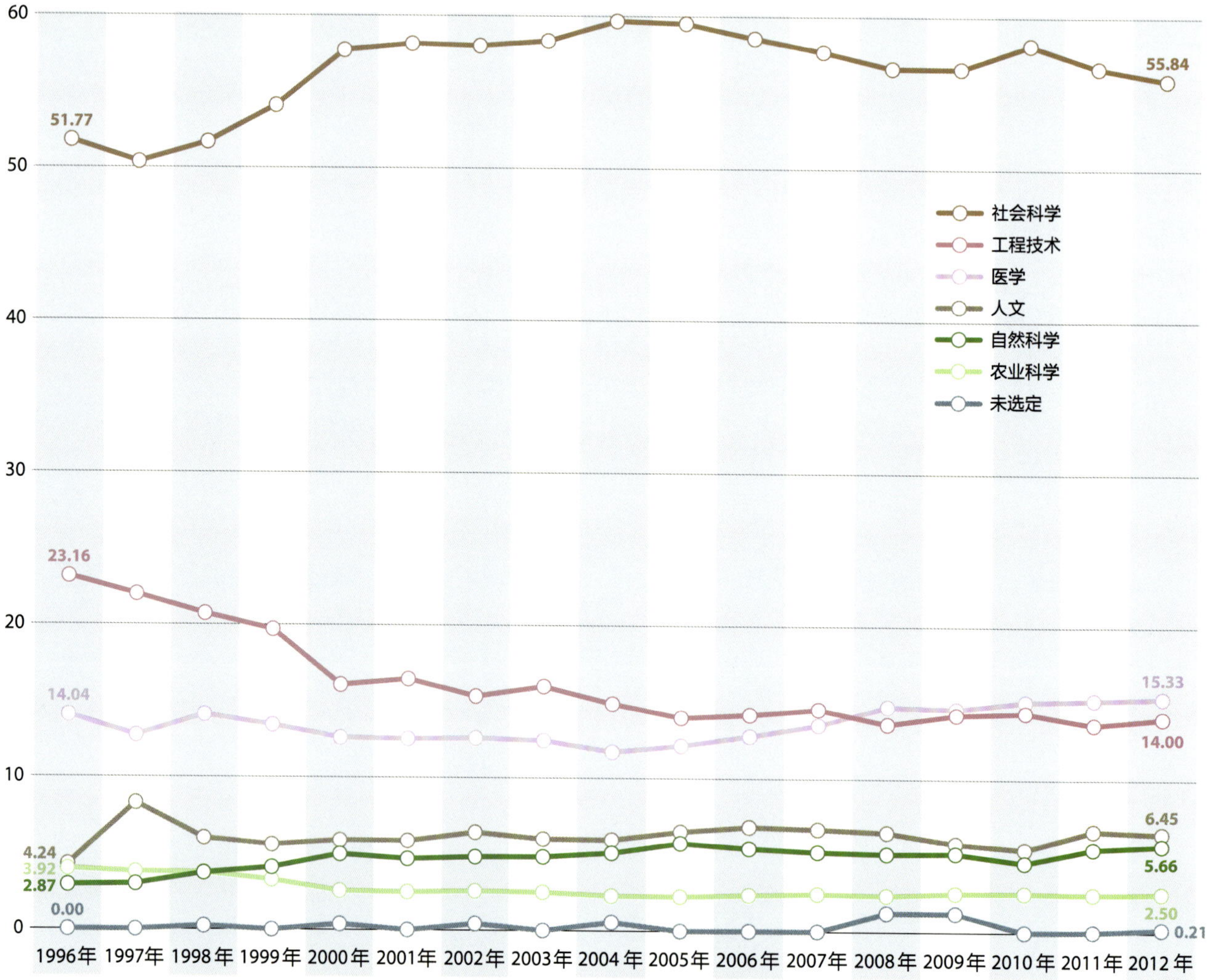

60
50
40
30
20
10
0
51.77
55.84
23.16
14.04
15.33
14.00
4.24
3.92
2.87
0.00
6.45
5.66
2.50
0.21
社会科学
工程技术
医学
人文
自然科学
农业科学
未选定
1996年 1997年 1998年 1999年 2000年 2001年 2002年 2003年 2004年 2005年 2006年 2007年 2008年 2009年 2010年 2011年 2012年

图 7.4 1996—2013 年拉丁美洲高等教育趋势

巴西在拉丁美洲的每百万人博士毕业生人数最高

每百万人博士毕业生，2012年
拉丁美洲之外的国家用于对比

国家	每百万人博士毕业生
德国	333
澳大利亚	299
葡萄牙	277
捷克	255
韩国	240
以色列	201
加拿大	176
中国	39
南非	36

拉丁美洲国家

国家	每百万人博士毕业生
巴西	70
古巴	60
阿根廷	44
墨西哥	42
智利	31
秘鲁	25
巴拉圭	25
哥斯达黎加	16
乌拉圭	16
巴拿马	13
萨尔瓦多	8
哥伦比亚	5
危地马拉	4
洪都拉斯	2
厄瓜多尔	1
委内瑞拉	1

23 556

2012年拉丁美洲有23 556名博士毕业生获得学位

从 10 年前起，自然科学博士毕业生比重都没有回升

1996—2012年根据专业领域划分博士毕业生分布（%）

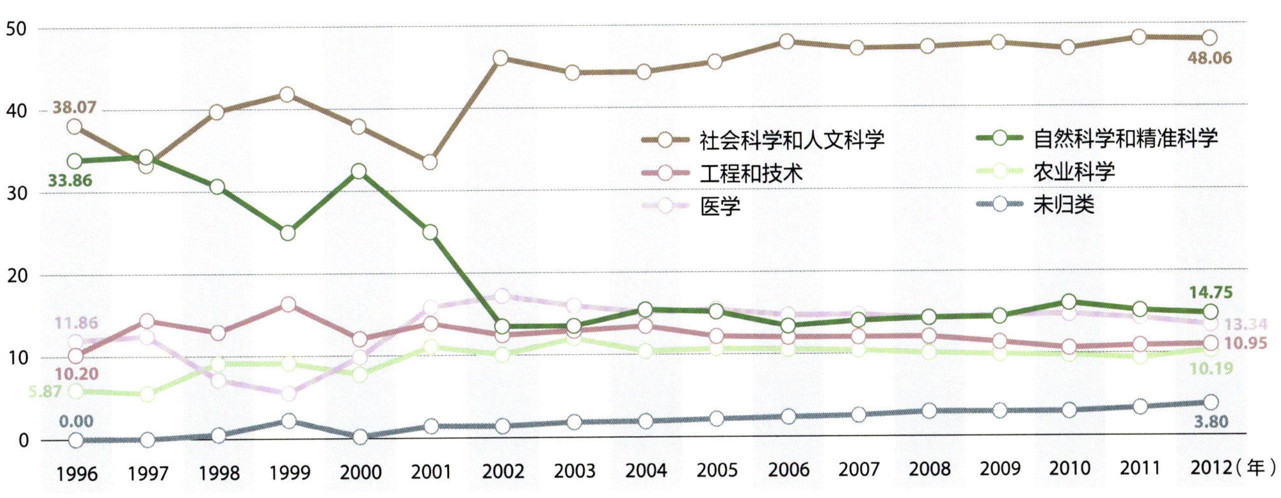

拉丁美洲国家的学生选择去西欧、北美留学的比较多，去其他拉丁美洲国家留学的少，玻利维亚、尼加拉瓜、巴拉圭和乌拉圭除外

2013年拉丁美洲大学生留学人数

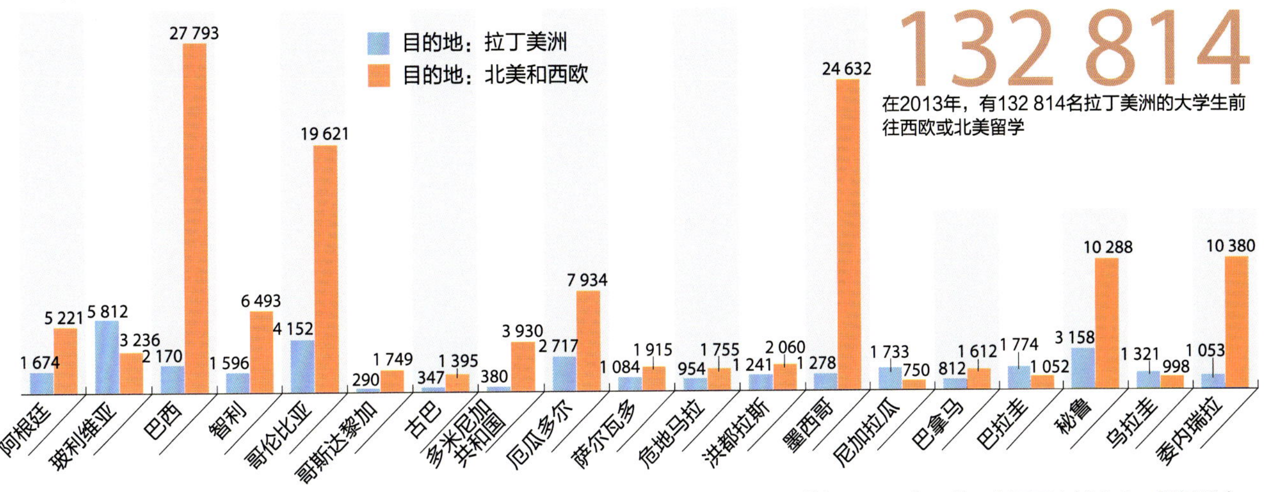

来源：关于高等教育支出和留学生：联合国教科文组织统计研究所；硕士生：RICYT 数据，2015 年 7 月；每百万人博士生，根据联合国教科文组织统计研究所和联合国统计部门的数据预估。

出了有足够资金支持的计划。有些计划偏向于召回科学家，通过一系列精心设计的制度，使这些计划与已有工业和生产发展政策协调，减少这些高技术人才被他国吸引走。另有一些计划提倡专家短期交流（2 ~ 3 个月），目的在于教授研究生课程。

智利创业计划（2010 年）采用了不同于以上的方式。它的目的在于，吸引世界各地的企业家来到智利，把那些管理方面的隐性知识传授给当地的企业家。那些隐性知识是传统培训方式难以传达的（见专栏 7.1）。

拉丁美洲以外国家的数据对比参考

大部分的国家需要更多的研究人员

在过去几年，哥斯达黎加、厄瓜多尔和委内瑞拉的全时当量的研究人员数量有大幅增长，远超其他国家（见图 7.5）。拉丁美洲国家通常统计那些有活力的、开放的经济体的每百万人含有研究人员的数量，尽管数量最高的两个国家——阿根廷（1 256）和哥斯达黎加（1 289）——都超过了世界平均数值：1 083（见表 1.3）。

阿根廷的每千名劳动力含有的全时当量研究人员的数量依然是最高的，其数值甚至是巴西的两倍，墨西哥的 3.4 倍，并且近 10 倍于智利的数值。尽管如此，阿根廷想赶上发达国家还有很长一段路要走（见图 7.6）。

拉丁美洲地区尽管有很多方面不尽如人意，但是却依然有其突出的地方，如女性参与研究的程度（Lemarchand, 2010, pp. 56–61）。近期的研究表明，拉丁美洲的女性企业家比例很高，研究领域的性别差异也比其他地区更小（IDB, 2015; 另可见第 3 章）。这并不奇怪，鉴于拉丁美洲国家在促进妇女参与科学与工程研究方面颁布并有效执行了相关政策。比较出众的例子有：巴西的女性与科学计划，墨西哥的本地女性博士后研究计划。

研发支出的趋势

各国在研发上的投资可以更多

2012 年，拉丁美洲以及加勒比地区国家研发支出总量超过了购买力平价 540 亿美元（2012 年定值美元）[①]，相比 2003 年增长了 1.70%。只有 3 个国家集中了 91% 的研发支出总量：阿根廷、巴西和墨西哥。巴西是唯一一个研发支出占国内生产总值总量超过 1% 的国家（见第 8 章和图 7.7）。

在过去几十年中，拉丁美洲国家的研发支出总量保持平稳（Lemarchand, 2010, pp. 35–37）。自 2006 年起，阿根廷、巴西和墨西哥的研发支出有一定增长。但是并没有证据表明智利或哥伦比亚提高了它们的研发强度。其他国家中间，哥斯达黎加、乌拉圭的研发投入水平最高，但是在玻利维亚、古巴、厄瓜多尔和巴拿马，研发支出总量有所下滑。

① 最初的南美洲科技指标网络（RICYT）评估是利用当前国家美元的购买力平价来计算的。为了纠正由于通胀造成的偏差，我们在这里把这些数额用 2012 年的购买力平价美元来表示。

专栏 7.1　Tenaris：企业大学培养自己的工业人才

对于拉丁美洲的工业部门来说，吸引和留住优秀科学家和工程师是一个不小的挑战。在过去的 20 年里，世界顶尖公司正在投资建设企业大学，这些公司有摩托罗拉、万事达、丰田、思科等。

2005 年，Tenaris（阿根廷本地的一家公司）创建了拉丁美洲第一个企业大学。Tenaris 是全球石油天然气行业生产无缝钢管的领头企业，该公司在 9 个国家*设有工厂，雇员超过 2.7 万人。

Tenaris 大学的主校区位于阿根廷的坎帕纳（2008 年），另外在巴西、意大利和墨西哥有培训基地。Tenaris 的企业大学为员工提供 450 种网络课程和 750 种面授课程。这些课程由以下分设学院开课：工业学院（面向公司的工程师），金融、行政、商贸管理和信息技术学院，技术研究学院。企业内部的专家们构成了企业大学讲师队伍的主体。

由于近期全球市场对于公司产品的需求减少，公司要求员工相应增加培训的时长。这样，当重新开工时，员工可以有更好的技术来进行生产。

* 阿根廷、巴西、加拿大、哥伦比亚、意大利、日本、墨西哥、罗马尼亚和美国
来源：作者编写。

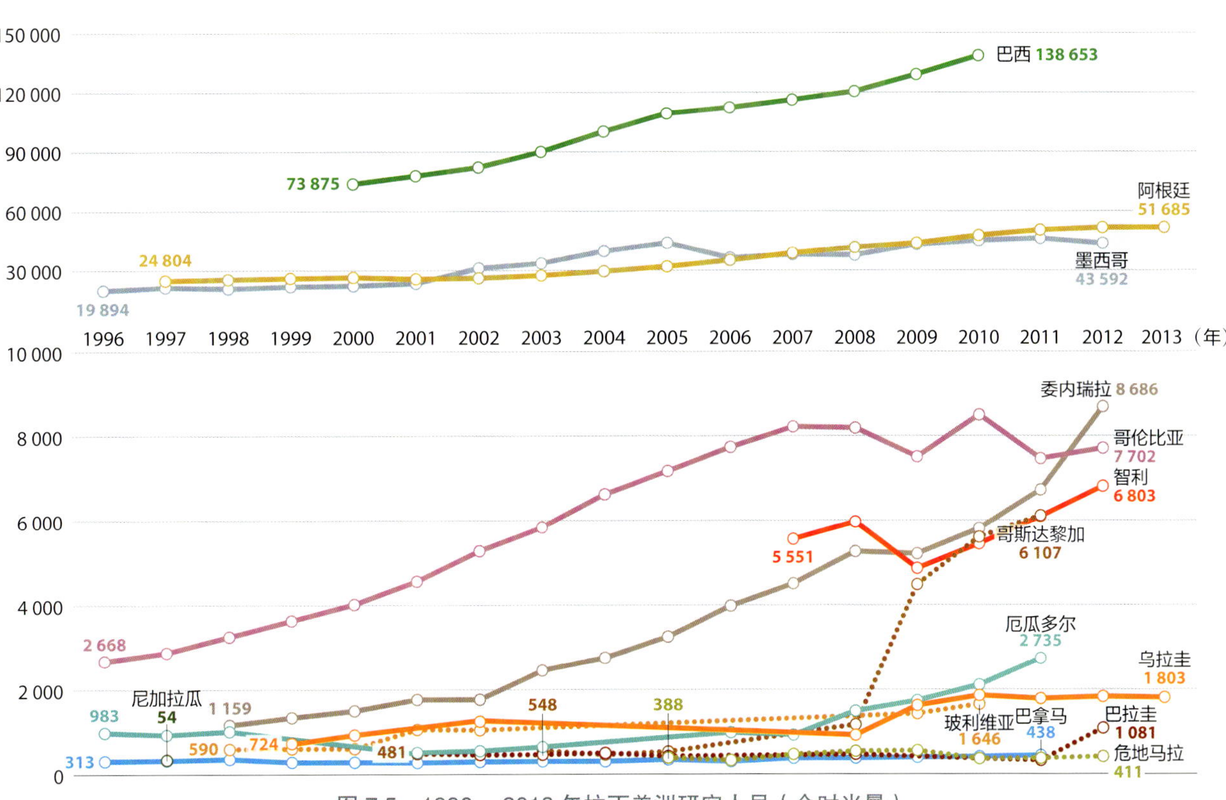

图 7.5　1996—2013 年拉丁美洲研究人员（全时当量）

来源：教科文组织统计研究所。

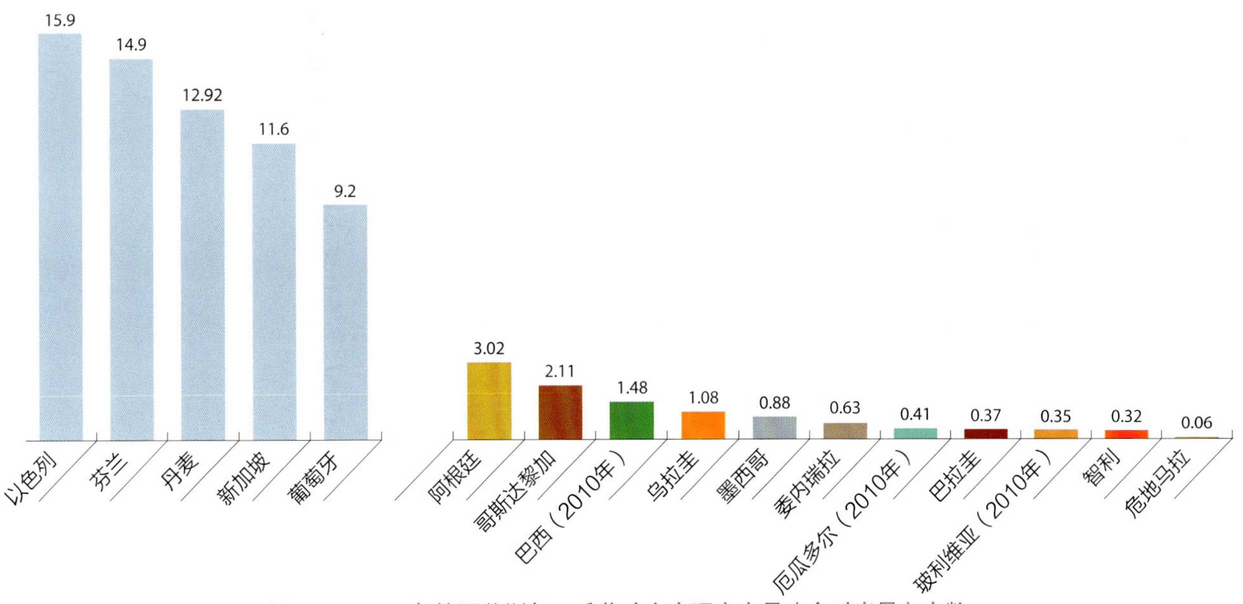

图 7.6　2012 年拉丁美洲每一千劳动力中研究人员（全时当量）人数

来源：教科文组织统计研究所。

公有部门依然是研发资助的主要来源，在以下国家尤其明显：阿根廷、古巴、墨西哥和巴拉圭。该地区的商业贡献了各国 40% 的研发资金（见图 7.7），在巴西该数值稍微高一些（见第 8 章）。公共部门同样还是大量研究的主要承担者。有 6 个国家接受了国外的研究资金，数额可观。它们是智利、萨尔瓦多、危地马拉、巴拿马、巴拉圭和乌拉圭（见图 7.7）。在智利，由于接受了相当数额的国外资助的研发资金（18%），该国有很多活动与欧洲和北美洲的天文观测站有关联。在巴拿马，国外资助占了很高份额

过去 10 年，极少拉丁美洲国家研发强度持续上升

2006—2014年研发支出总量占国内生产总值百分比（%）

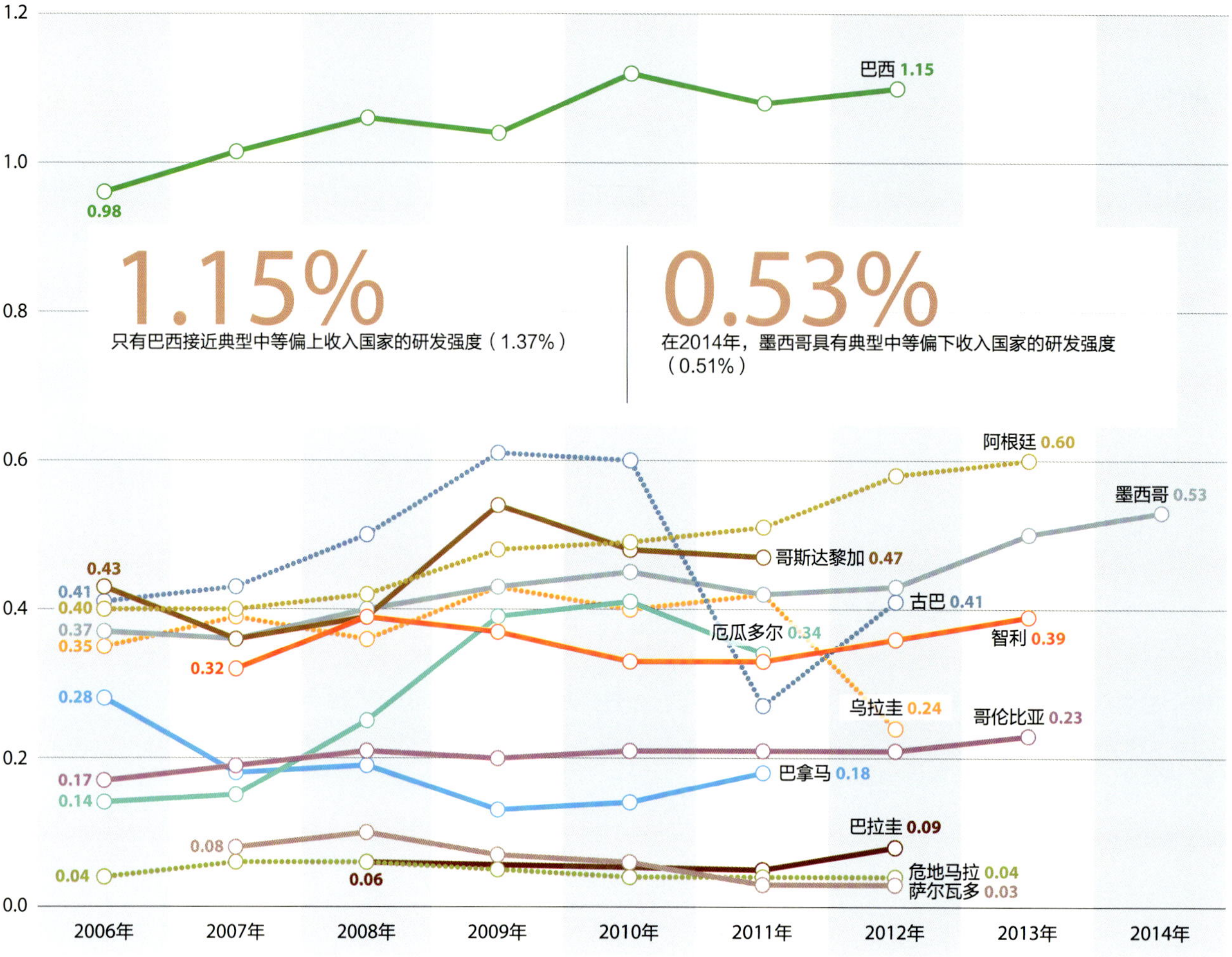

1.15%

只有巴西接近典型中等偏上收入国家的研发强度（1.37%）

0.53%

在2014年，墨西哥具有典型中等偏下收入国家的研发强度（0.51%）

注：以下国家没有可用数据：洪都拉斯、尼加拉瓜、秘鲁和委内瑞拉。玻利维亚的可用数据时间是 2009 年（0.15%）

农业科学占巴拉圭研发支出总量的三分之二

2012年研发支出总量按科学领域分布（%）

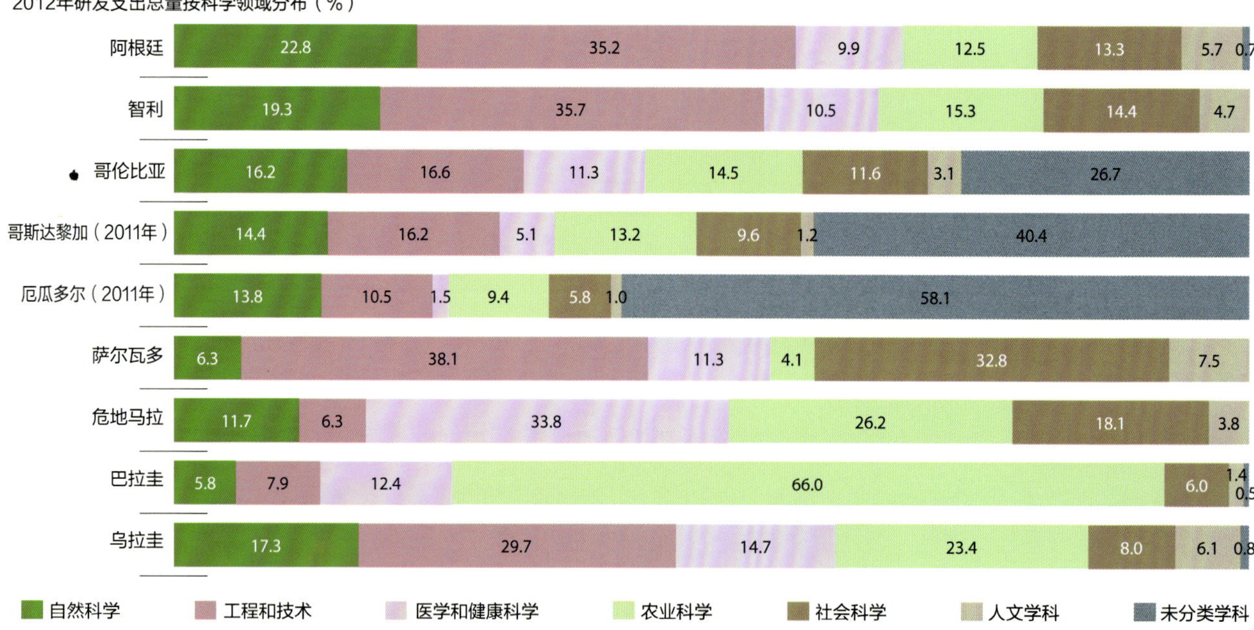

图 7.7 2006—2014 年拉丁美洲和加勒比地区研发支出总量趋势（%）

巴西和墨西哥在拉丁美洲中，由企业资助的研发最多

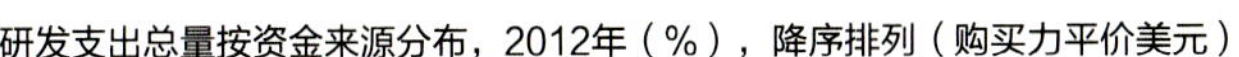
研发支出总量按资金来源分布，2012年（%），降序排列（购买力平价美元）

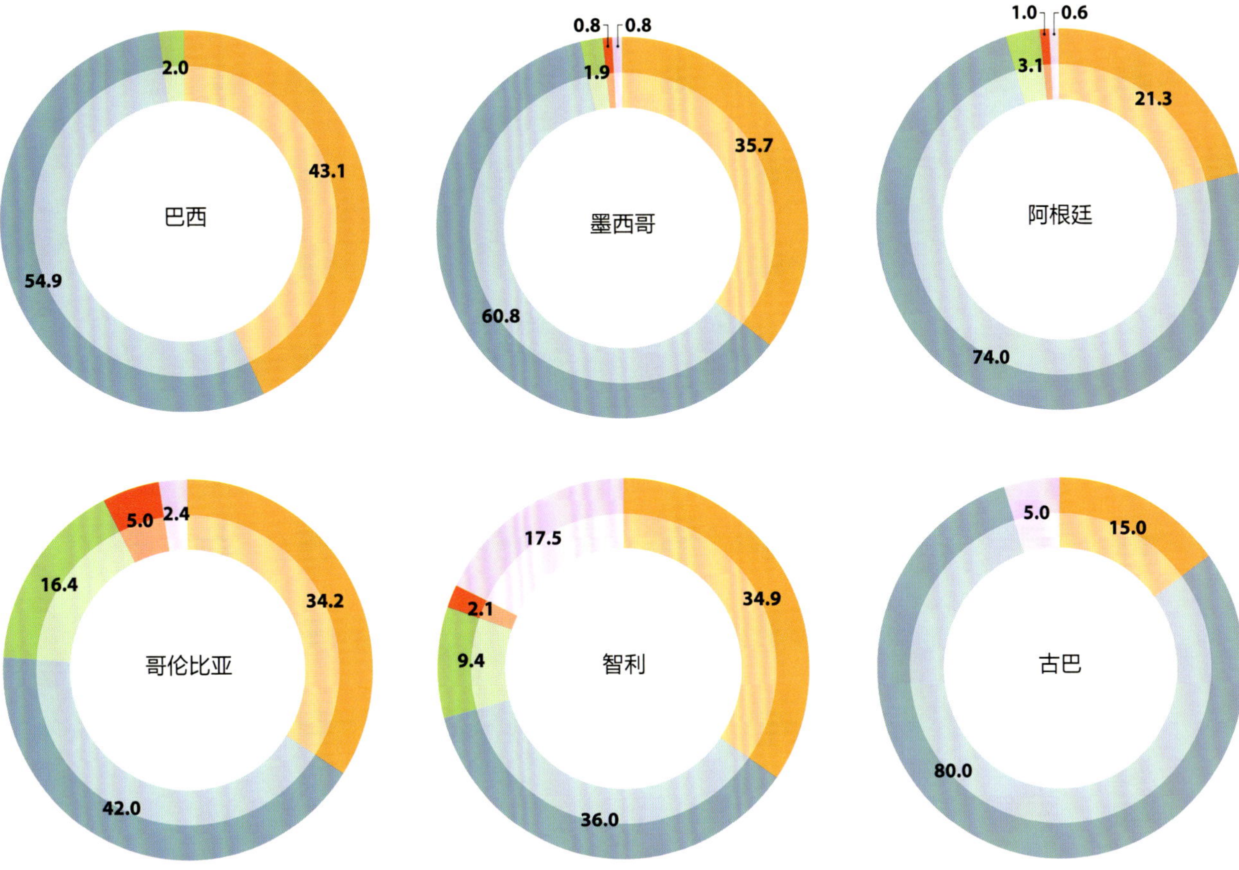

巴拿马的私人非营利研发最多，这要归功于史密森尼学会

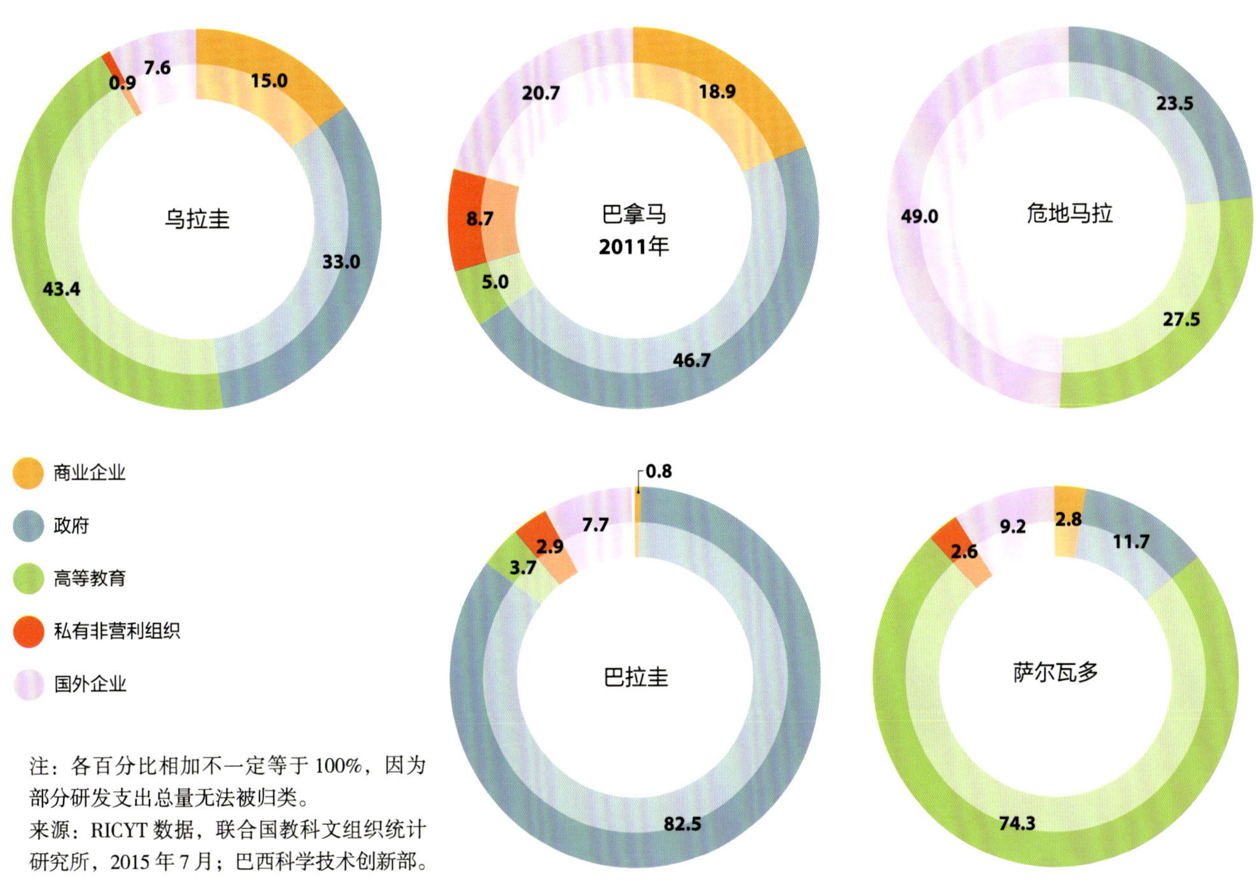

注：各百分比相加不一定等于100%，因为部分研发支出总量无法被归类。

来源：RICYT 数据，联合国教科文组织统计研究所，2015 年 7 月；巴西科学技术创新部。

（21%），这是因为有史密森尼学会的资助。

可以根据社会经济发展需要而分配研发支出的国家只是少数。2012 年，阿根廷和智利将三分之一的研发支出分配给工程和技术，这部分支出在新兴国家行列里算是相当可观的。这两国都优先发展了工业和农业生产和技术。其他国家优先发展农业生产（危地马拉和巴拉圭），卫生（萨尔瓦多、危地马拉和巴拉圭），社会结构（厄瓜多尔），基础设施、能源和环境（巴拿马）。

研发产出的趋势

文章发表量增加，包括和外国伙伴共同撰写的文章

在 2005 年到 2014 年间，拉丁美洲国家发表的科研文章数量增加了 90%，这些文章发表在 SCIE 收录的主流科学期刊上。拉丁美洲发表文章量占世界发表文章总量的比例从 4.0% 增加到了 5.2%。文章数量增长最快的国家有哥伦比亚（244%），厄瓜多尔（152%），秘鲁（134%）和巴西（118%），速度稍快的有阿根廷和墨西哥（分别为 34% 和 28%）。委内瑞拉的科研文章发表总量实际减少了 28%（见图 7.8）。

在 2008 年到 2014 年间，该地区四分之一（25%）的发表的科研文章来自生物领域，五分之一（22%）来自医学，10% 来自物理，9% 来自化学，还有农业、工程和地球科学各自 8%。值得关注的还有智利的科研文章，很大一部分来自天文学，比例为 13%（见图 7.8）。

尽管拉丁美洲科研文章发表量大量增长，但是它们对于国际性科研突破贡献一般。中美洲国家的科研文章的引用率要比南美洲的高，这或许是因为南美洲的科研文章发表量太大，导致对于“热点话题”的抹杀。

评价科研文章发表量的影响，按 10 年计比按年计结果更明显。赫希（2005）提出了所谓 h 指数，表示一个国家的科研文章已经至少被引用了 h 次。从 1996 年到 2014 年间，巴西的 h 指数最高（379），墨西哥（289），阿根廷（273），智利（233）和哥伦比亚（169）。考虑到该时期的科研文章发表总量，所有的拉丁美洲国家（除了巴西、萨尔瓦多和墨西哥外）的 h 指数排名要相比它们的科研文章发表量排名要更高。巴拿马的例子最为明显：论其文章发表量，该国排名 103 位。论 h 指数，该国排名 63 位。[①]

自 20 世纪 80 年代以来，科学家合作撰写文章的意愿是由每个科学家自己决定的——如果他们想增加自己研究内容的曝光率，那么他们就选择与他人合作发表科研文章（Lemarchand, 2012）。因此他们更愿意与大型科研群体合作（美国、欧洲等）。先前的各国或地区的合作协议，在共同撰述文章方面的影响很小。

大部分拉丁美洲国家都与其他的本地区国家或地区外国家达成了双边协议或签订了相关条款。在合作研究方面，拉丁美洲科学家的首选合作伙伴是北美和西欧的伙伴。自从 2010 年《马德里宣言》的发布，拉丁美洲与欧盟的合作变得更加密切（见专栏 7.2）。

巴西的合作发表文章比率（28%）与 G20 国家的平均水平相近，墨西哥（45%）与阿根廷（46%）的合作发表文章比率都在一半以下，而其他国家的合作发表文章比率甚至攀升到 90% 以上（见图 7.8）。由于这些国家过于依赖国际合作，有时它们国家最具代表性的研究机构甚至在国外。

例如，在 2010 年到 2014 年间，巴拉圭的合作发表并被收录在 SCIE 中的文章是与阿根廷的两所机构共同撰写的，一所是布宜诺斯艾利斯大学（50%），一所是阿根廷科学研究理事会（CONICET）（31%）。

拉丁美洲合作发表文章的大本营是美国，排列其后的是西班牙、德国、英国和法国（见图 7.8）。自 20 世纪 90 年代，区域间共同撰述文章数量提升了 4 倍（Lemarchand, 2010, 2012）。在过去 5 年里，拉丁美洲区域间共同撰述文章比以往大有增长。巴西和墨西哥是各国主要的合作伙伴（见图 7.8）。

从每百万人发表文章数量看，智利、乌拉圭和阿根廷的比例最高，但是从全时当量研究者平均发表文章数量看，巴拿马排位第一（1.02），排名其后的是智利（0.93），乌拉圭（0.38），巴西（0.26），墨西哥（0.26）和阿根廷（0.19）。

---

① 位于巴拿马的史密森尼热带研究所，其发表的科研文章占巴拿马 1970—2014 年科研文章发表总量的 63%。这或许可以解释为什么巴拿马的排名那么高。

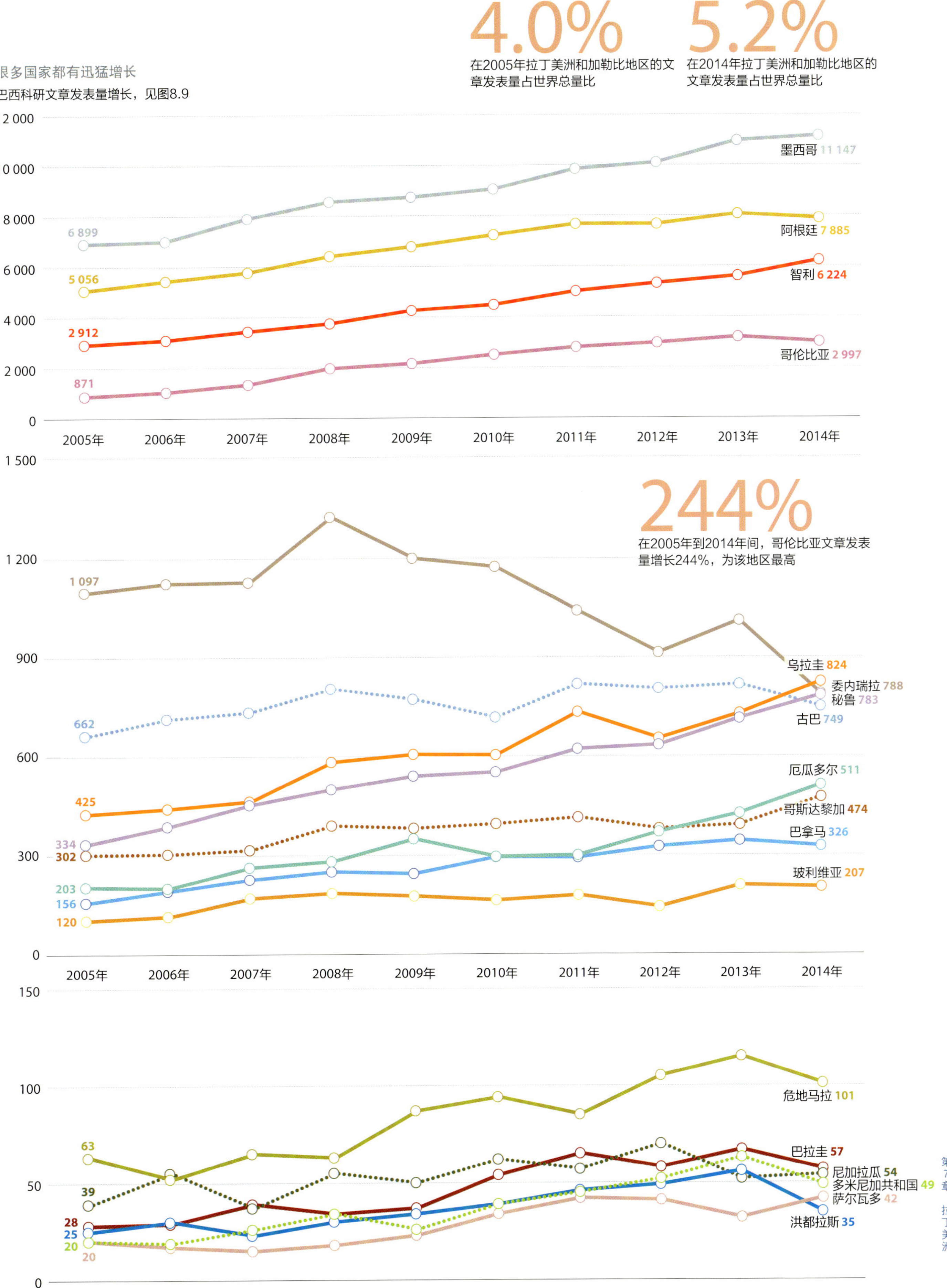
4.0%
在2005年拉丁美洲和加勒比地区的文章发表量占世界总量比
5.2%
在2014年拉丁美洲和加勒比地区的文章发表量占世界总量比
很多国家都有迅猛增长
巴西科研文章发表量增长，见图8.9
墨西哥 11 147
6 899
阿根廷 7 885
5 056
智利 6 224
2 912
哥伦比亚 2 997
871
244%
在2005年到2014年间，哥伦比亚文章发表量增长244%，为该地区最高
1 097
乌拉圭 824
委内瑞拉 788
秘鲁 783
古巴 749
662
厄瓜多尔 511
哥斯达黎加 474
巴拿马 326
玻利维亚 207
425
334
302
203
156
120
危地马拉 101
巴拉圭 57
尼加拉瓜 54
多米尼加共和国 49
萨尔瓦多 42
洪都拉斯 35
63
39
28
25
20
20
2005年
2006年
2007年
2008年
2009年
2010年
2011年
2012年
2013年
2014年
图 7.8　2005—2014 年拉丁美洲和加勒比地区科学出版物发展趋势

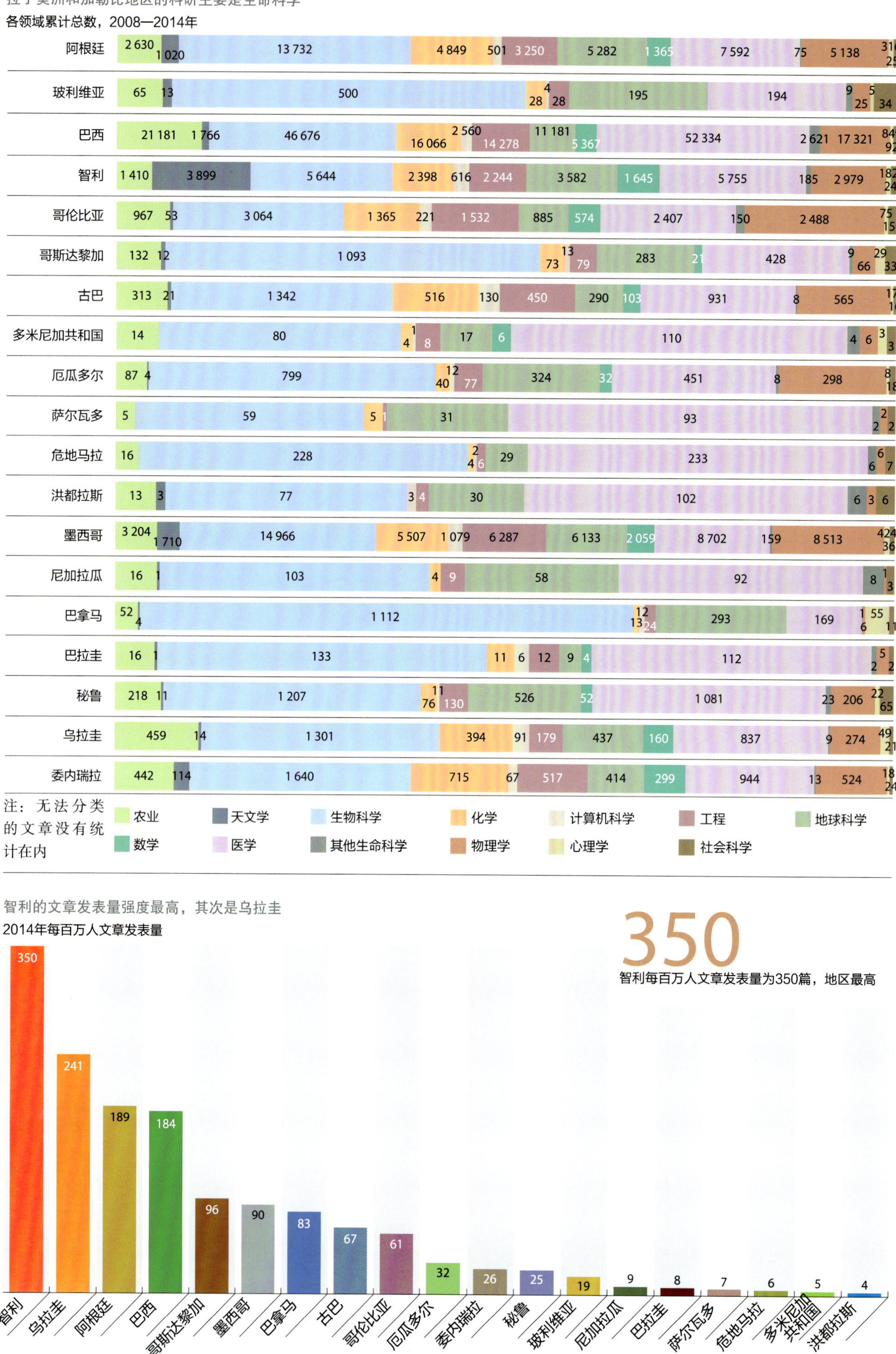
拉丁美洲和加勒比地区的科研主要是生命科学
各领域累计总数，2008—2014年
阿根廷 2 630 1 020 13 732 4 849 501 3 250 5 282 1 365 7 592 75 5 138 316 254
玻利维亚 65 13 500 4 28 28 195 194 9 5 25 34
巴西 21 181 1 766 46 676 2 560 16 066 14 278 11 181 5 367 52 334 2 621 17 321 849 921
智利 1 410 3 899 5 644 2 398 616 2 244 3 582 1 645 5 755 185 2 979 182 241
哥伦比亚 967 53 3 064 1 365 221 1 532 885 574 2 407 150 2 488 75 150
哥斯达黎加 132 12 1 093 13 73 79 283 21 428 9 29 66 33
古巴 313 21 1 342 516 130 450 290 103 931 8 565 17 16
多米尼加共和国 14 80 1 4 8 17 6 110 4 6 3 3
厄瓜多尔 87 4 799 12 40 77 324 32 451 8 298 8 18
萨尔瓦多 5 59 5 1 31 93 2 2 2
危地马拉 16 228 2 4 6 29 233 6 6 7
洪都拉斯 13 3 77 3 4 30 102 6 3 6
墨西哥 3 204 1 710 14 966 5 507 1 079 6 287 6 133 2 059 8 702 159 8 513 424 363
尼加拉瓜 16 1 103 4 9 58 92 8 1 3
巴拿马 52 4 1 112 12 13 24 293 169 1 6 55 11
巴拉圭 16 1 133 11 6 12 9 4 112 5 2 2
秘鲁 218 11 1 207 11 76 130 526 52 1 081 23 206 22 65
乌拉圭 459 14 1 301 394 91 179 437 160 837 9 274 49 21
委内瑞拉 442 114 1 640 715 67 517 414 299 944 13 524 18 24
注：无法分类的文章没有统计在内
农业 天文学 生物科学 化学 计算机科学 工程 地球科学
数学 医学 其他生命科学 物理学 心理学 社会科学
智利的文章发表量强度最高，其次是乌拉圭
2014年每百万人文章发表量
350
智利每百万人文章发表量为350篇，地区最高
智利 350
乌拉圭 241
阿根廷 189
巴西 184
哥斯达黎加 96
墨西哥 90
巴拿马 83
古巴 67
哥伦比亚 61
厄瓜多尔 32
委内瑞拉 26
秘鲁 25
玻利维亚 19
尼加拉瓜 9
巴拉圭 8
萨尔瓦多 7
危地马拉 6
多米尼加共和国 5
洪都拉斯 4

图 7.8　2005—2014 年拉丁美洲和加勒比地区科学出版物发展趋势（续）

科研产出适中的国家有最高的文章引用率

2008—2012年发表文章的平均引用率

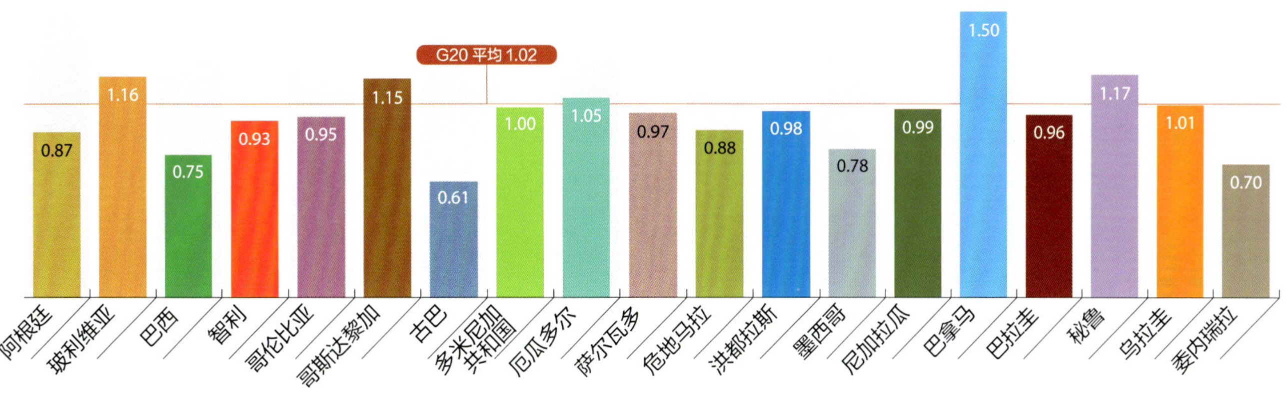

除了阿根廷、巴西和墨西哥外，主要的科研文章都有外国共同作者

2008—2014年有外国共同作者的文章比重（%）

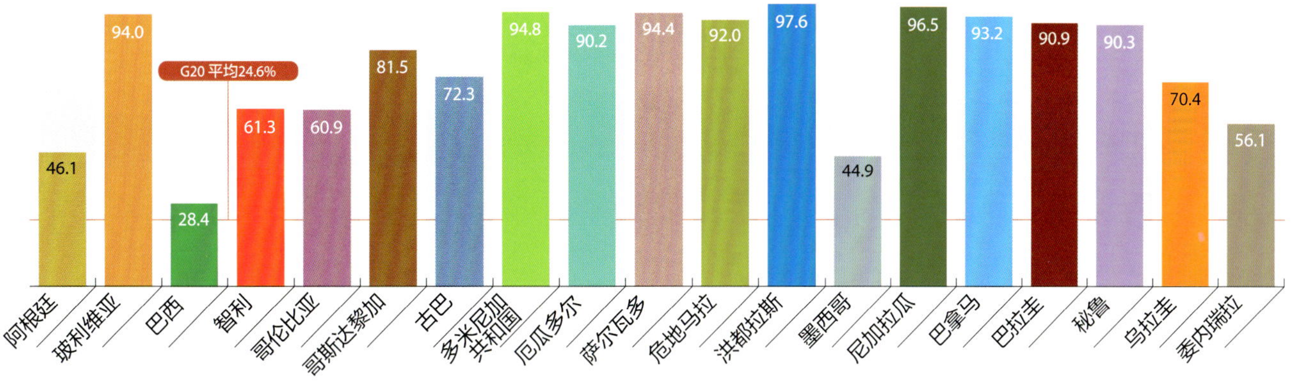

各国（古巴除外）的主要合作者都是美国；巴西是外国的关键合作伙伴

主要外国合作者，2008—2014年

	第一合作伙伴	第二合作伙伴	第三合作伙伴	第四合作伙伴	第五合作伙伴
阿根廷	美国 (8 000)	西班牙 (5 246)	巴西 (4 237)	德国 (3 285)	法国 (3 093)
玻利维亚	美国 (425)	巴西 (193)	法国 (192)	西班牙 (187)	英国 (144)
巴西	美国 (24 964)	法国 (8 938)	英国 (8 784)	德国 (8 054)	西班牙 (7 268)
智利	美国 (7 850)	西班牙 (4 475)	德国 (3 879)	法国 (3 562)	英国 (3 443)
哥伦比亚	美国 (4 386)	西班牙 (3 220)	巴西 (2 555)	英国 (1 943)	法国 (1 854)
哥斯达黎加	美国 (1 169)	西班牙 (365)	巴西 (295)	墨西哥 (272)	法国 (260)
古巴	西班牙 (1 235)	墨西哥 (806)	巴西 (771)	美国 (412)	德国 (392)
多米尼加共和国	美国 (168)	英国 (52)	墨西哥 (49)	西班牙 (45)	巴西 (38)
厄瓜多尔	美国 (1 070)	西班牙 (492)	巴西 (490)	英国 (475)	法国 (468)
萨尔瓦多	美国 (108)	墨西哥 (45)	西班牙 (38)	危地马拉 (34)	洪都拉斯 (34)
危地马拉	美国 (388)	墨西哥 (116)	巴西 (74)	英国 (63)	哥斯达黎加 (54)
洪都拉斯	美国 (179)	墨西哥 (58)	巴西 (42)	阿根廷 (41)	哥伦比亚 (40)
墨西哥	美国 (12 873)	西班牙 (6 793)	法国 (3 818)	英国 (3 525)	德国 (3 345)
尼加拉瓜	美国 (157)	瑞典 (86)	墨西哥 (52)	哥斯达黎加 (51)	西班牙 (48)
巴拿马	美国 (1 155)	德国 (311)	英国 (241)	加拿大 (195)	巴西 (188)
巴拉圭	美国 (142)	巴西 (113)	阿根廷 (88)	西班牙 (62)	乌拉圭/秘鲁 (36)
秘鲁	美国 (2 035)	巴西 (719)	英国 (646)	西班牙 (593)	法国 (527)
乌拉圭	美国 (854)	巴西 (740)	阿根廷 (722)	西班牙 (630)	法国 (365)
委内瑞拉	美国 (1 417)	西班牙 (1 093)	法国 (525)	墨西哥 (519)	巴西 (506)

注：伯利兹、圭亚那、苏里南在第 6 章加勒比共同市场中已经涉及。巴西的数据见第 8 章图 8.9。

来源：汤森路透社科学引文索引数据库，科学引文索引扩展版；数据处理 Science-Metrix。

专栏 7.2 迈向欧洲与拉丁美洲共同知识领域

欧洲、拉丁美洲及加勒比地区的双区域科研合作开始于 20 世纪 80 年代早期。当时的欧洲共同体委员会与安第斯条约组织秘书处签署了一项合作协议，并建立了联合委员会负责该协议的执行。后来，欧洲又与中美洲国家以及南方共同体签署了类似的协议。

2010 年，欧盟与拉丁美洲及加勒比地区国家举行了第六次高峰论坛，并开创了双地域合作的新途径，公布于《马德里宣言》中，其主旨强调为了可持续发展和社会包容，双方可以在创新和技术领域展开合作。

这次论坛确定了实现共同“知识领域”的长期目标，提出了研究与创新联合倡议。有 17 个国家参与了该倡议项下的一个重点项目 ALCUE Net，该项目从 2013 年开展到 2017 年。该项目建立了一个联合平台给两地的政策制定者、研究机构和私有部门，关注以下 4 个领域：信息通信技术；生态经济；生物多样性和气候变化；可再生能源。继上一倡议后，各国提出了第二个联合倡议（ERANet LAC）旨在实施以上领域的具体项目。第一个倡议获得了 1 100 万欧元资金支持（2014—2015），第二个倡议也获得了几乎同等数量的资金支持（2015—2016）。

倡议的响应者还开展了一个前瞻性运动，在 2015 年 11 月前完成，其目标为实现一个长期的双区域合作愿景。

来源：Carlos Aguirre-Bastos，巴拿马国家科学技术和创新秘书处。

巴拿马和智利之所以排名最高，主要是因为在巴拿马有史密森尼热带研究所（来自美国的研究机构），在智利有来自欧洲和北美的天文学观测站。这两国的很多发表文章实际上是居住在这两国的外国研究人员撰写的，他们并不属于本地研究人员。

对于本地知识体系的政治关注日益增加

学术与本地知识体系关系的第一份研究报告出现在 20 世纪 90 年代，早于世界科学大会（1999 年），在此次大会上通过了《科学日程》，鼓励学术与知识体系的相互作用。但是，在 1990 年到 2014 年的 SCIE 和 SSCI 里，只有 4 380 篇文章是关于本地知识的。这类文章的主要贡献者是美国、澳大利亚、英国和加拿大的（见表 7.2）。从全球角度看，在全球科学研究领域，本地知识并没有发挥应有的作用。尽管有些拉丁美洲国家自 2010 年起增加了对该方面的研究。

玻利维亚的本地知识研究文章的发表量占比是很高的（1.4%），无论是在拉丁美洲地区还是在整个世界上。自 2006 年总统埃沃·莫拉莱斯上任以来，玻利维亚试图围绕美好人生的本地观念来组织其整个国家创新体系。莫拉莱斯政府推出的“发展社会生产，保护、恢复和整理本地及古代知识”计划，为保护本地知识而颁布了一项法律。其他项目包括：国家知识产权政策；保护战略知识产权机制；增量式知识记录；依靠信息通信技术，恢复和传播本地知识

表 7.2 1990—2014 年本地知识体系的科研文章

收录在SCIE和SSCI中的文章

	1990—2014年		2010—2014年	
	本地知识的文章	国家产出的比重（%）	本地知识的文章	国家产出的比重（%）
美国	1 008	0.02	482	0.03
澳大利亚	571	0.08	397	0.17
加拿大	428	0.04	246	0.08
英国	425	0.02	196	0.04
拉丁美洲				
巴西	101	0.02	65	0.04
墨西哥	98	0.05	42	0.06
阿根廷	39	0.03	26	0.06
智利	33	0.05	14	0.05
哥伦比亚	32	0.10	19	0.12
玻利维亚	26	0.80	17	1.40
秘鲁	22	0.23	11	0.29
委内瑞拉	19	0.08	4	0.08
哥斯达黎加	12	0.18	7	0.31
厄瓜多尔	7	0.14	6	0.28
危地马拉	6	0.36	4	0.66
巴拿马	5	0.09	2	0.09
古巴	5	0.03	3	0.07
洪都拉斯	4	0.55	—	—
乌拉圭	3	0.03	2	0.05
尼加拉瓜	—	—	2	0.60

来源：作者基于 Web of Science 的数据进行预估。

和民族知识，还有上面提到的保护本地知识的法律（UNESCO, 2010）。“恢复、保护和应用本地知识和实际上古代知识”是科学与技术副部长的首要工作之一。在《国家科学与技术计划（2013）》之中，本地和古代知识被认为是科学技术创新发展的中心要务。

在计划框架下，一些政策工具已经开始发挥作用。包括关于古代传统玻利维亚医学的法律（2013）。近年来，其他拉丁美洲国家也开始制定政策，保护本土知识体系，并在科学技术创新政策制定上应用它们（见专栏7.3）。南美国家联盟自2010年开始，已经将推动本地知识体系作为其优先发展的目标。

专利申请数量保持相对平稳

专利申请数量在拉丁美洲保持相对平稳。拉丁美洲国家每100个公司中只有1~5个公司会持有一项专利；而欧洲国家则是15~30个公司（WIPO, 2015）。拉丁美洲人在主要发达国家申请专利的数量也非常低，这也证实了拉丁美洲在国际上缺乏技术实力。

比较世界各国专利比例的最佳途径是运用专利合作条约（PCT）[①]的数据。该系统通过申请单个国际专利，就能让某个发明在全世界大部分国家都能得到专利保护。世界上排名前10的指定专利局有2家在拉丁美洲，具体是巴西和墨西哥两国。在拉丁美洲地区，智利的每百万人申请专利数量最高（187），这与近10年来智利的创新政策是一致的，该政策为“智利推动生产合作”（Corporación de Fomento de la Producción de Chile, CORFO）。巴西、墨西哥、智利和阿根廷拥有最多的专利申请和批准数量（见图7.9）。

在专利合作条约下，全球专利申请数量最多的5个类别是：电器和电能；数字通信；计算机技术；测量；医学技术。2013年，拉丁美洲国家在这些类别上获批的专利数量是高收入国家获批专利数量的1%。

① 截至2014年，专利合作条约已经囊括了148个国家。阿根廷、玻利维亚、巴拉圭、乌拉圭和委内瑞拉并不在其中（WIPO, 2015）。

专栏7.3　拉丁美洲国家对于本地知识的兴趣愈发浓厚

玻利维亚并非拉丁美洲唯一一个将本地知识纳入科技创新政策的国家。秘鲁也是率先注重本地知识并用法律保护本地知识的国家之一。该国通过了本地知识保护制度（2002）。由此，该国开展项目，促进技术向农村和土著社区转移。包括2010年技术转移与扩展项目（PROTEC），由国家科学技术与技术创新委员会（CONCYTEC）于2012年举办的竞赛名为“从秘鲁到世界：藜麦，未来的食物”。

厄瓜多尔2008年的宪法规定国家科学技术创新与传统知识体系“去恢复、强化和增强传统知识”，由此，厄瓜多尔成为该地区唯一一个将传统知识与科技创新编入最高级别法律的国家。其高等教育科学与技术部开展项目，组合与推广传统知识。例如，知识对话中的研究与创新（2013）和传统知识与气候变化。

哥伦比亚Colciencias部门创建的目标之一即是推广和巩固“文化间研究，协同本地民族、权威和首领，保护文化多样性，生物多样性，传统知识和基因资源”。以此为目的设计的政策工具有A Ciencia Cierta（2013）和“改变的理念”（2012）。

2013年，墨西哥国家科学与技术委员会（CONACYT）表示，在其诸多战略发展领域中，“创新将帮助那些困难的群体，并特别关注本地群体”。该委员会后来宣布了本土知识与文化间教育研究的号召，开展了本土民族学术加强计划：补充支持持有学位的本土女性。还有一个项目用来促进本土民族在海外攻读博士学位。

尽管阿根廷的国家科技创新计划“创新阿根廷2020”（2013）没有凸显本地知识，但是该国却实行了一系列计划，将本地知识融入创新进程中。试举两例：拯救关于水源、土地与农业涵养的传统技术，应对气候变化（2009）；优质骆驼纤维工业化，促进社会包容性（2013）。

最后，巴西科学与技术部计划开展一系列活动，记录、保护、促进、传播和提升传统知识，这种活动不会只局限在专利方面。同时，传统社区计划——科学与技术——正在向本地村民提供技术支持，改善他们的日常生活。

来源：联合国教科文组织Ernesto Fernandez Polcuch和Alessandro Bello。

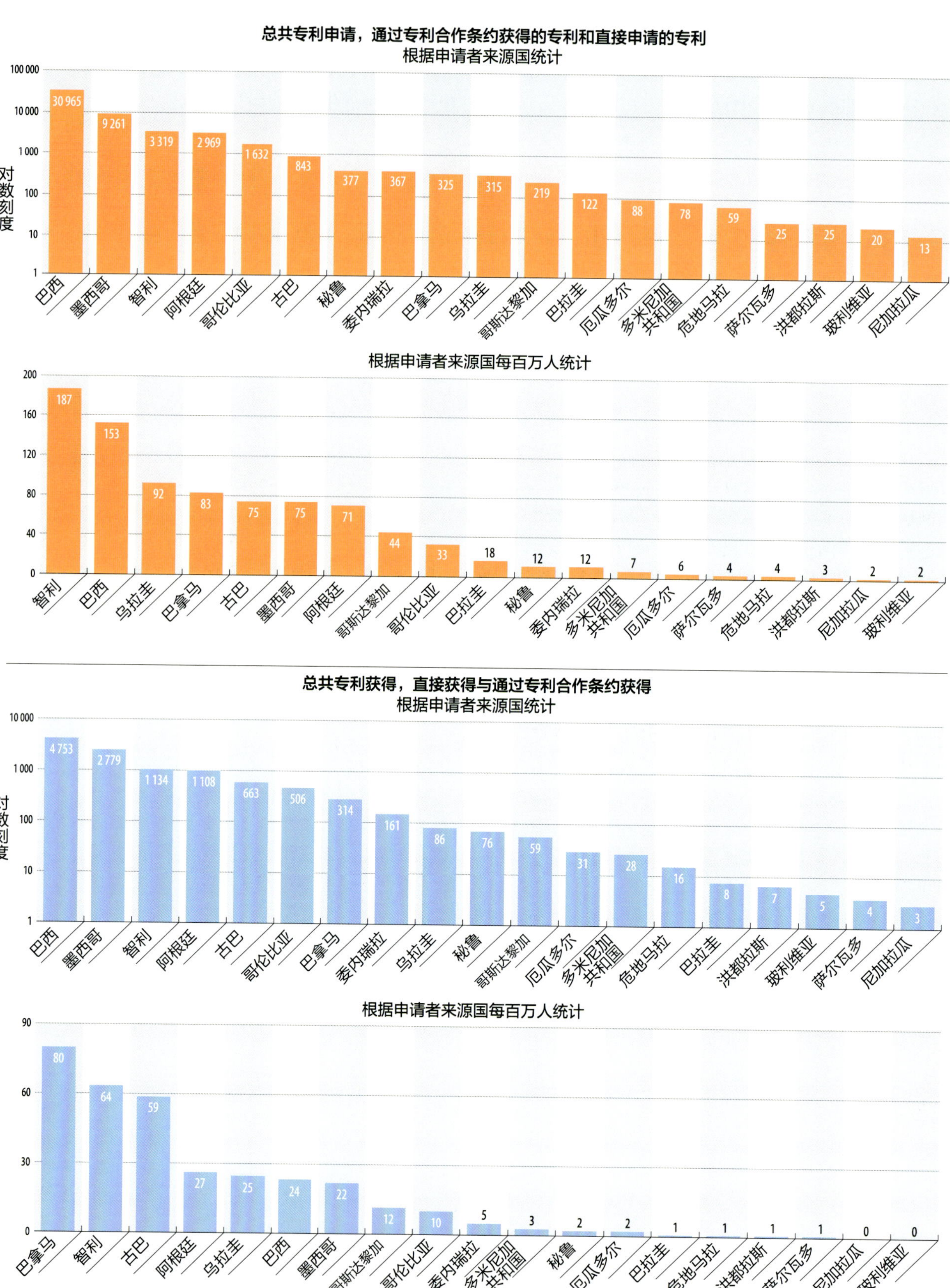

联合国教科文组织科学报告：迈向 2030 年

总共专利申请，通过专利合作条约获得的专利和直接申请的专利
根据申请者来源国统计

国家	数量
巴西	30 965
墨西哥	9 261
智利	3 319
阿根廷	2 969
哥伦比亚	1 632
古巴	843
秘鲁	377
委内瑞拉	367
巴拿马	325
乌拉圭	315
哥斯达黎加	219
巴拉圭	122
厄瓜多尔	88
多米尼加共和国	78
危地马拉	59
萨尔瓦多	25
洪都拉斯	25
玻利维亚	20
尼加拉瓜	13

根据申请者来源国每百万人统计

国家	数量
智利	187
巴西	153
乌拉圭	92
巴拿马	83
古巴	75
墨西哥	75
阿根廷	71
哥斯达黎加	44
哥伦比亚	33
巴拉圭	18
秘鲁	12
委内瑞拉	12
多米尼加共和国	7
厄瓜多尔	6
萨尔瓦多	4
危地马拉	4
洪都拉斯	3
尼加拉瓜	2
玻利维亚	2

总共专利获得，直接获得与通过专利合作条约获得
根据申请者来源国统计

国家	数量
巴西	4 753
墨西哥	2 779
智利	1 134
阿根廷	1 108
古巴	663
哥伦比亚	506
巴拿马	314
委内瑞拉	161
乌拉圭	86
秘鲁	76
哥斯达黎加	59
厄瓜多尔	31
多米尼加共和国	28
危地马拉	16
巴拉圭	8
洪都拉斯	7
玻利维亚	5
萨尔瓦多	4
尼加拉瓜	3

根据申请者来源国每百万人统计

国家	数量
巴拿马	80
智利	64
古巴	59
阿根廷	27
乌拉圭	25
巴西	24
墨西哥	22
哥斯达黎加	12
哥伦比亚	10
委内瑞拉	5
多米尼加共和国	3
秘鲁	2
厄瓜多尔	2
巴拉圭	1
危地马拉	1
洪都拉斯	1
萨尔瓦多	1
尼加拉瓜	0
玻利维亚	0

图 7.9　2009—2013 年拉丁美洲专利申请和通过的数量

来源：世界知识产权组织（2015 年）。

在公共研究机构有一种趋势正在加剧，即在矿业乃至农业等自然资源相关的领域获批的专利数量在增加。例如，巴西农业研究公司、阿根廷农业技术研究所和乌拉圭的国家农业研究院。

1995 年到 2014 年间，拉丁美洲的前四位专利申请单位都来自巴西：惠而浦（SA）—美国惠而浦公司的一家分公司（生产引擎、泵、涡轮），申请了 304 项专利；Petrobras（基础材料化学），131 项专利；巴西的米纳斯吉拉斯联邦大学（医药），115 项专利；Embraco（生产引擎、泵、涡轮），115 项专利（WIPO, 2015）。

对于有效创新政策的需求

创新调查正在成为一些拉丁美洲国家的标准活动。自 20 世纪 90 年代中期，拉丁美洲 16 个国家进行了不少于 60 次创新调查（见表 7.3）。阿根廷进行了 9 次调查，智利 8 次，墨西哥 7 次，巴西和哥伦比亚各 5 次（见第 8 章，巴西近期创新调查的成果）。在该地区，中小企业（SMEs）占全部企业的 99%，创造了 40% ~ 80% 的就业（ECLAC, 2015a）。

无论公司在创新调查中如何表述，商业部门对于研发的贡献很小。对于当地经济来讲这实为一种遗憾，因为创新本可以提升各个公司的竞争力。创新资本表示了一个公司创新与传播其创新技术的能力。在拉丁美洲国家，股本平均占有经济的 13%，低于 OECD 国家的平均值（30%）。超过 40% 的拉丁美洲基于知识的股本来自高等教育（占国内生产总值的 5.6%），而研发（创新的核心驱动力）只有 10%（占国内生产总值的 1.3%）。

克雷斯皮等人（2014）发现，拉丁美洲创新的私人回报依赖于创新的类型，大部分的回报来自产品的创新，而不是程序创新（见第 2 章）。这项研究还显示，典型的跨国企业不愿意在拉丁美洲本地进行研发投入，所以新的发明创造也数量很低。克雷斯皮和苏尼加（2010）发现，在阿根廷、智利、哥伦比亚、哥斯达黎加、巴拿马和乌拉圭，那些投资知识的公司可以创造新的技术。同时，那些有所创新的公司的劳动生产力也比那些没有创新的公司要高。克雷斯皮等人（2014）考虑到一个很常见的现象，即发展中国家的公司很少在前沿技术领域进行正式的研发。然而，它们更愿意去研究如何有效获取和应用那些新的技术。其他国家及地区的研究表明，这些国家和地区面临的主要挑战是，如何克服某些机构制度的弱点。这些机构负责协调研究与创新的政策。[①]

① 可参考 OECD 的《巴拿马创新政策回顾》(2015)，《哥伦比亚创新政策回顾》(2014) 和《秘鲁创新政策回顾》(2013)，以及 OECD 在智利和墨西哥进行的区域研究（2013a, 2013b），或者 UNCTAD 的萨尔瓦多和多米尼加研究（UNCTAD, 2011, 2012）。关于区域范围，参见克雷斯皮和杜特尼迪（2014）和 IDB（2014），对于中美地区整体，参见佩雷斯等人（2012）。

表 7.3　拉丁美洲生产企业参与创新的百分比

部分国家

	年份/时期	自主研发的生产企业比重（%）	外包研发的生产企业比重（%）	获得机械、设备和软件的生产企业（%）	获得外部知识的生产企业（%）	参与培训的生产企业（%）	参与市场创新的生产企业（%）	在各国进行的创新调查的数量
阿根廷	2007年	71.9	19.3	80.4	15.1	52.3	—	9
巴西	2009—2011年	17.3	7.1	84.9	15.6	62.8	33.7	5
哥伦比亚	2009—2010年	22.4	5.8	68.6	34.6	11.8	21.4	5
哥斯达黎加	2010—2011年	76.2	28.3	82.6	38.9	81.2	—	4
古巴	2003—2005年	9.8	41.3	90.2	36.6	22.1	83.8	2
厄瓜多尔	2009—2011年	34.8	10.6	74.5	27.0	33.7	10.6	1
萨尔瓦多	2010—2012年	41.6	6.7	—	—	—	82.7	1
墨西哥	2010—2011年	42.9	14.5	35.4	2.6	12.5	11.4	7
巴拿马	2006—2008年	11.4	4.7	32.2	8.5	10.0	—	3
乌拉圭	2007—2009年	38.7	4.3	78.2	14.5	50.2	—	5

注：以下国家也进行了一系列创新调查：智利（8）、多米尼加共和国（2）、危地马拉（1）、巴拉圭（2）、秘鲁（3）和委内瑞拉（2）。

来源：联合国教科文组织统计研究所；另参见本报告第 2 章。

巴西、阿根廷、智利和墨西哥都或多或少为整合公共创新政策而付出了相当努力。它们的方法是创立专项资金，将行业政策与资金的关于创新部分的目标联系起来。然而，大部分拉丁美洲国家的科技创新政策很少考虑到技能，行业政策容易被限制和割裂开（CEPAL, 2014; Crespi 和 Dutrénit, 2014）。

在哥伦比亚，政府运用三种主要机制支撑商业研发投资。首先，在 Colciencias 和其他相关政府机构的指导下，国家发展银行提供了低于市场平均利率的优惠信贷给涉及创新的那些项目。其次，在一个纳税周期，一项税收激励计划提供了高达 175% 的税收减免给研发投资项目。最后，多个政府部门给企业提供了资金，资助它们从事研究与创新活动。

秘鲁国家科学技术与技术创新委员会（CONCYTEC）自 2011 年起，直接与部长理事会主席联系起来；从 2012 年到 2014 年，其预算从 630 万美元飙升到 4 300 万美元。同时，新的政策工具被推行，以消除创新系统的瓶颈，增加商业研发，包括一项从 2013 年开始的 30% 的税收减免和一个提供信用担保或风险公担机制的基金。

墨西哥在 2009 年推行了一项刺激计划，包括 3 项内容：INNOVAPYME（服务中小企业），PROINNOVA（服务新型潜力技术）以及 INNOVATEC（服务大型企业）。后者是一个资金雄厚的大型计划。2014 年，公共预算达到了 2.95 亿美元。科学、技术和创新地区扶助基金（FORDECYT）是这一刺激计划的补充；这一基金通过支持科研、技术发展和重大影响力的创新方案来关注不同地区的问题解决方案。

其他计划用来支持这样一些部门：它们已经有一定竞争优势，但是还可以发展得更好。例如，秘鲁的农业技术基金（INCAGRO-FTA），智利的渔业研究基金（FIP）和农业研究基金（FIA）。

《创新阿根廷 2020 计划》于 2012 年施行，旨在通过创立“战略社会生产总部”，增强社会经济与技术影响力，促进阿根廷创新体制的协同效应。例如，新建的大片生物炼制厂。该总部集合了生物能源、聚合物和化合物的研究。有 4 个工厂已先期完成，它们符合一项由生产部门的公共研究机构和教育机构之间达成的协议。这些工厂将会为应用研究提供场地，并用来为生产领域培训人才。该模式源自 20 世纪 70 年代的成功案例，例如，创立化工实验厂（PLAPIQUI），联合了南方国立大学、国家科学与技术研究委员会（CONICET）和布兰卡巴伊亚石化基地（Petrochemical Pole Bahía Blanca）。如今化工实验厂已经产出了大量的科研专利、科学论文和博士论文。

私有部门正在积极地推动创新进入公共政策的日程。拉丁美洲国家有很多的商业委员会，如智利的竞争与创新委员会（建立于 2006 年），哥伦比亚私有部门竞争委员会（建立于 2007 年）。私有企业还参与了秘鲁的竞争力日程的计划。此外，私有部门也进入了多种不同的委员会，如墨西哥的科学与技术指导论坛（建立于 2002 年）、哥斯达黎加的高技术基金会指导委员会（CAATEC）等。

同时，有一大批拉丁美洲的城市采用了税收激励机制，向创新总部转变，并开始大量投资技术与创新。例如，布宜诺斯艾利斯和巴里洛切（阿根廷）、贝洛哈里桑塔和累西腓（巴西）、圣地亚哥（智利）、麦德林（哥伦比亚）、瓜达拉哈拉和蒙特雷（墨西哥）以及蒙得维的亚（乌拉圭）。

有意识地运用创新增强社会包容性

通过研究与创新增强社会包容性，可以为那些缺少权利的人争取利益。近年来，该领域已经产生大量的理论和实验研究以及政策（见表 7.1, h 项）（Thomas 等 , 2012; Crespi 和 Dutrénit, 2014; Dutrénit 和 Sutz, 2014）。大部分的研究显示，本地科技创新日程不足以满足当地人民的需要，不能发现运用技术增强社会包容性的好处。

2010 年，乌拉圭通过了第一个《国家科学技术与创新战略计划》（PENCTI），该计划认识到了社会包容性的重要作用。在玻利维亚、哥伦比亚、厄瓜多尔和秘鲁，对于当下紧要问题的诊断已经与国家、地区或部门要求联系起来。

例如，有的国家已经重新调整方向，利用科技创新、传统知识和方法去发现并解决国家和地区的相关问题。这些问题可能与生产、社会或环境有关（Bortagaray 和 Gras in Dutrénit 和 Crespi, 2014）。

在哥伦比亚，一个 Colciencias 的项目“想法为改变”（2012），已经将创新思考转化为实际的解决方案，用来帮助穷人和社会主流之外的人。这提供了新的视角，帮助传播这样一种观念，即科技与创新不只是对企业和研究机构有益，它对于整个社会都有好处（IDB, 2014）。同样的政策工具在巴西也存在，执行政策的是资助创新研究和项目的部门（FINEP），即“高社会影响力的技术开发与传播”（Prosocia）“住宅技术”（Habitare）。在墨西哥则是水利研究与发展专项基金和社会发展专项研究基金。在乌拉圭，网络学习基础计算教育衔接项目（CEIBAL）已经超越了原有的一个学习者和一个笔记本计划，产生了大量的创新技术与社会问题解决方案。

此外，秘鲁已经将技术转移纳入了一些消除贫困的计划当中；这些计划已经在加强生产链和联合企业方面取得了一定成功。例如，提升秘鲁农业的创新与竞争力计划、英加格罗计划（INCAGRO）；技术创新中心网络（CITEs），由生产部管理。后两项计划独立于国家创新体制之外：英加格罗计划已经展现出出色的成果，技术创新中心网络需要更多资金，扩大规模，升级服务。

研发增长领域

阿根廷和巴西正在寻找空间自主性

拉丁美洲的一些国家都有专门的航天机构（见表 7.4）。将他们在航天领域的研究投入相加，他们每年会投入超过 5 亿美元。在 20 世纪 80 年代和 90 年代，巴西投入将近 10 亿美元的资金用于发展航天基础设施，研究机构为国家航天研究所（INPE），并在 1993 年，终于发射了第一颗完全在巴西制造的科学卫星（SCD–1）。阿根廷的第一个科学卫星（SAC–B）在 1996 年发射，用于进一步研究太阳系物理和天体物理。巴西和阿根廷都拥有足够的人才和基础设施，能够掌握一些航天技术。两国都充满信心，掌握航天的全套技术：材料科学、工程设计、遥感技术、合成孔径雷达、远程通信、图像处理以及推进器技术。

ARSAT–1 是在拉丁美洲建造的第一个通信卫星，于 2014 年 10 月发射到了对地静止轨道上。该卫星是由 INVAP 制造（一家国有的阿根廷企业），花费了 2.5 亿美元。因此，阿根廷成为拥有该技术的 10 国之一。该卫星是 3 颗对地同步卫星中第一个发射的卫星，它们为阿根廷及其他拉丁美洲地区国家服务。ARSAT–2 于 2015 年 9 月在法属圭亚那发射，而 ARSAT–3 在 2017 年发射。

最新一代的科学卫星即将发射。SAOCOM 1 和 SAOCOM 2 地球观测系列卫星将使用遥感数据，它集成了一个合成孔径雷达，是由阿根廷设计和建造的。由阿根廷和巴西合作的 SABIA–MAR 计划将会研究海洋生态系统，碳循环，海洋栖息地描绘，海岸及其灾害，内陆水利以及渔业。还有一个正在开发的项目是新 SARE 系列卫星，它被设计为利用微波及光学雷达，扩展积极远程地球观测。阿根廷也在开发新的发射技术，其研发项目是 TRONADOR Ⅰ 和 TRONADOR Ⅱ。

拉丁美洲可持续性科学发展

2009 年，一系列的部长级或其他高级别的拉丁美洲区域论坛都将可持续发展列为优先发展目标（联合国教科文组织，2010）。决策者们认识到，拉丁美洲的一些情况使其需要具体的区域合作研究日程，旨在科学发展的可持续性。

世界上多个生物多样性热点地区和全球最大的陆地碳汇都位于拉丁美洲。该地区拥有世界淡水储备的三分之一以及 12% 的耕地。许多国家拥有利用和开发清洁能源与可再生能源的巨大潜力。

由于自然生态系统的收缩，次大陆的生物多样性损失非常大。自然生态系统的保护与可持续管理还受到了这些因素的影响：农业区域的扩展；土地所有制和农村财产认证的问题。此外，加勒比和中美洲地区还容易受到热带飓风的影响。沿海和流域生态系统也遭到了破坏，这是因为城市化导致污染程度增高，对于燃料的需求造成了资源和能源的开发增多（联合国教科文组织，2010）。

科学家非常关切尼加拉瓜的环境影响——尼加拉瓜计划开凿一条运河，连接大西洋与太平洋，该运河会穿过尼加拉瓜湖，这是中美洲地区的重要淡水水库。2013 年 6 月，尼加拉瓜的科学协会通过了一项法案，它赋予中国香港的一家私有企业 50 年的承包权。截至 2015 年 8 月，这条富有争议的航行通道依然没有动工。

可持续发展中，经济与社会发展有时会有重叠，这种复杂的本质需要人们运用跨学科方法，执行区域研究日程（Lemarchand, 2010）及新的财政计划，旨在支持地区水平的研发及可持续性科学的能力建设（Komiyama 等 , 2011）。

在过去的 20 年，拉丁美洲国家的关于可持续发展的科研文章的增长率比世界其他地区快 30%。这种趋势强调了拉丁美洲国家对于可持续性科学日益增长的兴趣。但是，拉丁美洲（以及其他一些地方）目前缺少可持续性科学的研究生项目。2015 年，东京的联合国大学开展了世界上第一个持续性科学的博士项目。拉丁美洲国家的大学也应该开展这种跨学科领域研究的博士项目。

可再生能源前景乐观

到 2014 年上旬，至少 19 个拉丁美洲国家制定了可再生能源政策，至少 14 个国家制定了目标，大部分是与发电有关。乌拉圭计划到 2015 年，其发电所用燃料 90% 利用可再生能源。尽管拉丁美洲电气化程度已经达到 95%，在发展中地区属于比较高的，

表 7.4　拉丁美洲国家航天机构和主要的国家航天技术供应者

国家	机构	英文名称	建立时间	研究项目
阿根廷	国家航天研究委员会（CNIE）	National Commission for Space Research	1960—1991年	推进系统和火箭开发；CONDOR I&II 项目，能力建设
阿根廷	国家航天活动委员会（CONAE）	National Space Activities Commission	1991年	航天计划设计规划，科尔多瓦航天中心运营，能力建设。设计卫星SAC-A，SAC-B, SAC-C, SAC-D/Aquarius, SAOCOM 1 和SAOCOM 2, SABIA-MAR, SARE 和推进系统TRONADOR I & II
阿根廷	公立核能航天技术公司（INVAP）	Public company in nuclear and space technologies	1976年	以下卫星技术设计和建设：SACA, SAC-B, SAC-C, SAC-D/Aquarius, SAOCOM 1 & 2, SABIAMAR, SARE, ARSAT I, II & III
玻利维亚	玻利维亚航天局（ABE）	Boliuian Space Agency	2012年	在中国开发的通信卫星*Tupak Katari*（2013年）
巴西	国家航天活动委员会（CNAE）	National Commission of Space Activities	1963—1971年	航天推进研究，火箭发射，遥感分析，能力建设
巴西	巴西航天局（AEB）	Brazilian Space Agency	1994年	设计规划卫星：CBERS（中国-巴西地球资源卫星），Amazônia-1（2015）, EQUARS, MIRAX, SCD1, SCD2
巴西	国家航天研究所（INPE）	National Institute of Space Research	1971年	建造和技术设计以下卫星：SCD-1, CBERS（见AEB）, Amazônia-1（2015）, EQUARS, MIRAX, Satélite Cientifíco Lattes, Satélite GPM - Brasil, SARE, SABIA-MAIS
哥伦比亚	哥伦比亚航天委员会（CCE）	Colombian Space Commission	2006年	筹划空间应用
哥斯达黎加	中美洲宇航空间协会（ACAE）	Central American Association for Aeronautics and Space	2010年	正在筹划空间应用；设计一个皮科萨卫星计划（2016年）
墨西哥*	墨西哥航天局（AEM）	Mexican Space Agency	2010年	筹划空间研究和应用
秘鲁	秘鲁航天局（CONIDA）	Space Agency of Peru	1974年	筹划空间研究和应用
乌拉圭	宇航空间和裂变中心（CIDA-E）	Aeronautics and Space Research and Diffusion Centre	1975年	空间研究及普及
委内瑞拉	玻利瓦尔航天活动所（ABAE）	Bolivarian Agency for Space Activities	2008年	筹划空间研究及普及

* 在 1991 年，墨西哥国立自治大学（UNAM）开始建造科学卫星。第一颗卫星（UNAMSAT-1）在 1996 年发射时摧毁；UNAMSAT-B 在轨运行一年时间。

注：关于 CBERS 项目细节，见《联合国教科文组织科学报告 2010》巴西章节。

来源：作者编撰。

但是能源获取仍面临挑战：大约 2 400 万生活在农村和偏远地区的人口还用不上电。

大部分拉丁美洲国家都制定了规章制度，采取了财政刺激措施（见表 7.5），驱动可再生能源的配置。对于公开竞标的利用在近些年产生了很好的效果。巴西、萨尔瓦多、秘鲁和乌拉圭都在 2013 年进行招标，解决其 6.6GW 的可再生能源发电能力。由于可再生能源的开发环境改善，这些国家吸引了很多本国和国际投资者。

尽管可再生能源开发环境改善，巴西政府依然削减了其能源研究经费，从 2.1%（2000 年）降到 0.3%（2012 年）。可再生能源首当其冲，包括生物乙醇行业。大部分公共投资都用于开发巴西东南海岸外的深海石油和天然气（见第 8 章）。

对于环保技术的应用，如生产风力涡轮机已经在该地区广泛开展。但是由于各地的电力市场结构和相关法规各不相同，一定程度地影响了区域电力市场的整合。另外，由于缺少电力传输的基础设施建设，有一些项目被耽误了。目前主要的障碍是，各国的可再生能源发电的供给波动不稳，想要改变这种不稳定是极其困难的。

尽管如此，拉丁美洲展现出前所未有的增长，未来的扩展更是大有机会。2014 年，巴西在水力发电（89GW）和生物柴油 / 乙醇生产方面排名世界第二，太阳能热水（6.7GW）排名第五，风力发电（5.9GW）排名第十。墨西哥是全世界地热能发电（1GW）第四大的国家。智利和墨西哥都提高了他们风力和太阳能发电的能力。乌拉圭提高了其人均风力发电能力，远超其他国家。其他创新应用也正在增多，如在墨西哥，有太阳能食品烘干机；在秘鲁，利用太阳能加工水果和咖啡。为了使这些项目能够完全实现，各国需要出台工业和技术发展的长期刺激方案。

信息通信技术大力发展

拉丁美洲地区利用了世界上 5% 的云服务，这比它占全球国内生产总值的比值要低（2013 年为 8.3%，见表 1.1）。尽管如此，云服务的预计年增长率为 26.4%，这意味着拉丁美洲会比西欧更快地增加云服务的应用。拉丁美洲在云计算方面的强劲势头

表 7.5　2015 年拉丁美洲关于可再生能源已有的规章政策和财政刺激方案

国家	规章政策						财政刺激方案和公共资助				
	上网电价/附加费	电力定额/可再生能源标准	净电量结算	生物燃料/强制	热能/强制	招标	资本金，资金或回扣	投资或税务生产信用额	销售税、能源税、碳税、增值税或其他税的减免	能源生产支付	公共投资、贷款或奖励
阿根廷	●		●	●		●	+	+	+	+	+
巴西			●	●	●	●		+	+		+
智利		●	●			●	+	+	+		+
哥伦比亚			●	●				+	+		+
哥斯达黎加	●		●	●		●			+		
多米尼加共和国	●		●			●	+	+	+		+
厄瓜多尔	●			●		●			+		+
萨尔瓦多						●		+	+	+	+
危地马拉			●	●		●		+	+		
洪都拉斯	●		●			●		+	+		
墨西哥			●			●		+			+
尼加拉瓜	●								+		
巴拿马	●		●	●		●		+	+	+	
巴拉圭				●					+		
秘鲁	●	●		●		●			+		+
乌拉圭	●		●	●	●	●	+		+	+	+

注：玻利维亚、古巴和委内瑞拉数据缺失。VAT 是增值税。
来源：REN21（2015 年）《可再生能源 2015：全球统计报告》，第 99 ~ 101 页。21 世纪可再生能源政策网络：巴黎。

已经被证实：预计从 2011 年到 2016 年间，该地区通过云数据中心分配的计算工作量将会从 70 万增加到 720 万。复合年均增长率达到 60%（ECLAC, 2015c）。

然而拉丁美洲的企业在采用信息通信技术时面临很多困难。它们在采购硬件软件、维护设备和利用技术进行生产方面都有很高的固定成本。这是因为它们的信息通信技术素质不高（IDB, 2014）。另外一个影响宽带服务推广的关键问题是与人均收入相比的高服务费。在欧洲，经济服务费率大约是人均收入的 0.1%，但是在拉丁美洲，该数值却很高：在智利和墨西哥是 0.6%，在玻利维亚则是 21%（CEPAL, 2015）。

在过去 20 年，哥斯达黎加的技术部门已经发展成为拉丁美洲诸多极具活力的经济部门中的一个。哥斯达黎加技术部门有超过 300 家公司，他们主要关注开发软件，供给本地以及国际市场。哥斯达黎加的工业还在生产和高技术出口发挥了重要作用，尽管英特尔的离开将会影响这部分市场。

一些专项基金和税收激励措施的推出，使得软件行业可以发挥作用，改善中小企业的生产和创新能力。竞争基金的成功案例：一个是之前提到的阿根廷的 FONSOFT，另一个是墨西哥的 PROSOFT。这两个基金都有着一系列政策工具，旨在改善软件生产的质量，培养学术界与工业的联系。这些专项基金强调各部门的合作：公立研究机构，技术转化，延伸服务，出口推广和工业发展。

一项美洲开发银行的研究（BID, 2014）预测，到 2025 年为止，布宜诺斯艾利斯、蒙得维的亚、圣何塞、科尔多瓦和圣地亚哥将会成为信息通信技术和软件行业发展的五个最重要的地点。到那时，拉丁美洲业务流程外包预期解决 120 万人的就业，产生 1 850 万美元的销售额。

……还有生物技术

拉丁美洲的生物技术研究和创新有着很好的记录（Sorj 等，2010, Gutman 和 Lavarello, 2013; RICYT, 2014）。尽管大部分的生物技术取得的进步都集中在一部分发达国家的研究中心和企业，拉丁美洲国家的一些公立研究机构也自 20 世纪 50 年代中期开始取得了一定进展。但是，这些机构的网络和节点大多在发达国家，进而相关技术也不会自动的转化成生产力。这种情形给本地发展了广大的机会。

直到现在，生物技术的投资大多用于高等教育和培养公共部门的人才，而非用于研发。这导致本地私有企业从事研发活动非常艰难。如上述内容显示，在一些国家，农业和卫生消耗了投资的大部分。该地区 25% 的文章发表是与生物科技有关的，22% 是与医学有关（见图 7.8）。在医药领域，最多产的机构是米纳斯吉拉斯联邦大学（巴西），在农贸领域，则是 Embrapa（巴西）、INTA（阿根廷）和 INIA（乌拉圭）。

有相当数量的企业专注于技术转化（Gutman 和 Lavarello, 2013; Bianchi, 2014）。该地区最具创新性的生物技术公司有：Grupo Sidus（Biosidus 和 Tecnoplant），Biogénesis-Bagó, Biobrás-Novo Nordik, Biomm, FK Biotecnología, BioManguinos, Vallée, Bio Innovation, Bios-Chile, Vecol 和 Orius。

据巴西国家工业联合会表示，巴西农业创新系统研究的主要区域是生物技术、生物反应器、植物和动物辅助生殖、森林生物技术、种质收集和保护、植物对于生物和非生物逆境的抵御能力、转基因有机物和生物勘探。公共部门与私有企业订立的研发合同也有几例。Embrapa 正在与以下机构共同开展研究：孟山都（美国）、巴斯夫股份公司（德国）、杜邦（美国）和先正达（瑞士）。在巴西还有与非营利组织针对种子生产制定的研发合同，如 Unipasto 和 Sul Pasto，还有一些基金会（Meridional, Triângulo, Cerrado, Bahia 和 Goiás）。

生物技术项目是一个很好的例子，表现了次区域的合作，它们利用已有的研究技能来提高在 MERCOSUR 内的生产领域的竞争力。① 第二阶段即 Biotech Ⅱ提到了一些区域项目，将生物技术创新与以下方面联系起来：人类健康（诊断、预防和开发疫苗对抗传染疾病、癌症、Ⅱ型糖尿病和自身免疫疾病）、生物量生产（传统和非传统作物）、生物燃料精细化处理和对于副产品评估。为了回应参与企业的对于投资回报的需求，以及欢迎更多合作伙伴（如欧洲）的参与，新的准则被加入研究项目之中。

① 参见：www.biotecsur.org.

各国概况

联合国全球科技创新政策工具观察站（GO→SPIN）提供了拉丁美洲及加勒比地区所有 34 个国家的创新体系的完整描述。每六个月，相关数据就会更新一遍。考虑到所属地区国家众多，我们在此只总结了几个自 2010 年有重要发展的国家，同时这些国家的人口数也大于 1 000 万。对于巴西创新体系的描述请见第 8 章。

阿根廷

科技创新的投资正在增加

阿根廷经历了长达 10 年的强势增长（每年增长约 6%，一直到 2013 年），这种势头部分上归功于大宗商品贸易价格较高。由于大宗贸易的繁荣阶段结束了，增加的补助金和维持强硬货币，还有其 2001 年债务危机遗留的问题，已经开始对贸易产生不利影响。阿根廷经济在 2014 年只增长了 0.5%，良好的公共消费（+2.8%）被 12.6% 的进口减少和 8.1% 的出口减少抵消了（ECLAC, 2015a）。2015 年第一季度，阿根廷失业率达到 7.1%。国会因此出台法案，削减微型企业雇主供款，减少能够创造工作岗位的大型企业的工资税。

2008—2013 年，阿根廷的研究基础设施以前所未有的速度扩展着。自 2007 年起，政府建造了总计超过 10 万平方米的实验室[①]，到 2015 年 9 月还会增加 5 万平方米。在此期间，研发支出几乎翻了一倍，研究人员增加了 20%，科研文章发表量增加 30%（见图 7.5、图 7.6 和图 7.8）。

2012 年，科学技术和生产创新部展开了《国家科学技术创新计划：创新阿根廷 2020》。该计划优先发展科技最欠发展的地区，向这些地区输送 25% 国家科学技术研究委员会（CONICET）的新岗位。该计划由六个战略领域组成：农用工业；能源；环境与可持续发展；卫生；工业；社会发展。此外还有三个通用技术：生物技术、纳米技术和信息通信技术。

科学技术和生产创新部在 2009 年创立了阿根廷专项基金（FONARSEC），加快了横向政策工具向纵向政策工具的转变。其目的在于建立公私伙伴关系，从而提高以下部门的竞争力：生物技术、纳米技术、信息通信技术、能源、卫生、农贸、社会发展、环境和气候变化。

2015 年建立的科学技术创新跨学科研究中心（CIECTI）将会大力提升科学技术和生产创新部。政府部门将会从该中心所做战略研究的报告中获取参考，预测未来的形势发展，从而制定相关政策。

2007—2013 年，每十名阿根廷全时工作当量研究者中就有一名参与到某种形式的国际合作中，这些在外国的合作项目总共有 1 137 个。在一些情况下，阿根廷研究者要与刚刚在阿根廷研究机构完成实习（作为他们博士后培训的一部分）的外国研究者共同合作。

玻利维亚

关注社群主义与生产研究

玻利维亚继续展现出良好的发展态势：2014 年增长率为 5.4%，2015 年预计达到 4.5%（ECLAC, 2015a）。政府正在推进油气行业工业化，天然气和锂开采。为此政府推出了投资促进法（2014 年）和采矿与冶炼法（2014 年）。其他项目包括推进电力向阿根廷和巴西的出口（ECLAC, 2015a）。

2005 年选举上台的政府推行了一种社群主义生产模式，确保生产有盈余，满足集体需求，从资本主义向社会主义过渡。据此模式，可以实现盈余的四个战略经济部门是石油工业、采矿业、能源和环境资源。新的模式没有利用这些部门的盈余去驱动出口，而是去发展能够促进就业的部门：生产、旅游、工业和农业。

自 2010 年开始，玻利维亚的科技创新政策已经由教育部负责。研究机构战略计划 2010—2014 已经具体提出了一系列的项目，包括玻利维亚科学信息与技术体系（SIBICYT）和玻利维亚创新体系。在该计划内的创新研究科学与技术项目为以下政策工具打下了基础：

- 在国家公立技术研究所开展社群主义生产研究。

① 参见：http：//spin.unesco.org.uy.

- 创立研究创新中心，发展纺织、皮革、木材和骆驼毛产品——玻利维亚在全世界羊驼数量第一。
- 建立生物多样性、食品生产和水土管理的研究创新网络——一些网络有超过 200 名研究人员，他们来自公共以及私有研究机构，这些机构分布在各种区域与国家工作组中。
- 为科技创新设立基金。

智利

渴望拥抱知识经济

2014 年，智利经济增长了 1.9%，相比 2013 年的 4.2% 下降明显。预计在 2015 年其经济增长率会增加到 2.5%，其驱动因素是公共支出的增长以及对外经济的积极发展（ECLAC，2015a）。智利是拉丁美洲地区最主要的国外直接投资接受者。仅在 2014 年，它就接受了超过 220 亿美元的投资。智利有着很高的私有教育资金，比任何经济合作与发展组织国家都要高，其教育支出的 40.1% 是来自私有部门的（经济合作与发展组织国家的平均值是 16.1%）。参加 PISA2012 数学竞赛的拉丁美洲国家中，智利得分最高，但是距离经济合作与发展组织国家的平均分还差 71 分。

智利的国家创新体系是由总统办公室领导的，接受国家竞争力创新委员会（CNIC）的直接指导。该委员会为国家创新战略提供总体大纲。部门间创新委员会先要评估这些大纲内容，后要制定短期、中期和长期国家科技创新政策；它还监管国家创新战略的执行。

教育部与经济部在部门间创新委员会中发挥了领导作用。它们通过主要公立研究机构参与领导，这些机构关注科技创新，它们有国家科学技术研究委员会（CONICYT）和促进生产企业（CORFO）的“创新智利”（InnovaChile）一翼。后者通过资助中小企业[①]和培养早期种子资本工业来支持高增长潜力经济部门。

政府推出的《2014—2015 生产力、创新和经济增长日程》反映了该国经济从基于自然资源向立足知识转变。其做法是经济多样化以及支持有高增长潜力的经济部门。促进生产企业是该建设的重要伙伴。

到 2012 年 3 月，政府已经调整了研发税收信用框架，使企业创新更加便利。这项改革废除了与外国研究中心合作资格的要求，以及公司的年均净收入投入研发的比值至少为 15%。在一项有所争议的动议中，所有矿业单位的收入一部分被提供给优先发展部门的研发。

2015 年 1 月，米歇尔总统建立了总统委员会，其中包括“科技为智利”主题中的 35 位专家。他们的任务是，制定一份议案，促进科技创新和广泛的科学文化。他们正在考虑建立一个科学与技术部。

哥伦比亚

对于创新的极大关注

哥伦比亚经济在 2014 年增长 4.6%。2015 年经济预期有所下滑，但是仍旧保持在 3.0% 到 3.5%（ECLAC, 2015a）。2015 年 6 月，哥伦比亚政府实施了一系列反商业周期政策，它们被总称为生产和就业刺激计划，以此鼓励投资，控制经济放缓。

哥伦比亚正在准备加入经济合作与发展组织，采用并实施各项措施，发展以下领域：公共管理、商贸、投资、财政措施、科技创新、环境、教育等。

哥伦比亚创新体系是由两个部门协调管理：国家计划部，哥伦比亚科学发展研究所（Colciencias）。2009 年，哥伦比亚科学发展研究所调整成为科学技术创新部，制定、协调、执行和实施相关公共政策，遵守国家发展计划和相关项目要求。

2012 年，哥伦比亚政府创立 *iNNpulsa Colombia*，与国家发展银行共同支持创新和提升竞争力。其 2012—2013 年期间的预算达到 1.38 亿美元。而哥伦比亚科学发展研究所创新管理项目的 70% 被用于支持微型企业和中小企业（2013 年预算达到 2 000 万美元）。自 2009 年以来，哥伦比亚科学发展研究所每年分配 50 万美元以支持企业与学术界合作的项目。普通版税系统基金也开始了区域发展，关注相关的科技创新。

① 参见：www.english.corfo.cl.

2010 年到 2014 年间，哥伦比亚科学发展研究所制订了一系列战略计划，加强科技创新政策，例如《2025 年展望》，它计划在 2025 年之前，将哥伦比亚提升为拉丁美洲最具创新国家的前三位，成为世界生物技术的领导者。其目的是使哥伦比亚能够提供本地、区域和全球级别的解决方案，解决诸如人口过剩、气候变化的问题。还要建立人才中心，攻克虫媒疾病，促进各个领域合作，如卫生、化妆品、能源和养殖业。

《2025 年展望》提出，截至 2025 年，要提供 3 000 个新的博士学位，每年 1 000 项专利，与 11 000 家企业合作。该计划将在 2011—2014 年分配 6.78 亿美元，提供给公立和私营部门的研究者。2014 年，政府出台了人才回国计划，吸引 500 名博士学位拥有者在接下来四年中回国从事研究工作。

古巴

准备推出激励措施吸引投资者

古巴经济在 2014 年增长 1.3%，预计 2015 年增长 4%。在 2014—2015 年，11 个优先发展部门被确认，开始吸引外国投资。其中包括农业食品行业；普通工业；可再生能源；旅游业；石油和矿产；建筑业；以及医药和生物技术（ECLAC, 2015a）。

2015 年古巴和美国关系正常化，古巴开始建立有效法律制度，提供坚实的金融刺激方案，保障投资者利益。古巴已经成为拉丁美洲大学学生留学的热门国家（见第 181 页）。

2008—2013 年，古巴的科研文章发表量增长 11%，即便研发总支出占国内生产总值的比值从 0.50% 降到了 0.41%。2014 年，古巴政府建立了科学创新基金（FONCI），旨在通过促进商业创新，提高科学对社会经济和环境的影响力。这对于古巴来说是一个重大突破，因为到目前为止，研发资金主要来自公共开支。

多米尼加共和国

经济增长限制在经济“飞地”上

从拉丁美洲地区范围看，多米尼加共和国经济增长是很高的。在 2013 年之前的 12 年里，平均增长率为 5.1%。但是这种增长并不意味着消除贫困和不平等；多米尼加共和国与其他拉丁美洲国家的情况不符。此外，其经济增长主要集中在所谓经济“飞地”上，即包价旅游，出口加工区和矿产行业。这些都与广义经济联系微弱。

考虑到驱动近期经济增长的主要部门构成，人们不难发现传统工业研究密集度指标（高科技出口或专利）几乎没有什么表现力（见图 7.3 和图 7.9）。由联合国贸易与发展会议（2012）报道的创新调查显示，很少有企业自掏腰包投资研究，这说明企业获得的公共支持很少，与非商业部门的联系微弱。

2010 年 1 月的宪法改革将现有的国家高等教育、科学和技术秘书处提高到了部级地位。高等教育、科学与技术部（MESCYT）被赋予了发展国家科学技术重点领域的责任，还要实施一个促进商业化的国家计划。该部的《科学技术创新战略计划 2008—2018》确定了各个领域研究的优先级：

- 生物技术。
- 基础科学。
- 能源，重点在可再生能源和生物燃料。
- 软件工程和人工智能。
- 加工、生产、产品服务的创新。
- 环境和自然资源。
- 卫生和食品技术。

在对多米尼加共和国，由联合国贸易与发展会议科技创新政策推荐了一系列重要的改革方针，帮助那些优先部门汇聚公立部门和私有部门的力量。这些改革建议包括了科技创新公共投资的增加，通过公共采购和确立研究人员的正式地位来促进科技创新需求（联合国贸易与发展会议，2012）。

厄瓜多尔

投资未来的知识经济

厄瓜多尔 2014 年经济增长 3.8%，但是 2015 年预计增长率降低到 1.9%。厄瓜多尔原油的平均价格从 2013 年的每桶 96 美元降到了 2014 年的每桶 84 美元。这意味着在 2014 年厄瓜多尔的原油出口损失 5.7% 的价值，尽管出口量增加 7%（ECLAC, 2015a）。

在 2008 年到 2013 年期间，研发支出总量按购买力平价美元计算翻了 3 倍。研究人员人数翻了一倍（见图 7.6），科研成果增长 50%（见图 7.8）。在过去 10 年，公共投资在教育领域增长 3 倍，从 0.85%（2001）涨到 4.36%（2012），其中四分之一是投资在高等教育的（1.16%）。教育投资的急剧增长是政府战略的一部分。政府通过减少厄瓜多尔香蕉和石油的收入，努力发展知识型经济。大范围的高等教育改革确立了知识经济必需的两个支柱：素质培训和研究。2010 年，高等教育法确定了四所旗舰大学：Ikiam（见专栏 7.4）、Yachay、国家教育大学和国家艺术大学。法律还规定了教育免费，建立了学生奖学金系统，给那些有机会获得大学教育的人上学的机会。2012 年，几所私立大学因为无法满足法律规定的要求而不得不关闭。

厄瓜多尔的高等教育、科学、技术和创新秘书处（SENESCYT）部署了几项旗舰项目，包括一个精心设计的奖学金制度，给那些在国外攻读博士学位的研究生提供资助。此外还有建立知识城市项目，该项目是模仿中国、法国、日本、韩国、美国的类似项目。Yachay（在盖丘亚族人的语言中意为知识）是一个城市，计划发展成技术创新和知识密集型行业的聚集地，融合各种理念、人才和一流的基础设施。这些要素足以把 Yachay 打造成美好的生活（Buen Vivir）城市。该城市有五个知识支柱：生命科学、信息通信技术、纳米科学、能源和石油化工。Yachay 将建立厄瓜多尔第一个实验技术研究大学。该机构将与其他公立和私立研究机构、技术转化中心、高科技公司和农业和农工业社群建立联系，从而成为拉丁美洲第一个知识枢纽。

2013 年，一项法律得到通过，确定了科研人员的地位，并计划创造更多不同类型的研究者。这项法律为研究人员特殊津贴创造可能，津贴将根据他们的研究类型而确定。

危地马拉

需要培养人才

危地马拉在 2014 年的经济实际增长率为 4.2%，相比 2013 年的 3.7% 有所增长。经济增长的原因是私人消费者带动内需，还有较低的通货膨胀，工资的提高以及银行借贷给私有部门的高额资金（ECLAC, 2015a）。

自从 2006 年起，教育领域的公共支出一直稳定在 3% 左右，而其中只有八分之一用于高等教育。该数据来源于联合国教科文组织统计研究所。此外，在 2008 年到 2013 年间，教育领域的总支出从占国内生产总值的 3.2% 降到了 2.8%。在同一时间，研发支出总量下降 40%（购买力平价美元），全时当量研究人员数量下降 24%。尽管科研产出增加 20%（见图 7.8），该结果相比其他拉丁美洲地区国家略显一般。如果我们将危地马拉与马拉维（与危地马拉国土面积和人口相当）做比较，我们会发现危地马拉的国内生产总值是马拉维的 10 倍，但是马拉维的科研文章发表量却是危地马拉的 3 倍。这说明危地

专栏 7.4　Ikiam：位于亚马孙中心的大学

厄瓜多尔的基多和瓜亚基尔两座城市集中了全国近半数的大学和理工学院。Ikiam 大学（ikiam 在舒阿人的语言中意为“森林”）于 2014 年 10 月建校，它位于亚马孙的心脏地带。首批 150 名学生发现，他们的学校包围的 93 公顷面积内，生存着丰富多样的物种。这片保护区为 Ikiam 大学的学生和研究员提供了天然的实验室。这些学生主要在此学习医药学和自然资源可持续管理。

厄瓜多尔的目标是把 Ikiam 大学变成厄瓜多尔教学与研究的世界一流大学。所有的教授都有博士学位，近半数是外国教授。大学为大一学生提供程度相当的项目，弥补他们入学前任何的学术上的不足。

在 2013 年 12 月，一个国际工作坊在米萨花里（纳波省）建立，分析 Ikiam 大学未来的学术项目，以及该大学的组织结构和研究战略。有 10 名厄瓜多尔科学家参与其中，另外还有 53 名科学家来自澳大利亚、比利时、巴西、加拿大、德国、法国、荷兰、南非、西班牙、英国、美国和委内瑞拉。

来源：www.conocimiento.gob.ec.

马拉已经陷入了西西弗斯陷阱。

国家科学技术委员会（CONCYT）以及科学技术秘书处（SENACYT）现在正在协同管理危地马拉的科技创新，并在该地区负责执行相关政策。在 2015 年，国家科学技术创新计划已经规划到 2032 年，并将取代现有的发展计划。危地马拉有着相对宽泛的资助机制，包括科学技术支持基金（FACYT），科学技术发展基金（FODECYT）以及国际科学技术发展计划多重支持基金（MULTICYT）。这些都得到了技术创新基金（FOINTEC）以及科学技术应急活动基金（AECYT）的补充。在 2012 年到 2013 年，泛美开发银行的一笔资金帮助了这些基金的顺利运营。

墨西哥

目标为研发支出总量占国内生产总值比率达到 1%，但是没有具体的时间规定

墨西哥是继巴西之后的拉丁美洲第二大经济体，2014 年经济增长 2.1%，预计在 2015 年将有所增长（约 2.4%），消息来自联合国拉丁美洲和加勒比经济委员会（ECLAC）。在 2014 年到 2015 年，墨西哥与欧盟国家展开密集会谈，讨论建立新的自由贸易协定。据墨西哥政府消息，这些会谈目的在于更新 2000 年签订的旧协议，从而使得墨西哥的产品服务能更好地进入欧洲市场，强化联系并创造跨大西洋的自由贸易区（ECLAC, 2015a）。

在 2008 年到 2013 年间，研发支出总量（购买力平价美元）和科研产出增长了 30%（见图 7.8），全时当量研究人员增长 20%（见图 7.5）。为了改善国家创新体系治理，政府在 2013 年建立了科学技术创新协调办公室，该办公室受总统办公室管辖。同年，国家科学技术委员会（CONACYT）被确立为墨西哥科技创新的首要管理机构。

《国家发展规划 2013—2018》提出，发展科技创新是可持续社会经济发展的支柱。它还提出了科学技术和创新特别计划 2014—2018，旨在将墨西哥打造成为知识经济体，达到一个常规目标即研发支出总量占国内生产总值比率达到 1%。但是并没有提出具体时限。

在 2011 年到 2013 年间，国家优质研究生计划中的博士研究生项目从 427 个增加到了 527 个。在 2015 年，国家科学技术委员会支持了约 59 000 名研究生奖学金获得者。墨西哥正在将高等教育项目重新导向培养企业家技能和文化。在 2014 年，国家科学技术委员会主席计划创造 574 个新岗位供给年轻研究人员，这些席位通过竞争上岗。2015 年席位又增长了 225 个。在 2011 年到 2013 年间，研究基础设施的公共支持增长了十倍，从 3 700 万美元增长到 1.4 亿美元。

墨西哥通过其领域创新基金（FINNOVA）创造或强化了技术转化办公机构，鼓励相关知识研究机构与私营部门通过资讯、专利和创业的手段建立联系，进而驱动墨西哥成为知识型经济体。同时，国家科学技术委员会还通过其创新刺激计划鼓励企业进行创新，该计划从 2009 年到 2014 年期间，预算从 2.23 亿美元增长到了 5 亿美元。

在 2013 年，墨西哥提出了一个新的国家气候变化战略，计划提高能源利用率 5%，该目标的设立对象是国家石油公司 PEMEX，提高传输和分销石油的效率 2%，提高火电厂燃烧石油的燃料效率 2%。该目标旨在利用本土研究和新的专项资金，即 CONACYT–SENER。它支持该地区能源效率、可再生能源和清洁绿色技术的问题解决方案。

为促进地区发展，2009 年政府建立了地区科学技术创新发展研究资金（FORDECYT），从而补充了已有的混合基金（FOMIX）。地区科学技术创新发展研究资金从国家科学技术委员会以及州基金获得资金，促进本州以及县的研发。新的贡献比率计划重新划定了两个资金来源的比为 3∶1，在 2013 年，该基金动员了 1 400 万美元的资金。

秘鲁

促进创新的新基金

2014 年秘鲁经济增长 2.4%，2015 年预计增长 3.6%。增长原因为矿业产出的需求增加，此外还有更高的公共支出，以及由低利率和信贷便利创造的金融刺激（ECLAC, 2015a）。

研发支出总量预计占国内生产总值的 0.12%（见文章：J. Kuramoto in Crespi 和 Dutrénit, 2014）。秘鲁的研发创新政策是由几个机构协同管理：国家科学

技术委员会和技术创新委员会（CONCYTEC）。自 2013 年起，国家科学技术委员会和技术创新委员会已经围绕部门委员会主席开展工作。国家科学技术委员会和技术创新委员会的运营预算从 2012 年的 630 万美元飙升到 2014 年的 1.1 亿美元。

国家科学技术创新规划 2006—2021 年主要关注以下几点：

- 关注生产部门需求，以此获得研发成果。
- 增加优秀研究员和专业人员的数量。
- 增加研发中心的质量。
- 合理化科技创新网络和系统信息。
- 强化国家创新体系的管理。

2013 年，政府创建了创新科学技术框架基金（FOMITEC），分配 2.8 亿美元给金融经济工具的设计和运行，促进研究创新的发展，进而提高竞争力。国家科学技术研究和技术创新基金（FONDECYT）在 2014 年获得了 8 500 万美元的资金，比上年资金有所增长。

政府创建了奖学金项目，供给那些想要在国外攻读博士的学生（约 2 000 万美元），还有那些想在本地大学深造的学生（1 000 万美元）。

委内瑞拉

科研产出减少

2014 年委内瑞拉经济缩水 4%，通胀率达到两位数（ECLAC, 2015a）。全时当量研究人员从 2008 年到 2013 年增长 65%，该数字在拉丁美洲地区是最高的。科研产出却在过去十年里减少了 28%（见图 7.8）。

2010 年，科学技术创新组织法（LOCTI）的相关条例经历了改革，要求工业部门和商业部门中收入较高的单位缴纳特别税，支持实验室和研究中心发展。政府优先发展了一些领域，所以资源会率先分配到这些领域，包括：食品农业；能源；公共安全；住房和城市化；公共卫生。那些与气候变化、生态多样性相关的领域也有所规划，由环境部管理。

经历了 2015 年一系列部门改革，大学教育、科

表 7.6 2010—2014 年拉丁美洲和加勒比地区拥有科研文章发表量最高的研究机构

人口超过1 000万的西语国家

阿根廷	国家科学技术研究委员会 (51.5%)	布宜诺斯艾利斯大学 (26.6%)	拉普拉塔国家大学 (13.1%)	科多巴国家大学 (8.3%)	玛尔的普拉塔国家大学 (4.3%)
玻利维亚	圣安地列斯大学 (25.2%)	圣西蒙大学 (10.7%)	热内莫雷诺自治大学 (2.6%)	诺尔–坎普–摩卡多国家历史博物馆 (2.2%)	玻利维亚圣帕布罗天主教大学 (1.5%)
智利	智利大学 (25.4%)	智利天主教大学 (21.9%)	康塞普西翁大学 (12.3%)	瓦尔帕莱索天主教大学 (7.5%)	智利奥斯托大学 (6%)
哥伦比亚	哥伦比亚国家大学 (26.7%)	安提欧奎大学 (14.6%)	安第斯大学 (11.9%)	瓦尔大学 (7.8%)	哈威立雅大学 (4.6%)
古巴	哈瓦那大学 (23.4%)	玛塔阿布拉维中央大学 (5.5%)	基因工程和生物技术中心 (5%)	奥连特大学 (4.9%)	佩德罗–库尔热带医药研究所 (4%)
多米尼加共和国	佩德罗–亨利奎兹–乌雷纳国家大学 (8%)	圣多明各技术研究所 (6%)	农业部 (4%)	圣母与圣师天主教大学 (3%)	普拉扎–萨路德综合医院 (3%)
厄瓜多尔	圣弗朗西斯科–德奎多大学 (15.0%)	厄瓜多尔天主教大学 (11%)	喀家技术大学 (6.0%)	国家理工学院 (5.4%)	昆卡大学 (3.7%)
危地马拉	瓦尔大学 (24.4%)	圣胡安德迪奥综合医院 (3.0%)	圣卡洛斯大学 (2.5%)	公共卫生和社会援助部 (2.0%)	
墨西哥	墨西哥自治大学 (26.2%)	墨西哥理工研究所 (17.3%)	墨西哥城市自治大学 (5%)	普布拉自治大学 (2.1%)	圣路易–伯托斯大学 (2.9%)
秘鲁	卡耶塔诺–赫雷迪亚大学 (21.6%)	圣马考斯大学 (10.3%)	秘鲁天主教大学 (7.5%)	国际马铃薯中心 (3.6%)	拉–莫尼拉农业大学 (2.5%)
委内瑞拉	委内瑞拉中央大学 (23%)	IVIC (15.1%)	希蒙玻利瓦尔大学 (14.2%)	安地斯大学 (13.3%)	祖拉大学 (11.1%)

来源：作者编撰。基于汤姆逊路透 SCIE 网站。

学、技术部门负责协同科技创新政策。

网络刊物 *Piel-Latinoamericana* 报告，委内瑞拉 2013 年从医学院毕业的 1 800 名学生，有 1 100 名已经离开了委内瑞拉。具体数字无法确定，委内瑞拉医学数学和自然科学学院的校长说道，很多研究人员已经在过去十年移民他国，大部分都是科学家和工程师，因为他们不再对政府政策抱有幻想。这又是一个西西弗斯陷阱的案例。

结论

逃脱西西弗斯陷阱

根据古希腊神话，西西弗斯是最足智多谋的人，但是他长期以来的虚伪惹怒了神灵，导致众神惩罚他推一块巨型圆石上山，然后眼睁睁看着巨石滚落山下，一次又一次直到永远。弗朗西斯科·萨迦斯蒂（2004）利用了西西弗斯做比喻，描述发展中国家创造本土研究和创新时所面临的重复出现的困难。

拉丁美洲的科技创新政策的发展史就像是西西弗斯的命运。20 世纪 60 年代，重复出现的经济政治危机直接影响了科技创新政策的设计以及其在供给侧和需求侧的表现。长期的公共政策缺乏连续性，大多数国家公共管理表现差，导致了在近几十年来，一直缺乏有效的科技创新政策。在拉丁美洲国家，没过多久就有一个新的政党或团体执政，立即出台一整套新的法律和政策。国家创新体系就像西西弗斯，看着原来已有的政策像巨石一样又滚回了山下，因为国家又出台了新的政策。“科学与技术的山头会不断长高，这使得西西弗斯的任务变得更加艰巨，因此，保持巨石维持在山高处，这是非常必要的……”（Sagasti, 2004）。

自从 20 世纪 90 年代结构调整之后，新一代科技创新工具产生，深刻地改变了研究生态，法律框架和研究创新刺激方案。在一些国家，这大有裨益。但是为什么拉丁美洲国家和发达国家的差距没有缩小？这是因为拉丁美洲国家没有克服以下的困难。

第一，拉丁美洲经济并不注重那些可以引领科学创新的生产类型。在拉丁美洲出口中，制成品份额不到 30%，除了哥斯达黎加和墨西哥外，各国商品出口中只有不到 10% 是高科技产品。除了巴西外，各国研发支出总量维持在 1% 以下，其中商业部门只贡献三分之一。这种情况保持了数十年，很多其他的发展中国家早就超越了该数字。在私有部门的研发密集度（表现为销售的百分比）不超过 0.4%，比欧洲（1.61%）或 OECD（1.89%）都要低（IDB, 2014）。最近一项阿根廷的调查显示，研发支出占销售总额比在 2010 年到 2012 年间，在小公司为 0.16%，中型公司为 0.15%，大型公司为 0.28%（MINCYT, 2015）。拉丁美洲的创新资本储量（占国内生产总值 13%）远低于 OECD 国家（占国内生产总值 30%）。此外，在拉丁美洲，该储量主要是供给高等教育，与经济合作与发展组织国家的研发支出形成对比（ECLAC, 2015c）。

第二，研发的微不足道的投资反映出科研人员数量的不足。尽管在一些国家已经有所改善，如阿根廷、巴西、智利、哥斯达黎加和墨西哥，科研人员数量还是很低。缺乏受训的人员限制了创新，尤其是在那些中小企业中。有约 36% 的公司难以找到适当的研究者，该数值比世界平均值 21% 和 OECD 国家的 15% 高。拉丁美洲公司因为人力短缺而面临的运营困难，比南亚企业高 3 倍，比亚太企业高 13 倍（ECLAC, 2015b）。

第三，教育系统没有能针对科学技术人才短缺做出有效方案。尽管高等教育机构和毕业生数量在增加，但是总量仍是不足，而且还只停留在科学与工程领域。在六大知识领域的本科和博士毕业生份额（见图 7.4）显示出严重的结构弱点。有 60% 的本科毕业生和 45% 的博士毕业生在社会科学和人文科学领域获得学位。此外，只有一小部分（24%）的科研人员在拉丁美洲的企业中工作，而在经济合作与发展组织国家该数字是 59%。在阿根廷、巴西、智利、哥伦比亚和墨西哥，私有部门缺少工程学硕士。

第四，专利申报证实了拉丁美洲经济并不寻求提高技术竞争力。每百万居民专利申报数量，在 2009 年到 2013 年间，最高的有巴拿马、智利、古巴和阿根廷，而其他国家都非常低。拉丁美洲在尖端领域[①]申请的专利数只有同期高收入国家的 1%。

① 这些领域有电子机械、装备、能源、数字通信、计算机技术、测量和医学技术。

在过去 10 年，阿根廷、智利、墨西哥和乌拉圭都紧跟巴西，从水平资助机制转向垂直资助机制，如推出专项基金。由此，它们推动了相关领域的科研表现，增加了生产力，如农业、能源和信息通信技术。随后，他们实施了专门政策，推出激励机制，促进战略技术发展，如生物技术、纳米技术、空间技术和生物燃料。这项战略已经有所成效。

第二集团国家采取了一系列资助机制，促进本地研究和创新，这些国家是：危地马拉、巴拿马、乌拉圭和秘鲁。其他国家也通过专门项目提升竞争力，如多米尼加共和国和萨尔瓦多。

总之，为了逃脱西西弗斯陷阱，拉丁美洲需要解决以下问题：

- 改善治理：政治稳定、政府效能、贪腐控制。
- 设计长期的公共政策，可以在多届政府中延续。
- 吸引更广泛范围的投资人，制定、协调和调整科技创新政策，更好地与国家创新体系的需求和供给建立联系。
- 促进区域一体化机制，分担研发成本，处理地区可持续科学日程。
- 修正组织文化，合理化研究机构生态系统，由他们负责制定、监管和评估科技创新政策和工具。
- 创建相关机构，促进预报和预期研究，指导决策制定。

拉丁美洲逐步地巩固其科研体系，促进其在全球的科研文章发表量从 2008 年的 4.9% 增加到 2014 年的 5.2%，使得一系列政策工具得以推行，促进本地研发能更好地应对生产部门乃至整个社会的需求。在一些国家已经开始显露出成效——但是对于拉丁美洲前进的路程还是遥远的。

拉丁美洲国家的主要目标

- 墨西哥的《国家发展规划 2013—2018》规定了提升研发支出总量占国内生产总值比率达到 1%，但是没有规定具体时限。
- 乌拉圭计划在 2015 年发电燃料 90% 来自可再生能源。

参考文献

Bianchi, C. (2014) Empresas de biotecnología en Uruguay: caracterización y perpectivas de crecimiento. *INNOTEC Gestión*, 6: 16–29.

BID (2014) *ALC 2025: América Latina y el Caribe en 2025.* Banco Inter Americano de Desarrollo (Inter-American Development Bank): Washington, DC.

CEPAL (2015) *La nueva revolución digital: de la internet del consumo a la internet de la producción*. Comisión Económica para América Latina y el Caribe: Santiago.

CEPAL (2014) *Nuevas Instituciones para la Innovación: Prácticas y Experiencias en América Latina,* G. Rivas and S. Rovira (eds.). Comisión Económica para América Latina y el Caribe: Santiago.

Crespi, G. and G. Dutrénit (eds) [2014] *Science, Technology and Innovation Policies for Development: the Latin American Experience.* Springer: New York.

Crespi, G. and P. Zuniga (2010) *Innovation and Productivity: Evidence from Six Latin American Countries*. IDB Working Paper Series no. IDB-WP-218.

Crespi, G.; Tacsir, E. and F. Vargas (2014) *Innovation Dynamics and Productivity: Evidence for Latin America.* UNU-MERIT Working Papers Series, no. 2014–092. Maastricht Economic and Social Research institute on Innovation and Technology: Maastricht (Netherlands).

Dutrénit, G. and J. Sutz (eds) [2014] *National Systems, Social Inclusion and Development: the Latin American Experience.* Edward Elgar Pub. Ltd: Cheltenham (UK).

ECLAC (2015a) *Economic Survey of Latin America and the Caribbean. Challenges in boosting the investment cycle to reinvigorate growth*. Economic Commission for Latin America and the Caribbean: Santiago.

ECLAC (2015b) *Foreign Direct Investment in Latin America and the Caribbean.* Economic Commission for Latin America and the Caribbean: Santiago.

ECLAC (2015c) *European Union and Latin America and the Caribbean in the New Economic and Social Context.* Economic Commission for Latin America and the Caribbean: Santiago.

Gutman, G. E. and P. Lavarello (2013) Building capabilities to catch up with the biotechnological paradigm. Evidence from Argentina, Brazil and Chile agro-food systems. *International Journal of Learning and Intellectual Capital*, 9 (4): 392–412.

Hirsch, J.E. (2005) An index to quantify an individual´s scientific research output. *PNAS*, 102 (46): 16 569–572.

IDB (2015) *Gender and Diversity Sector Framework Document*. Inter-American Developing Bank: Washington DC.

IDB (2014) *Innovation, Science and Technology Sector Framework Document.* Inter-American Development

Bank: Washington DC.

Komiyama, H.; Takeuchi, K.; Shiroshama, H. and T. Mino (2011) *Sustainability Science: a Multidisciplinary Approach.* United Nations University Press: Tokyo.

Lemarchand, G. A. (2015) Scientific productivity and the dynamics of self-organizing networks: Ibero-American and Caribbean Countries (1966–2013). In: M. Heitor, H. Horta and J. Salmi (eds), *Building Capacity in Latin America: Trends and Challenges in Science and Higher Education.* Springer: New York.

Lemarchand, G. A. (2012) The long-term dynamics of co-authorship scientific networks: Iberoamerican countries (1973–2010), *Research Policy*, 41: 291–305.

Lemarchand, G. A. (2010) Science, technology and innovation policies in Latin America and the Caribbean during the past six decades. In: G. A. Lemarchand (ed) *National Science, Technology and Innovation Systems in Latin America and the Caribbean.* Science Policy Studies and Documents in LAC, vol. 1, pp. 15–139, UNESCO: Montevideo.

MINCYT (2015) *Encuesta Nacional de Dinámica de Empleo e Innovación*. Ministerio de Ciencia, Tecnología e Innovación Productiva y el Ministerio de Trabajo, Empleo y Seguridad Social: Buenos Aires.

Moran, T. H. (2014) *Foreign Investment and Supply Chains in Emerging Markets: Recurring Problems and Demonstrated Solutions.* Working Paper Series. Peterson Institute for International Economics: Washington, DC.

Navarro, L. (2014) *Entrepreneurship Policy and Firm Performance: Chile's CORFO Seed Capital Program.* Inter-American Development Bank: Washington DC.

NSB (2014) *Science and Engineering Indicators 2014.* National Science Board. National Science Foundation: Arlington VA (USA).

OECD (2013a) *OECD Reviews of Innovation Policy: Knowledge-based Start-ups in Mexico*. Organisation for Economic Co-operation and Development: Paris.

OECD (2013b) *Territorial Reviews: Antofagasta, Chile: 2013.* Organisation for Economic Co-operation and Development: Paris.

Pérez, R. P.; Gaudin, Y. and P. Rodríguez (2012) Sistemas Nacionales de Innovación en Centroamérica. *Estudios y Perspectivas*, 140. Comisión Económica para América Latina y el Caribe: Mexico.

RICYT (2014) *El Estado de la Ciencia: Principales Indicadores de Ciencia y Tecnología 2014*. Red de Indicadores de Ciencia y Tecnología Iberoamericana e Interamericana: Buenos Aires.

Sagasti, F. (2004) *Knowledge and Innovation for Development. The Sisyphus Challenge of the 21st Century*. Edward Elgar: Cheltenham (UK).

Sorj. B.; Cantley, M. and K. Simpson (eds) [2010] *Biotechnology in Europe and Latin America: Prospects for Co-operation.* Centro Edelstein de Pesquisas Sociais: Rio de Janeiro (Brazil).

Thomas, H.; Fressoli, M. and L. Becerra (2012) Science and technology policy and social ex/inclusion: Analyzing opportunities and constraints in Brazil and Argentina. *Science and Public Policy*, 39: 579–591.

Ueki, Y. (2015) Trade costs and exportation: a comparison between enterprises in Southeast Asia and Latin America. *Journal of Business Research,* 68: 888–893.

UNCTAD (2012) *Science, Technology and Innovation Policy Review: Dominican Republic*. United Nations Conference on Trade and Development: Geneva.

UNCTAD (2011) *Science, Technology and Innovation Policy Review: El Salvador*. United Nations Conference on Trade and Development: Geneva.

UNESCO (2010) *National Science, Technology and Innovation Systems in Latin America and the Caribbean.* In G. A. Lemarchand (ed.) Science Policy Studies and Documents in LAC, vol. 1. UNESCO: Montevideo.

WIPO (2015) *Patent Cooperation Treaty Yearly Review.* World Intellectual Property Organization: Geneva.

吉列尔莫·勒马钱德（Guillermo A. Lemarchand），1963 年出生于阿根廷，天体物理学家和科学政策专家。2000 年，勒马钱德先生担任国际航天科学院（巴黎）院士。他是阿根廷议会科学技术委员会建议董事会主席之一（2002—2005）。2008 年，勒马钱德先生担任联合国教科文组织的科学政策顾问，在此期间他设计和开发了科技创新政策工具全球观察（GO→SPIN）。

致谢

感谢墨西哥国家科学技术委员会科学发展部副主任朱莉娅·泰古纳·帕尔加（Julia Taguena Parga）、乌拉圭科学技术发展项目秘书长阿尔贝托·马杰欧·派尼鲁（Alberto Majó Pineyrua），感谢他们为本章的撰写提供了相关信息，还要感谢他们的助手莫妮卡·卡德维列（Mónica Capdevielle）。作者还要感谢卡洛斯·阿吉雷－巴斯托斯（Carlos Aguirre–Bastos）、欧内斯托·费尔南德斯·波尔卡（Ernesto Fernandez Polcuch）和亚里山德罗·贝洛（Alessandro Bello），感谢他们为本章中专栏的撰写提供了相关信息。

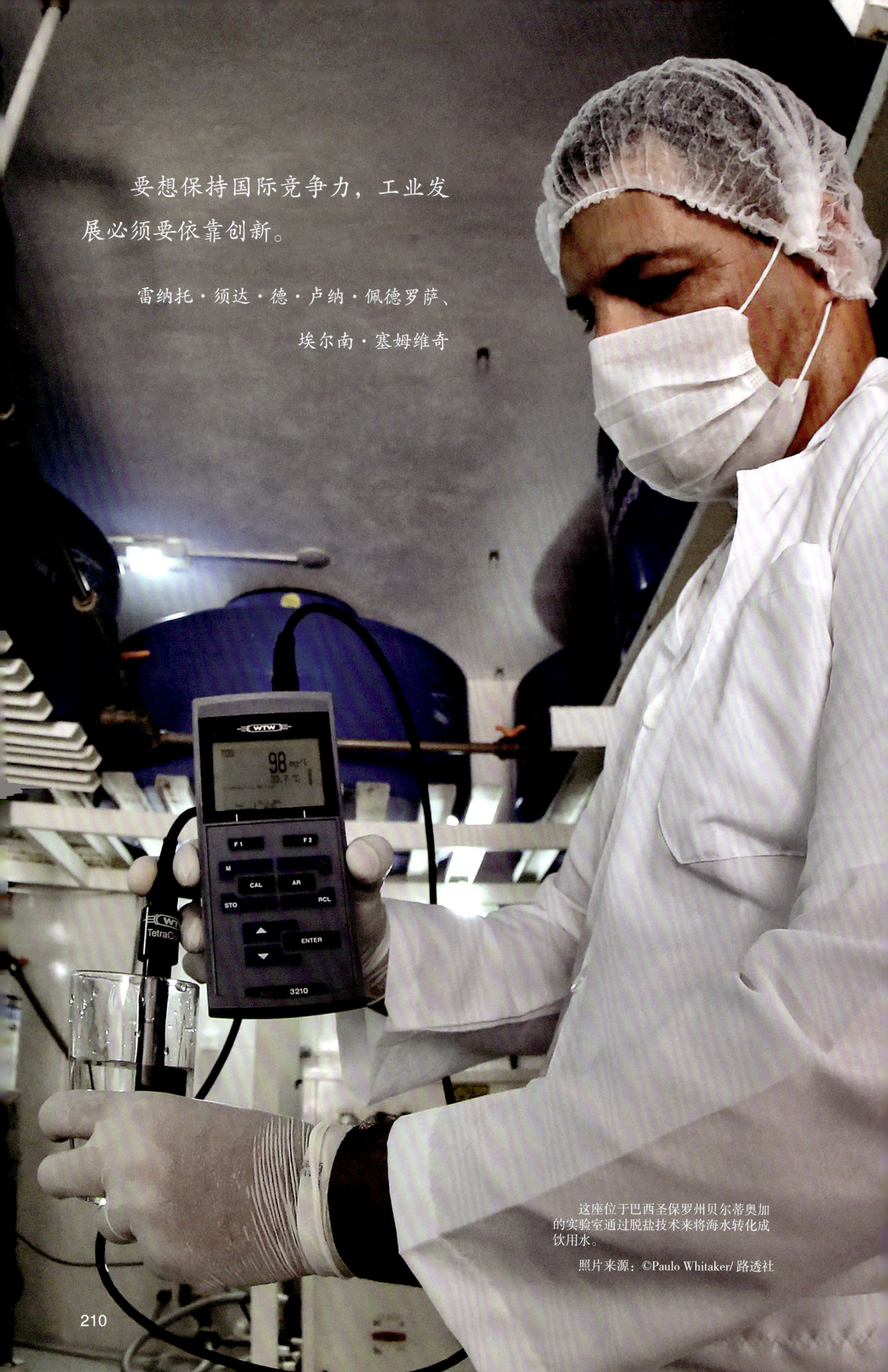

要想保持国际竞争力，工业发展必须要依靠创新。

雷纳托·须达·德·卢纳·佩德罗萨、
埃尔南·塞姆维奇

这座位于巴西圣保罗州贝尔蒂奥加的实验室通过脱盐技术来将海水转化成饮用水。

照片来源：©Paulo Whitaker/路透社

第 8 章　巴　西

雷纳托·须达·德·卢纳·佩德罗萨、埃尔南·塞姆维奇

引言

经济衰退会影响到发展所得

在经过近 10 年的发展以及在 2010 年经过从 2008—2009 年的一个短暂的恢复阶段后，巴西 2011 年以后的经济呈现出一个急剧下滑的态势（见图 8.1）。这次的经济下滑主要受到了巴西赖以生存的日益萎缩的商品市场的影响，再加上针对石油消耗的相应政策调改也给这次经济下滑带来很多负面影响。后者最终导致政府支出大于收入：在 2014 年，巴西在近 16 年里首次出现财政赤字高于国民生产总值 0.5% 的情况。这次财政赤字将 2013 年以来的通货膨胀率提升至 6%。巴西的经济在 2014 年停滞不前（国民生产总值仅上升 0.1%），并且它在 2015 年的发展前景甚者更糟，2014 年 4 月财务部预计巴西的经济还会继续收缩 0.9%。

自 2014 年迪尔玛·罗塞夫再次当选巴西总统以来，她试图重新整改国民宏观经济政策。巴西财政部长若阿金·莱维也已经或者预计采取一揽子措施来削减支出和增加税收，其预期目标是 2015 年取得 1.2% 的财政盈余[①]。自 11 月的选举以来，利率已经经过两次上调升至 12.75% 来有效地抑制通货膨胀，严重冲击了 2015 年 3 月以前的长达 12 个月停留在 8.1% 的利率。让形式变得更严峻的是，巴西国有石油企业目前陷入了经营管理不当和回扣腐败丑闻的泥潭之中。后者在政坛上掀起了轩然大波，与数位政坛大亨都有牵连。2015 年 5 月末，巴西石油公司最终发布了它 2014 年度报告，其中它承认上一年度中公司亏损了 500 多亿雷亚尔（R $是巴西货币符号“雷亚尔”，大约相当于 157 亿美元），并且其中近 60 亿雷亚尔的亏损都与腐败丑闻有关联。为了有效地防止经济衰退和政治腐败，巴西势必要改革它的国家创新体系，其中也包括对社会制度的创新改革。

社会融合发展缓慢

经济的衰退也会给社会融合带来很深的影响，这也曾是巴西较为成功的案例之一，特别是在 2010 年之前巴西经历了大宗商品热潮，巴西政府那时致力于解决巴西贫困和饥饿问题。2005 年到 2013 年，巴西的失业率由原来的 9.3% 降至 5.9%。

更多最近的资料表明这次发展已经接近结束。根据联合国拉丁美洲和加勒比经济委员会发表的社会全景来看，巴西 2003 年到 2008 年的贫困率已经降低了三分之一，并在 2013 年出现了停止扩大的现象。更早期的数据还表明极度的贫困可能会增长，因为它在 2013 年时影响了人口总数的 5.9%，相比

① 考虑到莱维部长的财政政策获得议会通过的困难，2015 年 7 月基本盈余的目标压缩到国内生产总值的 0.15%。最近的预测设定的紧缩为国内生产总值的 1.5% 或更多。

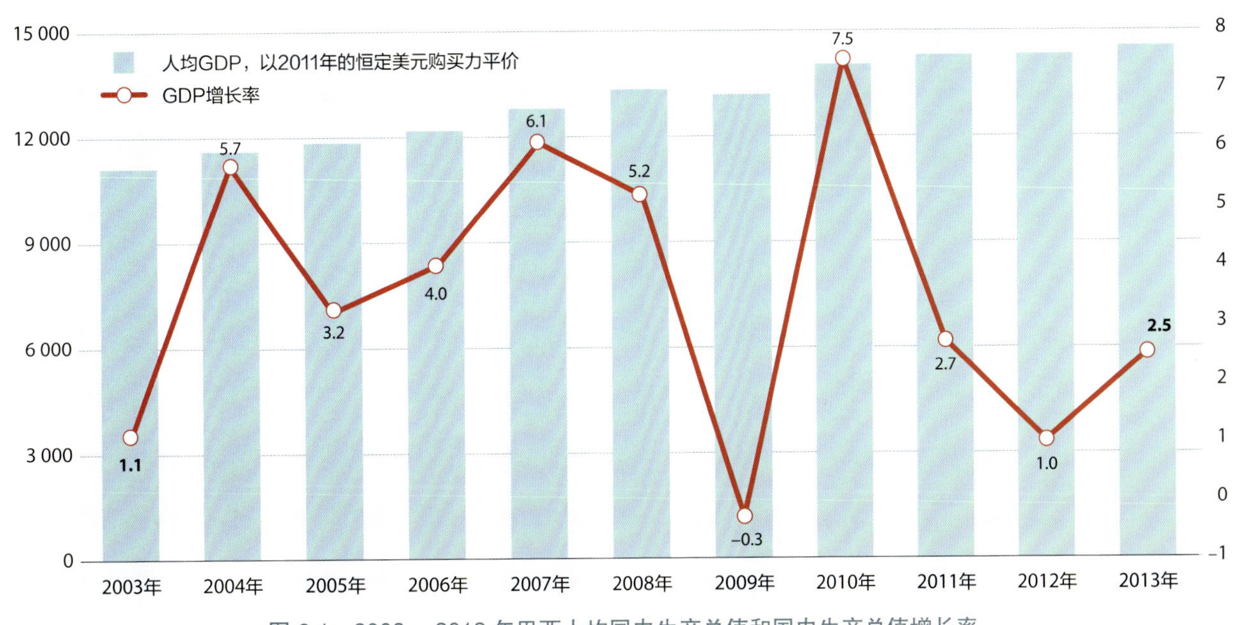

图 8.1　2003—2013 年巴西人均国内生产总值和国内生产总值增长率

来源：世界银行的世界发展指数，2015 年 5 月。

于上一年的 5.4%。尽管在脱贫问题上巴西已经领先于拉丁美洲的绝大多数国家，但是比巴西在这方面做得更好的国家还有诸如乌拉圭、阿根廷和智利等国家。

巴西劳动生产率停滞不前

另一项最近的研究 ECLAC，2014b 表明拉美政府的扩大社会支出没能够换来更好的劳动生产力，与发达国家的此类发展呈反向发展。但是智利却不在此行列国家之内，在 1980 年到 2010 年期间，它的劳动生产力成翻倍增长。

如果我们将巴西与其他新兴国家进行对比，巴西的境遇有点类似于俄罗斯和南非，自从 1980 年以来它的劳动力发展就已经停滞不前了。但另外，例如中国和印度，在过去数十年里显著地提升了他们的劳动生产力，虽然他们的起步也较晚（Heston 等，2012）。

虽然在 2004 年到 2010 年间的商业大发展没有起到多大的作用。部分关于巴西在近些年发展不佳，或者在少个别情况有稍许发展的解释是巴西的发展绝大程度地依赖于它对服务行业的发展；这个行业对于技能的要求并不是很高，所以对于劳动力的需求也相应减少。

政府制定了一系列政策来间接地寻求生产力的提升。《2011—2020 年的教育规划纲要》提供了对于发展基本和职业教育的政策：2011 年建立的新项目资助了低技能工人的职业训练，并且给高等教育提供了奖学金。

在 2012 年关于公共养老基金和失业保障制度的改革，再加上劳动所得税的降低，都是旨在鼓励人们从事常规经济产业，这些产业较之于非常规产业对创新所做的贡献更大（经济合作与发展组织，2014）。然而，少有实质性的政策是为巴西在前端科技领域与竞争者进行竞争而特别制定的。因为劳动力发展水平代表着对于创新产业的吸收和产出，巴西自身较低的生产力水平表明它没有打算用创新产业来促进经济发展。[①]

① 包含生产力在内的关于创新和经济发展的关系，是现代发展经济理论和企业研究的关注中心。在阿吉翁和何汇特可以找出对此更好的解释（1998）。

科学技术与创新的发展趋势

削减繁文缛节，社会组织更加灵活

巴西的公共研究机构和大学遵循着林林总总的制度规章，这让他们很难去发展。各个州本想发展他们各自研究机构和大学的机制，但是，因为所有的规章制度都是对所有国民普适的，所以各个州不得不遵循相同的规章制度。因此，他们也面临一样的处境和困难。这些处境包括广泛的官僚机构，去招募员工的义务，或者，从公务员，类似的职业阶梯和工资系统，不规则的资金流动，过于复杂的采购程序和强大的公务员工会。

随着社会组织的创立，一个结构性变化从 1998 年发展起来。这些私人非营利实体管理公共研究机构与联邦机构签订合同。他们有自主权雇用（或解雇）员工，拟定合同，购买设备，选择科学或技术研究的主题和与私营企业签订研发合同。凭借这些社会机构的灵活性以及它们的管理方式使得巴西的科技发展取得成功。如今，像这样的机构一共有 6 所：

- 纯粹和应用数学研究所（巴西理论数学和应用数学研究所，见专栏 8.1）。
- 亚马孙森林可持续发展研究所。
- 国家能源和材料研究中心（国家能源和材料研究中心，见专栏 8.2）。
- 管理和战略研究中心（研究中心）。
- 国家教学和研究网络。
- 最新加入的巴西研究和工业创新企业。它成立于 2013 年年末，通过提案来带动创新；只有合格的机构和企业才能进行提案，这样一来就加速了整个运行过程并且申请者有很大的成功概率；巴西研究和工业创新企业将要在 2015 年进行估值。

在 1990 年代末，随着经济改革启动而采用立法刺激私人研发。最重要的里程碑是创新的国家法律。在 2006 年批准后不久，科学、技术和创新部门发表一个《科学、技术和创新行动计划》，并且建立了在 2010 年前要取得的四个主要目标，关于这四个目标在《联合国教科文组织科学报告 2010》中有详细描述：

- 将国内生产总值的研发支出从 1.02% 提高到 1.5%。

第 8 章 巴西

专栏 8.1 巴西纯数学与应用数学研究所

里约热内卢的理论数学与应用数学研究所作为巴西国家研究委员会的一个分支成立于1952 年。从一开始，巴西国家研究委员会的任务就是进行高级数学研究，培养青年科学家以及在巴西社会传播数学知识。

自 1962 年起，理论数学与应用数学研究所研究生计划已经嘉奖过 400 多个博士生，硕士奖励人数是博士生奖励数量的两倍。大约一半的学生来自国外，主要来自其他拉美国家。50 个教员还包括 14 个不同国家的公民。

在 2000 年，理论数学与应用数学研究所获得社会组织的地位，允许它有更灵活和便捷的资源管理，在招聘员工和职业发展方面给予其给更大的自治权。

在 2014 年，理论数学与应用数学研究所加入了专属组织集团，它的一名员工阿图尔·阿维拉还获得了该领域的特别领域奖章，阿维拉在 2001 年从委员会获得了他的博士学位并且自 2009 年起就成了该研究所的永久员工。阿维拉是迄今为止唯一的该领域奖章获得者并且他所受的教育都是在发展中国家完成的。

巴西理论数学和应用数学研究所与巴西数学学会正在筹备 2018 年的国际数学家大会。

来源：www.icm2018.org.

专栏 8.2 巴西的能源和材料研究中心

国家能源和材料研究中心是巴西历史最久的社会组织。它管理的国家实验室领域包括生物科学、纳米技术和生物乙醇。

自 1990 年以来，国家能源和材料研究中心还管理着拉丁美洲唯一的同步辐射光源。对于光源和光束线的设计和安装所采用的技术都是该中心自己研发的（见第 210 页图片）。

国家能源和材料研究中心正在发展和建设一款新型的且极具国际竞争力的同步加速器，取名为“天狼星”。它的光束量达到 40，并且它也是世界上第一个第四代同步加速器。这个价值 5.85 亿美元的项目将是巴西有史以来建造的最大的科学技术基础设施。它将用于拉丁美洲研发项目，从学术界、研究机构到私人和公共公司。

典型的工业应用设备将包括开发方法分解沥青质以抽取高黏度油；从乙醇催化生产氢基本过程的解释；了解植物和病原体之间的交互控制柑橘类疾病；分析催化纤维素水解生产第二代燃料乙醇的过程的分子。

国家能源和材料研究中心的这一举措使得它在结构上成为一个社会组织，它在项目管理方面享有自主权。

来源：作者。

- 将国内生产总值的企业研发支出从 0.51% 提高到 0.65%。
- 增加奖学金的数量（不同层次）从 10 万份提升至 15 万份，这些奖学金均是由两家联邦机构提供的——国家研究委员会和高等教育人员能力建设合作基金会。
- 通过建立 400 所职业发展中心和远程教育中心来发展社会科技，扩大数学奥林匹克人数至 2 100 万名，给中等教育水平的学生发放 10 000 份奖学金来促进社会科技发展。

截至 2012 年，国家研发投入占国内生产总值的 1.15%，企业研发支出占国内生产总值的 0.52%。这些数值在之前一直没有达到。国家研究委员会和人员能力建设合作基金会总体上很容易地实现了博士授予学位数量（在 2010 年前达到 31 000 名，在 2013 年前实现 42 000 名），但在三等奖学金的发放上没能达标（在 2010 年前达到 141 000）。《2005—2010 国家计划研究生教育》预计在项目结束前授予的博士学位数量是 16 000 名。因为在 2010 年实际授予的博士学位数量是 11 300 名，并且在 2013 年授予的博士学位也少于 14 000 名，这一项指标实际上也没有达到预期目标，但在 2013 年国家几乎发放了 42 000 份博士奖学金。

在另一方面，部分地实现了科普文化教育的目标。例如，在 2010 年，超过 1 900 万名学生参加了巴西公立学校的数学竞赛，在 2006 年 1 400 万名的基础上有所增加。然而，自那以后，这个数值的发展就停滞不前了。截至 2011 年，有望可以实现远程教育和职业教育的目标，因为这方面已经开始有所发展。

巴西第四次全国科学技术大会①（2010 年）为《2010—2015 国家计划研究生教育》奠定了工作基础，为减少区域和社会不平等的研发工作建立了工作规划；同时以可持续发展的方式探索了国家自然资本；通过创新机制为制造业和出口行业提升附加值；也同时提升了巴西的国际地位。

在巴西第四届全国科学技术大会所提出的议案都结集在一本蓝皮书中，这本书结集了未来四年的计划和具体目标，这本计划书被称为《更强的巴西》。在 2011 年一月这个计划的实施恰逢迪尔玛 · 罗塞夫的执政时期。面向 2014 年的《更强的巴西》中所包含的目标有：

- 提升固定资产投资的水平，从 2010 年国内生产总值的 19.5% 到 22.4%。
- 企业研发支出从 2010 年国内生产总值的 0.57% 提高到 0.90%。
- 增加已完成中等教育劳动力的比例，从 54% 提高到 65%。
- 提高知识密集型企业的份额从总数的 30.1% 到 31.5%。
- 创新的中小企业的数量从 37 000 增加到 58 000。
- 多元化出口，国家在世界贸易的份额从 1.36% 增加到 1.60%。
- 家庭固定宽带互联网从 1 400 万户扩大到 4 000 万户。

到目前为止取得实质性进展的目标是最后一项目标。截止到 2014 年 12 月，几乎有 2 400 万户具名（36.5%）安装了宽带。固定资本投资已经下降到国内生产总值的 17.2%（2014），企业研发支出已回落至国内生产总值的 0.52%（2012）并且巴西的世界出口份额下降到 1.2%（2014）；同时，在绝对出口额方面，巴西已经跌落了三个名次，落退至世界第 25 位。完成中等教育的年轻人数量也没有上涨，他们也没能够参与到工作中来。我们将在以下的篇幅讨论出现这种趋势的具体原因。

另一个与《更强的巴西》无关的项目“科学无国界”得到了官方很多的留心，并且收到联邦研发基金不少的资助。“科学无国界”项目于 2011 年开始启动，旨在 2015 年年末前向外派遣 10 万名大学生。

高等教育的发展趋势

私有入学率在高速发展之后呈现放缓趋势

自从 20 世纪 90 年代后半段开始实施经济稳定计划以来，高等教育开始呈现非常高的招生率。这在本科生招生方面体现得尤为明显，自 2008 年起本科生多出了 150 万名。其中大约有四分之三的本科生（730 万）加入了私立教育机构。它们趋向于以教学为主，但也有极个别情况，例如天主教网络大学以及很多的非营利进行经济学教学和管理的机构，比如像瓦格斯基金会。近乎半数的私立高等教育提升的招生率都得益于远程教育项目，这也是巴西高等教育一个新兴趋势。

在 2014 年政府用补贴给 200 万名大学生进行了助学贷款。尽管有补贴的资助，私立高等教育院校的入学率还是有所下滑，可能是经济衰退的原因，也可能是学生对于合同债务的意愿下降造成的。只有 12 万份贷款延续到了 2015 年 3 月，也就是新学年开始后的一个月。然而在 2014 年学生获得了 73 万份贷款，教育部寄希望于这个数字可以在 2015 年降到 25 万份。

在公立教育方面，重组和扩张联邦大学计划②使得公立大学以及大学和技术学院的数量提升 25%，学生人数在 2007 年到 2013 年提升 80%（从 64 万名增长至 114 万名）。研究生教育也慢慢盛行于公立大学，在 2008 年到 2012 年间授予的博士学位增长了 30%（见图 8.2）。

教育质量比教育周期更重要

提高生产力要求不断进行资本投入并且 / 或者采用新科技成果。创建、开发和整合新技术需要熟练的劳动力，包括对那些与创新机制密切相关的人

① 第一届会议召开于 1985 年，届时是平民政府重新当政时期，其召开目的旨在建立新的科学技术部。第二届会议召开于 2001 年。第三届会议，召开于 2005 年，主要为《科学、技术和创新的行动计划》（2007）奠定了工作基础。

② 参见：http://reuni.mec.gov.br/.

员的技术培训。甚者在服务行业中，现在服务行业所创造处的产值占到巴西国内生产总值的 70%，一个受过良好教育的劳动力更能推动劳动力的发展。

因此提升巴西成人的平均教育水平被摆放到战略性重要的位置。根据经济合作与发展组织的国际学生能力评估计划（PISA）得知，巴西现行的教育质量是非常低的。在 2012 年的国际学生能力评估计划考试情况来看，人均年龄 15 岁的巴西公民所取得的数学成绩要低于经济合作与发展组织标准一个标

专栏 8.3　科学无国界

“科学无国界”是由科学、技术和创新部门与教育部联合创立的一个提议，分别通过它们各自的资助机构国家研究委员会与基金会来维持运行。

这个项目在 2011 年年初开始运行并在同年八月向外输出第一批学生。

截至 2014 年年底，它已经向国外输出多于 7 万名学生，主要留学地集中在欧洲、美国以及加拿大。其中 80% 的留学生都是本科生，他们要在异国求学一年以上。

在读博士也可以在国外待一年以上来做深入研究。

该项目其他的受益人群包括在国外攻读博士或博士后的学生，也有少部分的访问教师和年轻的教员到国外进行交流。受雇于私营企业的研究人员也可以申请国外专门培训。

本项目也旨在吸引国外的年轻研究人员，这些年轻的研究人员可能想要定居在巴西或者与巴西的研究人员在一些领先领域建立合作关系，它们分别是：

- 工程学；
- 纯自然科学；
- 健康和生物医学科学；
- 信息与通信技术；
- 航空宇宙；
- 药物；
- 可持续农业生产；
- 石油、天然气和煤炭；
- 可再生能源；
- 生物技术；
- 纳米技术和新材料；
- 技术预防和减轻自然灾害；
- 生物多样性和生物勘探；
- 海洋科学；
- 矿物；
- 建设工程的新技术；
- 培训有关技术人员。

关于本项目对于巴西的高等教育和研究体系有何影响还未做出具体评估。在 2015 年 9 月，有关部门决定“科学无国界”项目只到 2015 年。

来源：作者。

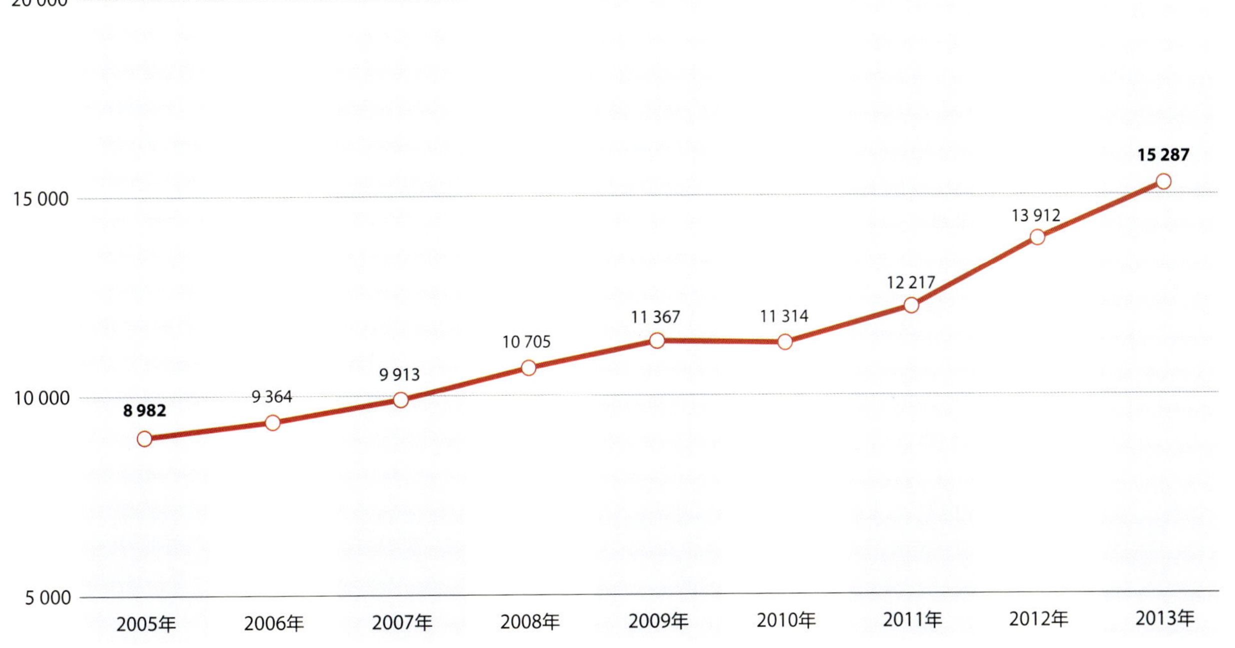

图 8.2　巴西 2005—2013 年获得的博士学位情况

来源：人员能力建设合作基金会；教育部；InCites 数据库。

准差，尽管巴西年轻人在 2003 年至 2012 年期间在数学方面所获得的进步比任何国家都要高[①]。但是巴西青少年在阅读和科学课程方面表现不佳。

最近的一项研究用国际学习成果评估和经济数据对近 40 年的大部分国家进行研究，表明对经济发展起作用的不仅仅是教育的年限时长，而是教育能否培养起所必需的技能（Hanusheck 和 Woessmann，2012）。运用国际学生评估项目的成绩作为对年轻学生的能力的评估样本，作者解释道，每 100 分都会人均地对经济发展起到 2 个百分点的推动作用。

巴西刚刚起草了面向 2024 年的国家教育法。其中一项指标就是在 2024 年之前取得国际学生评估项目总分的 473 分。如果巴西过去的发展作为标识的话，那么它的这项指标可以算是困难重重，从 2000 年到 2012 年，巴西学生平均每年以 2 分的成绩进行增长，主要涉及科目是数学、科学和阅读；基于这种发展速度，直到 2050 年，巴西才能达到 473 的指标。

教学质量不是规章制定者所考虑的唯一因素：尽管在扩张方面做了很多努力，但是中等教育的毕业者自 2000 年年初以来就一直停在 18 万左右的样子。这也意味着只有半数的目标人口从中学毕业，这一趋势不利于今后高等教育的发展。在 2013 年考入的大学的 27 万名学生中有许多人都是年纪较大的人员，他们返校只是为了一纸文凭，而且凭借着这一要求也不会进行长远发展。尽管有相对较小部分的学生可以完成本科学习（目前约 15% 的年轻的成年人），但是他们也不能较好地获得高水平的技能以及内容相关的知识储备，国家的高等教育评估体系都能为这些现象提供佐证（Pedrosa 等，2013）。

国家颁布一项提议来扩大合格劳动力的比例，这个项目实施于 2011 年，它主要针对的是中学的职业和技术教育。政府资料显示，已经有超过 800 万人口从项目中获益。但更为令人印象深刻的是有人质疑这个项目大多数接受该项目培训的青少年未能获取许多新的技能，并且用于发展的该项目的资金可能被挪作他用。其中批判声音最为明显的是大多数钱被投向私立学校，而私立学校在发展职业教育时经验是十分有限的。

① 参见：http://reuni.mec.gov.br/.

研发趋势

研发支出的目标仍然难以捉摸

巴西在 2004 年和 2012 年之间的经济繁荣转化为更高的政府和企业研发支出。国内生产总值中的研发支出 355 亿美元购买力平价几乎翻了一番（2011 年的美元汇率，见表 8.3）。大部分的增长发生在 2004 年至 2010 年之间，国内生产总值中的研发支出从 0.97% 增长到 1.16%。自 2010 年以来，政府部门就已经推高了研发强度，非政府的贡献已经从 0.57% 下降到国内生产总值的 0.52%（2012）。2013 年的初步数据显示政府开支出现小幅增长以及从业务部门的一个连续贡献（相对于国内生产总值）。从 2015 年开始企业研发支出可能缩减，直至经济显示出复苏的迹象。甚至是最乐观的分析家也不指望这点在 2016 年前发生。固定资产投资在巴西在 2015 年预计将进一步下降，特别是在制造业。这一趋势必将影响研发支出的行业。巴西石油危机将在研发、投资产生重大影响，因为近年来它自己就占全国 10% 的年度固定资产投资。最近宣布的削减联邦预算和其他紧缩措施应该也会影响政府对研发支出。

巴西的科研投入 / 国内生产总值比率仍然远低于发达国家和中国等新兴市场经济体动态，尤其是韩国（见第 23 章和第 25 章）。同时，巴西的发展也很类似于停滞的发达经济体，如意大利和西班牙和其他主要新兴市场如俄罗斯联邦（见第 13 章）。但巴西还是遥遥领先于其他拉丁美洲国家（见图 8.4）。

当涉及人力资源的研发时，巴西和发达经济体之间的差距要大得多（见图 8.5）。同样受人瞩目的是在近些年科研人员在经济领域的雇用率下滑严重（见图 8.6）。这趋势和大多数发达国家和主要新兴国家的发展是截然相反的；它在一定程度上反映出研发在高等教育的扩张以及部分业务部门研发突出的增长乏力。

私营企业研发投入少

几乎所有的非政府研发支出来自私营企业（私立大学只占其中的一小部分）。根据政府的初步数据显示，自 2010 年以来，这种支出在国内生产总值中所占的份额下降（见图 8.3）；它已经从 49% 减少到总开支的 45%（2012），甚至到 2013 年减少的 42%。企业部门在 2014 年之前没有可能把国内生产总值的 0.90% 进行科研投入。

巴西的私营研发较低在于国民较低的科学水平和技术技能，以及缺乏激励措施，鼓励企业开发新技术、新产品和新工艺。正如我们在上一章节看到的那样，所有可得的指标都在表明巴西现行的教育体系还不足以让其国民正常工作在一个技术先进的社会中，也无法有效地对技术进步做出贡献。

至于巴西的低水平的创新，这种现象是根植于企业和行业的根深蒂固的对于开发新技术的忽视。当然，也有部分领域技术创新带动兴趣发展，例如，巴西航空工业公司，巴西的飞机制造商；巴西国家石油公司；以及大型矿业集团淡水河谷，在他们各自的领域都极具竞争力，都配有训练有素的人员，且它们的技术，工艺和产品都富有创新性和竞争力。这些创新公司都有一个共同的特点：他们的主要产品要么是商品，要么为服务行业所使用，如商业飞机。巴西的另一个富有创新性且具有国际竞争力的领域是它的农业，同时它也是大宗商品部门。然而，巴西没有一个能在前沿信息和通信技术或者电子或生物技术领域进行竞争的公司。为什么是这样呢？在我们看来，保护内部市场的长期巴西工业政策对当地生产的商品（以各种形式）在这一过程中发挥了核心作用。直到现在我们来意识到仅仅是如何破坏这种进口替代政策发展的创新环境。为什么当地的企业要进行研发投入呢？而且一般情况是本地企业在本地保护主义的庇护下与本地非创新型企业进行竞争。近些年正如由于该政策的推行致使巴西在世界贸易所占份额逐渐减少，特别是在对外工业产品的出口方面，在过去几年中，这种趋势还有明显加速发展的趋势（Pedrosa 和 Queiroz，2013）。[①]

这种情况在短期内可能会恶化，最近的数据表明：2014—2015 年是近几十年来工业发展最糟糕的年限，特别是体现在制造业的转型上。

目前的经济下滑已经影响到了政府利用扇形基金来征收税收的能力，因为在许多季度利润下降。扇形基金成立于 20 世纪 90 年代，巴西的扇形基金是研发的主要资金来源[②]。每一项扇形基金通过对特种工业和服务业进行税务征收，例如能源公用事业公司这样的企业。

① 佩德罗萨和奎罗斯（2013）仔细分析了巴西现今产业政策以及它们在不同领域所产生的影响，从石油和更广泛的能源行业到汽车行业和其他消费品。

② 关于巴西的扇形基金的详细介绍，请参阅《联合国教科文组织科学报告 2010》。

“巴西式消费”拖公司经营的后腿

巴西现代工业发展因为现代基础设施缺乏而发展受限，这在物流行业和发电行业体现得尤为明显。再加上工商登记、税收和破产的程序较为烦琐，这都使得在巴西经营商业成本较高。后者被常常描述为“巴西式消费”（Custo Brasil）。

“巴西式消费”不利于巴西商业发展在国际上的竞争，也有碍于创新发展。巴西的出口水平相对较低。尽管期间出现过大宗商品热潮，但出口份额在国内生产总值中所占的份额在 2004 年至 2013 年从 14.6% 一度下降到 10.8%。单凭不利于发展的汇率是不能解释这一现象的。

巴西出口的大多数商品都属于基本商品。在 2014 年上半年这些基本商品达到出口总额的 50.8%，相比于 2005 年的 29.3%。大豆和其他谷物占出口总额的 18.3%，铁矿石、肉类和咖啡占 32.5%。其中只有三分之一的商品（34.5%）属于制造业，相比于 2005 年的 55.1% 大幅下降。在制造业出口方面，只有 6.8% 可以算作高新技术产品，相较之那些科技含量较低的商品占到 41.0%（相比于 2012 年的 36.8%）。

最近的数据显示了一片暗淡发展局面。2014 年 11 月和 12 月之间的工业产值下降了 2.8%，全年的工业产值下降了 3.2%。同比，这次衰退在资本商品（–9.6%）和耐用商品（–9.2%）方面体现得尤为显著。这也显示了固定资产投资的下滑态势。

大多数政府研发支出涌向大学

多数国家的大部分政府研发支出都涌向了大学教育（见图 8.7）。在 2008 年和 2012 年之间，这一投资比例从 58% 略微增至 61%。

在其他领域的研发投入，农业排在第二位，这也与巴西的历史因素有关，因为巴西是继美国之后世界第二大食品生产国。由于巴西运用了更多的创新技术，使得其农业产量自 20 世纪 70 年代以来不断上升。工业研发排在第三位，紧接着是卫生和基础设施方面的研发投入。剩下其他部门研发投入占政府开支的 1% 或者更少。

也有一些例外情况，2012 年政府研发[③]开支和 2000 年是持平的。紧随着工业技术从 1.4% 急剧增加

③ 请参阅《联合国教科文组织科学报告 2010》第 105 页对 2000 年和 2008 年进行比较。

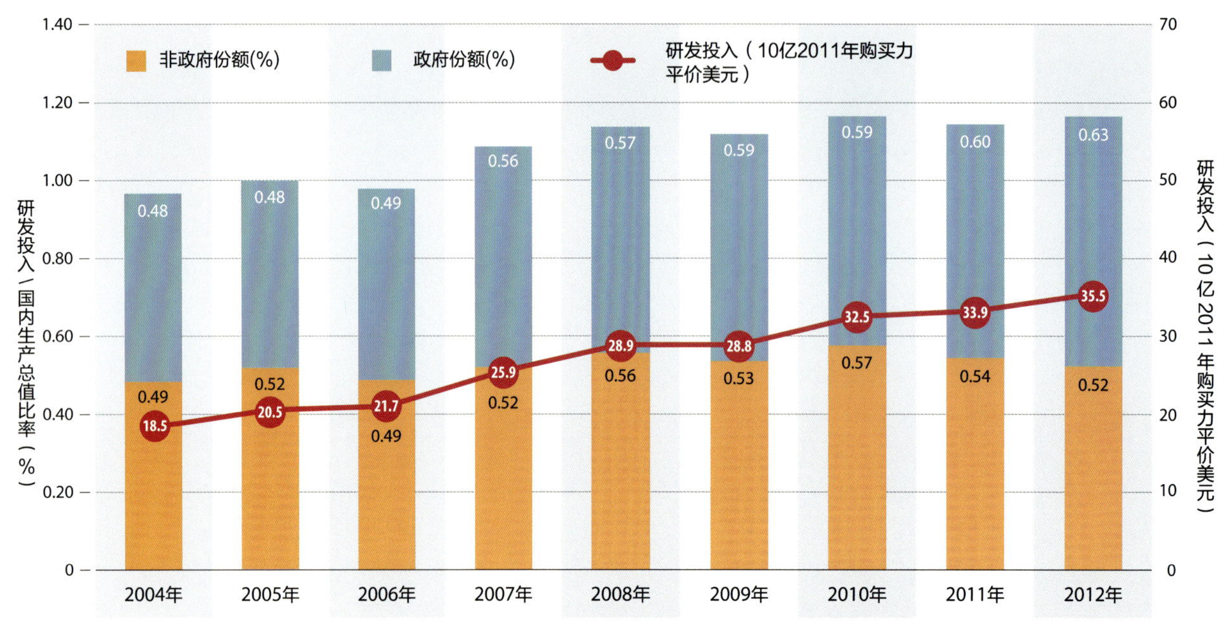

图 8.3　巴西 2004—2012 年资金部门对研发的投入

注：绝大多数非政府资金来自企业。从 2004 年到 2012 年私立大学仅占研发投入的 0.02% ~ 0.03%。图 8.3 和图 8.4 的数据是基于对巴西现行可用的 2015 年 9 月的数据，这可能与现行报告里面的国内生产总值的数据不相符。

来源：巴西科学、技术和创新部。

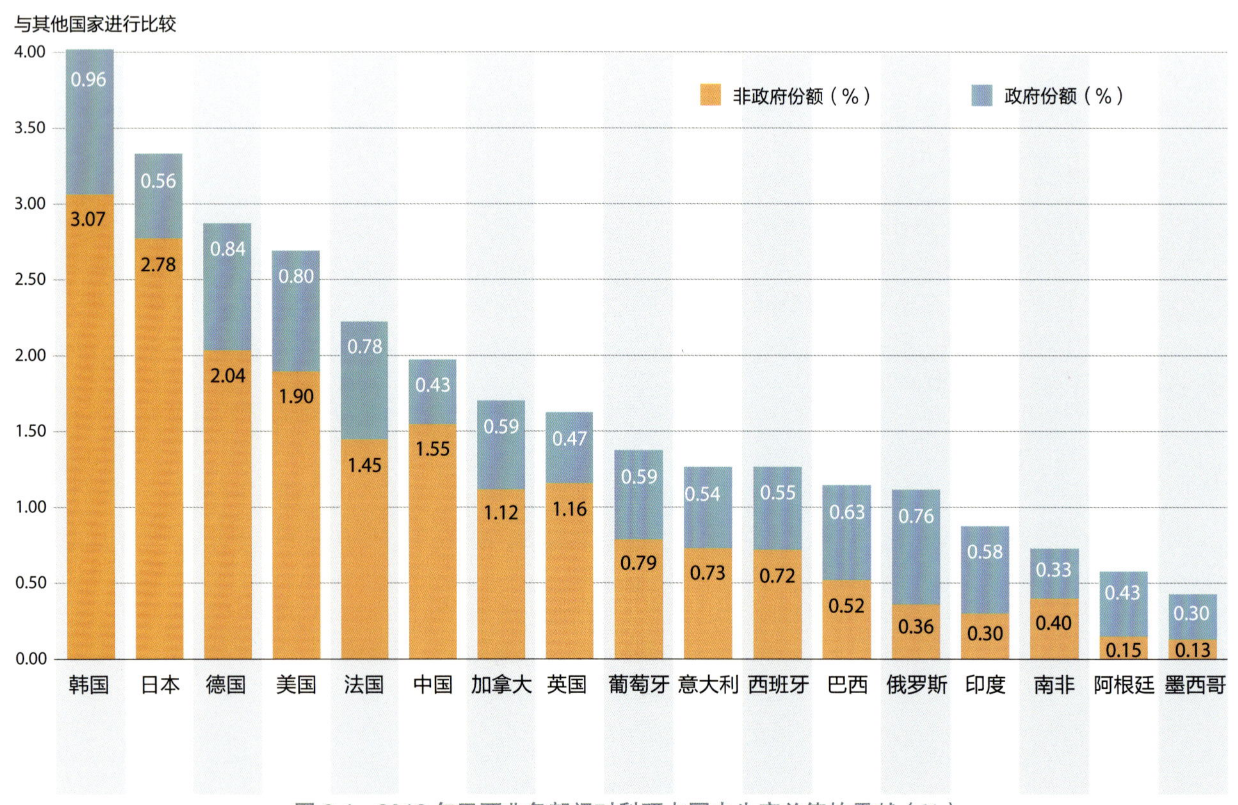

图 8.4　2012 年巴西业务部门对科研占国内生产总值的贡献（%）

来源：经济合作与发展组织的主要科技指标，2015 年 1 月；巴西科学、技术和创新部。

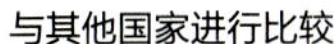

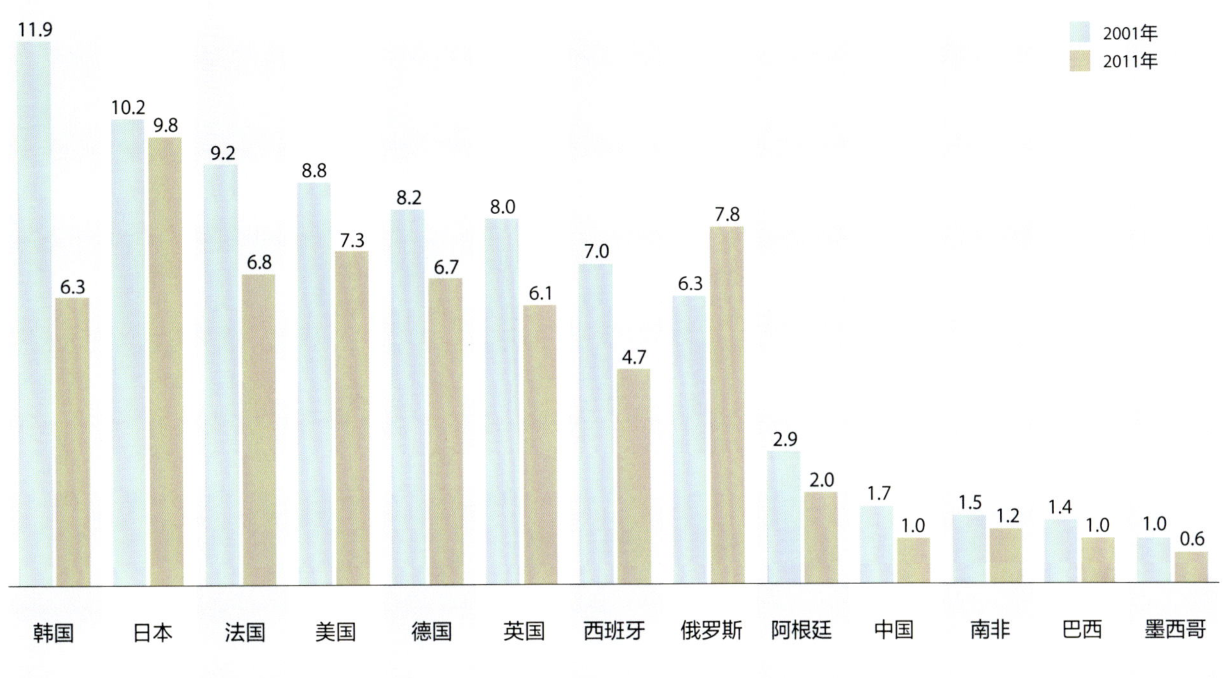

图 8.5　2001 年和 2011 年巴西每 1 000 劳动力中全职研究人员数量（%）

来源：经济合作与发展组织的主要科技指标，2015 年 1 月。

与其他国家进行比较

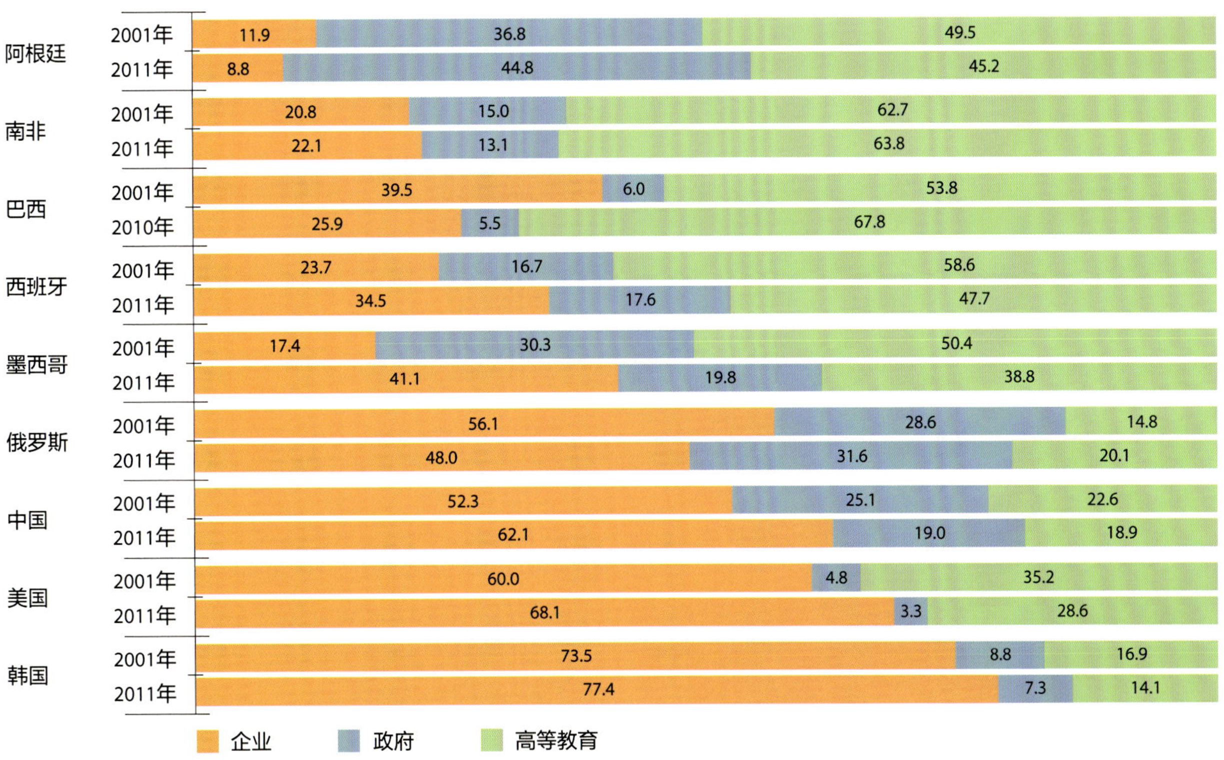

图 8.6　2001 年和 2011 年不同领域全职研究人员所占份额（%）

来源：经济合作与发展组织的主要科技指标，2015 年 1 月。

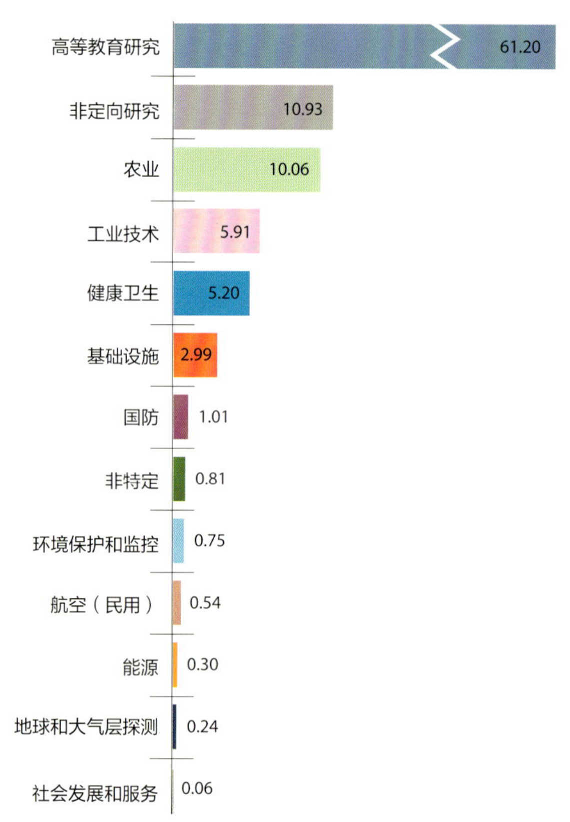

图 8.7　2012 年巴西政府研发支出的社会经济目标（%）

来源：巴西科学、技术和创新部。

至 6.8%。在 2000 年至 2008 年，政府研发支出的份额下降到 2012 年的 5.9%。空间研发的投入从 2000 年的制高点 2.3% 呈现螺旋式下降。在 2000 年和 2008 年之间，国防研究支出已经从 1.6% 缩减到 0.6%，但自那以后又反弹至 1.0%。能源的研究也从 2.1%（2000）下降到 0.3%（2012）。总体而言，虽然有发展的不足之处，但是政府研发支出的分配是相对稳定的。

在 2013 年 5 月，巴西与阿根廷公司 INVAP 签订合同来协助巴西建立一个多功能的核反应堆来研究和生产放射性同位素，这些技术将被应用至核医学、农业和环境管理当中。INVAP 已经为澳大利亚建立了一个类似的反应堆。多用反应堆预计将于 2018 年投入运行。届时它将建立在圣保罗的海洋技术中心，巴西公司 Intertechne 将会对其进行基础设施建设。

公司创新活动有所减少

根据巴西地理和统计研究所的创新调查表明，自 2008 年以来巴西所有企业在创新活动方面有所下降（IBGE，2013）。这项调查涵盖了所有公有和私营公司的主要部门，也包含涉及科技的服务行业的公司，例如像电信和互联网服务提供商或者电力和天然气公司。2008 年至 2011 年间企业进行创新活动的比例从 38.1% 下降到 35.6%。

其中电子通信行业的在该方面的下降是最为明显的，又分别体现在商品（–18.2%）和服务（–16.9%）的下降上。在 2008 年和 2011 年之间，较大的公司似乎也开始减少了创新活动的发展空间。例如，在这一阶段，有着 500 名或更多员工的公司参与开发新产品的份额从 54.9% 降到 43.0%。根据统计研究所对于 2004 年至 2008 年间与 2009 年至 2011 年间的创新调查对比表明 2008 年的金融危机已经对大多数巴西企业的创新活动产生负面影响。自 2011 年以来，巴西的经济形势进一步恶化，这尤其体现在工业部门。由此我们可以推断出巴西下一个创新调查将显示出更低水平的创新活动。

在可再生能源方面削减支出

在 2000 年代末，全球能源和食品价格飙升但巴西却在能源相关行业发展的风生水起，那时巴西对生物柴油的发展前景应该抱有很多希望。国有石油巨头在巴西比任何一个单独的公司注册的专利都要多。而且，发电公司要根据法律规定要拿出它们规定收入的一部分来进行研发投入（见专栏 8.4）。

虽说能源是一个重要的经济部门，但也没能阻止在 2000 年和 2008 年间政府削减其能源研究开支从 2.1% 降至 1.1%，然后又降至 2012 年的 0.3%。对于这些削减的开支，可再生能源首当其冲。因为公共投资越来越多地转向深海石油以及巴西东南沿海天然气勘探。受到这一趋势主要影响的是乙醇工业，导致它不得不关闭工厂和削减自己的研发投资。乙醇行业的部分困境是由巴西国家石油公司的定价政策造成的，乙醇行业的主要股东国家石油公司在 2011 年和 2014 年之间人为地压低油价来控制通货膨胀。这一行径反过来又抑制了乙醇的价格，使得乙醇生产生困难。这一政策最终蚕食的是巴西石油公司的收入，继而迫使其削减在石油和天然气勘探方面的投资。并且巴西国家石油公司一家就包揽了巴西大约 10% 的固定资产投资，再加上这一趋势的发展以及腐败丑闻的影响动摇了整个公司的经营，这势必进一步波及巴西总体研发投资。

巴西近四分之三（73%）的电能来自水力发电（见图 8.8）。而且这个贡献率在 2010 年有望达到四分之五。但是水力发电量也会因为降雨量下降和老化的水电站设备而大打折扣。

专栏 8.4　公司在能源效率上的投入——巴西的一项法律义务

根据法律规定，巴西电力公司必须拿出其收入的一部分来制订发展能源效率计划，来促进国家科学技术发展基金（FNDCT）的发展。法律涵盖了国有和私营公司在发电、输电和配电方面的工作。国家科学技术发展基金对大学、研究机构和工业研发中心的研发进行资助。

类似于这样的法律颁布于 2000 年，且最新修订版出台于 2010 年。

法律要求供电公司在研发方面投资净营业收入的 0.20%，在能源效率计划方面投入净营业收入 0.50%；另外的 0.20% 投向国家科学技术发展基金。

对于发电和输电公司来说，它们拿出净营业收入 0.40% 进行研发，贡献 0.40% 到国家科学技术发展基金。能源效率投资项目被认为是企业的研发支出，而对于国家科学技术发展基金的投入被认为是政府资助。法律有效期至 2015 年年底，到时法律将被更新或修订。

根据国家电能机构所言，能源效率计划在 2008 年和 2014 年之间一共为巴西节约电力 3.6 千兆瓦时，这是一个相当可观的数字。在 2014 年，巴西在这些项目上投资了 3.42 亿雷亚尔，相比 2011 年通货膨胀前的投资额 7.12 亿雷亚尔减少近一半。

来源：作者。

还请参阅：www.aneel.gov.b.

基于化石燃料的集约热电发电站挽回了这一损失，因为太阳能和风能等新的可再生能源在能源结构中所占份额仍然很小。而且，尽管巴西在运输方面对生物乙醇的使用发展迅速，但是在能源产生的研究和创新所给予的关注度仍然十分不足，因为这涉及开发新能源和提高能源利用效率等问题。根据上述表述，我们已经不能指望巴西在能源方面的投入回升到 21 世纪之交时水平，而且在能源这一领域我们也很难看到巴西之前强劲的国际竞争力。

技术转移到私营部门是创新的关键

尽管巴西公司的整体创新性都处于较低的水准，但是其中也不乏像巴西航空工业公司这样的例外。另外一个例子就是大自然化妆用品公司，一家本土成长起来的公司（见表 8.5）。

在巴西不论从医药到陶瓷业，还是从农业到深海石油钻探，国有研究机构的技术转让给私营部门是创新机制的一个主要组成部分。在近几年，两个关键的研发中心被建立起来，它们是国家农业纳米技术实验室（LNNA, 建于 2008 年）和国家纳米技术实验室（LNNano，建于 2011 年）。这一战略投资，结合国家和州政府在相关领域的具体研究项目的资助，在具有高影响力的研究和技术移转的影响之下，使得从事材料科学的研究人员的数量迅速增长。巴西的材料研究学会（2014）[①] 公布的一份报告援引米纳斯吉拉斯联邦大学的一名研究人员鲁本·西尼斯特拉的话，他一直致力于研发缓解高血压的药物。

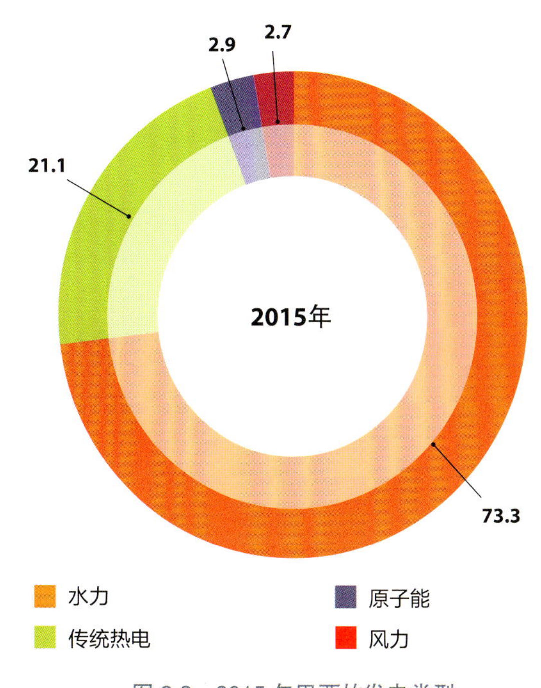

图 8.8　2015 年巴西的发电类型

来源：国家系统运营商数据：www.ons.org.br/home/.

西尼斯特拉信心满满的指出巴西的大学现在在药物输出方面有能力开发纳米材料，但也指出："我们国内制药公司没有内部研发能力，所以我们要与它们合作，推动新产品和工艺走向市场。"根据有关报道，在 2009 年和 2013 年之间巴西每百万居民关于纳米科学文章的数量从 5.5 篇上升到 9.2 篇。根据同一消息来源，每篇文章的平均引用数量下降了，从 11.7 下降到 2.6。2013 年巴西在纳米科学的文章占世界总量的 1.6%，一般科学文章的比例是 2.9%。

① 参见：http://iopppublishing.org/newsDetails/brazil-shows-that-materials-matter.

专栏 8.5　巴西创造：以大自然化妆用品公司为例

大自然化妆用品公司成立于 1986 年，是巴西在个人卫生用品、化妆品和香水市场的领导者。如今它已经发展成为一个跨国公司，分布于许多拉美国家和法国。它在 2013 年的净盈收是 70 亿雷亚尔（相当于 22 亿美元）。大自然化妆用品公司的主要任务是创造商业化的产品和服务来促进健康生活。它主要通过直销运营，它旗下有大约 170 万个女性顾问，这些顾问不通过实体店而是通过互联网将产品卖给老客户。其中有三分之二的顾问（120 万）定居在巴西。

该公司的发展理念是通过创新性和可持续性将社会环境问题转化为商机。2012 年，《企业爵士》认为大自然化妆用品公司是世界上第二大可持续发展公司（根据其经济条件）并且福布斯榜将其列为世界排名第八位的创新型公司。由于其企业行为，大自然化妆用品公司在 2014 年成为了世界上荣获 B-Corp 认证最大的企业。

大自然化妆用品公司雇用了一支 260 人的团队直接参与创新，他们中有超过一半的人获得了研究生学位。公司拿出自己约 3% 的收入来进行研发；在 2013 年这笔数值具体数目是 1.8 亿雷亚尔（大约 5 600 万美元）。其结果是，2013 年公司有三分之二（63.4%）销售收入都产自那些近两年发布的创新产品。其总的经济态势增长一直很快，并且大自然化妆用品公司的规模在过去十年里翻了两番。

在大自然化妆用品公司的创新过程中，巴西生物多样性起到了关键作用，它的新产品从植物中提取精华。巴西的植物赋予企业活跃的生物发展原则，这同时也需要与亚马孙地区进行合作，与诸如巴西农业研究公司（Embrapa）的科研院所进行合作。其中一个主要的例子是柯罗诺斯线，它的运作主要用到翅茎西番莲（百香果）这种植物，在运作过程中通过使用联邦基金（FINEP）并与圣卡塔琳娜州联邦大学发展伙伴关系；从柯罗诺斯生产线诞生出许多新的专利和合作研究项目。

大自然化妆用品公司在卡雅马尔（圣保罗）也发展了自己的研究中心。它的玛瑙斯创新中心就坐落于亚马孙州的首府城市，并与该地区的机构和企业建立了合作伙伴关系，在本地进行研发并将和技术转化成新产品；这一举动鼓励了其他公司投资于该地区。

大自然化妆用品公司也参与了国外的创新发展。诸如坐落在纽约的全球创新中心，它与麻省理工学院的媒体实验室（美国）、麻省综合医院（美国）以及法国里昂大学等其他机构都建立了国际合作伙伴关系。

如今，大自然化妆用品公司与 300 多个组织进行合作，它们分别类属于企业、科研机构、资助机构、非政府组织和监管机构，来推送实施 350 多个创新项目。2013 年时与这些机构的合作项目数量占到了大自然化妆用品公司承接项目总数量的 60% 以上。另外还有一个亮点，那就是 2015 年研究人类健康与人类行为的中心将在 2015 年启动开幕，届时它将与圣保罗研究基金会合作（FAPESP），包括研究设施的新中心设立在国家的公立大学。

来源：作者编撰。

专利比出版物发展速度慢

根据汤森路透数据库在 2006 年和 2008 年之间的文章收录情况来看，由于巴西期刊的数量发展迅速，自 2005 年以来巴西科学出版物由增加了一倍多。尽管是人为的增加，自 2011 年以来它的增长速度已经放缓（见图 8.9）。此外，在人均出版物层面上，虽然巴西走在多数邻国的前面，但是它仍然落后于那些有活力的新兴市场经济体以及发达经济体（见图 7.8）。实际上，当涉及影响层面，在过去的十年巴西已经失去了很多东西。一个可能的原因是自 20 世纪 90 年代中期以来，巴西高等教育入学率的速度已经提升，特别是学生们所求学的大学制度方面有所调整，其中一些高校可以招聘没有经验的教师，有些教师甚至可以没有获得博士学位就可以在大学任教。

根据巴西专利局数据表明巴西的专利申请数量从 2000 年的 20 639 增加到 2012 年的 33 395，提升了 62%。这个发展速度与上年同期的科学出版物数量增长率（308%）相比就逊色很多。此外，如果单纯统计居民的专利申请量，在这期间的增长率甚至更低（21%）。

国际上惯用的比较是用美国专利和商标局（USPTO）提供的专利的数量来间接的考量经济体的国际竞争力，这种竞争力主要依靠技术创新的基础。尽管在专利发展领域取得了长足的进步，但是就它的国家规模而言，它在专利强度方面仍然落后于其最大的竞争对手（见表 8.1）。与其他新兴经济体相比，较之于出版物巴西似乎也相对较少关注其国际专利的发展（见图 8.10）。

自 2008 年以来，巴西的出版物增长已略有放缓

与其他国家进行比较

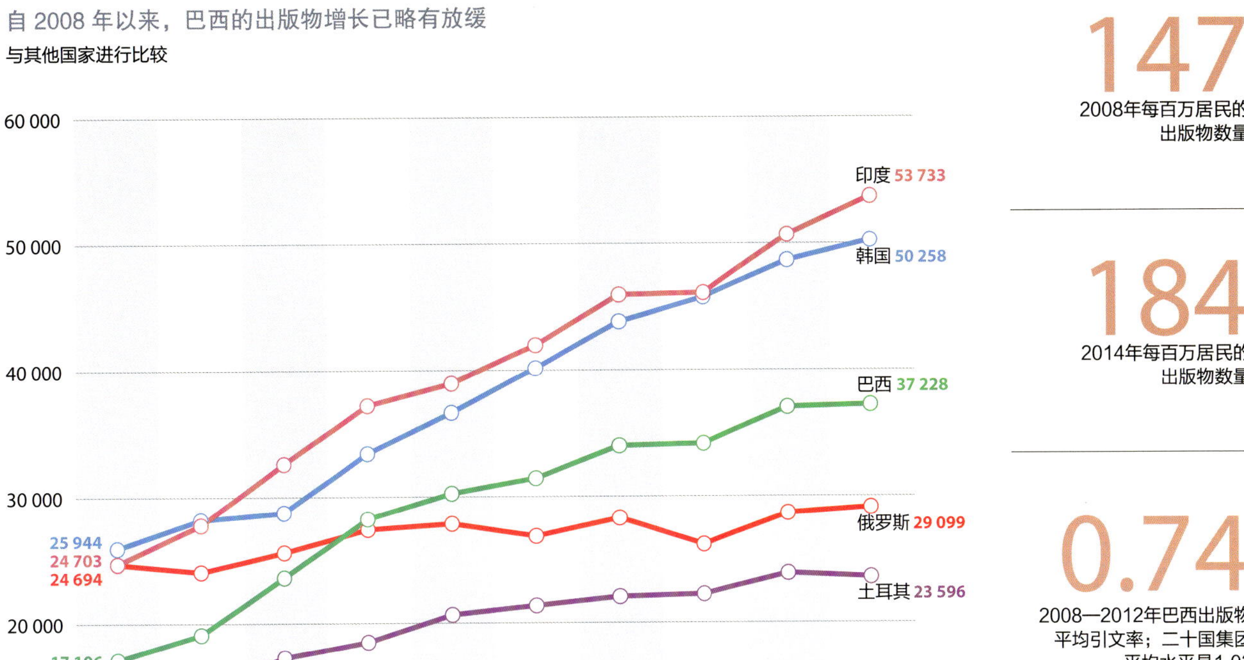

147

2008年每百万居民的出版物数量

184

2014年每百万居民的出版物数量

0.74

2008—2012年巴西出版物平均引文率；二十国集团平均水平是1.02

生命科学占巴西的出版物的绝大多数

2008—2014年按领域的总数统计

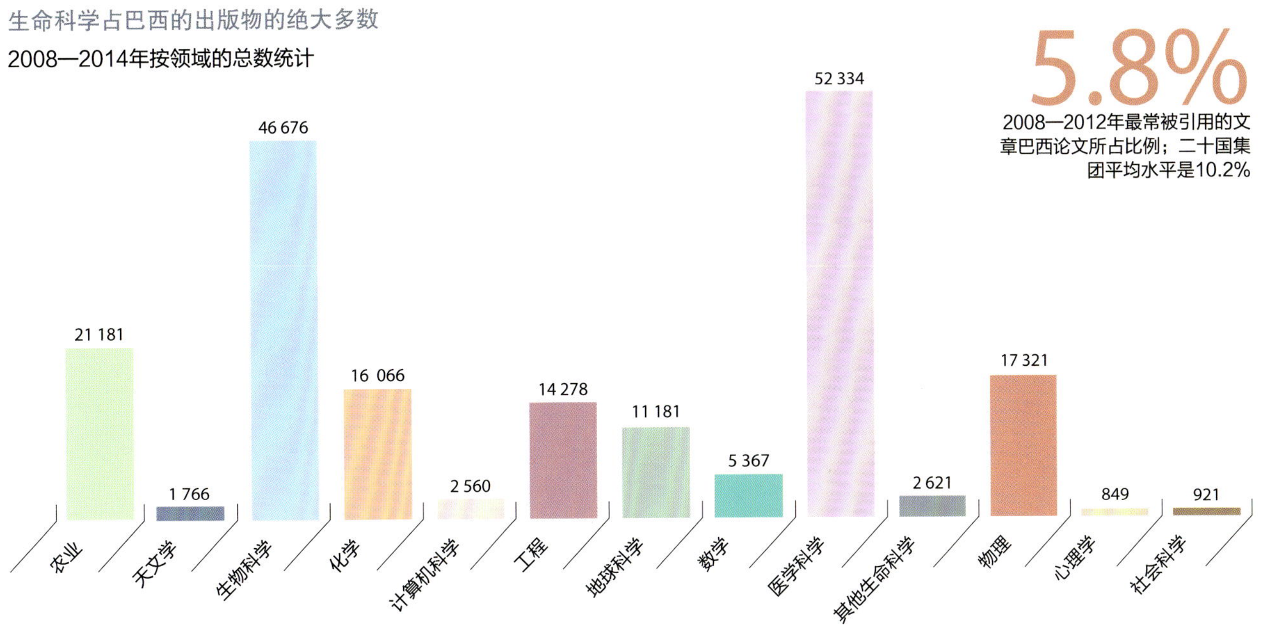

5.8%

2008—2012年最常被引用的文章巴西论文所占比例；二十国集团平均水平是10.2%

注：未分类的文章总数（7 190）被排除在外。

美国是巴西最亲密的伙伴

2008—2014年主要外国合作伙伴

	第一合作伙伴	第二合作伙伴	第三合作伙伴	第四合作伙伴	第四合作伙伴
巴西	美国（24 964）	法国（8 938）	英国（8 784）	德国（8 054）	西班牙（7 268）

图 8.9　2005—2014 年巴西科学出版物发展趋势

来源：汤森路透社科学引文索引数据库，科学引文索引扩展版；数据处理 Science-Metrix。

表 8.1　2004—2008 年与 2009—2013 年美国专利商标局认可的巴西人发明专利

	2004—2008年专利权数量	2009—2013年专利权数量	累积增长(%)	2009—2013年每千万人口
全球平均水平	**164 835**	**228 492**	**38.6**	**328**
日本	34 048	45 810	34.5	3 592
美国	86 360	110 683	28.2	3 553
韩国	3 802	12 095	218.1	2 433
瑞典	1 561	1 702	9.0	1 802
德国	11 000	12 523	13.8	1 535
加拿大	3 451	5 169	49.8	1 499
荷兰	1 312	1 760	34.1	1 055
英国	3 701	4 556	23.1	725
法国	3 829	4 718	23.2	722
意大利	1 696	1 930	13.8	319
西班牙	283	511	80.4	111
智利	13	34	160.0	33
中国	261	3 610	1 285.3	27
南非	111	127	14.2	25
俄罗斯联邦	198	303	53.1	21
波兰	15	60	313.7	16
阿根廷	54	55	3.4	14
印度	253	1 425	464.2	12
巴西	108	189	74.6	10
墨西哥	84	106	25.1	9
土耳其	14	42	200.0	6

来源：美国专利商标局。

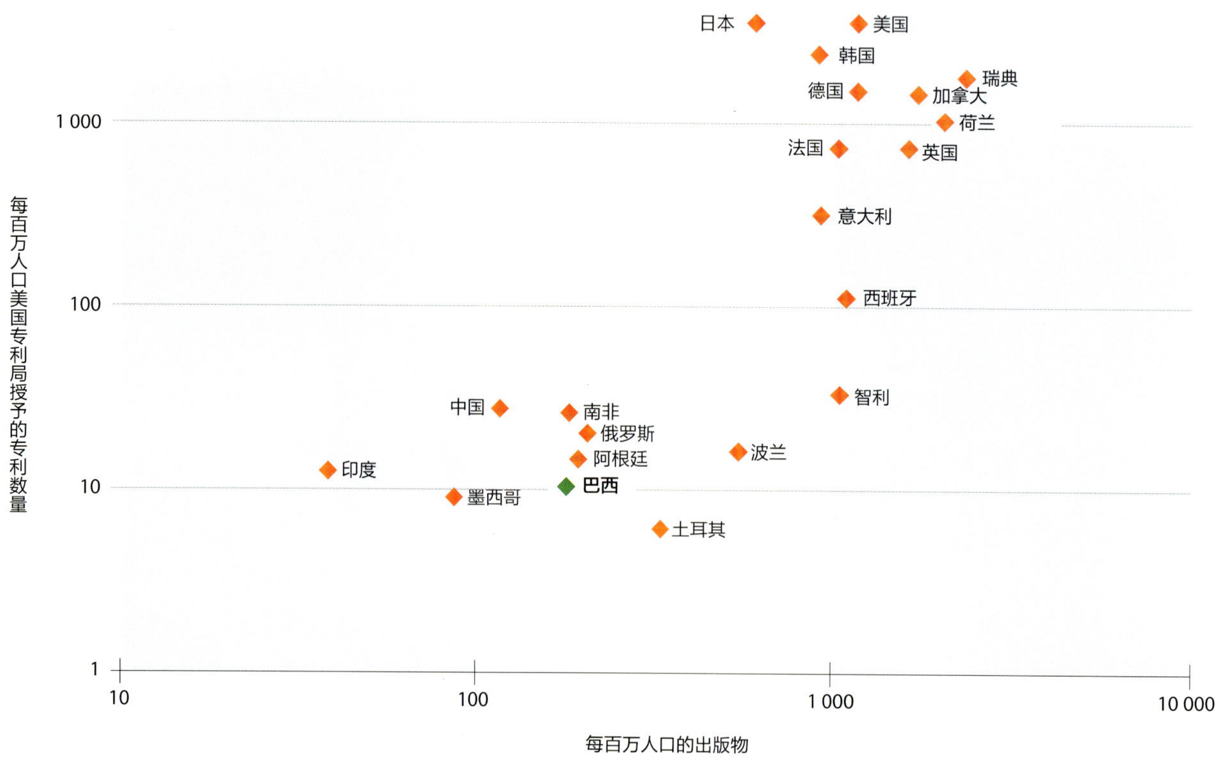

图 8.10　2009—2013 年出版物和专利的强度对比

来源：专利：美国专利商标局；出版物：汤森路透社；人口：世界银行的世界发展指标。

地区趋势

圣保罗州是科技创新的主导

巴西是一个大陆国家，27 个州的发展水平各异。南部和东南地区的工业化和科学发展水平比北方要高，其中的一些州在亚马孙森林和河谷之上。中西部是巴西的农业和养牛业的重镇，近期发展迅速。

这种对比最强烈的例子是东南部的圣保罗州。巴西的 2.02 亿人口中的 22%（4 400 万）生活在圣保罗州，它创造的国内生产总值是全国的 32%，与全国的工业总产值的所占比例相近。它还有强大的州立公共研究大学体系，这是其他大部分州都缺乏的，还有一个完善的圣保罗研究基金会（见专栏 8.6）。圣保罗州负责研发支出的 46%（公共和私人投入）和商业研发的 66%。

所有的指数都是如此。2012 年巴西约 41% 的哲学博士毕业于圣保罗州的大学，巴西 44% 的论文作者中至少有 1 人来自圣保罗州的研究机构。圣保罗州的科学产出率（2009—2013 年，每百万居民完成 390 篇论文）是全国平均水平（184 篇）的 2 倍，这一差异化近年还在扩大。在过去的 10 年里，圣保罗州的科学家的出版物的相对影响力比巴西整体还要大（见图 8.11）。

圣保罗州的科学产出率的成功有 2 个因素：第一，是有资助充足的州立大学，包括圣保罗大学、坎皮纳斯大学和圣保罗州立大学（见图 8.12），它们都进入了国际大学排名榜①；第二，圣保罗研究基金会所起的作用（圣保罗研究基金会，见专栏 8.6）。圣保罗州立大学系统和圣保罗研究基金会都是把州的销售税的固定比例作为它们的年度预算拨款，并且对资金使用有充分的自主权。

2006—2014 年，巴西东南部的研究机构的研究人员在全国的比例由 50% 连续下滑到 44%。同一时期，东北部的州的比例则从 16% 上升到 20%。判断这一变化对科学产出的影响还为时尚早，所授予哲学博士的数量也是这种情况，但逻辑上来讲，这些指数一直在增长。

尽管有这些积极的趋势，研发支出、研究机构数量和科学产出率的地区不平等还会持续。研究项目扩展到其他州或到国外可以帮助这些地区的科学家赶上他们南方的邻居。

① 在 2015 年《泰晤士报》的金砖 5 国和其他新兴经济体高等教育的大学排名中，圣保罗大学排名 10，坎皮纳斯大学排名 27，圣保罗州立大学排名 97。在前 100 所大学中，里约热内卢联邦大学是另外一所巴西很有特色的大学，排名 67。2015 年 QS 拉丁美洲大学排名中，圣保罗大学排名第一，坎皮纳斯大学排名第二，里约热内卢联邦大学排名第五，圣保罗州立大学排名第八。

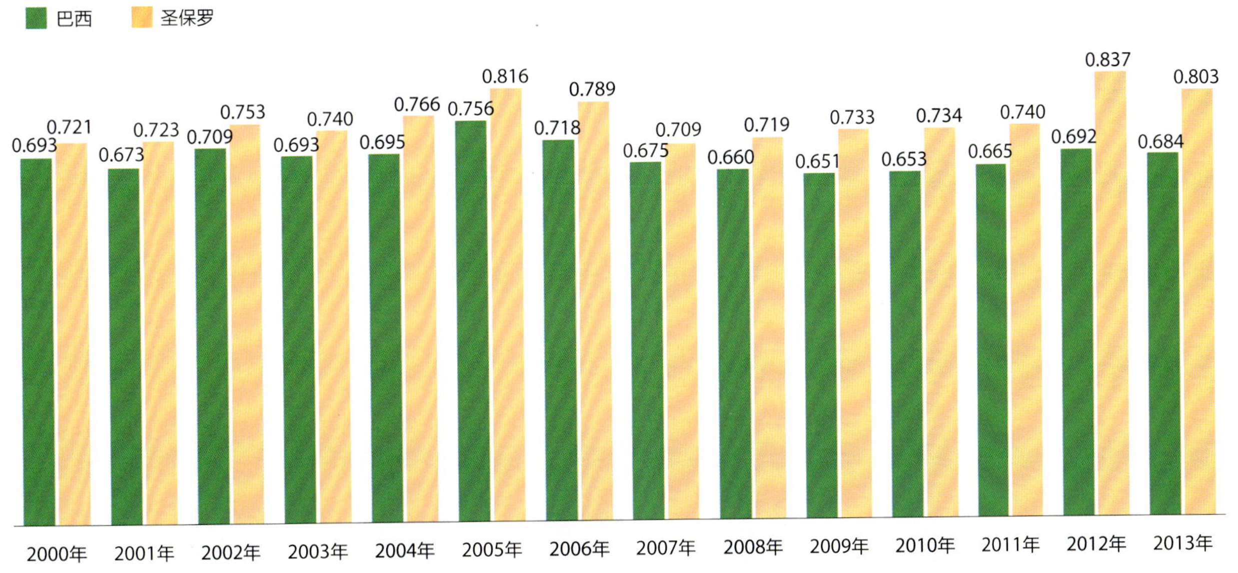

图 8.11　2000—2013 年从圣保罗与巴西方面来看科学出版物的影响

来源：InCites/ 汤森路透社，2014 年 10 月。

雷亚尔 69.50

全国人均科技支出平均数

罗赖马州
阿马帕州
亚马孙州
帕拉州
马拉尼昂州
塞阿拉州
北里奥格兰德州
帕拉伊巴州
阿克里州
皮奥伊州
伯南布哥州
阿拉戈斯州
朗多尼亚州
托坎廷斯州
塞尔希培州
马托格罗索州
巴伊亚州
联邦区
戈亚斯州
米纳斯吉拉斯州
南马托格罗索州
圣埃斯皮里图州
圣保罗州
里约热内卢州
巴拉那州
圣卡塔琳娜州
南里奥格兰德州

圣保罗州的人均科技支出是最高的

雷亚尔

183.80

圣保罗的人均科技支出

- 水平高于全国平均水平
- 全国科技支出水平的50%～100%
- 全国科技支出水平的25%～50%
- 低于全国科技支出水平的25%

巴西的 10 所研究型大学坐落在里约热内卢和圣保罗

巴西研究型大学

地区/联邦单位	研究型大学	地区/联邦单位	研究型大学
塞阿拉州	塞阿拉联邦大学	圣保罗州	圣保罗大学
伯南布哥	伯南布哥联邦大学		坎皮纳斯大学
米纳斯吉拉斯	米纳斯吉拉斯联邦大学		圣保罗州立大学
里约热内卢	里约热内卢联邦大学		圣保罗联邦大学
	奥斯瓦道·克鲁兹基金会		圣卡洛斯联邦大学
	里约热内卢天主教大学	南里奥格兰德州	南里奥格兰德联邦大学
	里约热内卢大学		南里奥格兰德教皇立大学
	里约热内卢州立大学	圣卡塔琳娜州	联邦圣卡塔琳娜大学
巴拉那州	巴拉那联邦大学	联邦区	巴西利亚大学

图 8.12　巴西各个州对科学和技术的投入比重

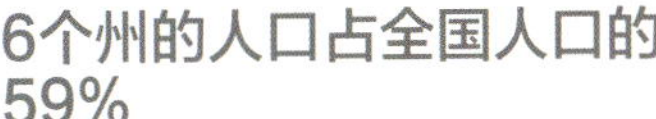

22%

圣保罗州的人口比例

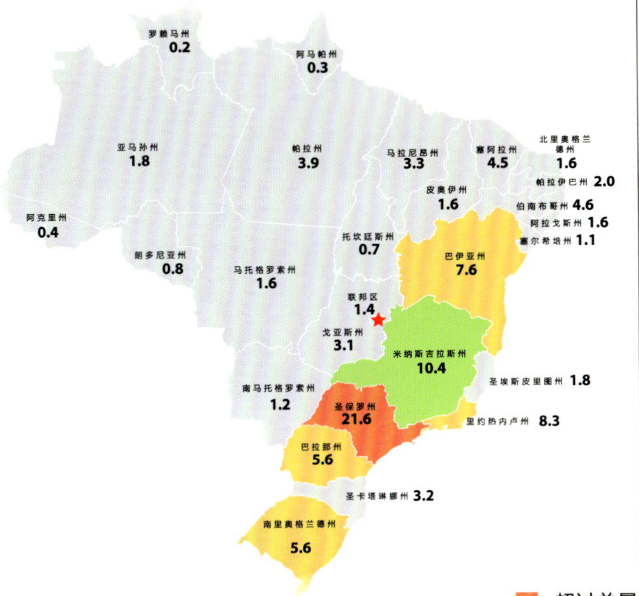

圣保罗州在研发上的公共支出达到全国总量的3/4

73%

圣保罗州在研发上公共支出的份额

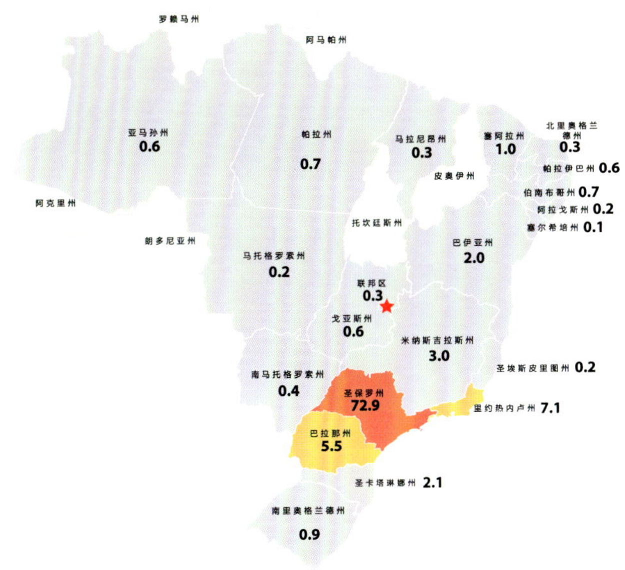

超过总量的15%

总量的10%～14.9%

总量的5%～9.9%

不到总量的5%

数据缺乏

1 研究型大学数量

圣保罗州的高等教育在R&D上的支出占优势

86%

圣保罗州高等教育在R&D上的支出占全国总量的比例

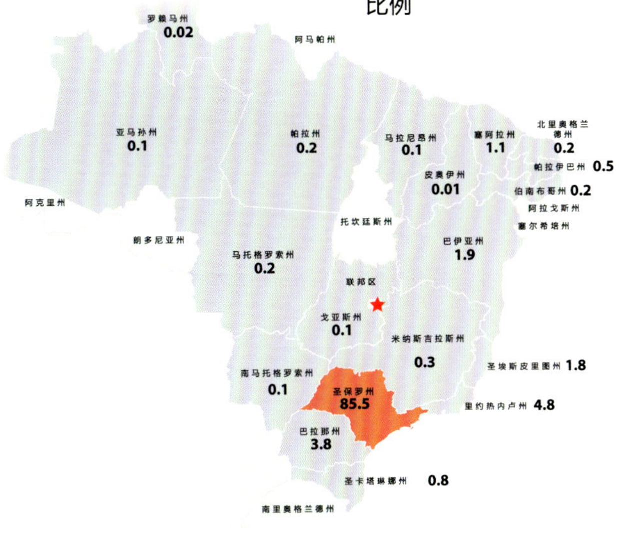

5个州的博士生项目数量超过了全国总量的一半

31%

圣保罗州的博士生项目占全国总量的比例

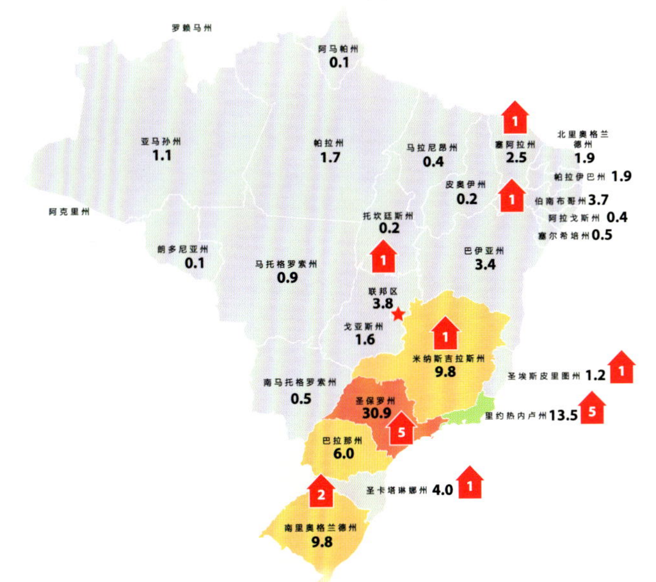

来源：巴西地理统计研究所（IBGE）。

专栏 8.6 圣保罗研究基金会：一个可持续的融资模式

圣保罗研究基金会(FAPESP)是圣保罗州的公共研究基金会，根据州宪法条款规定，它每年以国家销售税 1% 来进行可持续融资。宪法还规定只能用基础预算的 5% 进行管理，从而限制其滥用基金。因此，它可以享有稳定的资金和经营自主权。

圣保罗研究基金会在事务委员会的协助下，通过同行评审系统运作；事务委员会根据不同的研究主题由活跃的研究人员组成。除了对不同的科学领域进行资助外，圣保罗研究基金会同时还支持着四大研究项目，它们分别是覆盖生物多样性、生物能源、全球气候变化和神经科学。

2013 年，圣保罗研究基金会支出达 10.85 亿雷亚尔（大约 3.3 亿美元）。基金会与国家和国际研究资助机构、大学、研究机构和商业企业都维持着合作关系。它的国际合作伙伴包括法国国家科学研究中心、德国研究中心以及美国国家科学基金会。

圣保罗研究基金会还为想留在圣保罗工作的外国科学家提供多种研究项目。这些项目包括博士后奖学金、年轻调查员奖和访问研究员资助。

来源：作者编撰。

结论

产业必须依靠创新才能巩固国际竞争力

近几十年来，巴西通过制定积极的社会政策在减少贫困和不平等所取得的成就在全球范围内已经是有目共睹的事情了。然而随着 2011 年经济增长开始放缓，社会包容的进展也缓速发展。如今越来越多的巴西人都找到了工作（截至 2013 年巴西的失业率已降至 5.9%），现在启动经济增长的唯一途径是提高生产率。实现这些需要做到两点：科技投入以及受过良好教育的劳动力。

巴西的出版物的数量近年来大幅增长。许多的个体研究人员所做出的努力也受到了认可。以阿图尔·阿维拉为例，他在 2014 年成为了拉丁美洲第一个获得著名的菲尔兹奖的数学家。

虽然如此，巴西的科学还有一定的进步空间。巴西出版物的引用率仍然远远低于二十国集团（G20）的平均水平；在一定程度上，这可能是由于巴西很多文章还是以葡萄牙语发表在巴西的期刊上，而这些刊物的出版数量很有限，因此可能国际上对此还不能给出清楚的界定。如果是这样的话，这种可见性的缺乏只是近年来高等教育急速发展所带来的临时现象。然而，在过去五年时间左右，其他新兴经济体，如印度、韩国以及土耳其的表现远远好于巴西。因此要提高巴西科研质量和可见性，还需要共同努力来扩大和拓展巴西的国际合作。

教育已经成为一个国家政治辩论的中心主题。新教育部长承诺要改革中等教育系统，正如国际学生评估项目很清楚地表明，当前的主要瓶颈之一是要提高劳动力的教育水平。新教育法提出了一些雄心勃勃的 2024 年目标，其中包括进一步扩大接受高等教育的人数与提高基础教育的质量。

根据美国专利商标局的统计，巴西的另一个瓶颈是它的专利数量较低。在创新方面，巴西企业仍然不具有国际竞争力。与其他新兴经济体相比，巴西的私人研发支出仍然相对较低。更令人担心的是自 2004 年和 2010 年之间的大宗商品市场繁荣时期以来，巴西在短暂的专利注册量增长之后再无任何进展。无论是在工业产值占国内生产总值的份额还是巴西在对外贸易的参与度方面，特别是在制成品的出口方面，巴西的投资一直处于下降趋势。上述提到的都是关于创新的经济的主要指标，而且巴西的这些指标都处于赤字状态。

新的财政部部长似乎意识到近年来削弱了经济的瓶颈和畸形发展模式，这其中包括错误的保护主义以及对于一些大型的经济组织的徇私枉法。他提出了一系列恢复财政控制的措施，这些措施新的增长周期奠定了坚实的基础。尽管这样，巴西的工业是在这样一个可怕的状态，整个国家在工业和贸易政策方面都需要进行全面改革[①]。国家工业部门必须要参与国际竞争当中并且提倡技术创新是其使命的重要组成部分。

① 这则关于腐败丑闻的调查主要涉及巴西的石油巨头——巴西石油公司。鉴于巴西的监管机构对于一些国际项目的监督疏忽，丑闻中有大量的补贴资金通过国民经济和社会发展银行（BNDES）的途径而为一些建筑公司所贪污。

巴西的主要目标

- 到 2024 年，巴西 15 岁的学生团体在经济合作与发展组织的国际学生评估项目（PISA）里数学取得 473 分。
- 2014 年，将固定资产投资水平从 2010 年的 19.5% 提升到国内生产总值的 22.4%。
- 2014 年企业研发支出从 2010 年的 0.57% 提高到国内生产总值的 0.90%。
- 已获得中等教育的劳动力数量从 54% 提升到 65%。
- 2014 年将知识密集型企业的份额从 30.1% 提升到 31.5%。
- 2014 年将创新中小企业的数量从 37 000 家提升到 58 000 家。
- 多元化的出口贸易，2014 年国家在世界贸易的份额从 1.36% 提升至 1.60%。
- 2014 年将固定宽带网络用户从 1 400 万户提升到 4 000 万户。

参考文献

Aghion, P. and P. Howitt (1998) *Endogenous Growth Theory*. Massachusetts Institute of Technology Press: Boston (USA).

Balbachevsky, E. and S. Schwartzman (2010) The graduate foundations of Brazilian research. *Higher Education Forum*, 7: 85-100. Research Institute for Higher Education, Hiroshima University. Hiroshima University Press: Hiroshima.

Brito Cruz, C.H. and R. H. L. Pedrosa (2013) Past and present trends in the Brazilian research university. In: C.G. Amrhein and B. Baron (eds) *Building Success in a Global University*. Lemmens Medien: Bonn and Berlin.

ECLAC (2014a) *Social Panorama of Latin America 2013, 2014*. United Nations Economic Commission for Latin America and the Caribbean: Santiago (Chile).

ECLAC (2014b) *Compacts for Equality: Towards a Sustainable Future*. United Nations Economic Commission for Latin America and the Caribbean, 35th Session, Lima.

FAPESP (2015) *Boletim de Indicadores em Ciência e Tecnologia n. 5*. Fundação de Amparo à Pesquisa do Estado de São Paulo (São Paulo Research Foundation, FAPESP).

Hanushek, E. A. and L. Woessmann (2012) Schooling, educational achievement and the Latin American growth puzzle. *Journal of Development Economics*, 99: 497–512.

Heston, A.; Summers, R. and B. Aten (2012) *Penn World Table Version 7.1*. Center for International Comparisons of Production, Income and Prices. Penn University (USA). July. See: https://pwt.sas.upenn.edu.

IBGE (2013) *Pesquisa de Inovação (PINTEC) 2011*. Brazilian Institute of Geography and Statistics: Rio de Janeiro. See: www.pintec.ibge.gov.br.

MoSTI (2007) *Plano de Ação 2007–2010, Ciência, Tecnologia e Inovação para o Desenvolvimento Nacional. (Plan of Action 2007–2010: Science, Technology and Innovation for National Development.)* Ministry of Science, Technology and Innovation. See: www.mct.gov.br/upd_blob/0203/203406.pdf.

OECD (2014) *Going for Growth*. Country Note on Brazil. Organisation for Economic Co-operation and Development: Paris.

Pedrosa, R.H.L and S.R.R. Queiroz (2013) *Brazil: Democracy and the 'Innovation Dividend'*. Centre for Development and Enterprise: South Africa; Legatum Institute: London.

Pedrosa, R. H. L.; Amaral, E. and M. Knobel (2013) Assessing higher education learning outcomes in Brazil. *Higher Education Management and Policy*, 11 (24): 55–71. Organisation for Economic Co-operation and Development: Paris.

PISA (2012) *Results, Programme for International Student Assessment*. Organisation for Economic Co-operation and Development: Paris. See: www.oecd.org/pisa/keyfindings/PISA-2012-results-brazil.pdf.

雷纳托 · 须达 · 德 · 卢纳 · 佩德罗萨（Renato Hyuda de Luna Pedrosa），1956 年出生于巴西，巴西坎皮纳斯大学科技政策系副教授。佩得罗萨先生在美国加州大学伯克利分校获得数学博士学位。

埃尔南 · 塞姆维奇（Hernan Chaimovich），1939 年出生于智利，是一位生物化学家，还担任圣保罗研究基金会科学理事会（PAPESP）特别顾问。塞姆维奇经常在期刊、报纸上发表有关高等教育、科技政策等方面的论文。

致谢

本章作者十分感谢圣保罗研究基金会（FAPESP）负责科技创新指标的乔安娜 · 圣克鲁斯（Joana Santa-Cruz）女士，感谢她为本章节的撰写收集和整理了数据。

欧盟已将一项前景广阔的项目纳入“欧洲 2020 战略”之中，旨在应对危机的同时促进理性、全面、可持续的经济增长。

雨果·霍兰德斯、明娜·卡内尔瓦

2004 年，英国曼彻斯特大学教授安德烈·海姆和科什焦·诺沃肖洛夫通过剥离法制备出了石墨烯。石墨烯是一种具有无限应用潜力的材料。它质量极轻，硬度却相当于钢铁的 200 倍，同时又具有极佳的韧性。石墨烯既耐高温又是防火材料，连氦都无法穿透它，因此，该材料可用来制成不易穿透的屏障。安德烈与诺沃肖洛夫教授的这项发现使他们获得了 2010 年诺贝尔物理学奖。

照片来源：©Bonninstudio/Shutterstock.com

第9章 欧 盟

奥地利、比利时、保加利亚、克罗地亚、塞浦路斯、捷克共和国、丹麦、爱沙尼亚、芬兰、法国、德国、希腊、匈牙利、爱尔兰、意大利、拉脱维亚、立陶宛、卢森堡、马耳他、荷兰、波兰、葡萄牙、罗马尼亚、西班牙、斯洛伐克、斯洛文尼亚、瑞典、英国

雨果·霍兰德斯、明娜·卡内尔瓦

引言

陷入旷日持久危机的地区

随着克罗地亚于2013年加入欧盟，欧盟成员国数量已增长至28个，这表明欧盟总人口达到5.072亿，相当于全球总人口的7.1%（见表9.1）。预计欧盟会进一步扩大：候选国阿尔巴尼亚、黑山、塞尔维亚、马其顿共和国和土耳其都正在将欧盟立法融入本国法律系统之中。而波斯尼亚、黑塞哥维那和科索沃则属于潜在候选国（或地区）。① 2004年至2013年间，有10个2004年加入欧盟②的成员国的国内生产总值增长47%左右，相当于欧盟最初的15个成员国国内生产总值增长的20%。

① 对于科索沃的数据引用全部符合联合国安理会第1244项决议（1999）中的规定。

② 1957年，欧盟由六国（比利时、法国、联邦德国、意大利、卢森堡和荷兰）创建。丹麦、爱尔兰和英国于1973年加入欧盟；希腊、葡萄牙和西班牙于1981年入欧盟；奥地利、芬兰和瑞典于1995年入欧盟。这15个国家被称为欧盟15国。2004年，欧盟增加了10个新的成员国：塞浦路斯、捷克共和国、爱沙尼亚、匈牙利、拉脱维亚、立陶宛、马耳他、波兰、斯洛伐克和斯洛文尼亚。随后，保加利亚和罗马尼亚于2007年加入欧盟，克罗地亚于2013年加入欧盟。

表9.1 2013年欧盟人口、国内生产总值和失业率

	2013年人口（百万）	5年国内生产总值增长率（欧元购买力平价€, %）	2013年人均国内生产总值（欧元购买力平价€）	2013年失业率（%）	5年失业率变化（%）	2013年25岁以下人口失业率（%）	25岁以下人口失业率5年变化（%）
欧盟28国	507.2	4.2	26 600	10.8	3.8	23.6	7.8
奥地利	8.5	8.3	34 300	4.9	1.1	9.2	1.2
比利时	11.2	10.4	31 400	8.4	1.4	23.7	5.7
保加利亚	7.3	4.9	12 300	13.0	7.4	28.4	16.5
克罗地亚	4.3	−5.2	15 800	17.3	8.7	50.0	26.3
塞浦路斯	0.9	−1.5	24 300	15.9	12.2	38.9	29.9
捷克共和国	10.5	3.4	21 600	7.0	2.6	18.9	9.0
丹麦	5.6	4.9	32 800	7.0	3.6	13.0	5.0
爱沙尼亚	1.3	7.9	19 200	8.6	3.1	18.7	6.7
芬兰	5.4	−1.3	30 000	8.2	1.8	19.9	3.4
法国	65.6	6.4	28 600	10.3	2.9	24.8	5.8
德国	82.0	9.5	32 800	5.2	−2.2	7.8	−2.6
希腊	11.1	−21.0	19 300	27.5	19.7	58.3	36.4
匈牙利	9.9	7.4	17 600	10.2	2.4	26.6	7.1
爱尔兰	4.6	3.9	34 700	13.1	6.7	26.8	13.5
意大利	59.7	−1.0	26 800	12.2	5.5	40.0	18.7
拉脱维亚	2.0	2.4	17 100	11.9	4.2	23.2	9.6
立陶宛	3.0	9.8	19 200	11.8	6.0	21.9	8.6
卢森堡	0.5	14.1	68 700	5.9	1.0	16.9	−0.4
马耳他	0.4	16.3	23 600	6.4	0.4	13.0	1.3
荷兰	16.8	−0.8	34 800	6.7	3.6	11.0	4.7
波兰	38.5	27.4	17 800	10.3	3.2	27.3	10.1
葡萄牙	10.5	−2.3	20 000	16.4	7.7	38.1	16.6
罗马尼亚	20.0	10.4	14 100	7.1	1.5	23.7	6.1
斯洛伐克	5.4	8.5	20 000	14.2	4.6	33.7	14.4
斯洛文尼亚	2.1	−3.9	21 800	10.1	5.7	21.6	11.2
西班牙	46.7	−4.7	24 700	26.1	14.8	55.5	31.0
瑞典	9.6	7.9	34 000	8.0	1.8	23.6	3.4
英国	63.9	1.6	29 000	7.6	2.0	20.7	5.7

来源：欧盟统计局。

欧盟自 2008 年起陷入经济萧条之中，此次经济危机的初始信号在《联合国教科文组织科学报告 2010》之中便已初露端倪。经过持续五年的影响，到 2013 年，欧盟经济的实际增长只有 4.2%。同期，克罗地亚、塞浦路斯、芬兰、意大利、荷兰、葡萄牙、斯洛文尼亚和西班牙的实际国内生产总值甚至出现小幅下滑现象，下降幅度最严重的国家为希腊；另外，希腊、比利时、卢森堡、马耳他、波兰和罗马尼亚的实际国内生产总值却有大于等于 10% 的涨幅。2013 年，欧盟 28 国国内人均生产总值为 26 600 欧元，但这一数字掩盖了各国间较大的差异：国内人均生产总值最低的三个新成员国保加利亚、克罗地亚和罗马尼亚不足 16 000 欧元；奥地利、爱尔兰、荷兰和瑞典约为 35 000 欧元；而卢森堡则高达 68 700 欧元。

欧盟不断上升的平均失业率令人颇为堪忧，但更令人不安的是各成员国间其巨大的差异。2013 年，11% 的欧洲就业适龄人口处于失业状态，比 2008 年平均增长了近四个百分点。青年失业率更高，2013 年以达到 24% 左右，比 2008 年上升了近八个百分点。希腊和西班牙是失业情况最严重的国家，四分之一的人口出于待业状态。另外，奥地利、德国和卢森堡的失业率不足 6%。德国则成为 5 年经济萧条情况下唯一一个就业情况得到改善的国家：失业率从 2008 年的 5.2% 下降至 2013 年的 5.2%。青年失业率也呈相似的趋势，克罗地亚、希腊和西班牙的青年失业率高达 50% 以上。而奥地利和德国的青年失业率低于 10%。在这一方面，德国和卢森堡是唯一两个自 2008 年以来青年失业率有所下降的国家。

2008 年至 2013 年间，许多成员国的国债呈飙升态势（见图 9.1）。塞浦路斯、希腊、爱尔兰和葡

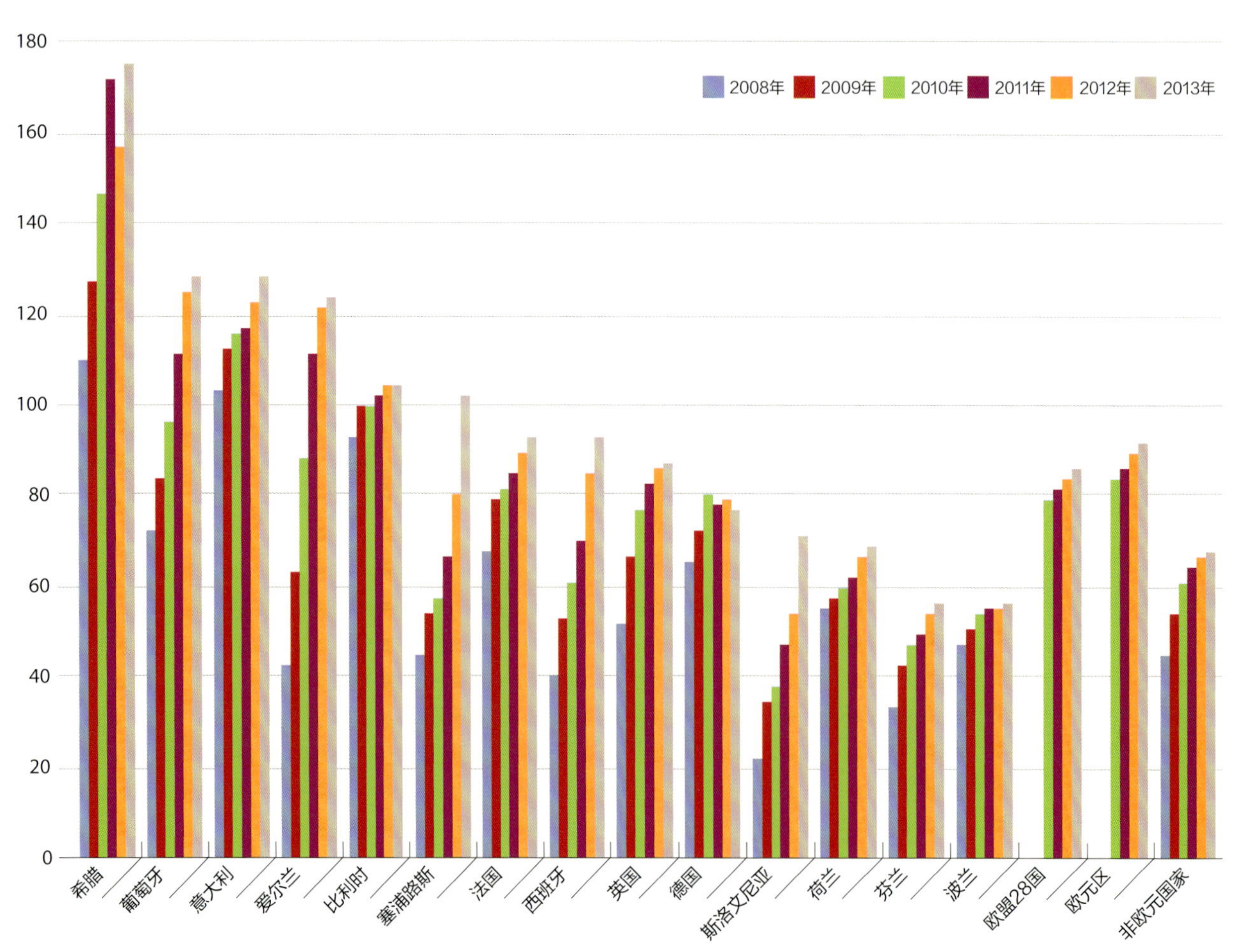

图 9.1 2008—2013 年部分欧洲国家国债与国内生产总值之比（%）

来源：欧盟统计局，2015 年 4 月；非欧元区国家的债务总量与国内生产总值比率来自作者的计算。

萄牙的情况最为严峻。比利时、匈牙利、卢森堡、波兰和瑞典的国债增长最为缓慢（除卢森堡外，以上所有国家都未使用欧元作为国内流通货币）。在大多数情况下，政府对银行业提供援助[①]是国债增长的原因。许多国家的政府都采取了紧缩计划削减预算赤字，但实际上这种削减提高了与国内生产总值相关的国债额度，阻碍了经济复苏。因此，大多数成员国自 2008 年都经历过一次或多次经济衰退（一次经济衰退的界定为在连续两个或两个以上季度中，国内生产总值与前一阶段相比呈下降态势）。2008 年到 2014 年间，希腊、克罗地亚、塞浦路斯、意大利、葡萄牙和西班牙都有超过 40 个月的时间处于经济衰退状态。全部欧盟成员国中只有保加利亚、波兰和斯洛伐克未遭受经济衰退的影响（见图 9.2）。

① 西班牙于 2014 年成功退出了救助机制。

欧元区中严重的债务危机

19 个欧盟成员国[②]已经使用欧元作为本国通用货币。2013 年，欧元区国家人口占欧盟 28 国总人口的三分之二，国内生产总值占欧盟 28 国的 73.5% 以上。欧元区人均国内生产总值总体高于欧盟 28 国。然而，尽管欧元区与非欧元区的国债与国内生产总值之比的增长率相同，但在欧元区中国债与国内生产总值之比远远高于非欧元区国家。明显例外的是塞浦路斯、希腊、葡萄牙、爱尔兰和西班牙，这一比值呈飙升态势。

② 奥地利、比利时、芬兰、法国、德国、希腊、爱尔兰、意大利、卢森堡、荷兰、葡萄牙和西班牙于 2002 年 1 月开始启用欧元作为通用货币。随后斯洛文尼亚（2007）、塞浦路斯（2008）、马耳他（2008）、斯洛伐克（2009）、爱沙尼亚（2011）、拉脱维亚（2014）、立陶宛（2015）也开始启用欧元。

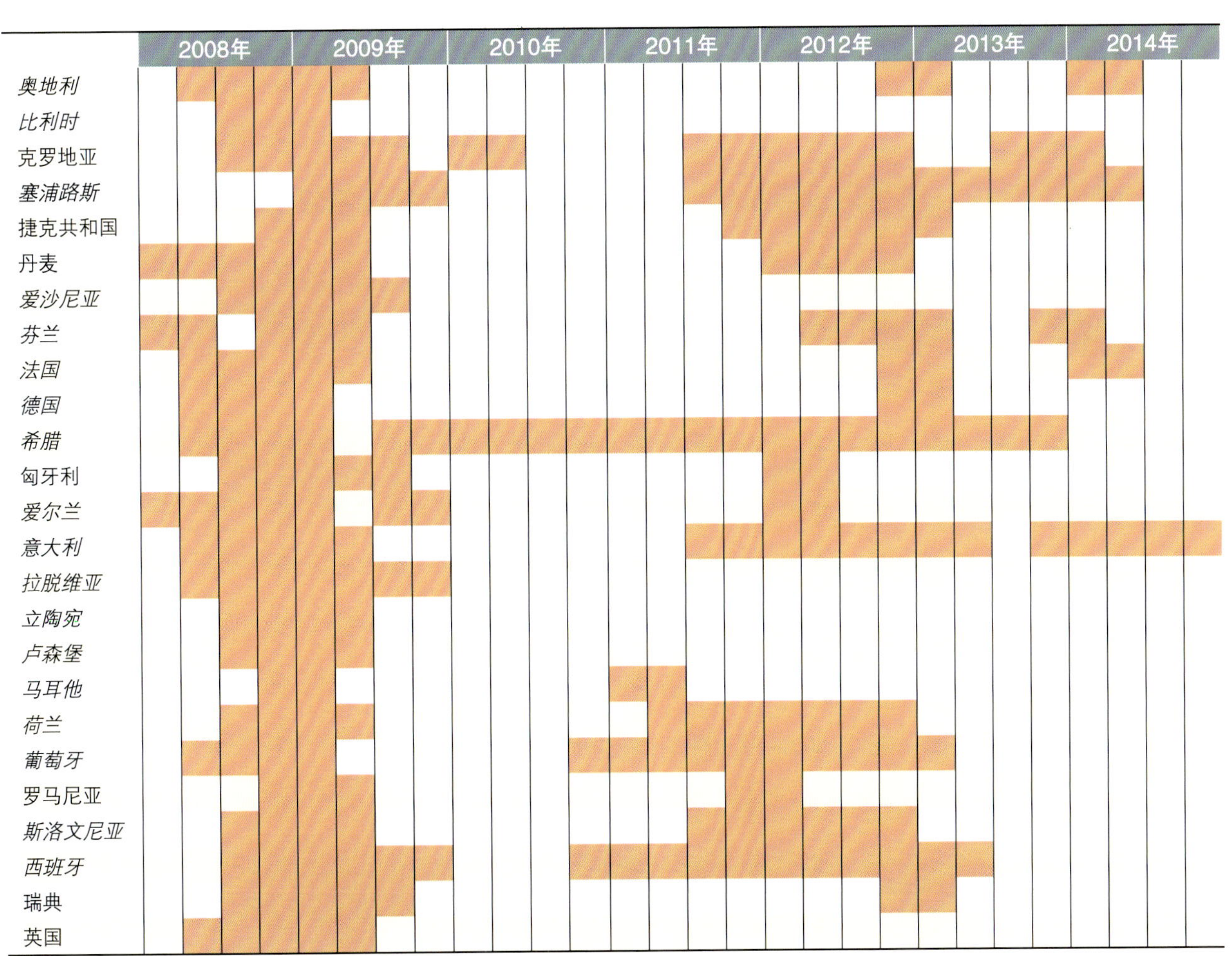

注：上图中，仅显示克罗地亚 2014 年第一季度的数据。由于保加利亚、波兰和斯洛伐克并未经历任何经济衰退时期，所以三国的数据未列入上图中。斯洛伐克是欧元区成员国。欧元区其他 18 个成员国均以斜体显示。

图 9.2　2008—2014 年欧盟经济衰退时期

来源：经济合作与发展组织和欧盟统计局。

希腊遭遇了极为严重的经济危机重创。2008 年至 2013 年，希腊在这 72 个月的时间中有 66 个月处于经济衰退之中。然而到 2013 年，大多数成员国的经济都已恢复至 2008 年时本国经济总量的 95%，但希腊经济恢复水平低于 80%。2008 年希腊失业率为 7.8%，2013 年失业率升至 27.5%，债务占国内生产总值的比重也由 2008 年的 109 上升至 175。如若希腊无力向欧洲央行和国际货币基金组织偿还债务，则会对欧元汇率以及希腊和包括意大利、葡萄牙及西班牙在内的其他欧元区国家的利率产生负面影响，这一点令各国金融市场颇为担忧。尽管 2015 年 7 月已就第三次援助计划进行了协商，但希腊退欧的风险依然存在。

找寻可行的促增长战略

“欧洲 2020 战略”促进经济理性增长的战略

2004 年 11 月至 2014 年 10 月，在欧盟委员会[①]主席约瑟·曼努埃尔·巴洛索的领导下，欧盟于 2010 年 6 月开始实行一个 10 年战略计划，旨在帮助欧盟通过理性、可持续、包容性的增长方式，以更强有力的姿态从金融与经济危机中恢复过来（欧盟委员会，2010）。这一战略被称为“欧洲 2020 战略”[②]，实施原因为“此次危机阻碍了欧洲几年来的经济和社会发展，并暴露了欧洲经济的结构弱点”，这两点产生了生产力上的差距。这些结构弱点包括研发的低投资率、企业结构的差异、市场壁垒以及信息通信技术利用不充分。“欧洲 2020 战略”针对处理的是经济危机所带来的短期挑战，并在欧洲面临老龄化社会危机的时候，进行结构改革使欧洲经济更为现代化。到 2020 年，欧盟在就业、创新、气候、能源、教育与社会包容方面总体要达到五个主要目标。

- 20 ~ 64 岁的人口就业率至少达到 75%。
- 平均 3% 的国内生产总值应投入到研发当中。
- 以 1990 年排放量为标准，温室气体排放量要在此基础上削减 20%[③]；20% 的能源应为可再生能源；能源效率应增长 20%（这一目标被称为 20 : 20 : 20 目标）。
- 辍学率应降至 10% 以下，30 ~ 34 岁的人口中完成高等教育的人口比例至少达到 40%。
- 削减至少 2 000 万面临贫困和遭受社会排斥的人口。

欧盟提出了 7 大旗舰计划以支持“欧洲 2020 战略”实现促进经济理性、可持续性、包容性增长的目标：

理性增长

- “欧洲数字化议程”提出“通过建立一个数字单一市场，更好地挖掘信息通信技术的潜力”。
- “创新联盟计划”提出创建一个利于创新的环境，在这样的环境中，能够更为简便地将优秀创意转化为实际的产品与服务，从而促进经济增长与就业。
- “青年行动计划”旨在改善青年人的教育问题，提高就业能力，降低较高的青年失业率，其主要举措包括：使教育与培训内容更切合青年人的实际需要；鼓励更多的年轻人利用欧盟提供的资助到国外求学或参加培训；促进各成员国简化从学校到就业的转变过程。

可持续增长

- “高能效欧洲计划”制定了一个长期框架来支持关于气候变化、能源、交通、工业、原材料、农业、渔业、生物多样性及地区发展等方面的政策议程，以此促进欧洲向资源节约型经济和低碳经济转变，实现可持续发展。
- “全球化产业政策”旨在通过维持并扶持一个强大、多元、具有竞争力的产业基地发展，利用产业基地提供高薪岗位，并提高基地的能效水平，最终促进经济增长与就业。

包容性增长

- “新技能和就业议程”旨在到 2020 年使劳动适龄人口就业率达到 75%，即实现“欧洲 2020 战略”中的就业目标。其举措包括加大提升劳动力市场灵活性与稳定性的改革力度，使劳动力具备与当今和未来职场需求相匹配的技能，提高工作质

① 欧盟委员会总部位于比利时布鲁塞尔，是欧盟的执行机构。主要作用为起草法令、执行欧洲法律；确立行动目标和重点；管理和执行欧盟政策及预算；代表欧盟在国际舞台中发挥重要作用。新一届欧盟委员会设有 28 个委员，分别来自 28 个欧盟成员国，任期 5 年。

② “欧洲 2020 战略”为西巴尔干国家制定自己的 2020 战略提供了范本。见第 10 章。

③ 如果全球条件允许，2020 的减排目标可达到 30%。然而，欧盟近来设定了一个更艰巨的目标，即到 2030 年减排率达到 40%，参见：http://ec.europa.eu/clima/policies/2030/index_en.htm.

量，确保更好的工作环境与工作创新环境。

- “欧洲反贫困平台”的目标为，到 2020 年，削减 2 000 万贫困以及遭受社会排斥的人口。

欧盟委员会主席容克的宏伟投资计划

2014 年 10 月，让－克洛德·容克接替巴罗佐成为欧盟委员会新一任主席。不久后容克领导下的欧盟委员会提出了一项三管齐下的战略，来扭转自 2008 年以来投资在国内生产总值比重中下降的趋势。这种下降趋势甚至在未陷入银行和债务危机的成员国内都有出现。“容克投资计划”包括：

- 设立欧盟战略投资基金来为员工少于 3 000 人的企业提供支持。
- 在欧盟内建立欧洲投资项目渠道和欧洲投资顾问中心，以实施带有技术援助的投资项目。
- 进行结构改革，完善影响商业环境的框架条件。

2015 年 7 月 22 日欧盟委员会批准设立欧盟战略投资基金。[①] 这一举措已经引发了多种反响。此基金目标是：到 2018 年，运用 210 亿欧元的公共资金在私人投资领域获得 2 940 亿欧元的杠杆利润。但一些人认为此基金的目标并不现实。事实上，几乎 210 亿欧元的公共资金正全部从现有的创新政策工具中转移出来，由于这些创新政策工具一直带来较高的收益率，这一事件引发了欧盟科学共同体中高层代表的强烈抗议（Altané，2015）。此项投资计划试图从 210 亿欧元中分配给小中型企业 50 亿欧元的做法也遭到了批评，由于反对者认为对企业提供支持的依据为企业潜力而非企业规模。

210 亿欧元中，50 亿欧元来自欧洲投资银行，33 亿欧元来自“连接欧洲设施”，27 亿欧元来自“地平线 2020 计划”——欧盟第八个研究与技术发展框架计划（2014—2020）。

由于“地平线 2020 计划”为此出资 27 亿欧元，使此战略不得不削减自身多个项目。但这一举措中受到损失最大的是总部位于布达佩斯（匈牙利）的欧洲创新与技术研究院（EIT）。研究院成立于 2008 年，通过奖励的形式扶持资格审定（博士培养）及其他项目，推动作为创新驱动力的产学研相互协作来促进创新型增长。预计在 2015—2020 年，欧洲创新与技术研究院会损失 13% 的预算，即 3.5 亿欧元。另一个蒙受损失的是欧洲研究委员会。委员会成立于 2007 年，它为基础研究提供资金。预计它将损失 2.21 亿欧元。“地平线 2020 计划”预算的其他削减将对包括信息通信技术（3.07 亿欧元），纳米技术和先进材料（1.7 亿欧元）在内的分类研究项目产生影响。

尽管计划将下列内容作为重点内容：基础设施建设、特别宽带连接、能源网络和交通；教育；研发、能源效率和可再生能源，但此计划不包括主题性或地域性的“预分配”项目。但计划更主要的缺点在于容克计划第三个要素[②]（旨在改革研究和创新的专栏架条件，如研究人员的流动性、增强科学研究开放性）中缺乏具体目标和时间线。

研发趋势

实现“欧洲 2020 战略”目标的曲折进程

虽然欧盟在努力实现“欧洲 2020 战略”过程中一些目标取得了进展，但并非所有目标都进展顺利（欧盟委员会，2014c）。例如，2012 年总体就业率仅为 68.4%，低于 2008 年 70.3% 的就业水平。由此对当前趋势进行推断，预计 2020 年就业率将达到 72%，依然比目标低 3 个百分点。

2005 年到 2012 年，青少年辍学率由 15.7% 下降至 12.7%，30 ~ 34 岁完成高等教育的人口比例从 27.9% 上升至 35.7%。另外，面临贫困和遭受排斥风险的人口数量从 2009 年的 1.1 亿人增长至 2012 年的 1.24 亿人。

难以攻克的研发目标

就研究资金而言，“欧洲 2020 战略”希望实现“里斯本战略”（2003）未能实现的目标。当时“里斯本战略”的目标是 2010 年将欧盟平均研发支出总额提升至国内生产总值的 3%。“欧盟 2020 战略”中将这一目标实现的日期延迟至 2020 年。2009—2013 年，欧盟 28 国并未在这一目标中取得较大进步，平均研发投入仅仅从 1.94% 增至 2.02%，这一结果无疑是受到了不断反复的经济衰退的影响。如

① 参见 http://europa.eu/rapid/press-release_IP-15-5420_en.htm.

② 前两个要素旨在改革银行联盟，创建一个新的能源市场。

果按照这样的增长比例，欧盟很难按时实现新的目标（见图 9.2）。

当然，一些国家已经实现了这一目标。根据表 9.2 可看出，丹麦、芬兰和瑞典在研发方面的投入已经达到或超过了国内生产总值的 3%，很快德国也将加入这一行列。但表的另一端显示，许多国家的研发投入依然不足国内生产总值的 1%。

在设定 2020 目标中，各国也存在着巨大差异。芬兰和瑞典的目标为研发投入达到 4%，然而塞浦路斯、希腊和马耳他的目标不足 1%。保加利亚、拉脱维亚、立陶宛、卢森堡、波兰、葡萄牙和罗马尼亚目标均为到 2020 年将研发投入翻一番。

表 9.2　2009 年和 2013 年欧盟 28 国研发支出总量占国内生产总值比重及 2020 年目标（%）

	2009年研发支出总量与国内生产总值比重	2013*年研发支出总量与国内生产总值比重	2020年目标	2013*年工业对国内研发支出贡献率
欧盟28国	1.94	2.02	3.00	54.9
奥地利	2.61	2.81	3.76	44.1
比利时	1.97	2.28	3.00	60.2
保加利亚	0.51	0.65	1.50	19.4
克罗地亚	0.84	0.81	1.40	42.8
塞浦路斯	0.45	0.48	0.50	10.9
捷克共和国	1.30	1.91	—	37.6
丹麦	3.07	3.05	3.00	59.8
爱沙尼亚	1.40	1.74	3.00	41.3
芬兰	3.75	3.32	4.00	60.8
法国	2.21	2.23	3.00	55.4
德国	2.73	2.94	3.00	66.1
希腊	0.63	0.78	0.67	32.1
匈牙利	1.14	1.41	1.80	46.8
爱尔兰	1.39	1.58	2.00**	50.3
意大利	1.22	1.25	1.53	44.3
拉脱维亚	0.45	0.60	1.50	21.8
立陶宛	0.83	0.95	1.90	27.4
卢森堡	1.72	1.16	2.30 ~ 2.60	47.8
马耳他	0.52	0.85	0.67	44.3
荷兰	1.69	1.98	2.50	47.1
波兰	0.67	0.87	1.70	37.3
葡萄牙	1.58	1.36	3.00	46.0
罗马尼亚	0.46	0.39	2.00	31.0
斯洛伐克	0.47	0.83	1.20	40.2
斯洛文尼亚	1.82	2.59	3.00	63.8
西班牙	1.35	1.24	2.00	45.6
瑞典	3.42	3.21	4.00	57.3
英国	1.75	1.63	—	46.5

* 最近有资料可寻的年份；

** 据估测，研发支出总量占国内生产总值的 2.5% 这一国家目标相当于国内生产总值的 2.0%。

来源：欧盟统计局，2015 年 1 月。

高科技研发水平低于日本和美国

“里斯本战略”曾确立的目标是到 2010 年使商业对研发支出总量的贡献份额达到总额的三分之二（国内生产总值的 2%）。尽管平均一半以上（55%）的研发投入来自商业部门（见图 9.3），这一目标至今未能实现。目前，在 20 个成员国内商业部门是研发基金的最大来源，其中丹麦、芬兰、德国和斯洛文尼亚 60%（或超过 60%）的科研总经费来源于商界。欧盟的总体模式为，商界进行研究方面投入的资金远远超过其筹措的资金。除立陶宛和罗马尼亚外其余国家情况均如此。有意思的是，海外基金成了立陶宛、保加利亚和拉脱维亚最重要的基金来源。在商业研发投入方面，最初的欧盟 15 国则作为整体落后于许多发达经济体（见图 9.4）。这一点在很大程度上反映出许多较大成员国（如意大利、西班牙和英国）对科技密集型产业在经济结构中的地位的重视度低于其他经济体。

企业层面的研发力度（作为净销售额的一部分）与生产部门的关联更为紧密。“欧盟研发记分牌”显示与其主要竞争对手美国和日本（美国、日本与欧盟为世界领先的三巨头）相比，欧盟商业领域的研发投入力度倾向于中低水平或低水平（见表 9.3 与图 9.5）。

此外，尽管在全球前 2 500 家企业范围内，总部设在欧盟的公司的研发投入达到 30.1%，但排名前十的企业中仅有两家为欧盟企业，这两家公司均来自德国汽车领域（见表 9.3）。的确，欧盟企业中在研发投入方面排名前三的企业为德国汽车公司——大众、戴姆勒、宝马（见表 9.3、表 9.4）。汽车行业的研发投入是“欧盟研发记分牌”中所有欧盟企业投入的四分之一，且汽车行业的研发投入的四分之三来自德国汽车公司。

欧盟的互联网公司在创新方面有很大的提高空间。据道恩斯（2015）的信息表明，全世界前 15 强公共互联网公司中没有欧洲公司的身影。其中 11 家美国公司，其余均来自中国。的确，欧盟曾试图打造另一个硅谷，但努力的结果并未达到预期目标。过去 10 年在数字经济领域，欧盟的硬件巨头公司（西门子、爱立信、诺基亚）在全球研发排名中的地位

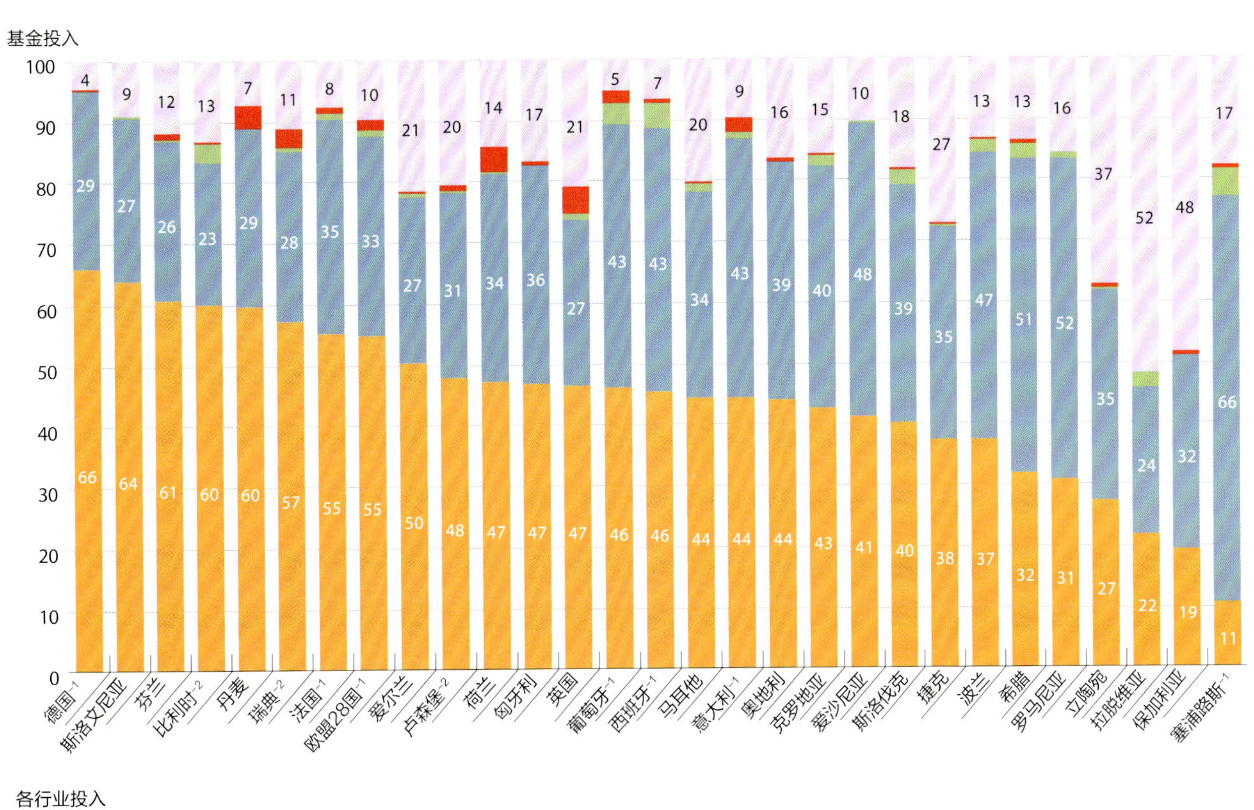

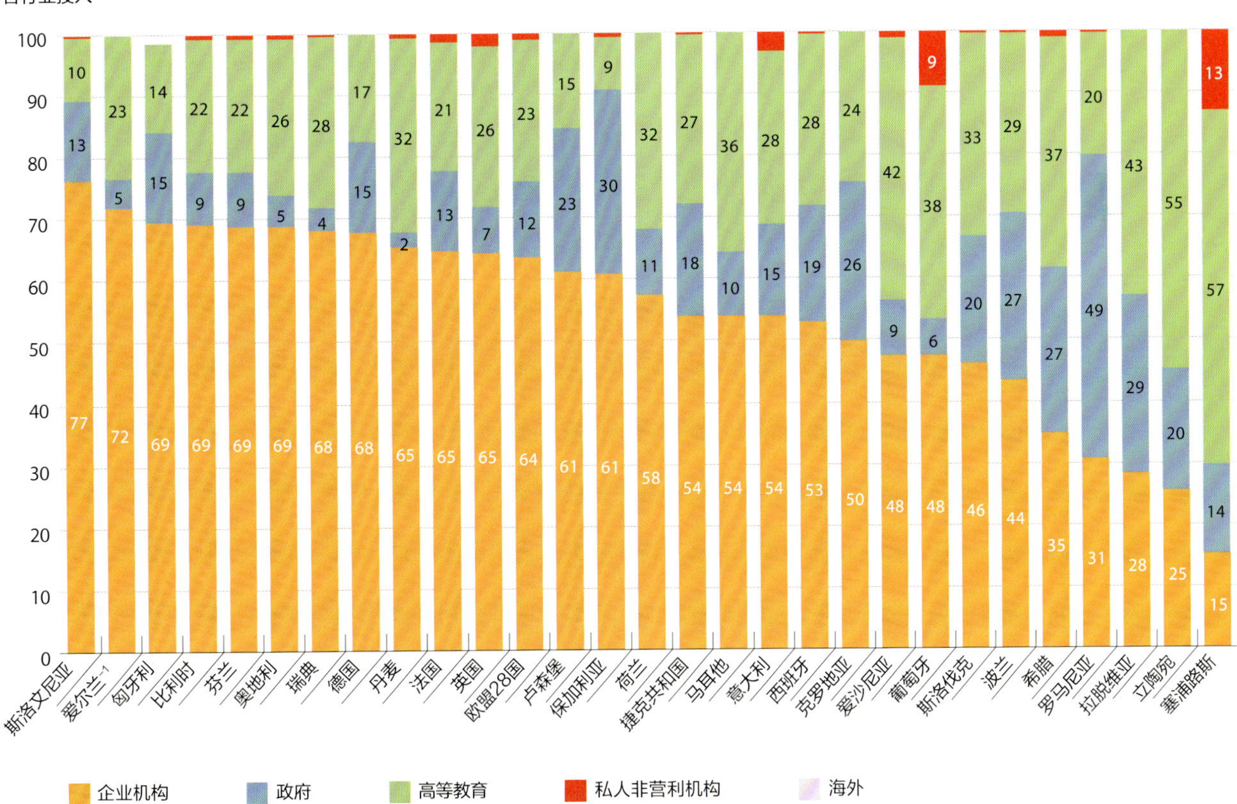

图 9.3　2013 年或有数据提供的最近年份中基金和各行业对研发支出总量的投入情况（%）

-n= 比参考年份提前 *n* 年的数据。

来源：欧盟统计局，2015 年 1 月。

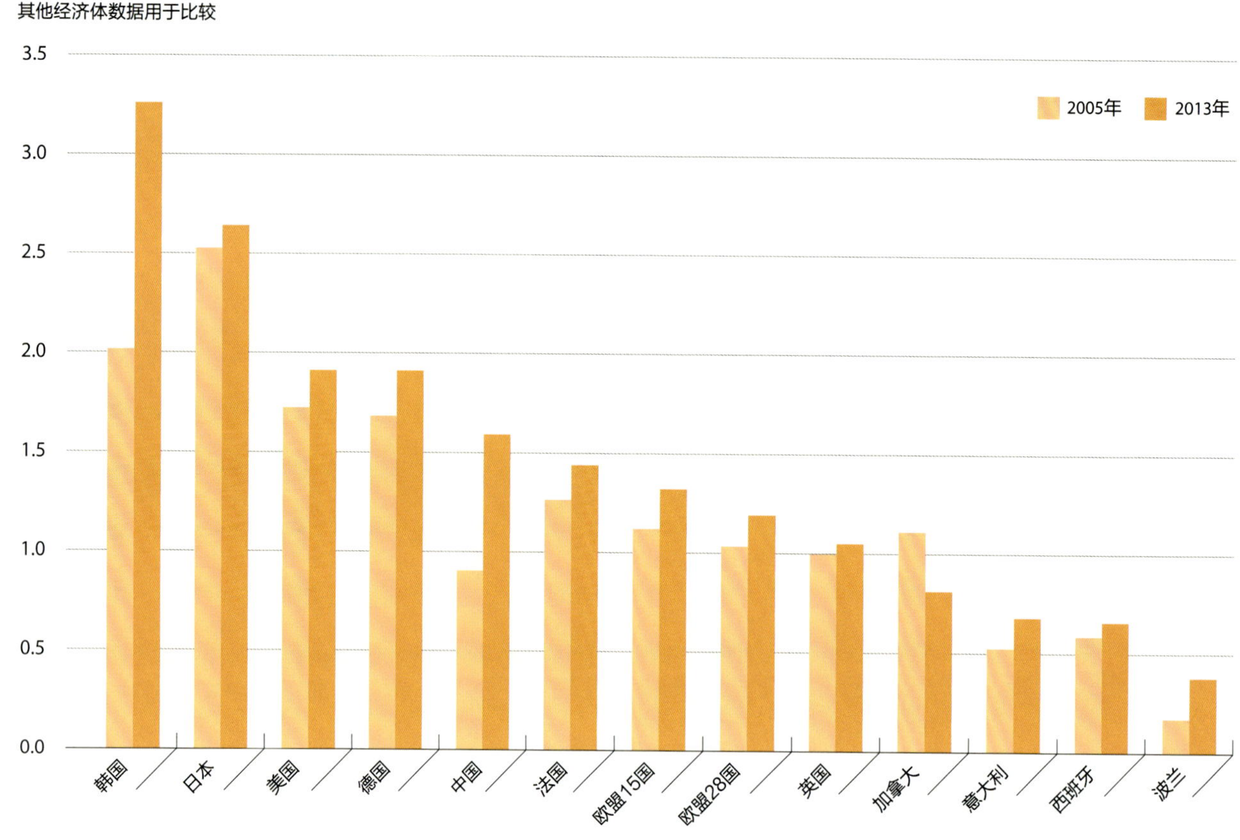

图 9.4　2005 年和 2013 年欧盟企业研发总支出占国内生产总值的比重（%）

来源：经济合作与发展组织的主要科技指标，2015 年 7 月。

大大下降。尽管如此，但最近德国的软件和信息技术服务公司 SAP 已跻身全球研发排名前 50（见表 9.3）。

制药业和生物技术等领域的研发率增长情况（2013 年研发增长率为 0.9%）以及典型的研发密集型产业，如技术硬件和设备领域的增长率（-5.4%）均不尽如人意，因此欧盟企业界研发情况也面临诸多压力。然而欧盟在制药业方面几乎与美国不相上下，但在生物技术领域却落后于美国（见表 9.5、表 9.6）。

竞争者的收购行为破坏了欧盟的科研基础，这一情况越来越令人担忧。对这种担忧的一个例证便是 2014 年，美国制药公司辉瑞的收购行为宣告失败。辉瑞公司发现必须令英国政府相信他们出资 630 亿英镑竞标收购英国和瑞典合资的制药公司阿斯利康这一行为不会影响在英国进行的研究工作。尽管辉瑞允诺，此联合公司将雇佣英国五分之一的研究人员，并完成阿斯利康投入 3 亿英镑在英国剑桥建立研究中心的计划。但是辉瑞也不得不承认此联合公司中的研究经费会遭到削减。最终，阿斯利康的董事会拒绝了辉瑞的竞标，并认为辉瑞的收购目的在于削减其公司在美国的成本与税费，而非优化药品生产（Roland，2015）。

2014 年欧盟对俄罗斯的强制制裁或许也对欧盟驻俄联邦的公司产生了影响。大型欧洲跨国企业，如阿尔斯通、爱立信、诺基亚、西门子和 SAP 均已在俄罗斯西斯提玛或萨洛夫一类的科技园中设立了研发中心，或者参加了斯科尔科沃的旗舰研究项目（见专栏 13.1）。

创新领导者的匮乏

自 2001 年起，欧盟通过年度欧盟创新记分牌来监督欧盟的创新效绩。其中，欧盟创新记分牌是对 2010 年的创新联盟记分牌的革新与重新命名。最近的创新联盟记分牌运用测量专栏架对三种主要类型的指标（使能器、公司活跃度、产出结果）及 8 种涵盖全部 25 种指标的创新维度进行了区分（欧盟委员会，2015a）。总体创新效绩通过总体创新指数来衡量，总体创新指数分级从 0（标记效绩最差国家）到 1（标记效绩最佳国家）。以此指数为基础，欧盟

表 9.3 2014 年全球 50 强企业研发总量

2014年排行	企业	国家	领域	研发（百万欧元）	2004—2007年研发排名变化	研发密度*
1	大众汽车	德国	汽车和零部件	11 743	+7	6.0
2	三星电子	韩国	电子	10 155	+31	6.5
3	微软	美国	计算机硬件和软件	8 253	+10	13.1
4	英特尔	美国	半导体	7 694	+10	20.1
5	诺华公司	瑞士	制药	7 174	+15	17.1
6	罗氏公司	瑞士	制药	7 076	+12	18.6
7	丰田汽车	日本	汽车和零部件	6 270	−2	3.5
8	强生公司	美国	医疗设备、制药、日用消费品	5 934	+ 4	11.5
9	谷歌	美国	网络相关产品与服务	5 736	+ 173	13.2
10	戴姆勒	德国	汽车和零部件	5 379	−7	4.6
11	通用汽车	美国	汽车和零部件	5 221	−5	4.6
12	默克公司	美国	制药	5 165	+17	16.2
13	宝马	德国	汽车和零部件	4 792	+15	6.3
14	赛诺菲-安万特	法国	制药	4 757	+8	14.4
15	辉瑞	美国	制药	4 750	−13	12.7
16	博世集团	德国	工程与电子	4 653	+10	10.1
17	福特汽车	美国	汽车和零部件	4 641	−16	4.4
18	思科系统	美国	网络设备	4 564	+13	13.4
19	西门子	德国	电子与电器设备	4 556	−15	6.0
20	本田汽车	日本	汽车和零部件	4 367	− 4	5.4
21	葛兰素史克	英国	制药与生物技术	4 154	−10	13.1
22	国际商用机器公司	美国	计算机硬件、中间设备和软件	4 089	−13	5.7
23	礼来制药厂	美国	制药	4 011	+18	23.9
24	甲骨文公司	美国	计算机硬件与软件	3 735	+47	13.5
25	高通公司	美国	半导体、通信设备	3 602	+112	20.0
26	华为	中国	通信设备与服务	3 589	以上> 200	25.6
27	空中巴士	荷兰**	航空	3 581	+8	6.0
28	爱立信	瑞典	通信设备	3 485	−11	13.6
29	诺基亚	芬兰	技术硬件与设备	3 456	− 9	14.7
30	尼桑汽车	日本	汽车和零部件	3 447	+4	4.8
31	通用电气	美国	工程电子与电子设备	3 444	+6	3.3
32	菲亚特	意大利	汽车和零部件	3 362	+12	3.9
33	松下公司	日本	电子与电子设备	3 297	−26	6.2
34	拜耳	德国	制药与生物技术	3 259	−2	8.1
35	苹果	美国	计算机硬件与软件	3 245	+120	2.6
36	索尼	日本	电子与电子设备	3 209	−21	21.3
37	阿斯利康	英国	制药与生物技术	3 203	−12	17.2
38	安进公司	美国	制药与生物技术	2 961	+18	21.9
39	勃林格殷格翰	德国	制药与生物技术	2 743	+23	19.5
40	百时美施贵宝	美国	制药与生物技术	2 705	+2	22.8
41	电装公司	日本	汽车和零部件	2 539	+12	9.0
42	日立	日本	技术硬件与设备	2 420	−18	3.7
43	阿尔卡特朗讯	法国	技术硬件与设备	2 374	+4	16.4
44	易安信	美国	计算机软件	2 355	+48	14.0
45	武田制药	日本	制药与生物技术	2 352	+28	20.2
46	思爱普	德国	软件与计算机服务	2 282	+23	13.6
47	惠普	美国	技术硬件与设备	2 273	−24	2.8
48	东芝	日本	计算机硬件	2 269	−18	5.1
49	LG电子	韩国	电子	2 209	+61	5.5
50	沃尔沃	瑞典	汽车和零部件	2 131	+27	6.9

* 研发密度通过研发支出占净销售额的比值来确定；

** 尽管空中巴士的总部在荷兰，但是其主要制造设施位于法国、德国、西班牙和英国。

来源：Hernández 等（2014 年），见表 2.2。

表 9.4　2011—2013 年欧盟研发前 40 强企业

企业	国家	领域	研发密度（3年增长）	销售（3年增长）
大众汽车	德国	汽车和零部件	23.3	15.8
戴姆勒	德国	汽车和零部件	3.5	6.5
宝马	德国	汽车和零部件	20.0	7.9
赛诺菲-安万特	法国	制药与生物技术	2.7	2.7
博世集团	德国	汽车和零部件	6.8	-0.8
西门子	德国	电子与电子设备	2.4	3.2
葛兰素史克	英国	制药与生物技术	-2.5	-2.3
空中巴士	荷兰	航空与国防	5.1	9.0
爱立信	瑞典	技术硬件与设备	0.1	3.8
诺基亚	芬兰	技术硬件与设备	-11.2	-18.0
菲亚特	意大利	汽车和零部件	20.2	34.3
拜耳	德国	制药与生物技术	0.5	4.6
阿斯利康	英国	制药与生物技术	0.9	-8.2
勃林格殷格翰	德国	制药与生物技术	3.8	3.8
阿尔卡特朗讯	法国	技术硬件与设备	-3.6	-3.4
思爱普	德国	软件与计算机服务	9.7	10.5
沃尔沃	瑞典	工业工程	5.2	1.0
标致	法国	汽车和零部件	-6.5	-1.2
大陆集团	德国	汽车和零部件	8.0	8.6
巴斯夫	德国	化学	7.1	5.0
飞利浦	荷兰	普通工业	2.5	3.1
雷诺	法国	汽车和零部件	1.2	1.6
芬梅卡尼卡	意大利	航空与国防	-3.9	-5.0
诺和诺德	丹麦	制药与生物技术	8.6	11.2
默克制药	德国	制药与生物技术	2.5	6.1
意法半导体	荷兰	技术硬件与设备	-6.4	-7.9
桑坦德银行	西班牙	银行	-2.8	-1.7
赛峰集团	法国	航空与国防	31.2	9.5
苏格兰皇家银行	英国	银行	6.9	-9.2
西班牙电信公司	西班牙	固话通信	5.1	-2.1
联合利华	荷兰	食品、清洁 与个人卫生用品	3.9	4.0
阿尔斯通	法国	工业工程	0.8	-1.1
意大利电信	意大利	固话通信	11.9	-5.3
荷兰皇家壳牌	英国	石油与天然气生产商	9.0	7.0
道达尔	法国	石油与天然气生产商	9.9	6.9
森特尔	英国	汽车和零部件	9.1	6.0
凯斯纽工业集团	荷兰	工业工程	12.7	6.5
施维雅	法国	制药与生物技术	9.0	5.9
希捷科技	爱尔兰	技术硬件与设备	11.9	7.3
欧莱雅	法国	个人用品（化妆品，等）	8.8	5.6

来源：欧盟委员会。

表 9.5　2013 年欧盟企业在全球前 2 500 强研发企业中的相对排名

	欧盟	美国	日本	其他国家
企业数量	633	804	387	676
研发（十亿欧元）	162.3	193.6	85.6	96.8
2010—2013年增长（%）	5.8	7.0	3.0	9.8
2013年世界份额（%）	30.1	36.0	15.9	18.0
研发与净销售额之比（%）	2.7	5.0	3.2	2.2
净销售额（十亿欧元）	5 909.0	3 839.5	2 638.6	4 335.9

来源：Hernández 等（2014 年），见表 1.2。

表 9.6　2013 年欧盟与美国企业在部分高研发领域排名

行业	企业数量		研发投入（百万欧元）		研发密度（%）*	
	欧盟	美国	欧盟	美国	欧盟	美国
健康						
制药	47	46	26 781.9	29 150.0	13.2	14.0
生物技术	20	98	1 238.4	12 287.3	16.0	27.2
卫生保健设备与服务	23	54	2 708.2	7 483.5	4.4	3.8
软件与服务						
软件	33	86	4 797.2	22 413.9	14.8	15.0
计算机服务	15	46	1 311.1	6 904.8	5.2	6.9
互联网	2	20	97.6	8 811.5	6.3	14.3

* 研发密度通过研发支出占净销售额的比值来确定。
来源：Hernández 等（2014 年），见表 4.5。

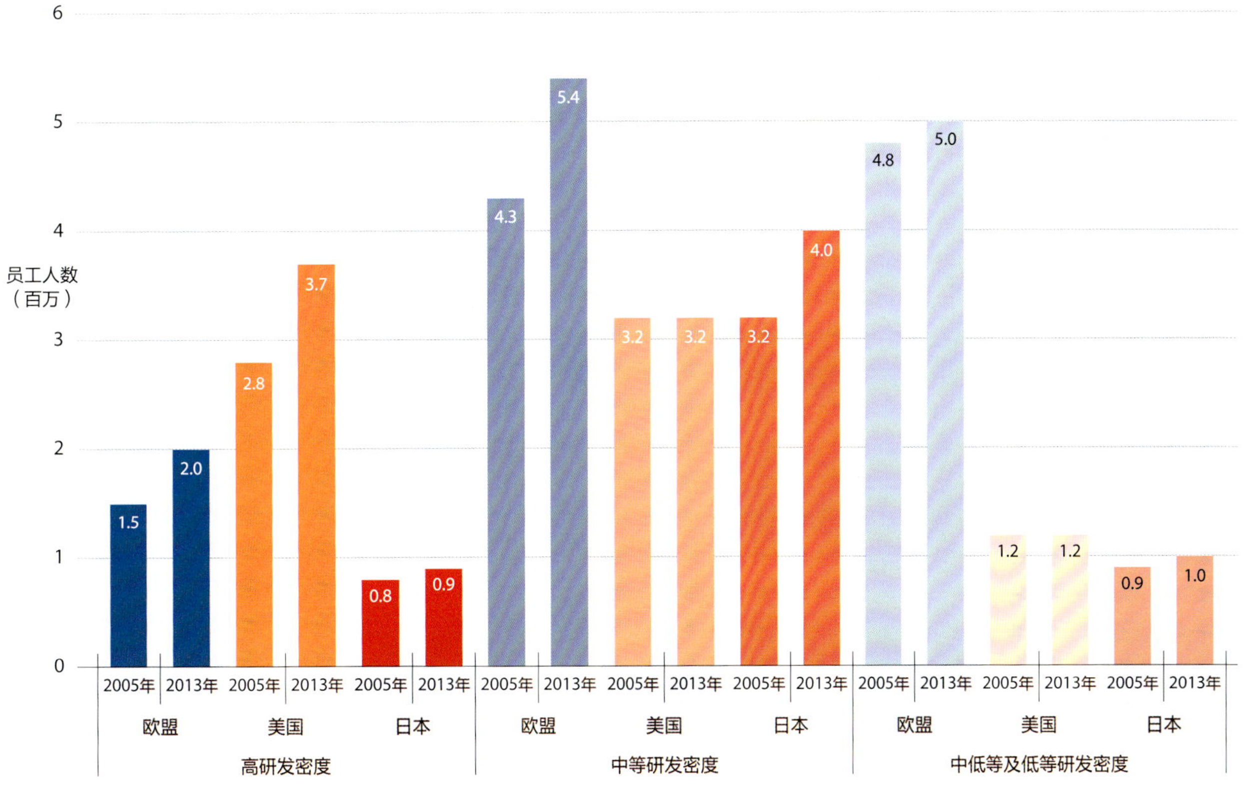

图 9.5　2005 年和 2013 年研发密度不同企业就业率（%）
注：根据欧盟研发记分牌，此数据涵盖全世界前 2500 强企业中 476 个欧盟企业、525 个美国企业和 362 个日本企业。
来源：Hernández 等（2014 年），图 S3。

各地区可被划分为 4 个不同群体：创新领导者——创新效绩高于欧盟平均水平；创新追随者——创新效绩与欧盟平均水平持平；中等创新国家——略低于欧盟平均水平；适度创新国家——低于欧盟平均水平（见图 9.6）。

除塞浦路斯、罗马尼亚和西班牙外，大多数成员国的创新效绩在 2007—2014 年间有所提高。需要说明的是，芬兰、希腊和卢森堡的创新效绩一直成增长态势，但是增长较为缓慢。经过这段时间后，各国的创新效绩水平呈交叉状态。然而，2013—2014 年，13 个成员国的创新绩效被削弱，不仅包括塞浦路斯、爱沙尼亚、希腊、罗马尼亚和西班牙，而且对于创新绩效一向领先的奥地利、比利时、德国、卢森堡和瑞典更是如此。创新效绩良好的企业与公私合营的上市公司市场份额下降，共同降低了风险投资，这些现象都是经济危机对企业造成不良影响的信号。

令企业创新更为便利

欧洲一直以来都是新兴科学知识的最大发掘国，但是在将新观点成功运用到商业产品方面的表现一直欠佳。与美国或日本等单一的大经济体相比，欧盟国家的科学与创新的市场更为分散零碎（见图 9.6）。欧盟因此需要一个共同研究政策来避免不同成员国进行重复的研究。

由于“欧洲 2020”战略的旗舰计划“创新联盟计划”和 2014 年的“地平线 2020 计划”（欧盟有史以来最大的研究和创新框架项目）的实行，欧盟研究政策自 2010 年便开始大力注重创新（欧盟委员会，2014b）。“创新联盟计划”是欧盟为实现“欧洲 2020 战略”目标所采取的 7 项旗舰计划之一（见表 9.7）。“创新联盟计划”涵盖 34 项承诺及旨在消除创新障碍的相关目标，其中创新障碍包括昂贵的专利注册、市场分化、标准设定滞后以及技术欠缺。此外，“创新联盟计划”彻底变革公共和私有部门的合作方式，尤其是通过欧盟各机构、国家和地方权威部门和企业建立创新伙伴关系进行变革。到 2015 年，“创新联盟计划”所涵盖的 34 项承诺中，除一项外其余均取得了巨大进步（见表 9.7）。

第五项承诺着重推进世界级研究与创新的基础设施建设，吸引全世界的人才，并促进重点使能技术发展。欧洲研究基础设施战略论坛已对 44 个重点新型研究设施（包括进行了重大升级的现有设施）进行了认证。多个成员国、相关国家以及第三国需要集中资源共同建造运行此类基础设施。欧盟既定目标为到 2015 年 60% 的研究基础设施建造完毕或投入使用。

第七项承诺强调了中小企业在创新驱动及促进知识外溢方面的重要作用。全面发掘中小型企业创新潜力既需要优越的框架条件也需要高效的保障机制。保障机制的碎片化和中小企业不完善的管理过程导致中小型企业获得欧盟提供的资金过程受到阻碍。随着“地平线 2020 计划”的推出，一个针对中小型企业的新机制也随着产生，这一机制主要针对高度创新型的中小型企业所设计，目标是确保中小型企业能够获得丰厚的基金支持。

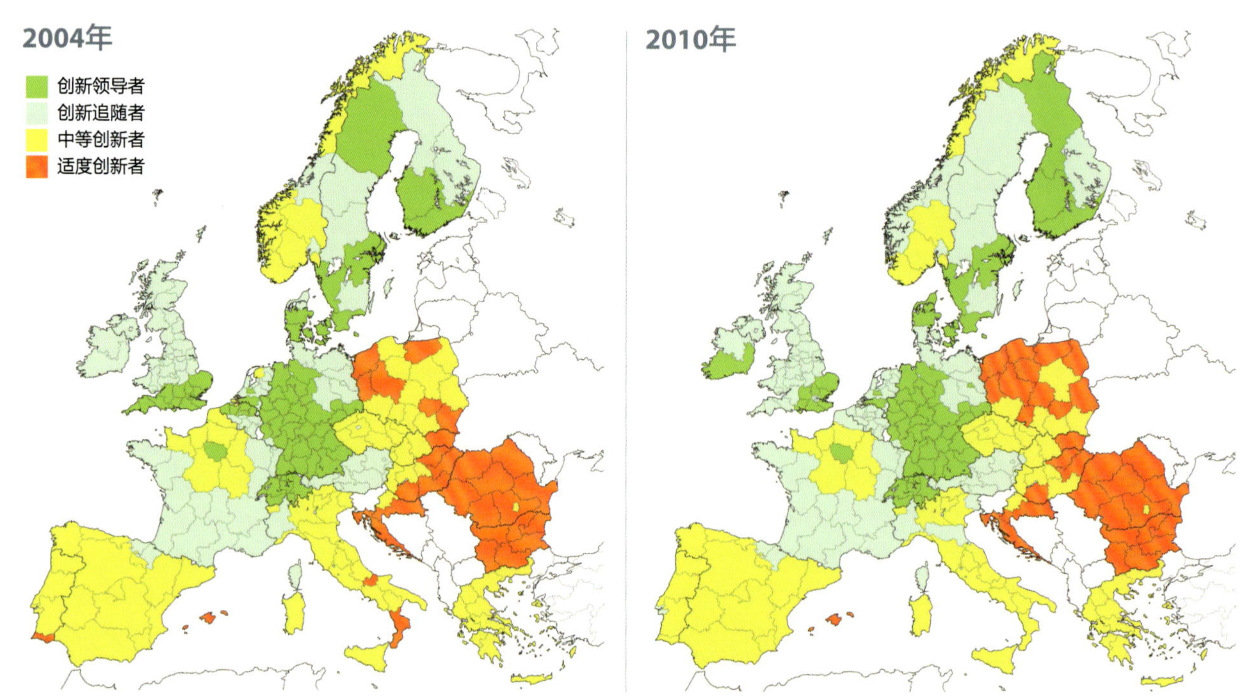

图 9.6　2004 年和 2010 年欧盟地区创新绩效

来源：欧盟委员会 EC（2014c），地区性创新联盟记分牌 2014；上图地图是通过地图生成工具软件制作而成。

表 9.7　2015 年欧盟成员国在创新联盟承诺方面取得的进步

	承诺		成果	实施情况/依然存在的差距
1	将培养大量研究人员的目标列入国家战略之中	√	■ 大多数国家已经制定了国家战略 ■ 欧盟委员会已经采取措施来支持这一进展过程	■ 一些成员国已经开始提供新的创新性博士培养机会 ■ 欧洲科研人员网络已经开始实施,这是一个促进科研人员在40个泛欧洲国家内流动合作的信息工具，举措包括在网站上发布工作岗位信息等
2a	检验设立独立的大学排名的可行性	√	■ 已检验其可行性	■ 2014年推出“多维全球大学排名”，以新的方式来对大学进行比较 ■ “多维全球大学排名”的第一次结果于2014年5月发布，涵盖了500所提供高等教育的机构及1 272个学科；“多维全球大学排名”可供所有需要此类信息的学生及研究人员使用
2b	建立商界与学术界的联合关系	√	■ 在为国际大学学生交换项目开启的伊拉斯莫世界之窗计划内，商界与学术界已经开始尝试进行知识上的联合共享，其范围也不断扩大 **后续:** ■ 预计2014—2020年，将会推出150多个新的知识联盟项目	■ 大学及企业都参与了首个知识联盟，新的项目已于2014年开始实施 ■ 首个知识联盟的试验结果以公开
3	倡导为电子技术建立一个综合框架	√	■ 数码工作方面将会建立大型的合作联盟 ■ 发布电子能力框架 3.0 ■ 制定提升信息通信技术的路线图 ■ 2014—2020年发布职业化与电子领导能力标准	■ 一些成员国已经采用电子能力框架作为一种标准
4	倡导为“研究生涯计划”及其支持措施建立一个欧洲框架	√	■ “研究生涯计划”欧洲框架于2012年提出，2014年各项举措开始实施 ■ 创立了“研究生涯计划”欧洲框架 ■ 创新性博士培养计划原则已被确立、推广、证实并得到支持 ■ 泛欧洲退休金基金以联合形式创立，“地平线2020”计划也为其提供了资金支持	■ “研究生涯计划”欧洲框架已被大学、企业等广泛应用到招聘之中 ■ 联合项目提案 **依然存在的差距:** 一些成员国依然需要将其系统与“研究生涯计划”欧洲框架相承接 ■ 泛欧洲退休金基金有望于2015年后期投入运转
5	优先建立欧洲研究基础设施	√	■ 到目前为止56%的基础设施已经投入实施，其目标是到2015年60%的基础设施投入实施	■ 14种基础设施已开始为用户提供服务
6	简化欧盟研究与创新项目并将创新联盟中的未来项目作为重点	√	■ 2014年正式启动“地平线2020计划”，“创新联盟计划”为其重点领域	■ 首批研究项目提案已在“地平线2020计划”中实施
7	确保增强中小型企业在未来欧盟研究与创新项目中的参与度	√	■ 中小企业工具成为“地平线2020计划”中的一部分	■ 中小企业工具已准备投入“地平线2020计划”之中
8	通过联合研究中心并创建欧洲前瞻性活动论坛以加强政策制定的科学基础	√	■ 与联合研究中心更好地建立了联系;后者在比利时（2）、德国、意大利、荷兰和西班牙建立了科学机构 ■ 欧洲前瞻性活动论坛已经建立	■ 联合研究中心与欧洲前瞻性活动论坛的工作对欧洲委员会的政策制定及战略项目都产生了影响

表 9.7　2015 年欧盟成员国在创新联盟承诺方面取得的进步（续表）

	承诺		成果	实施情况/依然存在的差距
9	为2008年成立的欧洲创新与技术研究院提出战略议程	√	■ 战略创新议程作为“地平线2020计划”的一部分，其实施预算为27亿欧元 ■ 扩大现有的气候领域的知识与创新共同体、信息通信技术实验室和可持续能源社区 ■ 新的知识与创新共同体在健康生活、积极老龄化方面进行创新，并倡导原材料的可持续利用 ■ 2016年将推出3项其他领域的知识与创新共同体［未来食物、附加值制造业和2018（城市流动）］ ■ 扩大欧洲创新与技术研究院的活动	■ 在欧洲创新与技术研究院的名下创立了35个硕士学位课程 ■ 1 000多个学生参加了欧洲创新与技术研究院的课程 ■ 100多家新创企业成立 ■ 逐渐形成400多个创新观点 ■ 90个新产品与服务开始推行
10	将吸引私人融资的欧洲金融工具落实到位	√	■ 在“地平线2020计划”中建立了“风险金融融资渠道”	
11	确保风险资本的跨境操作	√	■ 2013年7月“欧洲风险资本监管”正式启动实行	■ 各个成员国至少收到了两份申请
12	加强创新型企业和投资者的跨境合作	√	■ 专家组向欧盟委员会提出建议	■ 这些建议都被纳入“地平线2020计划”之中作为推出金融工具时的参考
13	审核研发与创新的国家援助框架	√	■ 已审核研发与创新的国家援助框架	■ 2014年7月国家援助现代化法规将准备投入使用
14	建立欧盟专利制度	√	■ 25个成员国已经就单一专利组合制度达成共识（除意大利、西班牙和克罗地亚外） ■ 自2013年起机器翻译得到推广应用 ■ 2014年12月特别委员会批准了实施规则	**依然存在的差距：** ■ 13个成员国依然未达成统一专利法院共识，未使其生效（目前为止6个批准通过的国家：奥地利、比利时、丹麦、法国、马耳他和瑞典） ■ 筹备委员会内部依然在讨论统一专利法院的实施规则，实施规则应在2015年开始使用
15	检验重点领域的规则框架	√	■ 规则检验方法在生态创新和“欧洲创新伙伴关系”相关领域得到发展和应用	■ 已有方法被应用到欧洲水框架指令之中，关于原材料的规定也建立起来
16	加快标准设定速度，并使之现代化	√	■ 通过交流为欧洲统一标准设立了一个战略远景，并于2011年被采纳 ■ 法规自2012年起开始实施	■ 37%的标准正在加速完善建立
17a	取消国家创新采购预算	X	■ 欧洲理事会并未施行此承诺 ■ 欧洲前瞻性活动论坛已经建立	■ 包括芬兰、意大利、西班牙、瑞典和丹麦在内的成员国已经采取措施将政府采购作为一种创新政策的实施工具
17b	建立一个欧洲范围内的支持机制来促进联合采购	√	■ 欧盟委员会为跨国合作提供了金融支持 ■ 2014年国会与委员会采纳了改进后的政府采购指令以促进对创新产品的采购 ■ 委员会增强了对举办相关活动的指导和意识	■ 在“欧盟第七框架计划”之下大力呼吁联合采购 **依然存在的差距：** ■ 成员国有待将这些指令生成为国家法律

	承诺		成果	实施情况/依然存在的差距
18	出台一项生态创新行动计划	√	■ 2011年采用“行动计划”	■ 2012年就“战略实施计划”达成共识，近期开始实施；
19a	建立欧洲创意工业联盟	√	■ 2011年欧洲创意工业联盟建立	■ 以675万欧元撬动4 500多万欧元用于支持欧洲创意工业联盟 ■ 超过3 500家中小企业从欧洲创意工业联盟的活动中获益，此外2 460家利益相关企业也参与了这些活动
19b	建立欧洲设计领导委员会	√	■ 欧洲设计领导委员会成立。委员会对如何加强设计在创新中的作用提出建议	■ 制订关于如何实施设计驱动创新的行动计划 ■ 欧洲设计创新平台成立 ■ 欧洲设计创新计划启动
20	促进公开渠道：支持智能研究信息服务	√	■ 关于名为《更好的科学信息公开渠道：增强研究反面公共投资的益处》的讨论不断进行，其中包括对成员国提出的建议 ■ 公开“地平线2020计划”战略信息 ■ 搜索工具得到发展 ■ 发布电子能力框架 3.0 ■ 制定提升信息通信技术的路线图	■ 奥丁计划开始实施，作为一个公开信息网站提供网络发展课程
21	促进合作研究和知识转移	√	■ 为“地平线2020计划”制定清晰简洁的参与规则 ■ 分析对在实行的联合协议进行创新会产生的影响 ■ 分析知识转移与开放式创新	■ 欧洲技术转移办公室成立 ■ 联合协议的使用指导出台，并纳入“地平线2020计划”在线资助手册之中
22	为专利和行政许可发展欧洲知识市场	√	■ 2012年发布《旨在为增长与就业促进专利价格稳定》的工作文件	■ 专家组成立了知识产权评估项目并对专利价格稳定进行评估 ■ 专家组对专利价格稳定的结果即将公布
23	防范出于反竞争目的使用知识产权的行为	√	■ 2010年采纳对横向协议的指导方针	■ 目前，国家竞争权威机构、欧盟委员会、各大企业和国家法院都开始应用这些规则
24～25	改进研究和创新结构性资金的使用	√	■ 灵活专业化研究与创新战略已被运用到各成员国和国家地区中的战略计划中 ■ 灵活专业化战略作为一种从欧洲区域发展基金中获得资金支持并用于研究、技术发展和创新领域的预先限制条件	■ 大多数成员古欧/各国内的地区间都对国家和地区灵活专业化战略进行了定义 ■ 2012年智能专业化平台开始实施
26	开始实施社会创新试点并通过欧洲社会基金提高社会创新	√	■ 2011年实施社会创新欧洲平台 ■ 在欧洲社会基金中扩大社会创新的作用与地位	■ 设立欧洲社会创新竞争计划 ■ 为社会创新发展网络提供支持
27	支持在公共领域中的社会创新的研究计划并开始欧洲公共领域创新记分牌试用	√	■ 社会和公共领域创新纳入“地平线2020计划”主题之中 ■ 欧洲公共领域创新记分牌开始进行试用	■ 开始实行公共领域的欧洲创新奖 ■ 成立公共领域创新专家组 ■ 2014年在巴塞罗那颁发了第一个欧洲资本创新奖

表 9.7　2015 年欧盟成员国在创新联盟承诺方面取得的进步（续表）

	承诺		成果	实施情况/依然存在的差距
28	向社会合作伙伴咨询知识经济与市场间的互动	√	■ 2013年开展了第一次向欧盟社会伙伴咨询的活动 ■ 更为深入的咨询计划在2014年后进行	■ 建立了欧洲工作创新网络
29	试行“欧洲创新伙伴关系”并为其提出建议	√	■ 发布、实施和评估“欧洲创新伙伴关系”	■ “欧洲创新伙伴关系”已经启动、试行并得到评估 ■ 700多项行动承诺 ■ 建立了课程分享和复制成果转移的参考网站 ■ 各个基于网络的市场用于超过1 000个注册用户 ■ 第一批结果：为其复制收集良好的实行案例和工具，收集产生影响的证据等
30	落实为吸引全球人才制定的完整政策	√	■ 实施国家政策来提高研究人员流动性，包括欧洲科研人员网络，这是为希望在欧洲发展事业或在欧洲定居的研究人员提供的信息工具 ■ 科学签证 ■ 玛丽 · 居里行动 ■ 欧洲目的地项目	■ 科研人员网络和科研人员连接 ■ 成员国进行调整后，新科学签证将于2016年生效
31	将与包括欧盟和成员国在内的第三国进行科学合作作为重点并对其合作方式提出建议	√	■ 2012年开始对如何提高并观注欧盟在研究与创新领域的国际合作问题进行交流	■ 为以中国、巴西、印度和美国为目标的国际合作计划成立战略论坛 ■ 正在进行中的国际合作战略论坛对共同的重点目标进行确认并实施联合行动 ■ 2014年年底完成路线图 ■ 与第三国和世界其他地区的对话正在进行中
32	首次公开全球研究基础设施	√	■ 2013年8国集团对合作新框架达成共识 ■ 预计关于现有基础设施和重点领域的列表报告将于2015年公布	
33	对国家研究和创新系统进行自我评估，明确挑战与改革	√	■ 欧盟委员会对各个成员国提供支持 ■ 28个成员国中比利时、爱沙尼亚、丹麦和西班牙这四个成员国已经要求进行同级评议 ■ 欧洲半年会中产生国家特性性评价，对半年会所取得的进展进行监督	■ 比利时、爱沙尼亚、丹麦、西班牙和冰岛进行同级评议 ■ 比利时、爱沙尼亚、丹麦三国已确认使用自我评级工具 ■ 在“地平线2020计划”之下开始使用新工具
34a	发展创新主要指标	√	■ 2010年采纳对横向协议的指导方针	■ 2014年用于特定国家推荐指数
34b	监控创新联盟记分牌使用情况进展	√	■ 自2010年起创新联盟记分牌每年进行更新	■ 创新联盟记分牌最近公布于2015年

来源：摘自欧盟（2014c）。

第 14 项到第 18 项承诺内容主要是通过简化企业创新过程，并保护其知识产权，以此推动单一创新市场的建立。近期，来自欧盟 28 个成员国的公司凡要申请专利保护，都必须遵守额外的管理要求并支付交易费用。2012 年到 2013 年，25 个欧盟成员国在建立“统一专利组合”方面达成共识，包括设立统一专利保护条例、构建适用于统一专利保护的交易体制、建立统一专门的专利司法机制——统一专利法院。预计上述 25 个成员国在统一专利保护的程序与交易费用方面会得到大幅度减免，经估算可节约 85% 的费用支出。统一专利法院有望于 2015 年开始运转，预计每年会节省 1.48 亿—2.89 亿欧元的费用（欧盟委员会，2014c）。

欧盟为实现研究目标，需要增加研究人员数量，其中很大一部分研究人员将来自第三方国家。举例来说，为了在吸引研究人员方面与美国一争高下，欧盟需要严格执行欧盟立法。作为实施“博洛尼亚进程”[①]的一部分，许多成员国已经改革了本国的高等教育体制，并且开始发放特殊的科学签证，帮助研究人员更容易地获得在任意成员国内有效居住和工作的权利。

最新研究框架计划的监察结果

“地平线 2020 计划”：欧盟有史以来最大的研究项目

支持欧盟连续的研究与发展框架计划的资金量不断增长，从 1984—1988 年首个框架计划投入 40 亿欧元开始，2007—2013 年第七个研究与技术发展框架计划投入资金为 530 亿欧元，到欧盟有史以来最大的研究项目——“地平线 2020 计划”的资金投入为近 800 亿欧元。欧盟委员会于 2011 年 11 月提出“地平线 2020 计划”，2013 年 12 月欧洲议会与欧洲理事会正式采纳此项计划。

总体上，“地平线 2020 计划”专注于实施“欧洲 2020 战略”，特别是通过集中现有的欧盟研究与创新基金，并为创新过程（从创意到市场）提供无缝支持来推进“创新联盟”项目的发展。其中无缝支持包括建立流线型资金调度机制，简化项目构建与参与准则。800 亿欧元的资金一部分用于促进杰出的科技成果涌现（32%）以及应对社会挑战（39%）见表 9.8。

绿色增长——主要的社会挑战

“地平线 2020 计划”中要面对的诸多社会挑战

① 关于“博洛尼亚进程”，参见《联合国教科文组织科学报告 2010》第 150 页。

表 9.8　2014—2020 年“地平线 2020 计划”结构与预算

	最终比例（%）	最终总量预算百万欧元（以当前价格为准）
卓越科技：	**31.7**	**24 441**
欧洲研究委员会	17.0	13 095
未来与新兴科技	3.5	2 696
玛丽・居里行动	8.0	6 162
欧洲研究基础设施（包括各类基础设施）	3.2	2 488
工业领先：	**22.1**	**17 016**
使能与工业技术领导	17.6	13 557
使用风险投资	3.7	2 842
中小企业创新	0.8	616
社会挑战：	**38.5**	**29 679**
健康、人口挑战与福利	9.7	7 472
食品安全,可持续农业与林业,海洋与大陆水域研究及生物经济	5.0	3 851
安全、清洁、高效能源	7.1	5 931
智能、绿色、综合交通	8.2	6 339
气候行动,环境,资源效率和原材料	4.0	3 081
处于不断变化世界的欧洲—包容、创新、反思的社会	1.7	1 309
安全社会—保障欧洲的自由、安全及其公民	2.2	1 695
与社会相关并服务于社会的科学	**0.6**	**462**
扩大优质范围与参与度	**1.1**	**816**
欧洲创新与技术研究院	**3.5**	**2 711**
联合研究中心的无核化直接行动	**2.5**	**1 903**
欧盟总法规	**100.0**	**77 028**
核聚变间接行动	45.4	728
核裂变间接行动	19.7	316
联合研究中心的核直接行动	34.9	560
2014—2018年欧洲原子能共同体总法规	100.0	1 603

注：由于欧洲原子能共同体的不同法律基础，其 5 年预算为固定值。2014—2018 年，据估算其预算为 16.03 亿欧元；预计 2019—2020 年预算为 7.7 亿欧元。

来源：欧盟委员会：http://ec.europa.eu/research/horizon2020/pdf/press/fact_sheet_on_horizon2020_budget.pdf.

都与绿色增长相关，如可持续农业和林业、气候行动、绿色交通或资源效率。截至目前，“欧洲 2020 战略”中的一些最为突出的成果都与削弱温室气体排放相关。截至 2012 年，欧盟已成功地在 1990 年的基础上降低了 18% 的温室气体排放量，因此有望于 2020 年实现 20% 的减排目标。

欧洲需要以可持续发展来应对一系列挑战，包括过度依赖化石燃料、环境恶化、自然资源枯竭及气候变化带来的影响。同时，欧盟也坚信环境的可持续（绿色）增长将会增强其竞争力。

的确，据欧洲环境署出版的最新一期《国家环境综合报告》（2015）显示，尽管受到 2008 年金融危机的影响，环境产业是欧洲经济成分中为数不多的在收入、贸易和就业方面蓬勃发展的产业部门。该报告强调了研究与创新在进一步实现可持续发展目标，包括社会创新等方面的重要作用。

欧盟已经在一定程度上为完成可持续能源与气候变化目标给予了一定的支持，举例而言，欧盟对第七个框架计划内的相关研究项目给予了资金支持，此外还在最新的框架计划——“地平线 2020 计划”中着重强调负责任的研究与创新行为。拥有独特历史传统的欧洲，有能力通过研究与创新迎来一个更加可持续发展的社会。然而，为了充分实现潜力，欧盟必须要调整战略重心，确保将创新视为极为重要的目标，而非仅仅是实现其他目标的手段。

在第七个框架计划中，下列五个合作项目的主题都着重强调了可持续发展与保护：农业、能源、环境、健康和材料（见表 9.9）。可以认为，在这些主题中超过 75% 的议题都为欧盟可持续发展目标做出了积极贡献。第七框架计划中大约四分之一的项

表 9.9　2007—2013 年第七框架计划中与可持续发展相关的项目数量

	农业	环境	能源	健康	材料	所有项目	可持续性项目比例（%）
奥地利	145	157	71	191	188	2 993	25.1
比利时	331	214	140	295	355	4 552	29.3
保加利亚	43	45	18	23	19	590	25.1
克罗地亚	25	23	14	21	9	351	26.2
塞浦路斯	15	21	15	10	11	436	16.5
捷克共和国	85	63	22	77	111	1 216	29.4
丹麦	197	130	97	200	186	2 275	35.6
爱沙尼亚	29	21	11	54	13	502	25.5
芬兰	148	83	55	166	232	2 089	32.7
法国	419	275	198	551	530	8 909	22.1
德国	519	425	285	776	970	11 404	26.1
希腊	147	140	72	117	165	2 340	27.4
匈牙利	87	57	23	96	75	1 350	25.0
爱尔兰	108	55	35	109	117	1 740	24.4
意大利	460	296	183	509	659	8 471	24.9
拉脱维亚	24	11	13	17	14	267	29.6
立陶宛	24	19	12	24	27	358	29.6
卢森堡	7	10	4	19	15	233	23.6
马耳他	9	9	3	4	5	177	16.9
荷兰	467	298	169	558	343	6 191	29.6
波兰	100	76	53	96	166	1 892	26.0
葡萄牙	123	94	69	68	125	1 923	24.9
罗马尼亚	41	69	17	48	81	898	28.5
斯洛伐克	26	19	15	18	41	411	29.0
斯洛文尼亚	55	55	23	48	81	771	34.0
西班牙	360	291	211	388	677	8 462	22.8
瑞典	145	135	88	255	258	3 210	27.4
英国	508	379	191	699	666	12 591	19.4

注：第七框架计划中包含的所存非主题合作项目。

来源：CORDIS（www.cordis.europa.eu），数据下载于 2015 年 3 月 4 日。

目与上述五大主题相关。特别是，丹麦、芬兰和斯洛文尼亚更是将其视为重中之重。然而，另外，塞浦路斯、马耳他和英国在这一方面所实施的项目不足五分之一（见表 9.9）。

同时，第七框架计划的数据也可以与此类专利申请相比较，其中专利申请的范围包括与环境相关的科技、温室气体排放和可再生能源在总的终端能源消费中的比例（见表 9.10）。丹麦、芬兰、德国和瑞典在环境相关科技方面的专利申请最多，相当于每 10 亿欧元的国内生产总值的购买力平价；此外，在 2005—2011 年，上述四国在这一领域的专利申请绝对值增长也居于榜首。此外，在第七框架计划内的“高度可持续性”研究项目方面，丹麦和芬兰也表现尤为突出。

温室气体排放量下降

到 2012 年，相比 1990 年温室气体排放量水平，20 个欧盟成员国的温室气体排放量都呈下降趋势。但是与 2005 年相比，爱沙尼亚、拉脱维亚、马耳他和波兰的温室气体排放量上升。这意味着，温室气体排放量受诸多因素影响，包括能源需求与燃料使用的变化、某些特别产业的增长或下降、经济低迷或萧条、交通与需求的变化、包括可再生能源的分配在内的科技发展以及人口变化（欧盟环境署，

表 9.10 衡量向“欧洲 2020 战略”中社会挑战目标迈进的主要指标

	环境相关技术：向欧洲专利局进行专利申请与目前国内生产总值的比重			温室气体排放量1990 = 100			可再生能源占总能源消耗的比重(%)		
	2005年	2011年	变化	2005年	2012年	变化 (%)	2005年	2012年	变化 (ratio)
欧盟28国	0.31	0.46	0.15	93.2	82.1	−11.1	8.7	14.1	1.6
奥地利	0.47	0.72	0.25	119.7	104.0	−15.7	24.0	32.1	1.3
比利时	0.27	0.40	0.13	99.7	82.6	−17.1	2.3	6.8	3.0
保加利亚	0.00	0.02	0.02	58.5	56.0	−2.5	9.5	16.3	1.7
克罗地亚	0.00	0.00	0.00	95.8	82.7	−13.1	12.8	16.8	1.3
塞浦路斯	0.00	0.02	0.02	158.1	147.7	−10.4	3.1	6.8	2.2
捷克共和国	0.06	0.07	0.01	74.7	67.3	−7.4	6.0	11.2	1.9
丹麦	0.69	1.87	1.18	94.7	76.9	−17.8	15.6	26.0	1.7
爱沙尼亚	0.00	0.30	0.30	45.6	47.4	1.8	17.5	25.8	1.5
芬兰	0.39	0.91	0.52	98.0	88.1	−9.9	28.9	34.3	1.2
法国	0.33	0.43	0.10	101.5	89.5	−12.1	9.5	13.4	1.4
德国	0.74	1.05	0.31	80.8	76.6	−4.2	6.7	12.4	1.9
希腊	0.01	0.05	0.04	128.2	105.7	−22.5	7.0	13.8	2.0
匈牙利	0.11	0.12	0.01	80.7	63.7	−17.0	4.5	9.6	2.1
爱尔兰	0.09	0.16	0.07	128.2	107.0	−21.1	2.8	7.2	2.6
意大利	0.19	0.22	0.03	111.5	89.7	−21.8	5.9	13.5	2.3
拉脱维亚	0.04	0.06	0.03	42.5	42.9	0.4	32.3	35.8	1.1
立陶宛	0.00	0.03	0.03	47.8	44.4	−3.3	17.0	21.7	1.3
卢森堡	0.61	0.35	−0.26	108.3	97.5	−10.8	1.4	3.1	2.2
马耳他	0.13	0.00	−0.13	147.8	156.9	9.2	0.3	2.7	9.0
荷兰	0.33	0.50	0.17	101.8	93.3	−8.6	2.3	4.5	2.0
波兰	0.03	0.04	0.01	85.6	85.9	0.3	7.0	11.0	1.6
葡萄牙	0.04	0.08	0.04	144.5	114.9	−29.7	19.5	24.6	1.3
罗马尼亚	0.01	0.02	0.01	57.0	48.0	−9.1	17.6	22.9	1.3
斯洛伐克	0.04	0.03	−0.01	68.7	58.4	−10.3	5.5	10.4	1.9
斯洛文尼亚	0.03	0.10	0.08	110.2	102.6	−7.6	16.0	20.2	1.3
西班牙	0.06	0.13	0.07	153.2	122.5	−30.8	8.4	14.3	1.7
瑞典	0.67	1.03	0.36	93.0	80.7	−12.3	40.5	51.0	1.3
英国	0.17	0.26	0.09	89.8	77.5	−12.3	1.4	4.2	3.0

注：“环境相关技术”指在以下主要领域进行专利申请的技术：一般环境管理、可再生与非化石资源产生的能源、拥有减排潜力的燃烧技术、缓和气候变化的特定技术、拥有减排潜力或对减排有一定贡献的技术、交通减排技术与提高燃料利用率的技术、在建筑与照明方面的节能技术。

来源：温室气体排放量、可再生能源占总能源消耗量与国内生产总值的比重数据均来自：欧洲统计局；环境相关技术的专利申请数量数据来自：经济合作与发展组织。

2015）。这些影响因素的成因可能源于政府政策，或是政府短期影响外的干扰因素。就后者而言，可以举一个例子，苏联解体对爱沙尼亚、拉脱维亚和波兰等阵营国都产生了冲击影响，因此也对各国温室气体排放造成了影响。这些地区和国家都成功地将排放量维持在较低水平。相似的是，2008 年以来经济衰退对欧洲温室气体排放产生了积极影响。

最后，2012 年，奥地利、芬兰、拉脱维亚和瑞典的可再生能源在总能源消费中的比重最高（大于等于 30%）。然而，这些国家中大部分都拥有完善的水电部门，而数据并没有显示出风能或太阳能等新兴科技所产生能源的贡献率。因此查看自 2005 年起的这部分比重的变化会非常有意思。对于欧盟整体而言，可再生能源在总能源消费中所占比重增加了 1.6 倍。2005 年马耳他的初始比重非常低，现在这一比值已增长九倍。保加利亚和英国增长三倍，其他 7 个国家至少翻了一番。芬兰和拉脱维亚的增长相对较小，但是他们已经是这一领域表现最佳的国家。

对研究基金较少国家加大投入力度

第七项框架计划（2007—2013）确定了项目中主要的四项目标，即合作、观点、人才和能力。

- “合作特别计划”为跨国合作研究提供项目基金。此计划包括多种主题，如健康、能源、交通等。
- “观点特别计划”为参与前沿研究的个人和团队提供项目基金。此计划由欧洲研究委员会实施（见专栏 9.1）。

专栏 9.1　欧洲研究委员会：首个针对前沿科技的泛欧洲基金机构

欧洲研究委员会（ERC）在第七项框架计划的指导下创建于 2007 年。经过同级评议竞争，最佳研究人员会获得资金资助，支持其在欧洲的前沿研究。最近，欧洲研究委员会在实施（卓越科学）“地平线 2020 计划”中起到了中流砥柱的作用，为其安排了 131 亿欧元的预算资金，相当于“地平线 2020 计划”总预算额的 17%。

2007 年，在 50 000 多个申请项目中有 5 000 多个项目入选获得资金支持。获得欧洲研究委员会资金支持的人员中有八位诺贝尔奖得主，三位菲尔兹奖获得者。2008—2013 年，在此项基金支持下，40 000 多篇科学文章发表在业内认可并具有极高影响力的期刊中，三分之一的基金授予者在全球引用率最高的顶级出版物中发表过文章。

欧洲研究委员会有三个核心基金计划和一个补充计划：

- 欧洲研究委员会“启动经费”为拥有 2～7 年研究经验的年轻博士后提供资金支持。资金有效使用时限可达 5 年，最高金额为 150 万欧元，且研究必须在公共或私人研究机构中进行。
- 欧洲研究委员会“巩固资助”重点关注拥有 7～12 年研究经验的研究人员，且这些研究人员有意向在监督下向独立研究者转变。资助时限为 5 年，但最高金额为 200 万欧元。
- 欧洲研究委员会“高级资金资助”不分年龄与国籍，旨在为杰出的研究人员提供资金，支持他们进行具有开创意义，高风险的项目研究。资助时限 5 年，最高金额为 250 万欧元。
- “概念验证资助”于 2011 年启动，旨在推动基于欧洲研究委员会资金支持下的研究进行潜在的思路创新。资助时限为 18 个月，最高金额为 15 万欧元。

欧洲研究委员会资金可被视为科学卓越性的代表。几乎有来自 29 个国家（包括欧盟成员国即第七框架计划的相关国家）的 600 个研究机构在 2007—2013 年，至少拥有一位欧洲研究委员会资助获得者。绝大多数获得委员会资金支持的研究人员都来自位于欧盟的研究机构（86%）。且大多数基金获得者的国籍就在所聘用机构的所在国，但值得注意的是，瑞士和奥地利为例外情况（见图 9.7）。就绝对数值而言，英国的国外资金获得者人数最为庞大（426），其次为瑞士（237）。欧盟成员国中，国外资金获得者的比重在希腊（3%）、匈牙利（8%）和意大利（9%）三国非常小。相比在本国工作，一些国家的人口似乎更喜欢到国外工作：大约 55% 的希腊、奥地利和爱尔兰的资金获得者都在国外工作。这一方面的绝对数值在德国和意大利特别高，分别有 253 位德国研究人员和 178 位意大利研究人员都在国外的研究机构工作（欧盟研究委员会，2014）。

- “人才特别计划”为培训、职业发展和研究者跨领域或跨

专栏 9.1　欧洲研究委员会：首个针对前沿科技的泛欧洲基金机构（续）

国的流动提供资金支持。此项计划通过玛丽·斯克沃多夫斯卡－居里计划①和“支持欧洲研究领域特别行动政策”实施。

- “生产力特别计划”为中小型企业的研究基础设施提供资金支持。同时也开展下列小型项目：社会中的科学、地区知识、研究潜力、国际合作和研究政策的协调发展。

到 2014 年 12 月，几乎欧盟第七框架计划中一半的研究项目都已完成。7 288 个项目相关内容在 43 000 多个科学出版物中发表，其中约一半的项目发表在具有高度影响力的期刊中。德国和英国申请项目资金的数量最大，2007—2013 年，大约有 17 000 个申请项目；与之相反的是，卢森堡和马耳他的申请数量最少，每个国家的申请数量不足 200 个（见表 9.11）。

就成功率衡量标准而言，如以申请通过的项目数量为标准，则会出现不同的排名顺序。比利时、荷兰和法国表现最为突出，成功率至少达到 25%。如果将人口数量考虑进去，较小国家的表现更为成功，其中塞浦路斯和比利时平均每 100 万人口中就有 500 多个项目通过申请。

财政方面，就绝对数量而言，大国得到了大量资金，法国、比利时和荷兰的资金份额最大。然而，如果我们将第七框架计划的资金与各国提供的研究资金相比，便会发现框架计划提供的资金比国家资助较少的国家所提供的资金相对要高。例如，塞浦路斯的情况正是如此，其国内专栏架资金约占研发支出总量的 14%，此外希腊（略高于 9%）和比利时（高于 6%）的情况也是如此。

一个成功的范例

一直以来，欧洲研究委员会被广泛认为是提供竞争性研究资金的一个极其成功的范例。它的存在在国家层面上已产生深刻的影响。自 2007 年欧洲研究委员会创建以来，已有 11 个成员国建立了国家研究委员会，国家研究委员会数量已扩大到 23 个。已有 12 个成员国受欧洲研究委员会启发开始实施资金资助计划，这 12 个成员国分别是：丹麦、法国、德国、希腊、匈牙利、意大利、爱尔兰、卢森堡、波兰、罗马尼亚、西班牙和瑞典。

向欧洲研究委员会提出项目申请的竞争性极强：2013 年，“启动经费”和“巩固资助”的申请成功率仅为 9%，“高级资金资助”的申请成功率为 12%。因此，17 个欧洲国家（比利时、塞浦路斯、捷克、芬兰、法国、希腊、匈牙利、爱尔兰、意大利、卢森堡、挪威、波兰、罗马尼亚、斯洛文尼亚、西班牙、瑞典和瑞士）开始实施国家资金计划来支持本国参加了欧洲研究委员会最终竞争环节但未取得成功的申请者们（欧洲研究委员会，2015）。

面向全世界研究人员的一项计划

欧洲研究委员会面向全世界各地顶尖研究人员。为了提高竞争意识，并为欧盟研究人员与国外同行之间建立更紧密的联系，欧洲研究委员会自 2007 年起便开始到全球各大洲进行宣传。欧洲研究委员会也为年轻的研究人员提供来欧洲加入得到委员会资助的研究团队的机会，这项计划由非欧洲基金资助机构提供支持。美国国家科学院（2012）、韩国政府（2013）、阿根廷科学技术研究委员会（2015）和日本学术振兴会（2015）已签署了协议。

来源：由作者编撰。

前23名获得资助的主办机构所在国及获得资助的研究人员所在国

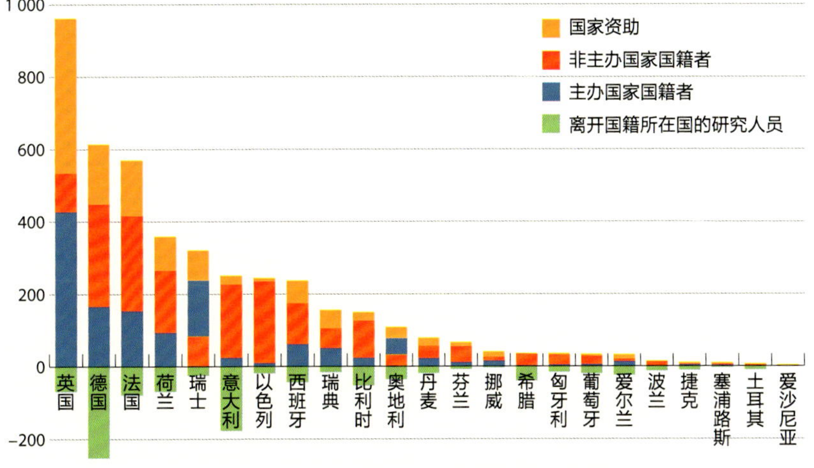

图 9.7　2013 年欧洲研究委员会资助情况

来源：欧洲研究委员会（2014 年）。

① 玛丽·斯克沃多夫斯卡－居里计划为研究人员的职业生涯各国阶段都提供资助，并鼓励他们跨国、跨部门、跨学科流动。2007—2014 年，32 500 多位欧盟研究人员接受了此项资金支持。

表 9.11　2007—2013 年欧盟成员国在第七框架计划内倡议进行研究计划的表现情况

	申请中获得保留的研究计划					欧盟委员会对得到保留的研究计划做出的贡献				
	总数	成功率 (%)	排名	每百万居民	排名	总额 (百万欧元)	成功率 (%)	排名	研发比例 (%)	排名
奥地利	3 363	22.3	8	402.3	10	1 114.9	20.9	6	2.0	21
比利时	5 664	26.3	1	521.0	2	1 806.3	23.8	2	3.4	9
保加利亚	672	16.4	24	90.5	24	95.2	10.2	26	6.6	3
克罗地亚	388	16.9	23	90.3	25	74.2	11.1	24	3.0	14
塞浦路斯	443	15.0	27	542.3	1	78.9	9.7	27	13.8	1
捷克共和国	1 377	20.3	13	132.1	22	249.3	14.8	15	1.5	25
丹麦	2 672	24.2	4	483.1	4	978.2	22.5	5	2.0	22
爱沙尼亚	495	20.6	12	371.6	12	90.2	16.3	10	4.7	5
芬兰	2 620	21.3	11	489.6	3	898.1	15.9	11	1.9	23
法国	11 975	25.1	3	185.2	19	4 653.7	24.7	1	1.5	26
德国	17 242	24.1	5	210.3	16	6 967.4	23.3	4	1.4	27
希腊	3 535	16.4	24	317.2	13	924.0	13.2	19	9.3	2
匈牙利	1 498	20.3	13	149.8	20	278.9	15.0	14	3.4	8
爱尔兰	1921	21.9	9	425.4	8	533.0	17.2	9	2.9	15
意大利	11 257	18.3	20	190.6	18	3 457.1	15.1	13	2.5	18
拉脱维亚	308	21.6	10	145.4	21	40.7	13.3	18	4.6	6
立陶宛	411	20.0	15	131.9	23	55.1	14.2	16	3.0	13
卢森堡	192	18.5	18	380.8	11	39.8	13.7	17	1.0	28
马耳他	183	18.9	17	442.9	7	18.6	11.0	25	5.9	4
荷兰	7 823	25.5	2	472.1	5	3 152.5	23.6	3	4.0	7
波兰	2 164	18.5	18	56.5	27	399.4	11.9	21	2.2	20
葡萄牙	2 188	18.1	21	207.5	17	470.9	13.1	20	2.7	16
罗马尼亚	1 005	14.6	28	49.3	28	148.7	9.0	28	3.3	10
西班牙	10 591	19.0	16	229.2	15	2 947.9	15.3	12	3.0	12
斯洛文尼亚	858	15.6	26	421.0	9	164.3	11.2	23	3.1	11
斯洛伐克	467	17.9	22	86.6	26	72.3	11.6	22	2.5	19
瑞典	4 370	23.6	6	468.1	6	1 595.0	19.7	7	1.8	24
英国	16 716	22.6	7	267.4	14	5 984.7	19.6	8	2.6	17

来源：欧盟委员会（2015b）。

结构资金：缩小地区间创新领域差距

地区创新领域差距也反映了各国在创新方面的差异。大多数地区创新领导者和追随者所在的国家也被认定为是国家层面的创新领导者和追随者。然而，一些地区的创新表现优于所在国家整体水平。这些地区通常以首都为中心，拥有高水平的服务设施与高校资源。法兰西岛就是一个很好的例子，它不仅以巴黎为中心，而且恰好被“创新沙漠”所环绕。此外，里斯本（葡萄牙）、伯拉第斯拉瓦（斯洛伐克）、布加勒斯特（罗马尼亚）这些首都城市也是很好的例子。

2004—2010 年，大约一半的欧盟地区成为创新效绩较高的群体，其中近三分之二地区都位于创新欠发展国家。随着单一化内部市场的发展，在经济方面欧盟国家从中获益良多。其中，欠发达成员国会从欧盟委员会的结构资金中获得额外资助，此资金项目旨在将资金从更为发达的欧盟地区向欠发达地区转移。

2007—2013 年，426 亿欧元的结构资金一直用来缩小欧盟各地区在研究和创新领域的差距，几乎占所有可用资金的 16.3%。其中大部分资金都转向人均收入低于欧盟平均水平 75% 以下的地区。

欧盟委员会（2014a）对各地区执行第七框架计划情况及使用用于研发领域的结构资金情况的分析显示，获得超过平均框架计划资金 20% 以上的地区在创新方面依然表现良好，其中大多数地区都是地区的创新领导者和跟随者，包括柏林地区（德国）、布鲁塞尔（比利时）、伦敦（英国）、斯德哥尔摩（瑞典）、维也纳（奥地利）等首都城市。除葡萄牙自治区马德拉群岛外，没有任何地区适度创新国家获得超过框架计划资金或结构资金平均份额的资金支持。超过半数未获得任何一种资金支持的地区均为温和或适度创新国家，这表明这些地区并未将创新视为投资领域的重中之重。

政府国防研发投入下降

针对这一问题，我们应当详细了解2005年国家研究的重点，以及2013年第七框架计划最后包括的重点内容。通过使用预算拨款或决算，政府研究投入可分为14个社会经济目标。平均而言，知识的全面发展是政府投入比重最大的部分，这一范畴包括教育部提供给全部大学研发的通用拨款，即所谓的一般大学拨款；以及其他来源的资金，其中各国间对研究费用的分类不尽相同（见表9.12）。平均而言，52%的预算拨款或决算都用于促进知识的全面发展，但是这一比重在拉脱维亚仅为23%，在克罗地亚和马耳他却超过了90%。

与《联合国教科文组织科学报告2010》中的2005年预算拨款或决算的数据相比，欧盟整体的国防研究投入下降，其中国防投入包括在国防部资助下的军事目的[①]研发、基本研发、核研发和太空相关的研发。2005年国防投入前四名国家（法国、西班牙、瑞典和英国）的削减最明显，且这种趋势与美国的国防研发情况成平行态势（见第5章）。2013年英国是欧盟唯一一个国防研发投入占政府预算比重达到两位数（16%）的国家，但即便如此，英国相比其2005年31%的投入比重依然有所下降。

工业研究减少或许反映出制造业的衰弱

欧盟在教育、工业产品和技术方面的投入也有所减少。仅卢森堡在教育领域的研究投入远远高于其他成员国。一半的成员国的工业产品和技术的相关研发投入也有所减少，特别是希腊、卢森堡、葡萄牙、斯洛文尼亚和西班牙。这一趋势或许反映出了制造业在经济领域中的比例下降，以及研发在服务行业（如金融服务）的复杂程度提高。

能源、健康和基础设施的研究投入增加

另外，在能源、健康、交通、通信和其他基础设施领域的投入水平有所提高。拉脱维亚、卢森堡和波兰的健康研究投入增加最多，这反映出这些国家越来越重视健康问题及欧盟能否为其老龄化社会提供长久可负担的医疗制度问题。能源研究投入的增加反映出公众及政策制定者对现代经济的可持续性越来越关注，《联合国教科文组织科学报告2010》已对这一趋势做出过预测。在欧盟主要国家中，法国、德国和英国的能源研发投入比重有所增加，意大利则保持平稳。大约一半的成员国，特别是法国、斯洛文尼亚和英国在交通，通信和其他基础设施研发领域的相关投入均有所增加。

太空研究——一项战略性投入

在欧盟内部，太空研究被视为越来越重要的科学领域。比利时、法国和意大利政府将其相当大比重的预算拨款投入到（民用）航空探索和开发之中。希腊和意大利投入了5%的预算用于地球探索与开放。据预计，太空研究会促生新知识和新产品，包括抗击气候变化和提高安全性的新技术，并为欧盟的经济与政治独立性做出贡献（欧盟委员会，2011）。由于欧洲航天局的存在，太空研究才得以成为全欧洲各国共同的追求目标。2014年11月小型机器人探测器“菲莱”（Philae）成功登陆彗星使欧洲太空总署在这一领域名列世界前列，这是继11年前罗塞塔彗星探测器成功发射后的又一壮举。专栏9.2将探讨在过去10年间欧洲空间研究的另一个重要产物——伽利略导航系统。

新的欧盟成员国取得进步

2004年加入欧盟的10个国家在研发数量方面已取得令人瞩目的成绩。他们的研发投入比重从2004年不足2%增长到2013年的3.8%左右，而且其研发力度从2004年的0.76增长到2013年的1.19。尽管他们的研发力度依然低于欧盟15国，但自2004年起这种差距在不断缩小（见图9.8）。

另外，保加利亚、克罗地亚和罗马尼亚分别于2007年和2013年加入欧盟，其研发表现却不断退步。2003年这三国对欧盟28国科研总经费的贡献率低于2007年，且其在同一阶段，研发力度从0.57缩减到0.51。由于其他10个新成员国在金融危机时期依然在相关领域取得了进步，所以2008年的金融危机并不能视为这三国表现不佳的借口。

① 据斯德哥尔摩国际和平研究所显示，2014年国防投入前五名的欧盟国家为法国、希腊、英国、爱沙尼亚和波兰（前三个国家的国防投入为国内生产总值的2.2%，后两个国家的国防投入分别为2.0%和1.9%）。

表 9.12　2013 年欧盟政府为实现社会经济目标对研发领域的预算拨款情况（%）
括号中是2005年的数据，用作对比

	地球探索与开发	环境	宇宙探索与开发	交通，通信和其他基础设施	能源	工业产品与科技	健康	农业	教育	文化，娱乐，宗教和大众传媒
欧盟28国	2.0 (1.7)	2.5 (2.7)	5.1 (4.9)	3.0 (1.7)	4.3 (2.7)	9.2(11.0)	9.0 (7.4)	3.3 (3.5)	1.2 (3.1)	1.1
奥地利	1.7 (2.1)	2.4 (1.9)	0.7 (0.9)	1.1 (2.2)	2.6 (0.8)	13.3(12.8)	4.9 (4.4)	1.7 (2.5)	1.7 (3.4)	0.3
比利时	0.6 (0.6)	2.2 (2.3)	8.9 (8.4)	1.7 (0.9)	1.9 (1.9)	33.5(33.4)	2.0 (1.9)	1.3 (1.3)	0.3 (4.0)	2.1
保加利亚	4.3	1.5	2.0	1.1	0.2	7.8	2.0	20.0	7.3	1.1
克罗地亚	0.2	0.4	0.2	0.9	0.1	0.6	0.7	0.4	0.1	0.6
塞浦路斯	0.2 (1.9)	1.0 (1.1)	0.0 (0.0)	0.7 (1.5)	0.0 (0.4)	0.0 (1.3)	3.3(10.4)	11.6(23.5)	4.9 (8.2)	0.9
捷克共和国	1.8 (2.3)	2.0 (2.9)	1.9 (0.8)	4.3 (4.1)	3.2 (2.4)	14.6(11.9)	6.4 (6.8)	3.8 (5.0)	1.2 (2.8)	1.7
丹麦	0.4 (0.6)	1.6 (1.7)	1.3 (2.0)	0.6 (0.9)	4.0 (1.7)	7.9 (6.3)	12.6 (7.2)	3.5 (5.6)	3.9 (6.3)	1.6
爱沙尼亚	1.0 (0.3)	5.5 (5.4)	2.8 (0.0)	6.1 (8.1)	1.4 (2.2)	10.4 (5.8)	9.0 (4.3)	9.5(13.5)	3.5 (6.4)	4.6
芬兰	1.3 (1.0)	1.3 (1.8)	1.6 (1.8)	1.7 (2.0)	8.4 (4.8)	20.6(26.1)	5.3 (5.9)	4.8 (5.9)	0.1 (6.1)	0.2
法国	1.1 (0.9)	1.9 (2.7)	9.7 (9.0)	6.1 (0.6)	6.7 (4.5)	1.6 (6.2)	7.6 (6.1)	2.0 (2.3)	6.6 (0.4)	6.6
德国	1.7 (1.8)	2.8 (3.4)	4.6 (4.9)	1.5 (1.8)	5.2 (2.8)	12.6(12.6)	5.0 (4.3)	2.8 (1.8)	1.1 (3.9)	1.2
希腊	4.7 (3.4)	2.0 (3.6)	1.4 (1.6)	4.1 (2.2)	2.4 (2.1)	2.1 (9.0)	8.0 (7.0)	3.3 (5.4)	0.5 (5.3)	19.0
匈牙利	1.8 (2.9)	2.6 (9.7)	0.5 (2.3)	6.7 (2.1)	6.8(10.4)	14.2(19.6)	10.3(13.1)	8.2(16.4)	0.6 (9.1)	2.2
爱尔兰	0.4 (2.4)	1.2 (0.8)	2.4 (1.5)	0.5 (0.0)	0.5 (0.0)	22.3(14.2)	5.7 (5.3)	13.4 (8.9)	2.9 (2.4)	0.0
意大利	5.5 (2.9)	2.7 (2.7)	8.7 (8.0)	1.2 (1.0)	3.8 (4.0)	11.7(12.9)	9.6 (9.9)	3.4 (3.4)	3.9 (5.3)	0.9
拉脱维亚	0.5 (0.6)	10.4 (0.6)	0.8 (1.1)	4.9 (2.3)	6.7 (1.7)	16.0 (5.1)	15.4 (4.0)	16.3 (7.3)	2.2 (1.7)	1.7
立陶宛	3.0 (2.6)	0.2 (6.8)	0.0 (0.0)	0.0 (1.8)	4.6 (3.4)	5.4 (6.0)	4.7(12.4)	5.3(17.5)	0.6(20.1)	2.1
卢森堡	0.5 (0.5)	3.2 (3.1)	0.4 (0.0)	1.0 (3.4)	1.6 (0.6)	13.2(21.0)	18.3 (7.8)	0.5 (1.8)	11.6(16.4)	0.4
马耳他	0.2 (0.0)	0.1 (0.0)	0.0 (0.0)	0.0 (0.0)	0.2 (0.1)	0.4 (0.0)	0.6 (0.0)	3.8 (5.6)	0.1 (6.9)	0.0
荷兰	0.5 (0.3)	0.7 (1.2)	3.5 (2.5)	2.6 (3.6)	2.1 (2.2)	8.8(11.5)	4.9 (3.8)	3.1 (6.1)	0.5 (2.1)	0.5
波兰	3.4 (1.8)	5.9 (2.4)	2.4 (0.0)	6.6 (1.2)	2.2 (0.9)	11.1 (5.9)	14.8 (1.9)	4.9 (1.3)	4.3 (0.9)	0.8
葡萄牙	1.9 (1.6)	3.4 (3.5)	0.7 (0.2)	4.0 (4.5)	2.2 (0.9)	6.9(15.1)	11.5 (7.6)	3.6 (9.9)	2.9 (3.4)	3.0
罗马尼亚	3.7 (1.2)	7.4 (2.1)	1.8 (2.4)	3.7 (3.4)	3.7 (0.9)	12.9(10.7)	2.8 (4.4)	4.9 (4.3)	4.7 (0.3)	0.4
斯洛伐克	1.7 (0.6)	2.7 (3.3)	0.6 (0.0)	1.6 (1.0)	1.0(11.5)	7.4 (0.0)	7.9 (1.6)	4.2 (5.0)	2.9 (3.6)	3.1
斯洛文尼亚	1.2 (0.4)	3.1 (3.1)	0.5 (0.0)	3.3 (0.8)	2.9 (0.5)	15.2(22.6)	7.3 (2.0)	4.0 (3.2)	1.2 (2.7)	1.8
西班牙	1.7 (1.6)	3.9 (3.0)	5.0 (3.5)	3.5 (5.5)	2.3 (2.2)	6.8(18.5)	15.5 (8.2)	6.6 (6.3)	1.0 (2.2)	0.6
瑞典	0.4 (0.7)	2.1 (2.2)	1.9 (1.2)	5.0 (3.8)	4.0 (2.3)	2.6 (5.4)	1.7 (1.0)	1.5 (2.2)	0.2 (5.0)	0.1
英国	3.1 (2.3)	2.8 (1.8)	3.3 (2.0)	3.4 (1.1)	2.5 (0.4)	3.4 (1.7)	21.1(14.7)	4.0 (3.3)	0.4 (3.5)	1.8

注：由于 2007 年对分类进行了修改，所以 2005 年与 2013 年数据的直接比较无法反映所有目标的情况。社会结构与社会关系被划分为教育、文化、娱乐、宗教、大众传媒、政治与社会系统。结构、过程及其他民间研究被划分至除国防外的其他社会经济目标中。此外，对一些国家而言，2005—2013 年对促进知识全面发展的支出分类差异较大。

13 个新成员国的科研产出有所增加，在将人口因素考虑进去时其科研产出量也有所增加。在欧盟 28 国科技出版物中，2004 年加入欧盟的 10 国的比重由 2004 年的 8.0% 增加到 2014 年的 9.6%（见图 9.9），三个最新加入欧盟的成员国由 2007 年 1.9% 增长到 2014 年的 2.1%。2004 年加入欧盟的 10 个国家在加入欧盟当年平均每 100 万名居民就有 405 篇科技成果作品发表，2014 年增长到 705；增长率为 74%，是同一时期欧盟 15 国增长率（36.8%）的一倍。2007—2014 年，保加利亚、克罗地亚和罗马尼亚的科学生产率增长了 48%。

这 13 个国家科技出版物的质量也在提高。对于 2014 年加入欧盟的 10 个国家来说，2014 年所发表的论文在引用量前 10% 的论文中占 6.3%，2012 年提高到 8.5%。虽然如此，他们所取得的进步的速度依然慢于欧盟 15 国。保加利亚、克罗地亚和罗马尼亚与其余十个新成员国的表现同样优异，2007 年在引用量前 10% 的论文中所占比重为 6.3%，2012 年提高到 8.5%。

政治与社会结构及进程	知识全面发展：一般大学拨款占研发资金的比例	知识全面发展：来自一般大学拨款以外渠道的研发资金	国防	研发总拨款（百万欧元）
2.8	34.6 (31.4)	17.3 (15.1)	4.6 (13.3)	92 094
1.2	56.1 (55.0)	12.3 (13.1)	0.0 (0.0)	2 589
3.2	17.1 (17.8)	25.1 (24.2)	0.2 (0.3)	2 523
1.7	9.1	40.5	1.4	102
0.7	64.1	31.0	0.0	269
0.0	40.1 (28.7)	37.3 (22.9)	0.0 (0.0)	60
1.4	22.9 (25.4)	33.4 (27.3)	1.5 (2.5)	1 028
2.6	47.8 (45.3)	11.8 (20.6)	0.3 (0.7)	2 612
2.0	0.0 (0.0)	43.8 (49.2)	0.5 (1.0)	154
4.7	28.4 (26.1)	19.5 (15.2)	1.9 (3.3)	2 018
5.1	25.3 (24.8)	19.8 (17.8)	6.3 (22.3)	14 981
1.8	40.0 (40.6)	17.1 (16.3)	3.7 (5.8)	25 371
2.6	41.3 (42.2)	8.1 (17.0)	0.4 (0.5)	859
1.4	9.3 (9.1)	35.4 (5.0)	0.2 (0.1)	663
1.0	17.8 (64.3)	31.9 (0.1)	0.0 (0.0)	733
5.7	39.4 (40.3)	2.6 (5.8)	0.8 (3.6)	8 444
0.9	0.0 (74.6)	22.9 (0.0)	1.2 (0.0)	32
1.4	50.9 (0.0)	21.6 (0.0)	0.1 (0.2)	126
13.4	11.2 (16.4)	24.7 (25.6)	0.0 (0.0)	310
0.1	94.4 (89.9)	0.0 (0.0)	0.0 (0.0)	22
2.3	52.4 (49.0)	16.9 (10.8)	1.2 (2.2)	4 794
0.7	1.6 (5.3)	36.2 (76.9)	5.2 (1.3)	1 438
2.4	40.2 (38.8)	17.2 (10.4)	0.2 (0.6)	1 579
2.4	0.0 (0.0)	50.0 (40.9)	1.4 (1.7)	297
1.7	48.2 (25.6)	15.6 (35.9)	1.4 (8.3)	289
2.2	0.3 (0.0)	56.4 (59.7)	0.7 (4.9)	175
1.0	29.4 (17.8)	21.3 (11.0)	1.4 (16.4)	5 682
2.4	49.9 (46.1)	22.0 (12.7)	4.0 (17.4)	3 640
1.5	23.6 (21.7)	13.3 (16.0)	15.9 (31.0)	11 305

来源：欧盟统计局，2015 年 6 月；括号中为 2005 年数据：欧盟统计局数据被引用到《联合国教科文组织科学报告 2010》。

科研机构间协作以缩小科研差距

在“地平线 2020 计划”中，欧盟于 2013 年发起了“联合行动”以帮助新成员国和个别非欧盟国家缩小科研差距。这些国家的大学和其他研究机构可从研究执行机构中申请竞争基金来与全欧洲的国际顶级科研机构项目合作。

截至 2015 年年初，已（从 169 项申请中）选出了获得 50 万欧元基金的前 31 个项目。其中一个项目正从新材料、纳米光子学、附加激光技术和新的管理组织系统方面使弗罗茨瓦夫卓越中心得到发展。在这一项目中，弗罗茨瓦夫科技大学和波兰国家研究和发展中心一同与德国弗劳恩霍夫材料与激光技术研究所和德国维尔茨堡大学共同进行卓越中心的建设与发展。

欧盟与合作伙伴达成互利共赢的项目

欧盟框架计划邀请欧盟以外的国家，包括发展中国家共同参与。一些国家通过签署正式协议参与框架计划。“地平线 2020 计划”参与国家包括冰岛、挪威和瑞士（见第 11 章）、以色列（见第 16 章）和处于不同谈判阶段考虑未来加入欧盟的其他国家，如一些欧洲东南部国家（见第 10 章）及摩尔多瓦和土耳其（见第 12 章）。作为 2014 年与欧盟签订的《联系国协定》的一部分，乌克兰也正式成为了“地平线 2020 计划”的合作国（见第 12 章）。由于 2014 年瑞士的反移民公投公然违抗欧盟的基本原则，阻碍人员流动的自由，使人们质疑是否 2016 年之后瑞士还能继续参与“地平线 2020 计划”（见第 11 章）。

包括诸多发展中国家在内，越来越多的国家基本上都自主地达到申请“地平线 2020 计划”研究项目的资格。参与欧盟框架计划能够增加合作国的研究量并帮助其与国际卓越机构建立联系网。反过来，通过框架计划，欧盟从苏联和其他科技人才众多的国家（如以色列）中获益匪浅。

通过国际合作，俄罗斯研究中心和大学也在参与“地平线 2020 计划”（见第 13 章）。此外，2014 年，乌克兰局势高度紧张的情况下，欧盟委员会和俄罗斯政府将《科技合作协议》重新续约 5 年。建立欧盟－俄罗斯教育和科学公共空间的路线图也于近期开始实施，其中特别包括了加强宇宙研究和技术合作内容。

自从 1999 年签订《欧洲－中国科学与技术协议》以来，中国与欧盟开展大量合作。中欧关系不断加深，特别是自中欧全面战略伙伴关系于 2003 年建立以来。在欧盟第七框架计划实施过程中，中国在参与组织的数量（383）和协作科研项目的数量（274）上都是欧盟的第三大伙伴国（仅次于美国和俄罗斯联邦），其中协作科研项目尤其集中于健康、环境、交通、信息通信技术和生物经济领域（欧盟委员会，2014b）。

专栏 9.2 伽利略卫星导航系统：GPS 未来的竞争对手

欧洲伽利略卫星导航系统是美国全球定位系统（GPS）潜在的巨大竞争对手。配备着导航系统所应用的最棒的原子钟，欧洲的导航系统可以达到每秒300万光年的精准度。更倾斜的角度使它的覆盖面大于美国全球定位系统，特别是增加了在北欧地区的覆盖范围。

伽利略卫星导航系统与美国全球定位系统的另一个区别在于，伽利略卫星导航系统一直属于民用工程，然而美国全球定位系统是由美国国防部设计的，因意识到其作为商业副产品的潜力以及看到对其构成竞争性的系统开发前景后才作为民用工程。

伽利略卫星导航系统一旦投入使用，将不仅会使陆路、海运和航空更为顺畅，同时也会有助于电子商务、手机应用等服务的发展。它也可以为科学家进行大气研究和环境管理所用。2014年，据美国《科学》期刊发表的一篇文章阐释，美国全球定位系统曾探测到美国西部一片土地因长期干旱而有上升迹象；卫星导航系统因此可以被全球应用来探测底土中的水分储存量。一旦22颗卫星中的前10颗卫星分别通过俄罗斯“联盟号”（Soyouz）和欧洲“阿丽亚娜5号”（Ariane 5）火箭发射进入轨道，伽利略卫星导航系统便能够提供这些服务。

2014年8月22日，“联盟号”从法属圭亚那发射了五号和六号卫星。然而，它们并未到达其预定圆形轨道（高于地球23 000千米），而停留在了距地球17 000千米之上的一个椭圆形轨道中。调查发现，这次失误的原因是燃料在“联盟号”前半部分被冻结。

自1999年首次启动以来，这一项目一直被各种问题所困扰。最初，欧盟国家对于这一项目的应用持有不同意见，一些国家认为鉴于美国全球定位系统的存在，没有必要开发伽利略卫星导航系统，而其他国家则强调欧洲拥有独立定位系统的优势。

2004年欧盟与美国签订的一份协议中承认了两个系统的兼容性，但是之后伽利略卫星导航系统的成本飙升：从最初33亿欧元到2014年为55亿欧元。这种价格疯涨终结了最初的公私部门合作（其中私营部门出资三分之二）；2007年此项目由欧洲航天局承接，这种合作制也被彻底废弃。

至此之后，此项目一路进展顺利。然而，事实证明经委托承接制造22颗卫星的德国公司OHB无法按时完成任务。这使欧洲太空总署不得不向OHB的竞争对手空中客车公司（Airbus）和法国泰雷兹集团寻求帮助。最终，五号和六号卫星于2014年8月发射，比预期推迟了一年。如果一切按计划进行，到2017年所有卫星将全部就位。

与此同时，其他国家也推出了自己的计划。这些包括俄罗斯卫星导航系统Glonasa，中国北斗卫星导航系统，日本QZSS卫星导航系统以及印度区域导航卫星INRSS。

来源：摘自 Gallois（2014）。

与中国合作主要是出于许多重要的原因，诸多合作项目都着眼于前沿技术，如清洁高效的碳捕获技术。除了促进不同背景下的研究者们将不同观点相融合外，此类合作也为其他地区在复杂的跨学科领域带来了许多积极的溢出效应，例如2009—2013年“推进亚洲卫生服务均等化”项目。[①] 同时欧盟和中国也共同参与了欧洲原子能共同体[②]计划项目，包括进行核裂变计划及在法国建立国际热核实验反应堆来进一步进行核聚变[③]研究。2007—2013年，几乎有4 000名中国研究者通过玛丽·居里行动计划得到资金支持（欧盟委员会，2014b）。

尽管中国不再有资格获得欧盟委员会的资金，但欧盟依然希望中国可以长期成为“地平线2020计划”的重要合作伙伴，这意味着欧盟和中国参与者有望为其合作项目申请资助解决资金问题。“地平线2020计划”中的初步工作计划（2014—2015）将重点着眼于食品、农业、生物技术、水、能源、信息通信技术、纳米技术、航空和极地研究。[④] 中国与欧盟原子能共同体的合作计划主要与核聚变及核裂变相关，而且这一合作有望持续进行。

① 参见：http://ec.europa.eu/research/infocentre/all_headlines_en.cfm.

② 欧洲原子能共同体（Euratom）成立于1957年，目的在于建立一个欧洲内部核能源的共同市场，来确保核原料可以有规律且公平地提供给欧洲使用者。

③ 如若了解详情，请参见《联合国教科文组织科学报告2010》第158页。

④ 参见：http://ec. europa.eu/programmes/horizon2020/horizon-2020-whatss-it-china.

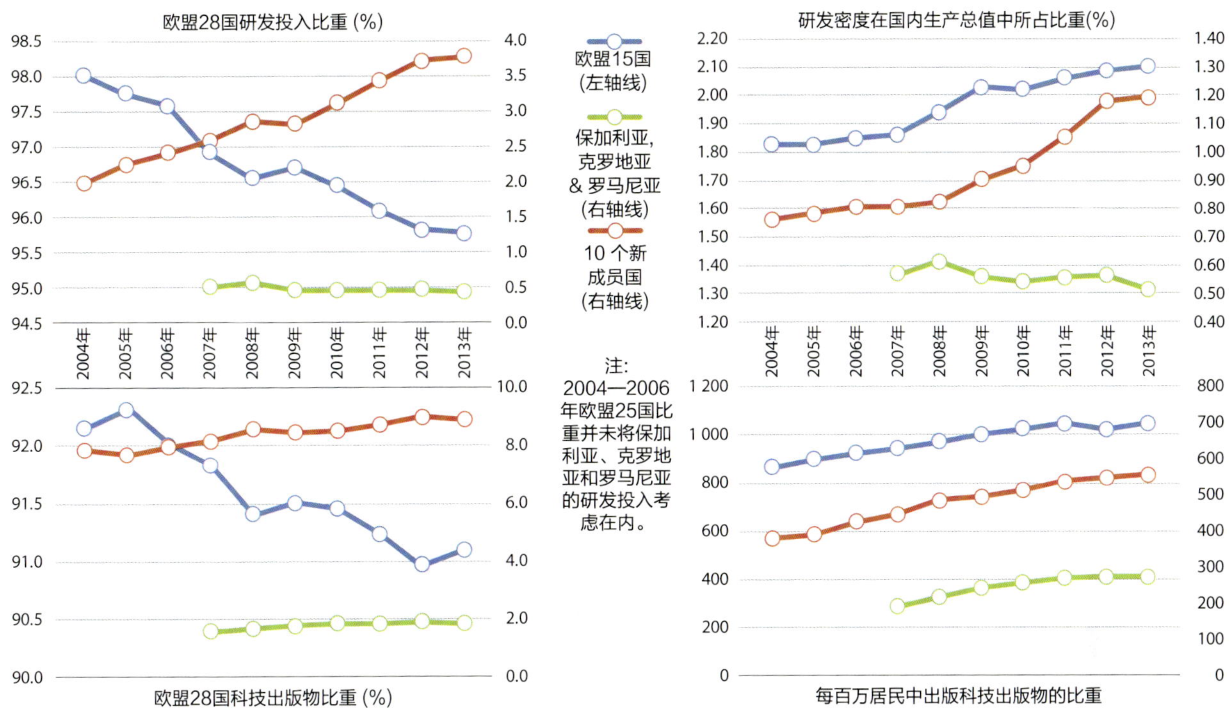

图 9.8　2004—2013 年新欧盟成员国在科学、技术和创新方面的表现

来源：上方两个图表：欧盟统计局，2015 年 1 月。

底部两个图表：由数据分析公司 Science-Metrix 运用汤姆森·鲁伊特科学网站绘制而成。

初步制定《科托努协定》(2000) 时将撒哈拉以南国家、加勒比地区国家及太平洋国家包含在内，但将南非排除在外。目前，欧盟与非洲的合作也不断与非洲自拟的合作方框架相协调，特别是非洲联盟以及 2007 年非洲 - 欧盟国家元首里斯本峰会 [①] 中所达成的非洲 - 欧盟合作战略。

在第七框架计划资助下的欧非计划 (2010—2014) 已使欧洲和非洲国家在三大领域——可再生能源、接口技术挑战和新思路——共同发起项目申请，现已有 17 个合作科研项目得到了 830 万欧元的资金支持。同时，撒哈拉以南非洲 - 欧盟科技合作 + (2013—2016) 的协调与发展网络重点着眼于食品安全、气候变化和健康，欧非两大洲中共有 26 个研究组织参加了此项合作。[②]

南非是唯一一个参加欧盟的“国家研究综合政策信息系统计划”的非洲国家。据《2012 年南非国家研究综合政策信息系统报告》显示，在大约 1 000 份来自南非的第七框架计划申请中，有四分之一的项目成功申请到研究计划资金，共得到资助 7.35 亿欧元。

南非国家有望通过与第七框架计划相似的计划安排参与“地平线 2020 计划”。据报告显示，到 2015 年中期，16 所非洲研究机构从“地平线 2020 计划”中以 37 项个人资助金的形式获得 500 万欧元资金，绝大部分获得资助项目都与气候变化和健康研究相关。然而，到目前为止非洲在“地平线 2020 计划”中的参与度依然低于预期水平 (且低于第七框架计划的参与程度)；根据欧盟显示，这一情况主要反映出需要在更多的非洲国家建立起国家联络点，并通过支持欧盟项目 [③] 提高他们的能力。据数据显示，2008—2014 年几个欧盟国家已成了非洲科学家最密切的合作伙伴 (见图 18.6、图 19.8 和图 20.6)。

① http://ec.europa.eu/research/iscp/index.cfm?lg=en&pg=africa#policydialogue.

② http://www.casst-net-plus.org.

③ 参见 G. 劳尔夫 (2015) 非洲在“地平线 2020 计划”的参与度下降。《研究》，5 月 18 日 :www.researchresearch.com.

总体而言，新欧盟成员国的增长更为迅速，但奥地利、丹麦和葡萄牙也取得了巨大进步

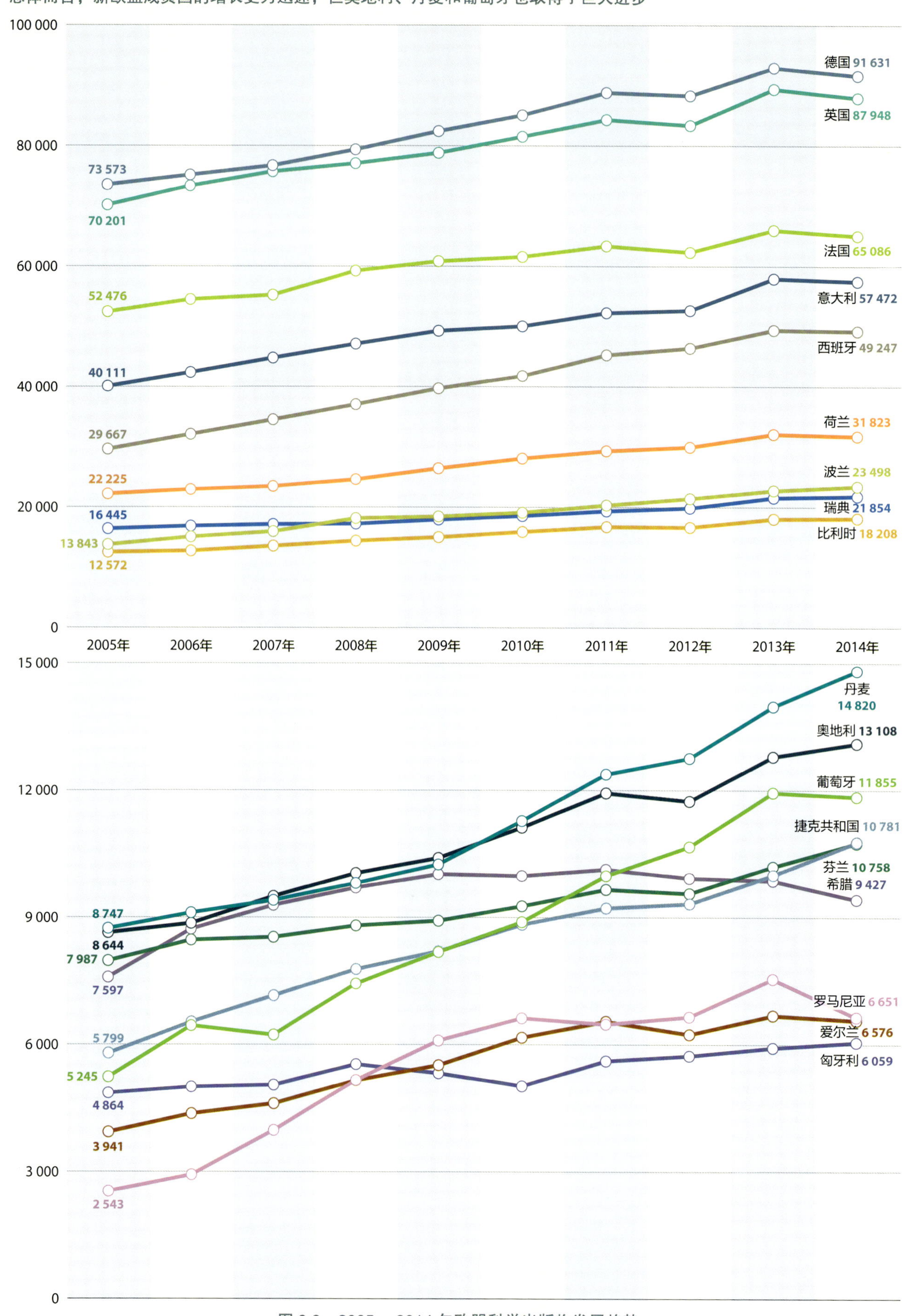

图 9.9　2005—2014 年欧盟科学出版物发展趋势

3 500
3 000
2 500
2 000
1 500
1 000
500
0
斯洛文尼亚 3 301
斯洛伐克 3 144
克罗地亚 2 932
保加利亚 2 065
立陶宛 1 827
爱沙尼亚 1 567
卢森堡 854
塞浦路斯 814
拉脱维亚 586
马耳他 207
2 025
1 931
1 756
1 624
885
745
319
258
175
61
2005年
2006年
2007年
2008年
2009年
2010年
2011年
2012年
2013年
2014年

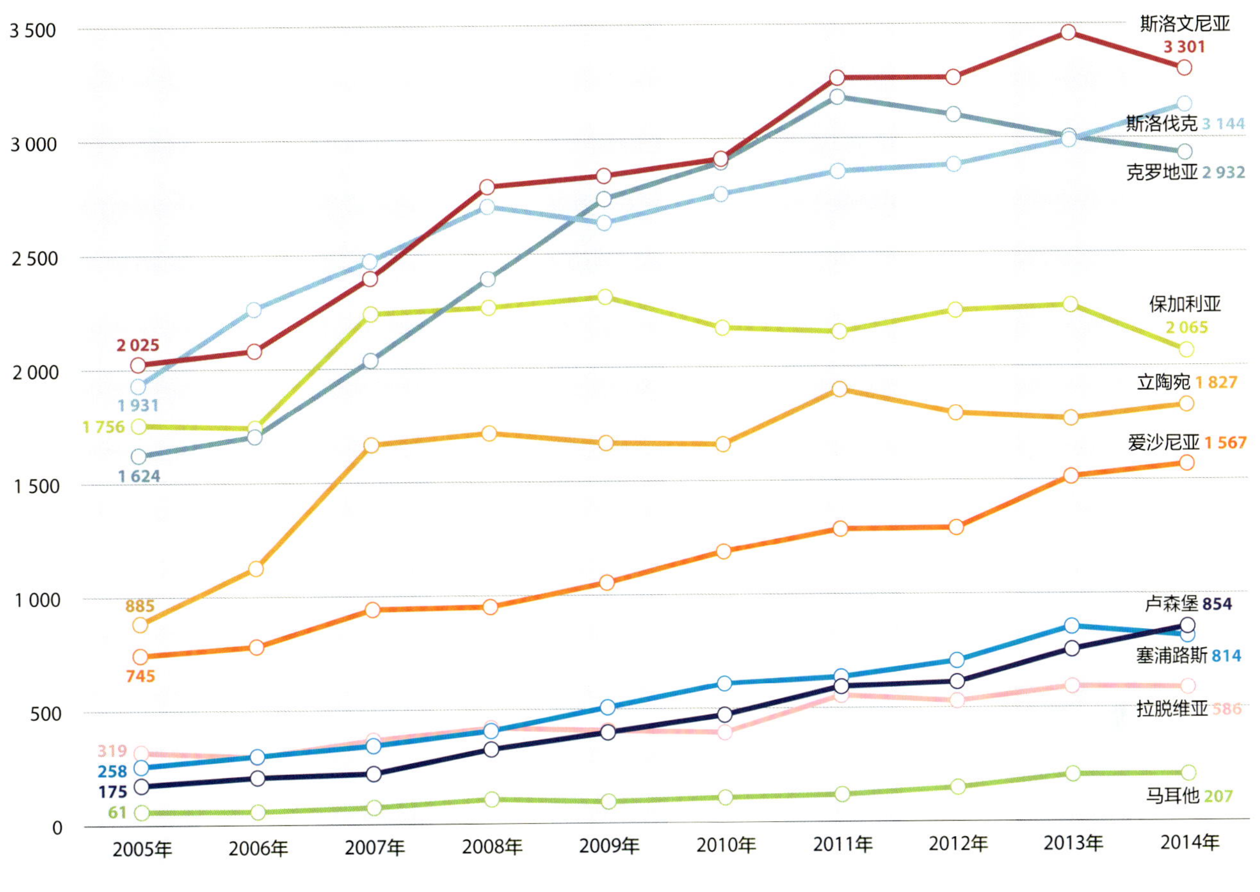

2014 年欧盟科技出版物占全球 34%，欧盟依然是绝对著作权的最大联盟国

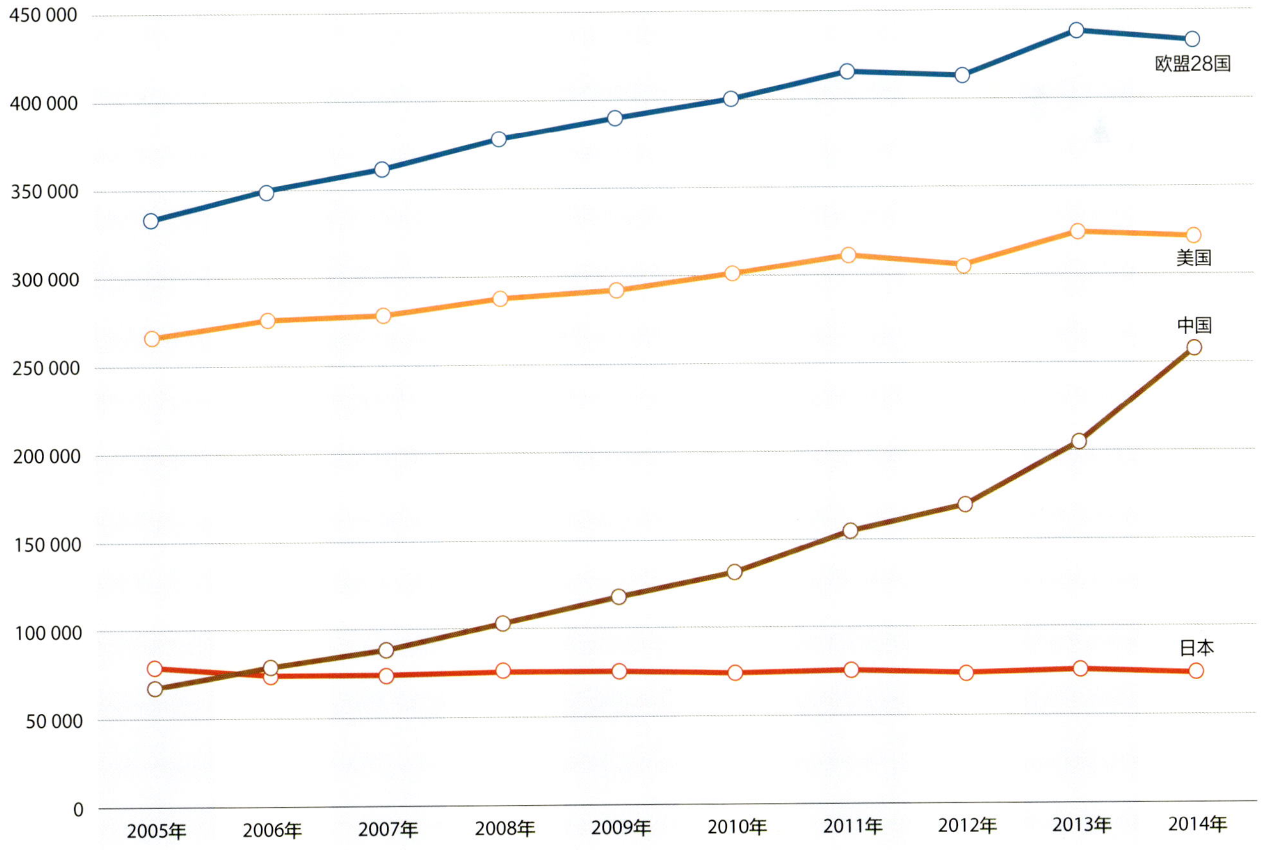

450 000
400 000
350 000
300 000
250 000
200 000
150 000
100 000
50 000
0
欧盟28国
美国
中国
日本
2005年
2006年
2007年
2008年
2009年
2010年
2011年
2012年
2013年
2014年

生命科学居于主要位置，但研究基础非常广泛，包括化学、物理、工程和地球科学。法国作者在欧盟科学产出的数学方面贡献率居于第五位；英国作者在欧盟科学产出的心理学和社会科学方面贡献率居于第三位

2008—2014年领域累积总数

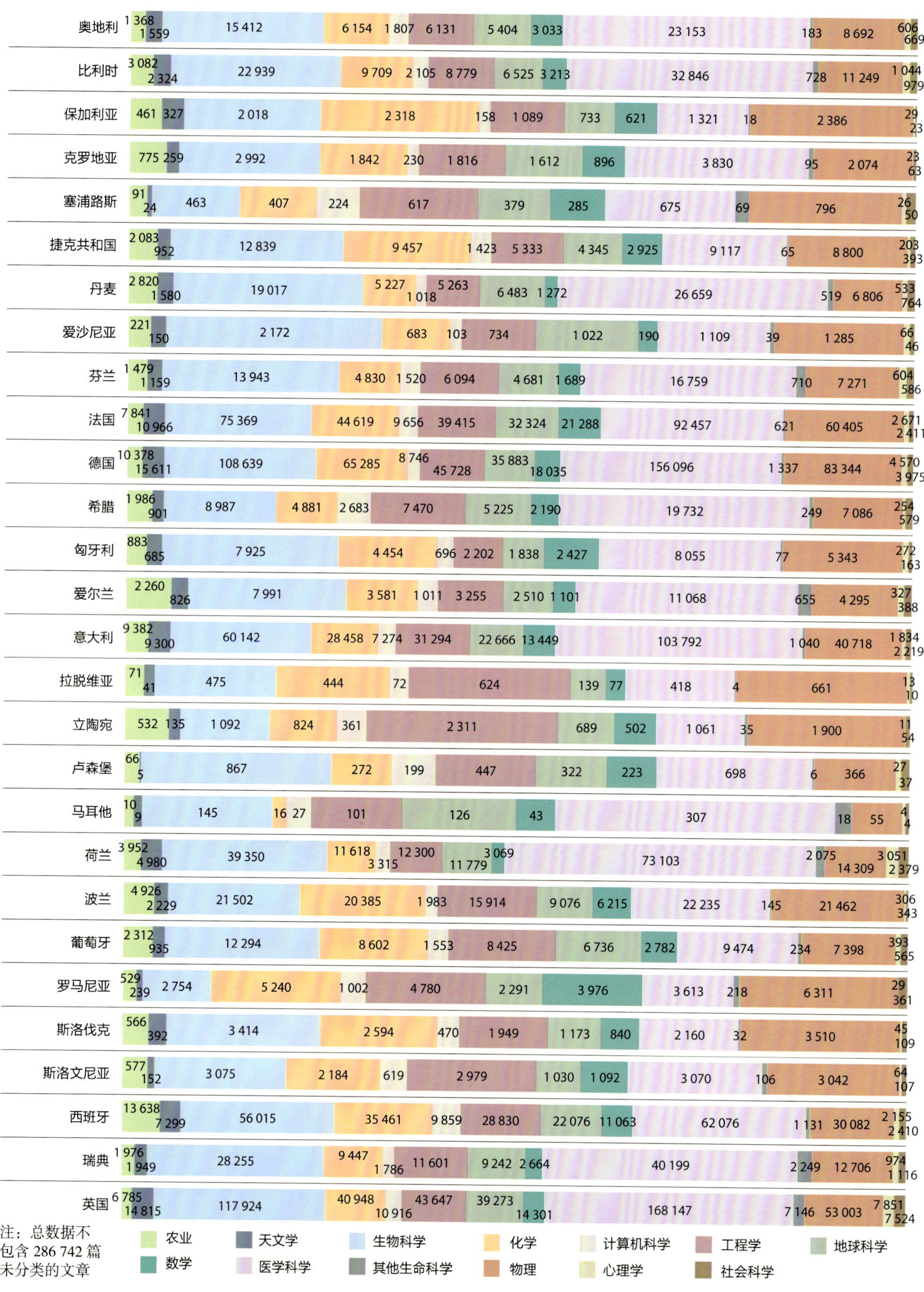

图 9.10　2008—2014 年欧盟出版物概况

北欧盟成员国中北欧国家出版密度最大

2014年每百万居民中的出版物数量

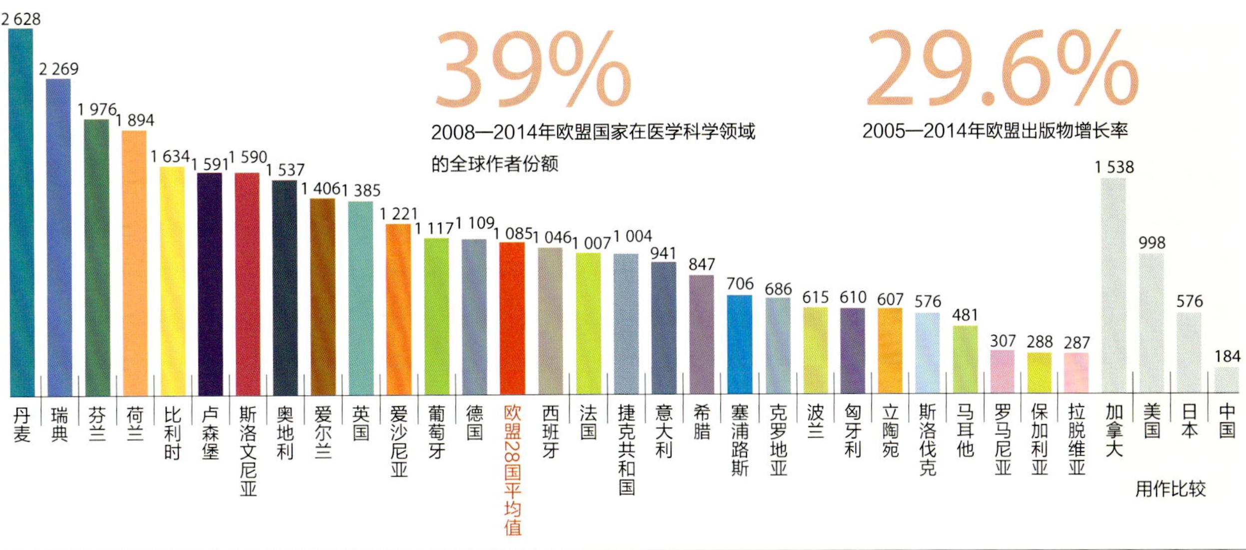

在较大的欧盟成员国中，英国的平均引文率最高，其次为德国

2008—2012年出版物平均引文率

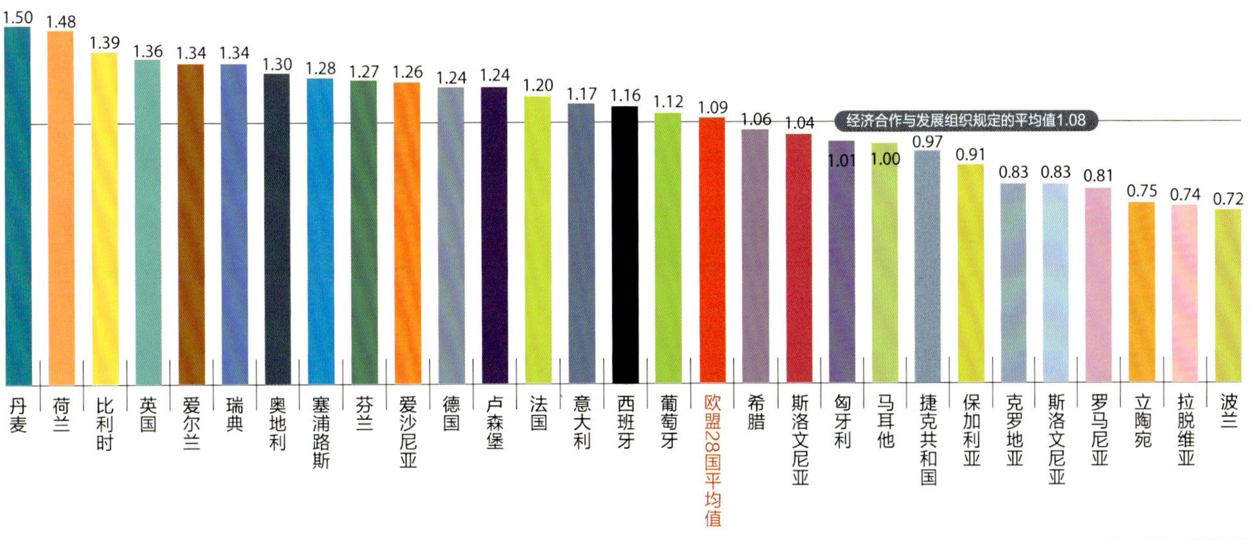

荷兰在出版物质量方面位居欧盟榜首，塞浦路斯和爱沙尼亚在出版物方面成为新欧盟成员国中的佼佼者

2008—2012年在前10%引用量最高的论文份额

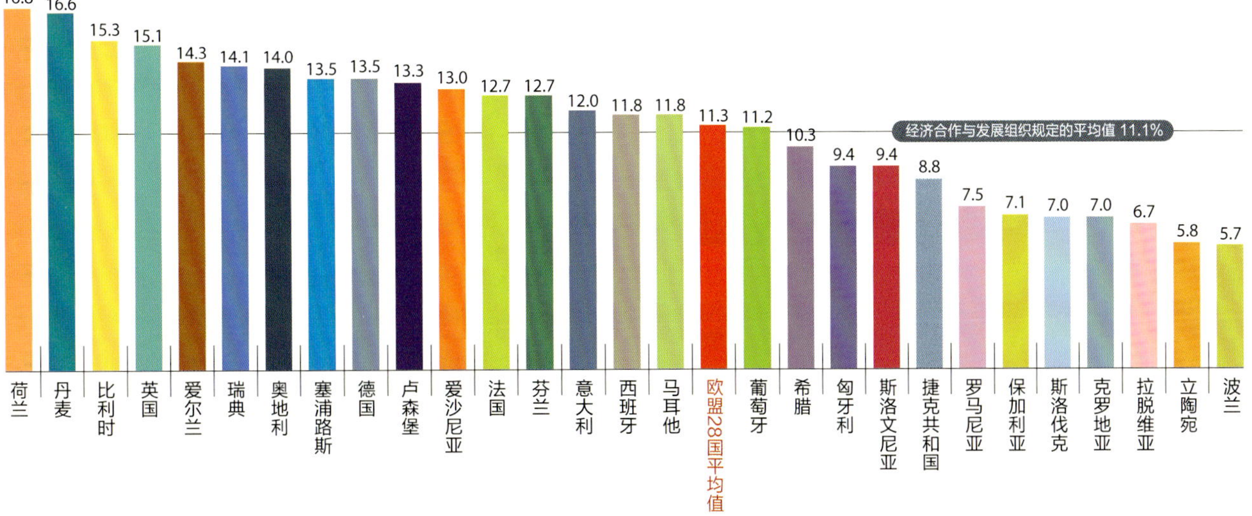

图 9.11　2008—2014 年欧盟出版业绩

2008—2014 年所有欧盟成员国在与外国作者合作出版论文方面的密度均高于经济与合作组织规定的平均值

与外国作者合作论文比例，2008—2014年

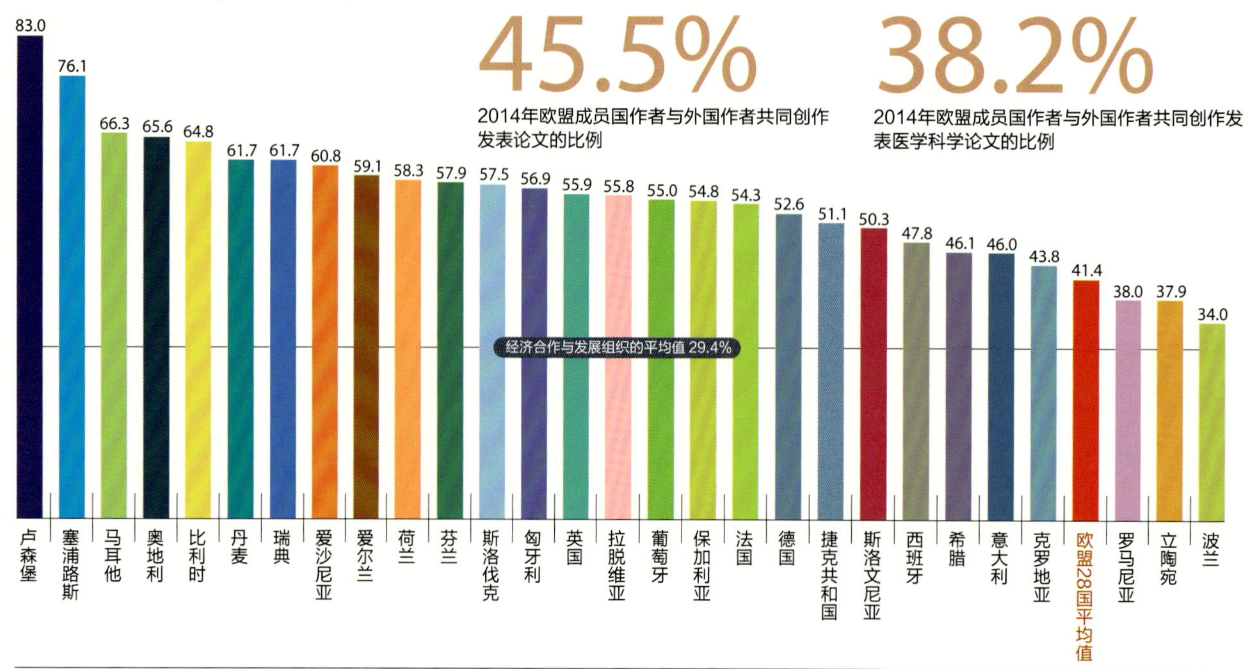

美国是欧盟 14 个成员国最大的合作伙伴国，这 14 个成员国包括人口最多的 6 个成员国

2008—2014年主要外国合作国家（数字代表论文数量）

	第一合作国	第二合作国	第三合作国	第四合作国	第五合作国
奥地利	德国（21 483）	美国（13 783）	英国（8 978）	意大利（7 678）	法国（7 425）
比利时	美国（18 047）	法国（17 743）	英国（15 109）	德国（14 718）	荷兰（14 307）
保加利亚	德国（2 632）	美国（1 614）	意大利（1 566）	法国（1 505）	英国（1 396）
克罗地亚	德国（2 383）	美国（2 349）	意大利（1 900）	英国（1 771）	法国（1 573）
塞浦路斯	希腊（1 426）	美国（1 170）	英国（1 065）	德国（829）	意大利（776）
捷克共和国	德国（8 265）	美国（7 908）	法国（5 884）	英国（5775）	意大利（4 456）
丹麦	美国（15 933）	英国（12 176）	德国（11 359）	瑞典（8 906）	法国（6 978）
爱沙尼亚	芬兰（1 488）	英国（1 390）	德国（1 368）	美国（1 336）	瑞典（1 065）
芬兰	美国（10 756）	英国（8 507）	德国（8 167）	瑞典（7 244）	法国（5 109）
法国	美国（62 636）	德国（42 178）	英国（40 595）	意大利（32 099）	西班牙（25 977）
德国	美国（94 322）	英国（54 779）	法国（42 178）	瑞士（34 164）	意大利（33 279）
希腊	美国（10 374）	英国（8 905）	德国（7 438）	意大利（6 184）	法国（5 861）
匈牙利	美国（6 367）	德国（6 099）	英国（4 312）	法国（3 740）	意大利（3 588）
爱尔兰	英国（9 735）	美国（7 426）	德国（4 580）	法国（3 541）	意大利（2 751）
意大利	美国（53 913）	英国（34 639）	德国（33 279）	法国（32 099）	西班牙（24 571）
拉脱维亚	德国（500）	美国（301）	立陶宛（298）	俄罗斯（292）	英国（289）
立陶宛	德国（1 214）	美国（1 065）	英国（982）	法国（950）	波兰（927）
卢森堡	法国（969）	德国（870）	比利时（495）	英国（488）	美国（470）
马耳他	英国（318）	意大利（197）	法国（126）	德国（120）	美国（109）
荷兰	美国（36 295）	德国（29 922）	英国（29 606）	法国（17 549）	意大利（15 190）
波兰	美国（13 207）	德国（12 591）	英国（8 872）	法国（8 795）	意大利（6 944）
葡萄牙	西班牙（10 019）	美国（8 107）	英国（7 524）	法国（6 054）	德国（5 798）
罗马尼亚	法国（4 424）	德国（3 876）	美国（3 533）	意大利（3 268）	英国（2 530）
斯洛伐克	捷克（3 732）	德国（2 719）	美国（2 249）	英国（1 750）	法国（1 744）
斯洛文尼亚	美国（2 479）	德国（2 315）	意大利（2 195）	英国（1 889）	法国（1 666）
西班牙	美国（39 380）	英国（28 979）	德国（26 056）	法国（25 977）	意大利（24 571）
瑞典	美国（24 023）	英国（17 928）	德国（16 731）	法国（10 561）	意大利（9 371）
英国	美国（100 537）	德国（54 779）	法国（40 595）	意大利（34 639）	荷兰（29 606）

来源：汤森路透社科学引文索引数据库，科学引文索引扩展版；数据处理 Science-Metrix。

图 9.11　2008—2014 年欧盟出版业绩（续）

国家概况

仅从欧盟国家规模角度来看，有必要简要介绍以下国家的国家概况，以下国家人口均超过1 000万。此外，欧盟委员会通过国家研究综合政策信息系统系列报告定期公布欧盟成员国的详细情况。克罗地亚和斯洛文尼亚的概况请见第10章。

比利时

研发密度激增

比利时拥有高水平的研究系统，并且对于提升创新竞争力的必要性也达成了共识。自2005年起，公共和私人部门的研发支出急剧攀升，使比利时成为欧盟成员国中研发密度方面的领军国家（2013年研发密度占国内生产总值的2.3%）。

在比利时，许多地区和社区都肩负着科研创新的重任，联邦政府仅提供税收优惠并为太空研究等特殊领域提供资金支持。

2007—2011年，比利时政治动荡。当时，荷语文化区主张将权利下放到各地区，然而法语文化区瓦隆更倾向于维持现状。2011年12月新一届联邦政府选举打破了政治僵局，同意划分布鲁塞尔－哈雷－菲尔福尔德地区，并采取一系列政策解决国家经济低迷的状况。

在荷语文化区佛兰德斯，科技和创新政策以六大主题为中心解决各种社会问题。法语文化区瓦隆重点关注集群问题，推出跨区域创新平台和针对中小型企业的新举措。作为欧盟委员会所在地的布鲁塞尔法语文化区采取了明智的专业化方法。

捷克共和国

以改革促进创新

捷克共和国拥有强大的国外研发执行隶属机构。然而，依然缺乏在科技和商业领域的合作与知识转移。这导致其国内私有研发基础薄弱，由此也可说明，在欧盟标准之下，捷克在研发领域的平均贡献率情况（2013年1.9%国内生产总值）。

自2007年起，捷克政府陆续颁布《国家研究、发展和创新政策》（2009—2015）和《国家创新战略》（2011），努力改革国家创新体制。这些文件重点着眼于基础设施发展、支持创新企业以及促进公共和私人部门合作这些方面。欧盟结构资金也对此次公共研究改革进行了帮助。捷克的创新体制管理依然是一个复杂的问题，但是新一届政府的研究、发展与创新委员会有望帮助其协调发展。

法国

迈向工业的未来

法国拥有很大的科学基础，但是商业研发的水平低于同等国家。法国政府估计[①]过去10年间“非工业化”使法国失去了750 000个就业岗位，工业对国内生产总值贡献率减少了6%。

近几年来，法国大体上对其研究和创新体制进行了改革。萨科齐总统执政期间（2007—2012年），对现存的企业研究税收抵免系统进行了重新估算，且估算是基于研究投入总量而非前两年研究投入增长幅度。因此，首次投入额达到1亿欧元的企业可以减少30%的研究投入，之后可减少5%。2008—2011年，得益于退税政策的企业数量翻了一番，达到了19 700家。到2015年，退税的成本比2003年高了10倍（约60亿欧元）。2013年审计法院（法国公共财政监管部门）发布的一份报告质疑成本不断增加的措施的有效性，但是也承认这一举措在2008—2009年金融危机时期帮助法国稳定了创新和研究领域的就业形式。这同时表明，与中小型企业相比，大企业在税收抵免政策中的获益更多。2014年9月奥朗德总统声明了其继续执行退税政策的意向，在世界范围内为法国树立了一个积极的形象（Alet，2015）。

《创新新政》

自2012年5月奥朗德担任总统以来，法国政府将工业政策目标调整为支持经济发展和就业。当时法国正处面临长期的高失业率问题（2013年失业率达10.3%），其中青年失业率尤为严重（2013年青年失业率为24.8%）。共推出34项将创新作为重点的工业计划，以及旨在“推动全体创新”的《创新

① 参见（在法国）：www.gouvernement.fr/action/la-nouvelle-france-industrielle.

新政》。该新政包括 40 个促进创新公共采购、创业和风险资本可用性的举措。

2015 年 4 月，法国政府正式宣布实施“工业的未来”计划。这一计划是“法国新工业”计划的第二阶段，“法国新工业”计划旨在将工业基础设施现代化，迎接数字经济的到来，破除服务业与工业间的障碍。“工业的未来”计划重点关注九大市场：新资源、永续城市、生态流动、未来的交通、未来的医药、数据经济、智能物体、数字机密和智能食品。

面向未来各领域（3D 打印、增强现实、物联网技术等）的第一批项目建议书应于 2015 年 9 月发布。现代化企业将有资格享有减税和贷款优惠政策。“工业的未来”计划将与德国的“工业 4.0”计划合作（见专栏 9.3）。因此，随着两国在共同计划开发项目，德国将成为法国重要的合作伙伴。

德国

工业数字化：重中之重

德国是欧盟人口最多的成员国也是最大的经济体。制造业是德国的经济支柱之一，特别是中高端技术行业，如汽车、机械和化学制品。但是曾占据主导地位的高端制造业，如制药业和光学工业，随着时间的推移正逐步衰退。联邦教育与研究部为保持德国的国际竞争力，已制定了“高科技战略”来增强科技和工业间的合作。“高科技战略”于 2006 年实施，2010 年进行完善，重点着眼于公共和私人部门在前瞻性项目中的合作，包括一些旨在解决社会挑战性问题的项目，如健康、营养、气候、能源安全、通信和流动性。自 2011 年工业数字化便已成为“高科技战略”的一个重中之重（见专栏 9.3）。

2005 年，德国制定了《研究和创新协议》。根据这一协议，联邦政府和各地区（德国的联邦州）

专栏 9.3　德国第四次工业革命战略

德国政府果断采取了前瞻性战略来应对德国人称之为“工业 4.0”的这次革命，“工业 4.0”也可称为第四次工业革命；埃森哲咨询公司估算这种情况下，随着物联网和工业服务互联网的崛起，到 2030 年德国经济总值会增加 7 000 亿欧元。

自 2011 年起，德国的高科技战略便将重点放在了“工业 4.0”上。德国政府制定了一项双重计划。如果德国能够成功成为智能制造技术（如信息物理系统）的顶级供应国，将极大激励其机械和工厂制造业的发展，同时也会极大促进自动化工程和软件行业。德国希望成功的“工业 4.0”战略将巩固德国制造业在全球市场中的主体地位。

一份文献综述中描述，赫尔曼及其他人（2015）确立了“工业 4.0”的六大设计原则，即互操作性（信息物理系统和人类之间）、虚拟化（通过此项技术信息物理系统能够监管产品）、非集权化（信息物理系统可以独立做决定）、实时性（分析产品数据）、服务导向（内部操作，同时提供个性化产品）和模块性（适应日新月异的需求）。

据卡格曼及其他人的调查显示（2013），除工业现代化、产品定制化及生产智能产品外，“工业 4.0”将解决资源和能源、效率与人口变迁等问题，并且更好地协调工作与生活。然而，一些工会却对工作的不稳定性越来越担忧，如使用云工作者及失业问题等。

2015 年 4 月名为“德国制造”的一个全新的“工业 4.0”平台正式启动。此平台由联邦政府（经济与研究部门）、企业、商业协会、研究机构（特别是弗劳恩霍夫研究机构）和工会进行运转。

尽管像西门子一类的智能工程已经开始实施，一些“工业 4.0”技术已经得到实现，但是依然有大量的研究工作没有完成。

根据 2013 年“工业 4.0”事务委员会的建议书，德国战略中主要研究的重点领域为（Kagermann 等，2013）：

- 规范和参考架构。
- 管理复杂系统。
- 为企业建立一个综合宽带基础设施。
- 安全和保障。

同意定期增加重要公共研究机构的合作资金，如弗劳恩霍夫协会和马克斯·普朗克学会。2009年，为了进一步促进德国的公共研究机构增加研究输出，各政府同意在2011—2015年将机构基金的年增长率从3%增长至5%。此外，2008年为中小型企业制定的“中心创新计划”，每年为5 000多个项目提供资金支持。

反质子和离子研究装置：欧洲基础物理学领域中的主要科研装备项目

德国将开设全球最大研究中心之一来进行基础物理学研究——反质子和离子研究装置项目。这一粒子加速器正在达姆斯塔特市进行建设，预计于2018年完成。为了降低成本、拓宽专业领域，来自50多个国家的3 000多位科学家共同合作设计此项目。除德国外，还有7个欧盟成员国（芬兰、法国、波兰、罗马尼亚、瑞典、斯洛文尼亚和英国）以及印度和俄罗斯联邦参与此项目。此项目绝大部分的预算资金来自德国和黑森州，其余部分来自国际上的合作国家。

联合政府的重要目标

2013年联邦大选三个月后，保守党与社会民主党于9月签订《联合协议》，除其他内容外确立了如下目标：

- 最底层立法机构将研发支出总量提高到国内生产总值的3%（2013年为2.9%）。
- 到2035年将可再生能源在能源结构中的比重提升到55%～60%。
- 到2020年至少将国家温室气体排放量降低40%（在1990年的水平上）。
- 到2022年完成德国逐步淘汰核能的目标（福岛核灾难后，于2012年确立此目标）。
- 2015年在全国范围内将每小时最低工资确立为8.5欧元（11.55美元），2017年前企业能够协商解决例外情况。
- 限定企业董事会中女性比例为30%。

希腊

将科研与社会问题相连接

尽管近几年希腊的研发强度有小幅度提升，但以欧盟的标准，其研发强度仍较低（0.78%），这可能与希腊面临的经济困境相关——在连续6年的经济衰退中，其国内生产总值下降四分

专栏9.3 德国第四次工业革命战略（续）

- 工作组织和设计。
- 培训及持续的专业提升。
- 监管架构。
- 资源效率。

自2012年到目前，德国教育及研究部为“工业4.0”计划提供了1.2亿多欧元的资助。此外，最近经济能源部通过两个项目（“自主工业4.0”和“智能服务世界”）提供了近1亿欧元资金。

“工业4.0”战略将中小型企业视为重点。德国大部分企业一直在讨论“工业4.0”，但是许多德国中小型企业并未准备好应对此项计划暗示的结构调整。这种情况的产生或是因为它们缺乏必要的专业人员，或是因为它们不愿率先进行重大技术变化。

德国政府希望通过试点应用和优秀实例来克服进一步拓宽高速宽带基础设施及提供培训中遇到的阻碍。其他主要挑战与数据安全和建立欧洲数字单一市场相关。

近几年德国的竞争对手也在工业数字化领域进行了投资，如美国的“高级制造合作”（见第5章）、中国的物联网中心或印度的信息物理系统创新中心。据卡格曼及其他人（2013），这些研究或许并不像德国那样具有很强的战略性。

欧盟也通过第七框架计划对这一领域的研究进行资助，如进行被称为“未来的工厂”的公私合营项目，而且欧盟在“地平线2020计划”的引领下将继续进行资助。

此外，法国的“工业的未来”计划旨在与德国的“工业4.0”计划合作，共同发展项目。

另请参阅：plattform-i40.de:www.euractive.com/sections/innovation-enterprise; www.euractive.com/sections/ industrial-policy-europe.

之一。过去五年中希腊经济结构问题引发了一连串金融和债务危机，进一步削弱了希腊的创新体制和科学基础。希腊在技术创新领域表现不佳，高新技术出口有限。企业部门很少利用科研成果，没有针对企业科研的完整法律框架，且研究政策与其他政策的衔接不紧密。

自 2010 年起，希腊经济调整计划就一直专注于结构改革，增强国内经济弹性应对未来的冲击。这些改革举措旨在通过增强竞争力、刺激出口等来促进经济增长。

自 2013 年起，研究与技术秘书处就开始对希腊的创新体制进行了一场雄心勃勃的改革。公开的举措包括实现“国家战略研究”和“技术发展与创新 2014—2010”战略。其重点在于通过将科研的目的与希腊面临的社会问题相连接，发展科研基础设施并提高研究中心效率。希腊有望在 2014—2020 年得到相当多的欧盟凝聚基金用于研究与创新。

意大利

聚焦合作与知识转移

与许多较大邻国相比，意大利研发投入在国内生产总值中的比重较低（2013 年 1.3%）。这使意大利很难拥有更高效的科研体制并降低低科技产业的比重。

2013 年，教育大学与研究部发布了一份战略文件《意大利地平线 2020》，通过将国内研究项目与欧盟项目接轨，并改革科研体制管理来增强意大利的创新体制。其中改革科研管理的举措包括推出新的竞争程序、机制评估及对公共基金进行影响评估。一年后，意大利政府又推出了“2014—2020 国家研究计划”，通过加强公私合作、知识转移并为研究人员提供更好的工作环境来增强意大利的研究体制。

通过为创新型新企业制定新的法律框架，简化中小型企业融资渠道来支持企业创新。创新型新企业将获得以下优势：

- 免除其企业创建费用。
- 从亏损状态恢复时间比其他公司多 12 个月。
- 允许使用众筹增加资本。
- 获得国家基金更为容易（中小型企业中央保证金）。
- 可享受特别的劳动法规定，这些规定不要求他们对签订固定期限的协议提供合法证明。
- 享受多项税收优惠政策，如对创新型新企业投资的个人所得税纳税人有可能获得投资总额 10% 的税收抵免，其中投资最大限额为 50 万欧元[①]。

荷兰

增强公私协调

荷兰是科学和创新领域的佼佼者。在数量和质量方面，且将人口因素考虑进去，荷兰的科学产出位居欧盟前列。尽管与其他先进的成员国相比，其研发投入一直很低（2013 年为 2.0% 国内生产总值），但却在不断增长中（2009 年为 1.7%）。

荷兰的创新政策旨在为所有企业提供良好环境，并对九大重点领域提供支持；重点领域支持计划于 2011 年实行，帮助协调企业、政府和研究机构的行动（经济合作与发展组织，2014）。九大重点领域为：农业与食品、园艺与繁殖材料、高科技系统与材料、能源、物流、创意产业、生命科学、化学和水资源。这九大流域在企业研发中的比重超过 80%；2013—2016 年，它们有望带来超过 10 亿欧元的收入（经济合作与发展组织，2014）。

波兰

转向竞争性科研基金

2004—2008 年，波兰商业部门面临亏本经营的风险，但波兰在这一阶段却因加入欧盟而收益最为显著。当时波兰大力吸引投资，金融信用提高，并彻底摆脱了资本流动障碍。波兰利用这几年时间在一定程度上通过投资更优质的教育来提高经济现代化程度（波兰经济部，2014，第 60 页）。

2009—2013 年，金融危机的影响范围更为广泛，波兰的投资流量和个人消费水平都在下降，但出于某些原因，这些因素对波兰经济的影响甚微。一方面，波兰使用了欧盟的结构资金来发展其基础设施。此外，波兰经济与大多数国家相比开放程度较低，因此受国际经济动荡的影响也较小。而且与

① 参见莱瑟姆和沃特金斯（2012）《提升意大利创新型新企业：新方框架》。委托人阿莱尔特，第 1442 号。

其他许多国家不同，其海外投资并没有只用于服务领域，而是指向了工业现代化。在危机初始波兰的私人与公共债务量也很低。但同样重要的是，波兰还从弹性汇率中收益颇丰（波兰经济部，2014，第61～62页）。

自2007年波兰研发投入不断提高。但波兰的研发密度一直低于欧盟的平均水平，2013年其研发投入只占国内生产总值的0.9%，投入商业领域的研发支出总量份额不足一半。于是，使波兰企业更具创新精神并加强科学与企业合作便成为波兰长久以来的挑战。近几年波兰提出的一些应对政策，2010—2011年对科学和高等教育体系采取的一系列重大改革将重点转向了竞争性基金申请及促进大量公私合作。到2020年，波兰科学预算必须通过竞争性基金进行分配。

近来，2013年推行的“2020创新与高效经济战略”旨在刺激私营企业研究与创新。与此同时，“企业发展计划”还预见到要为创新型企业提供税收激励政策；2014年实行的“智能增长运行计划”将利用860万欧元的预算实施“企业发展计划”，此项计划的重点为内部创新发展及企业研发提供资金支持。

2013年国家研究与发展中心实施了一项计划，此项计划强调了公共采购对创新支持的作用。该计划选出了30位“创新代理”，他们将负责科研商业化和衍生公司创建问题。

葡萄牙

为实现智能专业化进行技术转移

过去10年间，葡萄牙在很大程度上得益于政治共识及研究与创新政策的连续性。一直重点着眼于扩大国家创新体系，增加公共和私有部门科研投资，并培训更多的研究人员。

经济衰退对此项计划产生了一定影响，但这种影响绝非是压倒性的。然而，除了实施此项计划外，葡萄牙在公私合作、知识转移和知识密集型产业就业方面的表现依然低于欧盟平均水平。葡萄牙所面临的各种主要挑战中有一点便与中小型企业薄弱的内部技术组织能力及营销能力相关。

2013年，葡萄牙政府实施了一项新的智能专业化战略，并对国家创新体系的优缺点进行了分析。因此，葡萄牙修正了研究机构融资管理规定，并将间接研发基金使用转向国际合作领域。后面的改革举措将确保葡萄牙创新机构保持自主性。这使葡萄牙开始对国家集群战略进行评估（为19个已认证的集群提供支持），建立新的咨询机构并开始实行“面向企业应用研究与技术转移计划”。

罗马尼亚

商业研发投入比重到2020年提升至国内生产总值的1%

罗马尼亚的创新体系基本上以公共部门为基础：商业领域的研发比重仅占全国的30%。在欧盟范围内罗马尼亚的科学输出水平最低，但过去5年中有显著提高。“2007—2013年国家研究与创新战略”通过为商业合作者参与的项目提供资金，并提供创新代金券实行税收优惠等政策，鼓励罗马尼亚科学家在国际期刊中发表文章，增加竞争性基金比重，并促进公私合作。

新实行的“2014—2020年国家研究与创新战略”有望将支持重点从研究和相关基础设施建设转向创新。此战略应当涵盖额外措施，通过促进创新合作使方向性研究指向实际目标。这一合作有望使罗马尼亚商业研发投入在2020年达到国内生产总值的1%。

西班牙

进一步扩大投资

受到经济危机的影响，西班牙研发投资遭遇重创。从2011年起，财政约束使公共研发经费大幅削减，而商业研发经费早在2008年便开始减少。

为了使金融滞缓带来的影响最小化，西班牙政府采取了一系列措施增强研发投资的效能。2011年采用的《科学技术与创新法规》简化了研究与创新领域竞争性基金的分配问题。此计划实施的原因在于法律改革将鼓励外国研究人员涌入西班牙，并增强研究人员在公私部门之间的流动性。2013年所采取的“西班牙科学技术与创新战略”及“国家科技研究与创新计划”都出于相似的考虑。

各项新计划旨在促进技术从公共部门向私有部门转移，以此提升企业研发力度。2013 年，西班牙实施了多项计划为创新型公司提供风险和股权资金，例如欧洲天使基金为创业天使提供股权资金。

英国

创新，投资的优先重点领域

众所周知，英国因拥有强大的科技基础及大量高技术专业人士，已成为对全球流动人才最具吸引力的国家。其商业领域擅于创造无形资产，且国内拥有包括金融服务在内的大型服务业。

英国政策重点着眼于增强创新及使新技术商业化的能力。2013 年，研究与创新共同成了投资的重中之重，详情请参见《国家基础设施计划》。

英国政府决定至此之后，所有研究和创新计划与资金都将在国家层面上进行协调，由此地方发展机构于 2012 年解散。商业创新和技能部负责在国家层面管理科技与创新政策，为英国 7 大研究委员会、高等教育基金委员会及技术战略委员会提供支持。

研究资金可以是竞争性且以项目为导向的，通过国家的各个研究委员会提供给高校及公共研究机构中的研究人员，或者可通过高等教育基金委员会提供给英格兰、北爱尔兰、苏格兰和威尔士。高等教育基金委员会每年为研究、知识转移和基础设施发展提供资金。年度资金支持的提供条件对各机构研究的贡献率有下限要求。高等教育基金委员会（HEFCE）无权干预各研究机构如何使用研究资金。

技术战略委员会负责为商业创新、技术发展及一系列以创新为目标的计划项目提供资金，如使用税收抵免政策为商业研发提供资金。研发经费投入符合规定的中小型企业有资格减免 125% 的公司税，大型企业可减免 30%。2013 年，英国实施“专利盒”计划降低税收，从专利项目中获利。

留学生的教育胜地

通常对学生与研究人员而言，英国是非常富有吸引力的国家。2013 年，英国获得经济研究委员会资金资助的研究人员数量超过了所有欧盟成员国，并且参与经济研究委员会出资的研究项目的非英国国籍研究人员的数量也位居第一（见图 9.7）。同年，教育服务出口价值约 170 亿英镑，且成了英国大学系统资金的主要来源。近几年来，英国大学系统一直面对巨大压力。联合政府努力减少公共赤字，于是 2012 年将学费翻了两倍，总值达到每年 9 000 英镑。为使学生更易接受这一举措，政府还实施了学生贷款政策，但有人担心这部分贷款无法得到偿还。学费的急剧增长既可能使大学生放弃继续求学的机会，也会令留学生望而却步（英国普通高校物理系学生均可申请奥格登信托公司提供的奖学金，见专栏 9.4）。2015 年 7 月，英国财政大臣（财政部）提议减少英国和其他欧盟国家对学费进行的政府补贴，此举为高校系统带来了新的压力。

英国在教育领域具有极高的吸引力，且以高质量的教育而闻名。除此之外，英国在全球引用率最高的期刊中发表文章的比重为 15.1%，而其研究人才的比重仅为全球的 4.1%。而英国低研发密度一直令国

专栏 9.4　奥格登信托公司：着力扶持物理学的英国“慈善机构”

奥格登信托公司于 1999 年由彼得·奥格登个人出资 2 250 万英镑建立。起初此公司为国内学校成绩优异的学生到顶级私立学校学习提供奖学金。2003 年，公司拓宽了其资助范围，有意愿在英国顶级大学获得物理或相关专业硕士学位的学生也可申请奖学金。

奥格登信托公司同时也实施了一项计划，此计划旨在帮助英国各高校希望从事物理研究或在与物理相关的企业获得工作经验的校友们获得带薪实习职位。

公司为解决在缺少物理学领域合格教师的问题，实施了“科学家在学校”项目，为研究生、博士和博士后提供资助，帮助他们在进行教师培训前获得物理教学经验。

来源：亚当·斯密斯，物理专业研究生，奥格登信托公司奖学金获得者。

内科研机构忧心忡忡（英国皇家学会等，2015）。

英国在国际知识流动方面的开放性依然面临挑战。2015 年 5 月，保守党政府以绝对优势赢得大选。在此次大选预备阶段，首相向选民承诺，保守党将举行公投决定到 2017 年年底英国是否要退出欧盟。因此，此次公投将在未来两年中进行，或许会在 2016 年举行。英国脱欧行为将对英国和欧洲科学家产生深远的影响（见专栏 9.5）。

结论

欧盟一半国家的创新绩效下降

总体而言，欧盟，特别是欧元区的 19 个国家遭遇了经济危机的重创。失业率呈螺旋上升趋势，2013 年 25 岁以下的欧盟公民有四分之一人员遭遇失业。经济困境已引发了政治动荡，一些成员国开始质疑他们在欧盟中的位置，而英国甚至在考虑退出欧盟。

专栏 9.5　英国脱欧将对欧洲研究与创新带来何种影响？

众所周知，奠定欧盟单一市场的基石为“四大自由”：人员、商品、服务和资本。显然，人员流动引起了英国的不满。英国政府认为，如果不能在修改相关协议方面与欧盟合作伙伴达成较为满意的共识，那么英国希望限制人员流动，并正在计划就 2017 年年底退出欧盟的问题征求民众意见。

英国是欧盟预算经费的最大净贡献国之一，因此英国脱欧将对英国和欧盟产生深远的影响。脱欧之后，英国与欧盟的关系将面临多种选择，且针对这些选择进行的谈判会变得极为复杂。许多非欧盟成员国的欧洲国家与欧盟的关系已经形成了现成的关系模式。目前认为挪威模式或瑞士模式是适合英国参考的首要选择。如果未来英国参照“挪威模式”，因为挪威为欧洲经济区成员国，所以英国将继续作为欧盟较大的净贡献国而存在，其贡献水平甚至有望与目前的净贡献水平 45 亿欧元持平。在这种情况下，英国将在很大程度上受到欧盟法律和政策的牵制，然而未来其对欧盟的影响将非常有限。

另外，英国可以选择瑞士模式，再退出欧洲经济区。那么英国受到欧盟法律的影响将非常小，且对欧盟的经济预算贡献率也将减少，但是英国需要与欧盟就其他领域的协议进行协商，包括商品与服务贸易，以及英国与欧盟间的人员流动（见第 11 章）。

英国脱欧对英国和欧盟科研与创新领域的影响很大程度上取决于英国脱欧后与欧盟的关系。英国可能希望像挪威和瑞士一样，依然作为欧洲研究区的相关成员国而存在，以便于继续参与欧盟框架计划。这些框架计划对于英国为科学研究、博士培训及思想与人员交流提供资金有着越来越重要的意义。然而，每一项框架计划的合作协议都需要分别进行协商，如若英国退出欧洲研究区，则情况更是如此。然而这种协商将非常困难。瑞士对这一情况已深有体会，自 2014 年瑞士加强本国移民法律，并举行了公投，这使得欧盟限制了瑞士参与“地平线 2020 计划”的权利（见第 11 章）。

并且，如若脱欧，英国将无法得到欧盟的结构资金。并且脱欧行为将导致国际企业减少在英国的研发投资计划。英国将由此不再是通往欧盟市场的一个大门，并且其更加严苛的移民法律也会降低对投资的吸引力。最后，英国脱欧将导致国内反移民情绪高涨，使国际大学研究人员在英国或欧洲其他国家乃至世界范围内的流动更为复杂，吸引力更小。

针对这一公众广泛探讨的问题，英国科研界似乎明确表示反对脱欧。在 2015 年 5 月国会大选期间，建立了一个名为“欧盟的科学家”的活动网站。2015 年 5 月 22 日，由著名科学家联合签署的一封信在《泰晤士报》上发表，此类文章还分别于同年 5 月 12 日在《卫报》，5 月 8 日在《自然新闻》中发表。据 4 月 29 日发表在《经济学人》上的一篇文章，无论英国政府如何做出抉择，公投都可能在英国制造一场“政治和经济的轩然大波”。

如果英国脱欧成为现实，那么无论脱欧后英国与欧盟的关系如何，英国都将失去在欧盟内部对科研与创新的引领地位，而这对双方都是一种损失。

来源：Böttcher and Schmithausen（2014）；《经济学人》（2015）。

过去 5 年间，欧元区国家不得不出资帮助一些银行摆脱困境。如今，一些成员国又面临了许多新问题，由于他们的国债负担不断加重，导致其财政信誉遭受质疑。爱尔兰、意大利、葡萄牙、西班牙，及必须要提及的希腊均向欧元区国家、欧洲中央银行和国际货币基金组织借贷了大量资金。反之，其他成员国则努力通过进行结构改革成功恢复经济，但希腊经济依然处于恢复期。尽管希腊于 2015 年 7 月采取了新的紧缩政策，但由于其沉重的国债负担愈发严重，希腊依然面临脱离欧元区的风险。

欧盟采取了一项积极的计划——“欧洲 2020 战略”，旨在缓解危机的同时，促进理性、包容和可持续增长。“欧洲 2020 战略”中包含一系列重要战略，其中一项为“创新联盟战略”，此战略中有 30 多项旨在提高各国创新能力的承诺。“地平线 2020 计划”，即为科研和技术发展制定的欧盟第八框架计划获得了到目前为止最大的一笔资金，即 800 亿欧元。其中大约三分之一的资金将用于提高科研实力，由此“地平线 2020 计划”将极大程度提高欧盟的科研产出。

欧洲研究委员会一直致力于增强科研实力，且委员会为“地平线 2020 计划”提供 17% 的预算资金，提供形式为向处于不同职业阶段的研究人员提供资金支持。随着许多成员国建立了相似的机构并为相关计划提供资金支持，欧洲研究委员会在科研产出和国家科研经费方面产生了深远的影响。

除各项框架计划外，欧盟资金在研发领域中的投入非常小。而大部分研发资金来自各国政府和企业。欧盟制定了一项宏伟的目标，即到 2020 年研发支出达到国内生产总值的 3%，但许多国家在这方面取得的进展非常缓慢。

尽管创新强度最低和最高的国家间的差距已经缩小，但几乎一半成员国的创新绩效都呈下降趋势。这种令人担忧的趋势是由于创新型企业、公私科研合作及风险资金可用率的比重下降导致的。这需要进一步提升欧盟和各国的创新水平，可通过简化中小企业融资程序，促进欧盟之外国家的研究人员流入，既增强公共和私有部门内部的合作，又增强两者之间的合作，并且协调国家支持计划，甚至用欧盟计划来替代它们，扩展欧盟研究范围，避免各国计划的重复。

欧盟重要目标

- 2020 年 20～64 岁人口就业率达到 75%。
- 2020 年，年平均研发投入比重占国内生产总值的 3%。
- 2020 年，与 1990 年温室气体排放量相比，至少限制 20% 的排放量；20% 的能源来源于可再生能源，且能源效率应提高 20%（即 20 : 20 : 20 目标）。
- 2020 年，辍学率应降至 10% 以下，至少 40% 的 30～34 岁人口应完成高等教育。
- 2020 年，遭受贫困或社会排斥等问题的人数至少减少 200 万。

新的“地平线 2020 计划”对企业创新提供了支持，但更重要的是，各成员国都在这一领域采取了积极的行动。包括法国和德国在内的一些国家通过为小型企业提供更多资金，来再次强调技术密集型制造业的重要性，并承认中小型企业在这一领域的重要角色。此外，通过促进公私领域合作来促进知识与技术转移。

只有时间会告诉我们，对科研与创新高强度支持是否能对欧洲创新产生积极显著的影响。而针对此问题的分析将会出现在 5 年后的下一本《联合国教科文组织科学报告》中。

参考文献

Alet, C. (2015) Pourquoi le Sénat a passé son rapport sur le crédit impôt recherche à la déchiqueteuse. *Alterécoplus* online, 17 June.

Attané, M. (2015) The Juncker plan risks making innovation an afterthought. *Research Europe*, 5 March.

Böttcher, B. and E. Schmithausen (2014) *A future in the EU? Reconciling the 'Brexit' debate with a more modern EU*, EU Monitor - European Integration, Deutsche Bank Research.

Downes, L. (2015) How Europe can create its own Silicon Valley. *Harvard Business Review*, 11 June.

European Commission (2015a) *Innovation Union Scoreboard*

2015. European Commission: Brussels.

European Commission (2015b) *Seventh FP7 Monitoring Report*. European Commission: Brussels.

European Commission (2014a) *Research and Innovation performance in the EU – Innovation Union progress at country level*. European Commission: Brussels.

European Commission (2014b) *Report on the Implementation of the Strategy for International Co-operation in Research and Innovation*. European Commission: Brussels.

European Commission (2014c) Research *and Innovation - Pushing boundaries and improving the quality of life*. European Commission: Brussels.

European Commission (2014d) *Regional Innovation Scoreboard 2014*, European Commission: Brussels.

European Commission (2014e) *State of the Innovation Union - Taking Stock 2010-2014*. European Commission: Brussels.

European Commission (2014f) *Taking stock of the Europe 2020 strategy for smart, sustainable and inclusive growth*. COM(2014) 120 final/2. European Commission: Brussels.

European Commission (2011) *Towards a space strategy for the European Union that benefits its citizens*. COM (2011) 152 final. European Commission: Brussels.

European Commission (2010) *Communication from the Commission - Europe 2020: A strategy for smart, sustainable and inclusive growth*. COM (2010) 2020. European Commission: Brussels.

European Environment Agency (2015) *The European environment - state and outlook 2015: Synthesis report*. European Environment Agency: Copenhagen.

European Research Council (2014) *Annual Report on the ERC activities and achievements in 2013*. Publications Office of the European Union: Luxembourg.

European Research Council (2015) *ERC in a nutshell*.

Gallois, D. (2014) Galileo, le futur rival du GPS, enfin sur le pas de tir. *Le Monde*, 21 August.

Hermann, M., T. Pentek and O. Boris (2015) *Design principles for Industrie 4.0 scenarios: A literature review*, Working Paper No. 01/2015, Technische Universitaet Dortmund.

Hernández, H.; Tübke, A.; Hervas, F.; Vezzani, A.; Dosso, M.; Amoroso, S. and N. Grassano (2014) *EU R&D Scoreboard: the 2014 EU Industrial R&D Investment Scoreboard*. European Commission: Brussels.

Hove, S. van den, J. McGlade, P. Mottet and M.H. Depledge (2012) The Innovation Union: a perfect means to confused ends? *Environmental Science and Policy*, 16: 73–80.

Kagermann, H., W. Wahlster and J. Helbig (2013) *Recommendations for implementing the strategic initiative Industrie 4.0: Final report of the Industrie 4.0 Working Group*.

OECD (2014) *OECD Reviews of Innovation Policy: Netherlands*. Organisation for Economic Co-operation and Development: Paris.

Oliver, T. (2013) *Europe without Britain: assessing the Impact on the European Union of a British withdrawal*. Research Paper. German Institute for International and Security Affairs: Berlin.

MoFA (2014) *Poland's 10 years in the European Union*. Polish Ministry of Foreign Affairs: Warsaw.

Roland, D. (2015) AstraZeneca Pfizer: timeline of an attempted takeover. *Daily Telegraph*, 19 May.

Royal Society *et al.* (2015). *Building a Stronger Future: Research, Innovation and Growth*. February.

Technopolis (2012) *Norway's affiliation with European Research Programmes – Options for the future*. Final report, 1 March.

The Economist (2015) Why, and how, Britain might leave the European Union. *The Economist*, 29 April.

雨果·霍兰德斯（Hugo Hollanders），1976 年出生于荷兰，经济学家，联合国大学－马斯特里赫特经济社会研究院（荷兰马斯特里赫特大学）研究员。霍兰德斯先生在创新研究和创新统计领域有 15 年的研究经验。他曾参与了欧盟资助的多个研究项目，其中担任创新指数报告的主要撰稿人。

明娜·卡内尔瓦（Minna Kanerva），1965 年出生于芬兰，为德国的可持续研究中心和联合国大学－马斯特里赫特经济社会研究院（荷兰马斯特里赫特大学）工作。她的研究领域是可持续性消费、气候变化、生态创新、纳米技术和创新测量。卡内尔瓦正在攻读她的博士学位。

建议东南欧国家在科研与创新领域进行更多更合理的投资，将投资与“智能专业化政策”作为该地区的重点。

久罗·库特拉卡

克罗地亚的萨格勒布最具特色的蓝色有轨电车都已安装了能源回收系统。司机刹车时产生的电能将重新回到电网中。

照片来源：© Zvonimir Atletic / Shutterstock.com.

第 10 章　东南欧

阿尔巴尼亚、波斯尼亚和黑塞哥维那、克罗地亚、马其顿共和国、黑山、塞尔维亚、斯洛文尼亚

久罗 · 库特拉卡

引言

拥有共同目标的复杂地区

2013 年，东南欧[①]地区居民人数为 2 560 万。该地区经济差异严重，最富裕国家（斯洛文尼亚）的人均国内生产总值是最贫穷国家（阿尔巴尼亚）的三倍之多（见表 10.1）。

东南欧地区各个国家也处于欧洲一体化进程的不同阶段。2004 年，斯洛文尼亚加入欧盟（EU）。2013 年，克罗地亚也成功加入。马其顿共和国、黑山和塞尔维亚分别于 2005 年、2010 年、2012 年成为候选国。2014 年 6 月，阿尔巴尼亚取得欧盟候选国地位。而早在于 2003 年 6 月在塞萨洛尼基召开的欧洲理事会上，就确立了波斯尼亚和黑塞哥维那潜在候选国的地位，但其最终是否能正式成为欧盟成员国仍然存在很大的不确定性。对于五个非成员国而言，欧洲一体化是确保社会和政治凝聚的唯一可行计划。他们的一体化也有利于斯洛文尼亚和克罗地亚，因为蓬勃发展的邻邦可以更好地保证其本国的政治稳定和经济增长。

20 世纪 90 年代南斯拉夫解体后，东南欧所有国家都面临着后社会主义挑战。不幸的是，这一经济转型也带来了巨大的代价。正如《联合国教科文组织科学报告 2005》所描述的那样，它使得各个国家的科学体系变得支离破碎、每况愈下，进而导致人才流失和研发（R&D）基础设施过时。与克罗地亚和斯洛文尼亚一样，五个非欧盟国家均已完成向开放的市场经济的过渡。但由于高失业率、腐败严重以及不发达的金融体系，他们仍然面临着很大的压力。

全球经济衰退动摇各国经济

与他们的邻国比起来，克罗地亚、希腊和斯洛文尼亚受全球经济危机影响更为严重（见表 10.1）。2009 年至 2013 年，其平均增长率一直为负数。整个东南欧地区经济复苏脆弱且不平衡，克罗地亚、希腊、塞尔维亚以及斯洛文尼亚的失业率急剧上升，其他国家的失业率也居高不下。和欧元区一样，西巴尔干半岛也正面临着国际货币基金组织（IMF）称为“低通胀”的这样一种困境，即经济增长持续低迷，通货膨胀率过低，导致通货紧缩。根据欧盟统计局发布的数据，2013 年，希腊和斯洛文尼亚的赤字率分别为 12.7% 和 14.7%，违反了欧元区《稳

① 不包括希腊。因为需要进行比较的关系，在本章中有时会提及希腊，但希腊自 1981 起就已经是欧盟成员国，这一点在第九章中提及。

表 10.1　2008 年和 2013 年东南欧国家主要社会经济指标

	通货膨胀、消费者价格（年百分比）		年平均国内生产总值增长率		人均国内生产总值、当前购买力平价		失业率(占劳动力的百分比)		工业就业率（与就业总量的百分比）		固定资产总值（占国内生产总值的百分比）		货物和服务出口（占国内生产总值的百分比）		外国直接投资净流入（占国内生产总值的百分比）	
	2008 年	2013 年	2002—2008年（%）	2009—2013年（%）	2008 年	2013 年	2008 年	2013 年	2008 年	2012 年	2008 年	2012 年	2008 年	2012 年	2008 年	2012 年
阿尔巴尼亚	3.4	1.9	5.5	2.5	8874	10489	13.0	16.0	13.5	20.8^{-2}	32.4	24.7	29.5	31.3	9.6	10.0
波斯尼亚和黑塞哥维那	7.4	−0.1	5.6	−0.2	8492	9632	23.9	28.4	—	30.3	24.4	22.1	41.1	31.2	5.4	2.0
克罗地亚	6.1	2.2	4.4	−2.5	20213	20904	8.4	17.7	30.6	27.4	27.6	18.4	42.1	43.4	8.7	2.4
希腊	4.2	−0.9	3.6	−5.2	29738	25651	7.7	27.3	22.3	16.7	22.6	13.2	24.1	27.3	1.7	0.7
马其顿共和国	8.3	2.8	4.1	1.5	10487	11802	33.8	29.0	31.3	29.9	23.9	21.2	50.9	53.2	6.2	2.9
黑山	8.8	2.1	5.6	0.2	13882	14318	16.8	19.8	19.6	18.1	27.7	16.9	38.8	42.4	21.6	14.1
塞尔维亚	12.4	7.7	4.9	0.0	11531	12374	13.6	22.2	26.2	26.5	20.4	26.3^{-1}	31.1	38.2^{-1}	6.3	0.9
斯洛文尼亚	5.7	1.8	4.5	−1.9	29047	28298	4.4	10.2	34.2	30.8	27.5	19.2^{-1}	67.1	71.3^{-1}	3.3	−0.5

n= 基准年之前 *n* 年的数据。
来源：世界银行世界发展指数，2015 年 1 月。

定与增长公约》中欧元区[①]各国年财政赤字不得超过 3% 的规定。共有 7 个国家违反了这项规定。

受经济危机的影响，2009 至 2010 年间，西巴尔干半岛产品出口结构改变 。一些研究表明西巴尔干半岛区域内贸易相对集中，六大商品占据了出口总额的 40%——四种大宗商品（矿物燃料、铁、钢和铝）和两种工业产品（饮料和电子机械设备）。欧盟是西巴尔干半岛所有经济体的主要出口市场。欧盟的贸易优惠政策以及西巴尔干半岛国家对于加入欧盟的渴望更是加剧了其对欧盟市场的依赖（Bjelić 等，2013 年）。

加强区域贸易，逐步加入欧盟一体化进程

这 7 个国家都曾是中欧自由贸易区协定（CEFTA）的成员国。中欧自由贸易区协定于 1992 年签订，旨在帮助成员国做好准备迎接欧盟一体化。该协定初始成员国有波兰、匈牙利、捷克共和国和斯洛伐克。其中斯洛伐克于 1996 年加入，克罗地亚于 2003 年加入，但他们成为欧盟成员国后就自动退出了该协定（见第 9 章）。

2006 年 12 月 19 日，除斯洛伐克和克罗地亚的其他 5 个东南欧国家加入该协定，此外，联合国科索沃临时行政当局特派团[②]代表科索沃也加入该协定。尽管该协定的宗旨是促进欧洲一体化，但是成员国间的贸易壁垒仍然存在。在建筑领域、跨境物资供应和境外许可证受理方面仍有诸多限制。在陆路运输方面，由于严格的规定、市场保护主义和国有垄断企业的存在，贸易受到限制。法律行业所受的贸易壁垒最为严重，对非本国国民开放的只有咨询服务。相比之下，对于信息技术服务（IT）的管制并没有那么严格，该行业的贸易很大程度上取决于其他因素，比如对此类服务的需求以及知识产权保护水平。需要注意的是，各国的贸易壁垒与法规各不相同，这意味着服务贸易受限的成员国可以向体制更为开放的邻国学习如何让服务业变得自由化。

自 2009 年起，中欧自由贸易区协定各成员国就一直循序渐进地找出影响贸易往来的壁垒并提出解决方案，包括通过建立数据库以准确指出市场准入壁垒和贸易额的相关性。

东南欧地区的治理发展趋势

斯洛文尼亚堪为其邻邦的榜样

东南欧的这七个国家拥有一个共同愿望，那就是采用欧盟的科学导向创新模式。根据转型进程，他们可以分为四组：第一组是阿尔巴尼亚、波斯尼亚和黑塞哥维那。尽管阿尔巴尼亚一直得到联合国教科文组织的支持，波斯尼亚和黑塞哥维那也一直得到欧盟的支持，但他们的增长速度却最慢也最不稳定。第二组是马其顿共和国和黑山，他们仍在寻找合适的创新体系。第三组是克罗地亚和塞尔维亚，他们都有相对发达的基础设施和机构。自加入欧盟后，克罗地亚不得不加快它的重组进程，在智能专业化政策（参见下文）、区域治理、将优先级设定和创新政策作为治理模式的预见做法等方面使用欧盟的法规和惯例。

斯洛文尼亚自成一体，是东南欧国家中经济最发达，最具创新活力的国家。2013 年，斯洛文尼亚的研发投入是国内生产总值的 2.7%，在欧盟所有国家中位居前列。当然，一个国家的经济增长和创新能力不仅取决于它的研发投入，也取决于这个国家消化吸收及传播技术的能力，以及对获取新技术和利用技术的需求（Radosevic，2004）。这四个方面共同决定了一个国家的创新能力指数。正如库特拉卡和拉多思维克所言（2011 年）：

> 斯洛文尼亚一跃成为该地区的领军人物。它是东南欧唯一一个经济水平位居欧盟绝大多数新工业化国家平均水平的国家。排在其前的有匈牙利、克罗地亚、保加利亚和希腊，他们的经济水平要高于东南欧平均水平。在国家创新能力方面，塞尔维亚、罗马尼亚、马其顿共和国和土耳其的表现是最弱的。如果有波斯尼亚、黑塞哥维那和阿尔巴尼亚的相关数据的话，那么可以猜测这些国家的经济水平在东南欧国家中将处于下位。

斯洛文尼亚堪为其他东南欧国家的榜样。东南欧国家的大学更看重教学，而非科研；研发体系结构也更看重科学著作，而非与产业间的合作以及新技术的发展。

① 欧元区包括使用单一货币欧元的 19 个欧盟国家。

② 这一指定对科索沃在国际上的地位没有任何偏见，完全遵照的是 1244 号联合国安全理事会决议，以及国际刑事法庭对 2008 年 2 月科索沃宣布独立这一事件的意见。

第 10 章　东南欧

对东南欧国家来说，其面临的最大的挑战就是将研发体系与经济融为一体。西巴尔干创新研究发展战略提供了一集体改革框架以实现西巴尔干目前最急迫的目标，即培育创新精神，促进经济增长和繁荣（见专栏 10.1）。该战略强调要实现这一目标还有很长的路要走。“20 世纪 90 年代，西巴尔干进行政治和经济转型，对该地区的研究与创新行业产生了严重、多为负面的影响。由于该地区将经济改革作为政策议程上的首要任务而将科学、技术和创新政策放在第二位，导致其科研能力退化，与生产部门之间的联系也消失不见”（区域合作委员会，2013）。

迈向智能专业化

东南欧 2020 战略的目标是：从欧盟的角度[①]出发，改善居民生活水平，重新将提高竞争力和促进发展定为主要任务，从而增加就业和促进繁荣。受与它同名的另一战略——欧盟的“欧洲 2020 战略”的启发，东南欧 2020 战略旨在支持区域合作，加速各国融入欧盟监管架构进程以支持其加入欧盟。

东南欧 2020 战略的主要目标是：将区域贸易额翻一番，使其从 940 亿欧元增至 2 100 亿欧元，提高该区域的人均国内生产总值，使其从欧盟水平的 36% 增至 44%，减少该区域的贸易逆差，使其从国内生产总值的 15.7%（大致是在 2008 年至 2010 年期间）降至 12.3%，增加 100 万个工作岗位，其中需要高素质人才的工作岗位有 30 万个。

2013 年 2 月 21 日，东南欧投资委员会部长级会议在萨拉热窝举行，会上通过了东南欧 2020 战略。自 2011 年起，地区合作委员会就基于欧盟资助的一个项目，与各国政府合作，为这一战略的制定做准备。

① 见 www.rcc.int/pages/62/south-east-europe-2020-strategy.

专栏 10.1　西巴尔干半岛的首个创新战略

2013 年 10 月 25 日，来自阿尔巴尼亚、波斯尼亚和黑塞哥维那、克罗地亚、科索沃、马其顿共和国、黑山和塞尔维亚等国（或地区）的科技部部长在克罗地亚萨格勒布共同批准了西巴尔干首个地区研究与创新发展战略。

该战略提出的区域合作行动计划补充、加强了国家战略、政策和规划并以其为基础，同时也指出了各国研究系统开发水平的不同，以及对促进该区域发展所做贡献的不同。该行动计划提出五项区域倡议，如下：

- 西巴尔干研究与创新战略实施（WISE）设施提供区域技术援助（包括训练）以支持西巴尔干国家改革的实施。该设施为政策交流、公共政策对话、能力建设和政策倡导提供了平台。
- 设立卓越研究基金以促进当地科学家和科学界侨民之间的合作，并进一步促进欧洲研究领域年轻科学家间的融合。
- 制订计划促进“卓越网络项目”的发展以及资源的合理利用，且“卓越网络项目”的发展领域与该地区“智能专业化政策”相符。该计划将研究重点放在能产生更大收益的领域。
- 设立技术转让项目以促进公共研究机构与产业在以下方面的合作：联合研究和合同研究、技术援助、培训、技术许可和公共研究机构分支的创建。
- 设立早期创业项目，提供前期资金援助（概念验证和原型开发）、创业培育和指导方案以帮助创业者度过“死亡之谷”阶段，即有一个好的创业想法，并为风险投资者提供规避风险的保护通道。

2011 年 12 月至 2013 年 10 月，联合国教科文组织和世界银行协同合作，提出了这一战略。该战略是欧盟计划之一。欧盟计划由地区合作委员会、欧盟委员会和上面提到的国家的政府官员共同完成，他们共同组成了计划指导委员会。

在地区合作委员会的秘书长的支持下，2009 年 4 月 24 日，来自西巴尔干各国的科技部部长、欧盟科学和研究专员以及欧洲理事会主席——捷克共和国总统共同签署了萨拉热窝联合声明。而正是萨拉热窝联合声明启动了该计划。

该计划在欧盟多受益人预加入援助工具（IPA）的资助下，由欧盟委员会和地区合作委员会共同监督实施。

来源：世界银行和地区合作委员会（2013 年）。

专栏 10.2　东南欧确定其能源未来

2012 年 10 月，部长理事会推行东南欧首个能源战略。该战略将一直持续到 2020 年，旨在提供可持续、安全且可负担的能源服务。该地区的国家，作为能源共同体条约的签署国，希望通过这一战略实施能源市场改革，促进地区一体化 。能源共同体条约于 2007 年 6 月开始生效。

正如 2001 年欧盟委员会向欧洲议会和理事会报告中所说的那样，“巴尔干冲突结束 10 年后，能源共同体的存在本身就是一种胜利，这是东南欧地区非欧盟国家所共同进行的第一个战略计划。”

能源共同体在维也纳、奥地利设有秘书处。能源共同体条约的缔约方有欧盟和 8 个缔约国（或地区），包括阿尔巴尼亚、波斯尼亚和黑塞哥维那、科索沃、马其顿共和国、摩尔多瓦、黑山、塞尔维亚和乌克兰。继 2009 年 12 月决定批准摩尔多瓦和乌克兰加入能源共同体后，西巴尔干这一之前与能源共同体有关联的地理概念也失去了其存在的理由。也因此，能源共同体现今的任务发展成为将欧盟能源政策输送到非欧盟国家。

东南欧 2020 能源战略指出了该地区今后行动的三个可能方向，即了解当前能源趋势，追求投资成本最小化，实行低排放和能源可持续性方案，该方案认为该地区将走上可持续发展道路。

东南欧 2020 战略：在欧洲对就业和繁荣看法的影响下，该地区将可持续增长作为其新发展模式的五支柱之一，至此走上了可持续发展道路。该战略指出：“可持续增长需要可持续且便捷的交通、能源基础设施、有竞争力的经济基础和资源节约型经济……要在减少碳足迹的同时满足能源消耗的不断增长，需要我们有新的技术解决方案，促进能源部门现代化，与邻国进行更多更好的对话。同时还需要引进与新能源相适应的新市场机制。”

东南欧 2020 战略的首要目标之一是，通过 2009 年采用的能源服务指令，制定和实施提高能源利用效率的措施，到 2018 年实现能源最少节约 9% 的目标，这与其对能源共同体所做出的承诺一致。第二个目标是，到 2020 年，使可持续能源在总能源消耗中所占的比重达到 20%。

这些能源目标与以下三方面的目标相辅相成：交通、环境和竞争力。例如，发展铁路和水路运输；增加年造林量，其部分原因是为了增加碳汇量；鼓励各国创造有利环境以激励私营部门参与资助水利基础设施的建设。此三方面是可持续增长的支柱。

来源：www.energy-community. org.

该战略建立在与其相关的 5 个“新发展模式支柱”之上：

- 整合增长：加强区域贸易，拓展投资联系，完善投资政策。
- 智能增长：提高受教育水平和能力素质，鼓励研发和创新，建设数字社会，发展文化创意产业。
- 可持续增长：实现能源（见专栏 10.2）、交通、环境目标，提高竞争力。
- 包容性增长：促进就业，完善医疗政策。
- 增长的治理：提供有效的公共服务，打击腐败，伸张正义。

设立智能增长这一支柱的原因是 21 世纪创新和知识经济是促进经济增长和增加就业的主要驱动力。为支持研发和创新板块的构建，建议东南欧国家加大对科研和创新的投入，将该地区的投资和“智能专业化政策”作为重点发展对象。这就意味着要推进体制和政策改革，在以下四领域进行战略性投资。

- 加大人力资本投资，促进科研发展；提升科研水平和生产力；改造、充分使用现有基础设施；完善科研绩效激励机制；加快博洛尼亚进程①，进一步融入欧洲研究领域。
- 进一步调整公共科研机构知识产权管理规定，促进科研与产业间的合作；建立技术转让机构（例如技术转让办事处），提供资金支持科研与产业的合作，发展概念验证，并与商界建立更密切的

① 参见《联合国教科文组织科学报告 2010》，第 150 页。

结构型关系。

- 改善商业环境，提供典范创业辅导系统和促进企业发展扩张的创意，并确保提供给创业者适当的技术、科技园以及帮助创业者建立和培育新公司的孵化服务，从而促进企业创新和创新型企业的创建。
- 加强对国家科研创新政策的管制，推进重点机构能力建设，改善职业发展环境，对促进科研能力提升，科研与产业合作和技术转让的相关人员给予更好的奖励；改革科研机构，提升其绩效；增加透明度，增强问责制并加强科研创新政策影响评估。智能增长支柱下所提出的举措在西巴尔干地区研究与创新发展战略中都已明确。

需要更准确的统计数据

除了克罗地亚和斯洛文尼亚外，欧盟其他国家都缺乏关于其研发系统的统计数据，其现有数据质量也有待考量。收集这些国家企业部门的研发数据更是个问题。

2013 年 12 月，联合国教科文组织统计研究所以及联合国教科文组织威尼斯科学与文化欧洲地区办事处最终商议出一战略来帮助完善西巴尔干的统计制度。到 2018 年，西巴尔干都将采用欧盟标准监测国家科研创新趋势。

该战略提出出台一项地区性计划，该计划将作为西巴尔干地区创新发展战略的一部分来接受资助并得到实施。该计划将为员工提供培训和互相交流的机会，同时促进统计部门间的交流。此项计划也将提供全国性数据，帮助评估到 2020 年西巴尔干地区研究与创新发展战略推动研发活动的成效。

联合国教科文组织提出在科学、技术和创新统计领域建立区域协调机制。该机制将由联合国教科文组织威尼斯办事处或其在萨拉热窝的分部负责建立，并在与联合国教科文组织统计研究所和欧盟统计局的合作下进行管理。

遵照“地平线 2020 计划”，加速欧盟一体化进程

2014 年 7 月，东南欧其余 5 个非欧盟国家宣布加入欧盟的“地平线 2020 计划”。该计划是继欧盟的第七个科研框架计划（2007—2013 年）之后它们所参与的第二个计划。于 2014 年 1 月生效的相关联合协议规定来自这五个国家的企业单位可以共同竞争该计划的研发资金。

此外，东南欧的 7 个国家都在与邻国发展双边科学合作关系，参与若干多边框架的建设，如欧洲科学技术合作（COST）计划。该计划通过为研究人员参加会议、短期科学交流等提供资金加强了各国之间的合作联系。另一个例子是尤里卡计划。尤里卡计划是一个欧洲范围内的政府间组织，旨在通过实行“自下而上”的原则促进市场导向性的产业研发，该原则允许企业和科研单位自主选择其想要发展的研究项目。东南欧国家也参与了北大西洋公约组织的科学促进和平与安全计划，而且是各种联合国机构的成员国，如国际原子能机构。

研发趋势

打造具有竞争力的企业任重道远

大多数东南欧国家都面临着研发投入停滞或下降的问题。斯洛文尼亚是个例外。2007 至 2013 年间，尽管受到经济衰退的影响，但其研发投入仍然翻了一番，占到国内生产总值的 2.65%（见图 10.1）。

如把人口数量这一因素考虑进去，各国在国内研发支出总额上的差异就会愈加明显（见图 10.2）。例如，2013 年，斯洛文尼亚人均研发投入是克罗地亚的 4.4 倍，是波斯尼亚和黑塞哥维那的 24 倍。

除斯洛文尼亚之外的其他东欧国家，政府仍然是资助的主要来源（见图 10.3）。越来越多的是学术机构给予研发基金支持并进行研发工作，而企业部门对研发做出的贡献仍然不大。这表明这些国家仍在重建其研发体系以提高它们的创新活力和竞争力（见表 10.2）。即便在斯洛文尼亚，在负增长和公共银行部门负债累累的双重压力下，投资者对研发的信心也开始动摇（见表 10.1 和第 291 页）。

仍挣扎于人才流失的地区

在向市场经济的过渡中，东南欧国家都遭受了严重的人才流失。最近几年，各国经济增长缓慢，人才继续流失。斯洛文尼亚也不例外。根据全球竞争力报告（世界经济论坛，2014 年），该地区的所有国家在人才吸引和保留能力排行榜上都排名不佳。其中只有三个国家进入人才保留能力排行榜的前

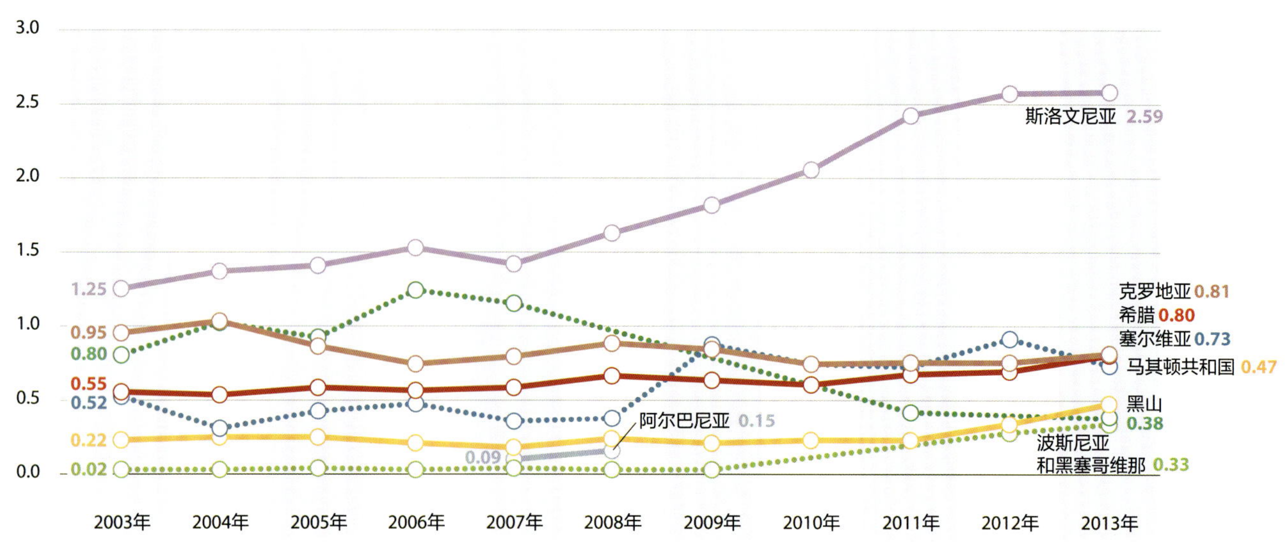

图 10.1　2003—2013 年东南欧国家研发支出总量与国内生产总值之比（%）

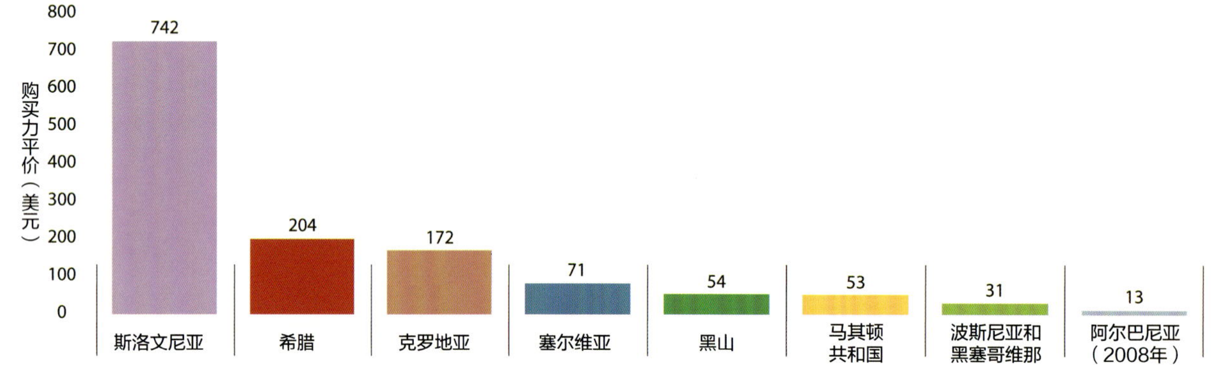

图 10.2　2013 年东南欧国家人均研发支出总量（%）

来源：联合国教科文组织统计研究所，2015 年 8 月。

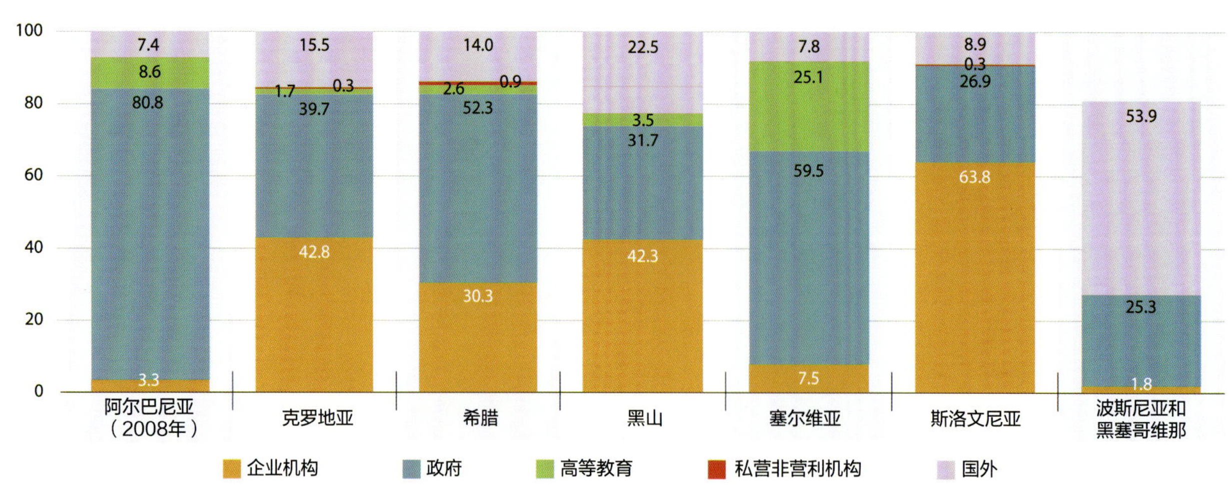

图 10.3　2013 年按资助来源分列的东南欧国家研发支出总量（%）

注：波斯尼亚和黑塞哥维那的总数相加不为 100%，因为 19% 没有被归因。没有关于马其顿共和国的最新数据。

来源：联合国教科文组织统计研究所，2015 年 8 月。

100 名，分别是阿尔巴尼亚、希腊和黑山。参与此次排名的一共有 148 个国家。而希腊由于自 2008 年以来一直面临着债务危机[①]，从人才吸引能力排行榜上滑到了 127 位（见表 10.3）。为吸引人才，阿尔巴尼亚政府做出了一致努力。依照其 2008—2009 年的人才引进计划，阿尔巴尼亚面向全世界招聘人才补充高等教育领域的 550 个空缺职位，并投入国家基金支持该计划。这是其有史以来的第一次。

① 2008 年，国债占国内生产总值的比重为 121%。2012 年，欧洲中央银行启动的紧急救援方案加大了希腊的债务负担，使国债占国内生产总值的比重上升到 164%。为此，政府不得不大幅削减公共支出。

更多的毕业生意味着需要更大的研究基地

2005 年至 2012 年间，高校毕业生数量强劲增长，这也意味着未来将会有更多的研究人员（见图 10.4 和图 10.5）。也因此大多数就业机会将集中在学术界。波黑和斯洛文尼亚研究人员数量的增长速度令人吃惊，而这主要是因为其更完善、覆盖全面的统计制度（见表 10.4）。对斯洛文尼亚来说，其近年来对研发资金的大量注入也促进了这一增长。除克罗地亚和斯洛文尼亚之外，其他国家对企业研发的需求都很低。阿尔巴尼亚和波黑对企业研发的需求则几乎没有。

东南欧女性研究人员占总研究人员的比例要远远高于欧盟平均水平。自 2005 年以来，该地区除希腊和

表 10.2 2012—2014 年东南欧国家全球竞争力排名

	在144个国家中的排名			发展阶段*
	2012年	2013年	2014年	2014年
马其顿共和国	80	73	63	效率驱动
黑　山	72	67	67	效率驱动
斯洛文尼亚	56	62	70	创新驱动
克罗地亚	81	75	77	效率驱动向创新驱动过渡阶段
希　腊	—	91	81	创新驱动
波斯尼亚和黑塞哥维那	88	87	—	效率驱动
阿尔巴尼亚	89	95	97	效率驱动
塞尔维亚	95	101	94	效率驱动

* 参见第 738 页的词汇表。来源：世界经济论坛（2012 年、2013 年、2014 年）《全球竞争力报告》。

表 10.3 2014 年东南欧国家保留和吸引人才的能力

国家保留人才的能力			国家吸引人才的能力		
国家	能力值	排名（148个国家）	国家	能力值	排名（148个国家）
阿尔巴尼亚	3.1	93	阿尔巴尼亚	2.9	96
波斯尼亚和黑塞哥维那	1.9	143	波斯尼亚和黑塞哥维那	1.9	140
克罗地亚	2.1	137	克罗地亚	1.8	141
希　腊	3.0	96	希　腊	2.3	127
马其顿共和国	2.5	127	马其顿共和国	2.2	134
黑　山	3.3	81	黑　山	2.9	97
塞尔维亚	1.8	141	塞尔维亚	1.6	143
斯洛文尼亚	2.9	109	斯洛文尼亚	2.5	120

来源：世界经济论坛（2014 年）《全球竞争力报告 2014—2015 年》；关于波斯尼亚和黑塞哥维那的数据来源是世界经济论坛（2013 年）。

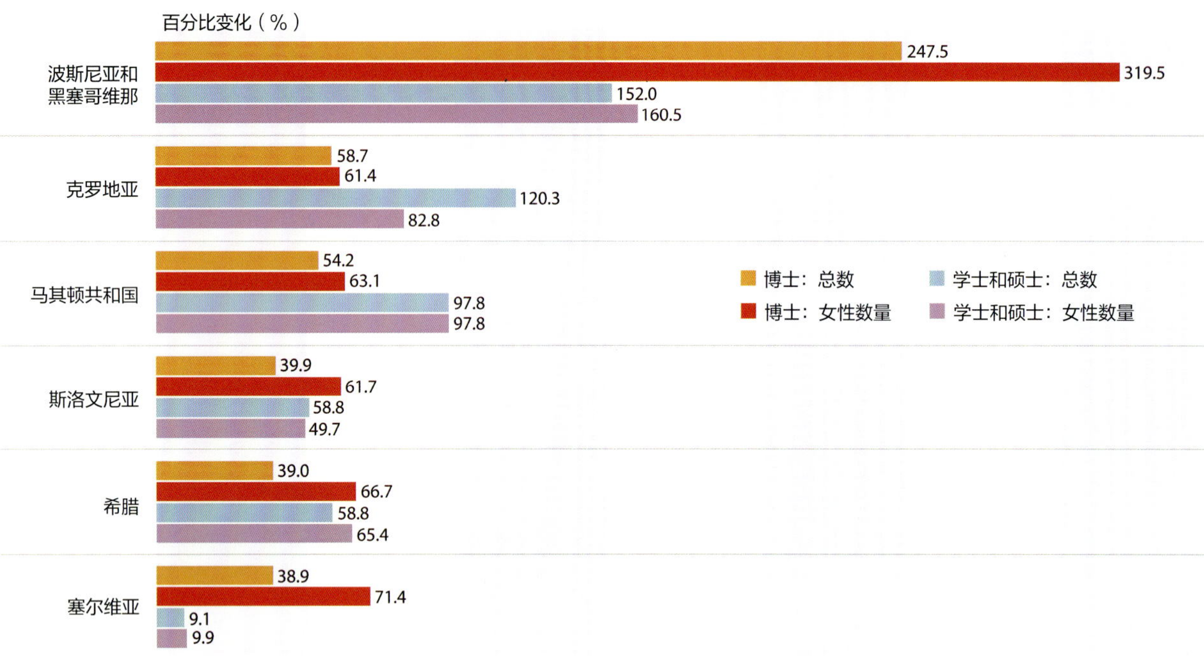

图 10.4　2005—2012 年东南欧国家高校毕业生增长数量

注：对于波斯尼亚和黑塞哥维那和塞尔维亚，时间覆盖 2007—2012 年，对于希腊为 2007—2011 年。

来源：联合国教科文组织统计研究所，2015 年 4 月。

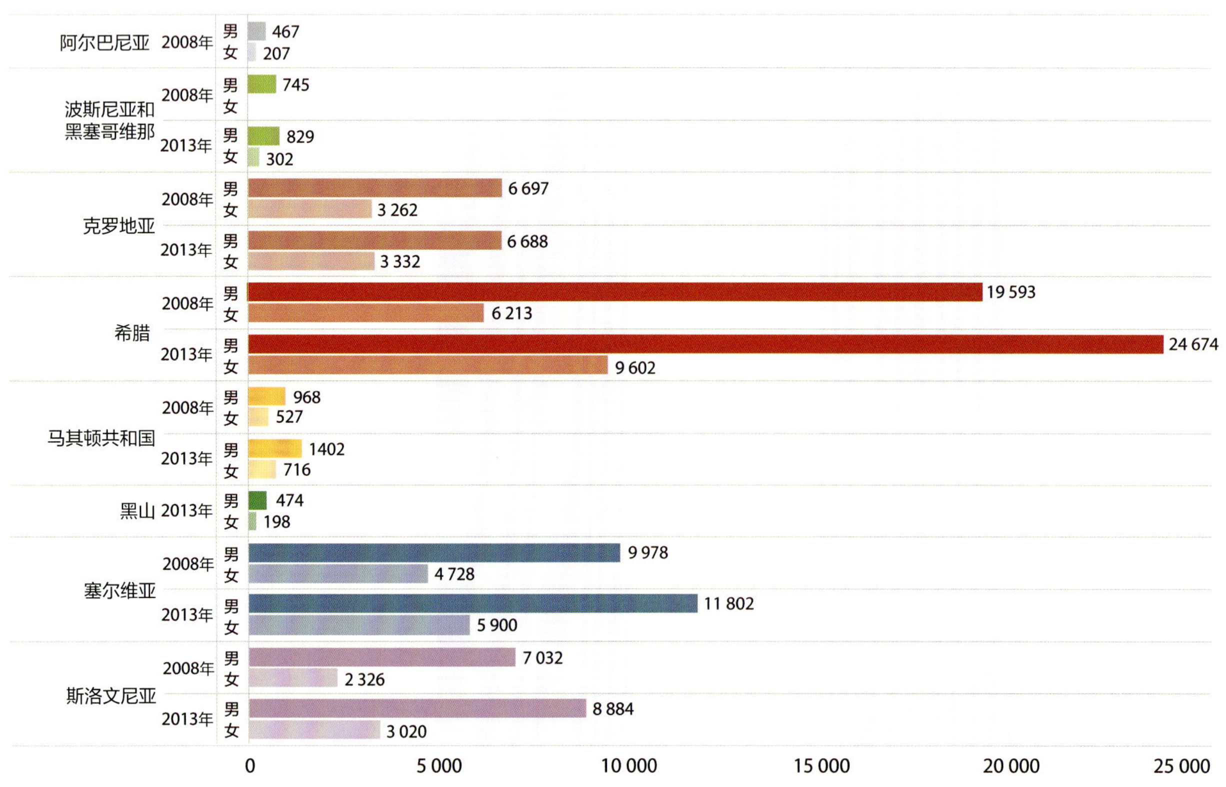

图 10.5　2008 年和 2013 年东南欧国家科研人员数量

来源：联合国教科文组织统计研究所，2015 年 4 月。

斯洛文尼亚之外的其他国家都一直坚持或实现了性别平等。还有的国家正在实现性别平等，如阿尔巴尼亚。

工程主导研究的地区

在克罗地亚、希腊、塞尔维亚和斯洛文尼亚，大多数研究人员都是工程师。在马其顿共和国，多数研究人员在工程领域工作，其次是医学科学。而在黑山，研究人员倾向于在医药科学领域工作。阿尔巴尼亚的研究人员则倾向于在农业领域工作。但值得注意的是这些国家中，几乎三分之一的工程师是女性。斯洛文尼亚是个例外，其女性工程师占总工程师的比例只有五分之一，但医学科学和人文学科领域的女性研究人员却要多于男性研究人员（见图 10.5）。该情况也发生在黑山、塞尔维亚和斯洛文尼亚的农业领域，黑山、塞尔维亚和马其顿共和国的自然科学领域以及斯洛文尼亚的社会科学领域。

在除斯洛文尼亚的其他国家，研究人员通常在政府部门或高等教育领域工作，而在斯洛文尼亚，企业才是研究人员最大的雇主（见图 10.6）。鉴于当前在收集企业研发数据方面遇到一些问题，这一情况在数据得到完善时可能有所改变。

表 10.4　2005 年和 2012 年按性别分列的东南欧国家（HC）每百万居民中的科研人员数量

	总人口（千人为单位）2012年	每百万居民 2005年	每百万居民 2012年	总数，2005年	总数，2012年	女性，2005年	女性，2012年	女性（%），2005年	女性（%），2012年
阿尔巴尼亚	3 162	—	545^{-4}	—	1 721^{-4}	—	763^{-4}	—	44.3^{-4}
波斯尼亚和黑塞哥维那	3 834	293	325^{+1}	1 135	1 245^{+1}	—	484^{+1}	—	38.9^{+1}
克罗地亚	4 307	2 362	2 647	10 367	11 402	4 619	5 440	44.6	47.7
希腊	11 125	3 025	4 069^{-1}	33 396	45 239^{-1}	12 147	16 609^{-1}	36.4	36.7
马其顿共和国	2 106	1 167	1 361^{+1}	2 440	2 867^{+1}	1 197	1 409^{+1}	49.1	49.1^{+1}
黑山	621	1 028	2 419^{-1}	633	1 546^{-1}	252	771^{-1}	39.8	49.9^{-1}
塞尔维亚	9 553	1 160	1 387	11 551	13 249	5 050	6 577	43.7	49.6
斯洛文尼亚	2 068	3 821	5 969	7 664	12 362	2 659	4 426	34.8	35.8

+n/−n = 基准年之前或之后 *n* 年的数据。

来源：联合国教科文组织统计研究所，2015 年 4 月。

表 10.5　2012 年按领域和性别分列的东南欧国家科研人员情况

	自然科学	女性（%）	工程技术	女性（%）	医学与健康科学	女性（%）	农业	女性（%）	社会科学	女性（%）	人文学科	女性（%）
阿尔巴尼亚，2008年	149	43.0	238	30.3	156	60.3	330	37.9	236	37.7	612	52.1
波斯尼亚和黑塞哥维那，2013年	206	43.7	504	29.6	31	58.1	178	42.7	245	54.7	68	19.1
克罗地亚	1 772	49.7	3 505	34.9	2 387	56.1	803	45.8	1 789	55.6	1 146	55.4
希腊，2011年	6 775	30.7	15 602	29.5	9 602	43.0	2 362	33.1	5 482	38.0	5 416	54.1
马其顿共和国，2011年	—	—	567	46.4	438	65.1	103	49.5	322	50.0	413	64.2
黑山，2011年	104	56.7	335	37.0	441	58.5	66	54.5	291	46.0	309	51.8
塞尔维亚	2 726	55.2	3 173	35.9	1 242	50.4	1 772	60.0	2 520	47.9	1 816	57.2
斯洛文尼亚	3 068	37.5	4 870	19.5	1 709	54.2	720	52.8	1 184	49.8	811	52.5

来源：联合国教科文组织统计研究所，2015 年 4 月。

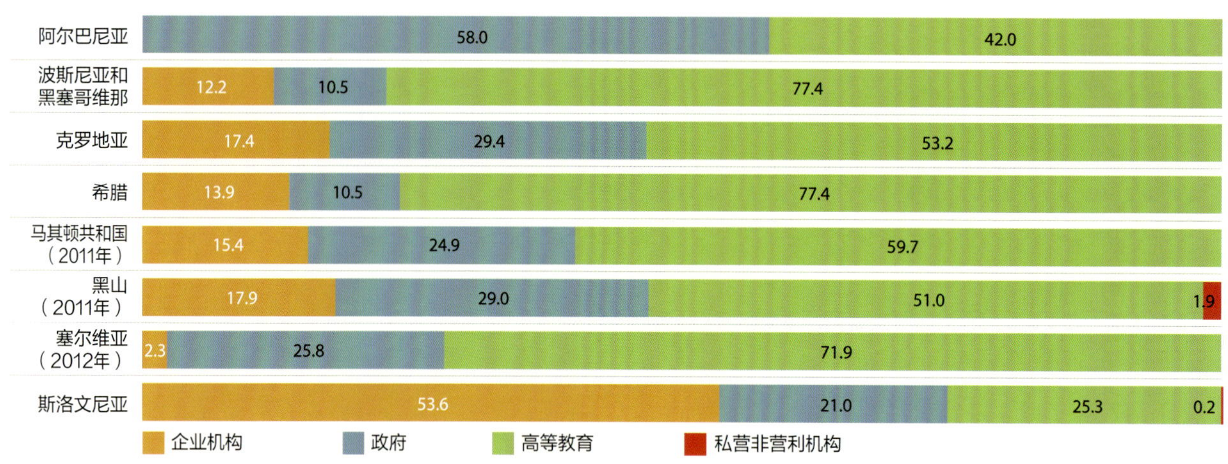

图 10.6　2013 年按就业部门分列的东南欧国家研究人员（等效全职）情况（%）

来源：联合国教科文组织统计研究所，2015 年 4 月。

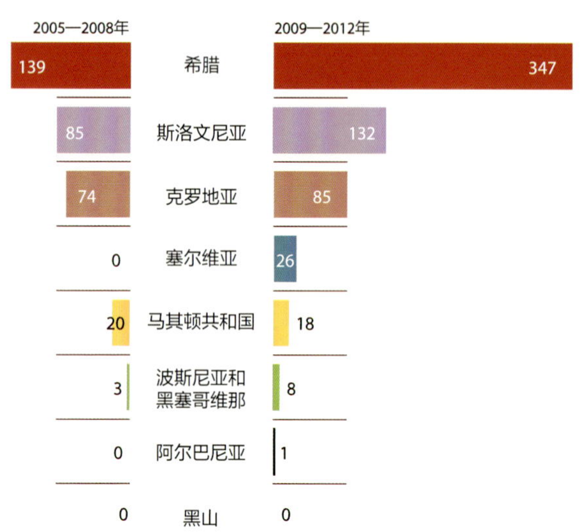

图 10.7　2005—2008 年和 2009—2012 年美国专利商标局授予东南欧国家的专利情况

在科研产出方面，自《联合国教科文组织科学报告 2010》发布以来，克罗地亚和斯洛文尼亚的专利数量明显提高，斯洛文尼亚的特许使用金也明显增长。其他国家也取得了一定进展（见图 10.7 和表 10.6）。

大多数国家都有着良好的出版记录，这表明他们正稳步融入国际科学界中去。斯洛文尼亚在这方面的表面也很突出，其每百万居民出版刊物的数量是阿尔巴尼亚的 33 倍之多，是克罗地亚的两倍多。值得注意的是，自 2005 年以来，所有国家的出版数量急剧攀升（见图 10.8）。2005 年至 2014 年间，塞尔维亚的出版数量比原先几乎增加了两倍，其在出版物销量方面的排名也从第三位升至第一位。而且东南欧大多数国家都能很好地平衡科学及工程领域与物理及生命科学之间的关系。

表 10.6　2002—2010 年东南欧国家专利、出版物和特许使用金情况

	特许使用金和收入（人均美元）		大学与产业研究合作程度1（低）-7（高）		美国专利商标局授予的每百万居民专利数量
	2006年	2009年	2007年	2010年	2002—2013年
阿尔巴尼亚	2.39	6.39	1.70	2.20	0.3
波斯尼亚和黑塞哥维那	—	4.87	2.40	3.00	3.9
克罗地亚	50.02	55.25	3.60	3.40	45.9
希腊	—	—	—	—	52.4
马其顿共和国	6.64	12.91	2.90	3.50	25.6
塞尔维亚	—	28.27	3.10	3.50	2.8
斯洛文尼亚	85.62	159.19	3.80	4.20	135.1

注：没有获得希腊和黑山的相关数据。

来源：《联合国教科文组织科学报告 2010》和世界银行知识发展数据库，2014 年 10 月。

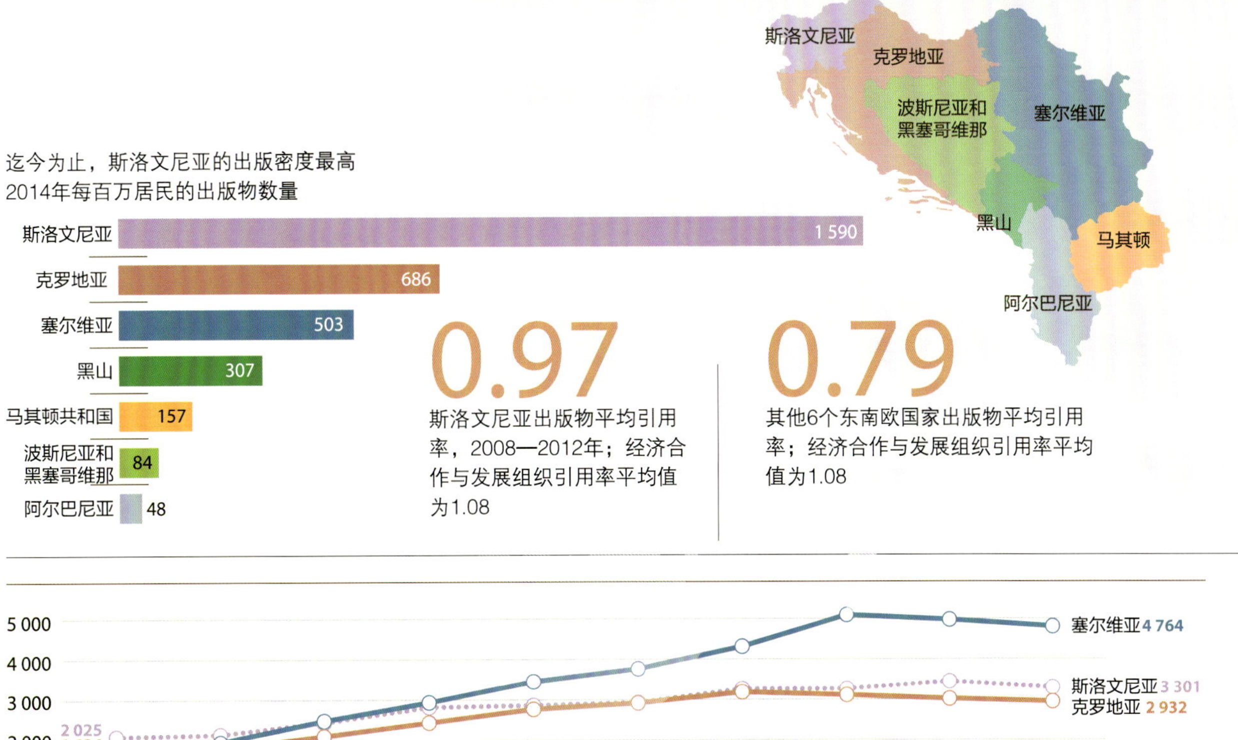

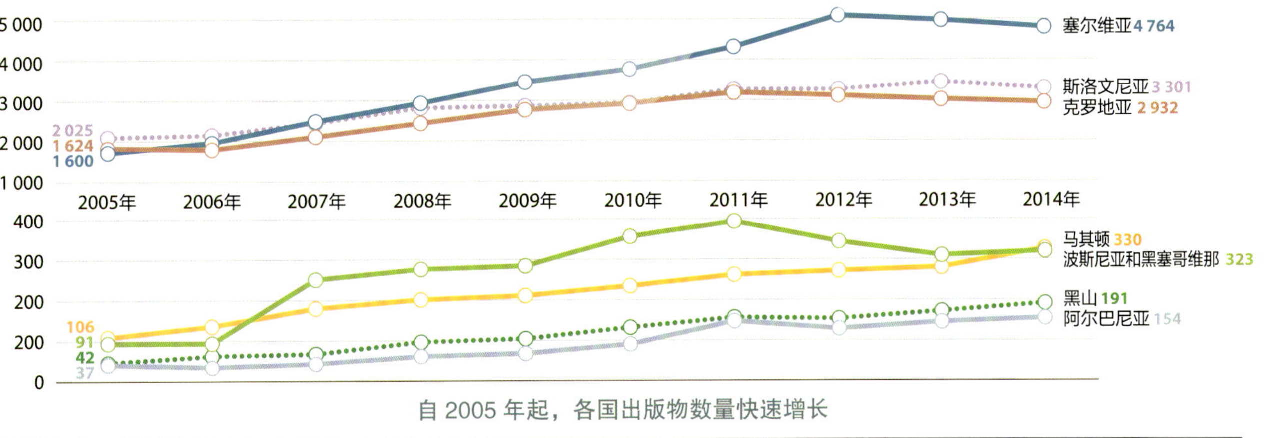

自 2005 年起，各国出版物数量快速增长

按领域计算，2008—2014年

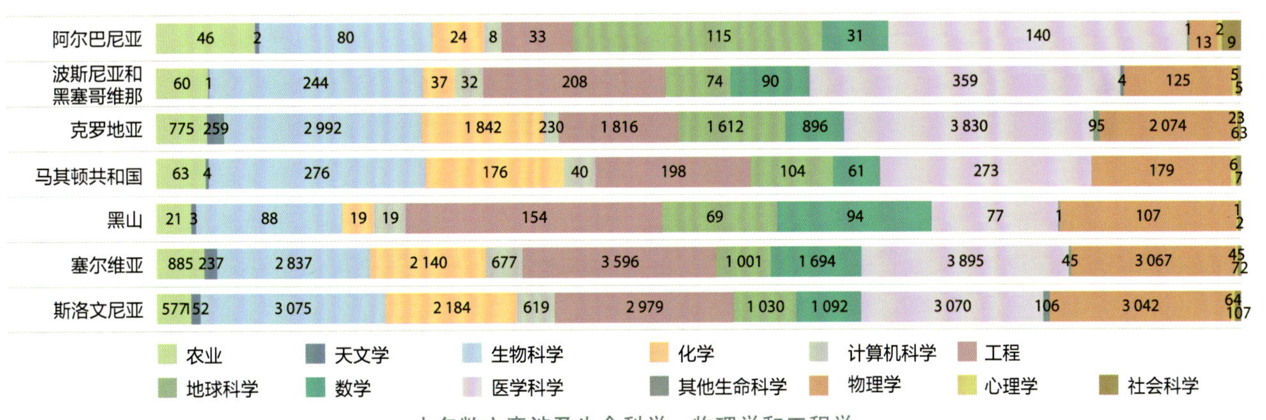

大多数文章涉及生命科学，物理学和工程学

注：总数不包括未分类的文章。

主要合作者在欧洲和美国

主要国外合作者，2008—2014年（文章数量）

	第一合作者	第二合作者	第三合作者	第四合作者	第五合作者
阿尔巴尼亚	意大利（144）	德国（68）	希腊（61）	法国（52）	塞尔维亚（46）
波斯尼亚和黑塞哥维那	塞尔维亚（555）	克罗地亚（383）	斯洛文尼亚（182）	德国（165）	美国（141）
克罗地亚	德国（2 383）	美国（2 349）	意大利（1 900）	英国（1 771）	法国（1 573）
马其顿共和国	塞尔维亚（243）	德国（215）	美国（204）	保加利亚（178）	意大利（151）
黑山	塞尔维亚（411）	意大利（92）	德国（91）	法国（86）	俄罗斯（81）
塞尔维亚	德国（2 240）	美国（2 149）	意大利（1 892）	英国（1 825）	法国（1 518）
斯洛文尼亚	美国（2 479）	德国（2 315）	意大利（2 195）	英国（1 889）	法国（1 666）

来源：汤森路透社科学引文索引数据库，科学引文索引扩展版；数据处理 Science-Metrix。

图 10.8　2005—2014 年东南欧国家科学出版物发展趋势

国家概况

阿尔巴尼亚

企业研发几乎不存在

在全球经济危机爆发之前，阿尔巴尼亚是欧洲发展最快的经济体之一，年平均实际增长率为 6%。2008 年之后，其增长率减半，宏观经济也出现失衡现象，如公共债务不断上涨（2012 年占到国内生产总值的 60%）。2002 年至 2008 年间，其贫困人口占总人口的比例曾减半至 12.4% 左右，但现又攀升至 14.3%。失业率也从 2008 年的 13% 升至 2013 年的 16%，青年人失业率甚至升至 26.9%。经济增长率于 2013 年下降至 1.3%，这反映了欧元区日益恶化的局势和能源部门所面临的种种困难。世界银行预测 2014 年，阿尔巴尼亚的经济率将达到 2.1%，2015 年达到 3.3%。

根据财政部的关于阿尔巴尼亚的最新国家研究综合政策信息系统报告（2013），2006 年至 2012 年间，流入该国的外国直接投资（FDI）比原先增加了两倍，从之前的 2.5 亿欧元左右增至 9 亿欧元。尽管如此，外国直接投资占国内生产总值的比例仍然有所降低，2011 年，该比例为 7.7% 左右，比 2010 年降低了大概 1.2%。跨国公司的存在大幅提高了阿尔巴尼亚经济收入。与发达经济体比起来，外国投资者显然是被该国更低的生产成本和更高的利润率所吸引。同时商业环境的改善和国有企业私有化所带来的机遇也促进了该国外国直接投资的快速增长。而这些外国直接投资主要流向该国的低技术行业——制造业和服务业。

2008 年，阿尔巴尼亚研发支出总量为国内生产总值的 0.15%，其中有 3.3% 来自企业部门。《2009—2015 国家科技与创新战略》指出，2009 年，阿尔巴尼亚研发支出总量接近 1 500 万欧元，不到国内生产总值的 0.2%。该战略预测其 2009—2015 年的总累积研发资金将达到 1.519 5 亿欧元，而将近一半的资金将流入学术领域（即 6 945 万欧元）。教育与科学部管理着唯一一个资助研究本身的项目（资助基金为 3 000 万欧元），其中有 330 万欧元按照世界银行研究基础设施计划用于装备实验室。差不多同等数目的金额（325 万欧元）将用于资助研究、技术和创新机构的运行成本。

《2009—2015 国家科技与创新战略》是阿尔巴尼亚推动研究与创新的主要战略。该战略于 2009 年 7 月由经济贸易和能源部启动，用以应对联合国教科文组织对阿尔巴尼亚优势和劣势的评估，特别是其在欧洲和巴尔干地区处于落后地位的局面。一些新项目和基金用于改善研究基础设施，扩展研究生课程，发展学术界与私营部门之间的可持续联系。该战略将基于竞争力的资金标准（针对项目和资助）引入阿尔巴尼亚的主要政策工具中，还列出了研发的具体目标，例如到 2015 年，提高研发支出总量使其占到国内生产总值的 0.6%，将创新理念引入 100 家公司，使外国合作资金增长到研发支出总量的 40%。2007 年，约 12% 的阿尔巴尼亚研发支出总量来自国外。2008 年，这一数值是 7%。

与《2009—2015 国家科技与创新战略》息息相关的是《2011—2016 企业创新与技术战略》。该战略的预算为 1 031 万欧元，旨在为达成前面一段所提到的目标提供支持措施。其中有 480 万欧元用来成立创新基金，资助中小型企业借助技术的力量进行产品开发和流程优化工作。不止如此，该战略还提供了其他类型的支持。该战略主要由外国捐助者资助，有 76.5% 来自欧盟和其他捐助者（78.93 亿欧元）。中小型企业将在新信息通信技术（ICTs）采用上获得援助，因为该战略认为新信息通信技术是现代化和创新的主要驱动力。

企业创新与技术战略于 2010 年由经济贸易与能源部启动。它与该部门于 2011 年 2 月通过的另一战略相辅相成，即 2001—2016 中小型企业创新与技术发展战略规划①。该规划得到了欧洲援助计划的支持，因为欧洲意识到阿尔巴尼亚的公司技术力量薄弱，不足以通过吸引现有的先进技术提升自身实力。企业创新与技术战略及其行动计划目前由企业创新驿站实施，由阿尔巴尼亚投资开发机构负责，并于 2011 年 6 月开始运作。推动 2011—2016 战略运作的力量有四个，分别是创新基金、企业创新服务、企业孵化器项目和阿尔巴尼亚集群项目。

企业创新需要一个更具目标性的方法

遗憾的是，阿尔巴尼亚目前并没有一个更具目标性的方法来推动企业创新和科技发展，而这只在

① 参见 http://aida.gov.al/?page_id=364.

《2009—2015 国家科技与创新战略》中表现出来。阿尔巴尼亚的创新体系也面临着许多结构性挑战：缺乏可靠的、具有可比性的研发和创新统计数据；公共部门和私营部门合作有限；实施战略和规划时延误且低效；人力资源开发的劣势依旧。2013 年关于阿尔巴尼亚的国家研究综合政策信息系统报告指出，有三个因素加重了人力资源开发的劣势，即人才环流发展缓慢、新研究人员需要进行培训和科技领域拥有博士学位的人太少。

2013 年 6 月，阿尔巴尼亚采取了它的第二个《2013—2020 国家发展与融合战略》。该战略旨在加速阿尔巴尼亚融入欧盟一体化进程。该战略还界定了新的优先研究领域，认为这些领域对于迎接社会挑战、刺激经济增长和生产能力，从而降低失业率及其重要。

这些领域包括：

- 信息通信技术。
- 农业（兽医、动物园技术）、食品和生物技术。
- 社会科学和阿尔巴尼亚学。
- 生物多样性和环境。
- 水和能源。
- 卫生。
- 材料科学。

波斯尼亚和黑塞哥维那

经济衰退之前就很低的研发投入

波斯尼亚和黑塞哥维那由三个单独实体组成：波黑联邦、塞族共和国和布尔奇科特区。各实体民政部通过其下的科学和文化部门协调科学政策和国际合作。协调各实体对中小型企业政策的工作由该国的对外贸易经济部负责，但由于该国复杂的宪法结构，政策实施和提供资金的责任移交给了每个单独实体。

该国于 2003 年第一次统计的研发数据并没有覆盖整个国家。其第一个覆盖全国的研发数据出现在联合国教科文组织统计研究所最近的报告中。数据显示，2012 至 2013 年间，该国研发支出总量占国内生产总值的比例从 0.27% 升至 0.33%，从 9 700 万国际购买力平价美元升至 1.205 亿美元。而 2012 年该国的经济增长率还是负数，2008—2013 年，成人失业率也从 24% 增至 29%（见表 10.1）。

最近获得的关于波斯尼亚和黑塞哥维那的数据显示，2010 年，该实体的萨拉热窝州、图兹拉州和泽尼察 - 多博伊州要比其他州更看重土木工程、机械工程和电气工程的发展（Jahić，2011）。

而由布尔奇科特区统计局发布的数据显示，2011 年，布尔奇科特区研发预算为 1 340 万欧元，相当于该实体国内生产总值的 0.3%。这笔预算流入以下重点发展的经济领域：

- 地球的勘探和开发（研发预算的 25%）。
- 知识的全面发展（23%）。
- 环境（10%）。
- 农业（9%）。
- 工业生产和技术（9%）。
- 文化、娱乐、宗教和大众传媒（5%）。

多样的战略和相互冲突的目标

自 2009 年以来，波斯尼亚和黑塞哥维那采取了不下三种科学、技术和创新战略，包括一个国家战略和两个实体战略。而这些战略提出的目标相互冲突。

波斯尼亚和黑塞哥维那于 2009 年采取的《2010—2015 科学发展战略》设定了一宏伟的目标，即到 2015 年，使研发支出总量占国内生产总值的比例增至 1%。而要实现这一增长，到 2015 年之前，每年的经济增长率需要保持在 5%。政府预测，这一增长将足以支付波斯尼亚和黑塞哥维那 3 000 名研究人员和 4 500 名其他研究人员的薪水。该战略还设想，到 2015 年，企业部门将贡献三分之一的研发支出总量。2013 年，尽管有 19% 的研发支出总量的去向，政府在回应联合国教科文组织统计研究所报告时并没有具体说明，但有 59% 的研发支出总量流入了企业部门，而企业部门的研发投入经费却只有 2% 左右。

20 世纪 90 年代南斯拉夫解体后，企业研发投入与政府研发投入的比例在新共和国时期曾经达到 2 : 1 甚至是 3 : 1。波斯尼亚和黑塞哥维那于 2011 年采取的战略设想再次达到这一比例。为此，该战略也提出一目标，即到 2013 年和 2017 年，使研发支出总量占国内生产总值的比例分别增至 1% 和 2%。

而塞族共和国于 2012 年采取的科学、技术与创新战略设想，到 2016 年，使研发支出总量占国内生产总值的比例从 2010 年的 0.25% 最少增至 0.5%，到 2020 年，最少增至 1%，这与其“欧洲 2020 战略”目标一致（塞族共和国，2012）。这一战略乐观地设想，到 2016 年，企业研发投入将达到该国研发支出总量的 60%（国内生产总值的 0.3%）。

根据雅希奇所说（2011 年），波黑面临的最重要的结构性挑战是：

- 协调国家的促进科学、技术和创新战略的长期目标与各实体的一致，平衡公共和私营部门的研发。
- 促进国内研发需求。
- 加强与企业部门的合作。
- 促进知识转移和技术转让。
- 改变大学的角色，使其重心从教学变为研究。

增加研发投入的希望

未来五年发展国家创新体系的优先事项已确立为以下五点：

- 提升科研能力，促进知识和科学发现结果向工商界转移（部长理事会，2009 年）。
- 与欧盟加强合作，共同资助科研，同时从民政部用于资助国际项目的预算中拨出一定基金用于科研（部长理事会，2009 年）。
- 通过采取支持工业研发的政策并提供资助，促进研究结果的商业化，提高研发产品和研发过程的竞争力（塞族共和国，2012 年）。
- 增强中介机构促进工业研究的作用，增加企业研发投入。
- 遵循关于波斯尼亚和黑塞哥维那科研政策的《联合国教科文组织指导方针 2006》（*Papon and Pejovnik*，2006），逐渐增加研发支出总量，使其到 2020 年占国内生产总值的比例为 2%（波斯尼亚和黑塞哥维那联邦，2011 年）。

克罗地亚

欧盟基金应该利于克罗地亚研发

对欧盟来说，于 2013 年 7 月 1 日取得成员国地位的克罗地亚还是个新来者。在全球经济危机之前，克罗地亚年经济增长率达到 4% ~ 5%。2009 年，其经济陷入衰退（年增长率为负 7%），但自那以来，又有所恢复。2014 年，克罗地亚经济增长率预计达到 0.5%。克罗地亚对 2015 年充满信心，预计其将在欧元区重新进行出口和投资。大型国有企业的私有化以及按净额计算占到国内生产总值 2% 左右的欧盟资助将有利于克罗地亚未来的发展，帮助其在中期获得经济增长。

克罗地亚的失业率在欧洲国家中也是较高的。2013 年年末，其失业率为 17.7%，其中，青年人失业率甚至超过 40%。根据世界银行，2013 年，克罗地亚国债占其国内生产总值的比例预计将超过 64%，而外债占国内生产总值的比例可能达到 103%。

克罗地亚有一经济部门经受住了过去几年来的风暴。每年，克罗地亚的自然风光都会吸引数以百万计的游客，在这方面获得的收入要占到国内生产总值的 15% 左右。克罗地亚还是欧洲的生态瑰宝之一，其有 47% 的陆地和 39% 的海洋都被指定为特别保护区。

尽管经济不景气，2009 至 2013 年间，克罗地亚的研发支出总量占国内生产总值的比例仅略有下降，从 0.84% 降至 0.81%。对其长期趋势的分析表明，克罗地亚的研发支出总量自 2004 年开始下降，当时其研发支出总量占国内生产总值的比例为 1.05%。

2013 年，超过三分之一的研发支出总量（42.8%）来自企业部门，15.5% 来自国外。这意味着克罗地亚要完成其在 2006—2010 年国家科技政策中所设定的目标还有很长的路要走，即贡献国家财政的 1% 进行研发。根据关于克罗地亚的 2012 年国家研究综合政策信息系统报告，这一情况在不久的将来也可能得不到改善，因为克罗地亚政府决定削减科学教育体育部的预算，使其从 2012 年国家财政预算的 9.69% 降至 2015 年的 8.75%。事实上，政府研发预算的三分之二用于支付公共机构和高校研究人员的薪水。剩余的三分之一用来作为研究项目基金。而在这三分之一中，仅 5.7% 左右的预算用来资助具有竞争力的研究项目，1.4% 用来资助技术项目。

科学教育体育部是资助研发的主要机构，但还有四个机构也资助研发，分别是（欧盟，2013）：

- 克罗地亚科学基金会，成立于 2001 年，旨在提升国家科研能力。
- 克罗地亚企业创新机构（BICRO），支持技术从学术界向工业转移，并鼓励创业者建立新公司，给予新成立的公司支持。该机构还支持各种欧盟项目在克罗地亚的实施，包括预加入援助工具和知识型企业发展项目（RAZUM）。2010 年 5 月，克罗地亚企业创新机构启动了欧盟概念验证项目在克罗地亚的分项目，以确保有充足的资金对创新概念进行技术和商业测试。2012 年 2 月，克罗地亚技术学院与克罗地亚企业创新机构合并，以确保欧盟在研究、发展和创新领域的结构政策工具获得有效投资。
- 知识基金联合项目，通过于 2007 年设立的一个工业和学术界研究资助计划，支持当地研究人员与侨民之间的合作以及公共与私营部门间的合作。
- 科学和创新投资基金，设立于 2009 年，旨在通过高校科研结果的商业化促进技术转让和学术创业。

克罗地亚还有两个非资助机构：科学和高等教育机构，负责建立一个保证质量的全国性网络；克罗地亚流动机构和欧盟项目，负责管理欧盟终身学习和流动性项目。

企业和手工业部和经济部在资助创新型企业和企业基础设施上与科学教育体育部相辅相成。

从项目到项目融资的转变

克罗地亚国家创新体系近年来的重要变化就是从项目到项目融资的转变。科学和高等教育法为其提供依据。该法律于 2013 年 7 月由国会采用，为科学教育体育部和研究机构之间的“项目合同”提供了一新模式，主要目的是终止当前的做法，即用接受率高达 80% 的拟建项目资助大量的小科学项目。此外，该法律还将分配具有竞争力的研究基金的责任从科学教育体育部转移到了克罗地亚科学基金会身上，并要求后者基于欧盟合作研究的模式，为具有竞争力的项目设计一新的方案。

第二个科技项目于 2012 年启动，预计其在 2012—2015 年的预算将达到 2 400 万欧元。该计划旨在提高公共研发机构的效率，使克罗地亚企业创新机构和知识基金联合项目遵守欧盟规定，并准备对欧盟的结构基金和凝聚基金的意见书。

没有明确的区域发展政策

目前，克罗地亚并没有一个明确的区域研究政策，这主要是因为其资源的缺乏，导致各市县不能以积极的姿态提升机构能力。克罗地亚已接近完成它的关于智能专业化政策的国家研究和创新战略。该战略旨在支持创新，提高企业竞争力。该战略也是获得欧洲区域发展基金支持从而发展基础设施的前提。欧洲区域发展基金是欧盟的结构基金之一。一旦第一个欧洲区域发展基金到位，预计区域发展和欧盟基金部将发挥更大的作用。

根据创新联盟记分牌（欧盟，2012）[①]，克罗地亚属于创新表现低于欧盟平均水平的中等创新国家。属于这类的国家还有波兰、斯洛伐克和西班牙。2006—2010 年科技政策所规定的优先发展领域都与创新有关，包括：生物技术、新合成材料和纳米技术。然而，尽管 2013 年企业承包了 50.1% 的研发，企业研发支出在 2008 年还是停滞在 0.36%，2013 年停滞在 0.35%。

与经济合作与发展组织的其他成员国比起来，克罗地亚有着非常慷慨的研发税收优惠制度，在研发上每花费 1 美元都会得到国家 35 美分的补助。2012 年，克罗地亚在创新联盟记分牌上的排名稍有下降，而这是在企业刚投入市场的创新产品销量下降之后。

不利于创新的环境

比起专利，克罗地亚在科学出版上更具生产力，其论文的数量是登记专利数量的 100 倍左右。2010 年，高等教育部成功申请了 13 项专利，是克罗地亚那年所有专利申请量的将近 23%。

如今，克罗地亚面临着 5 个主要结构性挑战：

- 其研发政策过时，缺乏远见，需要一个清晰、综合的政策框架；将于 2015 年采用的关于智能专业化政策的国家研究和创新战略应在一定程度上

① 该术语在第 738 页也可见。

专栏 10.3 克罗地亚为新创生物科技公司建立的第一个孵化器

生物科学与技术商业化孵化中心（BIOCentar）是克罗地亚乃至周边更广泛地区的第一个孵化中心。它将于 2015 年在萨格雷布大学开始营业。该中心覆盖面积达 4 500 平方米，耗资 1.4 亿克罗地亚库纳（大约为 2 300 万美元）。

该中心一投入运作将为新成立公司的创新和发展提供公共机构和高校研究的支持。该中心也将为生物科学与技术领域的中小型企业提供所需的基础设施和服务以发展它们的业务。

生物科学与技术商业化孵化中心是克罗地亚的第一个重点项目，而且是获得欧盟预加入援助工具资助的全新投资项目。在克罗地亚，有三所大学设有技术转移办公室，萨格勒布大学是其中一所，另外两所是斯普利特大学和里耶卡大学。里耶卡大学的技术转移办公室最近已成长为一个全面发展的科技园。

来源：欧盟（2013）。

应对这一挑战。

- 商业环境不利于创新。
- 除了私营企业中的一些开支大户外，其他私营企业对于研发完全没有兴趣。
- 至今，研究和高等教育改革进展缓慢。
- 区域研究和创新体系依然缺乏活力。

克罗地亚创新发展 2014—2020 国家创新发展战略是当地专家和经济合作与发展组织共同合作发展的一战略。它确立了克罗地亚创新体系未来发展的五大战略支柱，以及支持其实施的 40 条指导方针。

- 提升企业创新潜力，创造利于创新的监管环境。
- 促进工业与学术界之间的知识流动和交流。
- 拥有实力强大的研发基地，促进研究机构间有效的技术转移（见专栏 10.3）。
- 开发创新性人才资源。
- 更好地治理国家创新体系。

2012 年 12 月，科学教育体育部采取了一科学和社会行动计划。该计划提出要平衡管理层研究人员的性别比例，使国家委员会、主要委员会以及科学和政治机构等的女性和男性研究人员的比例至少达到 1∶3。

马其顿共和国

需要更好地治理创新

马其顿共和国受经济危机的影响也不太严重。最初缓慢的经济增长现在正受到建筑业和出口的驱动，预计 2014 年、2015 年经济增长率将达到 3%。公共债务保持平稳走势，2013 年占国内生产总值比重为 36%。

2005 年，马其顿共和国获得欧盟候选国地位，并自 2012 年 3 月，开始与欧洲委员会进行高层对话。马其顿共和国是欧洲最贫穷国家之一，年人均国内生产总值为 3 640 欧元，仅为欧洲平均水平的 14%。据马其顿共和国国家统计局统计，该国失业率在 2011 年达到峰值 31.4%，2014 年第一季度也仍然非常高，达到 28.4%。

根据联合国教科文组织统计研究所，该国的研发支出总量保持平稳趋势。近年来，马其顿共和国加大了研发投入，研发支出总量占国内生产总值的比例从 2011 年的 0.22% 升至 0.47%。根据国家研究综合政策信息系统报告，该国的公共部门资助了三分之二的研发，而私营部门对研发的资助却在 2009 年至 2010 年间从 332 万欧元降至 277 万欧元，研发支出总量缩减了 18%。2010 年，国外对研发的资助占到该国总研发支出的 16.7%。

根据 2014 年欧盟创新联盟记分牌，马其顿共和国属于创新表现远远低于欧盟平均水平的中等创新国家，属于此类的国家还有保加利亚、拉脱维亚和罗马尼亚。不过该国的创新表现在 2006—2013 年确实有所进步。

其创新体系面临的结构性挑战如下：

- 创新体系管理低效。

- 缺乏优质研发人才资源。
- 科学与产业间的联系薄弱。
- 企业创新能力较低。
- 缺乏建立高质量研究设施的国家路线图。

推动研发和创新的战略

马其顿共和国政府选择了一通过提供税收优惠和补贴促进研发的战略。2008 年，科学补贴机制引入税收优惠，在这之后，创造补贴机制也于 2012 年引入。目前，并没有证据表明所涉及资金数目的多少以及这些措施是否会对研发产生影响。

2012 年，该国政府采取了马其顿共和国 2012—2020 创新战略，这一战略由经济部制定。同年，教育和科学部制定和采取了科学研发活动 2020 国家战略和 2012—2016 国家科学研发活动项目。这两者都清晰界定了国家研究重点，并提出实施的行动方案。不同的是，前者利用水平方式推动企业创新，提出创造更经得起检验的监管环境，使国家战略和项目以公民为本。

增加研发支出和发展低碳社会的计划

科学研发活动 2020 国家战略和国家科学研发活动项目的共同目标是：创造知识型社会，提高研发支出总量，使其占国内生产总值的比例到 2016 年和 2020 年分别增至 1.0% 和 1.8%，其中有一半的研发支出总量需由私营部门贡献。在欧洲 2020 年议程的影响下，科学研发活动 2020 国家战略大致界定了优先发展的主题领域，此优先发展主题领域在国家科学研发活动项目得到了更精确的界定：

- 通过支持社会经济改革、经济政策、结构改革、教育、研究、信息社会和国家创新体系的全面发展，发展开放社会和具有竞争力的经济。
- 通过提高能源效率、使用可再生能源，发展可持续交通和使用清洁技术，发展低碳社会。
- 实现可持续发展，包括实现自然资源、空气质量、水资源和陆地的可持续管理。
- 安全与危机管理。
- 社会、经济和文化发展。

黑山

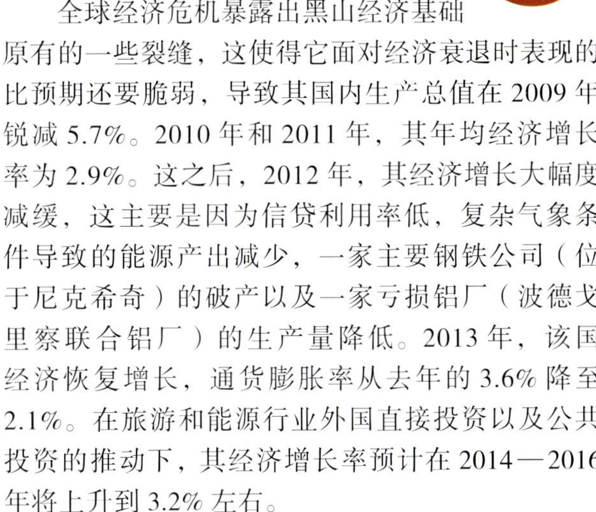

尽管研发投入加大，但对企业影响甚微

全球经济危机暴露出黑山经济基础原有的一些裂缝，这使得它面对经济衰退时表现的比预期还要脆弱，导致其国内生产总值在 2009 年锐减 5.7%。2010 年和 2011 年，其年均经济增长率为 2.9%。这之后，2012 年，其经济增长大幅度减缓，这主要是因为信贷利用率低，复杂气象条件导致的能源产出减少，一家主要钢铁公司（位于尼克希奇）的破产以及一家亏损铝厂（波德戈里察联合铝厂）的生产量降低。2013 年，该国经济恢复增长，通货膨胀率从去年的 3.6% 降至 2.1%。在旅游和能源行业外国直接投资以及公共投资的推动下，其经济增长率预计在 2014—2016 年将上升到 3.2% 左右。

2013 年，尽管该国实行了极其紧缩的财政预算政策，其研发支出总量较之去年仍有大幅增长，占国内生产总值的比例达到 0.38%。实现这一增长的一主要原因是该国政府号召向 2012—2014 年的科研项目投资 500 万欧元。这一号召由科学部宣布，并得到了农业和农业发展部、卫生部、信息社会和通讯部、可持续发展和旅游部、教育和体育部以及文化部的响应。在 198 个提案中，共有 104 个项目入选。

企业部门资助了五分之二的研发活动

截至 2013 年，企业部门贡献了黑山 42% 的研发支出总量，绝大多数研发企业集中在以下三个领域：农业、能源和交通。这三个领域 2011 年占到其研发支出总量的 22%。有超过三分之一的研发支出总量来自公共资金（2013 年为 35.2%），23% 来自国外，主要来自欧盟和其他国际机构。

2012 年 5 月，黑山成功加入世界贸易组织，这是其致力于推进国家开放、地区间贸易和国际贸易的结果。2011 年 10 月，欧盟委员会建议与黑山进行入盟谈判，并于 2012 年 6 月 29 日正式启动。

若干政策文件[①]已明确指出黑山创新体系所面

① 包括政府文件，例如 21 世纪的黑山：在充满竞争力的时代（2010）、国家发展计划（2013）和 2012—2015 就业和人才资源开发战略、经济合作与发展组织和世界银行的外部审查以及关于黑山 Erawatch 国家报告（2011）。

临的主要挑战，如下：

- 研究人员数量少。
- 研究基础设施不足。
- 科研产出少。
- 研究人员流动性小。
- 研究商业化不足，与企业部门的协作不足。
- 企业研发支出较低，科研成果在经济的应用少。

致力于加强高等教育和研究的项目

2001 年年末，该国政府采取了 2012—2016 科研活动战略的新版战略。该新版战略提出以下三个战略目标：

- 发展科研共同体。
- 加强多边、地区间和双边合作。
- 促进科研共同体与企业部门的合作。

高等教育与研究促进创新和竞争力项目应帮助实现这些战略目标。该项目旨在加强黑山高等教育和研究质量以及两者之间的相关性。该项目在世界银行 1 200 万欧元贷款的资助下，于 2012 年 5 月开始实施，将一直持续到 2017 年 3 月。该项目涵盖以下四部分内容：改革高等教育财政制度，引入质量保证准则通过培训和研究的国家化，发展人力资源；创造具有竞争力的研究环境；提高项目管理、监测和评估能力。

2012 年年末，科技部和教育部建立第一批卓越试验中心，标志着高等教育与研究促进创新和竞争力项目的启动。到 2015 年，科技部还将建立该国的第一个科技园，并计划将位于尼克希奇、巴尔和普列夫利亚的三家卓越试验中心以及位于首都波德戈里察负责协调各个试验中心的总中心囊括进来。

塞尔维亚

出色的创新表现

塞尔维亚正处于从全球金融危机中缓慢复苏的进程中。2009 年，其国内生产总值锐减 3.5% 后，其经济自 2011 年以来一直维持增长。2013 年，其国内生产总值多年来第一次增长达到 2.5%，但在 2014 年又缩减至 1%。预计中期时其经济将有强劲增长，增长率达到 2% ~ 3%。

居高不下的失业率（2013 年大约为 22.2%，其中 15 岁至 24 岁年轻人的失业率达到 50% 左右）和停滞不前的家庭收入使得该国政府头疼不已，阻碍了该国目前的政治经济发展。2013 年 6 月，该国政府修改了预算，将 2013 年政府赤字占国内生产总值比重的目标值从 3.6% 升至 5.2%。同时，该国政府采取了一改革公共部门的项目。该项目提出到 2014 年年末完成结构重组的行动计划，而完成这一行动计划的任务之一就是将 502 家国有企业私有化。2012 年，出口是该国经济增长的唯一驱动力。2012 年下半年，意大利汽车制造商菲亚特启动生产线，其经济才得以增长至 13.5%。

2013 年，塞尔维亚研发投入占国内生产总值的比重达到 0.73%，其中企业部门只贡献了总研发投入的 8%，导致资助研发的这一重担几乎全部留给了政府（研发投入贡献 60%）和高等教育部门（25%）。国外对研发支出总量的贡献为 8%，而民营非营利组织几乎没有贡献。非营利组织是塞尔维亚研发税收优惠制度的唯一受益者，它们提供给与其签订非营利合同的客户的研发服务享受免税政策。

根据创新联盟记分牌（欧盟，2014），塞尔维亚和克罗地亚一样，也是中等创新国家。该记分牌表明，自 2010 年以来，塞尔维亚的创新表现有所进步，这主要是中小型企业加大合作以及所有创新者共同努力的结果。在青年高中教育和知识密集型行业的就业机会方面，塞尔维亚表现非常出色。它在非研发创新支出方面也有很好的表现。而另一方面，在社区设计、群体商标（尽管增长强劲）和企业研发支出方面，则表现不佳。尽管公共研发支出增长强劲，但由于该国知识密集服务出口下降、非欧盟博士生数量减少，这一增长也被抵消了。

如今塞尔维亚的国家创新体系所面临的主要结构性挑战是：

- 缺乏协同管理和基金支持。
- 政府对创新过程的线性理解导致创新体系支离破碎，这也是将研发部门与经济和社会的其他部门联系在一起的主要障碍。
- 高学历人才不断流失。
- 目前的创新体系对私人投资没有吸引力；政府需

要重组公共研发体系，并将私营部门整合到国家创新体系中去。

- 高校和政府部门缺乏技术创新文化。
- 缺乏评估文化。
- 创新体系更注重研发投入，忽略了研发需求。

研发支出总量占国内生产总值比重达 1% 的目标近在咫尺

2012 年 2 月，塞尔维亚采取了 2010—2015 塞尔维亚共和国科技发展战略。该战略的首要目标是到 2015 年，在不计算基础设施投资的情况下，将研发支出总量占国内生产总值的比重升至 1%。虽然目前该目标已近在咫尺，但要实现它仍需加大努力。该战略遵循两个基本原则，即专注和合作关系。专注指的是界定出国家研发重点领域，并优先发展这些领域；合作关系意味着要加强与机构、企业和其他政府部门间的联系，这样塞尔维亚可以在国际市场上验证自己的想法可行，科学家也能参与塞尔维亚的基础设施和其他项目的建设。

该战略界定出国家 7 大研发重点，分别是生物医药和人类健康、新材料和纳米科学、环境保护和气候变化调节、农业和食品、能源和能源效率、信息通信技术以及更佳决策过程和国家认同。

塞尔维亚共和国科技发展战略于 2011 年 1 月启动塞尔维亚研发基础设施投资计划。该计划的预算为 4.2 亿欧元，其中一半来自欧盟贷款。该计划的首要任务是：提升现有能力（投资大约 7 000 万欧元）；改造现有的建筑和图书馆；购买研发新资本设备；发展卓越创新中心和学术研究中心（6 000 万欧元）。通过"蓝色多瑙河倡议"发展超级计算，以及其他信息通信技术基础设施（3 000 万—8 000 万欧元）；为贝尔格莱德大学的技术科学学院创造一种校园环境；在贝尔格莱德、诺维萨德、尼什和克拉古涅瓦茨建立科技园（约 3 000 万欧元）；实施基础设施项目，例如在贝尔格莱德、诺维萨德、尼什和克拉古涅瓦茨建造供研究人员居住的公寓楼（约 8 000 万欧元）。

根据联合国教科文组织统计研究所，在 2012 年塞尔维亚所进行的所有研究活动中，基础科学的比重为 35%，应用科学为 42%，剩余 23% 为试验发展。该战略计划提高应用科学的比重。这一目标得到了一新项目的支持——研究部综合性和跨学科研究共同基金项目，该项目注重科研成果的商业化。

该战略的另一首要任务是建立国家创新基金以增加对选定创新项目的资助。这一基金最初便获得了塞尔维亚创新项目 840 万欧元的财政支持。塞尔维亚创新项目，在 2011 年欧盟预加入援助工具拨给塞尔维亚的基金的支持下，由世界银行来实施。

塞尔维亚第二个资助研究设施现代化的项目是 2011—2014 研究部科研设备和设施提供和维修项目。

斯洛文尼亚

不受经济衰退影响，斯洛文尼亚研发投入猛增

斯洛文尼亚的国内生产总值在东南欧国家中位居前列，这要归因于其完善的基础设施、受过良好教育的劳动力以及位于巴尔干和西欧之间的战略位置。2007 年 1 月 1 日，斯洛文尼亚成为于 2004 年加入欧盟国家中的第一个采取欧元作为货币的国家。在中欧和东南欧国家中，它向市场经济的政治过渡也是较为平稳的。2004 年 3 月，它成为第一个从世界银行的借款国转变为捐赠合作伙伴的国家。2007 年，斯洛文尼亚受邀开启加入经济合作与发展组织的进程，并于 2012 年正式获得成员国地位。

然而，斯洛文尼亚私有化进程长期停滞，这一情况在其大型国有企业和负债越来越多的银行部门更甚，加剧了投资者自 2012 年起就有的对于斯洛文尼亚可能需要欧盟和货币基金组织的经济援助的担心。这些问题对斯洛文尼亚的竞争力也有所影响（见表 10.2）。2013 年，欧盟委员会准许斯洛文尼亚对境况不佳的贷款机构进行资产重组，将它们的不良资产转移到专门修复银行资产负债表的坏账托收银行。2013 年，追求收益的债权投资者对斯洛文尼亚债务的强烈需求帮助政府在国际市场能够继续独立地筹措自己的资金。2014 年，该国经济缩减 1%，这一情况已持续了三年，为增强投资者对该国经济的信心，政府开始实施国有资产出售计划。

2008 年至 2013 年间，斯洛文尼亚实现了一壮举，将研发支出总量占其国内生产总值的比值从

1.63% 提高到 2.59%，在欧盟国家中位居前列。显然，正是该国经济的疲软状况使得国内生产总值这一分母一直处于较低水平，从而促进了这一增长。当然，企业部门的研发动力也是促进这一增长的因素。在这期间，企业雇佣研究人员的数量增长了将近 50%，从 3 058 人增至 4 664 人（等效全职）。到 2013 年，企业部门贡献了三分之二（64%）的研发支出总量，而国外却不到 9%。作为国内生产总值的一部分，研发支出总量在 2008 年至 2013 年间增长了近两倍，从国内生产总值的 0.09% 增至 0.23%，这主要是因为欧盟结构基金的注入。注入该国的欧盟结构基金大多用于资助被认为是企业部门一部分的卓越中心和能力中心。也正是因为结构基金的注入，该国学术研究人员的数量在这期间从 1 795 人增至 2 201 人（等效全职）。

斯洛文尼亚的 2014—2020 发展战略将研发和创新定义为驱动该国发展的三大力量之一，另外两个驱动力分别是中小型企业的创建和发展，就业、教育和适合各年龄段的培训。分配给 2014—2020 发展战略的资金有一半用于促进以下方面的发展：

- 有竞争力的经济：受过高等教育的劳动力、经济国际化以及强劲的研发投资。
- 知识和就业。
- 通过可持续管理水资源、可再生能源、森林和生物多样性，实现绿色的生活环境。
- 提供代际支持和高质量卫生保健的包容性社会。

斯洛文尼亚还采取了 2014—2020 智能专业化政策战略。该战略列出了该国如何通过研究和创新促进向新型经济增长模式转变的计划。该战略还包括一基于研究和创新对斯洛文尼亚经济和社会进行重组的实施计划。该实施计划获得了欧盟基金的支持。2014—2020 智能专业化政策战略代表着斯洛文尼亚对实现西巴尔干区域研发创新战略“智能支柱”目标所做的贡献（见表 10.2）。

斯洛文尼亚的创新表现高于欧盟平均水平

创新联盟记分牌将斯洛文尼亚定义为创新追随者，这意味着其创新表现要高于欧盟平均水平。属于该类的国家还有奥地利、比利时、爱沙尼亚、法国、荷兰和英国。斯洛文尼亚的创新表现反映了欧盟对其 2007 至 2013 年间所采取的促进创新措施的评估结果，结果显示该国学术界与经济间已形成强烈的联系。这也证实了斯洛文尼亚的研发体系已经从线性模型向基于交互式组织模型的二代研发体系转变。

斯洛文尼亚的国家研究与发展项目 2006—2010 旨在通过提供竞争性补助款以及提高学者发表论文的数量来加强斯洛文尼亚科学质量。这一措施导致斯洛文尼亚论文发表数量显著增加。该项目的重点研究领域为：信息通信技术；高级（新的和新兴的）合成金属和非金属材料和纳米技术；复合系统和创新技术；促进可持续经济发展的技术；健康和生命科学。

当前通过斯洛文尼亚研究机构支出的公共资金注重的是科学卓越性本身，并允许在选择特定优先级时采取自下而上的行动议程。多年来，分配于各个科学领域的资金比例一直保持不变。例如，2011 年，30% 的资金分配给了工程和技术，27% 分配给自然科学，11.8% 分配给人文科学，分配给生物技术、社会科学和医学科学的资金比例在 9.6% 和 9.8% 之间不等。多学科项目和计划获得了所有已支出资金的 1.5% 的支持。

斯洛文尼亚委任经济合作与发展组织在斯洛文尼亚的创新政策审查机构来告知其持续到 2020 年的研究和创新战略的准备情况。该审查机构建议斯洛文尼亚着重解决以下问题：

- 保持公共财政的可持续性，这是保持公共和私人投资在创新领域的动态性的最重要前提之一。
- 加大努力，减少企业，包括新创公司的行政负担。
- 考虑缩减目前技术资助项目的数量，因为大型项目数量越少，实施时效率越高。
- 发展和改善需求方面的措施，比如以创新为导向的公共采购。
- 继续培养对非拨款金融工具的使用，例如股权、夹层资本、信贷担保或贷款。
- 着手进行全面的大学改革，使自治权与问责制和绩效紧密联系在一起，这是实施改革的关键准则。
- 缩减或除去劳工法规以及阻碍大学间和大学、研究所与产业间流动性的政策。
- 通过开展资助年轻研究人员向公司转移的项目，

增加工业领域研究人员的数量。
- 减少阻碍来自世界各地的高素质人才到斯洛文尼亚工作的显性和隐形障碍。
- 通过欧盟结构基金将斯洛文尼亚卓越中心的资源集中起来，这些资源将是其未来研究能力的核心。

斯洛文尼亚 2011—2020 年研究和创新战略当前要实现的政策重点如下：

- 将研究和创新更好的融合在一起。
- 促进公共资助科学和科学家对经济和社会重组的贡献。
- 加强公共研究机构和企业部门间的合作。
- 提高科学实力，一方面通过提高利益相关者的竞争力，另一方面通过提供必要的人力和财政资源。

该国政府大幅提高了研发税收补贴。2012 年，研发税收补贴甚至达到 100%。2013 年年底，私营企业研发投资税收抵免上限增至 1.5 亿欧元。除此之外，斯洛文尼亚企业基金提供信用担保。

自 2012 年以来，该国政府推出创造性核心形成项目（基金为 400 万欧元）和研究凭证计划（800 万欧元），这二者都受到了欧盟结构基金的资助。前者规定位于斯洛文尼亚欠发达地区的公共和私人研究机构和大学将得到政府的 100% 资助来发展该地区人力资源、研究设备、基础设施等，从而促进研究和高等教育的分散化。后者引进研究凭证机制来帮助企业委托研究所和 / 或大学（私人和公共）的研究，持续时间为 3 年。由于每个研究凭证价值 3 万~ 10 万欧元，企业需要与政府共同资助发展新产品、过程或服务所需的工业研究。

结论

研发体系需响应社会和市场需求

对于剩余 5 个东南欧国家来说，其当中任何一个最迟在 2020 年前成为欧盟成员国都是不太可能的，因为欧盟当前的优先任务是巩固其现有 28 个成员国的凝聚力。然而，欧洲普遍认为为确保该地区的政治和经济稳定，这五个国家最后都将加入欧盟，这是不可避免的。

所有这 5 个国家都应该抓住这一时机，使他们的研发体系更能响应社会和市场需求。他们可以向克罗地亚和斯洛文尼亚学习，这两个国家如今已正式成为欧洲研究区的一部分。自 2004 年成为欧盟成员国以来，斯洛文尼亚已使其国家研发体系成为社会经济的驱动力。如今，斯洛文尼亚的研发支出总量占国内生产总值的比值要高于与其属于同一创新水平的法国、荷兰和英国，这主要归因于其企业部门研发投入的增加。斯洛文尼亚的企业部门如今资助了其三分之二的研发，并且雇用了该国绝大多数研究人员。尽管如此，斯洛文尼亚经济仍然疲软，在吸引和保留人才方面仍然存在许多问题。

于 2013 年才成为欧盟成员国的克罗地亚正在为其研发体系寻找最有效的配置。目前，它正在努力遵循欧盟的最佳实践，将其法律体系、制度和经验遗产并入研发体系。

与克罗地亚一样，塞尔维亚也是欧盟所称的适度创新国家。然而，在企业资助研发比重方面，这两个国家却有着极与极的差别。在克罗地亚，企业部门的研发支出总量要占到 43%，而塞尔维亚却只有 8%（2013 年）。塞尔维亚政府对创新过程的线性

东南欧的主要目标

- 到 2020 年，使该地区的人均国内生产总值增至欧盟平均水平的 44%。
- 使区域贸易营业额翻一番，从 940 亿欧元增至 2 100 亿欧元。
- 到 2020 年，使该地区新增 30 万个需要高素质人才的工作岗位。
- 到 2018 年，该地区的节能目标最少达到 9%。
- 提高可再生能源占总能耗的比重，到 2020 年，使其占到 20%。
- 到 2015 年，提高阿尔巴尼亚研发支出总量占各自国内生产总值的比例至 0.6%，使该比例在波斯尼亚和黑塞哥维那、塞尔维亚达到 1%。
- 到 2016 年，提高马其顿共和国研发支出总量占国内生产总值的比例至 1%，使该比例到 2020 年增至 1.8%，并且其中一半的贡献来自私营部门。

理解导致其研发体系极其支离破碎，而其目前面临的最大挑战就是克服这一线性理解。研发体系的支离破碎是导致研发部门与经济体的其他部分和整个社会无法联系在一起的最大障碍。

阿尔巴尼亚、波斯尼亚和黑塞哥维那、马其顿共和国和黑山都面临着结构调整和政治经济挑战，这迫使他们将改革其创新体系的任务排在后面。目前所有这四个国家都面临着以下问题：经济增长缓慢、研究人员老龄化、人才流失严重、私营部门缺乏研发以及缺乏鼓励学者专注于教学而非研究或创业的体系。

这四个国家将借鉴西巴尔干区域创新研究和发展战略和东南欧 2020 战略作为实施其政策和制度改革的框架。这些改革将促进智能专业化，使其走上可持续发展道路，实现长期繁荣。

参考文献

Bjelić, P.; Jaćimović, D. and Tašić, I. (2013) *Effects of the World Economic Crisis on Exports in the CEEC: Focus on the Western Balkans*. Economic Annals, 58 (196), January–March.

Council of Ministers (2009) *Strategy for the Development of Science in Bosnia and Herzegovina, 2010–2015*. Council of Ministers of Bosnia and Herzegovina.

Erawatch (2012) Analytical Country Reports: Albania, Bosnia and Herzegovina, Croatia, FYR Macedonia, Montenegro, Serbia and Slovenia. European Commission, Brussels. See: http://erawatch.jrc.ec.europa.eu/erawatch/opencms/index.html.

Federation of Bosnia and Herzegovina (2011) *Strategy for Development of Scientific and Development Research Activities in the Federation of Bosnia and Herzegovina, 2012–2022*. EU (2014) *Innovation Union Scoreboard 2014*. European Union.

EU (2013) *European Research Area Facts and Figures: Croatia*. European Union. See: http://ec.europa.eu.

Jahić, E. (2011) *Bosnia and Herzegovina*. Erawatch country report. European Commission: Brussels.

Kutlaca, D. and Radosevic, S. (2011) Innovation capacity in the SEE region. In: *Handbook of Doing Business in South East Europe*, Dietmar Sternad and Thomas Döring (eds). Palgrave Macmillan: Netherlands: ISBN: 978-0-230-27865-3, ISBN10: 0-230-27865-5, pp. 207–231.

Kutlača, D.; Babić, D.; Živković, L. and Štrbac, D. (2014) Analysis of quantitative and qualitative indicators of SEE countries' scientific output. *Scientometrics*. Print ISSN 0138-9130, online ISSN 1588-2861. Springer Verlag: Netherlands.

Lundvall, B. A. (ed.) [1992] *National Systems of Innovation: Towards a Theory of Innovation and Interactive Learning*. Pinter: London.

Peter, V. and Bruno, N. (2010) *International Science and Technology Specialisation: Where does Europe stand?* ISBN 978-92-79-14285-7, doi 10.2777/83069. Technopolis Group. European Union: Luxembourg.

Radosevic, S. (2004) A two-tier or multi-tier Europe? Assessing the innovation capacities of Central and East European Countries in the enlarged EU. *Journal of Common Market Studies*, 42 (3): 641–666.

Republic of Albania (2009) *National Strategy of Science, Technology and Innovation 2009–2015*. See: http://unesdoc.unesco.org/images/0018/001871/187164e.pdf.

Republic of Macedonia (2011) *Innovation Strategy of the Republic of Macedonia for 2012–2020*. See: www.seecel.hr.

Republic of Montenegro (2012) Strategy *for Scientific Research Activity of Montenegro 2012–2016*. See: www.gov.me.

Republic of Montenegro (2008) Strategy for Scientific Research Activity of Montenegro 2008–2016.

Republic of Serbia (2010) *Strategy of Scientific and Technology Development of the Republic of Serbia 2010–2015*. Ministry of Science and Technological Development.

Republic of Slovenia (2013) *Smart Specialisation Strategy 2014–2020*. Ministry of Economic Development and Technology. Background Information to Peer-Review Workshop for National Strategy, 15–16 May 2014, Portorož, Slovenia.

Republic of Srpska (2012) Strategy of Scientific and Technological Development in the Republic of Srpska 2012–2016: www.herdata.org/public/Strategija_NTR_RS-L.pdf.

UIS (2013) *Final Report on Quality of Science, Technology and Innovation Data in Western Balkan Countries: a Validated Input for a Strategy to Move the STI Statistical Systems in the Western Balkan Countries towards the EU: International Standards, Outlining an Action Plan for Further Actions.*

UNESCO Institute for Statistics: Montreal.

WEF (2014) *The Global Competitiveness Report 2013–2014*. World Economic Forum. Printed and bound in Switzerland by SRO-Kundig.

World Bank and RCC (2013) *Western Balkans Regional R&D Strategy for Innovation*. World Bank and Regional Cooperation Council.

久罗·库特拉卡（Djuro Kutlaca），1956 年出生于克罗地亚萨格勒布市。自 1981 年以来，他一直在贝尔格莱德米哈罗·普平研究所任助理研究员。库特拉卡现在是科技政策研究中心主任，并在贝尔格莱德城市大学担任全职教授。库特拉卡博士曾在德国弗劳恩霍夫系统创新研究所（1987 年，1991—1992 年）和英国苏塞克斯大学科学政策研究中心（1996 年，1997 年，2001—2002 年）做过访问学者。

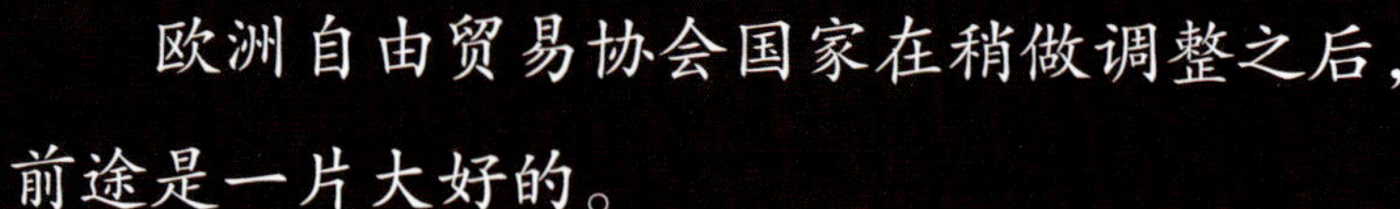

欧洲自由贸易协会国家在稍做调整之后，前途是一片大好的。

汉斯·彼得·赫提格

贝特朗·皮卡尔驾驶着纯太阳能飞机阳光动力号在具有里程碑意义全球 20 天的旅程之后，于 2015 年 4 月 22 日降落在南京禄口国际机场。

贝特朗·皮卡尔是一名瑞士精神病学家、气球驾驶者，他也是阳光动力号的项目发起者。

照片来源：© China Foto Press / Getty Images

第 11 章　欧洲自由贸易协会

冰岛、列支敦士登、挪威、瑞士

汉斯・彼得・赫提格

引言

一个相对较快的恢复时期

构成欧洲自由贸易协会（EFTA）的四国都列居世界最富有的国家行列之中。列支敦士登拥有发达的银行业，成熟的机械企业以及建筑企业。

瑞士在服务部门工作做得很好——特别是在银行、保险和旅游业方面，它并专注于显微技术、生物技术和制药行业等高科技领域。自 20 世纪 70 年代以来，挪威通过勘探北海油田建立了自己的财富，冰岛的经济支柱是渔业，且渔业占到了它出口总额的 40%。这两个北欧国家为了减少依赖传统的收入来源，他们开始在广泛的以知识为依托的领域来寻求能力发展，比如在软件开发、生物技术和环境技术方面。

雄厚的经济基础以及高人均收入并没有免于四个欧洲自由贸易协会的国家受到 2008—2009 年全球金融危机的冲击；就像多数西半球国家一样，他们在不同程度上都受到了冲击（见图 11.1）。冰岛深受其影响，它的三大银行在 2008 年晚些时候崩溃；该国的通货膨胀率和失业率几乎翻了一番，分别达到 13%（2008）与 7.6%（2010），而它的中央政府债务从国民生产总值的 41%（2007）增长到 113%（2012），几乎增加了两倍。这时候整个国家都在遏制这场危机的发生。这些相同的指标在列支敦士登、挪威和瑞士三国有很少的变化，它的平均失业率继续维持在 2%~4%。虽然冰岛已经慢慢度过了经济危机的难关，但是他的恢复速度慢于他的邻国。

这四个国家的增长最近仍然停滞不前（见图 11.1），并且对于他们短期前景的发展仍然存在一些疑虑。瑞士法郎[①]的过度发展对瑞士经济关键领域可能存在一些负面影响，比如出口产业和旅游业，这也预示着 2015 年的国民生产总值会有所减少。自 2014 年以来，由于石油价格的下跌的关系，挪威也可能会面临相同的处境。

不足为奇，欧洲[②]是欧洲自由贸易协会的主要贸易伙伴。在 2014 年，根据联合国商品贸易统计数据库资料[③]显示，欧洲吸收了挪威 84% 的商品出口，冰岛的 79%，但只接受了瑞商品出口的 57%；当谈到欧洲货物的进口，瑞士（2014 年的 73%）领先于挪威（67%）冰岛（64%）排在首位。欧洲自由贸易协会从 20 世纪 90 年代开始实现贸易伙伴多元化并与每一个大洲的国家都签订[④]了自由贸易协定。同样，尽管欧洲自由贸易联盟把重点放在欧洲与欧盟委员会的活动，但就其在科学和技术领域（S&T）的发展，全球范围也是其主要的奋斗方向。

欧洲的一部分但却又不尽相同

欧洲自由贸易协会是一个致力于促进欧洲自由贸易和经济一体化的政府间组织。它的总部设在日内瓦（瑞士），但另一个办公室设在布鲁塞尔（比利时）并由欧盟委员会负责。自 1960 年欧洲自由贸易协会成立起的 12 年中，它一共有 9 个成员国，他们分别是：奥地利、丹麦、芬兰、冰岛、挪威、葡萄牙、瑞典、瑞士和英国。到 1995 年时除了三个成员国外其余 6 国均加入了欧盟（EU），这三国分别是冰岛、挪威和瑞士。自 1991 年以来列支敦士登的加入使其常驻会员国的数量达到了四个。

欧洲自由贸易协会发展的一个转折点在于与欧盟签署欧洲市场一体化的协议。欧洲经济区协议（EEA）由冰岛、列支敦士登和挪威签订并于 1994 年生效。这项协议为实现单一市场的四个基石的落实提供了法律依据：它们分别是人员、货物、服务和资本的自由流通。这项协议旨在建立共同的竞争和政府援助规则，提升包括研究和开发领域（R&D）在内等主要领域的合作。正是通过这个协议才使得欧洲自由贸易协会的三个成员国与欧盟成员国享有同等的地位来参与欧盟的主要研发活动。

① 在 2015 年 1 月，自从瑞士央行取缔了对瑞士法郎的限制，这种限制是 2011 年为了防止经济危机而采取的特殊政策，瑞士法郎兑欧元飙升了近 30%。从那以后，其效果是减少了 15%~20% 的上升。

② 这里的欧洲指代除了俄罗斯联邦以外的欧盟，东南欧以及东欧地区。

③ 列支敦士登的贸易都被收录在瑞士的统计数据。

④ 请参见：www.efta.int/free-trade/fta-map.

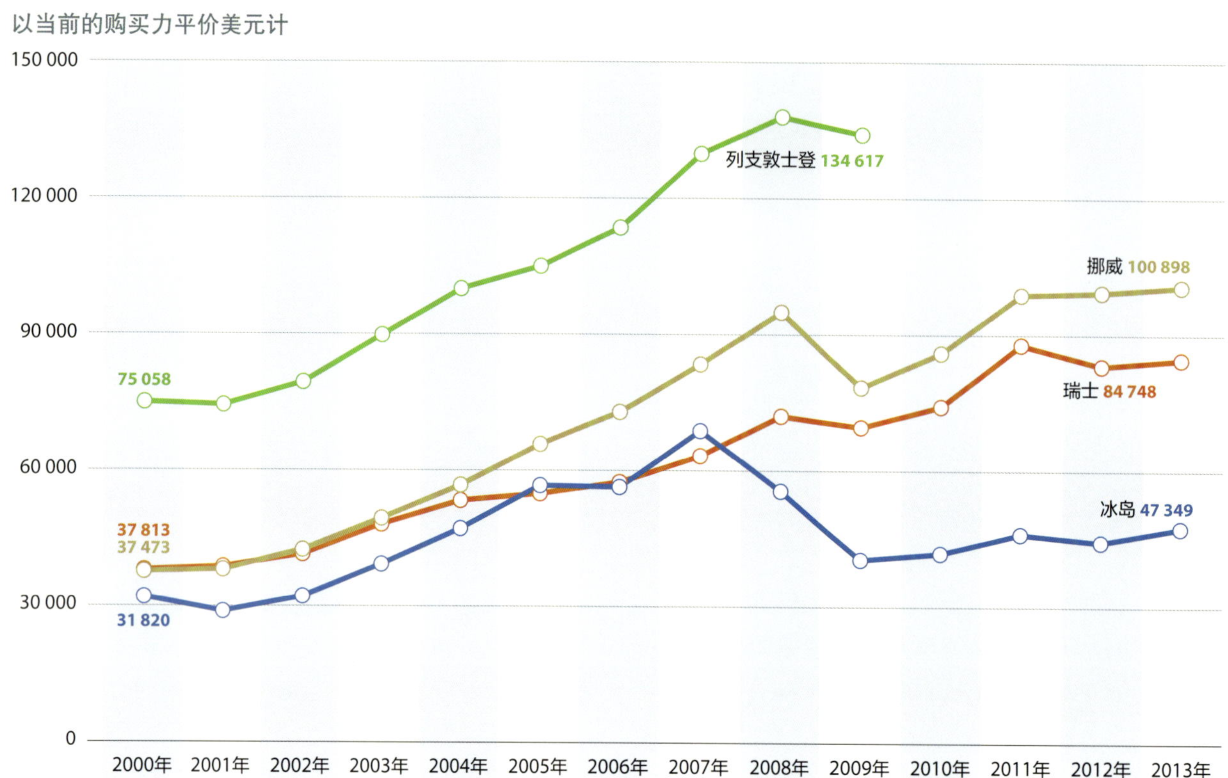

图11.1　2000—2013年欧洲自由贸易协会国家的人均国内生产总值趋势

来源：世界银行的世界发展指数，2015 年 4 月。

但在另一方面，由于 1992 年 11 月在一次瑞士公投中瑞士投出了反对票，即使它积极参与了条约的草拟，但是最终它没能签订欧洲经济区条约。虽然日后瑞士与欧盟签订了双边协议，还是让瑞士搭上欧盟的顺风车利用到很多资源，它们包括七年的研究和创新规划项目，未来和新兴技术项目，欧洲研究委员会的资助以及学生交流的伊拉斯谟计划。但即便如此，相比起其他三个欧洲自由贸易协会内的成员，瑞士与欧盟的政治关系是相对联系较弱的。此外，正如我们将看到的那样，瑞士与欧盟的关系可能会因为最近的另一项全民公决而受到危及。

与欧盟相比，四个欧洲自由贸易协会成员没有一个统一的法律和政治地位，并且欧洲自由贸易联盟集团本身是发展不均匀的，它由以下组成：

- 拥有漫长的海岸线与丰富的自然资源的两个地理位置较偏远国家（冰岛和挪威），相对于欧洲的中心的两个内陆国家（列支敦士登和瑞士），他们的发展完全依赖于高质量的产品和服务的产出。
- 两个人口较少的国家（挪威和瑞士），他们的人口数分别为 510 万人和 820 万人，相对于一个人口更少的国家（冰岛，333 000 居民）以及一个人口极少的国家（列支敦士登，37 000 居民）。
- 一个深受 2008 年金融危机影响的国家（冰岛）以及另外三个能够相对轻松地应对金融危机的国家。
- 两个国家在欧洲北部参与跨国区域活动——冰岛和挪威是北欧活跃的合作伙伴关系——和另外两个国家，列支敦士登和瑞士有着共同的语言，在很多地区保持密切的睦邻友好合作关系并其自 1924 年以来结成关税和货币联盟。

本列表本可以更长，但就这些例子足以证明一点：欧洲自由贸易协会国家的异质性可以让联合国教科文组织科学报告的案例研究更有趣，这一次它们可以承担这份头号责任。欧洲自由贸易协会内没有关于研发活动的行径，但就在研发这一领域，欧洲经济区协议将这个四国的组织划分成三加一的格局。虽然如此，四国还是积极参与欧盟委员会的大部分活动，也会参与到一些其他的泛欧洲的计划，例如欧洲的科技合作计划（COST）与尤里卡计划，尤里卡计划是一项合作方案，向公司、大学和研究机构提供以市场为导向的跨境研究提议。这四国也参加到博洛尼亚进程中，与欧洲他国集中力量协调和发展高等教育。挪威和瑞士也是欧洲核研究组织的成员，由瑞士主导并在法国 - 瑞士边境上展开研究，吸引了成千上万的世界各地的物理学家前来进行科研。

在以下篇幅，我们将分析这些国家单独运行的方式，并且研究他们作为一个整体在欧洲大环境运作的方式，当谈到创新话题时，我们也应该分析瑞士这样在科研方面成绩突出的主要原因：它在 2014 年时超过欧盟创新成绩和全球创新指数，并列为经济合作与发展组织（OECD）成员国三大创新国之一。

表 11.1 展示了冰岛、挪威和瑞士的主要发展指标；这里面不包括列支敦士登，因为列支敦士登面积过小，在此进行对比没有太多意义。关于它的一些数据会在之后的国家概况给出（见第 303 页）。

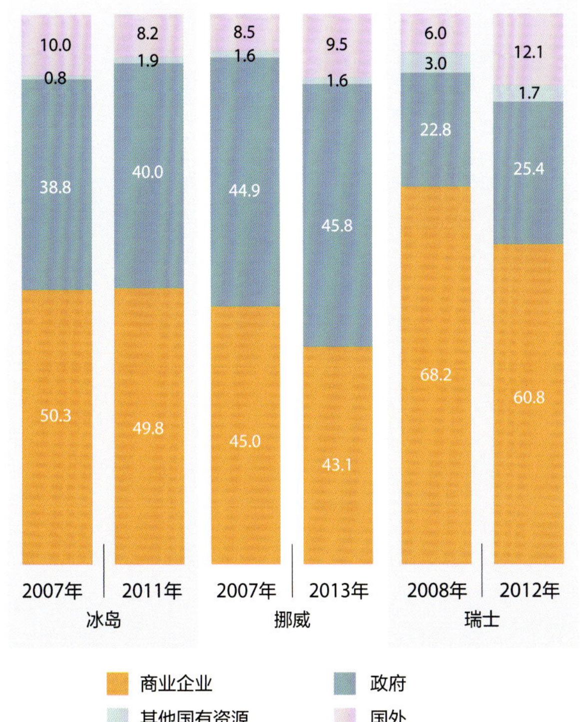

图11.2　2007年和2013年或最近这些年欧洲自由贸易协会国家的研发投入资金来源（%）

来源：经济合作与发展组织（2015 年）主要科学和技术指标。

瑞士在欧洲属于排名前三的国家，根据该地区所有对于科学输入，科学产出以及创新和竞争力的指标显示，冰岛和挪威排在中上游的位置。挪威已经大大增加了研究和开发支出在国民生产总值中的比重，但是它的研发投入 / 国民生产总值比仍远低于欧洲自由贸易协会和欧盟 28 国的平均水平（见表 11.1 和图 11.2）。挪威的另一个弱点在于外国学生认为其缺乏游学吸引力：根据经济合作与发展组织（2014）提供的数据表明，在挪威校园参加高级研究项目的国际学生所占比重仅有 4%，相比于冰岛的 17% 以及瑞士的 51%；而且挪威对其在 2014 年欧盟创新联盟记录的分数也不满意，在 35 个席位中排名第 17，置其于一个中游创新者[①]的位置，远低于欧盟平均水平［见词汇表（第 738 页）］。

除了挪威有一些保留外，这三个国家在未来有着高度流动的科学家（见表 11.1）并且出版商势力强大——冰岛在 2005 年和 2014 年之间的产量增加了 102%——其中国际联合作者占绝大多数（见表 11.1 和图 11.3）。出版增长率最高的国家在其影响方面也做得很出色：冰岛在最常被引用科学出版物比例中列居第四。全世界随处都可以看到冰岛的身影。在 2008 年和 2013 年之间，它也没能改善自己的创新绩效。尽管冰岛仍然是创新的追随者且创新水平高于欧盟平均水平，但是它已经被至少 6 个欧盟国家超越，在世界经济论坛的竞争力指数也下跌了 11 位。所以在本章的后续部分，我们会涉及冰岛采取可能的措施来重整旗鼓。

在分别分析这四个国家之前，我们来简单看一下冰岛、挪威、列支敦士登在欧洲经济区协议的框架下所承担的与研发相关的公共活动。

欧洲经济区的共同研究

欧洲经济区协议在欧盟研究项目方面给予冰岛、列支敦士登和挪威与欧盟国家平等的伙伴关系地位。冰岛和挪威充分利用这次机会，在 2007—2013 年之间，他们是从第七框架计划（FP7）人均获得最多研究经费的国家之一。在这方面，冰岛在第七框架计划中是成功率最高的国家，继而冰岛开始加强

① 在对挪威数据统计方面，挪威认为欧盟委员会的报告过于严厉，因为它低估了挪威的创新潜力（参见挪威科研理事会，2013，第 25 页）。

表 11.1　2014 年或最近一年欧洲自由贸易协会国家在科学方面与国际比较

		冰岛	挪威	瑞士
人力资源	科技人力资源*作为活跃人口的部分，2013年（%）	53	57	57
	相应的国家**排名（41个国家）	7	2	2
	高等教育公共支出所占国民生产总值的比重，2011年（%）	1.6^{-1}	2.0^{-1}	1.4
研发投入	研发投入 / 国内生产总值比率（2007年）	2.9^{-1}	1.6	2.7^{+1}
	研发投入 / 国内生产总值比率（2013年）	1.9	1.7	3.0^{-1}
	相应的欧盟排名（28个国家）	8	16	3
	高等教育公共支出所占国内生产总值的比重，2012年	0.66^{-1}	0.53^{+1}	0.83
研究人员流动	博士后在过去的十年中在国外度过超过3个月的比重（%）	49	43	53
	相应的欧盟排名（28个国家）	3	10	1
	国际学生占高级研究计划入学率的百分比（2012年）	17	4	51
	经合组织相应的排名（33个国家）	15	25	2
出版强度	每百万居民国际科学合作出版物（2014年）	2 594	1 978	3 102
出版的影响	前10%最常被引用的科学出版物的比重，2008—2012年	18	13	18
学术实力	排名前200名的大学数目，根据上海世界大学学术排名表，2014年	0	1	7
	排名前200名的大学数目，根据QS世界大学排名，2014年	0	2	7
	百万人口享受经济研究委员会津贴数目，2007—2013年	3	8	42
	相应的时代排名	18	12	1
专利活动	每百万人口三方同族专利的数量（2011年）	11	23	138
	经合组织相应的排名（31个国家）	15	12	2
	国际指数排名			
创新能力	欧盟创新联盟榜单排名，2008年（35个国家）	6	16	1
	欧盟创新联盟榜单排名，2014年（35个国家）	12	17	1
竞争力	世界经济论坛全球竞争力指数排名，2008年（144个国家）	20	15	2
	世界经济论坛全球竞争力指数排名，2013年（144个国家）	30	11	1
	瑞士IMD世界竞争力指数排名，2008年（57个国家）	无排名	11	4
	瑞士IMD世界竞争力指数排名，2013年（60个国家）	25	10	2

-n/+*n* = 基础年度 *n* 年之前或 *n* 年之后的数据。

* 在科技领域获得了三级资格的个人与 / 或个人从事了一个需要这般资格的职业；

**ERA 由 28 个欧盟成员国组成，欧洲自由贸易协会的四国，以色列以及欧盟代表国在今年的研究当中。

注：列支敦士登的比较数据不可用；其专利都包含在瑞士的统计数据之中。

来源：Eurostat, 2013；欧统局，2013 年；欧盟（2014 年）研究人员的报告；世界经济论坛（2014 年）2014—2014 年全球竞争力报告；欧洲委员会（2014 b）时代进展报告；欧洲委员会（2014 c）创新联盟记分板；经合组织（2015 年）主要科学和技术指标；经合组织教育一览（2014 年）；瑞士国际管理发展学院（2014 年）全球竞争力年鉴；欧盟（2013 年）国家和地区科学生产概况；国际货币基金组织（2014 年）的世界经济展望；联合国教科文组织统计研究所，2015 年 5 月；冰岛数据。

在整个欧盟和世界其他地区的大学、工业、研究中心和公共当局之间的研发合作。冰岛在环境、社会科学、人文科学和健康具有特殊的优势；挪威在环境研究、能源和空间方面是世界领导国家之一。

当然参与欧盟活动不是免费的。除了为每个框架计划投入巨资之外，他们三个欧洲经济区国家还需通过促进社会凝聚力来减少欧洲的社会经济差异，这些都是通过欧洲经济区秘书处自主管理的一个特殊的计划来实施运行：欧洲经济区 / 挪威赠款项目。

尽管这不是一个研发项目，但教育、科技在计划区域发挥着至关重要的作用，从环保、可再生能源和绿色产业的发展对人类的发展到在绿色产业创新 . 更好的工作条件和保护文化遗产。在 2008 年和 2014 年之间，三个经济区捐助国对 150 个项目进行了 18 亿欧元的投入，其中有欧洲中部和南部 16 个国家从该项目中受益。举例来说，气候变化是该计划的一个重点研究主题，从这个联合项目中，葡萄牙可以吸收冰岛的经验来利用其在亚速尔群岛的地热潜力。葡萄牙也与挪威海洋研究所合作来保持其海洋环境健康发展。通过另一个项目“创新挪威”以及挪威的水资源和能源管理部门来帮助保加利亚提高能源效率和绿色创新。

欧洲自由贸易协会津贴 / 挪威资助项目在未来几年将继续开展，项目结构会有小的变化，可能增加支出并将两种类型的资助合并成一个单一的资助方案。与过去一样，冰岛和挪威将作为完全相关成员参与从 2014 年到 2020 年的新框架计划“地平线 2020 计划”（见第 9 章）。另外，列支敦士登决定避开“地平线 2020 计划”，因为这个国家的少数科学家在前两个项目上参与度较低。

国家概况

冰岛

支离破碎的大学系统

冰岛遭受 2008 年的全球金融危机重创后，三家主要银行接连倒闭。在接下来的两年时间里，冰岛的经济陷入深度衰退（2009 年是 –5.1%）。这阻碍冰岛在超越传统产业来建设经济的多元化方面所有努力，例如将其渔业、铝、地热能和水力发电等产业向高知识产业和服务方向转变。

尽管表 11.1 的大多数数据看起来不错，几年前这些数据看起来会更好。冰岛在 2006 年研发投入占国民生产总值的 2.9%，使其成为欧洲最大的人均研发投入国之一，仅次于芬兰和瑞典。到 2011 年，这个比例下降到 2.5%，到 2013 年，跌至 1.9%，这也是自 20 世纪 90 年代末以来的最低水平，据冰岛统计。

冰岛出版业发展态势较好，无论是从质量方面还是数量方面（见表 11.1 和图 11.3）。

冰岛大学，一所在《泰晤士报》高等教育增刊排名在 275 名和 300 名之间的国际知名大学。冰岛发达的出版业毫无疑问在很大程度上是由于其庞大的年轻一代的科学家群体。大多数科学家在国外度过他们部分的职业生涯，其中有半数的博士学位是在美国获得的。此外，冰岛 77% 的发刊文章都会有一个外国联合作者。如此高的比例在这种典型的小国家是很常见的事实，冰岛被列入世界上最国际化的科学体系之中。

同挪威一样，冰岛有着坚实的科学基础，但这并没有转化为高创新潜力和竞争力（见第 304 页）。为什么会这样呢？挪威可以把这种矛盾归咎于其经济结构，这种经济结构只在那些要求低强度的研究的领域里鼓励特定的优势项目发展。重组经济来支持高科技产业需要时间，而且如果是在政府的主导下把低技术含量的产业中那些稳定的高收入进行下调，想要采取一些较合适的激励措施也是不太可能实现的。

与挪威不同的是，冰岛在 2008 年危机前几年就开始寻求更加多元化并且更多以知识为基础的经济发展道路。经济危机爆发之时，这种做法起到了很大的作用。大学和公共研究机构的研究支出从 2009 年国民生产总值的 1.3% 下滑到 2011 年的 1.1%。在扩大冰岛科学家的国外培训比例与通过冰岛研究型大学开发一个坚实的研究基地来增强在国际网络中的积极作用方面，冰岛都受到了发展遏止。这也使得冰岛的发展具有了双重约束：加速了人才流失的问题；同时在研究密集型领域冰岛吸引跨国公司的

自2010年以来冰岛增长趋势所有放缓，挪威和瑞士增速保持稳定

	2005年	2006年	2007年	2008年	2009年	2010年	2011年	2012年	2013年	2014年
冰　　岛	427	458	490	575	623	753	716	810	866	864
列支敦士登	33	36	37	46	41	50	41	55	48	52
挪　　威	6 090	6 700	7 057	7 543	8 110	8 499	9 327	9 451	9 947	10 070
瑞　　士	16 397	17 809	18 341	19 131	20 336	21 361	22 894	23 205	25 051	25 308

2 594
2014年冰岛每百万居民拥有的出版物

1 978
2014年挪威每百万居民拥有的出版物

3 102
2014年瑞士每百万居民拥有的出版物

这些国家注重医学科学，瑞士更注重物理学
累计总数，2008—2014 年

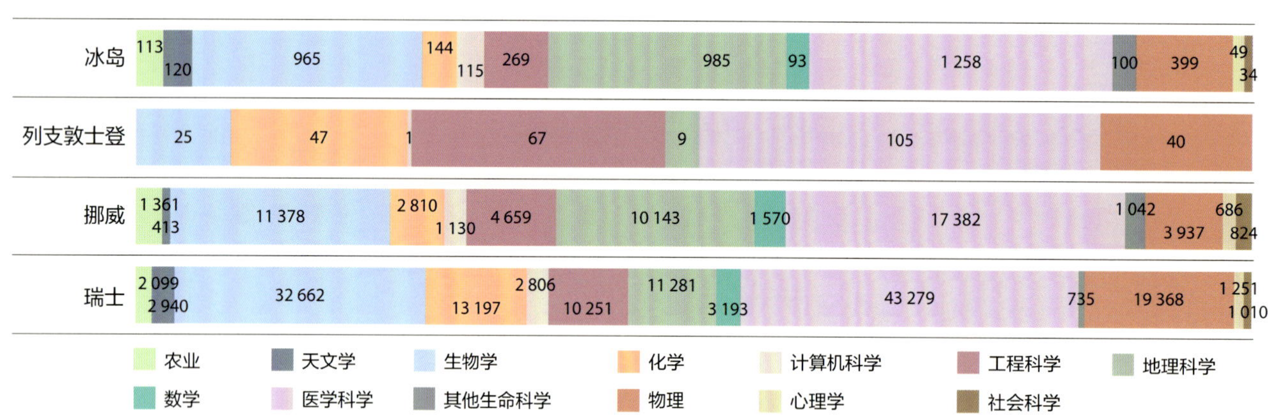

注：总数不包括未分类的出版物，其中瑞士（13 214），挪威（5 612），冰岛（563）数量都很庞大；见第 792 页的方法条目。

在关键指标上所有国家远远超过经合组织的平均水平

2008—2012年出版物平均引文率

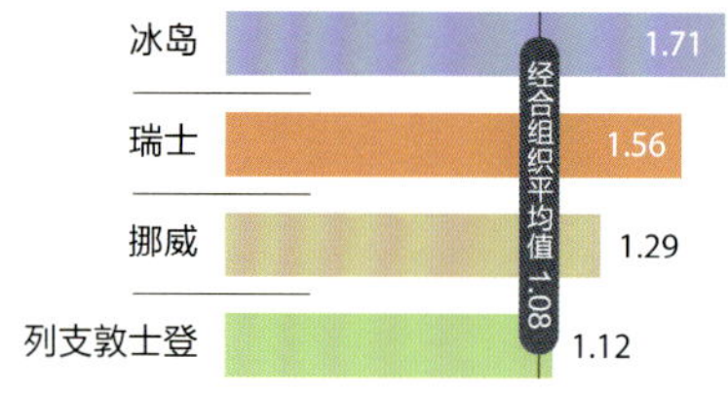

2008—2012年论文占最常被引用的10%的比例

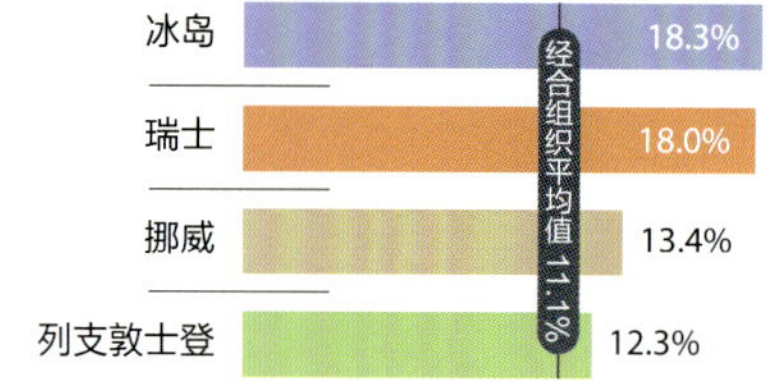

2008—2014年占外国合作者的论文比例

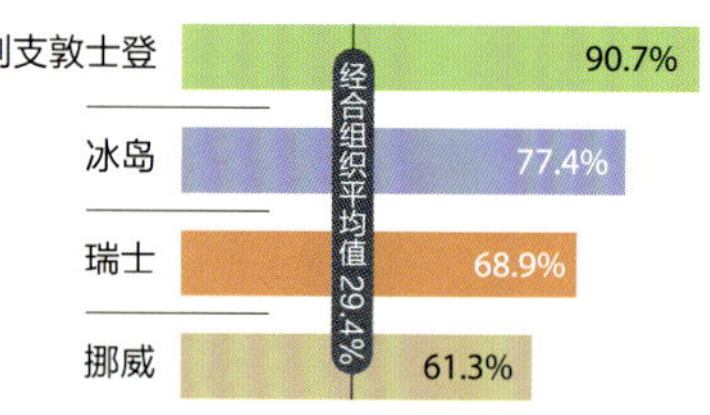

主要的合作者是在欧洲或美国
2008 年和 2014 年之间的主要外国合作者（论文数量）

	第一合作国家	第二合作国家	第三合作国家	第四合作国家	第五合作国家
冰　　岛	美国 (1 514)	英国 (1 095)	瑞典 (1 078)	丹麦 (750)	德国 (703)
列支敦士登	奥地利 (121)	德国 (107)	瑞士 (100)	美国 (68)	法国 (19)
挪　　威	美国 (10 774)	英国 (8 854)	瑞典 (7 540)	德国 (7 034)	法国 (5 418)
瑞　　士	德国 (34 164)	美国 (33 638)	英国 (20 732)	法国 (19 832)	意大利 (15 618)

图 11.3　2005—2014 年欧洲自由贸易协会国家科学出版物发展趋势

来源：汤森路透社的网络科学，科学引文索引扩展；科学数据处理。

机会也有所降低。

欧盟委员会为欧盟和经济区的国家总结了一系列国家研究综合信息报告。冰岛的国家研究综合信息报告（2013）显示了冰岛科学技术情报体系面临着许多重要的结构性和金融性挑战。除了上面提到的窘境，报告也指出在治理和规划方面的许多不足之处，其中竞争资金水平不高，且津贴数额也较少；质量控制不足以及较为分散的系统，并且对像冰岛这样一个大小的国家研究机构（大学和公共实验室）冗繁。冰岛有 7 所大学，其中三所是私立大学。在 2010 年冰岛大学有学生约 14 000 名，相比于大多数的其他机构人数最多也不过 1 500 名。

但至少其中的一些短板在 2013 年当选政府所出台的第一个政策文件中得以解决。它在《2014—2016 年科学和技术政策与行动计划》提出：

- 提高对高等教育的贡献以达到其他北欧国家的水平。
- 恢复 2008 年之前的目标，到 2016 年将研发投入 / 国民生产总值比率提高至 3%。
- 提出加大冰岛参与国际研究项目的措施。
- 确定所需长期资助项目与研究基础设施。
- 以固定成本的支出来加强竞争资金比例。
- 更好地利用税收制度来励私营部门投资于研发和创新。
- 创建一个更好的系统来评估国内研究和创新的质量。

不幸的是，这些建议几乎没有很好地解决 2013 年国家研究综合信息报告中所明确提出的四分五裂的问题。冰岛每 50 000 居民有一所大学！当然，将一些教育机构凌驾于其他机构在政治上是很困难的一个策略；它影响着研发投入但也有自己的地区、社会和文化角度的考量。尽管如此，把所有可利用的资源都集中建设和投入到一所强大的大学很可能为国际科学界留下深刻印象，并且也更容易吸引来自国外的学生和教师，这也是有必要采取的措施。在冰岛最有前途的研究领域这个机构将能够起到带头作用——健康、信息和通信技术，环境与能源——或许还能开发出其他领域的发展。那些在海外生活的才华横溢的冰岛年轻一代人会更愿意带着他们的新想法回国。可能这年轻一代人更倾向于关注一个独立的专家小组对于欧盟委员会负责的科学技术情报系统的信息。如果冰岛寄希望于结束教育机构分裂的局面，他们提议冰岛必须要提高教育机构之前的协调性，促进合作并且开发出一个有效的质量评估系统。未来的道路可以总结成一句话：拧成一股绳。

列支敦士登

创新推动列支敦士登的经济发展

列支敦士登在许多方面都是一个特例。他是欧洲为数不多的君主立宪制国家，民主宪政与议会相结合并且保留君主世袭制。他三分之一的人口都是外国人，主要来自瑞士、德国和奥地利。他的面积很小——2013年时人口总数为37 000人——这也致使它被大多数科技统计排名比较所排除在外。它的公共研发支出低于一所大学的预算并且其出版产出就是每年几百篇可引用的论文。欧洲经济区协议想要促进其与冰岛和挪威进行密切来往，但是但它的地理位置在瑞士的东部边境，再加上它的母语（德语）以及它与瑞士在许多政策领域有着长期密切合作的传统使得它与瑞士的合资公司成为一个更明显的且更实际的做法。科学技术也不例外。列支敦士登与瑞士国家科学基金会联系紧密，使其研究人员有参与基金会活动的权利。此外，列支敦士登在奥地利科学基金享有同样的特权，奥地利基金会地位相当于瑞士国家科学基金会。

根据国家教育部门统计，列支敦士登研发支出 / 国民生产总值的比率为 8%，极其醒目的数值。但由于其较少的经济参与者以及一些名义上的数据，这个数值在国际比较层面意义还是十分有限的。虽然如此，这一比率反映了列支敦士登一些具有国际竞争力的公司所具备的高研发水平，这些公司集中分布在机械、建筑和医疗技术领域，比如像喜利得公司，欧瑞康巴尔查斯或者义获嘉伟瓦登特公司；后者主要为牙医开发产品，它分别在列支敦士登雇用了 130 人，在全球 24 个国家雇用了 3 200 人。

列支敦士登研发的公共资金——大约占国民生产总值的 0.2%——都投入了这个国家唯一的公立大学，列支敦士登大学。研发基金以现有的形式成立于 2005 年并在 2011 年得到正式认可，大学的主要研究重点在于国民经济具有特殊的相关性的领域上：

主要有金融、管理和创业精神，或者更小程度上，建筑与规划。学校有了一个良好的开端，它正吸引着越来越多的学生，这些学生不仅仅只是来自邻国说德语的国家，是因为它的教师 / 学生比率是极具吸引力的。虽然如此，大部分青年还是选择出国留学，留学主要集中在瑞士、奥地利和德国（office of Statistics，2014）。

列支敦士登能否会继续蓬勃发展，能否获得国际声誉和地位仍有待观察。但是不管怎样，列支敦士登的发展将决定其未来公共研发部门的发展。如果列支敦士登大学在增长速度和发展质量方面辜负了期望，这可能引发议会重新思考其最近从欧盟的“地平线 2020 计划”当中退出的决定。创新是支撑列支敦士登的强劲的经济的关键所在，并且公共部门支持研发的措施可以作为私人研发投资有力的补充，这也有利于维护国家的长期优势。

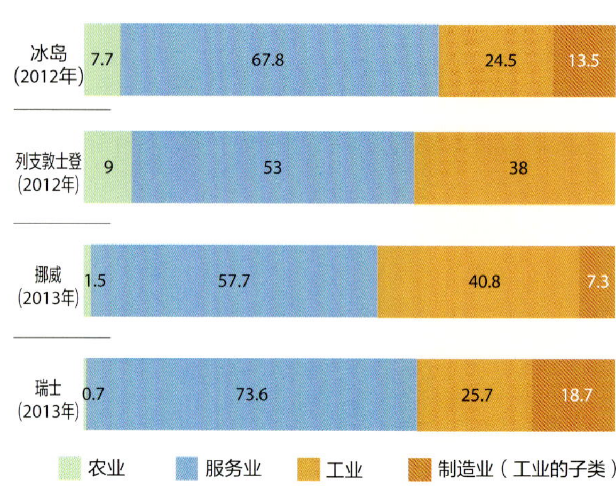

图 11.4　2013 年或相近年欧洲自由贸易协会国家国内生产总值（以经济门类划分）(%)

注：对于列支敦士登，制造业被放入其他工业门类；“农业”包括住宅业，主要指租赁房屋，地产中介行业。

来源：世界银行的世界发展指数，2015 年 4 月；对于列支敦士登：统计局（2014 年）。

挪威

知识未能转化为创新机制

挪威是世界上收入水平最高的国家之一（2013 年在当前的价格水准下，其人均购买力为 64 406 美元）。尽管如此，国家的强大的科学基础较之于传统经济对国民财富贡献值较小。传统经济财产有：北海的原油开采（2013 年占国民生产总值的 41%）；制造业的高生产率；以及高效的服务行业（见图 11.4）。

如表 11.1 所示，第一个附加值链的前途可观。拥有三级资质和 / 或从事科学技术情报部门的成年人比重是欧洲最高的国家之一。挪威有一个传统的弱点，它的博士生和研究生的数量相对较少，但是政府已经设法消除这个瓶颈。自 2000 年以来，相比其他北欧国家，博士生的数量增加了一倍多。公共研发支出处于经合组织中间位置，企业部门配有大量的研究人员，这构成了对科技系统坚实的投入（见图 11.5）。

正是在这一点上问题才得以出现：投入不能反映出输出的水平。挪威人均科学出版物的数量在欧洲排名第三，但是挪威籍作者的文章在顶级期刊上所占的份额仅仅略高于时代平均水平（见表 11.1）。

同理，挪威在应对经济研究委员会前七个在研究建议方面的呼吁时表现良好但不优秀，这也同样适用于其大学的国际威望：挪威的主要大学，奥斯陆大学，在上海世界大学学术排名中排第 63 位，这也是世界级的研究的一个标志。然而如果我们不考虑研究质量只看重标准，一个明显的问题就会出现了。两所挪威大学在泰晤士高等教育世界大学排行榜前 200 名排名状况如下：奥斯陆大学（第 101 位）和卑尔根大学的（第 155 位）（见表 11.1）。两所学校自身发展都较好但是每当涉及国际化比较时就会逊色很多。这就是典型的挪威模式。同样让人失望的是挪威参加高级研究项目的国际学生较少（见表 11.1）；[①] 瑞士、冰岛和其他小型欧洲国家如奥地利、比利时、丹麦在这个方面表现的要更好一些。挪威的大学无疑正在面临一个恶性循环：吸引高水平的国际学生和教员的主要条件在于一所大学的声誉，一个靠前排名的关键标准在于学校有足够比例的国际学生和教员。不管怎样，排名在国际人才流通的大道上就如路标一样的存在。[②]

① 经济合作与发展组织对于挪威数据有所低估，因为挪威统计的数据具有一定的特殊性。或是因为大部分的外国学生或取得居民身份或是欧盟公民。

② 想要详细了解大学，排名，区域高等教育环境和全球化之间关系的讨论，请参阅联合国教科文组织（2013 年）。

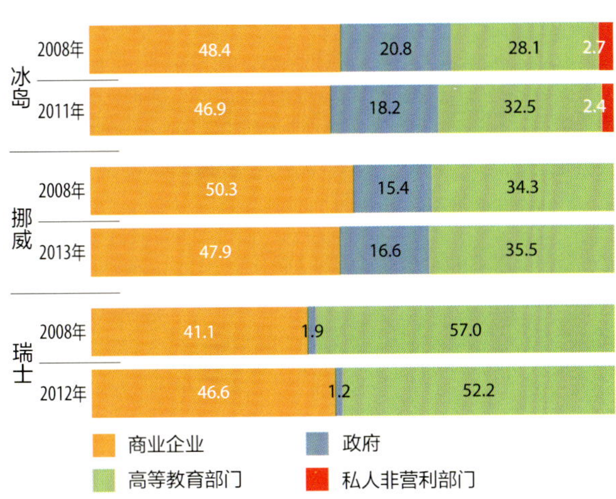

图 11.5　2008 年和 2013 年或接近年份欧洲自由贸易协会国家研究人员（等效全职，以就业部门划分，%）

注："其他研究员"类包括私人非营利行业和其他没有分类的行业，这里单指冰岛。瑞士的联邦和中央政府的研究人员被划入"政府"。

来源：联合国教科文组织统计研究所，2015 年 4 月。

挪威如何才能打破这个恶性循环并且更好地打造自己的品牌来作为学习[①]和研究的一个有吸引力的目的地？挪威在建立科学体系国际化时面临两个严重缺陷：地理位置和国家语言。要克服这些障碍，它可以消除法律和后勤方面给跨境流动带来的阻碍，进行校园升级，改革研究项目使它们更好地适应外国客户的需求，还要扩展海外博士和博士后项目，其中包括一些后续重建学生的特殊措施——但这可能还不够。另一项措施是很有必要做出一些可见的措施来寻求突破：建立更多的类似于北极科学的研究旗舰项目来让它在国际舞台上闪耀（见表 11.1）。

这样一个旗舰项目最近超出了神经科学家范围引起了科学界的注意，2014 年卡维利系统神经科学研究所所长因发现人类的大脑也有自己的定位系统而成为诺贝尔生理学或医学奖得主。爱德华·莫泽与两位共同获此殊荣，一位是位于特隆赫姆的神经计算中心主任挪威人迈－布里特·莫泽，另一位是来自伦敦大学学院的约翰·奥基夫。在特隆赫姆

① 加拿大也面临着同样的问题，见第 4 章。

专栏 11.1　北极斯瓦尔巴特群岛的研究

挪威斯瓦尔巴特群岛（斯匹次卑尔根）是位于挪威大陆和北极之间的一片群岛。它的自然环境以及高纬度独特的研究设施使其成为北极和环境研究的理想地点。

挪威政府积极支持和促进斯瓦尔巴特群岛作为国际科研合作的中心平台。世界各地的机构都在那里建立了他们自己的研究站，大多数被建在新奥勒松。波兰与挪威分别于 1957 年和 1968 年最先在这里建立了两个极地研究所。此后挪威又建立了其他四个研究站：分别建于 1988 年（与瑞典共享），1992 年，1997 年和 2005 年。最新成员是 2014 年建成的极地生态中心，这也是捷克共和国南波希米亚大学一部分。其他研究站分别由以下国家建立：中国（2003 年），法国（1999 年），德国（1990 年和 2001 年），印度（2008 年），意大利（1997 年），日本（1991 年），韩国（2002 年），荷兰（1995 年）和英国（1992 年）。

朗伊尔城，世界最北端的城市，建有以下研究机构和基础设施：

- 欧洲非相干散射科学协会（成立于 1975 年），它应用非相干散射雷达技术研究低、中、高层大气与电离层。
- 谢尔·亨利极光天文台（成立于 1978 年）。
- 斯瓦尔巴群岛大学中心（成立于 1993），挪威几所大学的联合组织。它进行北极和环境研究，如研究气候变化对冰川的影响；它还为本科生和研究生提供了高质量的课程，课程涵括内容有北极生物学，北极地质，北极地区地球物理以及北极技术。

自 2004 年以来斯瓦尔巴特群岛通过光纤电缆已经与数字世界的其他部分联系在一起。挪威进一步致力于打造瓦尔巴特群岛成为"科学中心"，同时加大国际研究团体对其基础设施和科学数据接触。

来源：挪威教育研究部与外交部。

的挪威科技大学负责运营卡维利系统神经科学研究所，研究所也是挪威卓越中心计划的一部分，第一批 13 所卓越中心成立于 2003 年。其余的 21 个中心分两轮于 2007 年（8 所）和 2013 年（13 所）建成。在十年内这些中心会稳定的公共资金支持，每年每个中心会收到资助 100 万欧元。这个投资量相当低；瑞士和美国这样类似的中心收到的资助是这里总额的 2~3 倍。挪威要走国际发展的道路需要向中心投资更多，这可能也需要挪威进一步进行反思。向这样的中心投资更多将会对不同类型的研究带来更加平衡的支持。基础研究不是挪威的首要任务；很少有欧洲国家面向应用科学和实验开发（见图 11.6）。

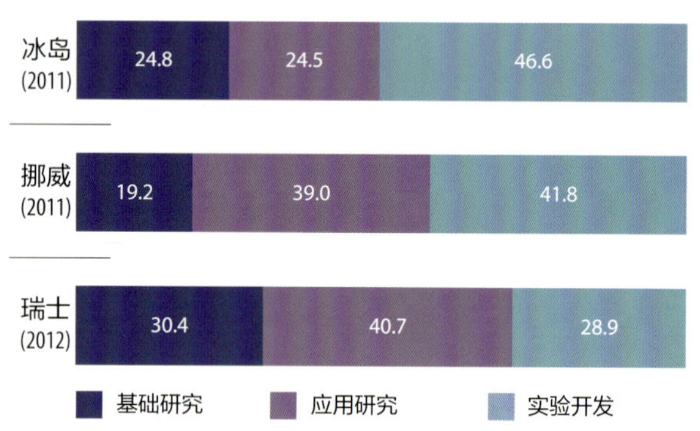

图 11.6　2012 年或最近年份欧洲自由贸易协会国家研发支出总量与国内生产总值之比（以研究类型划分）(%)

注：对于冰岛而言，数据相加不是 100%，因为 4% 的研究是未分类的。对于挪威而言，数据仅基于当前成本，而非总支出，因此不包括当前和资本支出。

来源：教科文组织统计研究所，2015 年 4 月。

在挪威一贯非常好的公共科学体系下，以上述类似的措施将有助于挪威解决一些弱项。然而如上所述，挪威的主要弱点在于它在后期附加价值链方面的表现不佳。科学知识没能被有效地转化为创新产品。在 2014 年经合组织国家报告中挪威最消极的科学技术情报指标体现在其大学和公共实验室申请专利的数量上。这种困境的出现不能全责怪学术界。如果更深入地去看待这个问题，专利是基本知识的生产者与应用私营企业之间的一种积极的关系，也是转化和应用它的一种积极关系。如果业务方面发展欠佳，公共资金资助的科学跟着也会动摇。尽管挪威生产力较高，经济发展繁荣，但是挪威进行内部研发高科技公司数量较小，这同时也不利于公共资金资助其研究发展。

而且，挪威只有为数不多的本土跨国公司拥有全球顶尖研究中心。几乎所有的其他经合组织国家私人人均研发支出都高于挪威。自 2002 年以来，挪威优惠研发税收政策的支持。在过去的几年里不到一半的挪威公司从事创新活动。相比德国近 80% 的公司有着创新活动。挪威公司创新产品营业额百分比也很低。据 2014 年世界经济论坛全球竞争力报告指出，以上的因素都是阻碍国家创新体系发展的外部因素。其中真正阻碍其发展的是高税率以及严格的劳动法规。

低增长时期不易加强研发

挪威新任政府宣布的 2013 年战略目标与欧盟未来的合作是“让挪威成为最具创新性的欧洲国家之一”（挪威政府，2014）。因此 2014 年挪威分配更多预算资金来支持业务研发。虽然在数量和增长率方面因为过于谨慎很可能不能创造出什么大的发展。当然这是在一个正确方向上向前迈进的一步。尽管如此，挪威仍然需要做更多的工作来铺平其通往创新殿堂的道路。它需要加强基础科学以及负责研发的主要研究型大学，通过上面的措施建议来进一步发展。它还需要加强现有项目，增加投资使企业和研究机构之间开展合作。

当然，所有这些都需要付出一定的代价。挪威不同寻常的是，在未来几年里挪威面临的最重要的挑战是找到充足的公共资金。随着 2014 年 7 月至 2015 年 1 月间布伦特原油价格的迅速下跌成为过去价格的一半，貌似长时间的不间断高国民生产总值已成为过去。因此，由前政府在白皮书中确定的到 2015 年时研发投入 / 国民生产总值比率翻倍到 3% 的目标不再显得非常现实。就像许多欧洲国家一样，挪威将别无选择，只能通过加强研发分散成更创新的经济部门。在当前的低经济增长的时期，要完成这项任务绝非易事（Charrel，2015）。

瑞士

瑞士能保持它现在良好的发展态势吗？

根据 2014 年世界经济论坛全球竞争力报告，瑞士已经连续六年领先于 144 个国家的发展。它在高等教育、培训和创新方面表现得尤其突出。根据欧盟委员会的 2014 创新联盟记分牌显示，它也是一个无与伦比的创新热点，领先于所有的欧盟国家、欧洲自由贸易协会成员以及世界主要创新国家如日本、韩国、美国等。这一惊人表现背后的秘密是什么？瑞士继续保持它现今如日中天的可能性还有多大？

首先，瑞士有一个非常强大的科学基础。根据上海高校排名统计情况，世界前 200 名大学里，瑞士 12 所高校占据了 7 所。排名主要专注于研发产出。瑞士列居科学出版物的影响全球排名在前三的国家当中。它也是欧洲研究委员会公认的迄今为止人均项目提案要求最成功的国家。它对欧洲基础科学的发展起到了支柱性的作用（见附表 9.1）。

显然，在一个小国家里，世界一流的表现与国际性是密切联系的。瑞士 12 所大学中超过半数的博士学历持有者以及私有经济领域中接近一半的研发人员都不是瑞士人。两个联邦理工学院三分之二的教师，以德语为主的苏黎世的苏黎世联邦理工学院（ETHZ）以及法语区的洛桑联邦理工学院（EPFL），都不是瑞士人。

除了公立大学以及联邦理工学院下属的几个学院的表现出众外，研究集中型的私营部门也很优秀，在全球范围内，它们集中表现在工程方面（ABB 集团），食品工业（雀巢），农业及生物科技科方面（先正达公司）以及制药业（诺华公司，罗氏药业），其中制药业占瑞士内部研发支出的三分之一。这些公司与瑞士学术界都有一个引人注目的特点：它们有能力来吸引来自世界各地的研究人员在国内和瑞士世界各地的实验室从事瑞士的研究工作。

科学的力量是一回事，将其转化为创新的、有竞争力的产品是另一回事。这一点挪威也非常清楚。以下瑞士体系的特点是其成功的关键所在：

- 首要的是在一个小的地域内将在高科技领域工作的世界一流大学与一流的跨国公司，或价值链的高端运行的成熟公司进行结合。
- 其次，瑞士的大学和公司在全球市场下，在有竞争力的产品发展方面有重要的研究优势；它有超过 50% 的出版物分布在生物和医学科学领域，而其他的尖端领域分布在工程、物理和化学上（见图 11.3）。
- 第三，超过 50% 的劳动力有能力去做科学和工程方面要求较高的工作（见表 11.1）；在这个指标上，瑞士领先于所有欧洲其他国家。这可能是因为在瑞士有很高比例的人有大学学位——瑞士在这方面要求并不特别严格——劳动力不是必须要获得必要的资格才能从事工作，他们可以通过其他一些方法来获取技术技能：一方面，通过学徒制、应用研究大学以及优秀的职业课程和职业训练；另一方面，雇用海外的顶级专业人员。
- 第四，公共和私营部门之间有明确的分工。近三分之二的瑞士的研发是由工业资助的（见图 11.2）。这不仅保证有效的技术转移——从科学突破到竞争产品最短的路线是内部通道——但也允许公共部门专注于无定向基础研究。
- 第五，高水平的研发投资没有间断过，是因为在一个稳定的政治体系下瑞士有较稳定的政策倾向。像西半球的大多数国家一样，瑞士也遭受了 2008 年的金融危机。不仅是其国民生产总值小幅萎缩，从 1.9% 降至 1.8%。瑞士的大学也似乎被宠坏了，在短短四年时间里他们的预算增长了三分之一。
- 最后，瑞士有大量的当地商业扶持优势，几乎面向所有行业尤其是高科技公司：完备的研究基础设施以及良好的网络连接（在 2013 年 87% 的瑞士人口使用互联网[①]），低税率，一个监管宽松的就业市场，成立公司障碍较少，高薪和一个很好的生活质量。另外，可以算作瑞士的一个重要资产是它的地理位置，位于欧洲的中心，不像冰岛和挪威地理位置较为边缘化。

瑞士可变能成欧洲的一匹孤狼

瑞士依靠开发一个健全的国际网络获得了科学技术创新领域的成功。但是具有讽刺意味的是 2014 年的全民公投可能会危及这引以为豪的成就。

在 2014 年 2 月采用一个受欢迎的限制移民到瑞士的举措违反了欧盟的指导原则之一——人员的自由流动（见表 11.2）。公投后不久，瑞士政府通知欧盟和克罗地亚瑞士不能与欧盟委员会签署一份协议，这项协议只对欧盟新成员国适用。让克罗地亚公民不受限制地进入瑞士就业市场有违“停止大规模移民”投赞成票的结果（见表 11.2）。

---

① 这一比例在列支敦士登（94%）、挪威（95%）和冰岛（97%）甚至更高。

欧盟及时给予反馈。欧盟委员会将瑞士排除研究项目之外，这对其大学而言价值数亿欧元；暂停瑞士作为正式成员参与到世界上最大的研究和创新资助资助计划中谈判，价值 770 亿欧元 2020 地平线计划。欧盟委员会也暂停了瑞士的伊拉斯谟的学生交流项目。根据 ATS 通讯社报道，在 2011 年 2 600 名瑞士学生参与了伊拉斯谟项目，同年瑞士作为接待国在相同的欧盟资助项目下接收了 2 900 名外国学生。

由于在幕后强烈的外交活动和卓有成效的双边谈判，这种境遇在 2015 年年中有所减轻。最后，瑞士将能够参与到“地平线 2020 计划”中来。这意味着它的大学将有权从欧洲研究委员会与未来和新兴技术项目提供的补贴中受益。这对于洛桑联邦高等理工学院能够迅速重回正轨是好消息，对研发支出的影响也最小，即使是在私营部门研发投入。洛桑联邦理工学院，主导两个未来[①]和新兴技术的计划旗舰项目之一，人类大脑计划，旨在深化我们对大脑功能的了解。

到目前为止还不错。但你可能会说，达摩克利斯剑悬在瑞士政府之上。当前协议是有期限的，并将于 2016 年 12 月到期。如果瑞士没有想出一个符合人的自由流动的原则的移民政策，到那时，它将失去其作为完全成员的身份参与到 2020 地平线计划中，并且它将成为伊拉斯谟项目第三方。如果这一切发生的话，是不会影响瑞士参与到欧洲事务当中来的（例如欧洲核子研究委员会），但在欧洲科技发展领域中，瑞士将可能成为一匹孤狼。

① 另一个旗舰项目是发展未来的新材料，如石墨烯。

专栏 11.2　移民公投与瑞士科学

用非正式的民意测验来评估公众对科学和技术的态度是一回事，利用公民投票对科学问题进行决策是另外一回事。

全民公投是瑞士直接民主制度的政治传统的一部分。瑞士人几乎在所有事情上都喜欢公投，从零售店新的营业时间、高层经理的奖金封顶到多边条约。有时，他们在科学技术上也进行公投。

如果忽略掉那些主要争论是“是”或“否”的公投，在其中对特定技术的态度并不是必需的，比如与原子能相关的公投，过去 20 年有 4 次公投是关于那些对研究进行严格限定的法律条款；每次公投要求公民对非常复杂的事务进行投票，比如活体解剖、干细胞、农产品的生产和生殖的基因改良。有没有一个投票模式？是的，确实有。在 4 次公投中，多数票都反对那些阻碍或限制科学研究的措施。

既然瑞士人对科学技术的态度如此积极，为什么他们投票反对欧洲经济区条约？通过这一条约，他们将自动获得进入欧洲研究区的权利呢。更关键的是，为什么他们对一项限制瑞士移民数量的提案投了赞同票，这一法案危及了瑞士与欧盟在科学技术上的合作？四分之一的瑞士居民出生在外国，并且每年有 8 万移民来到瑞士，大多数是欧盟公民。

这些反对意见有 2 个主要原因。第一个原因显而易见：在这两个公投中，科学技术只是法案的一部分，并且正如投票后的测验表明的那样：反对欧盟的 4 个基本原则之一的人员自由流动会伤害瑞士科学并没有被瑞士人认识到，或者是认为这一点与其他相比并不重要。

这一点直接引出了第二个原因。瑞士的政治精英赞同欧洲经济区条约，反对严格的移民控制，但是他们错失了把科学技术作为公投议题的机会。这有可能改变公投结果吗？是的，有可能，因为这两次公投都是正反票数高度贴近。2014 年 2 月“反对大规模移民的”提案以 1 463 854 票对 144 552 票通过。要是瑞士的大学的头头脑脑和科学舞台上的主演在投票的前几周在主要的报纸上发几篇启蒙性文章，说明一下不能参加欧盟研究和进行交换学生项目的潜在危害，就很可能扭转公投结果了。

来源：作者编写。

令人失望的经济增长会影响研发目标

能否成为欧洲研究地区的一部分至关重要，但是这不是瑞士面临的唯一挑战，如果它希望保持领先优势。瑞士还需要保持现在研发投资的领先水平。2013—2016 年的财政计划中，教育、研究和创新都有着非比寻常的 4% 的年度增幅。但是，这是在 2015 年 1 月瑞士法郎对欧元大幅升值之前，出口和旅游业因此遭到重创。2015 年年初看起来小菜一碟的目标已经变得危机重重：与挪威一样，尽管原因各异，经济增长陷入困境；因为增长是提供公共消费的前提，没有增长，研发投入和其他政策领域一样就会成为牺牲品。

对少数跨国性公司的过度依赖

另一个瓶颈就是高素质研发人员的招募。在刚刚过去的 3 年，瑞士在 2014 年的世界经济论坛的全球竞争力报告中为保持创新优势吸引和雇用人才的能力排名已经从第 14 位下滑到第 24 位。还有其他结构性难题，比如过度依赖少数研发强度大的跨国公司的表现。如果他们止步不前怎么办？经合组织和欧盟最新的报告表明瑞士公司创新的投入比例已经下降，并且瑞士小公司和中型公司运用创新潜能的效率与过去相比降低了。

由此而看，瑞士政府不得不进一步介入（见专栏 11.3）。瑞士已经沿着这一方向前进，它把研发事务的主管部门从国际事务部转为经济部。当然，这种转换不是无风险的，但是只要新的政治环境认可基础研究在增值链中的核心作用并且和先前的部一样支持科学，公共资金对应用研究的支持力度会更大。这一方向的渠道有几个倡议。其中一个就是在苏黎世的 2 个联邦技术学院和日内瓦湖区（被称为

专栏 11.3　瑞士科学中心：瑞士科学外交模式

在那些能解释瑞士在科学技术创新的成功的因素中，一个因素经常浮出水面：瑞士的全球存在。这个国家设法吸引海外的顶尖人才，并且出现在它认为重要的地方。瑞士的高等教育机构联系紧密（见表 11.1）；瑞士公司在研发强度大的领域同样如此。他们采取全球化行动，紧靠其他世界级的科学中心建立公司和研发实验室，比如美国波士顿地区和加利福尼亚的一些地区。约 39% 的专利发现是与海外研究机构合作完成，这是全世界最高比例。

另外，在帮助瑞士“引诱”外国领域方面，甚至秉承坚决不介入政策的瑞士政府也参与其中：瑞士的科学外交可能是世界上最忙碌和最具企业精神的。除了他们在最发达工业化国家的主使馆区内经典的科学网络之外，它还早就开始在科学技术的热点地区建立了特定的中心，称为“瑞士科学中心”。瑞士科学中心两个部联合建立的；虽然名义上属于瑞士领事馆和大使馆，是瑞士外交事务的一部分，但从策略和内容上讲，它们受瑞士教育、科研和创新总局的管理。

第一个瑞士科学中心 2000 年在美国哈佛大学和麻省理工的中间位置成立。其他 5 个分别建立在洛杉矶（美国）、新加坡、上海（中国）、孟加拉国（印度）和里约热内卢（巴西）。

瑞士科学中心有着独特的构成：一个位于领事馆的小的单位，接受瑞士政府和私人资助，执行一个共同的使命：把瑞士的形象从巧克力、钟表和阿尔卑斯山上的美景之乡转变为先进的科学技术创新领先的国家。

另一个平行的目标是促进本土公共和私人研发的协调及产品在所在国的本土化。很明显，瑞士和美国之间的桥梁的建立不同于瑞士和中国的方法。相对于美国的科学体系是开放的，并且是瑞士高技术公司的分支机构所在地，瑞士科学在中国还默默无闻，并且这个国家做事情政治性更强。瑞士科学中心就是为了应对这一要求，它是帮助瑞士保持领先的众多举措之一。

来源：作者编写，包括来自施莱格尔的材料（Schlegel, 2014）。

瑞士西部的健康之都[①]）的周边建立两个创新园区。另一个倡议就是建立一系列的高等技术中心补充 2001 年开始由瑞士国家科学基金会运行的国家高等研究中心，后者被认为非常成功。第三个提议是技术和创新委员会牵头下组建和资助能源研究中心网络，来实施紧迫的技术任务。还有一揽子措施在筹备之中，以改善科学家的职业前景，也包括改善博士生的工作条件，矫枉过正以增加女性在高级学术职位中的比例，中期展望是引入全国范围内的学术职位跟踪系统（瑞士政府，2014）。

总而言之，所有这些措施也许有助于瑞士捍卫它的领先地位，但是，至关重要的是，没有一项能给出瑞士在欧洲起到积极作用的办法。也许这种短视在不久的将来会得到改善。至少 2014 年 11 月另一项让移民政策更加严格的提案遭受重挫——这一次瑞士科学界在投票前发出了自己的声音。[②]

结论

稍做调整，前途光明

毫无疑问的是，欧洲自由贸易协会的四个面积较小的国家在经济发展上都有着有利的位置，且他们的人均国民生产总值都高于欧盟平均水平，再加上他们的失业率非常低。即使他们的附加价值链是线性发展的，但他们出色的高等教育的质量以及研发产出一定是他们成功的关键因素。

瑞士在研发投入，科研潜力抑或是竞争力方面不是居于国际领先行列就是在前三的位置。在未来几年里其主要挑战在于捍卫自己的地位，维持基础研究高投资来保持其大学的活力和质量；注入新的公共资金到国家和地区项目来发展更多的应用、科技领域的研究。瑞士还需在 2016 年年底之前要解决其与欧盟政治问题来确保其能全面参与 2020 地平线项目——世界上最全面的跨国研发资助项目。

至于挪威，其挑战是减少其对非典型研发型行业石油行业的依赖，借助创新的高科技公司来促进经济多样化。促进其与公共研发部门的连接。不论是公共还是私人投资在研发并正义一个如此高的收入水平的国家，都需要一个推动力。

冰岛的主要挑战将是治愈 2008 年金融危机的伤口以及恢复失地；10 年前，冰岛在研究领域的表现惊艳众人。考虑到冰岛的大小和偏远的地理位置，能有世界一流的研发投入 / 国民生产总值比率，人均科学出版物出版发展也较为可观。

最后，较小的列支敦士登在研发领域没有什么较大的挑战。除了确保高等教育旗舰坚实的金融基础外，列支敦士登大学一直没有什么变化。政府需要保持政治框架允许国家一如既往地保持行业繁荣进行研发投入。

未来很光明，如果非要找出一个能让欧洲自由贸易协会在欧洲内外发展的特质，那一定是他们的政治稳定性。

欧洲自由贸易协会国家的主要目标

- 到 2016 年将冰岛的国内研发 / 国民生产总值比率提高到 3%。
- 冰岛引入创新企业投资税收优惠政策促进研发企业发展。
- 挪威在其 13 个卓越中心主导下，在 2013—2023 年投资 2.5 亿美元资助科学研究。
- 瑞士在苏黎世联邦理工学院与洛桑联邦理工学院附近建立两个创新园区，由所在州、私营部门和高等教育机构支持。
- 如果瑞士要维持其在 2020 年地平线项目中合作伙伴地位，在到 2016 年年底前瑞士必须与欧盟解决当前关于人员的自由流动的问题。

参考文献

Charrel, M. (2015) La Norvège prépare l'après-pétrole. *Le Monde*, 2 March.

DASTI (2014) *Research and Innovation Indicators 2014. Research and Innovation: Analysis and Evaluation 5/2014.* Danish Agency for Science, Technology and Innovation:

① 对于几个生物技术和医学技术公司的解释是在几个医院所做的卓越的临床研究和一些顶尖大学的世界领先的生命科学。

② 参见洛桑联邦理工学院院长派崔克·艾比舍尔在投票前几天在洛桑理工大学报纸《炫彩》上的社论。

Copenhagen.

EC (2014a) *ERAC Peer Review of the Icelandic Research and Innovation System: Final Report*. Independent Expert Group Report. European Commission: Brussels.

EC (2014b) *ERAWATCH Country Reports 2013: Iceland*. European Commission: Brussels.

EFTA (2014) *This is EFTA 2014*. European Free Trade Association: Geneva and Brussels.

EFTA (2012) The European Economic Area and the single market 20 years on. *EFTA Bulletin*, September.

Government of Iceland (2014) *Science and Technology Policy and Action Plan 2014–2016*.

Government of Liechtenstein (2010) *Konzept zur Förderung der Wissenschaft und Forschung [Concept for Furthering Knowledge and Research*, BuA Nr.101/2010].

Government of Norway (2014) *Norway in Europe, The Norwegian Government's Strategy for Cooperation with the EU 2014–2017*.

Government of Switzerland (2014) *Mesures pour encourager la relève scientifique en Suisse*.

Government of Switzerland (2012) *Message du 22 février 2012 relative à l'encouragement de la formation, de la recherche et de l'innovation pendant les années 2013 à 2016. [Message of 22 February 2012 on encouraging training, research and innovation from 2013 to 2015]*.

Hertig, H.P. (2008) La Chine devient une puissance mondiale en matière scientifique. *Horizons*, March 2008, pp. 28–30.

Hertig, H. P. (*forthcoming*) *Universities, Rankings and the Dynamics of Global Higher Education*. Palgrave Macmillan: Basingstoke, UK.

MoER (2014) *Research in Norway*. Ministry of Education and Research: Oslo.

OECD (2014) *Science, Technology and Industry Outlook 2014*. Organisation for Economic Co-operation and Development: Paris.

OECD (2013) *Science, Technology and Industry Scoreboard 2013*. Organisation for Economic Co-operation and Development: Paris.

Office of Statistics (2014) *Liechtenstein in Figures 2015*. Principality of Liechtenstein: Vaduz.

Research Council of Norway (2013) *Report on Science and Technology Indicators for Norway*.

Schlegel, F. (2014) Swiss science diplomacy: harnessing the inventiveness and excellence of the private and public sectors. *Science & Diplomacy*, March 2014.

Statistics Office (2014) *F+E der Schweiz 2012. Finanzen und Personal*. Government of Switzerland: Bern.

UNESCO (2013) *Rankings and Accountability in Higher Education: Uses and Misuses*.

汉斯·彼得·赫提格（Hans Peter Hertig），1945 年出生于瑞士，瑞士洛桑联邦理工学院的名誉教授。在 1978 年，他从伯尔尼大学获得了政治科学博士学位。赫提格曾在美国和瑞士的多所大学任教，他还担任过瑞士国家科学基金会的主任（1993—2005）。赫提格还在中国上海建立了瑞士科学中心（Swissnex），赫提格是跨学科交际、文化交流和科学政策方面的专家。

所有这七个国家将受益于科学、技术和创新政策领域更强大的价值文化。

德尼兹·伊诺卡勒、伊戈尔·格洛夫

2013年8月20日，伊斯坦布尔技术大学实验太阳能汽车Ariba Ⅵ在博斯普鲁斯海峡大桥上进行了第一次长途试驾，参与了桥上拥挤的交通。

照片来源：© 伊斯坦布尔技术大学太阳能汽车研发团队

第 12 章　黑海流域

亚美尼亚、阿塞拜疆、白俄罗斯、格鲁吉亚、摩尔多瓦、土耳其、乌克兰

德尼兹·伊诺卡勒、伊戈尔·格洛夫

引言

土耳其正在进步，其他国家却在退步

为了用更好的词语来介绍本章中的七个国家，这七个国家将合称为“黑海国家”。在传统意义上，他们并不构成一个世界区域[①]，但他们确实在结构上存在相似性。首先他们地理相近，除亚美尼亚和阿塞拜疆之外的其他国家都位于黑海流域。此外，这七个国家都是正努力跻身高等收入国家行列的中等收入国家。同时，他们之间也存在差异，但这些差异并不妨碍他们作为一个整体的存在。就制成品贸易来说，这七个国家可以分为三组：传统上与俄罗斯联邦有紧密经济联系的国家（亚美尼亚、白俄罗斯、摩尔多瓦和乌克兰），其中一些国家正在追求贸易伙伴的多元化（摩尔多瓦和乌克兰）；与全球市场联系日益紧密的国家（格鲁吉亚和土耳其）以及不太看重制成品贸易的国家（阿塞拜疆）（见表 12.1）。然而，过去 20 年来，这七个国家一直努力致力于加强彼此之间的经济和体制联系。黑海经济合作组织是其努力最好的见证（见专栏 12.1）。

20 世纪 90 年代之前，除土耳其之外的其他六个黑海国家一直是前苏维埃社会主义共和国联盟的一部分。当时的土耳其工业化程度较低，正被周期性的经济危机困扰着。自那以后，这七个国家都发生了很大了变化。土耳其正逐渐赶上发达经济体，而其他黑海国家却在退步。尽管如此，在经济和技术方面，如今的这七个国家要比现代历史的其他任何时候都更具可比性。当然，不可否认的是，这七个国家都具有加速发展的潜力。

在 2013 年之前的五年里，阿塞拜疆、白俄罗斯、格鲁吉亚、摩尔多瓦和土耳其的经济增长速度要高于美国次贷危机后遭遇经济衰退的高收入国家，但低于中等收入国家的平均水平。2009 年，除阿塞拜疆和白俄罗斯之外的其他国家都陷入经济衰退。次年，其经济又恢复积极的适度的增长。2009 年，乌克兰的经济衰退最严重，下降了 15%，是唯一一个人均国内生产总值低于其 2008 年水平的黑海国家。乌克兰当前的经济危机与其持续不断的冲突有关。2014 年，其国内生产总值下降超过 6%。根据国际劳工组织的数据，黑海流域大多数国家的宏观经济指标都保持在控制之下。遭遇通货膨胀的白俄罗斯是个例外，2011 年和 2012 年，其货膨胀率

① 保加利亚和罗马尼亚也在黑海地区，但它们已包含在第 9 章。

表 12.1　黑海国家的社会经济趋势

	人口趋势		互联网接入	国内生产总值趋势			就业		制造品出口		
	人口（1000 人）2014年	累积增长 2008—2013年	2013年每100人口	2008年人均（当前购买力平价美元）	2013年人均（当前购买力平价美元）	2008—2013年每年平均增长	2013年在成年人口中的比例（%）	2010—2012年平均在工业领域就业中的比例（%）	2012年在商品出口总额中的比例（%）	2012年在国内生产总值中的比例（%）	2012年10年来在国内生产总值中所占比例的变化（%）
亚美尼亚	2 984	0.0	46.3	7 099	7 774	1.7	63	17	22.1	3.2	–8.4
阿塞拜疆	9 515	6.0	58.7	13 813	17 139	5.5	66	14	2.4	1.1	–0.9
白俄罗斯	9 308	–2.1	54.2	13 937	17 615	4.4	56	26	46.7	33.8	–1.0
格鲁吉亚	4 323	–1.6	43.1	5 686	7 165	3.5	65	6	53.4	8.0	4.3
摩尔多瓦	3 461	–4.1	48.8	3 727	4 669	4.0	40	19	37.2	11.0	–1.0
土耳其	75 837	6.5	46.3	15 178	18 975	3.3	49	26	77.7	15.0	2.0
乌克兰	44 941	–2.6	41.8	8 439	8 788	–0.2	59	26	60.6	23.5	–5.0

来源：联合国教科文组织统计研究所；就业和制造业出口：世界银行世界发展指标，2014 年 11 月访问。

专栏 12.1 黑海经济合作组织

黑海经济合作与发展组织（BESC）包括 12 个成员国：阿尔巴尼亚、亚美尼亚、阿塞拜疆、保加利亚、格鲁吉亚、希腊、摩尔多瓦、罗马尼亚、俄罗斯联邦、塞尔维亚、土耳其和乌克兰。白俄罗斯不是该组织的成员。

黑海经济合作与发展组织成立于 1992 年——苏联解体后不久，旨在促进黑海附近地区和横跨欧盟地区的繁荣和安全。通过 1998 年签署的一项协议，它正式成为一个政府间组织。

黑海经济合作与发展组织的战略目标之一是深化与位于布鲁塞尔的欧盟委员会之间的关系。某种程度上，黑海经济合作与发展组织的机构是欧盟中那些机构的影子。外交部部长理事会是黑海经济合作与发展组织的中央决策机关。

黑海经济合作与发展组织的商务理事会由各成员国的专家和商会代表组成；它促进了公共部门和私营部门之间的合作。另一个机构是黑海贸易和开发银行，它负责管理分配给区域合作项目的资金问题。在此任务中，该银行得到了欧洲投资银行和欧洲发展与建设银行的支持。该组织还设立了一个国际黑海研究中心。

黑海经济合作与发展组织通过了关于科学和技术合作的两个行动计划。第一个计划覆盖的时间范围是 2005—2009 年，第二个计划的时间范围是 2010—2014 年。因为没有专门的预算，第二个行动计划在一个项目的基础上获得了资助。两个关键项目包括欧盟资助的东欧和中亚国家科学与技术国际合作网络（IncoNet EECA）和黑海区域项目中科学和技术的网络化（BS-ERA-Net），这两个项目分别于 2008 年和 2009 年开始实施。该行动计划的另一个推动力旨在通过汇集黑海经济合作与发展组织成员国资源、黑海经济合作与发展组织国家的研究机构和大学的网络化以及它们与欧洲千兆网和其他如电子科学等欧盟电子网络的联系来发展物质和虚拟跨国基础设施。

来源：www.internationaldemocracywatch.org;www.bsec-organization.org.

攀升到 50% 多，这之后，又跌回至 18%。此外，失业率较高有亚美尼亚、格鲁吉亚、土耳其和乌克兰。前两个国家的失业率徘徊在 16% ~ 18%，后两个国家的失业率徘徊在 10% 附近。按照联合国开发计划署所规定的指标，这五年里只有土耳其在人类发展方面取得进展。阿塞拜疆的经济增长很大程度上是受到高油价的推动。

许多后苏联国家的领土完整都遭受了破坏，这阻碍了他们致力于长期发展的能力。他们承担着被称为“冻结冲突”的污名，这是短暂的战争所留给他们的。战争导致了他们对部分领土失去控制：纳戈尔法—卡拉巴赫地区（自 1991 年起，亚美尼亚和阿塞拜疆就其归属问题一直存在争议）；摩尔多瓦的分裂地区德涅斯特河沿岸（1992 年宣布独立）；格鲁吉亚的分裂地区阿布哈兹和 / 南奥塞梯（二者均为 1990—1992 年宣布独立），以及最近刚刚宣布独立的原属于乌克兰的克里米亚和顿巴斯地区。自 2014 年以来，欧盟（EU）、美国和许多其他国家都对俄罗斯联邦实施了制裁，控告其在乌克兰促进分离主义的滋长。2013 年，格鲁吉亚、摩尔多瓦和乌克兰宣布他们意与欧盟签署联合协议以促进政治上的紧密联系和经济一体化，这之后，他们与俄罗斯联邦的关系开始紧张起来。

除经济和地缘政治问题之外，大多数黑海国家还面临着人口结构方面的挑战。除阿塞拜疆和土耳其之外，其他国家的人口数量都在下降。自 2000 年代中期以来，土耳其实施了一系列亲市场经济改革，扭转了其就业对人口比率下降的趋势。摩尔多瓦的高移民率迫使其不得不出台对策以阻止人口的大量流失。与许多发达经济体不同，该地区的多数其他国家都在试图保持较高的就业率水平。

该地区的治理趋势

黑海国家科学家与东西方国家合作

对黑海国家来说。欧盟整体代表着科技领域国际合作的最重要节点。通过观察科学作者的跨境合作数据（见第 332 页），可以发现这七个国家确实与经济合作与发展组织的主要科学力量存在联系，但大多数前苏联国家与俄罗斯联邦一直以来也保持着科学联系。数据也显示阿塞拜疆和土耳其之间存在着密切合作。美国是这七个国家的一个主要合作伙伴，这有一部分是因为来自亚美尼亚和格鲁吉亚的活跃的学者居住在美国。由于美国现在有大量来自土耳其的博士生，预计未来几年土耳其的学者将有所增长。

欧盟的研究和技术发展框架计划是促进合作的重要工具。其当前的“地平线 2020 计划”也包含在该框架计划内。自 1964 年与欧盟签署联合协议以来，土耳其成为欧洲研究区和欧盟六年框架计划的联系国已经有一段时间了。它还是一个研究机构的成员国，该机构由欧洲科学技术合作（COST）框架计划支持。与乌克兰一样，土耳其也加入了尤里卡计划。尤里卡是一政府间组织，旨在为以市场为导向的工业研发提供欧洲范围内的资助并协调欧洲国家在该领域的合作。黑海地区或中东地区最近在地缘政治上有所发展，但这并不意味着土耳其在科技领域的合作情况会有重大改变。事实证据表明土耳其对先进的国防研发的雄心正日益壮大。

欧盟于 2014 年中期和格鲁吉亚、摩尔多瓦以及乌克兰签署的联合协议旨在促使这些国家加入“地平线 2020 计划”。然而，现在检测过去两年来地缘政治冲突对该地区科技发展的影响还为时过早，因为这些冲突很有可能加速乌克兰与欧盟的合作进程[①]。2015 年 3 月，乌克兰与欧盟签署协议，成为“地平线 2020 计划”（2014—2020 年）的联系国，这为乌克兰提供了较之前更为有利的条件，最重要的是，乌克兰只花费原始成本的一小部分就参与科学合作的可能性大大加大。同时，这也为乌克兰科学家参与“地平线 2020 计划”奠定了基础，但从短期来看，移居欧盟的乌克兰科学家的数量也将增加。摩尔多瓦与欧盟签署的联合协议也将带来类似但程度较轻的影响。自 2012 年以来，摩尔多瓦就正式成为框架计划的联系国（Sonnenburg 等，2012）。

① 2010 年，乌克兰和欧盟签署协议，决定就以下主题领域进行合作：环境和气候研究，包括地球表面观测；生物医学研究；农业、林业和渔业；工业技术；材料科学和度量学；非核能工程；交通；信息社会技术；社会研究；科技政策研究、专家培训和研究。

与欧盟没有签署联合协议的黑海国家也可以获得框架计划的资助。而且，欧盟试图通过一些计划提高黑海国家参与其框架计划的积极性，例如欧盟的黑海科技网络计划。在与黑海经济合作组织的合作下，黑海科技网络计划（2009—2012 年）资助了大量的跨境合作项目，这些项目大多属于清洁和环保技术领域（见专栏 12.1）。尽管白俄罗斯在研发方面的国际合作水平较高，但由于缺乏一个正式的合作框架，其参与框架计划的能力很有可能受到限制。

其他多国合作项目目前都在扩大其努力范围。其中一个例子就是乌克兰的科技中心。该科技中心由加拿大、欧盟、瑞典和美国资助，是个政府间组织，也具有外交使团的身份。它成立于 1993 年，旨在推行核不扩散，但其目标现已发展成为加强与阿塞拜疆、格鲁吉亚、摩尔多瓦和乌兹别克斯坦在广泛技术领域的合作[②]。

最近的地缘政治冲突所带来的另一重要影响就是欧亚经济联盟的建立。2014 年 5 月，白俄罗斯、哈萨克斯坦和俄罗斯联邦签署了该联盟的创建条约。这之后不久，亚美尼亚于 2014 年 10 月加入该联盟，更是壮大了该联盟的力量。鉴于后加入国家在科技领域的合作目前已太多且都制定了完善的相关的法律文本，欧亚经济联盟可能将限制公共实验室或学术界之间的合作，但它会鼓励企业间建立研发联系。

人力资源和研发趋势

高等教育入学率

教育是该地区的优势之一。白俄罗斯和乌克兰的高等教育入学率可以与发达国家相比较：在白俄罗斯，年龄在 19 ~ 25 岁的人的入学率达到 9/10 以上，乌克兰为 4/5。至于土耳其，其高等教育入学率原先较低，最近有较大增长（见表 12.2）。值得注意的是，摩尔多瓦和乌克兰对高等教育的投资较大，分别达到各自国内生产总值的 1.5% 和 2.2%（见图 12.1）。而阿塞拜疆和格鲁吉亚在与发达经济体衔接或保持其现有领土方面正在经历困难。

② 参见 www.stcu.int.

表 12.2　黑海国家的高等教育

	受过高等教育的劳动力		高等教育总入学率		2012年或最近一年博士或同等学力的毕业生							
	最高值 2009—2012年（%）	5年来的变化（%）	最高值 2009—2013年（%）	5年来的变化（%）	总共	女性（%）	自然科学	女性（%）	工程	女性（%）	健康和福利	女性（%）
亚美尼亚	25	2.5	51	−3.0	377	28	92	23	81	11	10	30
阿塞拜疆	16	−6.0	20	1.4	406^{-1}	31^{-1}	100^{-1}	27^{-1}	45^{-1}	13^{-1}	23^{-1}	39^{-1}
白俄罗斯	24	—	93	19.3	1 192	55	210	50	224	37	180	52
格鲁吉亚	31	−0.3	33	7.8	406	54	63	56	65	40	33	64
摩尔多瓦	25	5.0	41	3.0	488	60	45	56	37	46	57	944
土耳其	18	4.4	69	29.5	$4\ 506^{-1}$	47^{-1}	$1\ 022^{-1}$	50^{-1}	628^{-1}	34^{-1}	515^{-1}	72^{-1}
乌克兰	36	5.0	80	1.0	8 923	57	1 273	51	1 579	35	460	59

−*n*= 基准年之前 *n* 年的数据。

注：总博士数据涵盖自然科学、工程学、健康和福利、农业、教育、服务、社会科学和人文学科。自然科学包括生命科学、物理学、数学和计算。

来源：联合国教科文组织统计研究所；受过高等教育的劳动力：世界银行世界发展指标（乌克兰除外）；国家统计服务。

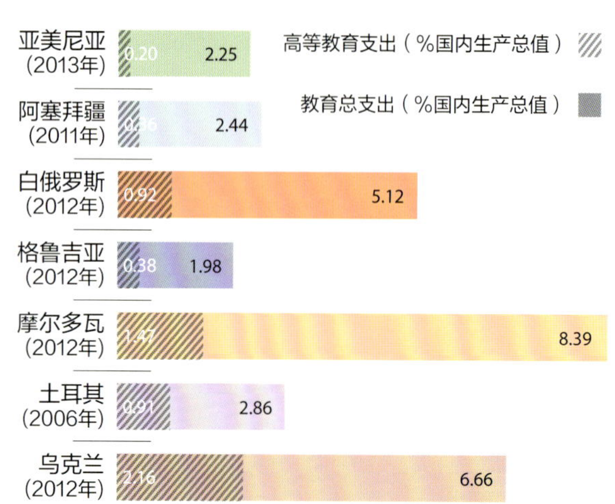

图 12.1　2012 年或最近一年政府教育支出在黑海国家国内生产总值中所占比例（%）

来源：联合国教科文组织统计研究所。

性别平等：多数黑海国家的现实问题

格鲁吉亚、摩尔多瓦和乌克兰的绝大多数博士毕业生都是女性。而在这方面已实现性别平等的白俄罗斯和土耳其的女性博士毕业生数量更多。亚美尼亚和阿塞拜疆的女性博士毕业生是其总博士毕业生数量的 1/3。白俄罗斯、格鲁吉亚、土耳其和乌克兰这四个国家自然科学领域女性博士毕业生数量要占到其博士毕业生总人数的一半。

面临着人口数量下降或停滞问题的乌克兰的研究人员密度正从其历史峰值往下降①，而白俄罗斯已设法保持其这方面的优势。最引人注目的趋势与土耳其有关，其研究人员密度从 2001 年该地区的最低值上升到最高值（见图 12.2）。尽管女性在土耳其的地位并没有后苏联国家高，但其女性研究研究人员的数量要占到总研究人员的 1/3 至 2/3（见图 12.2）。白俄罗斯是黑海国家中唯一一个研究人员密度保持其历史峰值的国家，但和它的邻国一样，其研发投入也不足。

研发投入仍然很低

后苏联国家的研发支出总量再没有恢复到其 1989 年的峰值。1989 年，乌克兰研发支出总量占国内生产总值的比值达到 3%，本章中提到的多数其他国家则超过了 1%。阿塞拜疆是个例外，其研发支出总量占国内生产总值的比值只有 0.7%②。2010 年代初期，乌克兰的研发支出总量降到其 1989 年水平的 1/4，亚美尼亚则降到其 1989 年水平的 1/10。而土耳其则大大相反。其研发支出总量占国内生产总值

① 只有摩尔多瓦、土耳其和乌克兰宣布其将遵循国际最佳实践发布关于等效全职研究人员的数据，然而鉴于乌克兰研发人员普遍兼职多个工作，采取按人头计数的方法会使其统计数据更精确。

② 根据 1990 联合国统计年鉴：乌克兰苏维埃社会主义共和国，于 1991 年在基辅发布。

土耳其的研究人员密度在10年中增长了一倍

每百万居民研究人员，按人头算

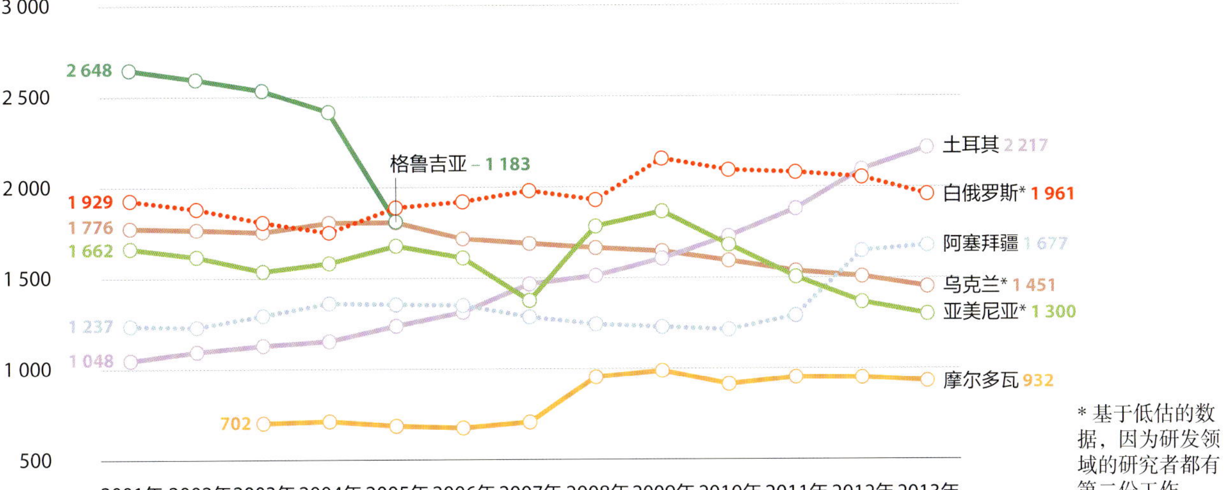

2013年按就业领域和性别分列的黑海国家研究人员情况

按人头算

	总共		自然科学		工程		医学科学		农业科学		社会科学		人文科学	
	总共	女性（%）	总共	女性（%）	总共	女性（%）	总共	女性（%）	总共	女性（%）	总共	女性（%）	总共	女性（%）
亚美尼亚*	3 870	48.1	2 194	46.4	546	33.5	384	61.7	45	66.7	217	47.0	484	60.5
阿塞拜疆	15 784	53.3	5 174	53.9	2 540	46.5	1 754	58.3	1 049	38.5	2 108	48.9	3 159	63.1
白俄罗斯	18 353	41.1	3 411	50.6	11195	31.5	876	64.6	1 057	60.1	1 380	59.1	434	60.8
摩尔多瓦	3 250	48.0	1 168	45.7	448	29.0	457	52.5	401	45.4	411	68.4	365	52.6
土耳其	166 097	36.2	14 823	35.9	47 878	24.8	31 092	46.3	6 888	31.6	24 421	41.1	12 350	41.9
乌克兰	65 641	45.8	16 512	44.5	27 571	37.2	4 200	65.0	5 289	55.0	4 644	61.4	2 078	67.8

注：土耳其的数据是其2011年的数据。

*部分数据

企业部门雇用研究人员数量

按人头算每百万居民研究人员

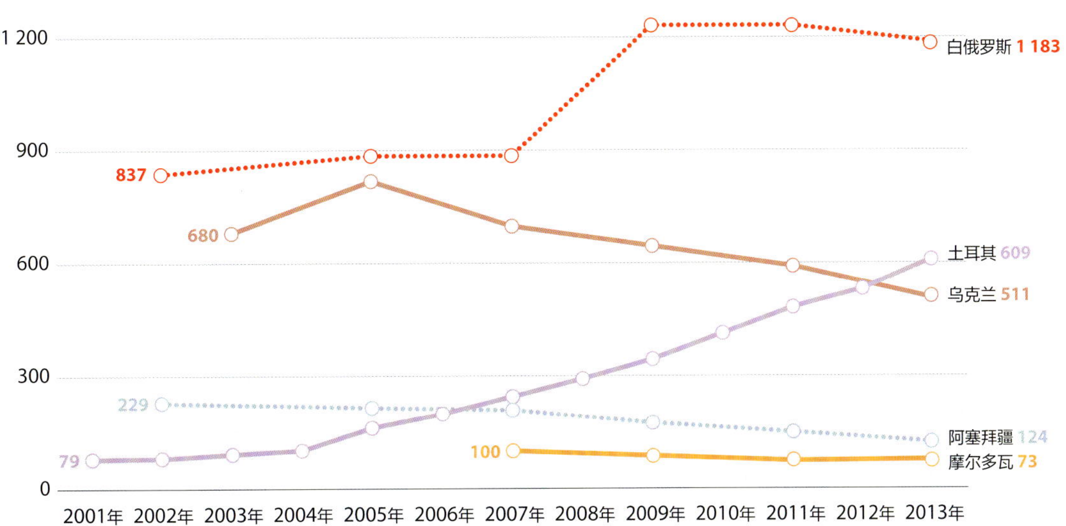

注：随着时间的推移，图12.2将比严格的跨国比较更有用，因为后者并不都适用国际统计方法。没有获得亚美尼亚和格鲁吉亚的数据。

图 12.2　2001—2013 年黑海国家研究人员趋势

来源：联合国教科文组织统计研究所，2015年3月。

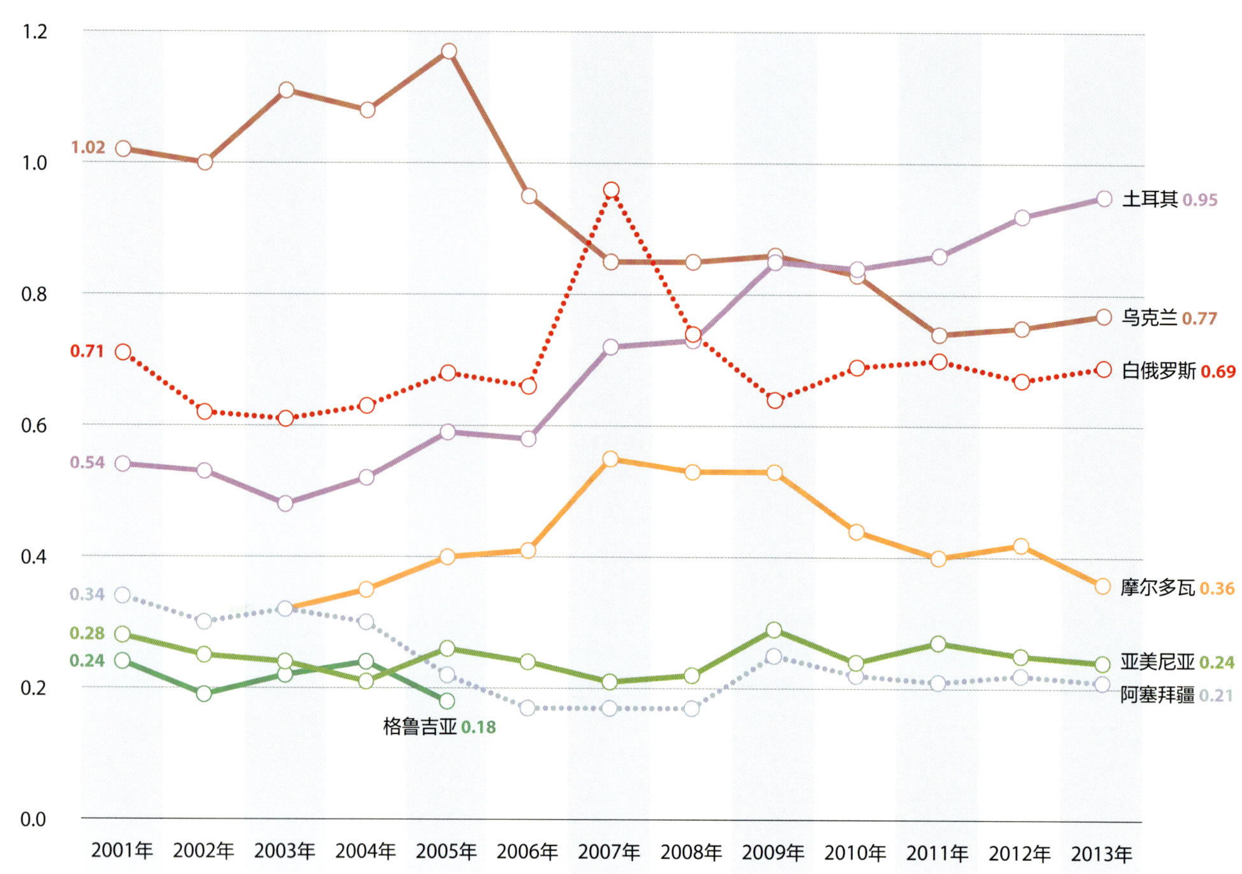

图 12.3 2001—2013 年黑海国家的研发支出总量与国内生产总值之比

来源：联合国教科文组织统计研究所，2015 年 3 月。

的比值在 2013 年触及高点，接近 0.95%。近年来土耳其经济的增长是其研发投入加大的一原因（见图 12.3 和图 12.4）。自 2006 年以来，格鲁吉亚并没有进行全面的研发调查，所以还不能就其在研发方面的进展得出结论。

自 2005 年以来，最引人注目的趋势之一就是白俄罗斯企业研发投入的增长，达到其国家研发投入的 2/3。工业研发在乌克兰仍然扮演着重要角色，但其比重近年来确实有所下降。土耳其与其他国家不同之处是，大学和企业部门的研发投入几乎是相同的（见图 12.5）。

在创新方面，与发达经济体还不在一个等级

众所周知，创新成果很难去衡量。尽管乌克兰每两到三年都会采用欧盟统计局的创新调查方法自己进行调查，但在这七个黑海国家中，只有土耳其参与了欧盟统计局社区创新调查（CIS），调查结果显示其创新表现可以与欧盟排名 ① 中等的成员国相比较。

高科技出口 ② 是衡量国家创新表现的一粗略指标。在黑海国家中，白俄罗斯和乌克兰在高科技出口方面的表现要弱于土耳其，与一些中等收入国家水平相近，但绝不能与通过发展技术密集型产业提高全球竞争力的国家相比，比如以色列或韩国（见表 12.3）。此外，正如我们将在后面某些国家的国家概况中所看到的那样，一些国家正在扩大其中等科技含量产品的生产和贸易，这也是其科学、技术和创新活动的体现。

专利是反映国家创新表现的更为间接的指标。而且，大多数黑海国家都没有使用“即时预报”方法来衡量的专利指标。“即时预报”为经济合作与发展组织国家提供了一合理、准确和即时的预测方法。

① 参见 http://ec.europa.eu/eurostat.

② 包括越来越多的商品，如电脑和其他信息通信技术产品。

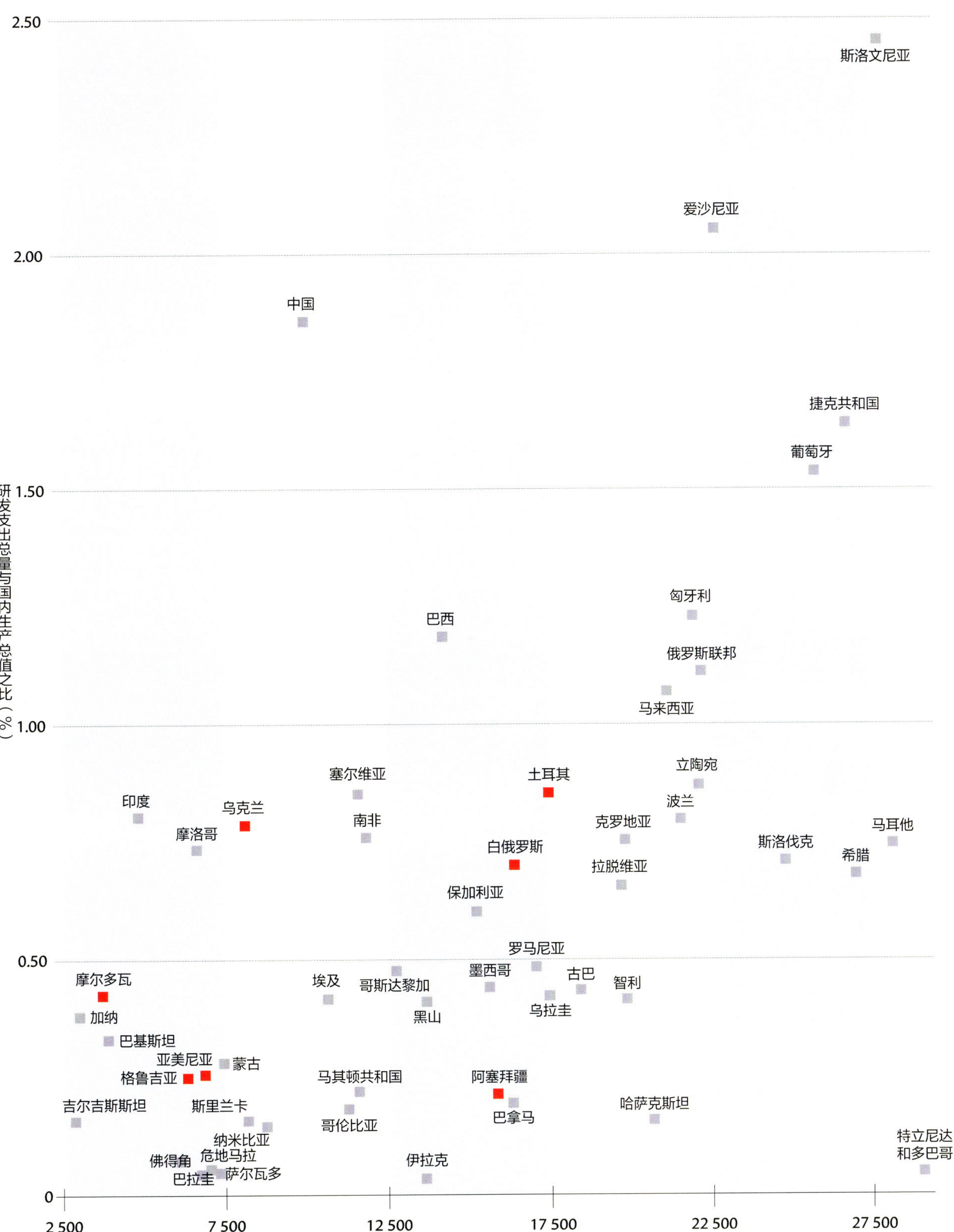

图 12.4 2010—2013 年（平均）黑海国家的人均国内生产总值和研发支出总量与国内生产总值之比

（对于人均国内生产总值购买力平价在2 500 ~ 30 000的经济体来说）

注：格鲁吉亚的国家预算研发支出数据只来自国家统计局。

来源：世界银行世界发展指标，截至 2014 年 9 月；联合国教科文组织统计研究所，2015 年 3 月。

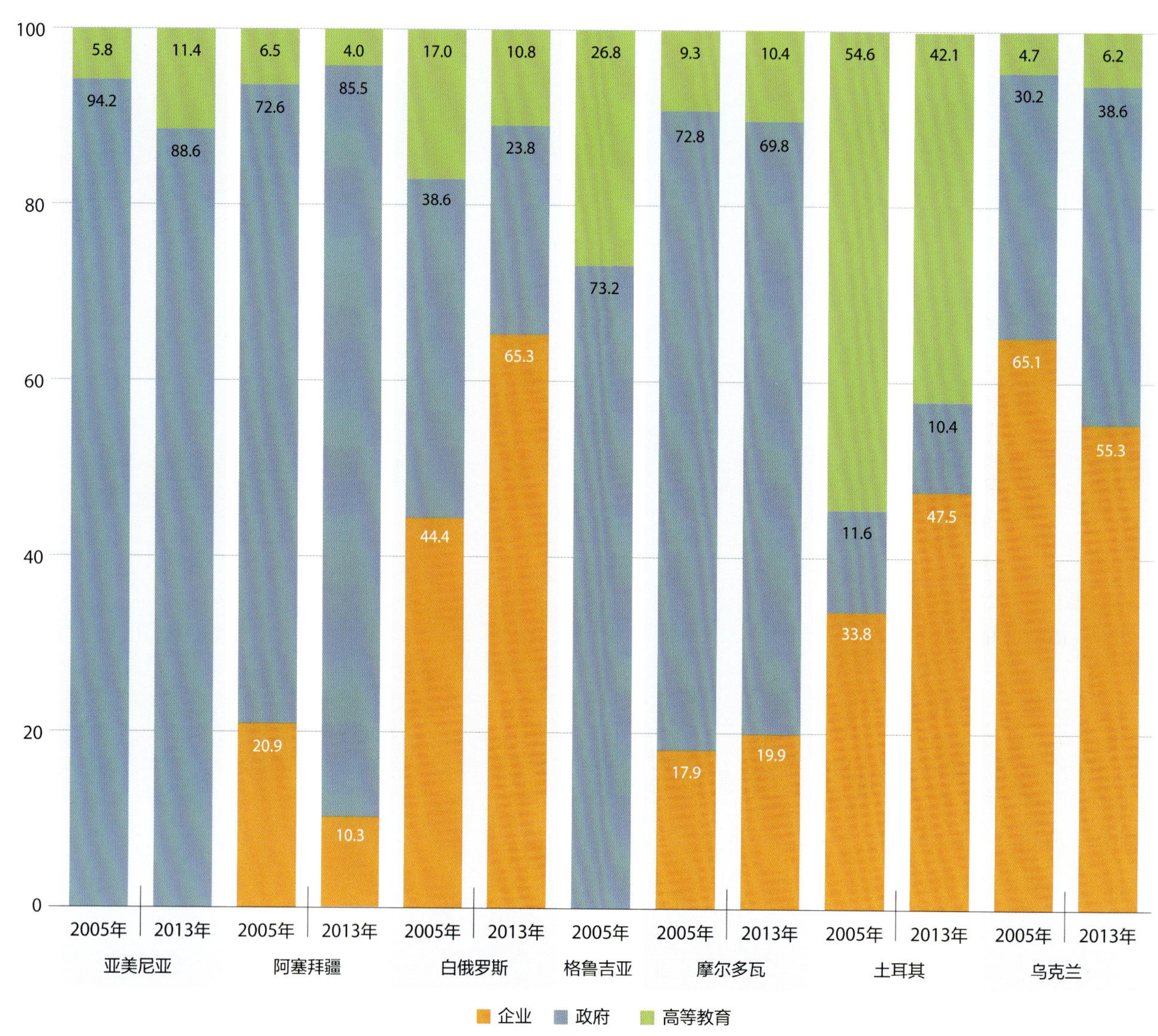

图 12.5　2005 年和 2013 年按部门表现分列的黑海地区研发支出总量

注：亚美尼亚和格鲁吉亚的数据没有将企业研发支出作为一个单独类别，因为官方统计数据往往使用苏联时期的分类系统，那时所有侧重工业的企业归国家所有；尽管一些公司已经被私有化，为保持一个时间序列，企业研发支出往往包含在公共部门支出里。

来源：联合国教科文组织统计局，2015 年 3 月。

根据这一方法，我们可以得到以下信息（见表 12.4）：

- 根据全球创新指数（2014 年），2012 年，黑海国家的人均国内生产值、居民在国家专利局所登记的专利数量位列世界各国之最。
- 专利合作条约申请量是国际保护知识产权的另一努力结果。亚美尼亚、摩尔多瓦和乌克兰的专利合作条约申请量呈温和增长态势，土耳其则增长强劲。在提交给两个最大的专利局（欧局专利局和美国专利与商标局）的申请中，土耳其居民提交的申请量增长态势较强劲，亚美尼亚和乌克兰要弱于土耳其。
- 似乎没有一个黑海国家投入大量资源用于三方专利，这表明他们还没有达到可以与追求科技驱动产业竞争力的发达经济体相比较的发展阶段。
- 根据全球创新指数（2014 年），黑海国家似乎在获得商标方面投入较大。商标的获得量是衡量其创新表现的一指标，但与科技并不直接相关。
- 总的来说，黑海国家保护知识产权的立法和制度框架已形成，但特别是对那些没有加入世界贸易组织（WTO[①]）的国家来说，改善的空间却很大。

① 格鲁吉亚于 2000 年加入世界贸易组织，摩尔多瓦、亚美尼亚和乌克兰则分别于 2001 年、2003 年和 2008 年加入。自 1951 年以来，土耳其一直是全球关税与贸易总协定（世界贸易组织的前身）的成员国。阿塞拜疆和白俄罗斯则不是。

表 12.3　2008 年和 2013 年黑海国家的高科技产品出口指数

	按百万美元计总指数		按百万美元计人均指数	
	2008年	2013年	2008年	2013年
亚美尼亚	7	9	2.3	3.1
阿塞拜疆	6	42^{-1}	0.7	4.4^{-1}
白俄罗斯	422	769	44.1	82.2
格鲁吉亚	21	23	4.7	5.3
摩尔多瓦	13	17	3.6	4.8
土耳其	1 900	2 610	27.0	34.8
乌克兰	1 554	2 232	33.5	49.3
与其进行比较的其他国家				
巴西	10 823	9 022	56.4	45.0
俄罗斯联邦	5 208	9 103	36.2	63.7
突尼斯	683	798	65.7	72.6

$+n/-n$= 基准年之前或之后 n 年的数据。

来源：联合国统计司的商品贸易统计数据库，2014 年 7 月。

表 12.4　2001—2012 年黑海国家的专利申请情况

	国家专利局专利申请量						欧洲专利局专利申请量		美国专利商标局专利申请量	
	2012年每10亿购买力平价国内生产总值专利申请量			世界银行			2001—2010年总申请量	2006—2010年的申请量与2001—2006年间的申请量之比	2001—2010年总申请量	2006—2010年的申请量与2001—2006年的申请量之比
	实用新型	专利	根据专利合作条约	实用新型	专利	根据专利合作条约	数量		数量	
亚美尼亚	2.0	7.1	0.4	16	16	42	14	0.6	37	1.3
阿塞拜疆	0.1	1.5	0.1	54	59	90	—	—	—	—
白俄罗斯	7.6	11.6	0.1	6	6	74	70	1.1	93	0.8
格鲁吉亚	1.8	5.3	0.2	18	24	64	17	1.3	55	1.1
摩尔多瓦	14.2	7.7	0.3	3	14	62	14	0.4	12	2.5
土耳其	3.4	4.0	0.5	11	30	39	1 996	3.1	782	2.1
乌克兰	30.2	7.5	0.4	2	15	45	272	1.2	486	1.3

来源：国家专利局专利申请数据来自全球创新指数 (2014 年)，附件表格 6.11、6.12 和 6.1.3；欧洲专利局专利申请数据和美国专利商标局专利申请数据来自基于欧洲专利局全球专利数据库 (PATSTAT) 的经济合作与发展组织网上专利统计数据。

这有两方面原因，一方面是其立法和制度框架要遵照世界贸易组织制定的与贸易有关的知识产权协议（Sonnenburg 等，2012）；另一方面是土耳其就打击假冒和盗版做出了更强大的承诺（欧盟委员会，2014）。

一些国家出版物数量在增加，其他国家则停滞不前

如果按照发表在国际期刊上的文章数量来衡量生产率的话，我们发现白俄罗斯、摩尔多瓦和乌克兰 2013 年的生产率和其 2015 年的生产率几乎处在同一水平，这应该引起人们的关注（见图 12.6）。相对而言，亚美尼亚与土耳其在这方面取得的进展最大。同一时期，亚美尼亚在每百万居民发表文章的数量几乎翻了一番，从 122 篇增至 215 篇，土耳其则从 185 篇增至 243 篇。如果我们综合考虑研究人员密度和每位研究人员的产出这两个因素的话，很显然，土耳其取得的进步最大，与其邻国比起来，它的人口增长速度也最快。尽管在出版物方面，格鲁吉

出版物在一些小国和土耳其强劲增长

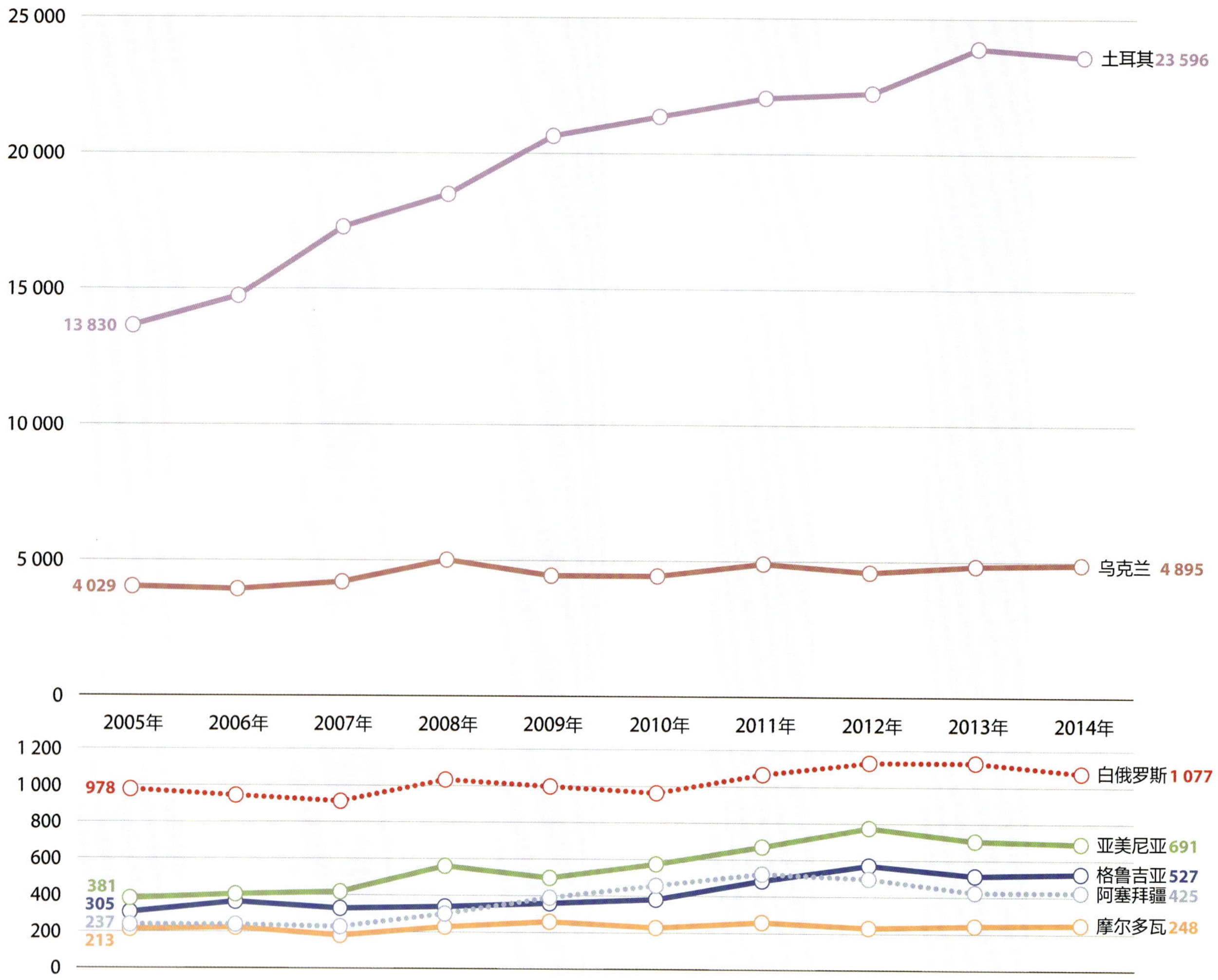

25 000
20 000
15 000
10 000
5 000
0
土耳其23 596
13 830
乌克兰 4 895
4 029
2005年
2006年
2007年
2008年
2009年
2010年
2011年
2012年
2013年
2014年
1 200
1 000
800
600
400
200
0
978
白俄罗斯1 077
亚美尼亚691
格鲁吉亚527
阿塞拜疆425
摩尔多瓦248
381
305
237
213

格鲁吉亚的被引率最接近于经济合作与发展组织平均水平

2008—2012 年平均被引率

经济合作与发展组织平均被引率: 1.08
0.8
0.6
0.4
0.2
0.0
0.92
0.60
0.63
0.97
0.76
0.70
0.55
亚美尼亚
阿塞拜疆
白俄罗斯
格鲁吉亚
摩尔多瓦
土耳其
乌克兰

土耳其的出版强度最高，亚美尼亚位居其后

2014 年每百万居民的出版物数量

300
250
200
150
100
50
0
232
45
116
122
72
311
109
亚美尼亚
阿塞拜疆
白俄罗斯
格鲁吉亚
摩尔多瓦
土耳其
乌克兰

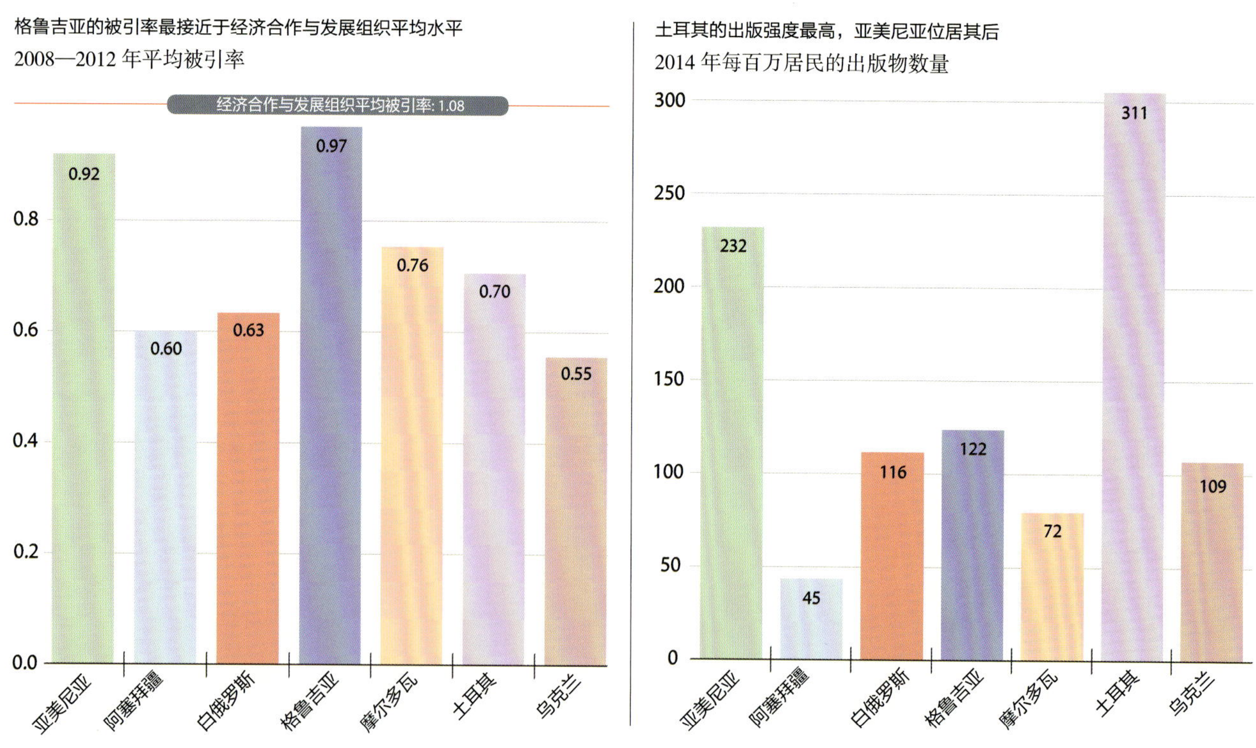

图 12.6　2005—2014 年黑海国家科学出版物发展趋势

前苏联国家在物理领域的出版物数量最多，土耳其则是医学科学领域

2008—2014 年按领域分列的累计总数

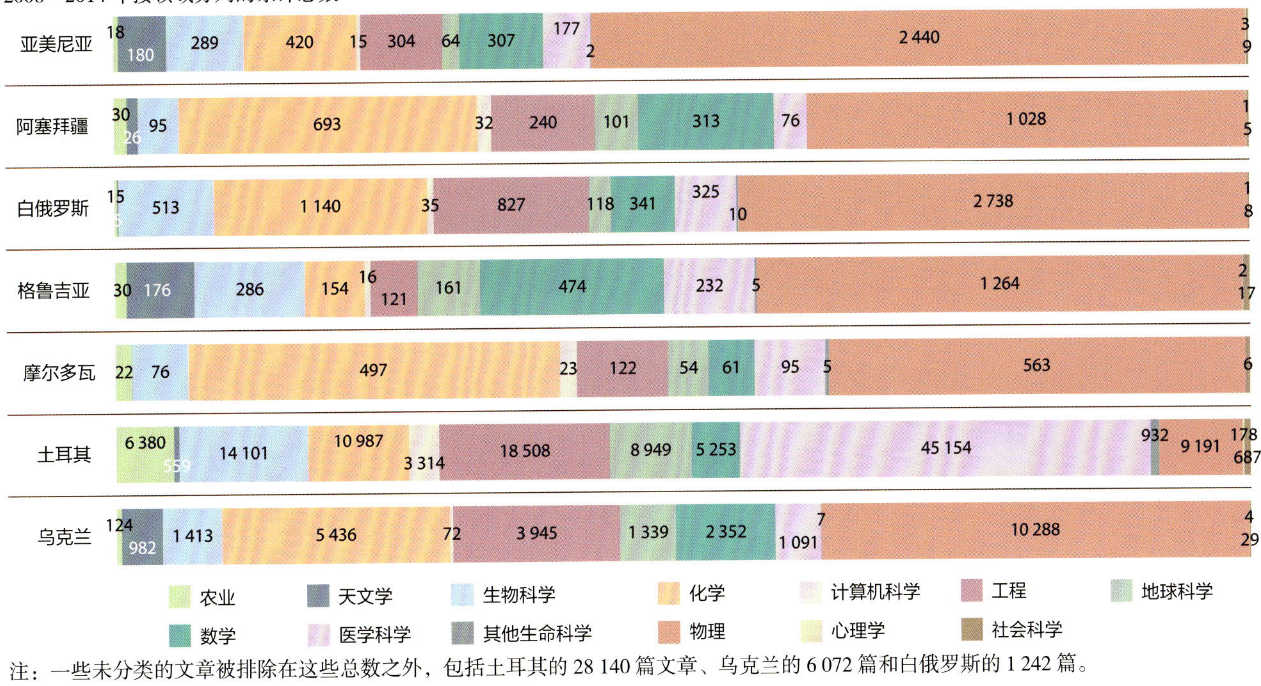

注：一些未分类的文章被排除在这些总数之外，包括土耳其的 28 140 篇文章、乌克兰的 6 072 篇和白俄罗斯的 1 242 篇。

在10%的被引用次数最多的论文中，格鲁吉亚、爱美尼亚和摩尔多瓦的科学家得分最高

2008—2012 年各国论文在 10% 的被引用次数最多的论文中所占比例（%）

苏联国家的国际合作很多，土耳其则要次之

2008—2014 年与外国合作者署名的论文比例（%）

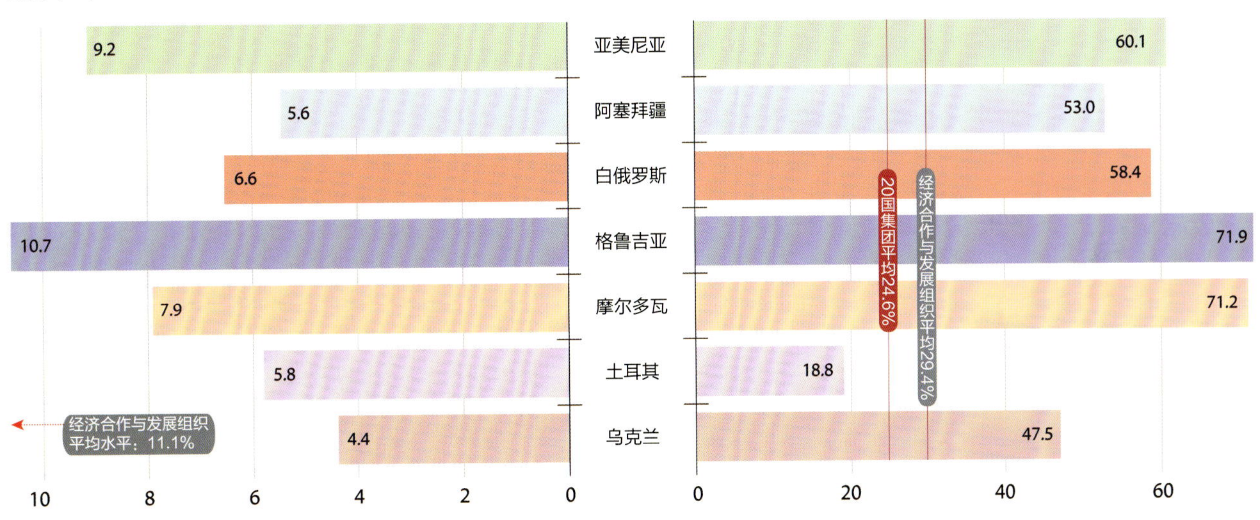

后苏联国家平衡其与东欧和西欧之间的合作

2008—2014 年主要国外合作者（论文数量）

	第一合作者	第二合作者	第三合作者	第四合作者	第五合作者
亚美尼亚	美国（1 346）	德国（1 333）	法国/俄罗斯联邦（1 247）	—	意大利（1 191）
阿塞拜疆	土耳其（866）	俄罗斯联邦（573）	美国（476）	德国（459）	英国（413）
白俄罗斯	俄罗斯联邦（2 059)	德国（1 419)	波兰（1 204)	美国（1 064)	法国（985)
格鲁吉亚	美国（1 153）	德国（1 046）	俄罗斯联邦（956）	英国（924）	意大利（909）
摩尔多瓦	德国（276）	美国（235）	俄罗斯联邦（214）	罗马尼亚（197）	法国（153）
土耳其	美国（10 591）	德国（4 580）	英国（4 036）	意大利（3 314）	法国（3 009）
乌克兰	俄罗斯联邦（3 943）	德国（3 882）	美国（3 546）	波兰（3 072）	法国（2 451）

来源：汤森路透社科学引文索引数据库，科学引文索引扩展版；数据处理 Science-Metrix。

亚的起点较低，[①]但其科学家的发表率不仅有所增加，而且在质量、平均被引率方面成为该地区之最。

所有六个后苏联国家都专注于物理，土耳其的科学专长则更为多样化。其专注最多的是医学科学，但也专注于工程领域，其次是出版物数量差不多相等的生物科学、化学和物理领域。而无论是对土耳其科学家还是其邻国来说，农业和计算机科学都是它们的次要选择。值得注意的是，乌克兰唯一一个出版物发表数量超过土耳其的领域是天文学。

后苏联国家在东西方合作伙伴之间保持平衡状态。亚美尼亚、摩尔多瓦和乌克兰与德国合作的最多，但是俄罗斯联邦也位居其前四大合作者之列，其他后苏联国家也是如此。波兰位居乌克兰前五大合作之列，是乌克兰的第四大亲密合作伙伴。在该地区，只有阿塞拜疆将土耳作为其最亲密的合作者，但土耳其主要的合作伙伴是美国和西欧。

① 格鲁吉亚的国家科学期刊很少，而乌克兰的国家科学期刊则计数超过 1 000。1995 年和 2012 年期间，为发展他们的事业，乌克兰科学家响应政府号召这些国家期刊上发表文章，但是并不是所有这些期刊都得到了国际的认可。

国家概况

亚美尼亚

需要加强科学与产业间的联系

近年来，亚美尼亚在改革其科技体系方面付出了很大的努力。目前，其已具备促成改革成功的三个重要因素：战略远景、政治意愿和高水平的支持。建立一个有效的研究体系是亚美尼亚当局的一战略目标（Melkumian，2014）。亚美尼亚本国和外国的专家强调了该国的其他优势，如科学实力雄厚、海外移民多以及注重教育和技能的传统价值观。

然而，在该国能够建立一个运作良好的国家创新体系之前，还有很多要克服的障碍。其中一个重要的障碍是大学、研究所和企业部门之间的联系较弱，这也是其过去苏联时期的产物，当时亚美尼亚的政策着力点是发展整个苏联经济的联系，而不是其国家内部的经济联系。研究所和产业构成了已经瓦解的大市场内部的价值链。20 年过去了，该国企业仍然没有成为其创新需求的有效资源。

过去 10 年间，该国政府一直致力于加强科学与产业间的联系。亚美尼亚的信息通信技术部门尤其活跃：

专栏 12.2　亚美尼亚信息通信技术部门体现公共—私人合作的两个例子

新思科技公司

2014 年 10 月，新思科技公司为其在亚美尼亚创建十周年举行了庆祝仪式。这一跨国公司主要为加速芯片和电子系统创新提供软件和相关服务。如今，它在亚美尼亚的员工达到 650 人。

2004 年，新思科技公司收购了勒达系统。在此之前，其与亚美尼亚国家工程大学合作，设立了微电子电路和系统部门间主席位。该主席位现在是全球新思大学项目的一部分，每年向亚美尼亚提供 60 多位芯片和电子设计自动化专家。

新思对此已经通过开放埃里温州立大学、俄国—爱美尼亚（斯拉夫语）大学和欧洲地区学院的部门间主席位来扩展这个项目。

企业孵化器基地

企业孵化器基地于 2002 年由政府和世界银行联合建立，自此成为亚美尼亚信息通信技术部门的驱动力。作为信息通信技术部门的一站式机构，它主要负责以下事项：法律和商业方面的问题、教育改革、投资促进和创业筹资，信息通信技术公司服务和咨询，人才鉴别和人力发展。

在与诸如微软、思科系统、太阳微系统、惠普、英特尔等国际公司的合作下，它在亚美尼亚已实施了多个项目。其中一个项目是微软创新中心，旨在提供培训、资源和基础设施以及访问全球专家社区的机会。

与其并行的科技创业项目则帮助技术专家将创新产品引入市场，创建新企业并鼓励其与已建立公司建立合作伙伴关系。每年企业孵化器基地都会组织企业合作伙伴赠款竞争和风险会议。2014 年，有 5 个团队胜出，分别获得了 7 500 美元或 15 000 美元的项目基金。企业孵化器基地还经营着技术创业工作坊，为有前景的经营理念提供奖励。

来源：作者编辑。

信息通信技术公司和大学间已经建立了多个公共—私人合作关系，从而教授学生适合市场需求的技能，并产生科学和企业相结合的创意。新思科技公司和企业孵化器基地则是两个很好的例子（见专栏 12.2）。

计划到 2020 年成为以知识为基础的经济体

在亚美尼亚，与“公益”研发有关的规程要多于与研发商业化有关的规程。第一个规定“公益”研发的立法法案是科学和技术活动法（2000）。该法案规定了与研发行为和相关组织的一些关键概念。这之后，该国政府做出了一关键的政策性的决定，称为 2007 政府决议，即建立国家科学委员会（SCS）。该委员会隶属于教育和科学部，作为该国科学治理方面的领头公共机构，它也承担了很多责任，包括起草科学组织和资助方面的法律法规。在建立国家科学委员会之后不久，该国政府引进竞争性项目资助机制以补助公共研究所的基础基金。相对而言，近年来该国政府资助数额有所下降。国家科学委员会在亚美尼亚研究项目的发展和实施方面也是领头机构（联合国欧洲经济委员会，2014）。

国家科学委员会带头准备了三个重要文件：2011—2020 科学发展战略、2010—2014 科技优先发展重点以及 2011—2015 科学发展战略行动计划。这三个文件于 2010 年相继被政府采用。2011—2020 科学发展战略设想通过利用基础和应用研究来打造具有竞争力的以知识为基础的经济体。2011—2015 科学发展战略行动计划旨在将这一设想付诸行动，即开展一些项目，并提供工具以支持该国的研发。

该战略设想到 2020 年，亚美尼亚将成为一个以知识为基础的经济体，那时它的基础和应用研究水平将足以与欧洲研究区相媲美。该战略制定了以下目标：

- 创造一促进科技可持续发展的体系。
- 促进科学实力的提升以及科学基础设施的现代化。
- 提升基础和应用研究。
- 建立一教育、科学和创新协同发展的体系。
- 成为最适宜实施欧洲研究区科学专业化政策的国家。

2011 年 6 月，该国政府通过了基于该战略的行动计划。该行动计划制定了以下目标：

- 改善科技管理系统，创造可持续发展的必要条件。
- 让更多年轻人才参与进教育和研发事业中，同时改善研究基础设施。
- 创造适宜科学、技术和创新综合系统发展的必要条件。
- 加强研发领域的国际合作。

很显然，尽管该战略采取的是“科学推动”方法，并将公共研究机构作为其主要政策目标，但它制定的目标里却不包括产生创新和建立创新体系这一项，而且也没有提及作为创新驱动力的企业部门。2010 年 5 月，该国政府颁布了一项决议——2010—2014 年科技优先发展重点——作为对该战略和行动计划的补充。优先发展的重点是：

- 亚美尼亚研究、人文科学和社会科学。
- 生命科学。
- 可再生能源、新能源。
- 先进技术、信息技术。
- 太空、地球科学、自然资源的可持续利用。
- 促进必要应用研究发展的基础研究。

《国家科学院法》（2011 年 5 月）预计将在亚美尼亚创新体系的塑造方面扮演重要作用。该法律允许国家科学院开展更广泛的商业活动，如促进研发结果商业化、创建子公司。该法律也要求对科学院进行重组，将研究领域密切相关的研究机构整合到一起。在新建的中心中，有三个是相关的，即生物技术中心、动物学和水文生态学中心以及有机和药物化学中心。

除了横向创新和科学政策之外，该政府战略也注重已选产业政策部门的支持计划。在这一背景下，国家科学委员会邀请私有部门参与注重应用效果的研究项目，但私有部门需与其共同资助这些项目。有超过 20 个所谓定向分支领域的项目获得了资助，这些领域包括：药物、医药和生物技术；农业机械化和机器制造；电子学；工程；化学；信息通信技术。

研发支出低，科研人员数量不断减少

据观察，近年来，亚美尼亚每年的研发支出总量几乎没有什么波动。2010—2013 年，其研发支出总量较低，平均值为国内生产总值的 0.25%，大约

是白俄罗斯和乌克兰的三分之一。但是由于此调查并没有算进私有企业的研发支出，所以有关亚美尼亚研发支出的这一统计数据是不完整的。由此，我们可以确认：自 2008—2009 年金融危机以来，该国来自国家财政预算的研发支出不断增加，且于 2013 年占到研发支出总量的三分之二（66.3%）。同时，自 2008 年起，公共部门研究人员数量下降了 27%，降至 3 870 人（2013）。2013 年，女性研究人员的数量是研究人员总数量的 48.1%，其中工程和技术领域的女性研究人员较少（33.5%），医学与健康科学（61.7%）和农业领域（66.7%）的女性研究人员较多。

亚美尼亚大学的高度自治权

亚美尼亚有一健全的高等教育体系。该体系包括 22 个国立大学、37 个私立大学、4 个按照政府间协议建立的大学和 9 个国外大学的分校。亚美尼亚的大学在制定课程和设定学费方面具有高度的自治权。2005 年，亚美尼亚加入博洛尼亚进程[①]。目前，大学正努力使其办学标准和质量保持一致。但也有一些大学例外，这些大学只专注于教学，并不参与或鼓励老师参与研究（联合国欧洲经济委员会，2014）。

在教育方面，亚美尼亚在 122 个国家中的排名为第 60，落后于白俄罗斯和乌克兰，但先于阿塞拜疆和格鲁吉亚（世界经济论坛，2013）。在高等教育入学率方面，亚美尼亚的排名更佳（122 个国家排名第 44），其中 25% 的劳动力都受过高等教育（见表 12.2）。但在劳动力和就业指数方面，亚美尼亚则表现不佳（122 个国家中排名第 113），这主要是因为它的高失业率和低水平的员工培训。

亚美尼亚的下一步计划

- 亚美尼亚需将更多的精力放在将亚美尼亚的研究所和企业融入全球价值和供应链上。例如，作为一个专业的元器件供应商，发展与领先生产商之间的合作。
- 由于统计基础较差，评估文化有限，导致亚美尼亚对其技术能力较难有清楚的认识。这也为制定以证据为基础的政策带来了挑战。
- 应该采取措施对研究所进行重组，从而增加用于研发资源的使用效率，例如通过将一些研究所转变为支持知识密集型中小企业的技术学院。这些技术学院应该靠公共和商业资助来运行，并与高技术工业区进行密切合作。
- 引入国际评估系统，将其作为具有互补性的大学研究部门和研究所一体化的基础，从而节省研究经费，这些经费可以逐渐用于增加教育支出；卓越中心的选择标准和研究机构国际和本地的相关性将处于同等重要的位置。

阿塞拜疆

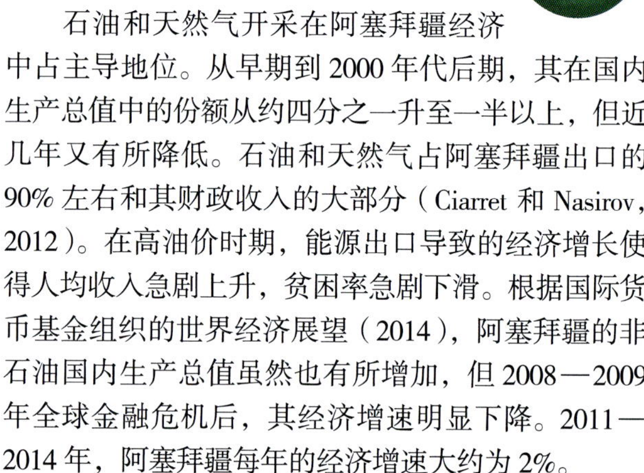

减少对商品出口的依赖

石油和天然气开采在阿塞拜疆经济中占主导地位。从早期到 2000 年代后期，其在国内生产总值中的份额从约四分之一升至一半以上，但近几年又有所降低。石油和天然气占阿塞拜疆出口的 90% 左右和其财政收入的大部分（Ciarret 和 Nasirov，2012）。在高油价时期，能源出口导致的经济增长使得人均收入急剧上升，贫困率急剧下滑。根据国际货币基金组织的世界经济展望（2014），阿塞拜疆的非石油国内生产总值虽然也有所增加，但 2008—2009 年全球金融危机后，其经济增速明显下降。2011—2014 年，阿塞拜疆每年的经济增速大约为 2%。

一些观察人士预计，阿塞拜疆的石油产量将继续下降。欧洲重建和发展银行在其 2014 阿塞拜疆战略中说明了这一点。2014 年，随着世界进入低油价时期，制定一个不依赖于商品出口的增长战略对阿塞拜疆来说越来越成为一个战略问题。为促进非石油能源增长，该国政府决定通过阿塞拜疆的国家石油基金来资助金融基础设施项目。作为阿塞拜疆的主权基金，阿塞拜疆的国家石油基金也获得了较高的国际认可（世界银行，2010）。

目前的环境仍不利于创新

阿塞拜疆共和国的 2009—2015 科学发展国家战略（阿塞拜疆政府，2009）也认识到目前自身的科技环境还不足以实现国家的创新潜力。在 21 世纪第一个十年，其研发支出总量并没有跟上其国内生产总值令人瞩目的经济增长速度。尽管 2009 年有短暂飙升，但在 2009—2013 年，其研发支出总量实际上萎缩 4%，企业部门所进行的研发活动的份额从

① 参与博洛尼亚进程的有 46 个欧洲国家。它们致力于创造一个高等教育区。博洛尼亚进程的三个优先发展重点是：在全欧洲推广学士－硕士－博士体系，保证教学质量和推广资格认定（2010 联合国教科文组织科学报告第 150 页专栏）。

22% 下降到 10%。在过去的十年中，阿塞拜疆研究人员的数量一直处于停滞状态，企业部门研究人员的数量甚至有所下降。阿塞拜疆统计局表明，阿塞拜疆的总研究人员数量在 2011—2013 年大增 37%，但该国没有公布等效全职研究人员的数据。

除了纯粹的数字之外，研究机构的老化在阿塞拜疆也是一个关键问题。早在 2008 年，阿塞拜疆拥有博士学历的人中有 60% 已达到 60 岁或 60 岁以上（阿塞拜疆政府，2009）。阿塞拜疆统计局数据显示，30 岁以下的研究人员的比例从 2008 年的 17.5% 下降到 2013 年的 13.1%。此外，目前没有迹象表明，坚定地致力于教育会给研究机构带来新鲜血液。总的来说，高等教育入学率已经处于停滞不前状态（见表 12.2），科学和工程领域的博士毕业生人数正在下降，其中女性博士毕业生也呈下降趋势；2006 年，女性博士毕业生占到博士毕业生总数的 27%，但到 2011 年该比例只有 23%。寻找合格的劳动力在阿塞拜疆已经成为高新技术企业的一个严重问题（Hasanov，2012）。

阿塞拜疆有限的发表和专利记录，再加上极低的高科技产品出口，反映了其科学、技术和创新努力的不足（见表 12.3、表 12.4 和图 12.3）。大量的质性问题隐藏在这些量化缺点之下。根据 2009 年联合国教科文组织备忘录关于《阿塞拜疆科学、技术和创新（STI）战略制定和科学、技术和创新机构能力建设：行动计划（2009.11—2010.12）》，这些问题包括以下几点：

- 科学、技术和创新功能主要集中在阿塞拜疆国家科学院（ANAS），大学未能与企业部门发展强大的研发联系。
- 某些行政障碍或其他障碍限制了私立大学的扩张。
- 政府似乎在遵循大众对某些学科的需求来分配其资助公立大学的资金，如商业研究或国际关系，该分配方法不利于科学和工程学科的研究。
- 在扩大普通大学院系的博士课程方面似乎有特殊困难。
- 研发设备过时，研究水平非常低。
- 资助研究机构资金分配不透明，独立评估不足。

从技术转移办公室到企业孵化器、科技园和早期融资，全方位的科学－产业联系在阿塞拜疆仍然疲软（Dobrinsky，2013）。其研发系统主要包括以行业为基础的政府实验室，且仍然孤立于市场和社会（Hasanov，2012）。就像世界各地一样，阿塞拜疆的创新型中小企业很少，即便是大型企业也不从事技术密集型活动。阿塞拜疆只有 3% 的工业产值是高科技（Hasanov，2012）。技术密集型活动的增长受制于总体商业环境中存在的问题，在这一环境中，尽管阿塞拜疆近年来有所发展，但它几乎排在东欧和中亚国家的最后面（世界银行，2011）。

根据哈桑诺夫（Hasanov，2012）的观点，阿塞拜疆国家创新体系总的治理特点是：在政策设计和实施方面行政能力有限；缺乏评估文化；政策制定过程太随意；大多数已采用的政策文件中缺乏量化目标，这些政策文件与促进创新和负责发展创新政策的政府官员对最近国际趋势的认识水平较低有关。

科学、技术和创新成为重中之重

近年来，政府试图加大科学、技术和创新对经济的贡献，比较明显的一项举动是其邀请联合国教科文组织资助其在 2009 年开发的阿塞拜疆科学、技术和创新策略。该文件建立在总统令于 2009 年 5 月采用的国家战略的基础之上（阿塞拜疆政府，2009），且被国家科学委员会指定为该战略的辅助文件。

最近，政府推出了新一波的举措，其中引人注目的一项举措是将发展科学、技术和创新的责任委任给内阁。2014 年 3 月，前通信和信息技术部的授权范围也扩大至通信和高技术部的授权范围。这种发展是自 2012 年以来采取的一系列行政措施的结果，措施包括：

- 建立信息技术发展国家基金（2012 年），该基金旨在通过参股或低息贷款为信息通信技术领域的创新和应用科技项目提供启动资金[①]。
- 总统宣布启动阿塞拜疆 2020 发展计划：前景展望（2012 年 7 月），该计划制定了通信和信息通信技术领域与科学、技术和创新相关的目标[②]，比如实施跨欧亚信息高速公路项目或为国家装备自己的通信卫星。
- 总统命令建立一个高技术园区（2012 年 11 月）。
- 采用阿塞拜疆 2014—2020 信息社会发展第三国

① 参见 http://mincom.gov.az/ministry/structure/state-fund-for-development-of-information-technologies-under-mcht.

② 参见 www.president.az/files/future_en.pdf.

家战略（2014 年 4 月）；2013 年，阿塞拜疆的互联网普及率高于所有黑海国家，达到其人口数量的 59%（见表 12.1）。

- 在总统的支持下，建立一个知识基金（2014 年 5 月）。
- 建立一个国家核研究中心，下设于新通信和高技术部（2014 年 5 月）。

根据来自国家委员会的班扬明·赛伊多夫在 2014 年 3 月召开的基希讷乌"地平线 2020 计划"东部伙伴关系会议上所做的报告，阿塞拜疆目前科技发展的重点领域是：

- 信息通信技术。
- 能源和环境。
- 自然资源的有效利用。
- 自然资源。
- 纳米技术和新材料。
- 安全与风险降低技术。
- 生物技术。
- 太空研究。
- 电子政务。

阿塞拜疆的下一步计划

毫无疑问，虽然阿塞拜疆意识到需要加强其科学、技术和创新努力，但它还没有设法克服与石油财富激增相连的"荷兰病"[见词汇表（第 738 页）]。尽管该国因为其人均国内生产总值突然跻身中等收入国家行列，但在经济和制度结构现代化方面，它仍然在迎头赶上。现在它需要进行果断改革来兑现其制定的目标，包括以下内容：

- 过去几年里，该国就科学、技术和创新问题宣布了大量的法律、总统法令和决定，但实质进步却很小；对过去采取的措施进行综合评价来确定是什么防止了将监管措施转化为行动，这是非常有用的。
- 阿塞拜疆采取的大量科学、技术和创新政策文件中包含的量化目标出奇的少；为衡量实现预期目标的进展情况以及完善事后评估，制定少量经过审慎筛选的目标是很有必要的。
- 政府应该采取果断措施改善商业环境，如通过加强法治，从而帮助阿塞拜疆从其创新投入中获得经济效益。

白俄罗斯

专注于工程和炼油

白俄罗斯没有得天独厚的自然资源，主要依赖于进口能源和原材料。过去，这个国家一直专注于加工；工程（农业技术和诸如拖拉机等的专门重型车辆）和精炼主要由俄罗斯提供的石油是其大型工业部门的主要活动（2013 年占国内生产总值的 42%）。这些部门严重依赖外部需求，这就是为什么在这一中上收入国家，对外贸易对其国内生产总值的贡献要高于其他中上收入国家（见表 12.1）。白俄罗斯 50% 的贸易都是与俄罗斯联邦进行的，目前其最大的商业伙伴正在遭受经济危机的影响，导致其经济也变得脆弱。例如，2014 年 12 月，俄罗斯卢布仅在几天之内就贬值近 30% 后，白俄罗斯卢布的价值下降了一半。

白俄罗斯当局遵循的是逐渐向市场经济过渡的道路。该国保留着影响经济的重要杠杆，而且只有有限的大型企业进行了私有化。近年来，白俄罗斯当局采取了一系列措施改善企业环境，促进中小型企业的发展。然而，国有企业继续主导生产和出口，新公司创建率仍然很低（联合国欧洲经济委员会，2011）。

尽管 20 年前白俄罗斯就宣布其战略政策的目标是发展基于科学和技术的经济体系，但未来一段时间内，仍将依赖于进口技术发展其经济。从那时以来，该国政府颁布了超过 25 条法律和总统法令，发布了约有 40 个政府法令以及其他很多法令律令，以促成这一目标的实现。这一切使更多国民意识到了科学和技术对该国经济繁荣的重要性。

在白俄罗斯于 2006 年采取的 2020 国家战略、2006—2025 技术预测和其他战略文件的基础之上，该国政府部门和其他政府机构开发出了国家创新体系概念。该概念由部长理事会科技政策委员会于 2006 年通过，它将部门方法作为发展和实施该国科学和创新政策的主要方法。

科学合作越来越多

该国政府计划到 2010 年增加研发支出总量占国内生产总值的比值至 1.2% ~ 1.4%，但这一目标目前还没有实现。这也使其最近的目标——使研发支出总量占国内生产总值的比值到 2015 年增至 2.5% ~ 2.9%

成为泡沫，这一目标在白俄罗斯共和国 2011—2015 年社会和经济发展计划中提出（Tatalovic，2014）。

白俄罗斯研发系统主要由技术科学主导。无论资金的来源（包括国家的目标导向项目），技术领域的研发支出占到研发支出总量的 70% 左右。白俄罗斯的每个部门都建立了自己的资金从而资助关键经济领域的创新，如建筑、工业、房地产等。可以说这些基金中最成功的是针对信息通信技术公司的基金。

根据《白俄罗斯日报》（2013 年）报道，2012 年白俄罗斯只有 3.6% 的研发资金用于国际合作。此外，该国并没有特定的国家政策文件规定各个科学领域的国际合作。2003—2008 年，来自国外资助的研发支出总量徘徊在 5% ~ 8%，在 2009—2013 年平均升至 9.7%。在过去七年的时间里，其与国际合作伙伴合作的研究项目的数量也增加了一倍多。

劳动力技能熟练，但研究人员呈现老龄化趋势

白俄罗斯研发系统是其苏联时期的产物。与其他经济体不同，私有企业并不是该国研发活动的主要实践者。原则上，研发系统主要面向企业，企业从研究机构分支购买科技服务。但在白俄罗斯，后者在提供科技服务方面发挥的作用要高于大学。尽管白俄罗斯对其研发系统正在逐渐进行改造，但这仍然是其研发系统的一个明显特征。

白俄罗斯仍然保持着大型企业的工程能力，且具备熟练的劳动力。尽管其研发潜力仍然很高，但由于年龄结构恶化，加上人才流失，其实际研发表现遭受了负面影响。在过去的 10 年里，年龄在 30 ~ 39 岁阶段的研发人员从总数的 30% 多减半至总数的 15% 左右。60 岁及以上研究人员人数则增长了 6 倍。科学家在白俄罗斯的声誉和地位仍然很高，但该职业的吸引力已经减弱。

研发人员在该国的分布也是不规则的。四分之三的研究人员仍集中在其首都，明斯克和高美尔地区的研究人员数量紧随其后。迁移研究人员成本太高，且在很大程度上依赖于研究基础设施的可用性和整体经济形势，而近年来该国研究基础设施的可用性和整体经济形势并不利于其迁移计划的实施。

遵照经济合作与发展组织的统计方法，该国的统计方法现在将运作模式和商业实体类似的国有企业归为企业部门的一部分，由于这一变化，受到政府资助的企业研发支出下降（2013 年降到国内生产总值的 0.45% 左右）。高等教育产业的作用仍然微乎其微。

近年来，该国在国际跟踪期刊上发表的论文数量停滞不前（见图 12.6）。其在国家专利方面表现更好，国内专利申请从 1990 年代早期每年不到 700 项升至 2007—2012 年的 1 200 项。在这一指标上，白俄罗斯表现得比保加利亚、立陶宛等一些欧盟新成员国还要好。

白俄罗斯的下一步计划

根据上文，该国采取以下措施将是个明智的选择：

- 采取“水平”工具补充现有的高层政策文件中的“垂直”工具，“水平”工具将跨越公司、行业和部门改善创新中的各种利益相关者之间的联系。
- 促进和鼓励创新型中小企业参与国家科技计划；除了科技园区的发展外，与创新有关的税收优惠可以应用在所有部门和行业，也可以提供给外国公司以激励它们在白俄罗斯设立研发中心。
- 对中小企业的早期创新给予有针对性的税收减免，特别是通过补贴贷款、创新赠款或优惠券和信贷担保计划等形式，但这些会使创新型企业承担一定的违约贷款的风险。
- 对项目、计划和政策工具实现政策目标的进展进行项目前和项目后评价（综合定量和定性评价）；结合其他元素，这些元素促进制定项目、政策和相关工具早期阶段的项目前和项目后评价。
- 扩大范围，推广促进科学技术的区域规划，从而将区域创新发展囊括进来，这一过程伴随着必要的额外资源。

格鲁吉亚

在市场改革上遥遥领先，更大程度地促进科学、技术和创新发展

与处于相似发展时期的其他经济体相比，格鲁吉亚实施的市场导向改革遥遥领先，然而，却极少在培养科学、技术和创新能力以促进社会经济发展上花费太多心思。

由于格鲁吉亚的自然资源极少，重工业也没有太大的发展，所以其经济自苏联时期以来主要受农工业驱动。直到 2009 年，食品和饮料占据了制造业产出的 39%，农业就业率比重达到 53%（联合国粮食与农业组织，2012）。据世界银行数据所示，在过去的 5 年里，运输服务出口（包括石油和管道输送天然气）已经成为该国重要的收入来源，占其国内生产总值的 5% ~ 6%。然而，目前基础广泛的经济增长相对地减少了这些产业的重要性。从 2004 年开始推行的结构改革和自由化改革推动了格鲁吉亚经济的发展，使得其经济从 2004 年到 2013 年每年平均增长 6%（世界银行，2014）。

的确，格鲁吉亚在当下经济自由，商业环境得到提高的时代，是最为坚定的改革者之一。在 2005 年到 2011 年这几年的时间，格鲁吉亚在世界银行经营指标排名一跃上升了 101 位。与此同时，格鲁吉亚大范围的反腐活动和简政运动，使得非正式经济体占格鲁吉亚快速增长的国内生产总值的比例从 2004 年的 32% 降到了 2010 年的 22%（经济合作与发展组织等，2012）。

在这种成功发展经济的背景下，当提到科学、技术和创新时，当下的格鲁吉亚的状况则显得愈发尴尬：

- 据国家统计局提供的数据所示，政府资助的研发经费既少又不稳定，在 2009 年到 2011 年间，国家在研发上的预算支出成 3 倍增长，但是截至 2013 年，经费又缩水了三分之二。由于制度惰性，预算的分配也很是随意，并且大部分都用在了非科研的需求（国家审计局，2014）。
- 企业部门的研发未经评估，这些年普遍缺乏有关科学、技术和创新的可比数据。
- 从科学成果产出的角度来看，格鲁吉亚在这七个黑海国家中排名中等（见图 12.6）。

政府最近对科研部门的审计（国家审计署，2014）对该情况做了关键的评估，认为“（在格鲁吉亚）并没有将科学应用到经济与社会发展的进程中”。评估强调了应用研究和具体创新之间的脱节，以及“私营部门对研究缺乏兴趣”。同时也对公共资金资助研究评价的缺失感到遗憾。

除了三天打鱼、两天晒网的致力于新科技和新理论的产生外，格鲁吉亚也很少使用那些全球各地都在应用的科学技术。尽管该国奉行相对开放的贸易政策，但是据联合国商品贸易统计数据显示，格鲁吉亚所进口的高科技产品总量少，从 2008 年到 2013 年，仅增长了 6%。

在教育上面临的严峻挑战

该国对教育的忽视可能会限制该国未来的经济增长。尽管成年人的教育程度在格鲁吉亚曾达到了历史性的新高，但是，2013 年大学考试通过率相比于 2005 年的最高峰值差距有 13.5% 之多。联合国教科文组织的数据显示，截至 2012 年的 5 年的时间内，科学和工程博士学位授予量下滑了 44%（92 名），此外，这些领域的招生录取人数也急剧下降，虽然，这几年有激增的趋势。

在中等教育质量方面，格鲁吉亚也倍受挑战。该国 15 岁少年在阅读、数学和科学方面的表现与经济合作与发展组织在 2009 年国际学生评估项目中最落后国家的同龄少年的水平差不多（Walker，2011）。2007 年的国际数学和科学研究所示的趋势显示，格鲁吉亚落后于同等经济实力的国家。高校留学生流动性几乎为零，表明对外界的吸引力很低，面临很大的问题。然而，根据 2010 年由专家政治集团对博士课程在欧盟邻国项目运行的研究所示，如果出国留学的比例高，人才流失将会成为一个潜在的问题。

需要战略远景

在 2003 年所谓的玫瑰革命[①]之后，格鲁吉亚开始出现了现有的科学、技术和创新制度结构。科学政策的内阁责任取决于科教部、高等教育法框架（2005 年）和科学、技术及发展法（2004 年，于 2006 修订）。国家科学院在 2007 年通过合并旧学院得以建立；国家科学院能够提供有关科学、技术和创新的咨询问题。鲁斯塔韦利国家科学基金会是国际对公共研究资助的主要方式，该基金会 2010 年通过合并国家科学基金会和格鲁吉亚人文和社会科学研究基金会建立。

政府自己的审计部门也承认“战略眼光和科学

① 大范围的对有争议的议会选举的抗议最终导致 2003 年 9 月总统迪阿迪·谢瓦尔德纳泽被迫辞职，玫瑰革命以此著称。

活动的优先级是没有定义的。”此外，由于缺乏自上而下的分类优先级，鲁斯塔韦利基金会被认为通过对单独的每个建议的优点的评估来分配跨领域项目基金。没有数据去评估近来旨在整合公共研究机构和大学的改革的结果，在大学校园中还没有建立知识转移办公室（国家审计局，2014）。

在过去的 10 年里，来自西方发达经济体的国际发展合作伙伴一直活跃在格鲁吉亚，并致力于对格鲁吉亚有关科学、技术和创新发展的优点、缺点、机遇和威胁的研究。2011 年，格鲁吉亚政府与千年发展挑战集团合作进行了这样的一个拘束分析。这些伙伴对具体的科学部门和海外发展援助趋势进行了分析。一个例子就是 2014 年格鲁吉亚改革委员会的研究项目“格鲁吉亚高等教育机构促进社会科学研究的分析方法”，该项目由美国国际开发署资助。

格鲁吉亚的下一步计划

政府让经济自由发展、不干涉的手段确实带来了相当客观的收益，但是格鲁吉亚现在也可以从有利科学、技术和创新发展的额外政策中获益。政府可以根据国家审计署（2014 年）给予的建议并考虑如下建议：

- 需要提升有关科学、技术和创新投入和产生的及时性和国际性以及可比数据的可用性。
- 在教育方面，格鲁吉亚具有关键性的优势，包括大幅度降低的腐败水平和人口缺乏所带来的压力。现在需要改变的就是下降的高等教育入学率，以及中等教育的质量问题。
- 需要反思科学、技术和创新问题的咨询结构，在设计和执行科学、技术和创新政策时，需要让政府和学术界之外的利益相关者，尤其是企业参与进来。
- 国家创新战略的发展会提高教育、工业、国际贸易、税收等不同政府领域政策的连贯性和协调性。

摩尔多瓦

另一种代替汇款的经济增长引擎

摩尔多瓦是欧洲最低人均国内生产总值水平的国家之一，也是黑海地区人均国内生产总值最低的国家（见表 12.1）。相对而言，摩尔多瓦还是世界上移民人数最多的国家之一；这些移民占该国全部劳动力的 30%。该国劳工的汇款数量很大（占 2011 年国内生产总值的 23%），但是他们的这种经济贡献预计会停滞不前（世界银行，2013），因此，该国需要在出口和投资的基础上寻找一个新的经济增长引擎。

经历了全球的经济危机后，摩尔多瓦经济复苏势头强劲，根据国际货币基金组织数据，在 2010 年到 2011 年间，该国经济增长超过了 7%，但是自此之后，经济增长却一直不稳定，2012 年其国内生产总值紧缩了 0.7%，在 2013 年只反弹了 8.9%。这也凸显了摩尔多瓦应对欧元区危机和干旱等气候事件的脆弱性（世界银行，2013）。

根据联合国教科文组织统计研究所提供的数据，该国研发支出总量在 2005 年到达国内生产总值的峰值 0.55% 后，在 2013 年就下降到了 0.36%。企业所占研发支出总量的份额一直很不稳定，从 2005 年的 18% 下降到 2010 年的 10%，到了 2013 年又反弹至 20%。尽管研究人员在某种程度上可以利用到信息通信技术网络和数据库，但低水平的研发投资意味着研究基础设施仍处于不发达阶段。

集中的国家创新体制

科学院是摩尔多瓦的主要决策机构，发挥着科学部门的作用，这是因为其主席是政府人员。科学院也是政策执行的主要机构。科学院通过其执行机构管理几乎所有的公共研发和创新资金项目，这些执行机构包括：科学和科技发展最高委员会以及其次级管理机构、基础和应用研究资金中心、国际项目中心和创新和技术转让机构。专家咨询委员会确保了这三个资助机构的评估的结果的专业性。科学院有 19 个研究机构，也是该国的主要研究机构。特定部门下的特定研究部门也进行研究。

摩尔多瓦的 32 个大学也有科研项目的研究，但都不是必要的技术开发。企业部门也进行研发，但只有 4 个机构[①]得到科学院的认证，但也因此而给

① 有三个国有企业已经受到认证，分别为农业工程研究所、水生生物资源的研究和生产企业、建设研究所，并且这三家企业可以使用公共竞争研究资金。此外信息社会发展研究所正在进行认证。来源：http://erawatch.jrc.ec.europa.eu.

与他们公共竞争研发基金。

鉴于摩尔多瓦移民趋势和人才流失，每百万居民科研人员的数量停滞不前，并远低于其他的黑海国家的数量（见图 12.2）。该国受过高等教育的居民的比例相对较高，但是在 25 岁到 34 岁的人群中，每 1 000 人中新博士毕业生所占比例却低于欧盟平均水平的五分之一。摩尔多瓦已经很难吸引和留住外国的研究生和研究人员，因为当地大学提供的教育不符合市场预期，而且其提供的条件通常都没什么吸引力（Cuciureanu，2014）。

经济部提出的《创新政策—提高竞争创新力》概述了 2013—2020 年 5 个总体目标：在研究和创新的管理上采取开放型的模式；加强创新和创业技能；鼓励企业创新；应用知识解决社会和全球问题，并刺激对创新产品和服务的需求。同时，于 2013 年 12 月批准的在科学院的领导下制定的摩尔多瓦研究和发展战略设立了一研发投资目标，即到 2020 年使研发支出总量达到国内生产总值的 1%。但该战略没有明确的主题。

政府主要的资助工具就是所谓的机构项目，这些机构项目以半竞争性的方式分配到了 70% 的资金。这些竞争性资金计划包括国家研发项目、国际项目、新技术和流程转让项目、给予年轻研究人员的赠款，包括博士奖学金，以及用于设备采购、专著编辑或者组织科学会议的赠款。

其余的资助资金分配则通过其他的方式，如分配给行政部门、研究设施或科学院的附属机构以及用于基础设施建设。近年来，为了增加机构项目的资助份额而减少对其他几种资助的金额数量已成为一种趋势。

只有国家科研项目才有主题焦点（见图 12.7）。资助政策、评估、监测和报告都与主题的优先级相对应。往往主题范围比较广泛，而政府资金有限。此外，在过去的 5 年里，该国研发资金下降了三分之二，2012 年甚至不足 35 万欧元。

摩尔多瓦的下一步计划

自 2004 年科学和创新法颁发以来，摩尔多瓦所进行的一系列改革，再加上其与欧盟在科研和创新领域的合作关系的不断加强都有助于该国国家科学体系的维护，但是仍不足以阻止其恶化趋势。最近一篇研究文章，向科学院提出了应优先考虑如下改革的建议（Dumitrashko，2014）：

- 更新研究设备和改善国家的技术基地。
- 设计有针对性的奖励计划，鼓励年轻人从事科研工作，如津贴、为年轻科学家设立奖项、海外培训项目等。
- 加大与欧洲地区和国际科研机构的合作与联系。
- 加大技术转让力度，鼓励科研机构和企业部门的合作。

土耳其

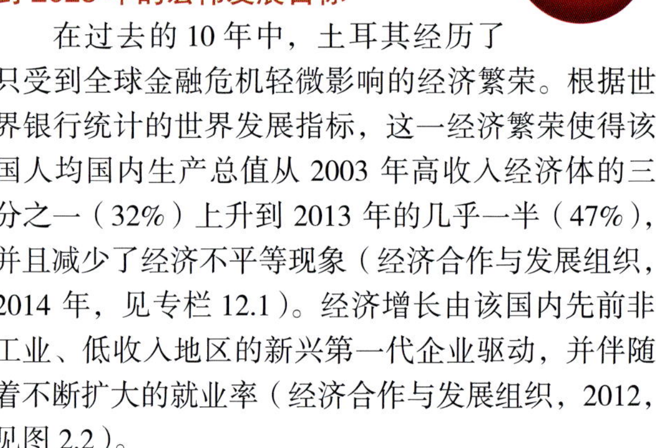

到 2023 年的宏伟发展目标

在过去的 10 年中，土耳其经历了只受到全球金融危机轻微影响的经济繁荣。根据世界银行统计的世界发展指标，这一经济繁荣使得该国人均国内生产总值从 2003 年高收入经济体的三分之一（32%）上升到 2013 年的几乎一半（47%），并且减少了经济不平等现象（经济合作与发展组织，2014 年，见专栏 12.1）。经济增长由该国内先前非工业、低收入地区的新兴第一代企业驱动，并伴随着不断扩大的就业率（经济合作与发展组织，2012，见图 2.2）。

政府在 2008 年制定的 2023 年战略愿景包括 15 个宏伟的发展目标[①]，如在 2023 年共和国成立 100 周年的时候使研发支出总量与国内生产总值之比达到 3%，以及使土耳其变成一个中高科技产品出口的欧亚枢纽（见表 12.5）。它还将该国的科学、技术和创新政策目标置于这一背景下。为了同样的目的，第十个发展计划（2014—2018 年）确定了到 2018 年的发展目标，如将商业支出的份额提高到研发支出总量的 60%（Modev，2013，见表 23），这意味着在 5 年内将等效全职研究人员数量翻一番。

外部因素可能会阻挠土耳其实现其抱负

土耳其的抱负还可能会受到外部因素的阻挠。该国的经济增长仍然依赖外国资本流量。由于很多这些资本流量是非外国直接投资，所以经济增长受

① 参见：www.tubitak.gov.tr/en/about-us/policies/content-vision-2023.

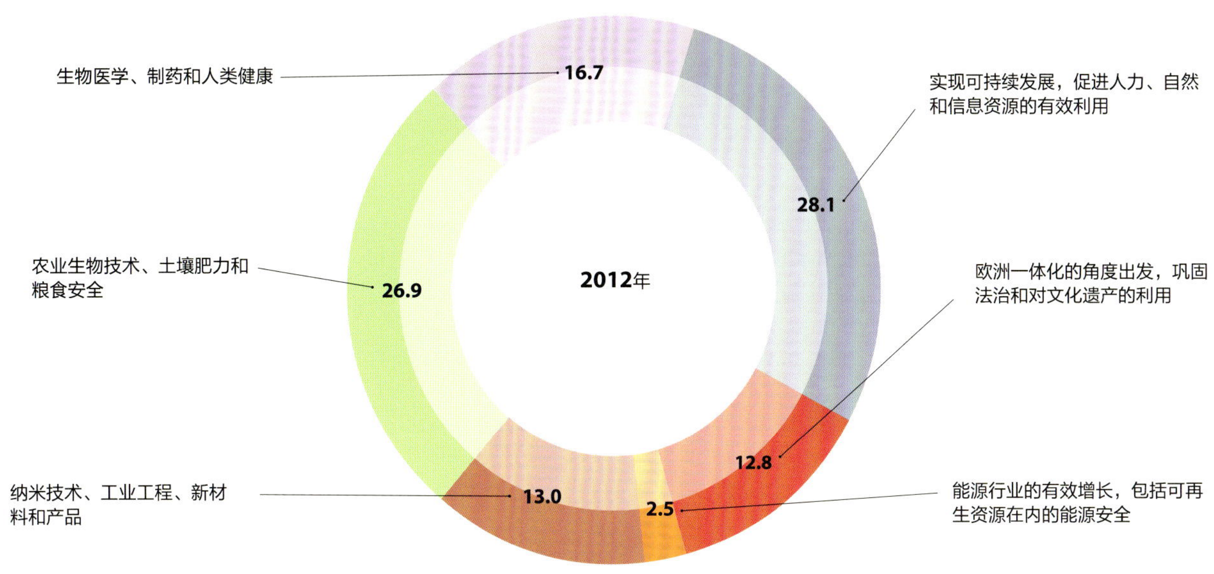

图 12.7　2012 年按主题优先顺序分配的摩尔多瓦国家研发项目预算细目（%）

来源：Cuciureanu（2014 年）。

表 12.5　土耳其到 2018 年和 2023 年的主要发展目标

	2012年的情况	2018年的目标	2023年的目标
按市价（美元）算人均国内生产总值	10 666	16 000	25 000
产品出口（10亿美元）	152	227	500
世界贸易所占比例（%）	1.0	—	1.5
研发支出总量与国内生产总值之比	0.86	1.80	3.0
企业研发支出所占比例（%）	43.2	60.0	—
研究人员（等效全职）	72 109	176 000	—

来源：莫迪福（2013 年）；世界银行世界发展指标，2014 年 11 月访问；联合国教科文组织统计研究所，2015 年 3 月。

制于对土耳其国家风险的不断改变的观念或受制于美国或欧元区货币政策的波动。许多土耳其的主要出口市场似乎受困于适度增长的持续期，因此即使在最好情况下，土耳其的官方发展目标似乎仍很难实现。2002 年至 2007 年期间土耳其经济增长主要受全要素生产率增长驱动，除了这一特殊阶段外，资本和劳动力投入的增加仍然是推动土耳其经济增长的主要动力（Serdaroğlu，2013）。从历史上看，制造业增长的动力主要是更多地使用技术，而不是新技术的出现（Sentürk，2010）。所有这些理由都表明土耳其需要重新关注和审查其科学、技术和创新政策，以便从最近的经验中学习。

在一些产学合作中，质量仍是一个问题

自《联合国教科文组织科学报告 2010》发布以来，土耳其一直致力于大力发展从 2004 年左右开始的研发工作。经济研发强度逐渐接近西班牙或意大利等发达经济体的水平，但远低于中国等快速发展

的新兴经济体的水平，在这些国家，企业部门贡献的研发支出占研发支出总量的 70% 多。同时：

- 土耳其一直努力提高普通人接受学校教育的数量和其教育质量。例如，在经济合作与发展组织的国际学生评估项目中，15 岁学生的数学分数明显提高；这一壮举归因于一般人群日益增长的财富——这使得他们可以负担更好的辅导，以及教育部门改革的影响（Rivera-Batiz 和 Durrnaz，2014）。
- 根据全球创新指数（2014 年）以及自 2008 年以来一系列全球竞争力报告，尽管土耳其在过去五年取得了一些进步，但在国际可比性管理者意见调查中，普遍认为土耳其的水平低于更为发达的新兴市场经济体。
- 更为普遍的是，土耳其在定性国际比较中的排名往往与它的雄心不符合。对 25 个主要创新型经济体的企业经理人员进行的一份国际调查表明，土耳其国内高管对土耳其创新环境的质量的意见与外界意见之间的差距要高于其他任何国家（Edelman Berland，2012）。
- 虽然近年来，在科学和工程领域取得博士学位的女性的比例一直在增加，但研究人员的性别平衡一直朝另一个方向发展，尤其是在私营部门，并且决策圈研究人员的性别平衡仍然很低。截至 2014 年，科学技术最高理事会的 20 位常任理事均是男性。

高度集中的创新研发系统

土耳其科学、技术和创新体系的制度结构仍然高度集中（土耳其科学技术委员会，2013，见图 1.1）。其近期的发展主要包括：

- 前工商部门的授权范围于 2011 年扩大至科学、技术和产业部的授权范围，后者现在负责监管土耳其科学技术研究委员会。
- 前国家计划机构于 2011 年转变成为发展部，现在负责准备技术研究部门投资预算和协调区域发展机构。2012 年该预算总计 17 亿美元购买力平价（土耳其科学技术研究委员会，2013），用于协调区域发展机构。
- 2011 年 8 月，该国政府按照总统法令对土耳其科学院的章程做了改变（TUBA），增加了土耳其科学院可以直接任命科学理事会成员的数量，这加剧了媒体对土耳其科学院未来科学独立性的担忧。
- 自 2010 年以来，由总理担任主席的科学技术最高委员会进行了 5 次进展审查，促进了科学、技术和创新的协调发展。其最近的会议通常都专注于一个特定的技术领域：2013 年是能源，2014 年是健康。
- 其当前活动由《美国国家科学、技术和创新战略（2011—2016）》所指导，该战略制定了以下优先级：
  — 在汽车、机械制造和信息通信技术这三个研发和创新能力强的领域采取以目标为基础的方法。
  — 需要加速发展的领域采取以需求为基础的方法，如国防、太空、健康、能源、水和食物。

企业没有把握住政府的援助之手

土耳其参与了多个欧洲研究合作网络，是经济合作与发展组织的创始成员之一。2014 年，土耳其成为欧洲核研究组织（CERN）的准成员，而自 1961 年以来，它在欧洲核研究组织的身份一直是一个观察者。土耳其与欧洲的关系密切：它是 1964 年第一批与欧盟达成联合协议的国家之一；在 1996 年以来，它一直保持着与欧盟的关税同盟关系，并且在 2005 年举行了入盟谈判。尽管如此，其科学外交在欧盟的研究和创新第六框架计划（2002—2006）时期起步缓慢，这之后，在第七框架计划（2007—2013）时期，其发展加速。该国正在努力抓住"地平线 2020 计划"（2014—2020）所提供的机会。尽管如此，就产出来说，土耳其创新体系的国际联系仍然有限。

- 根据经济合作与发展组织 2013 年的科学、技术和创新记分牌，在由企业参与的国内合作和国际合作创新调查方面，土耳其在经济合作与发展组织国家中排名最低。
- 土耳其获得国外资助的研发支出占其总研发支出的比例在黑海国家中是最低的，没有跟上该国近年来不断加大的科学、技术和创新努力。根据联合国教科文组织统计研究所的数据，2013 年土耳其由国外资助的研发支出仅占 0.8%，是其国内生产总值的 0.01%。
- 根据经济合作与发展组织的科学、技术和创新记分牌（2013 年），虽然土耳其专利数量近年来有所增长，但在经济合作与发展组织国家中，它的跨境所有权的专利数量仍然是最低的，由外国资助的企业研发所占比例甚至可以忽略不计。此外，与许多新兴市场经济体不同，土耳其没有参加任何形式的研发服务国际贸易。

土耳其就其科学、技术国际联系的其他方面做出以下承诺：

- 在美国授予外国人科学和工程领域博士学位数量的排名中，土耳其位居第六；在 2008—2011 年间，土耳其人共获得了 935 个博士学位（是在美国的所有外国人的大约 3.5%），而同期在土耳其本国授予的博士学位有 5905 个（NSB，2014）。
- 总的来说，土耳其在科学领域的国际合作要强于其在创新领域的国际合作。例如，根据经济合作与发展组织的科学、技术和创新记分牌（2013），体现美国—土耳其双边联系的一个重要的例子是科学论文的合著。

总的来说，充满活力的土耳其私营部门没有把握住政府在科学、技术和创新方面的援助之手。虽然土耳其经济从其 2008—2009 年的收缩中反弹回来，但其出口表现没有跟上其在发达国家市场的竞争对手的步伐（经济合作与发展组织，2014）。而位于该国西北部技术上更先进的地区在经济上则持续增长，并深化了其与欧盟的一体化。由于关税同盟，土耳其经济整体转移到高科技专利和出口的进程缓慢，这部分是由于一些企业“中间地带”的快速扩张，这些企业专门从事向发展中国家出口技术含量相对低的制成品，如纺织品、食品、塑料和金属产品（经济合作与发展组织，2012）。随着土耳其与发展中国家贸易的繁荣发展，欧盟在土耳其出口中所占的份额自 2007 年以来一直下降。这种下降趋势也可以解释为其融入欧盟价值链的缓慢进程以及所需要的技术升级（Işik，2012）。

由上文可知，土耳其在出口方面的表现并没有完全充分体现其正在进行的技术改造：

- 制造业在中等科技含量行业的就业呈增长趋势（经济合作与发展组织，2012）。事实证据表明技术密集型服务业虽然有显著增长，但出口却很少。其中一个例子是银行业、通信业以及其他行业内部专业软件的开发。根据最近的经济合作与发展组织统计数据，服务业在企业研发支出中的份额已从 2000 年代中期的 20% 左右强劲增长到 2013 年的 47%。
- 汽车或机械生产等领域中等科技含量产品的出口增长强劲。这一趋势也发生在知识产权领域，最近专利的强劲增长主要集中在低或中等技术领域（Soybilgen，2013）。
- 土耳其的经济特点是与欧盟之间的关税同盟，在这一及其开放的经济体系下，许多土耳其企业可以利用其得的最先进的机械设备，发展符合全球最佳实践的生产，追求高端制造业在如纺织、食品或物流等看似低技术含量行业的卓越性。

土耳其的下一步计划

在过去的 10 年里，土耳其在科学、技术和创新方面得到了越来越多公众的支持，现在政府当局需要考虑采取额外的措施以更好地将土耳其创新体系参与者联系在一起，从而使科学家、大学、公共实验室、大型或小型企业、非政府组织等之间的凝聚性更强。

其措施包括：

- 做出系统性的努力，使各行业的代表参与从科技园到自 2000 年代末建立的区域发展机构等以政府为主导的方案的设计和实施。
- 扭转科学、技术和创新领域性别平衡不断下降的趋势，总之，改善最高决策水平，如科学和技术最高委员会的性别平衡。
- 通过更好地考虑私营部门的多样化和广泛活力，缓和追求自上而下的优先级和面向特定部门激励政策的倾向。
- 发布公众支持科学、技术和创新方面的准确和及时的数据，包括税收优惠的数目。
- 考察研发领域外国直接投资的阻碍，以及土耳其国外跨国公司的研发活动。
- 加强对公共部门在科学、技术和创新领域的方案及其效果的文化评价，这既涉及整个体系，也涉及一些关键的政府计划，如科技园等（见专栏 12.3）或参与国际研究网络，如“地平线 2020 计划”。政府应该抓住其现有的在国际对比评估方面的专业知识，如经济合作与发展组织进行的创新评论。

专栏 12.3　现在应该评估土耳其科技园的影响了

与大学联合创建的科技园是土耳其政府促进近几年创业孵化的旗舰计划之一。第一批科技园成立于 2001 年，位于土耳其传统工业中心地带的安卡拉和科喀艾里。

到 2011 年，共建成 43 个科技园，其中有 32 个可正常运转。据新闻报道，到 2014 年，科技园的数量甚至可能增加至 52 个。土耳其的科技园容纳了大约 2 500 家公司，其中 91 家有外国资本。2013 年，它们雇用了 23 000 名研发人员，并且创造了 15 亿美元的出口额（总数的 1%）。

虽然这一壮举令人印象深刻，但最近的报道却在批判这带有一定惰性的发展趋势，因为越来越多的大学建立科技园，他们的目的只是努力为他们自己提供专业的管理和充足的资金。这些报道谴责对现有科技园的绩效评价的不足，以及缺乏其他已发布的关于减税成本和科技园所得到的其他形式的公众支持方面的数据。国家审计委员会 2009 年发布的年度报告强调需要对现有科技园进行独立评估以及影响评估——这在科技工业部的一名巡查员最近的报告中得到了证实（Morgül，2012）。

来源：作者；见土耳其科技园协会：www.tgbd.org.tr/en.

乌克兰

在科学和技术领域与欧盟合作是当务之急

在过去的 10 年里，乌克兰所有政府已经宣布其重组经济的计划，从而使经济更具创新性和竞争力。这一现代化进程和生活水平的提高是其依附欧盟的先决条件，也是该国的长期抱负。

如果乌克兰不进行国际合作和获取新知识，那么该国至关重要的问题，比如能源浪费、环保力度不够、工业部门和基础设施过时，就得不到解决。此外，该国在科学和技术领域的优先事项往往与欧盟有很多共同点。

乌克兰关于科技发展优先事项的国家法列出以下发展重点（2010）：

- 不同学科关键科学问题的基本研究。
- 环境研究。
- 信息通信技术。
- 能源产生和节能技术。
- 新材料。
- 生命科学和对抗主要疾病的方法。

在乌克兰研发的资助来源中，国外来源所占比例相对较高，2010—2013 年约占研发支出总量的 25%。乌克兰国家统计数据不提供原产国资金分配的信息。然而，众所周知，资金中有很大一部分来自俄罗斯联邦、美国、欧盟和中国。

2010 年，乌克兰就科技合作与欧盟达成一项新协议，该协议于一年后实施。它开创了新的合作机会，并为许多联合项目创建了框架条件。联合项目包括欧盟资助共同研究项目、联合探险、信息交换等。2015 年 7 月，乌克兰议会批准该国成为欧盟“地平线 2020 计划”准会员的协议（2014—2020 年）。

接连不断的危机削减了研发支出

接连不断的危机对该国经济和研发资金产生了负面影响。首先是 2000 年代后期的经济危机，然后是国家货币——乌克兰夫纳（UAH）的贬值。2013—2015 年，亲欧盟革命爆发，这之后武装冲突爆发。2009 年，乌克兰出口比上年下降了 49%，经济萎缩了 15%。这次危机是由多种因素导致的，包括国际钢铁价格暴跌迫使冶金和机械制造行业不得不削减工资和解雇工人，还有乌克兰天然气债务争端导致俄罗斯天然气供应于 2009 年 1 月停滞。该危机反过来也影响了该国的研发支出总量。2007 年，该国的研发支出总量为 80.25 亿乌克兰夫纳（7.96 亿欧元），但到 2009 年下降到（以欧元计价）82.36 亿乌克兰夫纳（6.8 亿欧元）。2010 年，乌克兰经济恢复增长（4.2%），其研发支出总量到 2011 年也恢复到了 95.91 亿乌克兰夫纳（8.65 亿欧元）。但其研发强度按购买力平价计同期从 0.85%(200 年）下降到 0.77%（2013 年）。预计 2014 年该国研发支出总量按欧元计将再次下降（莫斯科高等经济学院，2014）。

在过去的 10 年中，国家研发资助本身也有波动。2002 年，国家研发资助占到研发支出总量的 36%，这一比例在 2008 年、2013 年分别达到 55% 和 47%。国家资助的大部分资金用来支持由国家支持的科学院，包括国家科学院。该国试图让私营部门参与研究项目，但并没有取得太大进展，这很大程度上是因为其一而再再而三地未能履行自己资助研究项目的义务。

构成经济核心的低技术含量重工业

企业研发基金所占份额自 2003 年开始下降（36%）。它在 2009 年跌至新低 26%（2013 年是 29%），自此停滞不前。一般低水平的私营部门研发支出是乌克兰特定的经济结构导致的：三分之二的企业研发支出集中在机械制造业，该行业对乌克兰国民经济的贡献率自其 1991 年独立以来开始下降，在 2008—2009 年的经济危机以及 2013—2015 年的政治危机期间更是加速下降，直到现在，俄罗斯仍然是其机械制造业的主要客户。研发强度较低的重工业构成了国民经济的核心：黑色金属冶金、基础化学品生产和煤矿开采。

科技园数量自税收优惠废除后呈下降趋势

研究项目商业化最成功的试验是在 1999—2005 年建立的科技园。事实上，这些科技园是由许多高科技企业和享有利于实现其研究和创新项目体制的科学家和工程师组成的。最好的科技园是由国家科学院建立的。乌克兰国家科学院拥有强大的技术取向，如佩顿电焊研究所和单晶研究所。这两个研究所本身和他们的创新项目都享有税收优惠。然而，自 2005 年税收优惠废除以来，该国的创新项目数量一直停滞不前，科技园在国家创新中所起的作用也不断下降。

大多数研究机构关注工业发展

乌克兰的研究政策主要由中央政府监管，但地方政府机构也有一些政策工具供他们使用，通过利用这些工具可以对当地的大学和研究机构施加影响。例如，地方政府机构可以引入税收优惠，提供来自当地预算的金融支持以及为科技园和企业孵化器分配公共土地。传统上，大学部门在国家研究系统中起着次要作用，因为他们主要关注教学。自 21 世纪初，高等教育部门研发支出所占份额在 5% 和 7% 之间徘徊。2013 年，340 多所大学中只有 163 所开展研发，而在这些大学中，大约 40 所是私营的。

尽管许多其他部委和机构负责给特定的研究项目、计划和研究机构分配国家基金，但科学和教育部和经济发展和贸易部在科学政策制定过程中扮演着重要作用。在 2000 年，部门和机构的总数随着科学预算发生变化，从 31 个增至 44 个（联合国欧洲经济委员会，2013）。

自 1991 年国家科学技术委员会成立以来，其经历了多次名字和功能的改变。最近一次是在 2010 年 12 月，当时其多数部门被纳入科学和教育部门以及其他部门或国家机构。前科学、教育和信息化国家特别科学委员会于 2011 年成为一个机构，并于 2014 年中期被完全纳入科学和教育部；这个委员会在该部门的监督下直接负责科技政策的制定（联合国欧洲经济委员会，2013）。

大多数的研究机构与特定经济领域有关且专注于工业研发。形式上，这些机构附属于不同的部委和政府机构，但近年来，其与部门的关系已经减弱。国家科学院和其他 5 个受到国家资助的院校在国家研究体系中历来扮演的是主要执行者的角色，他们获得四分之三的国家预算用于研发活动。院校负责基础研究，同时也负责协调各个与研究和创新相关的项目以及确定科技优先事项和提供科学建议。自 2014 年俄罗斯联邦对众多位于克里米亚的乌克兰研究机构，如位于塞瓦斯托波尔的南部海域生物研究所和位于纳奇尼的克里米亚天文物理观测台进行收纳后，情况变得复杂起来。

由于乌克兰研究文章数量相对较低，产生的影响较小，故该国公共研究系统目前落后世界平均水平。乌克兰的出版物的数量还没有恢复到 2008 年的水平，引用率在黑海区域国家中也较低。2012 年，乌克兰的科学出版物在科学网的份额从 1996—2000 年的 0.5% 下降到 2012 年的 0.2%。尽管乌克兰 2011 年是世界第三大粮食出口国，产量高于世界平均产量（见图 12.6），但其在社会科学、计算机科学、生命科学和农业科学领域成绩不佳。乌克兰在某些技术科学领域，如焊接和电机机械的出版物的数量要高得多（Zinchenko，2013）。

专栏 12.4　乌克兰创办第一个重点实验室

2011 年 4 月，国家科学、创新和信息化机构建设了第一个所谓的国家分子和细胞生物学重点实验室。其目的在于为优先领域内的分子和细胞生物学研究提供额外资助，这些领域需要来自不同机构的研究人员之间的合作。

在由德国诺贝尔奖得主埃德温·内尔领导的专家小组进行评估的基础上选择研究项目。然后，这些项目由科学委员会批准，该委员会包括数个著名学者和国家官员。此程序的目的是减少对任何“外部”对决策过程的影响，并且，它对乌克兰来说比较新颖。

重点实验室的机构成员来自国家科学院下属的生理学研究所和分子生物学和遗传学研究所。然而，在竞争基础上从学者们提交的研究提议中选择研究项目的重任由重点实验室的科学委员会承担，不考虑他们的机构关系。

项目资金由国家基础研究基金提供。除了这些“标准分类财政补贴”，项目团队有权通过他们自己机构的固定预算获得额外资金，只要这些机构隶属于国家科学院即可。

2011—2012 年，选定两个项目进行资助。2013 年，资助了另外两个。2013 年，共发放给后两个项目 200 万格里夫纳（大约 190 000 欧元）。

由于经济危机，对实验室的资助于 2014 年终止。

来源：由作者编辑。

没有长期的人力资源研发政策

尽管该国为科学家提供不同类型的特殊津贴，其中一个是最近于 2012 年推出的资助出国留学的津贴①，该国政府的长期人力资源研发政策可以被定义为“惯性”而非定向。尽管乌克兰 2005 年加入了博洛尼亚进程，该进程旨在协调整个欧洲的高等教育，但它仍然保留着混合制②。2014 年，教育和科学部的新部长宣布其计划将乌克兰的学历制度与三层结构学位制度，即学士 - 硕士 - 博士协调一致。许多乌克兰的科学家都已到退休年龄。科学博士的平均年龄达到了 61 岁，科学博士生的年龄超过了 53 岁。研究人员的平均年龄每三年便增长一岁（Yegorou，2013）。

关注高等教育的相关性

从苏联时代，乌克兰就有着相对发达的教育体系。它仍然保留了该体系的一些正面特征，重视教育水平数学和自然科学的发展。然而，自其独立以来，人们对其科技教育的质量也产生了严重担忧。

一方面，由于大学与产业间互动有限，项目并没有跟上商界的最新进展。一些高科技领域不再存在，包括电子工业和机械制造行业一批与军事相关的企业。由于毕业生找不到符合他们能力的工作，产业对一些技术学科学位的需求下降。

除了农业、卫生保健和服务业外，自然科学毕业生的比例自 2000 年代中期，缩减了四分之一，技术科学毕业生的比例缩减则超过五分之一。根据国家统计局的数据，学习人文科学和艺术的学生比例增长了 5%，学习社会科学、商业和法律的学生比例则高达 45%。

2001 至 2012 年间，该国学生的数量从 150 万人增至 250 万人。然而，这一扩张是短暂的。随着该国总人口下降，学生的数量将在未来几年同样下降。虽然一些外国大学，包括莫斯科国立罗蒙诺索夫大学在乌克兰建立了分校，乌克兰的外国学生仍然不多。同时一些国外大学也与乌克兰本国的大学建立了合作项目，大学毕业生可以获得两个大学颁发的双文凭。可以说，最著名的双联项目是基辅理工学院和一些德国技术大学建立的项目。

乌克兰的下一步计划

2014 年，该国政府制定了一系列的措施来解决以下乌克兰研究政策中所存在的关键问题：

- 建立符合国家发展的目标的研究优先事项。

① 年轻科学家也可以申请议会津贴和国家科学院的津贴。数以百计的杰出的老科学家获得乌克兰总统授予的终身津贴。国家科学院会员和通信会员的特殊月薪也可以被认为是科学家的特殊津贴。

② 该国引进了学士和硕士学位，但专家的苏联资格被保留。苏联科学博士生不仅必须持有硕士学位，而且在不少于 5 个出版物上有他的署名。苏联科学博士必须是有丰富科学经验和至少有 20 本国际性的出版物。

- 尊重欧盟的最佳标准，明确加入欧洲研究区的目标，确立研发方向。
- 进行行政改革，改善研发体系。

然而，不同战略文件中列出的政策措施不太关心对特定知识需求的确认，尤其是对经济结构调整战略情报的提供。此外，该国政府还采取了相当有限的措施试图改善知识循环，满足商业知识需求和促进私营部门的资源动员。

与产业有关的乌克兰研究与创新政策几乎完全专注于为 6 个国家科学院、国有企业和国立大学直接提供国家支持。值得注意的是，由于国家部委机构和中央地方政府的责任分散，研究政策（专注于提高学术研究质量和提供技术研究人员）和经济发展政策之间缺乏协调性。

结论

国家间可以互相学习，并向新兴经济体学习

要在科学、技术和创新政策环境、人力资源的投资水平、研发和信息通信技术基础设施方面赶上充满活力的中等收入国家，大多数黑海国家仍然还有很长的路要走。与全球各国进行比较，除了阿塞拜疆和格鲁吉亚外，其他黑海国家的产出比投入表现好。阿塞拜疆和格鲁吉亚似乎在通过研发努力促进经济效益方面有特殊的困难。例如，格鲁吉亚在人文学科的一些分支领域有较强的实力，但是这些出版物并不促进研发和由技术驱动的创新。

近年来，大多数国家的教育体系和经济结构都极度依赖科学技术的发展。这一时期的一些残余现象仍然存在于后苏联国家，比如拥有技术资格的毕业生或物理科学和工程领域出版物比比皆是。有了正确的政策和激励措施，这些国家将向技术密集型发展，重新定位，相对于那些仍在摆脱传统农业社会经济结构的发展中国家，他们未来面临的挑战将更小。

为了过渡到一个创新驱动的经济体，所有位于黑海地区的后苏联国家将别无选择，只能进行根本性的改革，其中包括大幅增加研发资金。此外，如果他们的研发努力有显著的提升，企业部门也需要更强的措施以激励研发投入。这些激励措施将尤其通过打击腐败和消除寡头所有权和控制权结构，创建一个有利于市场经济蓬勃发展的商业友好环境。如果商业环境仍在很大程度上不利于创建新企业和在市场的基础上挑战现有权力关系，那就不要指望传统的科学、技术和创新政策倡议能够对私营部门研发产生决定性影响。

就土耳其而言，在过去的 10 年中取得了实质性进展，科学、技术和创新指标更为广泛——指标包括受教育程度，研究人员和研发强度或专利数量——其设置的优先事项除了加强问责制和提高效率外，还包括促进国家创新体系中各种角色之间的协作。同时，为进一步实现量化增长这一宏伟抱负，政府设立了一些目标，而其中一些目标可能过于乐观。

对所有国家来说，在保持足够灵活性的同时，使国家创新景观的各个部分作为一个系统而不是支离破碎的部分来工作仍然是一个挑战。很明显，阿塞拜疆和格鲁吉亚将受益于其位于最高政治层面有着明确重点的国家创新战略。至于亚美尼亚、白俄罗斯、摩尔多瓦和乌克兰，他们通过致力于解决其商业环境的不足会从其现有的科学、技术和创新战略中得到更多好处。

所有 7 个国家将受益于科学、技术和创新领域更强的文化价值，这对土耳其来说尤其如此。近年来，土耳其对研发的投入不断加大。这也将帮助各国建立和追求该领域更现实的目标。

所有国家都在更努力地在追求科学、技术和创新数据可用性、质量和时效性，并进行应用实践。这对格鲁吉亚尤其重要，其次对于亚美尼亚和阿塞拜疆也很重要。

黑海周围的国家或多或少地倾向于只与欧盟或俄罗斯联邦，或两者在科技和国际比较方面进行合作，这是可以理解的。这将有利于他们超越地理界限，更好地掌握与科技有关的政策在其他新兴市场经济体和发展中国家的进展以及这些国家的表现。其中一些国家正在国际上扮演着重要的角色或成为政策创新者。黑海国家还应该关注本国的情况，抓住科学合作机会，借鉴其他国家成功与失败的经验。本章致力于使他们向这个方向去努力。

黑海国家的主要目标

- 到 2020 年，阿塞拜疆计划将其人均国内生产总值翻一番，使其增至 13 000 美元。
- 到 2020 年，阿塞拜疆所有的教育机构有互联网接入和免费开放教育资源。
- 白俄罗斯计划使其研发支出总量与国内生产总值之比从 2011 年的 0.7% 到 2015 年的 2.5% ~ 2.9%。
- 土耳其计划使其研发支出总量与国内生产总值之比从 2011 年的 0.9% 到 2023 年的 2.5% ~ 2.9%。
- 土耳其计划将其工业研发支出占研发支出总额的比重从 2011 年的 43.2% 上升到 2018 年的 60.0%。
- 将土耳其等效全职研究人员的数量翻一番，从 72 000 美元（2012）增至 176 000 美元（2018）。

参考文献

Ciarreta, A. and S. Nasirov (2012) Development trends in the Azerbaijan oil and gas sector: Achievements and challenges, *Energy Policy*, Vol. 40(C).

Cuciureanu, G. (2014) *Erawatch Country Reports 2013: Moldova*.

Dobrinsky, R. (2013) The National Innovation System of Azerbaijan in the Context of the Effective Development and Diffusion of Green Technologies. Presentation to the Joint National Seminar on Ways to Green Industry. Astana, 23-25 October 2013.

Dumitrashko, M. (2014) Key moments in the development and problems of the scientific sphere of Republic of Moldova (in Russian), *Innovatsii*, 6.

EC (2014) *Turkey Progress Report 2014*. European Commission: Brussels.

Edelman Berland (2012): *GE Global Innovation Barometer 2013 – Focus on Turkey*. See: http://files.publicaffairs.geblogs.com.

FAO (2012) *Eastern Europe and Central Asia Agroindustry Development Country Brief: Georgia*. United Nations Food and Agriculture Organization.

Government of Azerbaijan (2009) Azərbaycan Respublikasında 2009—2015-ci illərdə elmin inkişafı üzrə Milli Strategiya (National Strategy for the Development of Science in the Republic of Azerbaijan for 2009). Azerbaijan Presidential Decree No. 255 of 4 May 2009.

Hasanov, A. (2012) Review of the Innovation System in Azerbaijan. Presentation to IncoNET EECA Conference on Innovating Innovation Systems, 14 May, Vienna. Technology Transfer Center, Azerbaijan National Academy of Sciences.

HSE (2014) *Science Indicators: Statistical Data Book* (in Russian). Higher School of Economics: Moscow.

Işik, Y. (2012) Economic developments in the EU and Turkey. Online op-ed in *reflectionsTurkey*. See: www.reflectionsturkey.com, December.

Melkumian, M. (2014) Ways of enhancing the effectiveness of Armenia's social and economic development of Armenia (in Russian), *Mir Peremen*, 3: 28–40.

MoDev (2013) *Tenth Development Plan 2014–2018* (in Turkish, summary in English). Ministry of Development of Turkey: Ankara. See: www.mod.gov.tr.

Morgül, M. B. (2012) Problems and proposed solutions for technoparks and R&D centres (in Turkish). Anahtar. Journal of the Ministry of Science, Technology and Industry, no. 286, October.

NSB (2014) *Science and Engineering Indicators 2014*. National Science Board. National Science Foundation: Arlington VA (USA).

OECD (2014) *OECD Economic Surveys: Turkey 2014*. Organisation for Economic Co-operation and Development: Paris.

OECD (2012) *OECD Economic Surveys: Turkey 2012*. Organisation for Economic Co-operation and Development: Paris.

OECD *et al.* (2012) *SME Policy Index: Eastern Partner Countries 2012*. Organisation for Economic Co-operation and Development, European Commission, European Training Foundation, European Bank for Reconstruction and Development. *See: http://dx.doi.org/10.1787/9789264178847-en.*

Rivera-Batiz, F. L. and M.Durmaz (2014) Why did Turkey's PISA Score Rise? Bahçesehir University Economic and Social Research Centre (BETAM), Research Note 14/174, 22 October.

Şentürk, S. S. (2010) Total Factor Productivity Growth in Turkish Manufacturing Industries: a Malmquist Productivity Index Approach. Master of Science Thesis, Royal Institute of Technology: Stockholm.

Serdaroğlu, T. (2013) Financial Openness and Total Factor Productivity in Turkey (in Turkish), Planning Expert Thesis, Ministry of Development: Ankara.

Sonnenburg, J., Bonas, G. and K. Schuch (eds) [2012] *White Paper on Opportunities and Challenges in View of Enhancing the EU Cooperation with Eastern Europe, Central Asia and South Caucasus in Science, Research and Innovation*. Prepared under the EU's Seventh Framework Programme, INCO-NET EECA Project. International Centre for Black Sea Studies: Athens.

Soybilgen, B. (2013) Innovation in Turkey: Strong in Quantity, Weak in Quality (in Turkish). Research note 13/148, Bahçesehir University Centre for Economic and Social Research, 6 December. See: http://betam.bahcesehir.edu.tr.

State Audit Office (2014) *Effectiveness of Government Measures for Management of Science. Performance Audit*. Report N7/100, 24 March. Tbilisi (Georgia).

State Statistics Service (2014) *Science, Technology and Innovation Activities in Ukraine in 2013* (in Ukrainian). Kiev.

Tatalovic, M. (2014) Report: Belarus Science Funding Goals 'Remain Elusive'. See: www.scilogs.com.

TÜBITAK (2013) *Science, Technology and Innovation in Turkey 2012*. Scientific and Technological Research Council: Ankara.

UNECE (2014) *Review of Innovation Development in Armenia*. United Nations Economic Commission for Europe: Geneva and New York.

UNECE (2013) Review of Innovation Development in Ukraine (in Russian), United Nations Economic Commission for Europe: Geneva and New York.

UNECE (2011) Review of Innovation Development in Belarus (in Russian). United Nations Economic Commission for Europe: Geneva and New York.

Walker, M. (2011) *PISA 2009 Plus Results: Performance of 15-year-olds in Reading, Mathematics and Science for 10 Additional Participants*. ACER Press: Melbourne.

WEF (2013) *The Human Capital Report*. World Economic Forum: Geneva.

World Bank (2014) *Country Partnership Strategy for Georgia, FY2014 – FY2017*.

World Bank (2013) *Country Partnership Strategy for the Republic of Moldova, FY 2011–2014*.

World Bank (2011) *Running a Business in Azerbaijan*. Enterprise Surveys Country Note, no.8.

World Bank (2010) *Country Partnership Strategy for Azerbaijan for the Period FY 2011–2014*.

Yegorov, I. (2013) *Erawatch Country Reports 2012: Ukraine. See:* http://erawatch.jrc.ec.europa.eu.

Zinchenko, N. S. (2013) Ukraine in the EU Framework Programmes: experience and perspectives (in Ukrainian). *Problemy Nauki*, 2: 13–18.

德尼兹·伊诺卡勒（Deniz Erӧcal），1962 年出生于土耳其，个体高级顾问和研究员，工作在法国巴黎，工作领域是科技创新和可持续发展中的政策和经济。先前，他曾在经济合作和发展组织工作长达 20 年之久，担任过多个职位，如科技工业主管顾问。德尼兹·埃洛克拥有约翰霍普金斯大学（美国）高级国际研究学院所授予的国际关系硕士学位。

伊戈尔·格洛夫（Lgor Yegorov），1958 年出生于乌克兰，任基辅国家科学院经济预测研究所副所长。2006 年，他获得基辅国家科学院授予的科技经济学博士学位。伊戈尔·格洛夫参与了乌克兰多个由欧盟赞助的项目，项目涉及经济、科学、技术和创新领域。格洛夫先生还担任联合国教科文组织统计局的顾问。

加强对高校科研的支持已经成为俄罗斯的科技和教育政策最重要的战略取向之一。

列昂尼德·高克博格、
塔蒂亚娜·库兹涅佐娃

第 13 章　俄罗斯联邦

列昂尼德・高克博格、塔蒂亚娜・库兹涅佐娃

引言

长期资源主导型经济增长结束

俄罗斯在以下两方面面临诸多挑战：确保新知识和新技术有充足投资以及新知识、新技术能否产生社会经济效益。《联合国教科文组织科学报告2010》指出：2008 年的全球金融危机和随后的经济停滞进一步加剧了联邦国内经济衰退，有限的市场竞争和持续的创业壁垒阻碍了俄罗斯经济的增长。尽管政府实施了一些改革措施，然而自 2014 年 6 月以来，上述挑战却愈演愈烈。

自 21 世纪以来，俄罗斯经济的快速增长主要依赖于石油、天然气以及其他初级产品。仅石油和天然气两项就占出口总量的三分之二以及国民生产总值的 16%。高油价提高了国民生活水平和积累了大量的财政储备。然而，自 2008 年金融危机以来，尤其是 2012 年，俄罗斯经济增速放缓（见表 13.1）。自 2014 年 6 月以来，由于 2014 年 6—12 月世界石油价格的暴跌，加之欧盟、美国和其他几个国家在应对乌克兰事件中对俄罗斯施加的经济、金融和政治制裁，俄罗斯经济增长速度进一步减缓。这加剧了通货膨胀以及货币贬值，同时也抑制了国内消费。资本外流已经成为一个主要的问题：据政府的最新评估数据显示，2015 年有 1 100 亿美元的资金外流。2014 年，俄罗斯经济增长全面停滞。政府预测，2015 年，国内生产总值将减少 2.5%；2016 年，经济发展将有积极的回升，增长 2.8%。

根据 2015 年通过的应对经济危机计划，俄罗斯政府不得不削减开支，并划拨财政储备来促进经济发展。[①] 艰难的的经济形势和恶劣的地缘政治形势也促使政府进行具有重要意义的结构和机构改革以实现经济多元化。早在 2014 年 9 月，德米特里・梅德韦杰夫总理就意识到了制裁措施的严峻性，因为那些措施会削弱俄罗斯的国际竞争力并引发保护主义（塔斯社，2014）。

创新型经济需求迫切

矛盾的是，2000—2008 年经济的快速增长主要依靠大宗商品的推动，这实际上削弱了企业进行现代化改革和创新的动力。科学、技术和创新领域就证明了这一点：在医药和高科技医疗设备等领域，俄罗斯从其他发达国家大量引进先进技术，而且对国外技术依赖的程度越来越严重。

在过去的几年中，政府一直着力扭转这一趋势，鼓励企业、公共科研机构和高校进行创新。将近 60

① 参见：http://www.rg.ru/2015/01/28/plan-antikrizis-site.html.

表 13.1　2008—2013 年俄罗斯经济指数

除非有特殊说明，所有百分比均是变化均是与上一年相比较而得出的

	2000—2007年*	2008年	2009年	2010年	2011年	2012年	2013年
国内生产总值	7.2	5.2	-7.8	4.5	4.3	3.4	1.3
居民消费价格指数	14.0	13.3	8.8	8.8	6.1	6.6	6.5
工业生产指数	6.2	0.6	-10.7	7.3	5.0	3.4	0.4
资本投资	14.0	9.5	-13.5	6.3	10.8	6.8	0.8
出口	21.0	34.6	-36.3	32.1	31.3	2.3	-0.8
进口	24.2	29.4	-36.3	33.6	29.7	5.4	1.7
公共部门资产负债（占国内生产总值的百分比）	—	4.8	-6.3	-3.4	1.5	0.4	1.3
公共外债（占国内生产总值的百分比）	—	2.1	2.9	2.6	2.1	2.5	2.7

* 年平均增长率。

来源：俄罗斯联邦统计局（2014 年）；财政部（2014 年）国家预算执行部门和俄罗斯预算体系，莫斯科。

家国有企业应国家要求实施特殊项目，以推动创新。这些鼓励性措施取得了一定的成果：在 2010—2014 年，他们在研发领域的投资增长一倍，销售额也从 1.59% 平均上升到 2.02%。在国有企业的总销售额中，创新产品的份额因此也从 15.4% 上升到 27.1%。经济发展和贸易部数据显示，创新产品出口量增加，尤其是飞机制造业、造船业和化工产品。国家战略的核心是加大国家领先的军备方面的研究经费，来引领和支持国家高水平研究型大学进行科研。公共机构和高校也接受政府资助，用于新技术的商业化和创建小型创新公司（初创企业）。与此同时，政府出台新政策，促进高校科研人员的流动性，并不惜重金对科学家和工程师进行高质量的培训，例如政府可资助公共研究机构和高校邀请俄罗斯与外国顶级的专家前往该单位工作。

新型经济亟待出现

俄罗斯目前的经济形势难以弥补《联合国教科文组织科学报告 2010》中概述的国内的经济短板。该国经济短板主要有包括知识产权保护不力，研发部门过时的体制结构，高校缺乏自主性和科研创新领域比较薄弱的基础设施。在全球经济发展的背景下，这些经济发展中的“顽疾”增加了俄罗斯落后于主要国家的风险。面对这种令人忧虑的局面，俄罗斯国家领导人希望通过科技创新来促进经济的复苏和发展。自 2010 年以来，俄罗斯当局出台至少 40 个政府文件（包括总统法令的形式）来规范科技创新。

早在 2012 年，普京总统就承认俄罗斯需要孕育新型经济。他说：“俄罗斯的经济发展不稳定，不能保证主权和人民福祉，这是不可接受的。”“我们需要建立一个有效的机制来重建经济，寻找和吸引必要的……材料和人力资源”（普京，2012）。2014 年 5 月，在圣彼得堡国际经济论坛上，他演讲时呼吁扩大“进口—替代”计划。“俄罗斯需要一场真正的技术革命，”他说，“急需加快技术更新换代，在过去的半个世纪中最广泛，我国企业需要大规模的，全面的重新配备设备。”

在 2014 年和 2015 年，各个工业部门制订计划并落实，以生产尖端技术，减少对进口的依赖。他们主要生产高科技机床、石油和天然气行业相关设备、电力工程机械、电子产品、医药、化工及医疗器械等。联邦法律在 2014 年通过的工业政策为公司提供全面的配套措施，包括投资合同，研发补贴，优惠的公共采购的技术生产，公司标准化，建立工业园区和集群等。同一年工业发展基金成立，用以支持企业的高新投资项目。

俄罗斯在外交方面也实施了一系列的改革：与“金砖”国家——巴西、印度、中国和南非，以及其他发展迅速的国家建立坚实友好的合作伙伴基础。2014 年，第六届金砖国家峰会在巴西举行。在此次峰会上，五大合作伙伴国成立了金砖国家新开发银行（由中国主持）和并制定了应急储备协议。开发银行和应急储备协议可在经济困难时期分别代替世界银行和国际货币基金组织保护五大合作伙伴国经济安全，加强其国际地位。应急储备已投入使用，总金额金为 1 000 亿美元，由五国共同出资，其中俄罗斯出资 180 亿美元。目前，五国以新银行的资源为基础，正致力于开发新的融资机制以推动创新项目的发展。

与此同时，俄罗斯正在积极发展同上海合作组织及欧亚经济联盟中亚洲成员国的合作伙伴关系。欧亚经济联盟于 2015 年 1 月正式启动，由俄罗斯、白俄罗斯及哈萨克斯坦三国组成，亚美尼亚和吉尔吉斯斯坦随后加入。2015 年 7 月，俄罗斯在其东部城市乌法主持了金砖国家峰会；次日俄罗斯同在乌法紧接着便又主持了上海合作组织峰会，此次峰会同意印度和巴基斯坦加入欧亚经济联盟。①

创新政策新框架

2012 年 5 月，俄罗斯总统批准了几项有关科学、技术和创新发展的法令。这些法令标杆量化了到 2018 年的目标（见表 13.2）。虽然科学、技术和创新发展潜力巨大，但却受到个人投资微弱、科学生产力低以及体制改革不完善等因素的阻碍。此外，很多公司对科学成果、新技术的需求疲软以及接受度严重低下也同样阻碍科学、技术和创新领域的发展。因此，俄罗斯创新体系中包括经济行为者在内的所有利益相关者迫切要求政府进行体制改革，实施更有效的政策。当然，科学、技术和创新发展还受到其他瓶颈的制约，如果不克服这些瓶颈，俄罗

① 包括总统法令关于对科学技术发展优先领域和关键技术清单（2011）的批准，创新发展战略 2020（2012），国家科学技术发展计划，2020—2013 和俄罗斯的科学和技术复杂的优先领域的研究和发展的联邦目标计划（2012）。

表 13.2　俄罗斯 2012 年 5 月出台的总统令中预期于 2018 年实现的目标和量化指标

总统令	目标	2018年的量化指标
长期经济政策 (No. 596)	提高经济增长速度和可持续性，增加公民的实际收入	劳动生产率增长150%
	实现技术领先地位	高科技产业占国内生产总值的百分比增加130%
实施国家社会政策的措施(No. 597)	提高社会部门和科学领域工作人员的生活条件	增加研究人员的工资，使他们的平均工资是当地平均工资的两倍
落实教育与科学领域的国家政策(No. 599)	完善国家教育和科学政策，培养符合创新经济要求的合格人才 提高研发部门的效率和性能	将公众科学基金总经费提高到250亿卢布 将研发支出总量占国内生产总值的比率增加到1.77%（2015年） 将高校使用的科研资金占研发支出总量的份额增加到11.4% 截至2015年，将俄罗斯在科学网中发表出版物的份额增加到2.44%

斯的改革终将是昙花一现。

自 2011 年以来，多项政策文件已经确定国家科技政策以及相关体制实施的大体走向。推动俄罗斯科学、技术和创新的《2020 战略：创新政策新蓝图》的政府报告，该报告由俄罗斯和国际相关领域著名专家起草，并将科学、技术和创新推向更多领域。报告中的一些观点已经被写入政府文件，下表也将罗列出来（Gokhberg 和 Kuznetsova, 2011a）。

研发领域趋势

研发领域主要由政府投资支持

在 2003 年到 2013 年 10 年间，在物价总水平不变的情况下，投资在研发方面的国内总支出增长了约三分之一。研发民用产品方面的国家预算增长了三倍。[①] 然而研发强度却保持相对稳定；2013 年，研发支出总量占国内生产总值的 1.12%，2004 年占 1.15%，2009 年占 1.25%（见图 13.1）。投资多年均在上升，然而受 2008—2009 年世界金融危机的影响，在 2010 年略有下降，但现已恢复（见图 13.1）。2012 年，政府确定目标，截至 2015 年年底，将研发支出总量提升到国内生产总值的 1.77%，这一目标与欧盟平均值更接近，欧盟 2012 年平均值是 1.92%。从绝对的角度来看，2013 年，政府资助的研发经费总额相当于 343 亿美元的购买力，与德国（321 亿美元购买力）和日本（350 美元的购买力）的经费相当（HSE, 2015a）。

工业资助的研发经费份额少是永恒的关注点。尽管政府做出了极大的努力，然而工业对国内研发投资的贡献率却从 2000 年的 32.9% 缩减到 2013 年 28.2%（见图 13.1）。然而，工业部门包括私营和国有企业以及大型工业研发机构，却是国内研发经费使用主体：2013 年占 60%，然而政府部门却使用了 32%，用于高等教育 9%，仅 0.1% 用于私营非营利部门（HSE, 2015a）。

企业对资助研究的低倾向性反映在研发在创新总支出中占适度的份额上：整个工业界占 20.4%；相比较而言，高科技部门占了 35.7%。总体上，研发方面的投资明显少于购买机器和设备的投资（59.1%）。在欧盟国家，情况截然相反；在瑞典，两者比例高达 5∶1，在奥地利和法国，比例大约为 4∶1。在俄罗斯，工业部门仅有小部分资金用于购买包括专利权和许可证（0.3%）在内的新技术（0.7%）。这一现象普遍存在于国内各类经济活动中，制约技术开发潜力，降低了突破性发明的能力（HSE, 2014b, 2015b）。通常，新知识和新技术的产生，是由以技术为基础的初创企业和快速发展的创新公司，包括中小型企业驱动的。然而，这类公司在俄罗斯还很少见。

基础研究和绿色增长优势较小

图 13.1 描述了自 2008 年以来，工业对研发需求与日俱增的发展趋势，同时，非标性（基本）研究需求下降，其在官方统计中指一般进展的研究。研究社会问题在所占的研发份额有所上升但总体依然偏少。与环境问题直接相关的投资份额进一步缩

① 相关数据在目前的价格 4.4 次和 10 次。

1.29%

2003年俄罗斯研发支出总量占国内生产总值的比率

1.12%

2013年俄罗斯研发支出总量占国内生产总值的比率

近 10 年来俄罗斯研发强度没有增长

表中给出其他国家的数据作为参考

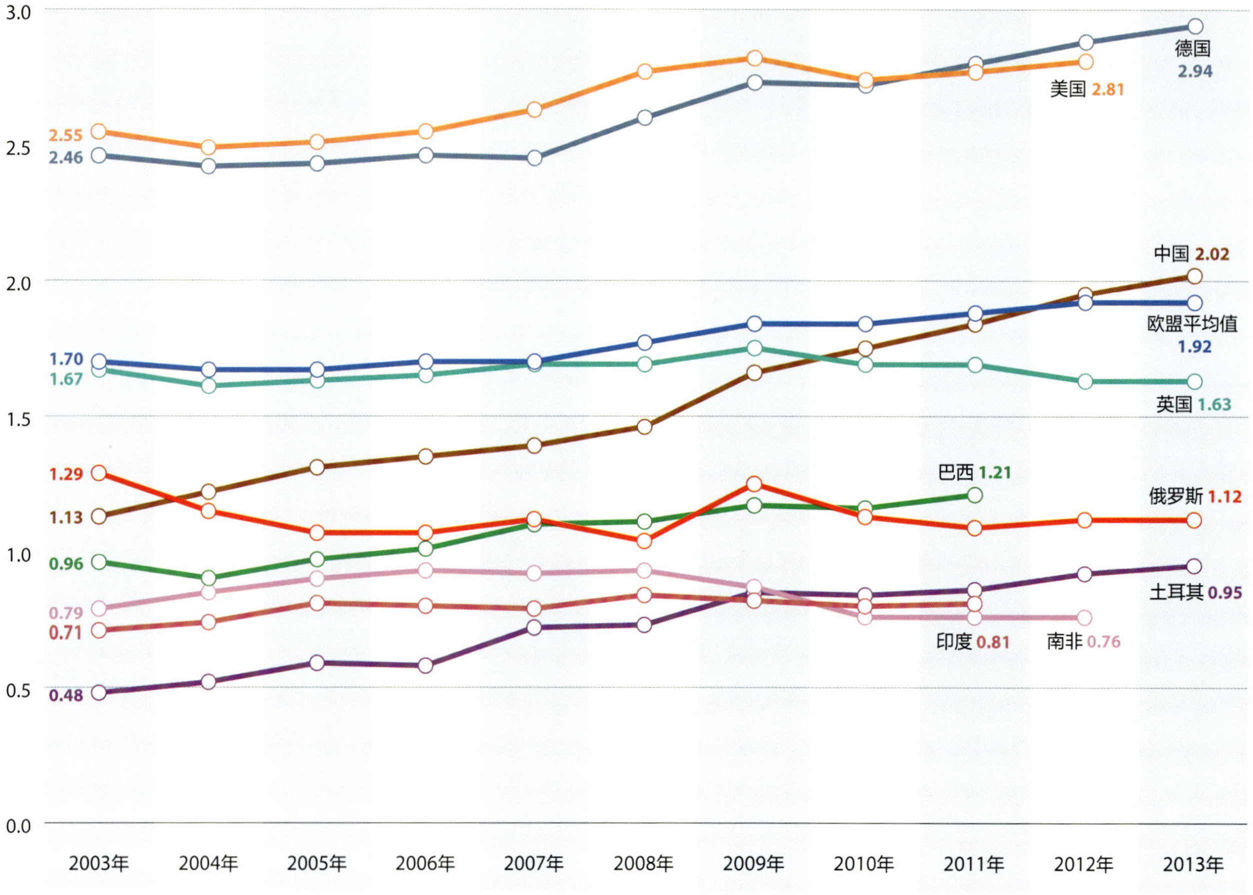

3.0
2.5
2.0
1.5
1.0
0.5
0.0

2.55
2.46
1.70
1.67
1.29
1.13
0.96
0.79
0.71
0.48

德国 2.94
美国 2.81
中国 2.02
欧盟平均值 1.92
英国 1.63
巴西 1.21
俄罗斯 1.12
土耳其 0.95
印度 0.81
南非 0.76

2003年 2004年 2005年 2006年 2007年 2008年 2009年 2010年 2011年 2012年 2013年

2003—2013 年研发民用技术的预算拨款增加了两倍

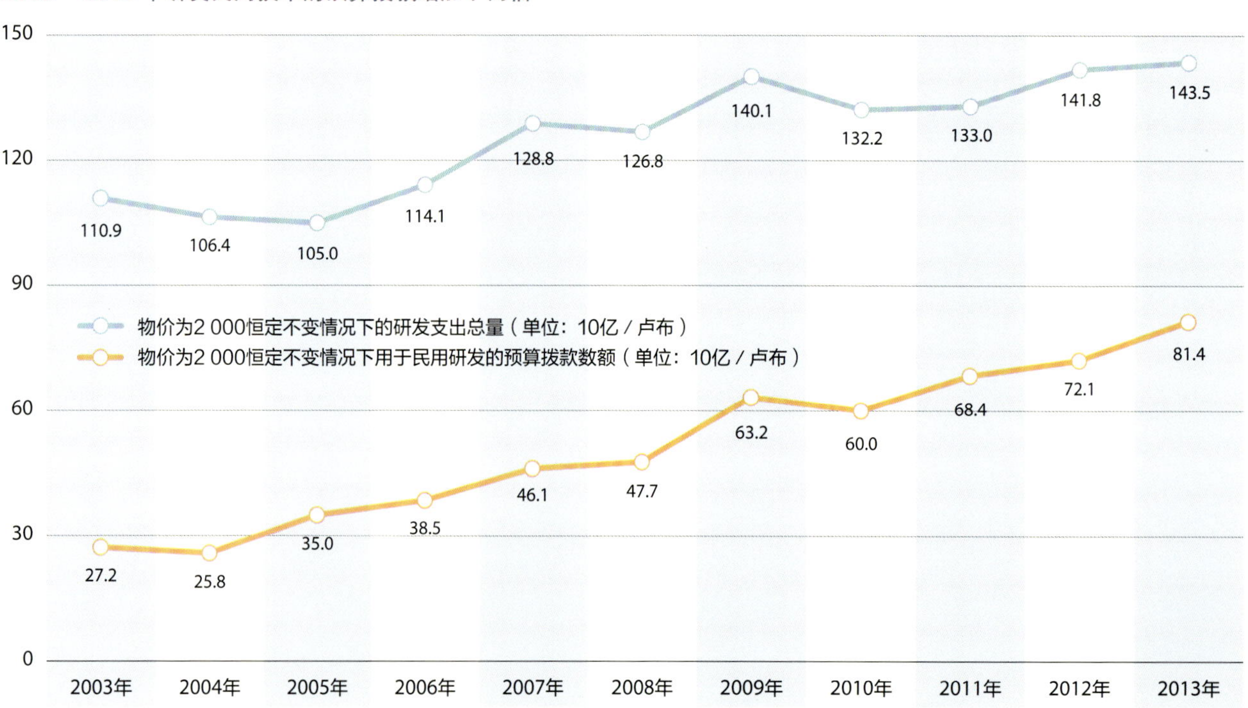

图 13.1　2003—2013 年俄罗斯研发支出总量走势

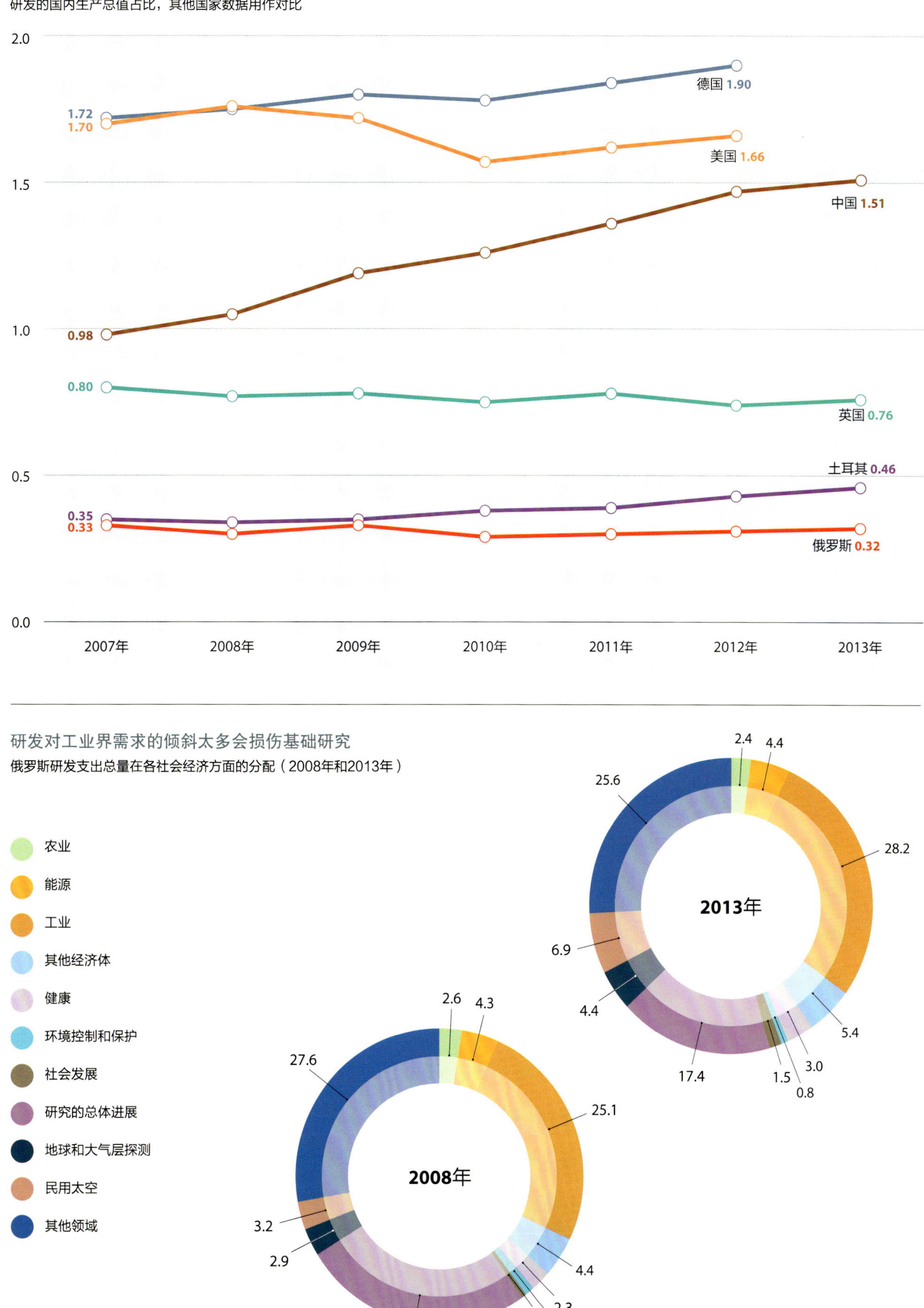

* 指基础研究

来源：HSE（2015a）；经合组织主要科学技术指标，2015 年 5 月；巴西和印度的数据来自联合国教科文组织统计研究所。

水，与能源相关的研究停滞不前；这种情况是不容乐观的，因为世界各国均在环境可持续发展的技术上投入更多的精力。然而令人欣喜的是，政府在最近几年已经采取了一些政策，作为可持续的绿色增长的行动计划的一部分，与经济合作和发展组织的绿色增长战略的精神契合（经合组织，2011）。

2009 年，俄罗斯政府通过了能源法案—《基于可再生能源的优先提高能源效率的电力工程政策》，该法案有效期至 2020 年。2012 年，通过了《俄罗斯联邦生态发展国家政策准则》，有效期至 2030 年。俄罗斯绿色增长和社会进步问题通过四个技术平台得以解决：清洁高效的燃料；生态发展技术；生态科技 2030；以及生态能源。这些平台协调工业企业的生产活动，研究中心和大学的科研活动，促进相关领域的研发和技术的发展。当然，总的来说，这些措施只代表了迈向可持续增长之旅的第一站。

如今在可持续技术投资较少可归因于企业不注重绿色增长。历史数据表明，俄罗斯 60% ~ 90% 企业不使用先进的通用的资源节约技术或替代能源生成技术，而且近期也没有打算使用。大约四分之一（26%）的创新企业制造环境领域的新产品。即使企业确实需要像节能技术等的环境友好型产品，然而他们在国内市场上依然没有竞争力。因为大部分公司只是致力于减少公司环境污染以符合国家标准。极少数企业致力于废物回收或以用环境友好型材料替代原材料和其他材料。例如，仅有 17% 的企业使用环境污染控制系统（HSE 估算；HSE，2015b）。鉴于上述情况，政府在 2012—2014 年相继出台一系列规定鼓励使用的最佳可用技术，减少环境污染，节约能源和升级技术，通过一系列积极的激励措施（如免税，认证和标准化）和惩罚措施，如对环境损害者罚款或征收更高的能源关税。

科学生产力停滞不前

近年来科学产出停滞不前（见图 13.2）。此外，论文的平均引用率（0.51）仅是二十国集团平均水平的一半。俄罗斯科学家发表的论文主要在物理和化学两个领域，这反映出其传统优势以及对国内研究存在一定依赖性，尽管 2008—2014 年，三分之一的论文都有外国科学家合作完成。

尽管俄罗斯国内掀起一股申请专利的热潮，自 2009 年以来增长了 12%——2013 年，居民申请专利高达 28 756 次，居世界第 6 位——然而俄罗斯联邦专利持有量在世界仅位居第 20 位，其每一百万居民的专利申请数较低，仅有 201 个。此外，国内专利申请人提交的 70% 的申请对现有技术作用微乎其微。这表明，研发部门还不具备为企业提供具有竞争力以及高效的实际应用型技术的能力，或者说技术研发阶段还不能保证技术的实用性。

创新主要局限于国内市场

俄罗斯在由计划经济向市场经济转型的过程中，吸引了大量的外国技术。在 2009—2013 年，外国人在俄罗斯申请专利数增加到 16 149 项，增加了 17%（HSE，2015a；HSE，2014b）。然而，本国国民申请数却增长缓慢。这就导致了俄罗斯技术依赖系数上升：国外在俄申请专利数与国内申请专利数比由 2000 年的 0.23 上升到 2013 年的 0.56。俄罗斯国民在世界申请专利数较低，这给国家政策制定者敲响一个警钟：国内技术在世界市场的竞争力较低。

通过出口完成的技术转让不足 3%。知识产权只占技术产品出口的大约 3.8%[①]，仅仅 1.4% 的研发公司通过出口技术盈利。2013 年，研发公司仅赚的 8 亿美元，这与近几年数额大体相同，然而，2013 年，加拿大研发公司赚的 26 亿美元，韩国 53 亿美元，美国则是 1 204 亿美元（HSE，2015a）。2012 年，俄罗斯加入世界贸易组织，这应该对通过出口完成的技术转让以及相关的财政收入有一定的促进作用。

人力资源的趋势

十分之四的员工都是辅助员工

虽然俄罗斯联邦在最近的全球创新指数中排名 49 位，人力资本发展子指数中排名 30 位（康奈尔大学，2014），但国际人才竞争正在加剧。俄罗斯国家发展战略中发展技能和行为模式问题空前紧迫。最近几年出台的政策已经解决了这个紧迫的问题。

2013 年，有 727 029 人从事研发工作，其中包括研究人员、技术人员和辅助人员。研究人员占劳

① 这些官方数据基于国际在技术领域的支出而得。

2005 年以来，俄罗斯出版物发行量增长缓慢

以大型新兴市场经济体作为参考

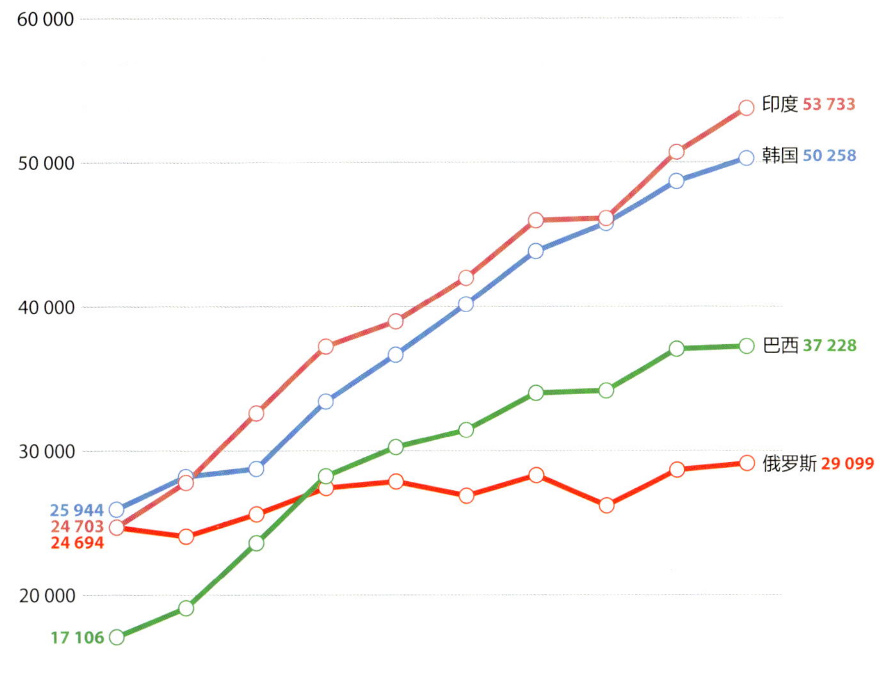

出版物影响力很小

0.51

2008—2012年俄罗斯出版物平均引用率；二十国集团平均引用率为1.02%

3.8%

2008—2012年俄罗斯报纸在引用率最多的10%的报纸中所占份额；二十国集团平均为10.2%

33.0%

与国外作者合作的俄罗斯报纸所占份额；二十国集团平均为24.6%

俄罗斯科学家专注于物理和化学

2008—2014年累计总数

191

2008年俄罗斯每百万居民的出版物数量（册）

204

2014年俄罗斯每百万居民的出版物数量（册）

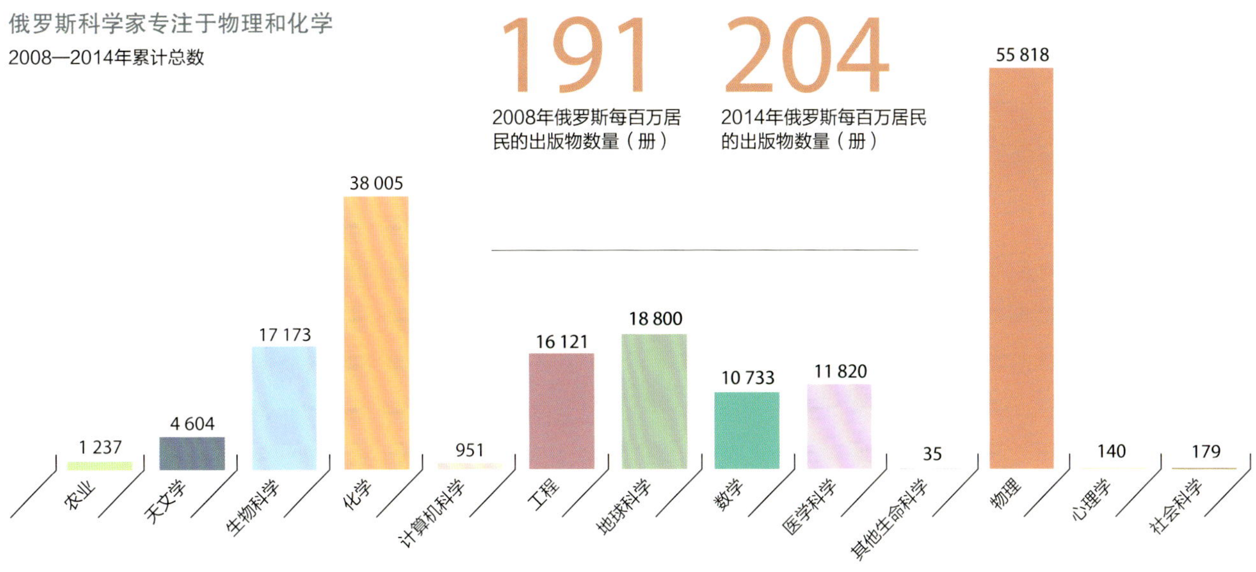

注：另有 18 748 册出版物未分类。

德国和美国是俄罗斯主要合作伙伴

2008—2014年主要的国外合作伙伴（报纸的数量）

	第一合作者	第二合作者	第三合作者	第四合作者	第五合作者
俄罗斯	德国 (17 797)	美国 (17 189)	法国 (10 475)	英国 (8 575)	意大利 (6 888)

来源：汤森路透社科学引文索引数据库，科学引文索引扩展版；数据处理 Science-Metrix。

图 13.2　2005—2014 年俄罗斯联邦科学出版物发展趋势

动力总数的 1%，占总人口的 0.5%。俄罗斯联邦研发人员绝对数量跻身于世界前列，仅次于美国、日本和中国。然而研究人员的活力与结构不平衡。

研究人员（按人头算）占研发人员总人数（369 015 人）的一半稍多，辅助人员占 41%，然而技术人员仅占 8.4%。辅助人员所占比例较大可归因于研发机构在行业中的主导地位。研发机构一直都不与大学、企业等机构合作，运行较独立；同时它还是劳动密集型行业，并以此为前提维持其自身运转以及财政自给的周转。俄罗斯每千人中从事研发的人数在全球位居第 21 位，然而每千人中研究人员的人数却位居第 29 位。超过三分之二的研发人员受雇于国有组织（HSE，2015）。

在联合国教科文组织 2010 年科学报告中，俄罗斯研究人员年龄构成发生了很大的变化，这一情况令人担忧。[①]2010—2013 年，情况有所好转。40 岁以下的研究人员所占比例超过 40%，并稳定在该水平。该趋势反映出两个年龄段科学家人数的绝对增长：30 岁以下科学家人数以及 30 ~ 39 岁科学家人数。经过长期增长，近年来，60 岁以上的研究人员最终稳定在大约 25%（HSE，2015a）。

增加研究人员工资以提高生产率

2012—2013 年，俄罗斯通过实施一些方案提高研究行业的吸引力，以刺激生产率的提高，改善年龄结构，通过经济手段推动研究领域的发展。这些文件推出了新的薪酬体系，该体系主要适用于受雇于公共研究机构和大学的研究人员。相应的目标指标是由 2012 年关于国家社会政策措施的总统令规定的。而实施计划的时刻表由政府控制。

该行动计划确定了提高研究人员工资的目标，即到 2018 年，研究人员平均工资的至少翻一番。政府也制订了类似的计划来提高大学教师以及其他提供高等教育服务的机构中工作人员的工资。目前，联邦政府每年都从政府预算中划拨专项补助提高大学以及研究机构工作人员的工资；当然中学、医院和社会安保部门也享受政府补助。在俄罗斯，不同地区收入水平不同：在莫斯科地区[②]，研究中心研究人员的平均工资相当高，这就导致了不同地区科研潜能相差悬殊。将研究中心工作人员工资提高到上述政府制定的目标那样的水平存在一定的困难，研究人员现在的工资已经相当丰厚，提高他们的工资就意味着政府需在研发方面分配大量额外财政资金。不论是经济发达地区还是经济欠发达地区，对他们来说很难实现研究人员工资翻一番的目标，财政短缺以及研发部门体制改革发展缓慢是其重要原因。值得注意的是（Gerschman 和 Kuznetsova，2013）：

> 为防止研究人员工资的提高与其实际行动力以及工作对社会经济的贡献不成正比现象的发生，行动计划引进了绩效薪酬机制，这意味着将定期评估研究人员的工作效率。

四分之一的成年人均持有大学学历

俄罗斯教育水平一直相对较高。近年来，俄罗斯追求高等教育的热情并没有减弱。恰恰相反，俄罗斯公民受教育的年限有望在 2013 年达到 15.7 年，2000 年是 13.9 年。2010 年人口普查结果显示，15 岁以上公民中，超过 2 700 万人持有大学学位，占成年人口总数的 23%，2002 年为 1 900 万人，占成年人口总数的 16%；在 20 ~ 29 岁年龄段中，持有大学学位的比例高达 28%，2002 年为 32%，与 2002 年比虽然略有下降，但比例依然较高。如果 55% 的公民具有大学学历等高等或同等学力——包括具有非学历资格的人——这一数字比经济合作与发展组织（OECD）的任何成员都高。在过去的 10 年中，每千人中有高等学历的人从 2002 年的 162 人迅速增长到 2010 年的 234 人。

学生人数的增加部分原因是近年来政府增加在教育方面的支出（见图 13.3）。联邦高等教育支出保持稳定，占国内生产总值的 0.7% 和联邦预算支出的 3.7%，但总体上，教育方面的公共支出对已经增加至 4.3% 的国内生产总值或 11.4% 综合预算的 11.4%（联邦和地方的水平）。因此，自 2005 年以来，投资在每个高等教育水平的学生的资金翻一番（HSE，2014a, 2014d）。

① 2002—2008 年，70 岁以上的研究人员人数有绝对增长，同时，40 ~ 49 岁（减少约 58%）以及 50 ~ 59 岁（减少约 13%）人数均减少。2008 年，研究人员的平均年龄为 49 岁，然而，从事经济领域工作的平均年龄为 40 岁。

② 俄罗斯大约 60% 的研究人员在莫斯科市，莫斯科地区和圣彼得堡工作。在其他六个地区工作的研究人员仅占 20% 多，这六个地区分别是：诺夫哥罗德、叶卡特琳堡、新西伯利亚、罗斯托夫、秋明和克拉斯诺达尔。

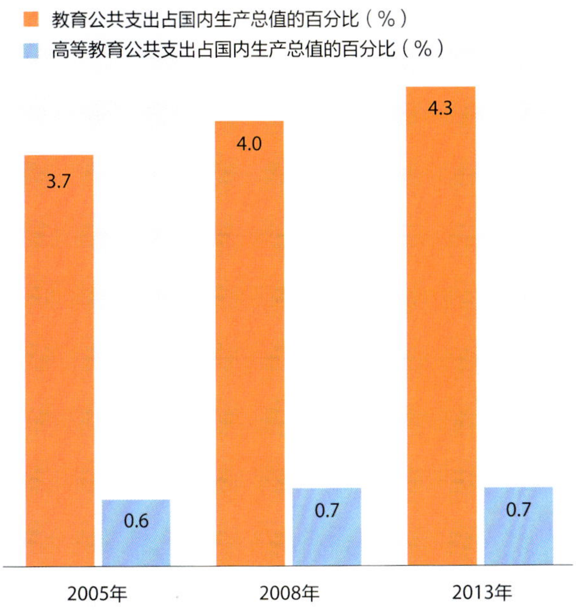

■ 教育公共支出占国内生产总值的百分比（%）
■ 高等教育公共支出占国内生产总值的百分比（%）

	2005年	2008年	2013年
教育公共支出占国内生产总值的百分比（%）	3.7	4.0	4.3
高等教育公共支出占国内生产总值的百分比（%）	0.6	0.7	0.7

图 13.3　2005 年、2008 年、2013 年俄罗斯教育公共支出

来源：莫斯科高等经济学院（2014a，2014d）。

培养科学家成为研究型大学的核心使命

在 2013 / 2014 学年，560 万名学生被录取到国家的高等教育院校，其中 84% 的为国有：2.8% 的学生学习自然科学、物理和数学；超过 20% 的学生学习工程学；31% 的学习经济管理；还有 20% 学习人文学科。

研究生课程会给学生颁发科学博士候选人学位（相当于博士学位），这就激发学生继续深造，攻读最高学位——科学博士学位。2013 年，大约 1 557 所机构在科学和工程学科提供研究生课程，其中几乎有一半（724）是大学、其他高等教育院校和其他的研究机构。约 38% 的机构（585 所），其中 398 所大学开办博士课程。研究生总人数为 132 002，其中女同学占了将近一半（48%）；此外，科学和工程专业的女博士生有 4 572 名。大学向大部分的自然科学研究生（89%）以及自然科学博士生发放工资。大学注重培养研究生并不稀奇，但在 1990 年代初期，研究机构培养的研究生比例是现在的三倍（1991 年是 36.4%）。这意味着高水平科学家的培养成为俄罗斯大学的核心任务。工程学、经济学、法律、医学和教育学是研究生教育最受欢迎的大学科。

推动大学研究成为国家首要任务

高等教育部门从事研究活动的传统由来已久，可以追溯到苏联时期。《联合国教科文组织科学报告 2010》显示，如今俄罗斯大学十分之七的大学从事研发活动，1995 年一半的大学从事研发活动，2000 年有十分之四。然而这些大学在产生新知识方面作用微乎其微：2013 年，仅占研发支出总量的 9%。尽管与 2009 年的 7% 相比有了一定的提高，且与中国不分伯仲（8%），但与美国（14%）和德国（18%）相比，却依然难以望其项背。虽然大学的工作人员从事研发活动仍不积极，但近年来情况有所改善：2010—2013 年，教授和教师开展研究的比例从 19% 上升到 23%（HSE，2014a，2015a）。

加强对高校科研的支持力度已经成为俄罗斯的科技创新和教育政策最重要的战略取向之一。俄罗斯在这一方面所做的努力已长达近十年之久。其中一个步骤就是 2006 年出台的“国家教育优先计划”。在接下来的两年里，57 所高等教育机构获得联邦预算的资金，实现创新教育项目和高质量的研究项目，或用以购置研究设备。

2008 年至 2010 年间，29 所机构获得了国家研究型大学这一渴望已久的称号，旨在将这 29 个国家研究型大学纳入卓越中心计划。相对应的，将 8 个联邦大学转变为区域教育系统的“伞”型机构。这种地位赋予他们雄厚的政府支持但同时也有附加条件的——反过来，政府在高质量的研究，教育和创新方面也对他们予以厚望。

目前，给高等教育支持的力度和主要方向是通过在教育和科学领域实施《国家政策措施的总统令（2012）》和《教育发展的国家计划（2013—2020）》[①] 确定的。总统令预计，2015 年，大学将使用研发总支出的 11.4%，2018 年使用 13.5%（见表 13.2）。此外，高校工作人员参与程度已成为一个熟练度检测和专业进步的主要标准。

科技创新管理方向

高等教育必须适应经济需求

近年来促进大学研究取得了巨大进步，这不可否认，但仍然存在迫切的问题：一方面，专业结

① 该计划为学校和高校的设备采购的全额资金，为优秀的中学和技术学院提供了财政补助，资助先进的教师培训等。

构与培养质量之间的矛盾，另一方面，和当前的经济需要之间的矛盾（Gokhberg 等，2011; Kuznetsova, 2013）。这不仅体现在教育项目的组成、研究生专业和学位的设置上，还体现在较小规模和较低水平的应用性研究，以及大学所主导的发展和创新实验中。

近年来，推动高等教育现代化的一个重要步骤，就是 2012 年出台的《联邦教育法》；该法描绘了现代教育体系的蓝图：注重借鉴国际惯例和标准，大力推动教育计划和技术的发展，积极引入新型教学方法，以进行实验开发和创新。

遵循博洛尼亚进程

《博洛尼亚宣言》（1999）提出建设欧洲高等教育区进程，依照此宣言，俄罗斯的高等教育系统的各阶段已与国际教育分类标准相统一：

- 本科生层次为学士学位。
- 研究生层次，专攻某一领域技术的颁发相关专业文凭或硕士学位。
- 研究生层次，学习学术知识的学生获得科学博士的候选人，相当于博士学位。

新的立法提高了博士学位的标准，并使过程更加透明。教育课程引入大学之间联合教学和网络授课等方法，大学有权设立小型创新企业使其知识产权商业化。学生也可以申请奖学金或专项贷款支付他们的教育费用。

促进培训和研究新的筹资机制

“5/100 计划”于 2013 年出台[①]，旨在提高俄罗斯大学的国际竞争力，其中五所大学排名前 100 名（这也是该计划名称的由来），其余在全球大学排名进入前 200 名。2013—2015 年，在公平竞争的基础上，俄罗斯政府选出 15 所一流大学，[②]为他们提供专项财政补贴提高其在科学和教育领域的竞争力。为实现该目标，俄罗斯政府在 2013—2014 年拨出专项财政补贴 100 亿卢布（合计约 1.75 亿美元），2014—2016 年，拨出专项财政补贴约 400 亿卢布。选择标准包括大学出版的输出、国际科研合作、学术流动和战略规划的质量。每年都将对这 15 所大学进行绩效评估。

“培养高级工程师的总统计划”已于 2012 年出台。该计划提供在国内外先进研究和工程中心的培训和实习项目，其重点是战略性产业方面的培训。2012—2014 年，16 600 名工程师通过该项目获得更高的资格，2 100 名工程师获得去国外深造的机会，该项目涉及 47 区的 96 高等院校。这个项目的“客户”是 1 361 家工业公司，他们抓住这一契机，发展与高等院校长期合作伙伴关系。[③]

俄罗斯科学基金会[④]，于 2013 年成立，是一个非营利组织，旨在扩大在俄罗斯科研竞争力的筹资机制的范围。政府向该基金会提供 480 亿卢布的资金支持，用于 2013—2016 年科研投入。研发机构可申请基金，资助基础研究或应用研究的大型项目。要获得定期资助，申请团队中必须包括青年科学家，并保证至少 25% 的资助用于支付年轻研究人员的薪金。2015 年，俄罗斯科学基金会实施了一项特别资助计划，用以资助博士后研究活动，同时，该计划鼓励学者参加中短期实习，为了促进学者间学术交流（Schiermeier，2015）。2014 年，共 1 100 个项目获得了资金援助，其中三分之一的项目均在生命科学领域。2015 年优先项目主要分布在下列领域：传染病识别机制新方法，先进的工业生物技术，神经技术以及神经认知功能的研究等。

近年来，政府加大了对科研经费的资助力度。自 2010 年以来，政府推出特别计划，出巨资帮助高校以及科研机构吸引顶尖科学家。到目前为止，该计划已吸引 144 位世界级的研究人员，其中一半是外国人，还包括几位诺贝尔奖获得者。所有受聘科学家带领俄罗斯前 50 的高校中 4 000 多名科学家进行新的科学研究。这一计划取得了丰硕的成果：科学家们共计发表科学论文 1 852 篇，其中 800 篇发表在科学网（Web of Science）索引量较高的科学期刊上。然而，女性发表的论文仅占全部出版物的

① 作为实现教育和科学领域实施国家政策措施的总统令中目标的一个方法（编号 599）。

② 包括圣彼得堡理工学院，远东联邦大学和三个国家级研究型大学：经济学高等学院；莫斯科物理技术学院；莫斯科工程与物理研究所。

③ 详情可查询网址：http://engineer-cadry.ru.

④ 不要与成立于 1993 年的俄罗斯基础研究基金会相混淆，基础研究基金会拨款支持基础研究。

5%，这就足以证明在 144 项科研巨资中，女性科学家仅使用了其中 4 项（Schiermeier，2015）。政府共计 270 亿卢布的公共资金用于 2010—2016 年的巨资计划，受惠高校收到的资金占国家预算的 20%。

同时，政府加大对老国家基金会[①]以及创新型中小企业的资金支持，这些基金会注重基础研究和人文科学（Gokhberg 等，2011）。此外，还拨款支持网络研究的发展以及高校与国家科学和工业研究院之间的合作，这些都包含在 2013—2020 年科学技术发展国家计划的框架内。2012—2020 年，参与该计划的一流高校将其用于技术转让的预算份额从 18% 提高到 25%。

2013—2020 年"基础研究计划"与国家做出的各种努力相辅相成。它是"科学技术发展国家计划"的一部分，并包含基础研究中选择优先事项的具体规定以及对科学成果公开评估。这些规定包括在自由访问数据库中展示的该计划取得的成果以及强制性要求在网上公开发表论文等规定。

刺激公司研发的资助机制

自 2010 年以来，政府相继出台了多项鼓励商业部门创新的方案。这些措施包括：

- 强制性规定国有企业制定创新战略，并与高校、研究机构和小型创新型企业合作；国有企业必须增加研发支出，积极生产创新型产品，创新型流程或创新性服务。
- 联邦公共采购法规定政府购买高科技以及创新型产品以及鼓励政府从中小型企业购买商品和服务。
- 国家科技计划支持特定工业部门（飞机、造船、电子、制药等）和优先发展的领域，如生物技术、复合材料、光电、工业设计和工程。
- 2013—2020 年中小企业发展计划，其中包括联邦预算补贴支持区域中小企业发展，支持工程和原型设计中心的本地集群，通过担保机构提供信用担保的国家制度，其核心是新的信用担保机构（成立于 2014 年）。[②]

2015 年，政府出台两项方案推动技术发展。第一个是国家技术创新计划；它引入了一个新的长期模型创建新的技术市场实现技术领先，如无人驾驶飞机、适用于工业和服务业的汽车，神经技术产品，定制食品配送的网络解决方案等；给学生在这些前景广阔领域的培训的技术项目将翻一番。第二个方案主要针对传统行业，由通过公私合作资助了一系列创新能力较强的国家技术项目，重点是智能电力工程、农业、运输系统和医疗服务等领域。

对于企业来说，一个关键问题是如何展示他们的研究成果。一个可行性的解决方法是国家给企业分配预算资金，但前提是相关企业通过融资共同支付相关费用，以及研究机构、高校和企业之间建立积极有效的合作伙伴关系（Gokhberg 和 Kuznetsova, 2011a; Kuznetsova 等，2014）。协调好以科技创新为目标的政府计划和以发展为导向的企业机构的计划之间的关系也同等重要，为了实现所谓的"创新提升"目标，就要把新技术、新产品和新服务在整个创新链中从最初的理念运用到市场。

增加专利对经济发展的影响

国家知识产权市场仍处于发展阶段，具体表现为研究成果影响经济需要很多年：现有的专利中，仅有 2% ~ 3% 在使用，申请专利的数量比申请知识产权多很多。遗憾的是，准确地说在商业化过程中，知识产权真正的竞争优势的出现，如从保护的发明中获取收入和知道如何积累收入。然而在俄罗斯联邦，知识产权的发展往往是与特殊的消费需求和工业需求相脱节的。

因此，俄罗斯需要加强知识产权方面的立法。该方面的主要法规主要在《民法典》的第六部分，这部分主要是关于知识产权相关的问题以及相关法律的实施。2009—2014 年，知识产权方面引入的新准则包括：

- 将公共研究所创造的知识产权最终归俄罗斯联邦所有，制定知识产权从公共部门到工业和社会自

① 俄罗斯基础研究基金会、俄罗斯人文科学基金会以及帮助小型企业创新基金会均成立于 20 世纪 90 年代早期。

② 2015 年，它更名为联邦中小企业发展公司，是一个国家完全控股的上市公司。

由转让的原则，使研究中心和高校更容易处理许可证或知识产权商品化其他形式等相关问题。

- 规范支付创造者费用的条件、数额和程序，因为创造者制造出了创新产品和将研究成果和技术商业化所做出的努力。
- 列出所有的限制条件，保证国家对知识创新成果有垄断性的权利。

2014 年，俄罗斯政府通过了一项行动计划，该计划包含在“专利前”阶段和在互联网上保护知识产权的附加措施，并设立了专门的专利法庭，以及提供该领域更好的专业培训。逐步改善研发所使用的各种条件，包括将知识产权纳入公司资产负债表中。这对中小企业尤为重要，它们能够增加资产负债价值，或吸引投资和利用专有权利作为质押获得贷款。

新优惠税收政策促进创新

自 2008 年以来，所有的财政事务都要诉诸《俄罗斯税法》。最近几年做出的最重要的修订是关于计算研发支出的新规则，并将一些机构某些特定类型的支出归类为研发支出，同时制定了预算开支创造储备方面的新规定。

2011 年以来，新的税收优惠政策已经出台，有利于创新型中小企业，新兴企业和高校衍生公司的发展，特别是：

- 对这些公司三年利润零税收，以鼓励其发展知识产权；同时，停止征收知识产权交易税。
- 延长中小企业，以及私人发明者（企业）的专利税的付款期限，并给予他们相关方面优惠政策。
- 斯科尔科沃创新中心的员工有 10 年的“免税”期（见专栏 13.1）。

俄罗斯政府即将出台税收优惠政策。这些优惠政策主要针对投资创新项目（或创新公司）的商务代理、发明家或企业家等个人以及有意愿扩大自己的无形资产的公司。

专栏 13.1 斯科尔科沃创新中心：莫斯科附近的一个临时税收优惠地

斯科尔科沃创新中心位于离莫斯科较近的斯科尔科沃，目前正在建设中。斯科尔科沃创新中心是一个高科技商业综合体，旨在在五个优先领域吸引创新公司和培育初创企业；这五个优先领域为：能源效率和节能，核技术，空间技术，生物医药以及战略计算机技术和软件。

2009 年 11 月，总统宣布成立斯科尔科沃创新中心。它主要由一个技术大学和科技园组成，由俄罗斯富豪维克多·维克塞尔伯格和前英特尔主管克雷格·巴雷特共同领导。为了吸引有潜力的居民，根据斯科尔科沃当地特殊法律议案，2010 年 9 月，国家杜马（议会）决定在斯科尔科沃实行行政和财政特权。

根据法律规定，当地居民在 10 年中可获得巨大利益，包括免征所得税、增值税和财产税，以及将保险税减少为 14% 而不是现行 34%。

该法律也做出了规定支持斯科尔科沃基金的建立，培训人才，使他们具备企业需要的技能。斯科尔科沃创新中心最大的合作伙伴之一就是美国的麻省理工学院。

一旦公司和个人成为该城市的“居民”，他们就有权申请基金资助。居民也有权使用中心的法律和金融基础设施。2010 年，政府出台了一项法令，奖励能在斯科尔科沃签署三年工作签证的具有高技能外国公民。

斯科尔科沃创新中心的资金主要来自俄罗斯国家预算。2010 年以来，该中心收到的预算资金稳步增长，2013 年多达 173 亿卢布。此外，新建了一条从斯科尔科沃直达莫斯科的高速公路。

如今，来自俄罗斯 40 个地区 10 000 多家公司在斯科尔科沃建立了商店。2013 年，斯科尔科沃创新中心与国内和国际的主要公司，包括思科、卢克石油公司、微软、诺基亚、俄罗斯联邦原子能机构和西门子签署了 35 份协议。行业合作伙伴计划在斯科尔科沃建立 30 个研发中心，将创造超过 30 000 多个就业岗位。

来源：作者编译。

也可查阅网址：http://economy.gov.ru/minec/press/ interview/20141224.

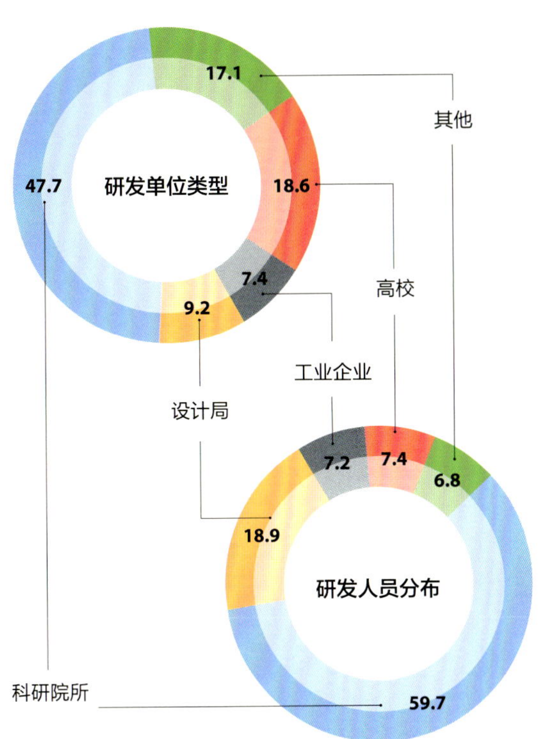

图 13.4 2013 年俄罗斯研发单位类型和人员分布（%）

来源：HSE（2015a）。

结构重组，重振研究事业

俄罗斯研发部门的体制结构尚未完全适应市场经济。正如《联合国教科文组织科学报告 2010》中所描述的，在苏联时代，基础研究主要是由国家科学院和各大高校的研究机构主导的，而应用研究和试验发展主要集中在分支机构、设计局和工业企业专门设立的单位。所有研发机构均为国有。目前，在俄罗斯，大部分所谓的产业研发都是在大型公司或合法的独立性研究机构中进行的。工业企业和设计局大多是私营或半私营组织。这也就意味着，70% 的研发机构仍然为国有组织，包括大学和政府拥有一定股份的企业。如上所述，小公司在研发部门所占分量微乎其微，尤其是与其他工业国家相比，其地位更是微不足道（HSE，2015a）。

独立性研究机构和设计局在研发领域的高等教育机构和企业中占主导地位：占高等教育机构的 48%，企业的 9%；2013 年，其员工占研发总人数的 3/4（见图 13.4）。工业企业仅占研发机构的 7.4%，然而高等教育类的研发机构所占比例为 18%（HSE，2015a）。政府优化研究的体制结构的努力在 2013 年引发了国家科学院[①]内部的改革，这次改革期盼已久，对俄罗斯科学领域也产生了深远的影响（见专栏 13.2）。

同时，政府正在实施扩大国家研究中心网（现在是第 48 位）的计划，并预计创建一个新的大型国家研究中心网。三个国家研究中心其中之一创建于 2009 年，源自库尔恰托夫研究中心的三个附属研发机构，专门研究核能源和更广泛的融合技术[②]。第二研究中心成立于 2014 年，规模与第一个不分伯仲，主要研究航空航天领域。通过合并一些研发机构组成中央航空流体力学研究所，这些研究所以航空研究而著名。

克雷洛夫研究中心即将建立船舶和航空材料研究所。为了监测国家研究基础设施的效率，确定有针对性的支持途径，从 2014 年开始，组织安排对民用领域的公共研究机构的绩效进行评估。

确立八大优先领域和关键技术

俄罗斯联邦建立了一个确定优先事项的制度，使资源可以有效地分配给有限的领域，同时可以兼顾国家的目标以及内部和外部的挑战。基于 2007–2010 年前瞻性实验的结果，目前主要囊括八个优先领域和 27 个关键技术。这些研究优先事项用于应对全球挑战，确保国家竞争力，促进关键领域的创新；它们将用于制订政府在研发领域的计划，缩减其他政策措施的资金。八个优先领域其中两个主要涉及国防和国家安全领域。其余六个重点关注民用领域的科学和技术；他们的资金份额分配为如下：

- 运输系统和空间（37.7%）。
- 安全、高效的能源系统（15.6%）；信息和通信技术（12.2%）。
- 环境管理（6.8%）。
- 生命科学（6%）。
- 纳米技术（3.8%）学院的改革。

政府已认可在 2012—2014 年间完成的这份

① 在 2013 年改革前，俄罗斯有 6 个研究院：科学研究院，医学科学研究院，农业科学研究院，教育研究院，艺术和建筑和建筑服务研究院。

② 如纳米技术，神经生物学，生物信息学等。

专栏 13.2 科学院的改革

俄罗斯科学院的改革已经争论了 10 多年。从 20 世纪 90 年代末以来，俄罗斯科学院行使国家部门的职能，如管理联邦财产和监督进行大量基础性研究的机构网络。2013 年，包括基础研究部门的六大科学院在俄罗斯科学院所中占 24% 的份额，占研发总人数的将近五分之一，占研究人员的 36%，其中 43% 的研究人员都具有科学博士学位或博士学位候选人。因此，他们组成了一个高素质的人才团队。

然而，许多研究院的附属机构年龄结构不合理，约三分之一的研究人员超过 60 岁（34%，2013 年），其中 70 岁以上的占 14%。这些研究院也被指责生产效率低（获得政府研究资助总额的 20%～25%）和缺乏透明度。目前各个机构间存在利益冲突，作为一些主管的研究院的部门和资源分配部门存在冲突，主管这些相同的机构的部门也存在冲突。批评者还指责科学院研究没有重点以及与高校和工业部门联系较弱。

俄罗斯科学院、农业科学院和医学科学院受到的批评最多，因为在 2013 年，他们把 96% 的研究机构、99% 的资助和 98% 的研究人员都放在科学院。近年来采取的一系列“软”改革已经解决了一些问题，如引入管理岗位轮换，提高内部流动性，强制退休年龄和规定教学要求和增加奖金的竞争性。

2013 年 9 月，政府采取了期待已久的改革，同时出台法律，规定俄罗斯科学院与两个较小的医学科学院和农业科学院合并。俄罗斯科学院有权保留其原来的名称。一个月后，政府通过一项法律，决定设立联邦机构研究组织，可向政府直接报告所得到的情况。

这两部法律旨在协助实现建立一个将权力一分为二的体系，其中一部分权力归俄罗斯科学院所有，另一部分归联邦机构研究组织所有。俄罗斯科学院依然保留着统筹基础研究、评估整个公共研究机构的研究成果和提供专家建议的职能，而科学院的财务，财产和基础设施归联邦机构研究组织管理。

过去三个研究所附属的 800 个研究机构尽管还保留有科学院的标签，但现在已经正式成为联邦机构的组成部分。然而这个网络所覆盖的范围依旧很广：800 个研究机构雇用约 17% 的研究人员和在国际科学出版物发表的论文占俄罗斯总出版量近 50%。

来源：Gokhberg（2011 年）；HSE（2015a）；Stone（2014）。

关于《2030 前景展望》报告中大部分的研究内容（HSE,2014c）。这份报告的建议是用于企业的战略规划预警、大学、研究机构和政府部门。

纳米产品出口量与日俱增

《联合国教科文组织科学报告 2010》低估了文件“俄罗斯纳米行业发展战略”的重要性，报告预计“到 2015 年，大规模生产纳米等相关产品的条件均已具备，俄罗斯纳米科技公司有参与国际市场的条件充分条件”。报告还预计纳米技术等相关产品的销量在 2009—2015 年将增长 7～8 倍。国有企业俄罗斯纳米集团数据表明，2013 年全国有 500 多家企业生产纳米产品，销售额超过 4 160 亿卢布（150 多亿美元）。这比 2007 年的设定目标高 11%，这同时也说明自 2011 年纳米行业发展迅速，是原来的 2.6 倍。将近四分之一的纳米产品均用于出口。2011—2014 年，出口总额翻一番，为 1 300 亿卢布。

到 2013 年年末，俄罗斯纳米集团在建 98 个项目，已经建成 11 个科技发展和转让中心（即纳米技术中心）以及 4 个不同领域的工程公司。上述项目及工程主要集中于复合材料、电力工程、辐射技术、纳米电子技术、生物工程、光学、等离子体技术、信息通信技术等领域。纳米陶瓷复合材料，碳纳米管，混合动力和医用材料等领域得到极大发展，取得丰硕成果。纳米技术及纳米材料中心于 2011 年在萨兰斯克（摩尔多瓦共和国）成立，该中心自成立以来便取得突破性进展，比如制造了用于 356 个显微镜的独特的纳米钳，这就使得能够捕获 30 纳米级的物质，该中心制造的纳米产品也可用于电子和医药等领域（Rusnano，2013，2014）。该中心还研制出特殊的防腐蚀涂料，并申请专利。

俄罗斯纳米材料生产量增长明显，但其纳米技术的产出依旧不能跟其他经济领域相提并论（见图 15.5）；同时俄罗斯科研活动也没有转化成实质性的专利及发明（见图 13.5）。

俄罗斯航天国家集团公司成立

航天领域一直都是国家发展的重点。俄罗斯航天工业的投资仅次于美国和欧盟，位居世界第三位。俄罗斯在航天、火箭发动机和运载火箭方面的技术一直处于国际领先。《2030 前景展望》列出具有发展潜力的研发领域，这些领域包括：运载火箭技术和加速块结构成分，如纳米复合材料；航天器发动机、驱动和能量储存系统；数字电子和卫星导航系统；新一代环保型发动机和安全的燃料；地球遥感勘探小像幅航天器集群；宽带通信系统的部署（HSE，2014c）。新的联邦太空计划使用期至 2025 年，涵盖了上述发展领域；新的太空计划发展重点是“社会空间”（航天事业作为经济社会发展的推动器），基本空间研究和载人航天（新一代空间站）。该计划还提出完成国际空间站部署的设想。

近年来，俄罗斯航天工业面临日益激烈的国际竞争。同时，几次航天器发射失败足以证明其航天工业结构已经过时，组织效率低下。据此情况，政府于对航天领域进行改革，将 90 多个国有企业以及多个研发中心进行重组，最终合并成单体的联合火箭与航天集团（URSC）。改革第二项措施于 2015 年着手进行，将俄罗斯联邦航天局与联合火箭与航天集团合并，组建成俄罗斯航天国家集团公司。此举目的是将研发领域、制造业以及地面基础设施方面的资源集中于俄罗斯航天国家集团公司，制定战略以解决现存的问题。俄罗斯对此举寄予厚望，希望能够加强国内各环节的联系，避免采购、绩效和监管职能分散，最终增加国际竞争力。在此之前，俄罗斯国家原子能公司（Rosatom）就做过类似的尝试，并取得极大的成功。

随着公共航天领域的改革的逐步深化，私人创业公司应运而生，改变了传统的过度集中的状况。这些私人公司包括建立在斯科尔科沃的达斡尔航空航天公司、轻子公司（圣彼得堡）和斯普特尼克斯公司。这些公司旨在生产微型卫星和太空仪器，以及制造用于预报天气、监测、勘探自然资源环境遥感技术，并将这些技术商业化。

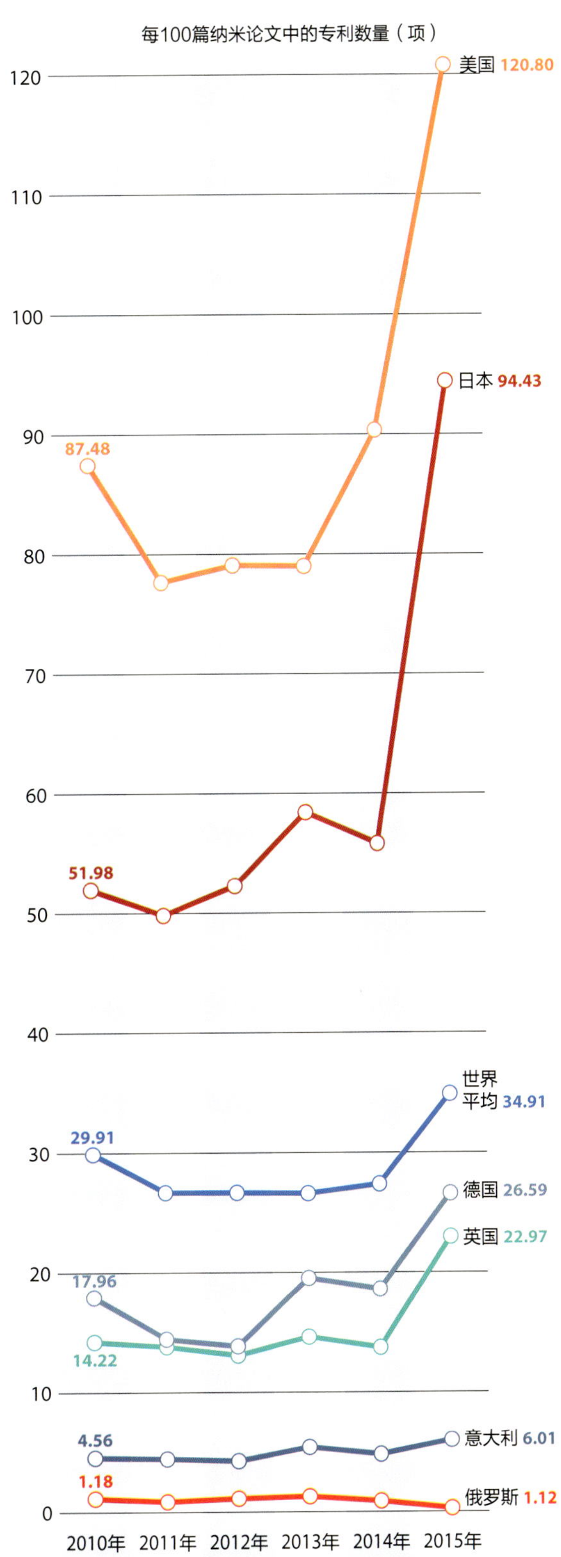

图 13.5 2011—2015 年俄罗斯纳米技术专利

注：数据关注的是纳米技术专利与纳米论文（每 100 篇论文中产生的在美国专利和商标局注册的专利）的比率。2015 年的数据涵盖的时间到三月底。

来源：汤森路透社科学引文索引数据库；美国专利和商标局。

开发技术，缩小差距

两个关键因素推动俄罗斯交通运输的发展：积极促进国内技术走向国际市场，增加其国际影响力；通过区加快域性航空枢纽和高速铁路的发展，确保俄罗斯联邦广袤领土上各地区交通紧密连接。

《2030 前景展望》为交通运输行业发展提出一些具体方向。飞机行业需将技术研发的重点放在降低飞机的重量，使用可替代燃料（生物燃料，压缩、低温燃料），为飞行员开发智能座舱前挡风玻璃上的信息板，研发新型复合材料（非金属）材料，涂料和建造结构（HSE，2014c）。由苏霍伊超级喷气飞机 -100 就是技术发展取得的成果；这架新一代支线飞机配备了先进的技术，满足国内外民用航空市场的需求。斯奈克玛公司（法国赛峰集团）和俄罗斯的土星公司正在研发一种用于支线和长途飞机的综合动力系统。

2013 年国家造船工业计划出台。造船业正处于恢复期。200 多家企业主要制造海上和内河货物运输的船只，生产在大陆架开发石油和天然气的设备，以及制造商业和科学所用的船只。俄罗斯联合造船公司（成立于 2007）为国有企业，在造船领域规模最大，拥有 60 家子公司，约占国内造船业营业额的 80%，产品出口到 20 多个国家。

根据德克亚鲁克在 2014 年所做的一份关于 2030 年造船行业的特别报道，研究目标主要是集中在以下几个方面：基于纳米科技的复合材料的发展，有机和无机合成，冶金和热处理工艺；建筑用新型材料和涂料；车辆经济性最大化技术；基于新的能源生产，储存和转化原理的高性能小型舰船推进系统结构；确保船舶安全性和续航性的高性能工具和系统，包括使用纳米技术的现代无线电子设备；还有为工业生产设计的高度自动化的智能调节系统。

着重发展可替代能源，提高能源利用率

能源行业对俄罗斯国内生产总值和出口贸易贡献巨大，该行业发生任何变动都会直接影响俄罗斯的国际竞争力。可以形象地说，能源行业打个喷嚏，俄罗斯经济就会感冒。2014 年，俄罗斯政府出台“能源效率与发展计划”以解决该行业面临的困境，比如，能源利用率低，燃料提取成本高以及过度依赖传统能源等。依照该计划内容，政府已出资支持电力工程、石油、天然气和煤炭工业的发展，当然也支持替代能源的发展。自 2010 年以来，已建成四个能源发展平台：智能能源系统（智能系统），环境中性高效热能与动力工程，开发利用可再生能源的先进技术和分布式发电系统。

新的地热发电站就应用了高效分离器、涡轮机以及相关设备。很多地区建造了利用废物产生的沼气微型发电厂。该行业生产出适用于风力发电厂和小型水电厂的发动机。2013 年，俄罗斯实施了一项复杂的工程，即建造海上抗冰固定平台——普里拉洛纳亚平台，这促进了俄罗斯积极开发北极大陆架。

目前，俄罗斯在斯科尔科沃推行一系列项目来开发节能技术（见专栏 13.2），这些项目主要减少工业、住房和市政基础设施的能源消耗。比如，新能源技术公司正在研发能将热能直接高效地转化成电能的热—电发电机，这项技术基于纳米膜和有机聚合物制造的高效太阳能转换器。虫洞作业公司正在开发检测和优化开采智能系统，以提高石油开采效率以及油田开发速度。

《2030 前景展望》列出 14 个颇具前景的能源研发领域，主要研发用于以下方面的技术：高效勘探和化石燃料提取，有效的能源消耗，生物能源，电能和热能存储，氢基发电，有机燃料深加工，358 个智能能源系统，第四代高功率水冷核反应堆、优化能源和燃料的运输（HSE，2014c）。

积极建设创新试点，形成产业地域集群

五年以来，俄罗斯政府采取相关措施，逐步加强和完善研发机构的基础设施，推动技术转让和技术商业化。2012 年，俄罗斯政府着手组织创新试点集群相关事宜，推动增值生产链深入发展，促进各地区经济发展。最初，经过严格筛选，从近 100 个申请集群试点的机构中选出 25 个试点。这些申请试点的机构是当地政府支持的产业联盟、科研院所和高校。产业集群遍布俄罗斯领土——从莫斯科到远东地区；覆盖各行各业，从高科技（信息和通信技术、生物技术、核能等）到更传统的制造业，比如汽车、造船，航空和化工行业。

2013 年，新增 14 个集群试点，这 14 个试点装备精良，俄罗斯政府以及当地政府各出 50% 的资金

（匹配原则）支持其发展。2014 年，又新增 11 个试点，并获得政府资金支持。在下一阶段，俄罗斯国家产业集群政策涉及制订适用于更多区域的产业集群方案，建立产业集群发展中心，以确保产业间发展协调和形成产业集群网。

创建技术发展平台，支持相关行业发展

2010 年，俄罗斯创建首批技术发展平台。政府、企业以及科学界可以通过这些技术平台沟通交流，以发现困难，制订战略研究方案和实施机制，鼓励特定的经济部门中有前景的商业技术、新的商品和服务。目前，俄罗斯一共有 34 个技术发展平台，囊括了 3 000 多个机构，其中企业占 38%，高校占 18%，科研院所占 21%，其余的为非政府组织和企业协会等。平台的战略研究方案通常是根据《2030 前景展望》的内容制定的（HSE，2014c）。

规范技术发展平台的活动主要是通过协调政府制订的技术方面的方案和俄罗斯科技发展基金为创新项目提供的无息贷款，俄罗斯科技发展基金在 2014 年更名为产业发展基金会。

下列技术发展平台运行状况最好：未来医学；生物产业和生物资源—生物技术 2030；生物能源；环境无害高效热能与动力工程；适用于可再生能源的先进技术；开采和使用油气的技术；油气深加工；光子学；航空运行设备。

政府会对 34 个技术发展平台就其对工业的贡献率进行评估；平台的名单也会根据评估结果做相应地调整。政府仅会支持有巨大潜力以及做出实际成果的技术发展平台。

在一流大学中创建工程中心

研究性大学、联邦大学、国家研究中心以及学术型机构组成了多个协同运用科学仪器中心，其中 20 世纪 90 年代第一个中心成立。2013 年以来，这些中心将所包含的 357 个高校、科研院所联合以来，形成一个网络，以提高效率。其资金来自联邦优先领域研究和发展计划。就一项工程而言，中心连续三年每年可获得补贴 1 亿卢布（180 万美元）。

2013 年以来，政府已经着手将技术领先的高校作为试点，在该类高校创建工程中心。该措施旨在推动以高校带动全社会进步的发展模式以及提高工程和培训服务的质量。政府拨出财政预算补贴支持工程中心的发展，2013 年，每个工程中心均获得补贴 4 000 万~ 5 000 万卢布，总计 5 亿卢布。当然这些补贴会抵销实施工程和工业设计项目时产生的费用。

政府文件纷繁复杂，阻碍科技园发展

俄罗斯目前共有 88 个科技园。支持科技园发展的主要是俄罗斯联邦创建高新科技园计划（2006）以及自 2009 年起每年都实施的中小型企业竞争计划。科技园主要研究信息通信技术、医药、生物技术、设备制造和机械工程，但三分之一（36%）的科技园所从事的研究既高度专业化，具有跨领域的特点。

在立法以及组织管理程序上存在“灰色地带”，因此就建设科技园出台的政策存在很多问题。俄罗斯高新技术产业科技园协会调查结果显示，只有 15 个科技园在实际运转中[①]，其余的科技园均处于规划、建设或清盘阶段。

加强经济特区与其他地区的联系

2005 年，俄罗斯政府开始着手建设经济特区，出台鼓励性政策，激励地方积极创新创业。政府一直在鼓励一些地区发展高新技术企业和出口高科技产品。

到 2014 年，已经设立 5 个经济特区。这 5 个经济特区分别位于在圣彼得堡、杜布纳、泽廖诺格勒、托木斯克和鞑靼斯坦共和国，拥有 214 个机构。经济特区均享有优惠政策和宽松的监管环境：第一个十年享有零物业税或其他税收优惠政策，自由关税制度，优惠租赁条款，购买土地和国家在发展创新领域投资享受优惠，实施工程优惠，交通和社会基础设施领域享受优惠政策。为提高政策实施的有效性，政府需特别关注对大量机构的管理以及增强经济特区与其他地区的联系。

① 一些科技园未能完成规定的目标，比如创造高技能类工作岗位，提高商品生产量，为居民买卖商品提供优质的服务。详情请查询网址：http://nptechnopark.ru/upload/spravka.pdf.

国际科学领域合作的趋势

努力建设欧盟—俄罗斯教育科学共享空间

近年来，俄罗斯与世界其他各国共同努力，将各国科学紧密联系起来，积极发展国际科技合作。国际科技合作关键在于与欧盟、相关国际组织和地区性经济联盟之间的联系。

近 10 年来，俄罗斯与欧盟在科学领域的合作取得了丰硕的成果。因此，2014 年，双方签订的科技合作协议将合作期延长了 5 年。俄欧双方正在实施建立教育科技共享空间的具体方针，包括加紧太空研究和技术方面的合作等。目前，欧洲原子能共同体与俄罗斯政府在控制核安全领域合作的协议（2001）是有效的。在 2010 年俄罗斯—欧盟首脑峰会上，双方共同签署了现代化合作伙伴的联合声明。

俄罗斯也加入了欧洲很多的研究中心，包括瑞典的欧洲核研究组织，法国的欧洲同步辐射装置和德国的欧洲基于自由电子的 X 射线激光研究。俄罗斯从国际巨型科学项目中获利颇丰，这些项目包括法国在建的国际热核实验反应堆和德国的反质子和离子研究设施。俄罗斯还在杜布纳建立了联合核研究所，该研究所聘请 1 000 多位来自俄罗斯以及其他国家和地区的研究员，每年有 1 000 多名游客前来参观。

俄罗斯以前积极参加欧盟关于研究和创新的框架计划，现在俄罗斯高校和研究中心更倾向于参与欧盟现今正在实施的“地平线 2020 计划”（2014—2020），进而成为国际联盟的成员。联合委员会协调相关合作事宜；同时，成立联合工作小组管理具体领域的合作研究项目，欧盟和俄罗斯共同出资支持其运转。

俄罗斯通过国际组织和国际项目（比如英国的科学和创新网络或俄罗斯—法国气候变化合作），正在积极发展与欧洲国家的双边合作伙伴关系。

2014 年，双方开展广泛的合作作为俄罗斯—欧盟科学年的一部分。这些活动包括启动的联合项目，如互动研究（主要研究北极的状况）、苏普拉（新一代飞行模拟器）、糖尿病免疫研究（糖尿病和自身免疫疾病预防）以及用于科学研究和工业生产的高效超级计算机（俄罗斯教育与科学部，2014）。

政治局势紧张影响一些地区的合作

2014 年，欧盟对俄罗斯实施了经济制裁，这制约了双方诸多领域的合作，如军民两用技术、能源相关设备和技术、深水探测以及北极或页岩油勘探相关的服务。经济制裁可能最终将影响科学领域更广泛的合作。

在过去的 20 ~ 25 年中，俄罗斯跟美国在重点领域有过密切的合作，如在空间研究、核能、信息通信技术、受控热核聚变、等离子体物理和物质的基本性质等领域。参与合作的包括两国一流的大学和研究机构，比如莫斯科国立大学、圣彼得堡大学、布鲁克黑文和费米国家实验室和斯坦福大学。当时两国给予对方极大的信任，美国在 2011 年本国航空飞船计划失事后，曾一度搭载俄罗斯的太空飞船将本国宇航员运送到国际太空站。

然而，由于乌克兰事件造成的两国政治关系紧张，俄罗斯与美国的合作受到极大影响。例如，2014 年 4 月，美国能源部宣布两国核材料合作终止，那时起俄美两国确保核材料安全合作就彻底结束了。目前，俄罗斯与美国研究机构和高校间继续保持合作关系。2014 年 11 月在美国斯坦福举行的斯科尔科沃科学顾问委员会上通过了下列决议。本次大会遴选出一些合作领域，比如，大脑和其他生物科学研究、分子诊断学、环境监测以及自然和技术紧急事件预测。

加强与亚洲的合作

目前，俄罗斯与东南亚国家联盟的合作主要集中在以下高科技领域：发展空间商业（空间旅游）、矿产勘探和开采（包括空间技术的使用）、材料工程、医药、计算机和电信。双方在再生能源，生物技术，原子能和教育领域也正在开展合作项目。2014 年，越南举办了大规模的俄罗斯出口技术展览，由此两国签订了多项具体协议，在导航技术，农业生物技术，能源和药品领域启动了一些项目。2011 年，俄罗斯与越南签订一项协议，运用俄方的技术和设备在越南发展核能源。

目前，韩国和俄罗斯就南极探险进行合作。这项活动始于 2012 年，包括建设第二个韩国科学站，协助训练能够在冰雪中导航的专业人员，协助韩国破冰船“阿拉昂号”进行破冰作业，共同研究低温环境中生存的微生物并交流相关信息。自 2013 年以来，俄韩双方在医药领域深化合作；俄罗斯化学多样性研究所分别与韩国生物制药有限公司（SKBP）和韩国巴斯德研究所就临床前研究、临床试验、新药物治疗肺结核等方面开展合作。此外，俄罗斯高科技中心奇姆拉尔联合韩国东亚制药有限公司，正在建立生物技术企业，开发创新制剂治疗损坏中枢神经系统的疾病。

俄罗斯与中国积极的双边合作关系源于 2001 年签署的《中俄睦邻友好条约》，执行期为四年。该条约为 40 项合作项目、中学生和大专生交流、共同组织的会议和研讨会等交流奠定了坚实的基础。中俄双方正在联合开展大型合作项目，这些项目涉及中国首个超高压输电线路的建设，实验性快速中子反应堆的发展，俄罗斯和中国地质勘探以及在光学、金属加工、液压、空气动力学和固体燃料电池领域的联合研究。此外，重点合作领域还包括工业和医疗激光、计算机技术、能源、环境和化学、地球化学、催化过程、新材料（包括聚合物、颜料等）。中俄在高科技领域合作的优先主题是联合开发新的远程民用飞机。到目前为止，此类飞机的基本参数已详细说明，一些关键技术和商业计划也已提交审批。

中国和俄罗斯在卫星导航领域也有合作。此行合作时通过一个涉及全球导航卫星系统（俄罗斯的导航定位系统）和北斗（中国卫星导航系统）的项目实现的。中俄两国也就太阳系的行星开展联合研究项目。2014 年，俄罗斯科尔科沃的一家公司激光纳米科技公司和中国山东信帕普工业集团签署了长期协议，促进俄罗斯的技术在中国的发展。莫斯科大学、俄罗斯风险投资公司和中国建设投资集团有限公司也签署协议，扩大在开发“智能家居”和“智能城市”技术的合作范围（见专栏 23.1）。

我们可以看到中俄两国的合作从知识和项目的交流到联合作业的转变。从 2003 年起，两国在中国的哈尔滨、长春、烟台等城市共同建设科技园区。这些科技园按照计划制造民用和军用飞机、航天器、燃气轮机和用于尖端创新的大型设备，以及大量生产由俄罗斯科学院西伯利亚分院开发的技术产品。

在过去的几年中，俄罗斯政府清除掉一些行政壁垒，进一步密切与伙伴国的国际合作。例如，签证申请过程以及劳工和海关条例被简化，这些都有利于促进学术流动性和研究设备以及和合作项目相关材料的流动。

结论

制定政策需具备长远目光

当前俄罗斯面临着复杂的经济形势和地缘政治，但在巩固其国家创新体系和追求国际合作方面有坚定的决心。2015 年 1 月，俄罗斯教育与科学部部长德米特里·利瓦诺夫在《科学》杂志上这样说：“尽管当今经济形势严峻，俄罗斯对科学领域的财政支持不会缩减，或者说不会有大幅度的缩减。”他还说：“我坚信科学领域的合作不会受经济、政治形势暂时恶化的影响。新知识和新技术的产生可以共同受益。”（Schiermeier，2015）

科学技术的更新换代日新月异，因此需要不断地创新，这也要求决策者眼光长远、能够应对新挑战。全球经济和地缘政治环境快速变化，国际竞争日趋激烈，在这种背景下，政府和企业均需采取更加积极的投资策略。为此，俄罗斯今后的政策改革应包括：

- 优先支持卓越的竞争力强的科研中心，其中科研中心的评定标准为国际质量标准和中心在全球网络中的潜力；研究的优先项目参考《2030 前景展望》的内容。
- 制订更完美的战略规划和长期的具有前瞻性的技术方案；近期重要的任务就是确保前瞻性研究，战略规划和国家、区域以及部门各个层面政策制定的一致性；其中国家级重点项目将转化为具体的行动方案。
- 给予一流高校和科研院所更大的财政支持，同时鼓励这些高校和科研院所与企业和投资机构合作。
- 进一步完善竞争性研究资金制度，并定期对该领域的预算支出的有效性进行评估。
- 鼓励工业和服务业的技术和组织管理创新，其中包括为创新性企业提供补贴——尤其是从事进口替代的企业、为高科技企业减税、为研发型企业提供更多的刺激政策，比如在税收回扣和企业风险基金方面提供更优惠的政策。

- 对特定的体制机制定期评估以促进技术发展平台等的创新，监测其资金使用情况和机构运行情况。

科学、技术和创新将会在一些像燃料和能源、传统的高科技制等资源集中的部门得到较大发展。同时，我们期望看到今后科技创新会集中在有竞争力的、具备参与国际竞争条件新兴行业，如先进的制造技术、纳米技术、软件工程与神经技术。

为提高其科学、技术和创新在全球的竞争力，俄罗斯需要在国内营造有利于投资、创新、进行商贸活动的氛围，具体措施包括制定优惠的税收政策、放宽海关处规定。2015 年，俄罗斯制定了《国家技术计划》，确保俄罗斯的企业能在新兴市场上占有一定份额。

俄罗斯采取极其重要的措施消除了阻碍企业进入市场和阻碍初创企业发展的行政壁垒；进一步开放知识产权市场，逐步减少国家在知识产权管理中的作用，扩大业主的地位，采取措施支持创新，提高对创新的需求。其中一些问题已通过 2015 年出台的行动计划得以解决；该行动计划用来具体落实《俄罗斯联邦创新发展战略 2020》。该战略的效果和影响将在下本《联合国教科文组织科学报告》中详细讨论。

俄罗斯的主要目标

- 到 2018 年，将劳动生产率提高 150%。
- 2011—2018 年，将高新技术产业在国内生产总值的比重提高 130%。
- 到 2020 年，将纳米产品的出口总收入提高到 3 000 亿卢布。
- 增加研发支出总量占国内生产总值的份额，从 2012 年的 1.12% 增加到 2018 年的 1.77%。
- 提高研究人员的平均工资，到 2018 年，使其工资是当地平均工资的两倍。
- 提高高校使用的研发支出总量的份额，2013 年为 9%，2015 年提高 11.4%，到 2018 年提高到 13.5%。
- 到 2018 年，将公共科学基金的总经费提高到 250 亿卢布。
- 增加俄罗斯在科学网出版物的数量，从 2013 年的 1.92% 提高到 2015 年的 2.44%。

参考文献

Cornell University; INSEAD and WIPO (2014) *Global Innovation Index 2014: The Human Factor in Innovation*. Cornell University and World Intellectual Property Organization. Ithaca (USA), Fontainebleau (France) and Geneva (Switzerland).

Dekhtyaruk, Y.; Karyshev I.; Korableva, M.; Velikanova N.; Edelkina, A.; Karasev, O.; Klubova, M.; Bogomolova, A. and N. Dyshkant (2014) Foresight in civil shipbuilding – 2030. *Foresight – Russia*, 8(2): 30–45.

Gershman, M. and T. Kuznetsova (2014) Performance-related pay in the Russian R&D sector. *Foresight – Russia*, 8(3): 58–69.

Gershman, M. and T. Kuznetsova (2013) The 'effective' contract in science: the model's parameters. *Foresight – Russia*, 7(3): 26–36.

Gokhberg, L. and T. Kuznetsova (2011a) Strategy 2020: a new framework for innovation policy. *Foresight – Russia*, 5(4): 40–46.

Gokhberg, L. and T. Kuznetsova (2011b) S&T and innovation in Russia: Key Challenges of the Post-Crisis Period. *Journal of East–West Business*, 17(2–3): 73–89.

Gokhberg, L.; Kitova, G.; Kuznetsova, T. and S. Zaichenko (2011) *Science Policy: a Global Context and Russian Practice*. Higher School of Economics: Moscow.

HSE (2015a) *Science Indicators: 2015. Data book*. Uses OECD data. Higher School of Economics: Moscow.

HSE (2015b) *Indicators of Innovation Activities: 2015. Data book*. Uses OECD data. Higher School of Economics: Moscow.

HSE (2014a) *Education in Figures: 2014. Brief data book*. Higher School of Economics: Moscow.

HSE (2014b) *Science. Innovation. Information Society: 2014. Brief data book*. Higher School of Economics: Moscow.

HSE (2014c) *Foresight for Science and Technology Development in the Russian Federation until 2030*. Higher School of Economics: Moscow. See: www.prognoz2030.hse.ru.

HSE (2014d) *Education in the Russian Federation: 2014. Data book*. Higher School of Economics: Moscow.

Kuznetsova, T. (2013) Russia. In: *BRICS National System of Innovation. The Role of the State*. V. Scerri and H.M.M. Lastres (eds). Routledge.

Kuznetsova, T.; Roud, V. and S. Zaichenko (2014) Interaction between Russian enterprises and scientific organizations in the field of innovation. *Foresight – Russia*, 8(1): 2–17.

Meissner, D.; Gokhberg, L. and A. Sokolov (eds) [2013] *Science, Technology and Innovation Policy for the Future: Potential and Limits of Foresight Studies*. Springer.

Ministry of Education and Science (2014) *EU–Russia Year of Science*. Moscow.

OECD (2011) *Towards Green Growth*. Organisation for Economic Co-operation and Development: Paris.

Rusnano (2014) *The Nanoindustry in Russia: Statistical Data Book, 2011–2014*. Moscow.

Rusnano (2013) *Annual Report 2013*. Moscow.

Schiermeier, Q. (2015) Russian science minister explains radical restructure. *Nature*, 26 January.

Stone R. (2014) Embattled President Seeks New Path for Russian Academy. *Science*, 11 February. *See:* http://news.sciencemag.org.

Tass (2014) Sanctions likely to pose risks for Russia to fall behind in technology – Medvedev. TASS News Agency, 19 September.

列昂尼德·高克博格（Leonid Gokhberg），1961 年出生于俄罗斯，莫斯科高等经济学院第一副校长，同时任该校统计学研究和知识经济学研究所所长，拥有经济学博士学位和科学经济学博士学位。高克博格教授发表了超过 400 篇，并参与了 20 多个国际项目。

塔蒂亚娜·库兹涅佐娃（Tatiana Kuznetsova），1952 年出生于俄罗斯，莫斯科高等经济学院统计学研究和知识经济学研究所科学、技术和创新以及信息政策中心主任，毕业于莫斯科大学，拥有经济学博士学位。库兹涅佐娃博士发表论文 300 多篇，并参与了 10 多个国际项目。

研究和发展的低投入阻碍了中亚总体的发展。

娜思巴·穆克迪诺娃

2014年塔什干创新博览会上的一架“飞行器”

照片来源：© Nasibakhon Mkhitidinova

第 14 章　中　亚

哈萨克斯坦、吉尔吉斯斯坦、塔吉克斯坦、土库曼斯坦、乌兹别克斯坦

娜思巴·穆克迪诺娃

引言

从全球金融危机中快速恢复

中亚经济受 2008—2009 年的世界金融危机的冲击较小，并迅速复苏。在过去的十年中，乌兹别克斯坦经济持续强劲增长，增长速度超过 7%；土库曼斯坦[①]经济飞速发展，增长速度为 15%（2011 年为 14.7%）。吉尔吉斯斯坦经济发展较不稳定，但是 2008 年之前，经济发展较为明显（见图 14.1）。

经济发展最好的国家从大宗商品发展的浪潮中受益颇丰。哈萨克斯坦和土库曼斯坦的石油和天然气储备丰富，乌兹别克斯坦国内的资源储备能使本国自给自足。吉尔吉斯斯坦、塔吉克斯坦和乌兹别克斯坦都拥有黄金储备，哈萨克斯坦的铀矿储量位居世界第一。全球棉花、铝和其他金属（包括黄金）需求波动较大，严重影响了塔吉克斯坦的经济，因为铝和棉花其是主要出口商品，塔吉克铝业有限公司是塔吉克斯坦主要的工业资产。2014 年 1 月，塔吉克斯坦农业部部长宣布政府将减少棉花种植的面积，腾出的土地用来种植其他作物。乌兹别克斯坦和土库曼斯坦是主要的棉花出口国，在全球排名第五和第九。

尽管在过去的十年中出口和进口都有显著的增长，由于其出口依赖于原材料，贸易伙伴有限，制造能力较弱，这些国家极易受到经济冲击。吉尔吉斯斯坦水资源充足，但总体上资源贫乏。该国大部分电力是由水力发电所产生的。

2010—2012 年，吉尔吉斯斯坦经济受到一系列金融动荡的冲击。2010 年 4 月，吉尔吉斯斯坦政

① 2012 年，土库曼斯坦对外债务减少到占国内生产总值的 1.6%（2002 年为 35%），乌兹别克斯坦的外债仅占国内生产总值的 18.5%。哈萨克斯坦的外债一直保持相对稳定，2012 年占国内生产总值的 66%，而塔吉克斯坦的外债增长至 51%（2008 年为 36%），吉尔吉斯斯坦的高达 89%，2009 年，下降到 71%。来源：sesric 数据库，2014 年 7 月。

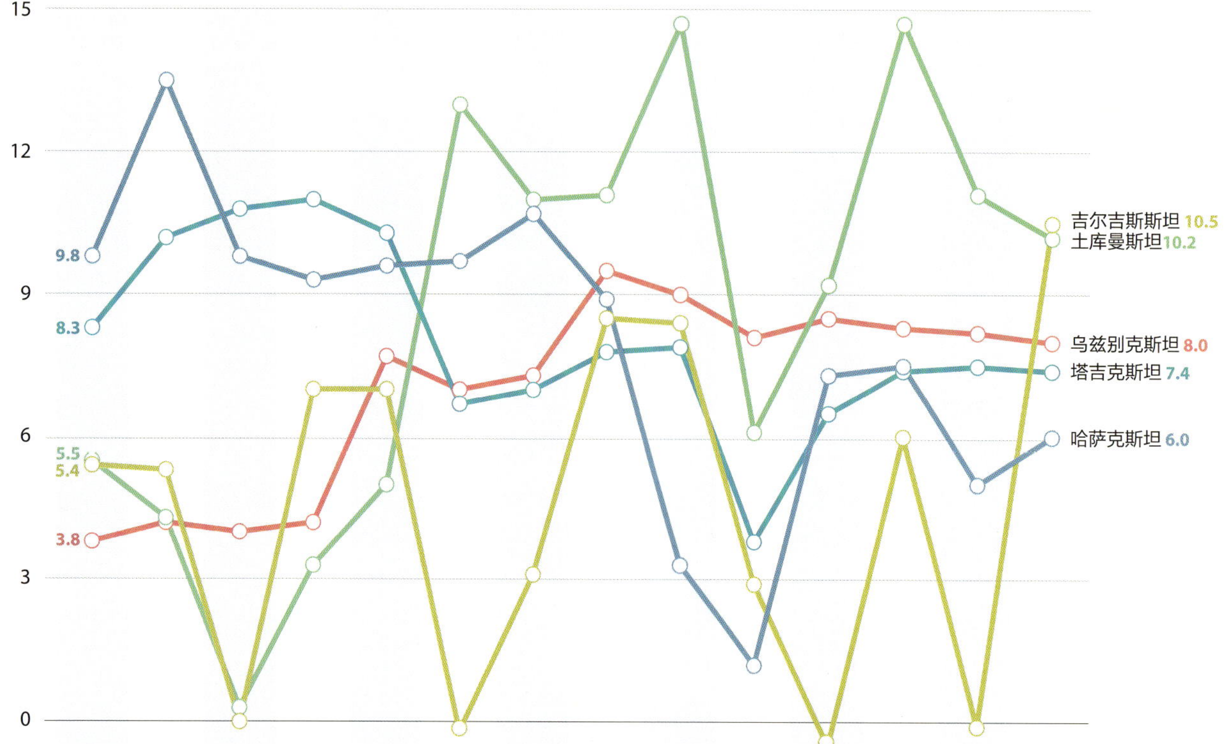

图 14.1　2000—2013 年中亚各国国内生产总值增长趋势（%）

来源：世界银行（2014）全球经济展望，表 A1.1，p.100。

治动荡，总统巴基耶夫被迫下台，前外交部部长奥通·巴耶娃临时担任总统，直到 2011 年 11 月阿坦巴耶夫被选为总统。食品价格连续两年持续上涨，2012 年，受地质运动影响，主要的库姆托尔金矿产量同比下降 60%。据世界银行称，2010 年，33.7% 的人口生活在绝对贫困中，2011 年，36.8% 生活在绝对贫困中。

中东地区战略重要性与日俱增

苏联和中亚诸国有着共同的历史和文化渊源。中亚位于欧洲和亚洲的十字路口，矿产资源丰富，且战略地位日益重要。中亚五国是若干国际机构的成员国，比如欧洲安全与合作组织、经济合作组织和上海合作组织。①

此外，中亚五国和阿富汗、阿塞拜疆、中国、蒙古和巴基斯坦均是中亚区域经济合作计划（CAREC）的成员国。2011 年 11 月，《中亚区域经济合作 2020 战略》正式通过并被采纳，勾勒出区域经济深入合作新蓝图。未来十年，500 亿美元将投资于运输、贸易和能源等重点项目，以提高成员的竞争力。② 内陆的中亚共和国意识到需要通过合作来维持和发展他们的运输网络和能源，通信和灌溉系统。只有哈萨克斯坦和土库曼斯坦濒临里海，五个国家没有直接通往海洋的路径，这就使得运输碳氢化合物，特别是运往世界市场变得极其复杂。

吉尔吉斯斯坦和塔吉克斯坦分别于 1998 年和 2013 年加入世界贸易组织，哈萨克斯坦也很希望加入世界贸易组织。然而，乌兹别克斯坦和土库曼斯坦则采取了自力更生的政策，这一政策表现为外国的直接投资扮演更为次要的角色。在乌兹别克斯坦，国家控制了几乎所有的战略性的经济部门，包括农业、制造业和金融业，外国投资则被配置在像旅游业这样无关痛痒的部门（Stark 和 Ahrens，2012）。

2014 年 5 月 29 日，哈萨克斯坦与白俄罗斯和俄罗斯签订协议成立欧亚经济联盟。2014 年 10 月，亚美尼亚加入欧亚经济联盟，同年 12 月，吉尔吉斯斯坦加入。该联盟于 2015 年 1 月 1 日开始生效，这发生在关税同盟消除了三个创建国之间的贸易壁垒的四年后。虽然该协议的重点是经济合作，但还包括劳动力的自由流通的规定和统一的专利法规，这两方面有利于科学家之间的学术交流。③

今日中亚雪豹

自 20 年前获得独立以来，中亚五国经济体制从计划经济逐步向市场经济转变。其最终目标是像“亚洲四小龙”一样经济得以飞速发展，最终成为“中亚雪豹”。然而，由于各国政府努力限制社会成本并改善人口年均增长率 1.4% 的地区的生活水平，这使得改革极其缓慢且不具备普遍性。

五个国家正在实施结构性改革以提高竞争力。尤其是，他们通过鼓励企业的财政政策和其他措施，一直为实现工业现代化的和促进服务业的发展积极努力，以减少农业占国内生产总值的权重（见图 14.2）。在 2013—2005 年间，除塔吉克斯坦外，其他国家农业所占份额均下降了，塔吉克斯坦农业的增长威胁到工业的发展。土库曼斯坦工业发展最快，而其他四个国家的服务业的发展最快。

中亚各国政府所奉行的公共政策，重点是减轻外部政治和经济领域冲击的影响，这包括维持贸易平衡、减少公共债务和积累国家储备。然而，他们不可能完全不受外部负面形势的影响，如自 2008 年以来全球工业生产和国际贸易的持续疲软的复苏。

斯佩希勒（2008）说，私有化进展最快的是哈萨克斯坦，2006 年，民营企业占所有企业的 2/3。价格几乎完全以市场为基础，银行和其他金融机构的建设比中亚其他国家好得多。政府与民营企业通过国家经济委员会进行对话，政府与外国投资者是通过外商投资委员会进行对话。国家经济委员会是由 1 000 多家来自不同的行业企业组成的协会，而外商投资委员会成立于 1998 年。然而哈萨克斯坦的资本依然由国家主导，国有企业在战略产业中占主

① 可在 736 页的附录 1 中查询此处提及的国际机构。

② 中亚区域经济合作计划成立于 1997 年。2003 年，它与六个多边机构合作，协助主要区域在运输，贸易和能源领域的合作，也包括基础设施建设：亚洲开发银行（2001 年以来，向秘书处提供资金）；欧洲复兴开发银行；国际货币基金组织；伊斯兰开发银行；联合国开发计划署和世界银行。

③ 2015 年 1 月 1 日，欧亚经济联盟生效时，欧亚经济共同体就不复存在了。

导地位。当 2008 年全球金融危机爆发时，哈萨克斯坦政府做出反应，增加政府对经济的干预。同年，该国成立了一个财富基金——萨姆鲁克—喀孜那，旨在将国有企业私有化（Stark 和 Ahrens，2012）。

低文盲率，中等发展水平

尽管近年来中亚经济增长率较高，但 2013 年，只有哈萨克斯坦（购买力平价为 23 206 美元）和土库曼斯坦（购买力平价为 14 201 美元）的人均国内生产总值高于发展中国家平均水平。乌兹别克斯坦人口占中亚地区总人口的 45%，其购买力平价下降到 5 167 美元，吉尔吉斯斯坦和塔吉克斯坦更低。

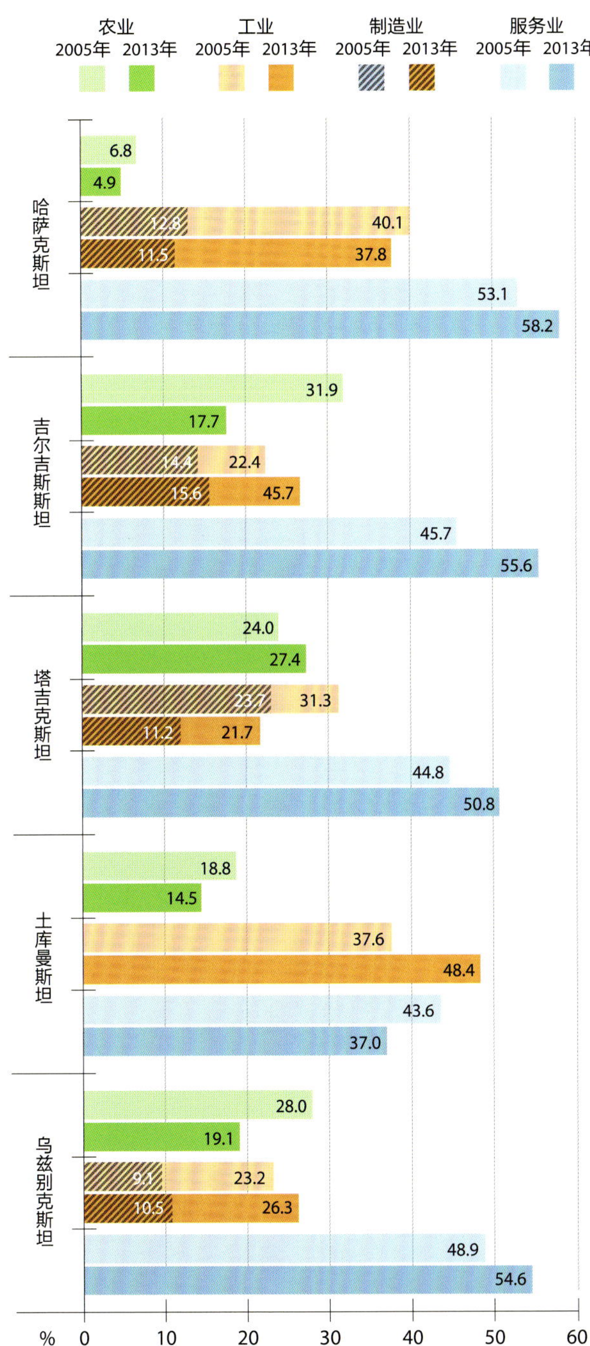

图 14.2 2005 年和 2013 年中亚各国经济部门国内生产总值发展情况（%）

注：土库曼斯坦最新数据为 2012 年。
来源：2014 年 9 月世界银行世界发展指标。

中亚地区所有成年人的文盲率为零，现在出生的人平均寿命为 67.8 岁。联合国开发计划署认为中亚地区人口发展处于中等水平。2009—2013 年，哈萨克斯坦人类发展指数排名提高了 13 个百分点，土库曼斯坦提高了 7 个百分点，乌兹别克斯坦提高了 5 个百分点。吉尔吉斯斯坦的排名却下降了 5 个百分点。

2013 年，地球研究所积极采取措施衡量 156 个国家幸福的程度。哈萨克斯坦（第 57 位）、土库曼人（第 59 位）和乌兹别克（第 60 位）幸福指数超过绝大多数国家，相反，吉尔吉斯斯坦（第 89 位）和塔吉克斯坦（第 125 位）幸福指数较低。

教育和研究趋势

研发投入一直较低

研发投入一直较低的现象在中亚各国极其普遍。在过去的 10 年中，哈萨克斯坦和吉尔吉斯斯坦都在努力维持研发支出总量占国内生产总值的 0.2%。乌兹别克斯坦在研发中的投入在 2013 年增至国内生产总值的 0.4%（见图 14.3）。哈萨克斯坦已经宣布计划将自己的研发支出总量与国内生产总值之比在 2015 年提升至 1%（见第 373 页）。只要每年经济增长依然强劲，这一目标很难达到。

注重高校和研究基础设施的建设

中亚各国政府采取的是渐进式的、具有选择性的科学和技术（科技）改革政策。2009—2014 年，中亚地区仅成立了两个研究机构，至此，研究机构总数达到 838 所。这两个新成立的研究机构都位于乌兹别克斯坦（见第 386 页）。

然而，中亚地区其他国家的研究机构在 2009—2013 年数量减少了一半。这是因为这些研究中心建立于苏联时期，用于解决国家问题而设立，但这些中心已经无法适应当今新技术的发展和国家优先事项的不断变化。哈萨克斯坦和土库曼斯坦正在建设

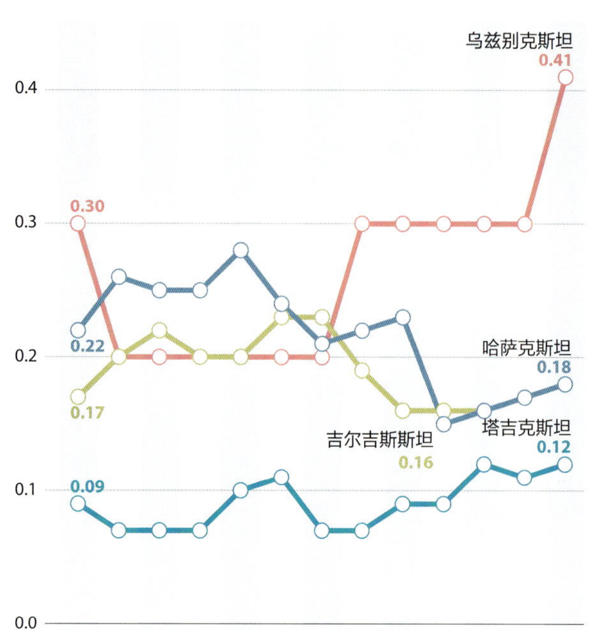

图 14.3　2001—2013 年中亚各国研发支出总量占国内生产总值比率发展趋势

注：无法获取土库曼斯坦的相关数据。

来源：2014 年 7 月联合国教科文组织统计研究所数据库；乌兹别克斯坦数据来自科学技术发展协调委员会。

科技园区，并对现有的机构进行分组，以建立新的研究中心。除了吉尔吉斯斯坦外，其他国家经济增长势头强劲，以此为支撑，这些国家发展战略的重点是培育高新技术产业，集中资源以及引导经济支持出口市场。

近年来，中亚地区建立了三所高校以培育战略经济区的竞争力，这三所高校分别为：哈萨克斯坦的巴耶夫大学（2011 年首次招生）；乌兹别克斯坦的仁荷大学，专门研究信息与通信技术；以及土库曼斯坦的国际石油和天然气大学（后两所高校均于 2014 年首次招生）。中亚五国不仅积极提高传统采掘业的效率，还希望更多地利用信息和通信技术等现代技术发展工商业、教育和研究部门。互联网使用情况各国间差别较大。2013 年，在哈萨克斯坦，超过二分之一（54%）的人口可以使用网络；在乌兹别克斯坦，超过三分之一（38%）的人口可使用网络；然而，吉尔吉斯斯坦仅为 23%，塔吉克斯坦仅为 16%，土库曼斯坦仅为 10%，这些比例是极低的。

专栏 14.1　三项邻国计划助推中亚发展

下列三项计划诠释了欧洲联盟（以下简称欧盟）和欧亚经济共同体一直为鼓励中亚科学家与邻国科学家合作所做出的努力。

中亚国际科技创新合作网（中亚国际合作网）

2013 年 9 月，欧盟发起建设中亚国际合作网的提议，以鼓励中亚各国参与“地平线 2020 计划”中的研究项目，其中“地平线 2020 计划”是欧盟第八个研究和创新资助计划（见第 9 章）。研究项目的重点为三个欧盟和中亚互利共赢的社会挑战，即气候变化、能源和健康。中亚国际合作网建立在欧盟与其他区域合作的已有经验上，欧盟曾跟以下区域进行合作：东欧、南高加索和巴尔干半岛西部（见第 12 章）。

中亚国际合作网注重将中亚和欧洲的研究设施紧密结合起来，共同使用。中亚国际合作网成立了多国机构合作共同体，这些国家有奥地利、捷克、爱沙尼亚、德国、匈牙利、哈萨克斯坦、吉尔吉斯斯坦、波兰、葡萄牙、塔吉克斯坦、土耳其和乌兹别克斯坦。2014 年 5 月，欧盟发起为期一年的倡议，号召结对的机构——高校、公司和研究机构运用 1 万欧元的资金参观学习对方的机构设施，探讨有关项目想法或准备开研讨会等联合活动。中亚国际合作网总预算达 8.5 万欧元。

生物技术创新计划

生物技术创新计划（2011—2015 年）参与国有白俄罗斯、哈萨克斯坦、俄罗斯和塔吉克斯坦。该计划由欧亚经济共同体建立，并在一年一度的生物产业展览会以及相关会议上颁发奖品。2012 年，86 个来自俄罗斯的组织、三个来自白俄罗斯的组织、一个来自哈萨克斯坦的组织、三个来自塔吉克斯坦的组织以及两个德国的科学研究组参与了该计划。

俄罗斯国家遗传研究所专门研究遗传学和甄选工业微生物领域的科学主任弗拉迪米尔·德巴博夫强调了发展生物产业的重要性。他说：“当今世界总的发展趋势就是化石产品转变为可再生生物能源。”“生物技术发展速度是化学制品的 3～4 倍。”

创新技术中心

创新技术中心是欧亚经济共同体发起的另一个项目。该中心由俄罗斯风险投资公司（政府出资支持的公司）、哈萨克斯坦国家空间局以及白俄罗斯创新基金会签订协议于 2013 年 4 月 4 日正式成立。每个选定的项目均可获得 300 万～9 000 万美元的资金支持，通过公司合作完成。前几批项目集中在超级计算机、航天技术、医学、石油回收、纳米技术和自然资源的生态利用等领域。这些初始的项目一旦产生可行的商业产品，风险投资公司就能制订计划将所获利润重新投资到新项目中。

俄罗斯风险投资公司不仅仅是单纯的获取经济利益的公司；该公司还有为三个参与国提供共同经济空间的作用。

来　源：www.inco-ca.net; www.expoforum.ru/en/ presscentre/2012/10/546; www.gknt.org.by.

上述三所新建高校全英语教学，并与美国、欧洲或亚洲的高校就学术课程设计、教学质量保证、教师招聘和学生招生方面进行合作。

国际合作也是近年来建立的研究机构和研究中心工作的重点（见专栏 14.1 ~专栏 14.5）。这些中心的任务反映了想要采取可持续性更强的方法来管理环境的愿望。中心计划将传统的采掘业的研发与可再生能源，特别是太阳能在更大范围内的使用相结合。

2011 年，俄罗斯宣布退出国际科学和技术中心（ISTC），2014 年 6 月，总部搬到了哈萨克斯坦纳扎尔巴耶夫大学。预计到 2016 年，纳扎尔巴耶夫大学新建的科学园中的永久性设施应当全部竣工。国际科学和技术中心（ISTC）成立于 1992 年，由欧盟、日本、俄罗斯和美国共同设立，旨在培育科学家从事民用武器研发项目[①]以及促进技术转让。在遵守协议的条件下，国际科学和技术中心（ISTC）已在下列国家成立分中心：亚美尼亚、白俄罗斯、格鲁吉亚、哈萨克斯坦、吉尔吉斯斯坦和塔吉克斯坦（Ospanova，2014）。

中亚地区各国处于教育改革的不同阶段

哈萨克斯坦在教育方面的投资（2009 年占国内生产总值的 3.1%）不及吉尔吉斯斯坦（2011 年占 6.8%）和塔吉克斯坦（2012 年占 4%），但后两个国家生活水平较低，对教育投资的需求更大。吉尔吉斯斯坦和塔吉克斯坦出台了新的国家战略，弥补结构的弱点，如学校和高校配备不足，课程设置少和缺乏训练有素的师资队伍。

在过去十年里，哈萨克斯坦在提高教育质量方面取得了很大的进步。如今，哈萨克斯坦制订计划，推广素质教育，到 2020 年，将中学提升到“纳扎尔巴耶夫精英学校”的水准；“纳扎尔巴耶夫精英学校”培养批判性思维，提倡自主研究，提升哈萨克语、英语和俄语的运用能力。哈萨克斯坦政府还承诺到 2016 年将高校奖学金提高 25%。高等教育领域所占的研发支出总量为 31%，聘用的研究人员超过研究人员总人数的一半（54%）（见图 14.5）。新纳扎尔巴耶夫大学被政府选为国际研究大学（见第 378 页）。

为加强与国际的联系，哈萨克斯坦和乌兹别克斯坦学校里普及外语教学。哈萨克斯坦和乌兹别克斯坦分别在 2007 年和 2012 年采用了三级学位体系——学士、硕士和博士学位，逐渐取代苏联的博士候选人和科学博士体系（见表 14.1）。2010 年，哈萨克斯坦成为博洛尼亚进程唯一的中亚国家，旨在协调高等教育体系，以建立欧洲高等教育区，[②]在哈萨克斯坦多所高等教育机构（其中 90 所是私人学府）是欧洲大学协会的成员。

① 在过去的 20 年中，国际科学和技术中心提供了约 3000 个项目，主要涉及基本研究和应用研究，其中主要领域有能源、农业、医学、材料科学、航空航天、物理等。成员国之间的科学家相互影响，以及与国际中心诸如欧洲核研究组织（CERN）和跨国企业，包括空客、波音、日立、三星、飞利浦、壳牌、通用电气等互动（ospanova，2014）。

② 其他非欧盟成员国但参加博洛尼亚进程的国家包括俄罗斯（2003 年加入）、格鲁吉亚和乌克兰（2005 年加入）。白俄罗斯和吉尔吉斯斯坦提交的会员国申请未通过。

表 14.1　2013 年或近年来中亚各国获得科学博士和工程博士情况

	博士学位		科学博士学位				工程博士学位			
	总数（人）	女性（%）	总数（人）	女性（%）	每百万人中博士总人数	每百万人中女性博士人数	总数（人）	女性（%）	每百万人中博士总人数	每百万人中女性博士人数
哈萨克斯坦（2013年）	247	51	73	60	4.4	2.7	37	38	2.3	0.9
吉尔吉斯斯坦（2012年）	499	63	91	63	16.6	10.4	54	63	—	—
塔吉克斯坦（2012年）	331	11	31	—	3.9	—	14	—	—	—
乌兹别克斯坦（2011年）	838	42	152	30	5.4	1.6	118	27	—	—

注：科学博士学位毕业生主要从事生命科学、物理科学、数学和统计学以及计算学；工程博士学位毕业生主要从事制造和建筑领域。在中亚地区，博士这一术语还包括科学学位的博士候选人和科学博士学位。无法获得土库曼斯坦的相关数据。
来源：2015 年 1 月，教科文组织统计研究所。

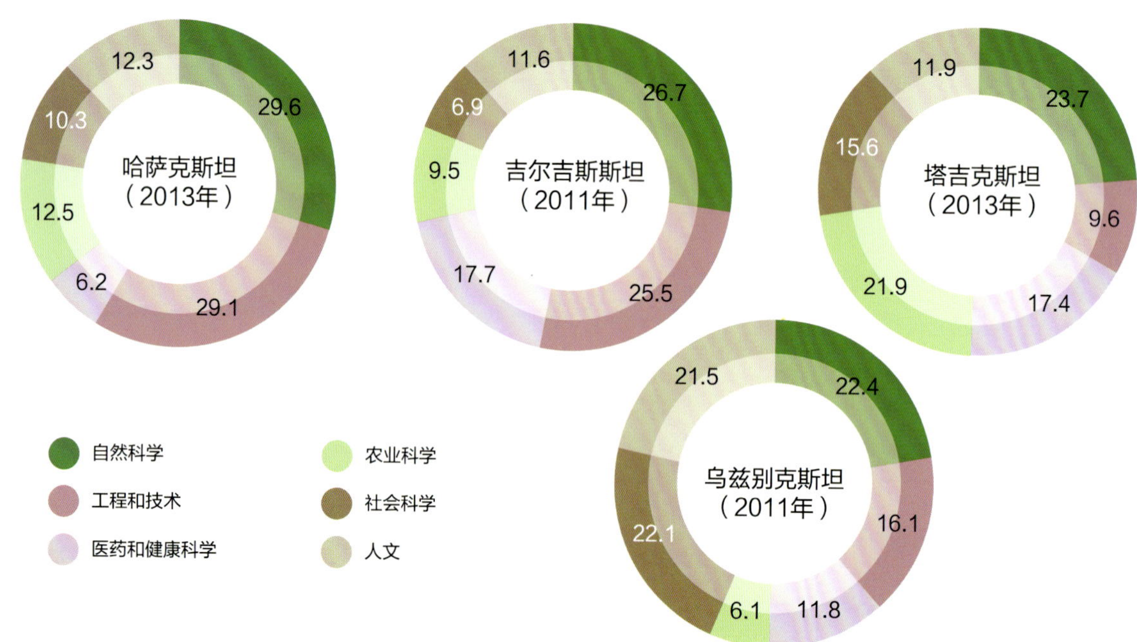

图 14.4　2013 年中亚地区不同科学领域研究人员所占比例（%）

注：无法获取土库曼斯坦的相关数据。由于在其他地方没有这种分类方法，因此表中各领域的人数总和与总计人数不对应。
来源：2015 年 2 月联合国教科文组织统计研究所。

哈萨克斯坦工商企业和私营非营利部门均对研发（见图 14.5）做出重大贡献，然而这种现象在中亚其他国家中并不存在。乌兹别克斯坦国家形势不容乐观，究其原因，主要在于对高等教育的严重依赖：四分之三的研究人员受雇于高校，许多人员接近退休年龄，30% 的年轻人没有学位资格。

苏联解体后，哈萨克斯坦、吉尔吉斯斯坦和乌兹别克斯坦三国女性研究人员所占的比例均超过 40%。哈萨克斯坦研究人员的性别比例几乎达到了完全对等：2013 年，女性在医疗和健康领域占据主导地位，在工程和技术研究领域所占比例达 45% ~ 55%（见表 14.2）。然而在塔吉克斯坦，女性科学家所占比例从 2002 年的 40% 下降到 2013 年的 34%，仅占科学家总人数的三分之一。虽然政策给予了塔吉克妇女充分的平等权利和机会，但却因资金不足和缺乏了解而难以彻底实现（见第 381 页）。2007 年土库曼斯坦通过一项法律，这为妇女平等提供了国家法律保证，但由于缺乏可用的数据，无法得出关于法律对研究人员性别构成所形成的影响的结论。

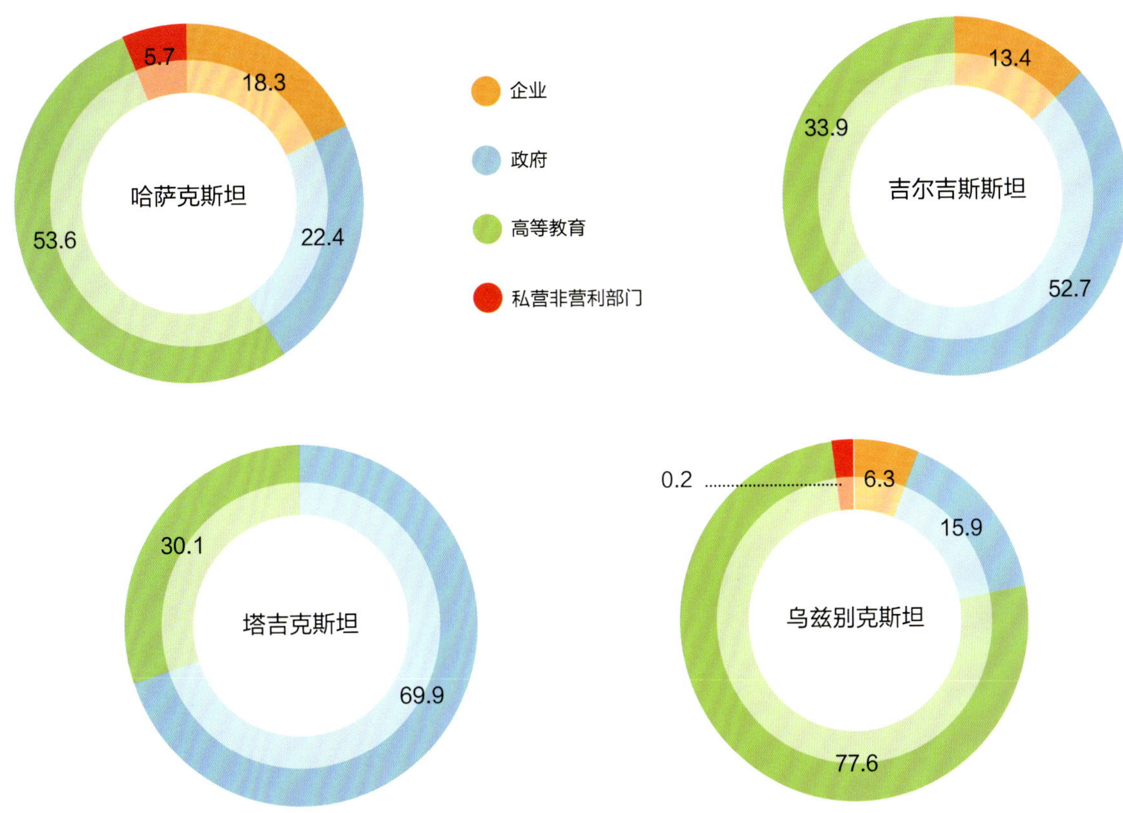

图 14.5 2013 年中亚地区不同部门员工所占比例（%）

注：吉尔吉斯斯坦和乌兹别克斯坦的最新数据均为 2011 年的数据。无法获得土库曼斯坦的相关数据。

来源：2015 年 2 月联合国教科文组织统计研究所。

表 14.2 2013 年或近年来中亚各国不同科学领域研究人员以及研究人员性别分布情况

	研究人员总数（HC）				不同科学领域研究人员分布（HC）											
					自然科学		工程和技术		医药和健康科学		农业科学		社会科学		人文	
	总数	每百万人中研究人员总数	女性研究人员总数	女性（%）	总数	女性（%）	总数	女性（%）	总数	女性（%）	总数	女性（%）	总数	女性（%）	总数	女性（%）
哈萨克斯坦（2013年）	17 195	1 046	8 849	51.5	5 091	51.9	4 996	44.7	1 068	69.5	2 150	43.4	1 776	61.0	2 114	57.5
吉尔吉斯斯坦（2011年）	2 224	412	961	43.2	593	46.5	567	30.0	393	44.0	212	50.0	154	42.9	259	52.1
塔吉克斯坦（2013年）	2 152	262	728	33.8	509	30.3	206	18.0	374	67.6	472	23.5	335	25.7	256	34.0
乌兹别克斯坦（2011年）	30 890	1 097	12 639	40.9	6 910	35.3	4 982	30.1	3 659	53.6	1 872	24.8	6 817	41.2	6 650	52.0

注：无法获取土库曼斯坦的相关数据。由于在其他地方没有这种分类方法，因此表中各领域的人数总和与总计人数不对应。

来源：2015 年 2 月联合国教科文组织统计研究所。

哈萨克斯坦科学生产力在中亚地区居于领先地位

尽管中亚各国的研发投入持续低迷，但国家发展战略重点仍是发展知识经济和高新技术产业。科学生产力的发展趋势可以显示出这些策略是否有效。如图 14.6 所示，2005—2013 年，由哈萨克斯坦驱动，中亚各国发表的科学论文的数量增长了近 50%，在这一时期哈萨克斯坦超过了乌兹别克斯坦。哈萨克斯坦和乌兹别克斯坦特色优势领域是物理学，其

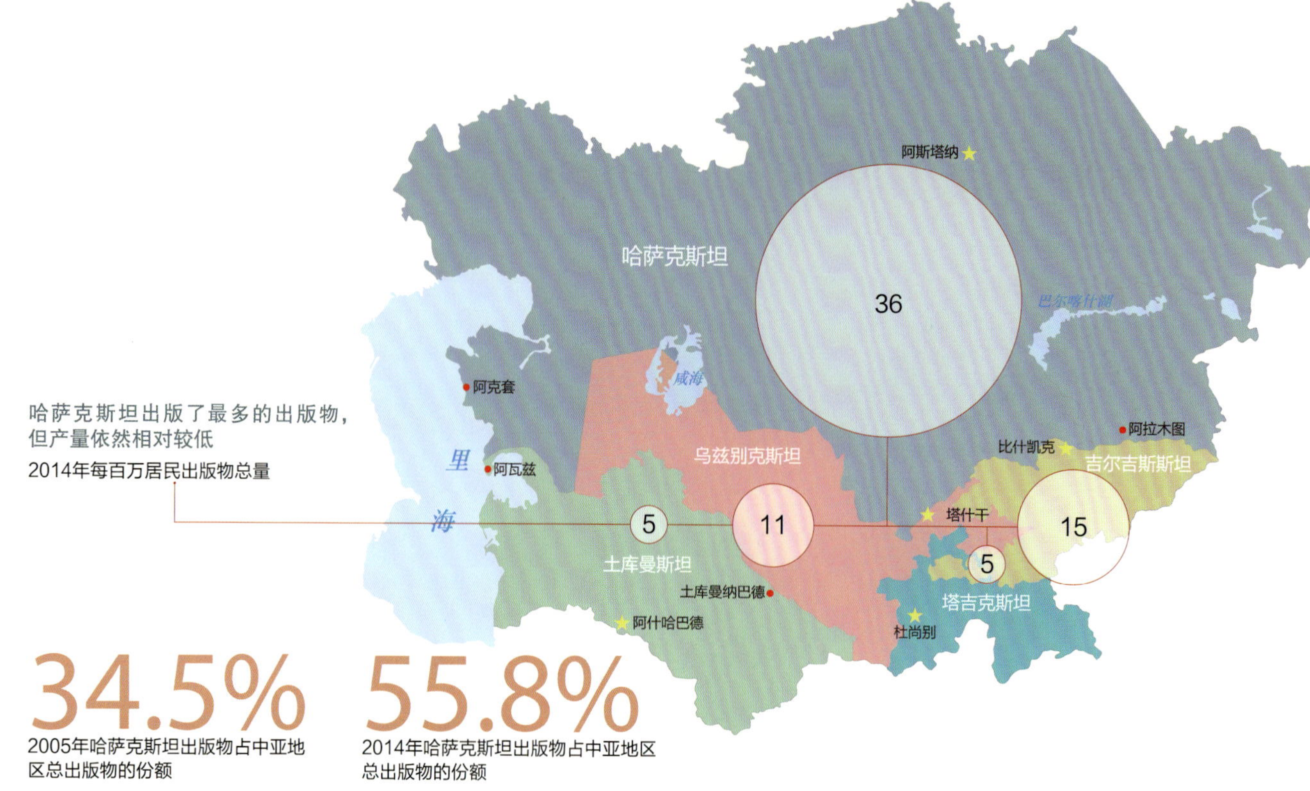

2012 年以来哈萨克斯坦科学产出速度加快

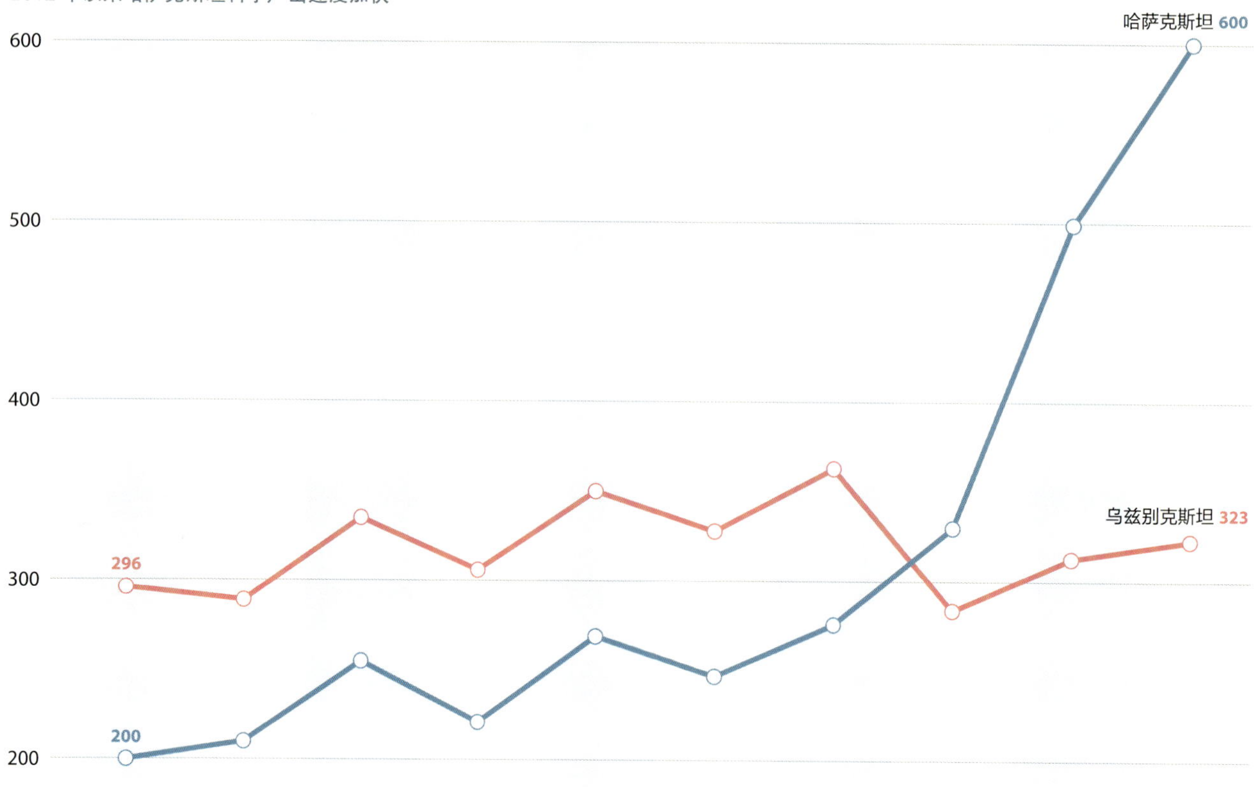

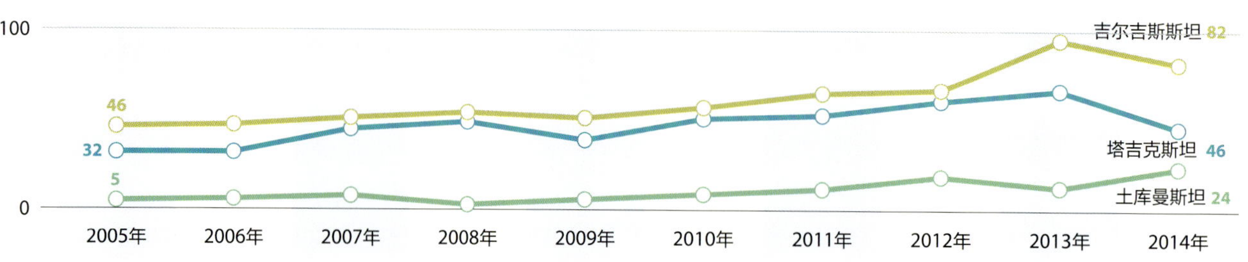

图 14.6　2005—2014 年中亚各国科学出版物发展趋势

出版物最多的两个国家——哈萨克斯坦和乌兹别克斯坦—专注于物理和化学领域

2008—2014年不同领域累计总数

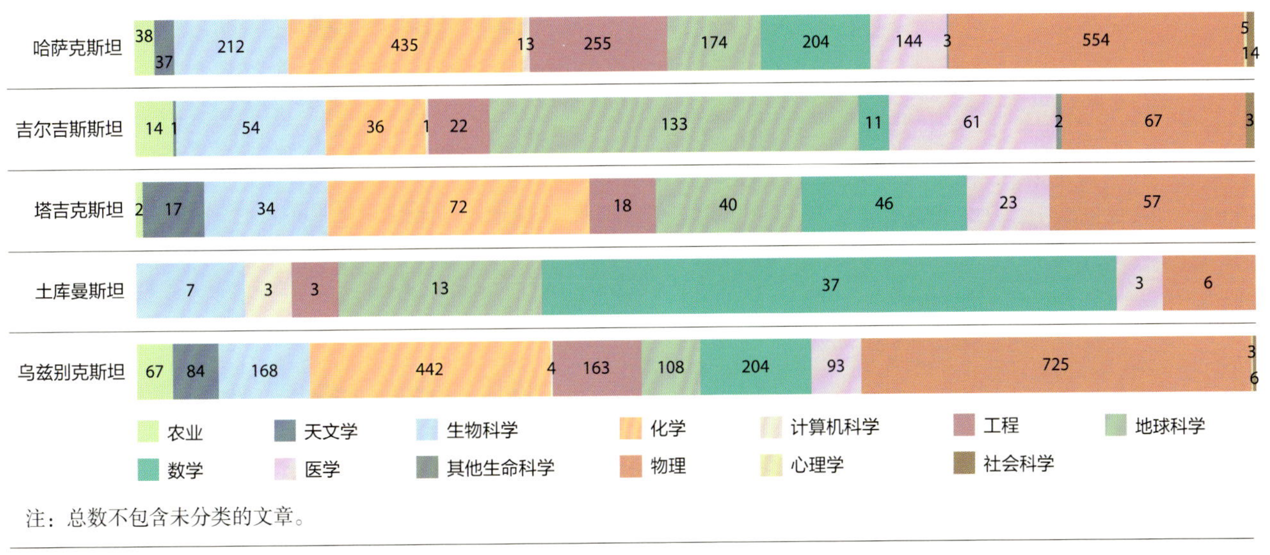

注：总数不包含未分类的文章。

文章平均引用率低

2008—2012年中亚各国出版物的平均引用率

二十国集团平均引用率为1.02

2008—2012年中亚各国出版物占引用最多的10%的出版物的份额（%）

二十国集团平均份额为10.2%

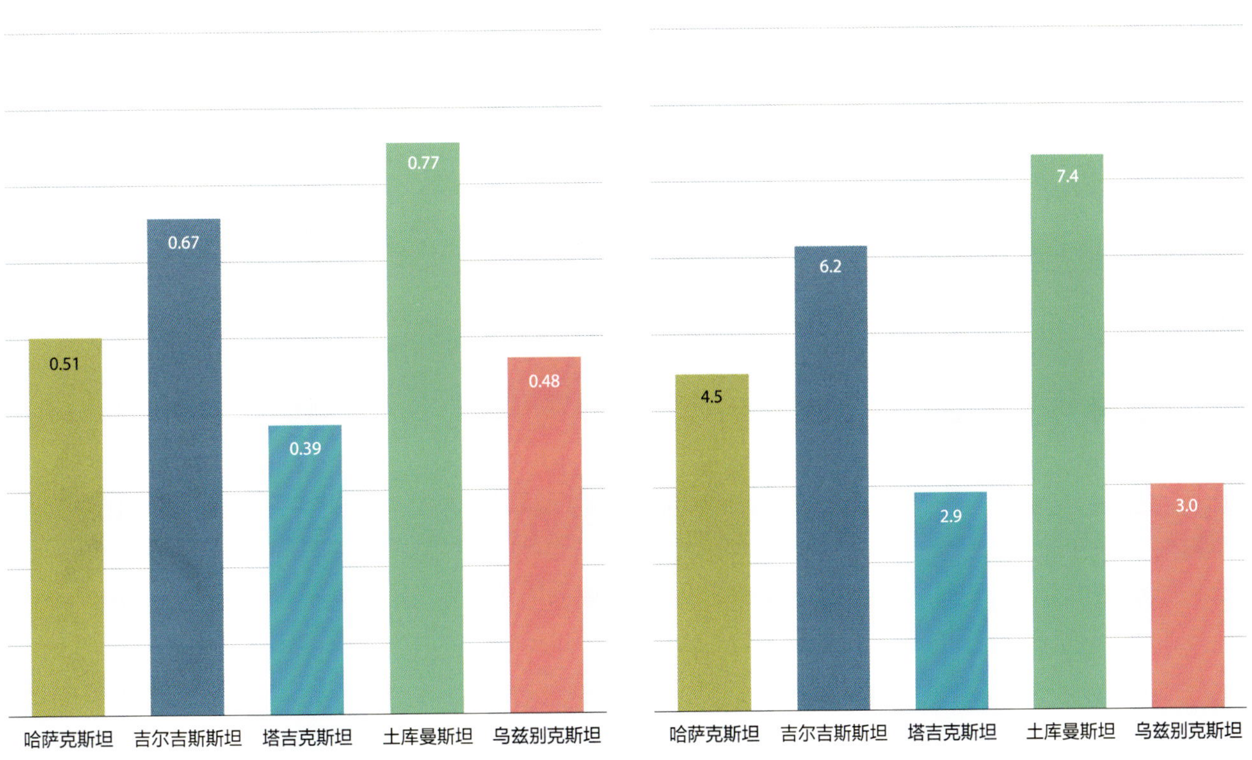

俄罗斯、德国和美国是中亚地区最主要的合作伙伴国

2008—2014年主要的外国合作伙伴（论文数量）

	第一合作国	第二合作国	第三合作国	第四合作国	第五合作国
坦哈萨克斯坦	俄罗斯（565）	美国（329）	德国（240）	英国（182）	日本（150）
吉尔吉斯斯坦	俄罗斯（99）	土耳其/德国（74）		美国（56）	哈萨克斯坦（43）
塔吉克斯坦	巴基斯坦（68）	俄罗斯（58）	美国（46）	德国（26）	英国（20）
土库曼斯坦	土耳其（50）	俄罗斯（11）	美国/意大利（6）		中国/德国（4）
乌兹别克斯坦	俄罗斯（326）	德国（258）	美国（198）	意大利（131）	西班牙（101）

来源：汤森路透社科学引文索引数据库，科学引文索引扩展版；数据处理Science-Metrix。

次是化学；化学正好是塔吉克斯坦的优势领域。另外，吉尔吉斯斯坦的出版物主要是地理科学，土库曼斯坦主要是数学。与农业相关的文章很少，计算机科学领域的文章几乎为零。

值得注意的是，中亚科学家与世界上其他国家的科学家联系极其密切（当然不是与每个国家都有联系）。2013 年，每三篇文章中至少有两篇是与外国合著作家共同发表的。最大的变化发生在哈萨克斯坦，这表明自 2008 年以来，国际合作推动了哈萨克斯坦出版物科学引文索引量快速增加。中亚科学家的三个主要合作伙伴是俄罗斯，德国和美国，主次顺序也是如此。吉尔吉斯斯坦科学家与哈萨克斯坦科学家共同发表大量的文章，吉尔吉斯斯坦这种情况在别国是不存在的。

中亚国家在美国专利和商标局注册的专利数是最少的。2008—2013 年，哈萨克斯坦在美国专利和商标局注册成功的专利仅有五项，乌兹别克斯坦仅有三项。其他三个国家专利数为零。

哈萨克斯坦是中亚主要的高科技产品贸易国。2008—2013 年，哈萨克斯坦进口额翻了近一番，从 27 亿美元增长到 51 亿美元。计算机、电子产品和电信产品进口量一度激增；2008 年，这些产品消耗投资 7.44 亿美元，2013 年消耗投资 26 亿美元。然而出口额的增长却相当缓慢，2008—2013 年仅从 23 亿美元增长到 31 亿美元，而且出口产品主要是化学产品（不包括药物）。2008 年，化学产品出口占出口总产品的三分之二（15 亿美元），2013 年，占 83%（26 亿美元）。

国家概况

哈萨克斯坦

工业研发少

2013 年，哈萨克斯坦将国内生产总值的 0.18% 投资于研发，而且所占比例一直在下降：2009 年是 0.23%，近十年最高值是 2005 年的 0.28%。研发支出总量的增长速度远不及经济增长的速度（见图 14.1），2005—2013 年，购买力平价仅从 5.98 亿美元增长到 7.14 亿美元。

2011 年，工商业部门在研发方面的投资占研发总投资的一半（52%），政府占四分之一（25%），高等教育部门占六分之一（16.3%）。自 2007 年以来，工商业部门在研究方面所占份额从 45% 一直增长，却影响了政府的份额，从 37% 一直下降。私营非营利部门的份额从 2007 年的 1% 上升到 2011 年的 7%。

研究仍主要集中在该国最大的城市和前首都阿拉木图，那里集中了 52% 家研发人员（联合国欧洲经济委员会，2012）。正如我们所看到的，公共研究在很大程度上局限于研究机构，高校并没有做出实际贡献。研究机构在教育和科学部的帮助下获得国家研究委员会的资助。他们研发的技术往往与市场需求脱节。

哈萨克斯坦少数工业企业进行研发活动。2013 年，工商企业在研发方面的投资仅占国内生产总值的 0.05%。根据联合国教科文组织统计研究所的调查，从事现代化生产线的企业不愿意投资购买研发产品。2012 年，只有八分之一（12.5%）的制造企业积极创新。①

奇怪的是，2008 年企业在科学和技术服务上的投资是 1997 年的 4.5 倍还要多，这表明对研发产品的需求越来越大。大多数企业更愿意投资于“总控”项目，这包括进口机械设备的技术解决方案。只有 4% 的公司购买了这项技术的许可和专利（哈萨克斯坦政府，2010）。

设立科学基金，促进现代化

2006 年，哈萨克斯坦政府制订了“科学发展国家计划”，并设立了“科学基金”，以通过促进与私人投资者合作，鼓励市场化研究。联合国欧洲经济委员会（UNECE，2012）数据显示，科研院所约收到 80% 的资金拨款。该基金为投资的优先领域的应用研究项目提供赠款和贷款，投资的优先领域由总理领导的高科学技术委员会确定。2007—2012 年，优先领域是：

■ 碳氢化合物、采矿和冶炼部门和相关服务区（37%）。

① 如果一些企业的活动使产品或过程创新成为现实，或如果企业正在一直进行创新活动或最近放弃创新，那么这些企业被认为具有创新积极性。

- 生物技术（17%）。
- 信息和空间技术（11%）。
- 核能和可再生能源技术（8%）；纳米技术和新材料（5%）。
- 其他（22%）。

“科学发展国家计划 2007—2012 年”规定，到 2010 年，“科学基金”应占所有科学基金的 25%（联合国欧洲经济委员会）。然而，2008 年遭受全球金融危机重创后，哈萨克斯坦政府对基金的投资金额下降。该基金通过提供更灵活的条款，如免息和免税贷款，并通过延长贷款期限长达 15 年来适应资金的减少。同时，鼓励科学家积极与西方的合作伙伴国合作。

制定法律改变科学发展方向

2011 年 2 月，哈萨克斯坦通过了《科学法》。该法律囊括教育、科学与工业等领域，并鼓励一流的研究人员参与到最高层次决策过程中。《科学法》在优先领域建立了国家研究委员会，由本国和外国科学家组成。国家研究委员会所采取的决定是由教育和科学部和相关部委执行。

《科学法》规定的优先领域如下：能源研究；原料加工技术创新；信息和通信技术；生命科学；基础研究（Sharman，2012）。

《科学法》引入研究基金三大流向：

- 基本经费，以支持科学基础设施，知识产权和工资。
- 资助基金支持研究计划。
- 计划导向的基金以解决重大策略难题。

这种资助的框架的独创性是，公共研究机构和大学可能会使用资金，用于投资科学基础设施和公用事业、信息和通信工具，并支付研究人员工资。资金拨付通过建议和招标要求。

《科学法》建立了一个同行评议制度，便于高校和研究机构的研究资助申请。这些竞争性的研究资助由国家研究委员会审查。政府还计划将应用研究的资金份额增加到 30%，实验发展研究份额增加到 50%，剩下的 20% 用于基础研究。《科学法》对税法做出修正，即将企业所得税降低 150%，以弥补企业的研发支出。相应地，《科学法》还涉及知识产权保护。此外，公有和民营企业都有资格获得国家贷款，以鼓励研究成果的商业化和吸引投资。

为了保证科技创新项目和方案管理的一致性、独立性和透明度，哈萨克斯坦政府于 2011 年 7 月建立了“国家科学技术专家评定中心”。

协调发展的长期规划

1997 年，《哈萨克斯坦 2030 战略》被总统法令采纳。除了要确保国家安全和政治稳定外，它主要侧重基于开放的市场经济与高水平的外国投资的经济增长，以及健康，教育，能源，交通运输通信基础设施和专业培训方面的发展。

第一个中期实施计划在 2010 年到期后，哈萨克斯坦推出了第二个计划使用期截止到 2020 年。该计划通过工业化和基础设施的发展重点加快经济多元化；加快人力资本的发展；提供包括住房在内的更好的社会服务；发展稳定的国际关系；维持稳定的族群关系。①

哈萨克斯坦政府出台两个方案巩固使用期到 2020 年的“战略计划”，这两个方案分别为：加快工业和创新发展国家计划和国家教育发展计划，这两个方案在 2010 年被总统法令采纳。《国家教育发展计划》旨在确保获得优质的教育和修正一些目标（见表 14.3）。《加快工业和创新发展国家计划》的重点是通过创造更有利于工业发展和发展优先的经济部门的环境，包括通过加强政府和企业部门之间的有效互动达成促使哈萨克斯坦经济多元化和提高竞争力的双重目标。

联合国欧洲经济委员会（2012）认为，2010—2011 年，哈萨克斯坦的创新支出增加了一倍多，约 2 350 亿坚戈（大约 16 亿美元），约占国内生产总值的 1.1%，其中约 11% 用于研发。与发达国家相比，发达国家研发约占创新支出的 40% ~ 70%。联合国欧洲经济委员会（2012）认为创新支出的增加归功

① 根据 2009 年人口普查的结果，哈萨克族占总人口的 24%，俄罗斯族占 63%。包括乌兹别克人、乌克兰、白俄罗斯人和鞑靼人的少数民族（少于 3%）组成其余部分。

表 14.3　哈萨克斯坦 2050 年发展目标

《哈萨克斯坦2030年战略》到2020年要达到的目标		《哈萨克斯坦2050年战略》到2050年要达到的目标
2011—2020年国家教育发展计划	2011—2014年加快工业和创新发展国家计划	
■ 哈萨克斯坦培养适应经济和基础设施多元化发展的人才 ■ 完成向12年教育模式的过渡 ■ 使所有3～6岁的儿童享受学前教育 ■ 52%的教师持有学士学位或硕士学位（或同等学力） ■ 90%的中学使用电子学习系统 ■ 将中学提升到“纳扎巴耶夫精英学校”的水准，教授哈萨克语、英语和俄语，培养批判性思维，提倡自主研究以及信息的深入分析 ■ 80%的在政府资助计划帮助下完成学业的大学生需在毕业第一年从事其专业领域的工作 ■ 一流的高校享有学术和管理自主权；其中两所需跻身于世界高校前100名（上海交通大学世界大学学术排名） ■ 65%的高校要按照国际标准，并通过各国认可 ■ 国家为高校大学生提供的奖学金到2016年增长25%	■ 通过创建有利于外国资金在非主要经济部门投资的商业环境，哈萨克斯坦有望成为50个最具竞争力的国家之一 ■ 经济实质上比2009年增长三分之一；国内生产总值年均增长率不低于15%（实际货币数额为7万亿坚戈） ■ 生活在贫困线以下的人口下降到8% ■ 制造业对国内生产总值的贡献率至少增长到12.5% ■ 到2014年，非初级产品出口至少占总出口额的40% ■ 制造业劳动生产率增长不低于1.5 ■ 到2015年，研发支出总量占国内生产总值的1% ■ 投入使用200种新技术 ■ 建立两个工业专家鉴定中心，三个设计局和四个技术园区 ■ 2015年创新活动在企业中的份额增加到10%，2020年增加到20% ■ 基础研究占总研究的20%，应用研究占30%，技术开发占50%，这有利于引进创新技术 ■ 国际公认的专利数增加到30个	■ 哈萨克斯坦成为30个最发达国家之一 ■ 哈萨克斯坦的人均国内生产总值从2012年的1.3万美元增长到6万美元 ■ 随着城市人口从占总人口的55%增加到70%，城镇和城市需通过高质量的公路和高速的交通工具（火车）链接 ■ 中小企业生产额将占国内生产总值的50%，目前的生产额占20% ■ 哈萨克斯坦将成为欧亚领先的医疗旅游中心（可能推出全民医疗保险） ■ 国内生产总值年均增长率至少达4%，投资总量从18%增长到30% ■ 非资源性商品占出口额的70%，能源占国内生产总值的份额将减半 ■ 研发支出总量占国内生产总值的份额增加到3%，以促进高新技术的发展 ■ 作为向“绿色经济”过渡的一部分，到2030年，15%的种植面积用节水技术；发展农业；建立试验性的农业和创新集群；发展抗旱转基因作物 ■ 到2017年，建立未来能源与绿色经济研究中心 ■ 到2015年，在纳扎尔巴耶夫大学设立地质学集群学院，见专栏14.3

于产品设计剧增，这一时期引入的新的服务和生产方法，和一直占创新支出较大份额的机械设备的减少。培训成本仅占创新支出的 2%，比发达国家的份额要少得多。

鼓励创新，实现经济现代化

在《加快工业和创新发展国家计划》框架下，于 2012 年 1 月通过了一项法律，为产业创新提供国家支持；该法为经济优先领域的产业创新奠定了法律、经济和制度基础，并确定了国家支持的手段。

在《加快工业和创新发展国家计划》框架下，工业和新技术部制订了一个跨行业的计划，以通过提供赠款、工程、服务、企业孵化器等措施刺激创新。

技术政策委员会在《加快工业和创新发展国家计划》框架下成立于 2010 年，负责制定和实施国家有关工业创新的政策。国家技术发展局成立于 2011 年，负责协调技术项目与政府支持。它制定前瞻性的措施和规划，监控程序，维护数据库上的创新项目并使之商业化，管理相关的基础设施，并与国际机构合作以获得信息、促进教育发展和增加资金。

创新政策（2011—2013 年）第一个三年的任务主要是通过技术转让、推动技术现代化，开发商业头脑和引进相关技术来提高企业效率。接下来的两年将致力于开发新的具有竞争力的产品和制造工艺。重点将集中在发展项目融资，包括通过合资企业融资。相应地，政府将积极组织公共事项，如研讨会和展览，以鼓励大众创新，积极成为创新人才。

专栏 14.2　里海能源中心

里海能源中心正在建设中，建在阿克套市，占地 500—600 公顷（译注：1 公顷等于 10 000 平方米）；该中心将成为亚洲和中东地区技术集群的一部分，卡塔尔现在已经存在一个类似的中心。

里海能源中心计划的主要目标是加强员工培训，开发能源部门的科学潜力，促进基础设施现代化，为石油和天然气行业提供更优质的服务。里海能源中心包括一个专业化的实验室、地球物理数据分析中心、石油和天然气技术中心和一个负责国家安全和环境保护的行政部门。一所国际技术大学也将入驻此地。三所国外的高校将在这里建分校：科罗拉多大学、美国得克萨斯大学奥斯汀分校和荷兰代尔夫特大学。

2008 年 5 月，哈萨克斯坦国有资产控股管理公司（萨姆鲁克）和可持续发展基金（喀孜那）两家股份有限公司共同启动里海能源中心计划；其中可持续发展基金在 2008 年 10 月被合并。其他的合作企业还有石油金融能源国际咨询公司、海湾金融所投资公司和曼吉斯套投资公司。萨姆鲁克—喀孜那通过吸引外资投资优先经济部门、促进区域发展以及加强行业间和区域间联系而促进本国经济现代化和多样化。

哈萨克斯坦石油和天然气出口占总出口量的 60% ~ 70%。据经济和预算规划部的联合股份公司贸易政策发展中心总裁鲁斯兰·苏尔塔诺夫所说，由于石油价格下跌，哈萨克斯坦石油总收入下降 2%，为哈萨克斯坦造成 12 亿美元的经济损失。2013 年，超过一半（54%）的加工产品出口到白俄罗斯和俄罗斯，然而在参加海关联盟之前，44% 的加工产品出口到白俄罗斯和俄罗斯。

来源：www.petroleumjournal.kz.

2010—2012 年，分别在哈萨克斯坦（行政单位）的东、南、北部各州以及首都阿斯塔纳建立科技园。东哈萨克斯坦州建立了一个冶金中心，以及在新的里海能源中心建立了油气技术中心（见专栏 14.2）。

作为帕尔萨特国家科技控股的组成部分，技术商业化中心成立。帕尔萨特国家科技控股成立于 2008 年，是一家联合股份公司，国家握有 100% 的股份。技术商业化中心支持技术营销、知识产权保护、技术许可合同和初创企业的研究项目。该中心计划在哈萨克斯坦实施技术审计，审查法律框架（由法律框架规范研究成果和技术的商业化）。

企业强，则国家强

2012 年 12 月，哈萨克斯坦总统宣布了《哈萨克斯坦 2050 年战略》（以下简称《2050 年战略》），口号是“企业强，则国家强”。此战略切合实际，并提出了全面的社会经济和政治改革，到 2050 年，提升哈萨克斯坦在 30 大经济体中的实力。

哈萨克斯坦总统在 2014 年 1 月的全国演讲中评论说[①]：“经合组织成员国已经经历了一个深刻的现代化的旅程。他们还展示了高水平的投资、研究和开发、劳动效率、商业机会和生活水平。这些都是我们进入 30 个最发达国家的行列的标准。”为确保公众的支持，总统承诺向国民解释战略的目标，他强调：“普通公民的福祉，应该作为我们进步的最重要的指标。”

在制度层面上，他承诺要创造公平竞争、公正和法治的氛围，并“塑造和实施新的反腐败战略”。向地方政府承诺给他们更多的自主权，他号召说：“他们必须向公众交代。”他承诺为国有企业的人力资源政策引入精英管理概念。

总统认识到“需要更新国家和非政府组织以及和私营部门之间的关系”，并宣布了一项私有化计划。在 2014 上半年，哈萨克斯坦政府和萨姆鲁克—喀孜那主权财富基金起草了一份国有企业私有化的名单。

《2050 年战略》的第一阶段集中在 2030 年实现“现代化飞跃”。其目的是发展传统产业，创立新的加工工业部门。新加坡和韩国被引用为模型。第二阶段到 2050 年，本阶段重点在通过转化成依赖于工程服务的知识经济来实现可持续发展。在第二阶段，传统行业将产生高附加值的商品。为了顺利过渡到知识经济，将对与风险投资，知识产权保护，支持

① 此处有关《2050 年战略》的信息摘自总统演讲，详情可查看网址：www.kazakhembus.com/in_the_news/president-nursultan-nazarbayevs-2014-the- state-of-the-nation-address.

研究、创新和商业化的科学成果相关的法律进行改革。知识和技术转让是重中之重，同时建立研发和工程中心，与外企合作也极为重要。鼓励在主要石油和天然气、采矿和冶炼行业的跨国公司创造新的产业以获得所需的产品和服务。加强科技园区建设，例如，阿斯塔纳巴耶夫大学（见专栏 14.3）新的创新知识集群和阿拉木图的阿拉套信息科技园。

锐意进取 15 年建设知识经济

在《2050 年战略》中，哈萨克斯坦计划用 15 年时间建设成知识经济。每个五年计划中均创造新的经济领域。第一个五年计划（2010—2014）重点发展汽车制造，飞机工程，机车、客车和货车的生产。第二个五年计划（2015—2019）的目标是为这些产品开发国际市场。

专栏 14.3　在哈萨克斯坦建立一所国际研究型高校

纳扎尔巴耶夫大学是一所公立研究型大学 2009 年由主持最高委员会理事会的哈萨克斯坦总统创建，建立在阿斯塔纳。从 2011 年开始招生。

根据法律规定，最高委员会不仅监督纳扎尔巴耶夫大学，也监督哈萨克斯坦最早的捐赠基金—纳扎尔巴耶夫基金，该基金确保纳扎尔巴耶夫大学和 20 所左右的"纳扎巴耶夫精英学校"获得可持续的资金，其中纳扎尔巴耶夫大学大部分学生均来自"纳扎巴耶夫精英学校"。一些学生被伦敦大学学院录取到英语精英中学，随后被纳扎尔巴耶夫大学录取。虽然学生可以直接申请本科课程，但大多数学生选择先完成由伦敦大学学院开设的为期一年的预科课程。所有的本科课程都是免费的，其中一些人还可以得到奖学金。纳扎尔巴耶夫大学还为选定的国际学生提供奖学金。

大学教师和其他员工都是在国际上招聘的，采用英语教授课程。2012 年，该校三个本科学院累计招生 506 名学生，其中 40% 为女生，这三个学院为：科学和技术学院（2012 年占招生总量的 43%）、工程学院（46%）和人文社会科学学院（11%）。纳扎尔巴耶夫大学《2013—2020 年战略》旨在提供完整的研究生课程，2020 年本科生录取人数达 4 000 人，研究生人数达 2 000 人，其中此时 15% 的学生攻读博士学位。为协调国家教育系统，该学校采用了三级学位制度（学士、硕士、博士），这与欧盟的博洛尼亚进程相一致。

纳扎尔巴耶夫大学的特殊性是每一个学院都与一个或多个合作伙伴机构就课程和方案设计、质量保证、教师招聘和学生招生方面密切合作。科学与技术学院与美国卡内基梅隆大学进行合作，工程学院与伦敦大学学院合作，人文社会科学学院与美国威斯康星－麦迪逊大学合作。

2013 年，下列三个研究生院迎来了第一批联合培养的学生：教育研究生院与英国剑桥大学和美国宾夕法尼亚大学合作，商学研究生院与美国杜克大学富科商学院合作，公共政策研究生院与新加坡国立大学李光耀公共政策学院合作。

根据《2013—2020 年战略》，纳扎尔巴耶夫大学将于 2015 年成立医学院并与美国匹兹堡大学合作。同时也准备建立矿业与地球科学学院，加上地质研究中心，将形成纳扎尔巴耶夫大学地质学院集群，该学院将与美国科罗拉多矿业学院合作。地质学院集群是哈萨克斯坦政府《2050 年战略》的一部分。

除教师和学生的研究外，纳扎尔巴耶夫大学还拥有几个研究中心：教育政策中心、生命科学中心和能源研究中心。在《2013—2020 年战略》中，后者的研究重点包括可再生能源、能源效率和能源部门的建模和分析。能源研究中心创建于 2010 年，两年后更名为纳扎尔巴耶夫大学研究和创新系统。为保证与国家 2030 年和 2050 年战略相一致，纳扎尔巴耶夫大学也创建了发展和竞争中心，该中心最初的重心是发展全球价值链分析方面的卓越研究。

阻碍哈萨克斯坦创新的其中一个因素是创新中心和国内主要高校距离太远。2012 年 1 月，哈萨克斯坦总统宣布了建设创新知识集群，目标是围绕着纳扎尔巴耶夫大学逐渐形成高科技公司带。环绕纳扎尔巴耶夫大学的创新知识集群中心包括企业孵化器、科技园、研究园、原型机制造中心和商业化办公室。

2012 年，纳扎尔巴耶夫大学创刊了《中亚全球健康杂志》，这是一本同行评审的与匹兹堡大学合作发表的科学杂志。

来源：www.nu.edu.kz.

为进入世界地质勘探市场，哈萨克斯坦拟提高石油和天然气等传统采掘业的效率。同时计划开发稀土金属（对电子产品极为重要）、激光技术、通信和医疗设备。

第二个五年计划与《商业 2020》（为中小企业发展规划蓝图）发展相一致，这为向区域内的中小企业提供拨款和小额信贷做好准备。政府和“全国企业家商会”计划创建有效的机制以帮助初创企业发展。

在随后的 10 个五年计划中（直到 2050 年），将会在移动、多媒体、纳米和空间技术、机器人、基因工程和替代能源领域建立新型产业。食品加工企业将关注发展动态，将哈萨克斯坦发展成主要的牛肉、奶制品以及其他农产品出口国。低回报、高需水量的农作物将被蔬菜，食用油和饲料产品所替代。到 2030 年，哈萨克斯坦将实现“绿色经济”；为实现“绿色经济”的目标，哈萨克斯坦采取了多项措施：15% 的耕种土地将采用节水技术，建立农业试验和创新集群，发展抗旱转基因作物。

哈萨克斯坦总统在 2014 年 1 月全国演讲时说，政府正在修建连接本国所有城市的高速公路；同时，将哈萨克斯坦发展成连接亚洲和欧洲的物流中心。“西欧—中国西部走廊工程已经完成，先下正在修建通往土库曼斯坦和伊朗的铁路线以增加购置海湾地区货物的通道，”总统说，“这就要求我们增加阿克套港口的吞吐量，简化进出口程序。长达 1 200 千米的杰兹卡兹甘—沙尔卡尔—贝纽铁路线建成后，将贯穿哈萨克斯坦东西部，同时将西部地区的里海和高加索与位于太平洋东海岸的中国港口连云港连接起来。”

哈萨克斯坦同时也积极发展传统能源行业。现有火电站的大部分已经采用节能技术——将配备清洁能源技术。2017 年举办世博会前，将建成一个未来能源和绿色经济研究中心。公共交通将使用环境友好型燃料和电动汽车。建立新的炼油厂生产天然气、柴油和航空燃料。哈萨克斯坦铀储量位居世界第一；为满足国内日益增长的能源需求，哈萨克斯坦计划建设核电站。[①]

① 哈萨克斯坦唯一的核电站在使用 26 年后于 1999 年“退役”。根据国际原子能机构的消息，哈萨克斯坦与俄罗斯原子斯通俄博公司计划开发和营销创新型中小型反应堆，该计划以俄罗斯设定的 300 兆瓦作为哈萨克单位基准。

2014 年 2 月，哈萨克斯坦国家技术发展局[②]与伊斯兰私营企业发展合作公司和创建中亚可再生能源基金会的投资者签订了协议。在随后的 8 ~ 10 年中，中亚可再生能源基金用于投资哈萨克斯坦可再生能源和可替代能源项目，基金最初有 5 000 万至 1 亿美元，其中三分之二均来自私人投资者或外国投资者（Oilnews，2014）。

吉尔吉斯斯坦

技术依赖性国家

吉尔吉斯斯坦经济主要以农业生产、矿产开采、纺织业和服务业为导向，缺乏创造以知识和技术为基础的工业的动力。资本积累增长速度缓慢也阻碍了促进创新和技术密集型产业的结构变化。所有关键的经济部门严重依赖别国的技术。比如，能源部门中所有的技术设备均从国外进口，很多资产均为外企[③]所有。

吉尔吉斯斯坦需要投巨资支持优先部门（如能源部门）的发展，提高其竞争力，推动社会经济发展。然而，研发领域投资［包括财政投资（见图 14.3）和人力资源投资］少是主要的障碍。20 世纪 90 年代，吉尔吉斯斯坦失去了很多在苏联时期培养的科学家。人才流失依旧是极为严峻的问题，更糟糕的是，留下的科学家大部分也即将退休。尽管近十年来（见表 14.2）研究人员的数量保持相对稳定，但研究对经济的影响较小，对经济的贡献率很低。研发活动主要集中在科学研究院，这表明高校急需恢复其研究主体的地位。此外，整个社会不把科学看作促进经济发展的重要推动力或者高尚的职业。

② 国家技术发展局像许多其他国家机构一样是一个联合股份公司。

③ 以俄罗斯为例，三个国家部分控股的公司最近在吉尔吉斯斯坦的水电、石油和天然气行业投资。2013 年，俄罗斯水电公司开始修建一系列自主管理的水电大坝。2014 年 2 月，俄罗斯石油公司签署了一项框架协议，购买比什凯克石油公司 100% 的股权以及该国第二大机场奥什国际机场唯一的航空燃料供应商 50% 的股权。同年，俄罗斯天然气工业股份公司几乎购得吉尔吉斯斯坦天然气股份公司 100% 的股份，其中吉尔吉斯斯坦天然气股份公司运营全国的天然气网络。当然，要获得投资回报，吉尔吉斯斯坦天然气股份公司将承担 4 000 万美元的债务和在未来五年中投资 200 亿卢布（约 5.51 亿万美元）用于促进吉尔吉斯天然气管道的现代化进程。同时，吉尔吉斯斯坦天然气股份公司已经向俄罗斯供应了本国大部分的航空燃料，而且占汽油零售市场 70% 的份额（Satke，2014）。

减少对工业的控制

吉尔吉斯斯坦政府认识到对工业限制过多，因此在《国家可持续发展战略（2013—2017）》[①]中提出消除对工业的限制，增加就业和出口，把吉尔吉斯斯坦变成中亚的金融、商业、旅游和文化中心。政府除对危险行业理应加以干预外，对创业和颁发执照的限制将减少，需要办理的执照数量也将减半。政府监督将减少到最低限度，同时积极增加与企业界的沟通和互动。但国家依然保留权利以规范环境保护和生态系统服务保护的相关事宜。到 2017 年，吉尔吉斯斯坦预期在世界银行营商环境排名位居前 30 名，在全球经济自由排名至少排第 40 位，或全球贸易的第 60 位。吉尔吉斯斯坦将系统性的反腐败斗争与非正式经济合法化相结合，希望到 2017 年在透明国际清廉指数中位居最清廉国家的前 50 名。

更加注重知识产权保护

2011 年，吉尔吉斯斯坦政府仅将国内生产总值的 10% 投入应用研究，而大部分资金用于发展纯实验研究（71%）。《知识产权和创新发展国家计划（2012—2016）》开始发展先进技术以促进经济现代化。将以一些具体措施作为该计划的辅助来加强知识产权保护，这有利于增加本国国际名誉，也有利于国民注重法制建设。吉尔吉斯斯坦政府将出台遏制非法交易假冒伪劣商品的系统，并努力提高公众对知识产权重要性的认识。在第一阶段（2012—2013 年），培训知识产权领域的专家并出台相关法律。同时，政府还出台措施以增加科技领域本科生和硕士生的数量。

提高教育质量

吉尔吉斯斯坦在教育方面的投资远高于邻国的投资：2011 年教育投资占国内生产总值的 6.8%。其中高等教育占教育总投资的 15%。根据政府做的“吉尔吉斯斯坦教育系统成本效益分析”数据显示，2011 年，共有 52 所机构提供高等教育。

很多高校对追求效益比对提高教学质量更感兴趣；一些高校增加了“合同类”学生群体，招生这些学生不是因为他们个人能力，而是因为他们能负担得起学费，因此劳动力市场充斥着与市场需求格格不入的人才。教师的专业化水平也较低。2011 年，60% 的教师为学士学位，15% 为硕士学位，20% 为科学博士候选人，1% 为博士学位，5% 为科学博士学位（最高学位）。

《国家教育发展战略（2012—2020）》提出优先提高高等教育质量的方针。到 2020 年，国家目标是所有高校教师均持有硕士学位，40% 的高校教师持有科学博士候选人学位，10% 的高校教师持有博士学位或科学博士学位。同时，更新质量保证体系。此外，修改高校课程，使其与国家优先方针和当地经济发展战略相一致。引入教师评估系统，同时对高校现有资金机制进行评估。

塔吉克斯坦

经济增长强劲，研发强度低下

据相关文件记载，塔吉克斯坦近十年经济发展强劲，这主要归功于各项经济改革：发展水电和旅游业等新兴部门，以及采取积极有效的措施保持宏观经济稳定。2007—2013 年，研发支出总量增加了 157%（以 2005 年的购买力平价作为基准来衡量，研发支出增长到 2 090 万美元），然而，研发支出总量占国内生产总值的比率几乎没有增长，2007—2013 年，从 0.07% 增长到 0.12%（见图 14.3）。

塔吉克斯坦拥有大量资产：除了拥有淡水和多样的矿产资源外，还拥有大片未开发的适用于农业和环境友好的作物的土地，拥有相对廉价的劳动力，由于与中国接壤，因此其地理位置具有极大的战略意义，这就使塔吉克斯坦成为商品和交通网络转换中心。

发展市场经济时机尚不成熟

塔吉克斯坦面临诸多挑战：贫困现象较为普遍；急需发展法制建设；在边界打击毒品贩运和恐怖主义成本较高；互联网使用率低（2013 年为 16%）以及国内市场小。政府部门结构难以满足市场经济的需求，发展计划和战略是既不横向联系也不纵向相交。在发展过程中也很少涉及私营部门和民间潜在的合作伙伴。财政资源的不充分配置往往不足以完成国家战略文件中的目标。塔吉克斯坦经济发展也受到相关数据较少的影响。

《国家发展战略（2005—2015）》是由埃莫马

① 详情参见网址 http://gov.kg; www.nas.aknet.kg.

利·拉赫蒙总统为实现塔吉克斯坦"千年发展目标"而制定的，然而该战略的实施却受到以上这些因素的影响。在教育领域，《国家发展战略（2005—2015）》侧重于教育体系的制度和经济改革，以及提高教育部门提供服务的潜力。需要解决的关键性的问题包括儿童营养不良和疾病现象普遍存在，进而导致学生旷课现象发生；教师缺乏教学资质；教师工资低，进而导致教师缺乏积极性，滋生腐败现象；教科书过时；无效的评估方法；各级教育课程不足，难以适应现代世界的需求，包括某种程度上科学课程的缺失。

教育越来越依赖于援助

据预测，2005—2015 年，中学生人数可能会增长 40%。最近一项调查表明，约 60 万名儿童无学可上，四分之一的学校没有供暖或者自来水，35% 的学校没有厕所。由于经常断电和缺少训练有素的网络人才，即使在配有计算机的学校，也很难连接到互联网。近年来，男女学生的入学比例差距越来越大，尤其是 9 到 11 年级表现尤为明显，因为学校更愿意招收男生。

2007—2012 年，尽管国家在教育方面的投资有所增长，从占国内生产总值的 3.4% 增加到 4.0%，但远低于 1991 年的水平（8.9%）。2012 年，教育投资的 11% 用于发展高等教育，这低于投资最高的年份—— 2008 年为 14%。

因此，教育体系越来越依赖于"非政府投资"和国际援助。行政壁垒阻碍了建立有效的公共—私人合作伙伴关系，尤其限制了私营企业投资支持学前教育和职业大学。塔吉克斯坦不可能实现《国家发展战略（2005—2015）》中设定的到 2015 年将 30% 的机构私有化的目标。

塔吉克斯坦是否能完成设定的 2015 年其他目标，这要交给时间来评判。这些目标包括为所有小学生提供充足的教科书；解决更多的社区问题；分散教育经费；每年培训 25% 的教师；新建至少 450 所学校，对一些学校进行翻新，并在新建和翻新的学校配备供暖系统、自来水系统和卫生系统。

制订计划，促进研究环境现代化

塔吉克斯坦在科学领域依然具有相对丰富的人力资源，但可供科研使用的资源极为贫乏且较为分散。研究与解决实际问题和市场需求相脱节。此外，研究机构和教育机构联系很弱，这就使得他们不能共享实验室等设施。信息和通信技术分布不均也阻碍了国际科技合作和信息共享。

意识到这些问题后，塔吉克斯坦计划改革科学部门。政府制订计划在研究机构开展研究课题的排查与分析以增加研究课题相关性。为促进科学和经济发展，在关键领域采取有目的性的项目发展基础和应用研究；至少有 50% 的科学项目将有一定的实际应用。鼓励科学家们申请政府和国际组织以及基金会提供的竞争性资金，并在所有科学领域的高优先级研发中逐步引进合同研究。翻新和增加相关的科学设施，包括互联网。科学的信息数据库也正在建立中。

塔吉克斯坦首次于 2014 年 10 月在杜尚别举办了名为"从发明到创新"的发明者论坛。此次论坛由经济发展和贸易部的国家专利与信息中心主办，相关国际机构协办，主要讨论了私营部门的需求，同时也加强了本国与国际的联系。

男女平等"只是纸上谈兵"

自苏联解体后，哈萨克斯坦、吉尔吉斯斯坦和乌兹别克斯坦女性研究院占 40% 以上（哈萨克斯坦女性所占比例更大），但 2013 年塔吉克斯坦的女性科学家仅占三分之一（33.8%），2002 年却占 40%。尽管政府出台政策[①]给予女性平等的权利和同等的机会，但对这些政策资金支持不足并且各级政府的公职人员对政策理解不够。就在全国范围内实施男女平等政策而言，国家、社会和企业界合作少之又少。作为结果，女性发现自己被排斥在公共生活与决策过程之外，尽管她们正逐渐成为一个家庭中主要经济来源。作为当前《国家发展战略（2005—2015）》行政改革的一部分，性别因素将在起草预算中占有一席之地。政府将修订现有立法，支持男女平等，确保男女在进入中学和高校有平等的机会，在贷款、获得信息咨询服务有同等的机会，对于企业家而言，男女企业家能够享有均等的风险资本和其他资源。政府政策同时将关注消除社会对女性固有的偏见，防止对女性实施暴力行为。

① 政府制订计划确定保持男女权利平等和机会均等的基本方向，该计划实施时间段为 2001—2010 年，2005 年 3 月，政府颁布法律保证权利平等和机会均等。

土库曼斯坦

社会筑起安全网，减轻市场转型的冲击

自 2007 年库尔班古力・别尔德穆哈梅多夫（2012 年连任）当选总统以来，土库曼斯坦经历了日新月异的变化，鲜有社会动乱，然而在此之前标本“为生活而努力的总统”萨帕尔穆拉特・尼亚佐夫逝世。自 2008 年宪法中增添发展市场经济政策以来，土库曼斯坦一直积极发展市场经济；同时，政府出台最低工资标准，并继续为大范围的商品和服务提供补贴，包括天然气和电力、水，废水处理、电话预订、公共交通（巴士，铁路和当地航班）和一些建筑材料（砖，水泥，石板）。经济解放政策也在逐步实施。因此，随着生活水平的提高，政府取消了一些补贴，例如，在 2012 年取消了对面粉和面包的补贴。

如今，土库曼斯坦是世界上经济发展最快的国家之一。2009 年，别尔德穆哈梅多夫总统将美元与马纳特（土库曼斯坦货币）的汇率固定为 1∶2.85 后，外汇“黑”市消失，这就使得土库曼斯坦对外国投资更具吸引力。一个新兴的私人部门初步形成，同时第一个钢铁厂成立，积极发展化学工业，其他轻工业正在建设中，积极发展农业食品和石油产品。现今土库曼斯坦的天然气出口到中国，并正在建全球最大的天然气田——盖尔科尼什，据估计该气田储备有 26 兆立方米的天然气。里海的阿瓦兹已变成度假胜地，此时在建几十个酒店，可为 7 000 位游客提供住宿。2014 年，建设了大约 30 家酒店和度假房。

土库曼斯坦开始了名副其实的建设热潮，仅 2012 年，就建成了 48 所幼儿园、36 所中学、25 所体育院校、16 个体育场馆、17 个医疗中心、8 家医院、7 个文化中心和 160 万平方米的住房[A]。全国各地都在修公路，建购物中心和工企业。土库曼斯坦的铁路运输和都市列车已全面升级，同时正在购买最先进的飞机。

同时，全国都在对学校进行翻新，废弃用了 20 多年的教科书，引进了现代化的多媒体教学方法。所有的中小学、高校和科研院所都配备了计算机、宽带和数字图书馆。自 2007 年以来，互联网只能在公共场所使用，这就解释了 2013 年只有 9.6% 的人能用到互联网的原因，土库曼斯坦是中亚互联网使用率最低的国家。

更加尊重法治

在政治舞台上，别尔德穆哈梅多夫总统已经恢复的大国民会议——土库曼斯坦国会的立法权，并授予议会批准内阁职位的权力，如授权司法部部长和内政部部长职位。首次多党国会选举于 2013 年举行，本次会议允许另外一个党——实业家和企业家党首次参与国会。

政府出台法律给予媒体更大的自由，惩罚酷刑和国家官员犯下的其他犯罪行为。政府取缔了身份检查站点——阿什哈巴德和土库曼纳巴特之间曾有不少于 10 个站点，随之国内身份检查运动也减轻了。现在如果有人要到国外旅游，仅需将护照出示一次，这是一个巨大的进步，在促进科学家流动性方面起到了积极的作用。

热衷于振兴国家科学事业的总统

土库曼斯坦现任总统别尔德穆哈梅多夫对科学的支持力度远超过前任总统。2009 年，他重整土库曼科学研究院以及著名的太阳研究所，这两个机构均建立于苏联时期（见专栏 14.4）。2010 年，列出 12 个研发优先领域（见《联合国教科文组织科学报告 2010》）：

- 提取和提炼石油和天然气，开采其他矿物资源。
- 发展电能发电行业，勘探潜在的可替代能源：太阳、风、地热和沼气。
- 地震学。
- 交通运输。
- 发展信息和通信技术。
- 生产自动化。
- 保护自然环境，引进无污染技术。
- 发展农业部门的育种技术。
- 医药和制药。
- 自然科学。
- 人文科学，包括对国家历史、文化和民俗的研究。

2014 年，该国合并了一些科研院所：植物研究

① 可参见网址：www.science.gov.tm/organisations/classifier/ high_schools.

所与药用植物研究所合并成生物和药用植物研究所；太阳研究所和物理与数学研究所合并成太阳能研究所；地震研究所与国家地震服务研究所合并成地震学和大气物理研究所。[①]

2011 年，在阿什哈巴德附近的比克罗夫村开始建设科技园。该科技园集研究、教育、工业设备、企业孵化器和展览中心于一体，研究可替代能源（太阳能和风能）和吸收先进纳米技术。同年，别尔德穆哈梅多夫总统签署一份法令以建造国家空间局，[②] 建成后负责监控地球运行轨道，发射卫星通信服务，进行太空研究和操控在土库曼斯坦上空的人造卫星。

鼓励与国外主要的科学和教育中心进行国际合作，包括长期科学协作。自 2009 年以来，国际科学会议定期在土库曼斯坦举行，以促进联合研究和信息和经验的分享。

2012 年，土库曼石油和天然气国家研究所成立，一年后转变成国际石油和天然气大学。国际石油和天然气大学占地 30 公顷，拥有一个信息技术中心，可容纳 3 000 名学生学习和住宿。至此，土库曼斯坦共有 16 个培训机构和高校，其中包括一个私人机构。

政府还出台了一系列措施，鼓励年轻人从事科学或工程事业。这些措施包括为学习科技领域学位课程的学生每月发放津贴，为在政府规定的重点领域做研究的年轻科学家提供特殊基金，这些重点领域包括：引进农业创新技术；合理利用生态和自然资源；能源和节省燃料；化工技术和新的竞争产品创新；建造；建筑；地震学；医药和医药生产；信息和通信技术；经济学和人文科学。由于土库曼斯坦关于高等教育、研发支出或研究人员的数据不可用，因此政府就研发采取的措施的影响很难评估。

2007 年 12 月，在别尔德穆哈梅多夫总统任职期间最先出台的法律之一为女性平等提供了国家级的保证。大约 16% 的国会议员为女性，但却没有数据显示有女性研究院。女科学家们组成了一个俱乐部，鼓励女性从事科学的职业，增加参与国家科技计划和国家决策体系的女性数量。该俱乐部现任主席是艾德古尔·霍达马多娃，她也是科学院历史研究所的高级研究员。俱乐部成员与学生会面、发表演讲并接受媒体采访。该俱乐部得到了土库曼斯坦妇女联合会的支持，自 2009 年建立以来每年都在国家科学日（6 月 12 日）组织由 100 多个女性科学家参与的各种科学活动。

① 可参见网址：www.turkmenistan.ru/en/articles/17733.html.

② 可参见网址：http://en.trend.az/news/society/1913089.html.

专栏 14.4　土库曼斯坦太阳研究所

尽管土库曼斯坦拥有丰富的石油和天然气储备，电力也能够自给自足，但很难将电线延伸到科佩特山脉或干旱地区：土库曼斯坦大约 86% 的领土都是沙漠植被。当然可以利用当地的风能和太阳能发电，这就解决了科佩特山脉或干旱地区无电可用的难题，同时也创造了就业机会。

太阳研究所的科学家们正在实施一系列长期项目，如设计小型太阳能蓄电池、太阳能电池、风能和太阳能光伏发电站以及小型生物柴油机组自主装置。这些装置将用于开发干旱地区和土库曼湖周边的领土以及促进里海海岸阿瓦兹地区的旅游业的发展。

在土库曼斯坦偏远地区，太阳研究院的科学家们正在研究一系列方案，从井和钻孔里抽水，回收家用和工业废弃物，生产生物柴油和有机肥料，饲养“无废料”的牛。科学家们取得的成就包括太阳能去水和海水淡化装置，在太阳能光生物反应器中培养藻类，“太阳”炉高温试验，太阳能温室和沼气生产装置。里海的济兹尔苏岛已经安装了风力和能源装置为当地的学校供水。

在腾邦计划中，自 2009 年以来，太阳研究所的科学家们一直在德国弗赖贝格工业大学山学院培训。依赖伊斯兰发展银行资助，太阳研究所的科学家也正在研究从卡拉库姆沙漠的沙子中生产硅的可能性，最终用于生产光伏电池。

来源：www.science.gov.tm/en/news/ 20091223 news_alt_ener/.

乌兹别克斯坦

新兴的创新体系

2009—2012 年历时四年的反危机一揽子计划通过为战略经济部门注入资金来帮助乌兹别克斯坦抵御金融危机的冲击。2010 年 12 月的总统法令明确规定 2011—2015 年这些战略经济部门为：能源、石油和天然气；化工、纺织、汽车行业；有色金属；化工；医药；高质量农产品加工和建筑材料。这些部门通常包含拥有设计局和实验室的大型公司。当然也有积极推进创新繁荣的专门的国家机构。这些国家机关包括：技术转让局（成立于 2008 年），主要将技术转移到国内各个地区；国家科学和技术信息统一公司，归科学和技术协调发展委员会（成立于 2009 年）管辖；还有乌兹别克斯坦知识产权局（成立于 2011 年）。

政府还颁布法令，建立自由工业区（FIZ）以促进所有经济部门的现代化。2008 年 12 月，纳沃伊成为第一个自由工业区，随后第二个为 2012 年 4 月的塔什干地区的安格连，第三个为 2013 年 3 月的锡尔河地区的吉扎克。在自由工业区建立的企业在发明方面已经做出一些贡献，同时也参与了公私合作项目，通过合作这些企业与乌兹别克斯坦重建和发展基金会（成立于 2006 年 5 月）共同出资支持创新项目。然而，乌兹别克斯坦国家创新体系仍然处于形成阶段。科学和工业之间存在微妙的关系，而且研究结果几乎没有转化成商业产品。

2012 年，科学和技术协调委员会基于工业需求，规定了 8 项科研优先项目（CCSTD，2013）：

- 加强法治，建设创新经济。
- 能源和资源节约。
- 发展利用可再生能源。
- 发展信息和通信技术。
- 农业、生物技术、生态与环境保护。
- 医学和药物学。
- 化工技术和纳米技术。
- 地球科学：地质、地球物理、地震学、矿物原料加工。

八个研发重点的第一项最值得进行详细的解释。乌兹别克斯坦正在进行的法律改革的最终目标是利用创新解决社会经济问题，提高经济竞争力。创新是社会民主化的一种方式。创新和创新活动的法律草案的轮廓首次在 2011 年 1 月的总统令中得以概述，该总统令致力于深化民主改革，其中也包括提高大方代表的地位。该草案还提出了要创建有效措施来测试、部署和商业化有前景的科学工作。该草案概述了为开发创新的项目，特别是在高科技产业开发创新项目的企业提供的额外的奖励。2014 年，法律草案受到公众的审查，以此鼓励公民发表言论。

在乌兹别克斯坦，国家支持（金融，材料和技术）的创新手段是直接为具体的方案和项目提供支持，而不是为个别的研究机构和由上而下一级一级地分配资产。该计划的最有效的要素之一是股权融资的原则，它允许预算资金与来自行业和地区的资金灵活的组合。这就能够保证有做研究的需求以及研究结果能够产出为产品或制作过程。同时也将公共研究领域和工业企业联系起来。研究者和企业家们也可以在本国的年度创新博览会上交流想法和见解（见照片，第 364 页）。2008—2014 年：

- 26% 的提案审查涉及生物技术，19% 涉及新材料、16% 涉及药物、15% 涉及石油和天然气，12% 涉及化工技术，13% 涉及能源和冶金技术。
- 签署了 2 300 份关于试验发展的协议，涉及 850 亿苏姆（乌兹别克货币单位），相当于 3 700 万美元。
- 基于上述合同，引进 60 项新兴技术，22 类产品投入生产。
- 新产品创造了 6 800 亿苏姆的价值（相当于 3 亿美元），为进口替代品提供了 780 万美元。

努力培养新一代的研究人员

2011 年，乌兹别克斯坦四分之三的研究人员均受聘于高校，仅 6% 受聘于企业部门（见图 14.5）。由于大多数高校的研究人员即将退休，这种不平衡会危及乌兹别克斯坦未来的研究活动。几乎所有的科学博士候选人、科学博士或博士都超过 40 岁，其中一半超过 60 岁，仅将近四分之一研究人员（38.4%）持有博士学位，或同等学力，其余持有学士或硕士学位（60.2%）。

表 14.4　2014 年乌兹别克斯坦最具活力的研究机构

物理学和天文学	能源
核物理研究所 RT–70天文台 西雅图太平洋大学物理技术研究所（物理—太阳研究所） 聚合物、化学和物理研究所 乌兹别克斯坦国立大学应用物理学研究所	能源与自动化研究所 国立塔什干理工大学 费尔干纳理工学院 卡尔希工程经济研究所 生物化学、遗传学和分子生物学
化学	**生物化学、遗传学和分子生物学**
生物有机化学研究所（以萨迪柯夫院士命名） 普通化学和无机化学研究所 化学与植物物质研究所 聚合物、化学和物理研究所	基因组学和生物信息学中心 植物和动物基因储备研究所 遗传学和植物实验生物学研究所 微生物研究所

来源：作者编译。

在 2012 年 7 月，该国总统令取消了从苏联[①]继承而来的科学博士候选人和科学博士学位，取而代之的是三级学位制度，即学士、硕士和博士学位。而那些持有学士学位的在旧系统中被禁止做研究生层次研究的人，现在能够申请课程，获得硕士学位。这可以激励年轻人从事科学研究。

2012 年 12 月，第二项总统令注重提高学生使用外语的能力，从 2013—2014 学年开始实施。重点是英语教学将被引入中学教学中；部分大学课程，特别是工程和专业性较强的领域，如法律和金融，将使用全英授课，目的是促进国际信息交流和科学合作。偏远农村地区的学生可以在当地公共机构推荐的高校里专门学习外语课程。为儿童和青少年提供外语教学的电视和无线电广播节目将在全国范围内广泛的运行。高校将获得更多的国际多媒体资源，如专业的文学作品、报纸和杂志等。

塔什干仁荷大学于 2014 年 10 月正式开始招生。塔什干仁荷大学特色专业是信息和通信技术，是与韩国仁荷大学合作的成果，并会采用类似的学术课程。最初，70 名学生被信息和通信工程系录取，80 名学生被计算机科学与工程系录取。所有课程均为全英授课。

为了增强培训效果，乌兹别克斯坦科学院于 2010 年创建了首个跨部门青年实验室，实验室主要研究下列有前景的领域：遗传和生物技术；新材料；替代能源和可再生能源；现代信息技术；药物设计；石油和天然气以及化工等行业的技术、设备和产品设计。乌兹别克斯坦科学院选择这些领域也反映了该国科学的优势所在（见图 14.6，表 14.2 和表 14.4）。乌兹别克斯坦科学院还重新恢复了青年科学家委员会。

加强解决问题型研究

为了重新定位解决问题的学术研究，并确保基础和应用研究之间的连续性，乌兹别克斯坦内阁部长在 2012 年 2 月发布了一项法令，重组了乌兹别克斯坦科学院的 10 多个机构。例如，数学与信息技术研究所被并入乌兹别克斯坦国立大学，撒马尔罕区域问题综合研究所转化为撒马尔罕州立大学的一个解决环境问题的实验室。

2013 年 3 月，总统令规定利用亚洲开发银行等机构提供的资金建立两个研究所，促进替代能源的发展；这两个研究所分别为：西雅图太平洋大学物理技术研究所（物理—太阳研究所）和国际太阳能学会。

结论

研发领域低投入阻碍发展进程

在全球金融危机期间，大部分的中亚国家成功地保持了本国经济平稳发展，一些国家的年增长率甚至在全球都是最高的。然而，中亚国家还处于市场经济转型期。发展进程受到研发投入水平低和互联网使用率低的影响，吉尔吉斯斯坦和土库曼斯坦尤为严重。

中亚各国都实行结构性和行政性的改革，以加

① 了解苏联高等教学体系，查看《联合国教科文组织科学报告 2010》。

专栏 14.5　乌兹别克斯坦科学家和美国科学家增加了棉纤维的经济价值

最近的一项研究可能为全球棉花行业带来数十亿美元的价值影响，帮助农民抵御来自合成纤维日益激烈地竞争。2014 年 1 月，这一研究发表在《自然通讯》杂志上，乌兹别克斯坦基因组学和生物信息学中心的生物学家、美国得克萨斯农机大学和美国的国际研究项目农业办公室合作的结果，其中美国的国际研究项目农业办公室为该项研究提供了大部分资金。

第一作者伊伯克木·阿杜拉姆努夫教授说："乌兹别克斯坦农业占国内生产总值的 19%，棉花生产的可持续发展与生物安全对我国经济举足轻重。" 2001 年，他在得克萨斯农机大学获得植物育种硕士学位，如今担任乌兹别克斯坦科学院基因组学和生物信息学中心主任。

全球绝大多数的棉花都是陆地棉。一种被称为海岛棉的棉花更受欢迎，因为它的纤维更长和耐力更强；但由于它需要干燥的气候和抗病虫害性能差，因此它晚熟、收益低和种植困难。

"长期以来，棉花育种专家一直试图开发具有海岛棉纤维品质的棉花，" 得克萨斯农机大学副教授艾伦·佩珀说，他也是该论文的合著作者。"在全球范围内，每个人都在努力做到这一点。但在经济上，它是一个巨大的交易，因为你每增加一毫米的纤维的价值都会在农民出售棉花时，在价格上体现出来。"

研究人员的方法是将纤维的长度增加至少 5 毫米或与他们实验时的对照植物相比增加了 17%。佩珀说："这是一项纯基础科学——就像在黑暗中打枪一样的实验。"

他承认，从技术上讲，该研究的结果是遗传修饰生物体（GMOs），即转基因。但是他着重地进行了区别解释。他说转基因备受争议之处就在于为获得所需特质，将其他物种的基因甚至是细菌的基因添加到有机体中。"但是我们所做跟上述情况是有所区别的。我们没有将一个物种的基因添加到另外一个物种中去。我们只是使用植物中已经存在的基因，并减小该基因的影响。"

"更长、耐力更强的棉纤维带来的价值使每英亩棉花比原来多挣 100 美元，" 阿杜拉姆努夫说，"我们对可能改善抵抗非生物胁迫的预期（如强风或干旱）进一步增加了其商业潜力。"

2013 年 12 月，阿杜拉姆努夫教授因"基因敲除技术"被国际棉花咨询委员会评为"年度研究人员"，这一技术在乌兹别克斯坦、美国和其他地区申请了专利。为将该技术应用于其他植物，科学家们还在做相关的研究。

乌兹别克斯坦棉花纤维出口量占全球出口总量的 10%，仅次于美国、印度、中国和巴西。乌兹别克斯坦目前正在使用棉花的收入促进其经济多元化。

来源：www.bio.tamu.edu（新闻稿）；也可查询 http://genomics.uz.

强法治，促进传统经济部门的现代化，引进新技术，提高相关技能，通过加强知识产权保护和为创新型企业提供激励性措施创造一个有利于创新的环境。政府政策越来越倾向于采取更可持续发展道路，采掘业也同样采取可持续发展道路。

为实现各国发展计划中所确立的目标，中亚各国政府需要：

- 加强合作——这对共享科研成果是极为重要的，建立科学和技术信息区域共享网络，在优先研究领域建立数据库：可再生能源、生物技术、新材料等。
- 建立科学、技术和创新的发展中心，使用普遍的方法论方式确保统一的立法框架，保证评估科学、技术和创新政策的标准工具得以实施。
- 为彼此提供外国直接投资的机会，目的是促进研发资金来源的多样性，促进地区内有共同兴趣点的区域开展合作，这些兴趣点包括：可再生能源、生物技术、生物多样性保护和医学。
- 建立更多的基础设施来促进创新：科技园区、特殊工业区，创业和衍生产品的企业孵化器等。
- 积极合作，共同培训知识经济领域中高素质的专家：创新项目的管理者和工程师；知识产权律师，包括通晓国际法和专利市场人才。

中亚各国的主要目标

- 到 2015 年，将哈萨克斯坦研发支出总量占国内生产总值的比例增加到 1%。
- 到 2015 年，将哈萨克斯坦企业中创新活动的比例增加到 10%，到 2020 年，增加到 20%。
- 到 2020 年，将哈萨克斯坦制造业占国内生产总值的比重提高到 12.5%。
- 到 2020 年，将哈萨克斯坦生活在贫困线以下的人口减少到 8%。
- 到 2030 年，15% 的种植面积用节水技术，发展抗旱转基因作物。
- 到 2017 年，吉尔吉斯斯坦营商环境位居全球前 30 位，位居最清廉国家的前 50 位。
- 到 2020 年，确保吉尔吉斯斯坦所有教师至少持有硕士学位，10% 的教师持有博士学位或科学博士学位。
- 到 2015 年，将塔吉克斯坦 30% 的学前教育机构、职业学校和高校私有化。
- 到 2015 年，为塔吉克斯坦 50% 的学校配备互联网。
- 到 2015 年，确保塔吉克斯坦 50% 的科学项目是应用领域。

参考文献

Amanniyazova, L. (2014) Social transfers and active incomes of population. *Golden Age* (online newspaper), 1 February. See: http://turkmenistan.gov.tm.

CCSTD (2013) *Social Development and Standards of Living in Uzbekistan*. Statistical Collection. Committee for Co-ordination of Science and Technology Development. Government of Uzbekistan: Tashkent.

Government of Kazakhstan (2010) *State Programme for Accelerated Industrial and Innovative Development*. Approved by presidential decree no. 958, 19 March. See: www.akorda.kz/en/category/gos_programmi_razvitiya.

Oilnews (2014) Kazakhstan creates investment fund for projects in the field of renewable energy sources. *Oilnews*. See: http://oilnews.kz/en/home/news.

Ospanova, R. (2014) Nazarbayev University to host International Science and Technology Centre. *Astana Times*, 9 June.

President of Kazakhstan (2014) The Kazakhstan Way – 2050: One Goal, One Interest and One Future. State of the Nation Address by President Nursultan Nazarbayev. See: www.kazakhembus.com.

Satke, R. (2014) Russia tightens hold on Kyrgyzstan. *Nikkei Asia Review*, 27 March.

Sharman, A. (2012) Modernization and growth in Kazakhstan. *Central Asian Journal of Global Health*, 1 (1).

Spechler, M. C. (2008) The Economies of Central Asia: a Survey. *Comparative Economic Studies*, 50: 30–52.

Stark, M. and J. Ahrens (2012) *Economic Reform and Institutional Change in Central Asia: towards a New Model of the Developmental State?* Research Papers 2012/05. Private Hochschule: Göttingen.

UNECE (2012) *Innovation Performance Review: Kazakhstan*. United Nations Economic Commission for Europe: New York and Geneva.

Uzstat (2012) *Statistical Yearbook*. Uzbek Statistical Office: Tashkent.

娜思巴·穆克迪诺娃（Nasiba Mukhitdinova）1972 年出生于乌兹别克斯坦，毕业于国立塔什干理工大学，目前是塔什干科技信息国有企业创新发展与技术转让部责任人。她发表了超过 35 篇科学文章，并为政府《关于加强乌兹别克斯坦国家创新体系（2012 年）的报告》的制定做出了贡献。

国际制裁间接地对伊朗的科学、技术和创新起到了一些积极作用。

克奥尔马尔斯·阿什塔伊恩

第 15 章　伊　朗

克奥尔马尔斯·阿什塔伊恩

引言

制裁已经改变了伊朗的国家政策

在《联合国教科文组织科学报告 2010》中，我们探讨了如下机制：高石油收入刺激了消费主义，同时却促使科研与经济社会需求彼此分离，从而更有利于科学推动而非技术拉动。近几年来，石油禁令愈加严厉，伊朗依靠石油收入的能力减弱，石油出口在 2010—2012 年缩减了 42%，从总出口额的 79% 下降到 68%。

这一困境已经改变了伊朗的国家政策。这种从资源导向型经济到知识型经济的转变已经列入了 2005 年正式通过的《2025 年愿景》的大纲中。然而要想将这一过渡成为当务之急，还需要决策制定者通过改变政府和制裁来实现。

2006 年以来，在联合国安理会所采纳的决议中，有四项决议都规定了越来越严格的制裁措施。自 2012 年以后，针对伊朗石油出口以及被指控为规避制裁的企业和银行，美国和欧盟还采取了额外的限制方案。相关禁运措施的目标是：说服伊朗停止浓缩铀活动，因为此类浓缩铀既可以民用，也可以用于军事用途。

伊朗一直坚称其核计划[①]的民用化，并坚持认为其遵从《不扩散核武器条约》的规定。正如伊朗人民为他们超凡的纳米技术、干细胞技术以及卫星技术而自豪一样，民用核科学同样是国家自豪感的源泉。2014 年，玛丽亚姆·默扎克罕尼（见上页照片）成为“菲尔兹奖”的首位女性得主，同时也成为首位伊朗得主，这一奖项相当于数学界的诺贝尔奖，当时伊朗全国的媒体都对此事进行了广泛地报道。

2013 年，哈桑·鲁哈尼就任伊朗总统，试图与西方国家进行对话。他很快同由五个联合国安理会常任理事国和德国组成的联络小组开启了新一轮的协商。伊朗同西方国家关系紧张，2013 年 11 月，五个联合国安理会常任理事国以及德国做出了临时安排，双方关系出现了第一次实质性的缓解。不久之后，欧盟常设法院宣布将取消对伊朗中央银行的制裁。2014 年年中，又一临时协定出台，允许伊朗的石油出口量逐渐涨回至每天 165 万桶。2015 年 7 月 14 日，最终协定签署并很快得到了联合国安理会的认可，这为解除制裁铺平了道路。

伊朗与东方国家贸易往来

2010—2012 年，伊朗试图通过限制现金销售来缓解制裁带来的经济影响。伊朗非石油出口增长 12%，其可以进口黄金来替代向他国出口货物。中国是伊朗最大的客户之一，但是中国大约欠债 220 亿美元，这些债款来自伊朗的石油和天然气供应，但是由于银行制裁，中国不能向伊朗还债。2014 年年末，中国计划通过在水电项目进行相同数额的投资来规避这些限制。

跟中国一样，俄罗斯联邦也是伊朗主要的贸易伙伴之一。2014 年 10 月，上海合作组织在莫斯科举行非正式会议，期间伊朗农业部长与俄罗斯农业部长会面，讨论出一个新的贸易协定。按照这一协定，伊朗能够向俄罗斯联邦出口蔬菜、蛋白质产品、园艺产品，以此作为从俄罗斯联邦进口工程设施、技术服务、食用油以及谷物产品的交换。2014 年 9 月，伊朗迈赫尔通讯社报道称，伊朗已经与俄罗斯签订了 100 亿美元的协定，用于四个新的热力发电厂[②]和电力传输设备的设计与建造。

受制裁影响，伊朗的贸易伙伴明显从西方国家向东方国家转变。2001 年以来，中国对伊朗的出口增长了近六倍。欧盟在 1990 年还占有伊朗 50% 的贸易量，但在今天，欧盟仅占伊朗 21% 的进口量，出口量还不足 5%。

……但伊朗同东西方国家共同进行科学研究

然而就科学合作而言，伊朗的合作对象依旧很大程度上是西方国家。2008 年到 2014 年，伊朗最大的四个科学合作伙伴从高到低依次是美国、加拿大、英国、德国（见图 15.1）。2012 年，伊朗研究

① 伊朗目前在布什尔省有单一核反应堆。

② 热力发电厂有多种类型：核类型、地热类型、煤炭发电类型、生物质能燃烧类型等。

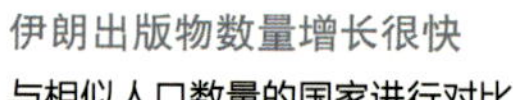

伊朗出版物数量增长很快

与相似人口数量的国家进行对比

7.4%

伊朗的论文进入引用次数排名前10%的的平均比例（2008年到2012年）；G20国家的平均比例为10.2%

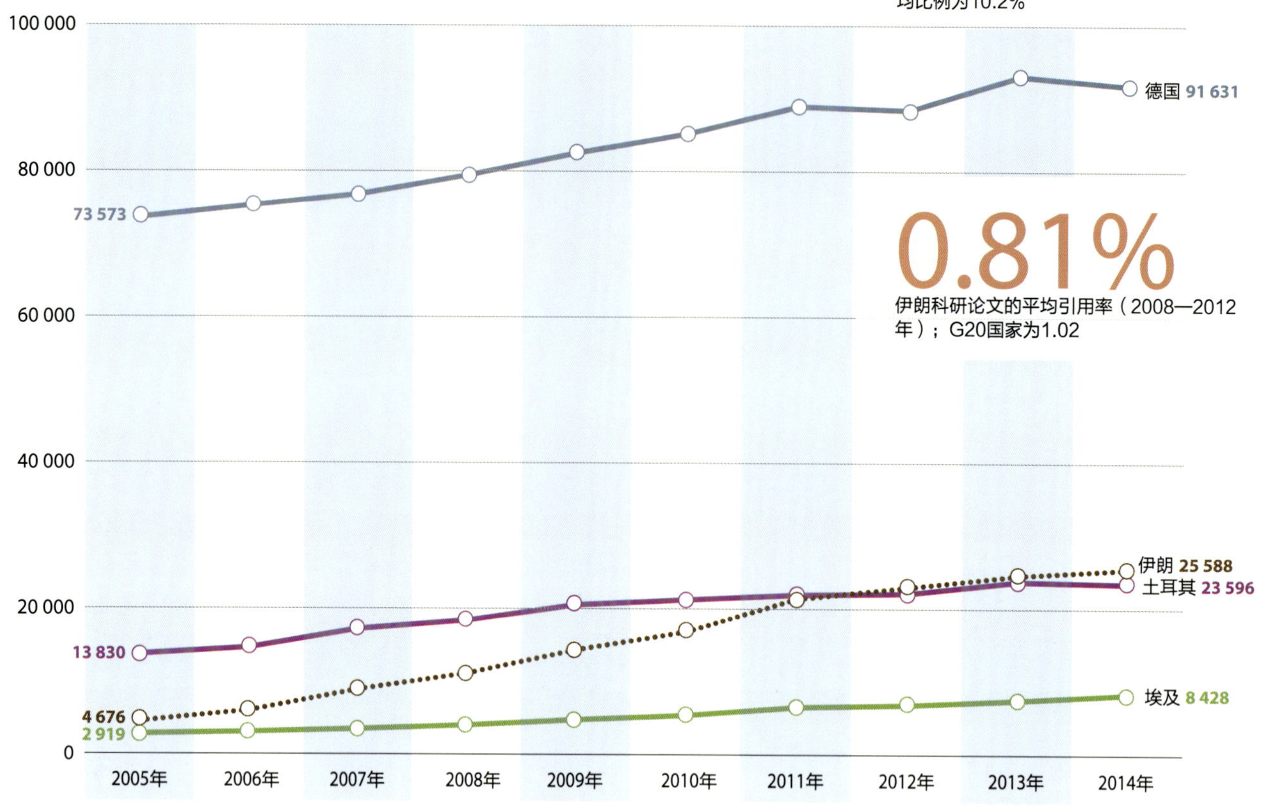

目前，伊朗出版最多的是工程类出版物，其次是化学类出版物

2008—2014年累积数据

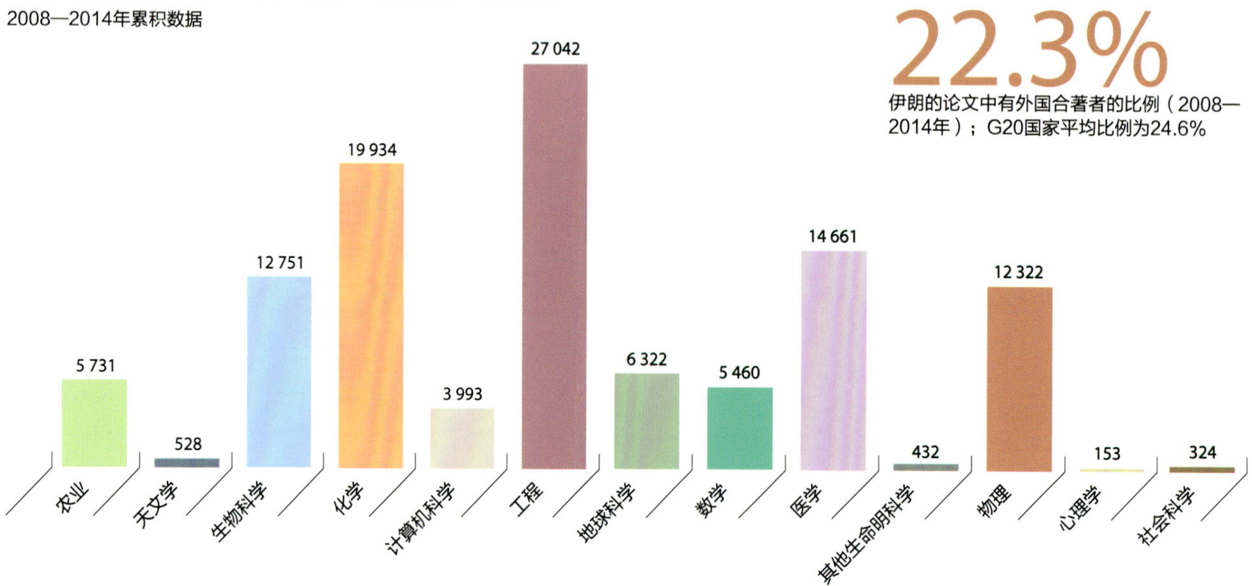

注：总数不包括未分类文章。

美国是伊朗最主要的合作方

从2008—2014年的主要外国合作方（论文数量）

	第一合作方	第二合作方	第三合作方	第四合作方	第五合作方
伊朗	美国（6 377）	加拿大（3 433）	英国（3 318）	德国（2 761）	马来西亚（2 402）

来源：汤森路透社科学引文索引数据库，科学引文索引扩展版；数据处理 Science-Metrix。

图 15.1　2005—2014 年伊朗科学出版物发展趋势

人员开始加入法国国际热核实验反应堆[①]的建设当中，这一工程要在 2018 年前完成，来发展核聚变技术。同时伊朗也加快了与发展中国家的合作。在科学合作方面，马来西亚是伊朗第五大合作伙伴，印度排在第十，前面是澳大利亚、法国、意大利、日本。

同时，伊朗发表的文章中，只有四分之一有国外的共同作者。高校之间在教学科研领域，包括学生交流项目方面有着巨大的共同合作的空间（哈里里和里亚希 2014）。伊朗与马来西亚的关系已经非常牢固，2012 年，在马来西亚的留学生有七分之一来自伊朗（见图 26.9）。马来西亚是世界上少数几个对伊朗实行免签的国家，除此之外，马来西亚与伊朗收入相当。2013 年，伊朗的高校中有大约 14 000 名留学生，其中大多数来自阿富汗、伊拉克、巴基斯坦、叙利亚和土耳其。伊朗第五个五年发展计划确定了要在 2015 年之前吸引 25 000 名海外留学生的目标（《德黑兰时报》，2013）。2014 年 10 月，伊朗总统鲁哈尼在德黑兰大学发表讲话[②]，提出建立一个英文授课的大学来吸引更多外国留学生。

伊朗通过伊斯兰国家常务委员会科学与技术合作组织（COMSTECH）进行国际项目合作。此外，2008 年，伊朗纳米技术计划委员会成立生态纳米网络[③]，来推动经济合作与发展组织成员国（见附录 1）的纳米科技与纳米工业的发展。

伊朗拥有数个国际研究中心，包括以下所列举的过去五年内在联合国支持下成立的研究中心：科技园和技术孵化器发展区域中心（UNESCO，est，2010），国际水净化纳米技术中心（UNIDO，est，2012）以及西亚海洋学区域教育和研究中心（UNESCO，est，2014）。

伊朗经济受到压力

穆萨维（2012）认为，制裁造成伊朗工业和经济增长减缓，严重限制了国外投资，引起国内货币贬值，恶性通货膨胀，国内生产总值下降，以及石油天然气生产和出口的下降。制裁对私营企业的影响尤为严重，金融公司成本增加，银行信用风险增加，冲击外汇储备，限制公司利用外资和出口市场。知识型企业对高品质设备、研究工具以及原材料的使用和技术转让也受到了限制（Fakhari 等，2013）。

伊朗经济还受到另外两个可变因素的影响：一是民粹主义政策，加剧了通货膨胀；二是能源和粮食补贴改革。一些分析人士认为[④]，这两者对伊朗经济造成的负面影响，比制裁和全球经济危机共同对其造成的影响还要高（例子见 Habibi，2013）。他们猜想民粹主义造成反专家言论，以前总统马赫茂德·艾哈迈迪·内贾德 2007 年对伊朗管理和计划组织实行直接掌控[⑤]。该组织成立于 1948 年，受到伊朗人民的尊重，负责伊朗中期和长期的发展计划与政策的准备工作，同时也对伊朗相关计划的执行做出评估。

2010 年 1 月，议会出台改革措施，取消 20 世纪 80 年代两伊战争期间的能源补助。这些能源补助每年占用 20% 的国内生产总值，也使伊朗成为世界上最能源密集的国家之一。国际货币基金组织曾评价这一改革，称“对于伊朗这样一个能源出口国家来说，改革能源补助是最大胆的举措之一”（国际货币基金组织，2014）。

为缓解取消能源补助对民众带来的影响，民众将能得到约合每月 15 美元的针对性社会救助，这一救助将覆盖超过 95% 的伊朗民众。政府也承诺将向企业提供补助贷款来帮助它们适应新型节能技术和信用额度，从而减缓更高的能源价格对其生产所造成的影响（国际货币基金组织，2014）。但最终这些贷款并未实现[⑥]。

伊朗数据中心显示，2010—2013 年，通货膨胀率从 10.1% 攀升至 39.3%。2011 年和 2012 年，伊朗

① 为该项目提供资金的是欧盟（约占预算的 45%）、中国、印度、日本、韩国、美国。

② 总统鲁哈尼说：“科学发展总在批评主义和不同观点中取得的。……如果我们与世界相关，我们取得了科学进步。……我们必须与世界保持联系与合作，不仅在外交政策上，而应在经济、科学和技术方面。……我认为有必要邀请外国教授来伊朗，我们的教授也可派出国，甚至建立一所英语授课的大学吸引外国留学生。”

③ 参见：http://econano.ir.

④ 参见：http://fararu.com/fa/news/213322.

⑤ 管理和计划组织被更名为战略监管总统职能局。

⑥ 同时，高科技发展基金已经帮助一些企业采用节能技术。参见：www.hitechfund.ir.

经济增长 3%，但到 2013 年前，伊朗经济已经陷入衰退（-5.8%）。2013 年，伊朗失业率依旧居高不下，其占劳动力总数的比例稳定在 13.2%。

弥补经济的新队伍

鲁哈尼总统被认为是温和派人物。在他 2013 年 6 月当选不久后，他在议会中提道“女性也应当有平等的机会”，随后他委任了两位女性副总统以及第一位女性外交部发言人。他同时承诺要扩大互联网覆盖（伊朗 2012 年的互联网覆盖率是 26%）。2013 年 9 月，鲁哈尼在接受美国国家广播公司[①]采访时说：“我们想让人们在他们的生活中真正获得自由。在当今世界，得到信息、言论自由、思考自由，是所有人的权利，包括伊朗人在内。伊朗人必须有对世界信息充分了解的权利”。鲁哈尼于 2014 年 11 月恢复管理与计划组织。对鲁哈尼来说，伊朗国内的首要任务是为商业发展提供更有利的环境，从而应对高失业、恶性通货膨胀以及购买力不足等严重问题。2012 年，伊朗人均国内生产总值达到了美元购买力平价 15 586 美元，相比上一年（美元购买力平价 16 517 美元）减少。

2014 年，鲁哈尼创立了两个主要项目。一是第二阶段的补助改革计划，该计划由前任总统提出，使油价抬升了 30%。二是卫生检修计划。该计划减少了民众在国有医院的治疗费用，乡镇居民的治疗费用从 70% 降低到 5%，城镇居民的治疗费用减少到 10%。从这项计划开始，现已有大约 1 400 万人去国有医院治疗。外交部雇用了大约 3 000 名专家在伊朗薄弱地区工作。至 2014 年，已有 1 400 名专家任职。伊朗卫生部长说该计划在前两年的执行中并未出现经济问题，但是卫生专家担心，由于该计划成本高，政府可能不会长期推行。据伊朗卫生部统计，自计划推行以来，已有 600 万伊朗民众得到了医疗保险，他们大多数来自贫困阶层。

伊朗经济记者赛义德·来拉兹报道说，上届政府领导下的伊朗的经济状况不可预判，但本届政府已经稳定了伊朗的经济。这帮助伊朗人民有信心不再通过买入美元来节省资金。本届政府也缓解了政治紧张局势，也没有做出过激经济行为。（Leylaz，2014）

伊朗的经济前景更为明朗，其原因部分在于伊朗核问题六方会谈的恢复。2014 年，伊朗中央银行宣布伊朗经济增长了 3.7%，通货膨胀下降到 14.8%，并且失业率降至 10.5%。非石油出口在增长，但伊朗仍然高度依赖于石油出口。根据华尔街日报的估计，2014 年伊朗需要 140 美元的布伦特原油价格来平衡预算。而在 2014 年，世界油价在 6 月至 12 月间从 115 美元跌至 55 美元（见图 17.2）。

全球油价波动带来诸多新的挑战。最近，伊朗在其航空站使用加氢转化技术等新技术以多样发展石油产品。自 2014 年以来，油价的急剧下跌，这或许使伊朗不再像过去那样会对先进石油开采技术的研发进行大量投资。但伊朗可以通过与亚洲石油公司共同发展这些技术。

科学、技术和创新治理的趋势

国际制裁推动伊朗经济向知识型转变

塞翁失马，焉知非福。国际制裁反而间接为伊朗的科学、技术和创新（STI）带来了一些益处，包括：

- 第一，这些制裁促使伊朗经济加速从资源型向知识型的转变。石油行业和其他社会经济领域之间存在薄弱环节。失去了石油天然气收入的企业倾向于向邻国出口技术和工程服务。在迈赫尔通讯社于 2014 年 11 月发布的一份报告中，引用了能源国际事务部长助理的原话，表示伊朗目前正向 20 多个国家出口水电和技术电力服务，其价值超过了 40 亿美元。[②]
- 第二，在伊朗经历了多年的高石油收益所导致的研发与社会经济要务彼此分离的状况后，国际制裁促使研发活动与解决实际问题和公共利益的研究活动更加协调。
- 第三，在制裁环境下，促使中小企业开发自己的业务，通过为外国进口设置屏障并鼓励知识型企业实现本地化生产。在失业率较高和伊朗民众教育程度较高的情况下，这些企业招募高水平员工并不困难。
- 第四，制裁使伊朗企业与外界隔离，迫使它们进

① 参见：http://english.al-akhbar.com/node/17069.

② 其中包括阿富汗、阿塞拜疆、埃塞俄比亚、伊拉克、肯尼亚、阿曼、巴基斯坦、斯里兰卡、叙利亚、塔吉克斯坦和土库曼斯坦。

行革新。

- 最后一点也很重要：制裁使决策者意识到有必要实现知识型经济。

2005 年采用的《2025 年愿景》文件，体现了政府开发知识型经济的政策。该文件计划在 2025 年之前，使伊朗成为本地区第一大经济体[①]，并跻身全球 12 大经济强国之列。

为了实现这个目标，《2025 年愿景》提出在 2025 年之前将投资 3.7 万亿美元，其中将近三分之一（1.3 万亿美元）来自国外投资。这些投资中有很大一部分将用来支持知识型企业的研发投资以及研究成果的商业化。2010 年通过的一部法律中，规定了一种正规的融资机制，即从 2012 年开始生效的“创新和繁荣基金”（见第 394 页）。

鉴于外商直接投资（FDI）比例一直较低（在 2013 年仅占国内生产总值的 0.8%），以及伊朗经济所面临的各种难题，《2025 年愿景》中所述的一些目标看上去不太现实，如计划到 2025 年之前将国内研发支出总额与国内生产总值的比例提升到 4%。其他一些目标则应该可以实现，如将每百万人口的科研论文数量增加三倍，也就是 800 篇（见表 15.1）。

在 2009 年，政府采纳了一份针对 2025 年之前时期的《国家科学教育主体计划》，重申了《2025 年愿景》的目标。其尤其强调发展大学研究以及加强大学与业界的合作，从而推动研究成果的商业化。

重点培养创新和卓越机制

伊朗连续推出了若干个五年开发计划，其整体方向都是为了实现《2025 年愿景》中的目标。这些计划通过法律的形式实施，为伊朗的科技创新方针奠定了最重要的制度基础。目前的第五个五年经济发展计划涵盖 2010—2015 年。在该计划中，与高等教育和科技创新政策相关的章节里对《国家科学教育主体计划》进行了补充。

第五个五年经济发展计划阐述社会事务的章节中说明了需要开发合适的指标，以衡量整体空气、食品和环境质量，并承诺降低危害健康的环境污染。另外还承诺到 2015 年，将民众负担的医疗费用比例降低到 30%。

针对科技创新方针，第五个五年经济发展计划有两个主要的推动措施。第一个措施是实现“大学的伊斯兰化”，这目前已经成为伊朗的一个政治话题。第二个措施是在 2015 年之前，保持伊朗在本地区第二科技大国的地位，排在第一的是土耳其。

对伊朗大学伊斯兰化的观念可以有广泛的理解。其目标是使科学知识被合理纳入人文学科范畴，并符合伊斯兰价值观，同时培养学生的良好道德和精神品质。根据该计划第 15 条，人文学科的大学课程需要根据此战略进行修改，学生需要培养批判性思考、推理和多学科研究能力。另外还要创建很多人文学科研究中心。

目前已经拟定了如下战略，以维持伊朗在本地区第二科技大国的地位：

- 将要创建一个全面的系统，对高等教育和研究机构进行监测、评估、和排序。此任务已经委托给科学、研究和技术部以及卫生和医疗教育部。对于研究人员的评估标准将包括：科研能力、参与应用研发的情况或者其工作对解决相关问题的贡献度。
- 为了确保 50% 的学术研究都能面向社会经济需求和解决相关问题，推广方案将与研究项目的定向工作密切结合。此外，还需要建立合适的机制，使各学术机构能够开展后续教育工作，实施合适的休假方案，并探寻新的研究机会。另外还需要在校园创建研究和技术中心，并鼓励各大学加强与业界的联系。
- 需要为各应用学科增加更多的大学本科课程。
- 每个大学都应该有一个学术委员会，以监督学术计划的实施情况。
- 在大学、其他教育机构、科技园以及公共研究机构及其下属单位所创办的商业孵化器内，需要创建应用科学实验室，并配备相关设备。
- 国内研发支出总额与国内生产总值之比每年应增长 0.5%，到 2015 年达到 3%。
- 到 2015 年，外商直接投资（FDI）在国内生产总

① 根据《2025 年愿景》的定义，此地区包括：阿富汗、亚美尼亚、阿塞拜疆、巴林、埃及、格鲁吉亚、伊朗、伊拉克、以色列、约旦、哈萨克斯坦、科威特、吉尔吉斯斯坦、黎巴嫩、阿曼、巴基斯坦、巴勒斯坦、卡塔尔、沙特阿拉伯、叙利亚、塔吉克斯坦、土耳其、土库曼斯坦、阿联酋、乌兹别克斯坦和也门。

表 15.1 伊朗到 2025 年教育和研究领域的主要目标

	2013年的情况	2025年愿景目标
至少拥有一个学术学位的成年人的比例	—	30%
博士文凭持有者在所有学生中所占的比例	$1.1\%^{-1}$	3.5%
每百万人口的研究人员（全职）数量	736^{-3}	3 000
政府研究人员（占总研究人员的比例）	$33.6\%^{-5}$	10%
商业企业中的研究人员（占总研究人员的比例）	$15.0\%^{-5}$	40%
大学雇用的研究人员的比例*	$51.5\%^{-5}$	50%
每百万人口的全职大学教授人数	1 171	2 000
每百万人口的科研论文数量	239	800
每篇发表论文的平均收录次数**	0.61^{-2}	15
影响因子超过3的伊朗期刊数量	—	160
国家专利数量	—	50 000
国际专利数量	—	10 000
公共教育支出占国内生产总值的比重	3.7%	7.0%
公共高等教育支出占国内生产总值的比重	$1.0\%^{-1}$	—
全社会研发投入与国内生产总值之比	$0.31\%^{-3}$	4.0%
来自商业企业的资金占全社会研发投入的比例	$30.9\%^{-5}$	50%
在全球收录比例最高的前10%论文中所占的比例	$7.7\%^{-2}$	—
在全球收录比例最高的前10%论文中的论文数量	$1\ 270^{-2}$	2 250
在全球前10%顶尖大学中的伊朗大学数量	0	5

* 包括地区中心。
** 平均相对收录次数；经济合作与发展组织在 2011 年的平均统计值为 1.16。
$-n/+n$ 表示参考年份之前的 n 年。
来源：针对 2025 年目标：伊朗政府（2005 年）《2025 年愿景》；针对当前情况：伊朗统计中心以及联合国教科文组织统计研究所。

值中需要占 3%。

- 需要加强与著名国际教育和研究机构的科研合作。
- 需要为科技发展创建一个综合监测和评估系统。
- 在政府规划中应包含主要科技指标，其中包括通过出口中等科技和高科技商品所创造的收入额、人均国内生产总值中受益于科技开发的比例、专利数量、外商直接投资在科技活动中所占的比例、研发成本以及知识型企业的数量。

在如下优先事项中，以技术扩散和支持知识型企业为重心：

- 在各部委的年度研发预算中，需要优先为需求驱动型研究提供资金，并支持发展私人和合作型中小企业，实现知识和技术的商业化，将其转化为出口产品；政府需要鼓励私人部门创建商业孵化器以及科技园，并鼓励外方与国内企业合作，对技术转让和研发进行投资；另外还要鼓励外国投资者进行专利投资；政府应支持各大学创办全私有性质的知识型企业；政府应为科学领域的创新者和领导者提供有针对性的财务和智力支持；政府应为支付国内和国际专利申请费用确定合理的流程，最后，还应为相关产品或服务的商业发布创建合理的方案（见第 17 条和第 18 条）。
- 通信和信息技术部需要开发必要的基础设施，如安装光纤，从而确保国际互联网宽带接入能力，使各大学、研究单位和技术机构能够联网，并分享关于各自研究项目、知识产权问题等方面的信息和数据（见第 46 条）。
- 通过创建一项国家发展基金（见第 80 ~ 84 条）来资助经济多元化活动；为后代留存一部分油气收入；并增加长期节约的回报收益；到 2013 年，26% 的油气收入都会被纳入该基金 —— 最终目标是使这个比例达到 32%（国际货币基金组织，2014 年）。
- 伊朗的各私立大学和国际知名大学将在特殊经济区内创办新校园（见第 112 条）。
- 在小型、中型和大型企业之间将建立更紧密的合作关系，并同时创建工业集群。鼓励私人部门投资者开发下游产业价值链（石化、碱性金属、和非金属矿物产品），重点创办专业工业区，并加强业界与科技园的联系，为工业设计、采办、创新等活动奠定基础（见第 150 条）。

创新和繁荣基金的核心作用

创新和繁荣基金由科技助理负责管理。该基金创办于 2012 年，其目的是为知识型企业的研发投资以及研究成果的商业化提供支持。该基金的总裁贝赫扎得・索尔塔尼（Behzad Soltani）表示：到 2014 年后期，共为 100 家知识型企业提供了 4.6 万亿伊朗里亚尔（约 1.714 亿美元）的资金。科技部副部长索里纳・萨塔里在 2014 年 12 月 13 日宣布[①]："虽然伊朗面临各种困难，但是在 2015 年，仍然为创新和繁荣基金提供了 8 万亿里亚尔的资金。"

在确保实施第五个五年经济发展计划第 17 条和 18 条内容的过程中，创新和繁荣基金是一项重要的推动政策：

- 各国内组织如果希望针对具体的问题开展研究工作，可以申请使用相关设施，并与工作组秘书处展开合作，以评估和确定相关知识型企业和机构，同时监督项目的实施。
- 各大学如果希望创建全私有性质的企业，也可以申请资金；截至 2014 年 12 月，伊朗共有四个省份（德黑兰、伊斯法罕、亚兹德和马什哈德）的公立和私立大学申请在特殊经济区内创办知识型企业（见第 112 条）。这些申请目前仍处于由科学、研究和技术最高理事会进行评估的阶段。
- 该基金还为中小企业提供支持，其方式包括提供优惠税收政策以及资助知识和技术商业化所需的一部分成本；另外还可以为购买设备、建设生产线、测试和营销等活动支付一部分签约银行贷款利息。
- 该基金还为希望创建商业孵化器和科技园的私人企业提供财务支持，通过提供免租金设施和优惠税收政策，推动这些中心的创建。

该基金还鼓励外方进行技术转让和研发投资，不过此类开放措施在一定程度上受到国际制裁措施的制约；尽管如此，外企仍然可以进行专利投资。

创建于 1984 年的[②]的国家精英基金会，为科技创新者和领导者提供智力和财务支持。2013 年，该基金会内成立了一个新的部门，名为"国际事务分部"。其目标是利用伊朗的非本地人才来提升国内科技实力，并充分利用散居侨民的经验。该基金会的服务面向四类不同的群体：从全球顶尖大学毕业的伊朗博士；在全球顶尖大学任教的伊朗教授；在全球顶尖科研中心和技术行业企业担任领导的专家和管理人员；以及在技术领域取得成功的非本地伊朗投资者和企业家。2014 年，修订资格标准以包含与群体、个人、专业研究知识和经验以及学术成就相关的内容。同时，还委托各大学帮助挑选精英人才。除此之外，还采取了其他激励措施，如为针对海外顶尖大学的访问研究提供资金，以及为教职员的整个职业生涯提供研究资助。

进入"抵抗型经济"

2014 年 2 月 19 日，伊朗最高领袖阿亚图拉・阿里・哈梅内伊以法律形式推出了伊朗的"抵抗型经济"计划。在该经济计划中，阐述了旨在提高伊朗承受制裁以及其他外部冲击能力的战略。该计划重申了《2025 年愿景》目标，因此其中一些重要措施已经为人们所熟知。

在此计划出台后，一些分析家认为：前任政府因未给予《2025 年愿景》足够的重视而领导不力，而抵抗型经济则标志着新政府全面展开经济改革。德黑兰阿提耶战略咨询企业集团的主管合作人卡哈吉珀尔（2014a）认为：伊朗"拥有所有必要的资源，其经济完全能够在国际舞台发挥大得多的作用。目前缺失的环节包括机制负责任的决策职能、法律透明度以及现代化机构"。

"抵抗型经济"的主要内容包括[Khajehpour（2014a）]：

- 通过为整个国家拟定并实施全面的科研计划以及推动创新，实现知识型经济，最终目标是成为整个地区内的顶尖知识型经济体。
- 通过补助金改革，优化国家的能耗，增加就业和

① 参见：www.nsfund.ir/news.

② 参见：http://en.bmn.ir.

国内产值，推动社会公平。

- 推动国内生产和消费，尤其是战略产品和服务，降低对进口的依赖，同时提高国内生产质量。
- 提供食品和医疗保障。
- 通过法律和行政改革，推动可出口的商品和服务，同时在出口方面推动外商直接投资。
- 通过地区和国际经济合作，尤其是与邻国的合作，提升经济抗冲击能力，同时也积极开展外交活动。
- 增加石油和天然气的增值出口。
- 通过改革使政府开支更加合理，增加税收，降低对石油和天然气出口收入的依赖。
- 增加将石油和天然气出口收入纳入国家发展基金的比例。
- 增加各财务环节的透明度，避免滋生腐败的活动。

在人力资源和研发领域的趋势

学生人数快速增长，但是研发密度没有增加

从 2005—2010 年，根据《2025 年愿景》的要求，决策者重点关注增加学术研究人员的数量。为此，政府在 2006 年将高等教育支出在国内生产总值中所占比例增加到 1%，此后一直保持在该水平，即便公共教育支出占国内生产总值的比例从 5.1%（2006 年）下降到 3.7%（2013 年），高等教育支出所占比例也没有变化。

在这种背景下，高等教育招生人数剧增。从 2007—2013 年，全国公立和私立大学的招生人数从 280 万人增加到 440 万人（见图 15.2）。2007 年，女学生的比例比男学生还多，不过此后略有回落，下降到 48%。2011 年，约有 45% 的学生进入私立学校（统计研究所，2014 年）。

大多数专业的招生人数都在增加，只有自然科学领域基本保持不变。最热门的专业包括社会科学（190 万学生）和工程（150 万学生）。攻读工程专业的男学生和攻读社会科学的女学生人数都超过了 100 万人。在医疗专业学生中，有三分之二是女性。

博士毕业生人数的增速也具有类似趋势（见图 15.3）。根据相关数据，自然科学和工程学在男学生和女学生中都越来越受欢迎，不过工程学的学生仍然以男性为主。2012 年的博士毕业生中，女性占三分之一，其专业主要包括卫生（占博士生的 40%）、自然科学（39%）、农业（33%）以及人文和艺术（31%）。根据联合国教科文组织统计研究所的数据，2011 年，科技专业的硕士和博士生占 38%（统计研究所，2014 年）。

虽然目前还没有数据说明博士毕业生中选择留校任教的人数，但是研发总支出量并不高，这可能表明学术研究的资金不够充足。在由约卡尔（Jowkar）等人（2011 年）进行的一项研究中，分析了汤森路透《科学引文索引》从 2000—2009 年之间发表的 80 300 篇伊朗论文的影响力，发现其中有大约 12.5% 的文章得到了相关资助，并且资助研究文章的收录率几乎在所有领域都更高。其中科学、研究、和技术部下属各大学的资助文章的收录率最高。

虽然在 2008 年，研发支出总量中有三分之一都来自商界[①]，但是这些资金仍然太少，不足以有效培养创新氛围——这些资金仅占国内生产总值的 0.08%。从 2008—2010 年，国内研发总支出甚至从国内生产总值的 0.75% 下降到 0.31%。因此至少可以说，第五个五年经济发展计划中关于在 2015 年之前将 3% 的国内生产总值用于研发的目标似乎很难实现。

根据联合国教科文组织统计研究所的数据，从 2009—2010 年，每百万人口中的全职研究人员数量从 711 人增加到 736 人，也就是总研究人员从 52 256 人增加到 54 813 人，增加了 2 000 多人。

商界的研发活动比以往更多

2008 年，有一半研究人员在学术机构任职（51.5%），有三分之一在政府部门任职（33.6%），在商界的比例则为七分之一（15.0%）。

不过，从 2006 年到 2011 年，宣布开展研发活动的企业数量增加了一倍以上，从 30 935 家增加到 64 642 家。在得到更新的数据之后，也许可以说明进入商界的研究人员比以往更多。迄今为止，工业研发的重点基本没有变化，各企业仍然主要开展应用研究（见图 15.4）。

① 目前没有关于各领域细分信息的最新数据。

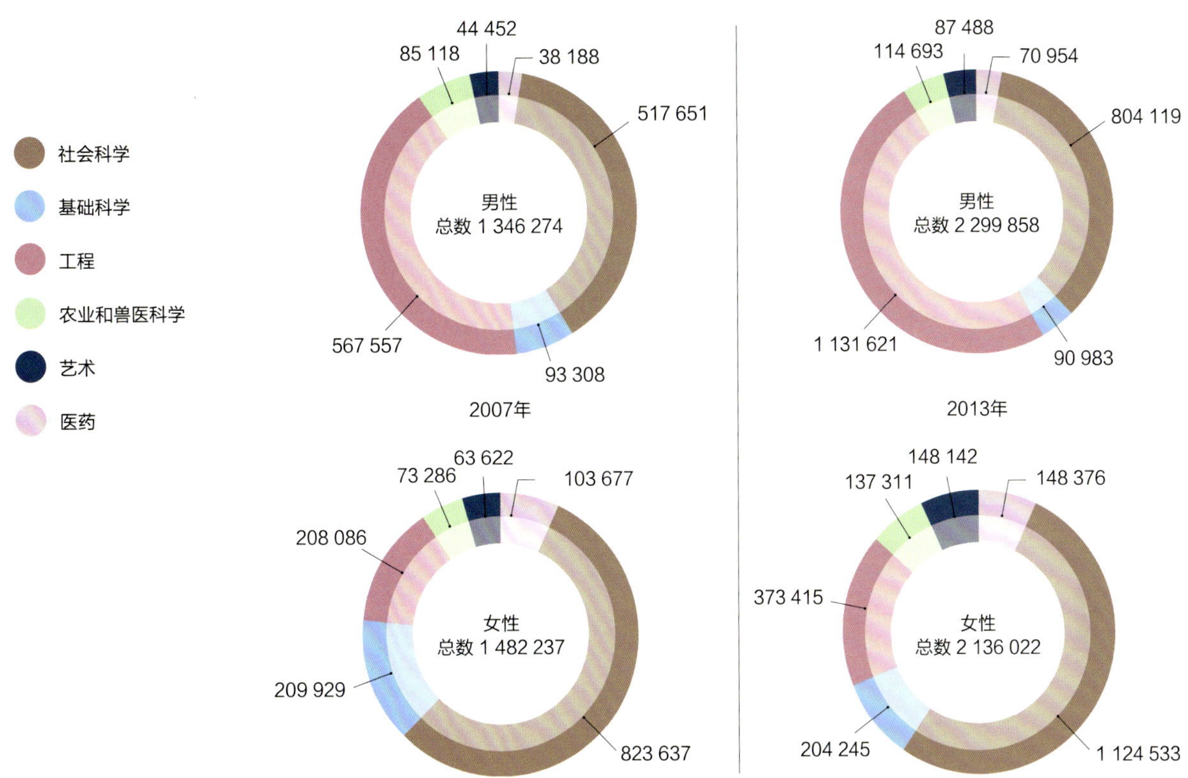

图 15.2 2007 年和 2013 年伊朗各大学招生人数（包括公立和私立大学）

来源：伊朗统计中心（2014 年）统计年鉴。

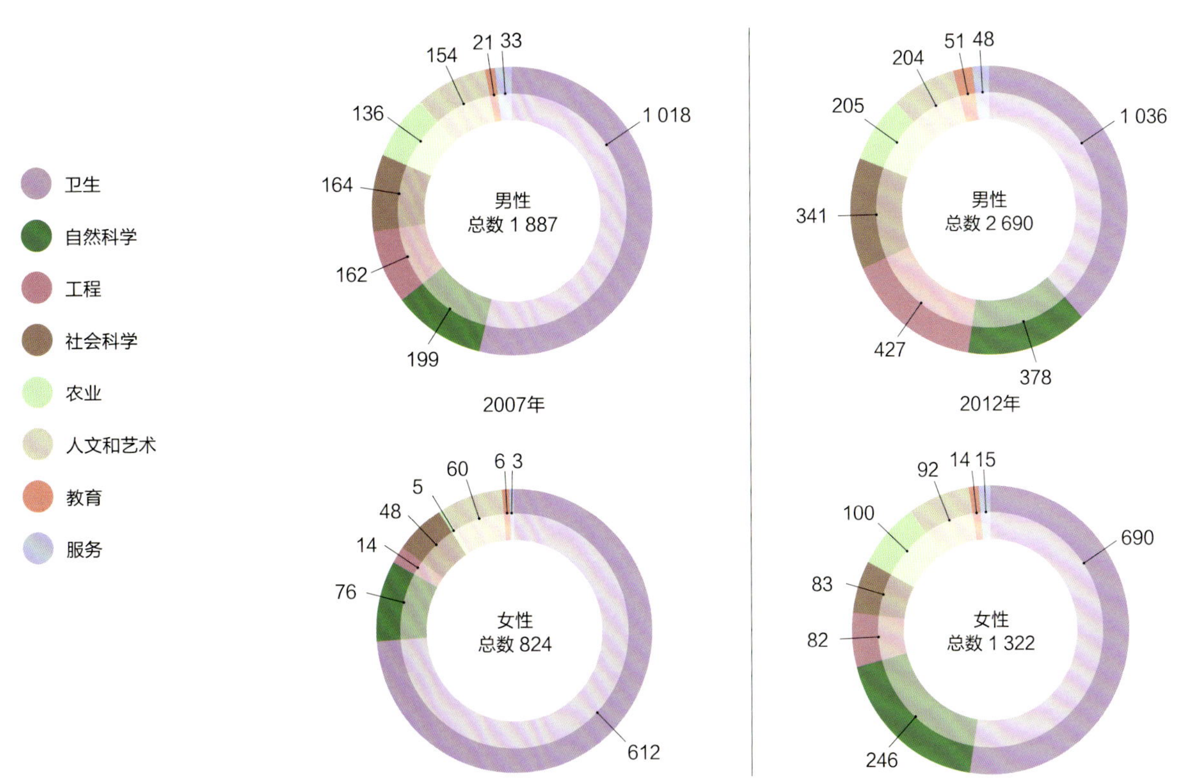

图 15.3 2007 年和 2012 年伊朗博士生在各研究领域的分布和性别分布

来源：联合国教科文组织统计研究所。

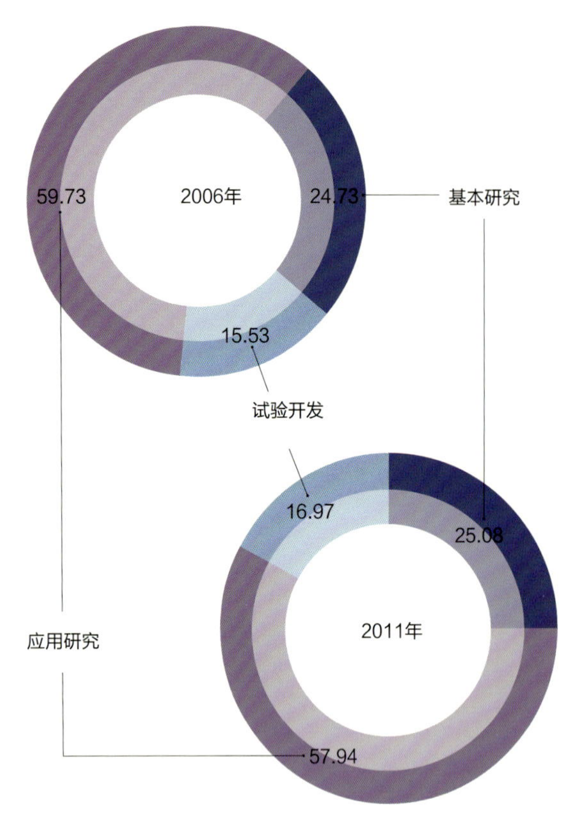

图 15.4 2006 年和 2011 年伊朗各类企业的研究重点（%）

来源：伊朗统计中心。

论文数量更多，但是技术衍生很少

近年来，科技创新政策的一个重点是鼓励科学家在国际期刊上发表文章。这同样符合《2025 年愿景》。根据我们了解的信息，2002 年以来，国际合著论文的比例一直比较稳定。另外，科研论文的总量则大幅增长，到 2013 年甚至达到了四倍（见图 15.1）。现在，伊朗科学家在国际工程、化学、生命科学、和物理学期刊上发表了大量论文，这一趋势得益于伊朗目前要求博士生在科学引文索引数据库发表文章。根据达瓦尔帕纳和蒙哥哈达姆的数据，在这些文章中，女性作者仅占 13%，并且集中在化学、医学和社会科学领域（2012 年）。

然而，上述论文产量的提升对技术开发几乎没有影响。比如，在纳米技术领域，从 2008—2012 年，欧洲专利局只向伊朗科学家和工程师授予了四项专利。技术产出的匮乏主要源自创新周期中的三个缺陷环节。其中第一个缺陷是无法通过协调行政管理和法律权力架构来强化知识产权保护以及实现更全面的全国创新系统，而这是今后十年的一个主要政策目标。第三个五年经济发展计划（2000—2004 年）委托科学、研究、和技术部来协调所有科研活动，以避免与其他部委（卫生、能源、农业等）的工作重复。2005 年，还创建了总统科技助理岗位[①]，以便集中管理所有科技活动的预算和规划。不过，此后几乎没有为协调行政管理机构和司法部门的活动而采取任何措施。

在过去的几年中，决策者对解决实际问题的研究工作的关注程度一直较低，并且伊朗也没有为其落后的知识产权保护体系做出许多努力。与缺少可用投资资本或存在国际制裁相比，上述两个薄弱环节更加不利于伊朗的创新体系。

在有很多相关文件的情况下，为什么上述研究工作仍然得不到重视呢？这是因为在伊朗的公共政策中，既有战略规划，也有理想主义成分。在官方的政策文件中，不仅阐述了目的，还给出了大量建议——一言以蔽之：事事皆重点，无异于没有重点。为了解决这个问题，需要采用一种更复杂、更详细的替代方案，也就是采用一种规划模型，首先明确定义要务以及相关的政策问题，并结合法律框架进行分析，然后再给出详细的建议。这个模型应包含一份实施计划以及一个严格的监控和评估系统。

优先研发领域

大多数高科技公司都是国有企业

在德黑兰股票市场发行的股票涉及 37 个行业，其中包括石化、汽车、采矿、冶金、农业和电信，其股票市场在中东地区具有独特性。

伊朗的大多数高科技公司都是国有的，其中有 290 家都由工业开发和改革组织（IDRO）管理。该组织还在每个高科技行业创建了专门的企业[②]，以便协调投资和商业开发。2010 年，IDRO 成立了一项资本基金，为产品和技术型商业开发的各中间环节提供资金。

① 在伊朗，每位副总统都有若干助理。比如，在科技副总统下，有一位科技助理、一位管理发展和资源助理以及一位国际事务和技术交流助理。

② 这些实体包括生命科学开发公司、信息技术开发中心、伊朗信息技术开发公司以及伊马德半导体公司。

2004 年，国家《宪法》第 44 条修订，之后大约 80% 的国有企业都计划在 2014 年之前的十年内实现私有化。2014 年，塔斯尼姆通讯社援引了伊朗私有化组织主管阿卜杜拉·普里·侯赛因的话，表示在新的一年（从伊朗 2014 年 3 月 21 日开始），伊朗将对 186 家国有企业进行私有化。其中有 27 家公司的市场价值都超过了 4 亿美元。不过，若干关键行业仍然将保持国有为主的态势，其中包括汽车和制药行业（见专栏 15.1 和专栏 15.2）。

伊朗政府的开支比例（见表 15.2），可以反映其研发重点。在基础和应用科学领域，优先行业包括稠密物质、干细胞和分子医学、能源回收和转换、可再生能源、密码系统和编码。优先技术行业则包括航空航天、信息通信技术、核技术、纳米技术和微米技术、石油天然气、生物技术以及环境技术。

在航空航天领域，伊朗生产飞机、直升机和无人机。目前伊朗正在开发其首款宽体飞机[①]，以提升载客能力，因为目前伊朗每百万人口只有 9 架飞机。业内计划将生产重心从 59 座飞机过渡到能容纳 90 ~ 120 位乘客的飞机，但前提是能进口相关的技术资料。

与此同时，伊朗航天局制造了大量小卫星，并通过本国生产的“信使”号运载火箭发射到低地球

① 在 2000 年从乌克兰购买了 An–140 飞机的生产许可后，伊朗在 2003 年建造了自己的第一架 Iran–140 商业客机。

专栏 15.1　汽车在伊朗工业领域处于支配地位

在伊朗，汽车行业是仅次于石油天然气的第二大产业，占国内生产总值的 10% 左右，雇用员工占劳动力的 4% 左右。从 2000 年到 2013 年，在高进口关税以及中产阶级不断壮大的背景下，本土汽车制造业经历了蓬勃的发展。2013 年 7 月，由于美国采取制裁，使伊朗公司无法进口本国汽车所依赖的汽车配件；这导致伊朗在本地区的第一大汽车制造国地位被土耳其所取代。

伊朗汽车市场的制造商主要是霍德罗汽车集团公司（IKCO）和赛帕集团公司（SAIPA），它们都隶属于国有工业开发和改革组织。赛帕公司（法语为 *Société anonyme iranienne de production automobile*）成立于 1966 年，当时基于相关许可，组装面向伊朗市场销售的法国雪铁龙汽车。霍德罗公司成立于 1962 年，与赛帕公司一样，当时的业务也是基于许可组装欧洲和亚洲汽车，同时也组装自己的品牌。

2008 年和 2009 年，政府出资 30 亿美元开发基础设施，以便使汽车能够使用压缩天然气作为燃料。其目标是在伊朗精炼能力不足的情况下，减少高昂的石油进口成本。伊朗拥有全球仅次于俄罗斯的最大天然气储备，因而迅速成为全球天然气燃料汽车的大国：到 2014 年，共有 370 万辆车上路。

2010 年，政府将在上述两个公司所持股份减少到 20% 左右，不过在同一年，相关交易被伊朗私有化组织所取消。

霍德罗公司是中东地区最大的汽车制造商。2012 年，该公司宣布：此后将至少把公司销售收入的 3% 投入研发。

多年来，伊朗汽车制造商一直利用纳米技术来提升客户满意度和安全度，如提供防溅仪表盘、防水面和防划油漆。2011 年，纳米技术倡议理事会宣布计划向黎巴嫩出口皮萨格曼 – 纳米 – 阿里公司（PNACO）生产的一系列“自制”纳米级发动机油。

这些纳米型机油可以降低发动机腐蚀、燃料消耗以及发动机温度。2009 年，伊斯法罕科技大学的研究人员开发了一种强度高、重量轻的纳米钢材，其耐腐蚀能力与不锈钢一样，用于公路汽车，同时也可能用于飞机、太阳能电池板和其他产品。

2013 年的制裁对出口的打击尤为沉重，而在此前从 2011 年到 2012 年，伊朗的汽车出口量增加了一倍，达到大约 50 000 辆。在伊朗受到制裁后，霍德罗公司在 2013 年 10 月宣布：计划每年向俄罗斯销售 10 000 辆汽车。传统的出口市场则包括叙利亚、伊拉克、阿尔及利亚、埃及、苏丹、委内瑞拉、巴基斯坦、喀麦隆、加纳、塞内加尔和阿塞拜疆。2014 年，法国汽车制造商标致公司和雷诺公司恢复了与伊朗的传统业务。

来源：http://irannano.org；Rezaian（2013）；Press TV（2012）。

表 15.2 2011 年伊朗各主要政府机构的研发支出

	研发中心	预算（百万里亚尔）
科技助理		1 484 125
支持如下研发中心	纳米技术倡议理事会	482 459
	知识型企业发展中心	110 000
	生物技术研究中心	100 686
	药物和传统医学开发中心	90 000
	干细胞研究中心	75 000
	新能源开发中心	65 000
	信息通信技术开发和微电子中心	60 000
	认知科学中心	56 274
	水、干旱、腐蚀和环境管理中心	50 000
	软件技术中心	10 000
科学、研究和技术部		1 356 166
	伊朗航天局	85 346
	伊朗科技研究组织	357 617
国防部		683 157
卫生和医疗培训部		656 152
工业部		—
	工业开发和革新组织	536 980
	伊朗渔业研究组织	280 069
	伊朗航空工业组织	156 620
能源部		38 950
	原子能组织	169 564
	石油工业研究所	480 000
	可再生能源组织（SUNA）	12 000
信息和通信技术部		440 000
农业部		86 104
其他		33 147 411
	科学、研究和技术部下属的95所大学和72个机构	
	卫生和医疗培训部下属的84所大学和16个机构	
	国防部下属的22所大学和机构	
	32个科技园	
	各工业和工业部下属的184个机构	
	总统管辖的23个机构	
	63个其他机构	
总计		**41 069 680**

注：如下三个中心是 2014 年创建的，并由科技助理管理：石油、天然气和煤炭研究中心；能源和环境优化中心；知识型海洋企业中心。每个部的预算都不包括与其相关的大学和其他机构。

来源：www.isti.ir；其内容由作者根据国家科学政策研究所提供的信息编辑过。

专栏 15.2　伊朗制药工业的沉浮

伊朗国内目前有 96 家制药商，每年大约生产 300 亿份药品，其价值约为 20 亿美元。本地产品占伊朗市场的 92% 左右，但不包括专门治疗糖尿病、癌症等疾病的高品质药。这些药物需要进口，其费用约为 15 亿美元。因此，总体市场规模为 35 亿美元，也就是说，43% 的需求通过进口来满足。

在 96 家本土企业中，大约有 30 家企业控制了 85% 的市场。最大的四家企业包括（按照市场份额降序）达洛帕克赫斯、贾伯里贝尼哈扬、德黑兰希米和法拉比公司。这四个公司占据市场份额 20% 以上。本地制造商仍然使用过时的生产线，因此制造成本较高，进而导致药品销售价格较贵。

在伊朗的外国制药公司一般通过其分支机构直接运营，或者通过与伊朗医药企业合作，授权其销售本公司产品。

在伊朗，2011 年的人均医药支出为 46 美元。制药行业的利润率约为 14%。这是伊朗汽车行业利润率的三倍。大多数制药企业都是国有或半政府实体，不过其中有一些已经在德黑兰证券交易所上市。私人企业在市场的份额只有大约 30%。制药企业向大约 30 个国家出口药品，每年的市场价值为 1 亿美元。

在卫生和医疗教育部中，食品药品局直接负责监管制药公司。政府往往会做出所有相关战略决策，并监控药品标准、质量以及下属单位向企业的付款。

近年来，伊朗越来越重视本土生产以及面向地区市场的出口。出口目标国包括阿富汗、伊拉克、也门、阿联酋和乌克兰。

虽然制药行业并不在制裁范围内（即使是美国制药企业也可以方便地向美国财政部海外资产控制办公室申请向伊朗出口商品），但是该行业在很大程度上被银行业制裁所波及。伊朗进口商抱怨说：西方银行一直拒绝进行与向伊朗进口药品相关的交易。实际上，银行和保险制裁是推动伊朗各行业业务发展的主要因素。

一些西方公司因为担心违反制裁规定而缩减了与伊朗制药企业的交易。这限制了高科技机械、设备与药品的进口量，其中包括用来治疗癌症、糖尿病以及多种硬化症相关的疾病的重要药品。2012 年，来自美国和欧洲制药商的进口下降了 30%，迫使伊朗从亚洲进口标准较低的药品。药品短缺还导致了价格上涨，因为在高度专利化的医药行业，无法找到替代品，从而导致伊朗民众无法获取很多类药品。制裁还导致伊朗缺少支付西方药品所需的硬通货。

来源：卡哈吉珀尔（Khajehpour，2014b）；纳马齐（2013 年）。

轨道。2012 年 2 月，“信使”号发射了到当时为止最大的卫星，重量为 50 千克（Mistry 和 Gopalaswamy，2012）。

在生物技术和干细胞研究领域发挥越来越重要的作用

1997 年以后，生物技术研究工作由伊朗生物技术协会负责管理。长期以来，伊朗有三个重要的医疗研究[①]设施，其中，巴斯德研究所以及国际基因工程和生物技术研究中心负责研究人类病理学。第三个设施是拉齐血清和疫苗研究所，负责研究人类和动物疾病。从 20 世纪 20 年代后，拉齐和巴斯德研究所一直都在开发和生产人用和畜用疫苗。在农业生物技术领域，研究人员希望能够提高作物对害虫和疾病的抗性。波斯菌种保藏中心是生物技术研究中心在德黑兰的分支机构，也是伊朗科技研究组织（IROST）的成员机构。它为私人行业和学术界提供服务。

伊朗的科学家发表的农业科研论文少于医学科研论文，不过在 2005 年以后，这两个领域的论文数量都显著增加。伊朗的医疗旅游业务在中东地区越来越受欢迎。比如，罗扬研究所就以治疗不孕而闻名（见专栏 15.3）。

伊朗已经成为一个纳米技术中心

在 2002 年成立了纳米技术倡议理事会（NIC）[②]

① 参见：www.nti.org/country-profiles/iran/biological.

② 参见：www.irannano.org.

专栏 15.3　罗扬研究所：从不孕治疗到干细胞研究

罗扬研究所（The Royan Institute）在 1991 年由赛义德·卡奇米·阿什提阿尼博士创办，其性质是一个开展生殖生物医学和不育治疗的公立非营利研究机构。该机构出版的期刊包括《细胞》《伊朗生殖能力和不孕》，两者都被编入汤森路透的科学网索引。该研究所设立了自己的年度奖项——罗扬国际研究奖。

罗扬研究所由吉哈德达尼斯哈盖里（“吉哈德”表示在科研领域的神圣工作）管理，该机构则由文化变革理事会监管。罗扬研究所虽然名义上是非政府组织，但实际上属于高等教育体系的一部分，因此受到政府资助。

1998 年，伊朗卫生部批准将该研究所作为一个细胞类研究中心。目前，研究所共有 46 位科学家和 186 位实验室技术人员，他们分属三个研究单位：罗扬干细胞生物和技术研究所、罗扬生殖生物医学研究所以及罗扬动物生物技术研究所。

在该研究所的早期成就中，包括在 1993 年通过体外受精方法孕育了一个婴儿。10 年以后，该研究所成立了干细胞研究部。2003 年，首次开发了人类胚胎细胞系。2004 年，研究人员从人类胚胎干细胞中首次成功提取了可产生胰岛素的细胞。该研究所还使用成人干细胞来治疗人类的角膜损伤（眼睛）以及心肌梗死（心脏病发作）。

2011 年，罗扬研究院创建了一个干细胞库和一个细胞治疗前期医院。一年后，首位患有 β 型 – 地中海贫血症的婴儿在接受治疗后顺利出生，导致该疾病的原因是负责产生血红蛋白（红细胞中一种富含铁的蛋白质）的基因存在某种缺陷。在全球人口中，有大约 5% 是血红蛋白缺陷基因的健康携带者，但是在亚洲、中东和地中海地区更普遍。

在该研究所取得的成就中，还包括 2006 年诞生的伊朗首只克隆绵羊以及 2009 年的伊朗首只克隆山羊。

罗扬研究所在 2005 年创建了伊朗脐带血库。2008 年 11 月，该血库机构宣布：在未来的五年中，将投资 25 亿美元研究干细胞，并将在各大城市开设干细胞研究中心。

来源：www.royaninstitute.org；伊朗英语新闻电视台（2008 年）。

后，伊朗的纳米技术迅速发展（见图 15.5）。从 2008 年到 2011 年，纳米技术倡议理事会的预算大幅度增加，从 1.38 亿增加到 3.61 亿里亚尔；2012 年的拨款较少（2.51 亿里亚尔），不过此后又反弹到 3.5 亿里亚尔（2013 年）。

纳米技术倡议理事会的任务是确定伊朗开发纳米技术的总体政策，并协调实施政策。该机构提供设施，创建市场，并努力帮助私人部门开展相关的研发活动。

伊朗有若干纳米技术研究中心：

- 沙里夫大学的纳米技术研究中心（创建于 2005 年），该中心开设了伊朗的首个纳米科学和纳米技术博士课程。
- 马什哈德大学医学院的纳米技术研究中心，位于马什哈德布阿里研究所内（创建于 2009 年）。
- 萨伊德比赫什蒂大学医学院的医学纳米技术和组织工程研究中心。
- 邦迪卡普尔大学的纳米技术研究中心（创建于 2010 年）。
- 赞兼大学医学院的赞兼制药纳米技术研究中心（创建于 2012 年）。

伊朗的纳米技术计划具有如下特征（Ghazinoory 等，2012）：

- 决策过程自上而下，由政府领导。
- 计划是面向未来的（前瞻式）。
- 在很大程度上通过宣传活动，激起决策者、专家和大众对纳米技术的兴趣，其中包括在德黑兰每年举办一次纳米技术节；纳米技术倡议理事会为在校学生创建了一个纳米俱乐部[①]以及一项纳米奥运会。

① 参见：nanoclub.ir.

- 强调建立价值链中的每个环节。
- 通过大量经济支持来推动。
- 采用基于供应而非需求的模式，并依赖伊朗的国内能力。

在纳米技术领域，数量仍然超过质量

迄今为止，纳米技术倡议理事会的任务之一就是让伊朗在这个领域跻身全球 15 强。从这个角度来看，该理事会的工作很成功，因为到 2014 年，在纳米技术相关论文数量方面，伊朗排名全球第七（见图 15.5）。伊朗每百万人口的论文数也快速增加。在过去的十年中，共成立了 143 家纳米技术公司，涉及 8 个行业。

虽然取得了上述成就，但是自 2009 年以来，平均收录率却下降了，并且迄今授予发明者的专利也很少。另外，虽然在欧洲专利局以及美国专利和商标局注册的专利数在 2008 年以后稳定增长，但是从 2012—2013 年，却从 27 个骤然下降到 12 个。

不断增长的科技园和孵化器网络

自 2010 年以来，伊朗创建了五个科技园和 48 个商业孵化器（见表 15.3）。其中一些园区涉及的行业比较专一，另外一些则汇集了多行业的企业。比如，波斯海湾科技园（也称为“知识村”）是在 2008 年成立的，它汇集了如下所有领域的企业：信息、通信和电子技术；纳米技术；生物技术；石油、天然气和石化；海洋工业；农业和椰枣行业；渔业和水生生物；以及食品行业。

通过在 2010 年对伊朗东阿塞拜疆省科技园内大约 40 家已有企业的调查发现：研发投资水平和创新程度之间存在关联；同时还发现：小企业在园内创办的时间越长，其创新能力越强。另外，最有活力的企业并不一定是研究人员最多的（Fazlzadeh 和 Moshiri，2010）。

结论

在禁运环境下，科学仍然可以发展

《联合国教科文组织科学报告 2010》中曾提道：伊朗科技创新方针的特点是通过科学推动，而不是通过技术拉动。现在我们则可以说：其科技创新方针的特点是被制裁所推动，而不是通过科学拉动。2011 年以后日益严厉的制裁使伊朗经济更多地转向国内市场。在外国进口被限制的情况下，制裁促使伊朗的知识型企业开始本地化生产。

针对 2014 年的制裁，伊朗采取了一种抵抗型经济，这其中包括经济政策和科技创新方针。决策者目前面临的挑战是：如何摆脱对采掘行业的依赖，利用本国的人力资本来创造财富，因为他们已经意识到：伊朗的未来需要过渡到知识型经济。

过去，伊朗的教育政策倚重其在基础科研领域的优势。正如我们在《联合国教科文组织科学报告 2010》中所述，这种倚重以及其他一些因素（如石油美元暴利）已经导致科研与社会经济需求相剥离。经济形势恶化，毕业生人数激增，以及毕业生面临就业难题，都为加大应用科技研发力度创造了肥沃的土壤。在这种背景下，政府正利用有限的预算来扶植小型创新企业、商业孵化器、科技园以及雇用毕业生的企业。与此同时，科学、研究和技术部计划开设更多的跨专业大学课程以及一个工商管理硕士学位，使大学课程更好地满足社会经济需求。

国际制裁产生了意料之外但却很受欢迎的效果。伊朗不再依赖石油美元来管理日益庞大的社会体系，

表 15.3　2010—2013 年伊朗科技园的发展情况

	2010年	2011年	2012年	2013年
科技园数量	28	31	33	33
商业孵化器的数量	98	113	131	146
科技园产生的专利数量	310	321	340	360
在科技园内创办的知识型企业数量	2 169	2 518	3 000	3 400
在科技园工作的研究人员数量	16 139	16 542	19 000	22 000

来源：作者，基于与科学、研究和技术部的沟通信息，2014 年。

伊朗发表的与纳米技术相关的论文数量现在排在世界第七位

下表是2014年纳米技术相关论文数量前25位国家

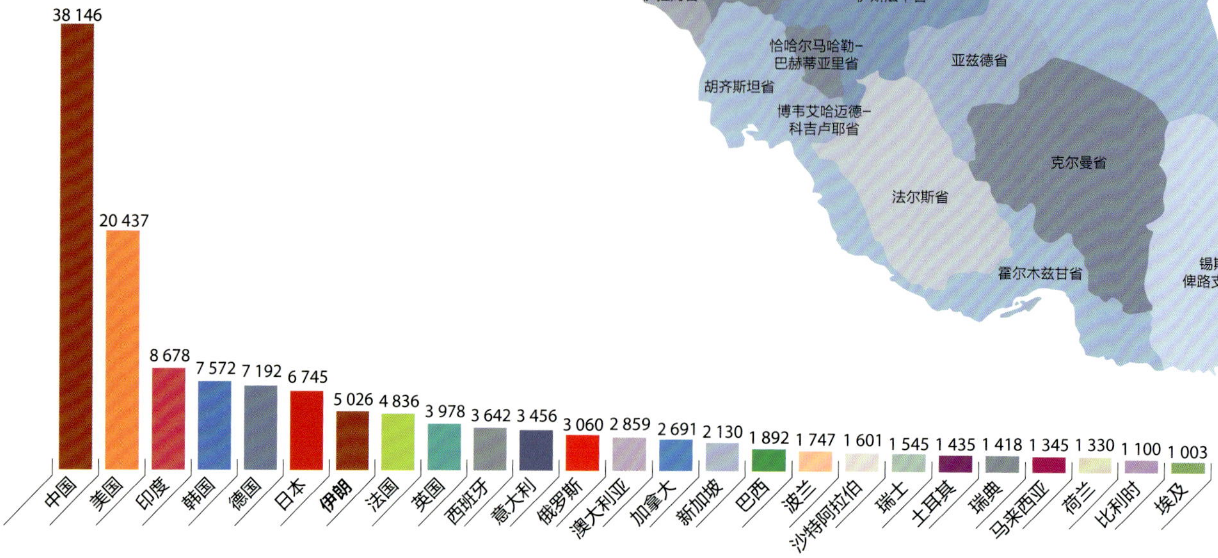

注：中国数量不包括中国台湾地区，2014 年此数据库记录的中国台湾地区的论文量为 3 139。

就每百万居民中的纳米技术论文数量来看，伊朗有着不错的表现。

伊朗与其他国家的比较图如下。

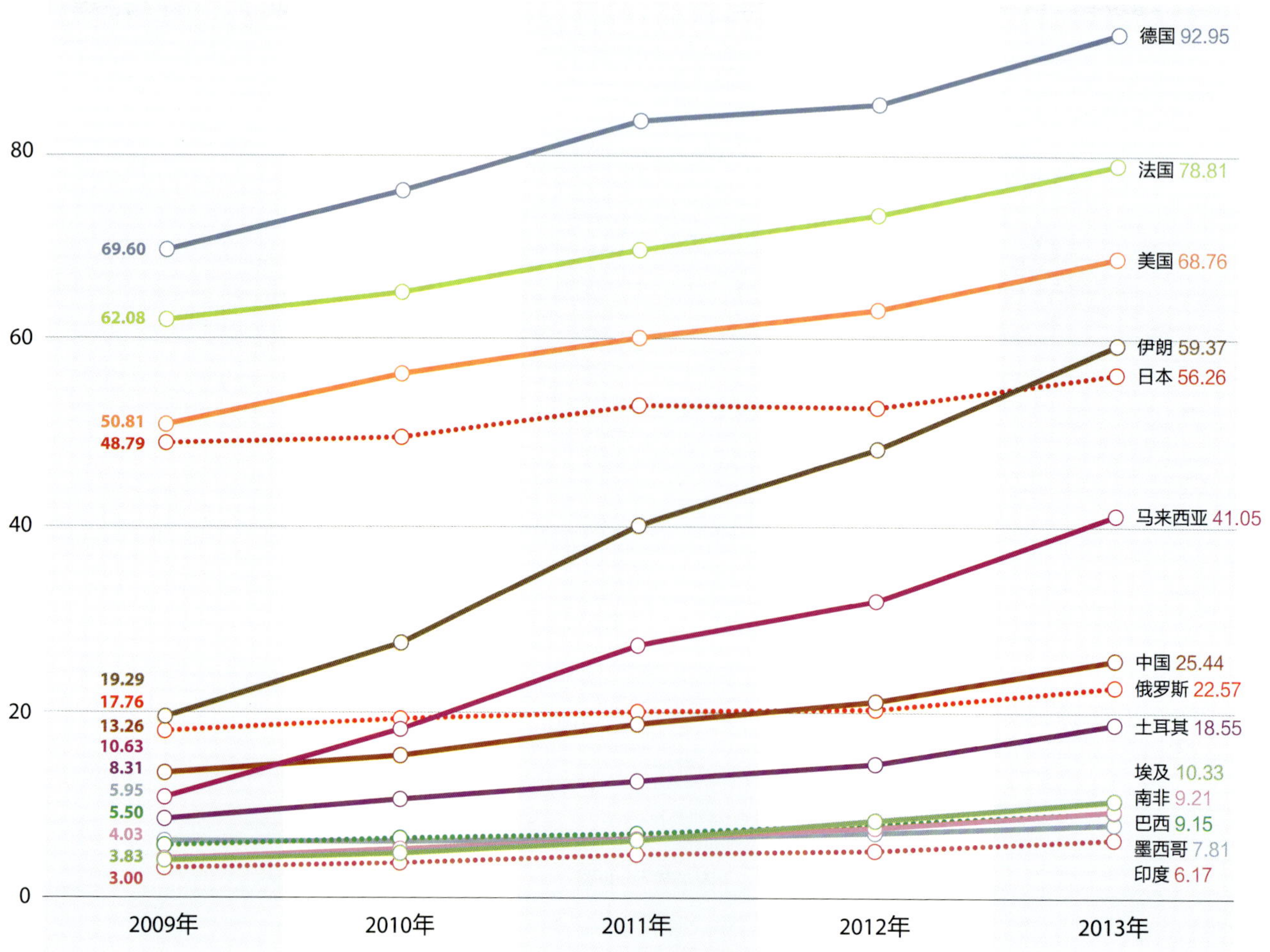

图 15.5　伊朗纳米技术发展趋势

伊朗 143 家纳米技术公司活跃于 8 个产业领域

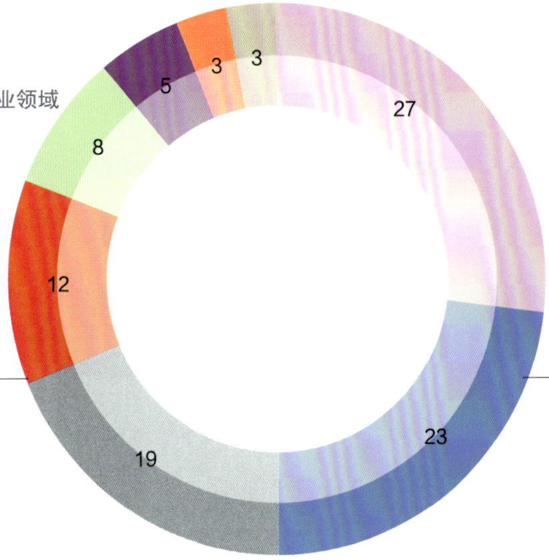

医疗 27
纳米材料供应 23
装备/制造商 19
建设 12
农业和包装业 8
纺织品 5
能源和石油 3
汽车 3

568

2003年在纳米技术领域的伊朗研究人员

20 966

2013年在纳米技术领域的伊朗研究人员

专利增加数量与出版增长数量不匹配……

每100篇科技论文中欧洲专利局和美国专利及商标局注册的纳米技术专利数量

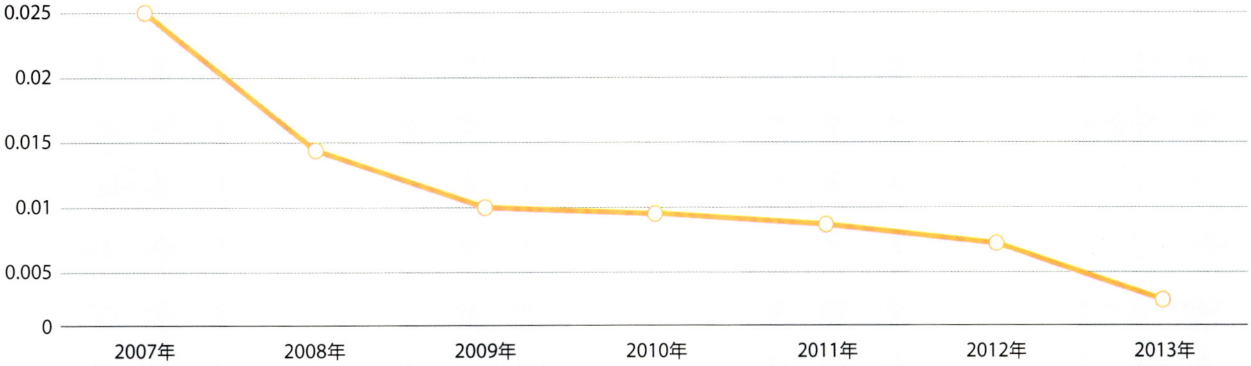

0.025
0.02
0.015
0.01
0.005
0

2007年 2008年 2009年 2010年 2011年 2012年 2013年

……质量与数量并不匹配

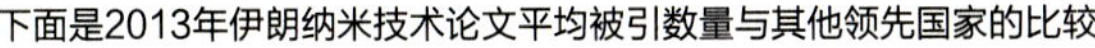

下面是2013年伊朗纳米技术论文平均被引数量与其他领先国家的比较

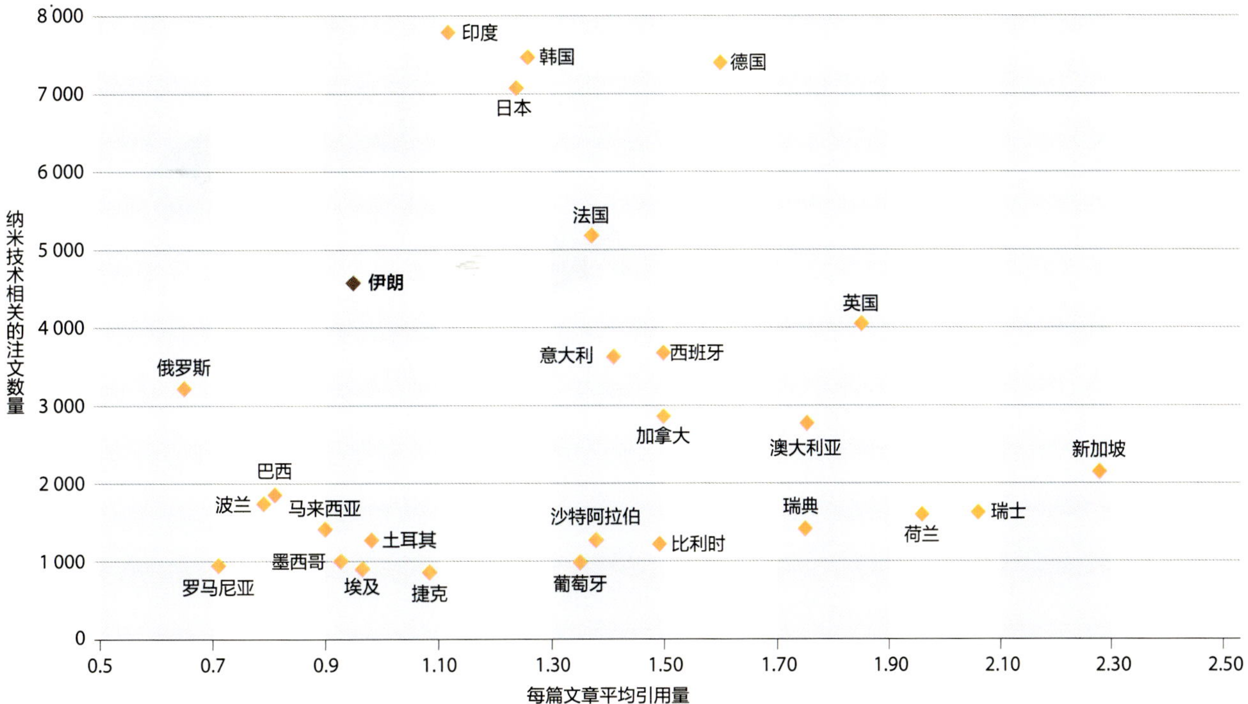

来源：statnano.com（2015 年 1 月），数据来自汤森路透科学网，科学引文索引，以及欧洲专利局和美国专利及商标局的记录。

伊朗的主要目标

- 在 2015 年之前把国内研发支出总额与国内生产总值之比提高到 3%，在 2016 年之前提高到 4%。
- 到 2025 年，使企业研发投入占全社会研发投入的 50%。
- 到 2025 年，将商业企业雇用的研究人员所占比例增加到 40%。
- 从 2013—2025 年，将每百万人口的全职大学教授人数从 1 171 人增加到 2 000 人。
- 到 2015 年，将外商直接投资占国内生产总值的比例增加到 3%。
- 从 2004—2014 年，将 80% 的国有企业私有化。
- 从 2013—2025 年，将每百万人口在国际期刊发表的科研论文数量从 239 篇增加到 800 篇。

政府开始通过改革来降低机构成本，采用更专业的预算系统，并改善科学治理体系。

伊朗的经验为我们提供了一个独特的视角。伊朗的科技创新方针越来越重要，而在此过程中，日益严厉的国际制裁所发挥的作用超过了任何其他因素。在禁运环境下，科学仍然可以发展。伊朗可以借此期待更加光明的未来。

参考文献

Davarpanah, M. R. and H. M. Moghadam (2012) The contribution of women in Iranian scholarly publication. *Library Review*, 61(4): 261–271.

Dehghan, S. K. (2014) Iranian students blocked from UK STEM courses due to US sanctions. *The Guardian Online*, 26 June.

Fakhari H.; Soleimani D. and F. Darabi (2013) The impact of sanctions on knowledge-based companies. *Journal of Science and Technology Policy* 5(3).

Fazlzadeh, A. and M. Moshiri (2010) An investigation of innovation in small scale industries located in science parks of Iran. *International Journal of Business and Management*, 5(10): 148.

Ghaneirad, M. A.; Toloo, A. and F. Khosrokhavar (2008), Factors Motives and Challenges of Knowledge Production among Scientific Elites. *Journal of Science and Technology Policy* 1(2): 71–86.

Ghazimi R. (2012) *Iran's Economic Crisis: a Failure of Planning*. See: www.muftah.org.

Ghazinoory, S.; Yazdi, F. S. and A.M. Soltani (2012) Iran and nanotechnology: a new experience of on-time entry. In: N. Aydogan-Duda (ed.) *Making It to the Forefront: Nanotechnology – a Developing Country Perspective*. Springer: New York.

Ghazinoory, S.; Divsalar, A. and A. Soofi (2009) A new definition and framework for the development of a national technology strategy: the case of nanotechnology for Iran. *Technological Forecasting and Social Change* 76(6): 835–848.

Ghorashi, A. H. and A. Rahimi (2011) Renewable and non-renewable energy status in Iran: art of know-how and technology gaps. *Renewable and Sustainable Energy Reviews*, 15(1): 729–736.

Habibi, N. (2013) *The Economic Legacy of Mahmoud Ahmadinejad*. Middle East Brief, Crown Center for Middle East Studies, June, no.74. See: www.brandeis.edu/crown/publications/meb/MEB74.pdf.

Hariri N. and A. Riahi (2014) Scientific Cooperation of Iran and Developing Countries. *Journal of Science and Technology Policy* 3(3).

IMF (2014) Islamic Republic of Iran: Selected Issues Paper. Country Report 14/94. International Monetary Fund. April.

Jowkar, A.; Didegah, F. and A. Gazni (2011) The effect of funding on academic research impact: a case study of Iranian publications. *Aslib Proceedings*, 63 (6) 593–602.

Khajehpour, B. (2014a) Decoding Iran's 'resistance economy.' *Al Monitor*, 24 February. See: www.al-monitor.com.

Khajehpour, B. (2014b) *Impact of External Sanctions on the Iranian Pharmaceutical Sector*. Editorial. Hand Research Foundation. See: www.handresearch.org.

Leylaz, S. (2014) Iran gov't economic achievements outlined. *Iranian Republic News Agency* 2 November. See: www.irna.ir/en/News/2783131.

Manteghi, M.; Hasani, A. and A.N. Boushehri (2010) Identifying the policy challenges in the national innovation system of Iran. *Journal of Science and Technology Policy* 2 (3).

Mistry, D. and B. Gopalaswamy (2012) Ballistic missiles and space launch vehicles in regional powers. *Astropolitics,* 10(2): 126–151.

Mousavian, S. H. (2012) *The Iranian Nuclear Crisis: a Memoir Paperback*. Carnegie Endowment for International Peace: USA.

Namazi, S. (2013) Sanctions and medical supply shortages in Iran. *Viewpoints,* 20.

PressTV (2012) IKCO to allocate 3% of sales to research, 29 January. See: http://presstv.com/detail/223755.html.

PressTV (2008) *Iran invests $2.5b in stem cell research*. 7 November. See: www.presstv.ir.

Rezaian, J. (2013) Iran's automakers stalled by sanctions. *Washington Post,* 14 October 2013.

Riahi, A; Ghaneei, R.M.A. and E. Ahmadi (2013) Iran's Scientific Interaction and Commutations with the G8 Countries. Skype Presentation. Proceedings of 9th International Conference on Webometrics Informetrics and Scientometrics and 14th COLLNET Meeting. Tartu, Estonia.

Tehran Times (2013) 14 000 foreign students studying in Iran. *Tehran Times*, 10 July, vol. 122 237.

UIS (2014) *Higher Education in Asia: Expanding Out, Expanding Up*. UNESCO Institute for Statistics: Montreal (Canada).

Williams, A. (2008) Iran opens its first solar power plant. *Clean Technica*. See: www.cleantechnica.com.

克奥尔马尔斯·阿什塔伊恩（Kioomars Ashtarian），1963 年出生于伊朗。阿什塔伊恩获得加拿大拉瓦尔大学技术和公共政策博士学位，是德黑兰大学法律和政治学系副教授。他曾担任伊朗管理与计划组织公共部门主任（2002—2004 年），还曾担任伊朗新闻社新闻学院院长（2002—2003 年）。现在，他担任社会事务和电子政务内阁办公室秘书。

致谢

作者衷心感谢来自国家科学政策研究院的下列专家们，他们为本章的撰写提供了资料和数据。特别致谢国家科学政策研究院院士阿卡恩·格拉迪尼（Akran Gladmi）负责国际关系的专家法拉巴·尼尔斯拉（Farba Nilsiar）和研究员阿兹塔·曼彻瑞·卡什凯厄（Azita Manuchehri Qashqaie），还要感谢阿里·哈杰恩·纳阿尼（Ali Khajeh Naiini），他帮着完成的本章的表格。

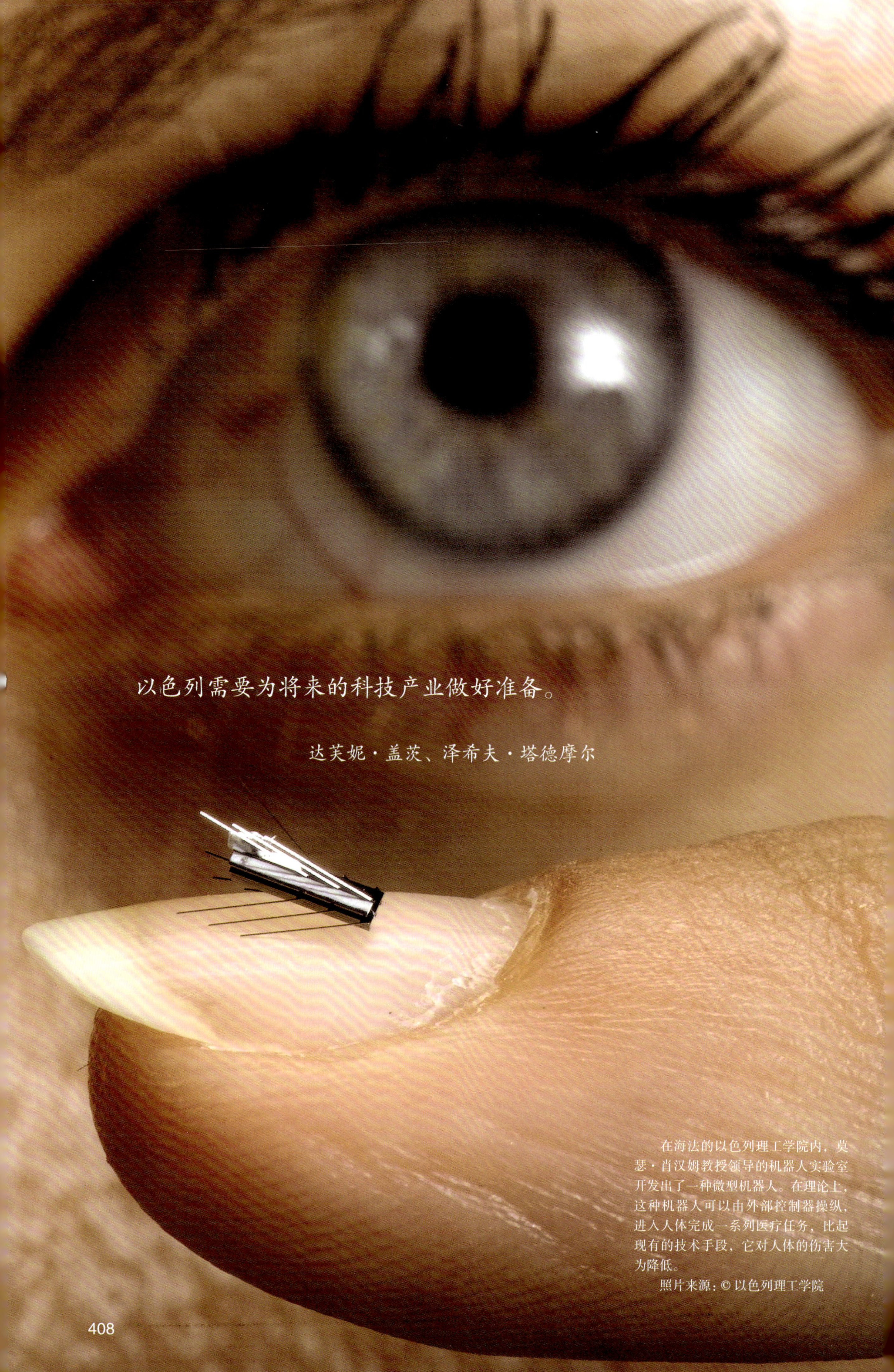

以色列需要为将来的科技产业做好准备。

达芙妮·盖茨、泽希夫·塔德摩尔

在海法的以色列理工学院内，莫瑟·肖汉姆教授领导的机器人实验室开发出了一种微型机器人。在理论上，这种机器人可以由外部控制器操纵，进入人体完成一系列医疗任务，比起现有的技术手段，它对人体的伤害大为降低。

照片来源：© 以色列理工学院

第 16 章　以色列

达芙妮·盖茨、泽希夫·塔德摩尔

引言

急速变化的地缘政治形势

自 2011 年的阿拉伯之春运动以来，伴随着政权更替、内战及极端武装组织，如伊斯兰国组织等（见第 17 章）的出现，中东地区的政治、社会、宗教和军事现状经历了意义深远的变化。以色列广义上的邻国伊朗与西方大国之间的关系可能正处于一个转折点上（见第 389 页）。在过去五年中，巴以冲突并未出现任何切实可行的和平方案，而这一冲突对于以色列的国际、区域合作和科技创新有着负面的影响。不过，即使在紧张的局势下，以色列和邻近的诸多阿拉伯国家仍建立了多项科研合作（见第 427 页）。

2015 年 3 月的选举结束后，以色列的新一届领导层上台。为了能在国会中取得主导地位，再次当选总理的本雅明·内塔尼亚胡与全民党（10 个议席）、圣经犹太教联盟（6 个议席）、沙斯党（7 个议席）和犹太家园党（8 个议席）共同组成了一个执政联盟。连同他所属的利库德党（30 个议席）在内，该执政联盟为他在国会内赢得了 61 个议席。而另外，一个阿拉伯 - 以色列政党联盟史无前例地在国会 120 个议席中占有了 14 个，使其得以排在利库德党领导的联盟和伊萨克·赫尔佐克领导的工党（24 个议席）之后，位列国会第三大政治势力。由此，以色列的阿拉伯人在国家的立法进程中占据了一个独特的位置，这一影响也将延伸至科技创新方面。

经济危机余音已散

从 2009 年到 2013 年，以购买力平价衡量，以色列的经济增长了 28%，达到了 2 619 亿美元，而该国的人均国内生产总值也增长了 19%（见图 16.1）。这一强劲增长显示了中高端科技产业作为该国经济发展主引擎的地位，2012 年，该产业出口占到了以色列全国出口额的 46%。该产业以信息通信技术（ICTs）和高科技服务业为主。由于其对国际市场及风险投资的依赖性，以色列的企业部门在 2008 年至 2009 年间的全球经济危机中显得毫无防备。但通过均衡的财政政策以及对房地产市场施行的保护性措施，以色列经济得以安然度过危机。在研发部门，2009 年引入的政府补贴[①]为该国的高科

① 政府以及国际基金提供的资金支持在这时提高了 12%。

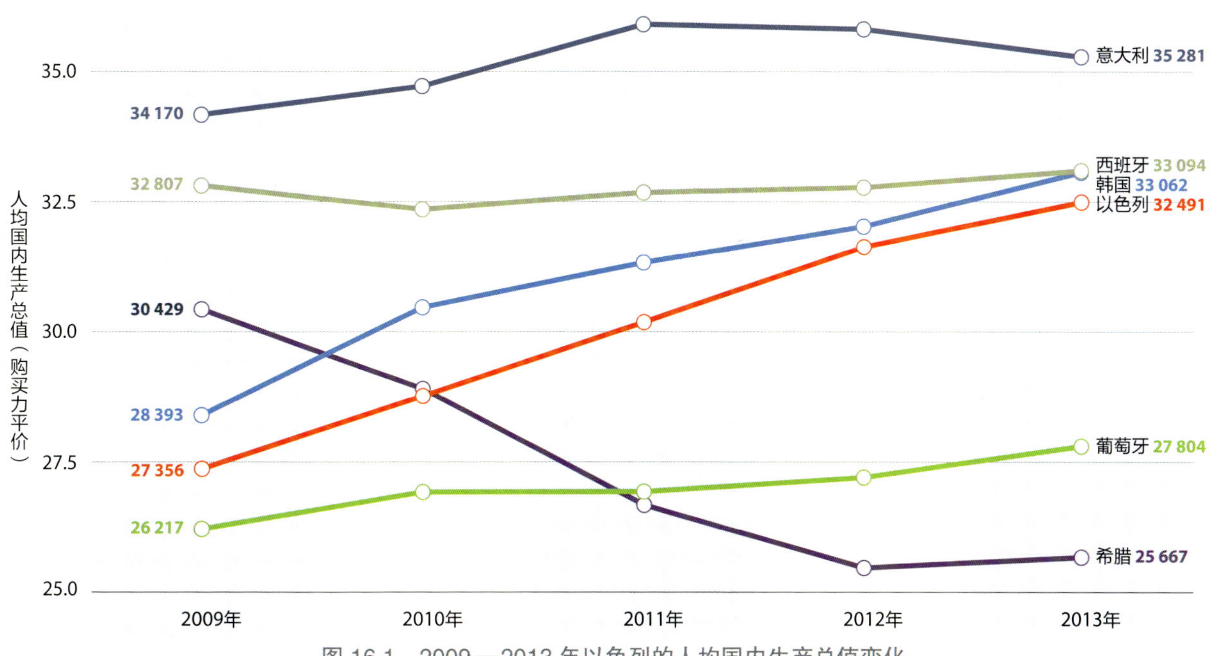

图 16.1　2009—2013 年以色列的人均国内生产总值变化

来源：《世界发展指标》报告，世界银行，2015 年 5 月。

技公司提供了一定的保护，它们在危机之后基本上安然无恙。

2011 年以色列中央统计局公布的一份数据显示，在 2008 年和 2009 年间，该国制造业的研发支出削减了 5%，而服务业的研发支出削减了 6%。在 2008 年时，这两个产业进行的研发分别各占总数的约 30%（UNESCO，2012）。由于企业部门的研发支出占到国内研发支出总额的 83% ~ 84%，企业部门内的支出削减导致了国内研发支出总额 / 国内生产总值比值在 2010 年的下降（国内生产总值的 3.96%）。不过，以色列保持住了自己世界研发领导者的地位，尽管与后来者大韩民国的差距已经缩小（见图 16.2）。

经合组织成员身份加强了投资者信心

在 2010 年，以色列获准加入了经济合作与发展组织（简称经合组织，OECD），这加强了投资者对该国经济的信心。之后，以色列的经济对国际贸易和投资更为开放：降低了关税、采用了国际标准、改善了国内商业政策环境①。以色列现在于包括有效的监管措施和知识产权政策在内的各方面已经满足了经合组织对市场开放度所设的政策框架。该国的政策改革带来了外商直接投资（FDI）的显著增长（OECD，2014），而这一增长（见表 16.1）给以色列的高科技产业带来了其亟须的资金支持，这又进一步对该国的国内生产总值产生了正面的效应：自 2009 年至 2013 年，以购买力平价衡量，以色列的国内生产总值从 2 048.49 亿美元提高到 2 618.58 亿美元（以当前价格计算）。

以色列的“二元经济”威胁到了社会的平等与发展的持续

顾名思义，以色列的“二元经济”由两部分组成：一部分是相对较小，但具有世界顶尖水准的高

① 参见 www.oecd.org/israel/48262991.pdf.

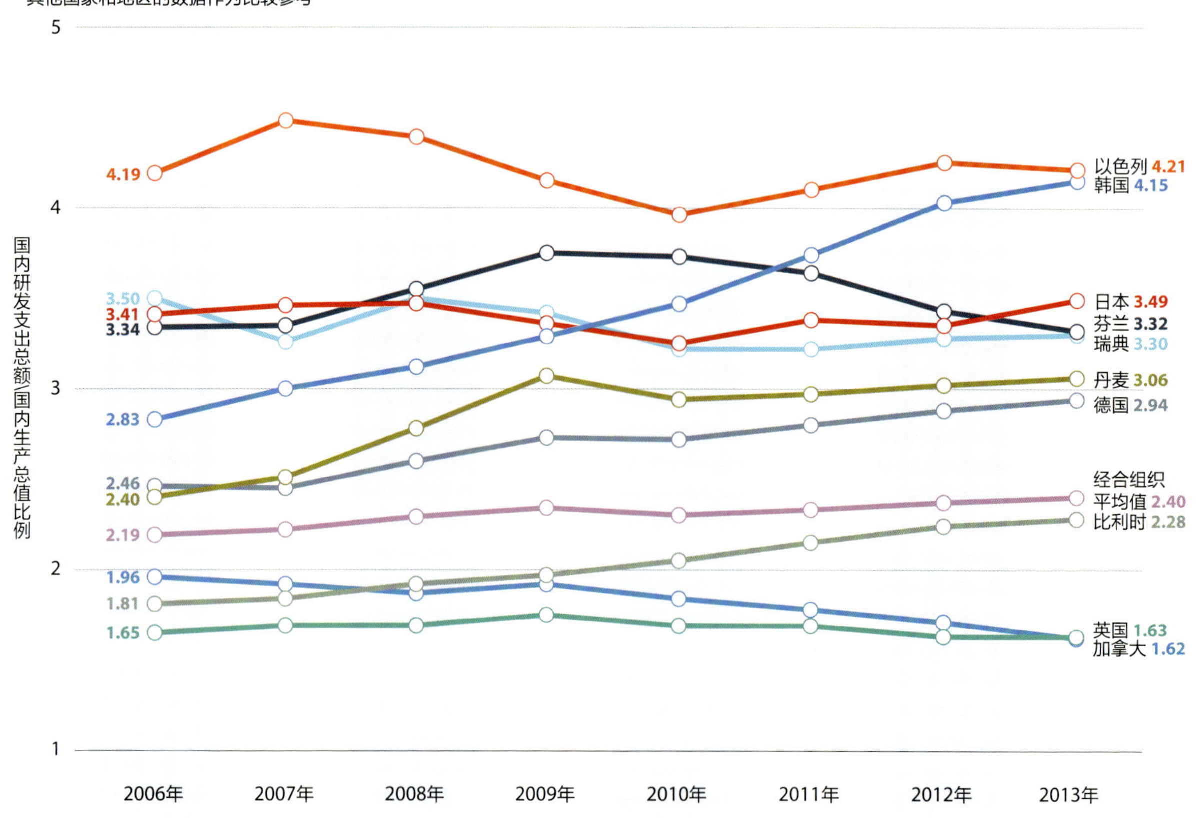

图 16.2　2006—2013 年以色列的国内研发支出总额 / 国内生产总值变化

注：以色列的数据已将国防研发排除。

来源：Getz 等（2013），updated.

表 16.1　2009—2013 年以色列的外商直接投资进出变化

	外商直接投资流入	外商直接投资流出	外商直接投资流入	外商直接投资流出
	百万美元（当前汇率）		国内生产总值占比（%）	
2009年	4 438	1 695	2.2	0.8
2010年	5 510	9 088	2.5	4.1
2011年	9 095	9 165	3.9	3.9
2012年	8 055	3 257	3.2	1.3
2013年	11 804	4 670	4.5	1.8

来源：以色列中央统计局。

科技产业，可视为经济发展的“火车头”；而另一部分则是较为庞大，但效率较低的传统工业和服务业。而该国蓬勃发展的高科技产业对经济的贡献并不总能传递到其他产业中去。

随着时间的推移，“二元经济”结构产生了国家“核心”地带，也就是特拉维夫城市地带的大量高收入劳动人群，同时，也催生了其他地区相对贫穷的劳动人口。其结果就是不断扩大的社会经济差异，财富逐渐集中到了 1% 的上层人口中，这对整个社会的稳定十分不利（Brodet，2008）。

这一双重性受到了该国与其他经合组织成员国相比而言较低的劳动力参与率的支撑，尽管这一比率由于教育水平的改善而从 2003 年的 59.8% 提升至 2013 年的 63.7%（Fatal，2013）。在 2014 年，55% 的以色列劳动者受过 13 年或以上年限的教育，30% 的教育年限超过了 16 年（CBS，2014）。总体国民中较低的劳动力参与率主要源自该国国内的极端正统派犹太男性以及阿拉伯裔女性的低参与度，阿拉伯裔人口的失业率也比犹太裔人口高，特别是阿拉伯裔女性（见表 16.2）。

阿拉伯裔人口的高失业率部分源于其融入以色列社会的程度不足，而他们之所以不能融入该国社会的原因有地缘上偏远、基础建设不足、社交关系缺乏和某些经济领域中的歧视与偏见等。

为了驱动长久而可持续的经济发展，解决少数族裔的劳动问题对于以色列至关重要。针对此问题，该国政府已经于 2014 年 12 月提出：要制订一系列目标，提高少数族裔的劳动力参与率（见图 16.3）。

表 16.2　2013 年以色列的劳动力构成

	成年总人口（千人）	劳动力人数（千人）	劳动力占比（%）	失业率（%）
总体	**5 775.1**	**3 677.8**	**64**	**6.2**
犹太人	4 549.5	3 061.8	67	5.8
阿拉伯人	1 057.2	482.8	46	9.4
男性	**2 818.3**	**1 955.9**	**69**	**6.2**
犹太人	2 211.9	1 549.8	70	5.8
阿拉伯人	530.8	344.4	65	8.2
女性	**2 956.7**	**1 722.0**	**58**	**6.2**
犹太人	2 337.6	1 512.0	65	5.8
阿拉伯人	526.4	138.4	26	12.4

来源：以色列中央统计局。

以色列 20 世纪 80 年代从半社会主义经济到自由市场经济的转变造成了社会不平等程度的提高，这可以由该国基尼系数［见词汇表（第 738 页）］的持续增长得到佐证。到 2011 年，该国 42% 的总收入集中在只构成总人口 20% 的那部分家庭中，而中产阶级仅占有 33% 的总收入。不平等在经过税收和转移支付后显得更为突出，这是由于政府于 2003 年

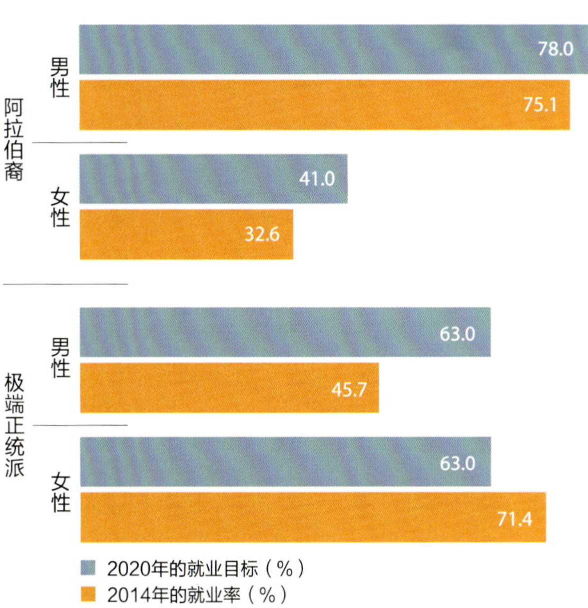

图 16.3　2020 年以色列少数族裔就业目标

注：该系列目标于 2010 年由一个特别委员会制订，极端正统派女性的就业目标已于 2014 年前达成。
来源：《管理财政政策目标》，以色列财政部审计公署（2014）。

起就逐年削减福利预算。

以色列经济的双重性同时也能被该国较低的劳动生产率（以每工时产出的国内生产总值计算）反映出来。就这一指标而言，以色列在经合组织 34 个成员国中排名 26 位，而且它的排名从 20 世纪 70 年代起一直在逐渐下滑（Ben David，2014）。即使该国拥有世界顶尖的大学和高科技公司，情况亦没有改观。

以色列的劳动生产率随着产业的科技密集程度的不同而有着剧烈的变化。在中高端科技产业中，劳动生产率显著高于其他制造业。而在服务业中，劳动生产率最高的人群同样出现在知识及科技密集型企业中，如计算机产业、研发服务业和通信产业等。尽管中高端科技制造业在国家出口中占据了 46%，它们只贡献了 13% 的国内生产总值和 7% 的总体就业。制造业中的主要行业有化学和药剂制造业、计算机制造业、电子及光学产品制造业等。

低端及中低端工业及服务业部门在以色列的生产和就业中占比更大，但这些部门的单位劳动生产率十分低下（见图 16.4）。建设长期、可持续的经济发展将有赖于提高传统工业及服务业的劳动生产率（Flug，2015）。其中一种可能的解决方案是：通过鼓励新技术的使用、改革组织形式、引入新商业模式和调整出口结构等方式，赋予公司更多的创新动机。

以色列政府希望，到 2020 年该国的行业生产率——每位员工带来的附加值——能够从 2014 年的 63 996 美元提高到 82 247 美元（以购买力平价衡量）。

研发方面的趋势

稳坐世界研发密集度领导者之位

在研发密集度方面，以色列处于世界领先位置，反映出研究和创新对其经济的重要性。然而，自 2008 年以来，该国的研发密集度稍有弱化（2014 年为 4.2%），而此时，其他国家，如韩国、丹麦、德国、比利时等（见图 16.2）的这一指标都经历了喜人的增长（Getz 等，2013）。企业研发支出总额（BERD[①]）继续占到国内研发支出总额的约 84%，或国内生产总值的 3.49%。而自 2003 年以来，高等教育在国内研发支出总额中的占比已经由国内生产总值的 0.69% 降低至 2013 年的国内生产总值的 0.59%——尽管如

① 国内研发支出总额中由商业企业支出的部分。

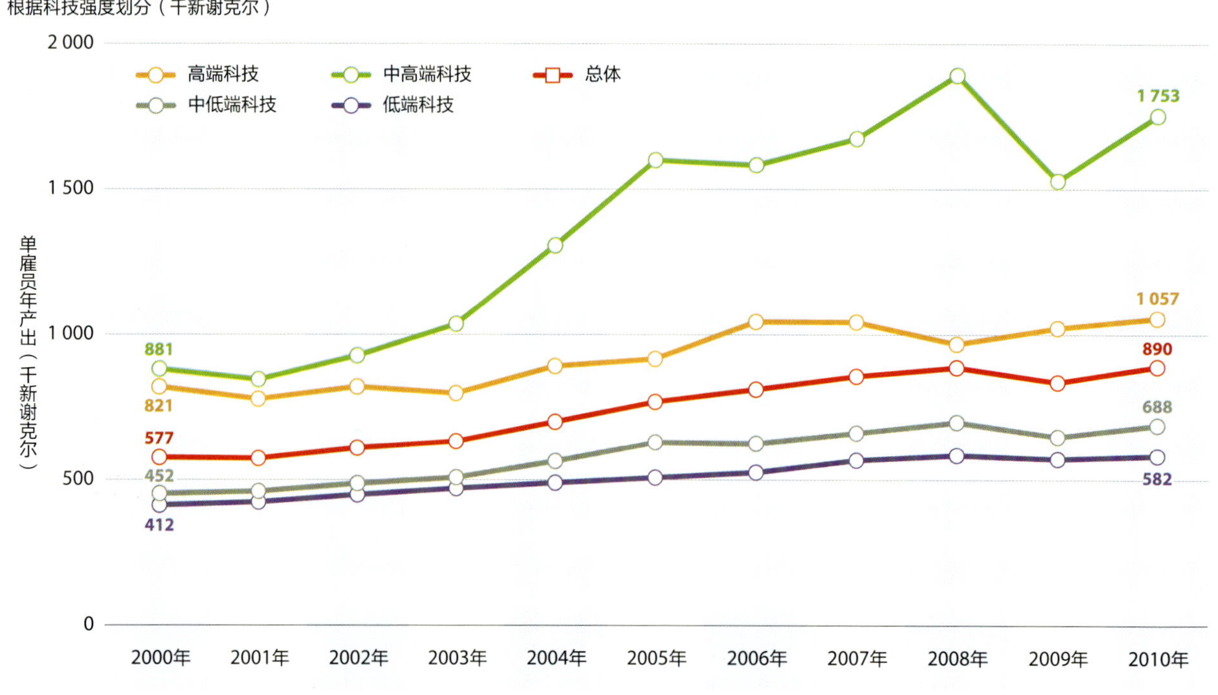

图 16.4　2000—2010 年以色列雇员的年人均产出变化

来源：以色列中央统计局（Central Bureau of Statistics）。

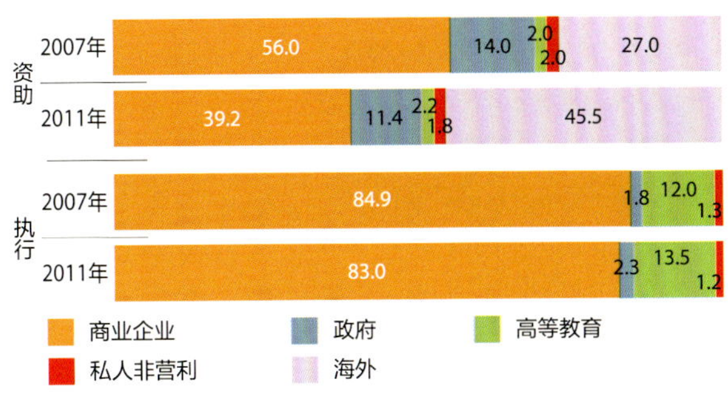

图 16.5　2007 年和 2011 年以色列的国内研发支出总额构成（%）

注：国防研发排除在外。
来源：以色列中央统计局（Central Bureau of Statistics）。

此，在这一指标上以色列仍能在经合组织成员国中排到第 8 位。

以色列的国内研发支出总额中最大的份额（45.6%）由国外公司支撑（见图 16.5），反映了跨国公司及跨国科研机构在该国的大规模活动。

国外资金支持下由高等院校进行的研发也占了很大一部分（21.8%）。到 2014 年年末，以色列从欧盟的第七次研究和创新框架项目中共获得了 87 560 万欧元的资金，其中 70% 流向了大学。该项目的后继项目，“地平线 2020 计划”（Horizon 2020, 2014—2020）已经筹集到了近 800 亿欧元的资金，使其成了欧盟迄今为止最具野心的研发项目。而截至 2015 年 2 月，以色列已经从“地平线 2020 计划”中获得了 11 980 万欧元的资金。

2013 年，超过一半（51.8%）的政府相关支出分配给了大学科研，另有 29.9% 分配给了产业技术发展。在过去十年间，卫生及环境领域的研发支出翻了一倍，但仍然只占到国内研发支出总额的不到 1%（见图 16.6）。以色列政府支持是按照目标分配，这在经合组织成员国中较为独特，而该国政府支持顺位中位列最低的正是卫生、环境和基础设施方面的研究。

以色列大学的研究工作虽然有涉及行业应用研究，并且时有与产业间的合作，但大多仍属于基础科学领域。因此，总体大学基金（GUF）及非定向研究的增加应能够助力于该国的基础研究。以色列基础研究在 2006 年曾占到总研究的 16%，而 2013

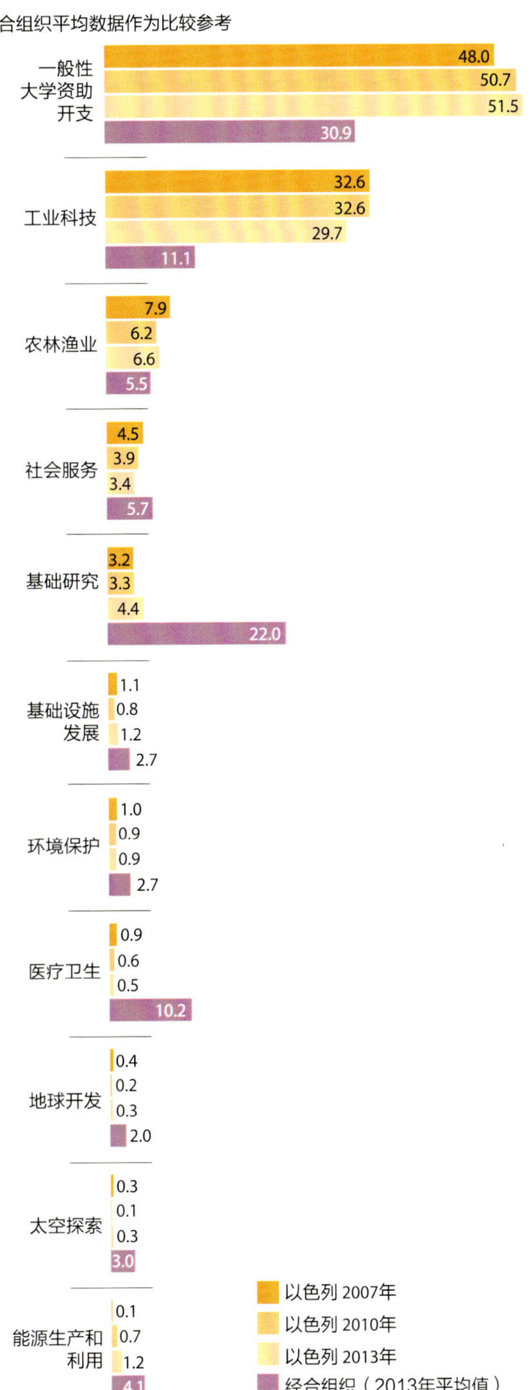

图 16.6　2007 年、2010 年和 2013 年以色列政府对主要社会经济目标的研发支出分配（%）

注：国防研发已排除在外。另有两项数据以色列和其他经合组织国家有较大出入：医疗卫生和基础研究。医疗卫生占比较低是因为以色列的此类研发由商业企业而非政府机构进行；在基础研究中，经合组织统计数据占比较高（22%），而以色列统计数据占比较低（4.4%），是由于经合组织的统计数据包含了许多不同科目。
来源：Getz 等（2013）.

年仅占 13%（见图 16.7）。

2012 年，以色列共有 77 282 名全职研究人员，其中 82% 接受过高等学位教育，10% 是实用领域中的工程师和技师，8% 具有其他类别的资格。每 10 个人中，有 8 人（83.8%）在企业部门中就职，1.1% 供职于政府部门，14.4% 位于高等教育部门，另外 0.7% 则在非营利机构中。

2011 年，28% 的高级教工人员为女性，比前一个十年提升了 5%（见图 16.8）。尽管女性占比得到了提升，但相对于教育（52%）和护理（63%）专业而言，在工程学（14%）、物理学（11%）、数学和计算机科学（10%）等专业领域，女性人员的比例仍然低下。

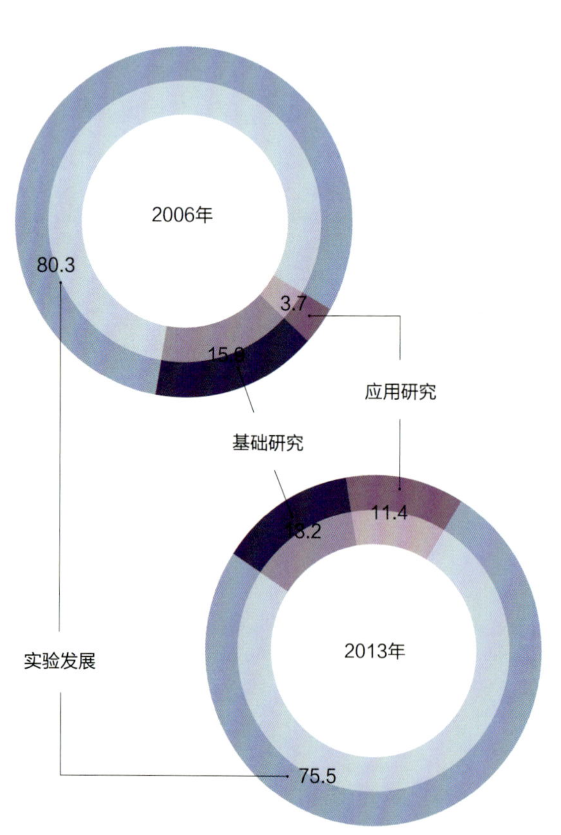

图 16.7　2006 年和 2013 年以色列的国内研发支出总额（按研究种类划分）（%）

注：数据不包括国防研发。

来源：联合国教科文组织统计研究所，2015 年 6 月。

科技创新政策方面的趋势

一项改革高等教育的六年计划

以色列的高等教育系统受该国高等教育委员会及其下属的规划预算委员会（PBC）管控。规划预算委员会会与该国财政部一道，定期发布横跨多年

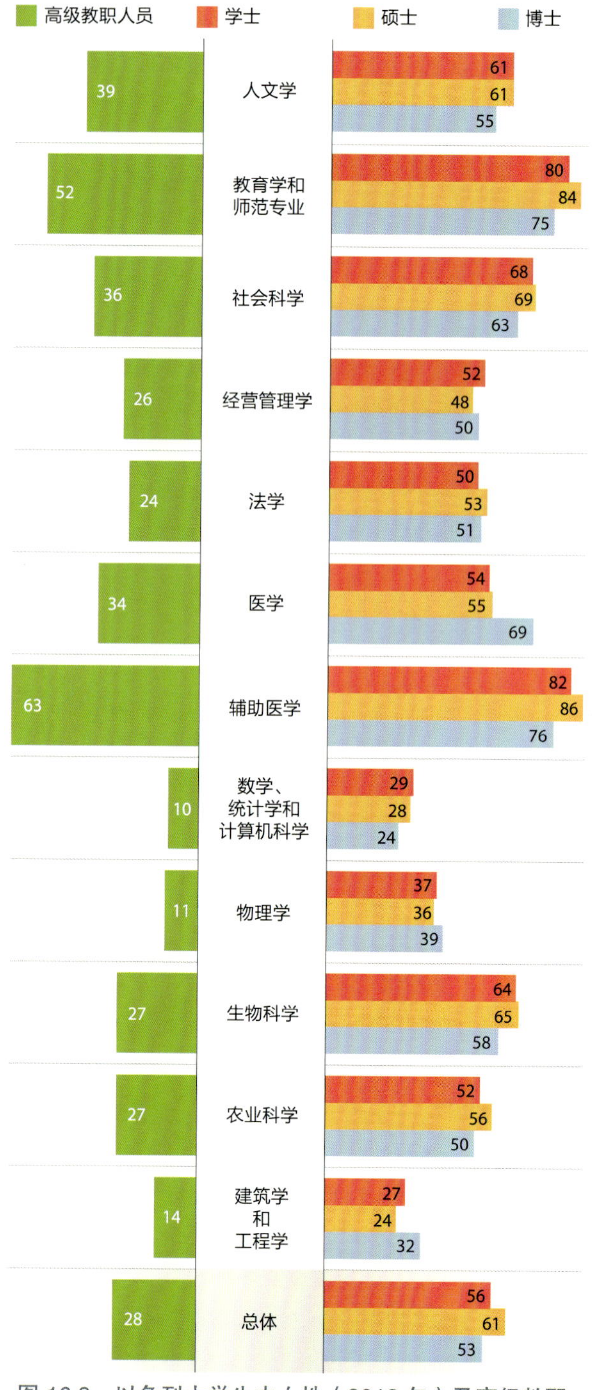

图 16.8　以色列大学生中女性（2013 年）及高级教职人员（2011 年）占比（%）

来源：以色列中央统计局。

的高等教育运作计划。每一项这样的计划都确定了数年间高等教育系统的一系列政策目标，并随之分配预算。2015 年，政府分配给大学的资金合计约为 175 000 万美元，占到大学运行总预算的 50% ~ 75%。剩余的部分主要（15% ~ 20%）则来自学生缴纳的学费，每人每年大约缴纳 2 750 美元。

在《第六个高等教育计划（2011—2016）》的规划中，高等教育委员会的预算将提高 30%。该计划改变了规划预算委员会以往的预算编制模式，更为强调研究的地位，并提出了计算学生数目的新的量化方法。在此一新模式下，预算的 75%（6 年中共 70 亿新谢克尔）将分配给提供高等教育的机构。

在 2012—2013 学年，以色列的高等教育系统共有 4 066 名教职人员，规划预算委员会对此提出了一个具有野心的目标：在计划的 6 年中，以色列的大学将再招募 1 600 名高级教职人员，其中一半人将进入新设的岗位，另外一半人将顶替退休人员，这将给大学中总教职人员数带来超过 15% 的净增加。在专业教育方面，预计将新设 400 个岗位，带来 25% 的净增长。人员的来源除了各机构常规的招募渠道外，在某些特定的研究领域中还将包括下文将要叙述的国家优秀科研中心项目（见专栏 16.1）。

教职人员数量的增长同时会降低学生 / 教工比例，当前这一比例在大学中为 24.3，即每位教职人员对应 24.3 名学生，在专业教育中则为 38。而计划中的目标则是大学 21.5，专业教育 35。

岗位数量大幅的增长、研究教学设施的升级以及研究资金的增加，应有助于以色列防止人才流失。该国的研究机构将能提供最高的学术标准，从而使优秀的以色列研究者可以在国内进行他们的学术研究。

上述的新预算模式主要关注人力资源和研究基础建设方面。其他的基建（如教学楼）和设备（如实验室设备等）费用主要来自如美国犹太社团等团体的慈善捐赠（CHE，2014）。这类捐赠极大地弥补了政府投入的不足，但在将来则有可能会显著削减。除非政府在基建和设备方面提供更多投入，以色列的大学可能将会陷入缺乏资源的境地，从而无法应对新世纪的诸多挑战。这应当引起注意。

学术研发再兴

《第六个高等教育计划（2011—2016）》于 2011 年规划启动了以色列国家优秀科研中心项目（见专栏 16.1）。这强烈显示了政策的转变，反映出该国政府对于资助学术研发重新产生了兴趣。这一项目旨

专栏 16.1　以色列国家优秀科研中心

以色列国家优秀科研中心（Israeli Centres of Research Excellence，I-CORE）项目启动于 2011 年 10 月，由以色列高等教育委员会下属的规划预算委员会和以色列科学基金会共同推进。

迄今为止，已有 16 座中心分两个批次建成挂牌，涵盖了多个研究领域：6 座研究生命科学和医学、5 座研究精密科学和工程学、3 座研究社会科学和法学、2 座研究人文学。每座中心都经过了科学基金会主导的同行评审选拔。截至 2014 年 5 月，这些中心吸纳了约 60 名年轻科学家，他们中的许多人之前都在海外进行科学研究。

每座中心的研究方向通过一套涵盖广泛、自下而上的过程选出，其中一个重要部分是对该国学术界的咨询，以保证中心的研究目标符合国家战略及本国科学家的科研兴趣。

以色列国家优秀科研中心的资金支持由高等教育委员会、主办机构和商业战略合作伙伴共同提供，总额达到了 13.5 亿新谢克尔（3.65 亿美元）。

项目最初的目标是在 2016 年前建立 30 座中心，然而，剩余 14 座中心的建设计划已经由于外部资本支持的缺乏而被搁置。

在 2013—2014 年度，规划预算委员会为以色列国家优秀科研中心项目准备的预算总额达到了 879 万新谢克尔，约相当于该年度高等教育总预算的 1%，但这笔预算看来仍不能满足该项目同时在多个科研领域汇聚核心人才的目标。自 2011 年以来，由于新中心的不断成立，政府对项目的投入逐年提升，到 2015—2016 年度有望达到 9.36 亿新谢克尔——不过到了 2017—2018 年度预计将回落至 3.37 亿新谢克尔。根据投入模型，政府投入应占总投入的三分之一，余下部分由参与计划的院校和商业投资者、捐赠者平摊。

来源：CHE（2014）.

在实现顶尖科学家跨机构性的聚拢，并吸引海外人才回国。每座优秀科研中心都将按照国际领先标准建设。《第六个高等教育计划（2011—2016）》同时确定了政府将在 6 年内投入 3 亿新谢克尔资金用于升级换代研究基础设施和设备。

以色列并没有一种“伞状”的科研创新政策来全面地调控研究重点并分配研究资源。不过，尽管并非正式宣布的政策，该国事实上还是有着一套有效的科研实践方式，包含了由上到下和由下到上的各种措施。如该国科技和太空部中设立的首席科学家以及特莱姆论坛（Telem forum）这类临时设置的组织等，均是这类实践的体现。而为国家优秀科研中心选择研究项目的过程也体现了上述的由下而上的过程（见专栏 16.1）。

未来可能发生的专业人才缺乏

在 2012—2013 学年中，以色列颁发的学士学位中有 34% 属于科学技术领域，与韩国（40%）及大多数西方国家（平均约 30%）相当。在每年颁发的其他学位中，硕士学位的科技领域占比略低（27%），而博士学位的科技领域占比则超过了一半，处于大多数（56%）。

某些领域中，科研和工程人员的老龄化显著可见。例如，在物理科学领域，约四分之三的研究人员年龄高于 50 岁，这一比例在工程技术人员中甚至更高。专业人员已经逐渐开始供不应求，而在未来，这类人员的短缺将是该国创新系统面临的主要障碍。

20 世纪 90 年代来自原苏联的犹太移民潮给以色列带来了额外的教育需求，大量高等教育机构应运而生，而自那以后，该国的高等院校对任何意图报名的人都不设障碍（CHE，2014）。尽管如此，以色列国内的阿拉伯裔及极端正统派犹太裔人群仍然很少上大学。《第六个高等教育计划（2011—2016）》强调了鼓励少数族裔接受高等教育的重要性。自 2012 年下半年“明日项目”启动的两年以来，极端正统派人口中接受高等教育的人数上升了 1 400 人，催生了 12 个针对极端正统派学生的新项目，其中 3 个位于大学校园之内。同时，高等教育多元化与机会平等项目致力于为阿拉伯裔人群消除其在高等教育系统中遇到的阻碍。其措施包括为接受高等教育的阿拉伯裔学生开办预备班，以免他们在第一年中辍学等。这一项目同时也更新了马欧夫基金，这一基金旨在为出色的阿拉伯裔教职人员提供帮助，自 1995 年创办以来，该基金为近 100 名阿拉伯裔教师提供了资金支持，而这些教师为年轻的阿拉伯裔学生起到了良好的榜样作用。

高等教育是否在“吃老本”？

对以色列高等教育系统的主要批评之一在于它在“吃老本”，20 世纪 50—70 年代对初中高三级教育系统进行了大量的投入，而其现在的高等教育系统被认为是在消耗数十年前的那些投入（Frenkel 和 Leck，2006）。在 2007 年到 2013 年间，该国大学毕业生人数上升了 19%（升至 39 654 人），但物理科学、生物科学及农业科学等专业的毕业生人数却不升反降（见图 16.9）。

最新的数据，如经合组织的“国际学生评测项目”对 15 岁以色列学生进行的测试，显示出该国在数学和科学等核心课程上的建设成果不如其他经合组织成员国。该国的初等教育公共支出也低于经合组织的平均水准。2002 年，以色列的公共教育预算占到国内生产总值的 6.9%，而 2011 年这一比例仅为 5.6%。高等教育预算占公共教育预算的比例在此 10 年间稳定维持在 16% ~ 18%，但若以国内生产总值占比计，则跌落入不足 1%（见图 16.10）。社会普遍担忧教师素质的下降，以及对学生要求的松懈。

研究型大学：高等教育的支柱

以色列国内的 7 家研究型大学构成了该国高等教育系统的支柱：耶路撒冷希伯来大学、以色列理工学院、特拉维夫大学、魏茨曼科学研究学院、巴伊兰大学、海法大学和本 - 古里安大学。

上述 7 所大学中的前 6 所在 2014 年的上海交通大学的排名①中位居前 500 名②。这 6 所院校在同一年的世界大学计算机科学专业排名中也均排进了前 200 名③。这些大学在数学专业上可以排进世界前 75 位，其中 4 所在物理学和化学专业上可以排进世界前 200 位。

---

① 2014 年世界大学学术排名。

② 耶路撒冷希伯来大学和以色列理工学院排名前 100 内，特拉维夫大学和魏茨曼科学研究学院位居前 200 内。

③ 以色列理工学院和特拉维夫大学排进了世界前 20 位，希伯来大学和魏茨曼学院排进了前 75 位。

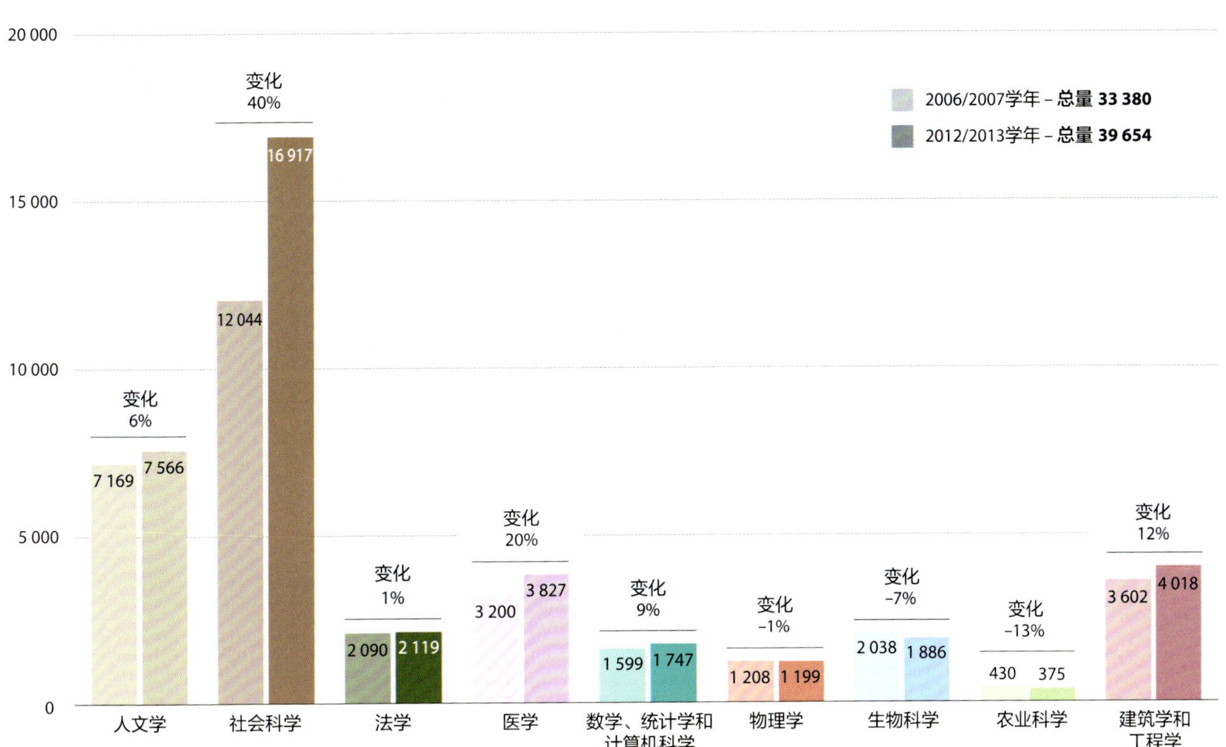

图 16.9　2006/2007 学年和 2012/2013 学年以色列大学毕业生（按专业领域划分）

来源：以色列中央统计局。

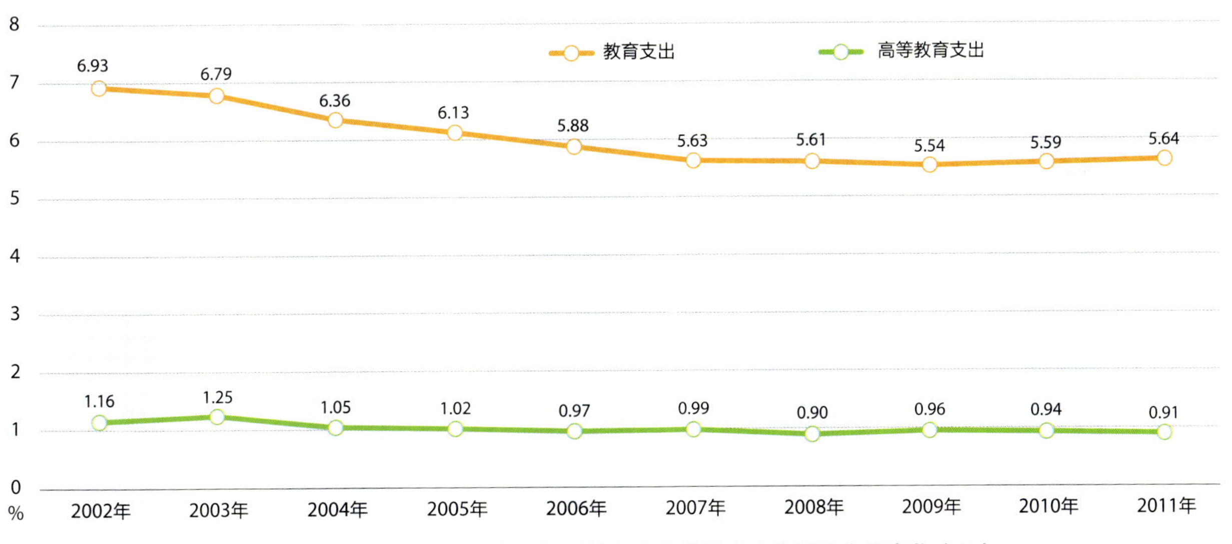

图 16.10　2002—2011 年以色列教育支出的国内生产总值占比变化（%）

来源：联合国教科文组织统计研究所（UNESCO Institute for Statistics），2015 年 4 月。

在 2007—2014 年间，以色列接受欧洲研究委员会启动基金赞助的 142 项科研计划取得了 17.6% 的成功率，这一数字排在瑞士之后，位列第二。在 2008—2013 年间，得到同一委员会高等基金赞助的 85 个项目取得了 13.6% 的成功率，排名第九。自 2009 年以来，有 2 位以色列人获得诺贝尔奖：阿达・约纳特教授，于 2009 年获奖，以表彰她在核糖体结构和功能方面研究的贡献；丹・谢赫特曼教授，于 2011 年获奖，以奖励他 1984 年对准晶体的发现。这使得获得诺贝尔自然科学奖的以色列人达到了 8 位。

学术发表停滞

在过去的 10 年中，以色列的学术发表量产生了停滞现象，因此，该国每百万人口的学术发表量

自 2005 年以来，以色列科研发表逐年缓步增长

经济规模相似的国家数据用以比较参考

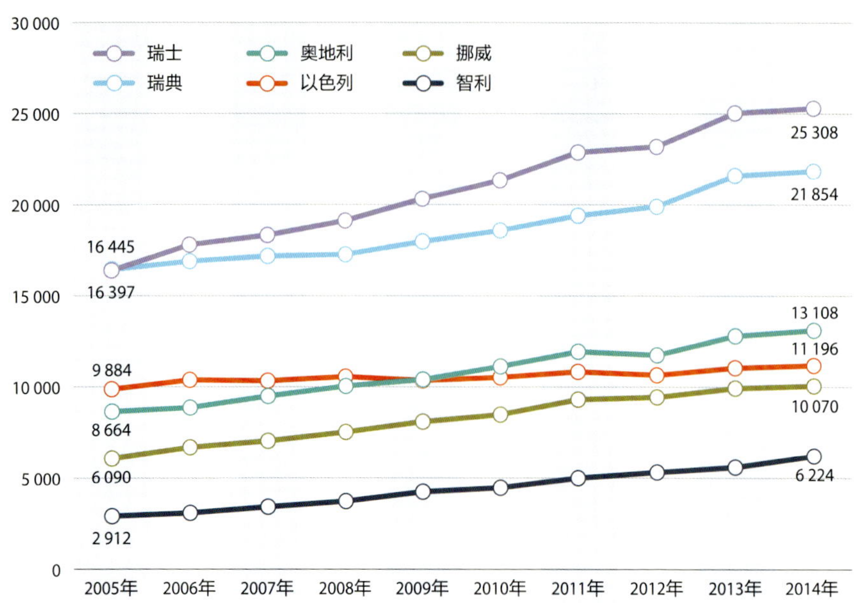

1.15

以色列科学发表文章2008—2012年间的平均被引用率；经合组织平均值为1.08

11.9%

2008—2012年间10%最常被引用论文中以色列论文的占比；经合组织平均值为11.1%

49.3%

2008—2014年间以色列论文中拥有外国合著作者的比例；经合组织平均值为29.4%

2008—2014 年以色列专攻生命科学和物理学

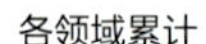

各领域累计

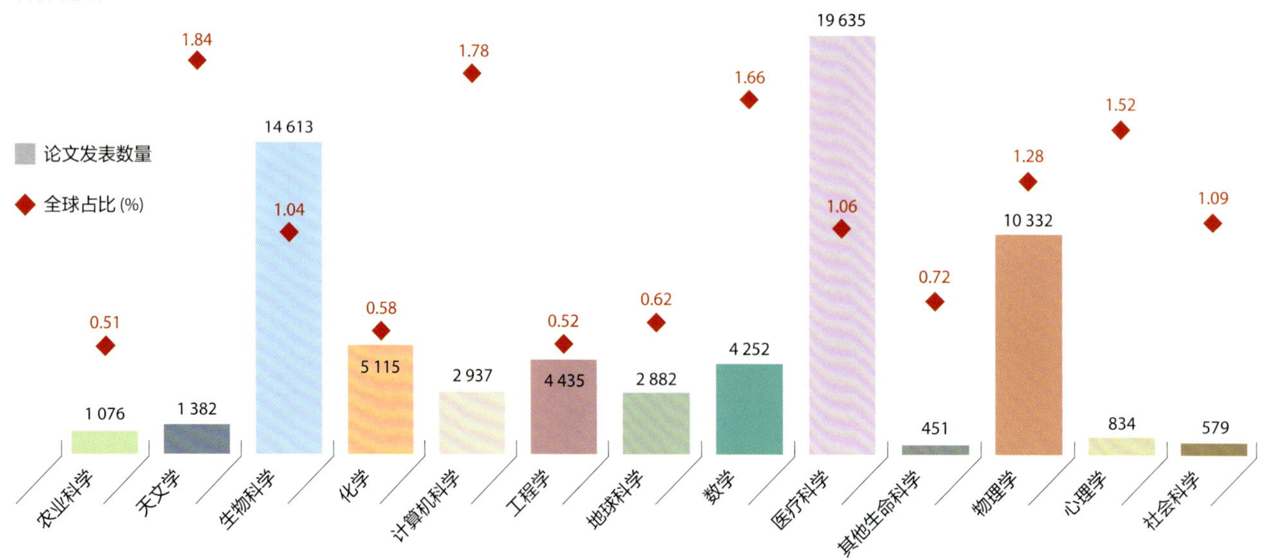

注：另有 6 745 篇论文未归类。以色列人口占全球总人口的 0.1%。

以色列科学家主要与美国、欧盟的同事合作

2008—2014年主要外国合作伙伴（按发表论文篇数计）

	第一大合作者	第二大合作者	第三大合作者	第四大合作者	第五大合作者
以色列	美国（19 506）	德国（7 219）	英国（4 895）	法国（4 422）	意大利（4 082）

图 16.11 2005—2014 年以色列科学出版物发展趋势

来源：汤森路透社科学引文索引数据库，科学引文索引扩展版；数据处理 Science-Metrix。

随之下降：在 2008 年至 2013 年间从 1 488 篇降低了 1 431 篇。这一趋势反映了该国相对不变的学术论文产出量和其在发达国家中相对较快的人口增长（2014 年 1.1%），也反映了在大学中专职研究人员的数量几乎没有增多。

以色列发表的学术文章有着很高的引用率，在 10% 最常被引用的论文中，也有相当一部分是以色列研究人员发表的（见图 16.11）。另外值得一提的是，研究人员与外国人共同著作的论文数量几乎是经合组织平均数量的两倍，对于国土面积小而科学研究发达的国家而言比较典型。以色列科学家主要与来自美、欧的同事合作，但他们近年来与中国、印度、韩国及新加坡的合作也进入了强势增长期。

在 2005—2014 年间，以色列在生命科学领域的科研产出特别地高（见图 16.11）。该国的大学同时在计算机科学领域成就显著，但相关的学术文章主要发表在峰会报告中，而这一发表渠道并不在科学网数据库的统计范围之内。

将影响日常生活的四大研究优先领域

以色列科学基金会是该国主要的研究资金提供方，受以色列科学及人文学院的监管。该基金会为三大领域提供了竞争性资助：精密科学技术、生命科学和医药学、人文社会科学。各类双边合作基金则为之提供补充，如 1972 年成立的美 - 以双边科学基金会和 1986 年成立的德 - 以科学研发基金会等。

以色列科技和太空部为各主题研究中心提供经费支持，并负责开展国际科研合作。该部的国家基础设施项目聚焦于扩充国家优先领域的知识储备、培养新一代科研人才。此项目投资的主要形式包括提供研究补助、发放奖学金及建立知识库等。该部 80% 的预算分配给了各个学术机构、科研院所，以及学术基础设施方面的更新换代工作。

2012 年，科技和太空部决定在接下来 3 年中向四大研究优先领域投资 1.2 亿新谢克尔，这些领域是：脑科学、超级计算机及网络安全科学（见专栏 16.2）、海洋学、替代交通燃料。这四大领域由该部首席科学家带领的团队选出，团队认为这些学科在不久的将来会极大地影响到国家的日常生活。

对宇宙研究的资助增加

2012 年，以色列科技和太空部很大程度地增加了以色列航天局（ISA）主导下民用太空项目的预算。以色列航天局的 3 年预算提升到了 1.8 亿新谢克尔，其中 6 500 万新谢克尔用于加强大学和产业间的合作，9 000 万新谢克尔用于国际合作计划。2013 年，以色列航天局签署了总计价值 8 800 万新谢克尔的合同，余下的资金将陆续到位。

国家宇宙项目的目的在于巩固加强以色列在全球宇宙研究探索领域前五名的地位。该国计划利用其在小型化和数字化方面的优势，在价值 2 500 亿美元的全球太空市场中取得 3% ~ 5% 的份额，在 10 年内获取 50 亿美元的销售额。

在五年内，以色列航天局将专注于：

- 以正式或准成员的身份加入欧洲航天局。
- 启动并推广两枚微型研究卫星工程。
- 发展内部知识，提高国内太空设备生产能力。

科学与太空部同时亦在推广以商业合作的形式与其他先进国家在该领域内的合作，如美国、法国、印度、意大利、日本和俄罗斯等。

让科学更平易近人

以色列科技和太空部的一项任务是科学普及工作，特别是针对那些生活在国家边缘地带的年轻人。它采用的方法包括建立科学博物馆，以及在科研机构举办年度学术活动，如“研究者之夜”（Researchers' Night）等。

另外一项措施开展于 20 世纪 80 年代，科技与太空部在国家地理及社会的周边地带建立了 8 座研发中心，以提高当地科技发展水平，增进民众对科技的参与。这 8 座研发中心专注于吸引当地年轻科研人才、提高教育和经济发展水平、解决当地遇到的问题。

新设科研基金提供了新的支持

目前，由以色列经济部首席科学家办公室管理的资金支持项目有：研究与发展基金、磁石基金（自 1994 年始，见表 16.3）、科技创业基金（Tnufa，自 2001 年始）和科研孵化项目（自 1991 年始）。2010 年以来，该办公室启动了数个新项目（OCS，2015）：

■ 以色列大挑战项目（2014）：该项目为全球健康大挑战项目的以色列分支，旨在研究世界健康问题及发展中国家食品安全问题的解决方案，该项目可为经证实可行的相关研究提供最多 50 万新谢克尔的资金。

■ 宇宙科技研发项目（2012）：鼓励在宇宙探索方面各领域内的研发工作。

■ 磁石－卡明（Magnet–Kamin）项目（2014）：为

专栏 16.2 以色列启动网络安全计划

在 2013 年，有黑客通过电脑病毒使以色列国内一套主要的隧道系统瘫痪长达 8 小时，造成了大规模的交通拥堵。在以色列以及世界范围内，受黑客攻击的威胁越来越大。

2010 年 11 月，以色列的时任总理组织了一支特别团队，负责制订网络安全计划，计划的目标是让以色列成为世界上五个网络安全程度最高的国家之一。

不到一年后，在 2011 年 8 月 7 日，以色列国家网络局挂牌成立，由总理办公室领导。2012—2014 年间，该局筹措了 1.8 亿新谢克尔（约 5 000 万美元）资金，用于鼓励军民两用领域内的网络安全研发。这笔资金同时也用于发展人力资源，如与大学合作创办网络安全研究中心培养吸纳人才等。

2014 年 1 月，时任总理启动了数字火花（CyberSpark）园区的建设，作为以色列的网络产业创新园，该园区是使以色列成为全球网络枢纽的计划的一部分。园区位于贝尔谢巴，对以色列南部的经济发展起到了帮扶作用。参与建设的有多家行业领军企业、跨国集团、高等院校等，还牵涉到了本－古里安大学、多支网络安全部队、多家特别教育平台和国家网络应急队伍等部门和单位。

园区内半数企业为以色列企业，规模以小中型为主。跨国企业主要有易安信、IBM、洛克希德－马丁和德国电信等。Paypal 公司最近收购了以色列网络安全公司 CyActive，因此也宣布了在园区内建立其在以色列的第二座研发中心的计划，主攻网络安全方向。这场收购只是许多跨国集团收购以色列本国网络安全公司案例中的一个。除此之外，还有底线科技（Bottomline Technologies）公司收购 Intellinx、帕洛阿尔托网络（Palo Alto Networks）公司收购 Cyvera 等。

国家网络局近日估计称，到 2014 年为止，以色列国内的网络安全公司数量已经在五年中翻了一番，达到了 300 家，安全产品销售额也占据了全球总额约 600 亿美元的 10%。

2010—2014 年间，以色列的网络安全研发开支翻了四倍，从 5 000 万美元增加到了 2 亿美元，这使得 2014 年该国的网络安全研发支出达到了全球总额的约 15%。

以色列网络安全技术的出口遵循多国共同签订的《瓦圣纳协定》，其全称为《关于传统武器与军民两用货物与技术的出口控制的瓦圣纳协定》。

数据来源：以色列国家网络局；数字火花计划；以色列经济部；Ziv（2015）。
参见：www.cyberspark.org.il.

表 16.3 2008—2013 年以色列首席科学家办公室提供的资助金额一览（总额）

项目名称（创建年份）	2008年	2009年	2010年	2011年	2012年	2013年
研究发展基金（1984年）	1 009.0	1 245.0	1 134.0	1 027.0	1 070.0	1 021.0
磁石（1994年）	159.0	199.0	159.0	187.0	134.0	138.0
用户协会（1995年）	3.2	2.7	0.8	3.2	0.7	1.6
磁子（2000年）	31.1	30.8	32.9	26.8	28.0	23.8
大公司研发项目（2001年）	71.0	82.0	75.0	63.0	55.0	59.0
诺法尔（2002年）	5.0	7.8	6.9	7.6	6.9	6.2
传统行业支持（2005年）	44.9	79.5	198.3	150.0	131.0	80.8
研发中心（2010年）	4.6	14.8	10.9	7.6	8.6	8.2
清洁科技（2012年）	65.4	95.4	100.7	81.9	84.4	105.6

来源：首席科学家办公室，2015 年。

具有商业化潜力的应用科学研究提供直接支持。

- 数字 - 基玛（Cyber-Kidma）项目（2014）：推广以色列国内的网络安全产业。
- 清洁科技 - 再生能源科技中心（2012）：为国内公共与私人部门间进行的可再生能源领域的研发提供支持。
- 生命科学基金（2010）：为国内生物制药领域的公司提供财政支持，与国内私人部门及财政部联合成立。
- 清洁科技 - 扎坦（Cleantech-Tzatam）项目（2011）：为生命科学领域的研发工作提供设备支持，首席科学家负责产业机构，PBC 负责研究机构。
- 高技术产业投资项目（2011）：与财政部及首席科学家办公室合作，鼓励金融机构向科技产业提供投资。

另外一个公共研究资金来源是国家研究与发展建设论坛，即特莱姆论坛（Telem forum）。这一自愿合作关系有来自以色列经济部首席科学家办公室、科技与太空部以及财政部规划预算委员会的参与。特莱姆论坛项目重点关注参与者具有共同利益的研究领域，为之提供基建支持。而项目中的各个计划由项目的成员自行维持。

对政策工具的定期评估

以色列的诸多相关科研政策受到来自高等教育委员会、国家发展与研究委员会、首席科学家办公室、科学及社会学院以及财政部的定期评估。

近年来，首席科学家办公室下设的 Magnet[①] 管理部对其政策工具进行了数项评估，其中大多数由独立研究机构执行。有一例是 2010 年由塞缪尔尼曼国家政策研究院执行的，评估了 Magnet 下属的诺法尔（Nofar）项目。

诺法尔项目试图在基础研究和应用研究之间建立桥梁，以加速其向产业的转化。在 2010 年的评估中建议道，该项目应资助生物技术和纳米技术以外的新兴技术领域（Getz 等，2010）。首席科学家办公室接受了这一建议，并决定资助医疗设备、水和能源技术以及跨领域研究等项目。

2008 年针对应用经济学进行的一次评估则由一家从事经济和管理研究的咨询机构开展，评估对象是以色列国内高技术产业对经济生产率的贡献。评估表明，在同类公司中，受到首席科学家办公室支持的公司，其员工的生产率要高出 19%（Lach 等，2008）。在同一年，一家由伊斯雷尔・马科夫领导的委员会评估了首席科学家办公室对大型企业研发部门的支持，并指出了为这些公司提供刺激政策的经济合理性（Makov，2014）。

大学申请的专利占总数的一成

自 20 世纪 90 年代起，大学传统上的任务已经逐渐不再仅仅包括教学和研究两项，而是引入了建立产学研合作这一新任务。这是该国电子工业和信息科技服务业发展带来的必然结果，也是苏联解体后大量科研人员涌入的结果。

以色列对于将知识从学术领域转让至公共和工业领域方面并无法律规范。尽管如此，该国政府仍能通过大学影响学术政策的制定，通过刺激和补贴政策影响技术转让，如 Magnet 项目和 Magneton 项目等（见表 16.3），而政府亦能发布技术转让相关的一般规范。2004 年和 2005 年，该国曾试图建立鼓励技术转让造福大众的相关法律法规，但遭遇了失败，自此以后，每个大学都制订了自己独有的技术转让政策（Elkin-Koren，2007）。

以色列所有的研究型大学均设有技术转让办公室。由塞缪尔尼曼国家政策研究院近期开展的调查显示，在过去 10 年间，来自大学的专利申请量占总量的 10% ~ 12%（Getz 等，2013）。这一比例处于世界最高水平，而这在很大程度上要归功于大学技术转让办公室的推广行为。

魏茨曼科学研究学院的技术转让部门——耶达公司——的利润率在世界的同类部门中排行第三[②]。通过产学合作，耶达公司和梯瓦制药工业公司一道，发现并发展了可舒松（Copaxone，醋酸格拉替雷）这种药物，用于治疗多发性硬化症。这种药物是梯瓦公司最畅销的产品，在 2011 年上半年创造了 16.8 亿美元的销售额（Habib-Valdhorn，2011）。

① Magnet 是“通用竞争前研发项目”的希伯来文首字母缩写。

② 魏茨曼学院年度预算 4.7 亿美元中的 10% ~ 20% 来自耶达公司，该公司拥有数种畅销产品，年收入估计为 0.5 亿~ 1 亿美元。

自这种药物于 1996 年得到美国食品药品监督管理局（FDA）认证以来，魏茨曼学院凭借其对这种药物的知识产权从销售中大约获得了 20 亿美元。另外一种治疗帕金森症的革命性药物——雷沙吉兰片（Azilect），来自以色列理工学院。这种药物通过该学院的技术转让部门实现了商业化，生产许可同样交给了梯瓦公司。2014 年，美国食品药品监督管理局认证了这种药物，使其可以用于帕金森症各阶段的治疗，这种药物可以单独使用或与其他药物混合使用。

科技创新政策中可持续性更为显著

近年来，对可持续性及环境影响性的考虑在以色列总体科技创新政策的形成中的影响力越发显著，这一趋势有着诸多内外因素。其中关键的内部因素有该国用地的短缺、人口问题的紧迫，而关键的外部因素则包括该国签署的多项国际及地区协定，如 1997 年旨在应对气候变化的《京都议定书》、1976 年建立了新环境标准和评价指标的《保护地中海海洋环境的巴塞罗那公约》等（Golovaty，2006；UNESCO，即将发布）。发布一套整合的国家环保政策则是该国环境保护部的职责。

与多项经济与研发刺激措施一道，通过诸多法案，如绿色增长法案（2009）和温室气体减排法案（2010）等，以色列推广了一系列可持续发展及环境保护政策。政策针对公共与私人两个部门，重点在于通过开发可再生能源及水处理等领域的新技术，缓和环境危害以及最大化发展效率。以色列水务局和经济部共同出台了一项计划，为应用水处理新技术筹措必要的资金。在该计划的预算中，政府投资占 70%，企业投资和地方水务机构出资各占 15%。该国拥有世界上最大规模的海水淡化处理设施和世界最高的再生水利用率，农业中也大量应用节水技术。约 85% 的以色列家庭拥有太阳能热水器，占到该国能源总用量的 4%。在 2014 年，以色列在全球清洁科技创新指数中位列首位。同时，以色列也在开发天然气等不可再生能源，以保障国家的能源自主（见专栏 16.3）。

为加快可持续地发展而设立的目标

自 2008 年以来，政府为国家的可持续发展已经设定了数个量化目标：

- 2020 年前降低 20% 的耗电量（2008 年 9 月政府决议）。
- 2020 年前使用可再生能源的发电量达到总量的 10%，这一目标同时提出在 2014 年将此数字提至 5%，然而并未实现（2009 年 1 月政府决议）。
- 2020 年前温室气体排放量降低 20%（2010 年 11

专栏 16.3 天然气：科技与市场协同发展的新机遇

自 1999 年以来，以色列沿海发现了大量天然气贮藏。天然气由此替代石油和煤，逐渐成为该国的主要发电燃料。2010 年，以色列国内 37% 的发电量来自天然气，为国家经济节省了 14 亿美元。到 2015 年，这一比例预计将超过 55%。

此外，无论作为能源还是原材料，工业中天然气的使用正在迅速增长，对基础设施的需求也与日俱增。这有助于企业削减能源消耗，也能帮国家降低碳排放量。

自 2013 年年初以来，国家几乎全部的天然气都由塔马尔（Tarmar）气田提供，该气田由以色列和美国的私营企业合作开发。气田的估计储量约为 10 000 亿立方米，能满足以色列未来数十年的需求，并使其成为区域内潜在的主要天然气出口国。2014 年，该国与巴勒斯坦地区、约旦和埃及分别初步拟定了天然气出口协议，未来也有向土耳其以及取道希腊向欧盟出口天然气的计划。

2011 年，政府令科学及人文学院召集了一组专家，以便研究新近发现的天然气资源在各个方面上的意义。专家们建议政府鼓励化石燃料方面的研究工作、培训更多的工程技术人员并集中精力探明天然气生产对地中海生态系统的影响。以色列地中海研究中心于 2012 年成立，负责以上工作，它的启动预算达到 7 000 万新谢克尔。

与此同时，首席科学家办公室提出了多项计划，旨在将天然气产业作为垫脚石，发展国内高技术产业，实现该国在全球油气市场的多个创新目标。

来源：IEC（2014）；EIA（2013）.

月政府决议）。
- 提出于 2012—2020 年间具体的国家绿化计划（2011 年 10 月政府决议）。

为达成这些目标，政府实施了一项国家级项目，以降低温室气体排放。该项目在 2011—2020 年间的总预算达到了 22 亿新谢克尔（5.5 亿美元）。在 2011—2012 年间，5.39 亿新谢克尔（1.35 亿美元）的资金被用于：

- 降低居民耗电量。
- 支持工业、商业及公共领域的减排工程。
- 支持国内环保新技术的发展（4 000 万新谢克尔）。
- 推广绿色建设、绿色标准，培训相关人员。
- 引入节能减排教育项目。
- 推广节能法规、进行能源调查。

2013 年 5 月，由于国家预算削减，该项目被暂停三年。项目计划于 2016 年重启，持续八年。在该项目运行的头三年中共产生了 8.3 亿新谢克尔（2.07 亿美元）的经济效益，其中：

- 每年降低了 442 000 吨温室气体排放，换算成年化经济收益，约为 7 000 万新谢克尔。
- 每年降低了 2.35 亿千瓦时的年发电量，换算成年化经济收益，约为 5.15 亿新谢克尔。
- 降低了污染排放，提高了健康水平，换算成年化经济收益，约为 2.44 亿新谢克尔。

2010 年，政府启动了一项自愿的温室气体排放注册机制。截至 2014 年，有超过 50 家组织机构登记注册，这些组织机构的温室气体排放量占到了该国总排放量的 68%。此注册机制遵循国际指导。

私营部门的研发趋势

跨国公司的理想之地

以色列的高科技产业是随着 20 世纪 80 年代美国硅谷及波士顿 128 公路等地带计算机产业的爆炸性发展而附带产生的。在那之前，以色列的经济核心是农业、矿业和其他第二产业，如钻石加工、瓷砖制造、化肥和塑料工业等。以色列之所以能成为高科技产业的沃土，是源自该国对国防及航空工业巨额的投入所产生的技术和人才。以色列先进的医疗设备、电子、通信、计算机软硬件等产业均由此而来。而 20 世纪 90 年代大量的俄罗斯移民在一夜间使得以色列的工程师和科学家数量翻了一番，进一步强化了这门产业。

今日，以色列拥有世界上研发密集度最高的企业部门。2013 年，仅研发就贡献了 3.49% 的国内生产总值。竞争性补贴和税收刺激是支持企业研发的两项主要政策工具。有赖于政府的积极刺激及国内大量的高素质人才，以色列已经成为跨国公司开设研发中心的理想场所。该国的科技创新生态系统总体上依赖于跨国公司、大型研发投资者以及新兴企业（OECD，2014）。

根据来自以色列风险投资数据库的数据，该国国内共有 264 家活跃的外国研发中心，其中大部分都属于跨国集团。这些跨国集团在以色列收购了本地的公司、取得了技术和专业知识并将之转化进了自己的研究设施中。有些这类研发中心已经存在了超过 30 年，它们从属的企业有英特尔公司、应用材料公司、摩托罗拉公司和 IBM 公司等。

2011 年，外国研发中心在以色列开设的分支机构一共雇用了 33 700 名工作人员，其中三分之二的人（23 700 人）从事研发领域的工作（CBS，2014）。同一年中，这些研发中心共消费了 141.7 亿新谢克尔用于各产业领域内的研发工作，比上一年提高了 17%。

蓬勃发展的风投市场

以色列蓬勃发展的新兴产业得到了风投市场有力的支援。在 2013 年，该国的新兴产业吸引到了 234 600 万美元的风险投资（IVC Research Centre，2014）。在过去的十年中，风险投资在该国高技术产业的发展中扮演了至关重要的角色。2013 年，该国企业筹集到的风投数额占国内生产总值的比例高于其他任何一个国家（见图 16.12）。现在，该国已被广泛认为是美国之外世界上最大的风险投资中心之一。

这有着多方面的因素：该国对风险投资的税收减免、该国与大型国际银行和金融公司建立的合资基金、该国具有强大实力的高科技公司对诸多主要组织机构的吸引（BDO Israel，2014）等。上述主要组织机构包括了一些世界顶级的跨国企业，如苹果公司、思科公司、谷歌公司、IBM 公司、英特尔公司、微软公司、甲骨文公司、西门子公司和三星公司等（Breznitz 和 Zehavi，2007; IVC Research Centre，2014）。近年来，风险投资对象中成长期企业的比例有所上升，而创业期企业的比例则相应下降。

外国专利占总申请数近八成

以色列承认并保护的知识产权范围包括版权、表演者权、商标权、地理标志权、专利权、外观设计权、布图设计权、植物品种权和商业秘密保护权。该国的成文法和判例受到了其他现代国家类似立法及司法过程的影响，特别是英美法这一被欧盟及各类国际组织广泛认可采用的法系。

以色列致力于以有力的知识产权保护系统服务经济发展。相关措施包括向国家专利局分配更多资源、升级知识产权保护措施、研究市场以提出有利于催生新技术的新项目等。

自 2002 年以来，以色列专利局收到的专利申请中有 80% 来自外国（见图 16.13）。其中很大一部分来自制药企业，如罗氏公司、杨森公司、诺华公司、默克公司、拜耳先灵公司、赛诺菲－安万特公司和辉瑞公司等，这些公司均为以色列本国的梯瓦制药工业公司的主要竞争对手。

在美国专利及商标局接到的专利申请中，以第一发明人所在国排列，以色列位居第十（见图 16.14）。以色列发明人在美国（2011 年为 5 436 件）提交的专利申请文件数远大于在欧洲提交的。并且，在 2006—2011 年间，以色列发明人每年向欧洲专利局（EPO）提交的专利申请数从 1 400 件降低到了 1 063 件。

以色列发明人对美国的偏好主要是由于该国国内的外国研发中心主要属于美国公司，如 IBM、英特尔、闪迪、微软、应用材料、高通、摩托罗拉、谷歌及惠普等公司。由这些公司取得的专利通常将以色列人员作为发明人，但专利的所有权则归于公司。

跨国公司的研发中心往往能够招募到以色列国内最优秀的人才，这是造成知识产权外流的一大原

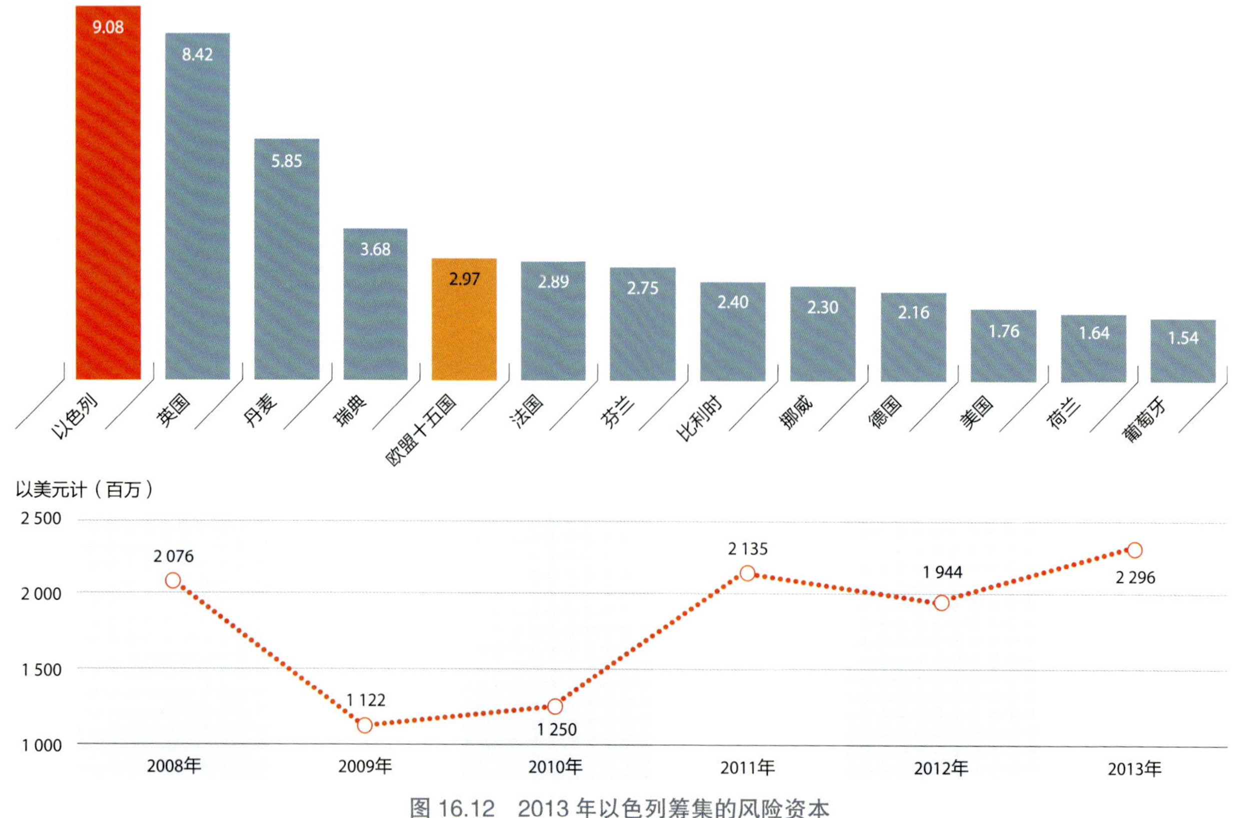

图 16.12　2013 年以色列筹集的风险资本

来源：Eurostat，OECD（2014）；以色列风险资本研究中心。

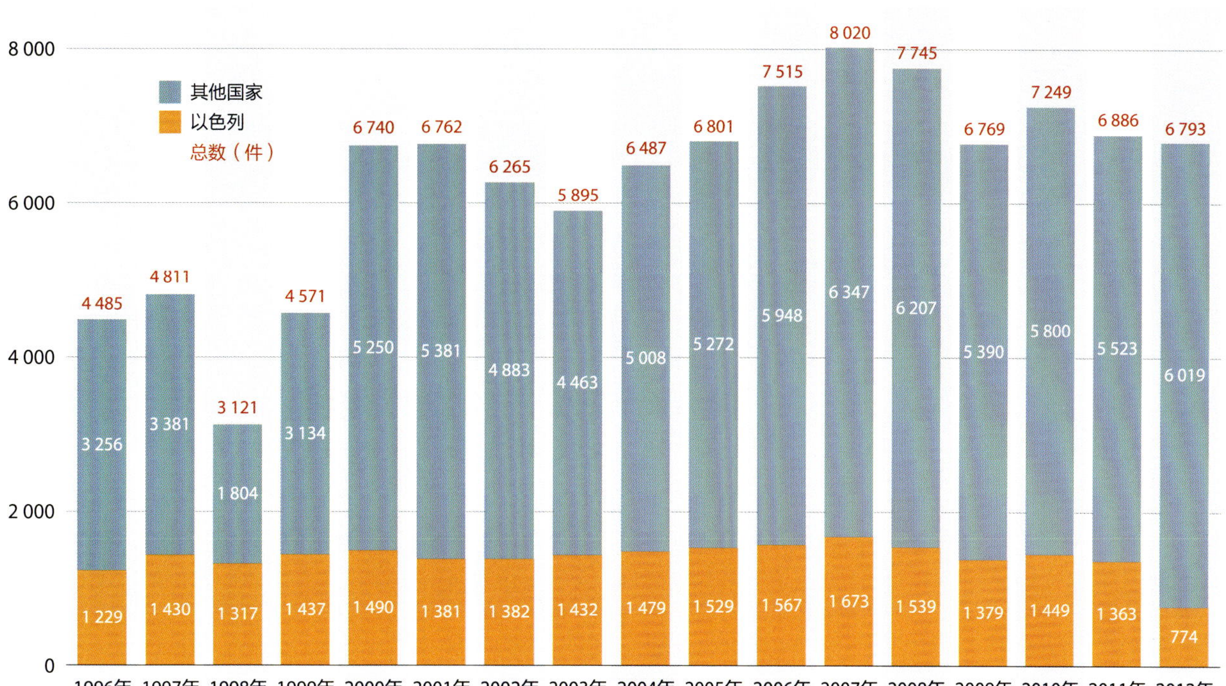

图 16.13　1996—2012 年以色列专利局收到的国内外专利申请情况

来源：以色列专利局。

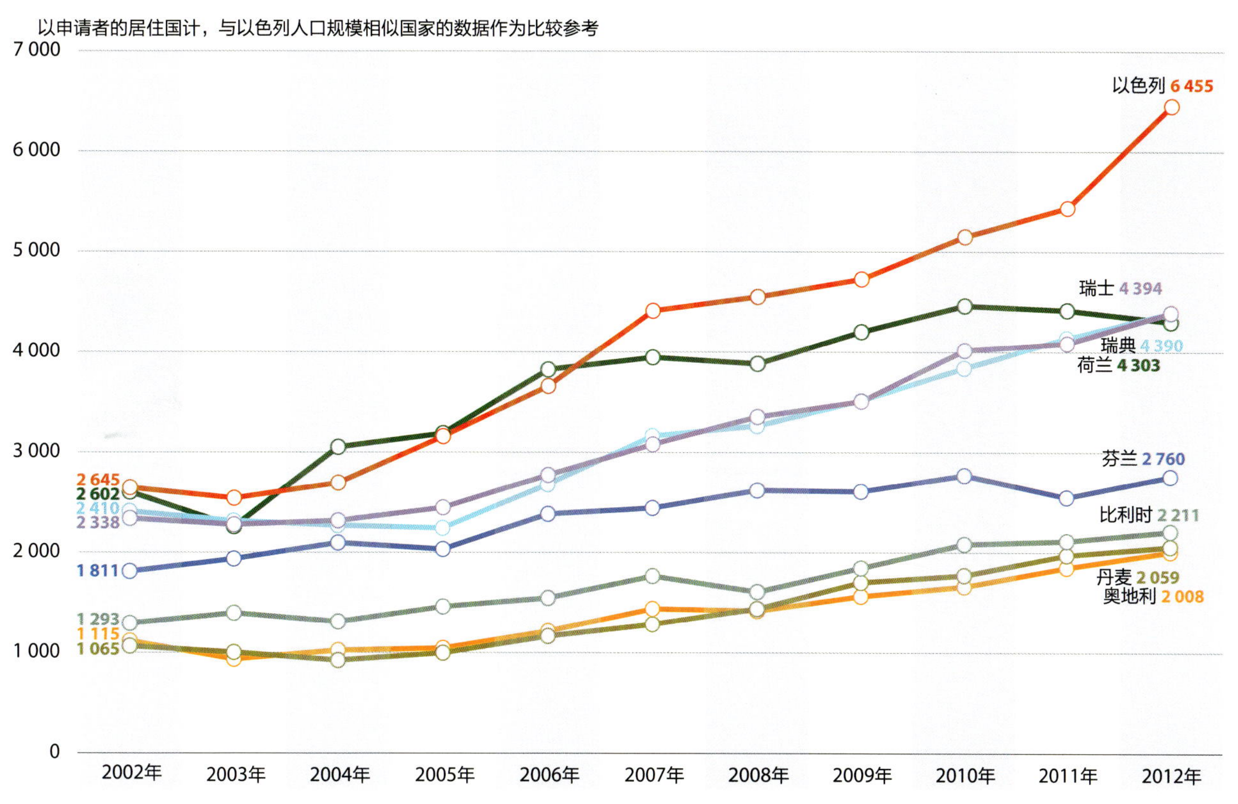

图 16.14　2002—2012 年美国专利商标局接收的以色列专利申请情况

注：2012 年向美国专利商标局（USPTO）提交专利申请数最多的两个国家是美国（268 782 件）和日本（88 686 件），以色列在全球排名第十。

来源：美国专利商标局。

因。虽然这些研发中心通过创造就业等方式推动了该国经济的发展，但与知识产权方面的损失相比，仍显得不偿失。倘若以色列能够在国内应用这些流失的知识产权，将给本国发展中的企业以强大的助益（Grtz 等，2014；联合国教科文组织，2012）。

科研合作的趋势

全球范围内广泛的合作

以色列在科技创新方面与全球多个国家、地区及国际组织都有着广泛的合作。以色列科学与人文学院与欧洲 35 个国家的 38 个科研机构（主要是国家级科学研究院）都有正式合作协议，和美洲、南亚次大陆、东南亚地区的多个国家也有这样的协议。

以色列从 1996 年起就加入了欧盟的多个研究创新框架项目。在 2007—2013 年，以色列公共及民间机构为超过 1 500 个项目提供了科研支持。

以色列同时也参与了欧盟其他的一些项目，如欧洲研究委员会和欧洲生物实验室的项目。该国 2014 年加入了欧洲核子研究组织（CERN），而在此之前，它从 1991 年就开始参加该组织的活动，并在 2011 年成为了准会员国。自 1999 年以来，该国也是欧洲同步辐射光源的科研合作伙伴，相关的协议在 2013 年经过了一次更新，将该国的科研合作伙伴身份延期了 5 年，并且值得注意地，将该国在计划预算中的贡献额度从 0.5% 提高到了 1.5%。以色列同时也是 1974 年成立的欧洲分子生物实验室的十个创始国家之一。

在 2012 年，以色列的魏茨曼科学研究学院和特拉维夫大学一起被选中作为整合结构生物学基础设施（Instruct）的七大核心研究区之一，与法、德、意、英等国的顶级研究机构并肩，位列欧洲研究基础建设战略论坛的七个中心之内——该论坛总共设立有近 40 个这样的中心，这 7 所主要负责生物医学方向。生物医学研究的主要目的是在细胞结构生物学领域为泛欧洲用户提供尖端医疗设备、技术和人员，以维持欧洲在这一关键领域的顶尖竞争力。

以色列同时也是泛欧洲生物信息学计划的中心之一，该计划旨在收集、控制和整理欧洲生命科学实验产生的大量生物学数据。这类数据高度专业，此前只能被产生这些数据的国家的研究人员使用。

在科技创新方面，美国是以色列最紧密的伙伴。一部分合作计划由两国共同成立的基金提供支持，如双边工业研究发展基金会（BIRD），根据其 2014 年的年度报告，该基金会在 2010 年到 2014 年间为两国合作的研发项目提供了 3 700 万美元。其他的例子还有双边农业研究发展基金、美 – 以科学技术基金会、美 – 以双边科学基金会等。在以色列经济部的指挥下，该国的产业研发中心和美国各州都建立了双边合作协定。最近的几项这类协定签署于 2011 年，该国与马萨诸塞州建立了生命科学和清洁技术方面的合作，同时与纽约州建立了能源、信息通信技术和纳米科技方面的合作。

以色列与德国长期以来的合作在继续成长中。德 – 以研发基金（GIF）从 2010—2012 年度的 480 万欧元成长到了 2014—2016 年度的 500 万欧元。在过去两年中，研发基金为两国间定期的科研合作项目和年轻科学家培养项目提供了大约 120 万欧元的补助。

以色列产业研发中心也通过其他的两国间基金来为合作项目提供支持，如以色列 – 加拿大产业研发基金、以色列 – 韩国产业研发基金和以色列 – 新加坡产业研发基金等。

在 2006 年，以色列和印度的农业部长共同签署了一项长期合作和培训协议。两年后，一项 5 000 万美元的相关基金建立了起来，面向乳制品、种植和微灌溉技术方面的合作。2011 年，以色列又与印度签署了城市水工程技术方面的合作协议。2013 年 5 月，两国决定共同建立 28 所农业学科基地。前 10 所的主要研究重心是杧果、石榴和柑橘等水果类作物。这些基地从 2014 年 3 月开始运转，并已经开始为农民提供免费的培训课程，帮助他们应用高效的农业科技，如立体耕作、滴灌、土壤的太阳能消毒等。

在 2010 年，以色列产业研发中心设立了中国 – 以色列产业研发合作项目。该国与江苏省、上海市和深圳市也分别签订了产业合作协议。2005 年，印度 – 以色列产业研发合作框架（i4RD）也被签署。

2012 年，以色列科学基金会与中国自然科学基金会签订了一份协议，旨在开展合作研究项目。目前，该项目已经涉及了以色列的多个学术研究机构，如特拉维夫大学，它与清华大学共同启动了一座位于北京的合作科研中心的建设；再如以色列理工学院，它计划在广东省建立分支机构，开展科学及工程技术领域的研究。2013 年，中国、加拿大和以色列三国共同建立了一座研究平台，专攻农业技术（见专栏 4.1）。

另一项三边合作的例子是以色列、德国和加纳共同签署的非洲倡议。实施这项倡议的三个机构有：以色列和德国的国际发展合作机构，马沙夫和德国国际合作机构（GIZ），以及加纳食品及农业部。这项倡议的目标是在加纳发展一系列繁荣的柑橘类作物价值产业链，这也切合了加纳政府提高农业生产率、改善农民生活的政策。

在 2013 年 10 月，以色列农业部部长签署了一份有关成立以色列 – 越南农业合作研发基金的协议，同时签署的还有两国间的一项自由贸易协定。

在中东地区进行的计划

以色列加入了中东同步辐射实验科学与应用计划（又名“芝麻计划”）的政府间合作，这一计划位于约旦，属“第三代”同步辐射源，在联合国教科文组织的赞助下运行。该计划当前的成员有巴林、塞浦路斯、埃及、伊朗、以色列、约旦、巴基斯坦、巴勒斯坦和土耳其。计划的设施预计于 2017 年进入全面运作（见专栏 17.3）。

位于开罗的以色列学术中心启动于 1982 年，由以色列科学与人文学院创办，旨在增强以色列和埃及两国高等院校和研究者间的联系。该中心成功运作至 2011 年，该年中埃及和以色列的外交关系经历了降温，自该年起，中心的运行规模有所下降。

以色列科学与人文学院和国际大陆科学钻探计划（ICDP）于 2010 年在死海地区共同开启了一项深度钻探项目。该项目由以色列、约旦和巴勒斯坦地区共同实施，来自 6 个国家和地区的研究人员参与了项目。

以色列 – 巴勒斯坦医学及兽医学研究合作计划是双方间跨高校合作中比较新的实例。这一公共卫生相关的合作计划由耶路撒冷希伯来大学的兽医学院和圣城公共健康社团共同开展，启动于 2014 年，由荷兰外交部资助。

另外值得一提的还有以色列 – 巴勒斯坦科学组织（IPSO），这是一个非政治、非营利的组织，建立于近 10 年前，总部位于耶路撒冷。在该组织的诸多合作研究项目中，有一项纳米科技项目值得注意。该项目的参与者有耶路撒冷希伯来大学的化学教授丹尼・普拉兹和他手下的一名博士研究生，以及来自巴勒斯坦圣城大学的化学教授穆克莱斯・索万——他们的合作研究使得索万教授能够在圣城大学内设立其第一座纳米科技实验室。以色列 – 巴勒斯坦科学组织曾计划在 2014 年下半年发表一项征集更多研究计划的倡导并已为此筹集了大约占所需半数的资金，但这一倡导似乎已经被延迟了。

结论

为各产业以科学作为基石的未来做好准备

以色列经济的驱动力主要来自电子工业、计算机和通信科技，这些是 50 年来对于国防基础设施投资的结果。该国的国防工业传统上重视电子工业、航空电子工业及其配套系统的发展，这一发展重心同时给了以色列高科技工业在相关民用领域应用如软件、通信及互联网产业上不小的优势。

然而，现在普遍认为下一代的高技术成果将来自其他的学科，如分子生物学、生物制药科技、纳米科技、材料化学等，这些学科又将与信息通信技术紧密结合。它们将来自大学的基础研究实验室，而非国防企业。这就造成了一个困境：在缺乏整体高等教育系统，乃至缺乏国家性的高等教育政策的条件下，尚不明确的是现有的高等教育机构能否为将来发展基于上述学科的新产业提供知识、技能和人力资源支持。

以色列并没有一个“伞状”的组织能协调所有的科技创新行为和制订相关政策。为了保证国家研发和创新的长期运作，该国应当实施一项整体性的研发框架和战略。该框架应当包含科技创新系统中的各个角色：经济部和其他政府部门中的首席科学家办公室、国内的研究型大学和其他研究中心、国内的医院和研究型医疗机构以及各个相关的研发实验室。

以色列的《第六个高等教育计划 2011—2015》

中设立了改善高等教育系统教学质量和竞争力的目标。其中包括了一些重要的建议，如在接下来 6 年中增加 850 个左右教工人员岗位、鼓励少数族裔进入大学学习以应对国内潜在的专业人员短缺的危机等。促使极端正统派犹太男性和阿拉伯女性更加融入劳动力市场、提高他们的教育水平，对于保证以色列将来的经济增长而言也十分重要。

然而，《第六个高等教育计划 2011—2015》回避了一个关键问题：以色列的大学既缺乏时下前沿的科技设备，又缺乏相关的资金支持。缺乏购买研究基础设施的资金尤其令人担心——过去美国犹太社群的捐款极大抵消了政府资金支持的不足，而这种捐款预计会显著削减。

长期的经济增长和提高传统工业和服务业劳动生产率密不可分。其中一种可能的解决方案是：通过鼓励新技术的使用、改革组织形式、引入新商业模式和调整出口结构等方式，赋予雇用者更多的创新动机。

全球化给以色列的高科技产业带来了巨大的机遇和挑战。由于跨国企业总是在寻求新的、独特的创意来满足市场需求，该国经济如能专注于创新、提高产品附加值，则将能给企业带来巨大的国际竞争优势。

近几年来，跨学科领域如生物信息学、合成生物学、纳米生物学、计算生物学、组织生物学、生物材料学、系统生物学和神经科学等的研究在以色列学术界进展迅速，但在工业领域的应用则非如此。这些跨学科领域的成果很可能是将来世界经济的主要推动者。该国应当建立调控性的和有针对性的政策措施来为吸收转化这类科研成果提供必要的基础设施，并将这些研究成果整合，转化和调整来发挥更广泛的作用。

以色列要实现的目标

- 到 2020 年时将行业生产率提高至 82 847 美元（以购买力平价计）。
- 到 2018 年前增加 15% 的大学教职员工数和 25% 的专业教育教职员工数。
- 到 2020 年前在总额 2 500 亿美元的国际太空市场中占有 3%～5% 的份额，销售达到 50 亿美元。
- 自 2008 年到 2020 年前节省 20% 的用电。
- 到 2020 年前，可再生资源发电量达到总用电量的 10%。

参考文献

BDO Israel (2014) *Doing business in Israel. See: www.bdo.co.il.*

Ben David, D. (2014) *State of the Nation Report: Society, Economy and Policy in Israel*. Taub Centre for Social Policy Studies in Israel: Jerusalem.

Breznitz, D. and A. Zehavi (2007) *The Limits of Capital: Transcending the Public Financer – Private Producer Split in R&D.* Technology and the Economy Programme STE-WP-40. Samuel Neaman Institute: Haifa.

Brodet, D. (2008) *Israel 2028: Vision and Strategy for the Economy and Society in a Global World.* Presented by a public committee chaired by Eli Hurvitz. US–Israel Science and Technology Foundation.

CBS (2014) Business Research and Development 2011, Publication No. 1564. Israeli Central Bureau of Statistics.

CHE (2014) *The Higher Education System in Israel: 2014* (in Hebrew). Council for Higher Education's Planning and Budgeting Committee.

EIA (2013) *Overview of Oil and Natural Gas in the Eastern Mediterranean Region.* US Energy Information Administration, Department of Energy: Washington, DC.

Elkin-Koren, N. (2007) *The Ramifications of Technology Transfer Based on Intellectual Property Licensing* (in Hebrew). Samuel Neaman Institute: Haifa.

Fatal, V. (2013) *Description and analysis of wage differentials in Israel in recent years* (in Hebrew). The Knesset's Research and Information Centre: Jerusalem.

Flug, K. (2015) Productivity in Israel - the Key to Increasing the Standard of Living: Overview and a Look Ahead. Speech by the Governor of the Bank of Israel , Israel Economic Association Conference. Bank of Israel.

Frenkel, A. and E. Leck (2006) *Investments in Higher Education and the Economic Performance of OECD Countries: Israel in a Comparative Perspective* (in Hebrew, English abstract). Samuel Neaman Institute, Technion – Israel Institute of Technology: Haifa.

Getz, D.; Leck, E. and A. Hefetz (2013a). *R&D Output in Israel: a Comparative Analysis of PCT Applications and Distinct Israeli*

Inventions (in Hebrew). Samuel Neaman Institute: Haifa.

Getz, D.; Leck, E. and V. Segal (2014). *Innovation of Foreign R&D Centres in Israel: Evidence from Patent and Firm-level data*. Samuel Neaman Institute: Haifa.

Getz, D.; Segal, V.; Leck, E. and I. Eyal (2010) *Evaluation of the Nofar Programme* (in Hebrew). Samuel Neaman Institute: Haifa.

Golovaty, J. (2006) *Identifying Complementary Measures to Ensure the Maximum Realisation of benefits from the Liberalisation of Environmental Goods and Services. Case study: Israel*. Organisation for Economic Co-operation and Development. Trade and Environment Working Paper No. 2004–06.

Habib-Valdhorn, S. (2011) *Copaxone Patent Court Hearing opens Wednesday*. See: www.globes.co.il.

IEC (2014) *2013 Annual Report*. Tel-Aviv Stock Exchange. Israel Electric Corporation.

IVC Research Centre (2014) *Summary of Israeli High-Tech Capital Raising*. Israeli Venture Capital Research Centre. See: www.ivc-online.com.

Lach, S.; Parizat, S. and D. Wasserteil (2008). *The impact of government support to industrial R&D on the Israeli economy*. Final report by Applied Economics. The English translation from Hebrew was published in 2014.

Makov, I. (2014) *Report of the Committee Examining Government Support for Research and Development in Large Companies* (in Hebrew). See: www.moital.gov.il.

Ministry of the Economy (2015) R&D Incentive Programmes. Office of the Chief Scientist.

Ministry of Finance (2014) *Managing the Fiscal Policy Goals*. General Accountant. See: www.ag.mof.gov.ill.

MIT (2011) *The Third Revolution: the Convergence of the Life Sciences, Physical Sciences and Engineering*. Massachusetts Institute of Technology: Washington DC.

OECD (2014) Israel. In: OECD Science, Technology and Industry Outlook 2014. Organisation for Economic Co-operation and Development: Paris.

OECD (2011) *Enhancing Market Openness, Intellectual Property Rights and Compliance through Regulatory Reform in Israel*. Organisation for Economic Co-operation and Development. See: www.oecd.org/israel/48262991.pdf.

Trajtenberg, M. (2005) *Innovation Policy for Development: an Overview STE-WP-34*. Samuel Neaman Institute: Haifa.

UNESCO (forthcoming) *Mapping Research and Innovation in Israel*. UNESCO's Global Observatory of STI Policy Instruments: Country Profiles in Science, Technology and Innovation Policy, volume 5.

UNESCO (2012) The high level of basic research and innovation promotes Israeli science-based industries. Interview of Professor Ruth Arnon. *A World of Science*, 10 (3) March.

Weinreb, G. (2013) *Yeda earns $50–100m annually*. Retrieved from www.globes.co.il.

Ziv, A. (2015). Israel emerges as global cyber superpower. *Haaretz*, 26 May.

达芙妮·盖茨（Daphne Getz），1943 年出生于以色列。自 1996 年起在以色列理工学院的塞缪尔尼曼国家政策研究院担任高级研究员。盖茨是科学、技术和创新政策优秀研究中心的主任。她的博士学位获取自以色列理工学院。她曾在磁石计划研讨会中代表以色列理工学院和以色列学术界，也曾在欧盟、联合国的多个计划中担任以色列的代表。

泽希夫·塔德摩尔（Zehev Tadmor），1937 年出生于以色列，是以色列理工学院的前任校长、终身教授。他目前的职位是塞缪尔尼曼国家政策研究院主席。塔德摩尔教授拥有化学工程专业的博士学位，他是以色列科学及人文学院院士，也是美国工程学院的成员。

阿拉伯国家需要更多科技界领军人物，以及活跃在政界的科技推动者，来振兴该地区并带来积极的变革。

摩尼夫·奏比、赛米亚·默罕默德－诺尔、贾德·艾－哈兹、纳扎尔·哈桑

图为一幅办公大楼的计算机图像，该楼运用3D打印技术建造，将建于迪拜。室内家具同样也会被“打印”出来。详情参照框17.7。

照片来源：© 由迪拜未来基金会提供

第 17 章　阿拉伯国家

阿尔及利亚、巴林、埃及、伊拉克、约旦、科威特、黎巴嫩、利比亚、毛里塔尼亚、摩洛哥、阿曼、巴勒斯坦、卡塔尔、沙特阿拉伯、叙利亚、苏丹、突尼斯、阿联酋、也门

摩尼夫·奏比、赛米亚·默罕默德－诺尔、贾德·艾－哈兹、纳扎尔·哈桑

引言

全球经济危机已经对阿拉伯地区产生影响

阿拉伯世界[①]因其独特的地理位置和丰富的石油、天然气储量而具有重要的战略意义：该地区拥有全世界 57% 的已探明石油储量和 28% 的天然气储量（阿拉伯经济与社会发展基金等，2013）。

2008 年和 2009 年的全球经济危机对经济造成的破坏和导致的大部分发达国家的经济衰退在众多方面影响了阿拉伯国家。海湾合作委员会中的石油出口国深受其害，这些国家大多拥有开放的金融和贸易体系，在全球金融市场中投资巨大，和全球商品市场关系密切（阿拉伯经济与社会发展基金等，2010）。不过也有像阿尔及利亚、利比亚、苏丹和也门这样当地资本市场与全球市场没有直接关联的国家。然而，这些国家的经济主要依靠石油收入，布伦特原油价格的调整会大大影响他们的财政政策。

在埃及、约旦、黎巴嫩、毛里塔尼亚、摩洛哥、叙利亚和突尼斯这些国家，银行业依靠向他国借款作为资金来源。因此，全球资本市场的波动并没有直接影响到他们的经济。但这些国家仍然受到了来自外部的经济打击，因为他们与发达国家的市场关系十分密切，欧盟各国和美国都是他们重要的贸易伙伴。不言而喻，除了旅游收入外、外籍工人的汇款和外国直接投资（FDI）流入，他们的出口主要就依赖这些发达国家的需求（阿拉伯经济与社会发展基金等，2010）。

自 2008 年以来，大部分阿拉伯国家已无法有效地满足自身的社会经济需求并保证经济发展跟上人口增长的步伐，造成了大范围的挫折感。在 2008 年的经济危机以前，阿拉伯世界的失业率就已经很高了[②]，大约在 12% 左右。年轻的求职者占到了该地区失业者的 40%。现在，超过 30% 的阿拉伯国家人口年龄不超过 15 岁。2013 年，大部分阿拉伯国家的高等教育入学率超过 30%，约旦、黎巴嫩、巴勒斯坦和沙特阿拉伯甚至超过了 40%，可这些国家没能产生合适的工作机会价值链以吸收这个不断扩大的毕业生群体。

阿拉伯地区：从希望到动荡

2010 年 12 月在突尼斯举行的游行示威引发了的号称为“阿拉伯之春”的运动。大范围的动乱在阿拉伯地区迅速扩散，揭示了人们追求自由、尊严以及公正的愿望（联合国西亚经济社会委员会，2014a）。

自 2010 年 12 月以来，阿拉伯国家经历了多次巨大的转型，包括埃及、利比亚、突尼斯和也门的政权更替以及始于 2011 年春的和平抗议转变而成的叙利亚内战。约旦和巴林除了实行议会选举制外，还组织了一连串游行示威活动来支持 2011 年的改革。约旦的抗议主要针对的是历届政府在面对重大经济问题和严峻失业情况的无所作为。在巴林举行的示威活动本质上则含更多政治倾向，某种程度上也更具宗派色彩。

从部分角度来说，阿拉伯世界的剧变可说是年轻的阿拉伯科技爱好者发起的，他们针对的是数十年的政治停滞和某些阿拉伯国家政府无法满足人民对社会经济发展阶段要求的现状。然而，持续了几年的“阿拉伯之春”运动并没能实现其许诺，令许多人大失所望。“阿拉伯之春”的最大受益者之一是穆斯林兄弟会，该组织在 2012 年中赢得了埃及大选。仅一年以后，由于穆斯林兄弟会没能在民意一致的情况下解决国家问题，组织领导人穆罕默德·穆尔西总统被迫下台。自 2015 年以来，由总统阿卜杜勒·法塔赫·塞西领导的埃及政府与穆斯林兄弟会多次发生冲突，后者现被数个阿拉伯国家和非阿拉伯国家的政府定性为恐怖组织，这些国家包括巴林、埃及、俄罗斯、沙特阿拉伯、叙利亚以及阿联酋。同时，埃及政府积极推动野心勃勃的苏伊士运河扩张计划，2015 年 3 月，他们在沙姆沙伊赫组织了一场以经济发展为主题的重大会议（见第 435 页）。

① 虽然吉布提和索马里都是阿拉伯国家联盟成员国，但这两个国家的介绍被放在本书第 19 章“东非和中非”。

② 也有例外，如科威特、卡塔尔和阿联酋。

专栏 17.1 建设“新”苏伊士运河

苏伊士运河是连接欧洲和亚洲的重要水上通道。2014 年 8 月 5 日，埃及总统阿卜杜勒·法塔赫·塞西宣布，埃及将开挖一条与现有水路平行的“新”苏伊士运河。这将是埃及过去 145 年以来第一次扩建这条重要的贸易通道。

到 2023 年，扩建后的苏伊士运河每天能容纳的船只能从原来的 48 艘增加到 97 艘。现在的苏伊士运河连接地中海和红海，大多时候只能作为单向航道，由于河道较窄，船只有时都不能并排行驶。而新的运河能够解决这个问题，并将等候时间从原来的 11 小时减少到 3 小时。运河周边地区（面积达 7.6 万平方千米）将被开发为国际工业和物流中心。扩建计划由国家机构苏伊士运河管理局负责，现已投入 50 亿美元，预计将耗费 135 亿美元。埃及政府官员认为运河的扩建能够提高埃及的年收入。2014 年 10 月，“加深”原河道工程启动。

一些造船业的高管质疑埃及是否有足够的资金保证项目按时完工。埃及政府的态度十分坚决，表示计划不需要依靠外国资本的帮助。埃及中央银行称，截止到 2014 年 9 月，政府通过向民众发行股票，计划所需资金（共 84 亿美元）已全部到位。2015 年 8 月 6 日，政府宣布新运河正式开通。

尽管人们普遍认同该项目是经济发展的必要举措，但仍有科学家担忧新运河会破坏海洋生态系统。来自 12 个国家的 18 位科学家给《生物入侵》杂志写了一封联合信，呼吁埃及政府采取行动将该项目对生态系统的破坏降至最低。

来源：编者。

军事支出过高耗光发展所需资源

2013 年，中东地区的军事支出增长了 4%，估计高达 1 500 亿美元。沙特阿拉伯的军事预算增长了 14%，达到 670 亿美元，超过英国、法国成为世界第四大军事支出大国，仅排在美国、中国和俄罗斯之后（援引自斯德哥尔摩国际和平研究所[①]，见图 17.1）。不过，阿拉伯地区在军事方面支出增长最大（27%）的国家还要算伊拉克，因为其正在重建武装力量。

阿拉伯国家面临着不断升级的压力，尤其是涉及安全和反恐方面——包括许多与激进组织，如基地组织、ISIS 之间的军事冲突，这些情况都促使这些国家的政府加大军事支出。

漫长的治理之路

众所周知，政府的腐败是 2010 年以来爆发的动乱的主要原因。负责检测全球金融行业可靠程度的相关机构（全球金融诚信组织，2013）做出的合理估计显示，埃及每年的公款挪用数目达到了 20 亿美元，突尼斯每年有 10 亿美元。这两个数字代表了 2005 年突尼斯 3.5% 的国内生产总值和埃及 2% 的国内生产总值。

好几个阿拉伯国家的政府效能都有大幅降低的情况。考夫曼等人（2013）发现，在 2013 年，阿拉伯世界中只有阿联酋和卡塔尔的政府效能超过世界 80% 的国家。巴林和阿曼的效能超过世界 60% 到 70% 的国家，而约旦、科威特、摩洛哥、沙特阿拉伯和突尼斯这 5 个国家只超过了世界 50% ~ 60% 的国家。

考夫曼等人（2011；2013）发现，过去 10 年，阿拉伯世界在国际话语权和责任承担方面表现很糟。根据国际标准，2013 年前 5 大阿拉伯国家（突尼斯、黎巴嫩、摩洛哥、科威特和约旦）在这两方面的分数很低（前一项只超过世界 45% 的国家，后一项只超过 25% 的国家）。阿尔及利亚、伊拉克、利比亚和巴勒斯坦的排名有所上升，但总体上，从 2003 年到 2013 年，12 个阿拉伯国家包括阿尔及利亚、巴林、吉布提、埃及、约旦、科威特、阿曼、卡塔尔、沙特阿拉伯、苏丹、叙利亚和阿联酋在国际话语权和责任承担方面出现下滑。

大多数亚洲地区的阿拉伯国家出现经济滑坡

亚洲地区的阿拉伯国家总人口约有 1.96 亿，占总体阿拉伯世界人口的 53.4%。除伊拉克以外，这

① 参见：www.sipri.org/media/pressreleases/2014/Milex_April_2014（accessed 16 January 2015）.

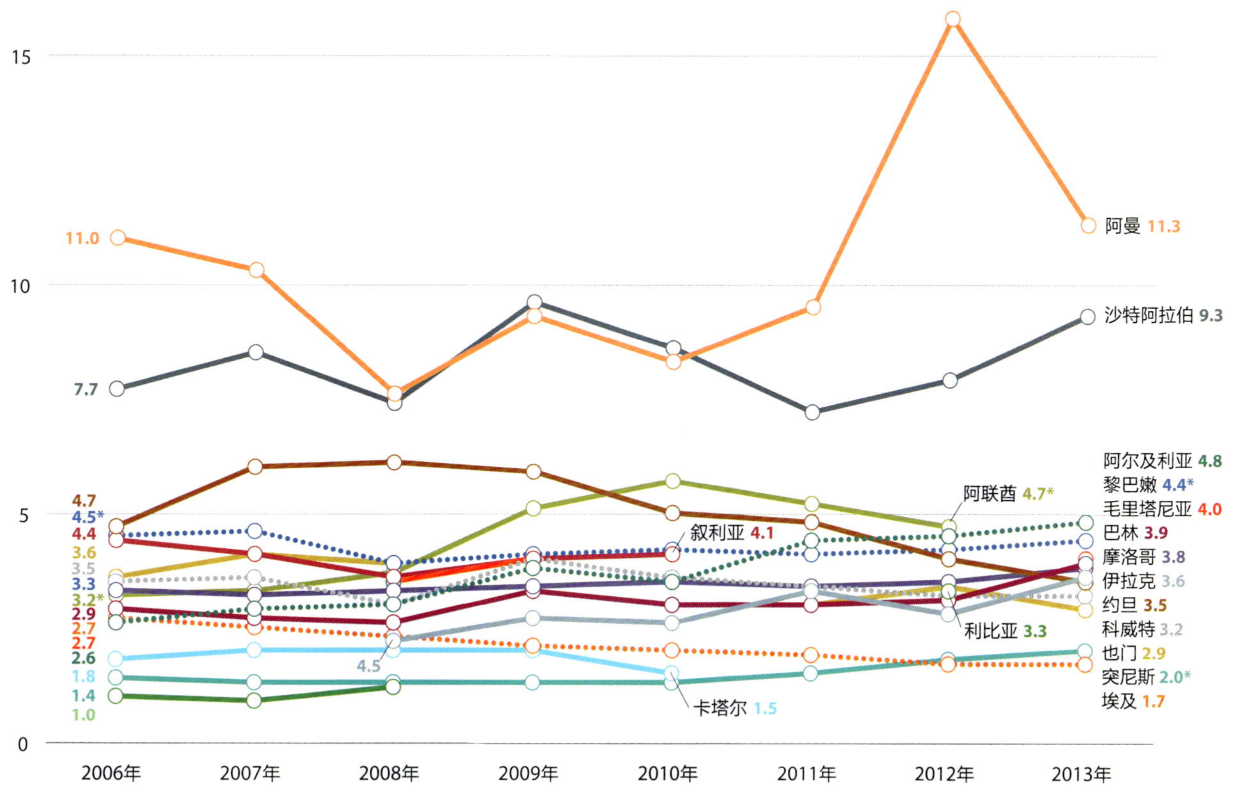

图 17.1　2006—2013 年间部分阿拉伯国家国内生产总值的军事开支比例

* 斯德哥尔摩国际和平研究所估计。

注：虽然 2013 年埃及的国内生产总值的军事开支比例较低（1.7%），但这并不意味着埃及在军事方面的投入少，因为该调查没有计算埃及武装部队的经济活动和美国的援助，而埃及 80% 的军事采购都来自这一部分（Gaub, 2014）。

来源：斯德哥尔摩国际和平研究所数据库，数据截至 2015 年 1 月。

些国家的石油储量都不大。多亏了昂贵的石油价格，伊拉克才得以比它的邻国更好地应对金融危机。然而，2012 年苏丹的经济衰退与其说是遭受到全球金融危机的冲击，更多的应该归结于 2011 年南苏丹的建立以及此后两国之间的各种争端。

2013 年，在亚洲地区的阿拉伯国家以及非洲地区的埃及和苏丹中，黎巴嫩的人均国内生产总值最高，苏丹则最低。从 2008 年到 2013 年，这些国家人均国内生产总值的年均增长都有所放慢，虽然巴勒斯坦在 2013 年增速的减缓并没有那么突出。同一时期，其他几个国家的失业率变动都不大，只有埃及由于 2011 年的革命，其旅游业和外国直接投资受到剧烈冲击而导致失业率攀升（见表 17.1）。再次稳定之后，2014 年埃及的国内生产总值增长恢复到了 2.9%，2015 年有望达到 3.6%。约旦和黎巴嫩的经济增长则因 2011 年开始难民大量涌入国内而受到负面影响。

亚洲地区的阿拉伯国家和非洲地区的埃及、苏丹公认的人才库，向周边国家提供了大量的师资、研究者、技术及非技术劳动力。埃及、伊拉克、约旦、黎巴嫩、巴勒斯坦①、苏丹和叙利亚都有着相对成熟的高等教育基础设施，包括阿拉伯世界几所最古老的大学，如贝鲁特美国大学（1866）和开罗大学（1908）。

“阿拉伯之春”给利比亚经济留下了不可磨灭的烙印

自 2008 年以来，马格里布（非洲西北部一地区，阿拉伯语意为“日落之地”）地区国家的经历可谓喜忧参半。阿尔及利亚和毛里塔尼亚的经济保持了健康的增长速度，受到阿拉伯之春运动影响的国家都呈现出了经济下滑的趋势。突尼斯经济增速降

① 2012 年 11 月 29 日，第 67 届联合国大会决定给予巴勒斯坦以联合国观察员地位。自 2011 年 10 月 31 日起，巴勒斯坦一直是联合国成员。

表 17.1　2008 年和 2013 年阿拉伯国家的社会经济指标

	人口（千人）		人均国内生产总值（按现行购买力平价计算，美元）		国内生产总值年度增长率（%）		就业率（成年人口中的就业人数比例%）		失业率（劳动力人口中的失业人数比例%）	
	2008年	2013年	2008年	2013年	2008—2010年	2011—2013年*	2008年	2013年	2008年	2013年
海湾国家以及也门										
巴林	1 116	1 332	40 872	43 824	4.4	3.7	63.9	65.0	7.8	7.4
科威特	2 702	3 369	95 094	85 660^{-1}	−2.4	6.1	66.0	66.3	1.8	3.1
阿曼	2 594	3 632	46 677	44 052	6.4	2.2	52.1	59.9	8.4	7.9
卡塔尔	1 359	2 169	120 527	131 758	15.4	7.5	85.1	86.2	0.3	0.5
沙特阿拉伯	26 366	28 829	41 966	53 780	5.9	6.0	48.6	51.8	5.1	5.7
阿联酋	6 799	9 346	70 785	58 042^{-1}	0.0	2.7	74.0	76.9	4.0	3.8
也门	21 704	24 407	4 250	3 958	3.8	−3.2	40.6	40.3	15.0	17.4
亚洲地区的阿拉伯国家和埃及、苏丹										
埃及	75 492	82 056	9 596	11 085	5.7	2.0	43.9	42.9	8.7	12.7
伊拉克	29 430	33 417	11 405	15 188	6.0	8.2	35.3	35.5	15.3	16.0
约旦	5 786	6 460	10 478	11 782	5.0	2.7	36.6	36.3	12.7	12.6
黎巴嫩	4 186	4 467	13 614	17 170	9.1	1.7	43.2	44.4	7.2	6.5
苏丹	34 040	37 964	3 164	3 372	3.2	−6.5	45.3	45.4	14.8	15.2
叙利亚	20 346	—	—	—	—	—	40.1	—	10.9	—
西岸和加沙地带	3 597	4 170	3 422	4 921^{-1}	4.2	5.6	31.7	31.6	26.0	23.4
马格里布地区国家										
阿尔及利亚	35 725	39 208	11 842	13 304	2.4	3.0	37.9	39.6	11.3	9.8
利比亚	5 877	6 202	27 900	21 397	3.6	−11.6	43.2	42.6	19.1	19.6
毛里塔尼亚	3 423	3 890	2 631	3 042	2.2	5.9	36.3	37.2	31.2	31.0
摩洛哥	30 955	33 008	5 857	7 200	4.7	4.0	46.2	45.9	9.6	9.2
突尼斯	10 329	10 887	9 497	11 092	3.9	2.2	40.9	41.3	12.4	13.3

$-n$ = 指参考年份 n 年之前的数据。
* 对科威特、阿曼、阿联酋来说，数据来源是 2011—2012 年。
注：由于数据覆盖问题，巴勒斯坦在这里为西岸和加沙地带的国土。
来源：世界银行世界发展指标，2015 年 5 月。

至 2.2%，对比之下利比亚 11.6% 的经济增速就很难得了（见表 17.1）。然而，总体失业率变化不大，各国情况有所不同。姑且不论从 2011 年到 2013 年间平均 5.9% 的增速，毛里塔尼亚 2013 年的失业率达到了 31% 之高，这表明了现有的经济增长不足以提供急需的就业岗位。

海湾国家贡献了阿拉伯世界几乎半数的国内生产总值

6 个海湾国家的经济都依靠石油输出，他们的国内生产总值总和占了阿拉伯世界总量的 47%。海湾国家的人口总数有 7 500 万人（包括数量可观的外国劳动力），大约是 2014 年阿拉伯世界总人口的 20.4%（见表 17.1）。

2014 年，阿曼和卡塔尔的经济发展减缓，主要原因是出口降低以及私人消费和投资支出减少。同时期，科威特和沙特阿拉伯摆脱了经济危机，几个产业如前者的房地产行业和后者的银行业也开始有了复苏的迹象。

油价下跌，石油输出国受沉重打击

2015 年 1 月，全球油价从 2014 年 6 月的 115 美元下跌至 47 美元，为埃及、约旦、摩洛哥和突尼斯等阿拉伯石油进口国填补了预算黑洞。相比之下，油价的下跌却给了各石油出口国重重一击，这些国家包括石油输出国组织（见图 17.2）。由于出口产品多样，巴林和阿联酋的出口增长受到的影响并没有

图 17.2　2014 年石油输出国组织各成员国为平衡政府预算而定的预估石油价格

来源：改编自《华尔街日报》（2014 年），基于利比亚政府、安哥拉财政部、国际货币基金、阿拉伯石油投资公司、德意志银行的数据。

其他海湾国家那么强烈。为了增加自身收入来源的多样性，其他阿拉伯国家政府将会需要创建一个包括私有产业在内的所有积极利益相关者都能充分发展的社会经济环境。

早在 1986 年，海湾合作委员会就意识到经济多样化是自己成员国所要实现的关键战略目标。于是沙特阿拉伯、阿联酋和卡塔尔自此开始发展各自的非石油产业，巴林和科威特则在转型时遇到了更大的困难（Al-Soomi，2012）。有人建议海湾合作委员会可以仿照欧盟转型成为一个区域性社会经济与政治集团（O' Reilly，2012）。

油价在这个时候下跌对伊拉克和利比亚来说再糟糕不过了，因为前者需要大笔的石油收入来复苏经济，打击恐怖主义，而后者正忙于应对内部的不稳定和平定军阀叛乱。阿尔及利亚自 2011 年起提高了国内福利支出，据国际货币基金组织估算，现在只有每桶 121 美元的油价才能其防止出现预算赤字；阿尔及利亚很可能出现 15 年来的第一次亏损情况（华尔街日报，2014）。阿尔及利亚的制造业规模很小（见图 17.3），石油和天然气出口仍然占到了这个国家收入的 2/3（见图 18.1）。话虽如此，下一次的布伦特原油价格暴跌可能不会对阿尔及利亚造成过于严重的影响。因为这个国家正在开发太阳能和风能以满足国内消费和出口（见第 448 页）。由于使用了太阳能系统，生产成本降低了 80%，2014 年在可再生能源技术方面的全球投资增加了 16%。

外国直接投资减缓流入阿拉伯世界

当前的动荡时局对经济造成的影响已经对外国直接投资流入阿拉伯国家形成了负面效应，更别提对旅游业和房地产市场的破坏。有趣的是，2011 年以前，阿拉伯国家的境外直接投资就有了减少的迹象（见图 17.4）。个中缘由可以追溯到 2007—2008 年的全球金融危机，此次危机公认是 20 世纪 30 年代大萧条以来最严重的经济危机。像阿尔及利亚和摩洛哥这样受这次动荡波及程度较小的国家，保持了较为稳定的外国直接投资，但他们原先的国外投资数额本就不算大。摩洛哥因为开设了扩建铁路和大规模普及可再生能源等新项目，所以外国直接投资有了大幅增长。毛里塔尼亚的外国直接投资相关项目大多都与原油、天然气的勘探、钻探有关。

2013—2014 年，埃及的境外直接投资增长了 7%，达到 41 亿美元。2015 年埃及政府组织的沙姆沙伊赫经济发展大会吸引了超过 1700 家投资商以及英国首相托尼 · 布莱尔、美国国务卿科里 · 凯瑞和国际货币基金组织总裁克里斯蒂娜 · 拉加德。会议结束时，埃及共吸引投资 362 亿美元，拿到了价值 186 亿美元的基础设施建设合同，并从国际金融机构筹集到 52 亿美元贷款。

阿拉伯国家出台科学、技术和创新战略

让商界摆脱严寒

2014 年 3 月，第十四届高等教育和科学研究部长会议在阿拉伯国家沙特阿拉伯首都利雅得召开，会议批准了《阿拉伯科技创新战略》草案。这项战略有三个主要目标，即提高科学和工程训练水平、提升科学研究能力以及加强区域和国际科学合作。该战略实施的核心是让私有产业更多地参与到区域和跨学科合作中去，这样才能在研究中加入经济和发展价值，并最大程度地发挥现有技术的作用。但到目前为止，科技创新战略在阿拉伯国家并没能实现知识的有效催化或是为产品和服务增加新的价值，

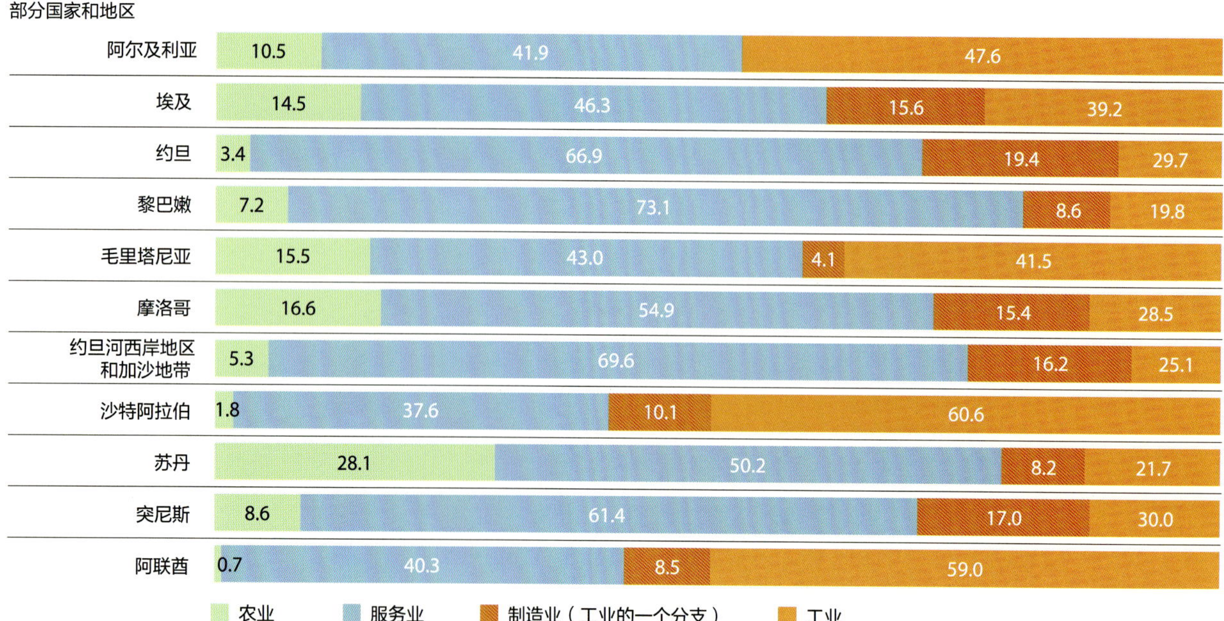

图 17.3 2013 年或最新的阿拉伯世界国家和地区各经济产业的平均国内生产总值

注：约旦河西岸地区和加沙地带的数据截至 2012 年。由于数据覆盖问题，巴勒斯坦在这里为约旦河西岸地区和加沙地带的国土。
来源：世界银行世界发展指标，2015 年 1 月。

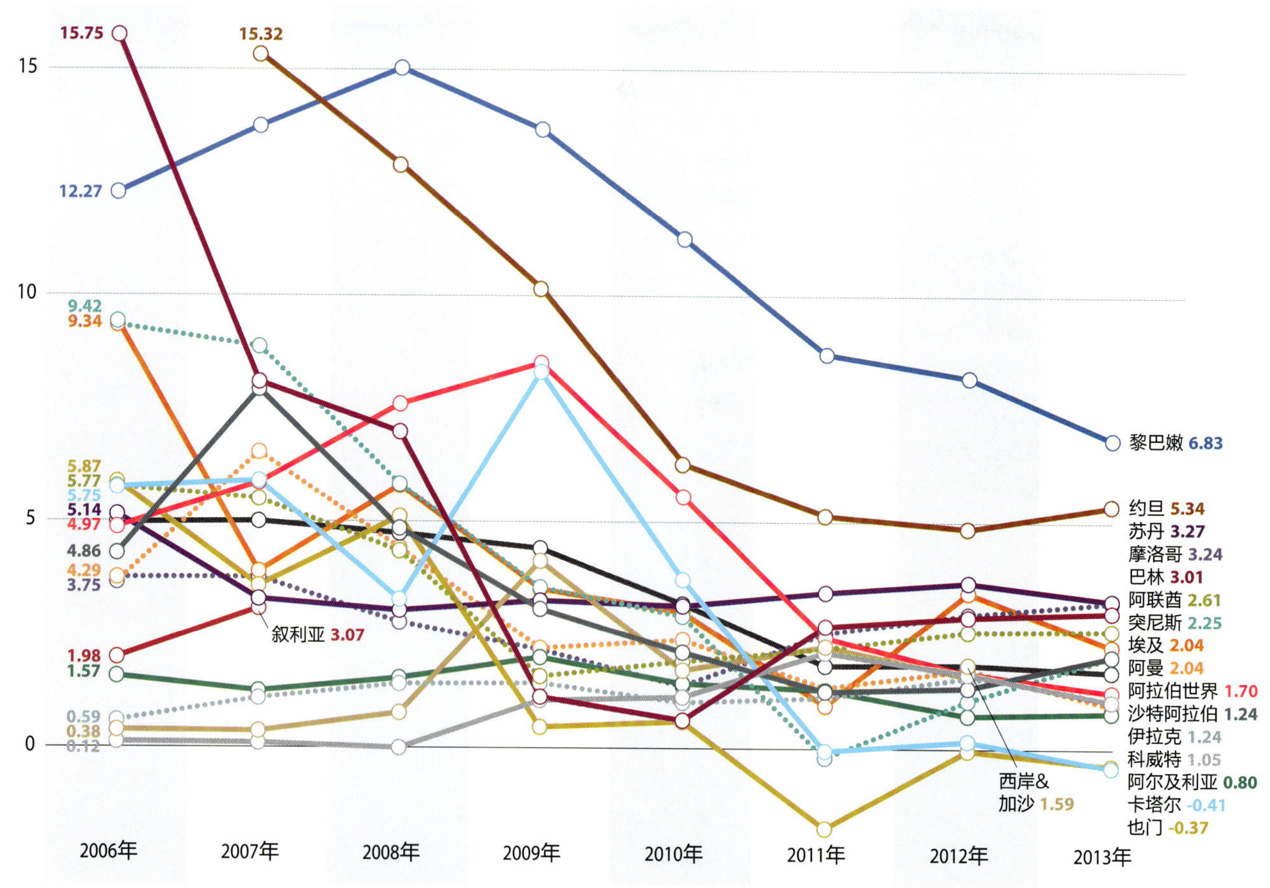

图 17.4 2006—2013 年部分阿拉伯国家外国直接投资流入占国内生产总值的比重（%）

来源：世界银行世界发展指标，2015 年 1 月。

这是因为他们在集中开展研发工作时没有考虑到商界在其中能发挥的作用。也有很多人说应该重新定位教育系统，使之更具有创新和企业家精神，但目前并未见有什么行动（见专栏 17.2）。值得注意的是近期埃及和突尼斯发起的高等教育改革。

突尼斯和沙特阿拉伯目前是阿拉伯世界电子产业的领头羊，而阿联酋则在太空技术方面投入了大量资金。在可再生能源领域，摩洛哥主导着水力发电的发展。阿尔及利亚、约旦、摩洛哥和突尼斯都致力于太阳能开发。埃及、摩洛哥和突尼斯在风能开发方面经验丰富，这些经验可以使其他希望在这一领域投资的国家包括约旦、利比亚、沙特阿拉伯、苏丹和阿联酋都获益不少。摩洛哥和苏丹目前是生物质能的主要开发使用者。

该战略提出在以下领域协同合作：

- 水资源的发展与管理。
- 核能在健康、工业、农业、材料科学、环境等领域的应用以及核能生产。
- 可再生能源：水能、太阳能、风能和生物质能。
- 石油、天然气和石油化学产业。
- 新型材料。
- 电子学。
- 信息技术。
- 空间科学在以下各个领域的应用：导航系统、气象学、灌溉、环境监测、森林管理学、灾难危机管理和城市规划等。
- 纳米技术在以下各个领域的应用：健康和药品领域、食品业、环境、海水淡化和能源生产等。
- 农业、畜牧业和渔业。
- 工业和生产。
- 荒漠化、气候变化和气候变化对农业的影响。
- 健康科学和生命技术。
- 未来趋同技术：生物信息学和纳米生物技术等。

专栏 17.2　让大学课程与市场需求接轨

2011 年 6 月，联合国教科文组织开罗办事处启动阿拉伯融合技术扩展网（NECTAR），目的是改变各公司技术需求和大多数大学所提供的课程不相匹配的现状。

生物技术、纳米技术、信息通信技术以及认知科学都属于融合技术，它们的研究领域互有重合。阿拉伯融合技术网希望通过建立这些技术在学术界和工业上的联系，为学术界的研究指明方向，使其为解决问题服务，并移除现阶段各学科间存在的不利于阿拉伯世界的技术创新的障碍。

阿拉伯融合技术网的首要任务是与美国和埃及（目前阿拉伯地区研究融合技术的专家大部分都在埃及）的知名阿拉伯裔科学家的共同合作，为阿拉伯地区的大学制定现代化的课程大纲。阿拉伯融合技术网的对象除各大高校以外，还包括给融合技术带来制造优势的技术学院。

最初的计划是美国的教授们每年到开罗集中授课（课程最多持续 3～4 周）。继“阿拉伯之春”以后，开罗和其他大城市的安全问题成了一大隐患，于是项目变成了虚拟网上授课。宾夕法尼亚州立大学制定了网上课程内容，规定学员们在 2015 年 8 月之前阅读完毕。在宾夕法尼亚州立大学的门户网站可以永久学习这些课程，并且有教授指导解答。这将保证阿拉伯国家大学的学生能够持续学习课程并获得更多公平的机会。

阿拉伯融合技术网还为学业完成者提供虚拟高级工业文凭，并开设纳米科学应用硕士学位。刚开始的时候，两个项目都是为了训练大学的教职人员（主要是博士）。这些教员将成为各大学纳米科技研究生辅修项目发展的核心团队成员。学生学费也大幅降低，只需要支付宾夕法尼亚州立大学在项目管理上的成本就可以了。该文凭由宾夕法尼亚州立大学颁发，而硕士学位则由阿拉伯世界参与该项目的大学颁发。

未来，在医药、化工、石油化学、石油生产、光电学、电子学、信息技术、化肥、表面涂层、建筑技术、食品及汽车产业等领域将会有对阿拉伯融合技术网项目的毕业生有大量的需求。

2014 年 11 月，阿拉伯融合技术网在开罗组织了一个地区性论坛，主题是为知识经济服务的电镀科学教育和高等教育。自论坛开始以来，联合国教科文组织向埃及提交了一项提案，建议其开展一项实验性教育项目，范围涵盖从小学到研究生的各个阶段。

来源：纳扎尔 · 哈桑，联合国教科文组织。

该战略同时强调要增强科学家的公众宣传[①]和提高高等教育和培训方面的投资，以建立一个由专家组成的重点团队并阻止人才流失。战略还鼓励散居海外的移民科学家加入其中。该战略原本计划在 2011 年由各部长采用并实施，但因当时各类事件的发生而受阻。

当务之急：开展对策研究、提高科学流动和发展教育

2013 年 9 月，5 个马格里布国家和包括法国、意大利、马耳他、葡萄牙和西班牙在内的 5 个地中海西部国家的研究部长在摩洛哥会面，为制定共同的研究政策打下基础。自 20 世纪 90 年代开始，这十个国家就定期会面商讨从安全、经济合作到国防、移民、教育以及可再生能源等各项事宜。但本次会面确属于第一次“5+5”的对话，随着论坛逐渐为人熟知，会面的重点更多放在了研究和创新上。《拉巴特宣言》中，各国部长同意为研究者颁发特殊护照，促进培训、技术转让和科学移动等方面的发展；同时，还鼓励马格里布国家加入欧洲研究项目，作为协调国家政策、推出联合研究计划的第一步。

在一年以后，各国部长为参加主题为非洲的科学、技术和创新的第二次论坛，[②]并在拉巴特会面，此次论坛通过的宣言反映了《拉巴特宣言》的诸多方面，包括：需要加大对解决卫生、健康、农业、能源和气候变化等实际问题的应用研究的关注；公共投资在壮大私有产业方面的促进作用；提升科学、技术、工程和数学等学科教学以及加快研究者流动性的需求。

研究工作在大多数大学里不受重视

包括埃及、约旦、黎巴嫩、巴勒斯坦和突尼斯在内，越来越多的阿拉伯政府开始建立观测站监测自己的科学系统。然而，在研究收集到的数据的时候，分析员们常常发现，毕业生或教员的数量与研究者的数量直接相关。这个发现其实有误导性，因为许多学生和教职员工并不参与研究工作，只要少数真正在科学引文索引数据库或斯高帕斯数据库所列的期刊上发表过自己的成果。许多阿拉伯大学压根就不是研究型大学。更有甚者，直至最近阿拉伯地区的大学教授的职责范围根本就不包括研究这一项。

而真正具有挑战性的是计算个人有效地花费在研究，而不是教学或是其他任务上的时间。这些国家的政府机构和大多数私立大学中的教职人员很少有研究活动超过自己学术任务总量的 5% ~ 10%，而相比之下，欧洲和美国的大学则在 35% ~ 50%。最近贝鲁特美国大学的一项调查显示，学者 40% 左右的时间是花在研究上的；这也就是说，平均每个全日制研究者每年有两个发表的成果（ESCWA，2014a）。

在约旦和许多其他阿拉伯国家，大量的科学研究都是在一个高等教育体系里进行的，而这种体系本身就存在问题，主要包括缺乏资源和学生激增等。学校排名在约旦各大学中风行一时，校长们无法判断学校的目标应该是创造知识（如发表科学成果）还是传授知识（如教学）。

为在国际期刊上发表文章，科学家备感压力

在国际学术期刊上发表科学成果的压力抑制了科学家在当地期刊的发表文章的积极性。而且，阿拉伯科学期刊自身也存在很严重的问题，如发刊不定期，缺乏客观的同行评议等。许多当地期刊根本不被视为获得更高学术职称的可信凭证——就算这些期刊是在自己国家发表也没有用——因此只要有机会，许多学者就会努力争取将成果发表在有同行评议的国际期刊上（ESCWA，2014b）。

2010 年，埃及科学研究和技术学院（ASRT）联系一批国际知名期刊，建立了一份标准清单，规定一篇文章必须达到里面的要求才能发表。据该学院调查显示，之后 5 年里，同行评议的发表物增加了两倍。

2014 年，联合国教科文组织和阿拉伯教育文化科学联盟（ALECSO）决定建立一个线上阿拉伯科学和技术研究站。研究站将开设一个研究项目的门户网站，并提供阿拉伯各所大学及科学研究中心的清单，电子形式的专利、出版物以及硕士、博士毕业论文；科学家们也能够在论坛上组织虚拟会议。研究站还将为阿拉伯各国的国家研究所提供一个互动式的半自动化 STI 指标数据库。

① 突尼斯首次恐龙展于 2011 年中期在突尼斯科学城开幕，主要展览撒哈拉恐龙。此展览筹备了两年时间，展期到 2012 年 8 月，但该展览非常受欢迎延至 2013 年 6 月。

② 首次论坛于 2012 年 3 月在内罗毕举行。本论坛聚焦 STI 青年就业、人力资本开发和包容性增长。两届论坛均由联合国教科文组织、非洲开发银行、联合国经济委员会承办，非洲教育发展协会协办。

突尼斯经验发人深思

阿拉伯国家面临众多困难，这些困难包括研究重点和战略集中度不够、完成研究目标所需资金不足、对优秀科学研究的重要性的认识不充分、网络建设不完善、团队合作能力有限以及人才流失。据目前可得数据来看，阿拉伯国家若想增强本国大学的研究能力、克服大学和工业的微弱联系并训练大学生专业和创业的技能为创造可行的国家创新体系服务，就必须要在未来从政府获得持续的支持。

我们可以从突尼斯在 2010 年 12 月以前的经历中得到许多教训。尽管政府对学术研究和高等教育提供了明显的支持，但社会各个阶层的社会经济进步还是受到了阻滞，也没能创造出更多的就业岗位。缺乏学术自由和对政权的效忠的重视多过对自身竞争力的重视至少在一部分上导致了这个现在这种情况。

研发趋势

投资虽保持低位，变革却即将到来

阿拉伯世界国家的国内研发总支出与国内生产总值之比仍然保持在低水平。当然，对石油输出国如海湾国家来说，较高的研发支出总量与国内生产总值之比是很难达到的，因为它们的国内生产总值都太高了。在这些国家中，利比亚和摩洛哥（见图 17.5）的研发密度最高。突尼斯的研发支出总量与国内生产总值之比曾经是阿拉伯世界最高的，但在更正过国家数据之后，其 2009 年发布的数字是 0.71%，而 2012 年只有 0.68%。在过去几十年里，尽管埃及、约旦和苏丹的公立和私立大学的数量持续增长，但它们的研发密度一直都很低。这种情况似乎只在埃及发生了改变，因为近期数据表明，埃及的研发支出总量指数在 2013 年达到历史最高点。与此同时，伊拉克没能把握住近几年油价高涨的机会来提高研发支出总量与国内生产总值之比，这个比率从 2011 年开始就一直维持在 0.03% 左右。大多数阿拉伯国家在这方面仍然落在包括马来西亚（2011 年达到 1.07%）和土耳其（2011 年达到 0.86%）在内的伊斯兰合作组织成员国之后。

虽然只能获得屈指可数的几个国家在这类研发项目方面的数据，但这些数据也足够表明阿拉伯世界对应用性研究的极大关注度。据联合国教科文组

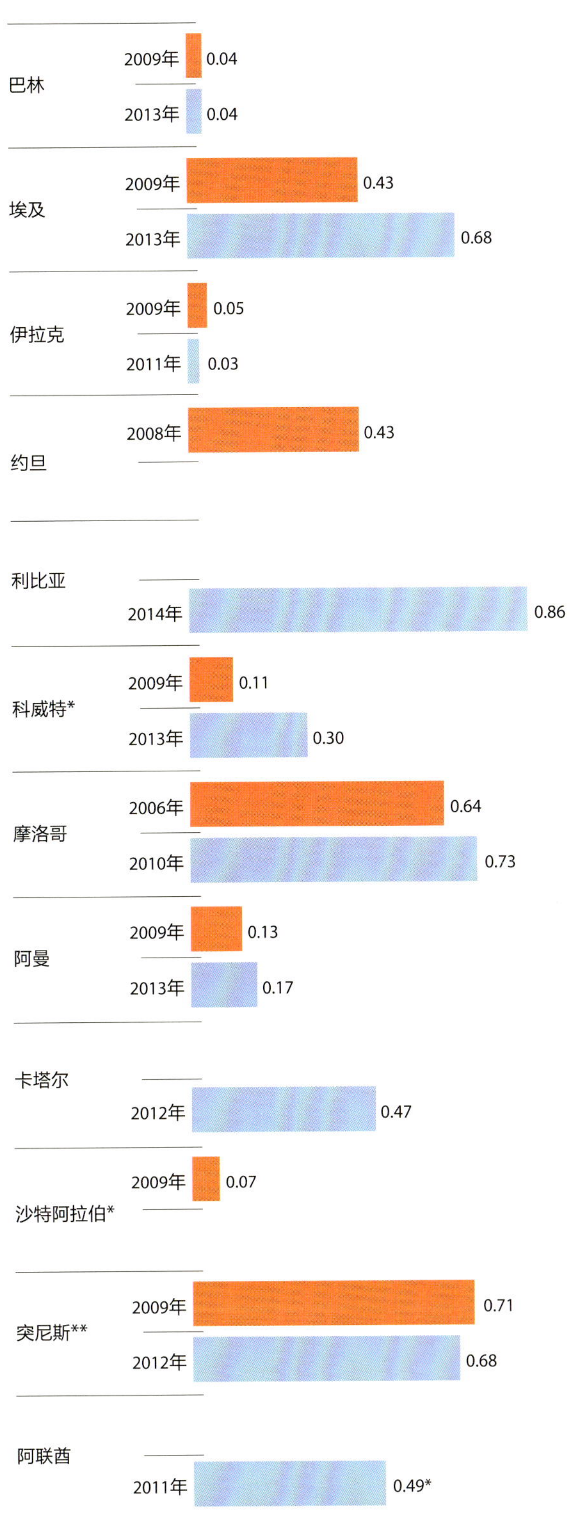

图 17.5　2009 年、2013 年以及最近几年阿拉伯世界各国研发支出总量占国内生产总值的比例（%）

* 估计值；** 国家估计值。

注：巴林的数据不完整，仅适用于高等教育部分，科威特和沙特阿拉伯的数据仅适用于 2009 年的政府部门。

来源：联合国教科文组织统计署，2015 年 1 月；苏丹，Noor（2012）；阿曼，Al-Hiddabi（2014）；利比亚，国家规划理事会《国家科学、技术和创新战略》（2014）。

织所属机构的数据显示，2011 年，科威特将全部的研发支出总量都投入了应用研究中，与之相比，伊拉克投入了三分之二，卡塔尔则只有一半。卡塔尔将剩下的研发资金平均分配给了基础研究和实验开发。卡塔尔将四分之一（2011 年是 26.6%）的资金投入了医疗健康科学的研究中。

约旦、摩洛哥和突尼斯三国研究员密度最高

由于人口激增，比较每一百万人里研究员的数量变化要比单纯的数字增长更有说服力。2012 年，突尼斯平均每一百万人里就有 1394 名全职居住在当地的研究员，是阿拉伯国家里研究员密度较高的国家，紧随其后的是摩洛哥（见图 17.6）、约旦的研究员密度（每一百万人里有 1913 名研究员）与突尼斯相近，但这还是 2008 年的数据。

埃及和巴林趋近性别平等

埃及（女性占总人口的 43%）和巴林（女性占总人口的 41%）的人口比例趋近于性别平等（见图 17.7）。在数据可得的大部分国家中，女性在研究员中人数比例在五分之一到三分之一。一个值得注意的例外是沙特阿拉伯，在 2009 年的时候，只有 1.4% 的研究员是女性，虽然这些数据仅来源于阿卜杜勒－阿齐兹国王科技城这一个地方。近几年，许多国家都在设法加大各自的研究员密度，尽管它们必须从较低的水平开始入手。在这一方面，巴基斯坦的发展可说是惊人的。由于巴勒斯坦大学付出的努力，至 2013 年，政府和巴勒斯坦科技学会的女性研究员比例达到了 23%。

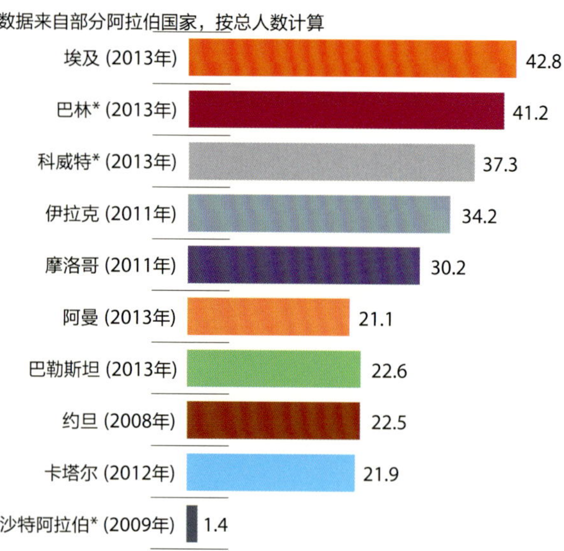

图 17.7　2013 年阿拉伯国家女性研究者比例（%）

* 数据不完整。

注：巴林的数据不完整，仅适用于高等教育部分；科威特和沙特阿拉伯的数据仅适用于政府部门。

来源：联合国教科文组织统计署，2015 年 1 月。

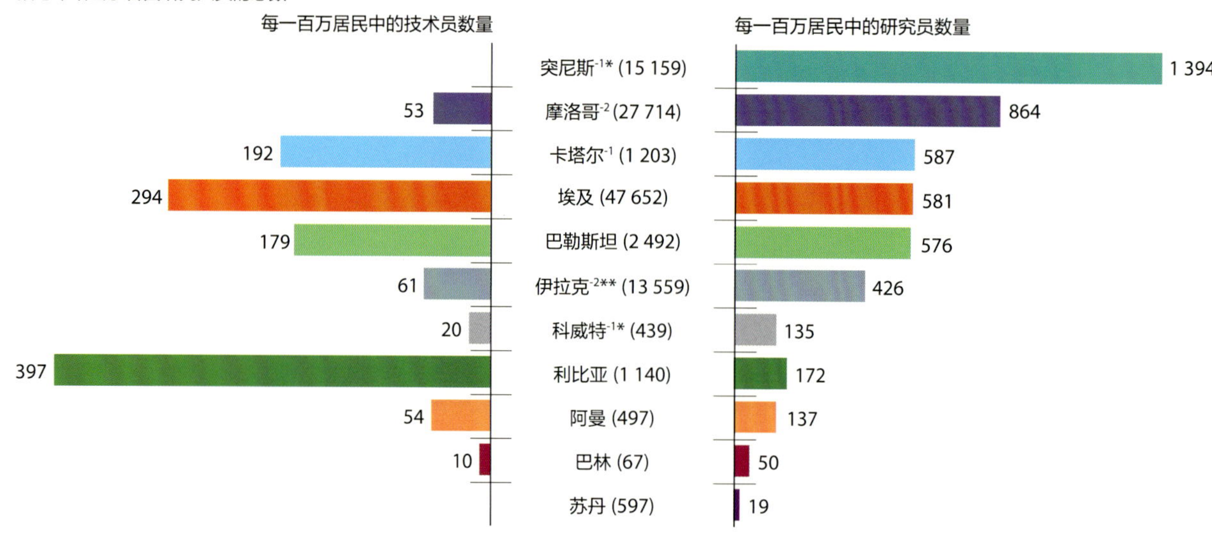

图 17.6　2013 年或最近一年阿拉伯各国每一百万居民中的技术员和研究员（全职）数量

–*n*= 参考年份 *n* 年前。

* 基于国家估计值；

* * 基于估计高于现实情况的数据。

注：巴林的数据不完整，仅适用于高等教育部分；科威特和沙特阿拉伯的数据仅适用于政府部门。摩洛哥的技术员数据也不完整。

来源：联合国教科文组织统计署，2015 年 1 月；利比亚：利比亚研究、科学和技术当局；苏丹：国家研究中心。

有几个国家，女性在自然科学（科威特、埃及和伊拉克）和医疗健康（科威特、埃及和、伊拉克、约旦和摩洛哥）领域的研究员中的比例超过了五分之二。埃及已经在社会科学和人文学科领域实现了男女平等。少量沙特女性研究员中的大部分在医疗健康科学领域工作（见表 17.2）。

在阿拉伯国家中，最低的科技专业的女性毕业生比例是约旦的 11%，最高的是突尼斯的 44%（见表 17.3）。近期十个国家的数据显示，科学、工程和农业专业的女性本科毕业生比例在 34% 到 56.8%，算是相对高的比率了（见表 17.4）。大多数国家在科学和农业领域已经实现了男女平等。但在工程领域，除了极个别的例子如阿曼以外，女性仍然占极少数（见表 17.4）。

政府教育支出占阿拉伯世界国内生产总值相当大的一部分比重。而且，在数据可得的国家中，大多数的教育投入都超过了国内生产总值的 1%（见图 17.8）。

小型企业研发

在许多阿拉伯国家里，大部分的研发支出总量都由政府部门支配，其次是高等教育产业；私有产业在研究领域的作用极其微小甚至可是说是毫无建树。比如，据埃及科学研究与技术学院估计，私有产业对全国研发投资大约只占总数的 5%（Bond 等，

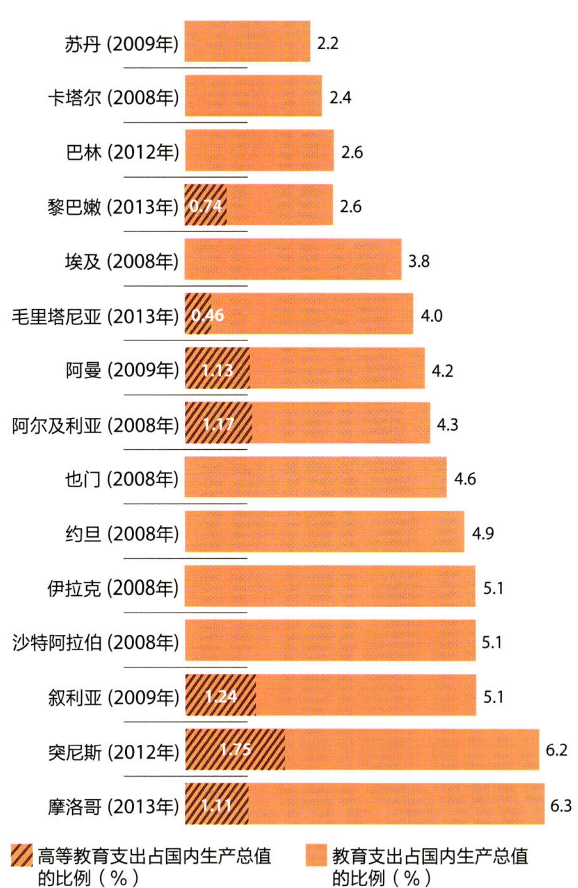

图 17.8　阿拉伯政府的教育支出占国内生产总值的比例（%）

来源：联合国教科文组织统计署，2015 年 6 月；伊拉克和约旦：联合国开发计划署（2009 年）《阿拉伯知识报告》，表 5-4，第 193 页。

表 17.2　2013 年或最近一年阿拉伯国家各个领域的研究员数量（%）（部分国家）

	年份	自然科学		工程技术		医疗健康科学		农业科学		社会科学		人文科学		未分类学科	
		总人数	女性人数	总人数	女性人数	总人数	女性人数	总人数	女性人数	总人数	女性人数	总人数	女性人数	总人数	女性人数
海湾国家和也门															
科威特	2013	14.3	41.8	13.4	29.9	11.9	44.9	5.2	43.8	8.8	33.4	13.3	35.6	33.2	36.5
阿曼	2013	15.5	13.0	13.0	6.2	6.5	30.0	25.3	27.6	24.3	23.7	13.2	22.1	2.2	33.3
卡塔尔	2012	9.3	21.7	42.7	12.5	26.0	27.8	1.6	17.9	14.3	34.6	4.8	33.7	1.3	31.8
沙特阿拉伯*	2009	16.8	2.3	43.0	2.0	0.7	22.2	2.6	—	0.0	—	0.5	—	36.4	—
亚洲地区的阿拉伯国家和埃及															
埃及	2013	8.1	40.7	7.2	17.7	31.8	45.9	4.1	27.9	16.8	51.2	11.4	47.5	20.6	41.0
伊拉克	2011	17.7	43.6	18.9	25.7	12.4	41.4	9.4	26.1	32.3	35.7	9.3	26.7	0.0	28.6
约旦	2008	8.2	25.7	18.8	18.4	12.6	44.1	2.9	18.7	4.0	29.0	18.1	32.3	35.3	10.9
巴勒斯坦	2013	16.5	—	10.9	—	5.8	—	4.8	—	27.7	—	34.2	—	0	—
马格里布地区国家															
利比亚	2013	14.3	15.0	17.0	18	24.4	0.1	11.5	0.1	2.0	20.0	12.4	20.0	32.4	20.0
摩洛哥	2011	33.7	31.5	7.6	26.3	10.4	44.1	1.8	20.5	26.1	26.6	20.4	27.8	0	0

* 只限于政府研究人员。

注：巴林的数据仅包括高等教育部门。埃及的数据只有高等教育部门的研究人员分布数据可得；政府部门相关的数据均归于“未分类”一栏。

来源：联合国教科文组织统计署（UI），2015 年 6 月；利比亚：利比亚研究、科学和技术当局。

表 17.3　2012 年或最近一年阿拉伯各国科学、工程和农业专业的大学毕业生人数

	年份	总数（所有专业）	科学、工程和农业专业		科学专业			工程、制造和建筑专业			农业专业		
			人数	占所有专业毕业生人数的比例（%）	人数	占科学、工程和农业专业总人数的比例（%）	占所有专业毕业生人数的比例（%）	人数	占科学、工程和农业专业总人数的比例（%）	占所有专业毕业生人数的比例（%）	人数	占科学、工程和农业专业总人数的比例（%）	占所有专业毕业生人数的比例（%）
阿尔及利亚	2013	255 435	62 356	24.4	25 581	41.0	10.0	32 861	52.7	12.9	3 914	6.3	1.5
埃及	2013	510 363	71 753	14.1	21 446	29.9	4.2	38 730	54.0	7.6	11 577	16.1	2.3
约旦	2011	60 686	7 225	11.9	3 258	45.1	5.4	2 145	29.7	3.5	1 822	25.2	3.0
黎巴嫩	2011	34 007	8 108	23.8	3 739	46.1	11.0	4 201	51.8	12.4	168	2.1	0.5
摩洛哥	2010	75 744	27 524	36.3	17 046	61.9	22.5	9 393	34.1	12.4	1 085	3.9	1.4
巴勒斯坦	2013	35 279	5 568	15.8	2 832	50.9	8.0	2 566	46.1	7.3	170	3.1	0.5
卡塔尔	2013	2 284	671	29.4	119	17.7	5.2	552	82.3	24.2	0	0.0	0.0
沙特阿拉伯	2013	141 196	39 312	27.8	25 672	65.3	18.2	13 187	33.5	9.3	453	1.2	0.3
苏丹	2013	124 494	23 287	18.7	12 353	53.0	9.9	7 891	33.9	6.3	3 043	13.1	2.4
叙利亚	2013	58 694	12 239	20.9	4 430	36.2	7.5	6 064	49.5	10.3	1 745	14.3	3.0
突尼斯	2013	65 421	29 272	44.7	17 225	58.8	26.3	11 141	38.1	17.0	906	3.1	1.4
阿联酋	2013	25 682	5 866	22.8	2 087	35.6	8.1	3 742	63.8	14.6	37	0.6	0.1

来源：联合国教科文组织统计署，2015 年 6 月。

2012）。约旦、阿曼、卡塔尔、突尼斯和阿联酋则属于其中的例外。据国家研究综合政策信息系统统计，私有产业的研发支出占约旦国内研发支出总额的三分之一，摩洛哥是 30%（2012），阿联酋 29%（2011），卡塔尔 26%（2012），阿曼是 24%（2011）。据联合国教科文组织统计，突尼斯私有产业研发支出接近国内研发支出总额的 20%。商业型企业在研发上的资金投入是卡塔尔国内研发支出总额的 24%，而在突尼斯，该比值则为 20%。

大部分阿拉伯国家都没有足够的按行业和性别划分的全职研究员数据。根据数据显示 2013 年，埃及多数研究员就职于高等教育机构（54%），其余在政府部门任职（46%），但该调查没有包含商业领域的数据（ASRT，2014）。在伊拉克，约 83% 的研究员在学术领域工作。

埃及的医疗健康行业的研究员人数最多，这也反映出了该国所侧重发展的行业是什么。科威特和摩洛哥的大部分研究员分布在自然科学领域（见表 17.2）。2011 年，阿曼的多数研究员是社会科学家，

表 17.4　2014 年或最近一年阿拉伯各国科学、工程和农业专业的女大学毕业生比例（%）

国家	年份	科学专业	工程专业	农业专业	科学、工程和农业专业
巴林	2014	66.3	27.6	0.0	42.6
约旦	2011	65.2	13.4	73.4	51.9
黎巴嫩	2011	61.5	26.9	58.9	43.5
阿曼	2013	75.1	52.7	6.0	56.8
巴勒斯坦	2013	58.5	31.3	37.1	45.3
卡塔尔	2013	64.7	27.4	0.0	34.0
沙特阿拉伯	2013	57.2	3.4	29.6	38.8
苏丹	2013	41.8	31.8	64.3	41.4
突尼斯	2013	63.8	41.1	69.9	55.4
阿联酋	2013	60.2	31.1	54.1	41.6

来源：联合国教科文组织统计署，2015 年 6 月。

而卡塔尔的研究员则多是钻研工程技术。有意思的是，2011 年，巴勒斯坦有三分之一的研究员研究人文学，是阿拉伯国家中研究该学科人员比例最高的。

摩洛哥领头高科技出口，卡塔尔和沙特阿拉伯引领出版业

由于阿拉伯世界的私有产业发展并不活跃，这些国家，特别是海湾国家（见图 17.9）的高科技产品制造出口比重很低也就不奇怪了。摩洛哥在高科技产品出口领域居于首位，在专利方面则仅次于埃及排在第二（见表 17.5）。

有意思的是，2014 年平均每一百万居民所发表的科学类文章发表数量最多的居然是卡塔尔和沙特阿拉伯这两个石油输出国。近几年来，在科学类文章发表上，这两国和埃及的增长速度都要高于其他国家。卡塔尔和沙特阿拉伯的文章被引用率也是该地区最高的（见图 17.10）。

在 2008 年至 2014 年间，阿拉伯世界的科学家所发表的文章有三分之一是与他国科学家共同发表的。埃及、沙特阿拉伯主要与美国合作，而中国科学家是伊拉克、卡塔尔和沙特阿拉伯的重要合作伙伴（见图 17.10）。值得注意的是，汤森路透（Thomson Reuters）在 2014 年[①] 选出的高引用学者名单中，只有三名科学家的第一隶属机构来自阿拉伯世界。他

① http://highlycited.com/archive_june.htm.

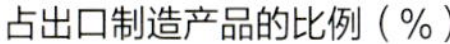

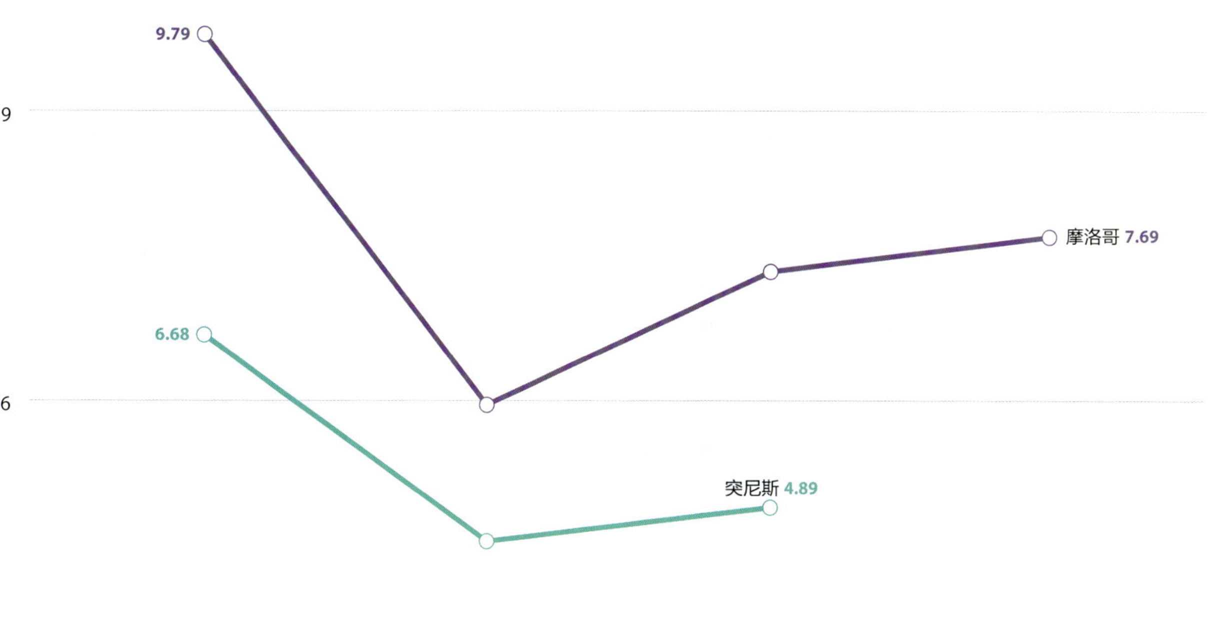

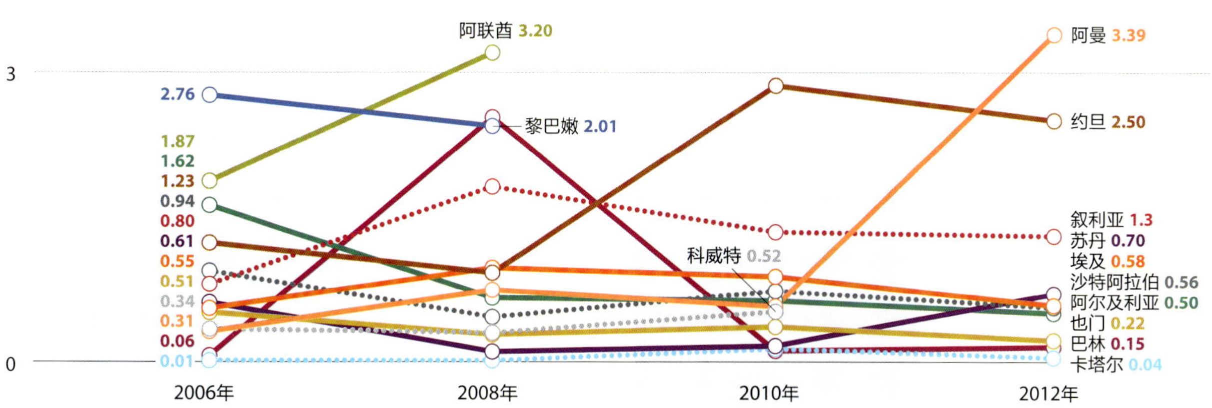

图 17.9 阿拉伯世界的高科技出口（2006 年、2008 年、2010 年和 2012 年）

来源：联合国统计署，2014 年 7 月。

表 17.5　2010—2012 年阿拉伯国家专利申请数

	国内居民专利申请数			非国内居民专利申请数			专利申请总数		
	2010年	2011年	2012年	2010年	2011年	2012年	2010年	2011年	2012年
埃及	605	618	683	1 625	1 591	1 528	2 230	2 209	2 211
摩洛哥	152	169	197	882	880	843	1 034	1 049	1 040
沙特阿拉伯	288	347	—	643	643	—	931	990	—
阿尔及利亚	76	94	119	730	803	781	806	897	900
突尼斯	113	137	150	508	543	476	621	680	626
约旦	45	40	48	429	360	346	474	400	394
也门	20	7	36	55	37	49	75	44	85
黎巴嫩	0	0	0	13	2	2	13	2	2
苏丹	0	0	0	0	1	0	0	0	0
叙利亚	0	0	0	1	0	0	1	0	0

来源：世界知识产权组织数据库，截至 2014 年 12 月；汤森路透社科学引文索引数据库，科学引文索引扩展版；数据处理 Science-Metrix。

们分别是阿里·内费教授（约旦大学和弗吉尼亚理工大学）、沙赫·艾尔－摩蔓妮教授（约旦大学和位于沙特阿拉伯的阿卜杜勒阿齐兹国王大学）以及阿尔及利亚的萨利姆·梅赛帝教授（在沙特阿拉伯的法赫德国王石油矿产大学任教）。

国家概况

阿尔及利亚

形成多样化的国家能源结构

2008 年，阿尔及利亚采用了国家创新体系的优化计划。该计划在高等教育和科学研究部的领导下提出要重组各科学学科、发展基础设施建设以及升级人力资源管理和研究活动，并加强科学合作和资金投入。2005 年，阿尔及利亚国内研发支出总额只占其国内生产总值的 0.07%；虽然这些数据不完整，但仍说明了在采用优化计划前的这几年，该国的研发密度极低。

2000 年，国家终身研究员评估委员会成立。该委员会加大了研究方面的资金投入，并引入奖励制度促使科学家更好地利用自己的研究结果，以达到鼓励他们积极展开研究的目的。其目标是加强与散居海外的本国科学家的合作。该委员会在 2012 年 2 月第 12 次会面。近期，高等教育和科学研究部宣布计划于 2015 年建立国家科学院。

在 2008—2014 年间，阿尔及利亚科学家发表的科学文章大部分是在工程和物理领域。他们的成果发表进展稳定，2005—2009 年的发表数量是之前的两倍，而 2010—2014 年间又翻了一番（见图 17.10、图 17.11）。直至 2014 年的七年时间里，59% 的阿尔及利亚科学论文是与国外科学家共同发表的。

虽然阿尔及利亚是非洲最大的石油生产国（见图 19.1），也是世界第十大天然气产地，但据英国石油公司在 2009 年发布的世界能源统计显示，该国的已知天然气储量可能在半个世纪内耗尽（Salacanin，2015）。目前，阿尔及利亚正和其邻国摩洛哥和突尼斯一样，形成多样化的能源结构。该国于 2011 年 3 月启动可再生能源和能源效率项目，此项目又于 2015 年经过了修订，现已通过 60 项太阳能和风能计划。目标是在 2030 年前利用可再生能源提供全国 40% 的电力。从 2011 年到 2030 年，将安装可发电 22 000 兆瓦的可再生能源设备，其中 12 000 兆瓦用于满足内需，剩下的 10 000 兆瓦出口别国。2013 年 7 月，阿尔及利亚和欧盟签署有关能源的谅解备忘录，其中包括化石能源和可再生能源相关技术的转让条款。

巴林

需要降低石油依赖性

巴林是油气储量最小的海湾国家，

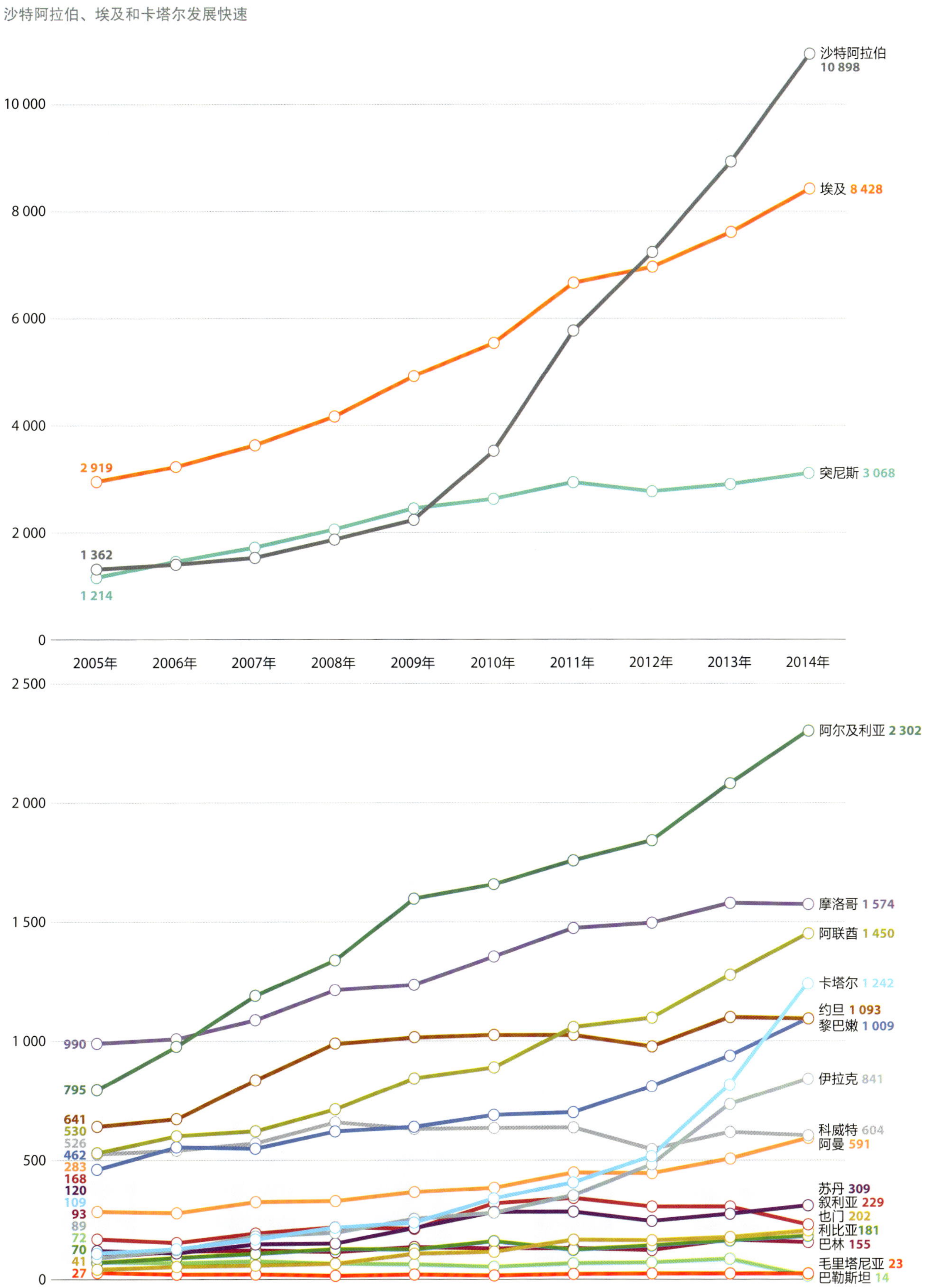

图 17.10　2005—2014 年阿拉伯国家科学出版物发展趋势

卡塔尔、沙特阿拉伯和突尼斯三国的科学成果发表强度最高

2014年每一百万居民中的发表量

67.2%

2008—2014年阿拉伯国家研究员与国外作者联合发表的论文占发表论文总数的比例；二十国集团成员国平均比例是24.6%

548 卡塔尔
371 沙特阿拉伯
276 突尼斯
203 黎巴嫩
174 科威特
154 阿联酋
151 阿曼
146 约旦
115 巴林
101 埃及
58 阿尔及利亚
47 摩洛哥
29 利比亚
24 伊拉克
10 叙利亚
8 苏丹
8 也门
6 毛里塔尼亚
3 巴勒斯坦

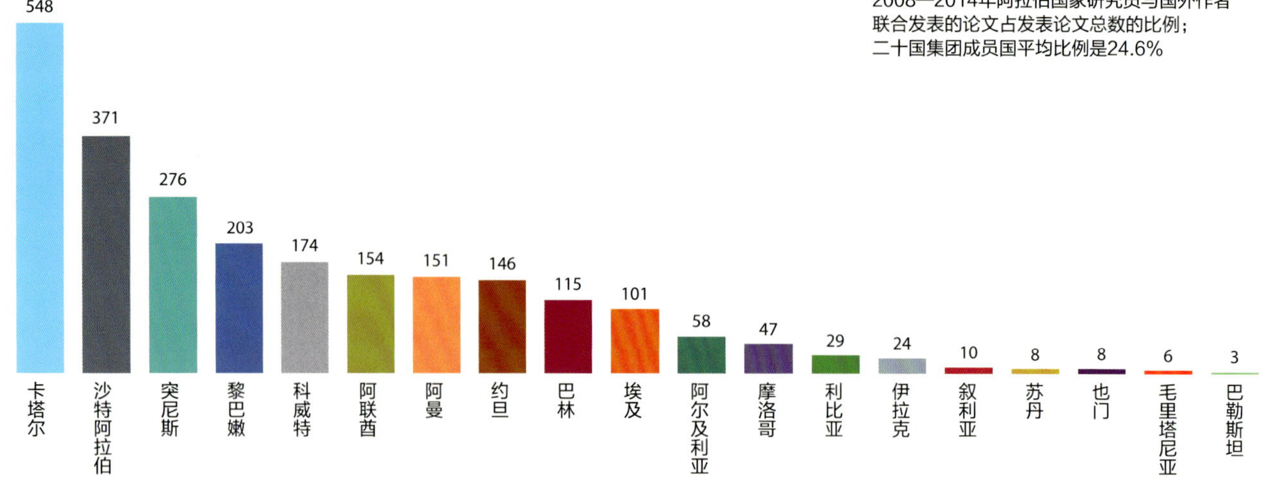

阿拉伯国家在生命科学领域的发表量最多，工程学和化学领域紧随其后

2008—2014年各学术领域的累积发表量

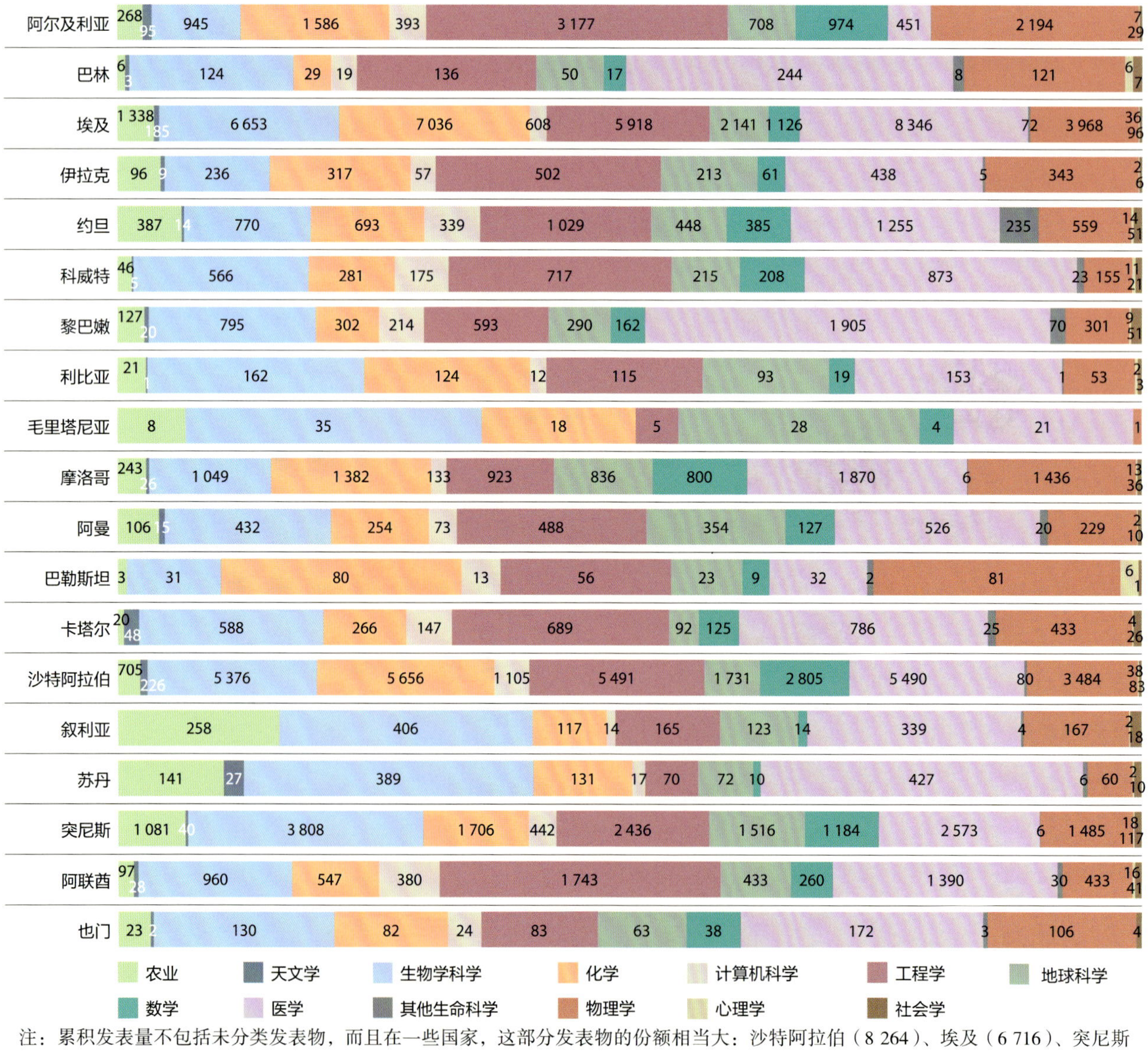

阿尔及利亚 268 95 945 1 586 393 3 177 708 974 451 2 194 7 29
巴林 6 3 124 29 19 136 50 17 244 8 121 6 7
埃及 1 338 185 6 653 7 036 608 5 918 2 141 1 126 8 346 72 3 968 36 96
伊拉克 96 9 236 317 57 502 213 61 438 5 343 2 6
约旦 387 14 770 693 339 1 029 448 385 1 255 235 559 14 51
科威特 46 5 566 281 175 717 215 208 873 23 155 11 21
黎巴嫩 127 20 795 302 214 593 290 162 1 905 70 301 9 51
利比亚 21 1 162 124 12 115 93 19 153 1 53 2 3
毛里塔尼亚 8 35 18 5 28 4 21 1
摩洛哥 243 26 1 049 1 382 133 923 836 800 1 870 6 1 436 13 36
阿曼 106 5 432 254 73 488 354 127 526 20 229 2 10
巴勒斯坦 3 31 80 13 56 23 9 32 2 81 6 1
卡塔尔 20 48 588 266 147 689 92 125 786 25 433 4 26
沙特阿拉伯 705 226 5 376 5 656 1 105 5 491 1 731 2 805 5 490 80 3 484 38 83
叙利亚 258 406 117 14 165 123 14 339 4 167 2 18
苏丹 141 27 389 131 17 70 72 10 427 6 60 2 10
突尼斯 1 081 40 3 808 1 706 442 2 436 1 516 1 184 2 573 6 1 485 18 117
阿联酋 97 28 960 547 380 1 743 433 260 1 390 30 433 16 41
也门 23 2 130 82 24 83 63 38 172 3 106 4
农业
天文学
生物学科学
化学
计算机科学
工程学
地球科学
数学
医学
其他生命科学
物理学
心理学
社会学

注：累积发表量不包括未分类发表物，而且在一些国家，这部分发表物的份额相当大：沙特阿拉伯（8 264）、埃及（6 716）、突尼斯（2 275）、阿尔及利亚（1 747）、约旦（1 047）、科威特（1 034）和巴勒斯坦（77）。

图 17.10　2005—2014 年阿拉伯国家科学出版物发展趋势（续）

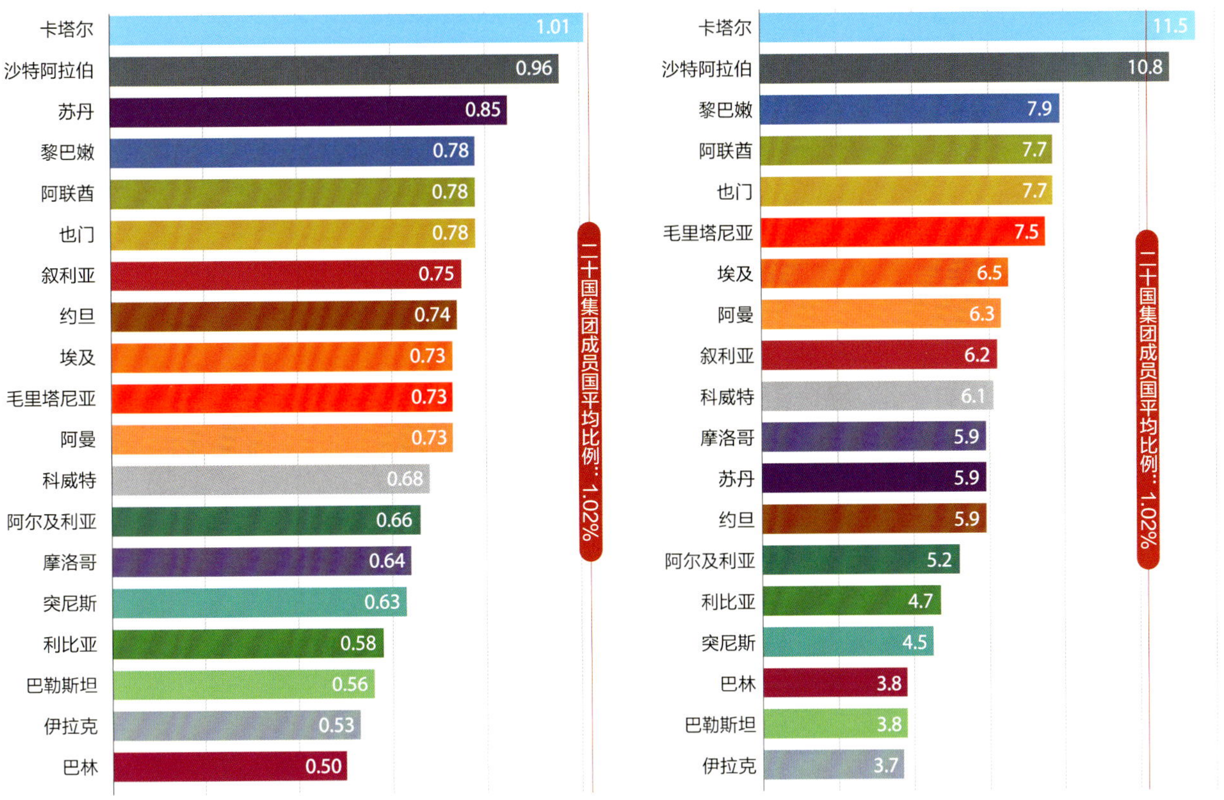

中国已成为伊拉克、卡塔尔和沙特阿拉伯的重要合作伙伴

2008—2014年主要合作国家

	第一大合作国	第二大合作国	第三大合作国	第四大合作国	第五大合作国
阿尔及利亚	法国 (4 883)	沙特阿拉伯 (524)	西班牙 (440)	美国 (383)	意大利 (347)
巴林	沙特阿拉伯 (137)	埃及 (101)	英国 (93)	美国 (89)	突尼斯 (75)
埃及	沙特阿拉伯 (7 803)	美国 (4 725)	德国 (2 762)	英国 (2 162)	日本 (1 755)
伊拉克	马来西亚 (595)	英国 (281)	美国 (279)	中国 (133)	德国 (128)
约旦	美国 (1 153)	德国 (586)	沙特阿拉伯 (490)	英国 (450)	加拿大 (259)
科威特	美国 (566)	埃及 (332)	英国 (271)	加拿大 (198)	沙特阿拉伯 (185)
黎巴嫩	美国 (1 307)	法国 (1 277)	意大利 (412)	英国 (337)	加拿大 (336)
利比亚	英国 (184)	埃及 (166)	印度 (99)	马来西亚 (79)	法国 (78)
毛里塔尼亚	法国 (62)	塞内加尔 (40)	美国 (18)	西班牙 (16)	突尼斯 (15)
摩洛哥	法国 (3 465)	西班牙 (1 338)	美国 (833)	意大利 (777)	德国 (752)
阿曼	美国 (333)	英国 (326)	印度 (309)	德国 (212)	马来西亚 (200)
巴勒斯坦	埃及 (50)	德国 (48)	美国 (35)	马来西亚 (26)	英国 (23)
卡塔尔	美国 (1 168)	英国 (586)	中国 (457)	法国 (397)	德国 (373)
沙特阿拉伯	埃及 (7 803)	美国 (5 794)	英国 (2 568)	中国 (2 469)	印度 (2 455)
苏丹	沙特阿拉伯 (213)	德国 (193)	英国 (191)	美国 (185)	马来西亚 (146)
叙利亚	法国 (193)	英国 (179)	德国 (175)	美国 (170)	意大利 (92)
突尼斯	法国 (5 951)	西班牙 (833)	意大利 (727)	沙特阿拉伯 (600)	美国 (544)
阿联酋	美国 (1 505)	英国 (697)	加拿大 (641)	德国 (389)	埃及 (370)
也门	马来西亚 (255)	埃及 (183)	沙特阿拉伯 (158)	美国 (106)	德国 (72)

来源：汤森路透社科学引文索引数据库，科学引文索引扩展版；数据处理 Science-Metrix。

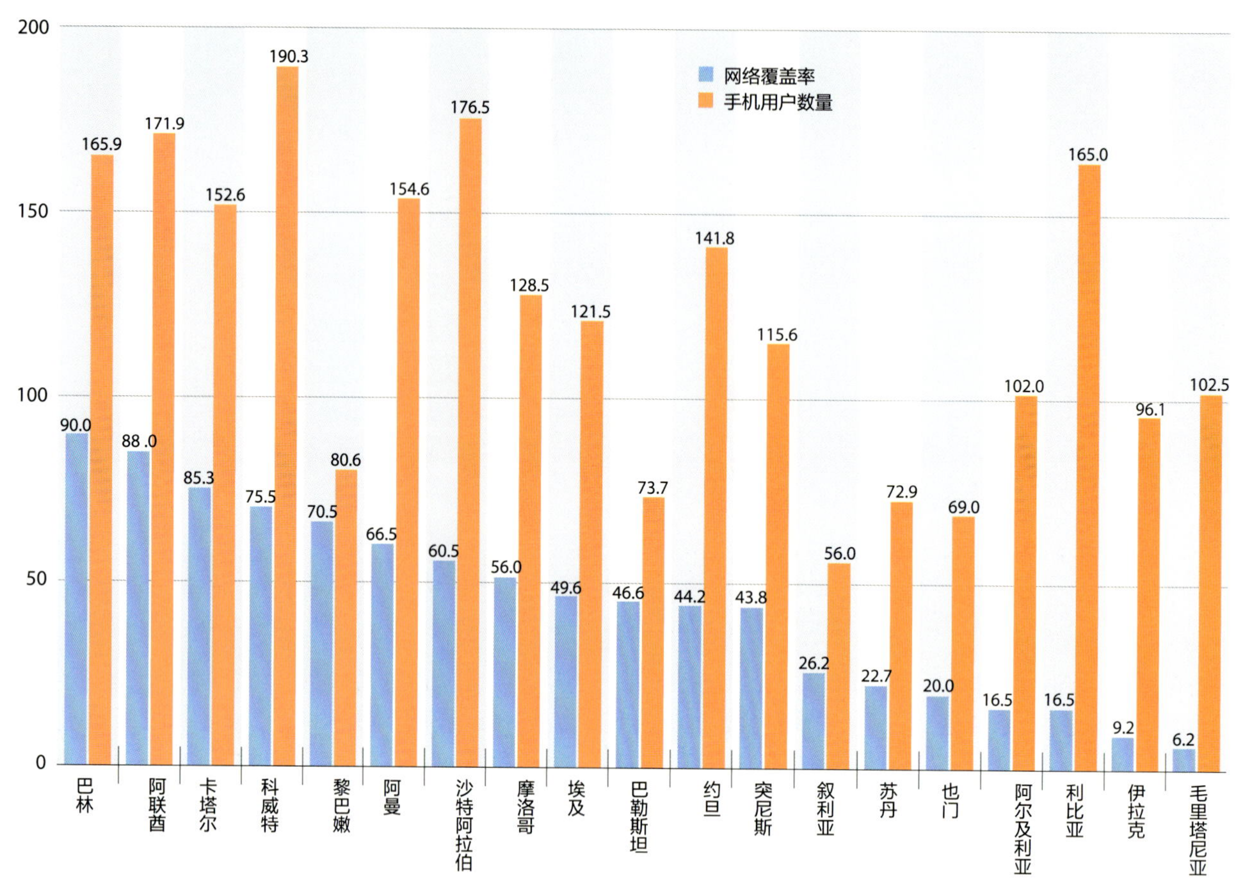

图 17.11　2013 年阿拉伯国家网络覆盖率和手机用户数量

来源：国际电信联盟，2015 年 2 月。

其唯一的岸上油田每天仅生产 48 000 桶石油（Salacanin，2015）。该国大部分收入来源于沙特阿拉伯管理的近海油田的份额。巴林的天然气储量在未来 27 年以内就将耗尽，到时该国将不再有足够的资金来源发展本国的新工业。

但在《巴林 2030 经济展望》中，并没有指出如何将巴林从依赖石油储备的国家变成具有全球竞争力经济体。

除教育部和高等教育委员会以外，巴林大学和巴林战略、国际和能源研究中心是 STI 的两个主要活动中心。后者建立于 2009 年，负责重点研究战略安全和能源方面的问题，鼓励开创新思维和影响决策制定。

巴林大学建于 1986 年。全校有超过 20 000 名学生，其中 65% 是女生，而在大约 900 名教师中，有 40% 是女性。从 1986 年到 2014 年，巴林大学的教职员发表 5 500 篇论文或著作。大学每年在科学研究上花费 1 100 万美元，研究由 172 位男性和 128 位女性组成的团队进行。

为科学和教育建设新型基础设施

2008 年 11 月，巴林政府和联合国教科文组织签署了一项协议，决定由后者主持在麦纳麦建立地区信息和通信技术中心。目的是为海湾合作委员会的 6 个成员国建立一个知识中心。2012 年 3 月，中心举办了两场关于信息通信技术和教育的高水平研讨会。

2013 年，巴林科学中心正式成立，专为 6 ~ 18 岁青少年提供互动教育设施。中心设立的展览涉及的主题有：初级工程、人体健康、五种感官、地球科学和生物多样性。

2014 年 4 月，巴林国家空间科学局成立。该机构负责核准国际空间相关的协议，如《外层空间条约》《营救宇宙宇航员、送回宇宙宇航员和归还发射到外层空间的物体的协定》（《营救协定》）、《空间物体所造成损害的国际责任公约》（《责任公约》）、《关于登记射入外层空间物体的公约》（《登记公约》）以及《关于各国在月球和其他天体上活动的协定》（《月球协定》）。机构将建立完善的基础设施用以观察外太空和地球。机构的目标还包括打造国家科学文化，鼓励技术创新。

巴林是阿拉伯世界中互联网覆盖率最高的国家，阿联酋和卡塔尔紧随其后位列第二、第三（见图 17.11）。各个海湾国家的上网人数迅速攀升。2009 年，巴林和卡塔尔的网络覆盖人口达半数以上（53%），阿联酋近三分之二（64%），而 2013 年，网络覆盖率则超过了 85%。与这几个国家截然相反的是，2013 年伊拉克和毛里塔尼亚的网络覆盖率低于十分之一。

埃及

科研工作面临改革

埃及所有现行的国家政策都视科学和技术为国家发展的关键。2014 年通过的国家宪法要求国家每年将 1% 的国内生产总值作为研发投入，并规定国家要保证科学研究的自由性并要鼓励其机构，以此作为确保国家主权完整与建立支持研究员和发明者的知识型经济的途径[①]。

几十年来，埃及的科技一直由公共部门主导，并处于国家中央的管控之下。研发工作大多是在公立大学和研究中心开展，由高等教育和科学研究部负责监管，该部门在 2014 年拆分为高等教育部和科学研究部。过去埃及的各大研究中心由不同的部门分散管理，而现为了更好地相互协调，重组后由科学研究中心和学会最高委员会统一指挥。

《联合国教科文组织科学报告 2010》提出建议阿拉伯各国建立科学、技术和创新研究所。埃及科学、技术与创新研究所成立于 2014 年 2 月，目的是通过数据收集和记录国家科技实力的发展来为政策的制定和资源的分配提供建议。研究所由埃及科学研究与技术学会创办，并于 2014 年首次公布了其收集的数据（ASRT，2014）。研究所收集的数据不涉及企业部门，但尽管如此，从 2009 年到 2013 年，埃及的国内研发支出总额还是从 0.43% 上升到了 0.68%。研究所的报告还指出，在政府研究机构任职的全职研究员共有 22 000 名，在公立大学的有 26 000 名。虽然在 42 所埃及大学中，只有刚刚超过半数的 24 所是公立机构，但这些学校的招生人数已占到了总数的四分之三。

实行改革措施，培养具备就业能力的毕业生

埃及政府在高等教育方面的公共支出占国内生产总值的 1% 左右，与经济合作与发展组织各成员国的 1.4% 相比，还算是可以接受的水平。相对应的，埃及的教育支出占总公共支出的 26%，接近经济合作与发展组织成员国的平均值 24%。尽管如此，这些资源大部分都被用于支付管理费用，特别是教职人员和非教职人员的工资，而不是用于进行教育项目。这种投资方式只给各大学留下了一堆落伍的设备、陈旧的基础设施和过时的学习材料。埃及大学生人均分配到的经费只有 902 美元（相当于埃及人均国内生产总值的 23%），而经合展组织成员国的大学生的人均经费是 9 984 美元，前者还不到后者的十分之一。

埃及的大学提供的学位最少需要 4 年完成，而大部分学生会选择留校任教，特别是人文和社会科学专业的埃及学生，留校高达 70%（见图 17.12）。近几年埃及高校毕业生的男女比例越来越趋近 1 : 1，但仅限于城区。男女不平等现象在城镇和乡村仍然存在。

埃及专科院校提供的是 2 年的学习课程，可选专业众多，包括制造、农业、商贸和旅游业。少数专科院校提供 5 年课程，毕业后颁发高级文凭，可这类专科高级文凭在社会上的认可度不及大学文凭。但事实是 60% 的中学生都在专职中学上学，95% 的大专技术院校的生源来自普通中学。这就导致许多专职中学的毕业生失去继续求学的机会。

埃及政府宣布启动预算为 58.7 亿美元的高等教

① 参见：http://stiiraqdev.wordpress.com/2014/03/15/sti-constitutions-arab-countries/.

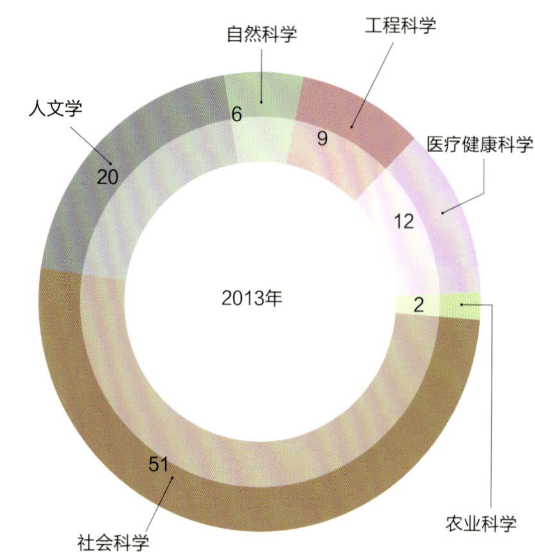

图 17.12　2013 年埃及公立大学入学分布（%）

来源：科学研究和技术学院（2014 年）。

育改革计划，以培养可直接就业的毕业生，建设知识经济。该计划从 2014 年开始分两个阶段执行，至 2022 年结束。计划由新宪法提供资助，规定埃及政府必须分配其预算的至少 4% 到教育领域，2% 给高等教育部分，1% 投入科学研究（埃及 2014 年宪法第 19 ~ 21 条）；计划还包括立法改革，以改进政府机制。

专职教育得到更多重视

该计划的目标是提高大学生技职方面的教育，保证课程质量，提升教育服务水平，连接高等教育系统和人力市场需求以及提高高校国际化水平。近期，政府又开始准备推出一项优秀学生的优先录取标准。这项举措将为学生的学术生涯提供更高的机动性。

兹韦勒科技城的振兴

尼罗大学是埃及第一所研究性大学，由非营利机构埃及技术教育基金会组织建于 2006 年，属于私立学校，校址位于开罗城郊，土地由政府赠予。2011 年 5 月，作为大学的管理者，埃及政府将这块土地和上面的建筑物重新分配给了兹韦勒科技城，并将这片建筑群正式命名为国家科学复兴项目（Sanderson，2012）。

兹韦勒科技城项目多年一直搁置，直到诺贝尔奖得主艾哈迈德·兹韦勒在 1999 年将其展示给当时的埃及总统穆巴拉克。此后，该项目重新启动，因为埃及政府意识到只有靠发展兹韦勒提出的这类项目，以此培养科技创业文化，埃及才能发展自己的知识经济。2014 年 4 月，埃及总统塞西决定将十月六日城的 200 英亩（约 80 万平方米）土地分配给兹韦勒科技城，该地距开罗市中心约 32 千米。建成后的兹韦勒科技城[①] 将由五部分组成，包括：一所大学、几个研究机构、一个技术园区、一所学院和一个战略研究中心。

埃及科学研究和技术学院建于 1972 年，属于非营利组织，于 2015 年 9 月与高等教育部合并，现隶属于埃及高等教育和科学研究部。该组织起初不是传统意义上的科学学院，直到 2007 年才有权利控制各大学和研究中心的研发预算。现担任高等教育和科学研究部的智库和决策顾问，并负责协调国内的研究项目。

2015 年年初，科学研究部开始对埃及的《科学技术创新战略》做最后的修改。2015 年 2 月，联合国教科文组织派遣了一批国际专家为其提供技术援助，以组织 STI 政策对话。在联合国教科文组织之后发布的报告中，提出了一系列关于发展埃及国内的科学研究的建议（Tindemans，2015），其中包括：

- 建立有经济、社会方面的利益相关者参与的部长级平台，以制定相应策略来发挥 STI 在社会经济发展中的作用。
- 为了更好地监测并协调政策的实施和完善评估过程，科学研究部应在受监管的各机构的预算循环中扮演决定性的角色，并发布全面的年度公共和私有产业研发支出概况；科学研究部还应从各部门选拔公务员组成高级常设委员会，负责收集和证实国际创新体系的基本信息。
- 科学研究部应与贸易产业部保持紧密的关系。
- 议会应采取新的关于科学研究的法律框架，包括通用法和各类专业法。
- 为了鼓励创新，要放宽专利法。
- 政府部门需要对私有产业的需求和发展规划有更充足的了解；各部门应加强与工业现代化中心和埃及工业联盟的合作。
- 科学研究和技术学院和科学研究部要建立基础框

① 参见：www.zewailcity.edu.eg.

架，以鼓励工业创新和促进各大学和政府研究机构建立紧密的合作关系。

- 建立国家创新基金会，目的是支持私有产业进行科学研究，加强公共部门和私有产业的合作，其核心任务是提供竞争性拨款。
- 埃及科学技术与创新研究所应将收集公共和私有产业在研发投资方面的信息作为首要任务；研发支出总量和研究员的现有数据必须经过严格的分析，以保证其可靠性。
- 科学研究部应与高等教育部建立紧密的联系。同时，大学课程的学习材料的非语境化也反映出科学研究的缺口。

伊拉克

科学研究编入伊拉克宪法

地区发电站的研发完成以后，伊拉克就因 1980 年以来连续的战乱和大批科学家的出走而失去了大量制度资本和人力资源。2005 年以来，伊拉克政府一直致力于重建国家文化遗产。 伊拉克 2005 年的宪法规定国家应鼓励以和平为目的、为人类服务的科学研究并支持科学家完成杰出的工作、发挥创造力和创新性以及发掘发明创造各方面的潜力（《宪法》第 34 条）。

2005 年，联合国教科文组织开始帮助伊拉克筹划一个名为《科技创新计划》的大规模项目，预计从 2011 年开始实行，2015 年结束，目的是重振因 2003 年美军入侵而衰退的经济，并解决紧迫的社会需求，如贫穷和环境破坏等。在分析过伊拉克不同产业的优势和劣势后，联合国教科文组织与伊拉克共同起草了一份《行动纲领》（2013）以完成该国《国家发展计划》从 2013 年到 2017 年阶段的发展目标，并为实施更加全面的 STI 政策做准备。

2010 年，巴格达、巴士拉和沙拉哈丁各省的大学加入阿维森纳科技虚拟校园项目。该项目给这些大学提供了许多教材，这些教材由联合国教科文组织成员国[①] 负责编纂，伊拉克国内的大学可以借此丰富自身的教学内容。但阿维森纳项目的进一步拓展却遭到了阻碍，这是因为基地组织占领了伊拉克境内的大片土地。

2014 年 6 月 20 日，伊拉克发射了该国第一颗环境监测卫星。该卫星名为 TigrisSat，发射地是俄罗斯的一个航天基地。这颗卫星的任务是观测伊拉克境内有无沙尘暴、监测降雨量、植被面积和地表蒸发量。

约旦

计划建立科技创新研究所

约旦科技高级委员会是一家独立的公共机构，致力于科学研究，属于伞形组织（成立于 1987 年）。1995 年，该机构起草了约旦第一条关于科技发展的政策。2013 年，委员会出台了伊拉克《科技创新方针策略》（2013—2017），一共包括七项目标，分别是：

- 鼓励政府和科学团体将发展知识经济作为研发重点，2010 年科学研究资助基金会在《2011—2012 年约旦科学研究重点》中提出，发展知识经济是重中之重。
- 在教育系统内推行科学文化。
- 以研发促发展。
- 建立科学、技术和研究三方面的知识网络。
- 将创新作为投资机遇增长的关键刺激手段。
- 将研发成果转化成商业机遇。
- 提高培训和技能水平。

为了实施这项政策，约旦科技高级委员确定了五个实施相关项目的领域，包括：制度框架、政策制定和立法、科技创新基础设施、人力资源以及科技创新环境。对该国创新体系的分析显示，科学研究对经济增长和解决长期问题如水、能源和食物的匮乏等没有突出的贡献。从 2013 年到 2017 年间，有 24 个计划中的项目的总预计成本将近 1 400 万美元，这些项目仍在等待政府发放资金。这些项目包括回顾国家科技创新政策、创新制度化、发展研究员和创新者奖励计划、建立技术发展中心以及研究基地。科技高级委员会内部将成立一个由移居海外的约旦科学家组成的小组。委员会和其他相关部门负责实施、跟进和评估这 24 个项目。

6 年来，科技高级委员会与联合国西亚经济社

① 阿维森纳项目的参与国包括阿尔及利亚、塞浦路斯、埃及、法国、意大利、黎巴嫩、马耳他、摩洛哥、巴勒斯坦、西班牙、叙利亚、突尼斯、土耳其和英国。

会委员会合作，致力于建立一个科技创新研究所。该研究所由科技委员会组建，将成为伊拉克第一个国内综合研发基地。

2013 年，科技高级委员会发布了 2013—2017 年阶段的伊拉克《国家创新战略》。该战略[①]是与规划与国际合作部的合作下和在世界银行的支持下完成的。战略实施的目标领域包括能源、环境、健康、信息通信技术、纳米技术、教育、工程服务、银行业以及清洁技术。

两项研究基金重启

约旦科学研究资助基金会[②]成立于2006 年，于 2012 年再次重启。基金会由高等教育和科学研究部负责管理，通过发放生态用水治理和技术应用方面的竞争性研究资助来资助人力资源和基础设施方面的投资。基金会支持创业型企业，帮助约旦国内公司解决技术问题；同时鼓励私营企业分配更多资源进行研发工作，为成绩优异的大学生提供奖学金。到目前为止，基金会已发放了 1 300 万第纳尔（约旦货币，总值相当于 1 830 万美元）来资助约旦国内的研发项目，其中 70% 的资金用来发展能源、水和医疗健康方面的项目。

重组后的科学研究资助基金会还致力于精简由科学研究和职业培训基金会资助的各项活动（成立于 1997 年）。当初成立科学研究和职业培训基金会的部分原因是为了确保所有约旦公有制企业都能够投入各自 1% 的净利润来开展组织内的研究或职业培训活动，或者将同等数额的资金分配到具有相同目的的活动。但随之产生的问题是，研究和职业培训活动的定义太过宽泛而让人无从界定。因此，2010 年的新法规特别明确了这些名目的定义，并规定 1% 的收益要用于研发项目。

阿卜杜拉二世国王设计发展局位于约旦，是一个独立的政府机构，隶属约旦武装军队，开发国防武器和设计地区安全方案。阿杜拉二世国王设计发展局和约旦各所大学合作，帮助学生来开发他们的研究项目。

① 尽管该文件名称和《科技创新方针战略》（2013—2017）很相似，但两者是不同的两份文件。

② 参见：www.srf.gov.jo.

自 2011 年联合国西亚经济社会委员会技术中心成立以来，就一直设立于约旦。中心的任务是“协助成员国和其公共、私人机构获取必要的工具和能力来加速社会经济发展”。

约旦还是中东同步辐射实验科学与应用实验室的所在地，该项目于 2017 年全面投入使用（见专栏 17.3）。

科威特

转型困难

自 1990 年伊拉克入侵以后，科威特的大部分非石油经济产业，特别是在数百家公司和国外机构包括银行业和投资机构迁走后，都经历了下滑。经济下滑的主要原因是资本出走和重点发展项目的取消，如与美国陶氏化学公司共同开发的石油化工项目，陶氏化学公司向科威特提起法律诉讼，索赔 21 亿美元。2012 年 5 月，陶氏化学公司在赢得诉讼的同时，也造成了科威特更大的经济损失（Al-Soomi，2012）。

过去几年，科威特错过了几个发展具有重大经济价值的项目的机会；而与此同时，科威特对石油收入的依赖性进一步加强。科威特在 20 世纪 80 年代曾是中东地区的科技和高等教育方面的引领者，但自此以后逐渐失去了领先优势。世界经济论坛发布的《2014 年全球竞争力报告》指出，科威特许多 STI 相关指数都有大幅减低。

除教育部和高等教育部以外，科威特的科学领域还有三个主要引领者，分别是：科威特先进科学联盟、科威特科学研究所和科威特大学。科威特先进科学联盟在 2010 年到 2011 年间开发了一个新计划来调动资金和人力资源，以达到刺激政府和私有产业的目的，同时还希望增进公众对科学的理解。

科威特科学研究所（成立于 1967 年）在三个领域都开展了应用研究，这些领域包括：石油、水资源、能源与建设；环境和生命科学；以及技术经济学。此外，研究所还负责给政府提供研究政策方面的建议。近年来，研究所将重点放在了培养科学杰出成就，以客户服务为导向，达到国际技术领先地位，并将科研成果和各研究所的技术成就商业化。

专栏 17.3　同步加速发光仪实验科学与应用计划即将焕发地区活力

阿拉伯地区第一家重点跨学科科学中心，中东同步加速发光仪实验科学与应用计划（SESAME）设立于约旦，共拥有中东地区最快的能量加速器。

同步加速器的工作原理是加速电子使其环绕环形管道进行高速运动，其运动产生的多余能量以光的形式散发出去。聚焦这种光，能够照亮及其微小的物体的结构。这种光源的功能就像超级X射线扫描机，研究员能够利用它来研究各种病毒和新药，也能检验新型材料和文物。

同步加速器现已成为现代科学不可或缺的研究工具。全世界约有 50 台储存环同步加速发光仪投入使用。这些仪器大部分分布在高收入国家，不过巴西（见专栏 8.2）和中国也有数台。

2017 年年初，储存环将建设完毕，中东同步加速发光仪实验科学与应用实验室及其两台射线仪也将正式启用，成为该地区第一个使用同步加速光源的机构。2014 年 8 月，傅立叶变换红外显微镜投入使用，使得仪器开发得以顺利开展，目前已有多名科学家到访研究所参观其工作进度。

中东同步加速发光仪实验科学与应用计划于 2003 年开始实施，由联合国教科文组织主办，是一家由中东地区科学家和政府共同创办的跨政府合作经营企业。其管理工作由同名委员会负责。

中东同步加速发光仪实验科学与应用计划的成员国包括巴林、塞浦路斯、埃及、伊朗、以色列、约旦、巴勒斯坦、巴勒斯坦自治政府以及土耳其。其观察国包括：巴西、中国、欧盟各成员国、法国、德国、意大利、日本、科威特、葡萄牙、俄罗斯、西班牙、瑞典、瑞士、英国以及美国。

除发展科学以外，中东同步加速发光仪实验科学与应用计划还致力于以科学合作促进地区内的团结与和平。

来源：苏珊·施内甘斯，联合国教科文组织。

参见：www.sesame.org.jo/sesame.

研究所现阶段有 8 项战略计划，从 2015 年开始执行，预计 2020 年结束，重点是构建技术路线图，为挑选出的石油、能源、水资源和生命科学方面的技术问题寻找系统解决方案。

科威特大学研究部支持基础及应用研究和人文学科相关的校内项目。科威特大学在一系列的资助计划的框架下提供研究拨款，并提供资金给某自然资源开发方面的研究项目，该项目是与于美国麻省理工学院合作进行的。科威特大学研究园本身侧重于商业发展。其目标是为创新科技的发展打下基础，并为其产业化以及未来的专利获取和营销创造空间。教职研究员在这方面已经取得了一定进展；他们在 2010—2011 这一学年共获得了六项美国专利，在接下来的一年中增加了两名新的专利获得者，在 2012—2013 学年又增加了四个。

黎巴嫩

研究领域“三强称霸”

尽管黎巴嫩境内有超过 50 所私立大学和一所公立大学，但该国大部分的研究工作[①] 都是在三所研究机构完成的，它们分别是：黎巴嫩大学、圣约瑟夫大学以及贝鲁特美国大学。有时，三所学校会与其他四家研究中心合作，这些研究中心均由黎巴嫩国家科学研究委员会（CNRS，成立于 1962 年）统一管理，除此之外，这三所大学还和黎巴嫩农业研究所有合作关系。

黎巴嫩国内还有数个活跃的非政府科学组织，其中就包括阿拉伯科学学会（成立于 2002 年）和黎巴嫩先进科学协会（成立于 1968 年）。2007 年，政府下令成立黎巴嫩科学学会。

黎巴嫩没有设立专门的部门负责科技方面的国家政策制定，因此国家科学研究委员会就成了公认的国家科学总部和政府在该领域的顾问，由首相管理。国家科学研究委员会有顾问的职能，起草黎巴嫩的国家科学政策大纲。委员会还负责管理地球物理学中心、海洋科学中心、遥感中心和黎巴嫩原子能委员会。

① http://portal.unesco.org/education/en/files/55535/11998897175 Lebanon.pdf/ Lebanon.pdf.

2006 年，在联合国教科文组织和联合国西亚经济社会委员会的帮助下，国家科学研究委员会起草了国家的《科学、技术和创新政策》①。该政策推出了新的研究资助机制，鼓励来自不同机构的研究员在相关研究单位的领导下进行合作，开展主要的多学科项目。政策还推出了一些新项目以促进创新、能力培养以及联合博士生课程的开发。

该政策还确定了一系列由专门任务小组开展的国家重点研究项目，其中包括：

- 信息技术（IT）在企业界的发展。
- 网络和阿拉伯化的软件技术。
- 数学建模，包括在金融 / 经济领域的应用。
- 可再生能源：水力发电、太阳能、风能。
- 材料 / 基础科学的创新性应用。
- 沿海地区的可持续管理。
- 综合水管理。
- 促新农业发展机遇的技术，包括：医药、农业和当地植物多样性的工业化利用。
- 营养保健食品质量。
- 分子生物学和细胞生物学的分支研究。
- 临床科学的研究。
- 建立医学及健康科学、社会科学和医疗行业工作者之间的联系。

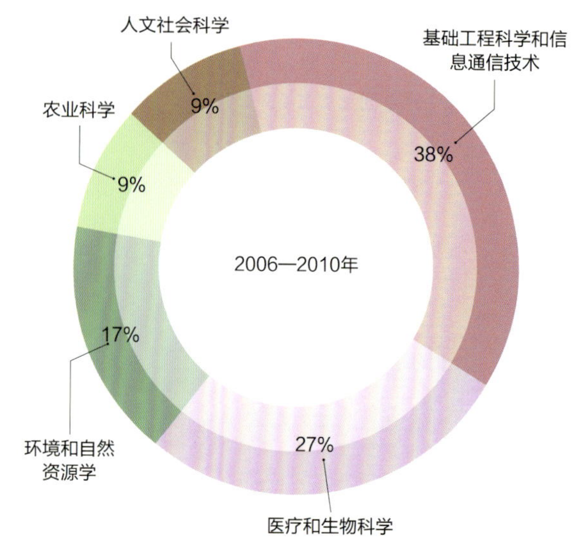

图 17.13　2006—2010 年黎巴嫩国家科学研究委员会研究拨款分配情况（%）

来源：黎巴嫩全国科学研究理事会（CNRS）在某次地中海科学、技术和创新研究所网络会议上展示的数据，2013 年 12 月。

科学、技术和创新战略研究所

巴嫩国家科学研究委员会将这些重点研发项目整合到其资助的研究项目中去（见图 7.13）。并且，为了贯彻执行《科学、技术和创新政策》，委员会还在联合国西亚经济社会委员会的帮助下，于 2004 年开始建立黎巴嫩研发创新研究所（LORDI），以监测研发工作中的输入和输出的重要指标。黎巴嫩加入了连接地中海地区所有的科学、技术和创新研究所的平台。该合作平台由地中海科学、政策、研究和创新门户（地中海之春计划）建立，属于欧盟第七个研究和创新框架计划（2007—2013）的一部分。

黎巴嫩首个全面能源战略

2011 年 11 月，黎巴嫩部长会议正式通过了《2011—2015 国家能源效率行动计划》。该计划由黎巴嫩节能中心、能源水利部的技术兵种负责执行，涉及领域包括能源效率、可再生能源和“绿色”建筑。此前黎巴嫩 95% 的能源需求都依赖进口，而这是该国首个关于能源效率和可再生能源的全面战略。阿拉伯国家联盟曾出台《阿拉伯能源效率指令》，该计划可说是黎巴嫩版的能源效率指令，其中包括 14 项国家级战略举措，目的是帮助黎巴嫩在 2020 年以前将可再生能源比例升至 12%。

利比亚

政府集权控制仍然存在

在 2011 年国家暴动前的 40 年里，利比亚的经济几乎完全由政府掌控。私有财产所有权和零售、批发贸易产业的私有经营都处在法律的严格限制之下，另外，税制和监管体系的不完善则阻碍了石油产业之外的其他经济活动的发展；直到现在，该产业在官方名义上仍由利比亚国家石油公司控制，职能类似政府部门兼监督机构和国有企业。2012 年，该国国内生产总值的 66% 均来自采矿业和采石业，这两个产业构成了 2013 年利比亚政府收入的 94%（非洲发展银行，2014）。

经济和学术的发展停滞导致了利比亚大规模的人才流失，该国不得不依赖于外来人口发展高技术产业。目前利比亚约有 200 万名外籍工人，其中大

① 联合国教科文组织在贝鲁特设有办事处，而联合国西亚经济社会委员会设于黎巴嫩境内。

部分都是非法移民（交易所交易基金，2014）。

除了依赖外来劳动力外，利比亚的经济的特点还体现在相对较低的经济参与率，从 2009—2013 年只有约 43% 的成年人口参与了经济活动（见表 17.1）。在 2012 年世界银行发布的《利比亚人力市场快速评估》中，利比亚 83% 的在职工作者都在政府部门或国有企业就职。

极端的政府控制同样也反映在利比亚的科学、技术和创新环境中。据利比亚研究、科学和技术当局统计，不包括企业部门，从 2009 年到 2013 年，利比亚境内所有的研究员均就职于政府部门。该机构还发现，同时期该国的全职研究员数量从 764 名增加到了 1 140 名，相当于每一百万利比亚人口中的全职研究员数量从 128 名升至 172 名，虽然这个数字对高收入国家利比亚来说还是相对低了。据科学引文索引数据库统计，尽管国内局势动荡，但利比亚的研究员们还是成功地在 2009—2014 年间，把年均发表论文总量从 128 篇增加到了 181 篇。虽然目前没有足够的数据支持，但利比亚的石油工业向来以开展领域内的研究著称。

政治分裂延缓经济恢复

2012 年 7 月，利比亚政治动荡后首次全国大选，并于同年 8 月将权力从国家过渡委员会转移至利比亚国民议会。很快，整个国家沦入武装斗争之中。2014 年大选后，利比亚代表理事会（议会）成立，并成为国际社会公认、合法的利比亚政府。但目前该政府已被流放至紧挨埃及国界的城市图卜鲁格。同时，新利比亚国民议会的支持者占领了该国首都的黎波里，该组织由伊斯兰教主义者组成，早前在低投票率选举中表现不佳。而在班加西和其他地方，动荡的局势导致各个学校推迟开学。

最初，石油开采受阻导致了利比亚 2011 年的国内生产总值缩水 60%，但之后经济迅速恢复，在 2012 年实现了 104% 的反弹。自此，伴随着 2013 年下半年原油码头城市发生的抗议活动，国内安全情况每况愈下，加剧了宏观经济的不稳定性，导致 2013 年国内生产总值缩水 12%，财政余额从 2012 年的 13.8% 的贸易顺差到 2013 年 9.3% 的逆差（非洲发展银行，2014）。由于政治时局不稳，监管环境过于宽松，机制不够完善，相关条例太过严苛不利于创造就业机会，私营部门仍无法成为主流。2013 年出台的新法规定企业的外资控股不得超过 49%（之前的法律规定是不得超过 65%），进一步限制了利比亚的发展可能。

利比亚人归国有助于重建高等教育机制

一旦国内局势恢复稳定，利比亚就能利用丰富的石油储量来建立国家创新系统。而创新的重点领域主要包括增强高等教育系统和吸引移居海外的人才回国。

据利比亚研究、科学和技术当局统计，2013—2014 学年利比亚约有 34 万名大学生（女性占 54%），相较 2003 年的 37.5 万人有所下降。而联合国教科文组织统计研究所给出的数据表明，该学年 18 ~ 25 岁年龄段的群体总数已经超过了 60 万人。2008—2012 年期间的一项发展计划的内容是在利比亚原有的 12 所大学的基础上，再开设 13 所新大学，预算在 20 亿美元左右。自此，利比亚增设了大量实体基础设施，但这些新建大学却因 2011 年始的暴乱影响而无法开学。

人才回归，再配合正确的鼓励机制，能够极大程度地帮助重建利比亚高等教育系统。目前，约有 17 500 名利比亚学生在国外参加研究生课程，国内的研究生有 22 000 名。据利比亚研究、科学和技术当局统计，2009 年，单单在英国就约有 3 000 名利比亚学生在各所大学就读研究生课程，而在北美洲就读的利比亚学生有将近 1 500 名。传闻显示，利比亚国内安全环境的恶化触发了大批人才流失：举例来说，马来西亚大学招收的利比亚学生数量从 2007 年的 621 名激增到了 2012 年的 1 163 名，增加了 87%（见图 26.9）。

科学、技术和创新战略相关的国家政策出台

2009 年 10 月，利比亚高等教育和科学研究部推出其首个资助项目，为利比亚国内研究员直接提供资金。目的是在利比亚整个社会范围内传播研究文化，对象包括政府和企业部门。2009—2014 年间，该项目共拨款数额达 4 600 万美元以上。

2012 年 12 月，利比亚高等教育和科学研究部设立全国委员会，由利比亚研究、科学和技术当局负责管理，目的是为国家创新系统打下基础。委员会起草了一份《国家科学技术和创新战略》，并设

立了几个奖项：利比亚的各个主要大学的学生可以参与竞争，赢取第一轮的创业奖——奖项由英国文化教育协会负责颁发——第一轮创业奖的比赛时间是 2012—2013 学年，第一轮的创新奖的比赛时间是 2013—2014 学年。

2014 年 6 月，利比亚国家规划委员会通过了《国家科学技术和创新战略》。该战略确定了一些长期目标，例如，在 2040 年以前，将研发支出总量占国内生产总值的比例增长 2.5%（见表 17.6）。战略还计划建立卓越中心、智能城市、企业孵化器、特别经济区和科技园，以及科学、技术和创新信息数据库。为了建设可持续发展和国内安全环境，要发展、控制科学和技术。

目前，研发重点还有待进一步发掘，但根据《国家科学技术和创新战略》，工作重心应放在能解决实际问题的研究上面，利比亚为了能在国际知识生产上贡献自己的力量以及多样化国内技术能力，在多个领域进行投资，比如，太阳能和有机农业。

毛里塔尼亚

发展国家科学技术和创新战略

联合国贸易发展会议和联合国教科文组织负责的 2010 年《毛里塔尼亚科学技术和创新政策审核》[①] 的主要发现是以毛里塔尼亚现在的能力不足以应对整个国家所面临的挑战。大部分公有和私营部门都缺乏创新能力，不具备国际竞争力。这就需要发展国家技术水平，特别是在科学和技术学科以及创业和管理等方面；同时还需加快技术普及，增强技术吸收能力。毛里塔尼亚欠缺的方面主要包括：

- 公共研发的资金支持力度不够，私营部门的研发投入和培训不足。
- 没有积极推动国内质量标准的建立来提高国内生产质量和鼓励私营部门培训人才和提高技术水平。
- 努瓦克肖特大学的研究过于着重理论（而不是应用），各大学、公共研究机构和各相关部门之间缺少培训和研发方面的合作。
- 需要减少官僚程序以开展商业活动。
- 创业基础薄弱，是由于缺乏商业发展服务和贸易文化而非生产投入。
- 国内企业缺乏相关技术信息，对国外先进技术的转移和吸收不够。
- 缺乏相关政策支持来利用以移民社群为代表的巨额储备金来造福本国人民。

① 参见：http://unctad.org/en/Docs/dtlstict20096_en.pdf.

表 17.6 黎巴嫩 2040 年前的科学、技术和创新目标

	2014年	2020年	2025年	2030年	2040年
每一百万居民中的全职研究员人数	172^{-1}	5 000	6 000	7 500	10 000
国内研发总量占国内生产总值的比例（%）	0.86	1.0	1.5	2.0	2.5
专利数量	0	20	50	100	200
发表期刊数量	25	100	200	500	1 000
研究提案数量	188	350	650	1 250	2 250
以科学、技术和创新为导向的中小型企业数量	0	10	50	100	200
私营部门研发支出占国内研发总量的比例（%）	0	10	15	20	30
私营部门的研发收入占国内生产总值的比例（%）	0	1	5	10	30
出口产品中的技术份额（%）	0	5	10	15	40
博士生人数	6 000	8 000	10 000	8 000	8 000
创新得分（全球创新指数）	135	90	70	50	30
全球竞争力指数（世界经济论坛）	3.5	3.7	3.9	4.0	4.5

$-n$= 参照年份 n 年前。
来源：利比亚国家规划理事会（2014 年）《国家科学、技术和创新战略》。

在联合国教科文组织的技术支持下，毛里塔尼亚现正在起草国家科学、技术和创新战略。战略重点是发展技术和实体基础设施以及增加私营部门发展政策、教育改革和贸易与外国投资政策之间的协调性。改革还要求利用好宏观经济环境的改善，建设强大的生产力，范围包括：农业和渔业、矿业以及服务业。

设立新的研究机构，计划普及高等教育

毛里塔尼亚的第一所大学——国家行政学院建于1966 年，第二所大学——国家高等研究学院建于 1974 年，第三所是建于 1981 年的努瓦克肖特大学。2008 年到 2014 年间，政府批准了设立三所私立大学，并增设了位于罗索的高等技术研究所（Institut supérieur des études technologiques，2009）以及科学、技术和医药大学（2012）。科学、技术和医药大学约有 3500 名学生和包括研究员在内的 227 名教职工。该大学由三部分组成：科技院、医药院和一个专业训练所。

这些发展反映出了政府为逐渐增长的人口普及高等教育的意愿。根据非洲联盟 2014 年出台的《科学、技术和创新十年计划》（见第 19 章），毛里塔尼亚政府希望通过发展高等教育促进本国的经济增长。

2015 年 4 月，高等教育和科学研究部通过了耗资巨大的《高等教育三年计划》，时间从 2014 年持续至 2017 年。该计划有四个主要目标：

- 增强研究机构和大学的管理。
- 提升课程关联度、培训质量以及毕业生的就业能力。
- 增加大学研究项目的参与机会。
- 促进国家主要发展项目的学科研究。

政府部门首次成功收集到了全国高等教育和科学研究方面的数据。这些数据将帮助高等教育和科学研究部发现研究发展的主要障碍。

摩洛哥

附加值是保持竞争力的必要条件

摩洛哥在应对全球金融危机的余波中表现相对不错，从 2008 年到 2013 年实现了每年 4% 的经济增长。但由于欧洲是摩洛哥最主要的出口地，2008 年开始的欧洲经济衰退还是影响到了这个国家。该国经济正在呈现多样化态势，但经济重心仍然是低附加值产品；这类产品占到了制造业生产总数的 70%，在出口产品中比例占 80%。失业率居高不下，保持在 9% 左右（见表 17.1），41% 的劳动力都缺乏业务资格。还有部分迹象表明，摩洛哥的竞争力正在减弱：近年来，由于激烈的国际竞争，特别是亚洲地区，摩洛哥在服装业和鞋业领域的市场份额有所减少，但其成功在肥料、客车和电力分配设备领域拓展了市场占有率（Agénor 和 El-Aynaoaui，2015）。

从本质上来讲，摩洛哥的科技体制以高等教育和科学研究部、科学研究和技术开发部际常设委员会（成立于 2002 年）和哈桑二世科学和技术学院（成立于 2006 年）为主导。还有一个重要相关机构是国家科学和技术研究中心（CNRST）；该中心负责国家部门研究资助项目的运行，比如，向公共机构发布研究提案。

中心成立不到一年，教育、培训和科学研究高级委员会[①]于 2015 年 5 月 20 日向国王上交了一份报告，报告名称是《2015—2030 摩洛哥教育展望》。该报告提倡教育平等，也就是要让尽可能多[②]的人接受教育。由于提高教育质量和促进研发工作密切相关，因此报告提出建立一个综合性的国家创新体系，短期内，将抽取国内生产总值中的 1% 作为该体系的运行资金，之后研发比例会逐渐增长，到 2025 年该比例将上升至 1.5%，到 2030 年将升至 2%。

2009 年 6 月，摩洛哥工业、商业、投资和数字经济部在第一次国家创新峰会上出台了《摩洛哥创新战略》。战略分为三个主要部分：发展国内创新需求、建立公共和私有机构的联系以及推出创新资助机制。今天，摩洛哥的创新资助机制包括：资助创新型企业的因狄拉克项目和资助工业企业或财团的塔托尔项目。工业、商业、投资和数字经济部资助先进技术的研究并在菲斯、拉巴特和马拉喀什等地建设创新城市。

《摩洛哥创新战略》设定的目标是在 2014 年前发布 1 000 项专利并创立 200 个创新企业。同时，

---

① 应《2011 年摩洛哥宪法》第 168 条法规的要求，教育、培训和科学研究高级委员会成立。

②《至 2025 年摩洛哥科学研究发展战略》（2009）建议在 2025 年以前，将摩洛哥的中学入学率从 44% 提高至 80%，将 19 ~ 23 岁人口的大学入学率从 12% 提高至 50%。

工业、商务和新兴技术部（其初建时的名称）与摩洛哥工业及商业财产办事处于 2011 年创立了摩洛哥创新俱乐部。目的是构建创新型人才网络，成员包括研究员、企业家、学生和学者，以帮助他们开展创新项目。

2015 年 9 月，摩洛哥第三大科技园将迎来首批初创和中小型企业。该科技园位于坦吉尔，届时将接待专攻信息通信技术、绿色技术和文化产业的企业，就像位于卡萨布兰卡和拉巴特的前两个科技园一样。通过公共部门和私有企业的合作，共花费 2 000 万迪拉姆（MAD，相当于 200 万美元）改装了所有现有建筑里的办公室。现在这些办公区域将能够容纳 100 家企业，这些企业将与该项目的主要合作人共享办公区域，例如，摩洛哥企业网以及摩洛哥女性首席执行官协会（Faissal，2015）。

2011 年，摩洛哥国家科学研究和技术发展基金会获准建立。当时，国内企业的研发支出只占研发支出总量的 22%。政府鼓励各企业投入资金开展各自产业的研究工作。政府说服了摩洛哥的电信商将他们 0.25% 的营业额投入研究；现在，摩洛哥 80% 的公共电信研究项目均由这笔资金资助。同时期企业部门的研究金额占国内研发总量的比例也上升到了 30%（2010）。

政府还鼓励国民积极参与公共机构的创新活动。例如，摩洛哥磷酸盐集团资助了一项将穆罕默德六世国王绿色城开发成智能城市的项目，地点在穆罕默德六世国王大学周围，位于卡萨布兰卡和马拉喀什之间，花费约在 47 亿迪拉姆左右（相当于 4.79 亿美元）。

在摩洛哥，大学和企业间的合作有不少限制。尽管如此，近年来大量竞争性补助还是刺激了这类合作的增长。其中的合作项目包括：

- 据国家研究综合政策信息系统显示，摩洛哥研究协会于 2011 年推出了第三创新行动计划。第一和第二计划（出台时间分别为 1998 年和 2005 年）的对象是中小型企业，而新计划拓宽了收益团体的范围，还包括企业财团。中小型企业将支付 50% ~ 60% 的成本，而财团将支付 80%。该计划鼓励大学和产业间的合作；企业将受到后勤保障和资金支持，以招募大学毕业生为自己的研究项目工作。该项目的目标是每年资助 30 家企业，涉及领域包括：冶金、机械、电子和电器产业；化工和制药业；农产品业；纺织业；水资源和环境保护技术；航空业；生物技术；纳米技术；外包；还有汽车业。
- 2008—2009 年，哈桑二世科学和技术学院开发了 15 个研究项目。这些项目号召各界提出研究计划，在鼓励私有和公共部门合作的同时要兼顾项目可能存在的对社会经济的影响。
- 高等教育和科学研究部使多种竞争力的核心受到合约约束 4 年之久来促使公共和私有研究机构在其受到认可的实验室中共同开发研究项目。到 2010 年为止，项目共有 18 种不同的竞争力的核心，不过后来因为其中有几种没有达到国家新出台的资助标准而减少到了 11 种。该项目组成的研究网络包括四类：一类关于药用植物和芳香植物，一类关于高能物理学，一类关于凝聚态物质和系统模拟，还有一类与神经遗传学有关。
- 总体来说，摩洛哥分拆和孵化网络[①] 支持商业孵化，特别是通过大学的分拆实现技术转移。该网络为初创企业提供种子期资金以帮助他们制订可靠的商业计划。摩洛哥分拆和孵化网络由国家科学和技术研究中心负责管理，在摩洛哥的几所顶尖大学中共分布着 14 个企业孵化器。

五分之一的大学生毕业后移居海外

每年，摩洛哥 18% 的大学毕业生前往欧洲和北美寻找就业机会；这种趋势吸引了国外大学在摩洛哥建立分校，树立大学品牌威望。

哈桑二世科学和技术学院设立有国际学科分部。除了对研究重点提出建议和评估研究项目以外，学院还帮助摩洛哥的科学家们与本国和国际的同僚建立联系。学院选出了摩洛哥具有国家优势和熟练的技术人才的行业，包括：矿业、渔业、食品化学以及一些新兴技术。该学院还发现了许多投资策略性产业，如能源，特别是可再生能源，如光伏、太阳能、风能和生物质能；以及水、营养和健康产业，还有环境与地球科学（HAST，2012）。

① 参见：www.rmie.ma.

专栏 17.4 摩洛哥计划在 2020 年前引领非洲可再生能源发展

为了弥补国内烃类原料的不足，摩洛哥决定发展可再生能源，计划在 2020 年前成为非洲在该领域的引领者。2014 年，摩洛哥建立了非洲最大的风能发电厂，地点位于该国西南部的塔尔法亚。

政府的最新项目是在瓦尔扎扎特建立世界最大的太阳能发电站。工程建设第一阶段名为努尔一期，预计在 2015 年 10 月完工。

沙特阿拉伯企业阿卡瓦电力公司领导的财团和其西班牙合作伙伴塞纳集团赢得了第一阶段的施工竞标，阿卡瓦电力公司同时还赢得了第二阶段的竞标。预计该财团将花费 20 亿欧元完成该项目，并运行努尔二期（发电量共 200 兆瓦）和努尔三期（发电量共 150 兆瓦）。

该项目的资助者还包括德国的公共银行，德国复兴开发银行（共投入 6.5 亿欧元）和世界银行（共投入 4 亿欧元）。

完工后，瓦尔扎扎特太阳能发电站的发电量将达到 560 兆瓦，但摩洛哥政府并不打算止步于此。政府计划在 2020 年前将太阳能发电量增大至 2 000 兆瓦。

来源：《法国世界报》（2015）。

可再生能源领域投资不断增长

摩洛哥正在加大对可再生能源开发的投资（见专栏 17.4）。政府为 6 项太阳能研发项目提供了 1 900 万摩洛哥迪拉姆（相当于 200 万美元）的预算，项目合约由太阳能和新能源研究所（IRESEN）和其科学、工业合作伙伴共同签署达成。

阿曼

推出奖励机制加快研发进度

美国能源情报署的国家报告指出，2013 年，烃类占政府收入的 86%，是国内生产总值的一半之多。阿曼制订了一个庞大的计划，要在 2020 年以前将石油产业占国内生产总值的比例降至 9%。目的是为了使经济多元化，比如发展旅游业，以及实现部分《2020 政府经济展望》中的目标。该国本来已经没有什么余力发展农业生产了，但阿曼希望通过开拓其绵长的海岸线来开发渔业和天然气工业，并以此来实现《2020 政府经济展望》中的目标（Salacanin，2015）。

阿曼的科技体系以教育和高等教育部以及卡布斯苏丹大学为中心。阿曼研究委员会是该国唯一的研究资助机构，因此同时也是该国的研究先锋组织。阿曼研究委员会成立于 2005 年，职能广泛。委员会认为阿曼目前面临的障碍有很多，包括：行政程序复杂、资金不足、研究质量不高以及研发项目与社会经济实际需要关联性低等（Al-Hiddabi，2014）。

为了解决这些问题，该研究委员会于 2011 年出台了《阿曼国家研究计划》，内容涉及阿曼全国范围内的发展计划。该计划总体分为三个阶段：第一阶段首要任务是提高研究工作的地位，促进生产力发展；第二阶段的任务是建设重点领域的国家科研力量，挑选能力合格的研究人员团队并建立必要的基础设施；第三阶段的重点则是加强普及度不高的领域的研究。

该研究委员会还设立了一个奖励项目，鼓励杰出的研究工作。该项目会根据研究者的研究成果为他们提供一定的奖励。除了奖励刺激以外，该项目的另一个目的是增加研究员的活跃度，调动他们的积极性来指导并鼓励研究生在重要的国际学术期刊上发表自己的成果和申请专利。

2014 年 10 月，阿曼召开了第三世界科学院大会（TWAS）。两个月之后，阿曼研究委员会和美国国家科学院共同组织了第二次阿拉伯 – 美国前沿研讨会，会议目的是推动双方的杰出的青年科学家、工程师和医学专家的研究合作。

巴勒斯坦

研究工作需要加强与市场的联系

虽然巴基斯坦没有全国性的科学、技术和创新政策，但哈提卜等学者近期一项关于采石和食品饮料业的创新性调查（2010）中显示，这两个产业在创新方面取得了喜人的成果。调查发现，这两个产业都非常具有创新性并对就业和产品出口有积极的影响。该调查建议展开与当地经济发展直接相关的学术研究项目，从而建立起公共和私营部门的合作关系。

巴勒斯坦科技院的职能包括：为政府、议会、各所大学和研究机构以及私人捐助者和国际组织充当顾问。巴勒斯坦科技院的特点之一是其拥有强大的常设委员会，成员由几位政府部长组成；常设委员会和由几位从巴勒斯坦科技院的选拔出来的成员组成的科学委员会一同运行。

建立科学、技术和创新研究所

2014 年，在联合国西亚经济社会委员会的帮助下，巴勒斯坦成立了巴勒斯坦科学、技术和创新研究所。 该研究所的主要职能是定期收集该国科学、技术和创新数据并促进信息网络的发展。

在过去短短几年中，年轻的巴勒斯坦人创建了数百个企业网站展示自己的新数码产品，包括游戏和特殊专业的软件。虽然近年来巴勒斯坦的上网成本降低了 30%，但约旦河西岸和加沙地带没有普及 3G 网络，给移动设备的使用带来了障碍，人们无法享受教育、健康和娱乐等功能。

卡塔尔

鼓励创业

除了石油和天然气产业外，卡塔尔还以石油化工、钢铁以及化肥行业来拉动经济。2010 年，卡塔尔实现了世界最快的工业生产增长：生产总量比上年增长了 27.1%。卡塔尔人拥有世界最高的人均国内生产总值（以购买力平价衡量为 131 758 美元）和最低的失业率：0.5%（见表 17.1）。

《2030 卡塔尔国家展望》（2008）提倡发现现有的石油经济和以创新、创业、杰出教育和公共服务的有效传达为特色的知识经济之间的最佳平衡点。为了支持这种经济的过渡，到 2019 年为止，卡塔尔政府在教育方面的预算已经增长了 15%。

卡塔尔政府开始向投资者提供减税优惠和其他奖励，以促进创业和支持中小型企业的发展。有迹象显示政府在这方面的工作开始有了回报。各工业和服务业开始逐渐扩大对烃类燃料的使用，促进了私营部门的增长。虽然制造业还处在初创期，但建筑业有了繁荣的发展，这多亏了基础设施方面的巨大投资；金融业和房地产业由此也兴旺起来（Bq，2014）。还有许多非烃类行业也有了巨大发展：如交通、健康、教育、旅游和体育等领域——2020 年，卡塔尔将主办世界杯足球赛。政府还提倡卡塔尔建设旅游景点，吸引周围国家的游客。因此，2013 年该国非烃类行业增长达到 14.5%。

卡塔尔新建科技园成为主要技术孵化器

《卡塔尔国家研究战略》（2012）确立了四个重点研究领域，分别是：能源、环境、健康科学和信息通信技术。卡塔尔基金会在此之后建立了卡塔尔科技园，专攻这几个方面的研究。该科技园已经成为卡塔尔的技术发展、研究的商业化和支持创业的首要基地。该科技园位于卡塔尔基金会的教育城内，园区内能够使用顶尖研究型大学的资源，这些大学包括：弗吉尼亚联邦大学艺术学院、威尔康奈尔医学院、卡塔尔德州农工大学、卡内基梅隆大学以及乔治城大学。

沙特阿拉伯

沙特阿拉伯出台政策减少对其他国家的依赖性

为了向知识经济过渡，沙特阿拉伯政府发起了一项价值数十亿美元的发展计划，要建设 6 座绿色城市和工业区。到 2020 年为止，这些工业城市将创造 1 500 亿美元的国内生产总值和 130 万个工作岗位。在 2013 年，空前多的非石油出口产品加入了该发展计划。然而，沙特阿拉伯对外籍工人的依赖程度依然很高：据劳动部统计（Rasooldeen，2014）私营部门的沙特阿拉伯雇员只有 140 万人，而外籍雇员则达到了 820 万人。政府正在试图通过一项名为“沙特化”的激励项目号召国民参与就业。

同时，沙特阿拉伯政府在专业培训和教育方面加大投入，以减少技术和职业岗位的外籍工人的数量。2014 年 11 月，沙特阿拉伯政府和芬兰签订了一份合约，利用芬兰的先进教育经验来发展本国的教育行业（Rasooldeen，2014）。到 2017 年为止，沙特阿拉伯技术和职业培训公司将建设 50 所技术院校，50 所女子高等技术学院以及 180 家工业中等职业学院。计划的第一步是为学生提供培训，学生总数约有 50 万名，其中半数都是女生。这些学生将接受职业技术类的培训，种类包括：信息通信技术、医疗设备处理、管道、电器、机械、美容美发等。

两所大学跻身世界前 500 强

沙特阿拉伯目前已经进入了其首个科学、技术和创新政策（2003）的第三个实施阶段。该政策号召建立卓越中心并提高人员技能和职业资格。沙特阿拉伯企盼与其他国家合作，在信息技术上加大投入并控制好科技发展以保护本国的自然资源和环境。

2010 年，沙特阿拉伯通过了《五年发展计划》，计划主要内容是每年分配 2.4 亿美元作为研究经费和在各所大学创建一批研究中心和技术孵化器。

据 2014 全球大学学术排名显示，阿卜杜勒阿齐兹国王大学和沙特国王大学均位列世界前 500 名。前者成功聘请到了来自世界各地的 150 位高引研究人员[①]作为本校的讲座教授，后者也成功聘请到了 15 位教授。这些研究者将在沙特阿拉伯进行研究工作，并与沙特阿拉伯大学的教职工合作。该举措提升了两所大学的国际排名，同时也促进了研究成果的产出和研发工作的内在能力建设。

该国一个非常有趣的机构是想象力和创造力研究所，研究所在 2011 年由出生于麦加的海亚・辛迪博士创立；该机构致力于通过导师制在阿拉伯世界发展企业文化（见专栏 17.5）。

开展研究来控制能源的消耗量

预计到 2028 年，沙特阿拉伯的能源消耗将增

① http://highlycited.com/archive_june.htm.

专栏 17.5　海湾国家新投资人的合作关系

想象力和创造力研究所（又称 i2 研究所）的创建者是海亚・辛迪，她同时还是非营利的全民诊断公司的合作创始人，该公司被美国《快速公司》杂志 2012 年选为世界最具创新性的生物技术公司之一。辛迪博士来自沙特阿拉伯，是第一位海湾国家的生物技术女博士，她毕业于英国剑桥大学。

辛迪博士认为，中东地区必须克服巨大的阻碍才能创造出好的创业环境。而这其中最大的阻碍就是缺乏具备正式商业技能的科学家和工程师；国家文化中对失败的恐惧心理；缺乏有意向提供必要创业资金的潜在投资者；以及该地区的投资人不关注科学性企业。

2011 年，辛迪博士创立了想象力和创造力研究所，负责在他们项目的初始阶段陪同该地区的新投资者。她的这个非政府组织帮助了这些投资者整合他们的理念，并通过三阶段的合作项目吸引了大量的创业资本，该项目是阿拉伯世界此类性质的唯一项目。

2012 年 11 月，该研究所开展了首次实践。硕士生和博士生应邀在以下四个领域内申请拨款，分别是：水资源、能源、健康和环境。共有 50 位在当地和国际获得专利的申请人进入了候选人名单。2013 年 2 月，他们受邀在一个由科学家和商界领军人物组成的国际评审团前发表自己的想法和理念。最终，有 12 位获得了总额 300 万～400 万美元的拨款。每位获奖人还有一位当地或外籍导师帮助自己开展商业计划。

该合作项目为期 8 个月，参与者在第一个阶段就能开展自己的商业计划，通过和美国的哈佛商学院以及麻省理工学院合作的创业计划，时长 6 个星期。

项目的第二阶段是开展社会科学研究。参与者将与其他专政社会创新，如清洁能源和水资源的同事会面。12 位参与者将对特定的社会问题提出自己的解决方案。这种训练的目的是给予参与者自信，让他们知道自己有能力去应对新的挑战。

项目的第二阶段在麻省理工学院媒体实验室中进行，内容是锻炼 12 位参与者的沟通技能，教他们如何将自己的项目向不同的受众推出，以及如何在公共场合发言。

2014 年，潜在的投资人受邀参加由阿卜杜拉国王经济城主办的会议，地点在沙特阿拉伯利雅得，会议主要是聆听各参与者介绍他们的项目。第二轮申请的截止日期为 2014 年 4 月底。

来源：www.i2institute.org; 联合国教科文组织（2013）。

加 250%，因此，该国急需商讨如何控制国内的能源消耗。2012 年，沙特阿拉伯三分之一的石油产量用于满足内需，而国内在财富、人口和能源价格增长的拉动下，对石油的需求年均上升 7%。经济合作与发展组织国际能源署的记录显示，2011 年沙特阿拉伯的国内能源补助达到了 400 亿美元。沙特阿拉伯政府现已认识到了该问题的严重性。2010 年，政府将国家能源效率计划（该计划于 2003 年启动）升级为常设机构，更名为沙特能源效率中心。2015 年 5 月，政府出台了一项太阳能开发计划，太阳能的普及使得沙特阿拉伯将化石燃料出口改换为电力出口。

沙特阿拉伯前国王阿卜杜拉是教育和研究的热心推动者。2007 年，他提出建立独立的研究中心来开展能源领域的客观研究。于是 2013 年，阿卜杜拉国王石油学习和研究中心正式在首都利雅得成立；受托理事会确保了该中心的独立性并负责监管中心得到的捐款。2009 年，沙特阿拉伯建立了阿卜杜拉国王科技大学。

苏丹

冲突频发以及人才外流阻碍苏丹的发展

苏丹在过去十年里一直为频繁的武装冲突所困扰：达尔富尔的地区冲突从 2003 年开始一直持续到了 2010 年政府与反叛组织签订停火协议为止；而该国南部的长期矛盾终于使得该地区在 2011 年宣布独立，成立南苏丹国。

自 2006 年开始，苏丹建立了自己的科学院，但在过去的十年中一直努力整合本国科学系统。过程中最大的阻碍就是青年人才的流失：据国家研究中心和贾拉勒（Jalal，2014）的统计，2002—2014 年，苏丹共有 3000 名初级和高级研究员人才外流。研究员为了更高的薪酬，选择到邻国厄立特里亚和埃塞俄比亚发展，待遇要比苏丹大学的教职工高出一倍以上。特别是“阿拉伯之春”动乱以后，苏丹成为阿拉伯国家学生的避难所。苏丹还吸引了许多非洲来的学生。

2010 年，未来大学作为一所位于喀土穆的私立的高等教育机构正式从学院升级为大学。未来大学建于 1991 年，是该地区首个设有信息技术项目的学院，提供的学位涉及众多领域，包括：计算机科学、人工智能、生物信息学、电子工程、地理信息、遥感、电信通信和卫星工程、生物医学工程、激光、机电一体化工程和建筑学。未来大学现在是阿拉伯融合技术扩展网络（见专栏 17.2）的一员。

新政策的刺激

2013 年，在联合国教科文组织的技术支持下，苏丹科学和通信部开始修改其科技政策（2003）。其间组织了多次有来自世界各地的高级专家参加的协商会议；会议上产生了一系列的建议，提倡采取下列举措：

- 重建科技高等委员会，由苏丹第一副主席领导。苏丹第一副主席还负责协调和监管附属于各部委的相关机构和研究中心，同时由科学和通信部作为科技高等委员会的报告起草人。
- 建立基金会支持政府研究工作，主要工作是分配“奥卡夫”（Awqaf）和“札卡特”（Zakat）[①] 捐款；基金会的工作应该和用于增加分配给科学研究的资金的法规结合起来，如减免用于研究的进口商品、设备的税务；这些举措将使得国内研发总量在 2021 年前上升至国内生产总值的 1%。
- 在联合国教科文组织的技术支持下，建立科学、技术和创新指数研究所。

苏丹拥有多元化的研究机构基础框架。以下的研究中心都由科学和通信部领导：

- 农业研究公司。
- 动物资源研究公司。
- 国家研究中心。
- 工业研究和咨询中心。
- 苏丹原子能公司。
- 苏丹计量局。
- 中央研究所。
- 社会经济研究局。

不幸的是，苏丹不具备必要的人力资源和资金来有效发展科技。如果政府能够鼓励更多的私营部门参与其中，并加强地区间合作，重组农业型经济，

① 在伊斯兰文化中，“奥卡夫”（Awqaf）指的是志愿捐献的钱款和资产，这些捐献都将用于慈善用途。“札卡特”（Zakat）指的是每个穆斯林必须缴纳的宗教税，也是伊斯兰教的五大支柱之一。上缴的税款将分级发放给受益人，通过这种救济经济困难的人来维持社会经济平等。

合理利用已有资源，苏丹就能够发展自己的科技能力（Nour，2012）。2015 年 3 月，苏丹科学和通信部与南非科技部签订了双边合作协议，这无疑是一项正确的举措。2015 年 3 月，科学和通信部部长到访南非，期间苏丹政府确立了航天科学和农业是合作的重点领域（见表 20.6）。

叙利亚

科学人才外流

叙利亚的现有科学体系极不理想，甚至比 2011 年内战爆发前还要糟糕，尽管其拥有权威级的国际研究机构，如国际干旱地区农业研究中心和阿拉伯干旱地区和干地研究中心。叙利亚议员伊玛德·格力安在 2012 年估计，即使是在动乱开始之前，叙利亚使用于研发工作的预算也只有国内生产总值的 0.1%（5 700 万美元），而在那之后，就只剩国内生产总值的 0.04% 了（Al-Droubi，2012）。内战导致了大量科学人才的外逃。据联合国 2015 年统计，自 2011 年开始，约有 400 万叙利亚人前往邻国寻求庇护，这些国家包括约旦、黎巴嫩和土耳其。

突尼斯

更高的学术自由

过去的四年里，突尼斯一直在艰难地向民主过渡，因此科技发展也就难免要为更为迫切的问题让步。但缓慢的改革速度给突尼斯科学界带来了巨大的挫败感。民主的环境给了科学家更高的学术自由，但一些问题还是没能得到解决。

革命发生后的数周之内，突尼斯首次科学改革就开始了。作为临时政府中主管高等教育的国务卿，芙泽亚·查菲于 2011 年 1 月上任，同年 3 月离职，在她短暂的任期内，她改变了国内顶尖大学教职员工的聘用程序。2011 年 6 月，突尼斯首次通过选举产生大学的学术主任和校长（Yahia，2012）。突尼斯大学论坛在 2014 年 6 月发布的一份调查显示[①]，即使在突尼斯大学系统内腐败风气依然肆虐，这也的确是一个进步，该论坛是 2011 年 1 月 14 日后建立的非政府组织。

该非政府组织能够无惧报复行为来发布这类调查，这本身就说明自 2011 年 1 月 14 日突尼斯前总统宰因·阿比丁·本·阿里逃离出国以后，突尼斯的学术自由有了极大的提高。芙泽亚·查菲表示，在这位前总统的统治下，“大学和研究员几乎不能自主研究自己的理念，甚至没有权力选择自己的研究内容”。其他科学家也表示过国内的官僚主义者不允许他们与各产业建立独立联系（Butler，2011）。科学家们还不能维持他们与国际间的联系。比如，科学会议的组织者必须向有关官员提交每次会议的主题和研究进度以获取事先批准。革命结束的 10 个月以后，由博士和博士生组成的突尼斯科学博士和博士生协会成立，协会目标是帮助突尼斯科学家建立与国内外科学家的联系（Yahia，2012）。

尽管限制重重，但 2009 年突尼斯研究员发表的科研文章中有 48% 是与国外研究员共同完成的。该比例在 2014 年增长到 58%。2009 年，政府与欧盟（EU）开始对一份关于共同研究项目的协议展开谈判。该项目为期三年，从 2011 年 10 月 12 日开始进行，项目资金达到了 1 200 万欧元。突尼斯科研促进局负责根据突尼斯的研究重点领域为该项目发放资金，这些领域包括：可再生能源、生物技术、水资源、环境、荒漠化治理、微电子技术、纳米技术以及健康和通信技术。

该项目还致力于建立学术研究和突尼斯各产业之间的联系。比如，德国国际合作组织就开展了一项市场需求调查，目的是简化学术界和各产业间的协调工作。项目开始之初，突尼斯工业和技术部长阿卜艾兹·罗萨宣布提升突尼斯技术出口比例的计划，将从 2011 年的 30% 增加至 2016 年的 50%（Boumedjout，2011）。

得益于经济基础的多样性，过去四年的突尼斯的经济表现弹性较大，农业、矿业、石油以及制造业都有不错的发展势头。这在一定程度上缓和了旅游业的衰退，2009 年该产业产值占国内生产总值的 18%，但四年以后降到了 14%。旅游业刚开始复苏，2015 年 3 月和 6 月恐怖分子就又对突尼斯一家博物馆和酒店实施了袭击，导致该产业进一步衰退。突尼斯相对稳定的安全局势和著名的卫生诊所使其成为医疗旅游业的标志。

① 参见：www.businessflood.com/forum-universitaire-tunisien-etude-sur-le-diagnostic-et-la-prevention-de-la-corruption-dans-le-milieu-universitaire-tunisien.

政府出台政策在各大学和产业间建立桥梁

突尼斯大学理事会由高等教育、科学研究和信息通信部部长领导。2015 年 1 月，大学理事会通过了一项全面的科学研究和高等教育改革计划，改革从 2015 年开始实行，持续至 2025 年。该项改革的重点是将大学课程现代化，满足毕业生的职业需求，并给予大学更高的管理权限和经济自主权。早在 2012 年，高等教育、科学研究和信息通信部就首次与各大学建立了合约关系，迈出了改革的第一步。

改革将增强大学和产业之间的联系，修改大学分布格局，保证地区间的教育平等。该策略的核心是科技园的不断发展，能够促进地区内的研究开展和创造就业机会。

突尼斯正在加大对科技园的投资。突尼斯的艾尔格泽拉科技园是该国在马格里布地区首个科技园。艾尔格泽拉科技园建于 1997 年，专业方向是通信技术，园区内现约有 80 家企业，其中 13 家是跨国公司（Microsoft，Ericsson，Alcatel Lucent，etc）。

之后，突尼斯又建立了其他科技园，园区地点包括：西迪·赛义德镇（建于 2002 年，主攻生物技术和制药）、布尔吉·赛德里安（建于 2005 年，主攻环境、可再生能源、生物技术和材料科学）、莫纳斯提尔市（建于 2006 年，主攻纺织业）以及布泽塔（建于 2006 年，主攻农用工业）。2012 年，政府宣布在雷马达建立新科技园，研究方向是信息通信技术。与此同时，杰尔吉斯－杰尔巴的生态太阳能村也即将投入使用。这个科技园的建成将在可再生能源生产、海水淡化和有机耕作领域创造许多工作机会；该科技园还计划成为整个非洲地区的培训基地。突尼斯希望，在 2016 年以前将可再生能源使用比例提高至整体能源结构的 16%（供电 1 000 兆瓦），在 2030 年以前提升至 40%（供电 4 700 兆瓦），这也是 2009 年通过的《太阳能计划》[①] 的内容之一。

建立科技园的长期目标是发展具有国际竞争力的研究体系。2013 年 11 月，突尼斯政府与法国科技大观园签订了一份协议，后者将法国现有的科技园组织在一起，为突尼斯建立新科技园提供培训和建议。艾尔格泽拉和西迪·赛义德科技园都是国际科学园的一员。加夫萨科技园专门研究化学物质，韩国国际合作局参与了该科技园的设计，政府出资建立园区，管理和运行工作由突尼斯化工集团和加夫萨磷酸盐集团负责。

2014 年 6 月，议会通过了新宪法，随后发生的权力移交也十分顺利，先是在 2014 年 10 月举行了议会选举，然后是 2014 年年底，现任总统将职位移交给继任者埃塞卜西，由此可以看出突尼斯的政治环境正逐渐趋于稳定。新宪法还制定了科学领域的法规。新法第 33 条规定：国家须为科技研究发展提供必要的手段。

阿联酋

商业发展氛围良好

阿联酋正在逐渐减少对石油出口的依赖，主要手段是发展其他的经济产业，包括：商业、旅游业、交通、建筑业以及最近兴起的航天技术。阿联酋首都阿布扎比现是世界第七大港口城市。2008—2009 年的金融危机对阿布扎比的房地产市场的冲击极大。阿联酋国内企业，如曾监管政府在城市发展方面的投资组合的迪拜世界集团就因此举借了巨额外债。

2014 年中以来石油价格暴跌，阿联酋的经济增长主要靠迪拜的建筑业和房地产市场的稳步复苏来拉动，而在交通、贸易和旅游业的大量投资也在相当程度上促进了经济发展。迪拜已经启动了一项规模庞大的建筑工程，要建造世界最大的购物中心以及 100 多家酒店。为了城市的可持续发展，迪拜还建立“绿色足迹”（见专栏 17.6）并投资建立功能完善的三维建筑（见专栏 17.7）。因全球金融危机的冲击而一度停滞的国家铁路建设项目也重新步入“正轨”。

阿联酋以拥有该地区数一数二的商业氛围而闻名。2013 年年中，阿联酋通过了新的公司法，新法反映出了对国际标准更多的参照和尊重。

但这并不意味着法规会放宽要求，允许国外企业掌控当地公司的经营。新的公司法还推出了“阿联酋化”就业项目，提倡优先雇佣本国公民，科法斯信用保险集团[②] 调查显示，这项举措能够大大减少国外投资。

① 参见：www.senat.fr/rap/r13-108/r13-108.pdf.

② 参见：www.coface.com/Economic-Studies-and-Country-Risks/United-Arab-Emirates.

专栏 17.6 马斯达尔城：未来城市的“绿色足迹”

马斯达尔城距离阿布扎比有半小时的车程。这座人工城于 2008 年开始建设，计划于 2020 年完工，定位是未来城市的“绿色足迹”。建设该城市的目的是打造世界上最环保的可持续城市，能够在快速城市化的同时保持低水平的能源消耗量、用水量以及垃圾产生量。

这座城市结合了传统阿拉伯建筑技艺和现代技术，能够抵挡夏天的高温以及盛行风。马斯达尔城还拥有中东地区数一数二的大型太阳能光电板。

城市以马斯达尔理工学院为中心展开建设，该学院建于 2007 年，是一所独立的研究型硕士级大学，致力于研究先进能源和可持续技术。城市鼓励各公司与马斯达尔理工学院建立紧密联系，以加快突破性技术的商业化。

据估计，到 2020 年为止，马斯达尔城将能容纳 4 万名居民，以及各种商业机构、学校、餐馆和其他基础设施。

但有部分人认为，这笔建筑资金与其拿来建设新城市，不如用来绿化国内已有的其他城市。

来源：改编自：www.masdar.ac.ae.

专栏 17.7 迪拜成功打印出其第一个三维建筑

迪拜正计划建设世界首个功能完善的三维（3D）打印建筑物。该建筑将作为未来博物馆工作人员的暂时居住所，室内的永久设施预计于 2018 年完工。

专家估计三维打印能够减少 50%～70% 的施工时间，并节省 50%～80% 的成本以及 30%～60% 的建筑废料。

这栋办公楼将用三维打印机分层打印出来，然后在迪拜的楼址上组装。所有的家具和结构组成部件同样也会通过三维打印技术制造出来，建筑材料是特殊强化过的水泥、玻璃纤维强化的石膏和纤维强化高分子复合材料。

该项目由国家创新委员会支持。委员会主席，默罕默德·阿尔·基格维认为“这座建筑物将成为三维打印技术的效率和创造性最好的证明，这项技术将在改革建筑和设计产业扮演极其重要的角色。”

迪拜现正与多家企业合作以完成该项目，包括：中国企业盈创全球集团、世界建筑龙头企业金斯勒建筑事务所、宋腾添玛·沙帝结构事务所、世凯·汉尼斯建筑公司、中国建筑公司以及电子建筑事务所和基拉设计事务所。

来源：《海湾纤维》（2015）。

知识经济的发展离不开科学

《阿联酋政府战略（2011—2013）》为实现 2010 年通过的《展望 2021》中的目标打下了基础。该战略的 7 项首要任务之一就是发展具有竞争力的知识经济。而其他重要任务还包括促进和提升国家创新力和研发实力。

2015 年 5 月，经济部宣布，阿联酋政府和迪拜工业商会共同设立阿勒马克图姆商业创新奖。该奖项被称为阿联酋年度创新大奖，符合国家发展知识经济支柱产业的战略。

迪拜私营部门创新指数

迪拜工业商会还发起了其他两个鼓励机制来刺激产业创新。一个是首创的迪拜私营部门创新指数，用来衡量迪拜在完成打造世界最具创新性的城市这一任务的进度。另一个是迪拜创新战略框架，阿联酋是继美国之后，首个采用该机制的国家；这将为其他国家在未来采用同类战略框架提供基准和指南。

两颗地球观测卫星到位

2009 年，阿联酋先进科学和技术研究所（EIAST，建于 2006 年）将其第一颗地球观测卫星“迪拜卫星 1 号”发射至轨道，第二颗“迪拜卫星 2 号”于 2013 年发射成功。这两颗卫星由韩国卫星技术研究中心和来自阿联酋先进科学和技术研究所的一组工程师合作设计和开发；卫星主要用于城市规划和环境监测。阿联酋先进科学和技术研究所的工程师们现正与他们的合作伙伴进行第三颗卫星“哈里发卫星”的开发，于 2017 年发射。2014 年，政府宣布计划于 2021 年向火星发射首艘来自阿拉伯国家的宇宙飞船。阿联酋多年来一直提倡建立一个泛阿拉伯航天局。

国家研究基金会

2008 年 5 月，阿联酋高等教育和科学研究部建立国家研究基金会。公共部门和私营部门的个人或团队研究员，以及研究机构和企业都可以向基金会申请竞争性拨款。要得到拨款批准，上交的研究提案必须通过国际同行的审议并证明这些研究方案能够创造社会经济价值[①]。

阿联酋大学是全国科学研究最主要的来源。通过隶属它的多所研究中心，它[②]为阿联酋的水资源、石油资源、太阳能和其他可再生能源的开发以及医学的发展做出了极大的贡献。自 2010 年起，阿联酋大学共申请了至少 55 项创新型专利。截至 2014 年 6 月，该大学共成功获得 20 项专利。[③]

阿联酋大学在众多领域中建立了紧密的合作关系，这些领域包括：石油和天然气、水资源、医疗保健、农业生产力、环境保护、交通安全和混凝土结构的修复。大学还在许多国家建立了积极的研究合作网络，这些国家包括：澳大利亚、法国、德国、日本、韩国、阿曼、卡塔尔、新加坡、苏丹、英国和美国。

也门

科学深陷政治泥潭

也门拥有几所声名远扬的大学，包括也门萨那大学（建于 1970 年）。但也门没有出台任何科技政策，也没有分配足够的资源给研发领域。

过去十年里，高等教育和科学研究部组织了多场会议，目的是评估也门国内的科学研究现状，并找出公共部门在进行研究工作时所面临的阻碍。高等教育和科学研究部在 2007 年成立了一个特别工作组，目的是建立一座科学博物馆，又于 2008 年设立了总统科学奖。2014 年，该部向联合国西亚经济社会委员会寻求帮助，希望能够在也门建立一个科学、技术和创新研究所；但遗憾的是由于不断升级的暴力冲突，研究所始终没能建立。

自 2003 年以来，也门就没举行过议会选举了。“阿拉伯之春”所引起的动荡导致萨利赫总统于 2012 年 2 月将权力移交给他的副手阿卜杜·拉布·曼苏尔·哈迪和新成立的全国对话大会，大会是在合作理事会的倡议下组建的。2015 年，紧张局势继续恶化，前政权的武装部队和阿卜杜·拉布·曼苏尔·哈迪总统的军队陷入战争之中，数个阿拉伯国家都支持后者的统治。

结论

阿拉伯国家需要统一的政策指导和持续的资金支持

2014 年，阿拉伯世界的科学研究与高等教育部长理事会批准了《阿拉伯科学、技术和创新战略》草案，其中提出了一个规模宏大的计划。计划敦促各国在 14 个科学学科领域和战略经济部门进行更深的国际合作，这些领域包括核能、航天科学以及融合技术比如生物信息学、纳米生物技术等。战略主张来自海外的科学家积极参与其中，并敦促科学家参加公共宣传活动；战略还呼吁在高等教育和培训领域投入更多的资金，以组建核心专家团队和人才库。

不过，该战略还是没有涵盖到一些核心问题，包括一些微妙的问题，如谁将为实施该战略而产生的巨额成本买单？重债穷国可以为这项战略做出什么贡献？什么样的国家级机制才能消除贫困并提供更公平的获取知识和财富的途径？如果不考虑以上这些问题，也无法提出创新的解决方案，那么没有一项战略能够有效地利用该地域的能力。

为了成功地实施战略，该地区的科学力量需要统一的政策指导，政策需要包含一整套以解决问题为导向的科研项目和方案，切实满足该区域发展的需求。除此之外，还要有明确的资金来源。

过去几年的动荡也许导致了各国局势的不稳，但国家真正的进步只能以在经济、社会和政治等方面的整体的结构变化作参照来衡量。我们从前面的国家概况可以看到，一些国家正在失去发展和进步的机遇；原因可能是经济因素或政治考虑，但结果却是相同的：大批专家和研究人员纷纷离开花费大

---

① 参见：www.nrf.ae/aboutus.aspx.

② 阿联酋大学的研究中心包括：研究健康科学的扎耶德·本·苏尔坦·阿勒纳哈扬中心、国家水资源中心、道路运输和交通安全研究中心、公共政策和领导中心、哈里发基因工程和生物科技中心以及能源和环境研究中心。

③ 参见：www.uaeu.ac.ae/en/dvcrgs/research.

量金钱教育培养他们的国家，迁往外国。大部分这些国家都缺乏运转良好的创新体系，这样的体系需要具备明确的治理机制和政策框架，而且它们的信息和通信技术基础设施落后，阻碍了获得信息的途径以及创造知识与财富的机会。政府可以利用社会创新机制来解决这些问题。

阿拉伯不理想的创新体系可以归因于许多因素。例如，在本报告中强调的该地区现状：研发投入低，缺乏合格的专家、科研人员和工程师，学习科学学科的大学生人数极少，制度支持不力和来自对科学发展怀有敌意的政治和社会观点的影响。

尽管 25 年前，各国领导人就承诺会提高国内研发总量，将其占国内生产总值的比例升至 1% 以上，但目前没有一个阿拉伯国家达到这一目标。大多数国家的教育系统仍然无法培养出有志建设健康经济的毕业生。为什么不行呢？各国政府应该问问自己，是否问题仅在于教育系统，还是其他阻碍扼杀了创新和创业文化，如商业环境过于恶劣。

没有专家、技术人员团队和足够的企业家，各海湾国家要如何才能实现经济多样化？高等教育课程大多是以列举案例和讲课为基础，对信息和通信技术工具的使用有限，不注重情景教学。这种环境提倡被动学习，以考试来评估学生背诵知识和课程内容的能力，而不是发展学生必要的分析技能和创新型的创造力。教师需要采取新的教学办法，他们需要从学生的提词器转变为课堂的主持人。

毕业生的接受的技能培训和劳动市场的需求明显不匹配。大学毕业生过剩和引导成绩不好的学生转入职业教育的做法——而不是认可合格的技术人员在知识经济中发挥的关键作用——造成了大学毕业生失业率的升高，进一步导致市场中有技能的劳动力的缺失。在技术和职业教育方面，自 2010 年开始实施的沙特实验值得借鉴。

摩洛哥已宣布其有意促进教育平等。其他阿拉伯国家也可效仿这种做法。各国政府应制订奖学金计划，为来自农村和贫困家庭大学生提供和拥有城市背景的富裕家庭的学生同等的机会。最新的统计数据显示，应届大学毕业生平均会失业两到三年，直到找到他们的第一份工作。政府能够利用这种情况来为国民谋求福利。政府可以启动一项国家级项目，招聘和培训各个学科的年轻大学毕业生在长期缺乏小学和中学教师的农村地区执教一到两年。

部分阿拉伯国家政府正在建立研究站，通过数据收集和分析来改进他们的科学监测系统。其他国家也应该效仿，以监测国家政策的有效性，并建立研究所网络，以确保信息的共享和达成共同的指标任务。一些国家已经开始行动，例如，黎巴嫩正在参与某平台的网络建设计划，目的是建立地中海国家的科学、技术和创新研究所之间的联系。

当然，建立一个国家创新体系可不仅仅是设立几个机构那么简单。无形的考量和价值观同样至关重要，包括：保持政策透明度，依法治国，抵制腐败，奖励积极分子，创造健康的商业环境，尊重环境，以及向大众包括弱势群体传播现代科学和技术的好处。就业机会和公共机构的职位安置应完全取决于个人具备的专业知识和工作资历，而非处于政治上的考虑。

挥之不去的政治冲突在阿拉伯地区引发了一种趋势，那就是用军事实力定义国家安全。因此，资源都分配给了国防和军事预算，而不是用于研发工作，而后者才是解决持续困扰着该地区人民的问题的关键，这些问题包括：贫困问题、大规模失业和人民福利进一步地减弱。在阿拉伯国家中，军事开支占生产总值的比例最高的国家均来自中东地区。如能解决政治问题，并在该地区建立共同的安全区域，就能解放公共资源，将这些资源用于科学研究，从而解决当前的紧迫问题。这种重新导向将加速经济多样化和社会经济发展的进程。

政府还可以鼓励私营部门开展研发工作。我们已经看到摩洛哥电信运营商对公共电信研究项目的支持，他们将营业额的 0.25% 用于设立专项基金。各大公司也能够以同样的形式聚集资金用于研发工作，特别是在水资源、农业和能源等领域。对阿拉伯国家来说，当务之急是通过在重点领域，如可再生能源系统发展大型教育试点项目来加快创新技术的转让。这也将有助于建立该地区的关键专家团队。

“价值链”由一系列相互依赖的零件组成，零件之间相互影响。自上而下的方法并不能实现目前所需的变革。反之，决策者需要创造这样一个环

阿拉伯国家的关键目标

- 所有的阿拉伯国家的国内研发总量至少占其国内生产总值的 1%。
- 在 2020 年前将利比亚的研发总量提升至其国内生产总值的 1%。
- 在 2025 年前将摩洛哥的研发总量提升至其国内生产总值的 1.5%。
- 在 2016 年前将突尼斯的技术出口比例从 30%（2011 年）提升至 50%。
- 在 2014 年前，在摩洛哥开发 1000 项专利，并创办 200 家创新型企业。
- 在 2020 年前，将黎巴嫩的可再生能源在国家能源结构比例升至 12%。

境，在这种环境中国家的各种动态力量都能得到释放，无论是学术的还是经济的——比如海亚·辛迪博士，她正在利用导师制发展该地区的创业文化。阿拉伯国家需要更多科技界领军人物，以及活跃在政界的科技推动者，来为振兴该地区带来积极的变革。

参考文献

Abd Almohsen, R. (2014) Arab strategy on research collaboration endorsed. *SciDev.Net,* 25 March.

AfDB (2014) *Libya Country Re-Engagement Note 2014–2016.* African Development Bank.

AFESD *et al.* (2013) *The Unified Arab Economic Report*. Arab Fund for Economic and Social Development, with the Arab Monetary Fund, Organization of Arab Petroleum Exporting Countries and Arab League.

AFESD *et al.* (2010) *The Unified Arab Economic Report*. Arab Fund for Economic and Social Development, with the Arab Monetary Fund, Organization of Arab Petroleum Exporting Countries and Arab League.

Agénor, P.R. and K. El-Aynaoui (2015) *Morocco: Growth Strategy for 2025 in an Evolving International Environment.* Policy Centre of the Office chérifien des phosphates (OCP): Rabat.

Al-Droubi, Z. (2012) Syrian uprising takes toll on scientific community. *SciDev.Net,* 17 April.

Al-Hiddabi, S. (2014) Challenge Report: Oman Case Study. Paper presented to workshop run by the Korea Institute of Science and Technology Evaluation and Planning, in association with the International Science, Technology and Innovation Centre for South –South Cooperation: Melaka, Malaysia, December 2014.

Al-Soomi, M. (2012) Kuwait and economic diversification. *Gulf News*. June.

ASRT (2014) *Egyptian Science and Technology Indicators.* Egyptian Science, Technology and Innovation Observatory, Academy of Scientific Research and Technology: Cairo.

Badr, H. (2012) Egypt sets a new course for its scientific efforts. *SciDev.Net,* 17 February.

Bitar, Z. (2015) UAE to launch business innovation award. *Gulf News*, May.

Bond, M.; Maram, H.; Soliman, A. and R. Khattab (2012) *Science and Innovation in Egypt. The Atlas of Islamic World Science and Innovation: Country Case Study*. Royal Society: London.

Boumedjout, H. (2011) *EU to fund Tunisian research programme. Nature Middle East*. 25 October.

Bq (2014) Economic diversification reaps Qatar FDI dividends. *Bq* online. June.

Butler, D. (2011) Tunisian scientists rejoice at freedom. *Nature,* 469: 453–4, 25 January.

ESCWA (2014a) *The Broken Cycle: Universities, Research and Society in the Arab Region: Proposals for Change*. United Nations' Economic and Social Commission for Western Asia: Beirut.

ESCWA (2014b) Arab Integration: A 21st Century Development Imperative. United Nations' Economic and Social Commission for Western Asia: Beirut.

ETF (2014) *Labour Market and Employment Policy in Libya.* European Training Foundation.

Faissal, N. (2015) Le technopark de Tanger ouvrira ses portes en septembre. (The technopark in Tangers due to open in September.) *Aujourd'hui le Maroc*, 8 July.

Friedman, T. L. (2012) The other Arab Spring. *New York Times*, 7 April.

Gaub, F. (2014) *Arab Military Spending: Behind the Figures*. European Union Institute for Security Studies.

Global Financial Integrity (2013) *Illicit Financial Flows and the Problem of Net Resource Transfers from Africa: 1980-2009.* See: http://africanetresources.gfintegrity.org/index.html.

Gulf News (2015) Dubai to build first fully functional 3D

building in the world. Staff reporting, 30 June.

HAST (2012) *Developing Scientific Research and Innovation to Win the Battle of Competitiveness: an inventory and Key Recommendations.* Hassan II Academy of Science and Technology.

Jalal, M. A. (2014) *Science, Technology and Innovation Indicators for Sudan* (in Arabic). UNESCO: Khartoum.

Kaufmann D. A.; Kraay A. and M. Mastruzzi (2011) *World Governance Indicators.* World Bank: Washington DC.

Khatib I. A.; Tsipouri L.; Bassiakos Y. and A. Hai-Daoud (2012) Innovation in Palestinian industries: a necessity for surviving the abnormal. *Journal of the Knowledge Economy.* DOI 10.1007/s13132-012-0093-8.

Le Monde (2015) Le Maroc veut construire le plus grand parc solaire du monde. *Le Monde*, 13 January.

Nour, S. (2013a) Science, technology and innovation policies in Sudan. *African Journal of Science, Technology, Innovation and Development* 5(2): 153–69.

Nour, S. (2013b) *Technological Change and Skill Development in Sudan*. Springer: Berlin (Germany), pp. 175-76.

Nour, S. (2012) *Assessment of Science and Technology Indicators in Sudan.* Science Technology & Society 17:2 (2012): 321–52.

O'Reilly, M. (2012) *Samira Rajab: the minister of many words.* Gulf News. May.

Rasooldeen, M. D. (2014) Finland to train technicians. *Arab News*, November.

Salacanin, S. (2015) Oil and gas reserves: how long will they last? *Bq magazine*, February.

Tindemans, P. (2015) *Report on STI Policy Dialogue in Egypt.* April. UNESCO: Cairo.

UNESCO and MoSC (2014) *Renewal of Policies and Systems of Science, Technology and Innovation in Sudan* (in Arabic). UNESCO and Ministry of Science and Communication: Khartoum, p. 19.

Wall Street Journal (2014) *Oil price slump strains budgets of some OPEC members.* 10 October. *See:* http://online.wsj.com.

WEF (2014) *Rethinking Arab Employment: a Systemic Approach for Resource-Endowed Economies*. World Economic Forum.

Yahia, M. (2012) Science reborn in Tunisia. *Nature Middle East.* 27 January.

摩尼夫·奏比（Moneef R. Zou'bi），1963 年出生于约旦。在马来西亚大学获得了科学和技术研究博士学位。自 1998 年以来，他一直担任伊斯兰世界科学院的院长，致力于建立各国之间科学与发展的桥梁。奏比博士参加了多项由伊斯兰开发银行和伊斯兰会议组织负责实施的研究。

赛米亚·默罕默德-诺尔（Samia Satti Osman Monhamed Nour），1970 年出生于苏丹，是喀土穆大学的经济学副教授，同时还是联合国马斯特里赫特创新与技术经济研究所的研究员。2005 年，她在马斯特里赫特大学（荷兰）获得了经济学博士学位。努尔博士的著作包括：2013 出版的《阿拉伯海湾国家的科技变革和技能发展》（斯普林格出版社）和 2015 年出版的《阿拉伯地区的经济创新制度》（麦克米兰出版社）。

贾德·艾-哈兹（Jauad El-Kharraz），1977 年出生于摩洛哥，在瓦伦西亚大学（西班牙）获得了遥感科学博士学位，是该大学的全球变革小组的成员。他还是阿拉伯世界青年科学家协会的共同创始人和特别工作组的成员之一。2004 年起，厄尔哈兹博士一直担任欧洲—地中海地区水利信息系统的技术小组的信息管理员。

纳扎尔·哈桑（Nazzar M. Hassan），1964 年出生于苏丹。自 2009 年以来，就一直担任联合国教科文组织开罗办事处的高级科技专家，为阿拉伯各国服务。哈桑在那里建立了几个网络用以打造该地区的创业文化。在这之前，他在黎巴嫩首都贝鲁特工作，是联合国西亚经济委员会可持续发展司的高级经济学家。哈桑获得美国马萨诸塞大学安姆斯特分校系统优化博士学位。

致谢

本章作者谨在此衷心感谢在利比亚研究、科学和技术局任职的穆罕默德·阿瓦萨德教授，他为本章提供了有关利比亚的背景资料。

近年来，各国在高校扩建和科研网络方面做了很大努力；这两方面需要大力发展。

乔治·艾斯格比、努胡·迪亚比、阿尔马米·肯特

在利比里亚布坎南市，2015年6月埃博拉病毒流行，希望幼儿园的孩子们在吃饭前洗手。

照片来源：© D. 查维斯 / 世界银行

第 18 章　西　非

贝宁、布基纳法索、佛得角、科特迪瓦、冈比亚、加纳、几内亚、几内亚比绍、利比里亚、马里、尼日尔、尼日利亚、塞内加尔、塞拉利昂、多哥

乔治·艾斯格比、努胡·迪亚比、阿尔马米·肯特

引言

目标：2030 年实现中等收入水平

大多数西非国家正努力争取在未来 15 年间实现中等偏上或偏下收入水平[①]。该目标已被多国列入当前发展计划和经济政策中，包括科特迪瓦、冈比亚、加纳、利比里亚、马里、塞内加尔和多哥等。尼日利亚甚至计划在 2020 年跻身世界前 20 大经济体。然而，实现中等收入水平对三分之二的西非国家而言仍是一个可望而不可即的目标，例如，年人均国内生产总值仍低于 1 045 美元的贝宁、布基纳法索、冈比亚、几内亚、几内亚比绍、利比里亚、马里、尼日尔、塞拉利昂和多哥等国。

这些国家的发展计划通常有三个主要目标：创造财富、提高社会公平和推动可持续发展。在实现中等收入水平的道路上，它们会优先发展以下几方面：改善政府管理、营造良好的商业环境、完善卫生服务体系和农业系统、建设现代基础设施以及培养有技能的劳动力。上述计划反映了各国以更可持续的方式开发利用作为其经济支柱的各项资源的决心，也表明了各国实现经济多元化和现代化的决心。如果没有有技能的劳动力，和科学、技术与创新（STI）的支持，以上目标都无法实现。

多重危机下经济仍强劲增长

近年来，尽管西非国家经济共同体（ECOWAS）遭遇了一系列危机，其经济仍出现了强劲增长。

2012 年 1 月，图阿雷格族叛乱分子通过与圣战组织结盟试图在马里北部建立一个独立国家。自 2013 年 1 月马里政府呼吁法国介入后，局势暂时恢复稳定但现在依然很脆弱。此次冲突导致马里经济继连续 6 年的稳步增长（平均增速为 5%）后于 2012 年增速首次下跌了 0.4%（见图 18.1）。

2012 年 4 月，几内亚比绍发生军事政变，非洲联盟对其实施制裁，直至两年后，若泽·马里奥·瓦斯当选总统才得以解除。

2011 年 4 月科特迪瓦前总统因战争罪被逮捕，正式宣告内战结束。此后，该国现仍在收拾残局。其经济在停滞发展数年后于 2013 年反弹了 9%。

与此同时，在非洲人口最多的国家尼日利亚北部，博科圣地组织（字面意思：“禁止西方教育”）对尼日利亚人民发动了大量恐怖袭击活动，并将暴力日渐向邻近国家喀麦隆和尼日尔蔓延。2015 年 3 月，大选结果宣布后，尼日利亚人民至少可以为现任总统古德勒克·乔纳森和其继任者穆罕穆杜·布哈里能顺利交接权力而感到高兴。

2014 年 10 月，布基纳法索总统布莱斯·孔波雷试图修改宪法以实现第五次连任之后，一场民众示威活动结束了他 27 年的统治生涯。前外交官米歇尔·卡凡多被推举为临时总统并负责 2015 年 11 月的大选。

埃博拉疫情在几内亚、利比里亚和塞拉利昂等国的爆发，提醒了人们西非地区长期缺乏对公共卫生体系的投资，这是一次惨痛的教训。2014 年 3 月至 12 月，埃博拉疫情造成的死亡人数近 8 000 人，死亡率达 40%。各国团结一致，共同应对。9 月，古巴派出数百名医生和护士前往受灾国家。1 个月后，东非共同体派出 600 名医护人员，包括 41 名医生，帮助抗击此次疫情。12 月初，作为西非经济共同体和其专门机构西非卫生组织联合倡议的一部分，150 名志愿医护人员加入救助队伍，他们分别来自贝宁、科特迪瓦、加纳、马里、尼日尔和尼日利亚。此外，欧洲联盟、非洲联盟、美国及其他国家和地区也都提供了资金与其他形式的帮助。在其爆发前一年，利比里亚和塞拉利昂经济分别实现了 11% 和 20% 的显著增长。而此次爆发却致使这些脆弱国家丧失了数年来的经济发展成果（见图 18.1）。

① 已有五国实现了中等偏下收入水平，即：佛得角、科特迪瓦、加纳、尼日利亚和塞内加尔。下一目标则是实现中等偏上水平。

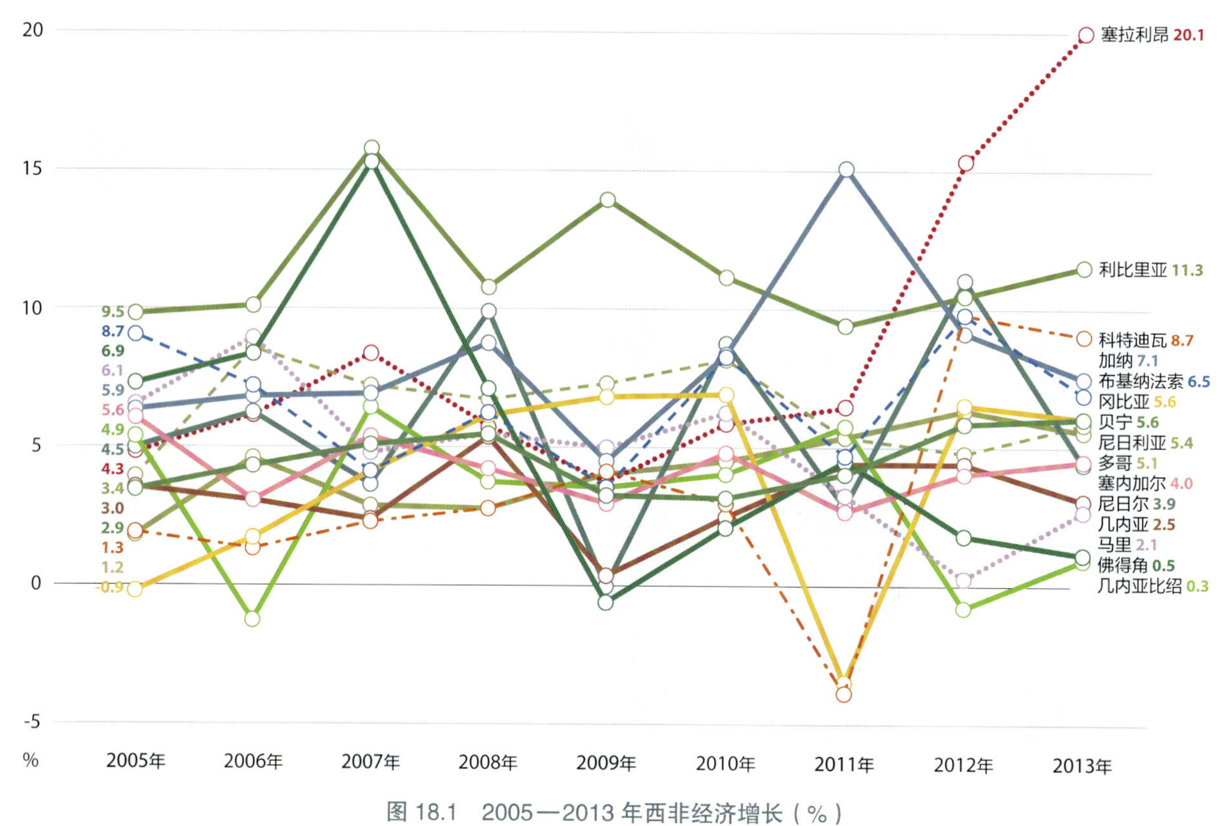

图 18.1　2005—2013 年西非经济增长（%）

来源：世界银行世界发展指标，2014 年 9 月。

强劲经济增长背后的结构性问题

尽管遭遇了一系列危机，西非国家经济共同体委员会对西非地区的发展前景仍持乐观态度。委员会预计西非地区在 2014 年的经济增长率达到 7.1%，比 2013 年的 0.3% 还要高。但这种高增长率掩盖了严重的结构性问题。几十年来，西非各经济体几乎完全依赖于原材料商品出口：尼日利亚出口收入的 95% 来自原油和天然气；加纳出口收入的 53% 来自黄金和可可；马里近四分之三的出口收入来自棉花（见图 18.2）。当原材料取自或产于西非但在其他国家进行加工时，西非地区各行业发展及工作机会遭受严重负面影响。即便如此，西非国家至今仍未实现经济发展的多元化以及从增值商品和成品中获取出口收益。

事实上，部分国家已开始有所行动。例如，科特迪瓦、加纳、几内亚、尼日利亚和塞内加尔等国已有相关产业生产增值商品。这些国家都设有将原材料转变为半成品或成品的研究机构，以提高产品附加值和加强各产业原料基地。加纳和尼日利亚还设有相关机构专门从事航空、核能、化学和冶金行业。第一批科技园区和网络村也正在这些国家兴起（ECOWAS, 2011a）。

加纳是否陷入了“石油诅咒”？加纳大学统计、社会和经济研究学院最近正在研究“（自 2011 年开始出口石油）石油占国内生产总值比例不断增加是否意味着加纳已成为石油依赖国。……研究发现（见图 19.1）石油生产似乎正在改变该国的出口模式。”“加纳是否会逐渐成为石油大国，或石油收益是否合理用于发展多元化经济？”（ISSER, 2014）

技能人才短缺阻碍经济多元化发展

经济多元化发展的阻碍之一是快速增长行业中技能人才（包括技术人员）的缺乏，如采矿、能源、水利、制造业、基础设施以及电信行业。国家卫生体系和农业的效率也受技能人才缺乏的冲击。

在该背景下，2014 年 4 月世界银行发起了非洲卓越中心项目，是教育体系中不错的一项补充。八

阿尔及利亚—石油和其他油类、原油（45%），气态天然气（20%），轻质油和制剂（8.7%）

安哥拉–石油和其他油类、原油（96.8%）

贝宁—棉花（19%），石油或沥青矿物（13.7%），黄金（13.4%）

博茨瓦纳—未加工钻石（74.3%），其他非工业用钻石（7.2%），半制成金（5.4%）

布基纳法索—棉（44.9%），未锻造金（29.4%），半制成金（5.4%）

布隆迪—生咖啡（58%），红茶（12.2%），铌、钽、钒矿砂及精矿（9%）

佛得角—鲭鱼（16.5%），鲣鱼或条纹肚皮鲣鱼（15.4%），黄鳍金枪鱼（14.2%）

喀麦隆—石油和其他油类、原油（48.1%），可可豆（9%），热带森林（7.7%）

中非共和国—未分级钻石（32.3%），热带木材（26.6%），棉花（14%）

乍得—石油和其他油类、原油及提炼油（97%）

科摩罗—丁香（56.1%），浮船（21.2%），精油（9.8%）

刚果共和国—石油和其他油类、原油（87.1%）

刚果民主共和国—阴极片（43.9%），未精炼铜（13.2%），石油和其他油类、原油（13.2%）

科特迪瓦—可可豆（31.8%），石油和其他油类、原油（12.3%），天然橡胶（7.2%）

吉布提—活体动物（23%），绵羊（18.1%），山羊（15.6%）

埃及—石油和其他油类、原油（24%），液化天然气（11.1%）

赤道几内亚—石油和其他油类、原油（73.6%），液化天然气（19.8%）

厄立特里亚—黄金（88%），白银（4.9%）

埃塞俄比亚—生咖啡（39.5%），芝麻种子（19.7%），鲜切花（10.2%）

加蓬—石油和其他油类、原油（85.4%），锰矿砂及精矿（6.7%）

冈比亚—木材（48.6%），腰果（16.2%），石油和其他油类（6.5%）

加纳—黄金（36%），可可豆和浆糊（16.5%），石油及其他油类、原油（22%）

几内亚—黄金（40.5%），铝土矿（34%），氧化铝（9%）

几内亚比绍—腰果（83.9%）

肯尼亚—红茶（20%），鲜切花（12.1%），生咖啡（5.9%）

莱索托—钻石（45.5%），男士/男童棉裤及短裤（13.4%），妇女/女童合成纤维裤及短裤（6.1%）

利比里亚—铁矿石及精矿（21.1%），天然橡胶（19.3%），油轮（12.3%）

利比亚石油和其他油类、原油（88.4%），气态天然气（5.6%）

马达加斯加—丁香（15.8%），小虾、大虾（7.2%），钛矿砂及精矿（5.5%）

马拉维—烟草（50.1%），天然铀及其化合物（10.4%），甘蔗原料（8%）

马里—棉（72.7%），芝麻种子（8.8%）

毛里塔尼亚—铁矿石和精矿（46.7%），铜矿石和精矿（15.6%），带鱼（10.5%）

毛里求斯—鲔鱼、鲣鱼（15.3%），固体甘蔗糖或牛肉（10.5%），棉T恤及类似（7.4%）

摩洛哥—磷酸和多聚磷酸（8.2%），机动车辆、飞机、船舶点火布线组和其他类型布线组（6.1%），磷酸氢二铵（4.5%）

莫桑比克—非合金铝（28.8%），轻油及配置品（12.1%），液化天然气（5.4%）

纳米比亚—未加工钻石（30.1%），未精炼铜（13.4%），天然铀及其化合物（13.2%）

尼日尔—天然铀及其化合物（62.2%），轻油及配置品（12.1%），活体动物（6%）

尼日利亚—石油和其他油类、原油（84%），液化天然气（10.8%）

卢旺达—铌、钽、钒矿砂及其精矿（23.7%），生咖啡（23.5%），锡矿砂及其精矿（19.2%）

圣多美和普林西比—可可豆（47.6%），手表（9.2%），珠宝（6.4%）

塞内加尔—石油和其他油类（20.8%），无机化学元素、氧化物和卤素盐（12%），新鲜和冷冻鱼（9%）

塞舌尔—鲔鱼、鲣鱼（52.5%），大眼金枪鱼（13.2%），黄鳍金枪鱼（7.1%）

塞拉利昂—铁矿砂及其精矿（45.2%），钛矿砂及其精矿（16.4%），未加工钻石（12.1%）

索马里—羊（29.4%），山羊（28.2%），活牛（17.3%）

南非—黄金（11.6%），铁矿石及精矿（7.6%），铂（6.6%）

南苏丹—石油和其他油类、原油（99.6%）

苏丹—石油和其他油类、原油（65.6%）、羊（10.6%），芝麻种子（4.2%）

斯威士兰—甘蔗原料（17.4%），食品和饮料芳香物质（14.8%），铁矿砂及其精矿（10.9%）

坦桑尼亚—贵金属矿砂及其精矿（11.7%），烟草（11.5%），低因生咖啡（6.6）

多哥—黄金（12.1%），天然磷酸钙、磷酸盐白垩（11.7%），轻油及配置品（10.3%）

突尼斯—石油和其他油类、原油（11.2%），机动车辆、飞机、船舶点火布线组和其他类型布线组（6.2%），男士/男童棉裤及短裤（4.3%）

乌干达—低因生咖啡（30.6%），棉花（5.6%），烟草（5.5%）

赞比亚—阴极片（47.6%），未精炼铜（26.1%），不包括种子的玉米（5%）

津巴布韦—烟草（30.8%），铬铁（11.6%），棉花（9.6%）

图 18.2　2012 年非洲三大出口商品

注：加纳数据采自 2013 年。

来源：亚洲开发银行（2014），表 18.7；加纳：统计、社会和经济研究所 2013 年数据（2014 年）。

国政府[①]计划贷款 1.5 亿美元支持亚地区 19 所顶尖大学的研究和培训（见表 18.1）。非洲大学协会将负责统筹 19 所大学以及相互之间的知识共享，也因此获得了世界银行的资金支持。

即便如此，非洲卓越中心项目也不能取代国家投资的作用。现今，只有 3 个[②]西非国家对高等教育投入超过了国内生产总值的 1%：加纳、塞内加尔（1.4%）及马里（1.0%）。在利比里亚该比例甚至低于 0.3%（见表 19.2）。目前当务之急还是在 2015 年实现初等教育普及的千年发展目标。政府对高等教育的低投入致使在过去 10 年里民办高校的不断增加，在部分国家民办高校数量已占据所有大学的一半以上（ECOWAS, 2011a）。

① 尼日利亚（7 000 万美元），加纳（2 400 万美元），塞内加尔（1 600 万美元），贝宁、布基纳法索、喀麦隆和多哥（各 800 万美元）。冈比亚也将获得 200 万美元贷款和 100 万美元津贴用于短期培训。

② 数据不包括尼日利亚。

表 18.1 2014 年非洲卓越中心项目

	卓越中心	牵头机构
贝宁	应用数学	阿波美－卡拉维大学
布基纳法索	水利、能源、环境科学与技术	国际水利与环境工程研究所（2ie）
喀麦隆	信息与通信技术	雅温得第一大学
加纳	植物育种员、种子科学家和技术人员培养	加纳大学
	感染性病原体细胞生物学	加纳大学
	水利环境卫生	恩克鲁玛科技大学
尼日利亚	农业发展与环境可持续发展	联邦农业大学
	旱地农业	巴耶罗大学
	油田化学剂	哈科特港大学
	科学、技术与知识	奥巴费米–阿沃洛沃大学
	食品技术与研究	贝努埃州大学
	传染病基因组学	救世主大学
	被忽略的热带疾病和法医生物技术	阿马德・贝洛大学
	植物药研究与开发	乔斯大学
	生育健康与创新	尼日利亚贝宁大学
	材料科学	非洲科技大学
塞内加尔	母婴健康	迪奥普大学
	数学、信息学和信息通信技术	圣路易斯伯杰加斯东大学
多哥	家禽科学	洛美大学

来源：世界银行。

卓越中心：与人分担，忧愁减半

大部分西非科学家即便是与同伴地处一国也都各自为营。世界银行计划与《非洲科学和技术联合行动计划（2005—2014）》相一致，该行动计划呼吁建立卓越中心的区域网络，同时增加整个非洲大陆科学家之间的流动性。

西非正在参与部分网络的建设。瓦加杜古（布基纳法索）建有非洲生物安全专业服务网络（见专栏 18.1），位于达喀尔的塞内加尔农业研究所是泛非洲生物科技网络四大节点之一（见专栏 19.1）。此外，塞内加尔和加纳建有非洲五大数学科学研究所中的两个（见专栏 20.4）。

2012 年，西非经济与货币联盟在该地区确立了 14 所卓越中心（见表 18.2），并承诺给这些机构提

表 18.2 2012 年西非经济与货币联盟卓越中心

	卓越中心	城市
布基纳法索	生物与食品科学与营养研究中心	瓦加杜古
	人口科学高等学校	瓦加杜古
	国际亚热带畜牧业研究与发展中心	博博迪乌拉索
	国际水利环境工程研究所	瓦加杜古
科特迪瓦	国家统计与应用经济学院	阿比让
马里	西非教育研究网	巴马科
尼日尔	农业气象和水文训练与应用区域中心	尼亚美
	农业区域专业教学中心	尼亚美
塞内加尔	非洲高级管理研究中心	达喀尔
	电信跨国高等学校	达喀尔
	兽医科学与医学院	达喀尔
	非洲水稻中心	圣路易斯
	高等管理学院	达喀尔
多哥	非洲建筑与城市规划学院	洛美

来源：非洲经济货币联盟。

专栏 18.1　非洲生物安全专业服务网络

2010 年 2 月 23 日，非洲发展新伙伴计划和布基纳法索政府之间签署东道方协定，非洲生物安全专业服务网络正式在瓦加杜古成立。该服务网可帮助监管者处理与转基因生物引进和发展有关的安全问题。除了用英法两种语言为监管者提供在线政策简报和其他相关信息外，该服务网也负责就特定主题组织国家和亚地区研讨会。

例如，2013 年 11 月在基纳法索以及 2014 年 7 月在乌干达，该服务网与美国密歇根大学合作为非洲地区监管者开展了为期一周的生物安全课程。22 位来自埃塞俄比亚、肯尼亚、马拉维、莫桑比克、乌干达、坦桑尼亚和津巴布韦的监管者参与了 2014 年 7 月在乌干达的课程。

2014 年 4 月应联邦环境部要求，该服务网在尼日利亚为 44 位来自政府部委、监管机构、大学和研究机构的参与者举行了一场培训研讨会。旨在加强机构生物安全委员会的监管能力。此次培训很重要，是为确保抗螟性豇豆和生物强化高粱的隔离田间试验和多区域试验的持续合规性。服务网同国际食物政策研究所的生物安全系统项目合作举办此次研讨会。

2014 年 4 月 28 日至 5 月 2 日，多哥环境和森林资源部组织了一场利益相关者协商研讨会来检验多哥的生物安全修订法。大约 60 位政府官员、学者、律师、生物安全监管员和民间代表参与了会议，会议由国家生物安全委员会某成员主持。起草法案是为了使 2009 年 1 月签署的多哥生物安全法与国际生物安全条例和最佳做法相一致，尤其是多哥在 2011 年 9 月签署的《赔偿责任和补救名古屋－吉隆坡补充议定书》。此次研讨会关乎新法案能否在 2014 年后期提交全国大会审议通过。

2014 年 6 月该服务网为来自布基纳法索、埃塞俄比亚、肯尼亚、马拉维、莫桑比克和津巴布韦的十位监管者和政策制定者开展了为期四天的南非游学活动。主要是为了能让他们可以直接与在南非的同行和行业从业者交流互动。服务网同南非生物科学网络（SANBio）合作以及在 NEPAD 规划协调机构监督下举办了此次游学活动，见专栏 19.1。

《非洲科学和技术综合行动计划（2005）》和非洲现代生物科技高层小组“自由创新计划”（Juma 和 Serageldin，2007）均有提出建立非洲生物安全专业服务网络。由比尔和梅琳达·盖茨基金会资助设立。

来源：www. Nepadbiosafety.net.

供两年期的经济支持。依托其《科学和技术政策》（见第 476 页）的框架，西非国家经济共同体打算建立几个自己的竞争性的卓越中心。

科技发展区域目标

高效发展线路图

区域一体化有助于西非发展。西非国家经济共同体成员国采纳的《2020 愿景》①（2011 年制定）与创建非洲经济共同体的长期目标一致（见专栏 18.2）。《2020 愿景》致力于“打造一个无国界、繁荣、有凝聚力且治理良好的地区，通过创造可持续发展和环境保护的机会，让人们有能力获取和利用地区丰富的资源……我们希望截至 2020 年私营部门能成为增长和发展的主要动力”（ECOWAS, 2011b）。

《2020 愿景》提出改善治理、加速经济和货币一体化和促进公私部门合作的线路图。该计划支持统一规划西非投资法，建议推行“有活力的”区域投资促进机构。该计划督促各国推广高效可行的中小型企业（SMEs），将现代技术、创业和创新应用于传统农业以提高生产力。

西非农业部门严重缺乏投资。迄今为止，只有布基纳法索、马里、尼日尔和塞内加尔将公共支出增至国内生产总值的 10%，马普托宣言（2003）确立了该目标。冈比亚、加纳和多哥正在努力实现该目标。尼日利亚农业投入占国内生产总值的 6%，而西非其他国家投入不到 5%（见表 19.2）。

水、卫生设施和电力等领域也缺乏投入，这些领域均可有公私部门合作的机会。贝宁、加纳、几内亚和尼日尔情况最紧急，只有不足 10% 的人口能用上改善后的卫生设施。而相比卫生设施，人们更易获得清洁用水，但在大多数国家仍有一半多人口不能获得此类基本用品。电力使用情况也从布基纳法索的 13% 到加纳 72% 不等（见表 19.1）。

西非移动电话用户数量增长迅速但互联网普及率却极其低。截至 2013 年，在贝宁、布基纳法索、科特迪瓦、几内亚比绍、利比里亚、马里、尼日尔、塞拉利昂和多哥，只有不到 5% 的人口能上网。仅佛得角和尼日利亚有三分之一公民可以上网（见表 19.1）。

协调区域科学、技术和创新政策的框架

为什么在西非研究部门对技术进步影响不大？除了投资不足等显著因素外，个别国家政府对科学、技术和创新不够重视也是原因之一。以下几方面还有待改善：

- 国家研究与创新战略或政策应有明确且可衡量的目标，各利益相关者应各司其职。
- 在界定国家研究需求、优先事项和方案过程中，加强私营企业参与度。
- 设立能将研究和开发关联起来的创新机构。

教育体系不同、研究项目缺乏衔接以及大学和研究机构低层次的交流合作也都是科技在西非影响小的原因。早期引进的卓越中心应促进合作、传播研究成果以及加强研究项目之间的关联。教育体系中三层级学位制度（学士—硕士—博士）现已在大多数西非国家普及。对于西非经济货币联盟国家，此学位制度的普及主要归功于高等教育、科学和技术项目支持法案的颁布，该法案由非洲发展银行资助。2008—2014 年，西非经济货币联盟共投资了 3 600 万美元来支持此项改革。

符合逻辑的下一步则是《西非国家经济共同体科学与技术政策》（ECOPOST）。该政策制定于 2011 年，是《2020 愿景》不可分割的一部分。对于希望改善或首次详述各自科学、技术和创新国家政策和行动计划的成员国，该政策可作为参考框架。而且《西非国家经济共同体科学与技术政策》还包含常被忽略的政策实施监管和评价机制。并且从不忽略资助相关事宜。《西非国家经济共同体科学与技术政策》提出建立团结基金帮助各国投资重要机构以及加强教育和培训。该基金将由西非国家经济共同体的某司负责监管，也将用于吸引外国直接投资。截至 2015 年年初，该基金尚未建立。

区域政策鼓励社会各部门发展科学文化，通过普及科学、在地方和国际期刊传播研究成果、商业化研究结果、促进技术转移、知识产权保护、加强产学合作和推广传统知识等方式。

① 见西非国家经济共同体社区发展方案：www.cdp-pcd.ecowas.int.

专栏 18.2 2028 年建立非洲经济共同体

阿布贾条约（1991）要求在2028年建立非洲经济共同体。首要任务是在非洲部分缺乏地区建立区域经济共同体。接下来是2017年在各区域经济共同体和2019年在整个大陆建立自由贸易区和关税同盟。2023年非洲大陆共同市场投入运营。最后一步是2028年建立非洲大陆经济和货币联盟和议会，由非洲中央银行负责管理单一货币。

未来非洲经济共同体的六大区域支柱分别来自以下区域共同体：

- 西非国家经济共同体（西非经共体）：15个国家，约3亿人口；
- 中非国家经济共同体（中非经共体）：11个国家，约1.21亿人口；
- 南非发展共同体：15个国家，约2.33亿人口；
- 东非共同体：5个国家，约1.25亿人口；
- 东南非共同市场：20个国家，约4.6亿人口；
- 政府间发展组织，8个国家，约1.88亿人口。

部分国家同时属于多个经济共同体，会出现重复（区域集团成员见附录1）。例如，肯尼亚是东南非共同市场、东非共同体和政府间发展组织的成员之一。也存在较小的区域集团。例如西非经济货币联盟成员仅有贝宁、布基纳法索、科特迪、几内亚比绍、马里、尼日尔、塞内加尔和多哥。

西非经济共同体发行共同护照推动旅游业发展，2013年各国财政部长同意在2015年实行共同外部关税，以减少整个地区大幅度价格差异和走私。

2000年东南非共同市场九大成员组建了一个自由贸易区：吉布提、埃及、肯尼亚、马达加斯加、马拉维、毛里求斯、苏丹、赞比亚和津巴布韦。随后2004年布隆迪和卢旺达、2006年科摩罗和利比亚以及2009年塞舌尔加入。2008年东南非共同市场同意扩大自由贸易区，囊括了东非共同体和南非发展共同体成员。东南非共同市场－东非共同体－南非发展共同体三方自由贸易协议于2015年6月在埃及沙姆沙伊赫签署。

2010年7月1日，东非共同体五大成员组成了一个共同体市场：布隆迪、肯尼亚、卢旺达、坦桑尼亚、乌干达。2014年卢旺达、乌干达和肯尼亚同意采用单一旅游签证。肯尼亚、坦桑尼亚和乌干达还推出了东非支付系统。该地区也投资建设标准规格的区域铁路、道路、能源和港口基础设施，增加蒙巴萨和达累斯萨拉姆之间的往来。2012年东非共同体内部交易额比上年增长了22%。2013年11月30日，东非共同体国家间签署了货币联盟协议，计划在10年内建立一种共同货币。

单一非洲货币未出现之前，14个国家正在使用西非法郎和中非法郎货币（1945年设立），并采用与欧洲中央银行管理的欧元挂钩的钉住汇率制。法郎钉住强势货币有利于进口（相对于出口）。5个国家正在使用南非兰特货币：莱索托、纳米比亚、南非、斯威士兰和津巴布韦。

来源：非洲开发银行（2014）；作者搜集的其他资料。

此外，《西非国家经济共同体科学与技术政策》还鼓励各国：

- 按照非盟10年前的建议，将研发支出总量增至国内生产总值的1%；目前，研发支出总量占国内生产总值的比例在西非平均仅为0.3%。
- 界定研究重点，确保研究人员为国家利益工作而不是为资助者工作。
- 成立国家科技基金，以将资金合理分配至有竞争力的研究项目。
- 设立科学与创新奖项。
- 为研究人员界定和谐的区域地位。
- 为地方创新者设立国家基金，帮助保护知识产权。
- 根据当地产业需求改革大学课程。
- 在重点领域开展小型研究和培训单位，如激光、光纤、生物技术、复合材料和药品等领域。
- 配置研究实验室装备，包括信息通信技术。
- 建立科技园区和企业孵化器。
- 帮助专门从事电子行业的公司在本国开展业务，将卫星和遥感技术应用于通信、环境监测、气候和气象等领域。

- 开发国家计算机硬件生产和软件设计的能力。
- 加快普及用于教学、培训和研究的现代信息科技基础设施。
- 通过税收优惠政策和相关措施激励公共部门资助研究和技术。
- 建立高校、研究机构和行业合作网。
- 开发清洁、可持续能源以及当地建筑材料。
- 建立国家和地区研发数据库。

鼓励各国与西非经济共同体委员会合作提高数据收集的能力。参与非洲科学、技术与创新指标倡议第一阶段[①]的 13 个国家中，只有 4 个西非国家经济共同体成员国为 ASTII 第一批研发数据收集做出了贡献，这些数据有发布在《非洲创新前景》（2011）上，四个国家分别为：加纳、马里、尼日利亚和塞内加尔（NPCA，2011）。

第二版《非洲创新前景》中几乎没有西非国家经济共同体成员国，非洲大陆 19 个国家中只有 6 个国家公布了研发数据，分别是：布基纳法索、佛得角、加纳、马里、塞内加尔和多哥（NPCA，2014）。尼日利亚完全没有，只有加纳和塞内加尔提供了 4 个执行部门的全套数据，这也是图 18.5 中单独列举这套数据的原因。

① 2007 年，非盟非洲发展新伙伴关系发布了非洲科学、技术与创新指标倡议，以提高研发数据收集和分析的能力。

2013 年和 2014 年，西非国家经济共同体就科学、技术与创新指标和如何制订研究方案为各国开展了亚地区培训工作坊。

近年来，西非国家经济共同体采取了其他措施来解决研究部门的缺乏科技影响力的问题：

- 2012 年，主管研究的各国部长在科托努举行的会议上采纳了西非国家经济共同体研究政策。
- 2011 年，西非国家经济共同体通过公私部门合作创立了西非研究所。

教育发展趋势

基础教育普及初见成效

西非面临最艰难的挑战是教育年轻人和培养高技能劳动力，特别是科学和工程领域。文盲率仍然是科学教育普及的一大阻碍：15 ~ 24 岁只有三分之二的人口（62.7%）受过教育，佛得角除外（98.1%）。而尼日尔识字率不到四分之一（23.5%）。

对基础教育普及所做出的努力取得了初步成效，2004—2012 年平均入学率从 87.6% 上升至 92.9%

专栏 18.3　西非研究院

2010 年，西非研究院在佛得角普拉亚建立，旨在提供区域一体化进程中政策和研究之间所缺乏的纽带。研究院作为服务供应商帮助区域和国家公共机构、私营部门、民间社会和媒体开展研究。此智囊团也负责组织政策制定者、区域机构和社会成员之间的政治科学对话。

十大研究主题：区域一体化的历史和文化基础；公民权；治理；区域安全；西非市场一体化面临的经济挑战；新信息通信技术；教育；资源共享问题（土地、水、矿产、海岸和海上安全）；西非非政府组织资金；移民。

联合国教科文组织社会变革管理计划在西非经共体成员国举办了 15 场关于区域一体化的研讨会，得出了建立西非研究院的想法。

2008 年西非经济共同体国家元首和政府首脑会议在瓦加杜古（布基纳法索）举办，各国一致同意创建西非研究院。

2009 年联合国教科文组织大会同意建立西非研究院并作为其 2 类机构之一，意味着它将在联合国教科文组织的监督下运行。2010 年佛得角政府通过了在首都建立研究院的法案。

该研究院是西非国家经济共同体、西非经济货币联盟、联合国教科文组织、泛非洲经济银行和佛得角政府公共 - 私营部门合作的成果。

来源：westafricainstitute.org.

（见表 18.3）。根据西非国家经济共同体年度报告（2012），2004 年以来入学率在贝宁、布基纳法索、科特迪瓦和尼日尔均增加了 20%。

但在大部分西非国家中，近三分之一的孩子未完成小学教育。在布基纳法索和尼日尔比例甚至超过了 50%。2012 年，西非经济共同体国家中约有 1 700 万儿童辍学。尽管与 10 年前相比辍学儿童人数已经减少了 3%，但相比整个撒哈拉以南非洲地区，这一数字不足为道，因为他们的辍学率下降了 13%。佛得角和加纳除外，这两个国家的小学教育完成率都很高（超过 90%）。加纳小学入学率几乎达 100%，这主要归功于政府推行的学校免费膳食项目。六分之五的西非经济共同体国家在 2012 年上报的合格小学教师数量比 8 年前高，尤其显著的是塞内加尔（+15%）和佛得角（+ 13%）的增长。

现有挑战则是使中学入学率在 2011 年的 45.7% 的基础上有所提升，但不同国家之间存在明显差异：尼日尔和布基纳法索只有四分之一孩子接受了中学教育，而佛得角中学入学率已增至 92.7%（2012）。

表 18.3　2009 年和 2012 年西非经济共同体国家总入学率（%）

各级教育人口比例

	初级教育 (%)		中学教育(%)		高等教育(%)	
	2009年	2012年	2009年	2012年	2009年	2012年
贝宁	114.87	122.77	—	54.16+1	9.87	12.37-1
布基纳法索	77.68	84.96	20.30	25.92	3.53	4.56
佛得角	111.06	111.95	85.27	92.74	15.11	20.61
科特迪瓦	79.57	94.22	—	39.08+1	9.03	4.46
冈比亚	85.15+1	85.21	58.84	—	—	—
加纳	105.53	109.92	58.29	58.19	8.79	12.20
几内亚	84.60	90.83	34.29-1	38.13	9.04	9.93
几内亚比绍	116.22+1	—	—	—	—	—
利比里亚	99.64	102.38-1	—	45.16-1	9.30+1	11.64
马里	89.25	88.48	39.61	44.95+1	6.30	7.47
尼日尔	60.94	71.13	12.12	15.92	1.45	1.75
尼日利亚	85.04*	—	38.90*	—	—	—
塞内加尔	84.56	83.79	36.41+1	41.00-1	8.04	—
多哥	128.23	132.80	43.99-1	54.94-1	9.12+1	10.31

* 联合国教科文组织统计研究所预测。
-n/+n= 基准年之前或之后 n 年的数据。
来源：联合国教科文组织统计研究所，2015 年 5 月。

为促进女童教育，2003 年西非经济共同体在达喀尔设立了西非经济共同体两性平等促进中心。而且，西非国家经济共同体为来自贫困家庭的女童提供奖学金以帮助她们完成技术或职业教育。2012 西非经济共同体年度报告称 2012 年在某些国家获得奖学金的女童数量增加了一倍，平均从 5 位增至 10 位或更多。

入学率增长，大学门槛仍高

平均而言，2012 年西非高等教育总入学率约为 9.2%。部分国家取得了显著进步，例如佛得角 2009 年（15.1%）至 2012 年（20.6%）的增长。而在其他国家，大学教育依然很难实现，尼日尔和布基纳法索大学毕业生数据分别停滞于 1.7% 和 4.6%。

大学录取率虽在上升但需考虑人口迅速增长①的问题。但科特迪瓦除外，由于 2010 年大选广受争议，学生成了暴力和政治不稳定的牺牲品，直接导致高校关闭，最终推翻了巴博总统的统治。

由于数据不完整，很难为整个西非做出结论。但可用数据反映出部分有趣的现象。例如，近几年在布基纳法索和加纳，学生录取人数激增（见表 18.4）。此外布基纳法索博士生人数比例在西非地区最高，20 位毕业生中就有 1 位报读博士学位，这种情况并不常见。但工程领域的博士生数量仍然很低：2012 年布基纳法索 58 位、加纳 57 位，而 2011 年马里 36 位、尼日尔仅 1 位。值得一提的是，只有加纳拥有大量农业领域博士生（2012 年 132 位），反映了亚地区的农业发展情况。同样，相比邻国布基纳法索培养了大量卫生领域的博士；女性往往更愿意投入健康科学领域：在布基纳法索和加纳三分之一的博士候选人都是女性，而在科学和工程领域仅五分之一为女性（见图 18.3）。

① 萨赫勒地区国家中马里和尼日尔每年人口增长超过 3%，除塞拉利昂（1.8%）和佛得角（0.95%）外，其他国家人口增长均超过 2.3%。见表 19.1。

表 18.4　2007 年和 2012 年或有数据的最近年份西非高等教育入学率

研究级别和领域，选定国家

	总数			科学			工程、制造与施工			农业			健康		
	高中	小学和初中	博士	高中	小学和初中	博士	高中	小学和初中	博士	高中	小学和初中	博士	高中	小学和初中	博士
布基纳法索，2007年	7 964	24 259	1 236	735	3 693	128	284	—	0	100	219	2	203	1 892	928
布基纳法索，2012年	16 801	49 688	2 405	1 307	8 730	296	2 119	303	58	50	67	17	0	2 147	1 554
科特迪瓦，2012年	57 541	23 008	269	—	12 946	—	—	7 817	—	—	1 039	—	—	1 724	—
加纳，2008年	64 993	124 999	281	6 534	18 356	52	7 290	9 091	29	263	6 794	32	946	4 744	6
加纳，2012年	89 734	204 743	867	3 281	24 072	176	8 306	14 183	57	1 001	7 424	132	3 830	10 144	69
马里，2009年	10 937	65 603	127	88	6 512	69	0	950	9	602	408	2	1 214	5 202	4
马里，2011年	10 541	76 769	343	25	1 458	82	137	1 550	36	662	0	23	2 024	3 956	0
尼日尔，2009年	3 252	12 429	311	258	1 327	30	—	—	—	—	315	4	871	1 814	—
尼日尔，2011年	3 365	14 678	285	139	1 825	21	240	56	1	0	479	6	1 330	2 072	213

来源：联合国教科文组织统计研究所，2015 年 1 月。

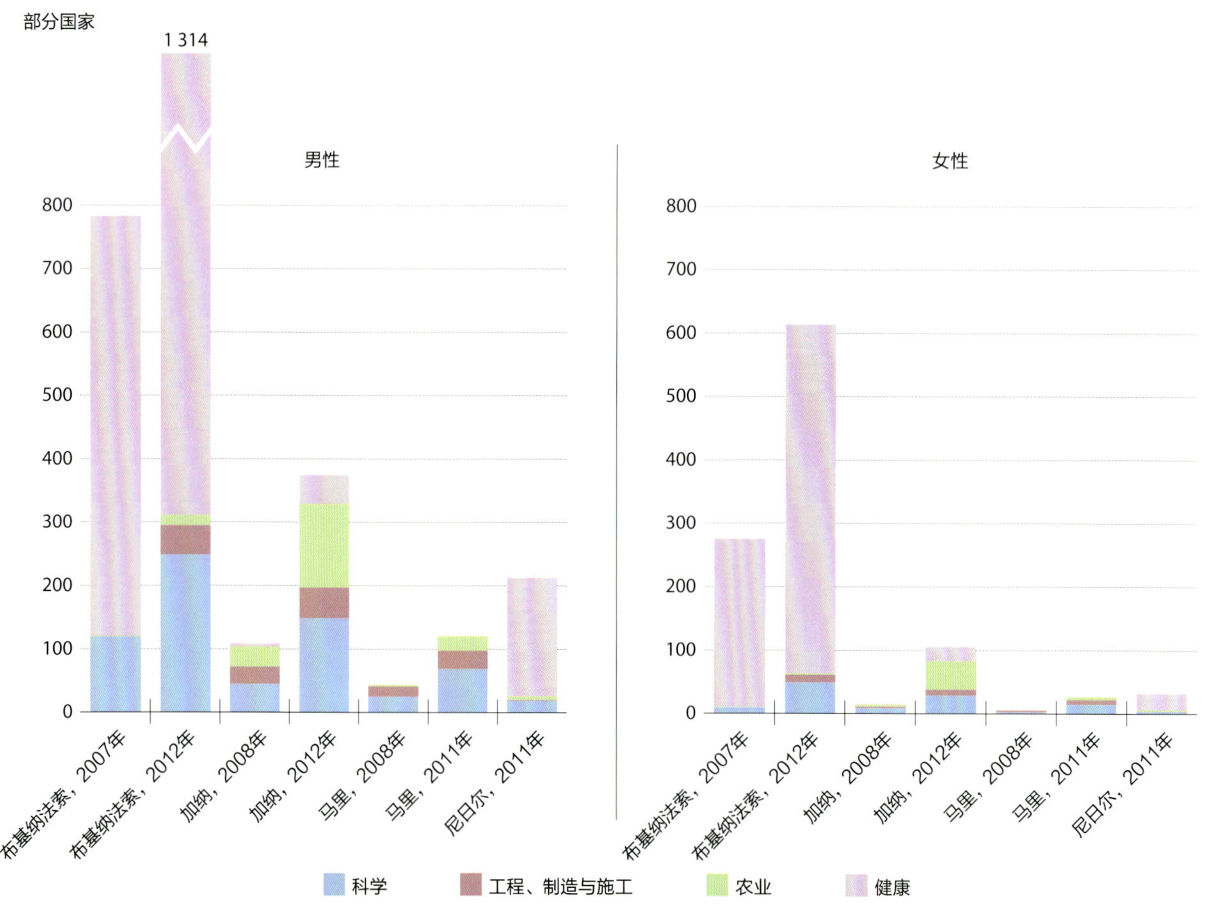

图 18.3　2007 年和 2012 年或最近年份西非科技领域博士生入学率（按性别）

来源：联合国教科文组织统计研究所，2015 年 1 月。

研发趋势

多数国家仍未实现 1% 目标

为实现非盟设立的目标：研发支出总量占国内生产总值的 1%，西非经共体国家还需继续努力。马里最接近（0.66%），其次是塞内加尔（见图 18.4）。近年来，亚地区强劲的经济增长也很难帮助提升研发支出总量 / 国内生产总值比率，因为国内生产总值不断上升。尽管政府支出是研发支出总量的主要来源，外资仍占据了相当大一部分：加纳（31%）、塞内加尔（41%）和布基纳法索（60%）。冈比亚近一半的研发支出总量来自私立非营利机构（见表 19.5）。

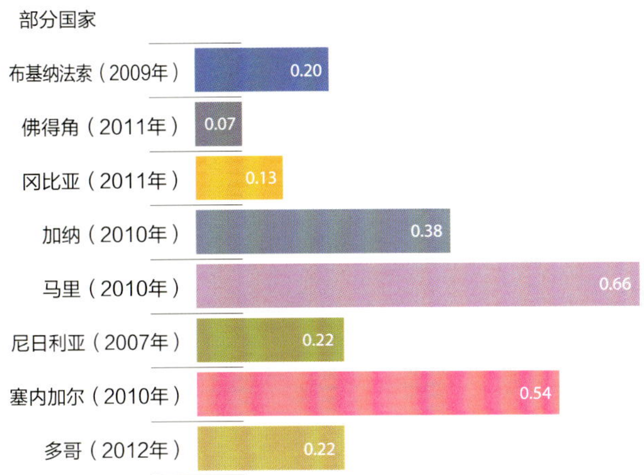

图 18.4　2011 年或最近年份西非研发支出总量 / 国内生产总值比率（%）

来源：联合国教科文组织统计研究所，2015 年 1 月。

尽管只有加纳和塞内加尔提供了四个执行部门的全部数据，大部分国家研发支出总量主要用于政府或大学部门。这些数据表明在这两个国家企业部门所占的研发支出总量份额可忽略不计（见图 18.5）。如果该地区打算增加研发投资，就需要改变这种情况。

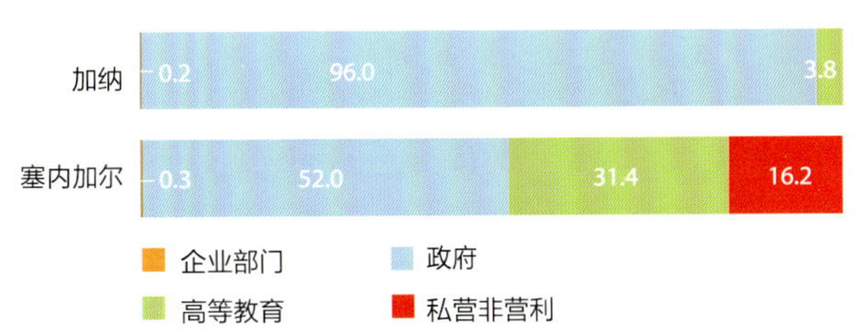

图 18.5　2010 年加纳和塞内加尔各部门研发支出总量

注：部分西非国家各个部门完整数据不可用。

来源：联合国教科文组织统计研究所，2015 年 1 月。

缺乏研究人员 特别是女性研究员

在缺少 7 个国家的近期数据的情况下，以现有数据来推断整个亚地区是十分危险的，但现有数据已表明缺乏合格人才。只有塞内加尔脱颖而出，2010 年每百万人口中有 361 位等效全职研究员（见表 18.5）。虽然有促进性别平等的政策支持，女性在研发领域的参与度依然很低。佛得角、塞内加尔和

表 18.5　2012 年或最近年份西非研究员（等效全职）

	总数			就业部门（占总数的%）			科学领域和女性比例											
	数量	每百万人口	女性(%)	企业部门(%)	政府(%)	高等教育(%)	自然科学	女性(%)	工程类	女性(%)	医学与健康科学	女性(%)	农业科学	女性(%)	社会科学	女性(%)	人文	女性(%)
布基纳法索，2010年	742	48	21.6	—	—	—	98	12.2	121	12.8	344	27.4	64	13.7	26	15.5	49	30.4
佛得角，2011年	25	51	36.0	0.0	100.0	0.0	5	60.0	8	12.5	0.0	—	0.0	—	6	50.0	6	33.3
加纳，2010年	941	39	17.3	1.0	38.3	59.9	164	17.5	120	7.7	135	19.3	183	14.1	197	18.6	118	26.8
马里，2010年	443	32	14.1	49.0	34.0	16.9	—	—	—	—	—	—	—	—	—	—	—	—
尼日利亚，2007年	5 677	39	23.4	0.0	19.6	80.4	—	—	—	—	—	—	—	—	—	—	—	—
塞内加尔，2010年	4 679	361	24.8	0.1	4.1	95.0	841	16.9	99	14.1	898	31.7	110	27.9	2 326	27.2	296	17.1
多哥，2012年	242	36	9.4	—	22.1	77.9	32	7.1	13	7.8	40	8.3	63	3.8	5	14.1	88	14.1

注：各科学领域总和可能跟总数并不对应，因为并未对其他领域进行分类。
来源：联合国教科文组织统计研究所，2015 年 1 月。

尼日利亚表现也可圈可点：佛得角女性研究员约为三分之一、塞内加尔和尼日利亚约为四分之一。就业方面马里表现可嘉，2010 年近一半研究员（49%）在企业部门工作（见表 18.5）。

出版记录一般，区域内合作少

自 2005 年以来，在科学出版物领域西非发展并不如非洲大陆上其他地区迅速（见图 18.6）。输出依然很低，只有冈比亚和佛得角发表文章达每百万人口 30 篇。未来几年加纳有望赶超，2005 年至 2014 年其发表文章数量几乎翻了两番，有 579 篇。

2008 年至 2014 年，西非国家经济共同体作者的三大合作伙伴分别来自美国、法国和英国。南非、布基纳法索和塞内加尔是西非经共体国家主要的非洲伙伴。南非已与加纳、马里和尼日利亚签订双边协议，以促进科学和技术领域的合作（见表 20.6）。

非洲科学、技术与创新观察站关于 2005 年至 2010 年非盟科学产出的一份报告显示 2005—2007 年只有 4.1% 的科学出版物由非洲人和来自本大陆的作者共同完成，2008—2010 年该计划为 4.3%（AOSTI，2014）。

从发表记录来看，尽管尼日利亚在 2008—2014 年发表了 1 250 篇农业领域的研究论文，西非国家经济共同体研究主要还是集中在医学和生物科学领域。在大多数西非国家经济共同体国家，尽管农业研究是各国的优先领域但仍处于次要地位。这种情况并不奇怪，因为大部分西非国家农业方面的博士人数较少且农业投入普遍较低。即便是在亚地区领先国家尼日利亚和加纳，两国数学、天文学和计算机科学方面的研究也微乎其微（见图 18.6）。

对于西非经济共同体大多数国家，2008—2014 年收录在科学引文索引数据库中 80% 的科学论文都有国外合作伙伴。以佛得角、几内亚比绍和利比里亚为例，尽管三个国家产出都低，但独立署名的文章一篇也没有。其中有两个国家例外，2008—2014 年科特迪瓦四分之三（75%）文章有国外共同作者，而尼日利亚只有三分之一（37%）的文章有国外共同作者。相比之下，经济合作与发展组织成员国的平均比例是 29%。二十国集团（G20）平均 25% 以下的文章有国外合作伙伴。撒哈拉以南非洲地区平均比例为 63%。

国家概况

贝宁

发展需求与研发同步

在贝宁，高等教育和科学研究部负责实施科学政策。国家科学与技术研究司负责规划和协调，而国家科学与技术研究委员会和国家科学、艺术和人文学院均扮演顾问角色。

贝宁国家科学研究和技术创新基金负责提供资金支持。贝宁研究成果及技术创新推广机构通过发展和传播研究成果实现技术转让。

自 2006 年贝宁第一部科学政策制定后，监管框架也在逐步发展。关于科学和创新的条例也不断地更新和补充着监管框架（括号内是具体修正时间）：

- 研究结构和组织的监督和评估手册（2013）。
- 关于如何选择研究方案和项目以及如何向国家科学研究和技术创新基金（2013）申请竞争补助款的手册。
- 2014 年向最高法院提交了科学研究和创新资助草案以及科学研究和创新道德规范草案。
- 科学研究和创新战略计划（2015 年）。

同样重要的是，贝宁需努力将科学与现有政策文件相结合：

- 贝宁 2025 年发展策略：贝宁 2025 年（2000 年）。
- 2011—2016 年减贫发展战略（2011 年）。
- 2013—2015 年教育部 10 年发展计划第三期。
- 2013—2017 年高等教育和科学研究发展计划（2014 年）。

科学研究重点领域：卫生、教育、建筑和建材、运输和贸易、文化、旅游和手工艺品、棉花 / 纺织品、食品、能源和气候变化。

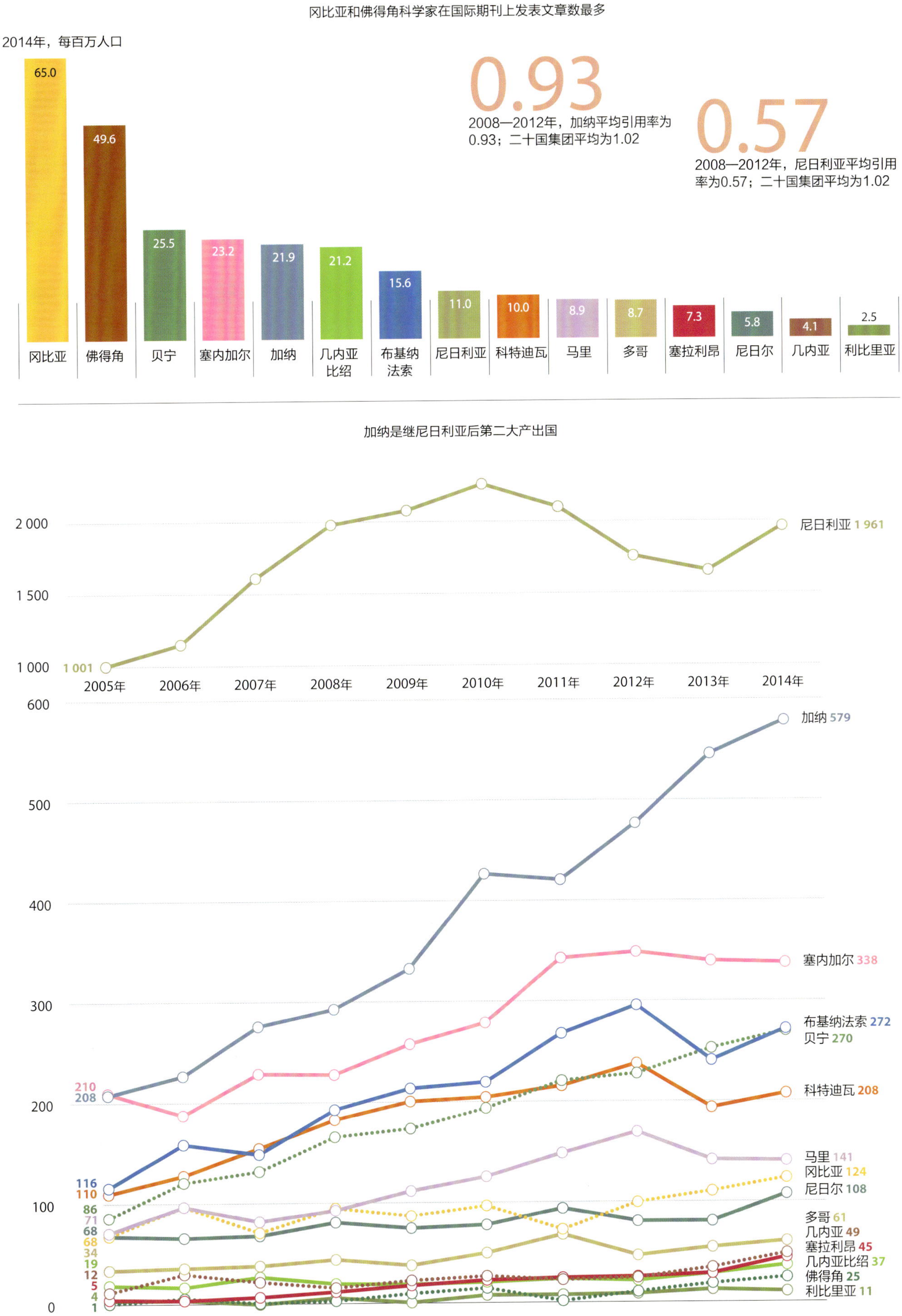

冈比亚和佛得角科学家在国际期刊上发表文章数最多
2014年，每百万人口
65.0
49.6
25.5
23.2
21.9
21.2
15.6
11.0
10.0
8.9
8.7
7.3
5.8
4.1
2.5
冈比亚
佛得角
贝宁
塞内加尔
加纳
几内亚比绍
布基纳法索
尼日利亚
科特迪瓦
马里
多哥
塞拉利昂
尼日尔
几内亚
利比里亚
0.93
2008—2012年，加纳平均引用率为0.93；二十国集团平均为1.02
0.57
2008—2012年，尼日利亚平均引用率为0.57；二十国集团平均为1.02
加纳是继尼日利亚后第二大产出国
2 000
1 500
1 000
1 001
2005年
2006年
2007年
2008年
2009年
2010年
2011年
2012年
2013年
2014年
尼日利亚 1 961
600
500
400
300
200
100
0
加纳 579
塞内加尔 338
布基纳法索 272
贝宁 270
科特迪瓦 208
马里 141
冈比亚 124
尼日尔 108
多哥 61
几内亚 49
塞拉利昂 45
几内亚比绍 37
佛得角 25
利比里亚 11
210
208
116
110
86
71
68
68
34
19
12
5
4
1

图 18.6　2005—2014 年西非科学出版物发展趋势

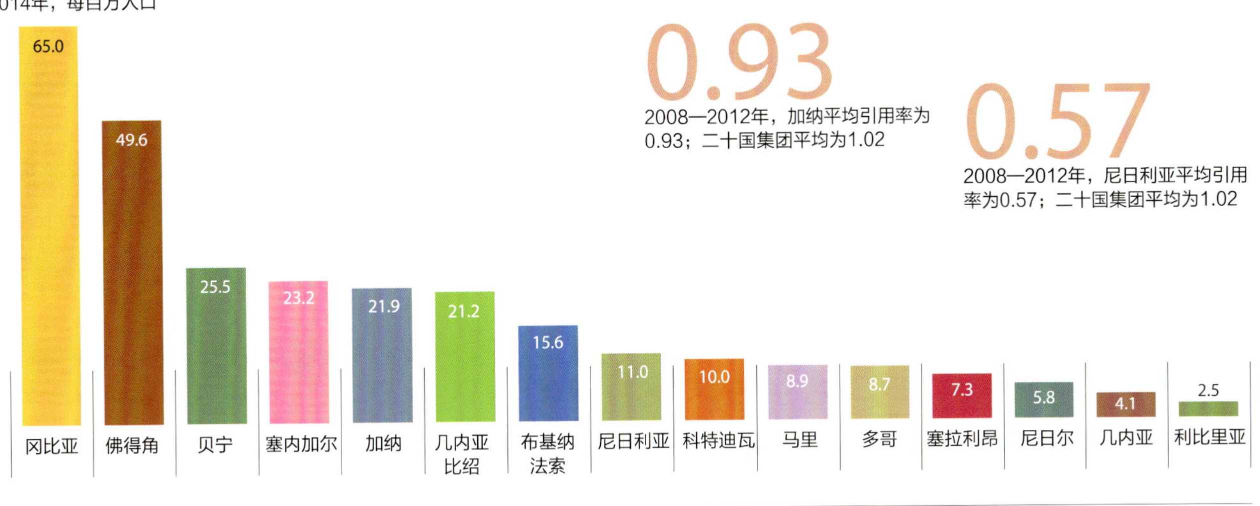

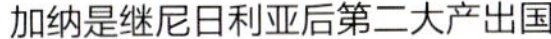

西非科学家健康领域出版物多于农业

2008—2014 年各领域累计总和

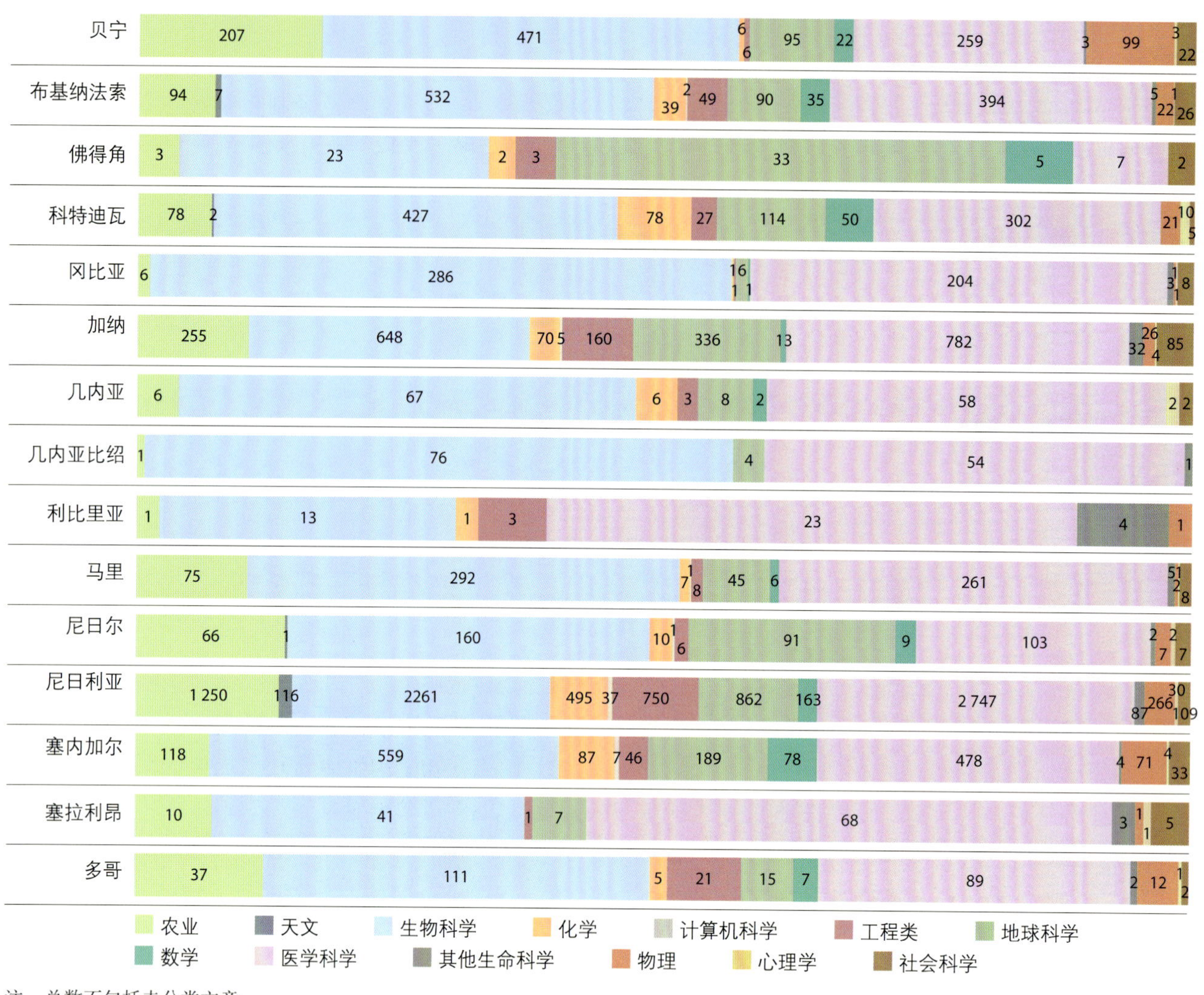

注：总数不包括未分类文章。

许多科学合作伙伴，包括非洲国家

2008—2014 年主要国外合作伙伴（论文数量）

	第一合作者	第二合作者	第三合作者	第四合作者	第五合作者
贝宁	法国（529）	比利时（206）	美国（155）	英国（133）	荷兰（125）
布基纳法索	法国（676）	美国（261）	英国（254）	比利时（198）	德国（156）
佛得角	葡萄牙（42）	西班牙（23）	英国（15）	美国（11）	德国（8）
科特迪瓦	法国（610）	美国（183）	瑞士（162）	英国（109）	布基纳法索（93）
冈比亚	英国（473）	美国（216）	比利时（92）	荷兰（69）	肯尼亚（67）
加纳	美国（830）	英国（636）	德国（291）	南非（260）	荷兰（256）
几内亚	法国（71）	英国（38）	美国（31）	中国（27）	塞内加尔（26）
几内亚比绍	丹麦（112）	瑞典（50）	冈比亚 /英国（40）	—	美国（24）
利比里亚	美国（36）	英国（12）	法国（11）	加纳（6）	加拿大（5）
马里	美国（358）	法国（281）	英国（155）	布基纳法索（120）	塞内加尔（97）
尼日尔	法国（238）	美国（145）	尼日利亚（82）	英国（77）	塞内加尔（71）
尼日利亚	美国（1309）	南非（953）	英国（914）	德国（434）	中国（329）
塞内加尔	法国（1009）	美国（403）	英国（186）	布基纳法索（154）	比利时（139）
塞拉利昂	美国（87）	英国（41）	尼日利亚（20）	中国/德国（16）	—
多哥	法国（146）	贝宁（57）	美国（50）	布基纳法索（47）	科特迪瓦（31）

图 18.6　2005—2014 年西非科学出版物发展趋势（续）

来源：汤森路透社科学引文索引数据库、科学引文索引扩展版；数据处理 Science-Metrix，2014 年 10 月。

主要研究机构：科学与技术研究中心、国家农业研究院、全国教育培训研究所、地质和矿产研究局和昆虫学研究中心。被世界银行选为应用数学卓越中心的阿波美卡拉维大学也值得一提（见表 18.1）。

贝宁研发面临的主要挑战有：

- 研发组织框架不完善：管理差、研究机构间缺乏合作以及研究人员地位缺乏官方认可。
- 人力资源使用不合理和对研究人员缺乏激励政策。
- 发展需求与研发不同步。

布基纳法索

科技是发展重点

自 2011 年以来，布基纳法索就已明确指出科技是发展重点。首要标志则是 2011 年 1 月科学研究和创新局的成立。在那之前，科学、技术与创新的管理一直是由中高等教育和科研部负责。在该局中，研究和部门统计总司负责规划。独立机构——科学研究、技术和创新总司——负责统筹研究。这跟许多西非其他国家采取的单一机构履行两大职能的模式不同。

2012 年，布基纳法索制定了国家科学与技术研究政策，其战略目标是开展研发工作和研究结果的应用和商业化。该政策也就如何提升部门的战略和业务能力做出了规定。

重点之一是通过促进农业和环境科学发展改善粮食安全以及加强自给自足的能力。应世界银行计划号召（见表 18.1），在瓦加杜古国际水利与环境工程学院创建卓越中心为这些重点领域能力建设提供必要资金。布基纳法索还拥有非洲生物安全专业服务网络（见专栏 18.1）。

另外一个重点是推广创新性的、高效和可获取的健康体系；医学和相关领域博士生候选人数的不断增加则是正确的一步（见图 18.3）。政府希望应用科学与技术和社会与人文科学能平衡发展。为配合国家研究政策，政府已经制定国家技术、发明与创新普及战略（2012）和国家创新战略（2014）。

其他政策也体现了科学和技术，例如《中等教育、高等教育和科研政策（2010）》《国家食品和营养安全政策（2014）》以及国家农村部门计划（2011）。

2013 年，布基纳法索通过了科学、技术和创新法案，建立了研究和创新融资[①]的三大机制，表明了政府的高度重视。三大机制分别为：国家教育和发展基金、国家研究和创新发展基金以及科学研究和技术创新论坛。《西非国家经济共同体科学与技术政策》建议成立国家研发基金。

其他几个重要部门包括：国家科学和技术研究中心、环境与农业研究所、国家生物多样性研究机构、国家植物基因资源管理委员会和原子能技术秘书处。国家研究结果推广机构和国家科学与技术研究中心负责技术转让和推广研究成果。

布基纳法索研发面临许多挑战：

- 研究人员少：2010 年每百万人口仅有 48 人。
- 缺乏研究经费。
- 研究设备过时。
- 信息和互联网接入匮乏：2013 年只有 4.4% 的人口使用网络。
- 研究成果利用不充分。
- 人才流失。

在教育拥护者纳尔逊·曼德拉 2013 年 12 月去世之前，他同意以他的名字命名两所大学，并委以他们培育新一代非洲研究人员的重任，两所大学分别是坦桑尼亚和尼日利亚的非洲科学与技术研究院。第三所计划在布基纳法索建立。

① 融资来自国家预算和各种年度补贴：0.2% 来自税收，1% 来自矿产收入和 1% 来自移动电话许可证经营收入。资金还来自研究成果和公共资金支持的发明专利许可协议版权税。

佛得角

民权模式与发展

根据非洲发展银行 2014 年的一项国家研究，佛得角仍然是非洲政治权力和公民自由的象征。佛得角地势独立、常受萨赫勒干旱气候影响且自然资源稀缺，但其稳定的经济发展帮助该国在 2011 年步入世界银行中等收入国家行列。为了保持该势头，政府已经制定了 2012—2016 年第三版经济增长和减贫战略文件。为实现包容性增长，已将加大医疗服务覆盖面和开发人力资本作为重点发展领域，同时强调技术和职业培训。

近年来，佛得角教育投资超过了国内生产总值的 5%。投资也已初见成效。现在佛得角公民识字率在西非最高（98%），其中 93% 的年轻人接受了中学教育、五分之一接受了高等教育（见表 18.3）。

计划加强研究

但佛得角研究支出在西非仍然最低，2011 年仅占国内生产总值的 0.07%。高等教育、科学和文化部计划加强研究和学术领域，强调通过交流项目和国际合作协议加强互动。战略之一则是佛得角参与伊比利亚—美洲学术流动计划，该计划预期在 2015 至 2020 年实现 200 000 名学者间的交流。

信息通信技术为发展计划的核心

2000 年，佛得角电信公司使用光纤电缆接通了所有岛屿。2010 年 12 月，该公司加入了西非电缆系统项目，为居民使用高速互联网提供了另一条通道。[1]幸亏如此，互联网普及率从 2008 年至 2013 年翻了一番多，普及率达人口的 37.5%。由于安装成本仍很高，政府提供了免费上网中心。

政府现计划建立一座“网络岛”，用于开发和提供信息通信技术服务，包括软件开发、计算机维护和后台操作。2013 年批准设立的普拉亚科技园是计划中的一部分；科技园由非洲开发银行资助，将于 2018 年投入运营。

2009 年政府推出 Mundu Novu 教育计划以实现教育现代化。该项目将互动教育理念引入教学中，同时将信息技术纳入不同层次课程中。150 000 台计算机分布各公立学校。[2]2015 年年初，Mundu Novu 教育计划已为 18 所学校和培训中心接入了互联网、在全国安装了 WiMAX 天线网络、在 29 所试点学校 433 间教室（94% 的教室）推行信息通信技术教学、为大学生提供了数字图书馆访问机会以及引进了信息科技课程，此外还实施了大学生综合管理和监督体系。

① 参见 www.fosigrid.org/africa/cape-verde.

科特迪瓦

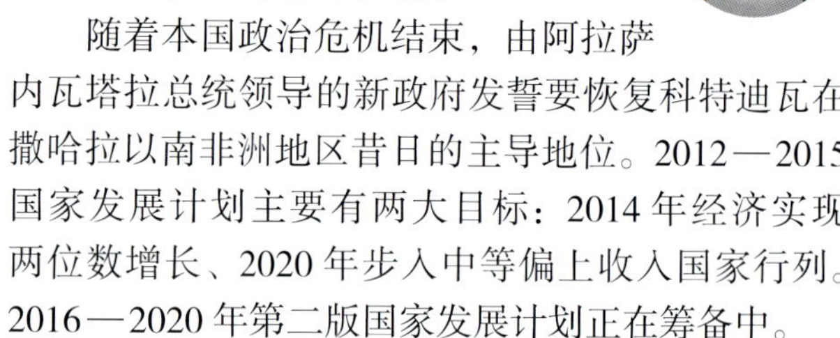

巩固和平，促进包容性增长

随着本国政治危机结束，由阿拉萨内瓦塔拉总统领导的新政府发誓要恢复科特迪瓦在撒哈拉以南非洲地区昔日的主导地位。2012—2015 国家发展计划主要有两大目标：2014 年经济实现两位数增长、2020 年步入中等偏上收入国家行列。2016—2020 年第二版国家发展计划正在筹备中。

国家发展计划预算主要包括五大战略领域：财富创造和社会公平（63.8%，见图 18.7），为弱势群体特别是妇女和儿童提供优质社会服务（14.6%），治理良好以及恢复和平与安全（9.6%），创造健康环境（9.4%）和重新定位科特迪瓦在地区和国际舞台的角色（1.8%）。

该计划需借助科技的主要目标包括：

- 重建连接阿比让和布基纳法索边境的铁路、扩建阿比让和圣佩德罗港口、创立新航空公司（基础设施和运输）。
- 提升甘薯、大蕉和木薯产量至少 15%（农业）。
- 建立两台铁、锰转化装置和一台炼金装置（采矿）。
- 修建苏布雷坝，每年能为 200 个乡村社区供电（能源）。
- 建立三个高科技制造和信息中心并给其配备相关设施以促进创新并将 50% 原材料转化为附加值商品（产业和中小型企业）。
- 扩建光纤网络、引入网络教育项目[3]、建立各市区网络中心（邮政和信息通信技术）。

② 对于从事 Mundu Novu 项目的官方政府机构，信息社会作战核心，凡是学校安装的操作系统，根据 2010 年 8 月签署的一份协议，微软承诺给 90% 的折扣。

③ 2012 年仅 2.4% 的科特迪瓦人能上网。

- 建立和配备 25 000 间教室、建立 4 所大学和 1 个大学村、改建现有的几所大学（教育）。
- 改建医院和诊所、五岁以下儿童健康护理免费、分娩护理免费以及急救护理免费（健康）。
- 在农村建立公共厕所、改善阿比让和亚穆苏克罗的排污系统（卫生）。
- 每年为 30 000 户低收入户庭接通补贴管道用水（饮用水）。
- 改善阿比让淡水湖和科科迪湾环境、建立高科技制造和信息中心以处理和回收工业和危险废弃物（环境）。

当务之急是基础设施建设

计划中关于科学研究的部分仍然很少（见图 18.7）。24 个国家研究项目围绕一个共同研究主题组成了公共和私立研究和培训机构。这些项目分别对应 2012—2015 年八大重点发展领域，即卫生、原材料、农业、文化、环境、治理、采矿和能源以及技术。

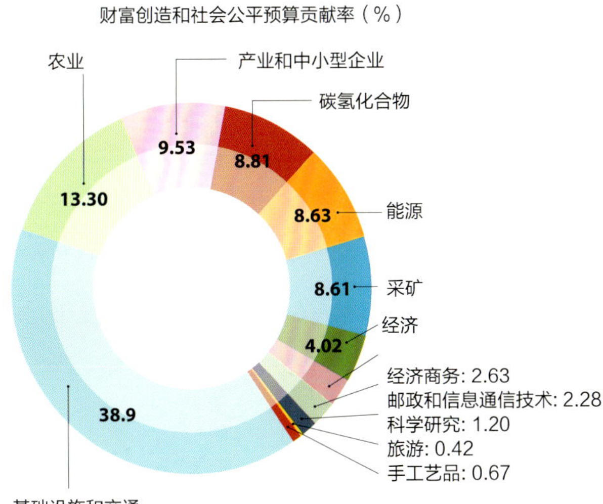

图 18.7　科特迪瓦 2015 年国家发展计划重点发展领域

来源：规划发展部（2012 年）国家发展计划，2012—2015。

根据高等教育和研究部，科特迪瓦研发支出总量占国内生产总值的 0.13%。

除了投资低，其他问题还包括：科学设备不足、研究机构分散以及研究成果的利用和保护不到位。

科特迪瓦至今还没有专门的科学、技术与创新政策。高等教育和科学研究部负责制定相关政策。科学研究和技术创新总司及其技术司主要负责规划。就其本身而言，科学研究和技术开发高级理事会作为与利益相关者和研究合作伙伴协商与对话的论坛。

推广及投资研究和创新由以下机构负责，即国家农业投资计划（成立于 2010 年）、科学研究政策扶持计划（成立于 2007 年）、农业研究与咨询行业间基金（成立于 2002 年）、国家科学和技术研究基金（尚未成立）和科特迪瓦国有企业发展基金（建立于 1999 年）。

以下机构主要负责创新和技术转移：研究和技术创新推广部、科特迪瓦知识产权及推广机构、和技术示范中心。还应包括科特迪瓦热带技术学会。该政府中心成立于 1979 年，旨在促进农业产业创新和培训如何保护作物（木薯、大蕉、腰果和椰子等）以及如何将作物转化为肥皂和可可脂等附加值商品。

其他主要机构包括巴斯德学院、海洋研究中心、国家农业研究中心、国家公共卫生研究所、生态研究中心和经济与社会研究中心。

冈比亚

结合培训与科学、技术和创新发展

《冈比亚 2012—2015 年加速增长和就业方案》有助于本国实现中等收入水平。冈比亚，作为西非最小的国家之一及人均国内生产总值（以购买力平价 PPP 计算）1 666 美元，意识到需要加强科学、技术与创新能力以解决发展所面临的急迫挑战。例如，只有 14% 的人口能上网以及只有四分之三冈比亚人能用上清洁水。

2007 年建立高等教育、研究、科学和技术部表明该国希望将技能人才培养与科学、技术和创新发展相结合。其他令人鼓舞的事情还包括：总统确立 2012 年为科学、技术和创新年、加紧建设冈比亚第一所国家科学院、在联合国教科文组织的帮助下完成 2013—2022 年国家科学、和技术和创新政策。

该政策旨在激发青年和女性创业精神，提高他们的就业能力。其目的还在于现代化农业（花生及其衍生品、鱼、皮棉、棕榈仁）和民族产业（旅游、饮料、农业机械装配、木工、金工、服装），提供优质产品和服务。

许多机构负责提供研究和培训，主要包括：冈比亚大学、国家农业研究院、疟疾防治中心、公共卫生研究与发展中心、医学研究理事会和国际锥虫病耐受性中心等。

高等教育入学率低，研发少

冈比亚虽是一个资源有限的小国，但其发展指标却相当鼓舞人心。自 2004 年，教育公共支出已经翻了两番占国内生产总值的 4.1%。其中高等教育投入仅占教育公共支出的 7%（国内生产总值的 0.3%）。尽管 90% 孩子能接受初等教育，但自 2009 年以来小学和中学入学率没有任何上升，这表明政府可能需要重点提高小学和中学教学质量（见表 18.3）。近年来大学入学率虽有所上升但依然极其低，仅占 18 ~ 25 年龄段人数的 3%。

研发支出仅占国内生产总值的 0.13%（2011）。冈比亚很特殊，拥有活跃的私营非营利部门，根据现有数据，一半研发几乎都来自该部门，但应指出的是，调查范围并未包括企业部门。[①] 但总体来说，冈比亚科学、技术和创新仍缺乏相应基础设施、技能人才和机构能力来实现科学和创新目标，同时也缺乏资金支持。国家科学、技术和创新政策旨在解决这些制约问题。

加纳

创造科学文化

《加纳 2014—2017 共同增长和发展议程》充分阐释了《国家科学[②]、技术和创新政策（2010）》对农业、工业、健康和教育等特殊行业定义的政策。该政策主要目标是利用科学、技术和创新减少贫困、提高企业国际竞争力，以及促进可持续环境管理和产业增长。长远目标则是建立以解决问题为主的科学和技术文化。

加纳拥有西非最发达的国家创新体系。成立于 1958 年的科学和工业研究委员会有 13 个专门机构分别研究农作物、动物、食品、水和工业等。20 世纪 80 年代，可可出口占据了该国外贸收入 40% 之多，现仍有 20% 左右。加纳可可研究所在发展可可产业方面发挥着重要作用，主要负责研究作物育种、农学、病虫害管理以及推广服务等。其他科学机构包括：加纳原子能委员会、植物药科研中心和加纳大学野口纪念医学研究院。

加纳研究人员极少（2010 年每百万人口仅有 39 人），但在国际期刊上发表文章的人数越来越多。2005—2014 年，加纳科学成果发表记录增长近 3 倍（见图 18.6）。鉴于加纳 2010 年研发支出总量仅占国内生产总值的 0.38%（见表 19.5），这样的表现就更令人侧目了。

促研发，多投资

2004—2011 年加纳教育投入平均占国内生产总值的 6.3%，其中高等教育投入占四分之一到五分之一。2006—2012 年大学录取人数从 82 000 激增至 205 000（占该年龄段人数的 12%），博士候选人从 123 增至 867（见表 19.4）。

教育投资未达到预期，也没能成为研发的动力。主要是因为在加纳科学和工程并未受到重视。政府科学家和学者（研发支出总量的 96% 供他们使用）所获预算不足而且私营部门机会太少。21 世纪初，各届政府都在努力提高现代商业发展所需的基础设施建设。包括：为信息通信技术建立企业孵化器、为纺织业和服装业建立工业园区以及在研究院建立小型实验孵化器比如食品研究所。这些设施都位于阿克拉特马市内，但对于成千上万不在首都地区的企业家而言，他们没法获得但又需要这些来发展企业。

尽管投资不足，部分高校依然保持着高水准，例如，该国最古老的大学加纳大学（1948 年）以及夸梅恩克鲁玛科技大学（1951 年）。两所大学都入选了世界银行非洲卓越中心计划（见表 18.1）。夸梅恩克鲁玛科技大学在工程、医学、药学、基础科学和应用科学等领域都享有盛誉。2014 年，政府与

① 部分原因至少可以归结为：冈比亚医学研究委员会（与英国某委员会同名）被视为私营非营利机构。

② 在联合国贸易和发展会议、世界银行和加纳科学和技术政策研究所评估了加纳国家创新系统后，该政策得以出台。

世界银行合作在夸梅恩克鲁玛科技大学建立了石油工程卓越中心，其将作为开发非洲在石油和天然气价值链方面能力的重要枢纽。总共有 7 所公立大学在进行全面的研发。①

作为世界银行计划一员，加纳大学西非农作物改良中心获得 800 万美元用于在 2014—2019 年研究以及培养作物育种硕士和博士，同时提供其他服务。加纳大学西非感染病原细胞生物学中心以及 KNUST 地区水和环境卫生中心也获得了类似资金支持（见表 18.1）。

几内亚

2035 年实现中等收入水平

继 2008 年几内亚总统兰萨纳·孔戴去世后，几内亚经历了严重政治危机，直到 2010 年 11 月现任总统阿尔法·孔戴当选该情况才得以缓解。此次棘手的政治过渡使该国在 2009 年陷入了经济衰退时期（增长为负 0.3%），导致政府将《减贫战略》延伸至 2012 年。

几内亚新政府计划 25 年之内实现中等收入水平。这一雄心将在《几内亚 2035》中被清晰表述，《几内亚 2035》在 2015 年时还在筹备中。政府计划推动：

- 收集经济情报预测国内和国际经济环境变化以及识别出通过创新和创造进入市场的机会。2013—2015 年期间为政府（公共服务）和私营部门（雇主）建立经济情报中心。
- 清洁产业。
- 知识产权和财产安全。
- 在科学和工业、技术和医疗生产过程的重点领域中管理和利用知识与信息。

高等教育和研究重要改革

顺应“千年发展目标”，政府将在 2015 年实现初等教育普及作为优先事项。2007 年政府制定的《2008—2015 教育部门计划》是实现该目标的主要路线。2009 年，85% 孩子接受了小学教育但到 2012 年这一比例也几乎没有上升，毫无疑问是因为 2008 年和 2009 年的政治动荡。接受中学教育的学生人数在 2008—2012 年从 34% 增长至 38%（见表 18.3）。2012 年几内亚教育投入占国内生产总值的 2.5%，属西非地区最低。

高等教育占教育支出的三分之一。18 ~ 25 年龄段人数中十分之一被大学录取，属西非地区最高。几内亚正在进行重要改革以改善高校管理与高等教育和科研机构的资金问题，建立先进（博士生）研究生院，实施质量保证体系，以及开发高等教育相关专业网络。

政府也极力推广信息通信技术及其在教学、科学研究和管理中的应用。几内亚互联网普及率在非洲最低，仅为 1.5%（2012）。

评估研发法律框架

科学和技术研究指导法负责监管研发的发展。该法律自 2005 年 7 月 4 日通过后，就没有再更新，也未实施或评估。

高等教育和科学研究部是负责制定高等教育和科学研究相关政策的主要机构。在该部门中，国家科学和技术研究司（DNRST）主要负责实施政策和管理构成执行组的研究机构。DNRST 还负责设计、开发和协调国家政策的监管和评估。

除高等教育和科学研究部外，还有科学和技术研究高等委员会。该咨询机构负责制定国家科学和技术政策，由各部长代表、科学委员会和研究产品用户组成。

研发经费有两大来源：一是政府通过国家发展预算将资金分配至研究所、文件中心和大学；二是国际合作。近几年，几内亚研发通过法国合作援助基金和优先团结基金获得了法国的财政援助，同时还有来自日本，比利时，加拿大，世界银行，联合国开发计划署，联合国教科文组织，伊斯兰教育、科学和文化组织以及其他国家和组织的援助。

① 此外，还有 10 所综合性工科大学，在加纳 10 个行政区分别有一所以及 23 个职业和技术培训学院。综合性工科大学不断变化的政策旨在将这些大学转变为技术大学。

几内亚比绍

政治问题阻碍经济发展

曾被誉为非洲发展楷模的几内亚比绍，先是遭受了内战（1998—1999），随后经历了几次军事政变，最近一次发生在 2012 年 4 月。政治动荡严重损害了经济发展，使几内亚比绍成了世界上最贫穷的国家之一。

几内亚比绍依赖于主要作物（腰果外贸）和自给农业。其他可供利用和加工的资源包括：鱼、木材、磷酸盐、铝土矿、黏土、花岗岩、石灰石和石油等。

《几内亚比绍 2024 十大愿景》(1996）囊括了几内亚比绍长期发展目标。2008—2010 第一版《国家减贫战略》及其 2011—2015 延伸版中明确阐释了政府愿景。后者标题反映了战略的总体目标，《通过增强国力、加速增长以及实现千年发展目标减少贫困》。

评估高等教育政策

几内亚比绍使用的货币（法郎 CFA）跟大多数西非经货联盟国家相同。过去五年间几内亚比绍一直在努力改善高等教育体系。这些努力得到了几内亚比绍合作伙伴的支持，特别是西非经货联盟通过高等教育、科学和技术项目提供支持，和在 2011 年帮助制定几内亚比绍高等教育政策等。该政策目前正在接受评估，也在同主要利益相关者，尤其是私营企业雇主、社会专业组织、决策者以及民间社会协商。

同其他西非经货联盟国家一样，几内亚比绍举行了全国协商会议探讨高等教育和科学研究的未来。2014 年 3 月，教育部组织了一场全国性对话，主题为“几内亚比绍高等教育和科学研究的未来是什么？”。此次协商会聚集了国内外利益相关者。随着 2014 年 5 月总统若泽·马里奥·瓦斯当选以及 2012 年军事政变后非盟施加制裁的不断解除，此次协商会听取的建议使几内亚比绍能顺利推行改革议程。

利比里亚

科学、技术和创新并未受益于强劲经济增长

利比里亚是一个在经历四分之一世纪内战后得以恢复的国家。尽管自 2005 年总统埃伦·约翰逊·瑟利夫当选后斗争的历史已经翻篇，利比里亚经济仍然深受重创，而且自 2014 年年初以来，该国一直努力摆脱埃博拉疫情带来的严重影响。利比里亚仍是非洲最贫穷的国家之一，人均国内生产总值（国内生产总值）仅为 878 美元（按购买力平价来计算）。

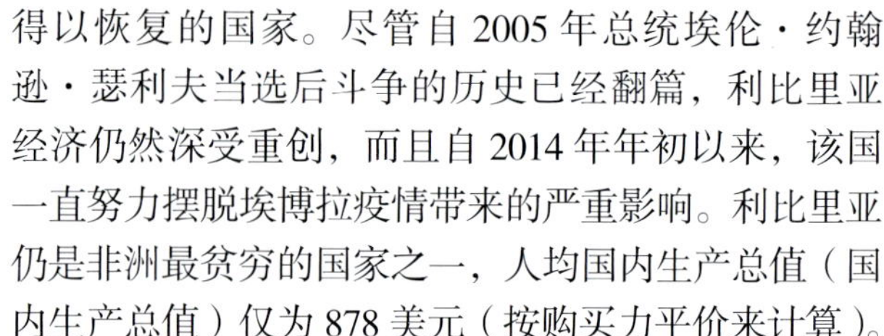

利比里亚拥有丰富的自然资源，其中包括西非最大的雨林。其经济发展主要依赖于橡胶、木材、可可、咖啡、铁矿石、黄金、钻石、石油和天然气等。2007—2013 年经济平均增长率为 11%。此次经济复苏虽难能可贵，但科学、技术和创新领域却并未受益于此。

农业和教育公共支出低

重要领域公共支出并未增加，如农业（不到国内生产总值的 5%）和教育（占国内生产总值的 2.38%），其中高等教育投入仅占国内生产总值的 0.10%。

利比里亚虽实现了小学教育普及，但却只有不到一半的学生有接受中学教育。此外大学入学率也停滞不前：2000 年和 2012 年大学录取学生人数几乎相同（33 000 人）。另外，相比于撒哈拉以南非洲其他国家，利比里亚与塞拉利昂在卫生领域投入了更多的资源，占国内生产总值的 15%。

强调更好治理

利比里亚在《国家愿景：2030 年利比里亚崛起》（利比里亚共和国，2012）中确立了 2030 年实现中等收入水平的目标[①]。首要任务是为社会经济发展创造条件，通过优化管理措施，例如，尊重法治、基础设施建设、友好商业环境、免费基础教育和更多有经验的教师、投资技术和职业教育以及高等教育。《利比里亚崛起》援引自“世界银行营商环境报告（2012）”，主要制约在于 59% 利比里亚公司缺乏电力供应以及 39% 缺乏交通运输。

战争摧毁了所有生产分配能源的基础设施，利比里亚计划充分利用可再生能源、安装支付得起的电力设备，以及更多使用不会造成森林砍伐的燃料。为大部分地区供应电力是实现中等收入水平的必经

① 继解放利比里亚（2008—2011 年减贫战略）后，紧接着就是 2030 年利比里亚崛起。

之路。重点确保经济增长更具包容性，因为“不稳定性和冲突仍是利比里亚创造长期财富的主要风险。……问题在于如何消除将财富权力集中于精英城市和蒙罗维亚（首都）的传统做法”。

预计用于实现国家愿景的资金基本来自大型矿业公司——包括那些海外石油和天然气公司——和发展合作伙伴。2012 年外国直接投资占国内生产总值的 78%，是撒哈拉以南非洲地区最大的份额比（利比里亚共和国，2012）。

利比里亚至今未出台科学、技术和创新政策，但它有以下国家产业政策：利比里亚未来产业（2011）、国家环境保护政策、国家生物安全框架（2004）和国家卫生政策（2007）。

利比里亚大学科技学院

利比里亚高等教育发展主要成果是 2012 年在利比里亚大学建立的福克纳科技学院。利比里亚大学成立于 1862 年，已有农林和医学两所学院。其他大学也设有科学和工程专业。利比里亚还设有专门机构，例如，利比里亚生物医学研究所和中央农业研究所。

高等教育国家委员会负责开展有关科学、技术和创新的工作。其他的相关机构还有：可再生能源机构、林业发展局和环境保护局。目前教育部通过科学和技术教育系负责科学教育和研究工作。但有人呼吁建立研究、科学和技术部。

马里

缺乏长期研究计划

2009 年，中等教育、高等教育和科研部制定了高等教育和科学研究国家政策（MoSHESR, 2009）。主要有三大目标：

- 加强高等教育与研究的社会经济效益。
- 规范高等教育录取学生流向，以在劳动力市场需求、社会需求和现有方法之间寻求最优解决方案。
- 将大部分资金投入教学和研究以最优化可用资源，同时充分利用私营企业的潜在优势减少社会支出。

尽管该科学政策具有一定指导意义，但马里尚未正式制订发展长期科学研究的战略计划，也没有任何文件来定义实施该项政策的人力、物力和财力。联合国非洲经济委员会曾在 2009—2011 年扶持了关于制定国家科学、技术、创新政策和相应实施计划的研究，但 2011 年的军事政变导致该研究终止，此次政变发生于北部的图阿雷格族叛乱之前。由于缺乏这些条件，教育和研究机构内的部门和个人继续自己发起研究项目，或有时由出资人发起研究项目，这种模式在非洲很常见。

从一到五

截至 2011 年马里仅有一所成立于 1996 的大学。2010—2011 学年近 80 000 名学生入学，其中 343 名攻读博士学位（见表 18.4）。为容纳不断增长的学生人数，2011 年政府决定将巴马科大学划分为四个独立体，每所学校都有自己的理工学院：巴马科科学技术大学、巴马科人文艺术学院、巴马科社会科学及管理学院、巴马科政法大学。

此外根据马里杂志《发展报》，2009 年塞古大学获批建立并在 2012 年 1 月迎来了第一批 368 名学生。农业和兽医学院首先开放，其次是社会科学学院、卫生科学学院和科学与工程学院。计划在校园内建立职业培训中心。

自 2009 年以来，联合国教科文组织巴马科办事处实施了一个项目，旨在帮助大学教授接受三层次学位制度（学士—硕士—博士）。2013 年 4 月联合国教科文组织同巴马科大学和高等教育总司组织了 20 名大学教授前往达喀尔进行访问，学习塞内加尔博士教育和质量保证机制，以在马里效仿该做法。联合国教科文还组织了许多国内和国际研讨会，其中一次是关于如何利用信息通信技术改善教育和研究。巴马科大学已经加入了由联合国教科文组织内罗毕办事处负责的非洲科技机构网。

尼日尔

首项科学、技术和创新政策

尼日尔几个部委都有参与制定科技政策，其中由高等教育、科学研究和创新部主要负责。国家科学、技术和创新政策于 2013 年获批制定，等待议会 2015 年通过。与此同时，联合国教科文组织正在帮助尼日尔制订战略实施计划。

2013 年 3 月，尼日尔参加了联合国教科文组织全球科学政策工具观测站（GO→SPIN）和非洲科学、技术和创新观察站（AOSTI）在达喀尔联合举办的亚地区研讨会[①]。本次研讨会是规划尼日尔研究和创新的第一步。

2010 年尼日尔创立了科学研究和技术创新支援基金。该基金年的预算为 3.6 亿法郎（548 000 欧元），旨在扶持与社会经济有关的研究项目；加强机构、团队和实验室研发能力；鼓励创造和科技创新；以及提升研究培训。

各级教育首个长期计划

尼日尔大学入学率在西非最低，每 10 000 人口仅 175 人上大学（见表 18.3）。在尼日尔一半人口年龄均不到 15 岁，因此建立有效可行的高等教育体系仍是巨大挑战。2010 年有三所新大学成立：西非大学、津德尔大学和塔瓦大学。

2014 年政府制定了 2014—2024 教育和培训部门计划。这是尼日尔首个教育长期规划文件，覆盖学前教育到高等教育。之前 2001 版计划主要关注基础教育，包括学前、小学、成人扫盲和非正规教育。

尼日利亚

国家科学、技术和创新基金获批

尼日利亚计划利用《国家愿景 20∶2020——经济转型蓝皮书（2009）》帮助尼日利亚在 2020 年跻身世界前 20 大经济体，人均年收入至少 4 000 美元。[②]《国家愿景 20∶2020——经济转型蓝皮书（2009）》将科学、技术和创新与主要经济领域发展相结合，确立了以下三大目标，即优化国家经济增长主要来源；确保尼日利亚人民的生产力和福利；促进可持续发展。

《国家愿景 20∶2020——经济转型蓝皮书（2009）》九大战略目标之一是初步设置 50 亿美元捐赠基金来扶持国家科学基金的建立。前总统奥卢塞贡·奥巴桑乔（Olusegun Obasanjo，1999—2007）在结束任期之前提出建立该基金，但至今仍未实现。其他目标的进展难以评估，由于缺乏数据，其中一个例子就是缺乏能与前 20 大经济体相应指标相比较的研发占国内生产总值比例的目标或研发人员数目增长的目标。

2011 年联邦行政委员会批准将国内生产总值的 1% 用于建立国家科学、技术和创新基金。该想法体现在 2011 年联邦行政委员会批准通过的《科学、技术和创新政策》中，该政策建议合理使用可靠资金，确保研发重点与国家优先发展领域相匹配。四年后该基金仍未被建立。

政策调整转向创新

该政策还建议将研究焦点从基础研究转向创新。联邦科学和技术部部长在某次发言中表示：“该政策显著特点之一就是重创新，创新已成为一种能加速可持续发展的工具。”[③] 古德勒克·乔纳森总统（Goodluck Jonathan）这样说：“未来经济发展需要依靠科技，没有科技各国经济都无法发展。今后四年里我们将着重强调科技的重要性因为我们别无选择。”目标是培养尼日利亚人民的“科技思维”。

该政策也曾提议建立国家研究和创新委员会。该委员会在 2014 年 2 月已成功建立。成员包括科学和技术部、教育部、信息与通信技术部和环境部的联邦部长。

科学、技术和创新重点在于空间科学与技术、生物技术和可再生能源技术。尽管 2001 年尼日利亚就成立了国家生物技术开发署，但建立国家生物安全管理机构的法案数年来一直未得到议会认可。终于在 2011 年该法案得以通过，但仍需等 2015 年年初总统同意。

2012 年联合国教科文组织帮助在恩苏卡尼日利亚大学建立了国际生物技术中心。该机构负责提供

---

① 来自布基纳法索、布隆迪、科特迪瓦、加蓬、尼日尔和塞内加尔的高级专家、政府官员、研究人员、统计学家以及议会委员会成员均有参与此次会议。

② 关于“尼日利亚 20∶2020”详见联合国教科文组织科学报告 2010：全世界科学发展现状，309 页。

③ 联邦科学和技术部受国家科学和技术委员会、国民议会科技委员会和国际技术管理中心支持。尼日利亚是一个联邦共和国，也有国家各部委和议会。

专栏 18.4　税收业务改善尼日利亚的高等教育

尼日利亚《科学、技术和创新政策（2011）》主要策略之一就是多方合作设立基金框架。

其中一个就是高等教育基金。该基金是根据 2011 年高等教育基金法设立的，它将税收基金用于高等院校。同时，成立委员会对基金实行监管。

根据这个基金规定，尼日利亚所有注册的营利公司将被征收 2% 的教育税。高等教育基金会将 50% 的资金给各个大学，25% 给职业技术学院，25% 给师范学校。资金可用于购买教学用的基础设备、科研和出版以及科院人员的培训和职业发展。

来源：www.tetfund.gov.ng.

高层次培训（包括在亚地区）、教育和研究，尤其是在食物安全、收成农作物储存、基因库和热带疾病等领域。

科学、技术和创新政策几大主要目标有：

- 培养尼日利亚自主研发能力来发射和利用用于通信和研究的本国卫星。
- 开展转基因作物先进的田间试验，提升农业生产力以及改善食品安全（见专栏 18.1）。
- 推广太阳能技术系统作为国家电网可靠的后备力量，解决边缘社区能源需求问题。
- 促进当地建筑材料的设计和使用，通过发展“绿色家园”和“绿色水泥”建立“绿色建筑文化”。
- 成立技术转让办公室提高知识产权保护意识，鼓励工业研发。
- 在硅谷项目的框架下在阿布贾建立舍达综合科技大厦（SHESTCO），该项目旨在发展信息通信与技术、材料科学、太阳能和新技术方面的高科技能力，同时培养工程和维修技能。2014 年 10 月联邦科学和技术部部长阿布杜·布拉马博士访问了该大厦，并表示“要尽我们最大努力建设硅谷。因此我们正在与联合国教科文组织、波兰和其他国际机构合作以加速进程”。

尼日利亚宏伟计划的成功将取决于它如何开发人力资源（见专栏 18.4）。据尼日利亚大学委员会统计，尼日利亚现有联邦大学 40 所、州立大学 39 所和私立大学 50 所。此外综合性工科大学 66 所、单科技术学院 52 所以及研究机构 75 所。

尽管如此，根据联合国教科文组织统计研究所数据显示，2007 年联邦研发支出仅占国内生产总值的 0.22%，其中 96% 之多由政府提供。随着科学、技术和创新政策不断推进，这些数据应有所提升。

经济多元化发展势在必行

自 2010 年以来总统已制定两项计划扶持经济：

- 每年尼日利亚会耗费数十亿美元解决电力中断问题，2010 年总统宣布推行电力行业改革路线图。计划的核心是私有化国有供电局——尼日利亚电力控股公司，并将其拆分为 15 个不同的公司。
- 2011 年 10 月总统宣布建立尼日利亚创新青年企业补助金计划（You Win）以创造工作机会[①]。截至 2015 年年底，3 600 名 18 至 45 岁的有志企业家各获得 1 000 万奈拉（56 000 美元）资助以帮助他们建立或扩大业务，降低创业风险或从现有业务开发副产品。其中大多数是刚起步的信息通信技术企业和牙医诊所。

《国家愿景 20 : 2020——经济转型蓝皮书（2009）》目标之一是经济多元化发展，但截至 2015 年据石油输出国数据统计，油气仍占尼日利亚经济产出的 35% 及出口的 90%。自 2014 年中以来布伦特原油价格大幅下降至 50 美元，尼日利亚贬值了奈拉并宣布在 2015 年削减公共开支 6%。发展多元化经济比之前任何时候都紧急。

塞内加尔

聚焦高等教育改革

2012 年塞内加尔制定了 2013—2017 国家经济和社会发展战略，主要基于塞内加尔新兴计划愿景，即塞内加尔 2035 年实现中等偏上收入水平的发展计划。两份文件都将高等教育和科研作为

① 参见 www.youwin.org.ng.

社会经济发展的跳板，也是改革的重点。

2013 年年初塞内加尔举行了一次关于高等教育未来的全国对话。本次对话提出了 78 条建议，均被收纳于高等教育和研究部制定的一份行动纲领——2013—2017 高等教育和研究优先改革方案和发展计划（PDESR）。历经 11 次国家元首主持的总统决议，高等教育和研究总统委员会最终通过了该行动纲领，还包括在未来五年设立 6 亿美元扶持资金。

实施第一年 PDESR 创建了 3 所公立大学：塞内加尔中部考拉克辛大学，专攻农业方向；达喀尔第二大学，距离达喀尔 30 公里，专攻基础科学；以及塞内加尔虚拟大学。计划建立职业培训学院网和升级实验室，同时引进高速带宽以连接所有公立大学。

但依然任重而道远。研发协作受益少，主要因为预算低、设备少、研究人员地位低，以及缺乏产学合作。由于监管不足以及科学输出相对较低，研究成果也未得到充分利用（见图 18.6）。

新管理机构和天文观测站

2015 年建立全国高等教育、研究、创新、科学和技术委员会应该能帮助塞内加尔解决部分问题。该委员会将作为高等教育和研究部长的咨询委员会和监管机构。塞内加尔首个天文馆和小型天文台正在建设中，也可能成为科学文化不断发展的标志之一。

2014 年 12 月通过的一项法律也应有助于鼓励研发。该法律要求为高校设立管理委员会，其中半数成员必须来自校外机构，如私营企业。

2014 年成立研究理事会是另一新成就。其隶属于高等教育和研究部，主要负责从国家层面规划和统筹研究，尤其是大学和学术研究机构进行的研究。国家应用科学研究机构、塞内加尔国家科学和技术院、和塞内加尔知识产权和技术创新院均支持该部门推广塞内加尔研究。

部分国家研究机构会受限于其他部门的领导，例如食品技术研究所（矿业和工业部）、塞内加尔农业研究所和国家土壤科学研究所（农业部）。

高等教育和研究部推行了研究和实验中心拓展项目促进技术转让。这些中心主要负责推广提高社会福利的创新研究。

几项研究基金，其中一项主要针对女性

公共部门采用各种方式资助研究：

- 1973 年设立科学和技术研究脉冲基金，2015 年变为国家研究和创新基金。
- 塞内加尔支持和鼓励女性教师和研究员项目（2013），只适用于女性申请者。
- 1999 年设立国家农业和食品研究基金，用于扶持研究和研究成果的商业化。
- 20 世纪 80 年代设立科学和技术出版物基金。

塞拉利昂

2035 年实现包容性、绿色增长及中等收入水平

塞拉利昂在国家《繁荣纲领：实现中等收入水平（2013—2018）》[①] 中，也宣称《2035 年实现包容性和绿色增长以及中等收入水平》。目前人均国内生产总值仅为 809 美元，但实际上 2013 年国内生产总值涨幅达 20.1%，这给实现这一目标带来希望。塞拉利昂也一直在与埃博拉疫情抗争。95 名医疗人员已去世，反映了塞拉利昂卫生设施不足和平均 50 000 人只拥有一位医生的惨痛事实。

在《繁荣纲领：实现中等收入水平（2013—2018）》2035 年的目标中，需要依赖科技发展的目标包括：

- 每个村庄 10 公里半径范围内配备医疗保健和分娩系统。
- 有可靠能源供应的现代化基础设施。
- 信息通信技术世界级标准（2013 年仅 1.7% 人口能上网）。
- 私营部门引领增长，开发增值产品。
- 建立有效的环境管理体系保护生物多样性、预防环境灾害。

① 该文件源自 2007—2012 变革议程。

- 成为可靠有效开发自然资源的模型。

2006 年教育、科学和技术部参与起草了《塞拉利昂教育部门计划：建立更好未来（2007—2015）》。该计划强调从金字塔底部开发人力资源。这一想法虽值得称赞，但 2007—2012 年教育公共支出仅从国内生产总值的 2.6% 增至 2.9%。高等教育投入所占比例增长也不大：仅从教育总支出的 19% 增至 22%（2012 仅为国内生产总值的 0.7%）。该部委计划在 2015 年将公立大学录取人数增加至 15 000 人，将私立和远程大学录取人数提升至 9 750 人，后者主要负责为学生及老师提供职业培训（MoEdST，2007）。

福拉湾学院，成立于 1827 年，是西非最古老的西方式大学。目前它属于塞拉利昂大学——全国唯一一所拥有工程学院和理论与应用科学院的大学。

多哥

首项科学、技术和创新政策

2014 年 7 月多哥做出了重要举措，制定了首项国家科学、技术和创新政策以及实施行动计划。此外，经全国协商后还建立了高等教育和研究未来发展总统委员会。多哥已经确立了几乎涵盖所有科学领域的重点研究点：农业、医学、自然科学、人文科学、社会科学以及工程和技术。

高等教育和研究部主要负责实施科学政策，同时与主要负责统筹规划的科学和技术研究局合作。

多哥虽没有制定生物技术政策，但有生物安全框架。2014 年 4 月环境和森林资源部组织了一次协商研讨会，旨在将多哥修订版生物安全法律与国际生物安全条例和最佳做法相结合（见专栏 18.1）。

多哥研究中心主要分布在洛美大学、卡拉大学，以及负责管理延伸服务的农业研究所。即便如此，多哥至今没有相应机构推广研究和技术转让，也没有任何资金支持。

多哥面临许多挑战，例如实验室设备简陋甚至是没有设备、缺乏吸引科学家的工作环境以及信息缺乏等。

结论

建立研究网络需稳定资金支持

西非经济共同体各国总体发展目标是实现中等偏上或偏下收入水平。各国在对应发展计划和政策中都阐述了该目标。即便是已经步入中等收入行列的国家也会面临根本的挑战：发展多元化经济和确保财富创造给所有人的生活带来积极影响。发展需要修建公路和医院、扩张铁路、安装电信、开发可靠能源网络、提升农业生产力、生产附加值商品以及改善卫生系统等。以上任一领域发展都需要借助科学或工程或两者的力量。

近年来，各国在扩建高校和科研网络方面做了很大努力。这些机构不得再留闲职。大力发展这些机构，同时配备有能力发挥素质教育和执行创新研究的人才，创新研究必须能解决社会经济问题和满足市场需求。这就需要有稳定投资。尼日利亚利用企业税来升级大学便是一种有趣的资金模型，也可在其他有跨国公司的西非国家实行。

西非经济共同体各国正在精心制定政策和方案，但同时必须有实施、资金供应和监管机构，这样才能实时监测进度也可不断调整未来计划以适应现实变化。新兴科学项目都经过精心设计也有稳定资金来源，比如非洲卓越中心（见表 18.1）。希望这些项目能创造对其他国家和更广泛亚地区有持久影响的良好势头。

在我们看来，未来主要会面临以下五大挑战。西非各政府需要：

- 加大科学和工程教育投资，以培养能帮助各国 20 年内实现中等收入水平必不可少的熟练劳动力；在大部分国家工程师和农业研究人员都极少。
- 建立切实可行的国家科学技术政策，也就是说政策必须有对应的实施计划，能评估实施过程、研究相应资金机制和商业化成果。
- 如果希望在 20 年内实现中等收入水平，需更加努力实现将国内生产总值 1% 投入研发的国家目标；政府加大投资有助于研究人员从事有关国家利益的课题而不是听从捐资者要求。
- 鼓励企业积极参与研发，刺激对知识产出和科技发展的需求，同时减少政府预算压力，研发大部

撒哈拉以南非洲地区主要目标

- 所有西非经济共同体国家将国内研发总支出提升至国内生产总值的 1%。
- 所有西非经济共同体国家将农业公共支出提升至国内生产总值的 10%。
- 各西非经济共同体国家建立国家基金，帮助当地创新者保护知识产权。
- 2017 年在各区域经济共同体建立自由贸易区和关税同盟，2019 年实现在整个大陆建立。
- 2023 年非洲大陆共同市场投入运营。
- 2028 年建立非洲大陆经济和货币联盟，非洲中央银行负责管理议会和单一货币。

分资金通常来自政府，小部分来自捐赠者；这种情况下，应按西非国家经济共同体科学与技术政策的建议要求还没做到的政府设立国家基金帮助当地创新者保护他们的知识产权；其他措施还包括：规定私营企业代表坐镇大学和研究机构的管理委员会（可效仿塞内加尔，见第 493 页），税收激励措施支持企业创新，创立科技园区和企业孵化器鼓励初创企业以及公私部门合作，设立研究资金支持政府、产业和学术界在重点发展领域开展合作。

- 增进西非研究人员之间的交流和区域内合作，同时与其他地区研究人员保持合作伙伴关系，以确保科学产出的质量和影响力；非洲卓越中心项目和西非经货联盟中心为整个地区的研究人员提供了一个千载难逢的机会，通过跨区域合作解决共同发展问题和满足市场需求。

参考文献

AfDB, OECD and UNDP (2014) *African Economic Outlook 2014*. African Development Bank, Organisation of Economic Cooperation and Development and United Nations Development Programme.

AOSTI (2014) *Assessment of Scientific Production in the African Union, 2005–2010*. African Observatory of Science, Technology and Innovation: Malabo, 84 pp.

ECOWAS (2011a) *ECOWAS Policy for Science and Technology: ECOPOST*. Economic Community for West African States.

ECOWAS (2011b) *ECOWAS Vision 2020: Towards a Democratic and Prosperous Society*. Economic Community for West African States.

Essayie, F. and B. Buclet (2013) Synthèse : Atelier-rencontre sur l'efficacité de la R&D au niveau des politiques et pratiques institutionnelles en Afrique francophone, 8–9 octobre 2013, Dakar. Organisation of Economic Cooperation and Development.

Gaillard, J. (2010) *Etat des lieux du système national de recherche scientifique et technique au Bénin*. Science Policy Studies Series. UNESCO : Trieste, 73 pp.

ISSER (2014) *The State of the Ghanaian Economy in 2013*. Institute of Statistical, Social and Economic Research. University of Ghana: Legon.

Juma, C. and I. Serageldin (2007) *Freedom to Innovate: Biotechnology in Africa's Development*. Report of High-level Panel on Modern Biotechnology.

MoEdST (2007) *Education Sector Plan – A Road Map to a Better Future, 2007–2015*. Ministry of Education, Science and Technology of Sierra Leone: Freetown.

MoEnST (2010) *National Science, Technology and Innovation Policy*. Ministry of Environment, Science and Technology of Ghana: Accra.

MoESC (2007) *Description du programme sectoriel de l'éducation 2008–2015*. Ministry of Education and Scientific Research of Guinea-Bissau: Conakry. See: http://planipolis.iiep.unesco.org.

MoHER (2013a) *Décisions présidentielles relatives à l'enseignement supérieur et à la recherche*. Ministry of Higher Education and Research of Senegal: Dakar, 7 pp.

MoHER (2013b) *Plan de développement de l'enseignement supérieur et de la recherche, 2013–2017*. Ministry of Higher Education and Research of Senegal: Dakar, 31 pp.

MoHERST (2013) *National Science, Technology and Innovation Policy*. Ministry of Higher Education, Research, Science and Technology of Gambia: Banjul.

MoSHESR (2009) *Document de politique nationale de l'enseignement supérieur et de la recherche scientifique*. Ministry of Secondary and Higher Education and Scientific Research of Mali: Bamako. See http://planipolis.iiep.unesco.org.

MRSI (2012) *Politique nationale de recherche scientifique et technique*. Ministry of Research, Science and Innovation of Burkina Faso: Ougadougou.

Nair–Bedouelle, S; Schaaper, M. and J. Shabani (2012) *Challenges, Constraints and the State of Science, Technology and Innovation Policy in African Countries.* UNESCO: Paris.

NPCA (2014) *African Innovation Outlook 2014*. Planning and Coordinating Agency of the New Partnership for Africa's Development: Pretoria, 208 pp.

NPCA (2011) *African Innovation Outlook 2011*. Planning and Coordinating Agency of the New Partnership for Africa's Development: Pretoria.

Oye Ibidapo, O. (2012) *Review of the Nigerian National System of Innovation.* Federal Ministry of Science and Tehchnology of Nigeria: Abuja.

Republic of Liberia (2012) *Agenda for Transformation: Steps Towards Liberia Rising 2030.* Monrovia.

University World News (2014) Effective research funding could accelerate growth. *Journal of Global News on Higher Education. February*, Issue no. 306.

Van Lill, M. and J. Gaillard (2014) *Science-granting Councils in sub-Saharan Africa. Country report: Côte d'Ivoire*. University of Stellenbosch (South Africa).

乔治·艾斯格比（George Owusu Essegbey），1959 年出生于加纳，在加纳海岸角堡大学获得发展学博士学位。自 2007 年以来，艾斯格比一直担任加纳科学工业研究院理事会科学和技术政策研究院院长。他研究的方向是技术的发展和转让、新技术、农业、工业和环境。

努胡·迪亚比（Nouhou Diaby），1974 年出生于塞内加尔，取得瑞士洛桑大学地球科学和环境学博士学位。目前迪亚比博士在达喀尔工作，作为高等教育和研究部技术顾问。同时，他在济金绍尔大学和迪奥普大学科学环境学院任教。自 2003 年以来，迪亚比博士一直担任联合国教科文组织科学、技术和创新政策工具全球观测塞内加尔站的联络人。

阿尔马米·肯特（Almamy Konte），1959 年出生于塞内加尔。获得达喀尔迪奥普大学物理学博士学位。他工作在马拉博（赤道几内亚）科学、技术和创新非洲观测站，他负责创新政策。肯特博士在该领域中有超过 10 年的研究和教学经历。

大多数国家已经将科技创新驱动列入本国科技创新长期发展规划中。

凯文·乌拉玛、马姆·莫奇、里米·托琳吉伊马纳

2015年7月，图片上的学生在家使用LED灯看书学习。用户要分期支付LED灯电源太阳能电池板，该设备是由内罗毕一家太阳能照明公司提供的，可以使用移动电话支付费用。

照片来源：© Waldo Swiegers/Bloomberg via Getty Images

第 19 章　东非和中非

布隆迪、喀麦隆、中非共和国、乍得、科摩罗、刚果（共和国）、吉布提、赤道几内亚、厄立特里亚、埃塞俄比亚、加蓬、肯尼亚、卢旺达、索马里、南苏丹、乌干达

凯文·乌拉玛、马姆·莫奇、里米·托琳吉伊马纳

引言

复杂的经济发展形势

本章提及的 16 个东非和中非国家中，大部分都被世界银行列入低收入经济体，喀麦隆、刚果共和国、吉布提和南苏丹例外，它们属于中等收入经济体，其中南苏丹是于 2014 年从低等收入国家升入中等偏下收入国家之列。赤道几内亚是该地区唯一的高收入国家，但该等级掩盖了其收入水平的两极分化问题。贫穷问题仍然普遍，出生时预期寿命在全地区仍然最低（仅达 53 岁），见表 19.1。

除吉布提、赤道几内亚、肯尼亚和南苏丹这四个国家之外，其他国家都被列为重债穷国。贫困和高失业率在该地区普遍存在。该地区的预期寿命为 50 ~ 64 岁，这充分显示出该地区当前发展所面临的挑战。

自 2010 年以来，该地区经济发展形势错综复杂。多个国家设法提高国内生产总值增长率，或至少将其维持在 2004—2009 年的水平，包括：布隆迪、乍得、科摩罗、厄立特里亚和肯尼亚。喀麦隆和埃塞俄比亚两国保持了非洲的最高增长率，南苏丹在建国第一年增长率为 24%。值得注意的是，这些国家中只有乍得和南苏丹是石油出口国。

非洲的十二大石油生产国中有五个位于东非和中非（见图 19.1）。由于 2014 年中期布伦特原油价格暴跌，非洲石油出口国的经济增长将放缓。因为非洲石油出口国家与海湾国家相比，石油储备较少，坚持到油价回升比较困难。分析师对于目前原油价格下降提出了几种解释。一方面，清洁能源政策促进了节油技术在汽车等产业的发展。另一方面，水力压裂技术和水平钻探技术的发展使得开采非常规来源的石油变得有利可图，非常规来源包括：致密岩层（美国的页岩油和加拿大的油砂或者沥青砂），深海石油（大多数国家已发现油田）和生物燃料（巴西等国家）。最近全球油价高企促使投资这些技术的国家在世界石油市场占据越来越多的份额。这说明非洲石油生产国要想在国际市场保持竞争力，需要投资于科技。

半数地区属于“脆弱和受冲突影响”地区

该地区还面临其他发展挑战，包括内乱、宗教斗争和疟疾、HIV 等致命疾病的长期肆虐，这些问题给国家的医疗体系和经济生产带来了沉重的负担。很多国家出现了管理不善和贪污腐败的现象，这些现象影响了经济活动的正常运行和外资的注入。那些在国际透明组织发布的全球清廉指数中得分很低的国家也往往在易卜拉欣非洲治理指数（IIAG）（见表 19.1）排名不佳，如布隆迪、中非共和国、乍得、刚果、厄立特里亚、索马里和南苏丹。有趣的是，两个指数中卢旺达都是治理记录最佳的国家。

七个国家被世界银行列为“脆弱和受冲突影响”的国家，即布隆迪、中非共和国、乍得、科摩罗、厄立特里亚、索马里和南苏丹。尤其是中非共和国和南苏丹在近年来一直处于内战中。两国的国内冲突破坏了贸易往来，产生了跨境难民或者引发跨境攻击等问题，对周边国家也造成影响。例如，南苏丹难民在寻求乌干达的庇护；尼日利亚的博科圣地组织（豪萨语中即禁书之意）多次入侵邻国喀麦隆和尼日尔，威胁到喀麦隆和乍得的贸易路线。

同时，肯尼亚的经济也受到了恐怖袭击的影响，该国重要行业深受其害，尤其是旅游业。2015 年 4 月，在肯尼亚北部唯一的高等教学机构——加里萨大学（2011 年成立），恐怖组织残杀了 148 名师生。索马里经过了 20 年的政治动荡后，经济严重受损，现正处于国家建设和和平建设的脆弱过程之中。

在中非共和国，自从 2012 年年末叛军占领了国家中部和北部的城镇以来，该国经济也受到了相当大的影响。尽管该国部署了来自非洲联盟、联合国和法国的维和部队，并于 2014 年 6 月与叛军签订了停火协定，但局势依然不稳定。21 世纪头 10 年，该国经济虽然尚不稳定，但已有了积极增长。

南苏丹的经济命运与本国石油出口紧密相连。由于国内局势不安定，同时由于石油输出管道途经

表 19.1　撒哈拉以南非洲的社会经济指标（2014 年或最近一年）

	2014年人口（千人）	2014年人口增长率（%）	2013年出生时预期寿命（年）	2013年人均国内生产总值（目前美元购买力平价）	2013年国内生产总值增长率（%）	2013年占出口额75%以上的产品数量	2014年易卜拉欣非洲治理指数	2011年获得改良卫生设施比例(%)	2011年获得改良的饮用水源比例（%）	2011年获得电能比例（%）	2013年每100人能访问互联网的人数	2013年每100人手机持有人数
安哥拉	22 137	3.05	51.9	7 736	6.80	1	44	88.6	93.9	99.4	19.10	61.87
贝宁	10 600	2.64	59.3	1 791	5.64	9	18	5.0	57.1	28.2	4.90	93.26
博茨瓦纳	2 039	0.86	47.4	15 752	5.83	2	3	38.6	91.9	45.7	15.00	160.64
布基纳法索	17 420	2.82	56.3	1 684	6.65	3	21	7.7	43.6	13.1	4.40	66.38
布隆迪	10 483	3.10	54.1	772	4.59	3	38	41.7	68.8	—	1.30	24.96
佛得角	504	0.95	74.9	6 416	0.54	8	2	—	—	—	37.50	100.11
喀麦隆	22 819	2.51	55.0	2 830	5.56	6	34	39.9	51.3	53.7	6.40	70.39
中非共和国	4 709	1.99	50.1	604	–36.00	4	51	14.6	58.8	—	3.50	29.47
乍得	13 211	2.96	51.2	2 089	3.97	1	49	7.8	39.8	—	2.30	35.56
科摩罗	752	2.36	60.9	1 446	3.50	2	30	17.7	87.0	—	6.50	47.28
刚果共和国	4 559	2.46	58.8	5 868	3.44	1	41	—	—	37.8	6.60	104.77
刚果民主共和国	69 360	2.70	49.9	809	8.48	4	40	17.0	43.2	9.0	2.20	41.82
科特迪瓦	20 805	2.38	50.8	3 210	8.70	10	47	14.9	76.0	59.3	2.60	95.45
吉布提	886	1.52	61.8	2 999	5.00	7	35	61.4[+1]	92.1[+1]	—	9.50	27.97
赤道几内亚	778	2.74	53.1	33 768	–4.84	2	45	—	—	—	16.40	67.47
厄立特里亚	6 536	3.16	62.8	1 196	1.33	1	50	9.2	42.6	31.9	0.90	5.60
埃塞俄比亚	96 506	2.52	63.6	1 380	10.49	6	32	2.4	13.2	23.2	1.90	27.25
加蓬	1 711	2.34	63.4	19 264	5.89	1	27	—	—	60.0	9.20	214.75
冈比亚	1 909	3.18	58.8	1 661	4.80	4	23	—	75.8	—	14.00	99.98
加纳	26 442	2.05	61.1	3 992	7.59	6	7	7.0	54.4	72.0	12.30	108.19
几内亚	12 044	2.51	56.1	1 253	2.30	2	42	8.3	52.4	—	1.60	63.32
几内亚比绍	1 746	2.41	54.3	1 407	0.33	1	48	—	35.8	—	3.10	74.09
肯尼亚	45 546	2.65	61.7	2 795	5.74	56	17	24.6	42.7	19.2	39.00	71.76
莱索托	2 098	1.10	49.3	2 576	5.49	6	10	—	—	19.0	5.00	86.30
利比里亚	4 397	2.37	60.5	878	11.31	8	31	—	—	—	4.60	59.40
马达加斯加	23 572	2.78	64.7	1 414	2.41	30	33	7.9	28.6	14.3	2.20	36.91
马拉维	16 829	2.81	55.2	780	4.97	5	16	9.6	42.1	7.0	5.40	32.33
马里	15 768	3.00	55.0	1 642	2.15	2	28	15.3	28.1	—	2.30	129.07
毛里求斯	1 249	0.38	74.5	17 714	3.20	35	1	88.9	99.2	99.4	39.00	123.24
莫桑比克	26 473	2.44	50.2	1 105	7.44	9	22	8.5	33.6	20.2	5.40	48.00
纳米比亚	2 348	1.92	64.3	9 583	5.12	8	6	23.6	67.2	60.0	13.90	118.43
尼日尔	18 535	3.87	58.4	916	4.10	3	29	4.8	34.3	—	1.70	39.29
尼日利亚	178 517	2.78	52.5	5 602	5.39	1	37	36.9	45.6	48.0	38.00	73.29
卢旺达	12 100	2.71	64.0	1 474	4.68	5	11	30.2	60.3	—	8.70	56.80
圣多美和普林西比	198	2.50	66.3	2 971	4.00	6	12	—	—	—	23.00	64.94
塞内加尔	14 548	2.89	63.4	2 242	2.80	25	9	35.1	59.9	56.5	20.90	92.93
塞舌尔	93	0.50	74.2	24 587	5.28	4	5	97.1	96.3	—	50.40	147.34
塞拉利昂	6 205	1.84	45.6	1 544	5.52	4	25	10.9	36.7	—	1.70	65.66
索马里	10 806	2.91	55.0	—	—	4	52	—	—	—	1.50	49.38
南非	53 140	0.69	56.7	12 867	2.21	83	4	58.0	81.3	84.7	48.90	145.64
南苏丹	11 739	3.84	55.2	2 030	13.13	1	—	—	—	—	—	25.26
斯威士兰	1 268	1.45	48.9	6 685	2.78	21	24	48.5	38.9	—	24.70	71.47
坦桑尼亚	50 757	3.01	61.5	2 443	7.28	27	19	6.6	55.0	15.0	4.40	55.72
多哥	6 993	2.55	56.5	1 391	5.12	11	15	13.2	48.4	26.5	4.50	62.53
乌干达	38 845	3.31	59.2	1 674	3.27	17	36	26.2	41.6	14.6	16.20	44.09
赞比亚	15 021	3.26	58.1	3 925	6.71	3	13	41.3	49.1	22.0	15.40	71.50
津巴布韦	14 599	3.13	59.8	1 832	4.48	9	46	40.6	79.2	37.2	18.50	96.35

+*n*= 基准年之后 *n* 年的数据。

注：本表中未列入非洲治理专栏的为阿尔及利亚（第 20 个）、埃及（第 26 个）、利比亚（第 43 个）、毛里塔尼亚（第 39 个）、摩洛哥（第 14 个）和突尼斯（第 8 个）。

来源：2015 年 4 月世界银行世界发展指标；关于出口：非洲发展银行、经济合作与发展组织及联合国开发计划署（2014 年）《2014 年非洲经济展望》；非洲治理指数：易卜拉欣基金会（2014）《易卜拉欣非洲治理—国家概况指数》：www.moibrahimfoundation.org；水、卫生设施和电力：世界卫生组织、世界银行的世界发展指标；联合国儿童基金会、联合国开发计划署和国际能源机构，由联合国教科文组织汇编。

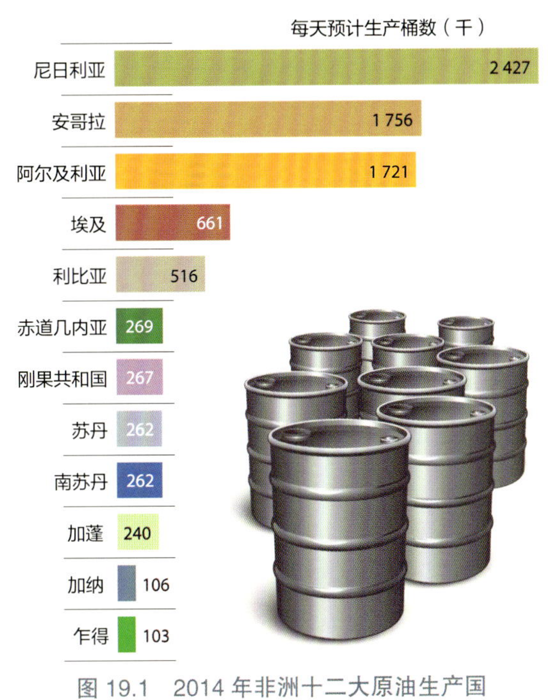

图 19.1　2014 年非洲十二大原油生产国

来源：www.eia.gov.

邻国苏丹，因此两国的政治关系变化使得油价波动剧烈。在过去一年，赤道几内亚不得不应对低迷的世界石油价格，因其抑制了赤道几内亚的国内生产总值增长。

埃塞俄比亚的经济发展状况在本地区表现突出，在过去数年中保持了两位数的经济增长率。乌干达也经济发展迅速，但可能由于世界经济还处于从 2008—2009 年金融危机缓慢恢复的过程之中，其经济增长有一定程度的滞后。厄立特里亚已成功将 2010 年之前的经济负增长率扭转为年均增长 4.8%，获得了巨大的收益。就整体而言，虽然 2014 年以来中国经济发展减缓仍然是让资源出口型国家担忧的潜在因素，但全球危机似乎并没有对该地区经济造成持续性的重大影响。

区域一体化有利于经济发展

根据农业对国内生产总值的高贡献率可以看出（见图 19.2），东非和中非的大多数国家仍然处于传统农业经济向现代工业经济过渡的转型阶段。在中非共和国、乍得和塞拉利昂，农业占国内生产总值的比重超过 50%。但刚果共和国和加蓬例外，因为这两国的石油产业在经济中占据了很大比重，其他经济活动反而显得微不足道。

政府农业支出也逐渐降低，在诸多国家中农业支出均低于国内生产总值的 5%（见表 19.2）。这表明作为农业支出一部分的农业研发支出也大大降低。迄今为止，只有三个国家按照《马普托宣言》（2003）完成了将 10% 的国内生产总值用于发展农业的目标，包括：布隆迪（10%）、尼日尔（13%）和埃塞俄比亚（21%）。农业从业人口占从业人口的比例较大这一事实也能反映出这些国家的发展水平。由于这些国家严重依赖出口自然资源，导致经济缺乏多样性，阻碍以农业和化石燃料为基础的经济发展。

大多数国家政府卫生支出偏低，2013 年间布隆迪（国内生产总值的 4.4%）、吉布提（5.3%）和卢旺达（6.5%）除外。同时这三个国家还重视教育支出（投入均超出国内生产总值的 5%），此外还有科摩罗（2008 年达到 7.6%）、刚果共和国（2010 年达到 6.2%）和肯尼亚（2010 年达到 6.7%）。

该地区国家军事支出基本低于国内生产总值的 2%，以下国家除外：乍得（2011 年 2%）、布隆迪（2013 年 2.2%）、中非共和国（2010 年 2.6%）、吉布提（2008 年 3.6%）、赤道几内亚（2009 年 4%），尤其是南苏丹（2012 年高达 9.3%）（见表 19.2）。

政治制度和选举结果的可靠性仍然是一个主要问题。由于东非局势动荡、管理不善，该地区成了非洲 2008 年和 2009 年外国直接投资（FDI）最少的区域。2013 年外国直接投资主要流入了吉布提（占国内生产总值的 19.6%）、刚果共和国（14.5%）和赤道几内亚（12.3%）。石油产业是刚果共和国和赤道几内亚吸引外资的支柱产业。吉布提则主要通过港口吸引外资，因为吉布提掌握着去往中东的贸易要道。该区域的资源潜力也有望在未来吸引更多外国直接投资。具有潜力的投资领域包括乍得、埃塞俄比亚、苏丹和乌干达的石油矿产开发，卢旺达愈演愈烈的经济和商业改革，还有大型基础设施建设项目，如正在建设的埃塞俄比亚复兴大坝以及肯尼亚的地热能开发（见第 525 页）。

跨区域贸易对于东非和中非的许多小型或内陆国家经济非常重要，但它严重受到了交通设施贫乏状况的制约。当前主要挑战之一就是将铁路、公路和港口连接起来，这样才能更好地建立国家与国家

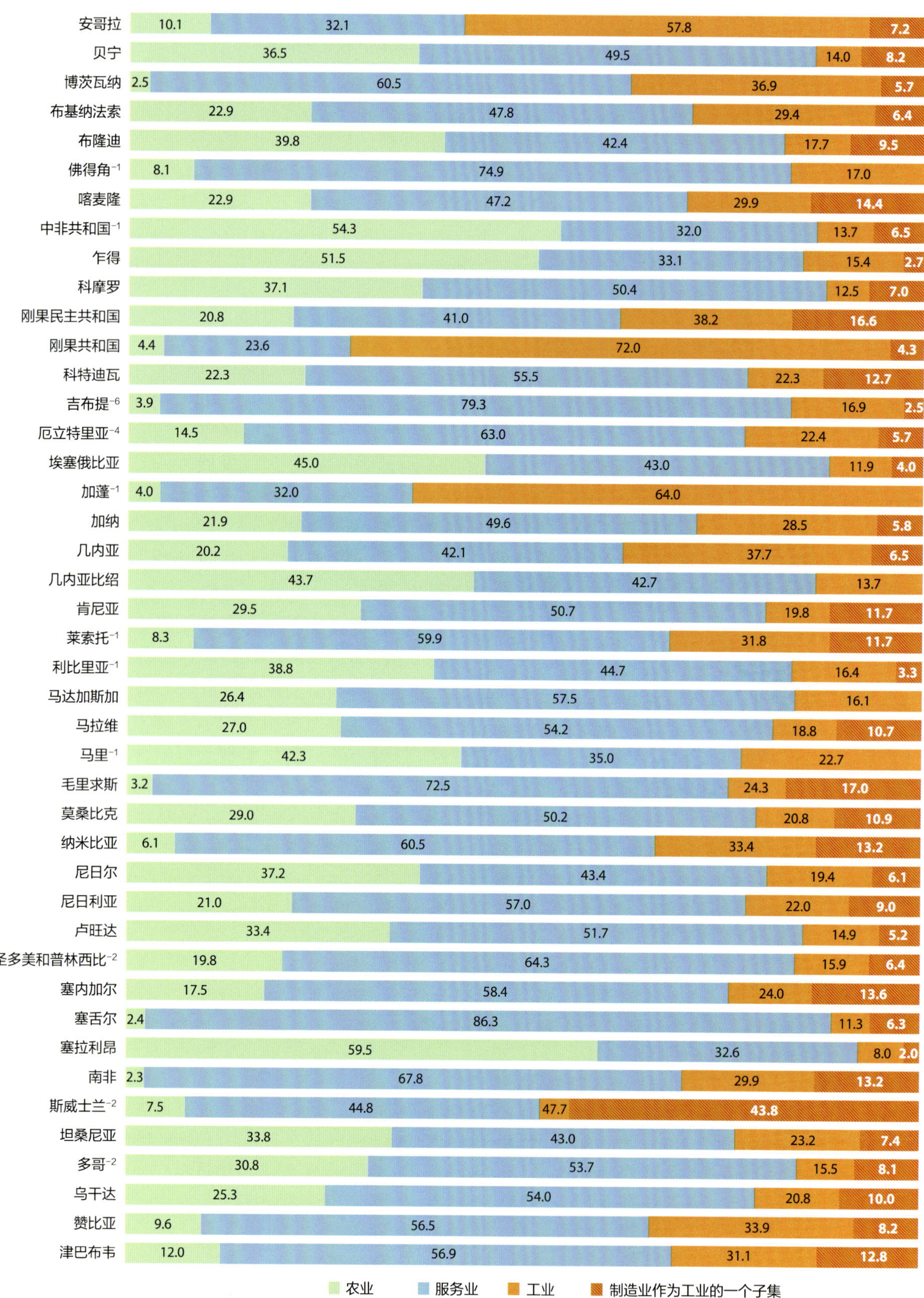

图 19.2　2013 年撒哈拉以南非洲各经济部门国内生产总值构成（%）

n = 基准年之前 *n* 年的数据。

注：赤道几内亚、冈比亚、索马里和南苏丹的数据缺失。

来源：2015 年 4 月世界银行的世界发展指标。

之间以及与世界经济的联系。

区域整合给以上列出的问题提供了一种解决方案。然而，政治合作同经济合作一样重要，它有利于解决民政、民族和跨国冲突，同时也有利于获取位于国界的可能存在争议的自然资源，比如水域。在青尼罗河上建立的埃塞俄比亚复兴大坝就彰显了跨区域对话的重要性。一旦完工，复兴大坝将成为非洲最大、世界第八大的水力发电厂（6 000MW）。在埃及表达了意向之后，与苏丹首先于 2014 年 9 月成立了三方国家委员会，于 2015 年 3 月 23 日在苏丹首都签署了三方合作协议，确立了大坝完工后上游国家和下游国家共享能源的原则。协议的十点原则在 2015 年中引起了埃及和埃塞俄比亚人民的热议。

区域一体化还有利于紧急情况下各国团结一致。这一新模式的案例是 2014 年 10 月东非同盟决定向西非派遣 600 名卫生专业人员，其中包含 41 名医生，以应对埃博拉病毒。

推进区域一体化的举措

在东非有三大主要区域经济共同体：东部和南部非洲共同市场（COMESA）[①]、东非共同体（EAC）、东非政府间发展组织（IGAD）。这些组织有很多重叠部分，许多成员国从属于不止一个区域贸易联盟。例如，吉布提、埃立特利亚、埃塞俄比亚和苏丹同属于东南非共同市场和东非政府间发展组织，布隆迪和卢旺达同属于东南非共同市场和东非共同体，肯亚和乌干达从属于三个联盟。部分国家还加入了南部非洲发展共同体（SADC），比如东非共同体的成员国坦桑尼亚。只要这些联盟的方针政策能够协调一致，这些重叠也能潜在地加强区域间的合作。非洲联盟的最终目标是到 2030 年成立非洲经济共同体（见专栏 18.2）。

东非共同体成立于 1967 年，瓦解于 1977 年，于 2000 年复苏。东南非共同市场成立于 1993 年，前身是东部和南部非洲优惠贸易区。两个共同体条约都对合作发展科学、技术和创新制定了规定。许多东非和中非国家也加入了与南非在科技领域的双边合作协定，最近 2014 年埃塞俄比亚和苏丹加入了该协定（见表 20.6）。

2009 年东非立法议会颁布东非大学理事会法案，将东非大学理事会（IUCEA）正式纳入东非共同体的运行体制。东非大学理事会承担了在 2015 年之前建设普通高等教育学区的任务。为了协调东非共同体成员国的高等教育体系，东非大学理事会制定区域政策，建立东非高等教育资格框架，并于 2011 年成立了非洲质量保障网络。东非大学理事会还同东非商业协会于 2011 年建立了伙伴关系，以加强私人部门和大学的联合研究和创新，并确定要课程改革的学科。在东非共同体的支持下，双方于 2012 年在阿鲁沙搭建了该地区首个学术界和私营企业的平台，于 2013 年在非洲发展银行的支持下在内罗毕建立了第二个平台。

2010 年 6 月，东非共同体的五个成员国——布隆迪、肯亚、卢旺达、坦桑尼亚和乌干达——共建市场。合作协议促进了商品、劳动力、服务和资本的自由流动。2014 年，卢旺达、乌干达和肯尼亚同意实施单一旅游签证。肯尼亚、坦桑尼亚和乌干达也启动了东非共同体跨境支付系统。2013 年 11 月 30 日东非共同体国家签署了货币联盟协议，计划十年内实施单一货币。

东非共同体《共同市场协议（2010）》对市场主导研究、技术开发和技术适应性做出了规定，以支持商品和服务的可持续生产，并提高国际竞争力。成员国将与东非科学和技术委员会以及其他机构合作建立相关机制，促进本土知识商业化，保障知识产权保护。各成员国还承诺设立研究和技术发展基金，以执行该协议中的条款。其他条款还包括：

- 促进东非共同体内部产业和其他经济部门之间的联系。
- 促进产业研发以及现代技术的转让、收购、适应和发展。
- 促进可持续并且均衡的工业化发展，以满足工业化程度较低的国家。
- 为微型、小型和中型企业的发展提供便利。
- 鼓励本土企业家。
- 促进知识型产业发展。

① 区域共同体成员列表见附件 1。关于坦桑尼亚的描述在第 20 章关于南部非洲发展共同体国家的介绍中，见第 559 页。

2000 年以来，东南非共同市场的 20 个成员国中有 14 个国家形成了一个自由贸易区（见专栏 18.2）。自贸区协议尤其促进了茶叶、食糖和烟草行业的贸易发展。产业内部的联系也发展很快，成员国之间的半制成品贸易总额已超过与其他地方的同类产品贸易总额。2008 年，东南非共同市场同意扩大自由贸易区，吸纳东非共同体和南非共同体成员。截至 2016 年，"东南非共同市场—东非共同体—南非共同体"三方自由贸易协定正在进行协商。

在一次严重的饥荒之后，东非政府间发展组织于 1996 年成立，取代了 1986 年由吉布提、埃塞俄比亚、肯尼亚、索马里、苏丹和乌干达成立的政府间抗旱与发展组织。厄立特里亚和南苏丹分别于 1993 年和 2011 年获得独立后加入了东非政府间发展组织。东非政府间发展组织的气候预测和应用中心总部位于肯尼亚首都内罗毕，前身是于 1989 年成立的干旱监测中心，2007 年通过相关协议完全并入了东非政府间发展组织。除了东非政府间发展组织的 8 个成员国，该中心还将布隆迪、卢旺达和坦桑尼亚纳入在内。最近，在联合国教科文组织的资助下，东非地下水资源教育、培训和研究区域中心于 2011 年在肯尼亚的内罗毕成立。

东非政府间发展组织的旗舰项目（2013—2027）计划于 2027 年前在组织区域内建成具有抗旱能力的社区、机构和生态系统。东非政府间发展组织的抗旱能力计划有七个要点：

- 自然资源与环境。
- 市场准入、贸易和金融服务。
- 生计支持和基本社会服务。
- 研究、知识管理与技术转移。
- 冲突的预防和解决以及和平建设。
- 协调机构，建设制度，建立合作。

科学、技术和创新政策及其管理的发展趋势

发展趋势符合非洲长期愿景

东南非共同市场、东非共同体和东非政府间发展组织的计划与《非洲科技整体行动计划》协调一致（CPA，2005—2014）。2012 年在埃及召开了第四届科学技术非洲部长级会议（AMCOST, 2013）[①]，对《非洲科技整体行动计划》的完成情况进行了评估，评论者对于东部和中部非洲提出建议："东南非共同市场地区已经开发出一种创新战略，它要求东南非共同市场、非洲发展新伙伴计划的实施国以及非洲联盟委员会在实施过程中开展密切的合作。"他们接着说："整体行动计划已成为政府间发展组织制定科技政策的模板。在东非共同体，整体行动计划的其中一个项目已经在其卫生部门开展，促进了 2012 年 3 月非洲药品监管协调计划的启动。"

南部非洲发展共同体、西非经济共同体也参考该行动计划制定符合本国国情的计划：南部非洲发展共同体于 2008 年采纳了关于科学、技术和创新的协议（见第 537 页）;《非洲科技整体行动计划》为西非国家经济共同体制定科技政策也提供了信息（见第 478 页）。

《非洲科技整体行动计划》在下列领域取得了显著成果：

- 在非洲生物科学计划中建立了四个卓越中心网络（见专栏 19.1）以及两个互补网络：生物创新（见专栏 19.1）和非洲生物安全专业服务网络（见专栏 18.1）。
- 2012 年建立了虚拟非洲激光中心，包含 31 个下级机构。
- 建立了非洲数学科学研究所（见专栏 20.4）。
- 建立了南非和西非水网卓越中心。
- 发起了非洲科学、技术与创新指标倡议。
- 在赤道几内亚建立了非洲科学、技术和创新观测站。
- 2012 年东非共同体启动了非洲药品监管协调计划。
- 引入了由非洲联盟委员会管理的非洲联盟竞争研究基金：第一次和第二次研究建议书分别提出于 2010 年 12 月和 2012 年 1 月，主要关于采后技术和农业，可再生能源和可持续能源，水和环境卫生，渔业和气候变化。
- 同联合国教科文组织、非洲发展银行非洲联盟委

---

① 该评论来自一批高水平杰出科学家，这些科学家得到了来自非洲科学院、非洲联盟委员会、非洲发展新伙伴计划机构、非洲发展银行、联合国非洲经济委员会、联合国教科文组织和国际科学理事会等的专家组支持。

表 19.2　撒哈拉以南非洲的投资重点（2013 年或最近一年）

	2013年军事支出占国内生产总值比重（%）	2013年公共卫生支出占国内生产总值比重（%）	2010年公共农业支出占国内生产总值比重（%）	2012年公共教育支出占国内生产总值比重（%）	2012年政府高等教育支出占国内生产总值比重（%）	2012年高等教育支出占公共教育支出总量比重（%）	2013年外国直接投资占国内生产总值比重（%）
安哥拉	4.9	2.5	<5	3.5^{-2}	0.2^{-6}	8.7^{-6}	–5.7
贝宁	1.0	2.5	<5	5.3^{-2}	0.8^{-2}	15.6^{-2}	3.9
博茨瓦纳	2.0	3.1	<5	9.5^{-3}	3.9^{-3}	41.5^{-3}	1.3
布基纳法索	1.3	3.7	11	3.4^{-1}	0.8	20.2^{-1}	2.9
布隆迪	2.2	4.4	10	5.8	1.2	20.6	0.3
佛得角	0.5	3.2	<5	5.0^{-1}	0.8^{-1}	16.6^{-1}	2.2
喀麦隆	1.3	1.8	<5	3.0	0.2	7.8	1.1
中非共和国	2.6^{-3}	2.0	<5	1.2^{-1}	0.3^{-1}	27.3^{-1}	0.1
乍得	2.0^{-2}	1.3	6	2.3^{-1}	0.4^{-1}	16.3^{-1}	4.0
科摩罗	—	1.9	—	7.6^{-4}	1.1^{-4}	14.6^{-4}	2.3
刚果共和国	1.1^{-3}	3.2	—	6.2^{-2}	0.7+1	10.9^{-2}	14.5
刚果民主共和国	1.3	1.9	—	1.6^{-2}	0.4^{-2}	24.0^{-2}	5.2
科特迪瓦	1.5^{-1}	1.9	<5	4.6^{-4}	0.9^{-5}	21.0^{-5}	1.2
吉布提	3.6^{-5}	5.3	—	4.5^{-2}	0.7^{-2}	16.5^{-2}	19.6
赤道几内亚	4.0^{-4}	2.7	<5	—	—	—	12.3
厄立特里亚	—	1.4	—	2.1^{-6}	—	—	1.3
埃塞俄比亚	0.8	3.1	21	4.7^{-2}	0.2^{-2}	3.5^{-2}	2.0
加蓬	1.3	2.1	—	—	—	—	4.4
冈比亚	0.6^{-6}	3.6	8	4.1	0.3	7.4	2.8
加纳	0.5	3.3	9	8.1^{-1}	1.1^{-1}	13.1^{-1}	6.7
几内亚	—	1.7	—	2.5	0.8	33.4	2.2
几内亚比绍	1.7^{-1}	1.1	<5	—	—	—	1.5
肯尼亚	1.6	1.9	<5	6.6^{-2}	1.1^{-6}	15.4^{-6}	0.9
莱索托	2.1	9.1	<5	13.0^{-4}	4.7^{-4}	36.4^{-4}	1.9
利比里亚	0.7	3.6	<5	2.8	0.1	3.6	35.9
马达加斯加	0.5	2.6	8	2.7	0.4	15.2	7.9
马拉维	1.4	4.2	28	5.4^{-1}	1.4^{-1}	26.6^{-1}	3.2
马里	1.4	2.8	11	4.8^{-1}	1.0^{-1}	21.3^{-1}	3.7
毛里求斯	0.2	2.4	<5	3.5	0.3	7.9	2.2
莫桑比克	0.8^{-3}	3.1	6	5.0^{-6}	0.6^{-6}	12.1^{-6}	42.8
纳米比亚	3.0	4.7	<5	8.5^{-2}	2.0^{-2}	23.1^{-2}	6.9
尼日尔	1.1^{-1}	2.4	13	4.4	0.8	17.6	8.5
尼日利亚	0.5	1.1	6	—	—	—	1.1
卢旺达	1.1	6.5	7	4.8	0.6	13.3	1.5
圣多美和普林西比	—	2.0	7	9.5^{-2}	—	—	3.4
塞内加尔	0.002	2.2	14	5.6^{-2}	1.4^{-2}	24.6^{-2}	2.0
塞舌尔	0.9	3.7	<5	3.6^{-1}	1.2^{-1}	32.5^{-1}	12.3
塞拉利昂	0.001	1.7	<5	2.9	0.7	23.2	3.5
南非	1.1	4.3	<5	6.6	0.8	11.9	2.2
南苏丹	9.3^{-1}	0.8	—	0.7^{-1}	0.2^{-1}	25.3^{-1}	—
斯威士兰	3.0	6.3	5	7.8^{-1}	1.0^{-1}	12.8^{-1}	0.6
坦桑尼亚	0.9	2.7	7	6.2^{-2}	1.7^{-2}	28.3^{-2}	4.3
多哥	1.6^{-2}	4.5	9	4.0	1.0	26.1	1.9
乌干达	1.9	4.3	<5	3.3	0.4	11.5	4.8
赞比亚	1.4	2.9	10	1.3^{-4}	0.5^{-7}	25.8^{-7}	6.8
津巴布韦	2.6	—	—	2.0^{-2}	0.4^{-2}	22.8^{-2}	3.0

$-n$ / $+n$= 基准年之前或之后 n 年的数据。

来源：教育相关：联合国教科文组织统计研究所；农业相关：ONE.org（2013 年）《马普托声明和 2014 年非洲联盟农业年》；其他所有条目：2015 年 4 月世界银行的世界发展指标。

专栏 19.1 生物科学卓越中心网络

在加拿大政府的支持下，非洲发展新伙伴计划将建立 4 个亚地区中心，2002 年生物科学东中非网络成为首个建立的中心。四个中心是基于非洲生物科学计划设立的，该计划包含三个项目：生物多样性的科学和技术，生物技术以及本土知识系统。

生物科学东中非网络负责管理成立于 2010 年的非洲生物科学挑战基金。该基金基础雄厚，兼具能力建设和研发项目资助的双重功能。生物科学东中非网络还开设了培训班，并提供奖学金给来自非洲国家农业研究机构和大学的科学家和研究生。*

生物科学东中非网络定期招募有兴趣在网络中心，即内罗毕的国际牲畜研究所，实施不超过一年的项目的研究人员。重点研究领域包括加强控制主要家畜疾病；利用遗传多样性以保护生物、抵抗疾病和提高生产力；分子育种重要粮食作物；植物 – 微生物的相互作用；孤生作物；作物病虫害、病菌和杂草的生物防治；基因组学和宏基因组学；气候智能型饲草；混合牲畜 – 作物系统；以及土壤健康。

许多机构给中心提供了设施供区域性使用。这些机构包括布埃亚大学（喀麦隆）、埃塞俄比亚农业研究所、国家农业研究组织（乌干达）、基加利科学技术研究所（卢旺达）和内罗毕大学（肯尼亚）。

生物科学东中非网络与很多组织建立了广泛的合作，包括非洲妇女研究和发展协会以及非洲东部和中部农业研究协会。在 2012 年和 2013 年，联合国教科文组织资助了 20 名女性科学家参加该中心的先进基因组学和生物信息学研讨会。

在生物科学东中非网络之后，生物创新网络作为生物发展公司的继承者成立于 2010 年。该网络促进了生物科学的应用，提高了作物生产力，增强了小农户适应气候变化的能力，并通过提升农业加工产业的效率，来增加当地生物资源的价值。该网络由瑞典资助，范围覆盖布隆迪、埃塞俄比亚、肯尼亚、卢旺达、坦桑尼亚和乌干达。

激励性评价

达伯特全球发展顾问在 2014 年 4 月发表了对于该基金的评估，观察发现该基金“已经取得了长足的发展和影响，在过去三年里已资助全区大约 500 名科学家和研究人员”。其中 2014 年将有 30 名等效全职科学家获得奖学金，数量与去年持平。在接受评估调查的 250 名受访者中，90% 的人基于中心的设施和培训的质量评出了 4.2 的高分（满分为 5 分）。该报告指出，2010 年至 2013 年三分之一的研究人员（33%）和 43% 的研讨会参与者为女性，中心希望将这一比例提高到 50%。报告认为，这给中心创造了一个为女性提供指导的特殊机会，因为绝大多数生产、加工和销售非洲食品的人都是女性。

有人担心的是，四分之一的研究人员表示，他们在管理任务上花费了超过 50% 的时间。该报告还指出，该中心的财政仍然很脆弱，依赖少数主要捐助者，而且没有任何证据表明，大量被资助的人会回到中心作为中心现代化设施时付费用户。截至目前，该方案主要得到澳大利亚和瑞典政府、先正达永续农业基金会以及比尔和梅琳达·盖茨基金会的支持。

四个非洲生物科学网络之一

从 2005 年开始，非洲发展新伙伴计划在非洲生物科学计划中建立了其他三个网络，包括：南非生物科学网络，其中心是比勒陀利亚（南非）的科学与工业研究理事会；西非生物网络，其中心是达喀尔（塞内加尔）农业研究所；以及北非生物网络，以开罗（埃及）的国家研究中心为根基。

每一个网络都有数个节点，在一个特定的区域内统筹研发。例如，南非生物科学网络的节点包括南非的西北大学（本土知识）、毛里求斯大学（生物信息学）、毛里求斯国家畜牧业研究中心（畜牧业）、纳米比亚大学（农村社区的蘑菇生产和商业化）、马拉维大学邦达农学院（渔业和水产养殖业）以及位于赞比亚的南共体植物遗传资源中心（基因库）。研究项目也在其他合作伙伴机构的各网络内得到加强。

来源：http：//hub.africabiosciences.org; www.nepad.org/humancapitaldevelopment/abi.

*来自布隆迪、喀麦隆、中非共和国、刚果、赤道几内亚、厄立特里亚、埃塞俄比亚、加蓬、肯尼亚、马达加斯加、卢旺达、圣多美和普林西比民主共和国、索马里、南苏丹、苏丹、坦桑尼亚和乌干达。

员会和联合国非洲经济委员会合作，将两年一度的科学、技术和创新部长论坛制度化。首届论坛于 2012 年 4 月在内罗毕举行，第二届于 2014 年 10 月在拉巴特举行。

审查报告还总结了《非洲科技整体行动计划》实施中的不足，如下：

- 整体行动计划中典型的、可见的不足之一是未能成立非洲科技基金，应当在这种情境下如实评估计划成果。几乎没有政府完成将研发支出总量提升国内生产总值的 1% 的目标，实施整体行动计划的动员资金中超过 90% 来自双边和多边捐助者。
- 科学、技术和创新首先应当与其他开发部门的优先项目相结合，以加强影响。
- 该计划应当因地制宜，使人力和基础设施能力有限的国家（如经历过冲突的国家）也能够充分参与整体行动计划的项目。
- 对跟进计划实施进展缺乏目标和健全的监测评价策略，导致不能很好地展现整体行动计划的成果。应该对执行者建立一个强大的、可操作的责任框架。
- 对于评估研究成果如何帮助解决农业、粮食安全、基础设施、健康、人类能力发展和扶贫方面的需求，关注度还不够。
- 最近关于本土知识的研究主要集中在归档上，而不是可持续利用。
- 整体行动计划没有与其他洲的框架和战略建立充分联系。

2014 年非洲联盟实施了《非洲科技和创新战略（STISA—2024）》，这是五个 10 年计划的第一个，旨在推动非洲 2063 年之前过渡到创新主导、知识驱动的经济体（2063 年议程）。该战略着眼于以下六方面：

- 消除饥饿，实现粮食安全。
- 预防和控制疾病。
- 交流（身体流动和知识流动）。
- 保护我们的太空。
- 共同生活，共建社会。
- 创造财富。

为了实现这六个优先领域的目标，需要明确下列四个方向：

- 升级 / 建设研究基础设施；
- 提高技术和专业能力；
- 创新和创业；
- 为非洲的科学、技术和创新发展提供有利环境。

《非洲科技和创新战略（STISA—2024）》可以从对整体行动计划的评价来学习经验。例如，评论者认为泛非基金对维持卓越中心网络，鼓励创造性个人和机构生产和应用科学和技术，以及推动科技型创业方面至关重要。虽然该战略指出，建立一个非洲科技创新基金迫在眉睫，但当前没有具体的筹资机制。尽管如此，非洲联盟委员会已听取其他评论的建议，鼓励成员国调整其国家和区域的相关战略。

发展议程上的两性平等

2012 年评审发现，虽然整体行动计划并没有在两性平等方面有具体计划，但执行机构在计划实施过程中已经在提升女性对科学、技术和创新的作用。他们提到该计划设立了一个女性区域科学奖（奖金为 2 万美元），对 2009 年至 2012 年的 21 名女性科学家颁发了奖项。东非共同体、西非国家经济共同体、南部非洲发展共同体和中非国家经济共同体都参与了这些奖项的评选。

非洲东部和中部的一些政府也在其政策和发展计划中促进两性平等。例如：

- 布隆迪在《2025 年愿景》中承诺了一项促进两性平等和女性参与教育、政治和经济发展的积极政策。2011 年女性研究人员达 14.5%（见图 19.3）。
- 2011 年乍得通过了一项关于两性的国家政策，该政策将由社会行动、家庭和民族团结部执行。
- 2012 年 9 月刚果共和国成立了一个促进女性地位提升以及参与国家发展的部门。
- 埃塞俄比亚的 2011—2015 年经济增长和改造方案计划提高女大学生的比例至 40%。2013 年，13.3% 的研究人员是女性（见图 19.3）。埃塞俄比亚科技部部长德米图・哈比萨恰好也是一名女性。
- 加蓬于 2010 年通过了《国家两性平等和公平政策》。2009 年女性研究人员达 22.4%（见图 19.3）；2013 年，女性在议会席位中所占的比例为 16%（世界银行，2013）。

- 在卢旺达，性别和家庭促进部位于总理办公室。卢旺达的 2003 年宪法促进了 2007 年性别监测办公室的建立。宪法规定男女双方在所有决策机构中都应占有不少于 30% 的比例，从而鼓励卢旺达女性竞争高级职位。在卢旺达 2013 年的议会选举中，女性赢得了 80 个席位中的 51 个席位（达 64%），证明了卢旺达在这一指标上世界领先。然而，在研究领域女性仍然占少数（2009 年仅 21.8%，见图 19.3）。
- 在联合国教科文组织和非洲技术政策研究网络的合作下，2014 年肯尼亚政府基于《肯尼亚国家科技政策的主流性别》出版了一份政策简报。该政策简报作为 2012 年的国家科学、技术和创新政策的草案的附录。

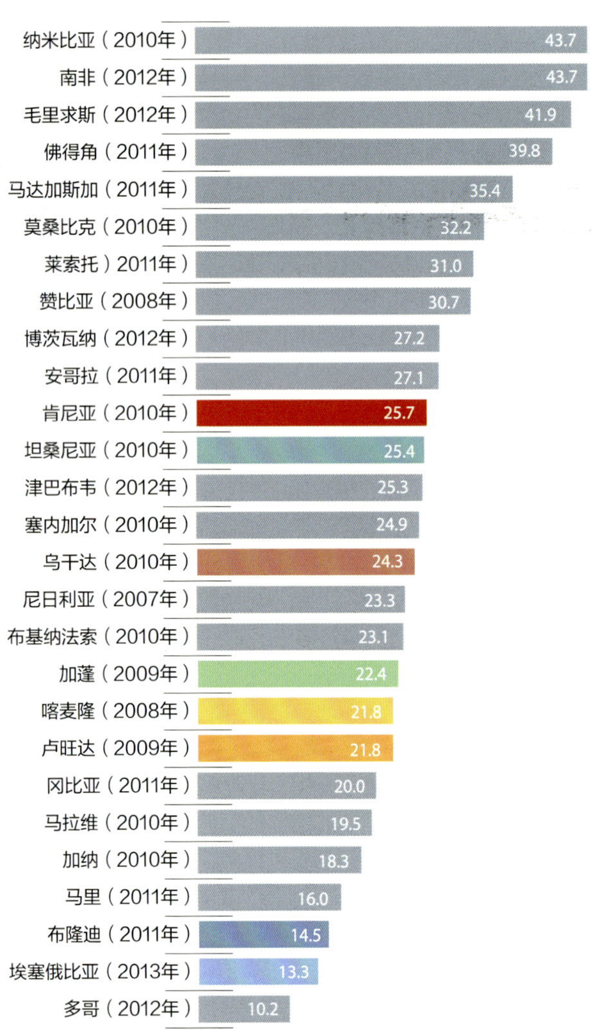

图 19.3　撒哈拉以南非洲地区女性研究者（2013 年或最近一年）（%）

注：部分国家缺失近年的数据。
来源：2015 年 4 月联合国教科文组织统计研究所。

技术和创新中心的出现

2014 年 4 月蒂姆 · 凯利在他的博客中写到关于世界银行的观察，他发现“非洲数字复兴的关键特征之一是不断的国产化。在非洲经济的其他部门，如采矿或农业企业，大部分的技术是进口的，财富都外流了，不过非洲有约 7 亿移动用户使用的是本地提供的服务，他们也在下载更多本地开发的应用程序。”①

本地开发应用程序的主要来源之一是在非洲如雨后春笋般兴起的技术中心（见图 19.4）。现在整个非洲大陆有超过 90 个这样不同大小和构成的中心。其中一些中心起到了示范作用，如肯尼亚的商业孵化器 iHub、赞比亚的初创企业 BongoHive、加纳的融文集团科技企业家学校、尼日利亚的共同创造中心和南非的孵化器 SmartXchange。最近新建的一个中心是博茨瓦纳创新中心（见第 547 页）。

通过 MPesa 服务即肯尼亚的手机移动支付服务，适用于不同领域的多种应用程序都已得到开发，涵盖从农业、健康到众包气象信息，以降低灾害风险。虽然这些技术中心的影响尚没有系统的记载，但有人预测这种社会创新已经在不断促进非洲社会的繁荣发展（Urama 和 Acheampong, 2013）。

一些刚从孵化器毕业的初创企业正在利用手机应用和席卷东非的银行革命。一个例子就是“我的订单”，一个有效促使街头商贩推出移动网络商店的应用，它能让客户通过手机下单和付款。另一个应用是移动短信交互系统 Tusqee，它使学校管理员能够发送学生成绩单到他们父母的手机上（Nsehe, 2013）。

如果初创企业不能独立创业，那么技术孵化器也不能。意识到创新对经济的影响，一些政府也开始投资技术中心。肯尼亚甚至计划在全国 47 个县内建立技术中心（见第 523 页）。近年还有布隆迪、埃塞俄比亚、乌干达和卢旺达分别于 2011 年、2010

① 参见：http://blogs.worldbank.org/ic4d/tech-hubs-across-africa-which-will-be-legacy-makers.

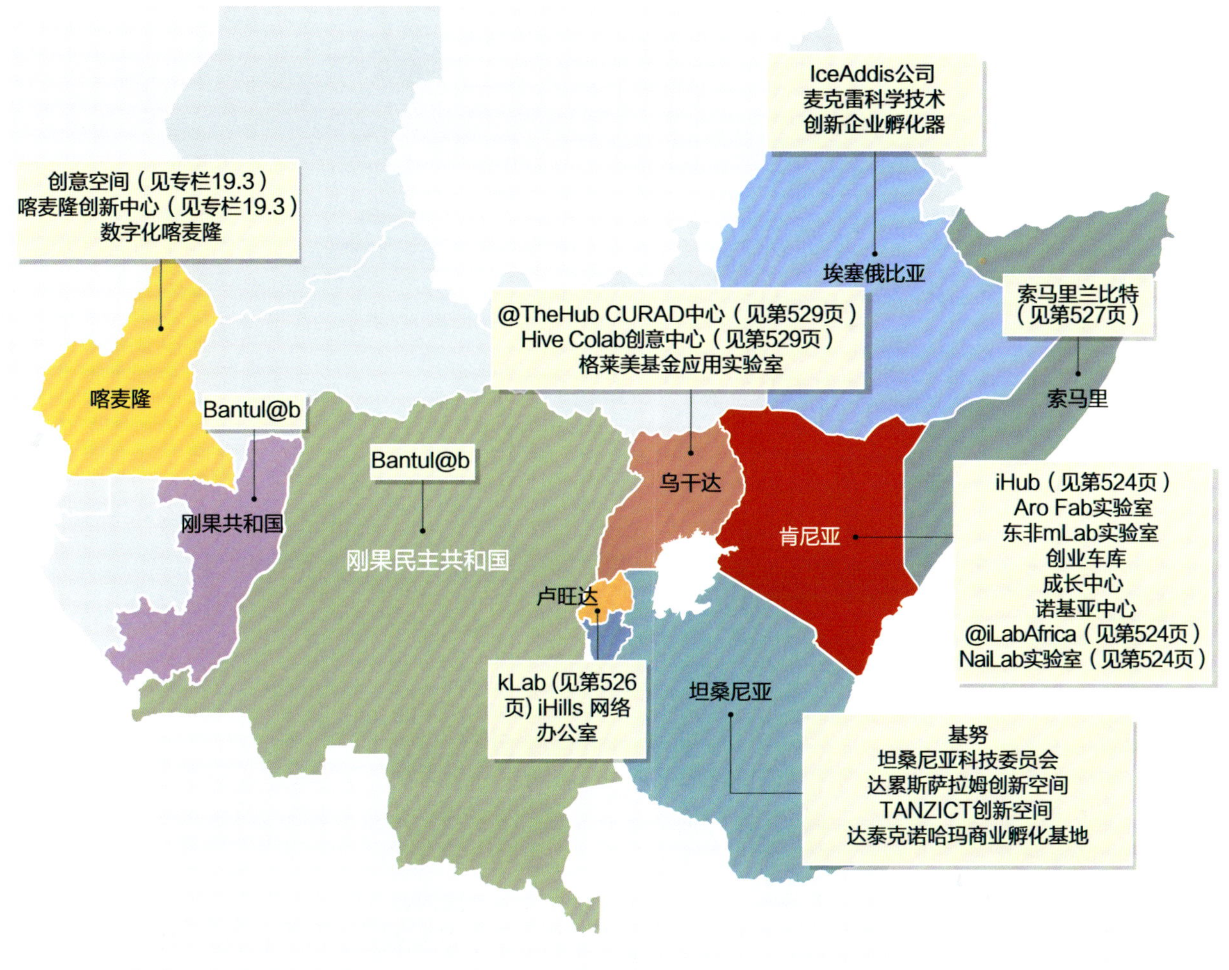

图 19.4　2014 年东非和中非的技术中心

来源：改编自 iHB 研究、世界银行和 Bongohive。

年、2009 年和 2005 年也实施了发展创新的政策，与这一趋势相一致。

互联网普及率持续较低

互联网普及率较低使许多非洲东部和中部国家没能充分把握信息通信技术为社会经济发展带来的机会。布隆迪、喀麦隆、中非共和国、乍得、科摩罗、刚果、厄立特里亚、埃塞俄比亚和索马里的普及率均低于 7%（见表 19.1）。肯尼亚在 2010 年到 2013 年之间成功实现将互联网普及率从人口的 14% 提高至 39%，领先非洲东中部地区，复合年增长率为 41%。

移动电话持有量更为广泛，从人口的四分之一（布隆迪）至 200% 多（加蓬）不等。互联网无处不在，刺激了手机的大量使用。

科学与创新相关奖项

近年来，越来越多的国家和地区设立奖项鼓励研究和创新。

奥巴桑乔・奥卢塞贡科学创新奖是一个例子，该奖项以尼日利亚前总统的名字命名，由非洲科学院颁发。另外值得注意的是，年度创新奖由东南非共同市场于 2014 年 2 月设立，奖励通过科学、技术和创新推动区域一体化进程的杰出个人和机构。

其他机构也正在设立奖项。2014 年 11 月，摩洛哥贸易和工业银行宣布设立非洲创业奖，并捐赠 100 万美元作为奖金。这家私人银行在 18 个非洲国家和世界各地都有分行。2009 年，非洲创新基金会——一个总部在苏黎世的非营利组织，设立了非洲年度创新奖。创新奖面向所有非洲人，奖金达 15 万美元。该奖项现已成立四年，颁奖典礼曾在埃塞俄比亚、南非和尼日利亚举行。到目前为止，它已吸引了来自 48 个非洲国家的大约 2 000 名申请者。

教育和研发的发展趋势

高等教育公共支出普遍偏低

教育公共支出占国内生产总值的比例在不同地区差异很大（见表 19.2）。高等教育的公共支出在一些国家高于 25%，在埃塞俄比亚仅 3.5%。

近年来根据现有数据，所有国家的小学入学率都有所增长（见表 19.3）。中学和大学的入学率则有较大差异：超过半数国家的中学入学率低于 30%，并且女孩入学率落后于男孩；除了卢旺达和科摩罗，其他国家的女孩中学入学率均低于男孩。对于大学水平，喀麦隆、科摩罗和刚果近年来的入学率为 10%，而令人失望的是根据 2009 年最新统计，肯尼亚的入学率仅有 4%；喀麦隆的记录出显示其进步尤为迅速，入学率从 2005 年的 5.8% 提高至 2011 年的 11.9%。性别差异在高中也表现得更明显，特别是在中非共和国、乍得、厄立特里亚和埃塞俄比亚，这些国家的男性参与度超过女性的 2.5 倍（见表 19.3）。

只能获得埃塞俄比亚和喀麦隆的不同研究领域的数据，但这些数据形成了一个有趣的对比。在这两个国家中，大多数在大学研究科技的学生都是于 2010 年就读于科学学科的。埃塞俄比亚的工程和科学学生比例（59%）要比喀麦隆（6%）高得多。在埃塞俄比亚，农业的入学率几乎同工程或健康科学一样高，然而这是喀麦隆迄今为止科技研究中最冷门的领域（见图 19.5），这一现象也同样出现在非洲西部和南部（见第 18 章和第 20 章）。整体行动计划的评论中对于年轻的非洲研究人员不愿在非热门领域如农业科学接受培养表示遗憾，并认为“这些领域的人才短缺对于非洲大陆来说是一个巨大的挑战”。

一些国家加大研发力度

在肯尼亚，研发支出总量正接近整体行动计划的目标水平即国内生产总值的 1%；近年来埃塞俄比亚、加蓬和乌干达的研发支出总量也在上升，分别为 0.61%、0.58% 和 0.48%（见图 19.5 和表 19.6）。

表 19.3　东非和中非的教育净入学率（2012 年或最近一年）

	初等教育			中等教育			高等教育		
	男	女	总计	男	女	总计	男	女	总计
布隆迪	138.0	136.9	137.4	33.0	24.2	28.5	4.2^{-2}	2.2^{-2}	3.2^{-2}
喀麦隆	117.9	103.2	110.6	54.3	46.4	50.4	13.7^{-1}	10.1^{-1}	11.9^{-1}
中非共和国	109.3	81.3	95.2	3.6	12.1	17.8	4.2	1.5	2.8
乍得	108.2	82.4	95.4	31.2	14.3	22.8	3.6^{-1}	0.9^{-1}	2.3^{-1}
科摩罗	105.9^{+1}	99.9^{+1}	103.0^{+1}	62.8^{+1}	65.0^{+1}	63.9^{+1}	10.6	9.1	9.9
刚果共和国	105.5	113.4	109.4	57.5	49.8	53.7	12.7	8.0	10.4
吉布提	73.1	65.9	69.5	49.4	38.1	43.8	5.9^{-1}	4.0^{-1}	4.9^{-1}
赤道几内亚	91.8	89.6	90.7	32.8^{-7}	23.6^{-7}	28.2^{-7}	—	—	—
厄立特里亚	—	—	—	—	—	—	3.0^{-2}	1.1^{-2}	2.0^{-2}
埃塞俄比亚	93.4^{-6}	80.5^{-6}	87.0^{-6}	35.5^{-6}	22.3^{-6}	28.9^{-6}	4.2^{-7}	1.3^{-7}	2.8^{-7}
肯尼亚	114.1	114.6	114.4	69.5	64.5	67.0	4.8^{-3}	3.3^{-3}	4.0^{-3}
卢旺达	132.3	135.1	133.7	30.8	32.8	31.8	7.8	6.0	6.9
索马里	37.6^{-5}	20.8^{-5}	29.2^{-5}	10.1^{-5}	4.6^{-5}	7.4^{-5}	—	—	—
南苏丹	102.9^{-1}	68.1^{-1}	85.7^{-1}	—	—	—	—	—	—
乌干达	106.5^{+1}	108.2^{+1}	107.3^{+1}	28.7^{+1}	25.0^{+1}	26.9^{+1}	4.9^{-1}	3.8^{-1}	4.4^{-1}

$-n/+n$= 基准年之前或之后 n 年的数据。

注：净入学量包括所有年龄段学生，包括那些低于或高于相应教育水平的官方年龄。参见词汇表（第 738 页）。

来源：2015 年 5 月联合国教科文组织统计研究所。

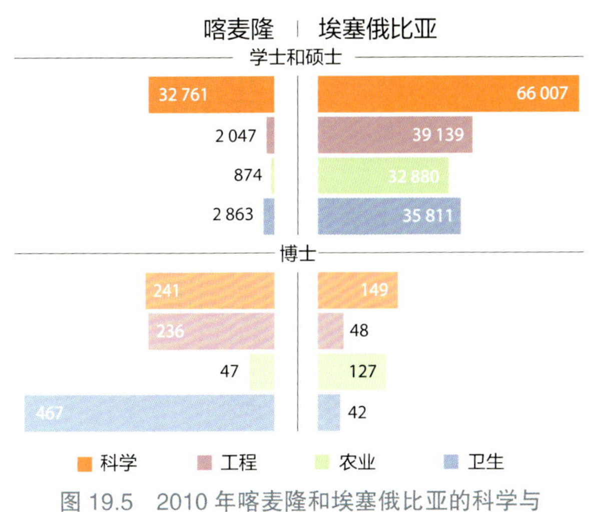

图 19.5　2010 年喀麦隆和埃塞俄比亚的科学与工程专业学生

来源：2015 年 5 月联合国教科文组织统计研究所。

政府往往是研发支出的主要来源，但是在加蓬和乌干达，企业部门对研发支出总量的贡献超过 10%（见表 19.5）。外国机构对于布隆迪、肯尼亚、坦桑尼亚和乌干达研发支出总量的贡献相当可观，分别达 40%、47%、42% 和 57%。

虽然关于 2011 年以来非洲科学、技术和创新指标计划的两项研发调查①已经公布，仍然缺乏大多数东部和中部非洲的研究人员数据。根据现有数据，按人头数，加蓬和肯尼亚的研究人员密度最高（见图 19.7）。

六个最多产国家取得明显进步

四个国家（喀麦隆、埃塞俄比亚、肯尼亚和乌干达）在科学出版业占主导地位，但加蓬、刚果共和国和卢旺达的科学出版力度也在提高，尽管当前水平较低（见图 19.8）。加蓬、喀麦隆和肯尼亚每百万居民读的文章最多，但埃塞俄比亚发展最快，自 2005 年以来出版量翻番，卷数仅次于肯尼亚。然而埃塞俄比亚的出版量仍然有限，每百万居民只有 9 本出版物。

大部分文章的主题都与生命科学相关，但在喀麦隆、埃塞俄比亚、肯尼亚和乌干达，地球科学研究正不断发展。值得注意的是，喀麦隆有一个多样化的研究组合，在 2014 年，喀麦隆在化学、工程、数学和物理相关的科学引文索引数据库中的文章数量上领先所在地区。总体而言，大多数国家的科学出版物数量都有所增长，反映政府加大了对科技的支持。

2010 年以来专利数量极少

在过去五年中，只有 2 个非洲经济委员会国家获得了美国专利商标局的专利。喀麦隆 2010 年注册了 4 个实用新型专利（新发明），2012 年注册了 3 个专利，2013 年注册了 4 个。这对于 2005 年至 2009 年只发明两个专利的喀麦隆是一个巨大的提升。另一个国家是肯尼亚。2010—2013 年之间该国注册了七项实用新型专利，然而与过去五年收到的 25 项专利相比，专利数量有了明显降低。2010 年以来，没有其他类型的专利（设计、植物或重新发行）得到授予，这表明非洲经委会正继续努力产出和登记新发明。

国家概况

布隆迪

实施科学、技术和创新政策以及开展研发调查

布隆迪是一个以自给自足农业主导经济的内陆国家。自十年前内战结束以来，它享受了一段政治稳定和经济快速发展的时期。对于布隆迪在简化业务，吸引外资，摆脱世界最贫穷国家之列方面做出的努力，世界银行的《全球商业环境报告》将其评为 2011—2013 年世界最顶尖经济改革者之一（世界银行，2013）。

2010 年，布隆迪在高等教育和科学研究部下成立了科学、技术和研究系，统筹整个经济领域的科学、技术和创新。于 2011 年通过了《国家科学、研究和技术创新政策》（Tumushabe 和 Mugabe, 2012）。

2011 年，布隆迪发布了其《2025 年愿景》文件。到 2025 年的主要目标是：

- 普及小学教育。
- 通过定期选举完善法律治理。
- 当前 90% 的人口无处居住，并且超过半数人口年

① 第一波调查分别发表于 2011 年和 2014 年的《非洲创新展望》。第三版《非洲创新展望》的调查将于 2017 年由瑞典出资进行。

表 19.4　撒哈拉以南非洲地区高等教育不同水平入学情况（2006 年和 2012 年或最近一年）

	年份	高等教育未获学位	学士和硕士学位	博士学位或同等学历	高等教育学位总量	年份	高等教育未获学位	学士和硕士学位	博士学位或同等学力	高等教育学位总量
安哥拉	2006	0	48 694	0	48 694	2011	—	—	—	142 798
贝宁	2006	—	—	—	50 225	2011	—	—	—	110 181
博茨瓦纳	2006	—	—	—	22 257	2011	—	—	—	39 894
布基纳法索	2006	9 270	21 202	0	30 472	2012	16 801	49 688	2 405	68 894
布隆迪	2006	—	—	—	17 953	2010	—	—	—	29 269
佛得角	2006	—	—	—	4 567	2012	580	11 210	10	11 800
喀麦隆	2006	14 044	104 085	2 169	120 298	2011	—	—	—	244 233
中非共和国	2006	1 047	3 415	0	4 462	2012	3 390	9 132	0	12 522
乍得	2005	—	—	—	12 373	2011	—	—	0	24 349
科摩罗	2007	—	—	—	2 598	2012	—	—	0	6 087
刚果共和国	2006	—	—	—	229 443	2012	—	—	—	511 251
刚果民主共和国	—	—	—	—	—	2012	18 116	20 974	213	39 303
科特迪瓦	2007	60 808	—	—	156 772	2012	57 541	23 008	269	80 818
厄立特里亚	—	—	—	—	—	2010	4 679	7 360	0	12 039
埃塞俄比亚	2005	0	191 165	47	191 212	2012	173 517	517 921	1 849	693 287
加纳	2006	27 707	82 354	123	110 184	2012	89 734	204 743	867	295 344
几内亚	2006	—	—	—	42 711	2012	11 614	89 559	0	101 173
几内亚比绍	2006	—	—	—	3 689	—	—	—	—	—
肯尼亚	2005	36 326	69 635	7 571	113 532	—	—	—	—	—
莱索托	2006	1 809	6 691	0	8 500	2012	15 697	9 805	5	25 507
利比里亚	—	—	—	—	—	2012	10 794	33 089	0	43 883
马达加斯加	2006	9 368	37 961	2 351	49 680	2012	33 782	54 428	2 025	90 235
马拉维	2006	0	6 298	0	6 298	2011	—	—	—	12 203
马里	—	—	—	—	—	2012	8 504	88 514	260	97 278
毛里求斯	2006	9 464	12 497	260	22 221	2012	8 052	32 035	78	40 165
莫桑比克	2005	0	28 298	0	28 298	2012	0	123 771	8	123 779
纳米比亚	2006	5 151	8 012	22	13 185	—	—	—	—	—
尼日尔	2006	2 283	8 925	0	11 208	2012	6 222	15 278	264	21 764
尼日利亚	2005	658 543	724 599	8 385	1 391 527	—	—	—	—	—
卢旺达	2006	—	—	—	37 149	2012	—	—	0	71 638
圣多美和普林西比	2006	0	0	0	0	2012	0	1 421	0	1 421
塞内加尔	2006	—	—	—	62 539	2010	—	—	—	92 106
塞舌尔	2006	0	0	0	0	2012	—	—	—	100
南非	—	—	—	—	—	2012	336 514	655 187	14 020	1 005 721
斯威士兰	2006	0	5 692	0	5 692	2013	0	7 823	234	8 057
坦桑尼亚	2005	8 610	39 626	3 318	51 554	2012	—	142 920	386	166 014
多哥	2006	3 379	24 697	0	28 076	2012	10 002	55 158	457	65 617
乌干达	2006	—	—	—	92 605	2011	—	—	—	140 087
津巴布韦	—	—	—	—	—	2012	26 175	—	—	94 012

注：赤道几内亚、加蓬、冈比亚、塞拉利昂、索马里、南苏丹和赞比亚的数据缺失。
来源：2015 年 5 月联合国教科文组织统计研究所。

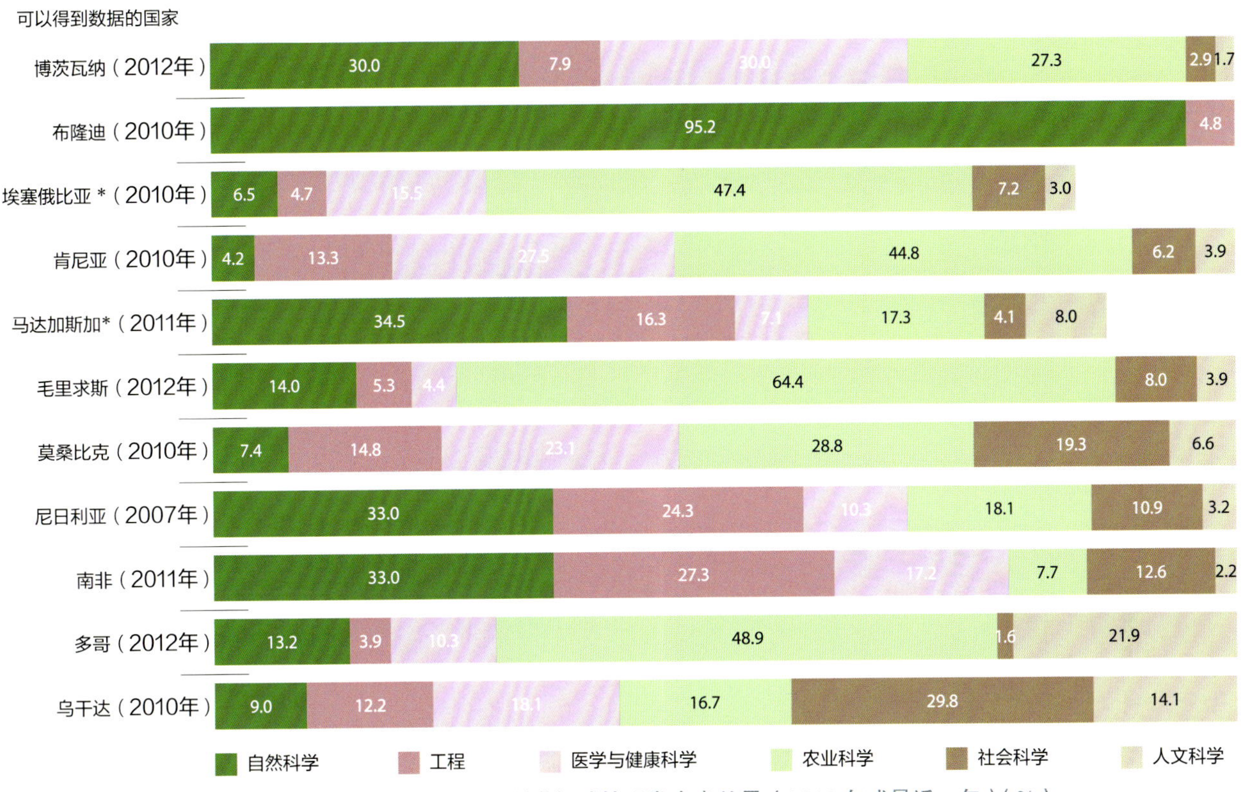

图 19.6　撒哈拉以南非洲地区科学领域的研发支出总量（2012 年或最近一年）（%）

* 如若数据总计未满 100%，是由于部分数据不足。

来源：2015 年 4 月联合国教科文组织统计研究所。

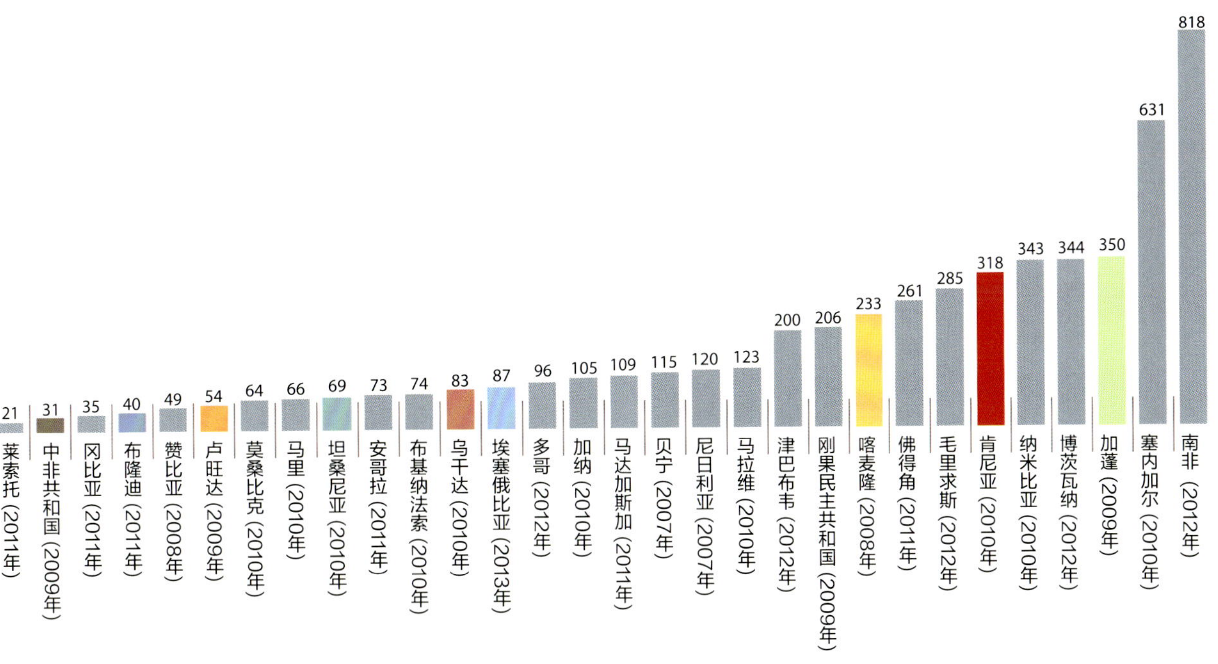

图 19.7　非洲撒哈拉以南地区每百万人口的研究人员（2013 年或最近一年）

来源：2015 年 4 月联合国教科文组织统计研究所。

11.3%

2008—2012年被引用次数前10%的论文中肯尼亚论文的比重；二十国集团的平均水平是10.2%

6.3%

2008—2012年被引用次数前10%的论文中埃塞俄比亚论文的比重；二十国集团的平均水平是10.2%

肯尼亚、埃塞俄比亚、乌干达和喀麦隆出版量最高

12.9%

2008—2012年被引用次数前10%的论文中乌干达论文的比重；二十国集团的平均水平是10.2%

1 500
900
600
300
0
571
303
281
244
70
56
13
2005年 2006年 2007年 2008年 2009年 2010年 2011年 2012年 2013年 2014年
肯尼亚 13
埃塞俄比亚 865
乌干达 75
喀麦隆 70
卢旺达 14
加蓬 137
刚果共和国 111

35
30
25
20
15
10
5
0
26
21
20
8
3
2
1
1
0
中非共和国 32
乍得 26
厄立特里亚
布隆迪 18
吉布提 15
索马里 7
赤道几内亚
南苏丹 0
科摩罗 0

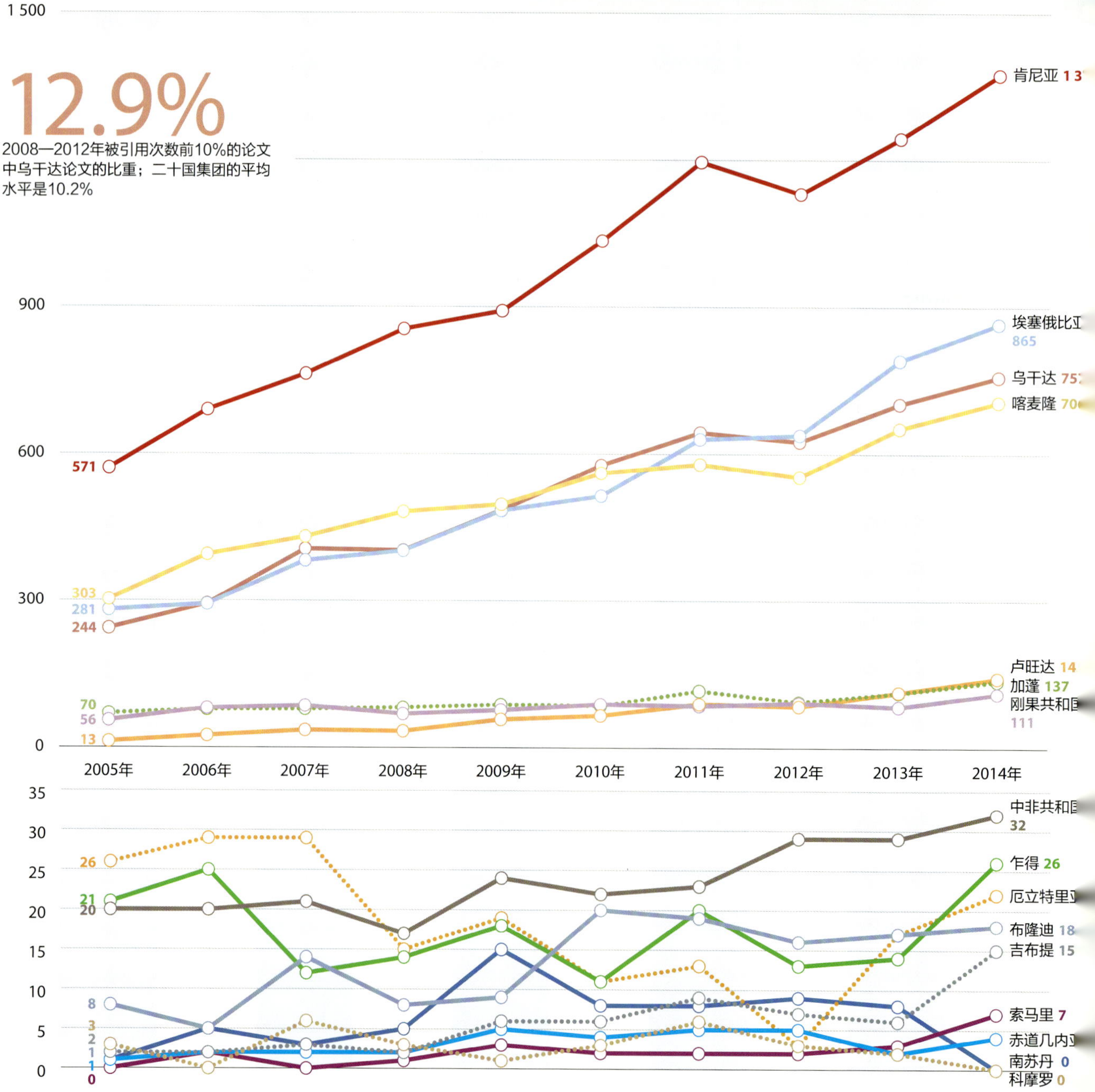

图 19.8 2005—2014 年东非和中非科学出版物发展趋势

在中非和东非生命科学占研究的主导地位

2014年在科学引文索引数据库中记录15篇以上论文的国家于2008—2014年不同领域累计发表数量

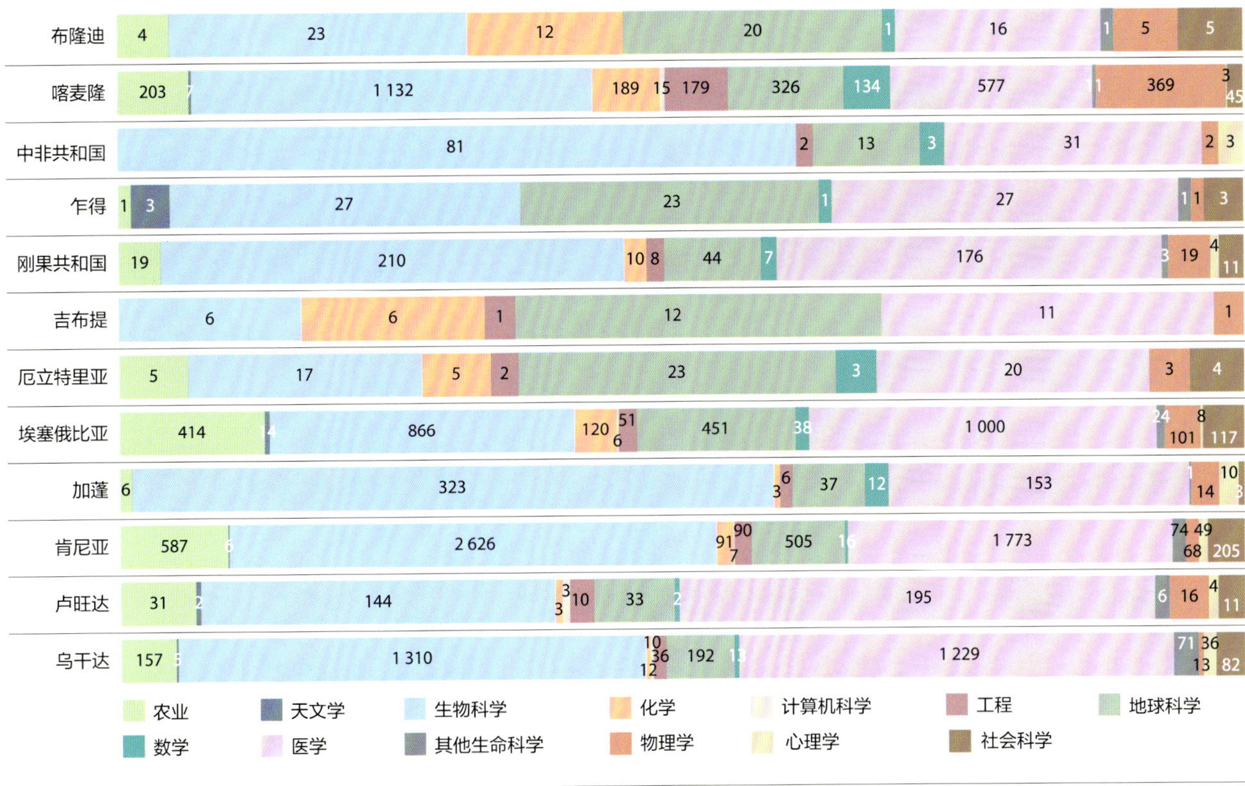

2014 年加蓬生产力最高

每百万居民的文章为最有生产力的国家

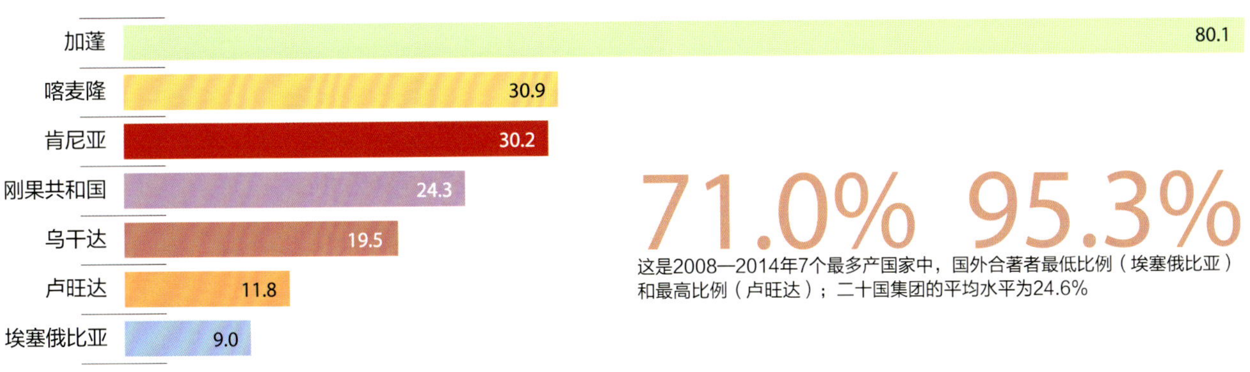

71.0% 95.3%

这是2008—2014年7个最多产国家中，国外合著者最低比例（埃塞俄比亚）和最高比例（卢旺达）；二十国集团的平均水平为24.6%

科学家合著者大多数是与非洲以外的国家合作，也有一些是与肯尼亚和南非

2008—2014年出版量最高的12国的主要国外合作伙伴（论文数量）

	第一合作者	第二合作者	第三合作者	第四合作者	第五合作者
布隆迪	比利时 (38)	中国 (32)	美国 (18)	肯尼亚 (16)	英国 (13)
喀麦隆	法国 (1 153)	美国 (528)	德国 (429)	南非 (340)	英国 (339)
中非共和国	法国 (103)	美国 (32)	喀麦隆 (30)	加蓬 (29)	塞内加尔 (23)
乍得	法国 (66)	瑞士 (28)	喀麦隆 (20)	英国/美国 (14)	
刚果共和国	法国 (191)	美国 (152)	比利时 (132)	英国 (75)	瑞士 (68)
吉布提	法国 (31)	美国/英国 (6)	加拿大 (5)	西班牙 (4)	
厄立特里亚	美国 (24)	印度 (20)	意大利 (18)	荷兰 (13)	英国 (11)
埃塞俄比亚	美国 (776)	英国 (538)	德国 (314)	印度 (306)	比利时 (280)
加蓬	法国 (334)	德国 (231)	美国 (142)	英国 (113)	荷兰 (98)
肯尼亚	美国 (2 856)	英国 (1 821)	南非 (750)	德国 (665)	荷兰 (540)
卢旺达	美国 (244)	比利时 (107)	荷兰 (86)	肯尼亚 (83)	英国 (82)
乌干达	美国 (1 709)	英国 (1 031)	肯尼亚 (477)	南非 (409)	瑞典 (311)

来源：汤森路透社科学引文索引数据库、科学引文索引扩展版；数据处理 Science-Metrix。

表 19.5　2011 年撒哈拉以南非洲国家研发支出情况

	研发支出总量占国内生产总值比重（%）	人均研发支出总量（当前美元购买力平价）	当前购买力平价下每位研究人员的研发支出总量	2011年不同资金来源的研发支出总量（%）				
				企业	政府	高等教育	私人非营利	国外
博茨瓦纳	0.26^{+2}	37.8^{+2}	109.6^{+2}	5.8^{+2}	73.9^{+2}	12.6^{+2}	0.7^{+2}	6.8^{+2}
布基纳法索	0.20^{-2}	2.6^{-2}	—	11.9^{-2}	9.1^{-2}	12.2^{-2}	1.3^{-2}	59.6^{-2}
布隆迪	0.12	0.8	22.3	—	59.9^{-3}	0.2^{-3}	—	39.9^{-3}
佛得角	0.07	4.5	17.3	—	100	—	—	—
刚果民主共和国	0.08^{-2}	0.5^{-2}	2.3^{-2}	—	100	—	—	—
埃塞俄比亚	0.61^{+2}	8.3^{+2}	95.3^{+2}	0.7^{+2}	79.1^{+2}	1.8^{+2}	0.2^{+2}	2.1^{+2}
加蓬	0.58^{-2}	90.4^{-2}	258.6^{-2}	29.3^{-2}	58.1^{-2}	9.5^{-2}	—	3.1^{-2}
冈比亚	0.13	2.0	59.1	—	38.5	—	45.6	15.9
加纳	0.38^{-1}	11.3^{-1}	108.0^{-1}	0.1^{-1}	68.3^{-1}	0.3^{-1}	0.1^{-1}	31.2^{-1}
肯尼亚	0.79^{-1}	19.8^{-1}	62.1^{-1}	4.3^{-1}	26.0^{-1}	19.0^{-1}	3.5^{-1}	47.1^{-1}
莱索托	0.01	0.3	14.3	—	—	44.7	—	3.4
马达加斯加	0.11	1.5	13.3	—	100.0	—	—	—
马拉维	1.06^{-1}	7.8^{-1}	—	—	—	—	—	—
马里	0.66^{-1}	10.8^{-1}	168.1^{-1}	—	91.2^{-2}	—	—	8.8^{-1}
毛里求斯	0.18^{+1}	31.1^{+1}	109.3^{+1}	0.3^{+1}	72.4^{+1}	20.7^{+1}	0.1^{+1}	6.4^{+1}
莫桑比克	0.42^{-1}	4.0^{-1}	60.6^{-1}	—	18.8^{-1}	—	3.0^{-1}	78.1^{-1}
纳米比亚	0.14^{-1}	11.8^{-1}	34.4^{-1}	19.8^{-1}	78.6^{-1}	—	—	1.5^{-1}
尼日利亚	0.22^{-4}	9.4^{-4}	78.1^{-4}	0.2^{-4}	96.4^{-4}	0.1^{-4}	1.7^{-4}	1.0^{-4}
塞内加尔	0.54^{-1}	11.6^{-1}	18.3^{-1}	4.1^{-1}	47.6^{-1}	0.0^{-1}	3.2^{-1}	40.5^{-1}
塞舌尔	0.30^{-6}	46.7^{-6}	290.8^{-6}	—	—	—	—	—
南非	0.73^{+1}	93.0^{+1}	113.7^{+1}	38.3^{+1}	45.4^{+1}	0.8^{+1}	2.5^{+1}	13.1^{+1}
坦桑尼亚	0.38^{-1}	7.7^{-1}	110.0^{-1}	0.1^{-1}	57.5^{-1}	0.3^{-1}	0.1^{-1}	42.0^{-1}
多哥	0.22^{+1}	3.0^{+1}	30.7^{+1}	—	84.9^{+1}	0.0^{+1}	3.1^{+1}	12.1^{+1}
乌干达	0.48^{-1}	7.1^{-1}	85.2^{-1}	13.7^{-1}	21.9^{-1}	1.0^{-1}	6.0^{-1}	57.3^{-1}
赞比亚	0.28^{-3}	8.5^{-3}	172.1^{-3}	—	—	—	—	—

$-n/+n$= 基准年之前或之后 n 年的数据。

注：部分国家的数据缺失。

* 如若数据总计未满 100%，是由于部分数据不足。

来源：2015 年 4 月联合国教科文组织统计研究所；马拉维：联合国教科文组织（2014 年）《马拉维共和国规划研究和创新》（见第 57 页）。

龄在 17 岁[①]以下，需要将人口年增长率从 2.5% 降至 2%，以保持农业产量和耕地。

- 将目前的贫困水平降低一半（人口的 67%）以及确保粮食安全。
- 提高国家能力，吸收高新技术，以促进经济增长和竞争力。
- 将人均国内生产总值从 2008 年的 137 美元提高至 720 美元，并确保每年的经济增长率为 10%。
- 将城市化人口从 10% 增至 40%，以保护土地。
- 优先保护环境和合理利用自然资源。

2011 年东非共同体秘书处进行了评估，指定社区内的五个卓越中心接受东非共同体所提供的资金。作为五个中心之一，布隆迪国家公共卫生研究所提供培训、诊断和研究（见专栏 19.2）。

自从 2013 年 8 月参与非洲科学、技术与创新指标倡议以来，布隆迪一直在进行关于研究和创新的全国调查，帮助国家做出决策。

喀麦隆

发展信息通信技术追赶进度

2007 年 9 月，国家信息通信技术机构发布了国家信息通信技术发展政策。在该政策的支持下，成立了数个针对 2010 年后发展阶段的方案和项目，包括（IST-Africa, 2012）：

① 2014 年布隆迪的人口年增长率增至 3.1%，见表 19.1。

专栏 19.2 非洲生物医学科学卓越中心

东非共同体在 2011 年进行了一项研究，从东非共同体的五个伙伴国家选定 19 个卓越中心。2014 年 10 月，东非共同体负责卫生的部门理事会在第十次例会中选出五个卓越中心作为东非共同体资助的第一批，即国家公共卫生研究所（布隆迪）、东非大裂谷技术培训学院（肯尼亚）、卢旺达大学、*乌干达工业研究所（坦桑尼亚）以及艺术和文化研究所。

作为对整体行动计划的补充，非洲发展银行（AFDB）于 2014 年 10 月批准双边贷款总计达 9800 万美元，为其自身发起的关于东非生物医学科学技能和高等教育的卓越中心的第一阶段提供资金。

非洲开发银行项目将有助于发展生物医学科学领域的高熟练度劳动力来满足东非共同体的直接劳动力市场需求并支持东非共同体实施“免费”劳动力市场协议。医疗旅游是一个潜在的增长领域。

非洲开发银行项目的第一阶段将支持成立以下领域的专业化卓越中心：肯尼亚的肾脏泌尿科、坦桑尼亚的心血管医学、卢旺达的生物医学工程和电子健康，以及乌干达的肿瘤学。在该项目的第二阶段，一个卓越中心将在布隆迪开设营养科学。东非肾脏研究所将作为内罗毕大学及其教学医院（肯雅塔国家医院）的一部分运行。其他卓越中心将建立于卢旺达大学医学和卫生科学学院，乌干达癌症研究所以及坦桑尼亚的莫西比利大学健康和相关科学所。约 140 名硕士和 10 名博士生将在该计划中得到资助，此外还有 300 名实习生也将获益。

卓越中心将与国际知名机构合作，开发高质量课程和联合研究，促进大学间交流，提供项目指导和文献资源。

* 原基加利理工学院。

来源：非洲开发银行新闻稿和个人通稿；作者。

- 对于信息通信技术的国家工作人员开展培训项目。
- 采取措施完善信息通信技术的法律、监管和制度框架，营造一个有竞争力的环境促进企业更好地提供电子通信服务、推动创新，促进服务多元化并降低成本。
- 促进光纤电缆等电信网络的升级。

该政策采取了以下举措来促进信息通信技术的运用，其中（IST-Africa, 2012）：

- 科学研究与创新部发布了一项构建信息和知识社会的行动计划。
- 高等教育部实施了一项针对高等教育机构的信息通信技术发展计划。
- 中学教育部在中学建立了多媒体资源中心。
- 在中小学硬性要求推广信息通信技术相关项目。
- 总理办公室已实施国家治理方案。

政策的实施却一直受到财政资源缺乏、政府与外部伙伴之间的协同不足和国家的项目管理能力较弱问题的阻碍。2007—2013 年间，总人口的互联网普及率仅从 2.9% 升至 6.4%。但近年来已经成立了两个创新中心（见专栏 19.3）。

政府还在不断加大对企业的支持并加强研究机构和专业社区之间的联系，以建立一个本土的信息通信技术部门来实现国家的《2035 年愿景》。该计划书于 2009 年通过，旨在于 2035 年之前将喀麦隆转变成一个新兴工业化国家。《2035 年愿景》预计非正规部门将支撑国家经济的 80% ~ 90%。目标包括：

- 提高制造业占国内生产总值比例，从 10% 升至 23%（2013 年已达近 14%，见图 19.2）。
- 通过发展制造业，降低林业，农业和水产养殖业占出口比重，从 20.5% 降至 10%。
- 提高投资占国内生产总值比例，从 17% 升至 33%，以推动技术发展。
- 增加拖拉机数量，从每 100 公顷 0.84 台拖拉机升至每公顷 1.2 台。
- 提高医生比例，从每 10 万居民有 7 名医生升至有 70 名医生；类似的目标还有提高教师比例，包括工程领域如信息通信技术、土木工程、农学等的教师比例。
- 将中学及大学专攻科技学科的学生比例从 5% 提

专栏 19.3 创意空间和喀麦隆创新中心：帮助喀麦隆的初创企业抢占先机

社区技术和创新中心的创立对于政府行动来说是一个重要支持方案。该领域的一个先驱是创意空间，它在喀麦隆的杜阿拉和布埃亚这两个城市建设共享空间，为网络和手机项目、设计师、研究人员和创业者提供了设备条件。该中心旨在促进特别是青年和妇女的“非洲制造”技术、创新和创业。

2015 年以来，创意空间已提供长达 6 个月的孵化器或加速器项目，即激活训练营，为企业家在注册创业公司和融资方面提供法律咨询、指导和协助，以股权的 5% 作为回报。创活空间还举办各种活动，包括演示日会让训练营学员展示他们的产品和服务。

另一个创新中心和孵化器——喀麦隆创新中心，为年轻科技创业者提供了一个平台，利用互联网和移动技术发展创业公司，应对本国社会挑战。喀麦隆创新中心促进了开发商、企业家、企业和大学的相互作用。

来源：作者编辑整理。

升至 30%。

- 通过经济发展和妇女解放，鼓励计划生育，将年人口增长率从 2.8% 降至 2%。
- 增加获取饮用水的人口比例，从 50% 升至 75%。
- 主要通过水电和天然气开发，使能源消费增加一倍。

中非共和国

优先事项：让儿童难民回归学校

2012 年内战以来，中非共和国的社会结构遭到严重破坏，约 20 万人流离失所。自从 2013 年博齐泽总统逃亡国外，先是“塞雷卡”组织领导人米歇尔·多托贾继而凯瑟琳·桑巴－潘扎于 2014 年 1 月出任临时总统。

通过 2014 年 7 月脆弱的停火协议以及国际维和部队的帮助，该国已开始恢复基础设施建设。当前过渡政府、国家教育部和高等教育和科学研究部要求发展科学、技术和创新，促进国家复苏和可持续发展。然而部门的当务之急是恢复从小学到大学的教育体系。教育界面临的最大挑战是许多学龄儿童还在难民营中生活以及大批受过教育的人包括教师和专家的流失。

乍得

多元化矿业计划

近年来，乍得遭受了洪水和干旱以及边境冲突的影响。虽然 2010 年与苏丹签订了一个互不侵略条约因而关系有所改善，但自 2012 年以来邻国利比亚、尼日利亚和中非共和国局势动荡，迫使乍得提高国防预算以解决难民涌入问题和不断增加的跨国威胁，包括由博科圣地组织施加的威胁。

过去十年中，本国经济日趋依赖石油产业。这使经济增长模式不稳定，因为石油产量一直在波动。由于佳能可斯特拉塔公司作业的曼加拉和巴迪拉油田以及中国石油子公司管理的一个新油田不断增加石油产出，乍得有望在 2016 年产量翻番。根据财政部部长科杰·贝都姆拉所述，乍得政府已委托一些来自法国和俄罗斯联邦的咨询公司对其黄金、镍、铀等矿产资源潜力进行评价，以推动经济多样化（Irish, 2014）。

乍得是世界上最不发达的国家之一，在 2012 年人类发展指数排名第 183 名。尽管学校出勤率和清洁饮用水获取率有所提升（见表 19.3 和表 19.1），但据世界银行称，许多乍得人仍面临严重贫困，大多数千年发展目标无法实现。

乍得没有具体的科学、技术和创新政策。然而，2006 年法律规定高等教育和科学研究部统筹科学、技术和创新发展。

科摩罗

移动电话技术已相当发达

三个小岛屿了组成科摩罗的 75.2 万人口，其中一半人口年龄在 15 岁以下。国家经济主体是农业（占国内生产总值的 37.1%），制造业占国民收入的 7%。虽然 2013 年能访问互联网的人口不到 7%，但近半数居民（47%）拥有手机。仅 17% 人口的环境卫生得到改善，但 87% 的人口能获取清洁饮用水（见表 19.1）。

2008 年科摩罗将国内生产总值相当大的比重投入到教育行业（7.6%），其中六分之一流入高等教育（见表 19.2）。十分之一（11%）的年轻人能够进入该国唯一的公立大学即成立于 2003 年的科摩罗大学。到 2012 年，该大学在籍学生超过 6 000 人，比 2007 年增加了一倍，但尚无博士研究生（见表 19.4）。

刚果共和国

推动工业化和现代化

据世界银行称，2010 年刚果共和国是世界上增长速度第四的经济体。政府计划通过《2025 年愿景》在 2015 年之前把刚果转变成一个新兴经济体。该文件于 2011 年被采用，其预见到原本严重依赖石油的经济将实现多样化和现代化，以及中等和高等教育将得到发展，以提供必要的技能基础。

为了促进法治，政府强调要加强参与性和包容性民主。多个项目着重与国内外市场建立物理（运输）和虚拟（信息通信技术）的联系。两个关键基础设施项目正在进行中，一个是英布鲁大坝的建设（装机容量达 120MW），另一个是刚果大洋铁路的修复。

2014 年 12 月联合国教科文组织与刚果签署了为期三年的协议，帮助刚果规划科学、技术和创新的生态系统，开发工具以保证更好地实施政策，让研究人员更好地进行研究，从而加强科研和创新。缺乏知识产权意识是创新遇到的一大障碍，导致新知识被消息灵通的竞争对手抢先申请专利（Ezeanya, 2013）。2004 年，刚果请求联合国教科文组织对于国家科学[①]和技术政策发展提供支持。这导致了 2010—2016 年行动计划的诞生。新的协议通过紧抓现代化和工业化，加强了现有方案。

为了凸显科学、技术和创新的重要性，科学研究和技术创新部已从高等、初等和中等、技术和职业教育部分离出来。2012 年 1 月，科学研究和技术创新部开始与刚果公司 ISF 进行科技合作，结合商业智能共同开发和整合信息通信技术的解决方案，以优化企业绩效。

在刚果，大学－产业之间的联系来源于个别大学对小型企业的支持。例如，位于黑角和杜阿拉的私营非营利 ICAM 工程学院于 2013 年 11 月成立了一个项目，专为中小企业提供技术支持。

吉布提

教育优先

2011 年公共教育支出占国内生产总值的 4.5%。现小学学费全免，10 个孩子中 7 个能上小学，不过男孩比例仍比女孩高（见表 19.3）。在 2006 年吉布提大学成立之前，学生只能去国外上学，并且可以申请政府资助，这导致人才流失。2014 年 5 月，在高等教育和研究部的帮助下，吉布提大学启动了网校。该大学计划在 2016 年年初组织地质灾害国际研讨会。现正与美国耶鲁大学和麻省理工学院合作建立一个天文台，以监测东非的气候变化。

2007 年五分之四的公民在服务业工作，而制造业在国内生产总值仅占 2.5%（见图 19.2）。吉布提的现代化转型，越来越依赖于如何从全球经济中获取技术，并将其与本国发展水平相适应。外国直接投资主要来自中东并且总额很高（2013 年占国内生产总值的 19.6%），但逐渐流向位于红海的国家战略港口。具有技术转让和地方能力建设潜力的投资项目需要加强。对于科学、技术和创新指标的更强统计能力将帮助政府监管该领域的改进状况。

自从 2002 年加入世界知识产权组织，吉布提已经制定了关于版权和邻接权保护的法律（2006）和工业产权保护的第二律法（2009）。

赤道几内亚

国际承诺面临低产出的困境

1995 年成立的赤道几内亚国立大学是全国主要高等教育机构。它开设农业、商业、

① 2004 年以来联合国教科文组织与刚果共和国的合作详情参见《联合国教科文组织科学报告 2010》。

教育、工程、渔业和医学系。

2012 年，总统奥比昂·恩圭马·姆巴索戈为联合国教科文组织 – 赤道几内亚生命科学研究国际奖建立了基金。除了奖励进行研究的个人、机构或其他实体外，该奖项还促进了生命科学卓越中心的建立和发展。由于该奖项实际是国际性的，不是针对赤道几内亚公民的，因而招致国内的批评，批评认为尽管赤道几内亚由于石油经济发展而被列入高收入国家之列，但国内仍处于高度贫困的状况。

2013 年 2 月，赤道几内亚向非洲联盟申请主办科学、技术和创新计划的非洲观测站，负责收集非洲大陆科学、技术和创新能力的相关数据。作为提供了 360 万美元的唯一申请者，赤道几内亚赢得了主办权，不过在该设施的建设过程中，受到了各种行政和政治上的阻碍。

尽管赤道几内亚做出了两个高知名度的国际承诺，但关于科学、技术和创新政策及实施可获取的信息很少，有点讽刺的是，该国并没有进行科学、技术和创新的数据调查。科学引文索引数据库仅收录了赤道几内亚 2008—2014 年间 27 篇科学论文，在这一指标方面赤道几内亚与科摩罗和索马里处于同一水平上（见图 19.8）。

厄立特里亚

紧迫的发展挑战

厄立特里亚面临着许多发展挑战。2013 年互联网普及率仅达 0.9%，移动电话持有量仅达 5.6%（见表 19.1）。此外，只有很少部分人口能获得较好卫生条件（9%）和干净的水（43%）。不仅如此，2014 年人口增长速度为 3.16%，在撒哈拉以南非洲地区属于最快的国家之一（见表 19.1）。

2009 年三分之二的人口在服务业工作。由于 2012 年黄金出口额占据出口总额的 88%（见图 18.1），厄立特里亚迫切需求经济多样化来保障可持续发展和吸引外国直接投资。2013 年该国外国直接投资仅占国内生产总值的 1.3%。该国经济增长不稳定，2012 年增长率为 7%，但 2013 年只有 1.3%。

厄立特里亚技术学院是科学、工程和教育领域的主要高等教育机构。该学院的设施和能力正在不断升级，很大程度上得益于外部资金支持，教育部也提供了一定支持。每年毕业生数量正稳步上升，不过起点较低。2010 年，18 ~ 23 岁的年轻人中只有 2% 的人就读于大学，尚无任何博士生在读（见表 19.3 和表 19.4）。科学引文索引数据库中厄立特里亚的出版物数量从 2006 年的 29 篇下降至 2014 年的 22 篇（见图 19.8）。

国家科学和技术委员会、厄立特里亚科技发展局和国家科学技术咨询委员会均成立于 2002 年。国家科学技术委员会负责政策的制定、审核和批准，但根据现有信息，2002 年以来尚未公布具体的科技政策。厄立特里亚科技发展局是一个自治法人，它有两个主要目标：在国家科学和技术委员会指导下促进和协调科技应用的发展以及建设国家研发能力。

埃塞俄比亚

一个宏大的增长和转型计划

在过去十年中，埃塞俄比亚在非洲的农业经济体中经济增速最快。政府现在正专注于现代化和工业化进程，以实现在 2015 年之前将埃塞俄比亚转变成中等收入国家的宏伟目标。

政府表示，科学、技术和创新将成为实现《2011—2015 年增长和转型规划》的前提条件。一份政府报告记录了实施规划头两年取得的进步（MoFED, 2013）：

- 通过研究，提高了作物和牲畜生产量并保护了土壤和水资源。
- 生成和传播更多地球科学数据，开展更多研究解决矿业相关问题。
- 发展了替代施工技术来建设公路。
- 开始建设国家铁路网。
- 在中、大型制造业中实现可持续技术转移，并通过私有化和吸引外国投资以提高出口能力：截至 2012 年，该子行业经济增长率为 18.6%，已接近 19.2% 的目标；到 2012 年，附加值工业产品的增长率达 13.6%；但由于生产力低下，技术能力不足，缺乏投入和其他结构性问题，来自纺织品、皮革制品、药品和农业加工品的出口收入令人失望。

- 可再生能源得到发展，相关项目包括：阿什戈达（Ashegoda）和阿达玛二期（Adama-2）风力发电项目、青尼罗河的埃塞俄比亚复兴大坝和正在253万公顷的土地上建设的生物燃料（麻风树、蓖麻等）工厂。
- 出台《适应气候变化的绿色经济发展愿景和战略》，同时在减排过程中强制遵循环境法律和能力建设要求。
- 在2009年至2011年间，接受高等教育的学生数量从40万提升至69万；2015年女学生占比40%。
- 2011—2012年国家研究和创新调查发现，国内生产总值的0.24%被政府投入到研发支出总量中，并且与2009年持平。调查还发现每百万人口就有91名研究人员。

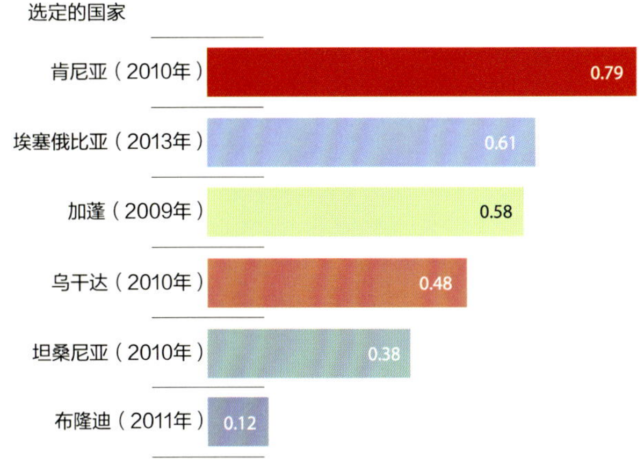

图 19.9　2013 年或最近一年东非和中非研发支出总量占国内生产总值的比例（%）

来源：联合国教科文组织统计研究所。

同时，在联合国教科文组织的支持下，政府修订了《国家科技政策（2007）》，将下列内容纳入政策范围内：

- 随着政治力量的去集权化，埃塞俄比亚的经济也从中央集权向开放的市场经济转型。
- 全球范围内对科学、技术和创新的理解和应用都取得了进步，国家层面社会经济也有迅速的变化。
- 必须发展国家科学、技术和创新能力，以把握全球在科学知识和技术方面的发展所带来的机遇。
- 当时科学技术和创新的特点是对于有限资源的利用比较零散、不协调并且不经济。

修订后的《国家科学、技术和创新政策》自2010以来一直在运作。它旨在“通过创新来树立竞争力”。它的优势包括：将科学技术委员会提升为国家级部门，并更名为科学技术部；倡导政府将国内生产总值的至少1.5%投入到所有部门的科学、技术和创新中；并将所有生产和服务部门年利润的1%用以创建一个中央创新基金，为研发提供资金。截至2015年年中，政府分配和创新基金都未实行。联合国教科文组织统计研究所数据表明，2013年研发支出总量占国内生产总值的比例已经上升至0.61%（见图19.9），2010—2013年间女性研究者比例也有了急剧增长，从7.6%升至13.3%。

有两个项目脱颖而出：

- 一个是于2010年启动的国家重点技术能力计划，涉及领域包括农业生产力提高、工业生产力和质量计划、生物技术、能源、建筑和材料技术、电子技术和微电子技术、信息通信技术、电信和水处理技术。
- 还有一个是于2005年启动，目前正在进行的工程能力建设计划，该计划由埃塞俄比亚政府和德国政府共同出资，属于埃塞俄比亚—德国发展合作内容。重点领域包括纺织品、建筑、皮革、农业加工、医药、化学品和金属。

2014年，大学里与工业有联系的科学和技术专业将归于新成立的科学技术部，以促进学术界创新和激发技术驱动型企业。位于亚的斯亚贝巴和阿达玛的首批两所大学就是于2014年从高等教育部转到科学技术部的。

加蓬

绿色加蓬 2025 年计划

加蓬是非洲最稳定的国家之一。尽管是非洲大陆罕见的中上等收入经济体之一，它具有收入分配相当不平等的特点。此外基础设施不完善，包括运输、健康、教育和研究等部门（世界银行，2013）。

石油在经济中占主导地位，但随着生产开始下降，政府自 2009 年以来一直在实施政治和经济改革，目标是在 2025 年前让加蓬成为发达国家。该宏伟目标包含在政府战略《新兴加蓬：2025 年战略计划》中。该战略计划显示，推动本国走上可持续发展的道路，是“新的行政政策的核心”①。该计划于 2012 年通过，它确定了两个同等重要的挑战：以石油出口为主导的经济多元化需求（2012 年石油出口占国内生产总值的 84%，见图 18.2），以及减少贫困和促进平等机会的必要性。

该计划的三大要点是：

- 绿色加蓬：可持续发展国家自然资源，加蓬现在拥有 2 200 万公顷的森林资源（森林覆盖率达 85%）、100 万公顷耕地资源、13 个国家公园和 800 千米的海岸线。
- 工业加蓬：发展本地加工原料，出口高附加值产品。
- 服务加蓬：发展高质量教育和培训，以使加蓬成为金融服务业、信息通信技术、绿色增长、高等教育和卫生健康的区域领头羊。

该计划预计《国家气候计划》将限制加蓬的温室气体排放，并制定适合加蓬的策略。加蓬的电矩阵中水电的份额计划从 2010 年的 40% 到 2020 年提升至 80%。同时，低效的火电站将被清洁能源的发电站所取代，将清洁能源的份额提升至 100%。到 2030 年，加蓬计划向邻国出口 3 000MW 水电。此外，加蓬还将努力提高能源利用效率，减少建筑和运输等领域的污染。

关于可持续发展的法律对这一新模式制定了规定，这种可持续发展将产出资金来补偿其所带来的负面效果。此外，自然资本也将遵照《哈博罗内宣言》（见专栏 20.1）纳入国家会计制度中。

优先发展素质教育

素质教育是 2015 年《新兴加蓬：2025 年战略计划》的另一个重点。四所中等技术学校计划成立，提供 1 000 个入学名额，以将受技术教育学生的比例从 8% 升至 20%，从而为木材、林业、矿业、冶金②、旅游业等关键经济部门提供技术人员。

为了让大学课程适应市场需求，现有高校将实行现代化，在博尔—加蓬的核心地区创建教育和知识的绿色城市。该城市将使用绿色材料来建设，通过绿色能源来运行，集校园、研究中心和现代住宅于一体，鼓励国外大学在此建立校区，创立研究基金，支持具有竞争力基础的学术项目并与国家数字基础设施和频率机构合作建立信息技术园区。

所有中小学都要配备一个多媒体教室，并落实相关机制让所有的教师和大学生都能配一台电脑。

同时，该计划将实行广泛的行政和法律改革，来提高效率促进法治。一批新的机构将成立以促进素质教育发展，其中包括教育、培训和研究委员会，它将负责评估政府教育政策的实施情况。

实施《新兴加蓬：2025 年战略计划》的举措

自 2011 年以来，政府已采取了一些举措来执行《新兴加蓬：2025 年战略计划》，包括：

- 2011 年 2 月在兰巴雷内的阿尔伯特·史怀哲医院建立肺结核研究单位，以应对肺结核发病率增加的问题。
- 2011 年 6 月，由加蓬和美国俄勒冈大学创立环境研究联合中心，聚焦于气候变化和环境治理，包括生态旅游的发展。
- 2012 年 10 月在莫安达成立了一所采矿和冶金学校，以在这些领域培养更多科学家和工程师。
- 2013 年 2 月，开放水和林业学院的数字校园，以培养更多的工程师。
- 2013 年 6 月开设三个新的职业培训中心。
- 2013 年 11 月，全国气候变化委员会正式向总统提交了《国家气候计划》，该委员会是于 2010 年 4 月由总统令成立的机构。
- 2014 年 4 月成立高等教育和科学研究部。
- 2014 年 8 月通过了可持续发展相关法律；该法律引起了公民社会的一些担心，担心它是否会保护第三方的领土权利，特别是那些地方社区和原住民社区（malouna，2015）。

政府最近已建立两个公私合作伙伴关系。2012 年 12 月，政府与加蓬壳牌公司合作，开发了一种

① 2009 年 10 月加蓬总统阿里·邦戈·翁丁巴上任。

② 据加蓬政府称，2010 年加蓬吸引了超过 40 亿美元用于木材，农业和基础设施部门。

"有趣"的方法让青少年了解艾滋病毒，称为"艾滋病毒预防游戏"。2013 年 2 月，政府还与爱尔兰布莱思公司合作发展加蓬的海鲜和海运业。

肯尼亚

改变规则的举措

2013 年科学、技术和创新法案通过，大大推动了肯尼亚的科学、技术和创新政策发展。该法案有助于《肯尼亚 2030 年愿景》的实现，预计该国将在 2008 年至 2030 年间转型为拥有熟练劳动力的中等收入经济体。肯尼亚已经成立了多个生命科学培训研究中心，包括生物科学东部和中部非洲网络（见专栏 19.1）和国际昆虫生理学和生态学中心。为了实现《2030 年愿景》，肯尼亚正在加入非洲发展银行的东非能力和高等教育卓越中心，该中心属于生物医学科学项目（见专栏 19.2）。

《2030 年愿景》包括以下旗舰项目：

- 在重点城市中心为中小企业设立了五个工业园区，大多数用于农业加工。
- 内罗毕工业技术园区联合乔莫肯雅塔农业技术大学共同发展。
- 孔扎科技城，正在内罗毕建设中（见专栏 19.4）。
- 东非大裂谷地热能源开发项目，将能源发电提升至 23 000MW，该项目是调动民间资本来发展可再生能源（见专栏 19.5）。
- 图尔卡纳湖风电项目，于 2014 年开始建立非洲最大的风电场。
- 政府认同信息通信技术的经济潜力，于 2013 年 12 月宣布将在全国 47 个县内建立技术孵化中心。

基于 2013 年科学、技术和创新法案，教育、科学和技术部负责制定、推广和实施高等教育、科学技术和创新总体，特别是研发方面的政策和战略，此外教育、科学和技术部还负责技术、产业、职业和创业方面的培训。

该法案建立了一个国家科学、技术和创新委员会。此委员会是一个监管和咨询机构，同时也负责质量保证。其具体功能包括：

- 优先发展科学、技术和创新领域；与其他机构一同协调政策的实施与融资，其他机构包括地方政府、新的国家创新机构和新的国家研究基金（见后页）。
- 为科研机构提供资格认证。
- 促进私营部门参与研发，并负责科研系统的年度总结。

该法案进一步授权国家科学、技术和创新委员会建立咨询研究委员会，来为委员会就具体方案和项目提供建议，维护数据库和促进相关领域的研发和教育。该法案还确立了一个要求，即任何想从事研发的人需要获得政府许可证。

专栏 19.4 孔扎科技城——肯尼亚的"草原硅谷"

孔扎科技城最初被设计为一个以业务流程外包和信息技术服务为中心的科技园区。肯尼亚政府与国际财务公司签订合同于 2009 年进行初步可行性研究。然而，研究进行过程中，咨询设计合作方建议将项目扩大为建立技术城。肯尼亚政府批准，并将孔扎科技城命名为"草原硅谷"。

2009 年政府在内罗毕外大约 60 千米处购买了约 2 000 公顷的土地，开始了新的绿地投资［见词汇表（第 738 页）］。财务方案是基于一种公私合作模式，即政府负责提供基础设施以及配套的政策和监管框架，私人投资者负责建设和运营产业的发展。最后孔扎科技城应该包括大学校园、住宅、酒店、学校、医院和研究机构。

科技城的发展由孔扎科技社会发展局进行指导，该发展局在市场营销、转租土地、引导房地产开发、管理公私来源的资金、联络地方当局确保优质服务等方面具有权威性。孔扎科技城的建设始于 2013 年年初，预计需要 20 年。它有望在 2015 年创造 2 万个信息技术方面的工作岗位，在 2030 年创造 20 万个。

来源：www.konzacity.go.ke；英国广播公司（2013）。

专栏 19.5 促进肯尼亚发展的地热能源

在肯尼亚，只有五分之一的人能够获得电力，而这个需求正不断上升（见表 19.1）。几乎一半电力都来自水电，但发生干旱的频率越来越高，造成水和电力短缺，影响到肯尼亚经济的所有部门发展。作为一个应急权宜之计，政府已聘请私人能源公司进口化石燃料，如煤和柴油，这个方法开销巨大，同时还会导致大量空气污染。

《2030 年愿景》（2008）已将能源确定为国家发展战略的支柱。《2030 年愿景》正在通过连续 5 年的中期计划来实施。它树立了一个宏伟的目标，即将国家电力供应能力从当前的 1 500MW 到 2030 年提升至 21 000MW。

为了应对能源挑战的同时保持低碳路线，肯尼亚计划开发其在东非大裂谷的地热田。这些地热田生产潜力预估能达到 14 000MW，但至今开发利用尚不充分。目前地热装机容量只达到开发潜力的 1.5%。

地热开发公司（GDC）在能源法案（2006）的背景下成立于 2009 年，以执行《国家能源政策》。地热开发公司是政府机构，帮助投资者缓冲与地热钻井相关的高资本投资风险。地热开发公司预计将钻多达 1 400 口地热井，探索蒸汽前景，开发可用的生产井，从公共电力公司和私人电力公司招标投资者。

在 2012—2013 财年的预算中，肯尼亚政府拨款 3.4 亿美元用于地热能源和煤炭的勘探和开发。其中只有 2 000 万美元投入到地热开发公司。

来源：世界水评估计划（2014）。

肯尼亚国家创新局在法案下成立，负责发展和管理国家创新体系。它的主要任务如下：

- 在利益相关者之间建立联系，包括大学、研究机构、私营部门和政府。
- 建立科学创新园区。
- 促进创新文化。
- 维护相关标准和数据库。
- 传播科学知识。

该法案还创建了国家研究基金，并规定每个财政年将国内生产总值的 2% 投入基金。关于资金的实质性承诺，将使肯尼亚完成将研发支出总量从 2010 年占国内生产总值的 0.79% 到 2014 年提高至 2% 的目标。

肯尼亚总结了 2012 年《科学、技术和创新政策》，但修改后的政策尚未经过议会通过。但该草案仍然可以作为教育、科学和技术部的一个参考文件。

迈向数字肯尼亚

2013 年 8 月，信息通信技术部成立了一家名为信息通信技术局的国有企业。根据 2014—2018 年的《肯尼亚国家信息通信技术总体规划：迈向数字肯尼亚》，其功能包括：集中式管理所有政府的信息通信技术职能；维护政府的信息通信技术标准；提升信息通信技术素质、能力、创新和企业。

在过去的几年里，肯尼亚的信息通信技术活动发生了爆炸性的增长，往往以创新中心为核心。其中一个先锋者是 iHub，由技术专家埃里克・赫斯曼（Erik Hersman）于 2010 年成立于内罗毕，为技术社区包括青年科技创业者、程序员、投资者和技术公司等提供一个开放的平台。iHub 已与多家跨国公司包括谷歌、诺基亚和三星，以及肯尼亚政府的信息通信技术董事会建立了合作关系（Hersman，2012）。

另一个创新中心是 @iLabAfrica，作为斯特拉斯莫尔大学信息技术系的研究中心成立于 2011 年 1 月，是位于内罗毕的一家私人机构。该中心促进信息通信技术领域的研究、创新和创业。

创新孵化项目的形成推动了肯尼亚相关领域的发展。一个突出的例子就是 NaiLab 实验室，它是一所信息通信技术创业企业的孵化器，提供三至六个月的创业培训。2011 年 NaiLab 实验室作为一家私营公司开始运行，与众筹平台“1% 俱乐部”和咨询公司埃森哲合作。2013 年 1 月，肯尼亚政府与 NaiLab 实验室合作推出一个 160 万美元、为期三年的科技孵化项目，以支持国家的新兴技术创业领域（Nsehe，2013）。这些资金将使 NaiLab 实验室将其地域范围扩大至其他肯尼亚城镇，帮助初创企业获得信息、资本和业务联系。内罗毕还拥有东非 mlab 实验室，该实验室为移动创业、企业孵化、开发人员培训和应用测试提供了一个平台。

卢旺达

优先发展基础设施、能源和“绿色”创新

在经济和人口快速增长的背景下，科学、技术和创新是卢旺达可持续发展的关键之一。该信念包含在《卢旺达 2020 年愿景》（2000）中，该愿景计划卢旺达到 2020 年成为中等收入国家。在联合国教科文组织和联合国大学的支持下，于 2005 年 10 月发布的《国家科学、技术和创新政策》也贯彻了这一信念。优先发展科学、技术和创新这一信念也反映在卢旺达的 2007—2012 年《第一个经济发展减贫战略》里。如果 2013—2018 年《第二经济发展减贫战略》没有明确科学、技术和创新的优先性，它的优先性也隐含在信息通信技术、能源和“绿色”创新的文件中（见图 19.10），也同样体现在创建气候变化和环境创新中心的提议中。五个重点是：

- 投资于硬性和软性基础设施，以满足私营部门的能源需求；遵照《能源政策》（2012），采购过程将变得更加透明和有竞争力；将把公共财政的部分资金用于私营企业“去风险”的发电项目，用更好的条件吸引更广泛的投资者；能源发展基金将在捐助者的支持下成立，为地热、泥炭、甲烷和水力发电的可行性研究提供资金；此外，随着附带的科技信息中心的建成，基加利经济区也将完成建设。
- 通过建立新的国际机场，扩大国家航空公司卢旺达航空；敲定铁路连接建设计划，来增加重点经济部门对于公共物品和资源的获取；将对于布隆迪和刚果东部民主共和国的出口和再出口作为战略重点；投资硬性和软性基础设施，加快旅游业和大宗商品行业的增长，扩大制造业和农产品加工的出口。
- 加强投资过程，方法是以重点经济领域的大型外国投资商为目标，增加长期储蓄，从而提高私人企业能获得的信用额，在 2018 年达到国内生产总值的 30%，并通过税收和监管改革来加强私营部门。
- 促进和管理城市化，包括增加经济适用房。
- 追求“绿色”的经济转型方式，重点是绿色城市化以及公共和私营产业的绿色创新；到 2018 年计划启动绿色城市试点项目，以验证并改进促进城市化的新方法，采用多种技术来创造可持续发展城市；同时，设置绿色会计机制，评估环境保护的经济效益。

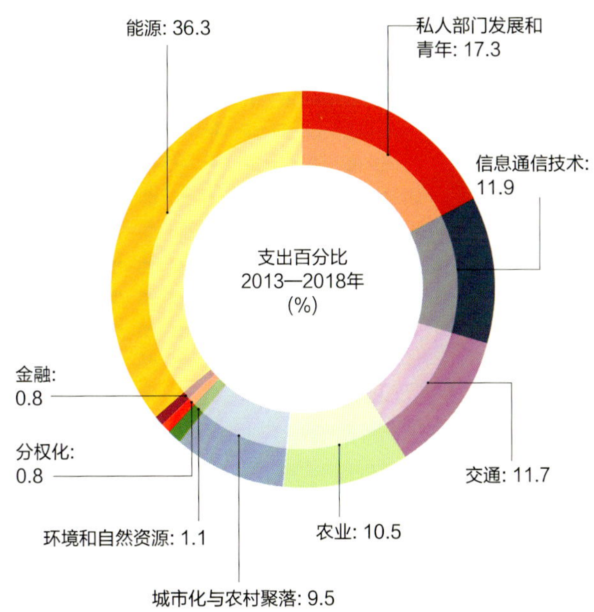

图 19.10　卢旺达 2018 年经济转型重点领域细分

来源：卢旺达政府（2013 年）2013—2018 年《第二个减贫战略经济规划》。

卢旺达尚未成立科学和技术相关的专门部门，但在 2009 年，在教育部领导下成立了科学技术和研究总局，实施《国家科学、技术和创新政策》。2012 年，政府正式成立国家科学技术委员会。该委员会在战略上设于总理办公室，担任所有经济部门的科学、技术和创新相关事宜的咨询机构。它于 2014 年开始运行。

在 2011 年 4 月发布的《国家产业政策》指导下，国家产业研究和发展机构于 2013 年 6 月成立。该研究机构主要任务是为满足国家和区域市场需求而提出适合当地的技术和产业解决方案。

目标：成为非洲信息通信技术中心

在过去的五年里，卢旺达已经把基础设施建设到位，使其成为非洲的信息通信技术中心。该基础设施包括基加利城域网，它是连接全国所有政府机构的光纤网络，该网络通过高容量国家主干网将全国连接起来。国家主干网还将卢旺达与包括乌干达和坦桑尼亚在内的邻国连接在一起，并通过邻国连接到东南非洲海底光缆系统和东部非洲海底通信系统。

信息技术创新中心（kLab）成立于 2012 年。它的设计理念是提供一个地方，让年轻软件开发人员、计算机科学和工程项目专业的大学应届毕业生能够一同开创他们的创业项目。这一技术孵化公司与大学、研究中心和私营企业建立合作，为创新初创企业提供指导，帮助他们获得商业技能和转让技术。自成立以来，信息技术创新中心一直得到卢旺达发展委员会的支持。

2012 年，卢旺达为公共和私人机构建立了顶尖的数据寄存设施即国家数据中心。2005 年也设置了卫生管理信息系统以提高卢旺达的艾滋病项目的效率，提高全国医疗质量。

政府目前在基加利开发一个信息通信技术园区，与卡内基梅隆大学和非洲发展银行合作，总投资为 1.5 亿美元。该园区将支持以下领域的经济增长：能源、互联网、多媒体和移动通信、知识、电子政务、金融、信息通信技术服务和出口。

培养更多水平更高的科学家和工程师

2012 年，卢旺达的卡内基梅隆大学作为区域性的信息通信技术卓越中心成立。这是第一个在非洲通过境内学习就提供学位的美国研究机构。政府决定与美国这家领先的私人研究大学合作，以培养能够在技术、企业和创新之间达成平衡的信息通信技术工程师，以满足产业需求。

2014 年卢旺达每 100 万人口只有 11.8 篇文章收录在科学引文索引数据库中（见图 19.8）。2013 年 9 月，议会通过一项法律，建立卢旺达大学，作为自治学术研究机构运行。这所大型大学是将七所公立高等学校合并为一所大学的产物。创建卢旺达大学背后的理念是培养高水平毕业生，加强卢旺达高等教育体系的研究能力。卢旺达大学已经与瑞典国际发展机构签订了合约，计划在 2012 年和 2022 年间培养 1 500 名博士。

2013 年 10 月，位于里雅斯特（意大利）的联合国教科文组织萨拉姆国际理论物理中心在卢旺达建立了分部。该分部由卢旺达大学的科学技术学院主办，旨在增加毕业于战略领域包括科学、技术、工程和数学的硕士、博士科学家数量。2012 年，政府颁布了一项政策，将大学奖学金的 70% 分配给就读于科技领域的学生，以提升该领域的毕业生数量。此外，通过 2006 年设立的总统奖学金计划，中学教育中在科学方向出类拔萃的学生也有机会在美国学习科学或工程。2013 年，三分之二的本科毕业生获得了社会科学学位，商学位和法学位，而科技领域的毕业生仅占 19%：工程为 6%，科学和农业均为 5%，卫生和社会福利为 3%。在科技领域的毕业生中，工程专业的学生是最有可能进修硕士的（见表 19.6）。

促进创新和绿色经济的方案

卢旺达的创新捐赠基金在联合国非洲经济委员会的合作下，于 2012 年由教育部成立。该基金支持研发创新的以市场为导向的产品和程序，重点支持经济的三个领域：制造业、农业和信息通信技术。在初始阶段，提供了 65 万美元的种子资金：其中 50 万美元由政府提供，剩余的由联合国非洲经济委员会提供。第一次征集项目建议书就吸引到了 370 份申请，最后仅 8 个项目入选，每个项目于 2013 年 5 月收到约 5 万美元的资助。在资助概念被证实为有效后，该基金决定进行第二轮征集，预计到 2015 年 3 月资助 10 项发明。

2013 年 1 月，教育部设立了知识转移合作伙伴计划，与非洲发展银行合作促进产业发展。到目前为止，该计划已赞助了 5 次私营企业与卢旺达大学两个学院的合作，包括科学和技术学院以及农业和兽医学院。企业贡献其关于产品或服务的想法，而大学提供相匹配的专业知识。

2008 年 9 月，卢旺达禁止使用塑料袋。法律禁止在卢旺达制造、使用、进口和销售塑料袋。这些塑料袋已被由棉花、香蕉和纸草等材料制成的可降解袋子所替换。

表 19.6　2012 年和 2013 年卢旺达大学毕业生统计

	学士		硕士		博士	
	男	女	男	女	男	女
教育	763	409	3	3	0	0
人文与艺术	187	60	0	0	1	0
社会科学、商学与法学	3 339	3 590	261	204	0	0
科学	364	204	1	6	0	0
工程、制造与建设	462	205	39	11	0	0
农业	369	196	0	0	0	0
卫生与福利	125	211	5	4	0	0
服务类	171	292	0	0	0	0
总计	5 780	5 167	309	228	1	0

来源：卢旺达政府。

同时，政府引入了卢旺达国家环境与气候变化基金，作为一个跨部门融资机制，进一步实现卢旺达《国家绿色增长和气候弹性策略》的目标。例如，国家环境与气候变化基金将于 2018 年启动的“绿色城市”试点计划提供资金。

国家环境与气候变化基金最近（第六次）征集提案，最后 14 个项目获得资金。这些项目由私人企业、非政府组织、卢旺达地区和基础设施部提出，包括给没有电网的社区提供太阳能发电，建设微水电厂，雨水收集和再利用以及在基加利已开发的沼泽地为城市贫民发展园林建设。

索马里

第一所创新中心

索马里正处于国家建设和和平建设的过程中。在 2016 年选举的准备阶段，它正在制定一部宪法，包含关于权力共享和资源共享的重要规定。政府也正建立临时区域行政的能力并在之前不存在这类机构的地方建设这类机构，以寻求联邦制的发展。政府最近也在申请成为东非共同体的成员。

伊斯兰青年党集团继续恐吓在其控制下的该国部分地区的人口。约 73 万名索马里人面临严重的粮食不足，他们中的绝大多数人流离失所。2015 年 1 月，据索马里的联合国人道主义协调人员菲利普・拉扎里尼称，约 203 000 个孩子紧急需要补充营养，主要是由于缺乏清洁饮用水、卫生设施和医疗保健。

索马里经济大部分都是非正规经济，农业是经济支柱，占国内生产总值的 60%，雇用了的三分之二的劳动力。这个国家严重依赖国际援助和汇款，依赖进口食品、燃料、建筑材料和制成品。然而国家更稳定的部分仍然拥有充满活力的私营部门，提供包括金融、水电等重要服务。

索马里的第一个创新枢纽成立于 2012 年。索马里兰提供移动互联网服务，促进社会企业孵化和社会颠覆性创新［见词汇表（第 738 页）］，还提供培训。该中心由重建生活实验室设立，该实验室是一个总部位于南非的已注册社会企业。该中心与拓展比特公司（Extended Bits）建立了合作伙伴关系，资金来源于总部设在英国的靛蓝信托基金（Indigo Trust）。

南苏丹

首要任务：提高教育和研发支出

2011 年 7 月，南苏丹脱离苏丹独立，成为世界上最年轻的国家和非洲的第五十五个国家。它的经济高度依赖石油，占据了约 98% 的政府收入。收入的一部分支付给苏丹，因为使用了其管道输送石油到海上进行出口贸易。

随着本国经济在所有重要领域都极度缺乏熟练技术工人，因而教育成为政府的首要任务。教育法（2012）规定："初等教育应该免除学费，并无差别要求南部所有公民接受。"

政府的教育计划是把重点放在教师和提高公共教育支出，以提高受教育机会和学习成果。南苏丹的人口增速在撒哈拉以南的非洲排名第二，仅次于尼日尔（3.84%，见表 19.1），但是在初等教育中男女比例失衡，即男孩普遍接受小学教育，而女孩的毛入学率在 2011 年仅为 68%。南苏丹的高等教育由 5 个政府资助的大学和 35 家私营教育机构提供。根据不同大学的数据，2011 年估计有 2 万名学生进入大学，这些数据还表明，社会科学和人文科学的入学率比科学技术领域的高。以科学技术为基础的学科教学人员短缺。

高等教育、科学和技术部有 6 个理事会，包括技术和技术创新理事会。技术和技术创新理事会通过投资技术教育以及技术的生产和转移来促进南苏丹的现代化进程。技术和技术创新理事会由两部门组成，涵盖技术和创业。技术部负责制定技术政策和管理科技机构和项目，创业部负责建立和管理提供技术、职业和创业培训的机构，为家庭手工业奠定基础。目前官方政府没有关于研发的统计数据，但政府已表示其增加研究支出的意图，重点发展应用科学，以提高生活水平。

乌干达

可持续性是科学、技术和创新政策的核心

《国家科学、技术和创新政策（2009）》的首要任务是"加强国家生产、转移和应用科学知识的能力，发展技能和技术，确保自然资源的可持续利用，以实现乌干达的发展目标"。

该政策先于《乌干达 2040 年愿景》制定（该愿景于 2013 年 4 月发布），用内阁官员的话来说，"30 年内要将乌干达从农业国转变为现代化繁荣昌盛的国家"。《乌干达 2040 年愿景》强调要加强私营部门，完善教育培训，促进基础设施、欠发达的服务业和农业部门现代化，推动产业化和改善治理等。经济发展潜力领域包括石油、天然气、旅游、矿产和信息通信技术。

千年科学计划和创新基金

国家科学技术委员会设立在财政、规划与经济发展部之下。该委员会的战略目标包括：科学、技术和创新政策的合理化，以促进技术创新；优化研究、知识产权、产品开发和技术转让方面的国家系统；加强科学和技术的公众接受度；升级机构的科研能力。

2007 年，国家科学技术委员会启动了千年科学计划（2007—2013），该计划由世界银行资助。当时，经济的正规部门迅速扩大，直接投资急剧上升，国家科学技术委员会认为经济持续发展需要更多、更好地利用知识和高素质人才资源来支持科学和技术发展[①]。国家科学技术委员会发现高等教育存在以下不足：

- 很少有科学学位课程的存在；基础科学的入学率几乎可以忽略不计。实验室通常很稀缺，且缺乏装备，设备过时。
- 资金或用于科技培训的经常性开支非常有限；几乎所有研究资金都来自外部（捐助）来源，是不可持续的，很难确保一项国家发展日程上的研究顺利完成。
- 尽管招生人数不断增长，但对国内研究生教育的发展却很少有系统的关注。全国拥有博士学位的教授少于 500 人，科学和工程专业每年获奖的人数少于 10 人。
- 收费政策和缺乏足够的科技基础设施鼓励艺术和人文学科的本科课程的扩张，导致选修科技课程的学生数量不断减少并且学生普遍缺乏对科技的兴趣。
- 公共和私人的大学和高等学校教育体系，缺乏改善研究条件的策略。

为了纠正这些不足，千年科学计划包含以下组成部分：

- 建立资助机制对三种对象提供具有竞争力的补贴：高级研究人员和研究生参与的顶级研究；基础科学和工程领域的本科项目；与私营部门的合作，

① 参见：www.uncst.go.ug/epublications/msi_pip/intro.htm.

其中包括学生企业实习和技术平台的补贴，通过技术平台，企业和研究人员可以合作解决有关产业的直接利益的问题。

- 顶尖科学家和研究人员在宣传方案中提出了一系列学校访问活动，以改变人们不愿追求科学事业的负面看法；确立了全国科学周活动；同时，科学周活动旨在加强国家科学技术委员会和乌干达产业研究院的机构能力，并完善政策的实施、评价与监测。

2010 年 7 月，关于科学和技术发展，总统倡议创建一个基金，进一步推进马凯雷雷大学未来五年的创新（见专栏 19.6）。

繁荣的创新中心

乌干达投资局是半国营机构，与政府相配合促进私营部门投资。该局最繁荣的部门之一是信息通信技术。该部门最近几年吸引了大量投资，发展由光纤电缆和相关设备组成的基础设施骨干网，以及移动宽带基础设施。

乌干达拥有一所繁荣的创新中心 Hive CoLab，2010 年由泛非创新中心网络 AfriLabs 成立，现由芭芭拉·毕伦吉负责。作为一个合作空间，该中心促进技术企业家、网络和移动应用程序开发人员、设计师、投资者、风险投资家和捐助者之间的互动。Hive CoLab 为成员提供设施、支持和建议，帮助他们成功创业。该中心提供了一个虚拟的孵化平台，旨在协助创业活动，尤其是在农村地区。它的三个项目重点领域是信息通信技术和移动技术、气候技术和农业创新技术。

另一个孵化器——大学 – 农业联合发展有限公司——建立了公共事业和私营企业之间的伙伴关系，旨在帮助农业商务的年轻创新者创建新企业，创造就业岗位。该非营利公司是在马凯雷雷大学的基础上于 2014 年 5 月成立的。

2013 年 9 月，政府在乌干达统计局成立了业务流程外包孵化中心（Biztech Africa，2013）。该设施可容纳 250 名代理商，并由三家私营公司运行。乌干达政府希望利用该行业来解决青年失业问题，并刺激对于信息技术服务企业孵化的投资。乌干达产业研究院也正在发展科学、技术和创新研究。

两项年度奖项也鼓励了乌干达的创新。2012 年起，每一年法国电信的橙色乌干达部门都会赞助社区创新奖——一个移动应用程序的奖项，鼓励大学

专栏 19.6　乌干达总统创新基金

2009 年 12 月穆塞韦尼总统访问马凯雷雷大学时，他注意到许多本科大学生制作了有趣的机器和工具，博士生和高级研究人员也正在研究具有转变乌干达农村社会潜力的发明，但由于缺乏现代研究和教学实验室，发明受到阻碍。

此次参观后，他决定用 250 亿乌干达先令（大约 850 万美元）创立一个总统创新基金，支持未来五年该大学工程、艺术、设计和技术学院的创新项目。

该基金于 2010 年 7 月开始运作，涵盖了现代化实验室的费用和该大学十个项目的实施费用。它还资助了本科科学和工程项目、学术 – 私营部门合作、学生实习、科学政策的制定，以及学校和社区的科普工作。

到 2014 年，该项目取得了以下成果：

- 一个学术档案管理系统。
- 在电气与计算机工程系建设了超过 30 个互联网实验室。
- 一个企业孵化器，即技术设计和开发中心。
- 一个可再生能源和节能中心。
- 针对以下对象建立超过 30 个创新集群：金属、盐、咖啡、牛奶、菠萝等。
- 合理灌溉系统。
- 一个车辆设计项目（Kiira 电动汽车），后演变为交通运输技术研究中心。
- Makapads 牌卫生巾，由天然材料（莎草纸和废纸）制成，是非洲妇女唯一能用的卫生巾，孕妇也可使用。
- 社区无线资源中心。

来源：http://cedat.mak.ac.ug/research/presidential-initiative-project.html.

生在农业、卫生和教育领域进行创新。自 2010 年以来，乌干达通信委员会还举办了年度通信创新奖，以奖励信息通信技术方面有助于国家发展目标实现的卓越创新。该奖项包含几个类别：数字内容、信息通信技术、优质服务、卓越业务和年轻创新者。

研究人员和研发支出的增加

乌干达提供了相当详细的研究数据，为监测进展提供了可能性。研发经费从 2008 年到 2010 年，从占国内生产总值 0.33% 攀升至 0.48%。据联合国教科文组织统计数据显示，这一时期，企业的研发资金占总研发资金的比例从 4.3% 提升至 13.7%，工程支出从 9.8% 升至 12.2%，农业研发的资金比例从而大幅降低，从 53.6% 跌至总支出的 16.7%。

据联合国教科文组织统计数据显示，在过去的十年中，研究人员的数量稳步增长，从 387 个到 823 个，在 2008—2010 年间增长了甚至一倍之多。这是一个飞跃，从每百万居民中有 44 个研究人员增至 83 个。一个在四个研究人员是一个女人（见图 19.3）。

2006—2011 年间，在每年人口强劲增长 3.3% 的情况下，高等教育的入学人数从 9.3 万上升到 14 万。2011 年，4.4% 的年轻人就读于大学（见表 19.1、表 19.3 和表 19.4）。

在 2014—2005 年间科学出版物的数量增长了两倍，但研究仍然集中于生命科学（见图 19.8）。2014 年，乌干达产业研究所被选拔进一个项目，该项目旨在发展生物医学科学的卓越中心（见专栏 19.2）。有趣的是，肯尼亚和南非位列乌干达的五大研究合作伙伴之中（见图 19.8）。

结论

社会和环境创新的新重点

2009 年以来的这段时期见证了科学、技术和创新在东部和中部非洲获得了可观的收益。大部分国家将其长期规划（“愿景”）建立在依靠科学、技术和创新拉动发展的基础上。大多数国家的政府都意识到要抓住机会持续发展工业化和现代化，以有效参与正在迅速发展的世界经济，并保证可持续发展。他们知道，基础设施的发展，更好的医疗保健，食品、水和能源的安全和经济多样化，需要一批严谨的科学家、工程师和医务人员，而目前此类人员供不应求。这些规划文件往往反映出人们对未来的共同愿景：建立一个以良好的治理、包容性增长和可持续发展为特色的繁荣中等收入（或高等收入）国家。

政府正越来越多地寻找投资者，而不是寻找捐助者。政府意识到强大的私营部门的重要性，它有利于激发对社会经济发展的投资和创新，政府也正在制定规划支持本地企业发展。正如我们所看到的，卢旺达设立的促进绿色经济的基金，能给成功的公共和私人申请人提供具有竞争力的资金。在肯尼亚，内罗毕工业科技园是与一个公共机构——乔莫肯雅塔农业技术大学合资开发的。

在过去几年里，各国政府见证了肯尼亚第一个科技孵化器的经济分拆，这在帮助初创企业占领市场，特别是信息技术市场上，取得了惊人的成功。许多政府正投资于这个充满活力的领域，包括卢旺达和乌干达。在大多数设有创新中心的国家，由于公共和私人领域投资的加大，研发支出不断上升。

2009 年以来非洲东部和中部的大多数社会创新据观察都致力于解决迫切的发展问题：克服食品安全问题，减缓气候变化，转化可再生能源，降低灾害风险和扩大医疗服务。该地区领先的技术创新（MPesa 手机支付服务）使城乡地区均能获得银行服务并解决贫困群众最基本的金融需求。这项技术已经渗透到东非经济的几乎所有部门，移动支付已成为银行服务的一个普遍特征。

我们已经看到，泛非机构和区域机构现在都相信科学、技术和创新是非洲大陆发展的关键之一。例如，非洲联盟委员会和东南非共同市场设立了科学和创新相关奖项，非洲发展银行 2014 年启动生物医学科学领域的五个卓越中心开发计划。

东部和中部非洲对科学、技术和创新的兴趣高涨原因有多种，其中 2008—2009 年的全球金融危机无疑起到了一定的作用。金融危机使得商品价格提升，并且将焦点转向了非洲的选矿政策上。这场全球危机还导致了人才流失的倒转，欧洲和北美在低经济增长率和高失业率的泥潭中挣扎，向这些国家移民的热情由此降低，促使留学人才回归本国就业。海归人员如今在科技创新政策制定、经济发展和创新问题上起到了关键的作用。连那些留在海外的人士也在为其本土国做着贡献：其海外汇款如今已超过汇入非洲的外国直接投资。

当前可持续发展吸引了越来越多的关注。近几年，大宗商品的繁荣让政府认为他们正坐在一个金矿上，这种说法在某些情况下毫不夸张。布隆迪、喀麦隆、加蓬和卢旺达等自然资源丰富的国家，吸引了越来越多的外国投资兴趣，使他们逐渐意识到需要保护他们稀有和宝贵的生态系统以确保自身可持续发展。

整个非洲大陆有 10 亿潜在消费者，关键的挑战就是要消除区域内和泛非贸易的壁垒。对此关键措施是重新修订非洲的移民法。当前，比如说对于一个普通英国公民或美国公民来说，去非洲旅行都比普通非洲人要容易得多。因此降低非洲内对于非洲移民的要求，将大大提高技术人员的流动性，促进知识外溢。

中部和东部非洲的主要目标

- 提高该地区国家研发支出总量为国内生产总值的 1%。
- 到 2014 年，将肯尼亚研发支出总量从国内生产总值的 0.98%（2009）提高到 2%。
- 《马普托宣言》的签署国家需将至少 10% 的国内生产总值用于发展农业。
- 将埃塞俄比亚女大学生的比例提高至 40%。
- 建立四所中专学校，到 2025 年将加蓬接受中专教育的学生比例从 8% 提高到 20%。
- 从 2010 年到 2020 年，将加蓬电力系统中的水电比例从 2010 年的 40% 到 2020 年提高到 80%。
- 到 2030 年把加蓬建成一个教育型和知识型的绿色城市，并建立研究基金和信息科技园。
- 提高卢旺达私营部门的信贷额度，到 2018 年提到占国内生产总值的 30%。
- 到 2018 年，在卢旺达启动一个绿色城市试点项目。

各国应该通过基础设施现代化，发展制造业和具有附加值的商品，改善商业环境，消除泛非贸易的障碍，来携手发展当地产业，扩大就业和应对当地人口迅速增长的问题。更大的区域一体化不仅会促进社会经济的发展，也完善了治理和增强政治稳定性，例如，促进了尽可能通过对话等多边方式解决争端，不可避免时才采用军事手段。当前喀麦隆、乍得、尼日尔和尼日利亚合作打击博科圣地恐怖教派彰显了这种区域内合作的新范式。另一个例子是 2014 年 10 月东非共同体决定派遣一支医疗队伍到西非抗击埃博拉病毒。

参考文献

AfDB (2012) *Interim Country Strategy Paper for Eritrea 2009–2011*. African Development Bank Group.

AfDB (2011) *Djibouti Country Strategy Paper 2011–2015*. African Development Bank Group. August.

AfDB (2010) Eastern Africa Regional Integration Strategy Paper 2011 – 2015. Revised Draft for Regional Team Meeting. African Development Bank. October.

AfDB,OECD and UNDP (2014) *African Economic Outlook 2014*. Regional Edition East Africa. African Development Bank, Organisation for Economic Co-operation and Development and United Nations Development Programme.

AMCOST (2013) Review of Africa's Science and Technology Consolidated Plan of Action (2005–2012). Final Draft. Study by panel of experts commissioned by African Ministerial Conference on Science and Technology.

AU–NEPAD (2010) *African Action Plan 2010–2015: Advancing Regional and Continental Integration in Africa*. African Union and New Partnership for Africa's Development.

BBC (2013) Kenya begins construction of 'silicon' city Konza. *BBC News*, 23 January.

Biztech Africa (2013) Uganda opens BPO incubation centre. *Biztech Africa*, 22 September.

UNESCO (2013) Education for *All Global Monitoring Report. Regional Fact Sheet, Education in Eastern Africa*. January. See: www.efareport.unesco.org.

Ezeanya, C. (2013) Contending Issues of Intellectual Property Rights, Protection and Indigenous Knowledge of Pharmacology in Africa of the Sahara. *The Journal of Pan African Studies*, 6 (5).

Flaherty, K., Kelemework, F. and K. Kelemu (2010) *Ethiopia: Recent Developments in Agricultural Research*. Ethiopian Institute of Agricultural Research. Country Note, November.

Hersman, E. (2012) From Kenya to Madagascar: the African tech-hub boom. *BBC News*. See: www.bbc.com/news/business-18878585.

Irish, J. (2014) Chad to double oil output by 2016, develop minerals – minister. Reuters press release. *Daily Mail*, 7 October.

IST-Africa (2012) *Guide to ICT Policy in IST-Africa Partner Countries*. Version 2.2, 20 April. Information Society Technologies Africa project.

Kulish, N. (2014) Rwanda reaches for new economic model. *New York Times*, 23 March.

Malouna, B. (2015) Développement durable : les inquiétudes de la société civile sur la nouvelle loi d'orientation. (Sustainable development : the concerns of civil society concerning the framework law). *Gabon Review*, 26 January. See www.gabonreview.com.

MoFED (2013) *Growth and Transformation Plan. Annual Progress Report*. Ministry of Finance and Economic Development: Addis Ababa.

Muchie, M. and A. Baskaran (2012) *Challenges of African Transformation*. African Institute of South African Publishers.

Muchie, M.; Gammeltoft, P. and B. A. Lundvall (2003) *Putting Africa First: the Making of the African Innovation System*. Aalborg University Press: Copenhagen.

Nsehe, M. (2013) $1.6 million tech incubation program launched In Kenya. *Forbes Magazine*, 24 January.

Tumushabe, G.W. and J.O. Mugabe. (2012) *Governance of Science, Technology and Innovation in the East African Community*. The Inaugural Biennial Report 2012. Advocates Coalition for Development and Environment (ACODE) Policy Research Series No 51.

Urama, K. C. and E. Acheampong (2013) Social innovation creates prosperous societies. *Stanford Social Innovation Review*, 11 (2).

Urama, K., Ogbu, O.; Bijker, W.; Alfonsi, A.; Gomez, N. and N. Ozor (2010) *The African Manifesto for Science, Technology*

凯文·乌拉玛（Kevin Urama），1969 年出生于尼日利亚，是瑞士量子全球研究实验室的新任管理主任和研究主管，曾任总部设在肯尼亚内罗毕的非洲技术政策研究网络执行董事，现任非洲生态经济学会会长。他在英国剑桥大学获得了土地经济的博士学位。同时他也是南非斯坦陵布什大学公共领导学院的客座教授和非洲科学院院士。

马姆·莫奇（Mammo Muchie），1950 年出生于埃塞俄比亚，在南非比勒陀利亚的茨瓦尼科技大学担任科学技术部与国家研究基金会的南非联合研究主席。莫奇教授同时也是英国牛津大学的高级研究员，是《非洲科学、技术、创新与发展》杂志以及埃塞俄比亚开放获取期刊《研究和创新前瞻》的创始主编。他曾获得英国萨塞克斯大学的科学、技术和创新博士学位。

里米·托琳吉伊马纳（Remy Twiringiyimana），1982 年出生于卢旺达，是卢旺达教育部的顾问，曾任科学、技术和研究理事会的研究发展处主任，曾担任高等教育委员会的机构审计员和项目评审员。他曾获得英国斯特拉斯克莱德大学的通信、控制和数字信号处理硕士学位。2012 年以来，他一直担任非洲发展新伙伴计划机构的国家联络人，负责与非洲科学、技术和创新倡议的对接。

and Innovation. Prepared by African Technology Policy Studies Network: Nairobi.

World Bank (2013) *Doing Business 2013. Smarter Regulations for Small and Medium-Size Enterprises*. World Bank Group.

WWAP (2014) *Water and Energy. World Water Development Report*. United Nations World Water Assessment Programme. UN–Water. Published by UNESCO: Paris.

致谢

笔者衷心感谢瑞士量子全球研究实验室的杰瑞米·威克福德（Jeremy Wakeford），为我提供了喀麦隆、科摩罗、赤道几内亚、肯尼亚和乌干达的国家概况信息。还要感谢茨瓦尼科技大学（南非）的阿比欧顿·埃戈贝土昆（Abiodun Egbetokun）博士，协助收集了本章的数据。

经济整合的一个重要环节就是从各个国家创新系统过渡到统一的地区创新体系。

埃丽卡·克雷默－姆布拉、马里奥·塞里

在刚果民主共和国首都金沙萨一个繁忙的交通路口，一个人形机器人正在指挥交通。它使用太阳能动力，配有四个交通摄像机。它所记录的信息会被发送到一个管理中心，以分析交通违法情况。这个机器人及其孪生兄弟是由金沙萨高等应用技术学院的一个刚果工程师团体设计的。

照片来源：© Junior D. Kannah/AFP/Getty Images

第20章 南部非洲

安哥拉、博茨瓦纳、刚果民主共和国、莱索托、马达加斯加、马拉维、毛里求斯、莫桑比克、纳米比亚、塞舌尔、南非、斯威士兰、坦桑尼亚、赞比亚、津巴布韦

埃丽卡·克雷默–姆布拉、马里奥·塞里

引言

消除贸易壁垒，以推动地区整合

南部非洲发展共同体占撒哈拉以南非洲国家总人口的33%以及国内生产总值的43%（2013年为6840亿美元）。该地区既有非洲的一些中等收入国家，也有一些发展速度最快的经济体[①]，还有一些最贫穷的国家。有一个事实可以非常清楚地表明该地区的多样化特征：有一个国家在南部非洲发展共同体的国内生产总值中占60%左右，在整个非洲大陆的国内生产总值中则占四分之一，这个国家就是南非。

虽然在整个地区内存在很大的差异，但是实现地区整合的潜力却很大，而南部非洲发展共同体在此过程中正在发挥越来越大的作用。2012年签署的一项《服务贸易协议》中，各国设法通过谈判逐步清除本地区内服务流动所面临的障碍。

在过去的五年中，南部非洲发展共同体内部的贸易量中等，尚未出现任何显著增长的迹象，其部分原因是本地区内具有类似的资源型经济模式、法规框架不利于发展以及边境基础设施不够完善（非洲开发银行，2013年）[②]。不过，与其他非洲地区经济体相比（见专栏18.2），南部非洲发展共同体仍然拥有非洲大陆最具活力的地区贸易，只不过大部分贸易都与南非相关。南部非洲发展共同体与非洲其他地区的贸易量很小，非洲南部地区的贸易主要面向全球其他地区。

2015年6月10日，包括南部非洲发展共同体、东非和南部非洲共同市场以及东非共同体在内的三个共同体的26个国家正式推出了一个自由贸易区。此举应该能够加快地区整合进程[③]。

相对政治稳定性

南部非洲发展共同体地区具有较高的政治稳定性和民主政治进程，不过在大多数国家，执政党不断遇到内部分裂问题。在过去的六年中，南部非洲发展共同体的成员基本保持稳定，只有马达加斯加是个例外，该国在2009年发生政变后暂停宪制，后来在2014年1月恢复立宪政体。如果说马达加斯加正在从五年的政治混乱和国际制裁局面中复苏，刚果民主共和国则正在摆脱武装组织暴力活动的阴影，2013年，联合国维和部队平息了这些武装力量。目前在莱索托、斯威士兰和津巴布韦仍然存在紧张的政治局势。

南部非洲发展共同体正努力维持其各成员国和平与安全的态势，其中包括通过该共同体法庭。该法庭是2005年在哈博罗内（博茨瓦纳）成立的，在2010年一度解散，后来在2014年通过一份新的协议得以恢复，不过其权力范围有所缩小。南部非洲发展共同体的地区预警中心也位于哈博罗内。该中心成立于2010年，其宗旨是与国内预警中心一起，预防、管理和解决冲突。

2014年，南部非洲发展共同体有5个国家进行了总统选举，包括博茨瓦纳、马拉维、莫桑比克、纳米比亚和南非；纳米比亚是非洲首个通过电子投票系统进行总统选举投票的国家。南部非洲发展共同体的目标是：根据在2008年签署并在2013年早期生效的《南部非洲发展共同体性别和发展协议》，到2015年，使男性和女性在重要决策岗位达到相同的比例。不过，本地区目前只有五个国家的议会比较接近男女平等，也就是超过了地区领导人当初设定的30%的女性比例，其中包括安哥拉、莫桑比克、塞舌尔、南非和坦桑尼亚。值得注意的是：马拉维的总统罗伊斯·班达在2012年成为南部非洲发展共同体的首位女主席。三年后，著名的生物学家

① 刚果民主共和国、莫桑比克、坦桑尼亚、赞比亚和津巴布韦从2009—2013年的年均国内生产总值增速为7%，不过这五个国家与安哥拉、莱索托和马拉维一起，都属于被联合国认定的最不发达国家行列。

② 2008年，南部非洲发展共同体内部的进口仅占本地区总进口量的9.8%，其内部出口仅占本地区总出口的9.9%。作为最多元化的经济体，南非也是本地区最大的出口国（占南部非洲发展共同体内部所有出口量的68.1%），但在2009年，仅占本地区内进口量的14.8%。

③ 关于这些地区的构成，请参见附录1。

阿曼娜·古丽波－法吉姆历史性地成为毛里求斯的首位女总统。

三分之二的国家贫穷丛生

从 2009—2013 年，本地区的人口快速增长，每年增速为 2.5%。到 2013 年，本地区总人口超过了 2.94 亿。联合国开发计划署的人类发展指数在本地区也有很大变化，从毛里求斯的较高值 0.771 到刚果民主共和国的较低值 0.337。一个比较令人振奋的趋势是：从 2008 年到 2013 年，有 10 个国家的全球排名上升。不过马达加斯加、塞舌尔和斯威士兰则在全球排名榜上下滑了几位（见表 20.1）。

南部非洲发展共同体的整体经济仍然具有发展中地区的特征，在一些国家的失业率仍然令人担忧。贫困和不平等的现象继续存在，不过对于大多数国家，健康和教育仍然是头等大事，并且在公共支出中占很大一部分（见图 20.1 和表 19.2）。在有相关数据的 10 个南部非洲发展共同体国家中，每天生活费用不到 2 美元的人口比例仍然很高（见表 20.1）。另外，即便是塞舌尔和南非这样贫困线以下人口比

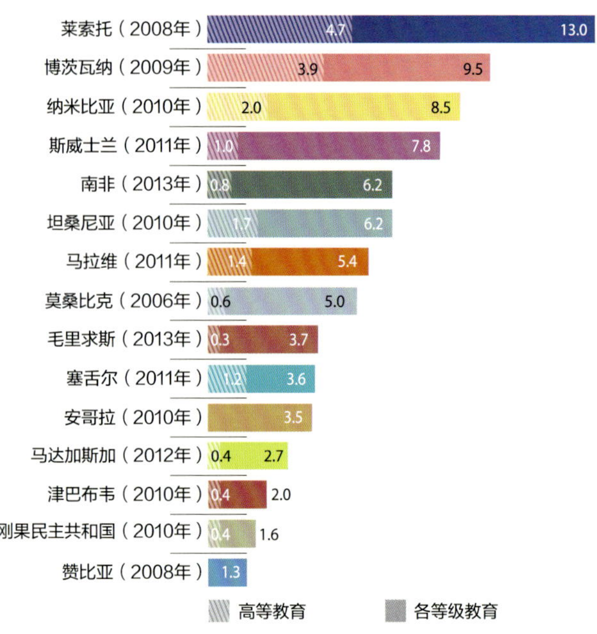

图 20.1　2012 年或最近年份南部非洲公共教育开支占国内生产总值的比例（%）

来源：联合国教科文组织统计研究所，2015 年 5 月。

表 20.1　南部非洲的社会格局

	2013年人口（百万）	2009年以后的变化幅度（%）	2013年人类发展指数排名（2008年以后的变化）	2013年失业率（占总劳动力的比例）	2010年的贫困率（2000年后的变化）	2010年的基尼系数（2000年后的变化）
安哥拉	21.5	13	149(2)	6.8	67.42(-)	42.60(-)
博茨瓦纳	2.0	4	108(2)	18.4	27.83(-)	60.46(-)
刚果民主共和国	67.5	12	187(1)	8.0	95.15	44.43
莱索托	2.1	4	163(0)	24.7	73.39(-)	54.17(+)
马达加斯加	22.9	12	155(-3)	3.6	95.1(+3)	40.63(+)
马拉维	16.4	12	174(0)	7.6	88.14(-)	46.18(+)
毛里求斯	1.2	1	63(9)	8.3	1.85(+)	35.90(+)
莫桑比克	25.8	11	179(1)	8.3	82.49(-)	45.66(-)
纳米比亚	2.3	7	127(3)	16.9	43.15(-)	61.32(-)
塞舌尔	0.1	2	70(-12)	—	1.84	65.77
南非	52.8	4	119(2)	24.9	26.19(-)	65.02(-)
斯威士兰	1.2	6	148(-5)	22.5	59.11(-)	51.49(-)
坦桑尼亚	49.3	13	160(5)	3.5	73.00(-)	37.82(+)
赞比亚	14.5	13	143(7)	13.3	86.56(+)	57.49(+)
津巴布韦	14.1	10	160(16)	5.4	—	—
南部非洲发展共同体总计	293.8	10	—	—	—	—

* 按每天少于 2 美元生活费人口比例计算。

注：贫穷率和基尼系数为 2010 年或最相近的年份，见第 238 页。

来源：世界银行《全球发展指数》，2015 年 4 月；人类发展指数：联合国开发计划署提出的人类发展指数中的《人文发展报告》。

表 20.2　南部非洲的经济格局

	人均国内生产总值，按照百万美元购买力平价（2011年固定价格）			国内生产总值增幅		海外发展援助/GFCF*			专利数，2008到2013年
	2009年	2013年	5年变化(%)	2009年(%)	2013年(%)	2009年(%)	2013年(%)	2003年流入外商直接投资（占国内生产总值的比例）	
安哥拉	7 039	7 488	6.4	2.4	6.8	2.1	1.6	–5.7	7
博茨瓦纳	12 404	15 247	22.9	–7.8	5.8	7.8	2.2	1.3	0
刚果民主共和国	657	783	19.1	2.9	8.5	87.2	38.3	5.2	0
莱索托	2 101	2 494	18.7	3.4	5.5	26.5	33.0^{-1}	1.9	0
马达加斯加	1 426	1 369	–4.0	–4.0	2.4	14.9	30.0	7.9	0
马拉维	713	755	5.9	9.0	5.0	64.3	153.9	3.2	0
毛里求斯	15 018	17 146	14.2	3.0	3.2	6.7	5.9	2.2	0
莫桑比克	893	1 070	19.7	6.5	7.4	130.8	85.0	42.8	0
纳米比亚	8 089	9 276	14.7	0.3	5.1	13.1	7.8	6.9	2
塞舌尔	19 646	23 799	21.1	–1.1	5.3	9.8	5.2	12.3	2
南非	11 903	12 454	4.6	–1.5	2.2	1.7	1.8	2.2	663
斯威士兰	6 498	6 471	–0.4	1.3	2.8	17.2	31.9	0.6	6
坦桑尼亚	2 061	2 365	14.7	5.4	7.3	35.6	26.2	4.3	4
赞比亚	3 224	3 800	17.8	9.2	6.7	—	17.4^{-3}	6.8	0
津巴布韦	1 352	1 773	31.2	6.0	4.5	76.7	46.3	3.0	4

$-n$ = 数据表示参考年份之前的 n 年。

* 固定资本形成总额，参见词汇表（第 738 页）。

来源：世界银行的世界发展指数，2015 年 4 月；美国专利商标局数据库的专利数据。

例较少的国家，也存在较高程度的不平等现象，并且这种不平等现象在 2000—2010 年有所增加。

2007 年以来的外来投资增长了两倍

2007—2013 年，南部非洲的外商直接投资几乎翻了一倍，达到了 130 亿美元。其主要原因是流入南非和莫桑比克的投资达到了创纪录的新高，其中大部分投资都用于基础设施开发以及莫桑比克的天然气行业（见表 20.2）。通过捐赠人出资占国家投资的比例，可以很好地说明经济体系的自给自足能力。本地区在自给自足能力方面也存在很大差异，既有在国家投资要求方面基本不依赖海外发展援助的国家，也有在很大程度上依赖于海外发展援助的国家。在本研究所涉的时间段内，马拉维和斯威士兰对海外发展援助的依赖程度越来越高。在其他国家，比如莫桑比克、坦桑尼亚、赞比亚和津巴布韦，近年来这种依赖程度显著下降，不过仍然很高。

南部非洲发展共同体的经济高度依赖自然资源，采矿和农业是主要的经济活动。从图 20.2 可以看出：南部非洲发展共同体大多数经济体的生产结构都倾向于资源型，制造行业规模较小（除了斯威士兰）。本地区很容易受极端天气条件的影响，比如周期性干旱和洪水。安哥拉、马拉维、和纳米比亚近年来都经历了降水不足的情况，从而影响了食品[①]安全。2014 年，马达加斯加开展了一项控制蝗虫爆发的全国运动，因为蝗灾会危及主要作物的产量。南部非洲发展共同体各国和开发机构针对农业研发的政府投资一直在下降，这一情况令人担忧。而整个非洲大陆在《马普托宣言》（2003）中承诺将至少 10% 的国内生产总值用于农业。到 2010 年，只有少数几个南部非洲发展共同体国家的农业投入占国内生产总值的比例超过 5%，也就是马达加斯加、马拉维、

① 地区预警系统、饥荒预警系统和气候服务中心都位于哈博罗内（博茨瓦纳）的南部非洲发展共同体中心。南部非洲发展共同体植物遗传资源中心位于卢萨卡（赞比亚）。这些中心都是在大约两年前成立的。参见 www.sadc.int.

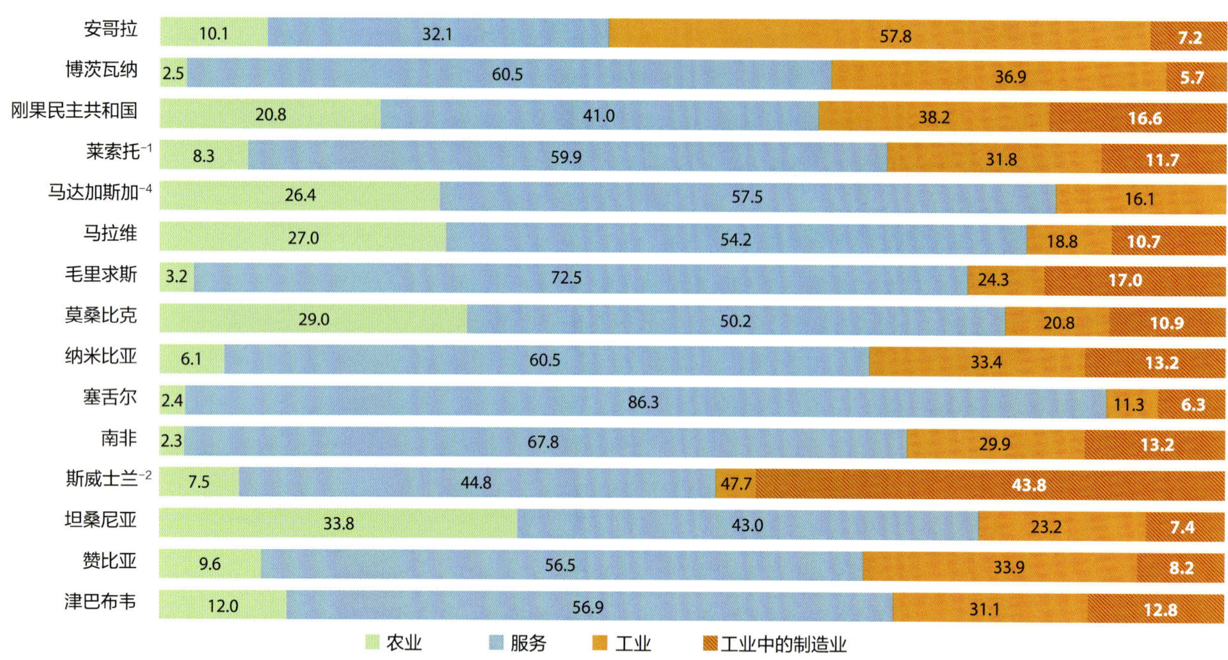

图 20.2　2013 年或最近年份南部非洲发展共同体各国各经济行业的国内生产总值

$-n$ = 数据表示参考年份之前的 n 年。

来源：世界银行的世界发展指数，2015 年 4 月。

坦桑尼亚、和赞比亚（见表 19.2）。因为本地区强烈依赖自然资源，所以导致经济波动幅度很大，很容易受全球经济危机的影响，比如 2009 年的经济减速。2010 年以后，该地区保持增长态势，预计能在 2015 年恢复到 2009 年之前 5% ~ 6% 的增速（非洲开发银行等，2014 年）。

被四个国家批准的南部非洲发展共同体科技创新协议

1992 年签署的《南部非洲发展共同体条约》为各成员国之间的合作提供了法律框架。此后，在一些重要领域又签署了 27 份协议[①]。在《科学、技术和创新协议》(2008 年）中，南部非洲发展共同体强调了科技对实现可持续和公平的社会经济发展以及消除贫困的重要性。该协议为在如下领域中为实现地区合作和协调所设定的机构机制的发展奠定了基础：

- 政策培训。
- 女性在科研中的作用。
- 战略规划。
- 知识产权。
- 本土知识体系。
- 气候变化。
- 高性能计算，仿效 IBM 在 1999 年推出的“蓝色基因”项目，该项目用十年的时间开发低功耗超级计算机。

该协议采用了广义的定义，其范围远远超过科学和技术领域[②]。在南非科学技术部的一份专门委员会简报中（南非，2011）提道：该协议是朝实现地区整合迈出的重要第一步，有助于稳步推动自筹投资的双边合作。该简报认为南部非洲发展共同体已经成为非洲顶尖的地区经济共同体。不过，该简报也指出：地区科技创新平台仍然面临资源不足以及在很大程度上低效的问题。因此，各成员国仍然不愿意为其提供支持。迄今为止，该协议只被四个国家批准：博茨瓦纳、毛里求斯、莫桑比克和南非。要使该协议生效，必须至少被三分之二的成员国（10 个国家）所批准。

① 在《南部非洲发展共同体条约》中，呼吁协调本地区的政治和社会经济政策，以实现可持续发展的目标，并通过相关协议来推动法律和政治合作。

② 南部非洲发展共同体秘书处在 2008 年将“国家创新系统”一词定义为“一套职能机构、组织和政策，通过建设性的方式开展活动，以追求一系列共同的社会和经济目标”。

有两个主要政策文件推动了《南部非洲发展共同体条约》的实施进程：针对 2005—2020 年的《地区指示战略发展计划》（RISDP，2003 年）以及《机构战略指示计划》（SIPO，2004 年）。在《地区指示战略发展计划》中，确定了本地区的 12 个重点领域（包括行业内和跨行业措施），并为这些领域拟定了总体目标和具体目标。4 个行业内领域包括：贸易和经济自由化、基础设施、可持续发展食品安全、人类和社会发展。8 个跨行业领域包括：

- 贫困。
- 对抗艾滋病。
- 男女平等。
- 科技。
- 信息和通信技术（ICT）。
- 环境和可持续发展。
- 私人行业发展。
- 统计。

具体的目标包括：

- 到 2015 年，确保女性在公共机构的决策岗位占 50% 的比例。
- 到 2015 年，将国内研发支出总额与国内生产总值之比至少提升到 1%。
- 到 2008 年，将南部非洲发展共同体的地区内贸易占总贸易额的比例至少增加到 35%（2008 年为 10%）。
- 到 2015 年，将制造业在国内生产总值中所占比重增加到 25%（见图 20.2）。
- 到 2012 年，实现所有成员国地区电网的全部连通（见表 19.1）。

2013 年一份对《地区指示战略发展计划》的中期评估提道：在实现科技创新目标的过程中，取得的进展有限，其原因是南部非洲发展共同体秘书处缺少协调科技创新项目所需的人力和财务资源。2014 年 6 月，南部非洲发展共同体的科技创新、教育和培训部长们在马普托采纳了南部非洲发展共同体《2015—2020 年地区科学、技术和创新战略计划》，以便为开展地区项目提供指导。

虽然有法律框架，但是环境仍然脆弱

通过签署《南部非洲发展共同体条约》以及各国积极参与签订重要的多边环保[①]协议，反映了本地区实现可持续发展的决心。虽然近年来在环境管理方面取得了一些进展，但是南部非洲仍然非常容易受环境变化的影响；另外还存在严重的污染、生物多样性流失、清洁水和健康服务不足（见表 19.1）、土地退化和森林采伐等问题。根据估算，超过 75% 的土地都出现了部分退化，14% 出现了严重退化。土壤侵蚀已经被确定是导致农业减产的主要原因。在过去的 16 年中，南部非洲发展共同体通过一份协议来管理野生生物、森林、公共水道、和环境（包括气候变化），即《南部非洲发展共同体野生生物资源保护和法律实施协议》（1999 年）。

最近，南部非洲发展共同体还启动了多项地区和国家倡议活动，以减轻气候变化的影响。2013 年，负责环境和自然资源的部长们批准开发“南部非洲发展共同体地区气候变化”项目。此外，东非和南部非洲共同市场、东非共同体以及南部非洲发展共同体从 2010 年开始，共同开展了一项为期五年的倡议活动，即“适应和缓解气候变化的三方项目”，或称“非洲应对气候变化解决方案”。5 个南部非洲发展共同体国家还签署了《哈博罗内非洲可持续发展宣言》（见专栏 20.1）。

地区政策框架，一种洲际战略

2014 年，用《非洲科学、技术和创新战略》（STISA-2024）取代了非洲此前的十年框架《非洲科技综合行动计划》（CPA，2005—2014 年）。后者是非洲大陆首次共同尝试加速非洲向创新型知识经济的转变。在该《行动计划》中，创建了若干卓越中心网络。在“非洲生物科学倡议”中，建立了四个分区中心，其中包括在 2005 年建立的南非生物科学网络（SANbio），由科学和工业研究委员会运营（见专栏 19.1）。南部非洲发展共同体各国还参加了非洲生物安全专业网络（见专栏 19.1）。

不过，在实施《非洲科技综合行动计划》的过程中，也遇到了很多如下问题：

- 工作重心范围比较小，局限于创建研发项目，对科研成果的应用关注度不够。

① 比如《联合国气候变化框架公约》《联合国防治荒漠化公约》《联合国生物多样性公约》以及《拉姆塞尔湿地公约》。

专栏 20.1 《哈博罗内非洲可持续发展宣言》

2012 年 5 月，博茨瓦纳、加蓬、加纳、肯尼亚、利比里亚、莫桑比克、纳米比亚、卢旺达、南非和坦桑尼亚的领导人在哈博罗内召开了为期两天的峰会，参加会议的还有一些来自政府和私人领域的合作方。

这十个国家采纳了《哈博罗内非洲可持续发展宣言》，从而启动了未来多年的发展规划。这些国家再次承诺：推行所有相关公约和宣言，从而推动可持续发展。同时还承诺：

将自然资本价值整合到国家会计和企业规划以及报告过程、政策、与项目中去。

通过如下方式创造社会资本并降低贫困：推动农业、开采行业、渔业和其他自然资本利用方式的变革，在新模式下，通过保护区和其他机制来促进可持续就业、食品安全、可持续能源以及自然资本的保护。

创建知识、数据、能力和政策网络，以提升领导能力，建立一种新的可持续发展模型，并为推动积极的变革提供更多动力。

该宣言的整体目标是“确保自然资本能够推动可持续经济发展，保持和改良社会资本，以及对人类健康指标进行量化并将其整合到发展和商业规程中去”。各签字国做出上述声明的原因是：人们意识到单纯通过国内生产总值来衡量健康和可持续发展的方法存在局限性。

本倡议活动的临时秘书职位由博茨瓦纳环境野生生物和旅游部下辖的环境事务处担任，并由非政府组织“保护国际”提供技术支持。“保护国际”已经承诺为相关的形势分析工作提供资金，此分析将有助于说明十个国家在开展上述议定行动方案方面的进展情况，并确定后续行动的优先事项。

自 2012 年峰会以来，已拟定一个实施框架以跟踪进展情况。比如，2012 年，加蓬采用了一项面向 2025 年的战略计划，计划将自然资本整合到国家会计系统，并采用一份国家气候计划以及其他计划，以推动可持续发展（见第 521 页）。

来源：www.gaboronedeclaration.com.

- 没有足够的资金来全面实施各项目。
- 过于依赖面向短期活动和解决方案的外部金融支持。
- 未能将本计划与面向整个非洲的其他政策关联起来，比如泛非洲大陆农业和环境保护项目。

在对《非洲科技整体行动计划》进行了高层评估后，2014 年创建了《非洲科学、技术和创新战略》（见第 505 页）。这个战略框架是未来十年中朝非洲联盟《2063 年议程》（也称为“我们想要的非洲”）迈进的奠基石。在《2063 年议程》中，非洲联盟为在未来 50 年中建造更繁荣、更团结的非洲拟定了广泛的愿景规划和行动计划。在《非洲科学、技术和创新战略》中，比以往的计划更加重视创新和科技开发。在该战略中，预期创建一项非洲科学、技术和创新基金（ASTIF），不过运营基金所需的经济来源仍然没有确定。因为各成员国缺乏对支持基金的承诺，以及该战略的目标非常广泛，所以其可行性面临若干问题。除了各成员国承诺将国内生产总值的 1% 用于研发（2007 年非洲联盟《喀土穆宣言》中阐述的目标）以外，还需要做出更多的努力，才能真正使该基金投入运作。

2014 年，在采纳《非洲科学、技术和创新战略》的过程中，各国和政府领导人呼吁各成员国、地区经济共同体和开发合作方彼此协调和沟通，将该战略作为设计和协调各自科技创新发展议程的一个参考框架。

在知识产权方面，关于创建一个泛非洲知识产权组织（PAIPO）的呼声重新高涨，这个主张在 2007 年的喀土穆非洲联盟峰会期间被首次提出。不过，在 2012 年起草和发布的创建泛非洲知识产权组织的章程草案却招致了大量批评，有人质疑非洲加强知识产权保护的影响，也有人担心此组织无法与现有的两个地区组织协调其权力，即非洲地区知识产权组织（ARIPO）[①] 和非洲法语区知识

① 非洲地区知识产权组织目前的成员国包括博茨瓦纳、冈比亚、加纳、肯尼亚、莱索托、马拉维、莫桑比克、纳米比亚、塞拉利昂、利比里亚、卢旺达、圣多美和普林西比、索马里、苏丹、斯威士兰、坦桑尼亚、乌干达、赞比亚和津巴布韦。

产权组织，这两个组织已经在各自的业务范围内开展活动。

2010 年 4 月，非洲地区知识产权组织 9 个成员国采纳了《斯瓦科普蒙德传统知识和民俗保护协议》，其中包括博茨瓦纳、加纳、肯尼亚、莱索托、利比里亚、莫桑比克、纳米比亚、赞比亚和津巴布韦。只有在非洲地区知识产权组织 6 个成员国交付了批准文书（签约国）或同意书（非签约国）以后，该协议才能生效，该协议在 2014 年并未生效。欧洲联盟或联合国非洲经济委员会（UNECA）任何成员国也都可以签署该协议。

在非洲联盟－非洲发展新伙伴计划的《2010—2015 年非洲行动计划》中，明确强调了协调地区政策在适应气候变化过程中发挥的重要作用。通过《非洲保护本地社区、农场主和饲养者以及管理使用生物资源示范法律》（2001 年），为全非洲范围内致力于保护独特自然资源的活动提供指导。2011 年，在各泛非洲项目和政策中再次强调保护生物多样性，非洲联盟鼓励所有成员国遵守关于生物多样性的国际协议，其中包括《关于获取遗传资源与公正和公平分享其利用所产生惠益的名古屋议定书》以及《生物多样性公约》（2010 年）。

科技创新治理领域的趋势

南部非洲发展共同体有三分之二的国家拥有科技创新政策

虽然南部非洲科技创新治理的发展阶段各不相同，不过各国追求的目标是一样的，那就是通过推动科技创新来实现可持续发展。为此，诞生了很多协调和支持科技创新的机构组织和实体，并广泛拟定了相关的政策和战略。不过，在拟定政策的过程中，创新始终是次要目标，虽然政策要为科技创新生态系统提供支持，但是始终与国有科技体系密切相关，私人领域几乎没有参与政策的制定（见表 20.3）。不过，科技创新政策文件很少伴有实施计划以及分配的实施方案预算。南部非洲发展共同体的一些国家尽管没有专门的科技创新政策，不过似乎更愿意开发相关项目以推动大学－业界合作与创新，比如毛里求斯（见第 554 页）。

联合国教科文组织在其“全球科技创新政策工具瞭望台”（GO→SPIN）项目的一项研究中发现：在科学生产率和有效治理之间存在密切的关系。在非洲只有 7 个国家的政府有效性和政治稳定性指标都是正值：其中包括博茨瓦纳、佛得角、加纳、毛里求斯、纳米比亚、塞舌尔和南非。非洲大部分国家这两个指标都是负值，其中包括安哥拉、刚果民主共和国、斯威士兰和津巴布韦（联合国教科文组织，2013 年）。

表 20.3　南部非洲发展共同体各国的科技创新规划

	科技创新政策文件	采用日期/有效期
安哥拉	是	2011年
博茨瓦纳	是	1998年; 2011年
刚果民主共和国	否	
莱索托	是	2006—2011年
马达加斯加	是	2013年
马拉维	是	2011—2015年
毛里求斯	否	
莫桑比克	是	2003年; 2006—2016年
纳米比亚	是	1999年
塞舌尔	否	
南非	是	2010年
斯威士兰	（草案）	
坦桑尼亚	是	1996年; 2010年
赞比亚	是	1996年
津巴布韦	是	2002年; 2012年

来源：由作者编辑。

在本地区内的研发（R&D）存在明显的差异。从国内研发支出总额与国内生产总值之比就能看出这一点，该比值的范围从 0.01%（莱索托）到 1.06%（马拉维）（见图 20.3）。在南非，这一比值（0.73%）相对 2008 年的 0.89% 已经有所下降。从 2008—2013 年，南非申请的专利占南部非洲发展共同体的 96%，与博茨瓦纳一起，是研究人员密度最高的国家（见图 20.4）。南非另外一个特点是：政府（45%）和商业企业（38%）对研发资金的贡献相差不大，因此国内的工业研发比较成熟（见表 19.5）。

南部非洲发展共同体各国的知识经济指数下滑

南部非洲发展共同体只有 4 个国家在非洲科学、

技术和创新指标（ASTII）项目中开展了全国创新调查活动，因此可供比较的数据较少。根据在 2014 年发布的非洲科学、技术和创新指标报告，这几个国家中表示积极参与创新活动的企业比例都很高，分别为：莱索托 58.5%，南非 65.4%，坦桑尼亚 61.3% 以及赞比亚 51%。

在表 20.4 中，给出了南部非洲发展共同体各国在世界银行知识经济指数（KEI）和知识指数（KI）中的排名。虽然这些指数在很大程度上都基于商业领域的看法，并且对国家创新系统的理解不可避免地存在偏差，但是它们提供了一个可供比较的依据。从该表可以明显地看出：2000 年以后，南部非洲发展共同体大多数国家的国际排名都下滑了，其中博茨瓦纳、南非和莱索托下滑幅度最大。知识经济指数最高的四个国家是毛里求斯、南非、博茨瓦纳、和纳米比亚。南非被认为具有最发达的创新体系，而毛里求斯则具有最强大的激励体系。

在国家宪法中体现的男女平等

在南部非洲，男女平等仍然是一个主要的社会问题。女性研究人员比例超过 40% 的国家只有 3 个：毛里求斯、纳米比亚、和南非（见图 20.5）。根据相关报告，只有 3 个国家的女性同时参与政府和私人领域的研究：博茨瓦纳、南非、和赞比亚。

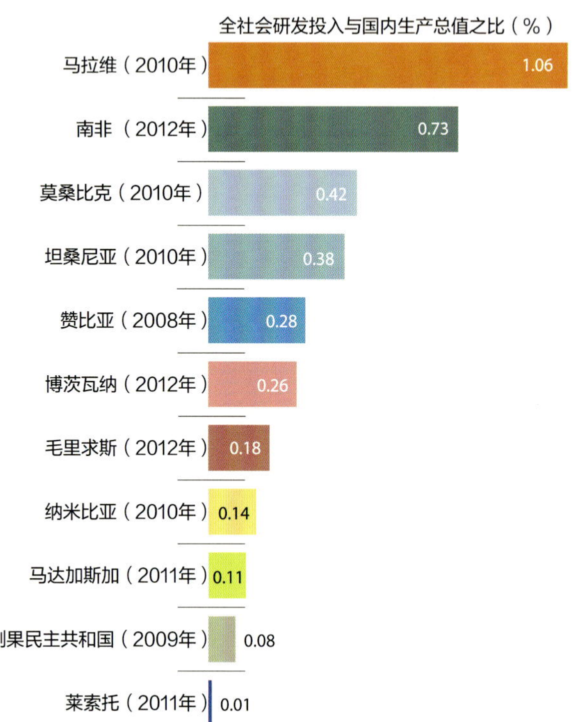

图 20.3　2012 年或最近年份南部非洲各国全社会研发投入与国内生产总值之比

来源：联合国教科文组织统计研究所，2015 年 8 月；
马拉维：联合国教科文组织（2014a）。

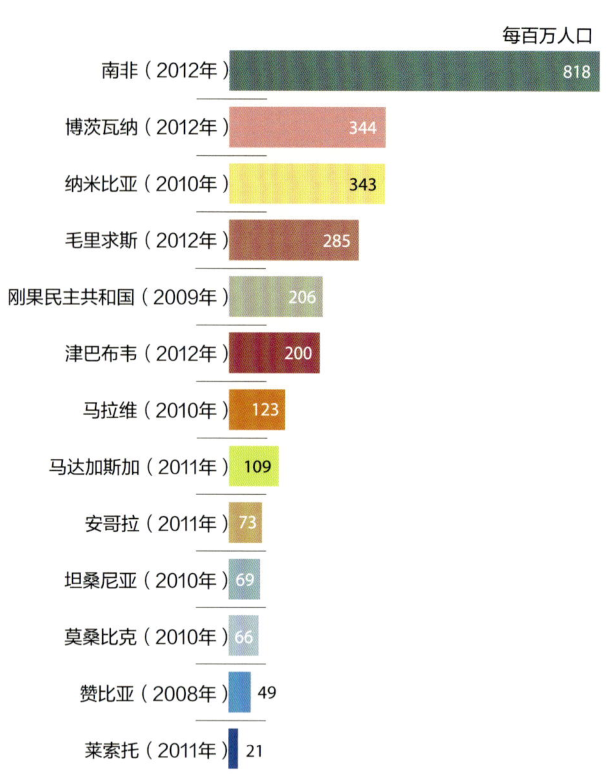

图 20.4　2013 年或最近年份南部非洲每百万人口中的研究人员（HC）人数

来源：联合国教科文组织统计研究所，2015 年 4 月。

在《南部非洲发展共同体性别和发展协议》（2008 年）[①] 中，为实现男女平等设定了宏伟的目标。其中一个目标规定：各成员国应努力确保到 2015 年，政府和私人领域的决策岗位至少有 50% 是女性。实现这一目标的方法包括利用平权法案，目前，南非（42%）、安哥拉（37%）、莫桑比克（35%）和纳米比亚（31%）的女性参政比例已经超过 30%，其他国家则差得很远，其中包括博茨瓦纳（11%）。在马拉维，2004—2009 年，女性议员比例从 14% 增加到 22%。

该协议建议：到 2015 年，通过国家宪法实现男女平等。另外各成员国还应在此时间之前颁布相关

① 除了博茨瓦纳、马拉维和毛里求斯三个国家以外，南部非洲发展共同体的其他国家都签署了本协议。

表 20.4　2012 年南部非洲发展共同体 13 个国家的知识经济指数（KEI）和知识指数（KI）排名

排名	2000年以后的排名变化	国家	知识经济指数	知识指数	经济激励机制	创新	教育	信息和通信技术
62	1	毛里求斯	5.5	4.6	8.22	4.41	4.33	5.1
67	−15	南非	5.2	5.1	5.49	6.89	4.87	3.6
85	−18	博茨瓦纳	4.3	3.8	5.82	4.26	3.92	3.2
89	−9	纳米比亚	4.1	3.4	6.26	3.72	2.71	3.7
106	−9	斯威士兰	3.1	3.0	3.55	4.36	2.27	2.3
115	−4	赞比亚	2.6	2.0	4.15	2.09	2.08	1.9
119	−6	津巴布韦	2.2	2.9	0.12	3.99	1.99	2.6
120	−12	莱索托	2.0	1.7	2.72	1.82	1.71	1.5
122	−6	马拉维	1.9	1.5	3.33	2.65	0.54	1.2
127	−2	坦桑尼亚	1.8	1.4	3.07	1.98	0.83	1.3
128	−2	马达加斯加	1.8	1.4	2.79	2.37	0.84	1.1
129	5	莫桑比克	1.8	1.0	4.05	1.76	0.17	1.1
142	−1	安哥拉	1.1	1.0	1.48	1.17	0.32	1.4

注：总共有 145 个国家参与排名。
来源：世界银行。

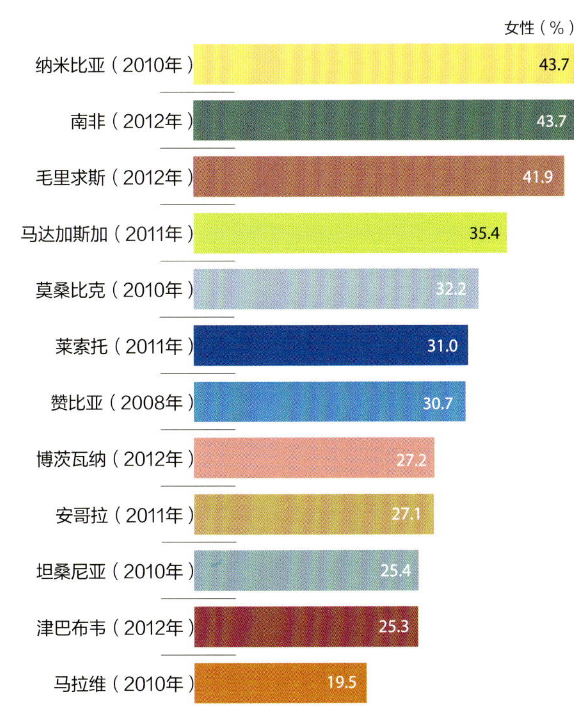

图 20.5　2012 年或最近年份南部非洲的女性研究人员（HC）

注：一些国家没有可用的数据。
来源：联合国教科文组织统计研究所，2015 年 4 月。

法律，推动男女以平等方式接受和长期享受各级教育，其中包括高等教育。2014 年之前，只有 7 个国家实现了平等的基础教育[①]，2014年，有9个国家[②]已经超过了中等教育女性最低招生比例达到 50% 的要求，有 7 个国家的女大学生比例超过男大学生[③]（Morna 等，2014）。很明显，2015 年之前，南部非洲大部分国家不会实现《南部非洲发展共同体性别和发展协议》或“千年发展目标”中的男女平等目标。

南部非洲发展共同体的学生是全球流动性最高的

南部非洲发展共同体的学生是全球流动性最高的，每 100 位高等教育学生中，就有 6 位在海外学习（联合国教科文组织统计研究所，2012）。2009 年，南部非洲发展共同体国家共有 8.9 万名学生在国外留学，占本地区高等教育招生人数的 5.8%。

① 博茨瓦纳、马拉维、塞舌尔、南非、斯威士兰、坦桑尼亚和赞比亚。

② 博茨瓦纳、莱索托、马达加斯加、毛里求斯、纳米比亚、塞舌尔、南非、斯威士兰和津巴布韦。

③ 博茨瓦纳、莱索托、毛里求斯、纳米比亚、南非、斯威士兰和赞比亚。

这个比例高于撒哈拉以南非洲国家的地区平均值（4.9%），并且是全球平均值（2.0%）的三倍。

对于上述现象，从《南部非洲发展共同体教育和培训协议》（1997 年）中可以找到一种解释，该协议规定了促进学生流动的内容。不过，只有 3 个签约国（南非、斯威士兰、和赞比亚）遵守了该协议中的如下约定：不再向来自南部非洲发展共同体其他国家的学生收取比国内学生更高的费用，因为这样会妨碍学生的流动（联合国教科文组织统计研究所，2012）。

从博茨瓦纳、莱索托、马达加斯加、纳米比亚、斯威士兰和津巴布韦出国的学生一般都前往同一个目的地——南非①。南非在2009年共有6.1万个国际学生，其中有三分之二来自南部非洲发展共同体的其他国家。南非不仅是非洲最大的留学国，而且在全球范围内也排名第 11 位。南非的高等教育行业非常发达，拥有强大的基础设施和一些非常著名的研究机构，从而吸引了大量国际学生。从安哥拉、马拉维、莫桑比克、塞舌尔、南非、坦桑尼亚和赞比亚出国的留学生广泛分布在多个国家（联合国教科文组织统计研究所，2012）。

发表文献数量越来越多

南非每百万人口的研究人员数量是最多的（见图 20.4），迄今为止，其发表文献和专利数量也是最多的（见图 20.6 和表 20.2）。如果考虑人口，其人均论文数量仅次于塞舌尔。

2009—2014 年，南非发表文献数量增加了 23%，而增长速度最快的国家是安哥拉和刚果民主共和国，不过这两个国家的基数都比较小。最多产的几个国家的平均收录率高于二十国集团平均水平（见图 20.6）。

2008—2014 年，毛里求斯和南非有将近三分之一的发表文献都集中在化学、工程、数学和物理学领域，这种比例更接近发达国家，而南部非洲发展共同体其他国家的研究偏重于与医疗相关的科学。不过，地球科学是所有国家都比较青睐的学科（见图 20.6）。

在是否需要国际合作方面，南非和毛里求斯科学家同样具有较高的自主能力。2008—2014 年，南非的论文中只有一半多一点（57%）有外国作者，毛里求斯则为三分之二（69%），而南部非洲发展共同体其他国家的比例则较高，从博茨瓦纳的 80% 到莫桑比克和赞比亚的 96%。

各国概况

在下面一节中，将分析各国家创新系统的可行性，包括分析其生存、发展和进步的潜力。我们应采用一种广义的“国家创新系统”方法来分析科技创新和发展之间的相互关联（见表 20.5）。

安哥拉

在存在各种治理问题的背景下，高等教育依然得到了发展

安哥拉的国家创新系统被认为具有可行性（见表 20.5）。该国未来发展所面临的最大障碍是治理问题。安哥拉的全球清廉指数排名（在 175 个国家中排第 161 位）和非洲治理伊布拉欣指数排名（在 52 个国家中排第 44 位，见表 19.1）都很低。在联合国教科文组织最近进行的一项的研究中，确定在低效科研和低效治理之间存在关联（联合国教科文组织，2013）。

安哥拉的一个优势是：在投资需求方面对捐助资金的依赖程度很低。安哥拉是非洲仅次于尼日利亚的第二大石油生产国，也是南部非洲发展共同体内发展速度最快的经济体之一（见图 19.1）。该国的人均国内生产总值在南部非洲发展共同体各国中排名上游，从 2008—2013 年，年均增幅将近 3%。在南部非洲发展共同体各国中，安哥拉的收入不平等程度较低，不过贫困率较高。该国被认为属于中等人类发展水平。

人们一直担心石油勘探和开采对环境的影响，尤其是海上钻井对渔业的影响。另外，鉴于全球油价和国内股市可持续发展的前景并不明确，并且石油行业并没有在国内提供大量就业机会，所以政府在 2012 年创建了一项主权财富基金，以便将石油销售所获得的利润面向众多本地行业进行投资，从而实现国内经济的多元化，达到更全面的繁荣（非洲

① 只有来自马达加斯加的学生更喜欢去法国留学。

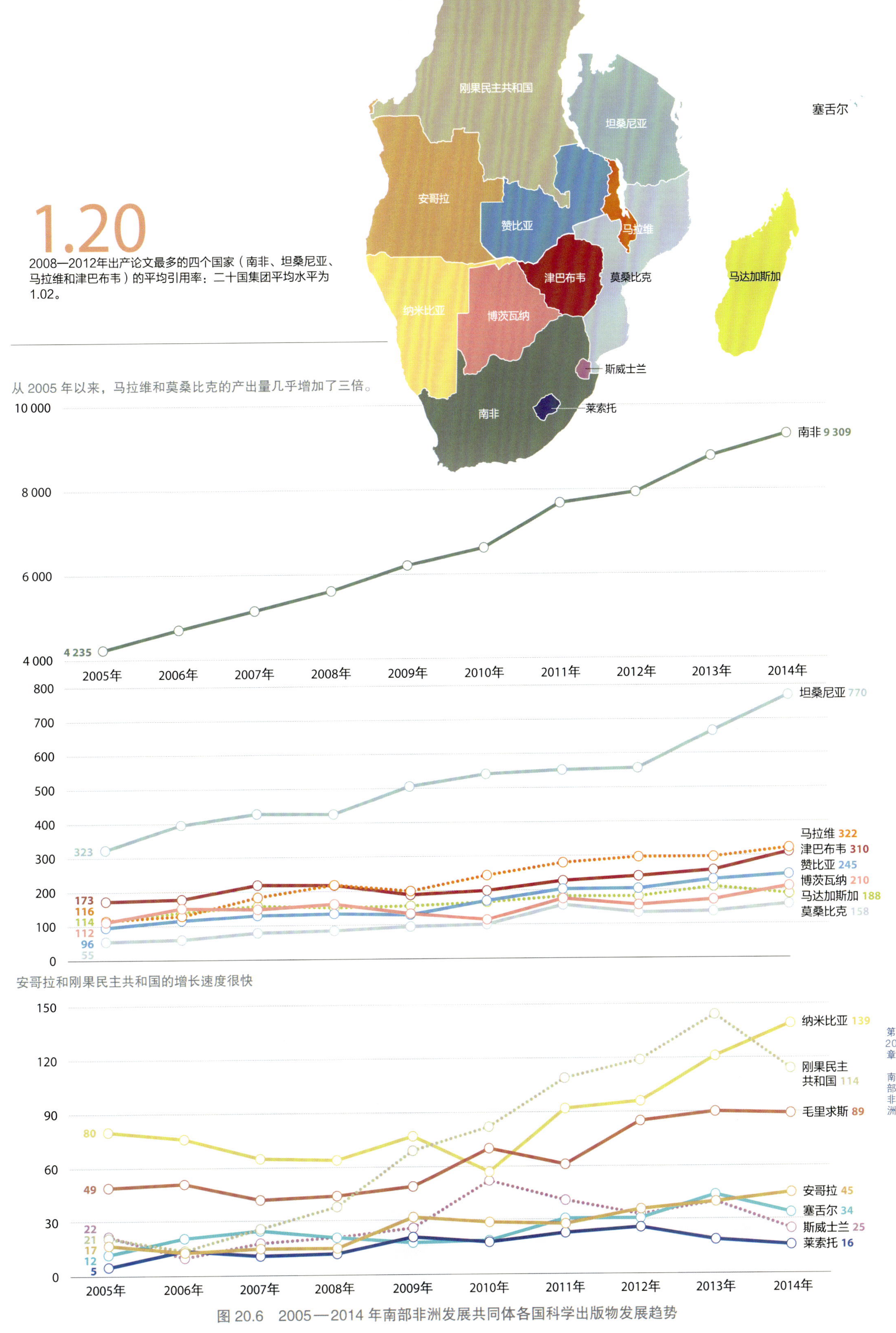

图 20.6　2005—2014 年南部非洲发展共同体各国科学出版物发展趋势

以生命科学和地球科学为主

各领域累积数量，2008—2014年

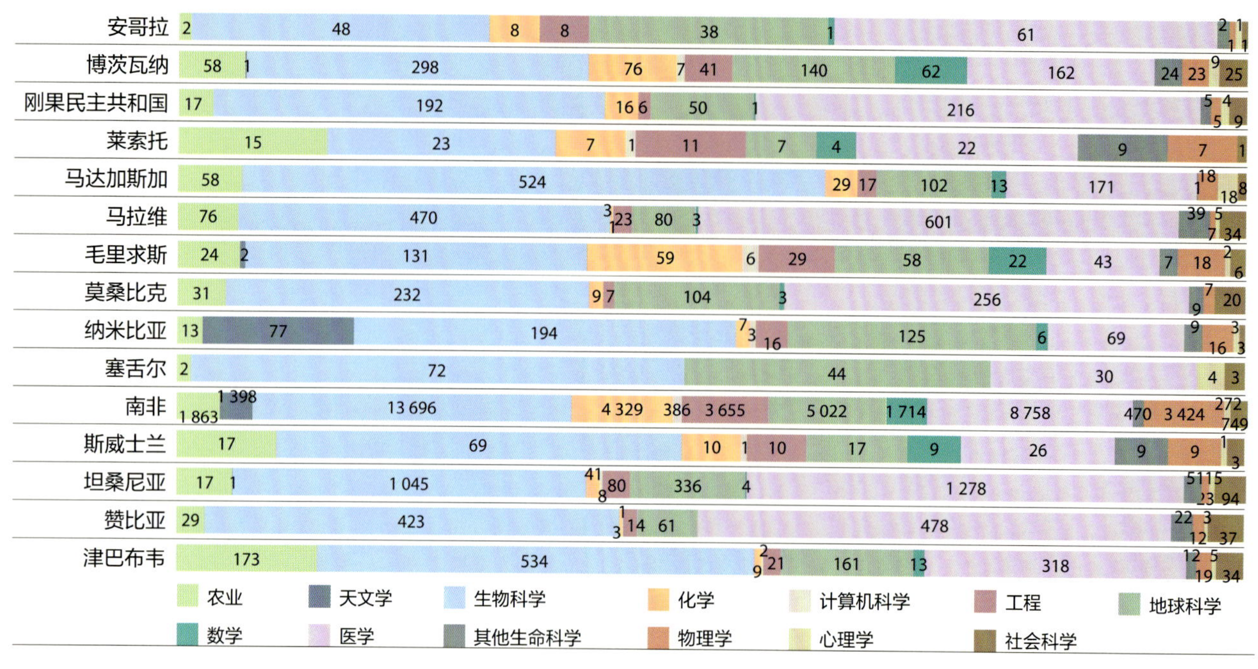

塞舌尔和南非每百万人口的出版论文数量最多

2014年每百万人口的论文数量

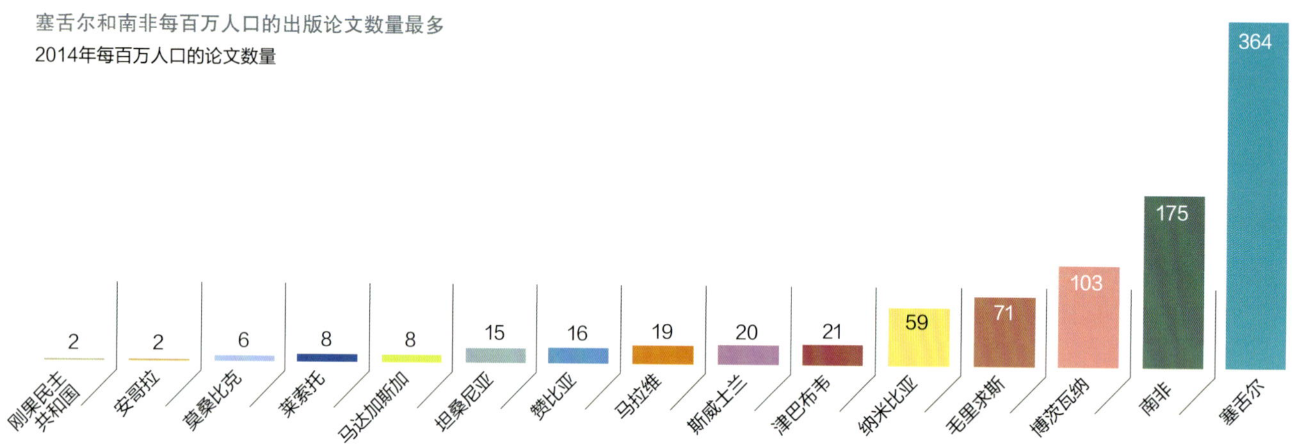

南非是南部非洲发展共同体的一个主要研究合作伙伴

主要外国合作伙伴，2008—2014年（论文数量）

	第一合作方	第二合作方	第三合作方	第四合作方	第五合作方
安哥拉	葡萄牙（73）	美国（34）	巴西（32）	英国（31）	西班牙/法国（26）
博茨瓦纳	美国（367）	南非（241）	英国（139）	加拿大（58）	德国（51）
刚果民主共和国	比利时（286）	美国（189）	法国（125）	英国（77）	瑞士（65）
莱索托	南非（56）	美国（34）	英国（13）	瑞士（10）	澳大利亚（8）
马达加斯加	法国（530）	美国（401）	英国（180）	德国（143）	南非（78）
马拉维	美国（739）	英国（73）	南非（314）	肯尼亚/荷兰（129）	
毛里求斯	英国（101）	美国（80）	法国（44）	印度（43）	南非（40）
莫桑比克	美国（239）	西班牙（193）	南非（155）	英国（138）	葡萄牙（113）
纳米比亚	南非（304）	美国（184）	德国（177）	英国（161）	澳大利亚（115）
塞舌尔	英国（69）	美国（64）	瑞士（52）	法国（41）	澳大利亚（31）
南非	美国（9 920）	英国（7 160）	德国（4 089）	澳大利亚（3 448）	法国（3 445）
斯威士兰	南非（104）	美国（59）	英国（45）	瑞士/坦桑尼亚（12）	
坦桑尼亚	美国（1 212）	英国（1 129）	肯尼亚（398）	瑞士（359）	南非（350）
赞比亚	美国（673）	英国（326）	南非（243）	瑞士（101）	肯尼亚（100）
津巴布韦	南非（526）	美国（395）	英国（371）	荷兰（132）	乌干达（124）

来源：汤森路透社科学引文索引数据库，科学引文索引扩展版，数据处理 Science-Metrix。

图 20.6　2005—2014 年南部非洲发展共同体各国科学出版物发展趋势（续）

表 20.5　南部非洲发展共同体地区的国家创新系统的状态

类别	
脆弱	刚果民主共和国、莱索托、马达加斯加、斯威士兰、津巴布韦
可行	安哥拉、马拉维、莫桑比克、纳米比亚、塞舌尔、坦桑尼亚、赞比亚
进步	博茨瓦纳、毛里求斯、南非

注：对于国家创新系统，可以根据其生存、发展、和进步的潜力来进行分析和分类。对于如何确定可行性阈值，是一个比较复杂的问题，也不在本章探讨范围内。不过，作者提出：对于南部非洲发展共同体地区的国家创新系统，可以将其初步分成 3 类：脆弱系统的特征一般是政治不稳定（包括源自外部威胁或内部政治分裂）。可行系统同时包含繁荣和衰退的成分，不过政治比较稳定。在进步系统中，各国通过政治机制推动变革，同时其变革也可能会影响新兴的地区创新体系。
来源：作者撰写。

开发银行，2013）。

目前还没有关于研发支出的全面数据，不过研发机构和研究人员都比较少。安哥拉的知识经济指数和知识指数在南部非洲发展共同体各国中是最低的。2011 年，科技部部长发布了《全国科学、技术和创新政策》。该政策计划组织和开发国家科技创新系统，找到合适的融资机制，并利用科技创新来实现可持续发展。

长期的内战（1975—2002 年）之后，不仅使高等教育长期荒废，也导致很多学术人才移居国外。在战争结束后，大学数量从两所（1998 年）激增到目前的 60 所，招收的学生超过了 20 万人。2013 年，政府推出了一项《国家专业培训计划》。另外，在努力通过高等教育推动开发的过程中，安哥拉在 2011 年创建了“可持续发展应用科学卓越中心”，并在 2013 年首期招生。该中心计划在十年内培养 100 位博士生。该中心在非洲尚属首创，它提供关于可持续发展的研究和培训课程，并向非洲所有国家开放。该中心位于罗安达的阿戈什蒂纽·内图大学内（南部非洲地区大学联合会，2012）。

博茨瓦纳

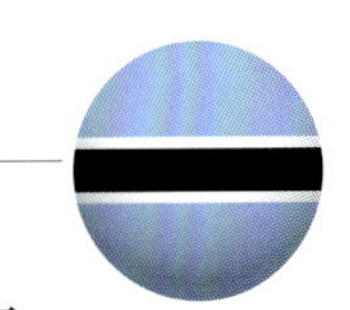

良好的治理

在非洲，博茨瓦纳与坦桑尼亚一样，都是独立后保持政治稳定时间最长的国家。该国采用多党民主政体，被认为是非洲大陆政治体系最好的国家，其全球清廉指数排名较高（在 175 个国家中排第 31 位），非洲治理伊布拉欣指数则排在第三位（见表 19.1）。实际的人均国内生产总值较高，并且一直在增长，不过该国的不平等指数在南部非洲发展共同体排名第二，并且存在普遍的贫困（见表 20.1）。根据 2013 年的《博茨瓦纳艾滋病影响调查》，博茨瓦纳也是全球艾滋病病毒感染率最高的国家之一（占人口的 18.5%）。

博茨瓦纳是全球最大的钻石生产国（根据生产价值）。虽然对采矿行业高度依赖，但是博茨瓦纳已经通过将公共开支和收入与采矿行业彼此分离，在很大程度上摆脱了“资源诅咒”模式。相关收入被投入到一项储蓄基金，以便实现反周期财务政策。钻石收入被投资到公共商品和基础设施行业。政府还通过长期的努力，创办了各种大学奖学金计划，从而为各等级的教育全面提供资助（非洲开发银行，2013）。

早在 2008—2009 年全球金融危机导致国际需求骤降之前，博茨瓦纳钻石采矿在每个计划周期的经济增长中所占的比例就一直在下降。在此背景下，在针对 2009—2016 年的《十年国家发展计划》中，博茨瓦纳政府就将实现多元化经济作为一项重点。政府认为私人行业的参与对于《十年国家发展计划》的成功具有关键作用，并将提高研发的作用看作是推动创新和私人行业发展最为有效的方法（联合国教科文组织，2013）。

2010 年，政府发布了《经济多元化驱动政策》。一年后，又修订了《企业法》，以便申请者能够在没有公司秘书参与的情况下完成企业注册，从而降低了企业启动成本。政府还采用了一种积分系统，允许拥有良好技能的外籍人士在博茨瓦纳工作（联合国教科文组织，2013）。

在政府战略中，发展六个创新中心是核心环节。其中第一个中心成立于 2008 年，其目标是推动农业的商业化和多元化。第二个中心是博茨瓦纳钻石中心。一直到最近，未加工钻石仍然占博茨瓦纳出口量的 70%。2008—2009 年全球金融危机期间签署了相关出口合约之后，政府决定进一步利用其在钻石行业的优势，于 2011 年与戴比尔斯等跨国企业重新进行协议谈判。政府于 2009 年在哈博罗内创建了一个钻石技术园，作为国内钻石切割和打磨以及钻石珠宝制作的中心。到 2012 年，政府已经向 16 家钻石打磨和切割企业颁发了许可（联合国教科文组织，2013）。

目前正在创建的中心还涵盖创新、运输和健康行业。截止到 2012 年，博茨瓦纳创新中心的管理机构已经批准和注册了将在园内运营的 17 个实体。这其中既包括博茨瓦纳大学等学术机构，也包括积极参与多元化业务的企业，比如钻具的定制设计和制造、专业探矿技术、钻石珠宝设计和制造以及信息与通信技术应用和软件。到 2013 年，已经在哈博罗内的 57 英亩土地上建造了基础服务设施，比如水源和电源，为进行全面开发奠定了基础（联合国教科文组织，2013）。

此外，政府实施协调办公室还批准了一个教育中心，其目标是开发高水平的教育和研究培训计划，从而使博茨瓦纳成为地区卓越中心，并推动经济多元化和可持续发展。博茨瓦纳的失业率较高（2013 年为 18.4%，见表 20.1），其原因被归结为能力开发与市场需求彼此脱节以及私人行业发展缓慢。博茨瓦纳教育中心的活动将与其他五个中心（亦即农业、创新、运输、钻石、和健康）进行协调（联合国教科文组织，2013）。

博茨瓦纳有两所公立和七所私立大学。博茨瓦纳大学的主要职能是教育，而新创办的博茨瓦纳国际科技大学则以研发为主，2012 年 9 月首次招生，招收学生人数为 267 人，并致力于提升教职员的学术水平。在过去的十年中，教育领域取得了显著的进展（南部非洲地区大学联合会，2012）。从 2009—2014 年，科研论文数量从 133 篇增长到 210 篇（见图 20.6）。

博茨瓦纳通过一项实施计划（2012 年）来实现《国家研究、科学、技术和创新政策》（2011 年）。在该政策中规定的目标是：到 2016 年，将全社会研发投入与国内生产总值之比从 2012 年的 0.26% 增加到 2% 以上（博茨瓦纳共和国，2011）。如果要在规定的时间框架内实现这个目标，就必须提高公共研发开支。可以通过四个方面的活动来推动此政策：

- 为科技创新规划和实施开发一项协调、整合的方案。
- 根据经合组织的《弗拉斯卡蒂手册》和《奥斯陆手册》中规定的准则来开发科技创新指标。
- 启动定期的参与规划活动。
- 强化负责政策监控和实施的机构组织。

2011 年的政策对国家的第一部《科技政策》（1998 年）进行了修订。依照 2009 年联合国教科文组织一项评估所提出的建议，2011 年的政策已经与 2005 年的《博茨瓦纳研究、科学和技术计划》（2005 年）整合在一起。进行该评估的主要原因是：要将博茨瓦纳的政策与《第十期国家开发计划》中规定的《2016 年愿景》结合在一起。该评估认为：2009 年，研究活动仍然面临与过去相同的障碍，说明 1998 年的政策对创造就业机会和财富收效甚微（联合国教科文组织，2013）。

2013 年，博茨瓦纳开始制订《国家气候变化战略和行动计划》。在此过程中，首先将制定一项气候变化政策，然后拟定战略。根据相关报道，该过程将进行很多咨询工作，并有来自乡村的居民参与。

刚果民主共和国

一所新的科技学院

刚果民主共和国长期以来的武装冲突一直是阻碍其国家创新系统发展的主要障碍。在南部非洲发展共同体的所有成员国中，该国的人类发展指数和人均国内生产总值是最低的，贫困率是最高的。该国对捐助资金的依赖程度很高，并且这种依赖度在 2007—2009 年迅速攀升。该国的非洲治理伊布拉欣指数也较低（排名第 40 位）（见表 19.1）。

刚果民主共和国没有国家科技创新政策。科技研究职能主要由公立大学以及国有研究机构承担。科学研究和技术部为 5 个研究组织提供支持，这些组织在农业、核能、地质学和采矿、生物医药、环境和保护等领域开展活动；另外科学研究和技术部还为地理研究院提供支持。

2012 年，在研究团体的推动下，在金沙萨成立了科学技术创新推动学院，其经费来源包括各成员捐助、捐款以及继承相关遗产。同时，科学研究和技术部也为其提供支持。科研团体积极开展活动的另外一个证明是：2008—2014 年，该国的研究产出量增加了将近 3 倍（见图 20.6）。

刚果民主共和国的高等教育规模较大，总共有 36 所公立大学，其中有 32 所是 2009 年到 2012 年之间创办的（南部非洲地区大学联合会，2012）。在大学和业界之间几乎没有交流，迄今为止，在该国只创建了一个商业孵化器。

《学术教育法》（2011 年）已经取代了 1982 年以来沿用的高等教育政策框架。另外一份有影响的文件是《2020 年愿景》，其目标是通过三个重点战略来调整大学课程，使其满足国家优先发展事项的需求：其中包括推动创业、开发技术和职业能力以及通过改良教师培训来确保相关的人力资本到位。2005 年的《扶贫战略文件》中明确规定：需要提供良好的教师培训，提升职业和技术能力，并将高等教育作为满足国家开发需求的一个核心环节（非洲开发银行等，2014）。

莱索托

通过一份合作协议发展私人行业和社会服务

2014 年，这个以山地为主，拥有 200 万人口的国家经历了一次政治危机，议会被暂停，有人尝试发动军事政变。在南部非洲发展共同体所提供的解决方案中要求将议会选举推迟了两年，直到 2015 年 3 月才进行。按照南部非洲发展共同体的说法，在经过了“自由、公平和可信的”选举之后，流亡总理一方重掌政权。

根据该国的统计数据，62.3% 的人口生活在国家贫困线以下，失业率高达 25.4%。在 15 ~ 49 岁的人口中，有 23% 感染了艾滋病病毒[①]，平均预期寿命不到 49 岁。人类发展指数较低，虽然 2010 年以后已经有所进步（莱索托政府和联合国开发计划署，2014），但是 2012 年，莱索托的人类发展指数在 187 个国家中排名第 158 位。2009—2013 年，人均国内生产总值增加了 18.7%（见表 20.2）。

有四分之三的人口生活在乡村，依赖于温饱型农业。因为农业生产率较低并且只有 10% 的土地是可耕种的，所以莱索托对来自南非的进口依赖程度很高。另外，该国对南非的依赖还体现在就业岗位以及向南非出售水资源（其主要的自然资源）等方面。

在国内，政府仍然是主要雇主以及最大的消费者，在 2013 年占国内生产总值的 39%。莱索托的最大私人雇用行业是纺织和成衣业。大约有 36 000 万巴索托族人在工厂内生产出口南非和美国的成衣（见图 18.2），其中以女性为主。近年来，钻石开采逐渐发展起来，根据目前的预测，到 2015 年，可能会在国内生产总值中占 8.5%。莱索托目前对捐助资金的依赖程度极高。

2007 年，莱索托签署了一份《千年挑战账户协议》，以强化医疗保健系统，发展私人行业，并为更多人提供更好的水资源和卫生条件。在莱索托的“良好表现”以及“持续承诺开展民主进程和合理治理体系”的推动下，该国在 2013 年 12 月得到了向“千年挑战账户”申请第二份协议[②]的资格。该协议的拟定过程需要两年，因此，如果顺利完成申请，第二份协议将在 2017 年生效。

在莱索托，阻碍经济发展、私人行业创业和扶贫的主要障碍是：政府一直没有高效利用资源来提供公共服务，从而影响了高层私人投资和创业的积极性。

还要实施很多科技创新政策

根据莱索托的基本研发指标，科技创新行业的发展程度很低，全社会研发投入与国内生产总值之比在南部非洲发展共同体各国中最低（2011 年为 0.01%）（见图 20.3）。该国只有一所公立大学——莱索托国家大学（成立于 1945 年）。另外还有一些其他公立和私人高等教育机构。在一定程度上该国通过私人机构来弥补公立机构有限的招生能力。很明显，如果要通过科技创新来满足该国的发展需求，就需要在各个层面更充分地利用公共资源。

在 2006—2011 年的《国家科技政策》中，计划将政府研发投资占年度国家预算的比例提高到

① 参见：www.unaids.org/en/regionscountries/countries/lesotho.

② 参见：www.lmda.org.ls.

1%，并提出创办新的机构，其中包括管理科技政策方案的莱索托科技顾问委员会，以及推动科技创新融资的莱索托创新信托基金。通信、科学和技术部下辖的科技处负责根据 2010 年所拟定的详细实施计划来推动和协调科技创新政策。根据该计划的要求，应采取措施确保社会各环节都能从科技创新中受益，并符合“巴索托族的莱策玛精神”。不过，迄今为止，该政策主体仍未实施，也没有进行修订。

马达加斯加

面向发展的研究政策

因为 2009 年的军事政变，马达加斯加受到国际制裁并且所收到的捐助资金大为减少。目前该国的经济在衰退：2008—2013 年，人均国内生产总值下降了 10.5%。根据报告，马达加斯加的贫困率在南部非洲发展共同体各国中是第二高的，仅低于刚果民主共和国，不过其人类发展指数排名则位于中游。

在治理方面，2013—2014 年，马达加斯加的全球清廉指数排名从第 118 下降到第 127 位（共 175 个国家）。所有治理指标都表明：政治不稳定性是加剧腐败的因素（反之亦然），也是创建基础和健康商业环境的主要障碍（国际金融公司，2013）。与很多国家一样，马达加斯加将国际反腐日定在 9 月 9 日。2013 年的主题是“零腐败，100% 发展”。

马达加斯加全社会研发投入与国内生产总值之比（2011 年为 0.11%）较低。研发职能由若干研究机构承担，其领域包括农业、制药、海洋学、环境、兽医学、核能、植物性和动物学。该国共有 6 所公立大学和 3 所理工大学、8 个国家研究中心，以及 55 个私立大学和学院。2005 年后的招生人数显著增加，在公立和私立大学内有 29 个专业提供博士课程。

政府已经将高等教育作为推动国家发展的一项主要措施。比如，在《2007—2012 年马达加斯加行动计划》第 5 部分，明确要求实现高等教育转型。具体目标包括：

- 确保毕业生的竞争力、创造力和就业能力。
- 推动研究和创新。
- 提供多样化的课程，以满足国家社会经济需求。
- 改良公立大学的治理。
- 发展高水平的私立大学和技术学院。

根据教育和科学研究部的信息，从 2000—2011 年，马达加斯加公立大学招生人数翻了一倍以上，从 22 166 增加到 49 395 人。其中有几乎一半学生加入了塔那那利佛大学。大部分博士生学习的都是科学和工程专业（南部非洲地区大学联合会，2012）。2006—2012 年，公立和私立大学学生人数几乎翻了一倍，达到 90 235 人，不过实际的博士生人数却下降了（见表 19.4）。

马达加斯加并没有国家科技创新政策，不过在 2013 年采纳了一项国家研究政策，以推动创新以及社会经济研发成果的商业化。在推出该政策的同时，还推出了与可再生能源、健康和生物多样性、农业和食品安全、环境和气候变化相关的五项《主研究计划》。这些计划被确定为优先研发的内容。其他计划则在 2015—2016 年详细拟定。

另外，目前还在创建一项研究和创新竞争基金。其目的是加强研究与社会经济效益之间的关系，并为政府研究人员和私人行业之间架设桥梁，正如其国家研究政策所述。此基金的出资方包括政府以及双边和多边合作方。

2012 年，高等教育和科学研究部倡导开展一项重要的改革，并突出强调提升科研目标和国家开发目标之间互动机制的重要性。

马拉维

游说投资者实现经济多元化

马拉维在 1994 年后一直采用多党议会民主制度。在过去的 10 年中，经济平均每年增长 5.6%，其经济增速在南部非洲发展共同体中排名第 6。根据预计，2015—2019 年，该国年人均国内生产总值增幅将为 5% ~ 6%（国际货币基金组织，2014）。2007—2012 年，马拉维的捐助资金与资本形成之比显著增加。与此同时，该国尝试实现农业的多元化以及向全球价值链上游发展，但是一直因为基础设施落后、劳动力培训水平较低以及商业氛围较差而受到严重的限制（非洲开发银行等，2014）。

第 20 章　南部非洲

马拉维是南部非洲发展共同体中人类发展指数较低的国家之一（见表 19.1 和表 20.2），不过同时也与冈比亚和卢旺达一起，属于非洲“向实现若干千年发展目标迈出重大步伐”的 3 个国家之一，相关指标包括小学净招生率（2009 年为 83%）和在小学阶段实现的性别平等（联合国教科文组织，2014a）。

该国经济对农业依赖程度很高，占国内生产总值的 27%（见图 20.2）以及出口收入的 90%。3 种最重要的出口作物包括烟草、茶叶和糖，其中仅烟草行业就占出口额的一半（见图 18.2）。马拉维的农业投入（占国内生产总值的比例）高于非洲任何其他国家（见表 19.2）。有超过 80% 的人口都从事温饱型农业，制造业仅占国内生产总值的 10.7%（见图 20.2）。另外，大多数产品都以原料或半成品的形式出口。

马拉维很清楚需要吸引更多的外商直接投资以推动技术转移，发展人力资本以及推动私人行业发展，从而带动整体经济。2011 年以来，外商直接投资一直在增长，其原因包括政府推行的金融管理体制改革以及采用了《经济恢复计划》。2012 年，大部分投资者来自中国（46%）和英国（46%），大部分外商直接投资都进入基础设施（62%）和能源行业（33%）（联合国教科文组织，2014a）。

政府采用了一系列财政激励措施来吸引外国投资者，其中包括减税。2013 年，马拉维投资和贸易中心推出了一项综合投资计划，有 20 个公司参与，涉及该国的 6 个主要经济发展领域：农业、制造业、能源（生物能源、移动电力）、旅游业（生态旅馆）和基础设施（废水服务、光纤电缆等）以及采矿（联合国教科文组织，2014a）。

2013 年，政府采纳了一项《国家出口战略》，以实现本国出口的多样化（马拉维政府，2013）。将为选定的 3 个行业集群内的多种产品[①]创建生产设施：其中包括含油种子产品、甘蔗产品以及制造业。政府估计：到 2027 年，这 3 个行业集群有可能会占马拉维出口量的 50% 以上（见图 18.2）。为了帮助各公司采用创新规范和技术，该战略为企业利用国际研究成果以及了解更多可用技术信息创造条件。同时还从源头帮助各企业获取投资此类技术所需的授权，比如通过国家出口开发基金以及马拉维创新挑战基金（见专栏 20.2）（联合国教科文组织，2014a）。

高产的科学家，大学职位很少

根据科技处进行的研究之一，虽然马拉维是全球最贫穷的国家之一，但是在 2010 年将国内生产总值的 1.06% 用于全社会研发投入，是非洲这个比例最高的国家之一。另外值得注意的是：与人口相仿的任何其他国家相比，马拉维的科学家在主流杂志发表的论文数量（相对国内生产总值）都更多。

高等教育招生人数正在努力跟上人口快速增长的步伐。虽然大学招生人数略有增加，但在 2011 年，适龄大学生入学比例仅为 0.81%。另外，虽然 1999—2012 年，选择去国外留学的学生人数增长了

① 包括烹饪油、香皂、润滑剂、油漆、动物饲料、化肥、快餐和化妆品。

专栏 20.2　马拉维创新挑战基金

马拉维创新挑战基金（MICF）是一个新的竞标机构，马拉维农业和制造行业的各企业可以向其申请资金，从而开展可能产生重要社会影响并帮助马拉维拓展范围较窄的出口产品从而实现多元化出口的创新项目。

该基金与该国“国家出口战略”中确定的三个行业集群彼此协调，其中包括油种子产品、甘蔗产品以及制造业。

马拉维创新挑战基金最多可以为创新商业项目提供 50% 的拨款，从而帮助其在启动创新的过程中降低商业风险。这种支持应该可以加速实施新的业务模式和 / 或采用新的技术。

第一轮竞标在 2014 年 4 月开始。

该基金获得了联合国发展计划以及英国国际发展部提供的 800 万美元资金。

来源：非洲开发银行新闻发布会和个人沟通；作者。

56%，但是所占比例与同期相比从 26% 下降到 18%（联合国教科文组织，2014a）。

马拉维在 1991 年首次制定了科学和技术政策，并于 2002 年修订。虽然 2002 年的政策已经通过，但是尚未完全实施，其很大一部分原因是缺少实施计划，并且科技创新相关方案没有得到很好的协调。近年来，在联合国教科文组织的帮助下，马拉维对此政策进行了修订，以便使其重点和方案与第二批《马拉维发展和开发战略》(2013 年）以及马拉维所参与的国际公约相协调（联合国教科文组织，2014a）。

2002 年，《国家科技政策》计划创建国家科技委员会，以便为政府和其他利益相关方提供关于科学和技术驱动型发展方案的建议。虽然 2003 年的《科技法》[①] 中规定了要创建此委员会，但是直到 2011 年才投入实施，通过合并科技处和国家研究理事会，成立了一个秘书处。国家科技委员会评估了当前的《科学、技术和创新战略计划（2011—2015 年）》，不过截至 2015 年早期，修订的科技创新政策尚未得到内阁的批准（联合国教科文组织，2014a）。

近年来通过实施国家科技创新政策所取得的主要成就包括：

- 2012 年，成立了马拉维科技大学以及利隆圭农业和自然资源大学（LUANAR[②]），以提升科技创新能力。这样一来，公立大学数量变为 4 所，另外两所是马拉维大学和姆祖祖大学。
- 通过五年健康研究能力提升倡议（2008—2013 年），提高了生物医疗研究能力。在该倡议计划中，为博士、硕士、和学士学位提供研究拨款以及较高的奖学金，并由英国维康信托基金会和英国国际发展署提供支持。
- 在棉花密闭田间试验方面取得了很大的进展，并由美国生物安全系统、孟山都公司以及利隆圭农业和自然资源大学提供支持（见专栏 18.2）。
- 采用乙醇燃料作为石油的替代燃料，并采用乙醇技术。
- 2013 年 12 月，推出了《马拉维科技创新政策》，以在所有经济和生产领域部署科技创新方案，并改良乡村地区的科技创新基础设施，尤其是通过创建远程中心。
- 2013 年评估了中学课程。

① 2003 年的《科技法》还创建了一个科技基金会，以便通过政府拨款和贷款为开发与研究提供资金；截至 2014 年，尚未开始实施（联合国教科文组织，2014b）。

② 利隆圭农业和自然资源大学在 2012 年从马拉维大学分离出来。

毛里求斯

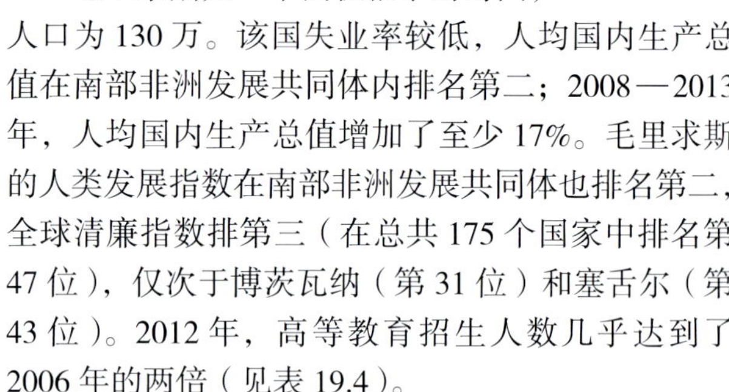

作为一个投资中心与南非展开竞争

毛里求斯是一个面积很小的岛国，人口为 130 万。该国失业率较低，人均国内生产总值在南部非洲发展共同体内排名第二；2008—2013 年，人均国内生产总值增加了至少 17%。毛里求斯的人类发展指数在南部非洲发展共同体也排名第二，全球清廉指数排第三（在总共 175 个国家中排名第 47 位），仅次于博茨瓦纳（第 31 位）和塞舌尔（第 43 位）。2012 年，高等教育招生人数几乎达到了 2006 年的两倍（见表 19.4）。

推动该国经济发展的领域包括旅游业、纺织制造、糖和金融服务。其经济基础呈现快速的多元化发展趋势，发展方向包括信息和科技技术、海洋食品、酒店、物业管理、医疗、可再生能源、教育和培训等，吸引了来自本地和外国的投资者。作为新的商业投资中心，毛里求斯也为离岸公司创造了很多机会。推动这种多元化的一个主要原因是：政府决定驱动经济向价值链上游发展，实现基于高能力和技术的经济。该战略取得了成效：2013 年，毛里求斯超过南非，成为撒哈拉以南非洲最有竞争力的经济体。

在 2011 年采用的《毛里求斯：可持续发展岛屿》(Maurice IIe Durable）文件中，在很大程度上阐述了毛里求斯的重要经济转型。该文件明确了基于可持续发展的经济发展模式，并说明了五个彼此关联的重点领域：能源、环境、教育、就业和公平。毛里求斯在 2011 年通过了《能效法》，并采用了《2011—2025 年能源战略》，其中强调可持续发展的建筑设计和运输，以及开发太阳能、地热和水电等可再生能源。

毛里求斯一直是实施《小岛屿发展中国家可持续发展行动计划》的核心成员之一，并于 2005 年主持了推动此计划的3次重要会议中的一次[①]。2014年，毛里求斯带头号召创建一个联合国教科文组织海洋科学和创新卓越中心，以便发展能力和开展研究，从而推动《2030年可持续发展议程》。该号召文件通过《毛里求斯部长宣言》批准，并由毛里求斯、科摩罗、马达加斯加和塞舌尔在一次高层会议闭会时采纳，该会议的宗旨是强化小岛屿发展中国家的科技创新政策和可持续发展治理能力以及这些国家适应气候变化的能力。

推动研发的一系列行动

2012年，毛里求斯将国内生产总值的0.18%用于全社会研发投入（见图20.3）。大约有85%的公共研发支出用于与科技相关的领域。开支最高的行业（一共占总科技支出的20%左右）包括农业、环境和海洋/海洋科学，其次是健康以及信息和通信技术（占总支出的4%~7%）。毛里求斯为本国设定的目标是：到2025年，将公共研发支出占国内生产总值的比例增加到1%，并预计届时私人行业至少会占国家研发支出的50%。

2009年，毛里求斯研究理事会开展了一系列咨询活动。除了顾问角色之外，这个政府机构还为相关研究进行协调和提供资金，从而帮助各行业获得创新优势。通过这些咨询活动，提出了如下方面的方案：

- 增加私人研发开支。
- 强化知识产权法律。
- 推动市场驱动的研究。
- 整合公共领域与业界研究人员之间的沟通渠道。
- 通过财政措施吸引私人研发投资。

针对这些建议，政府采取了一系列措施来推动研发，其中包括：

- 在2014年提供1亿卢比（约300万美元）来资助研发，其中包括通过毛里求斯研究理事会负责的“公共合作研究方案”以及“小企业创新方案”。主要目标领域包括：生物医药、生物技术、能源和能效、信息和通信技术、土地和土地使用、生产技术、科学和技术教育、社会和经济研究以及水资源。
- 在2014年修订《毛里求斯研究理事会法案》，以便为国家研究和创新基金提供资金。
- 通过印度理工大学与毛里求斯研究理事会之间签署的一份谅解备忘录以及与毛里求斯大学的合作，成立国际技术研究学院，该学院在2015年搬迁到主校园区。
- 在2013年，准备为该国两所大学（毛里求斯大学和理工大学[②]）招聘30位富有经验的国际讲师，以拓展研究范围，提升教学标准。

毛里求斯研究理事会是高等教育、科学、研究和技术部的主要协调机构。该部目前负责监督本国首期《国家科学、技术和创新政策与战略》的拟定工作，其时间跨度为2014—2025年。相关政策草案的重点包括：

- 在科技创新领域的人力资源能力。
- 公共研究领域的作用。
- 科学和社会之间的关联。
- 技术吸收和创新。
- 研究和创新投资。
- 通过强化研究应对挑战。
- 推动非洲科技创新倡议活动。
- 治理和可持续发展。

其中一些挑战仍然有待拟定政策。目前需要将关联机制以及长期愿景与前期科技创新治理结合起来，并在公共研究机构和私人企业之间架设桥梁。

莫桑比克

加速发展的机遇

在过去十年中，莫桑比克的经济增速很快（每年6.0%~8.8%），其源头可以追溯到21世纪初启动的铝和天然气生产，这些活动带来了大量的外商直接投资。该国对捐助资金的依赖程度虽然仍然较高，但是2007—2012年已经显著下降。不过，经济增长尚未对人类发展指数产生明显的影响。2007年以后，其在185个国家中的排名一直是

① 本计划于1994年在巴巴多斯首次采纳，2005年在毛里求斯进行了更新，2014年在萨摩亚再次更新。

② 另外还有其他三个机构提供高等教育：毛里求斯教育学院、毛里求斯甘地学院以及毛里求斯航空学院。

第 179 位。在该国，贫穷是普遍现象，这也是其实现经济多元化所面临的一个主要障碍，尤其是在同时面临高金融成本、落后基础设施以及抑制性监管框架的情况下（非洲开发银行，2013）。莫桑比克的全球清廉指数排名（在 175 个国家中排第 119 位）和非洲治理伊布拉欣指数排名也较低（见表 19.1）。

莫桑比克在 2003 年推出了《科技政策》，在 2006 年批准了《莫桑比克科学、技术和创新战略》，规划周期为 10 年，但是都没有按照预期兑现。在该战略中，确定了一组优先事项，其中包括消除极端贫困，推动经济发展以及改良所有莫桑比克人的社会福利。目前正在与国际合作方共同开展这方面的工作。莫桑比克全社会研发投入与国内生产总值之比（2010 年为 0.42%）位于南部非洲发展共同体的中游水平，不过研究人员的密度较低。2010 年，不包括商业领域，每百万人口的研究人员仅有 66 人（人口调查）。

为了推动实施《科技政策》，莫桑比克在 2006 年创办了一项国家研究基金，由科技部负责运营。此基金为如下领域的众多科研、创新、和技术转让项目提供资金：农业、教育、能源、健康、水、矿产资源、环境持续发展、渔业以及海洋科学和植物学。

该国有 16 个研究机构，还有若干个国家研究理事会，在水、能源、农业、医药和人类植物学等领域开展活动。国家科学院成立于 2009 年。

莫桑比克有 26 所高等教育机构，其中有一半是私立的。不过，大多数学生都在公立机构就读，尤其是爱德华蒙德拉内大学和佩德高吉卡大学。高等教育需求正在快速增长：在 2012 年招收的学生人数（124 000）比 2005 年多四倍（见表 19.4）。

与其几个邻国一样，莫桑比克目前正在与联合国教科文组织的“全球科技创新政策工具瞭望台”（GO → SPIN）项目合作，对其科学系统进行详细规划。最终目标是通过这种规划，为拟定科技创新政策修订方案奠定基础，从而在关键领域实施相关政策，比如：缓解气候变化影响；探索新能源；通过创新培养社会融入能力；推动淡水的可持续管理和保护、陆地资源和生物多样性以及灾难恢复能力。

在最近实现了稳定政治局面，并在通过铝、天然气、和煤炭创收的背景下，莫桑比克面临着前所未有的机遇，有利于其加快发展并改善社会福利。不过，为了实现可持续发展的创收模式，还必须对财富进行管理，并通过资产转型来确保满足国家的长期利益需求。

纳米比亚

针对多元化经济的需求

虽然从人均国内生产总值来看，纳米比亚被视为中等收入国家，但是从其基尼系数（见第 739 页）可以看出：该国是全球不平等程度最高的国家之一（尽管在 2004 年之后略有改善）。纳米比亚还存在着 16.9% 的失业率（见表 20.1）以及普遍存在的贫困，其大多数人口依赖温饱型农业。另外还必须考虑长期严重干旱以及艾滋病的高患病率。这些情况给纳米比亚带来了众多障碍。如果要解决对采矿业过度依赖的局面（见图 18.2），就必须克服这些障碍。采矿业目前雇用人数仅占总人口的 3%。

纳米比亚通过《2030 年愿景》来引导其长期发展战略，该规划文件于 2004 年被采纳，其目标是“减少不平等，大幅提升国家的人类发展指数，跻身全球发达国家行列[①]”。为了实现《2030 年愿景》中的目标，确定了 5 个“驱动因素”：教育、科学和技术；健康和发展；可持续发展农业；和平和社会公正；性别平等。

2010 年，纳米比亚的全社会研发投入与国内生产总值之比仍然较低（0.14%），不过每百万人口有 343 位研究人员（人口统计），是本地区这个比例最高的国家之一。该国的知识经济指数和知识指数也很高，不过从 2000—2012 年其排名下降了 9 位。毫无疑问，有两个因素可以解释这种现象：纳米比亚的市场友好型环境（与毗邻南非有关）；该国两所久负盛名的大学在过去 20 年中培养了很多重要的熟练工人以及接受过良好培训的专业和管理人才。

① 参见 www.gov.na/vision-2030.

两所久负盛名的大学

纳米比亚科技大学（原称纳米比亚理工学校）和纳米比亚大学录取人数占总招生人数的 93%，其他大学生则就读于两所私人教育机构。

根据相关报道，纳米比亚大学的学生人数有 1.9 万人，另外该学校在全国共有 12 个卫星校园和 9 个地区中心。其下属院系包括：农业和自然资源；经济和管理科学；教育；工程；健康科学；人文和社会科学；法律；自然资源。该大学开设 12 类博士课程，迄今为止已经颁发了 122 个博士学位。同时还有相关的激励措施，鼓励研究人员发表其研究成果。

纳米比亚科技大学努力"提高纳米比亚和南部非洲发展共同体地区的创新、创业、和竞争能力"。该校共有 7 个学院和 10 个卓越中心，2014 年共有 1.2 万学生。2010 年，成立了一个合作教育单位（CEU），其目的是帮助毕业生培养相关行业所需的能力。合作教育单位与业界共同设计其课程，并协调开展一个项目，激励学生竞争实习或行业工作机会，从而帮助他们学以致用。

推动科技创新的一个三年计划

在教育部内，由高等教育、科学和技术处下辖的研究、科学和技术主管部门负责协调科研事宜。2013 年，纳米比亚根据《研究、科学和技术法》（2004 年）成立了一个国家研究、科学和技术委员会。该委员会负责实施 2006 年的《生物安全法》，另外还负责在联合国教科文组织[①]的帮助下，开发一项三年的国家研究、科学、技术和创新计划。该计划根据 1999 年采纳的《国家研究、科学和技术政策》中的指令来拟定。

2014 年 3 月，国家咨询研讨会举行，为"国家研究、科学、技术和创新计划"制定实施战略。在与会研究人员、创新者和企业家的支持下，确定了国家优先发展领域，并考虑了《纳米比亚工业政策》（2013 年）、当前的经济蓝图、《第四届国家发展计划》（2012—2017 年）以及《2030 年愿景》。在该计划中，将努力创造一个更有利的环境，从而推动重要领域的研究和创新，其中包括政策、人力资源开发和相关的机构框架。

2013 年，联合国教科文组织帮助纳米比亚起草了一份运作国家研究、科学和技术基金的手册。该基金的首笔资金是在 2014 年 3 月与南非共同提供的（共 30 个项目，价值 300 万纳元，约 253 000 美元）。其后，2014 年 5 月，由政府首次拨款（27 个项目，价值 400 万纳元）。针对第二和第三项国家研究号召提案的拨款，在 2015 年 5 月提供资金。迄今为止，接受款项的机构包括纳米比亚大学、纳米比亚理工学校、渔业和海洋资源部、教育部以及非政府组织纳米比亚沙漠研究基金会。

纳米比亚目前还在参与联合国教科文组织的"全球科技创新政策工具瞭望台"（GO→SPIN）项目，其目的是创建一个可靠的信息系统，以监控科技创新政策的实施。

塞舌尔

第一所大学和国家科技创新学院

2007—2008 年经历了主体经济崩溃之后，塞舌尔逐渐恢复了过来，并成为一颗冉冉升起的明星（非洲开发银行等，2014）。目前，该国在南部非洲发展共同体中的人均国内生产总值和人类发展指数最高，失业率和贫困度最低。另外在治理、低腐败率和公众安全方面也是得分最高的国家之一。虽然取得了这些成就，但是在这个小岛国家内，并不是所有人都因此受益。该国经济主要依赖旅游业、农业和渔业，但是经济增长几乎完全靠旅游业来拉动。因此，塞舌尔在南部非洲发展共同体所有国家中的不平等程度是最高的。

塞舌尔没有最新的研发数据。2005 年，该国的全社会研发投入与国内生产总值之比较低（0.30%），鉴于其人口为 9.3 万人，其研究人员人数很少，只有 14 人。主要研究机构是塞舌尔海洋研究和技术中心（创建于 1996 年）。

塞舌尔的第一所大学成立于 2009 年，并在 2013 年招收了首批 100 位学生（见表 19.4）。虽然塞舌尔大学仍然处于起步阶段，不过发展很快，已经与南部非洲发展共同体地区的其他一些大学建立了稳定的合作关系（南部非洲地区大学联合会，2012）。

2014 年，塞舌尔大学通过了一项法案，创建该

① 参见：http//tinyurl.com/unesco-org-policy-namibia.

国第一所国立科学、技术和创新学院。2015 年 1 月，政府将创业发展和商业创新处升级为部，并增加了投资职能。

南非

对外的外商直接投资流入量已经翻了一倍

南非目前是非洲第二大经济体，仅次于尼日利亚。虽然人口只有 5 300 万，但是其国内生产总值约占非洲的四分之一。它被归为中等收入国家，其国家创新系统比较稳定。考虑到南非在本地区的政治影响以及在非洲不断扩大的经济活动范围，该国有可能会推动整个非洲大陆的经济增长。目前，最能感受到南非影响力的就是南部非洲发展共同体中的邻邦，通过发展贸易合作伙伴、签署政治协议建立商业关联以及人口流动。

在南部非洲发展共同体中，南非是外商直接投资的主要目的地，在 2013 年吸引了该地区 45% 的外商直接投资，这个比例比 2008 年的 48% 略有下降。南非还是本地区的一个主要投资国：在这六年的时间里，南非在国外进行的外商直接投资几乎加倍，达到了 56 亿美元，主要投资领域包括电信、采矿和零售，南非的各个邻国是其主要投资对象。2012 年，南非在非洲的新外商直接投资项目数量比全球任何其他国家都多。另外，根据联合国贸易和发展会议的信息，在新兴经济体中，南非是在最不发达国家进行投资的第二大投资国，总投资仅次于印度。

自 1997 年以来，南非通过科学和技术处，与非洲其他国家签署了 21 份正式的双边科技合作协议，其中最近的一份协议是在 2014 年与埃塞俄比亚和苏丹签署的（见表 20.6）。在三年联合实施计划中，明确了共同利益范围，通过联合研究倡议等方式开展合作，并通过共享信息和基础架构进行能力建设，另外还有开展研讨会、学生交流和开发支持等的内容。

高科技领域的贸易逆差

南非的贸易对象主要包括博茨瓦纳（21%）、斯威士兰、赞比亚和津巴布韦（分别为 12%）以及安哥拉（10%）。而南非直接外商投资的主要对象则包括毛里求斯（44%）、坦桑尼亚（12%）和莫桑比克（7%）。从表 20.7 中可以看出：在高科技产品领域，南非与南部非洲发展共同体的其他国家一样，一直存在较高的贸易逆差，因此使其国家创新系统在全球创新领域处于外围态势。

2030 年之前，通过科技创新来实现经济多元化

在南非的《国家发展计划》（2012 年）中，提出在 2030 年之前，实现基础牢固的多元化经济。为了实现这种变化，将遵循《十年创新计划》（2008—2018 年），并力争解决 5 项“重大难题”：其中包括生物技术和生物经济（原来的制药）；航天；能源安全；全球变化；以及掌握社会发展动态。到目前为止所取得的成就包括：

- 在 2012 年决定投资 15 亿欧元，在南非、澳大利亚、新西兰及邻近的太平洋岛屿建设全球最大的射电望远镜；该项目会为研究合作创造很多机会（见专栏 20.3），吸引各个专业层面的顶级天文学家和研究人员来南非工作；值得注意的是：2008—2014 年，南非天文学家有 89% 的论文都是与外国人合著的。
- 在 2013 年批准了《国家生物经济战略》，将生物创新作为实现国家工业和社会发展目标的一个重要工具。
- 在科技处内，过去五年对一些项目进行了重组，以便加大创新力度，更好地应对社会难题；科技处的社会经济创新合作项目方负责下游创新链，其子项目包括包容发展和绿色经济创新等内容。
- 科技处在 2012 年推出了“技术 100 强实习”计划，使没有就业的科学、技术和工程毕业生能够进入高科技公司；2013—2014 年，在 105 个实习岗位中，有四分之一的实习生在为期一年的项目结束时被其公司录用为正式员工；2015 年，豪登省和西开普省又有 65 位实习生成为企业员工；目前还计划扩展参与本项目的私人企业网络。

通过一项资金推动不景气的私人行业研发

南非的全社会研发投入与国内生产总值之比（2012 年为 0.73%）相对 2008 年的 0.89% 降幅较大。其主要原因是私人行业研发下降比较明显（政府研发投资在增加）。不过，南非的研究产出量仍然占南部非洲总产出量的 85% 左右（Lan 等，2014）。

2013 年，为了实现全社会研发投入与国内生产总值之比至少达到 1% 的目标，行业专用创新基金

表 20.6　2015 年南非在非洲的双边科学合作

联合合作协议（签署）	人类发展	知识产权	科技创新政策	生物科学	生物技术	农业（农业加工）	航天	激光技术	核医疗技术	水管理	采矿 / 地质学	能源	信息通信技术	数学	环境和气候变化	本土知识	航空	材料科学和纳米技术	基础科学	人文和社会科学
阿尔及利亚（1998年）								●	●								●	●		
安哥拉（2008年）	●																			
博茨瓦纳（2005年）*					●	●	●			●	●	●	●			●				
埃及（1997年）							●	●										●		●
埃塞俄比亚（2014年）																				
加纳（2012年）*					●		●						●							
肯尼亚（2004年）*						●	●						●							
莱索托（2005年）						●														
马拉维（2007年）	●		●	●				●								●				
马里（2006年）																				
莫桑比克（2006年）*	●					●	●						●							
纳米比亚（2005年）*						●	●				●		●			●				
尼日利亚（2001年）					●		●				●							●		
卢旺达（2009年）				●			●					●			●				●	
塞内加尔（2009年）																				
苏丹（2014年）																				
坦桑尼亚（2011年）		●	●		●								●					●		
突尼斯（2010年）					●							●	●							
乌干达（2009年）				●			●					●		●	●	●				
赞比亚（2007年）*							●				●		●			●				
津巴布韦（2007年）	●				●						●		●					●		

* “非洲超长基线干涉计量网络”以及“平方千米阵”项目合作方。
来源：通过科技处获取，由作者编辑。

成立。该基金聚焦于具体的行业领域，通过科技处与政府合作，借助合作融资方案，满足业内的研究、开发和创新需求。该融资方案还采纳了 2012 年《部长评估报告》中的建议，该报告呼吁加强科技处与私人行业的交流活动。

2007 年，一个研发税收激励项目推出，并在 2012 年进行了修订，该项目规定：对于企业或个人所从事的科学或技术研发，如果符合相关条件，相关开支可以享受 150% 的税收减免。在 2012 年的修订方案中，要求相关公司的研发项目通过审批流程，才能予以减免。在过去的八年中，该项目一直在发展，并为将近 400 个申请者提供了税收减免，其中有将近一半属于中小企业。该项目还利用政府提供的 32 亿兰特拨款，调动了相当于研发价值 10 倍的资本。

较早的科技处创新基金（1999 年）已经转型为一系列融资方案，并由 2010 年以后运营的技术创新局通过技术创新项目分类管理。最近推出的一些基金包括青年技术创新基金（2012 年），其对象是 18 ~ 30 岁的创新人员，通过为其提供优惠券，使其能够得到通过其他途径无法得到的服务和 / 或资源；另外还有种子基金（2012 年），其目的是帮助各大

表 20.7　2008—2013 年南部非洲发展共同体在高科技产品领域的国际贸易　（单位：百万美元）

	总计											
	进口						出口					
	2008年	2009年	2010年	2011年	2012年	2013年	2008年	2009年	2010年	2011年	2012年	2013年
博茨瓦纳	251.7	352.9	248.0	274.1	303.7	—	21.1	24.4	15.1	44.6	62.7	—
莱索托	16.6	28.4	—	—	—	—	0.4	1.6	—	—	—	—
马达加斯加	254.1	151.8	177.0	141.6	140.2	—	7.4	10.7	5.5	52.6	2.0	—
马拉维	112.5	148.9	208.3	285.4	—	152.4	1.7	3.4	2.0	22.7	—	11.0
毛里求斯	284.3	327.8	256.6	255.2	344.8	343.5	101.1	21.9	6.2	9.8	10.6	6.3
莫桑比克	167.3	148.6	125.4	134.1	189.2	1 409.2	6.1	23.8	0.5	71.2	104.7	82.1
纳米比亚	199.5	403.8	334.9	401.9	354.6	378.9	22.0	42.8	49.3	46.6	108.0	71.7
塞舌尔	32.1	—	—	—	—	—	0.2	—	—	—	—	—
南非	10 480.4	7 890.5	10 190.3	11 898.9	10 602.2	11 170.9	2 056.3	1 453.3	1 515.6	2 027.3	2 089.1	2 568.6
坦桑尼亚	509.1	532.2	517.4	901.7	698.4	741.6	11.8	18.1	27.4	43.0	98.9	50.0
赞比亚	209.7	181.9	236.4	354.9	426.7	371.2	8.8	5.9	4.6	222.0	55.2	40.0
津巴布韦	116.8	201.1	393.3	343.1	354.2	447.3	80.0	7.3	9.2	9.7	20.4	18.5

注释：总共有 145 个国家参与排名。
来源：世界银行。

专栏 20.3　南非在射电望远镜项目竞标中胜出

2012 年，南非和澳大利亚在建造全球最大射电望远镜“平方千米阵”（SKA）的项目竞标中胜出，其价格为 15 亿欧元。为此，南非将与非洲的 8 个合作方展开合作，其中有六个来自南部非洲发展共同体内部：包括博茨瓦纳、马达加斯加、毛里求斯、莫桑比克、纳米比亚和赞比亚。另外两个合作方是加纳和肯尼亚。

南非还在 2005 年启动的非洲“平方千米阵”人力资本开发项目与南部非洲发展共同体的其他国家在技能培训方面展开合作。2012 年，该项目为从本科生到博士后在内的天文学和工程学生提供了大约 400 项拨款，同时还对技术人员培训项目进行投资。在启动“平方千米阵”非洲项目以后，还在肯尼亚、马达加斯加、毛里求斯和莫桑比克开设天文学课程。

除了上述工作外，2009 年，阿尔及利亚、肯尼亚、尼日利亚和南非还签署了一份协议，为在“非洲资源管理星座”（ARMC）框架下建造 3 颗低地球轨道卫星。南非将至少建造三颗卫星中的一颗（ZA-ARMC1），相关建设工作在 2013 年开始。

培养合格的工作人员和研究人员，是在南非顺利实施“平方千米阵”项目以及为非洲资源管理星座建造卫星的一个重要前提条件。在这些活动中，将培养非洲在地球观测方面的技术和人力资源能力，从而推动土地规划、地表绘图、灾害预测和监控、水管理、石油和天然气管道监控等领域。

来源：由作者编辑。

学满足融资需求，从而使其能够将大学研究成果转化为可以商业化的理念。

“工业技术和人力资源”（THRIP）方案为业界的项目投资牵线搭桥，使大学等公共机构的研究人员能够出任项目领导岗位，并通过业内项目为学生提供培训。该方案是在 1994 年确定的，并在 2013 年进行了一次外部评估；后来又对其中的某些流程进行了评审，该活动被称为“工业技术和人力资源的二次振兴”。通过此评审，催生了一系列新措施，其中包括首次提供奖学金，以及采用一种“先到先服务”的规则，以加速拨款资金的使用。2010—2014 年，“工业技术和人力资源”方案每年平均为 1 594 位学生以及 954 位研究人员提供资金，黑人和女性研究人员的人数逐年增长。

在 2006 年创办的“南非研究职位倡议”(SARChI)项目时间更早，也推动了黑人和女性研究人员的增加。该项目在 2012 年进行了外部评审，到 2014 年，总共授予了 157 个职位。在 2004 年推出的卓越中心基金方案目前已经形成了由 15 个研究中心构成的网络，其中有 5 个中心都是在 2014 年成立的。最近建立的中心之一是科学计量以及科学、技术和创新政策中心，其宗旨是推动更合理的科技创新政策决定，并整合相关的国家信息系统。

《国家发展计划》(2012 年)已经确定了一个目标：在 2030 年之前，培养 10 万名博士生，从而提升国家的研究和创新能力。科技处已经大幅度提升了研究生拨款。到 2014 年，每百万人口的博士人数为 34 人，不过仍然低于该计划所制定的每百万人口 100 位博士的目标。

非常受科学家和学生欢迎的目的地

在南部非洲发展共同体内，南非拥有的顶级科学家人数是最多的，这也符合其在非洲科研舞台的领导地位。在南部非洲，科研人员和研究资源可以不受限制地流动，而南非在本地区的高等教育和研究领域就发挥了重要的枢纽作用。南非几乎有一半研究人员(49%)都是流动性的，在国内研究中心停留的时间不超过两年(Lan 等，2014)。

2009 年，南非各大学共吸引了 61 000 名非洲各国的海外留学生，这为南非创造了潜在的人力资本，并有助于推动与非洲其他国家的进一步融合(联合国教科文组织统计研究所，2012)。来自南部非洲发展共同体其他国家的学生所需支付的学费与南非本国学生一样，这符合《南部非洲发展共同体教育和培训协议》的要求，并且意味着南非的纳税者为其他国家的学生提供资金。另外还有一些倡议项目，比如非洲数学科学研究所(AIMS)，进一步鼓励学生、科学家和研究人员在本地区以及其他地区的流动(见专栏 20.4)。

斯威士兰

社会问题妨碍了科技创新开发

斯威士兰王国是南部非洲发展共同体中第二小的国家，仅大于塞舌尔，人口不到 130 万。虽然被归为较低中等收入国家，但是斯威士兰具有与非洲低收入国家类似的特征。大约 78% 人口的生存依赖于温饱型农业，有 63% 处于贫困状态，并且经常会出现食物短缺，从而加剧了贫困。在过去的十年中，失业率一直很高，约为 23%(见图 20.1)。另外艾滋病病毒感染率和艾滋病患病率也很高：在成年人中为 26%。

捐助资金与资本形成之比较高，但是 2007—2009 年显著下降。在过去的十多年中，经济增长缓慢，增速在 1.3% ~ 3.5%(2007 年)。在 2011 年，甚至出现了下滑(–0.7%)。不过，人均国内生产总值在南部非洲发展共同体中处于较高水平(见表 20.1)。该国经济与邻国南非的贸易密切相关，其货币与南非兰特挂钩。

斯威士兰成人识字率为 90%，是非洲大陆最高的国家之一。2002 年“孤儿和弱势儿童倡议”活动推出，此后还推出了“国家资助小学教育项目”(2009—2013 年)。它们使小学招生率提高了 10%，达到 86%。

斯威士兰有 4 所大学和 5 所学院。不过，其中只有斯威士兰大学可以拥有研究中心和研究所，比如斯威士兰传统医学、医药和本土食品作物研究所。

2012 年，公共教育开支占国内生产总值的 7.8%。虽然其中只有 13% 进入高等教育领域，不过仍然占国内生产总值的 1%，属于健康投资水平(见表 19.2)。虽然教育仍然是第一要务，不过 2012 年以后，政府教育开支受到了不佳经济形势的影响。

高等教育招生人数一直较低，不过目前在增长：2013 年共有 8 057 位大学生，而 7 年前这个数字是 5 692(见表 19.4)。一个重要的进展是：近年来推出了博士课程，其中包括斯威士兰大学 2012 年推出的农业博士课程。2013 年，共有 234 位学生开始攻读博士学位。

由联合国教科文组织温得和克办事处在 2008 年进行的一项调查发现：斯威士兰大学的研究人员密度最高，其次是自然资源和能源部的能源处以及农业部的农业研究部。一些行业和国有企业也参与了

专栏 20.4 非洲数学科学研究所网络

非洲数学科学研究所（AIMS）是一个泛非洲卓越中心网络，面向数学科学的研究生教育、研究和外延工作。第一个非洲数学科学研究所于 2003 年在开普敦（南非）成立。

此后，在塞内加尔（2011 年）、加纳（2012 年）、喀麦隆（2013 年）以及坦桑尼亚（2014 年）又成立了 4 个研究所。其中塞内加尔研究所同时提供法语和英语课程。迄今为止，这 5 个研究所共培养了 731 位毕业生，其中有三分之一为女性。

这些研究所讲授基础和应用数学知识，涵盖众多数学应用领域，其中包括物理学（包括天体物理学和宇宙学）、定量生物学、生物信息学、科学计算、金融、农业模拟等。

在开普敦创建的研究所得到了 6 所大学的支持，这些大学不断为学术项目提供支持：其中包括剑桥大学和牛津大学（英国）、巴黎第十一大学（法国），以及开普敦大学、斯坦陵布什大学和西开普大学（南非）。

除了学术项目以外，南非的非洲数学科学研究所还拥有一个研究中心，其研究涉及宇宙学、计算和金融等跨专业领域。该研究所还负责领导面向小学和中学教师的非洲数学科学研究所学校强化中心，该中心也组织公共演讲、研讨会和硕士课程，并为全国各学校内的数学俱乐部提供支持。

其他非洲数学科学研究所也提供社团服务。塞内加尔的非洲数学科学研究所为中学数学教师开发了一份创新教学课程，并与本地企业合作，为举办全国计算机应用和数学模拟竞赛筹集资金，其宗旨是探索面向开发的解决方案。加纳非洲数学科学研究所的学者和教师为比利瓦初中的教师提供了一份创新教学课程。喀麦隆非洲数学科学研究所正在计划推出自己的研究中心，以接纳来自喀麦隆各大学以及其他地区的居民和访问研究人员。

创办非洲数学科学研究所的想法是由南非宇宙学家尼尔·图罗克（Neil Turok）提出的，他的家族在南非种族隔离时代曾因为支持纳尔逊·曼德拉而被驱逐出境。图罗克了解曼德拉对教育的热情，因此很容易就说服他批准了本项目。

在南非的非洲数学科学研究所于 2008 年赢得了 TED 大奖之后，图罗克及其合作方拟定了“非洲数学科学研究所下一个爱因斯坦倡议”方案，其目标是到 2023 年，在非洲建设 15 个卓越中心。加拿大政府在 2010 年通过其国际开发研究中心投资了 2 000 万美元，非洲和欧洲的很多政府也纷纷效仿。

目前，创建大规模网络的计划正在紧锣密鼓地展开。2015 年 10 月，在联合国教科文组织国际基础科学项目的主持下，在达喀尔举办了一个论坛，以便将本项目推进到下一个阶段。

来源：www.nexteinstein.org；Juste Jean-Paul Ngome Abiaga，联合国教科文组织。

不定期的研究（南部非洲地区大学联合会，2012）。斯威士兰的知识经济指数和知识指数得分较高，不过从 2000—2012 年，其排名下降了 9 位。

在 2011 年拟定（尚未经过议会批准）的《国家科学、技术和创新政策》中，将科技创新视为国家的头等要务。联合国教科文组织在 2008 年之后一直关注相关进程，并于 2008 年在教育部的请求下起草了一份斯威士兰科技创新状态报告。这一过程催生了一份《国家科学、数学和技术教育政策》，并通过教育和培训部来实施。目前还在建设一个皇家科技园，其资金由斯威士兰政府和中国台湾共同承担。

2014 年 11 月，在信息、通信和技术部内创建了科学、技术和创新主管单位。该单位负责拟定最终的《国家科学、技术和创新政策》。目前还在筹建一个国家研究、科学和技术委员会，以便取代现有的国家研究理事会。

在斯威士兰不存在风险资本以及研发税款减免等融资工具，因为捐助者一直以提供援助为主。在科技创新政策草案中，确定需要发展多种金融工具和融资实体，以便刺激创新。

坦桑尼亚联合共和国

持续高速经济增长

坦桑尼亚在 20 世纪 90 年代早期

以后，一直采用多党议会民主政体。与非洲大多数国家一样，在债务不断增长，商品价格不断下降的背景下，迫使该国从 1986 年开始采用了国际货币基金组织的一系列结构调整计划，并持续到 21 世纪初期。在这个阶段，坦桑尼亚的经济较差，促使其逐渐放弃了新自由主义。此后，经济指标越来越好，从 2001 年开始，年均增幅为 6.0% ~ 7.8%。虽然捐助资金仍然很高，不过 2007—2012 年已经显著下降。随着经济对捐助资金依赖程度的降低，能够逐渐实现多元化。

到目前为止，虽然增速令人印象深刻，不过并没有显著改变该国的经济结构，其结构仍然以农业为主。2013 年，农业在国内生产总值中占 34%，而制造业仅占 7%。按照南部非洲发展共同体的标准，坦桑尼亚的人均国内生产总值仍然较低，不过 2009—2013 年已经有了很大进步（见表 20.2）。坦桑尼亚还是东非共同体的成员（见第 19 章），2008—2012 年，与东非共同体的贸易额增加了一倍以上（非洲开发银行等，2014）。

坦桑尼亚虽然人类发展指数较低，不过近年来已经有所改善。在南部非洲发展共同体内，该国的收入不平等程度最低，失业率也很低（只有 3.5%），但是在具备可行国家创新系统的南部非洲发展共同体国家中，坦桑尼亚是贫困率是最高的国家之一。

利用科技创新推动开发的政策

在 1998 年采用的《2025 年愿景》文件中，希望“将现有经济转变为一个由科技支撑的强大、有弹性并有竞争力的经济体。”坦桑尼亚的首个《国家科技政策》(1996 年拟定）在 2010 年进行了修订，并重新命名为《国家研究和开发政策》。在该政策中，明确需要改良确定研究能力优先顺序的过程，在战略研发领域开展国际合作，并进行人力资源规划。另外还准备创建一项国家研究基金。此政策在 2012 年和 2013 年又进行了评审。坦桑尼亚还在 2010 年 12 月发布了一项生物技术政策。该国是非洲生物安全专业网络的成员（见专栏 18.1）。

坦桑尼亚负责科技创新政策的主体机构是通信、科学和技术部，其主要协调机构是科技委员会（COSTECH）。该委员会负责对工业、医疗保健、农业、自然资源、能源和环境等领域的众多研究机构进行协调。

在南部非洲发展共同体地区拥有可行国家创新系统的国家中，坦桑尼亚的知识经济指数和知识指数排名倒数第二。基础的研发指标彼此存在一些矛盾。虽然全社会研发投入与国内生产总值之比为 0.38%，但在 2010 年，每百万人口只有 69 位研究人员（人口统计）。研究人员中有四分之一是女性（见图 19.3）。从 2008 年以后，联合国教科文组织达累斯萨拉姆办公室一直负责在 2011—2015 年联合国开发援助项目（原称“一个联合国”项目）中领导坦桑尼亚的科技创新改革。在本项目中，联合国教科文组织开展了一系列研究，其中包括一项生物技术和生物创业研究（见专栏 20.5），还有一项关于推动女性参与科学、工程和技术行业的研究，该研究还推动了改善马萨伊家庭环境的项目（见专栏 20.6）。

虽然坦桑尼亚有 8 所公立高等教育机构以及很多私立机构，但是在符合大学入学资格的中学毕业生中，只有不到一半进入大学。2011 年，在阿鲁沙创办了纳尔逊·曼德拉非洲科技学院，该学院应该会显著提升坦桑尼亚的学术能力。该大学是一个研究密集型机构，开设了科学、工程和技术领域的研究所课程。在最初的专业领域中，包括生命科学和生物工程等专业，这充分利用了该地区广袤的生物多样性。该校与在阿布贾（尼日利亚）创办的姐妹学校一样，是规划中的泛非洲研究学院网络的先行者。

赞比亚

经济转型所面临的阻碍

赞比亚的经济发展主要由商品繁荣（尤其是铜）来推动，并由来自中国的需求助推。不过，其经济发展并未创造更多的就业机会和减少贫困，因为赞比亚尚未通过发展制造业和提升商品价值来实现其资源型经济的多元化。铜出口占其外汇收入的 80% 左右，但在总收入中只占 6%。虽然农业从业人口占劳动力的 85%，但是只占国内生产总值的 10%（见图 19.2）。农业生产率较低，仅占出口量的 5% 左右，其主要原因是与制造业关系较弱。基础设施薄弱、法规和税收体制不够健全，财务资源有限，能力水平较低以及总体商业成本较高，都是赞比亚实现经济转型所面临的较大阻碍（非洲开发银行等，2014）。

专栏 20.5　坦桑尼亚生物行业所面临的挑战

在由联合国教科文组织起草的一份报告中，确定了“坦桑尼亚生物技术和生物创业”所面临的众多挑战（2011 年）。

比如，在该报告中提出：虽然 2004 年在索科因农业大学以及 2005 年在达累斯萨拉姆大学分别开始了第一期生物技术和工业微生物学术课程，但是坦桑尼亚仍然缺少很多熟悉生物技术相关领域（比如生物信息学）的研究人员。虽然将科学家送到国外接受重要的培训，不过因为基础设施薄弱，所以在回国后，这些科学家无法将学到的知识运用于实践。

在诊断和接种方面遇到的问题源自对其他国家生物制品的依赖性。2005 年，生物安全法规制定，禁止对转基因组织进行受控田间试验。

目前缺少推动学术机构与私人行业进行合作的激励措施。获取专利和开发产品都不会影响到学术机构人员的薪水，针对研究人员的评估完全以其学术资格和发表的论文作为依据。

因为目前缺少大学－企业合作，所以学术研究与市场需求以及私人资金彼此脱离。达累斯萨拉姆大学尝试通过创建一个商业中心，让学生接触商业领域，同时还创建了坦桑尼亚盖茨比基金会项目，以便为与中小企业相关的学生研究方案提供资金。不过，这些方案所涵盖的地理范围有限，可持续发展能力也未知。

在坦桑尼亚的大部分研究都通过双边协议由捐助者资助，捐助资金所占比例从 52% 到 70% 不等。研究工作在很大程度上受益于这些基金，但是并不意味着研究主题是由捐助方事先选定的。

近年来，出口和商业孵化条件有所改善，其原因在于，2009 年，坦桑尼亚采纳了一项出口政策，并创建了一个“商业环境强化项目”。不过，目前还没有具体的财政激励措施来推动生物技术领域的业务，其主要原因是资源限制。私人企业家请求政府通过税收政策来支持本国开发的理念，并提供贷款和孵化结构，以便能与外国产品展开竞争。

在报告中还提道：相关部之间的通信和协调可能也需要优化，以便为实施政策提供必要的资源。比如，因为在科技委员会、健康和社会福利部以及工业部之间缺乏协调，所以在贸易和市场活动中，似乎因为阻碍因素而无法顺利实施和利用与“知识产权贸易相关要素”协议有关的专利豁免权。

来源：Pahlavan，2011.

在高等教育方面，共有 3 所公立大学：赞比亚大学、铜带大学和 2008 年成立的穆隆古希大学。另外还有 32 所私立大学和学院，以及 48 个公立技术研究所和学院。不过，对相关职位的需求量远远超过了供应量，因为现有职位只能满足三分之一毕业生的需求。另外与南部非洲发展共同体其他国家相比，学术人员的报酬也比较低，所以也导致了专业人才的外流（南部非洲地区大学联合会，2012）。

赞比亚的全社会研发投入与国内生产总值之比处于中等水平（2008 年为 0.28%），每百万人口只有 49 位研究人员。如果考虑失业率（2013 年为 13%）、教育和贫困等指标（见表 20.1），那么显然赞比亚的国家创新系统还处于奋斗阶段，不过具有可行性。

一项推动研究的基金

赞比亚在 1996 年制定了《国家科技政策》，在 1997 年颁布了《科技法》。在这些里程碑事件的推动下，创建了 3 个重要的科技机构：国家科技理事会（NSTC）、国家技术商业中心（创建于 2002 年）和国家科学和工业研究协会（该研究机构取代 1967 年成立的国家科学研究理事会）。国家科技理事会通过战略研究基金、青年创新基金和联合研究基金拨款。该机构还负责管理根据《科技法》（1997 年）创办的科技发展基金。此基金鼓励通过研究实现第五个（2006—2010 年）和第六个《国家发展计划》以及《2030 年愿景》（2006 年）的目标，力争到 2030 年成为一个繁荣的中等收入国家，尤其是通过相关项目提高生活质量，实现创新，使自然资源增值以及整合赞比亚本地工业技术，当然还有相关设

专栏 20.6　通过简单技术为马萨伊人创造更好的家庭环境

创新理念往往与高科技相关，因此很多非洲团体认为贫困人口无法实现创新。不过，目前已经有一些成本合理的方案可以提升生活质量。

2012 年，联合国教科文组织达累斯萨拉姆办公室与支持团体坦桑尼亚妇女科学协会以及非政府组织坦桑尼亚妇女人文建筑师协会合作，在马萨伊妇女的要求下，为欧卢卢斯科万村庄的马萨伊妇女设计了一系列土坯（泥）房改良方案。

在马萨伊社区中，建造房屋的工作一般由女性来完成。建筑师向女性传授了很多技术，帮助她们来提高房屋（伯马斯房屋）的舒适度、安全性和耐久性。为了提升屋顶和强化结构，将原有的柱子用更结实、更长的柱子替换掉。为了确保这些房屋不漏水，建筑师们还设计了带檐口和屋檐的屋顶。在墙壁底部设置了倾斜挡板结构，以防止雨水泼溅。在屋檐周围安装了用钢丝网水泥制造的槽，以收集雨水，并将其送到位于结构底部的圆桶内。

为了确保泥膏在经过长时间后不会受到腐蚀，工程师向马萨伊妇女介绍了如何向黏土和沙子制造的混合土坯结构内添加沥青和煤油，然后将土坯与牛粪混合在一起，制成硬水泥。这样可以将房屋结构所需的维护周期从 2 年增加到 5 ~ 10 年。

在房屋中心的火炉重新布置到一个角落，并在两侧用一面黏土砖墙围住，从而便于烟向上排出。通过一个抽油烟机或烟囱将烟排出室外。

窗户尺寸被扩大，以便提高采光效果，并改善通风。

采用了太阳能电池板来提供照明。在 SunLite 太阳能套件（约 50 美元）中，包括一个太阳能板、带充电器和电池的控制箱，以及一个亮 LED 灯；该套件带有一个长电缆和连线，可以连接到大多数移动电话，从而方便业主给自己的移动电话充电，也可以通过给他人提供服务来获取额外的收入。

2012 年 8 月，在马萨伊建造了两个展示房间，附近村庄纷纷派代表来参观，他们的印象非常深刻，其中有很多人愿意出钱请该村的妇女帮其建造类似的房屋。这些妇女现在正在考虑成立一个小型建筑公司。

本项目资金来自 2011 到 2015 年的联合国开发援助计划，其总体理念是让女性在利用科技创新推动国家发展方面发挥更大的作用。

来源：Anthony Maduekwe，联合国教科文组织。

备的采购、维护或维修。国家技术商业中心（创办于 2002 年）负责管理一项商业发展基金。

致力于农业

2007 年，赞比亚采用了一部《生物安全法》（见专栏 18.1 中的地图）。在南部非洲发展共同体中，赞比亚的公共农业开支水平仅次于马拉维，2010 年，占国内生产总值的 10%。不过，该国的主要农业研究中心赞比亚农业研究所目前“处于很糟糕的状态”，人员编制减少了 30%，2010 年，有 120 位教授、120 位技术人员和 340 位辅助人员。该研究所在保持专业研究实验室以及管理国家种子库方面发挥着重要作用。因为近期的捐助资金很少，所以政府需要负担 90% ~ 95% 的资金。私人非营利组织“黄金山谷农业研究信托机构[①]”正在努力弥补其姐妹研究所裁员的不利影响，不过该机构本身也依赖政府和国际捐助——其收入中只有 40% 来自商业农场和签约研究（联合国教科文组织，2014b）。

① 农业研究信托机构从 1981 年开始，也在津巴布韦积极开展活动。

津巴布韦

一个从长期危机中复苏的国家

从 1998 年到 2008 年，津巴布韦的经济累积下滑了 50.3%，人均国内生产总值下降到低于 400 美元。2008 年 7 月，通货膨胀率达到最高的 231 000 000%。此时，全国有 90% 的人口失业，80% 的人口生活在贫困中。基础设施损毁，经济体系更加脆弱，并出现了严重的食品和外汇短缺。与经济危机相伴的，还有一系列政治危机，其中包括在 2008 年进行的竞选。在该竞选之后，2009 年 2 月成立了国家联合政府（联合国教科文组织，2014b）。

经济危机的时间与 2000 年以后实施快速土地

改革项目的时间重合，该项目减少了小麦和玉米等传统大规模商业作物的耕种面积，从而使农业生产衰退加剧。与此同时，在因为拖欠欠款而受到西方制裁以及国际货币基金组织暂停技术援助后，外商直接投资减少。直到 2009 年采取了多货币支付系统和开展经济恢复项目之后，超高通货膨胀率才得以控制。在稳定之后，经济在 2009 年增长 6%，外商直接投资略有增长。到 2012 年，经济总量达到 3.92 亿美元（联合国教科文组织，2014b）。

津巴布韦的治理指数一直都很低。2014 年，其全球清廉指数排名 156（175 个国家），非洲治理伊布拉欣指数排名 46（52 个国家）（见表 19.1）。其经济仍然脆弱，被外债、基础设施落后以及政策环境不稳定等因素所困扰（非洲开发银行等，2014）。因为各政府机构之间缺少协调和合作，所以现有政策实施效果很差，研究重点不清（联合国教科文组织，2014b）。

不确定的政治环境

《第二期科技政策》是 2012 年 6 月与联合国教科文组织援助人员详细探讨后推出的。该政策取代了 2002 年以来采用的早期政策，并主要有 6 个目标：

- 强化科技创新能力开发。
- 学习和利用新兴技术来加速发展。
- 加速研究成果的商业化。
- 寻找解决全球环境难题的科学方案。
- 充分利用资源，普及科技。
- 推动科技创新国际合作。

在《第二期科技政策》中，阐述了各行业的政策，并重点关注生物技术、信息和通信技术、航天科学、纳米技术、本土知识系统、未来的技术以及应对紧急环境难题的科学解决方案。在该政策中，计划创建一个国家纳米技术项目。另外，2005 年，还创建了一项《国家生物技术政策》。虽然基础设施落后，缺少人力和金融资源，但是与撒哈拉以南非洲大部分国家相比，津巴布韦的生物技术研究处于更好的状态（虽然仍然以使用传统技术为主）。

在“第二期科技政策”中，声明政府要保证全社会研发投入与国内生产总值之比至少达到 1%，并至少将 60% 的大学教育工作集中在开发科技能力方面，同时确保在校学生至少用 30% 的时间来学习科学课程（联合国教科文组织，2014b）。

2013 年选举之后，新上任的政府用一份新的发展计划《津巴布韦可持续经济转型议程》（ZimAsset，2013—2018）取代了前任政府的《2011—2015 年中期计划》。该议程的一个目标就是振兴和升级国家基础设施，其中包括国家电网、公路和铁路网、水库和卫生、建筑，以及与信息和通信技术相关的基础设施（联合国教科文组织，2014b）。

2013 年，科技发展部（成立于 2005 年）被解散，其职能转交给新成立的科技处，科技处隶属于高等和高级教育、科学与技术发展部。

在同一年，政府批准了津巴布韦研究理事会提出的四个国家重点研究领域：

- 社会科学和人文。
- 可持续发展环境与资源管理。
- 提高和保持健康水平。
- 津巴布韦国家安全。

令人担忧的人才外流

津巴布韦拥有长期的研究传统，其历史可以追溯到一个世纪之前。不过，经济危机导致关键专业领域（医药、工程等）的大学生和教授外流，这个问题越来越引起人们的忧虑。在津巴布韦高等教育学生中，有 22% 都在国外完成学业。2012 年，公共领域只雇用了 200 位研究人员（人口统计）[①]，其中有四分之一是女性。政府创建了津巴布韦人力资本网站，以便为侨民提供关于津巴布韦工作和投资机会的信息。值得注意的是：在《津巴布韦可持续经济转型议程》中，没有关于增加科学家和工程师人数的具体目标（联合国教科文组织，2014b）。

虽然经历了近年来的混乱局面，但是津巴布韦的教育行业仍然保持良好的态势。2012 年，在 15 到 24 岁的年轻人中，有 91% 受过教育，在 25 岁及以上的人口中，有 53% 完成了中学学业，3% 的成人拥有高等学位。政府计划成立两所以农业科技为重点的新大学：马龙德拉大学和莫尼克兰德州立大

① 或 95 位全职员工。

学（联合国教科文组织，2014b）。

历史悠久的津巴布韦大学在研究领域尤为活跃，2013 年，其出产的科研论文数量占津巴布韦的 44%。虽然津巴布韦的总论文量较低，不过 2005 年后一直在增长（见图 20.6）。在过去的 10 年中，与外国合作方的合著论文数量显著增加，现在已经占科学网发布的津巴布韦论文数量的 75% ~ 80%（联合国教科文组织，2014b）。

与业界关联薄弱

公私关联机制仍然薄弱。除了历史较长的烟草行业以及面向农业的其他行业以外，在津巴布韦的业界与学术界之间一直以来几乎没有合作。虽然研究成果的商业化是《第二期科学、技术和创新政策》的主要目标之一，目前的法规框架不利于向企业转让技术以及进行工业研发（联合国教科文组织，2014b）。

政府正在分析如何通过新法规来推动本地的钻石切割和打磨行业，从而创造大约 1 700 个新岗位。政府已经大幅减少了本地切割和打磨企业的许可费。采矿占本国国内生产总值的 15%，每年大约带来 17 亿美元的出口收入。尽管如此，政府只征收 2 亿美元的税款。目前，整个钻石行业都出口未加工钻石。在新的法规中，要求各企业支付 15% 的增值税。不过，如果企业决定将钻石销售给赞比亚矿物销售公司，则可以享受 50% 的减免（联合国教科文组织，2014b）。

结论

从经济整合到地区创新体系

迄今为止，虽然非洲创建了很多地区经济团体，但是非洲内部的贸易仍然很低，大约占非洲贸易总额的 12%[①]。包括非洲联盟（AU）和非洲发展新伙伴计划（NEPAD）在内的著名泛非洲组织以及南部非洲发展共同体这样的地区组织都对整合标准以及相关依据有清晰的展望。发展地区科技创新项目是重要的优先事项。不过，有若干因素会妨碍经济整合，其中包括各国类似的经济结构：以矿物资源和农业为主，经济多元性较差，地区内贸易量少。但是，对于地区整合而言，最艰巨的障碍可能是：各国政府不愿意放弃任何国家主权。

一些人认为：为了实现非洲大多数国家尚未实现的可持续社会经济发展，唯一可行的路线就是进行地区整合。

如果这种观点能够成立，则意味着会出现巨大的内部市场和机遇，推动大规模和大范围经济的发展。另外一个比较令人信服的观点是：在全球经济日益集团化和新兴大规模经济体出现的背景下，非洲越来越需要作为一个整体来面对外部世界。

经济整合的一个重要方面是从国家创新系统过渡到统一的地区创新体系。除了创建自由贸易区以建设计划内的共同市场，实现商品、服务、资本和人力的流动以外，还需要汇集正式的渠道，其中包括劳动力市场法规、环境法规、和竞争政策。通过开放边境实现人员和服务的自由流动，也将有助于隐性知识的非正式跨国汇集以及社会资本的出现。最终的目标是建立一个地区创新体系，为发展日益多元化的经济体系提供支持。

在非洲联盟 - 非洲发展新伙伴计划（AU-NEPAD）的《2010—2015 年非洲行动计划》中，确定了影响本地区国家创新系统的很多障碍，这些内容与 2003 年《南部非洲发展共同体地区指示战略发展计划》中确定的障碍是一样的，即：

- 南部非洲发展共同体经济以农业和采矿为主，制造业落后。
- 在南部非洲发展共同体大多数国家的全社会研发投入与国内生产总值之比显著低于非洲联盟在 2003 年为非洲大陆制定的 1% 标准。
- 政府为私人行业研发投资提供的鼓励措施很少。
- 各层面的科学和技术能力严重短缺（从技工和技术人员到工程师和科学家）；持续的人才流失加剧了这种短缺。
- 学校的科学和技术教育较差，其原因主要是缺少合格的教师和合适的课程；女孩和妇女受到的此类教育严重偏少。
- 法律对知识产权的保护不佳。
- 整个地区内的科技合作很少。

① 在亚洲约为 55%，在欧洲为 70%。

南部非洲的主要目标

- 到 2015 年，将全社会研发投入与国内生产总值之比至少增加到 1%。
- 到 2015 年，确保女性在南部非洲发展共同体各国公共机构的决策岗位占 50% 的比例。
- 到 2008 年，将南部非洲发展共同体的地区内贸易占总贸易额的比例至少增加到 35%。
- 到 2015 年，将南部非洲发展共同体各国制造业在国内生产总值中所占比重增加到 25%。
- 到 2012 年，实现南部非洲发展共同体所有成员国地区电网的全部连通。
- 将南部非洲发展共同体各国的公共农业开支占国内生产总值的比例增加到 10%。
- 将博茨瓦纳的全社会研发投入与国内生产总值之比从 2012 年的 0.26% 增加到 2016 年的 2%。
- 到 2025 年，将毛里求斯公共研发开支占国内生产总值的比例增加到 1%，并且还有相当于 0.5% 国内生产总值的研发开支来自私人行业。
- 至少将津巴布韦 60% 的大学教育工作集中在开发科技能力方面。
- 在 2030 年之前，在南非培养 10 万名博士生。
- 到 2024 年，通过安哥拉的可持续发展应用科学卓越中心培养 100 位博士生。

参考文献

AfDB (2013) *African Economic Outlook 2013. Special Thematic Edition: Structural Transformation and Natural Resources*. African Development Bank.

AfDB (2011) *Republic of Mozambique: Country Strategy Paper 2011–2015*. African Development Bank.

AfDB, OECD and UNDP (2014) *African Economic Outlook*. Country notes. African Development Bank, Organisation for Economic Co-operation and Development and United Nations Development Programme.

Cassiolato, J. E. and H. Lastres (2008) *Discussing innovation and development: Converging points between the Latin American school and the Innovation Systems perspective?* Working Paper Series (08-02). Global Network for Economics of Learning, Innovation and Competence Building System (Globelics).

Government of Lesotho and UNDP (2014) *Lesotho Millennium Development Goals Status Report – 2013*.

IERI (2014) *Revisiting some of the Theoretical and Policy Aspects of Innovation and Development*. IERI Working Paper 2014-1. Institute for Economic Research on Innovation: Pretoria.

IFC (2013) *Madagascar Country Profile 2013*. International Finance Corporation. World Bank: Washington, D.C.

IMF (2014) *World Economic Outlook*, World Economic and Financial Surveys. International Monetary Fund.

Lan, G; Blom A; Kamalski J; Lau, G; Baas J and M. Adil (2014) *A Decade of Development in Sub-Saharan African Science, Technology, Engineering and Mathematics Research*. World Bank: Washington D.C.

Morna, C. L.; Dube, S.; Makamure, L. and K. V. Robinson (2014) *SADC Gender Protocol Baseline Barometer*. Allied Print: Johannesburg.

OECD (2007) *OECD Reviews of Innovation Policy: South Africa*. Organisation for Economic Co-operation and Development.

Pahlavan, G. (2011) *Biotechnology and Bioentrepreneurship in Tanzania*. UNESCO and Ifakara Health Institute: Dar es Salaam. See: http://tinyurl.com/9kgg2br.

Ravetz, J. (2013) *Mauritius National Research Foresight Exercise: Prospectus and Summary Report*. Manchester Institute of Innovation Research and Centre for Urban and Regional Ecology: University of Manchester (UK).

Republic of Botswana (2011) *National Policy on Research, Science, Technology and Innovation, 2011*. Ministry of Infrastructure, Science and Technology: Gaborone.

Republic of Mozambique (2001) *Action Plan for the Reduction of Absolute Poverty: 2001–2005*.

Republic of South Africa (2012) *Report of the Ministerial Review Committee on the National System of Innovation*. South African Department of Science and Technology: Pretoria.

SARUA (2012) *A Profile of Higher Education in Southern Africa – Volume 2: National Perspectives*. Southern African Regional Universities Association: Johannesburg.

SARUA (2009) *Towards a Common Future: Higher Education in the SADC Region: Regional Country Profiles – Swaziland*. Southern African Regional Universities Association.

UIS (2012) *New Patterns in Mobility in the Southern African*

Development Community. Information Bulletin no. 7. UNESCO Institute for Statistics: Montreal.

UNESCO (2014a) *Mapping Research and Innovation in the Republic of Malawi*. G. A. Lemarchand and S. Schneegans, eds. GO→SPIN Country Profiles in Science, Technology and Innovation Policy, 3. UNESCO: Paris.

UNESCO (2014b) *Mapping Research and Innovation in the Republic of Zimbabwe*. G. A. Lemarchand and S. Schneegans, eds. GO→SPIN Country Profiles in Science, Technology and Innovation Policy, 2. UNESCO: Paris.

UNESCO (2013) *Mapping Research and Innovation in the Republic of Botswana*. G. A. Lemarchand and S. Schneegans, eds. GO→SPIN Country Profiles in Science, Technology and Innovation Policy, 1. UNESCO: Paris.

致谢

本章在撰写过程中，南部非洲发展共同体各国及其秘书处多位专家和工作人员提供了宝贵的信息。特别感谢南部非洲发展共同体秘书处的专业科技创新技术顾问安尼里恩·摩根（Anneline Morgan）为本文提供参考材料以及建设性的意见。

埃丽卡·克雷默－姆布拉（Erika Kraemer-Mbula），1977年出生于赤道几内亚，是南非茨瓦内理工大学经济创新研究学院的研究员，负责协同主持科学计量以及科学、技术和创新政策卓越中心，该中心由南非科技处以及国家研究基金会共同运营。她拥有牛津大学发展研究博士学位，在其工作中采用多专业方法来研究非洲国家的备选发展路径。

马里奥·塞里（Mario Scerri），1953 年出生于马耳他共和国，是南非茨瓦内理工大学经济创新研究学院的研究员。他还是科学计量以及科学、技术和创新政策卓越中心的成员，该中心由南非科技处以及国家研究基金会共同运营。他著有《南非创新系统在 1916 年以后的发展》（剑桥学者出版社）。

缺乏充足的自然资源，研究和教育政策不会带来实质性的改变。

狄璐巴·纳坎德拉、阿马尔·马利克

马哈福扎正在给农民诺日尔·伊斯拉姆用电脑视频讲解如何给庄稼施肥，为他提供指导。

在孟加拉国农村地区，知识女性将网络服务带给那里需要信息的农民，但那些地区仍缺乏网络设施。

照片来源：© GMB Akash/Panos Pictures 566

第 21 章 南　亚

阿富汗、孟加拉国、不丹、马尔代夫、尼泊尔、巴基斯塔、斯里兰卡

狄璐巴·纳坎德拉、阿马尔·马利克

引言

健康的经济增长

对于局外人来说，本章所讲的 7 个南亚经济体似乎具有相似的特点和动态。然而，事实上，他们是相当多样化的。阿富汗、孟加拉国和尼泊尔是低收入经济体；不丹、巴基斯坦和斯里兰卡是中等收入经济体；马尔代夫是中上收入经济体。

根据 2013 年开发计划署人类发展指数，只有斯里兰卡取得了较高水平的人类发展。孟加拉国、不丹和马尔代夫取得了中等水平的人类发展，其余国家仍处于低发展阶段。2008—2013 年，孟加拉国、马尔代夫、尼泊尔和斯里兰卡的人类发展进展迅速，但在巴基斯坦略有倒退趋势，主要是由于该国部分地区不稳定的安全局势。

四分之三的南亚人是印度人。印度的国内生产总值占南非地区总额 26.8 万亿美元中的 80%。由于有单独一章专门介绍印度（见第 22 章），所以本文将着重介绍南亚区域合作联盟（南盟）的其他七名成员。不包括印度，2013 年该地区的国内生产总值呈现良好的趋势——增长了 6.5%。斯里兰卡增长最快（7.25%），马尔代夫（3.71%）和尼泊尔（3.78%）增长最慢。另外，马尔代夫的人均国内生产总值增长最快，其次是斯里兰卡（见图 21.1）。

外国直接投资不足，但是贸易仍在增长

近年来出口和进口贸易量的增长证明南亚现在日益融入了全球经济。孟加拉国甚至超越邻国，其出口占国内生产总值的比重从 2010 年的 16% 增长到 2013 年的 19.5%。此外，孟加拉国在 2008—2009 年全球金融危机高潮期间保持了稳定的出口和外国直接投资水平。阿加德（Amjad）和丁（Din）（2010）发现，全球危机期间，出口缺乏多样性和低标准的国内消费可以作为冲击放大器；对他们而言，

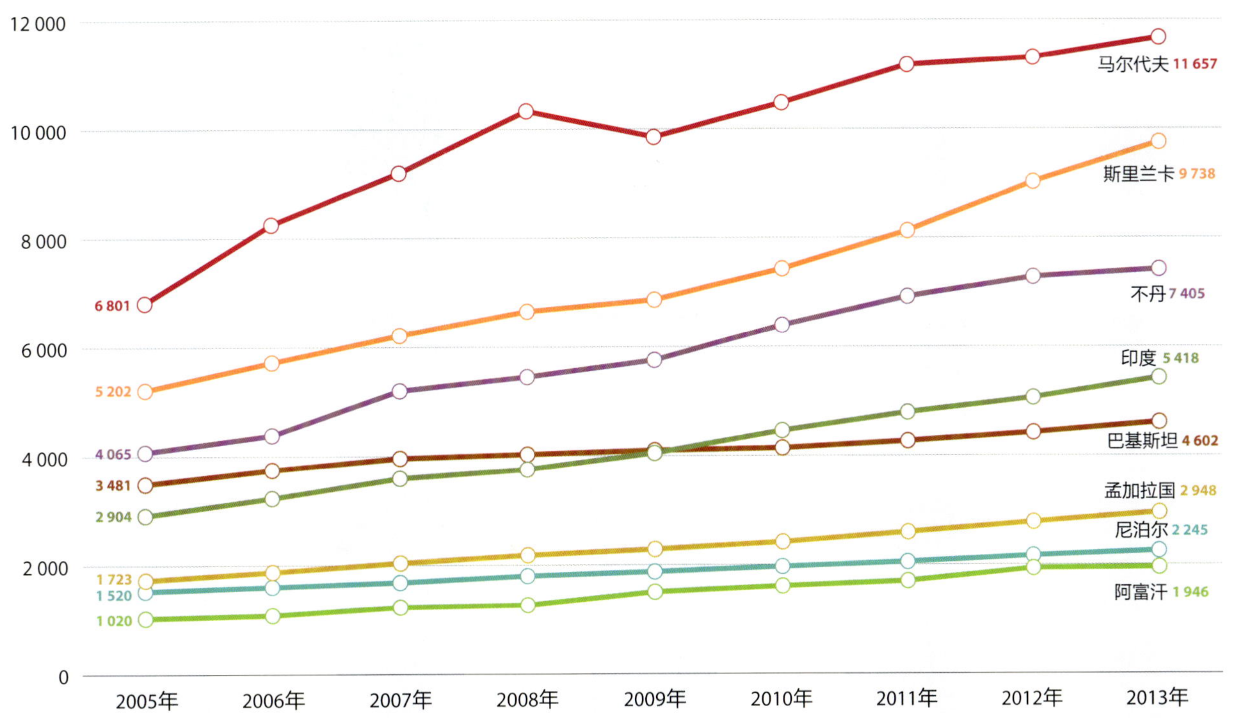

图 21.1　2005—2013 年南亚地区人均国内生产总值（以目前美元的购买力平价统计）

来源：世界银行的世界发展指标，2015 年 4 月。

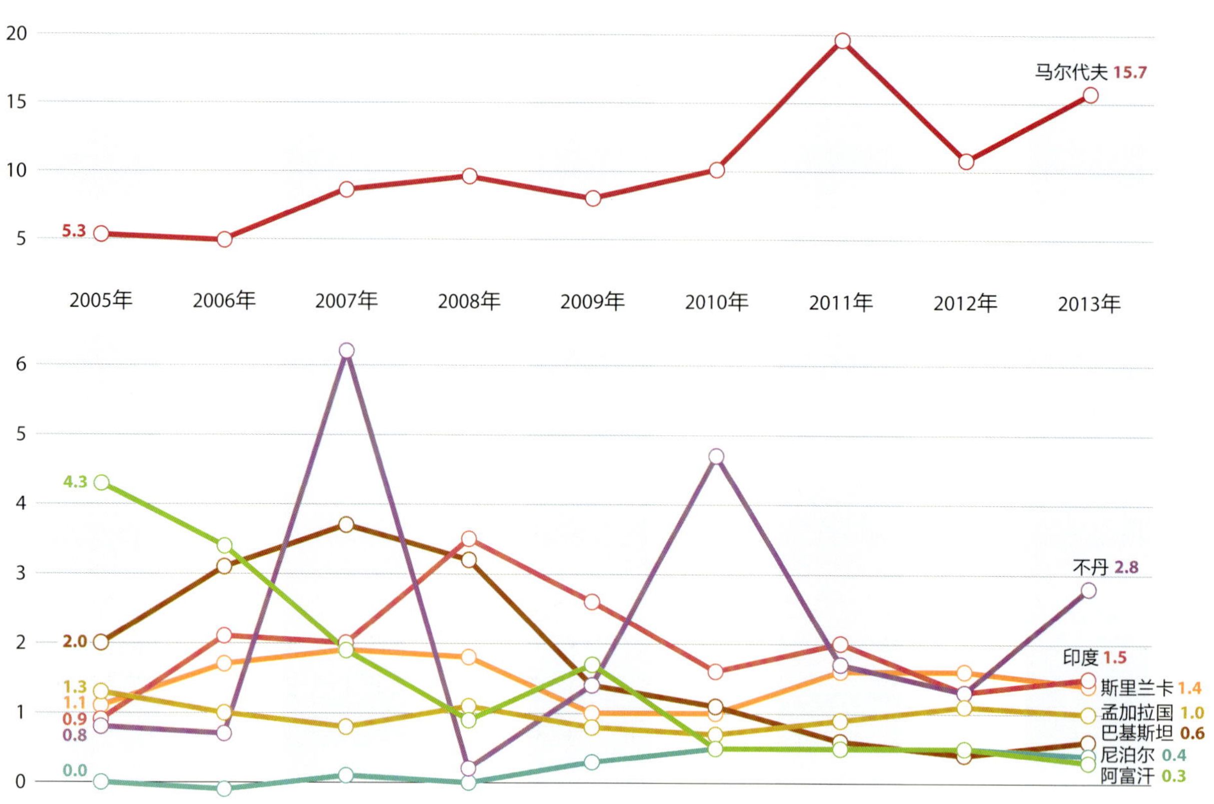

图 21.2　2005—2013 年外国直接投资流入南亚占国内生产总值的比重

来源：世界银行的世界发展指标 2015 年 4 月。

尽管全球粮食和燃料价格上涨，健全的经济体系有助于孟加拉国稳定宏观经济。

相比阿富汗和巴基斯坦的不幸，马尔代夫平安度过了全球金融危机，成功地吸引越来越多的外国直接投资（见图 21.2）。这是遵循规则的例外。除了不丹和马尔代夫以外，在过去 10 年中，其他 6 个国家的外国直接投资流入量不超过国内生产总值的 5%，南亚很难吸引外国直接投资。在公布的新建投资总额表［见词汇表（第 738 页）］中，南亚从 2008 年的 8 700 万美元降低到 2013 年的 2 400 万美元。印度在 2013 年占南亚新建外国直接投资的 72%。

政治不稳定长期以来一直是南亚发展的障碍。虽然斯里兰卡在 2009 年摆脱了 30 年的内战，尼泊尔内战也在 2006 年结束，但这些国家的复兴和重建是长期工程。斯里兰卡在 2015 年 1 月进行了顺利的政治过渡，当时麦斯利帕拉·西里塞纳（Maithripala Sirisena）在时任总统马欣达·拉贾帕克萨（Mahinda Rajapaksa）提前两年举行的总统大选中当选。两个月后，在马尔代夫，前总统穆罕默德·纳赛德（Mohamed Nasheed）被判入狱 13 年，这件事被联合国人权事务高级专员称为“冲突的进程”。在阿富汗，公民社会自 2011 年以来有很大的发展，但在 2014 年 4 月总统选举后组建政府的旷日持久的谈判反映了正在进行的民主过渡的脆弱性；这个进程需要在北大西洋公约组织（北约）军队于 2016 年从阿富汗撤军时加以巩固。

区域内贸易仍然存在壁垒

南亚仍然是世界上最不经济一体化的地区之一，区域内贸易仅占贸易总额的 5%（世界银行，2014）。自南亚自由贸易区协定于 2006 年 1 月 1 日生效以来，已经过去 9 年，此协定承诺 8 个[①]签署国（与印度）在 2016 年之前会将所有贸易货物的关税降至零。

9 年来，尽管各国已经接受了全球贸易自由化，但区域贸易和投资仍然有限。这是由于许多后勤方

① 阿富汗于 2011 年 5 月批准了该协定。

面和体制上的障碍，例如签证限制和区域商会的缺乏。尽管各种研究都认为，更大的贸易会带来社会福利的净收益。但由于非关税壁垒，例如，烦琐的清关程序，企业无法利用潜在的协同效应（Gopalan 等，2013）。

自从 1985 年成立以来，南盟未能效仿其相邻机构——东南亚国家联盟在促进贸易和其他包括科学、技术和创新领域的区域一体化方面所取得的成功。除了一系列协议和涉及政府首脑的定期首脑会议（Saez，2012）外，南盟并没有取得实质性的成绩。现有许多种解释，但其中最主要的仍然是印度和巴基斯坦之间持续紧张的关系问题。近年来由于恐怖主义的威胁，安全问题日益得到关注。在 2014 年 11 月的南盟首脑会议上，印度总理纳伦德拉·莫迪（Narendra Modi）请求南盟成员国为印度的公司在其国家提供更多的投资机会，作为回报他也保证会使南盟成员国公司进入印度的大型消费市场。在 2015 年 4 月 25 日，尼泊尔发生大地震，造成 8 000 多人死亡、4 500 多个建筑遭到破坏。所有南盟成员都迅速提供紧急援助，表现出了他们团结。

在过去 10 年中，印度负责主办两个区域机构，南亚大学（见专栏 21.1）和区域生物技术培训和研究中心（见第 612 页）。这些成功事例说明了科学、技术和创新促进区域一体化。在科技创新方面也有双边合作的情况。例如，2011 年成立了印度 – 斯里兰卡科学和技术联合委员会，以及印度 – 斯里兰卡联合研究项目。2012 年第一次征求建议书涉及了食品科学和技术研究课题、核技术应用、海洋学和地球科学、生物技术和制药、材料科学、医学研究（包括传统医学系统）及空间数据基础设施和空间科学。2013 年举办了两次双边讲习班，讨论在利什曼病的经皮药物递送系统方面和利什曼病的临床、诊断、化疗和昆虫学方面的潜在研究合作。这种疾病是印度和斯里兰卡普遍存在的疾病，会通过感染的白蛉传染给人类。

专栏 21.1　南亚大学：共享投资，共享利益

南亚大学于 2010 年 8 月开始招生。它计划成为一个拥有世界级设施和工作人员的卓越中心。目前有 7 个博士和硕士相关专业，包括应用数学、生物技术、计算机科学、发展经济学、国际关系、法律和社会学。

学生主要来自 8 个南盟国家，并享有相关学费的大量补贴。来自非南盟国家的学生交全额学费也可入学。入学受配额制度管理，每个成员国有权在每个学习计划中拥有特定数量的席位。每年，该大学在南亚所有主要城市进行南盟范围的入学考试。博士毕业生必须提交论文提案，并接受个人面试。2013 年，该大学共收到来自所有 8 个南亚国家的 4 133 份申请，比 2012 年翻了一番。在生物技术博士生项目的 10 个名额就有 500 个申请。

该大学是在位于新德里的查纳亚普里的阿克巴巴湾校区临时成立的，之后于 2017 年迁往位于新德里南部的麦丹格里占地 100 英亩的校园区。设计校园的任务委托给一个通过投标而赢得机会的尼泊尔建筑师公司。

建立大学的成本由印度政府承担，而所有 8 个南盟成员国都已同意按照比例分担运营成本。

该大学着重于做研究和制定研究生水平的课程和项目。最终学校将有 12 个研究生学院，以及 1 个本科学院。学校将全面培养 7 000 名学生和 700 名教师。而且，还计划在校园内设立南亚研究所。

该大学授予的学位和证书被印度大学教育资助委员会和其他南盟国家承认。

利用有吸引力的薪酬和福利待遇吸引最好的教师。虽然这些教师往往来自 8 个南盟国家，但有高达 20% 可能来自其他国家。

开办南亚大学的想法是由印度总理在 2005 年达卡第十三届南盟首脑会议上讨论提出的。来自孟加拉国的知名历史学家高和·里兹维（Gowher Rizvi）教授被委托负责编写概念文件，并与南盟各国进行协商。关于设立南亚大学的部际协定于 2007 年 4 月 4 日在新德里举行的南盟首脑会议期间达成。

来源：www.sau.ac.in.

教育趋势

高等教育资金不足的改革

在过去 10 年间，南亚国家做出了积极努力，到 2015 年实现普及小学教育的千年发展目标（千年发展目标）。尽管马尔代夫已经迅速实现了这一目标，但其在这一时期的教育经费占国内生产总值的 5% 至 7%，超过其任何邻国（见图 21.3）。

对于所有国家，高等教育在这个过程中不得不退居次席。最新的数据显示，高等教育的支出仅占国内生产总值的 0.3% ~ 0.6%，而 2012 年在印度高等教育支出占国内生产总值的 1.3%。由于各国基本普及了初等教育，越来越多的人呼吁政府更多地投入高等教育，特别是因为经济的现代化和多样化是目前发展战略的核心。然而，除尼泊尔外，其他几个国家近年来在教育方面的支出实际上已经减少。即使在尼泊尔，分配给高等教育的份额也停滞不前（见图 21.3）。

阿富汗正在对其高等教育制度进行雄心勃勃的改革，尽管它需要依赖不确定的捐助资金，但仍取

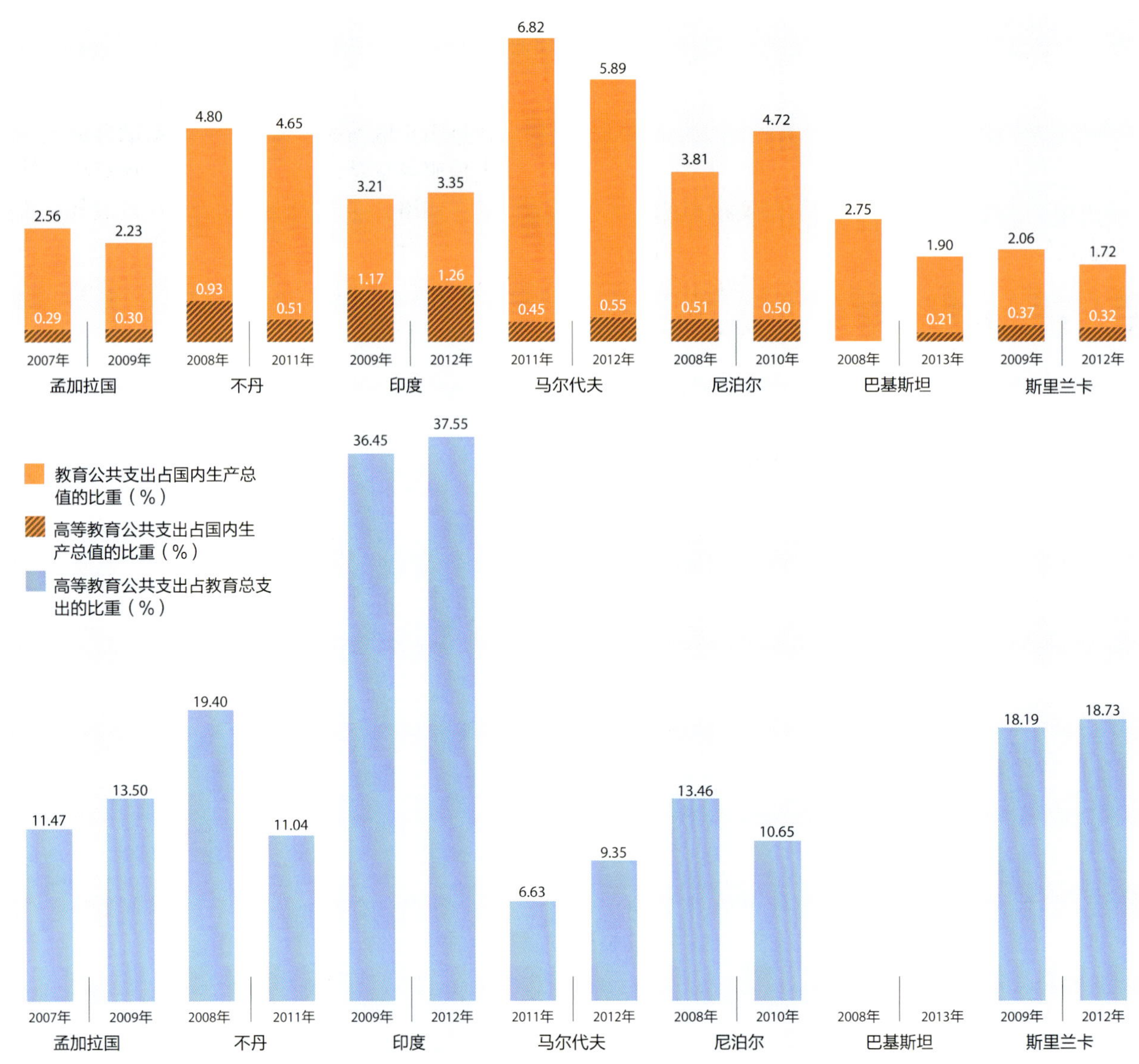

图 21.3 南亚在 2008 年和 2013 年或最近年份的教育公共支出

提示：没有阿富汗的数据。

来源：教科文组织统计研究所，2015 年 4 月；2013 年巴基斯坦：财政部（2013 年）2014—2015 年联邦预算：预算简介。

参见网址：http://finance.gov.pk/budget/Budget_in_Brief_2014_15.pdf.

得了一些令人印象深刻的成绩。2010—2015 年，学生入学率翻倍，公立大学的教师人数也增加了一倍。政府在 2013 年采用了一项性别战略，以提高女性在学生和教师中的比例（见第 579 页）。

孟加拉国高等教育入学率的现有数据显示，尽管政府投资不大，但 2009—2011 年工程学博士学生人数急剧上升（从 178 人增加到 521 人）。在斯里兰卡，工程学方面博士生的数量同样迅速攀升，而且就读于科学和农业方面的博士数量也同样如此。虽然巴基斯坦的数据没有按学习领域分类，但博士生数量也呈现快速增长的趋势（见表 21.1 和表 21.2）。巴基斯坦、斯里兰卡与伊朗有相同比例的博士学生（1.3%）（见图 27.5）。

在制定发展信息通信技术的政策的同时，基础设施也需要赶上

近年来，南亚各国政府制定了政策和方案，以促进信息通信技术（ICT）的开发和使用。例如，孟加拉国数字计划对于实现该国到 2021 年成为中等收入经济体的愿景至关重要（见第 581 页）。世界银行和其他机构也正在与各国政府合作来加速这个政策的实施。例子就是青年解决方案！青年经费资助大赛（见专栏 21.2）和不丹第一个信息技术园区（见第 586 页）。

信息通信技术在教育领域应用广泛。2013 年，孟加拉国和尼泊尔对外公布将信息通信技术广泛在教育中使用的国家计划。斯里兰卡也通过了一项类似计划，不丹目前正在着手自己的工作，但在马尔代夫仍需开展工作，以制定信息通信技术教育政策（UIS, 2014b）。缺乏可靠的电力供应往往是农村和边远地区实现信息通信技术的根本障碍。在巴基斯坦，只有 31% 的农村小学拥有可靠的电力供应，而城市中心的比例为 53%，而且电涌和断电在两个地区中都很常见。在尼泊尔，2012 年只有 6% 的小学和 24% 的中学有电力供应（UIS, 2014b）。另一个因素是通过固定电话线，电缆连接和移动电话技术提供的电信服务不足，使得难以将学校计算机系统与更广泛的网络连接起来。除了马尔代夫以外，这些关键的信息通信技术基础设施在该南亚地区并不普遍。就像在斯里兰卡，只有 32% 的中学有电话。

表 21.1　2009 年和 2012 年（或最接近的年份）孟加拉国、巴基斯坦和斯里兰卡的入学率

	总计	大专文凭	学士和硕士学位	博士学位
孟加拉国（2009年）	1 582 175	124 737	1 450 701	6 737
孟加拉国（2012年）	2 008 337	164 588	1 836 659	7 090
巴基斯坦（2009年）	1 226 004	62 227	1 148 251	15 526
巴基斯坦（2012年）	1 816 949	92 221	1 701 726	23 002
斯里兰卡（2010年）	261 647	12 551	246 352	2 744
斯里兰卡（2012年）	271 389	23 046	244 621	3 722

来源：教科文组织统计研究所，2015 年 4 月。

表 21.2　按照研究领域，2010 年和 2012 年（或最近年份）的孟加拉国和斯里兰卡大学入学率

	自然学学科		工程学		农学		医学	
	学士和硕士学位	博士学位	学士和硕士学位	博士学位	学士和硕士学位	博士学位	学士和硕士学位	博士学位
孟加拉国（2009年）	223 817	766	37 179	178	14 134	435	23 745	1 618
孟加拉国（2012年）	267 884	766	62 359	521	21 074	445	28 106	1 618
斯里兰卡（2010年）	24 396	250	8 989	16	4 407	56	8 261	1 891
斯里兰卡（2012年）	28 688	455	14 179	147	3 259	683	8 638	1 891

来源：教科文组织统计研究所，2015 年 4 月。

专栏 21.2　南亚地区青年经费资助大赛

2013 年在孟加拉国、马尔代夫、尼泊尔和斯里兰卡开展的大赛为来自每个国家的年轻人提供了获得 10 000 ~ 20 000 美元资助的机会，用来实施信息技术领域一年的创新项目。

大赛的目的是征集成熟的创意思想，并允许他们的年轻创作者发展这些创意思想。竞争目标是以农村青年为主导的社会企业。由青年领导的组织和有两年运作的非政府组织有资格申请参加，每项提案都需要高度重视可持续性。最终目标是为年轻人增加就业机会，使他们的工作更多样。

第一场资助比赛的主题是“青年解决方案：技术和就业技术”（2013 年）和第二场的主题是“为你的机会编码”（2014 年）。

该计划是世界银行、微软公司和斯里兰卡幸福融合公司于 2013 年 3 月建立伙伴关系后共同策划的成果，后者是执行伙伴。同时，微软公司和世界银行在外部评估小组的支持下，根据以下标准：使用信息通信技术作为工具、技术发展、提供就业机会、新奇性、可持续性、参与性和结果的可测量性，对创新性提案进行了筛选。

来源：世界银行。

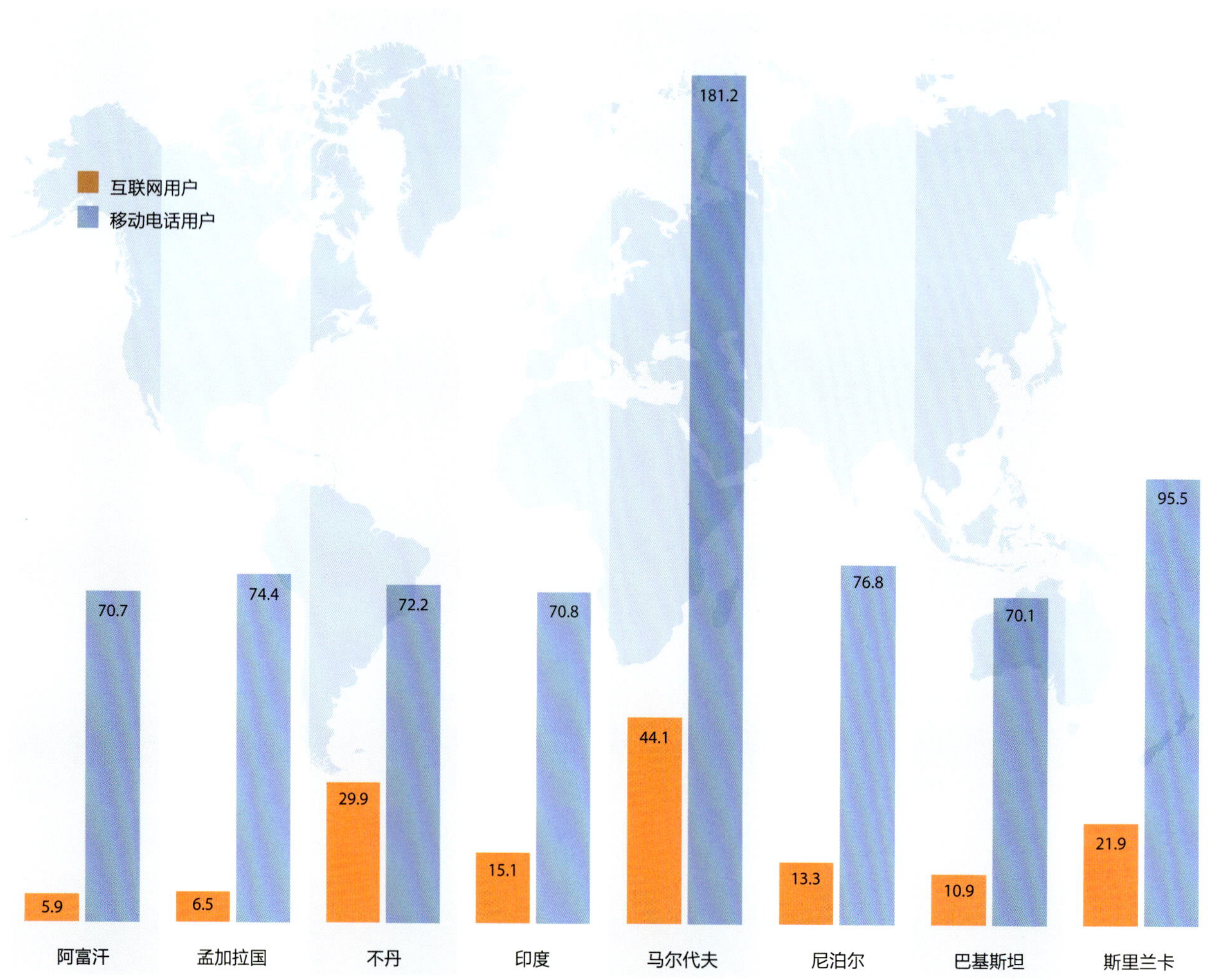

图 21.4　2013 年南亚每 100 名居民的互联网用户和移动电话用户情况

来源：国际电信联盟。

如图 21.4 所示，南亚的手机用户数量远远高于互联网用户数量。发展中经济体的教师越来越多地把移动电话技术用于教育和行政方面（Valk 等，2010）。

研发趋势

适度的研发工作

按照国际标准，南亚国家在研发上花费不多。尽管政府没有对商业企业部门进行调查（见图 21.5），但 2007 年至 2013 年间巴基斯坦的国内研发支出总额从占国内生产总值的 0.63% 降至 0.29%。伴随着这种趋势的是巴基斯坦试图将高等教育和研究支出下放到省一级。在斯里兰卡，研发投资保持稳定，但却很低，2010 年的投资占当年国内生产总值的 0.16%，低于尼泊尔（0.30%），自 2008 年以来有显著改善，但仍远低于印度（0.82%）。这种投资缺乏与过低研究的强度和全球研究网络中有限整合密切相关。

如图 21.6 所示，该区域大多数国家在世界经济论坛全球竞争力指数中的私营部门研发支出排名仍处劣势，2014 年的数据在 2.28 和 3.34 之间，斯里兰卡保持最高纪录（2010 年）。自 2010 年以来，只有尼泊尔的私营部门研发支出略有改善。除孟加拉国和尼泊尔之外，南亚的私营部门比撒哈拉以南的非洲地区（平均值为 2.66）更多地参与研发，但比新兴国家和发展中国家（平均值为 3.06）低得多，但斯里兰卡是例外。更重要的是，经济合作与发展组织（OECD）的成员国的私营部门研发支出水平比南亚国家高出很多，平均值为 4.06，这反映了工业化经济体市场发展水平较高。

总体而言，在过去五年中，南亚的研发支出并未跟上经济增长的步伐。公共和私营部门的类似趋势表明普遍缺乏能力以及未能优先研究。这也是因为可支配收入和商业市场发展水平相对较低。政府预算中为研发分配的调拨资金有限。

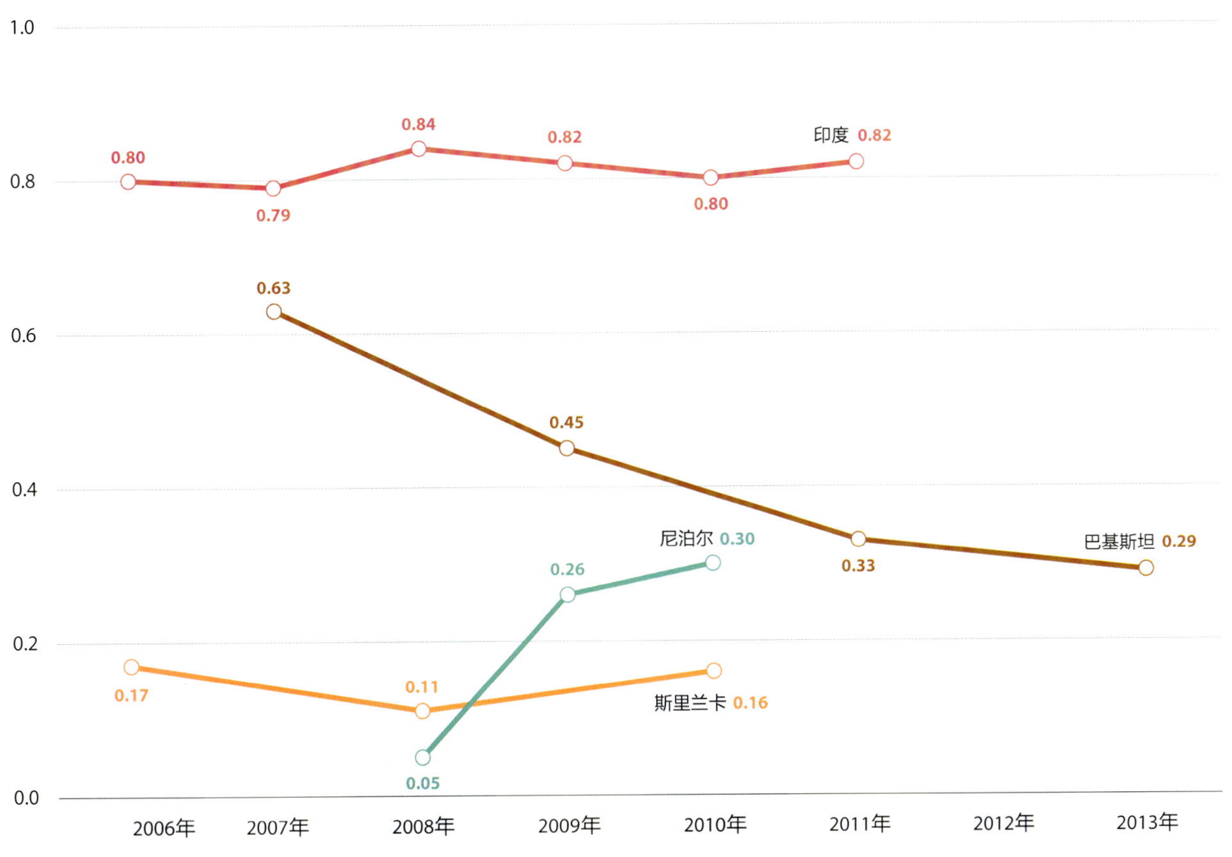

图 21.5　2006—2013 年南亚的国内研发支出 / 国内生产总值比率

注：不丹、孟加拉国和马尔代夫的数据不可用。尼泊尔只是部分数据，涉及政府研发预算，而不是研发支出；巴基斯坦的数据排除商业企业部门方面的数据。

来源：教科文组织统计研究所，2015 年 6 月。

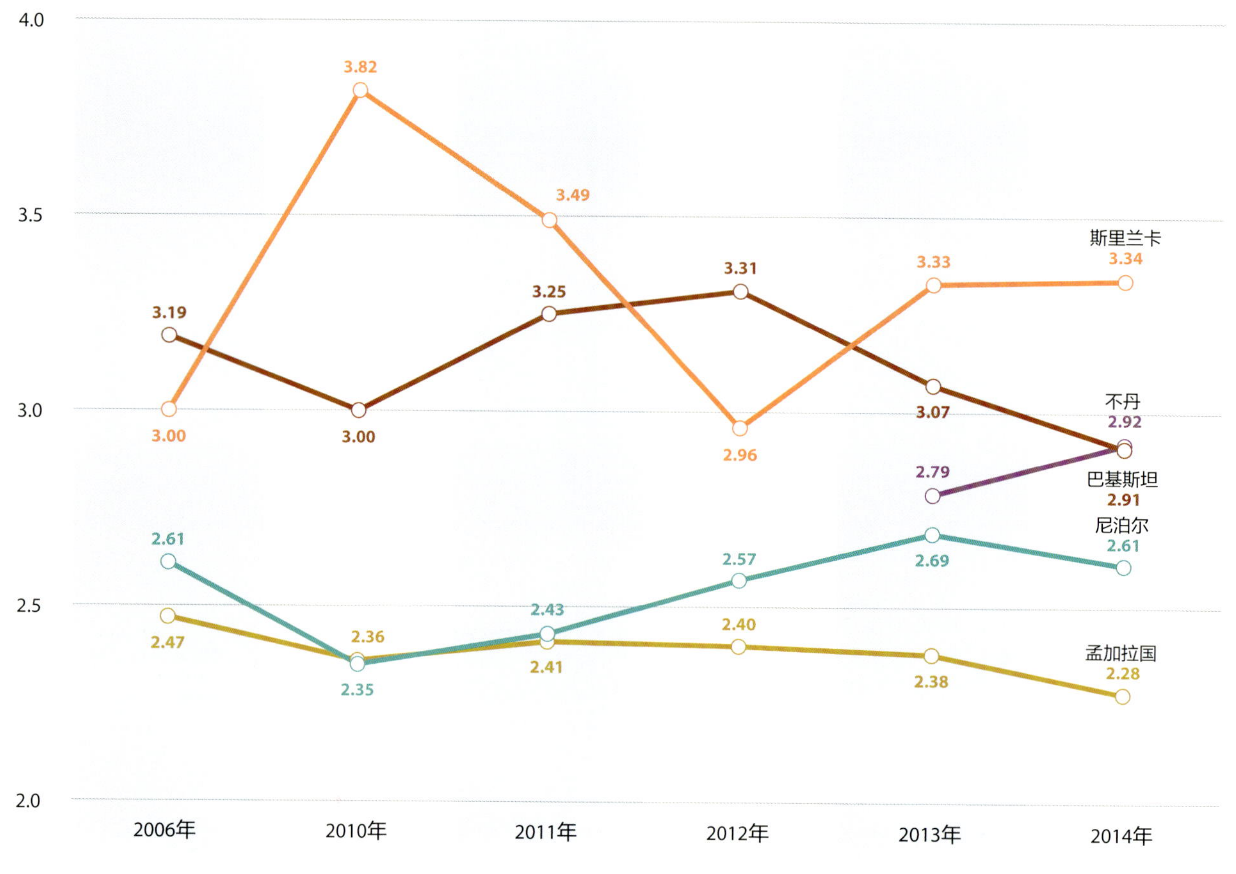

图 21.6　2010—2014 年私营部门研发支出的南亚排名

来源：世界经济论坛全球竞争力指数，2014 年 12 月。

尼泊尔赶上了斯里兰卡的研究人员密度

最近仅对尼泊尔、巴基斯坦和斯里兰卡的研究人员做了数据调查，因此对整个南亚地区做结论是不合理的。然而，这些数据确实揭示了一些有趣的趋势。尼泊尔在研究人员密度方面赶上了斯里兰卡，但女性研究员的比例很低，2010 年女性研究员几乎是 2002 年的一半（见图 21.7）。斯里兰卡的女性研究人员所占比例最大，但她们的参与度比以前低。巴基斯坦是三个国家中研究人员密度最大的国家，但也是技术人员密度最低的国家。此外，这些指标自 2007 年以来都得到了很大进展。

尽管投资低，研发产出仍上升

在专利申请方面，所有国家在过去 5 年中似乎都取得了进展（见表 21.3）。印度依然占主导地位，部分原因是外国跨国公司在信息通信技术方面的突出表现（见第 22 章），但巴基斯坦和斯里兰卡也获得了很大的信心。有趣的是，2013 年世界知识产权组织（WIPO）的统计数据显示，更多非孟加拉国居民、印度人和巴基斯坦人正在申请专利。这表明，发达国家和外国跨国公司在这些国家存在强大的散居社区。

高科技出口量仍然很少，只有印度、尼泊尔、巴基斯坦和斯里兰卡的测量数据：2013 年其制造出口分别为 8.1%、0.3%、1.9% 和 1.0%。然而，近年来，通信和计算机相关出口，包括国际电信和计算机数据服务，主导了阿富汗、孟加拉国和巴基斯坦的服务出口。对尼泊尔而言，2009 年该领域的增长显著，增长率为 36%，2012 年增长率为 58%。虽然阿富汗和尼泊尔主要与南亚邻国进行贸易，但本章概述的其他国家将其区域内的进出口量限制在总量的 25% 左右。这主要是由于出口范围窄，区域内消费者购买力弱，以及当地满足需求的创新不足。

在 2009 年至 2014 年间，在科学网上记录的来自南亚（包括印度）的科学论文数量增长了 41.8%（见图 21.8）。巴基斯坦（87.5%），孟加拉国（58.2%）

和尼泊尔（54.2%）增长迅速。对比而言，印度出版物同比增长 37.9%。

尽管巴基斯坦 2008 年以来高等教育支出停滞（占国内生产总值的份额），但在 21 世纪前 10 年中，改革的势头没有放缓。同时，尼泊尔 2008—2010 年研发支出的快速增长似乎反映在研究产出量的上升，2009 年后产量加速提高。

尽管取得了这一进展，但无论是国际专利还是同行评议期刊上的出版物方面，相对于世界其他地区而言，南亚的研究产出还不够。这种较低规模的

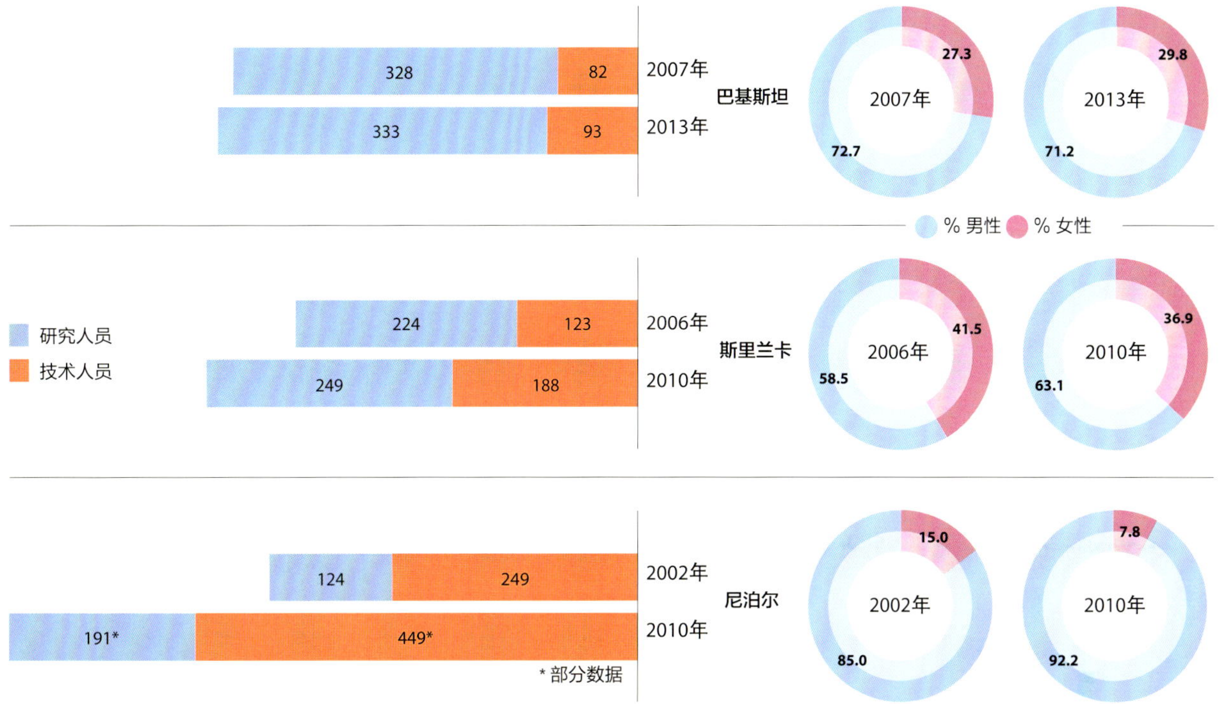

图 21.7　2007 年和 2013 年或最近年份南亚地区每百万居民的研究人员（HC）和技术人员的人数对比和性别对比

注：巴基斯坦的数据不包括商业企业部门方面。

来源：教科文组织统计研究所，2015 年 6 月。

表 21.3　2008 年和 2013 年南亚专利申请

	2008年			2013年		
	居民总数	居民申请（每百万人口）	非居民总数	居民总数	居民申请（每百万人口）	非居民总数
孟加拉国	29	0.19	270	60	0.39	243
不丹	0	0	0	3	3.00	1
印度	5 314	4.53	23 626	10 669	8.62	32 362
尼泊尔	3	0.12	5	18	0.67	12
巴基斯坦	91	0.55	1 647	151	0.84	783
斯里兰卡	201	10.0	264	328	16.4	188

来源：世界知识产权组织统计数据库，2015 年 4 月。

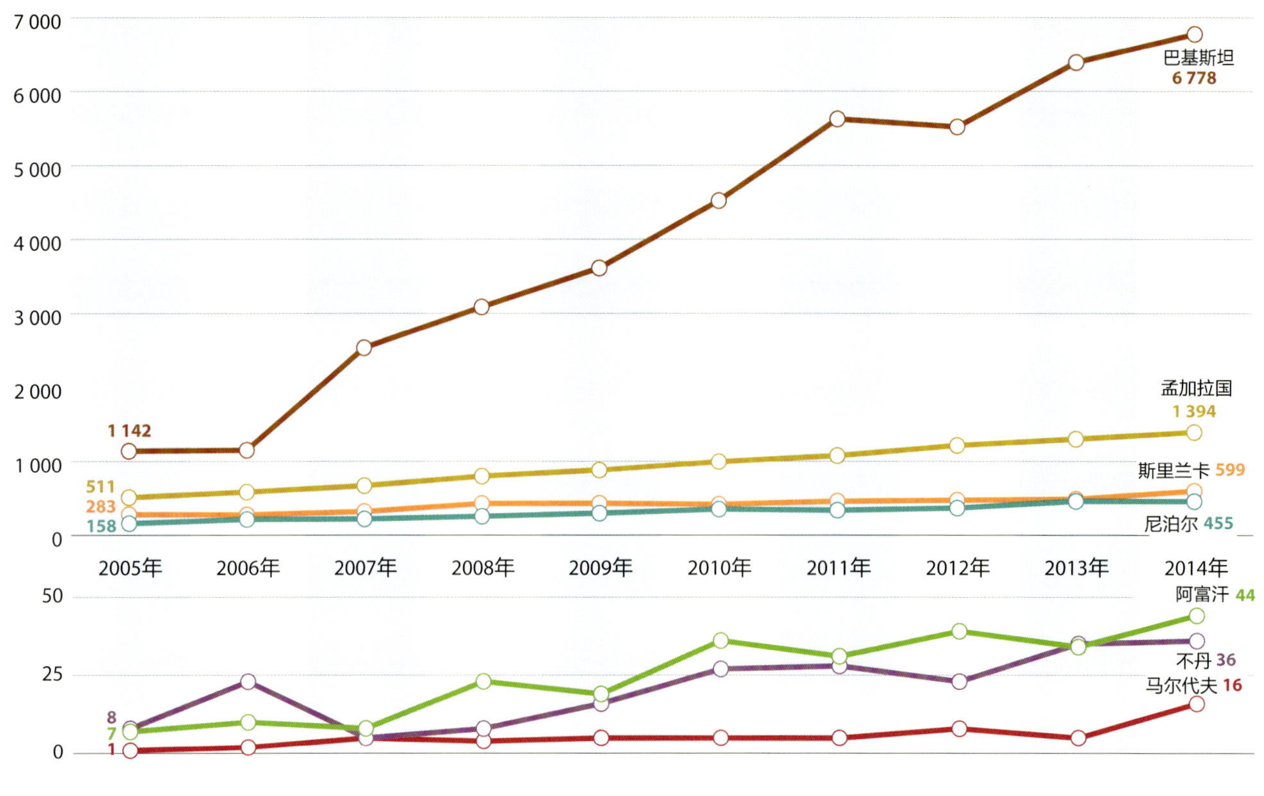
自 2009 年以来孟加拉国，尼泊尔和巴基斯坦的增长强劲
7 000
6 000
5 000
4 000
3 000
2 000
1 000
0
巴基斯坦
6 778
1 142
孟加拉国
1 394
511
283
158
斯里兰卡 599
尼泊尔 455
2005年
2006年
2007年
2008年
2009年
2010年
2011年
2012年
2013年
2014年
50
25
0
阿富汗 44
不丹 36
马尔代夫 16
8
7
1

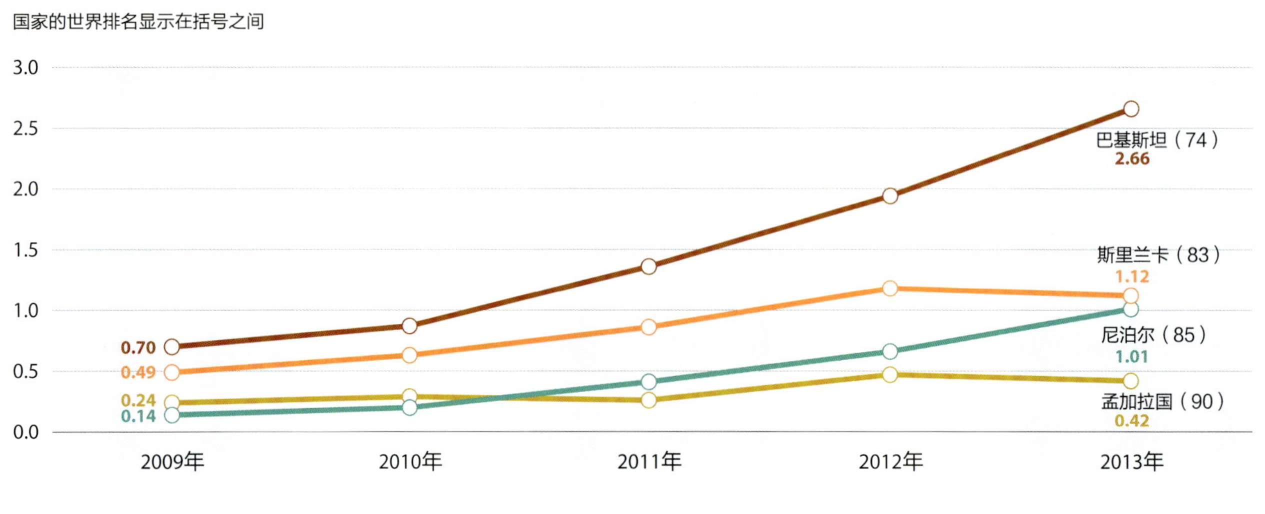
巴基斯坦的纳米技术相关文章最多（每百万居民）
国家的世界排名显示在括号之间
3.0
2.5
2.0
1.5
1.0
0.5
0.0
巴基斯坦（74）
2.66
斯里兰卡（83）
1.12
尼泊尔（85）
1.01
孟加拉国（90）
0.42
0.70
0.49
0.24
0.14
2009年
2010年
2011年
2012年
2013年

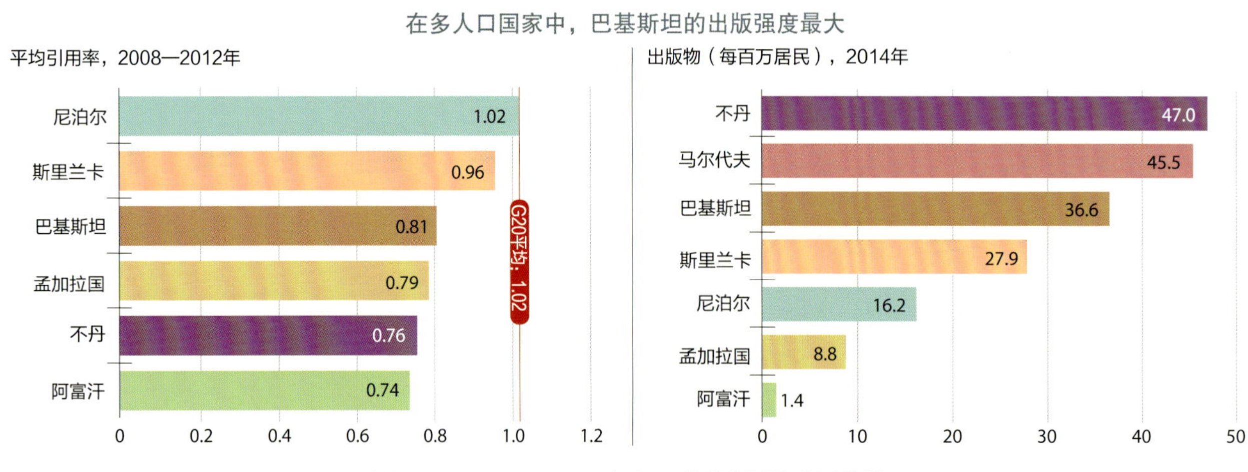
在多人口国家中，巴基斯坦的出版强度最大
平均引用率，2008—2012年
尼泊尔 1.02
斯里兰卡 0.96
巴基斯坦 0.81
孟加拉国 0.79
不丹 0.76
阿富汗 0.74
G20平均：1.02
0
0.2
0.4
0.6
0.8
1.0
1.2
出版物（每百万居民），2014年
不丹 47.0
马尔代夫 45.5
巴基斯坦 36.6
斯里兰卡 27.9
尼泊尔 16.2
孟加拉国 8.8
阿富汗 1.4
0
10
20
30
40
50

图 21.8　2005—2014 年南亚科学出版物发展趋势

生命科学在南亚占主导地位，巴基斯坦专攻化学

2008—2014年间的累计总计

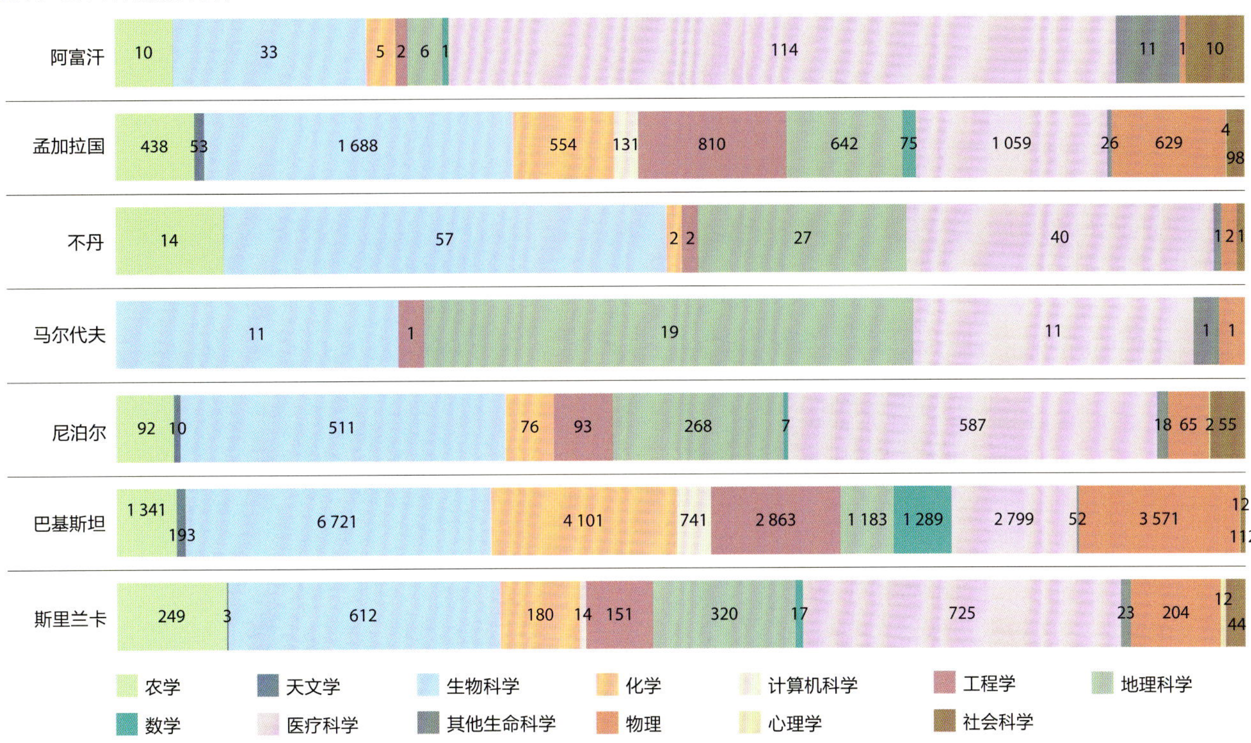

注：未归类的文章已从总计中排除。

南盟成员国的主要外国合作伙伴

前5名合作者，2008—2014年（文章数量）

	第一合作国	第二合作国	第三合作国	第四合作国	第五合作国
阿富汗	美国（97）	英国（52）	巴基斯坦（29）	埃及/日本（26）	
孟加拉国	美国（1 394）	日本（1 218）	英国（676）	马来西亚（626）	韩国（468）
不丹	美国（44）	澳大利亚（40）	泰国（37）	日本（26）	印度（18）
马尔代夫	印度（14）	意大利（11）	美国（8）	澳大利亚（6）	瑞典/日本/英国（5）
尼泊尔	美国（486）	印度（411）	英国（272）	日本（256）	韩国（181）
巴基斯坦	美国（3 074）	中国（2 463）	英国（2 460）	沙特阿拉伯（1 887）	德国（1 684）
斯里兰卡	英国（548）	美国（516）	澳大利亚（458）	印度（332）	日本（285）

来源：汤森路透社科学网，科学引文索引扩展，由数据分析公司 Science-Metrix 进行的数据处理

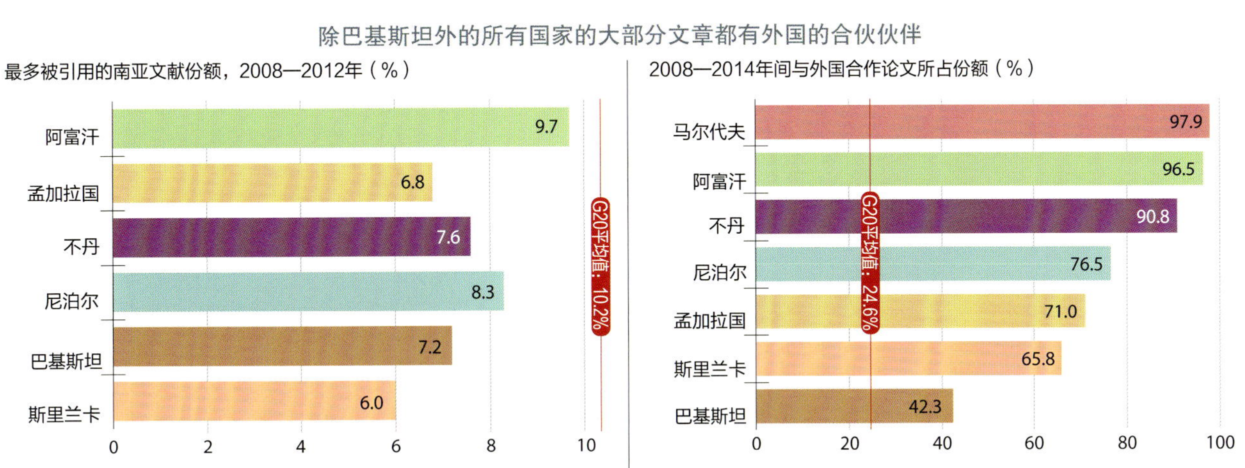

来源：汤森路透社科学引文索引数据库网，科学引文索引扩展版，数据处理 Science-Metrix；纳米制品：见网站 statnano.com，见图 15.5。

研究活动直接归因于公共和私营部门的可测量的研发投入的缺乏。该地区的教学和研究的学术能力也是世界上最低的。

国家概况

阿富汗

女童教育快速增长

阿富汗是世界上识字率最低的国家之一：约 31% 的成年人口（大约 45% 的男性和 17% 的女性）受过教育，省与省之间也有很大差异。2005 年，阿富汗致力于到 2020 年普及初等教育。实现性别平等的积极努力得到了回报，女孩的净入学率急剧增加，从 1999 年的仅 4% 升至 2012 年的估计值 87%。到 2012 年，女孩和男孩得到初等教育的净量分别为 66% 和 89%；根据教科文组织的《全民教育监测报告》（2015 年），男孩可以完成 11 年的教育，女孩可以完成 7 年的教育。

基础设施少，不能满足学生人数的增加

阿富汗高等教育部制定的《2010—2014 年国家高等教育战略计划》的两个主要目标是提高教学质量和扩大高等教育的普及程度，特别是性别平等。来自同一部的发展报告显示，2008 年至 2014 年间女生人数增加了两倍，但女性比例仍然只占五分之一（见图 21.9）。女孩在完成学业时遇到的困难比男孩更多，并且还缺少女生大学宿舍（MoHE，2013 年）。

高等教育部超额完成了既定目标——提高大学入学率。2011 年至 2014 年间，数据翻了一番（见图 21.9）。但资金短缺阻碍了设施建设，满足不了快速增长的学生。许多设施仍然需要升级。例如，2013 年喀布尔大学没有为物理专业的学生设立功能实验室（MoHE，2013）。自 2010 年[①] 以来，高等教育部要求捐助者资助的 5.64 亿美元资金中只有 15% 实际到位。

在《高等教育性别战略》（2013 年）中，高等教育部制订了一项计划，以增加女学生和女教师的人数（见图 21.9）。这个计划的一个重点是建造女性宿舍。2014 年，在美国国务院的帮助下，一个女性宿舍在赫拉特修建完成，另两个计划修建在巴尔赫和喀布尔。总共容纳约 1 200 名女性。高等教育部还要求从国家优先项目预算中拨款，为 4 000 名女学生修建 10 个宿舍。其中 6 个已经在 2013 年修建完成。

大学生人数的增加，一部分是因为夜校，这也给工人和年轻母亲提供了学习机会。夜校也使晚上闲置的时间被利用起来。夜校越来越受欢迎，2014 年有 16 198 名学生入学，而两年前只有 6 616 名学生，女性占 12%，有 1 952 人。

新硕士课程提供了更多选择

到 2014 年，课程委员会对阿富汗三分之一的公共和私立院校的课程做了审查和升级。在实现征聘目标方面取得的进展也很稳定，因为人事经费已经计入经常预算拨款（见图 21.9）。

高等教育部首先需要做的就是增加硕士课程的数量（见图 21.9）。这将增加女性就读的机会，特别是考虑到她们出国攻读硕士和博士培训面临困难：在教育和公共行政的两个新的硕士课程中，半数学生是女性。喀布尔大学在 2007 年至 2012 年间所授予的 8 个硕士学位中，其中 5 个由女性获得（MoHE，2013 年）。

另一个需要做的是增加具有硕士学位或博士学位的教师比例。更为宽广的选择范围会帮助更多的教师获得硕士学位。但要获得博士生学位，仍然需要在国外学习。这样阿富汗的博士人数就增加了。随着阿富汗大学教师人数的增加，其中硕士和博士比例近年来有所下降。2008—2014 年，博士研究生的比例从 5.2% 下降到 3.8%，这也是因为出现了退休潮（见图 21.9）。

两个计划可以使教师能够在国外学习。在 2005 年至 2013 年间，由于世界银行加强高等教育计划的实施，235 名教员获得了国外硕士学位。2013 年和 2014 年，高等教育部的发展资助了 884 名教师在国外攻读硕士学位和 37 名教师在国外攻读博士学位。

为振兴研究文化提供经费

为振兴阿富汗的研究文化，这也是世界银行高

① 主要捐助方是世界银行、美国国际开发署和美国国务院、北约、印度、法国和德国。

公立大学 2011—2014 年入学人数翻了一番

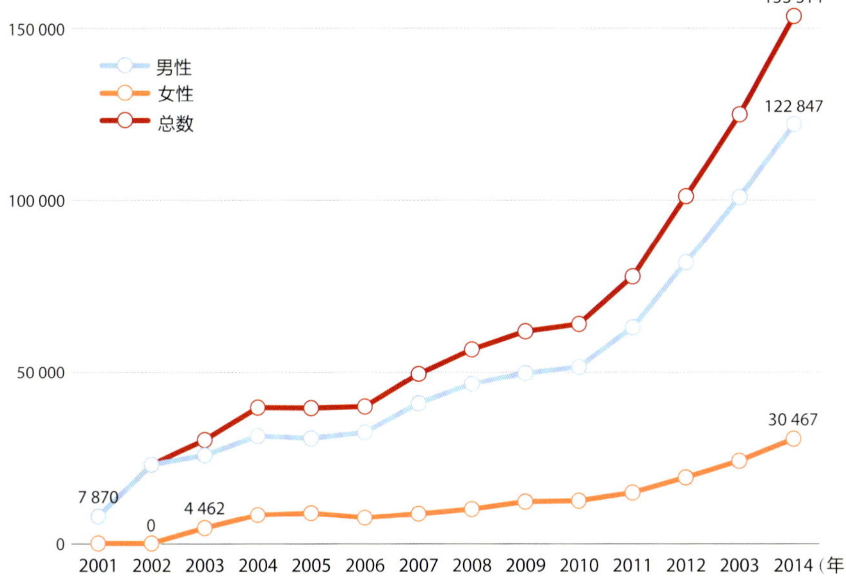

63 837

2010年阿富汗的大学生人数

153 314

2014年阿富汗的大学生人数

20.5%

2010年女性大学生比例

19.9%

2014年女性大学生比例

阿富汗正在朝向其高等教育目标迈进

	目标	现状
国家高等教育战略计划：2010—2014年（2010年出版）	为实施该计划得到资金5.64亿美元	至2014年，收到捐助15%（8 133万美元）
	到2015年，公立大学的学生人数将翻一番，达到115 000人	153 314名学生在2014年入学（达到目标）
	高等教育在2015年之前占教育预算的20%，相当于2014年每名学生800美元（与2012年8 000万美元的预算一致），到2015年人均1 000美元	2012年高等教育的批准预算为4 710万美元，相当于每名学生471美元
	公立大学的教师人数到2015年将增加84%，达到4 372人，员工人数增加25%，达到4 375人	截至2014年10月，共有5 006名教师；到2012年，共有4 810名其他大学教职员（达到目标）
	阿富汗的硕士课程数量会上升	2013年共有8个硕士课程，2014年共有25个硕士课程（达到目标）
	具有硕士学位（2008年31%）或博士（2008年5.2%）的教师比例上升	由于教师人数急剧增加以及博士生退休的浪潮，硕士学位和博士的份额略有下降：截至2014年10月，有1 480名教师持有硕士学位（29.6%），192名教师持有博士学位（3.8%）；625名教师正在攻读硕士学位，他们预计将在2015年12月毕业
	高等教育部建立课程委员会	建立委员会（达到目标）；到2014年，它已经帮助36%的公共学院（182个中的66个）和38%的私立学院（288个中的110个）审查并升级他们的课程
高等教育性别战略（2013年出版）	女性在2014年占总学生人数的25%，到2015年将占30%	2014年，女性占了总学生人数的19.9%
	13个女生宿舍待建	截至2014年，已修建7个女生宿舍
	阿富汗女性拥有硕士学位的人数上升	截至2014年10月，117名女性（占总数的23%）在阿富汗大学攻读硕士学位，而男性人数是508人
	到2015年，女教师的比例将上升到20%	到2014年10月，在总数5 006名教师中690名教师是女性（占14%）
	拥有硕士和博士学位的女性教师人数上升	截至2014年10月，203名女性获得硕士学位（1 277名男性获得硕士学位），10名女性获得博士学位

图 21.9　阿富汗雄心勃勃的大学改革

来源：MoHE（2013）；MoHE 通信 2014 年 10 月。

等教育系统改进项目的一部分，已在 12 所大学[①]建设了研究单位。同时，高等教育部在 2011 年和 2012 年研发了一个数字图书馆，为所有教师、学生和工作人员提供大约 9 000 本学术期刊和 7 000 本电子书（MoHE，2013 年）。参与研究是现在促进各个级别教师进步的一个要求。在 2012 年第一轮竞标中，批准了喀布尔大学、巴米扬大学和喀布尔教育大学教师提出的项目，并给予研究经费。这些项目包括：信息技术在学习和研究中使用的项目；新中学数学课程的挑战；汽车污染对葡萄藤的影响；小麦品种营养素综合管理；传统的混凝土搅拌方法；不同方法从公牛收集精子的影响（MoHE，2013）。

在所有 12 所大学中建立的研究委员会在 2013 年被批准进行了 9 项研究，在 2014 年又进行了 12 项研究。高等教育部目前正与泰国亚洲理工学院合作开发联合教育的项目。在此次合作中，12 名大学教职员被借调至这所学院。同年开始起草国家研究政策（MoHE，2013 年）。

大学的财政享有自主权

高等教育部的一个主要目标是给予大学一些财政自主权，目前，这些大学没有资格收取学费或保留任何收入。高等教育部引用了世界银行 2005 年关于巴基斯坦的一项研究，该国在 10 年前废除了类似的限制性立法。"现在，巴基斯坦的大学平均可以从他们的收入和资助中获得 49% 的预算（有些高达 60%）"，高等教育部观察到这一点（MoHE，2013 年）。

改革的目的是提高企业家精神，加强大学与产业的联系以及提高大学提供服务的能力。高等教育部制订了一项计划，允许高等教育机构保留从创业活动中获得的资金，例如，由喀布尔大学药剂学院为公共卫生部开展的药物分析。他们还能保留开办夜校赚来的钱以及捐赠者和校友的捐款。此外，他们有权设立基金会，为要举办的大型项目筹集资金（MoHE，2013）。

2012 年，一个试点项目的结果证明高等教育部的立场是正确的。该试点项目在一定的财政限额以下给了喀布尔大学更大的采购和支出自主权。然而，由于议会未能通过 2012 年教育委员会批准的《高等教育法》，该计划被搁置。

孟加拉国

在教育方面取得的巨大进步

由世界银行编撰的《2013 年孟加拉国教育部门评估》见证了自 2010 年以来在小学教育方面取得的重大成就。净入学率稳步上升，2013 年达到 97.3%。同期，小学教育完成率从 60.2% 上升到 78.6%。小学和中学性别平等问题已在 2015 年千年发展目标设定之前解决。近年来女孩的入学率甚至超过了男孩。

教育质量也有所提高。根据孟加拉国教育信息和统计局的数据，2010—2013 年，中学的班级人数从每班 72 人缩减至 44 人。同期，小学阶段重复率从 12.6% 下降到 6.9%。中学毕业考试合格率升高。性别比例差距也缩小了。截至 2014 年年中，已建成或修复了 9 000 个小学教室，配有水和卫生设施。

在这一积极变化的所有驱动因素中，《全民教育 2015 年国家评估》识别出以下几个，即：确保有资金资助有就读小学孩子的贫困家庭，以及有就读中学的农村女孩家庭；在教育中使用信息通信技术；向学校分发免费教科书，也可从政府的电子书网站免费下载电子书[②]。

在《2013 年孟加拉国教育部门评估》列出的棘手问题中，仍约有 500 万儿童无法上学，小学到中学的升学率（2013 年为 60.6%）也没有提高。据审查估计，教育计划的目标对象应是对最难触及的人口。它还指出需要大量增加对中等和高等教育的预算拨款。2009 年是可获得数据的最后一年，只有 13.5% 的教育预算用于高等教育，占国内生产总值的 0.3%（见图 21.3）。

尽管资金不足，但 2009—2012 年，本科和研究生的入学人数从 145 万增加到 184 万，学习科技领域的学生人数增长尤为强劲。最引人注目的是工程学学生人数的增长（+ 68%），其中博士研究生入学率在 2009 年和 2012 年几乎增加了两倍（见表 21.2）。这对政府促进工业化和经济多样化的战略是

① 喀布尔大学、喀布尔工业大学、赫拉特大学、楠格哈尔大学、巴尔赫大学、坎大哈大学、喀布尔教育大学、阿尔布鲁尼大学、霍斯大学、塔哈尔大学、巴米扬大学和朱兹詹大学。

② 参见网站：www.ebook.gov.bd.

一个好兆头。约 20% 的大学生参加了硕士课程，这是亚洲最高的比例之一，但只有 0.4% 的学生参加了博士课程（见图 27.5）。

信息通信技术是教育政策的核心

经过几次失败的尝试，2010 年出台了第一份正式的《国家教育政策》。主要战略包括：为所有儿童提供一年学前教育；到 2018 年，初级义务教育从 5 年级提高到 8 年级；扩展职业 / 技术培训和课程；使所有学生在小学毕业后能够掌握信息通信技术知识；更新符合国际标准的高等教育大纲。

在《国家教育政策》和《国家信息与传播政策（2009 年）》中，都强调了在教育中使用信息通信技术的重要性。例如，《国家教育政策》使信息通信技术成为职业和技术教育课程的必修课程；大学应配备计算机与其相关课程；并为教师研发专门针对信息通信技术的培训设施。

《2012—2021 年信息通信技术教育总体规划》旨在推广信息通信技术在教育中的应用。2013 年，作为强制性课程，信息通信技术对中学高年级学生开设，并在 2015 年落实于公开考试。根据孟加拉国教育信息和统计局的数据，具有计算机设备的中学比例从 2010 年的 59% 上升至 2013 年的 79%。有互联网的中学的比例从 2010 年的 18% 上升至 2013 年的 63%。

通过科学和信息通信技术的帮助，在 2021 年达到中等收入水平

《孟加拉国 2021 年愿景规划》在 2012 年最终制定完成，使得该国在 2021 年以前成为中等收入经济体的目标得以实施。其中的一个重点是提高教育质量，重视科学和技术。升级课程，加强数学、科学和信息技术的教学。由于“从学前阶段到大学阶段的强大的学习系统以及研究和科学技术的应用”，计划认为，“创新人才将成为 2021 设想的社会支柱。”创新要在教育中推广并应用。孟加拉国实现数字化是 2021 愿景重点之一，所以会大力发展信息技术，以便培养“创造性”人才（计划委员会，2012 年）。

为了增加在 2021 年之前实现孟加拉国数字化的动力，科学和信息通信技术部已分为两个独立部。在 2013—2017 年中期战略中，新的信息通信技术部对高科技园区、信息技术村和软件技术园区展开全面建设。为此，孟加拉国高技术管理局于 2010 年通过议会法案正式成立。该部目前正在修订《国家信息和通信政策》（2009 年）和《版权法》（2000 年），以保护本地软件设计师的权益。

孟加拉国的第一个科学和技术政策于 1986 年颁布。它在 2009 年至 2011 年间进行了一次修订，目前仍在重新修订。这样可以确保实现 2021 愿景（Hossain 等人，2012 年）。2021 愿景的一些主要目标如下（计划委员会，2012 年）：

- 建立更多的可以学习科学和技术的高等院校。
- 国内研发支出总额相比目前占国内生产总值的 0.6% 应有明显提高。
- 提高所有经济领域生产力，包括微型企业和中小型企业（SMEs）。
- 设立国家技术转让办公室（见专栏 21.3）。

专栏 21.3　孟加拉国高质量高等教育

世界银行资助的提高高等教育质量项目（2009—2018 年）旨在通过鼓励大学的创新能力和责任感并通过提高高等教育部门的技术和体制能力，从而提升孟加拉国教学和研究环境的质量和相关程度。

2014 年，中期项目审查结果令人满意。其中包括将 30 所公立和私立大学连接到孟加拉国研究和教育网络，以及根据有资金投入的学术研究项目的表现，继续提供资金。

该项目得到有竞争性资助机制的学术创新基金会（AIF）的支持。学术创新基金会有明确的筛选标准，通过 4 个有竞争力的资金流分配资源，包括：改善教学和学习，提高研究能力；大学创新，包括建立国家技术转让办公室；与工业合作研究。2014 年，135 个子项目得到学术创新基金会的资助。早前的项目也取得了令人满意的成绩。

来源：世界银行。

- 实现粮食生产的自给自足。
- 将农业从业人员比例从 48% 降至 30%。
- 将制造业的贡献提高到国内生产总值的约 27%，工业的贡献提高到国内生产总值的约 37%（见图 21.10）。
- 信息通信技术，至 2013 年，在中学教育中成为必修课；至 2021 年在小学教育中成为必修课。
- 电信密度，在 2015 年增加到 70%，到 2021 年增加 90%。

科学和技术部目前的任务如下：

- 通过建立原子能发电厂和核医学中心来加大核能的安全利用。
- 促进生物技术研究；发掘相关人才。
- 通过研发，为贫困人口提供有利于环境的、可持续使用的技术，如无砷水，可再生能源和节能灶。
- 开发海洋研究基础设施，以利用孟加拉湾的丰富资源。
- 使科学文献中心能向政策制定者和决策者提供相关的科技和工业数据。
- 在公众中弘扬科学知识；通过娱乐方式提高公众对天文学的兴趣。

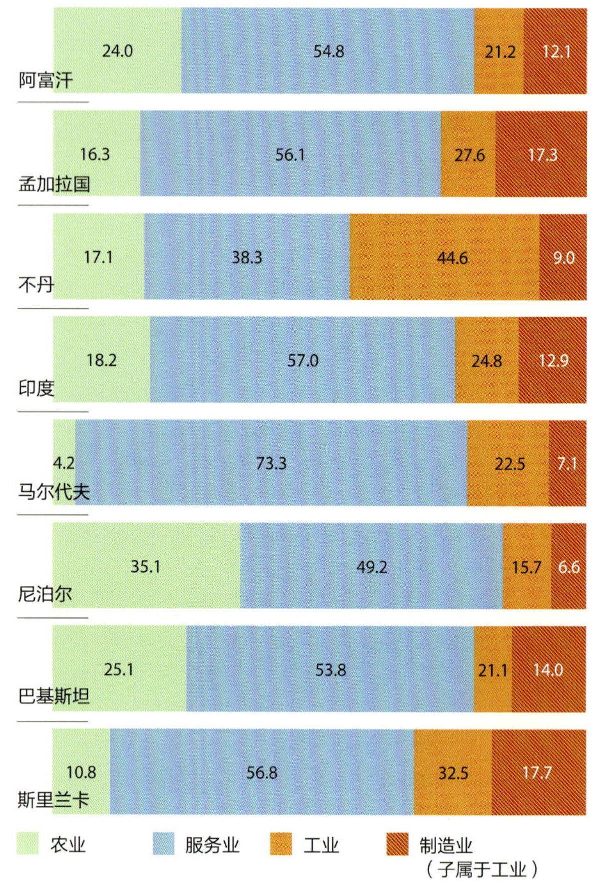

图 21.10　2013 年南亚每个经济产业的国内生产总值

来源：世界银行世界发展指标，2015 年 4 月。

改进工业

虽然孟加拉国的经济发展主要基于农业（2013

专栏 21.4　提高孟加拉国生产力的农业技术

《孟加拉国 2021 愿景规划》指出，“对于长期受洪水影响，耕地面积小，人口迅速增长的国家来说，耐旱作物是必要的”（2014 年人口年增长率为 1.2%）。其中还指出，为了使孟加拉国在 2021 年之前成为中等收入国家，不仅要扩张工业，也需要保证农业提高生产量。

由世界银行（2008—2014）资助的国家农业技术项目旨在通过研究和技术转让提高产量。世界银行资助了由政府资助的 Krishi Gobeshana 基金会（农业研究基金会），该基金会已于 2007 年成立，其中一些研究项目开发了由国家种子委员会发布的基因型香料、水稻和番茄。研究重点是促进形成气候智能型农业和找到可以在苛刻的生态系统中应用的农业生态方法，如在洪滥平原和盐渍土中耕作。截至 2014 年，取得的成就如下：

- 有 131 万农民采用了 47 种新型技术；
- 200 个应用研究项目得到资助；
- 108 名科学家被授予从事农业高等研究的奖学金；
- 建立了 732 个农民信息和咨询中心；
- 40 万农民被调动，加入与市场有关的 20 000 多个共同利益集团中；
- 超过 16 000 名农民采用了 34 个改进后的收割期后的技术和管理方法。

来源：世界银行；计划委员会（2012 年）。

年占国内生产总值的 16%），但工业对经济（占国内生产总值的 28%）贡献更大，主要是依靠制造业（见图 21.10）。《国家工业政策（2010）》规定发展劳动密集型产业。到 2021 年，工业工人的比例预计将翻一番，达到 25%。该政策确定了 32 个具有高增长潜力的部门。这些包括成熟的出口行业，如现有的服装行业，新兴出口行业如制药产品和中小企业。

《国家工业政策（2010）》还建议建立更多的经济区、工业和高科技园区以及私营出口加工区以促进工业的快速发展。2010 年至 2013 年，工业产出已经从 7.6% 增长到 9.0%。出口仍然主要依赖于成现的服装部门，其在 2011—2012 年占总出口的 68%，但其他新兴部门也在增长，包括造船业和生命科学。这种工业化政策符合当前将工业化作为减贫和加快经济增长手段的“第六个五年计划（2011—2015）”。

2013 年 4 月发生了拉纳广场悲剧，那时一家多层的服装工厂倒塌时，造成 1 100 多名女性工人死亡。3 个月后，国际劳工组织、欧盟委员会、孟加拉国政府和美国签署了可持续发展紧密协议。这项协议旨在改善工人的劳动、健康和安全的条件，并鼓励孟加拉国成衣制造业的企业采取负责任的行为。

政府自此修订了《劳动法》。修正案包括采用国家职业安全和健康政策和安全检查标准并加强了支持自由入会、集体谈判以及职业安全与健康的相关法律。在主营出口的制衣厂进行了安全检查，公共工厂也得到更多的检查。检查结果即将公布。私营部门已经制定了孟加拉国工厂和建筑安全协定，并且形成了促进工厂检查和改善工作条件的孟加拉国工人安全联盟。

基础设施质量差对投资者来说是一种威慑

根据《2014 年世界投资报告》，孟加拉国是 2012 年和 2013 年南亚得到外国直接投资排名前五的国家之一。外国直接投资净流入量从 2010 年的 8.61 亿美元增加到 2013 年的 15.01 亿美元，增长近一倍。虽然外国直接投资流出仍是很低，但确实从同期的 9 800 万美元增加到 1.30 亿美元。

然而，联合国贸易和发展会议对孟加拉国的《投资政策审查（2013 年）》中强调，当把外国直接投资流入量相对于人口和占国内生产总值的份额进行分析时，孟加拉国的外国直接投资流入量一直比一些人口较多的国家（如印度和中国）低。孟加拉国的外国直接投资存量在 2012 年比柬埔寨和乌干达等较小国家还低。还发现，外国直接投资在移动通信中发挥重要作用，在发电和催化领域发挥重要作用，但在服装方面并不占主导地位。而且，投资者担心基础设施质量差，并建议说，更好的基础设施和改进的监管政策将促进可持续的外国直接投资。

不丹

社会变化时保留幸福感

不丹在国家发展的所有方面都注重全国人民总体的幸福。这一概念被纳入自 1999 年不丹制定的发展蓝图《不丹 2020：和平、繁荣与幸福愿景》。到 2020 年，不丹有 5 个主要发展目标：人类发展、文化和遗产、平衡公平发展、治理和环境保护。

不丹是南亚地区排在马尔代夫和斯里兰卡之后的第三高收入水平的国家，人均国内生产总值在 2010—2013 年稳步上升（见图 21.1）。在过去 10 年中，主要的传统农业经济变得更加工业化（见图 21.10）。随着其他方面的发展，农业占据的地位已经下降。

在过去，不丹女性在社会中的地位相对较高，她们往往比南亚其他地方的女性拥有更大的财产权。在某些地区是女性继承财产而并非男性。然而，过去 10 年的工业发展似乎对女性在社会中的传统地位及其参与劳动方面带来了消极影响。根据《国家劳动力调查报告（2013 年）》，就业缺口自 2010 年以来一直在缩小，但在 2013 年再次扩大。这段时间内，有收入就业的男性占 72%，而女性则为 59%。失业率仍然很低，仅占 2012 年人口总数的 2.1%。

关注绿色经济和信息技术

不丹的私营部门迄今在经济中发挥的作用有限。政府计划通过政策和体制改革，尤其是发展信息技术部门的方法来改善投资环境。2010 年，政府修订了《外商直接投资政策（2002 年）》，使之符合同年通过的《经济发展政策》。

《外国直接投资政策（2010 年）》确定了在以下

领域，外国直接投资优先：

- 发展绿色和可持续经济。
- 促进对社会负责和生态无害的产业。
- 促进文化产业。
- 促进不丹品牌的服务业投资。
- 创建知识型社会。

该政策将以下行业和子行业确定为需要快速批准的投资优先领域，其中包括：

- 农业生产：有机农业；生物技术，农业加工，保健食品等。
- 能源行业：水电，太阳能和风能。
- 制造行业：电子，电气，计算机硬件和建筑材料。

2010 年，不丹政府公布了其电信和宽带政策：通过一项人力资源开发计划，帮助信息通信技术的发展。预计将与大学合作，弥合大学课程与信息技术行业需求之间的差距。该政策的修订版于 2014 年出版，说明这一发展有良好的势头。

不丹的第一个信息技术园区

世界银行资助的私营部门发展项目（2007—2013 年）也在帮助发展信息技术产业。它有 3 个要点：促进 IT 服务部门的企业发展；增强相关技能；改善融资渠道。该项目已经在不丹建立了第一个信息技术园区——廷布科技园，并于2012年5月启用。这是一个前所未有的公私合作伙伴关系，目的是发展不丹的基础设施。不丹的创新和技术中心，也是不丹的第一个企业孵化器，已经在廷布科技园成立。

工业化强调——技能不匹配

文盲现象是不丹长期以来的问题。2010 年，53.6% 的劳动力是文盲，其中 55% 是女性。2013 年总文盲率已降至 46%，但仍然很高。此外，只有 3% 的员工有本科学位。

2012 年，技术熟练的农业和渔业工人占总劳动力的 62%，相比之下，制造业只有 5%，采矿业占 2%。因为对企业家自营就业存在内在的偏见，农业就为开发更多增值产品和经济多样化提供了更多潜力。但必须进行适当的技能培训和职业教育，才能加快工业发展。

不丹政府的“第十一个五年计划”（2013—2018 年）提道：目前高度专业化职业的技能短缺；课程与工业所需技能不匹配。其中，还强调了用于发展学校基础设施的资源有限以及教学职业的低兴：在 2010 年，近十分之一（9%）的教师是外派人员，这一比例在 2014 年下降到 5%。

与其他南亚国家不同，在不丹的教育制度中没有严重的性别不平等问题。女孩的小学入学率甚至高于许多城市地区的男孩。由于世俗学校制度的发展，到 2014 年，小学净入学率达到 95%，这使偏远地区的学生拥有了接受教育的机会。政府还致力于使用信息通信技术来提高教育质量（见专栏 21.5）。

2014 年，虽然 99% 的儿童接受中学教育，但其中近四分之三后来退学（73%）。《2014 年度教育统计报告》写到，许多人可能在这个教育阶段选择职业培训。国家人力资源开发政策（2010 年）中提出，将对学校 6 年级至 10 年级的学生推行职业教育，并建立公私伙伴关系，以提高职业和技术学院的培训质量。

国家委员会建议做框架研究

高等教育政策（2010 年）计划于 2017 年，将 19 岁学生的大学入学率从 19% 提高到 33%。该政

专栏 21.5　利用信息通信技术促进不丹的合作学习

不丹 2014 年 3 月启动的 i-school 项目是不丹教育部、不丹电信有限公司、爱立信公司和印度政府的联合提议发起的。该项目通过使用移动宽带、云计算等为儿童提供优质教育。基于与全国和世界其他学校的连接，这个项目可以实现协作学习和教学。

6 个学校正处在此项目的首次为期 12 个月试点阶段。两个位于廷布，一个在普纳卡，一个在旺杜波德朗宗，一个在彭错林，还有一个在萨姆宗。

来源：作者。

策指出，需要建立衡量不丹的研究活动水平的机制，并建议开始初步确定实施范围。该政策确定了研究如下：

- 国家要确立研究优先，并制定确定这种战略的机制。不同的组织开展研究，但这种行为不是建立在对国家优先研究领域的共识上的。
- 研究需要通过资金，指导，职业结构和接触其他研究人员关系网的权力来刺激与鼓励。在政府和工业界与研究中心之间建立联系也很重要。资金可以有两种类型：用于发展研究文化的种子基金和旨在解决国家问题的大量资金。
- 设施，包括拥有做研究最新信息的实验室和图书馆。目前，没有一个政府组织负责监督研究和创新系统内所有工作人员，也没有互动与沟通。

为了克服这些不足之处，此项政策提议：建立一个国家研究和创新理事会。这一提议截至 2015 年也并未能达成。

马尔代夫

特殊情况需要可持续性的解决方案

尽管群岛地方能源产生有明显优势，马尔代夫仍然严重依赖化石燃料。为促进使用太阳能和风力 – 柴油混合发电系统，已经采取了很多行动，这在财务上也是可行的（Van Alphen 等人，2008）。马尔代夫的一项研究（2007a）发现了一些制约因素，包括缺乏监管的框架结构，这削弱了公私伙伴关系，并限制了能源传播和分配技术和管理能力的进步。交通方面也能得出类似结论——由于旅游业（马尔代夫，2007b）的发展或某些持续性因素，群岛开始扩张；首都马累也被认为是世界上最拥挤的大都市之一。

一些更注重科学的迹象

自 1973 年以来，马尔代夫以开办联合卫生服务培训中心的形式，建立了一个高等教育机构。在 1999 年，首次更名为马尔代夫高等教育学院，然后于 2011 年 2 月再次更名为马尔代夫国立大学。它仍然是该国唯一一所能授予学位的公立高等大学。2014 年，该大学成立了科学院，推出了普通科学、环境科学、数学和信息技术方面的学位课程。此外，研究生学位包括计算机科学硕士和环境管理科学硕士。马尔代夫国立大学也有自己的杂志——《马尔代夫国家研究杂志》，但杂志的重点似乎是教育学，而不是大学自己的研究。

研究产出仍然不大，每年发表的文章不到 5 篇（见图 21.8）。但事实上，过去十年中几乎所有的出版物都涉及国际合作，这对于内源性科学的发展是有利的。

对教育支出做出承诺

2012 年，马尔代夫将国内生产总值的 5.9% 用于教育，该数据是本地区最高的比例。马尔代夫在发展人力资本方面面临着一系列的困难和挑战，而且由于政治动荡，这些困难和挑战自 2012 年日益严重。其他挑战包括大量外籍教师和学校课程与公司老板所需的工作能力不匹配。

尽管在 2000 年年初，马尔代夫实现了全面小学就读，但到 2013 年，这一数据降至 94%。2014 年，十分之九的小学生升学（92.3%），但只有 24% 就读于中学高级阶段。在小学和中学初级阶段，女孩人数比男孩多，但在中学的高级阶段，男孩人数超过女孩。

教育部希望提高教育质量。在 2011 年至 2014 年，联合国教科文组织基于日本的财政支持并在印度环境教育中心的帮助下，在马尔代夫开展了一个科学教育能力建设项目。该项目开发了教学指南和准备了模块和实践活动包，以促进思维创新和发现更多科学方法。还为马尔代夫国立大学的学生组织了在职教师培训。

2013 年，教育部、人力资源部和青年体育部开展了一个为期一年的职业和技术培训项目（技能）。目的是在 56 个职业领域中培训 8 500 名年轻人，政府为每个学生支付固定金额。公立和私立学校都可以申请开设这些课程。

政府正在加强公私伙伴关系，向私营公司提供土地和其他奖励，以在某些特定地区设立提供高等教育的学校。2014 年，此类合作在拉穆环礁（Lamu Atoll）开展，印度公司塔塔（Tata）同意成立一家医学院并建立一家地区医院。

尼泊尔

稳步增长，摆脱贫困

尽管自 2006 年内战结束以来，政治过渡期过长，尼泊尔在 2008—2013 年间的增长率平均为 4.5%，而低收入国家的平均增长率为 5.8%。尼泊尔几乎没有受到 2008—2009 年全球金融危机的影响，因为它仍然没有完全融入全球市场。2000—2013 年，货物和服务出口占国内生产总值的比重从 23% 下降到 11%。与预期相反，尼泊尔制造业的份额也在至 2013 年的五年间有所下滑，仅为国内生产总值的 6.6%（见图 21.10）。

尼泊尔正在解决一些“千年发展目标”中提出的问题，尤其是那些与消除极端贫困和饥饿，居民健康、水资源和卫生有关的问题（亚洲发展银行，2013）。然而，尼泊尔将需要做得更多，以实现与就业，成人扫盲，高等教育或就业方面的性别平等有关的千年发展目标，这些都与科学和技术密切相关。尼泊尔有一些主要优势，特别是来自国外的高汇款（2005—2012 年占国内生产总值的 20.2%），以及该国临近如中国和印度这样的具有高增长的新兴市场经济体。然而，尼泊尔缺乏有效的增长战略，无法利用这些优势加速发展。亚洲开发银行的《尼泊尔宏观经济新闻》2015 年 2 月强调，私人部门在研发和创新方面的投资不足是供应能力和竞争力被制约的主要原因。

政府认识到这个问题。1996 年，尼泊尔设立了一个管理科学和技术的部门。2005 年，该部门的职责与环境部门的职责相结合。因此，该国在科学和技术方面取得的成绩主要是解决环境问题。这对经常遭受自然灾害和气候相关风险的尼泊尔起到了广泛的保护作用。目前的“三年计划”（2014—2016 年）包含与科技政策和成果相关的若干重要领域（亚洲发展银行，2013 年，专栏 1）：

- 增加获得能源的机会，特别是基于可再生能源（太阳能，风能和混合能源）和微型河流水电厂的农村电气化方案。
- 提高农业生产力。
- 气候变化适应和减缓问题。

想要实现这些目标，同时广泛解决尼泊尔的竞争力问题和成长的挑战，将在很大程度上取决于清洁和无害环境技术的使用。反过来说，成功的技术使用将以充分发展地方科技能力和人力资源为条件。

自 2010 年以来创办的 3 所新大学

《联合国教科文组织科学报告 2010》将科技能力缺乏发展归因于对基础科学教育的低度重视，损害了工程学，医学，农业和林业等应用领域。尼泊尔最古老的大学是特里布万大学（1959 年），随后又成立了其他 8 所高等学府，其中最后 3 所于 2010 年成立，分别是位于柏恩德拉纳加尔的中西部大学、位于坎昌普尔的远西大学和位于南普和位于奇特旺的尼泊尔农林大学。

尽管有所发展，但官方统计数据表明，科技领域的招生进展不如高等教育招生总体进展快。2011 年，科学和工程学占学生总数的 7.1%，但两年后只占 6.0%（见图 21.11）。

在基础科学和应用科学之间取得平衡

像尼泊尔这样的低收入国家关注应用研究是有道理的，只要它具有足够的连通性，这样就能够利用任何基础科学知识。同时，对基础科学的研究可以帮助于国家学习和应用国外生产的知识和发明。在没有对尼泊尔的创新的限制因素和可选项进行更深入审查的情况下，在这一领域的政策重点的确切平衡是困难的。此外，虽然《联合国教科文组织科学报告 2010》和国家研究（如 NAST，2010）提倡更加重视尼泊尔的基础研究，但该国最近的一些政策确立了应用科学和技术的学习优先于纯科学。纳

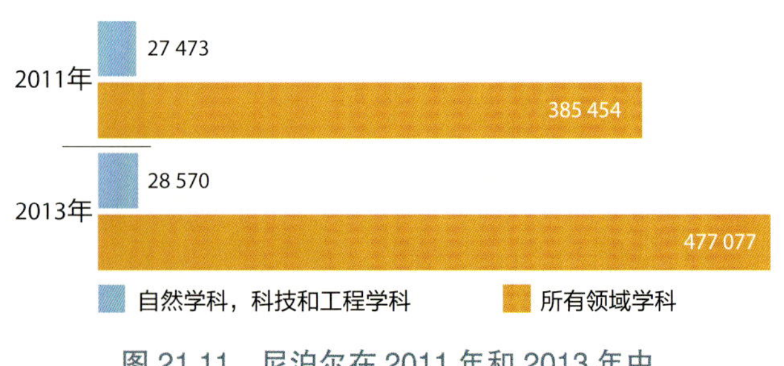

图 21.11　尼泊尔在 2011 年和 2013 年中高等教育的学生人数

来源：教科文组织统计研究所，2015 年 6 月。

米技术研究中心（尼泊尔政府，2013a）的计划目标就是如此。

尼泊尔的研发工作有了飞速发展

《联合国教科文组织科学报告 2010》也强调了私营部门对研发的投资水平过低。五年后，尼泊尔仍然没有解决商业投资问题。然而，官方统计数据显示，自 2008 年以来，政府预算中的研发投资从 2008 年占国内生产总值的 0.05% 增加到 2010 年的 0.30%，比巴基斯坦和斯里兰卡这些相对富裕的经济体都高。考虑到在 2010 年，25% 的研究人员（以人数计算）从事商业、高等教育或非营利工作，尼泊尔的国内研发总支出可能接近国内生产总值的 0.5%。事实上，数据还表明，2002—2010 年研究人员的数量增加了 71%，达到 5 123 人[①]（或每百万人口 191 人），并且，同期技术人员人数翻番（见图 21.7）。

可能吸引在国外的留学生

《联合国教科文组织科学报告 2010》指出，尼泊尔博士生人数较少，科学生产水平不高。2013 年，尼泊尔仍只有 14 人获得博士学位。

同时，尼泊尔有相对多的大学生在国外留学，在 2012 年的人数为 29 184 人。根据 2014 年的国家科学基金会的科学与工程指标，选择在美国就读自然、社会科学和工程学科的尼泊尔学生人数排在美国留学生总数的第八位[②]。同样的，在日本排名第六。2007—2013 年，有 569 名尼泊尔人在美国获得博士学位。而且，在澳大利亚，印度，英国和芬兰也有相当多的尼泊尔大学留学生[③]。如果能够提供合适的条件和动力，让他们回国，尼泊尔就可以利用留学人才发展未来科技。

2016 年的伟大计划

政府相信，2010—2013 年的第十二个三年计划为尼泊尔带来了转变。这一时期，尼泊尔开始进行 DNA 测试、建立科学博物馆、扩大法医科学服务、强化研究实验室和启动三周期研究（尼泊尔政府，2013b）。政府还声称尽量减少人才流失。

对于减少灾害风险的问题，在非洲和亚洲区域一体化多灾种早期预警系统内实施了两个项目。第一个是寻求为尼泊尔制定洪水预报系统（2009—2011 年），第二个是通过技术援助扩大气候风险管理。2015 年 4 月的大地震是很残酷的回忆，尼泊尔没有地震预警系统，如果拥有的话，它将提前 20 秒发出预警。此外，尽管存在洪水预警系统，但最近洪水中丧生的人数数据表明，尼泊尔需要一个更加一体化的解决方案。

2013—2016 年的第十三个三年计划进一步阐明了具体目标，以加强科学技术对经济发展，包括：

- 管理和扭转科学家和技术人员的人才流失的局面；
- 鼓励在行业内形成研发单位；
- 根据需要，利用原子、空间、生物和其他技术促进发展；
- 发展生物科学、化学和纳米技术，这会使尼泊尔从其丰富的生物多样性中受益；
- 通过预警系统和其他机制以及空间技术的部分利用，减轻自然灾害和气候变化对尼泊尔的影响。

科学、技术和环境部计划在不久的将来建立 4 个技术中心，即国家核技术中心、国家生物技术中心、国家空间技术中心和国家纳米技术中心。其中一些研究涉及的领域与尼泊尔的可持续发展息息相关，例如，利用空间相关技术进行环境测量和灾害监测或天气预报。尼泊尔政府需要进一步说明做其他研究的理由和背景，例如核技术发展计划。

巴基斯坦

计划提高高等教育支出

自 2010 年以来，由于不安全局势和持续的政治权力危机，巴基斯坦经济相对低迷。自 2003 年以来，在主要城市中心发生的数百起重大或轻微的恐怖袭击中，有 55 000 多名平民和军事人员死亡。2010—2013 年，巴基斯坦的年人口增长率平均为 3.1%，印度为 7.2%，孟加拉国为 6.1%。安全局势的经济影响表现在持续下降的投资：2005 年，外国直接投资流入占国内生产总值的 2.0%，但 2013 年仅为 0.6%。此外，据世界银行统计，2013

① 在 2002 年到 2010 年之间统计的数据有一次中断（缺失）。

② 前 7 个国家是中国、韩国、沙特阿拉伯、印度、加拿大、越南和马来西亚。

③ 参见网址：www.uis.unesco.org/Education/Pages/international-student-flow-viz.aspx.

年的税收收入占国内生产总值的 11.1%，是南亚地区最低，这限制了政府对人才发展投资。

在财政年度 2013—2014 年，政府教育支出仅占国内生产总值的 1.9%，其中只有 0.21% 用于高等教育。在 2008 年达到峰值（占国内生产总值的 2.75%）之后，教育支出每年都在缩减。作为巴基斯坦创建知识经济所做出努力的一部分，《2025 愿景（2014）》确定了实现普及小学教育和提高大学适龄学生入学率（从 7% 升至 12%），以及在未来十年里，提高每年新的博士学生数（从 7 000 升至 25 000）的目标。为了达到这些目标，政府计划到 2018 年将至少 1% 的国内生产总值用于高等教育中（计划委员会，2014 年）。

《2025 愿景》由巴基斯坦规划、发展和改革 3 个部门制定，并于 2014 年 5 月获得国家经济委员会批准。它涉及 7 个方面，包括通过创建知识经济来加快经济发展：

- 以人为本：发展人力和社会资本。
- 实现持久的、本土的大范围的增长。
- 公共部门的治理、体制改革和现代化。
- 能源、水和粮食安全。
- 私营部门带动的增长和创业。
- 通过附加价值来发展竞争性知识经济。
- 交通基础设施的现代化以及区域的更大连通。

在此愿景中，第一方面和第六方面与科技创新直接相关，而国家的整体全球竞争力将取决于某些有竞争力方面的创新。此外，作为这一愿景的一部分，政府会主导基础设施建设：拉合尔和卡拉奇之间的高速公路、白沙瓦北绕道、加瓦达尔机场和加瓦达自由经济区。

政府计划重新配置当前的能源结构以克服电力短缺。大约 70% 的能量是燃烧炉油产生的，这很昂贵并且需要进口。政府计划将窑炉油厂转化为煤炭厂，并投资于几个可再生能源项目，这是《2025 愿景》优先考虑的问题之一。

能源问题是新的巴基斯坦 - 中国经济走廊项目的一个重点。在中国国家主席 2015 年 4 月访问巴基斯坦期间，两国政府签署了 51 份谅解备忘录，达 280 亿美元，其中大部分是贷款。该计划中的主要项目包括开发清洁煤炭发电厂、实现水电和风力发电、由两国的科学技术部共同管理的联合棉花生物技术实验室、大规模城市交通以及伊斯兰堡国立现代语言大学和中国新疆师范大学之间的广泛合作。该项目名称源于原来的一个计划——通过建设公路，铁路线和管道，将巴基斯坦的阿曼海巴基斯坦港与中国西部的喀什建立联系。

2015 年 1 月，巴基斯坦政府宣布了两项政策来促进在全国范围内太阳能电池板的使用。其中，也包括取消太阳能电池板的进口和销售税。在 2013 年取消税款后，太阳能电池板进口量从 350 兆瓦减少到 128 兆瓦。在第二项政策中，巴基斯坦国家银行和替代能源发展局将允许业主利用抵押贷款支付安装太阳能电池板，每位业主可安装的太阳能电池板的总价高达 500 万卢比（约 5 万美元），并且贷款利率较低（Clover，2015）。

巴基斯坦的第一个科技创新政策

一个国家科技创新取得成功的因素取决于负责与管理相关公共政策的体制和政策系统。巴基斯坦科学技术部自 1972 年以来一直负责科技相关工作。然而，直到 2012 年才制定了巴基斯坦第一个国家科技创新政策：这也是政府第一次正式确认通过创新促进经济增长的长期战略。该政策主要强调在人力资源开发、内生技术开发、技术转让和加强研发方面的国际合作的需要。然而，推出以来，是否采取行动却不得而知。

这项政策是巴基斯坦科学技术委员会从 2009 年开始的技术展望活动中提出的。到 2014 年，已完成了 11 个领域的研究，包括：农业、能源、信息通信技术、教育、工业、环境、健康、生物技术、水、纳米技术和电子。未来将对药物、微生物、空间技术、公共卫生（见专栏 21.6 中的相关故事）、污水和环境卫生以及高等教育进行进一步的前瞻性研究。

到 2018 年，研发强度将扩大三倍

2013 年 5 月大选后，巴基斯坦政府更迭，新的科学技术部发布了《2014—2018 年国家科技创新战略》草案，以征求公众的意见。这一战略已被纳入政府的长期发展计划，即巴基斯坦首个《2025 年愿景》。国家科技创新战略草案的重心是人才发展。虽

专栏 21.6 一个可以跟踪巴基斯坦的登革热疫情的应用程序

2011 年，巴基斯坦最大的旁遮普省遭受了前所未有的登革热，2.1 万多人被感染，造成 325 人死亡。随着省卫生系统处于危机，当局也不知所措，多部门无法持续干预跟踪，更不用说预测登革热幼虫可能出现的位置。

旁遮普信息技术委员会介入解决。由剑桥大学（英国）和马萨诸塞理工学院（美国）的前学者奥马尔·赛义夫领导的团队设计了一个智能手机应用程序来监控这种流行病。

该应用程序预先安装在许多政府官员的 1.5 万个廉价安卓手机上，他们需要上传所有反登革热干预措施实施前后的照片。然后将全部数据集进行地理编码，并显示在基于谷歌地图的仪表板上，公众可以通过互联网免费访问，高级政府官员可以用智能手机访问。许多调查人员被派遣到拉合尔地区（即登革热最多的省会城市）的不同地方，来将登革热幼虫出现的高风险地区进行地理编码，尤其是登革热患者的家的附近区域。然后将稳定的地理空间数据流输入预测算法，成为最高级别政府决策者可以利用的流行预警系统。

该项目使当局能够控制疾病的传播。2012 年的确诊病例数量下降到 234 例，其中没有死亡病例。

来源：High（2014）；Rojahn（2012）.

然实施的手段和方法不详，但新战略确定了一个目标，即到 2015 年，将巴基斯坦的研发支出从 2013 年占国内生产总值的 0.29% 提高到 0.5%，然后到 2018 年，在本次政府五年计划结束之前，提升至国内生产总值的 1%。在短短 7 年内政府下决心将国内研发总支出 / 国内生产总值比率提高三倍的雄伟目标是值得赞扬的，但是同时也要进行改革，因为单靠更大的支出不会完成计划。

研发的小变革

在巴基斯坦，通过对国防和民用技术的公共投资和通过国营机构，政府在研发部门非常活跃。根据巴基斯坦科学技术委员会在 2013 年进行的研发调查，政府的研发机构的研发支出占国家研发支出的 75.3%。

2007—2011 年，无论是从事研发工作的研究人员还是技术人员都在减少。然而，在 2011 年和 2013 年间又开始回升。这种趋势与政府通过其各个组织进行研发的支出的相对静态水平相关，没有跟上经济增长的步伐。

在公共方面，约四分之一的研究人员从事自然科学，其次是农业科学和工程技术。2013 年，几乎三分之一的研究人员是女性。女性人数占医学科学研究人员总人数的一半，占自然科学的五分之二，但只有六分之一的工程师和十分之一的农业科学家是女性。绝大多数国家研究人员从事高等教育工作，这一趋势自 2011 年以来变得更加明显（见表 21.4）。

对于监测知识经济进程来说，未对企业进行调查并不是好的预兆。此外，《愿景 2025》和《2014—

表 21.4 2011 年和 2013 年在巴基斯坦公共部门的研究人员（全职）

	政府	女性比例 (%)	高等教育	女性比例 (%)	从事政府工作的研究人员所占比例（%）	从事高等教育工作的研究人员所占的比例（%）
2011年	9 046	12.2	17 177	29.6	34.5	65.5
2013年	8 183	9.0	22 061	39.5	27.1	72.9

注：数据中不包括巴基斯坦商业企业部门。FTE 是指全职当量。

来源：联合国教科文组织统计研究所，2015 年 6 月。

2018 年国家科学技术与创新战略》草案都没有为促进工业研发和加强大学与工业联系的发展提出强烈激励和明确路线。

高等教育治理分权化

2002 年，大学教育资助委员会被高等教育委员会（HEC）取代，该委员会有一个独立主席。高等教育委员会负责改革巴基斯坦的高等教育体系——引入更好的财政奖励、增加大学入学率和博士研究生人数、促进外国奖学金和研究合作并为所有主要大学提供最先进的信息通信技术设备。

在 2002 年至 2009 年间，高等教育委员会成功地将博士研究生人数增加到每年 6 000 人，并为 11 000 多名学生提供留学奖学金。根据《联合国教科文组织科学报告 2010》，该委员会还引入了一个电子图书馆以及视频会议设施。同期，“科学网”收录的巴基斯坦出版物数量从 714 个增加到 3 614 个。改革期间取得的成就在巴基斯坦高等教育和研发部门的历史上是前所未有的。此外，“科学网”中的出版物质量很高（见图 21.8）。科学生产力的这种进步似乎与为教师（见表 21.4）和学生出国留学提供的大量奖学金，以及博士毕业生的专业程度有关。

尽管在各种指标上提升明显，但评论家认为这种所谓的“数字游戏”有损质量，巴基斯坦大学在全球教育排名会停滞（Hoodbhoy，2009）。

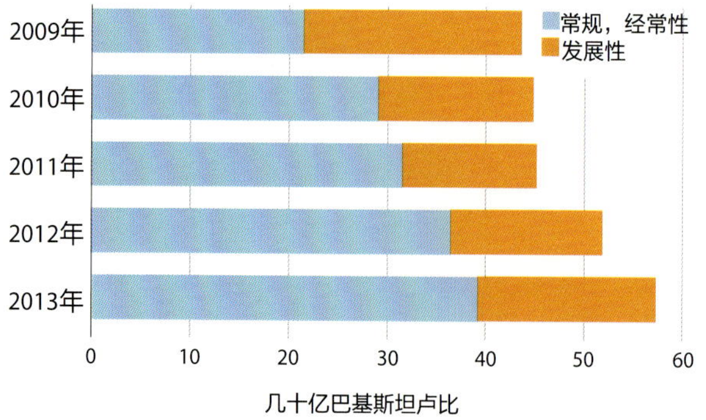

图 21.12　巴基斯坦高等教育委员会 2009—2014 年的预算拨款情况

来源：巴基斯坦高等教育委员会。

无论这种分歧如何，高等教育委员会在 2011—2012 年因为宪法第 18 修正案而处于解散的边缘，该修正案将若干治理职能转交给省级政府，其中包括高等教育。2011 年 4 月，在最高法院进行干预后，根据高等教育委员会前主席的请求，该委员会分裂到俾路支省，开伯尔－普赫图赫瓦省，旁遮普省和信德省。

尽管如此，高等教育委员会的发展预算（用于奖学金和教师培训等）在 2011 年至 2012 年间减少了 37.8%，从 2009—2010 年的最高值 225 亿卢比（约合 22 亿美元）降至 140 亿卢布（约合 14 亿美元）。尽管伊斯兰堡新政下，发展性支出有所增加：2013—2014 年的预算中为 185 亿卢布（约合 0.18 亿美元），高等教育仍面临着一个不确定的未来。

不顾最高法院 2011 年 4 月的裁决，信德省省议会史无前例地通过了信德高等委员会法案来在 2013 年创建巴基斯坦第一所省级高等教育委员会。2014 年 10 月，旁遮普省继续大规模重组自己的高等教育体系。

总而言之，巴基斯坦的高等教育正处于转型期，也面临法律困难，现正对省一级实行权力下放。尽管评估这些发展的潜在影响还为时过早，但显然在 21 世纪头十年间，高等教育部门的支出和毕业生的增长势头已经消失。根据高等教育委员会的统计，该组织的预算占国内生产总值的百分比从 2006—2007 年的 0.33%（峰值）下降到 2011—2012 年的 0.19%。为了实现《2025 年愿景》关于建设知识经济的既定目标，巴基斯坦的公共政策机构将需要对发展支出进行全面优先考虑，例如，将国内生产总值的 1% 用于高等教育。

尽管自从 2011 年宪法修正案讨论以来发生的法律战争造成了动荡，但在全国各地，无论是私营部门还是公共部门，可以颁发学位的学校的数量在增加。学生人数一直在上升，从 2001 年的 28 万人增加到 2005 年的 47 万人，2014 年超过 120 万人。只有不到一半是私立大学（见图 21.13）。

科技创新变成发展主流

巴基斯坦科技创新部门的前景可谓喜忧参半。虽然高等教育面临着不确定的未来，但政府将科技

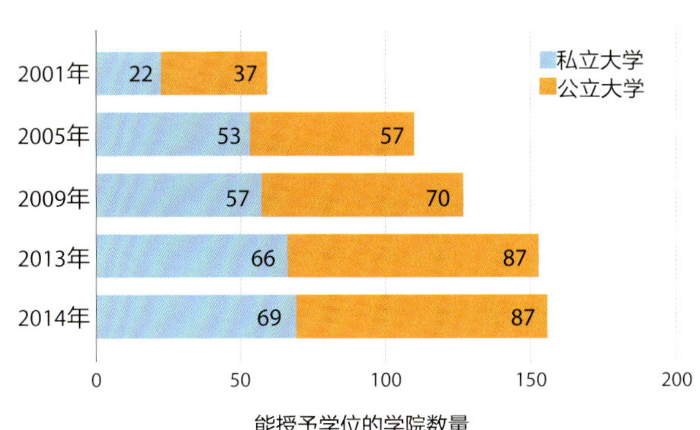

图 21.13　2001—2014 年巴基斯坦大学数量的增长情况

来源：巴基斯坦高等教育委员会。

创新想法纳入国家发展计划可能意味着转变。虽然数据清楚地显示了高等教育的增长，但这并不一定意味着教育和研究的质量也有所提高。

此外，博士研究生和科学出版物的增长似乎没有对以专利活动所衡量的创新产生明显的影响。根据世界知识产权组织（WIPO）的数据[①]，巴基斯坦的专利申请在 2001 年至 2012 年间从 58 个增加到 96 个，但同期，成功申请的比例从 20.7% 下降到 13.5%。这种不良绩效表明大学改革与其对工业的影响之间缺乏有效连接（Lundvall，2009）。如上所述，公共部门继续在科技创新市场中发挥主导作用，而私营部门似乎有些落后（Auerswald 等，2012 年）。这也表明适当的创业途径（或创业文化）是不存在的，影响了巴基斯坦的全球经济竞争力。

尽管巴基斯坦将国家科技创新政策纳入国家发展政策的主流，但这种主流化对系统性干预的潜在影响还不清楚。为了实现知识经济的目标，巴基斯坦仍然需要各级政府决策者的更大胆的设想。

斯里兰卡

冲突结束后，发展迅猛

《Mahinda Chintana：2020 愿景（2010 年）》是制定到 2020 年斯里兰卡发展目标的首要政策；它旨在使斯里兰卡成为知识经济体，并且成为南亚的知识中心之一。在 2009 年，长期内战结束。重新的政治稳定引发了 2010 年的建筑热潮，政府投资于战略发展项目（建设或扩建高速公路、机场、海港、清洁燃煤电厂和水力）。这些项目旨在使斯里兰卡成为商业中心、海军 / 海事中心、航空枢纽、能源中心和旅游中心。2008 年《战略投资项目法案》（2011 年和 2013 年修订）的引入，为战略发展项目的实施提供免税政策。

为了吸引外国直接投资和技术转让，政府与外国政府（包括中国、泰国和俄罗斯联邦）签署了一系列协议。例如，2013 年签署的一份协议——俄罗斯国家原子能公司（ROSATOM）正在协助斯里兰卡原子能管理局发展核能基础设施并建设一个核研究中心，以及为工人提供培训。2014 年，斯里兰卡政府与中国签署了关于扩大科伦坡港和在汉班托塔修建基础设施（港口、机场和高速公路）的协议，政府计划把此地打造成仅次于首都斯里兰卡的第二大中心城市。与中国的协议还包括 Norochcholai 燃煤电站项目技术合作。

2010—2013 年，国内生产总值每年平均增长 7.5%，高于 2009 年的 3.5%。同时，人均国内生产总值在 2009—2013 年从 2 057 美元增长到 3 280 美元，虽然斯里兰卡知识经济排名指数从 1999 年的 4.25 下降到 2012 年的 3.63，但其仍然高于所有其他南亚国家。斯里兰卡从农业经济向基于服务和工业的经济转型（见图 21.10），但是来自当地大学的科学和工程毕业生的供应比例比其他学科低。

高等教育改革寻求扩大能力

根据联合国教科文组织的《全民教育全球监测报告》（2015 年），斯里兰卡有可能在 2015 年实现普及小学教育和性别平等。对公共教育低投入是被关注的一个问题，在 2009—2012 年，投资占国民生产总值的比例从 2.1% 降至 1.7%，这是南亚最低水平（见图 21.3）。

斯里兰卡有 15 所国立大学，都由大学教育资助委员会（UGC）管制。还有三所分别被国防部，高等教育和职业技术培训部管理的大学。这 18 所国立大学被另外 16 所注册的私立大学所补充，这些私立大学都能授予学士或硕士学位。

① 这些统计数据由知识产权局收集或从 PATSTAT 数据库中提取。来源：www.wipo.int.

斯里兰卡对高等教育的公共支出占国内生产总值的 0.3%，是南亚最低的国家之一，与孟加拉国相当。根据大学教育资助委员会的资料，只有 16.7% 的大学学生可以在 2012—2013 年度入学。这些解释了斯里兰卡研究人员比例相对较低的原因（2010 年每 100 万人口中只有 249 人），近年来进展缓慢（见图 21.7）。值得注意的是，在商业企业部门工作的研究人员的比例（2010 年全职当量的 32%）接近印度（2010 年为 39%），这一趋势预示着发展私营部门有前景（见图 21.14）。2012 年，斯里兰卡政府宣布对从事研发和使用公共研究设施的私营公司征税。

过去几年，政府已经处理了大量学位不足的问题。这是《21 世纪高等教育计划（2010—2016 年）》的目标之一，其目的是确保大学能够提供符合该国社会经济需要的优质教学。在 2014 年中期审查中，确定完成了以下工作：

- 国家机构和大学逐步实施斯里兰卡资格框架（SLQF，2012 年）；它监管公立和私立高等院校的 10 种资质级别，这样可以提高高等教育、培训和就业机会的公平性，并促进大学系统的横向和纵向流动；斯里兰卡资格框架整合了国家职业资格框架（2005 年），并确定了确保职业和高等教育之间流动性的途径，通过提供承认先前学习和转移学分的全国统一标准。
- 在选定的 17 所大学中，开设大学发展基金以提高所有大学学生在信息技术（IT）、英语和软技能（如良心或领导素质——被老板重视）方面的水平。
- 在选定的 17 所大学中，为学习艺术、人文和社会科学的大学生开设创新发展基金。
- 发放质量创新奖金（QIG），提高学术教学、研究和创新的质量。现已有 58 个学习项目，超过了目标（51 个），而且都进展顺利。
- 超过 15 000 名学生就读于具备先进技术的大学，超过既定目标（11 000 名）。
- 由来自不同大学和斯里兰卡高级技术教育研究所的 200 多名学者开设硕士或博士学位课程，超过既定目标（100 名）。
- 约 3 560 人从针对大学行政和管理人员，学术界以及技术和支持人员的短期职业发展活动中受益。

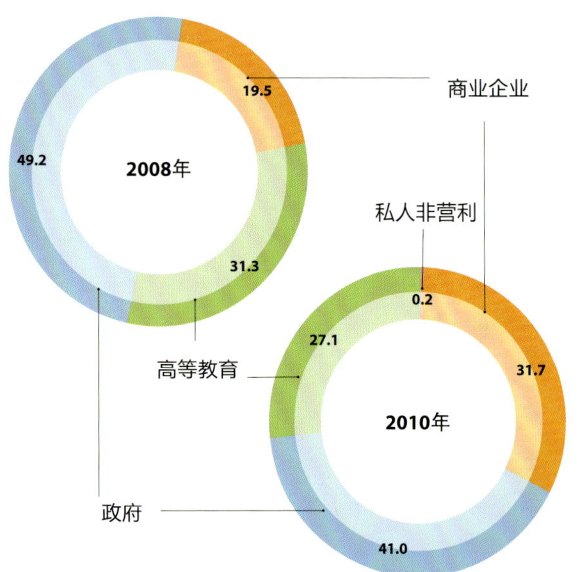

图 21.14　2008 年和 2010 年斯里兰卡研究人员（全职）就业部门分布

来源：联合国教科文组织统计研究所，2015 年 6 月。

斯里兰卡工程师的流动性更大

2014 年 6 月，斯里兰卡工程师协会的前身——工程师总会和印度合作方签署了《华盛顿协议》。《华盛顿协议》是一项国际协定，在此协议框架下，负责认证工程学位课程的机构承认其他签署机构的毕业生满足进入工程师行业的学术要求。这一认可为未来的斯里兰卡和印度工程师提供了在签署国交流的机会。①

斯里兰卡的第一个科技创新政策

2009 年 6 月，斯里兰卡通过了第一个全面的《国家科学技术政策》，与《联合国教科文组织科学报告 2010》中概述的所有利益相关者进行了广泛的协商。确定了需要发展科学和创新文化、提高人力资源能力和促进研发和技术转让。与会者还认为，该政策应促进可持续性并且注重本土知识，还应提出知识产权制度，以及促进科技的应用，应用方面包括人类福利、灾害管理、适应气候变化、执法和国防等。

① 其他签署国包括澳大利亚、加拿大、爱尔兰、日本、韩国、马来西亚、新西兰、俄罗斯、新加坡、南非、土耳其、英国和美国。参见：www.iesl.lk.

在“为国家发展而提高科学技术能力”的目标下，该政策确定了在2016年前将国家部门科技投资提高到国内生产总值的1%战略，以及促进非国有部门的研发投资在2016年至少达到国内生产总值的0.5%战略。这是一个宏大的目标，因为政府在2010年仅将国内生产总值的0.09%用于国内研发总支出，商业企业部门（公共和私人）所占比例为0.07%。

2010年，斯里兰卡政府批准了《国家科技创新战略（2011—2015年）》，并将其作为实施国家科技政策的路线图。2013年，负责试点的科技创新协调秘书处（COSTI）成立。其目前正在准备对国家研究和创新生态系统进行评估。

《国家科技创新战略（2011—2015年）》确定了4个目标：

- 通过重点研发和动态技术转让，提高高新技术产品在出口和国内市场的份额，把创新和技术带到经济发展；先进技术倡议的主要目标是将出口产品中的高科技产品比例从2010年的1.5%提高到2015年的10%。
- 打造世界级的国家研究和创新生态系统。
- 为使斯里兰卡人民面对知识型社会做好准备而建立有效的框架。
- 保证可持续性原则应用在科学活动的所有领域，以确保社会经济和环境的可持续性。

通过研发提高生活质量

2014年7月通过的《2015—2020年国家研究与发展投资架构》确定了研发投资的10个重点领域，以提高生活质量。要求相关政府部门和其他公共和私人机构参与研究，以便对国家优先发展的重点出谋划策。

10个重点领域如下：

- 水。
- 食品、营养和农业。
- 健康。
- 住所。
- 能源。
- 纺织工业。
- 环境。
- 矿物资源。
- 软件行业和知识服务。
- 基础科学、新技术和本土知识。

优先发展纳米技术

自从内阁批准了2010年的国家生物技术政策[①]和2012年的国家纳米技术政策以来，工业部门的发展加速。

随着国家纳米技术计划的推出，纳米技术在2006年得到了第一次机构性质的发展。两年后，政府成立了斯里兰卡纳米技术研究所（SLINTEC），这是与私营部门的前所未有的合资合作（见专栏21.7）。2013年，纳米技术和科学园区与纳米技术中心一起开放，共同为纳米技术研究提供高质量的基础设施。同年，斯里兰卡在科学网统计的每百万居民中的纳米微粒数量上排名83位（见图21.8）。排在巴基斯坦（74），印度（65）和伊朗（27）之后（见表15.5）。

促进创新的计划

斯里兰卡国家科学基金会已经制定了两项技术资助计划来鼓励创新。第一个（技术D）是帮助大学，研究机构，私人公司和个人拓展他们的思维想法；第二个侧重于基于新技术的初创公司。2011年，发放了5项技术开发资金和一项创业补助金。

2013年，技术研究部组织了第三届技术市场展览会，为科研和工业界提供了一个交流平台。该部表示有5个研究机构专注于需求驱动的研究：工业技术研究所，国家工程研究与发展中心，原子能委员会，斯里兰卡纳米技术研究所和亚瑟·克拉克现代技术研究所。

2010年，美国的蓝海创业投资公司推出了兰卡天使网络。到2014年，在作为合作伙伴的斯里兰卡发明家委员会的帮助下，在这个网络下运营的投资者向12家斯里兰卡创新公司投资了150万美元。技术和研究部在2013年报告中说，同年，该委员会支付的资金只有2.94百万斯里兰卡卢比（约22 000美元）。

① 关于人类遗传材料和数据的第三部门政策在2015年中期撰写时仍处于草案阶段。

专栏 21.7　通过斯里兰卡纳米技术研究所发展智能产业

斯里兰卡纳米技术研究所（SLINTEC）成立于 2008 年，作为国家科学基金会和斯里兰卡企业巨头（包括 Brandix，Dialog，Hayleys 和 Loadstar）的合资企业，其目标是：

- 通过帮助将高科技出口比例从 1.5% 增加到 2015 年的 10%，为了实现纳米技术的商业化，建立技术经济发展的国家创新平台。
- 加强研究机构和大学之间的合作。
- 在科技和工业方面引进纳米技术，使斯里兰卡的产品在全球更具竞争力，并增加斯里兰卡自然资源的价值。
- 将纳米技术研究与商业企业结合起来。
- 通过创造一个可持续的生态系统吸引外籍斯里兰卡科学家。

自成立以来不到一年，斯里兰卡纳米技术研究所向美国专利商标局提交了 5 项国际专利，这是一项了不起的成就。在 2011 年和 2012 年提交了另外两个专利申请。完成的发明包括由静脉石墨制备碳纳米管；用于持续释放大量农业营养素的组合物和其相关方法；可以持续用于施肥的可以释放大量营养物质的纤维素组合物；增强弹性体－黏土的纳米复合材料；由磁铁矿矿石制备纳米颗粒；基于纳米技术的传感器单元；为生物聚合物织物染色和除味的组合物等。古纳瓦德纳（2012）确定了斯里兰卡纳米技术研究所的重点领域为：

- 智能农业：基于纳米技术的缓释肥料；可能应用于传感器和下一代化肥。
- 橡胶纳米复合材料：高性能轮胎。
- 服装和纺织品：高端面料、智能纱等技术。
- 消费产品：基于纳米技术的外部医疗传感器（以实现远程健康监测）、洗涤剂、化妆品等。
- 纳米材料：钛铁矿、黏土、磁铁矿、静脉石英和脉石墨，以开发二氧化钛、蒙脱石、纳米磁铁矿、纳米二氧化硅和石墨纳米片。

来源：网站 http://slintec.lk.

智慧人才，智慧城市

第一个普及信息通信技术的框架是 2002 年启动的电子斯里兰卡发展计划，它催生了《信息和通信技术法》，并于 2003 年成立了政府拥有的信息和通信技术机构（ICTA）。该机构开展斯里兰卡发展项目，旨在向每个村庄提供信息通信技术，直到 2013 年项目结束。到 2013 年，22% 的人口可以上网，而 2008 年只有 6%。并且 96% 的人有移动电话。

2014 年，信息和通信技术机构开始了发展电子斯里兰卡的第二阶段任务，以通过信息通信技术的创新促进经济发展。该项目叫作“智慧斯里兰卡”，并预计运行约 6 年。它的口号是“智慧人才，智慧城市”。其目标可以概括为：智慧领导、智慧政府、智慧城市、智慧工作、智慧产业和一个智慧信息社会。

为实现建造智慧型斯里兰卡的目标，坚持的 6 项计划战略：

- 信息通信技术政策，领导力和体制发展。
- 信息基础设施。
- 政府重组再造。
- 信息通信技术的人力资源开发。
- 信息通信技术的投资和私营发展。
- 社会电子化。

同时，信息和通信技术机构在全国建立了电信中心，以便将农民，学生和小企业家的社区与信息，学习和交易设施连接起来。这些电信中心为人们提供计算机、互联网和信息技术技能培训。电信中心还提供了市场价格和农民农业信息的地方无线电广播，电子卫生和远程医疗设施，和用于视障者的数字“说话书”（音频书）。已实施 3 种类型的电信中心：农村知识中心，电子图书馆，和距离和电子学习中心。截至 2014 年 8 月，全国有 800 个电信中心。

结论

需要融合内部和外部能力

自 2010 年以来，南亚的教育有了一些重大的改善，在发展国家创新体系方面也有稳定进步。在这两个领域，过低的资金投入一直是发展的障碍，但在教育方面，政府得到了一些国际机构的帮助。尽管小学净入学率有所提高，但是中等教育入学率仍然相对较低：在人口最多的孟加拉国和巴基斯坦，这一比例是 61%（2013 年）和 36%（2012 年）。

普及中小学教育只是发展必要的专业和技术技能的第一步。未来 10 年，各国需要实现他们雄伟的目标——实现知识经济（巴基斯坦和斯里兰卡）；成为中等收入国家（孟加拉国、不丹和尼泊尔）。受过教育的劳动力将是发展实现工业多元化所需的高附加值产业的先决条件。教育规划将需要对基础设施进行投资、提高教学技能以及开发符合技能与就业机会的课程。

为利用广泛的机会，国家创新体系的设计应当能够促进发展地方的研究和创新发展，以及获取外部知识和技术，而这些知识和技术通常可以在当地技术先进的公司中运作。虽然南亚大多数行业还没有先进技术，但仍有一些本地公司已经具有国际竞争力，特别是在巴基斯坦和斯里兰卡的几家公司。考虑到企业在技术创新方面的异质性，国家创新体系需要有灵活地满足他们不同的技术需求。尽管本地创新系统通常被设计为支持研发领域的创新，但是能够系统地利用当地的高绩效公司累积的能力并结合跨国公司来培育其产业的国家很可能会扩大其创新能力。

通过外国直接投资的经济发展需要有很高的地方反应能力和吸收能力，尤其在技术传播方面。与东亚国家相比，本章所提到的对南亚经济体的外国直接投资流入对其增长没有显著的促进作用。在技术先进的经济部门，价值链能够利用现有的当地知识，技能和能力。这些技术先进的经济部门有机会发展当地工业。

各国政府需要确保有足够的资金用于执行国家研究和教育。各国政府都意识到：没有足够的资源，这些政策不可能带来有效的成果。巴基斯坦计划到 2018 年将其研发投资增加到国内生产总值的 1%，斯里兰卡计划到 2016 年将自己的投资增加到国内生产总值的 1.5%，公共部门至少占 1%。这些目标不能空谈，政府是否建立了达到这些目标的机制？如果有限的财政和人力资源能够产生预期的影响，研发支出也必须优先考虑。

只要私营部门足够稳健，可承担部分负担，那这种公私伙伴关系在政策执行中十分重要。如果没有，税收激励和其他有利于商业的措施可以使私营部门为经济发展做出贡献。公私合作伙伴关系可以在企业、公共研发机构和大学之间创造工业主导创新的协同效应，斯里兰卡纳米技术研究所就是一个好例子（见专栏 21.7）。

南亚国家的主要目标

- 到 2015 年，阿富汗将高等教育预算占教育总预算的份额要提高到 20%。
- 确保到 2015 年阿富汗有 30% 的女学生，20% 的女教师。
- 到 2021 年，提高孟加拉国工业收入，使其占国内生产总值的 40%，使工业从业人员比例占所有劳动力的 25%。
- 减少孟加拉国的农业从业人员，比例从 2010 年的 48% 降至 2021 年止的 30%。
- 在不丹创建国家研究与创新委员会。
- 将巴基斯坦适龄青年的高等教育普及率从 7% 升至 12%；直到 2025 年，每年增加新博士的数量从 7 000 人升至 25 000 人。
- 提高巴基斯坦国内研发总支出占国内生产总值的比例，从 2015 年的 0.5% 升至 2018 年止的 1%。
- 至 2018 年，巴基斯坦高等教育的支出将增加到国内生产总值的至少 1%。
- 提高斯里兰卡国内研发总支出占国内生产总值的比例，从 2010 年的 0.16% 升至 2016 年止的 1.5%，私营部门应占 0.5% 的国内生产总值，而 2010 年的数据为 0.07%。
- 将斯里兰卡出口的高科技产品的份额从 1.5%（2010 年）增加到 2015 年的 10%。

缺乏支持使用互联网的基础设施，仍然是许多南亚国家面临的挑战。这使他们无法将自身城市和农村经济与世界其他地方相联系。所有国家都努力将信息通信技术纳入教育，但农村地区电力供应与质量问题以及信息通信技术的部署问题仍被重点关注。移动电话技术被广泛应用，手机被农民、学生、教师和企业人员广泛使用；这种几乎无处不在的、易获得能负担得起的技术代表了信息和知识共享以及城市和农村经济中商业和金融服务的良好发展，但仍未被充分利用。

参考文献

ADB (2014) *Innovative Strategies in Technical and Vocational Education and Training*. Asian Development Bank.

ADB (2013) *Nepal Partnership Strategy 2013–2017*. Asian Development Bank.

Amjad, R. and Musleh U. Din (2010) *Economic and Social impact of the Global Financial Crisis: Implications for Macroeconomic and Development Policies in South Asia*. Munich Personal RePEc Archive Paper.

ADB (2012) *Completion Report – Maldives: Employment Skills Training Project*. Asian Development Bank: Manila.

Auerswald, P.; Bayrasli, E. and S. Shroff (2012) Creating a place for the future: strategies for entrepreneurship-led development in Pakistan. *Innovations: Technology, Governance, Globalization*, 7 (2): 107–34.

Clover, Ian (2015) Pakistan overhauls its solar industry for the better. *PV Magazine*. See: www.pv-magazine.com.

Gopalan, S.; Malik, A. A. and K. A. Reinert (2013) The imperfect substitutes model in South Asia: Pakistan–India trade liberalization in the negative list. *South Asia Economic Journal*, 14(2): 211–230.

Government of Nepal (2013a) Briefing on the Establishment of a Technology Research Centre in Nepal. Singha Durbar, Kathmandu. See: http://moste.gov.np.

Government of Nepal (2013b) An Approach Paper to the Thirteenth Plan (FY 2013/14 – 2015/16). National Planning Commission, Singha Durbar, Kathmandu, July.

Gunawardena, A. (2012) *Investing in Nanotechnology in Sri Lanka*. Sri Lanka Institute of Nanotechnology (SLINTEC): Colombo.

High, P. (2014) A professor with a Western past remakes Pakistan's entrepreneurial Future. *Forbes*.

Hoodbhoy, P. (2009) Pakistan's Higher Education System – What Went Wrong and How to Fix It. *The Pakistan Development Review*, pp. 581–594.

Hossain, M. D. *et al.* (2012) Mapping the dynamics of the knowledge base of innovations of R&D in Bangladesh: a triple helix perspective. *Scientometrics* 90.1 (2012): 57–83.

Khan, S. R.; Shaheen, F. H., Yusuf, M. and A. Tanveer (2007) Regional Integration, Trade and Conflict in South Asia. Working Paper. Sustainable Development Policy Institute: Islamabad.

Lundvall, B.-A (2009) Innovation as an Interactive Process : User–Producer Interaction in the National System of Innovation. Research Paper. See: http://reference.sabinet.co.za.

MoE (2014) *Annual Education Statistics 2014*. Ministry of Education of Bhutan: Thimphu.

MoHE (2013) *Higher Education Review for 2012: an Update on the Current State of Implementation of the National Higher Education Strategic Plan: 2010–2014*. Government of Afghanistan: Kabul.

MoHE (2012) *Sri Lanka Qualifications Framework*. Ministry of Higher Education of Sri Lanka: Colombo.

MoTR (2011) *Science, Technology and Innovation Strategy*. Ministry of Technology and Research of Sri Lanka: Colombo.

MoLHR (2013) *11th National Labour Force Survey Report 2013*. Department of Employment, Ministry of Labour and Human Resources of Bhutan: Thimpu.

NAST (2010) *Capacity Building and Management of Science, Technology and Innovation Policies in Nepal. Final Report*. Prepared for UNESCO by Nepal Academy of Science and Technology.

Planning Commission (2014) *Pakistan Vision 2025*. Ministry of Planning, Development and Reform of Bangladesh: Islamabad. See: http://pakistan2025.org.

Planning Commission (2012) Perspective Plan of Bangladesh, 2010 –2021. Final Draft, April. Government of Bangladesh: Dhaka.

Republic of Maldives (2007a) *Maldives Climate Change In-Depth Technology Needs Assessment – Energy Sector*. Study conducted by the Commerce Development and Environment Pvt Ltd for the Ministry of Environment, Energy and Water, July.

Republic of Maldives (2007b) *In-Depth Technology Needs Assessment – Transport Sector.* Study conducted by Ahmed Adham Abdulla, Commerce Development and Environment Pvt Ltd for the Ministry of Environment, Energy and Water, September.

Saez, Lawrence (2012) *The South Asian Association for Regional Cooperation (SAARC): An Emerging Collaboration Architecture.* Routledge Publishers.

Rojahn, S.Y. (2012) Tracking dengue fever by smartphone and predicting outbreaks online. *MIT Technology Review*: Massachusetts, USA.

UNDP (2014) *Human Development Report 2014 – Sustaining Human Progress: Reducing Vulnerabilities and Building Resilience.* United Nations Development Programme: New York.

UIS (2014a) *Higher Education in Asia: Expanding Out, Expanding Up. The Rise of Graduate Education and University Research.* UNESCO Institute for Statistics: Montreal.

UIS (2014b) *Information and Communication Technology in Education in Asia - a Comparative Analysis of ICT Integration and E-readiness in Schools across Asia.* UNESCO Institute for Statistics: Montreal.

Valk, J.-H.; Rashid, A. T. and L. Elder (2010). Using Mobile Phones to Improve Educational Outcomes: an Analysis of Evidence from Asia. *The International Review of Research in Open and Distance Learning,* 11: 117–140.

Van Alphen, K. *et al.* (2008) Renewable energy technologies in the Maldives: realizing the potential. *Renewable and Sustainable Energy Reviews* 12, 162–180.

World Bank (2014) *Regional Integration in South Asia.* Brief. World Bank: Washington, D.C.

狄璐巴·纳坎德拉（Dilupa Nakandala），1972 年出生于斯里兰卡。在澳大利亚西悉尼大学获得创新研究博士学位，她现在是这所大学商学院的研究员和研究联络官。她在创新、技术、创业、供应链和国际业务管理领域拥有超过 7 年的研究和教学经验。

阿马尔·马利克（Ammar A. Malik），1984 年出生于巴基斯坦。2014 年获美国乔治·梅森大学政治、政府和国际事务学院公共政策博士学位。目前，他是美国华盛顿特区研究所的研究助理。

致谢

作者希望感谢尼泊尔社会对话联盟主任哈里·夏尔马（Hari Sharma）教授分享对尼泊尔科技创新发展的看法，以及斯里兰卡科技创新协调秘书处首席执行官斯利马利·费尔南多（Sirimali Fernando）教授，分享关于斯里兰卡执行科技创新战略的现有动态信息。

感谢巴基斯坦高等教育委员会前任和现任主席阿特·尔·拉曼（Atta ur Rahman）博士和穆可塔尔·安木德（Mukhtar Ahmed）博士，对巴基斯坦高等教育改革提供了宝贵的见解。还要感谢旁遮普信息技术大学的穆斯塔法·纳西姆（Mustafa Naseem）先生对登革热病例的案例研究所提供的帮助。

还借此机会感谢阿富汗高等教育部和联合国教科文组织喀布尔办事处的艾哈迈德·齐亚·艾哈迈德先生（Ahmad Zia Ahmadi）提供关于阿富汗高等教育改革状况的信息和数据。还要感谢本报告编辑苏珊·施内甘斯女士（Susan Schneegans）对阿富汗国情的分析。

政府需要扶持科技型初创企业，开拓印度创新文化。

苏尼尔·玛尼

大多数药物专利属于印度的公司，而在印度创办的外国公司拥有计算机软件方面的大多数专利。
照片来源：©A 和 N 摄影 /Shutterstock.com

第22章　印　度

苏尼尔·玛尼

引言

失业率增长：新兴问题

2005—2007年印度经济平均年增长达9%，实属史上首次。自那以来，国内生产总值以5%的速度缓慢增长，这主要是2008年全球金融危机所带来的必然结果，尽管在2009年和2011年之间有轻微反弹（见表22.1）。

近几年印度的情况可谓喜忧参半。好的方面包括：贫困率显著减少，促进经济增长的宏观经济基本面有所改善；外国直接投资流入及流出量显著增加；自2005年印度成为世界计算机和信息服务出口大国；印度演变成为一个"节约式创新者"的中心，部分"节约式创新者"还出口至西方国家。不好的方面包括：有证据表明随着经济的增长，出现了收入分配严重不均衡、高通货膨胀率及财政赤字现象，也出现了被委婉称作"失业性增长"的就业市场低迷等现象。正如我们所看到的，公共政策试图在不减少正面影响的情况下，减少负面影响。

在印度制造！

2014年5月，印度人民党在大选中赢得绝对多数席位（52%），从而不必寻找盟友组建联合政府，这是30年来印度首次有单一政党取得如此胜利。从现在开始至2019年下次大选，纳伦德拉·莫迪总理能够自由地执行他的计划。

莫迪总理在2014年8月14日独立日发表的讲话中提出建立出口导向制造业的新经济模式。他鼓励国内外公司在印度制造出口商品，并多次提及"在印度制造"。如今印度经济主要由服务业主导，占国内生产总值的57%，而工业占25%，其中一半来自制造业[①]（2013年占国内生产总值的13%）。

东亚发展模式重点在于制造业和大型基础设施的发展[②]，而新一届政府转向该模型依然是被人口趋势驱动：每年有1 000万印度年轻人加入就业市场，同时许多农村人口迁移到城市。近几年服务行业发展迅速，但并未带来大量就业：只有四分之一的印

①《国家制造业政策（2011）》提出到2022年将制造业占国内生产总值的比重从15%提高至25%。该政策还提出到2022年将成品中高科技产品（航空航天、医药、化工、电子和电信）的比重从1%提升至5%，同时增加制成品出口中高科技产品的现有比重（7%）。

② 东亚发展模式意味着国家在提高国内整体投资率尤其是制造业方面占据重要地位。

表22.1　2006—2013年印度社会经济表现的积极面和消极面

	2006年	2008年	2010年	2012年	2013年
实际国内生产总值增长率（%）	9.3	3.9	10.3	4.7	4.7
储蓄率（占国内生产总值的%）	33.5	36.8	33.7	31.3	30.1
投资率（占国内生产总值的%）	34.7	38.1	36.5	35.5	34.8
贫困线以下人口（%）	37.20^{-1}	—	—	21.9	—
未获取改善卫生设施的人口（%）	—	—	—	64.9^{-1}	—
未接通电的人口（%）	—	—	—	24.7^{-1}	—
外国直接投资净流入（10亿美元为单位）	8.90	34.72	33.11	32.96	30.76^{+1}
外国直接投资净流出（10亿美元为单位）	5.87	18.84	15.14	11.10	9.20^{+1}
印度计算机软件服务出口全球份额（%）	15.4	17.1	17.5	18.1	—
通货膨胀，消费者价格（%）	6.15	8.35	11.99	9.31	10.91
收入不平等（基尼系数）	33.4	—	35.7	—	—
失业率增长（组织部门员工增长率）	0.20	0.12	0.22	—	—

$-n/+n$= 基准年之前或之后 n 年的数据。

来源：印度中央统计局；印度储备银行；联合国开发计划署（2014年）；世界水资源评估计划（2014年）世界水资源发展报告。

度人在该领域工作[①]。本届政府面临的挑战是建立更加商业友好型的财政和监管环境。如果印度打算效仿东亚模型而获得成功，其固定投资比例需远高于现有的 30%（Sanyal，2014）。

演讲中，莫迪还宣布解散国家的计划委员会。这是自《联合国教科文组织科学报告 2010》发布以来，印度最重要的政策变化之一。在过去 65 年间。印度一直追求计划形式的发展，带来了一系列的具有明确目标的中期发展计划，而该决定正式终结了这种状态。2015 年 1 月 1 日，政府宣布由改造后的印度国家研究院（NITI Ayog）取代计划委员会。新智囊团在发展问题上的主要作用是，就战略问题写报告供国家发展委员会讨论，并且所有部长都需要参加。不同于以往的做法，相比以前的计划委员会，研究院在政策制定和执行方面会给 29 个地区更大的权利。新智囊团也将积极参与由中央政府扶持的方案实施。

尽管有这样的发展计划，第 12 个“五年计划”（2012—2017 年）仍然会照常进行。至今为止，计划委员会已经和印度的大部分机构协调合作，支持科技变化，目标是完成这些五年计划。这些机构包括：总理科学咨询委员会、国家创新委员会和科技部。以后，新智囊团将接管这项工作。

2014 年新政府就科学方面提出两项建议。第一个是印度将采取统一的专利政策。第二个是政府实验室的高级研究员将作为学校、学院和大学的科学教师，从而提高科学教育质量。随后让专家委员会起草专利政策。然而 2014 年 12 月委员会提交的报告草案并没有对现有政策进行彻底改革。换句话说，该政策鼓励在正式和非正式经济领域中对潜在发明家们普及专利文化。还建议印度应采用实用型专利制度，以刺激中小型企业更具创新性。

始终如一的外交政策

莫迪政府外交政策不太可能偏离历届政府所秉持的原则，用印度第一任总理贾瓦哈拉尔·尼赫鲁的话来说就是“最终，外交政策的结果源自经济政策”。2012—2013 年，印度三大出口国分别为阿拉伯联合酋长国、美国和中国。然而值得一提的是纳伦德拉·莫迪是首位能邀请南亚区域合作联盟（南盟）[②]所有政府首脑在 2014 年 5 月 26 日参加他就职典礼的总理。各政府首脑都接受了邀请。而且在 2014 年 11 月南盟首脑会议上，莫迪总理呼吁南盟其他各国在其国内给予印度公司更大的投资机会，以便使印度更好地进入大型消费市场（见第 569 页）。

谈及创新，西方国家毫无疑问仍然是印度的主要贸易伙伴，即便是印度跟其他金砖国家（巴西、俄罗斯、中国和南非）也有合作——在 2014 年 7 月签署协议建立新发展银行（或金砖国家发展银行），主要用于基础设施项目贷款[③]。

印度对西方科学和技术的持续依赖主要因为以下三因素：第一是越来越多西方跨国公司进驻印度各行各业；第二是大量印度公司在海外收购公司，这往往是在发达市场经济体中才能看到的；第三是近几年西方大学录取的科学和工程专业的印度学生翻了几番，因此印度和西方国家之间的学术交流也不断增加。

经济增长带动研发动态输出

在过去 5 年间，研发输出的各项指标都在快速发展，包括国内外授予的专利、印度高科技产品出口占总出口比重或是科学出版物的数量（见图 22.1）。在高科技领域，如空间技术、制药、计算机和信息技术（IT）服务等，印度也在不断提高自身的水平和能力。

最近两项成就表明了近年来印度取得的发展，即：自 2005 年以来成为计算机和信息服务出口大国以及在 2014 年 9 月完成火星首航。这些将节俭创新带向新高度：印度开发曼加里安探测器[④]仅花费 7 400 万美元，仅为美国国家航空航天局开发 MAVEN 探

① 就业创造水平低可能是因为服务业主要由零售和批发主导（23%），其次是房地产、公共管理和国防（各约 12%）和建筑业（11%）。见普拉纳布·慕克吉（Pranab Mukherjee，2013）。

② 南亚大学详情见专栏 21.1，南盟项目之一。

③ 金砖五国占该银行财政比例相同，起始资金均为 1 000 亿美元。银行总部设于中国上海，印度担任主席国，管理南非区域事务。

④ 曼加里安探索器在印度东海岸的斯里赫里戈达岛航天发射场发射，研究火星大气层，并希望能检测到甲烷的存在以证明潜在的生命迹象。在飞船燃料耗尽之前会一直将数据传回地球。

2012 年出版物恢复强劲增长

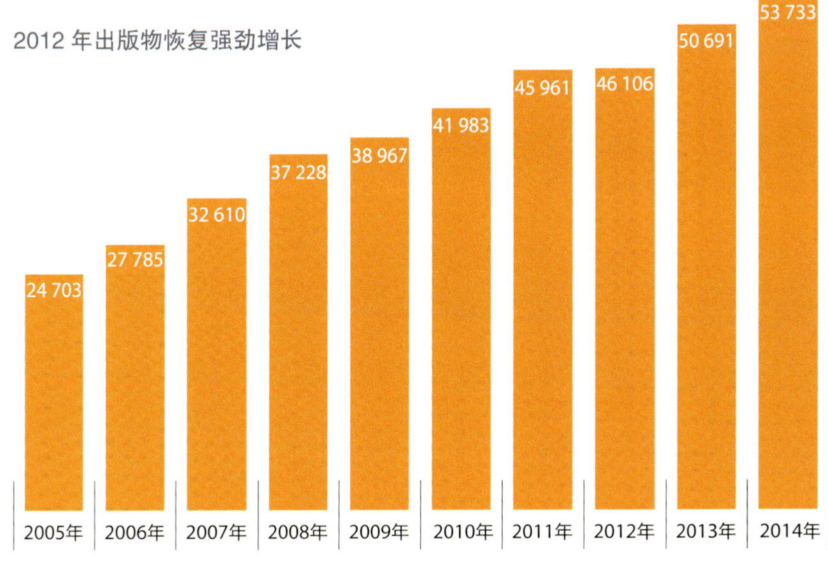

0.76

2009—2012年印度科学出版物平均引用率0.76；二十国集团平均1.02

6.4%

2009—2012年10%最常引用的论文中印度论文占6.4%；二十国集团平均10.2%

21.3%

2008—2014年有外国合著者的印度论文占21.3%；二十国集团平均24.6%

印度科学成果相当多元化

2008—2014年各领域累计发表量

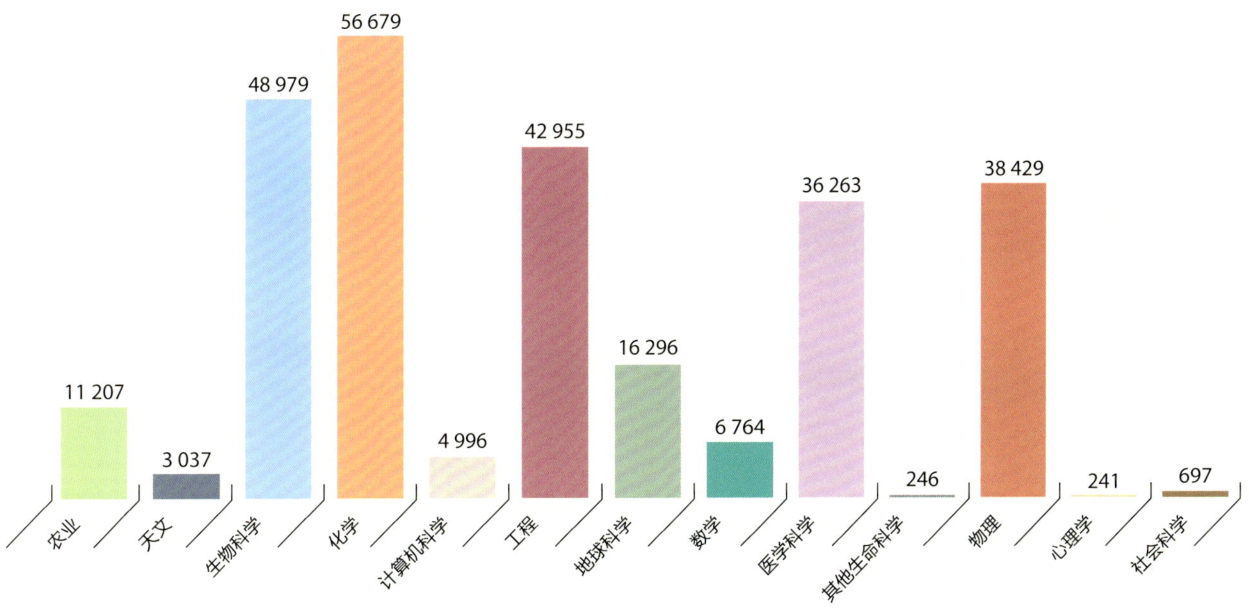

美国依然是印度在科学领域的主要合作伙伴

2008—2014年主要外国合作伙伴（论文数量）

	第一合作者	第二合作者	第三合作者	第四合作者	第五合作者
印度	美国 (21 684)	德国 (8 540)	英国 (7 847)	韩国 (6 477)	法国 (5 859)

图 22.1　2005—2014 年印度科学出版物发展趋势

来源：汤森路透社科学引文索引数据库、科学引文索引扩展版，数据处理 Science-Metrix。

测器（比曼加里安探测器提前三天到达火星轨道）所用成本 6.71 亿美元的零头。此前，只有欧洲空间局、美国和苏联发送探测器抵达至火星；之前 41 次尝试中失败了 23 次，其中就包括中国和日本的失败发射。

印度还与世界上最先进的科学项目合作。印度原子能委员会参与建设了世界上最大的粒子加速器——大型强子对撞机（LHC），该加速器于 2009 年在瑞士欧洲核子研究中心（CERN）[①] 投入生产；数家印度机构参与了多年的大型强子对撞机实验。印度现正在参与建设在德国的另一台粒子加速器，反质子与离子研究装置（FAIR）。为此，将从 2018 年起召集来自大约 50 个国家的科学家。印度还参与建设了将于 2018 年在法国完工的国际热核实验堆项目。

印度科学仍然有起伏，历史上该国对科学的重视程度比技术大。因此，印度公司在生产需要工程技术的产品上取得的成就比以科学为基础制药等行业少。

近年来，企业越发活跃。我们首先需要分析这个正在快速重塑印度国貌的趋势。三大产业——制药、汽车和计算机软件，都以商业为主。即便是节俭型创新也倾向于以产品和服务为主。在政府机构中，主要是国防工业引领研发，但直到现在，很少技术转移到了文明社会。这需要做出改变了。

为了保持印度的高科技能力，政府正在投资新的领域，如飞机设计、纳米科技和绿色能源。同时也利用印度在信息通信技术领域的优势缩小城乡差距，建立高级农业科学中心，以解决主要粮食作物产量下降这个令人担忧的问题。

正如《联合国教科文组织科学报告 2010》所说，近几年，工业技术人员的严重短缺。大学研究水平也在下降。如今，大学研究仅占印度总研发比重的 4%。在过去 10 年中，政府实施了各种方案来改变纠正这种失衡状态。文章的后半部分将着重分析这些计划起到的作用。

① 2014 年 11 月，欧洲核子研究中心（CERN）授权马德拉斯印度技术学院成为紧凑渺子螺管（CMS）实验的正式成员，因为学院在 2013 年发现了希格斯玻色子。孟买塔塔基础研究院、巴巴原子能研究中心、德里大学和旁遮普大学在数年前就已经是 CMS 的正式成员了。

工业研发趋势

商业研发不断增长，但总体研发力度不足

近年来，印度唯一停滞不前的关键数据是研发相关数据。稳定的经济增长推动了国内研发支出总额的增长。2005 年至 2011 年，支出额（以标准购买力平价 PPP 计算）从 270 亿美元增至 480 亿美元。但年均 8% 的增长只能将该国国内研发支出总额占国内生产总值比例维持到与 2011 年相同的水平，即国内生产总值的 0.81%。

《印度科学与技术政策（2003）》因此未能实现在 2017 年将国内研发总支出占国内生产总值的比例增至 2% 的目标。这就迫使政府在最新的科学、技术和创新政策（2013）中将目标日期设置至 2018 年。而中国有望实现自己的目标，即将国内研发总支出占国内生产总值的比例从 2006 年的 1.39% 提升至预设到 2020 年的 2.50%。截至 2013 年，中国的国内研发总支出占国内生产总值的比例为 2.08%。

2003 年和 2013 年 [②] 的科学和技术政策均强调了民间投资对发展印度科技能力的重要性。政府用税收优惠政策鼓励国内企业将更多资源投入于研发。该政策随着时间不断演变，现已成为全世界在研发方面有最丰厚的奖励体制的政策：2012 年，印度四分之一的工业研究均享受补贴（Mani，2014）。但问题是：企业部门是否有将这些补贴投入于研发中。

相比以前，公共和私营企业的作用更大了；2011 年他们做出的成果占研发的比例接近 36%，而 2005 年，这一比例为 29%。2013 年授予印度发明家（不包括个人）约 80% 的国内外专利都流向私营企业。该趋势最终会让研究委员会在产业研发中的作用比减少。

② 如果私营部门能将研发投入从现在的 1 : 3 提高到与公共部门的研发投入相等，那么在五年内实现国内研发支出总额占国内生产总值的 2.0% 是很可能的。这也是可行的，因为在 2005 年到 2010 年间，工业研发投入增长了 250%，销售额增长了 200%……在维持公共研发投资现有增长率的同时，也要创造促进私营部门研发投入的有利环境（DST，2013）。

创新仅由 9 大产业主导

超过一半的企业研发支出仅分布在 3 个产业：医药、汽车和信息科技（见图 22.3）（DST, 2013）。这表明补贴并没有真正帮助将创新文化传播到制造业更广的范围内[①]。这些补贴仅仅使得医药等研发密集型企业比以前在研发中投入更多资源。政府将应该认真研究这些税收优惠的实效。也应该设想为企业部门提供资金以鼓励他们开发特殊技术。

6 大产业占据了 85% 的研发。医药继续主导，其次是汽车产业和信息科技（也就是计算机软件）。有趣的是计算机软件在研发绩效方面占据了重要位置。领头公司已经采取了明确政策，即利用研发来确保他们在科技发展道路上不断前进，以保持竞争力同时获取新的专利。

在 6 大产业中，研发主要集中在大公司。例如，在制药产业五大公司占研发的 80% 之多：雷迪博士（Dr Reddy's），鲁宾（Lupin），兰伯西（Ranbaxy），克地拉 (Cadila) 和矩阵（Matrix）实验室。汽车产业由两大公司领衔：塔塔汽车（Tata Motors）和马亨德拉（Mahindra）。信息技术产业由 3 大公司领先：印孚瑟斯（Infosys），塔塔咨询服务（Tata Consultancy Services）和威普罗（Wipro）。

① 联合国教科文组织科学报告 2010（p. 366）发起的商讨并没有带来国家创新行为的增加，因为草案从未提供给国会。

政府需要支持以科技为主的初创公司，以扩大在印度的创新文化的传播。技术进步减少了阻碍中小型企业获取技术的传统壁垒。中小型企业需要的是风险投资。为了促进风险投资的增长，联邦政府在 2014—2015 年预算中提议设立 1 000 亿卢比（约 13 亿美元）的基金，用来吸引可以为初创企业提供股权、准股权、软贷款和其他风险资本的私人投资。

创新仅集中在 6 大区

我们已经知道创新集中于 9 大产业。制造业和创新也集中于不同地区。印度 28 个邦中，有其中 6 个邦占了研发的一半、专利的五分之四和外国直接投资的四分之三。此外，尽管在过去几十年中一个蓬勃发展的区域发展政策促使印度在 1991 年采取了经济自由化政策，即便是在每个邦，也只有一到两个城市是研究中心（见表 22.2）。

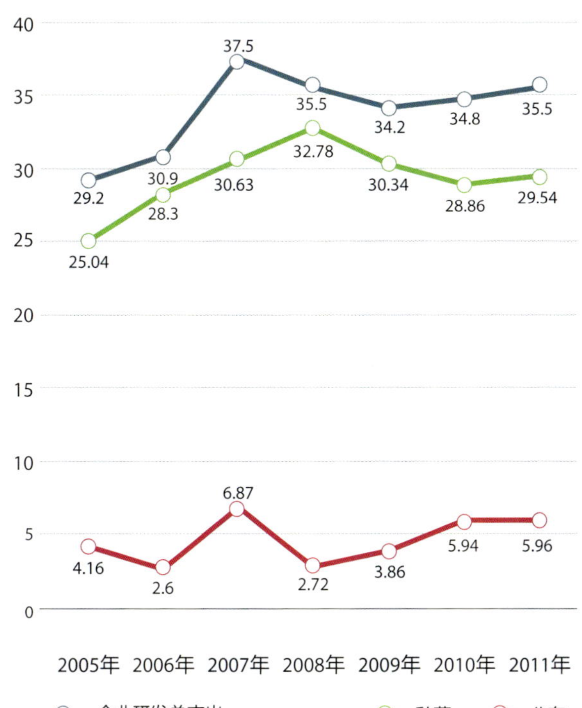

图 22.2　2005—2011 年印度私营和公有企业研发趋势（%）

来源：联合国教科文组织统计研究所；科学技术部（2013 年）。

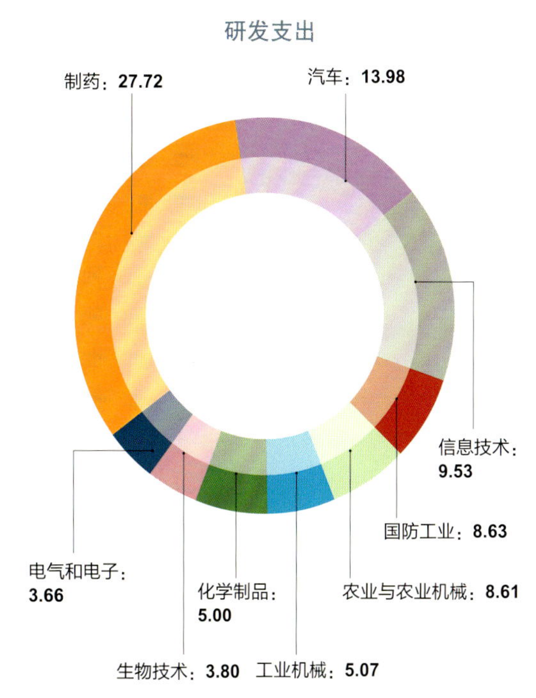

图 22.3　2010 年印度主体行业（%）

注：所有分数相加可能不等于 100。
来源：科学技术部（2013 年）。

表 22.2 2010 年印度创新活动和制造业分布情况

地区	主要城市	研发支出（总数的%）	授权专利（总数的%）	附加值制造（总数的%）	外商直接投资（总数的%）
马哈拉施特拉邦	孟买，浦那	11	31	20	39
古吉拉特邦	艾哈迈达巴德，瓦多达拉，苏拉特	12	5	13	2
泰米尔纳德邦	金奈，哥印拜陀，马杜赖	7	13	10	13
安得拉邦*	海得拉巴，维杰亚瓦达，维沙卡帕特南	7	9	8	5
卡纳塔克邦	班加罗尔，迈索尔	9	11	6	5
德里	德里	—	11	1	14
总计		46	80	58	78

注：2014 年 6 月 2 日安得拉邦被划分为两个区，泰伦加纳和安得拉邦。海得拉巴位于泰伦加纳境内，过去十多年间一直作为两地区的共同首府。

来源：印度中央统计局；科学技术部（2013 年）；印度工业政策和促进部。

制药公司是本土企业，信息技术公司是外资企业

当我们以美国专利商标局（USPTO）授予印度人专利的数目和类型来分析公司的产出时，一个有趣的画面出现了。数据反映出印度发明家的总专利申请和高科技专利数量都在急剧增加。技术专业化也有了明显改变，因制药的重要性的下降而出现的空当被 IT 相关的专利填补（见图 22.4）。

重点是这些专利是属于国内还是国外企业。印度发明家获得的美国专利商标局（USPTO）授予的所有专利的确属于印度国内制药公司。正如《联合国教科文组织科学报告 2010》所指出的那样，即使是关于贸易知识产权的国际协定在 2005 被编纂进印度法律之后，国内制药公司仍然增加了他们的专利组合。事实上，创新行为的每个单一指标①，印度制药公司都做得非常好（Mani 和 Nelson，2013）。然而，计算机软件或信息科技相关的专利却大相径庭。正如图 22.4 所示，几乎所有这些专利都属于跨国公司，而这些公司已经在印度建立了专门的研发中心，这样可以充分利用软件工程和应用市场中熟练且低廉的劳动力。与软件相关的专利在所有专利中不断增长，表明印度专利的海外所有权在显著增加。这是朝着创新全球化趋势发展，在该潮流中，印度以及中国已成为重要成员。接下来我们将详细讨论这一重要趋势。

国内知识资产创造的激增并没有减少印度对国外知识资产的依赖。最好的例子就是观察印度的技术贸易：印度会收取和支付技术交易费用。技术收支的不同保持了技术贸易平衡（见图 22.5）。

印度正在乘全球化浪潮开展创新

在过去 5 年时间，由于制造业和研发领域外国直接投资的激增，印度国外跨国企业在创新和专利方面起到的作用日益加强。2013 年，从美国专利商标局（USPTO）获取的国内专利中，外国企业占总数的 81.7%；而 1915 年，这些公司仅占 22.7%（Mani，2014）。

主要的政策变化会让这些外资企业对本土经济产生正面影响。但这些变化既没有被《科学、技术和创新政策（2013）》，也没有被当前的外国直接投资作为因素计入等式中去。

与此同时，印度公司通过跨境并购浪潮从国外获取知识资产。在第一波浪潮中，2007 年塔塔钢铁（Tata）收购了英荷康力斯钢铁公司（Corus Group Plc）（如今的塔塔钢铁欧洲公司），让塔塔公司成功获取汽车钢铁技术。接着在 2009 年 12 月苏司兰能源公司（Suzlon Energy Ltd）收购了德国风力涡轮制造公司 Senvion（以前的 REpower Systems）。近期完成的还有：

- 格伦马克制药公司（Glenmark Pharmaceuticals）2014 年 6 月在瑞士拉绍德封新开了一家单克隆抗体制造工厂，帮助提升格伦马克现有的内部发现和研究开发能力，并为临床实验提供材料。
- 2014 年，西普拉制药公司（Cipla）宣布这一年内公司的第五个全球并购交易——用 2 100 万美元在也门收购了一家药品生产和销售公司 51% 的股份。
- 2014 年，马泽迅萨米系统有限公司花费 657 万美元收购了俄亥俄石通瑞吉公司的线束业务。
- 2014 年 10 月，马恒达两轮车公司出价 2 800 万

① 这里的指标指：出口、净贸易余额、研发支出、在印度内外授予的专利或是美国食品和药物管理局批准的简略新药申请数量（主要指仿制药的技术能力）。

授权印度投资者的大部分专利都来自高科技领域

美国专利商标局授权的实用专利
专利总量
高科技专利
2 500
2 000
1 500
1 000
500
0
47 26
125 53
178 98
342 205
363 187
384 235
481 316
546 380
634 476
679 516
1 098 866
1 234 1 033
1 691 1 365
2 424
1997年
1999年
2001年
2003年
2004年
2005年
2006年
2007年
2008年
2009年
2010年
2011年
2012年
2013年

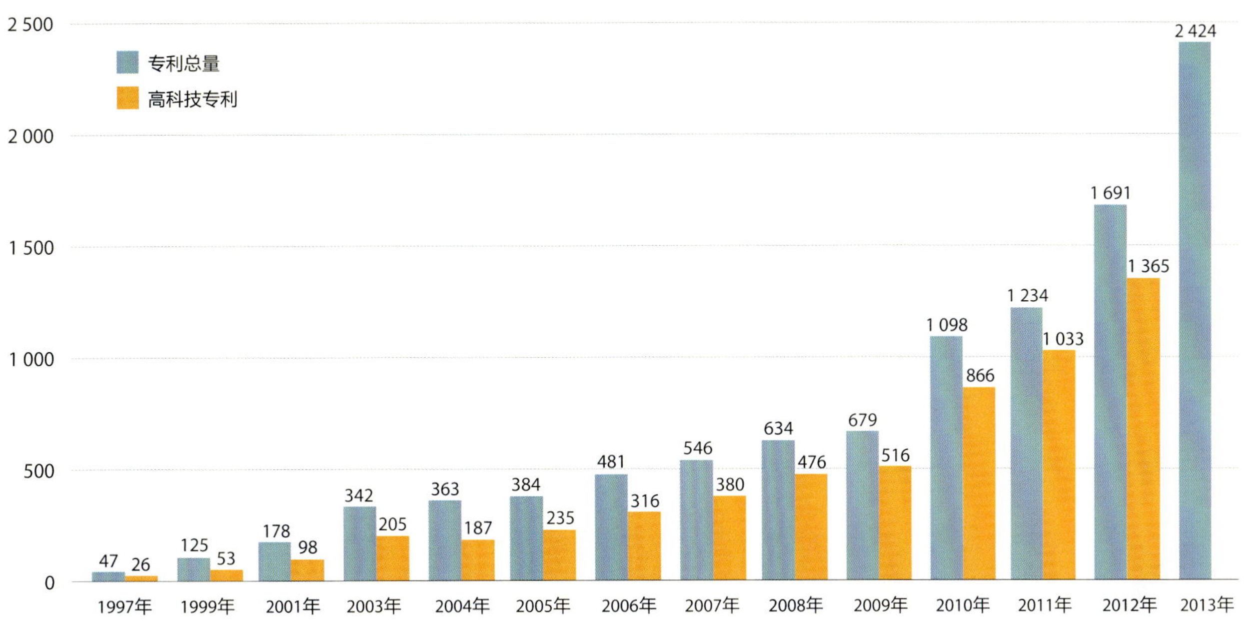

来源：美国专利商标局；国家统计局（2014 年）。

印度 IT 公司大多是外资企业

	IT相关专利（数量）			份额（%）	
	国内	跨国企业	总计	国内	跨国企业
2008年	17	97	114	14.91	85.09
2009年	21	129	150	14.00	86.00
2010年	51	245	296	17.23	82.77
2011年	38	352	390	9.74	90.26
2012年	54	461	515	10.49	89.51
2013年	100	1 268	1 368	7.30	92.71

来源：计算自美国专利商标局，2014 年。

生物科技专利数量在过去 10 年翻了一番

1997—2012年美国专利商标局授权的实用专利
7
8
21
44
35
35
50
44
44
28
60
57
67
1997年
1999年
2001年
2003年
2004年
2005年
2006年
2007年
2008年
2009年
2010年
2011年
2012年

来源：基于国家统计局（2014 年）附录表 6–48 提供的数据。

60% 的专利来自 IT 行业，10% 来自制药行业

美国专利商标局授权的实用专利（%）
制药业
IT业
份额（%）
31.91
11.54
61.10
8.99
1997年
1999年
2001年
2003年
2004年
2005年
2006年
2007年
2008年
2009年
2010年
2011年
2012年

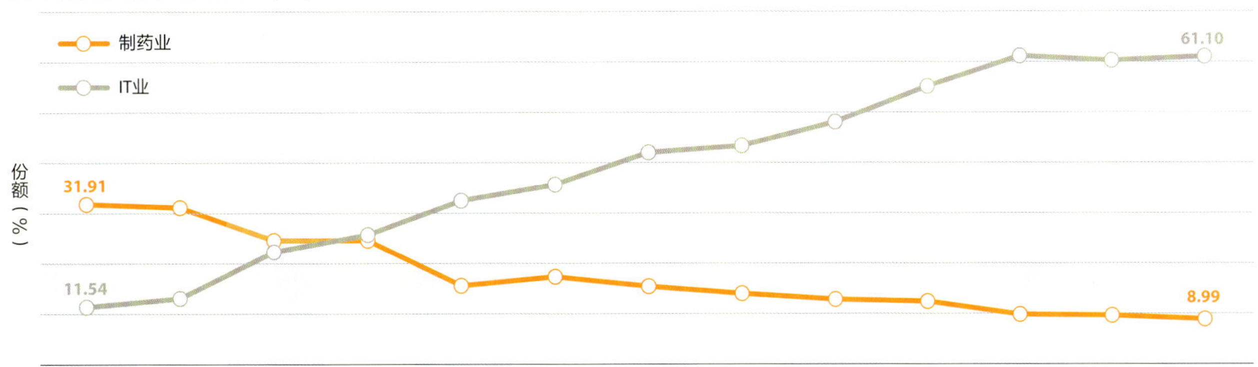

来源：计算自美国专利商标局，2014 年。

图 22.4　1997—2013 年印度专利趋势

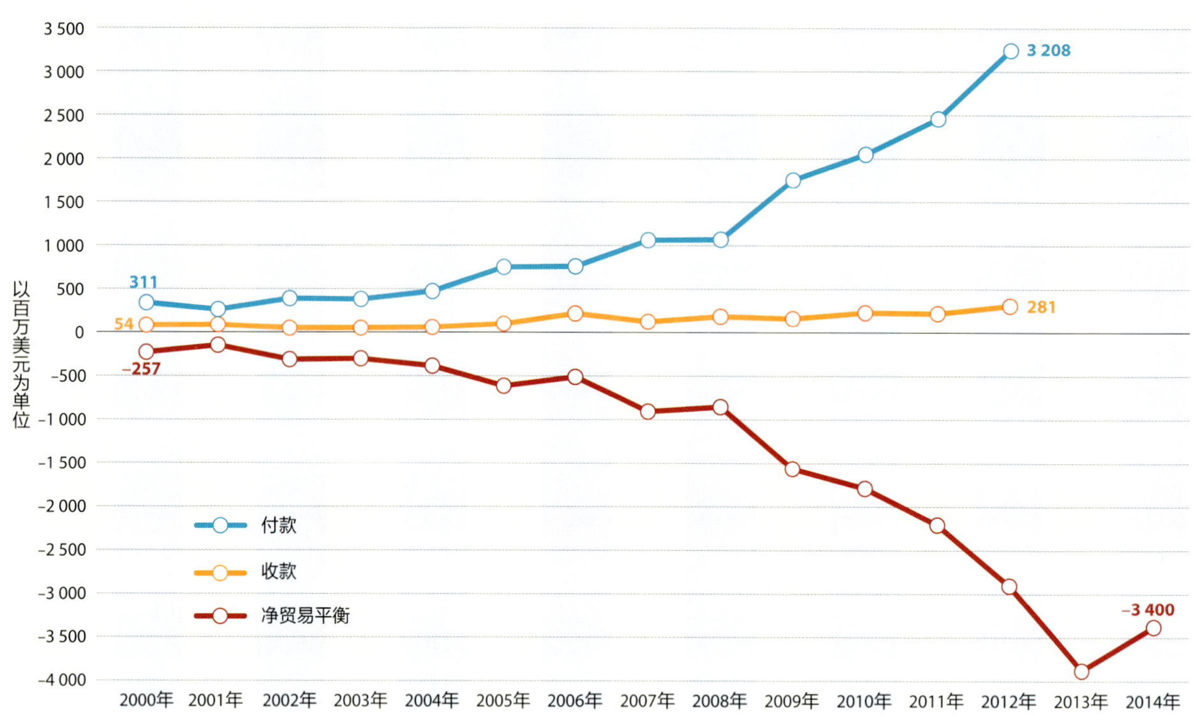

图 22.5　2000—2014 年印度运用知识产权的收款、付款和净贸易平衡

来源：计算自印度储备银行（各种问题）。

欧元（约 217 亿卢比）从法国汽车制造商标致雪铁龙集团 (Peugeot S.A.) 购买世界上两轮车最古老的制造商——标致摩托车 51% 的股份。

这一趋势在制造业非常明显，比如钢铁、制药、汽车、航空航天和风力涡轮机等。在服务业也显而易见，比如计算机软件开发和管理咨询。事实上，这些并购能使新建公司在一夜之间获取知识资产。政府鼓励公司抓住机会，充分利用在研发领域国外直接投资的自由政策、政府对国外直接投资外流限制的解除以及对研发的税收优惠。印度创新的不断全球化营造了一个好机会——它把印度变为了外资跨国企业开展研发最重要的地方（见图 22.6）。事实上，印度已经成为研发和测试的主要出口国，其测试服务的服务对象是全世界最大的市场之一——美国（见表 22.3）。

印度已成节俭型创新的中心

与此同时，印度已成为节俭型创新的中心枢纽。这些产品和生产过程的特点和功能与其他原创产品大抵相同，但生产成本显著降低。这在健康行业比较普遍，主要以医疗器械为主。节俭型创新或工程以非常低的成本为大众创造高价值产品，如客车或 CAT 扫描仪。各种类型和规模的公司都采用这种节俭创新方法：初创公司，已经成立的印度公司，甚至跨国公司。一些跨国公司甚至在印度建立了外国研发中心，以便将节俭型创新纳入其商业模式。印度不仅成为节俭创新的枢纽，也把其编纂成典然后出口西方。

表 22.3　2006—2011 年中印两国出口美国的研发和测试服务

	出口（以百万美元为单位）			国家出口比（%）	
	印度出口美国	中国出口美国	中印出口美国总量	印度	中国
2006年	427	92	9 276	4.60	0.99
2007年	923	473	13 032	7.08	3.63
2008年	1 494	585	16 322	9.15	3.58
2009年	1 356	765	16 641	8.15	4.60
2010年	1 625	955	18 927	8.59	5.05
2011年	2 109	1 287	22 360	9.43	5.76

注：本表只列举了美国跨国公司的子公司从中印向其美国母公司出口的研发服务。

来源：国家科学委员会（2014 年）。

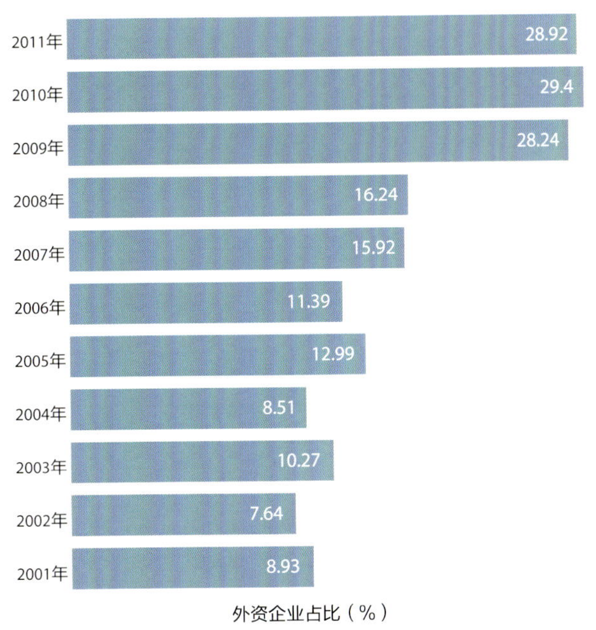

图 22.6 2001—2011 年印度外资企业研发占比（%）

来源：马里（2014 年）。

尽管节俭创新已经广泛普及，印度的创新政策没有明确鼓励节俭创新的应用。监管机构需要就这一现象提供解决方案。这种现象也没有被充分记录。拉德友等（2012 年）仍然设法确定一系列符合节俭创新的商品和服务。这些在专栏 22.1 和表 22.4 中做了概述。节俭创新有 7 个特点：

- 大多数产品和服务都由有组织的大型制造业和服务业公司提供，这些公司里有些是跨国公司。
- 制造物品往往涉及大规模正式研发。
- 虽然很难得到相关数据，但它们的扩散速率变化很大；一些最成功的节俭创新案例包括塔塔的微型汽车，纳米型汽车似乎没有被市场接受。
- 当节俭工程意味着移除关键特征时，它不可能成功；这是纳米汽车的销售不佳的原因；最新的一款纳米汽车 Nano Twist 配备了一些造价更高的系统，如电动助力转向系统。
- 节俭服务往往不涉及任何研发，或所涉及的研发没有复杂的性质，也没有任何新的投资或技术；他们可能只是一个以组织供应链为方式的创新。
- 服务或过程可能仅在特定位置，因此不能在别处复制；例如，知名的 *Mumbai Dabbawalas* 服务（孟买的午餐盒送货服务）从没在印度其他城市出现，尽管其被认为是管理供应链的有效过程。
- 已知从印度转移到西方的产品中，最受关注的是医疗器械。

政府研究趋势

政府部门是科学家的主要雇主

如果印度有 100 名研究人员，46 人将为政府工作，39 人为工业工作，11 人为学术界工作，4 人为私营非营利部门工作。也就是说，政府成为研究人员的主要雇主。政府部门还将预算的大部分（60%）用于研发，35% 用于工业，只有 4% 用于大学。

专栏 22.1 印度节俭型创新

在印度，商品制造业和服务逐步减少早已成为不可避免的现实。有句谚语道“需要是创造发明之母”。即兴，印度语中变通方法的意思，则是他们一贯的作风。

尽管印度贫困率有所下降，但仍有五分之一的印度人生活在贫困线以下（见表 22.1）。印度依然是拥有贫困人口最多的国家，2012 年超过了 2.7 亿人。

为了能满足位于金字塔底部的广大消费者，印度政府需确保他们能买得起优质的商品和服务。这就引发了印度对节俭创新或节俭工程的大力追求。

尽管节俭型创新遍布于制造业和服务业，但主要都以医疗设备为主。由美国斯坦福大学参与的斯坦福－印度生物设计项目（SIBDP）引发了该现象。该项目发起于 2007 年，已经培育了一大批企业家，他们公司的创新医疗器械生产成本都较低，被称为节俭型创新。成立 8 年间，斯坦福－印度生物设计项目在印度建立了 4 家生产医疗设备的初创公司。现已开发出一套新生儿心肺复苏新方案、一种检查新生儿听力障碍的无创型安全器械、一套处理交通事故受伤的低成本肢体制动工具以及紧急医疗情况下静脉注射困难的替代品。

来源：由作者编辑。

表 22.4 印度节俭型创新案例

创新	从事开发的公司	功能
产品		
微型车—印度塔塔纳米汽车 该产品已在其利基市场实现垄断。原版纳米车成本约为2 000美元。	印度塔塔汽车公司	从不断下滑的销售额可看出该款汽车受欢迎程度很低。该款车从2009年开始销售。2011—2012年销售量最高达74 521辆。而2012—2013年销售量跌至53 847辆，到2013—2014年已跌至21 130辆。
移动通信基站太阳能发电 该系统能帮助农村地区的民众用上手机。移动通信全球系统（WorldGSM™）是首家独立于电网的商业性GSM系统。它只需通过太阳能发电运行，不需用柴油发电机备份。当地未经训练的工人也能轻松使用和配送电力。	VNL公司	无使用数据。
便携式心电监测仪 该监测仪（GE MAC 400）成本约为1 500美元，重约1.3千克，而一般的心电监测仪成本约为10 000美元，重约6.8千克。	通用电气医疗集团	无使用数据。但该产品广受大众欢迎，通用电气集团已将该技术出口给美国的母公司。
便携式冰箱 该冰箱容量为35升，靠电池运行，售价约为70美元。可用于在乡村储存水果、蔬菜和牛奶等。被称为微凉冰箱(ChotuKool)。	印度高德瑞治集团	为了宣传该技术，高德瑞治已与印度邮政达成合作。据未经证实的报道称，该产品在最开始生产的两年已卖出100 000件。
低能耗自动取款机 该机器由太阳能供电，名为Gramateller。	印度Vortex公司和印度理工学院	马德拉斯几大领头银行均已采用Vortex公司设计和制造的自动取款机服务农村用户，包括印度国家银行、印度住房开发金融公司和埃塞克斯银行等。
家用可替代烹饪燃料和炉灶 Oorja能将微型气化炉与生物质颗粒燃料相结合。	印度First Energy公司	公司网站信息表明其客户大约有5 000家。
服务		
低价高质眼部手术。	Aravind 眼科护理系统	2012—2013年该医院总共进行了371 893台手术。
低成本妇产科医院 这些医院以市场价的30%～40%为孕产妇提供高质量保健服务。	生命泉公司	生命泉公司目前在海得拉巴市经营有12家医院，并计划向其他城市拓展。
低成本金融服务 Eko公司利用现有的零售商店、电信连接器和银行基础设施将无网点银行服务拓展至普通民众。Eko还与相关机构合作提供支付、现金收款和付款等服务。客户可前往Eko任何柜台（零售店）办理以下业务：开立储蓄账户、账户存取款、跨国汇款、跨国收款、购买手机通话时间或手机支付等。将移动电话作为交易工具对于零售商和客户都是一项低成本投入。	创业公司Eko	无Eko开放及使用柜台的具体数目。

来源：作者编辑。

政府通过组织 12 个科学机构和部门共同进行研发。自 1991 年以来，这些研发支出占国内研发总支出大约一半，但它们的大部分产出与公共或私营部门的商业企业几乎没有联系。政府部门的四分之一的研究用于基础研究（2010 年为 23.9%）。

国防研究与发展组织（DRDO）独占国内研发总支出的 17%，刚好不超过政府 2010 年支出的 32%，所占比例是未来最大的机构 – 原子能部的两倍。虽然原子能部所占份额从 2006 年的 11% 增长至 2010 年的 14%，但却是以国防研究与发展组织和空间部作为代价的。政府以印度农业研究委员会（2006 年为 11.4%）为代价，略微提高了科学和工业研究委员会（CSIR）的资助水平（2006 年为 9.3%）。饼状图中的最小部分代表新能源和可再生能源部（见图 22.7）。

起初：国防技术用于民用

然而几乎所有的国防研发产出都是用于发展新形式的武器（如导弹）。很少有记录说国防研究成

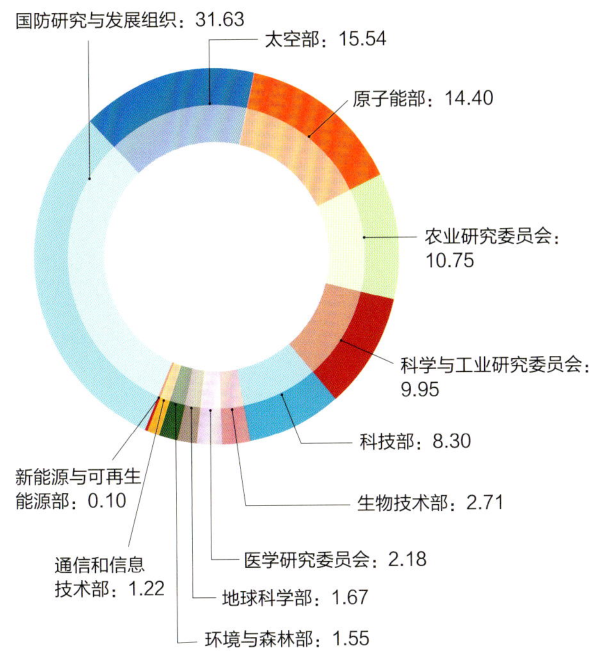

图 22.7　2010 年印度主要科学机构占政府支出的比例（%）

来源：科学技术部（2013 年）。

果被转移到民用工业，当然，美国是个传奇般的例外。这种浪费的技术能力的一个例子是印度航空工业的损失，大量的科技技术用于军用飞机，却没有任何向民用飞机的技术转移。

国防研究与发展组织和印度工商联合会（FICCI），为加速技术评估和商业化，于 2013 年发起了一项联合计划[①]。随着这项联合计划的开展，这种情况会发生改变。主要目的是创建一个商业渠道，用于将国防研究与发展组织开发的技术用于国内和国际商业市场。这是国防研究与发展组织此类项目中的第一个计划。2014 年，印度多达 26 个国防研究与发展组织旗下的实验室参与了该计划，同时印度工商联合会评估了包括电子、机器人、高级计算和仿真、航空电子、光电子、精密工程、特殊材料、工程系统、仪器仪表、声学技术、生命科学、灾害管理技术和信息系统等超过 200 项技术。

新科学和创新研究学院

科学和工业研究委员会拥有 37 个国家实验室，研究领域广泛，包括广播和空间物理学、海洋学、药物、基因组学、生物技术、纳米技术、环境工程和科技领域开展前沿研究。科学和工业研究委员会的 4 200 名科学家（占全国的 3.5%）能力很强，他们使科学引文索引中的印度文章的引用率达 9.4%。来自科学和工业研究委员会实验室的专利商业化率也高于 9%，而全球平均值为 3%～4%[②]。尽管如此，根据主计长兼审计长提供的信息，科学和工业研究委员会的科学家与行业的互动很少。

为了改善其形象，自 2010 年以来，科学和工业研究委员会已经制定了 3 个广泛战略。第一个是结合实验室特长，以创建执行特定项目的实验研究网络。第二个是建立一系列创新综合体，以促进与微型企业和中小企业的互动。到目前为止，在钦奈、加尔各答和孟买已经建立了 3 个创新综合体。第三个是在高度专业领域提供研究生和博士学位，这些教育和培训在传统大学中很难获得。从而在 2010 年建立了科学和创新研究院，最近该院颁发了第一个硕士学位以及科学和工程专业的博士学位。

印度的科学委员会可以寻求国家研究和发展公司（NRDC）的帮助。它作为科学组织和行业之间的纽带，目的是将内生研发成果转移到工业。国家研究和发展公司拥有一些知识产权和技术促进中心，以及分布在印度主要城市的校园里的大学创新促进中心。国家研究和发展公司自从 1953 年成立以来已经转让了大约 2 500 种技术和大约 4 800 个许可协议。由国家研究和发展公司许可的技术数量从第十一个五年计划期间（2002—2007 年）的 172 个增加到 2012 年的 283 个。虽然有技术转让的很多成功案例，国家研究和发展公司通常并不被认为已经成功地将科学和工业研究委员会系统产生的技术商业化。

资金不是粮食作物产量下降的原因

21 世纪以来，小麦产量下降，水稻产量停滞（见图 22.8）。这种令人担忧的趋势似乎并不是因为投入资金的减少。相反，无论从名义和实际角度来看，农业资金总额、人均条件和工业研究的公共资

① 该计划是由印度工商会联合会于 2006 年设立的技术商业化中心执行的四项计划之一。参见网址 https://thecenterforinnovation.org/techcomm-goes-global.

② 这些数据来自印度议会上议院对第 988 个问题的回答（印度联邦院，2014 年 7 月 17 日）。

金都有所增加。即使在国内农业生产总值中，农业研究的百分比份额也随时间增加[①]。所以资金本身似乎不是一个问题。这种产量下降的另一种原因可能是因为印度农业科学家数量的下降，而且农业研究生入学率较低。这种情况促使政府在 2014—2015 年工会预算中提出了两项关于农业科学家和工程师培训的关键措施：

- 在印度农业研究所的基础上建立了另外两个英才中心，一个在阿萨姆邦，另一个在恰尔肯德邦，2014—2015 年的初步预算为 100 亿卢比（约合 1 600 万美元）；为建立农业技术基础设施基金会预留了额外的 100 亿卢比。
- 在安得拉邦和拉贾斯坦邦建立了两所农业大学，在特兰加纳邦和哈里亚纳邦又建立了两所园艺大学；初始的分配金额是 200 亿卢比。

农业研发增加私人投资

另一个有趣的方面是私人研发在农业中的份额不断增加，主要在种子，农业机械和农药方面。这与公共部门对农业研发的投资不同，因为私人研发产生的产品很可能受到知识产权管理的各种机制的保护，这对农民来说增加了成本。

由于环境和森林部遗传工程评估委员会提出的健康和安全问题，转基因生物（GMOs）在粮食作物中的传播受到限制。在印度批准的唯一转基因作物是 2002 年授权的抗虫棉。到 2013 年，种植抗虫棉地区达到饱和（见图 22.8）。印度已成为世界上最大的棉花出口国及其第二大生产国；棉花是一种需水的作物，然而，水在印度却很匮乏。此外，尽管棉花的平均产量增加，但从一年到下一年，棉花的产量有大幅波动。2002 年以来，化肥的使用和杂交种子的传播也可能促进了产量的上升。最近，印度农业研究委员会开发了一种比孟山抗虫棉更便宜的抗虫棉品种，此种抗虫棉的种子可重复使用。

将转基因生物延伸到粮食作物如茄子的提议遇到了来自非政府组织的强烈抵制，并在 2012 年遭到了农业委员会的警告。印度自己的转基因研究一直集中于粮食作物，尤对蔬菜加以强调：马铃薯、番

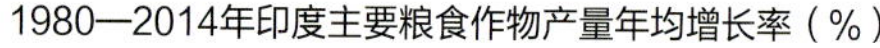

① 此项声明由保尔和拜尔利（2006 年）及吉氏努（2014 年）证实。

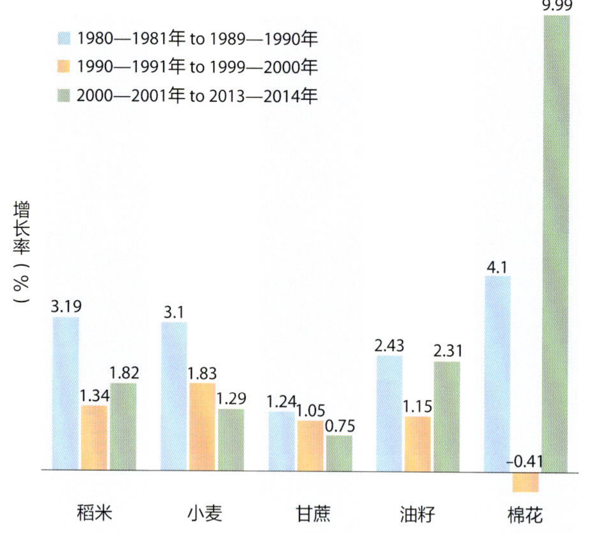

来源：基于财政部（2014 年）2013—2014 年度经济普查表 8.3。

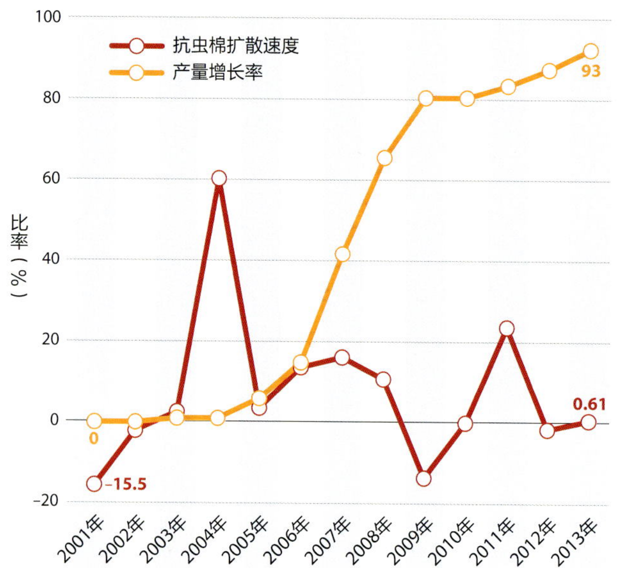

注：经多位观察家研究表明，抗虫棉的扩散速度与新技术的扩散速度一样呈 S 型变化。

来源：VIB（2013 年）。

图 22.8　1980—2014 年印度农业产出变化

茄、木瓜、西瓜、蓖麻、高粱、甘蔗、花生、芥菜和水稻等。截至2015年年初，监管机构没有决定转基因粮食作物研究的新目标作物。

可持续农业方法挑战现代技术

可持续农业模式来自印度的偏远地区。世界上最高产水稻农户甚至来自印度东北部的比哈尔邦。这位农民通过采用称为“大米增强系统”的非政府组织倡导的可持续方法而不是现代科学技术，打破了世界纪录。尽管这是一个壮举，但这种方法的传播非常有限（见专栏22.2）。

生物技术战略开始得到回报

生物技术排在印度9大高科技产业中的第八位（见图22.3），并获得政府对12家科学机构的支出的2.7%（见图22.7）。在过去20年里，一贯的政策支持使印度能够开展复杂的研发和具备与之匹配的生产力。生物技术部的战略有3个方面：提高生物技术人力资源的数量和质量；建立实验室网和研究中心，以开展相关研发项目；创建企业和集群以生产生物技术产品和服务。除了中央政府外，一些州政府在这个方面有明确的发展政策。这使生物技术相关出版物和专利的数量激增（见图22.4）。

生物技术行业有5个分部门：生物制药（2013—2014年收入占总收入的63%），生物服务（19%），农业生物技术（13%），工业生物技术（3%）和生物信息学（1%）。2003年至2014年间，生物技术行业年均增长率为22%，虽然同比增长率呈下降趋势（见图22.9）[①]。大约50%的产出是出口的。生物技术部正在首都郊区的法里达巴德建立一个生物技术科学集群。该集群包括转译健康科学技术研究所和区域生物技术中心，这是南亚首例。区域生物技

① 这些比率是使用印度卢比来计算销售收入并按当前价格计算的。然而，如果将这些转换为美元并重新计算增长率，该行业自2010年以来几乎停滞不前。然而，没有关于印度生物技术行业规模的官方调查或数据。

专栏22.2 世界上稻谷单产量最高的印度农民

苏曼特·库尔马，一位来自比哈尔邦达维斯普拉村目不识丁的青年农民，被认为是世界上稻谷单产量最高的农民。通过采用水稻强化栽培系统（SRI），他成功实现了每公顷稻米产量22吨，而世界平均水平仅为4吨。此前19吨的记录由一位中国农民保持。

水稻强化栽培系统能实现少量多产。换句话说，它是节俭创新的例子之一。与常规方法相比该系统具有以下五种特性：

- 使用单一幼苗而不是簇群。
- 15天以内移植幼苗。
- 方形种植间距更大。
- 旋转式除草。
- 使用更多有机肥。

运用这5大特性能带来诸多好处，例如：产量增加同时降低了对种子和水的要求。

因此水稻强化栽培系统非常适合印度这种民众很穷水资源又极其匮乏的国家。

水稻强化栽培系统起源于20世纪80年代早期，当时一位法国神父和农学家亨瑞·德·劳拉尼（Henri de Laulani é）在观察马达加斯加丘陵地区的农民如何种植水稻后，发明了该方法。

帕拉尼桑尼等人（2013）对印度13个主要水稻种植区进行调研后得出，采用水稻强化栽培系统的试验田平均产量比没有采用的高。

在水稻强化栽培系统常用的四种核心成分中，41%的农民采用了一种，39%采用两到三种，只有20%全部采用了。完全采用者产量增加最大（3%），但所有采用者产量都比传统农民高。相比未使用水稻强化栽培系统的农田，采用者的毛利润更高且生产成本更低。

作者认为尽管在水稻强化栽培系统和其改良后系统的帮助下印度水稻产量明显增加，但仍有许多问题需要克服，比如：种植关键期缺乏有经验的农民、稻田水质不过关及土壤不适宜等。此外农民们还认为交易（管理）成本尽管很低，但仍限制了水稻强化栽培系统的充分使用。因此政府有必要采取措施克服这些问题。

来源：水稻强化栽培系统国际网络资源中心（美国）；帕拉尼桑尼等（2013）；www.agriculturesnetwork.org.

图 22.9　2004—2014 年印度生物科技产业增长率

来源：计算自 ABLE 企业《生物谱》调查，根据当前价格收入会有波动。

术中心由教科文组织赞助，在“新的机会领域”提供专门的培训和研究项目，如细胞和组织工程、纳米生物技术和生物信息学。重点是跨学科性，未来的医生参加生物医学工程、纳米技术和生物创业的课程学习。

印度正在进军飞机制造业

高技术制成品出口正在增加，目前占制成品出口的 7%（世界银行，2014）。制药和飞机零件占总数的近三分之二（见图 22.10）。印度在制药领域的技术能力是众所周知的，但她最近进军飞机零件制造领域，这是向未知领域迈出了一步。

最近的国防采购政策[①]和抵消政策似乎鼓励了当地制造业的发展。例如，印度正在通过一种任务模式的国家民用航空器发展项目，来开发一种区域运输飞机。尽管该项目主要由公共部门发起，但也

① 印度约 70% 的设备是从国外购买的。政府在 2013 年采取了国防采购政策，优先考虑购买印度公司或合资企业制造的本土产品。

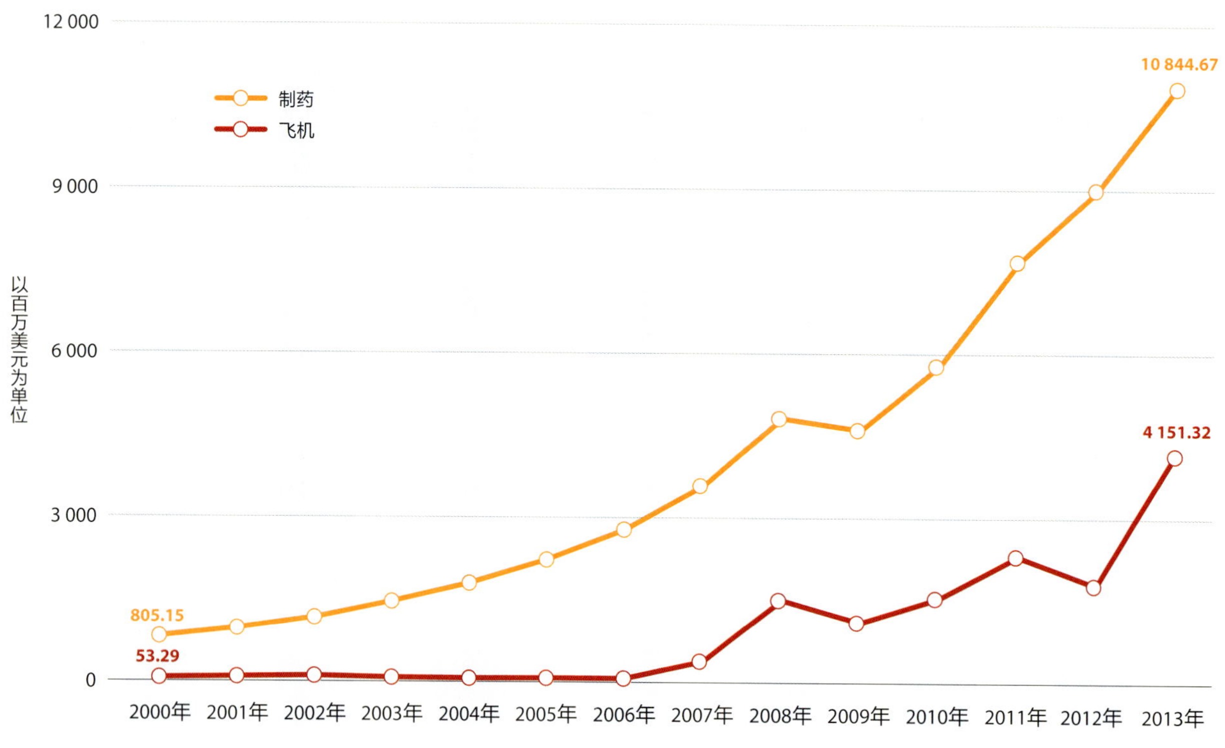

图 22.10　2000—2013 年印度高科技成品出口情况

来源：联合国商品贸易统计数据库和世界银行世界发展指标。

希望国内私营部门企业参与其中。

印度也在继续提高其在卫星设计[①]，制造和发射方面的能力，并且有计划派人到月球和火星探索。

印度正在部署更多高科技服务

在太空航行领域，甚至在科技行业的航空部门，都已经取得了相当大的进步。利用通信技术和遥感能力，印度在扩大远程教育和公共卫生干预方面进步很大。多年来，印度空间研究组织的远程医疗网络已扩大到可以连通 45 个偏远农村医院和 15 个高等专业医院。远程 / 农村节点包括：安达曼和尼科巴和拉克沙群岛的离岸岛屿；查谟和克什米尔山区和丘陵地区，包括格尔吉尔和列城；奥里萨邦的医学院的附属医院和大陆州的一些农村 / 地区医院。

电信服务也取得了巨大进步，尤其在农村地区。具体事例就是，在农村地区扩散电信的最佳方式是促进电信服务商之间的竞争，通常他们都会降低其电费。最终的结果是，远程通信得到显著改善，也包括农村地区。农村与城市间电信公司的比率上升很好地印证了这一点，2010—2014 年，比率从 0.20 增加到 0.30。

计划到 2017 年成为纳米技术中心

近年来，印度政府越来越重视纳米技术[②]。“十一五”计划（2007—2012 年）在印度发起了一个纳米任务计划，并将科学技术部作为节点机构。在第一个五年期间，为提高纳米技术的研发能力和基础设施的配备，政府提供了 1 000 亿卢比的支持。

“十二五”计划（2012—2017 年）旨在继续推动这一举措，使印度成为纳米技术的“全球知识中心”。为此，正在建立一个专门的纳米科学和技术研究所，并将在全国 16 所大学和研究机构开设研究生课程。纳米任务计划[③]还资助一些以个别科学家为中心的基础研究项目：2013—2014 年，约 23 个此类项目被认可，并在 3 年内有效；这使自纳米任务计划确立以来资助的项目总数达到约 240 个。

消费品库存组织维护了基于纳米技术的和市场上可获得的消费产品的现场注册（2014 年新兴纳米技术项目）。清单仅列出了两种在印度注册的个人护理产品，而开发这些产品的公司是外国跨国公司。然而，同一数据库在全世界范围内共列出了 1 628 个产品，其中 59 个来自中国。

2014 年，政府在现有中央制造技术研究所的框架内，又设立了纳米制造技术中心。在 2014—2015 年的工会预算中，政府宣布打算通过公私合作伙伴关系加强中心的活动。

简言之，印度的纳米技术发展目前更倾向于建设人的能力和物质基础设施，而不是现在依然很少的产品的商业化。截至 2013 年，印度的每百万居民中纳米物品的数量在全球排名第 65 位（见图 15.5）。

28 个邦中有 8 个邦有明确的绿色能源政策

印度的创新政策似乎独立于其他重要的经济发展战略，如《国家气候变化行动计划（2008 年）》。绿色能源的公共投资水平不高，新能源和可再生能源部的预算仅占 2010 年政府总支出的 0.1%（见图 22.7）。但是，政府通过各种可再生能源项目来鼓励发电，项目包括风能，生物能，太阳能和小水电站。政府还制定了财政和金融混合激励措施以及其他政策 / 监管措施，以吸引私人投资。然而，这一切局限于中央政府这一层面；在 28 个邦中只有 8 个地区[④]有明确的绿色能源政策。

一些印度企业在风力涡轮机的设计和制造方面有相当大的技术能力，这是迄今为止最重要的并网绿色技术的来源（76%）。印度是世界第五大风能生产国，其装机容量为 18 500 兆瓦，并拥有很多研究和制造能力。在 2013 年，印度四分之三的装置采用风力发电技术，其余的装置的电力由小水电站和生物发电（各占 10%）以及太阳能（4%）提供。自 2010 年以来，绿色技术方面的专利数量大幅增加（见图 22.11）。

① 有关印度空间计划的更多信息，详见《教科文组织科学报告 2010》中第 367 页的“太空漫游”一文。

② 详见（拉马尼等人，2014）对印度纳米技术开发的调查。

③ 迄今为止，纳米研究团在 SCI 期刊上发表了由约 800 名博士、546 名科技研究者和 92 名硕士所写的 4 476 篇论文（DST，2014 年，第 211 页）。详见 http://nanomission.gov.in。2014 年印度发表的关于纳米的文章数量排在世界前 30（见表 15.5）。

④ 八个地区是：安德拉邦、恰蒂斯加尔邦、古吉拉特邦、卡纳塔克、中央邦、拉贾斯坦邦、泰米尔纳德邦和北方邦。

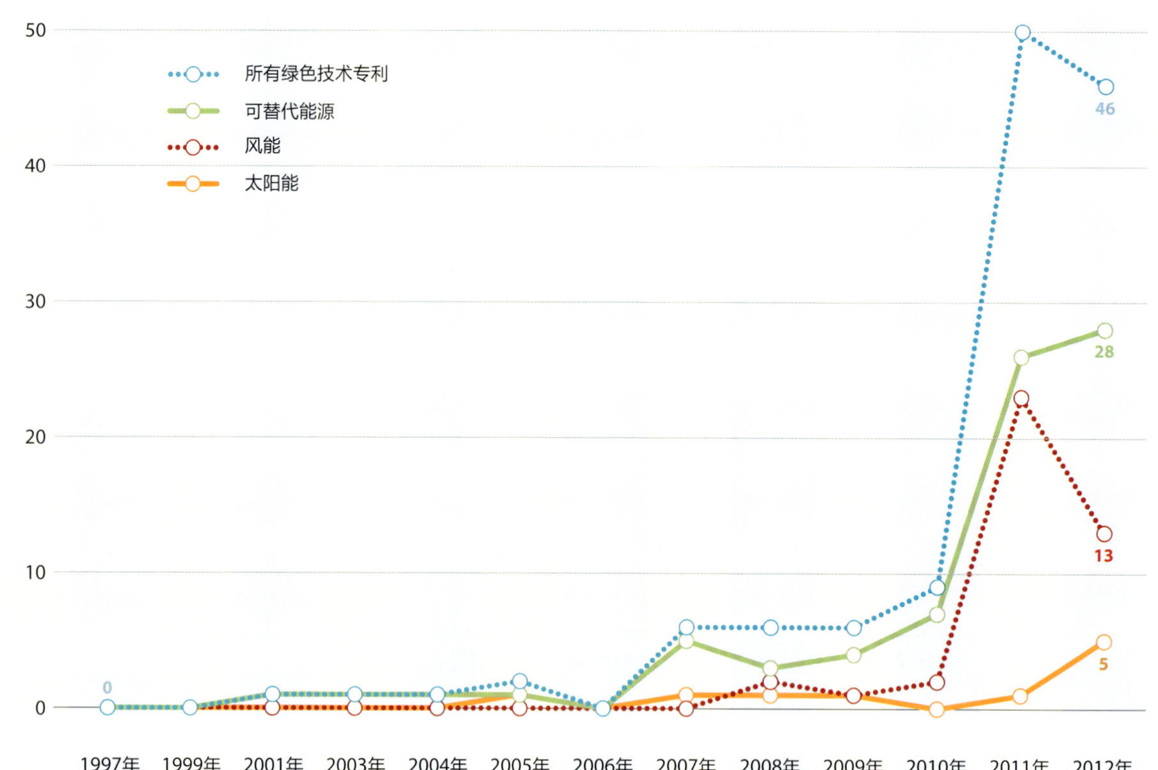

图 22.11 1997—2012 年授权印度投资者的绿色能源科技专利

来源：基于国家统计局附录表 6.58、表 6.64 和表 6.66（2014 年）。

第一个绿色债券以丰富国内能源结构

2014年2月，印度可再生能源发展署（IREDA）[1]发行了第一个“绿色债券”，期限分别为 10 年、15 年和 20 年，而且利率刚好超过 8%。免税债券对公众和私人投资者开放。莫迪行政机构目标是投资 1 000 亿美元，以帮助实现至 2022 年在印度安装 100 兆瓦太阳能的目标。它机构还宣布为新的太阳能项目计划培养 5 万名员工。此外，2014 年还宣布了一个新的任务——国家风能任务，其可能效仿 2010 年以来印度可再生能源发展署实施的国家太阳能任务（Heller 等，2015）。

人力资源的趋势

私营部门正在招聘更多的研究人员

印度的研发人员[2]数量在 2005 年至 2010 年间每年增长 2.43%，这完全是由于为私营公司工作的研发人员每年增加 7.83%。同期，尽管政府仍然是研发人员的最大雇主（见图 22.12），但参与研发的政府雇员的数量实际上下降了。这一趋势进一步证实了印度的国家创新体系越来越面向商业。这意味着每万个劳动力中，研发人员数量从 2005 年的 8.42 人增加到 2010 年的 9.46 人。也就是说印度想要达到发达国家和中国实现的密度，仍有很长的路要走。

工程学科学生人数惊人增长

研发人员的短缺可能阻止印度在追求技术进步的道路上前进的脚步。政策制定者充分认识到这个问题，并且已经制定了一系列政策[3]，以提高大学学生在科学和工程项目中的重要性。其中一个计划，名为启发，侧重于培养年轻人将科学作为职业的意愿。

① 印度可再生能源发展署成立于 1987 年，是由新能源和可再生能源部管理的政府企业。详见 www.ireda.gov.in。

② 研发人员一词包括研究人员，技术人员和支持人员。

③ 2013 年，科技创新政策的两个关键要素是：增强来自所有社会阶层的年轻人的科学应用技能；并在科学、研究和创新职业培养有吸引力的有才华的智慧人才。

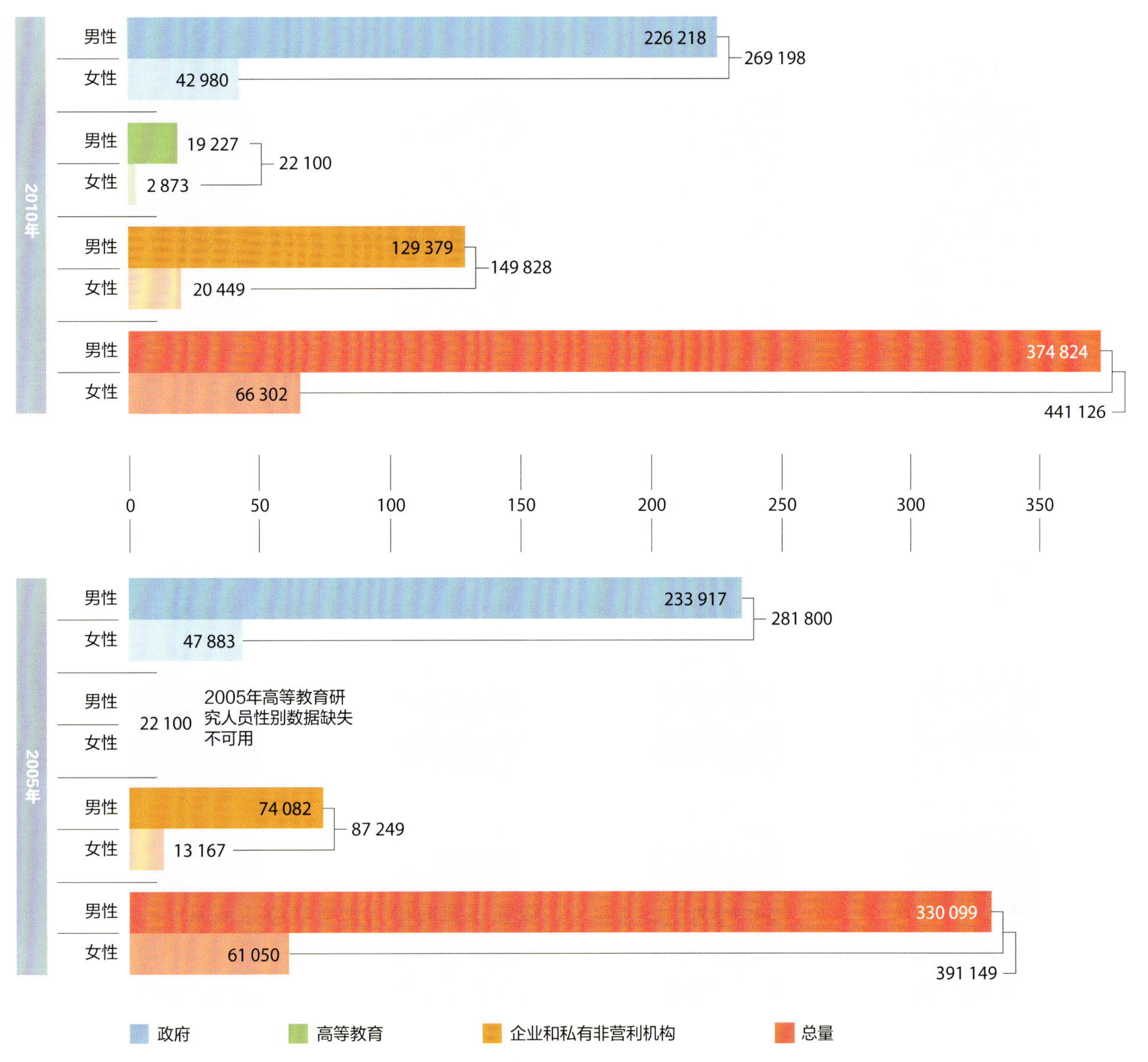

图 22.12 2005 年和 2010 年印度不同就业部门和性别的等效全职研究员

来源：科学技术部（2009 年；2013 年）。

从历史的角度上看，印度倾向于为每个工程师配备 8 名科学家。部分原因是不同地区的工程学院分布不均，这种情况促使政府将印度技术学院的数量翻了一番，并建立了 5 所印度科学教育研究所[①]。2006 年，每个工程师配有 1.94 名科学家，到 2013 年，这一比例下降到 1.20。

① 总的来说，印度在 2010 年 3 月至 2013 年 3 月期间建立了 172 所大学，使大学总数达到 665 所（DHE，2012; 2014）。尽管政府有意设立 14 所“创新大学”，但没有明确指定。详见《联合国文组织科学报告 2010》，第 369 页。

2012 年，在科学、工程和技术方面有 137 万名毕业生（见图 22.13）。男生占总数的 58%。女学生往往更多集中在科学领域，2012 年，该领域中的女生人数甚至超过了男生。工程和技术类毕业生在毕业生总数中已经占有相当大的份额，但国家如果希望在制造方面取得突破，就必须提高这些领域的毕业生数量。

为雇主提供他们想要的技术

科学家和工程师的就业能力是政策制定者多年

来一直担心的问题，事实上，这也是未来雇主所担心的问题。政府已经采取了一些补救措施来提高高等教育的质量（见专栏 22.3）。这些措施包括更严格地控制大学，定期审查课程和设施与教师进修计划。2010 年科学与工程研究委员会的成立进一步推动了公共科学系统中研究资助的可获得性。

政府还在试验促进大学与产业关系的方法。例如，2012 年，政府与印度工业联合会合作，鼓励博士生与工业合作并完成博士论文。只要该项目被他们的工业合作伙伴启动，这些成功的申请者将获得两倍于其他博士研究生的论文写作奖金。

专栏 22.3 印度高等教育普及计划

印度的大学在全球排名中并未占据顶尖位置。印度民众也普遍认为高等教育体系质量还有待提高。未来雇主最近也总抱怨当地高校毕业生质量太差。此外印度高校研发仅占 4%。过去 10 年间，政府已采取多项措施提升高校教学和科研质量。例如：

人力资源发展部在 2013 年 10 月发起“全国高等教育普及计划”（RUSA）。该计划旨在确保公立高校符合规定的准则和标准，以及拥有权威的质量认证体系。接受高等教育普及计划资助的前提条件是有一定的学术、行政和治理改革措施。高等教育普及计划下拨的所有资金都有标准限制和结果参照。

作为第十一个五年计划（2007—2012 年）的延伸，大学教育资助委员会（UGC）在本科生阶段引进了学期制和选修学分制，一是为学生提供必修课以外的其他选择，二是为学生提供实习和职业培训以提前接触实际工作环境，三是能帮助学生将学分换至另一所大学。

2010 年大学教育资助委员会发布了高校教师和行政人员任职最低要求管理条例以及高等教育标准维护措施。2012 年发布了高等教育机构权威评估和认证管理条例。

大学教育资助委员会实施了高校卓越计划，源自第九个五年计划。2014 年已有 15 所大学获得该计划的资助金，大学教育资助委员会强烈呼吁给其他 10 多所有希望的高校提供机会，包括私立大学。

大学教育资助委员会建立了教师科研推广计划以振兴大学领域的基础研究，包括医学和工程科学领域。该项目提供 3 种类型的支持：为初级和中级教师提供研究补助金，以及为即将退休的高级教师提供奖金，前提是他们记录良好且积极指导年轻教师工作。

科学技术部通过“促进大学研究与科学发展计划”（PURSE）承担研究成本、人力成本和设备采购等。根据出版记录，该计划在过去 10 年中已为 44 所大学提供科研经费。

科技部负责管理“促进高等教育机构科技基础设施建设基金”（FIST），设立于 2001 年且已在 2010 年至 2013 年间扶持了 1 800 个部门和机构。

自 2009 年以来，通过加强大学创新研究计划，科技部已经改善了 6 所印度女性大学的科研基础设施。该计划第二阶段已于 2012 年启动。

为了吸引科研人才，科技部在 2009 年启动了名为“激励追求科学研究创新”的科研计划。该计划组织科学营，并为 10～15 岁年龄段的学生提供奖学金和为 16～17 岁年龄段提供实习机会。截至 2013 年，该计划已为科学领域的本科生提供了 28 000 元的奖学金、为博士生提供 3 300 元的奖金和为 32 岁以下的研究员提供 378 的教师奖，其中 30% 的人员移民回印度参与科研。

科学技术部在第六个五年计划中提出“强化优先级领域研究计划”（IRHPA）。该计划在科学和工程的前沿和新兴领域设立核心组、卓越中心和国家设施中心等，比如生物学、固体化学、纳米材料、材料科学、表面科学、等离子体物理学或大分子晶体学等。

受生物技术部和科技部资助的机构应该为自己员工写的文章建立机构知识库；与此同时科技部也已着手建立中央机构汇总各个机构知识库。

来源：印度联邦议会下院（人民院），人力资源发展部在 2014 年 7 月 7 日对第 159 号问题的答复；科学技术部（2014）；政府网站。

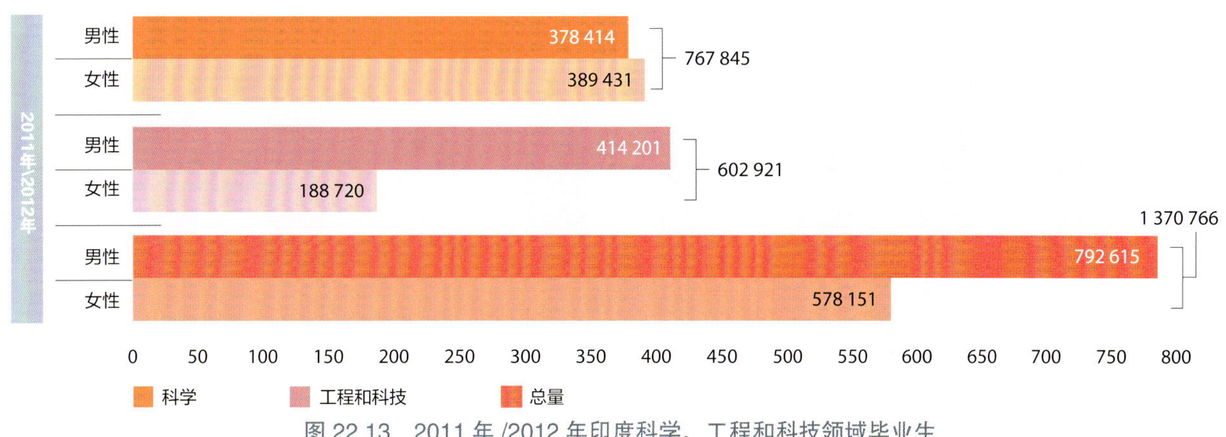

图 22.13　2011 年 /2012 年印度科学、工程和科技领域毕业生

注：毕业生包括本科生、硕士研究生、研究型硕士生和博士生。

来源：印度高等教育部（2012 年）2011/2012 年高等教育普查表 36 和表 37。

为了发展基于技术的项目而争取侨民的帮助

另一个长期关注的问题来自高技术工人移民。虽然自从印度在 20 世纪 40 年代独立以来，这种现象一直存在，但全球化在过去二十多年来这种趋势愈演愈烈。马尼（2012）表明，虽然高技能工人移民可能减少科学家和工程师的供应量，但确实产生了相当数量的汇款。事实上，印度已成为世界上最大的汇款接收国。印度生活在国外的技术工人也帮助印度的高科技产业增长，特别是其计算机软件服务业。已经制订了一些计划来鼓励他们参与技术项目。其中最长久存在的是 2006 年成立有关生物技术的 Ramalingaswami 回归奖金。2013 年，印度机构为 50 名印度侨民研究人员提供了工作，这也是这个计划的一部分。

结论

激励未能创造广泛的创新文化。从上文可以看出，印度的国家创新体系面临着一些挑战。特别需要做的是：

- 在政府和企业部门之间分散责任，实现到 2018 年实现国内研发总支出 / 国内生产总值的比率为 2%。政府应该利用这个机会通过更多地投资于大学研究，将国内研发总支出 / 国内生产总值的比率提升大约 1%，而目前大学研究仅占研究总量的 4%。这样以使大学能够更好地讲授新知识并提供更优质的教育。
- 提高从事研发的科学家和工程师的培训和人数密度。近年来，政府已经增加了高等教育机构的数量，并开发了大量项目来提高学术研究的质量。这已经取得了回报，但是仍需要做更多的工作，以使得课程能够满足市场的需要，并在大学创造一种研究文化。例如，尽管在“十一五”规划（2007— 2012 年）中打算建立 14 所这样的大学，但自 2010 年以来建立的新大学都不是被指定的“创新大学”。
- 对研发税收激励措施的有效性进行政府评估。尽管印度是世界上研发税最低的国家之一，但这并没有使创新文化在企业和工业间传播。
- 将更大份额的政府研究资助金用于商业部门。目前，大多数的资助主要针对的是与制造业脱离关系的公共研究系统。除了制药业外，没有针对商业企业部门开展特定技术大型研究资助。例如，技术开发委员会已经发放了比资助金更多的补贴贷款。这方面，2010 年成立的科学与工程研究委员会为扩大科学系统提供研究补助金是朝着正确方向迈出的一步，在高优先级领域加强研究同样也是朝着正确方向迈出的一步。
- 支持基于技术的企业的出现，使这种类型的中小企业更多地获得风险投资的机会；虽然自 20 世纪 80 年代后期以来在印度有一个风险投资行业，但其仍只局限于提供私募股权。在这方面，工会政府很有可能在 2014—2015 年的预算中设置一个 1 000 亿卢比（约 13 亿美元）的基金，促进初创企业的私人股权、准股权、软贷款和其他风险投资方面的发展。
- 将制药和卫星方面的技术能力与为普通印度公民

提供卫生和教育服务相结合。到目前为止，对被忽视的热带疾病几乎没有进行研究，而且使用卫星技术向偏远地区提供教育服务有些不成熟。

印度的决策者面临的最大挑战将是在合理的时间内解决上述各项挑战。

印度的主要目标

- 到 2018 年将研发支出的总量从国内生产总值的 0.8% 提升至 2.0%，一半的经费来自私人企业。
- 到 2017 年将印度建成全球纳米技术中心。
- 到 2022 年将制造份额从国内生产总值的 15%（2011 年）提升至 25%。
- 到 2022 年将制造业产品中的高科技份额（航天飞机、医药品、化学制剂、电子产品和通信产品）从 1% 提升到至少 5%。
- 到 2022 年提升制造业出口中的高科技产品的份额（目前 7%）。
- 到 2022 年在全印度将安装 100 个总量为 10 亿瓦特的太阳能系统。

参考文献

Brinton, T. J. *et al.* (2013) Outcomes from a postgraduate biomedical technology innovation training program: the first 12 years of Stanford Bio Design. *Annals of Biomedical Engineering*, 41(9): pp. 1 803–1 810.

Committee on Agriculture (2012) *Cultivation of Genetically Modified Food Crops: Prospects and Effects.* Lok Sabha Secretariat: New Delhi.

DHE (2014) *Annual Report 2013–2014.* Department of Higher Education, Ministry of Human Resources Development: New Delhi.

DHE (2012) *Annual Report 2011–2012.* Department of Higher Education, Ministry of Human Resources Development: New Delhi.

DST (2014) *Annual Report 2013–2014.* Department of Science and Technology: New Delhi.

DST (2013) *Research and Development Statistics 2011–2012.* National Science and Technology Information Management System. Department of Science and Technology: New Delhi.

DST (2009) *Research and Development Statistics 2007–2008.* National Science and Technology Information Management System. Department of Science and Technology: New Delhi.

Gruere, G. and Y. Sun (2012) *Measuring the Contribution of Bt Cotton Adoption to India's Cotton Yields Leap.* International Food Policy Research Institute Discussion Paper 01170.

Heller, K. Emont, J. and L. Swamy (2015) India's green bond: a bright example of innovative clean energy financing. US Natural Resources Defense Council. *Switchboard*, staff blog of Ansali Jaiswal, 8 January.

Jishnu, M. J. (2014) Agricultural research in India: an analysis of its performance. Unpublished MA project report. Centre for Development Studies: Trivandrum.

Mani, S. (2014) Innovation: the world's most generous tax regime. In: B. Jalan and P. Balakrishnan (eds) *Politics Trumps Economics: the Interface of Economics and Politics in Contemporary India.* Rupa: New Delhi, pp. 155–169.

Mani, S. (2002) *Government, Innovation and Technology Policy, an International Comparative Analysis.* Edward Elgar: Cheltenham (UK) and Northampton, Mass. (USA).

Mani, S. (2012) High skilled migration and remittances: India's experience since economic liberalization. In: K. Pushpangadan and V. N. Balasubramanyam (eds) *Growth, Development and Diversity, India's Record since liberalization.* Oxford University Press: New Delhi, pp. 181–209.

Mani, S. and R. R. Nelson (eds) (2013) *TRIPS compliance, National Patent Regimes and Innovation, Evidence and Experience from Developing Countries*. Edward Elgar: Cheltenham (UK) and Northampton, Mass. (USA).

Mukherjee, A. (2013) *The Service Sector in India.* Asian Development Bank Economic Working Paper Series no. 352.

NSB (2014) *Science and Engineering Indicators 2014.* National Science Board, National Science Foundation (NSB 14-01): Arlington Virginia, USA.

Pal, S. and D. Byerlee (2006) The funding and organization of agricultural research in India: evolution and emerging policy issues. In: P.G. Pardey, J.M. Alston and R.R. Piggott (eds) *Agricultural R&D Policy in the Developing World*. International Food Policy Research Institute: Washington, DC, USA, pp. 155–193.

Palanisami, K. *et al.* (2013) Doing different things or doing it differently? Rice intensification practices in 13 states of India. *Economic and Political Weekly,* 46(8): pp. 51–58.

Project on Emerging Nanotechnologies (2014) *Consumer Products Inventory*: www.nanotechproject.org/cpi.

Radjou, N.; Jaideep, P. and S. Ahuja (2012) *Jugaad Innovation: Think Frugal, Be Flexible, Generate Breakthrough Growth*. Jossey–Bass: London.

Ramani, S. V.; Chowdhury, N.; Coronini, R. and S. E. Reid (2014) On India's plunge into nanotechnology: what are good ways to catch-up? In: S. V. Ramani (ed) *Nanotechnology and Development: What's in it for Emerging Countries?* Cambridge University Press: New Delhi.

Sanyal, S. (2014) *A New Beginning for India's Economy.* Blog of 20 August. World Economic Forum.

Science Advisory Council to the Prime Minister (2013) *Science in India, a decade of Achievements and Rising Aspirations.* Department of Science and Technology: New Delhi.

UNDP (2014) *Humanity Divided, Confronting Inequality in Developing Countries.* United Nations Development Programme.

VIB (2013) *Bt Cotton in India: a Success Story for the Environment and Local Welfare.* Flemish Institute for Biotechnology (VIB): Belgium.

苏尼尔·玛尼（Sunil Mani），1959 年出生于印度，经济学博士。他担任喀拉拉邦特里凡得琅市发展研究中心计划发展委员会专职教授。玛尼博士正在做的一些项目与创新政策工具和新指标有关。多年来，玛尼博士一直在亚洲和欧洲一些国家大学里担任客座教授，如日本、意大利、芬兰、法国、荷兰、葡萄牙、斯洛文尼亚、英国。

缓慢而稳定的经济增长"新常态"，凸显了中国经济发展转型的紧迫性，即经济发展必须由劳动力、投资、能源及资源密集型转变为日益依靠技术及创新。

曹聪

2013 年 6 月上海站，正在运营的"和谐号"动车；最新型号的动车在测试状况下，时速可达 487 千米。
照片来源：©Ani/Bolukbas/iStock Photo

第23章　中　国

曹聪

引言

“新常态”

自2009年开始，中国的社会经济形态随着2008—2009年[1]世界金融危机及2012年中国领导人换届的双重不确定性而变化。2008年，美国次贷危机发生后，中国政府立即采取措施，投入4万亿人民币（5 760亿美元）积极救市。投资主要用于机场、高速公路及铁路等基础设施的建设。在高速城市化的影响下，对基础设施的投资加快了钢铁、水泥、玻璃及其他与“建筑材料”有关的产业的发展，并由此引发了人们对中国经济可能硬着陆的担忧。建筑业的繁荣发展也引发了一系列的环境问题。举例来说，2010年，室外空气污染导致了中国约120万例非正常死亡案例，这一数字接近世界总数的40%（Lozano等，2012）。2014年11月中旬，中国举办亚太经合组织峰会，北京及周边地区的工厂、机关及学校在会议期间悉数关闭，才确保“北京蓝”的出现。

政府政策未能支持战略性新兴产业的发展，也影响到2008年经济刺激方案。受全球经济需求下滑及经济危机期间部分西方国家反倾销、反补贴政策的影响，中国部分出口导向型的新兴产业，如风电及光伏产业，均遭遇了严重打击。太阳能电池板制造企业尚德电力及赛维太阳能等领先企业，在中国政府减少补贴以促进市场的合理化运行时已经病入膏肓，最后以破产告终。

虽然阻碍重重，但中国政府却突破重围，安然渡过金融危机。2008—2013年，经济年增速维持在9%左右。2010年，中国的国内生产总值超越日本，成为世界第二大经济体，目前正逐步接近美国。然而，就人均国内生产总值而言，中国依旧是中上收入国家。目前，作为不断发展的经济强国，中国正在主导3项多边计划：

- 建立以援助基础设施建设为目标的亚洲基础设施投资银行，其总部设在北京，于2015年年底开始运营。包括法国、德国、韩国及英国在内的50多个国家已经对此表现了浓厚的兴趣。
- 2014年7月，巴西、俄罗斯、印度、中国及南非金砖5国同意建立一家新开发银行（或金砖5国开发银行），旨在为基础设施的建设提供贷款，其总部将设于上海。
- 设立亚洲太平洋自由贸易区，以打破现存的区域内双边及多边自由贸易体制阻碍。2014年11月，亚太经合组织峰会采纳了中国提出的北京路线图，并将在2016年年底前完成可行性报告。

与此同时，中国领导人开始换届。2012年11月，习近平于中国共产党第十八届中央委员会第一次全会上接任中共中央总书记一职。在2013年3月召开的第十二届全国人民代表大会第一次全体会议上，习近平当选中国国家主席，李克强当选国务院总理。上届政府坚持1978年以来邓小平提出的改革开放政策，取得了经济发展接近10%的平均增速。新一届政府继续了这一局面。如今，中国的经济发展遇到了瓶颈，进入了经济增速放缓但趋于稳定的“新常态”。2014年国内生产总值增速仅7.4%，为过去24年来的最低水平（见图23.1）。随着成本增加及环境法规的日益严苛，中国制造业的竞争力开始不及工资低及不注重环保的国家，其“世界工厂”的地位也逐渐丧失。因此，“新常态”凸显了中国的经济发展转型的紧迫性，即经济发展必须由劳动力、投资、能源及资源密集型转变为日益依靠技术及创新。智慧城市便是中国领导人应对这一挑战而提出的解决方案之一（见图23.1）。

中国面临的挑战，除了包容、和谐及绿色发展以外，还包括诸如人口老龄化及“中等收入陷阱”。这一切都要求中国加速受金融危机影响而推迟了的改革进程。这种局面可能马上会改变。新一届领导人已经提出了全面深化改革的方案，而其打击政府高官腐败行为的力度也是前所未有的。

[1] 根据联合国教科文组织的数据显示，到2014年末中国债务总额达到了国内生产总值的210%，家庭负债占国内生产总值的34%，政府负债占国内生产总值的57%，而贷款及证券等公司债务占国内生产总值的119%。

图 23.1　2003—2014 年中国人均国内生产总值及国内生产总值增长趋势

来源：世界银行发展指数，2015 年 3 月。

专栏 23.1　中国智慧城市

智慧城市源于国际商业机器公司（IBM）所提出的智慧地球概念。如今，智慧城市是指未来城市利用信息技术及数据分析来提高基础设施建设及公共服务水平，从而更加积极高效地服务于市民。智慧城市的发展利用不同产业之间现有技术的协同创新，这些产业包括运输、基础设施、通信、无线网络、电子设备、软件应用及物联网、云计算及大数据分析新兴技术。总而言之，智慧城市预示着工业化、城市化及信息化发展的新趋势。

中国欢迎智慧城市的概念，以应对在政府服务、交通、能源、环境、医疗保健、公共安全、食品安全及物流等方面所面临的挑战。

《中华人民共和国国民经济和社会发展第十二个五年规划纲要》（2011—2015 年）特别提出促进智慧城市技术的发展，推动新项目的启动及如下产业同盟的发展：

- 自 2012 年起，由国家科学技术部负责的中国智慧城市产业技术创新战略联盟。
- 自 2013 年起，由工业和信息化部负责的中国智慧城市产业联盟。
- 自 2014 年起，由国家发展和改革委员会负责的智慧城市发展联盟。

最有深远影响的要数中国住房和城乡建设部为之做出的努力。截至 2013 年，193 个城市及经济发展区被列为官方智慧城市发展试点，这些城市均有资格获得由中国国家开发银行提供的人民币 1 000 亿元（160 亿美元）的投资基金资助。2014 年，工业和信息化部宣布建立一个人民币 500 亿元的基金支持智慧城市研究和项目。地方政府及私人对智慧城市的投资也不断增加。据估计，“十二五”期间，总投资将达到人民币 1.6

万亿元。

越来越多的市民被智慧城市所吸引，积极支持所在城市建设智慧城市。2014 年上半年，涉及智慧城市的有关部委与国家标准化管理委员会联手成立工作组，规范智慧城市的发展。

在智慧城市不断发展的背景下，8 个政府相关部门共同联手，于 2014 年 8 月份发布了《关于促进智慧城市健康发展的指导意见》，以促进产业参与者之间及不同产业及政府之间的协作与交流。该文件提议，到 2020 年，建立数个有自身特色的智慧城市，从而引领全国智慧城市的发展。8 个政府机构包括国家发展和改革委员会及工业和信息化部、科学技术部、公安部、财政部、国土资源部、住房和城乡建设部、交通部 7 个部委。国际商业机器公司则抓住智慧城市这一概念，制定市场发展战略，拓展中国市场。早在 2009 年，国际商业机器公司就在中国东北的辽宁省沈阳市启动了智慧城市项目，希望借此机会展现公司实力。国际商业机器公司还与上海、广州、武汉、南京、无锡及其他城市就智慧城市项目积极开展合作。2013 年，国际商业机器公司在北京成立首个智慧城市研究院，旨在为公司相关专家、合作伙伴、用户、大学及其他研究机构提供平台，就智慧水资源、智慧交通、智慧能源及智慧新城市等项目开展合作。

一些中国公司，如两大通信设备制造商——华为和中兴，以及两大电网——国家电网及南方电网，则着力掌握技术，引导市场。

来源：www.china businessreview.com.

研发趋势

到 2019 年，中国能否成为世界上研发投入最多的国家？

在过去 10 年间，中国的科技创新迅速发展，至少从数量而言是这样（见图 23.2 和图 23.3）。随着国内生产总值的迅速增加，其用于研发的比重也不断提高。2013 年，研发支出总额占国内生产总值的 2.08%，超过欧盟 28 个国家 2.02% 的平均水平。2014 年，这一份额提高至 2.09%。根据两年刊《2014 年科学、技术与工业展望》的分析，2019 年左右，中国研发支出总额将超越美国，列世界首位，这是中国到 2020 年建成创新型国家的一个新里程碑。过去 20 年间向试验开发的政策倾斜，以应用研究尤其是基础研究投入为代价，而公司投入占据了研发支出总额的四分之三。自 2004 年起，支持试验开发的倾向更为显著（见图 23.4）。

中国人才发展态势良好。大学培养了大批高素质毕业生，特别是理工科毕业生。2013 年，中国大学在校人数达到了 2 550 万人，研究生在校人数达到 185 万人（见表 23.1）。中国研究人员的数量也名列世界首位：2013 年，研发人员全时当量达到 148 万人。

2011 年，中国国家知识产权局共收到 50 多万项发明专利申请，从而成为世界上最大的专利局（见图 23.5）。中国科学家在收入《科学引文索引》（*Science Citation Index*，SCI）的期刊上发表论文的数量也不断增加。截至 2014 年，中国国际论文的数量居世界第二，仅次于美国（见图 23.6）。

成就斐然

2011 年以来，中国科学家和工程师不断取得卓越成就。中国科学界在包括量子反常霍尔效应、铁基材料的高温超导、中微子振荡的新模式、诱导多功能干细胞方法及人源葡萄糖转运蛋白（GLUT1）的晶体结构解析等基础研究前沿领域有所发现。在战略高技术领域，“神舟”计划开始执行载人航天计划。2008 年，中国首次实现了太空行走。2012 年，“天宫一号”首次实现交会对接，中国第一位女宇航员参与此次太空飞行。2013 年 12 月，“嫦娥三号”成为继 1976 年苏联后首次登陆月球的航天探测器。此外，中国在深层钻井及超级计算技术方面也取得了重大突破。2014 年 12 月 30 日，中国首架可搭载 95 人的大型客机 ARJ21-700 成功通过了国家民航总局的审定。

最近几年，技术及装备领域的一些空白也得以填补，特别是在信息和通信技术[①]、能源、环境保

① 截至 2014 年年底，中国网民人数达到 6.49 亿。

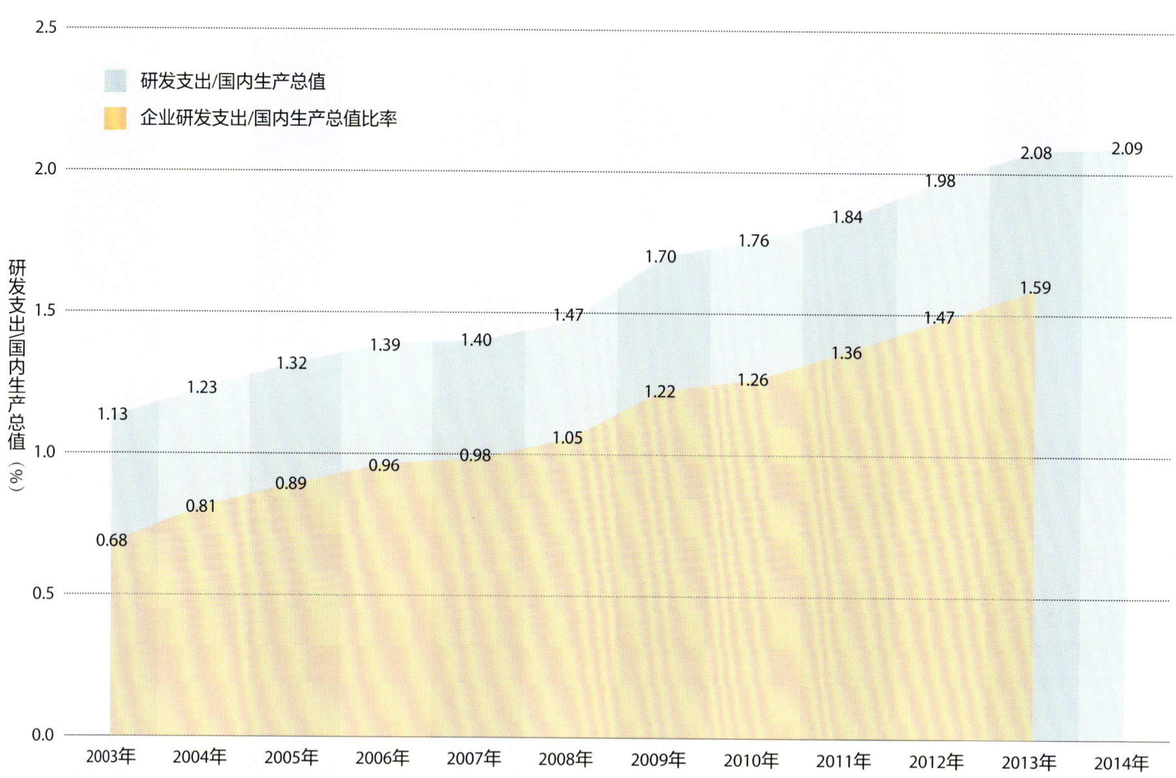

图 23.2　2003—2014 年中国研发支出总额占国内生产总值的比重以及企业研发支出总额占国内生产总值比重（%）

来源：国家统计局及科技部（各年）《中国科技统计年鉴》。

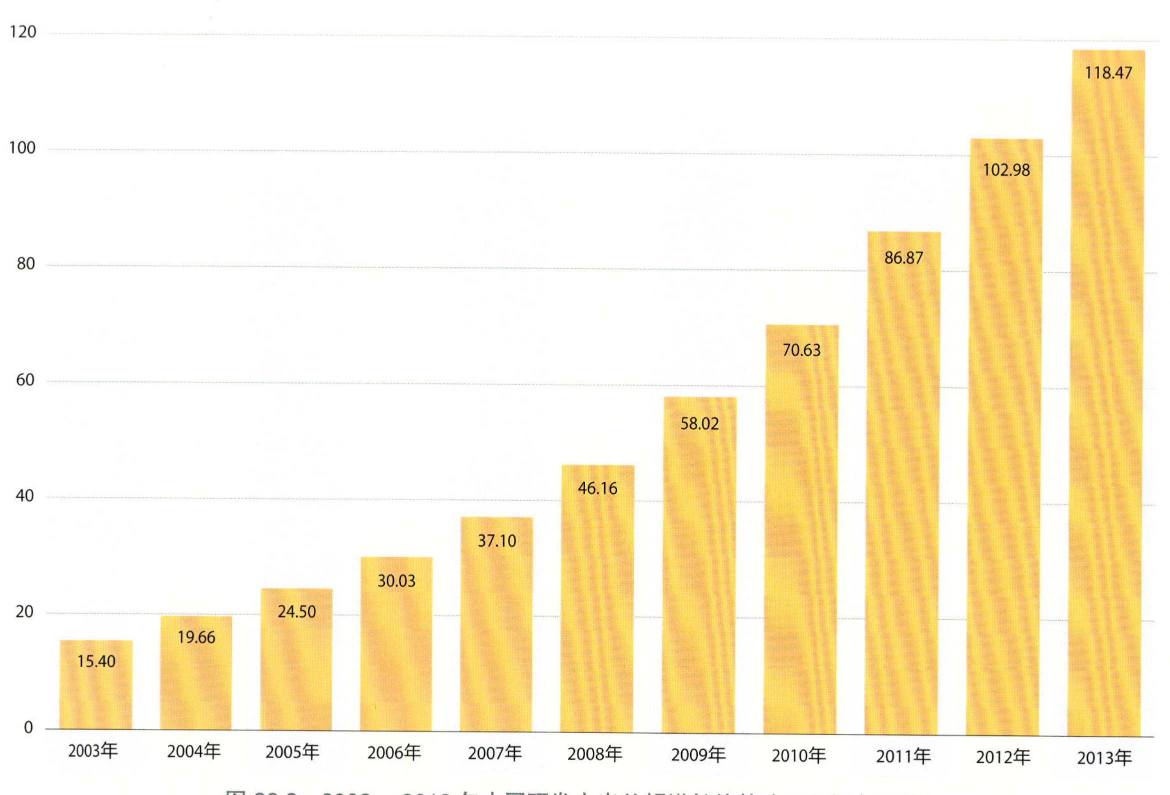

图 23.3　2003—2013 年中国研发支出总额增长趋势（100 亿人民币）

来源：国家统计局及科技部（各年）《中国科技统计年鉴》。

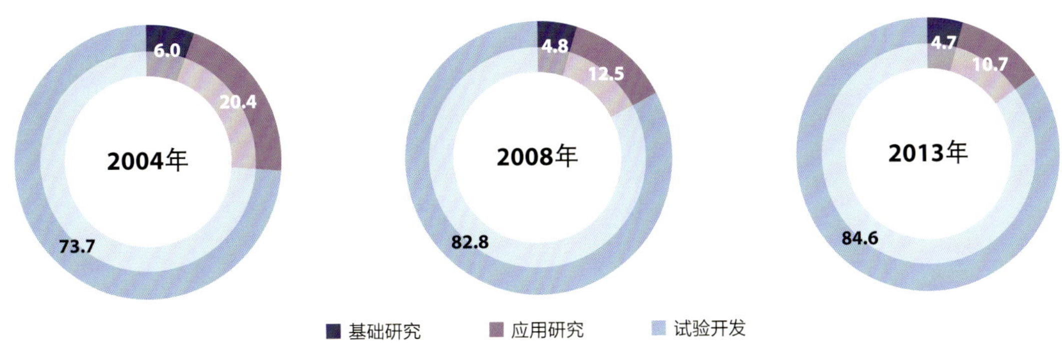

图 23.4　2004 年、2008 年及 2013 年分研究类型的研发支出总额（%）

来源：国家统计局及科技部（各年）《中国科技统计年鉴》。

表 23.1　2003—2013 年中国科技人力资源发展趋势

	2003年	2004年	2005年	2006年	2007年	2008年	2009年	2010年	2011年	2012年	2013年
研究人员全时当量（'000s）	1 095	1 153	1 365	1 503	1 736	1 965	2 291	2 554	2 883	3 247	3 533
每百万居民研究人员全时当量	847	887	1 044	1 143	1 314	1 480	1 717	1 905	2 140	2 398	2 596
在校研究生人数（'000s）	651	820	979	1 105	1 195	1 283	1 405	1 538	1 646	1 720	1 794
每百万居民研究生入学人数	504	631	749	841	904	966	1 053	1 147	1 222	1 270	1 318
在校大学生人数（百万）	11.09	13.33	15.62	17.39	18.85	20.21	21.45	22.32	23.08	23.91	24.68
每百万居民在校大学生人数	8 582	10 255	11 946	13 230	14 266	15 218	16 073	16 645	17 130	17 658	18 137

来源：国家统计局及科技部（各年）《中国科技统计年鉴》。

护、先进制造、生物技术及其他新兴战略产业[①]。大型设备，如北京正负电子对撞机（1991 年建成）、上海同步辐射光源（2009 年建成）及大亚湾中微子震荡实验装置等，不仅带来了基础科学领域的重大发现，而且为国际合作提供了机会。例如，2011 年开始采集数据的大亚湾中微子实验，由中、美两国的科学家领导，参与的科学家来自俄罗斯及其他国家。

医学领域的飞跃

过去 10 年间，中国在医学领域取得重大飞跃。据 Web of Science 统计，2008—2014 年，中国医学领域的论文数量由 8 700 篇增长至 29 295 篇，增加了 3 倍以上。其增长速度远远超过材料科学、化学和物理等传统优势领域。根据科技部中国科技信息研究所统计，2004—2014 年发表的期刊论文，25% 属于材料科学及化学领域，17% 属于物理领域，只有 8.7% 属于分子生物学及遗传学领域。然而，与 1999—2003 年 1.4% 的数字相比，分子生物学及遗传学领域发表论文的数量已有明显增长。苏联农学家李森科（1898—1976）学说不仅将苏联遗传学的发展引向黑暗的深渊，也使得中国遗传学领域的研究从 20 世纪 50 年代初开始停滞不前。李森科学说的本质是获得性遗传，以环境决定论否定基因遗传在进化中的作用。虽然 20 世纪 50 年代末李森科学说得以制止，但中国遗传学家却因此付出了几十年的代价来追赶（联合国教科文组织，2012）。世纪之交，中国加入了人类基因组计划，成为一个重要转折点。近年来，中国加入了人类基因变异组计划，该计划得到联合国教科文组织国际基础科学研究项目的支持，旨在收集所有与人类疾病相关的遗传变异数据，为疾病诊断及治疗服务。2015 年，北京的

① 中国将战略性新兴产业定义为：节约资源保护环境技术、新一代信息通信技术、生物技术、先进制造业、新能源及新能源汽车。

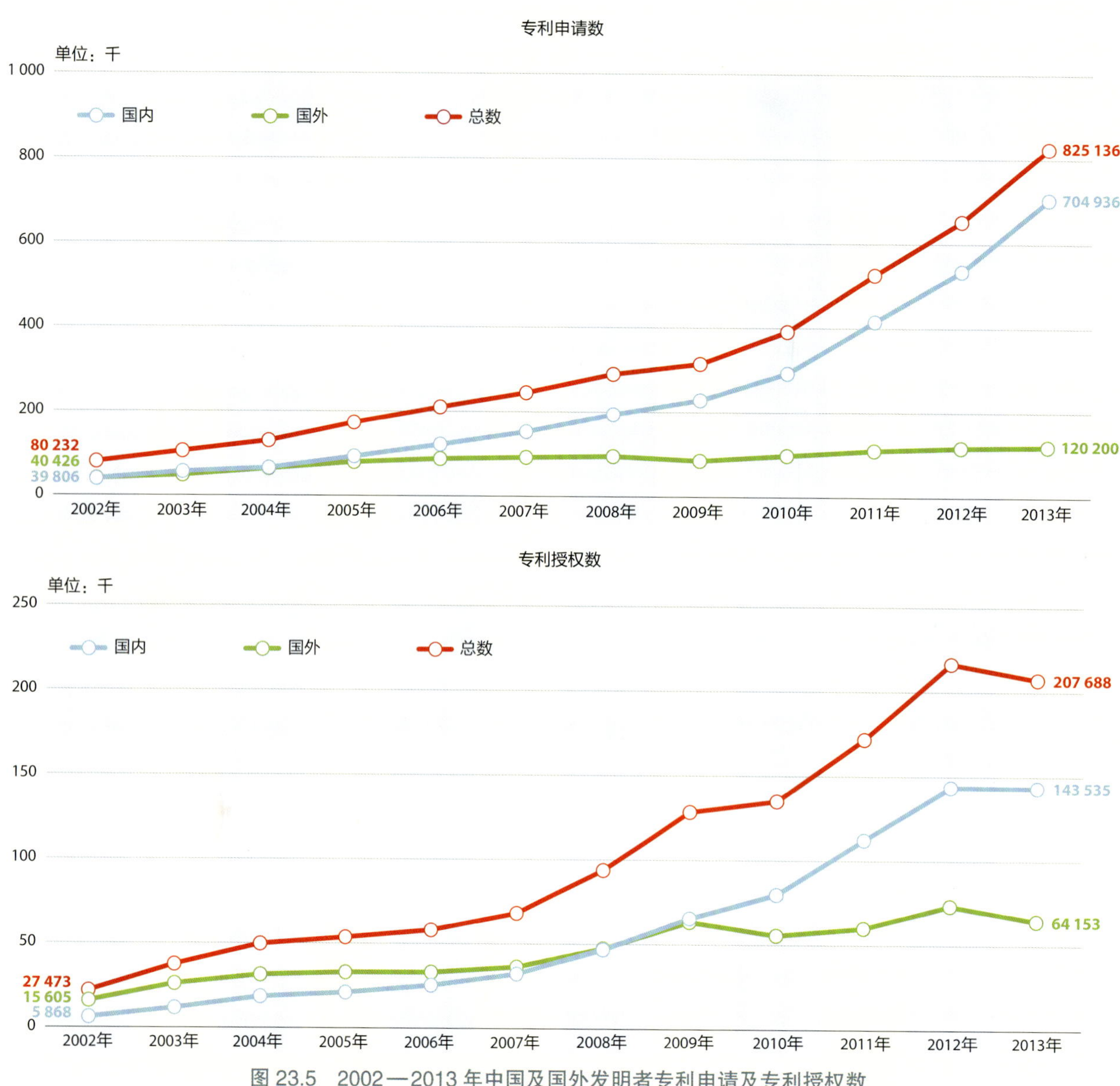

图 23.5 2002—2013 年中国及国外发明者专利申请及专利授权数

来源：国家统计局及科技部（各年）《中国科技统计年鉴》。

中国华阳基因技术研究所承诺向人类基因变异组计划投入约 3 亿美元。未来 10 年，这笔资金将用于建立有 5 000 个基于特定基因及疾病的数据库和建立中国的基因变异组计划。

两个新兴区域性培训与研究中心

自 2011 年以来，在联合国教科文组织的指导下成立的两个新兴区域性培训与研究中心为国际合作提供了更多机会。

2011 年 6 月 9 日，海洋动力学及气候区域培训及研究中心在青岛成立。这一中心设在国家海洋局第一海洋研究所，旨在免费培训来自亚洲发展中国家的年轻科学家。

2012 年 9 月，国际科学技术战略研究培训中心在北京建立。这一中心在众多领域设计并实施国际合作研究及培训项目，这些包括科技指标及数据分析、技术预见及路线图勾画、科技创新的金融政策、中小企业的发展以及寻求气候变化及可持续发展战略等。

第 23 章　中国

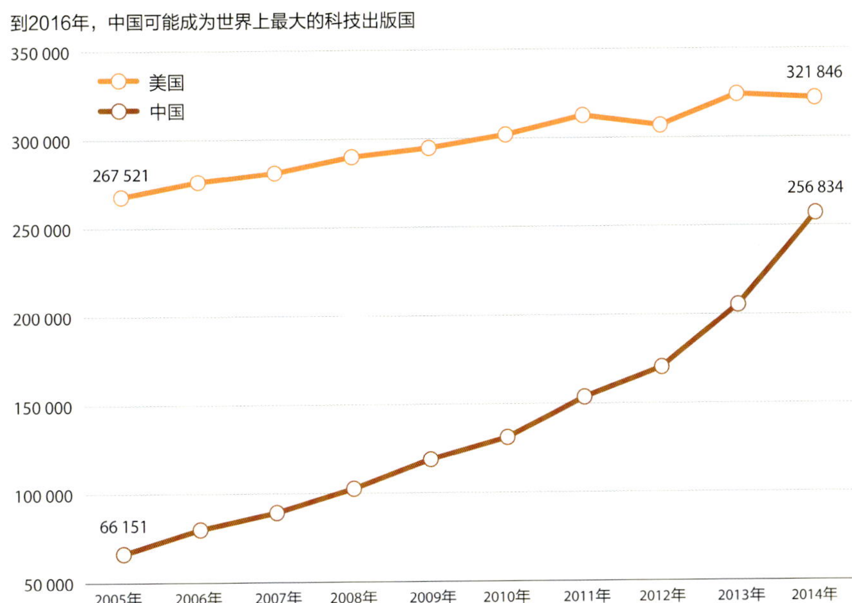

0.98

2008—2012年，中国科技论文的平均引用率为0.98，经济合作与发展组织国家论文的平均引用率为1.08，二十国集团国家论文的平均引用率为1.02

10.0%

2008—2012年，10%高被引论文中中国论文占10%，经济合作与发展组织国家10%高被引论文平均为11.1%，二十国集团国家10%高被引论文平均为10.2%

24.4%

2008—2014年，中国论文中国际合作论文份额为24.4%，经济合作与发展组织国家论文中国际合作论文份额为29.4%，二十国集团国家论文中国际合作论文份额为24.6%

化学、工程学及物理主导中国科学
2008—2014年不同领域的累计数量

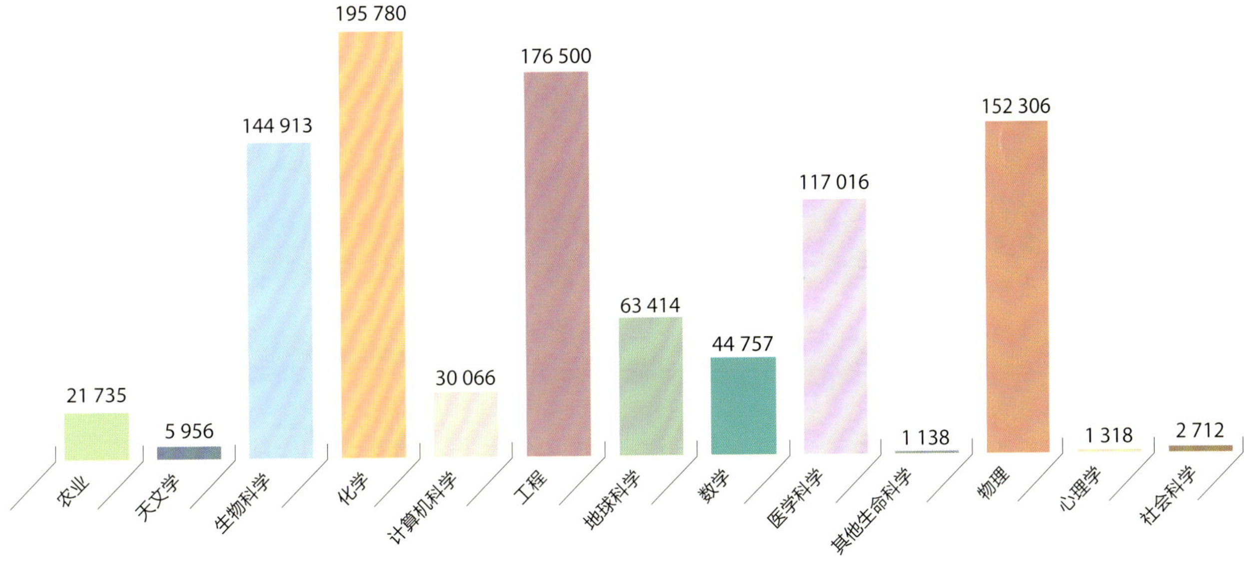

注：总量不包括 180 271 篇无法归类的论文。

美国超过所有其他国家成为中国主要合作伙伴
2008—2014年主要国外合作伙伴（按论文数量计）

	第一合作者	第二合作者	第三合作者	第四合作者	第五合作者
中国	美国（119 594）	日本（26 053）	英国（25 157）	澳大利亚（21 058）	加拿大（19 522）

注：统计数字不包括中国香港特别行政区和澳门特别行政区。
来源：汤森路透社科学引文索引数据库，科学引文索引扩展版；数据处理 Science-Metrix。

图 23.6　2014—2015 年中国科学出版物发展趋势

科技创新管理趋势

工程师出身的政治家推进改革

自 1978 年改革开放以来，中国颁布了一系列政策，从 1995 年的“科教兴国”、2001 年的“人才强国”“建设自主创新能力”到 2006 年《国家中长期科学技术发展规划（2006—2020 年）》提出的“建设创新型国家”，推动科技创新取得了重大突破。20 世纪 80 年代和 90 年代，中国政治精英以其在顶尖理工科大学接受教育的背景，更倾向于制定支持科技发展的相关政策（Suttmeier，2007）。直到近年来，随着新一届国家领导人的产生，社会科学家的地位才得以提升：习近平于清华大学获取了法学博士学位，李克强在北京大学取得了经济学博士学位。然而，即使教育背景产生了变化，最高领导者对于科技的态度却未发生转变。

2013 年 7 月，担任中共中央总书记和国家主席不久的习近平来到国家最高科研机构中国科学院考察。习近平将当今中国科技发展面临的问题归结为“四个不相适应”：科技发展水平与经济社会转型发展要求不相适应，现行科技体制与中国科技快速发展要求不相适应，科技领域布局与发展大势不相适应，科技人才队伍建设与人才强国要求不相适应。习近平对中国科学院提出了“四个率先”的要求：率先实现科学技术跨越发展，率先建成国家创新人才高地，率先建成国家高水平科技智库，率先建设国际一流科研机构。

中国领导人积极投身学习，拓宽知识体系。从 2002 年开始，中共中央政治局组织集体学习，邀请中国学者讲解社会经济发展面临的问题，其中包括科学技术创新。新一届领导人延续了这一传统。2013 年 9 月，中共中央政治局来到有中国“硅谷”之称的北京中关村园区进行集体学习。这是新一届领导人组织的第九次集体学习，也是首次在中南海以外的集体学习。中共中央政治局成员对 3D 打印、大数据、云计算、纳米材料、生物芯片及量子通信等新兴技术饶有兴趣。习近平在讲话中强调了科技发展对提高综合国力的重要作用，提出集中力量将创新与社会经济发展结合起来，增强自主创新能力，积极培养人才，继续实行对外开放战略，为科技创新及国际科技合作构筑良好的政策环境。自 2013 年开始，领导层倡导的“正能量”在包括大学在内的社会各个层面流行开来，引发了人们对这种新潮流可能会抑制批判性思维的担忧，因为批判性思维有利于培养人们的创造力，促进以解决问题为导向的研究。有些问题由“负能量”引起，而一味强调“正能量”反而不利于问题的解决。

新一代中国领导人致力于把科技与经济“两张皮”合二为一，这是中国科技体制面临的长期挑战之一。2014 年 8 月 18 日，习近平主持召开的中央财经领导小组第七次会议，讨论了创新驱动发展战略草案。2015 年 3 月，这一战略正式由中共中央及国务院发布，体现了领导层对创新在调整中国经济发展中的重要作用的认识。

企业依然依赖外国核心技术

事实上，正是当前中国创新体系表现的差强人意，才引起领导人对此的强烈关注。目前，中国科技方面的投入和产出严重不匹配（Simon，2010）。尽管中国在科研方面注入了大量资金（见图 23.3），拥有尖端设备和包括融入国内研究与创新体系的海归在内的训练有素的科学家，却未能在科学前沿领域取得诺贝尔奖级的重大突破（见专栏 23.2）。很多研究成果未能转变为具有竞争力的技术及产品。研究成果通常被视为公共产品，因此很难甚至不可能对其产业化，而缺乏物质利益刺激也很难让研究人员把精力集中于技术转移。大部分中国企业依旧依赖国外核心技术。世界银行的一项研究显示，2009 年，由于专利使用费和特许费，使中国在知识产权方面出现高达 100 亿美元的赤字（Ghafele 和 Gibert，2012）。

这些问题的出现迫使中国不得不在向创新型国家转型的道路上蹒跚而行。事实上，中国能否成为全球科技创新的领跑者，取决于能否不断推动建设更加高效、充满活力的国家创新体系。进一步的考察表明，在宏观层面，创新体系不同角色之间缺乏必要的协调；在中观层面，科研经费分配不公；而在微观层面，对研究项目、科学家及科研机构的绩效评估不甚恰当。国家创新体系中 3 个层面的改革不仅紧迫而且必要（Cao 等，2013）。

新一代领导人带领下的改革步伐

在上述背景下，新一轮中国的科技体制改革正式启动。2012 年 7 月初，在国家领导人换届之前，召开了全国科学创新大会。会议成果之一便是于 9 月通过的《中共中央国务院关于深化科技体制改革加快国家创新体系建设的意见》，这一文件进一步推进实施 2006 年通过的《国家中长期科学和技术发展规划纲要（2006—2020 年）》。

2012 年 9 月，国家科技体制改革和创新体系建设领导小组召开首次会议。领导小组由国务委员刘延东牵头，成员来自 26 个政府部委，旨在指导并协调中国创新体系改革和建设。数月后，中国领导人换届，刘延东不仅保留了党内的职位，而且晋升为国务院副总理，从而确保了科技事业领导的延续性和科技事业的重要性。

领导人换届之后，科技体制改革的步伐不断加快。国家的改革以“顶层设计”为特点，即以方略制定的战略思考来确保改革的全面深化、协调和可持续；改革需平衡和聚焦，顾及党和国家的利益；集中克服体制、结构障碍和深层次的矛盾，促进经济、政治、文化、社会及其他体制的协同创新。科技体制改革也得到了认同，以习近平对中科院的考察和中共中央政治局中关村集体学习为指导。习近平屡次在百忙中抽出时间，听取相关政府部门关于推动改革及制定创新驱动发展战略的进展的汇报。在涉及中国科学院和中国工程院的院士制度、中科院及中央财政科技计划（专项、基金等）等重大的改革问题上，习近平甚至亲力亲为。

《国家中长期科学技术发展规划纲要（2006—2020 年）》的中期评估

引起领导层关注的不仅是中国科技的产出与日益增加的投入不相匹配，科技在经济转型中的地位更加突出，《国家中长期科学和技术发展规划（2006—2020 年）》（以下简称《中长期发展规划》）中期评估也对改革提出迫切要求。正如我们在《联合国教科文组织科学报告 2010》中所指出，《中长期发展规划》提出了至 2020 年中国应达到的一系列量化目标（Cao 等，2006）：

- 将全社会研发投入占国内生产总值的比重提高到 2.5%。
- 将科技进步对经济增长的贡献率提高到 60%。
- 使对外技术依存度不超过 30%。
- 本国人发明专利授予量进入世界前五。
- 本国人国际科学论文被引用数进入世界前五。

中国正稳步实现上述定量目标。正如我们所见，到 2014 年，研发支出占国内生产总值的比重已达到了 2.09%。技术进步对经济增长的贡献率超过了 50%。2013 年，授权中国发明者的发明专利达 14.3 万项，中国作者论文被引用量达到了世界第四位。中国对外技术依存度降低到了 35%。与此同时，不同政府部门之间协调合作，出台了一系列政策推进《中长期发展规划》的实施。这些政策包括向创新企业提供税收优惠及其他形式的金融支持，在政府采购方面向国内高技术企业倾斜，鼓励对引进技术的消化吸收再创新，加强知识产权保护，培养人才，加强教育及科学普及，建立科技创新的基础平台等（Liu 等，2011）。

上述发展也引出了这样一个问题：如果抛开数据，《中长期发展规划》对中国实现 2020 年成为创新型国家的目标究竟有何影响？2013 年，国务院决定启动对《中长期发展规划》中期评估。评估由科技部牵头，领导小组成员来自 22 个部委，中国工程院具体组织。评估依托《中长期发展规划》草拟期间进行战略研究的 20 个专题小组，他们咨询了来自中国科学院、中国工程院及中国社会科学院的专家学者。仅中科院参与咨询的学者人数就超过了 200 人。参加专题座谈会的成员来自创新企业、跨国公司、科研机构、大学等。重点评价 16 个重大专项（见表 23.2）和支持基础研究前沿的重大科学研究计划的进展、科技体制改革、建立以企业为中心的国家创新体系以及实施《中长期发展规划》的配套政策等。评估小组还通过访谈和咨询、调查问卷，听取了国际专家学者对在不断变化的国际环境中中国自主创新能力变化的看法。8 000 位国内外专家应邀参加了对重大专项的技术预见，评估中国在上述技术领域的地位（见表 23.2）。北京、江苏、湖北、四川、辽宁及青岛被选为省市评估试点。

中期评估原定于 2014 年 3 月完成，并于同年 6 月对外公布初步评估结果。但由于领导小组第二次会议于 2014 年 7 月 11 日才召开，因此评估完成日期将推迟。一旦评估完成，评估小组将总结来自各方面的关于《中长期发展规划》实施的信息，评估 2006 年后科学技术推动经济发展的作用，并据此做出调整实施方案的建议。评估结果也将运用到制定第十三个五年规划及推进科技体制改革。

《中长期发展规划》的中期评估无疑将进一步强化国家集中资源于某些优先发展领域的“举国体制”。这一模式起源于中国自 20 世纪 60 年代中期国家主导的集中和调动资源发展战略武器（即“两弹一星”）计划。“举国体制”[①] 有可能与体制改革所采用的“顶层设计”的概念一起成为未来中国创新的标志。

中国科学院的改革

中国科学院最新的改革，是试图回答其在中国科技体系中究竟处于怎样地位的问题。这个问题一直困扰着 1949 年中华人民共和国成立不久便建立的中科院。当时，大学将研究与教育割裂开来，产业研发机构则着重解决于本行业的特别问题。那是中科院的黄金时代，尤其是在“任务带学科”的发展战略指导下，中科院在战略性武器的研发方面成就斐然。

中科院的成功将其置于聚光灯下，引起了领导层及科技体系中其他成员的关注。20 世纪 80 年代中期，中国开始改革科技体制，中科院被迫推出“一院两制”的方针，即集中一小部分科学家从事基础研究工作，追踪全球高技术的发展趋势，而大部分的科研工作者则投身于科技成果的产业化以及与经济直接相关的工作。这种情况下，中科院科研质量的下降，其解决基础研究课题的能力令人担忧。

1998 年，时任中科院院长路甬祥提出了“知识创新工程”以增加中科院的活力（Suttmeier 等，

① “举国体制”这一概念源自中国国家体育管理体系。国家体育管理机构在全国范围内调动相关资源和力量，集中培养有天赋的能在奥运会等国际体育赛事上取得金牌的优秀运动员。20 世纪六七十年代中国战略武器的研制及之后国防体系的发展均与之相似。《中长期发展规划》中的 16 项重大专项也意在取得与之类似的效果。

专栏 23.2　召唤中国精英回归

自对外开放的政策实施以来，中国派遣至国外的留学生超过 300 万人，其中 150 万人选择回国发展。中国经济的迅速发展，加之政府对留学生的优惠政策，为越来越多经验丰富的企业家及专业人士创造了大量机会。

自 20 世纪 90 年代中期开始，教育部、中科院等中央及地方机构相继出台了“长江学者计划”“百人计划”等专项，以待遇、资源和荣誉吸引科学专家、关键技术领军人才和高技术公司的管理人员海归，并在全球金融危机期间特别吸引金融及法律人才。然而，这些项目并没有起到吸引高端人才回国发展的目的。

领导层对充足的资金支持并没有带动科技创新和高等教育的突飞猛进颇为担忧，将问题归结于中国尚缺乏如“航天之父”钱学森、地质力学的创始人李四光、核物理学家邓稼先那样的顶尖人才。2008 年年底，中共中央组织部（以下简称中组部）开始启动“千人计划”，为自己增加了“猎头”这样一个角色。

“千人计划”旨在用 5 ~ 10 年时间引进 2 000 名左右海外专业人才。“千人计划”引进的人才，一般应在海外取得博士学位，原则上不超过 55 岁，并满足下列条件：在国外著名高校、科研院所担任相当于教授职务的专家学者，有经验的公司高管和掌握核心技术专利的企业家。中央财政给予引进的高层次人才每人给予人民币 100 万元的启动资助，所在院校或企业提供配套支持，给予 150 ~ 200 平方米的住房一套，并提供与之境外收入相当的工资，国家授予相应的荣誉称号。

2010 年年底，“千人计划”新增了“青年千人计划”专项，入选者年龄不超过 40 岁，在海外著名高校获得博士学位，至少有 3 年的海外科研经历，在海外著名高校、研究机构或公司正式任职。计划入选者在相关单位全职工作 5 年，作为回报，他们将获得 50 万元的补助及 100 万~ 300 万元科研经费。

截至 2015 年，“千人计划”已引进各领域高端人才 4 100 名，其中包括 2004 年就当选为美国国家科学院院士的霍华德·休斯医学研究所研究员王晓东、美国普林斯顿大学结构生物学讲席教授施一公等。

但是，无论从设计层面还是从实施层面而言，“千人计划”

并非完美，其选才标准也在不断调整。“千人计划”原本仅针对著名大学的正教授，而实际操作中，标准降至任何大学的教授甚至副教授。优惠政策惠及的范围也从新入选者回溯到“千人计划”启动之前满足条件的海归。学术论著成为评价候选人的重要指标，对全职工作的要求则缩短至 6 个月。鉴于很多学者每年仅有几个月在中国，中组部不得不引入了为期两个月的短期计划。这么做不仅违背了设立“千人计划”的初衷，很多人也因此质疑，“千人计划”是否真鼓励杰出学者全职海归。这也说明，尽管“千人计划”待遇丰厚，但中国的科研环境并不足以让真正的杰出人才全职海归。比如，在科研经费评审、晋升和评奖时，“关系”常常比水平更重要；学术不端，玷污了中国科学共同体；而社会科学研究仍然有禁区。

中组部从未正式公布引进人才的名单，生怕引进人才因利益冲突而受到其国外雇主的指责甚至解雇。

“千人计划”未能惠及国内培养的人才，甚至贬低国内培养人才的机制；也未能惠及先前引进的人才，因为其待遇与“千人计划”的待遇有天壤之别。为此，中组部于 2012 年 8 月开始实施“万人计划”，旨在让其他高层次人才也能获得相同的待遇。

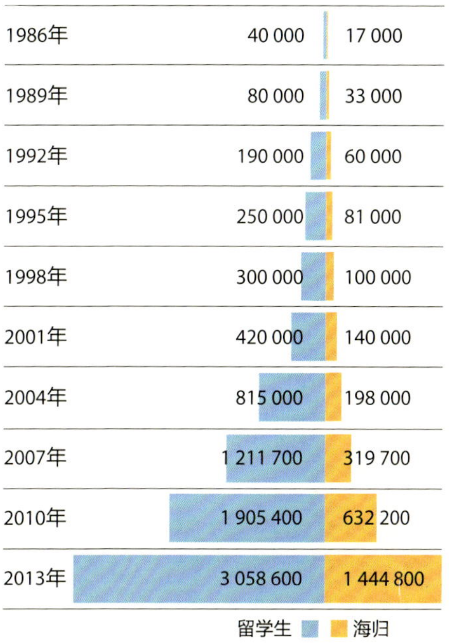

年份	留学生	海归
1986年	40 000	17 000
1989年	80 000	33 000
1992年	190 000	60 000
1995年	250 000	81 000
1998年	300 000	100 000
2001年	420 000	140 000
2004年	815 000	198 000
2007年	1 211 700	319 700
2010年	1 905 400	632 200
2013年	3 058 600	1 444 800

图 23.7　1986—2013 年中国留学生和海归累计人数

来源：作者的研究。

表 23.2　中国到 2020 年的科技重大专项

	领域	专项
16个科技重大专项包括167个小项目。其中13个重大专项已经对外公布	先进制造	极大规模集成电路制造装备及成套工艺
		高档数控机床与基础制造装备
	交通运输业	大型飞机
	农业	转基因生物新品种培育（见专栏 23.3）
	环境	水体污染控制与治理（见专栏23.4）
	能源	大型油气田及煤层气开发
		大型先进压水堆及高温气冷堆核电站（见专栏 23.5）
	健康	重大新药创制
		艾滋病和病毒性肝炎等重大传染性疾病防治
	信息与通信	核心电子器件、高端通用芯片及基础软件产品
		新一代宽带无线移动通信网
	航天	高分辨率对地观测系统
		载人航天及探月工程

来源：《国家中长期科学技术发展规划纲要（2006—2020年）》。

2006a; 2006b）。起初，中科院希望通过增加研究所人员的灵活性和流动性来满足要求。然而，机构精简适逢政府加大对大学及国防领域的研究能力的支持力度（大学和国防科研机构之前均从中科院吸纳人才或依赖中科院啃硬骨头），中科院存在的必要性受到了冲击。结果，中科院不仅完全扭转了先前的改革策略，并且不断扩大其势力范围，走向了另一个极端。具体来说，中科院在未曾涉足的领域和城市建立了一批应用型研究所，与地方及产业部门建立合作关系。

苏州纳米技术及纳米仿生学研究所就是一个典型例子。这一研究所由中科院、江苏省政府及苏州市政府于 2008 年合作共建。显而易见的是，这些新研究所并非完全依赖于政府资金支持，必须与其他机构竞争以求生存，并从事某些偏离中科院“国家队”使命的科研活动。中科院还拥有世界最大的研究生院，每年毕业的博士生就达 5 000 名。但是，近年来，中科院难以吸引到优秀学生。因此，中科院在北京和上海两地建立了大学，并从 2014 年开始招收几百名本科生入学。

中科院：充满希望却战线拉得太长

如今，中科院拥有职工 6 万余名，下属 104 个研究所。每年预算约人民币 420 亿元（约 68 亿美元），差不多一半资金来自政府。中科院面临众多挑战，必须与高等院校在资金与人才方面展开竞争。科学家工资过低，不得不不断申请基金来弥补收入，从而导致不少人表现平平，这也是整个研究和高等教育体系所面临的严重问题。

由于中科院各研究所之间缺乏合作，重复研究严重。此外，中科院科学家对科技成果的产业化缺乏兴趣，尽管产业化不应成为他们的工作重点。最后，中科院的工作范围涵盖基础研究、人才培养、战略高技术开发、研究成果产业化和院地合作，院士作为智库成员有对政策制定建言的责任。由于涉及范围较广，增加了对研究所及科学家的管理与评价的难度。总而言之，中科院充满希望，但过于庞杂，又被历史遗留问题所拖累（Cyranoski，2014a）。

改革还是被改革?

在过去几年间，中科院面临来自中央的出大成果的巨大压力。作为中科院模版的俄罗斯科学院

专栏 23.3　转基因生物新品种培育科技重大专项

2008 年 7 月 9 日，在中国是否应该实施转基因生物商业化、何时商业化以及如何建立严格的生物安全及风险评估机制等问题讨论的基础上，国务院正式批准实施转基因生物新品种培育科技重大专项。这一专项无疑是 16 个科技重大专项中争议最大的。

这一专项由农业部负责，旨在获取具有自主知识产权且应用广泛的基因，培育具有抗病、抗虫、抗逆、高产特性的转基因生物新品种，提高农业生产效率，提高农业转基因技术及其产业化，以强有力的科技支持保障中国农业的可持续发展。2009 年到 2013 年间，中央政府对此专项的拨款达到 58 亿。目前工作主要包括研发具有抗病毒、抗疾病、抗虫、抗细菌和真菌及耐除草剂的转基因作物。转基因小麦、玉米、大豆、土豆、芥花菜籽、花生等作物的研究也处于实验室研究、田间试验及环境释放测试等不同阶段，但尚未达到商业化生产生物安全证书这一步。

在过去几年间，随着中国领导层于 2012 年末到 2013 年初完成换届，中国对转基因技术、特别是转基因作物的政策不断发生变化。2013 年 12 月 23 日，习近平在中央农村工作会议的讲话中详尽阐述了中国在转基因作物上的立场。习近平指出，转基因作物是一项新技术，对此有争论或质疑是正常的，但其发展前景广泛。习近平强调，转基因技术研发必须遵循国家相关法律法规，把生物安全放在首位。中国应大胆进行研发创新，占据转基因技术的制高点，不让外国公司占领中国市场。

转基因专项全面启动后，推迟已久的转基因生物安全认证工作开始加速。2009 年，农业部分别给转基因水稻和转植酸酶基因玉米颁发了生物安全证书。这些证书因反转基因技术的争论而于 2014 年 8 月份失效。虽然上述转基因作物于 2014 年 12 月 11 日重获生物安全证书，但未来 5 年内转基因生物技术是否能顺利发展仍让人拭目以待。

来源：www.agrogene.cn；作者的研究。

（前身为苏联科学院）于 2013 年进行的从上至下的改革（见专栏 13.2），为中科院敲响警钟：如果中科院不进行自身改革，就会被改革。正是基于这一认识，中科院院长白春礼积极响应习近平总书记关于中科院“四个率先”的号召（见第 628 页），提出“率先行动计划”，彻底改革中科院。此计划旨在推进中科院面向世界科学前沿，面向国家重大需求，面向国民经济主战场。具体来说，中科院拟将现有研究所重组为 4 大类：

- 卓越创新中心：着眼于基础科学，特别是中国具有优势的学科。
- 创新研究院：旨在关注有产业化前景的领域。
- 大科学研究中心：依托大科学装置推动国内国际合作。
- 特色研究所：促进院地合作和可持续发展。

2015 年，中科院对研究所及科学家的重新分类还在进行之中。但是，改革颇有点自我陶醉的意味，因为中科院过于沉溺于过去的成就，很少考虑这么做能否给国家和对中科院自身都带来好处。有人甚至怀疑，像中科院这样一个世界上绝无仅有的庞大机构是否有存在的必要。

“率先行动计划”期待国家继续向中科院提供充裕的资金支持，从而保证其光明的前景。但是，白春礼院长为“率先行动计划”设立的目标与其前任路甬祥的“知识创新工程”大同小异，并没有新颖性，也不能保证此次改革一定能实现这些目标。

“率先行动计划”试图以新的机制来推动研究所之间的合作，集中力量攻克关键研究课题，这么做有一定的道理。但是，不少研究所难以纳入上述 4 大类中的任何一类，因此，执行起来困难重重。同时，改革不见得鼓励中科院内外科学家之间的合作，人们不禁担心，中科院是否会因改革而变得比以前独立。

改革的时机也许加剧了问题的复杂性。中科院的改革与 2011 年开始的全国范围的事业单位改革有重叠。总的来说，教育、科研、文化及医疗卫生等事业单位达 126 万家之多，涉及 4 000 万人。这些事业单位将分为两类管理。中科院中定编为公益一类的研究所将由财政全额拨款，仅需完成国家下达的任务。而定编为公益二类的研究所则允许通过政府对其研究项目的采购、技术转让及创业企业等活动来补充其收入。

无论从稳定支持、工资水平、还是所承担的项目的范围和重要性而言，中科院的改革会给研究所和科学家带来重要的影响。正如 1999 年应用型研究所转制成企业，中科院有些研究所也会企业化。由于国家可能不愿或无法为耗资巨大的中科院埋单，中科院不可避免将逐渐瘦身。

对政府研发支出的重新思考

此次改革的另一个重要方面是政府的研发支出。在过去 10 年间，中央政府的科技支出不断增加，2013 年达到了人民币 2 360 亿元（约 383 亿美元），占公共财政支出的 11.6%。根据 2014 年国家统计局的数据，政府的研发支出大约为人民币 1 670 亿元（约 270 亿美元）。近年来，随着国家新上马科技项目，特别是 2006 年后国家《中长期发展规划》中科技重大专项的实施，投入呈分散化和碎片化，造成项目重复、经费使用效率低下。举例来说，在最近改革之前，约 30 个部委的 100 个计划管理中央政府的研发支出。除此之外，腐败现象及扭曲的激励机制削弱了科研的活力（Cyranoski，2014b）。改革势在必行。

中央领导集体高度重视此次改革。一开始，科技部和财政部提出的改革措施仅对现有体系小修小改，保留主要科技计划并使之彼此贯通，整合小项目，采取新措施支持研究，避免重复，加强部委之间的协调。中央财经领导小组数次推翻了改革方案，并提出了许多实质性的建议，中央深化体制改革领导小组、中共中央政治局及国务院这才通过了最终的改革方案。改革将中国研发项目重组为 5 大类：

- 国家自然科学基金支持的基础研究，大多为小规模的竞争性项目。
- 国家科技重大专项，包括国家《中长期发展规划》设立的重大科学项目及重大科技专项[①]。
- 国家重点研发计划，包括高技术研发计划（“863”计划）以及国家重点基础研究发展计划（“973”计划）。

① 关于此类项目的细节信息，请参照《联合国教科文组织科学报告 2010》。

专栏 23.4 水体污染控制与治理科技重大专项

水体污染控制与治理科技重大专项旨在解决中国在水体污染控制和治理方面的技术瓶颈问题，特别是在与水污染控制及治理有关的关键和共性技术方面取得突破，包括工业污染源控制与治理、农业非点源污染控制与治理、城市污水治理与循环利用、水体净化和生态恢复、饮用水安全、水污染监测及预警。此专项主要围绕四河（淮河、海河、辽河及松花江）三湖（太湖、巢湖及滇池）以及建在世界最大的水坝的三峡水库的治理。专项涉及监测和预警、城市水圈环境、湖泊、河流、饮用水及政策 6 大主题。

这一专项由环境保护部及住房和城乡建设部负责，于 2009 年 2 月 9 日开始实施，预算为 300 多亿元。第一阶段于 2014 年初结束，重点在控制源头污染和减少污水排放方面取得关键技术突破。当前处于第二阶段，目标是解决治理水体污染的关键技术。第三阶段的目标是在水环境的综合治理方面取得技术突破。

第一阶段主要集中在重污染企业的污水全过程治理技术、重污染河流及富营养化湖泊的综合治理、非点源污染控制技术、适用于不同水质的净化技术、水环境风险评估与预警及远程监测关键技术。在太湖流域开展了综合治理示范项目以提高水质，在城市消除只适用于灌溉及城市景观浇灌的 V 类水质。第一阶段也以饮用水的治理为目标，并且在水资源保护、水净化、安全输送、监测、预警、紧急治理及安全管理方面取得了一定进展。

来源：http://nwpcp.mep.gov.cn.

- 技术创新引导专项（基金）。
- 基地和人才专项（Cyranoski，2014b）。

5 大类的支出共计人民币 1 000 亿元（约 163.6 亿美元），占 2013 年中央财政科研支出的 60%，到 2017 年这些支出将由专业机构管理。其中科技部 2013 年管理 220 亿元公共研发经费，支持“863”计划及“973”计划等。改革后科技部将逐步对这些项目放权。作为回报，科技部在改革中全身而退，而不是像争论中提出的那样被取消。科技部将主要负责制定政策以及监督项目经费使用情况。为了配合改革，科技部还对所属部门进行了重组。举例来说，计划发展司与科研条件与财务司合并成资源配置与管理司，在操作上支持部际联席会议的工作。此外，司局级干部也全部换岗。其他管理科技项目的部委也将放弃其公共研发经费的支配权。

部际联席会议由科技部牵头，成员包括财务部、国家发改委及其他部委，主要负责制定和评估科技发展战略，确立国家科技计划及其主要任务和指导方针，监管负责评审国家科技计划的专业研究管理机构。战略咨询和综合评审委员会为部际联席会议提供支撑，该委员会由科技部召集，成员为科技界、产业界和经济界的高层次专家。

在操作层面将建立专业管理机构，通过统一平台即国家科技信息管理体系有序进行项目提交、评议、管理及评审。科技部及财政部将对科技计划的经费使用进行绩效评估和监督，并评估战略咨询和综合评审委员会成员及专业研究管理机构的表现。经过调整，计划和项目的评审程序成为动态评估及监测的一部分。统一平台收集并报告国家科技项目的预算、人员、进展、结果及评估等信息，从而让整个研究管理过程处于公众监督之下。

然而，专业的研究管理机构如何建立及运行现在看来尚未明确。其中一种可能是转变现有的隶属于科技部及其他政府部委的研究管理机构。于是，问题在于如何避免“旧瓶装新酒”，即需要从根本上转变政府资助国家科技计划的方式。

专业研究管理机构的概念受到英国模式的影响。英国的公共研究经费由艺术及人文科学、生物技术及生物科学、工程及物理科学、经济及社会科学、

专栏 23.5　大型先进核电站科技重大专项

2015 年，中国有 23 个核电站在运营，另有 26 个核电站在建。中国核电站科技重大专项包含 3 个子项目：先进压水核反应堆、特殊高温反应堆以及反应堆乏燃料后处理。中央政府计划向两个先进核反应堆项目分别投资人民币 119 亿元及 30 亿元。

压水反应堆项目由国家核电技术公司承担，旨在消化、吸收引进的第三代核能技术，在此基础上开发更大功能的大规模先进压水反应堆技术，形成自主知识产权。

此项目分 3 个阶段。第一阶段，西屋电气（已被日本工程电子巨头东芝收购）帮助国家核电技术公司建设 4 个装机容量为 1 000 兆瓦、运用先进非能动核电技术（AP1000）的核电站机组，并掌握第三代核能技术的基本设计能力。第二阶段，国家核电技术公司形成 AP1000 核电站机组的标准化设计能力，并在西屋公司的帮助下，在沿海及内陆进行建设 AP1000 机组。第三阶段，国家核电技术公司将有能力设计基于先进非能动核电技术的、装机容量为 1 400 兆瓦（中国自己的 CAP1400）的核电站机组，并准备建设示范电站和开始 CAP1700 机组的预研。

专项于 2008 年 2 月 15 日启动。2009 年，浙江三门及山东海阳开始建设 AP1000 机组。然而，项目受 2011 年 3 月日本地震引发核危机事件（见第 24 章）的影响而搁置，直到 2012 年 10 月份才恢复建设，预计到 2016 年年底建成 4 个 AP1000 机组。

国家核电技术公司与国内核电设备制造商、研究所及大学协调，消化进口设备设计及制造工艺，实现 AP1000 机组所含关键技术的国产化。部分关键设备已经运到三门及海阳核电站工地。2014 年，用于三门 AP1000 第二个机组的第一个反应堆压力容器在国内正式建成。

2009 年 12 月，国家核电技术公司与中国华能集团组建合资企业，开始在山东省石岛湾启动 CAP1400 示范项目，概念设计于 2010 年年底通过国家评估测试，在 2011 年完成了初步设计。2014 年 1 月，国家能源局组织了对项目的专家评审。同年 9 月，国家核安全局在经过 17 个月数据审核后通过了设计安全分析。CAP1400 机组的关键设备正在制造中，即将实施的示范项目的核岛设备的国产化率将达到 80%。CAP1400 机组涉及的关键部件的安全测试也在进行中。CAP1400 示范项目的示范和标准机组将分别于 2018 年和 2019 年投入运行。

与此同时，HTR-20 示范项目也在石岛湾展开。这一项目以清华大学研发的 100 瓦兆 HTR-10 标准球形反应堆项目为原型，研发世界第一个第四代示范反应堆。

清华大学 1995 年就开始建造 HTR-10 反应堆。这一第四代核能技术以德国 HTR-MODUL 为蓝本。2003 年 1 月，反应堆正式运营。据称 HTR-10 安全性能好，性价比高，并且比其他类型的核反应堆更为高效。HTR-10 运行温度较高，副产品为氢气，可以为燃料电池车辆提供廉价且清洁的能源。

中国华能、中国核电开发有限公司与清华大学建立了合资企业，共同推进 HTR 实验设计、工程技术及高性能燃料电池批量制备技术。受 2011 年日本福岛核事故的影响，这一项目推迟至 2012 年年底才开始。2017 年，石岛湾项目并网发电后，会先有两个 250 瓦兆机组共同驱动 200 瓦兆汽轮机组。

重大专项的第三个子项目旨在建设一个大型商业乏燃料后处理示范项目以实现核燃料的闭路循环。

来源：www.nmp.gov.cn.

医药科学以及自然环境科学技术等 7 个研究委员会管理。在中国引入专业研究管理机构产生了一个问题，即如何按照科学研究逻辑来整合不同部委科技计划而不是将这些计划武断地划分到不同的专业研究管理机构。同时，某些部委可能并不愿意放弃对科技计划的管理权。

环境行动计划

在处理全球气候变化的问题上，中国、印度及其他新兴经济体始终坚持“共同但有区别的责任”这一原则。然而，中国既是全球最大的温室气体排放国，也深受全球气候变化之害，在农业、林业、自然生态系统、水资源（见专栏 23.4）及沿海地区尤甚。气候变化不利于中国作为大国的崛起，并且对环境产生巨大的危害。温室气体的排放及地球温度的升高将影响中国的现代化进程发展。

事实上，中国正面临平衡多重发展目标的挑战，这些目标从工业化到城市化，从就业到出口，再到 2020 年实现国内生产总值翻一番。通过减少温室气体排放、改善环境，中国有可能获得新的发展动力。

中国政府不断出台政策节约能源和降低温室气体排放。2007 年，国家发改委出台了《国家应对气候变化规划》，计划到 2010 年，将单位国内生产总值能耗从 2005 年的水平上降低 20%，从而降低中国二氧化碳的排放量。两年后，中国更进一步提出到 2020 年单位国内生产总值的能耗从 2005 年水平上降低 40% ~ 50%。

降低能耗成为“十一五”规划（2006—2010 年）的约束性目标。“十二五”规划设立目标，到 2015 年单位国内生产总值能耗减少 16%，二氧化碳排放量减少 17%。但是，中国未能完成“十一五”规划的目标。尽管中央政府给地方施压，“十二五”规划的前三年依旧未能按计划完成目标。

2014 年 9 月 19 日，国务院发布了《能源发展战略行动计划（2014—2020 年）》，确定了高效、自足、绿色、创新的能源生产及消耗计划，计划到 2020 年将一次能源消费总量控制在 48 亿吨标准煤左右，并开出了一系列建立现代能源结构的目标：

- 降低单位国内生产总值二氧化碳排放量，即从 2005 年水平下降 40% ~ 50%。
- 将非矿物燃料在一次能源构成中的比重从 2013 年的 9.8% 提高至 15%。
- 将年煤炭消耗量限制在 42 亿吨标准煤。
- 将煤炭在国家能源结构中的比重从现在的 66% 降低至不超过 62%。
- 将天然气比重提高至 10%。
- 生产 300 亿立方米页岩气及煤层气。
- 核电装机容量达到 58GW，在建容量达到 30GW 以上。
- 将水能、风能及太阳能产量分别提高到 350GW、200GW 及 100GW。
- 将能源自给率提高至 85% 左右。

鉴于中国在 2013 年燃烧了 36 亿吨标准煤的现实，将煤炭能耗上限定在 42 亿吨意味着 2020 年中国的煤炭消耗在 2013 年的水平上最多只能增加 17%。换句话来说，从 2013 年到 2020 年，中国煤炭消耗的年增长率不能超过 3.5%。煤炭消耗下降带来的能源缺口将由新建的核电站（见专栏 23.5）和水电、风能及太阳能来填补（Tiezzi，2014）。

中国努力实现能源结构的多元化，除了考虑环境因素外，中国还迫切需要减少对国外能源供应的依赖。目前，中国 60% 的石油及超过 30% 的天然气来自国外。为了实现 2020 年国内能源产量达到能源总消耗量的 85% 的目标，中国必须增加其天然气、页岩气以及煤层甲烷的产量。最新能源行动计划还要求开展深水钻井，并通过独立或与国外合作的方式获取近海油气资源（Tiezzi，2014）。

就在最新能源行动计划公布前一周，习近平主席与美国总统巴拉克·奥巴马签署了一份关于气候变化的联合声明，提出在 2030 年之前，中国将非化石燃料在能源结构中的比例提高到 20%。

中国也保证，放慢温室气体的排放量的增加并在 2030 年前达到温室气体的排放量的峰值；而美国也同意将在 2025 年前减少最高达 28% 的温室气体排放量。双方领导人还同意就清洁能源及环境保护方面展开合作。中美双方均指责对方造成 2009 年哥本哈根气候峰会未能达成减排的目标，而现在看来，气候谈判很有希望在 2015 年底的巴黎气候大会上取得成功。

在这些积极进展的情况下，2014 年 3 月 24 日，中国立法机关——全国人大常委会通过了修订后的《中华人民共和国环境保护法》，标志着历时 3 年的环保法修订任务的完成。新环保法于 2015 年 1 月 1 日生效，法律规定促进社会经济与环境保护协调发展，并首次明确了建设生态文明的基本要求。

新环保法被公认为中国环境保护史上最为严苛的，其条款旨在加大对违法行为的惩罚力度，提高公众的环保意识，加强对举报者的人身保护。新环保法还规定了地方政府及执法机关所要承担的责任，提高了企业的环保标准，明确了严惩诸如篡改数据、偷排污染物、故意不正常使用污染防治设施及逃避监管等行为（Zhang 和 Cao，2015）。

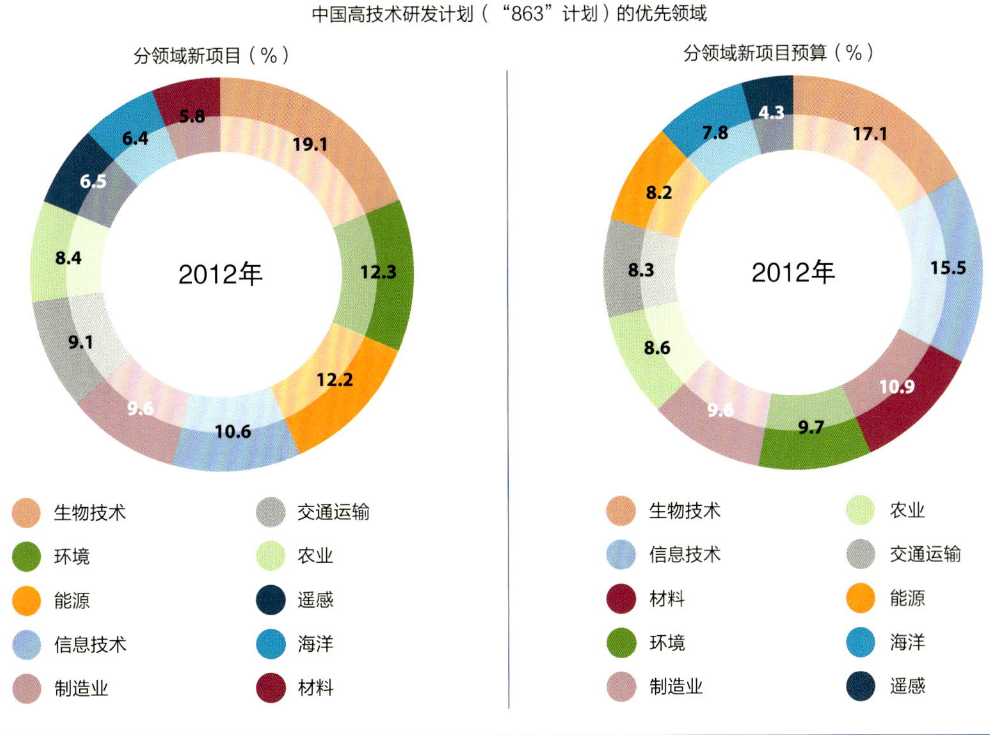

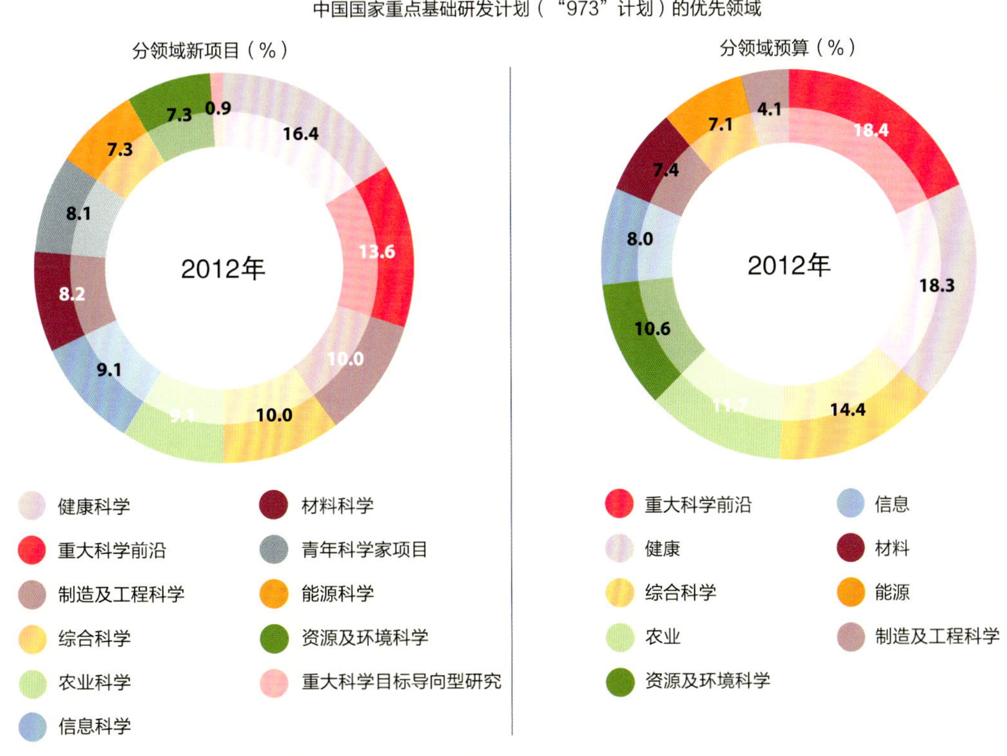

图 23.8　2012 年中国国家研发计划的优先领域

来源：科技部发展计划司（2013 年）《国家科技计划年度报告》。

结论

实现“中国梦”

中国新一代领导人将科学技术创新作为经济体制改革的核心。创新不仅有利于调整转变经济结构，还有利于迎接从包容、和谐及绿色发展到老龄化及“中等收入陷阱”等挑战。

对于全面深化包括科技体制在内的改革，从现在起到 2020 年的这段时间尤为关键。正如我们所讨论的那样，中科院的改革、中央财政科技计划（专项、基金等）的改革，正是为了提高中国到 2020 年成为创新型的现代化国家的可能性。

改革势在必行。然而我们现在还无法确定改革能否将中国引向正确的方向，而如果回答是肯定的话，我们也无法确定改革将如何迅速帮助中国成为创新型国家。改革所采用的“顶层设计”理念，忽略了利益攸关者和公众的参与，而改革开放初自下而上的科技政策的制定及执行的途径被证明是至关重要的。

全球化不仅是中国经济及技术发展的背景，也为中国带来了巨大的经济效益，所以，需要在全球化的背景下对“举国体制”进行考察。

正如我们所见，中国企业对国外核心技术的依赖程度依旧让人担忧。对此，中国政府做出反应，设立了由国务院副总理马凯领导的专家组，遴选能与国外跨国公司建立战略合作伙伴关系的冠军企业。结果，2014 年 9 月，英特尔公司收购了清华控股有限公司旗下的大型企业之一——清华紫光集团 20% 的股份。2015 年 7 月，《华尔街日报》发文称，清华紫光集团将以 208 亿欧元的价格收购美国半导体设备制造商——美光集团。如果这一收购顺利进行，它将成为继 2012 年中国海洋石油总公司以 150 亿美元收购加拿大尼克森石油公司（Nexen Inc.）后最大一次的收购。

海归活跃在中国技术和创新的前沿，而海归和外商直接投资是向中国转移知识的重要途径。虽然中国仍然呼吁拥抱全球化，但中国近期发生的针对跨国公司有关贿赂及反垄断的案件，加上信息获取上限制，有可能造成投资及人才外流。

经济发展的某些不确定性及非预期的外部冲击，均可能对中国科技体制乃至整个经济体制的平稳运行造成影响。1978 年实行改革开放政策以来的 30 多年间，科学家及工程师享有一个总体来说稳定和受到重视的工作环境，他们不仅获得了职业满意度，其职业生涯也得到了发展。

中国的科学技术在一个非政治化、不受干扰和不被中断的环境中取得了令人瞩目的进步。中国科学共同体成员需要这样一个有利于培养创造力及让思想的火花碰撞的工作环境，从而为实现“中国梦”做出自己的贡献。

中国的关键目标

- 2020 年之前，将研发支出总额提高至国内生产总值的 2.5%。
- 2020 年之前，将技术进步对经济增长的贡献率提高至 60% 以上。
- 2020 年之前，将中国对外技术依存度降低到 30% 以下。
- 在 2020 年之前本国国民发明专利授权数居世界前五，中国作者所发表的科技论文被引用量达到世界前列。
- 单位国内生产总值能耗将在 2005 年基础上下降 40% ~ 50%。
- 将非矿物燃料在一次能源构成中的比重从 2013 年的 9.8% 提高至 2020 年的 15%。
- 在 2013 年 36 亿吨标准煤的基础上，到 2020 年，将年煤炭消耗量限制在 42 亿吨标准煤，降低煤炭在国家能源结构中的比重，从现有的 66% 降低至 2020 年的不超过 62%。
- 到 2020 年，将天然气的比重提高至 10%。
- 到 2020 年，生产 300 亿立方米页岩气及煤层气。
- 到 2020 年，核电装机容量达到 58GW，在建容量达到 30GW 以上。
- 到 2020 年之前，将水能、风能及太阳能产量分别提高到 350GW、200GW 及 100GW。
- 将能源自给率提高至 85% 左右。

参考文献

Cao, C.; Li, N.; Li, X. and L. Liu (2013) Reforming China's S&T system. *Science,* 341: 460–62.

Cao, C.; Suttmeier, R. P. and D. F. Simon (2006) China's 15-year science and technology Plan. *Physics Today,* 59 (12) (2006): 38–43.

Cyranoski, D. (2014a) Chinese science gets mass transformation. *Nature,* 513**:** 468–9.

Cyranoski, D. (2014b) Fundamental overhaul of China's competitive funding. *Nature* (24 October). See: http://blogs.nature.com.

Ghafele, R. and B. Gibert (2012) *Promoting Intellectual Property Monetization in Developing Countries: a Review of Issues and Strategies to Support Knowledge-Driven Growth*. Policy Research Working Series 6143. Economic Policy and Debt Department, Poverty Reduction and Economic Management Network, World Bank.

Gough, N. (2015) Default signals growing maturity of China's corporate bond market. *New York Times*, 7 March.

Liu, F.-C.; Simon, D. F.; Sun, Y.-T. and C. Cao (2011) China's innovation policies: evolution, institutional structure and trajectory. *Research Policy,* 40 (7): 917–31.

Lozano, R. *et al.* (2012) Global and regional mortality from 235 causes of death for 20 age groups in 1990 and 2010: a systematic analysis for the global burden of disease study 2010. *The Lancet,* 380: 2095–128.

National Bureau of Statistics (2014) *China Statistical Yearbook 2014*. China Statistical Press. Main Items of Public Expenditure of Central and Local Governments.

OECD (2014) *Science, Technology and Industry Outlook 2014*. November. Organisation for Economic Co-operation and Development: Paris.

Simon, D. F. (2010) China's new S&T reforms and their implications for innovative performance. Testimony before the US–China Economic and Security Review Commission, 10 May 2010: Washington, DC. See www.uscc.gov/sites/default/files/5.10.12Simon.pdf.

Suttmeier, R.P. (2007) Engineers rule, OK? *New Scientist,* 10 November, pp. 71–73.

Suttmeier, R.P.; Cao, C. and D. F. Simon (2006a) 'Knowledge innovation' and the Chinese Academy of Sciences. *Science,* 312 (7 April):58–59.

Suttmeier, R.P.; Cao, C. and D. F. Simon (2006b) China's innovation challenge and the remaking of the Chinese Academy of Sciences. *Innovations: Technology, Governance, Globalization,* 1 (3):78–97.

Tiezzi, S. (2014) In new plan, China Eyes 2020 energy cap. *The Diplomat*. See: http://thediplomat.com.

UNESCO (2012) All for one and one for all: genetic solidarity in the making. *A World of Science*, 10 (4). October.

Van Noorden, R. (2014) China tops Europe in R&D intensity? *Nature* 505 (14 January):144–45.

Yoon, J. (2007) The technocratic trend and its implication in China. Paper presented as a graduate conference on Science and Technology in Society, 31 March–1 April, Washington D.C.

Zhang, B. and C. Cao (2015) Four gaps in China's new environmental law. *Nature,* 517:433–34.

曹聪（Cong Cao），1959 年出生于中国，获得美国哥伦比亚大学社会学博士学位。现担任诺丁汉宁波大学（中国）当代中国研究学院教授及主任。2015 年 9 月前，他曾担任英国诺丁汉大学当代中国研究学院的副教授及高级讲师。他还曾在美国俄勒冈大学、纽约州立大学以及新加坡国立大学任教。

致谢

作者感谢理查德·苏迈德教授（Richard Suttmeier）对本章初稿提出的修改建议和孙玉涛博士为本章所用数据提供的信息。

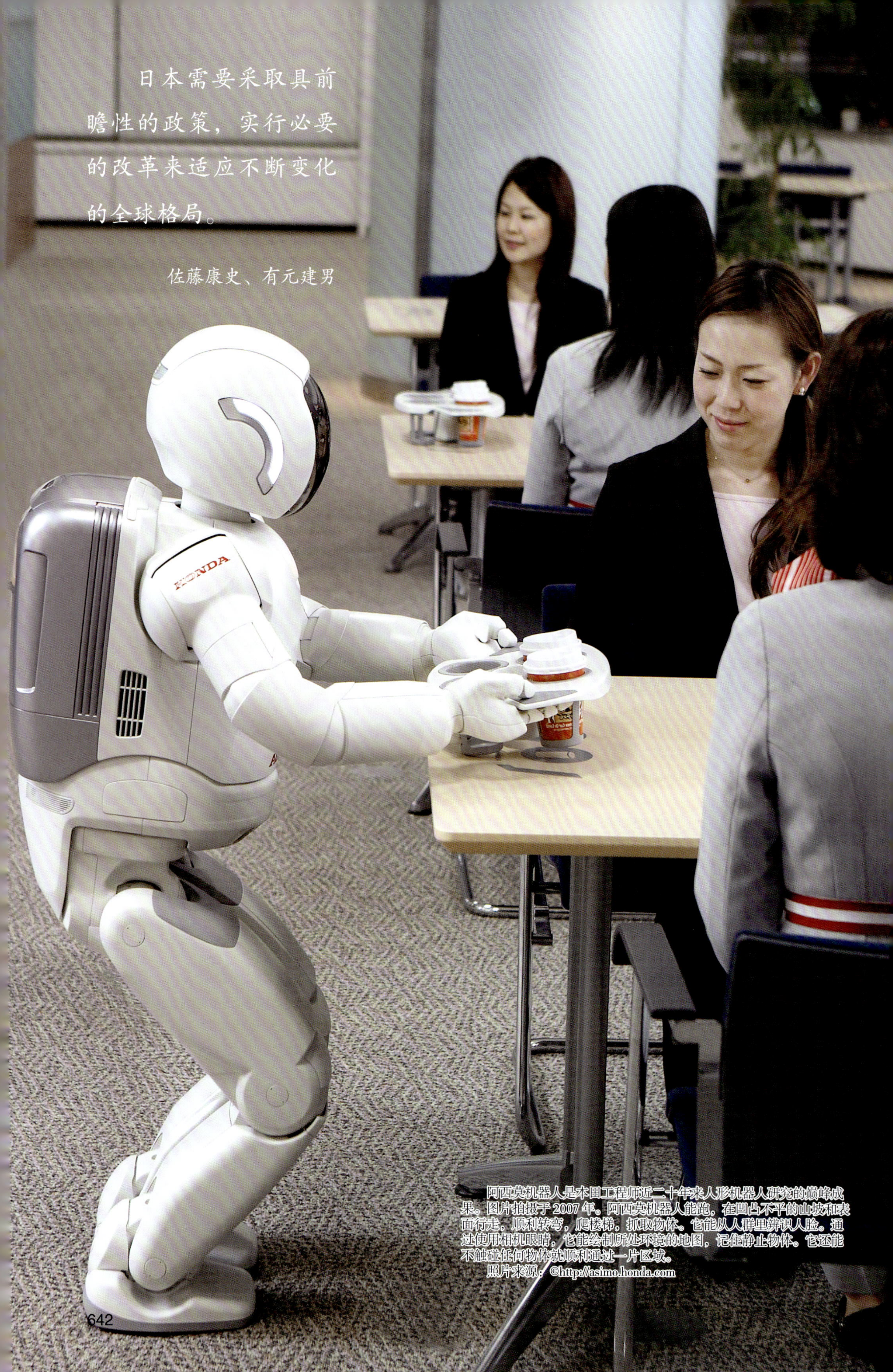

日本需要采取具前瞻性的政策，实行必要的改革来适应不断变化的全球格局。

佐藤康史、有元建男

阿西莫机器人是本田工程师近二十年来人形机器人研究的巅峰成果。图片拍摄于 2007 年。阿西莫机器人能跑，在凹凸不平的山坡和表面行走，顺利转弯，爬楼梯，抓取物体。它能从人群里辨识人脸。通过使用相机眼睛，它能绘制所处环境的地图，记住静止物体。它还能不触碰任何物体就顺利通过一片区域。

照片来源：©http://asimo.honda.com

第 24 章　日　本

佐藤康史、有元建男

引言

日本政治的两个转折点

过去 10 年，日本经历了整整两次政治转折点。第一次是 2009 年 8 月，自由民主党遭遇惨败，这是近半个世纪以来，自民党首次失去对日本政治的主导权。日本经济连续 20 年不断衰退，自民党未能成功扭转局面。受挫的选民将希望放在了日本民主党身上。然而，接下来的 3 位首相频繁换届，也没能重振日本经济。2011 年 3 月，日本发生大地震，并引发海啸，福岛第一核电站发生核泄漏。21 个月后，幻想破灭的选民重回自民党的怀抱，2012 年 12 月的大选中，自民党获得胜利。

安倍晋三首相上台后，实施了一系列刺激政策，被称为安倍经济学。随着提高消费税的实行，日本经济正式陷入萧条，2014 年 12 月，安倍首相提前举行大选，看民众到底是否支持安倍经济学。他领导的政党获得了压倒性的胜利。

长期的挑战：老龄化社会和经济萧条

虽然安倍经济学帮助日本从 2008 年全球金融危机的浪潮中慢慢复苏，但根本问题依然存在。日本人口在 2008 年达到顶峰，之后就缓慢减少。虽然 2005—2013 年，日本生育率有所上升，从 1.26 增至 1.43，但老年人占总人口的比例激增，已成为全世界老龄化最严重的国家。老龄化的社会加上滞胀的经济，让日本不得不加大政府支出，尤其是对社会保障的支出。2011 年，政府总债务占国内生产总值的比例已超过 200%，并不断上升（见表 24.1）。为摆脱债务，2014 年 8 月，政府将消费税从 5% 提至 8%。考虑到国内的经济形势，安倍内阁计划到 2017 年 8 月，将消费税进一步提高至 10%。

当前的财政情况的确不稳定。2008 年至 2013 年，尽管政府对社会保障的投入每年以 6% 的年均增长率不断提高，总国民收入仍然毫无提高。2014 年 5 月，国际货币基金组织建议日本将消费税至少提高至 15%。这个数字虽低于大部分欧洲国家，但要在日本实施起来却非常困难。因为大部分日本人，尤其是老年人，会给负责这项决议的政党投反对票。与此同时，日本人也反对公共服务水平降低。日本公共服务的特点是性价比高、舒服、全面的卫生保健，公平可靠的公共教育，可信的警察和司法系统。因此，面对收入和支出的缺口加速扩大，政治家也束手无策。

在如此巨大的经济压力下，政府的确试图减少公共开支。2008 年至 2013 年，国防预算虽基本保持稳定，但随着人们对亚洲不断变化的地缘政治的关注，也略有上升。公共开支自民主党当政以来大幅减少，但东日本大地震发生后，尤其是在安倍政府的领导下，再次上升。2008 年至 2013 年，教育预算也不断减少，一个明显的例外是民主党 2010 年推行的免除中等教育学费的举措。多年以来一直不断上升的发展科学技术的预算也开始转而下降。虽然政府仍视科技为创新和经济增长的关键因素，但面对有限的收入和不断增加的社会保障投入，政府不得不减少对科学技术的财政支持。

自 2008 年全球金融危机以来，私营部门对研究与开发的投入也不断减少。企业不再投资资源，而是不断积累盈利，提高内部储备，现企业内部储备已占日本国内生产总值的 70%。原因在于，企业逐

表 24.1　2008 年和 2013 年日本社会经济指标

年份	国内生产总值 增长量（%）	人口（百万）	65岁及以上人口比例（%）	政府债务占国内生产总值比例（%）*
2008	-1.0	127.3	21.6	171.1
2013	1.5	127.1	25.1	224.2

* 政府金融负债总额。

来源：经济合作与发展组织（2014 年）第 96 期经济展望报告；2014 年 10 月国际货币基金组织经济展望数据；人口数据来源于联合国经济与社会事务部。

渐意识到为重大社会经济变化做准备的重要性，即使这种变化很难预测。2012 年，为迎合国际趋势，企业税率减少 4.5%，即使企业提高了员工的薪资，也能积累财富。事实上，过去 20 年来，为在全球市场竞争，日本企业一直用合同工来代替终身雇员，从而减少运营成本。私营部门的平均薪资在 1997 年达到顶峰之后不断减少，2008 年降低了 8%，2013 年降低了 11.5%，收入差距扩大。此外，与发达国家一样，年轻人越来越多地以临时工和合同工为职，这让他们很难掌握技能，在职业生涯中也缺少话语权。

“日本回来了！”

2012 年 12 月，安倍首相上台，正值国内财政、经济困难时期。他宣誓要将经济复苏当成首要目标，摆脱影响日本经济 20 多年的通货紧缩。安倍上台后没多久，2013 年 2 月访问美国时，发表题为“日本回来了”的演讲。安倍经济学有“三支箭”，即宽松的货币政策、财政刺激和发展战略。这引起世界各地投资者的好奇，开始密切关注日本，这让 2013 年日本的股价上升了 57%。与此同时，折磨日本已久的日元过度增值也终于结束。首相甚至督促私营企业提高员工工资，工资也的确长了。

然而，安倍经济学对日本经济的全部影响还未完全展现。尽管日元的贬值促进了日本出口业的发展，但日本企业能多大程度将工厂和研发中心吸引回国内尚不清楚。日元贬值还提高了进口商品和材料的价格，包括石油和其他自然资源，这使日本贸易收支进一步失衡。

如此看来，最终日本经济的长期健康发展还取决于安倍经济学的第三支箭，即发展战略。其中包括的关键因素包括：增强女性的社会和经济参与、促进医疗和其他产业的发展，提高科学、技术和创新。能否达到这些目标将根本性的影响日本社会的未来。

科学、技术、创新主导的趋势

全新的开始

《科学技术基本法》首次要求日本政府制定《科学技术基本计划》，即该政策领域最基本的文件。《科学技术基本计划》每 5 年修订一次。《第一个基本计划》（1996）要求政府大幅度增加研发支出，加大投入更多竞争研究领域的资金，给予研究基础设施一定照顾。第二个和第三个基本计划强调生命科学、信息和通信技术、环境和纳米技术、材料科学 4 个重点领域的资源配置，同时也强调基础科学的重要性。与此同时，创造竞争性的研究环境和产学合作仍是主要的政策议程，与社会交流科学成果变得更加重要。2006 年发表的《第三个基本计划》中，创新第一次成为关键词。回顾科学和技术政策委员会制定的《第三个基本计划》，我们发现，年轻研究员获得更多支持，女性研究员比例加大，产学结合增多，然而在这些方面仍然需要更多的努力。回顾还强调了建立有效的 PDCA 循环机制（计划、执行、检查、纠正）的重要性。

科学和技术政策委员会最后修改《第四个基本计划》的时候，2011 年 3 月 11 日，东日本大地震发生了。地震引发了海啸和福岛核电站泄露。这三重灾难对日本社会造成巨大的影响。大约两万人死亡或失踪，40 多万座房屋和建筑遭到破坏，高达数亿美元的财产被毁。一大片有城镇和农场的土地因受放射性物质污染，人们被迫撤离；6 个核反应堆被遗弃。国内其他的核反应堆也停止工作，虽然有几座短暂恢复了运行。2011 年的夏天，全国实施了大规模的节约用电计划。

为顺应这些事件,《第四个基本计划》推迟到 2011 年 8 月发布。新计划与前几个计划完全不同。它不再将研发领域放在第一位置，而是提出了亟待解决的 3 个关键领域：灾难恢复和重建,“绿色创新”和“生命创新”。计划还强调了其他重要问题，如为人们提供安全、富裕和更好的生活，强大的工业竞争力，日本对解决全球问题的贡献，巩固国家基础等。

因此,《第四个基本计划》与之前科学技术创新政策不同，不再仅仅依靠纪律，还顺应了现实问题的发展。

2013 年 6 月，安倍政府承诺迅速振兴经济的短短几个月后，政府推行了一种新类型的政策文件，即《科学技术创新全面战略》。此文件将长期的愿景和行动结合在一起，推行时间为一年。《全面战略》以研发为主题，包含众多领域，如能源系统，健康，新一代基础设施和区域发展，同时提出完善国家创新体系的方法。计划还重点提出科学、技术、创新政策的三个关键方向："智能化[①]""系统化"和"全球化"。2014 年 6 月，政府修订了《全面战略》，指定以下方面作为重要的交叉技术领域，来实现战略目标：信息通信技术、纳米技术和环境技术。

大学在创新中发挥更积极的作用

过去 10 年，任何与科学、技术和创新政策有关的文件都强调了创新和产学结合的重要性。日本在科学研究和技术开发方面非常厉害，但在价值创造和世界竞争舞台上却一再失势。政治家、政府官员和产业领袖都认为，创新是使日本长期停滞的经济复苏的关键。他们还一致认为，大学应努力发挥更积极的作用。

2010 年，已有促进产学合作的主要法律出台。1999 年，日本版的"贝多条款[②]"获批通过，并被 2007 年修订的工业技术促进法案定为永久法案。"贝多条款"将公共资助研究的知识产权归于研究机构而不是政府。与此同时，知识产权基本法案在 2003 年生效，同年推行了大型私人企业研发费用的收税改革，尤其是与大学和国家的研发机构合作的相关费用改革。2006 年，教育基本法案正式修订，扩大了大学的使命，即除教育和研究之外，也应对社会做出的贡献，包括产业和区域发展。

在这些法律指引下，为促进产学合作，许多项目开始推行。一些项目旨在创造产学合作研究不同的主题，另一些则支持大学初创企业的创建。还有一些项目加强了现有大学内部中心与产业的联系，支持对应特定工业需求的大学研究，促进、部署大学的协调人。2000 年，政府还创建了一系列区域集群。然而，2009 年至 2012 年，政府为削减公共开支，仓促地终止无数项目，这些区域集群也被废除了。

如此广泛的政府支持让日本的产学合作在过去的 5 年里持续增长。相比起前 5 年，增速已经放缓。尤其是新的大学初创企业的数量已经从 2004 年的 252 家大幅下跌到 2013 年的 52 家（见表 24.2）。某种程度上，这种趋势反映了日本大学与产业关系的成熟。但同时这也可能意味着近几年公共政策势头降低。

支持高风险、影响大的研究与开发

尽管如此，日本政府还是相信，通过产学合作促进创新是至关重要的国家发展战略。近期，日本推出一系列的新方案。2012 年，政府决定资助 4 所重要大学，这 4 所大学可成立自己的基金会，投资新的与金融机构、私营企业或其他合作伙伴合作的大学初创企业。若这种尝试能创造利润，利润的一部分便返回给国库。

2014 年，政府推出一个新的大项目，来支持高风险、影响大的研究与开发，名为《颠覆性技术创新计划》（简称为 ImPACT 计划）。此项目在许多方面都类似于美国国防部高级研究计划局。该项目的经理有相当大的自由裁量权，能灵活地组织团队、指导他们的工作。

同年实施的另一个主要项目是跨部级战略创新计划（简称为 SIP 计划）。为克服跨部门壁垒，科学技术创新委员会[③]直接管理此项目，促进研究开发

① 智能化指"智能电网""智能城市"等概念。

② 1980 年的贝多法案（官方称专利和商标法律修订案）授权美国大学和企业可以将他们获得联邦政府资助的发明商业化。

③ 前身为日本科学与科技政策顾问委员会，于 2014 年改名。

表 24.2　2008 年和 2013 年日本的大学和产业的合作

年份	合作研究项目数量	大学在合作研究项目中的利润（¥百万）	合约研究项目的数量	大学在合约研究项目中的利润(¥百万)	新的大学初创企业的数量
2008	17 638	43 824	19 201	170 019	90
2013	21 336	51 666	22 212	169 071	52

注：大学包括专科学校和大学内研究机构。

来源：联合国教科文组织统计研究所，2015 年 4 月。

的各个阶段。这有利于应对日本经济、社会关键领域的挑战，如基础设施管理、弹性防灾和农业发展。

这些新的资助计划反映出，日本的政策制定者越来越认可投资整个价值链的必要性。日本政府希望，这些新计划能产生突破性创新，解决社会问题，同时也促进日本经济按照安倍内阁设想的方式进一步发展。

可再生能源和清洁技术的发展

日本一直在能源和环境技术投入巨资。即使国内缺乏自然资源，日本也自 1970 年以来不断推行许多国家项目来发展可再生能源和核能。日本曾是世界上利用太阳能发电最多的国家，直到 21 世纪前 10 年被德国和中国迅速超越。

2011 年 3 月，东日本大地震发生，直到 2012 年 5 月，国家的整个核反应堆网络处于停工状态，也不清楚什么时候能够重新启动，日本决定重新重视可再生能源的开发和使用。2012 年 7 月，政府推行上网电价。该系统要求公共事业部门以固定价格购买可再生能源生产的电。相关政策、减税和财政援助也鼓励人们投资可再生能源。因此，太阳能市场迅速扩大，太阳能发电的成本稳步下降。可再生能源（不包括水力发电）发电占日本总发电量的比例从 2008 年的 1.0% 上升到 2013 年的 2.2%。人们预计，现有政府政策将进一步扩大可再生能源的市场。

日本的航空业起步晚。但自 2003 年以来，日本经济产业省补贴了三菱重工的一个项目，研发了一款喷气客机，希望通过其高燃油效率、低环境影响、噪声小的特点征服全球市场（见专栏 24.1）。

学术界的变革

与许多其他国家一样，日本拥有博士学历的年轻人发现，他们很难在大学或研究机构获得永久职位。博士生的数量在下降，很多硕士学生不愿投身研究，因为这个职业看上去毫无回报。

作为回应，自 2006 年以来，日本政府采取了一系列的措施来让青年科学家的职业道路变得多样化。

专栏 24.1　三菱支线喷气式飞机

三菱支线喷气式飞机（简称 MRJ）是日本设计和制造的第一款喷气式飞机。官方于 2014 年 10 月 18 日第一次推出该飞机，并定于 2015 年首航。三菱支线喷气式飞机的首次交付定于 2017 年。现已收到数以百计的国内外订单。

飞机的主要制造商是三菱重工和其成立于 2008 年的子公司三菱飞机公司。不同型号的喷气机将搭载 70 ~ 90 名乘客，飞行范围为 1 500 ~ 3 400 千米。

日本航空业发展起步晚。第二次世界大战结束后的 7 年，日本一直被禁止发展飞机制造。

禁令解除后，航空航天技术的研究逐渐腾飞，这也得益于来自东京大学及其他学术界、产业界和政府机构的研究人员的努力。

接下来的几十年，发展制造飞机的计划频频受挫。1959 年成立的一家半公立企业开始研制中型涡轮螺旋桨飞机 YS-11，并生产出 182 座机身。但随后，公司因累计亏损而解散，并于 1982 年被三菱重工收购。受通产省（2001 年改名为经济产业省）的资助和控制，公司不能自主发展，来适应变化的国际市场。

尽管自 20 世纪 70 年代以来，日本一直大力发展航空产业，制造商一直没有明确的研发新型飞机的计划。长期以来，他们一直与美国和欧洲的航空公司签订合约。直到 2013 年，三菱重工开始研发中型喷气式飞机，一年后，经济产业省也宣布将资助此项目。最初的计划是能在 2007 年之前首航，但事实证明，这个计划太乐观了。

预算由最初的 500 亿日元升至 2 000 亿日元。在三菱和其他制造商的不懈努力下，三菱支线喷气式飞机有较高的燃油率，环境污染小，噪声小。日本在碳纤维上的传统优势一直被应用于全世界的飞机上，同时，也与三菱支线喷气式飞机完美融合。也希望这项技术优势能够吸引全球市场的顾客。

来源：由作者编辑。

他们出台了许多方案，促进产学交流，给实习生补贴，发展培训项目，给博士毕业生提供更广泛的前景，培养多种技能。政府也推动博士课程改革，试图培养出能适应非学术环境的毕业生。2011 年，日本文部科学省（简称 MEXT）推行了大规模的领导研究生院项目；此项目资助了众多大学参与的毕业项目改革，激发创造力、培养广泛的技能，培育出产业、学术界、政界的全球领导人。

与此同时，政府已采取措施改革大学的人事制度。2006 年，政府开始资助大学终身教授制度的推行，这与日本过去的学术传统大不相同。2011 年，补贴进一步扩大。同年，大学研究管理员的概念被正式引用。大学研究管理员负责执行各种任务，如分析机构的优势，制定策略来获得研发资金，管理研发资金，处理知识产权问题和维护对外关系。然而，一些大学里，研究管理员仍被视为研究者的支持人员而已。研究管理员要取得日本大学的承认，仍然需要时间。

学生数量减少将引发激进改革

近年来，高等教育发展显现出一个强大趋势，即重点培养全球人才，换句话说，即培养出在全球各地工作都没有困难的人。日本已经意识到，因为英语较差，国际交流不是他们的强项。在世纪之交，几乎所有的企业都发现，日本封闭的市场已越来越难运营。作为回应，文部科学省在 2012 年发起了一个主要项目，促进全球人力资源开发。2014 年，该项目扩大为全球顶尖大学项目。这些项目为大学提供了慷慨的资助，培养出跨国也能自如工作的人才。除这类政府项目之外，日本大学自身也以全球背景来教育学生，并招收国际学生。截至 2013 年，15.5% 的研究生（255 386 人）来自国外（39 641 人）。绝大多数（88%）的国际学生来自亚洲（34 840 人），其中包括 22 701 人来自中国和 2 853 人来自韩国。

日本大学面临的最根本挑战是 18 岁的人口数量不断下降。1992 年，18 岁人口达到顶峰，为 2 049 471 人；而 2014 年，人数几乎减半，只有 1 180 838 人。大学新生人数一再上升，因为大学生占人口比例激增：1992 年为 26.4%，1992 年为 51.5%（见图 24.1）。然而，大多数利益相关者都看到饱和的迹象。他们一致认为，一个激进的全国大学体制改革迫在眉睫。

近期，日本的大学数量稳步攀升。截至 2014 年，全国共有 86 所国立大学、92 所公立大学、603 所私立大学。日本一共有 781 所大学，以世界的标准来看，数量也很多。然而大约一半的私立大学招不满学生，这意味着，不久的将来将有大规模的整合和合并。

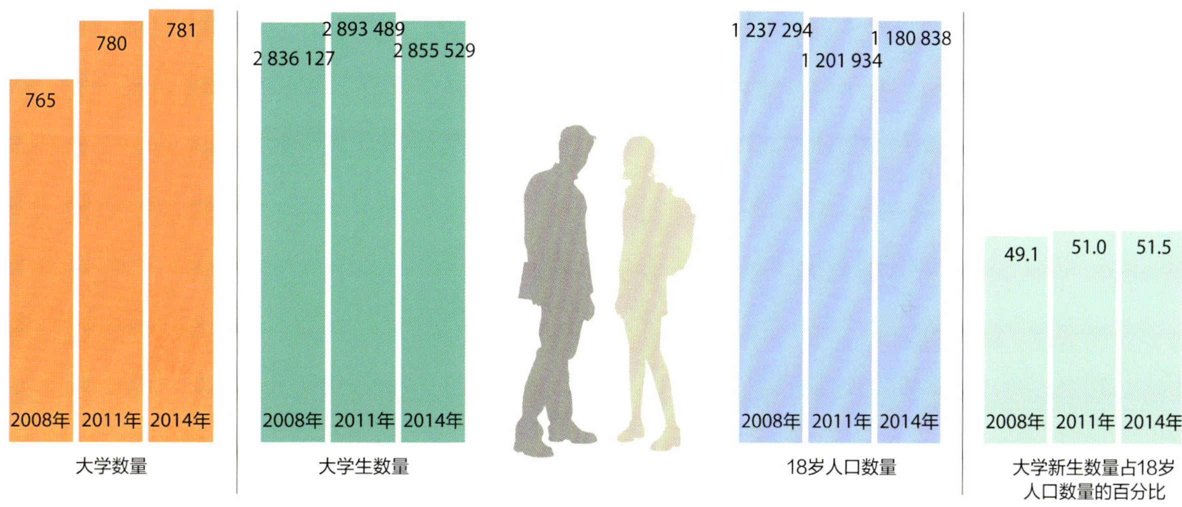

图 24.1　2008 年、2011 年、2014 年日本大学的数量和日本大学生的数量

注：此处的大学生数量包括所有本科生和研究生。

来源：日本文部科学省（2014b，2014c）。

历史性的改革使大学分层

政府主导的国立大学结构性改革正在进行中。自 2004 年这些大学被半私有化和法人化后，他们得到的政府资助每年减少 1%。国立大学要设法帮助自己获得更多的科研经费、私营部门的资金和捐赠。然而，并不是所有大学都能很好地适应新形势。只有少数大学保持健康发展，其他大学则资金锐减。这种情况下，自 2012 年以来，政府一直督促大学改革，重新定义自己的目标，充分利用其独特的优势。作为刺激，政府愿意为大学的改革提高一系列补贴。

然而，仅靠大学的努力是不够的。2013 年 11 月，文部科学省宣布《国立大学改革计划》，建议每所国立大学选择 3 个方向其一发展：教育研究的世界一流大学，国内教育研究的中心，或者区域复兴的中心。2014 年 7 月，文部科学省明确表示，国立大学的资金也将改革；新方案中，3 种类型的大学会依据不同的标准和筹资渠道进行评估。这是一个划时代的决定，因为直到现在，日本所有的国立大学都是相同的机构地位。从现在开始，它们将正式分层。

政府资助的研发机构也正在改革中。以前，日本宇宙航空研究开发机构、日本国际合作机构、都市再造机构等机构都属于同一类别的独立行政机构。2014 年 6 月，一项法案通过，将国家的 98 个研发机构归为 31 类。为将研发性能发挥到最大，相对于其他机构的评估期（主要是 3 ~ 5 年），国家研发机构的研发期较长，为每 5 ~ 7 年评估一次。

虽然物理和化学研究所（简称为 RIKEN）和国家先进工业科学技术（简称为 AIST）目前属于独立行政机构，政府打算将他们设为国家特殊研发机构，推行特殊的评价体系，他们也有权给优秀的研究人员支付极高的工资。然而，由于一位物理和化学研究所的研究员的失职行为，此计划已被搁置。

为科学家与大众见面创造空间

2001 年，第二个《科学技术基本计划》承认科学与社会相互依存的程度不断增加，并强调，加强科学与社会之间的双向沟通的必要性，要求社会科学和人文学科的研究人员发挥自己的作用。从那以后，一系列项目开始实施，如科学传播、科学咖啡馆、科学推广、科学素养、风险沟通等。多所大学开设了科学传播和科学新闻等研究生课程，科学普及研究员的数量明显增加。2014 年，科学集会的范围扩大，包括与科学技术相关的关键社会问题的辩论。

三重灾难后，科技建议大量涌现

近期，人们越来越意识到科学家和政策制定者保持对话的重要性。2011 年 3 月的东日本大地震发生后，科学建议大量涌现。社会上有种普遍看法：政府无法应用科学知识来应对三重灾难。人们举行了一系列专题讨论会，讨论科学建议在制定政策时的重要性。人们还提出了为首相和其他部长配备科学顾问的想法，虽然这个想法暂时没有实现。与此同时，日本科学理事会（日本科学院）修改了 2013 年 1 月出台的科学家行为准则，添加了科学建议的内容。日本的政策制定者必须更积极地参与到与此议题相关的国际讨论当中。

2011 年，日本政府启动了一个名为“重新设计科学技术创新政策科学”（简称为 SciREX）的项目，目的是使科学技术创新政策更能反映科学证据[①]。SciREX 计划支持大学内的多个研究和教育中心，为相关领域的研究者提供资金，提高相关证据基础建设。许多参与这个项目社会科学和人文学科研究人员都被培训为这个新领域的专家，发表了他们的发现，如科学创新，科学技术创新与经济增长的关系，决策制定过程，科技的社会启示，研发评价等。

虽然 SciREX 计划注重的是科学技术创新政策，科技也可以给其他政策领域带来启发，如环境政策和卫生政策（“科学政策”而不是“政策科学”）。在这些领域，政策制定者严重依赖科学家提出的各种形式的建议，因为没有专业知识的支持，政策就无法实施。

尽管科学建议对政策制定有如此明显的优点，但两者的关系并不那么明显。科学建议有很多不确定性，科学家也可能持不同的观点。科学顾问可能受到各方面利益冲突的影响，或者受到决策者的压力。对他们来说，决策制定者可以任意选择科学顾问，也可以用不同的方式来参考科学建议。因此，科学建议也成为西方国家和国际机构如经济合作与发展组织的重要议题。

---

① 不仅包括自然科学的信息和知识，还包括经济学、政治科学与其他社会科学、人文学科的信息和知识。

学术不端行为削弱了公众的信任

科研诚信是公众对科学信任的核心。21 世纪以来，日本学术不端行为的数量显著增加。与此同时，大学接受的资助减少、竞争性拨款增多。2006 年，日本政府和科学理事会分别建立学术不端行为准则，也没有扭转这一趋势。自 2010 年以来，已有大规模学术不端行为和滥用研究基金的事件发生。

2014 年，日本曝光了一个极其严重的学术不端行为。1 月 28 日，一位 30 岁的女研究员和她的同事们举行了新闻发布会，宣布她们的关于刺激触发性多能性获得细胞（简称为 STAP）论文将于第二天发表在《自然》（*Nature*）杂志上。媒体疯狂报道这一惊人的科学突破，这位年轻的研究员一夜成名。然而，有人在网上提出质疑，指出该论文篡改数据、抄袭相关文章。女研究员的雇主物理和化学研究所于 4 月 1 日承认了她的学术不端行为。尽管女研究员反抗了很长时间，也从未公开承认错误，但物理和化学研究所经调查后，于 12 月 26 日否认了文章的有效性，因为 STAP 实际上是另一种著名的多能细胞，称为胚胎干细胞。女研究员从物理和化学研究所辞职。

日本民众高度关注这一事件。它严重破坏了日本公众对科学研究的印象，还引发了广泛的对公共科技政策的辩论。例如，在该事件发生后，她的母校早稻田大学进行调查，决定暂时取消她的学位，并给她一年的时间做出必要的修正。同时，大学还开始调查她在以前的部门所写的论文。除了学位的质量保证问题外，其他问题也纷纷涌现，如研究人员和机构之间的激烈竞争，年轻研究人员的培训不足等。为响应这一严重的、引起社会高度关注的问题，2014 年，日本文部科学省修订学术不端行为的标准。然而，这些标准仍不足以解决潜在问题。

研究与开发的趋势

政府对研发投入较低

直到 2007 年，日本的国内生产总值对研发支出总额持续增长。但自从美国次贷危机爆发，国内研发支出总额突然暴跌了近 10%。2013 年，研发支出才因全球经济复苏回升（见表 24.3）。日本的研发支出与国内生产总值密切相关，近年来日本国内生产总值下降，但就国际标准来看，研发支出仍然保持较高比例。

同一时期的政府研发支出有所增加，但表象具有欺骗性。日本每年的研发预算时高时低，这是因为政府的追加预算数目不一定，尤其是东日本大地震发生之后。就长期来看，日本停滞不前的政府研发支出反映了紧张的财政状况。不管用什么计算方式，日本研发支出占国民生产总值的比例放在国际上来看，是比较低的。《第四个基本计划》（2011）提出，2015 年之前，将这个比例提高 1% 以上。《计划》还提出第二个目标，即到 2020 年，将研发支出提高至占国内生产总值的 4%。

日本政府研发支出的整体结构逐渐发生了变化。正如我们前面所说，近 10 年来，国立大学的常规资助以每年 1% 的比例下降。同时，竞争性赠款和项目资金增加了。尤其是最近有许多带有各种目的的、大规模的资助出现；这些资助不针对研究员个人，而是针对整所大学。这些捐赠不是纯粹资助大学研究和 / 或教育本身；他们还希望得到参与大学系统改革的权利，课程修订，推行终身系统，研究

表 24.3　2008—2013 年日本研发支出趋势

年份	研发支出(10亿日元)	研发支出/国内生产总值比例 (%)	政府科研支出(10亿日元)	政府科研支出/国内生产总值比例(%)	政府科研支出和高等教育在研发领域的支出 / 国内生产总值比例 (%)
2008	17 377	3.47	1 447	0.29	0.69
2009	15 818	3.36	1 458	0.31	0.76
2010	15 696	3.25	1 417	0.29	0.71
2011	15 945	3.38	1 335	0.28	0.73
2012	15 884	3.35	1 369	0.29	0.74
2013	16 680	3.49	1 529	0.32	0.79

来源：联合国教科文组织统计研究所，2015 年 4 月。

人员职业道路多样化，提高女性研究人员地位，教育、研究活动国际化，最终提高对大学的管理权。

现在，如此多的大学严重缺乏资金，他们需花费大量的时间和精力申请机构资金。人们越来越意识到，花那么多时间在申请、管理和项目评估上的弊端：学术和行政人员不堪重负；短期评估让研究和教育缺乏长远的眼光；一旦项目结束，难以将项目活动、团队、基础设施维持下去。如何在定期资助和项目资助间保持平衡，已经成为一个重要的政策问题。

产业对研发投入的趋势中，最明显的一点是大幅削减在信息通信技术方面的投入。日本电报电话公司曾作为前公共组织在历史上发挥了关键作用，如今也被迫削减研发支出。2008—2013 年，多数其他行业维持较稳定的研发支出。汽车制造商对全球经济危机有较好的应对措施。例如，2012—2014 年，丰田汽车的全球销量第一。2008—2009 年的全球经济危机中，受打击最严重的是日本电气制造商，包括松下、索尼、NEC 等。面对严重的经济困难，他们不得不大幅削减研发开支。与其他领域的制造商相比，他们经济复苏的步伐缓慢且不稳定。自 2013 年推行安倍经济学以来，能否进一步刺激经济发展还有待观察。

产业削减影响研究人员

一直以来，日本研究人员的数量稳步增长，直到 2009 年，民营企业开始削减研究[①]开支。截至 2013 年，日本共有 892 406 名研究人员，根据经济合作与发展组织的标准，可转化为 660 489 个全职人力工时（简称 FTE）。尽管自 2009 年以来科研人员的数量有所减少，但每 10 000 名居民中研究人员的数量，仍在全世界占第一（见图 24.3）。

在 2010 年人数回落以前硕士生人数稳步增长（见图 24.4）。人数增多的原因很大程度上是受 2008 年国际金融危机影响，大学毕业生放弃找工作，继续攻读研究生。硕士入学人数下降部分原因在于对法学院的失望：2004 年，国家决定培训不同背景的律师，但实际上，很多学生毕业找不到工作。这也反映出大学生对硕士学位的有用性产生怀疑。许多硕士学生也因职业道路不确定的前景而放弃继续求学。博士生人数自 2003 年达到顶峰 18 232 人后，也不断下降。

研究领域：女性更多，更国际化

2013 年，每 7 个日本研究员中，就有一位是女性（占 14.6%）。尽管相对于 2008 年（13.0%）有所改善，但在经济合作与发展组织成员国中，日本的女性研究员的比例仍然最低。日本政府致力于提高这一比例。第三个（2006）和第四个（2011）《基本科学技术计划》都设定了目标，将该比例提高至 25%：科学领域占 20%，工程领域占 15%，农业、医药、牙科、制药领域占 30%。以上百分比都是基于这些领域的博士生比例推算出来的。2006 年推出一项政策，若女性研究员产后回到工作岗位，能获得奖学金。此外，女性研究员的比例被纳入各种评估准则当中，越来越多的大学愿意招募女性研究员。因为，安倍内阁大力主张女性更多地参与到社会当中，很可能加速女性研究人员数量上升。

外国研究人员的数量也在逐渐上升。大学里，共有 5 875 名外国全职教学人员（占总数的 3.5%），而 2013 年，有 7 075 人（4.0%）。但这个比例仍然比较低，日本政府一直积极采取措施，推进大学国际化。如今很多大型大学奖金评判时，也将女性和外国人占员工的比例作为评价标准之一。

多任务导致科学生产力降低

日本科学出版物占世界比例在 20 世纪 90 年代达到顶峰，此后一直在下滑。据科学网统计，2007 年，日本的科学论文仍占世界的 7.8%，但 2014 年，比例已下降到 5.8%。虽然这部分是因为中国的持续发展，日本的表现的确不佳：2014 年，世界发表的论文比 2007 年增多了 31.6%，而同期日本减少了 3.5%。

其中一个理由可能是，根据联合国教科文组织统计研究所统计，同期日本大学的研发投入增长太少，只有 1.3%。另一个原因在于，大学研究员研究的时间大大减少。如我们所见，近年来，大学研究员的数量有所上升，但他们花在研究上的时间大大改变了：2008 年，平均每位研究员有 1 142 小时用于研究，2013 年，只有 900 小时（见图 24.6）。下

① 一些企业不再招聘，令一些企业开除员工或将研究人员归入非研究领域。

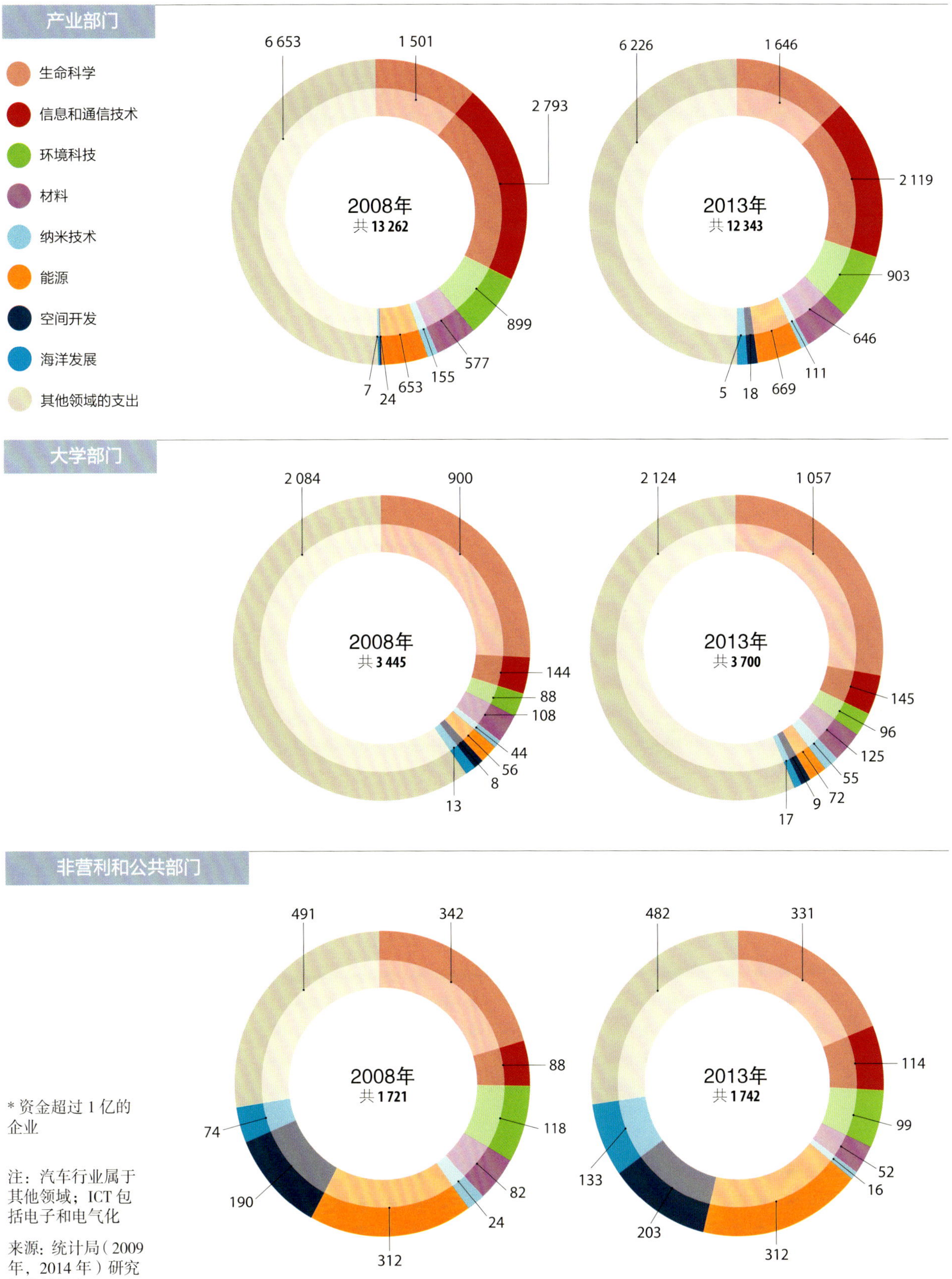

产业部门
生命科学
信息和通信技术
环境科技
材料
纳米技术
能源
空间开发
海洋发展
其他领域的支出
2008年
共 13 262
6 653
1 501
2 793
899
577
155
653
24
7
2013年
共 12 343
6 226
1 646
2 119
903
646
111
669
18
5
大学部门
2008年
共 3 445
2 084
900
144
88
108
44
56
8
13
2013年
共 3 700
2 124
1 057
145
96
125
55
72
9
17
非营利和公共部门
2008年
共 1 721
491
342
88
118
82
24
312
190
74
2013年
共 1 742
482
331
114
99
52
16
312
203
133

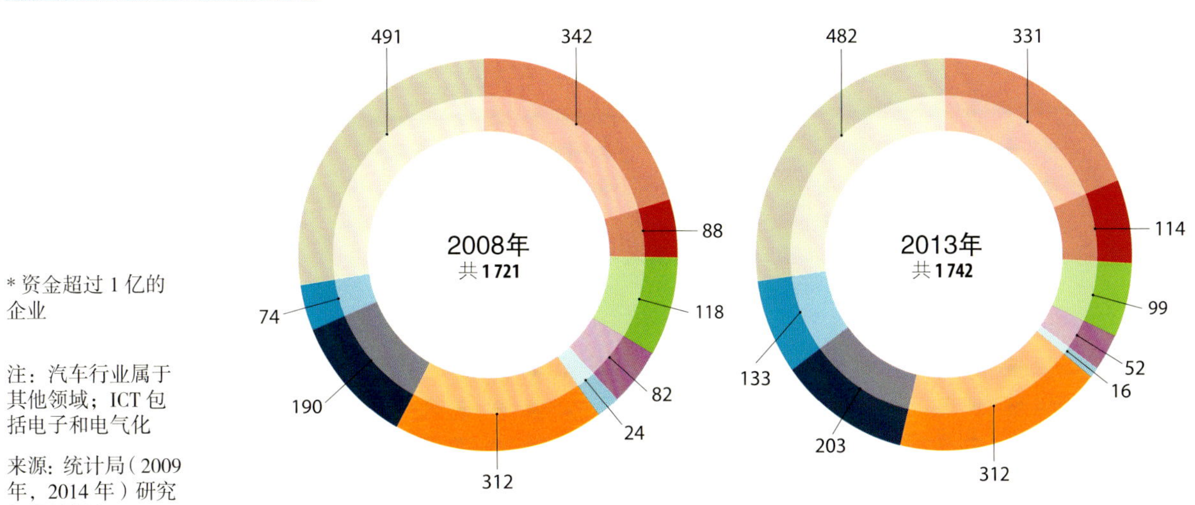

* 资金超过 1 亿的企业

注：汽车行业属于其他领域；ICT 包括电子和电气化

来源：统计局（2009 年，2014 年）研究与发展调查

图 24.2　2008 年和 2013 年日本研发支出，按行业分类（10 亿日元）

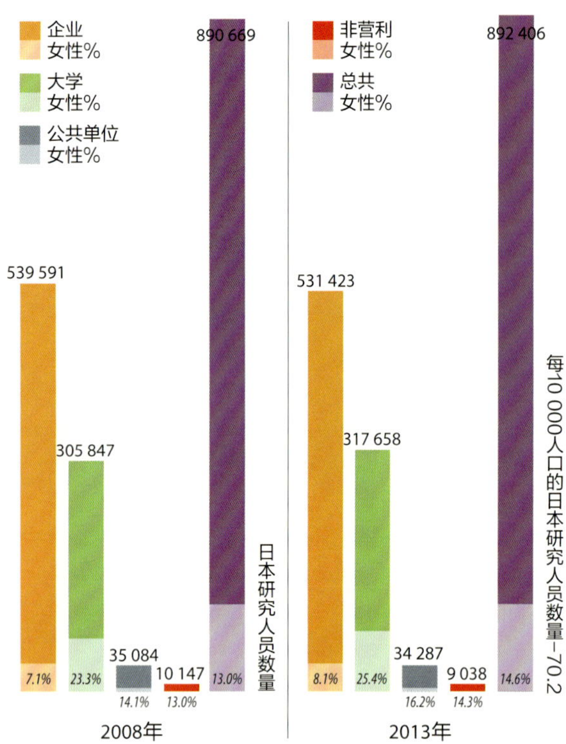

图 24.3 2008 年和 2013 年日本研发人员数量

来源：统计局（2009 年，2014 年）研究与发展调查。

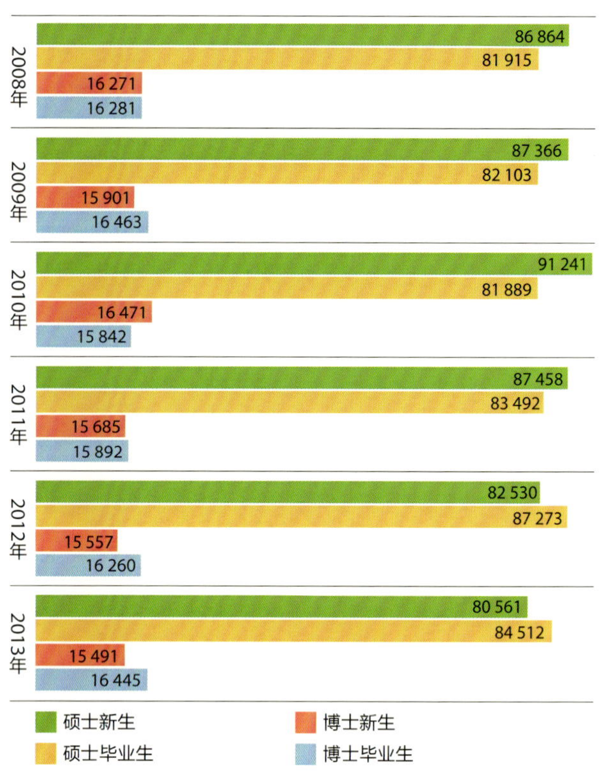

图 24.4 2008—2013 年日本研究生和博士趋势

* 包括专业学位课程。

来源：日本文部科学省（2013，2014c）教育，科学和文化的统计摘要。

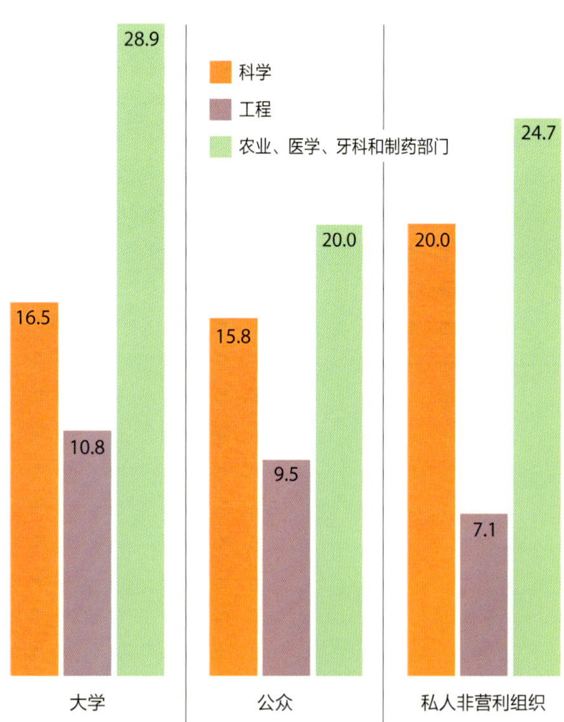

图 24.5 2013 年日本各部门女性研究人员所占比例（%）

注：数据不包括企业部门。

来源：统计局（2014 年）研究与发展调查。

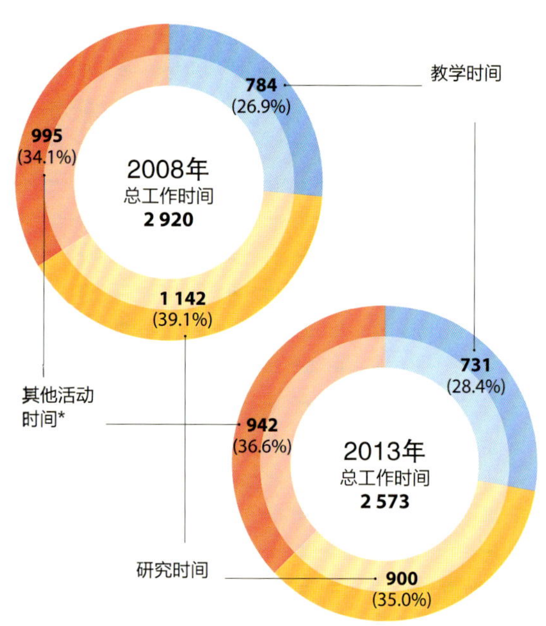

图 24.6 2008 年和 2013 年日本研究人员工作时间分析

* 用于大学行政、社会服务如门诊活动等的时间。

来源：日本文部科学省（2009，2014d）高等教育机构研究人员全职人力工时调查。

降的21%可能是因为大学研究员平均工作时间减少，同期从2 920小时减少到2 573小时。可以肯定的是，相比起教学和活动，分配给研究的时间大幅缩减。如今，研究人员面对许多不可避免的任务：准备英语及日语课程，为所有课程编写教学大纲，指导学生学术领域以外的工作，招收新生，建立多样化、复杂的招生程序，适应日益严格的环境、安全安保需求，等等。

论文数量下降与公共研发资金性质的改变也有关。越来越多授予研究人员的资金要求论文必须是创新型的，一般学术论文资格不够。反之，尽管创新研发活动也可以促使学术论文的产生，研究人员就不仅仅只专注在论文写作上了。与此同时，有迹象表明，研发基金减少也让私营部门的研究人员减少发表论文。

日本论文发表数量下降在各个领域都很明显（见图24.7）。即使是日本有明显优势的领域，如化学、材料科学、物理，发表占世界的比例也大幅下降。相较于近年来日本科学家所做的突出贡献，这种情况看起来很讽刺。21世纪以来，15位日本科学家（其中两位已入美国籍）获得诺贝尔奖（见专栏24.2）。事实上，他们的发明是十几年前就完成了的。那么问题在于，日本现在是否还能保持良好的学术和文化环境，能支持这类创造性的工作。当前环境下，要完成《第四个基本计划》的目标——2015年之前，将100所机构的引用文献率到达各领域前50——是一个艰巨的挑战。

降低专利：注重质量而不是数量

日本专利局（JPO）的专利申请数量自2001年以来一直在下降。似乎很多因素导致了这一现象。过去的十年里，许多公司都没有大量申请专利，而是将注意力集中在高质量的专利上。部分原因是因为2004年以来日本专利局检验费急剧上升。特别是全球爆发金融危机后，日本公司再也不能像以前一样负担起高昂的专利申请费。他们也寄希望于国外专利机构，减少在国内申请专利。此外，多年来，日元升值、国内市场萎缩也促使公司将研发中心迁到国外。因此，他们倾向于在国外申请专利。

事实上，日本专利局是有意让专利申请数量下降的，这是为了解决专利申请审查等待时间长的问

专栏24.2　为什么自2000年以来，日本诺贝尔奖得主的人数增多了？

每年，日本人民都激动地等待着瑞典宣布诺贝尔奖获得者。若日本科学家赢得诺贝尔奖，媒体界和公众都会举行庆典庆祝。

1901年至1999年，日本民众显得无比耐心：这近100年以内，只有5位科学家获得诺贝尔奖。然而，自2000年以来，日本共有15位科学家获得诺贝尔奖，其中两位已入美国籍。

然而这并不意味着日本的研究环境一夜之间提升了，因为大部分获奖得主的工作在20世纪80年代就已经完成了。然而，公共和私人提供的研发基金的确有一定帮助。例如，山中伸弥的研究成果就在21世纪初获得了日本学术振兴会和日本科学技术振兴机构的资助。山中因研发出诱导多能干细胞，2012年获得了诺贝尔生理学或医学奖。中村修二得到日亚化学工业公司的慷慨支持，于20世纪90年代发明了高效蓝色发光二极管（LED），获得2014年诺贝尔物理学奖。

还有其他什么原因导致了诺贝尔奖得主增多呢？很可能因为奖项的关注点有所改变。虽然评奖过程并不公开，但近年来，研究成果对社会的影响显得越来越重要。自2010年以来日本诺贝尔奖得主的研究成果都是对社会有极大影响的。只有三位物理学家（南部阳一郎、益川敏英、小林诚）是因为纯理论的实验成果获得2008年的诺贝尔奖。

如果诺贝尔奖委员会真的越来越注重研究的社会影响，这就是全球学术界思想发生转变的反映。1999年，世界科学会议发表的《科学以及科学知识使用的宣言》和《科学议程：行动纲领》就是这种转变的预兆。世界科学会由联合国教科文组织和国际科学理事会主办，在布达佩斯举行。会议强调了“社会中的科学和科学为社会服务”“科学为探究新知”的重要性。

来源：由作者编辑。

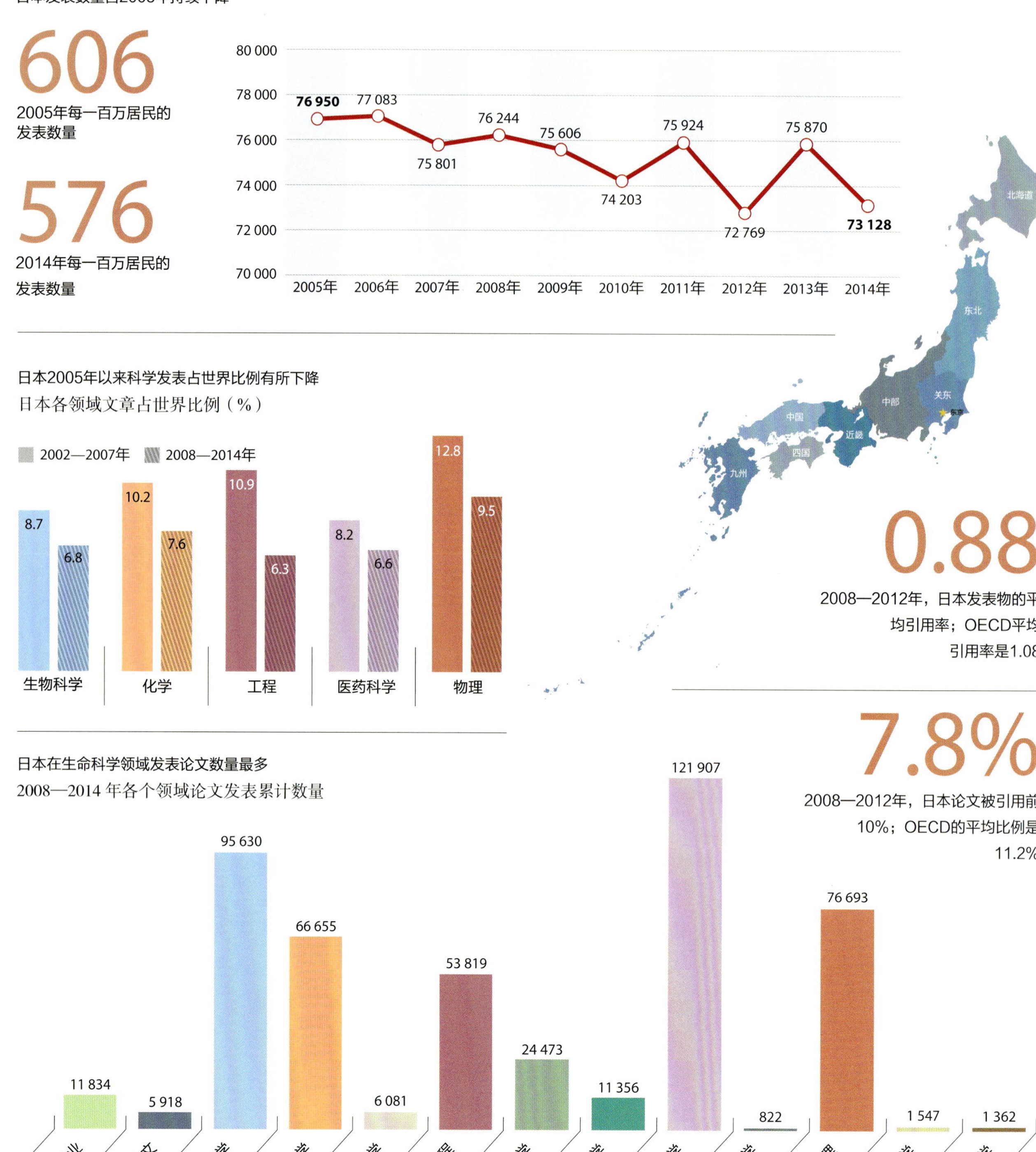

注：不包括 45 647 篇未分类的文章。

27.1%

与外国学者合著论文比例2008—2014；OECD平均值是21.9%

日本最主要的伙伴是美国和中国

主要外国伙伴，2008—2014 年（文章数量）

	第一合作伙伴	第二合作伙伴	第三合作伙伴	第四合作伙伴	第五合作伙伴
日本	美国 (50 506)	中国 (26 053)	德国 (15 943)	英国 (14 796)	韩国 (12 108)

来源：汤森路透社科学引文索引数据库，科学引文索引扩展版；数据处理 Science-Metrix。2014 年 11 月；日本发表占世界比例，NISTEP（2009 年，2014 年）科学技术指标。

图 24.7　2005—2014 年日本科学出版物发展趋势

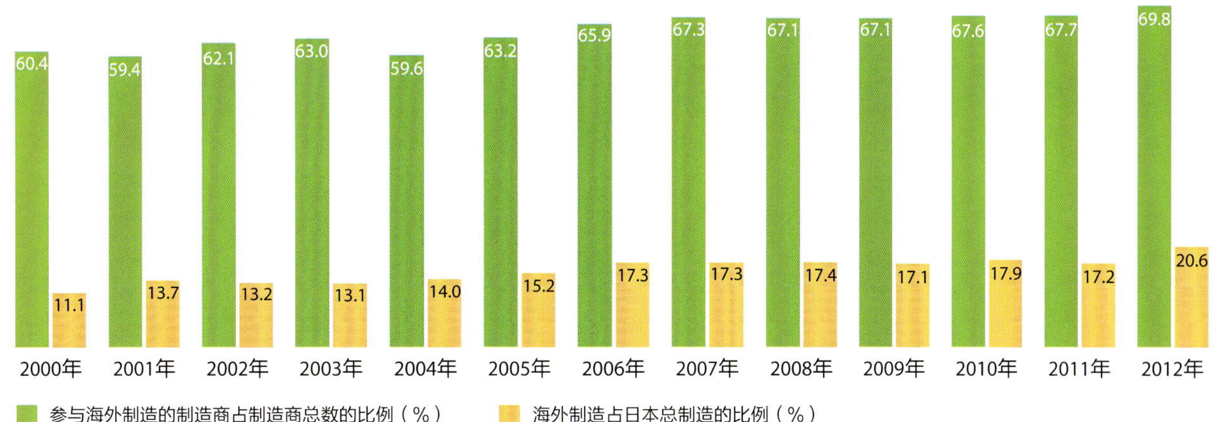

图 24.8　2000—2012 年日本制造商的海外制造

来源：日本内阁（2008—2013 年）企业行为年度调查。

题。第一个推广知识产权项目成立于 2004 年，提出 2013 年前将等待时间从 26 个月减少到 11 个月。日本专利局鼓励私营企业只把最好的成果申请专利。它还将专利审查员的数量提高了 50%，大规模招聘定期职工，并同时提高他们的工作效率。最终，日本专利局按时实现其目标（见表 24.4）。

表 24.4　2008 年和 2013 年日本的专利申请情况

	专利申请数量	获批专利	审批时间（月）	PCT国际申请
2008年	391 002	159 961	29	28 027
2013年	328 436	260 046	11	43 075

PCT：专利合作条约。

来源：日本专利局（2013 年，2014 年）专利管理年度报告。

专利申请减少还可能有另一种原因：这是日本创新能力减弱的标志。专利统计数据能反映出很多不同的方面，但它作为研发的一项指标，效用远不如从前那么明显。如今，世界全球化的进程加快，国家专利制度的含义正在改变。

国际参与趋势

技术增强、竞争力减弱

近年来，日本经济与世界的关系已经从根本上改变了。2011 年，日本自 1980 年以来第一次出现了贸易赤字。部分原因在于出口减少，再加上 2011 年日本三重灾难造成的核电站停工，石油和天然气进口增多。然而，贸易赤字并不是暂时的现象。随着日本制造商在全球市场上缺乏竞争力，将工厂转移到海外，价格高昂的石油和其他自然商品，日本的贸易赤字逐渐发展。虽然日本经常账户仍有盈余，但工业织物远非从前那么有竞争力了。

这并不是意味着日本的技术优势已不再。例如，2008—2013 年，技术进口同期保持基本稳定。即使外商直接投资下降了 16%，日本股市直接对外投资增加了 46%。然而，事实上，与其他国家相比，外商直接投资仍然较低，这意味着日本未能吸引外国投资者、引进外国企业资源。日本政府认为，外商直接投资非常有用，因为它能创造就业机会，提高生产力，同时促进开放创新，振兴长期遭受人口减少和老龄化影响的区域经济。

刺激外商直接投资

最近，日本政府积极采取措施，刺激外商直接投资（见图 24.9）。2012 年 11 月颁布了一项法律，刺激全球企业将研发中心或亚洲分公司迁到日本，措施有降低企业所得税和其他特权。短短几个月后，2013 年 6 月，安倍内阁的《日本复兴战略：日本回来了》确立目标：到 2020 年，外商直接投资翻一倍。为达到此目标，政府设立六个国家战略特区，通过放松管制，这些战略特区有望成为商业和创新的国际中心。这些措施体现出，相对于其他亚洲国家，日本可能正在失去其作为商业目的地的吸引力。

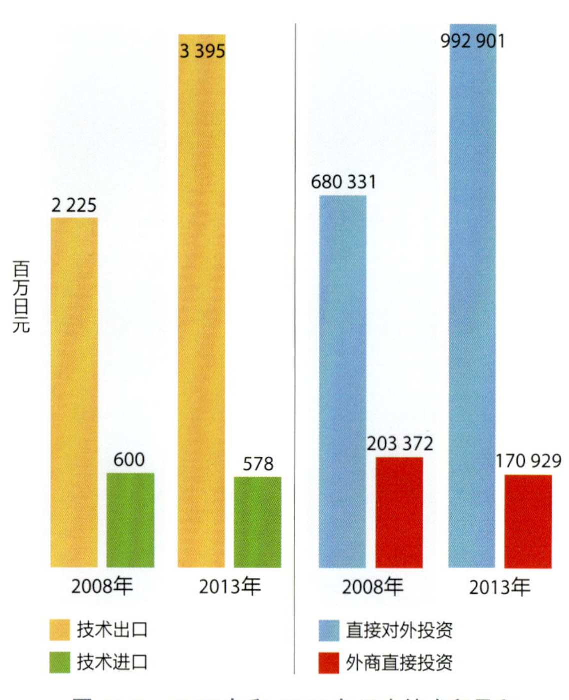

图 24.9　2008 年和 2013 年日本技术贸易和外商直接投资存量

来源：统计局（2014 年）；联合国贸易暨发展会议（2009 年，2014 年）世界投资报告。

幸运的是，目前的环境非常利于商业发展。近年来，日元的大幅贬值吸引众多日本制造商将工厂迁回国内，从而不断创造就业机会。油价下跌、公司税率下降，也促进了企业的“回潮”趋势。虽然不确定这些有利条件将持续多久，但有迹象显示，日本企业也重新评估国内独特的环境优势，包括社会稳定、可靠的生产基础设施、高素质的劳动力，等等。

完成国际目标的承诺

除了不断提高自身的竞争力以外，日本也承诺执行可持续发展的国际议程。1997 年《京都议定书》中，日本同意在 2008 年至 2012 年，减少相当于 1990 年 6% 的温室气体排放量。算上碳排放交易和相关机制，日本已经达到这个目标（见图 24.10）。讽刺的是，正是全球金融危机造成的经济损失帮助日本实现这一目标。然而，日本表示，如果主要碳排放国如中国、美国、印度不能承担责任[①]，日本也不愿参与任何新计划。事实上，日本企业对《京都议定书》非常不满意。他们认为，自 20 世纪 90 年

① 中国和印度虽签署了《京都议定书》，却没有制定具体目标；美国尚未签署《京都议定书》。

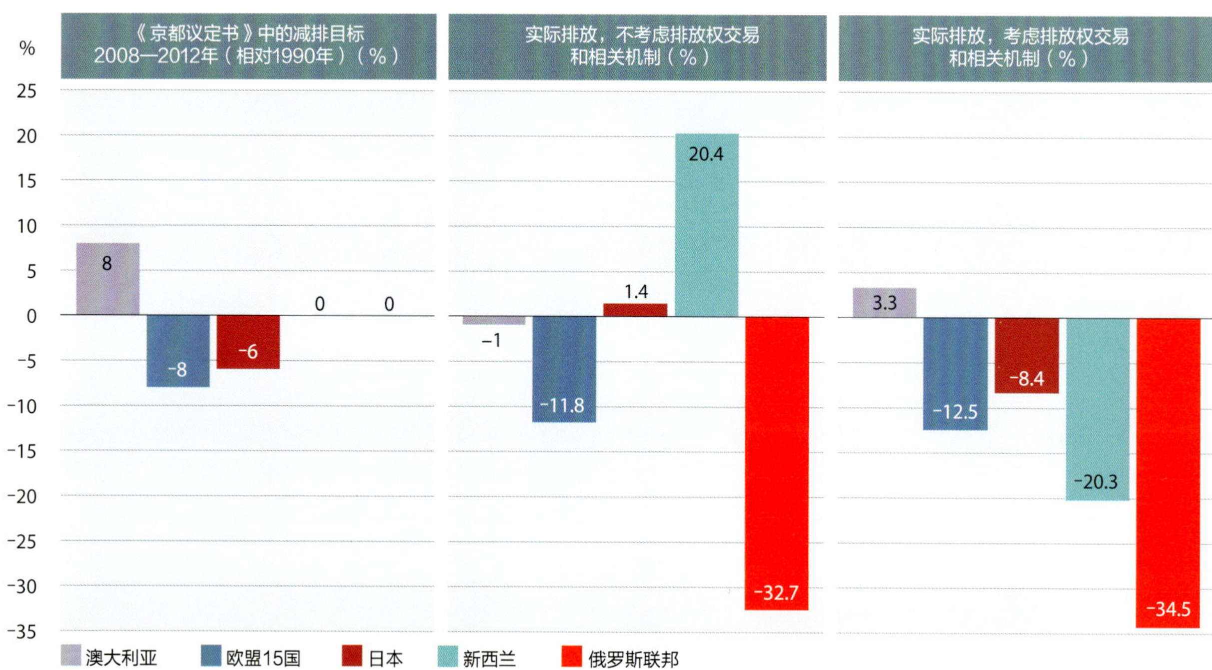

图 24.10　2012 年日本完成《京都议定书》目标的进程

来源：日本温室气体办公室，国立环境研究所。

代以来，日本的碳排放已经很少了，要和其他国家一样设定相同的目标，进一步减少碳排放，实在是太困难。

最近，日本已经急切地参与到新兴全球可持续发展框架中。日本也是贝尔蒙特论坛的活跃成员之一。该论坛于 2009 年成立，为地球环境变化研究提供资助。日本也是有一个伟大目标的计划——未来地球的推动者之一。该计划开始于 2015 年，包含多个以全球环境变化为议题的研究框架，预计将持续 10 年。2010 年 10 月，日本还举办了《生物多样性公约》第十次缔约方大会。大会通过了《名古屋议定书》，为合理利用生物资源提供了法律框架。大会还为全球社会制定了 20 项 2015 年至 2020 年的《爱知生物多样性目标》。依照这些国际协议，日本政府修改了 2012 年指定的《全国生物多样性战略》，提出了详细的目标、行动计划和评估指标①。

日本积极参与国际事务的姿态是建立在科学的外交政策上的。日本认为，参与科技合作项目有利于加强外交关系，因此是符合国家利益的。2008 年，文部科学省与发展中国家共同发起了《可持续发展科学技术研究伙伴关系》(SATREPS)。项目着力于解决环境、能源、自然灾害和传染病等问题。

结论

具有前瞻性的政策和新思维的需求

自 2010 年以来，日本经历了一些明显的趋势：公共和私人对研发的投资几乎没有变化；攻读博士的学生减少；科学出版物的数量正在下降。这些趋势都是在当前宏观社会经济环境下形成的：人口老龄化，人口下降，经济增长缓慢，沉重的国家债务负担。

同一时期，日本的科学技术发展也深受 2011 年东日本大地震的影响。其他里程碑似的事件也将载入史册：2012 年 12 月，自民党重新掌权，安倍经济学诞生；2014 年发生的刺激触发性多能性获得细胞事件，严重影响了科研机构和公众对科学的信任。

近期发生的事情和宏观趋势对学术界、政府部门和产业部门产生了根本性的挑战。对于学术界来说，大学改革显然已是主要挑战。正在进行的改革包括：随着青年人口下降，高校进行整合和合并；国际化加强；女性研究员地位提升；产学合作提高；发展健康的研究环境；为年轻研究人员提供更好的职业前景。总之，首要目标即在全球格局中提高日本的可见性。也许最困难的是日本怎样在预算减少的情况下进行改革。这要求日本合理使用公共资助。同时，政府也要与学术界、产业界共同提出最有效的资助大学的方法。

2016 年 4 月，《第五个基本科学技术计划》与国立大学第六年改革计划同时开启。值此契机，若能提高大学的科研生产力、多样性和国际化，那么这次正在进行改革的大学部门和资助体系将迈入新台阶。反之，学术界也需要分享对大学未来的看法，加强内部管理机制。

学术界和政府的另一个主要挑战即恢复公众信心。官方统计数据显示，2011 年的三重灾难不仅动摇了公众对核技术的信任，也动摇了人们对科技整体的信任。此外，正当人们的信心逐渐恢复之时，刺激触发性多能性获得细胞丑闻再一次摧毁了一切。

学术界和政府不应满足于仅仅预防学术不端行为。他们还应再次检查造成这种问题体制上的缺陷，例如，大量研发资金聚集在少数机构、实验室中，固定资金和终身科研职位的下降、研究员的评估只基于短期的表现等。

日本学术界还必须满足社会逐渐增长的期望。大学不仅要产出优秀的研究成果，更应培养出高质量的毕业生，能够在当今发展加快、全球化升级的世界里具备领导能力。大学也将与行业积极进行合作，在地方、国家、地区、全球范围内都创造社会效益和经济效益。在此方面，日本公共研发机构，如物理和化学研究所和国家先进工业科学技术，作用更加重要，因为它们与学术界、产业界及其他利益相关者都紧密联系。日本医学研究和发展机构成立于 2015 年 4 月，以美国国立卫生研究院为目标，提供创新潜力，实现安倍用一个机构推动全日本医药产业的期望。

① 日本这方面的法律框架包括《生物多样性基本法》(2008)、《促进生物多样性区域合作基本法》(2010)。

日本的工业部门也面临挑战。2014 年之前，安倍经济学和其他因素如外国经济体复苏帮助日本从全球金融危机中复苏。然而，他们的财政状况依然严重依赖股票价格。过去几年的失败依然影响着投资者的信心，这从公司不愿提高研发支出和员工工资、反对冒着风险推进新一轮的发展之中可见一斑。这样的立场并不能保证日本经济长期健康发展，因为安倍经济学的积极作用不能永远持续下去。

日本工业可能发展的方向为，围绕一系列基本概念设计出宏观战略。这些基本概念日本政府在《科学技术创新全面战略》中提出，包括智能化、系统化、全球化。若日本制造商只维持单一商品生产，他们很难在全球市场竞争中占到一席之地。然而，日本工业可以利用其技术力量，面向系统，基于网络创新，以信息通信基础为支撑，满足国际需求。在卫生保健、城市发展、流动性、能源、农业和防灾等领域，给创新企业提供了机遇，提供高度集成、服务至上的系统。日本企业需要的是将传统优势与面向未来结合起来。这种方法可以应用到准备 2020 年东京奥运会和残奥会上。为达到此目的，日本政府正不断提高科学技术创新，通过提供补助金和推进其他领域的项目，如环境、基础设施、流动性、科学技术创新、机器人技术等领域，关键词为“可持续”“安全稳当”“对老人友好、挑战人类”“热情友好”“令人兴奋”等。

日本的主要目标

- 2020 年前，将国内生产总值提高 4%。
- 2015 年前，将政府研发支出提高 1%。
- 2015 年前，将 100 所机构的引用文献率到达各领域前 50。
- 2020 年前，提高女性在公共、私人部门的高层职位的比例。
- 2015 年前，女性研究员占科学领域 20%，工程领域 15%，农业、医药、牙科、制药领域 30%。
- 2020 年前，吸引 30 万名国际留学生。
- 2020 年前，外商直接投资提高一倍（2013 年为 1 710 亿美元）。

另一种可能即：提高创意领域，如数字内容、在线服务、旅游和日本料理等。经济产业省多年来一直在推动“酷日本”计划，最终于 2013 年 11 月成立了酷日本公司，推动创意产业在海外传播。这种尝试也能融入日本整体科学技术创新政策当中。

自 20 世纪 90 年代日本经济进入低谷以来，已经过去了近 25 年。在这长时间的经济衰退期里，日本的工业界、学术界和政府部门都经历了改革。许多电力、钢铁和制药公司合并和重组，金融机构也是一样。国立大学和国家科研院所变成半私有化。政府部门经历了全面重组。这些改革夯实了日本工业、学术界、政府部门的基础。现在日本需要的是对国家创新系统充满信心。日本需要采取具前瞻性的政策，充满变革的勇气，来适应不断变化的全球格局。

参考文献

Govt of Japan (2014) *Comprehensive Strategy on STI*. Tokyo.

Govt of Japan (2011) *Fourth Basic Plan for Science and Technology*. Tokyo.

Japan Patent Office (2014) *Annual Report of Patent Administration 2014*. Tokyo.

MEXT (2014a) *The Status of University–Industry Collaboration in Universities in Financial Year 2013*. Ministry of Education, Culture, Sports, Science and Technology: Tokyo.

MEXT (2014b) *School Basic Survey*. Ministry of Education, Culture, Sports, Science and Technology: Tokyo.

MEXT (2014c) *Statistical Abstract of Education, Science and Culture*. Ministry of Education, Culture, Sports, Science and Technology: Tokyo.

MEXT (2014d) *White Paper on Science and Technology*. Ministry of Education, Culture, Sports, Science and Technology: Tokyo.

MEXT (2014e) *Survey on FTE Data for Researchers in Higher Education Institutions*. Ministry of Education, Culture, Sports, Science and Technology: Tokyo.

METI (2014f) *White Paper on Manufacturing*. Ministry of

Economics, Trade and Industry: Tokyo.

NISTEP (2014) *Indicators of Science and Technology*. Ministry of Education, Culture, Sports, Science and Technology: Tokyo.

Science Council of Japan (2013) *Statement: Code of Conduct for Scientists. Revised Edition*. Tokyo.

Statistics Bureau (2014) *Survey of Research and Development*. Ministry of Internal Affairs and Communication: Tokyo.

佐藤康史（Yasushi Sato），1972年出生于日本，是日本科学技术振兴机构研发战略中心研究员。他曾担任日本国家研究生院政策研究中心副教授。2005年，获得美国宾夕法尼亚大学科学历史和社会学博士学位。

有元建男（Tateo Arimoto），1948年出生于日本，是日本国家研究生院政策研究中心科技与创新项目部主任。自从2012年以来，在该机构一直担任教授。有元建男还是日本科技振兴机构研发战略中高级研究员，曾担任过日本教育科学部科技政策局主任。1974年，获得东京大学物理化学硕士学位。

政府决定增加研发投资，加强制造业，发展新型创新产业以应对竞争日益激烈的全球竞争环境。

德宋尹、李在元

松岛国际商务区位于仁川滨水区 600 公顷的滨海围垦地之上，是一所新型智能城市，距离首尔 65 千米，以 12 千米长的桥与仁川机场相连接，是仁川自由经济区的一部分。

照片来源：© CJ Nattanai/Shutterstock.com

第 25 章　韩　国

德宋尹、李在元

引言

开创新型发展模式

韩国[1]现已成为经济高速发展国家中的典范。1970 年到 2013 年间，作为亚洲经济“四小龙”之一，韩国凭借强大制造业和工业，人均国内生产总值从 255 美元增长到 25 976 美元。韩国努力实现技术进步，培养高素质熟练劳动，最终获得今天的成就。如今，韩国成为唯一从海外资助的最大接受国转变为主要捐赠国。

然而，政府意识到，到当下显著的经济增长并非可持续。韩国与中国及日本的竞争十分激烈，出口正在下滑，全球对绿色增长的需求转变了之前的平衡。除此之外，人口迅速老龄化，生育率不断降低，从长远来看都威胁着韩国经济发展（见表 25.1）。中等收入的家庭工资水平增长缓慢，对社会发展造成不利影响。根据经济合作与发展组织报道，韩国离婚率近年来翻了一番，其自杀率也达到成员国中最高。改变发展模式势在必行。

首要新任务：创新经济

在此背景下，韩国政府努力提高科技竞争力，转变经济发展方式。李明博（2008—2013）执政期间，政府发动“低碳技术和绿色增长”运动，正如我们在《联合国教科文组织科学报告 2010》中所述。截至 2012 年，李明博政府把国内生产总值的 5% 用于研发投资，并通过将预算和协调责任转移给国家科学技术委员会（NSTC）来加强科学技术相关部门能力。

现朴槿惠政府则更加重视“创新经济”，通过发展新型创新产业使制造业重新恢复活力。

科学、技术和创新的管理趋势

科学融合文化，文化融合产业

朴槿惠在 2013 年的就职演说中提到“一个充满希望与幸福的新纪元”。她为政府确定了 5 个行政目标：建立以工作为中心的创新经济体系，建立适合的就业及福利保障，建立创新导向型教育和文化，创建安全统一的社会以及创建有利于朝鲜半岛的可持续发展的强大安全保障。她为国家的发展描绘了新的发展前景，概括为“科学技术与产业大融合，文化与产业的大融合和在曾经充满障碍的边缘地区正在兴起的创造力”。

这一新愿景试图通过深化国家对科学技术和创新的依赖度来改变国家的经济模型。朴槿惠总统提出的新愿景基于其前任李明博的基础之上，李曾经在 2013 年成功地将国内研发支出总额增加到国内生产总值的 4.15%，仅次于以色列，世界排名第二（见图 25.1）。这一里程碑式的上涨主要得益于工业研发的巨大进步。

① 此章只涉及韩国。

表 25.1　2008—2013 年韩国社会经济趋势

	2008年	2009年	2010年	2011年	2012年	2013年
人口（千）	48 948	49 182	49 410	49 779	50 004	50 219
人口增长率（%）	0.62	0.62	0.60	0.57	0.55	0.53
国内生产总值（百万美元）	1 002 216	901 934	1 094 499	1 202 463	1 222 807	1 304 553
人均国内生产总值（美元）	20 474	18 338	22 151	24 155	24 453	25 976
国内生产总值增长速率（%）	2.82	0.70	6.49	3.68	2.29	2.97
出生时预期寿命（年）	79.8	80.3	80.6	81.0	81.4	—
通货膨胀，零售价格（%）	4.67	2.76	2.96	4.00	2.20	1.31
失业率（%劳动力）	3.20	3.60	3.70	3.40	3.20	3.1

来源：世界银行世界发展指标，2015 年 3 月评估。

2008 年，韩国政府计划将研发支出 / 国内生产总值提高至 5%，社会上出现了一些不和谐的声音，反对政府将重点放在工业研究与创新上。部分分析员强调应将重点放在增加基础研究和提高科研质量之上，提升全球认可度。先前李明博政府已经采取了各种措施解决这些问题，包括《第二期科学技术基本计划（2008—2013 年）》以及《低碳，绿色增长策略》。

以高支出为代价来实现低碳和绿色增长

《第二期科学技术基本计划（2008—2013 年）》，即 577 倡议，其中：数字 5 代表 2012 年达到 5% 研发支出 / 国内生产总值比率，第一个数字 7 代表着政府的 7 项首要任务，第二个数字 7 代表相关的政策领域［环境与科技部（MEST），2011］。然而首个目标并未能在 2012 年完全实现。

2008—2011 年，政府在以下 7 个方面投入了 2 372 亿韩元（281 亿美元）：

- 发展重点工业，比如汽车业，海运，半导体产业（206 亿韩元）。
- 发展新兴产业核心技术（347 亿韩元）。
- 发展知识型服务产业（64 亿韩元）。
- 提高国家驱动技术，比如航空、国防以及核能（908 亿韩元）。
- 发展问题驱动领域比如新型疾病以及纳米设备（352 亿韩元）。
- 关注全球问题比如可再生能源以及气候变化（378 亿韩元）。
- 开发基础与综合技术比如智能机器人以及生物芯片（116 亿韩元）。

7 项政策领域为：

- 培养有天赋的学生和研究人员。
- 促进基础研究。
- 支持中小企业（SME）促进技术创新。
- 在发展战略技术方面加强国际合作。
- 地方技术创新。
- 建设科学技术国家数据库①。
- 传播科学文化。

577 倡议获得了一些重大成就（MEST, 2011）如下：

- 出版在国际期刊上的刊物数量增加，从 2009 年 33 000 个到 2012 年的 40 000 个，远超过目标设定的 35 000 个。
- 获得奖学金的学生人数从 2007 年的 46 000 人增加到 2011 年的 110 000 人。
- 研究人员人数从 2008 年的 236 000 人增加到 2011 年的 289 000 人，相当于每 10 000 人口中有 59 名研究人员——然而这也意味着 2012 年无法达到每 10 000 人中有 100 名研究人员的目标。
- 世界银行国内商业创新环境排名从 2008 年的 126 位大步提升到 2012 年的 24 位。
- 主要在商企行业的引领下，在 2007 年至 2012 年间，国内研发支出总额占比国内生产总值从 3.0% 增加到 4.0%（见图 25.1）。
- 2008 年国家科技信息服务（基于网络的科技数据平台）的购买者为 17 000 人次，2010 年这一人数直线增加到 107 000 人次——政府也引进了更加透明的科技评估方法，包括更注重质量控制的指数。

在低碳、绿色增长政策（2008）的指导下，2009 年，政府确立了绿色技术研发混合标准。这一标准提出了一系列发展策略和投资目标，包括在 2008 年到 2012 年将政府对绿色技术的投资增加一倍，增加至 200 亿韩元。这一目标于 2011 年以 250 亿韩元的投资金额超额完成。全部加起来，政府在 2009 年和 2012 年间在绿色技术方面投入 900 亿韩元（约 105 亿美元）。

绿色增长政策已经列入在新的绿色增长 5 年计划中，第一个绿色增长 5 年计划自 2009 年始延续至 2013 年。为了支持绿色技术中的基础研究和科技发展，2010 年，政府提出了国家二氧化碳捕获隔离计划（CCS）。该计划是一种大规模捕获碳排放的技术，例如，从能源工厂排放的碳及储存在废弃矿井中的地下碳。政府计划在 2020 年前将该计划技术商业化。2011 年到 2013 年，排名前 30 私企对绿色技术的投资总额达到了 2 240 亿韩元（262 亿美元）。

① 这指的是国家研发设施数量增加，研发协调系统有效地运行这些设施，其中包括在线科技数据库，同时努力促进高校 - 产业合作。

第 25 章　韩国

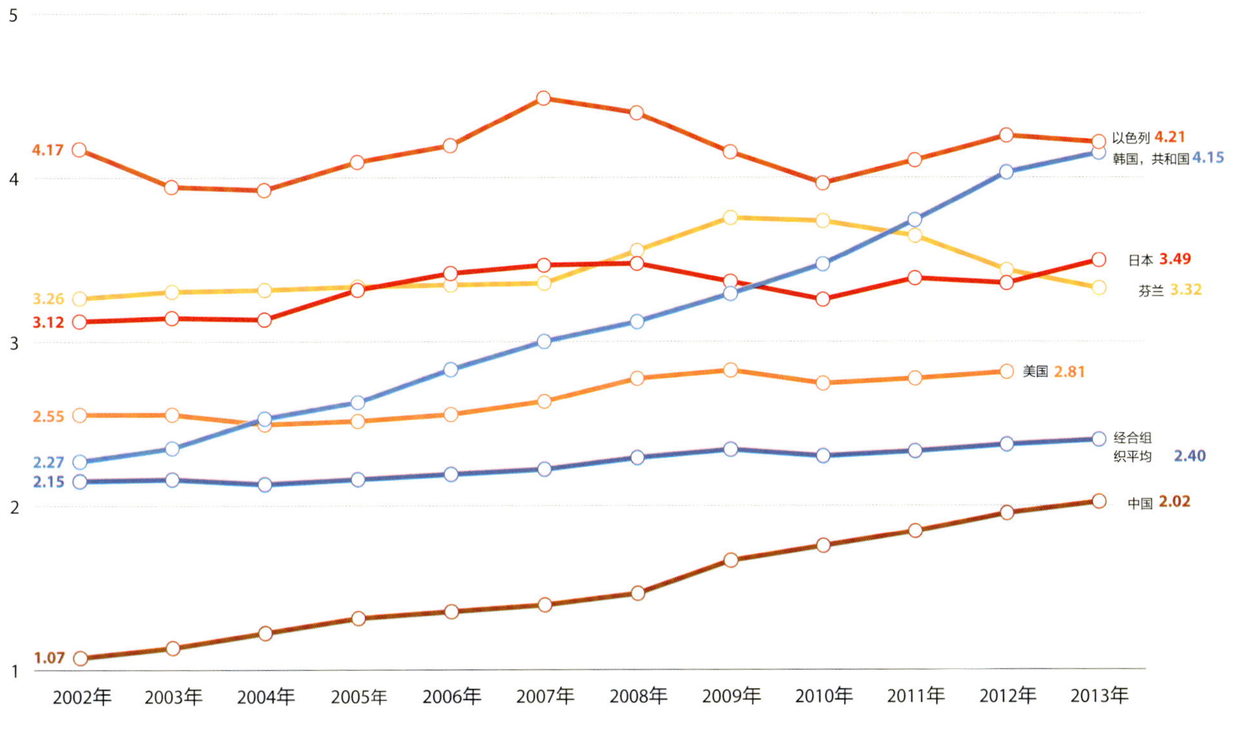

图 25.1　2002—2013 年韩国研发支出 / 国内生产总值速率的进展（%）

来源：经合组织（2015 年）《重点科学与技术指数》。

2012 年，韩国政府举办了绿色气候基金会[①]，2010 年，成立了全球绿色增长机构，此机构旨在与发展中国家和新兴经济体中的公共及个人共同努力，将绿色增长置于经济计划的核心。绿色气候基金会总部位于仁川。该基金会起源于 2009 年的哥本哈根（丹麦）全球气候大会，在此会议上确立了在 2020 年前每年资助 1 000 亿美元帮助发展中国家适应气候变化的目标。2014 年 11 月，30 个国家在柏林（德国）举行会议[②]，承诺实现第一个 96 亿美元。

2013 年，韩国政府创建了绿色技术中心，中心与韩国政府部门及有关机构共同努力，制定相关政策，以支持绿色技术的发展。绿色技术中心积极支持绿色技术的研发与传播，为国际交流合作提供有效的途径，强调为发展中国家创造新的增长引擎。其合作伙伴包括联合国开发计划署，联合国西亚经济社会委员会以及世界银行。

创新型经济蓝图

《第三期科学技术基本计划（2013—2017 年）》于 2013 年正式生效，即朴槿惠总统上任的同年。该计划作为韩国 18 个部门今后数年的工作蓝图。该计划的主要特征是它首次建议政府应当在 5 年间给研发拨款 1 090 亿美元（92.4 万亿韩元）作为种子基金来培养创新型经济的开端（MSIP，2014）。这将使研发对经济增长的贡献加大，从 35% 提高到 40%。除此之外，该计划的任务还包括将人均国民收入总值提高到 30 000 美元，并且在 2017 年前创造 64 万个理工科的就业机会（见表 25.2）。虽然部

① 全球绿色增长机构首先是由李政府构想出来的一个非政府组织。2012 年与 18 个政府签订了合约后，该机构成为了一个国际型团体。详情请见 http://gggi.org.

② 给予绿色气候基金会最大资助的资金来自美国（30 亿美元）、日本（15 亿美元）、德国、法国以及英国（每国资助 10 亿美元）。一些发展中国家承诺的资金稍少一些，包括印度尼西亚、墨西哥以及蒙古。

分人依旧对 2017 年韩国政府是否能达成全部目标抱有一定怀疑，但这些数据依旧证明了韩国政府利用科学技术促进国民经济增长的决心。

《第三期科学技术基本计划（2013—2017 年）》为实现这些目标提出了以下 5 个策略［韩国科学技术委员会（NSTC），2013］：

- 增加政府研发投资，通过减少税收支持私有企业的研发，完善新研究项目的规划。

表 25.2　2012—2017 年韩国研发目标

		计量单位	2007年情况	2012年情况	2012年第二基本计划目标	2017年第三基本计划目标
财务投资	国内研发支出总额	百亿韩元	31.3	59.30[+1]	—	—
		现购买力平价 十亿美元	40.7	68.9[+1]	—	—
		占国内生产总值的百分比	3.00	4.15[+1]	5.00	5.00
	政府资助研发支出	百亿韩元	7.8	13.2	92.4（年间总额 2012—2017年）	
		占国内生产总值的百分比	0.74	0.95[+1]	1.0	—
	政府研发预算中基础研究所占比例	百分数比例	25.3	35.2	35.0	40.0
	政府研发预算中支持中小型企业所占比例	百分数比例	—	12.0[-2]	—	18.0
	政府对绿色科技的投资	百亿韩元	1	2	2	—
	政府对生活质量的投资	占政府研发支出的百分比	—	15.0	—	20.0
人力投资	研究人员（全职雇员）	总数量	222 000	315 589	490 000[-1]	—
		每10 000人口中	47	64	100	—
	理工科博士生	占总人口的百分比	—	0.4	—	0.6
	COSTII 分数	在30个经合组织国家中的排名	—	第九名	—	第七名
产出量	刊登在科学引文索引上的文章	总数	29 565	49 374	35 000	—
	有国际共同申请的专利数量	每1 000个研究人员中	—	0.39[-1]	—	0.50
	中小企业的技术竞争力	占总潜能的百分比	—	74.8[-1]	—	85.0
	早期企业活动	占总企业活动的百分比	—	7.8	—	10.0
	理工科工作岗位	总数	—	6 050 000	—	6 690 000
	人均国民收入总值	美元	23 527	25 210	—	30 000
	研发对经济增长的贡献	占国内生产总值百分比	30.4[-1*]	35.4**	40.0***	40.0****
	人均产业附加值	美元	—	19 000	—	25 000
	技术出口总值	百万美元	2 178	4 032	—	8 000
	技术交易	技术收入与支出的比率	0.43	0.48	0.70	—

−n/+n = n years before or after reference year. *−n/+n* = 标准年前或后 *n* 年。

* average contribution over 1990—2004 年 1990—2004 年平均贡献；

** average contribution over 1981—2010 年 1981—2010 年平均贡献；

*** average contribution over 2000—2012 年 2000—2012 年平均贡献；

**** average contribution over 2013—2017 年 2013—2017 年平均贡献。

注：混合科学技术创新指数（COSTII）由韩国国家科学与技术委员会在 2005 年制定。此指数比较了 30 个经合组织成员国的创新能力。

来源：MEST（2008 年）；MSIP（2014b）；联合国教科文数据机构；MSIP（2013c）。

- 为国家科技发展确定 5 个战略领域（见图 25.2）。
- 培养创新才能，比如，为基础研究提供更多资金，邀请 300 名杰出外国科学家访问国家实验室并且开展合作。
- 增加对中小型企业的支持，推广其研究成果以及技术。
- 创造更多就业机会，允许“生态系统”通过集资，提供咨询服务等支持科技起步企业。

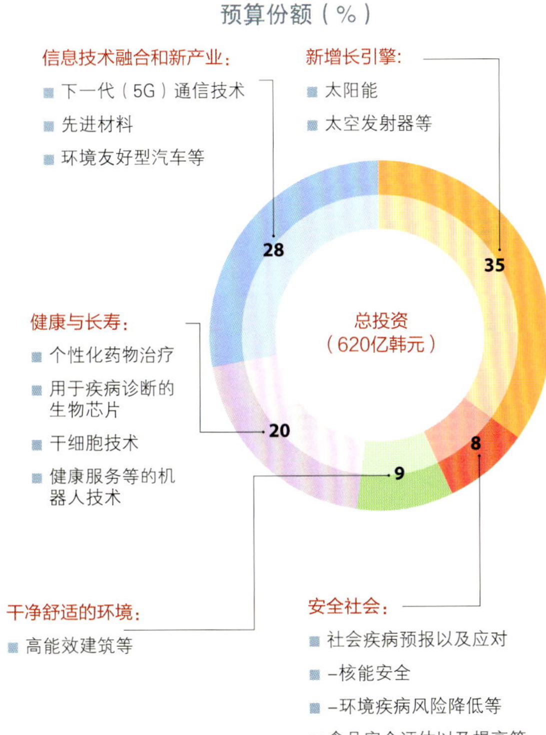

图 25.2　2013—2017 年韩国战略性技术

来源：韩国科学技术委员会（2013 年）。

在以上提及的 5 项战略领域中，共有 120 个战略性技术由政府指定，其中 30 个为未来 5 年间的投资首要任务。预计到 2017 年，部分技术将用于实践。到了 2015 年年中，政府并未宣布 2017 年的预算目标。未来创造科学部（MSIP）正在设计战略地图，其中包括实施计划。

国家行政重新洗牌

2009 年到 2013 年，部分政府机构重新调整了结构。朴槿惠任职期间，建立了新的未来创造科学部。该部承担教育、科学与技术部（MEST）中的科技职能，从韩国通信委员会收复部分传播与交流功能，及承担知识型经济部门（现已更名为交易、工业与能源部门）的部分任务。

韩国科学技术委员会（NSTC）在 2011 年被授予更多权力，以促进科学与技术的相互融合。该委员会的协调功能加强，除了筹备常规文件以外，还允许筹备《科学与技术基础计划》以及《推广地方科学与技术的基本计划》。该委员会也被赋予审议与司法权力，以处理各部门提出的与科技相关的重要计划。同样它也有责任评估国家研发项目，确定国家研发预算。

除此之外，为了努力提高政府和私有企业之间合作的效率，韩国科学技术委员会现在由总理及总统从私有企业中选取的代表共同主持（韩国科学技术委员会，2012）。

研发趋势

2017 年内完成的 5% 目标

自 1993 年起，政府以及其他行业对研发投入的资金不断增加。到 2008 年，研发资金每年增加 13.3% ①。2010 年全球金融危机使增长速率降低至 11.4%，到了 2014 年更是下滑到了 5.3%。政府资金的下滑与其他行业所资助的金额所抵消，其他部门的投资占国内研发支出总额的四分之三。2009—2013 年，自主研发的投资每年增加 12.4%（见图 25.3 ~ 图 25.5）。研发支出 / 国内生产总值比例依然不断提高，尽管与《第二期科学技术基本计划（2008—2013 年）》的预期目标相比增度较慢，并未达到 2012 年将 5% 国内生产总值贡献给研发的目标，但是政府决心在 2017 年实现这一目标（KIM，2014）。

更多资源投入基础研究

自 2008 年起，政府对基础研究的投资重心发生了转移，更加注重提高质量，与此对应，政府拨款不断增加。研发支出中分配给基础研究的份额从 2006 年 15.2% 增加到 2009 年 18.1%，自此之后，份额保持不变。这一状况源自《第二基础研究推广计划》，该计划将政府研发支出中基础研究的预算

① 据联合国教科文数据机构报道，如果排除其他的国家来源，政府资助的研发支出在 2009 年和 2010 年增加了 12.9%，而在 2013 年只增加了 2.4%。

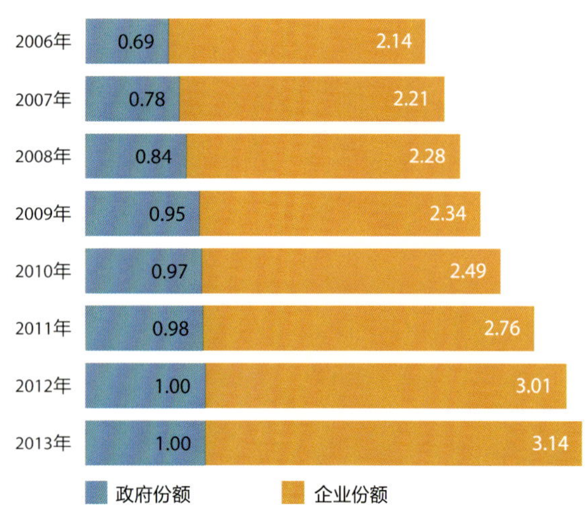

图 25.3　2006—2013 年韩国研发支出的资金来源以及占国内生产总值的比例（%）

注：政府份额指的是政府，高等教育行业和其他国家来源资助的研发，所有的拨款除了政府的份额都被忽略不计。

来源：未来创造科学部（2014b）。

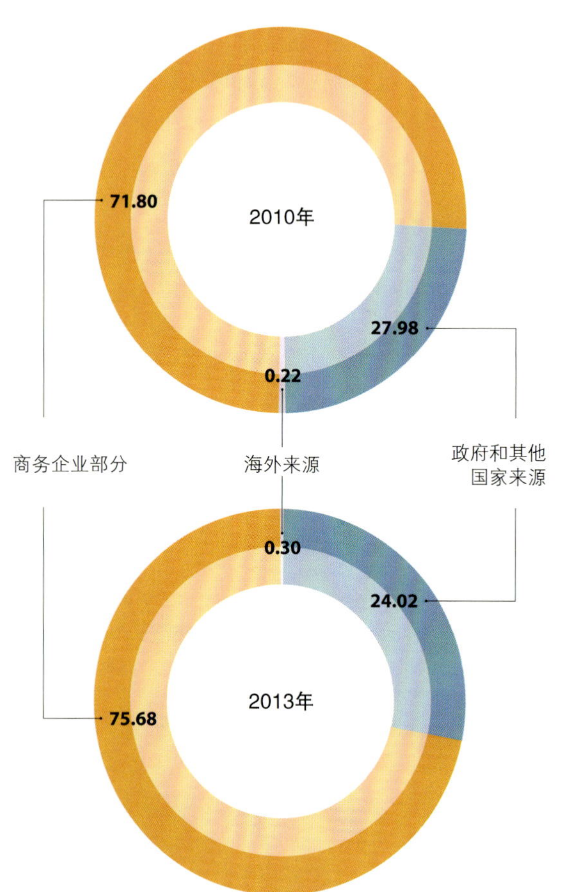

图 25.4　2010 年和 2013 年韩国研发支出资金来源（%）

来源：SIP（2014b）.

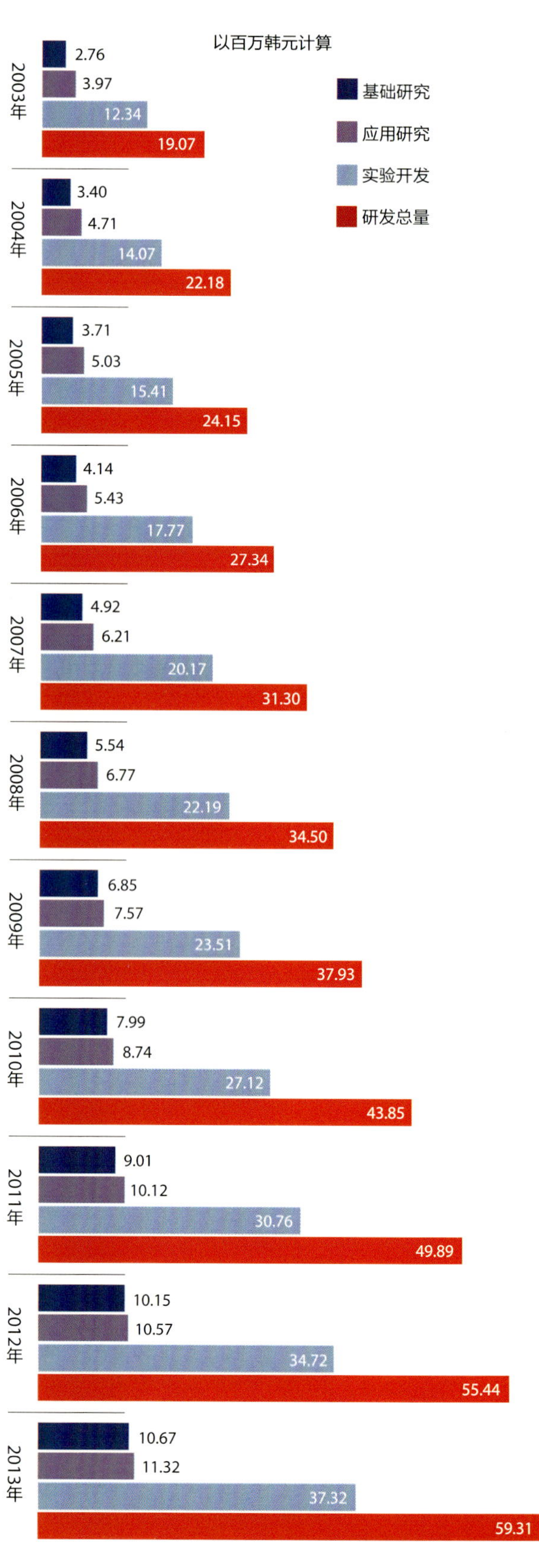

图 25.5　2003—2013 年韩国研发支出的研究类型

来源：未来创造科学部（2014b）。

从 25.6%（2008）增加到 35.2%（2012）。与此同时，基础科学家的资金同时期内翻了 3 倍，从 2640 亿韩元上涨到 8 000 亿韩元（约为 9.36 亿美元）（未来创造科学部，2014a）。

我们可以从大田市的国际科学商业带的预算中看出政府投资重心的转移。2011 年李明博政府的《国际科学商业带基本计划》涵盖了这一项目。此项目旨在更正韩国从农业国家过渡到工业巨头是通过模仿而没有发展基础科学的研究能力这一印象。基础科学国家研究所于 2011 年开放，加强重离子加速器的研发，以支持基础科研，加强与商业发展之间的联系（见专栏 25.1）。2013—2014 年，朴政府将“商业带”的预算翻了一番，增加到 2 100 亿韩元（约 2.46 亿美元）（Kim，2014）。

重离子加速器可加速物理学发展，自 2008 年起，物理学发展较慢与生物科学形成鲜明对照（见图 25.6）。

提高地方研发水平

与前两个计划相比，《第三科技区域国民发展计划（2008—2012）》获得了更多的投资份额。2008 年到 2015 年，地方研发预算增长 15 倍，从 4.689 万亿韩元（约 59 亿美元）增长至 76.194 万亿韩元（约 8 920 亿美元）。这一预算不包含首尔和大田市，这两座城市既是大德开发特区所在地，也是国家高科技研究社区的中心。大部分的资金用于建设研发基础设施（未来创造科学部，2013a）。然而这一增长应该被修正。实际上，与国内研发支出总额相关的地方研发投资份额始终直保持在总额的 45%。尽管输入了大量的资金，政府对第三计划的评估表示，地方政府过度依赖中央政府对研发的资助，自身研发能力较弱（未来创造科学部，2014a）。因此，《第四科技区域发展国民计划（2013—2017）》将加强地方自治，增强地方科研能力。该计划涉及权力下放，包括将研发预算下放到地方管理机构，以及在地方层面提高研发的计划及管理能力（未来创造科学部，2014a）。

工业生产和技术依然主导研发

尽管新重心在基础研究上，2013 年，工业生产和技术依然占据了研发支出的三分之二（见图 25.7）。值得注意的是，2009 年至 2012 年，健康和环境的研发投资增加了 40% 以上。

私营研发中心的数量在 2010 年到 2012 年间增加了 50%，从 20 863 增加到 30 589。2004 年起，超过 90% 的私营研究机构由中小企业和合资公司运营。

2009 年大企业在研发投资中占据 71% 的比例，2012 年提高到 74%。这表明了尽管中小企业和合资公司在建立和运营研发中心中起到关键作用，在韩国，少数大型企业仍然是研发的主要投资者。

专栏 25.1　韩国硅谷

韩国的投资重心从早期的技术追赶开始转移。在大田市内及周边地区，对世界顶级的科学技术与商业进行投资，此地距离首尔仅需 1 小时高铁车程。国际科学商业带始于 2011 年，是该国最大的研究集中区，这一地区拥有 18 所大学和一些科学园以及研究中心，范围涉及私营及国营。

重离子加速器是其中重点发展项目，预计在 2021 年完成。这将成为多功能研究设施的一部分，称为 RAON。研究人员就能在基础科学方面进行突破性研究，并期望发现罕见同位素。RAON 将由正在建设中的基础科学研究所拥有。该研究所将在 2016 年正式开业。该研究所计划吸引世界著名的科学家，创造优良环境以激发研究人员的积极性。2030 年，在基础科学领域，排名将达到世界级研究所的前十位，并对社会产生重要影响。

为了促进基础科学和商业之间的相互协调，围绕高科技中心如韩国基础科学研究，安排了基础科学及高科技公司及部分领军企业，以提高综合效益。

此举旨在建设一个集科学、教育、文化艺术于一体的全球化城市，正如美国的硅谷，波士顿（美国），剑桥（英国）或者慕尼黑（德国）那样，促进研究与创新的繁荣发展。

来源：NTSC (2013)，www.isbb.or.kr/index_en.jsp, http://ibs.re.k.

667

仁川 首尔 江原道 京畿道 忠清北道 忠清南道 世宗 大田 庆尚北道 全罗北道 大邱 蔚山 庆尚南道 釜山 光州 全罗南道 济州

0.89

韩国出版物平均引用率，2008—2012年；而经济合作与发展组织出版物平均引用率是1.08；二十国集团出版物平均引用率是1.02

7.9%

2008—2012年，韩国论文在10%最常被引用的论文中所占的份额是7.9%；而经济合作与发展组织平均份额是11.1%；二十国集团平均份额是10.2%

从 2005 年开始，韩国的出版物增加了将近一倍，超过了与其具有相似人口数量的西班牙

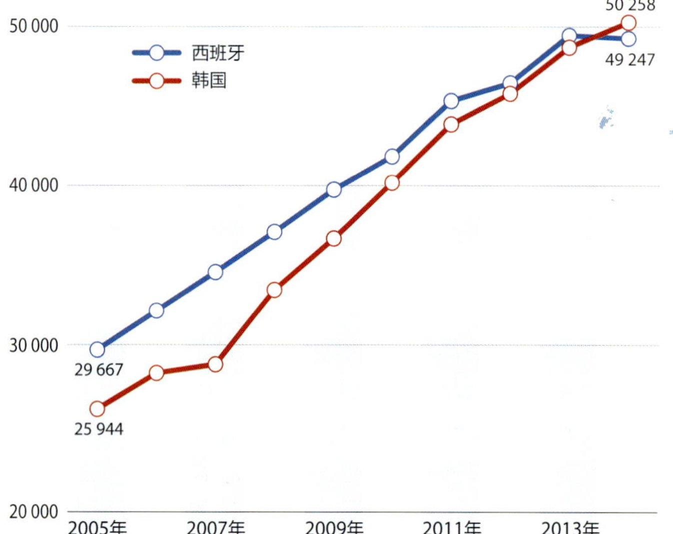

27.6%

2008—2014年，韩国论文与外国作者合作发表比例是27.6%；而经济合作与发展组织平均比例是29.4%；二十国集团平均比例是24.6%

韩国科学家在工程、物理、化学和生命科学方面发表的出版物最多

2008—2014年各领域增加的总数

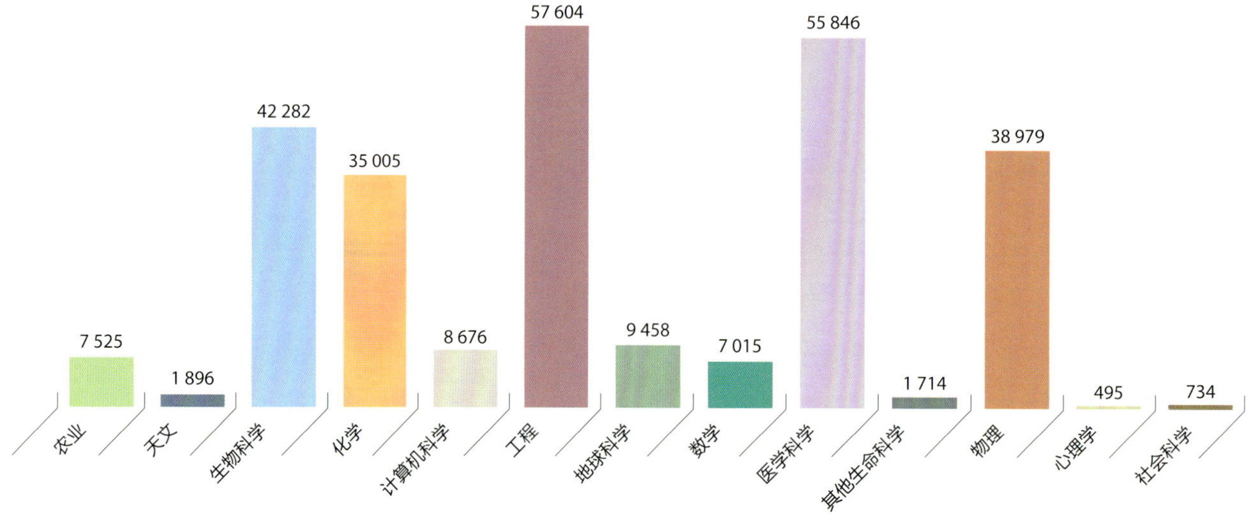

美国仍是韩国主要的合作伙伴，其次是日本和中国

主要外国合作伙伴，2008—2014年（论文数量）

	第一合作者	第二合作者	第三合作者	第四合作者	第五合作者
韩国	美国 (42 004)	日本 (12 108)	中国 (11 993)	印度 (6 477)	德国 (6 341)

来源：汤森路透社科学版，科学引文索引扩展版；科学 – 矩阵数据处理。

图 25.6　2005—2014 年韩国科学出版物发展趋势

668

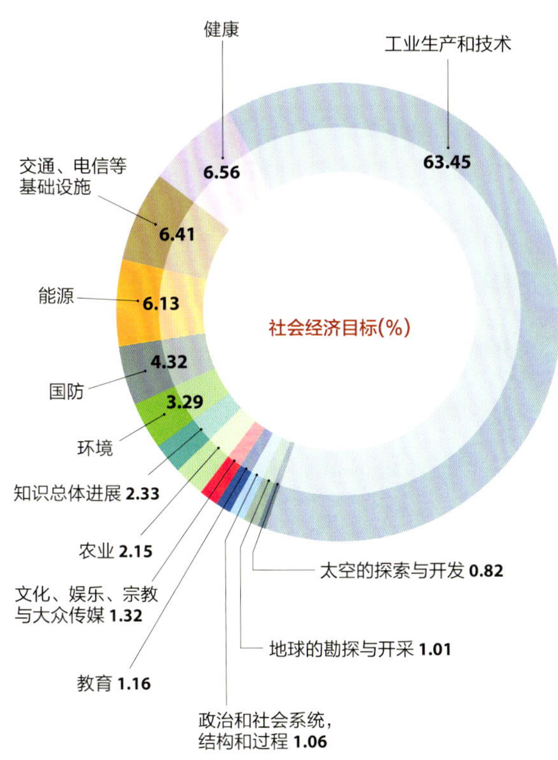

图 25.7　韩国 2013 年社会经济目标研发支出总量

来源：韩国科学、资通讯科技和未来规划部（2014b）。

国内和国际专利的迅速增长

2009 年到 2013 年间，国内注册专利增长了一倍多，从 56 732 项增加到了 127 330 项（韩国知识产权局，2013）。尤其在金融危机的背景之下，这一成就的取得实属不易。2013 年，韩国在美国注册的专利数排名中位居第三（14 548 项），在日本（51 919 项）和德国（15 498 项）之后。

韩国也见证了三方专利族的增加——和欧洲，日本和美国的专利局共同合作的注册数明显增加——尽管在每 10 亿韩元研究预算的比例下降了（见图 25.8）。但这并没有阻止韩国发明者在 2012 年排名第四。

技术贸易增加了一倍

技术贸易额在 2012 年至 2008 年间增加了一倍，由 82 亿美元增加至 164 亿美元。贸易平衡指数，即技术进口量与技术出口量的比例，从 2008 年的 0.45 提高至 2012 年的 0.48（未来创造科学部，2013b）。尽管从技术贸易增长量上来看，该国正在积极参与全球创新，但是在全球技术市场上依旧存在巨额赤字。

图 25.8　1999—2012 年韩国三方专利族注册数

来源：韩国科学、资通讯科技和未来规划部（2014b）。

韩国的高新技术出口额（1 430 亿美元）和新加坡（1 410 亿美元）相仿，并且高于日本（1 100 亿美元）。其中六成的高新技术产品属于电子和电信类，这一领域的出口从 2008 年的 668 亿美元增加到 2013 年的 876 亿美元。

2009 年，在全球金融危机的影响下，大多数国家都经历了高新技术出口的轻微下滑。韩国和新加坡迅速恢复，而日本的高新技术产品出口却呈现滞胀，美国也尚未恢复，其高新技术产品出口收入从 2008 年的 2 370 亿美元下降到 2013 年的 1 640 亿美元。

技术竞争力的巨大进步

2014 年，根据总部在瑞士的管理发展研究所的排名，韩国的科学竞争力排名第六，技术竞争力排名第八。世纪之交以来，韩国在科学和技术的排名都有了很大的提高，但在过去的 5 年里，在技术竞争力方面取得的进步则最为明显。在通信技术方面的进步尤为突出，如 2014 年，其每分钟的移动通信成本中排名为第 14，而前一年的排名仅为 39。然而，其他调查结果却并不乐观，例如，在公司之间的技术合作方面，韩国排名第 39，而同期韩国在网络安全问题上的排名也从第 38 下降到第 58。这与近年来在计算机科学中的生产力的下降有关。

人力资源趋势

韩国的研究人员数量目前居第六位

2008 年至 2013 年，全职人力工时（FTE）的研究人员数量从 236 137 急剧增长到 321 842（见图 25.10），这一指数目前排名第六，仅次于中国、美国、日本、俄罗斯联邦和德国。更重要的是，与这些国家相比，韩国每百万人口中研究人员的比例最高：2013 年为 6 533 人次。在研究人员的密度方面，只有以色列和部分斯堪的纳维亚半岛国家超越了韩国。此外，由于该国研发支出占国内生产总值的比率持续上升，每个研究员可获得的资助也不断增加，甚至其购买力平价从 2008 年的 186 000 美元略微上涨到了 2013 年的 214 000 美元（见图 25.10）。

女性科学家在韩国仍是少数

在 2008 年，六名研究人员中只有一位女性（15.6%）。然而，尽管这一情况已有所改善（2013

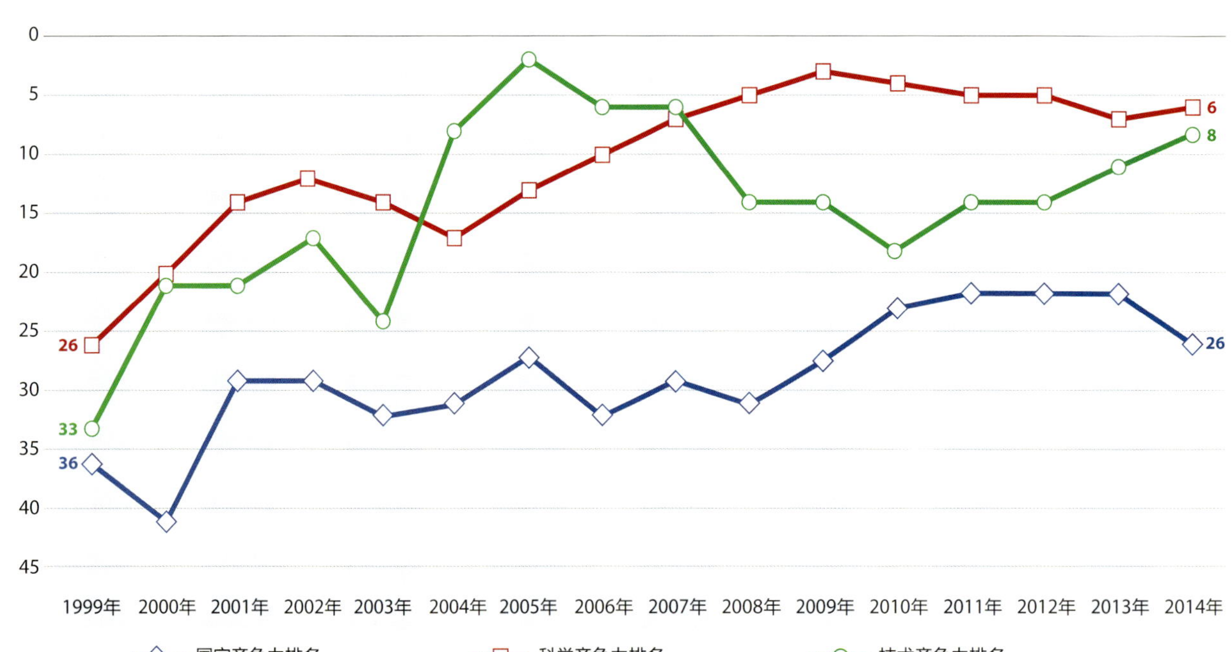

图 25.9　1999—2014 年韩国科学与技术竞争力排名变化

来源：IMD 的世界竞争力年鉴（2014 年）。管理发展研究所：洛桑（瑞士）。

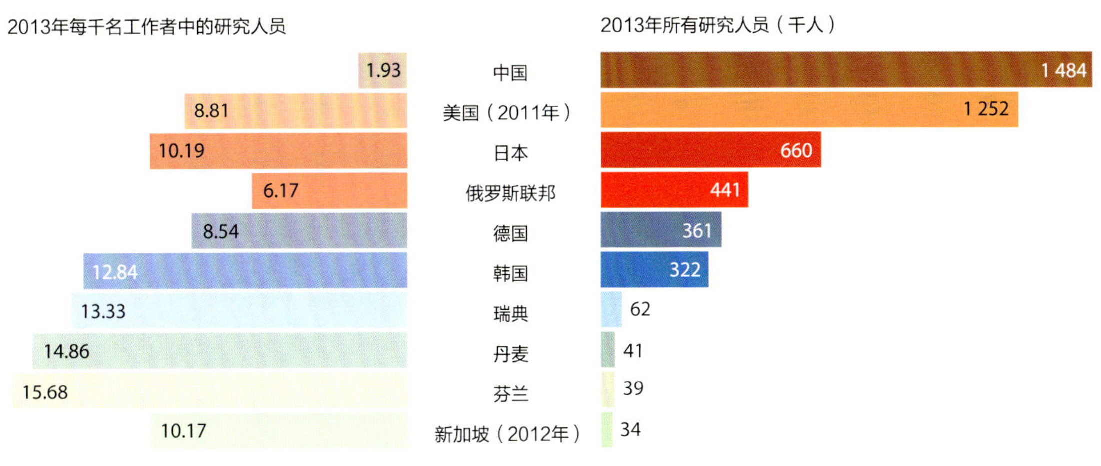

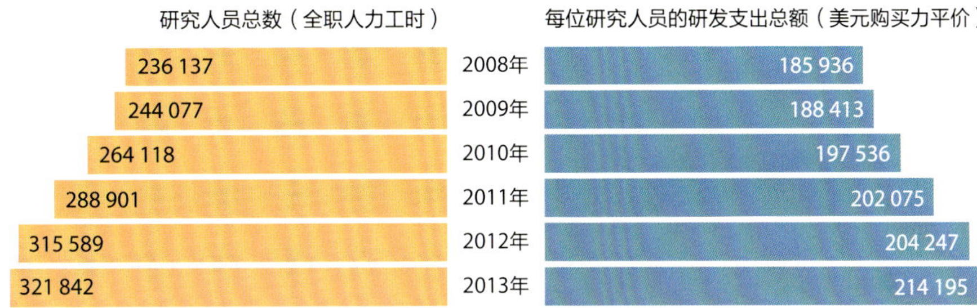

图 25.10　2008—2013 年韩国研究人员（全职人力工时）趋势

来源：经合组织主要科技指数（2015 年）。

年增加到了 18.2%），尽管比日本要好（2013 年，14.6%），但韩国仍远远落后于这一指标的平均水平，在中亚和拉丁美洲，大约 45% 的研究人员是女性。在薪酬问题上，在韩国，男性和女性的研究人员之间有着巨大的差距（39%），这是在所有亚太经合组织国家中差距最大，其次是日本（29%）。

政府已经意识到了这一问题的严重性。在 2011 年，它发布了《女性科学家和工程师第二个基本计划（2009—2013）》，出台措施以促进职业发展，创造对女性更友善的工作环境。2011 年，女性科学和技术中心与几所高校合作组建了女性科学工程技术中心（WISET）。该中心采取积极措施，提高女性在科学、工程与技术的主流地位。该中心在 2014 年 3 月举行了性别创新论坛，聚集了来自驻首尔大使馆的科学家和韩国专家们。该中心还将主办 2015 年年底在首尔举行的下一届性别峰会。从 2011 年开始，第一批性别峰会在欧洲和美国举行，这将是亚洲第一次主办该峰会。

培养创新人才的措施

韩国政府已经意识到，提高发展国家创新能力需要培养年轻人的创造力（未来创造科学部，2013b）。为此，在计划的最后，它概述了“复兴自然科学和工程”的几种策略。各部委联合出台了“创新人才培养措施”，以降低对学术背景的过分关注，促进鼓励及尊重个人创造力的新文化。例如达·芬奇项目，这一项目旨在于部分小学及中学里开发新型课堂，鼓励学生发挥想象力，提高学生动手探究能力，促进发展体验式教育。

政府推进韩国科学技术学院与其他大学合作建

立开放学院项目，在这个在线平台上，学生可以学习，并与教授讨论。未来，上述网上课程将对所有对学习有兴趣的人开放，同时将这些课程与学术信用银行系统相联系，以确保学生在网上课程中获得的学分得以认可。

《培育科学和工程人才第二个基本计划（2011—2015）》旨在促进科学和技术的人才培养，侧重于发展学生创造力，其中范围扩大至小学和中学教育。政府不断推动科学、技术、工程、艺术和数学（STEAM）教育，以促进这些领域的融合，并帮助学生更好地迎接未来的经济和社会挑战。BK 21 PLUS 项目（Brain Korea 21 Program for Learning University 和 Students）已在计划范围内实施（见专栏 25.2）。政府也扩大了对年轻研究人员的财政支持：获得政府支持的项目数量从 2013 年的 178 个（108 亿韩元）增加到了 2014 年的 570 个（287 亿韩元）。

根据《科学和技术人才的中长期供给和需求预测（2013—2022）》，韩国在 2022 年将面临 197 000 个本科学位者和 36 000 个硕士学位者的过量，却将有 12 000 个博士学位者的短缺。

由于对高技术人才的需求不断增加，政府亟待出台相关政策以弥补此类空缺。例如，政府旨在出台新政策，专注于满足新兴技术的人才需求，以弥补之前对于这些领域人才需求量的预测的不足。

创意经济区

创意经济区[①]是线下及线上相结合的成功案例，这一经济区由朴槿惠政府批准，允许个人分享他们的想法和并将其商业化。相关领域的专业人士作为导师在知识产权和其他问题上提供法律意见并且将科技创新人员与有将他们的想法向市场推广的潜力的公司联系在一起。

另一个例子是创意经济的创新中心。这一政府中心坐落在大田和大邱，其功能为企业孵化器。

然而，这些举措并非毫无争议，部分人认为政府对此的干涉过多。主要的问题取决于政府的支持是否能更好地促进企业的发展，还是应该放手让企业家们在市场上自己融资。

韩国中小企业联合会在 2014 年进行的一项调查显示，该联合会的成员认为韩国的创业水平相当低[②]。因此，现在分析政府的努力是否对创新有所促进依旧为时过早。

① https://www.creativekorea.or.kr.

② http://economy.hankooki.com/lpage/industry/201410/e20141028102131120170.htm.

专栏 25.2　BK 21 PLUS 项目：续篇

《联合国教科文组织科学报告 2010》记录了 BK 21 PLUS 项目的发展，该项目在 2006 年得以更新。在这个项目中，大学和研究生院要想获得政府资助资格，必须自己组织研究联盟。这一做法旨在鼓励世界级的研究。

从参与者（含毕业生及教师）所取得的成就而言，这一政策积极有效。例如，教师及毕业生所发表的文章的数量在 2006—2013 年由 9 486 篇增加到了 16 428 篇。与此同时，文章的影响力也不断提高：影响因子从 2006 年的 2.08 增加到了 2012 年的 2.97（韩国科学技术委员会，2013）。

在这一成功的鼓舞下，该项目以 BK 21 PLUS 为名，于 2013 年又往后延长了六年。在第一年，该项目获得 2 520 亿韩元的财政拨款（约合 2.95 亿美元）。尽管最初项目集中于增加数量，BK 21 PLUS 项目更致力于提高当地大学的教学和研究质量，及其管理项目能力。到 2019 年，该项目希望招收更多认证课程硕士和博士，以便为未来创造性经济培养更多人才。

来源：https://bkplus.nrf.re.kr.

更系统的合作方法

多年来，韩国科学家一直积极参与国际项目。2013 年，118 名科学家与欧洲核研究组织（CERN）进行了合作。2012 年到 2014 年，韩国也参与了该项目目前在法国建造的国际热核实验反应堆，并投资了约 2 780 亿韩元。2007 年到 2013 年，政府贡献了 2 000 万韩元（约 23 000 美元），来资助超过 40 个韩国研究人员在欧盟第七研究与技术开发框架计划中的工作（未来创造科学部，2012）。

政府鼓励通过家庭成长计划，即 2006 年提出的全球研究实验室计划，与世界级的实验室进行合作。每年，科学部、信息通信技术部、未来规划部和国家研究基金会都邀请韩国研究机构，对他们征集项目提案的倡议做出回应。这些提案可能涉及基础科学或技术领域，只要研究课题能够使与国外实验室的合作成为必需。成功的合作项目可以获得长达 6 年的 5 亿韩元年度资助（约 585 000 美元的年度资金）。全球研究实验室项目的数量从 2006 年的 7 个增加到了 2013 年的 48 个（未来创造科学部，2014a）。

当局政府鼓励私营部门通过投资外国公司以发展核心技术。《国家科学、技术和信息通信技术国际合作计划（2014）》以此为目标。该计划旨在建立韩国创新中心，这将为韩国研究人员和渴望进行海外投资的企业家起到关键的支持作用，同时吸引外国投资者到韩国海岸进行投资（见专栏 25.3）。

韩国积极对其他国家的进行科技援助，如资助博士后学生的“技术和平队”计划及越南政府正在实施的项目——建立越南—韩国科学技术学院。政府还计划在发展中国家建立科学和技术中心，提供项目后管理，包括咨询和教育。例如，政府在柬埔寨建立了一个创新型水中心（iWC），以提高柬埔寨以提供清洁水资源为目的的研发并作为韩国的国际科技援助基地。政府对这类国际援助的预算预计从 2009 年的 82 亿韩元增加到 2015 年的 281 亿韩元（约 3 290 万美元）（Kim，2011）。

结论

创业和创新精神的新方向

韩国成功渡过 2008 年全球金融危机，然而其追赶型经济发展模式依旧不变。中国和日本在全球市场中与韩国技术相互竞争，全球需求向绿色增长发展，出口下滑。

政府决定通过增加研发投资，促进工业发展，开发新型创新行业以应对竞争日益激烈的全球市场。该国的研发投资不断增加，但是人们依然怀疑这些措施是否带来实际经济效益。韩国的研发投资的边际效益接近于零，因此韩国需不断优化其国家创新系统的管理模式，充分利用这不断增加的投资。

如果产业结构和相关的创新系统未能进行重新调整，研发资金的投入所带来的经济效益也会不断

专栏 25.3　韩国创新中心

韩国创新中心始于 2014 年 5 月，作为新“创新型经济”的一部分，有效推动了韩国的出口，以及国家研究人员的国际化。

该中心也刺激了合资和中小企业进入世界市场。为促进各个部分的合作，积极创建公共平台，该中心在欧盟（布鲁塞尔）、美国（硅谷和华盛顿特区）、中国、俄罗斯联邦和本国都设立了代表处。

韩国创新中心是由国家研究基金会和国家信息技术产业推广机构共同运营，中心秘书由基金会指派。

中心的宗旨和《2014 科学，技术，信息与通信技术（ICTs）国际合作国家计划》中指定的 5 项战略相匹配。

- 建设系统化链接支持国际合作和海外商业。
- 巩固对中心企业的支持，启动海外投资。
- 通过在科技创新方面培养世界级人才加强创新能力。
- 加强科学、技术以及信息与通信技术方面的国际伙伴合作。
- 创造更为有效的管理系统应对国际需求。

来源：www.msip.go.kr.

降低。如创新系统理论所假设的一样，国家创新系统的总生产力是变化的主要因素。但很难改变国家创新系统，因为它是一个“生态系统”并且主要功能是通过关系和程序将利益相关方联系在一起。

韩国努力提高其创业创新精神，转变经济发展结构。到目前为止，这一进程已依靠像现代（汽车），三星和 LG（电子）等大企业集团拉动增长，增加出口收益。2012 年这些企业集团占据研发私人投资的四分之三——比三年前的份额更多（KISTEP, 2013）。未来，韩国将建设自主高科技新兴企业，培训中小企业创新文化。与此同时，通过提供财政基础设施，改善自主性的管理模式，将地方转变成创新行业中心。

总之，政府的创新型经济计划反映了日益强烈的共识：国家的未来的增长和繁荣取决于其是否能有效促进新型产品、服务及经济模式的商业化。

韩国主要目标

- 在 2012 年到 2017 年间将研发支出从 4.03% 增加到 5.0%。
- 2011 年中小企业达到他们潜在技术竞争力的 75%，确保到 2017 年这一数值达到 85%。
- 2012 年政府研发预算的 12% 用于支持中小企业，到 2017 年增加到 18%。
- 2012 年政府预算中 32% 用于基础研究，到 2017 年增加到 40%。
- 2012 年政府投资研发的 15% 用于改进生活质量，到 2017 年这一比例增加到 20%。
- 2017 年科学技术就业机会从 605 万个增加到 669 万个。
- 企业中早期创业活动的比例从 2012 年 7.8% 增加到 2017 年 10%。
- 2012 年全国人口中 0.4% 是博士，到 2017 年数量将增加到 0.6%。
- 将人均产业附加值从 2012 年的 19 000 美元增加到 2017 年的 25 000 美元。
- 到 2020 年，将二氧化碳获取隔离技术商业化。
- 2012 年技术出口的价值为 40.32 亿美元，到 2017 年该价值翻一番，到 80 亿美元。

参考文献

IMD (2014) *World Competitiveness Yearbook*. Institute of Management Development: Lausanne (Switzerland).

Kim, I. J. (2014) Government Research and Development Budget Analysis in the 2014 Financial Year. Korea Institute of Science and Technology Evaluation and Planning: Seoul.

Kim, Ki Kook (2011) *Vision and Assignments for Korean Science and Technology Overseas Development Assistance for the Post Jasmine era*. Science and Technology Policy Institute: Seoul.

KIPO (2013) *Intellectual Property Statistics for 2013*. Korean Intellectual Property Office: Daejeon.

KISTEP (2013) *Status of Private Companies R&D Activities in Korea*. Korea Institute of Science and Technology Evaluation and Planning: Seoul.

MEST (2011) *Science and Technology Yearbook 2010*. Ministry of Education, Science and Technology: Seoul.

MEST (2008) *Second Basic Plan for Science and Technology, 2008–2013*. Ministry of Education, Science and Technology: Seoul.

MSIP (2013a) Fourth National Plan for the Promotion of Regional Science and Technology. Press Release. Ministry of Science, ICT and Future Planning: Gwacheon.

MSIP (2014a) *Science and Technology Yearbook 2013*. Ministry of Science, ICT and Future Planning: Gwacheon.

MSIP and KISTEP (2014) *Government Research and Development Budget Analysis in the 2014 Financial Year*. Ministry of Science, ICT and Future Planning and Korea Institute of Science and Technology Evaluation and Planning: Seoul.

MSIP (2014b) *Survey of Research and Development in Korea 2013*. Ministry of Science, ICT and Future Planning. Gwacheon.

MSIP (2013b) *Statistical Report on the Technology Trade on Korea in Accordance with the OECD Technology Balance of Payments Manual*. Ministry of Science, ICT and Future Planning: Gwacheon.

MSIP (2013c) *Survey of Research and Development in Korea* 2012. Ministry of Science, ICT and Future Planning: Gwacheon.

NSTC (2013a) *Third Basic Plan for Science and Technology, 2013–2017*. National Science and Technology Council: Seoul.

NSTC (2013b) *Science and Technology Yearbook 2012*. National Science and Technology Council: Gwacheon.

NSTC (2012) *Science and Technology Yearbook 2011*. National Science and Technology Council: Gwacheon.

德宋尹（Deok Soon Yim），1963 年出生于韩国，毕业于韩国中央大学研究生院，获得商业博士学位。他现任世宗市科技政策研究所高级研究员，其研究的领域是科技园区、区域创新集群、研发国际化等。德宋尹博士曾为韩国政府创建大德科学城提供咨询，该科学城后来扩大为大德研发特区。

李在元（Jaewon Lee），1984 年出生于韩国。2014 年，李在元任世宗市科技政策研究所研究员。之前，他曾在韩国基金会资助的斯德哥尔摩国际和平研究所从事研究工作。李在元获得首尔国立大学国际学研究生院国际学硕士学位。

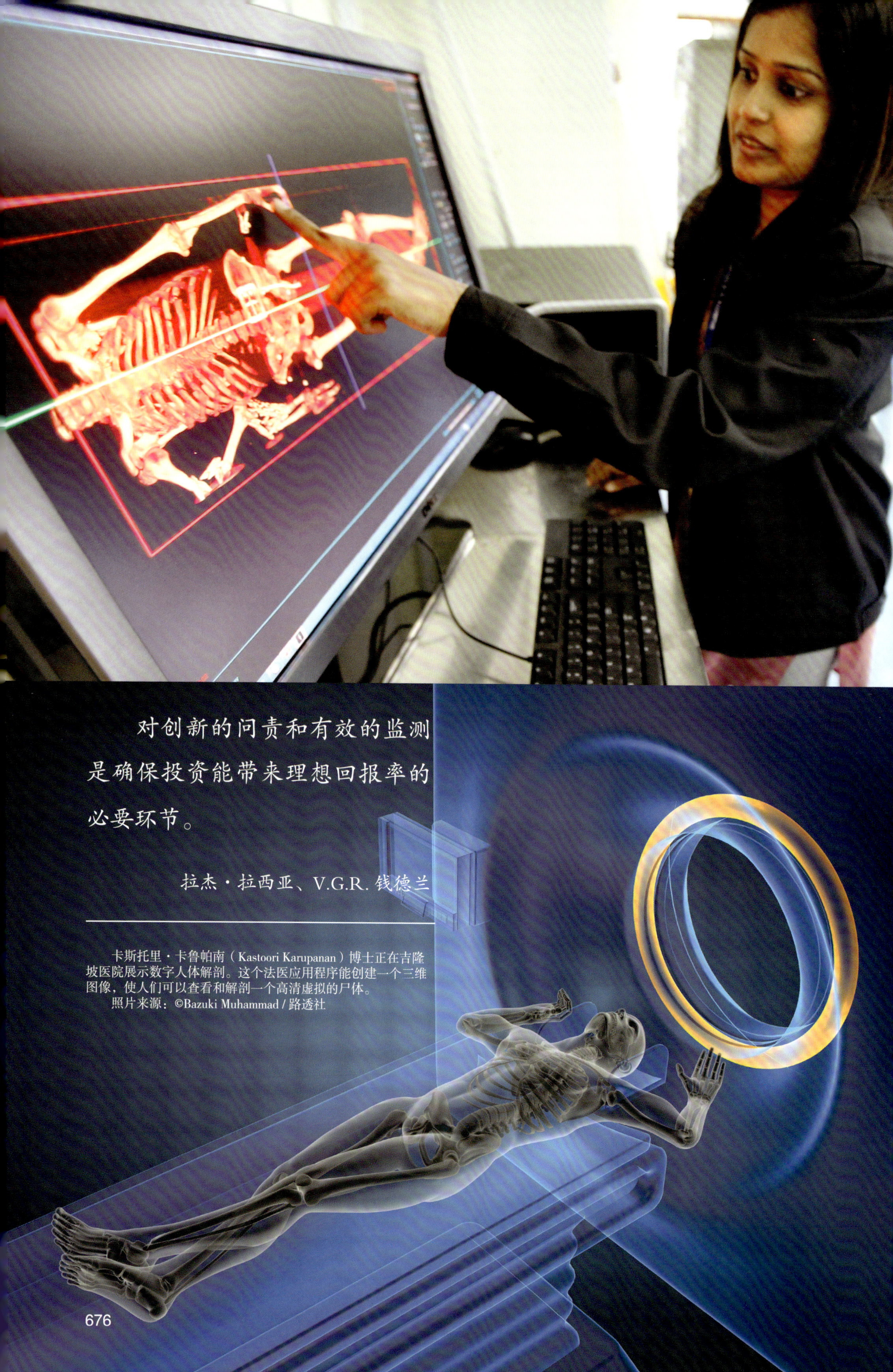

对创新的问责和有效的监测是确保投资能带来理想回报率的必要环节。

拉杰·拉西亚、V.G.R. 钱德兰

卡斯托里·卡鲁帕南（Kastoori Karupanan）博士正在吉隆坡医院展示数字人体解剖。这个法医应用程序能创建一个三维图像，使人们可以查看和解剖一个高清虚拟的尸体。
照片来源：©Bazuki Muhammad / 路透社

第 26 章　马来西亚

拉杰·拉西亚、V.G.R. 钱德兰

引言

经济增长稳定，但仍面临挑战

2002 年至 2013 年间，马来西亚经济年均增长 4.1%，仅 2009 年由于全球金融危机正盛，经济增速有所停滞（见图 26.1）。2010 年经济快速回归到正增长，至少有部分原因归功为政府分别于 2008 年 11 月和 2009 年 3 月采取的两种经济刺激方案。

马来西亚早期就开始向全球化发展。自从 1971 年启动出口导向的工业化以后，跨国企业纷纷搬迁至马来西亚，促使制造品出口迅速扩张，使马来西亚成为世界领先的电气和电子产品出口国之一。在 2013 年，马来西亚占集成电路和其他电子元件世界出口总额的 6.6%（世界贸易组织，2014）。

经济的快速增长和随之而来的劳动力市场紧缩导致马来西亚政府从 20 世纪 90 年代起，逐渐将经济从劳动密集型向创新密集型转变。

这一目标被记录在《前进之路》（1991）一书中，该书确定了到 2020 年步入高等收入国家行列的目标。尽管马来西亚在过去两年里体制改革非常成功，但如果国家想要实现其目标，仍然需要重视一些领域。我们现在应当依次审视这些领域。20 世纪 70 年代以来电子产品出口的快速扩张，使马来西亚成为生产高科技产品的主要枢纽。现在马来西亚高度依赖全球贸易，其中制造业占出口额 60% 以上。2010 年半数出口商品（49%）都进入了东亚市场[①]，而 1980 年该比例只有 29%。在过去大约 15 年间，制造业占国内生产总值的比例逐渐下降，这是随着发展需求，服务业比重不断上升带来的自然结果。现代制造业和服务业关系密切，因为高科技产业往往有大量的服务环节。因此服务业的发展就其本身而言并不是引起关注的原因。

更令人担忧的是，向服务业的转型忽略了高新技术服务的发展。此外，虽然制造业产量没有下降，

① 基本上是中国、印度尼西亚、韩国、菲律宾、新加坡和泰国。

图 26.1　2002—2014 年马来西亚国内生产总值增长率（%）

来源：2015 年 6 月世界银行世界发展指标。

但是制成品的价值比以前降低了。

因此，马来西亚的贸易顺差从 2009 年的 144 529 林吉特（马来西亚货币单位，简称马币；约 24 万元人民币）到 2013 年下降至 91 539 马币（约 15 万元人民币），马来西亚已在高新技术产品出口中节节败退。近年来高科技制造业的绝对增加值已经停滞，其全球附加值比重已经从 2007 年的 0.8% 到 2013 年下滑至 0.6%。同期，马来西亚的高科技出口（商品和服务）占全球比重已从 4.6% 收缩至 3.5%（世界贸易组织，2014）。高新技术产业对国内生产总值的贡献度也同样降低。

马来西亚还需要减少对石油和天然气开采的依赖性。2014 年，石油和天然气贡献了近 32% 的政府收入。虽然 2008 年天然气占马来西亚能源消耗的 40% 左右，但由于国内天然气供应量下降而需求不断增加，2009 年以来马来西亚一直面临天然气供应不足的问题。让问题更严重的是，2014 年 7—12 月全球石油价格大幅下降，政府被迫削减 2015 年 1 月的开支，以将其预算赤字维持在 3%。最近的一次预算审查表明，马来西亚将无法依靠自然资源实现到 2020 年成为高等收入国家的目标了。

随着收入排名前 20% 的人与最后 40% 的人收入差距不断扩大，马来西亚的收入不平等引起了越来越多的关注。政府的补贴合理化方案，在 2010 年首次实施后几乎没有效果，2014 年全力推进后，天然气价格在一年内连续上涨 3 次。2015 年 4 月，能源补贴取消，加上消费品营业税的引入，人民的生活成本将提高。收入最少的那 40% 的民众也将面临越来越多的社会和环境风险。例如，登革热的发病率在 2013 年同比上升了 90%，确诊病例达 39 222 例，发病率上升趋势可能与森林砍伐和 / 或气候变化相关。此外，犯罪率不断上升也引起了人们的关注。

虽然 2013 年华沙气候大会上马来西亚总理承诺，马来西亚将继续致力于到 2020 年将碳排放量在 2012 年的基础上减少 40%，马来西亚当前面临越来越严峻的可持续发展挑战。2014 年 1 月，马来西亚最发达的州属雪兰莪州，遭遇了水资源短缺的问题。这不是缺乏降雨造成的——马来西亚位于热带地区——而是水高度污染和过度使用导致水库干涸造成的。此外，土地开荒和森林砍伐也很成问题，造成了山体滑坡，居民流离失所。据世界野生动物基金会 2013 年棕榈油购买企业评分表，马来西亚是世界上第二大棕榈油生产国，仅次于印度尼西亚，2013 年世界棕榈油生产总量中两国占据了大约 86%。自 20 世纪 90 年代以来，棕榈油在马来西亚的出口门类中排名第三，仅次于化石燃料（石油和天然气）和电子产品。2010 年马来西亚大约 58% 的国土保持着森林覆盖。政府承诺会保留至少一半国土为原始森林，然而马来西亚现已没有多余空间可以拓展耕地，因此需要专注于提高生产力（Morales，2010）。

避免中等收入陷阱

纳吉布·拉扎克联合政府 2009 年上台，2013 年再次当选。政府估计，实现 2020 年步入高等收入国家行列的目标，需要保证 6% 的年增长率，这比过去 10 年的平均增长率都高，因此必须加大创新发展力度。

当前政府采取的第一个方案是 2010 年经济转型计划（ETP），该计划是 2009 年的国家转型计划的一部分。该经济转型计划为 2010 年《第十个马来西亚计划（2011—2015）》奠定了基础。经济转型计划旨在加强产业竞争力，增加投资，改善公共治理包括提升公共部门效率。该计划 92% 的资金由私营部门资助。该计划侧重 12 个增长领域：

- 石油、天然气和能源。
- 棕榈油和橡胶。
- 金融服务。
- 旅游。
- 商业服务。
- 电子和电气产品。
- 批发和零售。
- 教育。
- 卫生保健。
- 通信、容量和基础设施。
- 农业。
- 完善吉隆坡 / 巴生谷建设。

该计划确定了 6 个战略改革方案，以提升竞争力并创造商业友好环境：竞争、标准和贸易自由化；公共财政改革；公共服务提供机制；缩小贫富差距；

发挥政府在商业中的作用；人力资本发展。《经济转型计划》的教育部分主要集中在四个方面：伊斯兰金融与商业；保健科学；高级工程；酒店与旅游业。

科学、技术和创新的治理问题

对科学和技术包容性发展的期望日益增长

尽管马来西亚自 20 世纪 70 年代以来取得了巨大发展，但马来西亚还不属于新兴亚洲经济体。新兴亚洲经济体包含韩国，而韩国经常被拿来与马来西亚进行比较。科学、技术和创新的治理问题和薄弱机构能力在当前问题列表中处于首要位置。此外，预算赤字最近已开始对公共投资水平形成压力，包括研发。特别是，周期性的危机爆发已经迫使政府将支出转移到解决社会经济问题上。

包容性发展的创新已提到公共政策议程上，目前马来西亚正在开展广泛讨论，当前马来西亚面临农业生产力低下，越来越多卫生相关问题，自然灾害，环境问题甚至通货膨胀。2014 年，政府启动跨学科研究基金，旨在将社会福利纳入马来西亚研究型大学的绩效标准，并采取激励措施，促进科学发展，支持扶贫和可持续发展。

开发解决以上问题的创新方案很明显需要行之有效的跨机构跨政策协调。科技创新部和教育部是马来西亚国家创新系统的主要驱动者。有人认为应用研究属于科技创新部的范围，而基础研究属于教育部，但没有统筹基础研究和应用研究的机制。另外，科技创新部通过调查、提供资助和评估来监测创新，但它缺乏对工业的了解，从而无法有效协调工业补助，该问题通过一些政府补助项目没有有效的绩效标准可以看出，包括技术基金（见图 26.2）。让与工业密切相关的机构主体，如国际贸易和工业部（MoITI）或其下属机构马来西亚工业发展局（MIDA）承担这样的角色非常重要。问责制和有效的监测是确保投资能带来理想回报率的必要环节。

尽管政府在资助研发项目中发挥了长远的作用，但目前仍然没有系统的方法来进行研发项目的评估和监控。完善监督需要建立法律体制，让利益相关者参与到设计绩效监测和评估标准的早期阶段。事

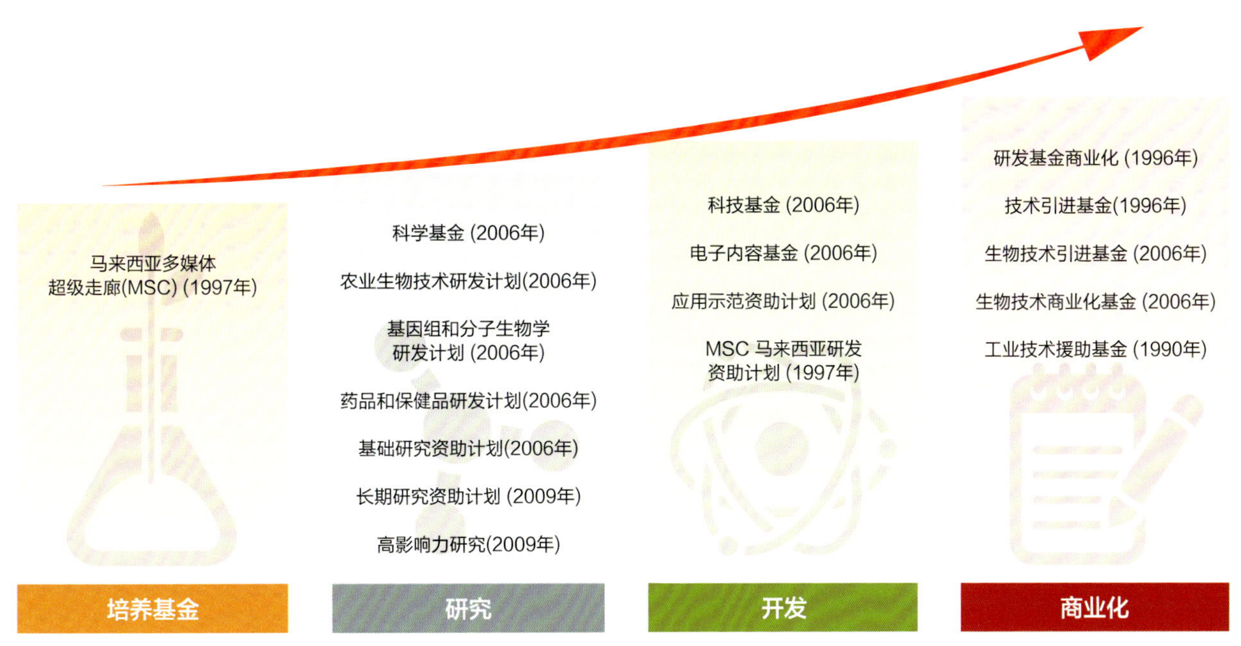

图 26.2　马来西亚创新政府融资工具示例

注：括号中为建立基金的年份。

来源：摘编自马来西亚科技创新部（2013）。

实上，一个独立的监测机构可以为研发经费的支出和募集、减少项目重复方面提供更清晰的问责制和透明度。

人们公认有必要更好地协调科学、技术和创新，特别是关于研究和研究成果的商业化。例如，美国国家科学研究委员会于 2014 年提议建立一个中央独立机构来协调研发。该机构负责将技术展望以及研发的检测、评估和管理具体化。

当前政策暴露诸多问题

政府对于科学、技术和创新的重视可追溯到 1986 年《第一部科学和技术政策》的颁布。接着 1991 年颁布了《工业技术发展行动计划》，同时建立了中介组织，如培训中心、大学和研究实验室，以刺激战略型和知识密集型产业的发展。然而《第二部科学和技术政策（2002—2010）》被认为是首部全面的正式的国家政策，并在科学、技术和创新议程上制定了具体的战略和行动计划。

目前《第三部国家科学和技术政策（2013—2020）》强调：知识的生产和利用；人才开发；激励工业创新；提高科学、技术和创新的治理框架以促进创新。然而，前两部政策试图解决的许多问题在第三部政策中再度出现，意味着之前的政策目标并没有实现。这些问题包括技术的扩散、私人部门对于研发和创新的支持、商业化、监测和评估。

2020 年目标离不开企业研发

毫无疑问，研发对国家发展所做出的贡献远超 10 年前。2008—2012 年，研发支出总量从占国内生产总值的 0.79% 上升至 1.13%（见图 26.3）。这增长是在同一时期国内生产总值稳步增长的情况下出现的尤为可贵。尽管取得了这一进步，马来西亚仍然在这一指标上落后于新加坡或韩国。在企业研发支出上与新加坡或韩国的差距更大。

2012 年，马来西亚的企业研发支出占国内生产总值比例为 0.73%，而新加坡占 1.2%，韩国占 3.1%。马来西亚计划 2020 年实现企业研发支出占国内生产总值 2.0%。而是否能实现该目标很大程度上取决于企业部门的活力。

虽然 2005 年以来私人部门参与研发的比例已大幅提升，但与新兴亚洲经济体相比比重仍然相当低。例如，2006 年至 2011 年间，韩国人在美国申请的信息通信技术专利达 25 423 个，而马来西亚人仅有 273 个（Rasiah 等，2015a, 2015b）。

虽然马来西亚有强大的跨国公司，但研发溢出效果并不显著。这是由于缺乏集中的研发基础设施，特别是在研究型大学和国有机构专门从事研发前沿的人力资本和实验室（经合组织，2013；Rasiah，2014）。

在马来西亚，跨国企业对研发前沿的参与仍然是有限的，所以需要采取积极措施来开展这一活动（Rasiah 等，2015a）。由国内外企业开展的研发工作很大程度上止步于产品的扩散和问题解决。例如，在信息通信技术产业中，没有企业从事研发信息通信技术节点微型化或扩大晶圆直径。创新活动往往局限于通过产业内贸易，特别是在国内自由贸易区来转移和扩散技术。这种对生产型业务的关注将只能有助于渐进式创新（Rasiah, 2010）。2012 年，一群跨国公司建立了一个平台，促进合作研发。虽然

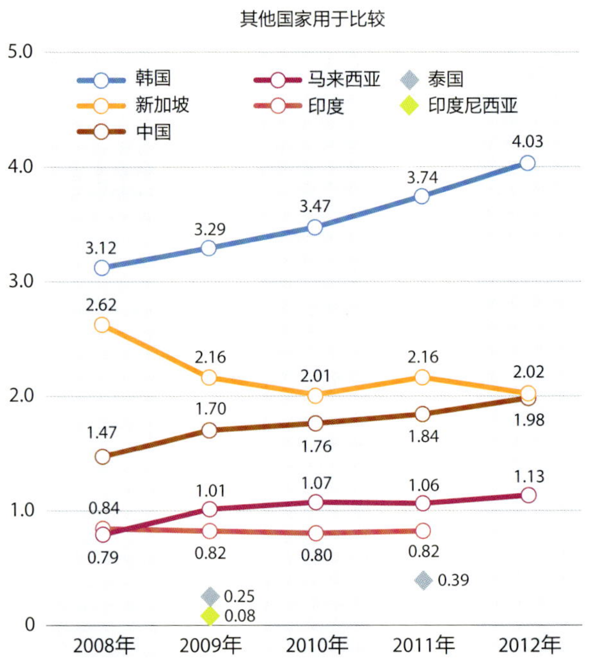

图 26.3　2008—2012 年马来西亚研发支出总量占国内生产总值的比重

来源：2015 年 5 月联合国教科文组织统计研究所。

专栏 26.1　跨国平台推动电器和电子产品的创新

为了解决当地创新生态系统的不足，一群跨国公司建立了自己的工程、科学和技术合作研究（CREST）平台。该平台成立于2012年，建立了工业、学术和政府的三边伙伴关系，雇用近5 000个研究科学家和工程师，致力于满足电气和电子产品的研究需要。

该平台是由10家领先电气和电子公司发起：超微半导体（Advanced Micro Devices），安捷伦科技（Agilent Technologies），阿尔特拉（Altera），安华高科技（Avago Technologies），歌乐（Clarion），英特尔（Intel），摩托罗拉系统公司（Motorola Solutions），美国国家仪器（National Instruments），欧司朗（OSRAM）和硅佳科技（Silterra）。这些公司每年年收入近250亿马币（约69亿美元），花费近14亿马币在研发上。2005年以来政府补助已被这些跨国公司广泛使用（Rasiah等，2015a）。

北部走廊执行局、马来西亚国库控股公司、马来亚大学和马来西亚理工大学，与工程、科学和技术合作研究平台开展了密切合作。除了研发工作以外人才培养（也是合作重点）外，最终目的是帮助行业增加其产值。

来源：www.crest.my.

这是朝正确方向迈出的一步，但现在这个阶段还无法评估其成败（见专栏 26.1）。

当前知识、能力和融资方面的差距也使中小企业更难承担研发工作。大部分中小企业都作为跨国公司的分包商工作并且止步于作为初始设备制造商。这阻碍了他们参与原创设计和原创品牌的制造。因此中小企业需要得到更多支持来获取必要的知识、能力和融资。一个关键的策略就是将中小企业与国家科技园区的孵化设施连接起来。

高新技术出口受到重挫

尽管发明和专利是马来西亚的出口竞争力和经济增长战略的关键，但似乎研发的投资回报甚少（Chandran 和 Wong，2011）。根据世界知识产权组织数据，虽然马来西亚专利局的专利申请多年来稳步增长（2013 年达到 7 205 个），但他们远远落后于竞争对手如韩国（2013 年达到 204 589 个）。此外，马来西亚国内的申请似乎质量较低，1989 年至 2014 年申请通过的比例占 18%，而同一时期外国申请专利申请通过率为 53%。此外，在马来西亚的学术或公共研究机构将研究转化成知识产权的能力似乎有限。马来西亚微电子系统研究所（MIMOS）[①]——马来西亚的前沿公共研发机构——于 1992 年企业化，2010 年申请的专利数量占马来西亚的 45% 至 50%（见图 26.4 和图 26.5），但那些专利的低引用率表明商品化率低。

值得关注的是，马来西亚高科技密度全球占比逐年下降，自 2000 年以来，高新技术产业对制造业出口的贡献也大幅下降（见表 26.1）。

表 26.1　马来西亚高新产业强度（2000 年、2010 年和 2012 年）

其他国家和地区数据用于比较

	2000年占世界比例(%)	2010年占世界比例(%)	2012年占世界比例(%)	2000年制造业出口比例(%)	2010年制造业出口比例(%)	2012年制造业出口比例(%)
马来西亚	4.05	3.33	3.08	59.57	44.52	43.72
泰国	1.49	1.92	1.70	33.36	24.02	20.54
印度尼西亚	0.50	0.32	0.25	16.37	9.78	7.30
印度	0.18	0.57	0.62	6.26	7.18	6.63
韩国	4.68	6.83	6.10	35.07	29.47	26.17
巴西	0.52	0.46	0.44	18.73	11.21	10.49
日本	11.10	6.86	6.20	28.69	17.97	17.41
新加坡	6.37	7.14	6.44	62.79	49.91	45.29
中国	3.59	22.82	25.41	18.98	27.51	26.27
美国	17.01	8.18	7.48	33.79	19.93	17.83
欧盟	33.82	32.31	32.00	21.40	15.37	15.47

来源：2015 年 4 月世界银行世界发展指标。

① 该研究所在企业化之前隶属于总理办公室。

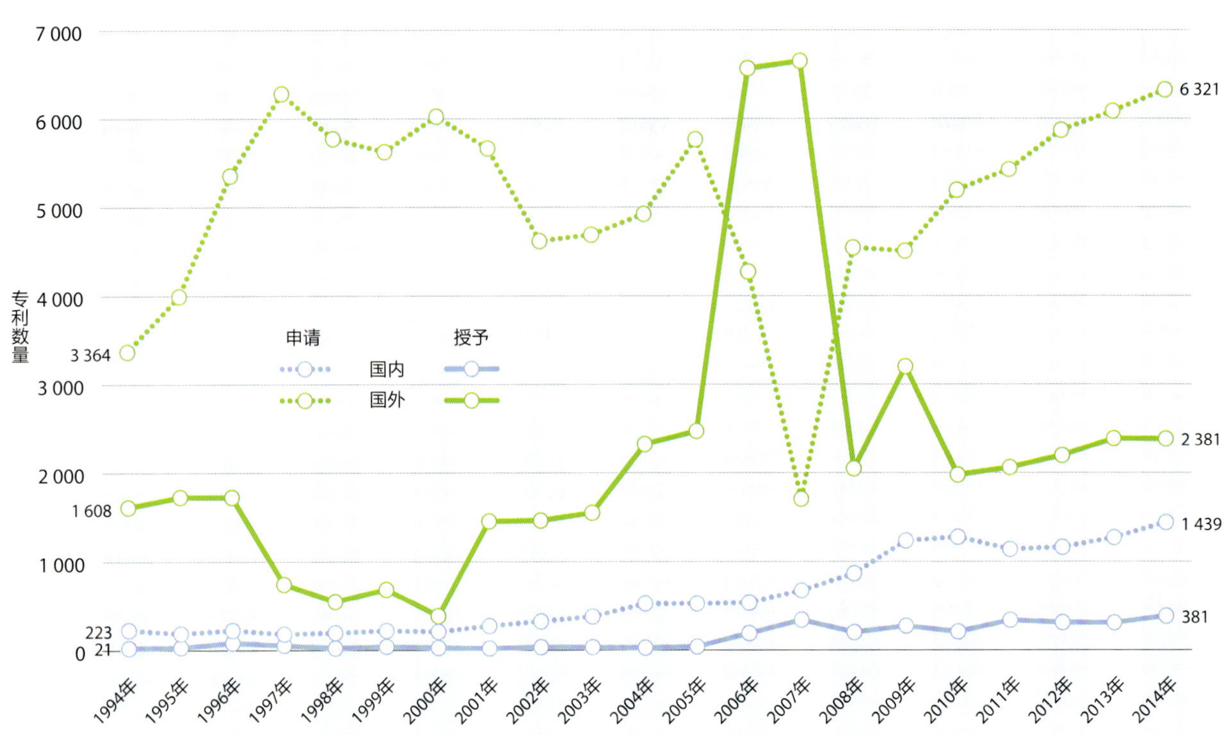

图 26.4　1994—2014 年马来西亚专利申请和授予专利数量

注：2014 年的数据只有 1—11 月。

来源：2014 年 3 月马来西亚专利局。

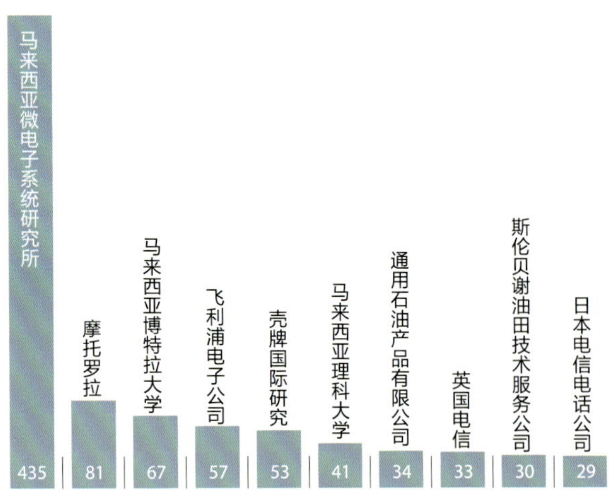

图 26.5　2010 年马来西亚顶级专利代理公司

来源：汇编自专利合作条约数据库。

增加研发投资回报率的需求

Thiruchelvam 等人（2011）认为，尽管《第九个马来西亚计划》（2006—2010）强调了预商业化和商业化的重要性，但在研发上的投资回报仍然很少（2006—2010）。这种低商品化率很大程度上是由于大学和工业缺乏合作，研究机构僵化以及协调政策时出现的问题。大学似乎把他们的研究成果商业化局限于具体的领域，如医疗和信息通信技术。

2010 年，政府成立了马来西亚创新机构，以促进研究的商业化。

马来西亚科技发展公司也与马来西亚创新机构共同努力，帮助公司将商业化许可转化为可售产品。然而总体而言，结果并不乐观。只有少数组织成功商业化了，包括马来西亚棕榈油局（见专栏 26.2）、马来西亚橡胶研究所、马来西亚博特拉大学和马来西亚科学大学。

马来西亚创新机构已成立 5 年，迄今为止对商业化的影响很有限，因为它没有弄清楚它对于科技创新部及其有限资源的职能。然而，有一些证据表明，该机构开始在推动商业化和创新文化方面扮演催化剂的角色，特别是硬件行业之外的创新。在硬件行业中，提供服务的公司①，如航空服务，十分活跃。然而，为了确保政府的战略和计划有效实施，该机构还需要加强与其他机构和部门的联系。为了促进集体行动的效率，同时保持系统内的竞争活力，许多涉及科学、技术和创新的机构和部门也可以进行合并。

马来西亚众多科技园区得益于政府刺激商业化的激励措施。这些措施包括长期研究资助计划、基础研究资助计划、技术基金和电子科研基金（见图 26.2）。

虽然前两批计划主要侧重于基础研究，但也鼓励申请者商业化他们的成果。另外，技术基金和电子科研基金则专注于商业化。现在非常需要评估他

① 马来西亚科学技术信息中心在 2012 年做的一项调查发现，绝大多数的企业报告产品创新都依赖于内部研发——制造业中这样的企业占比 82%，服务业中占比 80%，而剩余的大部分（分别为 17% 和 15%）是联合其他公司进行研发（MASTIC, 2012）。

专栏 26.2 马来西亚棕榈油行业

棕榈油产业通过马来西亚棕榈油委员会管理的地方税基金来向研发贡献力量（见图 26.6）。该委员会主要通过对产业生产的每吨棕榈油和棕榈仁油征收地方税（或税收）来支撑研发基金。此外，马来西亚棕榈油委员会收到政府的预算拨款以资助开发项目和经过长期研究补助计划批准的研究项目。通过地方税，棕榈油产业因此为马来西亚棕榈油委员会的研究补助提供了充足的研究经费。补助金额在 2000—2010 年间达到 20.4 亿马币（约 5.6 亿美元）。

马来西亚棕榈油委员会出版了几本期刊，包括《棕榈油研究杂志》，并监督热带泥炭研究所，该研究所负责研究生产棕榈油对泥炭地以及泥炭转化成温室气体排放到大气中的影响。

马来西亚棕榈油委员会支持在生物柴油以及棕榈生物量和有机废物的其他用途等领域的创新。生物量的研究促进了以下产品的发展：木制品和纸制品、肥料、生物能源、用于汽车的聚乙烯薄膜和其他棕榈生物量制造的产品。在 2013 年至 2014 年间，马来西亚棕榈油委员会的商业化的新技术数量从 16 项上升至 20 项。

马来西亚棕榈油委员会是 2000 年马来西亚棕榈油研究所和棕榈油注册和授权机构在议会法案下合并而产生的。

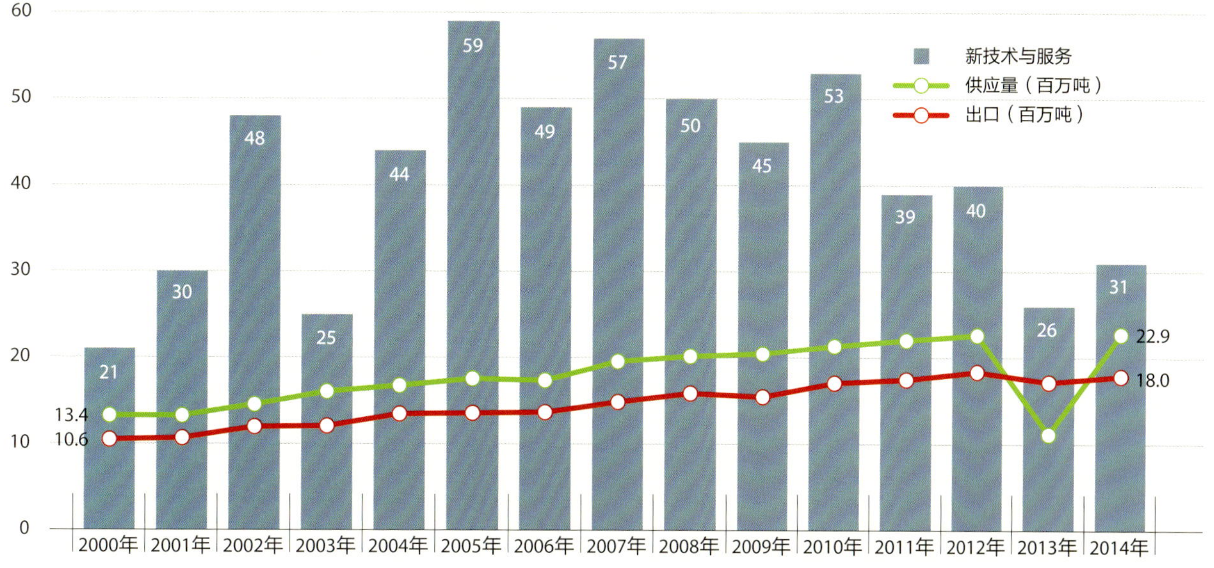

图 26.6 2000—2014 年马来西亚棕榈油产业的重要指标

来源：马来西亚棕榈油委员会（2015 年）；联合国商品贸易统计数据库。

来源：www.mpob.gov.my.

们在促进商业化中扮演的角色和成功率。还需要加强科技园的机构能力和确保这些公共福利能够有效地将知识商业化，以最小的失败率将资金转化为有商业化价值的产品和服务，这被称为最低的成本消耗（Rasiah 等，2015a）。大多数在马来西亚成立的跨国企业都专门开发信息通信技术，并且坐落于居林高科技园（吉打州）和槟榔屿（见表 26.2）。

2005 年，科技创新部将 1992 年以来提供给国内企业的研究资金扩展到跨国企业（Rasiah 等，2015b）。因此，在美国由专门从事集成电路的外国公司申请的专利数量激增，从 2000—2005 年 39 个专利数量到 2006—2011 年增至 270 个。与新加坡相同，这些研究经费的重点是基础研究和应用研究（见图 26.2）。然而，在新加坡，大学－工业联系和科技园区在很大程度上决定了这些计划能够取得成功，这些项目在马来西亚也在不断发展（Subramoniam 和 Rasiah, forthcoming）。

高校改革提高生产力

2006 年，政府提出《2020 年高等教育战略计划》，在接下来的三年中建立了五所研究型大学，提高了政府对高等教育的资助。十多年来，高等教育公共支出占教育预算约三分之一（Thiruchelvam 等，2011）。马来西亚在高等教育上的支出比它的任何一个东南亚邻国都高，但在 2003 年至 2007 年间，投入水平从国内生产总值的 2.6% 下降到 1.4%。政府已经将高等教育支出恢复到原有水平，例如，在 2011 年高等教育支出占国内生产总值的 2.2%。

2009 年以来，科学出版物迅速崛起（见图 26.7），这是政府决定发挥 5 所研究型大学的长处带来的直

表 26.2　2014 年在槟榔屿和吉打州的拥有研发和芯片设计能力的半导体公司

	国家	年份	结构	主要活动	升级
超微半导体	美国	1972年	一体化工业装置	装配和测试	有内部研发支持装配和测试
拓朗半导体	美国	1994年	一体化工业装置	设计中心	有内部研发支持设计
博通有限	新加坡	1995年	一体化工业装置	装配和测试	有内部研发支持模拟件、复合信号和光电元件的装配和测试
飞兆半导体	美国	1971年	一体化工业装置	装配和测试	前身为美国国家半导体公司；有内部研发支持装配和测试
东益电子	马来西亚	1991年	无生产线	LED的划片、分类整理、电镀和装配	有内部研发支持生产
英飞凌	德国	2005年	一体化工业装置	晶片制造	从事8寸力晶半导体制造；有内部研发支持晶片制造
英特尔	美国	1972年	一体化工业装置	装配和测试	有内部研发支持装配和测试
英特尔	美国	1991年	一体化工业装置	设计中心	集成电路设计；1979年起该地点被英特尔科技公司使用；有内部研发支持
美满电子科技	美国	2006年	无生产线	设计中心	有内部研发支持
欧司朗	德国	1972年	一体化工业装置	晶片制造	其前身为Litronix公司，于1972年创立；1981年被西门子收购；1992年改名欧司朗光电半导体；2005年业务从装配和测试增加了晶片制造；有内部研发支持
瑞萨半导体设计	日本	2008年	一体化工业装置	设计中心	专供设计；有内部研发支持
马来西亚瑞萨半导体	日本	1972年	一体化工业装置	装配和测试	1980 年起增加研发支持，2005年起扩大研发范围
矽佳	马来西亚	1995年	代工厂	晶片制造	原名马来西亚晶片科技，1999年改名矽佳；有内部研发支持晶片制造

注：无生产线指负责硬件设备和半导体芯片的设计和销售，而这些设备的制造则外包给半导体制造厂。

来源：Rasiah 等（2015a）.

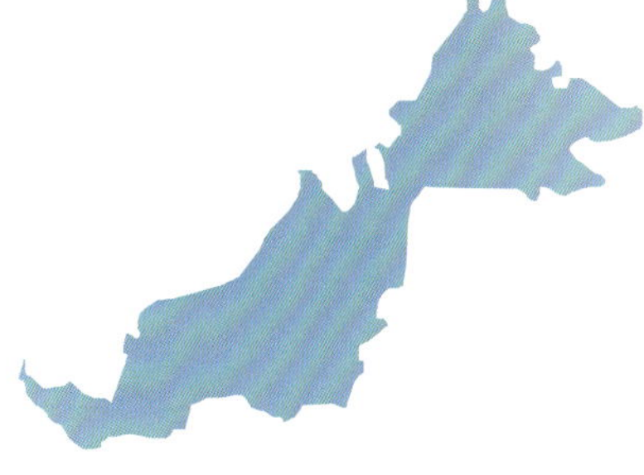

2005 年以来马来西亚出版物数量迅速增长，
超过了人口结构相似的罗马尼亚。

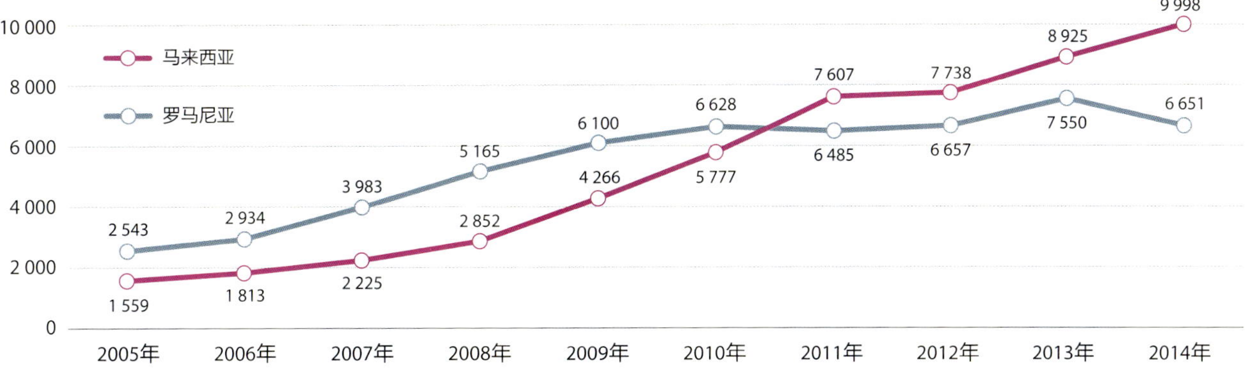

0.83

2008—2012年马来西亚出版物的平均引用率；
经济合作与发展组织平均引用率为1.08；
二十国集团平均引用率为1.02

8.4%

2008—2012年马来西亚论文在引用率前10%的论文所占比例；
经济合作与发展组织为11.1%；
二十国集团为10.2%

46.4%

2008—2014年与国外合著的马来西亚论文所占比例；
经济合作与发展组织为29.4%；
二十国集团为24.6%

工程和化学类出版物几乎占据总数的一半

2008—2014年累计总数

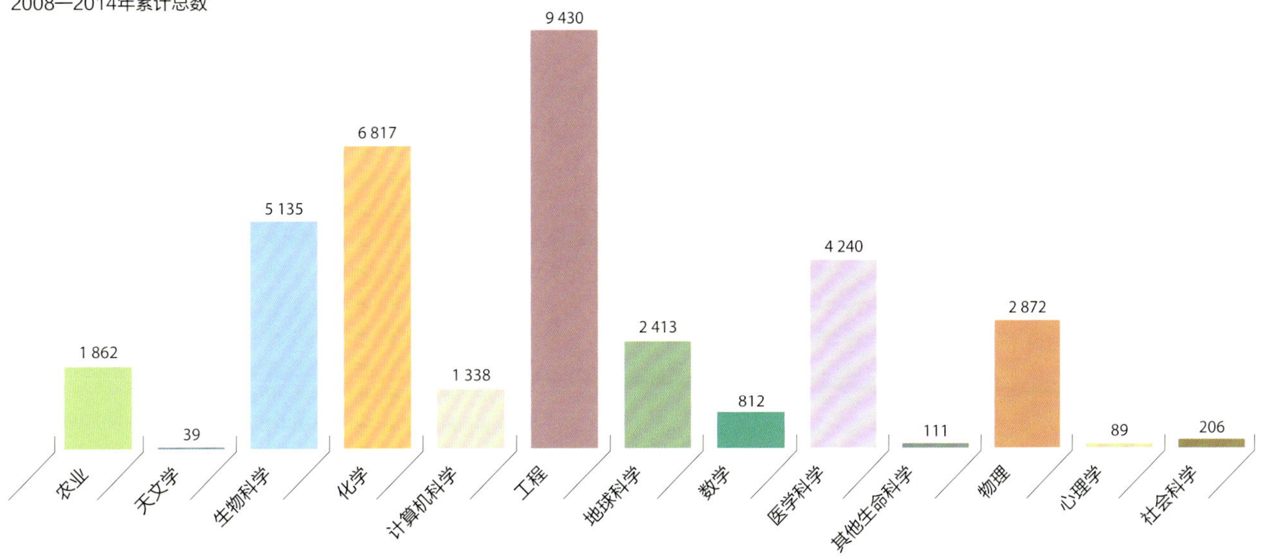

2008—2014 年出版物分类数，不包括没有分类的出版物（11 799）

四大洲中马来西亚的主要科技合作国家

2008—2014年主要合作国（论文数量）

	第一合作国	第二合作国	第三合作国	第四合作国	第五合作国
马来西亚	英国(3 076)	印度(2 611)	澳大利亚(2 425)	伊朗(2 402)	美国(2 308)

来源：汤森路透社的科学引文索引数据库、科学引文索引扩展版，数据处理 Science-Metrix。

图 26.7　2005—2014 年马来西亚科学出版物发展趋势

接影响，这 5 所大学包括：马来西亚大学、马来西亚科学大学、马来西亚国立大学、马来西亚博特拉大学和马来西亚工艺大学。2006 年，政府决定为大学研究提供资助。2008 年至 2009 年间，这 5 所大学收到的政府资助增加了 71%（UIS，2014）。

根据针对性的研发经费，教学人员的关键绩效指标也发生了改变，例如教学人员的出版量成为晋升的一个重要标准。同时，2009 年高等教育部为高校设计并采用了一种绩效衡量和报告机制，也包括自我评估和自我监控。

高等教育部研发经费的提升，还促进了基础研究占研发支出总量比重从 2006 年 11% 到 2012 年增加至 34%。大部分预算仍然流入应用研究，应用研究在 2012 年占研发支出总量的 50%。2008 年至 2011 年间，绝大部分科学出版物都集中在工程领域（30.3%），其次是生物科学（15.6%）、化学（13.4%）、医学（12%）与物理学（8.7%）。

同时，马来西亚在扩大其科学成果的影响方面仍需要继续努力。2010 年马来西亚平均每篇论文的引用率为 0.8，落后于经济合作与发展组织（1.08）和二十国集团（1.02）的平均水平，以及新加坡、韩国或泰国等邻国（见图 27.8）。2008 年至 2012 年间，该引用率排在东南亚联盟和大洋洲的引用率水平的末尾，而且在马来西亚被引用最多的前 10% 论文中科技成果的比例也是相当低的（见图 27.8）。

虽然高校系统引入了更为客观的绩效衡量标准，以评估研究资助的成果及其对于社会经济和可持续发展的影响，公共研究机构还缺少一个类似的系统。2013 年，政府采用了结果导向的方法来评估研发公共投资，投资项目包括可持续发展和伦理问题的研究课题。其中马来亚大学科研经费也采纳了这一标准，将人文、伦理、社会及行为科学和可持续发展科学纳入研究资助的重点领域。

人力资源发展趋势

研究人员数量的强劲增长

马来西亚等效全职（FTE）研究人员数量在 2008 年至 2012 年间长了两倍，从 16 345 增至 52 052，使得 2012 年每百万人口中就有 1 780 名研究员（见图 26.8）。虽然该比例远高于全球平均水平，但它仍不能与韩国或新加坡相匹敌。

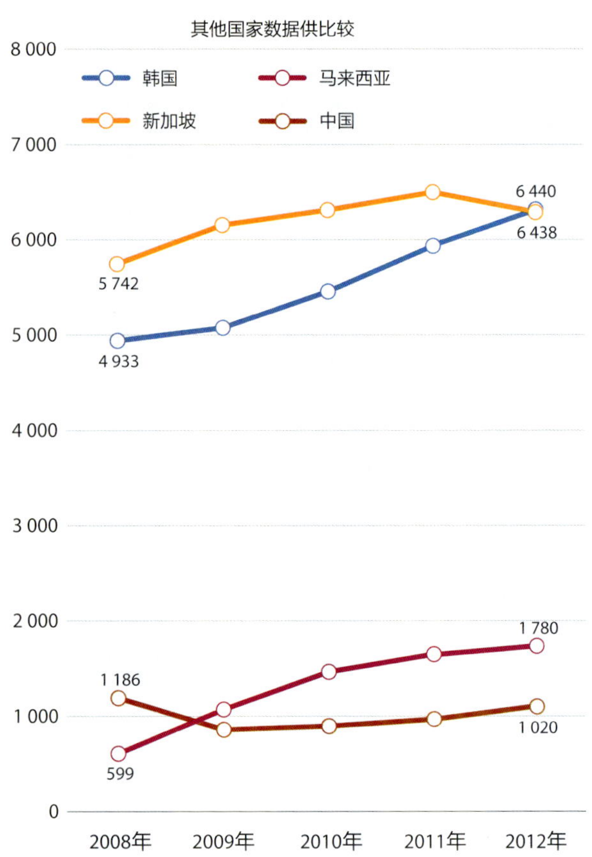

图 26.8　2008—2012 年马来西亚每百万人中研究人员（等效全职）数量

来源：2015 年 5 月联合国教科文组织统计研究所。

政府迫切希望发展本土的研究能力，以减少国家对于外国跨国公司工业研究的依赖性。《2020 年高等教育战略计划》确定目标为到 2020 年培养 10 万博士学位获得者，以及将高等教育入学率从目前的 40% 提高至 50%。10 万博士生将接受本地、海外或国外大学项目的培训（UI，2014）。对此，政府拨款 5 亿马币（大约 1.6 亿美元）资助研究生，该举措促进了 2007 年至 2010 年间攻读博士学位的学生数量翻倍（见表 26.3）。

新加坡吸纳众多侨居海外的马来西亚人

尽管 2007 年以来接受高等教育的学生数量增加，但人才流失仍然是一个问题。仅新加坡就吸

表 26.3　马来西亚大学入学人数（2007 年和 2010 年）

	2007年入学总人数(千人)	2007年私立学校入学总人数(%)	2010年入学总人数(千人)	2010年私立学校入学总人数(%)
学士学位	389	36	495	45
硕士学位	35	13	64	22
博士学位	11	9	22	18

来源：联合国教科文组织统计研究所（UIS）（2014）。

收了 57% 的选择侨居海外的马来西亚人，其余的选择了澳大利亚、文莱、英国和美国。存在证据表明有技能的侨居海外的马来西亚人与 20 年前相比增加了三倍多，这毫无疑问减少了人力资源池以及延缓了科学、技术和创新的发展。为了解决这个问题，政府已经建立了人才机构和定向海归专家计划（MoSTI，2009）。虽然自 2011 年起，有 2 500 名海归人士已被选入激励计划，但该计划尚未产生较大影响。

私立学校学生和外国学生强劲增长

同时，私立大学与公立大学相比，招收了越来越多的本科生。2007—2010 年，私立大学的学士学位招生比例从 37% 增加到 45%。这是 2009 年以来五所领先研究型大学越来越注重研究生教育的结果，同时招人要求更高，以及偏好私立大学的学生，因为私立大学更为普遍地使用英语作为交流媒介的方式。值得注意的是，公共机构持有硕士或博士学位的学术人员的比例（84%）比在私立大学（52%）的比例大（UIS, 2014）。

政府正在增加国际中小学的数量，以适应海归的需要，并赚取留学生的外汇。在《经济转型计划》（2010）中描述的目标是到 2020 年建成 87 所国际学校。虽然截至 2012 年已有 81 所这样的学校，但大多数学校招生数量少：2012 年共有 33 688 名学生，比政府到 2020 年拥有 75 000 名学生的目标还差一半以上。为了缩小差距，政府已开展一项国际宣传活动。

2005 年，马来西亚制定了到 2020 年成为全球第六大留学目的地的目标[①]。2007 年至 2012 年间，国际留学生人数几乎增加一倍，超过 5.6 万名，目标是到 2020 年吸引 20 万名留学生。在东南亚国家联盟（东盟）的成员国中，印度尼西亚的学生最多，其次是泰国。到 2012 年，马来西亚是阿拉伯学生的 10 大留学目的地之一。“阿拉伯之春”引发的动荡引发了越来越多的埃及和利比亚人来到马来西亚碰碰运气，但伊拉克人和沙特人的数量也急剧上升。尤其是尼日利亚和伊朗的学生数量也增长迅速（见图 26.9）。

对教育质量下降的担忧

2000 年以来，就读于科学、技术、工程和数学（STEM）相关领域的大学生和那些非 STEM 相关领域的大学生比例从 25 : 75 增长至 42 : 58（2013），并且现在可能很快就会达到政府 60 : 40 的目标。然而，有证据表明，近年来的教育质量有所下降，包括教学质量。2012 年国际学生评估项目（PISA）的结果展示了马来西亚人在数学和科学素养方面，15 岁青年人的表现低于平均水平。事实上，马来西亚在某些领域的表现已大幅下降，只有 1% 的 15 岁马来西亚人能够解决复杂的问题，而新加坡、韩国和日本是五分之一。2012 年，马来西亚人在知识的获取（29.1）和利用（29.3）方面，得分也较低，比新加坡的青少年（分别为 62 和 55.4）或国际学生评估项目参与者的平均水平（分别为 45.5 和 46.4）都低。

1996 年以来实施的一系列教育改革，都面临着来自教师的阻力。于 2012 年发布的最新国家教育蓝图（2013—2025），旨在提供平等获得素质教育的机会、提升英语和马来语的熟练程度并将教学转化为一种职业选择。特别是，除了提高透明度和问责制以外，它寻求利用信息通信技术在马来西亚全国将素质教育的规模扩大，并通过与私人部门的伙伴关系，提高教育部的交付能力。核心目标是建立一种学习环境，在其中教师及学生的创造力，承担风险和解决问题的能力得以激发（OECD，2013）。由于教育改革需要时间来见成效，这些改革的持续监测将是其成功的关键。

① 参见：http://monitor.icef.com/2012/05/malaysia-aims-to-be-sixth-largest-education-exporter-by-2020.

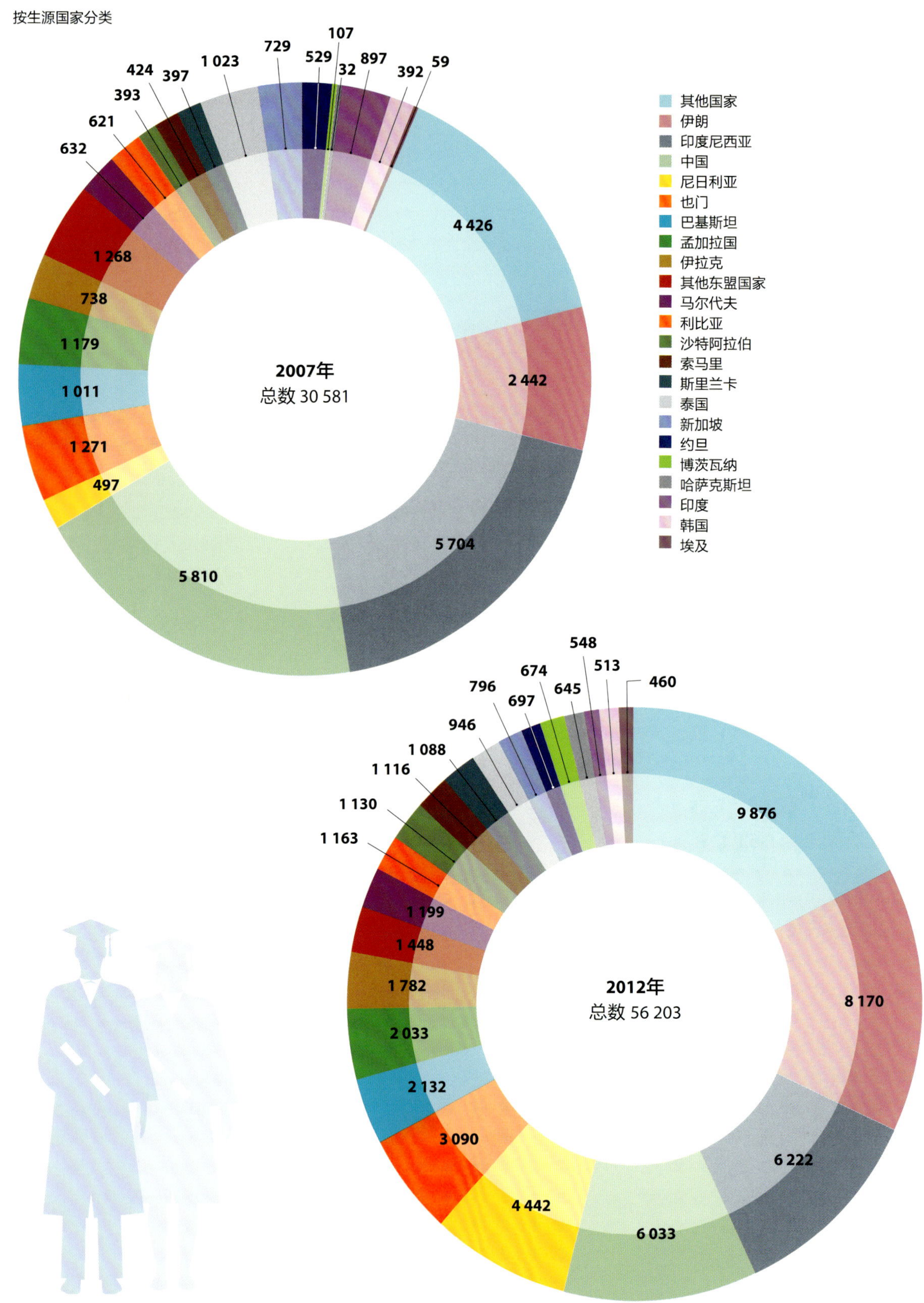

图 26.9　2007—2012 年马来西亚求学留学生数量（人）

来源：2015 年 6 月联合国教科文组织统计研究所。

第 26 章 马来西亚

国际合作趋势

马来西亚南南合作中心

当《东盟 2020 年愿景》于 1997 年被采纳时，它的既定目标是到 2020 年使该地区具备技术竞争力。虽然东盟的重点一直是沿着欧洲发展路线，建立一个统一市场，领导人早已承认，成功的经济一体化将取决于成员国是否能良好地吸收科学和技术。在印度尼西亚、马来西亚、菲律宾、新加坡和泰国成立东盟①的 11 年后，东盟科学和技术委员会于 1978 年成立。自 1978 年以来，为了创造一个更公平的科学、技术和创新环境，委员会制订了一系列行动计划以促进成员国之间的合作。这些行动计划包括 9 个领域：食品科学和技术；生物技术；气象学和地球物理学；海洋科学与技术；非常规能源研究；微电子和信息技术；材料科学和技术；航天技术及应用；科技基础设施建设和资源开发。一旦东盟经济共同体在 2015 年底生效，对人员和服务跨境流动的限制将取消，从而促进科学和技术的合作，并加强东盟大学网络的作用（见第 27 章）。

2008 年，马来西亚政府在联合国教科文组织的支持下，成立了科学、技术和创新领域南南国际合作中心。该中心重点研究南部国家的机构能力建设。最近，该中心与马来西亚公路管理局、建筑业发展委员会、马来西亚工程师协会和马来西亚建筑师协会合作，开展了一个关于基础设施维护的培训课程，持续时间为 2015 年 3 月 10 日至 4 月 2 日。

至于双边合作方面，马来西亚高新技术产业 – 政府合作组（MIGHT）和英国政府于 2015 年建立了牛顿 – 翁古奥玛尔基金，由双方政府在未来 5 年每年各提供 400 万英镑。2014 年该合作组还与总部位于日本的亚洲能源投资有限公司签订了协议，建立一个基金管理公司，称为普特拉生态企业，该企业将投资于高效率和可再生能源的资产及业务。该项资金的潜在目标是智能电网和节能技术以及智能建筑。

① 文莱达鲁萨兰国于 1984 年加入东盟，越南为 1995 年，老挝和缅甸为 1997 年以及柬埔寨为 1999 年。

结论

成为“亚洲虎”，马来西亚需要本土的研究

马来西亚能否复制“亚洲虎”的成功，实现其到 2020 年成为高等收入国家的目标，取决于它刺激技术和创新商品化的程度。外国跨国公司一般从事比国有企业更为复杂的研发。然而，即使是外国公司进行的研发也往往局限于产品扩散和解决问题，而不是推进国际前沿技术发展。

研发工作主要是在电子、汽车和化学工业的大型企业进行，主要涉及流程和产品的改进。即使中小企业占所有私人企业的 97%，但对研发的贡献甚微。

由于马来西亚国内缺乏合格的人力资本和研究性大学，因此即使是在私人部门研发占主导地位的外国跨国公司也很大程度上依赖其位于马来西亚以外的母公司和子公司。

创新主体即高校、企业和研究机构之间的弱合作，是国家创新体系的另一个缺陷。为了促进创新，提高知识产权的商业化率，培育高校科研能力及其与国内企业的关系非常重要。虽然在政府推动卓越研究发展的背景下，近年来马来西亚大学的应用研究得到扩大，但这一趋势尚未转化为专利申请数量。同样，国内企业的吸收能力低，导致技术升级困难。中介组织将发挥重要的作用，通过有效的知识转移来弥补这一差距。

以下措施将有助于解决这些问题：

- 通过培训更多研究人员和技术人员和确保长期研究资助计划和电子科研基金能有效促进产业相关创新的开发，来加强公共研究机构的作用。同时还需要纠正阻碍本国职业和技术教育扩张的市场失灵。
- 应通过长期计划加强公共研究机构、高校和产业之间的合作，包括针对特定行业的深入技术前瞻实践。在此情况下，应当尝试将基础研究与商业化整合起来。
- 应当通过咨询服务等方式为国内企业提供关键知识和专业技能，鼓励公共研究机构和高校成为改善当地产业研发局面的促进者。马来西亚棕榈油委员会在转让专有技术和知识方面的成功，可以

作为这方面的一个典范。

此外，为了解决人力资本短缺的问题，政府应该：

- 鼓励马来西亚人在世界领先的研究型大学追求高等教育，尤其是那些在国外有从事前沿研发的声誉的大学，如美国斯坦福大学的半导体研究或英国剑桥大学的分子生物学。方法之一是对被以前沿研发培养闻名的名牌大学录取的学生提供保税奖学金。
- 协助全国各大学提高其学术人员的资质，终身教授资格仅授予已证实参与了世界级研究和出版物撰写的人员。为了使学术研究更符合产业需求，需要完善高校和企业之间的联系。
- 促进马来西亚的大学和成熟的国际专家在重点研究领域的科学联系，并促进双向的人才环流。

通过鼓励大学设立技术转移办公室和鼓励科技园区成为连接大学与产业的节点，从而将科技园转变成创新初创企业的主要起点平台。在给企业提供科技园区的场地之前，需要对寻求孵化设施的候选高校和企业进行评估，并且定期评审初创企业取得的进展。

马来西亚的主要目标

- 到 2020 年步入高等收入国家行列。
- 到 2020 年将研发支出总量占国内生产总值的比重提高到 2%。
- 到 2020 年高等教育入学率从 40% 提升至 50%。
- 到 2020 年培养 10 万名博士学位获得者。
- 到 2020 年将科学、技术和数学领域的大学生占总数比例提升至 60%。
- 到 2020 年建立 87 所国际中小学，招生 7.5 万人。
- 到 2020 年增加国际学生人数至 20 万，使马来西亚成为世界第六大留学目的地。
- 到 2020 年在 2012 年的基础上减少碳排放量 40%。
- 与 2010 年 58% 的原始森林覆盖率相比，保持至少 50% 的土地为原始森林。

参考文献

Chandran, V.G.R. (2010) R&D commercialization challenges for developing countries *Special Issue of Asia–Pacific Tech Monitor*, 27(6): 25–30.

Chandran, V.G.R. and C.Y. Wong (2011) Patenting activities by developing countries: the case of Malaysia. *World Patent Information*, 33 (1):51–57.

MASTIC (2012) *National Survey of Innovation 2023*. Malaysian Science and Technology Information Centre: Putrajaya.

Morales, A. (2010) Malaysia Has Little Room for Palm Oil Expansion, Minister Says. *Bloomberg News Online*, 18 November.

MoSTI (2013) *Malaysia: Science Technology and Innovation Indicators Report*. Ministry of Science, Technology and Innovation: Putrajaya.

MoSTI (2009) *Brain Gain Review*. Ministry of Science, Technology and Innovation: Putrajaya.

NSRC (2013) *PRE Performance Evaluation: Unlocking Vast Potentials, Fast-Tracking the Future*. National Science and Research Council: Putrajaya.

OECD (2013) Malaysia: innovation profile. In: *Innovation in Southeast Asia*. Organisation for Economic Co-operation and Development: Paris.

Rasiah, R. (2014) How much of Raymond Vernon's product cycle thesis is still relevant today? Evidence from the integrated circuits industry. Paper submitted to fulfil the Rajawali Fellowship at Harvard University (USA).

Rasiah, R. (2010) Are Electronics Firms in Malaysia Catching Up in the Technology Ladder? *Journal of Asia Pacific Economy*, 15(3): 301–319.

Rasiah, R.; Yap, X.Y. and K. Salih (2015a) *Provincializing Economic Development: Technological Upgrading in the Integrated Circuits Industry in Malaysia.*

Rasiah R.; Yap, X.S. and S. Yap (2015b) Sticky spots on slippery slopes: the development of the integrated circuits industry in emerging East Asia. *Institutions and Economies*, 7(1): 52–79.

Subramoniam, H. and R. Rasiah (forthcoming) University–industry collaboration and technological innovation: sequential mediation of knowledge transfer and barriers in Malaysia. *Asian Journal of Technology Innovation*.

Thiruchelvam, K.; Ng, B.K. and C. Y. Wong (2011) An overview of Malaysia's national innovation system: policies, institutions and performance. In: W. Ellis (ed.) *National Innovation System in Selected Asian Countries.* Chulalongkorn University Press: Bangkok.

UIS (2014) *Higher Education in Asia: Expanding up, Expanding out*. UNESCO Institute for Statistics: Montreal.

WEF (2012) *Global Competitiveness Report*. World Economic Forum: Geneva.

WTO (2014) *International Trade Statistics*. World Trade Organization: Geneva.

拉杰·拉西亚（Rajah Rasiah），1957 年出生于马来西亚。自 2005 年以来在马来西亚大学经济与管理学院担任经济与技术管理学教授。他拥有英国剑桥大学的经济学博士学位。拉西亚博士是全球创新学术网络（Globelics）的成员。2014 年，他荣获第三世界科学院（TWAS）授予的社会科学奖，同年，他成为美国哈佛大学拉贾瓦利项目的一员。

V.G.R. 钱德兰（V.G.R.Chandran），1971 年出生于马来西亚，是马来西亚大学经济与管理学院的高等学位副院长和副教授。钱德兰博士还在总理办公室附属的马来西亚高新技术产业－政府合作组（MIGHT）担任经济与政策研究高级分析师。他拥有马来西亚大学的经济学博士学位，曾担任多家国际机构的顾问和研究助理。

在竞争日益激烈的全球市场上，该地区将面临的主要问题是：如何利用科学知识努力扩大其高科技出口产品的种类。

蒂姆·特平、张京A、贝西·布尔戈斯、瓦桑塔·阿马拉达萨

2014年一位工人在新加坡天鲜农场3层楼高的温室中采摘新鲜产品。天鲜农场作为政府推动绿色蔬菜自主生产的项目之一，已得到研究支持。
照片来源：© Edgar Su/ 路透社

第 27 章　东南亚与大洋洲

澳大利亚、柬埔寨、库克群岛、斐济、印度尼西亚、基里巴斯、老挝、密克罗尼西亚联邦、马来西亚、缅甸、瑙鲁、新西兰、纽埃岛、帕劳、巴布亚新几内亚、菲律宾、萨摩亚、新加坡、所罗门群岛、泰国、东帝汶、汤加、图瓦卢、瓦努阿图、越南

蒂姆·特平、张京 A、贝西·布尔戈斯、瓦桑塔·阿马拉达萨

引言

本地区基本挺过了全球危机

本章所含国家的人口总数超过世界总人口的 9%[①]。截至2013年，其科学出版物总量占世界总量的 6.5%，但截至 2012 年，专利总量仅占世界的 1.4%。就当前物价水平而言，本地区人均国内生产总值不均衡，基里巴斯不足 2 000 美元，而新加坡则为 78 763 美元（见图 27.1）；而澳大利亚和新加坡两国的专利和科学出版物就占到了该地区总量的五分之四。

在经济方面，该地区相对较平稳地度过了 2008—2009 年国际金融危机。尽管 2008 年或 2009 年，各国经济增速大幅下降，但包括澳大利亚在内的多个国家基本并未遭受经济衰退（见图 27.2），因此各国在科学技术上的预算压力并不像 2010 年预测的那么严峻。东帝汶直到 2012 年都保持着高速的经济增长，这主要是由于大量的海外直接投资——2009 年，东帝汶接受的外国直接投资高达国内生产总值的 6%，2012 年才回落到 1.6%。

世界银行全球知识经济指数显示，2009 年东南亚国家知识经济排名整体下滑，只有新西兰和越南排名上升，而斐济、菲律宾及柬埔寨等国下滑尤其严重。该指数显示，新加坡继续领衔该地区的创新技术，澳大利亚和新西兰依旧是教育行业的领头羊。

① 关于马来西亚详细情况，请参见第 26 章。

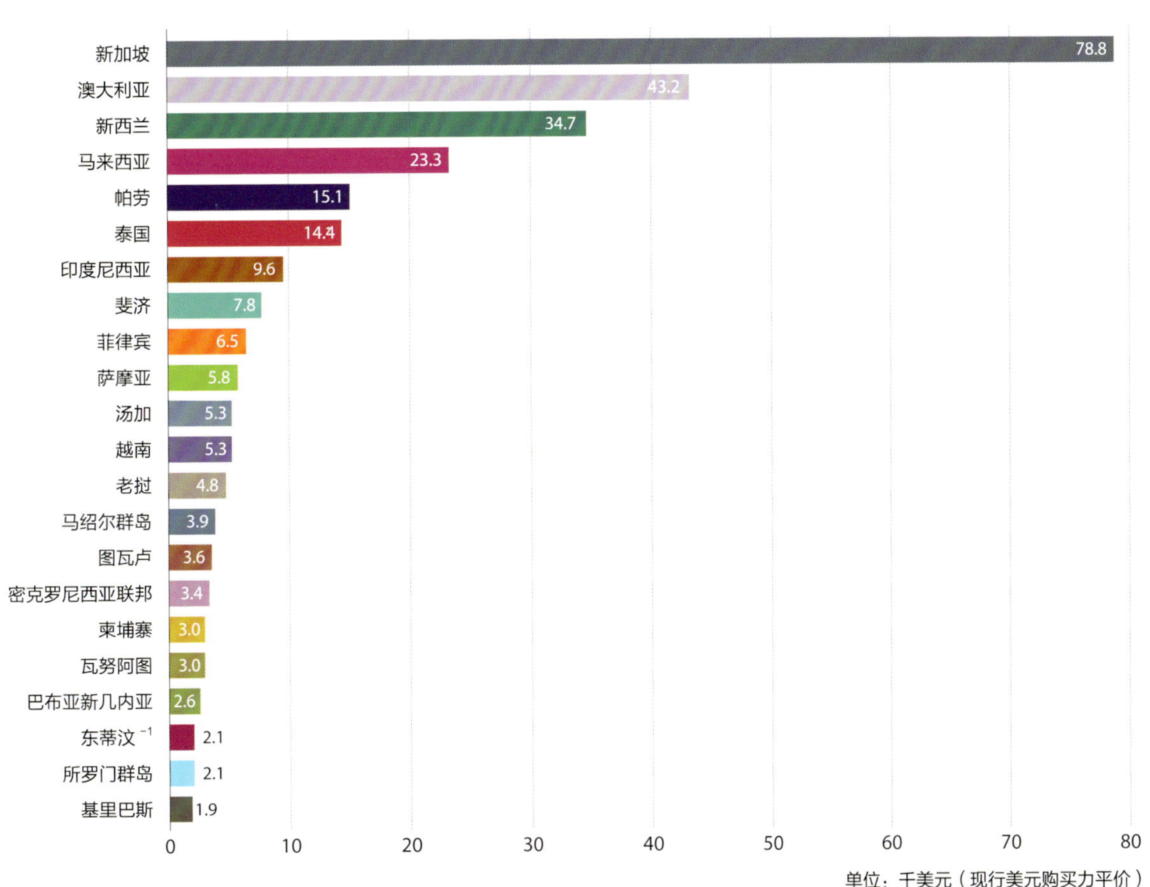

图 27.1　2013 年东南亚及大洋洲国家人均国内生产总值排名

$-n$= 早于基准年 n 年的数据。

来源：世界银行的世界发展指数，2015 年 4 月。

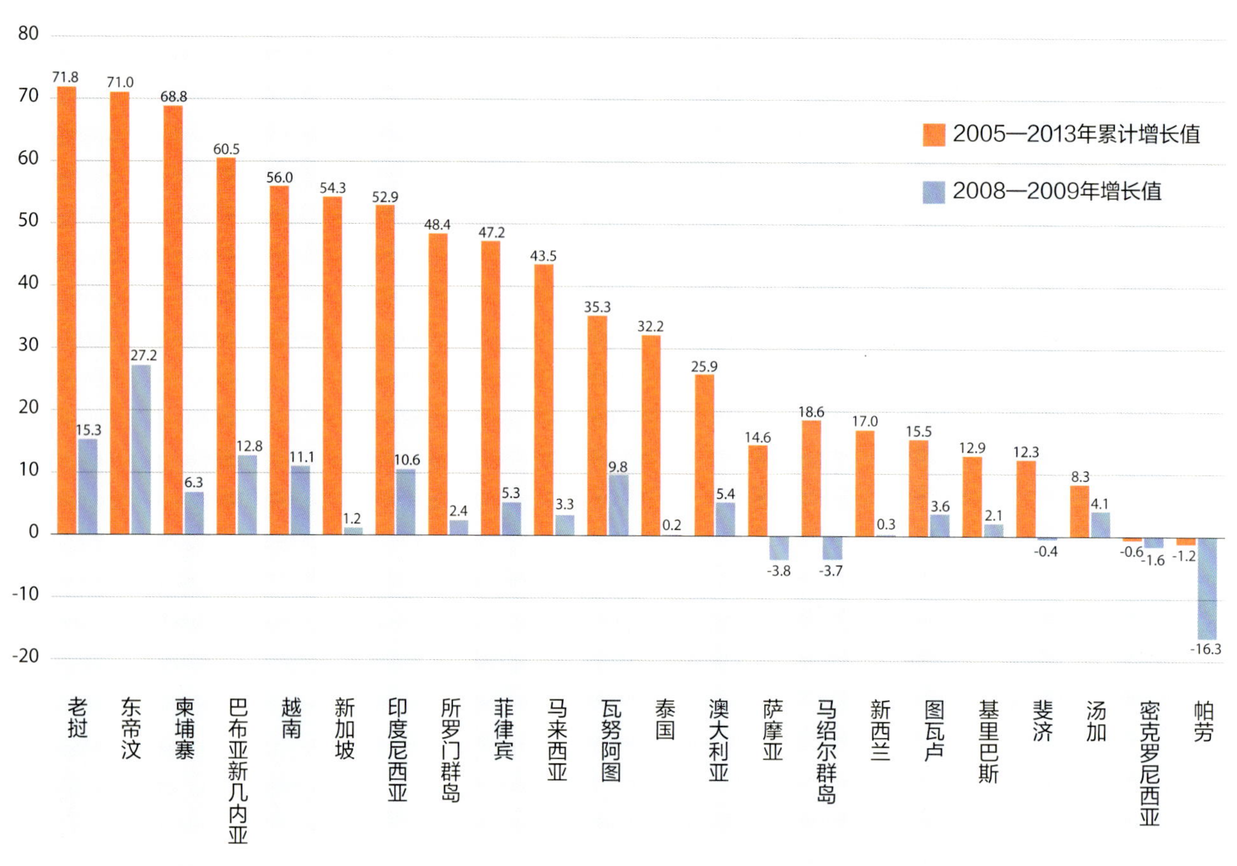

图 27.2　2005—2013 年东南亚及大洋洲国家国内生产总值增长趋势

注：东帝汶的最新数据截至 2012 年，而不是 2013 年。

来源：世界银行的世界发展指数，2015 年 4 月。

全球创新指数排名结果与该指数基本一致。

尽管截至 2013 年，所罗门群岛、柬埔寨、巴布亚新几内亚、缅甸及东帝汶的互联网使用率还十分低，分别仅为 8%、6%、6.5%、1.2% 及 1.1%（见图 27.3），但 2010 年以来，互联网的普及却一定程度上消除了各国的差异。移动电话技术的发展促进了互联网在偏远地区的普及，众多太平洋岛国和东南亚最不发达的国家通过使用互联网实现了知识和信息快速传播和高效应用。

国家、地区政治变化

过去 5 年，泰国政治动荡，经过 2014 年的军事政变和不规则的经济增长后才恢复平稳。而印度尼西亚自 2010 年以来则保持了相对平稳的经济增长，年均增长率约为 4%。为吸引投资，2014 年新任的印度尼西亚政府还采取了一系列财政和结构改革措施（世界银行，2014）。这些改革进一步加快印尼自 2010 年就开始稳健增长的企业研发进程。

缅甸自 2011 年起开始进行民主改革，国际社会因此减轻了对缅制裁。美国和欧盟各国重返缅甸开展贸易，促进了缅甸各行业投资增长。此外，缅甸于 2012 年通过的外国投资法以及 2014 年 1 月通过的经济特区法还促进了出口型产业的发展。由于缅甸地处中国与印度之间，再加上 2015 年东南亚国家联盟（ASEAN）经济共同体成立，亚洲发展银行预测缅甸未来 10 年的经济增长率将保持在 8%。

自然资源大幅贬值是 2013 年 9 月澳大利亚新任政府面临的严峻问题，这主要是由于中国等国对矿产资源的需求降低。所以为平衡 2014—2015 年预算，新政府寻求减少公共支出的方法，而减少对科学和技术的支出就是其中之一。2015 年 6 月 17

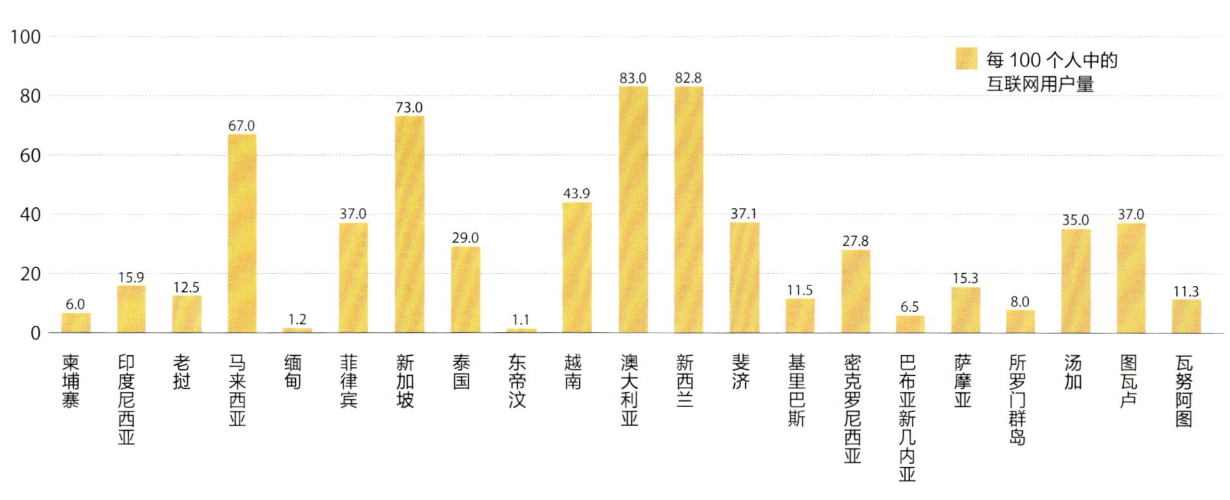

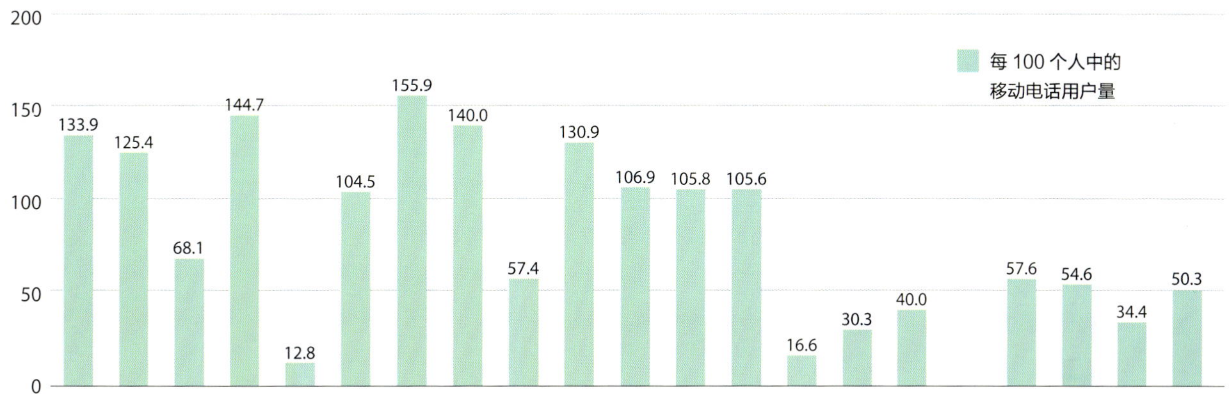

图 27.3　2013 年东南亚和大洋洲国家互联网和移动电话普及率（%）

来源：国际电信同盟。

第 27 章 东南亚与大洋洲

日，澳大利亚还与中国签订了自由贸易协定，基本取消了全部进口关税。中国商务部部长高虎城在签订协议时表示："该协定是中国与其他国家迄今已商签的贸易投资自由化水平最高的自贸协定。"（Hurst, 2015）

2015 年年底建立共同市场

东南亚国家联盟计划于 2015 年年底建立东南亚国家联盟经济共同体，以期在该地区形成共同市场和生产基地。他们计划取消对人员和服务跨境流通的限制，以促进各国的科学和技术合作。而且，技能型人才流动性的增加，也将促进东南亚国家联盟各成员技术发展、工作安排和研究能力的提升，并可进一步发挥高校网络的作用（Sugiyarto 和 Agunias, 2014）。各成员国还会在商讨过程中表明自己想要开展的研究主题，比如，老挝政府希望研究农业和可再生能源；基于水力发电的缺点，更具争议的提案是在湄公河上开发水力发电（Pearse-Smith, 2012）。

科学、技术、创新管理趋势

高技术产品出口现状与预计不符

尽管此前该地区高技术产品出口不被看好，但 2008 年以来，却一直表现不错，其总额增加了 28%，只是各国具体情况有所差异。2008—2013 年间，各国高技术产品出口额基本都有增加，马来西亚和越南的增长尤为明显，其中越南出口的高技术产品增加了差不多 10 倍。但极少数国家有所下降，如菲律宾同期则降低了 27%。

该地区高技术产品出口主要由 4 国掌控，分别为马来西亚、新加坡、泰国及越南，他们的出口量占到了地区总量的 90%，其中新加坡接近 46%，马

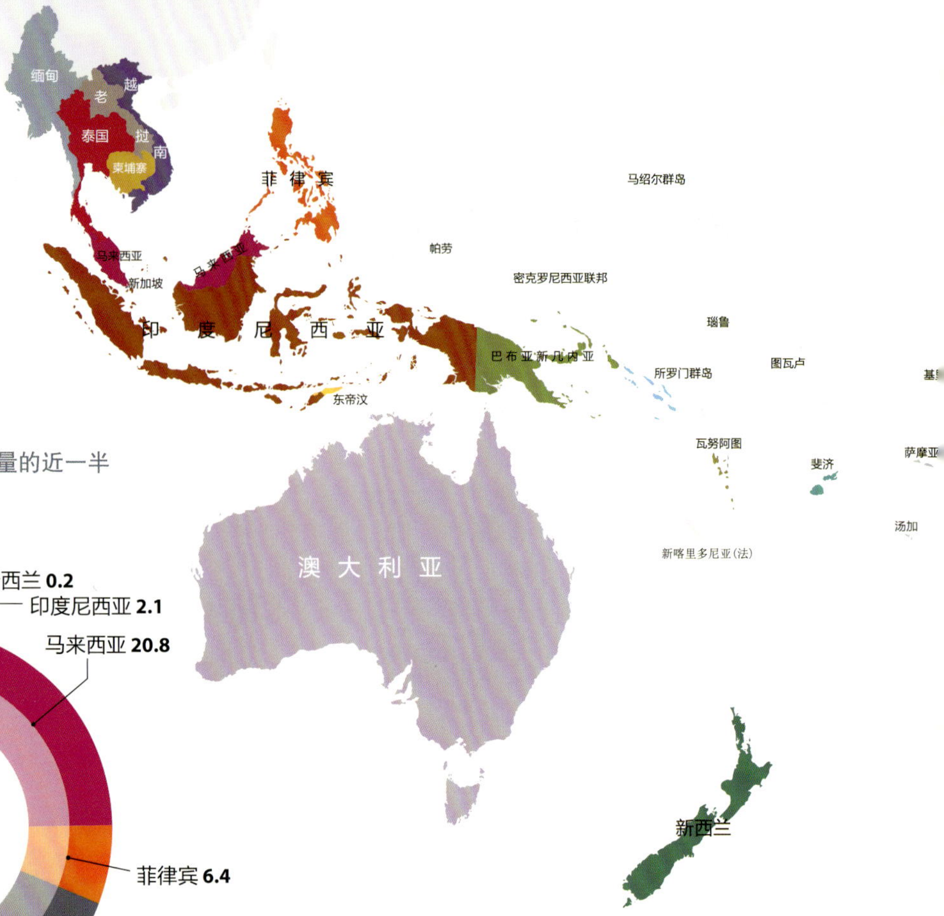

新加坡出口的高技术产品占本地区总量的近一半
2013 年本地区各国高技术产品出口比（%）

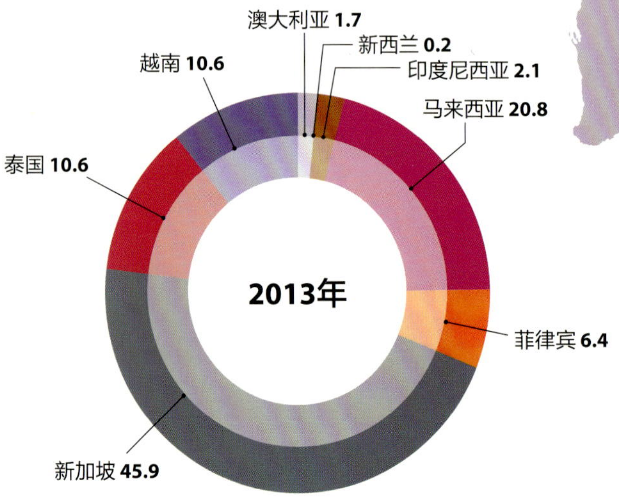

澳大利亚 1.7
新西兰 0.2
印度尼西亚 2.1
马来西亚 20.8
越南 10.6
泰国 10.6
2013年
菲律宾 6.4
新加坡 45.9

注：柬埔寨、斐济、基里巴斯、缅甸、帕劳、巴布亚新几内亚、萨摩亚、所罗门群岛、东帝汶、汤加和瓦努阿图等国高科技产品出口比接近零

45.9%
2013 年新加坡出口的高科技产品与该地区总量的比值

20.8%
2013 年马来西亚出口的高科技产品与该地区总量的比值

10.6%
2013 年泰国和越南出口的高科技产品与该地区总量的比值均为 10.6%

1.7%
2013 年澳大利亚出口的高科技产品与该地区总量的比值

本地区出口的高科技产品中通信设备所占的比值（%）
2013 年本地区出口的高科技产品各种类所占比值

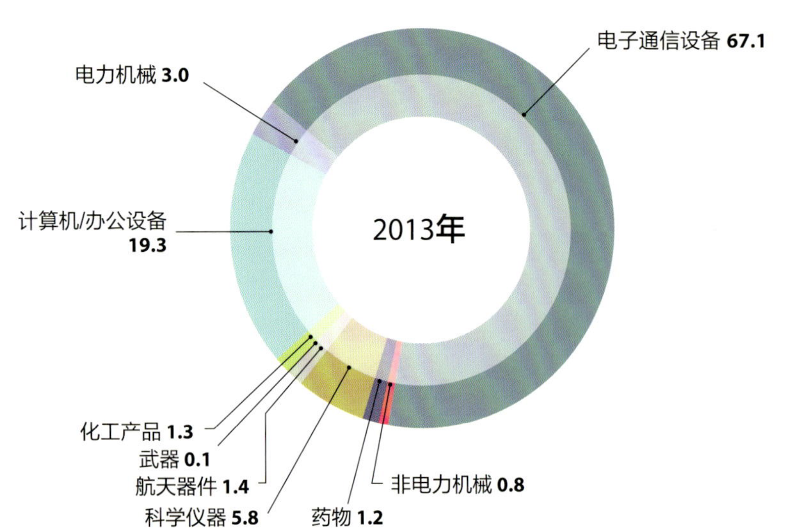

图 27.4　2008—2013 年东南亚和大洋洲国家高技术产品出口趋势

高科技出口产品主要是电子通信设备

2013 年各国各类高科技产品出口比值（%）

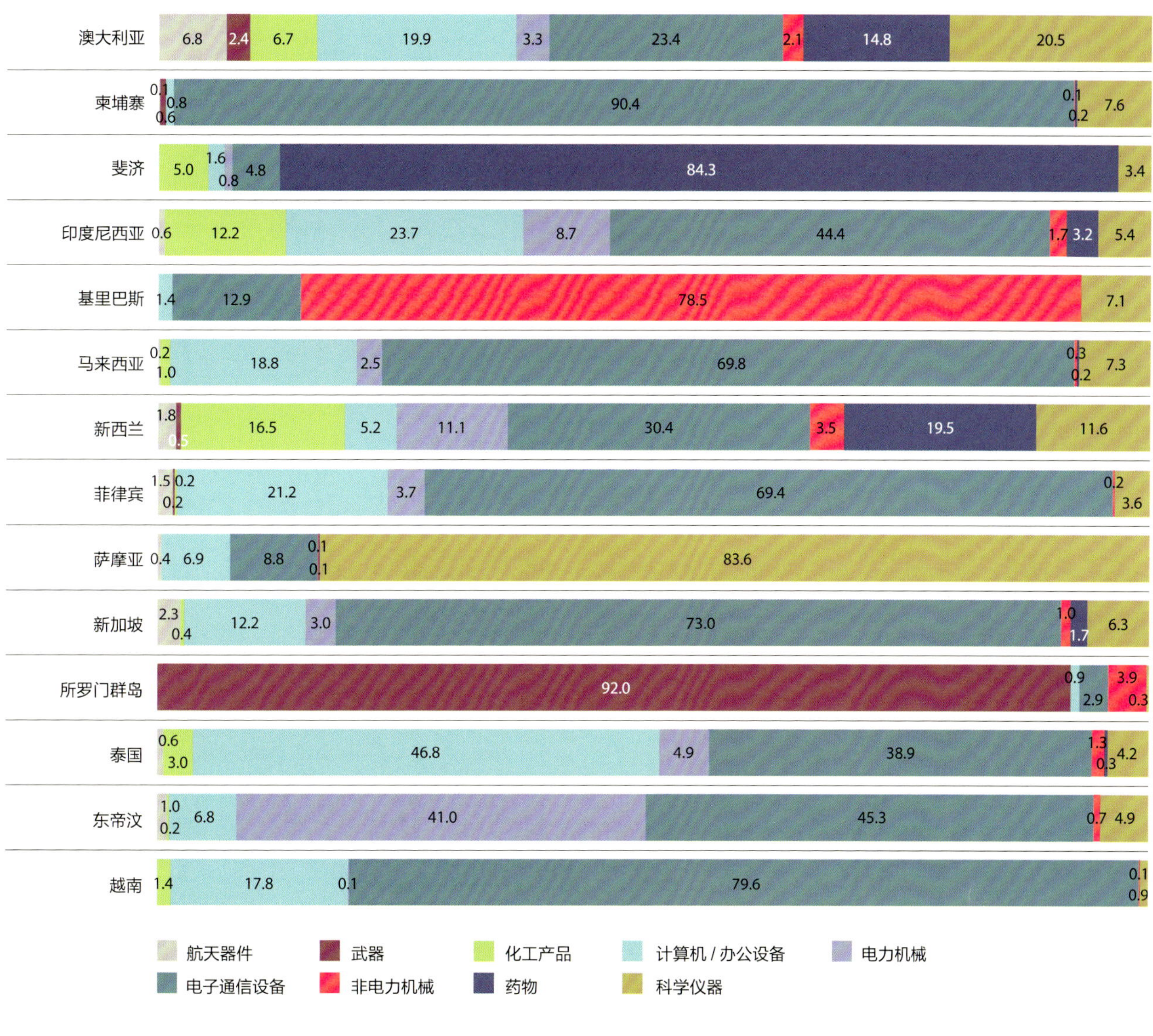

柬埔寨和越南高科技出口增加，菲律宾和斐济的出口已经减少

百万美元

	高科技出口（百万美元）		差额（百万美元）	差额（%）
	2008年	2013年		
澳大利亚	4 340.3	5 193.2	852.9	19.7
柬埔寨	3.8	76.5	72.7	1 913.6
斐济	5.0	2.7	-2.3	-45.7
印度尼西亚	5 851.7	6 390.3	538.6	9.2
马来西亚	43 156.7	63 778.6	20 622.0	47.8
新西兰	624.3	759.2	134.9	21.6
菲律宾	26 910.2	19 711.4	-7 198.8	-26.8
萨摩亚	0.3	0.2	-0.1	-40.6
新加坡	123 070.8	140 790.8	17 719.9	14.4
泰国	33 257.9	37 286.4	4 028.5	12.1
越南	2 960.6	32 489.1	29 528.5	997.4
总值	240 181.9	306 482.5	66 300.7	27.6

来源：联合国商品贸易数据库。

来西亚基本占 21%（见表 27.4）。这 4 国出口的高技术产品主要包括两类：计算机 / 办公设备（19.3%）和电子通信设备（67.1%）（由于此类出口品的部分组件为进口产品，所以对这些数据需酌情看待）。尽管新加坡及马来西亚的企业研发比重较高，但实际上大多与计算机 / 办公设备相关的研究并非由这两国自行开展，而是依托国际力量进行，因为两国境内有不少大型跨国公司。澳大利亚在企业研发方面的投资比重也较大，主要集中在矿产领域。

尽管全球科研产出有所增加，但该地区专利水平整体并未提高，甚至有所下降。2010 年，东南亚和大洋洲国家专利总量占世界总量的 1.6%，2012 年则降至 1.4%，这主要是因为澳大利亚专利总量下降。此外，本地区 95% 的专利都来自以下 4 国：澳大利亚、新加坡、马来西亚和新西兰。该区域内部分国家高科技产品出口量的显著增长与相对来讲在全球专利活动中较少的占比不一致。因此，本地区面临的主要挑战是利用科学知识储备保持和扩大该地区科技出口品在竞争日益激烈的国际市场上的范围。

科学政策与可持续发展的结合依旧是个挑战

该地区存在一个普遍现象——科学实践的目标并不是为了提升科学技术水平。多数国家都希望将科学技术政策与国家创新发展战略相联系。在澳大利亚、新西兰和新加坡等工业国家，科学投资政策被归为国家创新战略。但科学在政策层面从属于经济目标可能会限制科学服务社会、经济、文化发展（如医疗、教育和解决全球可持续发展问题）的方式。

在发展中国家，科学政策与发展战略的结合也很普遍，但在本地区国国家还存在一个矛盾，即通过引用率等方式对科学能力的测定与发展重点之间存在矛盾。柬埔寨、老挝和东帝汶等贫穷国家，以及转型国家缅甸近期出台的政策性文件充分展现了发展的必要性，这些政策强调利用人力资源实现基本的发展需要。国际项目也能作为协调有限的国内资源和可持续发展目标的途径之一。例如，亚洲发展银行资助的项目，即 2011—2014 年在大湄公河次区域的 3 个国家[①]——柬埔寨、老挝和越南，发展使用生物质能。

2015 年下半年，在此千年发展目标即将到期、联合国可持续发展目标正要实行之际，许多发展中国家正努力将科学投入的目标设定为可持续发展。这些国家首先鼓励本国科学家重视如何实现当地可持续发展战略，不必过多关注是否能在国际著名刊物上发表与本国现状不太相关的文章。此种做法存在一定的问题，因为出版物和引文数据才是衡量科学水平的重要标准。要解决这一问题，各国都要认识到自身面临的问题其实就是全球性的问题。正如帕金斯（Perkins, 2012）所说："我们面对是全球性问题，我们常低估这些问题在全球的影响范围和他们带来的严重后果。作为世界公民，各国研发机构都有义务共同合作并解决问题。所以强调科学家重点关注本地区的发展问题是没有意义的。"

研发趋势

研究人员的培养受到高度重视

本地区的科学和技术人员主要集中在澳大利亚、马来西亚、新加坡和泰国。其中新加坡的研究人员最为密集，2012 年每 100 万居民中就有 6438 名全职研究员，远超七国集团其他国家（见表 27.1）。澳大利亚和新西兰技术人员最为密集，虽然大量的技术人员是成熟经济体的特征，但新加坡技术人员却并不多。东南亚国家联盟各成员国间技术流通的动力之一就是新加坡和马来西亚对该地区其他国家技术人员的需求。马来西亚和泰国既是技术人员出口国也是进口国，在某些专业领域菲律宾亦是如此。2015 年后，东南亚国家联盟各国间技术人员的流通将惠及各参与国。

谈到科研培训，马来西亚和新加坡无疑是最突出的，这是由于他们在高等教育上的大量投入。过去十年间，新加坡高等教育支出与教育总经费的比值从 20% 上升到了 35% 以上，马来西亚则从 20% 上升到了 37%（见图 27.5）。此外，这两国大学在校生中博士候选人的比例也是最高的。随着高等教育的普及，大多数国家也涌现出了不少新的教育机构。

此外，区域间高校合作也不断增加。东盟大学联盟成立于 20 世纪 90 年代，现有 10 个东盟国家的 30 所成员大学。效仿该联盟的还有成立于 2011 年的太平洋岛国联盟，它包含太平洋 5 个国家的 10 所大学。同时，澳大利亚和新西兰一些高校还在该地

① 其他三国分别为中国、缅甸和泰国。

表 27.1　2012 年或最近一年东南亚和大洋洲研究人员

	人口（千人）	研究人员总数（等效全职）	每百万人口中研究人员（等效全职）	每百万人口中技术人员（等效全职）
澳大利亚 (2008年)	21 645	92 649	4 280	1 120
印度尼西亚 (2009年)	237 487	21 349	90	—
马来西亚 (2012年)	29 240	52 052	1 780	162
新西兰 (2011年)	4 414	16 300	3 693	1 020
菲律宾 (2007年)	88 876	6 957	78	11
新加坡 (2012年)	5 303	34 141	6 438	462
泰国 (2011年)	66 576	36 360	546	170

来源：联合国组织统计研究所，2015 年 6 月。

区其他国家建立了分校。

缅甸、新西兰、新加坡和马来西亚 4 国的高校学生中，学习科学的学生比例较高，分别为 23%、14%、14%、13%。此外，缅甸接受高等教育的女性比例也是该地区最高的，在经济转型的过程中它能否保持这一比例，十分值得期待。

马来西亚、菲律宾和泰国有半数研究人员是女性，但澳大利亚和新西兰的女性研究人员比例并不确定（见图 27.6）。在多数国家，超过半数的研究人员来自高校（见图 27.7），马来西亚高校研究人员甚至达到了 80%，这说明位于马来西亚的跨国公司要么很少用马来西亚籍的研究人员，要么不在马来西亚国内进行研发。新加坡是个例外，该国半数研究人员都来自企业，而本地区其他国家来自企业的研究人员比例仅在 30% 到 39% 之间。此外，印度尼西亚和越南的研究人员则大部分都受雇于政府。

加大投入，优化研发

尽管研发支出总量的相关数据粗略而且陈旧，最小的太平洋岛国甚至没有相关数据，但这些数据还是能说明东南亚与大洋洲地区各国科学水平差距不断缩小。新加坡曾是该地区研发强度最高的国家，但随着其研发支出总量与国内生产总值之比从 2007 年的 2.3% 降低到 2012 年的 2.0%，澳大利亚就成了该地区的研发支出领袖国，其研发支出总量与国内生产总值之比基本一直保持在 2.3%（见表 27.2）。但是，澳大利亚也无法长期领先，因为新加坡计划在 2015 年将研发支出总量与国内生产总值之比提高到 3.5%。

新加坡、澳大利亚、菲律宾和马来西亚 4 国的企业研发支出所占比重较高（见第 26 章），其中菲律宾和马来西亚主要是因为国内驻有大量的跨国公司。2008 年起，各国都加大了研发投入，包括在企业部门的投入。但是企业的研发投入主要集中在第一产业，例如，澳大利亚主要集中在采矿和矿产资源。大多数国家面临的主要问题就是如何加深并扩大在各行业部门的研发投入。

正在形成的亚洲知识中枢

2005—2014 年，所调查的国家在科学网中收录的科学出版物数量平稳增长，一些亚洲国家的年均增长率甚至达到了 30% 以上（见图 27.8）。澳大利亚和新西兰的出版物主要与生命科学相关，太平洋岛国的出版物主要涉及地理科学，而东南亚国家则两者兼有。其中在众多太平洋岛国中，斐济和巴布亚新几内亚的出版物数量是最多的。

环太平洋国家正在寻求努力将全球和地区性先进科学技术引入国家知识库。之所以采取这种行动，频发的地质灾害，如地震和海啸，是原因之一。众所周知，环太平洋地区是著名的火山带，增强灾害应对能力对周边国家非常重要，因此需要加强地质科学合作。气候变化也是一个问题，不断上升的海平面和越来越复杂的气候现象致使环太平洋国家极易遭受威胁。2015 年 3 月，瓦努阿图几乎被旋风

5 个国家的高等教育投入超过国内生产总值的 1%

与国内生产总值的比值，2013 年（%）

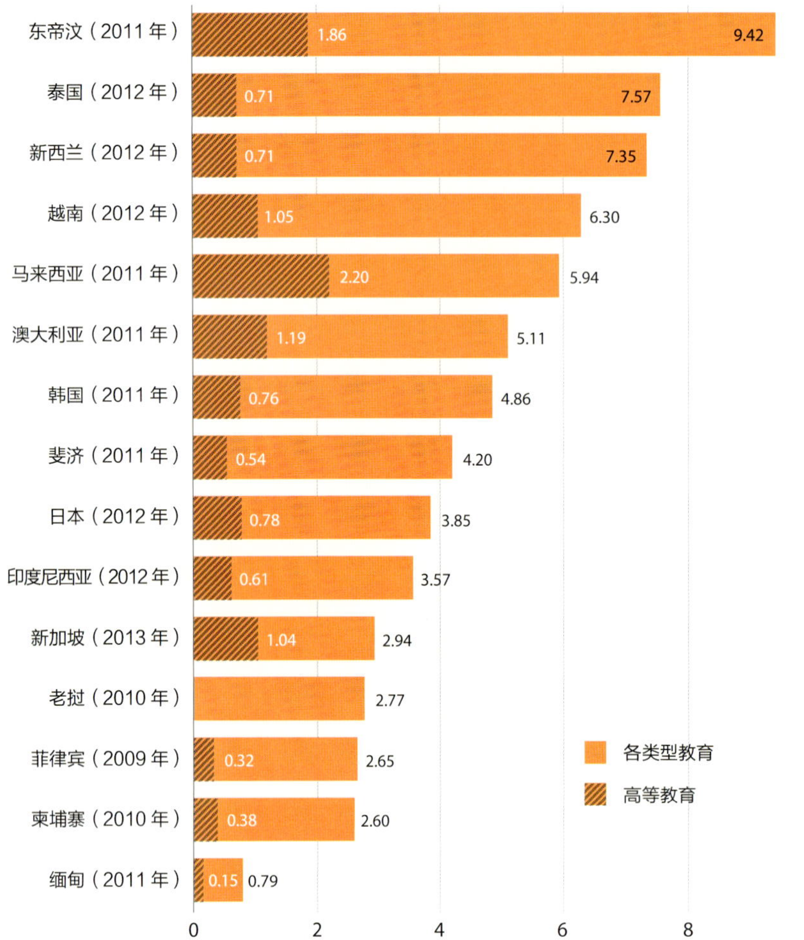

2.20%

2011年马来西亚高等教育投入与国内生产总值的比例

0.15%

2011年缅甸高等教育投入与国内生产总值的比例

19.9%

东南亚和大洋洲国家的高等教育投入与教育支出总数的平均比值

3.3%

东南亚大洋洲国家高等教育入学率（下表所列国家）

澳大利亚和新西兰接受高等教育的人口与总人口的比值最大

	年份	高等教育入学人数比值	占总人口的比值（%）	高等教育科学学科入学人数	高等教育科学学科入学人数占总入学人数比值(%)
澳大利亚	2012	1 364 203	5.9	122 085	8.9
新西兰	2012	259 588	5.8	36 960	14.2
新加坡	2013	255 348	4.7	36 069	14.1
马来西亚	2012	1 076 675	3.7	139 064	12.9
泰国	2013	2 405 109	3.6	205 897	8.2^{-2}
菲律宾	2009	2 625 385	2.9	—	—
印度尼西亚	2012	6 233 984	2.5	$433\ 473^{-1}$	8.1
越南	2013	2 250 030	2.5	—	—
老挝	2013	137 092	2.0	$6\ 804^{-1}$	5.4^{-1}
柬埔寨	2011	223 222	1.5	—	—
缅甸	2012	634 306	1.2	148 461	23.4

$-n$= 早于基年 n 年的数据。

图 27.5　2013 年或最近一年东南亚和大洋洲高等教育发展趋势

马来西亚和新加坡教育支出超过 1/3 用于高等教育

2013 年或最近一年教育支出与公共支出的比值（%）

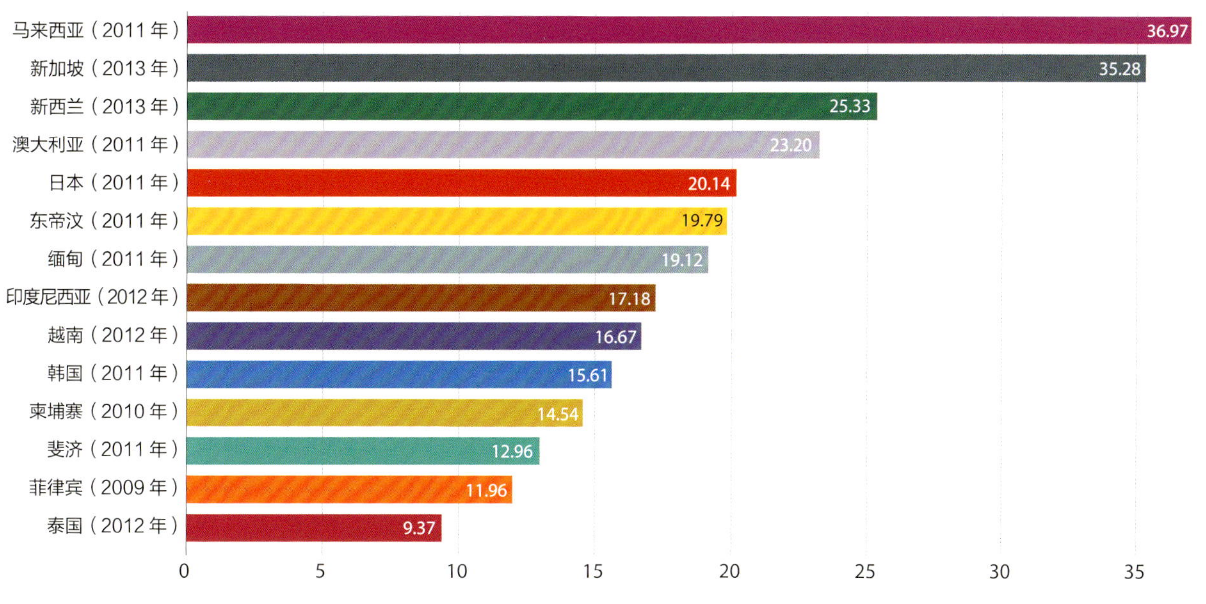

新加坡和马来西亚的大学生中博士研究生的比例最高

2011 年亚洲部分国家大学入学率（按学位划分）

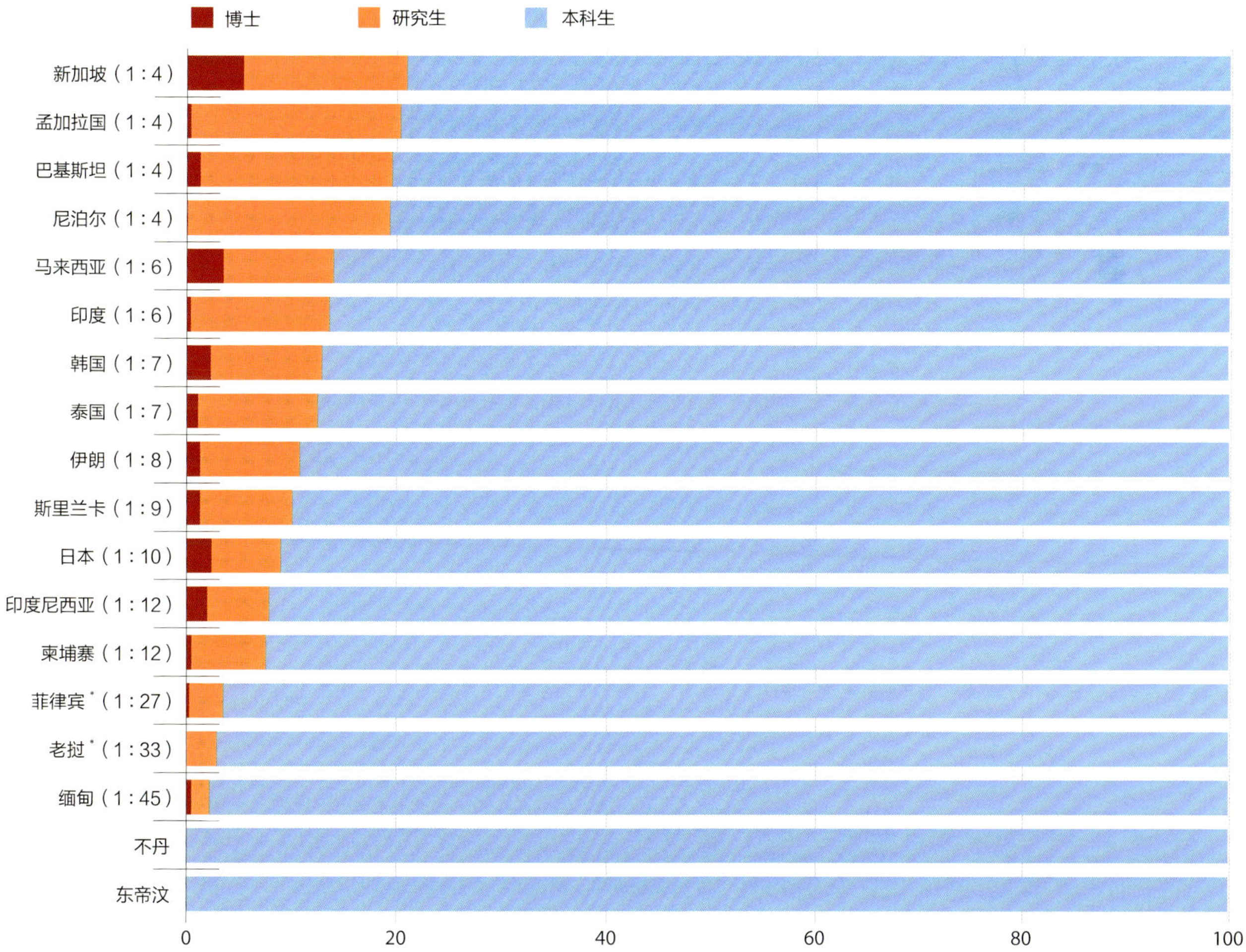

博士　研究生　本科生

新加坡（1 : 4）
孟加拉国（1 : 4）
巴基斯坦（1 : 4）
尼泊尔（1 : 4）
马来西亚（1 : 6）
印度（1 : 6）
韩国（1 : 7）
泰国（1 : 7）
伊朗（1 : 8）
斯里兰卡（1 : 9）
日本（1 : 10）
印度尼西亚（1 : 12）
柬埔寨（1 : 12）
菲律宾*（1 : 27）
老挝*（1 : 33）
缅甸（1 : 45）
不丹
东帝汶

0　20　40　60　80　100

* 菲律宾的数据是 2008 年的。

注：括号内是硕士 / 博士课程的入学率与学士学位课程的比例。

来源：联合国教科文组织统计研究所，2015 年 6 月；亚洲大学入学率：多维全球排名（2014 年）。

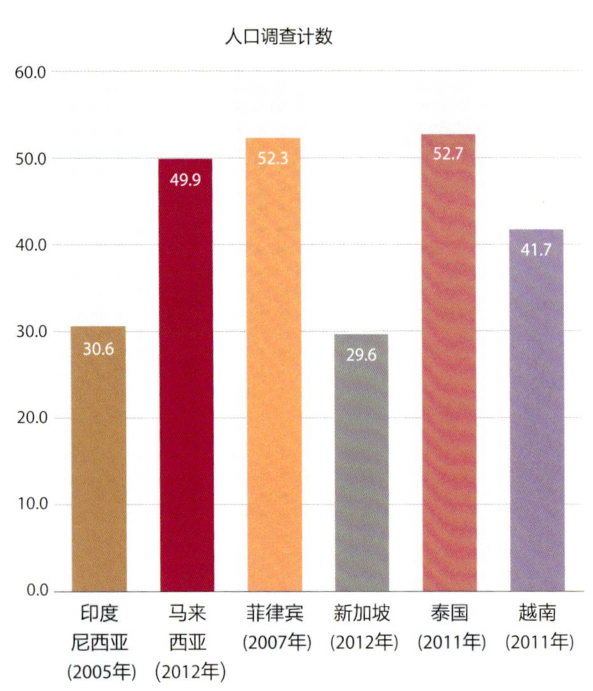

图 27.6　2012 年或最近一年东南亚国家女性研究人员比例

来源：联合国教科文组织统计研究所，2015 年 6 月。

“帕姆”夷平。部分为了确保其农业的生存和发展柬埔寨也从欧盟和其他机构获得经济支持，发布了 2014—2023 年气候变化战略计划。

本地区文献引用率也在上升。2008—2012 年期间，东南亚与大洋洲国家引用率在前 10% 的文献数量已超过经济合作与发展组织（OECD）的平均值。某种程度上讲，文献引用率的上升与国际合著文献的增加也有一定关系，比如柬埔寨被引用的文献就有很多国际合著文献。除越南和泰国，本地区其他国家在过去 10 年间包含国际合著作者的科学文献比例都在增加。在一些较小的经济体或转型经济体内，包含国际合著作者的文献甚至占到了总文献数量的 90% 以上，比如在巴布亚新几内亚、柬埔寨、缅甸和一些太平洋岛国就是如此。尽管全球知识中枢主要集中在诸如美国、英国、中国、印度、日本和法国等国家，但是一个新兴的亚洲 – 太平洋“知识中枢”正在形成。例如，如图 27.8 所示，20 个国家中有 17 个国家都将澳大利亚列为合作的前 5 个选择之一。

亚太经合组织的发展与亚洲 – 太平洋知识中枢的建立将同步进行。亚太经合组织 2014 年研究了该地区缺少的知识技能，并希望及时建立监管系统，加强对这些技能的培训，以免带来严重后果。

东盟科学技术委员会于 2010 年发布了东盟克拉比倡议，该倡议促进了 2016—2020 年《东盟对科学技术和创新的行动法案》的形成。东盟克拉比倡议十分特别，它将对科学、技术和创新采取一套整合方法，将通过促进社会包容性和可持续发展程度来提高该地区的竞争力。2015 年年底东盟各国将开始实施该行动法案，主要包含八个方面，分别为：

- 重视全球市场。
- 数字通信和社会媒体。
- 环保技术。
- 能源。
- 水资源。
- 生物多样性。
- 科学。
- “生命创新”。

此外，诸如东盟 – 欧盟科学、技术和创新交流日这样的机制也能加强两个地区以及各国间的合作和对话。第二届东盟 – 欧盟科学、技术和创新日于 2015 年 3 月在法国举行，主题是“卓越科学在东盟”。在此次交流日上，24 个参展机构和公司展示了他们的研究成果，此外还举办了多个科学主题会议和两个政治主题会议——分别是关于东盟经济委员会改革和太平洋地区知识产权重要性的政治主题会议。第三届将于 2016 年在越南举行。这个交流日活动由东南亚 – 欧盟组织体系双地区合作项目（SEA-EU NET II）发起，受欧盟第七届科研创新框架计划资助。此外，在该框架计划下还建立一个组织体系以促进欧盟和太平洋地区对话发展（见第 725 页）。

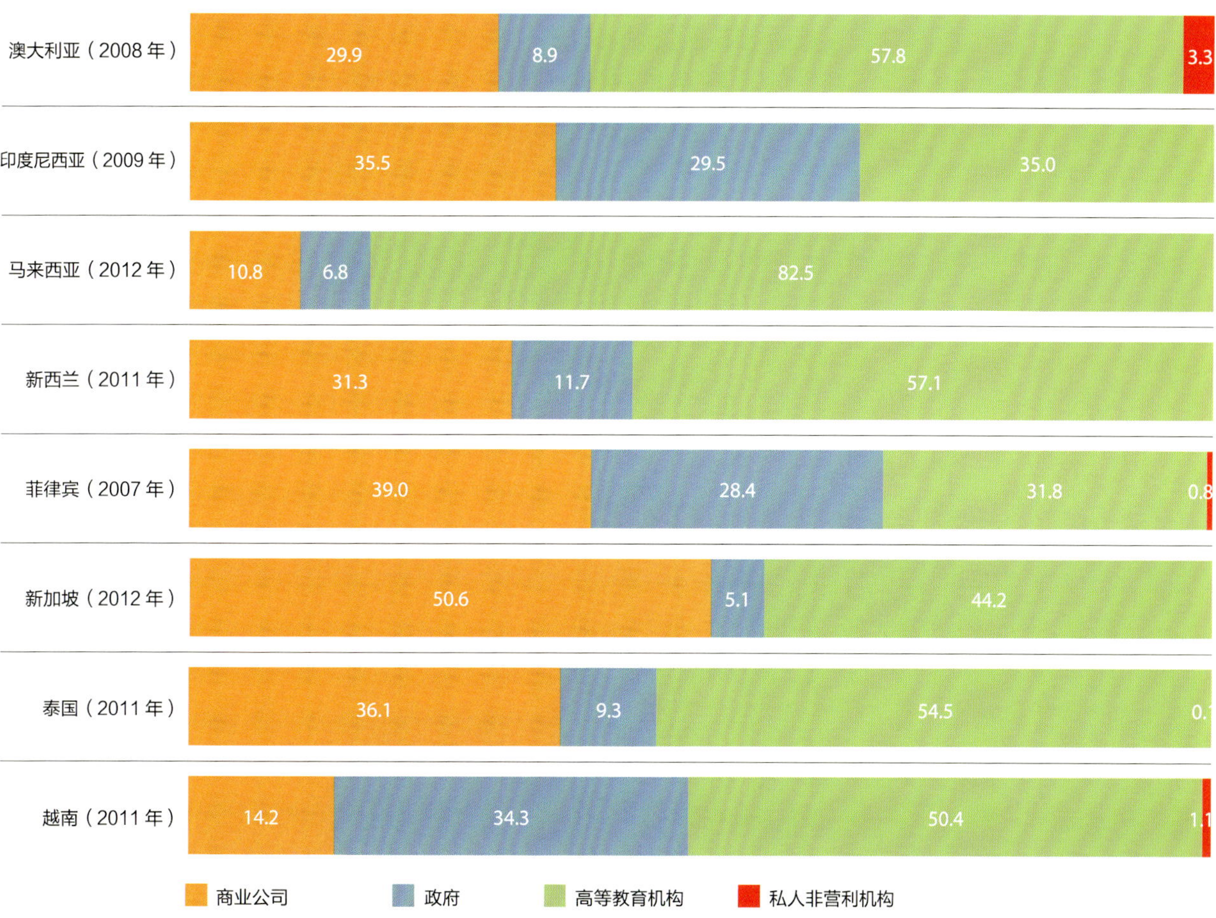

图 27.7　2012 年或最近一年东南亚与大洋洲国家全职研究员分布情况（按工作机构分类）

注：越南数据按人头数计算。

来源：联合国教科文组织统计研究所，2015 年 6 月。

表 27.2　2013 年或最近一年东南亚与大洋洲国家研发支出总量

	占国内生产总值的百分比	人均研发支出总量（购买力平价：美元）	商业研发比例 (%)	商业资助研发比例(%)
澳大利亚（2011年）	2.25	921.5	57.9	61.9[-3]
新西兰（2009年）	1.27	400.2	45.4	40.0
印度尼西亚（2013年*）	0.09	6.2	25.7	—
马来西亚（2011年）	1.13	251.4	64.4	60.2
菲律宾（2007年）	0.11	5.4	56.9	62.0
新加坡（2012年）	2.02	1 537.3	60.9	53.4
泰国（2011年）	0.39	49.6	50.6	51.7
越南（2011年）	0.19	8.8	26.0	28.4

* 国家估值。

来源：联合国教科文组织统计研究所，2015 年 6 月。

澳大利亚、新加坡和新西兰科学家数量最多
2014 年每 100 万居民科学出版物的数量

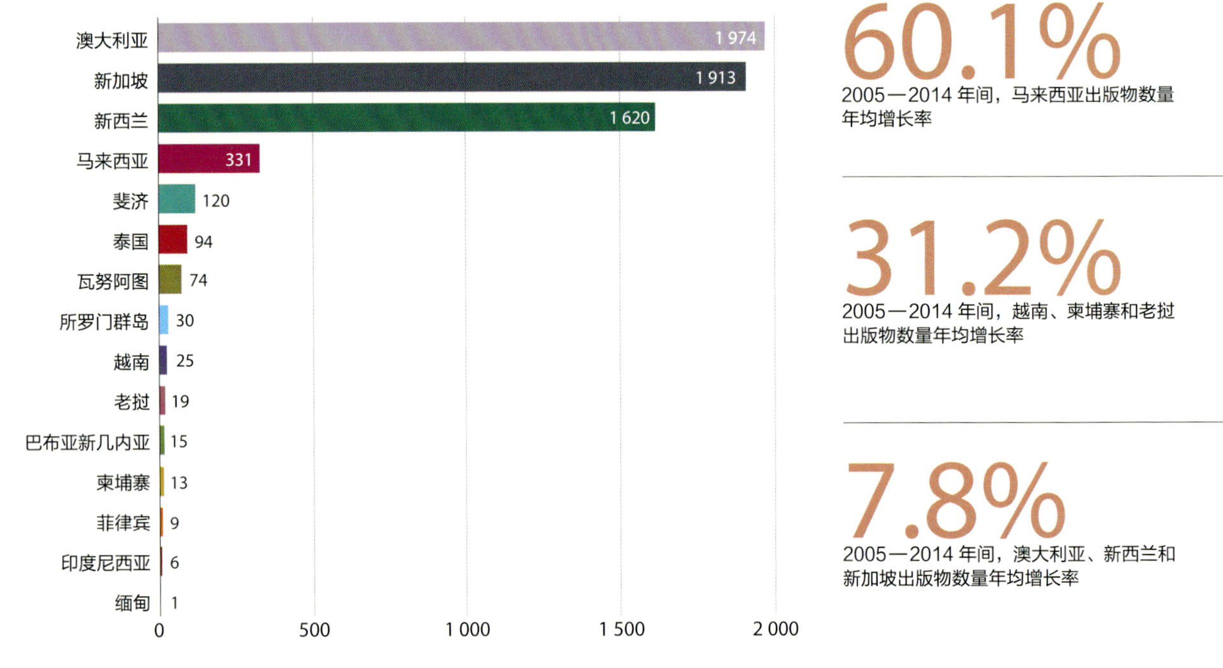

数量多的国家平稳增长
2014 年出版物数量超过 10 的国家

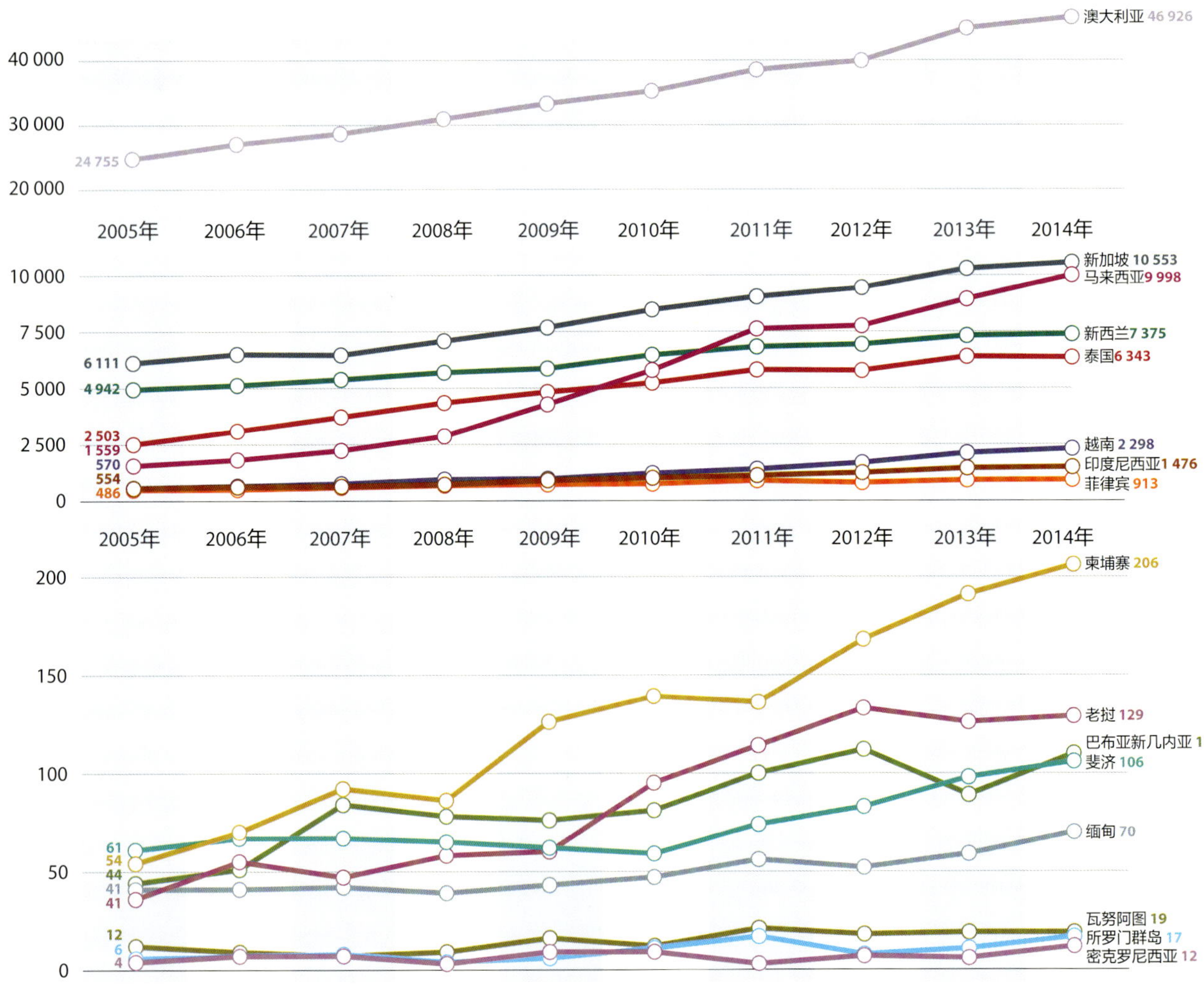

40 000
30 000
20 000
24 755
澳大利亚 46 926
2005年 2006年 2007年 2008年 2009年 2010年 2011年 2012年 2013年 2014年

10 000
7 500
5 000
2 500
0
6 111
4 942
2 503
1 559
570
554
486
新加坡 10 553
马来西亚9 998
新西兰7 375
泰国6 343
越南 2 298
印度尼西亚1 476
菲律宾 913
2005年 2006年 2007年 2008年 2009年 2010年 2011年 2012年 2013年 2014年

200
150
100
50
0
61
54
44
41
41
12
6
4
柬埔寨 206
老挝 129
巴布亚新几内亚 110
斐济 106
缅甸 70
瓦努阿图 19
所罗门群岛 17
密克罗尼西亚 12

图 27.8　2005—2014 年东南亚与大洋洲科学出版物发展趋势

马来西亚和新加坡主要开展工程学研究，其他国家主要开展生命科学和地理科学研究

2014年出版物数量超过20的国家；2008—2014年各领域出版物总数量

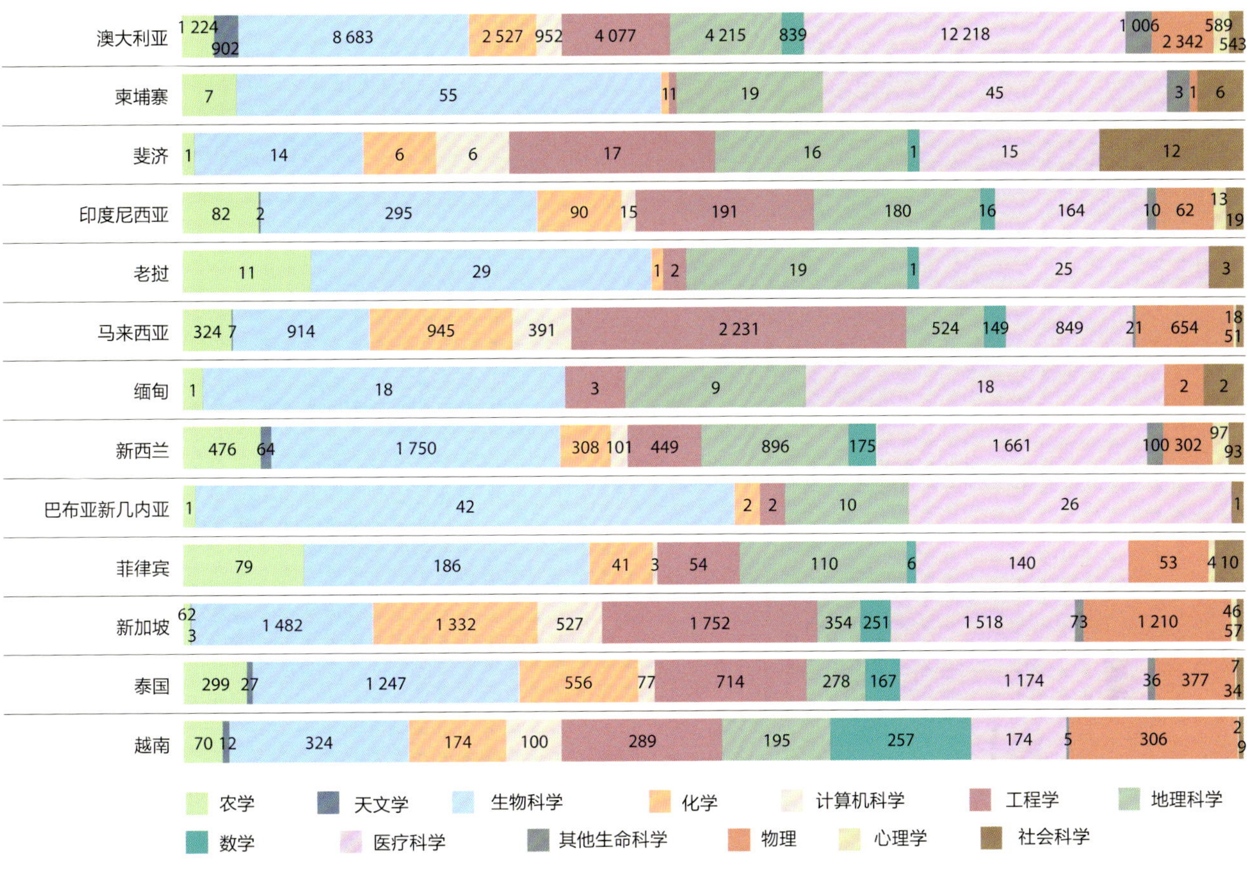

注：不包含未分类的文章

2008—2012 年间引用率在前 10% 的文献中有 6 个国家的数量超过经合组织平均值

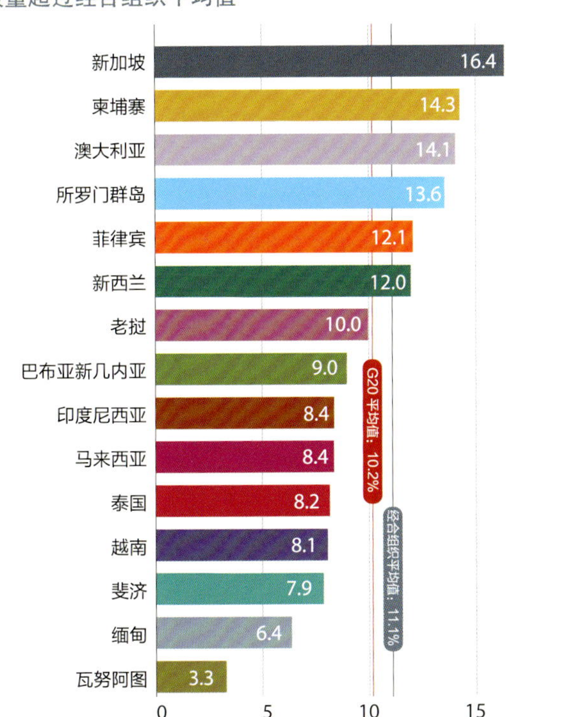

2008—2012 年间 5 个国家文献引用率超过经合组织的平均值

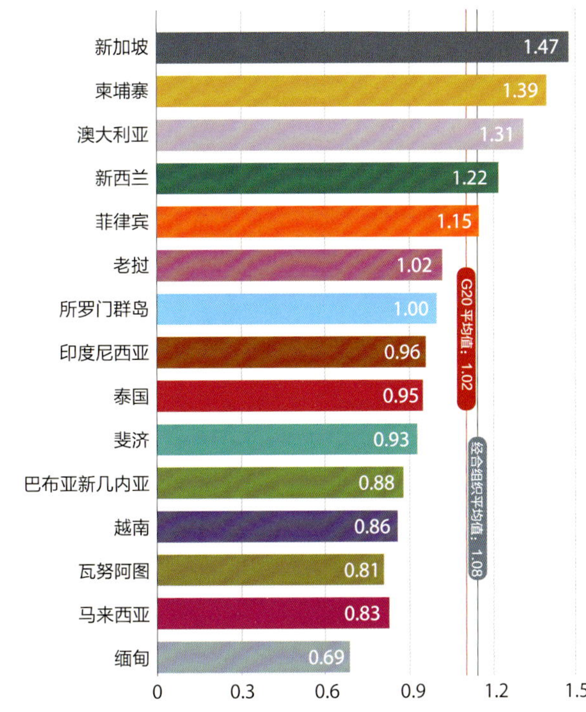

拥有大量合作伙伴的国家
2008—2014 年主要外国合作伙伴（文献数量）

	第一合作者	第二合作者	第三合作者	第四合作者	第五合作者
澳大利亚	美国 (43 225)	英国 (29 324)	中国 (21 058)	德国 (15 493)	加拿大 (12 964)
柬埔寨	美国 (307)	泰国 (233)	法国 (230)	英国 (188)	日本 (136)
库克群岛	美国 (17)	澳大利亚/新西兰 (11)		法国 (4)	巴西/日本 (3)
斐济	澳大利亚 (229)	美国 (110)	新西兰 (94)	英国 (81)	印度 (66)
印度尼西亚	日本 (1 848)	美国 (1 147)	澳大利亚 (1 098)	马来西亚 (950)	荷兰 (801)
基里马斯	澳大利亚 (7)	新西兰 (6)	美国/斐济 (5)		巴布亚新几内亚 (4)
老挝	泰国 (191)	英国 (161)	美国 (136)	法国 (125)	澳大利亚 (117)
马来西亚	英国 (3076)	印度 (2 611)	澳大利亚 (2 425)	伊朗 (2 402)	美国 (2 308)
密克罗尼西亚	美国 (26)	澳大利亚 (9)	斐济 (8)	马歇尔群岛 (6)	新西兰/帕劳 (5)
缅甸	日本 (102)	泰国 (91)	美国 (75)	澳大利亚 (46)	英国 (43)
新西兰	美国 (8853)	澳大利亚 (7 861)	英国 (6 385)	德国 (3021)	加拿大 (2 500)
巴布亚新几内亚	澳大利亚 (375)	美国 (197)	英国 (103)	西班牙 (91)	瑞士 (70)
菲律宾	美国 (1298)	日本 (909)	澳大利亚 (538)	中国 (500)	英国 (410)
萨摩亚	美国 (5)	澳大利亚 (4)	厄瓜多尔/西班牙/新西兰/法国/中国/哥斯达黎加/斐济/智利/日本/库克群岛 (1)		
新加坡	中国 (11179)	美国 (10 680)	澳大利亚 (4 166)	英国 (4 055)	日本 (2 098)
所罗门群岛	澳大利亚 (48)	美国 (15)	瓦努阿图 (10)	英国 (9)	斐济 (8)
泰国	美国 (6329)	日本 (4 108)	英国 (2749)	澳大利亚 (2 072)	中国 (1 668)
汤加	澳大利亚 (17)	斐济 (13)	新西兰 (11)	美国 (9)	法国 (3)
瓦努阿图	法国 (49)	澳大利亚 (45)	美国 (24)	所罗门群岛/新西兰 / 日本 (10)	
越南	美国 (1401)	日本 (1 384)	韩国 (1 289)	法国 (1 126)	英国 (906)

小型或初级科学体系的海外合作率比较高
2008—2014 年海外合著作者的文献数量

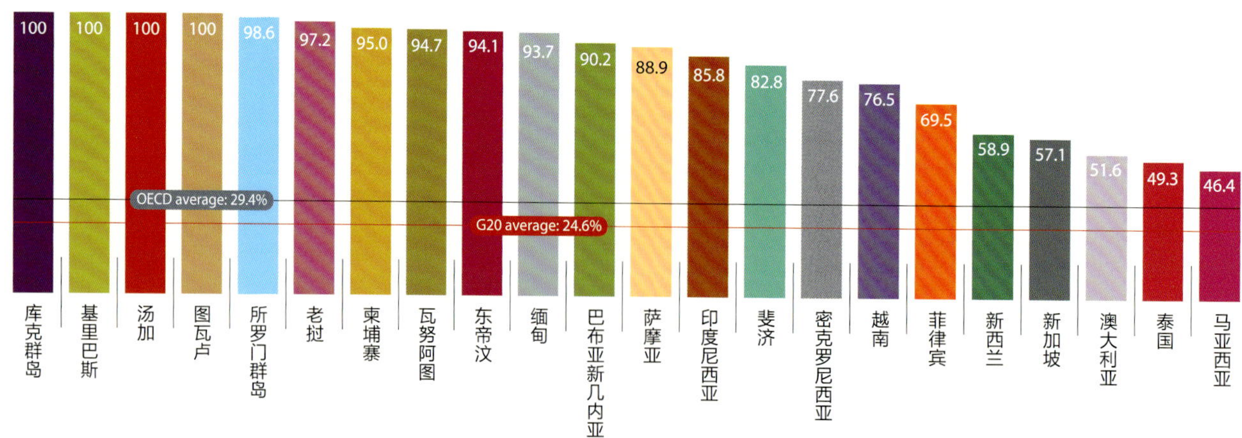

图 27.8　2005—2014 年东南亚与大洋洲科学出版物发展趋势（续）

注：库克群岛、基里巴斯、密克罗尼西亚、纽埃、萨摩亚、汤加和瓦努阿图部分数据不足。

来源：汤森路透社科学引文索引数据库，科学引文索引扩展版，数据处理 Science-Metrix。

第 27 章　东南亚与大洋洲

国家概况

澳大利亚

商品市场繁荣不再，科学技术预算被迫削减

澳大利亚科学技术创新在本地区依旧占领重要地位。其高校对本地区抱负不凡的科学家和工程师依旧充满吸引力，除全职研究人员和技术人员绝对数量在该地区保持第一外，研发支出总量与国内生产总值之比也位列首位，高达 2.25%，其中动态商业部门在研发上的投入占到了支出总量的三分之二（见表 27.2）。2014 年，澳大利亚在科学网上的文献占到了该地区总量的 54%（见图 27.8）。

但是，澳大利亚的创新体系并不完善。正如澳大利亚首席科学家伊恩·朱比（Ian Chubb）近期所说的，虽然 2014 年全球创新指数排名中，澳大利亚在 143 个国家中位列 17，但是在把创新能力转化为经济增长所需的生产力即新型知识、高质量产品、创新产业和增长的财富方面仅排在第 81 位。2013 年，澳大利亚高技术出口产品只占东南亚和大洋洲总量的 1.7%，仅仅领先于新西兰、柬埔寨和一些太平洋岛国（见图 27.4）。和许多东盟国家不同，澳大利亚在全球电子产品价值链的产品组装环节参与度并不高，这就说明了为什么在比较该地区各国高技术产品出口时要考虑到各经济体在全球高技术产品生产和出口产业链所占据的位置。

近几十年来，以铁矿和煤矿为主的资源开发拉动了澳大利亚的经济发展。并且，这些资源还带动了研发投资的增长。2011 年采矿业研发占企业研发总支出的 22%，占研发支出总量的 13%。2013 年澳大利亚采矿业出口额占出口总量的 59%，其中大约五分之二来自铁矿业。2011 年起，由于中国和印度铁矿需求减少等原因，全球铁矿价格从每吨 177 美元降至 45 美元以下（2015 年 7 月）。尽管有预测称铁矿价格在 2015 年将会保持平稳甚至有所抬升，但由于铁矿业是澳大利亚海外盈利的主要来源，其价格下降严重影响了澳大利亚的海外收入。因此，澳大利亚的科学发展不仅受到采矿业和矿产业研发经费减少的影响，同时受公共整体研发经费减少的影响。

新的政策方向

2010—2013 年间出台的大部分政策都是创新方面的，而且现任政府也延续了这一做法。例如，2014 年对澳大利亚合作研究中心项目的回顾就旨在探讨提高国家生产力和竞争力的方法。

然而 2013 年 9 月开始执政的托尼·阿博特联合政府对科学技术创新政策的整体方向做了调整。由于商品市场繁荣不再，财政收入减少，2014—2015 年政府预算减少了对国家主要科学机构的支出。澳大利亚联邦科学与工业研究组织（CSIRO）未来四年资金将减少 11 100 万澳元（3.6%），其工作岗位也将减少 400 个（9%）。尽管合作研究中心项目将继续进行，但是目前资金冻结于现有水平，而且 2017—2018 年还将继续减少。此外，大量有助于创新和商业化的项目已被叫停，包括一些长期项目如企业连接、产业创新协会以及产业创新区等，取而代之的是现任政府提出的 5 个特定产业发展中心。这些发展中心是政府在 2014—2015 年预算中宣布成立的，每个中心未来四年将获得 350 万澳元的资金，主要集中在以下产业：

- 食品和农业。
- 采矿设备与服务。
- 油、气和能源储备。
- 医疗技术和制药。
- 高级制造业。

这些中心的成功与否将由商业指标衡量，包括投资增长量、就业率、生产率和销售额、政府机构冗余条例的减少、产业和研究结合程度的加深、商业行为向国际价值链的靠拢等，都与工业与科学部长在 2014 年发布的新方法一致。

现任政府也不再重点关注使用可再生能源和减少碳排放量。在 2014—2015 年的预算中，澳大利亚现任政府废除了前工党政府提出的征收碳税政策，并且还计划取缔澳大利亚可再生能源机构（ARENA）和清洁能源融资公司。澳大利亚可再生能源机构成立于 2012 年 6 月，旨在促进可再生能源开发、买卖和使用，同时发展技术，此外该机构还和成立于 2009 年的澳大利亚可再生能源中心建立了合作关系。不过，尽管现任部长于 2014 年 10 月建议议会取缔澳大利亚可再生能源机构和清洁能源融资公司，但由于两个组织都是通过议会法案建立的，现任政府如果要取缔这两个组织，必须在上议院获得足够的支持率，可实际上支持率并不足以支持现任政府达成目标。

但 2014—2015 年预算并未取消所有政府研究项目，南极项目是被保留的项目之一，并且它还新获得了 5 亿澳元的起步资金。这一举措符合政府要将塔斯马尼亚岛建成了南极考察研究地区中心的战略决策。

此外，政府对医学研究也更加重视，计划设立 200 亿澳元的医学研究基金。为了获得这笔资金，政府提议取消对低收入群体实行了 20 年的免费医疗体系，转而采取共同支付的医疗制度。不过议会并未通过这个颇具争议的提案，但这个提案却能表明现任政府打算让公众承担科学研究费用，而不计划通过战略性的全国投资支持科学研究。

2014—2015 年预算在科学研究上采取的方式引起了主要利益攸关集团的担心。澳大利亚联邦科学与工业研究组织认为政府预算"缺乏远见"，具有"毁灭性"；澳大利亚合作研究中心协会则认为此次预算"比我们想象得糟糕很多"。澳大利亚知名教授乔纳森·博温（Jonathan Borwein）表示"相对医学研究而言，科学研究更受重视"。2015 年 5 月，政府宣布将在国家合作研究基础设施战略中额外投入 3 亿澳元，并且还承诺在 2014—2015 年预算中将增加对医学研究的资金支持。

2015 年 5 月在对合作研究中心协会的评审中提出了一项新的发展政策，建议大幅提高合作研究中心协会的商业化程度，并在整体计划中引进短期（三年期）合作研究项目。尽管这些提议得到了现任政府的首肯，但由于政府还未在计划中投入新的资金，所以未来要提高协会的商业化程度，可能还是要牺牲相关合作研究中心的公共利益，如那些面向气候变化和健康等方面的合作研究中心。

最近政府提议创建由总理担任主席的国家科学协会，此举得到了科学界的支持，首席科学家办公室表示该协会将"在科学领域提供战略性建议"，但科学院却认为此协会不足以弥补由于科学部长缺失所带来的损失。因为早在 2014 年 12 月，政府就曾委托工业部部长履行科学研究责任。

2014 年 10 月，政府工业创新与竞争力计划宣布，为了促进国家工业和经济发展，要采取相应行动提升自然科学、工程学和数学教育水平。但是对于能够提升国家知识库水平和解决地区以及全球性健康和环境问题的科学教育，政府却几乎未予讨论。

公共研究主要由各大学开展

澳大利亚的科学发展历来主要依靠四个政府研究机构：联邦科学与工业研究组织、海洋科学研究协会、核科学与技术组织以及国防科技组织。此外，国家农业部对农业科学研究的发展也一直发挥着重要作用。

但近年来，政府的研究资金主要流向了各个大学。70% 以上的公共研究都由大学开展，其价值占到了研发支出总量的 30%。大学进行的研究主要包括医学与健康科学（29%）、工程学（10%）以及生物科学（8%）。政府部门负责的研究项目只占研究支出总量的 11%，主要集中在相同领域，并且还显著增加了对农业的研究支出（19%），政府负责的其他研究还包括医学与健康科学（15%）、工程学（15%）以及生物科学（11%）。具体研究比例分布数据详见图 27.8。

政府自身的研究定位也发生了改变，过去政府直接为各公共研究机构提供支持，现在却只负责提供资金帮助、制定研究标准以及评估研究质量。许多曾由政府研究机构承担的研发任务现都转向了私人研究机构或大学。这样一来，公共资金的使用方式也发生了改变，由过去的直接分配，转变成了现由澳大利亚研究协会、国家健康和医学研究协会、合作研究中心项目和农村研发集团运行的拨款体系控制。这样由组合机构负责款项分配已有 70 多年，是澳大利亚将公共资金和相应纳税人直接挂钩的一种特殊机制。在分配竞争性研究资金、一揽子研究资金、博士奖学金和大学项目时，政府会更加关注研究项目工业的相关性（澳大利亚政府，2014）。

因此，现在澳大利亚的政策争论的焦点就是如何将大学不断扩大的研究能力转向商业领域。

第 27 章　东南亚与大洋洲

首席科学家办公室的一项报告显示，澳大利亚11% 的经济成果直接来自先进的自然科学和数学研究，每年都会带来 1 450 亿澳元的收入（美国科学院，2015）。众所周知，尽管政府希望促进工业相关性，但澳大利亚各大学和政府机构的研究强项却集中在一些不太相关的领域，如他们的研究重点——航海和医学科学。

首席科学家办公室也提出了澳大利亚创新体系中隐藏的一些结构性问题，例如，由文化障碍导致的冒险精神缺失，以及公共部门和私人企业之间人员、知识和资金的流通不畅等。如果澳大利亚要努力发展创新经济，那么在未来十年内就要更好地实现科学技术在实践中应用。

带有区域性重点的学术领域

澳大利亚现有 39 所大学，其中 3 所为私立。2013 年，全澳高校共有 120 万在读生，其中约 5%（62 471 人）为硕士或博士在读，该比例远低于亚洲一些国家，如新加坡、马来西亚、韩国、巴基斯坦和孟加拉国（见图 27.5）。而且澳大利亚 30% 的在读研究生都来自其他国家，他们中一半以上的学生（53%）学习理工科，说明澳大利亚培养的本土科学家和工程师数量有限。这可能需要澳大利亚部分政策制定者的重视，但同时这也表明澳大利亚作为培养科学家的地区中心，其地位被低估了。

澳大利亚高等教育在本地区重要性愈加凸显，这还体现在科学出版物中合著作者的增加上。在本章中涉及所有大洋洲国家和 7 个东南亚国家中（东南亚一共 9 个国家），澳大利亚的合著作者数量排在前 5 位。大量实例表明各国通过国际合作解决工业和科学问题是非常必要的，如此看来澳大利亚在这方面的表现十分突出是得益于它闻名世界的公共研究体系和高水平的国际合作（52%）。所以澳大利亚是有充分的深层次理由来设法保持在这方面的国际领先性。

同样，亚洲地区的科学实力也在快速增强。最近亚洲出现了一个很有意思的争论，一些人认为应该将资金优先用于本地区研究强项的发展而不是亚洲大学。从这点来看，经过仔细考量产生了一系列新的研究领域优先级，按先后顺序排列应该是生态学、环境、植物动物科学、临床医学、免疫学以及神经科学。

科学、技术和创新面临的双重挑战

澳大利亚在科学、技术和创新上面临着双重挑战。首先，为了尽快实现经济向附加值更高的生产方式转变，需要抓住机会，将公共研发资金投入到充满商机的创新型产品和服务上。例如，煤炭作为全球生产的主要能源，其用量的大幅减少为可替代能源的研发提供了机会。10 年前，澳大利亚就开始研发可替代能源，尽管现在已被其他国家超越了，但澳大利亚依旧有领导这一领域研究的潜力。为了实现经济向高附加值方向转变，计划建立的工业增长中心和长期运行的合作研究中心项目都能提供结构和科学能力来支持这一发展，但政府部门依然需要充分利用政策措施减少商业领域的风险，提高科学研究实力。

其次，就是要防止科学研究完全依存于工业和商业发展，因为其强大的科研能力和完整的机构设置才是促使这个国家成为地区知识中心的原因。

柬埔寨

行之有效的增长战略

2010 年起，柬埔寨开始了由战后动乱国家向市场经济国家转变的壮举。根据亚洲开发银行 2014—2018 年国家合作战略的数据，2007—2012 年，柬埔寨年均经济增长率达到了 6.4%，贫困率也从 48% 下降到了 19%。

目前柬埔寨主要对外出口服装、农副产品和水产品，同时也正在努力促进经济多样化。尽管产品价值相对较低，但柬埔寨也对外出口了一些本国增值产品，主要是由境内跨国公司制造的电器产品和通信设备。

教育经费有所提高，研发经费匮乏

2010 年，柬埔寨公共教育经费支出占国内生产总值的 2.6%，2007 年则占 1.6%。高等教育支出占国内生产总值的比例依旧不高，为 0.38%，也就是教育总支出的 15%，不过这一比例正在提高。尽管如此，世界银行全球知识经济指数还是显示，柬埔寨对教育的投入在本地区各国中依然最少。

根据联合国教科文组织统计研究所的数据，柬埔寨研发支出总量占国内生产总值的 0.05%。与世界上其他最不发达国家一样，柬埔寨研发对国际支援十分依赖。近期，议会讨论的核心问题是非政府组织的运行制度。不过，如果柬埔寨针对非政府组织运行制度修改法律，不知是否会减少非营利性组织对柬埔寨研发的资金支持，这还是十分令人感兴趣的。

2005—2014 年间，柬埔寨科学出版物的平均增长率为 17%，仅排在马来西亚、新加坡和越南之后（见图 27.8）。但需要说明的是，柬埔寨科学出版物总量本身就很少，而且主要集中在个别领域：2014 年主要集中在生物学和医学领域。

第一个国家科技战略

跟众多低收入国家一样，由于各部委在科学技术上协调不足、整个国家缺少基本的科学发展战略，柬埔寨第一条科学技术战略迟迟未能出台。直到 2010 年，教育、青年和支持部颁发了《教育部门的研究发展政策》[①]。这一举动标志着柬埔寨在大学间开展国家型研究和将研究应用于国家发展的第一步。

① 由 11 个部委参与的国家科学与技术委员会于 1999 年成立。尽管其中有 7 个部委对全国 33 所公立大学负责，但是大部分学校还是归教育、青年和支持部负责。

图 27.9　2013 年柬埔寨矩形发展战略

来源：《柬埔寨皇家政府（2013）增长、就业、平等、高效矩形战略》第三期，9 月，金边（柬埔寨）。

此政策颁布后，柬埔寨又出台了第一个国家科技总体规划，即《2014—2020 年国家科技总体规划》。该规划于 2014 年 12 月由规划部正式启动，它标志着韩国国际协力机构对柬埔寨为期两年的（KOICA，2014）支援活动结束。该规划还包含了建立科学技术基金会的条款，以促进产业创新，主要是在促进农业、第一产业和信息通信技术产业的创新。

2014 年开始实行的《矩形发展战略》第三期也表明，柬埔寨正在采取更加协调的科技政策，并在努力将科技发展融入国家整体发展计划当中。第三期是为了实现《2014—2025 行业发展政策》目标和《2030 年柬埔寨新貌》目标而制订的政策工具，其中《2030 年柬埔寨新貌》指的是 2030 年柬埔寨经济发展达到中上水平。《2013 年矩形发展计划》对《矩形发展战略》第三期中这两个目标均有涉及，并且还确定了科学的具体作用（见图 27.9）。《2014—2025 年行业发展政策》于 2015 年 3 月颁布，补充了其他相关的国家中期战略，例如，2009 年由联合国环境规划署和亚洲开发银行资助的《柬埔寨国家可持续发展战略》，以及由欧洲国际发展机构资助的《2014—2023 环境变化战略规划》。

急需强大的人力资源储备

《矩形发展战略》第三期制定了 4 个战略目标：农业；物质基础设施；私营部门发展；人力资源建设。每个目标都连带着四个优先行动领域（柬埔寨皇家政府，2013），科学和技术在每个目标的至少一个优先行动领域中列出（见图 27.9）。尽管科学和技术被明确定位成促进创新和发展的交叉战略，但是依然要协调管理各优先行动领域开展的活动，并评估成果。在此，柬埔寨面临的主要挑战是为实现这矩形战略中的四个目标储备足够的科学和工程技术人才。

在未来一段时间柬埔寨有可能还将继续依靠非政府组织的支持，并继续与国际研究机构合作。2008—2013 年间，柬埔寨 96% 的文章中包含至少一名国际合著作者，这应该是柬埔寨文献引用率较高的原因之一。需要注意的是，柬埔寨人认为他们与亚洲（泰国和日本）和西方（美国、英国和法国）的科学家都保持着密切合作（见图 27.8）。柬埔寨面临的一个政策问题就是如何将非政府组织的研究支持与国内发展战略计划相结合。

另一个迫在眉睫的问题就是如何分配大学之外的人力资源。柬埔寨薄弱的经济和科学基础给食品生产提供了发展机会，但科技发展的任务被分散到了 11 个主要部委，这给有效政策的建立和有效管理的进行带来了困难。尽管一些主要农业机构，如柬埔寨农业研发所和皇家农业大学，之间的合作正在加强，但要继续将这种合作扩大来包含更多机构仍旧十分困难。

提高农业科学、工程学和自然科学领域众多中小企业的技术能力也是困难之一。在柬埔寨，大型外国公司是高附加值出口产品的主要来源，他们通常精通电力机械和通信设备的生产，而目前科技政策的主要任务就是将这些公司过剩的技术和创新能力转移到小公司和其他部门（De la Pena 和 Taruno，2012）。

截至目前，2006 年通过的《知识产权、实用新型证书和工业设计保护法》几乎只对柬埔寨境内的外国公司有实际价值。至 2012 年，柬埔寨的 27 个专利申请全都由外国公司提交，42 项工业设计申请中也有 40 个来自外国公司。尽管如此，该立法对柬埔寨依然是有利的，因为它能鼓励外国公司进行技术改进，引进外国生产体系。

印度尼西亚

新兴市场经济体的宏大目标

印度尼西亚是东南亚人口最多的国家，同时也是一个新兴的中等收入国家，有着可观的经济增长速度。但就经济结构而言，印度尼西亚缺乏技术密集型产业，生产力增长速度也落后于同类经济体（经济合作与发展组织，2013）。自 2012 年起，印度尼西亚经济增速放缓（2014 年为 5.1%），并一直低于东亚国家平均水平。2014 年 10 月，佐科 · 维多多总统上任，继续努力实现《印度尼西亚 2011—2025 年经济增长提速整体规划》（以下简称《整体规划》）中宏大的经济发展目标，即 2010—2025 年，平均经济增长速度保持在 12.7%，并到 2025 年把印度尼西亚建成世界十大经济体之一。

世界银行预测，2015—2017 年间，印度尼西亚经济增速将会有所提高，但其高技术产品出口量和网络普及率还是低于越南和菲律宾。尽管自 2007 年起，高等教育投入不断增加，大学毕业生数量充足，但印度尼西亚理科学生比例依旧较低。

开展工业研究举措

印度尼西亚的研究主要由国立研究机构开展，根据联合国教科文组织统计研究所的数据，2009 年大约有四分之一（27%）的研究人员就职于这些公立研究机构，其中九个研究机构隶属研究部，另外 18 个隶属其他部委。大部分研究人员（55%）就职于国内 400 所大学，不过只有 4 所大学进入世界大学排名前 1 000 位。科学网数据显示，印尼研究员发表的文章主要关于生命科学（41%）和地理科学（16%）（见图 27.8）。2010 年起，文献刊载率不断上升，但增长速度依然低于东南亚整体水平。此外，近九成（86%）的刊载文献都至少有一名国外合著作者。

2009 年三分之一的研究员就职于企业，包括国有企业（见图 27.7）。2013 年，世界银行发放贷款，帮助研究中心“确定战略优先项并提升研究人员素质”，以缩小研究现状和发展目标之间的差距（世界银行，2014）。在此过程中面临的巨大挑战就是，如何培养私营企业研究能力，鼓励科研人员到私营企业就职。

政府已经开始采取激励机制加强研发机构、大学和公司之间的联系，不过该机制主要侧重于公共资助领域。研发机构、大学和公司之间研究活动的协调主要由国家研究委员会主导。国家研究委员会隶属于研究与技术部，该部委集中了其他 10 个部委的代表，并自 1999 年起就开始向总统汇报工作。但是国家研究委员会的预算有限，不及印尼科学研究所（Oey-Gardiner 和 Sejahtera, 2011）预算的 1%。而且它现在除了向研究与技术部述职外，也向印尼分权进程中更加重要的地区研究委员会述职。

印度尼西亚创新活动有两个薄弱点。除了私营企业发挥的作用有限之外，研发支出总量与国内生产总值之比也微不足道，2009 年仅有 0.08%。作为《整体规划》的参与方（该规划是“加强人力资源能力，提高国家科技水平”2025 年核心战略的一部分），研究与技术部门在 2012 年发布了促进六个地区创新发展的计划，该计划的重点依然放在了公共部门，尽管政府希望向私营企业转移科技产能。为了有针对性地实行创新政策，该计划建立了各地区重点发展的行业，当然主要还是集中在以资源为基础的行业，分别是：

- 苏门答腊岛：钢铁、船舶、棕榈油和煤炭。
- 爪哇岛：食品饮料、纺织品、运输设备、船舶、信息通信技术和防卫。
- 加里曼丹岛：钢铁、铝土矿、棕榈油、煤炭、石油、天然气和木材。
- 苏拉威西岛：镍矿、食品及农产品（包括可可）、石油、天然气和水产品。
- 巴厘岛 – 努沙登加拉群岛：旅游、畜牧产品和水产品。
- 巴布亚岛 – 马鲁古群岛：镍矿、铜矿、农产品、石油、天然气和水产品。

鉴于这 6 个地区即将开展各类经济活动，政府提议投入 3 亿多美金支持各地区基础设施建设，以提高各地区发电量和交通运输能力。现在，政府已经投入了 10% 的资金，剩下的资金将由国有企业、私营企业、公私合营企业共同承担。

自上任以来，佐科 · 维多多政府为改善商业环境，一直致力于财政改革。但政府并未改变科学技术财政政策的整体方向，仍计划将部分公共研发资金转移到各企业。近期政府在努力提高移动电话等行业的生产附加值。此外，政府还在 2015 年预算中提出了一项新的倡议，计划建立一个监督服装设计等创新行业的机构，从而促进市场中具有高附加值商品的发展。总的来说，国家管理科学政策和公共部门科学投资的框架基本不变。

东印度尼西亚中小企业多方援助计划（PENSA）正在评估阶段。该计划于 2003 年启动，总体目标是为东印度尼西亚的中小企业提供更多发展机会。近来，该计划的重点转变成了增强中小企业融资实力并且改善中小企业商业环境。因此，2008 年该计划二期项目启动时，就被设置成了一个五年期技术支持计划，重点是培训商业银行员工的展业服务，改善政策环境和提升东印度尼西亚公司的管理体系。中小企业的企业孵化器技术计划所采取的方法更加直接，到 2010 年在公立大学已经成立了 20 个企业孵化器技术单位。

近期国家进行政策调整，转向重点关注上述六个地区创新发展，并将科学技术和发展目标相结合，这是为减少经济发展对自然资源的依赖所采取的一种国家战略。同时由于近期全球原材料价格下跌，政策调整便更加迫在眉睫。

老挝

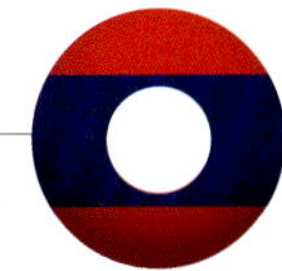

无法确保资源型快速经济增长的可持续性

尽管老挝是东南亚最贫穷的国家之一，但由于其自然资源丰富（森林、水能和矿产）丰富，地处经济高速发展的国家之间，政策又能充分发挥本国优势，因此老挝经济能够快速发展并将继续保持这种趋势。2013 年，由于在经济自由化方面所做的努力，老挝被批准加入世界贸易组织。同时由于过去 15 年年均实际经济增长率接近 7.5%，贫困率在过去 20 年间也削减了一半，降到 23%。但尽管如此，老挝资源型经济增长的可持续性还是引起了人们的担忧（Pearse-Smith, 2012）。

老挝近期在研发和人员培训上的投入数据并不确定，但可以确定的是在 2005—2014 年间，老挝科学出版物以每年 18% 的增长率上升，尽管增长基数很小（见图 27.8）。并且几乎所有的科学出版物都有国际合著作者（大多数来自泰国），可见老挝对国际科学合作的依赖程度很大。与许多过度依赖外国援助和国际科学合作的国家一样，老挝近期重点发展的本地区优势行业可能受到国际力量的影响。东盟 2015 年经济一体化进程考虑到老挝是当前东盟各成员国中研究人员比例最低的国家，所以计划在此进程中促进老挝与周边地区的科学合作。老挝将因此面临一些问题，除了高技术人才的短缺之外，更大的问题是如何在培养高技术人才和提供工作机会给新涌入的技术人员方面进行平衡。

科技政策框架的基础

由于国家较小，科学和工程实力有限，老挝积极提高本地区优势并促进本国科学家合作。2011 年，科学技术部成立，同时各相关部委代表列席国家科学委员会，国家科学委员会于 2002 年成立，负责科技政策咨询。2014 年，老挝还举办了一项促进科学家和各行业政策制定者之间对话的活动。

为实现可持续发展，老挝采取的战略给自身带来了更大的挑战。当前，水力发电和采矿业是该国经济增长的主要动力，但是平衡环境保护和这两个主要行业带来的经济效益却是一个不小的挑战。

缅甸

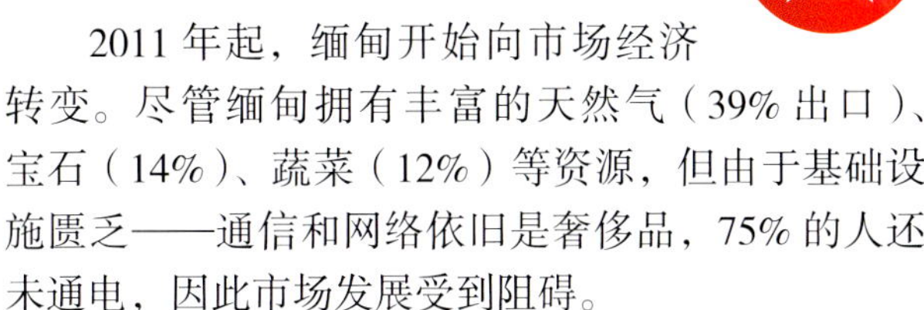

市场发展的基础设施匮乏

2011 年起，缅甸开始向市场经济转变。尽管缅甸拥有丰富的天然气（39% 出口）、宝石（14%）、蔬菜（12%）等资源，但由于基础设施匮乏——通信和网络依旧是奢侈品，75% 的人还未通电，因此市场发展受到阻碍。

2008—2013 年间，缅甸 11% 的科学文章是关于地球科学的，可见化石能源对该国经济发展的重要性。而生物学和医学相关文章则占到 2/3（见图 27.8）。近 94% 的出版文章都至少有一个国外合著作者。

最近出现了一些比较有意思的国际合资企业，参与其中的有公共和私营合伙人。例如，位于仰光外缘第一个国际标准经济特区（迪拉瓦港）的基础设施建设开始于 2013 年。该国际合资企业拥有数十亿美元资金，合伙人分别为日本财团（39% 的资金）、日本政府（10% 的资金）、日本住友商事和缅甸本地公司（41% 的资金），以及缅甸政府（10% 的资金）。制造业、服装业、食品加工业和电子业公司计划在该特区开设工厂，迪拉瓦港有望在 2015 年底实现商业运营，并将成为未来公私科技合作的活动中心。

传统可靠教育系统面临的压力

缅甸历来就拥有可靠的教育体系和相对较高的识字率。但近年来，由于资金短缺和制裁，国际合作减少并且其教育行业也受到了很大的冲击。2001—2011 年，教育支出占国民生产总值的比例下降了 30%，高等教育支出更是减半。

缅甸 161 所大学分属 12 个部委，但大学内的研究人员却几乎没有研究资金（Ives, 2012）。缅甸高等教育中学习科学的学生比例最高（达到 23%）并且学习科学的女生比例也最高：2011 年科学博士毕业生中有 87% 的女生。

需要促进科学体制结构合理化

科学技术部于 1996 年成立，但是只负责全国 1/3 的大学，教育部负责 64 所大学，卫生部负责 15 所，而其余的 21 所则由剩下的 9 个部委负责。由于缺乏统一的机构负责研发数据收集，所以很难衡量全国的科技实力。虽然科学技术部有自己的数据库，但它所公布的研发支出总量与国内生产总值之比为 1.5%，该数据太不切实际（De la Pena 和 Taruno, 2012）。

缅甸面临的最大困难之一就是如何保持现有制度结构当前的筹资水平。减少负责筹资和管理公共科学性活动的部委数量也是困难之一。此外，缅甸当前还缺乏一个可以将科学投资和主要经济社会发展目标相结合的统一架构。

新西兰

一个正在崛起的亚太经济体

新西兰经济发展十分依赖国际贸易，特别是与澳大利亚、中国、美国和日本的贸易。出口产品主要为食品和饮料（2013 年占比 38%），这其中还包括一些知识密集型产品。以前新西兰奶制品主要向英国出口，但由于 1973 年英国加入欧洲经济共同体，签订了共同农业政策，只能从欧洲市场进口农产品，这使得新西兰不得不将贸易活动从北半球向亚太地区转移，2013 年新西兰 62% 的产品都出口到了亚太地区。

新西兰不仅是经济合作与发展组织中少有的农业经济体国家，同时它的研发支出总量与国内生产总值之比也比大多数经合组织成员国低，2011 年仅为 1.27%。2009—2011 年间，企业研发支出有少量增长，从国内生产总值的 0.53% 增长到了 0.58%，占全国研发总支出的近一半。

尽管研发支出强度较低，但新西兰科学家非常高产。2014 年新西兰科学家的出版物总量为 7 375，跟 2002 年相比上涨了 80%，而且这些出版物的引用率还较高。新西兰按国内生产总值计算的科学出版物总量也较高，在全球排位第六，并在本地区排名第一。

国际力量的参与对新西兰的国内创新体系也有很重要的影响。新西兰统计局 2013 年的企业运行调查显示，近 2/3 的国际化新西兰公司都开展了创新活动，诸如产品服务创新和营销方式创新，但是仅有 1/3 的非国际化公司进行了创新。此外，为促进科学发展新西兰过去六年在外交也做出了新的努力（见专栏 27.1）。

将重点研究项目与国家挑战相结合

新西兰的 8 所大学在国家科学体系中发挥着关键作用。它们的研发投入占研发支出总量的 32%，占国内生产总值的 0.4%，并且在 2011 年拥有超过一半（57% 等效全职）的研究人员。2010 年，政府为加强自身在全国创新体系中的作用，建立了科技创新部，负责制定相关政策。2012 年，科技创新部与其他三个部门——经济发展部、劳工部和住房建设部合并，成立了商务创新就业部（MoBIE）。

2010 年政府建立了工作组对全国皇家研究机构（CRI）进行改革，以确保该机构能更好地服务全国重点项目，并满足研究成果使用者，特别是行业内和企业内使用者的需求（CRI，2010）。皇家研究机构成立于 1992 年，是新西兰最大的科学研究机构，机构内的国营公司通过提供核心服务赚取运营收入。2011 年，工作小组建议将皇家研究机构的目标从盈利转为驱动经济增长并将机构重点研究项目与国家需求相结合。皇家研究机构当前的职责是确定基础设施需求和制定相应政策来提供创新支持，主要采取的方式有技能培训、企业研发投入激励措施、更结实的国际纽带以及设计战略来提高公共研究影响力等。

一直以来，皇家研究机构重点是高价值制造服务业、生物行业、能源和矿产、灾害和基础设施、环境、健康和社会等。2013 年，政府公布了“国家科学挑战”，从而确定了政府在研究上的重点投资项目，并为实现相关目标制定了更具战略性的方法。2010 年“国家科学挑战”计划按优先顺序列出了十个重点研究领域，分别为（商务创新就业部，2013）：

- 健康养老。
- 赢在起跑线上——确保新西兰少年拥有健康成功的人生。
- 更健康的生活。

- 高价值的营养。
- 新西兰生物遗产——生物多样性、生物防疫等。
- 土地和水——进行研究以提高第一产业产量和产能，同时为子孙后代确保并提高土地和水源质量。
- 海洋中的生命——学会如何在不破坏环境和生物的基础上开发海洋资源。
- 南极地区——了解南极洲和南大洋在人类未来环境和气候中的作用。
- 技术创新科学。
- 对自然问题的适应力——研究如何提高人类应对自然灾害的能力。

“国家科学挑战”计划通过对合作的强调从根本上改变了新西兰的研究进程。每一个重点研究领域都包含一系列跨学科研究活动，这些研究活动依靠研究人员和终端使用者之间的有力合作，以及研究人员与国际研究机构的联系来进行。

专栏 27.1　新西兰：开展科学外交，让世界听见我们的声音

科学外交通常被认为是主要力量博弈的领域，并且还和诸如国际空间站这样庞大的科学项目有关联。但是在这些广受关注的项目背后，科学以朴素而平凡的方式对于国际系统的运行发挥着关键作用。

在总理首席科学顾问彼得·格拉克曼的带领下，新西兰自 2009 年起已经建立了大量将科学和外交相结合网络体系来提升小规模经济体在国际上的地位和利益。当今世界，国际经济管理主要是由像 8 国集团和二十国集团这样的人口大国的集合体掌控，但新西兰的方法对大型经济体有参考意义，格拉克曼教授如是说到，他呼吁大国关注小型经济体的在传统基于法规的国际框架中未表现出来的特殊性。

为了外交的科学

新西兰已经和其他人口少于 1 000 万的发达经济体建立了一个非正式的“意愿联盟”。该组织的入选国家都是经过精挑细选的，国际货币基金组织仅仅为该联盟选了 3 个非欧洲国家，分别是以色列、新西兰和新加坡。此外该联盟内的另外 3 个国家分别是欧洲小国丹麦、芬兰和爱尔兰。也就是说，该联盟目前只有 6 个国家。

新西兰组织并资助了小型发达经济体倡议秘书处。联盟内的国家可以共享公共科学和高等教育、创新和经济学这 3 个领域的数据、分析、论文和项目成果。这些国家合作的第四个领域就是各成员国就如何提升国家品牌、加强小国在国际外交上的话语权展开对话。

为了科学的外交

由于规模庞大的牲畜数量，新西兰的人均甲烷排放量居世界第一位，所以新西兰特别热衷于就食品安全和温室气体排放科学为基础展开国际对话，毕竟新西兰的农业废气排名占世界总量的 20%。

在 2009 年哥本哈根（气候）峰会上，新西兰提议建立减少农业温室气体排放的全球研究联盟。新西兰这样做的原因之一是“存在未来抵制我国农业产品的可能性”。这个研究联盟现在有 45 个成员国，它的独特之处在于由科学家直接管理，而不是政府人员，这说明该组织认识到了各个国家都希望将研究资金用在本国境内的事实。正如格拉克曼教授所说“新西兰的外交利益要求开展科学活动，但是要开展科学活动，必须使用外交手段”。

科学作为援助

在援助政策中，新西兰为了充分考虑小国利益做出了努力。它关注能源、食品安全或非传染性疾病等问题，这些问题对小国来说是十分棘手的。例如，新西兰在非洲的主要援助项目如太阳能电铁丝网技术、耐热牲畜、改进后的饲料植物物种等，都是依赖科学和地区适用性的。

“我已经说明了一个小国是怎样在外交领域利用科学来维护和提升自身利益的”格拉克曼教授说到。这一论点也有了成效，新西兰在竞选 2015–2016 联合国安全理事会非常任理事国上已经获得了足够的支持。

来源：格拉克曼教授 2015 年 6 月在世界科学院科学外交夏季论坛上的演讲。完整演讲详见：www.pmcsa.org.nz/wp-content/upload.

除了 2012 年预算在挑战计划中投入的 6 000 万新西兰元外，2013 年预算也确定在未来 4 年为该计划投入 7 350 万新西兰元（约等于 5 700 万美元），并在四年投资到期后每年继续投入 305 万新西兰元。2014 年还扩大了对研究卓越中心项目的预算资金，并提高了竞争性科学资金的预算，以此来弥补由于支持“国家挑战计划”而转移的资金。2015 年，健康和环境问题依然是主要的投资项目。

尽管 2014 年预算中政府针对科学政策采取的方法得到了普遍的认可，但是全国科学战略前后一致性的缺乏依然引起了越来越多的担忧，例如，有人就指出新西兰急需有效的研发税收抵免政策。

如何充分利用新西兰的环保绿色品牌？政府在科学上的投资通常主要流向第一产业，其中在农业上的投资最多，占到了第一产业投资的 20%，因此新西兰出版物主要跟生命科学（2014 年占出版物总量的 48%，排在第一位；排在第二位的是环境科学出版物，仅占总量的 14%）有关也不足为奇。未来新西兰将面临的一个挑战就是：要提高那些有利于经济增长的重点行业的科学实力，包括信息通信技术、高产值加工业、加工后的初级产品以及环境创新。

作为农业贸易国，新西兰实现绿色增长的可能性极大。为了实现绿色增长，政府已经要求绿色增长顾问团对三个重要议题给出政策建议，这三个议题分别为：如何充分利用绿色环保品牌？如何更好地利用技术和创新？如何促进经济向低碳方向发展？此外，新西兰绿色增长研究信托 2012 年出具的《绿色增长：新西兰希望》报告也说明在能够提高新西兰地区竞争优势的产业中至少有 21 个能够促进绿色发展的具体机会，这些产业包括生物技术、可持续农业产品和服务、地热能、林业和节水等。

菲律宾

减少灾害风险的迫切愿望

尽管菲律宾近年来自然灾害频发，但国内生产总值依然实现了不错的增长（见图 27.2），其中侨汇拉动的消费和 IT 服务业的增长是经济发展的主要动力，这使菲律宾国内经济免受全球经济持续疲软的影响（世界银行，2014），但经济涨幅的增加并未大幅减轻贫困问题，25% 的菲律宾人依旧生活在贫困之中。

菲律宾是世界上最易遭受自然灾害的国家之一，除了洪水、山体滑坡等极端灾害之外，每年还有 6 到 9 次台风登陆菲律宾。2013 年菲律宾不幸遭台风“海燕”（在菲律宾又称“尤兰达”）过境，风速高达每小时 380 公里，这可能是有史以来登陆的最强热带气旋。

为了控制灾害风险，菲律宾大力投资关键基础设施建设，启用多普勒雷达等工具，利用激光探测与测量（LiDAR）技术和大规模安装的地方研发传感器生成三维灾害模型，从而及时得到精确的全国灾害信息。与此同时，菲律宾不断建设当地应用、复制和研发这些技术的能力。

此外，决定提高科技自主研发能力来减少灾害风险也是菲律宾政府包容的可持续增长道路的一大特色。《2011—2016 菲律宾发展规划》修订版详细阐述了如何依靠科技和创新提高生产力和农业和小企业的竞争力，特别是那些被贫困、弱势和边缘化群体充斥的部门和地区。

提升科技自主能力

菲律宾科技部是负责本国科技的关键政府部门，其政策的制定由一系列部门委员会进行协调。在现有的《2002—2020 国家科技发展规划（NSTP）》框架下，菲律宾的战略重点是建设科技自主能力。《2002—2020 科技发展和谐议程》对于追求包容性经济增长和减少自然灾害风险过程中所遇到的问题的解决方法反映了这一战略重点。该议程于 2014 年 8 月提交总统。虽然科技发展方面有《2002—2020 国家科技发展规划》提供指导，但《2002—2020 科技发展和谐议程》试图就如何实现技术自主，并在阿基诺政府任期满后，如何继续加强科学和技术的发展规划蓝图。

《2002—2020 科技发展和谐议程》关注发展遥感、激光探测与测量等关键技术，建设试验和计量设施，建立先进的气候变化模型和天气模型，发展高级制造业和高性能计算。截至 2020 年，菲律宾将建立并升级 5 个优秀科研中心，用于进行生物技术、纳米技术、基因组学、半导体及电子[1]设计领域的研究。以下 5 个卓越中心全部由政府资助：

- 农、林、工业纳米技术应用中心（2014 年建成），位于菲律宾大学洛斯巴尼奥斯分校。
- 生物技术试验工厂（2012 年建成，此后升级），位于菲律宾大学洛斯巴尼奥斯分校。
- 菲律宾基因组研究中心（2009 年建成），位于菲律宾大学迪利曼分校，拥有两个研究 DNA 测序和生物信息学的核心设施。
- 尖端设备与材料检测实验室，位于菲律宾塔吉格市比库坦国家科技部大楼。该实验室于 2013 年投入使用，拥有 3 个研究表面分析、热分析、化学分析和冶金分析的实验室。
- 电子产品研发中心，同样拟建于菲律宾塔吉格市比库坦国家科技部大楼，提供印刷电路板的尖端设计、原型设计和检测设备。

对于由政府资助的科研，《2010 技术转让法》为其知识产权的归属、管理、使用和商业化提供了一套框架和支持体系，以此对创新起推动作用。此外，为了更好满足对人力资本的需要，《2013 科技奖学金快速通道法案》扩大了现有奖学金项目的覆盖面，强化了中学阶段科学和数学两门科目的教学。与此同时，《2013 菲律宾国家卫生研究系统法案》建立了国家和地区研究学会网络，提高了国内研究能力。

急需加大科研力度

菲律宾的教育和科研投资均落后于更活跃的东盟国家。2009 年，菲律宾高等教育投资仅占国内生产总值的 0.3%，是东盟国家中教育投资占比最低的国家之一（见图 27.5）。21 世纪上半叶菲律宾大学录取率停滞不前，但 2009—2013 年大学录取人数从 260 万人跃至 320 万人。根据联合国教科文组织统计研究所的数据，2009—2013 年博士毕业生人数的增长更为瞩目，从 1 622 人增至 3 305 人，人数翻了一倍。

但与此同时，无论以何种标准衡量，全职研究人员占百万人口的比例（2007 年每百万人口中仅有 78 名全职研究人员）和国家科研投资水平（2007 年占国内生产总值的 0.11%）依然偏低。除非提高投资水平，否则依靠科技支撑未来创新和发展的计划依然充满挑战。投资水平的提高包括利用电子领域及其他领域的外商直接投资来提高产品在全球价值链中的产品附加值。

当前，政府利用科学、技术和创新解决国家问

① 菲律宾半导体和电子行业协会对包括英特尔公司在内的 250 家国内外公司进行了统计，统计显示 2013 年 4 月菲律宾电子产品出口收入占总出口收入的 40%。

专栏 27.2　菲律宾：开展科学外交，让世界听见我们的声音

菲律宾是最易遭受气候变化和极端天气模式影响的国家之一。2006 年，气旋和洪水对稻米产业造成的损失超过 6 500 万美元。

位于菲律宾的国际水稻研究所（IRRI）和美国加利福尼亚大学的研究人员共同研发了名为“scuba”的抗涝水稻品种，该品种在遭受完全水淹后最多能存活两周。利用分子标记辅助回交技术，研究人员把抗涝基因 SUB1 转移到当地珍贵水稻品种中。2009 年和 2010 年，上述当地抗涝水稻品种在菲律宾乃至全亚洲正式发布。

2009年，菲律宾国家种子行业委员会批准发布了“scuba”水稻（当地又名 Submarino 水稻），菲律宾稻米研究所（PhilRice）担任发布方。

自 Submarino 水稻发布以来，菲律宾农业部与国际水稻研究所和菲律宾稻米研究所开展合作，在全国易遭受洪涝灾害地区发放 Submarino 水稻。试验田观察显示，洪水为农田带来大量富含养分的淤泥，使该品种不但抗涝耐淹，而且收成好，节省肥料。

批评人士反对这一说法，认为 Submarino 水稻需要“大量使用化肥和杀虫剂”，因此“超出了大多数贫农的负担范围”。他们推荐采用强化栽培技术等其他种植方法（见专栏 22.2）。

来源：Renz（2014）；亚洲水稻基金会（2011）；国际水稻研究所－英国国际发展署（2010）。

题的政策是值得肯定的。这种方法强化了政府用于干预科学系统来应对市场失灵和确保市场在良好的政策环境中运行的经济学依据。未来菲律宾面临的一个主要问题将是建立足够完善的基础设施，以确保持续努力解决刻不容缓的问题。因此，政府需要为其资助的核心技术建立一套科学和技术基础设施。持续支持研究有很大的优点，位于洛斯巴尼奥斯的国际水稻研究所就是最好的体现（见专栏 27.2）。

新加坡

从新兴经济体转向知识经济体

新加坡国土面积小，自然资源匮乏，但经过几十年的时间，已经成了东南亚和大洋洲最富有的国家，2013 年人均国民生产总值 78 763 美元（购买力平价），是新西兰、韩国和日本人均国内生产总值的 2 倍。

2009 年，受全球金融危机的影响，新加坡国际出口和旅游需求减少，经济略有回落（经济增速为 –0.6%），于是政府降低了企业税，还利用国家储备支持商业发展、增加就业机会。2009 年后，新加坡经济增速较不稳定，其中 2010 年经济增速为 15%，2014 年则为 4%。

本章涉及的所有国家，仅澳大利亚研发密度略高于新加坡，不过新加坡在研发上的失利主要是受全球金融危机的影响。2006 年，新加坡研发总支出与国内生产总值之比为 2.13%。同年，政府计划到 2010 年将该比值提高到 3%。2008 年，研发总支出与国内生产总值之比已经达到了 2.62%，接近目标，但 2012 年该比值又回落到了 2.02%，这主要是 2008 年后企业研发支出的缩减（见图 27.10）。不过，新加坡仍是亚太地区的国际研发中心。此外，新加坡还计划到 2015 年将研发总支出与国内生产总值之比提高到 3.5%。

自 2005 年起，尽管与其他东南亚国家相比，新加坡科学出版物总量增速较缓，但科学出版物并未受到金融危机的影响（见图 27.8）。新加坡科学出版物主要集中在工程学（17%）和物理学（11%）两个领域，该比例恰好高于全球平均水平，全球在工程学研究的出版物占总量的 13%，物理学出版物占总量的 11%。新加坡的出版物侧重在该地区是比较罕见的，因为本地区的科学研究主要集中在生命科学和地理学领域。

2010 年起，新加坡主要大学开始在国际上享有盛誉。2011 年，新加坡国立大学和南洋大学在泰晤士高等教育世界大学排名中分第 40 和 169 位。2014 年，这两所大学的排名又分别上升到了第 26 和第 76 位。

新加坡技术人员密度下降引起了人们的担忧（见表 27.1）。尽管泰国和马来西亚技术人员比例一直在上升，但新加坡的比例却在 2007—2012 年间下降了 8%。不过，2015 年年底东盟经济共同体成立后，更自由的技术人员流通将有助于新加坡解决这一问题。

加强国内创新，补充外国直接投资

新加坡经济发展十分依赖外国直接投资：根据联合国贸易和发展会议的数据，2013 年新加坡外国直接投资存量占国内生产总值的 280%。这表明过去 20 年间，新加坡经济的成功主要来自跨国公司在高技术行业和知识密集型行业的投入。

过去 20 年间，新加坡采取丛聚式方法发展研究体系，现已将创新的跨国公司和本国企业都融入了该体系中。新加坡的成功很大程度上是来自于两种政策的完美结合，即依靠强大的外国公司实现本国发展的政策，和促进本国创新的政策。过去 10 年间，新加坡投入了大量的资金来建设一流的设备设施并给国际知名工程师和科学家提供丰厚的工资待遇，将新加坡的研究人员密度提升到了世界一流水平：2012 年每百万居民中有 6 438 个研究人员（见表 27.1）。此外，政府还采取了积极的高等教育政策，以发展智能资本，为国内和国外公司培养研究人员。2009—2013 年间，政府在高等教育上投入了大量的资金，新加坡高等教育预算一直高于国内生产总值的 1%。

政府政策已经开始重点发展国内创新能力。几个国家研究机构联合起来建立了知识中心，并与国外著名知识中心进行联系，以在两个利基领域——2003 年开放的启澳生物医药研究园和 2008 年开放的启汇信息通信技术园，建造卓越研究中心。

2008 年，新加坡研究、创新和企业协会同意成立创新和企业国家框架。该框架的两个主要目标是：通过建立创业公司将实验室的前沿技术推向市场；鼓励大学和理工学院进行学术创业并将研发成果转换成商业产品。2008—2012 年间，新加坡在创新和企业国家框架下投入了 44 亿新加坡元（约相当于 32 亿美元），以资助以下项目：

- 建立大学企业董事会。
- 创新和能力凭证体系（见专栏 27.3）。
- 早期风险投资（见专栏 27.3）。
- 概念验证资助（见专栏 27.3）。
- 破坏性创新孵化器（见专栏 27.3）。
- 技术孵化机制（见专栏 27.3）。
- 鼓励全球企业家移居新加坡（见专栏 27.3）。
- 给理工院校提供研发资金以促进研究成果向市场的转换。
- 公共研发项目的国家知识产权原则。
- 创新创业机构的设置。

国立研究基金会与创新和企业国家框架共同为协同创新提供资金（见专栏 27.3）。同时，创新创业机构的设置营造了组织环境，以促进相互合作并提供拨款建议。例如，新加坡管理大学设置的创新创业机构就为学者和商业公司提供了可以见面的平台。潜在合伙人在向国家研究基金会申请资金来开发商业概念和为项目的初期发展筹集种子资金时会得到机构的指导。

2014 年 11 月起，政府机构新加坡科技研究局资助了一项新的“智慧国”倡议。其目的是进一步促进公私部门合作，加强新加坡在网络安全、能源和交通运输方面的能力，以实现新加坡环境保护目的并提升公共服务。新加坡科技研究局所属机构——新加坡资讯通信研究院与美国国际商用机器公司签订了合同，希望创新地解决大数据分析、网络安全和城市交通等领域相关问题，从而推动“智慧国”倡议的实施。2014 年 12 月，负责“智慧国”倡议的部长维文（Vivian Balakrishnan）对召开新加坡手工艺人节的原因进行了阐释。她说因为批量生产向技术批量订制化的转变，如手机的批量订制化生产，再加上硬件价格较低、传感器和网络的普及，每个人都能获得数据并参与创新。维文部长决定要

图 27.10　2002—2012 年新加坡研发支出总量趋势

来源：联合国教科文组织统计研究所，2015 年 6 月。

让公众获得“尽可能多的数据[1]”，并承诺“如果谁发明了能让生活更美好的产品和服务，请一定告诉我们”。新加坡总理办公室设置了“智慧国”项目办公室，该办公室的主要目的就是将广大市民、政府、各行工作者聚到一起，共同解决问题、开发原型并有效部署这样的原型。

① 参见 www.mewr.gov.sg/news.

国家研究基金会表示新加坡的长远目标是“成为全球研究强度最高、创新能力最强、创业精神最好的国家之一，以此提供高价值的工作机会并促进新加坡的繁荣”。在不远的将来，新加坡面临的主要挑战是扩大商业公司在研究和创新领域的作用。因为与人口总数同样较小但研发强度较高的国家，如芬兰、瑞典以及荷兰相比，新加坡的企业研发总支出较低。主要是因为这些国家的跨国公司给企业研发投入了大量的资金。而且，新加坡的企业研发资

专栏 27.3 在新加坡使用创新方式资助创新活动

为鼓励公司进行创新合作，国家研究基金会通过以下模式为他们提供资金支持：

破坏性公司和初创公司孵化器（IDEAS）

破坏性公司和初创公司孵化器由国家研究基金会和新加坡本土风险投资公司创见风险投资私人有限公司联合创立的。创立该孵化器的目的是强化 2009 年建立的技术孵化体系。通过孵化器，有破坏性创新能力的初创公司能够被识别出来，并在公司创立初期为他们提供指导。初创公司获得的投资高达 60 万新加坡元，其中 85% 来自国际研究基金会，另外的 15% 来自该孵化器。这是一个投资委员会对初创公司评估后得出的结果。2013 年，政府宣布将额外提供 5 000 万新加坡元以刺激初期投资。

创新和能力凭证体系

2009 年引入的创新和能力凭证体系就是为了促进从知识中心向中小企业的转变。这个体系给中小企业提供了高达 5 000 新加坡元的资金补助，以便他们从大学或研究机构获得研发支持和其他服务。

2012 年扩大了该体系的范畴，允许人力资源或者财务管理使用凭证。这么做是为了从研究机构购买的项目或者服务能够实现技术升级、出产新的产品或更新生产程序并提高生产过程中的知识和技术能力。

早期风险投资基金

通过这个基金，国家研究基金会投入了 1 000 万新加坡元，给一半的新加坡早期高科技产品公司提供种子创业投资基金。

概念验证资助

国家研究基金会负责该体系的管理。该体系给各个大学以及技术院校的研究人员提供了 25 万新加坡元的补助，以便他们进行概念验证阶段的技术项目。此外，政府也为私人公司建立了一个相似的体系（新加坡标新局）。

技术孵化机制

国家研究基金会为由种子技术孵化器孵化而来的新加坡初创公司提供了 85% 的资金（超过 500 000 新加坡元），这些种子技术孵化器给初创公司提供实际空间、引导和辅助。

全球创业高管

这个投资体系是为了给高增长和高技术并且由风险资本资助的公司提供资金。它的目标产业是信息通信技术、医学技术和清洁技术。其目的是鼓励在新加坡建立公司。国家研究基金会出资 300 万新加坡元给有资格的公司融资。

群簇创新项目

该项目的资金是为了加强有潜在广泛市场的技术领域的公司、研究人员以及政府之间的合作。2013 年有 4 个创新群簇计划得到了该项目的资金支持，分别是诊断学、演讲和语言技术、膜结构和增材制造。合作项目的资金则主要是为了建立共用基础设施、能力建设和缩小企业产业链之间的差距。

来源：http://iie.smu.edu.sg; www.spring.gov.sg; www.guidemesingapore.com.

金分散到了大量的公司，所以要提高企业研发总支出的数值，需要各行各业都参与研发。

另一个挑战是要保持国家发展态势，将国际合作与创新提高到一个新的阶梯。新加坡的优势之一，就是它有能力建造一个拥有简捷而完整体系且具有影响力的"公—私""公—公"合作模式。新加坡将着手下设计一个五年的研发基金，命名为：面向 2020 年的研究、创新和企业。该项目将继续着重强调合国际作与创新，这方面新加坡已经做得非常好了，希望将新加坡打造成为亚洲创新之都。

泰国

私营经济投资主要流向增值化工商品

2005—2012 年间，泰国经济仅增长了 27%。2013 年下半年社会政治动荡，以及 2014 年 5 月的军事政变更是将泰国经济推向了转折点。不过世界银行 2014 年预计，泰国局势一旦稳定，消费者和投资人将重拾信心。但尽管如此，世界货币基金组织还是认为，至少截至 2016 年，泰国仍将可能是东南亚经济增长最慢的国家。

为刺激消费，政府近来把发展高科技制造业作为了首要任务，这显然促进了服务业的发展。但要提高泰国的研发能力主要还是依靠私营部门投资，私营经济近几年在研发上的投资已经占到了国内研发总支出的 40% 左右。2011 年，泰国国内研发总支出与国内生产总值之比为 0.39%，其中私营部门主导的工业研发比例仍然较低，但这种现象发生了改变，因为科学技术部部长 2015 年 5 月发表声明称 2013 年国内研发总支出与国内生产总值的比例上升到了 0.47%，该比例的上升完全是私营部门投资的结果。[①]

由以上数据可知，尽管泰国出口的高科技产品比例较高，占到了东南亚和大洋洲高科技出口产品的 10.6%（见图 27.4），但泰国的高科技产品可能是他国设计，仅由泰国组装，并不是泰国资自主研发的成果，如泰国出口的硬盘驱动器、计算机和飞机引擎就是如此。

泰国是本地区最大的化工商品出口国，占到了本地区出口总量的 28%。而且增值化工商品还是泰国私营部门在研发上的投资重点。显然，泰国此时应该效仿曾经的新加坡和马来西亚，营造一个鼓励跨国公司进行研发投资的商业环境。但尽管泰国政府对此做出了一些艰难的努力，可到目前为止它还并未像马来西亚那样对外国公司采取可观的财政刺激措施（见第 26 章）。

泰国面临的一个主要挑战就是：要稳定经济社会环境，以保持对外国直接投资的吸引力，从而提高工业研发投资、促进高等素质教育发展。虽然泰国现是全球最大的硬盘驱动器和轻型货运车制造国之一，但要保持这种水平，泰国必须在高等教育上大量投资，克服技能短缺问题。

熟练劳工和非熟练劳工的双重短缺是泰国经济的长期问题（经济学人智库，2012）。2002 年泰国高等教育投资极高，达到了国内生产总值的 1.1%，但 2012 年又回落到了国内生产总值的 0.7%。尽管高等教育投资与国内生产总值的比例不断下降，但政府还是承诺提高理科、技术学、工程学和数学专业的学生比例。2008 年启动了一个试点项目，为培养有技术天赋并热爱技术的天才学生建立了多所以科学为基础的学校。学校教学以项目为基础，长期目标是培养学生成为不同技术领域的专业人才。目前在该项目下已经成立了 5 所学校：

- 泰国中部春武里府的科学基础职业技术学院。
- 北部的南奔农业科技学院（农业生物技术）。
- 东北部苏兰拉学院（以科学为基础的工业技术）。
- 素攀武里职业学院（食品技术）。
- 南部攀牙湾的职业学院（旅游创新）

2005—2009 年间，百万居民中等效全职研究人员和技术人员的比例分别上升了 7% 和 42%。但研究人员密度仍然较低，并且绝大部分研究人员都就职于公共研究机构或大学，其中就职于泰国国家科学和技术发展局（NSTDA）的全职研究人员就到达了 7%，这些研究人员主要分布在四个机构，分别为：遗传工程与生物技术国家中心、电子与计算机技术国家中心、金属与材料技术国家中心和纳米技术国家中心。

① 参见：www.thaiembassy.org/permanentmission.geneva/contents/files/news- 20150508-203416-400557.pdf.

宏大的政策目标

尽管《十年科技行动计划（2004—2013 年）》引入了国家创新体系的概念，但是该计划并未具体指明如何将创新融入科学和技术中，对此进行阐释的是 2012 年实行的《国家科技与创新政策和计划（2012—2021 年）》，该计划还说明了实现这一目标的具体途径，例如，基础设施建设、能力培养、区域性科技园、工业技术援助和研发税收优惠等。该计划的核心是承诺着力加强公共研究机构和国家私营部门的合作。对于经济社会差异导致的动荡，该计划认为地区发展能够作为补救措施。此外，该计划还将 2021 年国内研发总支出的目标定为国内生产总值的 1%，其中公私研发比例为 30 : 70。

现在针对私营部门，有一系列复杂的财政刺激措施，包括补助金或配合创新奖励的补助金、工业技术援助、用于创新的低息贷款以及鼓励技术技能提升的税收优惠。2002 年开始对投资研发的公司实行减税政策，减税比例达到 200%，这些公司能为一个财政年的支出申请双倍减免，而现在减税比例已经增长到了 300%。科学技术部部长 2015 年 5 月发表的声明引起了中小企业工业技术援助计划的重视，该计划给予了中小企业创新奖励、贷款担保和部委测试实验室的使用等权利。此外，一项新的人才流动计划还允许将大学和政府实验室的研究人员调派到私营企业去，私营企业通过支付研究人员调派期间的工资对大学和实验室进行补偿，不过中小企业并不需要进行补偿，因为它们的补偿金额由部级津贴承担。近期实行的立法改革规定，知识产权要从资助机构向被资助机构转移，政府要设立基金促进技术商业化。总而言之，以上措施都是为了改革研发激励体系。

行政方面，泰国计划成立直接向总理述职的科学技术创新咨询委员会。在这个过程中，科学技术部国家科学技术创新办公室的职责需要向总理办公室转移。

一分区一制品计划

泰国面临的另一挑战是当前集中在将研究所和科技园的知识技能转移到乡村地区的生产单位，包括农场和中小企业。

泰国乡村地区正在进行“一分区一制品计划”。20 世纪 80 年代日本为应对人口减少问题，开展了“一村一制品计划”，泰国政府受这一计划的启发，在 2001—2006 年开展了“一分区一制品计划”，以促进当地创新创业、提高产品质量。在该计划中，要从每一个分区中选出一个优等商品，然后正式创建品牌，并按产品质量对品牌标注 1 ~ 5 星，然后再进行全国推广。这些分区的产品包括服装和时尚配饰、日用商品、食品和传统手工艺品。此外，移动电话技术在乡村地区的普及给人们提供了了解市场信息、产品开发和现代化生产工序的新机会。对于这个计划，泰国将面临的挑战是提高其所开发产品的附加值。

东帝汶

增长靠石油驱动

东帝汶自 2002 年独立以来，一直保持着健康的经济增长，这主要归功于对自然资源的开发，2014 年原油出口量占到了出口总量的 92%。2005—2013 年，东帝汶国内生产总值上升了 71%，是该地区在此期间经济增速排在第二位的国家（见图 27.2）。东帝汶快速的经济增长使其经济越来越独立，海外发展援助已经从 2005 年国民生产总值的 22.2% 降低到了 2012 年的 6.0%。

本地区教育支出第三大国

东帝汶在 2011—2030 年国家战略发展计划中设定了长期目标，即到 2030 年将东帝汶从低收入国家建设成为中上等收入国家，跟柬埔寨的目标一致。该计划重视高等教育培训、基础设施建设，并强调降低国家对石油的依赖程度。要实现该计划中的宏伟目标，加强当地科学技术能力建设、促进国际科学合作是关键举措。不过东帝汶设定目标的前提是：由于私营部门的快速发展，截至 2020 年年均经济增长率保持在稳定水平即 11.3%，截至 2030 年保持在 8.3%。在该计划中，东帝汶还打算到 2030 年在 13 个省至少各建成一所医院，在首都帝力建一所专科医院，并保证全国至少一半的能源都为可再生能源。

当前，东帝汶科学能力较弱，研发成果较少，但是政府在教育上的高额投入有望在未来 10 年改善这种情况。2009—2011 年，东帝汶每年在教育上投入的均值为国内生产总值的 10.4%，并在这段时间内将高等教育的投入从国内生产总值的 0.92% 提高到了 1.86%，现在东帝汶已成为本地区高等教育投入第二大国，仅次于马来西亚（见图 27.5）。

通过对 2010 年科学教育的回顾，东帝汶认为需要提高教育质量和相关性，并确定了未来教育培训的重点，即：医疗卫生、农业、技术与工程（Gabrielson 等人，2010）三个方面，还将理学、技术、工程学和数学设为各阶段教育的重点，对高等教育尤其如此。

除重点研究型大学东帝汶国立大学，近几年东帝汶来还开设了三所较小的大学，此外它还有 7 个研究所。2011 年初，东帝汶国立大学所有校区的入学总人数达到了 27010，与 2004 年相比增长率超过了 100%。2009—2011 年，女性入学率增长了 70%。2010 年，东帝汶国立大学加入了亚洲网上大学项目，在该项目内本地区资源短缺的大学可以相互建立联系，并通过低成本的卫星互联网实现远程学习。

非政府组织对促进东帝汶发展的协调性和包容性发挥了重要作用，但同时也给政府各部门间的相互合作造成了问题。尽管高等教育主要由教育部负责，但其他机构也有参与。2030 年发展计划中提到“要建立一个高效的管理体系，以促进政府各部门在高等教育上的协同合作，并设定重点目标和优先预算”，该计划还决定要建立国际学历体系。

东帝汶是全球互联网普及率最低的国家之一（2013 年为 1.1%），但是过去五年间移动电话用户的数量飞速增长。2013 年，57.4% 的人口都拥有了移动电话，而 5 年前这个数值仅为 11.9%。这表明东帝汶从国际信息体系中获取的内容正在增加。

也许东帝汶未来面临的最大挑战就是开发科学人力资源，进行农业工业创新，实现经济转型。同时，东帝汶要克服由于首都效应形成的“帝力中心式”发展模式，还要展现出拥有充分利用科学技术的实力。

越南

需要用生产效益弥补其他损失

越南努力促进经济自由化，2007 年得以加入世界贸易组织，此后更加不断地融入世界经济。尽管越南制造业和服务业与国内生产总值的比例均为 40%，但农业却还是拥有越南近半数的劳动力（48%）。在可预见的未来，越南每年将有一百万劳动力（越南 2010 年工人总数为 5 130 万）离开农业到其他经济产业工作（经济学人智库，2012）。

在不远的将来，越南将失去当前它在制造业的相对优势——低工资。为了弥补由此带来的损失，越南需要提高生产效益，才能确保高增长率，要知道 2008 年以来越南的人均国内生产总值翻了一倍。2008—2013 年，越南高技术出口产品，尤其是办公电脑和电子通信设备快速增长，其中电子通信设备出口量超过越南的只有新加坡和马来西亚。当前越南面临的巨大挑战就是将促进大型跨国公司技术技能增长的战略应用到小型本地公司内，本地公司与全球生产链的融合性很差，所以将来在这些公司实施的战略还必须能够促进技术能力和技能的提高。

自 1995 年起，高等教育入学率提高了十倍，2012 年入学人数超过了 200 万。截至 2014 年，越南已经拥有了 419 个高等教育机构（Brown, 2014）。此外，国外一些大学也在越南设立了私营校区，其中包括哈佛大学（美国）和皇家墨尔本理工大学（澳大利亚）。

越南政府在教育，特别是高等教育上投入了大量的精力（2012 年教育和高等教育与国内生产总值的比例分别为 6.3% 和 1.05%），促进了教育的快速发展，今后政府也必须保持这样的投入才能留住学者。改革的号角已经吹响，2012 年越南通过了一项法律，给予了大学管理人员更大的自治权，不过教育质量还是由教育部负责保证。越南众多的大学，和数量更多的研究机构给管理带来了严峻的挑战，特别是在各部委之间的协调上。不过从某种程度上讲，市场将淘汰那些较小、经济状况较差的大学和研究机构。

现在并没有越南近期的研发支出数据，但是从科学网上可知越南出版物的增长速度远远高于东南亚其他国家。出版物主要是关于生命科学（22%）、物理学（13%）和工程学（13%）的，这也是越南近期诊断设备生产和造船技术的提高的原因。2008—2014 年间，越南出版的文献约有 77% 至少含有一个国际合著作者。

公私合作对科学技术战略至关重要

20 世纪 90 年代中期，越南研究中心开始实行自治，以准私营单位的形式运作，可对外提供咨询和技术开发等服务。一些研究中心甚至已经脱离了大型研究机构以建立自己半私营公司，促进了公共科学技术研究人员向半私营机构的转移。一个较新的大学——孙德胜大学（约成立于 1997 年）甚至建立了 13 个中心以进行技术转移、提供服务，这为该校创造了 15% 的收益。许多研究中心都是连接公立研究机构、大学和公司的桥梁。另外，2012 年越南通过的最新《高等教育法》给了大学管理人员更多的自治权，还有报告表明越来越多的教学人员同时也担任非政府组织和私营公司的顾问。

在此基础上，2012 年实施的《2011—2020 年科学与技术发展战略》强调公私合作，促进“公立科学技术研究机构向法律规定的自我管理、自我负责的机制转变”（MoST, 2012）。该战略的重点是整体规划和优先投资领域，以提高创新能力，尤其是工业创新能力。尽管它并未制定具体的资助目标，但却确定了整体的政策方向和优先投资的领域，包括：

- 数学和物理学研究。
- 环境变化和自然灾害调查。
- 计算机、平板电脑和移动设备操作系统的开发。
- 生物技术在各领域的应用，尤其是农业、林业、渔业和药业的应用。
- 环境保护。

这项新的战略还将建成一个管理网络，为创新领域咨询和知识产权开发提供支持。此外，它还计划建立越南海外科学家网络以及“卓越研究中心”网络，建立国家科学机构和海外科学人员的联系，以此努力促进更广泛的国际科学合作。

越南已经制定了一系列针对特定产业的国家发展战略，这些产业大部分都跟科学和技术有关，《可持续发展战略》（2012 年 4 月）、《机械制造工程业发展战略》（2006）、《2020 年远景》（2006）就是其中三个战略。在 2011—2020 年间实施这些战略，需要高技能的人才储备、有力的研发投资政策、鼓励私营部门发展技术的财政政策、促进可持续发展的私营部门投资和管理措施。

太平洋岛国

急需发展的小国

太平洋岛国的经济发展大多依赖自然资源，他们的制造业规模很小，几乎都没有重工业。在这些国家进口量远远高于出口量，不过拥有采矿业的巴布亚新几内亚是个例外。越来越多的实例表明斐济正逐渐成为太平洋上的再出口中心，2009—2013 年间，斐济再出口总量增加了 3 倍，占到了太平洋岛国再出口总量的一半多。萨摩亚于 2012 年加入了世界贸易组织，它与全球市场的融合度也会越来越高。

丰富的文化社会环境对太平洋岛国的科学和技术产生了很大的影响。此外，言论自由受限和某些地区的宗教保守主义也遏制了部分地区研究的进行。同时，这些国家的经历也表明将传统知识融入严肃的科学技术有利于可持续发展和环境保护，2013 年太平洋共同体在《可持续发展简报》中对此进行了强调。

《联合国教科文组织科学报告 2010》认为国家和地区政策框架的短缺是发展统一性全国科学技术创新议程的绊脚石。对此，太平洋岛国已经采取行动，建立了多个地区机构以解决产业发展的技术问题。

例子如下：

- 针对环境变化、渔业和农业问题的太平洋岛国共同体秘书处。
- 针对运输和电信业的太平洋岛国论坛秘书处。
- 针对相关问题的太平洋岛国环境规划秘书处。

不过这些机构都还没有出台过任何科学技术政策，但新成立的太平洋欧洲科学技术创新网络一定程度上暂时填补了这个空白。欧盟委员会资助了这个创新网络，并将该网络纳入第七个研究创新框架计划（2007—2013 年）中，该创新网络的持续时间段为 2013—2016 年，与欧盟 2020 地平线计划（见第 9 章）时间有重合。该网络的目标是加强太平洋地区和欧洲在科学技术创新层面的合作，并通过研究建议书促进这两个地区研究创新发展，同时也提高科学水平、促进工业和经济竞争。该计划的 16 个成员中 10 个[①]为太平洋地区国家。

太平洋欧洲科学技术创新网络关注的三个社会问题：

- 健康、人口变化和福利。
- 食品安全、可持续农业、海洋和海洋研究、生物经济。
- 气候行动、资源效益和原材料。

该网络已经分别在太平洋地区和布鲁塞尔（欧盟委员会总部）提供了一系列的高层政策对话平台[②]。这些平台将两个地区主要的政府部门和机构主要相关人聚到一起，就科学技术创新问题开展讨论。

2012 年该网络在斐济首都苏瓦召开了一场会议，给太平洋未来的研究创新和发展提出了战略性建议。2013 年颁布该会议的报告确定了太平洋要关注的 7 个研发领域，分别为：健康、农业和林业、渔业和水产养殖业、生物多样性和生态系统管理、淡水、自然灾害和能源。意识到在太平洋地区缺少地区性和国家性的科学技术创新政策和计划，该会议还建立了太平洋岛国大学研究网络，促进区域内和区域间知识创新和共享，为地区科学技术创新政策框架提供简明的建议做好准备。该政策框架应该根据衡量科技创新能力所得的证据来构建，但是数据的缺乏造成了一些障碍。这个正式研究网络也将作为位于斐济的南太平洋大学的补充，该大学在太平洋其他岛国还开设了分校。

2009 年，巴布亚新几内亚表明了其 2050 年国家愿景，并建立了研究科学技术委员会。2050 愿景中期发展的重点包括：

- 服务于下游处理的工业技术的发展。
- 经济走廊的基础设施技术。
- 知识型技术。
- 科学技术教育。
- 2050 年将国内生产总值的 5% 投入研发的宏大目标。

2014 年 11 月研究科学技术委员会召开会议，再次强调了通过发展科学技术实现环境保护的重要性。而且，在巴布亚新几内亚 2004—2013 年高等教育计划Ⅲ中，它还制定了通过引进质量保证体系和用于克服有限研发能力的项目。来实现高等教育和研发转型。

与巴布亚新几内亚一样，斐济和萨摩亚也将教育作为推动科学技术创新和现代化的关键举措。尤其是斐济，对改革当前相应的政策和规章制度做出了巨大的努力。与其他太平洋岛国相比，斐济政府将更大份额的国家预算拨给教育。2011 年教育支出与国内生产总值的比例为 4%，尽管这跟 2000 年的 6% 相比还是有所下降的。高等教育占教育总预算的比例也有所下降，从 14% 下降到了 13%，不过 2014 年引入的国家顶级人才奖学金体系，以及学生奖学金的普及都提高了斐济高等教育的吸引力并使学生觉得接受斐济的高等教育是值得的。许多其他太平洋岛国都将斐济作为榜样，斐济从其他太平洋岛国引入了教育领袖来给内部当地教师进行培训。同时根据斐济教育部的数据，斐济的教师在太平洋岛国广受欢迎。

斐济根据一个对学生毕业考试科目的内部调查（13 年），发现斐济的学生自 2011 年起对理科的兴趣更加浓厚。斐济免费大学的入学数据上也可略发现相似的趋势。形成这一现象的重要原因就是 2010 年高等教育委员会的成立，该委员会为高等教育学院规定了注册和评议程序，以提高斐济的高等教育质量。2014 年，高等教育委员会向大学发放了研究补助金，希望使高校教师的科研氛围更浓厚。

斐济是太平洋岛国中唯一拥有近期科学研究总支出数据的国家，国家统计局 2012 年给出的研发总支出与国内生产总值的比例为 0.15%，私营经济部门部分的研发总支出几乎可忽略不计。2007—2012 年，政府在研发上的投资更倾向于农业（见图 27.11），但地理科学和医药科学的出版物却都高于农业科学（见图 27.8）。

① 10 所机构分别为：澳大利亚国立大学、Montroix 私人有限公司（澳大利亚）、南太平洋大学、法国新喀里多尼亚梅拉德研究所、新苏格兰镍及环境国家技术研究中心、南太平洋共同体、新西兰土地保护研究有限公司、巴布亚新几内亚大学、萨摩亚国立大学以及瓦努阿图文化中心

② 参见：http://pacenet.eu/news/pacenet-outcomes-2013.

根据科学网的数据，2014 年巴布亚新几内亚出版物的数量（110）在太平洋岛国中位居第一，排在第二位的则是斐济（106）。出版物主要关于生命科学和地理科学，法属波利尼西亚和新喀里多尼亚的出版物集中在地理科学领域，是该地区地理科学出版物平均值的 6 ~ 8 倍。相反，巴布亚新几内亚 90% 的出版物都是关于免疫学、遗传学、生物技术和微生物学的。

2008—2014 年间，斐济与北美洲国家的研究合作超过了与印度的研究合作[①]（斐济大部分人是印度裔），主要集中在几个科学领域，如医药科学、环境科学和生物。国际合著作者的数量在巴布亚新几内亚和斐济较高，分别为 90% 和 83%，而新喀里多尼亚和法属波利尼西亚则比这两国要低，分别为 63% 和 56%。这些国家与东南亚和太平洋其他国家，以及美国和欧洲国家也建立了研究合作关系，但是与法国的合作则很少，不过瓦努阿图与法国的合作比较多（见图 27.8）。

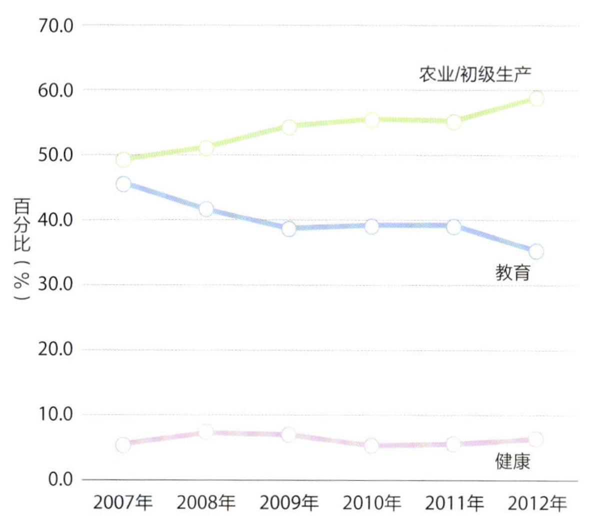

图 27.11　2007—2012 年斐济政府的研发支出（按社会经济目标分组）

来源：斐济统计局，2014 年。

国外合著作者的比例达到 100% 的缺点

国际合著作者的比例接近 100% 的现状也会带来双面影响。据斐济卫生部的数据，通过合作研究发表的文章尽管能发表在知名的杂志上，但对于斐济的卫生事业发展作用很小。现在斐济已经有了一系列指导方针，希望通过培训和提供新技术帮助提高国内健康研究实力。新的指导方针还规定斐济任何与国外机构合作的研究项目都必须说明这个项目如何能提高斐济的健康研究实力。卫生部也在努力提高国内研究实力，它在 2012 年开始发行《斐济公共卫生杂志》。此外，农业部也在 2013 年恢复了已经停刊 17 年的《斐济农业杂志》。此外，2009 年还新发行了一些关注太平洋科学研究的地区杂志，如《萨摩亚医学杂志》和《巴布亚新几内亚研究科学技术杂志》。

斐济领航信息通信技术

过去几年间，太平洋岛国地区网络普及率大幅提升，移动电话技术快速发展。由于地理位置优越、服务文化浓厚，再加上亲商政策，英语的广泛使用和电子通信的普及，斐济在这方面的发展比较平稳。与其他南太平洋岛国相比，斐济的电子通信系统稳定高效，能够进入南部海底电缆，与新西兰、澳大利亚和北美洲国家建立联系。近期斐济计划成立南太平洋大学圣艾森信息通信技术园、卡拉博信息通信技术经济区以及斐济 ATH 技术园，这都会进一步促进太平洋地区服务业的发展。

托克劳——首个用可再生资源生产全部电能的国家

平均来说，太平洋岛国要花费国内生产总值的 10% 进口石油产品，但在有些地区这个数值甚至超过了 30%。除了要花费高额的石油运输费用外，太平洋国家对化石燃料的依赖使得太平洋经济极易被多变的全球燃料价格和可能的燃油泄漏所影响。因此，许多太平洋岛国都认为可再生能源将在它们国家经济社会发展中发挥重要作用。斐济、巴布亚新几内亚、萨摩亚和瓦努阿图的可再生能源与能源总消耗的比例已经较高[②]，分别为 60%、66%、37% 和 15%，托克劳甚至成为全球第一个完全靠可再生能源发电的国家。

可持续能源发展目标

许多太平洋岛国的新目标都是 2010—2012 年

① 尽管在本章中不做详细介绍，但是属于法国的新喀里多尼亚和法属波利尼西亚 2013 年在科学网上发表的文献数量分别为 116 和 58。

② 参见：www.pacificenergysummit2013.com/about/energy-needs-in-the-pacific.

设定的（见表 27.3 和表 27.4），并且这些国家已经采取了行动提高国家生产、节约和使用可再生能源的能力。例如，欧盟资助了太平洋岛国可再生能源技术技能发展项目（EPIC）。自 2013 年开始后，EPIC 已经设置了两个可再生能源管理硕士课程，并建立了两个可再生能源中心，分别位于巴布亚新几内亚大学和斐济大学。这两个中心都从 2014 年开始运行，致力于建设成可再生能源发展地区知识中心。2014 年 2 月，欧盟和太平洋岛国论坛秘书处签订了适应气候变化和可持续能源项目，该项目总值 3 726 万欧元，将使 15 个太平洋岛国[①] 受益。

共同的气候变化问题

太平洋地区气候变化引发的主要是海洋问题，如海平面上升、土壤和地下水含盐量的增加等，但是在东南亚地区，降低二氧化碳排放量则是主要问题。提高应对灾害的能力则是两个地区的共同问题。

气候变化几乎已成为太平洋岛国最严峻的环境问题，因为它已影响到了社会经济的各个方面。气候问题带来的影响体现在农业、食品安全、林业甚至疾病传播等方面。不过太平洋共同体已经采取了一系列措施应对环境变化带来的问题，包括在渔业、淡水、农业、海岸区域管理、灾难管理、能源传统知识、教育、林业、通信、旅游、文化、卫生、气候、性别意涵和生物多样性等领域采取的措施。

其中有些项目与联合国环境规划署共同开展，放在太平洋地区环境项目（SPREP）下进行，该项目的目标是帮助成员国提高“应对气候变化的能力，主要通过以下活动来实现：政策改善、实施可行的适应措施、提高生态系统对气候变化的耐受力以及

① 库克群岛，斐济，基里巴斯，马绍尔群岛，密克罗尼西亚联邦密克罗尼西亚、瑙鲁、纽埃岛、帕劳、巴布亚新几内亚、萨摩亚、所罗门群岛、东帝汶、汤加、图瓦卢和瓦努阿图。

表 27.3　2013—2020 年部分太平洋岛国国家可再生能源目标

国家	能源目标	时间
库克群岛	2015年50%的能源为可再生能源，2020年达到100%	2015年 和 2020年
斐济	90%可再生	2015年
瑙鲁	50% 可再生	2015年
帕劳	20%可再生并且能源消耗降低30%	2020年
萨摩亚	10%可再生	2016年
汤加	50%可再生 并且总体能源成本减少50%	2015年
瓦努阿图	33% 可再生, 目标由私人公司——瓦努阿图电力公司确定	2013年

来源：太平洋共同体秘书处 2013 年《可持续发展简报》。

表 27.4　2014 年斐济绿色增长框架

重点领域	战略
支持绿色技术和服务的研究与创新	■支持现有的绿色产业，通过生产价值链给当前使用绿色技术的产业提供资助； ■给技术改进和更新提供更多公共研究资金，例如，可持续交通海洋中心； ■2017年底建立环境可持续技术创新和研究国家体系
促进绿色技术的应用	■提升公众对绿色技术的认识； ■检验公立学校的环境教育成果； ■检验使用非绿色技术进口关税的可能性； ■减少低碳技术进口税； ■对发展环境可持续技术产业的大型外国投资采取激励措施，这些技术所在的领域包括有交通、能源、制造业和农业等
发展全国创新能力	■2017年底建立融合了可持续发展战略的科学技术和创新研发战略； ■确保2020年至少有50%的中学教师经过培训后采用斐济全国课程框架

来源：战略规划和国家发展统计部（2014 年）《斐济绿色增长：实现未来可持续发展的平衡》，苏瓦。

开展可实现低碳发展的措施”。

应对气候变化和环境多样性的第一个主要框架可追溯到 2009 年,《太平洋应对气候变化举措》一共包含 13 个太平洋岛国，主要依靠来源于全球环境基金以及美国和澳大利亚政府的国际资助。

利用科学技术促进斐济高附加值生产

确保渔业平稳发展的需要促进了斐济依靠科学技术向高附加值生产方式转变。斐济的渔业发展当前主要依靠捕捞金枪鱼出口日本市场，于是政府计划通过水产养殖、近海渔业以及包括太阳鱼和深水鲷鱼等远海鱼产品的发展来实现斐济渔业多样化。为此，政府已经采取了一系列刺激政策以促进私营部门在这些方面进行投资。

太平洋另外一个重要领域就是农业和食品安全。《斐济 2020 农业部政策议程》(MoAF, 2014) 强调了建设可持续发展社区的重要性，并着重强调了食品安全的重要性。该议程中的战略如下：

- 促进斐济农业现代化。
- 发展统一的农业体系。
- 增强农业支撑系统的交付。
- 加强创新农业经营模式。
- 提高政策制定能力。

斐济已经采取了相应措施，促进本国自给农业向商业化农业转变，并实现根作物，热带水果，蔬菜，香料，园艺和家畜的农产品加工过程。

技术在林业的应用很少

林业是斐济和巴布亚新几内亚经济发展的重要部分，但是这两个国家在林业发展上都属于低密集技术投入型和半密集技术投入型。因此，林业产品主要是锯材、单板、胶合板、细木工板、成型牧鞭、桩柱和木片，只有少数的成品能够出口。缺少自动化机械，以及当地技术人员培训不足是引进自动化机械和设计的主要障碍。政策制定者需要将注意集中于消除这些障碍，以便林业对国家经济的发展做出更加高效并可持续的贡献。

分区未来十年可持续发展蓝图就是“萨摩亚之路”，该行动计划于 2014 年 10 月在萨摩亚首都阿皮亚举办的第三届联合国小岛屿发展中国家会议上生效。“萨摩亚之路”关注可持续消费生产、可持续能源、旅游和运输业、气候变化、灾害风险降低、森林、水和卫生设施、食品安全和营养、化学和废物管理、海洋、生物多样性、荒漠化、土地退化和干旱以及健康和非传染性疾病。

结论

在解决问题时需要平衡当地力量和国际力量

除了现在该地区四个研发密度较高的国家——澳大利亚、马来西亚、新西兰、新加坡之外，本章涉及的大多数国家不仅经济规模较小，而且科学成果也较少。所以该地区有一个很常见的现象，就是大部分研究人员与本地区科学水平较高的国家，以及北美洲、欧洲和亚洲其他地区知识中心或多或少都有系统性的合作。在东南太平洋和大洋洲经济欠发达的国家，有合著作者的文章比例高达 90% ~ 100%，而且合著作者的比例呈现上升趋势。这种趋势不仅对低收入国家有益，而且对全球利用科学解决食品生产、健康、医药和岩土工程问题也有好处。但是，对经济总量较小的国家而言，问题就是依赖国际科学合作而产生的成果是否能与国家科技政策所期待达到的结果一致，或者就是在欠发达国家开展的研究是不是由国外科学家的某些兴趣主导。

近几年来，我们看到跨国公司受柬埔寨和越南吸引进驻这两国。此外，这两国获得的专利数量也不可小觑，2002—2013 年间，授予这两国的专利分别为 4 和 47 项。根据联合国商品贸易数据库可知，尽管 2013 年该地区出口的高科技产品 11% 都来自越南，但从越南出口的高科技产品大多都是在别国设计经越南组装的（柬埔寨跟越南情况一样，只是没有相应数据）。即使在低收入国家的外国公司加强了在当地的研发投入，也不一定能提高这些国家的科学和技术能力。除非这些国家拥有足够的研究人员和有能力的研究机构，否则研发活动将继续在别处进行。外国直接投资在中国和印度的研发领域快速增长，同时这两国当地技术人员数量增加，是商业战略决策带来的成果。越南和柬埔寨等发展经济体所要做的就是充分利用大型外国公司的知识和技术能力，从而将当地公司的技术能力也发展到相似水平。通过鼓励外国高科技制造商在本国开展培训项目，政府可以将这些制造商融入全国培训体系中，这样对这些制造商和当地企业都有好处。此外，一个能够吸收新技能和知识的技术先进的供应链能鼓励外国公司进行研发投资，从而惠及当地企业。

地区整合对该地区的科学和技术发展起了重要作用。东南亚国家联盟正在管理和协调科学发展，并努力促进各成员国技术人员自由流通。亚太经合组织最近完成了该地区短缺技能研究并且希望建立一个管理系统解决人员培训问题以避免技能短缺带来更严重的后果。太平洋岛国启动了一系列网络以促进研究合作以共同应对气候变化问题。

2013 年大宗商品繁荣的终结使得资源丰富的国家开始制定科学技术政策，以振兴这些国家具有优势的经济领域，如澳大利亚和新西兰关注生命科学，亚洲国家则关注工程学。将创新政策融入科学和技术政策的趋势越来越明显，将科学技术创新战略融入长期发展计划的趋势也越来越明显。

从某种程度上讲，这种趋势给科学领域，尤其是科学家们造成了困局。一方面，急需高质量的科学研究成果，而研究成果的质量主要是由能否在同行评审的期刊中发表来衡量的。学院研究人员和机构研究人员的职业前途也都取决于这种科学研究成果的同行评审制度，同时许多国家发展计划也希望从这些科学成果中找到研究相关性。显然，这对促进发展、提高国际竞争力都很重要。富有的国家有更好的经济条件发展基础研究，并建立更坚实的科学基础，但低收入的国家却不得不发展比较有利的研究。确保科学家在职业生涯既能追求研究质量又能符合国家研究相关性是一个巨大的挑战。

现在，东南亚和太平洋大部分政策都是为了实现可持续发展和解决气候变化所带来的问题。不过澳大利亚是个例外。从某种程度上讲，对可持续发展的重视主要是由于全球的忧患意识和 2015 年 9 月即将采纳的联合国可持续发展目标。当然，参与到全球事务中绝不是唯一驱动力。海平面的上升和越来越频繁和严重的飓风影响了农业生产和淡水资源，所以引起了大多数国家的直接担忧。而且，国际合作将会是解决地区问题的重要战略。

东南亚和太平洋的主要目标

- 印度尼西亚 2010—2025 年平均经济增长达到 12.7%，到 2025 年成为全球十大经济体之一。
- 泰国到 2021 年将研发总支出与国内生产总值的比例提高到 1%，其中私营经济对研发总支出的贡献率达到 70%。
- 新加坡到 2015 年将研发总支出与国内生产总值的比例提高到 3.5%（2012 年为 2.1%）。
- 东帝汶到 2030 年要在 13 个省至少各建立一所医院，在首都帝力建成一所专科医院，确保全国至少有一半的能源为可再生能源。
- 2015—2016 年下列太平洋岛国的可再生能源将分别提高：库克群岛，瑙鲁，汤加分别提高到 50%，斐济到 90%，萨摩亚到 10%。

参考文献

AAS (2015) *The Importance of Advanced Physical and Mathematical Sciences to the Australian Economy.* Australian Academy of Science: Canberra.

Asia Rice Foundation (2011) *Adaptation to Climate Variability in Rice Production*. Los Baños, Laguna (Philippines).

A*STAR (2011) *Science, Technology and Enterprise Plan 2015: Asia's Innovation Capital.* Singapore.

Brown, D. (2014) *Viet Nam's Education System: Still under Construction*. East Asia Forum, October.

CHED (2013) *Higher Education Institutions.* Philippines. Commission on Higher Education of the Philippines: Manila.

CRI (2010) *How to Enhance the Value of New Zealand's Investment in Crown Research Institutes*. Crown Research Institutes Taskforce. See: www.msi.govt.nz.

De la Pena, F. T. and W. P. Taruno (2012) *Study on the State of S&T Development in ASEAN.* Committee on Science and Technology of Association for Southeast Asian Nations: Taguig City (Philippines).

EIU (2012) *Skilled Labour Shortfalls in Indonesia, the Philippines, Thailand and Viet Nam.* A custom report for the British Council. Economist Intelligence Unit: London.

ERIA (2014) *IPR Protection Pivotal to Myanmar's SME development and Innovation*. Press release by Economic Research Institute for ASEAN and East Asia. *See:* www.eria.org.

Gabrielson, C.; Soares, T. and A. Ximenes (2010) *Assessment of the State of Science Education in Timor Leste. Ministry of Education of Timor-Leste.* *See:* http://competence-program.asia.

Government of Australia (2014) *Australian Innovation System Report: 2014.* Department of Industry: Canberra.

Government of Indonesia (2011) *Acceleration and Expansion of Indonesia Economic development 2011–2025.* Ministry for Economic Affairs: Jakarta.

Government of Timor-Leste (2011) *Timor-Leste Strategic Development Plan: 2011–2030.* Submitted to national parliament.

Hurst, D. (2015) China and Australia formally sign free trade agreement. *The Guardian*, 17 June.

IRRI–DFID (2010) *Scuba Rice: Breeding Flood-tolerance into Asia's Local Mega Rice Varieties.* Case study. International Rice Research Institute and UK Department for International Development.

Ives, M. (2012) Science competes for attention in Myanmar reforms. See: www.scidev.net/global/science-diplomacy/feature/science-competes-for-attention-in-myanmar-s-reforms.html.

KOICA (2014) Cambodia National Science & Technology Master Plan 2014-2020. *KOICA Feature News,* October. Release by Korea International Cooperation Agency.

MoBIE (2013) *National Science Challenges Selection Criteria.* Ministry of Business, Innovation and Employment of New Zealand: Wellington.

MoEYS (2010*) Policy on Research and Development in the Education Sector*. Ministerial meeting, July. Ministry of Education, Youth and Sport of the Kingdom of Cambodia: Phnom Penh.

MoSI (2012) *2012-2015 Statement of Intent*. Ministry of Science and Innovation of New Zealand: Wellington.

MoST (2012*) The Strategy for Science and Technology Development for the 2011–2020 Period.* Ministry of Science and Technology of the Socialist Republic of Viet Nam: Ho Chi Minh City.

NEDA (2011) *Philippines Development Plan 2011–2016 Results Matrices*. National Economic and Development Authority: Philippines.

NRF (2012) *National Framework for Research, Innovation and Enterprise*. National Research Foundation of Singapore. *See:* www.spfc.com.sgdf.

OECD (2013) *Innovation in Southeast Asia*. Organisation for Economic Cooperation and Development. OECD Publishing. *See:* http://dx.doi.org/10.1787/9789264128712-10-en.

Oey-Gardiner, M. and I. H. Sejahtera (2011) *In Search of an Identity for the DRN. Final Report*. Commissioned by AusAID.

Pearse-Smith, S. (2012) The impact of continued Mekong Basin hydropower development on local livelihoods. *Consilience: The Journal of Sustainable Development*, 7 (1): 73–86.

Perkins, N. I. (2012) Global priorities, local context: a governance challenge. *SciDev.net*. *See:* www.scidev.net/global/environment/ nuclear/.

Pichet, D. (2014) Innovation for Productive Capacity-building and Sustainable Development: Policy Frameworks, Instruments and Key Capabilities. National Science Technology and Innovation Policy Office, Thailand, UNCTAD presentation, March.

Renz, I. R. (2014) Philippine experts divided over climate change action. *The Guardian*, 8 April.

Socialist Republic of Vietnam (2013) *Defining the functions, tasks, powers and organizational structure of Ministry of Science and Technology.* Decree No: 20/2013/ND-CP. Hanoi.

Sugiyarto, G. and D. R. Agunias (2014) A 'Freer' Flow of Skilled Labour within ASEAN: Aspirations, Opportunities and Challenges in 2015 and Beyond. Issue in Brief, no. 11. Migration Policy Institute, International Office for Migration: Washington D.C.

UIS (2014) *Higher Education in Asia: Expanding Out, Expanding Up*. UNESCO Institute for Statistics: Montreal.

World Bank (2014) *Enhancing Competitiveness in an Uncertain World.* October. World Bank Group: Washington.

蒂姆·特平（Tim Turpin），1945 出生于加拿大，澳大利亚拉筹伯大学博士，是西悉尼大学客座教授，是研究政策专家。他发表了大量关于澳大利亚、中国和东南亚的文章。这些文章主要跟技术政策、知识产权立法和评定以及产业公司有关。

张京 A（Jing A. Zhang），1969 出生于中国，澳大利亚卧龙岗大学（University of Wollongong）博士，自 2012 年开始担任新西兰奥塔哥大学管理学院授课讲师。

贝西·布尔戈斯（Bessie M. Burgos），1958 年出生于菲律宾，澳大利亚卧龙岗大学科学技术研究博士，是东南亚地区研究生和农业研究中心研发项目负责人（菲律宾）。

瓦桑塔·阿马拉达萨（Wasantha Amara-dasa），1959 年出生于斯里兰卡，澳大利亚卧龙岗大学（University of Wollongong）管理学博士。是斐济大学管理学院的高级讲师。2008 年，阿马拉达萨教授受聘于斯里兰卡科学技术委员会专家委员会，负责起草斯里兰卡国家科学技术政策。

致谢

笔者对在收集菲律宾相关信息和数据时提供帮助的以下各位表示感谢，他们分别是科学技术部规划和评测主任伯尼·查斯特姆巴斯特（Bernie S. Justimbaste）和高级科学研究专家兼科学技术部——菲律宾农业、水产业和自然资源发展委员会社会经济研究所负责人安塔·替都（Anita G. Tidon）。

附　录

附录 1　地区和次区域构成

第 1 章中的分类

按收入等级为国家和地区分组①

高收入

安提瓜和巴布达、澳大利亚、奥地利、巴哈马、巴林、巴巴多斯、比利时、文莱、加拿大、智利、中国香港特别行政区、中国澳门特别行政区、克罗地亚、塞浦路斯、捷克共和国、丹麦、赤道几内亚、爱沙尼亚、芬兰、法国、德国、希腊、冰岛、爱尔兰、以色列、意大利、日本、科威特、拉脱维亚、列支敦士登、立陶宛、卢森堡、马耳他、荷兰、新西兰、挪威、阿曼、波兰、葡萄牙、卡塔尔、韩国、俄罗斯联邦、圣基茨和尼维斯、沙特阿拉伯、新加坡、斯洛伐克、斯洛文尼亚、西班牙、瑞典、瑞士、特立尼达和多巴哥、阿联酋、英国、美国、乌拉圭。

中高收入

阿尔巴尼亚、阿尔及利亚、安哥拉、阿根廷、阿塞拜疆、白俄罗斯、伯利兹、波斯尼亚和黑塞哥维那、博茨瓦纳、巴西、保加利亚、中国②、哥伦比亚、哥斯达黎加、古巴、多米尼克、多米尼加共和国、厄瓜多尔、斐济、加蓬、格林纳达、匈牙利、伊朗伊斯兰共和国、伊拉克、牙买加、约旦、哈萨克斯坦、黎巴嫩、利比亚、马来西亚、马尔代夫、马绍尔群岛、毛里求斯、墨西哥、黑山、纳米比亚、帕劳、巴拿马、秘鲁、罗马尼亚、圣卢西亚、圣文森特和格林纳丁斯、塞尔维亚、塞舌尔、南非、苏里南、泰国、马其顿共和国、汤加、突尼斯、土耳其、土库曼斯坦、图瓦卢、委内瑞拉。

中低收入

亚美尼亚、不丹、玻利维亚、佛得角、喀麦隆、刚果、科特迪瓦、吉布提、埃及、萨尔瓦多、格鲁吉亚、加纳、危地马拉、圭亚那、洪都拉斯、印度、印度尼西亚、基里巴斯共和国、吉尔吉斯斯坦、老挝人民民主共和国、莱索托、毛里塔尼亚、密克罗西亚、蒙古、摩洛哥、尼加拉瓜、尼日利亚、巴基斯坦、巴勒斯坦、巴布亚新几内亚、巴拉圭、菲律宾、摩尔多瓦共和国、萨摩亚、圣多美和普林西比、塞内加尔、所罗门群岛、南苏丹、斯里兰卡、苏丹、斯威士兰、阿拉伯叙利亚共和国、东帝汶、乌克兰、乌兹别克斯坦、瓦努阿图、越南、也门、赞比亚。

低收入

阿富汗、孟加拉国、贝宁、布基纳法索、布隆迪、柬埔寨、中非共和国、乍得、科摩罗、朝鲜民主主义人民共和国、刚果民主共和国、厄立特里亚、埃塞俄比亚、冈比亚、几内亚、几内亚比绍、海地、肯尼亚、利比里亚、马达加斯加、马拉维、马里、莫桑比克、缅甸、尼泊尔、尼日尔、卢旺达的人、塞拉利昂、索马里、塔吉克斯坦、多哥、乌干达、坦桑尼亚、津巴布韦。

美洲国家和地区

北美洲

加拿大、美国。

拉丁美洲

阿根廷、伯利兹、玻利维亚、巴西、智利、哥伦比亚、哥斯达黎加、厄瓜多尔、萨尔瓦多、危地马拉、圭亚那、洪都拉斯、墨西哥、尼加拉瓜、巴拿马、巴拉圭、秘鲁、苏里南、乌拉圭、委内瑞拉。

加勒比地区

安提瓜和巴布达、巴哈马群岛、巴巴多斯、古巴、多米尼克、多米尼加共和国、格林纳达、海地、牙买加、圣基茨和尼维斯、圣卢西亚、圣文森特和格林纳丁斯、特立尼达和多巴哥。

欧洲国家和地区

欧盟

奥地利、比利时、保加利亚、克罗地亚、塞浦路斯、捷克共和国、丹麦、爱沙尼亚、芬兰、法国、德国、希腊、匈牙利、爱尔兰、意大利、拉脱维亚、立陶宛、卢森堡、马耳他、荷兰、波兰、葡萄牙、罗马尼亚、斯洛伐克、斯洛文尼亚、西班牙、瑞典、英国。

东南欧

阿尔巴尼亚、波斯尼亚和黑塞哥维那、黑山、塞尔维亚、马其顿共和国。

欧洲自由贸易联盟

冰岛、列支敦士登、挪威、瑞士。

其他

白俄罗斯、摩尔多瓦共和国、俄罗斯联邦、土耳其、乌克兰。

① 按照各国家的收入水平进行分组，依据是采用世界银行图表集法计算出的 2013 年各国国民人均总收入（GNI），数据的收集截至 2015 年 5 月 1 日。

② 不包括中国香港特别行政区、中国澳门特别行政区。

非洲国家和地区

撒哈拉以南

安哥拉、贝宁、博茨瓦纳、布基纳法索、布隆迪、喀麦隆、佛得角、中非共和国、乍得、科摩罗、刚果、科特迪瓦、刚果民主共和国、吉布提、赤道几内亚、厄立特里亚、埃塞俄比亚、加蓬、冈比亚、加纳、几内亚、几内亚－比绍、肯尼亚、莱索托、利比里亚、马达加斯加、马拉维、马里、毛里求斯、莫桑比克、纳米比亚、尼日尔、尼日利亚、卢旺达、圣多美和普林西比、塞内加尔、塞舌尔、塞拉利昂、索马里、南非、南苏丹、斯威士兰、多哥、乌干达、坦桑尼亚、赞比亚、津巴布韦。

非洲地区的阿拉伯国家

阿尔及利亚、埃及、利比亚、毛里塔尼亚、摩洛哥、苏丹、突尼斯。

亚洲国家和地区

中亚

哈萨克斯坦、吉尔吉斯斯坦、蒙古、塔吉克斯坦、土库曼斯坦、乌兹别克斯坦。

亚洲地区的阿拉伯国家

巴林、伊拉克、约旦、科威特、黎巴嫩、阿曼、巴勒斯坦、卡塔尔、沙特阿拉伯、阿拉伯叙利亚共和国、阿联酋、也门。

西亚

亚美尼亚、阿塞拜疆、格鲁吉亚、伊朗伊斯兰共和国、以色列。

南亚

阿富汗、孟加拉国、不丹、印度、马尔代夫、尼泊尔、巴基斯坦、斯里兰卡。

东南亚

文莱、柬埔寨、中国、朝鲜民主主义人民共和国、印度尼西亚、日本、老挝人民民主共和国、马来西亚、缅甸、菲律宾、韩国、新加坡、泰国、东帝汶、越南。

大洋洲国家和地区

澳大利亚、新西兰、库克岛、斐济、基里巴斯共和国、马绍尔群岛、密克罗西亚、瑙鲁、纽埃、帕劳、巴布亚新几内亚、萨摩亚、所罗门群岛、汤加、图瓦卢、瓦努阿图。

最不发达国家或地区[①]

阿富汗、安哥拉、孟加拉国、贝宁、不丹、布基纳法索、布隆迪、柬埔寨、中非共和国、乍得、科摩罗、刚果民主共和国、吉布提、赤道几内亚、厄立特里亚、埃塞俄比亚、冈比亚、几内亚、几内亚比绍、海地、基里巴斯共和国、老挝人民民主共和国、莱索托、利比里亚、马达加斯加、马拉维、马里、毛里塔尼亚、莫桑比克、缅甸、尼泊尔、尼日尔、卢旺达、圣多美和普林西比、塞内加尔、塞拉利昂、所罗门群岛、索马里、南苏丹、苏丹、东帝汶、多哥、图瓦卢、乌干达、坦桑尼亚、瓦努阿图、也门、赞比亚。

① 根据联合国统计署于 2015 年 5 月给出的分类标准。

阿拉伯国家

阿尔及利亚、巴林、埃及、伊拉克、约旦、科威特、黎巴嫩、利比亚、毛里塔尼亚、摩洛哥、阿曼、巴勒斯坦、卡塔尔、沙特阿拉伯、苏丹、阿拉伯叙利亚共和国、突尼斯、阿联酋、也门。

经济合作与发展组织成员国

澳大利亚、奥地利、比利时、加拿大、智利、捷克共和国、丹麦、爱沙尼亚、芬兰、法国、德国、希腊、匈牙利、冰岛、爱尔兰、以色列、意大利、日本、卢森堡、墨西哥、荷兰、新西兰、挪威、波兰、葡萄牙、韩国、斯洛伐克、斯洛文尼亚、西班牙、瑞典、瑞士、土耳其、英国、美国。

二十国集团成员国

阿根廷、澳大利亚、巴西、加拿大、中国、法国、德国、印度、印度尼西亚、意大利、日本、韩国、墨西哥、俄罗斯联邦、沙特阿拉伯、南非、土耳其、英国、美国、欧盟。

本报告中提到的其他组织

阿拉伯马格利布联盟

阿尔及利亚、利比亚、毛里塔尼亚、摩洛哥、突尼斯。

东南非共同市场

布隆迪、科摩罗、刚果民主共和国、吉布提、埃及、厄立特里亚、埃塞俄比亚、肯尼亚、利比亚、塞舌尔、斯威士兰、马达加斯加、马拉维、毛里求斯、卢旺达、塞舌尔、苏丹、乌干达、赞比亚、津巴布韦。

亚太经合组织

澳大利亚、文莱、加拿大、智利、中国、中国香港、印度尼西亚、日本、韩国、马来西亚、墨西哥、新西兰、巴布亚新几内亚、秘鲁、菲律宾、俄罗斯联邦、新加坡、中国台北、泰国、美国、越南。

亚洲小龙（国家或地区）（作者在第 2 章提出的分类方法）

印度尼西亚、马来西亚、菲律宾、韩国、新加坡、中国台湾、中国香港、泰国、越南。

东南亚国家联盟（东盟）

文莱、柬埔寨、印度尼西亚、老挝人民民主共和国、马来西亚、缅甸、菲律宾、新加坡、泰国、越南。

加勒比共同体（加共体）

安提瓜和巴布达、巴哈马群岛、巴巴多斯、伯利兹、多米尼克、多米尼加共和国、格林纳达、圭亚那、海地、牙买加、蒙特塞拉特、圣基茨和尼维斯、圣卢西亚、圣文森特和格林纳丁斯、苏里南、特立尼达和多巴哥。

中亚区域经济合作

阿富汗、阿塞拜疆、中国、哈萨克斯坦、吉尔吉斯斯坦、蒙古、巴基斯坦塔、吉克斯坦、土库曼斯坦、乌兹别克斯坦。

东非共同体

布隆迪、肯尼亚、卢旺达、坦桑尼亚、乌干达。

中非国家经济共同体

安哥拉、布隆迪、喀麦隆、中非共和国、乍得、刚果共和国、刚果民主共和国、赤道几内亚、加蓬、圣多美和普林西比。

西非国家经济共同体

贝宁、布基纳法索、佛得角、科特迪瓦、冈比亚、加纳、几内亚、几内亚比绍、利比里亚、马里、尼日尔、尼日利亚、塞内加尔、塞拉利昂、多哥。

经济合作组织

阿富汗、阿塞拜疆、伊朗、哈萨克斯坦、吉尔吉斯斯坦、巴基斯坦、塔吉克斯坦、土耳其、土库曼斯坦、乌兹别克斯坦。

中部非洲经济与货币共同体

喀麦隆、中非共和国、乍得、刚果共和国、赤道几内亚、加蓬。

欧亚经济联盟

亚美尼亚、白俄罗斯、哈萨克斯坦、俄罗斯联邦、吉尔吉斯斯坦（2015 年 5 月正式加入该联盟）。

大湄公河次区域经济合作

柬埔寨、中华人民共和国、老挝人民民主共和国、缅甸、泰国、越南。

环印度洋地区合作联盟

澳大利亚、孟加拉国、印度、印度尼西亚、伊朗、肯尼亚、马达加斯加、马来西亚、毛里求斯、莫桑比克、阿曼、新加坡、南非、斯里兰卡、坦桑尼亚、泰国、阿联酋、也门。

政府间发展组织

吉布提、厄立特里亚、埃塞俄比亚、肯尼亚、索马里、南苏丹、苏丹、乌干达。

南方共同市场

阿根廷、巴西、巴拉圭、乌拉圭、委内瑞拉。

北大西洋公约组织

阿尔巴尼亚、保加利亚、比利时、加拿大、克罗地亚、捷克共和国、丹麦、爱沙尼亚、法国、德国、希腊、匈牙利、冰岛、意大利、拉脱维亚、立陶宛、卢森堡、荷兰、挪威、波兰、葡萄牙、罗马尼亚、斯洛伐克、斯洛文尼亚、西班牙、土耳其、英国、美国。

美洲国家组织

安提瓜和巴布达、阿根廷、巴哈马群岛、巴巴多斯、伯利兹、玻利维亚、巴西、加拿大、智利、哥伦比亚、哥斯达黎加、古巴、多米尼克、多米尼加共和国、厄瓜多尔、萨尔瓦多、格林纳达、危地马拉、圭亚那、海地、洪都拉斯、牙买加、墨西哥、尼加拉瓜、巴拿马、巴拉圭、秘鲁、圣基茨和尼维斯、圣卢西亚、圣文森特和格林纳丁斯、苏里南、特立尼达和多巴哥、美国、乌拉圭、委内瑞拉。

黑海经济合作组织

阿尔巴尼亚、亚美尼亚、阿塞拜疆、保加利亚、格鲁吉亚、希腊、摩尔多瓦、罗马尼亚、俄罗斯联邦、塞尔维亚、土耳其、乌克兰。

伊斯兰合作组织

阿富汗、阿尔巴尼亚、阿尔及利亚、阿塞拜疆、巴林、孟加拉国、贝宁、文莱、布基纳法索、喀麦隆、乍得、科摩罗、科特迪瓦、吉布提、埃及、加蓬、冈比亚、几内亚、几内亚比绍、圭亚那、印度尼西亚、伊朗、伊拉克、哈萨克斯坦、科威特、阿曼、约旦、哈萨克斯坦、黎巴嫩、利比亚、马尔代夫、马来西亚、马里、毛里塔尼亚、摩洛哥、莫桑比克、尼日尔、尼日利亚、巴勒斯坦、巴基斯坦、卡塔尔、沙特阿拉伯、塞内加尔、塞拉利昂、索马里、苏丹、苏里南、阿拉伯叙利亚共和国、塔吉克斯坦、多哥、土耳其、土库曼斯坦、突尼斯、乌干达、阿联酋、乌兹别克斯坦、也门。

欧洲安全与合作组织

阿尔巴尼亚、安道尔、亚美尼亚、奥地利、阿塞拜疆、白俄罗斯、比利时、波斯尼亚和黑塞哥维那、保加利亚、加拿大、克罗地亚、塞浦路斯、捷克共和国、丹麦、爱沙尼亚、芬兰、法国、格鲁吉亚、德国、希腊、梵蒂冈、匈牙利、冰岛、爱尔兰、意大利、哈萨克斯坦、吉尔吉斯斯坦、拉脱维亚、列支敦士登、立陶宛、卢森堡、马耳他、摩尔多瓦、摩纳哥、蒙古、黑山、荷兰、挪威、波兰、葡萄牙、罗马尼亚、俄罗斯联邦、圣马利诺、塞尔维亚、斯洛伐克、西班牙、瑞典、斯洛文尼亚、瑞士、塔吉克斯坦、土耳其、土库曼斯坦、乌克兰、乌兹别克斯坦、英国、美国、马其顿共和国。

太平洋岛国论坛

澳大利亚、库克岛、密克罗尼西亚联邦、斐济、基里巴斯共和国、瑙鲁、新西兰、纽埃、帕劳、巴布亚新几内亚、马绍尔群岛共和国、萨摩亚、所罗门群岛、汤加、图瓦卢、瓦努阿图。

太平洋共同体

美属萨摩亚、库克岛、密克罗尼西亚联邦、斐济、法属波利尼西亚、关岛、基里巴斯共和国、马绍尔群岛、瑙鲁、新喀里多尼亚、纽埃、北马里亚纳群岛、帕劳、巴布亚新几内亚、皮特凯恩群岛、萨摩亚、所罗门群岛、托克劳、汤加、图瓦卢、瓦努阿图、瓦利斯和富图纳。

上海合作组织

中国、哈萨克斯坦、吉尔吉斯斯坦、俄罗斯联邦、塔吉克斯坦、土库曼斯坦、乌兹别克斯坦。

南部非洲发展共同体

安哥拉、博茨瓦纳、刚果民主主义共和国莱索托、马达加斯加、马拉维、毛里求斯、莫桑比克、纳米比亚、塞舌尔、南非、斯威士兰、坦桑尼亚联合共和国、赞比亚、津巴布韦。

西非经济货币联盟

贝宁、布基纳法索、科特迪瓦、几内亚比绍、马里、尼日尔、塞内加尔、多哥。

世界贸易组织（国家或地区）

阿尔巴尼亚、安道尔、安哥拉、安提瓜和巴布达、阿根廷、亚美尼亚、澳大利亚、奥地利、阿塞拜疆、巴林、孟加拉国、巴巴多斯、白俄罗斯、比利时、伯利兹、贝宁、玻利维亚、波斯尼亚和黑塞哥维那、博茨瓦纳、巴西、文莱、保加利亚、布基纳法索、布隆迪、加拿大、佛得角、柬埔寨、中非共和国、乍得、智利、中国大陆、哥伦比亚、刚果共和国、哥斯达黎加、科特迪瓦、克罗地亚、古巴、塞浦路斯、捷克共和国、刚果民主共和国、丹麦、吉布提、多米尼克、多米尼加共和国、厄瓜多尔、埃及、萨尔瓦多、爱沙尼亚、斐济、芬兰、法国、加蓬、冈比亚、格鲁吉亚、德国、加纳、希腊、格林纳达、危地马拉、几内亚、几内亚比绍、海地、洪都拉斯、中国香港、罗马教廷、匈牙利、冰岛、印度、爱尔兰、以色列、意大利、牙买加、日本、约旦、哈萨克斯坦、肯尼亚、韩国、科威特、吉尔吉斯斯坦、老挝人民民主共和国、拉脱维亚、莱索托、列支敦士登、立陶宛、卢森堡、中国澳门、马达加斯加、马拉维、马来西亚、马尔代夫、马耳他、毛里塔尼亚、毛里求斯、墨西哥、摩尔多瓦、摩纳哥、蒙古、黑山、摩洛哥、莫桑比克、缅甸、纳米比亚、尼泊尔、荷兰、新西兰、尼加拉瓜、尼日尔、尼日利亚、挪威、阿曼、巴基斯坦、巴拿马、巴布亚新几内亚、巴拉圭、秘鲁、菲律宾、波兰、葡萄牙、卡塔尔、罗马尼亚、俄罗斯联邦、卢旺达、圣基茨和尼维斯、圣卢西亚、圣文森特和格林纳丁斯、萨摩亚、圣马利诺、沙特阿拉伯、塞内加尔、塞拉利昂、新加坡、塞尔维亚、斯洛伐克、斯洛文尼亚、所罗门群岛、南非、西班牙、斯里兰卡、苏里南、斯威士兰、瑞典、瑞士、中国台北、塔吉克斯坦、坦桑尼亚、泰国、多哥、汤加、特立尼达和多巴哥、突尼斯、土耳其、土库曼斯坦、乌干达、乌克兰、阿拉伯联合酋长国、英国、美国、乌拉圭、乌兹别克斯坦、瓦努阿图、委内瑞拉、越南、也门、马其顿共和国、赞比亚、津巴布韦。

附录 2　词汇表

褐地投资

对已经存在的商业用地进行投资，例如，工厂、飞机场、电厂或炼钢厂，以扩大商业规模或升级设备，以提高投资收益；参见绿地投资。

企业加速器

为初创公司提供培训、设备、指导和合作机会的模式；加速器为自己的初创公司投资，与企业孵化器不同（参见下一条）。

企业孵化器

为初创公司提供培训、设备、指导和合作机会的模式，孵化器都不为自己的初创公司投资，与企业加速器不同（参见上一条）。

企业部门（针对研发数据而言）

所有国营私营公司、组织和机构，它们的主要活动是商品和服务的市场化生产（与高等教育不同），目的是向大众获取利益；还包括服务上述企业部门的私人非营利性机构。

资本支出（针对研发数据而言）

对统计单位研发项目固定资产的年度总支出，算入该项支出发生的全部时间段内，不应计入折旧部分。

当前支出（针对研发数据而言）

包括劳动力成本和其他当前成本；研发人员的劳动力成本包括年薪、工资和其他相关支出或补贴；其他当前支出包括材料的非资本购买。支撑研发的其他供给物和设备。

颠覆性创新

动态的初创公司，努力创新，以创造新的市场并破坏比他们更成熟的竞争对手（包括大公司）的商业模式；越来越多公司都选择通过企业加速器和企业孵化器 支持这些初创公司（见上文），因为这种方法比获取新的技术更加节约成本；他们还会获得对未来市场的洞察力和化解破坏性创新问题；投资了破坏性创新孵化器和加速器的公司如安联、谷歌、邻客音、微软、三星、星巴克、西班牙电信和特纳。

荷兰病

经济术语，描述资源繁荣与制造业衰落之间的因果关系；该词是在 1977 年《经济学人》发明的，用于描述 1959 年荷兰发现了一个大型天然气田后其制造业的衰落；燃料资源的繁荣需要人力资源，就导致生产转向蓬勃发展的经济产业，如碳氢化合物或矿物转移，以便进行制造；第二个结果就是本国货币升值，这将导致以出口为导向的制造业遭受冲击。

事后评估

以国际标准对已完成项目的相关性、成效、影响和可持续性进行评估。

教育领域

根据 1997 年 国际教育标准分类，科学领域包括生命科学、物理科学、数学和统计学、计算机科学；工程学、制造和建筑领域包括工程和工程贸易、制造和加工业、建筑和建设；农业领域包括农业、林业和渔业、兽医科学；健康和社会福利领域包括医学、医疗服务、护理、牙科服务、社会关怀和社会工作。

科学技术领域

根据经济合作与发展组织修订的科学和技术的领域分类（2007 年），分别为：自然科学、工程学和技术、医疗与健康科学、农业科学、社会科学和人类学。自然科学领域包括：数学、计算机和信息科学、物理学、化学学、地球与相关环境科学以及生物科学；工程和技术包括：土木工程；电气、电子、信息工程、机械工程、化学工程、材料工程、医学工程、环境工程、环境生物技术、工业生物技术和纳米技术；医疗与健康科学包括：基础医学、临床医学、健康科学、卫生生物技术和其他医疗科学；农业科学包括：农业、林业和渔业、动物和乳品科学、兽医科学和农业生物技术；社会科学包括：心理学、经济和贸易、教育科学、社会学、法律、政治科学、社会和经济地理、媒体和通信；人文科学包括：历史和考古学、语言和文学、哲学、伦理和宗教以及艺术。

已经停止开展或正在开展创新活动的公司

不一定是正在进行创新的公司，只要是曾经进行过创新活动或正在进行创新活动以实现自身发展。除非另外说明，这一术语只涉及产品或工艺的创新，而不是组织或市场营销创新。

全职等价（针对研发数据而言）

测量实际从事研发人员数量的一种方式，特别适用于国际比较；一个全职等效 (FTE) 可能会被认为是一个人一年全部工作量；一个人通常花 30% 的时间在研发和其他活动（如教学、大学管理和学生辅导），则应被视为 0.3 个 FTE；同样，如果一个全职研发工人只有六个月在研发单位工作，那么这一年的 FTE 则为 0.5。

性别平等

一个纯粹数值概念；对于研发数据而言，达到性别平等的状态是女性研究人员占研究人员总数的 45% ~ 55%。教育上的性别平等指的是在不同教育阶段男性和女性的比例一样，并且在不同教育领域上男性和女性的比例也一样。

研发总支出与国内生产总值的比例

在某一年，机构和高效在本国领土和地区支出的研发总额，以比例形式表示，即与本国国家领土或区域上发生的国内生产总值之比。

基尼系数

衡量偏离绝对公平经济体内个人和家庭收入分配差异的方法（或在某种情况下衡量消费支出差异的方法）。基尼系数为 0 表示绝对公平，100 则表示绝对不公平，相对公平社会的基尼系数一般接近 30，非常不公平的社会基尼系数接近 50 或更高。

全球竞争力指数

世界经济论坛开发出来用于衡量国家实力的一种方法，衡量保准包括“基本需求”，涵盖制度、基础设施、宏观经济稳定性、健康与初等教育；“效益提升指标”包括高等教育与培训、劳动市场效率、金融市场成熟性、市场规模和技术可用性；“创新与成熟度”包括商务成熟性和创新。

政府在高等教育上的支出与国内生产总值的比例

政府（地方、地区和中央）在高等教育（当前、资本和转让）上的总开支与国内生产总值的比例，包括从国外来转移到政府的资助资金。

政府部门（针对研发数据而言）

所有部门、办事处和其他机构，他们向社会提供但不出售服务，这些服务不包括高等教育，不能用传统商业方式实现，这些服务可能与国家经济社会政策相关，这些服务可能由政府管理（不包括高等教育部门）资助。公共企业属于公司企业部门。

绿地投资

对之前没有任何设备的工厂、飞机场、电厂、炼钢厂或其他实体商业机构的投资。母公司可能在同一个国家或外国兴建新的设施；各国政府可能会鼓励有前途的公司建立绿地投资（通过减税补贴等方式），除了增建基础设施外，母公司还会为外国创造就业机会，见褐地投资。

研发总支出

在特定时间段内，国家经济可统计单位和部门在研发上的支出总数，不计资金的来源。

国内生产总值

经济体内全部固定生产者创造的总价值，包括分销业和运输，包括所有产品税，除去不包含在产品内价值内的全部补贴。

总入学率

指定级别教育的入学总人数，无论年龄大小，以比例形式表示，即入学总人数与官方入学年龄段人数的比值。在高等教育阶段，入学年龄段是指从高中毕业后的五年内。

固定资本形成总值

包括土地改良（栅栏、沟渠、排水渠等）投资；厂房、机器和设备的采购；道路、铁路等的建设，包括商业及工业建筑物、办公室、学校、医院和私人住宅，而不考虑资产折旧。

人口调查（针对研发数据而言）

主要或部分从事研发事业的总人数数据；这包括“全职”和“兼职”雇员；这些数据允许联系起其他数据，如教育和就业数据或人口普查结果，他们也是确定研发人员年龄、性别或民族血统特征分析的基础。

高等教育部门（针对研发数据而言）

所有的大学、技术学院和其他高等教育机构，不考虑他们资金来源和法律地位；所有研究院所、实验室和有高等教育机构直接经营或与高等教育机构有关的诊所。

创新

新产品或改进产品（商品或服务）、生产方式、新的营销方法的应用，以及经营实践中新的组织方法、工作场合新的管理模式或外部关系。

富有创新力的公司

在观察期间公司有进行过创新活动，不考虑创新活动是否得到应用；除非另外说明，否则该词既指产品创新也指程序创新，但不考虑组织形式和营销方式创新。

创新活动

所有促使创新或计划促使创新的科学、技术、组织、财政和商业行为；某些创新活动是自身具有创新性，某些创新活动是有助于创新活动的开展；创新活动还包括与具体创新不直接相关的研发活动。

创新公司

已经实施创新的公司；除非有另外说明，该词一般指产品或程序创新公司或叫产品或程序创新者。

创新联盟记分牌

欧盟通过 25 个指标用于测量各成员国和欧洲其他国家（即将加入欧盟）创新表现的工具，国家被分成四类，创新领袖国家（远高于欧盟平均水平）、创新追随国家（超过或接近欧盟平均水平）、中等偏下创新国家（低于欧盟平均水平）、创新偏低国家（远低于欧盟平均水平）。

知识经济指数

一系列复合指数，能够反映： 经济和机构部门为有效利用现存和新的知识、培养创业精神所采取的激励措施，人口的教育水平和技能，公司、科研中心、大学和其他机构组成的高效创新生态系统，信息和通信技术。

知识指数

一个反映人口教育水平和技能的综合指标，公司、科研中心、大学和其他机构组成的高效创新生态系统，信息和通信技术。

营销创新

新的营销方法的实施，包括产品设计或包装、产品定位、产品推广或定价的重大变化。

组织创新

在公司的商业惯例、工作场所管理或对外关系上新的组织方法的实施。

专利和非专利引文

研究报告中的参考文献，用于确定发明的专利性、帮助确定专利申请的合法性。由于他们指的是事先艺术，他们说明该发明之前存在的知识和不是该发明独创的地方。然而，引用也说明了所申请专利的法律问题，所以有很强的法律作用，因为它确定了该专利的知识产权范围。

专利家族

不同国家为保护同一发明而使用的一系列专利；发明人在通常在发明使用的第一个国家申请保护档案；然后发明人有 12 个月的法律时间可以决定是否在其他国家也申请专利保护；专利家族与专利不同，其目的是提升国际可对比性；专利的本土优越性被超越；专利家族的价值是同质性。

私人非营利机构（针对研发数据而言）

服务于家庭（如大众）的非市场性、私人非营利机构；私人或私人家庭。

产品创新

新的或根据自身特点和目的用途经过大幅改善后的产品和服务的应用；包括技术规范、部件和原材料、整合软件、使用者友好特征和其他功能特点的提高。

过程创新

新的或经过大幅改善的生产和运输方法的应用，包括技术、设备或软件的主要改变。

购买力平价

一定量的总钱数，通过购买力平价比例（PPP$）转换成美元后在所有国家能购买一篮子相同的产品和服务；这是为了帮助进行国际对比转换成美元。

研究与实验发展（研发）

包括基本研究、应用研究和试验发展，这些既可以是研发单位的正式研发，也可以是非正式或临时研发。

研发人员

直接参与研发的所有人员，以及提供直接服务的研发经理、行政人员和办事员；不包括一共直接服务的餐饮人员和安全人员；研发人员按照职业分工（国际比较通常采取的方式）或正式程度分类。

研究人员

参与新知识、产品、过程、方法和系统的命名和创造以及项目管理的专业人员。

依法治国

依靠法律治理国家的法律理念，与靠个别政府官员任意的决策进行国家治理的方式不同。

科学技术服务

与能够促进科学和技术知识的产出、传播和应用的研究和试验发展有关的活动。

创新信息的来源

未包含创新内容的新项目提供信息的来源或对现有项目完成提供新信息的来源；他们提供获取信息的途径，不收取信息费用，只收取途径边际费用，如贸易委员会成员费、参会费用、期刊订阅费等。

三方专利家族

在欧洲专利局和日本专利局登记，并且由美国专利商标局授权的一系列享有一项或多项特权的专利；三方专利家族是为了避免同一发明者发明的同一专利在多个机构多次登记计数。

3041.05
2988.88
8
15
22

附录3　数据统计

表 S1 各国家和地区各年度社会经济指标

	人口（千人）	人口增长率（年度增长率，%）	预期寿命（岁）	失业率（失业人口占总劳动力人数的比例，%）	按现行市价计算的国内生产总值（现有购买力平价，百万美元）		人均国内生产总值（现有购买力平价，美元）	
	2014年	2014年	2013年	2013年	2007年	2013年	2007年	2013年
北美洲								
加拿大	35 525	0.97	81.40	7.10	1 290 073	1 502 939	39 226	42 753
美国	322 583	0.79	78.84	7.40	14 477 600	16 768 100	48 061	53 042
拉丁美洲								
阿根廷	41 803	0.86	76.19	7.50	—	—	—	—
伯利兹	340	2.34	73.90	14.60	2 222	2 817	7 763	8 487
玻利维亚	10 848	1.64	67.22	2.60	44 218	65 426	4 570	6 131
巴西	202 034	0.83	73.89	5.90	2 291 377	3 012 934	12 060	15 037
智利	17 773	0.87	79.84	6.00	277 331	386 614	16 638	21 942
哥伦比亚	48 930	1.25	73.98	10.50	430 916	600 341	9 684	12 424
哥斯达黎加	4 938	1.34	79.92	7.60	50 798	67 605	11 382	13 876
厄瓜多尔	15 983	1.54	76.47	4.20	118 844	171 385	8 329	10 890
萨尔瓦多	6 384	0.68	72.34	6.30	42 637	49 228	6 963	7 764
危地马拉	15 860	2.50	71.99	2.80	86 653	112 865	6 506	7 297
圭亚那	804	0.51	66.21	11.10	3 733	5 234	4 845	6 546
洪都拉斯	8 261	1.99	73.80	4.20	29 065	37 189	4 049	4 593
墨西哥	123 799	1.19	77.35	4.90	1 551 985	2 002 543	13 670	16 370
尼加拉瓜	6 169	1.45	74.79	7.20	21 474	28 230	3 838	4 643
巴拿马	3 926	1.59	77.58	4.10	43 045	75 028	12 330	19 416
巴拉圭	6 918	1.68	72.27	5.20	36 921	55 049	6 028	8 093
秘鲁	30 769	1.29	74.81	3.90	228 549	357 648	8 068	11 774
苏里南	544	0.86	71.03	7.80	6 280	8 667	12 304	16 071
乌拉圭	3 419	0.34	77.05	6.60	44 067	66 759	13 200	19 594
委内瑞拉	30 851	1.46	74.64	7.50	450 739	553 325	16 298	18 198
加勒比地区								
安提瓜和巴布达	91	1.02	75.83	—	2 068	1 892	24 504	21 028
巴哈马	383	1.37	75.07	13.60	8 196	8 779	23 960	23 264
巴巴多斯	286	0.50	75.30	12.20	4 201	4 411[-1]	15 206	15 574[-1]
古巴	11 259	−0.06	79.24	3.20	179 772	211 947[-2]	15 907	18 796[-2]
多米尼克	72	0.47	76.60[-11]	—	648	745	9 151	10 343
多米尼加共和国	10 529	1.20	73.45	14.90	92 793	126 784	9 651	12 186
格林纳达	106	0.38	72.74	—	1 175	1 233	11 347	11 645
海地	10 461	1.39	63.06	7.00	14 405	17 571	1 514	1 703
牙买加	2 799	0.54	73.47	15.00	22 696	24 141	8 524	8 893
圣基茨和尼维斯	55	1.10	71.34[-11]	—	1 062	1 159	21 036	21 396
圣卢西亚	184	0.72	74.79	—	1 705	1 912	10 021	10 488
圣文森特和格林纳丁斯	109	0.00	72.50	—	1 063	1 147	9 749	10 491
特立尼达和多巴哥	1 344	0.23	69.93	5.80	37 038	40 833	28 272	30 446
欧盟								
奥地利	8 526	0.37	80.89	4.90	325 501	382 263	39 238	45 079
比利时	11 144	0.36	80.39	8.40	389 125	464 923	36 621	41 575
保加利亚	7 168	−0.76	74.47	12.90	97 975	114 292	12 985	15 732
克罗地亚	4 272	−0.41	77.13	17.70	83 945	90 861	18 924	21 351
塞浦路斯	1 153	1.04	79.80	15.80	22 334	24 494	28 488	28 224
捷克共和国	10 740	0.36	78.28	6.90	274 806	305 101	26 683	29 018
丹麦	5 640	0.37	80.30	7.00	211 218	245 834	38 674	43 782
爱沙尼亚	1 284	−0.27	76.42	8.80	29 269	34 035	21 831	25 823
芬兰	5 443	0.32	80.83	8.20	198 374	216 146	37 509	39 740
法国	64 641	0.54	81.97	10.40	2 178 975	2 474 881	34 040	37 532
德国	82 652	−0.09	81.04	5.30	3 022 124	3 539 320	36 736	43 884
希腊	11 128	0.00	80.63	27.30	324 007	283 041	29 025	25 667
匈牙利	9 933	−0.22	75.27	10.20	193 771	230 867	19 270	23 334
爱尔兰	4 677	1.08	81.04	13.10	205 290	210 037	46 668	45 684
意大利	61 070	0.13	82.29	12.20	1 971 193	2 125 098	33 731	35 281
拉脱维亚	2 041	−0.45	73.98	11.10	39 032	45 422	17 739	22 569
立陶宛	3 008	−0.29	74.16	11.80	61 649	75 284	19 079	25 454
卢森堡	537	1.20	81.80	5.90	38 890	49 472	81 023	91 048
马耳他	430	0.27	80.75	6.50	9 607	12 332	23 621	29 127
荷兰	16 802	0.26	81.10	6.70	709 976	775 728	43 340	46 162
波兰	38 221	0.01	76.85	10.40	643 934	912 404	16 892	23 690
葡萄牙	10 610	0.02	80.37	16.50	265 937	290 756	25 224	27 804
罗马尼亚	21 640	−0.27	74.46	7.30	275 071	379 134	13 172	18 974
斯洛伐克	5 454	0.07	76.26	14.20	115 184	143 437	21 431	26 497
斯洛文尼亚	2 076	0.17	80.28	10.20	55 863	59 448	27 681	28 859
西班牙	47 066	0.30	82.43	26.60	1 483 742	1 542 768	32 807	33 094
瑞典	9 631	0.63	81.70	8.10	371 092	428 736	40 565	44 658
英国	63 489	0.56	80.96	7.50	2 294 882	2 452 672	37 423	38 259
东南欧								
阿尔巴尼亚	3 185	0.38	77.54	16.00	22 748	28 774	7 659	9 931
波斯尼亚和黑塞哥维那	3 825	−0.12	76.28	28.40	30 167	36 515	7 798	9 536
马其顿共和国	2 108	0.06	75.19	29.00	19 422	24 468	9 264	11 612
黑山	622	0.03	74.76	19.80	7 689	8 781	12 446	14 132
塞尔维亚	9 468	−0.44	75.14	22.20	77 164	93 276	10 454	13 020

国内生产总值增长率（年度，%）				各经济部门的国内生产总值（占国内生产总值份额）				通货膨胀率，根据消费者价格指数计算（年度，%）	每100位居民中的互联网用户数量	每100名居民的手机用户数量	人类发展指数（排名）	全球创新指数（排名）
				农业	服务业	工业	制造业（工业的一个分支）					
2007年	2009年	2011年	2013年	2013年				2014年	2013年	2013年	2013年	2015年
2.01	-2.71	2.53	2.02	1.52[-3]	70.79[-3]	27.69[-3]	10.68[-3]	1.91	85.80	80.61	8	16
1.77	-2.80	1.60	2.22	1.31[-1]	77.71[-1]	20.98[-1]	12.96[-1]	1.62	84.20	95.53	5	5
8.00	0.05	8.55	2.93	6.98	64.56	28.46	15.27	—	59.90	162.53	49	72
1.11	0.71	2.10	1.53	15.34	65.55	19.11	11.47	0.65[-1]	31.70	52.61	84	—
4.56	3.36	5.17	6.78	13.32	48.56	38.12	13.27	5.78	39.50	97.70	113	104
6.10	-0.33	2.73	2.49	5.71	69.32	24.98	13.13	6.33	51.60	135.31	79	70
5.16	-1.04	5.84	4.07	3.44	61.28	35.29	11.48	4.40	66.50	134.29	41	42
6.90	1.65	6.59	4.68	6.12	56.67	37.21	12.31	2.88	51.70	104.08	98	67
7.94	-1.02	4.51	3.50	5.64	69.16	25.20	16.06	4.53	45.96	145.97	68	51
2.19	0.57	7.87	4.64	9.37	51.97	38.66	13.05	3.57	40.35	111.46	98	119
3.84	-3.13	2.22	1.68	10.84	62.20	26.95	20.17	1.11	23.11	136.19	115	99
6.30	0.53	4.16	3.69	11.31	59.68	29.01	20.24	3.42	19.70	140.39	125	101
7.02	3.32	5.44	5.22	21.92	45.30	32.78	3.71	1.83[-1]	33.00	69.41	121	86
6.19	-2.43	3.84	2.56	13.39	59.32	27.29	18.81	6.13	17.80	95.92	129	113
3.15	-4.70	4.04	1.07	3.48	61.71	34.81	17.76	4.02	43.46	85.84	71	57
5.29	-2.76	5.69	4.61	16.92	52.21	30.87	19.33	6.02	15.50	111.98	132	130
12.11	3.97	10.77	8.35	3.47[-1]	74.41[-1]	22.11[-1]	5.75[-1]	2.64	42.90	162.97	65	62
5.42	-3.97	4.34	14.22	21.59	50.00	28.41	11.63	5.03	36.90	103.69	111	88
8.52	1.05	6.45	5.79	7.31[-6]	51.58[-6]	41.11[-6]	18.01[-6]	3.23	39.20	98.08	82	71
5.11	3.01	5.27	2.88	7.01	44.37	48.62	16.41	3.35	37.40	161.07	100	—
6.54	2.35	7.34	4.40	9.96	64.65	25.40	12.61	8.88	58.10	154.62	50	68
8.75	-3.20	4.18	1.34	5.79[-3]	42.05[-3]	52.16[-3]	13.92[-3]	40.64[-1]	54.90	101.61	67	132
9.50	-12.04	-1.79	-0.07	2.28	79.66	18.05	2.95	1.06[-1]	63.40	127.09	61	—
1.45	-4.18	1.06	0.67	1.98	79.74	18.28	4.32	1.18	72.00	76.05	51	—
1.67	-4.14	0.76	0.01[-1]	1.47[-1]	82.86[-1]	15.67[-1]	6.94[-1]	1.80[-1]	75.00	108.10	59	37
7.26	1.45	2.71	—	5.00[-2]	74.48[-2]	20.53[-2]	10.72[-2]	—	25.71	17.71	44	—
6.05	-1.14	-0.08	-0.91	17.17	68.78	14.04	3.47	-0.05[-1]	59.00	129.96	93	—
8.47	0.94	2.93	4.58	6.32	66.75	26.93	15.92	3.00	45.90	88.43	102	89
6.12	-6.61	0.76	2.42	5.61	79.19	15.20	3.65	-0.04[-1]	35.00	125.59	79	—
3.34	3.08	5.52	4.30	—	—	—	—	4.57	10.60	69.40	168	—
1.40	-4.41	1.70	1.27	6.72[-1]	72.46[-1]	20.82[-1]	9.22[-1]	8.29	37.80	102.24	96	96
2.83	-5.60	1.70	4.21	1.68	72.78	25.54	11.01	0.72[-1]	80.00	142.09	73	—
-0.47	0.65	1.24	-0.43	3.06	82.56	14.38	3.07	1.47[-1]	35.20	116.31	97	—
3.31	-2.10	-0.48	1.66	7.12	75.15	17.73	4.72	0.81[-1]	52.00	114.63	91	—
4.75	-4.39	-1.60	1.60	0.62	42.86	56.53	6.38	5.20[-1]	63.80	144.94	64	80
3.62	-3.80	3.07	0.23	1.44	70.34	28.22	18.50	1.61	80.62	156.23	21	18
3.00	-2.62	1.64	0.27	0.83	76.67	22.50	14.22	0.34	82.17	110.90	21	25
6.91	-5.01	1.98	1.07	5.47	66.60	27.94	—	-1.42	53.06	145.19	58	39
5.15	-7.38	-0.28	-0.94	4.25	68.57	27.18	13.97	-0.21	66.75	114.51	47	40
5.13	-1.67	0.40	-5.40	2.08[-5]	78.33[-5]	19.59[-5]	7.56[-5]	-1.35	65.45	96.36	32	34
5.53	-4.84	1.96	-0.70	2.61	60.70	36.69	24.89	0.34	74.11	127.73	28	24
0.82	-5.09	1.15	-0.49	1.36	75.78	22.85	13.73	0.56	94.63	127.12	10	10
7.90	-14.74	8.28	1.63	3.59	67.46	28.95	15.86	-0.14	80.00	159.66	33	23
5.18	-8.27	2.57	-1.21	2.68	70.45	26.87	16.62	1.04	91.51	171.57	24	6
2.36	-2.94	2.08	0.29	1.69	78.49	19.82	11.34	0.51	81.92	98.50	20	21
3.27	-5.64	3.59	0.11	0.86	68.43	30.71	22.22	0.91	83.96	120.92	6	12
3.54	-4.39	-8.86	-3.32	3.80	82.41	13.79	8.48	-1.31	59.87	116.82	29	45
0.51	-6.55	1.81	1.53	4.37	65.41	30.22	22.76	-0.24	72.64	116.43	43	35
4.93	-6.37	2.77	0.17	1.56	74.34	24.10	19.44	0.20	78.25	102.76	11	8
1.47	-5.48	0.59	-1.93	2.31	74.42	23.27	14.86	0.24	58.46	158.82	26	31
9.98	-17.95	5.30	4.11	4.14[-3]	74.05[-3]	21.81[-3]	12.18[-3]	0.63	75.23	228.40	48	33
9.84	-14.74	6.00	3.25	3.46[-3]	68.72[-3]	27.81[-3]	—	0.08	68.45	151.34	35	38
6.46	-5.33	2.61	1.99	0.34	87.47	12.19	5.18	0.63	93.78	148.64	21	9
4.28	-2.80	1.40	2.90	1.92[-3]	65.38[-3]	32.70[-3]	13.41[-3]	0.31	68.91	129.75	39	26
4.20	-3.30	1.66	-0.73	1.97	75.88	22.16	12.11	0.99	93.96	113.73	4	4
7.20	2.63	4.76	1.67	3.30	63.45	33.25	18.84	0.11	62.85	149.08	35	46
2.49	-2.98	-1.83	-1.36	2.29	76.65	21.05	12.67	-0.28	62.10	113.04	41	30
6.26	-6.80	2.31	3.50	6.35	50.40	43.25	—	1.07	49.76	105.58	54	54
10.68	-5.29	2.70	1.42	4.04	62.73	33.23	20.24	-0.08	77.88	113.91	37	36
6.94	-7.80	0.61	-1.00	2.14	65.85	32.02	22.32	0.20	72.68	110.21	25	28
3.77	-3.57	-0.62	-1.23	2.77	73.89	23.34	—	-0.15	71.57	106.89	27	27
3.40	-5.18	2.66	1.50	1.44	72.71	25.85	16.47	-0.18	94.78	124.40	12	3
2.56	-4.31	1.65	1.73	0.65	79.16	20.19	9.70	1.46	89.84	124.61	14	2
5.90	3.35	2.55	1.42	22.24	62.49	15.27	8.94	1.63	60.10	116.16	95	87
6.84	-2.91	0.96	2.48	8.46	64.43	27.10	13.24	-0.93	67.90	91.10	86	79
6.15	-0.92	2.80	3.10	10.45	63.38	26.17	11.63	-0.28	61.20	106.17	84	56
10.66	-5.66	3.23	3.34	9.80	71.36	18.84	5.03	-0.71	56.80	159.95	51	41
5.89	-3.12	1.40	2.60	8.99[-1]	60.72[-1]	30.29[-1]	18.07[-1]	2.08	51.50	119.39	77	63

表 S1 各国家和地区各年度社会经济指标（续表）

	人口（千人）	人口增长率（年度增长率，%）	预期寿命（岁）	失业率（失业人口占总劳动力人数的比例，%）	按现行市价计算的国内生产总值（现有购买力平价，百万美元）		人均国内生产总值（现有购买力平价，美元）	
	2014年	2014年	2013年	2013年	2007年	2013年	2007年	2013年
欧洲其他国家和西亚地区								
亚美尼亚	2 984	0.25	74.54	16.20	19 373	23 147	6 480	7 776
阿塞拜疆	9 515	1.07	70.69	5.50	107 072	161 433	12 477	17 143
白俄罗斯	9 308	–0.53	72.47	5.80	118 019	166 789	12 345	17 620
格鲁吉亚	4 323	–0.42	74.08	14.30	23 816	32 128	5 427	7 160
伊朗伊斯兰共和国	78 470	1.31	74.07	13.20	995 290	1 207 413	13 860	15 590
以色列	7 822	1.14	82.06	6.30	195 303	261 858	27 201	32 491
摩尔多瓦共和国	3 461	–0.74	68.81	5.10	12 094	16 622	3 381	4 671
俄罗斯联邦	142 468	–0.26	71.07	5.60	2 377 503	3 623 076	16 729	25 248
土耳其	75 837	1.20	75.18	10.00	975 733	1 407 448	14 040	18 783
乌克兰	44 941	–0.66	71.16	7.90	373 877	399 853	8 039	8 790
欧洲自由贸易联盟								
冰岛	333	1.09	83.12	5.60	12 147	13 552	38 986	41 859
列支敦士登	37[-2]	0.99[-2]	82.38	—	—	—	—	—
挪威	5 092	0.97	81.45	3.50	262 828	327 192	55 812	64 406
瑞士	8 158	0.99	82.75	4.40	357 994	460 605	47 409	56 950
撒哈拉以南非洲								
安哥拉	22 137	3.05	51.87	6.80	107 683	166 108	6 079	7 736
贝宁	10 600	2.64	59.29	1.00	13 255	18 487	1 522	1 791
博茨瓦纳	2 039	0.86	47.41	18.40	23 820	31 837	12 437	15 752
布基纳法索	17 420	2.82	56.28	3.10	17 783	28 526	1 249	1 684
布隆迪	10 483	3.10	54.10	6.90	5 593	7 843	672	772
佛得角	504	0.95	74.87	7.00	2 582	3 201	5 338	6 416
喀麦隆	22 819	2.51	55.04	4.00	46 126	62 982	2 415	2 830
中非共和国	4 709	1.99	50.14	7.60	3 061	2 787	745	604
乍得	13 211	2.96	51.16	7.00	17 680	26 787	1 653	2 089
科摩罗	752	2.36	60.86	6.50	847	1 063	1 339	1 446
刚果	4 559	2.46	58.77	6.50	17 372	26 101	4 622	5 868
刚果民主共和国	69 360	2.70	49.94	8.00	34 290	54 633	600	809
科特迪瓦	20 805	2.38	50.76	4.00	47 874	65 224	2 667	3 210
吉布提	886	1.52	61.79	—	1 805	2 618	2 260	2 999
赤道几内亚	778	2.74	53.11	8.00	22 192	25 563	34 696	33 768
厄立特里亚	6 536	3.16	62.75	7.20	6 118	7 572	1 174	1 196
埃塞俄比亚	96 506	2.52	63.62	5.70	65 402	129 859	813	1 380
加蓬	1 711	2.34	63.44	19.60	23 436	32 204	16 192	19 264
冈比亚	1 909	3.18	58.83	7.00	2 202	3 072	1 440	1 661
加纳	26 442	2.05	61.10	4.60	57 529	103 413	2 554	3 992
几内亚	12 044	2.51	56.09	1.80	11 388	14 718	1 133	1 253
几内亚比绍	1 746	2.41	54.27	7.10	1 836	2 398	1 237	1 407
肯尼亚	45 546	2.65	61.68	9.20	85 923	123 968	2 276	2 795
莱索托	2 098	1.10	49.33	24.70	3 604	5 344	1 843	2 576
利比里亚	4 397	2.37	60.53	3.70	1 841	3 770	523	878
马达加斯加	23 572	2.78	64.69	3.60	26 784	32 416	1 383	1 414
马拉维	16 829	2.81	55.23	7.60	8 287	12 763	604	780
马里	15 768	3.00	55.01	8.20	18 892	25 123	1 485	1 642
毛里求斯	1 249	0.38	74.46	8.30	16 243	22 296	13 103	17 714
莫桑比克	26 473	2.44	50.17	8.30	17 459	28 548	787	1 105
纳米比亚	2 348	1.92	64.34	16.90	15 868	22 073	7 626	9 583
尼日尔	18 535	3.87	58.44	5.10	10 683	16 337	752	916
尼日利亚	178 517	2.78	52.50	7.50	627 891	972 664	4 266	5 602
卢旺达	12 100	2.71	63.99	0.60	10 164	17 354	1 024	1 474
圣多美和普林西比	198	2.50	66.26	—	388	573	2 378	2 971
塞内加尔	14 548	2.89	63.35	10.30	24 042	31 687	2 019	2 242
塞舌尔	93	0.50	74.23	—	1 670	2 193	19 636	24 587
塞拉利昂	6 205	1.84	45.55	3.20	6 376	9 407	1 177	1 544
索马里	10 806	2.91	55.02	6.90	—	—	—	—
南非	53 140	0.69	56.74	24.90	552 487	683 974	11 355	12 867
南苏丹	11 739	3.84	55.24	—	—	22 928	—	2 030
斯威士兰	1 268	1.45	48.94	22.50	6 933	8 353	6 108	6 685
坦桑尼亚	50 757	3.01	61.49	3.50	73 946	116 832	1 852	2 443
多哥	6 993	2.55	56.49	6.90	6 727	9 479	1 153	1 391
乌干达	38 845	3.31	59.19	3.80	39 569	62 918	1 288	1 674
赞比亚	15 021	3.26	58.09	13.30	33 098	57 071	2 733	3 925
津巴布韦	14 599	3.13	59.77	5.40	18 817	25 923	1 477	1 832
阿拉伯国家								
阿尔及利亚	39 929	1.82	71.01	9.80	406 365	522 262	11 578	13 320
巴林	1 344	0.89	76.67	7.40	42 068	58 417	40 750	43 851
埃及	83 387	1.61	71.13	12.70	662 430	909 941	8 924	11 089
伊拉克	34 769	2.93	69.47	16.00	302 127	499 627	10 512	14 951
约旦	7 505	3.13	73.90	12.60	55 395	76 116	9 785	11 783
科威特	3 479	3.24	74.46	3.10	227 278	272 521[-1]	88 957	83 840[-1]
黎巴嫩	4 966	2.94	80.13	6.50	51 183	76 722	12 364	17 174
利比亚	6 253	0.83	75.36	19.60	154 764	130 519	26 766	21 046

国内生产总值增长率（年度，%）				各经济部门的国内生产总值（占国内生产总值份额）				通货膨胀率，根据消费者价格指数计算（年度，%）	每100位居民中的互联网用户数量	每100名居民的手机用户数量	人类发展指数（排名）	全球创新指数（排名）
				农业	服务业	工业	制造业（工业的一个分支）					
2007年	2009年	2011年	2013年	2013年				2014年	2013年	2013年	2013年	2015年
13.75	–14.15	4.70	3.50	21.94	46.58	31.48	11.41	2.98	46.30	112.42	87	61
25.05	9.41	0.07	5.80	5.66	32.27	62.07	4.52	2.42^{-1}	58.70	107.61	76	93
8.60	0.20	5.54	0.89	9.11	48.65	42.24	26.84	18.12	54.17	118.79	53	53
12.34	–3.78	7.20	3.32	9.41	66.57	24.02	13.40	3.07	43.10	115.03	79	73
7.82	3.94	3.00	–5.80	10.22^{-6}	45.31^{-6}	44.47^{-6}	10.55^{-6}	17.24	31.40	84.25	75	106
6.27	1.90	4.19	3.25	—	—	—	—	0.48	70.80	122.85	19	22
3.00	–6.00	6.80	8.90	15.04	68.39	16.57	13.64	5.09	48.80	106.01	114	44
8.54	–7.82	4.26	1.32	3.95	59.78	36.27	14.82	7.83	61.40	152.84	57	48
4.67	–4.83	8.77	4.12	8.49	64.44	27.07	17.63	8.85	46.25	92.96	69	58
7.90	–14.80	5.20	1.88	10.43	62.64	26.94	13.71	12.21	41.80	138.06	83	64
9.72	–5.15	2.13	3.46	7.73^{-1}	67.81^{-1}	24.47^{-1}	13.48^{-1}	2.03	96.55	108.11	13	13
3.33	–1.16	—	—	—	—	—	—	—	93.80	104.07	18	—
2.65	–1.63	1.34	0.65	1.55	57.66	40.79	7.29	2.03	95.05	116.27	1	20
4.14	–2.13	1.80	1.92	0.71	73.56	25.73	18.69	–0.01	86.70	136.78	3	1
22.59	2.41	3.92	6.80	10.06	32.14	57.80	7.21	7.28	19.10	61.87	149	120
4.63	2.66	3.26	5.64	36.52	49.46	14.01	8.17	–1.10	4.90	93.26	165	—
8.68	–7.84	6.18	5.83	2.54	60.54	36.92	5.68	4.40	15.00	160.64	109	90
4.11	2.87	6.63	6.65	22.87	47.76	29.38	6.42	–0.26	4.40	66.38	181	102
4.79	3.47	4.19	4.59	39.83	42.44	17.73	9.46	4.38	1.30	24.96	180	136
15.17	–1.27	3.97	0.54	8.10^{-1}	74.87^{-1}	17.03^{-1}	—	–0.24	37.50	100.11	123	103
3.26	1.93	4.14	5.56	22.89	47.24	29.87	14.39	1.95^{-1}	6.40	70.39	152	110
8.12	8.91	3.30	–36.00	54.32^{-1}	31.95^{-1}	13.73^{-1}	6.48^{-1}	1.50^{-1}	3.50	29.47	185	—
3.27	4.22	0.08	3.97	51.50	33.09	15.41	2.70	0.15^{-1}	2.30	35.56	184	—
0.80	1.95	2.60	3.50	37.08	50.40	12.52	7.02	2.30^{-1}	6.50	47.28	159	—
–1.58	7.47	3.42	3.44	4.36	23.62	72.02	4.30	5.97^{-1}	6.60	104.77	140	—
6.26	2.86	6.87	8.48	20.79	40.97	38.24	16.55	1.63^{-1}	2.20	41.82	186	—
1.77	3.25	–4.39	8.70	22.28	55.45	22.27	12.75	0.46	2.60	95.45	171	116
5.10	5.00	5.39	5.00	3.86^{-6}	79.26^{-6}	16.89^{-6}	2.45^{-6}	2.42^{-1}	9.50	27.97	170	—
13.14	–8.07	5.00	–4.84	—	6.44	—	—	6.35^{-1}	16.40	67.47	144	—
1.43	3.88	8.68	1.33	14.53^{-4}	63.03^{-4}	22.44^{-4}	5.65^{-4}	—	0.90	5.60	182	—
11.46	8.80	11.18	10.49	45.03	43.02	11.95	4.04	7.39	1.90	27.25	173	127
5.55	–2.90	7.10	5.89	4.02^{-1}	31.96^{-1}	64.02^{-1}	—	0.48^{-1}	9.20	214.75	112	—
3.63	6.45	–4.33	4.80	—	—	—	—	5.95	14.00	99.98	172	112
6.46	3.99	15.01	7.59	21.86	49.61	28.53	5.78	15.49	12.30	108.19	138	108
1.76	–0.28	3.91	2.30	20.24	42.09	37.67	6.48	11.89^{-1}	1.60	63.32	179	139
3.20	3.31	9.03	0.33	43.68	42.65	13.67	—	–1.02	3.10	74.09	177	—
6.99	3.31	6.12	5.74	29.51	50.67	19.81	11.72	6.88	39.00	71.76	147	92
4.73	3.36	2.84	5.49	8.30^{-1}	59.88^{-1}	31.82^{-1}	11.65^{-1}	5.34	5.00	86.30	162	118
15.69	13.76	9.13	11.31	38.84^{-1}	44.75^{-1}	16.41^{-1}	3.32^{-1}	7.57^{-1}	4.60	59.40	175	—
6.24	–4.01	1.45	2.41	26.37	57.48	16.15	—	6.08	2.20	36.91	155	125
9.49	9.04	4.35	4.97	26.96	54.25	18.79	10.74	24.43	5.40	32.33	174	98
4.30	4.46	2.73	2.15	42.26^{-1}	35.01^{-1}	22.73^{-1}	—	0.89	2.30	129.07	176	105
5.90	3.00	3.90	3.20	3.22	72.49	24.29	17.04	3.22	39.00	123.24	63	49
7.28	6.48	7.44	7.44	28.99	50.22	20.79	10.86	4.26^{-1}	5.40	48.00	178	95
6.62	0.30	5.12	5.12	6.14	60.49	33.36	13.16	5.35	13.90	118.43	127	107
3.15	–0.71	2.31	4.10	37.20	43.36	19.44	6.11	–0.92	1.70	39.29	187	134
6.83	6.93	4.89	5.39	21.00	57.01	21.99	9.03	8.06	38.00	73.29	152	128
7.61	6.27	7.85	4.68	33.39	51.73	14.88	5.20	1.27	8.70	56.80	151	94
2.00	4.02	4.94	4.00	19.78^{-2}	64.29^{-2}	15.93^{-2}	6.41^{-2}	6.43	23.00	64.94	142	—
4.94	2.42	2.07	2.80	17.52	58.44	24.03	13.56	–1.08	20.90	92.93	163	84
10.06	–1.11	7.92	5.28	2.37	86.28	11.34	6.27	1.39	50.40	147.34	71	65
8.04	3.15	5.77	5.52	59.47	32.57	7.96	2.04	7.33	1.70	65.66	183	—
—	—	—	—	—	—	—	—	—	1.50	49.38	—	—
5.36	–1.54	3.21	2.21	2.32	67.79	29.90	13.23	5.56	48.90	145.64	118	60
—	5.04	–4.64	13.13	—	—	—	—	47.28^{-3}	—	25.26	—	—
3.50	1.25	–0.66	2.78	7.48^{-2}	44.83^{-2}	47.69^{-2}	43.83^{-2}	5.62^{-1}	24.70	71.47	148	123
7.15	5.40	7.92	7.28	33.85	42.97	23.18	7.36	6.13	4.40	55.72	159	117
2.29	3.51	4.88	5.12	30.76^{-2}	53.70^{-2}	15.54^{-2}	8.09^{-2}	0.01	4.50	62.53	166	140
8.41	7.25	9.67	3.27	25.26	53.98	20.76	10.01	4.29	16.20	44.09	164	111
8.35	9.22	6.34	6.71	9.64	56.50	33.85	8.18	7.81	15.40	71.50	141	124
–3.65	5.98	11.91	4.48	12.00	56.90	31.10	12.82	1.63^{-1}	18.50	96.35	156	133
3.40	1.60	2.80	2.80	10.54	41.85	47.61	—	2.92	16.50	100.79	93	126
8.29	2.54	2.10	5.34	—	—	—	—	2.77	90.00	165.91	44	59
7.09	4.67	1.76	2.10	14.51	46.32	39.17	15.65	10.20	49.56	121.51	110	100
1.38	5.81	10.21	4.21	—	—	—	—	1.88^{-1}	9.20	96.10	120	—
8.18	5.48	2.56	2.83	3.40	66.91	29.69	19.42	2.81	44.20	141.80	77	75
5.99	–7.08	10.21	8.31^{-1}	0.35	26.34	73.31	6.77	2.53	75.46	190.29	46	77
9.40	10.30	2.00	0.90	7.18	73.07	19.76	8.63	3.99^{-4}	70.50	80.56	65	74
6.00	2.10	–62.08	–10.88	1.87^{-5}	19.94^{-5}	78.20^{-5}	4.49^{-5}	2.61^{-1}	16.50	165.04	55	—

表 S1 各国家和地区各年度社会经济指标（续表）

	人口（千人）	人口增长率（年度增长率，%）	预期寿命（岁）	失业率（失业人口占总劳动力人数的比例，%）	按现行市价计算的国内生产总值（现有购买力平价，百万美元）		人均国内生产总值（现有购买力平价，美元）	
	2014年	2014年	2013年	2013年	2007年	2013年	2007年	2013年
毛里塔尼亚	3 984	2.40	61.51	31.00	8 523	11 836	2 560	3 043
摩洛哥	33 493	1.46	70.87	9.20	170 875	241 682	5 489	7 198
阿曼	3 926	7.78	76.85	7.90	108 310	150 236[-1]	42 148	45 334[-1]
巴勒斯坦	4 436	2.51	73.20	23.40	13 218	19 916[-1]	3 782	4 921[-1]
卡塔尔	2 268	4.47	78.61	0.50	138 537	296 517	120 210	136 727
沙特阿拉伯	29 369	1.86	75.70	5.70	999 859	1 546 500	38 581	53 644
苏丹	38 764	2.08	62.04	15.20	129 873	128 053	3 096	3 373
阿拉伯叙利亚共和国	21 987	0.40	74.72	10.80	—	—	—	—
突尼斯	11 117	1.09	73.65	13.30	92 335	121 107	9 030	11 124
阿联酋	9 446	1.06	77.13	3.80	453 316	550 915[-1]	78 194	59 845[-1]
也门	24 969	2.27	63.09	17.40	86 896	96 636	4 102	3 959
中亚								
哈萨克斯坦	16 607	1.01	70.45	5.20	268 714	395 463	17 354	23 214
吉尔吉斯斯坦	5 625	1.39	70.20	8.00	12 902	18 376	2 449	3 213
蒙古	2 881	1.48	67.55	4.90	14 472	26 787	5 577	9 435
塔吉克斯坦	8 409	2.42	67.37	10.70	12 714	20 620	1 788	2 512
土库曼斯坦	5 307	1.27	65.46	10.60	35 860	73 383	7 381	14 004
乌兹别克斯坦	29 325	1.34	68.23	10.70	88 095	156 295	3 279	5 168
南亚								
阿富汗	31 281	2.36	60.93	8.00	32 219	59 459	1 223	1 946
孟加拉国	158 513	1.22	70.69	4.30	297 842	461 644	2 034	2 948
不丹	766	1.53	68.30	2.10	3 525	5 583	5 189	7 405
印度	1 267 402	1.21	66.46	3.60	4 156 058	6 783 778	3 586	5 418
马尔代夫	352	1.88	77.94	11.60	2 832	4 022	9 186	11 657
尼泊尔	28 121	1.16	68.40	2.70	43 493	62 400	1 676	2 245
巴基斯坦	185 133	1.63	66.59	5.10	647 797	838 164	3 952	4 602
斯里兰卡	21 446	0.81	74.24	4.20	124 345	199 466	6 205	9 738
东南亚*								
文莱达鲁萨兰国	423	1.29	78.57	3.80	26 973	29 987	70 714	71 777
柬埔寨	15 408	1.79	71.75	0.30	30 059	46 027	2 187	3 041
中国大陆	1 393 784	0.59	75.35	4.60	8 796 899	16 161 655	6 675	11 907
中国香港特别行政区	7 260	0.77	83.83	3.30	299 425	382 490	43 293	53 216
中国澳门特别行政区	575	1.59	80.34	1.80	37 088	80 765	75 197	142 599
印度尼西亚	252 812	1.17	70.82	6.30	1 544 770	2 388 997	6 688	9 561
日本	127 000	−0.11	83.33	4.00	4 264 207	4 612 630	33 314	36 223
朝鲜民主主义人民共和国	25 027	0.53	69.81	4.60	—	—	—	—
韩国	49 512	0.50	81.46	3.10	1 354 518	1 660 385	27 872	33 062
老挝人民民主共和国	6 894	1.82	68.25	1.40	18 685	32 644	3 107	4 822
马来西亚	30 188	1.57	75.02	3.20	489 960	693 535	18 273	23 338
缅甸	53 719	0.86	65.10	3.40	—	—	—	—
菲律宾	100 096	1.72	68.71	7.10	435 875	643 088	4 904	6 536
新加坡	5 517	1.93	82.35	2.80	294 619	425 259	64 207	78 763
泰国	67 223	0.32	74.37	0.70	743 320	964 518	11 249	14 394
东帝汶	1 152	1.71	67.52	4.40	1 266	2 386[-1]	1 246	2 076[-1]
越南	92 548	0.94	75.76	2.00	310 033	474 958	3 681	5 294
大洋洲								
澳大利亚	23 630	1.22	82.20	5.70	761 369	999 241	36 556	43 202
新西兰	4 551	1.01	81.41	6.20	121 926	154 281	28 866	34 732
库克群岛	16	0.27	—	—	—	—	—	—
斐济	887	0.67	69.92	8.10	5 610	6 829	6 716	7 750
基里巴斯	104	1.54	68.85	—	157	190	1 679	1 856
马绍尔群岛	53	0.26	65.24[-13]	—	170	205	3 255	3 901
密克罗尼西亚	104	0.34	68.96	—	323	352	3 073	3 395
瑙鲁	11	1.91	—	—	—	—	—	—
纽埃	1	−2.12	—	—	—	—	—	—
帕劳	21	0.63	69.13[-8]	—	298	316	14 811	15 096
巴布亚新几内亚	7 476	2.09	62.43	2.10	11 472	19 349	1 793	2 643
萨摩亚	192	0.76	73.26	—	983	1 098	5 393	5 769
所罗门群岛	573	2.05	67.72	3.80	805	1 161	1 637	2 069
汤加	106	0.43	72.64	—	454	559	4 438	5 304
图瓦卢	11	0.53	—	—	30	36	3 044	3 645
瓦努阿图	258	2.17	71.69	—	587	756	2 670	2 991

来源：

人口数据来源：联合国经济和社会事务部人口司，2013年数据；世界人口展望：2012年修订版人类发展指数（排名）；2014年人类发展报告：维持人类进步：减少漏洞并增强复原能力、人类发展报告处（HDRO），联合国开发计划署（UNDP）。

全球创新指数（排名）数据来源：康奈尔大学、欧洲工商管理学院和世界知识产权组织（2015年）：2015全球创新指数：有效创新发展政策，数据来源为枫丹白露、伊萨卡和日内瓦。国内生产总值相关数据和所有其他上述提及的未指定来源的数据均来自：世界银行；世界发展指标，数据截至 2015 年 4 月。

*此处表示东亚和东南亚国家和地区，下同（表S1～表S10）。

国内生产总值增长率（年度，%）				各经济部门的国内生产总值（占国内生产总值份额）				通货膨胀率，根据消费者价格指数计算（年度，%）	每100位居民中的互联网用户数量	每100名居民的手机用户数量	人类发展指数（排名）	全球创新指数（排名）
				农业	服务业	工业	制造业（工业的一个分支）					
2007年	2009年	2011年	2013年	2013年				2014年	2013年	2013年	2013年	2015年
1.02	−1.22	3.99	6.72	15.46	43.02	41.53	4.14	4.13[-1]	6.20	102.53	161	—
2.71	4.76	4.99	4.38	16.57	54.90	28.53	15.44	0.44	56.00	128.53	129	78
4.45	6.11	0.88	5.76[-1]	1.27	31.39	67.34	10.67	1.01	66.45	154.65	56	69
−1.77	20.94	7.89	−4.43	5.33[-1]	69.60[-1]	25.07[-1]	16.24[-1]	2.75[-5]	46.60	73.74	107	—
17.99	11.96	13.02	6.32	0.09	30.28	69.62	9.94	2.99	85.30	152.64	31	50
5.99	1.83	8.57	3.95	1.84	37.59	60.57	10.09	2.67	60.50	184.20	34	43
11.52	3.23	−3.29	−6.00	28.15	50.17	21.68	8.19	29.96[-1]	22.70	72.85	166	141
5.70	—	—	—	17.94[-6]	49.09[-6]	32.97[-6]	—	36.70[-2]	26.20	56.13	118	—
6.23	3.61	−0.51	2.52	8.61	61.41	29.98	16.97	4.94	43.80	115.60	90	76
3.18	−5.24	4.89	5.20	0.66	40.33	59.02	8.53	2.34	88.00	171.87	40	47
3.34	4.13	−15.09	4.16	10.15[-7]	40.61[-7]	49.25[-7]	7.76[-7]	10.97[-1]	20.00	69.01	154	137
8.90	1.20	7.50	6.00	4.93	58.18	36.89	11.64	6.72	54.00	184.69	70	82
8.54	2.89	5.96	10.53	17.73	55.59	26.67	15.59	7.53	23.40	121.45	125	109
10.25	−1.27	17.51	11.74	16.47	50.26	33.27	7.17	13.02	17.70	124.18	103	66
7.80	3.80	7.40	7.40	27.41	50.84	21.75	11.19	6.10	16.00	91.83	133	114
11.06	6.10	14.70	10.20	14.55[-1]	37.01[-1]	48.44[-1]	—	—	9.60	116.89	103	—
9.50	8.10	8.30	8.00	19.14	54.59	26.27	10.51	—	38.20	74.31	116	122
13.74	21.02	6.11	1.93	23.97	54.84	21.19	12.10	4.62	5.90	70.66	169	—
7.06	5.05	6.46	6.01	16.28	56.09	27.64	17.27	6.99	6.50	74.43	142	129
17.93	6.66	7.89	2.04	17.08	38.27	44.65	8.98	8.21	29.90	72.20	136	121
9.80	8.48	6.64	6.90	17.95	51.31	30.73	17.26	6.35	15.10	70.78	135	81
10.56	−3.64	6.48	3.71	4.20[-1]	73.28[-1]	22.52[-1]	7.08[-1]	2.12	44.10	181.19	103	—
3.41	4.53	3.42	3.78	35.10	49.19	15.71	6.59	8.37	13.30	76.85	145	135
4.83	2.83	2.75	4.41	25.11	53.81	21.08	14.01	7.19	10.90	70.13	146	131
6.80	3.54	8.25	7.25	10.76	56.78	32.46	17.71	3.28	21.90	95.50	73	85
0.15	−1.76	3.43	−1.75	0.73	31.03	68.24	12.35	−0.19	64.50	112.21	30	—
10.21	0.09	7.07	7.41	33.52	40.83	25.65	16.44	3.86	6.00	133.89	136	91
14.16	9.21	9.30	7.67	10.01	46.09	43.89	31.83	1.99	45.80	88.71	91	29
6.46	−2.46	4.79	2.93	0.06	92.74	7.20	1.46	4.43	74.20	237.35	15	11
14.33	1.71	21.29	11.89	0.00[-1]	93.76[-1]	6.24[-1]	0.71[-1]	6.04	65.80	304.08	—	—
6.35	4.63	6.49	5.78	14.43	39.87	45.69	23.70	6.39	15.82	125.36	108	97
2.19	−5.53	−0.45	1.61	1.22[-1]	73.18[-1]	25.60[-1]	18.17[-1]	2.74	86.25	117.63	17	19
—	—	—	—	—	—	—	—	—	0.00[-1]	9.72	—	—
5.46	0.71	3.68	2.97	2.34	59.11	38.55	31.10	1.27	84.77	111.00	15	14
7.60	7.50	8.04	8.52	26.51	40.43	33.06	8.25	6.36[-1]	12.50	68.14	139	—
6.30	−1.51	5.19	4.73	9.31	50.18	40.51	23.92	3.14	66.97	144.69	62	32
13.64[-3]	—	—	—	48.35[-9]	35.44[-9]	16.21[-9]	11.57[-9]	5.52[-1]	1.20	12.83	150	138
6.62	1.15	3.66	7.18	11.23	57.65	31.12	20.40	4.13	37.00	104.50	117	83
9.11	−0.60	6.06	3.85	0.03	74.86	25.11	18.76	1.04	73.00	155.92	9	7
5.04	−2.33	0.08	1.77	11.98	45.47	42.55	32.94	1.90	28.94	140.05	89	55
11.45	12.96	14.67	7.84[-1]	18.42[-1]	61.83[-1]	19.75[-1]	0.86[-1]	0.44	1.10	57.38	128	—
7.13	5.40	6.24	5.42	18.38	43.31	38.31	17.49	4.09	43.90	130.89	121	52
3.76	1.73	2.32	2.51	2.45	70.73	26.82	7.13	2.49	83.00	106.84	2	17
3.54	2.21	2.33	2.50	7.18[-3]	69.07[-3]	23.75[-3]	12.18[-3]	0.84	82.78	105.78	7	15
—	—	—	—	—	—	—	—	—	—	—	—	—
−0.85	−1.39	2.71	3.47	12.22	67.63	20.15	14.50	0.54	37.10	105.60	88	115
7.52	−0.67	2.74	2.97	25.28[-3]	66.51[-3]	8.21[-3]	5.55[-3]	—	11.50	16.61	133	—
3.77	−1.66	0.02	2.99	—	—	—	—	—	11.70	1.27[-8]	—	—
−2.06	0.96	2.05	−4.00	28.21[-2]	62.65[-2]	9.22[-2]	0.49[-2]	—	27.80	30.32	124	—
—	—	—	—	—	—	—	—	—	—	—	—	—
—	—	—	—	—	—	—	—	—	—	—	—	—
1.85	−10.75	5.33	−0.33	5.33	86.42	8.25	1.11	—	26.97[-9]	85.79	60	—
7.15	6.14	10.67	5.54	37.80[-9]	23.33[-9]	38.87[-9]	7.05[-9]	4.96[-1]	6.50	40.98	157	—
6.32	−4.81	5.15	−1.14	—	—	—	—	−0.41	15.30	47.19[-6]	106	—
7.32	−4.73	10.70	2.95	35.65[-7]	57.59[-7]	6.75[-7]	4.85[-7]	5.39[-1]	8.00	57.57	157	—
−4.14	3.24	2.88	0.50	19.17[-1]	59.34[-1]	21.49[-1]	6.43[-1]	2.51	35.00	54.59	100	—
6.35	−4.43	8.45	1.30	22.16	69.11	8.73	—	—	37.00	34.43	—	—
5.18	3.31	1.21	1.97	27.98	63.22	8.80	3.61	0.80	11.30	50.34	131	—

注意事项：请参阅表S10下面对所有表格的提示信息。

表 S2　2009 年和 2013 年各国家和地区不同执行部门和资金来源研发经费支出（%）

	不同执行部门研发经费支出（%）									
	2009年					2013年				
	企业	政府	高等教育机构	私营非营利组织	未分类部门	企业	政府	高等教育机构	私营非营利组织	未分类部门
北美洲										
加拿大	53.23	10.45	35.91	0.41	—	50.52	9.15[v]	39.80[v]	0.52	—
美国	69.55[o]	11.93	14.03[o]	4.48[o,r]	—	69.83[-1,o,v]	12.31[-1,v]	13.83[-1,o,v]	4.03[-1,o,r]	—[-1]
拉丁美洲										
阿根廷	22.26	44.73	31.32	1.69	—	21.47[-1]	45.59[-1]	31.17[-1]	1.76[-1]	—[-1]
伯利兹	—	—	—	—	—	—	—	—	—	—
玻利维亚	25.00[-7]	21.00[-7]	41.00[-7]	13.00[-7]	—[-7]	—	—	—	—	—
巴西	—	—	—	—	—	—	—	—	—	—
智利	29.32	3.34	39.81	27.53	—	34.43[-1]	4.08[-1]	34.27[-1]	27.23[-1]	—[-1]
哥伦比亚	19.77	4.62	49.83	25.79	—	23.12	7.57	42.32	26.99	—
哥斯达黎加	25.71	23.49	48.99	1.82	—	15.85[-2]	36.59[-2]	45.23[-2]	2.32[-2]	0.02[-2]
厄瓜多尔	40.85	42.04	12.97	4.14	—	58.12[-2]	24.52[-2]	14.19[-2]	3.17[-2]	—[-2]
萨尔瓦多	—	—	100.00	—	—	—[-1]	—[-1]	100.00[-1]	—[-1]	—[-1]
危地马拉	2.00[q]	11.16[q]	84.67[q]	2.17[q]	—	0.17[-1,q]	16.54[-1,q]	82.32[-1,q]	0.96[-1,q]	—[-1]
圭亚那	—	—	—	—	—	—	—	—	—	—
洪都拉斯	—	—	—	—	—	—	—	—	—	—
墨西哥	41.07	26.81	29.21	2.91	—	37.97	31.39	29.10	1.55	—
尼加拉瓜	—	—	—	—	—	—	—	—	—	—
巴拿马	1.75	51.71	2.44	44.08	0.01	2.00[-2]	64.30[-2]	2.46[-2]	31.30[-2]	—[-2]
巴拉圭	—[-1]	28.32[-1]	59.86[-1]	11.82[-1]	0.00[-1]	—[-1]	31.62[-1]	59.92[-1]	8.46[-1]	—[-1]
秘鲁	29.17[-5]	25.63[-5]	38.11[-5]	7.08[-5]	0.00[-5]	—	—	—	—	—
苏里南	—	—	—	—	—	—	—	—	—	—
乌拉圭	34.44	27.12	34.60	2.73	1.11	17.99[-1]	34.01[-1]	43.44[-1]	4.56[-1]	—[-1]
委内瑞拉	—	—	—	—	—	—	—	—	—	—
加勒比地区										
安提瓜和巴布达	—	—	—	—	—	—	—	—	—	—
巴哈马	—	—	—	—	—	—	—	—	—	—
巴巴多斯	—	—	—	—	—	—	—	—	—	—
古巴	—	—	—	—	—	—	—	—	—	—
多米尼克	—	—	—	—	—	—	—	—	—	—
多米尼加共和国	—	—	—	—	—	—	—	—	—	—
格林纳达	—	—	—	—	—	—	—	—	—	—
海地	—	—	—	—	—	—	—	—	—	—
牙买加	—	—	—	—	—	—	—	—	—	—
圣基茨和尼维斯	—	—	—	—	—	—	—	—	—	—
圣卢西亚	—	—	—	—	—	—	—	—	—	—
圣文森特和格林纳丁斯	86.67[-7]	13.33[-7]	—[-7]	—[-7]	—[-7]	—	—	—	—	—
特立尼达和多巴哥	2.18	61.27	36.54	—	—	—[-1]	63.29[-1]	36.69[-1]	—[-1]	0.01[-1]
欧盟										
奥地利	68.09	5.34	26.10	0.48	—	68.78[r,v]	5.14[r,v]	25.59[r,v]	0.49[r,v]	—
比利时	66.26	8.94	23.79	1.00	—	69.10[v]	8.80[v]	21.68[v]	0.43[v]	—
保加利亚	29.96	55.24	14.04	0.76	—	61.08	29.67	8.65	0.60	—
克罗地亚	40.42	27.16	32.31	0.12	—	50.10	25.53	24.36	—	—
塞浦路斯	19.80	20.42	46.12	13.66	—	15.45[v]	14.40[v]	57.26[v]	12.89[v]	—
捷克共和国	56.50	23.26	19.70	0.54	—	54.12	18.31	27.23	0.34	—
丹麦	69.78	2.07	27.72	0.42	—	65.43[r,v]	2.39[r,v]	31.77[r,v]	0.40[r,v]	—
爱沙尼亚	44.69	10.99	42.16	2.17	—	47.72	8.93	42.30	1.06	—
芬兰	71.42	9.10	18.90	0.58	—	68.86	8.92	21.52	0.71	—
法国	61.69	16.31	20.80	1.20	—	64.75[v]	13.15[s,v]	20.75[v]	1.35[v]	—
德国	67.56	14.82[c]	17.62	—[g]	—	66.91[r,v]	15.09[c,r,v]	18.00[r,v]	—[g]	—
希腊	28.59[-2]	20.92[-2,r]	49.23[-2,r]	1.26[-2,r]	—[-2]	33.34[s]	27.98[s]	37.43[s]	1.25	—
匈牙利	57.24[t]	20.06[t]	20.94[t]	—	—	69.43[t]	14.89[t]	14.39[t]	—	—
爱尔兰	68.30	5.05	26.65[r]	—	—	72.03[-1,r]	4.85[-1]	23.12[-1,r]	—[-1]	—[-1]
意大利	53.30	13.14	30.26	3.30	—	53.98[v]	14.92[v]	28.21[v]	2.88[v]	—
拉脱维亚	36.39	24.71	38.90	—	—	28.24	28.89	42.87	—	—
立陶宛	24.39	23.41	52.20	—	—	25.46	19.83	54.71	—	—
卢森堡	75.89	16.10	8.01	—	—	61.38[s,v]	23.30[r,v]	15.32[r,v]	—	—
马耳他	63.36	4.73	31.91	—	—	54.26	10.18[v]	35.56[v]	—	—
荷兰	47.08	12.75[c]	40.17	—[g]	—	57.54[s,v]	10.68[c,v]	31.78[v]	—[g]	—
波兰	28.50	34.31	37.07	0.13	—	43.62	26.83	29.26	0.29	—
葡萄牙	47.30	7.31	36.58	8.81	—	47.57[v]	5.79[v]	37.84[v]	8.80[v]	—
罗马尼亚	40.18	34.91	24.74	0.17	—	30.66[s]	49.23[s]	19.72[s]	0.40[s]	—
斯洛伐克	41.05	33.89[p]	25.01	0.05	—	46.26	20.48[p]	33.10	0.15	—
斯洛文尼亚	64.61	20.76	14.56	0.07	—	76.53[s]	13.01[s]	10.42[s]	0.04[s]	—
西班牙	51.90	20.07	27.83	0.20	—	53.08	18.72	28.03	0.17	—
瑞典	70.64	4.42	24.87	0.07[q]	—	68.95	3.68[q]	27.14	0.22[s]	—
英国	60.41	9.16	27.95	2.48[r]	—	64.51[r,v]	7.31[r,v]	26.30[r,v]	1.88[r,v]	—
东南欧										
阿尔巴尼亚	0.00[-1]	52.10[-1,q]	47.90[-1,q]	0.00[-1]	—[-1]	—	—	—	—	—
波斯尼亚和黑塞哥维那	—[-2]	12.60[-2,q]	68.75[-2,q]	1.06[-2,q]	17.59[-2,q]	58.42[s]	5.81[s]	35.64[s]	0.12[s]	—
马其顿共和国	21.14	46.41	32.45	—	—	11.50[-3]	43.78[-3]	44.72[-3]	—[-3]	—[-3]
黑山	5.15[-2]	14.87[-2]	79.98[-2]	0.00[-2]	—[-2]	49.31[s]	16.00[s]	32.02[s]	2.68[s]	—[s]
塞尔维亚	14.32	30.87	54.78	0.03	—	13.27	33.36	53.34	0.03	—

资金来源研发经费支出（%）												
2009年						2013年						
企业	政府	高等教育机构	私营非营利组织	国外	未分类部门	企业	政府	高等教育机构	私营非营利组织	国外	未分类部门	
												北美洲
48.52	34.56[r]	6.73[r]	3.13	7.07	—	46.45[v]	34.86[r,v]	8.85[r,v]	3.88[v]	5.95[v]	—	加拿大
60.90[o]	32.65[o]	2.94[o]	3.51[o]	—[g]	—	59.13[-1,o,s,v]	30.79[-1,o,v]	2.98[-1,o,v]	3.30[-1,o,v]	3.80[-1,g]	—[-1]	美国
												拉丁美洲
21.44	73.18	3.84	0.87	0.67	0.00	21.34[-1]	74.01[-1]	3.11[-1]	0.96[-1]	0.58[-1]	—[-1]	阿根廷
—	—	—	—	—	—	—	—	—	—	—	—	伯利兹
5.20	51.19	26.55	2.05	1.86	13.15	—	—	—	—	—	—	玻利维亚
45.54	52.29	2.16	—	—	—	43.07[-1]	54.93[-1]	2.00[-1]	—[-1]	—[-1]	—[-1]	巴西
26.96	38.32	13.96	1.70	19.05	—	34.95[-1]	35.96[-1]	9.42[-1]	2.13[-1]	17.54[-1]	—[-1]	智利
18.68	56.12	16.70	5.10	3.40	—	29.02	45.77	14.83	8.00	2.38	—	哥伦比亚
28.73	53.04	—	2.82	1.66	13.74	18.85[-2]	61.98[-2]	—[-2]	0.74[-2]	6.54[-2]	11.89[-2]	哥斯达黎加
0.19[h]	41.21[h]	7.45[h]	0.51[h]	9.80[h]	40.84[h]	0.42[-2,h]	28.45[-2,h]	8.09[-2,h]	0.47[-2,h]	4.46[-2,h]	58.12[-2,h]	厄瓜多尔
23.13	64.58	0.63	0.12	11.25	0.30	2.75[-1]	11.73[-1]	74.33[-1]	2.63[-1]	9.15[-1]	—[-1]	萨尔瓦多
—	22.78[q]	29.48[q]	—	47.74[q]	—	—[-1]	23.51[-1,q]	27.48[-1,q]	—[-1]	49.01[-1,q]	—[-1]	危地马拉
—	—	—	—	—	—	—	—	—	—	—	—	圭亚那
—	—	—	—	—	—	—	—	—	—	—	—	洪都拉斯
39.06	53.17	5.75	0.27	1.75	—	31.65	65.50	1.52	0.67	0.66	—	墨西哥
—	—	—	—	—	—	—	—	—	—	—	—	尼加拉瓜
3.61	50.00	4.99	16.43	24.95	0.01	18.86[-2]	46.73[-2]	5.00[-2]	8.66[-2]	20.73[-2]	0.02[-2]	巴拿马
0.25[-1]	76.20[-1]	9.20[-1]	2.10[-1]	12.25[-1]	—[-1]	0.85[-1]	82.55[-1]	3.71[-1]	2.86[-1]	7.71[-1]	2.32[-1]	巴拉圭
—	—	—	—	—	—	—	—	—	—	—	—	秘鲁
—	—	—	—	—	—	—	—	—	—	—	—	苏里南
38.86	32.99	24.62	0.59	1.83	1.11	15.03[-1]	32.97[-1]	43.43[-1]	0.92[-1]	7.65[-1]	—[-1]	乌拉圭
—	—	—	—	—	—	—	—	—	—	—	—	委内瑞拉
												加勒比地区
—	—	—	—	—	—	—	—	—	—	—	—	安提瓜和巴布达
—	—	—	—	—	—	—	—	—	—	—	—	巴哈马
—	—	—	—	—	—	—	—	—	—	—	—	巴巴多斯
15.01	75.01	—	—	9.98	—	19.99	69.99	—	—	10.02	—	古巴
—	—	—	—	—	—	—	—	—	—	—	—	多米尼克
—	—	—	—	—	—	—	—	—	—	—	—	多米尼加共和国
—	—	—	—	—	—	—	—	—	—	—	—	格林纳达
—	—	—	—	—	—	—	—	—	—	—	—	海地
—	—	—	—	—	—	—	—	—	—	—	—	牙买加
—	—	—	—	—	—	—	—	—	—	—	—	圣基茨和尼维斯
—	—	—	—	—	—	—	—	—	—	—	—	圣卢西亚
—	—	—	—	—	—	—	—	—	—	—	—	圣文森特和格林纳丁斯
—	—	—	—	—	—	—	—	—	—	—	—	特立尼达和多巴哥
												欧盟
47.06	34.91	0.67	0.56	16.79	—	44.12[r,v]	39.07[c,r,v]	—[g]	0.46[r,v]	16.36[r,v]	—	奥地利
58.62	25.31	3.21	0.75	12.11	—	60.15[-2]	23.42[-2]	2.87[-2]	0.60[-2]	12.96[-2]	—[-2]	比利时
30.23	60.47	0.74	0.18	8.38	—	19.51	31.62	0.13	0.46	48.27	—	保加利亚
39.79	51.19	1.95	0.12	6.96	—	42.79	39.74	1.68	0.31	15.50	—	克罗地亚
15.73	69.00	2.76	0.45	12.06	—	10.86[-1]	66.38[-1]	4.59[-1]	0.69[-1]	17.48[-1]	—[-1]	塞浦路斯
39.76	47.77	1.18	0.02	11.28	—	37.60	34.74	0.45	0.06	27.15	—	捷克共和国
62.14	26.14	—[g]	3.12	8.61	—	59.78[r,v]	29.27[r,v]	—[g]	3.78[r,v]	7.18[r,v]	—	丹麦
38.49	48.82	0.69	0.68	11.33	—	42.05	47.22	0.27	0.11	10.34	—	爱沙尼亚
68.10	24.00	0.14	1.15	6.61	—	60.84	26.03[s]	0.23	1.36	11.54	—	芬兰
52.27	38.71	1.20	0.79	7.03	—	55.38[-1,s]	34.97[-1,s]	1.22[-1,s]	0.82[-1,s]	7.62[-1,s]	—[-1]	法国
66.13	29.77	—	0.26	3.85	—	66.07[-1]	29.21[-1]	—[-1]	0.39[-1]	4.32[-1]	—[-1]	德国
33.48[r]	54.75[r]	2.12[r]	0.94[r]	8.71[r]	—	30.28	52.27	2.60	0.86	13.98	—	希腊
46.43	41.98	—	0.69	10.90	—	46.80	35.88	—	0.75	16.57	—	匈牙利
52.09[r]	29.80[r]	1.11[r]	0.50[r]	16.51[r]	—	50.34[-1,r]	27.26[-1,r]	0.64[-1,r]	0.41[-1,r]	21.36[-1,r]	—[-1]	爱尔兰
44.16	42.15	1.26	3.01	9.42	—	44.29[-1]	42.55[-1]	0.94[-1]	2.78[-1]	9.45[-1]	—[-1]	意大利
36.90	44.74	3.00	—	15.36	—	21.79	23.94	2.65	—	51.61	—	拉脱维亚
30.81	52.68	3.21	0.29	13.01	—	27.47	34.54	0.13	0.75	37.11	—	立陶宛
70.27	24.26	0.04	0.07	5.37	—	47.81[-2]	30.52[-2]	0.06[-2]	1.20[-2]	20.41[-2]	—[-2]	卢森堡
51.57	30.01	0.00	0.05	18.37	—	44.35[v]	33.86[v]	1.29[v]	0.18[v]	20.33[v]	—	马耳他
45.15	40.89	0.29	2.82	10.85	—	47.10[s,v]	34.33[s,v]	0.39[s,v]	3.91[s,v]	14.27[s,v]	—	荷兰
27.10	60.44	6.70	0.26	5.50	—	37.33	47.24	2.13	0.18	13.12	—	波兰
43.87	45.46	2.85	3.73	4.09	—	46.04[-1]	43.13[-1]	3.58[-1]	2.08[-1]	5.17[-1]	—[-1]	葡萄牙
34.75	54.92	1.91	0.08	8.34	—	31.02[s]	52.29[s]	1.15[s]	0.05[s]	15.50[s]	—	罗马尼亚
35.11	50.56[q]	0.59	0.96	12.78	—	40.19	38.90[q]	2.74	0.20	17.97	—	斯洛伐克
57.98	35.66	0.29	0.03	6.04	—	63.85[s]	26.87[s]	0.35[s]	0.02[s]	8.91[s]	—	斯洛文尼亚
43.36	47.10	3.45	0.63	5.46	—	46.30	41.63	4.08	0.63	7.36	—	西班牙
59.14	27.26	0.63	2.58	10.39	—	60.95[q]	28.20[q]	0.99[q]	3.05[q]	6.80[q]	—	瑞典
44.54[r]	32.55	1.28[r]	4.99[r]	16.64[r]	—	46.55[r,v]	26.99[r,v]	1.09[r,v]	4.73[r,v]	20.65[r,v]	—	英国
												东南欧
3.26[-1,q]	80.80[-1,q]	8.57[-1,q]	0.00[-1]	7.37[-1,q]	—[-1]	—	—	—	—	—	—	阿尔巴尼亚
—	—	—	—	—	—	1.83	25.35	0.00	0.00	53.90	18.92	波斯尼亚和黑塞哥维那
7.79[-7,r]	76.31[-7,r]	7.33[-7,r]	0.02[-7,r]	8.55[-7,r]	—[-3]	—	—	—	—	—	—	马其顿共和国
—	—	—	—	—	—	42.32	31.66	3.50	0.02	22.52	—	黑山
8.33	62.87	20.86	0.76	7.18	—	7.53	59.51	25.12	0.03	7.81	—	塞尔维亚

表 S2　2009 年和 2013 年各国家和地区不同执行部门和资金来源研发经费支出（%）（续表）

	不同执行部门研发经费支出（%）									
	2009年					2013年				
	企业	政府	高等教育机构	私营非营利组织	未分类部门	企业	政府	高等教育机构	私营非营利组织	未分类部门
欧洲其他国家和西亚地区										
亚美尼亚	—	89.65[q]	10.35[q]	—	—	—	88.63[q]	11.37[q]	—	—
阿塞拜疆	22.00	71.73	6.27	0.00	—	10.33	85.49	4.02	0.16	—
白俄罗斯	56.39	29.96	13.62	0.03	—	65.32	23.82	10.84	0.02	—
格鲁吉亚	—[-4]	73.18[-4]	26.82[-4]	—[-4]	—[-4]	—	72.31[s,u]	27.69[s,u]	—	—
伊朗伊斯兰共和国	10.61[-1]	56.07[-1]	33.32[-1]	—[-1]	—[-1]	—	—	—	—	—
以色列	83.53[p]	1.85[p]	13.32[p]	1.30[p]	—	82.74[p]	2.13[p]	14.07[p]	1.05[p]	—
摩尔多瓦共和国	11.30	77.08	11.62	—	—	19.86	69.78	10.37	—	—
俄罗斯联邦	62.38	30.26	7.13	0.23	—	60.60	30.26	9.01	0.13	—
土耳其	40.00	12.57	47.43	—	—	47.49	10.42	42.09	—	—
乌克兰	54.77	38.68	6.54	0.00	—	55.26	38.58	6.17	—	—
欧洲自由贸易联盟										
冰岛	50.32	22.09	25.13	2.46	—	53.14[-2]	17.74[-2,s]	26.37[-2]	2.75[-2,s]	—[-2]
列支敦士登	—	—	—	—	—	—	—	—	—	—
挪威	51.57	16.38	32.04	—	—	52.54	15.97	31.50	—	—
瑞士	73.50[-1]	0.74[-1]	24.17[-1]	1.60[-1]	—[-1]	69.26[-1]	0.76[-1]	28.15[-1]	1.84[-1]	—[-1]
撒哈拉以南非洲										
安哥拉	—	—	—	—	—	—	—	—	—	—
贝宁	—	—	—	—	—	—	—	—	—	—
博茨瓦纳	15.57[-4]	79.40[-4]	1.21[-4]	3.83[-4]	—[-4]	10.71[-1,s]	41.63[-1,s]	22.95[-1,s]	24.71[-1,s]	—[-1]
布基纳法索	—[-2]	72.22[-2]	—[-2]	21.12[-2]	6.67[-2]	—	—	—	—	—
布隆迪	—[-1]	92.83[-1,q]	6.96[-1,q]	0.21[-1,q]	—[-1]	—[-3]	87.15[-3,q]	4.81[-3,q]	8.04[-3,q]	—[-3]
佛得角	—	—	—	—	—	—[-2]	—[-2]	100.00[-2]	—[-2]	—[-2]
喀麦隆	—	—	—	—	—	—	—	—	—	—
中非共和国	—	—	—	—	—	—	—	—	—	—
乍得	—	—	—	—	—	—	—	—	—	—
科摩罗	—	—	—	—	—	—	—	—	—	—
刚果	—	—	—	—	—	—	—	—	—	—
刚果民主共和国	—	100.00	—	—	—	—	—	—	—	—
科特迪瓦	—	—	—	—	—	—	—	—	—	—
吉布提	—	—	—	—	—	—	—	—	—	—
赤道几内亚	—	—	—	—	—	—	—	—	—	—
厄立特里亚	—	—	—	—	—	—	—	—	—	—
埃塞俄比亚	—[-2]	84.41[-2]	14.60[-2]	0.99[-2]	—[-2]	1.17	24.49	74.10	0.23	—
加蓬	—	—	—	—	—	—	—	—	—	—
冈比亚	—	—	—	—	—	—[-2]	54.44[-2,b]	—[-2]	45.56[-2,b]	—[-2]
加纳	4.94[-2]	92.76[-2]	2.30[-2]	—[-2]	—[-2]	0.15[-3,s]	96.05[-3,s]	3.80[-3]	0.01[-3]	—[-3]
几内亚	—	—	—	—	—	—	—	—	—	—
几内亚比绍	—	—	—	—	—	—	—	—	—	—
肯尼亚	11.68[-2]	35.36[-2]	29.84[-2]	23.12[-2]	—[-2]	8.66[-3,s]	40.64[-3,s]	39.05[-3,s]	11.65[-3,s]	—[-3]
莱索托	—	7.67[q]	92.33[q]	—	—	—[-2]	—[-2]	100.00[-2,q]	—[-2]	—[-2]
利比里亚	—	—	—	—	—	—	—	—	—	—
马达加斯加岛	—	34.50	65.50	—	—	—[-2]	56.39[-2,s]	43.61[-2,s]	—[-2]	—[-2]
马拉维	—	—	—	—	—	—	—	—	—	—
马里	2.97[-2,q]	—[-2]	97.03[-2,q]	—[-2]	—[-2]	—[-3]	82.58[-3]	17.42[-3]	—[-3]	—[-3]
毛里求斯	—	—	—	—	—	—[-1]	73.36[-1]	24.76[-1]	1.86[-1]	—[-1]
莫桑比克	—[-1]	95.45[-1]	—[-1]	4.55[-1]	—[-1]	—[-2]	54.88[-3]	35.99[-3]	9.13[-3]	—[-3]
纳米比亚	—	—	—	—	—	12.82[-3]	—[-3]	87.18[-3]	—[-3]	—[-3]
尼日尔	—	—	—	—	—	—	—	—	—	—
尼日利亚	—[-2]	35.19[-2]	64.81[-2]	—[-2]	—[-2]	—	—	—	—	—
卢旺达	—	—	—	—	—	—	—	—	—	—
圣多美和普林西比	—	—	—	—	—	—	—	—	—	—
塞内加尔	0.86[-1]	33.48[-1]	40.66[-1]	25.00[-1]	—[-1]	0.34[-3]	52.05[-3]	31.43[-3]	16.18[-3]	—[-3]
塞舌尔	—[-4]	97.05[-4]	—[-4]	2.95[-4]	—[-4]	—	—	—	—	—
塞拉利昂	—	—	—	—	—	—	—	—	—	—
索马里	—	—	—	—	—	—	—	—	—	—
南非	53.16	21.60	24.34	0.90	—	44.28[-1]	22.89[-1]	30.72[-1]	2.11[-1]	—[-1]
南苏丹	—	—	—	—	—	—	—	—	—	—
斯威士兰	—	—	—	—	—	—	—	—	—	—
坦桑尼亚	—[-2]	42.10[-2]	54.12[-2]	3.79[-2]	—[-2]	—[-3]	13.75[-3]	86.25[-3]	—[-3]	—[-3]
多哥	—	—	—	—	—	—[-1]	39.83[-1]	60.17[-1]	—[-1]	—[-1]
乌干达	8.23	64.35	17.56	9.85	—	34.77[-3,s]	38.58[-3]	25.41[-3]	1.25[-3]	—[-3]
赞比亚	2.02[-1]	19.32[-1]	78.17[-1]	0.48[-1]	—[-1]	—	—	—	—	—
津巴布韦	—	—	—	—	—	—	—	—	—	—
阿拉伯国家										
阿尔及利亚	—	—	—	—	—	—	—	—	—	—
巴林	—	—	—	—	—	—	—	100.00[q]	—	—
埃及	—	45.41	54.72	—	—	—	44.54	55.46	—	—
伊拉克	—	93.84	6.16	—	—	—[-2]	91.96[-2]	8.04[-2]	—[-2]	—[-2]
约旦	—	—	—	—	—	—	—	—	—	—
科威特	—	100.00	—	—	—	—	38.91	60.85	—	0.25
黎巴嫩	—	—	—	—	—	—	—	—	—	—
利比亚	—	—	—	—	—	—	—	—	—	—

资金来源研发经费支出（%）												
2009年						2013年						
企业	政府	高等教育机构	私营非营利组织	国外	未分类部门	企业	政府	高等教育机构	私营非营利组织	国外	未分类部门	
												欧洲其他国家和西亚地区
—	55.57[q]	0.00	—	3.91[q]	40.51[q]	—	66.31[q]	—	—	2.79[q]	30.90[q]	亚美尼亚
24.76	74.35	0.00[g]	0.82	0.07	—	30.49[s]	68.20[s]	0.82[s]	0.33	0.16	—	阿塞拜疆
28.82	62.56	0.00	0.13	8.49	—	43.79	48.26	—	—	7.95	—	白俄罗斯
—	—	—	—	—	—	—	—	—	—	—	—	格鲁吉亚
30.92[-1]	61.64[-1]	7.45[-1]	—[-1]	—[-1]	—[-1]	—	—	—	—	—	—	伊朗伊斯兰共和国
37.53[p]	12.84[p]	1.29[p]	1.65[p]	46.70[p]	—	35.60[-1,p]	12.13[-1,p]	1.75[-1,p]	1.74[-1,p]	48.77[-1,p]	—[-1]	以色列
—[g]	—[g]	—[g]	—[g]	6.49	93.51	—[g]	—[g]	—[g]	—[g]	11.80	88.20	摩尔多瓦共和国
26.59	66.46	0.39	0.10	6.46	—	28.16	67.64	1.04	0.12	3.03	—	俄罗斯联邦
40.97	33.96	20.29	3.66	1.13	—	48.87	26.55	20.44	3.30	0.83	—	土耳其
25.90	49.77	0.31	0.08	22.29	1.65	28.99	47.73	0.18	0.14	21.61	1.34	乌克兰
												欧洲自由贸易联盟
47.81	40.24	0.00	0.58	11.38	—	49.85[-2,s]	39.99[-2,s]	1.36[-2,s]	0.58[-2,s]	8.22[-2,s]	—[-2]	冰岛
—	—	—	—	—	—	—	—	—	—	—	—	列支敦士登
43.61	46.77	0.43	0.99	8.20	—	43.15	45.79	0.53	1.02	9.51	—	挪威
68.19[-1]	22.84[-1]	2.33[-1]	0.69[-1]	5.95[-1]	—[-1]	60.78[-1]	25.42[-1]	1.16[-1]	0.57[-1]	12.07[-1]	—[-1]	瑞士
												撒哈拉以南非洲
—	—	—	—	—	—	—	—	—	—	—	—	安哥拉
—	—	—	—	—	—	—	—	—	—	—	—	贝宁
—	—	—	—	—	—	5.81[-1]	73.88[-1]	12.56[-1]	0.74[-1]	6.81[-1]	0.20[-1]	博茨瓦纳
11.93	9.05	12.22	1.27	59.61	5.92	—	—	—	—	—	—	布基纳法索
—[-1]	59.87[-1,q]	0.21[-1,q]	—[-1]	39.92[-1,q]	—[-1]	—	—	—	—	—	—	布隆迪
—	—	—	—	—	—	—[-2]	100.00[-2,l,q]	—[-2]	—[-2]	—[-2]	—[-2]	佛得角
—	—	—	—	—	—	—	—	—	—	—	—	喀麦隆
—	—	—	—	—	—	—	—	—	—	—	—	中非共和国
—	—	—	—	—	—	—	—	—	—	—	—	乍得
—	—	—	—	—	—	—	—	—	—	—	—	科摩罗
—	—	—	—	—	—	—	—	—	—	—	—	刚果
—	100.00	—	—	—	—	—	—	—	—	—	—	刚果民主共和国
—	—	—	—	—	—	—	—	—	—	—	—	科特迪瓦
—	—	—	—	—	—	—	—	—	—	—	—	吉布提
—	—	—	—	—	—	—	—	—	—	—	—	赤道几内亚
—	—	—	—	—	—	—	—	—	—	—	—	厄立特里亚
—[-2]	71.74[-2]	0.00[-2,g]	0.73[-2]	27.00[-2]	0.53[-2]	0.75	79.07	1.80	0.23	2.15	16.01	埃塞俄比亚
29.26	58.09	9.55	—	3.09	0.01	—	—	—	—	—	—	加蓬
—	—	—	—	—	—	—[-2]	38.54[-2,b]	—[-2]	45.56[-2,b]	15.90[-2,b]	—[-2]	冈比亚
50.86[-2]	36.55[-2]	0.65[-2]	—[-2]	11.95[-2]	—[-2]	0.10[-3,s]	68.30[-3,s]	0.27[-3]	0.11[-3]	31.22[-3]	—[-3]	加纳
—	—	—	—	—	—	—	—	—	—	—	—	几内亚
—	—	—	—	—	—	—	—	—	—	—	—	几内亚比绍
16.83[-2]	26.15[-2]	26.16[-2]	13.24[-2]	17.62[-2]	—[-2]	4.34[-3,s]	25.96[-3,s]	19.03[-3,s]	3.53[-3,s]	47.14[-3,s]	—[-3]	肯尼亚
3.38[q]	14.96[q]	2.80[q]	—	—	78.86[q]	—[-2]	—[-2]	44.66[-2,c,q]	—[-2]	3.45[-2,q]	51.89[-2,q]	莱索托
—	—	—	—	—	—	—	—	—	—	—	—	利比里亚
—	89.42[e]	—[n]	—	10.58	—	—[-2]	100.00[-2,e,s]	—[-2,n]	—[-2]	—[-2]	—[-2]	马达加斯加岛
—	—	—	—	—	—	—	—	—	—	—	—	马拉维
10.10[-2,q]	40.86[-2,q]	—[-2]	—[-2]	49.04[-2,q]	—[-2]	—[-3]	91.19[-3,s]	—[-3]	—[-3]	8.81[-3]	—[-3]	马里
—[-4]	100.00[-4,b,u]	—[-4]	—[-4]	—[-4]	—[-4]	0.27[-1,h]	72.43[-1,h]	20.73[-1,h]	0.11[-1,h]	6.43[-1,h]	—[-1]	毛里求斯
—[-1]	31.13[-1]	—[-1]	4.55[-1]	64.32[-1]	—[-1]	—[-3]	18.84[-3,e]	—[-3,n]	3.02[-3]	78.14[-3]	—[-3]	莫桑比克
—	—	—	—	—	—	19.83[-3]	78.64[-3]	—[-3]	—[-3]	1.53[-3]	—[-3]	纳米比亚
—	—	—	—	—	—	—	—	—	—	—	—	尼日尔
0.16[-2]	96.36[-2]	0.08[-2]	1.73[-2]	1.04[-2]	0.64[-2]	—	—	—	—	—	—	尼日利亚
—	—	—	—	—	—	—	—	—	—	—	—	卢旺达
—	—	—	—	—	—	—	—	—	—	—	—	圣多美和普林西比
4.04[-1]	57.06[-1]	0.30[-1]	0.27[-1]	38.27[-1]	0.05[-1]	4.10[-3]	47.62[-3]	0.03[-3]	3.23[-3]	40.53[-3]	4.49[-3]	塞内加尔
—	—	—	—	—	—	—	—	—	—	—	—	塞舌尔
—	—	—	—	—	—	—	—	—	—	—	—	塞拉利昂
—	—	—	—	—	—	—	—	—	—	—	—	索马里
42.51	44.44	0.05	0.88	12.11	—	38.34[-1]	45.38[-1]	0.77[-1]	2.46[-1]	13.06[-1]	—[-1]	南非
—	—	—	—	—	—	—	—	—	—	—	—	南苏丹
—	—	—	—	—	—	—	—	—	—	—	—	斯威士兰
—[-2]	60.58[-2]	0.00[-2]	1.06[-2]	38.36[-2]	—[-2]	0.08[-3]	57.53[-3]	0.33[-3]	0.05[-3]	42.00[-3]	—[-3]	坦桑尼亚
—	—	—	—	—	—	—[-1]	84.87[-1]	—[-1]	3.08[-1]	12.06[-1]	—[-1]	多哥
8.23	48.07	17.56	0.08	26.06	—	13.67[-3]	21.94[-3]	1.04[-3]	6.05[-3]	57.30[-3]	—[-3]	乌干达
3.23[-1]	94.83[-1]	—[-1]	0.32[-1]	1.62[-1]	—[-1]	—	—	—	—	—	—	赞比亚
—	—	—	—	—	—	—	—	—	—	—	—	津巴布韦
												阿拉伯国家
—	—	—	—	—	—	—	—	—	—	—	—	阿尔及利亚
—	—	—	—	—	—	0.00[l,q]	68.40[l,q]	0.00[l,q]	1.16[l,q]	30.44[l,q]	—[l,q]	巴林
—	—	—	—	—	—	—	—	—	—	—	—	埃及
—	100.00[e]	—[n]	—	—	—	0.00[-2]	100.00[-2,e]	—[-2,n]	0.00[-2]	0.00[-2]	—[-2]	伊拉克
—	—	—	—	—	—	—	—	—	—	—	—	约旦
2.33[k]	96.49[k]	—	—	1.18[k]	—	1.41[h]	92.95[h]	0.17[h]	5.47[h]	0.00[h]	—[h]	科威特
—	—	—	—	—	—	—	—	—	—	—	—	黎巴嫩
—	—	—	—	—	—	—	—	—	—	—	—	利比亚

表 S2　2009 年和 2013 年各国家和地区不同执行部门和资金来源研发经费支出（%）（续表）

	不同执行部门研发经费支出（%）									
	2009年					2013年				
	企业	政府	高等教育机构	私营非营利组织	未分类部门	企业	政府	高等教育机构	私营非营利组织	未分类部门
毛里塔尼亚	—	—	—	—	—	—	—	—	—	—
摩洛哥	22.05[-3]	25.60[-3]	52.35[-3]	—[-3]	—[-3]	29.94[-3]	23.07[-3]	47.00[-3]	—[-3]	—[-3]
阿曼	—	—	—	—	—	24.08	41.58	34.33	0.01	—
巴勒斯坦	—	—	—	—	—	—	—	—	—	—
卡塔尔	—	—	—	—	—	25.84[-1]	32.28[-1]	41.88[-1]	—[-1]	—[-1]
沙特阿拉伯	—	—	—	—	—	—	—	—	—	—
苏丹	33.71[-4,r]	39.20[-4,r]	27.09[-4,r]	—[-4]	—[-4]	—	—	—	—	—
阿拉伯叙利亚共和国	—	—	—	—	—	—	—	—	—	—
突尼斯	—	—	—	—	—	—	—	—	—	—
阿拉伯联合酋长国	—	—	—	—	—	28.62[-2,r]	39.65[-2,r]	29.33[-2,r]	2.40[-2,r]	—[-2,r]
也门	—	—	—	—	—	—	—	—	—	—
中亚										
哈萨克斯坦	32.75	38.51	15.19	13.55	—	29.43	29.68	30.69	10.20	—
吉尔吉斯斯坦	23.36	65.18	11.46	0.00	—	23.33[-2]	62.04[-2]	14.63[-2]	0.00[-2]	—[-2]
蒙古	5.52[q]	64.37	9.69[q]	0.00[q]	20.41[q]	5.45[q]	84.30[q]	10.25[q]	—	—
塔吉克斯坦	—	86.22	13.78	—	—	—	88.26	11.74	—	—
土库曼斯坦	—	—	—	—	—	—	—	—	—	—
乌兹别克斯坦	—	—	—	—	—	—	—	—	—	—
南亚										
阿富汗	—	—	—	—	—	—	—	—	—	—
孟加拉国	—	—	—	—	—	—	—	—	—	—
不丹	—	—	—	—	—	—	—	—	—	—
印度	34.16[f]	61.69	4.15	0.00[m]	—	35.46[-2,f]	60.48[-2]	4.06[-2]	0.00[-2,m]	—[-2]
马尔代夫	—	—	—	—	—	—	—	—	—	—
尼泊尔	—	100.00[u]	—	—	—	—[-3]	100.00[-3,u]	—[-3]	—[-3]	—[-3]
巴基斯坦	—	74.99	25.01	—	—	—	67.06	32.94	—	—
斯里兰卡	18.32[-1,f]	56.91[-1]	24.78[-1]	0.00[-1,m]	—[-1]	43.75[-3,s]	44.75[-3]	11.49[-3]	0.02[-3,q,s]	—[-3]
东南亚										
文莱达鲁萨兰国	—[-5]	91.59[-5]	8.41[-5]	0.00[-5]	—[-5]	—	—	—	—	—
柬埔寨	12.08[-7,q,r]	25.33[-7,q,r]	11.80[-7,q,r]	50.79[-7,q,r]	—[-7,r]	—	—	—	—	—
中国大陆	73.23	18.71	8.07	—	—	76.61	16.16	7.23	—	—
中国香港特别行政区	42.65[f]	4.08	53.26	0.00[m]	—	44.87[-1,f]	4.00[-1]	51.14[-1]	—[-1,m]	—[-1]
中国澳门特别行政区	0.00[-1]	0.00[-1]	98.63[-1]	1.37[-1]	—[-1]	0.37	—	96.24	2.87	0.51
印度尼西亚	18.85[r]	43.22[r]	37.93[r]	—	—	25.68[r]	39.39[r]	34.93[r]	—	—[r]
日本	75.76	9.21	13.41	1.61	—	76.09	9.17	13.47	1.28	—
朝鲜民主主义人民共和国	—	—	—	—	—	—	—	—	—	—
韩国	74.26	13.02	11.08	1.64	—	78.51	10.91	9.24	1.33	—
老挝人民民主共和国	36.89[-7,q]	50.91[-7,q]	12.20[-7,q]	0.00[-7]	—[-7]	—	—	—	—	—
马来西亚	69.86	6.38	23.77	0.00	—	64.45[-1]	6.88[-1]	28.67[-1]	0.01[-1]	—[-1]
缅甸	—	—	—	—	—	—	—	—	—	—
菲律宾	56.95[-2]	17.65[-2]	23.25[-2]	2.15[-2]	—[-2]	—	—	—	—	—
新加坡	61.63	11.30	27.06	—	—	60.94[-1]	10.01[-1]	29.05[-1]	—[-1]	—[-1]
泰国	41.21	32.75	24.94	1.11	—	50.61[-2]	18.87[-2]	30.14[-2]	0.38[-2]	—[-2]
东帝汶	—	—	—	—	—	—	—	—	—	—
越南	14.55[-7]	66.43[-7]	17.91[-7]	1.12[-7]	—[-7]	26.01[-2]	58.32[-2]	14.37[-2]	1.29[-2]	—[-2]
大洋洲										
澳大利亚	61.10[-1]	12.09[-1]	24.18[-1]	2.63[-1]	—[-1]	57.86[-2]	11.21[-2,r]	28.06[-2,r]	2.98[-2,r]	—[-2]
新西兰	41.76	25.28	32.96	—	—	45.45[-2]	22.70[-2]	31.85[-2]	—[-2]	—[-2]
库克群岛	—	—	—	—	—	—	—	—	—	—
斐济	—	—	—	—	—	—	—	—	—	—
基里巴斯	—	—	—	—	—	—	—	—	—	—
马绍尔群岛	—	—	—	—	—	—	—	—	—	—
密克罗尼西亚	—	—	—	—	—	—	—	—	—	—
瑙鲁	—	—	—	—	—	—	—	—	—	—
纽埃	—	—	—	—	—	—	—	—	—	—
帕劳	—	—	—	—	—	—	—	—	—	—
巴布亚新几内亚	—	—	—	—	—	—	—	—	—	—
萨摩亚	—	—	—	—	—	—	—	—	—	—
所罗门群岛	—	—	—	—	—	—	—	—	—	—
汤加	—	—	—	—	—	—	—	—	—	—
图瓦卢	—	—	—	—	—	—	—	—	—	—
瓦努阿图	—	—	—	—	—	—	—	—	—	—

注：请参阅表 S10 下面对所有表的提示信息。

来源：联合国教科文组织统计研究所，2015 年 8 月。

资金来源研发经费支出（%）												
2009年						2013年						
企业	政府	高等教育机构	私营非营利组织	国外	未分类部门	企业	政府	高等教育机构	私营非营利组织	国外	未分类部门	
—	—	—	—	—	—	—	—	—	—	—	—	毛里塔尼亚
22.70[-3]	26.12[-3]	48.56[-3]	—[-3]	2.61[-3]	—[-3]	29.94[-3]	23.07[-3]	45.28[-3]	—[-3]	1.71[-3]	—[-3]	摩洛哥
—	—	—	—	—	—	24.55	48.60	24.44	0.07	0.00	2.34[r]	阿曼
—	—	—	—	—	—	—	—	—	—	—	—	巴勒斯坦
—	—	—	—	—	—	24.18[-1]	31.18[-1]	36.56[-1]	5.60[-1]	2.42[-1]	0.05[-1]	卡塔尔
—	—	—	—	—	—	—	—	—	—	—	—	沙特阿拉伯
—	—	—	—	—	—	—	—	—	—	—	—	苏丹
—	—	—	—	—	—	—	—	—	—	—	—	阿拉伯叙利亚共和国
16.00	79.00[e]	—[n]	0.00	5.10	—	18.70[-1]	76.90[-1,e]	—[-1,n]	0.00[-1]	4.40[-1]	—[-1]	突尼斯
—	—	—	—	—	—	—	—	—	—	—	—	阿拉伯联合酋长国
—	—	—	—	—	—	—	—	—	—	—	—	也门
												中亚
50.74[-1]	31.37[-1]	14.74[-1]	2.20[-1]	0.96[-1]	—[-1]	28.92	63.68	—	—	0.76	6.64	哈萨克斯坦
36.38[-4]	63.62[-4]	0.00[-4]	0.00[-4]	0.01[-4]	—[-4]	38.58[-2,s]	57.66[-2,s]	1.43[-2,s]	0.00[-2]	0.87[-2,s]	1.45[-2,s]	吉尔吉斯斯坦
2.90[q]	61.52[q]	1.96[q]	0.00	1.44[q]	32.17[q]	8.31[q]	73.95[q]	1.83[q]	—	4.90[q]	11.02[q]	蒙古
1.08[t]	82.07[t]	0.64[t]	—	—	16.14[t]	—	92.45	0.21	—	0.21	7.13	塔吉克斯坦
—	—	—	—	—	—	—	—	—	—	—	—	土库曼斯坦
—	—	—	—	—	—	—	—	—	—	—	—	乌兹别克斯坦
												南亚
—	—	—	—	—	—	—	—	—	—	—	—	阿富汗
—	—	—	—	—	—	—	—	—	—	—	—	孟加拉国
—	—	—	—	—	—	—	—	—	—	—	—	不丹
—	—	—	—	—	—	—	—	—	—	—	—	印度
—	—	—	—	—	—	—	—	—	—	—	—	马尔代夫
—	—	—	—	—	—	—	—	—	—	—	—	尼泊尔
—	84.03	12.11	1.66	0.92	1.28	—	75.26[h]	20.00[h]	1.71[h]	1.31[h]	1.71[h]	巴基斯坦
19.89[-1,f]	71.80[-1,e]	0.00[-1,n]	0.00[-1,m]	4.27[-1]	4.04[-1]	40.93[-3,s]	55.90[-3]	0.19[-3]	0.00[-3]	2.72[-3]	0.26[-3]	斯里兰卡
												东南亚
1.58[-5]	91.01[-5]	7.41[-5]	0.00[-5]	0.00[-5]	—[-5]	—	—	—	—	—	—	文莱达鲁萨兰国
—[-7]	17.93[-7,q,r]	—[-7]	43.00[-7,q,r]	28.44[-7,q,r]	10.62[-7,q,r]	—	—	—	—	—	—	柬埔寨
71.74[t]	23.41[t]	—	—	1.35[t]	—	74.60[t]	21.11[t]	—	—	0.89[t]	—	中国大陆
45.83[f]	47.96	0.12	0.00[m]	6.09	—	49.73[-1,f]	45.60[-1]	0.02[-1]	—[-1,m]	4.65[-1]	—[-1]	中国香港特别行政区
0.18[-1]	91.74[-1]	6.42[-1]	1.37[-1]	0.00[-1]	0.28[-1]	—	90.55	8.13	1.32	0.00	—	中国澳门特别行政区
14.69[-8,f,q]	84.51[-8]	0.15[-8]	0.00[-8,m]	—[-8]	0.65[-8]	—	—	—	—	—	—	印度尼西亚
75.27	17.67[r]	5.91[r]	0.74	0.42	—	75.48	17.30[r]	5.86[r]	0.83	0.52	—	日本
—	—	—	—	—	—	—	—	—	—	—	—	朝鲜民主主义人民共和国
71.08	27.40	0.90	0.41	0.21	—	75.68	22.83	0.73	0.46	0.30	—	韩国
36.01[-7,q]	8.00[-7,q]	2.00[-7,q]	0.00[-7,g]	53.99[-7,q]	—[-7]	—	—	—	—	—	—	老挝人民民主共和国
68.52	27.12	4.08	0.00	0.23	0.05	60.20[-1]	29.68[-1]	2.50[-1]	0.00[-1]	4.59[-1]	3.03[-1]	马来西亚
—	—	—	—	—	—	—	—	—	—	—	—	缅甸
61.96[-2]	26.08[-2]	6.38[-2]	0.91[-2]	4.12[-2]	0.55[-2]	—	—	—	—	—	—	菲律宾
52.14	40.38	1.54	—	5.95	—	53.37[-1]	38.54[-1]	2.18[-1]	—[-1]	5.91[-1]	—[-1]	新加坡
41.43	37.89	17.80	0.32	1.00	1.57	51.74[-2]	30.48[-2]	13.48[-2]	0.46[-2]	2.50[-2]	1.34[-2]	泰国
—	—	—	—	—	—	—	—	—	—	—	—	东帝汶
18.06[-7]	74.11[-7]	0.66[-7,f]	0.00[-7,g]	6.33[-7]	0.84[-7]	28.40[-2]	64.47[-2]	3.13[-2]	0.00[-2]	3.99[-2]	—[-2]	越南
												大洋洲
61.91[-1]	34.60[-1]	0.12[-1]	1.77[-1]	1.61[-1]	—[-1]	—	—	—	—	—	—	澳大利亚
39.01	44.72	8.30	2.84	5.22	—	39.96[-2]	41.41[-2]	9.45[-2]	2.78[-2]	6.32[-2]	—[-2]	新西兰
—	—	—	—	—	—	—	—	—	—	—	—	库克群岛
—	—	—	—	—	—	—	—	—	—	—	—	斐济
—	—	—	—	—	—	—	—	—	—	—	—	基里巴斯
—	—	—	—	—	—	—	—	—	—	—	—	马绍尔群岛
—	—	—	—	—	—	—	—	—	—	—	—	密克罗尼西亚
—	—	—	—	—	—	—	—	—	—	—	—	瑙鲁
—	—	—	—	—	—	—	—	—	—	—	—	纽埃
—	—	—	—	—	—	—	—	—	—	—	—	帕劳
—	—	—	—	—	—	—	—	—	—	—	—	巴布亚新几内亚
—	—	—	—	—	—	—	—	—	—	—	—	萨摩亚
—	—	—	—	—	—	—	—	—	—	—	—	所罗门群岛
—	—	—	—	—	—	—	—	—	—	—	—	汤加
—	—	—	—	—	—	—	—	—	—	—	—	图瓦卢
—	—	—	—	—	—	—	—	—	—	—	—	瓦努阿图

表 S3　2009—2013 年各国家和地区研发支出占国内生产总值的百分比，按照购买力平价（美元）计算

	研发支出占国内生产总值百分比					按当前购买力平价（美元）计算的研发支出（千元）		按当前购买力平价（美元）计算的人均研发支出	
	2009年	2010年	2011年	2012年	2013年	2009年	2013年	2009年	2013年
北美洲									
加拿大	1.92	1.84	1.79	1.72	1.63[v]	25 027 663	24 565 364[v]	741.5	698.2[v]
美国	2.82[o]	2.74[o]	2.77[o]	2.81[o,v]	—	406 000 000[o]	453 544 000[-1,o,v]	1 311.8[o]	1 428.5[-1,o,v]
拉丁美洲									
阿根廷	0.48	0.49	0.52	0.58	—	3 418 556	5 159 124[-1]	85.4	125.6[-1]
伯利兹	—	—	—	—	—	—	—	—	—
玻利维亚	0.16	—	—	—	—	78 248	—	7.8	—
巴西	1.15	1.20	1.20	1.24	—	28 401 334	35 780 779[-1]	146.8	180.1[-1]
智利	0.35	0.33	0.35	0.36	—	963 991	1 343 656[-1]	56.7	76.9[-1]
哥伦比亚	0.21	0.21	0.22	0.22	0.23	973 270	1 365 135	21.2	28.3
哥斯达黎加	0.54	0.48	0.47	—	—	287 185	285 072[-2]	62.4	60.2[-2]
厄瓜多尔	0.39	0.40	0.34	—	—	515 346	512 117[-2]	34.9	33.6[-2]
萨尔瓦多	0.08	0.07	0.03	0.03	—	33 277	14 554[-1]	5.4	2.3[-1]
危地马拉	0.06[q]	0.04[q]	0.05[q]	0.04[q]	—	51 110[q]	47 958[-1,q]	3.7[q]	3.2[-1,q]
圭亚那	—	—	—	—	—	—	—	—	—
洪都拉斯	0.04[-5]	—	—	—	—	9 214[-5]	—	1.4[-5]	—
墨西哥	0.43	0.45	0.42	0.43	0.50	7 008 035	9 984 730	60.2	81.6
尼加拉瓜	0.03[-7]	—	—	—	—	5 307[-7]	—	1.0[-7]	—
巴拿马	0.14	0.15	0.18	—	—	69 339	109 671[-2]	19.2	29.3[-2]
巴拉圭	0.05[-1]	—	0.06	0.09	—	21 903[-1]	41 865[-1]	3.5[-1]	6.3[-1]
秘鲁	0.16[-5]	—	—	—	—	263 109[-5]	—	9.6[-5]	—
苏里南共和国	—	—	—	—	—	—	—	—	—
乌拉圭	0.44	0.41	0.42	0.24	—	218 160	151 748[-1]	64.9	44.7[-1]
委内瑞拉	—	—	—	—	—	—	—	—	—
加勒比地区									
安提瓜和巴布达	—	—	—	—	—	—	—	—	—
巴哈马	—	—	—	—	—	—	—	—	—
巴巴多斯	—	—	—	—	—	—	—	—	—
古巴	0.61	0.61	0.27[s]	0.41[s]	0.47	1 199 443	582 720[-2,s]	106.3	51.7[-2,s]
多米尼克	—	—	—	—	—	—	—	—	—
多米尼加共和国	—	—	—	—	—	—	—	—	—
格林纳达	—	—	—	—	—	—	—	—	—
海地	—	—	—	—	—	—	—	—	—
牙买加	0.06[-7]	—	—	—	—	8 586[-8]	—	3.3[-8]	—
圣基茨和尼维斯	—	—	—	—	—	—	—	—	—
圣卢西亚	—	—	—	—	—	—	—	—	—
圣文森特和格林纳丁斯	0.12[-7]	—	—	—	—	874[-7]	—	8.1[-7]	—
特立尼达和多巴哥	0.06	0.05	0.04	0.05	—	21 309	19 232[-1]	16.1	14.4[-1]
欧盟									
奥地利	2.61	2.74[r]	2.68	2.81[r]	2.81[r,v]	8 860 472	10 752 629[r,v]	1 058.4	1 265.7[r,v]
比利时	1.97	2.05	2.15	2.24[r]	2.28[v]	8 044 797	10 603 427[v]	740.6	954.9[v]
保加利亚	0.51	0.59	0.55	0.62	0.65	548 901	742 690	73.7	102.8
克罗地亚	0.84	0.74	0.75	0.75	0.81	725 389	739 806	166.8	172.5
塞浦路斯	0.49	0.49	0.50	0.47	0.52[v]	124 114	127 783[v]	113.8	112.0[v]
捷克共和国	1.30	1.34	1.56	1.79	1.91	3 660 339	5 812 939	349.1	543.2
丹麦	3.07	2.94	2.97	3.02	3.06[r,v]	6 717 152	7 513 404[r,v]	1 215.9	1 337.1[r,v]
爱沙尼亚	1.40	1.58	2.34	2.16	1.74	376 400	592 193	288.9	460.0
芬兰	3.75	3.73	3.64	3.43	3.32	7 514 757	7 175 592	1 406.2	1 322.4[r,v]
法国	2.21	2.18[s]	2.19	2.23	2.23[v]	49 757 013	55 218 177[s,v]	791.2	858.9[s,v]
德国	2.73	2.72	2.80	2.88	2.85[r,v]	82 822 155	100 991 319[r,v]	995.7	1 220.8[r,v]
希腊	0.63[r]	0.60[r]	0.67	0.69	0.80	2 130 452[r]	2 273 861	192.0[r]	204.3
匈牙利	1.14	1.15	1.20	1.27	1.41	2 382 736	3 249 569	237.5	326.4
爱尔兰	1.63[r]	1.62[r]	1.53[r]	1.58[r]	—	3 066 688[r]	3 271 465[-1,r]	695.3[r]	714.9[-1,r]
意大利	1.22	1.22	1.21	1.26	1.25[v]	24 648 791	26 520 408[v]	409.3	434.8[v]
拉脱维亚	0.46	0.60	0.70	0.66	0.60	165 357	271 937	78.3	132.6
立陶宛	0.84	0.79	0.91	0.91	0.96	479 801	723 289	154.7	239.7
卢森堡	1.72	1.50	1.41	1.16[s]	1.16[v]	683 894	571 469[s,v]	1 373.0	1 077.5[s,v]
马耳他	0.54	0.68	0.72	0.90	0.89[v]	58 056	109 275[v]	137.3	254.7[v]
荷兰	1.69	1.72	1.89[s]	1.97	1.98[v]	12 370 154	15 376 725[s,v]	746.9	917.5[s,v]
波兰	0.67	0.72	0.75	0.89	0.87	4 864 696	7 918 126	127.4	207.2
葡萄牙	1.58	1.53	1.46	1.37	1.36[v]	4 376 952	3 942 649[v]	413.7	371.7[v]
罗马尼亚	0.47	0.46	0.50s	0.49	0.39	1 487 584	1 480 720[s]	67.9	68.2[s]
斯洛伐克	0.47	0.62	0.67	0.81	0.83	592 782	1 190 627	109.3	218.5
斯洛文尼亚	1.82	2.06	2.43[s]	2.58	2.59	1 019 332	1 537 841[s]	498.6	742.2[s]
西班牙	1.35	1.35	1.32	1.27	1.24	20 554 768	19 133 196	449.2	407.7
瑞典	3.42	3.22[r]	3.22	3.28[r]	3.30[q]	12 599 701	14 151 281[q]	1 353.3	1 478.5[q]
英国	1.75[r]	1.69r	1.69	1.63[r]	1.63[r,v]	39 432 832[r]	39 858 849[r,v]	639.1[r]	631.3[r,v]
东南欧									
阿尔巴尼亚	0.15[-1,q]	—	—	—	—	39 832[-1,q]	—	12.6[-1,q]	—
波黑	0.02[q]	—	—	0.27[s]	0.33	7 027[q]	119 480[s]	1.8[q]	31.2[s]
马其顿共和国	0.20	0.22	0.22	0.33	0.47	45 820	113 957	21.8	54.1
黑山	1.15[-2]	—	0.41[s]	—	0.38[s]	88 338[-2]	33 218[s]	143.0[-2]	53.5[s]
塞尔维亚	0.87	0.74	0.72	0.91	0.73	748 598	677 967	77.2	71.3
欧洲其他国家和西亚地区									
亚美尼亚	0.29[q]	0.24[q]	0.27[q]	0.25[q]	0.24[q]	53 140[q]	54 826[q]	17.9[q]	18.4[q]
阿塞拜疆	0.25	0.22	0.21	0.22	0.21	332 970	341 284	37.1	36.3
白俄罗斯	0.64	0.69	0.70	0.67	0.69	860 424	1 145 209	90.3	122.4
格鲁吉亚	0.18[-4]	—	—	—	0.13[s,u]	32 338[-4]	42 214[s,u]	7.2[-4]	9.7[s,u]
伊朗伊斯兰共和国	0.31[i]	0.31[i]	—	—	—	3 345 394[i]	3 521 024[-3,i]	45.5[i]	47.3[-3,i]
以色列	4.15[p]	3.96[p]	4.10[p]	4.25[p]	4.21[p]	8 506 846[p]	11 032 853[p]	1 169.5[p]	1 426.7[p]

	研发支出占国内生产总值百分比					按当前购买力平价（美元）计算的研发支出（千元）		按当前购买力平价（美元）计算的人均研发支出	
	2009年	2010年	2011年	2012年	2013年	2009年	2013年	2009年	2013年
摩尔多瓦	0.53	0.44	0.40	0.42	0.35	66 168	58 989	18.4	16.9
俄罗斯	1.25	1.13	1.09	1.12	1.12	34 654 585	40 694 501	241.2	284.9
土耳其	0.85	0.84	0.86	0.92	0.95	8 867 131	13 315 099	124.5	177.7
乌克兰	0.86	0.83	0.74	0.75	0.77	2 867 129	3 067 360	62.0	67.8
欧洲自由贸易联盟									
冰岛	2.66	—	2.49[s]	—	—	337 939	314 837[-2,s]	1 076.9	977.6[-2,s]
列支敦士登	—	—	—	—	—	—	—	—	—
挪威	1.76	1.68	1.65	1.65	1.69	4 676 887	5 519 606	967.2	1 094.6
瑞士	2.73[-1]	—	—	2.96	—	10 525 201[-1]	13 251 396[-1]	1 375.3[-1]	1 657.0[-1]
撒哈拉以南非洲									
安哥拉	—	—	—	—	—	—	—	—	—
贝宁	—	—	—	—	—	—	—	—	—
博茨瓦纳	0.53[-4]	—	—	0.26[s]	—	102 226[-4]	76 096[-1,s]	54.5[-4]	38.0[-1,s]
布基纳法索	0.20	—	—	—	—	39 877	—	2.6	—
布隆迪	0.14[q]	0.14[q]	0.12[q]	—	—	9 014[q]	8 460[-2,q]	1.0[q]	0.9[-2,q]
佛得角	—	—	0.07[l,q]	—	—	—	2 211[-2,l,q]	—	4.5[-2,l,q]
喀麦隆	—	—	—	—	—	—	—	—	—
中非	—	—	—	—	—	—	—	—	—
乍得	—	—	—	—	—	—	—	—	—
科摩罗	—	—	—	—	—	—	—	—	—
刚果	—	—	—	—	—	—	—	—	—
刚果民主共和国	0.08[k,u]	—	—	—	—	30 743[k,u]	—	0.5[k,u]	—
科特迪瓦	—	—	—	—	—	—	—	—	—
吉布提	—	—	—	—	—	—	—	—	—
赤道几内亚	—	—	—	—	—	—	—	—	—
厄立特里亚	—	—	—	—	—	—	—	—	—
埃塞俄比亚	0.17[-2,q]	0.24[s]	—	—	0.61	111 769[-2,q]	787 350[s]	1.4[-2,q]	8.4[s]
加蓬	0.58	—	—	—	—	137 154	—	90.3	—
冈比亚	0.02[q]	—	0.13[b]	—	—	445[q]	3 544[-2,b]	0.3[q]	2.0[-2,b]
加纳	0.23[-2]	0.38[s]	—	—	—	133 220[-2]	274 351[-3,s]	5.9[-2]	11.3[-3,s]
几内亚	—	—	—	—	—	—	—	—	—
几内亚比绍	—	—	—	—	—	—	—	—	—
肯尼亚	0.36[-2,q]	0.79[s]	—	—	—	305 213[-2,q]	788 126[-3,s]	8.1[-2,q]	19.3[-3,s]
莱索托	0.03[q]	—	0.01[l,q]	—	—	1 200[q]	599[-2,l,q]	0.6[q]	0.3[-2,l,q]
利比里亚	—	—	—	—	—	—	—	—	—
马达加斯加	0.15[q]	0.11[q,s]	0.11[q]	—	—	41 544[q]	31 484[-2,q,s]	2.0[q]	1.5[-2,q,s]
马拉维	—	—	—	—	—	—	—	—	—
马里	0.25[-2,i,q]	0.66[h]	—	—	—	47 068[-2,i,q]	150 785[-3,h]	3.7[-2,i,q]	10.8[-3,h]
毛里求斯	0.37[-4,b,u]	—	—	0.18[h,s]	—	51 912[-4,b,u]	38 584[-1,h,s]	42.8[-4,b,u]	31.1[-1,h,s]
莫桑比克	0.16[-1,h,j,q]	0.42[h,s]	—	—	—	30 012[-1,h,j,q]	92 445[-3,h,s]	1.3[-1,h,j,q]	3.9[-3,h,s]
纳米比亚	—	0.14[i,q]	—	—	—	—	25 516[-3,i,q]	—	11.7[-3,i,q]
尼日尔	—	—	—	—	—	—	—	—	—
尼日利亚	0.22[-2,h]	—	—	—	—	1 374 841[-2,h]	—	9.3[-2,h]	—
卢旺达	—	—	—	—	—	—	—	—	—
圣多美和普林西比	—	—	—	—	—	—	—	—	—
塞内加尔	0.37[-1]	0.54	—	—	—	93 586[-1]	149 726[-3]	7.6[-1]	11.6[-3]
塞舌尔	0.30[-4]	—	—	—	—	3 955[-4]	—	45.4[-4]	—
塞拉利昂	—	—	—	—	—	—	—	—	—
索马里	—	—	—	—	—	—	—	—	—
南非	0.84	0.74	0.73	0.73	—	4 818 930	4 824 364[-1]	94.7	92.1[-1]
南苏丹	—	—	—	—	—	—	—	—	—
斯威士兰	—	—	—	—	—	—	—	—	—
坦桑尼亚	0.34[-2,h,q]	0.38[h,q]	—	—	—	251 377[-2,h,q]	348 185[-3,h,q]	6.1[-2,h,q]	7.7[-3,h,q]
多哥	—	0.25[h]	—	0.22[h]	—	—	19 622[-1,h]	—	3.0[-1,h]
乌干达	0.36	0.48	—	—	—	170 176	240 005[-3]	5.2	7.1[-3]
赞比亚	0.28[-1]	—	—	—	—	101 149[-1]	—	8.1[-1]	—
津巴布韦	—	—	—	—	—	—	—	—	—
阿拉伯国家									
阿尔及利亚	0.07[-4,q]	—	—	—	—	241 164[-4,q]	—	7.1[-4,q]	—
巴林	0.04[l,q]	0.04[l,q]	0.04[l,q]	0.04[l,q]	0.04[l,q]	18 124[l,q]	24 516[l,q]	15.2[l,q]	18.4[l,q]
埃及	0.43[h]	0.43[h]	0.53[h]	0.54[h]	0.68[h]	3 306 085[h]	6 169 203[h]	43.1[h]	75.2[h]
伊拉克	0.05[h,u]	0.04[h,u]	0.03[h,u]	—	—	159 710[h,u]	146 269[-2,h,u]	5.3[h,u]	4.6[-2,h,u]
约旦	0.43[-1]	—	—	—	—	263 201[-1]	—	44.5[-1]	—
科威特	0.11[k,q]	0.10[k,q]	0.10[k,q]	0.10[k,q]	0.30[h,s]	249 477[k,q]	264 911[-1,k,q]	87.5[k,q]	81.5[-1,k,q]
黎巴嫩	—	—	—	—	—	—	—	—	—
利比亚	—	—	—	—	—	—	—	—	—
毛里塔尼亚	—	—	—	—	—	—	—	—	—
摩洛哥	0.64[-3]	0.73	—	—	—	1 030 143[-3]	1 494 848[-3]	33.9[-3]	47.2[-3]
阿曼	—	—	0.13[r]	0.21	0.17	—	309 780[-1]	—	93.5[-1]
巴勒斯坦	—	—	—	—	—	—	—	—	—
卡塔尔	—	—	—	0.47	—	—	1 296 303[-1]	—	632.2[-1]
沙特阿拉伯	0.07[q]	—	—	—	—	832 203[q]	—	31.1[q]	—
苏丹	0.30[-4,b,r]	—	—	—	—	298 413[-4,b,r]	—	9.4[-4,b,r]	—
阿拉伯叙利亚共和国	—	—	—	—	—	—	—	—	—
突尼斯	0.71	0.68	0.71	0.68	—	728 030	790 712[-1]	69.3	72.7[-1]
阿拉伯联合酋长国	—	—	0.49[r]	—	—	—	2 461 027[-2,r]	—	275.7[-2,r]
也门	—	—	—	—	—	—	—	—	—
中亚									
哈萨克斯坦	0.23	0.15	0.16	0.17	0.17	661 567	691 400	42.0	42.1
吉尔吉斯斯坦	0.16	0.16	0.16	—	—	23 648	25 179[-2]	4.5	4.7[-2]

表 S3 2009—2013 年各国家和地区研发支出占国内生产总值的百分比，按照购买力平价（美元）计算（续表）

	研发支出占国内生产总值百分比					按当前购买力平价（美元）计算的研发支出（千元）		按当前购买力平价（美元）计算的人均研发支出	
	2009年	2010年	2011年	2012年	2013年	2009年	2013年	2009年	2013年
蒙古	0.30[q]	0.28[q]	0.27[q]	0.28[q]	0.25[q]	48 720[q]	68 029[q]	18.2[q]	24.0[q]
塔吉克斯坦	0.09[h]	0.09[h]	0.12[h]	0.11[h]	0.12[h]	12 546[h]	24 269[h]	1.7[h]	3.0[h]
土库曼斯坦	—	—	—	—	—	—	—	—	—
乌兹别克斯坦	—	—	—	—	—	—	—	—	—
南亚									
阿富汗	—	—	—	—	—	—	—	—	—
孟加拉国	—	—	—	—	—	—	—	—	—
不丹	—	—	—	—	—	—	—	—	—
印度	0.82	0.80[r]	0.82[r]	—	—	39 400 485	48 062 976[-2,r]	33.1	39.4[-2,r]
马尔代夫	—	—	—	—	—	—	—	—	—
尼泊尔	0.26[q,u]	0.30[q,u]	—	—	—	128 477[q,u]	158 906[-3,q,u]	4.8[q,u]	5.9[-3,q,u]
巴基斯坦	0.45[h]	—	0.33[h]	—	0.29[h]	3 118 457[h]	2 443 292[h]	18.3[h]	13.4[h]
斯里兰卡	0.11[-1]	0.16	—	—	—	153 681[-1]	240 005[-3]	7.5[-1]	11.6[-3]
东南亚									
文莱达鲁萨兰国	0.04[-5,q]	—	—	—	—	8 708[-5,q]	—	24.1[-5,q]	—
柬埔寨	0.05[-7,q,r]	—	—	—	—	7 901[-7,q,r]	—	0.6[-7,q,r]	—
中国大陆	1.70	1.76	1.84	1.98	2.08	184 170 641	336 577 729	136.3	242.9
中国香港特别行政区	0.77	0.75	0.72	0.73	—	2 369 983	2 663 088[-1]	338.2	372.5[-1]
中国澳门特别行政区	0.05[q]	0.05[q]	0.04[q]	0.05[q]	0.05[q]	21 945[q]	41 151[q]	42.1[q]	72.7[q]
印度尼西亚	0.08[q,r]	—	—	—	0.09[r]	1 466 763[q,r]	2 126 345[r]	6.2[q,r]	8.5[r]
日本	3.36	3.25	3.38	3.34	3.47	136 953 957	160 246 832	1 075.4	1 260.4
朝鲜民主主义人民共和国	—	—	—	—	—	—	—	—	—
韩国	3.29	3.47	3.74	4.03	4.15	45 987 242	68 937 037	954.8	1 399.4
老挝人民民主共和国	0.04[-7,q]	—	—	—	—	4 289[-7,q]	—	0.8[-7,q]	—
马来西亚	1.01	1.07	1.06	1.13	—	5 248 826	7 351 372[-1]	188.9	251.4[-1]
缅甸	0.16[-7,q]	—	—	—	—	—	—	—	—
菲律宾	0.11[-2]	—	—	—	—	477 841[-2]	—	5.4[-2]	—
新加坡	2.16	2.01	2.16	2.02	—	6 612 088	8 152 867[-1]	1 331.9	1 537.3[-1]
泰国	0.25	—	0.39	—	—	1 915 168	3 303 858[-2]	28.9	49.6[-2]
东帝汶	—	—	—	—	—	—	—	—	—
越南	0.18[-7]	—	0.19	—	—	340 429[-7]	789 059[-2]	4.1[-7]	8.8[-2]
大洋洲									
澳大利亚	2.40[-1]	2.39[r]	2.25[r]	—	—	19 132 997[-1]	20 955 599[-2,r]	883.9[-1]	921.5[-2,r]
新西兰	1.28	—	1.27	—	—	1 655 439	1 766 588[-2]	382.9	400.2[-2]
库克群岛	—	—	—	—	—	—	—	—	—
斐济	—	—	—	—	—	—	—	—	—
基里巴斯	—	—	—	—	—	—	—	—	—
马绍尔群岛	—	—	—	—	—	—	—	—	—
密克罗尼西亚	—	—	—	—	—	—	—	—	—
瑙鲁	—	—	—	—	—	—	—	—	—
纽埃	—	—	—	—	—	—	—	—	—
帕劳	—	—	—	—	—	—	—	—	—
巴布亚新几内亚	—	—	—	—	—	—	—	—	—
萨摩亚	—	—	—	—	—	—	—	—	—
所罗门群岛	—	—	—	—	—	—	—	—	—
汤加	—	—	—	—	—	—	—	—	—
图瓦卢	—	—	—	—	—	—	—	—	—
瓦努阿图	—	—	—	—	—	—	—	—	—

注释：联合国教科文组织统计局（简称 UIS），2015 年 8 月

背景数据来源：

国内生产总值和购买力平价转换因数（每国际美元的当地货币）：世界银行；2015 年 4 月世界发展指示数

人口：2013 年联合国经济与社会事务部人口司；《世界人口展望：2012 年回顾》

注：请参阅表 S10 下面对所有表格的提示信息。

表 S4　2008 年和 2013 年各国家和地区高等教育的公共支出情况

	高等教育的公共支出与国内生产总值的百分比%		高校学生人均公共支出与人均国内生产总值的百分比%		高等教育公共支出与教育方面公共支出总额之比%	
	2008年	2013年	2008年	2013年	2008年	2013年
北美洲						
加拿大	1.61	1.88[-2]	—	—	34.44	35.60[-2]
美国	1.24	1.36[-2]	20.43	20.08[-2]	23.33	26.11[-2]
拉丁美洲						
阿根廷	0.77	1.02[-1]	13.29	15.44[-1]	17.66	19.94[-1]
伯利兹	0.52	0.59[-1]	25.90	22.66[-1]	9.19	—
玻利维亚	2.05	1.61[-1]	—	—	29.09	25.00[-1]
巴西	0.86	1.04[-1]	27.67	28.49[-1]	15.91	16.37[-1]
智利	0.55	0.96[-1]	11.51	15.01[-1]	14.51	21.12[-1]
哥伦比亚	0.86	0.87	26.17	20.01	22.05	17.73
哥斯达黎加	—	1.43	—	33.83	—	20.75
厄瓜多尔	1.08[+2]	1.11[-1]	—	—	26.58[+2]	26.66[-1]
塞尔瓦多	0.42[+1]	0.29[-2]	17.85[+1]	11.18[-2]	10.46[+1]	8.39[-2]
危地马拉	0.34	0.35	—	18.43	10.80	12.30
圭亚那	0.25[+1]	0.16[-1]	27.06[+1]	14.52[-1]	7.34[+1]	5.06[-1]
洪都拉斯	0.89[+2]	1.08	39.92[+2]	47.74	—	18.49
墨西哥	0.92	0.93[-2]	40.16	37.34[-2]	18.86	18.13[-2]
尼加拉瓜	1.14[+2]	1.14[-3]	—	—	26.05[+2]	26.05[-3]
巴拿马	—	0.74[-1]	—	20.13[-1]	—	—
巴拉圭	0.70[+2]	1.11[-1]	20.03[+2]	—	18.54[+2]	22.40[-1]
秘鲁	0.45	0.55	—	—	15.71	16.82
苏里南	—	—	—	—	—	—
乌拉圭	—	1.19[-2]	—	—	—	26.83[-2]
委内瑞拉	1.55[+1]	—	20.92[+1]	—	22.60[+1]	—
加勒比地区						
安提瓜和巴布达	0.19[+1]	—	15.63[+1]	—	7.35[+1]	—
巴哈马群岛	—	—	—	—	—	—
巴巴多斯	1.53	2.08	—	—	30.09	—
古巴	5.34	4.47[-3]	61.10	62.99[-3]	37.98	34.83[-3]
多米尼克	—	—	—	—	—	—
多米尼加共和国	—	—[-1]	—	—[-1]	—	—[-1]
格林纳达	—	—	—	—	—	—
海地	—	—	—	—	—	—
牙买加	0.97	1.10	42.38	40.09	15.71	17.61
圣基茨和尼维斯	—	—	—	—	—	—
圣卢西亚	0.24[+1]	0.21[-2]	14.66[+1]	14.54[-2]	6.30[+1]	5.01[-2]
圣文森特和格林纳丁斯	0.31[+1]	0.36[-3]	—	—	5.42[+1]	7.01[-3]
特立尼达和多巴哥	—	—	—	—	—	—
欧盟						
奥地利	1.44	1.51[-2]	42.09	35.00[-2]	27.19	26.86[-2]
比利时	1.34	1.43[-1]	35.66	33.33[-1]	21.32	22.00[-2]
保加利亚	0.84	0.62[-2]	23.70	16.04[-2]	19.40	16.98[-2]
克罗地亚	0.94	0.92[-2]	28.99	25.61[-2]	21.96	22.16[-2]
塞浦路斯	1.85	1.48[-2]	57.03	39.23[-2]	24.99	20.45[-2]
捷克共和国	0.89	1.11[-2]	23.54	26.00[-2]	23.71	25.79[-2]
丹麦	2.12	2.39[-2]	50.50	51.31[-2]	28.30	27.90[-2]
爱沙尼亚	1.10	1.28[-2]	21.51	24.56[-2]	19.87	25.09[-2]
芬兰	1.81	2.06[-1]	31.11	36.14[-1]	31.00	28.56[-1]
法国	1.21	1.23[-1]	35.94	35.28[-1]	22.20	22.34[-1]
德国	1.18	1.35[-2]	—	—	26.65	28.13[-2]
希腊	—	—	—	—	—	—
匈牙利	1.01	0.80[-1]	24.39	20.93[-1]	20.01	23.39[-2]
爱尔兰	1.27	1.27[-2]	32.00	29.64[-2]	23.26	21.73[-2]
意大利	0.81	0.80[-2]	23.56	24.19[-2]	18.33	19.36[-2]
拉脱维亚	0.99	0.95[-1]	16.88	19.93[-1]	17.33	20.72[-1]
立陶宛	1.03	1.47[-2]	16.15	23.82[-2]	21.20	28.45[-2]
卢森堡	—	—	—	—	—	—
马耳他	1.03	1.50[-1]	44.71	51.52[-1]	17.69	22.17[-1]
荷兰	1.42	1.59[-1]	38.82	33.51[-1]	27.77	28.79[-1]
波兰	1.04	1.11[-2]	18.35	20.55[-2]	20.54	22.82[-2]
葡萄牙	0.91	1.01[-2]	25.47	26.88[-2]	19.34	19.70[-2]
罗马尼亚	1.20[+1]	0.78[-1]	22.24[+1]	—	28.28[+1]	26.16[-1]
斯洛伐克	0.76	0.94[-1]	17.89	23.08[-1]	21.53	23.98[-1]
斯洛文尼亚	1.19	1.35[-2]	20.83	25.83[-2]	23.30	24.20[-2]
西班牙	1.04	0.97[-1]	26.80	23.18[-1]	23.08	22.31[-1]
瑞典	1.73	1.89[-2]	39.11	38.47[-2]	27.01	29.08[-2]
英国	0.80	1.27[-2]	21.18	32.01[-2]	15.71	22.10[-2]
东南欧						
阿尔巴尼亚	—	—	—	—	—	—
波斯尼亚和黑塞哥维那	—	—	—	—	—	—
马其顿共和国	—	—	—	—	—	—
黑山共和国	—	—	—	—	—	—
塞尔维亚	1.29	1.29[-1]	39.75	40.06[-1]	27.30	29.12[-1]
欧洲其他国家和西亚地区						
亚美尼亚	0.36	0.20	7.54	5.07	11.29	8.72
阿塞拜疆	0.28	0.36[-2]	13.45	18.05[-2]	11.34	14.63[-2]
白俄罗斯	0.91[+1]	0.93	15.56[+1]	15.62	20.07[+1]	17.58
格鲁吉亚	0.34	0.38[-1]	11.40	17.18[-1]	11.58	19.17[-1]

表 S4　2008 年和 2013 年各国家和地区高等教育的公共支出情况（续表）

	高等教育的公共支出与国内生产总值的百分比%		高校学生人均公共支出与人均国内生产总值的百分比%		高等教育公共支出与教育方面公共支出总额之比%	
	2008年	2013年	2008年	2013年	2008年	2013年
伊朗伊斯兰共和国	0.99	0.84	20.95	14.77	20.67	22.94
以色列	0.89	0.91^{-2}	20.10	19.41^{-2}	16.00	16.22^{-2}
摩尔多瓦共和国	1.54	1.47^{-1}	38.18	41.83^{-1}	18.65	17.56^{-1}
俄罗斯联邦	0.95	—	14.25	—	23.11	—
土耳其	—	—	—	—	—	—
乌克兰	2.03	2.16^{-1}	32.93	41.17^{-1}	31.53	32.41^{-1}
欧洲自由贸易联盟						
冰岛	1.42	1.37^{-2}	27.17	23.17^{-2}	19.70	19.42^{-2}
列支敦士登	—	—	—	—	—	—
挪威	2.05	1.96^{-2}	45.91	42.23^{-2}	31.99	29.89^{-2}
瑞士	1.27^{+1}	1.33^{-1}	42.19^{+1}	39.40^{-1}	25.14^{+1}	26.31^{-1}
撒哈拉以南非洲						
安哥拉	—	—	—	—	—	—
贝宁	0.72	1.05	102.67	—	17.64	21.04
博茨瓦纳	3.94^{+1}	—	159.02^{+1}	—	41.51^{+1}	—
布基纳法索	0.74^{+2}	0.93	225.08^{+2}	210.92	18.84^{+2}	21.72
布隆迪	1.10	1.31	434.66	297.08	21.21	24.23
佛得角	0.62	0.78	45.28	29.76	11.27	15.82
喀麦隆	0.26	0.23^{-1}	34.74	—	8.85	7.77^{-1}
中非共和国	0.23	0.34^{-2}	99.63	111.93^{-2}	17.48	27.29^{-2}
乍得	0.29^{+1}	0.37^{-2}	159.53^{+1}	182.41^{-2}	12.38^{+1}	16.28^{-2}
科摩罗	1.14	—	—	—	14.61	—
刚果	0.68^{+2}	0.71	—	84.71	10.87^{+2}	—
刚果民主共和国	0.37^{+2}	0.37^{-3}	—	—	24.00^{+2}	24.00^{-3}
科特迪瓦	—	—	—	—	—	—
吉布提	0.74^{+2}	0.74^{-3}	191.60^{+2}	191.60^{-3}	16.50^{+2}	16.50^{-3}
赤道几内亚	—	—	—	—	—	—
厄立特里亚国	—	—	—	—	—	—
埃塞俄比亚	0.16^{+2}	0.16^{-3}	24.21^{+2}	24.21^{-3}	3.54^{+2}	3.54^{-3}
加蓬	—	—	—	—	—	—
冈比亚	0.32	0.30^{-1}	—	—	9.03	7.36^{-1}
加纳	1.49	1.07^{-2}	180.80	92.78^{-2}	25.85	13.13^{-2}
几内亚	0.84	1.23	107.93	131.61	34.42	34.64
几内亚比绍	—	—	—	—	—	—
肯尼亚	—	—	—	—	—	—
莱索托	4.72	—	—	—	36.38	—
利比里亚	—	0.10^{-1}	—	9.34^{-1}	—	3.56^{-1}
马达加斯加	0.45	0.29	143.53	67.49	15.36	13.74
马拉维	1.30^{+2}	2.18	—	—	29.80^{+2}	28.36
马里	0.61	0.85^{-1}	118.71	130.04^{-1}	16.06	20.34^{-1}
毛里求斯	0.33	0.29	15.85	8.92	10.21	8.02
莫桑比克	—	0.91	—	183.43	—	13.69
纳米比亚	0.64	1.93^{-3}	—	—	9.91	23.09^{-3}
尼日尔	0.34	0.80^{-1}	396.20	631.00^{-1}	9.41	17.61^{-1}
尼日利亚	—	—	—	—	—	—
卢旺达	0.96	0.71	217.70	104.75	25.41	14.02
圣多美与普林西比	—	—	—	—	—	—
塞内加尔	1.24	1.38^{-3}	166.00	193.48^{-3}	24.55	24.57^{-3}
塞舌尔	—	1.18^{-2}	—	545.71^{-2}	—	32.51^{-2}
塞拉利昂	0.50	0.73	—	—	20.83	25.93
索马里	—	—	—	—	—	—
南非	0.63	0.74	—	38.73	13.01	12.41
南苏丹	—	0.20^{-2}	—	—	—	25.34^{-2}
斯威士兰	1.62	1.01^{-2}	—	—	21.55	12.84^{-2}
坦桑尼亚	1.27	0.76^{+1}	—	—	29.85	21.40^{+1}
多哥	0.69	0.98	—	102.75	20.10	22.21
乌干达	0.37^{+1}	0.30	108.51^{+1}	—	11.30^{+1}	13.76
赞比亚	—	—	—	—	—	—
津巴布韦	0.27^{+1}	0.45^{-3}	—	62.00^{-3}	—	22.82^{-3}
阿拉伯国家						
阿尔及利亚	1.17	—	—	—	26.97	—
巴林岛	—	0.60	—	—	—	—
埃及	—	—	—	—	—	—
伊拉克	—	—	—	—	—	—
约旦	—	—	—	—	—	—
科威特	—	—	—	—	—	—
黎巴嫩	0.59	0.74	12.55	15.55	28.98	28.74
利比亚	—	—	—	—	—	—
毛里塔尼亚	0.67	0.46	190.41	93.30	16.72	11.58
摩洛哥	0.90	1.11	70.73	—	16.23	17.70
阿曼	1.13^{+1}	—	39.60^{+1}	—	26.88^{+1}	—
巴勒斯坦	—	—	—	—	—	—
卡塔尔	—	—	—	—	—	—
沙特阿拉伯	—	—	—	—	—	—
苏丹	—	—	—	—	—	—
阿拉伯叙利亚共和国	1.15	1.24^{-4}	44.77	49.00^{-4}	24.94	24.22^{-4}
突尼斯	1.57	1.75	—	56.59	25.00	—
阿拉伯联合酋长国	—	—	—	—	—	—
也门	—	—	—	—	—	—

	高等教育的公共支出与国内生产总值的百分比%		高校学生人均公共支出与人均国内生产总值的百分比%		高等教育公共支出与教育方面公共支出总额之比%	
	2008年	2013年	2008年	2013年	2008年	2013年
中亚						
哈萨克斯坦	0.36	0.40^{-4}	—	—	13.90	13.13^{-4}
吉尔吉斯斯坦	0.97	0.89^{-1}	19.04	—	16.44	12.03^{-1}
蒙古	0.36^{+2}	0.21^{-2}	5.89^{+2}	3.37^{-2}	6.68^{+2}	3.83^{-2}
塔吉克斯坦	0.49	0.46	18.93	19.33	14.25	—
土库曼斯坦	—	0.28^{-1}	—	—	—	9.23^{-1}
乌兹别克斯坦	—	—	—	—	—	—
南亚						
阿富汗	—	—	—	—	—	—
孟加拉国	0.27	0.23^{-2}	30.83	17.44^{-2}	13.26	—
不丹	0.93	1.02	150.89	102.12	19.40	18.23
印度	1.17^{+1}	1.28^{-1}	74.31^{+1}	54.88^{-1}	36.45^{+1}	33.19^{-1}
马尔代夫	—	0.58^{-1}	—	—	—	9.35^{-1}
尼泊尔	0.51	0.50^{-3}	46.63	35.39^{-3}	13.46	10.65^{-3}
巴基斯坦	—	0.80	—	75.18	—	32.23
斯里兰卡	0.37^{+1}	0.32^{-1}	—	24.19^{-1}	18.19^{+1}	18.73^{-1}
东南亚						
文莱达鲁萨兰国	0.50^{+2}	1.20^{+1}	32.22^{+2}	57.09^{+1}	24.38^{+2}	31.92^{+1}
柬埔寨	0.38^{+2}	0.38^{-3}	27.83^{+2}	27.83^{-3}	14.54^{+2}	14.54^{-3}
中国大陆	—	—	—	—	—	—
中国香港特别行政区	1.02	1.16^{-1}	27.81	30.37^{-1}	31.16	33.02^{-1}
中国澳门特别行政区	0.82	2.28^{-1}	16.30	49.03^{-1}	36.64	68.14^{-1}
印度尼西亚	0.32	0.61^{-1}	16.89	24.27^{-1}	10.98	17.18^{-1}
日本	0.65	0.76	21.09	—	18.86	20.00
朝鲜民主主义人民共和国	—	—	—	—	—	—
韩国	0.62	0.86	9.49	—	13.92	—
老挝人民民主共和国	—	—	—	—	—	—
马来西亚	2.15^{+1}	2.19^{-2}	59.63^{+1}	60.88^{-2}	35.94^{+1}	36.97^{-2}
缅甸	—	—	—	—	—	—
菲律宾	0.28	0.32^{-4}	9.66	10.51^{-4}	10.42	11.96^{-4}
新加坡	0.91	1.04	—	22.59	32.59	35.28
泰国	0.79	0.71^{-1}	21.63	19.52^{-1}	21.18	14.42^{-1}
东帝汶	0.93^{+1}	1.87^{-2}	58.52^{+1}	—	8.14^{+1}	19.79^{-2}
越南	1.08	1.05^{-1}	55.71	41.24^{-1}	22.16	16.67^{-1}
大洋洲						
澳大利亚	1.04	1.18^{-2}	19.78	19.99^{-2}	22.46	23.20^{-2}
新西兰	1.62	1.86^{-1}	27.94	31.46^{-1}	28.92	25.33^{-1}
库克群岛	—	a	—	a	—	a
斐济	—	0.56^{-2}	—	—	—	12.96^{-2}
基里巴斯	—	—	—	—	—	—
马绍尔群岛	—	—	—	—	—	—
密克罗尼西亚	—	—	—	—	—	—
瑙鲁	—	—	—	—	—	—
纽埃	—	—	—	—	—	—
帕劳	—	—	—	—	—	—
巴布亚新几内亚	—	—	—	—	—	—
萨摩亚	—	—	—	—	—	—
所罗门群岛	—	—	—	—	—	—
汤加	—	—	—	—	—	—
图瓦卢	—	—	—	—	—	—
瓦努阿图	0.34	—	—	—	5.86	—

来源：联合国教科文组织统计研究所。

注：请参阅表 S10 下面对所有表格的提示信息。

表 S5　2008 年和 2013 年各国家和地区大学毕业生情况及 2013 年科学、工程学、农业和卫生领域毕业生情况

	2008年		2013年					
	大学毕业生		大学毕业生		科学			
	总人数 (千人)	女性 (%)	总人数 (千人)	女性 (%)	大专文凭总人数 (千人)	本科与硕士学位总人数 (千人)	博士总人数 (千人)	女博士 (%)
北美洲								
加拿大	—	—	—	—	—	—	—	—
美国	2 782.27	58.5	3 308.49^{-1}	58.4^{-1}	41.14^{-1}	235.23^{-1}	16.67^{-1}	40.94^{-1}
拉丁美洲								
阿根廷	235.86	65.7	123.24^{-1}	60.8^{-1}	9.07^{-2}	5.65^{-2}	0.73^{-2}	—
伯利兹	—	—	—	—	0.30	—	a	a
玻利维亚	—	—	—	—	—	—	—	—
巴西	917.11	60.3	1 111.46^{-1}	60.8^{-1}	18.30^{-1}	40.10^{-1}	—	—
智利	92.23	54.0	147.55^{-1}	56.0^{-1}	4.29^{-1}	2.82^{-1}	0.24^{-1}	40.00^{-1}
哥伦比亚	134.92	42.6	344.07	55.3	9.06	5.36	0.08	35.44
哥斯达黎加	38.16^{+2}	63.3^{+2}	44.58	63.2	0.28	2.34	0.01	42.86
厄瓜多尔	70.19	58.8	79.19^{-1}	58.5^{-1}	1.54^{-1}	—	0^{-1}	a^{-1}
萨尔瓦多	15.80	58.2	23.62	56.6	0	0.24	0	a
危地马拉	—	—	20.83	58.3	—	—	—	—
圭亚那	1.75	70.0	1.84^{-1}	74.9^{-1}	0^{-1}	0.11^{-1}	a^{-1}	a^{-1}
洪都拉斯	15.41^{+2}	—	18.67	63.1	0.01	0.52	a	a
墨西哥	420.48	54.3	533.87^{-1}	53.5^{-1}	0.50^{-1}	28.29^{-1}	0.79^{-1}	46.56^{-1}
尼加拉瓜	—	—	—	—	—	—	—	—
巴拿马	21.06	66.0	22.79^{-1}	65.4^{-1}	0.27^{-1}	—	0^{-1}	a^{-1}
巴拉圭	—	—	—	—	0.18^{-1}	—	—	—
秘鲁	—	—	—	—	14.00^{-1}	—	—	—
苏里南	—	—	—	—	—	—	—	—
乌拉圭	9.47	65.1	—	—	0.02^{-3}	0.55^{-3}	0.03^{-3}	66.67^{-3}
委内瑞拉	—	—	—	—	—	—	—	—
加勒比地区								
安提瓜和巴布达	0.15^{+1}	77.0^{+1}	0.25^{-1}	87.8^{-1}	0.01^{-1}	0.00^{-1}	0^{-1}	a^{-1}
巴哈马群岛	—	—	—	—	—	—	—	—
巴巴多斯	2.26^{+2}	—	2.39^{-2}	68.4^{-2}	0.13^{-2}	0.18^{-2}	0.00^{-2}	100.00^{-2}
古巴	103.76	47.9	133.29	62.6	a	3.57	0.08	39.74
多米尼克	—	—	—	—	—	—	—	—
多米尼加共和国	—	—	41.11^{-1}	64.1^{-1}	0.00^{-1}	—	a^{-1}	a^{-1}
格林纳达	—	—	—	—	—	—	—	—
海地	—	—	—	—	—	—	—	—
牙买加	—	—	—	—	—	—	—	—
圣基茨和尼维斯	—	—	—	—	—	—	—	—
圣卢西亚	—	—	0.58	—	0	—	a	a
圣文森特和格林纳丁斯	—	—	—	—	—	—	—	—
特立尼达和多巴哥	—	—	—	—	—	—	—	—
欧盟								
奥地利	43.65	51.6	85.28	56.0	1.12	5.97	0.60	35.93
比利时	97.25	58.7	110.42^{-1}	59.3^{-1}	1.55^{-1}	3.82^{-1}	0.52^{-1}	34.87^{-1}
保加利亚	54.91	61.4	64.09^{-1}	60.8^{-1}	0.06^{-1}	2.91^{-1}	0.16^{-1}	52.90^{-1}
克罗地亚	26.94	58.4	39.82^{-1}	59.3^{-1}	0.73^{-1}	2.38^{-1}	0.24^{-1}	60.25^{-1}
塞浦路斯	4.23	61.6	6.17^{-1}	60.3^{-1}	0.09^{-1}	0.41^{-1}	0.02^{-1}	52.63^{-1}
捷克共和国	88.98	58.1	107.77^{-1}	62.2^{-1}	0.30^{-1}	9.07^{-1}	0.72^{-1}	39.97^{-1}
丹麦	49.75	57.8	66.47	57.5	0.46	4.70	0.34	35.22
爱沙尼亚	11.35	69.3	11.44^{-1}	67.5^{-1}	0.19^{-1}	0.90^{-1}	0.08^{-1}	52.63^{-1}
芬兰	43.01^{+1}	62.8^{+1}	52.73	60.1	0	3.42	0.34	39.35
法国	628.09	54.9	726.54	56.1	6.22	55.64	6.50	40.01
德国	—	—	—	—	—	—	—	—
希腊	66.96	59.3	66.33^{-1}	59.1^{-1}	1.64^{-1}	6.24^{-1}	0.29^{-1}	33.33^{-1}
匈牙利	63.33	66.8	69.92^{-1}	64.0^{-1}	0.60^{-1}	3.47^{-1}	0.29^{-1}	37.54^{-1}
爱尔兰	60.07	56.3	60.02^{-1}	54.5^{-1}	1.40^{-1}	5.23^{-1}	0.51^{-1}	45.12^{-1}
意大利	398.19	59.5	374.99^{-1}	62.3^{-1}	0^{-1}	24.97^{-1}	2.69^{-1}	52.58^{-1}
拉脱维亚	24.17	71.5	21.61	69.0	0.18	1.04	0.07	54.41
立陶宛	42.55	66.7	39.27	63.3	a	2.05	0.08	49.35
卢森堡	0.34	49.4	1.57	53.6	0.00	0.13	0.03	32.00
马耳他	2.79	59.4	3.46^{-1}	57.4^{-1}	0.15^{-1}	0.22^{-1}	0.00^{-1}	0^{-1}
荷兰	124.23	56.7	152.05^{-1}	56.5^{-1}	0.01^{-1}	8.64^{-1}	0.83^{-1}	33.41^{-1}
波兰	558.02	65.8	638.96^{-1}	66.0^{-1}	a	38.20	—	—
葡萄牙	84.01	59.6	94.87	59.8	a	6.57	0.93	54.03
罗马尼亚	311.48	63.7	259.63^{-2}	61.6^{-2}	a^{-2}	12.56^{-2}	0.52^{-2}	53.74^{-2}
斯洛伐克	65.03	64.2	70.03	63.6	0.01	4.81	0.34	53.35
斯洛文尼亚	17.22	62.8	20.60^{-1}	60.3^{-1}	0.23^{-1}	1.29^{-1}	0.15^{-1}	38.96^{-1}
西班牙	291.04	58.4	391.96^{-1}	56.2^{-1}	4.10^{-1}	23.27^{-1}	3.48^{-1}	47.42^{-1}
瑞典	60.43	63.5	69.14^{-1}	61.6^{-1}	0.66^{-1}	4.24^{-1}	0.87^{-1}	41.64^{-1}
英国	676.20	57.9	791.95	57.1	14.70	105.01	8.49	45.59
东南欧								
阿尔巴尼亚	15.65	64.4	30.37	65.0	a	2.13	0.04	44.19
波斯尼亚和黑塞哥维那	15.77	58.7	21.21	60.0	a	1.41	0.01	25.00
马其顿共和国	11.20	59.7	11.36	56.3	a	1.15	0.02	56.25
黑山	—	—	—	—	—	—	—	—
塞尔维亚	36.33	60.4	47.80	58.4	a	4.73	0.12	58.33

2013年											
工程、制造和构造学				农业				卫生与福利			
大专文凭总人数 (千人)	本科与硕士学位总人数 (千人)	博士总人数 (千人)	女博士 (%)	大专文凭总人数 (千人)	本科与硕士学位总人数 (千人)	博士总人数 (千人)	女博士 (%)	大专文凭总人数 (千人)	本科与硕士学位总人数 (千人)	博士总人数 (千人)	女博士 (%)
—	—	—	—	—	—	—	—	—	—	—	—
66.85^{-1}	161.86^{-1}	9.11^{-1}	23.33^{-1}	8.52^{-1}	25.05^{-1}	0.99^{-1}	44.31^{-1}	227.17^{-1}	330.11^{-1}	16.09^{-1}	72.64^{-1}
5.72^{-2}	8.68^{-2}	0.09^{-2}	45.45^{-2}	1.50^{-2}	3.27^{-2}	0.08^{-2}	—	20.66^{-2}	18.68^{-2}	0.12^{-2}	55.65^{-2}
0	—	a	a	0.02	—	a	a	0	—	a	a
—	—	—	—	—	—	—	—	—	—	—	—
13.60^{-1}	60.94^{-1}	—	—	2.09^{-1}	16.75^{-1}	—	—	2.76^{-1}	158.82^{-1}	—	—
11.99^{-1}	9.22^{-1}	0.08^{-1}	37.18^{-1}	1.28^{-1}	2.31^{-1}	0.04^{-1}	34.09^{-1}	17.22^{-1}	14.34^{-1}	0.03^{-1}	34.38^{-1}
21.16	38.50	0.07	17.57	3.84	2.48	0.02	47.06	6.23	19.35	0.03	67.65
0.14	2.78	0	a	0.10	0.60	0.00	0	0.07	6.32	0	a
1.53^{-1}	—	0^{-1}	a^{-1}	0.32^{-1}	—	0^{-1}	a^{-1}	1.17^{-1}	—	0^{-1}	a^{-1}
2.70	2.31	0	a	0.14	0.19	0	a	1.66	2.36	0	a
—	—	—	—	—	—	—	—	—	—	—	—
0.14^{-1}	0^{-1}	a^{-1}	a^{-1}	0.03^{-1}	0^{-1}	a^{-1}	a^{-1}	0.25^{-1}	0^{-1}	a^{-1}	a^{-1}
0.04	2.11	a	a	0.05	0.59	a	a	0.08	1.29	a	a
18.11^{-1}	95.23^{-1}	0.60^{-1}	39.53^{-1}	0.08^{-1}	8.70^{-1}	0.22^{-1}	46.33^{-1}	1.72^{-1}	46.32^{-1}	0.09^{-1}	61.29^{-1}
—	—	—	—	—	—	—	—	—	—	—	—
0.60^{-1}	—	0.00^{-1}	75.00^{-1}	0.04^{-1}	—	0^{-1}	a^{-1}	0.47^{-1}	—	0^{-1}	a^{-1}
0.01^{-1}	—	—	—	0.02^{-1}	—	—	—	0.21^{-1}	—	—	—
10.58^{-1}	—	—	—	3.71^{-1}	—	—	—	20.90^{-1}	—	—	—
—	—	—	—	—	—	—	—	—	—	—	—
0.02^{-3}	0.57^{-3}	0.00^{-3}	33.33^{-3}	0.06^{-3}	0.33^{-3}	0^{-3}	a^{-3}	0.10^{-3}	1.99^{-3}	0.00^{-3}	50.00^{-3}
—	—	—	—	—	—	—	—	—	—	—	—
0^{-1}	0^{-1}	0^{-1}	a^{-1}	0^{-1}	0^{-1}	0^{-1}	a^{-1}	0.02^{-1}	0^{-1}	0^{-1}	a^{-1}
—	—	—	—	—	—	—	—	—	—	—	—
0.04^{-2}	0^{-2}	a^{-2}	a^{-2}	0.00^{-2}	0^{-2}	a^{-2}	a^{-2}	0.17^{-2}	0.03^{-2}	0.00^{-2}	100.00^{-2}
a	1.87	0.06	40.35	a	2.70	0.05	40.38	a	43.21	0.07	39.44
—	—	—	—	—	—	—	—	—	—	—	—
0.13^{-1}	—	a^{-1}	a^{-1}	0.04^{-1}	—	a^{-1}	a^{-1}	0.06^{-1}	—	a^{-1}	a^{-1}
—	—	—	—	—	—	—	—	—	—	—	—
—	—	—	—	—	—	—	—	—	—	—	—
—	—	—	—	—	—	—	—	—	—	—	—
—	—	—	—	—	—	—	—	—	—	—	—
—	—	a	a	0.03	—	a	a	0.05	—	a	a
—	—	—	—	—	—	—	—	—	—	—	—
—	—	—	—	—	—	—	—	—	—	—	—
8.59	7.05	0.43	26.30	0.68	0.53	0.07	59.15	0.52	4.92	0.22	59.00
3.05^{-1}	8.67^{-1}	0.56^{-1}	30.59^{-1}	0.76^{-1}	1.57^{-1}	0.12^{-1}	46.96^{-1}	12.28^{-1}	10.16^{-1}	0.51^{-1}	59.49^{-1}
0.64^{-1}	8.98^{-1}	0.15^{-1}	32.41^{-1}	0.01^{-1}	1.00^{-1}	0.03^{-1}	40.63^{-1}	0.55^{-1}	3.62^{-1}	0.09^{-1}	50.55^{-1}
1.42^{-1}	4.56^{-1}	0.16^{-1}	34.16^{-1}	0.32^{-1}	1.11^{-1}	0.10^{-1}	36.89^{-1}	1.46^{-1}	1.44^{-1}	0.24^{-1}	53.36^{-1}
0.04^{-1}	0.76^{-1}	0.01^{-1}	37.50^{-1}	0.01^{-1}	0.03^{-1}	0^{-1}	a^{-1}	0.07^{-1}	0.17^{-1}	0^{-1}	a^{-1}
0.44^{-1}	12.21^{-1}	0.55^{-1}	22.57^{-1}	0.08^{-1}	3.70^{-1}	0.18^{-1}	51.37^{-1}	3.02^{-1}	7.21^{-1}	0.20^{-1}	48.04^{-1}
1.93	5.63	0.48	28.84	0.20	0.49	0.21	53.81	0.36	13.09	0.50	60.92
0.39^{-1}	0.94^{-1}	0.03^{-1}	27.27^{-1}	0.01^{-1}	0.25^{-1}	0.01^{-1}	88.89^{-1}	0.97^{-1}	0.38^{-1}	0.01^{-1}	50.00^{-1}
0	10.48	0.45	30.38	0	1.03	0.06	61.82	0	10.41	0.33	66.36
46.05	61.59	1.80	31.81	4.31	4.59	0	a	31.78	81.81	0.38	55.97
—	—	—	—	—	—	—	—	—	—	—	—
5.24^{-1}	5.32^{-1}	0.28^{-1}	27.14^{-1}	1.30^{-1}	1.49^{-1}	0.08^{-1}	41.77^{-1}	3.85^{-1}	3.27^{-1}	0.57^{-1}	50.62^{-1}
0.19^{-1}	7.18^{-1}	0.10^{-1}	22.22^{-1}	0.16^{-1}	1.17^{-1}	0.10^{-1}	58.76^{-1}	1.07^{-1}	4.69^{-1}	0.20^{-1}	51.78^{-1}
2.90^{-1}	4.02^{-1}	0.20^{-1}	23.53^{-1}	0.45^{-1}	0.34^{-1}	0.02^{-1}	46.67^{-1}	2.44^{-1}	7.13^{-1}	0.21^{-1}	54.93^{-1}
0^{-1}	45.82^{-1}	2.04^{-1}	35.46^{-1}	0^{-1}	6.60^{-1}	0.69^{-1}	53.78^{-1}	0^{-1}	59.25^{-1}	1.24^{-1}	100.00^{-1}
0.36	2.16	0.06	32.76	0.03	0.20	0.01	30.00	1.51	2.40	0.03	80.00
a	6.47	0.12	38.84	a	0.68	0.02	61.90	a	4.40	0.05	80.77
0.01	79.00	0.01	22.22	0	0.00	0	a	0.04	—	0	a
0.10^{-1}	0.19^{-1}	0.00^{-1}	0^{-1}	0.01^{-1}	0^{-1}	0^{-1}	a^{-1}	0.01^{-1}	0.66^{-1}	0.00^{-1}	50.00^{-1}
0.08^{-1}	11.50^{-1}	1.02^{-1}	25.71^{-1}	0.02^{-1}	1.53^{-1}	0.21^{-1}	58.69^{-1}	0.22^{-1}	25.54^{-1}	0.73^{-1}	66.62^{-1}
a	65.99	—	—	a	8.16	—	—	0.37	71.17	—	—
a	16.40	0.86	39.09	a	1.37	0.05	59.18	a	15.93	0.39	66.33
0.01^{-2}	37.12^{-2}	2.18^{-2}	38.63^{-2}	a^{-2}	3.99^{-2}	0.30^{-2}	52.96^{-2}	0.14^{-2}	27.37^{-2}	0.77^{-2}	62.84^{-2}
0.02	8.65	0.52	33.40	0	1.18	0.06	53.57	0.22	12.79	0.22	65.02
1.55^{-1}	1.77^{-1}	0.10^{-1}	28.28^{-1}	0.17^{-1}	0.35^{-1}	0.06^{-1}	67.86^{-1}	0.31^{-1}	0.99^{-1}	0.05^{-1}	60.87^{-1}
13.92^{-1}	41.54^{-1}	0.80^{-1}	30.30^{-1}	0.83^{-1}	4.47^{-1}	0.30^{-1}	56.38^{-1}	16.32^{-1}	40.43^{-1}	1.51^{-1}	56.42^{-1}
2.39^{-1}	10.88^{-1}	0.83^{-1}	25.93^{-1}	0.35^{-1}	0.40^{-1}	0.06^{-1}	53.45^{-1}	0.91^{-1}	15.38^{-1}	0.97^{-1}	62.37^{-1}
10.32	57.31	3.59	24.41	2.10	5.00	0.31	54.89	35.96	84.04	4.30	57.03
a	2.24	0.01	20.00	a	0.97	0.02	31.25	a	4.40	0.01	91.67
a	1.75	0.03	14.71	a	0.82	0.01	50.00	a	2.37	0.06	63.33
a	1.21	0.03	36.36	a	0.29	0.01	80.00	a	0.93	0.03	54.84
—	—	—	—	—	—	—	—	—	—	—	—
a	7.31	0.16	37.50	a	1.08	0.06	32.20	a	4.40	0.23	59.05

表 S5　2008 年和 2013 年各国家和地区大学毕业生情况及 2013 年科学、工程学、农业和卫生领域毕业生情况（续表）

	2008年		2013年					
	大学毕业生		大学毕业生		科学			
	总人数 (千人)	女性 (%)	总人数 (千人)	女性 (%)	大专文凭总人数 (千人)	本科与硕士学位总人数 (千人)	博士总人数 (千人)	女博士 (%)
欧洲其他国家和西亚地区								
亚美尼亚	35.00^{+2}	61.5^{+2}	—	—	0^{-3}	2.52^{-3}	0.11^{-3}	22.52^{-3}
阿塞拜疆	49.20	53.5	47.04^{-1}	52.1^{-1}	0.19^{-1}	4.27^{-1}	0.10^{-1}	27.00^{-1}
白俄罗斯	112.88	—	137.46	60.8	0	2.43	0.21	50.48
格鲁吉亚	17.73^{+2}	60.4^{+2}	17.68	56.8	0.43	1.64	0.06	55.56
伊朗伊斯兰共和国	457.57^{+1}	52.0^{+1}	716.10	45.6	1.19	53.83	0.77	40.08
以色列	—	—	—	—	—	—	—	—
摩尔多瓦共和国	27.06	58.4	34.81	59.6	0.48	1.28	0.05	55.56
俄罗斯联邦	$2\,064.47^{+1}$	—	—	—	30.32^{-2}	97.20^{-2}	—	—
土耳其	444.76	46.0	607.98^{-1}	47.1^{-1}	17.01^{-1}	34.19^{-1}	1.16^{-1}	50.73^{-1}
乌克兰	610.23	—	621.79	55.0	7.54	30.83	1.27	50.90
欧洲自由贸易联盟								
冰岛	3.63	66.2	4.10^{-1}	64.5^{-1}	0.01^{-1}	0.31^{-1}	0.01^{-1}	35.71^{-1}
列支敦士登	0.18	30.1	0.31^{-1}	30.2^{-1}	a^{-1}	0^{-1}	0^{-1}	a^{-1}
挪威	35.21	60.6	44.75	58.7	0.11	2.74	0.49	39.84
瑞士	67.33	48.6	81.91	48.3	0.02	5.56	1.07	35.21
撒哈拉以南非洲								
安哥拉	—	—	13.55	48.0	—	—	—	—
贝宁	14.64^{+1}	31.2^{+1}	16.71^{-2}	29.7^{-2}	—	—	—	—
博茨瓦纳	—	—	6.55	—	0.26	0.52	0	—
布基纳法索	9.48^{+2}	—	16.15	31.8	—	—	—	—
布隆迪	2.79^{+2}	28.4^{+2}	7.31^{-1}	30.7^{-1}	0^{-1}	—	0^{-1}	a^{-1}
佛得角	—	—	—	—	—	0.12	0	a
喀麦隆	33.99	—	36.31^{-2}	—	—	—	—	—
中非共和国	—	—	—	—	—	—	—	—
乍得	—	—	—	—	—	—	—	—
科摩罗	—	—	—	—	—	0.09	—	—
刚果	—	—	—	—	—	—	—	—
刚果民主共和国	—	—	—	—	—	—	—	—
科特迪瓦	—	—	—	—	—	—	—	—
吉布提	0.64^{+1}	—	—	—	a^{-2}	—	a^{-2}	a^{-2}
赤道几内亚	—	—	—	—	—	—	—	—
厄立特里亚国	3.02^{+2}	—	2.71^{+1}	26.3^{+1}	0.03^{+1}	—	a^{+1}	a^{+1}
埃塞俄比亚	65.37	24.1	—	—	0^{-3}	10.62^{-3}	0.01^{-3}	0^{-3}
加蓬	—	—	—	—	—	—	—	—
冈比亚	—	—	—	—	—	—	—	—
加纳	—	—	79.74	40.7	1.12	6.46	0.01	12.50
几内亚	—	—	—	—	—	1.03	—	—
几内亚比绍	—	—	—	—	—	—	—	—
肯尼亚	—	—	—	—	—	—	—	—
莱索托	—	—	4.75	65.2	0.04	0.07	0	a
利比里亚	3.16^{+2}	30.0^{+2}	4.39^{-1}	38.2^{-1}	—	—	—	—
马达加斯加	16.40	47.5	25.26	47.9	0.36	2.24	0.02	34.78
马拉维	—	—	—	—	—	—	—	—
马里	—	—	—	—	—	—	—	—
毛里求斯	—	—	—	—	—	—	—	—
莫桑比克	7.05	44.6	10.26	44.9	a	0.21	0	a
纳米比亚	5.53	58.4	—	—	—	—	—	—
尼日尔	1.87	—	—	—	—	—	—	—
尼日利亚	—	—	—	—	—	—	—	—
卢旺达	—	—	16.05^{-1}	42.7^{-1}	—	—	—	—
圣多美与普林西比	a	a	—	—	a^{-1}	—	a^{-1}	a^{-1}
塞内加尔	—	—	—	—	—	—	—	—
塞舌尔	a	a	0.08	85.9	0	—	a	a
塞拉利昂	—	—	—	—	—	—	—	—
索马里	—	—	—	—	—	—	—	—
南非	—	—	183.86^{-1}	59.8^{-1}	6.44^{-1}	—	0.57^{-1}	40.53^{-1}
南苏丹	—	—	—	—	—	—	—	—
斯威士兰	—	—	2.53	38.8	0	0.28	0.01	37.50
坦桑尼亚	—	—	—	—	—	—	—	—
多哥	—	—	—	—	—	—	—	—
乌干达	—	—	—	—	—	—	—	—
赞比亚	—	—	—	—	—	—	—	—
津巴布韦	30.51^{+2}	45.2^{+2}	13.64	47.6	0.85	0.46	0	a
阿拉伯国家								
阿尔及利亚	154.84^{+1}	62.5^{+1}	255.44	62.1	—	23.47	—	—
巴林岛	—	—	5.28^{+1}	60.5^{+1}	0.17^{+1}	0.23^{+1}	0.00^{+1}	50.00^{+1}
埃及	—	—	510.36	52.1	0	20.85	0.60	45.13
伊拉克	—	—	—	—	—	—	—	—
约旦	—	—	60.69^{-2}	48.4^{-2}	0.44^{-2}	2.79^{-2}	0.03^{-2}	52.00^{-2}
科威特	—	—	12.72	58.3	a	0.23	a	a
黎巴嫩	32.30	55.3	54.21	55.8	0^{-2}	3.74^{-2}	0.00^{-2}	100.00^{-2}
利比亚	—	—	—	—	—	—	—	—
毛里塔尼亚	—	—	—	—	—	—	a	a
摩洛哥	62.73	32.0	—	—	—	—	—	—

2013年											
工程、制造和构造学				农业				卫生与福利			
大专文凭总人数 (千人)	本科与硕士学位总人数 (千人)	博士总人数 (千人)	女博士 (%)	大专文凭总人数 (千人)	本科与硕士学位总人数 (千人)	博士总人数 (千人)	女博士 (%)	大专文凭总人数 (千人)	本科与硕士学位总人数 (千人)	博士总人数 (千人)	女博士 (%)
0.20[-3]	2.68[-3]	0.06[-3]	10.17[-3]	0.17[-3]	1.09[-3]	0.02[-3]	43.75[-3]	3.74[-3]	0.89[-3]	0.03[-3]	17.24[-3]
0.90[-1]	2.11[-1]	0.05[-1]	13.33[-1]	0.03[-1]	0.08[-1]	0.02[-1]	31.58[-1]	2.03[-1]	1.57[-1]	0.02[-1]	39.13[-1]
17.02	15.98	0.22	37.05	5.98	4.73	0.09	50.00	3.17	3.56	0.18	51.67
0.23	1.03	0.07	40.00	0.08	0.44	0.01	36.36	0.17	2.09	0.03	63.64
102.68	155.87	0.62	17.10	4.77	20.98	0.29	27.59	2.98	18.05	2.31	42.73
—	—	—	—	—	—	—	—	—	—	—	—
2.61	4.50	0.04	45.95	0.14	0.47	0.01	30.77	1.23	—	0.06	43.86
179.08[-2]	246.39[-2]	—	—	8.43[-2]	20.49[-2]	—	—	64.30[-2]	48.11[-2]	—	—
43.18[-1]	30.96[-1]	0.63[-1]	34.39[-1]	11.39[-1]	7.82[-1]	0.25[-1]	38.15[-1]	12.85[-1]	21.43[-1]	4.61[-1]	46.33[-1]
40.49	84.38	1.58	35.47	5.67	14.52	0.41	51.09	22.45	15.27	0.46	59.35
0[-1]	0.41[-1]	0.00[-1]	33.33[-1]	0.00[-1]	0.03[-1]	0[-1]	a[-1]	0[-1]	0.58[-1]	0.01[-1]	76.92[-1]
a[-1]	0.04[-1]	0.00[-1]	0[-1]	a[-1]	0[-1]	0[-1]	a[-1]	a[-1]	0[-1]	0.01[-1]	100.00[-1]
1.71	3.74	0.15	22.88	0.02	0.29	0.02	42.86	0.05	9.04	0.47	58.51
0.04	10.90	0.47	25.75	0	1.32	0.11	81.13	0.27	9.61	0.85	53.72
—	—	—	—	—	—	—	—	—	—	—	—
—	—	—	—	—	—	—	—	—	—	—	—
0.26	0.20	0	—	0.03	0.14	0	—	0.57	0.11	0	—
—	—	—	—	—	—	—	—	—	—	—	—
0[-1]	—	0[-1]	a[-1]	0[-1]	—	0[-1]	a[-1]	0[-1]	—	0.15[-1]	20.95[-1]
—	—	0	a	—	—	0	a	—	—	0	a
—	—	—	—	—	—	—	—	—	—	—	—
—	—	—	—	—	—	—	—	—	—	—	—
—	—	—	—	—	—	—	—	—	—	—	—
—	—	—	—	—	—	—	—	—	—	—	—
—	—	—	—	—	—	—	—	—	—	—	—
—	—	—	—	—	—	—	—	—	—	—	—
—	—	—	—	—	—	—	—	—	—	—	—
a[-2]	0[-2]	a[-2]	a[-2]	a[-2]	0[-2]	a[-2]	a[-2]	a[-2]	0[-2]	a[-2]	a[-2]
—	—	—	—	—	—	—	—	—	—	—	—
0.51[+1]	—	a[+1]	a[+1]	0.07[+1]	—	a[+1]	a[+1]	0.11[+1]	—	a[+1]	a[+1]
0[-3]	5.01[-3]	0[-3]	a[-3]	0[-3]	7.87[-3]	0.01[-3]	0[-3]	0[-3]	5.40[-3]	0.10[-3]	17.71[-3]
—	—	—	—	—	—	—	—	—	—	—	—
—	—	—	—	—	—	—	—	—	—	—	—
2.47	3.09	0.00	0	0.91	1.59	0.02	25.00	1.55	2.68	0.01	16.67
—	2.18	—	—	—	0.90	—	—	—	2.89	—	—
—	—	—	—	—	—	—	—	—	—	—	—
—	—	—	—	—	—	—	—	—	—	—	—
0.13	—	0	a	0.10	0.05	0	a	0.51	0.10	0	a
—	—	—	—	—	—	—	—	—	—	—	—
0.40	2.08	0.02	0	0.01	0.29	0.00	50.00	0.27	0.61	0.24	57.87
—	—	—	—	—	—	—	—	—	—	—	—
—	—	—	—	—	—	—	—	—	—	—	—
—	—	—	—	—	—	—	—	—	—	—	—
a	0.38	0.01	0	a	0.47	0	a	a	0.56	0	a
—	—	—	—	—	—	—	—	—	—	—	—
—	—	—	—	—	—	—	—	—	—	—	—
—	—	—	—	—	—	—	—	—	—	—	—
—	—	—	—	—	—	—	—	—	—	—	—
a[-1]	—	a[-1]	a[-1]	a[-1]	—	a[-1]	a[-1]	a[-1]	—	a[-1]	a[-1]
—	—	—	—	—	—	—	—	—	—	—	—
0	—	a	a	0	—	a	a	0	—	a	a
—	—	—	—	—	—	—	—	—	—	—	—
—	—	—	—	—	—	—	—	—	—	—	—
5.73[-1]	—	0.15[-1]	17.57[-1]	1.37[-1]	—	0.09[-1]	39.78[-1]	2.07[-1]	—	0.17[-1]	62.72[-1]
—	—	—	—	—	—	—	—	—	—	—	—
0	0.13	0	a	0	0.15	0.01	42.86	0	0.33	0	a
—	—	—	—	—	—	—	—	—	—	—	—
—	—	—	—	—	—	—	—	—	—	—	—
—	—	—	—	—	—	—	—	—	—	—	—
—	—	—	—	—	—	—	—	—	—	—	—
2.70	0.00	0	a	0.02	0.26	0	a	0.18	—	0	a
—	30.68	—	—	—	3.65	—	—	—	5.96	—	—
0.21[+1]	0.42[+1]	0[+1]	a[+1]	0[+1]	0.00[+1]	0[+1]	a[+1]	0.04[+1]	0.27[+1]	0[+1]	a[+1]
0	38.42	0.31	27.01	0	10.86	0.72	42.82	0	65.58	1.29	50.54
—	—	—	—	—	—	—	—	—	—	—	—
0.20[-2]	1.95[-2]	0.00[-2]	0[-2]	0.01[-2]	1.80[-2]	0.01[-2]	37.50[-2]	0[-2]	1.00[-2]	0[-2]	a[-2]
2.41	0.77	a	a	a	—	a	a	0.66	0.39	a	a
0.88[-2]	3.31[-2]	0.00[-2]	25.00[-2]	0[-2]	0.17[-2]	0[-2]	a[-2]	0.97[-2]	2.84[-2]	0[-2]	a[-2]
—	—	—	—	—	—	—	—	—	—	—	—
—	—	a	a	—	—	a	a	—	—	a	a
—	—	—	—	—	—	—	—	—	—	—	—

表 S5 2008 年和 2013 年各国家和地区大学毕业生情况及 2013 年科学、工程学、农业和卫生领域毕业生情况（续表）

	2008年		2013年					
	大学毕业生		大学毕业生		科学			
	总人数 (千人)	女性 (%)	总人数 (千人)	女性 (%)	大专文凭总人数 (千人)	本科与硕士学位总人数 (千人)	博士总人数 (千人)	女博士 (%)
阿曼	11.54^{+1}	58.7^{+1}	16.68	56.1	0.53	1.56	0.00	100.00
巴勒斯坦	25.28	57.7	35.28	59.5	0.48	2.35	0	a
卡塔尔	1.79	66.7	2.28	60.8	0.04	0.08	a	a
沙特阿拉伯	112.13	57.4	141.20	51.1	6.52	19.13	0.03	32.00
苏丹	—	—	124.49	51.2	3.46	8.76	0.13	31.25
阿拉伯叙利亚共和国	51.32	51.5	58.69	56.2	—	—	—	—
突尼斯	—	—	65.42	65.9	a	16.92	0.31	60.33
阿拉伯联合酋长国	14.32	60.8	25.68	55.6	0.59	1.50	0	a
也门	—	—	—	—	—	—	—	—
中亚								
哈萨克斯坦	—	—	238.22	56.3	0.63	4.38	0.07	60.27
吉尔吉斯斯坦	35.58	60.8	50.23	60.1	0.15	1.63	0.11	56.36
蒙古	29.60	65.6	37.75	64.5	0.02	2.00	0.01	55.56
塔吉克斯坦	—	—	46.80	37.9	0.28	—	0.07	—
土库曼斯坦	—	—	—	—	0^{+1}	0.39^{+1}	—	—
乌兹别克斯坦	73.73	38.7	77.22^{-2}	44.3^{-2}	a^{-2}	5.71^{-2}	0.15^{-2}	29.61^{-2}
南亚								
阿富汗	9.27	16.7	—	—	—	—	—	—
孟加拉国	184.91	—	316.02^{-1}	41.8^{-1}	0^{-1}	35.02^{-1}	0.13^{-1}	43.75^{-1}
不丹	—	—	1.63	34.2	0	—	a	a
印度	—	—	—	—	—	—	—	—
马尔代夫	—	—	—	—	—	—	—	—
尼泊尔	44.46	—	61.52	48.3	a	2.36	0.00	25.00
巴基斯坦	—	—	—	—	—	—	—	—
斯里兰卡	27.91^{+2}	58.5^{+2}	34.92	57.6	0.24^{-1}	2.66^{-1}	0.05^{-1}	54.17^{-1}
东南亚								
文莱达鲁萨兰国	1.54	66.5	1.91	64.1	0.09	0.10	0	a
柬埔寨	16.71	27.5	—	—	—	—	—	—
中国大陆	7 071.05	47.9	9 366.20	50.7	—	—	—	—
中国香港特别行政区	—	—	—	—	—	—	—	—
中国澳门特别行政区	6.79	48.6	6.07	59.9	0.00	0.20	0.02	21.05
印度尼西亚	799.37^{+1}	—	—	—	13.41^{-4}	30.81^{-4}	—	—
日本	1 033.77	48.5	980.90^{-1}	48.3^{-1}	0^{-1}	28.07^{-1}	2.42^{-1}	23.65^{-1}
朝鲜民主主义人民共和国	—	—	—	—	—	—	—	—
韩国	605.28	49.0	618.28	50.5	5.21	37.36	1.63	29.53
老挝人民民主共和国	18.99^{+1}	42.3^{+1}	37.38	45.4	0.78	0.68	0	a
马来西亚	206.59	58.6	261.82^{-1}	56.6^{-1}	12.98^{-1}	11.44^{-1}	0.55^{-1}	40.44^{-1}
缅甸	—	—	295.94^{-1}	64.6^{-1}	5.13^{-1}	122.78^{-1}	0.20^{-1}	89.00^{-1}
菲律宾	481.33^{+2}	56.0^{+2}	564.77	56.8	18.83	63.86	0.21	62.15
新加坡	—	—	—	—	—	—	—	—
泰国	541.89	55.0	—	—	—	—	—	—
东帝汶	—	—	—	—	—	—	—	—
越南	243.52	43.1	406.07	43.0	0	0.00	0	a
大洋洲								
澳大利亚	306.90	55.9	386.63^{-2}	57.3^{-2}	4.65^{-2}	26.36^{-2}	1.74^{-2}	44.83^{-2}
新西兰	54.45	60.9	71.93^{-1}	59.4^{-1}	2.80^{-1}	6.36^{-1}	0.36^{-1}	47.21^{-1}
库克群岛	a	a	—	—	—	—	—	—
斐济	—	—	—	—	—	—	—	—
基里巴斯	a	a	a^{-1}	a^{-1}	a^{-1}	0^{-1}	a^{-1}	a^{-1}
马绍尔群岛	—	—	—	—	—	—	—	—
密克罗尼西亚	—	—	—	—	—	—	—	—
瑙鲁	a	a	—	—	—	—	—	—
纽埃	a	a	—	—	—	—	—	—
帕劳	—	—	0.09	57.4	a	0.00	a	a
巴布亚新几内亚	—	—	—	—	—	—	—	—
萨摩亚	—	—	—	—	—	—	—	—
所罗门群岛	a	a	—	—	—	—	—	—
汤加	—	—	—	—	—	—	—	—
图瓦卢	a	a	—	—	—	—	—	—
瓦努阿图	—	—	—	—	—	—	—	—

来源：联合国教科文组织统计研究所。

注：请参阅表 S10 下面对所有表格的提示信息。

2013年											
工程、制造和构造学				农业				卫生与福利			
大专文凭总人数（千人）	本科与硕士学位总人数（千人）	博士总人数（千人）	女博士（%）	大专文凭总人数（千人）	本科与硕士学位总人数（千人）	博士总人数（千人）	女博士（%）	大专文凭总人数（千人）	本科与硕士学位总人数（千人）	博士总人数（千人）	女博士（%）
0.64	2.52	0.00	0	0.45	0.05	0.00	0	2.42	0.47	0	a
0.48	2.09	0	a	0	0.17	0	a	1.30	1.77	0	a
0.27	0.29	a	a	a	—	a	a	0.03	0.22	a	a
7.87	5.30	0.02	5.88	0.02	0.43	0.00	0	2.45	7.38	0.14	25.17
2.91	4.96	0.03	21.43	0.02	3.00	0.03	34.48	0.97	13.75	0.06	37.70
—	—	—	—	—	—	—	—	—	—	—	—
a	11.02	0.12	49.18	a	0.90	0.01	50.00	a	5.81	0	a
0.22	3.52	0	a	0	—	0	a	0.07	1.71	0	a
—	—	—	—	—	—	—	—	—	—	—	—
14.66	31.80	0.04	37.84	3.55	—	0.01	18.18	4.18	—	0	a
1.05	6.17	0.08	40.74	0.15	—	0.01	10.00	1.94	—	0.05	66.00
0.07	4.22	0.01	36.36	0.01	0.81	0.01	91.67	0.62	2.34	0.02	78.95
0.97	—	0.02	—	0.23	—	0.03	—	5.90	—	0.02	—
1.16^{+1}	0.93^{+1}	—	—	0.30^{+1}	0.13^{+1}	—	—	0.30^{+1}	0.30^{+1}	—	—
a^{-2}	10.34^{-2}	0.12^{-2}	22.88^{-2}	a^{-2}	2.70^{-2}	0.06^{-2}	29.31^{-2}	a^{-2}	3.53^{-2}	0.13^{-2}	55.30^{-2}
—	—	—	—	—	—	—	—	—	—	—	—
0^{-1}	14.12^{-1}	0.09^{-1}	14.94^{-1}	0^{-1}	3.87^{-1}	0.07^{-1}	43.24^{-1}	0^{-1}	5.00^{-1}	0.27^{-1}	39.26^{-1}
0.17	—	a	a	0.07	—	a	a	0.06	—	a	a
—	—	—	—	—	—	—	—	—	—	—	—
—	—	—	—	—	—	—	—	—	—	—	—
a	0.14	0.00	0	a	—	0	a	a	1.30	0	a
—	—	—	—	—	—	—	—	—	—	—	—
0.48^{-1}	1.07^{-1}	0.01^{-1}	60.00^{-1}	0.34^{-1}	0.75^{-1}	0.03^{-1}	64.52^{-1}	0.26^{-1}	1.19^{-1}	0.23^{-1}	44.21^{-1}
0.18	0.04	0	a	0	—	0	a	0.04	0.04	0	a
—	—	—	—	—	—	—	—	—	—	—	—
—	—	—	—	—	—	—	—	—	—	—	—
—	—	—	—	—	—	—	—	—	—	—	—
0	0.11	0.00	33.33	0	0.00	0	a	0.01	0.36	0.01	14.29
41.29^{-4}	87.82^{-4}	—	—	14.39^{-4}	33.06^{-4}	—	—	13.94^{-4}	32.05^{-4}	—	—
41.67^{-1}	122.98^{-1}	3.56^{-1}	14.35^{-1}	3.04^{-1}	21.83^{-1}	1.00^{-1}	31.27^{-1}	69.74^{-1}	52.26^{-1}	5.26^{-1}	31.23^{-1}
—	—	—	—	—	—	—	—	—	—	—	—
54.09	90.63	3.14	14.37	1.78	5.36	0.32	25.55	46.58	39.77	2.52	46.79
1.59	—	0	a	1.25	—	0	a	0.47	—	0	a
32.23^{-1}	23.09^{-1}	0.63^{-1}	26.34^{-1}	2.42^{-1}	2.43^{-1}	0.07^{-1}	32.86^{-1}	12.23^{-1}	18.02^{-1}	0.20^{-1}	46.80^{-1}
5.73^{-1}	5.61^{-1}	0.06^{-1}	72.41^{-1}	0^{-1}	1.54^{-1}	0^{-1}	a^{-1}	2.14^{-1}	1.71^{-1}	0.06^{-1}	83.33^{-1}
15.24	47.10	0.06	48.28	4.07	9.65	0.07	55.41	4.39	53.11	0.16	69.14
—	—	—	—	—	—	—	—	—	—	—	—
—	—	—	—	—	—	—	—	—	—	—	—
—	—	—	—	—	—	—	—	—	—	—	—
61.27	36.72	0.09	13.98	8.17	13.27	0.01	0	7.46	7.33	0.01	41.67
8.10^{-2}	21.07^{-2}	0.88^{-2}	25.51^{-2}	1.96^{-2}	1.79^{-2}	0.28^{-2}	49.64^{-2}	19.15^{-2}	45.82^{-2}	0.99^{-2}	63.44^{-2}
1.41^{-1}	3.60^{-1}	0.13^{-1}	29.77^{-1}	0.57^{-1}	0.38^{-1}	0.02^{-1}	73.33^{-1}	2.01^{-1}	9.19^{-1}	0.15^{-1}	58.39^{-1}
—	—	—	—	—	—	—	—	—	—	—	—
—	—	—	—	—	—	—	—	—	—	—	—
a^{-1}	0^{-1}	a^{-1}	a^{-1}	a^{-1}	0^{-1}	a^{-1}	a^{-1}	a^{-1}	0^{-1}	a^{-1}	a^{-1}
—	—	—	—	—	—	—	—	—	—	—	—
—	—	—	—	—	—	—	—	—	—	—	—
—	—	—	—	—	—	—	—	—	—	—	—
—	—	—	—	—	—	—	—	—	—	—	—
a	0.01	a	a	a	0.01	a	a	a	0.01	a	a
—	—	—	—	—	—	—	—	—	—	—	—
—	—	—	—	—	—	—	—	—	—	—	—
—	—	—	—	—	—	—	—	—	—	—	—
—	—	—	—	—	—	—	—	—	—	—	—
—	—	—	—	—	—	—	—	—	—	—	—
—	—	—	—	—	—	—	—	—	—	—	—

表 S6　2009 年和 2013 年各国家和地区研究人员总数和百万居民中研究人员数量

	全职研究人员					
	2009年			2013年		
	研究人员总数	女性研究人员*（%）	百万居民中研究人员数量	研究人员总数	女性研究人员*（%）	百万居民中研究人员数量
北美洲						
加拿大	150 220	—	4 451	156 550[-1]	—	4 494[-1]
美国	1 250 984[r]	—	4 042[r]	1 265 064[-1,r]	—	3 984[-1,r]
拉丁美洲						
阿根廷	43 717	50.52	1 092	51 598[-1]	51.61[-1]	1 256[-1]
伯利兹	—	—	—	—	—	—
玻利维亚	1 422	—	142	1 646[-3]	—	162[-3]
巴西	129 102	—	667	138 653[-3]	—	710[-3]
智利	4 859[q]	31.41[q]	286[q]	6 798[-1,q]	31.66[-1,q]	389[-1,q]
哥伦比亚	7 500	36.54	164	7 702[-1]	37.15[-1]	161[-1]
哥斯达黎加	4 479[b]	51.33[-1]	973[b]	6 107[-2,b]	45.04[-2,h]	1 289[-2,b]
厄瓜多尔	1 739	39.81	118	2 736[-2]	39.30[-2]	179[-2]
萨尔瓦多	—	—	—	—	—	—
危地马拉	554[q]	35.20[q]	40[q]	411[-1,q]	41.85[-1,q]	27[-1,q]
圭亚那	—	—	—	—	—	—
洪都拉斯	—	—	—	—	—	—
墨西哥	42 973	—	369	46 125[-2]	—	386[-2]
尼加拉瓜	—	—	—	—	—	—
巴拿马	394	—	109	438[-2]	30.59[-2]	117[-2]
巴拉圭	466[-1]	—	75[-1]	1 081[-1]	—	162[-1]
秘鲁	—	—	—	—	—	—
苏里南	—	—	—	—	—	—
乌拉圭	1 617	—	481	1 803	47.48	529
委内瑞拉	5 209[q]	53.41[q]	182[q]	8 686[-1,q]	—	290[-1,q]
加勒比地区						
安提瓜和巴布达岛	—	—	—	—	—	—
巴哈马	—	—	—	—	—	—
巴巴多斯	—	—	—	—	—	—
古巴	—	—	—	—	—	—
多米尼克	—	—	—	—	—	—
多米尼加共和国	—	—	—	—	—	—
格林纳达	—	—	—	—	—	—
海地	—	—	—	—	—	—
牙买加	—	—	—	—	—	—
圣基茨和尼维斯	—	—	—	—	—	—
圣卢西亚	—	—	—	—	—	—
圣文森特和格林纳丁斯	—	—	—	—	—	—
特立尼达和多巴哥	—	—	—	—	—	—
欧盟						
奥地利	34 664	22.40	4 141	39 923[r,v]	22.80[-2]	4 699[r,v]
比利时	38 225	31.56	3 519	44 649[v]	31.73[-2]	4 021[v]
保加利亚	11 968	48.43	1 607	12 275	49.61[-1]	1 699
克罗地亚	6 931	48.82	1 593	6 529	49.82[-1]	1 522
塞浦路斯	873	37.57	801	885[v]	37.51[-1]	776[v]
捷克共和国	28 759	26.04	2 743	34 271	24.72[-1]	3 202
丹麦	36 789	29.77	6 659	40 858[r,v]	31.59[-2]	7 271[r,v]
爱沙尼亚	4 314	41.63	3 311	4 407	42.84[-1]	3 424
芬兰	40 849	—	7 644	39 196[s]	—	7 223[s]
法国	234 366[p]	—	3 727[p]	265 177[s,v]	26.05[-1,q]	4 125[s,v]
德国	317 307	20.57	3 815	360 310[r,v]	22.08[-2]	4 355[r,v]
希腊	21 014[-2,r]	31.71[-4]	1 899[-2,r]	29 055[s]	38.92[-2,s]	2 611[s]
匈牙利	20 064	30.42	2 000	25 038	28.41[-1]	2 515
爱尔兰	14 189[r]	32.79[r]	3 217[r]	15 732[-1,r]	30.27[-2,r]	3 438[-1,r]
意大利	101 840	34.19	1 691	117 973[v]	35.75[-1]	1 934[v]
拉脱维亚	3 621	50.35	1 714	3 625	50.85[-1]	1 768
立陶宛	8 490	50.45	2 737	8 557	50.18[-1]	2 836
卢森堡	2 396	22.30	4 811	2 615[s,v]	24.18[-2]	4 931[s,v]
马耳他	494	29.15	1 168	878[v]	28.18[-1]	2 047[v]
荷兰	46 958	—	2 835	72 325[s,v]	26.56[-1]	4 316[s,v]
波兰	61 105	38.15	1 600	71 472	36.73[-1]	1 870
葡萄牙	39 834	44.66	3 765	43 321[v]	44.49[-1]	4 084[v]
罗马尼亚	19 271	44.85	879	18 704[s]	44.78[-1,s]	862[s]
斯洛伐克	13 290	42.19	2 450	14 727	41.79	2 702
斯洛文尼亚	7 446	33.75	3 642	8 707[s]	33.99[-1,s]	4 202[s]
西班牙	133 803	38.51	2 924	123 225	38.47[-1]	2 626
瑞典	47 160[q]	29.70[q]	5 065[q]	62 294[q,s]	30.19[-2,q,s]	6 509[q,s]
英国	256 124[r]	—	4 151[r]	259 347[r,v]	—	4 108[r,v]
东南欧						
阿尔巴尼亚	467[-1,q]	44.33[-1,q]	148[-1,q]	—	—	—
波斯尼亚和黑塞哥维那	745[-2,q]	—	193[-2,q]	829[s]	36.50	216[s]
马其顿共和国	893	53.86	425	1 402	51.04	665
黑山	—	—	—	404	48.68[-2,r]	650
塞尔维亚	10 444	47.72	1 076	12 342	50.00[-1]	1 298

按人头计算研究人员						
2009年			2013年			
研究人员总数	女性研究人员*（%）	百万居民中研究人员数量	研究人员总数	女性研究人员*（%）	百万居民中研究人员数量	
						北美洲
—	—	—	—	—	—	加拿大
—	—	—	—	—	—	美国
						拉丁美洲
67 245	51.91	1 680	81 748^{-1}	52.66^{-1}	1 990^{-1}	阿根廷
—	—	—	—	—	—	伯利兹
1 947	63.23	195	2 153^{-3}	62.75^{-3}	212^{-3}	玻利维亚
216 672	—	1 120	234 797^{-3}	—	1 203^{-3}	巴西
8 770^{q}	32.30^{q}	516^{q}	10 447$^{-1,q}$	30.97$^{-1,q}$	598$^{-1,q}$	智利
16 201	37.19	354	16 127^{-1}	37.75^{-1}	338^{-1}	哥伦比亚
7 223^{b}	43.26^{h}	1 570^{b}	8 848$^{-2,b}$	42.65$^{-2,h}$	1 868$^{-2,b}$	哥斯达黎加
2 413	38.96	164	4 027^{-2}	37.37^{-2}	264^{-2}	厄瓜多尔
455	35.16	74	662	38.82	104	萨尔瓦多
756^{q}	35.19^{q}	54^{q}	666$^{-1,q}$	44.74$^{-1,q}$	44$^{-1,q}$	危地马拉
—	—	—	—	—	—	圭亚那
539^{-6}	26.53^{-6}	81^{-6}	—	—	—	洪都拉斯
42 973	31.57$^{-6,r}$	369	46 125^{-2}	—	386^{-2}	墨西哥
326^{-5}	42.48$^{-7,q}$	61^{-5}	—	—	—	尼加拉瓜
482	41.12^{-5}	133	552$^{-2,s}$	—	148$^{-2,s}$	巴拿马
850^{-1}	51.76^{-1}	136^{-1}	1 704^{-1}	51.68^{-1}	255^{-1}	巴拉圭
4 965^{-5}	—	181^{-5}	—	—	—	秘鲁
—	—	—	—	—	—	苏里南
2 596	51.58	773	2 403	49.11	705	乌拉圭
6 829^{q}	54.52^{q}	239^{q}	10 256$^{-1,q}$	56.29$^{-1,q}$	342$^{-1,q}$	委内瑞拉
						加勒比地区
—	—	—	—	—	—	安提瓜和巴布达岛
—	—	—	—	—	—	巴哈马
—	—	—	—	—	—	巴巴多斯
5 448	46.64	483	4 477	46.59	397	古巴
—	—	—	—	—	—	多米尼克
—	—	—	—	—	—	多米尼加共和国
—	—	—	—	—	—	格林纳达
—	—	—	—	—	—	海地
—	—	—	—	—	—	牙买加
—	—	—	—	—	—	圣基茨和尼维斯
—	—	—	—	—	—	圣卢西亚
21^{-7}	—	194^{-7}	—	—	—	圣文森特和格林纳丁斯
787	52.86	595	914^{-1}	43.76^{-1}	683^{-1}	特立尼达和多巴哥
						欧盟
59 341	28.44	7 088	65 609^{-2}	28.99^{-2}	7 780^{-2}	奥地利
55 858	32.71	5 142	63 207^{-2}	33.47^{-2}	5 743^{-2}	比利时
14 699	47.62	1 974	15 219^{-1}	48.61^{-1}	2 091^{-1}	保加利亚
12 108	46.42	2 783	11 402^{-1}	47.71^{-1}	2 647^{-1}	克罗地亚
1 696	35.55	1 555	1 914^{-1}	37.30^{-1}	1 695^{-1}	塞浦路斯
43 092	28.86	4 109	47 651^{-1}	27.50^{-1}	4 470^{-1}	捷克共和国
54 049	31.75	9 784	58 568^{-1}	34.78$^{-1,r}$	10 463^{-1}	丹麦
7 453	42.48	5 720	7 634^{-1}	43.99^{-1}	5 914^{-1}	爱沙尼亚
55 797	31.42	10 441	56 704^{-1}	32.25^{-1}	10 484^{-1}	芬兰
296 093	26.92^{p}	4 708	356 469$^{-1,s}$	25.59$^{-1,q,s}$	5 575$^{-1,s}$	法国
487 242	24.96	5 857	522 010^{-2}	26.80^{-2}	6 297^{-2}	德国
33 396^{-4}	36.37^{-4}	3 025^{-4}	45 239$^{-2,s}$	36.71$^{-2,s}$	4 069$^{-2,s}$	希腊
35 267	32.11	3 516	37 019^{-1}	30.94^{-1}	3 711^{-1}	匈牙利
20 901^{r}	34.23^{r}	4 739^{r}	22 131^{-2}	32.43^{-2}	4 893^{-2}	爱尔兰
149 314	33.84	2 479	157 960^{-1}	35.50^{-1}	2 594^{-1}	意大利
6 324	52.37	2 994	7 995^{-1}	52.81^{-1}	3 880^{-1}	拉脱维亚
13 882	51.01	4 475	17 677^{-1}	52.36^{-1}	5 839^{-1}	立陶宛
2 951	21.21	5 924	3 267^{-2}	24.00^{-2}	6 327^{-2}	卢森堡
945	29.42	2 235	1 451^{-1}	29.50^{-1}	3 392^{-1}	马耳他
54 505	25.88	3 291	104 265$^{-1,s}$	26.31$^{-1,s}$	6 238$^{-1,s}$	荷兰
98 165	39.52	2 570	103 627^{-1}	38.29^{-1}	2 712^{-1}	波兰
75 206	44.33	7 108	81 750^{-1}	45.02^{-1}	7 709^{-1}	葡萄牙
30 645	44.73	1 398	27 838$^{-1,s}$	45.14$^{-1,s}$	1 280$^{-1,s}$	罗马尼亚
21 832	42.47	4 024	24 441	42.70	4 484	斯洛伐克
10 444	35.66	5 109	12 362$^{-1,s}$	35.80$^{-1,s}$	5 979$^{-1,s}$	斯洛文尼亚
221 314	38.11	4 837	215 544^{-1}	38.81^{-1}	4 610^{-1}	西班牙
72 864	35.68	7 826	80 039^{-2}	37.22^{-2}	8 471^{-2}	瑞典
385 489^{r}	37.93^{r}	6 248^{r}	442 385$^{-1,r}$	37.83$^{-1,r}$	7 046$^{-1,r}$	英国
						东南欧
1 721$^{-1,q}$	44.33$^{-1,q}$	545$^{-1,q}$	—	—	—	阿尔巴尼亚
2 953$^{-2,q}$	—	763$^{-2,q}$	1 245^{s}	38.88	325^{s}	波斯尼亚和黑塞哥维那
1 795	51.25	855	2 867	49.15	1 361	马其顿共和国
671^{-2}	41.28^{-2}	1 086^{-2}	1 546$^{-2,s}$	49.87^{-2}	2 491$^{-2,s}$	黑山
12 006	47.44	1 237	13 249^{-1}	49.64^{-1}	1 387^{-1}	塞尔维亚

表 S6　2009 年和 2013 年各国家和地区研究人员总数和百万居民中研究人员数量（续表）

	全职研究人员					
	2009年			2013年		
	研究人员总数	女性研究人员*（%）	百万居民中研究人员数量	研究人员总数	女性研究人员*（%）	百万居民中研究人员数量
欧洲其他国家和西亚地区						
亚美尼亚	—	—	—	—	—	—
阿塞拜疆	—	—	—	—	—	—
白俄罗斯	—	—	—	—	—	—
格鲁吉亚	—	—	—	—	—	—
伊朗伊斯兰共和国	52 256[i]	24.21[i]	711[i]	54 813[-3,i]	26.96[-3,i]	736[-3,i]
以色列	—	—	—	63 728[-1,p,r]	21.19[-2,p]	8 337[-1,p,r]
摩尔多瓦共和国	2 861	48.03	794	2 623	47.85	752
俄罗斯联邦	442 263	—	3 078	440 581	—	3 085
土耳其	57 759	33.37	811	89 075	32.96	1 189
乌克兰	61 858[q]	43.89[-2]	1 337[q]	52 626[q]	—	1 163[q]
欧洲自由贸易联盟						
冰岛	2 505	39.93	7 983	2 258[-2,s]	35.96[-2,s]	7 012[-2,s]
列支敦士登	—	—	—	—	—	—
挪威	26 273	—	5 433	28 343	—	5 621
瑞士	25 142[-1]	—	3 285[-1]	35 950[-1]	—	4 495[-1]
撒哈拉以南非洲						
安哥拉	—	—	—	1 150[-2]	27.83[-2]	57[-2]
贝宁	—	—	—	—	—	—
博茨瓦纳	—	—	—	352[-1]	26.64[-1]	176[-1]
布基纳法索	—	—	—	742[-3]	21.61[-3]	48[-3]
布隆迪	—	—	—	—	—	—
佛得角	60[-7,q]	—	131[-7,q]	25[-2,l,q,s]	36.00[-2,l,q]	51[-2,l,q,s]
喀麦隆	—	—	—	—	—	—
中非共和国	—	—	—	—	—	—
乍得	—	—	—	—	—	—
科摩罗	—	—	—	—	—	—
刚果	102[-9,q]	12.78[-9]	33[-9,q]	—	—	—
刚果民主共和国	—	—	—	—	—	—
科特迪瓦	1 269[-4,q]	16.55[-4,q]	73[-4,q]	—	—	—
吉布提	—	—	—	—	—	—
赤道几内亚	—	—	—	—	—	—
厄立特里亚	—	—	—	—	—	—
埃塞俄比亚	1 615[-2]	7.74[-2]	20[-2]	4 267[s]	13.04	45[s]
加蓬	—	—	—	—	—	—
冈比亚	179	20.00[-1]	110	59[-2,q,s]	20.48[-2]	34[-2,q,s]
加纳	392[-2]	17.59[-2]	17[-2]	941[-3,s]	17.30[-3]	39[-3,s]
几内亚	—	—	—	—	—	—
几内亚比绍	—	—	—	—	—	—
肯尼亚	2 105[-2,q]	17.84[-2,r]	56[-2,q]	9 305[-3,s]	20.00[-3]	227[-3,s]
莱索托	46[q]	41.03[q]	23[q]	12[-2,l,q]	32.77[-2,q]	6[-2,l,q]
利比里亚	—	—	—	—	—	—
马达加斯加	930[q]	31.72	45[q]	1 106[-2,q,s]	34.18[-2]	51[-2,q,s]
马拉维	406[-2]	21.86[-2]	30[-2]	732[-3,h]	18.55[-3]	49[-3,h]
马里	513[-3,q]	13.26[-3,q]	42[-3,q]	443[-3]	14.06[-3]	32[-3]
毛里求斯	—	—	—	228[-1,h]	41.44[-1,h]	184[-1,h]
莫桑比克	273[h,i,q]	33.72[q]	12[h,i,q]	912[-3,h,s]	32.24[-3]	38[-3,h,s]
纳米比亚	—	—	—	—	—	—
尼日尔	101[-4,q]	—	8[-4,q]	—	—	—
尼日利亚	5 677[-2,h,q]	23.35[-2,q]	39[-2,h,q]	—	—	—
卢旺达	123[l,q]	34.17[l]	12[l,q]	—	—	—
圣多美和普林西比	—	—	—	—	—	—
塞内加尔	4 527[-1]	23.81[-1]	370[-1]	4 679[-3]	24.83[-3]	361[-3]
塞舌尔	13[-4,q]	30.77[-4,q]	149[-4,q]	—	—	—
塞拉利昂	—	—	—	—	—	—
索马里	—	—	—	—	—	—
南非	19 793	39.02	389	21 383[-1]	43.42[-1]	408[-1]
南苏丹	—	—	—	—	—	—
斯威士兰	—	—	—	—	—	—
坦桑尼亚	—	—	—	1 600[-3,h,q]	24.59[-3]	36[-3,h,q]
多哥	216[-2,h]	12.21[-2,q]	37[-2,h]	242[-1,h,s]	9.45[-1]	36[-1,h,s]
乌干达	—	—	—	1 263[-3]	26.26[-3]	37[-3]
赞比亚	536[-1]	34.33[-1]	43[-1]	—	—	—
津巴布韦	—	—	—	1 305[-1,h]	25.45[-1]	95[-1,h]
阿拉伯国家						
阿尔及利亚	5 593[-4,q]	36.53[-4,q]	165[-4,q]	—	—	—
巴林	39[l,q]	41.03[l,q]	33[l,q]	67[l,q]	50.75[l,q]	50[l,q]
埃及	35 158[q]	36.00	458[q]	47 652[h]	43.69[h]	581[h]
伊拉克	12 048[b,h]	34.06[h]	399[b,h]	13 559[-2,b,h]	33.94[-2,h]	426[-2,b,h]
约旦	—	—	—	—	—	—
科威特	402[k,q]	37.06[k,q]	141[k,q]	439[-1,k,q]	36.22[-1,k,q]	135[-1,k,q]
黎巴嫩	—	—	—	—	—	—

按人头计算研究人员						
2009年			2013年			
研究人员总数	女性研究人员*（%）	百万居民中研究人员数量	研究人员总数	女性研究人员*（%）	百万居民中研究人员数量	
						欧洲其他国家和西亚地区
5 542[q]	45.69[q]	1 867[q]	3 870[q]	48.14[q]	1 300[q]	亚美尼亚
11 041	52.35	1 229	15 784	53.34	1 677	阿塞拜疆
20 543	42.72	2 157	18 353	41.06	1 961	白俄罗斯
8 112[-4]	52.70[-4]	1 813[-4]	—	—	—	格鲁吉亚
101 144[i]	23.69[i]	1 375[i]	115 762[-3,i]	25.86[-3,i]	1 555[-3,i]	伊朗伊斯兰共和国
—	—	—	—	—	—	以色列
3 561	47.32	988	3 250	47.97	932	摩尔多瓦共和国
369 237[q]	41.90[q]	2 570[q]	369 015[q]	40.88[q]	2 584[q]	俄罗斯联邦
114 436	36.29	1 606	166 097	36.23	2 217	土耳其
76 147	44.82	1 646	65 641	45.82	1 451	乌克兰
						欧洲自由贸易联盟
3 754	42.59	11 963	3 270[-2,s]	37.34[-2,s]	10 154[-2,s]	冰岛
—	—	—	—	—	—	列支敦士登
44 762	35.23	9 257	46 747[-1]	36.20[-1]	9 361[-1]	挪威
45 874[-1]	30.18[-1]	5 994[-1]	60 278[-1]	32.41[-1]	7 537[-1]	瑞士
						撒哈拉以南非洲
—	—	—	1 482[-2]	27.06[-2]	73[-2]	安哥拉
1 000[-2,q,r]	—	115[-2,q,r]	—	—	—	贝宁
1 732[-4,q]	30.77[-4,q]	923[-4,q]	690[-1,s]	27.25[-1,s]	344[-1,s]	博茨瓦纳
187[-2,q]	13.37[-2]	13[-2,q]	1 144[-3,s]	23.08[-3,s]	74[-3,s]	布基纳法索
362[q]	13.81	41[q]	379[-2,q]	14.51[-2]	40[-2,q]	布隆迪
107[-7,q]	52.34[-7]	233[-7,q]	128[-2,l,q,s]	39.84[-2,l,q]	261[-2,l,q,s]	佛得角
4 562[-1]	21.79[-1]	233[-1]	—	—	—	喀麦隆
134[q]	41.46[-2,l]	31[q]	—	—	—	中非共和国
—	—	—	—	—	—	乍得
—	—	—	—	—	—	科摩罗
—	—	—	—	—	—	刚果
12 470[b]	—	206[b]	—	—	—	刚果民主共和国
2 397[-4,q]	16.48[-4,q]	138[-4,q]	—	—	—	科特迪瓦
—	—	—	—	—	—	吉布提
—	—	—	—	—	—	赤道几内亚
—	—	—	—	—	—	厄立特里亚
2 377[-2]	7.40[-2]	30[-2]	8 221[s]	13.30	87[s]	埃塞俄比亚
531[q]	22.39[q]	350[q]	—	—	—	加蓬
179	20.00[-1]	110	60[-2,q,s]	20.00[-2]	35[-2,q,s]	冈比亚
636[-2]	17.92[-2]	28[-2]	2 542[-3,s]	18.29[-3]	105[-3,s]	加纳
2 117[-9,q]	5.76[-9,q]	242[-9,q]	—	—	—	几内亚
—	—	—	—	—	—	几内亚比绍
3 509[-2,q]	17.84[-2]	93[-2,q]	13 012[-3,s]	25.65[-3]	318[-3,s]	肯尼亚
229[q]	41.03[q]	115[q]	42[-2,l,q]	30.95[-2,q]	21[-2,l,q]	莱索托
—	—	—	—	—	—	利比里亚
1 817[q]	33.90	89[q]	2 364[-2,q,s]	35.36[-2]	109[-2,q,s]	马达加斯加
733[-2]	23.19[-2]	53[-2]	1 843[-3,h]	19.53[-3]	123[-3,h]	马拉维
877[-2,i,q]	10.60[-2,q]	69[-2,i,q]	898[-3]	16.04[-3]	64[-3]	马里
—	—	—	353[-1,h]	41.93[-1,h]	285[-1,h]	毛里求斯
771[h,i,q]	33.72[q]	33[h,i,q]	1 588[-3,h,s]	32.24[-3]	66[-3,h,s]	莫桑比克
—	—	—	748[-3]	43.72[-3]	343[-3]	纳米比亚
129[-4,q]	—	10[-4,q]	—	—	—	尼日尔
17 624[-2,h,q]	23.30[-2,q]	120[-2,h,q]	—	—	—	尼日利亚
564[l,q]	21.81[l]	54[l,q]	—	—	—	卢旺达
—	—	—	—	—	—	圣多美和普林西比
7 859[-1]	24.05[-1]	642[-1]	8 170[-3]	24.86[-3]	631[-3]	塞内加尔
14[-4,q]	35.71[-4,q]	161[-4,q]	—	—	—	塞舌尔
—	—	—	—	—	—	塞拉利昂
—	—	—	—	—	—	索马里
40 797	40.76	802	42 828[-1]	43.72[-1]	818[-1]	南非
—	—	—	—	—	—	南苏丹
—	—	—	—	—	—	斯威士兰
2 755[-2,h,q]	20.25[-2]	67[-2,h,q]	3 102[-3,h,q]	25.44[-3]	69[-3,h,q]	坦桑尼亚
834[-2,h]	12.02[-2,q]	143[-2,h]	639[-1,h,s]	10.17[-1]	96[-1,h,s]	多哥
1 703	40.40	52	2 823[-3,s]	24.34[-3]	83[-3,s]	乌干达
612[-1]	30.72[-1]	49[-1]	—	—	—	赞比亚
—	—	—	2 739[-1,h]	25.26[-1]	200[-1,h]	津巴布韦
						阿拉伯国家
13 805[-4,q]	34.83[-4,q]	406[-4,q]	—	—	—	阿尔及利亚
397[l,q]	33.75[l,q]	333[l,q]	510[l,q]	41.18[l,q]	383[l,q]	巴林
89 114[q]	37.34	1 161[q]	110 772[h]	42.77[h]	1 350[h]	埃及
36 470[b,h]	34.16[h]	1 209[b,h]	40 521[-2,b,h]	34.17[-2,h]	1 273[-2,b,h]	伊拉克
11 310[-1,q]	22.54[-1]	1 913[-1,q]	—	—	—	约旦
402[k,q]	37.06[k,q]	141[k,q]	4 025[h,s]	37.34[h,s]	1 195[h,s]	科威特
—	—	—	—	—	—	黎巴嫩

表 S6　2009 年和 2013 年各国家和地区研究人员总数和百万居民中研究人员数量（续表）

	全职研究人员					
	2009年			2013年		
	研究人员总数	女性研究人员*（%）	百万居民中研究人员数量	研究人员总数	女性研究人员*（%）	百万居民中研究人员数量
利比亚	—	—	—	—	—	—
毛里塔尼亚	—	—	—	—	—	—
摩洛哥	20 703[-1,q]	29.49[-1]	669[-1,q]	27 714[-2,q]	31.79[-2]	864[-2,q]
阿曼	—	—	—	497[h]	23.54[h]	137[h]
巴勒斯坦	567	33.57[-2]	145	2 492[h]	—	576[h]
卡塔尔	—	—	—	1 203[-1]	20.23[-1]	587[-1]
沙特阿拉伯	—	—	—	—	—	—
苏丹	—	—	—	—	—	—
阿拉伯叙利亚共和国	—	—	—	—	—	—
突尼斯	13 300	—	1 265	15 159[-1]	—	1 394[-1]
阿拉伯联合酋长国	—	—	—	—	—	—
也门	—	—	—	—	—	—
中亚						
哈萨克斯坦	5 593	—	355	12 552[s]	—	763[s]
吉尔吉斯斯坦	—	—	—	—	—	—
蒙古	—	—	—	—	—	—
塔吉克斯坦	—	—	—	—	—	—
土库曼斯坦	—	—	—	—	—	—
乌兹别克斯坦	—	—	—	15 029[-2,b]	39.14[-2]	534[-2,b]
南亚						
阿富汗	—	—	—	—	—	—
孟加拉国	—	—	—	—	—	—
不丹	—	—	—	—	—	—
印度	154 827[-4]	14.85[-4,q]	137[-4]	192 819[-3]	14.28[-3]	160[-3]
马尔代夫	—	—	—	—	—	—
尼泊尔	1 500[-7,r]	—	62[-7,r]	—	—	—
巴基斯坦	27 602[h]	23.67	162[h]	30 244[h]	31.27[h]	166[h]
斯里兰卡	1 972[-1]	38.89[-1]	96[-1]	2 140[-3]	39.35[-3]	103[-3]
东南亚						
文莱达鲁萨兰国	102[-5,q]	—	282[-5,q]	—	—	—
柬埔寨	223[-7,q,r]	22.60[-7,q,r]	18[-7,q,r]	—	—	—
中国大陆	1 152 311	—	853	1 484 040	—	1 071
中国香港特别行政区	19 283	—	2 752	21 236[-1]	—	2 971[-1]
中国澳门特别行政区	300[q]	29.68[q]	575[q]	527[q]	32.18[q]	931[q]
印度尼西亚	21 349[q,r]	—	90[q,r]	—	—	—
日本	655 530	—	5 147	660 489	—	5 195
朝鲜民主主义人民共和国	—	—	—	—	—	—
韩国	244 077	—	5 068	321 842	—	6 533
老挝人民民主共和国	87[-7,q]	—	16[-7,q]	—	—	—
马来西亚	29 608	47.69	1 065	52 052[-1]	47.01[-1]	1 780[-1]
缅甸	837[-7,q]	—	17[-7,q]	—	—	—
菲律宾	6 957[-2]	50.81[-2]	78[-2]	—	—	—
新加坡	30 530	—	6 150	34 141[-1]	—	6 438[-1]
泰国	22 000	50.29	332	36 360[-2]	53.10[-2]	546[-2]
东帝汶	—	—	—	—	—	—
越南	9 328[-7]	—	113[-7]	—	—	—
大洋洲						
澳大利亚	92 649[-1]	—	4 280[-1]	—	—	—
新西兰	16 100	—	3 724	16 300[-2]	—	3 693[-2]
库克群岛	—	—	—	—	—	—
斐济	—	—	—	—	—	—
基里巴斯	—	—	—	—	—	—
马绍尔群岛	—	—	—	—	—	—
密克罗尼西亚	—	—	—	—	—	—
瑙鲁	—	—	—	—	—	—
纽埃	—	—	—	—	—	—
帕劳	—	—	—	—	—	—
巴布亚新几内亚	—	—	—	—	—	—
萨摩亚	—	—	—	—	—	—
所罗门群岛	—	—	—	—	—	—
汤加	—	—	—	—	—	—
图瓦卢	—	—	—	—	—	—
瓦努阿图	—	—	—	—	—	—

来源：联合国教科文组织统计研究所，2015 年 8 月。

背景数据来源：《人口》，联合国经济与社会事务部人口科，2013 年；《世界人口展望》（2012 年修订版）。

按人头计算研究人员						
2009年			2013年			
研究人员总数	女性研究人员*（%）	百万居民中研究人员数量	研究人员总数	女性研究人员*（%）	百万居民中研究人员数量	
460[q]	24.75	77[q]	—	—	—	利比亚
—	—	—	—	—	—	毛里塔尼亚
29 276[-1,q]	27.60[-1]	946[-1,q]	36 732[-2,q]	30.19[-2]	1 146[-2,q]	摩洛哥
—	—	—	1 235[h]	21.13[h]	340[h]	阿曼
1 550	18.77	396	4 533[h]	22.59[h]	1 048[h]	巴勒斯坦
—	—	—	1 725[-1]	21.86[-1]	841[-1]	卡塔尔
1 271[k,q]	1.42	47[k,q]	—	—	—	沙特阿拉伯
11 208[-4,b,r]	40.00[-4,r]	355[-4,b,r]	—	—	—	苏丹
—	—	—	—	—	—	阿拉伯叙利亚共和国
28 274	—	2 690	30 127[-1]	—	2 770[-1]	突尼斯
—	—	—	—	—	—	阿拉伯联合酋长国
—	—	—	—	—	—	也门
						中亚
10 095	48.46	641	17 195[s]	51.46[s]	1 046[s]	哈萨克斯坦
2 290	43.45	435	2 224[-2]	43.21[-2]	412[-2]	吉尔吉斯斯坦
1 748[q]	48.11[q]	654[q]	1 912[q]	48.90[q]	673[q]	蒙古
1 722	38.79[-3]	231	2 152[h]	33.83	262[h]	塔吉克斯坦
—	—	—	—	—	—	土库曼斯坦
30 273	42.99	1 105	30 890[-2]	40.92[-2]	1 097[-2]	乌兹别克斯坦
						南亚
—	—	—	—	—	—	阿富汗
—	—	—	—	—	—	孟加拉国
—	—	—	—	—	—	不丹
—	—	—	—	—	—	印度
—	—	—	—	—	—	马尔代夫
3 000[-7,r]	15.00[-7,r]	124[-7,r]	5 123[-3,q,s]	7.79[-3]	191[-3,q,s]	尼泊尔
54 689[h]	26.97	322[h]	60 699[h]	29.78[h]	333[h]	巴基斯坦
4 037[-1]	39.86[-1]	197[-1]	5 162[-3]	36.92[-3]	249[-3]	斯里兰卡
						东南亚
244[-5,q]	40.57[-5]	676[-5,q]	—	—	—	文莱达鲁萨兰国
744[-7,q,r]	20.70[-7,q,r]	59[-7,q,r]	—	—	—	柬埔寨
—	—	—	2 069 650[-1]	—	1 503[-1]	中国大陆
23 014	—	3 284	24 934[-1]	—	3 488[-1]	中国香港特别行政区
658[q]	32.37[q]	1 261[q]	1 110[q]	34.50[q]	1 960[q]	中国澳门特别行政区
41 143[r]	30.58[-4]	173[q,r]	—	—	—	印度尼西亚
889 341	13.62	6 983	892 406	14.63	7 019	日本
—	—	—	—	—	—	朝鲜民主主义人民共和国
323 175	15.80	6 710	410 333	18.18	8 329	韩国
209[-7,q]	22.97[-7,r]	38[-7,q]	—	—	—	老挝人民民主共和国
53 304	50.91	1 918	75 257[-1]	49.92[-1]	2 574[-1]	马来西亚
4 725[-7,q]	85.46[-7,b]	96[-7,q]	—	—	—	缅甸
11 490[-2]	52.25[-2]	129[-2]	—	—	—	菲律宾
34 387	28.49	6 927	38 432[-1]	29.57[-1]	7 247[-1]	新加坡
38 506	51.08	581	51 178[-2]	52.66[-2]	769[-2]	泰国
—	—	—	—	—	—	东帝汶
41 117[-7]	42.77[-7]	498[-7]	105 230[-2,s]	41.67[-2,s]	1 170[-2,s]	越南
						大洋洲
—	—	—	—	—	—	澳大利亚
27 000	51.99[-8]	6 246	28 100[-2]	—	6 366[-2]	新西兰
—	—	—	—	—	—	库克群岛
—	—	—	—	—	—	斐济
—	—	—	—	—	—	基里巴斯
—	—	—	—	—	—	马绍尔群岛
—	—	—	—	—	—	密克罗尼西亚
19[-6,q]	15.79[-6,q]	1 925[-6,q,r]	—	—	—	瑙鲁
—	—	—	—	—	—	纽埃
—	—	—	—	—	—	帕劳
—	—	—	—	—	—	巴布亚新几内亚
—	—	—	—	—	—	萨摩亚
—	—	—	—	—	—	所罗门群岛
—	—	—	—	—	—	汤加
—	—	—	—	—	—	图瓦卢
—	—	—	—	—	—	瓦努阿图

注释：

某些国家“研究人员总数”和“女性研究人员数量”的数据也许不是同一年的。

注：请参阅表 S10 下面对所有表格的提示信息。

表 S7　2013 年或最近一年各国家和地区科学各领域研究员分布（%）

	年份	各科研领域的研究人员人数（%）								
		自然科学	工程和技术	医学和健康科学	农业科学	自然科学和工程	社会科学	人文科学	社会科学和人文科学	未分类
北美洲										
加拿大		—	—	—	—	—	—	—	—	—
美国		—	—	—	—	—	—	—	—	—
拉丁美洲										
阿根廷	2012	26.73	18.65	13.42	10.96	69.76	21.18	9.06	30.24	—
伯利兹		—	—	—	—	—	—	—	—	—
玻利维亚	2010	25.41	21.32	15.84	15.23	77.80	16.54	5.67	22.20	—
巴西		—	—	—	—	—	—	—	—	—
智利	2008	21.36	25.91	16.94	12.31	76.52	18.20	5.26	23.48	—
哥伦比亚	2012	18.72	11.38	15.67	6.42	52.19	36.83	7.66	44.49	3.32
哥斯达黎加	2011	8.07[h]	8.36[h]	7.59[h]	7.29[h]	31.32[h]	8.91[h]	1.82[h]	10.73[h]	57.96[d]
厄瓜多尔	2011	14.63	20.14	11.27	11.37	57.41	35.09	7.50	42.59	—
萨尔瓦多	2013	39.27	19.64	15.56	4.68	79.15	17.52	3.32	20.85	—
危地马拉	2012	20.42[q]	16.22[q]	19.82[q]	18.32[q]	74.77[q]	18.77[q]	6.46[q]	25.23[q]	—
圭亚那		—	—	—	—	—	—	—	—	—
洪都拉斯		—	—	—	—	—	—	—	—	—
墨西哥	2003	16.71	35.43	12.34	9.58	74.07	17.40	8.53	25.93	—
尼加拉瓜		—	—	—	—	—	—	—	—	—
巴拿马	2008	19.65	8.21	14.69	5.62	48.16	17.93	—	17.93[q]	33.91
巴拉圭	2008	13.18	15.06	12.24	20.94	61.41	23.29	9.88	33.18	5.41
秘鲁		—	—	—	—	—	—	—	—	—
苏里南		—	—	—	—	—	—	—	—	—
乌拉圭	2013	28.80	10.45	12.78	15.36	67.37	23.26	9.28	32.54	0.08
委内瑞拉	2009	11.76[q]	13.11[q]	22.16[q]	16.75[q]	63.77[q]	36.23[q]	—	36.23[q]	—
加勒比地区										
安提瓜和巴布达		—	—	—	—	—	—	—	—	—
巴哈马		—	—	—	—	—	—	—	—	—
巴巴多斯		—	—	—	—	—	—	—	—	—
古巴		—	—	—	—	—	—	—	—	—
多米尼克		—	—	—	—	—	—	—	—	—
多米尼加共和国		—	—	—	—	—	—	—	—	—
格林纳达		—	—	—	—	—	—	—	—	—
海地		—	—	—	—	—	—	—	—	—
牙买加		—	—	—	—	—	—	—	—	—
圣基茨和尼维斯		—	—	—	—	—	—	—	—	—
圣卢西亚		—	—	—	—	—	—	—	—	—
圣文森特和格林纳丁斯		—	—	—	—	—	—	—	—	—
特立尼达和多巴哥	2012	24.73	29.54	14.44	10.50	79.21	20.79	—	20.79[q]	—
欧盟										
奥地利		—	—	—	—	—	—	—	—	—
比利时		—	—	—	—	—	—	—	—	—
保加利亚	2012	24.59	27.33	13.48	7.91	73.31	15.99	10.70	26.69	—
克罗地亚	2012	15.54	30.74	20.93	7.04	74.26	15.69	10.05	25.74	—
塞浦路斯	2012	28.32	24.45	4.96	2.98	60.71	25.34	13.95	39.29	—
捷克共和国	2012	27.08	39.52	11.88	4.55	83.04	9.36	7.61	16.96	—
丹麦		—	—	—	—	—	—	—	—	—
爱沙尼亚	2012	24.88[h,r]	10.87[h,r]	6.75[h,r]	4.14[h,r]	46.63[h,r]	13.57[h,r]	13.09[h,r]	26.66[h,r]	26.71[d,r]
芬兰		—	—	—	—	—	—	—	—	—
法国		—	—	—	—	—	—	—	—	—
德国		—	—	—	—	—	—	—	—	—
希腊	2011	14.98	34.49	21.23	5.22	75.91	12.12	11.97	24.09	—
匈牙利	2012	26.87	33.35	10.85	5.18	76.24	13.23	10.54	23.76	—
爱尔兰		—	—	—	—	—	—	—	—	—
意大利		—	—	—	—	—	—	—	—	—
拉脱维亚	2012	21.56[h,r]	19.01[h,r]	9.14[h,r]	5.90[h,r]	55.62[h,r]	19.34[h,r]	10.81[h,r]	30.14[h,r]	14.23[d,r]
立陶宛	2012	17.31[h,r]	14.73[h,r]	11.92[h,r]	2.74[h,r]	46.70[h,r]	26.77[h,r]	15.00[h,r]	41.77[h,r]	11.53[d,r]
卢森堡		—	—	—	—	—	—	—	—	—
马耳他	2012	23.57	27.98	14.40	2.89	68.85	16.47	9.44	25.91	5.24
荷兰	2012	17.02	42.92	14.58	7.74	82.26	14.35	3.39	17.74	—
波兰	2012	18.35	32.15	14.66	5.89	71.05	16.45	12.50	28.95	—
葡萄牙	2012	21.92	29.62	16.51	2.72	70.77	18.13	11.10	29.23	—
罗马尼亚	2012	17.20	46.93	9.24	4.50	77.86	15.91	6.23	22.14	—
斯洛伐克	2013	16.55	32.74	12.33	4.11	65.73	20.29	13.98	34.27	—
斯洛文尼亚	2012	24.82	39.39	13.82	5.82	83.87	9.58	6.56	16.14	—
西班牙		—	—	—	—	—	—	—	—	—
瑞典		—	—	—	—	—	—	—	—	—
英国		—	—	—	—	—	—	—	—	—
东南欧										
阿尔巴尼亚	2008	8.66[q]	13.83[q]	9.06[q]	19.17[q]	50.73[q]	13.71[q]	35.56[q]	49.27[q]	—
波斯尼亚和黑塞哥维那	2013	16.55	40.48	2.49	14.30	73.82	19.68	5.46	25.14	1.04
马其顿共和国	2012	4.89	16.67	30.93	8.87	61.36	18.47	20.17	38.64	—
黑山	2011	6.73	21.67	28.53	4.27	61.19	18.82	19.99	38.81	—
塞尔维亚	2012	20.58	23.95	9.37	13.37	67.27	19.02	13.71	32.73	—

	年份	各科研领域的研究人员人数（%）								
		自然科学	工程和技术	医学和健康科学	农业科学	自然科学和工程	社会科学	人文科学	社会科学和人文科学	未分类
欧洲其他国家和西亚地区										
亚美尼亚	2013	56.69[q]	14.11[q]	9.92[q]	1.16[q]	81.89[q]	5.61[q]	12.51[q]	18.11[q]	—
阿塞拜疆	2013	32.78	16.09	11.11	6.65	66.63	13.36	20.01	33.37	—
白俄罗斯	2013	18.59	61.00	4.77	5.76	90.12	7.52	2.36	9.88	—
格鲁吉亚	2005	29.34	14.95	9.90	11.33	65.52	9.38	19.08	28.46	6.02
伊朗伊斯兰共和国	2010	13.67[i]	25.14[i]	20.79[i]	18.78[i]	78.37[i]	21.63[c,i]	—[g,i]	21.63[i]	—[i]
以色列		—	—	—	—	—	—	—	—	—
摩尔多瓦共和国	2013	35.94	13.78	14.06	12.34	76.12	12.65	11.23	23.88	—
俄罗斯联邦	2013	23.19[q]	61.00[q]	4.43[q]	3.22[q]	91.84[q]	4.98[q]	3.18[q]	8.16[q]	—
土耳其	2013	10.06	35.86	22.13	4.50	72.55	18.39	9.06	27.45	—
乌克兰	2013	25.16	42.00	6.40	8.06	81.61	7.07	3.17	10.24	8.15
欧洲自由贸易联盟										
冰岛		—	—	—	—	—	—	—	—	—
列支敦士登		—	—	—	—	—	—	—	—	—
挪威	2012	—	—	—	—	76.06	—	—	23.70	0.24
瑞士		—	—	—	—	—	—	—	—	—
撒哈拉以南非洲										
安哥拉	2011	23.14	18.62	9.24	12.96	63.97	30.97	5.06	36.03	—
贝宁		—	—	—	—	—	—	—	—	—
博茨瓦纳	2012	37.54	11.01	22.61	20.00	91.16	2.17	0.14	2.32	6.52
布基纳法索	2010	13.90	16.52	42.05	10.58	83.04	9.18	4.46	13.64	3.32
布隆迪	2011	—	—	—	19.79[j]	19.79[q]	1.06[j]	—	1.06[q]	79.16[e]
佛得角	2011	15.63[l,q]	35.94[l,q]	3.91[l,q]	1.56[l,q]	57.03[l,q]	22.66[l,q]	20.31[l,q]	42.97[l,q]	—
喀麦隆		—	—	—	—	—	—	—	—	—
中非共和国	2009	36.57[q]	2.99[q]	13.43[q]	9.70[q]	62.69[q]	8.96[q]	24.63[q]	33.58[q]	3.73[q]
乍得		—	—	—	—	—	—	—	—	—
科摩罗		—	—	—	—	—	—	—	—	—
刚果		—	—	—	—	—	—	—	—	—
刚果民主共和国		—	—	—	—	—	—	—	—	—
科特迪瓦		—	—	—	—	—	—	—	—	—
吉布提		—	—	—	—	—	—	—	—	—
赤道几内亚		—	—	—	—	—	—	—	—	—
厄立特里亚		—	—	—	—	—	—	—	—	—
埃塞俄比亚	2013	15.29	9.48	18.48	30.26	73.51	16.81	7.21	24.02	2.47
加蓬	2009	13.18[q]	4.71[q]	4.52[q]	8.10[q]	30.51[q]	22.41[q]	12.99[q]	35.40[q]	34.09[q]
冈比亚	2011	—	—	40.00	60.00	100.00[q]	—	—	—	—
加纳	2010	17.19	11.41	17.98	14.20	60.78	21.01	15.11	36.11	3.11
几内亚		—	—	—	—	—	—	—	—	—
几内亚比绍		—	—	—	—	—	—	—	—	—
肯尼亚	2010	3.67	13.73	25.45	40.51	83.37	9.45	7.19	16.63	—
莱索托	2011	23.81[l,q]	19.05[l,q]	—	54.76[l,q]	97.62[l,q]	2.38[l,q]	—	2.38[l,q]	—
利比里亚		—	—	—	—	—	—	—	—	—
马达加斯加	2011	37.18	10.62	9.52	7.15	64.47	19.37	9.73	29.10	6.43
马拉维	2010	15.63[h]	20.18[h]	18.61[h]	16.93[h]	71.35[h]	18.45[h]	10.20[h]	28.65[h]	—
马里	2006	46.04[q]	8.58[q]	13.59[q]	11.89[q]	80.10	13.03[q]	6.88[q]	19.90	—
毛里求斯	2012	21.81[r]	10.20[r]	10.20[r]	33.71[r]	75.92[r]	16.43[r]	5.95[r]	22.38[r]	1.70[r]
莫桑比克	2010	19.27	22.04	13.16	8.94	63.41	34.13	2.46	36.59	—
纳米比亚	2010	10.96	2.41	6.82	42.91	63.10	15.91	5.75	21.66	15.24
尼日尔		—	—	—	—	—	—	—	—	—
尼日利亚		—	—	—	—	—	—	—	—	—
卢旺达		—	—	—	—	—	—	—	—	—
圣多美和普林西比		—	—	—	—	—	—	—	—	—
塞内加尔	2010	18.00	1.98	19.60	1.60	41.19	50.67	6.40	57.07	1.74
塞舌尔	2005	78.57	—	—	14.29	92.86[q]	—	—	—	7.14
塞拉利昂		—	—	—	—	—	—	—	—	—
索马里		—	—	—	—	—	—	—	—	—
南非		—	—	—	—	—	—	—	—	—
南苏丹		—	—	—	—	—	—	—	—	—
斯威士兰		—	—	—	—	—	—	—	—	—
坦桑尼亚		—	—	—	—	—	—	—	—	—
多哥	2012	15.65[h]	6.10[h]	18.78[h]	14.71[h]	55.24[h]	2.35[h]	41.94[h]	44.29[h]	0.47[h]
乌干达	2010	17.43	12.15	10.06	11.52	51.17	37.38	11.45	48.83	—
赞比亚		—	—	—	—	—	—	—	—	—
津巴布韦	2012	30.05[h]	13.33[h]	0.18[h]	13.91[h]	57.47[h]	22.16[h]	15.48[h]	37.64[h]	4.89[h]
阿拉伯国家										
阿尔及利亚	2005	24.27[l,q]	37.63[q]	8.15[l,q]	8.40[q]	78.44[q]	9.40[l,q]	12.16[q]	21.56[q]	—
巴林	2013	8.24[l,q]	15.88[l,q]	43.53[l,q]	0.39[l,q]	68.04[l,q]	15.29[l,q]	5.69[l,q]	20.98[l,q]	10.98[l,q]
埃及	2013	8.08[l]	7.20[l]	31.76[l]	4.12[l]	51.16[l]	16.83[l]	11.41[l]	28.24[l]	20.61[k]
伊拉克	2011	17.75[b,h]	18.86[b,h]	12.39[b,h]	9.36[b,h]	58.35[b,h]	32.33[b,h]	9.30[b,h]	41.63[b,h]	0.02[h]
约旦	2008	8.20	18.80	12.61	2.93	42.53	3.99	18.13	22.12	35.35
科威特	2013	14.34[h]	13.37[h]	11.85[h]	5.17[h]	44.72[h]	8.77[h]	13.34[h]	22.11[h]	33.17[h]
黎巴嫩		—	—	—	—	—	—	—	—	—
利比亚		—	—	—	—	—	—	—	—	—

表 S7　2013 年或最近一年各国家和地区科学各领域研究员分布（%）（续表）

	年份	各科研领域的研究人员人数（%）								
		自然科学	工程和技术	医学和健康科学	农业科学	自然科学和工程	社会科学	人文科学	社会科学和人文科学	未分类
毛里塔尼亚		—	—	—	—	—	—	—	—	—
摩洛哥	2011	33.71	7.56	10.40	1.80	53.46	26.10	20.44	46.54	—
阿曼	2013	15.55[h]	13.04[h]	6.48[h]	25.26[h]	60.32[h]	24.29[h]	13.20[h]	37.49[h]	2.19[h]
巴勒斯坦	2013	16.55[h]	10.90[h]	5.85[h]	4.83[h]	38.12[h]	27.69[h]	34.19[h]	61.88[h]	—[h]
卡塔尔	2012	9.33	42.67	26.03	1.62	79.65	14.26	4.81	19.07	1.28
沙特阿拉伯	2009	16.76[k]	43.04[k]	0.71[k]	2.60[k]	63.10[k]	—[k]	0.47[k]	0.47[k]	36.43[k]
苏丹	2005	17.86[r]	27.18[r]	22.29[r]	6.00[r]	73.32[r]	16.06[r]	8.10[r]	24.16[r]	2.52[r]
阿拉伯叙利亚共和国		—	—	—	—	—	—	—	—	—
突尼斯		—	—	—	—	—	—	—	—	—
阿联酋联合酋长国		—	—	—	—	—	—	—	—	—
也门		—	—	—	—	—	—	—	—	—
中亚										
哈萨克斯坦	2013	29.61	29.05	6.21	12.50	77.38	10.33	12.29	22.62	—
吉尔吉斯斯坦	2011	26.66	25.49	17.67	9.53	79.36	6.92	11.65	18.57	2.07[r]
蒙古	2013	37.45[q]	12.76[q]	9.94[q]	15.90[q]	76.05[q]	23.95[c,q]	—	23.95[q]	—
塔吉克斯坦	2013	23.65	9.57	17.38	21.93	72.54	15.57	11.90	27.46	—
土库曼斯坦		—	—	—	—	—	—	—	—	—
乌兹别克斯坦	2011	22.37	16.13	11.85	6.06	56.40	22.07	21.53	43.60	—
南亚										
阿富汗		—	—	—	—	—	—	—	—	—
孟加拉国		—	—	—	—	—	—	—	—	—
不丹		—	—	—	—	—	—	—	—	—
印度		—	—	—	—	—	—	—	—	—
马尔代夫		—	—	—	—	—	—	—	—	—
尼泊尔		—	—	—	—	—	—	—	—	—
巴基斯坦	2013	23.37[h]	17.45[h]	15.66[h]	13.03[h]	69.52[h]	17.12[h]	9.89[h]	27.01[h]	3.47[h]
斯里兰卡	2010	28.30	22.22	16.35	20.34	87.21	7.81[c]	—[g]	7.81	4.98
东南亚										
文莱达鲁萨兰国		—	—	—	—	—	—	—	—	—
柬埔寨		—	—	—	—	—	—	—	—	—
中国大陆		—	—	—	—	—	—	—	—	—
中国香港特别行政区		—	—	—	—	—	—	—	—	—
中国澳门特别行政区	2013	10.45	14.23	13.87	—	38.56[q]	41.80[q]	18.56[q]	60.36[q]	1.08[q]
印度尼西亚	2005	11.07[i]	11.12[i]	7.28[i]	13.39[i]	42.86[i]	18.16[i]	7.34[i]	25.50[i]	31.64
日本	2013	18.27	47.92	14.57	4.33	85.08	5.90	3.37	11.52	3.40
朝鲜民主主义人民共和国		—	—	—	—	—	—	—	—	—
韩国	2013	12.55	68.09	5.68	2.46	88.78	6.15	5.08	11.22	—
老挝人民民主共和国		—	—	—	—	—	—	—	—	—
马来西亚	2012	27.61	42.78	3.89	6.61	80.89	16.09	3.02	19.11	—
缅甸	2002	14.12	34.41	4.68	1.82	55.03	42.46	2.52	44.97	—
菲律宾	2007	15.63	34.87	8.18	22.42	81.11	15.22	2.32	17.55	1.35
新加坡	2012	16.31	61.04	16.63	2.05	96.02	—	—	—	3.98
泰国	2011	8.97[h]	12.31[h]	12.57[h]	8.86[h]	42.72[h]	26.81[h]	2.62[h]	29.43[h]	27.86
东帝汶		—	—	—	—	—	—	—	—	—
越南		—	—	—	—	—	—	—	—	—
大洋洲										
澳大利亚		—	—	—	—	—	—	—	—	—
新西兰		—	—	—	—	—	—	—	—	—
库克群岛		—	—	—	—	—	—	—	—	—
斐济		—	—	—	—	—	—	—	—	—
基里巴斯		—	—	—	—	—	—	—	—	—
马绍尔群岛		—	—	—	—	—	—	—	—	—
密克罗尼西亚		—	—	—	—	—	—	—	—	—
瑙鲁		—	—	—	—	—	—	—	—	—
纽埃		—	—	—	—	—	—	—	—	—
帕劳		—	—	—	—	—	—	—	—	—
巴布亚新几内亚		—	—	—	—	—	—	—	—	—
萨摩亚		—	—	—	—	—	—	—	—	—
所罗门群岛		—	—	—	—	—	—	—	—	—
汤加		—	—	—	—	—	—	—	—	—
图瓦卢		—	—	—	—	—	—	—	—	—
瓦努阿图		—	—	—	—	—	—	—	—	—

来源：联合国教科文组织统计研究所，2015 年 8 月。

注：请参阅表 S10 下面对所有表格的提示信息。

表 S8 2005—2014 年各国家和地区科学出版物统计

	出版物数量										每百万居民出版物数量	
	2005年	2006年	2007年	2008年	2009年	2010年	2011年	2012年	2013年	2014年	2008年	2014年
北美洲												
加拿大	39 879	42 648	43 917	46 829	48 713	49 728	51 508	51 459	54 632	54 631	1 403	1 538
美国	267 521	275 884	280 806	289 769	294 630	301 826	312 374	306 688	324 047	321 846	945	998
拉丁美洲												
阿根廷	5 056	5 429	5 767	6 406	6 779	7 234	7 664	7 657	8 060	7 885	161	189
伯利兹	12	12	6	8	5	13	12	13	19	16	27	47
玻利维亚	120	131	179	192	184	173	186	155	212	207	20	19
巴西	17 106	19 102	23 621	28 244	30 248	31 449	34 006	34 165	37 041	37 228	147	184
智利	2 912	3 090	3 429	3 737	4 254	4 477	5 008	5 320	5 604	6 224	222	350
哥伦比亚	871	1 040	1 333	1 967	2 155	2 503	2 790	2 957	3 189	2 997	44	61
哥斯达黎加	302	304	316	389	381	394	413	379	391	474	86	96
厄瓜多尔	203	200	263	281	349	295	299	369	425	511	19	32
萨尔瓦多	20	17	15	18	23	34	42	41	32	42	3	7
危地马拉	63	52	65	63	87	94	85	105	115	101	5	6
圭亚那	18	8	17	17	10	23	14	16	18	23	22	29
洪都拉斯	25	30	23	30	34	39	46	49	56	35	4	4
墨西哥	6 899	6 992	7 891	8 559	8 738	9 047	9 842	10 093	10 957	11 147	74	90
尼加拉瓜	39	55	37	55	50	62	57	70	52	54	10	9
巴拿马	156	191	226	250	244	294	292	325	343	326	70	83
巴拉圭	28	29	39	34	37	54	65	58	67	57	5	8
秘鲁	334	387	452	499	539	551	621	633	713	783	17	25
苏里南	13	6	6	7	6	6	7	22	22	11	14	20
乌拉圭	425	441	463	582	605	603	733	653	728	824	174	241
委内瑞拉	1 097	1 125	1 128	1 325	1 200	1 174	1 040	913	1 010	788	47	26
加勒比地区												
安提瓜和巴布达	5	4	5	7	2	4	1	2	4	1	82	11
巴哈马	8	9	17	12	12	12	20	17	26	33	34	86
巴巴多斯	44	42	39	50	41	52	67	63	55	52	180	182
古巴	662	713	733	804	772	717	818	804	817	749	71	67
多米尼克	5	2	6	2	4	12	10	9	10	10	28	138
多米尼加共和国	20	19	26	34	26	39	45	52	63	49	3	5
格林纳达	17	30	57	72	83	81	95	112	106	152	693	1 430
海地	14	23	16	20	18	24	48	39	48	60	2	6
牙买加	136	126	143	157	159	169	177	178	151	117	58	42
圣基茨和尼维斯	1	3	1	3	9	10	6	14	20	40	59	730
圣卢西亚	2	2	2	1	0	9	2	1	2	0	6	0
圣文森特和格林纳丁斯	0	2	1	0	1	3	2	3	1	2	0	18
特立尼达和多巴哥	136	110	137	142	154	152	169	161	149	146	108	109
欧盟												
奥地利	8 644	8 865	9 502	10 049	10 407	11 127	11 939	11 746	12 798	13 108	1 205	1 537
比利时	12 572	12 798	13 611	14 467	15 071	15 962	16 807	16 719	18 119	18 208	1 343	1 634
保加利亚	1 756	1 743	2 241	2 266	2 310	2 172	2 153	2 244	2 266	2 065	302	288
克罗地亚	1 624	1 705	2 037	2 391	2 739	2 897	3 182	3 103	3 004	2 932	548	686
塞浦路斯	258	302	346	408	508	610	638	707	855	814	379	706
捷克共和国	5 799	6 535	7 157	7 783	8 206	8 835	9 222	9 324	9 998	10 781	748	1 004
丹麦	8 747	9 116	9 411	9 817	10 257	11 285	12 387	12 763	13 982	14 820	1 786	2 628
爱沙尼亚	745	783	943	952	1 055	1 189	1 286	1 290	1 513	1 567	728	1 221
芬兰	7 987	8 475	8 542	8 814	8 928	9 274	9 666	9 571	10 206	10 758	1 657	1 976
法国	52 476	54 516	55 254	59 304	60 893	61 626	63 418	62 371	66 057	65 086	948	1 007
德国	73 573	75 191	76 754	79 402	82 452	85 095	88 836	88 322	92 975	91 631	952	1 109
希腊	7 597	8 729	9 294	9 706	10 028	9 987	10 141	9 929	9 871	9 427	876	847
匈牙利	4 864	5 007	5 053	5 541	5 330	5 023	5 619	5 739	5 931	6 059	552	610
爱尔兰	3 941	4 375	4 613	5 161	5 519	6 173	6 552	6 244	6 691	6 576	1 186	1 406
意大利	40 111	42 396	44 810	47 139	49 302	50 069	52 290	52 679	57 943	57 472	787	941
拉脱维亚	319	298	369	420	406	395	555	528	592	586	196	287
立陶宛	885	1 127	1 666	1 714	1 668	1 660	1 899	1 793	1 768	1 827	545	607
卢森堡	175	208	223	327	398	472	594	613	755	854	671	1 591
马耳他	61	60	76	109	96	111	122	151	207	207	259	481
荷兰	22 225	22 971	23 505	24 646	26 500	28 148	29 396	30 018	32 172	31 823	1 493	1 894
波兰	13 843	15 129	16 032	18 210	18 506	19 172	20 396	21 486	22 822	23 498	477	615
葡萄牙	5 245	6 455	6 238	7 448	8 196	8 903	9 992	10 679	11 953	11 855	705	1 117
罗马尼亚	2 543	2 934	3 983	5 165	6 100	6 628	6 485	6 657	7 550	6 651	235	307
斯洛伐克	1 931	2 264	2 473	2 709	2 635	2 758	2 856	2 883	2 989	3 144	500	576
斯洛文尼亚	2 025	2 081	2 396	2 795	2 840	2 912	3 265	3 265	3 458	3 301	1 375	1 590
西班牙	29 667	32 130	34 558	37 078	39 735	41 828	45 318	46 435	49 435	49 247	820	1 046
瑞典	16 445	16 895	17 184	17 270	17 981	18 586	19 403	19 898	21 611	21 854	1 870	2 269
英国	70 201	73 377	75 763	77 116	78 867	81 553	84 360	83 405	89 429	87 948	1 257	1 385
东南欧												
阿尔巴尼亚	37	30	39	58	65	88	146	127	144	154	18	48
波斯尼亚和黑塞哥维那	91	91	252	278	286	360	398	347	312	323	72	84
马其顿共和国	106	134	179	201	211	235	263	273	282	330	96	157
黑山	42	59	64	94	102	130	155	152	171	191	152	307
塞尔维亚	1 600	1 741	2 303	2 783	3 327	3 659	4 244	5 064	4 941	4 764	285	503
欧洲其他地区和西亚地区												
亚美尼亚	381	404	418	560	497	574	670	775	705	691	188	232
阿塞拜疆	237	238	227	299	389	457	522	497	424	425	34	45
白俄罗斯	978	945	914	1 033	998	964	1 067	1 133	1 046	1 077	108	116
格鲁吉亚	305	363	327	338	358	381	485	570	515	527	77	122
伊朗伊斯兰共和国	4 676	6 148	9 020	11 244	14 460	16 951	21 509	23 092	24 713	25 588	155	326

表 S8　2005—2014 年各国家和地区科学出版物统计（续表）

	出版物数量										每百万居民出版物数量	
	2005年	2006年	2007年	2008年	2009年	2010年	2011年	2012年	2013年	2014年	2008年	2014年
以色列	9 884	10 395	10 351	10 576	10 371	10 541	10 853	10 665	11 066	11 196	1 488	1 431
摩尔多瓦共和国	213	222	180	228	258	227	258	230	242	248	63	72
俄罗斯联邦	24 694	24 068	25 606	27 418	27 861	26 869	28 285	26 183	28 649	29 099	191	204
土耳其	13 830	14 734	17 281	18 493	20 657	21 374	22 065	22 251	23 897	23 596	263	311
乌克兰	4 029	3 935	4 205	5 020	4 450	4 445	4 909	4 601	4 834	4 895	108	109
欧洲自由贸易联盟												
冰岛	427	458	490	575	623	753	716	810	866	864	1 858	2 594
列支敦士登	33	36	37	46	41	50	41	55	48	52	1 293	1 398
挪威	6 090	6 700	7 057	7 543	8 110	8 499	9 327	9 451	9 947	10 070	1 579	1 978
瑞士	16 397	17 809	18 341	19 131	20 336	21 361	22 894	23 205	25 051	25 308	2 500	3 102
撒哈拉以南非洲												
安哥拉	17	13	15	15	32	29	28	36	40	45	1	2
贝宁	86	121	132	166	174	194	221	228	253	270	18	25
博茨瓦纳	112	152	148	162	133	114	175	156	171	210	84	103
布基纳法索	116	159	149	193	214	220	268	296	241	272	13	16
布隆迪	8	5	14	8	9	20	19	16	17	18	1	2
佛得角	1	6	1	3	10	15	2	11	19	25	6	50
喀麦隆	303	395	431	482	497	561	579	553	652	706	25	31
中非共和国	20	20	21	17	24	22	23	29	29	32	4	7
乍得	21	25	12	14	18	11	20	13	14	26	1	2
科摩罗	3	0	6	3	1	3	6	3	2	0	5	0
刚果	56	81	86	69	77	89	86	92	84	111	18	24
刚果民主共和国	21	14	26	38	69	82	109	119	144	114	1	2
科特迪瓦	110	128	155	183	201	205	216	238	194	208	10	10
吉布提	2	2	3	2	6	6	9	7	6	15	2	17
赤道几内亚	1	2	2	2	5	4	5	5	2	4	3	5
厄立特里亚	26	29	29	15	19	11	13	3	17	22	3	3
埃塞俄比亚	281	293	382	402	484	514	630	638	790	865	5	9
加蓬	70	78	79	82	88	86	117	94	113	137	55	80
冈比亚	68	97	71	95	87	97	73	100	111	124	60	65
加纳	208	227	276	293	333	427	421	477	546	579	13	22
几内亚	12	30	22	16	23	27	23	25	35	49	2	4
几内亚比绍	19	17	27	20	19	21	24	22	29	37	13	21
肯尼亚	571	690	763	855	892	1 035	1 196	1 131	1 244	1 374	22	30
莱索托	5	14	11	12	21	18	23	26	19	16	6	8
利比里亚	4	4	0	6	1	8	8	9	13	11	2	3
马达加斯加	114	140	158	152	156	166	182	181	209	188	8	8
马拉维	116	129	183	218	199	244	280	296	296	322	15	19
马里	71	97	82	93	112	126	149	170	142	141	7	9
毛里求斯	49	51	42	44	49	70	61	85	90	89	36	71
莫桑比克	55	60	79	84	95	100	157	134	137	158	4	6
纳米比亚	80	76	65	64	77	57	92	96	121	139	30	59
尼日尔	68	66	68	81	75	78	94	81	81	108	5	6
尼日利亚	1 001	1 150	1 608	1 977	2 076	2 258	2 098	1 756	1 654	1 961	13	11
卢旺达	13	25	36	34	58	66	90	85	114	143	3	12
圣多美和普林西比	0	2	1	1	1	3	1	1	1	3	6	15
塞内加尔	210	188	229	228	258	279	343	349	340	338	19	23
塞舌尔	12	21	25	21	18	19	31	31	44	34	234	364
塞拉利昂	5	4	7	12	18	23	25	26	29	45	2	7
索马里	0	2	0	1	3	2	2	2	3	7	0	1
南非	4 235	4 711	5 152	5 611	6 212	6 628	7 682	7 934	8 790	9 309	112	175
南苏丹	1	5	3	5	15	8	8	9	8	0	1	0
斯威士兰	22	10	18	21	26	52	41	33	40	25	18	20
坦桑尼亚	323	396	428	426	506	541	552	557	666	770	10	15
多哥	34	36	38	44	38	50	68	47	55	61	7	9
乌干达	244	294	406	403	485	577	644	625	702	757	13	19
赞比亚	96	116	130	134	130	170	203	204	230	245	11	16
津巴布韦	173	178	219	217	188	199	227	240	257	310	17	21
阿拉伯国家												
阿尔及利亚	795	977	1 190	1 339	1 597	1 658	1 758	1 842	2 081	2 302	37	58
巴林	93	117	121	114	135	129	130	122	166	155	102	115
埃及	2 919	3 202	3 608	4 147	4 905	5 529	6 657	6 960	7 613	8 428	55	101
伊拉克	89	124	180	195	253	279	352	482	735	841	7	24
约旦	641	673	835	989	1 022	1 038	1 009	976	1 099	1 093	167	146
科威特	526	541	571	659	631	635	637	546	618	604	244	174
黎巴嫩	462	555	549	621	640	690	701	810	938	1 009	148	203
利比亚	70	90	107	126	125	159	123	141	162	181	21	29
毛里塔尼亚	27	20	20	14	19	15	21	23	23	23	4	6
摩洛哥	990	1 009	1 088	1 214	1 236	1 355	1 474	1 496	1 579	1 574	39	47
阿曼	283	277	323	327	365	383	447	444	505	591	126	151
巴勒斯坦	72	68	75	65	62	52	66	70	85	14	17	3
卡塔尔	109	128	168	217	238	339	407	517	817	1 242	160	548
沙特阿拉伯	1 362	1 450	1 574	1 910	2 273	3 551	5 773	7 226	8 903	10 898	72	371
苏丹	120	110	147	150	215	282	283	244	274	309	4	8
阿拉伯叙利亚共和国	168	153	192	218	211	318	340	304	304	229	11	10
突尼斯	1 214	1 503	1 749	2 068	2 439	2 607	2 900	2 739	2 866	3 068	199	276
阿拉伯联合酋长国	530	601	621	713	842	888	1 057	1 096	1 277	1 450	105	154
也门	41	52	57	64	106	114	164	162	175	202	3	8

	出版物数量										每百万居民出版物数量	
	2005年	2006年	2007年	2008年	2009年	2010年	2011年	2012年	2013年	2014年	2008年	2014年
中亚												
哈萨克斯坦	200	210	255	221	269	247	276	330	499	600	14	36
吉尔吉斯斯坦	46	47	51	54	51	57	65	67	95	82	10	15
蒙古	67	71	99	126	166	173	145	167	209	203	48	70
塔吉克斯坦	32	32	45	49	39	51	53	61	67	46	7	5
土库曼斯坦	5	6	8	3	6	9	12	19	13	24	1	5
乌兹别克斯坦	296	289	335	306	350	328	363	284	313	323	11	11
南亚												
阿富汗	7	10	8	23	19	36	31	39	34	44	1	1
孟加拉国	511	584	669	797	881	995	1 079	1 216	1 302	1 394	5	9
不丹	8	23	5	8	16	27	28	23	35	36	12	47
印度	24 703	27 785	32 610	37 228	38 967	41 983	45 961	46 106	50 691	53 733	32	42
马尔代夫	1	2	5	4	5	5	5	8	5	16	13	46
尼泊尔	158	212	218	253	295	349	336	365	457	455	10	16
巴基斯坦	1 142	1 553	2 534	3 089	3 614	4 522	5 629	5 522	6 392	6 778	18	37
斯里兰卡	283	279	322	430	432	419	461	475	489	599	21	28
东南亚												
文莱达鲁萨兰国	29	31	37	43	48	49	46	64	79	106	111	250
柬埔寨	54	70	92	86	126	139	136	168	191	206	6	13
中国大陆	66 151	79 740	89 068	102 368	118 749	131 028	153 446	170 189	205 268	256 834	76	184
中国香港特别行政区	7 220	7 592	7 440	7 660	8 141	8 527	9 258	9 133	9 725	852	1 099	117
中国澳门特别行政区	63	96	79	121	143	201	226	368	488	46	238	80
印度尼西亚	554	612	629	709	893	992	1 103	1 222	1 426	1 476	3	6
日本	76 950	77 083	75 801	76 244	75 606	74 203	75 924	72 769	75 870	73 128	599	576
朝鲜民主主义人民共和国	11	10	11	36	29	34	19	37	21	23	1	1
韩国	25 944	28 202	28 750	33 431	36 659	40 156	43 836	45 765	48 663	50 258	698	1 015
老挝人民民主共和国	36	55	47	58	60	95	114	133	126	129	9	19
马来西亚	1 559	1 813	2 225	2 852	4 266	5 777	7 607	7 738	8 925	9 998	104	331
缅甸	41	41	42	39	43	47	56	52	59	70	1	1
菲律宾	486	494	578	663	706	730	873	779	894	913	7	9
新加坡	6 111	6 493	6 457	7 075	7 669	8 459	9 032	9 430	10 280	10 553	1 459	1 913
泰国	2 503	3 089	3 710	4 335	4 812	5 214	5 790	5 755	6 378	6 343	65	94
东帝汶	2	8	3	0	3	3	0	4	6	1	0	1
越南	570	656	750	943	963	1 207	1 387	1 669	2 105	2 298	11	25
大洋洲												
澳大利亚	24 755	27 049	28 649	30 922	33 284	35 228	38 505	39 899	44 926	46 639	1 429	1 974
新西兰	4 942	5 119	5 373	5 681	5 854	6 453	6 811	6 917	7 303	7 375	1 328	1 620
库克群岛	1	1	3	0	0	2	3	4	6	7	0	446
斐济	61	67	67	65	62	59	74	83	98	106	77	120
基里巴斯	0	2	2	0	0	0	1	0	3	5	0	48
马绍尔群岛	1	5	0	1	6	1	1	5	1	5	19	95
密克罗尼西亚	4	7	7	3	9	9	3	7	6	12	29	115
瑙鲁	0	0	0	0	0	0	1	0	0	1	0	93
纽埃	0	0	1	0	0	0	0	0	0	3	0	2 214
帕劳	7	9	11	4	6	4	7	5	8	12	197	571
巴布亚新几内亚	44	51	84	78	76	81	100	112	89	110	12	15
萨摩亚	3	9	1	1	0	0	0	3	1	4	5	21
所罗门群岛	6	7	8	4	6	11	17	8	11	17	8	30
汤加	0	4	5	4	2	3	6	2	1	6	39	57
图瓦卢	0	1	0	0	0	0	0	1	1	3	0	264
瓦努阿图	12	9	7	9	16	12	21	18	19	19	40	74

来源：汤森路透社科学引文索引数据库，科学引文索引扩展版，数据处理 Science-Metrix，2015 年 5 月。

背景数据来源：《人口》，联合国经济与社会事务部人口科，2013 年；《世界人口展望》（2012 年修订版）。

表 S9 2008 年和 2014 年各国家和地区主要科学领域的成果发表情况

	科学领域成果发表															
	总计		农业科学		天文学		生物科学		化学		计算机科学		工程	
	2008年	2014年	2008年	2014年	2008年	2014年	2008年	2014年	2008年	2014年	2008年	2014年	2008年	2014年
北美洲														
加拿大	46 829	54 631	1 192	1 347	614	833	10 136	9 723	3 144	3 269	1 109	1 274	4 527	5 346
美国	289 769	321 846	5 165	5 121	4 405	5 068	71 105	65 773	20 000	21 500	5 460	5 909	21 155	23 863
拉丁美洲														
阿根廷	6 406	7 885	331	407	132	155	1 788	1 906	696	663	49	103	388	540
伯利兹	8	16	1	0	0	0	1	3	0	0	0	0	0	0
玻利维亚	192	207	11	9	6	0	77	75	8	2	0	0	4	6
巴西	28 244	37 228	2 508	3 150	207	340	6 024	7 113	2 088	2 695	244	510	1 689	2 478
智利	3 737	6 224	148	204	370	807	728	918	298	350	68	148	265	396
哥伦比亚	1 967	2 997	128	120	4	12	341	485	160	221	16	38	112	297
哥斯达黎加	389	474	15	28	1	2	157	171	10	19	2	3	10	12
厄瓜多尔	281	511	10	28	1	1	90	147	3	23	0	7	4	36
萨尔瓦多	18	42	0	1	0	0	9	9	0	0	0	0	0	0
危地马拉	63	101	3	4	0	0	23	25	0	1	0	0	1	2
圭亚那	17	23	0	0	0	0	4	5	1	2	1	0	0	0
洪都拉斯	30	35	2	2	0	0	6	10	0	0	1	0	0	0
墨西哥	8 559	11 147	365	561	214	289	1 984	2 320	718	828	85	243	756	1 051
尼加拉瓜	55	54	1	2	0	0	11	14	1	0	0	0	0	0
巴拿马	250	326	2	13	2	1	151	143	3	1	0	1	0	2
巴拉圭	34	57	1	2	0	1	15	19	0	1	0	2	0	2
秘鲁	499	783	19	32	1	0	150	215	9	13	3	3	14	26
苏里南	7	11	0	0	0	0	3	1	0	0	0	0	0	2
乌拉圭	582	824	43	92	3	1	157	232	57	58	8	22	23	26
委内瑞拉	1 325	788	65	74	12	22	300	175	135	62	13	9	107	61
加勒比地区														
安提瓜和巴布达	7	1	0	0	0	0	2	0	0	0	0	0	0	0
巴哈马	12	33	0	0	0	0	5	11	0	0	0	0	0	0
巴巴多斯	50	52	1	0	0	0	15	5	3	7	3	1	0	1
古巴	804	749	84	31	2	6	195	179	99	46	6	31	62	61
多米尼克	2	10	0	0	0	0	0	5	0	0	0	0	0	0
多米尼加共和国	34	49	2	2	0	0	12	15	1	1	0	0	1	2
格林纳达	72	152	1	4	0	0	25	51	1	1	0	1	0	0
海地	20	60	0	1	0	0	3	15	2	0	0	0	1	0
牙买加	157	117	6	8	0	0	19	38	8	10	0	0	7	0
圣基茨和尼维斯	3	40	0	1	0	0	0	10	0	0	0	0	0	1
圣卢西亚	1	0	0	0	0	0	1	0	0	0	0	0	0	0
圣文森特和格林纳丁斯	0	2	0	0	0	0	0	0	0	0	0	0	0	0
特立尼达和多巴哥	142	146	5	12	1	0	27	21	5	12	0	4	9	12
欧盟														
奥地利	10 049	13 108	139	206	171	248	2 009	2 246	771	915	216	329	786	1 015
比利时	14 467	18 208	413	492	213	418	3 032	3 214	1 225	1 417	272	338	1 103	1 440
保加利亚	2 266	2 065	84	36	50	46	334	274	379	281	25	28	152	137
克罗地亚	2 391	2 932	77	117	15	51	367	436	241	232	16	42	237	265
塞浦路斯	408	814	4	19	3	4	48	85	40	57	26	27	68	103
捷克共和国	7 783	10 781	253	342	123	159	1 691	2 054	1 142	1 422	163	249	650	923
丹麦	9 817	14 820	344	454	103	380	2 445	2 923	577	905	102	186	604	968
爱沙尼亚	952	1 567	31	57	20	27	242	355	73	126	15	24	92	122
芬兰	8 814	10 758	207	201	131	224	2 018	1 981	622	739	186	285	683	1 074
法国	59 304	65 086	1 093	1 151	1 251	1 690	10 855	10 456	6 242	6 144	1 181	1 622	5 245	5 804
德国	79 402	91 631	1 450	1 505	1 757	2 466	15 133	15 314	8 698	9 119	1 035	1 404	5 812	6 982
希腊	9 706	9 427	299	257	82	146	1 361	1 161	726	637	362	402	1 131	956
匈牙利	5 541	6 059	95	116	58	112	1 143	1 119	716	587	79	110	279	330
爱尔兰	5 161	6 576	293	363	95	119	1 023	1 114	404	476	115	132	380	528
意大利	47 139	57 472	1 095	1 455	1 044	1 414	8 347	8 635	3 850	3 991	950	1 171	3 825	5 280
拉脱维亚	420	586	9	29	5	4	52	82	49	91	8	11	90	92
立陶宛	1 714	1 827	70	65	23	33	140	157	99	143	63	41	362	288
卢森堡	327	854	3	15	0	1	85	160	19	51	11	55	42	76
马耳他	109	207	0	4	0	3	17	29	0	8	2	4	9	19
荷兰	24 646	31 823	528	656	493	812	5 255	5 634	1 468	1 554	416	461	1 550	1 882
波兰	18 210	23 498	606	823	254	368	2 707	3 569	2 793	3 244	197	381	2 152	2 281
葡萄牙	7 448	11 855	256	358	89	166	1 358	2 013	1 073	1 243	145	312	918	1 476
罗马尼亚	5 165	6 651	37	72	20	65	194	510	688	703	143	142	517	736
斯洛伐克	2 709	3 144	96	90	49	81	475	496	341	353	49	78	280	314
斯洛文尼亚	2 795	3 301	64	85	19	28	427	431	305	309	67	101	402	445
西班牙	37 078	49 247	1 703	2 021	712	1 185	7 142	8 203	4 609	4 971	952	1 712	3 335	4 751
瑞典	17 270	21 854	264	295	183	333	4 056	4 071	1 206	1 441	205	320	1 314	2 046
英国	77 116	87 948	1 048	917	1 708	2 360	16 883	16 360	5 556	5 629	1 335	1 732	5 601	6 704
东南欧														
阿尔巴尼亚	58	154	3	7	1	0	6	19	0	6	0	1	3	5
波斯尼亚和黑塞哥维那	278	323	4	11	0	1	18	43	1	7	1	8	21	34
马其顿共和国	201	330	3	16	0	1	38	59	27	18	2	9	11	35
黑山	94	191	2	5	1	2	7	18	0	4	2	1	20	27
塞尔维亚	2 783	4 764	44	186	24	49	324	456	223	346	52	121	314	613
欧洲其他国家和西亚地区														
亚美尼亚	560	691	0	3	30	23	37	35	66	64	2	3	59	34
阿塞拜疆	299	425	1	1	5	4	4	16	75	59	2	4	25	28
白俄罗斯	1 033	1 077	0	6	1	0	69	70	178	143	1	8	161	105

科学领域成果发表															
地质科学		数学		医学		其他生命科学		物理		心理学		社会科学		未分类	
2008年	2014年	2008年	2014年	2008年	2014年	2008年	2014年	2008年	2014年	2008年	2014年	2008年	2014年	2008年	2014年
4 095	4 579	1 583	1 471	12 819	15 207	548	623	3 675	3 248	642	660	404	522	2 341	6 529
17 704	20 386	8 533	8 498	86 244	92 957	3 858	4 043	25 916	22 591	3 258	3 583	2 414	2 681	14 552	39 873
613	801	203	198	927	1 120	9	10	720	658	35	43	23	50	492	1 231
3	2	0	0	0	5	1	1	0	0	0	0	0	1	2	4
25	33	0	0	31	26	0	0	5	6	1	1	6	2	18	47
1 215	1 977	646	908	6 393	7 683	294	320	2 428	2 542	119	172	97	150	4 292	7 190
417	616	192	259	638	966	21	26	302	546	16	34	8	46	266	908
77	153	49	97	268	436	18	9	225	438	5	15	12	19	552	657
32	43	5	5	57	64	1	1	9	19	0	9	4	3	86	95
50	65	2	5	45	67	1	0	51	30	2	1	1	0	21	101
4	4	0	0	3	19	1	0	1	0	0	0	0	0	0	9
4	2	0	0	24	36	1	0	1	0	0	0	2	1	4	30
0	8	0	0	5	3	0	1	0	0	0	1	0	1	6	2
1	3	0	0	11	11	3	0	1	0	0	0	1	1	4	8
788	892	261	321	1 160	1 383	20	13	1 166	1 177	62	63	39	52	941	1 954
17	9	0	0	13	13	3	0	1	0	0	0	0	0	8	16
36	40	0	0	16	35	1	0	0	2	3	10	2	2	34	76
0	4	0	1	12	11	0	0	0	0	0	0	0	0	6	14
72	90	3	11	152	177	8	0	13	37	2	4	8	12	45	163
1	1	0	0	2	4	0	0	0	1	0	0	0	0	1	2
60	60	17	30	122	139	0	2	42	42	6	8	0	4	44	108
61	38	63	44	167	106	3	1	106	51	2	2	2	3	289	140
0	1	0	0	5	0	0	0	0	0	0	0	0	0	0	0
3	11	0	2	2	2	0	0	0	0	1	1	1	1	0	5
4	11	1	1	17	12	1	1	3	2	0	1	0	0	2	10
36	51	19	16	123	137	2	0	79	77	1	0	3	2	93	112
0	1	0	0	0	2	0	0	1	0	0	0	0	0	1	2
3	4	0	0	9	14	0	0	0	0	0	0	0	0	6	11
2	12	0	0	40	51	0	1	0	0	0	1	0	1	3	29
1	5	0	0	12	22	0	0	0	0	0	2	0	1	1	14
12	9	4	3	85	28	0	2	0	2	0	0	2	0	14	17
0	1	0	0	3	16	0	0	0	0	0	0	0	0	0	11
0	0	0	0	0	0	0	0	0	0	0	0	0	0	0	0
0	1	0	0	0	0	0	0	0	0	0	0	0	0	0	1
22	16	1	1	45	33	0	0	0	0	1	4	6	3	20	28
646	865	383	476	3 040	3 553	18	28	1 154	1 251	77	104	70	108	569	1 764
873	1 011	475	429	4 213	5 065	76	93	1 585	1 607	124	168	109	161	754	2 355
96	87	89	89	209	186	3	4	326	293	3	2	2	1	514	601
183	207	110	123	432	547	12	28	213	332	2	6	6	10	480	536
21	87	42	43	48	122	5	16	67	128	2	7	5	8	29	108
495	744	375	480	1 191	1 390	5	14	1 079	1 435	26	24	64	62	526	1 483
805	1 083	168	199	3 177	4 487	44	100	859	908	68	107	69	122	452	1 998
122	163	26	22	124	182	6	6	127	222	3	16	1	9	70	236
630	816	202	275	2 445	2 376	88	122	972	1 018	84	95	62	112	484	1 440
4 129	5 195	2 817	2 970	13 035	12 800	81	89	8 888	7 997	393	372	298	403	3 796	8 393
4 473	5 738	2 417	2 689	21 459	22 170	150	188	11 867	10 439	600	682	422	667	4 129	12 268
659	808	316	315	2 935	2 543	42	37	953	948	30	38	74	71	736	1 108
214	305	355	315	1 130	1 199	12	18	753	840	38	42	17	30	652	936
296	402	156	131	1 387	1 668	91	99	567	597	33	48	36	48	285	851
2 824	3 654	1 767	1 946	13 661	15 724	128	176	6 058	5 559	247	264	254	405	3 089	7 798
15	18	12	10	49	69	0	2	93	77	4	4	0	4	34	93
72	123	86	65	127	200	3	5	248	298	1	3	2	16	418	390
22	64	18	58	76	137	1	2	26	74	2	6	3	6	19	149
18	16	5	9	32	63	5	3	8	8	0	1	0	0	13	40
1 407	1 916	429	399	8 989	11 266	238	290	1 992	1 908	420	465	253	398	1 208	4 182
963	1 538	770	950	2 593	3 528	13	26	3 171	3 119	25	46	29	77	1 937	3 548
775	1 131	310	414	984	1 696	17	52	921	1 133	42	75	43	117	517	1 669
191	349	485	595	374	663	24	32	806	981	3	8	36	60	1 647	1 735
148	153	123	113	284	340	1	15	472	607	8	3	16	9	367	492
103	183	139	164	420	460	8	18	396	458	4	20	11	20	430	579
2 609	3 717	1 491	1 673	8 026	9 557	99	219	4 046	3 927	215	381	242	421	1 897	6 509
1 195	1 516	374	407	5 319	6 059	296	300	1 724	1 755	136	150	138	178	860	2 983
5 095	6 099	1 941	2 132	22 842	24 213	953	1 002	7 806	7 074	1 088	1 066	1 008	1 154	4 252	11 506
18	18	1	8	12	33	0	1	1	0	0	0	0	4	13	52
5	12	9	23	45	52	0	1	17	21	1	0	0	0	156	110
13	15	8	13	27	61	0	0	26	21	0	2	0	1	46	79
3	18	2	11	6	14	0	0	16	9	0	1	0	1	35	80
85	188	190	230	426	637	3	10	326	515	3	11	2	13	767	1 389
6	8	44	44	41	28	0	1	250	406	0	2	1	2	24	38
12	18	36	47	12	9	0	0	99	176	1	0	0	3	27	60
21	21	52	43	54	46	1	3	317	442	0	1	1	1	177	188

表 S9　2008 年和 2014 年各国家和地区主要科学领域的成果发表情况（续表）

	科学领域成果发表													
	总计		农业科学		天文学		生物科学		化学		计算机科学		工程	
	2008年	2014年	2008年	2014年	2008年	2014年	2008年	2014年	2008年	2014年	2008年	2014年	2008年	2014年
格鲁吉亚	338	527	0	6	15	27	32	38	30	19	3	1	12	20
伊朗伊斯兰共和国	11 244	25 588	544	839	23	106	1 154	2 142	1 965	3 603	266	855	1 740	5 474
以色列	10 576	11 196	165	154	152	240	2 162	1 974	751	765	442	413	639	646
摩尔多瓦共和国	228	248	3	5	0	0	8	15	89	55	0	4	15	18
俄罗斯联邦	27 418	29 099	190	186	636	747	2 341	2 440	5 671	5 159	143	154	2 171	2 755
土耳其	18 493	23 596	837	718	42	104	1 805	2 035	1 359	1 704	299	501	2 301	2 835
乌克兰	5 020	4 895	11	32	145	158	190	233	823	781	9	12	707	490
欧洲自由贸易协会														
冰岛	575	864	14	20	0	16	114	139	18	23	14	20	19	51
列支敦士登	46	52	0	0	0	0	2	3	8	10	0	0	12	7
挪威	7 543	10 070	184	210	32	80	1 451	1 676	374	407	127	178	501	757
瑞士	19 131	25 308	325	299	285	493	4 190	4 884	1 676	1 951	350	508	1 326	1 658
撒哈拉以南非洲														
安哥拉	15	45	0	0	0	0	2	9	0	0	0	0	0	3
贝宁	166	270	19	36	0	0	65	71	0	0	0	0	0	1
博茨瓦纳	162	210	12	4	0	0	37	55	16	8	2	0	7	4
布基纳法索	193	272	14	15	0	0	57	64	3	2	0	0	4	12
布隆迪	8	18	0	0	0	0	2	2	1	1	0	0	0	0
佛得角	3	25	0	0	0	0	1	3	0	1	0	0	1	1
喀麦隆	482	706	47	31	0	2	132	180	30	20	4	3	20	37
中非共和国	17	32	0	0	0	0	9	7	0	0	0	0	0	0
乍得	14	26	0	0	0	1	3	5	0	0	0	0	0	0
科摩罗	3	0	0	0	0	0	1	0	0	0	0	0	0	0
刚果	69	111	4	3	0	0	27	31	2	2	0	0	0	1
刚果民主共和国	38	114	0	2	0	0	15	29	0	2	0	0	0	2
科特迪瓦	183	208	6	10	0	1	55	60	12	9	0	0	1	3
吉布提	2	15	0	0	0	0	1	1	1	2	0	0	0	0
赤道几内亚	2	4	0	0	0	0	0	1	0	0	0	0	0	0
厄立特里亚	15	22	2	2	0	0	3	5	0	2	0	0	0	1
埃塞俄比亚	402	865	56	63	0	3	77	147	3	20	1	0	4	19
加蓬	82	137	0	2	0	0	45	49	0	0	0	0	1	3
冈比亚	95	124	1	0	0	0	42	46	0	0	0	0	1	0
加纳	293	579	31	45	0	0	92	91	6	15	0	3	7	20
几内亚	16	49	0	2	0	0	5	12	1	0	0	0	0	2
几内亚比绍	20	37	0	0	0	0	9	14	0	0	0	0	0	0
肯尼亚	855	1 374	91	85	0	0	351	403	6	9	0	4	8	22
莱索托	12	16	1	3	0	0	1	2	1	0	1	0	0	3
利比里亚	6	11	1	0	0	0	2	5	0	0	0	0	1	1
马达加斯加	152	188	6	9	0	0	69	56	3	3	0	0	2	3
马拉维	218	322	8	9	0	0	54	91	0	0	0	0	0	3
马里	93	141	6	15	0	0	37	36	1	2	0	0	0	4
毛里求斯	44	89	0	4	0	0	9	30	4	7	0	2	5	2
莫桑比克	84	158	3	4	0	0	20	29	1	3	0	0	0	1
纳米比亚	64	139	0	0	12	10	21	35	0	3	0	0	1	5
尼日尔	81	108	9	16	0	0	17	22	1	4	0	1	1	0
尼日利亚	1 977	1 961	265	144	9	41	271	305	45	102	2	6	87	146
卢旺达	34	143	1	7	0	0	10	30	0	1	0	1	0	2
圣多美和普林西比	1	3	0	0	0	0	1	2	0	0	0	0	0	0
塞内加尔	228	338	14	18	0	0	59	76	11	11	1	3	7	5
塞舌尔	21	34	0	1	0	0	5	11	0	0	0	0	0	0
塞拉利昂	12	45	0	0	0	0	6	5	0	0	0	0	0	0
索马里	1	7	0	0	0	0	1	1	0	0	0	0	0	0
南非	5 611	9 309	187	302	110	328	1 745	2 187	394	748	48	47	362	641
南苏丹	5	0	0	0	0	0	0	0	0	0	0	0	0	0
斯威士兰	21	25	3	1	0	0	6	10	2	2	0	0	0	0
坦桑尼亚	426	770	26	28	0	1	131	172	0	12	0	0	11	22
多哥	44	61	4	5	0	0	10	19	1	2	0	0	4	4
乌干达	403	757	16	21	0	1	148	216	2	3	0	3	4	11
赞比亚	134	245	4	10	0	0	46	72	0	1	0	0	1	3
津巴布韦	217	310	27	35	0	0	64	98	0	2	0	1	3	2
阿拉伯国家														
阿尔及利亚	1 339	2 302	23	50	4	28	104	168	189	250	42	85	332	596
巴林	114	155	2	0	0	1	16	16	3	5	2	6	16	28
埃及	4 147	8 428	121	254	12	49	579	1 351	874	1 246	75	120	545	1 107
伊拉克	195	841	8	19	0	4	12	57	22	85	0	22	19	171
约旦	989	1 093	66	53	2	5	101	117	116	82	36	50	165	129
科威特	659	604	7	6	1	2	84	77	54	40	19	35	110	99
黎巴嫩	621	1 009	9	24	2	3	94	136	37	63	20	35	62	118
利比亚	126	181	0	5	0	0	15	21	19	20	1	2	22	28
毛里塔尼亚	14	23	0	0	0	0	3	4	6	0	0	0	0	1
摩洛哥	1 214	1 574	37	55	6	3	123	147	158	158	16	28	114	166
阿曼	327	591	10	15	2	5	38	84	23	59	9	6	53	99
巴勒斯坦	65	14	1	0	0	0	9	0	13	1	2	0	6	5
卡塔尔	217	1 242	0	6	1	14	34	185	11	91	4	54	32	227
沙特阿拉伯	1 910	10 898	25	152	2	79	208	1 364	176	1 573	39	356	235	1 469
苏丹	150	309	20	18	1	1	40	55	4	28	2	3	6	13
阿拉伯叙利亚共和国	218	229	39	18	0	0	52	36	12	15	0	0	20	18

科学领域成果发表															
地质科学		数学		医学		其他生命科学		物理		心理学		社会科学		未分类	
2008年	2014年	2008年	2014年	2008年	2014年	2008年	2014年	2008年	2014年	2008年	2014年	2008年	2014年	2008年	2014年
20	26	65	69	17	38	1	3	105	222	1	0	3	2	34	56
451	1 245	491	1 004	1 596	2 355	34	90	1 106	2 336	12	36	21	59	1 841	5 444
405	473	635	630	2 697	2 918	47	52	1 540	1 280	122	106	91	76	728	1 469
3	6	8	9	8	25	0	1	73	63	0	0	0	1	21	46
2 612	3 015	1 524	1 573	1 773	1 352	9	8	7 977	7 941	14	31	21	34	2 336	3 704
1 229	1 341	508	933	6 248	6 852	107	134	1 028	1 648	17	32	79	103	2 634	4 656
172	205	379	334	144	205	0	4	1 476	1 510	1	1	2	8	961	922
140	173	18	6	134	191	14	21	38	54	5	9	4	5	43	136
1	0	0	0	15	13	0	0	5	9	0	0	0	0	3	10
1 267	1 576	198	270	2 198	2 593	128	162	497	579	82	102	90	129	414	1 351
1 345	1 830	391	527	5 444	6 603	87	123	2 498	2 736	156	188	120	163	938	3 345
1	9	0	0	6	9	1	0	0	0	0	1	0	1	5	13
11	24	3	2	25	47	0	0	11	23	0	0	1	0	31	66
29	23	5	19	15	42	5	4	7	5	2	1	3	4	22	41
5	14	1	4	63	67	0	0	3	6	0	0	1	4	42	84
2	7	0	0	2	1	0	1	0	0	0	0	1	0	0	6
0	13	0	3	0	1	0	0	0	0	0	0	0	1	1	2
40	54	11	26	60	98	1	1	58	56	0	0	4	10	75	188
2	2	0	0	4	8	0	0	0	0	1	0	0	0	1	15
3	1	0	0	5	6	0	0	0	1	0	0	1	1	2	11
0	0	0	0	2	0	0	0	0	0	0	0	0	0	0	0
3	9	3	1	22	36	0	0	0	1	1	0	0	4	7	23
2	10	0	0	18	35	1	0	0	0	0	0	0	2	2	32
17	20	11	5	38	45	0	0	4	1	1	1	0	0	38	53
0	5	0	0	0	3	0	0	0	1	0	0	0	0	0	3
0	2	0	0	1	0	0	0	0	0	0	0	0	0	1	1
1	4	1	0	3	3	0	0	1	0	0	0	0	1	4	4
53	98	8	3	105	198	1	3	15	15	0	3	12	23	67	270
4	11	1	1	21	30	0	0	1	1	2	1	1	0	6	39
0	1	0	0	29	39	0	0	0	0	0	0	2	3	20	35
34	56	3	3	64	157	2	7	2	7	0	1	8	20	44	154
0	1	0	1	4	18	0	0	0	0	0	0	1	1	5	12
0	1	0	0	9	12	0	0	0	0	0	0	0	0	2	10
42	101	1	3	183	306	6	10	5	11	6	9	27	39	129	372
2	1	0	1	2	2	0	0	1	0	0	0	0	0	3	4
0	0	0	0	1	4	0	0	1	0	0	0	0	0	0	1
9	26	7	1	34	25	0	0	3	0	3	4	1	1	15	60
9	9	0	1	61	118	4	4	1	2	1	0	6	6	74	79
4	7	0	0	19	43	0	2	1	0	0	0	0	0	25	32
6	14	6	1	4	7	2	1	2	4	0	0	0	1	6	16
16	22	1	1	33	48	0	1	0	1	0	0	4	2	6	46
20	26	0	3	3	26	1	1	3	3	0	0	0	0	3	27
16	12	2	2	18	18	0	1	1	1	0	0	0	1	16	30
112	160	29	34	380	377	8	12	26	52	1	6	11	25	731	551
5	8	0	1	12	49	0	3	0	2	0	1	0	1	6	37
0	0	0	0	0	0	0	0	0	0	0	0	0	0	0	1
26	28	11	17	56	78	0	2	8	10	0	2	3	6	32	82
8	8	0	0	3	3	0	0	0	0	0	0	0	0	5	11
2	0	0	0	2	23	0	1	0	0	1	0	0	3	1	13
0	0	0	0	0	4	0	1	0	0	0	0	0	0	0	1
576	872	202	355	1 073	1 475	60	58	332	625	39	51	87	126	396	1 494
0	0	0	0	2	0	0	0	0	0	0	0	0	0	3	0
1	0	0	2	3	2	1	0	0	1	0	0	0	0	5	7
40	62	0	0	140	237	6	4	2	6	3	5	12	19	55	202
1	3	2	1	16	6	0	0	1	1	0	1	0	2	5	17
18	32	2	3	127	234	8	5	1	2	3	4	9	19	65	203
6	12	0	0	54	83	1	6	2	1	0	2	5	9	15	46
27	26	2	2	48	57	1	1	3	1	0	1	6	5	36	79
79	184	120	162	41	71	1	1	262	374	0	0	2	8	140	325
7	7	5	4	22	36	1	1	14	19	0	3	1	3	25	26
212	443	138	222	721	1 453	5	11	456	680	2	3	5	9	402	1 480
15	68	5	17	50	73	0	1	17	78	0	1	0	3	47	242
75	71	57	55	145	202	19	56	82	77	1	1	9	7	115	188
30	33	28	34	130	124	4	3	22	29	1	2	2	5	167	115
37	62	17	29	247	322	6	13	38	59	0	3	6	8	46	134
11	16	1	4	13	34	0	0	8	14	0	0	0	0	36	37
3	7	1	1	0	5	0	0	0	1	0	0	0	0	1	4
133	148	120	121	240	227	1	1	143	287	2	5	3	5	118	223
39	67	18	17	50	95	0	7	38	37	0	1	3	0	44	99
2	1	3	0	9	2	0	0	9	3	2	0	0	0	9	2
3	26	9	30	59	222	0	13	33	167	0	0	0	12	31	195
65	484	149	792	463	1 229	8	22	147	942	0	9	4	26	389	2 401
4	14	1	2	46	67	0	2	5	9	0	0	0	3	21	94
15	24	5	3	31	48	0	1	13	26	0	0	3	1	28	39

表 S9　2008 年和 2014 年各国家和地区主要科学领域的成果发表情况（续表）

	科学领域成果发表													
	总计		农业科学		天文学		生物科学		化学		计算机科学		工程	
	2008年	2014年	2008年	2014年	2008年	2014年	2008年	2014年	2008年	2014年	2008年	2014年	2008年	2014年
突尼斯	2 068	3 068	91	167	3	10	429	514	194	302	39	95	281	455
阿拉伯联合酋长国	713	1 450	15	13	1	15	125	173	35	120	35	87	126	367
也门	64	202	0	2	0	2	7	19	7	25	0	3	5	17
中亚														
哈萨克斯坦	221	600	5	7	4	10	20	44	66	80	1	4	22	78
吉尔吉斯斯坦	54	82	0	3	0	0	7	13	2	4	0	0	5	1
蒙古	126	203	1	4	0	1	34	51	7	6	0	0	3	9
塔吉克斯坦	49	46	0	1	4	2	5	4	13	6	0	0	3	3
土库曼斯坦	3	24	0	0	0	0	0	1	0	0	0	0	0	2
乌兹别克斯坦	306	323	8	8	11	10	28	27	60	49	0	1	22	30
南亚														
阿富汗	23	44	0	0	0	0	5	4	0	4	0	0	0	0
孟加拉国	797	1 394	40	82	1	19	196	255	65	84	16	27	70	143
不丹	8	36	1	1	0	0	3	10	0	1	0	0	1	0
印度	37 228	53 733	1 711	1 604	327	590	5 891	7 529	6 628	9 437	492	1 041	4 875	7 827
马尔代夫	4	16	0	0	0	0	0	5	0	0	0	0	0	0
尼泊尔	253	455	6	19	3	0	55	86	2	15	0	0	5	19
巴基斯坦	3 089	6 778	143	253	4	74	632	1 120	511	438	32	202	240	645
斯里兰卡	430	599	39	44	0	3	70	90	20	29	2	2	26	29
东南亚														
文莱达鲁萨兰国	43	106	0	0	0	0	8	18	1	10	1	2	1	13
柬埔寨	86	206	4	7	0	0	25	55	3	1	0	0	1	1
中国大陆	102 368	256 834	1 795	4 510	581	1 298	12 870	30 991	21 536	34 956	1 997	7 759	15 109	41 835
中国香港特别行政区	7 660	852	51	9	21	5	867	75	631	67	524	74	1 360	185
中国澳门特别行政区	121	46	2	0	1	1	20	5	5	4	14	7	25	12
印度尼西亚	709	1 476	37	82	2	2	194	295	56	90	9	15	63	191
日本	76 244	73 128	1 853	1 438	783	919	14 884	11 792	9 949	8 762	787	882	8 104	6 766
朝鲜民主主义人民共和国	36	23	1	0	1	0	5	2	3	1	2	1	10	0
韩国	33 431	50 258	905	1 289	188	339	4 896	6 519	4 137	5 242	812	1 580	6 663	9 624
老挝人民民主共和国	58	129	6	11	0	0	14	29	1	1	0	0	1	2
马来西亚	2 852	9 998	120	324	1	7	316	914	582	945	71	391	484	2 231
缅甸	39	70	3	1	0	0	13	18	1	0	0	0	0	3
菲律宾	663	913	99	79	0	0	169	186	24	41	1	3	14	54
新加坡	7 075	10 553	33	62	1	3	981	1 482	859	1 332	344	527	1 541	1 752
泰国	4 335	6 343	299	299	10	27	1 023	1 247	499	556	44	77	529	714
东帝汶	0	1	0	0	0	0	0	0	0	0	0	0	0	0
越南	943	2 298	48	70	2	12	170	324	41	174	5	100	71	289
大洋洲														
澳大利亚	30 922	46 639	1 054	1 224	500	902	7 070	8 683	1 859	2 527	514	952	2 209	4 077
新西兰	5 681	7 375	400	476	21	64	1 547	1 750	299	308	86	101	318	449
库克群岛	0	7	0	0	0	0	0	1	0	0	0	0	0	0
斐济	65	106	4	1	0	0	16	14	7	6	2	6	7	17
基里巴斯	0	5	0	0	0	0	0	0	0	0	0	0	0	0
马绍尔群岛	1	5	0	1	0	0	0	0	0	0	0	0	0	0
密克罗尼西亚	3	12	0	1	0	0	3	4	0	0	0	0	0	0
瑙鲁	0	1	0	0	0	0	0	0	0	0	0	0	0	0
纽埃	0	3	0	0	0	0	0	0	0	0	0	0	0	0
帕劳	4	12	1	0	0	0	0	3	0	0	0	0	0	1
巴布亚新几内亚	78	110	4	1	0	0	46	43	0	2	0	0	0	2
萨摩亚	1	4	0	1	0	0	0	1	0	0	0	0	0	0
所罗门群岛	4	17	0	0	0	0	1	2	0	0	0	0	0	0
汤加	4	6	0	1	0	0	0	1	0	0	0	0	0	0
图瓦卢	0	3	0	0	0	0	0	0	0	0	0	0	0	0
瓦努阿图	9	19	3	1	0	0	3	3	0	0	0	0	0	0

来源：汤森路透社科学引文索引数据库、科学引文索引扩展版，数据处理 Science-Metrix，2015 年 5 月。

科学领域成果发表															
地质科学		数学		医学		其他生命科学		物理		心理学		社会科学		未分类	
2008年	2014年	2008年	2014年	2008年	2014年	2008年	2014年	2008年	2014年	2008年	2014年	2008年	2014年	2008年	2014年
137	296	131	184	381	292	0	1	175	311	3	4	5	22	199	415
50	74	28	50	165	239	0	9	43	90	0	4	4	9	86	200
5	14	3	6	9	29	0	0	8	25	0	0	0	1	20	59
21	39	16	54	8	41	0	2	30	122	0	5	1	4	27	110
17	23	1	3	8	6	0	0	9	11	0	0	0	0	5	18
33	37	1	9	14	21	1	0	17	25	0	1	1	4	14	35
1	5	4	8	3	2	0	0	9	7	0	0	0	0	7	8
1	3	1	14	0	1	0	0	1	0	0	0	0	0	0	3
6	11	19	41	15	12	0	0	110	105	0	1	1	0	26	28
1	1	0	0	11	20	3	1	0	0	0	0	1	1	2	13
87	82	8	20	115	201	3	0	77	107	1	3	13	12	105	359
1	7	0	0	1	8	0	0	0	2	0	0	1	0	0	7
1 759	2 777	886	1 040	4 805	5 442	32	40	4 910	6 338	22	52	77	107	4 813	9 909
3	6	0	0	0	4	0	0	1	0	0	0	0	0	0	1
28	55	1	1	65	106	0	4	2	12	0	0	5	8	81	130
107	282	103	248	322	496	4	8	361	660	1	2	5	37	624	2 313
43	56	2	2	100	109	4	3	13	86	1	2	4	8	106	136
4	12	2	5	9	18	0	0	2	3	0	0	0	1	15	24
16	19	0	0	27	45	0	3	0	1	0	0	1	6	9	68
5 378	14 266	4 649	9 188	8 700	29 295	70	426	18 011	27 681	75	394	185	616	11 412	53 619
506	37	396	49	1 548	161	88	9	1 081	79	44	6	46	9	497	87
8	1	6	2	11	7	6	0	11	1	1	0	2	1	9	5
114	180	14	16	102	164	1	10	39	62	3	13	10	19	65	337
3 644	3 514	1 560	1 565	17 478	17 360	122	120	12 553	9 287	226	208	158	165	4 143	10 350
2	1	0	2	3	3	0	0	4	5	0	0	0	0	5	8
1 065	1 659	863	1 145	5 702	9 359	196	297	5 360	5 231	43	90	60	155	2 541	7 729
2	19	0	1	22	25	0	0	2	0	0	0	0	3	10	38
156	524	52	149	326	849	8	21	181	654	5	18	12	51	538	2 920
4	9	0	0	13	18	0	0	0	2	0	0	1	2	4	17
82	110	10	6	120	140	3	0	30	53	1	4	8	19	102	218
158	354	203	251	1 032	1 518	18	73	1 272	1 210	21	46	33	57	579	1 886
215	278	53	167	853	1 174	42	36	243	377	10	7	24	34	491	1 350
0	0	0	0	0	0	0	0	0	1	0	0	0	0	0	0
82	195	131	257	120	174	1	5	184	306	1	2	11	9	76	381
2 928	4 215	722	839	8 859	12 218	674	1 006	2 127	2 342	383	589	335	543	1 688	6 522
704	896	148	175	1 396	1 661	82	100	268	302	88	97	81	93	243	903
0	6	0	0	0	0	0	0	0	0	0	0	0	0	0	0
8	16	3	1	9	15	1	0	0	0	0	0	1	12	7	18
0	4	0	0	0	0	0	0	0	0	0	0	0	0	0	1
1	2	0	0	0	0	0	0	0	0	0	0	0	0	0	2
0	3	0	0	0	1	0	0	0	0	0	0	0	1	0	2
0	1	0	0	0	0	0	0	0	0	0	0	0	0	0	0
0	2	0	0	0	0	0	0	0	0	0	0	0	1	0	0
2	7	0	0	0	0	0	0	0	0	0	0	0	0	1	1
1	10	0	0	16	26	0	0	0	0	0	0	0	1	11	25
0	1	0	0	1	0	0	0	0	0	0	0	0	0	0	1
0	3	0	0	3	8	0	0	0	0	0	0	0	0	0	4
0	2	0	0	3	0	0	0	0	0	0	0	0	0	1	2
0	3	0	0	0	0	0	0	0	0	0	0	0	0	0	0
1	4	0	0	2	6	0	0	0	0	0	0	0	1	0	4

表 S10　2008—2014 年各国家和地区国际合作科学出版物

	出版物总数	国际合著出版物数量	国际合著出版物比例（%）	平均引用量	前10%最多引用文章所占百分比
	2008—2014年	2008—2014年	2008—2014年	2008—2012年	2008—2012年
北美洲					
加拿大	357 500	180 314	50.4	1.25	13.1
美国	2 151 180	749 287	34.8	1.32	14.7
拉丁美洲					
阿根廷	51 685	23 847	46.1	0.93	7.1
伯利兹	86	77	89.5	1.20	14.6
玻利维亚	1 309	1 230	94.0	1.40	11.6
巴西	232 381	65 925	28.4	0.74	5.8
智利	34 624	21 220	61.3	0.96	9.0
哥伦比亚	18 558	11 308	60.9	0.99	9.0
哥斯达黎加	2 821	2 300	81.5	1.15	13.2
厄瓜多尔	2 529	2 280	90.2	1.15	12.1
萨尔瓦多	232	219	94.4	1.19	14.4
危地马拉	650	598	92.0	0.95	8.8
圭亚那	121	89	73.6	0.90	3.1
洪都拉斯	289	282	97.6	0.97	6.1
墨西哥	68 383	30 721	44.9	0.82	6.4
尼加拉瓜	400	386	96.5	1.04	12.2
巴拿马	2 074	1 932	93.2	1.56	16.6
巴拉圭	372	338	90.9	0.99	8.7
秘鲁	4 339	3 916	90.3	1.29	12.5
苏里南	81	68	84.0	0.77	7.5
乌拉圭	4 728	3 330	70.4	1.09	9.8
委内瑞拉	7 450	4 183	56.1	0.69	5.6
加勒比地区					
安提瓜和巴布达	21	20	95.2	—	—
巴哈马	132	119	90.2	1.01	6.6
巴巴多斯	380	297	78.2	0.93	9.8
古巴	5 481	3 964	72.3	0.67	5.5
多米尼克	57	53	93.0	—	—
多米尼加共和国	308	292	94.8	0.97	9.6
格林纳达	701	654	93.3	0.64	4.4
海地	257	251	97.7	1.62	14.8
牙买加	1 108	557	50.3	0.48	4.0
圣基茨和尼维斯	102	92	90.2	1.05	11.3
圣卢西亚	15	14	93.3	—	—
圣文森特和格林纳丁斯	12	11	91.7	—	—
特立尼达和多巴哥	1 073	661	61.6	0.61	5.6
欧盟					
奥地利	81 174	53 248	65.6	1.30	14.0
比利时	115 353	74 806	64.8	1.39	15.3
保加利亚	15 476	8 480	54.8	0.91	7.1
克罗地亚	20 248	8 861	43.8	0.83	7.0
塞浦路斯	4 540	3 453	76.1	1.28	13.5
捷克共和国	64 149	32 788	51.1	0.97	8.8
丹麦	85 311	52 635	61.7	1.50	16.6
爱沙尼亚	8 852	5 381	60.8	1.26	13.0
芬兰	67 217	38 945	57.9	1.27	12.7
法国	438 755	238 170	54.3	1.20	12.7
德国	608 713	320 067	52.6	1.24	13.5
希腊	69 089	31 843	46.1	1.06	10.3
匈牙利	39 242	22 322	56.9	1.01	9.4
爱尔兰	42 916	25 368	59.1	1.34	14.3
意大利	366 894	168 632	46.0	1.17	12.0
拉脱维亚	3 482	1 942	55.8	0.74	6.7
立陶宛	12 329	4 676	37.9	0.75	5.8
卢森堡	4 013	3 330	83.0	1.24	13.3
马耳他	1 003	665	66.3	1.00	11.8
荷兰	202 703	118 246	58.3	1.48	16.8
波兰	144 090	49 019	34.0	0.72	5.7
葡萄牙	69 026	37 997	55.0	1.12	11.2
罗马尼亚	45 236	17 192	38.0	0.81	7.5
斯洛伐克	19 974	11 493	57.5	0.83	7.0
斯洛文尼亚	21 836	10 979	50.3	1.04	9.4
西班牙	309 076	147 698	47.8	1.16	11.8
瑞典	136 603	84 276	61.7	1.34	14.1
英国	582 678	325 807	55.9	1.36	15.1

主要外国合作者（2008—2014年）				
第一合作者	第二合作者	第三合作者	第四合作者	第五合作者
美国 (85 069)	英国 (25 879)	中国 (19 522)	德国 (19 244)	法国 (18 956)
中国 (119 594)	英国 (100 537)	德国 (94 322)	加拿大 (85 069)	法国 (62 636)
美国 (8 000)	西班牙 (5 246)	巴西 (4 237)	德国 (3 285)	法国 (3 093)
美国 (60)	英国 (20)	加拿大 (9)	墨西哥 (8)	澳大利亚 (7); 法国 (7)
美国 (425)	巴西 (193)	法国 (192)	西班牙 (187)	英国 (144)
美国 (24 964)	法国 (8 938)	英国 (8 784)	德国 (8 054)	西班牙 (7 268)
美国 (7 850)	西班牙 (4 475)	德国 (3 879)	法国 (3 562)	英国 (3 443)
美国 (4 386)	西班牙 (3 220)	巴西 (2 555)	英国 (1 943)	法国 (1 854)
美国 (1 169)	西班牙 (365)	巴西 (295)	墨西哥 (272)	法国 (260)
美国 (1 070)	西班牙 (492)	巴西 (490)	英国 (475)	法国 (468)
美国 (108)	墨西哥 (45)	西班牙 (38)	危地马拉 (34); 洪都拉斯 (34)	
美国 (388)	墨西哥 (116)	巴西 (74)	英国 (63)	哥斯达黎加 (54)
美国 (45)	加拿大 (20)	英国 (13)	法国 (12)	荷兰 (8)
美国 (179)	墨西哥 (58)	巴西 (42)	阿根廷 (41)	哥伦比亚 (40)
美国 (12 873)	西班牙 (6 793)	法国 (3 818)	英国 (3 525)	德国 (3 345)
美国 (157)	瑞典 (86)	墨西哥 (52)	哥斯达黎加 (51)	西班牙 (48)
美国 (1 155)	德国 (311)	英国 (241)	加拿大 (195)	巴西 (188)
美国 (142)	巴西 (113)	阿根廷 (88)	西班牙 (62)	乌拉圭 (36); 秘鲁 (36)
美国 (2 035)	巴西 (719)	英国 (646)	西班牙 (593)	法国 (527)
荷兰 (38)	美国 (16)	加拿大 (8)	巴西 (6)	德国 (5); 法国 (5); 厄瓜多尔 (5)
美国 (854)	巴西 (740)	阿根廷 (722)	西班牙 (630)	法国 (365)
美国 (1 417)	西班牙 (1 093)	法国 (525)	墨西哥 (519)	巴西 (506)
美国 (11)	圣文森特和格林纳丁斯 (4); 法国 (4)		英国 (3); 圣基茨和尼维斯 (3); 巴巴多斯 (3)	
美国 (97)	加拿大 (37)	英国 (34)	德国 (8)	澳大利亚 (6)
美国 (139)	英国 (118)	加拿大 (86)	德国 (48)	比利时 (43); 日本 (43)
西班牙 (1 235)	墨西哥 (806)	巴西 (771)	美国 (412)	德国 (392)
美国 (29)	加拿大 (7)	英国 (6); 特立尼达和多巴哥 (6); 匈牙利 (6)		
美国 (168)	英国 (52)	墨西哥 (49)	西班牙 (45)	巴西 (38)
美国 (532)	伊朗伊斯兰共和国 (91)	英国 (77)	波兰 (63)	土耳其 (46)
美国 (208)	法国 (38)	英国 (18)	南非 (14)	加拿大 (13)
美国 (282)	英国 (116)	加拿大 (77)	特立尼达和多巴哥 (43)	南非 (28)
美国 (46)	加拿大 (17)	南非 (12)	英国 (10)	中国 (8)
南非 (4)	美国 (3)	圣基茨和尼维斯 (2); 哥斯达黎加 (2); 安提瓜和巴布达 (2); 巴巴多斯 (2); 英国 (2); 加拿大 (2)		
美国 (6)	巴巴多斯 (4); 安提瓜和巴布达 (4)		特立尼达和多巴哥 (3); 圣基茨和尼维斯 (3)	
美国 (251)	英国 (183)	加拿大 (95)	印度 (63)	牙买加 (43)
德国 (21 483)	美国 (13 783)	英国 (8 978)	意大利 (7 678)	法国 (7 425)
美国 (18 047)	法国 (17 743)	英国 (15 109)	德国 (14 718)	荷兰 (14 307)
德国 (2 632)	美国 (1 614)	意大利 (1 566)	法国 (1 505)	英国 (1 396)
德国 (2 383)	美国 (2 349)	意大利 (1 900)	英国 (1 771)	法国 (1 573)
希腊 (1 426)	美国 (1 170)	英国 (1 065)	德国 (829)	意大利 (776)
德国 (8 265)	美国 (7 908)	法国 (5 884)	英国 (5 775)	意大利 (4 456)
美国 (15 933)	英国 (12 176)	德国 (11 359)	瑞典 (8 906)	法国 (6 978)
芬兰 (1 488)	英国 (1 390)	德国 (1 368)	美国 (1 336)	瑞典 (1 065)
美国 (10 756)	英国 (8 507)	德国 (8 167)	瑞典 (7 244)	法国 (5 109)
美国 (62 636)	德国 (42 178)	英国 (40 595)	意大利 (32 099)	西班牙 (25 977)
美国 (94 322)	英国 (54 779)	法国 (42 178)	瑞士 (34 164)	意大利 (33 279)
美国 (10 374)	英国 (8 905)	德国 (7 438)	意大利 (6 184)	法国 (5 861)
美国 (6 367)	德国 (6 099)	英国 (4 312)	法国 (3 740)	意大利 (3 588)
英国 (9 735)	美国 (7 426)	德国 (4 580)	法国 (3 541)	意大利 (2 751)
美国 (53 913)	英国 (34 639)	德国 (33 279)	法国 (32 099)	西班牙 (24 571)
德国 (500)	美国 (301)	立陶宛 (298)	俄罗斯 (292)	英国 (289)
德国 (1 214)	美国 (1 065)	英国 (982)	法国 (950)	波兰 (927)
法国 (969)	德国 (870)	比利时 (495)	英国 (488)	美国 (470)
英国 (318)	意大利 (197)	法国 (126)	德国 (120)	美国 (109)
美国 (36 295)	德国 (29 922)	英国 (29 606)	法国 (17 549)	意大利 (15 190)
美国 (13 207)	德国 (12 591)	英国 (8 872)	法国 (8 795)	意大利 (6 944)
西班牙 (10 019)	美国 (8 107)	英国 (7 524)	法国 (6 054)	德国 (5 798)
法国 (4 424)	德国 (3 876)	美国 (3 533)	意大利 (3 268)	英国 (2 530)
捷克共和国 (3 732)	德国 (2 719)	美国 (2 249)	英国 (1 750)	法国 (1 744)
美国 (2 479)	德国 (2 315)	意大利 (2 195)	英国 (1 889)	法国 (1 666)
美国 (39 380)	英国 (28 979)	德国 (26 056)	法国 (25 977)	意大利 (24 571)
美国 (24 023)	英国 (17 928)	德国 (16 731)	法国 (10 561)	意大利 (9 371)
美国 (100 537)	德国 (54 779)	法国 (40 595)	意大利 (34 639)	荷兰 (29 606)

表 S10 2008—2014 年各国家和地区国际合作科学出版物（续表）

	出版物总数	国际合著出版物数量	国际合著出版物比例（%）	平均引用量	前10%最多引用文章所占百分比
	2008—2014年	2008—2014年	2008—2014年	2008—2012年	2008—2012年
东南欧					
阿尔巴尼亚	782	471	60.2	0.56	4.0
波斯尼亚和黑塞哥维那	2 304	1 397	60.6	0.73	6.4
马其顿共和国	1 795	1 198	66.7	0.80	6.7
黑山	995	731	73.5	0.71	5.8
塞尔维亚	28 782	10 635	37.0	0.89	7.5
欧洲其他国家和西亚地区					
亚美尼亚	4 472	2 688	60.1	1.03	9.2
阿塞拜疆	3 013	1 598	53.0	0.73	5.6
白俄罗斯	7 318	4 274	58.4	0.79	6.6
格鲁吉亚	3 174	2 283	71.9	1.29	10.7
伊朗伊斯兰共和国	137 557	29 366	21.3	0.81	7.4
以色列	75 268	37 142	49.3	1.19	11.9
摩尔多瓦共和国	1 691	1 204	71.2	0.77	7.9
俄罗斯联邦	194 364	64 190	33.0	0.52	3.8
土耳其	152 333	28 643	18.8	0.71	5.8
乌克兰	33 154	15 761	47.5	0.59	4.4
欧洲自由贸易联盟					
冰岛	5 207	4 029	77.4	1.71	18.3
列支敦士登	333	302	90.7	1.12	12.3
挪威	62 947	38 581	61.3	1.29	13.4
瑞士	157 286	108 371	68.9	1.56	18.0
撒哈拉以南非洲					
安哥拉	225	217	96.4	0.67	6.3
贝宁	1 506	1 320	87.6	0.82	6.8
博茨瓦纳	1 121	894	79.8	1.14	7.6
布基纳法索	1 704	1 557	91.4	0.96	8.0
布隆迪	107	103	96.3	0.70	10.2
佛得角	85	85	100.0	1.45	18.4
喀麦隆	4 030	3 257	80.8	0.71	4.9
中非共和国	176	166	94.3	0.84	8.7
乍得	116	110	94.8	0.72	5.1
科摩罗	18	18	100.0	—	—
刚果	608	555	91.3	0.90	8.2
刚果民主共和国	675	628	93.0	1.00	10.3
科特迪瓦	1 445	1 056	73.1	0.71	7.2
吉布提	51	45	88.2	—	—
赤道几内亚	27	27	100.0	—	—
厄立特里亚国	100	92	92.0	0.71	10.6
埃塞俄比亚	4 323	3 069	71.0	0.82	6.3
加蓬	717	679	94.7	0.98	9.0
冈比亚	687	655	95.3	1.24	15.4
加纳	3 076	2 401	78.1	1.08	8.8
几内亚	198	193	97.5	0.96	7.6
几内亚比绍	172	172	100.0	1.09	14.9
肯尼亚	7 727	6 705	86.8	1.19	11.3
莱索托	135	123	91.1	0.72	6.7
利比里亚	56	56	100.0	—	—
马达加斯加	1 234	1 136	92.1	0.89	8.8
马拉维	1 855	1 672	90.1	1.38	13.1
马里	933	891	95.5	1.17	12.0
毛里求斯	488	337	69.1	0.73	5.9
莫桑比克	865	834	96.4	1.86	12.6
纳米比亚	646	583	90.2	0.93	10.0
尼日尔	598	560	93.6	0.93	9.3
尼日利亚	13 780	5 109	37.1	0.60	4.1
卢旺达	590	562	95.3	1.05	9.0
圣多美及普林西比	11	11	100.0	—	—
塞内加尔	2 135	1 841	86.2	0.85	8.1
塞舌尔	198	190	96.0	0.99	8.1
塞拉利昂	178	171	96.1	0.85	9.1
索马里	20	20	100.0	—	—
南非	52 166	29 473	56.5	1.04	9.8
南苏丹	53	52	98.1	—	—
斯威士兰	238	205	86.1	0.91	9.7
坦桑尼亚	4 018	3 588	89.3	1.17	13.0
多哥	363	302	83.2	0.52	2.8
乌干达	4 193	3 686	87.9	1.33	12.9
赞比亚	1 316	1 263	96.0	1.25	12.6
津巴布韦	1 638	1 356	82.8	1.21	11.9

主要外国合作者（2008—2014年）				
第一合作者	第二合作者	第三合作者	第四合作者	第五合作者
意大利 (144)	德国 (68)	希腊 (61)	法国 (52)	塞尔维亚 (46)
塞尔维亚 (555)	克罗地亚 (383)	斯洛文尼亚 (182)	德国 (165)	美国 (141)
塞尔维亚 (243)	德国 (215)	美国 (204)	保加利亚 (178)	意大利 (151)
塞尔维亚 (411)	意大利 (92)	德国 (91)	法国 (86)	俄罗斯 (81)
德国 (2 240)	美国 (2 149)	意大利 (1 892)	英国 (1 825)	法国 (1 518)
美国 (1 346)	德国 (1 333)	法国 (1 247); 俄罗斯 (1 247)		意大利 (1 191)
土耳其 (866)	俄罗斯 (573)	美国 (476)	德国 (459)	英国 (413)
俄罗斯 (2 059)	德国 (1 419)	波兰 (1 204)	美国 (1 064)	法国 (985)
美国 (1 153)	德国 (1 046)	俄罗斯 (956)	英国 (924)	意大利 (909)
美国 (6 377)	加拿大 (3 433)	英国 (3 318)	德国 (2 761)	马来西亚 (2 402)
美国 (19 506)	德国 (7 219)	英国 (4 895)	法国 (4 422)	意大利 (4 082)
德国 (276)	美国 (235)	俄罗斯 (214)	罗马尼亚 (197)	法国 (153)
德国 (17 797)	美国 (17 189)	法国 (10 475)	英国 (8 575)	意大利 (6 888)
美国 (10 591)	德国 (4 580)	英国 (4 036)	意大利 (3 314)	法国 (3 009)
俄罗斯 (3 943)	德国 (3 882)	美国 (3 546)	波兰 (3 072)	法国 (2 451)
美国 (1 514)	英国 (1 095)	瑞典 (1 078)	丹麦 (750)	德国 (703)
奥地利 (121)	德国 (107)	瑞士 (100)	美国 (68)	法国 (19)
美国 (10 774)	英国 (8 854)	瑞典 (7 540)	德国 (7 034)	法国 (5 418)
德国 (34 164)	美国 (33 638)	英国 (20 732)	法国 (19 832)	意大利 (15 618)
葡萄牙 (73)	美国 (34)	巴西 (32)	英国 (31)	西班牙 (26); 法国 (26)
法国 (529)	比利时 (206)	美国 (155)	英国 (133)	荷兰 (125)
美国 (367)	南非 (241)	英国 (139)	加拿大 (58)	德国 (51)
法国 (676)	美国 (261)	英国 (254)	比利时 (198)	德国 (156)
比利时 (38)	中国 (22)	美国 (18)	肯尼亚 (16)	英国 (13)
葡萄牙 (42)	西班牙 (23)	英国 (15)	美国 (11)	德国 (8)
法国 (1153)	美国 (528)	德国 (429)	南非 (340)	英国 (339)
法国 (103)	美国 (32)	喀麦隆 (30)	加蓬 (29)	塞内加尔 (23)
法国 (66)	瑞士 (28)	喀麦隆 (20)	美国 (14); 英国 (14)	
法国 (7)	英国 (4)	摩洛哥 (3); 马达加斯加 (3)		美国 (2); 意大利 (2)
法国 (191)	美国 (152)	比利时 (132)	英国 (75)	瑞士 (68)
比利时 (286)	美国 (189)	法国 (125)	英国 (77)	瑞士 (65)
法国 (610)	美国 (183)	瑞士 (162)	英国 (109)	布基纳法索 (93)
法国 (31)	美国 (6); 英国 (6)		加拿大 (5)	西班牙 (4)
美国 (13)	西班牙 (11)	英国 (10)	喀麦隆 (4); 南非 (4)	
美国 (24)	印度 (20)	意大利 (18)	荷兰 (13)	英国 (11)
美国 (776)	英国 (538)	德国 (314)	印度 (306)	比利时 (280)
法国 (334)	德国 (231)	美国 (142)	英国 (113)	荷兰 (98)
英国 (473)	美国 (216)	比利时 (92)	荷兰 (69)	肯尼亚 (67)
美国 (830)	英国 (636)	德国 (291)	南非 (260)	荷兰 (256)
法国 (71)	英国 (38)	美国 (31)	中国 (27)	塞内加尔 (26)
丹麦 (112)	瑞典 (50)	冈比亚 (40); 英国 (40)	–	美国 (24)
美国 (2 856)	英国 (1 821)	南非 (750)	德国 (665)	荷兰 (540)
南非 (56)	美国 (34)	英国 (13)	瑞士 (10)	澳大利亚 (8)
美国 (36)	英国 (12)	法国 (11)	加纳 (6)	加拿大 (5)
法国 (530)	美国 (401)	英国 (180)	德国 (143)	南非 (78)
美国 (739)	英国 (731)	南非 (314)	荷兰 (129); 肯尼亚 (129)	
美国 (358)	法国 (281)	英国 (155)	布基纳法索 (120)	塞内加尔 (97)
英国 (101)	美国 (80)	法国 (44)	印度 (43)	南非 (40)
美国 (239)	西班牙 (193)	南非 (155)	英国 (138)	葡萄牙 (113)
南非 (304)	美国 (184)	德国 (177)	英国 (161)	澳大利亚 (115)
法国 (238)	美国 (145)	尼日利亚 (82)	英国 (77)	塞内加尔 (71)
美国 (1 309)	南非 (953)	英国 (914)	德国 (434)	中国 (329)
美国 (244)	比利时 (107)	荷兰 (86)	肯尼亚 (83)	英国 (82)
葡萄牙 (5); 英国 (5)		美国 (4)	丹麦 (2); 安哥拉 (2)	
法国 (1 009)	美国 (403)	英国 (186)	布基纳法索 (154)	比利时 (139)
英国 (69)	美国 (64)	瑞士 (52)	法国 (41)	澳大利亚 (31)
美国 (87)	英国 (41)	尼日利亚 (20)	中国 (16); 德国 (16)	
肯尼亚 (9)	埃及 (8)	英国 (6)	美国 (5)	瑞士 (3)
美国 (9 920)	英国 (7 160)	德国 (4 089)	澳大利亚 (3 448)	法国 (3 445)
美国 (33)	英国 (22)	乌干达 (16)	肯尼亚 (8); 苏丹 (8)	
南非 (104)	美国 (59)	英国 (45)	坦桑尼亚(12); 瑞士 (12)	
美国 (1 212)	英国 (1 129)	肯尼亚 (398)	瑞士 (359)	南非 (350)
法国 (146)	贝宁 (57)	美国 (50)	布基纳法索 (47)	科特迪瓦 (31)
美国 (1 709)	英国 (1031)	肯尼亚 (477)	南非 (409)	瑞典 (311)
美国 (673)	英国 (326)	南非 (243)	瑞士 (101)	肯尼亚 (100)
南非 (526)	美国 (395)	英国 (371)	荷兰 (132)	乌干达 (124)

表 S10　2008—2014 年各国家和地区国际合作科学出版物（续表）

	出版物总数	国际合著出版物数量	国际合著出版物比例（%）	平均引用量	前10%最多引用文章所占百分比
	2008—2014年	2008—2014年	2008—2014年	2008—2012年	2008—2012年
阿拉伯国家					
阿尔及利亚	12 577	7 432	59.1	0.68	5.2
巴林	951	648	68.1	0.53	3.8
埃及	44 239	22 568	51.0	0.77	6.5
伊拉克	3 137	1 915	61.0	0.55	3.7
约旦	7 226	3 747	51.9	0.80	5.9
科威特	4 330	2 115	48.8	0.73	6.1
黎巴嫩	5 409	3 583	66.2	0.85	7.9
利比亚	1 017	810	79.6	0.65	4.7
毛里塔尼亚	138	133	96.4	0.87	7.5
摩洛哥	9 928	6 235	62.8	0.69	5.9
阿曼	3 062	2 137	69.8	0.76	6.3
巴勒斯坦	414	232	56.0	0.54	3.8
卡塔尔	3 777	3 279	86.8	1.07	11.5
沙特阿拉伯	40 534	29 271	72.2	1.09	10.8
苏丹	1 757	1 325	75.4	0.97	5.9
阿拉伯叙利亚共和国	1 924	1 193	62.0	0.81	6.2
突尼斯	18 687	9 813	52.5	0.66	4.5
阿拉伯联合酋长国	7 323	5 272	72.0	0.85	7.7
也门	987	841	85.2	0.78	7.7
中亚					
哈萨克斯坦	2 442	1 496	61.3	0.51	4.5
吉尔吉斯斯坦	471	373	79.2	0.67	6.2
蒙古	1 189	1 134	95.4	0.73	6.2
塔吉克斯坦	366	250	68.3	0.39	2.9
土库曼斯坦	86	76	88.4	0.77	7.4
乌兹别克斯坦	2 267	1 373	60.6	0.48	3.0
南亚					
阿富汗	226	218	96.5	0.74	9.7
孟加拉国	7 664	5 445	71.0	0.79	6.8
不丹	173	157	90.8	0.76	7.6
印度	314 669	67 146	21.3	0.76	6.4
马尔代夫	48	47	97.9	—	—
尼泊尔	2 510	1 919	76.5	1.02	8.3
巴基斯坦	35 546	15 034	42.3	0.81	7.2
斯里兰卡	3 305	2 175	65.8	0.96	6.0
东南亚					
文莱达鲁萨兰国	435	315	72.4	0.85	6.6
柬埔寨	1 052	999	95.0	1.39	14.3
中国大陆	1 137 882	277 145	24.4	0.98	10.0
中国香港特别行政区	53 296	34 611	64.9	1.34	14.9
中国澳门特别行政区	1 593	1 264	79.3	1.24	12.4
印度尼西亚	7 821	6 712	85.8	0.96	8.4
日本	523 744	142 163	27.1	0.88	7.8
朝鲜民主主义人民共和国	199	175	87.9	0.65	3.1
韩国	298 768	82 513	27.6	0.89	7.9
老挝人民民主共和国	715	695	97.2	1.02	10.0
马来西亚	47 163	21 895	46.4	0.83	8.4
缅甸	366	343	93.7	0.69	6.4
菲律宾	5 558	3 864	69.5	1.15	12.1
新加坡	62 498	35 697	57.1	1.47	16.4
泰国	38 627	19 058	49.3	0.95	8.2
东帝汶	17	16	94.1	—	—
越南	10 572	8 089	76.5	0.86	8.1
大洋洲					
澳大利亚	269 403	138 976	51.6	1.31	14.1
新西兰	46 394	27 305	58.9	1.22	12.0
库克群岛	22	22	100.0	—	—
斐济	547	453	82.8	0.93	7.9
基里巴斯	9	9	100.0	—	—
马绍尔群岛	20	17	85.0	—	—
密克罗尼西亚	49	38	77.6	—	—

主要外国合作者（2008—2014年）				
第一合作者	第二合作者	第三合作者	第四合作者	第五合作者
法国 (4 883)	沙特阿拉伯 (524)	西班牙 (440)	美国 (383)	意大利 (347)
沙特阿拉伯 (137)	埃及 (101)	英国 (93)	美国 (89)	突尼斯 (75)
沙特阿拉伯 (7 803)	美国 (4 725)	德国 (2 762)	英国 (2 162)	日本 (1 755)
马来西亚 (595)	英国 (281)	美国 (279)	中国 (133)	德国 (128)
美国 (1 153)	德国 (586)	沙特阿拉伯 (490)	英国 (450)	加拿大 (259)
美国 (566)	埃及 (332)	英国 (271)	加拿大 (198)	沙特阿拉伯 (185)
美国 (1 307)	法国 (1 277)	意大利 (412)	英国 (337)	加拿大 (336)
英国 (184)	埃及 (166)	印度 (99)	马来西亚 (79)	法国 (78)
法国 (62)	塞内加尔 (40)	美国 (18)	西班牙 (16)	突尼斯 (15)
法国 (3 465)	西班牙 (1 338)	美国 (833)	意大利 (777)	德国 (752)
美国 (333)	英国 (326)	印度 (309)	德国 (212)	马来西亚 (200)
埃及 (50)	德国 (48)	美国 (35)	马来西亚 (26)	英国 (23)
美国 (1 168)	英国 (586)	中国 (457)	法国 (397)	德国 (373)
埃及 (7 803)	美国 (5 794)	英国 (2 568)	中国 (2 469)	印度 (2 455)
沙特阿拉伯 (213)	德国 (193)	英国 (191)	美国 (185)	马来西亚 (146)
法国 (193)	英国 (179)	德国 (175)	美国 (170)	意大利 (92)
法国 (5 951)	西班牙 (833)	意大利 (727)	沙特阿拉伯 (600)	美国 (544)
美国 (1505)	英国 (697)	加拿大 (641)	德国 (389)	埃及 (370)
马来西亚 (255)	埃及 (183)	沙特阿拉伯 (158)	美国 (106)	德国 (72)
俄罗斯 (565)	美国 (329)	德国 (240)	英国 (182)	日本 (150)
俄罗斯 (99)	土耳其 (74); 德国 (74)		美国 (56)	哈萨克斯坦 (43)
日本 (301)	美国 (247)	俄罗斯 (242)	德国 (165)	韩国(142)
巴基斯坦 (68)	俄罗斯 (58)	美国 (46)	德国 (26)	英国 (20)
土耳其 (50)	俄罗斯 (11)	美国 (6); 意大利 (6)		德国 (4); 中国 (4)
俄罗斯 (326)	德国 (258)	美国 (198)	意大利 (131)	西班牙 (101)
美国 (97)	英国 (52)	巴基斯坦 (29)	日本 (26); 埃及 (26)	
美国 (1 394)	日本 (1 218)	英国 (676)	马来西亚 (626)	韩国(468)
美国 (44)	澳大利亚 (40)	泰国 (37)	日本 (26)	印度 (18)
美国 (21 684)	德国 (8 540)	英国 (7 847)	韩国(6 477)	法国 (5 859)
印度 (14)	意大利 (11)	美国 (8)	澳大利亚 (6)	英国 (5); 瑞典 (5); 日本 (5)
美国 (486)	印度 (411)	英国 (272)	日本 (256)	韩国(181)
美国 (3 074)	中国 (2 463)	英国 (2 460)	沙特阿拉伯 (1 887)	德国 (1 684)
英国 (548)	美国 (516)	澳大利亚 (458)	印度 (332)	日本 (285)
马来西亚 (68)	英国 (47)	美国 (46)	澳大利亚 (44)	新加坡 (42)
美国 (307)	泰国 (233)	法国 (230)	英国 (188)	日本 (136)
美国 (119 594)	日本 (26 053)	英国 (25 151)	中国香港特别行政区 (22 561)	澳大利亚 (21 058)
中国 (22 561)	美国 (7 396)	澳大利亚 (2 768)	英国 (2 675)	加拿大 (1 679)
中国 (809)	中国香港特别行政区 (412)	美国 (195)	英国 (51)	葡萄牙 (40)
日本 (1 848)	美国 (1 147)	澳大利亚 (1 098)	马来西亚 (950)	荷兰 (801)
美国 (50 506)	中国 (26 053)	德国 (15 943)	英国 (14 796)	韩国(12 108)
中国 (85)	韩国(41)	德国 (32)	美国 (12)	澳大利亚 (9)
美国 (42 004)	日本 (12 108)	中国 (11 993)	印度 (6 477)	德国 (6 341)
泰国 (191)	英国 (161)	美国 (136)	法国 (125)	澳大利亚 (117)
英国 (3 076)	印度 (2 611)	澳大利亚 (2 425)	伊朗伊斯兰共和国 (2 402)	美国 (2 308)
日本 (102)	泰国 (91)	美国 (75)	澳大利亚 (46)	英国 (43)
美国 (1 298)	日本 (909)	澳大利亚 (538)	中国 (500)	英国 (410)
中国 (11 179)	美国 (10 680)	澳大利亚 (4 166)	英国 (4 055)	日本 (2 098)
美国 (6 329)	日本 (4 108)	英国 (2 749)	澳大利亚 (2 072)	中国 (1 668)
澳大利亚 (8)	日本 (3); 葡萄牙 (3); 捷克共和国 (3)			中国 (2); 美国 (2)
美国 (1 401)	日本 (1 384)	韩国(1 289)	法国 (1126)	英国 (906)
美国 (43 225)	英国 (29 324)	中国 (21 058)	德国 (15 493)	加拿大 (12 964)
美国 (8 853)	澳大利亚 (7 861)	英国 (6 385)	德国 (3 021)	加拿大 (2 500)
美国 (17)	澳大利亚 (11); 新西兰 (11)		法国 (4)	巴西 (3); 日本 (3)
澳大利亚 (229)	美国 (110)	新西兰 (94)	英国 (81)	印度 (66)
澳大利亚 (7)	新西兰 (6)	美国 (5); 斐济 (5)		巴布亚新几内亚 (4)
美国 (11)	密克罗尼西亚 (6)	斐济 (5); 澳大利亚 (5)		新西兰 (3); 帕劳 (3); 巴布亚新几内亚 (3)
美国 (26)	澳大利亚 (9)	斐济 (8)	马绍尔群岛 (6)	新西兰 (5); 帕劳 (5)

表 S10 2008—2014 年各国家和地区国际合作科学出版物（续表）

	出版物总数	国际合著出版物数量	国际合著出版物比例（%）	平均引用量	前10%最多引用文章所占百分比
	2008—2014年	2008—2014年	2008—2014年	2008—2012年	2008—2012年
瑙鲁	2	2	100.0	—	—
纽埃	3	3	100.0	—	—
帕劳	46	40	87.0	—	—
巴布亚新几内亚	646	583	90.2	0.88	9.0
萨摩亚	9	8	88.9	—	—
所罗门群岛	74	73	98.6	1.00	13.6
汤加	24	24	100.0	—	—
图瓦卢	5	5	100.0	—	—
努瓦阿图	114	108	94.7	0.81	3.3

来源：数据来自汤森路透社科学引文数据库、科学引文索引扩展版，2015 年 5 月由 Science-Metrix 为联合国教科文组织编撰。

* 表 S10 中“中国”的数据不包括中国香港特别行政区、中国澳门特别行政区和中国台湾地区。

对所有表格的关键词：

-: 数据不详
-*n*/+*n*: 表示参考年份之前或之后的*n*年
0: 零或可忽略不计
a: 不适用
b: 高估或基于被高估的数据
c: 包括其他类
d: 包括企业
e: 包括高等教育
f: 包括私人非营利机构
g: 包括其他地区
h: 不包括企业
i: 不包括政府
j: 不包括高等教育
k: 仅政府
l: 仅高等教育
m: 包括在商业领域内
n: 包括在政府内
o: 不包括大多数或所有资本支出
p: 不包括大多数或所有国防
q: 被低估的或片面的数据
r: 估值
s: 将数据分组以保持与去年数据的连贯性
t: 分解的总和不算在总数内
u: 基于研发预算
v: 临时性数据

方法说明

文献数据

Science-Metrix 公司已经对联合国教科文组织使用的出版数据进行汇编，这些数据全部来自汤森路透科学网站内的 SCI 数据库，数据截至是 2015 年 5 月。

经济数据

一些经济指标的数据，比如国内生产总值和购买力平价等，是世界银行 2015 年 4 月公布的：http://data.worldbank.org/products/wdi.

（请看截止日期说明）

值得注意的是，从 2014 年起，联合国教科文组织统计研究所开始使用世界货币基金组织经济展望数据库中的政府各部门总支出的数据，如教育支出在政府总支出所占百分比。更多方法转变方面的信息请浏览网址：www.uis.unesco.org/education.

主要外国合作者（2008—2014年）				
第一合作者	第二合作者	第三合作者	第四合作者	第五合作者
澳大利亚 (2)	所罗门群岛 (1); 库克群岛 (1); 密克罗尼西亚 (1); 瓦努阿图 (1); 法国 (1); 纽埃 (1); 基里巴斯 (1); 汤加 (1); 帕劳 (1); 冰岛 (1); 马绍尔群岛 (1); 图瓦卢 (1); 美国 (1); 新西兰 (1); 斐济 (1); 巴布亚新几内亚 (1)			
澳大利亚 (3); 密克罗尼西亚 (3)		法国 (2); 所罗门群岛 (2); 库克群岛 (2); 巴布亚新几内亚 (2); 斐济 (2); 帕劳 (2); 努瓦阿图 (2); 汤加 (2); 基里巴斯 (2); 图瓦卢 (2); 新西兰 (2); 美国 (2); 冰岛 (2); 马绍尔群岛 (2)		
美国 (27)	澳大利亚 (20)	日本 (5); 密克罗尼西亚 (5)		巴布亚新几内亚 (3); 斐济 (3); 马绍尔群岛 (3); 菲律宾 (3)
澳大利亚 (375)	美国 (197)	英国 (103)	西班牙 (91)	瑞士 (70)
美国 (5)	澳大利亚 (4)	日本 (1); 厄瓜多尔 (1); 西班牙 (1); 新西兰 (1); 库克群岛 (1); 哥斯达黎加 (1); 法国 (1); 智利 (1); 中国 (1); 斐济 (1)		
澳大利亚 (48) 澳大利亚 (17)	美国 (15) 斐济 (13)	努瓦阿图 (10) 新西兰 (11)	英国 (9) 美国 (9)	斐济 (8) 法国 (3)
美国 (3); 日本 (3); 澳大利亚 (3)			所罗门群岛 (2); 汤加 (2); 库克群岛 (2); 冰岛 (2); 新西兰 (2); 基里巴斯 (2); 帕劳 (2); 密克罗尼西亚 (2); 斐济 (2); 马绍尔群岛 (2); 巴布亚新几内亚 (2); 法国 (2); 法国 (2); 努瓦阿图 (2)	
法国 (49)	澳大利亚 (45)	美国 (24)	所罗门群岛 (10); 日本 (10); 新西兰 (10)	

教育数据

联合国教科文组织统计研究所从官方资料中整理出教育数据，以汇总表的形式呈现出来。这些数据包括教育项目、方法、参与、发展、完善、内部效率，人力以及经济资源。联合国教科文组织统计研究所和其合作机构主要通过两种调查来搜集这些年度数据：联合国教科文组织统计研究所及其下教育数据研究处发布的教育调查问卷，经济合作与发展组织和欧盟统计局发布的调查问卷。这些调查问卷可以在以下网站进行下载：www.uis.unesco.org/UISQuestionnaires.

创新数据

联合国教科文组织统计研究所每两年都要对制造业的创新数据进行搜集和统计。此外，统计研究所直接通过欧盟统计局、非洲联盟、非洲发展新伙伴计划、参与国的协调机构等，共同收集数据。除了少数案例外，创新数据参照各国不同的三年参照期。收集的数据可在统计研究所的国际数据库查询：http://data.uis.unesco.org.

人口数据

人口数据是基于联合国人口司的《世界人口展望》（2012 年版）的统计结果。

科学研究与试验发展（研发）数据

联合国教科文组织统计研究所通过科学研究与试验发展数据调查，来收集相关数据。此外，通过经济与合作发展组织、欧盟统计局、科技指标网、非洲联盟，非洲发展新伙伴计划、参与国协调机构等直接获取数据。

经济与合作发展组织提供的数据是基于该组织 2015 年 4 月发布的研发数据库。从欧盟统计局获得的数据是基于欧盟统计局 2015 年 4 月科技数据库。科技指标网的数据也更新至 2015 年 4 月。非洲联盟的数据来自《非洲创新展望：第二卷》（2014）和《非洲创新展望：第一卷》（2010）。详细数据可通过网站查询：http://data.uis.unesco.org.

统计附件和章节中的数据截止日期

区域性国家章节中呈现的研发与经济数据，可能与统计附件和章节一所给的数据并不一致。这是因为，用于估算研发标准的潜在经济数据是以世界银行 2015 年 4 月发布的经济数据为依据的，而在其他章节中，是以世界银行之前发布的经济数据为依据的。

技术说明

文献数据

论文数量： 这是指经过同行评议的，并且在汤森路透科学数据库网站上引用过的科学出版物（比如文章、评论、笔记等）的数量。根据出版物的通信地址，把出版物分配给一些国家，并且避免国家级和地区级的重复计算。例如，一篇文章的共同作者是意大利人和法国人，那么这篇文章记作法国、意大利、欧洲和世界出版物各一次。

国际合著出版物数量： 这类出版指至少有两个不同国家的作者共同完成的出版物。计算这类国际合著出版物，领土是区别国家的重要标准。因此，瓜得罗普岛和法国之间的合作不能算作国际作者合著。

相对引文平均数： 指给定团体（比如世界，国家或组织）所著出版物的科学影响力与世界平均水平（预计引用数量）的相对数。

出版物的等级领域： 使用美国国家基金会制定的涵盖以下 14 个科学领域的分类方法来在科学学科层面进行资料统计：农业，天文学，生物学，化学，计算机科学，工程学，地球科学，数学，医学，其他生命学，自然史学，心理学，社会学，和未划分领域。

教育数据

指联合国教科文组织统计研究所、经济发展与合作组织和欧盟统计局统计的国际移动学生数据，包括攻读高等学位的学生，学生交换项目不包括在内。东道国的国际移动学生数据被联合国教科文组织统计研究所用来估计输出国的海外学生数量。并非所有的东道国都详细注明他们接收的国际学生的来源国，因此输出国的海外学生数量可能被低估。

创新数据

用于收集创新数据和创新指标的相关定义和分类是基于《奥斯陆手册第三版：用于指导收集和解释创新数据》，由经济发展与合作组织和欧盟统计局在 2005 年出版。创新数据相关关键定义收录在本科学报告词汇表内。

研发数据

用于收集研发数据的定义和分类是基于《法城手册：研究调查与实验发展的建议标准惯例（OECD）》。一些研发数据相关关键定义收录在本科学报告词汇表内。

本报告内通常汇编两种类型的研发指标：用于测量研究人员、技术人员直接参与研发的等效员工以及其他支持人员的研发人员数据；用于测量实施计划内研发活动，包括间接支持的研发支出数据。

第 1 章提出的区域平均研发支出和研究人员数据是从联合国教科文组织统计研究所计算得出的对缺乏数据的估算而得到的。

专利数据

授予专利数量：指美国专利和商标办公室 PATSTAT 数据库中收录的所授出的专利的数量。专利被分配到发明家所属国家，并且避免国家级和地区级的重复计算。例如，一项专利申请由来自意大利和法国的两位发明家共同申请，那么这项专利只能计为法国、意大利、欧洲和世界的专利各一次。